T0226316

HANDBUCH DER NORMALEN UND PATHOLOGISCHEN PHYSIOLOGIE

MIT BERÜCKSICHTIGUNG DER EXPERIMENTELLEN PHARMAKOLOGIE

HERAUSGEGEBEN VON

A. BETHE · G. v. BERGMANN
FRANKFURT A. M. BERLIN

G. EMBDEN · A. ELLINGER †
FRANKFURT A. M.

VIERTER BAND

RESORPTION UND EXKRETION

(B. III u. IV)

SPRINGER-VERLAG BERLIN HEIDELBERG GMBH

RESORPTION UND EXKRETION

BEARBEITET VON

A. ADLER · PH. ELLINGER · O. FÜRTH · H. JORDAN
L. LICHTWITZ · W. v. MÖLLENDORFF · R. MOND
ST. ROTHMAN · E. SCHMITZ · A. SCHWENKENBECHER
R. SEYDERHELM · J. STRASBURGER
P. TRENDELENBURG · F. VERZÁR

MIT 186 ZUM TEIL
FARBIGEN ABBILDUNGEN

SPRINGER-VERLAG BERLIN HEIDELBERG GMBH

ISBN 978-3-642-89173-1 ISBN 978-3-642-91029-6 (eBook)
DOI 10.1007/978-3-642-91029-6

URSPRUNGLICH ERSCHIENEN BEI JULIUS SPRINGER IN BERLIN 1929
SOFTCOVER REPRINT OF THE HARDCOVER 1ST EDITION 1929

Inhaltsverzeichnis.

Resorption und Ablagerung.

Seite

Exkretion.

Die Herausbeförderung des Harnes.

Resorption und Ablagerung

Die Resorption aus dem Darm[1].

Von

F. Verzár

Debreczen.

Mit 6 Abbildungen.

Zusammenfassende Darstellungen.

Edwards, H. H.: Leçons sur la Physiologie, **5**. Paris 1859. — Longet, F. A.: Traité de Physiologie **3**. Paris 1868. — Wittich, U. v.: Resorption. Hermanns Handb. d. Physiol. **5 II**, 255—300 (1880). — Munk, J.: Resorption. Asher-Spiros Erg. Physiol. **1 I**, 269—330 (1901). — Cohnheim, O.: Die Physiologie der Verdauung und Aufsaugung. Nagels Handb. d. Physiol. **2**, 607—658 (1907). — Starling, E. H.: Die Resorption vom Verdauungskanal aus. Oppenheimers Handb. d. Biochem. **3 II**, 219—242 (1909). — Goldschmidt, S.: On the mechanism of absorption from the intestine. Physiologic. Rev. **1**, 421—453 (1921). — London, E. S.: Neuere Forschungen auf dem Gebiete der Verdauung und der Resorption von Nahrungsstoffen. Oppenheimers Handb. d. Biochem., Erg.-Bd., 405 (1913). — Bloor, W. R.: Physiologic. Rev. **2**, 92 (1922).

Allgemeines.

Unter Resorption versteht man im allgemeinen das Eintreten von Substanzen in das Blut, die sich außerhalb der Gefäßwand befinden. Demgemäß wird man eine Resorption aus jedem Organ feststellen können, denn überall sind die Capillaren fähig, gewisse Substanzen durchtreten zu lassen. Die Bedingungen der Resorption werden also zum Teil identisch sein mit jenen, die den Flüssigkeitsaustausch durch die Capillarwand auch in anderen Geweben regeln. Außer diesen allgemeinen Bedingungen der Resorption wird es aber auch noch spezielle Bedingungen geben, die die Resorption in den einzelnen Organen verschieden gestalten.

Man wird deshalb von einer Resorption von der äußeren Körperoberfläche, von den Oberflächen der verschiedenen Körperhöhlen, aus dem Darm, der Lunge, der Blase, ferner aus parenchymatösen Organen, aus Muskeln und aus dem Unterhautzellgewebe usw. sprechen.

Ein ganz allgemeiner Gesichtspunkt wird sein, daß gewöhnlich nur gelöste Substanzen durch die Zellwand gelangen können, daß aber andererseits sowohl im Blut als in den Zellen nicht diffusible kolloidale Substanzen gefunden werden. Sekundäre Wirkungen müssen also hier eingreifen.

Für die Resorption im Darmkanal ist charakteristisch, daß hier die Funktion des Organs mit der Aufgabe der Resorption auf das engste verbunden ist. Der Zweck der Verdauung im Magendarmkanal ist:

---

[1] In das bereits März 1924 beendete Manuskript wurde Anfang 1929 die Literatur bis 1928 ergänzend, soweit wie möglich, nachgetragen.

1. Die Energie liefernden Nahrungsmittel bei möglichst geringem Energieverlust so weit abzubauen, daß sie gut löslich, gut diffusibel, also zur Resorption geeignet sind. Unsere Nahrungsmittel sind fast alle Reservesubstanzen, deren Bildung mit einer Herabsetzung ihres osmotischen Druckes, mit einer Überführung in einen kolloidalen Zustand verbunden ist. Gleichzeitig hiermit geht eine Maskierung der reaktionsfähigen Gruppen (Röhmann[1]). Die Spaltung durch hydrolytische Enzyme bewirkt nun einerseits eine Steigerung der Diffusibilität, des osmotischen Druckes und macht andererseits die reaktionsfähigen Gruppen frei.

2. Die zweite Bedeutung der Verdauung im Darm, die Abderhalden betont hat, ist, daß die Nahrungsmittel bis zu unspezifischen Spaltprodukten abgebaut werden sollen. Das ist besonders deutlich beim Eiweiß, wo der Abbau bis zu den unspezifischen Aminosäuren geht. Auch die Resorption von ungespaltenem nativen Eiweiß, das in Wasser löslich ist, ist möglich, aber sie wird nicht im Stoffwechsel verwertet, und nicht abgebautes Rinderserum wirkt z. B. im Hundedarm als Reiz[2], wenn es nicht vom Pankreassaft abgebaut ist. Disaccharide sind gut diffusibel, sie können, wenn sie den Darm überschwemmen, in die Zirkulation gelangen, aber verwertet werden sie kaum. Auch die Fette werden bis zu Fettsäuren abgebaut. Es kann zwar zu einer Ablagerung von unspezifischem Fett kommen, wenn man einseitig übertrieben mit einem bestimmten Fett ernährt (Munk), aber auch dieses wird immer erst umgebaut, wenn es verwertet werden soll.

Wenn es also überhaupt erlaubt ist, von dem Zweck einer physiologischen Funktion zu sprechen, so wird man zugeben müssen, daß die Darmverdauung nicht nur den Zweck hat, die Nahrungsmittel resorbierbar, sondern sie jedenfalls auch reaktionsfähig, verwertbar und auch ungiftig zu machen.

Das resorbierende Epithel selbst läßt aber alle resorbierbaren Substanzen durch, ohne eine Auswahl zwischen assimilierbaren, nützlichen oder giftigen Substanzen zu treffen[3].

Ebensowenig verfügt der Darm über Einrichtungen, die Größe der Resorption zu regulieren. Wenn die Verdauung normal ist, so wird so viel resorbiert, wie zugeführt wird, ganz unabhängig vom Bedarf (Starling[4]). Die Regulation, wieviel resorbiert werden soll, geschieht auf dem Umwege über den Appetit und Durst. Die Resorption selbst wird nur in ganz extremen Fällen (von Plethora) vom Blut aus beeinflußt, nicht aber unter normalen Umständen. Selbst die Resorption des Wassers ist vollständig unabhängig vom Bedarf des Körpers. Regulationsmechanismen überwachen die Aufnahme sowie die Ausscheidung, niemals aber die Resorption. Es scheint a priori also nicht sehr wahrscheinlich zu sein, daß bei einem Prozeß, der nicht vom Bedürfnis des Körpers, sondern nur vom Angebot abhängt, aktive Lebensfunktionen der resorbierenden Zelle eine wesentliche Rolle spielen sollen.

I. Die Resorption in den verschiedenen Teilen des Darmkanals.

Die Resorption im Darmkanal kann von der Mundhöhle bis zum Rectum stattfinden. Die verschiedenen Teile zeigen aber sehr große Unterschiede bezüglich der qualitativen und quantitativen Verhältnisse. Diese sind bedingt 1. durch die anatomische Differenzierung der verschiedenen Teile, 2. durch

---

[1] Röhmann, F.: Biochem. Z. **72**, 26 (1915).
[2] Omi, R.: Pflügers Arch. **126**, 428 (1909).
[3] Siehe dazu H. D. Dakin: J. of Biochem. **4**, 437 (1908).
[4] Starling: Oppenheimers Handb. d. Biochem. **3 II**, 216.

den Aufenthalt der Nahrungssubstanzen in diesen und 3. durch den Zustand der Nahrungssubstanzen daselbst. Die Kombination der optimalen Verhältnisse bringt es mit sich, daß der Hauptresorptionsort der Dünndarm ist.

1. Resorption aus der Mundhöhle.

Die anatomische Differenzierung der Mundschleimhaut macht sie ungeeignet für eine ausgiebige Resorption. Sowohl die Mundhöhle wie der Oesophagus sind mit einem mehrschichtigen Plattenepithel bedeckt. Die Entfernung der Capillaren von der Oberfläche der Schleimhaut ist groß. Das Epithel ist fest. Eine Diffusion wird deshalb schon aus anatomischen Gründen nur langsam stattfinden. Auch die anderen Faktoren sind für eine Resorption hier ungünstig. Sowohl im Mund wie im Oesophagus verweilen die Nahrungssubstanzen nur ganz kurz. Eiweiß, Fett und Polysaccharide sind hier außerdem noch nicht in diffusible Körper gespalten.

Andererseits besteht aber gar kein Grund, anzunehmen, daß gut diffusible oder lipoidlösliche Substanzen in der Mundhöhle nicht resorbiert werden. Tatsächlich gelingt es auch, wenn man durch Unterbindung des Oesophagus bei Tieren das Schlucken verhindert, sehr rasch dieselben mit Nicotin oder Phenol[1] zu vergiften. Es liegt auf der Hand, daß auch Arzneimittel auf diese Weise gut resorbiert werden müssen. MENDEL[2] hat für Fälle, in denen zu vermeiden ist, daß das Arzneimittel in den Magen gelangt, empfohlen, die Substanz lange im Munde zu halten. Atropin, Medinal, Nitroglycerin, Pyramidon werden so rasch resorbiert, wie sich aus der Wirkung beurteilen läßt[3].

2. Resorption aus dem Magen.

Die Magenschleimhaut ist für die Resorption ungeeignet. Sie ist fast ganz mit Drüsen bedeckt, von welchen ein entgegengesetzter Flüssigkeitsstrom ausgeht. Die zur Verfügung stehende Resorptionsoberfläche ist relativ gering.

Die Resorptionsversuche aus dem Magen wurden auf verschiedene Weise ausgeführt. Am besten sind jene, in welchen eine Duodenalfistel angelegt wurde. Man muß aber sehr darauf achten, daß der normale Pylorusreflex erhalten bleibt. Dies ist nur dann der Fall, wenn das Duodenum auch immer richtig gefüllt wird und wenn ferner aus der Fistel kein Darminhalt fließt. Von diesem Gesichtspunkt aus sind die Versuche von LONDON und SULIMA[4] zu betrachten. Methodisch gute Versuche stammen von TOBLER[5]. Er findet, daß im Magen 17—30% des verfütterten Muskeleiweißes resorbiert wird. LANG[6] findet bei gründlicher Beachtung aller dieser Kautelen, daß von verfüttertem Fibrin im Magen 70% in gelöste Form gebracht werden, von denen 10% resorbiert werden. Die Verdauung im Magen geht sicher nicht bis zu Aminosäuren, so daß höhere Spaltprodukte resorbiert sein müssen, während nach LONDONS Anschauung dieses nicht der Fall ist. Versuche, in denen der Magen am Pylorus unterbunden wurde, haben nur eine theoretische Bedeutung, denn sie können zwar z. B. beweisen, daß Eiweißspaltprodukte prinzipiell vom Magen aus auch resorbiert werden, sagen aber nichts über die tatsächlichen Verhältnisse aus.

---

[1] KARMEL: Resorption in der Mundhöhle. Dissert. Dorpat 1873. — MELTZER: Amer. J. med. Sci. **1899**.
[2] MENDEL: Münch. med. Wschr. **1922**, 1593; **1923**, 1926 — Klin. Wschr. **1924**, 470.
[3] Von der Zahnpulpa aus wird *As* und *KJ* in nachweisbaren Mengen resorbiert. (KUHODA, T. Vjschr. Zahnheilk. **43**. 73. (1927).
[4] LONDON u. SULIMA: Hoppe-Seylers Z. **46**, 209 (1905).
[5] TOBLER: Hoppe-Seylers Z. **45**, 185 (1905).
[6] LANG, G.: Biochem. Z. **2**, 225 (1906).

Insbesondere werden vom Magen leicht resorbiert lipoidlösliche Stoffe, wie Alkohol, ferner CO_2. Nach TAPPEINER, HIRSCH, MERING[1] sollen, wenn gleichzeitig aufgenommen, Kochsalz, Zucker und Pepton rascher resorbiert werden. Auch scharfe Stoffe, wie Pfeffer usw., bewirken eine beschleunigte Resorption vom Magen aus. Nach der älteren Ansicht von BRANDL[2] beruht dies auf einer durch diese Substanzen bewirkten Hyperämie der Magenschleimhaut. Nach der Ansicht von JODLBAUER[3] aber soll es sich um eine direkte Reizwirkung auf das Epithel handeln.

Eine Resorption von Wasser aus dem Magen findet gar nicht statt. Ursache hierfür ist (COHNHEIM dagegen SCHEUNERT), daß das aufgenommene Wasser fast momentan der Curvatura minor entlang zum Pylorus läuft und von dort in das Duodenum gelangt.

Besonders hervorgehoben sei, daß das Magenepithel bei hoher Konzentration im Blut veschiedene Substanzen ausscheidet (Borsäure, Milchsäure, Jodide, Farbstoffe)[4].

3. Resorption aus dem Dünndarm.

Nach den Angaben, die mittels Röntgenuntersuchungen gewonnen wurden, sind wir genau über die Zeit orientiert, welche die Nahrung in verschiedenen Teilen des Darmkanals zubringt. Nach SCHMIDT-NOORDEN[5] gelten für eine aus 350 ccm Mehlbrei mit 80—100 g $BaSO_4$ bestehende Nahrung die folgenden Zahlen:

Eintritt in das Duodenum 15—20 Minuten nach der Nahrungsaufnahme.

Unteres Ileum fast die ganze Menge 3—4 Stunden nach der Nahrungsaufnahme.

Übertritt in das Coecum 5—8 Stunden nach der Nahrungsaufnahme.

Beginn der Füllung der Flexura sinistra 10, spätestens 12—15 Stunden nach der Nahrungsaufnahme.

Das Rectum ganz gefüllt nach 14—18 Stunden.

Die letzten Reste aus dem Rectum verschwanden 36—48 Stunden nach der Nahrungsaufnahme.

Aus dieser Zusammenstellung geht deutlich hervor, daß die ganze Nahrung etwa innerhalb 10 Stunden den Dünndarm passiert. Findet durch vermehrte Peristaltik, z. B. bei Anwendung von Abführmitteln, eine raschere Wanderung statt, so wird die Resorption oft sehr verschlechtert (VALERI[6]). Nach verschiedenen Erfahrungen findet man an der Valvula ileocoecalis im Chymus keine Kohlehydrate, fast kein Fett und etwa 15—17% N-haltige Produkte. Der Chymus hat hier einen ziemlich konstanten Wassergehalt, der ganz unabhängig von dem aufgenommenen Wasser ist[7].

Der Hauptort der Resorption für alle Nahrungsmittel ist demnach der Dünndarm. Die anatomischen Verhältnisse eignen ihn dazu. Insbesondere seine große Länge, die außerordentliche Entfaltung seiner Oberfläche (KERK-

---

[1] TAPPEINER: Z. Biol. **1880**, 16. — HIRSCH: Zbl. klin. Med. **1893**. — MERING: Verh. Kongr. inn. Med. **1894**.

[2] BRANDL: Z. Biol. **1893**, 29.

[3] JODLBAUER: Arch. internat. Pharmaco-Dynamie **1902**, 10. Siehe auch MEYER-GOTTLIEB: Experimentelle Pharmakologie, S. 166.

[4] LIPSCHITZ, W. Ber. u. d. ges. Phys. **42**, 572. — KOBAYASHI, K. Acta Scholae med. Kioto. **8**, 465. (1926).

[5] SCHMIDT-NOORDEN: Klinik der Darmkrankheiten, S. 86 (1921).

[6] VALERI, G. B.: Arch. ital. de Biol. **52**, 102 (1909).

[7] Siehe hierzu MACFADYAN, NENCKI, SIEBER: Arch. f. exper. Path. **28**, 311 (1891). — HONIGMANN: Boas' Arch. **2**, 296 (1896). — EWALD: Virchows Arch. **75**, 409 (1879). — SCHMIDT, A.: Boas' Arch. **4**, 137 (1898).

RINGsche Falten) und besonders die große Zahl der speziell für die Resorption differenzierten Zotten. Beim Menschen findet man von ihnen 18—40 pro qmm. Sie erreichen eine Höhe von 0,2—1 mm und bedecken die ganze Oberfläche des Dünndarms. KROGH[1] berechnet nach MALL beim Hunde 16 Zotten pro qmm. Diese sind 0,5—0,6 mm hoch und 0,2—0,25 mm breit und ihre Oberfläche ungefähr 0,43 qmm. Bezüglich der ausführlichen Histologie muß auf das entsprechende Kapitel dieses Handbuchs[2] verwiesen werden. Hier können nur einige direkt mit dem Resorptionsprozeß zusammenhängende Fragen besprochen werden[3].

a) Histologie der Zotten.

Die Zotten sind mit einem Zylinderepithel bedeckt. Dieses bietet das größte Interesse für den Mechanismus der Resorption, denn alle Substanzen müssen durch dieses durchtreten. Die Epithelzellen haben beim Menschen eine Höhe von 22—26 μ und eine Breite von 6—9 μ und sitzen auf einer homogenen Basalmembran. An der freien Oberfläche haben diese Zellen einen Cuticularsaum (HENLE), der eine feine Streifung erkennen läßt. R. HEIDENHAIN hat diese feine Streifung als das Bild von feinen Stäbchen aufgefaßt. In der älteren Literatur wurde vielfach angenommen, daß sie contractil seien und wie Fangarme von der Zelle ausgestreckt und eingezogen würden. PRENANT betrachtet sie als Cilien, die ihr Bewegungsvermögen eingebüßt haben. Tatsache ist, daß dicht unter dem cuticularen Saum Körnchen liegen, die sich ähnlich färben wie die Basalkörperchen der echten Flimmerzellen (M. HEIDENHAIN). Wenn man bedenkt, daß es eben dieser feine Cuticularsaum ist, durch welchen die Substanzen durchtreten müssen, so wird man begreifen, wie begierig die Physiologie die Aufklärung über das Wesen dieses Cuticularsaumes erwartet.

In der ruhenden Zelle findet man oben einen dunkleren, alveolar gebauten Teil. Darunter helleres Protoplasma mit deutlichem GOLGIschen Netzapparat. Im Protoplasma liegen parallelfaserige Fibrillen, welche aus Körnchen zusammengesetzt sind (Bioblasten von ALTMANN, Mitochondrien von BENDA). Nach M. HEIDENHAIN haben diese Fibrillen erstens mechanische Bedeutung. Sie wirken gegen Seitendruck (Tonofibrillen). Zweitens haben sie eine Funktion bei der Resorption, indem sie die resorbierten Substanzen (Wasser, Lösungen) weiterleiten (S. hierzu auch S. 57, CRAMER und LUDFORD.)

Nach KREHL, POLICARD, ARNOLD, CHAMPY sollen sich in den Mitochondrien während der Resorption Unterschiede zeigen. Bei längerem Fasten findet man im oberen Teil der Zelle eine und im unteren Teile der Zelle eine zweite Gruppe von gebogenen langen Fäden. Diese Gruppen sind durch lange Chondriochonten an den Seiten der Zelle verbunden. Zur Zeit der Resorption von Eiweiß und Fett scheinen sie sich zu lockern und zerfallen in Körner, und zwar zuerst im oberen Teile der Zellen. Auch die Färbbarkeit der Körner ändert sich; bei der Fettresorption sollen zuerst diese Körner erscheinen und über diese sollen sich dann die Fetttröpfchen legen. CHAMPY hat demgemäß den Mitochondrien eine „katalytische Rolle" bei der Resorption zugewiesen. Morphologen sprechen auf Grund der doppelten Anordnung der Mitochondrien von einer „Bipolarität" der Darmepithelien (CHAMPY, PRENANT) und stellen sich den Resorptionsprozeß analog der Drüsensekretion vor. Auf Grund der histologischen Bilder nehmen sie an, daß die Darmepithelzelle die vom Darmlumen aus aufgenommene Substanz

[1] KROGH: Physiologie der Capillaren. 1924.

[2] Siehe hierzu F. GROEBBELS: Histophysiologie des Darmes. Dieses Handb. **3**, 668—681; ferner W. v. MÖLLENDORF: Z. Zellforschg **2**, 129 (1925).

[3] SZYMONOVICZ: Lehrb. d. Histol., S. 232 (1921). Wegen der älteren Literatur siehe besonders HEIDENHAIN: Pflügers Arch. Suppl. **1888**.

gegen das Zotteninnere zu sekretiert, wobei die obere Zellpartie resorbieren, die untere sekretieren soll. Wir werden weiter unten sehen, daß man sich physiologisch für die meisten Phasen der Resorption einfachere Anschauungen gebildet hat. Immerhin gibt es viele Schwierigkeiten für die rein physikalisch-chemischen Erklärungsversuche der Resorption und deshalb können uns diese histologischen Bilder ein Fingerzeig für eine etwaige aktive Zellarbeit beim Resorptionsprozeß sein.

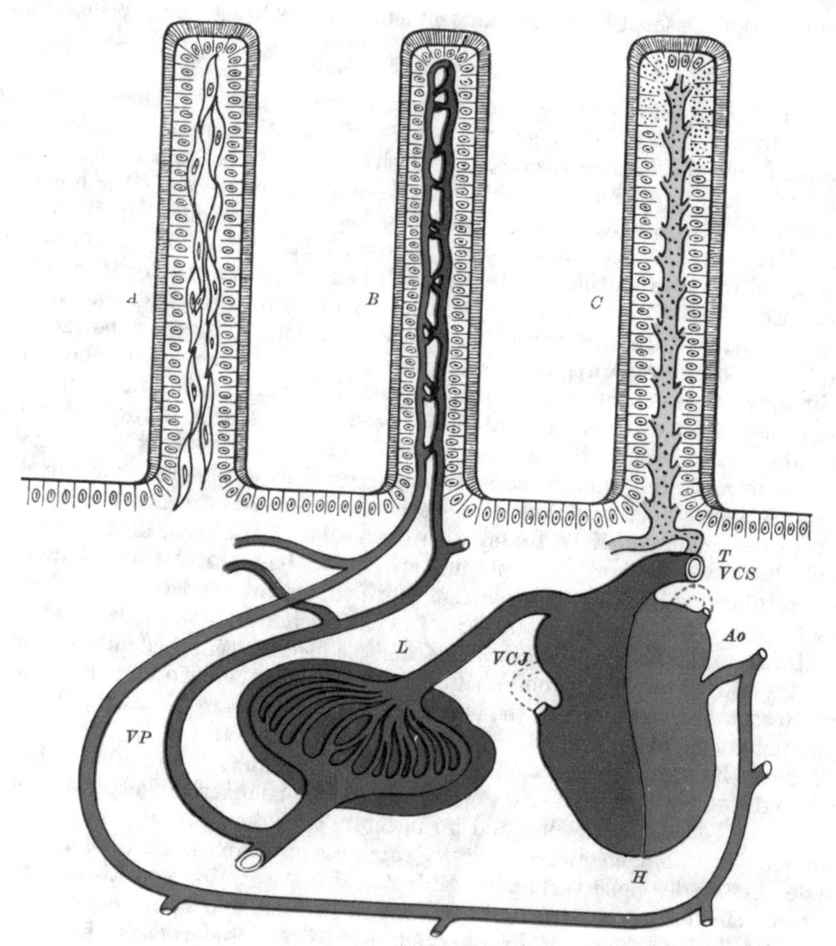

Abb. 1. Schema der Resorption aus dem Dünndarm. *A* Zotte mit glatter Muskulatur; *B* mit Capillaren; *C* mit zentralem Lymphraum. In den Zotten ist das Zylinderepithel mit dem Stäbchensaum gezeichnet. In *C* bedeuten Punkte den Weg der Fetttröpfchen. *L* = Leber. *VCJ* = Vena cava inf. *VCS* = Vena cava sup. *VP* = Vena portae. *T* = Ductus thoracicus. *Ao* = Aorta. *H* = Herz.

Für die Resorption hat auch die Intercellularsubstanz, die zwischen den Zellen liegt, Bedeutung. Nach M. Heidenhain ist sie gegen das Darmlumen zu durch eine Verschlußleiste abgeschlossen.

Für die Resorption von Wichtigkeit können auch die zwischen den Zylinderepithelien überall sichtbaren Leukocyten sein. Man hat daran gedacht, daß sie beim Weitertransport von resorbierten Substanzen (s. Fettresorption) beteiligt sind. Eine größere Rolle werden sie wohl nicht spielen, doch muß zugegeben werden, daß wir weder über ihre, noch über die Bedeutung der zahlreichen Wanderzellen, die überall zwischen den Maschen des retikulären Bindegewebes des Zottenkörpers liegen, orientiert sind.

Ebenso ist die Rolle der zahlreichen Lymphknoten, aus denen beständig zahlreiche Lymphocyten durch das Zottenepithel evtl. bis zur Oberfläche des Darmes und von dort wieder zurückwandern, durchaus nicht klar. Sie müssen jedenfalls eine große Bedeutung haben. Vielleicht sind sie der Ausdruck von antibakteriellen Abwehrmaßregeln. Sie sind es vielleicht, die verhindern, daß die Bakterien des Darmes in die Schleimhaut einwandern. Darauf weist ihre Beteiligung bei Infektionen hin. Aber ihre alleinige Rolle dürfte dies doch nicht sein.

Erwähnt sei nur, daß zwischen den Zylinderepithelien einzelne schleimproduzierende Becherzellen zu sehen sind, die von manchen nur für umgewandelte Zylinderepithelien gehalten werden.

Das retikuläre Bindegewebe, aus welchem sich der Zottenkörper zusammensetzt, verdichtet sich unterhalb des Epithels zur Basalmembran und weiter unten, an der Basis der Zotte, zur Lamina propria des Darmes. In dieser liegen zahlreiche Lymphfollikel, kleine Solitärfollikel und große Payersche Plaques. Die Lymphgefäße umflechten diese, ohne in die Follikel einzutreten (Teichmannsche Netze). Die Lymphgefäße beginnen im zentralen Chylusraum der Zotten oft mit einer kolbigen Anschwellung. In großen Zotten sind oft auch 2—3 Anschwellungen vorhanden. Sie sind mit einschichtigem Plattenepithel bedeckt und bilden zuerst das Unterzottengeflecht und dann den submukösen Plexus. Von hier gehen sie im Mesenterium als Chylusgefäße parallel den Blutgefäßen. Vom submukösen Plexus an sind sie mit Klappen versehen, die so gestellt sind, daß die Lymphe nur in der Richtung vom Darm fort fließen kann.

In der Längsrichtung der Zotte befinden sich schmale Züge glatter Muskelzellen, welche in Verbindung mit der Muscularis mucosae stehen und bis zur Basalmembran reichen. Im Zottenkörper bilden sie ein muskuläres Netzwerk, dessen Kontraktion ein Kürzerwerden der Zotten zur Folge haben muß (s. S. 22).

Die Blutgefäße reichen in den Zotten in Form eines dichten Capillarnetzes bis direkt unter die Basalmembran des Zylinderepithels. An ausgeschnittenen Därmen sieht man sie häufig mit Blut gefüllt wie an einem Injektionspräparat. Nach Mall (vgl. Krogh[1]) tritt in jede Zotte eine Arterie, die bis zur Spitze verläuft, sich dort in 15—20 Capillaren teilt, die unter dem Epithel herabziehen und ein engmaschiges Netz bilden. Die einzelnen Capillaren haben im Mittel einen Durchmesser von 8 μ. Die Oberfläche der Capillaren wird zu 82% der Epitheloberfläche berechnet.

Die viel komplizierteren Gefäße in den Zotten der Kaninchen hat Vimtrup (nach Krogh) beschrieben. Hier wird die Oberfläche der Zotte zu 2,2 qmm und die Capillaroberfläche zu 2,4 qmm berechnet.

b) Quantitative Verhältnisse der Dünndarmresorption.

Man findet oft Angaben, daß verschiedene Teile des Dünndarms auf verschiedene Weise resorbieren. So wird von Omi[2] z. B. angegeben, daß Pepton aus dem Ileum besser resorbiert werde, dagegen Traubenzucker und Rohrzucker schlechter. Nagano[3] sagt, daß im oberen Teile des Dünndarmes der Zucker verhältnismäßig schneller resorbiert werde, als das Wasser und im unteren Teile umgekehrt, das Wasser schneller als der Zucker. Auch soll im Jejunum die Resorption von NaCl im Verhältnis zum Wasser langsamer erfolgen als im Ileum.

---

[1] Krogh: Anatomie und Physiologie der Capillaren, S. 14. Berlin: Julius Springer 1924.
[2] Omi: Pflügers Arch. **126**, 540 (1909).
[3] Nagano: Pflügers Arch. **90**, 402 (1902).

Schon RÖHMANN betonte, daß die Alkalescenz des Darminhaltes, besonders im Ileum, stark zunimmt. Wie diese Unterschiede in der Sekretion von alkalischem Darmsaft diese verschiedenen Resultate beeinflussen, ist schwer zu sagen. CRONER sah Unterschiede der Fett- und Seifenresorption, NOBECOURT und VITRY[1] hinsichtlich des osmotischen Ausgleiches von Salzlösungen.

Untersuchungen, wie die von GRIMMER[2], bei welchen Tiere einige Zeit nach der Fütterung getötet und dann ihr Darminhalt untersucht wurde, zeigen eine derartige Variabilität der Befunde, daß man ziemlich mißtrauisch gegenüber allen Versuchen sein muß, die eine quantitative Gesetzmäßigkeit bezüglich der Resorption verschiedener Substanzen in verschiedenen Teilen des Dünndarmes feststellen wollen.

ARRHENIUS[3] hat auf Grund der Versuche von LONDON und Mitarbeitern das sog. Quadratwurzelgesetz aufgestellt. LONDON und GAWRILOVITSCH[4] äußern sich diesbezüglich folgendermaßen: „Bei der Resorption von Eiweiß- und Kohlehydratabbauprodukten ist ceteris paribus die Menge des zur Resorption gelangenden Stoffes direkt proportional und die Menge des Wassers umgekehrt proportional der Quadratwurzel der zugeführten Menge; bei ungewöhnlich großen Konzentrationen wächst die Flüssigkeitsmenge bei der Resorption im Darm an, anstatt abzunehmen. Die Stoffresorption ist dabei der Quadratwurzel nicht proportional.“

4. Resorption aus dem Dickdarm.

Der in den Dickdarm gelangende Chymus enthält fast keine resorptionsfähigen Substanzen mehr, außer Wasser. Demgemäß findet hier und im Rectum unter normalen Verhältnissen auch nur eine Resorption von Wasser statt, so daß der Chymus hier etwa zwei Drittel seines Wassergehaltes verliert. Hierzu befähigt den Dickdarm das lange Verweilen des Darminhaltes.

Vom Dickdarm können prinzipiell alle jene Substanzen resorbiert werden, die aus dem Dünndarm resorbiert werden können. Gelangen die Nahrungsmittel jedoch per rectum in den Dickdarm, so können nur die resorbiert werden, die wasserlöslich und diffusibel oder lipoidlöslich sind. Nicht aber jene, die zu ihrer Resorption auch im Dünndarm zuerst gespalten werden müssen, wie z. B. Eiweiß. Diese werden nur dann resorbiert werden können, wenn entweder aus dem Dünndarm stammende Darmenzyme sie spalten oder sie durch eine Antiperistaltik in den Dünndarm gelangen.

So wird, falls er per rectum in den Dickdarm gelangt, Traubenzucker resorbiert (REACH, HÁRI, HALÁSZ[5]). Auch Fett soll resorbiert werden (MUNK und ROSENSTEIN[6], ORNSTEIN[7]) und ebenso auch Aminosäuren (BYWATERS und RENDLE SCHORT[8]). NAKAZAWA[9] hat neuerdings auch gezeigt, daß der Dickdarm die verschiedensten Substanzen sehr stark resorbiert, $^1/_2$—$^1/_3$ so stark wie der Dünndarm.

Bezüglich der weiteren Einzelheiten sei auf das Kapitel über Resorption aus dem Rectum und Nährklysmen verwiesen[10].

---

[1] NOBECOURT, P. u. G. VITRY: Arch. de Physiol. et Path. genér. **6**, 733 (1904).
[2] GRIMMER, W.: Biochem. Z. **2**, 118, 389 (1907). Siehe die ähnlichen Versuche von LONDON u. POLOWZOWA: Hoppe-Seylers Z. **49**, 328 (1907).
[3] ARRHENIUS, S.: Hoppe-Seylers Z. **63**, 323 (1909).
[4] LONDON u. GAWRILOWITSCH: Hoppe-Seylers Z. **74**, 322 (1911).
[5] REACH: Pflügers Arch. **86**, 247 (1901) (siehe hier auch die ausführliche ältere Literatur) — Arch. f. exper. Path. **47**, 231 (1902). — HÁRI u. HALÁSZ: Biochem. Z. **88** 337 (1918).
[6] MUNK u. ROSENSTEIN: Virchows Arch. **123**, 489 (1891).
[7] ORNSTEIN, L.: Biochem. Z. **87**, 217 (1918).
[8] BYWATERS u. RENDLE SCHORT: Arch. f. exper. Path. **74**, 426 (1913).
[9] NAKAZAWA, F.: Tohoku J. exper. Med. **6**, 130 (1925).
[10] Siehe auch MASSOL u. MINET: C. r. Soc. Biol. **64**, 447 (1908)

II. Die Methodik der Resorptionsforschung.

Es ist hier nicht der Ort, eine ausführliche Darstellung der Methodik der Resorptionsforschung zu geben. Einiges muß doch bemerkt werden, da die Resultate weitgehend davon abhängen, ob die Methode entsprechend war.

Die Darmschleimhaut ist außerordentlich empfindlich. Während der Darm in Ringerlösung noch tagelang seine Kontraktionen fortsetzt, sieht man bei den in Ringerlösung gelegten Därmen schon nach einigen Minuten die Schleimhaut sich ablösen. Deshalb können alle Versuche, bei welchen *überlebende Darmschlingen* in Ringerlösung suspendiert untersucht worden sind, nur einen sehr bedingten Wert haben. Bei einer solchen Methodik wird ja auch ein ganz abnormer Durchtritt der Flüssigkeit von der Serosa zur Mucosa und umgekehrt benutzt, während sonst der Durchtritt nur von der Schleimhautoberfläche bis zu den Capillaren geht. Es können evtl. prinzipielle Fragen gelöst werden, aber nichts Quantitatives über die Verhältnisse im Körper ausgesagt werden. Auf diese Weise hat COHNHEIM wertvolle Resultate bekommen und nach ihm viele andere, wie HÖBER, WALLACE und CUSHNY und neuerdings besonders LASCH[1], der die Resorption aus überlebenden, suspendierten, abgebundenen Darmstücken untersucht. Die zu untersuchende Flüssigkeit kam in das Innere des Darmstückes.

Noch viel weniger benutzbar ist für den Darm die *künstliche Durchströmung* mit defibriniertem Blut oder mit Salzlösungen. Es ist bisher nicht gelungen, auf diese Weise eine Methodik auszuarbeiten, mit welcher die normale Funktion der Darmschleimhaut erhalten worden wäre.

Eine dritte Methode ist die, daß man das Tier einige Zeit nach *der Fütterung tötet* und den Darminhalt an verschiedenen Stellen untersucht. Die Zusammensetzung des Chymus wird Aufklärung geben, welche Substanzen inzwischen resorbiert worden sind. Einige Versuche von LONDON sind auf diese Weise ausgeführt worden. Die Methode von CORI[2] besteht darin, daß er Ratten die zu untersuchende Substanz mit Magensonde eingibt, nach einer bestimmten Zeit das Tier tötet und die Substanz im Darminhalt bestimmt. (Resorptionskoeffizient: auf 100 g Körpergewicht und eine Stunde bezogene Menge der resorbierten Substanz. 7% Genauigkeit.)

Physiologische Verhältnisse werden durch Versuche mit der *Fistelmethode* erstrebt. Diese ist besonders von LONDON und seiner Schule ausgearbeitet worden. LONDON hat seine Methode als Polyfistelmethode bezeichnet. Er legt Fisteln an verschiedenen Abschnitten des Dünndarmes an und untersucht den aus diesen strömenden Chymus. Ähnliche Versuche sind auch an Menschen angestellt worden (NOLEN), die ein oder zwei Darmfisteln in verschiedener Höhe hatten. Auch mit dieser Methode muß man ganz bestimmte Gesichtspunkte vor Augen halten. So wird z. B. die Resorption aus dem Magen davon abhängen, mit welcher Geschwindigkeit er sich durch den Pylorus entleert. Der Pylorusreflex wieder hängt von der Füllung des Duodenums ab. Fließt durch eine Duodenalfistel direkt nach dem Pylorus der Darminhalt ganz heraus, so erhält man ganz abnorme Resultate. Man muß in diesem Falle eine zweite Fistel anlegen und durch diese das Duodenum immer wieder füllen, wenn man unter Verhältnissen arbeiten will, welche den normalen ähnlich sind. Sicherlich ist die Fistelmethode, wenn sie richtig angewendet wird, die am meisten physiologische.

---

[1] LASCH: Biochem. Z. **169**, 292 (1926). — TRENDELENBURG, S.: Arch. f. exper. Path. **81**, 55 (1917).

[2] CORI, C. F.: Proc. roy. Soc. Lond. **22**, 495 (1925).

Eine vielbenutzte Methode beruht auf dem Prinzip der *Thiry-Vellaschen Fistel*[1]. Eine Darmschlinge wird an einem oder besser an zwei Enden ausgeschaltet, in die Bauchwand verpflanzt, mit der zu untersuchenden Flüssigkeit gefüllt, diese nach einiger Zeit wieder ausgewaschen. Die verschiedenen Methoden zur Anlage dieser Fisteln sind in Abb. 2 zusammengestellt. Bezüglich der Mängel, welche den Vella-Fisteln anhängen, bemerkt NAGANO z. B., daß man erst dann mit Versuchen beginnen kann, wenn die Darmschlinge schon seit einiger Zeit nicht funktioniert. Später bekommt man oft eine anormale starke Sekretion. Häufig scheint sich ein katarrhalischer Zustand zu entwickeln, und es ist ganz sicher, daß dann die Resorptionsverhältnisse vollständig anders ablaufen. GUMILEWSKI[2], CRONER und ROSENBERG betonen, daß nur solche Versuche bei THIRY-VELLAschen Fisteln vergleichbar sind, die zeitlich nicht zuweit auseinander liegen, eben wegen des wechselnden Zustandes des Darmes. In älteren Versuchen an Vella-Fisteln ist vielfach ein Mißverständnis dadurch entstanden, daß das Erepsin noch unbekannt war, so daß man eine Resorption von Eiweiß bzw. Pepton usw.

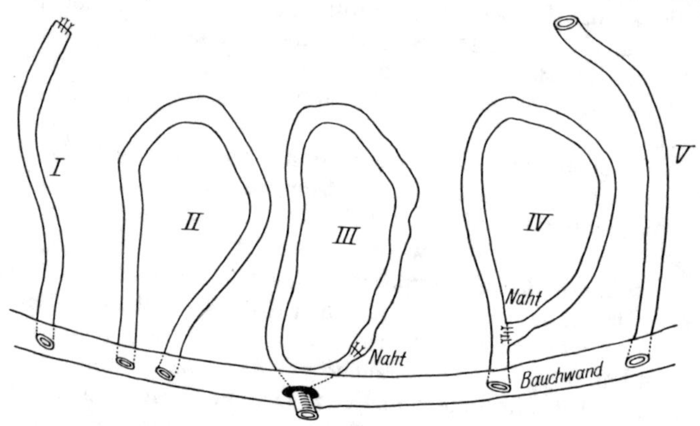

Abb. 2. Verschiedene Arten von Darmfisteln.

annahm, wenn dieses verschwand. Sowohl in den Fistelversuchen wie bei der THIRY-VELLAschen Fistel ist immer zu bedenken, daß die Abbauprodukte der Nahrungsmittel meist so rasch resorbiert werden, als sie entstehen. Es kommt dann überhaupt zu keiner Anhäufung derselben im Darm. Auch ist zu bedenken, daß Fisteln, die in den verschiedenen Teilen des Darmes angelegt sind, ganz verschieden resorbieren können.

Nur in kurzdauernden Versuchen kann eine Methode benutzt werden, die z. B. von HÖBER gebraucht wurde, der *einzelne Darmschlingen abband*, mit der zu untersuchenden Flüssigkeit füllte und nach einiger Zeit die Darmschlinge wieder auswusch. Die Versuche müssen an narkotisierten Tieren gemacht werden. Infektion oder Operationsreiz können die Zirkulationsverhältnisse im Darm sehr stark beeinflussen. Parallelversuche zeigen deshalb oft große Differenzen und sind darum nur mit strenger Kritik zu verwenden[3].

Man wird sehr wohl daran tun, immer an diese *Schwierigkeiten der Resorptionsforschung* zu denken. Viele Diskussionen sind dadurch entstanden, daß

[1] BOLDYREFF, S.: Methoden der Darmchirurgie. Erg. Physiol. **24**, 426 (1925). Ferner E. KNAFFL-LENZ u. S. NAGAKI: Arch. f. exper. Path. **105**, 109 (1925).

[2] GUMILEWSKI: Pflügers Arch. **39**, 556 (1887). — CRONER: Biochem. Z. **23**, 102 (1909). — ROSENBERG, S.: Pflügers Arch. **73**, 40 (1898).

[3] Z. B. neuere Versuche nach dieser Methodik von NAKAZAWA, KING und ARNOLD: Zitiert auf S. 22. — EDKINS (S. S. 79) arbeitet ebenso an decerebrierten Tieren.

der eine Autor Verhältnisse für normal beschrieb, die von anderen nur für die Folge einer Schädigung der Schleimhaut betrachtet wurden.

Die Resorptionsforschung kann auch an einem anderen Punkte angreifen, indem sie die Produkte der Resorption im Blut sucht. Die *Untersuchung des Blutes* der Vena portae wurde von MERING zum Nachweis der Resorption der Zucker benutzt. Die Untersuchung des *Chylus* des Ductus thoracicus von Hunden, sowie im Chylus einer Patientin von MUNK hat wertvolle Aufklärung über die Fettresorption gebracht. Die Untersuchungen des Blutes durch FOLIN und VAN SLYKE haben die Resorption der Eiweißkörper aufgeklärt.

Neuerdings hat LONDON[1] die von ihm als *angiostomische Methode* bezeichnete Gefäßpunktion ausgeführt. Er zieht das zu untersuchende Gefäß, z. B. die Vena portae, bis unter die Haut, näht sie dort fest und legt dann in die Haut eine feine, silberne Dauerkanüle, die bis an die äußere Wand der Vene reicht. Durch diese kann mittels einer feinen Pravaznadel zu jeder Zeit Blut entnommen werden.

Um die bei der Resorption in sehr großen Verdünnungen im Blut vorhandene Resorptionsprodukte zu konzentrieren, har KÖRÖSY einen *verminderten Kreislauf* angelegt, indem er außer Herz und Lunge nur den Darm in der Zirkulation ließ. Da jetzt weder die Leber noch die Muskeln noch die Nieren die resorbierten Stoffe aufnehmen bzw. ausscheiden, so können diese sich im Blut anhäufen. Ein Mangel der Methode war jedoch, daß eben durch die Ausschaltung lebenswichtiger Organe abnorme Verhältnisse geschaffen wurden.

Nach einem ganz anderen Prinzip hat ABEL[2] die Produkte der Resorption zu konzentrieren versucht mit seiner Methode der *Vividiffusion*. Das Blut wird durch einen langen Dialysator geleitet, nachdem ihm vorher eine gerinnungshemmende Substanz beigegeben ist. Der Dialysator ist zwischen das zentrale und periphere Stück eines Gefäßes eingeschalten. Das Blut dialysiert gegen Ringerlösung oder destilliertes Wasser, und man kann so einzelne Substanzen in großen Mengen gewinnen (z. B. dialysierbare Aminosäuren), die sonst im Blut nur in äußerst kleinen Mengen nachweisbar sind[3].

III. Die Kräfte der Flüssigkeitsbewegung.

Es kann hier keine erschöpfende Darstellung über die Möglichkeiten der Wanderung von Flüssigkeiten und gelösten Substanzen durch Membranen versucht werden. Immerhin müssen wir zum Verständnis der Resorption zuerst ganz allgemein besprechen, welche Faktoren einen Flüssigkeitstransport durch Membranen bedingen.

1. *Filtration.* Der Durchtritt einer Lösung durch eine Membran kann erstens durch *Filtration* geschehen. Hierunter versteht man die Bewegung einer Lösung durch eine Membran infolge einer hydrostatischen Druckdifferenz. Lösungsmittel und gelöster Stoff wandern zusammen, ohne daß dabei eine Änderung der Zusammensetzung eintritt. Die Geschwindigkeit der Filtration hängt nur von der Differenz des hydrostatischen Druckes an beiden Seiten der Membran ab. Ist der Druck auf der einen Seite höher oder herrscht auf der anderen Seite eine Saugwirkung, so wird ceteris paribus mehr Flüssigkeit filtriert werden. Eine Trennung des Lösungsmittels und der gelösten Substanz, falls dieses ein Krystalloid ist, wird durch Filtrationsprozesse nicht eintreten; die beiden werden in gleicher Konzentration miteinander wandern.

[1] LONDON, E. S.: Pflügers Arch. **201**, 360 (1923).

[2] ABEL: Internat. Physiol.-Kongreß 1913.

[3] BERGEIM: Methode zur Bestimmung der Ausnützung eines Nahrungsgemisches. S. 79.

Der Durchtritt der Lösungen hängt jedoch auch von der Teilchengröße der gelösten Substanzen ab. Durch gewöhnliche Papierfilter werden suspendierte Teilchen meistens zurückgehalten, während kleinere Substanzen durchgelassen werden. Man kann leicht solche Filter konstruieren, deren Poren bereits so eng sind, daß kolloide Teilchen von verschiedener Größe nicht durchgelassen werden. So kann man durch Anwendung von Celloidin von verschiedener Konzentration nach BECHHOLD Membranen verschiedener Permeabilität erhalten, durch welche verschiedene kolloide Teilchen voneinander getrennt worden sind. Auf diese Weise führen die einfach filtrierenden Membranen über zu Membranen, die bereits eine gewisse Spezialisierung für Lösungsmittel und gelöste Substanzen zeigen.

Eine Variation der gewöhnlichen Filtration ist, wenn durch Druck- und Saugwirkung einer Pumpe die Filtration verstärkt wird. Es handelt sich dabei auch nur um die Größe des hydrostatischen Druckgefälles, welches die Geschwindigkeit der Filtration beeinflußt. Diese Modifikation ist von Bedeutung, weil ein ähnlicher Mechanismus für die Resorption im Darme vielfach in Betracht gezogen wurde.

2. *Diffusion.* Die zweite Art der Flüssigkeitsbewegung bezieht sich auf den Austausch von Lösungsmitteln und gelösten Substanzen zwischen zwei Flüssigkeiten, die unter dem gleichen hydrostatischen Druck stehen. Diese Mischung der beiden Flüssigkeiten kann vor sich gehen, a) erstens dann, wenn die Flüssigkeiten über- oder nebeneinander geschichtet sind, so daß keine Membran sie trennt. Es wird dann eine einfache *Diffusion* eintreten. b) Genau derselbe Fall wird aber eintreten, wenn die beiden Flüssigkeiten durch eine Membran voneinander getrennt sind, die sowohl für das Lösungsmittel als für die gelöste Substanz vollständig permeabel ist. c) Man kann drittens Diffusionsversuche auch so anstellen, daß man nicht zwei Flüssigkeiten wählt, die durch eine Membran getrennt sind, sondern z. B. eine Flüssigkeit und daneben ein Gel und die Diffusion von der Flüssigkeit in das Gel und vice versa beobachtet. Und ferner könnte man zwei Gele nebeneinander oder aufeinander schichten und dann die Diffusion von dem einen in das andere beobachten.

Die Grundbedingung in allen diesen Fällen ist die vollständige Permeabilität der trennenden Flächen für Lösungsmittel und gelöste Substanzen. Die Geschwindigkeit, mit welcher sich nun die Substanzen miteinander mischen werden, oder gegenseitig ineinander ausbreiten, hängt unter anderem ab α) von der Molekülgröße bzw. der Diffusionsgeschwindigkeit, indem die letztere um so größer ist, je kleiner das Molekül ist. Ganz allgemein werden bekanntlich alle Substanzen die sich bei der Diffusion wie Leim verhalten, als Kolloide bezeichnet. Ihre Diffusionsgeschwindigkeit ist außerordentlich klein. β) Zweitens hängt die Geschwindigkeit der Diffusion von dem Verhältnis des Gesamtquerschnitts der Poren der Membran zur Gesamtfläche der Membran ab. Das heißt, wenn die Poren der Membran sehr klein sind, Molekülgröße erreichen, dann wird ebenso wie bei der Filtration die trennende Membran gewisse Moleküle zurückhalten können. Die Wirkung der Membran wird sich nun in der Diffusionsgeschwindigkeit äußern. Ebenso wie diese bei großen Molekülen klein ist, so wird andererseits auch die Membran gerade die großen Moleküle zurückhalten. Wir kommen also hier auch zu einem Fall, in welchem trotz einfacher Diffusionsgesetze eine gewisse Membran trennend auf die verschiedenen Teile einer Lösung bei der Diffusion wirken kann. γ) Drittens ist die Diffusion unabhängig von dem hydrostatischen Druck, dagegen abhängig von der Konzentration der Substanzen. Die verschieden konzentrierten Substanzen werden durch die trennende Fläche, sei es nun eine einfache Berührungsfläche oder sei es eine Membran, immer danach streben, gleiche Konzentrationsverhältnisse gegenseitig zu erreichen. Dabei diffundieren die verschiedenen gelösten Substanzen vollständig unabhängig voneinander, jede ihrem eigenen Konzentrationsgefälle entsprechend. Eine Diffusion wird überhaupt nur dann zustande kommen, wenn zwischen den beiden Seiten der Grenzfläche ein Konzentrationsgefälle besteht, und die Diffusion wird immer nur nach dem Orte der geringeren Konzentration zu stattfinden, bis die Konzentration an beiden Orten gleich ist.

Das Resultat einer Diffusion aus Gemischen wird also zu einer quantitativen und evtl. auch zu einer qualitativen Änderung der Flüssigkeit führen. Wenn die verschiedenen Substanzen verschiedene Diffusionsgeschwindigkeit haben, so wird auch bei vollständiger Permeabilität der Membran in einem gewissen Zeitpunkt nach Beginn der Diffusion die Zusammensetzung der Lösungen auf der einen und auf der anderen Seite eine verschiedene sein können. Das Endresultat, freilich evtl. nach unendlich langer Zeit, müßte dann eine vollständige Gleichheit auf beiden Seiten der Trennungsfläche sein. Aber in der Zwischenzeit kann das Resultat eine qualitative Änderung in der Zusammensetzung der Lösung sein.

3. Eine *Kombination von Filtration mit Diffusion* ist leicht denkbar. Wenn nämlich die gegeneinander durch eine vollständig permeable Membran frei diffundierenden Lösungen unter verschiedenem hydrostatischem Druck stehen, so wird einesteils eine Filtration, anderenteils aber auch noch eine Diffusion stattfinden, weil zwischen den gegeneinander filtrierenden Lösungen auch noch Konzentrationsunterschiede bestehen.

Das Resultat wird dann eine Kombination aus den beiden Faktoren sein. Es wird vom Orte des höheren hydrostatischen Druckes eine Filtration zum niederen hydrostatischen Druck stattfinden, und angenommen, daß diese Filtration nur relativ langsam verläuft, ist es sogar denkbar, daß eine umgekehrt gerichtete Diffusion gleichzeitig stattfindet. Es kann dadurch zu außerordentlich komplizierten, schwer übersehbaren Resultaten kommen.

4. *Osmose.* Während bei der Diffusion kein Hindernis für die Wanderung des Lösungsmittels und der gelösten Substanz besteht (abgesehen von Kolloiden), gibt es Membranen, die dem Durchtritt der gelösten Substanzen ein Hindernis bieten und nur das Lösungsmittel, meistens Wasser, durchtreten lassen. Diese Membranen werden als semipermeable Membranen bezeichnet, ein Ausdruck, der den Tatsachen meistens nicht gerecht wird. Der Vorgang selbst, daß nämlich durch die Membran nur Wasser durchtritt, wird als *Osmose* bezeichnet. Diese Definition ist deshalb nötig zu präzisieren, weil man vielfach in der Literatur ganz allgemein jede Diffusion durch eine Membran als Osmose bezeichnet. Im weiteren Sinne wird das durchaus richtig sein, denn eine strenge Grenze ist nicht zu ziehen. Aber durch diesen weitergefaßten Begriff ist manches Mißverständnis in die Literatur gelangt, so daß man gut daran tun wird, an dem enger begrenzten Begriff festzuhalten.

Wir gehen zuerst aus von dem Idealfall, daß die Membran vollständig undurchlässig für die gelöste Substanz und nur durchlässig für Wasser, für das Lösungsmittel, ist. Das bekannteste Modell einer semipermeablen Membran ist die Ferrocyankupfermembran von Traube. Gibt man in eine mit einer semipermeablen Membran umgebene Tonzelle eine Lösung von höherem osmotischen Druck als außerhalb der Zelle sich befindet, so tritt aus der verdünnteren Lösung so lange Wasser durch die Membran, bis innerhalb der Membran der gleiche osmotische Druck herrscht. Hierbei kann sich der hydrostatische Druck vergrößern, und der hydrostatische Druck kann dann ein Maß des osmotischen Druckes sein. Die Osmose ist um so stärker, je größer der Konzentrationsunterschied in den

Lösungen zu beiden Seiten der Membran ist, angenommen, daß nur ein und dieselbe Substanz gelöst auf beiden Seiten der Membran vorhanden ist. Zwei Lösungen von verschiedenen Stoffen, die die gleiche molekulare Konzentration haben, werden als isotonisch, das heißt von gleichem osmotischen Druck, bezeichnet.

Dem einfacheren Fall, daß die Membran vollständig impermeabel für die gelösten Substanzen ist, steht jener Fall gegenüber, daß die Membran nicht vollständig impermeabel, sondern nur besser permeabel für das Lösungsmittel ist. Endlich der dritte Fall, daß die Membran semipermeabel oder, besser gesagt, impermeabel für eine Substanz, aber für verschiedene andere Substanzen permeabel ist. Es werden dann Kombinationen mit den Diffusionserscheinungen auftreten. Es ist sehr wohl denkbar, daß, wenn zwei verschiedene Substanzen auf den beiden Seiten einer Membran sind, die beiden isosmotisch sein können, aber nicht im Diffusionsgleichgewicht sind, ja, das ist sogar eigentlich gewöhnlich der Fall.

Die meisten Membranen, die nun in der Natur vorkommen, sind nicht vollständig semipermeable Membranen, sondern sie sind gewöhnlich nur besonders gut permeabel für Wasser, impermeabel für gewisse Substanzen, dagegen mehr oder weniger permeabel für zahlreiche verschiedene Substanzen. Dadurch wird zustande kommen, daß der Flüssigkeitsausgleich durch solche Membranen sich einesteils auf Grund osmotischer, anderenteils auf Grund von Diffusionsgesetzen einstellen wird. Wir können hinzufügen, daß, ebenso wie mit der Diffusion Filtration sich paaren kann, hier auch noch die Filtration hinzukommen kann, wenn hydrostatische Druckdifferenzen herrschen. Filtration, Diffusion und Osmose durch teilweise impermeable Membranen werden zu äußerst komplizierten und ebenfalls im voraus sehr schwer überblickbaren Resultaten führen. Die Resultate können auch im Laufe der Zeit sich ändern, während die Diffusion vor sich geht.

Ein Fall, in welchem es sich nur um Diffusionserscheinungen handelt, ist z. B. der folgende: Wenn man einen Tonzylinder mit einem Steigrohr verbindet, den Zylinder mit einer Kochsalzlösung füllt und diesen in destilliertes Wasser taucht, so wird Wasser in die Zelle und Kochsalz aus der Zelle in das Wasser diffundieren. Aber am Anfang wird doch im Inneren der Zelle die Flüssigkeit steigen, und zwar deshalb, weil das Wasser rascher in die Zelle hereintritt, als das Kochsalz heraus. Später wird dann ein Gleichgewicht sich einstellen, und die Wassersäule im Inneren der Zelle wird wieder sinken.

Stellen wir denselben Versuch an, wenn wir eine vollständig semipermeable, und zwar eine Ferrocyankupfermembran nehmen, so wird der Anstieg im Inneren der Zelle stattfinden, es wird aber nachher zu keinem Ausgleich kommen, da die hydrostatische Druckdifferenz als Ausdruck der osmotischen Druckdifferenz am Anfang des Versuches, auch am Schluß bestehen bleibt.

Nimmt man nun eine Membran, die sowohl für das Lösungsmittel als für die gelöste Substanz permeabel ist, die aber zwei Lösungen von verschiedenem osmotischen Druck und von verschiedenen Substanzen trennt, so wird erstens eine Flüssigkeitswanderung in der Richtung des höheren osmotischen Druckes stattfinden. Gleichzeitig wird aber auch eine Diffusion der gelösten Substanz von der Seite des höheren osmotischen Druckes auf die Seite des niedrigeren osmotischen Druckes stattfinden, wenn die Konzentration verschieden war. Dadurch wird die anfängliche osmotische Druckdifferenz geringer, und die Wasserströmung in der Richtung des höheren osmotischen Druckes wird vermindert werden. Es kann dadurch auch dazu kommen, daß zwischen isotonisch gewordenen Lösungen, durch ungleiche Diffusion der beiden gelösten Substanzen, es nachher wieder zu einer Aufhebung des früheren osmotischen Gleichgewichts kommt. Wenn man zwei äquimolekulare isotonische Lösungen von verschiedenen Substanzen nimmt, von denen die eine impermeabel für die Membran ist, so wird am Anfang eine Bewegung von Flüssigkeit gegen die Seite der weniger diffusiblen Substanz eintreten. Wenn man z. B. äquimolekulare Lösungen von NaCl und Glucose durch eine peritoneale Membran trennt, dann findet die Osmose vom Kochsalz gegen den Zucker zu statt. Lazarus-Barlow hat auch gezeigt, daß Flüssigkeitswanderung auch aus einer Flüssigkeit mit höherem osmotischen Druck gegen eine solche mit niedrigerem osmotischen Druck eintreten kann.

Die physikalisch-chemischen Ursachen der Osmose sind durchaus nicht so eindeutig gelöst, wie man es oft darstellen hört. Das muß um so mehr hervorgehoben werden, als man ja aus Mangel an Erklärungsmöglichkeiten in der Physiologie vielfach auf vitale Vorgänge geschlossen hat. Als die Ursache der Osmose pflegt man in Betracht zu ziehen: 1. daß die gelösten Teilchen Wasser anziehen. Es komme zur Bildung von Hydraten. 2. Die Triebkraft für die Wasserbewegung sei der Binnendruck des Wassers, welcher bei reinen Lösungsmitteln am größten ist und durch die gelösten Substanzen vermindert wird. 3. Nach I. Traube würde die Differenz der Oberflächenspannungen die Richtung und Geschwindigkeit der Osmose bestimmen. 4. Wird einfach die Frage so gelöst, daß Osmose der Ausgleich von Konzentrationsunterschieden der gelösten Substanzen zum Lösungsmittel sei. Auch bezüglich der Faktoren, welche die Ultrafiltration beeinflussen, ist man sich heute durchaus noch nicht klar. Hahn[1] sagt darüber, es könne Porengröße, aber auch Oberflächenspannungs-Wirkungen usw. die Erklärung geben.

Zusammenfassend sei also noch einmal hervorgehoben, daß für fast alle Fälle im Körper gilt, daß die Membranen nicht vollständig semipermeabel sind, sondern daß eine relative Impermeabilität gewissen Substanzen gegenüber vorhanden ist. Das Resultat einer Osmose, die also immer mehr oder weniger mit Diffusion und evtl. mit Filtration kombiniert sein wird, ist demnach abhängig 1. von der spezifischen Membran, 2. vom osmotischen Druck innerhalb und außerhalb der Zelle, 3. von der Konzentration der permeierenden Stoffe innerhalb und außerhalb der Zelle und 4. auch von der Konzentration der nichtpermeierenden Stoffe innerhalb und außerhalb der Zelle. Der osmotische Druck einer Lösung ist immer eine Summe aller jener Drucke, welche die verschiedenen gelösten Substanzen ausüben. Starling[2] hat die vier Punkte von Heidenhain scharf kritisiert. Heidenhain sagte: 1. wenn zwei wässerige Lösungen vom gleichen osmotischen Drucke durch eine semipermeable Membran getrennt sind, so tritt auf keiner Seite eine Veränderung des Volumens ein; 2. wenn die Lösungen auf beiden Seiten einen ungleichen osmotischen Druck haben, so dringt das Wasser von der Seite des niedrigeren Druckes nach der des höheren osmotischen Druckes. 3. Der osmotische Druck einer Lösung ist gleich der Summe der einzelnen Drucke der verschiedenen gelösten Substanzen. 4. Wenn die Lösungen auf den beiden Seiten einer Membran den gleichen Gesamtdruck, doch ungleichen Einzeldruck in den verschiedenen Bestandteilen haben, so geht jeder Bestandteil der Lösung von der Seite des höheren partiellen Druckes zur anderen Seite über. Im Volumen des Wassers tritt auf beiden Seiten keine Veränderung ein. Starling sagt hierzu: von diesen vier Behauptungen ist nur eine, nämlich die dritte, für jeden Fall zutreffend. Die anderen drei treffen

[1] Hahn, C. V. v.: Dispersoidanalyse, S. 144. 1928.
[2] Starling: Oppenheimers Handb. d. Biochemie 5, 221 ff. (1927).

nur in ganz bestimmten Bedingungen zu, wie sie im Körper nur selten erfüllt werden. — Es sind also derartige komplizierte Verhältnisse vorhanden, daß es fast nie möglich sein wird, alle die Bedingungen im Körper auf beiden Seiten der Membran zu kennen und es hoffnungslos erscheint, die gefundenen Resultate restlos mit osmotischen Gesetzen erklären zu wollen; aber nicht deshalb, als ob diese Gesetze hier keine Gültigkeit hätten, sondern deshalb, weil die Bedingungen der Osmose gar nicht zu überblicken sind.

5. *Verschiedene Löslichkeit.* Eine weitere Variation aller dieser Möglichkeiten des Flüssigkeitsaustausches ist die, daß auf der einen Seite einer Membran ein gewisses Lösungsmittel und auf der anderen ein ganz anderes Lösungsmittel vorhanden ist. Es ist ohne weiteres klar, daß in dieses zweite Lösungsmittel nur jene Substanzen diffundieren werden, die in diesem löslich sind. Diffusionsgesetze und osmotische Gesetze werden die Wanderung der gelösten Substanz bestimmen, aber die Grenzen der Wanderung werden durch die Löslichkeitsverhältnisse bestimmt werden. Diese Bedingungen gelten natürlich auch für die Membran selbst. Die Membran wird ebenso wirken, wie die zweite Phase. Sie wird nur solche Substanzen aufnehmen können, die in ihr löslich sind und solche, die in ihr nicht löslich sind, werden sie nicht durchdringen können. Es wird auf diese Weise z. B. das bekannte Beispiel erklärt, daß, wenn durch eine Kautschukmembran eine wässerige Lösung von Äther von einer wässerigen Lösung von Alkohol getrennt ist, der Äther in die Alkohollösung diffundiert, aber nicht umgekehrt der Alkohol in die Ätherlösung. Die Ursache ist, daß der Kautschuk den Äther wohl löst, nicht aber den Alkohol.

6. *Bedingungen der Permeabilität.* Wir gehen nun über zu den *Bedingungen*, welche die *Permeabilität* der Membran beeinflussen können. Unter diesen haben wir oben 1. die Porengröße und 2. die spezifische Löslichkeit erwähnt, welche die Art und Weise, wie die Aufnahme gewisser Substanzen und die Semipermeabilität bzw. die Impermeabilität für gewisse Substanzen beeinflußt werden kann, bestimmen. Substanzen, die größer sind als die Poren der Membran, und zweitens Substanzen, die unlöslich sind in der Membran, werden durch diese nicht durchtreten können. 3. werden chemische Reaktionen in der Membran mit den diffundierenden Stoffen in Betracht zu ziehen sein. So wird in eine Ferrocyanlösung $CuSO_4$ nicht diffundieren, weil sich beim Treffen der beiden eben jene semipermeable Schicht bildet, die aus Ferrocyankupfer besteht und die nur Wasser durchwandern läßt. 4. wird die Membran die diffundierenden Substanzen dadurch beeinflussen, daß sie Substanzen adsorbiert. Läßt man durch eine Gelatinemembran Kochsalzlösung diffundieren, so tritt zuerst eine verdünnte Lösung durch, denn die Membran adsorbiert das Kochsalz. Später, wenn die Membran mit Kochsalz schon gesättigt ist, tritt auch Kochsalz durch. Auf diese Weise ist es sehr gut möglich, daß eine diffundierende Substanz den Zustand der Membran so beeinflußt, daß die Membran nach einiger Zeit ganz anders funktioniert, als am Anfang. Die Membranpermeabilität wird dann eine Funktion der Zeit.

Die Durchlässigkeit der Membran für Wasser hängt vielfach mit ihrer Fähigkeit, Wasser zu imbibieren, zusammen. Das kommt bei Kolloidmembranen besonders in Betracht. Nun ist aber die Quellung durchaus vom chemischen Zustand der Membran, aber andererseits auch von den Substanzen, die an die Membran grenzen und evtl. durch die Membran durchtreten, abhängig. Diese können die Quellbarkeit der Membran und damit ihre Permeabilität sehr wesentlich beeinflussen. Man darf annehmen, daß das Verhalten der Membran gegenüber verschiedenen Substanzen davon abhängig sein wird, ob jene Substanzen sich in der Membran bzw. in den die Membran imbibierenden Flüssigkeiten lösen können. Da es zahlreiche Substanzen gibt, die nicht nur Kolloide zum Quellen, sondern ebenso zum Entquellen bringen können, ist es sehr gut denkbar, daß eine Membran, die eine Flüssigkeit infolge der in ihr gelösten Substanzen durch Quellung aufgenommen hat, dieselbe als Resultat einer anderen Substanz, die Entquellung bewirkt, sogleich wieder abgibt. Es wäre sogar denkbar, daß, wenn auf der einen Seite der Membran die quellenden Substanzen, auf der anderen Seite dagegen die entquellenden Substanzen vorhanden sind, ein Flüssigkeitstransport durch die Membran wegen diesen Funktionen wesentlich beeinflußt wird.

7. *Ladung.* Die Membran wird in ihrer Permeabilität durch die Ladung der Kolloide beeinflußt, aus welchen sie aufgebaut ist. Eine elektrisch geladene Membran wird im allgemeinen jene Kolloide, die eine entgegengesetzte Ladung haben, adsorbieren und an ihrer Oberfläche niederschlagen. Wenn auf beiden Seiten einer Membran eine konstante Potentialdifferenz herrscht, so wird diese Membran eine einseitige Permeabilität darbieten. Der Flüssigkeitstransport durch eine Membran, wenn man durch sie einen elektrischen Strom leitet, die Kataphorese, ist eine wohlbekannte Erscheinung. LIEDEMANN demonstriert die Elektroosmose auf folgende Weise: Ein geschlossener Tonzylinder ist in ein Glas gestellt, und innerhalb und außerhalb der Tonzelle befindet sich eine Elektrode. Der Tonzylinder ist mit einem Glasrohr verbunden. Füllt man den Zylinder mit Flüssigkeit, so kann man Flüssigkeiten mit einem durchgeleiteten Strom in der einen oder in der anderen Richtung durchtreiben. Die durchgetriebene Flüssigkeitsmenge ist proportional der Intensität des Stromes. Nach QUINCKE werden umgekehrt durch Strömungsströme von Flüssigkeiten elektrische Ströme hervorgerufen. Schon PERRIN hat (nach BERNSTEIN, Elektrobiologie) auf die Erscheinung hingewiesen, daß das Durchtreten von Wasser durch Filter wegen der verschiedenen Ladung des Diaphragmas durch Salze, $H^{\cdot}$- oder OH'-Ionen vollständig umgeändert werden kann und je nachdem entweder in der einen oder in der anderen Richtung verlaufen wird.

In diesem Zusammenhang sei besonders auf die Untersuchung von LOEB hingewiesen, der zeigte, daß die Diffussion von Wasser durch eine Collodiummembran, sowohl was die Richtung als was die Geschwindigkeit betrifft, von der elektrischen Ladung, die den Wassermolekülen von der Membran übergeben wird, abhängt. Diese Ladung hängt ab von der chemischen Natur der Membran, von der Valenz, der Konzentration und der Ladung der mit ihr in Berührung tretenden Ionen. — Die Bedingungen, die die Permeabilität der Membranen beeinflussen und welche die Art der Wanderung durch Membranen in dieser oder jener Richtung bestimmen können, sind heute noch nicht genügend experimentell bearbeitet und noch nicht genügend bekannt[1].

IV. Mechanismus der Resorption.

Die alten Theorien von HIPOKRATES und GALENUS über die Resorption der Nahrungssubstanzen beruhten auf der Vorstellung, daß die Resorption durch die Öffnungen der Venen in der Darmwand zustande kommt, wobei man an eine Art Saugpumpenwirkung dachte.

Von jeher halten die Theorien der Resorption sich immer eng an die herrschenden physikalisch-chemischen Anschauungen und so wie diese sich erweitern, hat man immer versucht, sich ein Bild über die Kräfte der Resorption zu machen. Jenen Bestrebungen gegenüber steht eine Richtung, welche betont, daß die Resorption mit einfachen physikalisch-chemischen Gesetzen nicht erklärbar ist,

[1]) Siehe über Elektroosmose den Artikel von ROTHMAN, dies. Band.

sondern daß dabei „aktive Lebensfunktionen“ der Zellen die ausschlaggebende Rolle spielen. Allmählich schwinden die Gegensätze zwischen den beiden Auffassungen. Auch die Vertreter der letzteren betonen, daß sie durchaus nicht an eine geheimnisvolle Kraft der Zellen denken, sondern diese scheinbar vitalistische Auffassung bedeute nicht mehr, als daß es noch heute nicht möglich ist, die außerordentlich komplizierten Erscheinungen der Resorption durch Diffusionsgesetze restlos zu erklären.

Aber wer wird das eigentlich erwarten, der die oben angeführten verschiedenen Möglichkeiten des Flüssigkeitstransportes bedenkt und sich besonders daran erinnert, daß es sich hier nicht um eine einfache Membran handelt, sondern um eine, die aus sehr verschiedenen Substanzen zusammengesetzt ist und die „lebt“, d. h. sich ändern kann?

Es muß ohne weiteres zugegeben werden, daß es derzeit noch unmöglich ist, alle beobachteten Erscheinungen der Resorption auf Grund physikalisch-chemischer Gesetze restlos zu erklären, es besteht aber keine Ursache anzunehmen, daß hier Kräfte herrschen, die uns bisher unbekannt sind. Wir wollen im folgenden deshalb untersuchen, welche experimentellen Beobachtungen für die Rolle der verschiedenen Faktoren des Flüssigkeitsaustausches im Darm bestehen.

1. Anatomisch-mechanische Verhältnisse, welche die Resorption erklären können.

Die anatomischen Verhältnisse, speziell im Dünndarm, tragen wesentlich dazu bei, daß eine Resorption aus dem Darmlumen in die Blutgefäße stattfinden muß. Im Dünndarm liegen die Blutcapillaren direkt unter dem Epithel (Heidenhain[1]). Der Flüssigkeitsstrom aus dem Darmlumen wird direkt in sie gelangen, um so mehr, als das Blut in den Capillaren meistens einen höheren osmotischen Druck haben wird, als die im Darmlumen befindliche Flüssigkeit. Reid[2] u. a. haben gezeigt, wie alle Vorgänge, die die Blutzirkulation im Darm vermindern (Vasoconstriction durch Reizung der mesenterialen Nerven, Blutverlust, Blutdrucksenkung, Vasoconstriction durch Adrenalin[3] oder durch Pituitrin[4]), die Resorption vermindern. Umgekehrt wird die Resorption durch Hyperämie[5] vermehrt, z. B. durch scharfe, reizende Substanzen.

Diese anatomischen Verhältnisse weisen den Weg, den die normale Resorption nimmt, und zeigen, woran bei allen Resorptionsversuchen zu denken ist.

2. Filtration unter hydrostatischem Druck.

Die Filtration einer Flüssigkeit durch eine Membran ist um so rascher, je größer der hydrostatische Druck ist. Der hydrostatische Druck im Darminnern kann durch die Pendelbewegungen und durch die Peristaltik vergrößert werden. Schon Lieberkühn (1745) sah in der Peristaltik einen Hauptfaktor der Resorption. Leubuscher[6] hat bei Heidenhain Versuche über die Wirkung des hydrostatischen Druckes gemacht. Er fand tatsächlich bis zu einem optimalen Druck von 80—100 mm Hg eine Verstärkung der Resorption. Da aber in seinen Versuchen der Darm sich durch den größeren Druck immer stark aus-

---

[1] Heidenhain: Pflügers Arch., Suppl. **1888**, 43.

[2] Reid: J. of Physiol. **20**, 288 (1896) — Brit. med. J. **2**, 776 (1898) — Phil. Trans. roy. Soc. **192**, 211 (1900).

[3] Exner: Arch. f. exper. Path. **50**, 313 (1903).

[4] Rees: Amer. J. Physiol. **53**, 43 (1920).

[5] Hanzlik: J. of Pharmacol. **3**, 387 (1912). — Oschanetzky: Dtsch. Arch. klin. Med. **48**, 619 (1891).

[6] Leubuscher s. Hamburger: Arch. f. Physiol. **1896**, 428.

dehnte, so schrieb er dieses Resultat der größeren Oberflächenentfaltung des Darmes zu und zog keine Folgerungen auf das Bestehen eines Filtrationsprozesses. HAMBURGER[1] betonte dann wieder die Bedeutung des hydrostatischen Druckes. Damit seine Versuche nicht durch eine ähnliche Oberflächenentfaltung gestört werden, hat er den Darm am Ausdehnen verhindert, indem er ihn durch ein Rohr zog. In einer zweiten Versuchsreihe wurde der intraabdominelle Druck erhöht. Druckerhöhung im Innern des Darmes verbessert die Resorption einer blutisotonischen NaCl-Lösung. Fällt der Druck auf 0, oder wird er negativ, so hört die Resorption vollständig auf. Schon 5 mm Hg-Druck macht eine Resorption möglich.

Dagegen haben REID[2], STARLING[3] und COHNHEIM[4] betont, daß eine Resorption noch bei einem hydrostatischen Druck zustande kommt, der unterhalb des Blutdruckes in den Capillaren liegt. Das wäre natürlich mit der Annahme einer Filtration unvereinbar. HAMBURGER selbst gibt das zu, nimmt aber für diesen Fall die verschiedenen anderen Möglichkeiten zu Hilfe, mit welchen auch dann eine Flüssigkeitsströmung vom Darmlumen in die Gefäße möglich ist. Aus HAMBURGERS Versuchen geht jedenfalls hervor, daß innerhalb weiter Grenzen die Resorption durch Filtrationswirkung erklärbar ist und zustande kommen kann.

Die Blutmenge, die durch den Darm in der Zeiteinheit fließt, hat sicherlich einen Einfluß auf die Größe der Resorption. Das entspricht durchaus dem Filtrationsmechanismus. Die pathologische Verminderung der Resorption bei Marasmus (Athrepsie) wird von manchen darauf zurückgeführt, daß hierbei die gesamte Blutmenge vermindert und dadurch auch die Durchströmung des Darmes geringer ist[5].

3. Pump- und Saugwirkung.

LACAUCHIE[6], ferner GRUBY und DELAFOND[7] haben zuerst angegeben, daß die Dünndarmzotten sich verkürzen; und BRÜCKE[8] hat dann (1851) diese Kontraktionen auf die von ihm im Inneren der Zotten entdeckten glatten Muskelzellen zurückgeführt. Durch ihre Kontraktion sollen sich die Zotten verkürzen, pressen den Inhalt der Chylusgefäße aus, dehnen sich dann wieder und wirken dadurch wie eine Saugpumpe auf den Darminhalt. Diese Saugwirkung könnte natürlich auch durch eine Membran wirken. BRÜCKE hat allerdings im Anschluß an LIEBERKÜHN angenommen, daß feinste offene Verbindungen vom Darmlumen bis in den zentralen Lymphraum reichen. Auf Grund unserer heutigen histologischen Kenntnisse gibt es eine derartige offene Verbindung zwar nicht; das ändert aber nichts daran, daß die Zottenkontraktion durch die Saug- und Pumpwirkung sehr wesentlich an der Resorption mitwirken könnte, wie das z. B. SPEE[9], FRIEDENTHAL[10], HAMBLETON[11] betont haben. Es wäre natürlich ganz falsch, sie einseitig als den wesentlichen Faktor der Resorp-

[1] HAMBURGER: Zbl. Physiol. **9**, 647 (1896).
[2] REID: S. 20 oben J. of Physiol. **26**, 436 (1901).
[3] STARLING: Principles of human physiol., S. 735 (1915).
[4] COHNHEIM: Z. Biol. **38**, 419 (1899).
[5] MARIOTTE, W. MC. K.: Amer. J. Dis. Childr. **20**, 366 (1920). — UTHEIM, K.: Ebenda **20**, 366 (1920).
[6] LACAUCHIE, zit. nach LONGET.
[7] GRUBY u. DELAFOND, zit. nach TANNHOFER: Histologie (1894).
[8] BRÜCKE, E.: Sitzgsber. Akad. Wiss. Wien, Math.-naturwiss. Kl. **1851**, 6, 214.
[9] SPEE, G. v.: Arch. f. Physiol. **1885**, 159.
[10] FRIEDENTHAL: Arch. f. Physiol. **1900**, 217.
[11] HAMBLETON, B.: Amer. J. Physiol. **34**, 446 (1914).

tion zu betrachten. Insofern hat COHNHEIM[1] recht, wenn er bemerkt, daß bei Holothuria die Resorption auch ohne Zotten stattfindet. Andererseits wird man REID[2] nicht rechtgeben können, der die Zottenpumptheorie verwirft, weil die Resorption auch nach Abbinden der Lymphgefäße vonstatten geht, denn natürlich ist der Lymphweg nicht der einzig mögliche, ja sogar der weniger benutzte Resorptionsweg. Nicht nur auf die Lymphströmung und auf die auf dem Lymphwege resorbierten Substanzen wird die Zottenbewegung einen Einfluß haben.

Die Bewegung der Zotten hat BRÜCKE[3] selbst und seine Vorgänger allem Anschein nach nicht gesehen. Eine lokale Vertiefung bei Berührung der Mucosa, die er sah, kann eine Kontraktion der Muscularis mucosae gewesen sein, wie sie von EXNER[4], GUNN und UNDERHILL[5] beschrieben wurde. Trotzdem wurde von manchen der Mechanismus der Zottenkontraktion diskutiert. Nach BIEDERMANN[6] sollte bei Streckung der Zotten das zentrale Chylusgefäß sich erweitern und in demselben ein negativer Druck entstehen. Umgekehrt hatte Graf SPEE die Ansicht vertreten, daß der zentrale Chylusraum während der Kontraktion relativ zum Volumen der Zotten an Kubikinhalt zunimmt, eine Auffassung, der sich auch HEIDENHAIN[7] anschloß.

Die direkte Beobachtung der Zottenbewegung ist erst neuerdings mittels Binokularmikroskop von HAMBLETON und insbesondere von KING und ARNOLD[8] sowie unabhängig von VERZÁR und KOKAS[9] geschehen.

Man kann die Zottenbewegungen sehr gut an narkotisierten Hunden beobachten. Weniger geeignete Objekte sind Katzen, Kaninchen, Ziegen. Eine Darmschlinge wird durch einen kleinen Bauchschnitt hervorgezogen, mit einem Längsschnitt eröffnet, die Ränder durch Fäden auseinandergezogen und mit einer Binokularlupe oder -Mikroskop bei mittelstarker Vergrößerung beobachtet. Wenn man die gewöhnlich mit Schleim bedeckte Mucosa mit warmer Ringerlösung abwäscht, so sieht man die Zotten sich überall abwechselnd in einem unregelmäßigen Rhythmus kontrahieren.

Wir fanden, daß bei der Kontraktion einer Zotte diese sich etwa auf die Hälfte verkürzt. Dabei wird ihr Querdurchmesser nicht dicker, was man nur so erklären kann, daß hierbei der Inhalt des zentralen Lymphraumes in die Lymphräume der Submucosa (MALL) gepreßt wird. Bei der Zottenkontraktion wird das Epithel gerunzelt. Färbt man die lebenden Zotten mit Methylenblau, so sieht man dieses zuerst diffus in das Zottenepithel eintreten, wo sich Körnchen bilden. Durch die Zottenkontraktionen werden diese Körnchen in die dabei sich bildenden Falten des Epithels gepreßt. Nach KING ist der Reiz der Zottenkontraktion die Füllung des zentralen Lymphraumes. Er kam zu diesem Resultat auf Grund von Versuchen mit künstlicher Druckerhöhung im Ductus thoracicus. Jedoch ist das nicht der einzige Reiz der Zottenbewegung, sondern sie wird auch durch chemische Reize zur Kontraktion gebracht (s. weiter unten), und endlich wirken auch mechanische Reize. Man kann durch lokale Berührung einer Zotte diese zur Kontraktion bringen; das gelingt speziell dann, wenn man mit einem

---

[1] COHNHEIM: Hoppe-Seylers Z. **33**, 9 (1901).
[2] REID: cit. auf S. 20; siehe auch SOLLMANN, HANZLIK u. PILCHER: J. of Pharmacol. **1**, 409 (1910).
[3] BRÜCKE: Sitzgsber. Akad. Wiss. Wien, Math.-naturwiss. Kl. **6**, 214 (1851).
[4] EXNER, A.: Pflügers Arch. **89**, 253 (1902).
[5] GUNN u. UNDERHILL: Quart. J. exper. Physiol. **8**, 275 (1914).
[6] BIEDERMANN: Wintersteins Handb. **2 I**, 1366 (1911).
[7] HEIDENHAIN, R.: Pflügers Arch. **43**, Suppl. (1888).
[8] KING u. ARNOLD: Amer. J. Physiol. **59**, 97 (1922); **61**, 80 (1922).
[9] VERZÁR u. KOKAS: Pflügers Arch. **217**, 397 (1927).

Tasthaar die Zottenbasis berührt. Bei starkem Druck breitet sich die Erregung auch auf die Nachbarzotten aus.

Der Zottenautomatismus wird vom Plexus submucosus Meissneri reguliert, dessen Zellen bis in die Zottenspitzen hinaufreichen.

Während die Darmbewegungen sonst bekanntlich sehr widerstandsfähig sind, ist die Zottenbewegung ein ganz außerordentlich labiler Mechanismus. Am künstlich überlebenden Darm gelingt es nicht, regelmäßige Zottenbewegungen zu bekommen, meistens überhaupt keine. Lokale Anämie oder Blutung, Shock, Akapnie hemmt nach unseren Befunden die Zottenbewegung. KING hat auch die Wirkung von Nervenreizen untersucht. Vagusreizung ist meistens wirkungslos. Splanchnicusreizung gibt höchstens schwache tonische Verkürzung. Der Automatismus wird nicht beeinflußt. Pilocarpin gibt tonische Kontraktionen der Zotten. Ähnlich Adrenalin. Außer diesen wurde noch von KING die Wirkung von Nicotin und Bariumchlorid beschrieben. VERZÁR und KOKAS fanden, daß Physostigmin intravenös und lokal angewendet, nicht eine tonische Contratur der Zotten, sondern eine äußerst starke Belebung des Automatismus verursacht, so daß es zu einer oft ungeheuren Unruhe der Zotten kommt. Physostigmin hat außerdem eine vasoconstrictorische Wirkung auf die Zottencapillaren. Wenn diese eingetreten ist, dann hört durch die Anämie die Zottenbewegung auf. Ferner fanden sie, daß Acetylcholin, das bekanntlich der stärkste Reiz der Darmbewegung ist, auf den Zottenmechanismus unwirksam ist. Es verursacht starke Schleimbildung des Zottenepithels, jedoch keine Zottenkontraktion.

Von den zahlreichen verschiedenen Substanzen, die, auf die Zotten gebracht, deren Bewegungen auslösen, sind Extraktiv-Stoffe, wie z. B. Hefeextrakt oder Aminosäuren wie Alanin (VERZÁR und KOKAS), sehr wirksam. Sie haben außerdem eine sehr starke vasodilatäre Wirkung auf die Capillaren der Zottenspitze. Auch Galle hatte eine beschleunigende Wirkung. Außerdem ist noch die Wirkung von verschiedenen Salzen untersucht, von welchen z. B. Natriumsulfat die Zotten zum Stillstand brachte. Ähnlich Calcium- und Kaliumchlorid.

Die Beobachtung der Zottenbewegung führte uns zu dem Schluß, daß sie eine große Bedeutung für die Resorption haben muß. Es scheint sehr wahrscheinlich, daß manche Unstimmigkeiten in der Resorptionsliteratur daher kommen, daß der Einfluß der Zottenbewegung unbekannt war. Bei sämtlichen Resorptionsversuchen an überlebenden Därmen hat dieser Faktor ganz gefehlt und inwiefern er in Versuchen an im Körper isolierten Darmschlingen vorhanden war, ist schwer zu sagen.

Eine Entleerung der Zottencapillaren kommt bei natürlicher Zottenkontraktion nicht vor. Die Bedeutung der Zottenkontraktion liegt also nicht hierin, sondern jedenfalls in der Entleerung des zentralen Lymphraumes. Selbst die Resorption des Wassers bzw. der in ihm gelösten Substanzen wird zum großen Teil so geschehen, daß sie zuerst in den zentralen Lymphraum gelangt und erst von hier in die Blutbahn gelangen. Wasserunlösliche Substanzen (Fett) bleiben dabei in den Lymphwegen liegen. Ich halte deshalb die Zottenpumpwirkung für einen der wesentlichsten Faktoren zur Bestimmung der Resorptionsgeschwindigkeit.

4. Diffusion und Osmose.

Die eigentlichen Begründer der Lehre, daß Endosmose die Ursache der Resorption ist, waren DUTROCHET (1836) und POISEUILLE sowie LIEBIG (1848). Sie haben unter anderem bereits die Wirkung der abführenden Salze, Na_2SO_4, $MgSO_4$, auf Grund ihrer osmotischen Eigenschaften erklärt. VOIT und BAUER[1]

[1] VOIT u. BAUER: Z. Biol. 5, 536 (1869).

(1869) haben zuerst Zweifel geäußert, und HOPPE-SEYLER[1] (1881) scheint der erste gewesen zu sein, der ausdrücklich darauf hinwies, daß mit Diffusionsgesetzen die Resorption aus dem Darm nicht vollständig zu erklären sei. Bei Vergiftung oder bei Erkrankung, wie Cholera, ändere sich diese vitale Fähigkeit. Nach den vielfachen Angriffen und Diskussionen, die sich um die Frage drehten, ob die Resorption auf spezifische Lebensprozesse der Epithelzellen zurückzuführen wäre, war es zuerst wieder HAMBURGER[2] (1896), der sich ausdrücklich dazu bekannte, daß es rein physikalisch-chemische Gesetze sind, nach welchen die Resorption im Darm abläuft. Allerdings stand er nicht auf einem einseitigen Standpunkt, sondern vereinigte in seiner Theorie über die Resorption die verschiedenen Möglichkeiten des Flüssigkeitstransports.

Wir wollen im folgenden zuerst einige Versuche, die ein Licht auf die Diffusionsprozesse werfen, und dann später besonders die Einwände gegen die Diffusionstheorie, besprechen.

In den Capillaren der Zotten strömt das Blut mit einem relativ hohen osmotischen Druck, der jedenfalls fast immer höher ist als jener des Chymus, denn im Chymus entstehen die diffusiblen Spaltprodukte nur allmählich und werden rasch aufgesaugt. Die Nahrung selbst besteht zum großen Teil aus Kolloiden. Diese langsame kontinuierliche Spaltung und Resorption kann ihren osmotischen Druck nicht viel höher werden lassen. Wären die Darmepithelien eine semipermeable Membran, so müßte vom Darminhalt aus nichts resorbiert werden, dagegen müßte Wasser beständig gegen das Blut wandern. Da aber das Blut in den Capillaren rasch weiterströmt, so kommt es niemals zu einer Verdünnung desselben, und die Osmose findet konstant gegen das Blut zu statt. OKKER-BLOOM[3] hat außerdem die Hypothese entwickelt, daß, wenn die resorbierten Substanzen in der Zelle in nicht diffusible umgewandelt werden, dadurch noch eine weitere Erhöhung des osmotischen Druckes innerhalb der Zellen bewirkt wird und hierdurch noch eine weitere Verstärkung der Osmose stattfinden kann. Auf diese Weise kann es sogar zu der paradoxen Erscheinung kommen, daß sogar Lösungen von höherem osmotischen Druck als das Blutplasma resorbiert werden können.

STARLING[4] hat besonders auf den osmotischen Druck, den die kolloiden Proteine des Blutplasmas ausüben, verwiesen. Ihr osmotischer Druck beträgt ungefähr 30 mm Hg „und würde ausreichen, um die Resorption irgendwelcher Salzlösungen in den Blutstrom zu beeinflussen, vorausgesetzt, daß die das Blut von den Salzlösungen trennende Membran für Wasser und Salz permeabel, dagegen impermeabel für die Proteinstoffe des Blutplasmas wäre“.

So machen nun auch die Fälle von sog. „negativer Osmose“ heute keine Schwierigkeit mehr, denn es sind rein physikalisch-chemische Modelle bekannt, die dieselbe Erscheinung zeigen. LAZARUS-BARLOW berechnet aus den Anfangswerten der Osmose, daß der osmotische Druck des Blutes eigentlich der Konzentration einer 1,6proz. NaCl-Lösung entspricht, so daß also auch noch scheinbar hypertonische Lösungen aus dem Darmlumen gegen das Blut zuströmen würden. MOORE, ROAF und WEBSTER[5] betonen ebenfalls, daß die Kolloide eine Strömung der Krystalloide auch gegen das osmotische Druckgefälle möglich machen.

---

[1] HOPPE-SEYLER: Hoppe-Seylers Z. 343 (1881).

[2] HAMBURGER: Arch. f. Physiol. **1896**, 36, 428; **1899**, 431, Suppl. — Zbl. Physiol. **9**, 647 (1896) — Biochem. Z. **11**, 443 (1908) — Osmotischer Druck und Ionenlehre (1904).

[3] OKKER-BLOOM: Skand. Arch. Physiol. **19**, 162 (1907).

[4] STARLING, E. H.: Oppenheimers Handb. d. Biochem. **3 II**, 217 — J. of Physiol. **19**, 312 (1895); **24**, 317 (1899).

[5] MOORE, ROAF u. WEBSTER: Biochemic. J. **6**, 110 (1911).

Es ist nun ganz sicher, daß die Darmwand nicht eine einseitig permeable Membran ist, sondern sie läßt Wasser in beiden Richtungen durchtreten, Salze aber besonders gut nur in der Richtung vom Darm ins Blut.

Höber[1] hat zahlreiche Versuche über die Resorption von Salzen und anderen Substanzen im Darm ausgeführt, indem er in isolierte, im Körper gelassene Darmschlingen, die an beiden Enden abgebunden wurden, die Substanzen in Lösung injizierte. Die Resorptionsgeschwindigkeit von isotonischen oder schwach hypertonischen Lösungen der Neutralsalze nimmt entsprechend der Anionen- bzw. der Kationenreihe zu, genau so wie die physikalisch gemessene Diffusionsgeschwindigkeit. Ähnlich ist es bei den Salzen der organischen Säuren (abgesehen von den lipoidlöslichen). Höber kommt zu dem Resultat, „daß auch innerhalb des lebenden Darmes die Lösungen im wesentlichen sich so verhalten, wie es von van 't Hoffs Theorie der Lösungen, nach Arrhenius' Theorie der elektrolytischen Dissoziation und nach der Nernst-Planckschen Theorie der Diffusion zu erwarten wäre". „Die Diffusibilität der Salze ist bestimmend für ihre Resorbierbarkeit."

Jedoch, auch Höber betont, daß mit Diffusionsgesetzen allein nicht alle Erscheinungen der Resorption erklärbar sind. Andererseits gelangten Wallace und Cushny[2], als sie die Resorptionsgeschwindigkeit von äquimolekularen Salzlösungen mit einer 1proz. NaCl-Lösung verglichen, zu dem Resultat, daß stark dissoziierte Salze mit großen Ionengeschwindigkeiten oft nicht rascher resorbiert werden als schwach dissoziierte Salze mit geringen Ionengeschwindigkeiten. Sie kommen zu dem Gedanken, daß bei der Resorption chemische Reaktionen zwischen den Kolloiden der Zelle und den Salzen entstehen müssen.

Auch die Beobachtungen über die Resorption von verschiedenen Zuckern zeigen nach Höber[3], daß die Resorption der Diffusionsgeschwindigkeit parallel geht, denn Disaccharide werden ganz allgemein langsamer resorbiert als Monosaccharide. Ebenso findet Frey[4] einen osmotischen Ausgleich, wenn er Zuckerlösungen in den Darm brachte, und auch die Versuche von Omi zeigen im allgemeinen eine Übereinstimmung, trotzdem er glaubt, daß seine Resultate nicht alle mit osmotischen Gesetzen erklärbar sind.

Goldschmidt und Dayton[5] haben Versuche an Dickdarmschlingen des Hundes ausgeführt und fanden, daß der Darm gegenüber NaCl ganz permeabel ist gegenüber Na_2SO_4 und $MgSO_4$, jedoch impermeabel. Sie zeigen, daß die Resorption und der Salzgehalt vom osmotischen Druck des Blutes abhängt und daß, wenn der osmotische Druck im Darm höher wird, Flüssigkeit vom Blut in den Darm treten wird. Wasser und die meisten diffusiblen Stoffe werden aus hypertonischen Lösungen ihrem osmotischen Druck entsprechend resorbiert. Dafür, daß die osmotischen Gesetze die Hauptrolle spielen, spricht, daß es ganz sichergestellt ist, daß gewisse Flüssigkeiten im Darm, z. B. eine 0,6—1proz. NaCl-Lösung, sich in ein osmotisches Gleichgewicht mit dem Blut stellen. Eine Erhöhung des NaCl-Gehaltes des Blutes beeinflußt diesen Gleichgewichtszustand. Nichtdiffusible Stoffe erreichen das Gleichgewicht durch Wasseranziehung, un-

---

[1] Höber, R.: Pflügers Arch. **74**, 246 (1899); s. ferner ebenda **70**, 624 (1898); **74**, 225 (1899); **86**, 199 (1901); **94**, 337 (1903) — s. ferner Biol. Zbl. **1906**, 21 — Physikalische Chemie der Zelle und Gewebe (1914). — Katzenellenbogen: Pflügers Arch. **114**, 522 (1906).

[2] Wallace u. Cushny: Amer. J. Physiol. **1898**, 1, 411 — s. ferner Pflügers Arch. **78**, 202 (1899).

[3] Höber: Pflügers Arch. **74**, 246 (1899).

[4] Frey, E.: Pflügers Arch. **123**, 515 (1908) — Biochem. Z. **19**, 809 (1909). — Siehe auch Cobet: Pflügers Arch. **150**, 325 (1913).

[5] Gumilewsky: Pflügers Arch. **39**, 556 (1886). — Reid: Zitiert auf S. 21. — Goldschmidt u. Dayton: Zitiert auf S. 34. — Diena, G.: Arch. Sci. med. **35**, 63 (1911).

abhängig von ihrer Anfangskonzentration. Gibt man in eine Vellafistel oder in den Dickdarm eine Kochsalzlösung, so stellt sie sich auf einen partiellen Druckausgleich mit den Chloriden des Blutes ein und gleichzeitig auch auf gleichen osmotischen Druck. Es müßten demnach aus dem Blut auch noch andere Substanzen übertreten. Das ist tatsächlich beobachtet für NaCl-, Na_2CO_3 und N-haltige Substanzen (GUMILEWSKY, REID, GOLDSCHMIDT und DAYTON und DIENA[1]).

Freilich ist zu bedenken, daß die ausgeschiedene Flüssigkeit nicht nur als Transsudat betrachtet werden kann, sondern daß die Verhältnisse kompliziert werden durch die Reizung der Darmschleimhaut, wodurch es zu einer Sekretion von Darmsaft oder durch Schädigung der Schleimhaut zur Bildung eines Exsudats kommen kann. Je nachdem die verschiedenen Autoren sich zu diesen Fragen stellen, erklären sie ihre Resultate oft im Sinne der osmotischen Theorie oder stellen sich in Gegensatz zu ihr.

Die große Anzahl von Versuchen, die zum Beweis dafür gemacht wurden, daß die Resorption durch Diffusions- und osmotische Gesetze erklärbar ist, machen den Eindruck, daß jeder beobachtete Fall, besonders wenn man Hilfshypothesen über Membranänderung, Darmreizung usw. benutzt, von welchen noch weiter unten die Rede sein wird, erklärbar ist. Es scheint deshalb eine *wichtigere Aufgabe* zu sein, jene Fälle zu untersuchen, die nach der Auffassung mancher *gegen die Osmose*, als wesentlichen Faktor der Resorption sprechen.

5. Die Rolle der Oberflächenspannung.

TRAUBE[2] hat seine allgemeine Theorie des „Haftdruckes" auch auf den speziellen Fall der Darmresorption angewendet. Nach seiner Lehre gelangen Substanzen um so schneller in die Zelle, je stärker sie die Oberflächenspannung vermindern. Die Resorption von Fett hänge von der Fähigkeit der Galle ab, die Oberflächenspannung zu vermindern. Auch die Ursache dafür, daß Fett in die Lymphe, Zucker aber in die Blutbahn resorbiert wird, hänge von den Verhältnissen der Oberflächenspannung ab. Allerdings betont er, daß man die Oberflächenspannung auf beiden Seiten der Membran kennen müsse, um die Richtung des Stoffaustausches bestimmen zu könnnen. So wäre es denkbar, daß eine Membran, die auf einer Seite Lipoide und auf der anderen Seite keine solche enthalte, auf der einen Seite gewisse Substanzen aufnimmt und auf der anderen dieselben wieder abgibt, einfach auf Grund von Oberflächenspannungserscheinungen bzw. Unterschieden des Haftdruckes an beiden Seiten der Membran. Ähnlich wie TRAUBE hält auch BILLARD[3] die Oberflächenspannung für den wesentlichen Faktor der Resorption im Darm, besonders auch gegenüber TÖRÖK[4], der die Richtigkeit von TRAUBES Theorie derart geprüft hat, daß er die Resorption von iso-, hyper- und hypotonischen NaCl-Lösungen bei Zusatz von, die Oberflächenspannung ändernden Substanzen, wie Öl und Gummi arabicum, untersuchte. Nach TRAUBES Theorie wäre zu erwarten, daß diese die Resorption des NaCl verändern, das ist jedoch nicht immer der Fall, nur bei den hypertonischen Lösungen. BUGLIA setzte zu Kochsalz- und Peptonlösungen gallensaure Salze und Seife als oberflächenaktive Substanz hinzu. Er findet auch keine Förderung der Resorption und glaubt daraus ebenso wie TÖRÖK folgern zu können, daß die TRAUBEsche Theorie nicht zu Recht besteht. Andererseits benützt aber TRAUBE Versuche von KATZENELLENBOGEN[5], der bei HÖBER

[1] GUMILEWSKY, REID, GOLDSCHMIDT und DAYTON und DIENA: Zitiert auf S. 25.
[2] TRAUBE: Pflügers Arch. **105**, 559 (1904); **132**, 511 (1910) — Biochem. Z. **24**, 323 (1910).
[3] BILLARD, G.: C. r. Soc. Biol. **60**, 1056, 1057 (1906).
[4] TÖRÖK: Zbl. Physiol. **20**, 206 (1906).
[5] KATZENELLENBOGEN: Pflügers Arch. **114**, 522 (1906).

fand, daß oberflächenaktive Stoffe, wie Glykokoll, Harnstoff, Aceton, die Resorption von NaCl sehr auffallend beeinflussen, um so mehr, je mehr diese Substanzen die Oberflächenspannung herabsetzen. Dabei gibt TRAUBE zu, daß auch Löslichkeitsverhältnisse eine Rolle spielen, in welcher Richtung diese Befunde auch ursprünglich verwertet waren. Dagegen wäre es nach der osmotischen Theorie der Resorption unverständlich, daß die Resorption von NaCl durch einen Zusatz von Nichtleitern in so hohem Maße beeinflußt werden kann. Als Beispiel gibt TRAUBE an, daß Natriumacetat trotz verschiedener Diffusionsgeschwindigkeit ebenso schnell wie NaCl resorbiert wird (WALLACE und CUSHNY und KATZENELLENBOGEN).

Wenn auch kein Grund dafür besteht, der Oberflächenaktivität die wesentliche Rolle bei der Resorption zuzuschreiben, so muß man dennoch zugeben, daß sie eine große Rolle spielen kann. So besonders bei der Resorption von Alkaloiden, Narkotica usw. Die Verhältnisse zu überblicken ist deshalb unmöglich, weil die Oberflächenspannung einer Substanz und ihr Verhalten an einer Grenzfläche immer von der Struktur bzw. chemischen Zusammensetzung der Grenzfläche abhängt. Deren Natur ist aber so gut wie unbekannt, und es läßt sich deshalb a priori gar nichts darüber aussagen, wie sich eine Substanz an der so überaus komplizierten Oberfläche der Zellen benehmen wird. Man wird gut daran tun, immer an das folgende Beispiel von TRAUBE zu denken: Ein gewisses Stalagmometer gab bei 15° C mit Wasser 100 Tropfen; mit Wasser + 10% Galle 182 Tropfen. Wurde jedoch die Abtropffläche mit wenig Vaselin überzogen, so gab Wasser 213 Tropfen und Wasser + 10% Galle 218 Tropfen. Also diesmal fast keinen Unterschied. Dieser Versuch zeigt, daß die Oberflächenaktivität eine große Rolle spielen kann, daß es derzeit aber ganz unmöglich ist, ihre Rolle in dem Körper zu bestimmen. Andererseits ist es sicher, daß oberflächenaktive Substanzen die Filtration einer Substanz durch ein Ultrafilter sehr beschleunigen können. Die Wirkung des Haftdruckes kann also auch im Darm über den Filtrations- oder Diffusionsprozeß gehen, ohne daß wir heute noch die physikalische Erklärung überblicken könnten. In dieser Beziehung sei auf die Resorptionssteigerung durch oberflächenaktive Stoffe (S. 30) wie Saponin usw. verwiesen.

6. Rolle der Löslichkeitsverhältnisse.

Während in TRAUBES Theorie die Lipoidstruktur der resorbierenden Membran nur insofern eine Rolle spielt, als sie die Oberflächenspannung beeinflußt, wurde von FRIEDENTHAL[1] und besonders HÖBER[2] die Löslichkeit gewisser Substanzen in den Lipoiden der Zelle als ein wesentlicher Faktor der Resorption aufgefaßt. FRIEDENTHAL hat die Resorption von in Wasser unlöslichen Substanzen, wie z. B. der Ölsäure, so erklärt, daß sie in den Lipoiden der Darmepithelzellen gelöst wird. Auch die Resorption von Hg erklärt er mit einer Lösung desselben in den Lipoiden. HÖBER betont, daß die Salze, die in Lipoiden unlöslich sind, durch die Intercellularsubstanz des Epithels resorbiert werden müssen, während intraepithelial lipoidlösliche Stoffe, wie Harnstoff, Glycerin, Äthylalkohol und lipoidlösliche Farbbasen durch die Zellen resorbiert werden. Tatsächlich lassen sich sowohl lipoidlösliche als auch unlösliche Farbstoffe zur Resorption bringen, aber nur die lipoidlöslichen sind im Innern der Zelle nachzuweisen. Dafür, daß Neutralsalze interepithelial resorbiert werden, spricht ein Versuch von HÖBER: wenn man Darmschleimhaut während der Resorption von Neutralrot oder Toluidinblau in Ammoniummolybdatlösung eintaucht,

[1] FRIEDENTHAL: Arch. f. Physiol. **1900**, 217 — Pflügers Arch. **87**, 467 (1901).
[2] HÖBER: Pflügers Arch. **70**, 624 (1898); **70**, 246 (1899); **86**, 199 (1901); **94**, 337 (1903).

werden die Farbstoffe niedergeschlagen und zwar überall zwischen den Zellen. Das Ammoniummolybdat muß also intercellular eingedrungen sein. Die einzigen anorganischen Substanzen, die intraepithelial resorbiert werden, sind die Fe-Salze, eine Ausnahme, die bisher nicht zu erklären ist. STARLING glaubt nicht, daß dieser Lipoidlöslichkeit bei der Resorption der normalen Nahrungsmittel eine Bedeutung zukommt. Dagegen wird sie die Resorption von Alkohol, Arzneimitteln usw. häufig erklären können.

7. Die Bedeutung der Elektroosmose für die Resorption im Darm.

ROSENTHAL hat bereits vor vielen Jahren einen elektrischen Strom durch die Mucosa im Darm des Frosches beobachtet. Der Strom fließt immer so, daß die sezernierende Schleimhautoberfläche negativ ist.

ENGELMANN[1] hat schon 1872 eine Hypothese von der elektrischen Natur der Absonderungskräfte zur Mechanik der Sekretion der Hautdrüsen beim Frosche gegeben, in welcher er angibt, daß die Drüsenepithelzellen mit ihren elektromotorischen Kräften einen Flüssigkeitsstrom bewirken. HÖBER und OKKER-BLOOM befassen sich auch mit den elektrischen Potentialen, die auf einer resorbierenden Membran entstehen müssen und BERNSTEIN gibt in seiner Elektrobiologie (1912), eine ausführliche Besprechung dieser Frage. Wenn man die Epithelzellen des Darmes als eine Membran betrachtet, so ist es wahrscheinlich, daß diese Membran in vielen Beziehungen semipermeabel ist und deshalb gewisse Ionen durchläßt, andere nicht, wodurch Ionkonzentrationsunterschiede und dadurch Potentialdifferenzen entstehen müssen. Ja diese Ionkonzentrationsunterschiede werden schon entstehen, wenn Ionen mit verschiedener Wanderungsgeschwindigkeit innerhalb der Membran oder durch die Membran diffundieren. BERNSTEIN erwähnt auch noch, daß dadurch, daß die Membran gegen das Innere der Zotte zu andere Substanzen ausscheidet, als außen aufgenommen werden (z. B. resynthetisierte Fette), Potentialdifferenzen entstehen können, und STARLING weist darauf hin, daß die Ursache der Potentialdifferenzen im Stoffwechsel der Zellen zu suchen ist. Diese elektrischen Ströme können kataphoretische Wirkungen auf verschiedenen Substanzen haben, aber andererseits auch den Wasserstrom durch die Zelle aufrechterhalten. Auch HAMBURGER[2] glaubt (1924), daß die Kataphorese eine der Triebkräfte der Resorption sein kann.

Die Potentiale, die für die Wanderung von Wasser durch Elektroosmose nötig sind, müssen gar nicht sehr groß sein und können durch die bestehenden Potentialdifferenzen erklärt werden, weil die Dicke der Membran eine außerordentlich kleine ist. Die Energie, welche zum Aufrechterhalten der Potentialdifferenz nötig ist, leitet auch BERNSTEIN von den Stoffwechselprozessen der Zelle ab, von einer Konzentrationsarbeit, welche diese leistet. Auch GIRARD hat die Bedeutung der Elektroosmose für die Resorption betont. Er glaubt, daß alle von HEIDENHAIN u. a. beobachteten Erscheinungen über die sog. negative Osmose, d. h. von Flüssigkeitsströmung von höherer zu niedrigerer osmotischer Konzentration, mittels Elektroosmose erklärbar seien. REID hat bereits vor längerer Zeit die Frage an der Froschhaut experimentell bearbeitet. Nun sind aber die Froschhautströme prinzipiell etwas anderes als die Ströme der Darmschleimhaut, nämlich mindestens zum größten Teile Sekretionsströme. Auf diese hat es keinen Einfluß, ob Resorption stattfindet oder nicht. Ferner versuchte er, ob, wenn man einen guten Leiter an die äußere und innere Fläche

[1] ENGELMANN: Pflügers Arch. **6**, 94 (1872).
[2] HAMBURGER, H. J.: Erg. Physiol. **23** (1), 77 (1924).

der Froschhaut bringt, der auf diese Weise entstehende stärkere elektrische Strom mehr Flüssigkeit durchtreten läßt. Dieses ist nicht der Fall. Auch Höber[1] hält diese Einwände von Reid nicht für zwingend und ist 1904 geneigt — wie er sagt —, „die einzige Frage, die zum Einblick in das Prinzip des Resorptionsprozesses noch notwendig ist", wie im Versuche von Reid[2], evtl. mit Elektroosmose zu erklären, trotzdem Reid seinen Versuch auf diese Weise selbst nicht erklären konnte. Der Reidsche Versuch bestand darin, daß er aus Darmstücken Diaphragmen herstellte, die in NaCl-Lösung gesetzt wurden, wobei immer Flüssigkeit in der einen Richtung, und zwar von der Schleimhaut zur Serosa, durch den Darm geht.

Das elektrische Potential in der resorbierenden Schleimhaut kann also für die Resorptionserscheinungen durchaus eine Bedeutung haben, ohne daß es bisher bewiesen wäre, welche Rolle dieses bei der Resorption von verschiedenen Substanzen spielt. Insbesondere muß man bei der Resorption von Salzen und bei der Resorption von Wasser daran denken, daß dabei elektroosmotische Vorgänge eventuell eine Rolle spielen können. Eine leitende Rolle wird ihnen kaum zukommen.

8. Beeinflussung der Membranpermeabilität im Darm.

Die kolloidale Membran, welche die Darmepithelzellen darstellen, muß, entsprechend den Eigenschaften der Kolloide, in ihrer Struktur sehr stark beeinflußt werden durch Salze, Wasserstoffionenkonzentration und alle Substanzen, die die Oberflächenspannung ändern und die auf diese Weise die Kolloidstabilität verändern können. Bei diesem Stand der Frage, auf welchen schon weiter oben verwiesen wurde, scheint es durchaus wahrscheinlich, daß die Resorption von verschiedenen Substanzen, besonders durch Salze, auf verschiedene Weise beeinflußt werden kann. Trotzdem wir ja über die Struktur dieser kolloidalen Membran nur so viel wissen, daß sie äußerst kompliziert sein muß, und deshalb nicht in der Lage sind, die zu erwartenden Resultate voraus zu sagen, so sind mancherlei Beobachtungen auf diese Weise doch recht gut erklärbar.

Unter diesen Gesichtspunkt fallen die folgenden Beobachtungen: Reid fand, daß, wenn man zu einer Lösung von Dextrose, die man in eine Darmschlinge bringt, Kochsalz zusetzt, die Glucoseresorption vermehrt wird. Nach Voit und Bauer, Baldi sowie Reach soll Kochsalz auch die Resorption von Eiweiß, Pepton und Gelatine verstärken. Nach Merk, Mayerhofer und Stein beeinflußt ein Salz häufig die Geschwindigkeit der Resorption eines anderen, mit dem es gleichzeitig in eine Darmschlinge gebracht wird. Ferner fanden Fischer und Moore, daß NaCl auch vom Blut aus die Permeabilität der Darmwand beeinflussen kann. Sie fanden nämlich, daß während sonst bei Hyperglykämie niemals Dextrose in den Darm übertritt, dies der Fall ist, wenn man bei irgendeiner experimentellen Hyperglykämie NaCl intravenös injiziert. Das ist allem Anschein nach der einzige bekannte Fall, in welchem die Membranpermeabilität vom Blut aus verändert werden konnte. Vielleicht gehört auch hierher der Versuch von Nakazawa, nach welchem durch Phlorrhizin eine starke Hemmung der Resorption von Dextrose aus dem Darm erreicht werden kann. Dieselbe Substanz hat keinen Einfluß auf die Resorption von Wasser, Kochsalz, Glykokoll und Fettsäure. Cohnheim hat beobachtet, daß Chinin die Resorption von Wasser vermindert. Auch bei der Wirkung der abführenden Salze ist zu bedenken, ob neben den rein osmotischen Wirkungen, welche eine Diffusion von Wasser

[1] Höber, R.: Pflügers Arch. **101**, 607 (1904).
[2] Reid: J. of Physiol. **26**, 436 (1901).

aus dem Blut bewirken, nicht auch direkte Wirkungen der Salze auf das Darmepithel eine Rolle spielen. Schon die Beobachtungen von WALLACE und CUSHNY weisen darauf hin, und dann fand auch FUSARI und MARCORI, LOEPER, CARNOT und EMET, daß diese Salze in konzentrierten Lösungen Veränderungen der Schleimhaut machen müssen, woran übrigens schon HEIDENHAIN gedacht hat.

HAMBURGER[1] hatte 1898 gezeigt, daß Darmepithel, wenn es nur ganz kurze Zeit in Berührung mit $MgSO_4$ (oder sehr verdünnter H_2SO_4) gewesen ist, schwer NaCl durchläßt. Übereinstimmende Resultate erhielt MAC CALLUM[2]. HAY[3] fand, daß $MgSO_4$ einen derartigen Einfluß auf die Permeabilität hat, daß die Tiere ungewohnt große Strychninmengen vertragen. Die Wirkung der Salze kann wahrscheinlich als Änderung der Kolloidstabilität der Epithelzellen betrachtet werden. Wahrscheinlich wirkt Chinin ähnlich. Alle diese Fälle dürften demnach als Beeinflussung des kolloidalen Membranzustandes aufgefaßt werden.

Wie sehr Membranen beeinflußt werden können, zeigen im Zusammenhang mit den Versuchen von LOEB[4] die Untersuchungen von WERTHEIMER[5]. Es gilt auch für die Froschhaut der sog. Salzeffekt, der darin besteht, daß unter dem Einfluß von Salz bzw. von Leitern eine Membran durchgängig wird für Substanzen, die sie sonst ganz oder fast ganz zurückgehalten hat. (So von LOEB nachgewiesen für Eier von Fundulus und von HÖBER für die roten Blutkörperchen.) Auch für die Durchlässigkeit für Zucker, Aminosäuren, Peptone gibt es eine Salzwirkung, ebenso für Salze, Farbstoffe. Die Untersuchungen über diesen Punkt sind noch im Flusse. Sie geben uns aber schon heute die Gewißheit, daß die noch bestehenden Unsicherheiten, die Resorption durch physikalisch-chemische Analogien zu erklären, überwunden werden. Wesentlich scheint besonders der Zustand der Lipoide in der Membran. So ist wohl zu erklären, daß KOFLER und KAUREK[6] gezeigt haben, daß Saponine bei peroraler Verabreichung auf die Resorption von Strophantin und Digitoxin einen fördernden Einfluß haben. LASCH[7] hat dasselbe für die Resorption von Calcium gefunden. Es konnte durch Zusatz von geringen Dosen Saponin, 70—180% mehr Calcium zur Resorption gebracht werden. Auch für Traubenzuckerresorption ist das wahrscheinlich gemacht worden (LASCH und BRÜGL[8]).

Ob die interessanten Beobachtungen von KOREF und MAUTNER[9] auch in die Gruppe der Beeinflussung der Membranpermeabilität gehören, ist schwer zu sagen. Sie fanden, daß die Resorption von Wasser, Milch, 1proz. Kochsalzlösung, 3- oder 8proz. Magnesiumsulfatlösung und 5proz. Alkohol nach einer Insulininjektion bedeutend rascher erfolgt. Ja sogar ein sonst vom Magendarmkanal aus wegen seiner sehr langsamen Resorption überhaupt unwirksames Gift, das Curare, wirkt nach Insulininjektion vom Magendarmtrakt ebenso, wie von der Subcutis. Ähnlich liegen die Verhältnisse bei Kalisalzen. Dabei handelt es sich aber nicht um eine direkte Wirkung des Insulins, sondern um eine Wirkung der Hypoglykämie.

---

[1] HAMBURGER, H. J.: Arch. Anat. u. Physiol. **1898**, 317.
[2] MAC CALLUM, J. B.: Amer. J. Physiol. **10**, 101 (1903).
[3] HAY, M.: J. of Anat. **1882**.
[4] LOEB, J.: J. gen. Physiol. **1**, 173, 255, 717 (1920) — J. of biol. Chem. **23**, 41 (1914); **27**, 353, 363, 399 (1916); **28**, 174 (1916).
[5] WERTHEIMER, E.: Pflügers Arch. **199**, 383; **200**, 354; **201**, 488, 591 (1923).
[6] KOFLER u. KAUREK: Arch. f. exper. Path. **109**, 362 (1925). — KOFLER u. FISCHER: Ebenda **111**, 35 (1926).
[7] LASCH: Biochem. Z. **169**, 292 (1926); **169**, 301 (1926).
[8] LASCH u. BRÜGL: Biochem. Z. **172**, 422 (1926).
[9] KOREF, O. u. H. MAUTNER: Arch. f. exper. Path. **113**, 151, 163 (1926).

9. Quellung.

Eine andere Möglichkeit, auf welche Weise verschiedene Substanzen auf die Permeabilität der Membran wirken können, ist die, daß sie den Quellungszustand dieser beeinflussen.

Imbibition nach Art eines Schwammes hat schon MAGENDIE als wesentlich für die Resorption betrachtet. Freilich besteht von diesem alten Gedanken keine Kontinuität zu unseren gegenwärtigen physikalisch-chemischen Anschauungen. HOFMEISTER hat dann später wieder darauf hingewiesen, daß die Wasseraufnahme von Kolloiden, die mit einer Volumänderung einhergeht, durch die verschiedensten Salze, entsprechend der HOFMEISTERschen Reihe, beeinflußt wird. Er nahm an, daß sie eine Rolle bei der Resorption spielen kann und HÖBER wendete dann diese HOFMEISTERschen Befunde auf die HEIDENHAINschen physiologischen Versuche an.

BECHHOLD hat hervorgehoben, daß jene Elektrolyte, welche bei Kolloiden Schrumpfung verursachen, sowohl ihre eigene als auch die Resorption von anderen Salzen verhindern, und umgekehrt quellende Substanzen ihre eigene und auch die Resorption anderer Substanzen erhöhen. In HOFMEISTERS Reihe gehören die abführenden Salze zu der Gruppe von Elektrolyten, die Kolloide schrumpfen lassen. Sie sollten deshalb die Resorption anderer Salze verhindern. Nun hat aber GOLDSCHMIDT und DAYTON gerade umgekehrt gefunden, daß Na_2SO_4 die Resorption von NaCl im Kolon nicht nur nicht verhindert, sondern sogar auffallend beschleunigt. Das ist zu mindestens ein Beweis dafür, daß mit der Quellung allein auch nicht auszukommen ist.

In den Versuchen von MAYERHOFER und PRIBRAM gingen die Autoren davon aus, daß man künstliche Membranen durch Quellung permeabel, durch Entquellung weniger permeabel machen kann. Sie fanden, daß man auch bei der Permeabilität von Kaninchen- und Meerschweinchendärmen den Zusammenhang zwischen Permeabilität und Wassergehalt des Darmes tatsächlich nachweisen kann. QUAGLIARELLO allerdings bestreitet, daß der Hundedarm verschiedene Quantitäten NaCl oder N_2SO_4 aufnehmen kann, trotzdem beide auf die Quellung ganz verschieden wirken. Nach MAYERHOFER und PRIBRAM ist bei Enteritis acuta die Quellbarkeit des Darmepithels erhöht und geht deshalb mit einer erhöhten Durchlässigkeit Hand in Hand. Bei Enteritis chronica seien die Verhältnisse umgekehrt.

In diesem Zusammenhange sei auch daran erinnert, daß HANDOVSKY mit Rohrzucker behandelte rote Blutkörperchen mehr gelatiniert findet als solche, die mit NaCl behandelt sind. Die so veränderten Blutkörperchen sind weniger empfindlich für oberflächenaktive Substanzen, wenn sie mit Zuckerlösung behandelt waren, und mehr empfindlich, wenn sie mit Salz behandelt waren. Etwas Ähnliches dürfte in den Versuchen von MAYERHOFER und PRIBRAM mit den Darmepithelzellen geschehen sein.

Ebenso könnte die Resorption verschiedener oberflächenaktiver Substanzen beeinflußt werden durch den Zustand, in welchen die Darmepithelzellen durch die Berührung mit Salz- bzw. Zuckerlösungen kommen. HÖBER und KATZENELLENBOGEN haben gezeigt, daß der Eintritt von basischen Farbstoffen in die roten Blutkörperchen durch indifferente Nichtleiter, wie Rohrzucker, Glykokoll, stark gehemmt werden kann. Es handelt sich um etwas ähnliches, wie der Salzeffekt von LOEB. Die Nichtleiter beeinflussen die Zellmembran. Ähnliche Wirkungen können natürlich ebenso auf die Darmzellen wirken. So kann durch die Gegenwart einer bestimmten Substanz die Resorption für eine andere vermindert oder vermehrt werden. So können aber auch Stoffwechselvorgänge, die innerhalb der Zellen vor sich gehen, die Resorption für den einen oder den anderen Körper verhindern.

HAMBURGER hat die Quellung überhaupt in den Mittelpunkt seiner ganzen Theorie der Resorption gestellt. Die Epithelzellen nehmen nach seiner Ansicht Wasser und gelöste Substanzen hauptsächlich durch Imbibition, Quellung auf. Die Flüssigkeit gelange mit Hilfe der Capillarität durch das Zottenbindegewebe in den zentralen Lymphraum, zum Teil in die Capillaren. Durch die beständige Flüssigkeitsbewegung in den Capillaren wird die Flüssigkeit immer wieder entfernt, so daß das Gewebe immer wieder Flüssigkeit aufnehmen kann. Demnach spielt also in der HAMBURGERschen Theorie neben der Filtration, Druckwirkung von Darmlumen und Saugwirkung aus den Blutgefäßen, evtl. von dem Zottenlymphraum aus, die Imbibition die Hauptrolle. Es ist besonders hervorzuheben, daß in dieser HAMBURGERschen Theorie die Quellung nicht nur als Modifikation der Permeabilität der als osmotischen Membran wirkenden Darmepithelien eine Rolle spielt, sondern daß ihr hier überhaupt die leitende Rolle eingeräumt wird. Wir möchten dazu nur bemerken, daß ebenso wie für keinen anderen Faktor eine allein leitende Rolle bisher gefunden werden kann, ebensowenig das auch für die Imbibitionstheorie gilt.

10. Amöboide Bewegungen von Zellen als Resorptionsmechanismus.

Nur ganz kurz sei hier noch einmal erwähnt, daß schon SCHÄFFER und ZAWARYKIN geglaubt haben, daß bei der Fettresorption den Lymphocyten eine besondere Rolle zukommt. Neuerdings haben MOTTRAM, CRAMER und DREW wieder hervorgehoben, daß es wohl möglich ist, daß die Lymphocyten irgendeine Rolle dabei spielen. Schon HEIDENHAIN hat sich dagegen ausdrücklich verwahrt und durchaus geleugnet, daß den Lymphocyten irgendeine Rolle bei der Fettresorption zukomme. HOFMEISTER hat den polynuclearen Leukocyten eine wichtige Rolle bei der Eiweißresorption eingeräumt; das war aber seinerzeit nur ein Notbehelf, denn wir haben heute, nachdem wir nun die Resorption des Eiweißes in ihren Einzelheiten gut überblicken, eine derartige Theorie nicht mehr nötig.

Hier sei auch der Behauptung von THANHOFFER gedacht, nach welcher das Darmepithel beim Frosch mittels des Stäbchensaumes amöboide Bewegungen ausführen soll und auf diese Weise die Fetttröpfchen einverleibe. Niemand hat außer ihm diese Bewegungen gesehen und bereits HEIDENHAIN hat die Unwahrscheinlichkeit betont. Auch ist behauptet worden, daß Lymphocyten aus der Darmwand auswandern, sich auf der Oberfläche der Schleimhaut mit Fett usw. beladen können und so wieder einwandern. Eine größere Rolle können derartige Zufälle nicht spielen. Andererseits aber gibt — wie auch hier hervorgehoben sei — die Gegenwart von zahlreichen weißen Blutkörperchen zwischen den Epithelzellen zu denken. (Siehe Histologie der Resorption.)

11. Versuche, die für eine vitale Funktion der Zelle sprechen.

Der Hauptvertreter der Ansicht, daß vitale Funktionen das Wesen der Resorption ausmachen, ist HEIDENHAIN[1]. Er betont allerdings, daß er diese „vitalen Funktionen" der Zelle nur so auffaßt, daß dabei physikalisch-chemische Prozesse in ihr wechselnd ablaufen. Auch er glaubt, daß ein Teil der Flüssigkeit aus dem Darm durch Osmose resorbiert wird, während andere Substanzen nur durch eine aktive Lebensfunktion der Zellen aufgenommen werden können. HEIDENHAINS Beweise sind die folgenden:

[1] HEIDENHAIN: Pflügers Arch. **56**, 579 (1894). — Siehe auch RÖHMANN: Ebenda **41**, 411 (1887).

a) Bringt man Serum in den Darm, so wird auch dieses resorbiert. Ein Konzentrationsgefälle oder ein osmotisches Druckgefälle existiert hier nicht; die Darmflüssigkeit wird immer konzentrierter — wobei der Rückstand aus Eiweiß besteht, die Gefrierpunktserniedrigung sich aber nicht ändert. Demnach werden Salze und Wasser auch aus isosmotischer Lösung resorbiert, was augenscheinlich mit den Gesetzen der Osmose und Diffusion in Widerspruch steht.

b) Aus NaCl-Lösungen mit einem größeren osmotischen Druck als das Blut, bis zu 2%, wird NaCl resorbiert, trotzdem der osmotische Flüssigkeitsstrom umgekehrt zu einer Verdünnung des Darminhaltes führen sollte. Erst oberhalb 2% NaCl wird der Darminhalt verdünnt, entsprechend den osmotischen Verhältnissen.

c) Aus einer hyposmotischen NaCl-Lösung von 0,3% wird das NaCl resorbiert. Wären nur osmotische Kräfte wirksam, so müßte umgekehrt aus dem konzentrierteren Blut NaCl in den Darm fließen und die Salzkonzentration erhöhen, was nicht der Fall ist.

d) Gibt man in den Darm zu einer hyperosmotischen 1—1,5proz. NaCl-Lösung etwas NaF — ein starkes Zellgift —, so findet man geringere Wasseraufnahme und nur wenig verminderte NaCl-Aufnahme. Gibt man andererseits NaF zu einer hyposmotischen 0,3proz. NaCl-Lösung, so wird weniger NaCl aufgenommen, während die Wasserresorption sich nur wenig ändert. Vergiftet man also die Darmzelle, so nähern sich die Resultate den osmotischen Verhältnissen. Die normale Größe der Resorption ist also eine Fähigkeit der lebenden Zelle.

Heidenhain faßt seine Resultate dahin zusammen, daß aus hyperosmotischen Lösungen das NaCl durch Osmose resorbiert wird und aus hyposmotischen Lösungen das Wasser durch Osmose. Andererseits werden aber aus hyperosmotischen Lösungen Wasser und aus hyposmotischen Lösungen Salz resorbiert, was nur mit einer „vitalen Funktion" der Schleimhautzellen erklärbar sei.

Weitere Beweise zur Begründung der Lehre über die vitale Funktion des Epithels bei der Resorption wurden von Cohnheim[1] geliefert. Er zeigt, daß unter normalen Verhältnissen der Flüssigkeitsstrom durch die Darmwand immer nur in einer Richtung verläuft, in der Richtung vom Darm ins Blut. Meßbare Mengen von diffusiblen Blutbestandteilen gelangen nicht in den Darm. Bei der Resorption spielen zwei Faktoren eine Rolle:

a) Ist das Endothel der Blutcapillaren impermeabel für den Übertritt von Blutbestandteilen aus den Capillaren in das Darmlumen. Diese lassen einen osmotischen Ausgleich nur in der umgekehrten Richtung zu.

b) Ist das Darmepithel fähig, Flüssigkeit vom Darmlumen aus aufzunehmen, wobei physikalische Gesetze keine Rolle spielen sollen, so daß diese Funktion nur mit der aktiven Sekretion der Drüsenzellen in Parallele gesetzt werden könne.

Nach dieser Anschauung spielt also die Osmose und Diffusion nicht einmal jene Rolle, die ihr noch Heidenhain eingeräumt hat. Seine Versuche hierzu sind die folgenden:

α) Gibt man in Vellafisteln von Hunden Glucoselösungen von jeder beliebigen Konzentration, so gelangen diese immer in ein osmotisches Gleichgewicht mit dem Blut. Es wird je nachdem Zucker oder Wasser resorbiert. Niemals wird dieses Gleichgewicht dadurch hergestellt, daß aus dem Blut diffusible Substanzen (NaCl usw.) in den Darm diffundieren. Vergiftet man aber den Darm gleichzeitig mit NaF oder Arsen, so werden die im Darminhalt gefundenen

[1] Cohnheim: Z. Biol. **36**, 129 (1898); **37**, 443 (1899); **38**, 419 (1899); **39**, 167 (1900).

NaCl-Mengen ganz bedeutend. Ferner sinkt in diesen Fällen die Konzentration der Glucoselösung unter das isotonische Niveau. Es scheint demnach, daß die Darmwand ihre normale einseitige Permeabilität verloren hat, und zwar beruhe diese Wirkung besonders auf einer Schädigung des Capillarendothels in den Zotten.

β) Hängt man ausgeschnittene abgebundene Darmschlingen von Hunden, Katzen und Kaninchen in Ringerlösung und füllt die Därme mit Zuckerlösungen von verschiedenen Konzentrationen, so kann man immer nur beobachten, daß die Zuckerlösung vom Darm nach außen wandert und niemals umgekehrt. Mißt man am Anfang und am Ende des Versuches das Gewicht der Darmschlinge und das Gewicht ihres Inhalts, so findet man immer nur eine Abnahme des letzteren. Die Richtung der Resorption hänge also nur von dem normalen Zustand des Darmepithels ab, nicht aber von osmotischen Verhältnissen. RHORER[1] hat allerdings bei Wiederholung dieser COHNHEIMschen Versuche überhaupt keinen Flüssigkeitstransport beobachten können.

Der dritte Vertreter der Lehre, daß vitale Zellprozesse die Resorption besorgen, ist REID[2]. Ähnlich wie COHNHEIM hält er das Darmepithel für ganz unabhängig von osmotischen Einflüssen, während das für die Capillaren nicht gelte. Seine Gründe sind die folgenden:

a) Nach VOIT und BAUER, HEIDENHAIN und seinen eigenen Versuchen wird Blutserum resorbiert. Schädigung des Darmepithels hebt diesen Prozeß auf.

b) Macht man einen Diffusionsapparat, in dem man ein Stück Darmschleimhaut über ein Glasrohr bindet, so läßt sich zeigen, daß hier immer ein Flüssigkeitsstrom von der Schleimhautseite zur Muscularisseite, also in der normalen Richtung, durchtritt, und zwar auch dann, wenn auf beiden Seiten der Membran sich dieselbe Flüssigkeit befindet; dabei ist natürlich jede Filtration, Diffusion oder Osmose ausgeschlossen.

c) Er wiederholte COHNHEIMS Versuche am überlebenden Darm und bestätigte, daß der Flüssigkeitstransport nur in einer Richtung stattfindet, aber nur so lange, als das Epithel nicht geschädigt ist.

d) Er injizierte intravenös NaCl-Lösung während der Resorption von Zuckerlösung aus einer Darmschlinge. Trotzdem der osmotische Druck des Blutes erhöht wurde, nahm die Resorption von Wasser aus einer Zuckerlösung nicht zu. Dagegen wurde nun weniger Glucose resorbiert. Andererseits wurde auch nicht mehr NaCl in den Darm ausgeschieden. Es wird daraus geschlossen, daß die Resorption also nicht eine Funktion des osmotischen Druckes des Blutes ist. Diese Versuchsresultate sind bestätigt von GOLDSCHMIDT und DAYTON[3].

COHNHEIM und REID zeigen, daß der lebende Darm nur in einer Richtung Flüssigkeitsdurchtritt erlaubt, der abgetötete dagegen sich wie eine gewöhnliche Diffusionsmembran benimmt. Nun hat aber HAMBURGER[4] gezeigt, daß NaCl-Lösungen und Pferdeserum aus dem Darm von seit 1—24 Stunden toten Hunden ebenso resorbiert werden, wie aus lebendem. Der tote Darm benimmt sich also ebenso. Von einem spezifischen Lebensprozeß kann also nicht die Rede sein. COHNHEIM bemerkte demgegenüber, daß der Versuch nicht beweisend ist, da ja hier die Resorption nur gegenüber den geringen stagnierenden Blutquantitäten verläuft. Wenn er den Darm von der Vena cava aus künstlich durchströmte,

---

[1] RHORER, L.: Közlemények az összehasonlitó élettan és kórtan köréből, **6** (1906).

[2] REID, E. W.: J. of Physiol. **20**, 298 (1896); **21**, 408 (1897); **22**, 56 (1898); **26**, 436 (1901); **28**, 241 (1902) — Biologic. med. J. **2**, 776 (1898) — Phil. Trans. roy. Soc. **192**, 211. 459 (1919).

[3] GOLDSCHMIDT, W. u. A. B. DAYTON: Amer. J. Physiol. **48**, 819 u. 443, 440 450,

[4] HAMBURGER: Biochem. Z. **11**, 442 (1908).

um auf diese Weise die Verhältnisse den natürlichen ähnlicher zu gestalten, so fand er allerdings auch, daß der Darm des toten Tieres ebenso resorbiert wie der des lebenden. Jedoch erklärt er sein Resultat so, daß das Epithel noch gelebt habe. Um es sicher abzutöten, läßt er 80—90° C warmes Wasser durch den Darm fließen. Nun wird der Darm in beiden Richtungen permeabel. HÖBER wendet hiergegen ein, daß die Zellen durch diese Erwärmung nicht nur abgetötet, sondern dadurch auch weitgehende Änderungen in der physikalisch-chemischen Struktur der Membran verursacht wurden. HAMBURGER hat den Versuch von COHNHEIM, der besonders noch zugunsten physiologischer Triebkräfte spricht — d. h. wenn man in eine Darmschlinge NaCl-Lösung und Zuckerlösung zusammenbringt, die Zuckerlösung immer NaCl-frei wird, also NaCl immer nur in einer Richtung durch die Membran wandert —, wiederholt und bestätigt. NaF- oder Arsenlösung schädigt den Darm so, daß nun ein Durchtritt von NaCl in den Darm stattfindet. Tötet man aber die Schleimhaut durch kochende NaCl-Lösung, 10proz. Formalin oder dreitägiges Liegenlassen ab, so zeigt diese Schleimhaut trotzdem eine ebensolche Durchlässigkeit von NaCl. Auch künstliche Membranen aus Pergamentpapier und Chromateiweiß zeigen solche einseitige Durchgängigkeit. Es ist also durchaus nicht eine vitale Eigenschaft, wenn COHNHEIM in seinen Versuchen eine einseitige Durchgängigkeit findet.

Die Versuche von HEIDENHAIN, insbesondere auch der schwerwiegendste Versuch von HEIDENHAIN und REID über die Resorption von Serum, scheinen erklärbar auf Grund der Anschauungen über den osmotischen Druck der Kolloide des Blutplasmas, die, wie oben erwähnt, ein Konzentrationsgefälle in der Richtung zu den Capillaren aufrechterhalten. HÖBER[1] sieht als den bedeutungsvollsten Versuch zugunsten der vitalen Funktion des Epithels jenen Versuch von REID an, bei dem der Flüssigkeitsstrom in einer Richtung durch die Schleimhaut geht, und ist geneigt, diesen mit Hilfe von Elektroosmose zu erklären, was allerdings bisher nicht gelingt. Die verschiedenen Versuchsresultate über die Änderung der Resorption durch Gifte scheinen erklärbar auf Grund der Beeinflussung der Permeabilität der Membranen durch verschiedene Substanzen (s. unten). Trotz alledem bleiben noch immer einige Versuche vorhanden, die den Diffusions- und Osmosegesetzen widersprechen. So die angeblich sehr ungenügende Resorption des Milchzuckers, trotzdem dieser relativ gut diffundiert. Ferner, daß nach COHNHEIM im Cephalopodendarm aus einer NaJ-Lösung alles NaJ in die Außenflüssigkeit befördert wird (HÖBER). Aber diese Fälle können wohl unter dem Gesichtspunkt der einseitigen und veränderlichen Membranpermeabilität betrachtet werden, ohne daß wir noch heute wissen, wie sie zustande kommen. Neuerdings hat wieder BORCHARDT[2] — wie ich glaube nicht mit Recht — die „physiologische Triebkraft“ betont, welche physikalisch-chemisch nicht erklärt werden könne. Er gründet diese Ansicht darauf, daß bei Hunden aus Vellafisteln monatelang die Resorption sehr gleichmäßig ablaufe, setze man aber auch nur vorübergehende Zirkulationsstörungen, so werde die Resorption sehr gestört. Physikalisch sei diese Tatsache nicht zu erklären. — Ich glaube, daß nach dem, was wir über die große Empfindlichkeit der Zottenbewegung beobachtet haben, das durchaus zu erwarten ist. Eine Lähmung der Zotten wird die Resorption ändern. Ferner muß eine Wirkung auf das Epithel durch „Membranänderung“ entstehen. — Auch daß nach seinen Beobachtungen Entnervung und inkretorische Wirkungen ohne Einfluß sind, ist in guter Übereinstimmung mit der Ansicht, daß der wichtige Zottenmechanismus von diesen unabhängig ist.

[1] HÖBER: Lehrbuch S. 67 (1922).
[2] BORCHARDT, W.: Pflügers Arch. **219**, 219 (1928).

12. Theorie der Resorption.

Auf Grund der vorangehenden Versuchsresultate können wir uns das folgende Bild über den Mechanismus der Resorption im Darm machen. Die Darmwand ist eine Membran von kolloidaler Struktur, die aus lipoidlöslichen und wasserlöslichen Teilen zusammengesetzt ist. Sie ist für Wasser in beiden Richtungen durchgängig, dagegen hauptsächlich nur in einer Richtung permeabel für Salze, Zucker usw.

Die Membran läßt also Wasser mit den in ihm gelösten Substanzen in der Richtung zu den Capillaren und dem Lymphraum durchtreten und wirkt dabei wie ein Filter. Der Filtrationsprozeß durch die Membran wird durch den hydrostatischen Druck im Darm und die Saugwirkung des Blutstroms, hauptsächlich aber durch die Zottenbewegung unterstützt. Die letztere wird als der wesentlichste Faktor der Resorptionsgeschwindigkeit wasserlöslicher Substanzen anzusehen sein.

Aber neben dieser Filtration müssen auch Diffusions- und osmotische Kräfte wirken. Insbesondere wird die Bewegung des Wassers gewöhnlich in der Richtung nach dem Blut deshalb stattfinden, weil hier der höhere osmotische Druck herrscht. Die gelösten Substanzen werden durch das Darmepithel durch ihre Diffusionskraft getrieben, nachdem unter normalen Verhältnissen diese Substanzen im Darminhalt fast immer in größerer Konzentration vorhanden sein werden als im Blut. Das Diffusionsgefälle allein erklärt so die Resorption der Zucker, der Aminosäuren, der Seifen.

Die Filtration, in Kombination mit Diffusion und Osmose, erklärt die Resorption von hyper-, iso- und hypotonischen Lösungen. Sie können sich gegenseitig so wechselnd beeinflussen, daß es vorübergehend je nachdem zu einer Erhöhung oder Erniedrigung des osmotischen Druckes im Chymus kommen kann.

Im unverdauten Darminhalt, der kolloidale Substanzen — Stärke, Eiweiß, Neutralfett — enthält, wird ein sehr geringer osmotischer Druck herrschen. Wenn durch Spaltung dieser Substanzen Dextrose, Aminosäuren, seifenartige Fettsäureverbindungen und Glycerin entstehen, die alle gut diffusibel sind, so werden sie sofort, fast im Momente ihres Entstehens, dem Diffusionsgefälle entsprechend, in das Darmepithel gelangen.

Die Epithelzellen leisten eine gewisse Arbeit, indem sie dieses Diffusionsgefälle noch erhöhen dadurch, daß sie die resorbierten Substanzen zum Teil wieder in nichtdiffusible kolloidale Substanzen umändern. Das ist speziell bei den Fetten der Fall. Für Kohlehydrate, Eiweiß und Salze wird eine derartige Synthese in den Zellen gegenwärtig geleugnet. Immerhin zeigen die Versuche von Brodie[1], daß das Darmepithel während der Resorption von NaCl, destilliertem Wasser und Pepton einen stark erhöhten Sauerstoffverbrauch hat, also Arbeit leistet. Diese Arbeit dürfte „Konzentrationsarbeit“ sein, die das Diffusionsgefälle von außen nach innnen durch die Schleimhaut konstant erhält. Vielleicht wirkt dieser „vitale Faktor“ auf dem Umwege über Elektroosmose. Sicherlich spielt er nur eine geringe Rolle. Denn die Resorption der normalen Nahrungsbestandteile wird durch eine einfache Diffusion auch stattfinden können.

Da die Membran zum Teil aus Lipoiden besteht, so wird die spezifische Löslichkeit von Substanzen auch eine Rolle spielen können und ebenso ihre Oberflächenaktivität. Man wird eben nie vergessen dürfen, daß bei so komplizierten Membranen, wie sie das Darmepithel ist, neben den Diffusionskräften auch diese Faktoren eine Rolle spielen.

---

[1] Brodie, F. G., W. C. Cullis u. W. D. Halliburton: J. of Physiol. **40**, 173 (1910). Ferner F. G. Brodie u. H. Voigt: Ebenda **40**, 135 (1910).

Es wird endlich niemand wundern, daß eine so zusammengesetzte lebende Membran auch Änderungen ihrer Permeabilität zeigen wird, besonders durch verschiedene Substanzen, die den kolloidalen Zustand beeinflussen können, und so werden Salze und Zellgifte usw. auch die Resorption beeinflussen können. Die gegenwärtig noch in Diskussion stehenden Fragen über die wechselnde Beeinflussung der Membranpermeabilität zeigen den Weg, auf dem die weiteren Fortschritte zur Erklärung noch bestehender Unklarheiten zu erwarten sind. Endlich spielt die Bewegung der Darmzotten unbedingt eine wichtige Rolle in bezug auf die Geschwindigkeit der Resorption.

Alle Versuche, die Resorption auf Grund *eines* Prinzipes zu erklären, sind fehlgeschlagen. Wenn man weiß, wie kompliziert eine solche Membran ist und wie zahlreiche Faktoren auf die Permeabilität einer jeden Membran wirken, so wird man sich nicht wundern dürfen, daß noch nicht alle Bedingungen zu überblicken sind. *Es handelt sich also um den Durchtritt von in Wasser und in Lipoiden löslichen Substanzen durch eine zusammengesetzte kolloidale Membran, deren Permeabilität durch innere Stoffwechselvorgänge und äußere (Milieu-)Wirkungen sich verändern kann; die treibenden Kräfte aber sind dieselben, die eine Flüssigkeitsbewegung durch tote Membranen möglich machen, Filtration, Diffusion bzw. Osmose.*

V. Resorption von Kohlehydraten.

Die Resorption der Kohlehydrate ist zum größten Teil mit der Anwendung von Diffusionsgesetzen zu verstehen. Die Spaltung der Polysaccharide in gut diffusible Monosaccharide durch die Speichel- und Pankreasamylase scheint darauf hinzuweisen. Doch zeigt andererseits gerade das Verhalten der Kohlehydrate, daß die Diffusionsgesetze allein nicht genügen, um die Resorption zu erklären. Die Disaccharide sind auch gut diffusibel und werden trotzdem viel schlechter resorbiert wie Monosaccharide, Lactose fast gar nicht. Die gut diffusible Saccharose wieder diffundiert 15mal schlechter als Glaubersalz und wird trotzdem 10mal rascher resorbiert als dieses (Röhman und Nagano[1]).

Durch das Kochen quillt das Amylum der Nahrung und nimmt viel Wasser auf, aber auch so bleibt es nichtdiffusibel und zur Resorption unfähig. Die Spaltung durch die Speichelamylase beginnt im Magen und verwandelt sie in Dextrine, Isomaltose und Maltose. Trotzdem die Amylasewirkung durch die Säure gehemmt wird, findet sie im Magen statt, denn wie wir durch Grützner wissen, ist der Mageninhalt so geschichtet, daß die später aufgenommenen Teile nach innen zu liegen kommen und dadurch verhältnismäßig lange der intensiven Speichelverdauung unterworfen werden. Immerhin bleibt dieser Abbau nur gering, und es wird deshalb auch zu keiner wesentlichen Resorption kommen. Es wäre höchstens denkbar, daß bei Einnahme von Traubenzucker dieser schon vom Magen aus resorbiert wird. Doch hat London und Dagaew[2] auch für diesen an Fistelhunden gezeigt, daß aus dem Magen keine Glykoselösung resorbiert wird, sondern diese portionsweise an den Darm abgegeben wird. London[3] hebt auch hervor, daß die Magenwand vom Darm sich darin unterscheidet, daß sie konzentrierte Zuckerlösungen nicht zu verdünnen sucht.

Der *Hauptresorptionsort* der Kohlehydrate ist der Dünndarm, wo durch die mächtige Wirkung der Pankreasamylase und der Maltase alles Amylum bis zu Glykose gespalten wird. Auch der Darmsaft enthält Amylase, Maltase und

[1] Röhmann u. Nagano: Zbl. Physiol. **15**, 494 (1901).
[2] London, E. S. u. Dagaew: Z. Physiol. **74**, 318 (1911).
[3] London, E. S.: Z. Physiol. **56**, 512 (1908).

Saccharase. Alle diese Enzyme sind in den Verdauungssäften leicht in vitro nachzuweisen und es sind keine Gründe vorhanden, daran zu zweifeln, daß ihre Wirkung im Darm nicht ebenso weit geht. Als Endprodukt der Amylaseverdauung wird also Dextrose, der Saccharaseverdauung Dextrose und Lävulose zur Resorption gelangen. Dementsprechend findet man diese Monosaccharide während der Verdauung im Darminhalt, und ebenso kann man sie im Blut der Vena portae nachweisen. Führt man in eine Vellafistel Zuckerlösungen ein, so verschwindet der Zucker sehr rasch. So z. B. in Versuchen von LOMBROSO[1] in 15 Minuten im allgemeinen 50%. Nach NAGANO[2] wird aus isolierten Dünndarmschlingen Dextrose und Galaktose rasch resorbiert, Lävulose langsamer, Mannose viel langsamer, noch langsamer Xylose und Arabinose. Diese Unterschiede der Resorptionszeit stereoisomerer Monosaccharide, die doch die gleiche Diffusionsgeschwindigkeit haben, ist eine der größten Schwierigkeiten der Diffusionstheorie der Resorption. Er findet z. B., daß in ein und derselben Zeit vollkommen resorbiert wird eine 5proz. Lösung von Galaktose, 5proz. Glykose, 2,5proz. Fructose, 1proz. Mannose. In derselben Zeit werden von konzentrierten Lösungen die Zucker nach der folgenden Reihe resorbiert:

Aus	einer	7,5	proz.	Lösung	von	Galaktose	83%
„	„	7,5	„	„	„	Glykose	69%
„	„	7,5	„	„	„	Lävulose	60%
„	„	5	„	„	„	Mannose	59%
„	„	2	„	„	„	Xylose	75%
„	„	2	„	„	„	Arabinose	46%

CORI[3,4] findet an Ratten die folgenden Verhältniszahlen:

d-Galaktose	110
d-Glucose	100
d-Fructose	43
d-Mannose	19
l-Xylose	15
l-Arabinose	9

Die Reihenfolge ist dieselbe. Gibt man Glucose und Galaktose zusammen, so hemmen sie gegenseitig ihre Resorption, so daß die Gesamtmenge, die resorbiert wird, ungefähr dieselbe bleibt, als wenn Glucose allein gegeben wird. Ebenso fand auch HÉDON[5], daß Glucose und Galaktose besser als Arabinose und viel besser als Raffinose resorbiert werden.

Die Resorption der Zucker im Darm ist sehr vollständig. Normalerweise sind, wenn der Chymus an der Ileocoecalklappe ankommt, alle Kohlehydrate, die überhaupt resorbiert werden können, bereits resorbiert, wie das GRAAFF und NOLEN[6] an zwei Menschen mit getrennter Ileum- und Coecumfistel zeigen konnten. Selbst im Chymus der Ileumfistel war nur bei stark kohlehydrathaltiger Kost Dextrose nachweisbar. Die Resorption der Kohlehydrate findet aber nicht in jedem Teil des Dünndarms gleich vollständig statt. Nach einer Angabe von LONDON und POLOWZOWA[7] resorbierte in einem Versuch 1 qcm Schleimhautoberfläche im Duodenum 19,21, im Jejunum 9,0, oberes Ileum 8,44, unteres Ileum 3,26 g.

---

[1] LOMBROSO, U.: Arch. Farmacol. sper. **13**, 544 (1906).
[2] NAGANO: Pflügers Arch. **90**, 388 (1902).
[3] CORI, C. F.: Proc. roy. Soc. Lond. **22**, 497 (1925). Journ. of biol. chem. 66. 691. (1925).
[4] CORI, C. F.: Proc. Soc. exper. Biol. a. Med. **23**, 290 (1926).
[5] HÉDON: C. r. Soc. Biol. **52**, 29, 41, 87 (1901).
[6] GRAAFF, W. C. DE u. NOLEN: Nederl. Mschr. Geneesk. **10**, 113 (1921).
[7] LONDON u. POLOWZOW: Hoppe-Seylers Z. **49**, 324 (1906).

Der Verlauf der *Resorption des Traubenzuckers* aus verschieden konzentrierten Lösungen wurde vielfach untersucht. Ebenso wie HEIDENHAIN und GUMILEWSKY für verschieden konzentrierte NaCl-Lösungen, so haben COHNHEIM[1], HÉDON, ALBERTONI[2], NAGANO gezeigt, daß Dextrose, Mannose, Arabinose und Xylose in hyposmotischen Lösungen konzentrierter werden, in hyperosmotischen Lösungen dagegen verdünnt. OMI[3] hat die Resorption von Traubenzucker aus Vellafisteln aus verschieden konzentrierten Lösungen untersucht. Bis zu 5proz. Lösung nimmt die Resorption des Zuckers mit der Konzentration zu und beginnt dann zu sinken. Die Resorption des Wassers verlief bis zur 2proz. Lösung parallel mit der Zuckerresorption. Bei mehr als 2proz. Lösungen dagegen ist die Wasserresorption viel langsamer als die Resorption des Zuckers und von 5—6proz. Lösungen angefangen, kann man deutlich sehen, daß eine vermehrte Darmsaftsekretion beginnt, was daraus hervorgeht, daß die Alkalescenz der Lösung zunimmt. Die Resorption des Traubenzuckers ist besonders stark im Jejunum. In den meisten Versuchen verlief die Resorption dort so, daß der Traubenzucker immer rascher resorbiert wurde, als das Wasser, so daß die Lösung immer verdünnter wurde. So wurde z. B. aus einer 1proz. Traubenzuckerlösung eine 0,31prozentige, aus einer 4proz. Lösung eine 2,15prozentige, aus einer 6prozentigen eine 2,8prozentige. OMI[3] bestreitet aber, daß aus diesen Versuchen das von HEIDENHAIN und COHNHEIM abgeleitete Gesetz folgen würde, daß der Darm aus hypertonischer Flüssigkeit durch Resorption von Zucker, aus hypotonischer dagegen durch Resorption von Wasser eine isotonische Lösung zu machen versuche. Das gehe aus seinen Versuchen durchaus nicht hervor.

Ähnlich zeigte auch LONDON und POLOWZOWA[4], daß aus einer 4,6proz. Lösung eine 3prozentige wurde. Sie haben bei einem Hund, der zwischen einer Duodenal- und Ileumfistel einen 1,5 m langen Darmabschnitt hatte, den Einfluß der Konzentration von Dextrose in hypertonischer Lösung untersucht. Mit steigender Konzentration nahm die Wasserresorption progressiv ab. Ist die Konzentration mehr als 13%, so setzte in ihren Versuchen eine Flüssigkeitsabgabe in das Darmlumen ein, die um so stärker, je konzentrierter die Lösung war. Sie erreichte ihr Maximum bei 52,7proz. Lösung, bei der die Verdünnungsflüssigkeit, die in den Darm strömte, etwa die Hälfte der Gesamtmenge des Blutes des Hundes betrug. Die Verdünnung geht bis zu 6—8%. In dieser Konzentration wird Dextrose rasch resorbiert. Die Verdünnungsflüssigkeit kann nicht einfach als ein Transsudat des Blutplasmas aufgefaßt werden. Auch vermehrte Darmsaftsekretion spielt dabei eine Rolle. In den oberen Darmpartien werden die konzentrierten Zuckerlösungen nur verdünnt und dann erst kommt es in den weiter unten liegenden zu einer Resorption der verdünnten Zuckerlösung.

Sehr merkwürdig ist das Verhalten der *Disaccharide*. Trotzdem sie gut diffusibel sind, werden sie — wie erwähnt — schlecht resorbiert. Daraus geht deutlich die doppelte Aufgabe der Verdauung hervor. Nicht nur diffusible Produkte müssen entstehen, sondern auch solche, die im Körper verwertbar sind. Die Leber scheint aus Disacchariden kein Glykogen bilden zu können (VOIT[5], CREMER[6]). Daß diese Auffassung das Richtige trifft, geht auch daraus hervor, daß dieselben Disaccharide parenteral injiziert,, kaum verwertet, sondern im Urin wenigstens zum Teil unverändert ausgeschieden werden. So hat VOIT[7]

[1] COHNHEIM: Z. Biol. **36**, 129 (1898).
[2] ALBERTONI: Atti Accad. Bologna **1901**.
[3] OMI: Pflügers Arch. **126**, 439 (1904).
[4] LONDON u. POLOWZOWA: Hoppe-Seylers Z. **57**, 529 (1908).
[5] VOIT, F.: Z. Biol. **28**, 257 (1892).
[6] CREMER, C.: Z. Biol. **30**, 185 (1893).
[7] VOIT, F.: Dtsch. Arch. klin. Med. **58**, 523 (1897) — Z. Biol. **51**, 491 (1908).

gezeigt, daß bei subcutaner Injektion der Monosaccharide: Dextrose, Lävulose, Galaktose, diese im Körper verschwinden. Dagegen wird Saccharose und Lactose nach seiner Angabe quantitativ ausgeschieden. Nur das Disaccharid Maltose verschwindet. Voit[1] gibt auch an, daß Dextrose, Lävulose, Galaktose und Maltose auch bei subcutaner Injektion den respiratorischen Quotienten steigern, also verbrannt werden, während Saccharose und Lactose dieses nicht machen. Diese Angaben können allerdings so nicht aufrechterhalten bleiben, nachdem neuere Untersuchungen von Mendel und Kleiner[2] gezeigt haben, daß der Rohrzucker bei parenteraler Einführung nur zu 65% ausgeschieden wird, während das übrige verwertet wird. Ja sogar intravenös injizierte Stärke wird verbrannt und steigert den Respirationsquotient (Verzár[3]) und bildet Glykogen (Moscati[4]), wenn man sie nur genügend langsam injiziert. Die Erklärung ist, daß die Blutdiastase sie spaltet und die Verbrennung in diesem gespaltenen Zustand erfolgt.

Es ist also sicher, daß Disaccharide und Polysaccharide nur sehr ungenügend verwertet werden, wenn sie direkt ins Blut gelangen, aber es ist nicht erklärbar, warum die Disaccharide nicht trotzdem resorbiert werden. Für die Saccharose und Maltose kann man das vielleicht damit erklären, daß diese so rasch in Monosaccharide gespalten werden, daß es nicht zu einer Resorption kommen kann. Das zeigen deutlich die Versuche von Röhmann und Nagano sowie Omi[5]. Sie haben in abgebundenen Darmschlingen bzw. in Vellafisteln 50 ccm Rohrzuckerlösungen injiziert und fanden, daß das Invertin der Darmschleimhaut diesen sehr rasch invertiert. Dieser raschen Invertierung entsprechend, wird der Zucker auch rasch resorbiert; sie geben allerdings an, daß der Zucker zum größeren Teil erst in der Darmschleimhaut selbst invertiert werde. Sie konstatieren, daß Disaccharide immer langsamer resorbiert werden als Monosaccharide. Rohrzucker und Maltose kann nur bis zu 5proz. Lösung vollständig invertiert werden, sonst wird er als solcher resorbiert. Reid sagt allerdings, daß vom geschädigten Epithel Glucose und Maltose gleich schnell resorbiert werden, während von gesundem die Glucose rascher resorbiert wird.

Rohrzucker wird aus Vellafisteln auch nach Mariconda[6] rasch resorbiert. Schon Voit[7] und Lusk haben nach reichlichen Gaben Saccharose und Lactose im Pfortaderblut nachgewiesen. Wöhringer[8] hat nach größeren Gaben von Saccharose an Hunden und menschlichen Säuglingen diese regelmäßig im Harn gefunden und zwar etwa 1—2% der eingenommenen Menge. Die ausgeschiedene Quantität ist um so größer, je konzentrierter die eingenommene Zuckerlösung ist. Es handelt sich gleichsam um einen Fehler im Resorptionsmechanismus. Der Darm wird überschwemmt mit gut diffusiblem Zucker, der keine Zeit hat, abgebaut zu werden und deshalb resorbiert, aber zum großen Teil nicht verwertet wird. Auch Sluiter[9] hat die Saccharose nach größeren Gaben regelmäßig im Harn von gesunden Menschen und Hunden gefunden,

---

[1] Voit, C.: Z. Biol. **28**, 245 (1891).
[2] Mendel u. Kleiner: Amer. J. Physiol. **26**, 396 (1910).
[3] Verzár, F.: Biochem. Z. **34**, 66 (1911).
[4] Moscati: Hoppe-Seylers Z. **50**, 73 (1906). — Siehe auch Cl. Bernard: Lecons sur la diabéte, S. 553 (1877). — Dastre: Arch. internat. Physiol. **21**, 718. — Weinland, E.: Z. Biol. **40**, 374 (1900). — Pavy: J. of Physiol. **24**, 479 (1899).
[5] Röhmann u. Nagano: Pflügers Arch. **95**, 533 (1903). — Siehe auch Nagano: Ebenda **90**, 382 (1902). — Omi: Zitiert auf S. 39.
[6] Mariconda, P.: Arch. Farmacol. sper. **15**, 396.
[7] Voit, C. u. Lusk: Z. Biol. **28**, 245 (1892).
[8] Wöhringt, P.: C. r. Soc. Biol. **86**, 244, 1893 (1922).
[9] Sluiter, E.: Arch. internat. Physiol. **7**, 362 (1922).

aber nie mehr als 0,8%. Die großen individuellen Unterschiede machen es unmöglich, hieraus eine quantitative Methode der Durchlässigkeit der Darmschleimhaut auszuarbeiten, wie WÖHRINGER vorgeschlagen hat.

Am merkwürdigsten liegen die Verhältnisse für den Milchzucker. Nach ALBERTONI[1] wird bei Hunden in einer Stunde von 100 g Dextrose, Maltose oder Saccharose 45—60 g resorbiert, dagegen von Lactose nur 25—30 g. Eine ähnliche schlechte Resorption fand auch schon WEINLAND[2], RÖHMANN und NAGANO[3], REID[4], HÉDON[5]. Auch die Assimilationsgrenze liegt beim Milchzucker am niedrigsten (WEINLAND[2]). Der Milchzucker soll beim Erwachsenen überhaupt nicht, oder höchstens im oberen Teil des Dünndarms ein wenig gespalten werden. (RÖHMANN und NAGANO[6]). Nach der Ansicht der letzteren Autoren erkläre das Fehlen der enzymatischen Spaltung auch die langsame Resorption des Milchzuckers. Die Diffusionsgeschwindigkeit des Milchzuckers ist geringer als die der Monosaccharide. Saccharose und Maltose werden zu Monosacchariden gespalten und als solche resorbiert, während das beim Milchzucker nicht der Fall sei. Nachdem er nicht resorbiert wird, wirkt er wasseranziehend und dadurch abführend.

Pentosen, wie Xylose, Arabinose, Rhamnose, werden unverändert resorbiert. Sie spielen nur bei Pflanzenfressern eine größere Rolle, wo sie aus Pentosanen entstehen. Kaninchen und Hühner sollen auch Glykogen aus ihnen bilden (SALKOWSKI[7], CREMER[8]), was aber von anderen bestritten wird (FRENTZEL[9], GRUBE[10]). Ihre Assimilationsgrenze ist jedenfalls niedrig, und sie gehen leicht in den Urin über (EBSTEIN[11]).

Die Resorption des Zuckers findet aus dem Dünndarm auf dem *Blutwege* statt. v. MERING[12] hat das zuerst bewiesen, als er beim Hunde nach Kohlehydraternährung im Blute der Vena portae bis zu 0,4% Dextrose fand, während beim Hungertier nur 0,2% (ein sehr hoher Wert) gefunden wurde. In der Lymphe des Ductus thoracicus war beim Hungertier ebenso vor, wie während der Resorption immer nur 0,16% vorhanden.

Nur bei übertriebenem Kohlehydratgenuß geht ein kleiner Teil des Zuckers auch in die *Lymphbahnen* (GINSBERG[13], FUJII[14], GIGON[15]). So fanden MUNK und ROSENSTEIN bei ihrer Patientin mit Chylusfistel nach 100 g Kohlehydrat kaum $^1/_2$ g in der Lymphe wieder. Auch KATSURA[16] findet zwar den Zuckergehalt der Lymphe während der Zuckerresorption erhöht, sieht aber darin keinen Beweis dafür, daß die Resorption auf dem Lymphwege erfolge, denn jede Hyperglykämie hat dieselbe Folge. Es handelt sich wohl nur um einen Ausgleich

---

1 ALBERTONI, P.: Atti Accad. Bologna 4. IX. 1888 — Zbl. Physiol. **1901**, 15, 457 — Arch. ital. de Biol. **1891**, 15, 321.
2 WEINLAND: Z. Biol. **38**, 16 (1899).
3 RÖHMANN u. NAGANO: Pflügers Arch. **95**, 533 (1903). — RÖHMANN: Ebenda **41**, 411 (1887).
4 REID, V.: J. of Physiol. **26**, 427 (1901).
5 HÉDON: C. r. Soc. Biol. **29**, 41, 87 (1900).
6 RÖHMANN u. LAPPE: Ber. dtsch. chem. Ges. **28** (1895). — FISCHER u. NIEBEL: Sitzgsber. Akad. Wiss. 73—78 **78** (1896).
7 SALKOWSKI: Zbl. med. Wiss. **1893**, 1913 — Hoppe-Seylers Z. **30**, 478 (1900).
8 CREMER: Z. Biol. **29**, 536 (1893).
9 FRENTZEL: Pflügers Arch. **56**, 273 (1894).
10 GRUBE: Pflügers Arch. **122**, 451 (1908).
11 EBSTEIN, W.: Virchows Arch. **129**, 401 (1892); **134**, 401 (1893).
12 v. MERING,: Arch. f. Physiol. **1877**, 379.
13 GINSBERG, S.: Pflügers Arch. **44**, 306 (1899).
14 FUJII: Tohoku J. exper. Med. **3**, 120 (1922).
15 GIGON: Z. klin. Med. **101**, 17 (1924).
16 KATSURA, S.: Tohoku J. exper. Med. **7**, 382 (1926).

zwischen Blutserum und Lymphe, wie er schon in den Darmzotten zustande kommen muß (s. dort). (Schon die quantitativen Verhältnisse zeigen das. Innerhalb 5 Stunden war durch die Lymphe kaum 0,2 g von 27 g Zucker resorbiert worden!)

Mit der angiostomischen Methode von LONDON hat KOTSCHNEFF[1] unter Verhältnissen, die den physiologischen recht nahekommen, beim normalen Tier eine deutliche Zunahme im Blut der Vena portae gefunden. So nach Weißbrotfütterung von 0,08% nach 2 Stunden auf 0,26%. Gleichzeitig stieg der Zuckergehalt im Blut der Vena jugularis und der Vena hepatica bis zu 0,11%. Die Leber kann also keinesfalls gleich den ganzen Zucker zurückhalten, wenn auch wohl der größte Teil dort verbleibt und als Glykogen deponiert wird.

Man hat wiederholt daran gedacht, daß die Kohlehydrate noch in der Darmwand eine *Umwandlung* erleiden. Die Hypothese von PAVY[2], daß die Kohlehydrate in der Darmwand in Fett umgewandelt werden, konnte experimentell nicht bewiesen werden. Auch an die alten Befunde von v. MERING und OTTO[3] sei erinnert, die nach kohlehydratreichem Futter im Pfortaderblut nicht nur Dextrose, sondern auch dextrinähnliche Kohlehydrate nachweisen zu können glaubten. Diese alten Befunde sind aus methodischen Gründen nicht beweiskräftig. Neuerdings sind Befunde, die evtl. an eine Umwandlung der Kohlehydrate bei der Resorption denken lassen, von DUNIN-BORKOWSKI und WACHTEL[4] publiziert worden, die bei der Durchströmung des überlebenden Darmes von Hunden mit defibriniertem Rinderblut, von 5,2 g des eingeführten Zuckers nur 2,1 g im Darm und weitere 0,126 g in der Durchströmungsflüssigkeit fanden. Man könnte vor allem daran denken, daß der Darm den Zucker selbst verbraucht hat, dafür scheint aber die Differenz zu groß zu sein. KÖRÖSY[5] hat bei Beschränkung des Blutkreislaufes auf Darm, Lungen und Herz den resorbierten Traubenzucker nur zum Teil im Blut wiedergefunden und denkt daran, daß der Zucker beim Durchtritt durch die Darmwandung eine weitgehende Umgestaltung erleidet. Freilich müßte auch hierbei zuerst der Einwand beseitigt werden, daß der Zucker nicht im Darm selbst verbrannt wird. Die neueren Untersuchungen von WINTER und SMITH[6] zeigen vielleicht den Weg, auf welchem hier Fortschritte erreicht werden können. Nach ihrer Ansicht ist der normale Blutzucker nicht die zur Reserve gelangende α- und β-Glucose, sondern γ-Glucose. Diese Umänderung würde entweder noch im Epithel des Darmes oder in der Leber stattfinden, wobei die innersekretorische Wirkung des Insulins eine Rolle spielen würde. Doch ist bezweifelt worden, ob γ-Glucose überhaupt im Blut vorhanden ist, und deshalb muß die weitere Entwicklung abgewartet werden.

An eine Umwandlung der Zucker in der Darmwand konnte man schon auch deshalb denken, weil nach den Untersuchungen von RÖHMANN[7] bekannt ist, daß Stereokinasen im Körper vorkommen und z. B. nach parenteraler Einführung großer Mengen von Rohrzucker im Serum häufig erscheinen. Durch diese kann Rohrzucker über Dextrose, Lävulose und Galaktose in Milchzucker umgewandelt werden.

Die im Dünndarm nicht resorbierten Kohlehydrate werden im *Dickdarm* weiter resorbiert oder vergoren. Daß Kohlehydrate, speziell Zucker, auch aus

[1] KOTSCHNEFF: Pflügers Arch. **201**, 363 (1923).
[2] PAVY, F. W. N.: Der Kohlehydratstoffwechsel. Leipzig 1901.
[3] OTTO, I.: Pflügers Arch. **35**, 467 (1882).
[4] DUNIN-BORKOWSKI u. WACHTEL: Anz. Akad. Krakau **7**, 746 (1902).
[5] KÖRÖSY, K.: Hoppe-Seylers Z. **86**, 356 (1913).
[6] WINTER, L. B. u. W. SMITH: J. of Physiol. **57**, 100 (1922).
[7] RÖHMANN: Biochem. Z. **72**, 25 (1915); **84**, 382, 399 (1917); **93**, 237 (1919). — Siehe auch KUMAGAI: Ebenda **57**, 380 (1913); **61**, 461 (1914).

dem Dickdarm resorbiert werden, wenn sie per rectum dorthin gelangen, zeigte REACH[1], HÁRI und HALÁSZ[2], die fanden, daß der so eingeführte Zucker bald verbrannt wird und den Respirationsquotient erhöht. Nach ORNSTEIN[3] soll auch Stärke nach rectaler Ernährung resorbiert werden, ebenso Traubenzucker, ja sogar Milchzucker aus Milch. (Wirkung der Antiperistaltik? Fehler der Auswaschmethode aus dem Rectum?) Nach BYWATERS wird Dextrose aus dem Rectum besser resorbiert als Lävulose. Als Beweis für die Verwertung rectal eingeführter Dextrose wird auch das Aufhören der Acetonurie beim Hungern nach einem Traubenzucker enthaltenden Klysma angeführt (BERGMARK[4], HUBHARD[5]). Jedoch ist die Resorption vom Rectum aus immer langsamer, als wenn der Zucker per os verabreicht wird. TALLERMANN[6] schließt das aus dem langsameren Ansteigen des Blutzuckers, wogegen allerdings BERGMARK[7] bemerkt, daß der Blutzuckerspiegel nicht als ein Indicator der Resorptionsgeschwindigkeit betrachtet werden könne.

Ein Teil der Kohlehydrate, die unresorbiert bis ins Rectum gelangen, wird jedoch nicht resorbiert, sondern vergoren, besonders Rohrzucker und Milchzucker, während von Amylum meist nur der in Cellulosehüllen fest eingeschlossene Teil hierher gelangt. Die Gärungsprodukte sind Milch-, Essig- und Buttersäure, CO_2 und H_2 Die ersteren werden resorbiert, größere Quantitäten jedoch wirken als Reiz und haben dann diarrhöeische Stühle zur Folge. Insbesondere spielt die Gärung beim Abbau der Cellulose eine große Rolle, weniger im menschlichen Darm, als bei Pflanzenfressern. Die durch Bakterienwirkung entstehenden organischen Säuren werden als solche resorbiert und verbraucht (KNIERIEN, TAPPEINER[8]). Auch Inulin, für welches der Darm kein spaltendes Enzym enthält, wird durch die Darmbakterien gespalten und auf diese Weise resorbiert[9].

Entsprechend der verschiedenen Geschwindigkeit ihrer Resorption führen die verschiedenen Kohlehydrate in verschiedenen Mengen zur Hyperglykämie und Glykosurie. Dextrose, die am raschesten resorbiert wird, wird deshalb die geringste Assimilationsgrenze haben (WORM-MÜLLER, MIURA, HOFMEISTER). Sie wurde beim Menschen gefunden für Dextrose bei 100 g, für Lävulose bei 150 g, für Saccharose bei 320 g und für Stärke überhaupt nicht.

Die Resorption der Kohlehydrate wird weitgehend beeinflußt von der Anwesenheit und den Mengenverhältnissen anderer Nährstoffe, wie das ja auch für andere Substanzen gilt[10]. (S. S. 79.)

VI. Eiweißresorption.

Alle älteren Untersuchungen über die Eiweißresorption leiden darunter, daß weder die Chemie des Eiweißes noch sein Abbau im Darm genügend bekannt war. Alle Arbeiten bis zur Entdeckung des Erepsins durch COHNHEIM (1901) können deshalb heute kaum mehr von Bedeutung sein, so wichtig sie auch zu ihrer

---

[1] REACH, F.: Arch. f. exper. Path. **47**, 231 (1902).

[2] HÁRI u. HALÁSZ: Biochem. Z. **88**, 337 (1918). — Siehe auch HALÁSZ, A. v.: Dtsch. Arch. klin. Med. **98**, 433 (1910).

[3] ORNSTEIN, L.: Biochem. Z. **87**, 163 (1919).

[4] BERGMARK, G.: Skand. Arch. Physiol. (Berl. u. Lpz.) **32**, 355 (1915).

[5] HUBHARD u. WILSON: Proc. Soc. exper. Biol. a. Med. **19**, 5292 (1922).

[6] TALLERMANN, K. H.: Quart. J. Med. **13**, 356 (1920).

[7] BERGMARK, G. S.: Nord. med. Ark. (schwed.) **1** (1914).

[8] KNIERIEN: Z. Biol. **21**, 67 (1885). — TAPPEINER: Ebenda **20**, 52 (1884); **24**, 105 (1888). — Siehe auch MALLÉVRE: Pflügers Arch. **49**, 460 (1891).

[9] PFLÜGER, Das Glykogen 1905, 214, sowie die neuere Literatur bei BODEY, M. G., HOWARD, B. L., HUBER, J. F., Journ. Biol. Chem. **75**, 715 (1027).

[10] Siehe z. B. E. NASSAU u. S. SCHAFERSTEIN: Z. Kinderheilk. **40**, 659 (1926).

Zeit schienen. Das gilt besonders für die Arbeiten von BRÜCKE, VOIT und BAYER, CZERNY und LATSCHENBERGER[1]. Man hat damals Pepton und Albumosen für die letzten Abbauprodukte des Eiweißmoleküls gehalten. Fand man dann nach einer Injektion von Eiweiß in eine Thiery-Vellafistel nach einiger Zeit keine Reaktionen auf diese, so glaubte man, daß das Eiweiß als solches resorbiert war. Heute wissen wir, daß Eiweiß im Darm einerseits durch das Trypsin, andererseits durch das Erepsin bis zu Aminosäuren abgebaut wird. Der allergrößte Teil des Eiweißes wird jedenfalls als Aminosäuren resorbiert. Dabei kommt aber auch eine Resorption von nativem Eiweiß, sowie von höheren Eiweißabbauprodukten, Pepton usw. vor. Es ist unsere Aufgabe, die Größe und Bedeutung aller dieser Vorgänge zu bestimmen.

Es scheint wohl als erster COHNHEIM bei Octopus *Aminosäuren* während der Resorption gefunden zu haben. In demselben Jahre konnten noch KUTSCHER und SEEMANN an Hunden bei gleichzeitiger Ausschaltung der Leber und Niere im Blut keine Aminosäuren finden. CATHCART und LEATHES fanden (1906), wenn sie Albumosen oder tryptische Verdauungsprodukte in das obere Jejunum einführten, im Blut sowie in der Leber eine Zunahme des durch ,,Tannin nicht fällbaren N-Anteiles'', den sie allerdings nicht auf Aminosäuren bezogen. DELAUNAY[2] fand (1910) im Blut der Vena portae in 100 ccm Blut 21 mg Amino-N, während im arteriellen Blut nur 9,9 mg waren. Schon dieses weist darauf hin, daß vom Darm aus auf dem Weg über die Vena portae Eiweiß in der Form von Aminosäuren resorbiert wird. Ähnliches fanden VAN SLYKE[3] und besonders FOLIN[4] und DENIS, die zuerst gezeigt haben, daß, wenn man Aminosäuren in den Darm einspritzt, eine Zunahme des Amino-N im Blute eintritt. Letztere haben auch entdeckt, daß die Leber die Aminosäuren nicht desaminiert, sondern in die Gewebe weiter läßt. VAN SLYKE und MEYER[4] fanden in normalem Hundeblut 3,5 mg Amino-N pro 100 ccm und zeigten, daß Aminosäuren aus dem Darm als solche resorbiert werden. Brachten sie 10 g Alanin in den Dünndarm, so erhöhte sich der Aminosäuregehalt im Mesenterialblut von 3,9 auf 6,9 mg pro 100 ccm. Auch während normaler Fleischverdauung stieg der Aminosäuregehalt auf das Doppelte.

Dieser geringe Gehalt an Aminosäuren im Blut erklärt sich vorzüglich daraus, daß die Aminosäuren aus dem Blut außerordentlich rasch wieder verschwinden; so hat z. B. VAN SLYKE[5] 12 g Alanin einem Hund intravenös injiziert; nach 5 Minuten war davon alles bis auf 1,5 g aus dem Blut verschwunden, nach 35 Minuten bis auf 0,4 g. Dabei war nur 1,5 g durch die Niere ausgeschieden worden. Die Aminosäuren verlassen also das Blut rasch und treten in die Gewebe über. So erhöht sich z. B. der Aminostickstoff der Muskeln von 60 auf 80 mg pro 100 g, steigt aber nicht über diesen Punkt. Am meisten kann sich, bis zu 150% der Aminosäurengehalt der Leber erhöhen. Trotzdem kommt es niemals zu einem vollständigen Verschwinden der Aminosäuren vom Blute, was man nur so erklären kann, daß die Aminosäuren hier nicht nur von resorbiertem Eiweiß stammen, sondern zum Teil aus Eiweißreservoiren zu den Orten

[1] BRÜCKE, E.: Sitzgsber. Akad. Wiss., Wien, Math.-naturwiss. Kl. II **59**, 617 (1896). — VOIT, E. u. J. BAYER: Z. Biol. **5**, 562 (1896). — Siehe auch S. FRIEDLÄNDER: Ebenda **33**, 274 (1898). — NEUMEISTER, R.: Lehrb. d. physiol. Chem., 2. Aufl., S. 299 (1897). — CZERNY u. LATSCHENBERGER: Virchows Arch. **59**, 161 (1874).

[2] DELAUNAY: Thése de Bordeaux 1910.

[3] VAN SLYKE u. G. M. MEYER: J. of biol. Chem. **12**, 399 (1912).

[4] FOLIN: J. of biol. Chem. **11**, 88, 163 (1912).

[5] VAN SLYKE, D. u. G. M. MEYER: The present significance of the aminoacids in physiology and pathology. Harvey lectures. Lippincott 1915. — VAN SLYKE, D. u. G. M. MEYER: J. of biol. Chem. **12**, 399 (1912).

des Bedarfes wandern. Vergleicht man den Amino-N-Gehalt des Blutes der Vena portae, der Vena cava inferior sowie des arteriellen Blutes, wie das van Slyke getan hat, so findet man, daß ein besonders großer Unterschied im Amino-N-Gehalt des portalen Blutes und des arteriellen Blutes besteht, das heißt also, daß das Blut, welches durch die Leber geht, die meisten Aminosäuren abgibt, während die übrigen Organe nur wenig zurückhalten. Es ist hier aber nicht der Ort, um diese Frage ausführlicher zu besprechen.

Wenn man bedenkt, wie außerordentlich groß die Blutmenge ist, welche durch den Darm fließt, so ist es verständlich, daß trotz dieser scheinbar nur geringen Menge von Aminosäuren im Blut, alles Eiweiß oder zum mindesten der größte Teil desselben in der Form von Aminosäuren resorbiert wird. Sehr wahrscheinlich wurde das durch Abel[1] gemacht, der mit seiner geistreichen Methode der Vividiffusion mittels Durchleiten des zirkulierenden Blutes durch einen Dyalisator, aus dem lebenden Tier Aminosäuren in so großen Mengen gewinnen konnte, daß wohl kein Zweifel mehr möglich ist, daß alles Eiweiß als solches resorbiert wurde. Es ist klar, daß die Rolle der Aminosäuren erst dann verständlich wurde, als sie durch die Methoden von Sörensen und van Slyke im Blute nachweisbar wurden.

Es scheint, daß im Darm praktisch alles Eiweiß bis zu Aminosäuren abgebaut wird, denn durch Abderhalden[2] sind alle bisher bekannten Aminosäuren im Darminhalt gefunden worden, was auch von Cohnheim[3] bestätigt wurde. Nach einer Zusammenstellung von Körösy[4], aus den Ergebnissen von Abderhalden und Mitarbeitern[5] geht sehr deutlich hervor, daß der Gehalt des Dünndarms an Aminosäuren vom Pylorus abwärts beständig abnimmt, so daß von Glyadin, Glykokoll und Leucin bis zum Coecum bis zu 90—100% resorbiert waren.

Abderhalden und London[6] fanden, daß in den Dünndarm eingeführtes Erepton (vollständig abgebautes Eiweiß) innerhalb 3 Stunden zu 77—83% resorbiert wird.

Schon Salvioli in Ludwigs Laboratorium hatte auf Grund von Versuchen an künstlich durchbluteten Darmschlingen an eine Rückverwandlung von Pepton in Eiweiß während der Resorption geschlossen. Die Versuche sind aber nicht zu verwerten, weil bei dieser Methodik die Schleimhaut rasch abstirbt. Abderhalden[7] hatte noch (1912) angenommen, daß die resorbierten Aminosäuren in der Darmwand durch die Epithelzellen wieder in Eiweiß synthetisiert werden, welche Ansicht auch Zunz[8] äußert. Auch Körösy hatte sich hierfür ausgesprochen, auf Grund von Versuchen mit einem reduzierten Kreislauf durch den Darm. Er konnte während der Eiweißresorption kein Amino-N im Blut entdecken. Doch sind alle diese negativen Befunde nur Folge davon, daß damals noch keine entsprechenden Methoden zum Nachweis von Aminosäuren im Blut vorhanden waren. Abderhalden und London[6] untersuchten exstirpierte Dünndarm-

---

[1] Abel, S. J.: The Mellon lecture Sci. **42**, 135 (1915). — Siehe auch Abderhalden: Lehrb. **1**, 577.

[2] Abderhalden, E.: Hoppe-Seylers Z. **78**, 382 (1912). — Siehe auch Cathcart u. Leathes: J. of Physiol. **33**, 462 (1906).

[3] Cohnheim: Hoppe-Seylers Z. **76**, 293 (1912); **84**, 419 (1913). — Siehe auch v. Fürth u. Friedmann: Arch. f. exp. Pathol. Suppl., (1908). S. 214.

[4] Körösy: Zbl. Physiol. **78**, 382 (1912).

[5] Abderhalden, Baumann u. London: Hoppe-Seylers Z. **51**, 307 (1907). — Abderhalden, Körösy u. London: Ebenda **53**, 308, 326 (1907). — Abderhalden, London u. Doim: Ebenda **53**, 329 (1907).

[6] Abderhalden u. London: Hoppe-Seylers Z. **65**, 251 (1910).

[7] Abderhalden: Synthese der Zellbausteine. (1912).

[8] Zunz: Arch. internat. Pharmaco-Dynamie **15**, 3, 1 — Contribution de l'étude de la digestion etc. 1908.

stücke von Hunden während der Resorption von abgebautem Fleisch und verglichen sie mit Dünndarmstücken desselben nüchternen Tieres. Es konnte nicht gezeigt werden, daß der Eiweißgehalt in der Dünndarmwand dabei sich vermehrte. Auch Abderhalden und Hirsch[1] sowie Rona[2], der an in Tyrodelösung überlebenden Darmschlingen diese Frage experimentell prüfte, fand keine Anhaltspunkte zur Annahme einer Synthese der Aminosäuren zu Eiweiß. Durch den Nachweis der Aminosäuren im Blute während der Eiweißresorption ist dieses Problem gelöst. Auch die Versuche von Gayda[3] sprachen dagegen. Dieser hat überlebende Katzendärme mit Tyrodelösung durchströmt und brachte in den Darm hydrolisiertes Fleisch. Er fand in der ausfließenden Flüssigkeit einen bedeutend erhöhten Gehalt an Gesamt-N und an Amino-N. Das Verhältnis der beiden war geringer, als in der eingespritzten Mischung. Er erklärte seine Befunde so, daß es sich dabei entweder um eine Auswahl bei der Resorption der verschiedenen Aminosäuren oder N enthaltenden Substanzen der eingegebenen Lösung handelt oder um die Bildung besonderer Komplexe aus den resorbierten Aminosäuren, nicht aber um eine Synthese von Eiweißkörpern.

Eine andere Frage ist, ob die Aminosäuren nicht zum Teil *noch tiefer abgebaut* aus dem Darm resorbiert werden. Früher, als man die Aminosäuren noch nicht im Blute gefunden hatte, dachte man zur Erklärung dieses negativen Resultats wiederholt daran, um so mehr, als ja Kossel und Dakin schon vor langem im Extrakt von Darmschleimhaut Arginase nachgewiesen hatten, welche Arginin in Ornithin und Ureum spalten kann. Bei Wiederholung von älteren Versuchen hat Cohnheim[4] (1902) gefunden, daß im Darme von Knochenfischen, welche mit Peptonlösung gefüllt waren und sich in mit O_2 gelüfteter Ringerlösung befanden, eine Abspaltung von H_3N stattfindet. Cohnheim und Makita[5] fanden mit derselben Versuchsanordnung, daß Aminosäuren, wie Tyrosin und Glykokoll, auch an die Außenflüssigkeit als H_3N abgegeben werden. Man muß aber gegenüber derartigen Versuchen an künstlich überlebenden Därmen vorsichtig sein. Eine solche weitgehende Spaltung der Aminosäuren scheint keine besondere Rolle zu spielen, denn Gayda[3] fand niemals in der Durchströmungsflüssigkeit H_3N. Folin und Denis[6] fanden allerdings im Blute der Vena portae H_3N in größeren Mengen als im arteriellen Blut. Sie konnten aber nachweisen, daß dieses H_3N aus dem Blut des Dickdarmes stammt, also nicht von einer Desamidierung der Eiweißkörper im Dünndarm, sondern aus den im Dickdarm verlaufenden Fäulnisprozessen. Man hatte früher auf Grund der Versuche von Pawlow und Nencki[7] angenommen, daß Hunde mit Eckfisteln nach Fleischfütterung deshalb so rasch zugrunde gehen, weil der aus dem Dünndarm resorbierte H_3N von der Leber nicht in Ureum verarbeitet werden kann. Nach diesen Befunden gehen aber diese Hunde an dem durch Fäulnisprozesse im Dickdarm gebildeten H_3N zugrunde.

Harnstoff wird vom Darm nach Folin und Denis[8] sehr rasch resorbiert, wird aber normalerweise im Darm kaum gebildet.

Bis vor kurzem waren also keine Anhaltspunkte dafür vorhanden, daß das Eiweiß im Darmepithel synthetisiert, noch daß es hier tiefer abgespalten wird,

[1] Abderhalden u. Hirsch: Hoppe-Seylers Z. **80**, 121 (1913).
[2] Rona, P.: Biochem. Z. **46**, 307 (1912).
[3] Gayda, T.: Arch. di Fisiol. **13**, 83 (1914).
[4] Cohnheim: Hoppe-Seylers Z. **59**, 239 (1909).
[5] Cohnheim u. F. Makita: Hoppe-Seylers Z. **61**, 189 (1909).
[6] Folin u. Denis: J. Physiol. de Chem. **11**, 163 (1912).
[7] Pawlow u. Nencki: Arch. f. exper. Path. **32**, 161 (1896); **37**, 26 (1897) — Hoppe-Seylers Z. **25**, 449 (1898); **35**, 246 (1902).
[8] Folin u. Denis: J. de Phys. de Chem. **11**, 82, 253; **11**, 87, 161 (1912).

was auch gar nicht nötig ist, denn wie BUGLIA an Hand des N-Stoffwechsels zeigen konnte, werden die intravenös injizierten Aminosäuren im Körper verwertet. In jüngster Zeit hat jedoch KOTSCHNEFF (zit. S. 42) mit der angiostomischen Methode von LONDON gefunden, daß nach Einführung einer Aminosäure in den Darm sowohl der Amino- wie der Polypeptidstickstoff im Pfortaderblut wesentlich erhöht sein kann. Es wird daraus gefolgert, daß der Darm die Aminosäuren zum Teil wieder aufbaut und an das Blut auch Polypeptide abgibt.

Unter den Abbauprodukten des Eiweißes sind auch schon *höhere Spaltungsprodukte* als die Aminosäuren diffusibel. Der Gedanke liegt also nahe, daß auch solche höhere Spaltungsprodukte, wie Peptone und Albumosen, resorbiert werden. Daß aus dem Magen Peptone resorbiert werden können, glauben TOBLER, LANG, SCHEUNERT und GRIMMER und ZUNZ[1]. FOLIN[2] (1912) und DENIS konnten direkt zeigen, daß aus dem Magen sowohl Glykokoll, Alanin als auch Wittepepton, Ureum, dagegen nicht Kreatinin resorbiert wurde. In ihren Versuchen war der Magen der Tiere abgebunden. TOBLER hat behauptet, daß die Eiweißverdauung im Magen bis zu 80% Peptonbildung gehen kann und die Resorption bis zu 33% des Gesamteiweißes betragen kann.

Demgegenüber hat LONDON[3] mit seinen Mitarbeitern sehr ausdrücklich betont, daß unter normalen Bedingungen vom Magen ebensowenig Kohlehydrate oder Salze, noch Eiweißspaltprodukte resorbiert werden. Bei der Untersuchung dieser Frage kommt alles auf die angewandte Methodik an. Prinzipiell scheint es ja wohl möglich zu sein, daß aus einem abgebundenen Magen Pepton usw. resorbiert wird, nicht aber dann, wenn der Magen sich unter normalen Bedingungen entleeren kann. In den Versuchen von LONDON an Hunden wurde eine Transpylorusfistel angelegt. Sehr wichtig ist, daß weder Pankreassaft noch Galle in die Fistel bzw. durch diese in den Magen gelangt, was am besten durch Abbinden und Transplantation dieser Ausführungsgänge in tiefere Darmteile zu erreichen ist. Auch ABDERHALDEN[4] und Mitarbeiter betonen, daß vom normalen Magen Aminosäuren und Polypeptide kaum resorbiert werden und wenn eine solche Resorption doch vorkommt, sie gar keine besondere Rolle spielt.

Ebenso kann aus dem Darm auch Pepton resorbiert werden, wenn es auch wahrscheinlich ist, daß der größte Teil des Eiweißes im Darm bis zu Aminosäuren abgebaut wird.

Man hat dagegen, daß Pepton resorbiert werden soll, angeführt, daß dieses bei intravenöser Injektion giftig wirkt. Ferner gelang es, weder FREUND[5] noch ABDERHALDEN[6], im Blutplasma Pepton nachzuweisen.

Diesen negativen Befunden gegenüber stehen aber die Befunde von NOLF[7] und Mitarbeitern, nach welchen höhere Spaltungsprodukte des Eiweißes wie Pepton, bedeutend rascher resorbiert werden, als Aminosäuren. Auch die Schule von ASHER, KUSMINE, BÖHM, REICHMANN, PLETNEW, LOEB hat verschiedene

---

[1] TOBLER, L.: Hoppe-Seylers Z. **45**, 185 (1905). — LANG, G.: Biochem. Z. **2**, 225 (1906). — SCHEUNERT, A. u. W. GRIMMER: Hoppe-Seylers Z. **47**, 88 (1906). — GRIMMER, W.: Biochem. Z. **3**, 389 (1907). — ZUNZ, E.: Ann. Soc. sci. Brux. **1908**. — SALASKIN: Hoppe-Seylers Z. **51**, 167 (1907).

[2] FOLIN, O. u. H. LYMAN: J. de Phys. de Chem. **12**, 259 (1913).

[3] LONDON, E. u. POLOWZOWA: Hoppe-Seylers Z. **49**, 328 (1906). — LONDON, E. S. u. TSCHEKUNOW: Ebenda **87**, 314 (1913).

[4] ABDERHALDEN, E.: Hoppe-Seylers Z. **53**, 148, 326, 334 (1907).

[5] FREUND, E.: Biochem. Z. **7**, 361 (1908).

[6] ABDERHALDEN, E.: Biochem. Z. **8**, 368 (1908).

[7] NOLF, P.: J. Physiol. et Path. gén. **1907**, 925 — Bull. Acad. Méd. belg. **153**, 198 (1904) — ZUNZ, E.: Arch. Pharmaz. **15**, 3 (1908).

Beobachtungen gesammelt, um zu zeigen, daß auch höhere Eiweißabbauprodukte resorbiert werden. So hat besonders Messerli[1] gezeigt, daß aus einer Thiery-Vellafistel Pepton resorbiert wird. Er geht sogar so weit, zu sagen, daß die Lehre von der obligaten totalen Aufspaltung des Eiweißes kaum mehr haltbar sei, da man ja nicht verstehen könne, warum die Aufspaltung so weit gehen soll, wenn schon höhere Spaltungsprodukte resorbiert werden können. Auch Omi[2] bei Röhmann fand eine Resorption von Pepton bei Fistelhunden. In einer 6proz. Lösung fand diese Resorption ziemlich gleichmäßig statt. Bei 15proz. Lösung ist die Resorption sehr rasch. Oberhalb dieser Konzentration wirkt sie schädigend, so daß in einer 25proz. Lösung überhaupt jede Resorption aufhört. Keine Bedeutung hat die Angabe von Nolf, daß das Eiweiß schon deshalb nicht als Aminosäuren resorbiert werde, weil diese eine starke Schleimhautreizung verursachen sollen, was auch Messerli[1] nicht bestätigen konnte.

Man gewinnt jedoch den Eindruck, daß bei den Untersuchungen über die Resorption des Peptons die Wirkung des Erepsins nicht immer genügend beachtet wurde. Es scheint eine Resorption von Pepton zwar möglich zu sein, aber es gibt keine Beweise dafür, daß sie unter normalen Verhältnissen in größerem Maßstabe vorkommt.

Trotzdem, daß Eiweiß im Darm einer weitgehenden Spaltung unterworfen ist, können auch *genuine Eiweißkörper* ungespalten resorbiert werden, wie das schon Voit und Bauer, Heidenhain, Friedländer, Reid und Cohnheim beschrieben haben. Ältere Versuche sind kaum beweisend, denn sie wurden vielfach derart ausgeführt, daß man eine Eiweißlösung in die isolierte Darmschlinge brachte und dann untersuchte, ob darin eine Peptonreaktion entstand; verschwand das Eiweiß ohne eine solche, so nahm man an, daß das Eiweiß ungespalten resorbiert war. Der Schluß ist unberechtigt, denn das Eiweiß kann zu tieferen Abbauprodukten gespalten und so resorbiert worden sein.

Allerdings kann diese Resorption von wasserlöslichem, nativem Eiweiß keine große Rolle spielen, denn unsere Nahrung enthält fast nur denaturiertes, schon unlösliches Eiweiß.

Insbesondere ist Hühnereiweiß leicht resorbierbar, wenn es in rohem Zustand aufgenommen wird. Daß es als solches resorbiert wird, geht daraus hervor, daß es im Harn wieder ausgeschieden wird, wo man es durch eine Präcipitinreaktion als solches identifizieren kann. Natives Hühnereiweiß ist gegen Trypsin sehr resistent und ruft angeblich auch keine Magensaftsekretion hervor. Daraus erklärt sich, daß es in solchen Konzentrationen im Magen- und Darminhalt vorhanden sein kann, daß es als solches resorbiert wird. Man findet dann im Blut Präcipitine gegen Hühnereiweiß (Ascoli, Brignano, Hamburger und Sperck).

Es muß aber bemerkt werden, daß das Eiweiß, welches in diesem Fall ausgeschieden wird, nicht nur Eiereiweiß, sondern zum Teil Serumeiweiß ist. Das weist darauf hin, daß dieses körperfremde Eiweiß auch die Niere schädigt. Daß aber andererseits tatsächlich Hühnereiereiweiß ausgeschieden wird, ist außer durch Präcipitation noch durch den anaphylaktischen Versuch von Alstyne und Grant[3] nachgewiesen. Sie haben bei einem Mann, der nach Eier- und Milchgenuß Eiweiß im Urin ausschied, mit dem Urin Meerschweinchen sensibilisiert und gezeigt, daß dann durch Eiereiweiß bzw. Milch ein anaphylaktischer

[1] Messerli, H.: Biochem. Z. **54**, 446 (1913). — Siehe auch O. Cohnheim: Hoppe-Seylers Z. **84**, 419 (1913). — Borchart, L.: Ebenda **51**, 506 (1907); **57**, 305 (1908). — Abderhalden, E. u. E. Rühl: Ebenda **69**, 301 (1910).

[2] Omi, S.: Pflügers Arch. **126**, 448 (1903).

[3] Alstyne, E. u. P. Grant: J. metabol. Res. **25**, 400 (1911).

Anfall auslösbar war. Bernard und Porak[1] fanden nach rectaler Einführung von Pferdeserum das artfremde Serum im Blut. Auch nach Petit und Minet[2] wird rohes Hühnereiweiß auch aus dem Rectum resorbiert, und man kann diesen Weg dazu benutzen, um Antikörper oder präcipitierende Sera für diese Eiweißkörper zu erhalten.

Messerli[3] hat auch die Resorption von genuinen Eiweißkörpern bei Hunden mit Thiery-Vellafistel untersucht und stellt folgende Reihe auf nach ihrem Resorptionswert in 10 Minuten: Serum 20, Glyadin 16, Casein 12, Hämoglobin 8. Gegenüber Friedländer findet er, daß auch das Casein resorbiert wird, aber nur bei ganz frisch operierten Tieren, deren Darmschleimhaut noch normal funktioniert. Die Befunde verlangen eine Nachprüfung.

Uffenheimer[4] und andere haben hervorgehoben, daß bei neugeborenen Tieren, besonders bei Kaninchen, Hühnereiweiß besonders leicht resorbiert wird. Auch für menschliche Säuglinge ist bekannt, daß sie native Eiweißkörper besonders leicht resorbieren. Nach Hayashi[5] beträgt die Toleranzgrenze für Eiereiweiß bei Säuglingen 15—20 g pro Kilogramm Körpergewicht. Nach Ablauf akuter Ernährungsstörungen, also bei Schädigung der Schleimhaut, kann die Durchlässigkeit für natives Eiweiß längere Zeit erhöht sein. Mayerhofer und Pribram[6] haben schon (1909) betont, daß die Permeabilität für Eiweiß und Toxine während der ersten Lebensperiode auf die Erzeugung abnormer Verhältnisse als Folge der Fütterung mit artfremdem Eiweiß zurückzuführen ist. Lawatschek[7] findet, daß die gelegentlich beobachtete Nucleoalbuminurie der Säuglinge eine Ausscheidung von unveränderten Colostrumeiweißkörpern ist. Bei gesunden und atrophischen Säuglingen kommt im Blut Präcipitin gegen Kuhmilcheiweiß usw. vor, als Beweis einer Resorption dieser Eiweiße vom Darm (Anderson[8]).

Wenn man Meerschweinchen mit Pferdeserum intraperitoneal sensibilisiert und dann nach 3—12 Wochen relativ kleine Mengen in eine abgebundene Darmschlinge oder große Mengen in den ganzen Darm injiziert, so entsteht ein anaphylaktischer Shock. Demnach werden auch vom normalen Darm aus ungespaltene Eiweißkörper resorbiert und die Resorption von solchen wird durch Drucksteigerung im Darm noch vermehrt. Bei hochempfindlichen Tieren kann schon 0,4 ccm Serum in den normalen, nicht abgebundenen Darm injiziert, zu einem anaphylaktischen Shock führen (Hettwer[9]).

Nicht alle resorbierten nativen Eiweißkörper werden wieder ausgeschieden, wenn sie in das Blut gelangen. So haben schon Lehmann und Neumeister große Mengen intravenös injiziert, ohne daß sie im Urin erschienen wären. Friedentahl und Lewandowsky zeigten, daß man auch artfremdes Serum, wenn man es nur durch Erwärmen auf 60° C entgiftet und genügend langsam injiziert, in großen Quantitäten einführen kann, ohne daß es im Urin erscheint. Heilner hat Kaninchen bis zu einem Achtel ihres Körpergewichts Pferdeserum ohne Schaden subcutan injiziert und fand, daß diese große Menge im Körper verwertet wurde. Entgegen den älteren Untersuchungen von Bernard, Stokvisch usw. haben Munk und Lewandowsky nachgewiesen, daß bei genügend langsamer Infusion selbst Eiereiweiß und Casein intravenös injiziert werden

1 Bernard, D. u. Porak: C. r. Soc. Biol. **25**, 66 (1912); **27**, 207 (1913).
2 Petit u. Minet: C. r. Soc. Biol. **64**, 22 (1908).
3 Messerli: Biochem. Z. **54**, 446 (1913).
4 Uffenheimer: Arch. f. Hyg. **55**, 1, 139 (1906) — Münch. med. Wschr. **1905**, 1539.
5 Hayashi: Z. Biochem. u. Biophysik **28**, 1784.
6 Mayerhofer u. Pribram: Z. exper. Path. u. Ther. **7**, 247 (1909).
7 Lawatschek: Prag. med. Wschr. **39**, 185 (1914).
8 Anderson, A. F., Schloss u. Myers: Proc. Soc. exper. Biol. a. Med. **23**, 180 (1925).
9 Hettwer, J. P. u. R. Kriz-Hettwer: Amer. J. Physiol. **73**, 539 (1925); **78**, 136 (1926).

kann, ohne daß es zu einer Ausscheidung kommt. Ja sogar Leim kann in die Blutbahn direkt injiziert werden (gegenüber KLUK). Hiergegen sprechen allerdings die Versuche von ARON[1], der nach intravenöser Injektion von Casein eine bedeutende Ausscheidung von als Casein identifiziertem Eiweiß fand. Die Ausscheidung betrug bis zu 48% der eingegebenen Menge. Von Serumeiweiß wird nach KÖRÖSY[2] nichts, von Muskeleiweiß nach QUAGLIARIRELLO[3] bedeutend weniger, als injiziert wird, ausgeschieden.

Die in die Blutbahn gelangten nativen Eiweißkörper können also dort unter dem Einfluß der proteolytischen Fermente des Blutes (die von HEILNER als „hervorgelockte Fermente", von ABDERHALDEN als „Abwehrfermente" bezeichnet sind) gespalten werden. Auch Antikörper entstehen als Folge des Reizes des resorbierten nativen Eiweißes, speziell Präcipitine. Bei Säuglingen sind solche gegen Kuhmilcheiweiß usw. — wie erwähnt — nachgewiesen[4].

Eine Resorption von nativem Eiweiß findet demnach in geringem Grade statt und muß nicht zu einer Ausscheidung desselben führen. Man kann also zur Begründung der Eiweißspaltung im Darm nicht sagen, daß ihre Bedeutung *nur* eine Entgiftung ist. Ihre Bedeutung ist eine Aufspaltung in möglichst kleine, rasch diffusible Moleküle.

Es wurden schon weiter oben die Untersuchungen über Resorption höherer Eiweißspaltprodukte im Magen besprochen. Aus dem an der Kardia und Pylorus abgebundenen Magen werden Eiweißspaltprodukte, Peptone und Aminosäuren, in ganz kurzer Zeit resorbiert. Daraus geht freilich nicht hervor, daß normalerweise der Magen irgendeine Rolle bei der Eiweißresorption spielt. Die erwähnten Versuche von LONDON beweisen das Gegenteil. Daß der Magen keine besondere Bedeutung für die Eiweißresorption haben kann, bewiesen CZERNY, LUDWIG und OGATA beim Hund, die den Magen entfernten, ohne daß es zu Ernährungsstörungen kam, wenn nur das Fleisch genügend zerkleinert wird. *Der Ort der Eiweißresorption* ist der Dünndarm. Die Eiweißresorption ist beim Coecum beinahe vollendet. Nach LONDON und RABINOWITSCH[5] hat die Magenverdauung beim Hunde nur einen ganz geringen Spaltungsgrad der Peptidgruppen zur Folge, ca. 5%. Dagegen beträgt der Spaltungsgrad im Jejunum 20%, im Ileum 33%. Nach LONDON und POLOWZOWA[6] ist die Resorptionsintensität, d. h. die Menge der in der Zeiteinheit pro Quadratzentimeter Schleimhautoberfläche resorbierten Nährstoffe am größten im Duodenum und nimmt von dort sukzessive ab. Sie geben die folgenden Zahlen, welche das demonstrieren:

	Trockensubstanz	N	(Kohlehydrate)
Duodenum	19,36	0,6	(19,21)
Jejunum	10,18	0,38	(9,0)
Oberes Ileum	9,0	0,14	(8,44)
Unteres Ileum	3,67	0,09	(3,26)

Trotzdem gewöhnlich fast keine Aminosäuren in den Dickdarm kommen, können diese doch, sofern sie dahin gelangen, von dort resorbiert werden, wie das aus dem positiven Erfolg der Nährklistiere hervorgeht. Nach ABDERHALDEN, FRANK und SCHITTENHELM[7] kann ein Gemisch von Aminosäuren auch per Rectum resorbiert werden. DELAUNAY[8] fand nach Eiweißklysmen eine Zunahme des

[1] ARON, B.: Hoppe-Seylers Z. **88**, 49 (1916).
[2] KÖRÖSY, K.: XVI. internat. med. Kongr. Budapest 1909, Phys. 111.
[3] QUAGLIARIRELLO, C.: Arch. di Fisiol. **11**, 565 (1913).
[4] ANDERSON, A. F. usw.: Proc. Soc. exper. Biol. a. Med. **23**, 180 (1925).
[5] LONDON u. RABINOWITSCH: Hoppe-Seylers Z. **74**, 135 (1911).
[6] LONDON u. POLOWZOWA: Hoppe-Seylers Z. **49**, 324 (1906).
[7] ABDERHALDEN, FRANK u. SCHITTENHELM: Hoppe-Seylers Z. **63**, 215 (1909).
[8] DELAUNAY, H.: C. r. Soc. Biol. **74**, 764, 769 (1913).

Reststickstoffs im Blute bzw. des Amino-N. Das kann freilich nur durch die Wirkung von aus höheren Darmteilen stammenden Enzymen erklärt werden. So haben auch BYWATERS und SHORT[1] gezeigt, daß bei Patienten, die mit Nährklysmen aus warmer Milch und Eiern ernährt wurden, keine Spur von Eiweiß resorbiert wird. Dagegen wurde eine ziemlich gute Resorption erreicht, wenn man die Eiweißkörper vorher in Aminosäuren spaltete. Ich verweise bezüglich der weiteren Untersuchungen auf das Kapitel über Mastdarmresorption, Nährklysmen. Diese Untersuchungen werden hier nur deshalb erwähnt, weil sie ein Licht auf die Bedeutung der Eiweißspaltung werfen.

Entsprechend der Feststellung, daß für die Eiweißresorption dem Dünndarm die größte Bedeutung zukommt, ist es von deletärster Wirkung, wenn durch eine Störung der Eiweißverdauung im Dünndarm Eiweiß nicht genügend abgebaut wird. Das ist insbesondere der Fall, wenn der Pankreassaft fehlt. So fand HARLEY[2] in diesem Fall nur 18%, ABELMANN[3] und SANDMEYER[4] nur 44% Eiweißresorption[5].

LONDON[6] und seine Mitarbeiter haben die Folgen einer partiellen und totalen Entfernung des Magens und die Folgen einer Ileum- und Jejunumresektion untersucht. Es wurde gefunden, daß eine Ileum- oder Jejunumresektion „physiologisch nicht gleichwertig ist", denn die Resorption war hierbei verschieden. Es scheint jedoch der Dickdarm kompensatorisch besser zu resorbieren. LONDON und DIMITRIEW[7] haben sieben Achtel des Dünndarmes entfernt. Trotzdem kehrte der Stickstoff- und Kohlehydratstoffwechsel rasch zur Norm zurück, besonders der erstere, während die Resorption des Fettes noch lange gestört war.

Die Resorption des Eiweißes im Darm beträgt bei einer Fleisch-, Eier-, Milchnahrung 77—99%, bei Eiweiß aus Hülsenfrüchten, Kartoffeln, Reis, Weißbrot 83%, bei ganzen Kartoffeln 70%, bei rein vegetabilischer Nahrung aus Schrotbrot nur 50%. Bei einer gemischten Kost aus Milch, Schabefleisch und Weißbrot wurden 91—94% Eiweiß resorbiert, bei Zugabe von Käse 83%, bei Zugabe von Schrotbrot und Grütze nur 78% (MUNK[8]). Dabei spielt einerseits die schlechte Aufschließung gewisser Nahrungsmittel, andererseits die Unangreifbarkeit gewisser Eiweiße durch Darmenzyme eine Rolle.

Die Resorption des Eiweißes bzw. seiner Spaltungsprodukte geschieht in die *Blutbahn*. Das geht schon daraus hervor, daß VAN SLYKE im Portalblut eine Zunahme der Aminosäuren fand. Aber auch der umgekehrte Beweis wurde erbracht. Schon in älteren Versuchen hat SCHMIDT-MÜHLHEIM[9] den Ductus thoracicus abgebunden und fand dabei keine Störung der Eiweißresorption. Andererseits hatten MUNK und ROSENSTEIN[10] an ihrer Patientin mit Chylusfistel selbst nach der Einnahme von 100 g Eiweiß in einer Mahlzeit in den nächsten Stunden kein Eiweiß oder Eiweißspaltprodukte im ausfließenden Chylus gefunden. Ebensolche Resultate hatte MENDEL[11] an einem Hund. Daß allerdings bei einer Über-

---

[1] BYWATERS, N. u. R. SHORT: Arch. f. exper. Path. **71**, 421 (1913).

[2] HARKEY, V.: J. of Path. **18**, 1 (1895).

[3] ABELMANN: Dissert. Dorpat 1890. — Siehe auch FR. MÜLLER: Z. klin. Med. **12**, 5, 45 (1887). — HEDON u. VILLE: Arch. de Phys. **9**, 606 (1897). — ROSENBERG, S.: Pflügers Arch. **70**, 371 (1899).

[4] SANDMAYER, W.: Z. Biol. **31**, 12 (1894).

[5] Siehe hierbei NIEMAN: Z. exper. Path. u. Ther. **5**, 466 (1909), ferner R. FLECKSEDER: Arch. f. exp. Path. **59**, 407 (1908).

[6] LONDON, E. S.: Hoppe-Seylers Z. **74**, 328 (1911).

[7] LONDON u. DIMITRIEW: Hoppe-Seylers Z. **65**, 213 (1910).

[8] MUNK, J.: Erg. Physiol. **1**, 325 (1902).

[9] SCHMIDT-MÜHLHEIM: Arch. f. Physiol. **1879**, 39.

[10] MUNK, J. u. A. ROSENSTEIN: Arch. f. Phys. **1890**, 376.

[11] MENDEL, L. B.: Amer. J. Physiol. **2**, 137 (1899).

lastung des Darmes Eiweißspaltprodukte auch auf diesem Weg resorbiert werden können, hat ASHER und BARBERA[1] gezeigt, die einem Hunde 200 g Pepton gegeben haben und dasselbe in geringen Mengen im Chylus wiederfanden. Auch ABDERHALDEN, LAMPÉ und LONDON[2] sagen, daß Eiweiß auch über den Lymphweg resorbiert werde. Für gewöhnlich wird also das Eiweiß auf dem Blutwege resorbiert, kann aber beim Überladen des Darmes auch in den Lymphweg gelangen. Das Schicksal der resorbierten Aminosäuren geht aus den Angaben von VAN SLYKE hervor, nach welchem die intravenös injizierten Aminosäuren rasch verschwinden, besonders auch aus dem Blut der Vena portae. Sie werden in der Leber zurückgehalten bzw. umgearbeitet. Höhere Spaltungsprodukte werden nach ASHER und Mitarbeitern (BARBERA, KUZMINE, BÖHM[3], PLETTNEW[4], LOEB[5]) besonders in der Leber verarbeitet, deren Stoffwechsel und Gallenproduktion dabei bedeutend zunimmt (s. das Kapitel: Intermediärer Stoffwechsel).

VII. Resorption der Fette.

Fette sind in Wasser unlöslich. Ihre Resorption ist auf zweierlei Weise denkbar. Entweder in ungespaltener, fein emulgierter Form, evtl. bedingt durch ihre Löslichkeit in den Lipoiden der Zelle — oder indem sie in wasserlösliche Form gebracht werden, durch Spaltung in Fettsäure und Glycerin und durch Verseifung der ersteren vielleicht durch das Alkali des Darminhalts. Über die Art und Weise, wie die Fette resorbiert werden, ist viel diskutiert worden. Eine historische Betrachtung dieser Polemik ist auch heute noch von Interesse.

1. Bedingungen und Art der Fettresorption.

Der Hauptverfechter der Lehre, daß die Fette nicht als solche resorbiert werden können, sondern vorher gespalten und verseift werden müssen, um in wasserlösliche Form gebracht zu werden, ist PFLÜGER[6]. Er beginnt seine Diskussion mit der Arbeit „Über die Gesundheitsschädigungen, welche durch Genuß von Pferdefleisch verursacht werden". Er wendet sich dabei besonders gegen MUNK[7], der, ebenso wie HAMARSTEN und BRÜCKE, seine Auffassung in seinem Lehrbuch der Physiologie dahin präzisiert hatte, daß das Fett in Form einer feinsten Emulsion resorbiert wird.

PFLÜGERS Gründe für die Aufstellung der Lehre, daß die Fette verseift werden müssen, sind die folgenden:

1. Corpusculäre Elemente werden nicht resorbiert, wie das schon seit den Arbeiten von HEIDENHAIN bewiesen ist (s. hierzu S. 80).

2. Der freie Saum der Epithelzellen enthält bei mikroskopischer Untersuchung nie sichtbare Fettstäubchen.

3. Im Darm ist Lipase nachgewiesen; das Fett kann also gespalten werden; in Gegenwart von Galle wird das Fett ausgiebig emulgiert und gespalten. Die Gegenwart von Alkali im Darminhalt *macht es möglich*, daß das Fett verseift wird. Die ganze Emulgierung und Spaltung hätte *gar keinen Sinn*, wenn sie nicht den Zweck hätte, eine wasserlösliche Verbindung zu geben.

4. Nach O. FRANK wird alles Fett im Darm gespalten.

---

[1] ASHER u. BARBERA: Z. Physiol. **11**, 587 (1897) — Z. Biol. **36**, 212 (1898).
[2] ABDERHALDEN, E., A. LAMPÉ u. E. S. LONDON: Z. Physiol. **84**, 213 (1913).
[3] BÖHM: Z. Biol. **51**.
[4] PLETTNEW: Biochem. Z. **21**, 355 (1909).
[5] LOEB: Z. Biol. **55**.
[6] PFLÜGER: Pflügers Arch. **80**, 111 (1900).
[7] MUNK: Lehrb. d. Physiol., 4. Aufl., S. 199 (1897).

5. Wenn man nicht Fette, sondern statt derselben die entsprechende Menge von Seifen oder Fettsäuren füttert, so hat das für die Ernährung annähernd denselben Wert, wie wenn man neutrales Fett geben würde (RADZIEJEWSKY, KÜHNE, PEREWOZNIKOFF).

Die Beweise von MUNK, der die Resorption des Fettes in Form von Neutralfett lehrte, sind:

1. Bei der mikroskopischen Beobachtung sieht man sowohl im Innern der Zelle als im Chylus bereits wieder Neutralfett. Es scheint schwer verständlich, daß die ganze Fettspaltung und Verseifung nur deshalb im Darm ablaufen soll, um das Fett durch den schmalen Stäbchenrand der Darmepithelien durchzubringen, worauf es sofort wieder zurückverwandelt würde.

2. Werden auch solche Fette und Fettsäuren resorbiert, die bei Körpertemperatur nicht schmelzen.

Die Arbeit von PFLÜGER erweckte eine Reihe von Arbeiten, die Beweise dafür zu bringen suchten, daß Fett als eine Emulsion von Neutralfett aus dem Darmlumen resorbiert werden kann. HOFBAUER[1] verfütterte unter EXNERS Leitung Fett mit Alkanna gefärbt. Dieser Farbstoff färbt Neutralfett, gibt aber mit Seifen keine Färbung und wird in alkalischer Lösung ausgefällt. Er fand das Fett gefärbt im Innern der Zellen und nahm deshalb an, daß das Fett in Emulsion resorbiert wurde, da sonst bei der Überführung des Fettes in wasserlösliche Form der Farbstoff ausgefallen wäre. Diese Versuche wurden von PFLÜGER[2] in einer sehr scharfen Polemik als falsch bezeichnet, dann von HOFBAUER[3] und EXNER[4] und wieder von PFLÜGER[4] besprochen. Zum Schluß handelte es sich darum, daß der Farbstoff aus verschiedenen Bezugsquellen gekauft, sich verschieden benimmt. PFLÜGER hat behauptet, daß Alkannarot auch in Seife löslich ist, was wieder von FRIEDENTAHL[5] bestritten wurde. Man kann heute der ganzen Polemik nicht mehr viel Sinn ansehen, denn es handelte sich um einen lipoidlöslichen Farbstoff, und als solcher konnte dieser doch jedenfalls in die Zellen gelangen. Allerdings ist das kein Beweis im Sinne HOFBAUERS, denn der Farbstoff konnte ganz unabhängig vom Fett aufgenommen werden. Eine ähnliche Diskussion wurde auch zwischen WHITEHEAD[6] und MENDEL[7] geführt.

In der Diskussion hat EXNER an die alten Untersuchungen von BASCH erinnert, der unter der Leitung von BRÜCKE im Basalsaum der Zellen allerfeinste Fetttröpfchen sah. Auch HEIDENHAIN habe sich die Resorption so vorgestellt. Diese Beobachtung wird aber durch keine der neueren histologischen Untersucher bestätigt, im Gegenteil bemerken alle, daß im Basalsaum der Zellen das Fett in irgendeiner nicht färbbaren Form vorhanden ist.

MUNK[8] wendet sich besonders gegen PFLÜGER, indem er betont, daß PFLÜGER[9] zwar sagt, daß alles Fett gespalten und verseift werden muß, denn sonst hätte die ganze Fettspaltung im Darm keinen Sinn, daß es aber durch keinen Versuch bewiesen ist, daß tatsächlich auch alles Fett im Darm gespalten wird. MUNK

---

1 HOFBAUER: Pflügers Arch. **81**, 263 (1900).
2 PFLÜGER: Pflügers Arch. **85**, 375 (1900).
3 HOFBAUER: Pflügers Arch. **84**, 619 (1901).
4 EXNER: Pflügers Arch. **84**, 628 (1901). — PFLÜGER: Ebenda **84**, 1 (1901).
5 FRIEDENTHAL: Zbl. f. Physiol. **1900**.
6 WHITEHEAD, R. H.: Amer. J. Physiol. **24**, 294 (1909) — J. of biol. Chem. **7**, XXVII (1910).
7 MENDEL, L. B.: Amer. J. Physiol. **24**, 493 (1909). — Siehe ferner LAMB: J. of Physiol. **40**, 23 (1910).
8 MUNK, J.: Zbl. Physiol. **14**, 121, 153, 409 (1900).
9 PFLÜGER: Pflügers Arch. **82**, 303 (1900).

betont und kann sich hierbei sowohl auf FRIEDENTAHL, als sogar schon auf HEIDENHAIN berufen, die in einer ihrer Zeit entsprechenden Form glaubten, daß das Fett in der Grenzschicht der Zellen, die aus Lipoiden besteht, gelöst werden kann und auf diese Weise in die Zellen eindringt. Er erwähnt, daß nach R. H. SCHMIDT[1] Fettsäuren und Neutralfette in Pflanzenzellen eintreten, was auf Grund ihrer Lipoidlöslichkeit — wie wir uns heute ausdrücken — zustande kommt.

Das schönste Resultat der Polemik zwischen PFLÜGER und MUNK ist der Versuch von HENRIQUES und HANSEN[2]. Diese haben an Ratten ein Gemisch von Fett und Paraffinöl verfüttert. Beide sind vorzüglich emulgierbar, aber Paraffinöl ist nicht spaltbar und deshalb auch nicht verseifbar. Wenn entsprechend der Ansicht von PFLÜGER das Fett zur Resorption verseift werden muß, so kann aus diesem Gemisch nur das Fett resorbiert werden, nicht aber das Paraffin. Tatsächlich wird das Paraffin quantitativ ausgeschieden. Dieser Versuch ist die stärkste Stütze der PFLÜGERschen Theorie. Allerdings bemerkt MUNK dagegen[3], daß es nicht bewiesen ist, daß das Paraffinöl im Darm auch tatsächlich emulgiert worden ist, und BRADLEY[4] hat bestritten, daß gut emulgiertes Paraffin nicht auch resorbierbar sein soll.

In seiner Hauptarbeit über die Resorption der Fette hat PFLÜGER[5] die Löslichkeitsverhältnisse der Fettsäuren im Darm behandelt und sagt: „Unter Beihilfe der Galle und Soda werden die Fette in Seifen übergeführt, weil die Galle mit Soda die Fettsäuren löst... Wenn die gebildeten Seifen infolge der Resorption durch die für sie leicht durchlässige Basalmembran der resorbierenden Zylinderzelle getreten sind und die Galle in der Darmhöhle zurückgeblieben ist, vermag sie für die durch Verseifung und Resorption fortgeschafften Fettsäuren neue zu lösen, so daß also eine kleine Menge von Galle die Verseifung sehr großer Mengen von Fettsäuren zu vermitteln befähigt ist." „Sobald die im Dünndarm entstandenen Seifen von den Epithelzellen der Schleimhaut resorbiert sind, zerfallen sie sofort in freies Alkali und Fettsäure, welche in statu nascendi sich mit Glycerin wieder zu Neutralfett vereinigt. Da überall in den Zellen freie CO_2 ist, hat es keine Schwierigkeit, zuzugeben, daß Na_2CO_3 ebenso wie Neutralfett regeneriert wird, aus denen im Darm die resorbierende Seife entstand[6]."

Wenn man die zwei Gesichtspunkte nebeneinander stellt, die im wesentlichen die Meinung von PFLÜGER einerseits, von MUNK, EXNER usw. andererseits charakterisieren, so scheint die eine ebensolche gedanklichen Schwierigkeiten zu bereiten wie die andere. Es scheint ebenso schwierig, einen „Zweck" für die Spaltung im Darm anzugeben, wie es unverständlich sein könnte, daß die ganze Spaltung und Verseifung nur deshalb zustande komme, damit das Fett durch den 1—2 Mikron dicken Basalrand der Zellen durchtreten kann.

Von einem allgemeineren Gesichtspunkt aus betrachtet, müßte man nach einem Mechanismus suchen, der nicht nur erklärt, wie das Fett in die Darmepithelzelle eintritt, sondern auch wie das Neutralfett wieder aus ihr herauskommt und wie es aus dem Blut in die Gewebszellen und aus den Fettgewebszellen wieder in das Blut gelangt. Dieselben Bedingungen, die das letztere ermöglichen, werden wohl auch die Aufnahme des Neutralfettes in die Darmepithelzellen erklären.

---

[1] SCHMIDT, R. H.: Flora (Jena) **1891**, 300.
[2] HENRIQUES u. HANSEN: Zbl. Physiol. **14**, 313 (1900).
[3] MUNK: Zbl. Physiol. **14**, 409 (1900).
[4] BRADLEY: Proc. amer. Soc. biol. Chem., Dec. 1911, zit. nach BLOOR.
[5] PFLÜGER: Pflügers Arch. **86**, 1 (1901).
[6] Siehe ferner S. HEMMETER: Pflügers Arch. **80**, 151 (1900). — EWALD, C. A.: Arch. f. Physiol. **1883**, Suppl. 302. — HAMBURGER: Ebenda **1900**, 433.

Die Behauptung von PFLÜGER, daß das Fett in eine wasserlösliche Form gebracht werden muß, damit es überhaupt in die Zelle hinein kann, ist nicht zwingend, denn es wäre möglich, daß Fettsäuren auf Grund ihrer Lipoidlöslichkeit in die Zellen gelangen. Die folgende Vorstellung ist noch unlängst geäußert worden: Das Fett wird in den Lipoiden des Basalrandes der Zellen gelöst. Es gelangt von hier in das Innere der Zelle und wird dabei vom Lösungsmittel entmischt, wodurch es endlich zu sichtbaren Tropfen zusammenfließt. Man muß dazu annehmen, daß die Lösung des Fettes in den Lipoiden des Basalstäbchenrandes der Zellen nicht die Farbreaktionen für freies Fett gibt. In jüngster Zeit hat wieder MELLANBY[1] hervorgehoben, daß bei Katzen neutrales Fett, durch Galle in feine Emulsion gebracht, resorbiert werden könne, ohne vorher gespalten und verseift zu werden. Das Fett gelange dabei molekulardispers in die Zotten. Allerdings muß er doch eine *geringe* Spaltung zwecks Seifenbildung zur feineren Emulgierung annehmen.

Im folgenden wollen wir die verschiedenen Bedingungen der Fettresorption einzeln besprechen und erst dann können wir für die eine oder die andere Theorie Stellung nehmen.

2. Histologie der Fettresorption.

Eine entscheidende Rolle in der ganzen Frage haben die mikroskopischen Untersuchungen bei Fettresorption gespielt. Wir sind hier in der seltenen Lage, mikrochemische Reagenzien zu besitzen, die uns durch elektive Färbung den Weg des Fettes durch die Schleimhaut zeigen können.

Das Fett wird durch Osmiumsäure schwarz, ferner durch Sudan, Alkanna sowie durch Nilblau spezifisch gefärbt. Die Präparate zur histologischen Untersuchung dürfen selbstverständlich nicht mit einem fettlösenden Mittel, Alkohol, Xylol usw., vorbehandelt werden. Da die Fettsäuren ebenso wie Neutralfett gefärbt werden, so kann eine einfache Färbung mit diesen Substanzen noch keinen Aufschluß darüber geben, ob man es mit Neutralfett oder mit Fettsäuren zu tun hat.

Methoden zur mikrochemischen Unterscheidung von Neutralfett, Fettsäure und Seife sind von FISCHLER[2], ROSSI[3], LORRAIN-SMITH und MAIR[4], LAMB[5] und besonders von NOLL[6] ausgearbeitet worden. NOLL verfährt so, daß er die Präparate zum Teil in Osmiumsäure, zum Teil in Flemminglösung fixiert. Die letztere spaltet Seifen. Färbt man nun die so fixierten Präparate nachträglich noch mit Osmiumsäure, so wird die entstandene Ölsäure gefärbt, und ein Vergleich der Präparate kann entscheiden, ob man es mit Seife oder Neutralfett bzw. mit Fettsäure zu tun hat. Zwischen den beiden letzteren kann man noch durch Auswaschen mit Wasser und Alkohol differenzieren.

Untersucht man den Darm in histologischen Schnitten während der Fettresorption, so findet man im Lumen desselben das Fett in äußerst feiner Emulsion. Sehr kurze Zeit nach der Fettaufnahme ist das Fett bereits im Innern der Zottenepithelien in Form feinster Stäbchen und Tröpfchen, wie das Abb. 4a nach MOTTRAM, CRAMER und DREW[7] gut zeigt. An tadellos fixierten Präparaten sieht man in der äußersten feingestrichelten Schicht der Darmepithelien nirgends

[1] MELLANBY, J.: J. of Physiol. **64**, V (1927). Prelim. comm.
[2] FISCHLER: Zbl. allg. Path. **15** (1913).
[3] ROSSI: Arch. di Fisiol. **4**, 29 (1907).
[4] LORRAIN-SMITH u. MAIR, zit. nach NOLL.
[5] LAMB, F. W.: J. of Physiol. **23**, 40 (1910).
[6] NOLL: Arch. f. Physiol. **1908**, Suppl. 145.
[7] MOTTRAM, CRAMER u. DREW: J. of Path. **3**, 179 (1922).

Fetttropfen, ein Punkt, der für die ganze Fettresorptionsfrage von ausschlaggebendster Bedeutung ist. Alle die vielen Angaben in der älteren Literatur, die der äußersten Stäbchenschicht dieser Darmepithelzellen eine aktive Rolle zuschreiben wollten, sind schon von HEIDENHAIN[1] in seinem grundlegenden Werk über die Resorption entsprechend kritisiert und zurückgewiesen worden. Ja, es geht aus guten Präparaten hervor, daß auch noch im obersten Viertel der Epithelzellen noch nichts von Fetttropfen zu sehen ist, höchstens ein feiner Staub von kleinsten schwarzen Körnchen. Die Fetttröpfchen erscheinen erst in der Nähe des Kernes und werden im allgemeinen gegen die Basis der Zellen zu immer größer, obwohl man gelegentlich auch einzelne größere Tropfen schon weiter außen sehen kann. Die Fetttröpfchen liegen in Reihen hintereinander. Wahrscheinlich beruht die Angabe mancher Autoren, daß man auch intercellulär

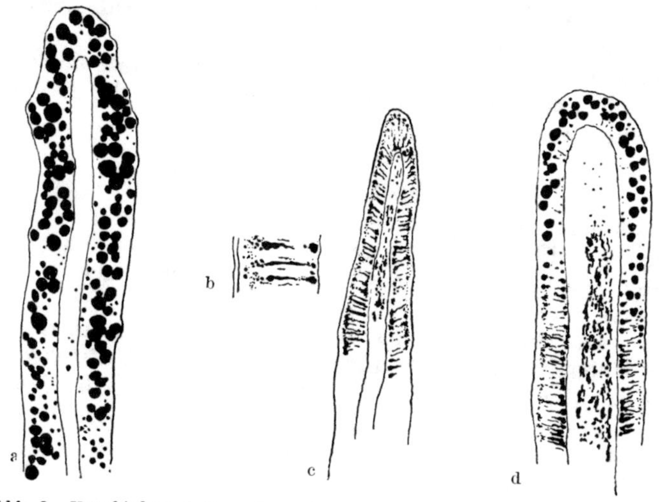

Abb. 3. Verschiedene Zotten während der Fettresorption mit Osmium gefärbt. a ohne Vitamine, b und c mit A- und B-Vitamin, d ohne A-Vitamin. [Nach MOTTRAM, CRAMER u. DREW: J. of Path. **3**, 179 (1922).]

Fetttröpfchen liegen sieht, auf einem Mißverstehen dieser Bilder. Dieses intercellulare Fett sollte nach KISCHENSKY[2] aus dem Darminhalt stammen, während andere (v. BASCH, KÖSTER[3]) an eine „Regurgitation" aus dem Zotteninnern bei Überladung dieses mit Fett dachten (REITER[4]). Von der Basis der Epithelzellen aus kann man die Fetttropfen dann durch die Gewebsspalten bis zum zentralen Chylusgefäß verfolgen. SCHÄFER[5] hat auch noch einen zweiten Typus der Fettresorption beschrieben. In diesem wird das Fett noch in der Zelle zu großen Tropfen vereinigt, die fast die ganze Zellenbreite ausfüllen können, ähnlich wie das Abb. 4b zeigt. Die letztere Art der Resorption findet nach seinen Angaben mehr bei erwachsenen Tieren, die Resorption in feinen Tröpfchen dagegen bei mit Milch gefütterten jungen Tieren statt. MOTTRAM, CRAMER und DREW haben neuerdings gezeigt, daß man beide Typen der Resorption erhält, wenn man Ratten mit und ohne Vitamine füttert. Besteht ihre Nahrung aus Stärke, Caseinsalz und Olivenöl, so wird das Fett in der Form von großen Tropfen resorbiert. Gaben sie zur

[1] HEIDENHAIN: Pflügers Arch. **1888**, Suppl. 43.
[2] KISCHENSKY: Beitr. path. Anat. **32**, 197 (1902).
[3] KÖSTER: Fettresorption. Leipzig 1908; zit. nach NOLL.
[4] REITER, K.: Anat. H. **66**, 123 (1902).
[5] SCHÄFER, E. A.: Internat. Mschr. Anat. u. Histol. **2**, 6 (1885) — Textbook of microscopic Anatomy. 1912 — Pflügers Arch. **33**, 513 (1884).

Nahrung außerdem noch Hefeextrakt, der viel B-Vitamin enthält, so erfolgte die Resorption nach dem anderen Typus in der Form von Reihen feinster Tröpfchen. Nur in der Spitze der Zotten sah man eine Resorption in großen Tropfen. Erhielten die Tiere außerdem noch Lebertran (Vitamin A), so erfolgte die Resorption in der Form feinster Stränge. An der Fettresorption ist der Golgi-Apparat der Epithelzellen lebhaft beteiligt. Er wird aufgelockert und bildet ein Netz, zwischen dessen Maschen die Fettkügelchen liegen[1]. Ähnliche Wirkungen hatte auch die Bestrahlung durch Radium. Nach starker Bestrahlung wurde überhaupt kein Fett resorbiert, nach geringerer Bestrahlung erfolgte die Resorption in der Form von großen Tropfen.

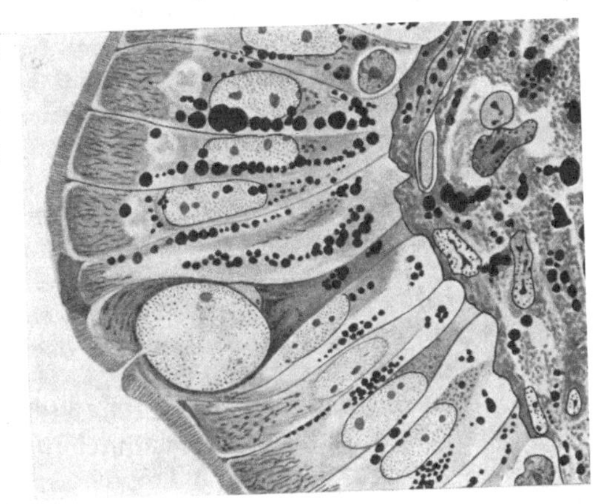

a Mit Vitamin B

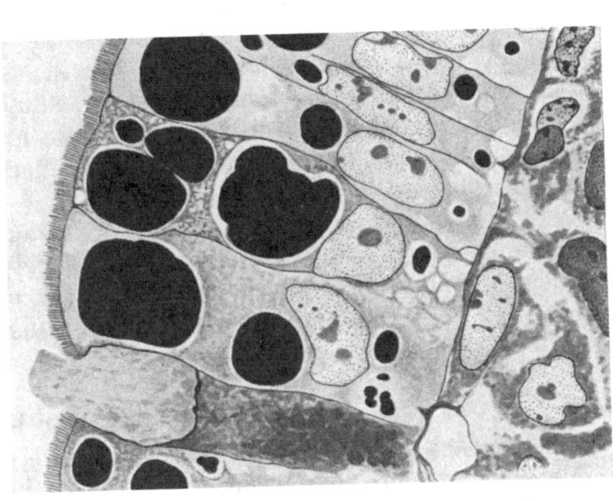

b Ohne Vitamin.

Abb. 4a und b. Duodenum-Epithel von Ratten während Fettresorption. (Nach Mottram, Cramer u. Drew.)

Diese Befunde machen den Eindruck, daß die Resorption in Strängen der Ausdruck einer lebhaften Zelltätigkeit ist, während die Resorption in großen Tropfen bei einer Lähmung der Zellfunktion (Bestrahlung, Vitaminmangel) zustande kommt. Worauf allerdings diese aktive Zellfunktion beruht, welches die Ursache dieser feineren Fettemulgierung ist, wissen wir nicht[2].

Schon Schäfer sowie Zawarykin[3] haben eine Rolle der weißen Blutkörperchen bei der Resorption der Fette angenommen. Diese Rolle der Lymphocyten könnte darin bestehen, daß sie Fetttröpfchen phagocytieren und weiterschleppen. Zawarykin ging sogar noch weiter und behauptete, daß die Zylinderepithelzellen überhaupt keine Rolle bei der Fettresorption hätten, sondern daß die Lymphocyten die Fetttropfen teils aus dem Darmlumen, teils aus der Intercellularsubstanz direkt holen, Ansichten, die schon von Heidenhain bekämpft wurden.

Rossi hält es für sehr wohl möglich, daß Fettsäuren als solche resorbiert werden auf Grund eines mikrochemischen Nachweises von Fettsäuren, in den

---

1 Cramer, W. u. R. J. Ludford: J. of Physiol. **60**, 342 (1925).

2 Ich sehe keinen Grund dafür, diese verschiedenen Resorptionsformen mit der Wirkung des Radiums auf das Verschwinden der Lymphocyten in Verbindung zu bringen, wie die Autoren wollen.

3 Zawarykin: Pflügers Arch. **35**, 145 (1885). — Siehe ferner Watney: Philos. Trans. **166**, 2 — Quart. J. microsc. Sci. **213** (1877).

Zellen, der auf der Bildung von unlöslichen Pb- und Cu-Salzen und deren Fixation durch H_2S bzw. K_4FeCN_6 beruht. Er gelangt zu dem Schlusse, daß beim Frosch ein großer Teil des Fettes als Fettsäure resorbiert wird. Sehr zu beherzigen ist seine Bemerkung, daß alle mikroskopischen Methoden, die mit Osmium in der Grenzschicht keine Fettsäuren gefunden haben, keine Beweiskraft haben, weil sich Lösungen von Ölsäure in Eiweiß herstellen lassen, in welchen die Ölsäure nicht mehr mit Osmium nachweisbar ist Er glaubt, daß in der äußeren Grenze der Zellen Fettsäuren, weiter innen nur Neutralfette vorhanden sind.

Das in den Zellen sichtbare Fett ist dagegen nach NOLL[1] sicher nur Neutralfett. Niemals ließen sich nach ihm Seifen oder Fettsäuren in den Zellen nachweisen. NOLL[2] gibt an, am Froschdarm mikroskopisch die Synthese von Fettsäure zu Neutralfett verfolgt zu haben.

Die ganze Frage dreht sich um den Punkt, auf welche Weise das Neutralfett aus dem Darmlumen in die Zelle gelangt, und hierüber scheinen die histologischen Bilder so viel auszusagen, daß im Randteil der Zellen niemals sichtbare Fetttröpfchen sind, so daß es wahrscheinlich scheint, daß hier das Fett in wasserlöslicher Form, etwa als Seife durchtritt, aber ein „Beweis" hierfür ist mit histologischen Methoden bisher nicht gebracht. Man muß zugeben, daß es noch immer denkbar wäre, daß das Fett durch die Grenzschicht der Zellen in einer so feinen Emulsion wandert, daß es mikroskopisch nicht mehr sichtbar ist; im Innern der Zellen würden dann diese feinen Tröpfchen zu größeren verdichtet. Es ist ferner an die erwähnte Möglichkeit zu denken, daß das Fett, vermischt mit Eiweiß, dem mikrochemischen Nachweis entgeht.

Das Problem des Eintrittes der Fette in die Zellen besteht nach manchen auch für die Frage, wie das Fett aus den Zellen heraus in das zentrale Chylusgefäß gelangt. In dem Basalteil der Zellen finde man auch keine Fetttröpfchen. NOLL denkt an eine „Einschaltung eines cellulären Prozesses". Da sich niemals Neutralfett finden läßt, werde also das Fett hier wahrscheinlich wieder verseift. Sogleich nach seinem Austritt aber findet man es wieder in Tröpfchenform im Bindegewebe der Zotte.

Zusammenfassend müssen wir sagen, daß zur Erklärung der Fettresorption — wir können aber noch weiter gehen —, der Fettaufnahme in die Zellen im intermediären Stoffwechsel überhaupt, die bisher ungelöste Schwierigkeit darin besteht, daß zum Durchtritt der Fette durch die Oberfläche der Zellen eine Verseifung angenommen werden muß.

3. Die Bedeutung der Spaltung des Fettes.

Im Mittelpunkt der PFLÜGERschen Lehre, daß alles Fett gespalten werden muß, um resorbiert zu werden, steht die Erfahrung, daß im Darm die Möglichkeit gegeben ist, daß das Fett durch die Lipase gespalten wird. Der Beweis, daß *alles* Fett gespalten wird, ist experimentell nicht zu bringen. Den umgekehrten Beweis, daß nichtspaltbare fettähnliche Körper nicht resorbiert werden, hat HENRIQUES und HANSEN erbracht (s. oben).

Nicht nur die gewöhnlichen Nahrungsfette werden gespalten, sondern auch Walrat und Palmitinsäurecetylester (MUNK und ROSENSTEIN). Aus diesem wird Palmitinsäure abgespalten und diese im Darmepithel mit Glycerin gepaart, so daß es im Chylus als das Neutralfett Palmitin wieder gefunden wird. Ebenso wird Ölsäureamylester gespalten und erscheint im Chylus als Olein, und FRANK[3]

---

[1] NOLL, A.: Pflügers Arch. **136**, 208 (1910); siehe dort auch die ältere Literatur.
[2] NOLL, A.: Arch. f. Physiol. **1908**, Suppl. 145.
[3] FRANK, O.: Z. Biol. **36**, 568 (1898). — Siehe ferner MÜLLER u. H. MURSCHHAUSER: Biochem. Z. **78**, 63 (1916).

hat dasselbe auch für die Äthylester der Olein-, Palmitin- und Stearinsäure festgestellt. Es findet dann in den Darmzellen eine Synthese von Triglycerid aus Fettsäuren und Glycerin statt. FRANKS Befunde sind von BLOOR[1] bestätigt, der dasselbe auch für Isomannitester fand. Eine Spaltung von Cetylalkoholester fanden THOMAS und FLASCHENTRÄGER[2].

RAMOND und FLANDRIN[3] haben während der Fettresorption bei Hunden Glycerinbestimmungen im Darminhalt, im Chylus und im Blut gemacht und schließen auch auf eine weitgehende Spaltung vor der Resorption[4].

4. Die Bedeutung der Verseifung des Fettes.

Die höheren Fettsäuren sind in Wasser sehr schlecht löslich. Sie könnten evtl. auf Grund ihrer Lipoidlöslichkeit resorbiert werden oder aber in wasserlöslicher Form als Seifen. Nach PFLÜGERS Anschauung hat die ganze Emulgierung und Spaltung der Fette nur den Zweck, die Vorbereitung für den Verseifungsprozeß zu bilden.

Nach PFLÜGERS Lehre müßte man erwarten, daß Seife besonders leicht resorbiert wird. Die Resorption von Seifen hat schon RADZIEJEWSKY, PEREWOSNIKOW, WILL[5], MUNK und ROSENSTEIN gezeigt. CRONER[6] dagegen fand im oberen Teil des Dünndarmes gar keine Resorption von Seifen, dagegen eine gute Resorption von emulgiertem, unverseiftem Neutralfett. Die unteren Teile des Dünndarmes, das Ileum, sollen dagegen auch Seifen resorbieren. Er hält es für ein besonders wichtiges Resultat seiner Untersuchungen, daß Darmteile, die emulgiertes Fett resorbieren, von Seifen gar nichts aufnehmen, was dafür sprechen würde, daß auch Neutralfett resorbiert werden kann. ANDRÉ und FAVRE[7] haben bei Resorption von Seifen dieselben histologischen Bilder bekommen, wie bei Fettresorption. MIESCHER[8] dachte auch daran, daß das Fett durch Anlagerung an Lecithin und Albuminoide wasserlöslich werden könnte. Der schwerwiegendste Einwand dagegen, daß Alkaliseifen bei der Resorption gebildet werden, ist, daß im Darm gar keine solche Reaktion herrscht, daß solche entstehen könnten. Hierüber kann aber erst weiter unten im Zusammenhang mit der Besprechung der Rolle der Gallensäuren Näheres ausgeführt werden.

5. Die Bedeutung der Emulgierung des Fettes.

Schon GAD wußte, und ebenso QUINCKE, daß Fette, die geringe Mengen von Fettsäuren enthalten, mit schwach alkalischer Lösung zusammengebracht, rasch und sehr vollkommen emulgiert werden. Das Alkali bildet dabei mit den Fettsäuren Seife, und die Fetttröpfchen werden dadurch zerteilt und die einzelnen Tropfen mit einer feinsten Seifenmembran umgeben. Schon ganz geringe Mengen Alkali, die nicht alle Fettsäuren neutralisieren, genügen, um das Fett zu emulgieren. Die nötigen Fettsäuren sind meist schon im Nahrungsfett enthalten. Durch die Magenlipase(?) entstehen weitere und am vollkommensten findet die

---

1 BLOOR: J. of biol. Chem. **11**, 141, 429 (1911); **7**, 427 (1910).
2 THOMAS u. FLASCHENTRÄGER: Skand. Arch. Physiol. (Berl. u. Lpz.) **43**, 1 (1923).
3 RAMOND u. FLANDRIN: C. r. Soc. Biol. **56**, 169 (1904) — Arch. de Méd. exper. **16**, 655 (1904).
4 Siehe auch O. FÜRTH u. SCHÜTZ: Beitr. chem. Physiol. u. Path. **10**, 462 (1907).
5 RADZIEJEWSKY: Virchows Arch. **43**, 268 (1868). — PEREWOSNIKOW: Zbl. med. Wiss. **1867**, 851. — WILL: Pflügers Arch. **20**, 255 (1879).
6 CRONER: Biochem. Z. **23**, 95 (1909). — Siehe auch HERCHER: Inaug.-Dissert. Greifswald 1907, der auch eine mangelhafte Resorption von Seifen findet.
7 ANDRÉ u. FAVRE: Arch. Physiol. et Path. **8**, 819 (1906)
8 MIESCHER: Arb. **1** (1897).

Spaltung der Fette dann durch die Pankreaslipase im Dünndarm statt. Das nötige Alkali könnte der Pankreassaft, der viel Na_2CO_3 enthält, liefern. Eine andere Frage ist jedoch, ob auch tatsächlich im Darm eine Fettemulsion vorhanden ist.

CASH[1], MUNK[2] u. a. haben hervorgehoben, daß man im Darmchymus keine richtige Fettemulsion findet, sondern wenigstens bei mit Fleisch und Fett gefütterten Hunden im Dünndarm immer nur ein zäher, harziger, galliger Belag die Schleimhaut bedeckt; dazu kommt noch, daß der Dünndarminhalt bei Hunden bis in das Jejunum hinunter für Lackmus sauer reagiert. In sauerem Milieu findet aber eine Entmischung dieser Emulsion statt, denn die Alkaliseifen bestehen bei dieser Reaktion nicht. Nach MACCLENDON[3] und vielen anderen (s. unten S. 61) herrscht im Dünndarm meist eine neutrale oder schwach saure Reaktion. Alkaliseifen können also auch die Emulgierung nicht erklären. Man könnte also nur an eine Wirkung der Gallensäuren denken. Hierüber s. unten.

Es ist weiter oben erwähnt worden, daß nach der Ansicht vieler Autoren, so besonders von MUNK und EXNER, das Fett als Emulsion von Neutralfett resorbiert wird. Tatsache ist, daß aus der Bauchhöhle und aus dem Unterhautzellgewebe das Fett in Form einer feinen Emulsion (ZIEGLER) resorbiert werden kann. Das schwerwiegendste Argument hiergegen ist, daß fettartige Substanzen, die äußerst feine Emulsion geben, trotzdem nicht resorbiert werden, wie Petroleumkohlenwasserstoffe (HENRIQUES und HANSEN[4]) oder Wollfett (COHNSTEIN[5]). Dabei sind diese Substanzen bei Körpertemperatur flüssig, in fettlösenden Substanzen löslich, können aber nicht in wasserlösliche Form gebracht werden.

Die Emulgierung der Fette im Darm hätte noch insofern eine Bedeutung für die Fettresorption, daß sie eine vorzügliche Milieuwirkung für die Darmlipase darstellt. Durch die Emulgierung tritt eine äußerst starke Oberflächenvergrößerung der Fette ein, wodurch die Angriffsfläche für die Lipase sehr vergrößert wird.

6. Die Bedeutung der Galle für die Fettresorption.

Bei der Besprechung der Verseifung und Emulgierung der Fette kamen wir zu dem Resultat, daß der Alkaligehalt der Darmsäfte diese nicht erklären kann. Die Reaktion des Darminhaltes macht eine einfache Verseifung unmöglich. Hier vermittelt nun die Galle bzw. die Gallensäuren und ihre Salze.

Ihre Bedeutung für die Fettresorption liegt auf zweierlei Gebiet. Erstens fördern die Gallensäuren sehr bedeutend die *Emulgierung des Neutralfettes* und machen dadurch erst die starke Wirkung der Darmlipase möglich. Dieser starke Einfluß auf die Emulgierung der Neutralfette ist durch ihre starke oberflächenaktive Wirkung bedingt.

Es ist schon sehr lange bekannt, daß, wenn die Galle im Darm fehlt, z. B. nach Abbindung des Ductus choledochus, man das Fett im Darm nicht in Form einer feinen Emulsion findet, sondern die Faeces haben eine schmierige, salbige Konsistenz und mikroskopisch findet man große Fetttropfen. Schon BIDDER und SCHMIDT (1852) kannten die Bedeutung der Galle auf die Resorption der Fette und erklärten sie als eine „Steigerung der Adhäsion auf die Fette". VOIT und RÖHMANN[6] nahmen eine „Reizwirkung der Galle auf die Epithelzelle" an. Ferner wurde daran gedacht, daß die Wirkung der Galle in einer direkten Förde-

[1] CASH: Arch. Anat. u. Physiol. **1880**, 323.
[2] MUNK: Zbl. Physiol. **16**, 2 (1902).
[3] MC CLENDON: Amer. J. Physiol. **38**, 196 (1915).
[4] HENRIQUES u. HANSEN: Zbl. Physiol. **14**, 313 (1900).
[5] COHNSTEIN: Zbl. Physiol. **9**, 401 (1895). — Siehe ferner BLOOR.
[6] RÖHMANN: Pflügers Arch. **29**, 509 (1882).

rung der Fettspaltung bestehe. Nach NENCKI[1], PAWLOW und BRUNO[2] fördert die Galle die Wirkung der Lipase auf die Fette im Darm auf das Drei- bis Zehnfache, und TERROINE[3] gibt an, daß die beschleunigende Wirkung der Galle nicht mit der besseren Emulgierung und auch nicht durch eine Erhöhung der Löslichkeit der Fette oder Fettsäuren erklärt werden könne, sondern eine direkte Wirkung auf die Lipase sei. — Darin herrscht aber allgemeine Übereinstimmung, daß die Fettspaltung im Darm durch die Lipasen erst mit Hilfe der Galle so weitgehend verläuft, daß wohl alles Fett gespalten wird.

Neben dieser Wirkung auf die Emulgierung, und damit zusammenhängend auf die Spaltung der Fette, haben die gallensauren Salze noch eine zweite Bedeutung, welche der eigentlich wesentliche Faktor der Fettresorption ist, das ist die *Lösung der Fettsäuren*. Schon MOOR und ROCKWOOD[4] sowie COHNSTEIN beschrieben, daß die Galle dadurch fördernd auf die Fettresorption wirke, daß sie die Fettsäuren bis zu 6% löst. PFLÜGER[5] zeigte, daß durch 100 g Galle 19 g Fettsäure gelöst werden könne und bemerkt, daß Stearinsäure, die in Galle weniger gut löslich ist, auch schlechter resorbiert werde. Die Lösung der Fettsäure in Galle habe die Bedeutung, daß die Verseifung in dieser Lösung viel leichter vor sich gehe. PFLÜGERS Ansicht über diese Frage ist weiter oben wörtlich wiedergegeben. Er glaubt, daß die Cholate die Fettsäuren locker binden und sie dann auf Na_2CO_3 übertragen. KINGSBURY[6] bemerkte jedoch schon, daß bei einer H˙-Konzentration von $2 \cdot 10^{-8}$ im Darm nur $NaHCO_3$ bestehen könne und daß deshalb zur Verseifung nur dieses in Betracht käme. Tatsächlich beschleunige Galle und Gallensauresalze in hohem Grade die Verseifung von Oleinsäure mit $NaHCO_3$.

Alle Besprechungen über Verseifung der Fettsäuren im Darm müssen von der Kenntnis der *aktuellen Reaktion im Dünndarm* ausgehen. Im Gegensatz zu den früheren Angaben, nach welchen die Reaktion alkalisch sei, zeigen zahlreiche neuere Untersuchungen, daß die Reaktion meistens nahezu neutral oder nur schwach alkalisch und vielfach — bei manchen Tieren wohl regelmäßig — sauer ist. Das zeigten Untersuchungen von HUME[7], HOWE und HAWK, ROBINSON, LONG und FENGER, OKADAI und ARAI, BISSEL, MC CLENDON[8], MC CLURE[9], SCHAUDT, HELZER und LÖFFLER[10]. Durch fettreiche Kost und Abführmittel wird der Faeces neutral oder schwach sauer. Durch Obstipation mehr alkalisch. Bei Säuglingen fand man eine sehr ausgesprochen saure Reaktion, aber auch beim Erwachsenen die meisten der obigen Autoren. KOSTYÁL[11] fand, daß bei Ratten, Hunden, Meerschweinchen, Tauben im ganzen Darm fast niemals eine Reaktion über $p_H = 7{,}0$, sondern meist darunter vorkommt. Dieselben Angaben macht auch LONDON[12].

---

1 NENCKI, M. v.: Arch. f. exper. Path. **20**, 367 (1886).

2 BRUNO: Arch. sci. Biol. de St. Petersburg **7** (1900).

3 TERROINE: Biochem. Z. **23**, 404 (1909). — Siehe ferner O. FÜRTH u. J. SCHÜTZ: Hofmeisters Beitr. **9**, 28 (1906). — MAGNUS, R.: Hoppe-Seylers Z. **48**, 373 (1906).

4 MOOR u. ROCKWOOD: J. of Physiol. **21**, 58 (1897). — MOOR u. W. H. PARKER: Proc. roy. Soc. Lond. **58**, 64 (1901).

5 PFLÜGER, E.: Pflügers Arch. **88**, 299, 431; **90**, 1 (1902).

6 KINGSBURY, F. B.: J. of biol. Chem. **29**, 367 (1917).

7 HUME usw.: J. of biol. Chem. **60**, 633 (1926).

8 MC CLENDON, J. T.: Amer. J. Physiol. **39**, 191 (1915).

9 MC CLURE, C. W. usw.: Arch. int. Med. **33**, 525 (1924).

10 LÖFFLER, W.: Klin. Wschr. **5**, 179 (1926). — SCHAUDT, G.: Biochem. Z. **166**, 136 (1925). — HELZER, J.: Ebenda **166**, 116 (1925). Siehe dort auch YLPPÖ, HOWE u. HAWK, ROBINSON.

11 KOSTYÁL, L.: Magy. orv. Arch. **1926**, 3.

12 LONDON: Experimentelle Physiologie und Pathologie der Verdauung, S. 95 (1925).

Dieser Befund ist für die Theorie der Fettresorption von ausschlaggebender Bedeutung, denn er schließt es vollkommen aus, daß im Darm Alkaliseifen, Na-Stearat usw. gebildet werden. Nach Jarisch[1] ist Na-Oleat nur bis $p_H = 8,6$, Na-Palmitat bis $p_H = 9,1$ und Na-Stearat bis $p_H = 9,0$ stabil. In weniger alkalischen Lösungen — und eine solche ist der Chymus — können keine Alkaliseifen entstehen.

Untersuchungen von Verzár und Kúthy[2] haben nun in jüngster Zeit die Rolle, welche die gepaarten Gallensäuren bei der Fettresorption spielen, geklärt. Ausgehend von diesen Bedenken wurde untersucht, wie sich die Verbindungen der gepaarten Gallensäuren mit den Fettsäuren bei verschiedener Reaktion verhalten, und es wurde gezeigt, daß die Fettsäuren mit glykocholsaurem und taurocholsaurem Na klare stabile Lösungen nicht nur in alkalischen Puffergemischen, sondern bis herab zu $p_H = 6,18$ bis $6,35$ geben. Ein weiterer Befund war dann, daß die Fettsäuren in diesen wässerigen Lösungen in diffusibler, also allem Anschein nach molekulardisperser Form vorhanden sind.

Die Bedeutung der gepaarten Gallensäuren für die Fettresorption ist demnach, daß sie *die Fettsäuren in eine wasserlösliche, leicht diffusible Form bringen, die bei neutraler, ja sogar bei schwach saurer Reaktion stabil ist*, also im Gegensatz zu den Alkaliseifen auch bei den im Darm herrschenden Verhältnissen bestehen bleibt. Erst daraus erklärt sich, daß eine Fettresorption bei neutraler und saurer Reaktion überhaupt möglich ist.

Weitere Untersuchungen zeigten dann, daß die gepaarten Gallensäuren durch Trypsin nicht angegriffen werden. Dadurch wird es möglich, daß sie auch bei saurer Reaktion Fettsäuren lösen, denn die ungepaarten Gallensäuren sind dazu nur in alkalischer Lösung fähig. Es scheint sich um eine molekulare Verbindung der gepaarten Gallensäure mit der Fettsäure zu handeln. In konzentrierteren Lösungen ist ein Teil der Fettsäuren grobdispers vorhanden, während ein anderer molekulardispers und diffusibel ist.

Das *weitere Schicksal dieser Verbindung* von gepaarter Gallensäure mit Fettsäure dürfte nun das Folgende sein. In den Darmepithelzellen wird sie wieder gespalten und dadurch erscheinen die Tröpfchen von Fettsäure in der Zelle. Die Gallensäure wird durch die Blutbahn in die Leber befördert und dort wieder ausgeschieden (enterohepatischer Kreislauf der Gallensäure), die Fettsäure dagegen wird in der Epithelzelle mit Glycerin wieder zu Neutralfett synthetisiert. Auf welche Weise es zur Spaltung des Komplexes der gepaarten Gallensäuren mit den Fettsäuren innerhalb der Zelle kommt, ist auf verschiedene Weise denkbar. Wenn in der Epithelzelle in der Nähe des Kernes eine stark saure Reaktion herrscht, so werden diese Komplexe, welche unterhalb $p_H = 6,2$ nicht mehr stabil sind, gespalten werden. Daraus könnten sich dann die histologischen Bilder erklären. Je näher das Fett zum Kern gelangt, desto gröbere Fetttröpfchen erscheinen. Man kann das im Reagensglas nachmachen, indem man die klare Lösung von z. B. glykocholsaurem Stearat auf $p_H = 6$ bringt. Dann trübt sich die Lösung, und wenn man noch stärker ansäuert, erscheinen große Fetttropfen. — Die Gallensäure-Fettsäurelösungen sind auch durch Alkalisalze ausfällbar. Auch auf diese Weise ist der Mechanismus der Sprengung der Verbindung denkbar.

Zusammenfassend kann also nach dem hier Entwickelten gesagt werden, daß die Fettresorption so verläuft, daß das neutrale Fett zuerst durch die Lipasen (Pankreassteapsin, Darmlipase) gespalten wird. Schon hierzu ist die Gegenwart der gallensauren Salze nötig, denn sie fördern die Spaltung ganz außerordentlich,

---

[1] Jarisch: Biochem. Z. **134**, 163 (1922).
[2] Verzár u. Kúthy: Biochem. Z. **205**, 369 (1929).

wahrscheinlich dadurch, daß durch die Emulgierung infolge ihrer Oberflächenaktivität es zu einer sehr großen Oberflächenentfaltung der Lipasewirkung kommt.

Zu einer Verseifung der so gebildeten Fettsäuren (Alkaliseifenbildung) kann es jedoch nicht kommen, denn die Reaktion ist neutral oder schwach sauer.

Auch eine Resorption als Emulsion ist auszuschließen, denn sonst würden auch andere Emulsionen resorbiert werden, was nicht der Fall ist.

Dagegen werden die Fettsäuren durch die gepaarten Gallensäuren in eine wässerige Lösung gebracht, in welcher sie in neutraler und saurer Lösung bis zu $p_H = 6{,}2$ stabil und gut diffusibel sind. Es dürfte sich deshalb um zum Teil molekulardisperse Verbindungen der Fettsäuren mit den gepaarten Gallensäuren handeln. Diese Verbindungen werden dann im Innern der Darmepithelzellen wieder gespalten und es kommt dann hier wieder zur Bildung von Neutralfett.

Damit scheint der Mechanismus der Fettresorption geklärt zu sein. Erhärtet wird das hier Gesagte noch durch die *Erfahrungen bei Gallenmangel.* Ohne Lipolyse oder ohne Galle kann es keine Fettresorption geben. Schon CLAUDE BERNARD hat bei Kaninchen, bei denen der Ductus choledochus etwa 30 cm oberhalb des Pankreasganges in den Darm mündet, beobachtet, daß nach fettreichem Futter nur jene Lymphgefäße milchigen Chylus enthalten, die unterhalb des Pankreasganges aus dem Darm kommen. Wenn also keine Lypolyse vorhanden ist, so genügt auch die Emulgierung durch die Galle allein noch nicht zur Resorption. Das Gegenstück zu diesem schönen Versuch stammt von DASTRE[1]. Er hat Hunden den Ductus choledochus unterbunden und machte dann in der Mitte des Dünndarms eine Verbindung mit der Gallenblase. Nach fettreicher Nahrung waren die Lymphgefäße oberhalb der Fistel nicht chylös, wohl aber unterhalb, dort wo Galle und Pankreassaft zusammen auf die Fette wirkten. Also auch die Pankreaslipase allein genügt nicht; außer der Spaltung ist noch die Galle zur Lösung der Fettsäuren nötig.

Entsprechend dieser großen Bedeutung der Galle für die Fettresorption entstehen große Störungen, wenn die Galle beim Verschluß des Ductus choledochus nicht in den Darm gelangt. Die Folge ist vor allem eine mangelhafte Emulgierung. Merkwürdigerweise soll die Spaltung der Fette nicht sehr leiden, denn man findet massenhaft Fettsäuren im Darm. HUTCHISON und FLEMMING[2] z. B. haben bei einem Kind mit kongenitaler Atresie des Ductus choledochus beobachtet, daß die Fettspaltung kaum leide, dagegen sehr die Resorption. Allerdings ist dabei auch an die Fettspaltung durch die Darmbakterien zu denken. Über die Störungen der Fettresorption bei Gallenmangel siehe den Abschnitt über Pathologie der Resorption. Auch Seifen werden natürlich schlechter resorbiert, wenn die Galle im Darm fehlt (ROSENBERG[3]).

7. Die Wirkung der äußeren und inneren Sekretion des Pankreas auf die Fettresorption.

Es ist klar, daß nach Unterbindung des Ausführungsganges des Pankreas oder nach Exstirpation des Pankreas die Fettresorption gestört sein muß. Hierbei fehlt einerseits die Pankreaslipase und zweitens das nach der älteren Ansicht zur Verseifung nötige Alkali. Trotzdem ist es auffallend, daß immer noch ein relativ großer Teil des Nahrungsfettes resorbiert wird. So nach MINKOWSKI und ABELMANN[4] 28—53% Milchfett, nach HÉDON und VILLE[5] 22% Milchfett und 10%

[1] DASTRE: Arch. de Physiol. **2**, 315 (1890).
[2] HUTCHISON, H. S. u. B. FLEMMING: Glasgow. med. J. **44**, 65 (1902).
[3] ROSENBERG: Pflügers Arch. **85**, 152 (1901).
[4] ABELMANN: Dissert. Dorpat 1890.
[5] HÉDON u. VILLE: Arch. de Physiol. V **9**, 606 (1897).

Olivenöl, wenn gleichzeitig auch noch der Gallengang unterbunden war. Harley[1] und Cuningham[2] sahen allerdings nur viel geringere Resorption. Die Pankreaslipase wird in diesen Fällen jedenfalls durch die Lipase des Magen- sowie des Darmsaftes vertreten. Sandmeyer[3] hat beobachtet, daß, wenn man pankreaslosen Hunden fein zerhacktes Pankreas zum Futter mischt, die Fettresorption sehr wesentlich gesteigert wird. Munk[4] ist in seinem Referat noch geneigt, hieraus zu folgern, daß „hier Verhältnisse vorliegen, deren Erklärung erst von der Zukunft zu erwarten ist“, denn die Substitution des Pankreas in diesen Versuchen könne nicht so erklärt werden, daß damit Steapsin und Alkali zugeführt wurde, denn ersteres werde im Magen bereits zerstört, und der Gehalt an letzterem sei gering. Als besonders merkwürdig wird angegeben, daß auch nach der Unterbindung das Fett gespalten, aber trotzdem nicht resorbiert werde.

Derartige Beobachtungen haben wiederholt dazu geführt, zu untersuchen, ob nicht die innere Sekretion des Pankreas zum Ablauf der normalen Fettresorption nötig sei. Lombroso[5] hatte schon behauptet, daß das Pankreas einen starken Einfluß auf den Fettstoffwechsel habe. Dieser soll nach Gigante[6] durch innersekretorische Wirkungen des Pankreas aufrechterhalten werden. Er fand nämlich auch dann eine reichliche Fettresorption, wenn der Ausführungsgang des Pankreas unterbunden war, falls nur das Pankreas sonst noch im Körper zurückgelassen wurde. Entfernt man dann später dieses Stück, so steigt der Fettgehalt der Faeces nach und nach an. McClure und Pratt[7] sowie Licht und Wagner, Brugsch, Hess und Sin[8] leugnen jedoch diese innersekretorische Wirkung auf die Fettresorption. Auch sie finden nach totaler Pankreasexstirpation, daß tatsächlich Fett resorbiert wird. Das erklärt sich aber aus der Wirkung der Darmlipasen. Vergleicht man die Fettresorption bei Hunden mit transplantiertem Pankreas mit der Fettresorption bei solchen, deren Pankreas exstirpiert wurde ohne Transplantation, so findet man keinen Unterschied der Fettresorption[9]. Auch Insulin stellt die mangelnde Fettresorption nicht wieder her. Es besteht also derzeit kein physiologischer Versuch, der eine innersekretorische Beeinflussung der Fettresorption beweisen würde[10].

Für gewisse pathologische Fälle wird allerdings angenommen, daß innersekretorische Störungen der Resorption bestehen. Insbesondere findet man beim Morbus Basedowii große Mengen von Fettsäuren im Faeces[11]. Die Ursache soll eine thyreotoxisch bedingte Resorptionsstörung des Fettes sein (ähnlich auch bei Sprue). Ferner sollen die Fettstühle bei Morbus Addisonii eine Folge der Störung der Nebennierenfunktion sein. Experimentelle Grundlagen haben diese Ansichten nicht. Leichter erklärbar sind die Störungen der Fettresorption, die bei Amyloidosis der Darmschleimhaut vorkommen. Hier kann die Störung der Fettsynthese im Epithel die Ursache sein. Ferner sind die Resorptionsstörungen

---

[1] Harley, V.: J. of Path. **18**, 1 (1895).
[2] Cuningham, R. H.: J. of Physiol. **23** (1910).
[3] Sandmeyer, W.: Z. Physiol. **31**, 12 (1894).
[4] Munk, J.: Erg. Physiol. **11**, 296 (1902).
[5] Lombroso, U.: Arch. di Fisiol. **5**, 294 (1908) — Arch. f. exper. Path. **60**, 99 (1908).
[6] Gigante: Arch. Farmacol. sper. **11**, 115 (1910).
[7] Mc Clure u. Pratt: J. of exper. Med. **25**, 381 (1916). — Pratt, Mc Clure u. Vincent: J. of Physiol. **42**, 596 (1916).
[8] Licht u. Wagner: Klin. Wschr. **6**, 1982 (1927). — Brugsch: Z. exper. Path. u. Ther. **20**. — Hess u. Sin: Naturwiss. Arch. **1** (1907).
[9] Siehe auch R. Fleckseder: Arch. f. exper. Path. **59**, 407 (1908). — Niemann, A.: Z. exper. Path. u. Ther. **5**, 466.
[10] Siehe auch London u. O. J. Holmberg: Hoppe-Seylers Z. **74**, 354 (1911).
[11] Schmidt-Noorden: S. 319. — Siehe auch Adler: Z. klin. Med. **66**, 302.

bei Tuberkulose der Lymphdrüsen des Darmes so erklärbar, daß dabei Störungen der Lymphzirkulation auftreten und deshalb der Abtransport des Fettes aus den Darmepithelien ungenügend sein wird.

8. Der Resorptionsweg des Fettes.

Im Gegensatz zu allen anderen Substanzen, die höchstens akzidentell, in ganz unbeträchtlichen Mengen auf dem Lymphwege resorbiert werden, wählt das Fett fast ausschließlich diesen Weg. Das durch das Epithel tretende Fett ist mikroskopisch bis in das zentrale Lymphgefäß der Zotten zu verfolgen. Auf Sudanpräparaten sieht man das Zentrum der Zotten gefüllt mit Fetttröpfchen. Von hier gelangt das Fett durch die Lymphbahn in das Blut. ZAWILSKI hat schon 1876 in LUDWIGS Institut gefunden, daß das Fett mindestens zum größten Teil durch die Lymphe des Ductus thoracicus gelangt. Während der Resorption einer fettreichen Nahrung sind die Lymphgefäße des Darmes und des Mesenteriums mit milchigem, weißem Chylus gefüllt. Dieser besteht aus einer äußerst feinen staubförmigen Fettemulsion. Nach v. FREY beträgt der Durchmesser der Fetttröpfchen $^1/_2$ Mikron. Dieser milchtrübe Chylus enthält 3—8% Fett. Das Fett gelangt von hier in die Blutbahn, wo es in Form ultramikroskopischer, Körperchen, als Hämokonien, noch lange nachweisbar ist (NEUMANN[1], KREIDL und NEUMANN[2], MEISSER und BRÄUNING[3], LENIERRE[4].) Nach WELLMANN[5] findet man bei Ratten, Katzen und Kaninchen nach 24stündigem Hungern keine Hämokonien im Blute. Bei fettreicher Ernährung bleibt das Serum auch frei von Hämokonien, außer bei Kaninchen, wo — in bisher nicht erklärbarer Weise — sie auch nach fettfreier Fütterung auftreten. Nach Fettnahrung sind die Hämokonien bei allen Tieren enorm vermehrt, besonders auch, wenn mit dem Fett noch Cholesterin verfüttert wird[6].

MUNK und ROSENSTEIN[7] fanden bei einer Person mit Chylusfistel nach Fettgenuß innerhalb 12 Stunden 60% der Fette im Chylus der Fistel wieder, und zwar die überwiegende Menge als freie Fette, nur etwa $^1/_{25}$ als Seife. Bei Fütterung mit Erucin (Erucasaures Glycerin) aus Rüböl, fanden sie 37% innerhalb der nächsten 11 Stunden wieder. Diese berühmte Versuchsperson hatte zwar keine Ductus thoracicus-Fistel, sondern eine Unterschenkel-Lymphfistel, aus welcher angeblich alle Darmlymphe aus der Cysterna chyli abfloß.

Es gibt jedoch auch Angaben, nach welchen das Fett zum Teil direkt in die Blutcapillaren gelangt (WALTHER, FRANK[8]). Bei intensiver Fettresorption findet man die Leberzellen mit feinsten Fetttröpfchen infiltriert. Dieses Fett könnte auf dem Wege der Vena portae aus dem Darm direkt in die Leber gelangen. Daß das Fett auch direkt in die Blutbahn gelangen kann, zeigen auch jene Versuche, in welchen der Ductus thoracicus unterbunden wurde. MUNK und FRIEDENTAHL[9] zeigten im Gegensatz zu FRANK[10], daß bei solchen Tieren während

---

[1] NEUMANN: Wien. klin. Wschr. **1907**, 28; **1908**, 983.
[2] KREIDL u. NEUMANN: Sitzgsber. Akad. Wiss. Wien, Math.-naturwiss. Kl. III **120** (1911). — Siehe auch Wien. klin. Wschr. **1908**, 29.
[3] MEISSNER u. BRÄUNING: Z. exper. Path. u. Ther. **4**, 3 (1909).
[4] LENIERRE, BRULÉ u. WEILL: Arch. des Appar. digest. **7**, 661 (1913).
[5] WELLMANN: Biochem. Z. **65**, 440 (1914).
[6] Siehe auch NAKASIMA: Pflügers Arch. **158**, 288 (1914).
[7] MUNK u. ROSENSTEIN: Arch. f. Physiol. **1890**, 376, 581 — Virchows Arch. **123**, 230, 484 (1891).
[8] WALTHER: Arch. f. Physiol. **1890**, 329.
[9] MUNK u. FRIEDENTHAL: Zbl. Physiol. **15**, 297 (1901) — siehe auch Arch. f. Physiol. **1890**, 376.
[10] FRANK, O.: Arch. f. Physiol. **1892**, 497; **1894**, 297.

der Fettresorption sehr viel Fett im Blut gefunden wird. Allerdings wird dabei weniger Fett (nur 32—48%) resorbiert. Das hat neuerdings Hall[1] nach Unterbindung der Chylusgefäße bei Hunden bestätigt. Auch Hamburger[2] gibt an, daß beim Hunde zwar alles Fett auf dem Lymphwege resorbiert wird, daß es aber unter abnormen Verhältnissen möglich ist, daß Fett auch direkt in die Blutbahn gelangt. d'Erico[3] fand jedoch, daß der Fettgehalt des Pfortaderblutes immer höher ist als der des Jugularisblutes, was wohl darauf hinweist, daß ein Teil des Fettes auch normalerweise auf dem Blutweg resorbiert wird und Nedswedski[4] bestätigt das. Nach Fütterung mit Eidotter und fettem Fleisch ist im Pfortaderblut immer mehr Fett und Cholesterin, als im arteriellen Blut. Diese Erhöhung besteht entsprechend der langsamen Resorption sehr lange.

Wie erwähnt, ist das Fett des Chylus fast ganz Neutralfett. Verfüttert man an Tiere Fettsäuren oder Seifen, dann erscheint im Chylus Neutralfett. Daraus folgt, daß die Darmepithelien Neutralfett synthetisieren können, ja sogar das hierzu nötige Glycerin selbst bilden[5]. Argyris und Frank[6] verfütterten Monoglyceride und fanden trotzdem im Chylus Triglyceride; die ersteren wurden demnach gespalten und im Darmepithel zu Triglyceriden synthetisiert.

Die Darmepithelzelle hat also die Fähigkeit, die resorbierten Produkte wieder zu synthetisieren. Es wäre ja möglich, daß dieselben Enzyme, welche die evtl. resorbierten Seifen spalten, unter gewissen Verhältnissen, die in der Zelle verwirklicht sein können, auch die Synthese bewirken[7]. Jedoch findet diese Synthese nicht in solcher Weise statt, daß es dabei auch gleichzeitig zur Bildung von körpereigenem Fett kommt. Zum mindesten findet man, wenn man mit übertrieben großen Mengen artfremden Fettes füttert, dieses unverändert in den Fettdepots des Körpers wieder. Munk[8] hat Hunde mit Hammeltalg gefüttert und fand dann, daß das Fett in den Fettdepots einen dem Hammeltalg entsprechenden Schmelzpunkt hatte. Bei Fütterung mit Rüböl wurde dieses bzw. sein Bestandteil, die Erucasäure, gefunden. Die Umwandlung der körperfremden Fette in körpereigene findet erst dann statt, wenn das Fett die Depots verläßt und zu Organfett wird (Abderhalden und Brahm[9]).

Auf welche Weise das Fett aus dem Blut wieder austritt und in die Organzellen bzw. die Fettdepots gelangt, ist unbekannt. Ziegler[10] sagt, daß pericapilläre Lymphgefäße die Resorption in die Parenchymzellen vermitteln, wobei die Capillarendothelien eine Rolle spielen sollen. Man könnte an eine Art der Sekretion oder spezifische Lösung denken. Ein Fetttransport durch Phagocyten spielt nur eine geringe Rolle.

Überall begegnen wir also demselben Problem, der Frage, wie die Fette in die Zellen hinein- und aus ihr herausgelangen.

---

[1] Hall: Z. Biol. **62**, 448 (1913).
[2] Hamburger: Arch. f. Physiol. **1900**, 554.
[3] d'Erico, B.: Arch. di Fisiol. **4** (1908). — Siehe auch G. Jonnovies u. E. P. Pick: Wien. klin. Wschr. **23**, 16 (1910).
[4] Nedswedski, S. W.: Pflügers Arch. **214**, 337 (1926).
[5] Radziejewski: Virchows Arch. **43**, 268 (1868). — Munk: Ebenda **95**, 431 (1884). — Munk u. Rosenstein: Ebenda **123**, 230, 484 (1891).
[6] Argyris u. Frank: Z. Biol. **59**, 143 (1912).
[7] Siehe hierzu J. H. Kastle u. A. S. Loewenhard: Amer. chem. J. **24**, 391 (1900); **26**, 553 (1901). — Pettevin, H.: C. r. Acad. Sci. **136**, 1152 (1903); **138**, 378 (1904). — Bayliss: J. of Physiol. **46**, 236 (1903).
[8] Munk, J.: Arch. f. Physiol. **1883**, 273 — Virchows Arch. **95**, 407 (1884). — Rosenfeld: Erg. Physiol. **11**, 615 (1902); **21**, 80 (1903).
[9] Abderhalden u. Brahm: Hoppe-Seylers Z. **65**, 330 (1909). — Abderhalden, E.: Lehrb. d. physiol. Chem. **1**, 399.
[10] Ziegler: Z. exper. Med. **24**, 242 (1921).

9. Der Ort der Fettresorption.

Eine Resorption von Fett aus dem Magen scheint nicht vorzukommen. Das Steapsin, das (VOLHARD[1]) im Magensaft vorhanden ist, spaltet zwar die Neutralfette in Glycerin und Fettsäuren, kann aber bei stark saurer Reaktion und da es durch Pepsin zerstört wird, dort keine intensive Wirkung haben, um so weniger, als es seine Wirkung auf emulgiertes Fett ausübt und das Nahrungsfett beim Erwachsenen in nicht emulgierter Form aufgenommen wird. Allerdings hat HYRAJAMA[2] auf Grund histologischer Untersuchungen angegeben, daß auch der Magen an der Fettresorption teilnehme. Öl werde besonders bei jungen Tieren stark resorbiert. Die Resorption finde besonders aus der Pylorusgegend statt, beginne nach 2—3 Stunden und erreiche ihr Maximum nach 12—15 Stunden (?). Untersucht wurden Katze, Hund, Ratten und Meerschweinchen. Auch bei Kaltblütern finde eine Resorption aus dem Fundusteil statt.

Der Hauptort der Resorption ist jedenfalls der Dünndarm. Hier wird das Fett emulgiert, gespalten und gebunden. Im oberen Teil des Duodenums wird diese Resorption noch geringer sein, wie das aus der schönen alten Beobachtung von CL. BERNARD hervorgeht, daß die Lymphgefäße, mit Chylus weiß injiziert, erst unterhalb jener Stelle im Kaninchendarm sichtbar werden, wo der Gallen- und Pankreasgang in den Darm einmünden. LONDON und WERSILOWA haben bei Hunden Fisteln an verschiedenen Stellen des Dünndarms angelegt und fanden in dem oberen Teil eine größere Resorption von Stearinsäure, im unteren Teile von Palmitinsäure.

Unter normalen Verhältnissen wird fast alles Fett im Dünndarm resorbiert. Im Dickdarm findet allem Anschein nach überhaupt keine Fettresorption statt. Nach NAKASIMA[3] findet man bei Injektion von Fett in das Rectum keine Hämokonien im Blut. Sie erscheinen nur, wenn durch Antiperistaltik die Fettklysmen retrograd bis in den Dünndarm gelangen[4]. Unterbindet man aber den Dickdarm unter der Valvula Bauhinii, so fehlt jegliche Resorption. Auch histologisch ließ sich keine Fettresorption nachweisen. MUNK und ROSENSTEIN sahen bei ihrer Patientin mit Chylusfistel bei Eingabe von 15—20 g Olivenöl in das Rectum bzw. Dickdarm nur etwa 1 g im Chylus erscheinen, und selbst dieses kann durch Antiperistaltik in den Dünndarm gelangt sein.

Für die Geschwindigkeit und Vollständigkeit der Resorption der Fette aus dem Dünndarm hat einesteils ihre Spaltbarkeit und Emulgierbarkeit, andererseits ihr Schmelzpunkt einen Einfluß. In den Versuchen von MUNK und ROSENSTEIN erschien Olivenöl in der 2. Stunde im Chylus und erreichte sein Maximum in der 5. Stunde. Bei Hammeltalg fiel das Maximum in die 7. bis 8. Stunde, bei Walrat noch später. Doch sind diese Zeitangaben das Resultat von sehr komplexen Faktoren. Es sei nur daran erinnert, daß nach den Untersuchungen von TANGL und ERDÉLYI[5] sowie FEJÉR[6] die Fette entsprechend ihrem Schmelzpunkt und ihrer Viscosität den Magen mit verschiedener Geschwindigkeit verlassen, um so langsamer, je größer die Viscosität bzw. je höher der Schmelzpunkt ist. Von allen Nahrungssubstanzen wird ganz allgemein Fett am langsamsten resorbiert. Man findet es noch dann, wenn schon alles andere resorbiert ist (PRYM[7]).

[1] VOLHARD, F.: Z. klin. Med. **42**, 1 (1901).
[2] HYRAJAMA, S.: Jap. med. World **1922**, 201.
[3] NAKASIMA: Pflügers Arch. **158**, 288 (1914). — Siehe auch die ältere Literatur.
[4] GRÜTZNER: Pflügers Arch. **71**, 492 (1898).
[5] TANGL u. ERDÉLYI: Biochem. Z. **34**, 94 (1911).
[6] FEJÉR, A.: Biochem. Z. **53**, 168 (1913).
[7] PRYM: Hoppe-Seylers Z. **74**, 312 (1911).

Die Ausnützung verschiedener Fette, also auch die Vollständigkeit ihrer Resorption, ist nach Angaben von MUNK, FR. MÜLLER, ARMSCHINK[1]:

Olivenöl	97,7%
Schmalzfette	97,5%
Hammeltalg	90—92,5%
Stearin-Mandelöl-Gemisch	89,4%
Walrat beim Mensch	15 %
„ „ Hund	51—69 %
Stearin	9—14 %

Gehärtetes Pflanzenöl ebenso gut wie Schmalz[2].

Ein 30 kg schwerer Hund kann pro Tag 350 g Fett zu 98% ausnützen (PETTENKOFER und VOIT[3]). Die meisten Menschen können 100—150 g Fett pro Tag gut resorbieren (RUBNER[4]).

Bei allen Untersuchungen über die Fettresorption bedarf es einer gewissen Vorsicht, denn Fett wird vom Darm nicht nur resorbiert, sondern auch sekretiert. Schon MÜLLER hat in Untersuchungen beim Hunger im Faeces Fett gefunden. Ebenso findet man im Sekret isolierter nüchterner Darmfisteln Fett. Wahrscheinlich handelt es sich dabei einfach um die Abstoßung fettig degenerierter Epithelzellen. Nach HILL und BLOOR[5] ist die Art des Faecesfettes weitgehend unabhängig von der des Nahrungsfettes und scheint normalerweise zum größten Teil gar nicht aus den Rückständen des nichtresorbierten Nahrungsfettes, sondern aus sekretiertem Fett zu bestehen.

Fassen wir die Versuche, die Fettresorption zu erklären, zusammen, so können wir kurz das Folgende feststellen: Das Fett wird im Darm gespalten, ob ganz oder nur zum großen Teil, ist nicht bewiesen. Die Fettsäuren werden durch Gallensäuren gelöst. Eine weitere Verseifung durch Alkali ist unnötig und wird nicht vorkommen. Die Gallensäure-Fettsäure sowie das Glycerin werden rasch resorbiert, und die Darmepithelzelle bildet hieraus wieder Neutralfett. Die Möglichkeit, daß eine Resorption als Neutralfett auch vorkommt, kann nicht ganz zurückgewiesen werden[6], doch sehe ich keine Ursache, um das anzunehmen. Von diesem Gesichtspunkt aus betrachtet, hätte die Fettspaltung im Darm die Bedeutung, die Resorption durch Vermittlung der Galle zu erleichtern, aber auch die Körperfremdheit des Fettes zu vernichten, was allerdings bei Überladung des Darmes mit fremdem Fett nicht ganz gelingt. Ein solches Verhalten wird auch bei der Eiweiß- und Kohlehydratresorption beobachtet.

VIII. Resorption von Wasser.

Das Wasser wird fast nur aus dem Darm resorbiert. Der Magen resorbiert kein Wasser, wie wir aus den Versuchen von MERING wissen. Nach COHNHEIM u. a. ist daran vor allem schuld, daß das eingenommene Wasser entlang der Curvatura minor sogleich durch den Pylorus in den Darm gelangt. SCHEUNERT leugnet allerdings diesen Mechanismus und findet eine gleichmäßige Durchmischung des Mageninhaltes mit dem Wasser[7]. Der an der Valvula Bauhinii

---

[1] MUNK: Virchows Arch. **95**, 452 (1884). — ARMSCHINK: Z. Biol. **26**, 434 (1890).
[2] SMITH, MILLER u. HAWK: Proc. Soc. exper. Biol. New York **13**, 13 (1915).
[3] PETTENKOFER u. C. VOIT: Z. Biol. **9**, 1 (1873).
[4] RUBNER, M.: Z. Biol. **15**, 115 (1879).
[5] HILL, E u. W. R. BLOOR: J. of biol. Chem. **53**, 171 (1922).
[6] Auch ABDERHALDEN erkennt in seinem Lehrbuch diese Schwierigkeit.
[7] Nach W. CHRIST,: [Klin. Wschr. **5**, 2113 (1926)] ist von 1 l Wasser beim Menschen nach 1/4 Std. 1/2 l, nach 1/2 St. 1/5 l noch im Magen. Warmes Wasser wird rascher entleert.

erscheinende Chymus ist noch ziemlich dünnflüssig. Erst im Dickdarm findet eine intensive Wasserresorption statt, die zur Eindickung des Faeces führt. Der Wassergehalt des Dünndarminhaltes scheint ziemlich konstant zu sein und unabhängig davon, wieviel Wasser getrunken wurde. Es wird also jedenfalls schon im Dünndarm sehr viel Wasser resorbiert. Die pro Tag resorbierte Wassermenge dürfte beim Menschen 3—5 l betragen, kann aber auch leicht 10 l und mehr sein.

Die Zottenepithelien sind für Wasser in beiden Richtungen durchgängig. Im allgemeinen aber tritt das Wasser vom Darminhalt gegen die Blutgefäße zu durch. Seine Resorption erfolgt fast vollständig auf dem Blutwege. Der normale Chymus hat, da unsere Nahrungsmittel meist aus kolloidalen Substanzen bestehen und die Spaltprodukte sogleich resorbiert werden, einen niedrigen osmotischen Druck, die Resorption des Wassers wird deshalb den osmotischen Gesetzen entsprechend in der Richtung nach dem höheren osmotischen Druck in die Blutbahn stattfinden. Krogh[1] hat berechnet, daß, wenn pro Tag 400 g Zucker und 100 gm Aminosäuren in 5 l Wasser gelöst zur Resorption gelangen, wir es mit einer ca. 10proz. Lösung zu tun haben, zu der noch die Salze kommen, so daß die resorbierte Lösung einen osmotischen Druck hat, der den des Blutes weit überwiegt. Das wäre aber nur dann der Fall, wenn die Spaltprodukte alle gleichzeitig vorhanden wären; in Wirklichkeit sind sie im Chymus immer nur in geringer Konzentration vorhanden. Sind im Darmlumen schlecht diffusible Substanzen von hohem osmotischem Druck vorhanden, so strömt Wasser in den Darm. So z. B. bei Anwesenheit von Na_2SO_4 usw. Jene Fälle, in welchen Wasser scheinbar gegen das osmotische Druckgefälle resorbiert wird, dürften durch Filtration erklärbar sein. Letztere spielt bei der Wasserresorption überhaupt eine große Rolle. Die Zotten-Pumpwirkung ist dabei die treibende Kraft. Benetzt man Dünndarmschleimhaut mit Wasser, so quellen die Zotten sogleich auf und beginnen lebhafte Pumpbewegungen. Vom prall gefüllten zentralen Lymphraum wird dabei das Wasser nicht nur durch die Lymphbahnen weitergefördert, sondern tritt auch in die Blutcapillaren ein.

IX. Resorption von Salzen und verschiedenen Substanzen.

1. Resorption von Alkalisalzen.

Diese werden durch die Blutbahn und fast gar nicht auf dem Lymphweg resorbiert. Die Resorption erfolgt am besten aus isotonischen oder schwach hypertonischen Lösungen. Werden hypertonische Lösungen eingegeben, so entstehen im Magen oder Dünndarm durch Osmose isotonische Lösungen (Hamburger, Höber, Kövesi[2]), jedoch nach Rzentowsky[3], Torday[4] u. a. nicht durch eine „Verdünnungssekretion“, sondern durch rasche Resorption des Salzes. Nach Versuchen an Patienten mit Magenfisteln verlassen hypertonische NaCl-Lösungen den Magen früher, als sie isotonisch geworden sind. Die Resorptionsgeschwindigkeit entspricht im allgemeinen der Diffusionsgeschwindigkeit der Salze. Sie steigt in der Anionenreihe vom PO_4 gegen SO_4, NO_3, Br, Cl, und in der Kationenreihe vom Mg zum Ca, Na, K. Diesbezügliche Untersuchungen

[1] Krogh, A.: Anatomie und Physiologie der Capillaren, S. 203. Berlin: Julius Springer 1924.

[2] Hamburger: Arch. f. Physiol. **1895**, 281. — Höber: Pflügers Arch. **70**, 630 (1898). — Kövesi: Zbl. Physiol. **18**, 553 (1897).

[3] Rzentowsky, C. v.: Arch. f. exp. Path. **51**, 289 (1904). — Sommerfeld, P. u. U. Roeder: Berl. klin. Wschr. **1904**, 1301.

[4] Torday, A.: Z. klin. Med. **64**, 211.

verdanken wir besonders Höber[1]. Nakashima[2] findet an Vella-Fistelhunden, daß die Chloride von K, Na, Ca, NH_4 aus äquimolekularen Lösungen fast gleichschnell resorbiert werden. Mg schlechter. Die Anionen nach der Reihe Cl, PO_4, SO_4. Widersprüche sind also auch hier vorhanden. Interessant ist, daß Alkalescenz des Blutes die Resorption unterstützt, Acidose vermindert, was auf Änderung der Quellung und Permeabilität der Zellen zurückgeführt wird.

Einbasische Salze von Na, K, H_3N sind leicht diffusibel und leicht resorbierbar. Die mehrbasischen sind schwer diffusibel und schwer resorbierbar (Wallace und Cushny[3]).

Sehr viel untersucht wurde die Resorption von NaCl. Es scheint sicher, daß die normale Darmwand für NaCl nur in einer Richtung permeabel ist. Omi gibt in Bestätigung der älteren Befunde von Gumilewski und Heidenhain folgende Kurve an (Abb. 5.). Gibt man in eine Vellafistel verschieden konzentrierte NaCl-Lösungen, so steigt die Resorption bis zu einer Konzentration von 1%, nimmt dann aber wieder ab und hört bei 1,5% ganz auf. Die Wasserresorption nimmt parallel der Konzentration ab, bis etwa 1,25% NaCl, wo sie ganz aufhört; von dieser Konzentration an wirkt die Salzlösung reizend, und es wird alkalischer Darmsaft gegen das Darmvolumen zu ausgeschieden. (Seine Alkalität ist in der Abb. in ccm $n/_{10}$-H_2SO_4 angegeben.) Im Ileum liegen die Verhältnisse ähnlich, nur mit dem Unterschied, daß die Resorption schon bei 0,75% aufhört. Die quantitativen Verhältnisse dürften übrigens von sehr vielen Faktoren beeinflußt werden und variieren sogar in verschiedenen Darmteilen[4]. Nach Rabinovitch[5] wird 0,5—0,7% NaCl unverändert resorbiert. Erst aus 1,8—3,6% NaCl wird auch mehr Cl resorbiert. Aus konzentrierten Lösungen wird im allgemeinen das Salz rascher resorbiert als das Wasser.

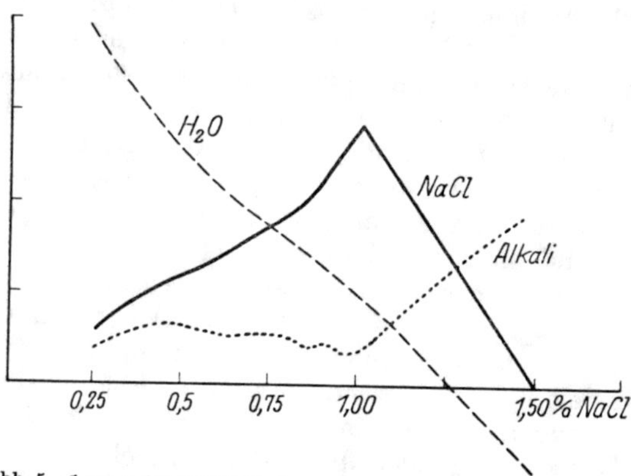

Abb. 5. 1 cm = 0,1 gm NaCl, 3 cm = 3 $n/_{10}$-H_2SO_4, 20 ccm H_2O.

Kotschneff hat neuerdings am lebenden Hund die Resorption von KJ verfolgt und fand nach einer Eingabe von 2,5% KJ-Lösung im Blut der Vena jugularis, Vena portae und der Vena hepatica 0,06% KJ. Hanzlick[6] sah NaJ innerhalb 10 Minuten aus dem Darmkanal verschwinden. Bogdándy[7] fand NaBr mit der Methode des verminderten Kreislaufes in kurzer Zeit im Blute.

Verschiedene Untersucher, wie Denis und Minot, Handovsky, Clark, Jansen und Jakobovitz haben eine Aufnahme von Calcium aus dem Magendarmtrakt auf Grund der Untersuchung des Blutkalkgehaltes geleugnet, während

[1] Höber: Pflügers Arch. **74**, 246 (1899).
[2] Nakashima, K.: J. of biol. Chem. **4**, 277 (1908).
[3] Wallace u. Cushny: Pflügers Arch. **77**, 202 (1899) — Amer. J. Physiol. **1**, 411 (1898).
[4] Nobecourt, P. u. G. Vitry: Arch. Physiol. et Path. gen. **6**, 733 (1904) — C. r. Soc. Biol. **56**, 642, 876 (1904). — Ferner P. Carnot u. P. Arnet: Ebenda **56**, 722 (1904).
[5] Rabinovitch, J.: J. of Physiol. **82**, 279 (1927).
[6] Hanzlick: J. of Pharmacol. **3**, 387 (1912).
[7] Bogdándy: Hoppe-Seylers Z. **84**, 15 (1913). — Siehe auch H. Boas: Dtsch. Arch. klin. Med. **81**, 455.

RICHTER-QUITTNER, MASON, LAWS und COWIE, ASTANIN, KAHN und ROE[1], LASCH und NEUMAYER[2] sowie WEBER und KRANE[3] die Zunahme des Blutcalciums nach peroraler Verabreichung bei Hunden, Katzen und Menschen sehr deutlich gesehen haben. Die Resorption hängt von der Löslichkeit des verfütterten Ca-Salzes ab. Sie werden deshalb am besten in saurer acetatgepufferter Lösung, weniger gut als neutrales Chlorid und am schlechtesten in saurer lactatgepufferter Lösung resorbiert (IRVING[4]). Über die Resorption von Phosphaten berichtet MARFORI[5].

Eine besondere Stellung nehmen die giftigen Salze, wie Fluoride, Oxalate, Ba-Salze, ein. Sie schädigen die Darmschleimhaut und werden jedenfalls auch deshalb nicht resorbiert. Man kann dabei an eine die Plasmahaut verdichtende Wirkung denken.

Eine Schwierigkeit für die Lehre, daß die Resorption der Salze durch die Diffusionsgeschwindigkeit bestimmt wird, bildete das Natriumacetat. Es wird nach HÖBER langsamer resorbiert als NaCl, was seiner Diffusionsgeschwindigkeit entsprechen würde, nach WALLACE und CUSHNY[6] dagegen ebensogut wie NaCl. Die letzteren Autoren haben bei der Untersuchung zahlreicher Salze gefunden, daß ganz allgemein jene Salze schwer resorbiert werden, die mit Ca in Wasser unlösliche Verbindungen geben. Solche sind Na_2SO_4, Natriumphosphat, Natriumferrocyanid, Caprylsäure, Malonsäure, Bernsteinsäure, Apfelsäure, citronensaures und weinsaures Na. Ganz unresorbierbar sind: NaF und Na-Oxalat. Man wird dabei wohl an die Änderung der Permeabilität der Membran durch die Ca-Fällung denken dürfen.

Na_2SO_4 und Mg_2SO_4 werden entsprechend ihrer geringeren Diffusibilität sehr schlecht resorbiert. Hierdurch entsteht eine Hypertonie des Darminhaltes, wodurch eine Wasserströmung gegen das Darmlumen zu stattfindet (HÖBER, SCHMIEDEBERG[7], HAY[8]). Deshalb werden sie als Abführmittel benutzt. Hierher gehört auch das Na_3PO_4 und das Kaliumbitartrat. LOEB[9] wies darauf hin, daß dieselben Salze abführend wirken, die die Erregbarkeit erhöhen und führte ihre Wirkung auf eine indirekte Nervenreizwirkung zurück. GOTTLIEB und MEYER[10] betonen ausdrücklich, daß die Wirkung der salinischen Abführmittel nicht nur auf ihrer schlechten Diffusibilität und infolgedessen auf ihrem Wasseranziehungsvermögen beruhen kann, sondern jedenfalls auch auf vermehrter Darmsekretion, die eine Folge einer direkten oder reflektorischen Drüsenreizung sein kann. So hat schon HAY betont, daß die Flüssigkeit normaler Darmsaft ist und keine durch Diffusion erklärbare Zusammensetzung habe. Neuerdings wird das von KNAFFL-LENZ und NOGAKI[11] wieder hervorgehoben.

Auf einer ähnlichen Reizwirkung dürfte auch die abführende Wirkung des Kalomels, Mannits, Phenolphthaleins u. v. a. Abführmittel beruhen. Überhaupt

---

1 KAHN, B. S. u. J. H. ROE: J. amer. med. Assoc. **86**, 1761 (1926); **88**, 98 (1927).
2 LASCH u. NEUMAYER: Biochem. Z. **174**, 332 (1926).
3 WEBER u. KRANE: Hoppe-Seylers Z. **163**, 134 (1927).
4 IRVING, L.: J. of biol. Chem. **68**, 513 (1926).
5 MARFORI, P.: Arch. f. exper. Path. **1908**, Suppl. 378.
6 WALLACE u. CUSHNY: Pflügers Arch. **77**, 702 (1899).
7 SCHMIEDEBERG: Arzneimittellehre. 1883.
8 HAY: J. Anat. u. Physiol. **16** (1882); **17** (1883). — Siehe auch E. OTTO: Arch. f. exper. Path. **52**, 370 (1905). — PFEIFFER, TH.: Ebenda **53**, 261 (1905).
9 LOEB: Pflügers Arch. **91**, 248 (1902). — Siehe hierzu MC CALLUM: On the mechanism of the phys. action of cathartics. 1906. — MELTZER u. AUER: J. of Physiol. **17**, 314 (1906). — AUER: Amer. J. Physiol. **17**, 15 (1907). — BARCROFT: J. of biol. Chem. **3**, 191 (1907) — Pflügers Arch. **122**, 616 (1908). — FRANK: Arch. f. exper. Path. **57**, 386 (1907). — PADTBERG: Pflügers Arch. **129**, 476 (1909).
10 MEYER u. GOTTLIEB: Exper. Pharm. 188.
11 KNAFFL-LENZ, E. u. S. NOGAKI: Arch. f. exper. Path. **105**, 109 (1925).

stört diese Reizwirkung, welche die verschiedensten Substanzen besonders in großen Konzentrationen ausüben, vielfach die Erklärung des Resultates von Resorptionsversuchen.

Die Resorption der Salze geschieht intercellulär. HÖBERS Beweise hierfür sind weiter oben mitgeteilt (s. S. 70).

Es sei hier nur kurz darauf verwiesen, daß nicht nur Wasser, sondern auch Farbstoffe, Fett, gallensaure Salze, Mangansalze[1], ferner Ca-Salze[2] gegen das Darmlumen zu ausgeschieden werden. Dadurch aber, daß z. B. Calciumphosphat, im Darm nicht nur aufgenommen, sondern auch ausgeschieden wird, ist es oft nicht möglich, auf Grund von Analysen der gesammelten Ausscheidungen den Umfang der Resorption zu bestimmen. Man muß in solchen Fällen den Darminhalt in verschiedenen Höhen bestimmen. Für Ca und Phosphat wird die Ausscheidung durch die Gegenwart des antirachitischen Vitamins beeinflußt. Resorption findet besonders im Dünndarm, Ausscheidung im Dickdarm statt (BERGHEIM[3]).

2. Resorption von Eisen und anderen Metallsalzen.

Über die Resorption des Eisens wurde sehr viel diskutiert[4]. Die Bedeutung der Frage liegt auf pharmakologischem Gebiet. Man verwendet Eisensalze zur Förderung der Blutbildung. Die Eisensalze werden im sauren Magensaft als $FeCl_3$ gelöst, aber man könnte annehmen, daß sie bei der Resorption in dem alkalischen Milieu ausgefällt werden. Deshalb hat man früher geglaubt, daß das Eisen nicht als anorganisches Salz, sondern nur in organischer Verbindung resorbierbar wäre. Das hat besonders BUNGE[5] behauptet. Aber schon KUNKEL[6] hat nachgewiesen, daß man auch nach Fütterung von Mäusen mit anderen Eisenpräparaten bald den Eisengehalt der Leber vermehrt findet. Nicht nur mit Nucleoproteiden des Eidotters, sondern auch als paranucleinsaures Eisen (SALKOWSKI[7]), phosphorfleischsaures Eisen, Carniferin, (SIEGFRIED), Eisenalbuminat, Ferratin (SCHMIEDEBERG) wird es gut resorbiert, ebenso als Oxyhydrat und als Phosphat (CLOETTA[8]). Allerdings werden angeblich die organischen Eisenverbindungen besser als die anorganischen resorbiert. So fand CLOETTA, daß aus abgebundenen Darmschlingen Ferratin sehr gut resorbiert wurde, während aus einer $FeCl_3$-Lösung mit Zucker und Stärke zusammen gefüttert, nichts resorbiert wird. Nach 10tägiger Fütterung mit paranucleinsaurem Eisen stieg der Fe-Gehalt der Leber bis auf das Dreifache. Das Eisen wird von hier zum Blutaufbau verbraucht, der überflüssige Teil aber mit der Galle ausgeschieden. Die Ausscheidung findet auch nach intravenöser Injektion von Fe-Salzen statt, andererseits findet man aber im Darminhalt mehr Fe, als aus dem Gehalt der Galle geschätzt werden könnte (JACOBI, GOTTLIEB[9]), und zwar deshalb, weil bis zu 70% des Eisens durch die Epithelzellen des Blind- und Dickdarmes, sowie durch Leukocyten in den Darm ausgeschieden wird. Bei Überfütterung mit Eisensalzen fand SWIRSKI Eisenausscheidung auch im Duodenum und Dickdarm durch die LIEBERKÜHN-

[1] KOBERT: Arch. f. exper. Path. **16**, 361 (1882). — CAHN: Ebenda **18** (1882).
[2] ARISTOWSKY, W. M.: Biochem. Z. **166**, 55 (1925).
[3] BERGHEIM, O.: J. of biol. Chem. **70**, 35 (1926).
[4] MEYER, E.: Erg. Physiol. **5**, 698 (1906).
[5] BUNGE: Hoppe-Seylers Z. **9**, 49 (1885). — Siehe auch MCLEOD: Brit. med. J. **165**, 15 (1911).
[6] KUNKEL: Pflügers Arch. **50**, 11 (1891).
[7] SALKOWSKI: Hoppe-Seylers Z. **32**, 244 (1901).
[8] CLOETTA: Arch. f. exper. Path. **38**, 161 (1898); **44**, 363 (1900).
[9] GOTTLIEB: Hoppe-Seylers Z. **15**, 371 (1891). — JACOBI: Arch. f. exper. Path. **28**, 256 (1891).

schen Drüsen. Daraus, daß das resorbierte Eisen sehr rasch wieder in den Darm ausgeschieden wird, erklärt es sich, warum man so viele Mißerfolge hatte, wenn man das Verschwinden von Fe aus einer Darmschlinge als Beweis seiner Resorption benutzen wollte. Das geht besonders klar aus den Versuchen von STARKENSTEIN[1] hervor, der zeigte, daß man sowohl mit Ferro- wie mit Ferrisalzen, kolloidalem Eisenhydroxyd und komplexen Eisensalzen vom Magendarm aus tödliche Vergiftungen hervorrufen kann. Dabei ist das Eisen in den Organen mikrochemisch nachweisbar, im Darm fehlen aber — wegen der Ausscheidung — nur minimale Mengen. Alle Teile des Darmes resorbieren und scheiden gleichzeitig Fe aus. Am raschesten werden die Chloride resorbiert.

Das Eisen ist auf seinem Wege durch das Darmepithel durch mikrochemische Reaktionen gut zu verfolgen[2]. Es gibt mit $(H_4N)_2S$ in alkoholischer Lösung oder mit $K_4Fe(CN)_6$ und Salzsäure einen Niederschlag in Form feiner schwarzer Körnchen. So wurde es von KUNKEL, HALL[3], MACALLUM, HOFFMANN[4] u. a. nachgewiesen. SATTLER[5] kommt zu dem Resultat, daß bei Hunden und Katzen, also bei Fleischfressern, das Eisen während der Resorption in einer Verbindung vorhanden ist, welche nicht mit $(H_4N)_2S$ reagiert. Dagegen kommt es in den Leukocyten in der Leber, in der Milz und im Knochenmark in reaktionsfähigen Verbindungen vor. HÖBER[6] betont, daß dem Eisen eine ganz spezielle Rolle zukommt. Die anorganischen Eisensalze werden im Gegensatz zu anderen anorganischen Salzen bei Kaninchen und Mäusen von den Epithelien der Darmzotten besonders im Duodenum aufgenommen, und zwar ist es intraepithelial nachzuweisen, während Ag-, Cu-, Ni-, Bi-, Co-, Pb-Salze interepithelial resorbiert werden. Die Lipoidlöslichkeit des $FeCl_3$, für welche seine Löslichkeit in Äther spricht, genüge nicht zur Erklärung dieser elektiven Aufnahme. Sonst müßte auch AgCl und $AuCl_3$, welche auch lipoidlöslich sind, sich ebenfalls in den Epithelien nachweisen lassen, was nicht der Fall ist. Er dachte auch daran, daß vielleicht die Bedeutung des Eisens für die Blutbildung eine Erklärung für die Resorption durch die Zellen geben kann. Man könnte dann erwarten, daß *Crustaceen* usw., welche kupferhaltiges Hämocyanin im Blute führen, ein elektives Resorptionsvermögen für Kupfersalze zeigen würden. Jedoch findet man bei Schnecken und Krebsen wohl eine elektive Resorption des Eisens, nicht aber von Kupfer.

Das Eisen gelangt aus dem Darmepithel, wie SWIRSKI[7] zeigte, in die Blutgefäße der Zotten. Dort wird es erst in Leukocyten aufgenommen. In der Lymphe des Ductus thoracicus fand es GAULE[8] nur in minimalen Spuren.

Mangan, das dem Fe chemisch am nächsten steht, wird gut resorbiert, z. B. als Manganpeptonat (HARNACK[9]). Aber nach HÖBER[10] findet diese Resorption doch nur so langsam statt, daß es mikrochemisch nicht nachweisbar ist. Metallisches Hg wird nach FRIEDENTHAL[11] auf Grund seiner Fettlöslichkeit vom Darm aus in geringem Grade resorbiert.

---

1 STARKENSTEIN, X. E.: Arch. f. exper. Path. **127**, 101 (1927).
2 Histologische Bilder bei Eisenresorption siehe bei GROEBBELS: Dies. Handb. **3**, 679.
3 HALL: Arch. f. Physiol. **1894**, 456; **1896**, 49.
4 MACALLUM: J. of Physiol. **16**, 268 (1894). — HOFFMANN: Virchows Arch. **151**, 458 (1898).
5 SATTLER: Arch. f. exper. Path. **52**, 326 (1905).
6 HÖBER: Pflügers Arch. **94**, 337 (1903).
7 SWIRSKI, G.: Pflügers Arch. 74,466(1899).
8 GAULE: Z. Biol. **35**, 377 (1897).
9 HARNACK: Arch. f. exper. Path. **46**, 372 (1901).
10 HÖBER: Pflügers Arch. **94**, 337 (1903 — Festschr. f. ROSENTHAL.
11 FRIEDENTHAL: Pflügers Arch. **87**, 467 (1901).

3. Resorption von Säuren usw.

Organische Säuren wie Ameisen-, Butter-, Essig-, Propion-, Apfel-, Wein-, Milch- und Citronensäure werden ohne weitere Spaltung leicht resorbiert, ebenso auch höhere organische Säuren, wie z. B. die Salicylsäure.

DAKIN[1] hat, ausgehend von der Erfahrung, daß von verschiedenen organischen Säuren der Organismus nur die eine optische Isomere assimiliert, untersucht, ob eine entsprechende Auswahl schon bei der Resorption besteht und hat deshalb in isolierte Darmschlingen Gemische von d- und l-Milchsäure, α- und β-Oxybuttersäure, d- und l-Mandelsäure und d- und l-Tyrosin gebracht. Niemals ist eine selektive Resorption der optisch verwertbaren Formen gefunden worden. Beide Arten wurden in gleicher Weise resorbiert.

4. Resorption von Indol, Skatol usw.

Diese als Gärungsprodukte der Eiweißfäulnis entstehenden Substanzen werden, wie seit langem bekannt, aus dem Dickdarm leicht resorbiert und gelangen durch die Blutbahn in die Leber, wo sie zu Indoxyl- und Skatoxylschwefelsäure gepaart werden und dann im Harn erscheinen. LADE[2] hat die Möglichkeit ausgesprochen, daß die Paarung schon in der Darmwand zustande kommt. Über Resorption von Phenol berichtet HANZLIK und SOLMANN[3].

Histidin, als Produkt der Eiweißfäulnis im Darm, ist in der Darmschleimhaut durch BARGER und DALE nachgewiesen.

Von der Darmschleimhaut werden ferner auch noch andere Bakterienprodukte, so z. B. Toxine usw., resorbiert. Die Vergiftungserscheinungen, die man nach Darmverschluß findet, scheinen restlos auf die Resorption solcher giftigen Produkte zurückführbar zu sein. Eine Schädigung der Darmschleimhaut durch Zirkulationsstörungen erleichtert diese Resorption erheblich (DRAGSTEDT[4]).

5. Resorption von Cholesterin.

Cholesterin wird aus der Nahrung rasch resorbiert. LEHMANN[5] fand bei Kaninchen nach geringen Cholesteringaben per os, in der Mehrzahl der Fälle eine Zunahme des Blutcholesterins. MÜLLER[6] fand es bei Hunden mit Fisteln des Ductus thoracicus in der Lymphe wieder. Das Cholesterin wird schon im Darmlumen esterifiziert[7] und die Ester werden sogleich resorbiert, denn in der Darmwand findet man während der Resorption nur Cholesterinester. Auch im Reagensglas gelingt es, durch Pankreassaft bei Gegenwart von Fettsäuren das Cholesterin zu verestern; Galle fördert diese Veresterung. Die Cholesterinester scheinen gegen Lipase sehr widerstandsfähig zu sein. Das ist um so wichtiger, als nach einer verbreiteten Ansicht Cholesterin im Körper nicht neugebildet wird, so daß es also rasch und unverändert resorbiert werden muß. Es scheint, daß das resorbierte Phytosterin noch im Darmepithel umgewandelt wird.

---

[1] DAKIN: J. of biol. Chem. **4**, 437 (1908).
[2] LADE: Ztschr. physiol. Chem. **79**, 327 (1912).
[3] HANZLIK u. SOLMANN: J. of physiol. Chem. **6**, 37.
[4] DRAGSTEDT: J. of exper. Med. **30**, 109 (1919). — Siehe auch KLEIN: Biochem. Z. **29**, 456 (1910).
[5] LEHMANN: J. of biol. Chem. **16**, 495 (1914). — Ebenso MJASSNIKOW und LJINSKY: Z. exp. Med. **53**, 100 (1926).
[6] MÜLLER: J. of biol. Chem. **22**, 1 (1915).
[7] ABDERHALDEN: Lehrb. d. physiol. Chem. **1**, 332.

6. Resorption von Lecithin usw.

Lecithin wird nach A. v. BÓKAY[1] im Dünndarm durch Lipase gespalten und dann als Glycerinphosphorsäure, Fettsäure und Cholin resorbiert. Die Glycerophosphatase des Dünndarmes spaltet es weiter (GROSSER und HUSLER[2]). Per os eingeführtes Natriumglycerophosphat wird noch im Magen gespalten und als Natriumphosphat und Glycerin resorbiert. Auch das Jecorin und Protagon wird nach P. MAYER[3] durch die Lipase gespalten und dann in gespaltenem Zustand resorbiert. Nach demselben Autor wird l-Lecithin von der Lipase nicht angegriffen, sondern nur die natürliche d-Form. Es scheint deshalb möglich, daß die l-Form ungespalten resorbiert werden kann[4].

7. Resorption von Gallensäuren.

Die mit der Galle in den Dünndarm ausgeschiedenen Gallensäuren werden unverändert vom Darm wieder resorbiert. Diesen enterohepatischen Kreislauf der Gallensäuren hat TAPPEINER[5] entdeckt. Verliert ein Tier seine Galle durch eine komplette Gallenfistel, so nimmt die Menge seiner Galle sehr bedeutend ab. Verfüttert man an Hunde Gallensäure oder gallensaure Salze, so findet man diese in der Galle wieder. Nach TAPPEINERS Versuchen an abgebundenen Dünndarmschlingen findet aus dem Duodenum angeblich keine Resorption, aus dem Jejenum die von Glykocholat und aus dem Ileum sowohl von Tauro — als von Glykocholat statt. Eine derartige selektive Resorption ist schwer verständlich. PFLÜGER[6] verwertet übrigens diese TAPPEINERschen Angaben, indem er sagt, daß gerade jene Gallensäure die Fettsäuren löst, nämlich die Taurocholsäure, die in der Darmhöhle am längsten bleibt und so unbegrenzte Mengen von Fettsäuren in Lösung überführen und die Resorption ermöglichen kann. Die gallensauren Salze werden auf dem Blutwege (TAPPEINER, STADELMANN[7]) resorbiert, beim Hunde wurden sie aber auch im Chylus des Ductus thoracicus nachgewiesen (CROFTAN[8]).

8. Resorption von Gallenfarbstoffen.

Auch für die Gallenfarbstoffe besteht eine enterohepatische Zirkulation, wie das von WERTHEIMER[9] gezeigt wurde. Ein Teil des Gallenfarbstoffes wird im Darm zu Stercobilin oxydiert und ausgeschieden. WHIPPEL hat diese Resorption von Gallenpigment oder Stercobilin geleugnet. BROWN[10] und Mitarbeiter haben aber an Hunden, denen sie Schafgalle per os gaben, das für diese charakteristische Cholohämatin — Bilipurpurin — in der darauf secernierten Hundegalle nachweisen können.

Schon WERTHEIMER[9] gelang es, nach intravenöser Injektion von Hammelgallenfarbstoff diesen in der Galle von Hunden nachzuweisen.

Die enterale Resorption des Gallenpigmentes ist demnach erwiesen. Bei Fütterung mit Hundegalle erhielten sie nicht so übereinstimmende Resultate,

---

[1] BÓKAY: Hoppe-Seylers Z. **1**, 157 (1877). — Siehe auch ABDERHALDEN: Lehrb. d. physiol. Chem. **1**, 290.

[2] GROSSER u. HUSLER: Biochem. Z. **1**, 39 (1912).

[3] MAYER: Biochem. Z. **1**, 39 (1912). [4] WEINLAND: Handb. d. Physiol. **2**, 514.

[5] TAPPEINER: Sitzgsber. Akad. Wiss. Wien, Math.-naturwiss. Kl. III **1878**, 77. — Siehe auch JANSEN: Hoppe-Seylers Z. **82**, 342 (1912).

[6] PFLÜGER: Pflügers Arch. **80**, 135 (1900).

[7] STADELMANN: Z. Biol. **1**, 34 (1896). — Siehe auch SCHIFF: Pflügers Arch. **3**, 598 (1870). — WEISS: Z. med. Wiss. **1885**, 121. — PREVOST u. BINET: C. r. Acad. Sci. **106**, 1690 (1888).

[8] CROFTAN: Pflügers Arch. **60**, 635 (1902).

[9] WERTHEIMER: Arch. f. Physiol. **4**, 577 (1803).

[10] BROWN, PHILIP D., MCMASTER u. PEYTON ROUS: J. of exper. Med. **37**, 699 (1923).

jedoch in manchen Fällen auch eine Erhöhung des Bilirubingehaltes der sezernierten Galle. Auch MCMASTER[1] und Mitarbeiter fanden eine Resorption von Bilirubin und Urobilin aus dem Darm. Dagegen gelang es MANN[2]) und Mitarbeitern nicht eine, Zunahme des Bilirubingehaltes im Blute der Mesenterialvenen nachzuweisen, wenn sie Galle verfütterten.

9. Resorption von Fermenten.

Im Blut sind Diastase, Lipase und proteolytische Fermente nachweisbar. Man hat angenommen, daß es sich dabei um aus dem Darmkanal resorbierte Fermente handelt (BOLDIREFF[3]) oder aber um Enzyme, die aus den die Enzyme produzierenden Drüsen selbst direkt resorbiert werden. Sie gehen vom Blute aus auch in den Harn über. Daß sie aus den Drüsen stammen, geht nach PECHSTEIN[4] schon daraus hervor, daß Pepsin und Lab im Urin von Säuglingen nur Profermente sind. Füttert man Pepsin oder hochwertiges Lab an Kinder, so wird dieses nicht resorbiert bzw. man findet nicht mehr im Urin als sonst. Nur bei Erkrankungen der Darmschleimhaut, bei erhöhter Durchlässigkeit scheint es zu einer Resorption in Spuren zu kommen; dann ist auch eine Zunahme im Urin nachweisbar.

Eine Resorption von Diastase und Trypsin aus dem Darmkanal wäre um so eher möglich, als diese hier nicht ganz zerstört werden und auch im Faeces nachweisbar sind. KOTSCHNEFF[5] fand beim Hund mit der angiostomischen Methode jedoch keine Erhöhung der Blutdiastase in der Pfortader während der Verdauung von Brot. Der Proteasegehalt dagegen war 1 Stunde nach der Nahrungsaufnahme in der Vena portae 3mal so hoch, wie in der Vena jugularis. Es wurde also viel resorbiert, wobei allerdings nicht zu sagen ist, ob aus dem Darm oder aus den Drüsen. Der Lipase- (Monobutyrase-) Gehalt blieb nach Weißbrotfütterung normal. Weitere Untersuchungen auf diesem Gebiete sind nötig[6].

10. Resorption von Farbstoffen usw.

Diese wurde besonders von HÖBER[7] untersucht. Er zeigte, daß lipoidlösliche Farbstoffbasen in den Epithelzellen der Darmschleimhaut nachweisbar sind. Sie werden eben infolge ihrer Lipoidlöslichkeit viel rascher resorbiert, als z. B. ihre Salzlösungen, so daß die Resorption nicht auf ihrer Diffusionsgeschwindigkeit, sondern auf ihrer Lipoidlöslichkeit beruht. Bringt man eine Farbstoffbase zur Fällung, und ist der gefällte Körper nicht lipoidlöslich, so erscheint er im Intercellularraum. Nach SCHMIEDT[8] wird Methylenblau auch in den Zellen gefunden. (Siehe Zottenvitalfärbungen von VERZÁR-KOKAS, S. 22.) Farbstoffresorption beschreibt ferner neuerdings u. a. MOELLENDORF[9] sowie WASSILJEFF[10].

Nach KOBAYASHI resorbiert der Magen viele Farbstoffe, während andere bei intravenöser Injektion vom Magenepithel ausgeschieden werden[11].

[1] MCMASTER: Siehe auch P. BOHNEN: Klin. Wschr. **3**, 1993 (1924).
[2] BOLLMANN, J. L., SHEARD, CH., MANN, C. L., Amer. J. Physiol. **78**, 658 (1926).
[3] BOLDIREFF, zit. nach KOTSCHNEFF.
[4] PECHSTEIN, H.: Z. Kinderheilk. **1**, 356 (1911).
[5] KOTSCHNEFF: Pflügers Arch. **201**, 366 (1923).
[6] Siehe hierzu JOBLING, PETERSON u. EGGSTEIN: J. of exper. Med. **22**, 129. — WERTHEIMER u. DUVILLIER: C. r. Soc. Biol. **68**, 535 (1910). — LOEPER u. ESMONET: Ebenda **64**, 310, 445, 990 (1908).
[7] HÖBER: Pflügers Arch. **86**, 199 (1901).
[8] SCHMIEDT, G.: Pflügers Arch. **113**, 512 (1906).
[9] MOELLENDOEF, W. v.: Z. Zellforschg u. wiss. Anat. **2**, 129 (1925).
[10] WASSILJEFF, A.: Z. Zellforschg u. wiss. Anat. **2**, 257 (1925).
[11] KOBAYASHI, K.: Acta Scholae med. Kioto **8**, 465 (1926). Ber. ü. d. ges. Phys. **41**, 72.

Hier sei auch die Resorption des Hämoglobins erwähnt. Dieses wird vom Darm sehr schlecht resorbiert (FALTA, MESSERLI[1], STECK[2]). Etwa 25% Hämoglobin verläßt den Darm unausgenutzt. Es wird um 60% schlechter resorbiert als Serum. Auch Hämatin wird sehr schlecht resorbiert.

Chlorophyll soll nach BÜRGI zum Teil resorbiert werden und könnte dann mit seinem Pyrrolkern zum Aufbau des Hämatins dienen. Die gelben Pflanzenfarbstoffe, die Xanthophylle, werden rasch resorbiert und gelangen unverändert in die Milch und in das Corpus luteum.

Resorption von Saponin von der Darmschleimhaut aus wurde von KOBERT, DAEBLER, FRIBOES und FIEGER behauptet; von KOFLER, KOLLERT und GRILL, ferner LASCH und PERUTZ geleugnet. Sie kommt nur bei sehr großen, schädigenden Dosen vor (s. KOFLER und KAUREK[3]).

Resorption von Tetrachlorkohlenstoff aus dem Darm beschreibt WELLS[4].

11. Resorption von Nucleinsäure und Purinkörpern.

Die Nucleoproteide der Nahrung werden im Darm bis zu leicht resorbierbaren Produkten gespalten (THANNHAUSER[5] und LOEWI[6]). Der Abbau der Nucleinsäure erfolgt bis zu Nucleotiden und Nucleosiden, welche dann resorbiert werden. Die Resorption dieser höheren Spaltprodukte findet vom Magen aus gar nicht, dagegen besonders vom Jejunum und Ileum aus statt (LONDON und SCHITTENHELM[7]). Die im Darm zu wasserlöslichen Komplexen aufgespaltenen Polynucleotide werden wahrscheinlich als gut wasserlösliche Triphosphornucleinsäure und Uridinphosphorsäure (Nucleotide) resorbiert (THANNHAUSER und DORFMÜLLER[8]). Eine weitere Aufspaltung wäre schon deshalb nicht erwünscht, weil dadurch die Wasserlöslichkeit der Produkte abnimmt (KRÜGER und SCHMID[9]). Verfüttert man Purinbasen in großen Mengen, so findet man, daß dieselben oft gar nicht resorbiert werden (SCHITTENHELM[10]). Ein großer Teil der Purine wird auch durch Bakterien zerstört. So fand z. B. SIVEN[11], daß 50% der exogenen Purine auf ihrem Weg durch den Darm durch die Darmbakterien zerstört werden, wie man das auch in vitro zeigen kann[12], so daß sie deshalb gar nicht zur Resorption kommen werden.

Die Resorption findet auf dem Blutwege statt. In der Lymphe von Hunden und Katzen, wurde nach reichlicher Fütterung von Purin keines gefunden (BIEBERFELD und SCHMID[13]).

12. Resorption von Gasen.

Nach MERING[14] wird CO_2 aus dem Wasser bereits im Magen rasch resorbiert, ebenso der verschluckte Sauerstoff. Auch das im Dickdarm entstehende Methan

---

1 MESSERLIE: Biochem. Z. **54**, 470 (1913).
2 STECK, H.: Biochem. Z. **49**, 195 (1913).
3 KOFLER u. KAUREK: Arch. f. exp. Path. **109**, 326 (1925).
4 WELLS, H. S.: J. of Pharmacol. **25**, 235 (1925).
5 THANNHAUSER: Kongr. f. inn. Med. **1914**, 31, 572.
6 LOEWI, P.: Arch. f. exper. Path. **70**, 10 (1912).
7 LONDON u. SCHITTENHELM: Hoppe-Seylers Z. **70**, 10 (1910); **72**, 459 (1911); **77**, 87 (1912).
8 THANNHAUSER u. DORFMÜLLER: Hoppe-Seylers Z. **102**, 148 (1918).
9 KRÜGER u. SCHMID: Hoppe-Seylers Z. **34**, 549
10 SCHITTENHELM, A.: Arch. f. exper. Path. **47**, 432 (1902).
11 SIVEN, W. O.: Pflügers Arch. **145**, 283 (1912); **157**, 582 (1914).
12 Siehe hierzu MAJESIMA: Hoppe-Seylers Z. **87**, 418 (1913). — HALL, W.: J. of Path. **2**, 240 (1905).
13 BIEBERFELD u. SCHMID: Hoppe Seylers Z. **60**, 292 (1909).
14 MERING, zit. nach COHNHEIM: Handb. d. Physiol. **2**. (1907).

wird resorbiert und mit der Atemluft ausgeschieden. Dagegen soll nach Kato[1] N_2, H_2 und H_2S aus dem Darm nicht resorbiert werden. H_2S wird doch gelegentlich resorbiert werden, denn nach Hymans v. d. Bergh und Engelke[2] kommt manchmal im Blut H_2S-Hämoglobin vor, das wohl nur aus dem Darm stammen kann. Neue Untersuchungen von Schoen[3] haben ergeben, daß aus abgebundenen Dünn- und Dickdarmschlingen CO_2 und Acetylen sehr rasch, O_2 langsam, N_2 und H_2 fast gar nicht resorbiert wird. Die Resorptionsgeschwindigkeit hängt nur mit der Wasserlöslichkeit der Gase zusammen.

13. Resorption von Alkohol.

Resorption von Alkohol findet nach Mering bereits aus dem Magen statt, ebenso gut aber auch vom Dünndarm und Rectum aus. Hanzlik und Collins haben die Resorption an isolierten Dünndarmschlingen untersucht und fanden, daß sie im Dünndarm etwa so groß ist wie im Magen und im Kolon noch etwas größer. Die Resorption erfolgt im Laufe der ersten halben Stunde rasch, dann folgt eine Hemmung, die man auch durch intravenöse Alkoholinjektionen erreichen kann. Sie ist bedingt von einer Verlangsamung der Zirkulation im Darm. Am besten wird 10% Alkohol resorbiert, schlechter 5%, 50% und 95%. Auch Buglia gibt an, daß bei Hunden mit Vellafisteln 5—10% Alkohol nicht nur selbst gut resorbiert werde, sondern auch die Resorption anderer Substanzen, z. B. von NaCl, verbessert, während 20% Alkohol sie verschlechtert. Die Resorption des Alkohols aus dem Darm wird vermindert durch Lipoidsubstanzen, wie Seife, Lecithin und Galle, welche den Alkohol im Darm zurückhalten.

14. Gegenseitige Beeinflussung der Resorption durch verschiedene Substanzen.

Die Resorption verschiedener Substanzen wird mannigfaltig gegenseitig beeinflußt. Abgesehen von den bereits früher erwähnten Fällen, in welchen es sich besonders um Membranbeeinflussung handelte (S. 71), seien hier noch einige Fälle erwähnt, in welchen die Nahrungssubstanzen sich gegenseitig beeinflussen. Es läßt sich leicht verstehen, daß bei einem so außerordentlich komplizierten Vorgang, wie dem Durchtritt vieler verschiedener Substanzen aus einem Gemisch, es zu vielfacher Konkurrenz zwischen diesen kommt. Es läßt sich für jedes Beispiel, das wir für die Wirkung eines physikalisch-chemischen Faktors angeführt haben, im voraus angeben, wodurch eine Hemmung oder Förderung zustande kommen kann. Andererseits muß zugegeben werden, daß wir im Einzelfall vielfach die beobachteten Resorptionsbeeinflussungen heute noch nicht genügend erklären können. Gerade im Laufe der letzten Jahre hat dieser Punkt die Forschung, besonders auch in praktischer Hinsicht, interessiert.

Ein scheinbar einfacher Fall ist der folgende von Lasch[4] beobachtete. Aus einem isolierten überlebenden Meerschweinchendarm verschwindet eine $CaCl_2$-Lösung um 230% rascher, wenn die Lösung außer dem Ca noch 0,9% NaCl enthält. Ebenso findet Rabinovitch[5], daß K und besonders Ca die Resorption von NaCl-Lösungen fördert.

Cori[6] beobachtet, daß, wenn er Ratten ein Gemisch, das gleichviel Glucose und Galaktose enthält, eingibt, von beiden halb soviel resorbiert wird, als wenn man sie in gleichen Mengen einzeln verfüttert.

[1] Kato: Internat. Beitr. z. Path. u. Ther. d. Ernährungsstörungen **1**, 315 (1910).
[2] Hymans v. d. Bergh u. Engelke: Klin. Wschr. **1922**. 1930.
[3] Schoen, R.: Dtsch. Arch. klin. Med. **147**, 224 (1925).
[4] Lasch, F.: Biochem. Z. **169**, 292 (1926).
[5] Rabinovitch: J. of Physiol. **82**, 279 (1927).
[6] Cori: Proc. Soc. exper. Biol. a. Med. **24**, 125 (1926) — J. of biol. Chem. **73**, 550 (1927).

Ebenso wird aus einer Mischung von zwei Aminosäuren, Glycin und d, l-Alanin, gegenseitig weniger resorbiert, als einzeln. Auch Zucker und Glykokoll vermindern gegenseitig ihre resorbierte Menge jedoch so, daß das Verhältnis des verfütterten Gemisches bei der Resorption bestehen bleibt. In diesen Fällen wird die Erscheinung wohl auf Grund von Osmose erklärbar sein.

Ein weiteres Beispiel sei einer Arbeit entnommen, in welcher NASSAU und SCHAFERSTEIN[1] von Säuglingen beschreiben, daß die alimentäre Hyperglykämie, wie sie regelmäßig nach Zuckergaben erscheint, zeitlich ganz verschoben wird, wenn man nicht reine Zuckerlösungen, sondern diese gemischt mit Plasmon, Fett, Molke usw. gibt. Die gleichzeitige Resorption verschiedener Substanzen durch dieselbe Membran, ferner die Adsorption an nicht, oder langsam resorbierende Substanzen kann die Ursache der Verlangsamung sein.

Wie kompliziert die Beziehungen von verschiedenen Substanzen aufeinander sind, zeigt auch eine Untersuchung von BERGEIM[2]. Mittels einer einfachen Methode (Bestimmung des nichtresorbierbaren Eisens im Verhältnis zu der untersuchten Substanz in der Nahrung und im Faeces) findet er, daß die Resorption von Ca und Phosphat durch Carbohydrate im allgemeinen kaum beeinflußt wird, außer durch Lactose, welche die Resorption beider wesentlich fördert. Es wird das auf eine Zunahme der Säurebildung durch die Darmflora zurückgeführt, wodurch leichter lösliche Ca-Verbindungen entstehen.

Eine Substanz, die die Resorption von Ca in sehr hohem Grade fördert, ist Vitamin D, die antirachitische Substanz, z. B. in Lebertran. Aber es ist noch nicht bekannt, ob man diese Förderung der Resorption nicht richtiger als eine Abnahme der Ca-Ausscheidung aufzufassen hat. Man wird bei Ca-Bestimmungen im Faeces ebenso, wie bei vielen anderen anorganischen Substanzen, immer nur die Differenz zwischen der resorbierten und der ausgeschiedenen Substanz bestimmen!

So gestaltet sich z. B. auch die Resorption von Phosphat sehr kompliziert in der Gegenwart von Fett. Es tritt dann eine Konkurrenz zwischen den Fettsäuren und den Phosphaten in bezug auf das Ca ein. Es kommt zur Bildung unlöslicher Ca-Seifen, wodurch dann die Resorption des Phosphates begünstigt wird. Daß dabei aber auch die eben herrschende Reaktion des Darminhaltes als wesentlicher Faktor mitspielt, ist ohne weiteres klar (TELFER[3]).

Die angebliche resorptionsfördernde Wirkung von kleinen Mengen Alkohol sowie von CO_2, wie sie von BRANDL und JODLBAUER behauptet worden ist (S. 6), leugnet EDKINS und MURRAY[4].

Wenn KOLDA[5] findet, daß Galle die Resorption von verschiedenen untersuchten Medikamenten fördert, und umgekehrt bei Gallenfistelhunden, bei denen die Galle im Darme fehlt, ihre Resorption sehr verlangsamt ist, so wird man das nicht nur wie dieser Autor mit der schleimlösenden, die Darmbewegung und Gallensekretion fördernden Wirkung der Galle erklären, sondern besonders auch an die oberflächenaktive Wirkung der gallensauren Salze denken (Saponin s. S. 30).

Wieder auf einen anderen Faktor der Resorption weist die Resorptionsbeschleunigung, welche KOKAS und GÁL[6] beschrieben haben. Bei der Beob-

---

[1] NASSAU u. SCHAFERSTEIN: Zitiert auf S. 47.
[2] BERGEIM, O.: J. of biol. Chem. **70**, 29, 35 (1926). — Gegen die Methode von BERGEIM ist anzuwenden, daß sie den Fehler durch Ausscheidung von Fe in den Darm nicht berücksichtigt.
[3] TELFER, S. V.: Quart. J. Med. **20**, 1 (1926).
[4] EDKINS, N. u. M. M. MURRAY: J. of Physiol. **62**, 13 (1926).
[5] KOLDA, I.: C. r. Soc. Biol. **94**, 216 (1926)
[6] KOKAS u. GÁL: Biochem. Z. 205, 380 (1929).

achtung der Zottenbewegung fanden wir, daß Extraktivstoffe, insbesondere Hefeextrakte, eine sehr beschleunigende Wirkung auf die Zottenpumpe haben. Nachdem wir in den Zottenbewegungen einen der wichtigsten Faktoren der Resorptionsgeschwindigkeit der in Wasser löslichen Substanzen sehen, wurde untersucht, ob eine Resorptionsbeschleunigung durch Hefeextrakt sich tatsächlich nachweisen läßt. Traubenzucker wurde an Ratten einmal mit und einmal ohne Hefeextrakt verfüttert. Im ersten Fall war die Resorption um 30% rascher. Auch für die Resorption von Pepton ließ sich dasselbe nachweisen.

Die bereits erwähnte Resorptionsbeschleunigung durch Reizsubstanzen, wie Pfeffer usw., wird einesteils durch Hyperämie, vielleicht auch durch Förderung der Zottenbewegung, zustande kommen.

Daß alle Störungen der normalen Bedingungen der Resorption, wie Störungen der Sekretion der Darmsäfte, Peristaltik usw., die Resorption verschlechtert, muß nicht besonders betont werden.

X. Resorption corpusculärer Elemente.

Ältere Autoren haben sich viel mit der Frage beschäftigt, ob kleine corpusculäre Elemente durch das Darmepithel treten können (Literatur siehe bei Heidenhain[1-6]). Neuere Untersuchungen von Hirsch[7] hatten gezeigt, daß Stärkekörner vom Darm aus resorbiert und durch die Niere wieder ausgeschieden werden. Verzár[8] hat unter Leitung von Tangl das am Mensch, Kaninchen, Hunden und Ratten bestätigt. Die Stärkekörner wurden von ihm im Blut, in der Lymphe, sowie auch histologisch nachgewiesen und erscheinen nach einiger Zeit im Urin. Voigt[9] konnte in einem Versuch am Menschen dieses Resultat nicht bestätigen und hat es deshalb bezweifelt. Nachdem eine Verwechslung mit Corpora amylacea ausgeschlossen erscheint, konnte man höchstens an eine Verunreinigung durch Stärkekörner denken, was jedoch bei den angewandten Vorsichtsmaßregeln sehr unwahrscheinlich ist. — Jedenfalls handelt es sich aber nur um einen *Zufallsbefund*, dem keine größere Bedeutung zukommt, da er nur zeigt, daß corpusculäre Elemente vom Darm gelegentlich auch aufgenommen werden können.

Bakterien sollen, wie wiederholt behauptet, vom Darm aus auch bei Gesunden gelegentlich in das Blut gelangen können. Meistens denkt man dabei allerdings an ein aktives Durchwandern der Bakterien durch das Epithel oder an eine Resorption von Schleimhautdefekten aus. Lebende wie tote Tuberkelbacillen treten, ohne irgendwelche lokale Veränderung hervorzurufen, in die Follikel des Blinddarmes und Wurmfortsatzes ein, indem sie zuerst vom Protoplasma der Epithelzellen aufgenommen werden. Kumagai[10] findet in Versuchen an Kaninchen über die Resorption corpusculärer Elemente im Darm, daß sich hieran ausschließlich die Lymphknötchen der Schleimhaut beteiligen. Von Tusche- und Carminpartikeln findet man den größten Teil im Protoplasma des die Knötchen überziehenden Zylinderepithels, weniger in den Zwischenräumen

---

[1] Marsfells u. Moleschott: Wien. med. Wschr. **1854**, 52.
[2] Friedenthal: Pflügers Arch. **87**, 467 (1901).
[3] Arbeiter: Virchows Arch. 321 (1910).
[4] Bradley u. Gasser: J. of biol. Chem. **11**, **20** (1912).
[5] Donders: Physiologie des Menschen, 2. Aufl. 1859, S. 325.
[6] Wederhake: Zbl. allg. Path. **16**, 517.
[7] Hirsch, R.: Z. exper. Path. u. Ther. **1906**, 390.
[8] Verzár, F.: Biochem. Z. **34**, 86 (1911).
[9] Voigt, J.: Biochem. Z. **36**, 397 (1911).
[10] Kumagai: Kekkekuzassi **4/5**, 429 (1922) — Ref. Ber. Physiol. **18**, 414 (1923).

des Epithels. Nach SATA[1] findet die Resorption viel leichter bei alten, als bei jungen Tieren statt.

BASSET und CARRÉ[2] geben an, daß die normale Darmschleimhaut für feste Körper undurchgängig ist, falls sie die Schleimhaut nicht verletzen, dagegen läßt z. B. die durch Podophyllin entzündlich gereizte Schleimhaut Mikroben durchtreten.

Den Mechanismus dieser Resorption kann man sich wohl so vorstellen, daß zwischen die Zotten gelangte Stärkekörner usw. mechanisch durch das Epithel schneiden und durch den Flüssigkeitsstrom in die Follikel bzw. den zentralen Lymphraum der Zotten mitgeschleppt werden. Derselbe Mechanismus könnte auch zur Ausscheidung durch die Niere führen. So erklärt auch KREHL[3] auf Grund eines Befundes von BAUMGARTEN, der feinste Haare in die Darmfollikel eindringen sah, die Resorption corpusculärer Elemente. Als Analogie kann man folgendes Beispiel anführen: Wenn man mit einer Nadel eine starke flüssige Membran berührt, so kann die Nadel durchkommen, ohne daß die Membran reißt, da sie sich hinter der Nadel wieder schließt.

Die Resorption corpusculärer Elemente vom Darm aus, als gelegentlicher Befund, braucht schon deshalb nicht zu überraschen, weil eine solche ja auch von anderen Orten aus bekannt ist. So hat z. B. ZIEGLER[4] sowie OSELLADORE[5] kleinere und größere Fremdkörper in die Bauchhöhle gebracht und fand sie nach einiger Zeit im großen Netz resorbiert. Nur für das Gleiten in Capillargefäßen geeignete Körperchen treten in großer Menge über. Sie wandern dann auf dem Lymphwege weiter. Ein Transport durch die Phagocyten spielt dabei nur eine untergeordnete Rolle. Andererseits sagen aber LAWROW und RUBINSTEIN[6], daß bei der Resorption von Lykopodium, Hefe, Aluminiumpulver und Talk usw. aus dem subcutanen Gewebe, nur die Phagocyten eine Rolle spielen.

Jedenfalls hat die Resorption corpusculärer Elemente keine Bedeutung für die Frage der Resorption von Fett und anderer Nahrungssubstanzen, wie es in der Zeit vor HEIDENHAIN viel besprochen wurde.

---

[1] SATA: Ber. Physiol. **17**, 415 (1923).

[2] BASSET u. CARRÉ: C. r. Soc. Biol. **1907** I, 261, 890. — Siehe auch CALMETTE: Ebenda S. 1050.

[3] KREHL: Pathol. Physiol. **1906**, 201.

[4] ZIEGLER, K.: Z. exper. Me. **24**, 223 (1921).

[5] OSELLADORE, G.: Arch. Sci. med. **47**, 227 (1925).

[6] LAWROW u. RUBINSTEIN: Lsetschenoffs russ. physiol. J. **3**, 60 (1921) ref. Ber. Physiol. **14**, 429 (1922).

Störungen in der Darmresorption.

Von

R. Seyderhelm

Frankfurt a. M.

Zusammenfassende Darstellungen.

Über die *Pathologie* der Verdauungsvorgänge vgl. die zusammenfassenden Darstellungen von J. Marek, H. Full, G. Katsch, G. v. Bergmann, O. Götze sowie H. Eppinger, L. Elek in diesem Handb. **3 II**, 45ff. — Schmidt u. C. v. Noorden: Klinik der Darmkrankheiten. München-Wiesbaden 1921. — Strasburger: Erkrankungen des Darmes in Mohr Staehelins Handb. d. Med.. Berlin 1918. — v. Noorden: Handb. d. Path. des Stoffwechsels **2**. — C. A. Ewald: Magen- resp. Verdauungsstörungen, Handb. v. Kraus-Brugsch **5**. — A. Schmidt u. H. Lorisch: Funktionsprüfung des Darmes. Handb. v. Kraus-Brugsch **6 I**. — G. v. Bergmann u. G. Katsch: Erkrankungen des Darmes. Im Handb. von G. v. Bergmann u. Staehelin **3**, 1, 150ff. (1926). — F. Seyler: Erkrankungen des Darmes. Im Handb. von v. Bergmann-Staehelin **3 II**, 256ff. (1926). — Vgl. auch die zusammenfassenden Darstellungen über den *normalen* Gesamtstoffwechsel und Energiestoffwechsel im 5. Bd. dieses Handb.: A. Bornstein u. K. Holm: Stoffwechsel bei einseitiger Ernährung. — E. Grafe: Der Stoffwechsel bei Anomalien der Nahrungszufuhr (Hunger, Unterernährung, Überernährung), ferner E. Fuld: Prüfung der digestiven Tätigkeit des Magens hinsichtlich Sekretionsmotilität und Resorption. — Ders.: Physiologie der Magen-Darmverdauung im Handb. d. Pathologie und Therapie innerer Krankheiten von Kraus-Brugsch **5** (1921).

Für die Pathologie gilt ebenso wie für die Pharmakologie der Resorption im Magen-Darmkanal die von P. Trendelenburg (siehe diesen Band, S. 100) näher begründete Kritik, daß die bisherigen Kenntnisse kein abgerundetes, nach jeder Richtung hin befriedigendes Bild ergeben. Solange über die Vorgänge der *normalen Physiologie der Darmresorption* keine einheitlichen Vorstellungen gewonnen sind, wird erst recht die Deutung der *Störung* Schwierigkeiten bereiten. Schon ein kurzer Überblick über die verschiedenen Darstellungen der Klinik des Magen-Darmkanals zeigt uns, wie grundverschieden heute noch die Ansichten über wichtige Fragestellungen sind. Ähnliches gilt auch für das Experiment, das noch in weit höherem Maße durch individuelle Verschiedenheit der Versuchstiere, durch Abweichungen im Experimentierplan und nicht zuletzt durch die von Autor zu Autor verschiedene Einstellung zum Problem oftmals mehr verwirrt als aufklärt. Ebenso wie die *normale Resorption* im Magen-Darmkanal einerseits von der resorbierenden Schleimhautoberfläche abhängt und andererseits Vorbedingung für eine Resorption die vorausgegangene zweckmäßige Aufspaltung der Nahrungsmittel ist, ebenso wird einerseits die *Störung der Resorption* im Magen-Darmkanal entweder durch eine pathologische Veränderung im Bereich der *Schleimhaut* oder aber andererseits durch eine *mangelhafte fermentative Aufspaltung des Speisebreies* hervorgerufen. So erstreckt sich die Pathologie der Darmresorption auf die verschiedensten Organgebiete, insbesondere auch auf die Leber, auf das Pankreas und auf den Kreislauf. Störungen der Resorption führen, wenn es sich lediglich um eine mangelhafte Resorption handelt, zu *Insuffizienzerscheinungen.* Wenn dagegen *abnorme Spaltprodukte* aus der Nahrung gebildet werden — sei es durch unvollständigen Abbau infolge Fermentmangels, sei es durch bakterielle Zersetzungsprozesse —, dann kommt es zu *Intoxikationserscheinungen.* Die Resorption erweist sich somit im höchsten Grade abhängig von der Verdauung im Magen-Darmkanal. Die Darmverdauung gestaltet die Nahrungsmittel resorbierbar und reaktionsfähig, d. h. ungiftig und verwertbar.

Eine eigentliche *quantitative Regulation der Resorptionsarbeit* bei der Nahrungsaufnahme durch den Darm besteht nicht. Das Sättigungsgefühl, entstanden auf dem Boden von Instinkt und Gewohnheit, setzt die physiologischen Grenzen. Die *übermäßige Nahrungszufuhr* findet an und für sich eine zur Resorption jeglichen Verdauungsmaterials bereite Darmschleimhaut vor; es kommt jedoch unter Umständen — Unmäßigkeit ausgleichend — zu Störungen der Fermentabsonderung und zur Entwicklung des Diätfehlers. Ähnliches gilt vom *übermäßigen Trinken.* Auch hier findet das *Zuviel* der Zufuhr meist keinerlei Hemmungen in der Resorption; weit über den Durst des Individuums hinaus saugt die Schleimhaut bereitwilligst ein Übermaß von dargebotener Flüssigkeit auf. Das lehrt vor allem die Klinik des Diabetes mellitus und Diabetes insipidus. Ganz anders liegen die Verhältnisse, wenn nicht Wasser, sondern *alkoholische* Lösungen im Übermaß getrunken werden. Es kann dann zu Krankheitsbildern wie des Münchener Bierherzens, des Tübinger Weinherzens u. a. kommen.

Eine besondere Rolle in der Störung der Resorption spielt die *Infektion des Magen-Darmkanals.* Hier bietet sich auf der einen Seite das bedrohliche Bild des *akuten* Darminfektes (Typhus, Paratyphus, Ruhr, Cholera usf.), auf der anderen Seite die sich mehr in *schleichendem* Tempo vollziehende Invasion des Dünndarmes mit Dickdarmbakterien. Ganz abgesehen von der Resorption der Bakteriengifte kommt hier das Moment der toxischen Schädigung der Darmwand hinzu, die zu schweren Störungen der normalen Resorption führen kann.

Dominierend für die Resorption erscheint somit der *Zustand der Magen-Darmschleimhaut,* die Funktion des cellulären Apparates wie auch der Capillaren. Im Vordergrund steht dabei die Mucosa des Dünndarmes, der Ort der optimalen Resorption des gesamten Organismus.

Über die Art der Resorptionsstörungen in den einzelnen Abschnitten des Magen-Darmkanals sei in folgendem berichtet:

A. Mundhöhle.

Normalerweise resorbiert das mehrfach geschichtete Plattenepithel wenig; die Capillaren liegen ziemlich tief. Unter Umständen können jedoch entzündliche Veränderungen der Mundschleimhaut entstehen, die mit Hämorrhagien einhergehen evtl. von Gangrän begleitet sind und auch zur Resorption von Bakterienzersetzungsprodukten führen können. Dies gilt von vielen Formen der Sepsis, von der Stomatitis ulcerosa, von den verschiedensten Erkrankungen einfachster Form bis zur schwersten Schleimhautgangrän der Quecksilbervergiftung und der akuten Leukämie. In weiterem Sinne gehört hierher auch die aus der *Erkrankung der Zähne* abgeleitete Resorption bakterieller Zersetzungsprodukte, die zumeist wohl von der Mundschleimhaut selbst, zum Teil aber auch nach dem Verschlucken im Magen resorbiert werden.

B. Magen.

VERZÁR[1] hebt mit Recht hervor, daß auch die Resorptionsverhältnisse im Magen unter physiologischen Verhältnissen noch nicht vollkommen geklärt sind. Sicher findet eine nennenswerte Resorption im Magen, dessen Hauptaufgabe die Vorbereitung zur Resorption, d. h. die Verdauung, ist, nicht statt. Immerhin scheint doch speziell der pylorischen Schleimhaut die Fähigkeit zuzukommen, gewisse Substanzen zu resorbieren. Hierfür sprechen manche Experimente der Pawlow-Schule (SOKOLOW[2]). Nach BICKEL[3] werden durch die pylorische Schleimhaut bestimmte, stark säurebildende Substanzen aus der Nahrung resorbiert (z. B. Substanzen aus dem Fleischextrakt und gewissen Gemüsearten [EISENHARD[4]]). Analog wird auch der Alkohol sicher schon im Magen resorbiert (v. TAPPEINER[5], v. MERING[6]).

Unter pathologischen Bedingungen können die Resorptionsverhältnisse im Magen von Grund auf gestört sein. Beispiele sind tiefgehende Veränderungen der Schleimhaut — bei akuter oder chronischer Gastritis resp. beginnendem oder vollkommenem, zeitweise oder dauerndem Verschluß des Pylorus. Während die einmalige Schwellung der Magenschleimhaut, z. B. durch Pfeffer in der Nahrung, durch die entstandene Hyperämie zu einer Beschleunigung der Resorption zu führen *scheint,* führt andererseits eine *länger* bestehende entzündliche Veränderung der Magenschleimhaut zu einer Verlangsamung der Resorption, wie sie auch für den Dünndarm bekannt ist. Hierzu gehören z. B. Veränderungen in der Magen-Darmschleimhaut bei schweren Kreislaufstörungen im Pfortadergebiet (Stauungshyperämie), bei Herz- und Lungenleiden wie auch bei Lebercirrhose, des weiteren die kleinen parenchymatösen Blutungen in der Magenschleimhaut bei oder nach schweren Infektionskrankheiten (Typhus, Paratyphus, Fleckfieber), ferner bei Urämie, Cholämie und bei hämorrhagischer Diathese wie auch bei *exogenen* Vergiftungen z. B. mit Arsen, Sublimat, Phosphor, Säuren und Alkalien. Die *chronische* Gastritis beschränkt sich meist nicht auf die Oberfläche der Mucosa wie der akute Katarrh, sondern kann sich auf alle Schichten der Schleimhaut erstrecken. Betrachtet man z. B. bei *hypertrophischem* Katarrh die mit dickem, grauem Schleim bedeckte Schleimhaut, die, je nach dem Grad der Stauung, grau bis violett bis bräunlich verfärbt ist, so erscheint es nicht verwunderlich, daß die Resorption durch eine solche Schleimhaut verzögert resp. aufgehoben wird. Ähnliches gilt auch von dem zur Atrophie der Drüsen, zu fibröser Umwandlung und Verdünnung der Schleimhaut führenden *atrophischen* Katarrh. Das Versagen der Verdauungsdrüsen führt speziell zu mangelhafter Aufspaltung des Speisebreies, dadurch zu abnormer Gärung evtl. sogar zur Ektasie des Magens. Andererseits kann aber auch ein *Überwiegen* von *fibrösem Gewebe* in der *ganzen* Magenwand zu einer cirrhusartigen Schrumpfung des Magens führen. Es ist begreiflich, daß ein derartiger Schrumpfmagen allein schon durch die Verminderung seiner resorbierenden Oberfläche die Resorption stark beeinträchtigt.

Eine besondere Stellung nimmt die Frage der Resorption bei der sog. *Gastritis* ein. G. KATSCH ist des öfteren bei Gastritiskranken aufgefallen, daß die *geringe*

[1] Vgl. VERZÁR: Diesen Band, S. 5.
[2] PAWLOW, I. P.: Physiologische Chemie des Verdauungskanals. Erg. Physiol. (Asher-Spiro) **1**, 246 (1902). — SOKOLOW: Inaug.-Dissert. St.Petersburg 1904; zitiert nach G. KATSCH: Bergmann-Staehelins Handb. d. inn. Med. **3 I** (1926).
[3] BICKEL: Oppenheimers Handb. d. Biochem. (1924).
[4] EISENHARD: Zitiert nach G. KATSCH.
[5] v. TAPPEINER: Z. Biol. **216**, 497 (1880).
[6] v. MERING: 2. Kongr. inn. Med. **1893**, 471.

Methylenblaumenge, die er seinem Alkoholprobetrunk beifügte, so schnell resorbiert wird, daß eine stark blau gefärbte Harnportion erscheint. Beim normalen Magen konnte man Ähnliches selten beobachten. G. KATSCH[1] weist dabei auf die Befunde von SCHADE[2] hin, nach dessen Untersuchungen bei der Entzündung sich in den Zellen abnorme Quellungsvorgänge abspielen, die die Resorption verhindern und unter Umständen abnorm gestalten. „Es ist ein physiko-chemisches Gesetz, daß bei kolloiden Membranen die Durchlässigkeit für diffundierende Substanzen sehr schnell mit der Zunahme der Membranquellung ansteigt.“ G. KATSCH hebt hervor, daß es bis jetzt exakte Feststellungen über die Resorptionsvorgänge bei Gastritis noch nicht gibt, vermutet jedoch, daß wohl speziell die Resorptionsverhältnisse bei Gastritis einmal vermehrtes Interesse gewinnen werden.

Die *Pylorusstenose* führt in der Regel zu einer allgemeinen Dilatation des Magens, begleitet von einer Atonie der Muskulatur und meist auch von krankhaften Veränderungen der Mucosa und des Mageninhaltes. Auch wenn wenig HCl abgesondert wird und gleichzeitig gärungsfähige Stoffe dem Magen einverleibt werden, kann eine abnorme Gärung des Mageninhaltes zur Dilatation und schließlich zur Atonie führen (vgl. auch E. KAUFMANN[3]). Die bei solchen abnormen Gärungsvorgängen im Mageninhalt unter dem Einfluß von Mikroorganismen (Hefepilze, Spaltpilze) entstehenden Säuren (Milch-, Butter-, Essigsäure) werden vermutlich zum Teil resorbiert. Es bestehen heute jedoch noch keine sicheren Untersuchungen darüber, ob bei schwerer Pylorusstenose infolge der sekundär veränderten Schleimhaut durch das lange Verweilen des Inhaltes und nicht zuletzt durch die geschilderten Gärungsvorgänge eine *gesteigerte Resorption* stattfindet. „Man kann sich klinisch in Fällen, in denen die Stenose fast absolut ist, bisweilen des Eindruckes nicht erwehren, daß im Gegensatz zu normalen Verhältnissen eine, wenn auch geringfügige Resorption in solchem Stauungsmagen statthat“ (G. KATSCH[4]). Ähnliche Überlegungen gelten auch für die infolge eines Magencarcinoms sekundär veränderte Magenschleimhaut.

C. Dünndarm.

Der Dünndarm ist in seiner Ausdehnung vom Duodenum bis zum Ileum der *Ort der intensivsten Resorption* im Organismus. Über die Resorption durch den Dünndarm unter normalen Bedingungen vgl. den Absatz von VERZÁR S. 3—37 ds. Bandes. Dort finden sich ausführlich die Theorien der Resorption; dort wird die Bedeutung der Diffusion und Osmose, der Oberflächenspannung, der Löslichkeitsverhältnisse, der Membranpermeabilität und der Quellung abgehandelt. Auch das Schicksal der einzelnen Nahrungsbestandteile, der Kohlehydrate, der Eiweißkörper, der Fette so wie auch des Wassers und der Salze, des Lecithins, der Gallensäure und des Gallenfarbstoffes, der Fermente usw. ist dort ausführlich beschrieben.

Störungen der Resorption im Bereich des Dünndarmes können verursacht sein:

1. durch abnorme Veränderung des Dünndarminhaltes,
2. durch Störungen der Dünndarmmotilität,
3. durch Störungen in der Dünndarmschleimhaut.

Die Beschreibung dieser einzelnen Kapitel steht in engem Zusammenhang mit der allgemeinen Klinik der Darmkrankheiten. Es sei auf die eingehende

---

1 KATSCH, G.: Dieses Handbuch 3.

2 SCHADE: Physikalische Chemie der inneren Medizin. Dresden: Steinkopf 1920.

3 KAUFMANN, E.: Lehrb. d. spez. path. Anatomie. Berlin u. Leipzig 1922.

4 KATSCH, G.: Zitiert auf S. 82.

Darstellung der pathologischen Physiologie spezieller Krankheitsbilder des Magen-Darmkanals von G. v. BERGMANN und G. KATSCH (dieses Handbuch 3) hingewiesen. Dort findet sich auch die einschlägige Literatur. Außerdem stehen die folgenden Beiträge dieses Handbuches in direkter Beziehung zu diesem Kapitel:

MARK, JOSEPH: Vergleichende Pathologie und Physiologie der Verdauung. Dieses Handbuch **3 II**, 1078.

WESTPHAL, K.: Pathologie der Bewegungsvorgänge des Darmes. Dieses Handbuch **3 II**, 483f.

ROSEMANN, R.: Physikalische Eigenschaften und chemische Zusammensetzung der Verdauungssäfte unter normalen und abnorme Bedingungen. Dieses Handbuch **3 II**, 865.

Zur Methodik des Studiums einer abnormen Resorption im Dünndarm.

Selbstverständlich geht die klinische Untersuchung der abnormen Resorption von analogen prinzipiellen Versuchsanordnungen aus, wie sie auch dem Studium der normalen Darmresorption zugrunde gelegt sind. Bei der Untersuchung des gesunden und erst recht beim Studium des kranken Darmes ist die Methodik als solche für die Bewertung der Ergebnisse *ausschlaggebend*. Nur mit *analoger Technik* gewonnene Resultate lassen sich überhaupt vergleichen. Letzteres gilt ganz besonders bei der Durchführung tierexperimenteller Versuche, sei es, daß mit der Polyfistel nach LONDON oder nach dem Prinzip der THIRY-VELAschen Fistel gearbeitet wird. Bezüglich der Technik vgl. S. BOLDYREFF[1].

Wie außerordentlich verschieden die Resorption in den einzelnen Dünndarmabschnitten sein kann und wie ganz verschieden auch die im Experiment gesetzte Schädigung der Schleimhaut von Tier zu Tier, von Operateur zu Operateur zu veranschlagen sind, darauf hat VERZÁR (S. 12) mit Recht hingewiesen.

Die *klinische* Feststellung des Maßes der Resorption bestimmter Bestandteile der Nahrung erfolgt im Stoffwechselversuch. Vergleiche der Einfuhr einerseits und der Ausfuhr andererseits in Faeces und Urin lassen weitgehende Schlüsse sowohl auf das Maß der Verdauung, als auch auf die Resorption zu. Hier setzen alle modernen chemischen und physikalischen Stoffwechseluntersuchungen ein. Ausführliche Zusammenstellung in BRUGSCH-SCHITTENHELM.

1. Störungen der Dünndarmresorption durch abnorme Veränderungen des Inhaltes.

Wenn es auch selbstverständlich erscheint, daß die anatomischen Verhältnisse des Dünndarmes bei Pflanzenfressern und bei Fleischfressern prinzipiell verschieden sind, so muß andererseits die Tatsache, daß der Dünndarm des Menschen je nach der Ernährungsweise variiert, so z. B. bei vorwiegend vegetarisch lebenden Bevölkerungen wie der russischen und japanischen wesentlich länger ist, die besondere Aufmerksamkeit auf die Bedeutung des Kulturstandes des einzelnen Volkes und seiner Ernährungsform lenken. Diesen Gesichtspunkt berücksichtigend, ist es nicht möglich, streng einheitlich die Pathologie des Darmes beim *Menschen* zusammenzufassen. Der Darm des seit Hunderten von Generationen streng vegetarisch lebenden Orientalen weicht in der „Klinik der Darmkrankheiten“ grundsätzlich vom Darm des Durchschnittseuropäres ab. An zahlreichen Beispielen könnte dies näher ausgeführt werden. Eine besondere Bedeutung kommt dabei nicht nur der andersartigen Einstellung der Darmschleimhaut, sondern auch dem verschiedenen Charakter der obligaten Dünndarmbakterien zu. Vorwiegend in der englischen Literatur finden sich interessante Beiträge zu diesem Problem, die beweisen, daß Verdauung und Resorption und ihre Störungen in Abhängigkeit von Kultur und Gewohnheit eines Volkes stehen. Von dieser Annahme ausgehend, bedeutet somit „der Diätfehler“ als Abweichung von der Norm nichts Absolutes, sondern vielmehr eine mehr oder minder verhängnisvolle Abweichung vom *gewohnten Reiztypus*. Die vorausgegan-

[1] BOLDYREFF, S.: Methoden der Darmchirurgie. Erg. Chir. **24**, 426 (1925) (Literatur).

gene Gewöhnung verhütet die Entstehung des Schadens, den der nicht Gewöhnte erleidet. Der Europäer erkrankt z. B. relativ häufig an der Spru, wenn er gezwungen wird, im Innern Asiens die einförmige vegetarische Kost der Eingeborenen zu teilen; Rückkehr zur Fleischnahrung läßt diese mit schweren Durchfällen und Allgemeinerscheinungen einhergehende Erkrankung wieder verschwinden. Ganz Analoges gilt von der Einwirkung abnorm fetter Speisen, von der Einwirkung größerer Mengen von Bier und ähnlichem bei Individuen, die bis dahin gewohnheitsmäßig solche „Reizmittel" vermieden haben. In weitestem Sinne gehört schließlich hierher auch die Idiosynkrasie gegenüber gewissen Nahrungsbestandteilen (Erdbeeren, Hummer usw.). Diese individuell wirkenden — sei es in der Konstitution, sei es in den Lebensgewohnheiten wurzelnden — Erscheinungen der Resorptionsschädigung sind vielleicht an bestimmte Eigenschaften der Dünndarmschleimhaut geknüpft. Im folgenden wird jedoch noch ausgeführt werden, daß es für die Beurteilung wichtig ist, daß nicht nur der Zustand der Dünndarmschleimhaut allein, sondern auch die Funktion der Leber (Entgiftung) eine wichtige Rolle beim Zustandekommen solcher Resorptions-Intoxikations-Effekte spielt.

Weitere Formen von Resorptionsstörungen werden durch abnorme Veränderungen des Darminhaltes hervorgerufen; sie sind meist eine Folge insuffizienter Fermenttätigkeit. (Vgl. die Artikel von J. Marek, G. Katsch, Kalk: Dieses Handbuch **3 II**, 1045 f.) Ferner ist die Darmresorption selbstverständlich auch vom Zustand abhängig, in dem die Nahrung dargeboten wird. Optimale Zubereitung gewährleistet bei Gesunden optimalen Ausnutzungsgrad. Unter letzterem versteht man das Verhältnis der Nährwerte des Genossenen (Stickstoffsubstanz, Kohlehydrate, Fette, Minerale, Calorien) zu den entsprechenden Bestandteilen des zugehörigen Kotes. Von Rubner und seinen Mitarbeitern wurden die Versuchspersonen 3—4 Tage lang ausschließlich mit den zu untersuchenden Nahrungsmittel gefüttert, wobei aus den Analysen des Kotes und der Kost der Verlust berechnet wurde. (Vgl. die Tabellen von J. König, H. Schall und A. Heisler, Rubner und Knipping.) Diese Untersuchungen zeigten, daß an und für sich verdauliches Material von unverdaulichem eingehüllt sein kann und so vor der Einwirkung verdauender Fermente bewahrt bleibt und infolgedessen nicht resorbiert wird. (Vgl. Tabelle in Schmidt und v. Noorden[1].)

Während unter normalen Verhältnissen *Eiweißkörper*, *Fette* und Kohlehydrate durch die Tätigkeit der Magen-Darmfermente aufgespalten und praktisch so gut wie vollständig resorbiert werden, finden sich vor allem bei Störungen der Fermentbildung bei der Kotanalyse unausgenutzte, nicht verdaute und infolgedessen nicht resorbierte Teilstücke der Nahrung. Der Darm liefert dann nicht nur den sog. Eigenkot (Darmsekrete, Darmbakterien usw.), sondern enthält mehr oder minder große Mengen von Eiweiß resp. Fett oder Stärke.

Von besonderem klinischen Interesse sind die *Störungen* der Fettresorption bei Gallen- sowie bei Bauchspeichelabschluß (s. Verzár in diesem Band, S. 60 und S. 63). Im Falle des Bauchspeichelabschlusses leidet gleichzeitig die Fleisch- und Eiweißresorption, vor allen auch die *Kernverdauung* (Nachweis der Pankreasresorptionsstörung nach Ad. Schmidt). Störung der Resorption durch Gallenabschluß (Ikterus) beeinträchtigt in der Regel nicht die Resorption von Eiweiß und Kohlehydraten (Friedrich v. Müller[2]).

---

[1] Schmidt u. v. Noorden: Klinik der Darmkrankheiten, S. 176. München u. Wiesbaden 1921.

[2] Ausführliche Literatur siehe A. Scheunert: Oppenheims Handb. d. Biochemie **5**, 172f. Jena 1925.

Bemerkenswert sind gewisse Fälle isolierter Störung der Fettresorption, die teilweise mit Anämie einhergehen. So beschrieb BLUMGART[1] 3 Fälle mangelhafter Fettresorption, 2 davon mit tödlichem Ausgang. Es bestand bei ihnen hochgradige Schwäche, Abmagerung und Diarrhöe, bei den 2 letalen Fällen Acidosis und Tetanie, ferner Anacidität. Die Zahl der roten Blutkörperchen betrug 2—3$^1/_2$ Millionen im Kubikmillimeter. Färbeindex bei 1. Die pathologisch-anatomische Untersuchung ergab eine Schädigung des Darmtraktus und der mesenterialen Lymphknoten.

Eine besondere Form der Resorptionsstörung beschreibt AD. SCHMIDT im Unvermögen des Darmes, geräuchertes Bindegewebe zu verdauen, wenn es nicht vorher der Pepsin- und HCl-Verdauung unterzogen war. Auch das die Muskelfasern verkettende Bindegewebe wird hierdurch betroffen. Die „Kreatorrhexis" (J. STRASBURGER[2]) kann nur dann erfolgen, wenn eine „Desmolyse" vorausgegangen ist. Auch auf die Betätigung der Pepsin-HCl-Verdauung für die Lösung des Brotklebers („Atorrhexis" [J. STRASBURGER]) sei hier hingewiesen. Sowohl das nichtverdaute Bindegewebe wie auch die nichtverdaute Klebersubstanz („Zwischenlamelle") verhindern an und für sich leichtverdauliche Nahrungsbestandteile am Verdautwerden (Eiweißkörper, Kohlehydrate). Im unteren Darmteil wirken unter Umständen diese verschleppten Nahrungsreste als Fremdkörper und werden oft das Substrat abnormer Gärungsvorgänge. Nachweis von viel Bindegewebe resp. viel Stärke und pflanzlichem Eiweiß im Kot verraten das Versagen der abbauenden Kräfte des Darmes, die die einhüllende Zellwand und die Faserteile zerstören.

Wie ein abnormer Saponingehalt, der übrigens u. U. einmal durch den überreichlichen Genuß von grünen Gemüsen und Salaten bedingt sein kann, resorptionssteigernd wirkt, haben BERGER, TROPPER und RISCHER[3] an der Kalkresorption zeigen können[4]. Eine ähnliche resorptionssteigernde Wirkung des Saponins wurde übrigens auch für das Insulin nachgewiesen (LASCH und BRÜGEL[5]).

In umgekehrter Weise kann die Verringerung des Calciumgehaltes des Darminhaltes zur Steigerung sekretorischer und motorischer Erregungen führen, und die hierdurch bedingte Beschleunigung der Peristaltik kann eine Herabsetzung der Resorption bedingen. WALLACE und CUSHNY[6] haben die *kalkfällende* Eigenschaft der salinischen Laxantien als eines der kausalen Momente ihrer Wirkung hingestellt.

2. Störung der Dünndarmresorption durch Motilitätsänderung.

Ein zu rascher Transport des Darminhaltes führt meistens zu mangelhafter Aufschließung und somit zu Störungen der Resorption. Die klinische Erfahrung läßt jedoch nicht das absolute Tempo der Darmbewegung allein, sondern daneben vor allem noch den Zustand der resorbierenden Darmschleimhautoberfläche als ausschlagend erscheinen. Diarrhöe mit stark entzündeter Dünndarmschleimhaut (Enteritis) geht mit stärkeren Störungen der Resorption einher als einfache Durchfälle ohne pathologisch-anatomische Veränderungen der Darmwand,

[1] BLUMGART, H. L.: Trois cas fatals d'absorption défectueuse de graisse chez des adultes. Amaigrissement, anémie et, dans deux cas, acidose et tétanie. Arch. int. Med. **32**, 113 (1923) — Ref. Arch. Mal. l'app. Dig. et Nutr. **14**, 274 (1924).

[2] STRASBURGER, J.: Die einzelnen Erkrankungen des Darmes. Bergmann-Staehelins Handb. d. inn. Med. **3 II**, 323ff. (1926).

[3] BERGER, W., R. TROPPER u. F. RISCHER: Klinische Versuche über die Förderung der Darmresorption durch Saponine bei Kalksalzen. Klin. Wschr. **5**, Nr 51, 2394 (1926).

[4] Literatur hierüber siehe KOFFLER: Die Saponine. Berlin: Julius Springer 1927.

[5] LASCH, FR.: Resorptionsversuche am isolierten, überlebenden Darm. I. Mitt.: Methodik. Biochem. Z. **169**, 292 (1926). — LASCH, FR. u. SIEGMUND BRÜGEL: II. Mitt.: Der Einfluß von Saponin auf die Resorption von Calcium. Ebenda **169**, 301 (1926) — III. Mitt.: Der Einfluß von Saponin auf die Resorption von Zuckerlösungen. Ebenda **172**, 422 (1926).

[6] WALLACE u. CUSHNY: Pflügers Arch. **70**, 202 (1899); zitiert nach MEYER-GOTTLIEB: Experimentelle Pharmakologie, S. 244. Berlin-Wien 1925. Daselbst weitere Literatur.

seien diese Durchfälle nun künstlich durch Abführmittel oder auch krankhaft bedingt. Daß in der Tat unter Umständen die gesteigerte Peristaltik nach Abführmitteln zu Verschlechterung der Resorption führen kann, zeigten neuere Untersuchungen von VALÉRI[1].

H. SALOMON und G. WALLACE[2] fanden hingegen bei schwerer Form von Enterocolitis mit typhösen Diarrhöen weder pathologisch vermehrte Kohlehydratmengen, noch in Äther lösliche Substanzen resp. Stickstoff oder Salze im Kot vor. „Mit ihrer ungeheueren Resorptionsfläche gleicht also die Darmwand die Nachteile aus, die ihr aus der Erkrankung erwachsen" (v. NOORDEN).

In diese Gruppe der Resorptionsstörungen gehören weiterhin jene, die nach operativer Entfernung von mehr oder minder großen Teilen des Dünndarmes auftreten (mehr als $^1/_2$ oder gar $^2/_3$ der Länge). O. ZUSCH[3], G. AXHAUSEN[4], V. LIEBLEIN[5], J. SOYESIMA[6] beobachteten in solchen Fällen vermehrtes Auftreten von Stickstoff und ätherlöslichen Substanzen im Kot. Hier wirken gleichzeitig resorptionshemmend die Herabsetzung der Verweildauer der Nahrung im Fermentgemisch und die Reduktion der resorbierenden Schleimhautoberfläche. Vgl. auch die tierexperimentellen Arbeiten von LONDON sowie von WILDEGANS[7].

3. Resorptionsstörungen durch krankhafte Veränderungen der Dünndarmschleimhaut.

Die verschiedensten Ursachen können unter pathologischen Verhältnissen zu einer krankhaften Veränderung der resorbierenden Oberfläche führen. Es finden sich die mannigfachsten Übergänge von der einfachsten Entzündung (Reizung) der Magen-Darmschleimhaut (Gastritis, Enteritis) bis zur hochgradigen parenchymatösen Degeneration der Darmschleimhaut (Darmamyloid und Tabes mesaraica). Dabei kann die Schädigung der intestinalen Wand der Folgezustand einer allgemeinen Zirkulationsstörung sein, die wiederum besonders hochgradig im Pfortadergebiet ausgesprochen sein kann.

Die *passive Hyperämie* (Stauung) der Darmschleimhaut, die durch eine mehr oder minder starke blauviolette, braunrote bis schwarzgraue Verfärbung charakterisiert ist, ist entweder die Folge einer im Pfortaderkreislauf begrenzten Stauung (Leberkrankheiten) oder aber Begleiterscheinung einer allgemeinen Kreislaufsinsuffizienz. Die Verschlechterung der Resorption kennzeichnet sich bei diesen Kranken im Widerwillen gegen Nahrungsaufnahme, der sich bis zum Brechreiz steigern kann. Dabei betrifft die Resorptionsstörung nicht nur die aufgenommene Nahrung, sondern auch die jeweils verabreichten Medikamente; vor allem erweist sich dadurch auch die Digitalisdroge per os genommen in solchen Fällen oft als unwirksam. Erst die parenterale resp. rectale Verabreichung der Digitalisdroge (ERICH MEYER u. a.) kann dann zum Ziele führen.

Die nach schweren Infektionen auftretenden entzündlichen resp. geschwürigen Veränderungen im Bereich der Dünndarmschleimhaut (Dysenterie, Typhus, Tuberkulose, follikuläre und katarrhalische Geschwüre) beeinträchtigen des weiteren die Resorption. Da die klinische Behandlung solcher Kranken an und

---

[1] VALÉRI, G. B.: Arch. ital. de Biol. **52**, 102.
[2] SALOMON, H. u. G. WALLACE: Med. Klin. **1902**, Nr 16.
[3] ZUSCH, O.: Verein d. Ärzte zu Danzig. Ref. Dtsch. med. Wschr. **1909**, Nr 16.
[4] AXHAUSEN, G.: Mitt. Grenzgeb. Med. u. Chir. **21**, 55 (1909).
[5] LIEBLEIN, B.: Mitt. Grenzgeb. Med. u. Chir. **23**, 1 (1911).
[6] SOYESIMA, J.: Dtsch. Z. Chir. **112**, 425 (1911) — Experimentelle Physiologie und Pathologie der Verdauung. Berlin-Wien 1925.
[7] WILDEGANS: Stoffwechselstörung nach großen Dünndarmerektionen. Dtsch. med. Wschr. **1925**, Nr 38, 1558. (Lit.!).

für sich darauf hinzielt, nur eine leichtbekömmliche Diät zu verabreichen, entsteht bei ihnen aus der Resorptionsstörung an sich mindestens kein eigentlicher Schaden. Dagegen bedeutet die Nahrungsverweigerung des fiebernden Kranken als solche unter Umständen eine große Gefahr. Dies gilt natürlich auch von den schweren Darmveränderungen, wie sie bei hämorrhagischer Diathese, bei Leukämie, bei Hämophilie und bei Skorbut, ferner aber auch bei hochgradigen Verbrennungen sowie bei verschiedenen Vergiftungen (Arsen, Phosphor, Schwefelsäure und Quecksilber) auftreten.

Besonders zu beachten sind die Fälle mit katarrhalischer Darmentzündung, die sich oberhalb einer Darmstenose entwickelt hat. Stagnierter Darminhalt führt sehr leicht zu abnormen Zersetzungen, wodurch toxisch reizende Substanzen entstehen. Gleichzeitig besteht die Gefahr der Resorption von toxischen Produkten der Bakterien, welche sich in solchen Gebieten ungehemmt vermehren. Ebenso können auch Darmparasiten durch Absonderung von giftigen Substanzen Entzündungen der Darmschleimhaut erregen und durch die Resorption der betreffenden Gifte Schaden stiften. Analoges gilt natürlich auch von den Stoffwechselprodukten der für die Pathologie der infektiösen Darmerkrankungen in Betracht kommenden Infektionserreger, wie bei der Fleischvergiftung, bei der Infektion mit Paratyphus B, mit B. Botulinus, wie auch mit den Erregern der Ruhr, des Typhus und der Cholera. Selbstverständlich wird bei allen diesen Infektionskrankheiten die Resorption auch durch das rasche Tempo der Passage, durch die meist bestehenden Diarrhöen, bestimmt (s. oben). Es ist im Einzelfalle bei gehäuften diarrhoischen Stühlen nicht leicht zu unterscheiden, inwieweit die Schädigung der Schleimhaut oder die Beschleunigung der Darmpassage die Resorption gestört haben. Dies gilt besonders auch für die Darmtuberkulose. Eindeutiger liegt die Beurteilung dieser Frage bei jenen schweren Darmerkrankungen, die mit einer Atrophie und Degeneration des Darmes einhergehen. Der Begriff dieser Atrophie hat in den letzten Jahren wichtige Wandlungen erfahren. NOTHNAGEL fand noch bei 80% aller Leichen Atrophien des Darmes, bis kürzlich GERLACH[1] auf die Bedeutung der postmortalen Darmblähung für die Verdünnung der Darmwand hinwies. Solche Atrophien des Darmes wurden vor allem auch bei Kranken mit perniziöser Anämie festgestellt. Auch FABER und BLOCH[2] wiesen darauf hin, daß erst durch postmortale Veränderungen solche Trugbilder hervorgerufen werden. WALLGREN[3] beschrieb demgegenüber vor kurzem, daß sich zwar nicht eine eigentliche Darmatrophie, aber doch eine *Hypoplasie der Darmschleimhaut* bei der *perniziösen Anämie* — intra vitam entstanden — findet. Das Beispiel der perniziösen Anämie zeigt übrigens, daß, unabhängig von einer abnormen Bakterienbesiedelung des Magens und Dünndarmes und sicher nachweisbaren Veränderungen in der Magen-Darmschleimhaut, schwere Resorptionsstörungen, die zu einer Beeinträchtigung des Allgemeinzustandes der Kranken führen, *nicht* vorhanden zu sein brauchen. Im allgemeinen weisen perniziös Anämische bei der Sektion reichlich entwickeltes Fettpolster auf. Daß allerdings die Resorption *abnormer Bakterienprodukte*, gleichgültig, ob es sich um Endotoxine oder um giftige Substanzen (Amine) — durch die Tätigkeit der Bakterien aus dem Nahrungseiweiß gebildet — handelt, pathogenetische Bedeutung gewinnen kann, geht aus den Untersuchungen von KNUD FABER, SEYDERHELM[4] u. a. hervor.

[1] GERLACH: Dtsch. Arch. klin. Med. **57**, 83 (1896).
[2] FABER u. BLOCH: Z. klin. Med. **40**, 98 (1900).
[3] WALLGREN, J.: Über die Veränderungen des Verdauungskanals bei der perniziösen Anämie. (Pathologisch-histologische Studien.) Jena: Gustav Fischer 1923 (Lit.).
[4] SEYDERHELM: Die Pathogenese der perniziösen Anämie. Erg. inn. Med. **21** (1921) (Literatur).

Die *amyloide Degeneration*, meist allerdings mit Amyloid anderer Organe (Milz, Leber usw.) kombiniert, führt zu besonders schweren Beeinträchtigungen der Darmresorption. FR. MÜLLER fand in einem solchen Fall 33—37% Fettverlust und ca. 12% N-Verlust[1].

Das Problem, welche Bedeutung eine abnorme Bakterienbesiedelung des Dünndarmes für die Entstehung der sog. „*intestinalen Autointoxikation*" einnimmt, ist seit langem umstritten. Wenn auch dieser Fragekomplex von E. MAGNUS-ALSLEBEN in diesem Handbuch **3 II**, 1037 abgehandelt ist, sollen doch hier anschließend unter Benutzung neuerer Literatur weitere Ergänzungen gemacht werden.

Über Darmintoxikation.

Im Jahre 1887 trat der Pariser Kliniker BOUCHARD[2] zum ersten Male mit seinen berühmt gewordenen 25 Vorlesungen „Leçons sur les auto-intoxications dans les maladies" vor die Öffentlichkeit. SENATOR[3] hat BOUCHARD dann später die Priorität streitig gemacht, ALBU[4] wies jedoch nach, daß schon 1864 BETZ[5], ein Landarzt, in der von ihm begründeten Zeitschrift „Memorabilien" die Intoxikation des Intestinaltraktus an zahlreichen Beispielen zum ersten Male als Krankheit sui generis beschrieben hat. Auch METSCHNIKOFF und COMBE[6] setzten sich für die Lehre der „intestinalen Autointoxikation" ein; sie vermochten jedoch nur wenige Anhänger für diese Theorie unter den ersten Forschern und Ärzten zu gewinnen. Und auch als vor 30 Jahren FR. MÜLLER und BRIEGER[7] auf dem Wiesbadener Kongreß ihre Referate über dieses Thema hielten, war der Grundton mehr oder minder eine Absage, weniger auf Grund von Gegenbeweisen als vielmehr auf Grund des Mangels an einer exakten Methodik, die es gestattet hätte, dieses Problem in einwandfreier Weise zu klären.

Von BOUCHARD und CHARRIN wurde die intestinale Auto*infektion* von der „intestinalen Auto*intoxikation*" nicht streng abgetrennt. Erst SENATOR, FR. MÜLLER, ALBU forderten eine solche Trennung. Daß es überhaupt eine „intestinale Autointoxikation" gibt, wurde damals durch den *Nachweis von verschiedenen Giftstoffen* im Urin *begründet*. Der *normale* Urin enthält kein Gift; das wissen wir aus den Untersuchungen von BRIEGER, der Meerschweinchen das ca. 15fache ihres Körpergewichtes von frischem menschlichen Urin injizierte, ohne daß irgendwelche Intoxikation auftrat. Demgegenüber weist bei verschiedenen Krankheitszuständen das Auftreten von Stoffen im Urin, die sonst nur bei der *Eiweißfäulnis* gebildet werden, auf eine *ursächliche* Bedeutung intestinaler Zersetzungsvorgänge hin. Eiweißkörper der Nahrung können durch die Tätigkeit proteolytischer und peptolytischer Darmkeime zu toxischen Produkten abgebaut werden. Schon bei reichlicher Eiweißkost werden solche Abbaustoffe des Eiweißes, wie Phenol, Indol, Skatol, aromatische Oxysäuren u. a., in reichlichem Maße resorbiert und gehen, nachdem sie zum Teil in der Leber entgiftet sind, und zwar durch Paarung mit Glucuronsäure oder Schwefelsäure, in den Urin über. Besonderes Interesse erweckte die Beobachtung des Auftretens

---

[1] Vgl. auch WEINTRAUD: Heilkunde **3**, 67 (1898). — MÜLLER, FR.: Z. klin. Med. **12**, 101 (1897).

[2] BOUCHARD: Leçons sur les auto-intoxications dans les maladies. Paris: Savy 1887.

[3] SENATOR: Berl. klin. Wschr. **1884**, Nr 24 — Z. klin. Med. **1884**.

[4] ALBU, A.: Über die Autointoxikationen des Intestinaltraktus. Berlin: Hirschwald 1895.

[5] BETZ: Memorabilien **1864**, 140. — BRIEGER: Ebenda.

[6] COMBE, A.: Die intestinale Autointoxikation und ihre Behandlung. Übersetzt von C. WEGELE. Stuttgart: Ferd. Enke 1909.

[7] MÜLLER, FR.: Verh. Kongr. inn. Med. **1898**. — BRIEGER: Ebenda.

von proteinogenen Aminen, meist *Diaminen*, im Urin. Vor allem bedeutungsvoll wurde das Tetra- und Pentamethylendiamin, d. h. das Putrescin und das Cadaverin (BRIEGER). Die Giftigkeit dieser aromatischen *Eiweißabkömmlinge*[1] ist bekannt. Dasselbe gilt nicht in gleichem Maße von den bei der abnormen *Kohlehydratgärung* auftretenden Produkten, d. h. wenn es sich um Milchsäure-, Buttersäure- oder Hefegärung handelt. Ebensowenig liegen heute Beobachtungen dafür vor, daß der Schwefelwasserstoff, der von HOPPE-SEYLER, KÜHNE u. a. als pathologisches Produkt angesehen wurde, zu direkten Schädigungen führt (ERBEN[2], HIJMANS VAN DEN BERGH[3]). Es gibt allerdings ein familiäres Auftreten einer *enterogenen Cyanose*, die durch abnorme bakterielle Gärung im Darm hervorgerufen wird, wobei eine Schwefelverbindung des Hämoglobins entsteht. Diese Cyanose ist aber nur eine scheinbare, da trotz intensivster Blaufärbung Störungen von seiten der Atmung oder des Herzens *nicht* auftreten.

Alle möglichen und unmöglichen Symptome wurden anfangs auf eine „intestinale Autointoxikation" bezogen. Die historische Betrachtung zeigt, wie *wenig* sich aus dem spekulativen Wirrwarr vergangener Zeiten als *begründete* Tatsache absondern läßt.

Entwicklungsgeschichtlich interessant ist es, wie die Lehre BOUCHARDS von der „intestinalen Autointoxikation" sofort eine Bewegung ins Leben rief, die das Auffinden *spezifischer* Darmgifte in analoger Weise zum Ziele hatte, wie man andererseits danach trachtete, einer Vielheit von Infektions*krankheiten* eine Vielheit von Infektions*erregern* entgegenzustellen. So wollte z. B. GRIFFITHS[4] im Urin bei Pleuritikern ein Pleuricin, bei Ekzem ein Ekzemin, bei Carcinom ein Carcinin, bei Scharlach, Influenza und bei Epileptikern je eine giftige fiebererregende Base nachgewiesen haben. Diese überspannten Vorstellungen wurden natürlich nicht Allgemeingut der Ärzte, und es setzte schon sehr bald eine Gegenströmung ein, die bestrebt war, die Spreu vom Weizen zu sondern. Besonderes Interesse verdient in diesem Sinne die zu Anfang des Jahrhunderts erschienene Monographie des Westschweizers COMBE[5], die in einer ausgezeichneten Übersetzung des San.-Rats WEGELE aus Bad Königsborn vorliegt. COMBE unterschied bei der „intestinalen Autointoxikation" eine *larvierte Form ohne* Magen-Darmstörungen und eine *gastro-intestinale Form*, bei der häufige Verdauungsstörungen, wie Obstipation, Durchfall, Erbrechen usw., im Vordergrund stehen.

Für COMBE war es angeblich ein leichtes, je nach Bevorzugung der Kohlehydrate oder andererseits der Eiweißkörper, die Bakterienflora des Stuhles von Grund auf zu ändern; dieses erscheint allerdings nicht verwunderlich, wenn wir lesen, daß er seine Erfahrungen im wesentlichen am Stuhl des Säuglings und des Kindes gewann.

Im Laufe der letzten 20 Jahre erschienen dann weitere Arbeiten, welche Störungen in einem *speziellen Organgebiet* auf „intestinale Autointoxikation" zurückzuführen suchten, so im Bereich des Herzens: Kardialgie, Tachykardie, Bradykardie, Angina pectoris, Arrhythmie; von seiten der Lunge: dyspeptisches Asthma (HENOCH[6], SILBERMANN[7] u. a.); von seiten des Nervensystems: Kopfschmerzen, Abnahme des Gedächtnisses, auch echte Migräneanfälle, bei Kindern pseudoepileptische Zustände, Anfälle von Petit mal, ferner wurde das Auftreten

[1] ALEXANDER ELLINGER hat 1907 in einer ausgezeichneten Monographie die Chemie der Eiweißfäulnis abgehandelt [Erg. Physiol. (Asher-Spiro) **6**, 29 (1907)].
[2] ERBEN: Die Vergiftungen. Wien 1911.
[3] HIJMANS VAN DEN BERGH: Dtsch. Arch. klin. Med. **83**, 86 (1905).
[4] GRIFFITHS: C. r. Acad. Sci. **113**, 656; **114**, 496, 1382; **115**, 185, 667; **116**, 1205; **117**, 744.
[5] COMBE: Zitiert auf S. 91.
[6] HENOCH: Lehrb. d. Kinderkrankheiten, 5. Aufl. Berlin 1890.
[7] SILBERMANN: Berl. klin. Wschr. **1882**, Nr 23.

einer intestinalen Psychose, einer gastrischen Hypochondrie angenommen. C. v. Noorden[1] beschrieb 1913 das Bild einer enterogenen toxischen Polyneuritis, hervorgerufen durch Dünndarmeiweißfäulnis, welche durch entsprechende diätetische Behandlung gebessert worden sei.

Als besonders charakteristisch wurde ferner eine mit Depression einhergehende Lähmung des Willens beschrieben. In diesem Sinne bekannt ist das Beispiel eines Amerikaners, der nach Paris zwecks einer Konsultation kam und 5 Tage lang in seinem Zimmer auf einem Koffer in vollständigem Reisekostüm sitzen blieb, ohne zum Entschluß zu kommen. Man brachte ihn in ein Krankenhaus, wo sich sein Zustand zunächst verschlimmerte, dann aber nach Behandlung seines Magenleidens eine Besserung auftrat. Weitere Beobachtungen dieser Art teilte Wagner v. Jauregg[2] mit, der gewisse psychiatrische Erkrankungen, vor allem Zwangsvorstellungen, auf „intesinale Autointoxikation" zurückzuführen geneigt ist.

Die Untersuchungen der letzten 10 Jahre haben jedoch gezeigt, daß von alledem, was Combe und seine Schüler als „intestinale Autointoxikation" bezeichnet haben, nicht viel übriggeblieben ist; diese Diagnose hat mit Recht ihre Bedeutung eingebüßt. Dagegen ist der Begriff der darmbakteriogenen Intoxikation für die Pathogenese von zwei grundverschiedenen Krankheiten bedeutungsvoll geworden, nämlich für die Nephritis und die perniziöse Anämie.

Nach Volhard[3] und seinen Schülern (Hülse[4], Becher[5] u. a.) führt die schwere Nierenerkrankung neben der Ansammlung von Stoffwechselschlacken auch zu einer Retention von Darmfäulnisprodukten, so daß demnach der urämische Symptomenkomplex wahrscheinlich zum großen Teil durch retinierte, intestinal entstandene Fäulnisprodukte hervorgerufen wird.

Wenn hier im beschränkten Rahmen nicht auf die Pathogenese der perniziösen Anämie näher eingegangen werden soll, so muß immerhin darauf hingewiesen werden, daß sich in den letzten Jahren durch weiteres Studium dieser Krankheit wichtige neue Vorstellungen von der Physiologie und Pathologie des Darmes gewinnen ließen.

Nachdem ich bei einigen Fällen von perniziöser Anämie, bei denen im untersten Ende des Dünndarmes eine Fistel angelegt worden war, zum ersten Male habe zeigen können, daß sich bei den perniziös Anämischen eine hochgradige Eiweißfäulnis im Dünndarm abspielt, daß der Dünndarm bakteriologisch zum Dickdarm geworden ist, setzten von allen Seiten weitere Darmuntersuchungen ein. Sie kamen alle *übereinstimmend* zu dem Resultat der Feststellung, daß sich bei der perniziösen Anämie im ganzen Verlauf des Dünndarmes so viele Keime finden, wie sonst bei keiner anderen Krankheit (Literatur bei van der Reis[6]). Man hatte sich mit Recht die Vorstellung gebildet, daß das Auftreten von Dickdarmkeimen, insbesondere von B. coli, im Dünndarm nicht unmittelbar zu einer Gefährdung des Organismus zu führen braucht, denn man findet ja solche Keime auch bei allen möglichen Formen von akuter Enteritis, bei Eiweißfäulnisdyspepsie, bei katarrhalischem Ikterus usw. So kann man in der Tat geneigt sein, die Un-

---

[1] v. Noorden, C.: Berl. klin. Wschr. **1913**, Nr 2.

[2] Wagner v. Jauregg: Wien. klin. Wschr. **1896**, 165.

[3] Volhard: Ausführliche Literatur bei Becher.

[4] Hülse: Zitiert nach Becher.

[5] Becher: Verh. dtsch. Ges. inn. Med. Wiesbaden 1925 u. 1926 — Klin. Wschr. **4**, Nr 19 (1925); **5**, Nr 4 u. 30 (1926) — Münch. med. Wschr. **1925**, Nr 40, 1676, 1677; Nr 47, 2009; **1926**, Nr 38, 1561, 1562; **1927**, Nr 36, 1542; **1928**, Nr 11, 465 — Zbl. inn. Med. **1925**, Nr 16 u. 37; **1926**, Nr 15 — Seyderhelm: Bad Mergentheimer Fortbildungskursus 1928.

[6] van der Reis: Erg. inn. Med. **27**, 77 (1925) (Literatur). Abderhaldens Handb. d. biol. Arbeitsmethoden Abt. IV, Teil 6/1, H. 3 (1920) (Darmpatronen-Technik).

menge von Dickdarmkeimen im Dünndarm bei der perniziösen Anämie als *sekundäre* harmlose Begleiterscheinung aufzufassen. Daran ändert zunächst auch nichts die von WICHELS[1] und mir gemachte Beobachtung, daß auch der *Magensaft* der perniziös Anämischen in 100% der Fälle B. coli (Züchtung) aufweist, so daß wir uns berechtigt glaubten, die Diagnose perniziöse Anämie nur dann mit Sicherheit zu stellen, wenn die Züchtung von Colibacillen aus dem Magensaft gelang.

Es erhebt sich nun aber hier die Frage: Wie kommt es überhaupt zu einer solchen hemmungslosen Invasion von Dickdarmkeimen in den Dünndarm? Daß der Dünndarm normalerweise so keimarm ist im Gegensatz zum Dickdarm, dessen Inhalt neben Nahrungsresten fast ausschließlich aus Bakterien besteht, war ja von jeher ein Problem für sich. Wie kommt es, daß die Flora von Aerobiern und Anaerobiern des Dickdarmes, die durch keine sichtbare Grenze vom Dünndarm getrennt ist, allein auf das Kolon beschränkt bleibt? Bezüglich der letzteren Frage sind die Untersuchungen von GANTER und VAN DER REIS[2] wegbahnend gewesen; sie fanden, daß Dünndarmsaft Bakterien, die in ihn hineingeimpft worden waren, in verhältnismäßig kurzer Zeit abtötet. BOGENDÖRFER[3] versuchte die Substanzen, welche die Bakterien abtöten, aus der Dünndarmschleimhaut zu extrahieren. Es gelang ihm angeblich, die von ihm sog. „Bakteriostanine“ aufzufinden, alkohollösliche, lipoidähnliche Substanzen, die nach seiner Ansicht von der Dünndarmschleimhaut abgesondert werden und die Keimarmut des Dünndarminhaltes bedingen. In Gemeinschaft mit RADEL[4] habe ich mich auch bemüht, diese „Bakteriostanine“ aufzufinden. Wir bekamen niemals bei unseren Untersuchungen irgendwelche Unterschiede mit oder ohne Zusatz von Extrakt von Dünndarmschleimhaut, und doch muß man die Existenz derartig vorgebildeter Substanzen in der Dünndarmschleimhaut vermuten. Einen wesentlichen Fortschritt in der Beurteilung der oben zuerst angeführten Frage brachte die Feststellung von BOGENDÖRFER und VAN DER REIS[5] und LÖWENBERG[6], daß der Dünndarmsaft bei der perniziösen Anämie *keine Spur einer bactericiden Fähigkeit* aufweist. LÖWENBERG fand, daß der gewöhnliche anacide Magensaft und der von Achylia gastrica nicht perniziös Anämischer *bactericide* Substanzen enthält, daß hingegen der achylische Magensaft von Kranken mit perniziöser Anämie diese Eigenschaft vermissen läßt. CURT MEYER und LÖWENBERG[7] haben vor kurzem in sehr interessanten Untersuchungen zeigen können, daß diese bactericiden Substanzen nichts mit den „Bakteriostaninen“ von BOGENDÖRFER zu tun haben. Auch sie konnten wie wir keine „Bakteriostanine“ durch Extraktion der Dünndarmschleimhaut nachweisen. Sie fanden, daß die von ihnen nun sog. „Bactericidine“ nicht Eiweißnatur haben, daß sie nicht diffundieren, dagegen BECHHOLDsche Filter passieren; auch sind sie im Gegensatz zu den „Bakteriostaninen“ von BOGENDÖRFER alkohol*unlöslich*.

Diese Betrachtungen führen uns in Neuland der pathologischen Physiologie des Darmes, und hier ergeben sich zahlreiche neue Gesichtspunkte, die für die Frage der intestinalen Autointoxikation von prinzipieller Bedeutung sind. Es sind zweifellos theoretisch Übergänge gegeben von der relativ harmlosen Vermehrung der im Dünndarm vereinzelt vorkommenden Dickdarmbakterien, die

[1] WICHELS: Z. klin. Med. **100**, 535 (1924).
[2] GANTER u. VAN DER REIS: Dtsch. med. Wschr. **1920**, 236.
[3] BOGENDÖRFER: Z. exper. Med. **41**, 63 (1924).
[4] RADEL: Z. exper. Med. **43**, H. 6 (1926).
[5] VAN DER REIS: Zitiert auf S. 93.
[6] LÖWENBERG: Arch. Verdgskrkh. **37**, 274 (1926) — Klin. Wschr. **1926**, Nr 13, 548; Nr. 40, 1868 — Dtsch. med. Wschr. **1926**, Nr 42, 1767 — Z. Hyg. **108**, 1 (1927).
[7] MEYER, CURT u. LÖWENBERG: Klin. Wschr. **7**, Nr 21, 984 (1928).

entweder zu Eiweißfäulnis oder zu Kohlehydratgärung führen, bis zum unaufhaltsamen Vorrücken der Dickdarmflora, immer weiter hinauf bis zum Magen. In ersterem Falle handelt es sich um *abnorme Bakterienvermehrung*, die dadurch zustande kommt, daß der Dünndarm*inhalt* einen besonders günstigen Nährboden bietet (Fermentmangel, J. STRASSBURGER). In prinzipiellem Gegensatz hierzu steht jene *Invasion*, die nicht etwa aus einem Diätfehler und nicht aus Mangel an Darmfermenten entsteht, sondern aus dem *Schwinden der bactericiden Funktion der Dünndarmschleimhaut*. Es leuchtet ein, daß letzteres eine viel schwerwiegendere Erkrankung darstellt und daß das Hinfälligwerden der Abwehrkraft der Dünndarmschleimhaut diese selbst zum hilflosen Nährboden der ascendierenden Dickdarmflora werden läßt. Wenn man die beiden eben beschriebenen, absolut verschiedenen Vorgänge streng unterscheidet, wird verständlich, daß es in dem einen Falle möglich ist, durch Diätetik resp. Fermenttherapie die Vermehrung der Bakterien und ihre Folgen zu beseitigen: Schulbeispiele sind die Eiweißfäulnis einerseits und die Kohlehydratgärung andererseits, in gleichem Sinne auch die meisten Ernährungsstörungen des Säuglings und des Kindes. Ganz im Gegensatz hierzu läßt sich im anderen Falle die Bakterieninvasion in den Dünndarm, wie z. B. bei der perniziösen Anämie, durch irgendwelche diätetische Maßnahmen in keiner Weise beeinflussen. Es ist nicht möglich, mit Kefir, mit vegetabilischer Kost oder mit sog. Darmdesinfizenzien auch nur im geringsten der Überwucherung des Dünndarmes und des Magens mit Darmflora Halt zu gebieten.

Über die chemische Natur der toxischen Substanzen, die bei der perniziösen Anämie resorbiert werden, fehlen exakte Grundlagen. Gegenüber der Annahme, daß es Endotoxine der Bakterien selbst sein können, erscheint ebenso die Möglichkeit diskutabel, daß es sich um toxische Substanzen handelt, die durch die Tätigkeit der Bakterien — seien es Aerobier oder Anaerobier — aus dem Eiweiß der Nahrung resp. seinen Abbauprodukten gebildet werden. Experimentelle Untersuchungen fordern auf, den Diaminen und Oxydiaminen besondere Aufmerksamkeit zu schenken; beide wurden im Urin von perniziös Anämischen gefunden. Das Paroxyphenyläthylamin z. B. ist eine Base, die bei der Fäulnis von Pferdefleisch auftritt (BERGER und WALPOLE). BERTELOT und BERTRAND[1] haben den Bacillus aminophilis intestinalis, der der Gruppe des FRIEDLÄNDERschen Pneumobacillus angehören soll, aus dem menschlichen Darminhalt isoliert. Dieser Bacillus bildet aus Tyrosin p-Oxyphenyläthylamin. Unter gewissen Umständen entsteht diese Verbindung auch durch die Einwirkung von lebenden Colibacillen aus Tyrosin. Mit dieser Substanz konnte TOKU IWAO[2] in Tierversuchen schwere Anämien erzeugen, die in der Veränderung des Blutes und der blutbildenden Organe dem Blutbild der perniziösen Anämie ähnlich waren. Auch durch die interessanten Untersuchungen von ROSENTHAL, WISLIKI und KOLLEK[3] sind die Oxyamine in den Vordergrund gerückt worden. LIPSCHITZ[4] hat schon früher zeigen können, daß Blutgifte, wie das Phenylhydrazin und die Nitrobenzole, im Organismus über einen Stoff vom Typus des Hydroxylamins, d. h. über einen Körper von einer NHOH-Gruppe, zu Blutgiften werden. ROSENTHAL und seine Mitarbeiter glauben auf Grund ihrer experimentellen Untersuchungen, daß durch eine Störung im intermediären Stoffwechsel der Leber bei der perniziösen Anämie Aminosäuren durch Oxydation zu Blutgiften werden

---

[1] BERTELOT u. BERTRAND: C. r. Acad. Sci. **154**, 1643 (1912).
[2] IVAO, TOKU: Biochem. Z. **59**, 436 (1914).
[3] ROSENTHAL, WISLIKI u. KOLLEK: Kongr. inn. Med. Wiesbaden 1928.
[4] LIPSCHITZ: Über den Mechanismus von Blutgiften. Asher-Spiros Erg. Physiol. **23**, 1 (1924).

können, ja daß vielleicht auch Produkte des Eiweißstoffwechsels — des Harnstoffes — durch die Aufnahme eines Sauerstoffatoms in die eine Aminogruppe zu einem schweren Blutgift umgestaltet werden können. Mit dem Oxyharnstoff $CO\langle{}^{NHOH}_{NH_2}$ gelang es ROSENTHAL und seinen Mitarbeitern, schwere Anämien vom Typus der perniziösen Anämie zu erzeugen. Auch wenn man an die Möglichkeit einer solchen oxydativen Selbstvergiftung der Leber nicht glaubt (HEUBNER[1]), so sind diese Untersuchungen doch sehr interessant, da sie von neuem die eventuelle Bedeutung solcher Oxyamine in den Vordergrund stellen, welche ja auch von Bakterien, die im Dünndarm des perniziös Anämischen pathologisch vorhanden sind, möglicherweise gebildet werden können.

Es wäre unvollständig, wenn hier nicht noch auf das Verhalten der *Leber* bei beiden Arten von Bakteriengefahr im Dünndarm hingewiesen würde.

Die Leber ist das Organ, in dem sich das gesamte Pfortaderblut vom Dünndarm her sammelt. Sie ist dazu berufen, nicht nur die schon mehr oder minder abgebauten Nahrungsprodukte weiterzuverarbeiten, sondern auch in ganz bestimmtem Maße die vom Darm zu ihr geleiteten Giftstoffe zu entgiften. FRIEDRICH MÜLLER[2] zitiert mit Recht den Satz von ROVIGHI: „Die Leber prüft wie der Minos bei Dante die Schuld der Eintretenden und kennt ihre Sünden."

Wenn man einem Hund mittels Schlundsonde den aus der Fistel gewonnenen Dünndarminhalt eines perniziös Anämischen verfüttert, führt man ihm damit eine Giftmenge zu, die genügen würde — parenteral verabreicht —, ca. 120 Kaninchen und mehr zu töten. Trotzdem wird dieser Hund keinerlei Störung seines subjektiven Befindens zeigen. Die Giftstoffe, peroral verabreicht, werden zum großen Teil resorbiert, aber in der Leber entgiftet; die zugeführten Bakterien werden von den Produkten der *normalen* Dünndarmschleimhaut abgetötet. Ebenso werden auch die im Verlauf vorübergehender Dünndarmeiweißfäulnis resorbierten Giftstoffe in der Leber entgiftet. Die gleichen Giftstoffe wirken im Tierversuch jedoch parenteral verabreicht schon in kleinen Dosen tödlich (MAGNUS-ALSLEBEN[3]). Auf Grund dieser Versuche bedeutet das klinische Manifestwerden der Resorption toxischer Produkte durch die Dünndarmschleimhaut letzten Endes eine Insuffizienz der Leber bezüglich ihrer entgiftenden Funktion.

Ganz besonders deutlich tritt das Versagen der Leber beim akuten Ileus in Erscheinung. Die Abklemmung einer Dünndarmschlinge, sei es in der Pathologie des Menschen, sei es im Experiment, führt zur Bildung von bakteriellen Fäulnisprodukten, die in ungeheuerer Menge mit dem Pfortaderblut abgeführt werden. Die Leber versagt jetzt, wenn die Giftzufuhr ihre Funktionsbreiten überschreitet. Das Glykogen wird ausgeschüttet, der Traubenzucker im Blut steigt an, die kochsalzregulierende Funktion der Leber wird gestört, der Kochsalzspiegel im Blut fällt auf abnorm tiefe Werte.

Ebenso führt die *chronische Stenosierung* des unteren Dünndarmes zu Bakterieninvasion, zu hochgradiger Indicanurie, in einzelnen Fällen sogar zur Entwicklung einer perniziösen Anämie. Es ist mir in Versuchen mit WALTER LEHMANN und WICHELS[4] gelungen, diese intestinale Genese der perniziösen Anämie beim Hund durch experimentelle Dünndarmstriktur nachzuahmen. Diese Versuche wurden kürzlich von LOMBARDI[5] (Neapel) bestätigt.

---

[1] HEUBNER: Klin. Wschr. **1928**.
[2] MÜLLER, FR.: Zitiert auf S. 91.
[3] MAGNUS-ALSLEBEN: Beitr. chem. Physiol. u. Path. **6**, 503 (1905).
[4] SEYDERHELM, LEHMANN, W. u. WICHELS: Krkh.forschg **4**, H. 4, 263.
[5] LOMBARDI, ERMANNO: Sulla etiologia dell' anemia perniciosa. Riforma med. **44**, Nr 5, 98 (1928).

Daß tatsächlich Funktionen der Leber bei abnormer Bakterienflora im Darm in Wegfall kommen und das Leben gefährden, zeigt — wie amerikanische Autoren gefunden haben — beim experimentellen Ileus in Hundeversuchen die lebensrettende Wirkung rectal verabreichter Galle; die Hunde werden dadurch für Tage am Leben gehalten. Solche Befunde haben an und für sich nichts Rätselhaftes, aber erst noch weitere Untersuchungen werden die Beziehung vom Darm zur Leber und umgekehrt klären können. Neueste Untersuchungen von SEULBERGER, BRANDES und BEYKIRCH[1] machen es wahrscheinlich, daß der Tod nach akutem, experimentellem Ileus durch die sekundäre Leberschädigung und allgemeine Kreislaufsstörung zustande kommt. Die Bakterienkomponente scheint auch bei der Genese der tödlichen Ileusnoxe nur in der chronischen Form des Darmverschlusses eine objektiv nachweisbare Rolle zu spielen.

Wie oben schon ausgeführt wurde, kommt es auch bei der *Nierenentzündung* zur toxischen Auswirkung schwerer Darmgifte, und zwar vor und im Stadium der echten Urämie. VOLHARD und seine Schüler, vor allem BECHER[2], glauben auf Grund des Nachweises von Darmgiften im Blut bei der Urämie, daß das Terminalstadium der Nierenerkrankung durch eine „intestinale Autointoxikation" charakterisiert ist. BECHER fand im Blut bei Urämikern gebundenes aber auch freies, also nicht entgiftetes Phenol, aromatische Oxysäuren und ähnliche Substanzen, die ausschließlich im Darm entstehen. Es ist sehr interessant, daß BECHER weiter bei *nephrektomierten* Tieren, denen er gleichzeitig den Darm entfernt hatte, diese Substanzen im Blut vermißte, insbesondere kein Indican nachweisen konnte. Man muß also annehmen, daß die Retention der im Darm gebildeten Eiweißfäulnisprodukte den Zustand der Urämie zum Teil mit auslöst.

Unterbrechung des entero-hepatischen Kreislaufes durch Resorptionsstörungen.

Unter normalen Verhältnissen ist die Resorption gewisser Substanzen, die in den Darm ausgeschieden werden und einen Kreislauf vom Darm zur Leber und wieder zurück zum Darm vollführen, bedeutsam.

Die Versuche an Gallenfistelhunden demonstrieren die Bedeutung des kompletten Gallenverlustes am besten. Die Tiere magern rapide ab, und es entwickelt sich eine Störung des Knochenaufbaues, die zu spontanen Frakturen führen kann. Typische Epithelkörperchenveränderungen wurden dabei beschrieben.

Kürzlich habe ich zusammen mit TAMMANN[3] die sich bei Gallenfistelhunden entwickelnde Anämie näher untersucht. Histologisch fand sich eine hochgradige Eisenansammlung in der Leber und Milz, vor allem auch in den stets stark angeschwollenen Lymphdrüsen des Bauchraumes. Es handelte sich hierbei um Hämoglobineisen, das aus dem regelmäßigen Kreislauf des Auf- und Abbaues als nicht mehr verwertbar ausgeschieden wurde. Dieses Hämoglobineisen bleibt gewissermaßen liegen, da es nicht mehr abgeholt wird, und zwar von einer zunächst noch nicht bekannten Substanz der Galle, die unter physiologischen Bedingungen vom Darm aus rückresorbiert wird, jedoch bei den Gallenfistelhunden dem Körper verlorengeht. Durch Verfütterung von Galle gelang es, die Gallenfistelanämie wieder zu heilen. Die Frage, *welche* Substanz der Galle

---

1 SEULBERGER, P., K. BRANDES u. A. BEYKIRCH: Bruns' Beitr. **1928** (Literatur).

2 BECHER: Zitiert auf S. 93.

3 SEYDERHELM u. TAMMANN: Verh. dtsch. Ges. inn. Med. Wiesbaden 1927 — Klin. Wschr. **6**, Nr 25 (1927) — Z. exper. Med. **57**, 641 (1927), Forts. demnächst erscheinend in gl. Z. — TAMMANN: Bruns Beiträge f. klin. Chirurgie **124**, 83 (1928).

durch Rückresorption die Entstehung der Anämie verhütet, ist noch nicht völlig gelöst. Wir konnten durch Verfütterung von *gallensauren Salzen* die Entstehung der Anämie teilweise verhüten. Am raschesten vollzog sich jedoch die Heilung mit *aktiviertem Ergosterin*. TAMMANN gelang es weiter, die bei Gallenfistelhunden entstehenden schweren Knochenveränderungen mit aktiviertem Ergosterin zu reparieren. Alle diese Versuche legen die Vermutung nahe, daß eine Zirkulation von aktivierbarem Ergosterin von der Leber durch die Galle zum Darm und von hier aus durch Rückresorption zum allgemeinen Kreislauf stattfindet. Theoretisch erscheint es durchaus möglich, daß gewisse krankhafte Zustände nicht nur bei Erwachsenen, sondern auch vor allem bei Säuglingen auf einer Störung der Rückresorption solcher Gallenbestandteile beruhen, wobei sehr wohl die primäre Störung in einer *Schädigung der Darmschleimhaut* liegen kann. Erfahrungen in der Pädiatrie haben gezeigt, daß sich Rachitis häufig im Anschluß an Magen-Darmstörungen entwickelt. Die Folgerung, daß eventuell nicht das Fehlen des Vitamins in der Nahrung Ursache der Rachitis ist, sondern daß eine entzündliche Veränderung der Dünndarmschleimhaut die Resorption des Vitamins stört, erscheint somit durchaus diskutabel[1].

Anhang:

Die rectale Ernährung.

Die künstliche Ernährung vom Mastdarm aus — stets nur eine vorübergehende ärztliche Maßnahme — ist von praktischer Bedeutung bei allen Kranken, bei denen die perorale Zufuhr resp. Resorption im Dünndarm vorübergehend unmöglich geworden ist. Bei Magen- oder Duodenalgeschwür bedeutet die Zufuhr von Calorien, Wasser und Salzen durch Klistiere eine wertvolle Schonung der erkrankten Schleimhaut. Auch bei hochsitzendem Darmverschluß kann die rectale Ernährung, wenn die Hoffnung auf spontane Rückkehr des Verschlusses berechtigt ist, vor drohender Entkräftung schützen. Andererseits schließen alle entzündlichen Reizungszustände des Enddarmes die Anwendung von Ernährungsklistieren aus. Bezüglich der Technik der Ernährungsklistiere sei auf die Darstellung in SCHMIDT und v. NOORDEN: Klinik der Darmkrankheiten, hingewiesen. Dem Nährklistier muß stets eine Stunde vorher ein Reinigungsklistier vorausgehen. Besonders zweckmäßig ist die Anwendung eines Tropfklistiers (I. WERNITZ[2]). Ein zweckmäßiger Heizapparat für Tropfklistiere wurde von KOLLER-AEBY[3] angegeben. Unter Benutzung eines Verweilkatheters läßt sich meist leicht 1 Liter der betreffenden Flüssigkeit täglich zur Resorption bringen. Das Tropfklistier, in Amerika besonders für physiologische Kochsalzlösung von MURPHY („Murphy-Drip") propagiert, wurde in Deutschland von H. STRAUSS auch auf die Nährklistiere übertragen[4].

Kommt es nur darauf an, einem ausgetrockneten Organismus zunächst neue Flüssigkeit zuzuführen, so genügt *physiologische Kochsalzlösung*. Einer

[1] Vgl. RIETSCHEL u. HUMMEL: Über die Wechselbeziehungen zwischen Bakterienflora und Verdauungsvorgängen beim Säugling. Dieses Handbbuch **3 II**, 1001f. und ECKSTEIN u. RUMINGER: Physiologie und Pathologie der Ernährungs- und Verdauungsvorgänge im frühen Kindesalter. Ebenda S. 1293f. — Vgl. ferner VERZÁR in diesem Bande, S. 1.

[2] WERNITZ, J.: Zur Behandlung der Sepsis. Zbl. Gynäk. **1902**, Nr. 6 u. 23.

[3] KOLLER-AEBY, H.: Ein Heizapparat für Tropfklistiere. Schweiz. med. Wschr. **53**, 469 (1923).

[4] STRAUSS, H.: Zur Frage der Nährklistiere. Berlin — Klin. Wschr. **1905**, 34. — Vgl. auch J. BOAS: Kritisches zur Lehre von der Rectalernährung. Arch. Verdgskrkh. **37**, 37 (1926).

solchen 0,9proz. Kochsalzlösung können andererseits gleichzeitig eigentliche Nährstoffe beigefügt werden.

Unter den *Kohlehydraten* eignet sich am besten die Dextrose in 3—5proz. Lösung. Statt Dextrose kann man aber auch nach AD. SCHMIDT, v. NOORDEN und H. SALOMON eine 15—30proz. *Dextrinlösung* benutzen. Diese kolloidale Lösung hat den Vorteil, nicht zu reizen. Im Dickdarm findet sich stets genügend Enzym, um das Dextrin zu verzuckern.

Fette sind im Nährklistier zu vermeiden. Eine eigentliche Resorption derselben findet nicht statt (K. NAKASHIMA). Aus diesem Grunde sind auch Milch, Rahm und Eidotter zu verwerfen.

Eiweißkörper werden als solche vom Dickdarm auch nicht resorbiert. Von den Albumosen-Peptonen sind am reizlosesten Witte-Pepton und Riba. Sie werden durch Enzyme des Dickdarmes zu Aminosäuren abgebaut und erst dann resorbiert. Neuerdings gibt man auch resorbierbare Aminosäurepräparate (Hapan, Erepton u. ä.). Alkohol wird vom Dickdarm gut resorbiert. Lösungen, die mehr als 3% enthalten, reizen jedoch die Schleimhaut.

Im folgenden seien einige bekanntere Zusammensetzungen von Nährklistieren angeführt (nach SCHMIDT-v. NOORDEN[1]):

1. 150 g gewiegtes Rindfleisch mit 50—100 g fein ausgeschabtem, rohem Pankreas und 150 g Wasser zu dickem Brei verrührt (M. v. LEUBE).
2. 250 g 0,9proz. Kochsalzlösung, 20 g Nährstoff Heyden, 50 g Dextrin (AD. SCHMIDT). Fertiges Klistier angegebener Zusammensetzung im Handel.
3. 15 g Dextrose, 15 g Erepton, 250 g 0,9proz. Kochsalzlösung (L. JACOBSOHN und B. REWALD[2]). Auch als Tropfklistier geeignet.
4. 60 g Riba, 9 g Alkohol, 300 g Wasser, 0,9 g Kochsalz (v. NOORDEN-SALOMON).
5. 100 g Dextrin, 9 g Alkohol, 300 g Wasser, 2,5 g Kochsalz (v. NOORDEN u. H. SALOMON).
6. 150 g Dextrin, 50 g Riba, 7 g Kochsalz, 30 g Alkohol, 1000 g Wasser als Tropfklistier (v. NOORDEN-SALOMON).

Besonders empfindlich ist der *Kinderdarm*. Dennoch spielt auch in der Pädiatrie die rectale Ernährung bei manchen Darmkrankheiten eine Rolle. W. SCHÄFER[3] hält Klysmen mit Rohrzucker, Malzzucker, Milchzucker, Nährzucker nicht für zweckmäßig, da sie entweder schlecht resorbiert, schlecht gespalten oder schlecht vertragen werden; er empfiehlt eine annähernd blutisotonische Flüssigkeit von 30% *Dextrin* mit Zusatz von 0,2% krystallisierter *Soda* und 1/2 *Pancreontablette*. Solche Klysmen werden gut vertragen, schnell gespalten und gut resorbiert. P. NAKAZAWA[4] stellte fest, daß die mittels Nährklistier in das Rectum gebrachten Substanzen durch Antiperistaltik teilweise in höhere Teile des Dickdarmes gelangen können, was für die Resorption von Bedeutung ist. Bemerkenswert sind auch die Röntgenuntersuchungen von H. LOSSEN[5] über das Schicksal verschieden großer Darmeingießungen. LOSSEN fand, daß kleine Einläufe von 100—250 ccm nur Rectum und Ampulle füllen und wichtig sind für medikamentöse Zuführung zur V. haemorrhoidalis, daß Nährklistiere, Traubenzuckerklistiere, Natroneingießungen über den Darm verteilt werden sollen und 250—400 ccm umfassen müssen. Einläufe von mehr als einem Liter vermögen den Verschluß der BAUHINschen Klappe zu sprengen, was für die medikamentöse Beeinflussung des Dünndarmes wichtig ist.

---

1 SCHMIDT u. v. NOORDEN: Zitiert auf S. 87.

2 JACOBSOHN, L. u. REWALD: Ther. Gegenw. **1911**, 119.

3 SCHÄFER, W.: Über Rectalernährung im Kindesalter. Z. Kinderheilk. **34**, 196 (1922).

4 NAKAZAWA, F.: Untersuchungen über die Resorption einiger Nahrungsmittel in verschiedenen Teilen des Darmes. Tohoku J. exper. Med. **6**, 130 (1926) — Ref. Münch. med. Wschr. **73**, 1639 (1926).

5 LOSSEN, H.: Röntgenuntersuchungen über das Schicksal verschiedener großer Darmeingießungen unter besonderer Berücksichtigung therapeutischer Gesichtspunkte. Fortschr. Röntgenstr. **30**, 48 (1922). Vgl. auch HINSCHMAN, L. J.: Enemas, sanc of their and abuses. J. amer. med. Assoc. **89**, 1039 (1927).

Pharmakologie der Resorption im Magendarmkanal.

Von

Paul Trendelenburg

Berlin.

Ein Überblick über die Ergebnisse der Arbeiten, die sich mit dem Einfluß von Heilmitteln und Giften auf die Resorption von Flüssigkeiten und gelösten Substanzen im Magendarmkanal beschäftigen, gibt ein wenig befriedigendes Bild. Daran, daß so wenige Tatsachen gesichert sind, ist zum Teil der Umstand schuld, daß manche Untersucher die Schwierigkeiten der quantitativen Messung resorptiver Vorgänge unterschätzen. So wie diese es schon verursacht haben, daß die Ansichten über die Physiologie der Magendarmresorption noch starke subjektive Färbung haben, verhinderten sie auch in vielen Fragen der Beeinflußbarkeit der Magendarmresorption eine Übereinstimmung der Antworten.

Sehr schwer zu deuten sind die Ergebnisse der Arbeiten, bei denen der Einfluß von chemischen Substanzen auf die Ausscheidung gleichzeitig in den Magen gegebener Mittel, etwa von Jodsalzen, salicylsaurem Natrium, untersucht wurde. Denn da die Resorption im Magen eine viel schlechtere ist als im Dünndarm, und da die Resorption im Dünndarm von oben nach unten fortschreitend abnimmt, kann eine Änderung der Ausscheidungskurve ebensowohl durch Veränderungen der Fortbeförderungsgeschwindigkeit im Magendarmkanal als auch durch eine Beeinflussung der resorbierenden Schleimhaut verursacht sein. Derartige Versuche bedürfen der Ergänzung durch eine Versuchsanordnung, die das zu resorbierende Mittel mit und ohne Zusatz der zu untersuchenden Substanz auf dem gleichen Schleimhautabschnitt zur Resorption bringt. Zu diesem Zwecke wurde die Resorption im Magen, dessen Pförtner durch einen Gummiballon oder durch eine Ligatur verschlossen war, untersucht, oder man arbeitete am Magenblindsack nach Pawlow. Die Resorption des Dünndarms wird zweckmäßigerweise an einer Thiry-Vellafistel oder an abgebundenen Schlingen erforscht.

Aber auch bei der Anwendung dieser Methoden, bei denen Unterschiede in der Fortbeförderung durch den Magendarmkanal Wirkungen auf die resorbierende Schleimhaut nicht vortäuschen können, kann der etwa gefundene Einfluß eines Mittels auf die Resorptionsgeschwindigkeit nicht ohne weiteres mit einem Angriff an den resorbierenden Flächen in Beziehung gebracht werden. In manchen Fällen bewirkt das in den Kreislauf aufgenommene Mittel durch zentralen oder peripheren Angriff eine derartige Veränderung der Blutversorgung des Magendarmkanales, daß hierdurch die Resorption verändert wird (s. z. B. unten bei Phenol). Auch kann der für die Resorptionsgeschwindigkeit nicht ganz belanglose intestinale Druck vom Blutwege aus beeinflußt werden. Diese mittelbaren Einflüsse ließen sich durch Arbeiten am ausgeschnittenen Organ leicht vermeiden. Aber gerade bei Resorptionsversuchen leistet die Methode der Untersuchung am überlebenden Organ relativ wenig, weil das Epithel des aus dem Körper herausgenommenen Darmes sich nach kurzer Zeit abzustoßen beginnt.

1. Adsorption[1].

In vielen Fällen erweist sich die Bindung von Substanzen an geeignete Adsorptionsmittel, unter denen in den hier zu besprechenden Versuchen meist Ton und Kohlenpulver verwandt wurden, als fest genug, um die Resorption der mit dem Adsorptionsmittel in den Magendarmkanal eingeführten Substanz außerordentlich stark zu hemmen. Besonders deutlich zeigt sich die resorptionshemmende Wirkung bei der Darreichung eines Gemisches von Farbstoff und Adsorbens; Methylenblaulösungen, denen genügende Kohlenmengen zugesetzt sind, gehen nicht mehr in den Kreislauf und den Harn über. Daß auch Alkaloide durch Adsorptionsmittel unresorbierbar werden, ist mehrfach gezeigt worden. JOACHIMOGLU fand z. B., daß von einer bestimmten Kohlenpulversorte schon 15 mg genügten, um die Resorption von 10 mg, der für die Kontrolltiere sicher tödlichen Menge, so zu verlangsamen, daß der Tod nicht mehr eintritt.

Aber in vitro sich als sehr fest erweisende Adsorptionsverbindungen können zum Teil im Magendarmkanal wieder gelöst werden. So wird an Kohle gebunden dargereichtes Jod nicht langsamer in den Harn abgegeben als nach der Einnahme reiner Jodlösung, obwohl man der Jodkohle im Reagensglas selbst mit Jodkaliumlösungen kein Jod entziehen kann, und Phenolkohle hat, obwohl sie den Phenolgeruch vermissen läßt und an Wasser kein Phenol abgibt, nach dem Einbringen in den Darm eine noch erhebliche Giftigkeit.

Welche Kräfte im Magendarmkanal die adsorptiven Bindungen zum Teil lösen können, ist nicht sicher bekannt. Vielleicht spielen Verdrängungen durch Gallensubstanzen eine Rolle. In manchen Fällen sind diese Kräfte nur bei bestimmten Adsorptionsmitteln wirksam, bei anderen nicht. Aus der Verbindung mit Kohle wird Methylenblau nicht frei gemacht, aus der Verbindung mit Bolus alba dagegen leicht.

Da die Adsorptionskraft des Kohlenpulvers sich weit vielseitiger äußert als die der Bolus alba, dürfte die Kohle für die therapeutische Praxis hauptsächlich heranzuziehen sein. Da die Lösung der Adsorptionsbindung natürlich mit der Zeit eine immer vollkommnere wird, ist die Stärke der Entgiftung auch von der Geschwindigkeit, mit der Gift und Adsorbens den Magendarmkanal passieren, abhängig. Zur Beschleunigung des Transportes eignen sich besonders die Sulfate, denn sie begünstigen zudem die Festigkeit der Adsorptionsbindung.

2. Mucilaginosa[2].

Es ist nicht sicher zu entscheiden, ob die Verzögerung der Resorption, die durch Zugabe von Schleimlösungen erzielt werden kann, hauptsächlich durch adsorptive Wirkungen oder durch andere Faktoren, wie die Verschlechterung der Diffusion bewirkt wird. Die Erscheinung der Resorptionshemmung durch Mucilaginosa wurde besonders durch v. TAPPEINER und seine Schüler untersucht, andere Forscher konnten ihre Feststellungen bestätigen: die Resorption von Wasser, Jodnatrium, Natriumsalicylat, Zucker, Pepton, Chloralhydrat, Morphin usw. ist sowohl im Magen wie im Darme stark gehemmt, wenn irgendein

[1] Siehe W. WIECHOWSKI: Ther. Gegenw. April 1922. — JOACHIMOGLU, G.: Biochem. Z. **77**, 1 (1919); **134**, 493 (1923).

[2] TAPPEINER, H. V.: Arch. internat. Pharmaco-Dynamie **10**, 67 (1902).

Mucilaginosum (Stärkekleister, Gummi arabicum, Althaeaschleim) zu der zu resorbierenden Lösung zugesetzt wird. Bei einem Magenfistelhund wurde z. B. durch den Zusatz eines Mucilaginosum die Jodsalzaufnahme von 11% innerhalb eines bestimmten Zeitraumes auf 0,3, 0,5 und 1,6% herabgedrückt.

3. Oberflächenspannung.

Entgegen einer von TRAUBE aufgestellten Resorptionstheorie scheint die Oberflächenaktivität der in den Magendarmkanal gebrachten Lösung im allgemeinen ohne wesentlichen Einfluß auf die Resorptionsgeschwindigkeit zu sein. Der Zusatz von Galle oder gallensauren Salzen zu Kochsalz- oder Peptonlösungen bewirkte nämlich in den Versuchen von BUGLIA[1] trotz der starken Änderung der Oberflächenaktivität keine Verbesserung der Resorption jener Substanzen aus abgebundenen und reponierten Dünndarmschlingen. Auch HANZLIC und COLLINS[2] vermißten eine Begünstigung der Resorption durch Galle, gallensaure Salze oder Seife. Dem widersprechen neuere Angaben von LANGECKER[3], die eine Resorptionsförderung durch Galle konstatieren konnte: nach ihr wirkt $MgCl_2$, per os gegeben, durch Gallezusatz stärker narkotisch. Auch die Resorption von Curarin und Strychnin soll durch Gallezusatz begünstigt werden.

Auch nach KOLDA[4] soll die Galle, dadurch dass sie schleimlösend wirkt und die Darmbewegungen und die Gallensekretion fördert, die Resorption von Medikamenten beschleunigen. KOLDA untersuchte Calciumlactat, Strychninchlorhydrat, Antipyretica und Natriumsalizylat, deren Wirkungen erheblich zunehmen und rascher eintreten, wenn sie mit Galle zusammen gegeben werden.

Nach DIETRICH scheint die Galle auf die Resorption von Bakterientoxinen fördernd einzuwirken[5]. Während nämlich Tetanustoxin und Diphtherieantitoxin normalerweise nicht von der Darmschleimhaut resorbiert werden, gehen Toxin und Antitoxin nach dem Zusatz von Galle in meßbaren Mengen in das Blut über. Ob die Resorptionsverbesserung durch eine Beeinflussung des Toxins und Antitoxins oder durch eine Änderung der Eigenschaften der resorbierenden Flächen bewirkt wird, ist nicht näher bekannt.

In derselben Weise wie Galle fördert auch Saponin nach einigen Autoren die Resorption verschiedener Stoffe aus dem Darm. So fanden KOFLER und KAUREK[6] eine Resorptionsbegünstigung nach peroraler Darreichung von Strophanthin und Digitoxin durch Saponin. Auch Curare wird nach Saponinzusatz besser resorbiert[7]. BERGER und Mitarbeiter[8] stellten durch Blutanalysen fest, daß Calciumlactat, mit Saponin zusammen per os gegeben, vollkommener resorbiert wird.

Auch Insulin wird nach Saponinzusatz vom Magen-Darmtractus aus resorbiert (LASCH und BRÜGEL[9]).

Auch am isolierten Darm fördert Saponin die Resorption einiger Substanzen aus der Innenflüssigkeit des Darmes; so werden unter dem Einfluß von Saponin 70—180% mehr Calcium resorbiert (LASCH). Auch hat Saponin

---

[1] BUGLIA, G.: Biochem. Z. **22**, 1 (1910).
[2] HANZLIC, P. J. u. COLLINS: J. of Pharmacol. **5**, 185 (1913).
[3] LANGECKER, H.: Arch. f. exper. Path. **136**, 257 (1928).
[4] KOLDA, J.: C. r. Soc. Biol. **94**, 216 (1926).
[5] DIETRICH, W.: Klin. Wschr. **1922**, 1160.
[6] KOFLER, L. u. R. KAUREK: Arch. f. exper. Path. **109**, 362 (1925).
[7] KOFLER, L. u. R. FISCHER: Arch. f. exper. Path. **116**, 35 (1926).
[8] BERGER, W. u. Mitarb.: Klin. Wschr. **5**, 2394 (1926).
[9] LASCH, F. u. S. BRÜGEL: Wien. klin. Wschr. **39**, 817 (1926) — Arch. f. exper. Path. **116**, 7 (1926) — Biochem. Z. **181**, 109 (1927) — Arch. f. exper. Path. **120**, 144 (1927).

einen deutlichen resorptionsfördernden Einfluß auf eine im isolierten Darm befindliche blutisotonische Traubenzuckerlösung (LASCH und BRÜGEL[1]).

4. Epithelschädigende Substanzen.

Die Mehrzahl der Physiologen nimmt bekanntlich an, daß neben den bekannten physikalischen Kräften der Diffusion, des osmotischen Druckes und des Filatrationsdruckes auch noch ihrer Natur nach unbekannte Triebkräfte der Schleimhautepithelien an der Resorption beteiligt sind; besonders HEIDENHAIN, COHNHEIM und REID wiesen auf ihre Bedeutung hin. Man hat sich bemüht, den Anteil der aktiven Epithelleistung an der Gesamtresorption dadurch näher zu bestimmen, daß man die vitalen Leistungen der Epithelien durch geeignete Gifte verringerte oder ausschaltete.

Schon HEIDENHAIN[2] zeigte, daß die örtliche Einwirkung von Fluornatrium auf die Schleimhaut einer abgebundenen Dünndarmschlinge, deren Epithel dadurch zerstört wird, die Resorption des Wassers und des darin zu etwa 1% gelösten Kochsalzes sehr stark vermindert; bei der Fluornatriumeinwirkung geht die Chloridresorption auf 50—68% und die Wasserresorption auf 0—36% des im Vorversuch ohne Fluornatriumzusatz gefundenen Wertes zurück. Andere Autoren konnten diese Resorptionshemmung auch bei Jodsalzen, Traubenzucker, Alkohol, Fettsäuren und Aminosäuren nachweisen. Aber nach HEWITT[3] hat Natriumfluorid einen nur geringen Einfluß auf das Ausmaß der Resorption von Glucose, Fructose und Galaktose aus einer Dünndarmschlinge, und zwar werden alle drei Zucker gleich rasch resorbiert, während normalerweise Differenzen in der Resorptionszeit bestehen.

Zu ähnlichen Resorptionshemmungen führt die örtliche Einwirkung von Arsenik, Formaldehyd und Sublimat. Letzterer bewirkte z. B. eine Herabsetzung der Chloridresorption um 20%, der Alkoholresorption bis um 30%. Schließlich sprechen auch noch die Ergebnisse der Versuche, in denen starke Lauge (20% NaOH) oder starke Säure (50% H_2SO_4) auf die Schleimhaut gebracht wurde, dafür, daß die Abtötung der Epithelien die Resorption gelöster Substanzen wesentlich verschlechtert.

Gegen diese Versuche am lebenden Tier kann der Einwand erhoben werden, daß die genannten Gifte nicht nur das Epithel schädigen, sondern auch schwere Veränderungen der örtlichen Blutzirkulation bewirken. Es ist deshalb von besonderem Interesse, daß auch die Resorption der überlebenden, zirkulationslosen Darmschlinge durch epithelschädigende Gifte, die in das Lumen eingeführt werden, vermindert wird.

5. Narkotische und fermentlähmende Mittel.

Wenn der Anteil der aktiven Zelltätigkeit am gesamten Resorptionsgeschehen ein erheblicher ist, muß man erwarten, daß die örtliche Einwirkung narkotisch wirkender oder fermentlähmender Substanzen auf die Darmschleimhaut dessen resorptives Vermögen hemmt.

In zahlreichen Arbeiten wurde die Beeinflussung der Magendarmresorption durch den Alkohol untersucht. Leider sind die Ergebnisse so widerspruchsvoll,

---

[1] LASCH, F. u. BRÜGEL: Biochem. Z. **169**, 301 (1926) — Arch. f. exper. Path. **122**, 284 (1927).

[2] HEIDENHAIN, R.: Pflügers Arch. **56**, 579 (1894). — Siehe auch O. COHNHEIM: Z. Biol. **37**, 443 (1899); **38**, 419 (1890). — SOLLMANN, T., P. J. HANZLIC u. Mitarbeiter: J. of Pharmacol. **1**, 409 (1909/10); **3**, 387 (1911/12); **5**, 185 (1913).

[3] HEWITT, J. A.: Biochemic. J. **18**, 161 (1924).

daß sich kein klares Bild gewinnen läßt. Nicht selten fand man, wie die oben erwähnte Annahme erwarten läßt, eine Hemmung der Resorption, z. B. von Kochsalz, Jodnatrium, Zucker, Phenol, Amino- und Fettsäuren. Andererseits aber vermißte man stärkere Resorptionshemmungen, wenn Chloroform oder Chloralhydrat in die Schlinge gebracht worden war, und manche Autoren schreiben dem Alkohol sogar eine fördernde Wirkung auf die Resorption zu.

Die oft zitierten Befunde TAPPEINERS[1] und seiner Schüler, nach denen der Alkohol die Resorption schwer resorbierbarer Substanzen im Magen sehr stark fördern sollte, sind aber bei Nachuntersuchungen nicht durchweg bestätigt worden. RYAN u. a. vermißten z. B. diese Begünstigung bei Strychnin, Jodnatrium, salicylsaurem Natrium, oder sie fanden nur eine ganz unbedeutende Förderung. Nach EDKINS und MURRAY[2] dagegen soll Alkohol die Resorption von Zucker aus dem Darm und Magen der Katze erheblich beschleunigen.

Die einander widersprechenden Ergebnisse der Alkoholversuche finden vielleicht darin ihre Erklärung, daß neben der narkotischen Wirkung auf das Epithel noch andere Wirkungen, wie die Adstringierung der Schleimhaut oder die lokale Veränderung der Blutgefäßweite im Spiele sind.

Chinin hat in starken Konzentrationen und Cyankalium schon in dünnen Lösungen eine resorptionshemmende Wirkung. Vermutlich lähmen diese Verbindungen die „vitale Triebkraft“ der Epithelien.

6. Adstringenzien.

Für die praktisch wichtige Frage, ob die Adstringierung der Schleimhaut des Magendarmkanales von Einfluß auf deren Resorptionsvermögen ist, sind die Versuche mit dem rein adstringierenden Tannin am wichtigsten. FREY[3] fand in Versuchen am Hund, dem eine Vellafistel angelegt worden war, daß der Zusatz von 0,1—1% Tannin zu Traubenzucker- und Kochsalzlösungen ohne erheblichen Einfluß auf die Resorption ist. Hiermit konnte er frühere Versuche, in denen zum Teil eine starke Resorptionshemmung gefunden worden war, nicht bestätigen.

7. Gefäßmittel, Entzündungssubstanzen.

Die Geschwindigkeit der Resorption steht in gewisser Abhängigkeit von der Blutdruckhöhe. Jede sehr starke Senkung derselben vermindert sie erheblich. Daß auch Gifte vom allgemeinen Kreislauf aus die Blutversorgung des Darmes so schädigen können, daß die Resorption stark absinkt, zeigten SOLLMANN und Mitarbeiter am Phenol. Gibt man diese Substanz in eine Darmschlinge, so erkennt man leicht, daß die anfangs rapid verlaufende Resorption bald fast ganz zum Stillstand kommt: so fand man innerhalb der ersten 5 Minuten eine Resorption von 20% der eingeführten Menge, während 2 Stunden später in der gleichen Zeit nur noch $^1/_{12}$% resorbiert wurden. Diese Resorptionshemmung ist die Folge der extremen Blutdrucksenkung, die der resorbierte Anteil des Giftes bewirkt.

Als Beispiel für die resorptionsändernde Wirkung vasoconstrictorischer Substanzen, die in den allgemeinen Kreislauf gegeben wurden, sei an das

[1] v. TAPPEINER: Z. Biol. **16**, 497 (1880). — Siehe auch M. NAKAMURA: Tohoku J. exper. Med. **5**, 29 (1924). — SOLLMANN, HANZLIC u. Mitarbeiter: Zitiert auf S. 103. — RYAN, A. H.: J. of Pharmacol. **4**, 43 (1912).

[2] EDKINS, N. u. M. M. MURRAY: J. of Physiol. **62**, 13 (1926); **66**, 102 (1928). — EDKINS, N. Ebenda **65**, 381 (1928).

[3] FREY, E.: Pflügers Arch. **123**, 491 (1908).

Adrenalin erinnert. Nach EXNER[1] wird per os dargereichtes Strychnin beim Kaninchen weit langsamer resorbiert, wenn Adrenalin intraperitoneal gespritzt wurde.

An den Versuchen, bei denen der Einfluß gefäßverengernder oder -erweiternder Substanzen auf die Resorption der Magendarmschleimhaut, mit der jene Substanzen unmittelbar zur Berührung gebracht worden waren, untersucht wurde, fällt auf, wie gering im allgemeinen selbst starke Anämie oder Hyperämie der Schleimhaut auf deren resorptives Vermögen einwirkt.

Zur Erzeugung einer starken Hyperämie wurde vielfach Senföl oder Crotonöl herangezogen. Meist wurde nach der Einwirkung eine gewisse Verbesserung der Resorption gefunden. FARNSTEINER[2] fand z. B., daß aus der Schlinge des Hundedünndarmes statt 63% in 15 Minuten 72% des eingegebenen Peptons resorbiert wurden, wenn 1 Tropfen Senföl zu 1000 ccm gegeben worden war. Aber in neueren Arbeiten[3] wurde neben Förderungen der Resorption gar nicht selten auch Hemmungen beobachtet. Es scheint, als ob mit zunehmender Stärke der entzündlichen Wirkung der Umschlag eintritt. Ähnlich wechselnd war der Einfluß des hyperämisch wirksamen Natriumnitrites.

Daß ein Zusatz von Adrenalin zu der zu resorbierenden Lösung die Resorptionsgeschwindigkeit nur so auffallend wenig verringert[3] — Traubenzucker, Kochsalz, Jodnatrium, Aminosäuren, Fettsäuren und Wasser werden in der Regel gar nicht oder nur sehr wenig langsamer resorbiert — mag zum Teil seinen Grund darin haben, daß diese Substanz so leicht oxydierbar ist, also wohl nur für kurze Zeit wirksam ist. Aber auch die örtliche Einwirkung von 1 proz. Bariumchloridlösung, durch die die Schleimhaut zu dauerndem extremen Abblassen gebracht wird, verschlechterte die NaJ-Resorption nur um 11%, die Alkoholresorption nur um 7%, also nur um einen geringen Betrag.

CO_2 soll nach EDKINS und MURRAY[4] die Resorption von Alkohol im Magen der Katze fördern. Dagegen zeigen Versuche am Katzendünndarm in situ, daß 44proz. CO_2 nur eine ganz geringfügige Verbesserung der Alkoholresorption macht.

8. Bittermittel.

Unter den zahlreichen Versuchen, die der praktischen Verwendung der Bittermittel eine theoretische Begründung liefern sollten, spielen solche über die Beeinflussung der Magendarmresorption eine gewisse Rolle. Nach JODLBAUER[5], der die Resorption einer Zuckerlösung aus der Thiry-Vella-Schlinge eines Hundes verfolgte, die der Zuckerlösung zugemischt wurden, haben Bittermittel wie Hopfenbittersäure, Quassiin, Absinthin keine sofortige Einwirkung auf die Zuckerresorption, aber wenn die Schlinge des Darmes mit der Bittermittellösung vorbehandelt worden war, dann erwies sich die Resorption als wesentlich verbessert. Andererseits fand aber BRANDL[6] eine ausgesprochene, RIEDER[7] eine gewisse Hemmung der Resorption im Magen, wenn gleichzeitig Bittermittel gegeben wurden, und NAKUMURA fand an der abgebundenen Darmschlinge einen wechselnden Einfluß.

---

[1] EXNER, A.: Arch. f. exper. Path. **50**, 313 (1913). — Siehe auch C. H. THIEMES u. A. J. HOCKETT: J. of Pharmacol. **33**, 273 (1928).

[2] FARNSTEINER, E.: Z. Biol. **33**, 475 (1896) und andere.

[3] SOLLMANN, HANZLIC u. Mitarbeiter, NAKAMURA: Zitiert auf S. 103, 104.

[4] EDKINS, N. u. M. M. MURRAY: J. of Physiol. **59**, 271 (1924); **62**, 13 (1926).

[5] JODLBAUER, A.: Arch. internat. Pharmaco-Dynamie **10**, 201 (1902).

[6] BRANDL, J.. Z. Biol. **27**, 277 (1893)

[7] RIEDER, C.: Arch. f. exper. Path. **63**, 303 (1910).

9. Peristaltikanregende und -lähmende Mittel.

Nach VAN DER LINGEN und MACHT[1] ist die Resorption in einer Darmschlinge um so vollkommener, je rascher die zu resorbierende Lösung die Schlinge durchläuft. Wenn sie am Hunde mit Dünndarmfisteln nach Pilocarpin eine Besserung, nach Atropin eine Verschlechterung fanden, so beziehen sie dies auf die peristaltikfördernde bzw. -hemmende Wirkung dieser Alkaloide. Von Phenolsulfophthalein wurde z. B. nach Pilocarpin 80–90% in einer Stunde, nach Atropin nur 40%, gegen 55–69% im Normalversuch resorbiert. Aber andere Autoren fanden die örtliche Einwirkung von Pilocarpin, Atropin, Morphin unwirksam oder fast unwirksam auf die Resorption.

Nach RABINOVITCH[2] verbessert dagegen Atropin die Wasser- und Chlorresorption aus einer Dünndarmschlinge.

10. Salze.

Während also die bisherigen Versuche im allgemeinen zeigten, daß der Resorptionsvorgang durch organische Gifte, selbst wenn sie starke Gewebsläsionen verursachen, relativ wenig verändert wird, weisen Versuche mit anorganischen Verbindungen, die derartige schon makroskopisch sichtbaren Zellschädigungen nicht setzen, darauf hin, daß geringfügige Änderungen in der Salzzusammensetzung des Darminhaltes von großem Einfluß auf die Resorption sein können. Die einschlägigen Versuche sind aber nicht zahlreich genug und in ihren Ergebnissen zum Teil zu widerspruchsvoll, als daß es schon jetzt möglich wäre, über das Wesen dieser resorptionsändernden Einflüsse mehr als Vermutungen zu äußern. Am wahrscheinlichsten scheint, daß es sich um Änderungen der Permeabilität handelt.

Schon in alten Versuchen aus dem Heidenhainschen Institut[3] wurde nachgewiesen, daß der Zusatz von Kochsalz bis zur Konzentration von 0,25 g auf 100 die Resorption des Wassers begünstigt. Auch in Wasser gelöste Substanzen, wie Zucker, Pepton, werden bei einem Zusatz von wenig Kochsalz besser resorbiert. Merkwürdigerweise wird aber die Aufnahme von Jodnatrium durch den Zusatz von etwas Kochsalz intensiv gehemmt (HANZLIC), und Natriumsulfat scheint die Resorption leicht resorbierbarer Salze etwas zu hemmen.

Calciumfällende Salze wirken resorptionserschwerend, Calciumsalzzusatz begünstigend und mit steigender Konzentration erschwerend (WALLACE und CUSHNY[4], HÖBER[5], GOLDSCHMIDT[6]).

In welcher Weise die schwer resorbierbaren Salze die Aufnahme des Wassers im Darmkanal beeinflussen, ist bei den osmotisch wirksamen Abführmitteln (3. Band [B. II], S. 521) näher dargelegt worden.

---

[1] VAN DER LINGEN, J. S. u. D. J. MACHT: Proc. Soc. exper. Biol. a. Med. **20**, 453 (1923). — Siehe auch NAKAMURA: Zitiert auf S. 104.

[2] RABINOVITCH, J.: Amer. J. Physiol. **82**, 279 (1927).

[3] GUMILEWSKI: Pflügers Arch. **39**, 556 (1886). — KOLB, R.: Kongr. f. inn. Med. 1908.

[4] WALLACE, G. B. u. A. R. CUSHNY: Amer. J. Physiol. **1**, 411 (1898).

[5] HÖBER, R.: Pflügers Arch. **74**, 260 (1899).

[6] GOLDSCHMIDT, S.: Physiologic. Rev. **1**, 421 (1921).

Resorption durch die Haut.

Von

Stephan Rothman

Budapest.

Mit einer Abbildung.

Zusammenfassende Darstellungen.

Friedemann, U. u. St. Kwasniewsky: Resorption von der Haut. Oppenheimers Handb. d. Biochem., 2. Aufl. **5**, 293. Jena: G. Fischer 1925. — Kreidl, A.: Die Resorptionstätigkeit der Haut. Mračeks Handb. d. Hautkrankh. **1**, 167. Wien: Hölder 1902. — Stejskal, K.: Die Permeabilität der Hautdecke. Zbl. Hautkrkh. **26**, 537 (1928).

Einleitung.

Wenn man, wie üblich, die Ausführungen über die Resorption durch die Haut mit der Bemerkung einleitet, daß mit der phylogenetischen Entwicklung der tierischen Lebewesen die Hautresorption an physiologischer Bedeutung immer mehr einbüßt, so ist das zweifellos richtig. Nicht unbedingt richtig ist es aber, wenn man die abnehmende Bedeutung dieser Hautfunktion mit einer stetig zunehmenden Undurchlässigkeit in Verbindung bringt.

Ein sicherer prinzipieller Unterschied besteht nur in bezug auf die Durchlässigkeit für Wasser. Die Haut von Wassertieren und Amphibien ist für Wasser durchgängig, das Tegument der höheren Wirbeltiere läßt — soweit es sich um die lebenden Hautzellen handelt — das Wasser nicht hindurch. Für wasserlösliche Stoffe dagegen besteht bei allen Pflanzen und Tieren im physiologischen Ruhezustand eine verhältnismäßig hohe Undurchlässigkeit der äußeren Oberfläche, wie das für wirbellose Meerestiere und Selachier aus den Untersuchungen von Henri und Lalou[1], Frédéricq[2], für Amphibien insbesondere aus den Arbeiten von Overton[3] hervorgeht. Diese Undurchgängigkeit im Ruhezustand ist ebenso eine Lebensnotwendigkeit wie ihr zeitweiliger Durchbruch bei der Nahrungsaufnahme und bei der Ausscheidung der Stoffwechselendprodukte. Quantitative Differenzen in der Hautresorption zwischen den einzelnen Tiergattungen sind freilich vorhanden, bei gegebener Versuchsanordnung evtl. auch recht augenfällig. Aber bei den großen physiologischen Schwankungen der Permeabilität, auch bei ein und demselben Individuum, haben diese quantitativen Differenzen keine prinzipielle Bedeutung.

---

[1] Henri u. Lalou: C. r. Acad. Sci. **131**, 952 (1903).

[2] Frédéricq: Arch. de Biol. **20**, 709 (1904).

[3] Overton, E.: Vjschr. naturforsch. Ges. Zürich **44**, 88 (1899). — Verh. physik.-med. Ges. Würzburg N. F. **36**, 277 (1904).

1. Die strukturellen Verhältnisse.

Fassen wir das Tegument der Tiere als eine Membran auf, die von außen nach innen für gewisse Stoffe durchgängig ist, für andere nicht, so müssen wir ihren strukturellen Aufbau zumindest in groben Zügen kennenlernen, um die Eigenheiten ihrer relativen Durchgängigkeit unter einheitlichen Gesichtspunkten betrachten zu können.

Beginnen wir mit der Betrachtung der Außenfläche, so ist zunächst hervorzuheben, daß die Haut nicht eigentlich mit ihrer „äußersten Schicht", also bei höheren Tieren nicht mit der Hornschicht beginnt, sondern daß schon außerhalb dieser eigentlichen Schicht noch eine Hülle gelegen ist, die in ihrer Zusammensetzung von der der Außenwelt beträchtlich verschieden ist. Zunächst ist die zur Haut am nahesten gelegene Luftschicht mit Wasserdampf gesättigt (Dunsthülle Unnas[1]). Diese haftet fest an der Haut und schmiegt sich den Furchen und Poren der Hautoberfläche an. Eine besondere Bedeutung erhält diese Luftschicht dann, wenn die Haut statt der Außenluft mit einem anderen Medium (Wasser, Salben) in Berührung gebracht werden soll. Hierauf hat besonders v. Dalmady[2] hingewiesen.

Unter der Luftschicht ist eine wässerige Fettschicht gelegen. Die „Hautfette" sind Fettsäureester hochmolekularer und cyclischer Alkohole, wachsartige Substanzen, die sich mit Wasser vermischen lassen[3]. Die Rolle dieser Wachshülle als eines resorptionshindernden Faktors ist vielfach überschätzt worden[4].

Dasselbe gilt auch für die eigentliche Hornschicht. Sie ist beim Menschen zum überwiegenden Teil — mit Ausnahme von Körpergegenden, deren Hornschicht besonders stark ist, vor allem Handteller und Fußsohlen — ein *lockeres Wabenwerk*[5], bestehend aus verhornten Epidermiszellen. In die Maschen dieses Wabenwerkes übergehen höchstwahrscheinlich die Bestandteile der äußeren Hülle. Die grobporige, siebartige Hornschichtmembran ist kaum für irgendeine Substanz, wenn sie aus noch so großen Molekülen besteht, undurchgängig. Keinesfalls kann es für die relativ hochgradige Undurchgängigkeit der Oberhaut verantwortlich gemacht werden[6].

Von Bedeutung für die Probleme der Hautresorption ist der Umstand, daß sowohl die Wachshülle wie die Hornschicht der Haut *stark sauer reagieren*, saurer als es mit dem Leben vereinbar ist. *Für die Hornschicht* hat das bereits 1892 E. Heuss[7], ein Schüler Unnas, mit Hilfe von Indicatorenfärbungen in frischen Flachschnitten der Haut nachgewiesen. Neuerdings hat M. Schmidtmann[8] diese Verhältnisse mit Hilfe des Mikromanipulators von Péterfi[9] eingehend geprüft, indem sie feste Indicatorkörnchen in die Zellen der verschiedenen Hautschichten hineinbrachte. Auch sie fand die Hornschicht stark sauer.

[1] Unna, P. G.: Verh. Kongr. inn. Med. **1890**, 230.
[2] Dalmady, Z. v.: Z. physik. u. diät. Ther. **24**, 137, 195 (1920).
[3] Näheres über Hautfette siehe St. Rothman u. Fr. Schaaf: Chemie der Haut. Jadassohns Handb. d. Haut- u. Geschlechtskrankh. **1 II**. Berlin: Julius Springer. Erscheint 1929.
[4] Filehne, W.: Berl. klin. Wschr. **1898**, Nr 3, 45 — Arch. internat. Pharmaco-Dynamie **7**, 133 (1900). — Kreidl, A.: Mračeks Handb. d. Hautkrankh. **1**, 167. Wien: Hölder 1902.
[5] Vgl. F. Pinkus: Jadassohns Handb. d. Haut- u. Geschlechtskrankh. **1 I**, 105. Berlin: Julius Springer 1927.
[6] Vgl. M. Traube-Mengarini: Arch. Anat. u. Physiol., Suppl. **1892**, 1. — Fraenckel, P.: Vjschr. gerichtl. Med. **32**, 90 (1906). — Oppenheim, M.: Arch. f. Dermat. **93**, 85 (1908). — Süssmann, Ph. O.: Arch. f. Hyg. **90**, 175 (1922).
[7] Heuss, E.: Mschr. prakt. Dermat. **14**, 343 (1892). — Unna, P. G. u. L. Golodetz: Ebenda **50**, 451 (1910).
[8] Schmidtmann, M.: Z. exper. Med. **45**, 714 (1925).
[9] Péterfi, T.: Naturwiss. **1923**, Nr 6, 81. — Abderhaldens Hdb. biol. Arbeitsmeth. Abtlg. V, 479 (1924).

Aus dem Vergleich der Farbänderung mehrerer Indicatoren berechnet Schmidtmann für die Hornschicht der Säugetiere $p_H = 5{,}9$ bis 6,1. Abgesehen von dem nicht zu vernachlässigenden Eiweiß- und Salzfehler der Indicatoren fragt sich, ob es überhaupt einen Sinn hat, von H-Ionenkonzentration wie auch von sonstiger Konzentration in der Hornschicht zu sprechen, da in ihr die Ionen offenbar nicht etwa so gleichmäßig verteilt sind wie in einer wässerigen Lösung. Aber das qualitative Verhalten der Indicatoren in der Hornschicht genügt, um ihre ausgesprochen saure Natur erkennen zu können.

Mit der sauren Natur der *Hautoberfläche und der sie umgebenden Hülle* haben sich in den letzten Jahren viele Autoren befaßt. Nach Sharlit und Scheer[1], die den Wasserstoffexponenten der Hautoberfläche aus dem Ausfall der Farbenreaktion bei Auftröpfeln verschiedener Indicatoren berechnen, bewegt sich der p_H an der mit Alkohol gereinigten trockenen menschlichen Haut um $p_H = 5{,}5$ herum. Memmesheimer[2] hat diese Angaben bestätigen können. Nach Sharlit und Scheer[1] handelt es sich um die saure Reaktion der Hornsubstanz und nicht um die der Wachshülle, denn die Entfernung der Talg- und Perspirationsprodukte durch Reinigung der Haut ändert nicht den p_H der Oberfläche. Daß aber die Wachshülle selbst ebenfalls stark sauer reagiert, ist schon deshalb anzunehmen, weil auch der Schweiß, der ja nach den capillarmikroskopischen Beobachtungen von Jürgensen[3] kontinuierlich auf die Hautoberfläche ausgeschieden wird, entgegen den älteren und widersprechenden Angaben, beim Menschen stets sauer reagiert. Schon Fubini[4] fand im Schweiß nach Injektion von Jaborandi-Extrakt stets saure Reaktion, und Kittsteiner[5] sowie Pemberton und Crouter[6] fanden das gleiche im Hitzeschweiß. Bei Prüfung mit mehreren Indicatoren findet Talbert[7] einen $p_H = 6{,}4$ im Arbeitsschweiß, $p_H = 5{,}73$ im Hitzeschweiß. Schließlich haben Schade und Marchinioni[8] mit Gaskettenmessungen die stets stark saure Reaktion der Hülle der Haut ($p_H = 5{,}0$ bis 3,0!) verifiziert, weshalb sie auch von einem „Säuremantel“ der Haut sprechen.

Diese stark saure Reaktion der Hautoberfläche und der oberflächlichsten Hautschichten hat nach Schmidtmann[9] *eine scharfe Grenze in den sog. Übergangsschichten* der Epidermis. Das sind etwa 3—4 Zellagen, die das Stratum granulosum und Stratum lucidum enthalten. Sie bestehen aus plattgedrückten und im Gegensatz zur Hornschicht eng aneinandergrenzenden Zellen, die spezifische Granula (Keratohyalin) bzw. ölähnliche Tropfen (Eleidin) beherbergen. Auch diese corpusculären Elemente, deren Natur und Bedeutung bis heute noch nicht geklärt ist, sind schon einmal für die relative Undurchlässigkeit der Haut verantwortlich gemacht worden[10], ohne daß Beweise für diese Auffassung geliefert worden wären. Daß aber tatsächlich etwa in dieser Höhe der Epidermis diejenige Grenzfläche zu suchen sein dürfte, die der Haut ihre hochgradige Undurchlässigkeit verleiht, geht aus einer Reihe von Untersuchungen über Hautresorption mit histologischer Kontrolle hervor. Wir haben *an der Grenze zwischen unverhorntem und verhorntem Epithel* eine Grenzfläche, die, *an der einen Seite stark sauer, an der anderen Seite kaum sauer oder alkalisch*, in groben Zügen an das Verhalten einer Bethe-Toropoffschen Membran im Zustand unmittelbar nach der elektrischen Durchströmung[11] erinnert.

Auf diese Übergangsschichten folgt das Rete Malpighi, die eigentlich lebende Epidermis. Seine großen polyedrischen Zellen sind pflastersteinartig aneinandergeordnet. Zwischen den Zellen finden sich mikroskopisch sog. Saftkanälchen, die

---

1 Sharlit, H. u. M. Scheer: Arch. of Dermat. **7**, 592 (1923).

2 Memmesheimer, A.: Klin. Wschr. **1924**, Nr 46, 2102.

3 Jürgensen, E.: Dtsch. Arch. klin. Med. **144**, 193, 248 (1924).

4 Fubini, S.: Gaz. cliniche di Torino **1878**; zit. nach Malys Jber. **8**, 234.

5 Kittsteiner, C.: Arch. f. Hyg. **73**, 275 (1911); **78**, 275 (1913) — Dermat. Wschr. **62**, 553 (1916).

6 Pemberton, R. u. C. Y. Crouter: J. amer. med. Assoc. **80**, 289 (1923).

7 Talbert, G. A.: Amer. J. Physiol. **50**, 443 (1919); **61**, 493 (1922); **63**, 350 (1923).

8 Schade, H. u. A. Marchinioni: Klin. Wschr. **1928**, Nr 1, 12. — Arch. f. Dermat. 154, 690 (1928). — Marchinioni, A.: Klin. Wschr. **1928**, Nr 6, 284.

9 Schmidtmann, M.: Z. exper. Med. **45**, 714 (1925).

10 Merk, L.: Verh. Ges. dtsch. Naturforsch. Hamburg **1901**.

11 Bethe, A.: Zbl. Physiol. **23**, 278 (1909). — Bethe, A. u. Th. Toropoff: Z. physik. Chem. **88**, 686 (1914); **89**, 597 (1915).

durch Protoplasmabrücken durchquert sind. Über die Rolle dieser Saftkanälchen für die Resorption durch die Haut ist gar nichts bekannt, im Gegensatz zum Froschdarm, für welchen Höber[1] eine Resorption durch intercelluläre Spalten nachgewiesen hat. Für die Haut leugnet Rindfleisch[2] jedwede Bedeutung der Saftkanälchen als Resorptionswege.

Die Retezellen gehen aus dem Str. basale s. germinativum hervor. Diese Mutterzellenschicht besteht aus einer Lage zylindrischer Epithelzellen, die mit sog. Wurzelfüßchen fest in das darunter gelegene Bindegewebe der Haut verankert sind. Die Grenze zwischen Basalzellenschicht und Corium ist beim Menschen wellenförmig. An den Wellenbergen der Cutis (Papillarkörper) stehen die

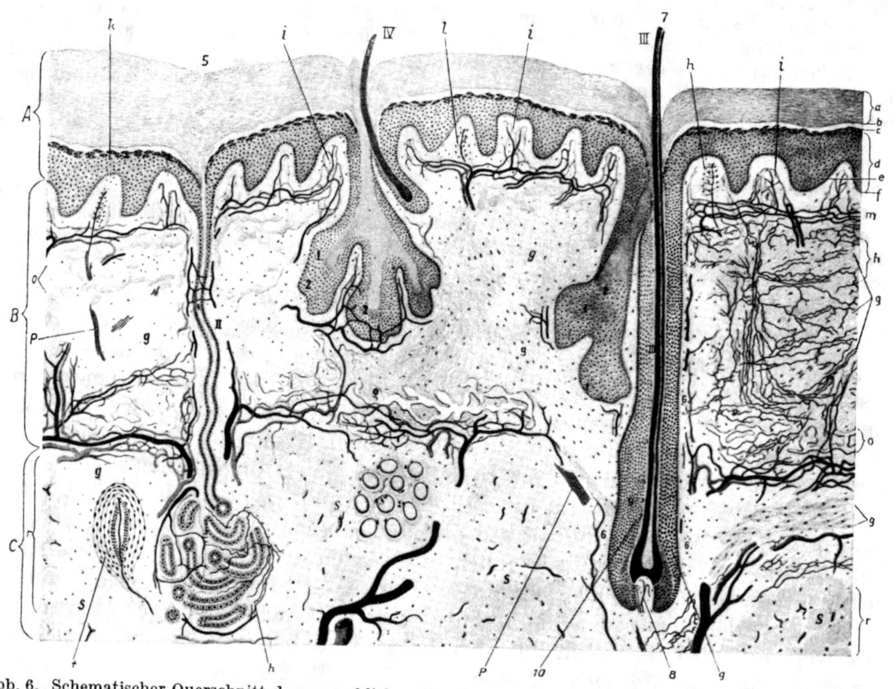

Abb. 6. Schematischer Querschnitt der menschlichen Haut[3]. *A* Epidermis. *B* Cutis. *C* Subcutis. *a* Stratum corneum. *b* Str. lucidum. *c* Str. granulosum. *b+c* „Übergangsschichten". *d–e* Str. spinosum. *f* Str. basale s. germinativum. *d–f* Rete Malpighi. *g* Kollagene Bindegewebsfasern. *h* Elastische Fasern. *i* Capillaren des Papillarkörpers. *I* Talgdrüse. *II* Schweißdrüse. *III* Terminalhaar mit kleiner Talgdrüse. *IV* Lanugohaar mit großer Talgdrüse. *1* Basalschicht der Talgdrüse. *2* Talgdrüsenzellen. *4* Schweißdrüsenausführungsgang mit Capillargefäßen. *5* Schweißdrüsenporus. *7* Haar. *9* Äußere Haarwurzelscheide. *10* Innere Haarwurzelscheide („Übergangsschichten" des epithelialen Haarfollikels).

Basalzellen in unmittelbarem oder nahezu unmittelbarem Kontakt mit den capillaren Blutgefäßen, deren Wandung aus einer einfachen Endothelschicht besteht. Dringt eine Substanz von außen bis in die Basalschicht, so muß sie nur noch diese Capillarwand passieren, um in die Blutbahn zu gelangen. Erfahrungsgemäß hat dieser Durchtritt keine Schwierigkeiten. Zumindest haben wir keinen Anhaltspunkt dafür, daß Substanzen, die von außen in die lebende Epidermis eingedrungen sind, vor dieser Capillarwand haltmachen. *Die Resorption durch die Haut ist demnach praktisch gleichbedeutend mit der Resorption durch die Epidermis.*

Äußerst verwickelt wird aber die Frage der Hautresorption durch das Vorhandensein von *Drüsenausführungsgängen und Haarbälgen* in der Epidermis.

[1] Höber, R.: Pflügers Arch. **86**, 199 (1901) — Biochem. Z. **20**, 56 (1909).

[2] Rindfleisch: Arch. f. Dermat. **2**, 309 (1870).

[3] Gezeichnet von B. Keilitz, Chromolith. Verlag Urban & Schwarzenberg, Wien.

Die Haarbälge sind schräge Einstülpungen des Deckepithels, die den gleichen Bau haben wie die Epidermis. Ihre Hornschicht ist das Haar; konzentrisch um das Haar ordnen sich wiederum die Übergangsschichten, die dem Rete entsprechende äußere epitheliale Haarwurzelscheide und die Basalschicht. Im oberen Anteil liegen Follikelrohr und Haar nicht dicht aneinander; es trennt sie ein hohler Raum, der meistens mit Hornlamellen locker ausgefüllt ist. In diesen Follikelkanal mündet die Talgdrüse mit ihrem Ausführungsgang aus Pflasterepithel. Das Lumen dieses Ausführungsganges führt bis zur sezernierenden Oberfläche der Talgdrüsenzellen. Dringt also eine Substanz durch die Follikelmündung in die Haut ein, so sind die Verhältnisse völlig verschieden von dem Eindringen durch die Deckepidermis. Nirgends muß ein mehrschichtiges Pflasterepithel durchschritten werden, die Substanz kann durch Follikelrohr und Drüsenausführungsgang, die mit Luft gefüllt sind, die Drüsenzelle erreichen, deren physikalische und biologische Eigenschaften, offenbar auch ihre Permeabilität, von denen der Retezellen verschieden ist. Ähnliche Verhältnisse bietet die Resorption durch die *Schweißdrüsen*. Die zur Resorption bestimmte Substanz gelangt zur sezernierenden Fläche des Schweißdrüsenparenchyms durch den zunächst geraden, dann knäuelförmig aufgerollten, lufthaltigen Schweißdrüsenausführungsgang, ohne geschichtetes Epithel durchdringen zu müssen. Ist einmal die Resorption bis an die Drüsenzellen erfolgt, so bereitet der Übergang in die Blutbahn anscheinend keine Schwierigkeiten mehr. Immerhin müssen noch, um nach den mikroskopischen Bildern zu urteilen, die bindegewebige Basalmembran der Drüsen und das einschichtige Endothel der Capillaren durchdrungen werden.

Daß Wasser und wässerige Lösungen nicht ohne weiteres in die Poren und Ausführungsgänge der Hautdrüsen infolge von Capillarattraktion eindringen, liegt in erster Linie daran, daß diese Capillarröhrchen mit Luft gefüllt sind. Doch kommt es letzten Endes zum Eindringen des Wassers, indem die adhärierende Luft sich in Form von Bläschen loslöst und entweicht. Bei Salbeneinreibungen kommt auch eine Kompression und eine Resorption der Luft durch die Drüsenzelle in Betracht.

Die Drüsenzellen, die das Capillarrohr am unteren Ende verschließen, sind qualitativ und quantitativ in höherem Grade durchlässig als die Zellen der Deckepidermis. Es ist eine Reihe von Substanzen bekannt, die bei einer gegebenen Applikationsmethode nicht oder kaum durch die Epidermis, wohl aber durch die Anhangsgebilde zur Resorption gelangen, wie das aus mikroskopischen Befunden hervorgeht. Im rein physiologischen Experiment ist es freilich nicht gut möglich, diese beiden Resorptionswege zu trennen.

Die strukturellen Verhältnisse bei den Säugetieren und bei Vögeln sind im wesentlichen identisch mit denen beim Menschen. Es sind keine experimentellen Befunde bekannt, die auf einen prinzipiellen Unterschied im Resorptionsvermögen schließen ließen, und man darf einstweilen die im Tierversuch gewonnenen Ergebnisse auf den Menschen übertragen. Die starke Behaarung bzw. Befiederung der Tiere kann wohl rein mechanisch für das Herankommen von körperfremden Substanzen an die Haut hinderlich sein; mit dem Wesen der Sache hat das aber nichts zu tun. Die verschiedene Dicke der Hornschicht spielt keine ausschlaggebende Rolle, da sie sich auch bei den Tieren aus mehr oder weniger locker aneinandergefügten Hornzellen zusammensetzt

Bei niederen Wirbeltieren fehlen die Übergangsschichten zwischen verhornter und unverhornter Epidermis. Sonst ist der Aufbau grundsätzlich der gleiche. Das einschichtige primitive Periderm der Metazoen entspricht entwicklungsgeschichtlich dem Rete Malpighi und ist in ahnlicher Weise wenig durchgängig.

2. Die physikalisch-chemischen Verhältnisse.

Zwischen der Außenseite der Haut und jedem Punkt des Hautinnern besteht eine elektrische Potentialdifferenz, die sich durch Ableitung mit unpolarisierbaren Elektroden nachweisen läßt. Sie kommt zustande nach der Theorie von Nernst[1] und Haber[2] dadurch, daß die relative Beweglichkeit der Ionen in der Hautmembran wie in einem zweiten Lösungsmittel verschieden ist von ihrer Beweglichkeit in Wasser; es kommt eine Trennung der entgegengesetzt geladenen Ionen zustande, die durch elektrostatische Kräfte gehemmt wird. Oder, wie Bethe und Toropoff[3] für eine Reihe lebloser Membranen gezeigt haben, die Membran ändert die Ionenbeweglichkeit als Adsorbens, indem sie die eine Ionenart in ihren Porenwandungen selektiv absorbiert. Je nach der Porenweite und der Ladung der Porenwandung kann es zu einer erheblichen Verlangsamung oder zu einem völligen Stillstand in der Beweglichkeit der einen Ionenart kommen, so daß die Membran für Kationen oder Anionen völlig undurchlässig wird („Ionensieb").

Michaelis[4] hat durch Trocknen von Kollodiummembranen Modelle herstellen können, die elektiv für Kationen durchlässig sind, völlig undurchlässig für Anionen. Die Impermeabilität für Anionen in dieser negativ geladenen Membran wurde sowohl durch Messung der Membranpotentiale wie durch chemische Analyse bewiesen. In neuester Zeit gelang es R. Mond und Fr. Hoffmann[5] durch Umladung der Michaelisschen Membanen mit basischen Farbstoffen elektiv anionenpermeable, kationenundurchlässige Membranen herzustellen. Wir werden sehen, daß zwischen den Michaelisschen Membranen und der menschlichen Haut in bezug auf ihre Ionendurchlässigkeit eine Analogie besteht.

Die Potentialdifferenz in der Haut offenbart sich bei Gleichstromdurchströmung in der Entstehung äußerst hoher gegenelektromotorischer Kräfte. Über diese Polarisation vgl. M. Gildemeister[6]. Die Polarisation ist gleichbedeutend mit der Anhäufung der einen Ionenart infolge ihrer relativ verschiedenen Ionenbeweglichkeit und hat daher auch für die Fragen der Resorption eine eminente Bedeutung.

Über den Zusammenhang zwischen elektrischen Kräften und Permeabilität an den Phasengrenzen der menschlichen Haut haben — nach erfolglosen Versuchen von J. Loeb und R. Beutner[7] — die Untersuchungen von H. Rein[8] weitgehende Klärung gebracht.

Rein[9] hat zunächst an der vom Körper losgelösten menschlichen Haut elektroendosmotische Versuche ausgeführt. Wie sonst bei elektroendosmotischen Versuchen wurde die Haut als Diaphragma transversal zur Stromrichtung im Wasser befestigt.

Bei dieser Versuchsanordnung erfolgt durch das Diaphragma unter Einwirkung von Gleichstrom eine Wanderung von wässerigen Lösungen, deren Richtung von der Ladung der Membran abhängig ist. Die meisten Kolloidmembrane sind gegenüber Wasser negativ geladen, und das Wasser strömt von der Anode zur Kathode. Durch Entladung der Membran bzw. durch positive Aufladung kann die Flüssigkeitsströmung zum Stillstand kommen bzw.

[1] Nernst, W.: Z. physik. Chem. **9**, 140 (1892). — Nernst, W. u. Riesenfeld: Ann. Physik **8**, 600 (1902).

[2] Haber, F.: Ann. Physik **26**, 927 (1908). — Haber u. Klemensiewicz: Z. physik. Chem. **67**, 385 (1909).

[3] Bethe u. Toropoff: Zitiert auf S. 109.

[4] Michaelis, L.: Naturwiss. **1926**.

[5] Mond, R. u. Fr. Hoffmann: Pflügers Arch. **220**, 194 (1928).

[6] Gildemeister, M.: Die passiv-elektrischen Erscheinungen im Tier- und Pflanzenreich. Dies. Handb. **8**, II.

[7] Loeb, J. u. R. Beutner: Biochem. Z. **41**, 1 (1912).

[8] Rein, H.: Z. Biol. **81**, 124, 141 (1924); **84**, 41, 118 (1925); **85**, 195, 217, 232, 236 (1926).

[9] Rein, H.: Z. Biol. **81**, 124 (1924).

umgekehrt werden. (Näheres über Elektroendosmose und ihre theoretischen Grundlagen siehe H. FREUNDLICH[1], G. ETTISCH[2]).

Auf diese Weise fand REIN, daß die Haut gegen reines Wasser negativ geladen ist: bei Anlegung eines elektrischen Stromes wandert das Wasser kathodisch. Diese elektroendosmotische Wanderung wird gehemmt durch Zusatz von Neutralsalzen, und zwar um so mehr, je höher ihre Konzentration und je größer die Wertigkeit des Kations. Durch Salzzusatz kann demnach die Ladung der Haut verringert werden, und zwar wirken mehrwertige Kationen stärker entladend. Es ergibt sich für die Entladung die Reihenfolge $K^{\cdot} < Na^{\cdot} < Ca^{\cdot\cdot} < Al^{\cdot\cdot\cdot}$. Alkalisierung steigert die Elektroendosmose durch Erhöhung der negativen Ladung, Säuerung bewirkt Stillstand der Bewegung, zum Teil auch Umkehr der Wasserströmung durch Entladung bzw. positive Aufladung der Haut. Auch durch $Al^{\cdot\cdot\cdot}$ kann eine Umladung erfolgen.

Bemerkenswert ist der Umstand, daß wenn zuerst durch die Haut Wasser elektroendosmotisch durchgeschickt wird und dann erst jene Säurekonzentration festgestellt wird, bei der Stillstand der Wasserbewegung eintritt, so liegen diese Säuregrenzkonzentrationen bei anderen Werten als ohne Vorbehandlung der Haut. Es handelt sich hier um die gleiche Erscheinung, die an Kolloidmembranen zuerst von A. BETHE[3] festgestellt worden ist, daß nämlich bei der Elektroendosmose eine einseitige Anreicherung von H- bzw. OH-Ionen stattfindet. Diese Erscheinung ist mit der Polarisation im Wesen identisch. Die Säuerung an der Kathode und Alkalisierung an der Anode hat H. REIN[4] in späteren Versuchen auch in vivo nachgewiesen (vgl. S. 114). Auch an der Froschhaut kann das BETHE-TOROPOFFsche Phänomen demonstriert werden: Wenn man die vom Körper losgelöste Froschhaut in eine wässerige neutrale Alkalisalzlösung einhängt und dann einen elektrischen Strom durchschickt, so wird die Flüssigkeit an der Innenseite der Haut je nach der Stromrichtung deutlich sauer bzw. alkalisch; die Außenfläche der Haut zeigt allerdings keine deutliche Reaktionsstörung (NIINA[5]).

Die elektroendosmotischen Versuchsergebnisse an der menschlichen Haut deutet REIN[6] dahin, daß die Haut sich wie ein Ampholytoid im Sinne von MICHAELIS[7] verhält, dessen isoelektrischer Punkt stark im Sauren liegt. Der Stillstand der elektroendosmotischen Wasserbewegung erfolgt zwischen Säurekonzentrationen von $^1/_{510}$—$^1/_{480}$ n HCl [8].

Entsprechend der negativen Ladung der Haut findet REIN[9], daß bei elektrophoretischer Einführung von Farbstoffen die Durchlässigkeit für basische Farben (Farbstoffkationen) recht beträchtlich ist, während saure Farben (Farbstoffanionen) praktisch überhaupt nicht durchgehen. Auch an der Froschhaut ist eine absolute Undurchgängigkeit für saure Farbstoffe nachweisbar (NIINA[10], im Gegensatz zu WERTHEIMER[11]). Man kann die Membran durch OH-Ionen stärker aufladen, wodurch der Eintritt basischer Farbkationen begünstigt wird und umgekehrt (WERTHEIMER[12], NIINA[10]).

---

1 FREUNDLICH, H.: Capillarchemie, 3. Aufl. Leipzig: Akad. Verlagsges. 1923. — Grundzüge der Kolloidlehre. Ebenda 1924.

2 ETTISCH, G.: Die physikalische Chemie der kolloiden Systeme. Dies. Handb. **1**, 91.

3 BETHE, A.: Zbl. Physiol. **23**, 278 (1909) — Internat. Physiol. Kongr. Wien **1910** — Münch. med. Wschr. **1911**, Nr 3, 168. — BETHE, A. u. TH. TOROPOFF: Z. physik. Chem. **88**, 686 (1914); **89**, 597 (1915).

4 REIN, H.: Z. Biol. **84**, 118 (1925).

5 NIINA, T.: Pflügers Arch. **204**, 332 (1924).

6 REIN, H.: Z. Biol. **81**, 124 (1924).

7 MICHAELIS, L.: Die Wasserstoffionenkonzentration, 2. Aufl. Berlin: Julius Springer 1922.

8 Über isoelektrischen Punkt der Hauteiweiße vgl. ST. ROTHMAN u. FR. SCHAAF (zitiert auf S. 108).

9 REIN, H.: Verh. physik.-med. Ges. Würzburg **49**, 105 (1924) — Z. Biol. **84**, 41 (1925).

10 NIINA, T.: Pflügers Arch. **204**, 332 (1924).

11 WERTHEIMER, E.: Pflügers Arch. **199**, 383 (1923).

12 WERTHEIMER, E.: Pflügers Arch. **200**, 354 (1923).

Nach J. Holló und D. Deutsch[1] könnte die erhöhte Aufnahme basischer Farbstoffe bei alkalischer Reaktion und die von sauren Farbstoffen bei saurer Reaktion durch die zurückgedrängte Dissoziation zustande kommen, da die undissoziierten Farben lipoidlöslicher bzw. leichter adsorbierbar sind als ihre Ionen.

An der menschlichen Haut in vivo prüft Rein[2] die Veränderungen der bespülenden Elektrolytlösung während der Gleichstromdurchströmung. Es ergibt sich aus diesen „Überführungsversuchen" mit $^{n}/_{100}$ Kaliumchloridlöung als Elektrodenflüssigkeit, daß nebst charakteristischen Änderungen der Leitfähigkeit anodisch Alkalisierung, kathodisch (mit gewissen Ausnahmen bei weiblichen Versuchspersonen) Säuerung der Elektrodenflüssigkeit eintritt. Diese Reaktionsverschiebungen, die wir bei der Froschhaut bereits angetroffen haben, sind im Sinne der „capillarelektrischen" Theorie von Bethe-Toropoff[3] folgendermaßen zu deuten: Die Haut ist bei Bespülung mit $^{n}/_{100}$ KCl-Lösung negativ geladen, die Ladung kommt zustande durch Adsorption des Cl an den Porenwänden der Hautmembran. Im Gegensatz zum Cl, welches adsorptiv festgehalten wird, bewegt sich das K im Porenlumen kathodenwärts. Gleichzeitig wandern auch die H-Ionen des Wassers nach der Kathode, wodurch an der Anode eine Verarmung an H, an der Kathode eine Anreicherung zustande kommt. So wird die usprüngliche Annahme, daß *die Beweglichkeit des Anions* in der negativ geladenen Haut eine *starke Herabsetzung* erfährt, durch diese Versuche weitgehend gestützt und die Analogie mit den *Bethe-Toropoffschen* und den *Michaelisschen Membranen* besonders augenfällig.

Rein[4] hat auch die Potentialdifferenzen gemessen, die entstehen, wenn die Haut zwischen zwei verschieden konzentrierten Lösungen eines Elektrolyten eingeschaltet wird. Er läßt zwei benachbarte Finger einer Hand in verschieden konzentrierten Lösungen von KCl eintauchen und leitet die entstehende Potentialdifferenz nach dem Prinzip von Poggendorf von nicht polarisierbaren Elektroden ab. Man kann eine solche Konzentrationskette als analog einer Beutnerschen Ölkette[5] auffassen, in der die zwei verschieden konzentrierten wässerigen Lösungen durch einen ölartigen Mittelleiter getrennt sind. Die entstehende Potentialdifferenz ist dann der Ausdruck für die verschiedene Verteilung der Ionen in der wässerigen und in der öligen Phase, d. h. in den Elektrolytlösungen und in der Haut. Oder — wie es von Rein dargestellt wird — handelt es sich um Diffusionspotentiale, die nach der Theorie von Nernst[6] durch die verschiedene Beweglichkeit der entgegengesetzt geladenen Ionen zustande kommt.

Wählt man beim Fingereintauchversuch von Rein die KCl-Konzentration der einen Elektrode konstant, während die andere im Verhältnis dazu verdünnt wird (konstante Elektrode nKCl, variable Elektrode $> {}^{n}/_{10}$ KCl), so ergibt sich *mit steigender Verdünnung eine zunehmende Positivierung der variablen Elektrode.* Die Ursache dieser Positivierung ist darin zu suchen, daß entweder aus der Haut in die variable Elektrodenflüssigkeit Kationen einwandern, oder umgekehrt aus der Flüssigkeit negative Ionen in die Haut eindringen. Die Gesamtelektrolytkonzentration ist in diesen Versuchen in der Haut größer als in der variablen Elektrodenflüssigkeit; denn die Konzentration der letzteren ist $> {}^{1}/_{10}$ n. Bei diesem Konzentrationsgefälle von der Haut nach der Elektrodenflüssigkeit

---

[1] Holló, J. u. D. Deutsch: Biochem. Z. **173**, 298 (1926).
[2] Rein, H.: Z. Biol. **84**, 118 (1925).
[3] Bethe u. Toropoff: Zitiert auf S. 109.
[4] Rein, H.: Z. Biol. **85**, 195 (1926).
[5] Beutner, R.: Die Entstehung elektrischer Ströme in lebenden Geweben. Stuttgart 1920.
[6] Nernst: Zitiert auf S. 110.

kann die Positivierung des Diffusionspotentials nur durch Auswanderung von Kationen aus der Haut und nicht durch Einwanderung von Anionen zustande kommen. Für die Auswanderung aus der Haut kommen in Betracht Na bzw. K, deren Wanderungsgeschwindigkeit kleiner bzw. ebenso groß ist wie die des Cl, welches wegen seiner großen Konzentration in der Haut einzig als Anion in Betracht kommt. Es ergibt sich demnach wiederum *eine größere Durchlässigkeit für das Kation bzw. eine Hemmung des Anions in der Haut* bei Bespülung mit verdünnten KCl-Lösungen. Mit zunehmender Konzentration in der variablen Elektrode oberhalb $^1/_{10}$n KCl wird die positivierende Wirkung auch bei gleichbleibendem Konzentrationsgefälle ($c/c_1 = 0{,}1$) geringer. D. h. die Potentiale bei $^1/_{1000}$n : $^1/_{100}$n und bei $^1/_{100}$n : $^1/_{10}$n sind immer höher als die bei $^1/_{10}$n : 1n (sog. Konzentrationseffekte[1]). Dieser Effekt läßt sich, da bei höheren Konzentrationen ein Konzentrationsgefälle von der Elektrolytlösung nach der Haut besteht, nur so erklären, *daß unter Einwirkung höherer KCl-Konzentrationen die Haut für Anionen durchlässig geworden ist.* Mit anderen Worten: *Mit zunehmender Konzentration der KCl-Lösung wird die Haut entladen und salzdurchlässig.* Aus der Messung der Potentiale bei Ableitung aus $AlCl_3$-Lösungen gegenüber KCl-Lösung ergibt sich, daß die Haut durch das $Al^{\cdots}$ positiv umgeladen und anion-durchlässig wird. Gewisse Unregelmäßigkeiten der Potentiale bei höheren Salzkonzentrationen sind offenbar durch die große Mannigfaltigkeit der endogenen Zustände in der Hautmembran bedingt (so u. a. Unterschiede bei Mann und Frau).

Den Konzentrationseffekt der menschlichen Haut hat neuerdings auch W. Bücking[2] nach dem Verfahren von Rein gemessen. Auch er findet, daß die Haut um so positiver erscheint, je verdünnter die Ableitungslösungen sind, und daß die Wertigkeit des Kations von Bedeutung ist.

Auch bei Stromdurchleitung ergeben sich entsprechende Befunde. Die Haut ist bei Bespülung mit neutralen einwertigen Elektrolytlösungen stets stärker polarisierbar unter der Anode als unter der Kathode. Der Unterschied wird noch größer bei positiver Aufladung der Haut, während bei energischer negativer Umladung mit Alkali eine Umkehrung der Polarisierbarkeit stattfindet. Bei Entladung der Haut durch konzentrierte einwertige Elektrolytlösungen sinkt ihre Polarisierbarkeit rasch ab, besonders stark an der Kathode. Anioneneinwanderung in die Haut läßt sich durch künstliche Maßnahmen eher erzwingen als Auswanderung (H. Rein[3]).

Überblicken wir die Resultate der Arbeiten von Rein, so sehen wir, daß die Annahme einer *Anionenundurchlässigkeit in der menschlichen Haut* experimentell von verschiedenen Seiten stark unterstützt werden konnte. Auf die Anionenundurchlässigkeit der Haut dürfen wir auf Grund der Arbeiten von Rein ihre hochgradige Elektrolytundurchlässigkeit zurückführen.

Für die abnorm hohen gegenelektromotorischen Kräfte, die bei Gleichstromdurchströmung in der Haut entstehen, ist man geneigt, den Umstand verantwortlich zu machen, daß die Haut eine geschichtete Membran ist, deren einzelne Schichten bei Durchschickung des Stromes wie viele polarisierbare Elemente hintereinander geschaltet werden. Demgegenüber ist Rein[4] der Ansicht, *daß nur eine einzige Grenzfläche Sitz der Polarisation ist.* Denn er findet, daß, wenn man bloß die Konzentration der neutralen KCl-Lösung in der bespülenden Elektrolytflüssigkeit ändert, dadurch die Stromstärkewerte derart plötzlich und gewaltig beeinflußt werden, daß dafür nur die Änderung an einer Grenzfläche: Haut/Elektrolyt verantwortlich gemacht werden kann; denn nur diese Grenzfläche ändert sich bei Konzentrationsänderung der Elektrolytlösung.

---

[1] Näheres bei L. Michaelis: Die Wasserstoffionenkonzentration, T. 1. Berlin: Julius Springer 1922.
[2] Bücking, W.: Ronas Ber. Physiol. **42**, 582 (1927) — Z. exper. Med. **59**, 448 (1928).
[3] Rein, H.: Z. Biol. **85**, 217 (1926). [4] Rein, H.: Z. Biol. **85**, 195 (1926).

Daß in einer einzigen Grenzlamelle so hohe Grenzpotentiale wie in der Haut entstehen können, hat Rein[1] an physikalischen Modellen (an trockenen Kollodiummembranen) nachgewiesen.

Die histologischen Arbeiten von Traube-Mengarini (s. S. 127), die chemischen Ergebnisse Fraenckels (s. S. 129) und die Farbstoffversuche Reins (s. S. 145ff.) weisen deutlich darauf hin, daß die Grenzfläche, die der Sitz der Polarisation ist, nicht an der Oberfläche der Hornschicht, sondern an der Grenze zwischen verhornter und unverhornter Epidermis, in unseren „Übergangsschichten" gelegen ist. Für die Froschhaut, in der diese Übergangsschicht fehlt, gegenelektromotorische Kräfte aber in derselben Weise auftreten, müssen wir uns den Sitz der Polarisation an die Grenze zwischen einschichtigem Str. corneum und Rete Malpighi denken.

3. Historisches und Allgemeines über Hautresorption.

Die Durchdringungsfähigkeit von Gasen durch die tierische Haut ist schon seit Jahrhunderten bekannt (Lit. bei du Mesnil[2]). Die eindrucksvolle Erscheinung der percutanen Vergiftung mit Gasen im Gegensatz zur geringgradigen und nur selten auffälligen Resorption von flüssigen und gelösten Stoffen mag die Ursache dafür gewesen sein, daß lange Zeit hindurch die These herrschte: *nur flüchtige oder sich verflüchtigende Stoffe werden resorbiert* (Gerlach, Röhrig, Guinard, Fubini und Pierini, Brock[3]). Auf diese Weise wurde die Resorption von Jod, von Guajacol und von Salicylsäure (flüchtig bei 35°, Linoissier und Lanois[4]) gedeutet. Ja, man glaubte, daß sich durch Abkühlung der Haut die Resorption der Substanzen verzögert (v. Kossa[5]), weil auch ihre Verflüchtigung erschwert ist.

Die zahlreichen positiven Befunde über Resorption durch die menschliche Haut sind zwischendurch von R. Fleischer[6] einer scharfen Kritik unterzogen worden. Er betonte die mannigfachen Fehlerquellen der vorliegenden Versuche; er nahm insbesondere an, daß die Experimentatoren vor ihm die Aufnahme flüchtiger Substanzen durch die Lungen nicht mit genügender Sorgfalt vermieden hatten. Seine eigenen Versuche, die zunächst durchweg negativ verliefen, sind mit großer Sorgfalt ausgeführt. In seiner Kritik hat aber Fleischer weit über das Ziel hinausgeschossen. Denn er kommt, ohne besonders viele Substanzen geprüft zu haben, zum Schluß, daß die menschliche Haut *absolut undurchlässig* ist, und daß, sofern positive Resultate auch bei einwandfreier Versuchsanordnung erzielt werden, Kontinuitätstrennungen der Oberhaut, mechanische oder chemische Verletzungen dafür verantwortlich zu machen sind.

Die Wirkung der Arbeiten Fleischers macht sich in der Literatur der darauffolgenden Jahre sehr bemerkbar. Ritter[7], Pfeiffer[8], du Mesnil[9] u. a. glauben trotz mancher widersprechender Befunde, sich der Ansicht Fleischers anschließen zu müssen. Noch im Jahre 1906 kam auf Grund einer literarischen Zusammenstellung in einer Doktordissertation der Standpunkt Fleischers zur Geltung (Gerke[10]).

Auf der anderen Seite machte sich aber auch eine Gegenströmung bemerkbar. So hat vor allem Peters[11] darauf hingewiesen, daß viele negative Befunde in der Literatur über Hautresorption darauf beruhen können, daß die Methoden des Nachweises im Urin nicht

---

[1] Rein, H.: Zitiert auf S. 112. [2] du Mesnil: Arch. klin. Med. **52**, 47 (1894).

[3] Gerlach: Arch. Anat. u. Physiol. **1851**, 466. — Röhrig: Physiologie der Haut. Berlin 1876 — Über Hautresorption. 1888. — Guinard: Lyon méd. **1891**, Nr 36. — Fubini, S. u. Pierini: Arch. ital. de Biol. **19**, 357 (1893). — Brock: Arch. f. Dermat. **45**, 369 (1898).

[4] Linoissier u. Lanois: Zit. nach Hermanns Jber. **1894**, 225; **1895**, 221.

[5] v. Kossa: Zit. nach Hermanns Jber. **1895**, 221.

[6] Fleischer, R.: Untersuchungen über das Resorptionsvermögen der Haut. Habilitationsschr. Erlangen 1877. (159 Literaturangaben!)

[7] Ritter, A.: Über die Resorptionsfähigkeit der normalen menschlichen Haut. Dissert. Erlangen 1883 — Berl. klin. Wschr. **1886**, Nr 47, 805 — Arch. klin. Med. **34**, 143 (1884).

[8] Pfeiffer: Über die Resorptionsfähigkeit der Haut für Salben mit besonderer Berücksichtigung des Lanolins. Inaug.-Dissert. Erlangen 1886.

[9] du Mesnil: Arch. klin. Med. **50**, 101 (1892); **51**, 527 (1892); **52**, 47 (1894).

[10] Gerke, O.: Die Frage der Resorption und Durchlässigkeit der intakten äußeren Haut des Menschen. Inaug.-Dissert. Berlin 1905.

[11] Peters: Zbl. klin. Med. **1890**, 937.

empfindlich genug sind. Tatsächlich konnte er *nach Veraschung des Urins* die — bis dahin geleugnete — *Resorption von Jodkali* durch die Haut *aus Salben* nachweisen. Viel wichtiger war noch, daß man — trotz der Negation FLEISCHERS — neben der Durchlässigkeit der flüchtigen Stoffe auch auf die Bevorzugung fettlöslicher Stoffe aufmerksam wurde, und zwar lange vor der Entwicklung der Lipoidtheorie. Im Jahre 1885 schreibt ELLENBERGER[1], daß alles durch die unverletzte Haut aus *resorbierbar* ist, was gasförmig ist, *was Fette löst oder in Fett gelöst* zur Anwendung gelangt. Dieser Gedanke kehrt dann öfter wieder, bis ihn FILEHNE[2] dahin präzisiert, daß zur Hautresorption die Löslichkeit im Hauttalg der Hautoberfläche und in den Fetten der Epidermis erforderlich ist.

Die Voraussetzungen FILEHNES sind etwas schematisch. Er behauptet, daß die Epidermis mit Cholesterinfetten durchtränkt ist, der Talg an der Hautoberfläche dagegen aus fetten Ölen besteht. Demgegenüber wissen wir, daß beide Fettarten sowohl in der Epidermis wie auch im Talgdrüsensekret enthalten sind[3], zumal das Talgdrüsensekret von außen auch die Hornschicht durchtränkt. Nach FILEHNE kann für den Talg Olivenöl, für die Epidermis Lanolin als Modell verwendet werden. Eine Resorption durch die Epidermis komme zustande, wenn die Substanz sich in diesen beiden Fetten löse; denn sie müsse zuerst die Ölschicht, dann die Cholesterinschicht passieren. Dementsprechend prüft FILEHNE die Öl- und Lanolinlöslichkeit einer Reihe von Substanzen und findet, daß Jod, Schwefel, Sublimat, Eisenchlorid, Bleioxyd von den Hautfetten aufgenommen werden, also resorbierbar seien; Kochsalz, Chlorkali, Jodkali, Eisencarbonat, Arsenik und Brechweinstein dagegen nicht. Wenn fettunlösliche Substanzen doch eindringen, wie das z. B. für Brechweinstein oder für metallisches Hg zweifellos der Fall ist, so könne es sich nur um eine Resorption durch die Anhangsgebilde, nicht aber durch die Epidermis handeln. Löse sich etwas im Lanolin, nicht aber in fetten Ölen, wie essigsaures Blei, Eisensulfat, so dringe es nur an fettfreien oder vorher entfetteten Hautstellen ein. Ist die Substanz auch in Olivenöl unlöslich, so komme es gar nicht bis an die Hautoberfläche.

Sicher haben die Gedankengänge und Modellversuche FILEHNES das richtige Grundprinzip von der Bedeutung der Lipoidlöslichkeit etwas verzerrt. Denn ein absolutes Hindernis für die Resorption von lipoidunlöslichen Stoffen ist weder an der Hautoberfläche noch in der Hornschicht gelegen; nur diese sind aber mit Fetten und Cholesterinfetten „durchtränkt". Die Fette der Hautoberfläche lassen, gerade dank ihrem Gehalt an Cholesterinverbindungen, wässerige Lösungen durch und ebenso die Hornschicht (vgl. S. 108). Soweit die Lipoidlöslichkeit maßgebend ist, ist sie nur für die Resorption in die lebende Zelle maßgebend, diese ist aber in der Haut nicht mehr und nicht weniger mit Fetten durchtränkt als sonstige lebende Zellen.

Richtig erkannt wurden diese Verhältnisse erst, nachdem die Lipoidtheorie der Zellpermeabilität von H. H. MEYER[4] und E. OVERTON[5] ausgebaut worden ist. SCHWENKENBECHER[6] gebührt das Verdienst, diese Theorie für die Probleme der Hautresorption nutzbar gemacht und mit der Lehre von der Undurchgängigkeit des Talgüberzuges gebrochen zu haben. Er prüfte die Durchgängigkeit der Haut von weißen Mäusen und Tauben an einer großen Reihe von Substanzen durch chemische Untersuchung der Haut, der inneren Organe, des Urins und hauptsächlich durch Beobachtung der pharmakologischen Wirkungen. Er kam zum Schluß, daß im großen ganzen, ähnlich wie beim Kaltblüter OVERTON[3] gefunden hat, die Lipoidlöslichkeit, d. h. der Verteilungskoeffizient Öl/Wasser für die Hautresorption der Warmblüter maßgebend ist. Es sind zwar auch nach SCHWENKENBECHER noch Schwierigkeiten vorhanden in der Deutung von Unterschieden zwischen Warm- und Kaltblütern, besonders in bezug auf Wasser und

---

[1] ELLENBERGER, W.: Lehrb. d. allg. Therapie d. Haussäugetiere. Dresden 1885.

[2] FILEHNE, W.: Berl. klin. Wschr. **1898**, Nr 3, 45 — Arch. internat. Pharmaco-Dynamie **7**, 133 (1900).

[3] Vgl. ST. ROTHMAN u. FR. SCHAAF: Zitiert auf S. 108.

[4] MEYER, H. H.: Arch. f. exper. Path. **42**, 109 (1899).

[5] OVERTON, E.: Vjschr. naturforsch. Ges. Zürich **44**, 88 (1899) — Studien über die Narkose. Jena: Fischer 1901.

[6] SCHWENKENBECHER: Arch. Anat. u. Physiol. **1904**, 121.

Gase. Aber die allgemein biologische Gesetzmäßigkeit der Permeabilität für lipoidlösliche Stoffe offenbare sich auch im Verhalten der Warmblüterhaut.

Die Schwierigkeiten freilich sind noch viel größer, als sie Schwenkenbecher zu sein scheinen. So dringt z. B., um nach den Schwenkenbecherschen Protokollen zu urteilen, Äthylalkohol viel besser ein als Amylalkohol, obwohl die Öllöslichkeit des letzteren viel größer ist. In Spuren geht Bariumchlorid durch, obwohl es gar nicht öllöslich ist usw. Zur erschöpfenden Deutung der Tatsachen ist demnach die Lipoidtheorie auf dem Gebiete der Hautresorption ebenso unzureichend wie bei allen übrigen Permeabilitätsproblemen. Für die Hautresorption ist jedenfalls nicht *allein* die Lipoidlöslichkeit maßgebend.

Die prompte und ausgiebige Resorption der lipoidlöslichen Substanzen läßt wohl daran denken, daß der Resorptionsweg durch das Rete führt und nicht erst nach allmählicher Luftverdrängung durch die Anhangsgebilde. Dann würden außer den gasförmigen Stoffen tatsächlich nur die lipoidlöslichen im eigentlichen Sinne durch die Epidermis resorptionsfähig sein.

Tatsache ist nur die im Verhältnis zu Elektrolyten besonders *leichte Aufnahmefähigkeit der Haut für die Gruppe der lipoidlöslichen Stoffe.* Nicht bewiesen ist, daß hierbei tatsächlich die Lipoidlöslichkeit bzw. Lipoidunlöslichkeit maßgebend ist. Denn erstens steigt die Resorptionsfähigkeit nicht mit dem Grad der Lipoidlöslichkeit, und zweitens liegen keine Versuche vor über die Resorption von *lipoidunlöslichen Nichtelektrolyten* durch die Warmblüterhaut. Die vorzügliche Resorption solcher Substanzen durch die Kaltblüterhaut (vgl. S. 130) läßt bei der relativen Undurchgängigkeit dieser Membrane für Elektrolyte eher daran denken, daß nicht die Lipoidunlöslichkeit, sondern der Nichtelektrolytcharakter, d. h. der undissoziierte Zustand für die Durchgängigkeit entscheidend ist.

Als ausschlaggebende Bedingung für die Resorption wasserlöslicher Substanzen betrachtet Kreidl[1] die *wässerige Imbibition* der Haut. Diese wässerige Imbibition ermögliche erst die Aufnahme von Stoffen, die sich (nach Filehne[2]) nicht im Hautfett lösen. Kreidls[1] diesbezügliche Versuche sind wenig überzeugend. Er macht einen Beutelversuch mit der Haut von erwachsenen Menschen in der Weise, daß von außen eine Jodkalilösung, innen dagegen gar keine Flüssigkeit die Haut bespült. Die Lösung dringt dann von außen nach innen nicht durch. In diesem Falle wird also geprüft, ob eine Jodkalilösung durch die Haut bei dem gegebenen Druck der Wassersäule durchfiltriert werden kann, und gefunden, daß das nicht der Fall ist. Über die Durchgängigkeit für Jodkali oder für Wasser sagt dieser Versuch nichts aus, denn wenn auch die Jodkalilösung die Haut in ihrer ganzen Dicke durchdringen würde, könnte sie an der Grenzfläche Haut/Luft unter Einwirkung von Oberflächenkräften haltmachen. Kreidl deutet diesen Versuch in dem Sinne, daß die Haut nicht genügend wässerig imbibiert ist und deshalb keine Durchpressung der Flüssigkeit erfolgt. Denn bringt er an die Innenfläche Wasser, so diffundiert das Jodkali doch durch die Haut. Durch embryonale Menschenhaut kann die Jodkalilösung von außen nach innen eindringen, wenn auch die Innenseite trocken gehalten wird. Dieses Durchtröpfeln, ein einfacher Filtrationsvorgang, sei dadurch möglich, daß die Haut des Fetus durch andauernde Berührung mit Wasser wässerig imbibiert sei; daneben sei auch die Haut dünner und weniger verhornt als die Erwachsenenhaut. Nun wissen wir aber, daß eine jede Filtration wässeriger Lösungen besser gelingt, wenn die Außenfläche des Filters mit Wasser benetzt ist. Die Hornschicht der Embryonenhaut enthält tatsächlich mehr Wasser als die Haut von Erwachsenen. Der Filterversuch mit Embryonenhaut ist also analog einem Filterversuch, in welchem wir die Außenfläche des Filters mit Wasser benetzen. Daß hierbei eine „Imbibition", also eine beträchtliche Wasseraufnahme der Hautmembran in ihrer ganzen Dicke stattfände, ist jedenfalls nicht bewiesen; noch weniger, daß eine vorangehende wässerige Imbibition die Resorpsion von Elektrolyten fördert. Der Filtrationsversuch von Kreidl hat eigentlich mit der Resorption nichts zu tun, denn bei der Resorption kommt eine Filtration gegen Luft nicht vor. Daß er einen Durchgang von Jodkali überhaupt erzielen konnte, beruht allem Anschein nach darauf, daß er Leichenhaut verwendet hat.

---

[1] Kreidl, A.: Mraceks Handb. d. Hautkrankh. 1, 167. Wien: Hölder 1902.
[2] Filehne, W.: Zitiert auf S. 117.

Gegen die Lehre von der Resorptionsförderung durch „Imbibition“ hat außer SCHWENKENBECHER[1] auch SÜSSMANN[2] Stellung genommen. Er schreibt hierüber ganz im Sinne der obigen Darstellung: „JULIUSBERG[3] glaubt, daß unter einem impermeablen Verband die Haut Veränderungen ihrer Funktion erleidet, ohne daß es zu einem sichtbaren pathologischen Zustand zu kommen braucht. Schon eine dicke Wattelage sei nicht mehr als gleichgültig für die Hautfunktion aufzufassen. Demgegenüber ist es wohl an der Zeit, auf das Übertriebene solcher Ansichten, die in der früheren Überschätzung der Bedeutung der Hornschicht für das resorptive Verhalten der Hautwurzeln, hinzuweisen.“

Der Gedanke, daß Wasseraufnahme durch Zellbestandteile die strenge Lipoidlöslichkeitsregel durchbricht, taucht im Sinne der Mosaiktheorie in der Literatur über Hautresorption immer wieder auf (vgl. SÜSSMANN[4]). Daß dieser Gedanke etwas Richtiges an sich hat, zeigen die Versuche von NATHANSON[5], wonach gequollenes Lecithin im Gegensatz zur wasserfreien Substanz auch lipoidunslösliche Stoffe in sich aufnimmt. Die Imbibition der lebenden Zelle mit wässerigen Elektrolytlösungen wäre freilich der einfachste Modus der Resorption. Daß Wasser von der Froschhaut durch diesen Mechanismus aufgenommen wird, haben Versuche von WERTHEIMER[6] (s. S. 121) gezeigt. Das Vorkommen derartiger Vorgänge in der Warmblüterhaut können wir aber deshalb nicht anerkennen, weil eine Quellung der Retezellen unter physiologischen Bedingungen nicht bewiesen und gar nicht wahrscheinlich ist. Sobald eine Quellung über einen gewissen Grad stattgefunden hat, ist sie allerdings gleichbedeutend mit der Durchgängigkeit für wassergelöste Substanzen. Das ist z. B. der Fall bei Ekzemen, die mit „intracellulärem Ödem“ der Retezellen einhergehen; die Resorptionsschranke ist dann durchbrochen (vgl. DU MESNIL[7]). Besonders SCHWENKENBECHER[1] betont nachdrücklich, daß längerer Aufenthalt in warmem Wasser die Resorption nie beeinflußt. Unter physiologischen Bedingungen quillt eben nur die Hornschicht.

Die KREIDLsche Annahme von der Elektrolytdurchlässigkeit infolge Imbibition erinnert an jene andere Annahme, nach welcher zur Resorption nebst der Lipoidlöslichkeit *ein gewisser Grad an Wasserlöslichkeit erforderlich* ist. Diesen Gedanken haben in bezug auf die Hautresorption als erste C. BECK und B. v. FENYVESSY[8] geäußert. Auch dieser Gedanke hat zweifellos seinen richtigen Kern, denn wenn einmal die resorbierte Substanz die hypothetische Lipoidhaut passiert hat, muß sie wasserlöslich sein, um von der Zelle aufgenommen werden zu können (vgl. SÜSSMANN[2]). Aber für die Hautresorption gilt auch dieser Satz ebenfalls nicht ohne Einschränkung, denn das äußerst hydrophobe Vaselin z. B. gelangt zur Resorption (vgl. S. 135). Die Aufnahme von Vaselin könne wir nicht anders deuten, als daß eine Resorption bis in die Blutbahn möglich ist, ohne daß eine echte Lösung in der Zelle stattgefunden hätte. Vielleicht sind in dieser Beziehung die Talgdrüsenzellen — durch welche die Vaselinresorption vor sich geht — mit einer besonderen Fähigkeit ausgezeichnet.

---

[1] SCHWENKENBECHER: Arch. Anat. u. Physiol. **1904**, 121.
[2] SÜSSMANN, PH. O.: Arch. f. Hyg. **90**, 175 (1921).
[3] JULIUSBERG, F.: Arch. f. Dermat. **56**, 65 (1901).
[4] SÜSSMANN, PH. O.: Arch. f. Hyg. **90**, 175 (1922).
[5] NATHANSON, A.: Jb. Bot. **39**, 67 (1904).
[6] WERTHEIMER, E.: Pflügers Arch. **208**, 669 (1925).
[7] DU MESNIL: Arch. klin. Med. **51**, 527 (1893).
[8] BECK, C. u. B. v. FENYVESSY: Arch. internat. Pharmaco-Dynamie **6**, 109 (1899).

4. Die Resorption einzelner Substanzen und Substanzgruppen.

a) Wasser.

Wie eingangs erwähnt, sind in dieser Beziehung die Tegumente von Wassertieren und Amphibien einerseits, die der Warmblüter andererseits verschieden.

Frösche nehmen durch ihre Haut in wässerigen Medien andauernd Wasser auf, ja sie decken ihren ganzen Wasserbedarf nie durch Wassertrinken, sondern ausschließlich mittels Resorption durch die Haut (N. Townson[1]). Unter normalen Verhältnissen wird das Gleichgewicht der Wasserbilanz durch die Tätigkeit der Nieren aufrechterhalten. Durstende Frösche sind immer bestrebt Wasser aufzunehmen, gleichgültig aus welcher Lösung.

Wieweit bei der Wasseraufnahme durch die Froschhaut einfache osmotische Kräfte eine Rolle spielen, ist an normalen und durstenden Fröschen von A. Durig[2] untersucht worden. Immer findet man eine Salzkonzentration, bei der Normalfrösche ihr Gewicht beibehalten, oder bei der durstende Tiere es wieder erreichen. In hypotonischen Lösungen erfolgt eine Gewichtszunahme, in hypertonischen Gewichtsabnahme, wobei die hypertonischen Lösungen durch die Tiere verdünnt werden. Durstende „Trockenfrösche“ erreichen ihr altes Gewicht in hypertonischen Lösungen nicht wieder. Ein Teil des Wassers im Froschkörper folgt demnach den osmotischen Gesetzen, als wäre die Froschhaut eine semipermeable Membran[3]. Daß aber die Verhältnisse viel verwickelter liegen, haben die folgenden Beobachtungen von Durig ergeben: Die Wasseraufnahme lebender durstender Tiere erfolgt viel rascher, als das bei osmotischen Wasserbewegungen der Fall ist, und auch rascher als bei toten Tieren, wenn auch diese vor der Tötung ebenso lange gedurstet haben. In destilliertem Wasser nehmen Trockenfrösche nicht über ihr normales Gewicht zu, wohl dagegen in dünnen Neutralsalzlösungen. Durstende Frösche nehmen das Wasser rascher auf als nicht durstende, wenn auch die osmotische Druckdifferenz die gleiche ist. Es findet nie ein Ausgleich statt, der genau den Gesetzen der Osmose folgen würde, höchstens handelt es sich um eine Annäherung an die Isotonie. Der Frosch kann eine osmotische Druckdifferenz von zwei Atmosphären und mehr wochenlang aushalten. Bei durstenden Fröschen können osmotische Druckunterschiede bis zu 13 Atm. beobachtet werden. Schließlich können durstende Frösche sogar aus hypertonischen Salzlösungen Wasser aufnehmen, so daß die Lösung konzentrierter wird. Es wird also entgegen den osmotischen Kräften Arbeit geleistet.

Dieser „anomalen Osmose“ hat Durig bereits 1901 eine Deutung gegeben, die heute noch ihre Gültigkeit hat. Durig vergleicht die Wasseraufnahme durch die Froschhaut mit der Flüssigkeitsaufnahme von Gelatineplatten, die sich auf Grund bestimmter Affinitäten mit Wasser sättigen. Sind diese Affinitäten gesättigt, so wird Wasser weder aufgenommen noch abgegeben. Der Frosch quillt nicht im destillierten Wasser, weil seine Affinitäten zum Wasser gesättigt sind. Sind sie aber ungesättigt, so kann Wasseraufnahme auch aus hypertonischen Lösungen stattfinden. In einem bestimmten Quellzustand halten die Epithelien der Froschhaut das Wasser fest gegen sonstige Kräfte, sowohl nach außen wie nach innen. Ob nur die Epithelzellen der Froschhaut diese Eigenschaften besitzen, läßt Durig dahingestellt, äußert aber den Gedanken, daß beim Frosch vielleicht gerade die Haut sich zu einem besonders differenzierten Schutzorgan gegen übermäßige Quellung und gegen Wasserentziehung entwickelt hat.

Die einfachste und eindrucksvollste Form der *anomalen Osmose* durch die Froschhaut hat W. Reid[4] beschrieben. Er hat die Haut zwischen zwei Glaszylinder eingespannt und die Gefäße beiderseits mit 0,7 proz. Kochsalzlösung gefüllt. Es trat hierauf eine Wasserbewegung auf, von der Außenfläche der Haut nach innen zu. Diese Wasserbewegung, die man früher im Sinne aktiver physio-

[1] Townson, N.: Observationes physiologicae de Amphibiis secundae de ansorptione fragmentum. Gottongae 1795. — Ältere Literatur bei A. Spina: Über Resorption und Sekretion. Leipzig: Engelmann 1892.

[2] Durig, A.: Pflügers Arch. **85**, 401 (1901).

[3] Ähnliche Beobachtungen finden sich auch bei E. Overton: Vjschr. naturforsch. Ges. Zürich **44**, 88 (1899).

[4] Reid, W.: Brit. med. J. **13**, **II** (1892) — J. of Physiol. **26**, 436 (1901).

logischer Drüsen- und Zellkräfte gedeutet hat, können wir heute zwanglos mit der elektrischen Ladung unserer geschichteten Membran erklären. Da die Ladung der Außen- und Innenseite verschieden ist (und das ist tatsächlich der Fall, da bei Ableitung mit unpolarisierbaren Elektroden von der Außen- und Innenseite elektrischer Strom gewonnen werden kann), kann eine Wasserbewegung entgegen der Osmose stattfinden, bis sich ein stationäres Gleichgewicht einstellt. Diese Wasserbewegung ist als Elektroendosmose durch die negativ geladene Haut zu deuten, wobei die Treibkraft nicht durch einen von außen angelegten Strom, sondern durch das eigene Potentialgefälle der Haut geliefert wird. Dabei muß ein geschlossener Stromkreis vorhanden sein, der sich einerseits aus der geschichteten Haut, andererseits aus dem Poreninhalt ergibt (vgl. FREUNDLICH[1], R. MOND[2]).

Über die genauere *Art* der Wasserbewegung durch die Froschhaut unterrichten die Versuche von E. WERTHEIMER[3]. In m/8 Kochsalzlösung nimmt die Außenfläche der Froschhautmembran Wasser auf, während die Innenseite überhaupt kein Wasser bindet. Man sieht auch mit bloßem Auge, daß die Außenseite stark aufquillt, während die Innenseite unverändert bleibt. Diese einseitige kolloidale Wasserbindung ist die Vorbedingung jeder Wasseraufnahme. Es entsteht ein Gefälle von der Seite mit starker Wasserbindung nach jener mit geringer Quellfähigkeit, und diesem Gefälle entsprechend dringt das Wasser von Kolloidschicht zu Kolloidschicht (und nicht etwa durch feinste Poren) der lebenden Membran hindurch. Die Wasserbindungsfähigkeit der Innen- und der Außenseite sind einander stets entgegengesetzt. So quillt z. B. die Innenseite in $^1/_{100}$n-Schwefelsäure sehr stark, die Außenseite zunächst gar nicht, in $^1/_{100}$-Natronlauge gerade umgekehrt. Die Kationenreihe K, Rb, Cs, NH_4, Li, Na wirkt auf die Quellbarkeit der beiden Seiten in entgegengesetztem Sinne, so daß z. B. in NaCl-Lösungen nur die Außenseite, in KCl-Lösungen nur die Innenseite quillt. Dieses entgegengesetzte Verhalten kann seine Ursache wiederum nur in der entgegengesetzten elektrischen Ladung der beiden Grenzschichten haben. Die „Affinitäten", von denen DURIG spricht, ergeben sich aus der elektrischen Ladung, die die Kolloide zur Wasseraufnahme aus bestimmten Lösungen befähigen.

E. WERTHEIMER[4] zeigt auch, daß die anomale Osmose durch die Froschhautmembran denselben Gesetzmäßigkeiten folgt, die J. LOEB[5] für die anomale Osmose durch leblose Membranen festgestellt hat[6].

Es darf also, ähnlich wie das schon von E. OVERTON[7] für die Muskelzelle zum Ausdruck gebracht wurde, die Abweichung der Wasseraufnahme und -abgabe durch die Froschhaut von den Gesetzen der Osmose auf die durch elektrische Kräfte bedingte Wasserbindung der Kolloide zurückgeführt werden. Dabei wird ein der Zelle integrierender Teil des Wassers mit besonderer Zähigkeit festgehalten.

Durch die Haut der *höheren Wirbeltiere* dringt das Wasser in nachweisbaren Mengen nicht ein. Es existiert darüber eine große, alte und veraltete Literatur,

---

[1] FREUNDLICH, H.: Kolloid-Z. **18**, 11 (1916) — Kolloidchemie und Biologie. Zugleich 3. Aufl. von Capillarchemie und Physiologie. Leipzig u. Dresden: Steinkopff 1924[8].

[2] MOND, R.: Pflügers Arch. **206**, 174 (1924).

[3] WERTHEIMER, E.: Pflügers Arch. **208**, 669 (1925).

[4] WERTHEIMER, E.: Pflügers Arch. **201**, 591 (1923); **206**, 162 (1924).

[5] LOEB, J.: J. gen. Physiol. **1**, 717 (1919); **2**, 173, 255 (1920).

[6] SPINA (Über Resorption und Sekretion. Leipzig: Engelmann 1892) hat auch periodische Anschwellungen der mit Wasser berieselten Froschhautepithelien beobachten können, die er mit „Bewegungen" der Darmzelle vergleicht.

[7] OVERTON, E.: Pflügers Arch. **92**, 115 (1902).

[8] *Anmerkung bei der Korrektur:* Vgl. demgegenüber H. FREUNDLICH u. K. SÖLLNER; Z. physik. Chem. Abt. A. **138**, 356 (1928).

die bei Röhrig[1], Fleischer[2], Schwenkenbecher[3] u. a. zusammengestellt ist. Daß Körperwägungen vor und nach dem Bade absolut ungeeignet sind zur Entscheidung dieser Frage, da Körpergewichtsverluste durch Wasserdampfabgabe von Haut und Lungen in unberechenbarer Weise den Versuch beeinträchtigen, braucht nicht besonders auseinandergesetzt werden. Aber auch Stoffwechselversuche (Spitta[4]) sind nicht geeignet. Entscheidend erscheint dagegen ein Versuch von Fleischer[2], der eine Extremität in einen plethysmographähnlichen Apparat, welcher mit einem dünnen Ansatzrohr versehen war, verbrachte, den luftdicht verschlossenen Apparat mit Wasser füllte und dabei auch nach Stunden nicht die geringste Abnahme der Flüssigkeitsmengen im Ansatzrohr beobachten konnte. Von anderen Autoren ist gerade der Wasseraufnahme keine besondere Aufmerksamkeit geschenkt worden. Man interessierte sich nur dafür, ob bestimmte Bade*zusätze*, die für die Behandlung von Wichtigkeit zu sein schienen, zur Resorption gelangen oder nicht. Man beging oft den Fehler, daß man das Eindringen von Wasser mit dem Eindringen von wassergelösten Substanzen verwechselte. Seit dem Versuch Fleischers ist in der Literatur keine einzige Angabe zu finden, die mit der gleichen Deutlichkeit die Undurchgängigkeit für Wasser demonstriert. Darauf ist zurückzuführen, daß sie immer wieder bezweifelt wird.

Eine Einschränkung ist allerdings zu machen. In die Ausführungsgänge der Hautdrüsen kann bei längerer Berührung Wasser eindringen, nachdem es die Luft aus den Poren verdrängt. Ob durch die Drüsenzellen Wasser nach innen eindringt, wissen wir nicht. Zur Entscheidung dieser Frage ist ein Versuch, wie der von Fleischer, viel zu grob. Aber daß es sich nur um ganz unbedeutende Wassermengen handeln dürfte, ergibt sich aus der praktischen Erfahrung mit Patienten, die tage- und wochenlang im sog. Wasserbett liegen, ohne daß dadurch ihr Wasserhaushalt in wahrnehmbarer Weise beeinflußt werden würde, trotz beträchtlicher Hornschichtquellung.

Als Ursache der Wasserundurchgängigkeit wird im allgemeinen der *fettige Überzug der Haut* verantwortlich gemacht. Denn er ist bei Amphibien und Fischen nicht oder nicht in dem Grade vorhanden wie bei höheren Wirbeltieren. In der Tat erschwert dieser Fettüberzug die *Benetzung* der Horngebilde in hohem Grade. Wiederum ist es ein Versuch aus dem vorigen Jahrhundert, der am besten diese Verhältnisse demonstriert, der Versuch von M. Joseph[5] an der Vogelhaut.

In der Haut der Vögel sind keine Talgdrüsen enthalten, sie entnehmen den Talg aus der unter dem Steißbein gelegenen Bürzeldrüse mit ihrem Schnabel und verteilen es damit über das Gefieder. M. Joseph[1] konnte durch Gewichtsmessungen feststellen, daß Gänse, deren Bürzeldrüsen exstirpiert waren, nach Eintauchen in Wasser dieses viel schwerer aus ihrem Gefieder wieder abgaben als normale Kontrolltiere. Die Deutung dieses Versuchsergebnisses ist einfach. Das eingefettete Gefieder der Vögel wird vom Wasser nicht benetzt. Es bilden sich Wassertropfen, die an der Haut leicht abgleiten. Außerdem ist die Gesamtoberfläche der Tropfen gegenüber der Luft viel größer als die Oberfläche einer mehr oder weniger zusammenhängenden Wasserschicht, die sich über das nicht eingefettete Gefieder ausbreitet. Dank der großen Oberfläche verdunstet das tropfenförmige Wasser rascher an der Luft als unter sonst gleichen Bedingungen die zusammenhängende Wasserschicht.

Auch die Säugetier- und Menschenhaut wird vom Wasser dank dem Fettüberzug der Hornschicht und der Horngebilde nicht oder schlecht benetzt, und dieser Umstand bedeutet einen relativen Schutz auch gegen das *Eindringen* von

---

[1] Röhrig: Physiologie der Haut. Berlin 1876.
[2] Fleischer, R.: Untersuchungen über das Resorptionsvermögen der Haut. Habilitationsschr. Erlangen 1877.
[3] Schwenkenbecher: Arch. Anat. u. Physiol. **1904**, 121.
[4] Spitta, O.: Arch. f. Hyg. **36**, 45 (1899).
[5] Joseph, M.: Zbl. Physiol. **1**, 3 (1887).

Wasser. Immerhin ist dieser Schutz nicht vollkommen, teils aus chemischen, teils aus strukturellen Gründen. Wie bereits erwähnt, sind die Hautfette besser mit Wasser mischbar, als die echten (Glycerin-) Fette. Besonders gilt das für die Fettsäureester des Cholesterins und seiner Derivate, die in äußerst hohem Grade Wasser aufzunehmen vermögen. Im Hautfett überwiegen die Cholesterinfette, und ihre Wasseraufnahmefähigkeit wird durch Beimischung von Glycerinfetten nicht verringert; nach Versuchen von Unna[1] wird sie sogar erhöht. Unter Umständen kann es also zu einer Wasseraufnahme durch die Hautfette kommen und damit zu einer Berührung der Hornschicht mit Wasser. Die Hornschicht selbst ist zwar ebenfalls mit Fett imprägniert, aber wiederum mit Fetten, die sich mit Wasser vermischen lassen. So kommt es, daß bei längerer Einwirkung von warmem Wasser (Schwenkenbecher[2]), ja bei tagelanger Einwirkung auch von kaltem Wasser (Kyrle[3]) die Benetzung der Haut und das Eindringen des Wassers in die Hornschicht doch nicht verhindert werden kann: die Hornschicht quillt auf, sie wird weißlich und legt sich in Falten und Runzeln.

Man kann aus dem Umstand, daß die Hornschicht an talgdrüsenfreien Hautgegenden, wie beim Menschen Handteller und Fußsohlen, besonders leicht und stark im Wasser aufquillt, die verhältnismäßig hohe Schutzwirkung des Talgdrüsensekretes ersehen. Auf der anderen Seite muß aber betont werden, daß auch an Handtellern und Fußsohlen ein fettiger Überzug vorhanden und die Hornschicht fettig imprägniert ist. Es ist für unsere Betrachtung gleichgültig, ob dieses Fett aus den Schweißdrüsen stammt, wie Unna[4] dies in zahlreichen Versuchen zu beweisen suchte, oder aus den tieferen Schichten der Epidermis. Wesentlich ist nur, daß das Hautfett keinen absoluten Schutz gegen das Eindringen von Wasser gewährleistet. Daß auch das Talgdrüsensekret keine spezifischen Produkte enthält, die ein vollkommenes Hindernis darstellen würden, geht aus der Beobachtung hervor, daß im Dauerbad die Hornschicht auch an talgdrüsenhaltigen Gegenden, wenn auch in geringerem Grade aufquillt (Kyrle[3]). Es ist überhaupt fraglich, ob die stärkere Quellung an Handtellern und Fußsohlen tatsächlich mit dem Talgdrüsenmangel in Zusammenhang steht, denn auch die anatomische Struktur der Hornschicht ist hier abweichend.

Aus der Quellung der Hornschicht ersehen wir, daß wenn einmal das Wasser durch die Fetthülle bis zur Haut vorgedrungen ist, so dringt sie einerseits durch die grobporige Wandung der Hornschicht leicht hindurch und wird von der Hornsubstanz, die stark hygroskopisch ist, leicht aufgenommen. (Über die Quellbarkeit der Hornschicht vgl. H. Menschel[5].) Die Hornschicht enthält nur 10—30% Wasser, die Zellschicht dagegen, aus denen sie hervorgeht, rund 70%. Die Wasseraufnahmefähigkeit des Keratins, das sich aus den gleichen chemischen Bestandteilen zusammensetzt wie die Zelleiweiße des Rete, ist also nicht weiter verwunderlich.

Eine Quellung der Hornschicht läßt sich nicht nur im Bad, sondern auch durch wasserimpermeable Abdichtung der Haut, z. B. durch Gummihandschuhe, Gummikleidungsstücke, erzielen. Es handelt sich in diesem Falle um die Stauung des Schweißdrüsensekretes auf der Körperoberfläche und Quellung der Hornschicht in der wässerigen Salzlösung.

Die landläufige Ansicht, daß es die Hornschicht sei, die das Eindringen des Wassers durch die Haut verhindert, und daß infolgedessen eine dicke Hornschicht besser schützt als eine dünne, trifft demnach nicht zu. Im Gegenteil, die Quellung der Hornschicht im Wasser ist bei dickeren Schichten ausgeprägter als bei dünnen, und zwar weil in vivo nur die Hornschicht quillt, diese aber in ihrer ganzen Dicke.

---

1 Unna, P. G.: Med. Klin. **1907**, Nr 42, 1257; Nr 43, 1292.
2 Schwenkenbecher: Arch. Anat. u. Physiol. **1904**, 121.
3 Kyrle, J.: Wien. med. Wschr. **1916**, Nr 28, 1062.
4 Unna, P. G.: Histopathologie der Haut. Berlin: Hirschwald 1894 — Mh. Dermat. **26**, 601 (1898).
5 Menschel, H.: Arch. f. exp. Path. **110**, 1 (1925).

Da unterhalb der Hornschicht eine Quellung — im Gegensatz zur Froschhaut — nicht stattfindet, müssen wir *die Schranke des Wassereintritts in den schon öfters erwähnten Übergangsschichten der Epidermis* suchen. Diese Übergangsschicht ist auf der einen Seite stark sauer, auf der anderen kaum sauer oder schwach alkalisch. Dieser Umstand läßt daran denken, daß vielleicht in dieser Übergangsschicht *die Wasserstoffionenkonzentration der quellbaren Eiweiße ihrem isoelektrischen Punkt entspricht*, daß also die Eiweißstoffe hier entladen sind. *Ihre Quellbarkeit wäre dann in dieser Schicht gleich Null, was in hohem Grade ihre Undurchgängigkeit für Wasser erklären könnte.* Nach diesem Gedanken würde in der Froschhaut eine solche Schicht fehlen, was anatomisch jedenfalls zutrifft.

Durch ihre Wasserundurchgängigkeit unterscheidet sich die Warmblüterhaut nicht nur von der Haut der poikilothermen Tiere, sondern auch von den meisten Schleimhäuten. Praktisch wasserundurchlässig sind Mund-, Oesophagus- und Magenschleimhaut. Im Mund und Oesophagus kann die Wasserdurchgängigkeit einen ähnlichen Mechanismus haben wie in der Haut, da wir auch hier mit geschichtetem Pflasterepithel zu tun haben. Im Magen dagegen ist nur die stark saure Natur der äußeren Oberfläche mit der der Warmblüterhaut analog.

b) Elektrolyte.

Die *Froschhaut* ist für Neutralsalze bis zu einem gewissen Grade durchgängig, wie das u. a. die besprochene Arbeit von Durig[1] ergeben hat. Die gleichen Untersuchungen zeigen aber, daß die Resorption von Kochsalz und anderen Alkalisalzen nicht unbegrenzt, d. h. nicht bis zum Zustandekommen eines osmotischen Gleichgewichts, mit dem Körperinnern vor sich geht. Allerdings kann der Frosch unter extremen Bedingungen (Einlegung in hypertonische Kochsalzlösungen nach hochgradiger Austrocknung) gezwungen werden, durch die Haut enorme Salzmengen aufzunehmen. Legt man solche Frösche in destilliertes Wasser, so quellen sie auf, ein Zeichen dafür, daß das Kochsalz durch die Haut leichter resorbiert, als aus ihr wieder ausgeschieden wird. An der losgetrennten lebenden Froschhautmembran hat Wertheimer[2] dieses Verhalten für Kochsalz bestätigt.

Wie für Wasser besteht also auch für Neutralsalze eine gerichtete „irreziproke Permeabilität" in der Froschhaut, d. h. die Durchgängigkeit ist von außen nach innen und von innen nach außen verschieden. P. Girard[3] hat gezeigt, daß infolge der Potentialdifferenz in der Haut die Diffusionsgeschwindigkeit von Kochsalz, je nach dem Eintritt, von der Innen- und Außenseite verschieden ist, daß aber dieser Unterschied wie auch das Reidsche Phänomen (vgl. S. 120) durch Narkose und durch Säuren aufgehoben werden kann. Ausführlich und systematisch ist die irreziproke Permeabilität in Beutelversuchen an der Froschschenkelhaut von E. Wertheimer[4] untersucht worden, wobei eine große Reihe neuer Tatsachen aufgedeckt worden sind. In bezug auf die bereits erwähnte Seitigkeit für NaCl findet Wertheimer[5], daß die Irreziprozität der Kochsalzpermeabilität an das $Na^{\cdot}$ gebunden ist. NaBr, NaJ, Na_2SO_4, Na_2HPO_4 verhalten sich wie NaCl, während KBr und KJ nach beiden Richtungen hin durchgehen. Die irreziproke Permeabilität des Kochsalzes ist also an das Na gebunden.

Für K findet indessen Overton[6] eine absolute Undurchgängigkeit der Haut beim lebenden Frosch. Es werden auch nach wochenlangem Aufenthalt in

[1] Durig, A.: Pflügers Arch. **85**, 401 (1901).
[2] Wertheimer, E.: Pflügers Arch. **199**, 384 (1923).
[3] Girard, P.: C. r. Acad. Sci. **146**, 927 (1908); **148**, 1047, 1186 (1909); **150**, 1446 (1910) — J. Physiol. et Path. gén. **12**, 471 (1910).
[4] Wertheimer, E.: Protoplasma (Lpz.) **2**, 602 (1927).
[5] Wertheimer, E.: Pflügers Arch. **199**, 384 (1923).
[6] Overton, E.: Skand. Arch. Physiol., 196 (1926).

0,8proz. KCl-Lösung keine Vergiftungserscheinungen beobachtet, obwohl 0,1% im Blut genügen, um Lähmungen herbeizuführen. Ähnlich wie OVERTON schließt auch MAXWELL[1] auf Grund von Leitfähigkeitsmessungen eine besonders im Verhältnis zum Wasser relativ hochgradige Undurchgängigkeit der Froschhautmembran für Elektrolyte. Daß aber Elektrolyte überhaupt durchgehen — nach der Darstellung von OVERTON könnte man annehmen, daß das nicht der Fall ist —, zeigen eindeutig die Versuche von DURIG[2].

Die Frage, ob durch *die Haut des Menschen und der Säugetiere* Elektrolyte aus wässerigen Lösungen durchdringen können, ist nicht eindeutig entschieden. Das Überwiegen der negativen Ergebnisse läßt darauf schließen, daß, wenn überhaupt, nur äußerst geringe Mengen durchgehen.

Zur Prüfung der Elektrolytresorption durch die *Haut beim Menschen* ist man fast ausschließlich in der Weise vorgegangen, daß man *körperfremde* Elektrolyte im Bad oder in Form von feuchten Verbänden mit der Hautoberfläche in Berührung gebracht und daraufhin ihre Ausscheidung im Urin geprüft hat. Diese Methode ist (sofern Resorption durch Schleimhäute und Inhalation ausgeschlossen sind und sofern die Methoden des Nachweises im Urin empfindlich genug sind) grundsätzlich einwandfrei. Denn wenn ein Elektrolyt einmal durch die Oberhaut hindurchgedrungen ist, so gelangt es in den Kreislauf und von dort aus u. a. in den Urin. Nicht geeignet ist die Methode zur Trennung der Resorption durch das Rete und durch die Hautanhänge.

Das am häufigsten verwendete körperfremde *Kation* ist Lithium, weil es — spektroskopisch — leicht im Urin nachgewiesen werden kann.

Mit Fußbädern aus 1proz. LiCl-Lösung (30° C, $^1/_2$stündige Versuchsdauer) erhielt G. HÜFNER[3] ein völlig negatives Resultat. DU MESNIL[4] konnte nach Aufspritzen von LiCl- und Li_2CO_3-Lösungen aus einem Zerstäubungsapparat ebenfalls keine Resorption nachweisen, und auch WINTERNITZ[5] erhielt negative Resultate. Bei der weißen Maus fand SCHWENKENBECHER[6] keine Resorption von LiCl, Wohl dagegen haben PASCHKIS und OBERMAYER[7] beim Hund nach Zerstäubung einer 5proz. LiCl-Lösung an der Haut Lithium im Urin nachweisen können. Beim Menschen soll der Nachweis KOPF[8] und GÜNTHER[9] gelungen sein, nicht dagegen ZWICK[10] und KAHLENBERG[11].

Wir müssen nach den einander widersprechenden Resultaten annehmen, daß eine Aufnahme von Li-Salzen aus wässerigen Lösungen durch die Haut der Säugetiere und des Menschen nur unter besonders günstigen Bedingungen und dann auch nur in geringem Grade stattfindet. Im allgemeinen ist die Haut als für Li-Salze undurchgängig zu bezeichnen. Es fragt sich, ob dieses Resultat auf alle Alkalikationen übertragen werden darf. Versuche über Durchgängigkeit von Na an menschlicher Haut liegen — offenbar wegen Schwierigkeiten des Nachweises — nicht vor. Es darf aber angenommen werden, daß die Bedingungen für die Resorption unter allen Alkalien beim Li durch seine Stellung in der lyotropen Reihe am ungünstigsten liegen, da es in der Haut am ehesten entquellend wirkt. Daß die lyotrope Reihe eine Rolle spielt, kann aus den früher erörterten Versuchen REINS (vgl. S. 112ff.) entnommen werden, der festgestellt hat, daß

---

1 MAXWELL, S. S.: Amer. J. Physiol. **32**, 282 (1913).
2 DURIG, A.: Zitiert auf S. 120.
3 HÜFNER, G.: Hoppe-Seylers Z. **4**, 378.
4 DU MESNIL: Arch. klin. Med. **51**, 527 (1893).
5 WINTERNITZ, R.: Arch. f. exper. Path. **28**, 405 (1891).
6 SCHWENKENBECHER: Arch. Anat. u. Physiol. **1904**, 121.
7 PASCHKIS, H. u. F. OBERMAYER: Zbl. klin. Med. **1891**, Nr 4, 65.
8 KOPF, C.: Gaz. Lekarska **1891**, Nr 21—29; zit. nach Mh. Dermat. **13**, 338.
9 GÜNTHER, G.: Prag. Z. Tiermed. A **1926**, 55.
10 ZWICK, G. K.: Korresp.bl. Schweiz. Ärzte **1917**, Nr 39, 1319.
11 KAHLENBERG, L.: J. of biol. Chem. **62**, 149 (1924).

Na auf die Haut eher entladend wirkt als K. Das Li dürfte nach allem noch stärker entladend wirken als Na. Am wenigsten entladend wirken die Schwermetallkationen bzw. die Kationen, die eine kleine elektrolytische Lösungstension haben. Diese sind zum Teil lipoidlöslich und zum Teil resorbierbar; wir behandeln sie unter den lipoidlöslichen Stoffen.

Zwick[1] fand die menschliche Haut undurchgängig für K˙, Rb˙, Sr˙˙, Ba˙˙, Kahlenberg[2] für Rb˙, Cs˙, Sr˙˙ in wässerigen Lösungen. Eine geringgradige Ba˙˙-Resorption aus wässeriger Lösung hat Schwenkenbecher[3] bei weißen Mäusen festgestellt.

Von den *einwertigen Anionen* ist dasjenige Ion am häufigsten geprüft worden, welches die Hautkolloide in entgegengesetztem Sinne beeinflußt als Li, nämlich das *Jodid*.

Die Literatur über die Resorption von wässerigen Jodidlösungen durch die menschliche Haut ist nahezu unübersichtlich. Trotz der großen Anzahl der Arbeiten ist aber zur Klärung des Problems wenig beigetragen worden, denn es ist dabei geblieben, daß manche Autoren positive, andere völlig negative Resultate erhalten, und man hat sich nicht bemüht, die Ursachen dieser Gegensätze zu klären, oder waren die Erklärungen unzufriedenstellend. Die Widersprüche haben um so mehr Verwirrung herbeigeführt, als das Verhalten des KJ im Resorptionsversuch oft als ausschlaggebend für die allgemein gehaltene Frage galt, ob die Haut zur Resorption überhaupt fähig ist.

Die mehr methodischen Einwände gegen die älteren negativen Ergebnisse (mangelhafte Nachweismethoden im Urin, nicht genügend lange Versuchsdauer) können wir außer acht lassen, da negative Ergebnisse auch nach Ausschaltung dieser Unvollkommenheiten verzeichnet sind. So hat du Mesnil[4] bei wasserdichtem Abschluß einer unteren Extremität mit gummistiefelartigen Säcken, welche mit 1proz. wässeriger Jodkalilösung gefüllt waren, auch nach 12—24stündiger Versuchsdauer kein Jod im Urin nachweisen können, obwohl er regelrecht verascht hat. Auch nach Aufspritzung von jodkali- und jodlithiumhaltigen Sprays fand du Mesnil[5] im Urin und im Speichel kein Jod. Canals und Gidon[6] konnten bei Anlegen von feuchten Jodkaliverbänden auch nach 10 Stunden kein Jod nachweisen. Schum[7] erhielt mit wässerigen Lösungen im Beinbad appliziert, ebenfalls negative Resultate. Dagegen erhielten positive Resultate im Bad: Gallard[8] (mit NaJ-Lösungen), v. Sinjawsky[9] (mit KJ-Lösungen beim Kaninchen). Schwenkenbecher[3] gibt an, daß beim Menschen nach täglichen jodsalzhaltigen Bädern mit fortschreitender Dauer des Versuches steigende Jodmengen im Harn auftreten und ein positives Resultat auch längere Zeit nach Abschluß der Bäderbehandlung zu erhalten ist — eine Retention, die die negativen Ergebnisse bei kurzdauernden Versuchen erklären soll. Ganz ähnlich findet neuerdings Crippa[10] nach Bädern im „Bad Haller Jodwasser" einen allmählichen Anstieg der qualitativen Jodreaktion im Urin bei der üblichen, 30 Tage lang dauernden Badekur, und verzögerte Ausscheidung, die an eine beträchtliche Retention denken läßt. Nach einzelnen Bädern findet Crippa[10] eine positive Reaktion im Urin nur bei hohen Jodsalzkonzentrationen, die eine „Hautreizung" (starkes Jucken) verursachen. Man könnte bei positiven Versuchen mit Vollbädern an die Resorption durch Schleimhäute denken. G. Günther[11] erzielte aber auch mit partiellen (Arm-) Bädern Resorption aus 2proz. Jodkalilösungen. Bei Anwendung feuchter Verbände in der gleichen Konzentration fand Günther schon nach 2—3 Stunden Jod im Urin — ein Resultat, das in scharfem Widerspruch steht zum Versuchsergebnis von Canals und Gidon[12]. Im Tierversuch (weiße Mäuse, eingehängt in wässerige Jodkalilösungen) erhielt Schwenkenbecher[3] abwechselnd positive und negative Ergebnisse unter den gleichen Bedingungen.

---

[1] Zwick, G. K.: Korresp.bl. Schweiz. Ärzte **1917**, Nr 39, 1319.
[2] Kahlenberg, L.: J. of biol. Chem. **62**, 149 (1924).
[3] Schwenkenbecher: Arch. Anat. u. Physiol. **1904**, 121.
[4] du Mesnil: Arch. klin. Med. **50**, 101 (1892).
[5] du Mesnil: Arch. klin. Med. **51**, 527 (1893).
[6] Canals, E. u. M. Gidon: J. Pharmacie **2**, 102 (1925).
[7] Schum, E.: Experimentelle Beiträge zur Frage des Resorptionsvermögens der menschlichen Haut. Inaug.-Dissert. Würzburg 1892.
[8] Gallard, F.: Zit. nach Hermanns Jber. **1899**, 229.
[9] v. Sinjawsky: Über die Permeabilität der Haut des Kaninchens für die wässerigen Lösungen von Jodkali. Inaug.-Dissert. Berlin 1897.
[10] Crippa, J. F.: Wien. klin. Wschr. **1927**, Nr 27, 879.
[11] Günther, G.: Zitiert auf S. 125.
[12] Canals, E. u. M. Gidon: J. Pharmacie **2**, 102 (1925).

Wir begegnen also hier ebenso völlig widersprechenden Resultaten wie bei der Resorption des Lithiums.

Über den näheren Mechanismus der Aufnahme von Jodsalzen ist öfter angenommen worden, daß nicht das Jodid als solches zur Resorption gelangt, sondern daß im Gewebe durch Oxydation freies Jod abgespalten wird. HEFFTER[1] hat als erster auf die Möglichkeit einer Jodabspaltung unter Einwirkung von Wasserstoffsuperoxyd hingewiesen. Da Peroxyde und peroxydspaltende Fermente in der Haut vorhanden sind, kann man diese Annahme nicht ohne weiteres ablehnen, wenn sie auch wenig Wahrscheinlichkeit für sich hat. Mit einer Oxydation der Jodsalze rechnet auch SCHWENKENBECHER[2]. FILEHNE[3] findet in seinem Modellversuch (vgl. S. 117), daß im Lanolin (also auch im natürlichen Hautfett) zuerst J frei wird, das KJ löse sich dann im Fett dank der Anwesenheit von Jod. Da das freie Jod lipoidlöslich ist, würde die Jodabspaltung im Gewebe oder im Hautfett die Resorbierbarkeit des KJ gemäß der Lipoidtheorie befriedigend erklären. Nun wurde aber die Resorption von wässerigen Jodsalzlösungen auch bei gleichzeitigem Zusatz von Natriumthiosulfat beobachtet, allerdings in geringerem Grade als ohne Thiosulfat, was doch auf eine partielle Jodabspaltung schließen läßt (GÜNTHER[4]). Ähnlich beobachteten CANALS und GIDON[5] die Resorption von Jodkali aus Salben trotz Zusatz von Natriumsulfit.

Den *Resorptionsweg von Jodkalilösungen* durch tierische Haut hat TRAUBE-MENGARINI[6] histologisch verfolgt und gefunden, daß sie nur *in Follikeln und Schweißdrüsen* vonstatten geht. Das Rete ist für Jodalkali undurchgängig, woran auch nichts geändert wird, wenn die hypothetische Jodabspaltung im Gewebe stattfinden soll. Denn auch das freie Jod dringt (in alkoholischer Lösung) nicht durch das Rete (TRAUBE-MENGARINI[6]). Auf den Resorptionsweg durch Follikelröhren und Schweißdrüsen müssen wir alle positiven Versuchsergebnisse beziehen. Freilich ist damit die Inkonstanz der Resultate nicht geklärt, aber doch eher verständlich gemacht. Denn die Aufnahme durch die Hautdrüsenzellen ist doch eher Zufälligkeiten unterworfen (wechselnder Sekretionszustand und Füllung der Ausführungsgänge, Zahl und Größe der Drüsen, Luftgehalt usw.) als die Resorption durch das Rete. Grundsätzlich dürfen die Befunde *für alle Elektrolyte* jedenfalls in dem Sinne gedeutet werden, daß *das Rete undurchlässig, die Drüsenzelle* dagegen *bis zu einem gewissen Grade* für Elektrolyte *durchlässig* ist.

Über Aufnahme von *Bromiden* aus Bädern finden wir nur die Angabe von GÜNTHER[7]. Daß in seinem Versuch eine Resorption von Br stattgefunden hat, folgert er aus dem Auftreten von nervösen Allgemeinerscheinungen; die Untersuchung des Urins auf Br fiel aber negativ aus. Die Resorption vom *Nitrat*-Ion (aus $LiNO_3$-Bädern) konnte dagegen durch GÜNTHER[4] auch durch den Urinnachweis bestätigt werden. Über *Kochsalzresorption* durch die menschliche Haut ist soviel wie gar nichts bekannt. Nach dem Vorangehenden darf man wohl annehmen, daß, wenn eine Resorption überhaupt stattfindet, sie sehr gering ist und durch die Anhangsorgane führt. KELLER[7] hat im Stoffwechselversuch nach warmen 3- und 6proz., 30 Minuten langdauernden Solbädern eine Zunahme des Harn-Cl festgestellt. Er selbst führt diese Zunahme nicht auf Resorption zurück,

---

1 HEFFTER: Erg. Physiol. **21**, 95 (1903) — Wschr. Chem. u. Pharmakol. **1904**, 320 — Arch. f. Dermat. **72**, 171 (1904).

2 SCHWENKENBECHER: Zitiert auf S. 125.

3 FILEHNE, W.: Berl. klin. Wschr. **1898**, Nr 3, 45.

4 GÜNTHER, G.: Prag. Z. Tiermed. A **1926**, 55.

5 CANALS, E. u. M. GIDON: Zitiert auf S. 126.

6 TRAUBE-MENGARINI, M.: Arch. Anat. u. Physiol. **1892**, Suppl. 1.

7 KELLER: Korrespbl. Schweiz. Ärzte **1891**, Nr 8.

sondern auf reflektorische Vorgänge. Er meint aber, daß zur Auslösung dieser Reflexe eine Imbibition der Epidermis mit der Salzlösung erforderlich ist.

c) Lipoidlösliche Stoffe.

Die Permeabilität lipoidlöslicher Stoffe ist eine generelle Eigenschaft der Haut sämtlicher Tiere. Sie wird allgemein nach der Meyer-Overtonschen Lipoidtheorie gedeutet in dem Sinne, daß jene Stoffe in die Zelle eindringen, die sich in der Lipoidmembran der Zelloberfläche lösen. Nach einer neueren Theorie von D. Deutsch[1] könnte die Bevorzugung lipoidlöslicher Stoffe bei der Resorption in dem Sinne gedeutet werden, daß sich die große innere Oberfläche, die in jeder lebenden Zelle vorhanden ist, sich in ihrer Gesamtheit wie eine Lipoidphase verhält, da in diesen Oberflächen die lipoidlöslichen Stoffe angereichert werden. Dieser Auffassung entspricht, daß diffuse starke fettige Durchtränkung lebloser Schichten (Hornschicht) keine Förderung der Permeabilität lipoidlöslicher und keine Hemmung wasserlöslicher Stoffe zur Folge haben braucht (vgl. S. 117 und 123).

In der Warmblüterhaut ist unter allen lipoidlöslichen Stoffen nebst Phenol (Liebreich[2], Gundorow[3], du Mesnil[4], Schwenkenbecher[5]) die *Salicylsäure* am häufigsten auf ihre Durchgängigkeit geprüft worden. Sie permeiert in wässeriger Lösung glatt durch die Haut, im Gegensatz zum lipoidunlöslichen Natriumsalz.

Die Vertreter der Lehre von der absoluten Undurchgängigkeit der Haut erklären die Durchlässigkeit für Salicylsäure mit einer chemischen oder mechanischen Schädigung der Epidermis durch diese Substanz. Die Berechtigung zu dieser Annahme gaben Versuche, nach denen die Vorbehandlung der Haut mit Salicylsäure die Durchgängigkeit für andere Stoffe (z. B. KJ) erhöht haben (Ritter[6], Schum[7]). du Mesnil[4] konnte aber diese Angaben nicht bestätigen. Auch er ist ein Vertreter der Lehre von der Undurchgängigkeit und erklärt die Durchlässigkeit für Salicylsäure mit ihrer oxydierenden und keratolytischen Wirkung nach Unna[8]. Da aber du Mesnil einen begünstigenden Effekt dieser keratolytischen Wirkung für die Resorption anderer Substanzen nicht findet, kommt er zum widerspruchsvollen Schluß, daß die Keratolytica zwar die Permeabilität erhöhen, aber nur für sich selbst.

Die gute Resorbierbarkeit der Salicylsäure beruht offenbar auf ihrer Lipoidlöslichkeit (Schwenkenbecher[9]). Sie wird auch aus alkoholischen Lösungen und aus Salben (vgl. S. 136) leicht aufgenommen; es handelt sich um eine Eigenschaft des nichtdissoziierten Moleküls. Demgegenüber dringen die Salze der Salicylsäure, die lipoidunlöslich sind, auch aus alkoholischen Lösungen und aus Salben nicht ein (Ritter[10], Maas[11], Kopf[12], Schum[13], Sokoloff[14], Schumacher[15]).

[1] Deutsch, D.: Wien. med. Wschr. **1928**, Nr 27, 876.
[2] Liebreich, O.: Berl. klin. Wschr. **1885**, Nr 47, 770.
[3] Gundorow, M.: Arch. f. Dermat. **71**, 17 (1904).
[4] du Mesnil: Arch. klin. Med. **50**, 101 (1892).
[5] Schwenkenbecher: Arch. Anat. u. Physiol. **1904**, 121.
[6] Ritter: Inaug.-Dissert. Zitiert unter [10].
[7] Schum, E.: Experimentelle Beiträge zur Frage des Resorptionsvermögens der menschlichen Haut. Inaug.-Dissert. Würzburg 1892.
[8] Unna, P. G.: Zusammenfassende Darstellung in Eulenburg-Samuels Lehrb. d. allg. Therapie **3**, 769. Berlin-Wien: Urban & Schwarzenberg 1899.
[9] Schwenkenbecher: Arch. Anat. u. Physiol. **1904**, 121.
[10] Ritter: Über die Resorptionsfähigkeit der normalen menschlichen Haut. Inaug.-Dissert. Erlangen 1883.
[11] Maas: Über die Resorption fein zerstäubter Flüssigkeiten durch die Haut. Inaug.-Dissert. Würzburg 1886.
[12] Kopf, C.: Gaz. Lekarska **1891**, Nr 21—29; zit. nach Mh. Dermat. **13**, 338.
[13] Schum, E.: Experimentelle Beiträge zur Frage des Resorptionsvermögens der menschlichen Haut. Inaug.-Dissert. Würzburg 1892.
[14] Sokoloff: Zur Lehre über die Hautaufsaugung einiger medikamentöser Stoffe bei Einreibung von Salben. Inaug.-Dissert. St. Petersburg 1894.
[15] Schumacher, G.: Über die Resorptionsfähigkeit der tierischen Haut für die Salicylsäure und ihr Natriumsalz. Inaug.-Dissert. Gießen 1908.

Für die einzelnen Fälle, in denen auch das Natrium salicylicum zur Resorption gebracht werden konnte (JUHL[1], SCHWENKENBECHER[2]), nimmt SCHWENKENBECHER an, daß es sich um das Freiwerden von Salicylsäure durch CO_2 handelt. Denn SCHWENKENBECHER[2] beobachtete auch aus Lithium salicylicum die Resorption von Salicylsäure, während er Li im Urin nicht nachweisen konnte.

Auch die Ester der Salicylsäure werden in jeder Applikationsform leicht aufgenommen: Methylsalicylat (CECONI und NALIN[3], IMPENS[4], LINOISSIER und LANOIS[5]), Phenylsalicylat (Salol, DU MESNIL[6]), Amylsalicylat, Methoxyläthylsalicylat, Glykolmonosalicylat (IMPENS[4]).

Alkohole, Äther, Chloroform (sowohl in flüssigem wie in dampfförmigem Zustand) gehen glatt durch (VOGEL[7], SCHWENKENBECHER[2]).

Ein gutes Beispiel für die Bedeutung der Lipoidlöslichkeit bei der Hautresorption liefern die Untersuchungen von KAHLENBERG[8] über *Borsäure*. Freie Borsäure dringt aus Kompressen und Fußbädern momentan durch die Haut ein, so daß sie schon nach 5 Minuten im Urin nachgewiesen werden kann. Borax ($Na_2B_4O_7$) und die entsprechende Lithiumverbindung $Li_2B_4O_7$ werden dagegen unter den gleichen Bedingungen absolut nicht aufgenommen, ebensowenig wie die Neutralsalze LiCl, RbCl, $CsCl_2$, $SrCl_2$. Die gute Durchdringungsfähigkeit der freien Borsäure ist in bezug auf die Froschhaut von OVERTON[9] festgestellt.

Vorzüglich resorbiert werden auch Aldehyde (Chloralhydrat) und Ketone (Aceton), obwohl sie nur wenig lipoidlöslich sind (VOGEL[7], SCHWENKENBECHER[2]).

Unter den lipoidlöslichen Schwermetallsalzen ist das *Sublimat* an erster Stelle zu nennen. Man würde auf Grund der praktischen Erfahrung mit Sublimatbädern und der damit verbundenen Intoxikationsgefahr glauben, daß seine Resorbierbarkeit über jeden Zweifel erhaben ist. Indessen werden Sublimatbäder meist nur hautkranken Patienten verordnet, deren Oberhaut mehr oder weniger lädiert ist; auf diese Weise erklären sich jene Fälle massiger Resorption, die zur Intoxikation führen. Die zur Verfügung stehenden experimentellen Angaben sind spärlich. KOPF[10] hat die Resorption einer 2promill. wässerigen Sublimatlösung in Arm- und Fußbädern beim Menschen nachgewiesen; doch finden wir bei diesem Autor fast ausschließlich positive Resultate auch für nichtlipoidlösliche Elektrolyte, wie KJ, LiCl, und er selbst äußert die Ansicht, daß bei seinen Versuchspersonen möglicherweise „Hautreizungen“ stattgefunden haben. LIEBREICH[11] hat die Resorption von Sublimat aus Lanolinsalben beobachtet. SCHWENKENBECHER[2] nimmt die Resorption des Sublimats als eines lipoidlöslichen Salzes als selbstredend an. Höchstwahrscheinlich wird aber das Eindringen von Sublimat dadurch gehemmt, daß es eiweißfällend wirkt. Im Sinne der Undurchlässigkeit für Sublimat sprechen jedenfalls in hohem Grade die chemisch-analytischen Versuche von P. FRAENCKEL[12], die auch von allgemeinen Gesichtspunkten aus wichtig sind.

FRAENCKEL[6] findet, daß, wenn menschliche Leichen in Tücher gewickelt werden, die mit 0,5—1,0% Sublimat getränkt sind, nach einigen Tagen die oberflächlichsten abgeschabten

---

1 JUHL, V.: Arch. klin. Med. **35**, 514 (1884).
2 SCHWENKENBECHER: Zitiert auf S. 126.
3 CECONI u. NALIN: Riforma med. **1896**, Nr 172; zit. nach Mh. Dermat. **24**, 332.
4 IMPENS, E.: Pflügers Arch. **120**, 1 (1907).
5 LINOISSIER u. LANOIS; Zit. nach SCHWENKENBECHER.
6 DU MESNIL: Arch. klin. Med. **50**, 101 (1892); **51**, 527 (1893); **52**, 47 (1894).
7 VOGEL, G.: Virchows Arch. **156**, 566 (1899).
8 KAHLENBERG, L.: J. of biol. Chem. **62**, 149 (1924).
9 OVERTON, E.: Vjschr. naturforsch. Ges. Zürich **44**, 88 (1899).
10 KOPF: Zitiert auf S. 128.
11 LIEBREICH, O.: Berl. klin. Wschr. **1885**, Nr 47, 770 — Pharmaz. Z.halle **1886**.
12 FRAENCKEL, P.: Vjschr. gerichtl. Med. **32**, 90 (1906).

Hautfetzchen reichlich Hg enthalten. Schabt man die verhornten Schichten vor dem Versuch ab, so ist nach der Sublimatdurchtränkung Hg in der Haut höchstens in Spuren nachzuweisen. *Das Hg findet sich also nur in der oberflächlichsten Hautschicht* (*Hornschicht*). Wenn Spuren in der hornschichtfreien Haut doch vorkommen, so dürfte das auf einer unvollständigen Abschabung der Hornschicht und nicht auf einem Eindringen in das Rete beruhen. Trennt man auch die tieferen Epithelschichten ab, so dringt Sublimat reichlich in die Haut ein. Wir erkennen aus diesem Versuch die öfter hervorgehobene Durchlässigkeit der Hornschicht gegenüber der hochgradigen Undurchlässigkeit des Rete, wissen aber nicht, ob in diesem Falle das Freibleiben des Rete nicht durch Fällung der Zelleiweiße zustande kommt.

Es ist möglich, daß Sublimat aus wässerigen Lösungen, wohl hauptsächlich durch die Hautanhänge in kleineren Mengen, durchdringt. Von einem freien hemmungslosen Durchtritt wie bei organischen lipoidlöslichen Stoffen kann keine Rede sein. (Über metallisches Hg s. S. 136.)

Dasselbe gilt für das Blei, nur daß hier exakte quantitative Versuche von Süssmann[1] vorliegen. Diese von toxikologischem Gesichtspunkte aus sorgfältig durchgeführte Arbeit ergibt eine äußerst geringe, aber doch *einwandfrei nachweisbare Resorption von Blei* aus Bleisalben, aus wässerigen Lösungen von ölsaurem Blei und essigsaurem Blei durch die Warmblüterhaut (Katze, Mensch). Süssmann[1] findet im Tagesdurchschnitt für die durch 1 qdm Haut eintretende Bleimenge 0,1—0,2 mg Pb[2].

Außer toxikologischen Überlegungen, die zu dem Schlusse führen, daß die Bleiresorption durch die Haut in Industriebetrieben bei diesen geringen Mengen keine Vergiftungsgefahr in sich birgt, weist Süssmann auch darauf hin, daß die Resorptionshöhe von metallischem Hg aus der grauen Salbe (33%) gleich groß ist, wie die des Bleies aus 50% Bleioleatsalbe und aus 33% Bleiglätte-Katzenfettmischung. Da die Konzentrationen dieser Salben an Schwermetallsalzen auch nach der Umsetzung mit den Salbengrundlagen und mit Schweiß und Talg der Haut untereinander noch recht verschieden sind, meint Süssmann, daß über eine gewisse Konzentration der resorptionsfähigen Stoffe in der Salbe eine weitere Erhöhung der zur Resorption gelangenden Menge nicht mehr erzielt werden kann. Jedenfalls gehen auch hier Resorptionsfähigkeit und Lipoidlöslichkeit nicht parallel miteinander.

Die Aufnahme von Blei aus Salben in die Haut hat Tsunoda[3] auch im histologischen Bild nachweisen können, indem er in der Cutis nach Schwefelwasserstoffbehandlung der Hautstücke Schwarzfärbung auftreten sah.

Bei den Schwermetallsalzen sei noch das Ferrocyanion erwähnt. Das *gelbe Blutlaugensalz* passiert zweifellos die Haut. Zunächst sprechen hierfür die histologischen Versuche von Traube-Mengarini[4], die nach Pinselung wässeriger Blutlaugensalzlösungen auf menschliche und tierische Haut nach Färbung des Schnittes mit Eisenchlorid die Drüsen, die innere Haarwurzelscheide und das Blut gefärbt fand bei freibleibendem Rete. Durch chemischen Nachweis hat Schwenkenbecher — nachdem schon eine große und widersprechende Literatur vorlag — den Durchgang des Blutlaugensalzes einwandfrei nachweisen können.

d) Wasserlösliche Nichtelektrolyte.

Es wird vielfach angenommen, daß wassergelöste Stoffe zusammen mit Wasser in gelöstem Zustand resorbiert werden. Dieselbe Annahme liegt auch der elektroendosmotischen Theorie der elektrophoretischen Stoffeinführung in die Haut (vgl. S. 143ff.) zugrunde. Von diesem Gesichtspunkt sind Elektrolyte und Nichtelektrolyte grundsätzlich verschieden. Die ersteren verändern die

---

[1] Süssmann, Ph. O.: Arch. f. Hyg. **90**, 175 (1922).

[2] Durch diese Zahlen Süssmanns ist die Arbeit von Vogt und Burckhardt hinfällig geworden. Die außerordentlich hochgradige Resorption, die diese Autoren gefunden haben, sind durch Versuchsfehler vorgetäuscht. [Vgl. Nachwort von K. B. Lehmann zur Arbeit Ch. Vogt u. J. L. Burckhardt: Arch. f. Hyg. **85**, 323 (1916).]

[3] Tsunoda, S.: Jap J. of Dermat. **25**, 82 (1925).

[4] Traube-Mengarini, M.: Arch. Anat. u. Physiol. Suppl. **1892**, 1.

Ladung der Haut, und zwar in der großen Mehrzahl in dem Sinne, daß dadurch die endosmotische Strömung ihrer Lösungen im Verhältnis zum reinen Wasser verlangsamt wird. Dem entspricht die relativ hochgradige Undurchlässigkeit der Haut für Elektrolyte sowohl bei Amphibien wie auch bei höheren Wirbeltieren. Die Nichtelektrolyte haben dagegen keinen hindernden Einfluß auf die elektroendosmotische Wanderungsgeschwindigkeit des Wassers. Danach wäre zu erwarten, daß sich bei der Resorption Wasser und Nichtelektrolyte gleichsinnig verhalten. Das trifft bei Fröschen tatsächlich zu, indem sowohl Wasser wie Nichtelektrolyte glatt resorbiert werden. Ob dieser Deduktion entsprechend bei höheren Wirbeltieren neben der Wasserundurchlässigkeit auch eine Anelektrolytundurchlässigkeit besteht, wissen wir nicht, da diesbezügliche Angaben nicht vorhanden sind[1].

An der Fischhautmembran hat G. CHOMKOVIC[2] eine vorzügliche Resorption von Glucose, Saccharose und Peptonen feststellen können. An der Froschhaut experimentierte mit Nichtelektrolyten sowohl in vivo wie an der abgelösten Haut J. PRZYLECKI[3]. Er fand neben einer guten Durchlässigkeit für Purin, Glycerin, Alanin und Peptonen, daß unter den Zuckern nicht nur die Monosen (Glucose, Galaktose, Lävulose, Lactose, Mannose) vorzüglich eindringen, sondern auch Biosen und Triosen, die vom Darm aus nicht resorbiert werden. Die Zuckeraufnahme ist enorm; Im Harn der Frösche, die in 5—6—7 proz. Glucoselösungen sitzen, werden 0,5, 1,2, 2,5% Traubenzucker gefunden. Der Zuckergehalt des Blutes (normal 0,08% bei 25°) steigt nach 2 Stunden in 7 proz. Lösung auf 2,2%. Man gewinnt den Eindruck, daß es sich um einfache Diffusion handelt. Diese Zuckerdurchlässigkeit ist um so bemerkenswerter, als E. WERTHEIMER[4] gezeigt hat, daß sie nur in der Richtung außen → innen konstant vorhanden ist. Es besteht zwar eine Durchgängigkeit für Zucker auch von innen nach außen, aber sie ist labil, d. h. sie wird durch H- und OH-Ionen sowie durch die Gesamtkonzentration der Elektrolyte stark beeinflußt. Daß die hochgradige Resorptionsfähigkeit der Kaltblüterhaut für Nährstoffe auch physiologisch bei der Nahrungsaufnahme von Bedeutung sein kann, ist vielfach diskutiert worden, ohne daß man zu einem sicheren Resultat gekommen wäre[5].

Über die Resorption von *Eiweißstoffen* durch die Warmblüterhaut sind Anhaltspunkte durch biologische Versuche gewonnen worden. M. GOLOVANOFF[6] konnte durch Anlegung von Verbänden, die mit Pferdeserum und Eiklar getränkt waren, Meerschweinchen percutan spezifisch anaphylaktisch sensibilisieren Auch Immunisierungen mit Bakterienproteinen auf percutanem Wege sind beschrieben worden (vgl. STEJSKAL[7]).

e) Gase.

Gase, richtiger Substanzen in gasförmigem Zustand, dringen durch die Warmblüterhaut im allgemeinen leicht hindurch[8]. Die Geschwindigkeit, mit welcher die Resorption erfolgt, läßt vermuten, daß es sich hier um einen einfachen Dif-

---

1 STEJSKAL (Klin. Wschr. **1927**, Nr 48, 2309) hat in neuerer Zeit in Versuchen, die eine künstliche percutane Ernährung zum Gegenstand haben, gezeigt, daß die Einreibung von zuckerhaltigen Ölen bei Normalen und Diabetikern eine Erhöhung des Blutzuckers bzw. des Harnzuckers zur Folge hat. Die Erhöhung des Blutzuckerspiegels können wir nicht als einen Beweis für die Resorption von Zucker durch die Haut anerkennen, weil wir wissen, daß Blutzuckererhöhungen auch bei Einführung per os nicht durch den resorbierten Zucker, sondern durch einen Reflexvorgang zustande kommt.

2 CHOMKOVIC, G.: Pflügers Arch. **211**, 666 (1926).

3 PRZYLECKI, J.: Arch. internat. Physiol. **20**, 144 (1922); **23**, 97 (1924).

4 WERTHEIMER, E.: Pflügers Arch. **199**, 384 (1923); **213**, 735 (1926).

5 Literatur bei G. CHOMKOVIC[2].

6 GOLOVANOFF, M.: Zitiert nach STEJSKAL[7].

7 STEJSKAL, K.: Zbl. Hautkrkh. **26**, 537 (1928).

8 Die entgegengesetzt lautenden Angaben von DU MESNIL [Arch. klin. Med. **52**, 47 (1894)] stehen im Widerspruch zu allen anderen Feststellungen. Er findet, daß die intakte menschliche Haut auch bei 32 Stunden langen Versuchen Dämpfe aus Terpentin, Copaivabalsam, Jod, Chloroform nicht durchläßt.

fusionsvorgang handelt, der allein durch den Konzentrationsunterschied des Gases außerhalb und innerhalb der Haut bedingt ist. Für die Sauerstoffaufnahme ist durch A. Krogh[1], für die Aufnahme für Kohlensäure durch St. Hediger[2] diese Annahme zahlenmäßig bestätigt worden.

Krogh[1] findet, daß — obwohl die Größe der Sauerstoffaufnahme je nach der Dicke der Haut und der Dichte des cutanen Gefäßnetzes bei verschiedenen Tieren verschieden groß ist — die Zahlen im Verhältnis zur Gesamtrespiration eine auffallend geringe Schwankungsbreite zeigen. Die Hautatmung von Taube, Frosch und Aal, untereinander verglichen, ergibt eine Schwankung der Mittelwerte nur zwischen 0,5—1,6 ccm pro qdm und Stunde. Demgegenüber bewegt sich die Gesamtrespiration dieser Tiere in ganz verschiedenen Größenordnungen: die Gesamtrespiration der Taube beträgt 1600 ccm, die des Aals nur 30 ccm pro kg und Stunde. Die Abhängigkeit der Sauerstoffaufnahme von den grobanatomischen Eigenschaften der Haut und die relative Einförmigkeit der Zahlen bei verschiedenen Tieren deutet Krogh[1] in dem Sinne, daß die Sauerstoffaufnahme einen rein physikalisch bedingten Diffusionsprozeß zwischen Außenwelt und Haut darstellt.

Die O_2-Aufnahme der Haut beim Menschen hat G. Zuelzer[3] gemessen und als Maximalwert 0,69 ccm O_2 pro qdm und Stunde erhalten. Diese Zahl stimmt gut überein mit einer älteren Berechnung von Gerlach[4]. Nach Zuelzer[3] macht die Sauerstoffaufnahme durch die Haut beim Menschen im günstigsten Falle $^1/_{100}$ der Gesamtatmung aus. Diese „Hautatmung", deren Unterdrückung oft als Ursache des Firnistodes angesprochen worden ist (vgl. S. 135), hat offenbar nicht die geringste physiologische Bedeutung.

Über die Kohlensäureaufnahme durch die Haut liegen mehrere, vornehmlich von balneologischen Fragestellungen ausgehende Arbeiten vor. Arbeiten, in denen versucht worden ist, durch Gaswechseluntersuchungen die Resorption von Kohlensäure aus kohlensauren Bädern nachzuweisen, haben nicht zu eindeutigen Ergebnissen geführt. Insbesondere haben die Untersuchungen von Liljestrand und Magnus[5] im Gegensatz zu R. Winternitz[6] ergeben, daß die vermehrte Kohlensäureabgabe während des Bades zum größten Teil Folge der Überventilation ist; denn gleichzeitig mit der vermehrten Kohlensäureabgabe sinkt die alveolare Kohlensäurespannung. Laqueur und Gottheil[7] haben überdies gezeigt, daß eine Erhöhung der Kohlensäureabgabe durch die Lungen auch im Süßwasserbad eintritt. Nach v. Dalmady[8] stehen die Kohlensäurebläschen des Kohlensäurebades in den Drüsenausführungsgängen unter erhöhtem Druck und gelangen in bedeutenden Mengen zur Resorption. Sowohl v. Dalmady[8] wie Hediger[9] kommen auf Grund theoretischer Erwägungen zu dem Schluß, daß die Resorption um so größer ist, je gesättigter das Kohlensäurebad; diese Folgerung steht im Einklang mit den klinischen Erfahrungen. Neuerdings hat Hediger[10] vermittels einer einfachen Anordnung gezeigt, daß *die Kohlensäure* aus wässerigen Lösungen *in beträchtlichen Mengen in die menschliche Haut ein-*

---

[1] Krogh, A.: Skand. Arch. Physiol. (Berl. u. Lpz.) **15**, 328; **16**, 348 (1904).
[2] Hediger, St.: Klin. Wschr. **1928**, Nr 33, 1553.
[3] Zuelzer, G.: Z. klin. Med. **53**, 403 (1904).
[4] Gerlach: E. Müllers Arch. Anat. u. Physiol. **1851**, 431; zitiert nach H. Aubert: Pflügers Arch. **6**, 539 (1872).
[5] Liljestrand, G. u. R. Magnus: Pflügers Arch. **193**, 527 (1922).
[6] Winternitz, R.: Dtsch. Arch. klin. Med. **72**, 258 (1901).
[7] Laqueur u. Gottheil: Z. physik. Ther. **33**, 207 (1927).
[8] Dalmady, Z. v.: Z. physik. u. diät. Ther. **24**, 137, 195 (1920).
[9] Hediger, St.: Schweiz. med. Wschr. **1921**, Nr 7, 137.
[10] Hediger, St.: Klin. Wschr. **1928**, Nr 33, 1553.

dringt, und zwar handelt es sich um eine Kohlensäurediffusion in Richtung des Spannungsgefälles so lange, bis sich ein Gleichgewicht diesseits und jenseits der Haut in der Höhe der alveolären bzw. der Gewebskohlensäurespannung einstellt.

HEDIGER[1] arbeitete an kleinen Hautbezirken mit Glasglocken und Glasschalen, die mit kohlensäurehaltigem Wasser gefüllt und an der Haut befestigt waren. Die nach allen Richtungen hin mit Kontrollversuchen durchgeführte Bestimmung der Kohlensäurekonzentration und ihrer Abnahme in der wässerigen Lösung nach verschieden langer Berührung mit der Haut hat eindeutig die obige Gesetzmäßigkeit erkennen lassen.

Nach alledem dürfte auch für das Eindringen *körperfremder Gase* ein einfacher Diffusionsvorgang maßgebend sein.

Blausäuredämpfe dringen in die Warmblüterhaut mit großer Leichtigkeit ein. Das ist in einwandfreier Versuchsanordnung von WALTON und WITHERSPOON[2] an der Haut von Meerschweinchen und Hunden, von W. SCHÜTZE[3] an der Katzenhaut nachgewiesen worden. W. SCHÜTZE experimentierte auch im Selbstversuch mit Blausäuredämpfen bis 5,5 Vol.-% und beobachtete nebst kleinsten Blutungen und hellroter Marmorierung der Haut an der Eindringungsstelle auch allgemeine Vergiftungserscheinungen. Bei (unrasierten) Katzen kommt es nach SCHÜTZE[3] bei 2 Vol.% nach 32 Minuten zum Tode. Blausäure geht nach VOGEL[4] und nach SCHWENKENBECHER[5] auch aus wässerigen Lösungen durch.

Die Durchdringung von *Schwefelwasserstoffgas* (ältere Literatur zusammengestellt bei SCHWENKENBECHER[5]) glauben WALTON und WITHERSPOON[2] durch Vergiftungserscheinungen nachgewiesen zu haben. Doch hat schon SCHWENKENBECHER[5] darauf aufmerksam gemacht, wie schwierig es ist, bei Versuchen mit H_2S die Inhalation als Fehlerquelle auszuschließen. SCHÜTZE[3] hat in sorgfältigen Versuchen am Menschen keine allgemeinen Vergiftungserscheinungen nachweisen können und glaubt, daß H_2S kaum resorbiert wird. An dieser Stelle sei erwähnt, daß schon früher die Resorption von Schwefelwasserstoff auch aus wässerigen Lösungen (Bädern) öfter angenommen worden ist, bis MALIWA[6] die S-Resorption durch die Schwärzung von cutan gesetzten Schwermetalldepots nach H_2S-Bädern unmittelbar nachweisen konnte.

Ammoniakgas wird nach GAST[7] durch die Warmblüterhaut resorbiert.

Anilindämpfe gehen durch[8], desgleichen Dämpfe von Nitrobenzol, Dinitrobenzol, Nitrotoluol, Dinitrotoluol[9]. Letztere werden sogar von der Haut besser aufgenommen, als von den Lungen[9]. Die Aufnahme der verwandten — allerdings nicht mehr in dem Grade flüchtigen — Stoffe: Paranitrochlorbenzol und „Tropföl" (des flüssigen Gemisches von Ortho- und Paranitrochlorbenzol) hat K. B. LEHMANN[10] auch quantitativ verfolgen können.

Eine Aufnahme von *Kohlenoxyd* findet auffallenderweise — nach Übereinstimmung aller Autoren — *nicht* statt (SCHLEYER[11], VOGEL[4], SCHWENKENBECHER[5], WALTON und WITHERSPOON[2]).

---

1 HEDIGER, ST.: Zitiert auf S. 132.
2 WALTON, D. C. u. M. G. WITHERSPOON: J. of Pharmacol. a. exp. Th. **26**, 315 (1925).
3 SCHÜTZE, W.: Arch. f. Hyg. **98**, 70 (1927).
4 VOGEL, G.: Virchows Arch. **156**, 566 (1899).
5 SCHWENKENBECHER: Arch. Anat. u. Physiol. **1904**, 121.
6 MALIWA: Wien. klin. Wschr. **1926**, Nr 4, 116.
7 GAST: Zitiert nach SCHWENKENBECHER[5].
8 KRÄMER: Inaug.-Dissert. Würzburg 1903; zitiert nach K. B. LEHMANN[10], SCHWENKENBECHER[5].
9 ZIEGER, J.: Studium über die Wirkung von Nitrobenzol, Dinitrobenzol, Nitrotoluol Dinitrotoluol auf Lunge und Haut. Inaug.-Dissert. Würzburg 1903.
10 LEHMANN, K. B.: Beitr. Physiol. u. Path. (Festschr. f. HERMANN) **1908**, 130.
11 SCHLEYER: Zitiert nach SCHWENKENBECHER[5].

5. Förderung der Resorption durch Salben.

Unter Salben verstehen wir Fette oder Körper mit fettartiger Konsistenz, die vornehmlich zu Heilzwecken auf die Haut aufgetragen werden. Sie werden sowohl rein, wie auch mit sonstigen Medikamenten vermischt, angewendet. Die wichtigsten Salben sind: 1. tierische und pflanzliche Glycerinfette, 2. Kohlenwasserstoffe (Vaselin, Paraffin) und 3. tierische Haut- und Wollfette (Adeps lanae und Abkömmlinge). Die letzteren sind durch ihre Wasseraufnahmefähigkeit ausgezeichnet, so daß in sie auch fettunlösliche Stoffe in wässeriger Lösung inkorporiert werden können. Bei der Wasseraufnahme des Lanolins entsteht eine feine Emulsion von Wasser im Fett, wobei das Cholesterin als Emulgator wirkt (Bernhardt und Strauch[1]).

Salben können an der Haut, im Gegensatz zu wässerigen und alkoholischen Lösungen, *verrieben*, d. h. in dünner zusammenhängender Schicht gut ausgebreitet werden. Alkoholische und wässerige Lösungen sind dazu deshalb nicht geeignet, weil die Resultanten der Oberflächenkräfte entgegen der geringen inneren Reibung leicht zu einer Verringerung der Oberfläche, zur Tropfenbildung, d. h. zum Zerreißen der Schicht führen[2]. Damit die ausgebreitete Salbenschicht sich allen Unebenheiten der Haut anschmiegt, muß ein Druck ausgeübt werden. Durch diesen Druck werden die der Haut adhärierenden Gasblasen seitlich zur Entweichung gebracht, bzw. wenn das in tieferen Einbuchtungen nicht möglich ist, komprimiert. Beides geschieht bei gleichem Druck um so leichter, je geringer die innere Reibung der Salbe, d. h. je „geschmeidiger" die Salbe ist. Salben mit großer innerer Reibung, die außerdem in dünnen Schichten leicht zerreißen, bezeichnet man als zäh.

Für das Problem der Hautresorption ist zuerst die Frage zu beantworten, ob die Salben selbst (die sog. Salbengrundlagen) zur Resorption gelangen. Dann muß die Frage erörtert werden, ob und in welcher Weise die Inkorporierung in Salben die Resorption sonstiger Substanzen fördert.

Verreiben wir eine feine Creme, d. h. eine wasserhaltige Lanolinsalbe, an unserer Haut, so wird sie von der Hornschicht sehr rasch aufgenommen. Man kann sich darüber auch objektiv leicht überzeugen, indem man nach der Verreibung abgewogener Salbenmengen die an der Hautoberfläche verbliebene Salbe sorgfältig abschabt und zurückwiegt (Wild[3]). Die Aufnahme durch die Hornschicht bedeutet aber noch keine Resorption, und es ist bis heute strittig, ob Fette und andere Salben von der Haut aus bis in die Blutbahn überhaupt eindringen. Ursprünglich hatte Liebreich[4] vom Lanolin angenommen, daß es als körper- und organeigenes Fett leicht die Haut durchdringt, denn er sah nach Anwendung von Carbol- und Sublimatlanolinsalben die Allgemeinwirkung dieser Substanzen sehr rasch eintreten. Demgegenüber haben Unna[5] und Lifschütz[6] einen ablehnenden Standpunkt eingenommen. Unna und seine Schule[7] nahmen an,

---

[1] Bernhardt, H. u. C. B. Strauch: Z. klin. Med. **104**, 723 (1926).

[2] Es handelt sich dabei um zwei Grenzflächenspannungen: Haut/Flüssigkeit und Flüssigkeit/Luft. Beide können im gleichen Sinne wirken, wenn die Haut durch die Flüssigkeit nicht benetzt wird (wässerige Lösung). Wenn die Flüssigkeit, wie das beim Alkohol der Fall ist, die Hautoberfläche benetzt, so wirken die an der Grenzfläche Haut/Flüssigkeit auftretenden Kräfte der Oberflächenspannung an der Grenzfläche Flüssigkeit/Luft entgegen.

[3] Wild, R. B.: Brit. med. J. **22** VII, 161 (1911).

[4] Liebreich, O.: Berl. klin. Wschr. **1885**, Nr 47, 770 — Pharmaz. Zentralhalle für Deutschland **1886**.

[5] Unna, P. G. (zusammenfassende Darst.): Mh. Dermat. **45**, 375, 443 (1907).

[6] Lifschütz, J.: Dermat. Studien **21**, Unna-Festschr. (1911). Hamburg: L. Voss.

[7] Vgl. P. Unna jr.: Dtsch. med. Wschr. **1926**, Nr 5, 197.

daß auch für Fette die „basale Hornschicht“ (unsere Übergangsschicht) ein unmittelbares Hindernis darstellt, indem man auch histologisch das Eindringen der meisten Salbengrundlagen nur bis zur mittleren Hornschicht verfolgen kann. In neuerer Zeit sind es besonders BERNHARDT und STRAUCH[1], die die Aufnahme von Fetten in Abrede stellen. Sie verbrachten auf die frisch gewaschene Bauchhaut verschiedene Fette und bedeckten sie luftdicht mit einem Uhrglas. Nach 48stündiger Versuchsdauer konnten sie keinen wägbaren Schwund von Fett nachweisen. Die Beweiskraft dieses Versuches wird indessen von STEJSKAL[2] bestritten, indem er hervorhebt, daß durch den luftdichten Abschluß der Haut mit einem Uhrglas eine Stauung der Perspiration eintritt und die Wasseranreicherung der Haut eine Erschwerung des Fetteintrittes zur Folge hat.

An sich wäre eine Undurchlässigkeit für Fette nicht überraschend. Denn es ist durch die Untersuchungen von S. LOEWE[3] bekannt, daß Fette auch in Fettlösungsmitteln nur kolloidal gelöst sind; in kolloidaldispersem Zustand können sie nicht ohne weiteres in die Zelle eindringen. Lanolin und Paraffin werden bekanntlich auch von den Darmepithelien nicht resorbiert. Die experimentellen Tatsachen lehren uns aber, daß *Fette und Salben durch die Haut doch zur Resorption gelangen*, und zwar durch den Talgdrüsenfollikel.

Den ersten positiven Beweis hat O. LASSAR[4] geliefert, der nach mehrmaligem Übergießen von Kaninchen mit Rüböl, Olivenöl und Lebertran im Blut und in den inneren Organen zahlreiche Fetttröpfchen fand, auch dann, wenn er ungeschorene Kaninchen mit völlig intakter Haut zum Versuch verwendete. In seinen Osmiumpräparaten fand LASSAR[4], daß die Follikel schwarz gefärbt sind.

Man hat die Richtigkeit der Befunde LASSARS[4] mehrfach bezweifelt, und R. WINTERNITZ[5] konnte sie bei Wiederholung der Versuche nicht bestätigen. Aber auch bei WINTERNITZ gingen die Versuchstiere z. T. sehr bald ein, was wir doch in erster Linie auf Resorptionswirkung und nicht, wie WINTERNITZ will, auf eine „Firniswirkung“ beziehen möchten. Denn BABÁK[6] hat gezeigt, daß die Abkühlung durch erhöhte Wasserabgabe, die nach den Untersuchungen von WINTERNITZ als die Hauptursache des Firnistodes anzusprechen ist, von den gefirnißten Tieren sehr gut vertragen wird. Die gefirnißten Tiere bleiben lange am Leben, wenn nur die Firnissubstanz nicht toxisch wirkt. Wirklich indifferente Firnisse sind Weizenkleister und Gelatine. Der Tod nach Bestreichung mit Ölen hat dagegen den Charakter einer spezifischen Vergiftung, und alle Momente sprechen dafür, daß diese Vergiftung durch Resorption der Firnisstoffe zustande kommt[7].

Die Befunde LASSARS[4] in bezug auf Öle fand W. v. SOBIERANSKI[8], ein Schüler SCHMIEDEBERGS, für *Vaselin* bestätigt. Er rieb die geschorene Haut von Hunden und Kaninchen mit Vaselin ein; die Aufnahme per os war während der ganzen Versuchsdauer verhindert, auch eine Verletzung der Haut wurde sorgfältigst vermieden und mikroskopisch kontrolliert. VON SOBIERANSKI konnte nach einer Reihe von Einreibungen in den inneren Organen geringe Mengen von Vaselin auf chemisch-analytischem Wege nachweisen. Auch er findet, daß die Resorption durch die Talgdrüsen erfolgt: mit Berlinerblau gefärbtes Vaselin ließ sich in mikroskopischen Schnitten in den Haarfollikeln nachweisen. SOBIERANSKI nimmt an, daß der größte Teil des resorbierten Vaselins im Körper abgebaut wird, und darauf führt er die krankhaften Erscheinungen der Versuchstiere (Abmagerung usw.) zurück.

---

1 BERNHARDT, H. u. C. B. STRAUCH: Z. klin. Med. **106**, 671 (1927)[9].
2 STEJSKAL, K.: Zbl. Hautkrkh. **26**, 537 (1928).
3 LOEWE, S.: Biochem. Z. **42**, 150 (1912).
4 LASSAR, O.: Virchows Arch. **7**, 157 (1879) — Verh. physiol. Ges. Berlin. Arch. f. Physiol. **1880**, 563.
5 WINTERNITZ, R.: Arch. f. exper. Path. **28**, 405 (1891).
6 BABÁK, E.: Pflügers Arch. **108**, 389 (1905).
7 Näheres über Hautfirnissung siehe bei ROTHMAN u. SCHAAF: Zitiert auf S. 108.
8 SOBIERANSKI, W. v.: Arch. f. exper. Path. **31**, 329 (1893).
9 *Anmerkung bei der Korrektur:* Vgl. hierzu E. UNNA u. W. FREY: Dermat. Wschr. **88**, 327 (1929).

Auf indirektem klinischen Wege sind in neuerer Zeit Latzel und Stejskal[1] zu der Überzeugung gekommen, daß Olivenöl bei Einreibung in die menschliche Haut in so großen Mengen resorbiert wird, daß auf diese Art eine percutane Ernährung möglich zu sein scheint. Sie finden, daß von Nephritikern und anderen Patienten sog. Öltage (Einreibung von 150—200 g Olivenöl, daneben 100 g Traubenzucker in 500 g Limonade) viel besser vertragen werden als Hungertage. Die Patienten magern stark ab (analog den Tierversuchen), was auf eine Erhöhung der insensiblen Perspiration zurückgeführt wird. In Zusammenhang damit ist die Ausscheidung von N-Schlacken erleichtert. Wie dem auch sein mag, es ist jedenfalls bemerkenswert, daß die Patienten von Stejskal und Latzel *150—200 g Olivenöl so gut in die Haut einreiben können, daß sie am Schluß vollkommen trocken ist.*

Soweit man den Resorptionsweg von Salben und ihren inkorporierten Substanzen in der Haut histologisch verfolgt hat, fand man sie ausschließlich im Talgdrüsenfollikelapparat. So sind die alten Angaben von I. Neumann[2] u. a. immer wieder, neuerdings in sorgfältigen Untersuchungen durch G. K. Zwick[3] bestätigt worden, wonach das Hg aus der grauen Hg-Salbe ausschließlich durch Haarfollikel und Talgdrüsen aufgenommen wird. Hier findet man reichlich mikroskopisch Hg-Kügelchen, während sie in den intakten Retezellen nie zu finden sind, obwohl sie bis in die Hornschicht eingepreßt werden können. Sutton[4] hat auf Anregung von Unna den Weg verschiedener Salbengrundlagen histologisch verfolgt, indem er gefärbte Salben in die rasierte Menschenhaut einrieb. Mit Olivenöl, Gänsefett, Adeps suillus und mit einigen Salbenmischungen erhielt er starke Talgdrüsenfärbungen. Von einer Anfärbung sonstiger Epidermisbestandteile werden keine Angaben gemacht. Am klarsten geht die Bedeutung der Talgdrüsen für die Fettresorption aus den Versuchen Oppenheims[5] mit Jothion an kranker menschlicher Haut hervor (vgl. S. 150).

Aus diesen Angaben wird es verständlich, daß Fette trotz ihres oben betonten grobdispersen Zustandes zur Resorption gelangen. Denn sie werden von den Talgdrüsenzellen resorbiert, also von Zellen, die physiologischerweise mikroskopische Fettkügelchen ausscheiden und während dieser Ausscheidung tiefgehende strukturelle Veränderungen erleiden, die letzten Endes zum Zellzerfall führen. Es ist freilich nicht gesagt, daß eine Drüsenzelle, die Fett ausscheidet, Fett auch aufzunehmen vermag; aber durch die strukturellen Verhältnisse der Talgdrüsen ist die Möglichkeit dafür hier eher gegeben, als sonst bei irgendeiner Körperzelle.

Während also von den Salben selbst und von den in ihnen verteilten lipoidunlöslichen Stoffen nicht anzunehmen ist, daß sie in das Rete Malpighi eindringen, müssen wir die Möglichkeit des Eindringens lipoidlöslicher Substanzen in die Epidermiszellen auch aus Salben gelten lassen. Die alltägliche Praxis lehrt uns, daß in Salben durch Einreibung in die Hornschicht verbrachte lipoidlösliche Pharmaka, wie z. B. Salicylsäure, Mercuriaminochlorid („weiße Präcipitatsalbe") usw. durch unsere Barriere durchdringen und zweifellos bis in die Basalzellenschicht gelangen, weil sie pathologische Hautprozesse beeinflussen, die ihren Sitz im Rete und in der Basalschicht haben.

Es bleibt noch die Möglichkeit zu erwägen, daß das Fett, ähnlich wie im Darm, in gespaltenem Zustand zur Resorption gelangt. Dafür sind die Bedingungen gegeben, denn die Haut enthält sowohl Lipase wie Cholesterinesterasen

[1] Latzel, R. u. K. Stejskal: Ther. Gegenw. **1926**, Nr 4, 187 — Wien. klin. Wschr. **1926**, Nr 42, 1219.
[2] Neumann, J.: Wien. med. Wschr. **1871**, Nr 50—52.
[3] Zwick, G. K.: J. amer. med. Assoc. **83**, 1821 (1924).
[4] Sutton, R. L.: Brit. med. J. **23** V, 1225 (1908).
[5] Oppenheim, M.: Arch. f. Dermat. **93**, 85 (1908).

(PORTER[1]). Für die Förderung der Resorption durch Salben ist die Frage, ob die inkorporierte Substanz mit Fett oder mit Fettsäuren in die Talgdrüsenzelle gelangt, ohne Bedeutung.

Über das *Eindringen von Estern in die Froschhaut* und ihre Verseifung liegen neuere Versuche von E. OVERTON[2] vor. Er findet, daß die Ester rascher in die Haut eindringen als die zugehörigen Säuren. Nach erfolgter Resorption werden die Ester verseift (Nachweis durch pharmakologische Wirkungen des Alkohols und der Säure). Sehr gut dringen ein die Ester von Glycerin, Glykol, soweit sie genug wasserlöslich sind (Mono-di-triacetin, Monobutyrin). Substitution einer Oxygruppe in der Säure (Glykolsäure, Milchsäure, β-Oxybuttersäure, Apfelsäure) verschlechtert die Resorptionsbedingungen, noch mehr die Anwesenheit von zwei Oxygruppen (Glycerinsäure, Weinsäure). Auch die Geschwindigkeit der Verseifung läßt sich durch Substitutionen in der Säure beeinflussen.

Die Frage, *ob die Hautresorption nichtfetter Körper durch ihre Einverleibung in Salben gefördert wird*, muß unbedingt *bejaht* werden. Das gilt vor allem für die Elektrolyte, soweit sie in Salben überhaupt löslich sind.

Wir haben gesehen, daß JK in wässeriger Lösung kaum zur Resorption gebracht werden kann. In Salben kann demgegenüber diese Resorption leicht erzwungen werden. Einer äußerst großen Anzahl von positiven Resultaten[3] stehen kaum einige negative Ergebnisse gegenüber. Dasselbe gilt auch für Alkali- (Lithium-) und Schwermetallsalze. Die große Überlegenheit der Einverleibung in Salbenform müssen wir auf *mechanische Momente* zurückführen. Die Unterschiede im physikalischen Zustande der Elektrolyte in Wasser und in Salben sowie die eventuell stattfindende chemische Reaktion zwischen Substanz und Salbengrundlage (Bildung von fettsauren Salzen) kann nicht ausschlaggebend sein; denn auch aus wässerigen Lanolinsalben, in denen die Elektrolyte wässerig gelöst sind, ist die Resorption wesentlich besser als aus reinen wässerigen Lösungen, wenn auch — aus anderen Gründen — nicht so gut wie aus wasserfreien Salben. Das mechanische Moment ergibt sich aus der Möglichkeit, daß wir die Salbe an der Haut verreiben, d. h. unter hohem Druck mit der Haut in Berührung bringen können. *Wir pressen die Salbe in den Follikel hinein*, wodurch wir auch die inkorporierten Substanzen rascher und in größeren Mengen an die resorbierende Drüsenzelle heranbringen, als dies im Bad oder bei einem feuchten Verband der Fall ist. Die Bedeutung des mechanischen Momentes ersehen wir auch daraus, daß die verschiedenen Salben die Resorption um so mehr befördern, je besser man sie einreiben kann, d. h. je weniger zäh und adhärent sie sind.

Natürlich erstreckt sich diese mechanische Wirkung nicht etwa auch auf ein Eindringen in die Zelle in dem Sinne, wie das RÖHRIG[4] für flüchtige Lösungsmittel angenommen hat, daß das Lösungsmittel den gelösten Stoff mechanisch mit sich reißt. Ist eine Substanz absolut undurchgängig, wie das Natriumsalicylat, so wird seine Aufnahme weder durch die Salbenform noch durch flüchtige Lösungsmittel ermöglicht (SCHUMACHER[5]).

Am besten sind diese Verhältnisse durch R. B. WILD[6] untersucht. WILD hat zunächst die reinen Salbenvehikel in genau abgewogenen Mengen unter

---

[1] PORTER, E. A.: Münch. med. Wschr. **1914**, Nr 32, 1775. — Literatur über fettlösende Fermente in der Haut siehe bei ROTHMAN u. SCHAAF: Zitiert auf S. 108.

[2] OVERTON, E.: Skand. Arch. Physiol. (Berl. u. Lpz.) **46**, 383 (1925).

[3] Ältere Literatur zusammengestellt bei K. BARTENBACH: Über die Resorptionsfähigkeit der tierischen Haut für Jodkalium in verschiedenen Salbengrundlagen. Inaug.-Dissert. Gießen 1909. — Von den neueren Angaben ist besonders wertvoll die von E. CANALS und M. GIDON (zitiert auf S. 126), die aus wässerigen Lösungen keine, aus Salben eine beträchtliche Resorption erzielt haben.

[4] RÖHRIG: Die Physiologie der Haut. Berlin 1876.

[5] SCHUMACHER, G.: Über die Resorptionsfähigkeit der tierischen Haut für die Salicylsäure und ihr Natriumsalz. Inaug.-Dissert. Gießen 1908.

[6] WILD, R. B.: Brit. med. J. **22** VII, 161 (1911). — WILD, R. B. u. J. ROBERTS: Ebenda **26** VI, 1076 (1926).

konstanten Bedingungen (konstante Fläche, konstante Einreibungszeit) in die Haut eingerieben, sodann den Rückstand von der Haut und dem einreibenden Finger mit einer Rasierklinge abgeschabt und zurückgewogen. Mit dieser Methodik, die in Parallelversuchen eine sehr befriedigende Konstanz der Resultate ergab, fand Wild, *daß weiches Paraffin, Ungt. paraffini* (engl. Pharmakopoe) *und Lanolinum anhydricum als zähe Salben sehr schlecht, Schweinefett, wässeriges Wollfett und die Mischungen mit Stärkeglycerin als geschmeidige Salben sehr gut resorbiert werden.*

Später untersuchten Wild und Roberts[1] das Verhalten von Hg-Salben mit der gleichen Methodik, nur daß sie auch die Hg-Konzentration des Rückstandes bestimmt haben. Hg-Metall in weichem Paraffin wird schlecht resorbiert. Bei Einreibung von metallischem Hg in Schweinefett geht zunächst das Fett besser in die Haut hinein als das Hg, so daß sich die Hg-Konzentration des Rückstandes um etwa 2% erhöht; bei Fortsetzung der Einreibung gleicht sich diese Differenz aus, so daß sich auch die Hg-Aufnahme sehr befriedigend gestaltet (in 2 Minuten werden aus 4 g 33proz. Salbe bis 0,12 g Hg absorbiert!). Bei Einreibung von Hg mit wässerigem Wollfett dringt die Salbengrundlage sogar etwas besser ein als Schweinefett, das Hg selbst aber viel schlechter, so daß für praktische Zwecke nur das Schweinefett als Grundlage der grauen Salbe empfohlen werden kann. Die Resorption der Salze des Quecksilbers in verschiedenen Grundlagen ist den gleichen Gesetzmäßigkeiten unterworfen wie die des Hg-Metalls. Ihre Resorbierbarkeit erhöht sich in der Reihenfolge Kalomel < Hg-Metall, Hg salicyl., Hg-Aminochlorid < HgO. Aus den Verschiebungen in der Aufnahme des Hg einerseits und der Salbe andererseits ersehen wir, daß neben der „Geschmeidigkeit“ der Salbe auch die Entmischungsgeschwindigkeit der inkorporierten Substanzen eine Rolle spielt. Man sagt, daß die Salbe das Medikament mit einer gewissen Geschwindigkeit „abgibt“. Für Salicylsäure-Salben hat diese Verhältnisse P. Unna jr.[2] geprüft und — in einem gewissen Gegensatz zu den obigen Resultaten mit Hg — gefunden, daß die Salicylsäure am leichtesten von Schweinefett abgegeben wird, viel schwerer von Wollfett, am schwersten von Vaselin.

In zahlreichen Versuchen hat man die verschiedenen Salbengrundlagen auf ihre resorptionsfördernde Wirkung untereinander verglichen. Da diese Arbeiten nur praktisch-klinisches Interesse haben, beschränken wir uns auf eine summarische Wiedergabe der Resultate.

Resorption von Jod aus Jodkalisalben mit verschiedener Salbengrundlage.

Gundorow[3]: Lanolin fördert nicht im Verhältnis zu anderen Salben.

Guttmann[4]: Lanolin nicht besser als Schweinefett.

Böhm[5]: Lanolin weniger gut als Schweinefett.

Müller[6]: Lanolin und Schweinefett gleich gut, Ungt. paraffini wesentlich schlechter.

Guinard[7]: Lanolin schlechter als Fette.

Lion[8]: Vaselin und Vasogen viel besser als Lanolin und Resorbin.

Sutton[9]: (histologische Untersuchungen): Gänsefett, Olivenöl, Olivenöl in Verbindung mit Cedernöl und Sandelöl gut, Vaselin und Lanolin schlecht. (Für Salbengrundlagen ohne Jod.)

Bartenbach[10]: Schweinefett, Ungt. paraffini, Lanolin. (Bestimmung der Minimalmengen des in Salben eingeriebenen Jodkalis, die sich noch im Harn nachweisen lassen.)

Herzfeld und Elin[11]: Vaselin und Vasogen viel besser als Lanolin und Schweinefett.

Sauerland[12]: Schweinefett und Vaselin besser als Lanolin.

Canals und Gidon[13]: Lanolin schlechter als sonstige Salbengrundlagen.

---

[1] Wild, R. B. u. J. Roberts: Brit. med. J. **26** VI, 1076 (1926).

[2] Unna, P. jr.: Dtsch. med. Wschr. **1926**, Nr 5, 197.

[3] Gundorow: Arch. f. Dermatol. **71**, 17 (1904).

[4] Guttmann: Z. klin. Med. **12**, 276 (1887).

[5] Böhm: Zitiert nach Bartenbach[10].

[6] Müller: Berl. Arch. Tierheilk. **1890**; zitiert nach K. Bartenbach[10].

[7] Guinard: Lyon méd. **1891**, Nr 36.

[8] Lion: Arch. f. Dermat., Suppl. **1900** (Festschr. f. Kaposi).

[9] Sutton, L. R.: Brit. med. J. **23** V, 1225 (1908).

[10] Bartenbach, K.: Über die Resorptionsfähigkeit der tierischen Haut für Jodkalium in verschiedenen Salbengrundlagen. Inaug.-Dissert. Gießen 1909.

[11] Herzfeld, E. u. J. B. Elin: Med. Klin. **1912**, Nr 9, 356.

[12] Sauerland: Biochem. Z. **40**, 56 (1912).

[13] Canals, E. u. M. Gidon: J. Pharmacie **2**, 102 (1925).

Für die Salicylsäure findet BOURGET[1], daß sie mit Glycerinstärke und Vaselin sozusagen gar nicht resorbiert wird, mit Schweinefett dagegen in beträchtlichen Mengen, maximal bei Zusatz von 10% Lanolin und 10% Terpentinöl zum Schweinefett. Auch in der dermatologischen Praxis wird erfahrungsgemäß ein geringer Wollfettzusatz zu den Glycerinfetten im allgemeinen als resorptionsfördernd angesprochen.

Von kleineren Widersprüchen abgesehen, ergibt sich aus dieser Feststellung in Einklang mit den Resultaten von WILD[2], daß sich als Salbengrundlage zu Resorptionszwecken am besten das Schweinefett eignet; gut ist auch das Vaselin. Dagegen sind Lanolin und noch mehr das (in Deutschland für die graue Salbe noch heute offizinelle) Ungt. paraffini nicht geeignet. Diese Reihenfolge der Resorptionsförderung erklärt sich zwanglos aus der Einreibbarkeit der Salben.

Jodoform wird nach HERZFELD und ELIN[3] aus Salben besser resorbiert als aus alkoholischer Lösung. Im allgemeinen scheint aber die Applikationsform in Salben der Applikationsform in flüssigen Fettlösungsmitteln nicht überlegen zu sein. Das geht aus den Versuchen von WINTERNITZ[4] und von SCHUMACHER[5] hervor. Nach WINTERNITZ[4] wird die Aufnahme von Alkaloiden in die Kaninchenhaut stark erhöht durch ihre Lösung in Chloroform, Äther und Alkohol, dagegen — bei seinen Versuchsbedingungen — nicht durch Aufnahme in Öl. SCHUMACHER[5] findet, daß beim Hund die geringste Menge der in Salbenform eingeriebenen Salicylsäure, die sich noch im Harn nachweisen läßt, 0,3 g beträgt, die geringste Menge der in spirituöser Lösung applizierten Salicylsäure dagegen nur 0,15 g. Ähnliche Unterschiede finden sich auch bei anderen Tieren.

Anhangsweise sei noch erwähnt, daß nach den Erfahrungen der dermatologischen Praxis der Zusatz von *Seifen* die Einreibbarkeit von Salben stark erhöht. Experimentelle Angaben über die Resorptionsförderung durch Seifen liegen nicht vor, und es ist möglich, daß die bessere Einreibbarkeit sich nur auf das leichtere Eindringen in die Hornschicht bezieht. Denn Seifen werden besonders dann in Salben verwendet, wenn es auf die Abtötung von Schmarotzern ankommt, die in der Hornschicht ihren Sitz haben (Krätzmilben usw.). Andererseits ist es gut denkbar, daß die alkalische Reaktion der Salben auch die Zellpermeabilität erhöht (vgl. S. 142).

6. Förderung durch Fettlösungsmittel.

Eine solche Förderung scheint nach den älteren Untersuchungen von VOGEL[6] und von WINTERNITZ[4] vorhanden zu sein. VOGEL[6] konnte bei Applikation am Kaninchenohr die Resorption von Strychnin und Physostigmin in Chloroformlösung erzielen, nicht dagegen in wässeriger Lösung, WINTERNITZ eine deutliche Aufnahme von Lithiumchlorid aus ätherisch-alkoholischer Lösung durch die Menschenhaut, während seine Versuche mit wässeriger Lösung unter gleichen Bedingungen negativ verliefen. Versuche von WINTERNITZ[4] an der Kaninchenhaut ergeben eine starke Förderung der Resorption von Alkaloiden durch Lösung in Chloroform, Äther und Alkohol. Diesen Alkaloidversuchen gegenüber ist zu betonen, daß hier die Versuchsbedingungen für Wasser und für organische Lösungsmittel nicht identisch waren. In Wasser wird das Alkaloidsalz gelöst, in den Fettlösungsmitteln die freie Base. Die „Förderung" der Resorption durch das Lösungsmittel kann demnach vorgetäuscht sein durch die bessere Resorbierbarkeit der freien Base, die jedenfalls besser lipoidlöslich ist als das Salz. Dasselbe gilt auch für die Resorptionsförderung der Alkaloide durch Salben, die — entgegen den Angaben von WINTERNITZ — nach der praktischen Erfahrung doch in hohem Grade vorhanden zu sein scheint (Belladonna-Salben = Hexensalben des Mittelalters und der primitiven Völker; vgl. GÜNTHER[7]).

Die Resorptionsförderung durch Fettlösungsmittel könnte u. a. darauf beruhen, daß diese Lösungsmittel die Follikelwandung besser benetzen als Wasser. Außerdem kommt ein leichteres Durchdringen der Hautwachshülle in Betracht.

---

[1] BOURGET: Rev. méd. Suisse romand. **1893**, Nr 9; zitiert nach Mh. Dermat. **18**, 194.
[2] WILD, R. B.: Zitiert auf S. 137. [3] HERZFELD, E. u. J. B. ELIN: Zitiert auf S. 138.
[4] WINTERNITZ, R.: Arch. f. exper. Path. **28**, 405 (1891).
[5] SCHUMACHER, G.: Über die Resorptionsfähigkeit der tierischen Haut für die Salicylsäure und ihr Natriumsalz. Inaug.-Dissert. Gießen 1908.
[6] VOGEL, G.: Virchows Arch. **156**, 566 (1899).
[7] GÜNTHER, G.: Prag. Z. Tiermed. A **1926**, 55.

7. Förderung durch Pharmaka.

Hierüber ist in der medizinischen Literatur viel geschrieben worden, ohne daß wir in bezug auf die menschliche Haut zu gesicherten Kenntnissen gelangt wären. Am häufigsten mußte die Salicylsäure als „korrodierendes“ oder als „keratolytisches“ Mittel herhalten[1]. Derartige Annahmen wurden von den Vertretern der Lehre von der absoluten Undurchgängigkeit der Haut besonders dann gemacht, wenn sie, entgegen der Theorie, diese oder jene Substanz doch im Urin nachweisen konnten. Da wir wissen, daß der Zustand der Hornschicht für die Hautresorption irrevelant ist, kann es uns nicht verwundern, daß du Mesnil[2], der selbst ein Vertreter der Impermeabilitätstheorie war, die Angaben über die resorptionsfördernde Wirkung der Salicylsäure *nicht* bestätigen konnte, obwohl die Salicylsäure tatsächlich eine erweichende Wirkung auf die Hornschicht ausübt. Du Mesnil findet, im Gegensatz zu Ritter[3], keine Resorptionsförderung für Jodkali durch die Vorbehandlung mit Salicylsäure, Carbolsäure und Salol. Gundorow[4] findet keine resorptionsfördernde Wirkung der Salicylsäure für Strychnin und für krystallinisches Aconitin.

In einigen Versuchen von Winternitz[5] sind Chloroform, Äther und Alkohol gewissermaßen als Pharmaka und nicht als Lösungsmittel verwendet worden, indem er die Haut mit diesem Mittel *vorbehandelt* hat und dann die Resorption von wässerigen Lösungen prüfte. Vorbehandlung mit Chloroform beschleunigte in hohem Maße das Eindringen wässeriger Strychninsalzlösungen in die Kaninchenhaut. Nach Äthervorbehandlung erfolgte die Resorption etwas langsamer, nach Alkoholvorbehandlung noch langsamer, aber noch immer wesentlich schneller als ohne Vorbehandlung. An der menschlichen Haut wurde die Aufnahme von Chlorlithium durch Vorbehandlung mit Äther begünstigt. Diese Befunde, die Winternitz auch in histologischen Untersuchungen bestätigt fand, sind vereinzelt geblieben. Sie stehen in Widerspruch zu älteren gleichsinnigen Versuchen von Röhrig[6]. Winternitz[5] führt seine Befunde — ähnlich wie Parisot[7] — in erster Linie darauf zurück, daß die Fettlösungsmittel die Benetzbarkeit der Hautporen erleichtern, indem sie den Hauttalg lösen. Diese Erklärung mag insofern stimmen, als dadurch das Eindringen der wässerigen Lösung in die Poren rascher als sonst vor sich geht. Prinzipiell kann es sich aber nur um Substanzen handeln, die, wenn auch nur langsam, aber doch auch ohne Vorbereitung aus wässerigen Lösungen resorbiert werden. In der Tat ist das sowohl für Lithiumchlorid (vgl. S. 125) wie für Strychnin der Fall. Nach 10stündiger Applikationsdauer einer wässerigen gesättigten Strychninnitratlösung auf die Kaninchenhaut fand Winternitz[5] selbst gesteigerte Reflexe beim Tier, am nächsten Tage war es tot. Offenbar können bei genügend langer Einwirkungsdauer auch wässerige Lösungen die Wandung der Drüsenausführungsgänge benetzen und dann die Luft aus diesen Gängen verdrängen. Die Förderung der Resorption durch Chloroformvorbehandlung ist immerhin beträchtlich; hier

[1] So zitiert z. B. G. Vogel [Virchows Arch. **156**, 566 (1899)] eine Krankengeschichte von Eichhoff, wonach eine Quecksilbervergiftung durch weiße Präcipitatsalbe (Mercuriaminochlorid) entstand, nachdem Salicylsäure zur weißen Präcipitatsalbe beigemengt wurde. E. Schum (Experimentelle Beiträge zur Frage des Resorptionsvermögens der menschlichen Haut. Inaug.-Dissert. Würzburg 1892) gibt an, daß Vorbehandlung mit Carbolsäure, Salicylsäure, Salol die Resorption von Jodkali und von Natr. salicylicum erleichtert.

[2] du Mesnil: Arch. klin. Med. **50**, 101 (1892).

[3] Ritter: Berl. klin. Wschr. **1886**, Nr 47.

[4] Gundorow: Arch. f. Dermatol. **71**, 17 (1904).

[5] Winternitz, R.: Arch. f. exper. Path. **28**, 405 (1891).

[6] Röhrig: Physiologie der Haut. Berlin 1876.

[7] Parisot, M. L.: C. r. Acad. Sci. **57**, 327 (1863).

trat die tödliche Wirkung der wässerigen Lösung statt nach 24 schon nach $^3/_4$ Stunde auf.

Wie im Falle der Salicylsäure über „Kontinuitätstrennungen", hat man im Falle des Chloroforms viel über die „Reizwirkung" gesprochen, die für eine Resorptionsförderung verantwortlich sein soll. Eine solche Förderung ist vorhanden, wenn der „Reiz" grob wahrnehmbare Veränderungen in der *Epidermis* erzeugt (vgl. S. 149). Wenn aber die Applikation bloß eine Hyperämie verursacht, ist ihre resorptionsfördernde Wirkung fraglich. Im Gegensatz zu den obigen Angaben von WINTERNITZ[1] haben M. GILDEMEISTER und M. SCHEFFLER[2] auf indirektem Wege gezeigt, daß gerade das Chloroform (welches stark hyperämisiert) in der Epidermis die Durchlässigkeit der Zelloberfläche *herabsetzt* (vgl. auch unten).

8. Förderung durch physiologische Reize.

Der in den letzten Jahren immer besser erkannte und verstandene *Zusammenhang zwischen Zellerregung und reversibler Permeabilitätserhöhung*[3] ist vielfach auch in der Haut nachgewiesen worden.

Es ist seit langem bekannt, daß bei Reizung der Hautnerven die Erregung mit einer vorübergehenden Abnahme der gegenelektromotorischen Kräfte einhergeht. Diese Polarisationsabnahme (von GILDEMEISTER[4] als „galvanischer Hautreflex" bezeichnet) ist nicht durch Drüsensekretion bedingt, denn die elektrische Zustandsänderung tritt früher ein als die Sekretion. Die Abnahme der Polarisation ist gleichbedeutend mit einer vermehrten Permeabilität, die vielfach nach der BERNSTEIN-HÖBERschen Membrantheorie[3] in dem Sinne gedeutet wird, daß die Zellmembran mit Beginn des Aktionsstromes ein „Loch" bekommt[5].

Analog den GILDEMEISTERschen galvanischen Hautreflexen ist die von EBBECKE[6] beschriebene *lokale galvanische Reaktion der Haut.* Nicht nur bei Reizung der Hautnerven, sondern auch bei *direkter Zellreizung* mit mechanischen, chemischen, thermischen und elektrischen Reizen sinkt der polarisatorische Übergangswiderstand. Diese Reaktion kommt unabhängig von den Hautgefäßen und Hautgefäßnerven zustande, sie ist eine autonome Reaktion der Retezellen. Wie jede durch physiologische Aktivität bedingte Permeabilitätserhöhung, ist auch die lokale galvanische Reaktion EBBECKES reversibel und kann durch Narkotica verhindert werden. Aus Messungen der Widerstandsänderungen mit verschiedenen Flüssigkeitselektroden erkennt man, daß K-Ionen eine membranlockernde Wirkung, Ca-Ionen eine dichtende Wirkung haben. H-Ionen wirken in geringer Konzentration verdichtend, in größeren Konzentrationen lockernd. Am auffallendsten wird die Permeabilität durch OH-Ionen beeinflußt, die auch ohne Strom zu einer Widerstandsherabsetzung, d. h. Durchlässigkeitserhöhung, führen[7].

Nach EBBECKE[7] ist die Zellerregung und die Permeabilitätserhöhung unmittelbar durch die Entstehung von H- und OH-Ionen an den Zellmembranen bedingt. Diese Annahme lehnt sich an die Erregungstheorie von A. BETHE[8] an.

Im Gegensatz zu der NERNSTschen Erregungstheorie und deren Modifikationen, wonach elektrische Reizungen durch Konzentrationsänderungen der Neutralsalze wirken,

---

1 WINTERNITZ, R.: Arch. f. exper. Path. **28**, 405 (1891).
2 GILDEMEISTER, M. u. M. SCHEFFLER: Klin. Wschr. **1922**, Nr 28, 1411.
3 Vgl. R. HÖBER: Dies. Handb. **1**.
4 GILDEMEISTER, M.: Zusammenfassende Darstellung in dies. Hdb. **8 II**.
5 Den Ausgangspunkt dieser Theorie bildet bekannterweise die Tatsache, daß im physiologischen Ruhezustand Muskelmembranen anionenundurchlässig sind. Die Analogie zum Verhalten der Haut nach den Untersuchungen von H. REIN (s. S. 114ff.) ist augenfällig.
6 EBBECKE, U.: Pflügers Arch. **190**, 230 (1921).
7 EBBECKE, U.: Pflügers Arch. **195**, 360 (1922).
8 BETHE, A.: Pflügers Arch. **163**, 147 (1916).

entwickelt Bethe[1] die Theorie, daß nicht nur die elektrischen, sondern ganz allgemein alle Zellreize entsprechend den Bethe-Toropoffschen Befunden in porösen Scheidewänden, durch eine Störung der Neutralität infolge capillarelektrischer Vorgänge, insbesondere durch Änderung der H-Ionenkonzentration wirken.

Die *reversible Permeabilitätserhöhung durch Erregung* der Hautzellen, sei es durch Vermittlung physikalischer Reize, sei es durch direkten Zusatz von Ionen in obigem Sinne, ist an der Haut des lebenden *Frosches* und an der losgelösten Froschhaut des öfteren nachgewiesen worden. Auf die Literatur gehen wir hier nicht ein, weil es sich dabei um allgemeine Zelleigenschaften handelt[2]. Nur auf die immer wiederkehrende Beobachtung der außerordentlich *stark permeabilitätserhöhenden Wirkung der OH-Ionen* sei hier nochmals verwiesen (W. Jacoby[3], E. Wertheimer[4], Niina[5] usw.).

Während beim Frosch die Erhöhung der Zelldurchlässigkeit gleichzeitig eine *Erhöhung der Resorption*, d. h. eine Erhöhung der Durchgängigkeit von der Außenfläche nach innen bedeutet, ist an der Warmblüterhaut die reversible Permeabilitätserhöhung nur *innerhalb der lebenden Haut* nachgewiesen, also innerhalb des Rete. Eine Resorptionsförderung im Sinne der Durchbrechung der Schranke am Rete Malpighi ist bis jetzt nur für die Resorption bei Gleichstromeinwirkung (H. Rein[6]) bekannt; diese letzteren Befunde werden daher S. 143ff. abgehandelt werden.

Permeabilitätserhöhungen innerhalb des Rete Malpighi sind hauptsächlich unter der Einwirkung *ultravioletter Strahlen* nachgewiesen worden. In der menschlichen Haut hat Regelsberger[7] und in Bestätigung seiner Befunde O. Gans[8] bei Lichteinwirkung die Polarisation herabgesetzt gefunden. Dasselbe fand auch Ph. Keller[9] auf dem Höhepunkt der Strahlenwirkung. Er deutet die Erscheinung im Sinne einer Membranschädigung. Bei fortgesetzter Bestrahlung beobachtete Keller[9] eine nachfolgende langdauernde Steigerung der Membranfestigkeit in der Epidermis, wodurch der bekannte, von der Pigmentbildung unabhängige Lichtschutz der Haut gegen physikalische und chemische Einwirkungen erklärt werden kann.

Durch direkte intravitale Färbeversuche der belichteten tierischen Haut (Ratten) mit Trypanblau konnten A. Eckstein und W. v. Möllendorff[10] zwar eine raschere Durchtränkung des Bindegewebes unter Einwirkung der Strahlen, nicht aber eine erhöhte Zellspeicherung nachweisen. Dagegen hat Gans[11] mit Hilfe der histochemischen Methode Macallums[12] den Übertritt von Calcium aus dem Bindegewebe in die sonst calciumfreie Epidermis und einen Austritt aus den Zellen in die Intercellularspalten unter der Einwirkung ultravioletter Strahlen nachweisen können, ein Durchtritt, der auch bei entzündlichen Dermatosen, vor allem beim Ekzem, zu finden ist. Das gleiche fand G. D. Lieber[13] in der röntgenbestrahlten Tierhaut. Für bösartige Geschwülste wurde dieser Calciumeintritt in die Epidermis schon früher von Waterman[14] nachgewiesen. Gans[15]

[1] Bethe, A.: Zitiert auf S. 141.

[2] Literaturzusammenstellung bei E. Gellhorn: Oppenheimers Handb. d. Biochem., 2. Aufl. **2**, 353. Fischer: Jena 1924.

[3] Jacoby, W.: Arch. f. exper. Path. **88**, 333 (1920); **89**, 296 (1921).

[4] Wertheimer, E.: Pflügers Arch. **200**, 354 (1923); **213**, 755 (1926).

[5] Niina, T.: Pflügers Arch. **204**, 332 (1924).

[6] Rein, H.: Z. Biol. **84**, 41 (1926).

[7] Regelsberger: Z. exper. Med. **42**, 159 (1924).

[8] Gans, O.: Zbl. Physiol. **14**, 417 (1924).

[9] Keller, Ph.: Kongr. dtsch. dermat. Ges. Bonn **1927** — Zbl. Hautkrkh. **25**, 28 (1927).

[10] Eckstein, A. u. W. v. Möllendorff: Arch. Kinderheilk. **72**, 205 (1923).

[11] Gans, O.: Arch. f. Dermat. **145**, 135 (1923) — Zbl. Path. **33**, 570 (1923). — Gans, O. u. Th. Pachheiser: Dermat. Wschr. **78**, 249 (1924).

[12] Macallum: Erg. Physiol. **7**, 552 (1908).

[13] Lieber, G. D.: Verh. dtsch. Röntgen-Ges. **16**, 73 (1925).

[14] Waterman, U.: Biochem. Z. **133**, 535 (1922).

[15] Gans, O.: Dermat. Wschr. **80**, 469 (1925).

hat ferner an überlebenden Hautstückchen, die mit Indicatoren vorgefärbt waren, den Nachweis erbracht, daß durch die Belichtung die Eintrittsgeschwindigkeit von schwachen Alkalien etwa auf das Doppelte erhöht wird.

In frischen Warmblüterhautschnitten findet GANS[1], *daß starke Basen und Säuren schlechter eindringen als schwache*, ein Befund, der für die Zelle im allgemeinen schon lange bekannt ist (BETHE[2], E. N. HARVEY[3], E. WERTHEIMER[4]). Die Permeabilitätserhöhung ist in diesen Fällen nicht Folge einer Zellzerstörung, denn sie ist reversibel. Bei Verabreichung hoher zellzerstörender Lichtdosen findet gerade umgekehrt eine Herabsetzung der Permeabilität statt. Durch GANS[1] sind auch einige Beziehungen zwischen pathologischen Veränderungen und Permeabilitätserhöhung aufgedeckt worden.

Wir wiederholen, daß diese Art der Permeabilitätserhöhung innerhalb der Haut nicht unbedingt auch eine Erhöhung ihrer Resorptionsfähigkeit bedeutet.

9. Förderung durch Elektrophorese.

Mit Hilfe von Gleichstrom können wir durch die Haut Substanzen in den Körper einführen, die unter sonstigen Bedingungen nicht oder nicht in nachweisbaren Mengen eindringen. Wir wählen zur Bezeichnung dieses Vorganges den Ausdruck „Elektrophorese", weil es am wenigsten präjudiziert. Das Wort „Kataphorese" ist für die Wanderung kolloid gelöster Teilchen im elektrischen Feld vorbehalten. Der Ausdruck „Iontophorese" setzt voraus, daß im Körper, wie bei der Elektrolyse einer Salzlösung, die Ionen einzeln wandern, und zwar die entgegengesetzt geladenen in entgegengesetzter Richtung. Unter „Elektroendosmose" schließlich wird die Wanderung einer Flüssigkeit durch ein elektrisch geladenes Diaphragma unter Einwirkung des elektrischen Stromes verstanden[5].

Die Frage, ob aus den einzuführenden Lösungen von Anode und Kathode nur die Ionen entsprechender Polarität einwandern oder die Lösung als solche elektroendosmotisch eingeführt wird, ist weder nach der einen noch nach der anderen Seite eindeutig entschieden. Die ersten wissenschaftlichen Bearbeiter der Elektrophorese (H. MUNK[6], P. MEISSNER[7]) waren der Ansicht, daß es sich dabei um Elektroendosmose handelt. Später trat die Auffassung in den Vordergrund, daß ausschließlich Iontophorese im Spiele sei, oder zumindest daß die Elektroendosmose eine nur ganz unbedeutende Rolle spiele (ST. LÉDUC[8], F. FRANKENHÄUSER[9].) In neuester Zeit ist dann H. REIN[10] mit aller Entschiedenheit für die elektroendosmotische Natur der medizinischen Iontophorese eingetreten und hat mit zahlreichen Experimenten diese Auffassung unterstützt.

---

1 GANS, O.: Dermat. Wschr. **80**, 469 (1925).

2 BETHE, A.: Pflügers Arch. **127**, 219 (1907).

3 HARVEY, E. W.: J. of exper. Zool. **10**, 507 (1911) — Amer. J. Physiol. **31**, 385 (1923).

4 WERTHEIMER, E. (für die Froschhaut): Pflügers Arch. **203**, 542 (1924). — Die verschiedene Permeabilität der Froschhaut für Säuren und Basen kann weder mit dem Dissoziationsgrad noch mit der Lipoidlöslichkeit, auch nicht mit der Adsorbierbarkeit erklärt werden.

5 Es wird zwar der Ausdruck „Elektrophorese" auch für den Vorgang der Kataphorese verwendet; dieser Wortgebrauch ist aber wenig eingebürgert.

6 MUNK, H.: Virchows Arch. **1873**, 505.

7 MEISSNER, P.: Pflügers Arch. **1899**, 11.

8 LÉDUC, ST.: Die Ionen- oder elektrolytische Therapie. In: Zwanglose Abhandlungen der Elektrotherapie und Radiologie, H. 3. Leipzig: Barth 1905.

9 FRANKENHÄUSER, F.: Die physiologischen Grundlagen und die Technik der Elektrotherapie. In: Die physikalische Therapie in Einzeldarstellungen von J. MARCUSE u. A. STRASSER, H. 7. Stuttgart: Enke 1906.

10 REIN, H.: Z. Biol. **81**, 124, 141 (1924); **84**, 41, 118 (1926) — Dermat. Z. **49**, 137 (1926) — Klin. Wschr. **1925**, 33, 1601.

Die medizinische Literatur über Elektrophorese ist außerordentlich groß und läßt sich weit in das 19. Jahrhundert zurück verfolgen. Im Jahre 1833 behauptete Fabré Palaprat[1], Jod mittels elektrischen Stromes in den Körper eingeführt zu haben, und schon 1846 hat Klenke Skrofeln durch Jodelektrophorese geheilt[2]. Seither wurden immer wieder von neuem besondere Heilwirkungen dieser Einverleibungsmethode zugeschrieben, ohne daß sich — von wenigen Ausnahmen abgesehen — ein objektives, allgemeingültiges Urteil darüber entwickelt hätte.

Die praktische Ausführung der medizinischen Elektrophorese ist einfach. Die beiden Pole des gleichstromliefernden Apparates werden mit Metallplattenelektroden verbunden und die letzteren mit Verbandstoff überzogen. Die eine — sog. indifferente — Elektrode wird im Verhältnis sehr großflächig gewählt und nach Durchtränkung mit einer indifferenten Elektrolytlösung (meist Leitungswasser) an eine beliebige Hautstelle aufgelegt. Die differente Elektrode ist möglichst kleinflächig, um eine große Stromdichte erzielen zu können. Ihr Verbandstoffüberzug (manche benützen Filterpapier) wird mit der einzuführenden Lösung getränkt und die Elektrode auf die zu behandelnde Hautstelle aufgedrückt, oder ebenfalls auf eine beliebige Hautstelle, wenn es sich um die Erzielung von Allgemeinwirkungen handelt. Man sendet einen Strom von einigen Zehntel bis 40 Milliampere Intensität hindurch bis $^1/_4$ Stunde lang.

Die fördernde Wirkung des Gleichstromes auf die Hautresorption wässeriger Lösungen ist äußerst augenfällig. Wir haben gesehen, wie schwierig es ist, Neutralsalze in wässeriger Lösung durch die Haut zur Resorption zu bringen. Mit Hilfe des Gleichstroms gelingt dies ohne weiteres (J[3], Br[4] von der Kathode, Li[5] von der Anode). Eine große Reihe von Alkaloiden, die bei Aufpinselung auf die Haut in wässeriger Lösung keine äußerlich wahrnehmbaren pharmakologischen Wirkungen entfalten, wie Strychnin, Morphium, Atropin, erzeugen, elektrophoretisch eingeführt, in kürzester Zeit und in eindrucksvoller Weise die für sie charakteristischen allgemeintoxischen Wirkungen. Bei anderen Alkaloiden, wie Adrenalin, Pilocarpin, Cocain, die bei Aufpinselung ebenfalls wirkungslos sind, sind besonders die lokalen Wirkungen am Orte des Eindringens (lokale Anämie, lokales Schwitzen, Lokalanästhesie) auffällig[6]. Wässerige Farbstofflösungen wandern ebenfalls mit großer Leichtigkeit durch die Haut hindurch, wenn sie mit Gleichstrom eingeführt werden.

Entgegen dieser Augenfälligkeit der Resorptionsförderung muß gerade für die Alkaloideinwanderung betont werden, daß eine *qualitative* Änderung der Durchlässigkeit durch den Gleichstrom unter den Bedingungen der medizinischen Elektrophorese nicht nachgewiesen ist. Es ist zwar sehr eindrucksvoll, wenn ein Kaninchen, dem die Aufpinselung einer Strychninsalzlösung gar nichts schadet, einige Minuten nach der Strychninelektrophorese unter schwersten Krämpfen zugrunde geht. Aber wir wissen, daß dieselbe Strychninlösung auch ohne Strom, wenn auch in noch so kleinen Mengen, einwandert, denn unter geeigneten Bedingungen kann sie auch ohne Strom vergiftend und tödlich wirken[7]. Soweit wir uns heute darüber ein Urteil bilden können, wird die eigentliche Schranke für die Hautresorption die obere Grenze des Rete Malpighi auch durch den Gleichstrom meist nicht durchgebrochen, sondern es wird nur jener Resorptionsweg in viel höherem Maße ausgenützt, der für wasserlösliche Stoffe auch

---

[1] Palaprat, Fabré, zit. nach St. Léduc: Ann. d'Electrobiol. **3**, 545 (1900).
[2] Klenke, zit. nach Fr. Wirz: Dermat. Wschr. **74**, 321 (1922).
[3] Bruns: Galvanochirurgie. Tübingen 1870. — Lauret: Thèse de Montpellier 1885.
[4] Frankenhäuser: Zitiert auf S. 143.
[5] Destot: Lyon méd. **1895**, Nr 24; zit. nach Mh. Dermat. **21**, 507. — Fubini, S. u. Pierini: Arch. f. elektr. Med. **1898**.
[6] Literatur bei St. Léduc: Ann. d'Electrobiol. **3**, 545 (1900).
[7] Vgl. R. Winternitz: Arch. f. exper. Path. **28**, 405 (1891). S. auch S. 140.

sonst durchgängig ist, nämlich die Hautanhangsorgane. Das ergibt sich aus der histologischen Kontrolle der elektrophoretischen Einwanderung von Farbstoffen, die als erster S. EHRMANN[1] vorgenommen hat. Er fand, daß das elektrophoretisch einverleibte Methylenblau und Ichthyol beim Menschen *durch Haarfollikel und Drüsenschläuche eindringt*; dieser Befund wurde in der Folgezeit mehrfach bestätigt. In bezug auf Methylenblau fand REIN[2] an menschlicher und tierischer Haut, daß unter den gewöhnlichen Bedingungen nur die Follikeln verfärbt sind, daß aber *bei Einwirkung gewisser begünstigender Momente* (s. S. 147ff.) *auch das Rete sich diffus verfärbt.* Gleichzeitig ließ sich aber zeigen, daß der Einwanderungsweg in das Rete nicht aus der Hornschicht und nicht durch die Übergangsschichten der Epidermis führt, sondern der Farbstoff dringt aus dem Follikel durch dessen Wandung seitlich in das Rete hinein. Denn erstens sind die den Follikeln angrenzenden Teile des Rete immer am intensivsten gefärbt, und zweitens bleibt die Färbung des Rete in der Umgebung von Follikeln aus, deren Mündung mit Wachs verklebt worden ist (REIN[2]).

Die histologisch erwiesene Bevorzugung der Hautdrüsen bei der elektrophoretischen Einwanderung mag zur Befestigung der Ansicht beigetragen haben, daß auch der Weg des elektrischen Stromes in der Hauptsache durch diese Drüsen führt[3]. Es ist auch vielleicht richtig, daß es sich bei der Beschleunigung der Resorption auf diesem Wege tatsächlich nur um den elektrischen Transport (sei es der Ionen, sei es der wässerigen Lösung) handelt und nicht um eine Änderung der Zellpermeabilität. Dagegen dürfte der Durchbruch der Follikelwandung (eine „Übergangsschicht" ist, wenn auch weniger ausgeprägt, auch hier vorhanden) durch Permeabilitätsänderung der Zellen bedingt sein.

Daß *außer dem elektrischen Transport auch eine Permeabilitätsänderung* durch den galvanischen Strom in der Haut zustande kommt, zeigten zuerst JAMADA und JODLBAUER[4], die eine beträchtliche Förderung der Resorption von Eosin kathodisch, von Methylenblau und Safranin anodisch auch dann erzielten, wenn die Durchleitung des elektrischen Stromes dem eigentlichen Resorptionsversuch vorausgegangen war. Sie führen die Permeabilitätsänderung auf die Säurebildung an der Anode bzw. Alkalibildung, an der Kathode infolge der Elektrolyse des Gewebewassers zurück. Grundsätzlich ist eine solche Elektrolyse sicher vorhanden. Unter den Bedingungen aber, bei denen die elektrophoretischen Versuche ausgeführt werden, kommt sie nicht in Betracht. Würde sie zur Geltung kommen, so müßten auch bei geringsten Konzentrationen charakteristische Ätzungen entstehen, wie wir das bei Einführung von Säuren an der Anode und von Laugen an der Kathode sehen. Bei Ableitung von physiologisch indifferenten Flüssigkeiten dagegen sehen wir an der Anode nur eine Erweiterung der Poren, die wie eingezogen erscheinen, und eine Art Schrumpfung der Haut, während an der Kathode Hervorwölbungen, Schwellungen entstehen (DESTOT[5], FRANKENHÄUSER[3], EBBECKE[6]). Sowohl FRANKENHÄUSER[3] wie EBBECKE[6] deuten diese Veränderungen im Sinne einer Endosmose durch die negativ geladene Hautmembran: der Abtransport des Wassers von der Anode hat die Haut gleichsam eingezogen, und die zur Kathode hingetriebene Flüssigkeit die Haut vorgewölbt. Findet aber eine Elektroendosmose von Wasser statt, so kommt es zwar nicht durch Elektrolyse, wohl aber durch Polarisation, d. h. durch die

1 EHRMANN, S.: Wien. med. Wschr. **1890**, Nr 51.
2 REIN, H.: Verh. physik.-med. Ges. Würzburg **40**, 105 (1925). — Z. Biol. **84**, 41 (1926).
3 FRANKENHÄUSER, F.: Zitiert auf S. 143.
4 JAMADA, K. u. A. JODLBAUER: Arch. internat. Pharmaco-Dynamie **19**, 215 (1910).
5 DESTOT: Lyon méd. **1895**, Nr 24; zit. nach Mh. Dermat. **21**, 507.
6 EBBECKE, U.: Pflügers Arch. **195**, 300 (1922).

verschiedene Wanderungsgeschwindigkeit in der Membran zu einer Trennung der Ionen des Wassers.

Damit sind wir auf ein Gebiet gekommen, das ganz allgemein physiologische Geltung und nichts Spezifisches für die Elektrophorese hat. Denn es handelt sich nunmehr um die Wirkung des Gleichstroms als eines *Reizes* auf die Haut, der die Permeabilität der Zellen ebenso erhöht wie mechanische, chemische, thermische und Wechselstromreize (vgl. S. 141). Wollen wir diese Wirkung des Gleichstroms möglichst erhöhen, so wenden wir interrupte Gleichströme an, wie das Niina[1] an der Froschhaut getan hat. Elektrophorese wird aber ausschließlich durch konstante Gleichströme getrieben, weil eben dadurch nur der elektrische Transport befördert und nicht ein Reiz gesetzt werden soll. Wollte man mit interrupten Gleichströmen die Strommengen einführen, wie sie in der medizinischen Elektrophorese bei konstantem Strom üblich sind, so würden bald die Hautzellen irreversible Änderungen erleiden. Bei konstantem Gleichstrom tritt die Zellreizwirkung gegenüber der elektrischen Transportwirkung stark in den Hintergrund und ist nur unter besonders günstigen Bedingungen nachweisbar[2]. *Der elektrische Transport bedeutet nur beschleunigte Resorption durch die Drüsen, der elektrische Reiz dagegen bedeutet Durchbruch aus der Follikelwandung in die Retezellen.* Leider ist die Zahl diesbezüglicher histologischer Untersuchungen sehr gering, und es kann die hier entwickelte Vorstellung sich eigentlich nur auf die Versuche von H. Rein stützen. So wissen wir z. B. gar nicht, ob durch besonders hohe Reizintensitäten auch die Schranke der Oberflächenepidermis für Elektrolyte reversibel durchbrochen werden kann; die meisten Versuche von Rein[3] zeigen nur den Durchbruch durch die Follikelwandung.

Ist die elektrophoretische Wirkung praktisch tatsächlich nur eine Transportwirkung, so gewinnt die Frage: Iontophorese oder Elektroendosmose (EEO.)? erhöhte Bedeutung. Die Frage lautet: Werden einzelne Ionen entsprechend ihrer Polarität oder die wässerige Lösung als solche transportiert?

Man hat als entscheidend für den iontophoretischen Mechanismus der Elektrophorese den Umstand verwertet, daß biologisch differente Ionen nur an jenem Pol zur Geltung kommen, von welchem sie nach den Gesetzen der Elektrolyse in die Haut eingeführt werden können, also Anionen an der Kathode, Kationen an der Anode. So haben Säureelektroden eine besonders starke Reizwirkung an der Anode, Laugenelektroden an der Kathode; umgekehrt ist keine oder kaum eine Reizwirkung zu erzielen. Schwermetallkationen wirken nur an der Anode ätzend. Leicht nachweisbar ist die polare Wanderung von Farbstoffen: Farbanionen, sofern sie überhaupt eingeführt werden können, wandern in die Haut nur von der Kathode, Farbkationen nur von der Anode. Auch alle anderen schwach dissoziierten organischen Substanzen, deren Einwanderung durch lokale oder allgemein pharmakologische und toxische Wirkungen nachgewiesen wird, wandern im Sinne ihrer Polarität[4].

So wirkt Strychninnitratlösung ausschließlich von der Anode vergiftend und tödlich. Verbindet man zwei Kaninchen durch den elektrischen Strom in der Weise, daß man den positiven Pol mit einer Elektrode in Strychninlösung an Kaninchen I heranbringt, an der Austrittstelle des Stromes eine Kochsalzelektrode anlegt, den Strom von hier aus in Kaninchen II mit einer Kochsalzelektrode ein- und mit einer Strychninelektrode ausführt, so wird Kaninchen I je nach der Stromdichte in kurzer oder kürzester Zeit getötet, während Kaninchen II gesund bleibt (St. Léduc[4]). Von den Anionen ist nach den Angaben von Franken-

[1] Niina, P.: Pflügers Arch. **204**, 332 (1924).
[2] Vgl. die histologischen Untersuchungen von H. Rein: Z. Biol. **84**, 41 (1925).
[3] Rein, H.: Z. Biol. **84**, 41 (1925).
[4] Literatur bei Frankenhäuser: Zitiert auf S. 143 — Léduc: Ann. d'Electrobiol. **3**, 545 (1900). — Ebbecke, U.: Pflügers Arch. **195**, 300 (1922). — Wirz: Dermat. Wschr. **74**, 321 (1922).

HÄUSER, LÉDUC u. a.[1] *Kaliumcyanid völlig unwirksam bei Einführung von der Anode, tötet hingegen sofort bei Einführung von der Kathode.* Von anorganischen Ionen dringen nach FRANKENHÄUSER[1] von der Kathode gut ein Cl, Br, J, von organischen Pikrinsäure, Carbolsäure, Benzoesäure.

Nichtsdestoweniger hat schon FRANKENHÄUSER die Möglichkeit einer EEO. neben der Iontophorese ins Auge gefaßt. Er erinnert an die Beobachtung von HITTORF[2], wonach tierische Häute (Darmwand) sich bei der EEO. ebenso verhalten wie Tonplatten. In Anwesenheit von Alkalisalzen wandert das Wasser durch die Haut von der Anode zur Kathode, ja HITTORF hat auch die Umkehrung der Strömung bei Einwirkung stark konzentrierter Salzlösungen beobachtet. FRANKENHÄUSER glaubt aber nicht, daß die EEO. im menschlichen Körper eine große Rolle spielen könnte, da Salzlösungen schlecht endosmieren und der Beweis seinerzeit noch gefehlt hat, daß man undissoziierte organische Verbindungen durch die Haut elektrisch durchführen kann.

Einen entgegengesetzten Standpunkt vertritt H. REIN[3], der eine große Anzahl von physikalisch-chemischen, histologischen und praktisch-medizinischen Beweisen dafür geliefert hat, daß bei der elektrophoretischen Förderung die Hautresorption die EEO. eine hervorragende Rolle spielt.

Ausgehend von der elektrophoretischen Anästhesierung der Haut mit Cocain vermochte REIN[1] zu zeigen, daß alle Faktoren, die die EEO. begünstigen, für die elektrolytische Ionenwanderung dagegen ungünstig sind, das Eindringen von Cocain in die Haut (gemessen an Grad und Dauer der Anästhesie) fördern. Das Verhältnis Elektrophoresedauer : Anästhesiedauer ist für die Anästhesie ungünstiger in wässeriger Lösung als in alkoholischer, entsprechend der Förderung der EEO. bei Alkoholgegenwart. Je konzentrierter die wässerige Lösung, um so schlechter die Anästhesie entsprechend der Hemmung der EEO. durch Erhöhung der Salzkonzentration. Durch Zuckerzusatz wird die Anästhesie verstärkt, ebenfalls infolge Begünstigung der EEO. So beträgt z. B. das Verhältnis Durchströmungszeit : Anästhesiedauer in $^{m}/_{15}$-Lösungen von Cocainum hydrochlor. a) in Wasser 1 : 6, b) in 20proz. Rohrzuckerlösung 1 : 17,3 und c) in 80proz. Alkohol 1 : 32,5. Auch mit wasserunlöslichen nichtdissoziierenden Verbindungen, wie die Cocainbase und das Anästhesin, kann bei Einführung alkoholischer Lösungen eine gute Anästhesie erzielt werden, was bei reiner Iontophorese nicht denkbar wäre.

In histologischen Versuchen wurden von REIN[4] gleichsinnige Beeinflussungen der Resorption beobachtet. Führt man Methylenblau in Zuckerlösungen an der Anode ein, so zeigt sich im Mikroskop ein tieferes Eindringen in die Drüsen und von hier aus stärkeres Eindringen in das Rete, als ohne Zuckerzusatz. Noch viel stärker und in tiefere Schichten zu verfolgen ist die Verfärbung von Follikeln und Rete bei Einführung alkoholischer Lösungen. Durch Salzzusatz wird das Eindringen der Farbe fast unmöglich gemacht. Zerstörung der Epidermis, die die Iontophorese fördern müßte, verhindert die elektrophoretische Cocainanästhesie, weil die EEO. in einer zerstörten Membran unmöglich ist.

Alle Versuche REINS, soweit sie sich auf Kationen als den wirksamen Bestandteil des Moleküls beziehen, sprechen eindeutig für die EEO.-Natur der Elektrophorese. Denn würde es sich um Iontophorese handeln, so würde in alkoholischer Lösung überhaupt keine Resorptionsförderung durch den Gleichstrom möglich sein, konzentrierte Lösungen könnten besser eingeführt werden als verdünnte, Zusatz von Nichtelektrolyten würde die Iontophorese ebenfalls ungünstiger gestalten.

Nun hat REIN (in auf S. 112ff. erörterten Versuchen) zahlreiche Beweise dafür erbracht, daß die normale unverletzte menschliche Haut *anionenundurchlässig ist,* daß sich aber die Undurchgängigkeit verändern läßt durch Veränderung der bespülenden Lösungen. So wird durch hochkonzentrierte Salzlösungen, noch besser durch Säuren oder mehrwertige Kationen die Anionenundurchlässigkeit der Haut beseitigt, teilweise sogar in eine Kationenundurchlässigkeit ver-

[1] Zitiert auf S. 143. [2] HITTORF: Z. Elektrochem. **1902**, Nr 30, 481.
[3] REIN, H.: Z. Biol. **81**, 141 (1924) — Klin. Wschr. **1925**, Nr 33, 1601.
[4] REIN, H.: Verh. physik.-med. Ges. Würzburg **40**, 105 (1924) — Z. Biol. **84**, 41 (1926).

wandelt. (Vgl. hierzu die Umladungsversuche von Mond und Hoffmann[1] an getrockneten Kollodiummembranen.)

Außer physikalischen Beweisen findet Rein[2] auch unmittelbar im elektrophoretischen Versuch die Anionenundurchlässigkeit der Haut weitgehend bestätigt. So erhält er mit dem Farbstoffanion des Eosins in wässeriger Lösung bei Einführung von der Kathode an der menschlichen Haut nur eine ganz oberflächliche diffuse Färbung, die sich mit Wasser und Alkohol völlig abwaschen läßt.

Um Elektrolyte einführen zu können, deren wirksames Ion Anion ist, sollten also nach Rein hochkonzentrierte oder saure Lösungen gewählt oder Salze mit mehrwertigem Kation verwendet werden. Durch die positive Aufladung der Haut wird einerseits eine Anionendurchlässigkeit erzwungen, andererseits auch die Richtung der EEO.-Strömung umgekehrt (das Wasser wandert anodisch), so daß nunmehr das Elektrolyt mit wirksamem Anion leicht von der Kathode aus eingeführt werden kann. In der Tat ergeben die Versuche mit angesäuerten Eosinlösungen bei Einführung an der Kathode eine bessere Einwanderung.

Indessen gibt selbst Rein[2] an, daß in die Hundehaut, im Gegensatz zu der Haut des Menschen, die wässerige Eosinlösung auch ohne Säuerung von der Kathode eindringen kann. Es handelt sich jedoch nicht um ein Eindringen durch die Follikel, vielmehr um einzelne Einbruchsstellen in das Rete dort, wo eine Zellkernschädigung (durch den Strom?) stattgefunden hat. An Stellen mit völlig intakter Epidermis wurde nie eine Farbeinwanderung beobachtet, höchstens eine Färbung des Str. corneum oder des verhornten Anteils eines Follikelausganges. Mit angesäuerten Eosinlösungen erzielt man dagegen ein Eindringen in die Follikel und von hier aus in das Rete auch bei intakter Epidermis.

Das Eindringen der neutralen Eosinlösung deutet auch Rein[2] im Sinne einer iontophoretischen Einwanderung. Auch daß im Laufe der Gleichstromdurchströmung bei Benützung neutraler Elektrolytlösungen die Haut für Anionen allmählich durchlässig wird, wird von Rein betont; das wird bewiesen durch die Abnahme der gegenelektromotorischen Kräfte im Laufe der Durchströmung. Setzen wir hinzu die von Frankenhäuser[3] und von Léduc zusammengestellten Tatsachen, insbesondere den Versuch über Unwirksamkeit wässeriger Cyankalilösungen an der Anode und tödliche Wirkung an der Kathode, so kommen wir zum Schluß, *daß die Alternative: EEO. oder Iontophorese — trotz der Beweisführung* Reins *— nicht in dem Sinne entschieden werden kann, daß für die Resorptionsförderung die Iontophorese ohne wesentliche Bedeutung ist.*

Die Sache verhält sich vielmehr folgendermaßen: Bei Einführung von Substanzen mit wirksamem Kation von der Anode wirken EEO. und Iontophorese im gleichen Sinne; beide fördern das Kation in die Haut hinein. In solchem Falle kann durch Begünstigung der EEO. die Elektrolyse völlig überdeckt bzw. zurückgedrängt werden, ja es können mit EEO. allein Wirkungen erzielt werden, die größer sind, als wenn Elektrolyse und EEO. ohne künstliche Begünstigung zusammenwirken (Zucker- und Alkoholversuche). Die EEO. überwiegt sogar in dem Maße, daß bei völliger Zurückdrängung derselben die elektrolytische Wirkung trotz der günstigen Bedingungen kaum zur Geltung kommt (Salzversuche). All dies bedeutet aber noch nicht, daß eine Iontophorese nicht stattfinden würde.

Betrachten wir die Vorgänge an der Kathode, so finden wir zunächst, daß die Anionenundurchlässigkeit der Haut in hohem Grade auch durch die Gleich-

[1] Mond, R. u. Fr. Hofmann: Pflügers Arch. **210**, 194 (1928).
[2] Rein, H.: Verh. physik.-med. Ges. Würzburg **40**, 105 (1924) — Z. Biol. **84**, 41 (1926).
[3] Frankenhäuser: Zitiert auf S. 143.

stromdurchströmung allein durchbrochen wird. Als Beispiel dafür wollen wir hier die Versuche von JAMADA und JODLBAUER[1] anführen, weil sie sich ebenfalls mit der kathodischen Einführung des Eosins befassen. Sie erhalten bei Mäusen ohne elektrischen Strom nach 6stündigem Aufenthalt in $^1/_{100}$ n-wässeriger Eosinlösung bei Zimmertemperatur im Harn 0,05 mg Eosin. Durch Elektrophorese an der Kathode wird unter sonst gleichen Bedingungen die Harnausscheidung um das Sechsfache erhöht. Desgleichen erhöht sich die Ausscheidung mit der Galle sehr beträchtlich. Von der Anode lassen sich diese Wirkungen nicht erzielen. Es gelingt also ohne Säuerung und ohne auf sonstige Weise bedingte Umladung entgegen der EEO. einen Eintritt von Anionen in die Haut zu erzielen. Wir können hierzu keine andere Erklärung geben, als daß eine Iontophorese doch in sehr deutlich nachweisbarem Grade stattfindet.

Würde es sich nur um die Membranlockerung infolge der Gleichstromdurchströmung handeln, so müßte Eosin auch von der Anode aus eingeführt werden können. Denn dann wäre die Anionenundurchlässigkeit durchbrochen und es könnte durch EEO. ein ungehinderter Durchtritt stattfinden. Alle Versuche sprechen gegen eine solche Möglichkeit; REIN selbst hat nie versucht, Elektrolyte mit wirksamem Anion von der Anode einzuführen.

Zweifellos liegen für die Einführung von Verbindungen, deren wirksames Ion Anion ist, die Verhältnisse wesentlich ungünstiger als im umgekehrten Fall, und es ist auch praktisch von großer Bedeutung, daß REIN den Weg gezeigt hat, auf welchem eine Verbesserung der Resorptionsbedingungen erzielt werden kann. Für Verbindungen mit wirksamem Kation haben die Experimente REINS[2] einen wesentlichen praktischen Fortschritt schon insofern mit sich gebracht, als er auf Grund dieser Experimente ein Verfahren zur lokalen Betäubung der Haut mittels Cocainelektrophorese ausgearbeitet hat, welches allen bisherigen Methoden weit überlegen ist.

10. Resorption durch die kranke menschliche Haut.

Die Befunde an pathologisch veränderter Haut sind für die Physiologie insofern von Bedeutung, als sie die Schlußfolgerungen bestätigen, welche aus physiologischen Experimenten gewonnen worden sind. Vor allem erkennen wir aus den Versuchen an kranker Haut: 1. die Bedeutungslosigkeit der Hornschicht für die Resorption, 2. die dominierende Rolle der Resorption durch die Anhangsgebilde, 3. die Bedeutungslosigkeit der Hautfette.

In einigen älteren Angaben wird nach klinischen Eindrücken über die Resorption der kranken Haut geurteilt. I. NEUMANN[3] schreibt, daß bei Hautkrankheiten mit trockener, spröder und verdickter Haut (Ichthyosis, Lichen, chronisches Ekzem, Psoriasis) die Aufnahme von Hg-Salben erschwert ist. Da NEUMANN gefunden hat, daß der Resorptionsweg der grauen Salbe durch die Follikeln führt, nimmt er an, daß die Resorption durch mechanische Verlegung der Follikelmündungen mit Hornzellen gehindert wird, eine Annahme, die viel Wahrscheinlichkeit für sich hat.

DU MESNIL[4] untersuchte Hautstellen mit Verletzungen oder Abtrennungen der Epidermis (Ekzema impetiginosum usw.) und fand, daß wässerige Lösungen von Li-Salzen und von Jodiden im Bad[4] und aus wässerigem Spray[5] durch die verletzte Epidermis im Gegensatz zur intakten Haut mit Leichtigkeit eindringen. Aus diesen Versuchen geht hervor, daß für die Elektrolytundurchlässigkeit der

[1] JAMADA, K. u. A. JODLBAUER: Arch. internat. Pharmaco-Dynamie **19**, 215 (1910).
[2] REIN, H.: Klin. Wschr. **1925**, Nr 33, 1601.
[3] NEUMANN, I.: Wien. klin. Wschr. **1871**, Nr 50—52.
[4] DU MESNIL: Arch. klin. Med. **50**, 101 (1892).
[5] DU MESNIL: Arch. klin. Med. **51**, 527 (1893).

Haut die Intaktheit der Epidermis erste Vorbedingung ist. Es gibt aber auch Stoffe, die entweder infolge starker Adsorption, infolge chemischer Reaktionen mit dem Hautgewebe oder wegen zu großer kolloidaler Teilchengröße auch durch das mehr oder weniger entblößte Corium nicht hindurchgehen, wie z. B. Tannin (du Mesnil[1]).

M. Oppenheim[2] gebührt das Verdienst, die krankhaft veränderte Haut auf ihr Resorptionsvermögen systematisch untersucht zu haben in Fällen, in denen die lebende Epidermis keine grob-anatomischen Läsionen erleidet.

Oppenheim[2] benützt als leicht resorptionsfähige Substanz das Jothion, einen fettlöslichen Jodwasserstoffsäureester mit 80% Jodgehalt, dessen gute Resorbierbarkeit durch die Haut Lipschütz[3] u. a. vermittels Jodnachweis im Speichel und im Harn nachgewiesen haben. Das Jothion wird auf kranke Hautstellen aufgepinselt und unter sonst gleichen Bedingungen Geschwindigkeit und Grad der Jodausscheidung im Harn geprüft.

In atrophischer Haut (Sklerodermie), die durch starke Verdünnung der Hornschicht und durch den vollständigen Schwund von Haaren und Talgdrüsen ausgezeichnet ist, *ist die Resorption stark verzögert.* Dagegen bleibt sie *durch erhebliche Verdickung der Hornschicht* (Ichthyosis ohne Rhagaden) *unbeeinflußt. Entzündliche Hautkrankheiten*, bei denen keine Veränderungen der Talgdrüsen nachweisbar sind, *zeigen ein normales Resorptionsvermögen. Fortschreitende Atrophie der Follikel und Talgdrüsen* (seborrhoischer Haarausfall, Glatze) *geht mit einer fortschreitenden Verschlechterung der Resorption einher.* Entfettung der Hautoberfläche, pathologische Verringerung der Talgsekretion sind ohne Einfluß. Schweißdrüsen scheinen kaum eine Rolle zu spielen, denn von den schweißdrüsenreichen, aber talgdrüsenfreien Handtellern und Fußsohlen ist das Resorptionsvermögen verhältnismäßig sehr gering; Verschluß der Schweißdrüsen (Syringocystadenom) verhindert nicht die Resorption.

Auf Grund seiner Befunde kommt Oppenheim[2] zum Schluß, daß für die Hautresorption das Vorhandensein und die möglichst große Anzahl von Talgdrüsen ausschlaggebend ist. Die Hornschichtdicke und der Fettgehalt der Hornschicht haben keinen Einfluß auf die Hautresorption.

Die Feststellung Oppenheims[2], daß in der von ihm untersuchten atrophischen Haut eine histologisch nachweisbare Veränderung der Retezellen nicht vorlag, schließt freilich nicht aus, daß die Retezellen doch verändert waren. Die Resorption kann gehindert werden durch feine physikalische Zustandsänderung der Zellmembranen, die nur mit physikalischen Methoden nachgewiesen werden können (vgl. S. 142). Tatsächlich ist das Rete bei der Sklerodermie schwer affiziert, was sich in einer Verschmächtigung der gesamten Epidermis offenbart. Dieser Einwand kommt aber für die seborrhoische Alopecie in Wegfall, denn hier ist von allem Anfang an ausschließlich der Talgdrüsenfollikelapparat erkrankt, und auch nach vollständiger Atrophie dieser Gebilde ist kein Anhaltspunkt für eine Erkrankung der Epidermis vorhanden.

Oppenheim[2] fand, daß beim Menschen starker *Pigmentgehalt* (Negerhaut) für die Resorption belanglos ist. Demgegenüber sah H. Königstein[4] bei Kaninchen, daß percutan eingeriebene Jodsalben von weißhaarigen Tieren wesentlich rascher im Urin ausgeschieden werden, als von schwarzhaarigen Tieren. Noch größer ist der Unterschied, wenn die Jodsalben elektrophoretisch eingeführt werden (Nachweis im Speichel). Bei scheckigen Hunden resorbieren weiße Flecke besser als schwarze. Diese Ergebnisse sind im Zusammenhang mit dem

[1] du Mesnil: Zitiert auf S. 149.
[2] Oppenheim, M.: Arch. f. Dermat. **93**, 85 (1908).
[3] Lipschütz, B.: Arch. f. Dermat. **74**, 265 (1905).
[4] Königstein, H.: Arch. f. exp. Path. **97**, 262 (1923).

Nachweis einer Membrandichtung in der öfter belichteten Haut[1] bemerkenswert.

OPPENHEIM[2] verweist auch auf die Möglichkeit der Resorptionshinderung durch chemische Bindung der zur Resorption bestimmten Substanz. So werde z. B. bei gleichzeitiger Hg-Verabreichung kein Jod resorbiert, da Quecksilberjodid entsteht. Ähnliches beobachtete OPPENHEIM[3] auch bei Verabreichung von Chinin: auf die Haut gepinselte Jodtinktur werde bei innerlichen Chiningaben von der Haut eher festgehalten. Damit sei auch die Berechtigung für die HOLLAENDERsche Behandlung des Lupus erythematodes (Jodpinselungen bei Verabreichung von Chinin) erwiesen.

---

[1] Vgl. S. 142.
[2] OPPENHEIM, M.: Arch. f. Dermat. **93**, 85 (1905).
[3] OPPENHEIM, M.: Wien. klin. Wschr. **1905**, Nr 3.

Resorption aus dem Peritoneum und anderen serösen Höhlen.

Von

Rudolf Mond

Kiel.

Zusammenfassende Darstellungen.

Ellinger, A.: Erg. Physiol. **1**, 355 (1902). — Hamburger: Osmotischer Druck und Ionenlehre. Wiesbaden 1904. — Höber: Handb. d. Physikal. Chemie u. Medizin von Koranyi u. Richter **1**. Leipzig 1907. — Klemensiewicz: Handb. d. allg. Pathologie von Krehl u. Marchand **21** (1912).

Einleitung.

Die Untersuchung der Resorption aus den serösen Höhlen ist eng verknüpft mit den Problemen, die von der Physiologie der Lymphbildung, der Austauschvorgänge zwischen Blut und Geweben, der Darmresorption, behandelt werden. Die wesentlichste Aufgabe liegt darin, die Natur der treibenden Kräfte, welche die Aufsaugung bewirken, zu erforschen. In Verknüpfung mit der anatomischen Struktur der resorbierenden Flächen und ihrer Blutversorgung, den Membraneigenschaften der Scheidewände, lassen sich bestimmte physikalisch-chemische Gesetzmäßigkeiten anwenden, die zu einer befriedigenden Erklärung mancher Resorptionsvorgänge führen. Bei anderen wiederum versagt die alleinige Anwendung dieser Faktoren, und es muß dann die mit der Aufnahme verbundene Arbeit auf besondere Energieproduktion von Zellen, die sich an der Resorption beteiligen, zurückgeführt werden. Irgend etwas Genaueres über Zusammenhänge zwischen Resorption und bestimmten energetischen Vorgängen in den Zellen ist nicht bekannt, und so muß man sich darauf beschränken, die Grenze zwischen den Erscheinungen bei der Resorption, die einer Deutung auf physikalischer und physikalisch-chemischer Grundlage zugänglich sind, und jenen, die eine aktive Beteiligung der Zellen fordern, möglichst deutlich sichtbar zu machen.

1. Resorption wässeriger krystalloider Lösungen.

Wässerige Lösungen werden aus den serösen Höhlen verhältnismäßig schnell resorbiert. Genaue Angaben über die Resorptionsgeschwindigkeit lassen sich schwer machen. Sie bleibt wahrscheinlich während der Resorptionsdauer nicht konstant und ist abhängig von der Menge und der Zusammensetzung der Flüssigkeit, die injiziert wird. Eiweißhaltige Lösungen, wie Serum, werden langsamer resorbiert als nichteiweißhaltige Lösungen. Einige Daten über die verschiedene Resorptionsgeschwindigkeit einiger Substanzen werden weiter unten gegeben werden.

Nach den Untersuchungen von Hamburger[1], Roth[2], Leathes und Starling[3], Cohnheim[4] ändert sich der osmotische Druck von wässerigen Lösungen, die in die Bauchhöhle von Kaninchen oder Hunden injiziert werden und die mit den Körperflüssigkeiten isotonisch sind, nicht, während das Volum der Flüssigkeiten allmählich durch Resorption abnimmt. Ist dagegen der osmotische Druck der in die Bauchhöhle eingebrachten Lösung größer als der des Blutserums, so findet zunächst ein Einstrom von Wasser in die Bauchhöhle statt, das Flüssigkeitsvolum vergrößert sich, der osmotische Druck sinkt. In verhältnismäßig kurzer Zeit haben sich die osmotischen Druckdifferenzen zwischen Körpersäften und Bauchhöhleninhalt ausgeglichen. Von nun ab bleibt während der ganzen Resorptionsdauer der osmotische Druck unverändert, während die Flüssigkeit allmählich aus der Bauchhöhle verschwindet. Läßt man hingegen eine hypotonische Lösung in die Bauchhöhle einfließen, so findet zunächst der umgekehrte Vorgang statt. Das Volum der Lösung vermindert sich in der ersten Zeit schneller als bei der Resorption einer isotonischen Lösung, der osmotische Druck steigt und erreicht bald den Wert der Isotonie. Die weitere Resorption unterscheidet sich von der einer ursprünglich hypertonischen oder isotonischen Lösung nicht.

Der Ausgleich der osmotischen Druckdifferenzen zwischen Körpersäften und Höhleninhalt ist also das erste, was beobachtet wird. Dieser Ausgleich kommt aber nicht nur dadurch zustande, daß Wasser in der einen oder anderen Richtung angesogen wird, sondern außerdem findet noch eine Diffusion der gelösten Substanzen statt. So vermindert sich der Gehalt einer hypertonischen Lösung an NaCl oder Traubenzucker; in eine hypotonische Lösung dagegen strömen krystalloide Bestandteile des Blutes bzw. der Lymphe ein. Diese Vorgänge, die sich im Beginn der Resorption abspielen, stimmen vollständig überein mit dem, was wir beobachten, wenn zwei verschieden konzentrierte und zusammengesetzte wässerige Lösungen durch eine gut durchlässige Kollodiummembran voneinander getrennt werden. Daraus wäre zu schließen, daß die Scheidewände zwischen Blut — wir werden später sehen, daß die Resorption krystalloider Lösungen auf dem Blutwege erfolgt — und serösen Höhlen weitgehend durchlässig sind. Ohne vorerst auf die morphologische Anordnung und die Struktur dieser Scheidewände einzugehen, soll ihre Permeabilität und die daraus abzuleitende Funktion dieser „Membran" näher besprochen werden.

Diese Beobachtungen über die leichte Diffusibilität von Wasser, Kochsalz und Traubenzucker legen den Vergleich mit einer Kollodiummembran nahe. Da man aber bei lebenden Membranen damit rechnen muß, daß Eigenschaften, die einer toten Membran fehlen, wie z. B. auswählende Durchlässigkeit bestimmter Substanzen, hinzukommen und damit den schließlich zu ermittelnden Mechanismus der Resorption wesentlich bestimmen könnten, so muß man, um zu einigermaßen sicheren Vorstellungen zu kommen, untersuchen, ob auch in quantitativer Beziehung der Vergleich mit einer toten Membran standhält. Wenn man feststellen könnte, daß die Resorptionsgeschwindigkeit bei verschiedenen Stoffen der Permeationsgeschwindigkeit durch eine tote Membran hindurch parallel läuft, so würde damit die Frage der Durchlässigkeit in einfacher Weise gelöst sein.

Systematische Untersuchungen über die Durchlässigkeit der Scheidewände zwischen Blut und serösen Höhlen existieren nicht. Immerhin lassen sich aber aus einigen Versuchsreihen gewisse Schlußfolgerungen ziehen. So gibt Roth[5] an, daß aus einer hypertonischen Harnstofflösung in derselben Zeit aus der Bauchhöhle mehr Harnstoff verschwindet als Traubenzucker aus einer gleich-

[1] Hamburger: Zitiert auf S. 152. [2] Roth: Arch. f. Physiol. **1899**, 416.
[3] Leathes u. Starling: J. of Physiol. **18**, 106 (1895).
[4] Cohnheim: Z. Biol. **37**, 443 (1899). [5] Roth: Zitiert auf S. 153.

molekularen Traubenzuckerlösung. Aus der Tabelle, die der Arbeit von ROTH entnommen ist, geht ferner hervor, daß, nachdem die Lösungen 10 Minuten in der Bauchhöhle verweilten, die Menge osmotisch angesogenen Wassers in der Harnstofflösung kleiner ist als in der Traubenzuckerlösung. Die Erklärung dafür ist folgende. Aus dem Blut strömt Wasser in die hypertonische Lösung, die sich in der Bauchhöhle befindet, ein. Gleichzeitig aber diffundieren Harnstoff bzw. Traubenzuckermoleküle in das Blut ein. Um so rascher die Diffusion der

Annähernd äquimolekular konzentrierte Lösungen von	Verlust an gelösten Grammolekulargewichten in 10 Min.	Zugekommenes Wasser in dieser Zeit in Litereinheiten.
Harnstoff	0,0207	0,020
Kochsalz	0,0190	0,0265
Traubenzucker	0,0140	0,027

gelösten Moleküle durch die endothelialen Scheidewände erfolgt, um so schneller kommt es zu einer Abnahme des osmotischen Überdrucks in der Bauchhöhle und um so geringer wird der Einstrom von Wasser sein. So zeigen diese Versuche, daß die Traubenzuckermoleküle deutlich langsamer diffundieren als die Harnstoffmoleküle.

Aus den Untersuchungen von KJÖLLERFELDT[1] über die Resorptionsgeschwindigkeit verschiedener Abbauprodukte von Eiweißkörpern aus der Bauchhöhle läßt sich entnehmen, daß auch hier deutliche Unterschiede vorhanden sind, und es lassen sich die Substanzen mit zunehmender Resorptionsgeschwindigkeit in folgende Reihen ordnen: Pepton, hydrolysiertes Casein, Glutaminsäure, Asparaginsäure, Alanin, Glykokoll. Die endothelialen Scheidewände sind offenbar für recht große Moleküle noch durchlässig. Eine Grenze für die Durchlässigkeit wird anscheinend erst bei den hochmolekularen Eiweißkörpern erreicht, was daraus hervorgeht, daß unter normalen Verhältnissen Eiweißkörper nicht aus dem Blut in die Bauchhöhle eindiffundieren.

Hierher gehören auch die Untersuchungen von PUTNAM[2], der nicht nur die Aufnahme verschiedener Substanzen aus der Bauchhöhle, sondern auch umgekehrt die Eindiffusion von Stoffen, die er ins Blut injizierte, in die Bauchhöhle näher verfolgte. Er kam zu dem Resultat, daß Kolloide nicht diffundieren, daß aber alle krystalloiden Substanzen aus dem Blut in die Bauchhöhle permeieren und daß je kleiner der Moleküldurchmesser, um so rascher die Diffusion erfolgt. Auch wenn man die Versuchsergebnisse von ROTH und KJÖLLERFELDT, die sich leider nur über eine geringe Anzahl von Substanzen erstrecken, einer näheren Durchsicht unterzieht, so fällt auf, daß anscheinend die Resorptionsgeschwindigkeit bzw. die Permeiergeschwindigkeit um so größer ist, um so kleiner das Molekularvolumen der Substanzen ist. Dieses Ergebnis, das allerdings wegen der geringen Anzahl von Versuchen noch gefestigt werden müßte, würde mit Untersuchungen von COLLANDER[3] über die Permeabilität von Ferrocyankupfermembranen bzw. Kollodiummembranen zu vergleichen sein, in denen die Beziehung zwischen Molekularvolum und Diffusionsgeschwindigkeit deutlich zum Ausdruck kommt. Jedenfalls aber muß festgestellt werden, daß die bisherigen Untersuchungen über die Durchlässigkeit der Scheidewände zwischen Blut und serösen Höhlen nichts ergeben haben, was irgendeinen Anhalt für das Vorhandensein physikalisch nicht deutbarer Permeabilitätsverhältnisse bietet.

---

[1] KJÖLLERFELDT: Biochem. Z. **82**, 188 (1917).
[2] PUTNAM: Amer. J. Physiol. **63**, 548 (1923).
[3] COLLANDER: Kolloidchem. Beih. **19**, 72, 1924 und Soc. Scient. Fermica. Com. Biol. **2**, 6, 1926.

Die Bedeutung, die der Osmose und Diffusion bei der Resorption aus den serösen Höhlen zuzuschreiben ist, beschränkt sich nicht nur auf den Beginn der Resorption, also gewissermaßen den ersten gröberen Ausgleich zwischen Blut und Resorptionsflüssigkeit, sondern es läßt sich zeigen, daß auch bis zum Ende der Resorption diesen Faktoren eine besondere, wenn nicht gar ausschlaggebende Rolle zukommt. Die wichtigste und schwierigste Frage, die den Kernpunkt des eigentlichen Resorptionsproblems berührt, ist die nach der Ursache der Resorption isotonischer und solcher Lösungen, die die gleiche Zusammensetzung wie das Blutplasma haben. Hier scheinen die einfachen physikalischen Erklärungsmöglichkeiten zu versagen, und verschiedene Forscher, insbesondere HEIDENHAIN, haben den endothelialen Scheidewänden besondere vitale Fähigkeiten zugeschrieben, um die Flüssigkeitsbewegung in einer Richtung zu erklären.

Zunächst soll erörtert werden, ob und inwieweit die Resorption isotonischer Lösungen ohne Zuhilfenahme vitaler Kräfte rein auf physikalische Gesetzmäßigkeiten zurückgeführt werden kann. Für die weitere Klärung der Ursachen der Resorption ist es unbedingt notwendig, zwei Fälle streng zu unterscheiden, und zwar erstens die Resorption eiweißfreier Lösungen, zweitens die Aufnahme eiweißhaltiger Lösungen. Das allmähliche Verschwinden isotonischer Kochsalz- oder Ringerlösungen, die man in Bauch- oder Brusthöhle einbringt, ist zweifellos zu erklären, ohne daß man besondere Triebkräfte der Scheidewände anzunehmen braucht. Es muß nämlich festgestellt werden, daß es gar nicht möglich ist, daß eine eiweißfreie wässerige Lösung, die in die Bauchhöhle eingebracht wird, denselben osmotischen Druck behält wie das Blutplasma. Es liegt das daran, daß, wie bereits ausgeführt wurde, die endothelialen Scheidewände für die Bluteiweißkörper undurchlässig sind. So hätten wir nur auf der Blutseite der „Membran" eine Lösung, die Eiweißkörper enthält. Nun hat STARLING[1] gezeigt, daß die Serumeiweißkörper einen, wenn auch nur geringen, so doch deutlich meßbaren osmotischen Druck ausüben. Wird eine Eiweißlösung in ein Osmometer eingefüllt, durch eine für Krystalloide durchlässigen Membran von einer wässerigen Lösung getrennt, so bildet sich im Gleichgewichtszustand ein Überdruck auf seiten der Eiweißlösung aus. Die Eiweißlösung saugt Wasser an. Injiziert man in die Bauchhöhle eine Ringerlösung, so werden sich folgende Vorgänge abspielen. Herrscht zunächst im Blut ein geringer osmotischer Überdruck, so wird etwas Wasser angesogen, die Lösung wird dadurch konzentrierter an Ionen als das Blutplasma, und eine Diffusion von Ionen in das Blut hinein ist die Folge davon. Damit sinkt der osmotische Druck etwas, was wiederum ein Ansaugen von Wasser ins Blut zur Folge hat. So wechselt Osmose und Diffusion miteinander ab, bis die Flüssigkeit vollständig resorbiert ist. Es ist aber hervorzuheben, daß die vollständige Resorption einer wässerigen Lösung auf Grund des durch die Eiweißkörper bewirkten osmotischen Überdrucks nur dadurch ermöglicht wird, daß ein stationärer Gleichgewichtszustand zwischen Blut- und Resorptionsflüssigkeit nicht zustande kommen kann, weil das Blut durch Regulationen des Organismus immer in gleicher Zusammensetzung an der „Membran" vorbeigeführt wird.

Auf die Bedeutung des kolloidosmotischen Druckes der Eiweißkörper für die Resorption haben sowohl STARLING[1] als auch COHNSTEIN[2] hingewiesen. Durch Untersuchungen von ROTH[3] ist diese Wirkung der Eiweißkörper in Resorptionsversuchen veranschaulicht worden. Er ließ in die Bauchhöhle eine lang dialysierte Lösung von Pferdeserum einfließen und beobachtete, daß die Eiweiß-

[1] STARLING: J. of Physiol. **19**, 312 (1896); **24**, 317 (1899).
[2] COHNSTEIN: Pflügers Arch. **63**, 587 (1896).
[3] ROTH: Zitiert auf S. 153.

konzentration zunächst noch anstieg, von 8,6 auf 9,4% bzw. 7,1 auf 9,4%. Das hängt damit zusammen, daß die reine Eiweißlösung einen sehr niedrigen osmotischen Druck im Vergleich mit dem osmotischen Druck der Körpersäfte hat und daher dieser Lösung Wasser entzogen wird. Da die Eiweißkörper längere Zeit in der Bauchhöhle verweilen, ohne daß eine wesentliche Abnahme ihrer Menge festzustellen ist, so muß die Eiweißkonzentration wegen der Verringerung des Flüssigkeitsvolumens zunächst ansteigen. Gleichzeitig diffundieren nun, wie ROTH feststellte, krystalloide Bestandteile des Blutes in die Bauchhöhle ein, so daß der osmotische Druck von der vorher sehr geringen Gefrierpunktsdepression von 0,02—0,01° sehr bald auf 0,4° ansteigt. Wenn die Gefrierpunktserniedrigung den Wert im Serum erreicht hat, findet nun, und das ist sehr wichtig, ein Wasserstrom in umgekehrter Richtung in die Bauchhöhle hinein statt. Es kommt jetzt gewissermaßen zu einer Umkehr der Resorptionsrichtung. Dieser Vorgang ist mit einer entsprechenden Konzentrationsverminderung der Eiweißkörper verbunden und dauert an, bis diese den gleichen Gehalt wie im Blutplasma erreicht hat.

So wird man zu dem Schluß kommen, daß allein durch Osmose und Diffusion eine Aufnahme wässeriger, nichteiweißhaltiger Lösungen aus den serösen Höhlen erklärt werden könnte. Damit ist aber nicht gesagt, daß nicht auch noch andere Faktoren in Betracht kommen könnten. Es kommt ja nicht nur darauf an, daß ein Weg für den möglichen Ablauf eines Resorptionsvorganges gezeigt wird; von ebenso großer Wichtigkeit ist es, nachzuweisen, daß die gegebene Möglichkeit auch ausreicht, um alle beobachteten Erscheinungen nicht nur qualitativ, sondern auch quantitativ zu erklären. So wäre zu fragen, ob Diffusion und Osmose ausreichen, um Lösungen in denselben Zeiten, wie sie bei Resorptionsversuchen beobachtet wurden, zur Aufnahme zu bringen. Die Entscheidung dieser Frage ist sehr schwierig, weil die Leistung von Diffusion und Osmose, gemessen an der fortgeschafften Flüssigkeitsmenge, aufs engste zusammenhängt mit der Größe der resorbierenden Membran. Es wird hier im wesentlichen auf die Oberflächenentfaltung der Capillarwände ankommen, und diese zu ermitteln, ist schon aus dem Grunde schwierig, weil man gar nicht weiß, wie groß der Prozentsatz der Capillaren ist, die geöffnet und die allein an der Resorption beteiligt sind.

Jedenfalls wird man auf alle Fälle damit rechnen müssen, daß noch andere Faktoren bei der Resorption in Frage kommen können. Zunächst wäre daran zu denken, welchen Einfluß mechanische Druckänderungen im Blut einerseits, in den serösen Höhlen andererseits auf den Verlauf der Resorption nehmen können. In den Untersuchungen über Resorption ist sehr oft der sog. Filtration eine besondere Rolle zugeschrieben worden. Gerade bei der Resorption aus den serösen Höhlen läßt sich wohl am eindeutigsten der Einfluß dieses Faktors bestimmen. Schon von vornherein wird man, ohne daß man einen Versuch nötig hätte, sagen können, daß die Filtration als treibende Kraft überhaupt nicht in Frage kommen kann. Ein mechanisches Herüberpressen von Flüssigkeit aus den serösen Höhlen in das Blut hinein wäre nur dann möglich, wenn der Druck in den Höhlen den Druck in den Capillaren übersteigt. Die Folge davon wäre, daß die Venen komprimiert würden und die Blutströmung aufhörte. Da aber eine gute Durchblutung die notwendige Voraussetzung für den Resorptionsvorgang bildet, so kann der Filtration als selbständiger treibender Kraft keine Bedeutung zukommen. Immerhin können aber Änderungen in der Druckdifferenz zwischen Blut und serösen Höhlen einen Einfluß auf die Resorptionsgeschwindigkeit haben. So hat HAMBURGER[1] Versuche über den Einfluß des hydrostatischen Druckes auf die Resorption in der Bauchhöhle angestellt und gefunden, daß zunächst

[1] HAMBURGER: Zitiert auf S. 152.

mit steigendem Druck die Resorptionsgeschwindigkeit wesentlich zunimmt. Wenn bei einem Druck von 2 cm, bezogen auf Wasser, in einer Stunde 11 ccm einer Kochsalzlösung aus der Bauchhöhle resorbiert wurden, so wurde in der gleichen Zeit bei Druckerhöhung auf 10 bzw. 20 cm das doppelte bis dreifache Flüssigkeitsvolum zum Verschwinden gebracht. Steigerung des Druckes über 30 cm führte dagegen immer zu einer Abnahme der Resorptionsgeschwindigkeit. Diese Abnahme bezieht HAMBURGER mit Recht auf die Kompression der Venen und die dadurch hervorgerufene Behinderung des Kreislaufes. Auch aus den Untersuchungen von NAEGELI[1] über Resorption in der Pleura geht hervor, daß außer Zirkulationsstörungen Änderungen im hydrostatischen Druck die Aufnahme von Flüssigkeiten beeinflussen.

Außer dem Druck können noch andere mechanische Faktoren die Resorptionsgeschwindigkeit beeinflussen. So beobachtete PRIMA[2], daß erhöhte Peristaltik des Darmes, hervorgerufen durch Physostigmin oder mechanische Reizung, die Resorption beschleunigt. Hier kommen offenbar sowohl eine bessere mechanische Durchmischung der Flüssigkeit als auch schwer kontrollierbare Änderungen in der Durchblutungsgröße in Betracht.

Zusammenfassend kommen wir zu dem Ergebnis, daß die Resorption wässeriger eiweißfreier Lösungen aus den serösen Höhlen auf Faktoren physikalischer Natur zurückgeführt werden kann. Von größter Bedeutung sind Osmose und Diffusion. Der Gang und die Geschwindigkeit der Resorption wird ferner beeinflußt durch Änderung des hydrostatischen Druckes, unter dem die zu resorbierenden Flüssigkeiten stehen, durch die Größe der resorbierenden Oberfläche, vor allem der Blutcapillaren, durch mechanische Rührung der Flüssigkeit.

Wenn auch auf Grund dieser Mechanismen der Vorgang der Resorption erklärt werden kann, so besteht dennoch die Möglichkeit, daß außerdem noch, wie bereits oben angedeutet wurde, vitale Triebkräfte der endothelialen Scheidewände eine Rolle spielen könnten. Insbesondere hat HEIDENHAIN und nach ihm verschiedene Forscher diesen Standpunkt vertreten. Es ist notwendig, festzustellen, ob die Untersuchungen, die sie angestellt haben, derartige Schlußfolgerungen als zwingend erscheinen lassen. Die Versuche, die zu diesem Standpunkt geführt haben, beruhen meist darauf, daß der Flüssigkeit, die in die serösen Höhlen eingebracht wurde, Substanzen zugesetzt wurden, von denen bekannt ist, daß sie die Zelltätigkeit schädigen. So hat ORLOW[3] die Resorption einer Kochsalzlösung, der NaF zugesetzt wurde, untersucht. Die Ergebnisse sind nicht ganz eindeutig. Immerhin konnte festgestellt werden, daß die Resorption durch NaF gehemmt wurde. Daneben ließen sich aber auch bei höheren Konzentrationen von NaF deutlich wahrnehmbare mikroskopische Veränderungen am Peritoneum und Hämorrhagien feststellen. Eine geringe Hemmung der Resorption aus der Bauchhöhle durch NaF fand ebenfalls BAGOMELEZ[4]. Dieser Autor beobachtete ferner nach Einbringen von älteren Kulturen von Bac. pyocyaneus in die Bauchhöhle eine starke Verhinderung der Resorption. HARA[5] hat die Aufnahme von Fluorescin aus dem Peritoneum unter verschiedenen Bedingungen untersucht. Die Geschwindigkeit der Resorption wurde dadurch festgestellt, daß nach bestimmten Zeiten die Augenkammer punktiert und die Konzentration des auf dem Blutwege hingeführten Farbstoffes bestimmt wurde. So konnte er beobachten,

---

[1] NAEGELI: Z. exper. Med. **1**, 164 (1913).
[2] PRIMA: Mitt. Grenzgeb. Med. u. Chir. **36**, 678 (1923).
[3] ORLOW: Pflügers Arch. **59**, 170 (1895).
[4] BAGOMELEZ: Z. exp. Path. u. Ther. **7**, 279 (1910).
[5] HARA: Biochem. Z. **126**, 281 (1921).

daß Anästhesierung des Peritoneums oder des Rückenmarkes mit Novocain, Blutentzug, sowie durch Einspritzen von hyper- oder hypotonischen Lösungen die Resorption des Farbstoffes gehemmt wurde. Er schließt aus seinen Versuchen, daß außer physikalischen noch physiologische Faktoren bei der Resorption eine Rolle spielen würden.

Zur Beurteilung der Beweiskraft dieser Untersuchungen wird man zunächst ganz allgemein feststellen müssen, daß es trotz sorgfältigster Ausführung der Versuche außerordentlich schwer sein muß, zu sicheren Ergebnissen zu kommen. Eine Hemmung der Resorption kann auf verschiedene Weise zustande kommen. Was zunächst den Angriffspunkt eines Giftes anbelangt, so kann dieses einmal bestimmte Zellfunktionen hemmen, es kann aber darüber hinaus zu allgemeineren Veränderungen der physikalisch-chemischen Struktur Anlaß geben. So kann etwa durch NaF die endotheliale Scheidewand in ihrer Membraneigenschaft so verändert werden, daß schon aus der damit geänderten Durchlässigkeit der Verlauf der Resorption weitgehend variiert wird. Wir erinnern uns ferner daran, daß außer dem Permeabilitätszustand der Scheidewände die Größe der resorbierenden Oberfläche von Wichtigkeit ist, die ebenfalls durch Einwirkung von Giften, die die Struktur verändern, beeinflußt werden kann. Vor allem ist außerordentlich schwierig festzustellen, ob die Blutströmung durch Wirkung der Gifte auf die Capillaren nicht beeinträchtigt wird. Es sind das mehrere Faktoren, die jeder für sich einer Untersuchung unterzogen werden müßte, wobei immer alle übrigen Faktoren, die einen Einfluß auf die Resorption haben könnten, konstant zu halten wären, eine Forderung, die praktisch in Versuchen am ganzen Tier gar nicht durchgeführt werden kann. Auch die Untersuchungen von HARA[1] zeigen nur, daß die verschiedensten Eingriffe den Resorptionsmechanismus, der sich aus dem Ineinandergreifen mehrerer Teilfunktionen ergibt, stören kann, ohne daß man aber genau angeben könnte, wo diese Störung angreift. Es liefern diese Forschungen deshalb auch keinen Beweis dafür, daß den Endothelien eine besonders vitale Triebkraft zugeschrieben werden müßte, und um so weniger, als zur Erklärung der bisher besprochenen Resorptionsvorgänge wir mit den oben erörterten physikalischen deutbaren Faktoren auskommen konnten.

Wenn es somit bisher nicht gelungen ist, eindeutige Beweise für das Vorhandensein einer Triebkraft, die auf besondere energieliefernde Reaktionen in den Endothelien zurückgeführt werden müßte, zu erbringen, so können auf der anderen Seite Untersuchungen, die das Nichtbestehen solcher Kräfte dartun sollen, ebenfalls als nicht beweisend angesehen werden. Insbesondere hat HAMBURGER[2] versucht, in verschiedenen Experimenten zu zeigen, daß besondere vitale Kräfte bei der Resorption nicht angenommen werden dürften. Er hat das Bauchfell durch Einwirkung chemischer Agenzien, wie verdünnte HCl, durch Eingießen heißer Lösungen geschädigt und beobachtete, daß trotzdem eine Resorption wässeriger Salzlösungen zustande kam. Auch tiefe Narkose der Tiere führte nicht zum Aufhören der Resorption. Selbst bei toten Tieren verschwanden Lösungen allmählich aus der Bauchhöhle! Wenn man von den letzteren Ergebnissen absieht, die erhalten wurden, trotzdem die Blutbewegung aufgehört hatte und die wohl darauf unter anderem zurückzuführen sind, daß die autolytischen Zersetzungen zu einer Erhöhung des osmotischen Druckes in den Geweben führen, die dann stärker wasseranziehend wirken, was aber mit Resorption nichts mehr zu tun hat, so beweisen doch auch die übrigen Versuche immer nur wieder dasselbe, daß nämlich die rein physikalischen Faktoren zur Erklärung einer Flüssigkeitsbewegung aus den serösen Höhlen heraus ausreichen, ohne daß aber

[1] HARA: Zitiert auf S. 157.
[2] HAMBURGER: Zitiert auf S. 152.

damit ausgeschlossen wäre, daß bei der normalerweise vor sich gehenden Resorption Faktoren vitaler Natur noch mitwirken könnten.

Wenn die Möglichkeit der Mitbeteiligung vitaler Kräfte auch an der Resorption eiweißfreier Lösungen nicht völlig aufgegeben werden kann, so liegt das vor allem daran, daß wir bestimmte und offenbar recht wichtige Resorptionsvorgänge kennen, zu deren Erklärung wir mit den bisher besprochenen physikalischen Faktoren nicht mehr auskommen. So versagt die Deutung des Resorptionsmechanismus durch Osmose und Filtration allein völlig, wenn wir beobachten, daß aus den serösen Höhlen Serum ebenfalls resorbiert wird. Unsere bisherige Theorie der Resorption galt nur für nichteiweißhaltige Lösungen. Wir brauchten den durch die Bluteiweißkörper dauernd aufrechterhaltenen osmotischen Überdruck, um die Flüssigkeitsbewegung in einer Richtung zu erklären. Dieses ausschlaggebende Moment fällt fort, wenn sich eine Lösung in der Bauchhöhle befindet, die den gleichen Eiweißgehalt hat wie das Blutserum. Nachdem eine Filtration als treibende Kraft abgelehnt wurde, würden wohl nur zwei Möglichkeiten in Frage kommen. Einmal könnte das Serum in unveränderter Zusammensetzung durch uns unbekannte Kräfte durch die endothelialen Scheidewände getrieben werden, oder aber die Eiweißkörper würden auf einem gesonderten Weg allmählich entfernt, und die Resorption der übrigen Lösung ginge auf die gleiche Weise vor sich, wie wir sie bereits besprochen haben. Gegen die erste Möglichkeit spricht die Erfahrung, daß Eiweißkörper nicht einfach permeieren können, denn sonst müßte auch in umgekehrter Richtung aus dem Blut Eiweiß in die serösen Höhlen eindiffundieren. So würde man, ohne daran zunächst bestimmte Vorstellungen zu knüpfen, eher annehmen können, daß die Eiweißkörper einen besonderen Weg einschlagen und daß an der Beförderung irgendwie die Endothelien beteiligt sind. Diese Annahme wird noch besonders dadurch nähergelegt, weil, wie die nunmehr zu besprechenden Untersuchungen zeigen, die Resorptionswege für krystalloide und kolloide Substanzen verschieden sind.

2. Resorptionswege und die Resorption kolloider Substanzen.

Die Moleküle einer Lösung, welche aus den serösen Höhlen resorbiert wird, müssen zunächst die Endotheldecke passieren. Sie gelangen dann in ein Gewebe, das von Lymphräumen und Capillaren durchsetzt ist. Die Blutcapillaren bilden wiederum eine Scheidewand gegen die umspülende Gewebsflüssigkeit, die in den Lymphstämmen gesammelt und schließlich dem Blut wieder zugeführt wird. Es sind also mehrere Membranen vorhanden, die passiert werden müssen, wenn eine Substanz direkt ins Blut hineingelangen soll. Ist die Capillarwand für die betreffende Substanz durchlässig, so kann eine direkte Aufnahme in die Blutbahn erfolgen. Wird sie dagegen von den Capillarwänden zurückgehalten, so würde nur eine Aufnahme auf dem Lymphwege vor sich gehen können. Es würden also als Möglichkeiten wohl nur entweder eine Resorption gleichzeitig durch Blut und Lymphe oder allein eine Resorption auf dem Lymphwege in Frage kommen. Wir werden aber nicht erwarten dürfen, daß, wenn eine Substanz sämtliche Scheidewände glatt permeiert, die resorbierte Menge in Blut und Lymphe etwa gleich sein würde. Die Verteilung der resorbierten Stoffe auf Blut und Lymphe muß von der verschiedenen Strömungsgeschwindigkeit dieser beiden Säfte bestimmt werden, die für das Blut um das Vielfache größer ist als für die Lymphe. Das Blut, das in den Capillaren verhältnismäßig schnell an der Gewebsflüssigkeit vorbeiströmt, wird immer die in dasselbe hineindiffundierenden Substanzen sofort weiterführen, das Diffusionsgefälle an der Grenze zwischen Gewebsflüssigkeit und Blut wird daher immer maximal groß sein müssen; hier liegt überhaupt der Ort des steilsten Diffusionsgefälles beim ganzen Resorptionsvorgang, der, solange dieser andauert, aufrechterhalten wird. Da die Menge der transportierten Moleküle, abgesehen von der Durchlässigkeit der Membran, von der Steilheit des Diffusionsgefälles abhängig ist, so kann man schon von vornherein annehmen, daß bei dem langsamen Lymphfluß nahezu alles von der in der Gewebsflüssigkeit befindlichen Substanz — wenn es sich um eine Substanz handelt, die in den Körperflüsssigkeiten präformiert nicht vorhanden ist — in die Blutgefäße übergegangen sein wird, wenn die Lymphe in die größeren Sammelgefäße gelangt ist. Praktisch wird es darauf hinauslaufen, daß krystalloide Substanzen, die die Blutcapillaren gut permeieren, ausschließlich auf dem Blutwege in den Körper gelangen, während alle übrigen Stoffe den Lymphweg wählen müssen.

Es sind eine Reihe von Untersuchungen angestellt worden, die sich zur Aufgabe gesetzt haben, die Wege, die die aus den serösen Höhlen resorbierten Substanzen einschlagen, zu verfolgen. Eine gewisse Schwierigkeit wird solchen Versuchen dann entstehen, wenn etwa die Resorption von Stoffen, wie Wasser oder Salzen, die im Blut und in der Lymphe bereits vorhanden sind, verfolgt werden soll, denn man wird nicht erwarten können, daß z. B. die Cl-Konzentration im Plasma durch Resorption von der Bauchhöhle ins Blut ansteigen wird, weil durch die vielseitigen Regulationen im Organismus eine Konzentrationsverschiebung schnell ausgeglichen sein wird. Andererseits aber müßte, wenn die Resorption einer Kochsalzlösung auf dem Lymphwege vor sich ginge, dadurch die Lymphmenge entsprechend ansteigen. Nach Orlow[1] aber bleibt der Lymphfluß aus dem Ductus thoracicus bei Resorption von Salzlösungen und auch von Serum unverändert, woraus der Schluß gezogen wurde, daß die Resorption wesentlich auf dem Blutwege vonstatten geht.

Eindeutigere Ergebnisse erhält man in solchen Versuchen, bei denen man Substanzen resorbieren läßt, die in den Körperflüssigkeiten nicht präformiert vorhanden sind, die sich aber leicht auch in geringen Mengen nachweisen lassen. Zu solchen Untersuchungen sind Farbstoffe besonders gut geeignet. Starling und Tubby[2] verwendeten Indigocarmin und Methylenblau, dessen Resorption aus Pleura und Peritoneum sie verfolgten. Sie beobachteten, daß die Farbstoffe viel früher im Harn erschienen als in der Lymphe des Ductus thoracicus, woraus zu schließen ist, daß die Blutgefäße sich weit mehr an der Resorption beteiligen als die Lymphe. Es ist auch charakteristisch, daß, wenn die Farbstofflösungen direkt in die Blutbahn injiziert wurden, sie eher im Ductus thoracicus erschienen, als wenn sie in die Pleura oder Bauchhöhle injiziert wurden. Das ist verständlich, wenn man die oben skizzierten Darlegungen heranzieht. Wenn die Farbstoffe in die serösen Höhlen injiziert werden, dann ist das Diffusionsgefälle aus der Gewebsflüssigkeit in das Blut hineingerichtet, und jener wird bei dem langsamen Lymphstrom der weitaus größte Teil des Farbstoffes entzogen sein, wenn die Lymphe in den Ductus gelangt. Wird dagegen die Farbstofflösung in das Blut injiziert, so ist sie hier zunächst in verhältnismäßig hoher Konzentration vorhanden, das Diffusionsgefälle ist in umgekehrter Richtung in die Gewebsflüssigkeit hineingerichtet, so daß bei dem sicherlich schnell eintretenden Ausgleich die Farbstoffkonzentration in der Gewebsflüssigkeit die gleiche Höhe erreichen wird wie im Blut.

Gegen die Untersuchungen von Starling und Tubby wurden von seiten Adler und Meltzers[3] Einwände erhoben. Sie stellten die Zeit fest, in der die Giftwirkung nach intraperitonealer Injektion von Strychnin eintrat, sowie auch

[1] Orlow: Zitiert auf S. 157.
[2] Starling u. Tubby: J. of Physiol. **16**, 140 (1894).
[3] Adler u. Meltzer: J. of exper. Med. **1**, 493 (1896).

die Zeit, die bis zur Ausscheidung einer in die Bauchhöhle eingespritzten Ferrocyankaliumlösung im Harn verstrich, einerseits bei unterbundenem, andererseits bei offenem Ductus thoracicus, und kamen zu dem Ergebnis, daß bei unterbundenen Lymphgefäßen sowohl das Auftreten der Giftwirkung als auch die Ausscheidung im Harn verzögert wird und glaubten daher zu der Annahme berechtigt zu sein, daß den Lymphwegen bei der Resorption eine wesentlich größere Bedeutung zuzumessen sei. Diese Resultate scheinen im Gegensatz zu den Ergebnissen STARLINGS zu stehen. Es wird aber noch weiter unten ausgeführt werden, daß die vorzugsweise Beteiligung der Blutwege oder der Lymphwege bei der Resorption von der Natur der resorbierten Substanzen abhängig ist, und daß es durchaus denkbar ist, daß in gewissen Fällen Blut- und Lymphwege in gleichem Maße beteiligt sein können. Gegen die Untersuchungen von ADLER und MELTZER ist aber noch ein Einwand vorzubringen, der Einfluß auf die Ergebnisse haben kann. Wenn durch Unterbindung der Lymphgefäße der Lymphabfluß verhindert wird, so kann es zu Stauungen der Gewebsflüssigkeit, zu Ödemen, kommen, deren Ausmaß von verschiedenen Faktoren, insbesondere vom Blutdruck, abhängen werden. Diese schwer kontrollierbare Veränderung im Gewebe würde eine Vergrößerung der Diffusionswege bedingen, weil die einzelnen Gewebselemente durch die Anstauung der Flüssigkeit auseinandergedrängt würden. Im übrigen sei bemerkt, daß HAMBURGER[1] einen Einfluß der Unterbindung des Ductus thoracicus auf die Resorption nicht feststellen konnte. Wenn weiterhin MELTZER[2] jedoch im Gegensatz zu STARLING fand, daß Farbstofflösungen eher in der Lymphe als im Harn auftreten, so scheint dieses Resultat darauf zurückzuführen zu sein, daß der Harn nicht in genügend kurzen Intervallen entleert wurde. Jedenfalls hat MENDEL[3] die Untersuchungen von STARLING und TUBBY nochmals nachgeprüft und bestätigt gefunden.

Neuerdings hat KATSURA[4] die Untersuchungen von STARLING und TUBBY wieder aufgenommen und wesentlich erweitert. Er verwendete eine größere Anzahl von Farbstoffen, wählte sie nach dem Gesichtspunkt aus, was für die Ergebnisse sehr wichtig ist, ob sie krystalloid oder kolloidal waren und achtete ferner darauf, daß Farbstoffe, die im Organismus umgewandelt werden, wie z. B. Methylenblau, das STARLING verwendet hatte, das aber bekanntlich sehr schnell reduziert wird, nicht für die Versuche gebraucht wurden. Es mögen einige Versuchsbeispiele angeführt werden, die Aufschluß über die Geschwindigkeit der Resorption geben und einen Einblick gewähren in die quantitative Verteilung der Farbstoffe auf Blut- und Lymphwege.

Wurde Phenolsulfonphthalein in die Schenkelvene eines Hundes eingespritzt, so ließ sich der Farbstoff nach 5 Minuten im Harn nachweisen. In der ersten halben Stunde wurden 52,5%, in den folgenden Halbstunden 17, 5, 3, 5,6, 1,9% ausgeschieden. Nach 5 Stunden verschwand die Reaktion im Harn vollständig, und im ganzen konnten 89% vom injizierten Farbstoff im Harn wiedergefunden werden. Wurde die Farbstofflösung in die Bauchhöhle injiziert, so trat die erste Reaktion im Harn 9 Minuten nach der Injektion auf. Der halbstündlich entleerte Harn enthielt 4,9, 16,5, 14, 10, 7,2% usf. Nach 6 Stunden konnte kein Farbstoff im Harn mehr nachgewiesen werden, und die Gesamtausscheidung betrug 61,8%. In anderen Versuchen wurde eine Kanüle in den Ductus thoracicus eingeführt. Auch hier trat nach 9 Minuten die erste Reaktion im Harn auf, die Gesamtausscheidung belief sich auf 68,4% in 6 Stunden. Die Thoracicuslymphe färbte sich 14 Minuten nach der Injektion spurweise, die Gesamtausscheidung

[1] HAMBURGER: Zitiert auf S. 152. [2] MELTZER: J. of Physiol. **22**, 198 (1898).
[3] MENDEL: Amer. J. Physiol. **2**, 342 (1899).
[4] KATSURA: Tohuku J. exper. Med. **5**, 294 (1924).

belief sich aber nur auf 0,7%. Ganz ähnliche Resultate wurden erhalten, wenn die Farbstofflösungen statt in die Bauchhöhle in die Pleura injiziert wurden.

Die Erklärung dieser Versuche bietet sicherlich keine Schwierigkeiten. Während nach intravenöser Injektion über die Hälfte des Farbstoffes schon in der ersten halben Stunde ausgeschieden wurde, verläuft die Ausscheidung bei intraperitonealer Injektion langsam. Die Geschwindigkeit der Abscheidung im Harn ist abhängig von der Farbstoffkonzentration im Blut, die nach intravenöser Injektion vom Maximalwert schnell absinkt. Befindet sich dagegen die Farbstofflösung in der Bauchhöhle, so gelangt sie per diffusionem langsam ins Blut hinein, die ersten Spuren lassen sich schon relativ früh nachweisen, aber bis zur Herstellung eines stationären Diffusionsstromes in die Capillaren hinein verstreicht eine gewisse Zeit, bis die Gewebslücken vollständig mit Farbstoff durchdrängt sind; dann aber wird die Farbstoffkonzentration, entsprechend der langsamen Diffusion aus der Bauchhöhle, längere Zeit konstant bleiben und nur allmählich abnehmen, was dann die verzögerte Ausscheidung zur Folge hat. Beachtenswert ist die außerordentlich kleine Menge Farbstoff, die in der Lymphe nachgewiesen wurde. Dem Verhältnis zwischen Farbstoffaufnahme in Blut und Lymphe entspricht das, was wir nach den obigen Darlegungen bei leicht diffusiblen Substanzen entsprechend den verschiedenen Strömungsgeschwindigkeiten beider Säfte zu erwarten haben.

Ganz andere Ergebnisse erzielte Katsura, wenn er statt Phenolsulfonthalein oder Indigocarmin, welches ebenfalls leicht diffusibel ist, den kolloidalen Farbstoff Kongorot in die Bauchhöhle injizierte. Da Kongorot lange Zeit in der Blutbahn bleibt und sich im Harn nicht nachweisen läßt, verglich er den Farbstoffgehalt von Blut und Lymphe miteinander. Beim Hund färbte sich die Lymphe nach 17 Minuten, beim Kaninchen bereits nach 8 Minuten, wenn pro Kilogramm Tier 10 ccm einer 1proz. wässerigen Kongorotlösung injiziert wurden. Im Verlauf von 2 Stunden erreicht die Farbstoffkonzentration beim Hund den Wert von 0,05–0,06%, beim Kaninchen den wesentlich höheren Wert von 0,25 bis 0,29% in der Ductuslymphe. Es bleiben dann die Konzentrationen über einen Bereich von 5–6 Stunden konstant, und beim Hund wird während dieser Zeit etwa 2,5%, beim Kaninchen 19% des Farbstoffes in der Lymphe abgeschieden. Großes Netz, Parietalwände, Centrum tendineum des Zwerchfells sind mit Farbstoff stark imbibiert, was bei den leicht diffusiblen Farbstoffen nicht der Fall ist. Im Pfortaderblut läßt sich auch nach $1^1/_2$ Stunden kein Farbstoff nachweisen, während das Jugularvenenblut sich gleichzeitig bzw. etwas später wie die Lymphe färbt; der Farbstoffgehalt beträgt aber nur $^1/_{200}$–$^1/_{60}$ desjenigen der Lymphe.

Diese merkwürdige Differenz in der Färbung zwischen Pfortader- und Jugularvenenblut legte Katsura die Frage näher, ob nicht die Färbung im Jugularvenenblut darauf zurückzuführen wäre, daß ein Teil des Farbstoffes auf dem Wege über den Ductus lymphaticus dexter dem Blut zugeführt würde. Deshalb suchte er bei Hunden und Kaninchen diesen Lymphstamm auf, fing ebenfalls die Lymphe auf und konnte so feststellen, daß sich die Lymphe im Ductus lymphaticus dexter ebenso stark färbt wie im Ductus thoracicus. Die Lymphmenge beträgt im letzteren etwa $^1/_{15}$–$^1/_{2,5}$ von der im Ductus thoracicus abfließenden Flüssigkeit. Die Lymphe der Peritonealhöhle wird zum Teil auch im Ductus lymphaticus dexter gesammelt.

Auch die Verfolgung der Lymphwege aus der Pleura zeigte ihm, daß sowohl aus der linken wie auch aus der rechten Pleura Lymphgefäße zum Ductus thoracicus als auch zum Ductus lymphaticus dexter hinziehen. Somit kam er zu dem Schluß, daß die geringe Färbung des Plasmas im Jugularvenenblut auf das Einfließen von Kongorot aus der Lymphe ins Blut zurückzuführen ist. Dieser kolloidale Farbstoff wird also ausschließlich auf dem Lymphwege resorbiert, die Blutcapillaren sind für ihn undurchlässig. Die Resorption geht wesentlich langsamer vor sich als die der leicht diffusiblen Farbstoffe, schon aus dem Grunde, weil der Lymphstrom sehr langsam fließt.

Ein lehrreiches Beispiel über die Resorption einer Substanz, die sowohl auf dem Blutwege wie auf dem Lymphwege resorbiert wird, bieten Versuche, die KATSURA[1] mit dem Farbstoff Fuchsin angestellt hat. Nach der Injektion einer 1proz. Fuchsinlösung in die Bauchhöhle ließ sich dieser Farbstoff 9—13 Minuten später in der Lymphe, schon nach 4 Minuten im Pfortaderblut nachweisen. Die Darmserosa, das große Netz, Centrum tendineum, die Mesenteriallymphdrüsen färbten sich stark an, wenn auch nicht so intensiv wie beim Kongorot. Die Fuchsinlösung, die KATSURA verwandte, enthielt Submikronen, so daß der Ausfall dieser Untersuchungen wohl so erklärt werden kann, daß die diffusiblen Fuchsinmoleküle die Capillarwände passierten, die kolloidalen dagegen auf dem Lymphwege resorbiert wurden.

Diese Untersuchungen von KATSURA, zusammen mit früheren Beobachtungen von DANIELSEN[2], der sah, daß kolloidales Silber auf dem Lymphwege, Jodkali dagegen auf dem Blutwege aus der Bauchhöhle von Hunden aufgenommen wurde, scheinen mit einiger Sicherheit zu dem Schluß zu führen, daß krystalloide Substanzen vornehmlich den Blutweg, kolloidale dagegen ausschließlich den Lymphweg einschlagen. Während die Bevorzugung des Blutweges bei der Resorption krystalloider Substanzen auf Grund der obigen Darlegungen einer Erklärung zugänglich ist, werden wir die Ursachen für die Aufnahme kolloidaler Teilchen bei dem Stand unserer Kenntnisse kaum befriedigend deuten können.

Diese Untersuchungen ermöglichen ferner die Frage aufzuwerfen, wie denn die Permeabilität der Scheidewände zwischen serösen Höhlen und Gewebsflüssigkeit beschaffen sein mag, denn die Blutcapillarwände können hier wegen ihrer normalerweise nachgewiesenen Undurchlässigkeit für Kolloide unberücksichtigt bleiben. Es ist auffallend, daß Kongorot bereits beim Hund 17 Minuten, beim Kaninchen gar schon 8 Minuten nach der Injektion im Ductus sich nachweisen läßt, während krystalloide Farbstoffe kaum viel früher in der Ductuslymphe auftreten. Danach muß man annehmen, daß die Endothelbekleidung der serösen Höhlen den Kolloiden nur ein sehr geringes Hindernis bei der Diffusion entgegensetzt, und daß wir es hier demnach mit einer außerordentlich durchlässigen Membran zu tun haben. Auch wäre hier zu erwähnen, daß PUTNAM[3] in wässerigen Lösungen, mit denen er die Bauchhöhle durchspülte, immer geringe Mengen Eiweiß (0,1—0,6%) nachweisen konnte. PUTNAM nimmt nicht an, daß es sich um Bluteiweißkörper handelt, sondern er meint, daß das Eiweiß aus der Serosa stammt. Es wäre durchaus verständlich, daß ebenso leicht, wie die Kolloide die Endothelschicht in der Richtung ins Gewebe hinein durchdringen, auch umgekehrt in der Lymphe enthaltene Kolloide in eine sich in der Bauchhöhle befindlichen Flüssigkeit hineindiffundieren könnten.

Diese starke Durchlässigkeit könnte mit Beobachtungen von v. RECKLINGHAUSENS[4] in Übereinstimmung gebracht werden. Dieser Forscher hat aus mikroskopischen Untersuchungen geschlossen, daß im Peritoneum, und zwar am Centrum tendineum stomata, Öffnungen vorhanden seien, die eine freie Kommunikation der Lymphe mit der Bauchhöhle herstellen. Diese Stomata sollen sehr weit sein und etwa den doppelten Durchmesser eines roten Blutkörperchens

[1] KATSURA: Zitiert auf S. 161. [2] DANIELSEN: Beitr. klin. Chir. **54**, 458 (1907).
[3] PUTNAM: Zitiert auf S. 154.
[4] v. RECKLINGHAUSEN: Virchows Arch. **26** (1863). — SULZER: Ebenda **143**, 99 (1896). — MAGNUS: Dtsch. Z. Chir. **182**, 325 (1923).

haben. Nach den Untersuchungen anderer Autoren[1] sollen die Stomata, die durch Behandlung der Serosa mit Silbernitrat dargestellt wurden, als Kunstprodukte aufzufassen sein. VON RECKLINGHAUSEN hat sich den Mechanismus der Aufsaugung so vorgestellt, daß die Bewegungen des Zwerchfells eine Pumpwirkung ausübten. Dann müßte man aber weiter annehmen, daß damit eine Ventilfunktion der Stomata verknüpft wäre, denn sonst könnte niemals ein Fortschaffen der Flüssigkeit in einer Richtung zustande kommen. Abgesehen davon, daß nicht nur die Zwerchfellserosa, sondern auch andere Teile des Peritoneum resorbieren, ist diese Vorstellung durchaus hypothetisch. Eine Möglichkeit, die Aufnahme kolloidaler Lösungen zu erklären, besteht zur Zeit nicht.

3. Resorption von Fett und corpusculären Substanzen.

Eine große Zahl von Untersuchungen, u. a. von v. RECKLINGHAUSEN[2], MUSCATELLO[3], SULZER[4], AUSPITZ[5], BECK[6], DUBAR und REMY[7] MAFFUCCI[8], MAC CALLUM[9], ZIEGLER[10] haben sich mit der Resorption von corpusculären Substanzen und Fett aus den serösen Höhlen befaßt. Die Resorption wässeriger Lösungen unterscheidet sich wesentlich von der Aufnahme corpusculärer Elemente. Zunächst scheint aus den Untersuchungen hervorzugehen, daß die Aufnahme von Körnchen gegenüber der Resorption krystalloider Substanzen wesentlich verzögert ist.

NAKASHIMA[11] experimentierte an Fröschen und Mäusen. Er injizierte in die Bauch- und Pleurahöhle Milch, Lecithinemulsionen und Gummiguttaufschwemmungen. Im Blut wurde das erste Auftreten von Fett und Gummigutt im Dunkelfeld festgestellt, die Menge der Teilchen durch Auszählen geschätzt. Zum Vergleich der Geschwindigkeit der Resorption von Fett und Casein wurde die Aufnahme dieses Eiweißkörpers in das Blut mit Hilfe der Labreaktion verfolgt. Die Resorption von Fett ging bei Fröschen schneller vor sich als bei Mäusen. Ferner zeigte sich, daß die Aufnahme aus dem Peritoneum geschwinder erfolgte als aus der Pleura. Schon innerhalb 10—15 Minuten nach der Injektion läßt sich das Fett im Blut nachweisen, während es bei Mäusen erstmalig etwa nach 20 Minuten auftritt. Das Maximum der Resorption wird aber erst nach einigen Stunden erreicht. Casein wird schneller aufgenommen als Milchfett und Lecithin. Da Casein zu den Kolloiden gehört, ist seine schnellere Resorption nach den oben besprochenen Untersuchungen wohl zu erwarten.

Die Resorption von Fett und Casein, die auf dem Lymphwege ohne Beteiligung der Blutgefäße erfolgen soll, konnte durch Injektion von Adrenalin in die Bauchhöhle gehemmt werden. Die Konzentration von Adrenalin, die eine Behinderung der Aufnahme hervorrief, war allerdings sehr groß (1 ccm einer Lösung $^1/_{10000}$). Bei Fröschen war die Hemmung viel weniger ausgesprochen.

BINET und VERNE[12] haben ebenfalls die Resorption von Fett aus der Pleura einer Untersuchung unterzogen und konnten weitgehende histologische Veränderungen, die mit dem Resorptionsvorgang in Beziehung stehen, feststellen.

[1] SABIN: Amer. J. Anat. **1**, 367 (1902). — MAC CALLUM: John Hopkins Hosp. Bull. **14**, 105 (1903). — CLARK: Anat. Rec. **3**, 183 (1909).
[2] v. RECKLINGHAUSEN: Zitiert auf S. 163.
[3] MUSCATELLO: Virchows Arch. **142**, 327 (1895).
[4] SULZER: Zitiert auf S. 163.
[5] AUSPITZ: Med. Jb., herausg. v. d. Ges. d. Ärzte Wien **1877**, 283.
[6] BECK: Wien. klin. Wschr. **1893**, Nr 46, 823.
[7] DUBAR u. REMY: Schmidts Jb. **200**, 228 (1883).
[8] MAFFUCCI: Giorn. int. Sci. med. **4** (1882).
[9] MAC CALLUM: Zitiert auf S. 164.
[10] ZIEGLER: Z. exper. Med. **24**, 223 (1921).
[11] NAKASHIMA: Pflügers Arch. **158**, 307 (1914).
[12] BINET u. VERNE: C. r. Soc. Biol. **91**, 66 (1924).

Ganz ähnliche Beobachtungen machte schon BOIT[1], der nach Injektionen von Tusche und Trypanblau in den Herzbeutel sah, daß die Endothelzellen eine mehr kubische bis zylindrische Form annahmen. Diese Zellen beladen sich mit den corpusculären Teilchen.

Diese Untersuchungen weisen auf die lebhafte Reaktionsfähigkeit der Endothelien hin. Den mikroskopisch sichtbaren Veränderungen wird aller Wahrscheinlichkeit nach eine vollständige Veränderung der physikalisch-chemischen Struktur der Zellen vorangehen, die Membraneigenschaften und damit die Durchlässigkeit werden zunächst in ganz unübersehbarer Weise abgeändert werden. Die chemischen Reaktionen werden sich quantitativ und vielleicht auch qualitativ von denen der ruhenden Endothelien unterscheiden. Die Resorption corpusculärer Elemente stellt offensichtlich eine komplizierte Arbeitsleistung dar, deren Zerlegung in einzelne Faktoren vorerst nicht möglich erscheint. Das Bild der sich während der Resorption umbauenden Serosa wird aber noch durch weitere Vorgänge vervollständigt.

Während noch v. RECKLINGHAUSEN und andere Autoren die Resorption von corpusculären Substanzen durch die Stomata für das Wesentliche hielten, ist durch METSCHNIKOFF die Aufmerksamkeit auf die Bedeutung der phagocytierenden Tätigkeit für den Resorptionsvorgang gelenkt worden. So hat schon METSCHNIKOFF beobachtet, daß z. B. Ochsensperma, in die Bauchhöhle von Meerschweinchen gebracht, nach einigen Stunden von einwandernden Leukocyten vollständig aufgenommen wird. Auch Blut oder irgendwelche Zellemulsionen, in die Bauchhöhle eingespritzt, werden phagocytiert, und nach einigen Tagen sind die mit den Zelltrümmern beladenen Leukocyten aus der Bauchhöhle verschwunden.

Als ein Beispiel dafür, welche mannigfaltigen Veränderungen mit der Resorption von Corpusceln einhergehen, mögen hier die Beobachtungen von HERZEN[2] angeführt werden. Er brachte Aufschwemmungen von Nierensubstanz, die durch Zerreiben von Sand hergestellt und in Kochsalzlösung aufgeschwemmt wurden, in die Bauchhöhle von Kaninchen. Nach 20 Minuten, 1 Stunde und nach 24 Stunden wurde etwas von der Suspension aus der Bauchhöhle mit einer Pipette aufgesogen und mikroskopisch untersucht. Während nach 20 Minuten noch keine besonderen Veränderungen festzustellen waren, wurde schon nach 1 Stunde, abgesehen davon, daß die Nierenzellen im Zerfall begriffen waren, beobachtet, daß Zellen mit großem bläschenförmigen Kern auftraten, die zum Teil mit Körnchen und Teilen von Nierenzellen angefüllt waren. 24 Stunden nach der Injektion konnten freie Nierenzellen oder Reste von Kanälchen nicht mehr aufgefunden werden. Dagegen fanden sich sehr viele ein- und mehrkernige Wanderzellen und eine große Anzahl einkerniger Zellen; und diese waren mit Zellpartikeln und auch Sandkörnern gefüllt. Die injizierten Massen bedeckten den Darm und wurden vom Netz eingeschlossen. Schon in den ersten Tagen überziehen sie sich mit einer Schicht Epithelzellen, darunter lagen bindegewebige Fasern, Zellen und Fibroblasten. Vom Darm aus drangen neugebildete Gefäße und Wanderzellen vor.

Ein weiteres Eingehen auf diese Untersuchungen, die sich mit den histologischen Veränderungen, die nach Einbringen von corpusculären Substanzen an der Serosa abspielen, würde den Rahmen dieser Zusammenfassung überschreiten. Jedenfalls genügt diese kurze Darstellung, um zu erkennen, daß die Resorption wässeriger Lösungen und die Resorption von Corpuskeln grundverschiedene Dinge sind. Während wir auf der einen Seite die Resorption mit

[1] BOIT: Beitr. klin. Chir. **86**, 150 (1913).
[2] HERZEN: Z. exper. Path. u. Ther. **9**, 126 (1911).

Hilfe bekannter physikalisch-chemischer Vorgänge befriedigend erklären können, sehen wir auf der anderen Seite vorerst nicht die geringste Möglichkeit, den Mechanismus des Stofftransports zu analysieren.

Wenn wir ferner bei der Verfolgung der Resorptionswege, des Blutwegs einerseits, des Lymphwegs andererseits, bei der Resorption krystalloider und kolloider Lösungen zu bestimmten Ergebnissen kommen konnten, aus denen sich wichtige Schlüsse über die Durchlässigkeit der verschiedenen Scheidewände — Capillarwände, Endothelschicht — ziehen ließen, scheint diese Frage bei der Aufnahme von corpusculären Elementen nicht von prinzipieller Bedeutung zu sein. Denn abgesehen davon, daß keine Einigkeit darüber besteht, ob die Resorption von Partikeln auf dem Blut- oder Lymphwege erfolgt, ist es sicherlich bei den weitgehenden Veränderungen, die die Serosa erleidet und an denen die Capillaren ebenfalls beteiligt sind, ist es ferner bei der Besonderheit des Stofftransports nicht verwunderlich, wenn eine Wanderung auch direkt durch die Capillarwände zustande kommt.

4. Resorption von Gasen.

Die Resorption von Gasen aus Peritoneum und Pleura ist, abgesehen von gelegentlichen früheren Untersuchungen, systematisch von FÜHNER[1] und TESCHENDORF[2] untersucht worden. Die Versuche wurden an Hunden und Kaninchen angestellt. Dabei wurde Hunden in die Pleura- und Bauchhöhle, Kaninchen in letztere bestimmte Mengen verschiedener Gase eingefüllt und mittels Röntgendurchleuchtung die Dauer der Resorption beobachtet. In folgender Tabelle finden sich die Zeiten, in denen je 100 ccm Gas aus der Bauchhöhle von Kaninchen aufgenommen wurde.

Stickstoff	80 Stunden	Äthan	8 Stunden
Pentandampf	26 „	Stickoxydul	2 „
Wasserdampf	25 „	Kohlensäure	1 „
Methan	25 „	Schwefelwasserstoff	5 Minuten
Sauerstoff	24 „	Äthylchlorid	5 „
Kohlenoxyd	17 „	Äther	2 „

Die Geschwindigkeit der Resorption dieser verschiedenen Gase wurde verglichen mit der Stärke der Absorption der Gase in wässeriger Lösung und gefunden, daß im allgemeinen die Resorptionsgeschwindigkeit gut übereinstimmt mit dem EXNERschen Gesetz (Quotient aus Absorptionskoeffizient und Quadratwurzel aus der Dichte), woraus man schließen kann, daß eine Hemmung der Aufnahme ins Blut durch die trennenden Scheidewände nicht in Betracht kommt. Wesentlich schneller, als nach der physikalischen Absorption zu erwarten wäre, wird vor allem Sauerstoff und Kohlenoxyd aufgenommen, was von den Autoren darauf bezogen wird, daß diese Gase vom Hämoglobin chemisch gebunden werden.

[1] FÜHNER: Dtsch. med. Wschr. **47**, 1393 (1921).
[2] TESCHENDORF: Arch. f. exper. Path. **92**, 302 (1922); **104**, 352 (1924).

Vergleichend Physiologisches über Resorption.

Von

HERMANN JORDAN
Utrecht.

Mit 9 Abbildungen.

Zusammenfassende Darstellungen.

BIEDERMANN, W.: Physiologie des Stoffwechsels, I. Die Aufnahme, Verarbeitung und Assimilation der Nahrung. In: Handb. d. vergl. Physiol., herausgeg. von HANS WINTERSTEIN, **2**. Jena: G. Fischer 1911. — v. FÜRTH, OTTO: Vergleichende chemische Physiologie der niederen Tiere. Jena: G. Fischer 1904. — JORDAN, HERMANN: Vergleichende Physiologie wirbelloser Tiere. **1**. Die Ernährung. Jena: G. Fischer 1913. Allgemeine vergleichende Physiologie. Berlin: W. de Gruyter & Co. 1929.

Neuere hier benutzte Einzelarbeiten,

soweit nicht im Texte zitiert: HIRSCH, GOTTWALT CHR.: Der Weg des resorbierten Eisens und des phagocytierten Carmins bei Murex trunculus. Z. vergl. Physiol. **2**, 1 (1924). — JORDAN, H.: Methode des Studiums der Sekretion von Verdauungssäften und der Resorption. In: Handb. d. biol. Arbeitsmeth., herausgeg. von E. ABDERHALDEN, Abt. IX, Teil 4. — JORDAN, H. u. H. BEGEMANN: Über die Bedeutung des Darmes von Helix pomatia. Ein Beitrag zur vergleichenden und allgemeinen Physiologie der Resorption. Zool. Jb., Abt. allg. Zool. u. Physiol. **38**, 565 (1921). — STEUDEL, A.: Absorption und Sekretion im Darme von Insekten. Ebenda **33** (1912).

DEHORME: Sur l'histophysiologie des cellules intestinales des Ascarides du cheval et de la tortue. C. r. Acad. Sci. **179**, 1433 (1924). — FISCHER, EDUARD: Sur l'absorption digestive chez les crustacés décapodes du pigment carotinoide. C. r. Soc. Biol. **95**, 438 (1926). Der Farbstoff aus gekochten Eiern von Carcinus findet sich nach Verfütterung in den Fermentzellen von Carcinus. Erst nach ungefähr einer Woche tritt er im Blute auf. Siehe hierzu die Arbeit von HIRSCH und BUCHMANN auf S. 177 dieses Buches.) — FUKUI, T.: Über das Schicksal des Blutfarbstoffes im Darmkanale des Blutegels. Z. vergl. Physiol. **4**, 201 (1926). — HATT, PIERRE: L'absorption d'encre de Chine par les branchies d'acéphales. Arch. Zool. expér. **65**, 419 (1926). (Siehe YONGE, S. 175 dieses Buches.) — HUPPERT, MARIANNE: Beobachtungen am Magen- und Darmkanal des Frosches bei Verfütterung oder Injektion von Farbstoffen. Z. Zellforschg. **3**, 602 (1926). (Trypanblau per os gegeben, wird im Magen- und Darmepithel, aber auch in den Magendrüsen gespeichert. Siehe HIRSCHS und BUCHMANNS Resultate am Flußkrebs.) — WEINER, P.: Sur la résorption des graisses dans l'intestin. Russk. Arch. Anat. i. pr. **5**, 145 (1926). — YONGE, C. M.: Structure and Physiology of the Organs of Feeding and Digestion in Ostrea edulis. J. mar. biol. Assoc. U. Kingd. **14**, 295 (1926).

Resorption tritt uns bei den niedrigeren Tieren in zwei Formen entgegen: als intracelluläre Erscheinung und als Durchgang durch ein Darmepithel. Bei diesen scheinbar so verschiedenen Prozessen kommen für die eigentliche Resorption gleichartige Probleme vor, nämlich Flüssigkeitstransporte durch Membranen von bestimmter Permeabilität. Im Abschnitte über die vergleichende Physiologie der Verdauung (ds. Handb. Bd. 3, S. 65) hörten wir, daß bei zahlreichen niederen Tieren Verdauungsphagocytose vorkommt. Dies gilt zumal für Protozoen, Schwämme, Cölenteraten Plattwürmer, Echinodermen (Seesterne), endlich für die Mollusken mit Ausnahme der Cephalopoden. Bei allen diesen Tieren nehmen Zellen kleine Partikel in ihr Inneres auf, bilden eine Vakuole um sie (wenigstens falls es sich um Nahrung handelt), so daß sie durch die Vakuolenwand vom Cytoplasma getrennt sind. Durch diese Wand finden alle Flüssigkeitstransporte statt, welche zumal bei Protozoen eine große Mannigfaltigkeit zeigen. Erst wird bei Protozoen aus der frisch gebildeten Nahrungsvakuole das mitaufgenommene Wasser wegresorbiert (Aggregation), sodann treten Stoffe (Vakuolenschleim, Säure, später Enzyme) in das Innere der Vakuole, und endlich werden die Produkte der Verdauung durch einen weiteren Resorptionsakt in das Cytoplasma aufgenommen.

Bei Metazoen mit phagocytärer Verdauung mögen die Vorgänge einfacher sein; stets aber werden Enzyme in die Vakuole abgeschieden und die Produkte der Verdauung durch die Vakuolenhaut resorbiert. Daß diese Transporte nicht im Sinne eines gegebenen Energiegefälles geschehen, ist leicht zu zeigen. Wenn z. B. ein Seewasserprotozoon eine Nahrungsvakuole gebildet hat, dann herrscht, nach allem was wir wissen, osmotisches Gleichgewicht zwischen dem Vakuoleninhalte und dem Cytoplasma. Doch finden Stofftransporte statt, die den genannten entsprechen. Jeder Stofftransport, der nicht im Sinne eines gegebenen Energiegefälles stattfindet, muß verbunden sein mit einem anderen Prozesse von positiv energetischer Art (z. B. Oxydation). Wie fehlerhaft es ist, die Probleme zu übersehen, die uns diese bipolaren, spezialisierten Flüssigkeitstransporte aufgeben, wollen wir an einem anderen Beispiele, der contractilen Vakuole der Protozoen zeigen. Es gibt Forscher, die auch die contractile Vakuole der Protozoen im Sinne eines gegebenen Energiegefälles erklären wollen. Man dachte sich die „Erklärung" wie folgt: Es bilden sich Exkretionskrystalle, und diese ziehen osmotisch Wasser an, es bildet sich hierdurch eine Vakuole um die Krystalle, die wächst und schließlich platzt. Hierbei wurde jedoch die folgende Überlegung in der Regel völlig vergessen: Exkrete bilden sich im gesamten Protoplasma des Tieres. Wenn das Gleichgewicht des Geschehens so liegt, daß die Abfallstoffe sich aus der gleichförmig hydrierten Umgebung als Krystalle abscheiden, dann liegt es nicht zugleich so, daß diese Krystalle Wasser osmotisch anziehen und derart eine contractile Vakuole entstehen lassen können. Einer der beiden Prozesse muß also gegen ein Energiegefälle verlaufen, und da die Anhäufung der Exkrete streng lokalisiert ist und demnach keine unmittelbare Folge des nicht lokalisierten Stoffwechselprozesses sein kann, so bleibt das energetische Problem der „Osmosetheorie" der contractilen Vakuole ungelöst[1]. Dies gilt auch für alle Erscheinungen bei der Resorption aus der Nahrungsvakuole phagocytierender Tiere.

Ebenso schwierig sind bei den intracellulären Erscheinungen die Probleme der **Membranpermeabilität.** Es müssen bei den in Frage stehenden Stofftransporten Protoplasmamembranen von verschiedener Permeabilität auftreten können. Ein einfaches Beispiel soll dies deutlich machen. Auf alle Veränderungen des osmotischen Druckes in der Umgebung reagieren die Infusorien sehr scharf: sie schwellen auf in salzärmeren und schrumpfen in salzreicherem Wasser. Doch kann man diese Tiere an abnormale Salzkonzentrationen langsam gewöhnen, wobei sich zeigt, daß sie den Umständen entsprechend entweder Salz aufnehmen oder abgeben. Halteria z. B. wurde durch ENRIQUES, aus Süßwasser kommend, an eine Kochsalzkonzentration von 0,2% gewöhnt. Zu Beginn des Gewöhnungsprozesses schrumpften die Tiere, später nahmen sie ihre frühere Form und Größe wieder an, ja sie gingen etwas darüber hinaus. Bringt man diese Tiere nun in Lösungen von geringerer Konzentration, jedoch noch immer so hoch, daß sie vor ihrer Gewöhnung darin geschrumpft sein würden, so platzen sie nun. Unter gewöhnlichen Umständen muß die äußere Haut, die „Pellicula" wenigstens der

[1] Auch STEMPELL, der neuerdings die „Osmosetheorie" vertritt, macht auf dieses Problem aufmerksam.

Süßwasserprotozoen, eine semipermeable Membran sein, da sonst gar nicht einzusehen wäre, wie diese Tiere ihren Salzgehalt dem umgebenden Wasser gegenüber behaupten könnten. Hier muß unbedingt Osmose als reiner Wasseraustausch neben Resorption gelöster Stoffe (Salze) bestehen, und es unterliegt keinem Zweifel, daß Protoplasmamembranen von verschiedener Permeabilität vorkommen. Zwei Fragen lassen sich aus diesen einfachen Betrachtungen herausschälen: die Frage nach den Membraneigenschaften und die Frage nach dem aktiven Flüssigkeitstransporte. Wir werden beiden bei den Tieren mit echter Resorption wieder begegnen.

Tiere mit Diffusionsdarm (neben Phagocytose). Bei den höheren Metazoen mit phagocytärer Verdauung beschränken sich meist die Zellen, welche die Nahrungspartikel auffressen und intracellulär verdauen, auf ganz bestimmte Teile des Darmtraktus; z. B. bei den Schnecken kommen solche Phagocyten ausschließlich in der Mitteldarmdrüse vor. Der Mund einer Weinbergschnecke, welche uns hier als Beispiel dient, führt durch den Pharynx und Oesophagus in einen Kropf, von da in eine Erweiterung des Darmes, welche man „Magen" nennt und in welche die Ausführgänge der Mitteldarmdrüse münden. An den Magen schließt sich der reich gewundene, lange Darm an, der schließlich als Enddarm nach außen mündet. Das Epithel des Darmes läßt alle Phagocyten vermissen, und es fragt sich nun, welche Rolle der lange Darm bei der Aufnahme der Nahrung spielt. Das Folgende ergab sich: Während im allgemeinen die Zellen aller möglichen Gewebe eine semipermeable Oberfläche besitzen, d. h. außer Wasser nichts hindurchlassen, trifft diese Regel für den gesamten Schneckendarm nicht zu. Er verhält sich wie ein Dialysierschlauch. Man kann dies am besten verstehen, wenn man den Schneckendarm vergleicht mit dem Darm eines Flußkrebses. Auch bei Astacus ist die Mitteldarmdrüse das eigentliche Organ des Übertrittes der Nahrung in das Blut (hier durch echte Resorption). Die zuleitenden und abführenden Darmteile sind jedoch chitinisiert und betragen sich völlig als semipermeable Membran. Wir wollen hier die betreffenden Versuche beschreiben, und zwar bei der Schnecke, dem Krebs und dem Frosch. Wenn man den Darm (oder den Magen) von Astacus fluviatilis mit blutisotonischen Traubenzucker- oder Jodnatriumlösungen füllt und gut abgebunden in physiologische Kochsalzlösung von 1,15% hängt, dann treten keinerlei gelöste Stoffe durch die Darmwand. Wählt man dagegen als Füllung anisotonische Lösungen (z. B. von Kochsalz), dann kann man später die dem osmotischen Druckgefälle entsprechende Gewichtsveränderung des Darmes leicht nachweisen. Diese findet hier durchaus auf Kosten des Wassers statt. Wenn man dagegen den Darm einer Schnecke oder eines Frosches mit blutisotonischer Traubenzuckerlösung füllt und in physiologische Kochsalzlösung hängt (gut abgebunden), dann kann man nach einiger Zeit Traubenzucker in der Außenflüssigkeit nachweisen. Beim normalen Schneckendarm und beim abgestorbenen Froschdarm kann man das Verhältnis auch umkehren, d. h. in den Darm physiologische Kochsalzlösung bringen, während die „Außenflüssigkeit" Traubenzucker enthält. In diesen Fällen findet man nach einiger Zeit den Zucker innerhalb des Darmes. Beim lebenden Vertebratendarme ist dies, wie genugsam bekannt, nicht möglich. Zu diesem Verhalten gegenüber dem Traubenzucker gesellt sich beim lebenden Froschdarm noch eine weitere, sehr wichtige Erscheinung: Wenn man beim lebenden Frosche den gesamten Mitteldarm mit blutisotonischer Kochsalz- oder Traubenzuckerlösung füllt, so daß der Darm prall damit gefüllt ist (der Darm wird oben und unten gut abgebunden und die Operationswunde gut vernäht), dann wird in 2—3 Tagen der gesamte Inhalt total resorbiert: er ist beim Eröffnen des Tieres verschwunden. Abgesehen von der Zeitdauer, verhält sich der Froschdarm also wie das Stück

Hundedarm bei COHNHEIMS Versuchen an der VELLAschen Fistel. Tötet man aber den Froschdarm (d. h. nur das Epithel) intra vitam (Vergiftung mit Fluornatrium 0,05%, oder Formol 2%), dann verschwindet auch nach tagelangem Verweilen in dem so behandelten Darme die eingebrachte Flüssigkeit nicht, während eine quantitative Zuckerbestimmung in diesem Darminhalte zeigt, daß etwa 50% des Zuckers wegdiffundiert ist. Wenn man nun diese Versuche am lebenden Schneckendarm, d. h. am Darm einer lebenden Helix, wiederholt, dann ergibt sich, daß auch nach tagelangem Verweilen keine nennenswerte Abnahme der eingebrachten Flüssigkeitsmenge stattgefunden hat (z. B. nach 3 Tagen). Der Zucker aber ist zu einem Teile verschwunden. Kropf und Enddarm verhalten sich wie der Mitteldarm. Genug, hieraus zeigt sich, daß der *lebende* Schneckendarm in jeder Hinsicht mit dem *toten* Froschdarme zu vergleichen ist. Für den Verdauungsprozeß ist diese Erscheinung natürlich von großer Bedeutung: bei reichlicher Ernährung gelangt stets nur ein gewisser Teil des Futters in die Mitteldarmdrüse, um daselbst zum Teil der Phagocytose anheimzufallen. Der Rest geht direkt durch das Darmlumen und gelangt als unausgenützte Faeces ins Freie. Bei seinem Durchtritt durch den langen Darm muß diese Nahrungsmenge einen gewissen Teil des sich bildenden Zuckers an das den Darm badende Blut abgeben. Wichtiger als diese speziell physiologische Überlegung ist das allgemeinphysiologische Resultat, daß die Natur hier sozusagen eine Trennung von zwei Faktoren, welche zusammen erst die eigentliche Resorption ausmachen, vorgenommen hat. An Stelle der immerhin anfechtbaren Vergiftungsversuche, wie sie beim Vertebratendarme vorgenommen werden müssen, um aus diesem eine „Diffusionsmembran" zu machen, haben wir hier ein Objekt vor uns, bei dem, trotz vollkommener Permeabilität, die Haupterscheinung der Resorption fehlt: der Wassertransport. Die immer wieder auftretenden Versuche, Resorption auf Erscheinungen an einer permeablen Membran im Sinne eines Energiegefälles zurückzuführen, wird man uns in Zukunft ersparen können. Dieses Energiegefälle ist durch das Vorhandensein zweier Phasen, wie Darminhalt und Blut, geschieden durch eine Membran von bestimmter Permeabilität, nicht gegeben, daher muß die Erscheinung *echter* Resorption (d.h. des Wassertransportes) verbunden sein mit anderen Faktoren von positiver energetischer Tönung, welche zwar unbekannt sein mögen, sich aber durch deutlich erhöhten Sauerstoffverbrauch, nach Maßgabe der transportierten Wassermenge, zu erkennen geben (Säugetier[1]).

Die Polarität der Resorption. Polarität der Stofftransporte gehört zu den wichtigsten, aber auch zu den schwierigsten Problemen der Biologie. Schon bei den Protozoen hörten wir, daß nicht nur solch eine Polarität beobachtet wird, sondern daß diese, je nach der Phase des Verdauungsaktes, anders sein kann; Wassertransport aus der Vakuole in das Cytoplasma, Transport von verschiedenen Sekreten in die Vakuole, endlich Resorption der gelösten Stoffe durch die Vakuolenmembran. Im Schneckendarm ist von einer solchen Polarität keine Rede. Zucker diffundiert mit der gleichen Leichtigkeit von außen nach innen als von innen nach außen. Da, wo echte Resorption auftritt, ist das anders. Bei den Holothurien konnte COHNHEIM Polarität des Wassertransportes nachweisen, während zugleich eine Diffusion von Salzen aus der Außenflüssigkeit in das Darminnere stattfinden kann. Wenn man den Darm einer Holothurie mit Seewasser füllt und ihn dann abgebunden in Seewasser hängt (Ventilation mit Sauerstoff), dann ist der Darm binnen 48 Stunden total leer; Jodnatrium aber

---

[1] Versuche von BRODIE u. VOGT: J. of Physiol. **40**, 135 (1910). — BRODIE, CULLIS u. HALLIBURTON: Ebenda S. 173.

oder Traubenzucker diffundieren auch beim lebenden Darme in *beiden* Richtungen. Schon bei Cephalopoden gesellt sich zur Polarisation des Wassertransportes offenbar auch jene allgemeine Hemmung des Stoffdurchtrittes von Blut zu Lumen, welche bei Wirbeltieren beschrieben wurde. Ein mit Seewasser plus Jodnatrium gefüllter Cephalopodendarm wurde gehängt in reines Seewasser. Nach einiger Zeit war innerhalb des Darmes kein Jodnatrium mehr zu finden, während beim toten Darme am Ende des Versuches sowohl außerhalb als innerhalb des Darmes Jodnatrium nachzuweisen war, wie das bei unpolarisierter Diffusion zu erwarten ist. Daß auch bei den uns hier interessierenden Erscheinungen ein Wechsel der Polarität vorkommen kann, ergibt sich aus der Tatsache, daß bei manchen Tieren (z. B. den Insekten) die nämlichen Zellen nacheinander als Drüsen- und als Resorptionszellen auftreten (siehe auch S. 177).

Beschränkung des Durchtrittes einzelner Stoffe. Vermutlich gehen alle Stoffe, welche durch eine Pergamentmembran diffundieren, auch durch einen Schneckendarm. Für eine Reihe von Stoffen unterscheidet sich auch in dieser Beziehung der Helixdarm von anderen Därmen.

1. *Saccharobiosen.* Rohrzucker geht mit fast ebenso großer Geschwindigkeit durch den Schneckendarm hindurch wie Traubenzucker. Während bei einer bestimmten Anordnung Traubenzucker nach 1 Stunde in der Außenflüssigkeit nachgewiesen werden konnte, war dies unter den nämlichen Umständen bei Rohrzucker nach $1^1/_2$ Stunden der Fall. Bei genau der gleichen Anordnung waren für den Froschdarm diese Zahlen: Glykose $1^1/_2$ Stunden, Rohrzucker 4 Stunden. Es ist sehr wahrscheinlich, daß nach diesen 4 Stunden der betreffende Froschdarm nicht mehr „lebensfrisch" war. Auch bei der Holthurie hatte Cohnheim den Durchtritt von Rohrzucker durch den Darm gefunden, während bei Säugetieren nach Weinland und Reid „die Doppelzucker überhaupt nicht oder sehr schwer resorbierbar sind ... Bei geschädigtem Epithel verschwindet der Unterschied" (Cohnheim).

2. *Pepton.* Eine ähnliche Beschränkung fand Cohnheim bei den Cephalopoden Eledone moschata und Octopus vulgaris. Er füllte die Därme mit einer Lösung von Plasmon (Pepsin-Pepton von Casein), ließ auf natürlichem Wege „Leber-Pankreassaft" des Versuchstieres zufließen und bewahrte solche Därme in mit Sauerstoff ventiliertem Blut 18—20 Stunden lang, während welcher Zeit die Peristaltik nicht gestört war. In all dieser Zeit war in der Außenflüssigkeit (dem Blute) kein Pepton nachzuweisen. Es wurden nur Aminosäuren und andere Produkte tiefgreifender Spaltung hindurchgelassen. Der *tote* Darm läßt auch Pepton hindurch.

Die Beziehung zwischen der Beschränkung des Durchtrittes, vornehmlich der Disaccharide und anderen Verdauungserscheinungen, wurde im Abschnitte über die Verdauung bei den Metazoen besprochen (Bd. 3, S. 100ff. Im hier folgenden Abschnitte hören wir von Darmteilen, welche ausschließlich Fett resorbieren. Bei einem solchen (Mitteldarm von Periplaneta) fand Steudel Impermeabilität für Eisen, Glucose und Wittepepton[1].

Fettresorption. Über die Fettresorption bei Wirbellosen liegen nur wenige Daten vor, welche wir hier folgen lassen. Wenn man Tiere lange genug hungern läßt, um sicher zu sein, daß alles Fett aus den Darmzellen verschwunden ist, und nun diese Tiere mit Fett füttert, so läßt sich innerhalb einiger Zeit Fett in den resorbierenden Darmzellen nachweisen. Wenn man zur Fütterung gefärbtes Fett verwendet hat (mit Alkanna oder Sudan III usw.), so findet man innerhalb

[1] Neuerdings findet Fukui, daß beim Blutegel vermutlich die Farbstoffkomponente des Hämoglobins und somit auch das darin enthaltene Eisen nicht resorbiert werden kann.

der Darmzellen das Fett stets *ungefärbt*. Niemals findet man Fetttropfen an der Zellfront (Osmierung), sondern immer erst in einiger Entfernung vom Stäbchensaume[1]. Diese regelmäßigen Beobachtungen geben einiges Recht zur Vermutung, daß auch bei den niederen Tieren das Fett nicht in unverändertem Zustande resorbiert werden kann, daß es vielmehr stets erst hydrolysiert wird (s. Verdauung) und in einer Form in die Zelle aufgenommen wird, in der es mit Osmiumsäure nicht schwarz wird[2]. Erst innerhalb der Zelle dürfte es aus seinen beiden Bestandteilen wieder aufgebaut werden. Wie es kommt, daß bei der chemischen Veränderung die Farbstoffe sich nicht auf die Fettsäuren (oder vielleicht die Seife) fixieren, ist mir nicht bekannt. Ähnlich wie bei Säugetieren, die man mit größeren Mengen einer besonderen Fettart füttert, kann man auch bei Wirbellosen den Wiederaufbau gerade dieses Fettes (im Gegensatz zu „körpereigenem" Fette) beobachten (Cocosfett beim Palmendieb, Birgus latro, einem Krebse, der von Cocosnüssen lebt. — GÉRARD, nach v. FÜRTH 1902).

Über die Aufenthaltsdauer des Fettes in den Mitteldarmzellen kann man Allgemeines nicht sagen. Jedenfalls kann das Fett hier sehr lange festgehalten werden, wir hörten schon, daß selbst im Hunger eine lange Zeit nötig ist, um die Darmzelle fettfrei zu bekommen (z. B. 3 Wochen).

Besondere Stellen für Fettresorption. Es kann kaum einem Zweifel unterliegen, daß bei vielen Tieren dieselben Zellen, welche wasserlösliche Stoffe resorbieren (und zeitweilig speichern), auch Fett zu resorbieren imstande sind. Doch wird bei einigen Tieren dem Fette gewissermaßen eine Ausnahmestellung zuteil. Man hat nämlich Darmteile beschrieben, in denen man niemals die Resorption wassergelöster Stoffe beobachtet hat, dagegen ließen sich hier nach Fütterung reichlich Fetttropfen nachweisen. Bei Flußkrebsen und anderen Crustaceen gibt CUÉNOT an, daß der eigentliche kurze Mitteldarm sowie sein dorsales Coecum nur Fett resorbiert. (Ich selbst habe, trotz zahlreicher Versuche, daselbst niemals Eisenresorption gesehen, besitze aber Argumente dafür, daß diese Darmteile sich trotzdem irgendwie an der Resorption beteiligen.)

Bei Periplaneta liegen genauere Daten vor. STEUDEL hat bewiesen, daß in den Zellen des Mitteldarmes dieser Tiere weder Eisen, noch Ammoniakcarmin, noch Congorot gefunden werden kann, Stoffe, welche sich in den echten Resorptionszellen dieser Tiere (in den Mitteldarmcoeca und dem Dickdarm) leicht nach Verfütterung nachweisen lassen. Füllt man nun den Mitteldarm mit Lösungen von Eisen, Wittepepton oder Traubenzucker, dann ergibt sich (wie oben gesagt), daß die genannten Stoffe nicht durch diesen Darmteil hindurchdiffundieren. (Versuche in vitro; die betreffenden gefüllten Därme hängen in Ringerlösung.) Dagegen konnte Fettresorption mit einiger Sicherheit nachgewiesen werden: durch hinreichendes Hungern (1 Woche lang) waren die letzten Spuren von Fett hier verschwunden (Kontrolltiere), doch trat bald nach Fettfütterung dieser Stoff innerhalb der Mitteldarmzellen in Tropfenform wieder auf. In keinem anderen Darmteile wurde Fett in diesen Versuchen gefunden. Bei Periplaneta scheint also die Arbeitsteilung zwischen Fettresorption und der Aufnahme von wasserlöslichen Stoffen streng durchgeführt zu sein. Wenn man aus diesem Verhalten zunächst auch noch wenig erschließen kann, so scheint mir doch hier ein wichtiger Angriffspunkt für künftige Forschung

[1] P. WEINER bestätigt dieses Verhalten, gegen KREHL auch beim Frosch und der weißen Maus. Das erste Auftreten von Fett steht hier immer in Beziehung zum Golgiapparat, erst später verbreitet es sich in der Zelle.

[2] Neuerdings findet J. MELLANBY bei Säugetieren, daß emulgiertes Fett mit Galle ohne vorhergehende Spaltung resorbiert werden kann. Dieser Befund darf nicht verallgemeinert werden, da bei den Wirbellosen kein Stoff vorkommt, den man mit der Galle der Wirbeltiere vergleichen könnte.

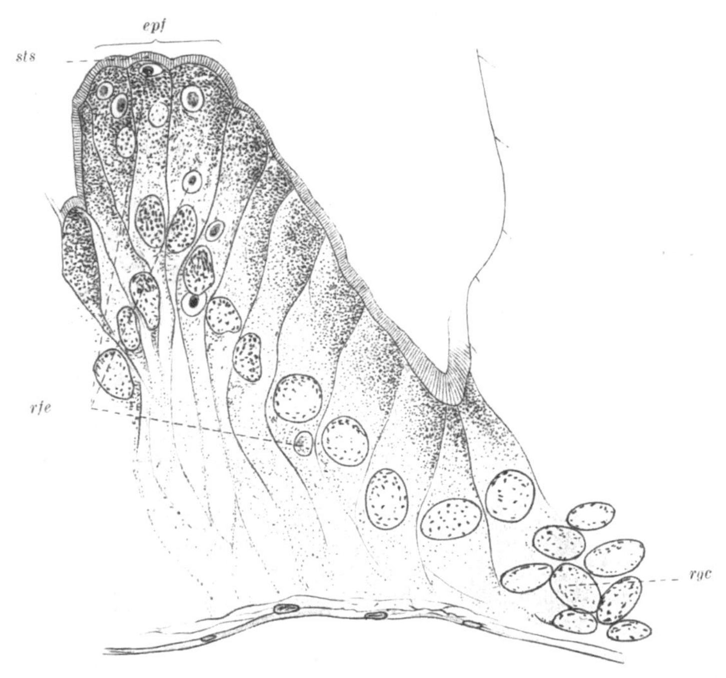

Abb. 7. Periplaneta. Coecumepithel nach Eisenfütterung. Das resorbierte Eisen ist in kleinen Vakuolen im oberen dichteren Plasma enthalten. Das Epithel zeigt die Merkmale des „Ruhestadiums" (Resorptionsstadiums). *epf* Epithelfalte, *sts* Stäbchensaum, *rfe* resorbiertes Eisen, *rgc* Regenerationszentrum. (Nach STEUDEL.)

vorzuliegen. Ob sich hierbei eine Analogie mit der entsprechenden Arbeitsteilung bei Wirbeltieren (zwischen Blutcapillaren und Chylusgefäßen) ergeben wird, ist natürlich noch ganz zweifelhaft.

Die histologischen Vorgänge der Resorption. Ein verhängnisvoller Fehler war bei früherer Beurteilung der Resorptionsvorgänge die Auffassung des Darmepithels als einfache „Membran". Eine permeable Membran ist lediglich ein Weg; die Darmzelle jedoch der Ort, wo die resorbierten Stoffe eine Zeitlang festgehalten werden und woselbst sie wichtige chemische Veränderungen erleiden. Es ist sehr wahrscheinlich, daß diese Veränderungen bei der Resorption selbst eine Rolle spielen. a) *Vergleichung von toten Darmen und*

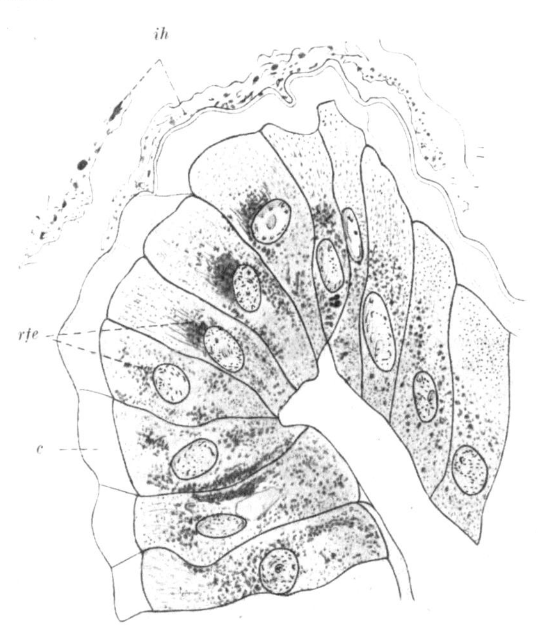

Abb. 8. Periplaneta. Enddarm (oberer Teil) nach Eisenfütterung. Das Eisen ist überreich in den Zellen enthalten. *ih* Darminhalt, *rfe* resorbiertes Eisen, *c* Cuticula. (Nach STEUDEL.)

dem Diffusionsdarme der Schnecke mit lebenden Resorptionsdärmen. Wenn man Schnitte durch den Darm einer Schnecke unter dem Mikroskop betrachtet, so macht die Darmwand den Eindruck, als ob sie aus völlig indifferentem Epithel besteht. Die Zellen zeigen nämlich keine jener Strukturen, welche man bei echten Resorptionszellen der Wirbellosen beobachten kann. Ohne auf Feinheiten hier eingehen zu wollen, genügt es, auf den Mangel aller Resorptionsvakuolen hinzuweisen. Denn alle Zellen mit echter Resorption haben bei den Wirbellosen (z. B. den Krebsen) deutliche Vakuolen, und diese sind gefüllt mit Stoffen, welche ganz offenbar aus der Nahrung stammen: Fett, Glykogen, zuweilen eiweißartige Stoffe. Wenn man durch den Darm eines Frosches, eines Krebses (Mitteldarmdrüse) oder einer Periplaneta (z. B. Mitteldarmcoeca) Eisen resorbieren läßt, dann findet man das Metall *niemals ausschließlich diffus* in den Resorptionszellen, sondern stets in Vakuolen, in welchen es nach Anwendung der Berlinerblaureaktion eine intensive blaue Färbung annimmt (Abb. 7—9).

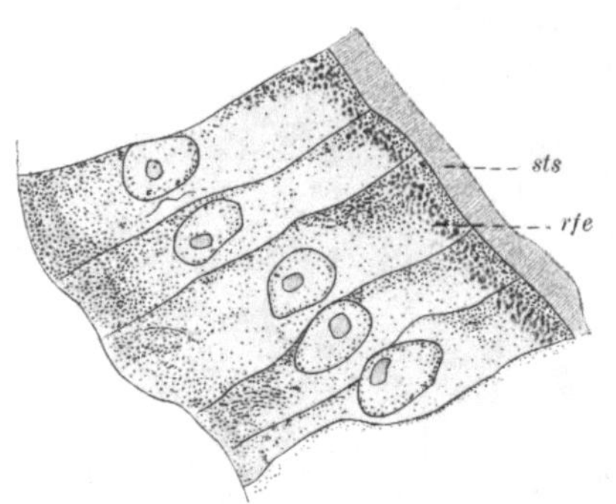

Abb. 9. Carabus auratus. Mitteldarmepithel nach Eisenfütterung. Resorptionsstadium der Zellen. *sts* Stäbchensaum, *rfe* resorbiertes Eisen. (Nach STEUDEL.)

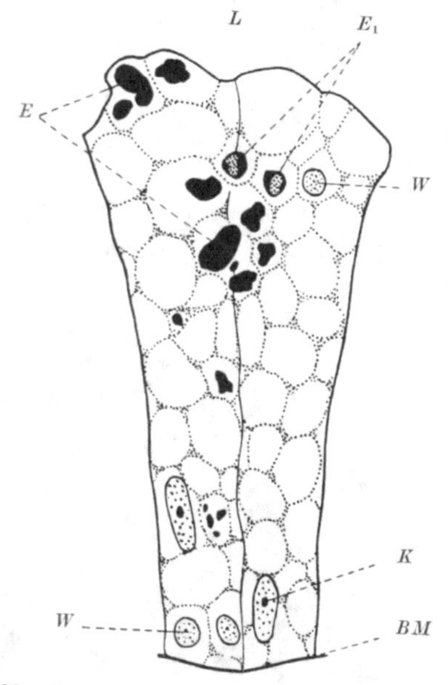

Abb. 10. Zwei Zellen aus der Mitteldarmdrüse von Ostrea edulis. Zwei Tage nach Fütterung mit Ferrum oxydatum saccharatum, Berlinerblau-Reaktion. Vergr. 1350 mal. Man beachte die unregelmäßige Oberfläche der Zellen. Das Eisen (*E*) liegt in großen Vakuolen, in Form unregelmäßiger, größerer Massen. Diffuses oder fein verteiltes Eisen fehlt. Ob die Eisenmassen ihrerseits mit einer Membran umgeben sind, ist nicht zu sehen, allein die sich bildenden Massen (E_1), die erst ringförmig auftreten, während das Innere des Ringes sich erst später füllt, deuten auf das Vorhandensein solch einer umschließenden Membran. Die Form dieser Eisenresorption ist anders als bei Zellen, die nicht phagocytieren. *BM* Basalmembran, *E* Eiseneinschlüsse im Cytoplasma, E_1 Eisenvakuole in Bildung, nur zum Teil mit Eisen gefüllt, *K* Kern der phagocytierenden (resorbierenden) Zelle, *L* Lumen der Mitteldarmdrüse, *W* Wanderzelle. (Nach C. M. YONGE 1926.)

Bei einer marinen Schnecke hat HIRSCH in jüngster Zeit gezeigt, daß hier in den Zellen der Vorderdarm- und Mitteldarmdrüse (welch letztere auch phagocytiert) das Eisen zunächst in diffuser Form aufgenommen wird, um dann später zu Vakuolen kondensiert zu werden. Darauf werden wir sogleich zurückkommen. Wir brauchen hier auch nicht die Frage zu erörtern, ob bei den erstgenannten Tieren dieses diffuse Stadium übersehen worden ist, oder nicht: es ist ja sicherlich nicht wahrscheinlich, daß es fehlt[1]. Die Hauptsache aber ist, daß das Eisen in allen bisher untersuchten Fällen früher oder später zu Vakuolen organisiert wird. Wenn man nun diese Versuche beim Darme von Helix pomatia wiederholt, wobei man sich, z. B. bei Versuchen in vitro, leicht überzeugen kann, daß das Eisen (Ferrum oxydatun saccharatum, Ferrum lacticum, verdünnte Lösungen von Eisenchlorid oder Ferrocyannatrium) wirklich hindurchgegangen ist, so sieht man nach geeigneter Fixierung

[1] Im Enddarm von Periplaneta sowie im Mitteldarm von Myrmecoleon formicarius (Larve!) fand STEUDEL auch diffuses Eisen (s. Abb. 8).

meistens keinerlei Eisen in den indifferenten Darmzellen, zuweilen einen leichten blauen Hauch. Von Vakuolen ist keine Rede. Analoge Versuche am toten Froschdarme, den man, mit Ringerlösung gefüllt, in ein Glas hängt, welches die gleiche Lösung mit Zusatz von Ferrum lacticum enthält, ergeben zwar eine sehr intensive Blaufärbung der Darmzellen, allein die schöne Regelmäßigkeit, welche wir bei Versuchen intra vitam fanden, suchen wir hier vergebens: die Färbung ist recht diffus, eine deutliche Vakuolenbildung blieb aus. Man kann ein entsprechendes Resultat nach Füllung des mit chemischen Mitteln abgetöteten Darmes mit Eisenlösung erhalten. Da nun die Eisenvakuolen sicherlich Ähnlichkeit haben mit den als solchen sichergestellten Nahrungsvakuolen, so ist man wohl berechtigt, zu schließen, daß die Vakuolenbildung, d. h. die Organisation, oder Konzentration der aufgenommenen Stoffe, eine Teilerscheinung echter Resorption ist.

Abb. 9 zeigt eine Zelle aus der Mitteldarmdrüse von Ostrea, die Eisensaccharat resorbiert hat. Auch hier findet man es nach YONGE ausschließlich in Vakuolenform. Das diffuse Stadium fand sich nicht[1].

Was die Eisenvakuolen selbst anbetrifft, kann nur gesagt werden, daß sie bei verschiedenen Tieren recht verschieden aussehen können. Beim Frosche sind sie groß und äußerst zahlreich, bei Astacus und Periplaneta auch groß, aber viel weniger zahlreich; bei Aphrodite aculeata z. B. (einem Anneliden), und vielen Insekten sind sie äußerst klein. Genauere Untersuchungen über die Schicksale des Eisens in den Zellen und weiterhin hat HIRSCH bei Murex trunculus angestellt. Murex hat zweierlei Drüsen: eine Mitteldarmdrüse, in der genau wie bei Helix phagocytiert wird, und eine Vorderdarmdrüse, in welcher Carminphagocytose nicht, wohl aber Eisenresorption nachgewiesen wurde. Nach Verfütterung von Eisenlösungen wurden in regelmäßigen Zeitabständen („Stufen") Tiere getötet und die histophysiologischen Vorgänge später an Schnitten untersucht (Abb. 11—13).

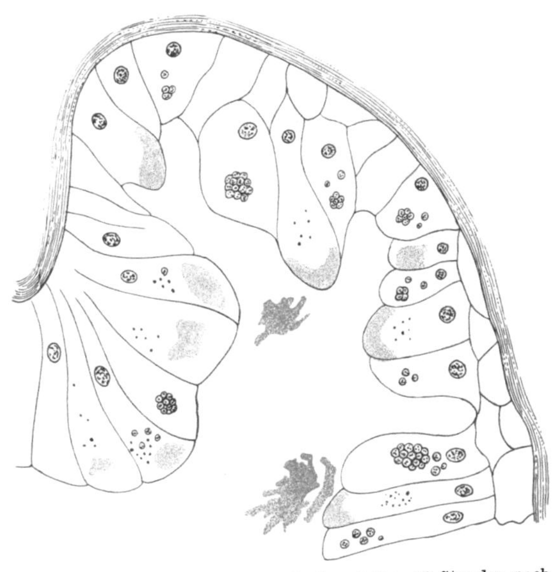

Abb. 11. Murex (Schnecke), Vorderdarmdrüse, 10 Stunden nach Nahrungsaufnahme. Diffuses Eisen (blau), im Lumen und in den Zellen. Sekretgranula schwarz. (Nach G. CH. HIRSCH.)

In der Vorderdarmdrüse tritt das Eisen schon 10 Stunden nach der Fütterung auf, in der Mitteldarmdrüse erst nach 24 Stunden. Wie schon gesagt, ist dann das Eisen stets erst in diffuser Form anwesend, ein Stadium, welches offenbar recht lange dauert, denn erst nach im ganzen 24 Stunden in der Vorderdarm- und 30 Stunden in der Mitteldarmdrüse ist diffuses Eisen selten geworden,

[1] Es sei hier darauf hingewiesen, daß bei Ostrea, ähnlich wie bei den Holothurien (H. A. P. C. OOMEN, Transport der Nahrung aus dem Darmlumen in die Blutgefäße durch Wanderzellen) die Nahrung bei den Muscheln, zum Teil durch Wanderzellen phagocytiert wird. Die Zellen der Mitteldarmdrüse phagocytieren nur feinste Partikel. Gröbere Teile, wie Fetttropfen, Blutkörperchen usw., werden durch Wanderzellen in Magen, Mantelhöhle, Mitteldarm usw. aufgenommen und intraplasmatisch verdaut.

während der Rest dem Plasma entzogen und derartig konzentriert worden ist, daß das Cytoplasma Vakuolen darum bildet. Später sehen wir in den genannten Zellen neben den Vakuolen „Körner" aus blauem Eisen liegen, deren Bedeutung jedoch nicht angegeben werden kann. Die folgenden Daten mögen dazu dienen, um die hier beschriebenen Vorgänge der Eisenresorption bei Schnecken mit ähnlichen Vorgängen zu vergleichen, welche DE SAINT HILAIRE für phagocytierte Stoffe in den Phagocyten von Strudelwürmern beschrieben hat (Dendrocoelum lacteum). Phagocytierte Körper können hier entweder unmittelbar in den Vakuolen verdaut werden, oder die Vakuolenbildung unterbleibt, die Körper werden innerhalb des Protoplasmas zusammengeballt, aber sonst unverändert gespeichert. Auch die verdauten Stoffe können nach ihrer Resorption als Eiweißkügelchen und Fetttropfen bewahrt werden, welche nachweislich im Hunger verschwinden. Bei aller Verschiedenheit, welche zwischen den durch HIRSCH und DE SAINT HILAIRE beschriebenen Erscheinungen bestehen, ergibt sich doch das folgende Resultat mit Wahrscheinlichkeit. Nur Stoffe, auf welche das Protoplasma noch einwirkt, liegen in einer Vakuole, Stoffe, welche solch eine Bearbeitung nicht erleiden, liegen als „Körner" ohne weiteres im Protoplasma. Bei der echten Resorption, bei Tieren, bei denen Phagocytose keine Rolle spielt, hat man bis jetzt nur „Vakuolen" und keine „Körner" gesehen.

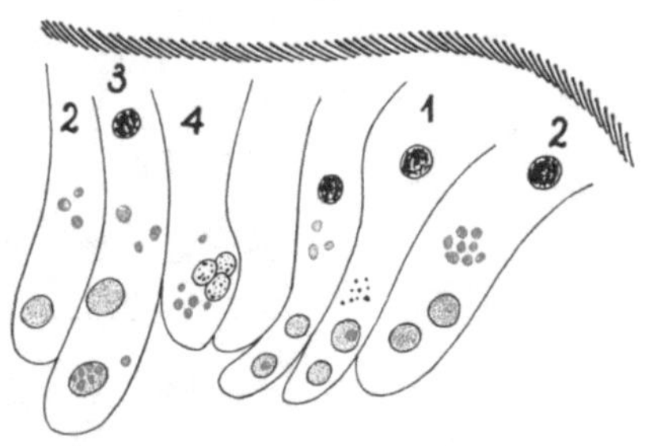

Abb. 12. Murex, Vorderdarmdrüse, 24 Stunden nach Nahrungsaufnahme, Eisen (blau) in Vakuolen- und Körnerform in den Zellen. Das Eisen in den Vakuolen ist (im Gegensatz zu dieser Reproduktion) nicht körnig. Sekretgranula schwarz. (Nach G. CH. HIRSCH).

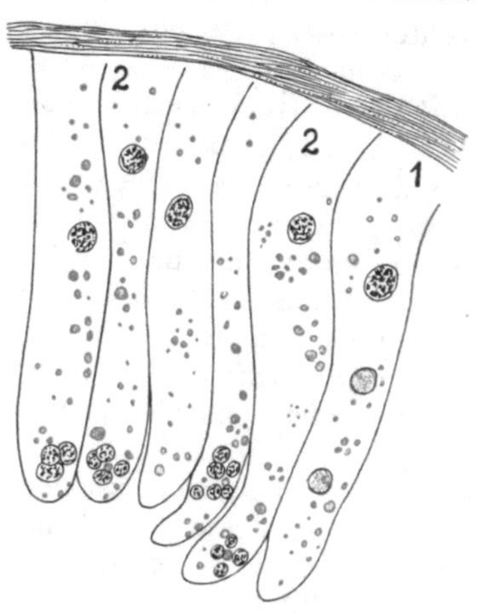

Abb. 13. Murex, Vorderdarmdrüse, 48 Stunden nach Nahrungsaufnahme, Eisen (blau) fast ausschließlich in Körnerform. Sekretgranula schwarz. (Nach G. C. HIRSCH.)

Hier mögen einige Resultate besprochen werden, die wir einer noch nicht veröffentlichten Arbeit von G. C. HIRSCH und W. BUCHMANN entnehmen[1]. Sie wurde an *Astacus fluviatilis* ausgeführt. Als Grundlage für diese Untersuchung diente die vorher festgestellte und exakt bewiesene Tatsache, daß am Ende der Drüsenschläuche von Astacus Regenerationsherde sitzen, aus welchen in einem bestimmten Wachstumsrhythmus immer wieder neue Zellen entstehen; der Strukturwechsel dieser sehr verschiedenartigen Zelle konnte in seiner Abfolge ebenfalls bewiesen werden. Nachdem auf diese Weise die Strukturveränderungen bei der Sekretion festgestellt waren, war die Basis gegeben zur Untersuchung der Frage: Was tun diese verschiedenen Zellen mit der Nahrung, welche in das Lumen der Drüsen eindringt? Frühere Untersucher unterschieden Sekretions- und Resorptionszellen. Es war die Frage, ob diese Unterscheidung zu Recht besteht und welchen Weg weiterhin die Nahrungsstoffe nehmen. Als Ersatz für einen Nahrungsstoff diente das Lithiumcarmin (2,5%).

[1] Sie erscheint in der Z. vergl. Physiol. **1929**.

Die Ergebnisse sind in der Abb. 14 schematisch wiedergegeben. Im einzelnen ergab sich folgendes:

$^1/_2$ Stunde nach Nahrungsaufnahme ist das Lithiumcarmin nur *diffus* am freien Zellende zu sehen; und zwar erstens bei den Fettzellen (welche man bisher mit Recht als resorbierende Zelle angesehen hatte) und überraschenderweise auch zweitens in den Fibrillenzellen, von welchen durch die Untersucher bewiesen wurde, daß sie eine Vorstufe der großen sekretgefüllten Blasenzelle (Fermentzellen) sind. In diesen *fertig* geformten Blasenzellen dagegen wurde kein Lithiumcarmin gefunden! Sobald also aus den Granulis (mit Hilfe des Golgiapparates) die kleinen Sekretvakuolen entstanden sind, hört die Einfuhr von Stoffen aus dem Lumen auf. Also nehmen auch sekretbereitende Zellen aus dem Lumen Stoffe auf, ähnlich wie es G. C. Hirsch 1924 bei Murex fand.

Nach einer Stunde sind beide Zellformen bis zur Basis mit Lithiumcarmin erfüllt. Nach $1^1/_2$ Stunden ist jedoch das Lithiumcarmin *verdichtet zu kleinen Körnchen* und liegt nur an der Basis und wenigstens in der Nähe des Zellkernes.

Bei einer *künftigen* **Theorie der Resorption** wird man mit allen oben aufgezählten Daten rechnen müssen. Als erste Phase der Resorption kommt kaum etwas anderes als Diffusion in Frage. So wie auch bei der Aufnahme des Sauerstoffes durch das Blut lediglich Diffusion des Gases den Gesamtprozeß einleitet und die in der Blutphase verteilten Hämoglobinmoleküle das Diffusionsgefälle durch Sauerstoffbindung dauernd maximal erhalten, bis der Sättigungspunkt naht, so dürfte auch bei der Resorption die *Fixierung*[1] der gelösten Stoffe eine ähnliche Rolle dieser Diffusion gegenüber spielen. Die Schwierigkeit ist hier nur die, daß es nicht in erster Linie auf einen Transport der gelösten Stoffe, sondern des Wassers ankommt. Es fragt sich nur, ob die Fixierung des Wassers selbst nicht durch die Plasmakolloide stattfindet und ob das Fixierungsvermögen nicht großen Schwankungen unterliegt nach Maßgabe der Menge der im Wasser gelösten Stoffe. Die Annahme, rhythmische Quellung und Entquellung etwa könnten der erste Schritt zu einer Hypothese sein, welche zunächst den Vorteil hätte, daß die Probleme der Resorption und der Exkretion einander ähnlich würden: in beiden Fällen würde es sich um polarisierte Konzentrationsarbeit (unter Sauerstoffverbrauch) handeln. (Ausdrücklich sei gesagt, daß über die Festlegung von Kochsalz in den Resorptionszellen nichts bekannt ist.) Die Tatsache, daß man bei den meisten höheren Tieren (höhere Wirbellose und Wirbeltiere) das von Hirsch gefundene diffuse Stadium nicht gesehen hat, ist vielleicht zurückzuführen auf die viel größere Geschwindigkeit der Resorptionserscheinungen bei „höheren“ Tieren: schon ganz kurz nach der Fütterung und dicht bei der Zellfront sieht man in den Blinddärmen von Periplaneta (nach Steudel) Eisenvakuolen, aber kein diffuses Eisen.

Der weitere Weg der resorbierten Nahrung. Der weitere Weg, den die resorbierte Nahrung einschlägt, ist nur in den seltensten Fällen eingehend untersucht worden. Bei Tieren, denen ein wohlausgebildetes Blutgefäßsystem fehlt, wie z. B. den Aphroditiden und den Capitelliden, gelangen die Stoffe offenbar ohne weiteres in die Leibeshöhle. Bei Aphrodite aculeata habe ich verfüttertes Eisen bis in das Bindegewebe verfolgen können, welches die Darmcoeca von der Leibeshöhle trennt. Weiter ließ es sich naturgemäß nicht verfolgen. Bei Capitelliden beschreibt Eisig basale Ausläufer der Darmepithelzellen, welche den peritonealen Überzug des Darmes durchbohren und hierdurch befähigt sind, unmittelbar ihren Inhalt der Leibeshöhle zu übergeben („lymphatische Zell-

[1] Bei der Exkretion in der Niere von Pterotrachea und Carinaria beschreibt Cohnheim gleichfalls die Fixierung organischer Stoffe plus (injizierter) Farbstoffe.

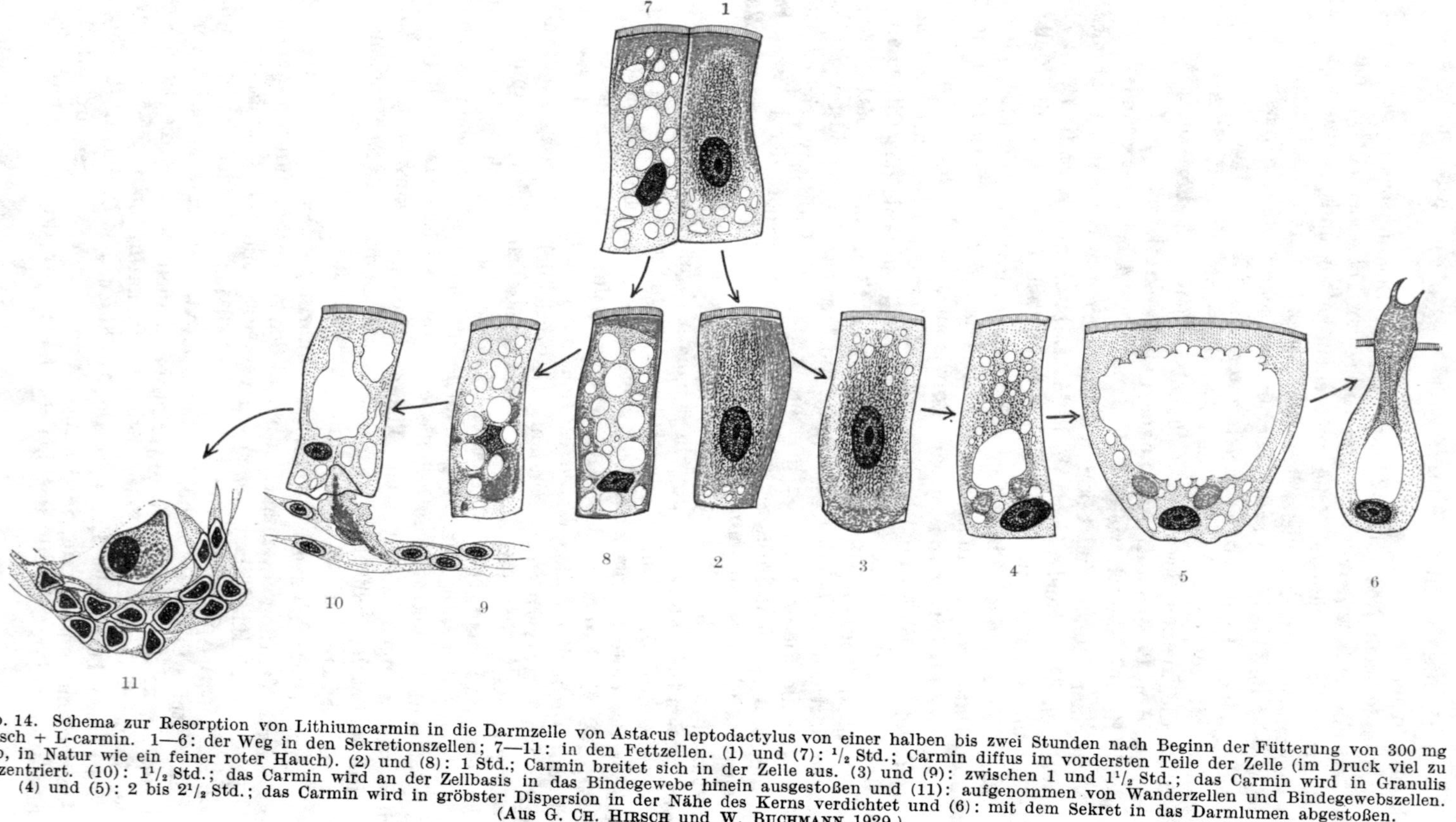

Abb. 14. Schema zur Resorption von Lithiumcarmin in die Darmzelle von Astacus leptodactylus von einer halben bis zwei Stunden nach Beginn der Fütterung von 300 mg Fleisch + L-carmin. 1—6: der Weg in den Sekretionszellen; 7—11: in den Fettzellen. (1) und (7): $^1/_2$ Std.; Carmin diffus im vordersten Teile der Zelle (im Druck viel zu grob, in Natur wie ein feiner roter Hauch). (2) und (8): 1 Std.; Carmin breitet sich in der Zelle aus. (3) und (9): zwischen 1 und $1^1/_2$ Std.; das Carmin wird in Granulis konzentriert. (10): $1^1/_2$ Std.; das Carmin wird an der Zellbasis in das Bindegewebe hinein ausgestoßen und (11): aufgenommen von Wanderzellen und Bindegewebszellen. (4) und (5): 2 bis $2^1/_2$ Std.; das Carmin wird in gröbster Dispersion in der Nähe des Kerns verdichtet und (6): mit dem Sekret in das Darmlumen abgestoßen. (Aus G. CH. HIRSCH und W. BUCHMANN 1929.)

divertikel"). Aus den übrigen Beobachtungen wähle ich diejenigen von HIRSCH bei Murex trunculus und Astacus fluviatilis. 30 Stunden nach der Fütterung findet man im Blute von Murex zum ersten Male Eisen. Es ist dann in den Gefäßen der Mitteldarmdrüse nachzuweisen, und zwar in homogener, diffuser Form. In den Lakunen des Bindegewebes, welche mit den Blutgefäßen kommunizieren, sieht man Eisen von derselben Beschaffenheit. Viel blasser ist dagegen das Eisen, welches auf dem Wege von der Mitteldarmdrüse zu den Blutgefäßen begriffen ist. In dieser diffusen (blassen) Form nennt HIRSCH das Eisen „Wandereisen". Dieses findet sich z. B. in den radiären Bindegewebssträngen, welche sich zwischen den LEYDIGschen Zellen in der unmittelbaren Umgebung der Blutgefäße befinden. In diesen Strängen nämlich ist das Eisen 30 Stunden nach Verfütterung diffus, intercellulär deutlich, oft wie ein blauer Hauch nachweisbar (Abb. 15).

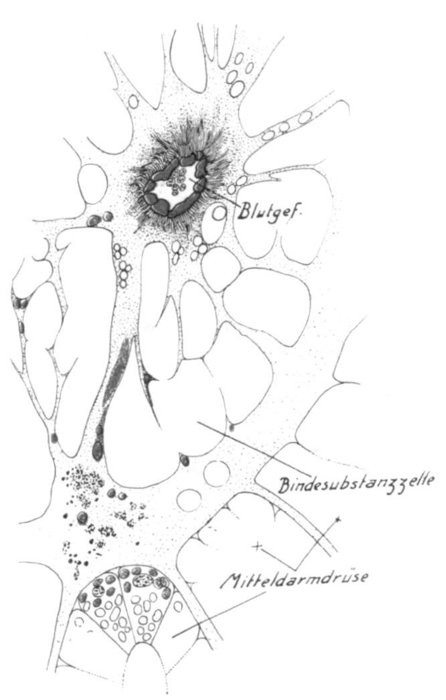

Abb. 15. Murex, Mitteldarmdrüse, 30 Stunden nach Nahrungsaufnahme. Eisen (blau) in Bindegewebe, auch um die Bindesubstanzzellen (LEYDIGsche Zellen) als „Wandereisen" hell, diffus, selten mit einigen Körnchen, im Blute dunkel, diffus. (Nach G. CH. HIRSCH).

Komplizierter liegen die Dinge in der *Mitteldarmdrüse von Astacus fluviatilis*, schon wegen des Vorhandenseins von den beiden, oben in ihrem resorptiven Verhalten beschriebenen Epithelzellen. Während sich bei der Resorption beide Zellformen (die Fett- und Fibrillenzellen) einigermaßen gleich verhielten, tritt jetzt ein Unterschied auf. Wir verfolgen zunächst den Weg, welchen dasjenige Lithiumcarmin nimmt, das von den *Fettzellen* (Resorptionszellen) aufgenommen worden ist: es wird in der Zeit von $1^1/_2$—2 Stunden nach der Basis zu in das Bindegewebe abgeschieden, und zwar so, *daß ganze Plasmateile, mit Lithiumcarmin beladen, an der Basis abgedrückt werden.* (Dieses Verhalten erinnert an dasjenige der „lymphatischen Zelldivertikel" bei *Capitelliden* nach EISIG.) So gerät das Lithiumcarmin in das dünne Bindegewebe und liegt hier zunächst zwischen den Fibroblasten. Von diesen wird es teilweise aufgenommen, teilweise wird es durch die verschiedenartigen Wanderzellen phagocytiert und abtransportiert. Wohin dieser Transport stattfindet, ist noch nicht festgestellt.

Der zweite Weg, den das Lithiumcarmin nimmt, spielt sich in den *Fibrillenzellen* und in derjenigen Strukturform ab, welche aus den Fibrillenzellen entsteht: in den Blasenzellen. In der Zeit von $1^1/_2$—$2^1/_2$ Stunden bilden sich (wie die Voruntersuchungen exakt bewiesen) zahlreiche Fibrillenzellen zu Blasenzellen um. Den Höhepunkt in der Bildung der Blasenzellen finden wir nach $2^1/_2$ Stunden. Diese Umwandlung macht das aufgenommene Lithiumcarmin in Form von kleinsten Körnchen mit: es bleibt zunächst an der Basis der Zelle liegen, wird dann in die großen Blasen hinein abgestoßen und gerät schließlich beim Platzen der Blase mit in das Lumen der Drüse hinein. Es besteht bei diesen Vorgängen also offenbar die Möglichkeit, daß aufgenommene Nahrungsstoffe an der Basis der Fibrillenzelle direkt zum Aufbau des Sekrets verwendet werden.

Nach der dritten Stunde (nach der Nahrungsaufnahme) entsteht durch inzwischen eintretendes starkes Wachstum am distalen Schlauchende eine Menge neuer Fibrillenzellen, deren Anzahl nach $3^1/_2$ Stunden den Höhepunkt wiederum erreicht. Damit geht Hand in Hand ein *neues Auftreten des Lithiumcarmins im diffusen Zustande* in den Fibrillenzellen; es rollt alo der ganze bisher geschilderte Vorgang ein zweites Mal wieder ab. So entsteht eine Periodik in der Resorption, und zwar dadurch, daß periodisch neue Fibrillenzellen entstehen. (Einschränkend muß bemerkt werden, daß nicht sehr viel Lithiumcarmin aufgenommen wird, daß es vielmehr immer nur einzelne Zellen sind, welche sich damit beladen.)

Über die Form, in welcher die einzelnen *natürlichen Nährstoffe* dem Blute übergeben werden, ist ebensowenig etwas bekannt als über die Kräfte, welche bei dieser Phase der Resorption eine Rolle spielen. Daß die erst niedergeschlagenen Stoffe wieder in Lösung gehen müssen, ist nicht nur ein logisches Postulat, sondern kann auch mit einiger Wahrscheinlichkeit erschlossen werden aus den genannten Befunden von HIRSCH, daß nämlich das Eisen wieder die diffuse, fein verteilte Form annimmt („Wandereisen"). Allerdings muß man bei der Deutung solcher Befunde an abnormalen Stoffen sehr vorsichtig sein.

Zum *Schlusse* dieser Betrachtung über die Resorption bei den niederen Tieren müssen wir auf die große Zahl von ungelösten Fragen hinweisen. Doch dürfte jetzt schon die geleistete Arbeit einen wichtigen Beitrag zur allgemeinen Lehre von der Resorption bedeuten, da das Material der vergleichenden Physiologie, wie so oft, erlaubt, die Einzelfaktoren, welche zusammen die komplizierten Erscheinungen bei den höheren Tieren bilden, ohne weiteres zu studieren: die Natur hat sie bei den verschiedenen niederen Tieren sozusagen isoliert.

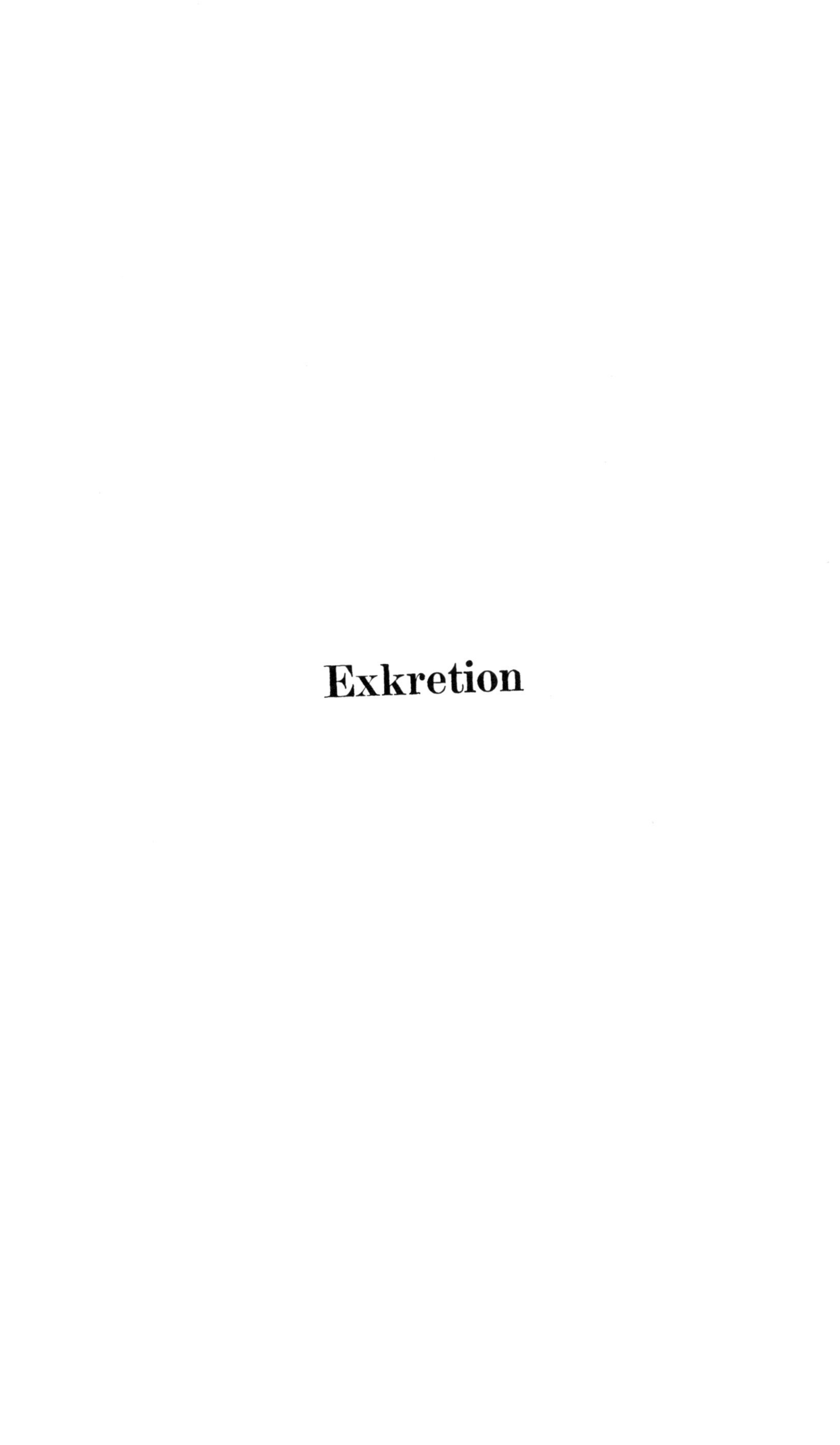

Exkretion

Anatomie der Nierensysteme.

Von

Wilhelm von Möllendorff

Freiburg i. Br.

Mit 33 Abbildungen.

Zusammenfassende Darstellungen.

Disse, J.: Harnorgane, v. Bardelebens Handb. d. Anatomie, 7, 1 (1902). – Ebner. E. v.: Köllickers Handb. d. mikrosk. Anatomie. 3 (1899). – Felix, W. Harnorgane in Hartwigs Handb. d. Entwicklungsgeschichte. Jena 1906. – Möllendorff, W. v.: Vitale Färbungen an tierischen Zellen; Asher-Spiro: Erg. d. Physiol. 18, 142–306 (1920). – Noll, A.: Die Exkretion bei Wirbeltieren in Wintersteins Handb. d. vergl. Physiol. – Peter, K.: Die Nierenkanälchen des Menschen und einiger Säugetiere. Jena 1909. – Policard, A.: Le tube urinaire de Mammifrèes, Rev. gén. d'Histologie. Paris 3 (1908). – Suzuki, T.: Zur Morphologie der Nierensekretion. Jena 1912.

Grundsätzlich stimmen alle Nierensysteme der Wirbeltiere darin überein, daß sie in charakteristischer Weise eine Beziehung zwischen dem Blutgefäßbindegewebeapparat und der Körperoberfläche herstellen. Das Tätigkeitsprodukt dieser Beziehungen, der Harn, durchsetzt bei Amphioxus und bei den Vornierensystemen die Leibeshöhle und wird bei den Vornierensystemen durch eine Reihe von spezifisch gebauten Kanälchen in einen Ausführungsgang übergeleitet, der die Verbindung zur Körperoberfläche herstellt. An einer, den trichterartigen Anfangsteilen der Kanälchen benachbarten Stelle sitzt als Organ der Leibeshöhle der Glomerulus. Dieser enthält die Capillarschlingen, aus denen die Harnflüssigkeit abgepreßt wird. Bei den Vornieren und den Nachnieren ist die unmittelbare Beziehung zur Leibeshöhle aufgegeben, die Nierenkanälchen beginnen mit einem inneren Nierenkämmerchen; in jedes Nierenkämmerchen hängt ein Glomerulus hinein. Nunmehr ist jedes *Nephron* als unverzweigte Einheit zusammengesetzt aus dem *Nierenkörperchen* und dem *Nierenkanälchen*. Eine große Zahl solcher *Nephrone* ist nunmehr in Beziehung gesetzt zu dem *Ausführungsgang*; die Überleitung einer u. U. nach Millionen zählenden Anzahl von Nephronen in einen einzigen Ausführungsgang (Ureter der Nachniere) bedingt die Ausbildung eines komplizierten Apparates (Sammelrohrsystem der Urnieren, Sammelrohrsystem und Nierenbecken der Nachnieren).

1. Die Elemente der Nierensysteme.

a) Die Nierenkörperchen (Corpuscula renis, Malpighi).

An den Nierenkörperchen unterscheidet man den *Glomerulus* und die Bowmansche Kapsel (diese Kapsel wird zwar von Joh. Müller[1] 1830 als Umhül-

[1] Müller, Joh.: De gland. secern. struct. penit. Leipzig 1830.

lung der Gefäßschlingen, aber noch nicht als Anfangsteil des Kanälchens erkannt; die vollständige Aufklärung brachte 1842 BOWMAN[1]. Die besonderen Verhältnisse bei *Amphioxus*[2] sollen außer Betracht bleiben; bei den Vornieren, soweit dieselben funktionsfähig in Erscheinung treten, wird die Kapsel durch einen Teil der Leibeshöhlenwand gebildet. In der Regel hat die Vorniere nur ein *Glomus* bei einer wechselnden Anzahl von Kanälchen. Sehr gut bekannt ist das gewaltige Glomus der Vorniere von *Petromyzon* (HORTOLÈS[3] 1881, W. M. WHEELER[4] 1900, R. KRAUSE[5] 1924). Grundsätzlich weicht der Aufbau dieses Glomus nicht von demjenigen der Glomeruli ab. Das gleiche gilt für die Vornieren der *Amphibienlarven* (Literatur s. bei W. FELIX[6] 1906), deren Funktion mit Hilfe der Farbstoffspeicherung (W. v. MÖLLENDORFF[7] 1919) nachgewiesen werden konnte. Bei *Teleostieren* (Literatur s. bei A. NOLL[8] 1920) ist das Schicksal der Vorniere sehr wechselnd. Bei *Selachiern* und allen *Ammioten* (s. bei W. FELIX[6] 1906;) wird die Vorniere nur spurweise angelegt.

Die *Nierenkörperchen* in Urnieren und Nachnieren besitzen im großen und ganzen den gleichen Aufbau. Sie sind ein wesentlicher Bestandteil des Nephrons. Gleichwohl fehlen sie in manchen Nieren (*Lophobranchier* nach E. HUOT[9] 1902 und H. F. E. JUNGERSEN[10] 1900, bei einigen *Gobioesociden* nach F. GUITEL[11] 1906). Es wäre notwendig, die Funktion dieser eigenartigen Harnsysteme einiger *Teleostier* näher zu bearbeiten (s. auch J. VERNE[12] 1922).

Am Nierenkörperchen ist von wesentlicher Bedeutung vor allem der Aufbau des *Glomerulus*. Nachdem es heute mehr und mehr sicher wird, daß alle Harnbestandteile im Glomerulus austreten, ist der feinere Aufbau dieses Organs eine der Kardinalfragen des Nierenbaues.

Alle Bauelemente des Glomerulus, ebenso wie des gesamten Nephrons, entstammen dem metanephrogenen Gewebe (Entwicklung s. bei W. FELIX[6] 1906) und besitzen anfangs durchaus den Charakter des Mesenchyms. Der Glomerulus vor Funktionsbeginn setzt sich zusammen: aus Gefäßschlingen und aus einem Zellenblatte, das die Gefäßschlingen gegen den Kapselraum abschließt. Dies Zellenblatt setzt sich durch Vermittlung des äußeren Kapselepithels in das Kanälchen fort. Die Zellen dieses sog. visceralen Epithels sind etwa äquidimensional und stehen sehr dicht nebeneinander. Mit der Ausdehnung der Gefäßschlingen rücken die Zellkerne auseinander, so daß die Beurteilung der Natur der bedeckenden Zellen außerordentlich schwierig wird.

---

[1] BOWMAN: On the struct. and use of the Malp. Bod. of the Kidney. Philos. Trans. roy Soc. Lond. **41**, 57—80 (1842).

[2] BOVERI, TH.: Die Nierenkanälchen des Amphioxus. Zool. Jb., Anat. **5**, 429 (1895).

[3] HORTOLÈS, CH.: Recherches histologiques sur le glomérule et les épitheliales du rein. Arch. Physiol. norm. et Path. **13**, 861—885 (1881).

[4] WHEELER, W. M.: The development of the urogenital organ of the Lamprey. Zool. Jb., Anat. **13**, 1—88 (1899).

[5] KRAUSE, R.: Mikroskopische Anatomie der Wirbeltiere. Berlin 1919—1922.

[6] FELIX, W.: In Hertwigs Handb. d. Entwicklungsgesch. Jena 1906.

[7] MÖLLENDORFF, W. v.: Über Funktionsbeginn und Funktionsbestimmung in den Harnorganen von Kaulquappen. Sitzgsber. Heidelberg. Akad. Wiss., Math.-naturwiss. Kl. **1919**.

[8] NOLL, A.: In Wintersteins Handb. d. vergl. Physiol. **1920**.

[9] HUOT, E.: Recherches sur les Poiss. lophobranches. Ann. des Sci. natur., Zool. (8) **14**, 197 (1902).

[10] JUNGERSEN, H. F. E.: Über das Urogenitalorgan von *Polypterus* und *Amia*. Zool. Anz. **23**, 28 (1900).

[11] GUITEL, F.: Recherches sur l'anatomie des reins de quelques Gobiésocidés. Arch. Zool. expér. (4) **5**, 505 (1906).

[12] VERNE, J.: Contributions à l'étude des reins aglomérulaires. Arch. d'Anat. microsc. **18**, 357 (1922).

Wir finden deshalb in der Literatur bis in die neuste Zeit hinein keine einheitliche Darstellung über den Aufbau der Glomeruli, woran allerdings zumeist die bei der Untersuchung verwandte unzweckmäßige Technik schuld ist. Für die frische Untersuchung, auch am lebenden Objekt, ist der Glomerulus zu kompliziert, um über Einzelheiten Aufschluß zu geben; trotzdem haben solche Untersuchungen zuerst den Beweis erbracht, daß eine Deckzellenschicht vorhanden

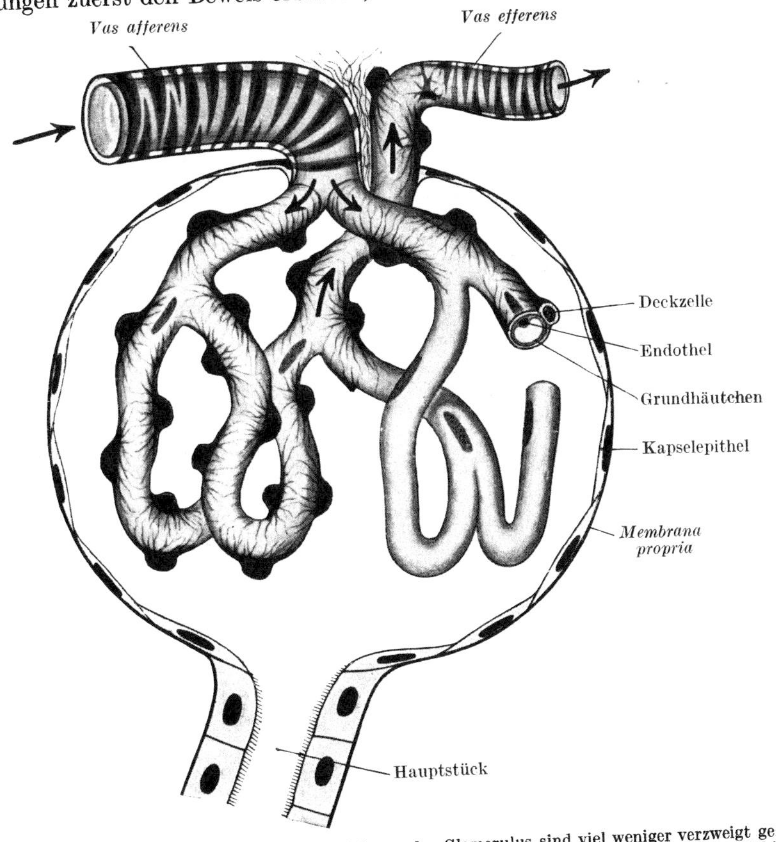

Abb. 16. Schema eines Nierenkörperchens. Die Schlingen des Glomerulus sind viel weniger verzweigt gezeichnet, als es einem menschlichen Glomerulus entspricht. Der Capillarenquerschnitt zeigt die einzelnen Schichten der Deutlichkeit halber viel zu dick. Nur die Deckzellen entsprechen den natürlichen Maßen; das Grundhäutchen und die Endothelschicht sind aber in Wirklichkeit viel feiner. (Aus W. v. MÖLLENDORFF in Stöhrs Lehrb. d. Histol., 21. Aufl.)

ist. Die üblichen Schnittpräparate geben immer dann zu Täuschungen Veranlassung, wenn die Gefäße nicht entfaltet sind. Über die ältere Literatur s. bei V. v. EBNER[1] (1900). In der neueren Zeit verdanken wir wesentliche Aufschlüsse besonders B. JOHNSTON[2], K. W. ZIMMERMANN[3] (1915), B. VIMTRUP[4] (1926) und W. v. MÖLLENDORFF[5] (1927).

[1] EBNER, V. v.: In Köllickers Handb. d. mikrosk. Anat. **3** (1899).

[2] JOHNSTON, W. B.: Reconstructions of a glomer. of the hum. kidney. Anat. Anz. **16** (1899).

[3] ZIMMERMANN, K. W.: Anat. Anz. **48**, 335 (1915).

[4] VIMTRUP, BJ.: Über die Malpighischen Körperchen der menschlichen Niere. Physiol. Papers dedic. to A. Krogh. Kopenhagen 1926 — On the number, shape, structure and surface area of the glomer. in the kidneys of man and mammals. Amer. J. Anat. **41**, 123 (1928).

[5] MÖLLENDORFF, W. v.: Einige Beobachtungen über den Aufbau der Nierenglomeruli. Z. Zellforschg **6**, 441 (1927).

Nach den Beobachtungen von W. v. MÖLLENDORFF[1] (1919), die von J. DE HAAN[2] (1922) bestätigt worden sind, wird ein Nephron in embryonalen Nieren dann in Gebrauch genommen (Beurteilung nach dem Beginn einer Farbstoffspeicherung im Hauptstück), wenn das Epithel des Glomerulus abgeflacht erscheint.

Nach den neuesten Untersuchungen sind die Capillarschlingen innerhalb des Glomerulus nicht „nackt“, wie viele ältere Untersucher (z. B. v. WITTICH[3] [1856], J. HENLE[4] [1862]) zunächst annahmen; aber eine eigentliche Epithelschicht, wie sie in den üblichen Lehrbuchdarstellungen als viscerales Kapselepithel bezeichnet wird, existiert auch nicht. Die wichtigsten Befunde im Glomerulusaufbau gibt das Schema (Abb. 16) wieder. Danach muß man drei Elemente unterscheiden: das Capillarendothel, das Grundhäutchen der Capillare und die Deckzellenschicht.

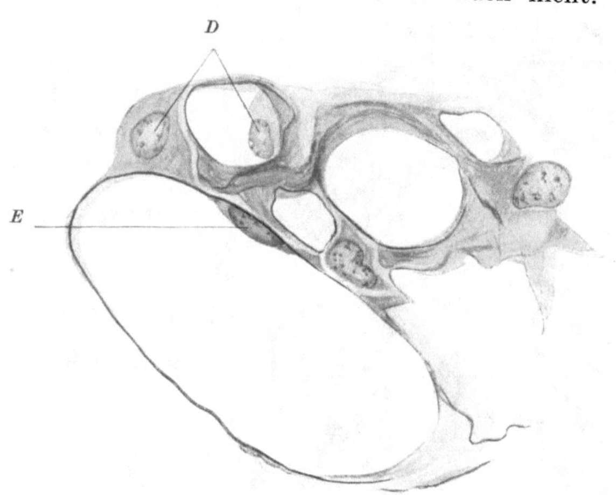

Abb. 17. Glomeruluscapillaren einer menschlichen Niere. Fixation mittels Durchspülung mit FLEMMINGscher Lösung. Azan-Färbung nach HEIDENHAIN. Vergr. etwa 1000mal. *E* Endothelkern, *D* Deckzellkerne. (Aus W. v. MÖLLENDORFF, 1927.)

Das *Capillarendothel* ist eine außerordentlich fein ausgebreitete Schicht von Cytoplasma, in der in weiten Abständen Zellkerne eingelagert sind. Zellgrenzen hat nur NUSSBAUM[5] (1886) an Amphibienglomeruli abgebildet, fast alle anderen Untersucher haben dieselben nicht nachweisen können, so daß man die Endothelschicht auch als syncytial bezeichnet. Von allen im Glomerulus sichtbaren Zellkernen (Abb. 17, 18) gehört höchstens ein Zehntel der Endothelschicht zu. RIBBERTS[6] (1880) Darstellung, wonach es überhaupt keine Endothelkerne gäbe (auch v. EBNER[7] [1899] teilt diese Auffassung), ist nicht richtig, wie ich mich selbst an einwandfreien Präparaten einer menschlichen Niere überzeugen konnte. Der weite Kernabstand im Endothel beschränkt sich nur auf den capillaren Teil der Glomerulusgefäße. Im V. afferens wie im V. efferens stehen die Endothelkerne viel dichter.

Das *Grundhäutchen* der Capillarwand wird von den meisten Untersuchern nicht besonders erwähnt. HORTOLÈS[8] (1881) hat sein Vorhandensein besonders hervorgehoben. In MALLORY-Präparaten der menschlichen Niere (Abb. 17) tritt es blau gefärbt klar zutage (s. auch HUNG-SEE-LÜ[9] [1923]). Wahrscheinlich

[1] MÖLLENDORFF, W. v.: Zitiert auf S. 184 (1919).
[2] HAAN, J. DE: The renal function as judged by the excretion of vital dye stuffs. J. of Physiol. **56**, 444 (1922).
[3] v. WITTICH: Über Harnsekretion und Albuminurie. Virchows Arch. **10**, 325 (1856).
[4] HENLE, J.: Zur Anatomie der Niere. Abh. Ges. Wiss. Göttingen **10** (1862).
[5] NUSSBAUM, M.: Über den Bau und die Tätigkeit der Drüsen. 5. Mitt.: Zur Kenntnis der Nierenorgane. Arch. mikrosk. Anat. **27**, 442 (1886).
[6] RIBBERT, H.: Über die Entwicklung der Glomeruli. Arch. mikrosk. Anat. **17**, 113 (1880).
[7] EBNER, V. v.: Zitiert auf S. 185.
[8] HORTOLÈS, CH.: Zitiert auf S. 184.
[9] HUNG-SEE-LÜ: Virchows Arch. **240**, 355—360 (1923).

steht mit ihm die Gitterfaserstruktur in Verbindung, die M. VOLTERRA[1] (1928) beschreibt; aus den Abbildungen des Autors geht dies nicht klar hervor. Es wäre aber nach den Untersuchungen von H. PLENK[2] (1927) durchaus wahrscheinlich, daß wir auch hier eine Gitterstruktur besitzen, wie sie den meisten Capillaren eignet.

Die *Deckzellenschicht* besteht aus eigenartig verzweigten Zellen (Abb. 19), die am ehesten mit den Pericyten anderer Capillargebiete verglichen werden

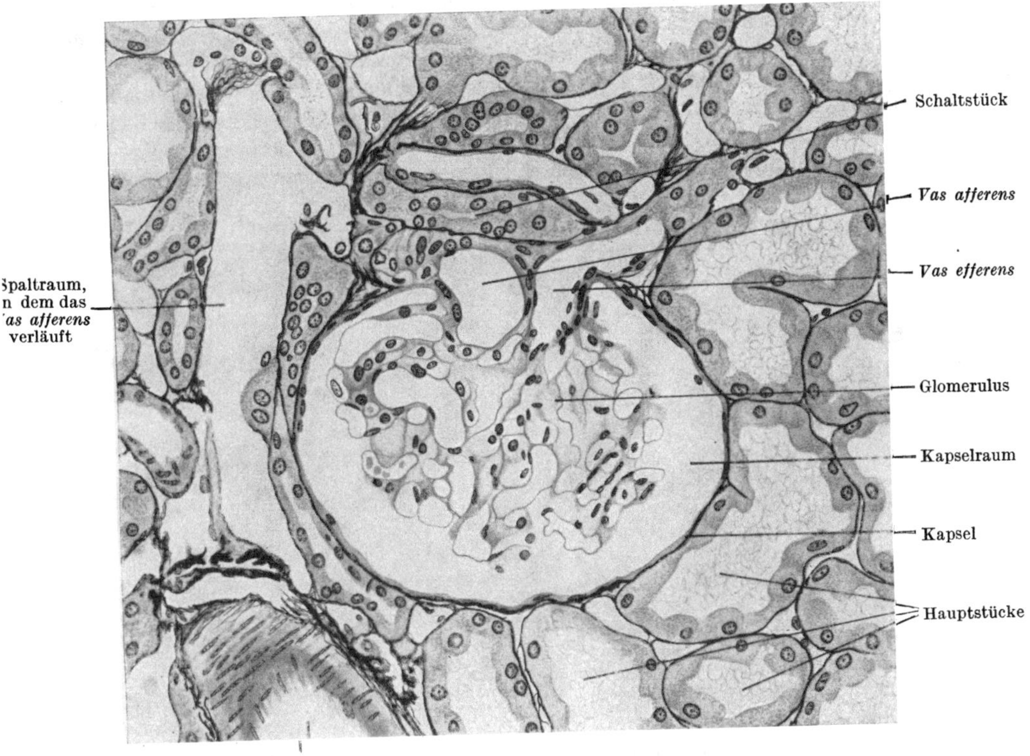

Abb. 18. Aus der Rinde einer menschlichen Niere. Färbung nach MALLORY. 380mal vergr. (Aus W. v. MÖLLENDORFF in Stöhrs Handb. d. Histol., 21. Aufl. 1928.)

können. Sie besitzen zum Unterschiede von diesen einen in das Kapsellumen vorspringenden Kern, der demnach meist unregelmäßig rundlich ist. Das Cytoplasma ist ein feines Gitterwerk, das die Capillare fast ringsum umspinnt, aber deutliche Lücken enthält. Diese Zellen umlagern die Capillarschlingen bis an ihren Übergang in das V. afferens und V. efferens und grenzen so das Capillarrohr allenthalben gegen den Kapselraum ab. HORTOLÈS[2] gab 1881 eine annähernd richtige Schilderung dieser Zellen, v. EBNER[1] (1899) äußerte die Vermutung, daß es sich bei diesen Zellen um den Adventitiaelementen ähnlicher Gebilde handle, K. W. ZIMMERMANN[3] (1915) imprägnierte bei der Katze die Deckzellen mit Silber und betonte deren verzweigte Form und die breiten Zwischenräume zwischen

[1] VOLTERRA, M.: Über die Struktur der Nierenglomeruli. Z. Zellforschg **7**, 135 (1928).
[2] PLENK, H.: Verh. anat. Ges. Kiel. Anat. Anz., Erg.-Bd. **63**, 193 (1927).
[3] ZIMMERMANN, K. W.: Anat. Anz. **48**, 335 (1915).

den Zellen. W. v. Möllendorff[1] (1927) gelang es, mit einer besonderen Färbung an entfalteten Glomeruluscapillaren die Deckzellen bei Mensch, Katze, Meerschweinchen, Huhn, verschiedener Reptilien sowie Säugerembryonen in ihrer Form darzustellen.

K. W. Zimmermann[2] (1923) unterscheidet neben den Deckzellen noch besondere Pericyten an den Glomeruluscapillaren und bildet solche ab. Diese Zellen gleichen meinen Deckzellenbefunden vollkommen. Alle Deckzellen haben die Form von Pericyten.

So haben wir am Glomerulus ein Capillarschlingenkonvolut, das alle Merkmale eines solchen trägt, und wenn wir die Entwicklung dieses Gebildes nicht kennten, würden wir die Deckzellenlage niemals als Epithel bezeichnen, es sei denn, daß man lediglich ihre Lage an der Oberfläche zum Kapselraum damit charakterisieren wollte. In dem gleichen Sinne besitzt die Synovia der Gelenke ein Epithel, ebenso wie die Auskleidungsmembranen der serösen Höhlen, nur daß dort auch morphologisch dieser Epithelcharakter stärker ausgesprochen ist.

Abb. 19. Stücke von Glomeruluscapillaren einer menschlichen Niere. Die Deckzellen sind mit ihren Kernen und Cytoplasmaausbreitungen dargestellt. Vergr. etwa 1000mal. (Aus W. v. Möllendorff, 1927.)

Bei der Ausscheidung von Trypanblau kommt es zu einer sehr zarten körnigen Speicherung des Farbstoffes in den Deckzellen, eine Tatsache, die erst neuerdings festgestellt worden ist (W. v. Möllendorff[1], 1927), nachdem das Farblosbleiben des Glomerulus in den älteren Farbstoffexperimenten ein sehr wichtiges Argument zugunsten der R. Heidenhainschen Sekretionstheorie stets gewesen ist.

Die *Form* der Glomeruli wechselt nach der Tierart und innerhalb der Niere desselben Tieres. Während in den Nieren der *Teleostier* mehr rundliche Glomeruli vorherrschen, sieht man unter den Amphibien häufig längliche Glomerulusformen. Solche sind speziell bei den *Urodelen Triton* und *Salamandra* auffallend. Diese Glomeruli sind mit der Längsachse stets dorsoventral eingestellt entsprechend der Hauptrichtung des Capillarstroms. Bei Amphibienformen, die kleinere Glomeruli haben, wie *Bufo* und *Rana* ist die Form kugelähnlicher. Das Gleiche trifft für sämtliche *Reptilien-*, *Vogel-* und *Säugetier*glomeruli zu, wenngleich auch hier erhebliche Formunterschiede verzeichnet werden können.

---

[1] Möllendorff, W. v.: Z. Zellforschg **6**, 441 (1927).
[2] Zimmermann, K. W.: Z. Anat. **68**, 29 (1923).

Es gibt einfache und gelappte Glomeruli; dies ist eine Frage der Aufteilung der Gefäße innerhalb der Glomeruli. Im allgemeinen sind kleine Glomeruli nur mit einer einfachen Capillarschlinge versehen; je größer die Glomeruli, um so stärker ist die Tendenz zur Lappung.

In gelappten Glomeruli enthält jedes Läppchen eine Capillarschlinge, die vom V. afferens abgegeben, in das V. efferens zurückströmt, ohne mit anderen Capillarschlingen zu anastomosieren und ohne daß zwischen V. afferens und V. efferens ein Kurzschluß möglich wäre. So lautete schon die Beschreibung von C. LUDWIG[1] (1872) und PH. SAPPEY[2] (1879). Durch die Arbeiten von JOHNSTON[3] (1899), J. DISSE[4] (1902) und W. ROOST[5] (1912) hat sich dann die Ansicht festgesetzt, daß zwischen die einzelnen Capillarschlingen zahlreiche Anastomosen vorhanden seien. BJ. VIMTRUP bestreitet auf Grund von Rekonstruktionen und von Totalpräparaten injizierter Glomeruli das Vorhandensein von Anastomosen. Das Fehlen von Anastomosen geht meines Erachtens auch daraus hervor, daß die einzelnen Läppchen eines menschlichen Glomerulus bis zur Gefäßeintrittszone voneinander trennbar sind. Ein solches Läppchen enthält meist nur eine Capillarschlinge und ist ringsum von Deckzellen überkleidet.

Die *Größe* der Glomeruli innerhalb einer Niere schwankt stets um einen bestimmten Mittelwert, der für das betreffende Tier charakteristisch ist. Die Größenschwankung ist sehr beträchtlich. Bei der weißen Maus schwankten innerhalb derselben Niere (s. W. v. MÖLLENDORFF[6], 1922) die Hauptdurchmesser von 143 : 111 μ bis 71 : 50 μ (s. Tabelle 1, S. 190). Anscheinend haben größere Exemplare der gleichen Tierart etwas größere Formen als kleinere. So betrug die mittlere Länge des Glomerulusdurchmessers bei Bufo vulgaris bei einem Körpergewicht von 81,84 g 121 μ, bei einem Körpergewicht von 60,32 g 111 μ (unveröffentlichte Messungen von O. KRAYER). Nach Exstirpation einer Niere vergrößern sich die Glomeruli der übrigbleibenden Niere beträchtlich[7].

Die schon sehr früh bekannte Variabilität der Glomerulusgröße verdichtete sich bei O. DRASCH[8] (1877) zu der Vorstellung, daß prinzipiell zwei verschiedene Formen unterschieden werden müßten: große, der Markzone näher gelegene, und kleine, mehr rindenwärts gelagerte Glomeruli. Tatsächlich wissen wir heute (Literatur s. K. PETER[9] 1909; W. ROOST[10], 1912), daß hierbei keine prinzipiellen, sondern nur graduelle Unterschiede bestehen; nach PETER sind die mittleren Größenunterschiede zwischen zentral und peripher gelegenen Glomeruli beim Kaninchen sehr gering. Beim Menschen waren sogar die peripheren Glomeruli durchschnittlich etwas größer. Bei Schwein und Tümmler sind die zentralen größer, beim Rinde dagegen wieder die peripheren. Alle Bestimmungen wurden an erwachsenen Nieren vorgenommen. ROOSTS Ergebnisse weichen allerdings von diesen Angaben erheblich ab, indem dieser Autor außer beim *Pferd*, wo keine

[1] LUDWIG, C.: Strickers Handb. d. Gewebelehre **1872**.
[2] SAPPEY, PH. C.: Traité d'anat. descript. **4** (1879).
[3] JOHNSTON, W. B.: Reconstructions of a glomer. of the hum. kidney. Anat. Anz. **16** (1899).
[4] DISSE, J.: Harnorgane. In v. Bardelebens Handb. d. Anat. **7**, 1 (1902).
[5] ROOST, W.: Über Nierengefäße unserer Haussäugetiere, mit spezieller Berücksichtigung der Nierenglomeruli. Dissert. Bern 1912.
[6] MÖLLENDORFF, W. v.: Darf die Niere im Sinne der Sekretionstheorie als Drüse aufgefaßt werden? Münch. med. Wschr. **1922**, 1069.
[7] PETERS, E.: Z. Zellforschg. **8**, 63 (1928) (dort weitere Literatur über Hypertrophie).
[8] DRASCH, O.: Über das Vorkommen von zweierlei verschiedenen Gefäßknäuel in der Niere. Sitzgsber. Akad. Wiss. Wien, Math.-naturwiss. Kl., 3. Abt. **76**, 79 (1877).
[9] PETER, K.: Die Nierenkanälchen des Menschen und einiger Säugetiere. Jena 1909.
[10] ROOST, W.: Über Nierengefäße unserer Haussäugetiere, unter spezieller Berücksichtigung der Nierenglomeruli. Med. Dissert. Bern 1912.

auffälligen Differenzen vorkamen, überall die zentralen Glomeruli größer fand (so bei *Rind*, *Ziege*, *Schaf*, *Schwein*, *Hund* und *Katze*).

Tabelle 1. Masse der Glomeruli und Harnkanälchen bei Amphibien, Reptilien, Vögeln und Säugetieren[1].

In der Tabelle sind die aus den Messungen der verschiedenen Autoren sich ergebenden Mittelmaße angeführt, wobei nur die in der optischen Ebene meßbaren Werte berücksichtigt sind.

Tierart	Glomerulusdurchmesser in μ	Gesamtlänge des Kanälchens in mm	Länge des Hauptstückes in mm	Durchmesser des Hauptstückes in μ	Autor
Amphibien:					
Rana esculenta, 27,6 g	177 : 80	—	4,08	48—46	Krayer
Bufo vulg., 81,8 g	183 : 131	—	3,8	48—101	„
Bufo vulg., 60,3 g	144 : 117	—	3,0	43—66	„
Bombinator pach., 5,4 g	129 : 92	—	1,22	63—68	„
Salamandra mac., 18,3 g	306 : 281	—	3,7 (ca.)	50—140 (ca.)	„
Triton alp., 1,38 g	230 : 215	—	2,2	71—112	„
Reptilien:					
Lacerta	77 : 54	5,28	3,13	62—92	Zarnik
Anguis ♀	108 : 92	7,79	2,62	77—107	„
Coronella ♀	166 : 144	16,66	10,00	88—130	„
Pelias ♀	123 : 70	9,86	5,08	38—76	„
Crocodilus	108 : 77	7,39	3,85	70—100	„
Testudo	216 : 140	14,47	9,85	108—140	„
Emys	77 : 70	4,15	2,46	46—70	„
Platydactylus ♂	108 : 100	8,47	5,85	62—100	„
Vögel:					
Taube	55 : 55	—	1,7	—	v. Möllendorff
Ringelspatz	42 : 37	2,85	1,30	—	
Säugetiere:					
Echidna	150 : 130	20,4	10,8	38—92	Zarnik
Maus	103 : 86	6,0	2,75	49	Peter
Kaninchen	116 : 91	17,0	6,9	35	„
Schaf	173 : 153	32,5	16,0	43	„
Katze	124 : 124	24,0	9,0	61	„
Tümmler	130 : 103	12,4	4,5	37	„
Rind	209 : 172	57,0	19,0	50	„
Schwein	240 : 180	26,0 (ca.)	18,5	60	„
Mensch	192 : 159	34,0	14,0	57	„

Der Durchmesser der V. afferens verhält sich zu demjenigen des V. efferens nach W. Roost beim Hunde wie 4 : 1. Beim Menschen erscheint mir nach Beobachtungen an einer ausgespülten Niere die Differenz nicht so stark. Auch dürfte hier je nach der Durchströmung der Querschnitt beider Gefäße stark schwanken. Nach den Beobachtungen von Richards[2] wechselt die Durchströmungsgröße in den Glomeruli der Froschniere dauernd.

Um ein Maß für die Ausscheidungsfläche der Niere, soweit sie sich in den Glomeruli findet, zu bekommen, hat man zahlreiche Messungen an verschiedenen Tiernieren vorgenommen. Im allgemeinen ist man darauf angewiesen, die Durch-

[1] Die Tabelle soll nur Beispiele bringen, nicht vollständig sein; eine große Zahl von Messungen, die in der Literatur mitgeteilt sind, lassen sich zum Vergleiche nicht heranziehen. Die Amphibienwerte sind jeweils auf das gleiche Kanälchen bezogen, dem auch die Zahl für den Glomerulus entspricht, ebenso bei den Zahlen für Vögel. Dagegen stellen die Zahlen für Reptilien und Säugetiere Mittelwerte dar, bei denen die Glomeruluszahlen unabhängig von Kanälchenzahlen gewonnen sind.

[2] Richards, A. N.: Further observ. on the glomer. circul. J. of Urol. **13**, 283 (1925).

messer der Glomeruli zu bestimmen; die im Schrifttum niedergelegten Zahlen geben hier aber die wahre Größe meist nicht wieder, weil sie nur zwei Durchmesser bestimmen.

Wovon die Größe der Glomeruli abhängig ist, ist heute noch als ungeklärt zu betrachten. Innerhalb der Säugetiere sind die Glomeruli kleiner Formen im allgemeinen kleiner als diejenigen großer Formen; doch steigt die Glomerulusgröße viel weniger stark an als das Körpergewicht. Die notwendige Vergrößerung der Abscheidungsfläche wird in viel bedeutenderem Maße durch Vermehrung der Nephrone erreicht. Kleine Amphibien, wie Salamander und Triton, besitzen absolut größere Glomeruli als der Mensch (s. Tabelle 1).

Vereinzelt hat man versucht, die Gesamtausscheidungsfläche verschiedener Tierformen zu bestimmen. G. STEINBACH[1] und O. KRAYER (unveröffentlicht) haben solche Versuche an Amphibien vorgenommen, A. PÜTTER[2] (1912 und 1926) unter Benutzung von Zahlen anderer Autoren für Säugetiere Berechnungen angestellt. Die vielen Ungenauigkeiten, die bei der Messung unvermeidlich sind, die Verschiedenheit der Lappung, die Schwierigkeit, exakt die Anzahl der Glomeruli zu bestimmen, sind ein Teil der Gründe, warum alle diese Bestimmungen nicht recht befriedigen.

A. PÜTTER hat die Oberfläche des Glomerulus bei Säugern im Hinblick auf die Lappung mit 3 multipliziert, bei der Maus mit nur 1,3. Die Zahl der Glomeruli bestimmte er in der Weise, daß er die Fläche maß, unter der Glomeruli liegen, und dann an Schnitten bestimmte, wieviel Glomeruli unter 1 qcm Oberfläche liegen. Für gelappte Nieren müssen sich hierbei sehr große Fehler ergeben, speziell auch für die menschliche Niere.

Aus den PÜTTERschen Zahlen ergeben sich für folgende Säuger die Glomerulusoberflächen in beiden Nieren:

Tabelle 2.

	1 Glomerulus in qmm	Zahl der Glomeruli in beiden Nieren in Tausenden	Gesamte Glomerulusoberfläche qcm	Flächengröße der Glomeruli pro 1 g Tier
Maus	0,038	54	20,52	1,70
Kaninchen	0,101	285	287,85	1,35
Katze	0,144	460	662,40	1,79
Schaf	0,249	1010	2514,90	1,53
Schwein	0,425	1400	5950,00	1,91
Mensch	0,293	1700	4981,00	1,72
Rind	0,335	8050	26967,50	2,15
Echidna	0,183	180	329,40	1,46
Tümmler	0,126	—	—	—

Die Feststellung der Anzahl der Glomeruli ist einer der schwächsten Punkte bei solchen Bestimmungen. Dies ergibt sich aus der Ungleichheit der Zahlen der folgenden Tabelle 3 (umstehend):

Für eine Reihe von Amphibien bestimmten O. KRAYER und G. STEINBACH[3] (1926) Größe, Fläche und Zahl der Glomeruli. Da die Untersuchungen teilweise in Freiburg i. Brsg., teilweise in Kiel ausgeführt wurden, ergaben sich bei der gleichen Art zum Teil sehr starke Differenzen, so daß noch weitere Untersuchungen notwendig sind, um manche Unstimmigkeiten zu klären. In der Tabelle 4 sind in der letzten Spalte die von A. PÜTTER errechneten „spezifischen Glomerulus-

[1] STEINBACH, G.: Z. Zellforschg **4**, 382—412 (1926).

[2] PÜTTER, A.: Z. Physiol. **12**, 125—214 (1910) — Dreidrüsentheorie der Harnbereitung. Berlin 1926.

[3] STEINBACH, G.: Über Zusammenhänge zwischen dem Nierenindex und dem histologischen Bau der Haut bei Amphibien. Z. Zellforschg **4**, 382 (1926).

Tabelle 3. Anzahl der Glomeruli in beiden Nieren.

Beobachter	Schwein	Katze	Kaninchen	Hund	Ratte	Echidna	Schaf	Maus	Rind	Mens[illegible]
SCHWEIGGER-SEIDEL[1]	1000000									
PÜTTER	1400000	460000	284000				1010000	54000	8050000	1700
MILLER und CARLTON[2]		31000								
PETER[3]		400000 bis 600000								4500
CONWAY und O'CONNOR[4]			110000 320000 bis 424000							
HAYMAN und STARR[5]			320000 bis 360000							
BOYCOTT[6]			500000 bis 540000							
BRODIE und THACKRAH[7]				284000 250000						
KITTELSON[8]					57726					208[illegible]
ARATAKI[9]					60000					
ZARNIK[10]						180000				
VIMTRUP[11]		345000 bis 405000		12 kg 1015000	65000					170[illegible] b[illegible] 247[illegible]
TROUT[12]				8 kg 815000						900[illegible]

flächen" hinzugefügt. Nimmt man das Mittel der Anuren, so ergibt sich eine „spezifische Glomerulusfläche" von 6,85 qmm.

Für die Säugetiere berechnet A. PÜTTER[13] (1926) den gleichen Wert auf 97 qmm, also 14,2mal so groß. Es muß aber immer wieder betont werden, daß alle diese Zahlen an der Unsicherheit kranken, die mit der Beurteilung dessen zusammenhängt, was man eigentlich als Glomerulusoberfläche bezeichnen soll,

[1] SCHWEIGGER-SEIDEL, F.: Die Niere des Menschen und der Säugetiere in ihrem feinen Bau. Halle 1865.

[2] MILLER, W. S. u. E. P. CARLTON: The relation of the cortex. Trans. Wisconsin Acad. Sci. **10** (1895).

[3] PETER, K.: Untersuchungen über Bau und Entwicklung der Niere. Jena 1909.

[4] O'CONNOR, J. M. u. E. J. CONWAY: The localisation of excretion. J. of Physiol., London **56**, (1922).

[5] HAYMAN, J. M. u. J. STARR: Experim. on the glomerular distribution of blood in the mamm. kidney. J. of exper. Med. **42** (1925).

[6] BOYCOTT, A. B.: A case of unilat. aplasia of the kidney rabbit. J. Anat. a. Physiol. London **4** (1911).

[7] BRODIE, T. G. A.: New conception of the glom. function. Proc. roy. Soc. Lond. B **87** (1914).

[8] KITTELSON, J. A.: The postnat. growth of the kidney. Anat. Rec. **13** (1917).

[9] ARATAKI, M.: On the postnat. growth usw. Amer. J. Anat. **36** (1926).

[10] ZARNIK: B. Vergleichende Studien über den Bau der Niere von Echidna und der Reptilienniere. Jen. Z. Naturw. **46** (1910).

[11] VIMTRUP, BJ.: On the number, shape, structure and surface area of the glom. usw. Amer. J. Anat. **41**, 123 (1928).

[12] TROUT, A. F.: The structure unit. of the human kidney. Contributions to embryol. Carngie Inst. Wash. **15** (1923).

[13] PÜTTER, A.: Der Nierenindex. Z. Anat. **83**, 228 (1926).

Tabelle 4. Zahl und Oberfläche der Glomeruli und Körpergewicht bei Amphibien.

Tierart	Körpergewicht g	Zahl der Glomeruli in beiden Nieren	Mittlere Oberfläche eines Glomerulus qmm	Gesamtoberfläche aller Glomeruli in qmm	Glomerulusoberfläche pro g Körpergewicht qmm	Glomerulusoberfläche pro g Körpergewicht, $\cdot \lambda (= \sqrt[3]{g})$ nach PÜTTER qmm
Rana esculenta	27,61	1400	0,0279	39,03	1,41	4,26
Rana esculenta	24,45	2220	0,0287	63,87	2,6	7,54
Bufo vulgaris	81,84	2800	0,0461	129,00	1,57	6,80
Bufo vulgaris	29,6	2500	0,0227	56,7	1,89	5,83
Bombinator pachypus	5,40	1000	0,0236	23,56	4,35	7,67
Hyla arborea	4,41	920	0,0262	24,1	5,5	9,00
Salamandra maculosa	18,33	900	0,1482	133,40	7,27	19,20
Salamandra maculosa	14,6	800	0,0509	40,71	2,7	6,60
Triton alpestris	1,38	360	0,0861	31,01	22,47	25,60

und ferner an der Schwierigkeit, für die größeren Säugetiere exakte Werte für die Anzahl der Glomeruli zu erhalten.

Einen neuen Weg hat BJ. VIMTRUP[1] (1928) damit beschritten, daß er versuchte, die Oberfläche der Capillaren zu erfassen. In der menschlichen Niere nimmt er durchschnittlich 50 Capillarschlingen in jedem Glomerulus an; der Durchmesser sei 10 μ; die Länge des gesamten Capillarweges errechnet er zu 25 mm in einem Glomerulus, die Oberfläche der Capillaren auf 0,78 qmm. Da beide Nieren etwa 2000000 Glomeruli enthalten, würde die gesamte Capillarenoberfläche in beiden Nieren 1,56 qm betragen. Der Mensch hätte demnach pro Gramm Körpergewicht eine Ausscheidungsfläche von 25,1 qmm und eine spezifische Glomerulusoberfläche von 1036,6 qmm (PÜTTER errechnete 293 qmm).

Die BOWMANsche Kapsel des Nierenkörperchens. An ihr ist eine Basalmembran und ein Epithel zu erkennen. Die *Basalmembran* setzt sich aus einer homogenen feinen Haut und einem außen aufliegenden Fasergeflecht zusammen (MALL[2], 1901). Durch Pankreatinverdauung wird die homogene Haut zerstört; das Fasergeflecht wird den Reticulinfasern zugerechnet. Es läßt sich mit Silber imprägnieren und färbt sich nach MALLORY blau. Es ist nicht aufgeklärt, inwieweit die Kapsel dehnbar ist; offenbar bietet sie für den Glomerulus bei maximaler Capillarentfaltung genügend Platz. An der Gefäßeintrittsstelle ist die Faserschicht der Kapsel mit den adventiellen Bindegewebsfasern der Gefäße verflochten, die homogene Haut scheint sich den Grundhäutchen der Capillaren zu verschmelzen.

Das *Kapselepithel*, das schon BOWMAN[3] (1842) richtig beschrieben hat, setzt sich aus flachen, in polygonalen Grenzlinien aneinanderstoßenden (ROTH[4], 1864) Zellen zusammen. Die Kerne lagern oft in benachbarten Zellen dicht beieinander, oft in Gruppen zu vieren (O. DRASCH[5], 1877). K. W. ZIMMERMANN[6] hebt (1898) hervor, daß er an diesem Epithel weder Kittlinien noch Zentralkörperchen habe nachweisen können. Bei den meisten Tierarten, auch beim Menschen, ist die

[1] VIMTRUP, BJ.: Zitiert auf S. 192.

[2] MALL, F. P.: Das retikuläre Gewebe und seine Beziehungen zu den Bindegewebsfibrillen. Abh. Sächs. Ges. Wiss., Math.-naturw. Kl. **17**, 299 (1891).

[3] BOWMAN, W.: Zitiert auf S. 184.

[4] ROTH, M.: Untersuchungen über die Drüsensubstanz der Niere. Dissert. Bern 1864.

[5] DRASCH, O.: Über das Vorkommen von zweierlei verschiedenen Gefäßknäuel in der Niere. Sitzgsber. Akad. Wiss. Wien, Math.-naturw. Kl., **76**, Abt. 3, 79 (1877).

[6] ZIMMERMANN, K. W., Beiträge zur Kenntnis einiger Drüsen und Epithelien. Arch. mikrosk. Anat. **52**, 552 (1898).

gesamte Kapsel bis zum Harnpol von plattem Epithel ausgekleidet. Bei *Ratte* und *Maus* dagegen flacht sich das Epithel vom Harnpol gegen den Gefäßpol hin ganz allmählich ab (C. BENDA[1], 1887, u. a.).

b) Die Kanälchensysteme.

Vom Glomerulus bis zum Sammelrohr sind die Nierenkanälchen in der Regel ungeteilt. Eine wirkliche Ausnahme von dieser Regel ist nicht bekannt.

Bei Untersuchungen im Kieler Institut fand neuerdings NORDBOE ein Kanälchen der Ringelnatter, dessen Hauptstück nach dem proximalen Ende gegabelt war und mit zwei relativ kleinen Glomerulis in Verbindung stand. Dieser Fall steht, soviel ich sehe, bisher einzig da.

In den Vornierensystemen, die, soweit sie in Funktion stehen, häufig nur einen Riesenglomerulus besitzen (Amphibienlarven, Petromyzon, junge Fische), stehen mit demselben mehrere Kanälchen in Verbindung, die sich distal vielfach (bei Amphibienlarven, Abb. 20) zu einem gemeinsamen Kanälchen vereinigen (H. RABL[2], 1904; M. FÜRBRINGER[3], 1878). Die Bedeutung der gelegentlich in gewissen Reptiliennieren (A. POLICARD[4], 1908; B. ZARNIK[5], 1910) beobachteten, blind endigenden Seitenzweige der Hauptstücke ist noch nicht geklärt.

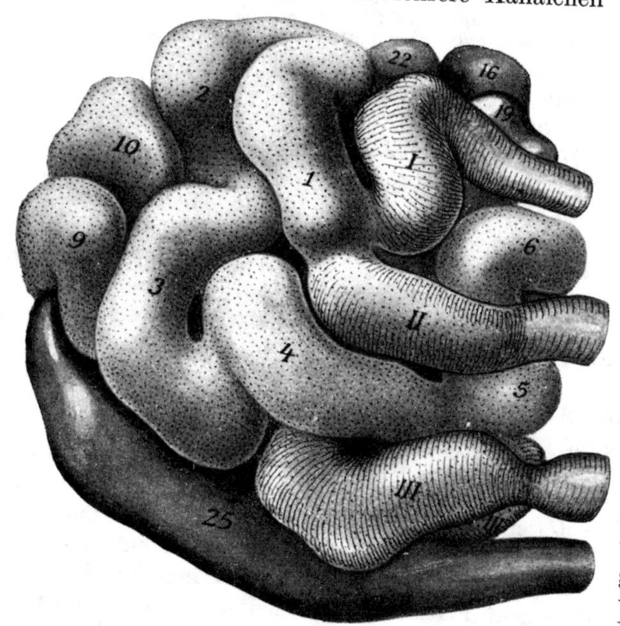

Abb. 20. Linke Vorniere einer Kaulquappe von Rana fusca nach Trypanblauspeicherung; Wachsplattenmodell, in 300facher Vergr. ausgeführt. Ansicht von dorsal und etwas lateral. Kanälchen *I*, *II* und *III* sind die Nephrostomalkanälchen, die aus der Peritonealhöhle ihren Anfang nehmen und sich zum Hauptstück (Schlinge *1–10*) vereinigen. Der Endabschnitt (Schlinge *11–25*), von dem man hier nur Schl. *16*, *19*, *22* und *25* sieht, ist dunkler gehalten. (Aus W. v. MÖLLENDORFF, 1919.)

In den allermeisten Fällen aber enthält eine Niere eine mehr oder weniger große Anzahl von in sich gleichartig gebauten Systemen, die vom Glomerulus bis zur Einmündung in ein Sammelrohr *ungeteilt* verlaufen, in dieser Strecke aber in sich in eine typische Anzahl von Abschnitten gegliedert sind.

Der Hals.

Bei sehr vielen Tierarten — vorzugsweise bei Kaltblütern — folgt auf den Glomerulus der sog. *Hals*, dessen charakteristisches Element in der Ausstattung

[1] BENDA, C.: Ein interessantes Strukturverhältnis der Mäuseniere. Anat. Anz. **2**, 425 (1887).

[2] RABL, H.: Über die Vorniere und die Bildung des Müllerschen Ganges bei Salamandra maculosa. Arch. mikrosk. Anat. **64** (1904).

[3] FÜRBRINGER, M.: Zur vergleichenden Anatomie und Entwicklungsgeschichte der Exkretionsorgane des Vertebraten. Morph. Jb. **4**, 1 (1878).

[4] POLICARD, A.: Le tube urin. de Mamm. Rev. gén. d'Hist. Paris **3** (1908).

[5] ZARNIK, B.: Vergleichende Studien über den Bau der Niere von Echidna und der Reptilien. Jen. Z. Naturw. **46**, 113 (1910).

der Epithelzellen mit langen, in distaler Richtung schlagenden *Wimperfahnen* besteht. Die Bedeutung dieses Abschnittes ist noch keineswegs geklärt. Vorkommen: bei *Petromyzon*, wo die Halsstücke in großer Zahl von einem Glomus abgehen (B. HALLER[1], 1904; R. KRAUSE[2], 1923), bei *Selachiern* (*Torpedo*, R. KRAUSE[2], 1923), bei *Teleostiern* (Abb. 21) (B. HALLER[3], 1908; J. AUDIGÉ[4], E. HUOT, 1902; zit. S. 184 u. a.); von den Amphibien haben besonders lange Halsabschnitte *Triton* und *Salamandra*, deutlich

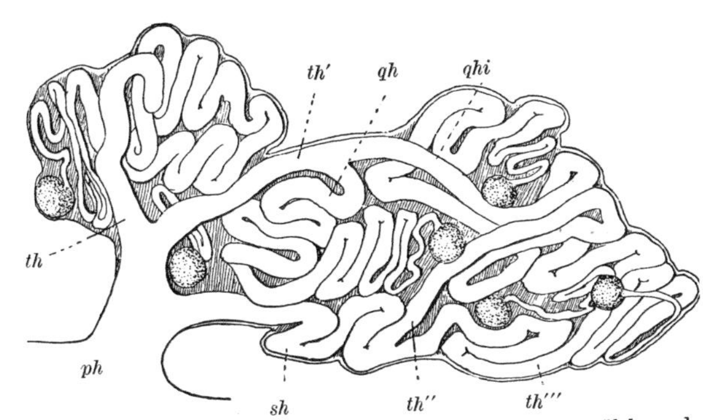

Abb. 21. Nierenläppchen von *Gobio fluv.* *ph* = primäres Kanälchen oder Sammelgang, *qh* = quartäres, *sh* = sekundäres, *th* = tertiäres Kanälchen. (Nach HALLER, 1908).

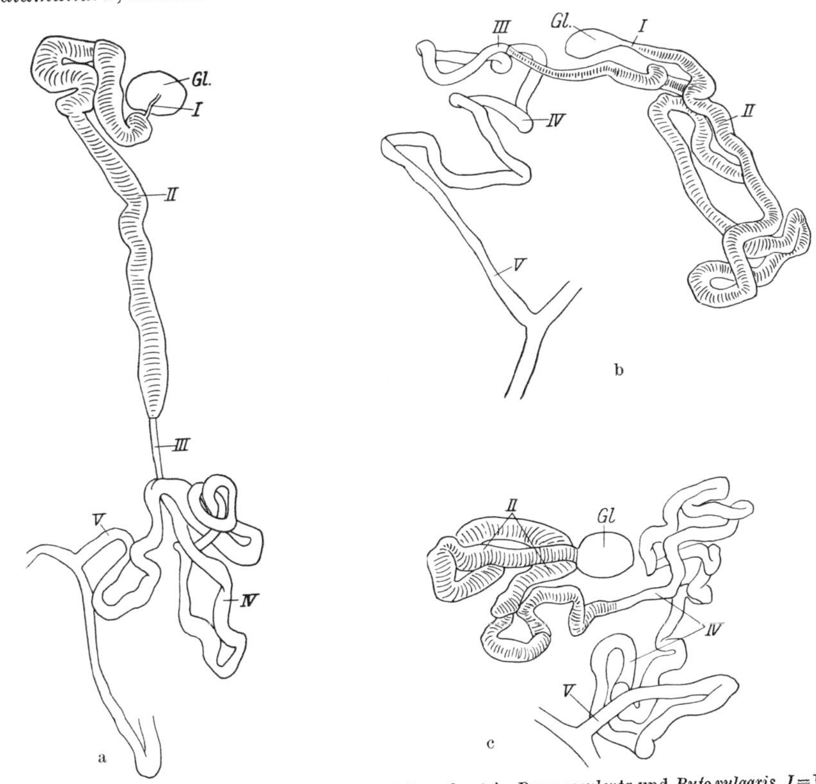

Abb. 22a—c. Isolierte Harnkanälchen aus Nieren von *Triton alpestris*, *Rana esculenta* und *Bufo vulgaris*. *I* = Hals, *II* = Hauptstück, *III*, *IV* und *V* = 3., 4. und 5. Abschnitt. Bei Bufo ist die Abtrennung von *I* und *II* unmöglich. Vergr. 35 mal.

[1] HALLER, B.: Lehrb. d. vergl. Anat. Jena 1904.

[2] KRAUSE, R.: Mikroskopische Anatomie der Wirbeltiere. IV. Teleostier, Plagiostomen usw. Berlin u. Leipzig 1923.

[3] HALLER, B.: Zur Phylogenie der Nierenorgane (Holonephros) der Knochenfische. Jen. Z. Naturw. **43**, 729 (1908).

[4] AUDIGÉ, J.: Contribution à l'étude des reins des Poissons téléostéens. Arch. Zool. expér. et gén. (5) **4**, 275 (1910).

ausgeprägte auch *Rana esculenta* und *Bombinator*, bei Hyla arborea ist der Hals meist sehr kurz, während er bei *Bufo* vollständig fehlt (Abb. 22) (Krayer, G. Steinbach 1926). Bei *Reptilien* fehlt der Halsabschnitt, soweit untersucht, nur bei der *Krokodil*niere (Zarnik 1910, zit. S. 192), doch konnte ich denselben auch bei einem Exemplar der *Blindschleiche* an Isolationspräparaten nicht feststellen.

Vögel und Säugetiere besitzen keinen typischen Halsabschnitt. Was hier manchmal als Halsabschnitt beschrieben worden ist, entspricht nur einer gelegentlich ausgesprochenen Einziehung des Hauptstückes am Übergang aus dem Glomerulus. Als wesentlich für die Abtrennung eines wirklichen Halsabschnittes muß gefordert werden, daß auch die cytologische Struktur des Epithels vorhanden ist. Dieser Forderung entspricht aber der auf den Glomerulus folgende Abschnitt des Harnkanälchens bei Warmblütern nicht.

Die Wimpertrichter.

Die ursprüngliche Beziehung der Exkretionsorgane zur Leibeshöhle kommt noch bei vielen Nierenformen zum Ausdruck. So ist auch die Einrichtung der sog. *Wimpertrichter* in der Niere vieler *Fische* und *Amphibien* zu verstehen. Als solche bezeichnet man Kanäle, die ursprünglich vom Cölom aus in die Harnkanälchen leiten, und zwar an die Stelle, wo der Hals in den II. Abschnitt übergeht.

Unter den *Gymnophionen* schätzt J. W. Spengel[1] (1875) die Zahl der Nephrostome bei *Epicrium glutinosum* auf über 1000. Auch bei den *Urodelen* sind allenthalben Nephrostomalkanälchen ausgebildet (Fr. Meyer[2] 1875, J. W. Spengel[3] 1876).

Die Wimpertrichter sind ähnlich gebaut wie die Halsabschnitte und vor allem durch die mächtigen Geißelfahnen ausgezeichnet. Die Bedeutung der Wimpertrichter läßt sich am besten verstehen, wenn man sich die Beziehungen

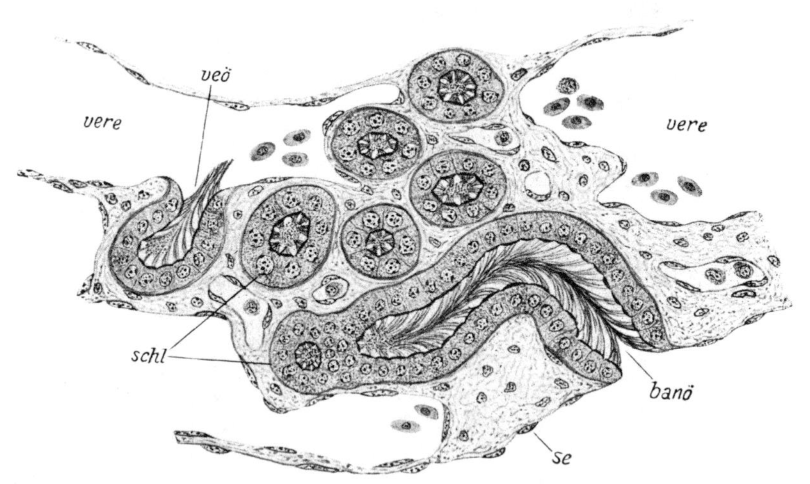

Abb. 23. Wimpertrichter aus der Niere des Frosches. *se* Serosa, *bauö* Bauchhöhlenöffnung des Wimpertrichters, *schl* schleifenförmiges Mittelstück des letzteren, *veö* Venenöffnung des Wimpertrichters, *vere* Vv. renales revehentes. (Nach R. Krause, 1923.)

[1] Spengel, J. W.: Wimpertrichter in der Amphibienniere. Zbl. med. Wiss. **1875**, 369.

[2] Meyer, Fr.: Beiträge zur Anatomie des Urogenitalsystems der Selachier und Amphibien. Sitzgsber. Naturforsch. Ges. Leipzig **2**, 38 (1875).

[3] Spengel, J. W.: Das Urogenitalsystem der Amphibien, I. Arb. zool. zoot. Inst. Würzburg **3**, 1 (1876).

der Vornierensysteme zur Leibeshöhle vergegenwärtigt (s. die Lehr- und Handbücher der Entwicklungsgeschichte): hier ragt der Glomerulus in die Leibeshöhle hinein, und jeder Kanälchenhals beginnt in der Leibeshöhlenwandung mit einem Nephrostom. Die Nephrostomalkanälchen in den als Urnierensysteme zu bezeichnenden Dauernieren der genannten Tierformen haben also die Verbindung mit der Leibeshöhle bewahrt M. NUSSBAUM[1] (1880) konnte zeigen, daß in die Leibeshöhle eingebrachte Carminkörnchen mit großer Karft durch die Nephrostome dem Innern der Nierenkanälchen zugestrudelt werden.

Eine sehr eigenartige Weiterbildung haben diese Kanälchen bei den *Anuren* erfahren, wo die Nephrostome in verschieden großer Anzahl (J. W. SPENGEL, 1876; zit. auf S. 196, [M. NUSSBAUM[1], 1880; G. SWEET[2], 1907) angetroffen werden. Hier geben die Nephrostomalkanälchen während der Entwicklung ihre Verbindung mit den Nierenkanälchen auf und öffnen sich in die abführenden Nierenvenen (Abb. 23) (M. NUSSBAUM, 1880). Einbringung von Carmin- oder Tuschekörnchen in die Leibeshöhle (M. NUSSBAUM, 1880) führt denn auch bei den allermeisten Anuren zur Aufnahme dieser Partikel in die Blutbahn. Die Leibeshöhle ist damit als unmittelbarer Exkretionsort ausgeschaltet.

Reptilien, *Vögel* und *Säugetiere* besitzen keine Verbindung mehr zwischen Leibeshöhle und Nierenkanälchen.

Beziehungen zum Hoden.

Eine andere wichtige Beziehung des Nierensystems — nämlich diejenige zu der *männlichen Keimdrüse* — beschränkt sich ebenfalls auf die Niere von manchen *Fischen* und *Amphibien;* während bei allen höheren Wirbeltierklassen Teile des Nierensystems definitiv vom Exkretionsorgan abgetrennt und ganz in den Dienst des Hodens übergeführt werden, bleibt bei den genannten Tierformen vielfach der betreffende Teil der Niere Exkretionssystem und wird nur zur Brunstzeit als Ausführweg für das Sperma benutzt. Die Lösung dieser Aufgabe ist dabei in sehr verschiedener Weise gefunden worden.

Während bei den *Knochenfischen* die Trennung von Harn- und Geschlechtsorganen durchgeführt ist, wird bei den *Selachiern* der vordere Teil der Niere als Spermaweg benutzt; hier fehlen (J. BORCEA[3] 1906) die Glomeruli. Der Kanälchenapparat steht mit dem Hodennetz in Verbindung und fungiert — wohl ausschließlich — als Nebenhoden. Der entsprechende Teil der weiblichen Niere ist verkümmert. Die zum Nebenhodenteil gehörigen Kanälchen werden durch einen besonderen Gang weitergeleitet. Auf die etwas anders liegenden Verhältnisse bei *Ganoiden* und *Dipnoern* gehe ich an dieser Stelle nicht ein.

Die *Urodelen* benutzen im männlichen Geschlecht ebenfalls den kranialen Nierenabschnitt als Ausführweg für den Samen; diese „Geschlechtsniere" ist im ganzen schwächer entwickelt; doch unterscheidet sie sich in ihrem prinzipiellen Aufbau nicht von der übrigen Niere.

Sehr verschieden sind die Beziehungen der Niere mit dem Hoden unter den *Anuren* ausgebildet. Die schon von SWAMMERDAM entdeckte, von F. H. BIDDER[4] 1846 neu beschriebene Verbindung zwischen Niere und Hoden wurde dann von M. NUSSBAUM[5] (1886) und seinem Schüler H. BEISSNER[6] (1898) genau aufgeklärt.

---

[1] NUSSBAUM, M.: Über die Endigung der Wimpertrichter in der Anurenniere. Zool. Anz. **3**, 514 (1880).

[2] SWEET, G.: The Anat. of some Austr. Amphib. Proc. roy. Soc. Victoria **20**, 222 (1907).

[3] BORCEA, J.: Recherches sur le système urogénitale des Elasmobranches. Arch. Zool. expér. (4) **4**, 199 (1906).

[4] BIDDER, F. H.: Vergleichende anatomische und histologische Untersuchungen über die männlichen Geschlechts- und Harnwerkzeuge der nackten Amphibien. Dorpat 1846.

[5] NUSSBAUM, M.: Über den Bau und die Tätigkeit der Drüsen. 5. Mitt. Arch. mikrosk. Anat. **27**, 442 (1886).

[6] BEISSNER, H.: Der Bau der samenableitenden Wege bei R. fusca und R. escul. Arch. mikrosk. Anat. **53**, 168 (1899).

Bei *Rana esculenta* und *Bufo*, ferner bei einigen australischen Arten (G. Sweet, 1907) münden aus dem Bidderschen Längskanal hervortretende Querkanäle in fast allen medial gelegenen Glomeruli, wo sie gegenüber dem Halsabgang in den Kapselraum eintreten. Zur Brunstzeit ist also bei diesen Arten ein Teil der Harnkanälchen prall mit Spermien gefüllt. Bei *Rana fusca* dagegen verlaufen unmittelbare Verbindungen vom Bidderschen Längskanal nach dem Harnleiter, an denen als bauchige Erweiterungen (Ampullen) nur noch Andeutungen eines Glomeruluskapselraumes bestehen (s. E. Gaupp[1], 1904). Hier haben also die vom Samen benutzten Wege ihre exkretorische Funktion ganz aufgegeben.

Durch die angegebenen Verhältnisse finden wir also bei Fischen und Amphibien gerade am Anfangsteil der Kanälchen vielfach Komplikationen, die den Amnioten fehlen.

Durch dieselben Befunde wird aber die Natur des Nebenhodens als eines alten Exkretionsorganes in wichtiger Weise beleuchtet. Es ist in diesem Zusammenhange von Interesse, darauf hinzuweisen, daß in den Coni vasculosi des Nebenhodens bei der Maus Trypanblau und andere kolloide Farbstoffe nach subcutaner Injektion ebenso gespeichert werden wie in den Hauptstückepithelien der Niere (W. v. Möllendorff[2] 1920, D. Nassonov[3] 1926, T. v. Lanz[4] 1926, F. Wagenseil[5] 1928).

Das Hauptstück.

Als *Hauptstück* bezeichnen wir den allen bekannten Nierensystemen zukommenden Abschnitt der in doppelter Weise charakterisierbar ist: einmal durch den Bürstensaum, dann durch sein Verhalten bei der Ausscheidung speicher-

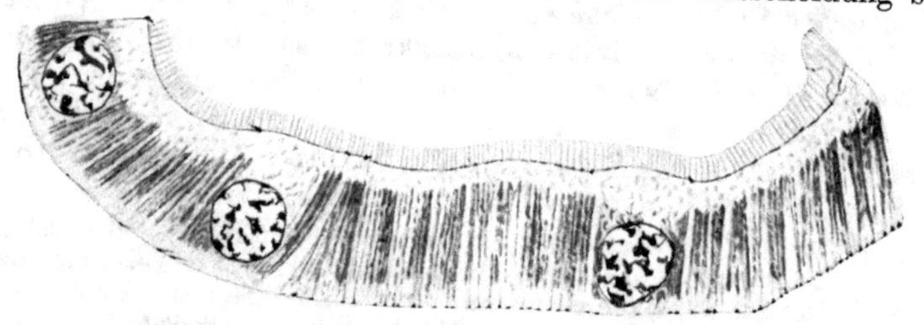

Abb. 24. Stäbchenepithelien aus einem Rindenkanälchen der Maus. Unterscheidbar sind: zu innerst der Bürstensaum, darunter der gekörnte innere Grenzkontur der Zellen, weiterhin die supranucleäre Region der Zellen, die Stäbchenregion und nach außen hin eine oftmals vorhandene infranucleäre granulaarme Zone; zu äußerst schließlich ein feiner Grenzkontur mit einer Serie von Knötchen, den Querschnitten der Basalreifen. (Aus M. Heidenhain, 1911.)

barer Substanzen. Dieser Speicherabschnitt zeigt die am deutlichsten ausgesprochen funktionellen Eigentümlichkeiten des ganzen Nierensystems. Er ist deshalb am meisten bearbeitet worden und als der wichtigste Abschnitt des gesamten Systems angesehen, aber in seiner wesentlichen Bedeutung sehr verschieden beurteilt worden.

Das Epithel des Hauptstückes wie des gesamten Kanälchens ist gegen das Bindegewebe durch eine zarte *Membrana propria* abgeschlossen, die nach von

[1] Gaupp, E.: A. Eckers u. R. Wiedersheims Anat. d. Frosches, 3. Abt., spez. S. 255. Braunschweig 1904.

[2] Möllendorff, W. v.: Vitale Färbungen in tierischen Zellen. Asher-Spiros Erg. d. Physiol. **18**, 142—306 (1920), spez. S. 271.

[3] Nassonov, D.: Die Tätigkeit des Golgiapparates in den Epithelzellen der Epididymis. Z. Zellforschg **4**, 573 (1926).

[4] Lanz, T. v.: Bau und Funktion des Nebenhodens. Z. Anat. **80**, 177 (1926).

[5] Wagenseil, F.: Experimentelle Untersuchungen am Nebenhoden der Maus. Z. Zellforschg **7**, 141 (1928).

FRISCH[1] (1915) in Bestätigung der Befunde von E. BIZZOZERO[2] an der Innenfläche sehr feine „Basalreifen“ (M. HEIDENHAIN[3], 1911) besitzt (Abb. 24). Dieselben sind nicht zu verwechseln mit einem feinfaserigen Netz von Bindegewebe, das nach außen von der Glashaut gelegen ist (RÜHLE[4], 1897).

Im Gegensatz zu dem Epithel der BOWMANschen Kapsel ist das Epithel des Hauptstückes eine relativ dicke Schicht und setzt sich aus verschieden großen, in durch Falten komplizierten Flächen aneinanderstoßenden Zellen zusammen. Nach K. W. ZIMMERMANN[5] (1911) sind die Berührungsflächen nah dem Lumen zu viel komplizierter als im basalen Teile des Epithels. In der gleichen Niere kann sich das Epithel der Hauptstücke sehr verschieden darstellen, je nach dem Dehnungszustande des Kanälchens. Bei stärkerer Erweiterung bildet die Innenfläche des Kanälchens eine glattwandige Röhre; ist das Lumen eng, so ist es oft sternförmig gestaltet, indem die supranucleären Abschnitte der Einzelzellen sich stärker ins Lumen vorbuchten als die internucleären. Die Veränderlichkeit des Lumens scheint auf verschiedenen Funktionszuständen des Epithels zu beruhen. Nach H. SAUER[6] (1895) und R. KOLSTER[7] (1911), denen sich auch andere Autoren (J. ENESCO[8], 1913; T. G. BRODIE und J. J. MACKENZIE[9], 1914) angeschlossen haben, ist das sternförmig spaltartige Lumen nach geringer Nierendurchströmung zu finden, ein weites Lumen dagegen nach starker Diurese.

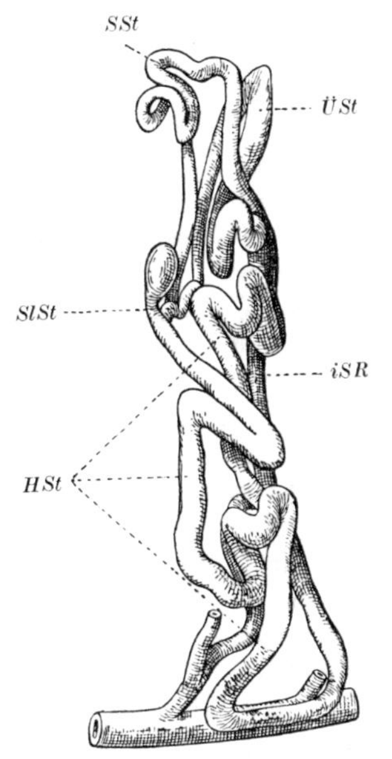

Abb. 25. Ein Kanälchenkonvolut der Niere von *Coronella austrica* ♀ (Schlange). *HSt* = Hauptstük, *SlSt* = Schleifenstück, *SSt* = Schaltstück, *ÜSt* = Übergangsstück, *iSR* = initiales Sammelrohr. (Nach B. ZARNIK, 1910.)

Im Cytoplasma während der Ausscheidung eingelagerte Farbstofftropfen lassen erkennen, daß die den verschiedenen Lumenzuständen entsprechende Gestalt der Epithelzellen vorzugsweise durch Verschiebung der ungeformten Cytoplasmateile hervorgerufen wird (W. v. MÖLLENDORFF[10] 1915).

Was die *Maße* des Hauptstückes anbelangt, so variieren dieselben innerhalb der Tierreihe ebensosehr wie die Maße für die Glomeruli. Im allgemeinen (s. Tabelle 1) gehören lange Hauptstücke zu großen Glomeruli, doch bestehen hier besondere Verhältnisse, die unten zusammenfassend besprochen werden sollen (s. S. 219). Sehr auffallend ist auch der Unterschied in der *Dicke* der Kanälchen bei verschiedenen Tierarten. Während dieselbe innerhalb

---

[1] FRISCH, BR. v.: Zum feinen Bau der Membr. propr. der Harnkanälchen. Anat. Anz. **48**, 284 (1915).

[2] BIZZOZERO, E.: Sulla membr. propr. dei canal. urinif. d. rene umano. Arch. Sci. med. **25** (1901).

[3] HEIDENHAIN, M.: Plasma und Zelle. 2. Lief. Jena 1911.

[4] RÜHLE, M.: Arch. Anat. u. Physiol. **1897**.

[5] ZIMMERMANN, K. W.: Zur Morphologie der Epithelzellen der Säugetierniere. Arch. mikrosk. Anat. **78**, 199 (1911).

[6] SAUER, H.: Nierenepithel und sein Verhalten bei der Harnabsonderung. Arch. mikrosk. Anat. **46**, 109 (1895).

[7] KOLSTER, R.: Mitoch. und Sekretion in der Tub. cont. der Niere. Beitr. path. Anat. **51**, 209 (1911).

[8] ENESCO, J.: Contr. à l'étude histophys. de la cellulaire du tube contourné usw. C. r. Soc. Biol. **74**, 914 u. 973 (1913).

[9] BRODIE, T. G. u. J. J. MACKENZIE: On the changes in the glom. and tub. of the kidney. Proc. roy. Soc. Lond. B **87**, 593 (1914).

[10] MÖLLENDORFF, W. v.: Dispersität der Farbstoffe, ihre Beziehungen zu Speicherung und Ausscheidung in der Niere. Anat. H. **53**, 87 (1915).

der Säugetiere keine erheblichen Schwankungen besitzt (die gefundenen Werte schwanken von 35–61 μ, wenn man von Echidna absieht), besitzen Reptilien und Amphibien vielfach erheblich größere Dickenmaße. Am umfänglichsten sind die Kanälchen einerseits bei Testudo (ZARNIK[1]), andererseits bei Salamandra (v. MÖLLENDORFF-KRAYER). Innerhalb der Reptilien (ZARNIK) geht die Hauptstückdicke im allgemeinen mit dem Glomerulusdurchmesser parallel (Abb. 25), bei den Amphibien (vgl. Abb. 22, S. 195) ist dies aber keineswegs der Fall, indem z. B. *Bombinator* bei weitem die kleinsten Glomeruli, aber dickere Hauptstücke als *Rana* hat; auch bei den *Säugetieren* betont PETER die Unabhängigkeit der Hauptstückdicke von der Glomerulusgröße. Es ist möglich, daß die sehr verschiedenartige Beladung des Hauptstückepithels mit Einlagerungen eine gewisse Rolle für die Dickendimension spielt. So wissen wir, daß im Hauptstück der Katze, das sich durch eine besondere Dicke auszeichnet, enorme Fettmengen deponiert zu sein pflegen (K. PETER[2], K. B. LEHMANN und TREUTLEIN[3] 1914).

Sucht man im *feineren Bau* des Epithels nach Merkmalen, die den Hauptstücken aller Nieren zukommen, so ist hier ausschließlich der *Bürstensaum* anzuführen. Sein Vorhandensein (M. NUSSBAUM[4], 1878) ist heute unbestritten, seine Natur noch nicht einheitlich beurteilt (Literatur s. besonders A. NOLL[5]. Man darf diese Struktur als eine den Harnsystemen wesentliche betrachten (besonders hervorgehoben von A. POLICARD[6], 1908). Die Streifung, die die luminale Cytoplasmaoberfläche auszeichnet, ist bei unfixierten (M. NUSSBAUM[7], 1878) und bei fixierten Kanälchen zweifelsfrei festgestellt (s. besonders H. SAUER[8], 1895). Daß die Streifung aber als Ausdruck für das Vorhandensein von feinen Fortsätzen (W. KRUSE[9], 1887) betrachtet werden darf, ist schon aus dem Grunde nicht wahrscheinlich, weil das vollständige Schwinden der Streifung ebenfalls zweifelsfrei festgestellt ist. Wie man auch diese veränderten Quellungsbedingungen gegenüber offenbar besonders empfindliche Struktur auffassen will, so besteht doch kein Zweifel (s. auch die besonders sorgfältigen Untersuchungen von D. CESA-BIANCHI[10], 1909), daß hier eine strukturelle Besonderheit in der luminalen Begrenzung des Hauptstückes ausgebildet ist. Man könnte sich wohl vorstellen, daß der luminalen Zelloberfläche eine ähnliche Struktur eigentümlich ist wie der Oberfläche des Darmepithels. Das Charakteristische besteht offenbar in dem Fehlen einer krustenartigen Verdichtung der Zelloberfläche, die dagegen den übrigen Teilen des Harnkanälchens wie den meisten einschichtigen Epithelien eigentümlich ist. Gestreifte Zellsäume finden sich, abgesehen vom Darmepithel, noch im Syncytium der Placenta: in beiden Fällen Resorptionsflächen. Vielleicht darf das Vorhandensein des Bürstensaums im Hauptstück als ein morphologischer Hinweis auf an dieser Stelle vorkommende Resorptionsprozesse aufgefaßt werden (s. unten S. 211).

Das Cytoplasma des Hauptstückepithels ist im übrigen durch seine *Einschlüsse* zu charakterisieren, die in enger Abhängigkeit zur Tätigkeit der Niere

---

[1] ZARNIK: Zitiert auf S. 194. [2] PETER, K.: Zitiert auf S. 183.

[3] LEHMANN, K. B. u. TREUTLEIN: Untersuchungen über den histologischen Bau und den Fettgehalt der Niere der Katze. Frankf. Z. Path. **15**, 163 (1914).

[4] NUSSBAUM, M.: Über die Sekretion in der Niere. Pflügers Arch. **16**, 139 (1878).

[5] NOLL, A.: Zitiert auf S. 183.

[6] POLICARD, A.: Le tube urinaire des mammifères. Rev. gén. d'Histol. **3** (1908/09) (dort ältere Literatur).

[7] NUSSBAUM, M.: Fortgesetzte Untersuchungen über die Sekretion in der Niere. Pflügers Arch. **17**, 580 (1878).

[8] SAUER, H.: Neue Untersuchungen über das Nierenepithel. Arch. mikrosk. Anat. **46**, 109 (1895).

[9] KRUSE, W.: Ein Beitrag zur Histologie des gewundenen Harnkanälchens. Virchows Arch. **109**, 193 (1887).

[10] CESA-BIANCHI, D.: Experimentelle Untersuchungen über das Nierenepithel. Frankf. Z. Path. **3**, 461 (1909).

stehen. Es ist zweckmäßig, wenngleich nicht in allen Einzelheiten durchführbar, unter den Inhaltskörpern solche zu unterscheiden, die dem Cytoplasma als eigentliche Struktur angehören, von anderen, deren Auftreten an das Durchströmen von Harnsubstanzen gebunden ist.

Unter den *Struktureinrichtungen* der Hauptstückzellen müssen besonders die *plastosomalen Elemente* beachtet werden, die in der Säugetierniere in den proximalen Hauptstückteilen besonders stark entwickelt sind, wo man sie seit R. Heidenhain[1] (1874) auch als *Stäbchen* bezeichnet (Literatur s. bei Suzuki[2], 1912; J. Arnold[3], 1914; A. Noll[4], 1921). Diese sind, wie die wichtigen Feststellungen Suzukis dargetan haben, nur etwa in den proximalen zwei Dritteln der Hauptstücke so dichtstehend und als parallel geordnete, stabförmige Bildungen nachweisbar, daß der Name Stäbchen berechtigt erscheint. Im distalen Drittel der Hauptstücke werden sie durch uncharakteristisch angeordnete, ebenso färbbare, kurzfädig bis körnige Strukturen abgelöst. Die Dichtigkeit der Stäbchenstruktur nimmt in distaler Richtung stetig ab. Fädige oder körnige Strukturen, die sich färberisch den Säugerstäbchen ähnlich verhalten, eignen den Hauptstückzellen aller Wirbeltiere. Es ist aber darauf hinzuweisen, daß plastosomale Elemente wohl in keinem Teil der lebenden Substanz fehlen, so daß wir aus ihrem Vorhandensein in der Nierenzelle keine besonderen funktionel-

Abb. 26. Harnkanälchen aus der Mäuseniere, frisch beobachtet. Die an mehreren Stellen sichtbaren Granulationen gehen aus der sekundären Veränderung der Nierenstäbchen hervor. Die gut erhaltenen Teile zeigten im Leben nur an dem inneren Ende der Stäbchenzone einige feine Granula. (Aus M. Heidenhain, 1911.)

len Leistungen abzuleiten berechtigt sind. Wie überall sind auch in den Nierenzellen diese plastosomalen Elemente schwierig, d. h. nur mit bestimmten Fixierungsmitteln gut zu erhalten (Abb. 24, S. 198). Nach den Beobachtungen M. Heidenhains[5] (1911) u. a. dürfte es zweifelsfrei sein, daß die Stäbchen der lebenden Zelle eigentümliche Strukturen sind, die allerdings eine große Labilität besitzen und sehr leicht in Körner zerfallen (s. Abb. 26). Von besonderer Bedeutung ist die Feststellung M. Heidenhains (1911, S. 1030), daß die Stäbchen im Hauptstück der Mäuseniere offenbar zu Lamellen zusammengefügt sind, die der Querebene des Kanals parallel liegen. Diese Lamellen haben ihre Stütze an den der Innenfläche der Membrana propria anliegenden Basalreifen. Nach A. N. Mislawsky[6] (1913) sind die Stäbchen in ein feinfädiges Gerüst eingelassen, das das ganze Cytoplasma von der Epithelbasis bis zum Bürstensaum durchzieht. Da dieses Gerüst aber nur in fixierten Präparaten beschrieben ist, kann es nicht unbedingt als real betrachtet werden, zumal da die obenerwähnte Formveränder-

---

[1] Heidenhain, R.: Mikroskopische Beiträge zur Anatomie und Physiologie der Nieren. Arch. mikrosk. Anat. **10**, 1 (1874).

[2] Suzuki, T.: Zur Morphologie der Nierensekretion, besonders S. 191. Jena 1912.

[3] Arnold, J.: Über Plasmastrukturen, besonders S. 115. Jena 1914.

[4] Noll, A.: Die Exkretion (Wirbeltiere). In Wintersteins Handb. d. vergl. Physiol. **2**, H. 2, besonders 825 (1921).

[5] Heidenhain, M: Plasma und Zelle. In Bardelebens Handb. d. Anat. d. Menschen. 1907 u. 1911.

[6] Mislawsky, A. N.: Plasmafibrillen und Chondriokonten in dem Stäbchenepithel der Niere. Arch. mikrosk. Anat. **83**, 361 (1913).

lichkeit des Epithels sich schwer mit der Annahme einer stabileren Struktur im Cytoplasma verträgt.

Die vielerörterte und besonders von J. ARNOLD[1] (1914, daselbst auch vollständige Literaturbesprechung) eingehend behandelte Frage, ob die Stäbchen homogen oder aus Körnern zusammengesetzt sind, läßt sich mit unseren Hilfsmitteln nicht beantworten. Tatsächlich haben mehrere Beobachter (M. HEIDENHAIN[2] 1911, D. CESA-BIANCHI[3] 1909) betont, daß bei äußerster Vorsicht frisch untersuchte Kanälchen *nur* homogene Stäbchen enthalten. Demgegenüber heben J. ARNOLD u. a. hervor, daß die wahre (körnige) Natur erst nach Verschwinden einer (lipoiden?) Hülle hervortrete.

Die Stäbchenstruktur ist sehr verschieden beurteilt worden (s. A. NOLL, 1921). Da die Menge dieser Cytoplasmastruktur in der Wirbeltierreihe außerordentlich verschieden ist, dürfen wir sie jedenfalls nicht als etwas in der *Stäbchen*anordnung für die Nierenfunktion absolut Notwendiges betrachten. Am ansprechendsten ist die Vermutung von C. HIRSCH (1910), der die Anordnung dieser Strukturen als Gradmesser für die Intensität der Durchströmung des Cytoplasmas in der gleichen Richtung nimmt. Die Menge der Stäbchensubstanz ist vielleicht auch ein Maßstab für die durch die Ultrastruktur bedingte Dichtigkeit des Cytoplasmas.

M. HEIDENHAIN (1911, S. 1035) „bringt das Stäbchenorgan mit der Wasserabsonderung in Zusammenhang". Wir können uns seiner Vorstellung nicht anschließen. Es ist nicht denkbar, daß verschiedene Nieren in der Wirbeltierreihe so fundamental verschieden arbeiten sollten. Das Hauptstück hat aber nur bei den Säugetieren eine ausgesprochene Stäbchenstruktur, dagegen bei allen anderen Wirbeltieren nicht, obwohl z. B. der Harn der Amphibien relativ wasserreicher ist. Hier die Wasserabsonderung nur in den stäbchenführenden 4. Abschnitt zu verlegen, geht nicht an. Nimmt man mit M. HEIDENHAIN an, daß den Stäbchen eine unter Nerveneinfluß stehende Contractilität zukommt, so könnte eine solche bei der Rückresorption Verwendung finden, die nach unserer Auffassung in den Hauptstücken vor sich geht. In dieser Weise gedeutet, könnten die HEIDENHAINschen Gedankengänge noch Bedeutung erlangen.

Die Arbeitsleistung des Epithels nach dem Zustande der Stäbchen resp. der plastosomalen Strukturen zu beurteilen, ist bisher nicht einwandfrei gelungen (s. die Besprechungen der Frage bei A. NOLL, 1921; M. HEIDENHAIN, 1911; J. ARNOLD, 1914; SUZUKI, 1912), trotzdem eine Fülle von Arbeiten dieser Frage gewidmet ist. Die außergewöhnlichen Schwierigkeiten, die einer einwandfreien Fixierung gerade der Nierenzellen entgegenstehen, betrachten wir als Hauptgrund für die widersprechenden Ergebnisse der Forscher. Teilweise gehe ich unten noch auf diese Frage ein (s. S. 210).

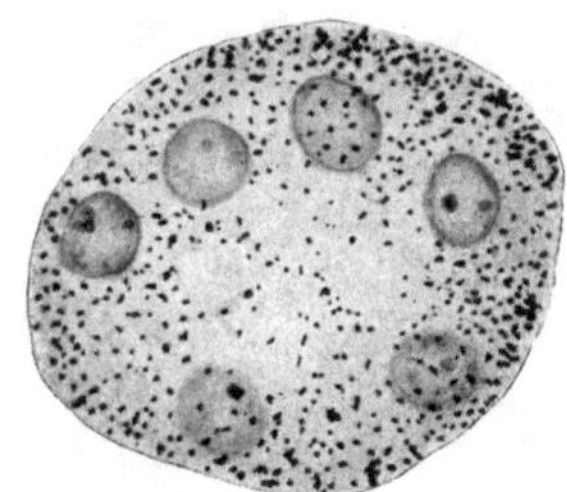

Abb. 27. Kochsalz mit Silbernitrat gefällt im Nierenhauptstück (Ratte 1 Stunde nach Injektion von 2 ccm einer 20 proz. Kochsalzlösung). (Aus W. v. MÖLLENDORFF, 1922.)

Viel besser läßt sich der Leistungszustand des Epithels an den übrigen Einschlüssen des Cytoplasmas beurteilen, die in enger Abhängigkeit zur Tätigkeit der Niere stehen. Man kann wohl sagen, daß alle Substanzen, die in Wasser gelöst durch die Nieren verarbeitet werden, mit dem Hauptstückepithel in Berührung kommen. Eine ganze Reihe von Substanzen haben sich im Cytoplasma dieses Epithels denn auch nachweisen lassen. Die Formart, in der der Durchtritt stattfindet, ist nicht immer leicht zu bestimmen. Der Nachweis molekulargelöster Stoffe gelingt nur mit Methoden, die eine unslösliche Fällung der betreffenden Substanz bewirken. Die Niederschlagsbildung, die sich dann findet, ist nicht maßgebend für die Lokalisation, in der sich ein solcher Stoff im Leben befand. Dies trifft zu für die mikroskopisch nachweisbaren Salze (Kochsalz,

[1] ARNOLD, J.: Zitiert auf S. 201. [2] HEIDENHAIN, M.: Zitiert auf S. 201.
[3] CESA-BIANCHI, D.: Zitiert auf S. 200.

Phosphate E. LESCHKE[1], 1914; Eisensalze E. J. STIEGLITZ[2], 1921; J. FIRKET[3], 1921; W. v. MÖLLENDORFF[4], 1922; Harnstoff H. STÜBEL[5], 1922; J. OLIVER[6], 1922). Kochsalz läßt sich nach einer größeren Dosis im Hauptstückepithel körnig durch $AgNO_3$ ausfällen (Abb. 27), Harnstoff wird durch Xanthydrol in Krystalldrusen dargestellt (Abb. 28), die ganz sicher „Kunstprodukte“ im histologischen Sinne darstellen. Diese Methoden lassen also einen Schluß auf das Vorhandensein dieser Stoffe, aber nicht ihre Lokalisation im cytologischen Sinne

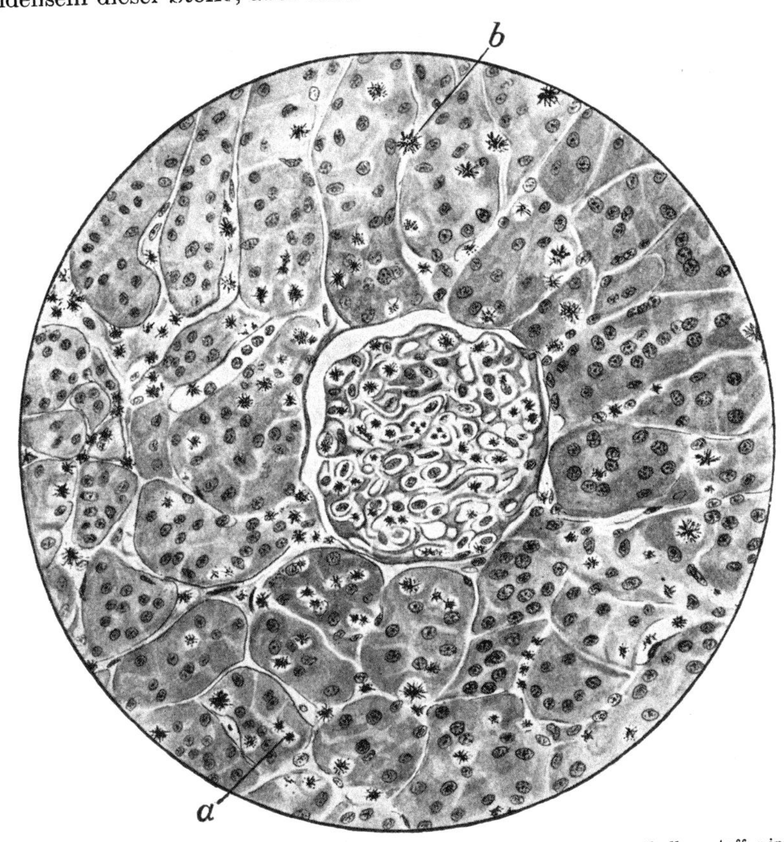

Abb. 28. Harnstoff in der Rattenniere, mit Xanthydrol gefällt. Krystalle von Dixanthylharnstoff *a* innerhalb der Zellen des Hauptstückes, *b* in den Gewebsspalten zwischen den Hauptstücken, außerdem auch im Glomerulus. (Aus STÜBEL, 1921).

zu. Es ist aber bemerkenswert, daß außer dem Bindegewebe und den Glomerulis (beim Harnstoff s. STÜBEL) fast ausschließlich die Hauptstücke derartige Substanzen enthalten.

Es muß mit allem Nachdruck darauf hingewiesen werden, daß die Lokalisation von Stoffen, die nur durch Reaktionen nachgewiesen werden können, nur

[1] LESCHKE, E.: Untersuchungen über den Mechanismus der Harnabsonderung in den Nieren. Z. klin. Med. **81**, 14 (1914).
[2] STIEGLITZ, E. J.: Amer. J. Anat. **29**, 33 (1921).
[3] FIRKET, J.: Etude histophys. de l'élimin. de certain sels par le rein. C. r. Soc. Biol. Paris **83**, 1004 (1920).
[4] MÖLLENDORFF, W. v.: Zur Histophys. der Niere usw. Erg. Anat. **24**, 278 (1922).
[5] STÜBEL, H.: Der mikrochemische Nachweis von Harnstoff in der Niere mit Xanthydrol. Anat. Anz. **54**, 236 (1921).
[6] OLIVER, J.: The mechan. of urea excr. J. of exper. Med. **33**, 177 (1921).

in allgemein-topographischem Sinne, aber nicht im cytologischen Sinne ausgedeutet werden darf. Wir haben überhaupt keinen Anhaltspunkt für eine präzisere Vorstellung, in welcher „Form“ krystalloide Substanzen im Cytoplasma angereichert werden. Die Annahme von A. GURWITSCH[1] (1902), die in viele Handbuchdarstellungen übernommen ist, daß unter den „Kondensatoren“ eine für Salzlösungen reserviert sei, ist ganz willkürlich und durch nichts zu belegen. In diesem Zusammenhang hat vielleicht die Angabe von PH. SCHOPPE[2] (1897) Bedeutung, daß in der Niere von *Helix* nach Auflösung der harnsauren Konkremente in den Epithelzellen eine organische Basis zurückbleibt. Es wäre also denkbar, daß eine corpusculäre Konzentrierung krystalloider Substanzen nur im Zusammenhang mit irgendeiner „organischen Basis“ möglich ist.

Jedenfalls ist es wichtig, daß alle Untersucher, sofern sie darauf geachtet haben, angeben, daß krystalloide Stoffe nur dann in den Hauptstücken in nachweisbarer Konzentration gefunden werden, wenn man auf der Höhe der Ausscheidung untersucht; klingt die Ausscheidung im Harne ab, so hat sich das Hauptstückepithel des betreffenden Körpers auch schon wieder entledigt. Man kann daraus schließen, daß die Bindung im Epithel nur sehr locker gewesen ist. Über Ort und Art dieser Bindung sind wir aber, wie hervorgehoben, nicht unterrichtet.

Besonders klare Auskunft über die Lokalisation geben uns gefärbte Körper, sei es, daß wir körpereigene Farbstoffe, sei es, daß wir künstlich zugeführte Farbstoffe verfolgen. *Molekular gelöste, feindisperse saure Farbstoffe* färben auf der Höhe des Ausscheidungsvorganges nur vorübergehend das Epithel *diffus* an (W. v. MÖLLENDORFF[3], 1915). Es liegt nahe, anzunehmen, daß auch die obengenannten Salze und der Harnstoff, sofern sie keine Giftwirkung entfalten (s. W. v. MÖLLENDORFF[4], 1922), während der Ausscheidung nur diffus verteilt im Cytoplasma vorkommen, ohne festere Bindungen an Granula oder Stäbchen einzugehen. Wichtig ist, daß derselbe Farbstoff (Patentblau V, rote Komponente des Trypanblau) bei der Maus (wo er in wenigen Stunden ausgeschieden wird) nur vorübergehend und diffus verteilt erscheint, während er beim Frosch (wo sich die Ausscheidung über mehrere Tage hinzieht) in Vakuolen gespeichert wird. Wie beim Frosch kommt es auch bei Reptilien zu einer anfänglichen Rotspeicherung nach Trypanblaubehandlung (R. CORDIER[5], 1928). Hier kommen offenbar Unterschiede in der Viscosität des Cytoplasmas zwischen dem Warm- und Kaltblüter zum Ausdruck, die einer weiteren Beachtung wert sind.

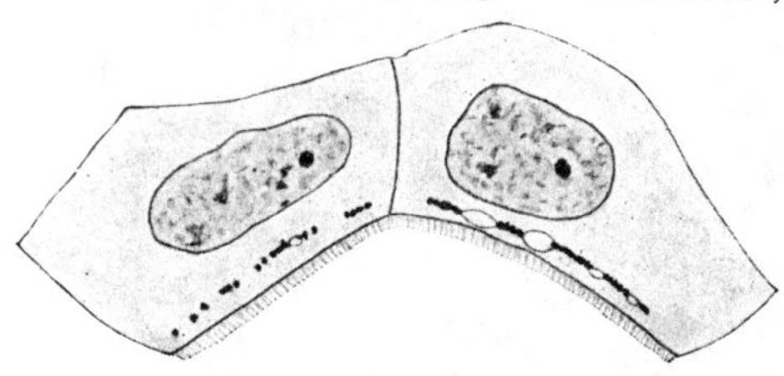
Abb. 29. Zwei Zellen des Nierenhauptstückes einer Salamanderlarve, 4 Stunden nach Injektion von Trypanblau. (Aus K. PETER, 1924.)

Bei allen Wirbeltieren lassen sich nun aber Stoffe von bestimmter *kolloider* Lösungstendenz im Cytoplasma der Hauptstücke in Vakuolen- und Körnchenform ablagern, wenn solche Substanzen in die Blutbahn gebracht werden. Diese

[1] GURWITSCH, A.: Zur Physiologie und Morphologie der Nierentätigkeit. Pflügers Arch. **91**, 71 (1902).

[2] SCHOPPE, PH.: Die Harnkügelchen der Wirbellosen und Wirteltiere. Anat. H. **7**, 405 (1897).

[3] MÖLLENDORFF, W. v.: Die Dispersität d. Farbst. usw. Anat. H. **53**, 87, spez. 139f. (1915).

[4] MÖLLENDORFF, W. v.: Zitiert auf S. 203.

[5] CORDIER, R.: Etudes Histophysiol. sur le Tube Urinaire des Reptiles. Arch. de Biol. **37**, H. 2 (1928).

Ablagerung bevorzugt anfangs den plastosomenfreien Abschnitt unmittelbar unter dem Bürstensaum (W. v. MÖLLENDORFF[1], 1915; K. PETER[2], 1924) (Abb. 29, 30). Später rücken die Granula tiefer in die Stäbchenregion hinein (Abb. 31). Besonders wichtig sind hier die Beobachtungen M. GHIRON[3]s (1913, 1925), der den ganzen Ausscheidungsvorgang an der lebenden Mäuseniere unter dem Mikroskop verfolgen konnte. Bei der Amphibienniere, deren Hauptstücken eine ausgesprochene Stäbchenstruktur fehlt, kommt es sehr früh auch zu einer basalen Verschiebung der Körnchen (W. v. MÖLLENDORFF[4], 1919); aber auch hier treten die ersten Körnchen unter dem Bürstensaum auf (K. PETER[2], 1924). Die Vorgänge sind am genauesten für kolloide Sulfosäurefarbstoffe untersucht, doch verlaufen sie in prinzipiell der gleichen Weise auch bei den körpereigenen Pigmenten (Literatur s. W. v. MÖLLENDORFF[5], 1920; A. NOLL[6], 1921; G. BAEHR[7], 1913; J. W. MILLER[8], 1911 u. a.)

Abb. 30. Längsschnitt durch den unmittelbar dem Glomerulus folgenden Teil eines Hauptstückes der Maus, 2½ Stunden nach subcutaner Trypanblauinjektion. (Nach W. v. MÖLLENDORFF, 1915.)

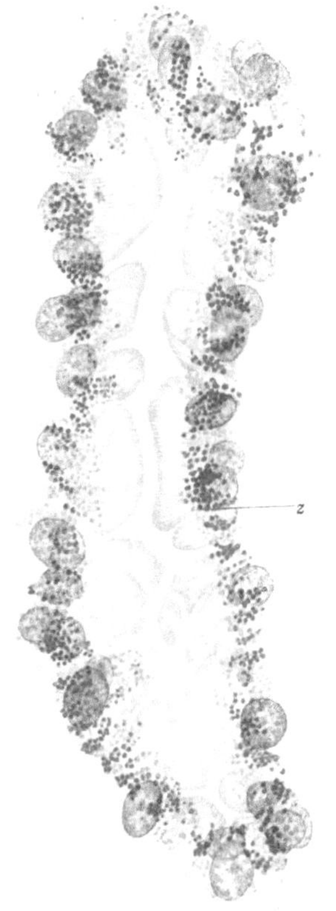

Abb. 31. Proximales Hauptstück aus einer Mäuseniere, 55 Stunden nach subcutaner Injektion von Trypanblau. (Nach W. v. MÖLLENDORFF, 1915.)

---

1 MÖLLENDORFF, W. v.: Zitiert auf S. 199.

2 PETER, K.: Zur Histophysiologie der Amphibienniere. Z. Anat. **73**, 145 (1924).

3 GHIRON, M.: Über die Nierentätigkeit usw. Pflügers Arch. **150**, 405 (1913). — GHIRON, M.: Ric. sperim. di fisiopat. renale. Policlinico **30**, 361 (1923).

4 MÖLLENDORFF, W. v.: Über Funktionsbeginn und Funktionsbestimmung in den Harnorganen von Kaulquappen. Sitzgsber. Heidelberg. Akad. Wiss., Math.-naturwiss. Kl., 9. Abh. (1919).

5 MÖLLENDORFF, W. v.: Vitale Färbungen an tierischen Zellen. Asher-Spiros Erg. **18**, spez. 256 (1920).

6 NOLL, A.: Zitiert auf S. 183.

7 BAEHR, G.: Zur Frage der Unterscheidung zwischen Sekretion und Speicherung von Farbstoffen in der Niere. Zbl. Path. **24**, 625 (1913).

8 MILLER, J. W.: Über die Histologie der Niere bei Hämoglobinurie. Zbl. Path. **22**, 1025 (1911).

D. NASSONOV[1] (1926) hat überzeugend dargetan, daß die Farbstoffablagerung anfangs mit der Lage des sog. GOLGIschen Apparates zusammenfällt. Bei stärkerer Belastung färbt sich das Cytoplasma auch außerhalb der G. A. mit Farbstoffkörnchen (vgl. Abb. 32).

Für die funktionelle Auswertung dieser granulären Farbstoffspeicherung ist eine Aufklärung über die Lokalisation und über die Natur der Granula unerläßlich. Daß die Farbstoffgranula nicht eine Ausscheidungsform der Farbstoffe sind, wie dies früher (seit A. SCHMIDT[2], 1890) vielfach angenommen wurde (so auch von W. GROSS[3], 1911, 1914[4]), steht heute fest (Literatur s. W. v. MÖLLENDORFF[5], 1920; A. NOLL[5], 1921). Die Lokalisation des Farbstoffes in der Zelle läßt aber in der Hauptsache zwei Möglichkeiten offen: entweder liegt dem Farbstoffkörnchen ein Strukturelement des Cytoplasmas zugrunde, das den

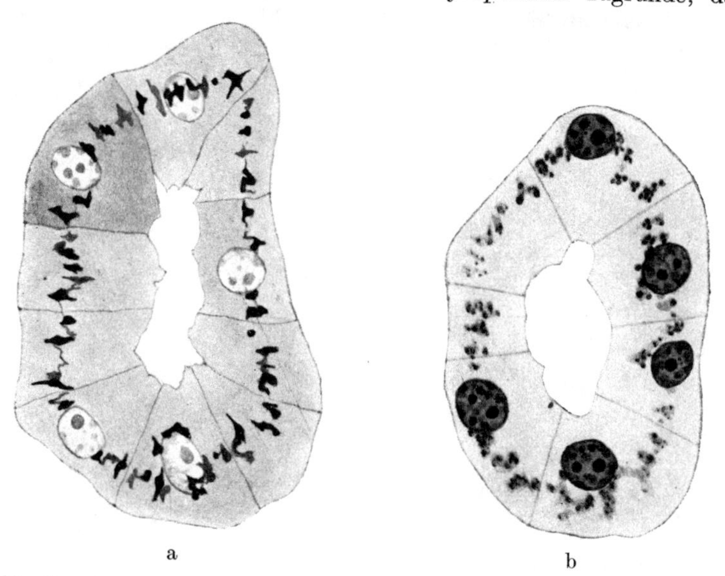

Abb. 32a und b. Querschnitte durch das Hauptstück der Maus: a) mit Darstellung des Golgi-Apparats nach KOLATSCHEV, b) 24 Stunden nach einer Injektion von Trypanblau. Die Lage der Farbstofftropfen und des Golgi-Apparates stimmen miteinander überein. (Aus NASSONOV, 1926.)

Farbstoff an oder in sich aufgesammelt hat, oder das Farbstoffkörnchen ist ein Fremdkörper, der in einem „Zwischenräumchen" des Cytoplasmas durch allmähliche Farbstoffanhäufung entstanden ist. Für die erste Auffassung haben sich in Anlehnung an die Plasmosomenlehre ARNOLDS vor allem ASCHOFF-SUZUKI[6] (1912), W. GROSS[4] (1911), W. STECKELMACHER[7] (1920) eingesetzt, während

[1] NASSONOV, D.: Die physiologische Bedeutung des Golgi-Apparats im Lichte der Vitalfärbungsmethode. Z. Zellforschg **3**, 472 (1926).

[2] SCHMIDT, A.: Zur Physiologie der Niere. Pflügers Arch. **48**, 34 (1890).

[3] GROSS, W.: Experimentelle Untersuchungen über den Zusammenhang zwischen histologischen Veränderungen und Funktionsstörungen der Nieren. Beitr. path. Anat. **51**, 528 (1911).

[4] GROSS, W.: Über den Zusammenhang zwischen Farbstoffausscheidung und vitaler Färbung in den Nieren. Zbl. path. Anat. **25**, Erg.-H., 123 (1914).

[5] MÖLLENDORFF, W. v.: Zitiert auf S. 205.

[6] ASCHOFF-SUZUKI: Zitiert auf S. 201.

[7] STECKELMACHER, W.: Über die Beziehungen des Chondrioms (Plastosomen) zu der Struktur der vitalen Färbung. Beitr. path. Anat. **66**, 470 (1920).

M. Heidenhain[1] (1910,) W. v. Möllendorff[2] (1915) die zweite Auffassung vertreten haben. Mit rein morphologischen Methoden läßt sich die Frage meines Erachtens nicht entscheiden, weil einmal die oben charakterisierte starke Empfindlichkeit der Plastosomen die Untersuchung sehr erschwert, ferner auch färberische Methoden für die mikrochemische Identifizierung in dem heutigen Stadium ihrer Anwendung (s. W. v. Möllendorff[3], 1924) zu unsicher sind, so daß es scheinen könnte, daß die Grundanschauung jedes mit der Frage sich befassenden Autors schließlich den Ausschlag gibt für die Meinung, die er sich von der Frage bildet. Die Frage nach der Natur der Farbstoffkörnchen ist aber identisch für den Gesamtbereich der vitalen Farbstoffspeicherung — und hier gibt es eine wohlbegründete physiko-chemische Theorie von W. Schulemann und H. Evans[4] (1915), der sich W. v. Möllendorff auf Grund eigener Beobachtungen[5] (1917) stets angeschlossen hat und die bis zum heutigen Tage von keiner Seite widerlegt ist. Danach ist die Einlagerung saurer kolloider Farbstoffe einer Kondensation in Tropfen gleichzustellen, die bei vermehrter Farbstoffzufuhr zur Übersättigung und Substanz aus Flockung führt; hat die letztere stattgefunden, so finden wir dunkle Körnchen im Cytoplasma. Bei diesem Vorgange können sich auch zwei gleichzeitig verarbeitete Farbstoffe, sofern sie eine ähnliche Lösungstendenz besitzen, in den gleichen Tropfen ansammeln (Trypanblau + Lithiocarmin, Suzuki[6], 1912; Steckelmacher[7], 1918; Gallenfarbstoff + Trypanblau, W. v. Möllendorff[2], 1915). Nicht auszuschließen ist auch die Vorstellung de Haans[8] (1923), daß Trypanblau nur adsorbiert an die Plasmakolloide des Blutes von den Glomeruli ausgeschieden und den Hauptstückchen rückresorbiert wird. Zur Erklärung der Speicherung nimmt er eine Art Verdauung der Zellen in Anspruch, die den Farbstoff sozusagen als Schlacke im Cytoplasma zurückläßt (J. de Haan[9], 1923).

Jedenfalls legen die zahlreichen Erfahrungen über die Entstehung der Farbstoffgranula die Annahme nahe, daß auch die zahlreichen Befunde von Körnern, „Granula" und Vakuolen unbekannter Zusammensetzung eine ähnliche Genese haben wie die Farbstoffgranula, deren Entstehung im Experiment leicht verfolgt werden kann. Ihrer Natur nach kann man sehr verschiedene Einschlüsse im Cytoplasma der Hauptstücke beobachten (A. Gurwitsch[10], 1902). Ein Teil dieser Einschlüsse läßt sich mit basischen Farbstoffen vital und supravital färben (J. Arnold[11], 1902; Cesa-Bianchi[12], 1910; A. Policard[13], 1908; E. Herzfeld[14], 1917 u. a.); nach den allgemeinen Erfahrungen über das Wesen dieser Färbungen darf man annehmen, daß es sich bei diesen Granulis resp. Vakuolen

---

[1] Heidenhain, M.: Zitiert auf S. 201. [2] Möllendorff, W. v.: Zitiert auf S. 199.

[3] Möllendorff, W. v.: Farbenanalytische Untersuchung der Zelle in Oppenheimers Handb. d. Biochemie. **2**, 273 (1924).

[4] Schulemann, W. u. H. M. Evans: Über Natur und Genese der durch saure Vitalfarbstoffe entstehende Granula. Fol. haemat. (Lpz.) **19**, 207 (1915).

[5] Möllendorff, W. v.: Die Speicherung saurer Farbstoffe im Tierkörper, ein physikalischer Vorgang. Kolloid-Z. **18**, 81 (1916).

[6] Suzuki: Zitiert auf S. 201.

[7] Steckelmacher, S.: Versuche mit vitaler Doppelfärbung. Z. Path. **21**, 1 (1916).

[8] Haan, J. de u. A. Bakker: Pflügers Arch. **199**, 125 (1923).

[9] Haan, J. de: Die Speicherung saurer Farbstoffe in den Zellen mit Beziehung auf das Problem der Phagocytose und der Zellpermeabilität. Pflügers Arch. **201**, 393 (1923).

[10] Gurwitsch, A.: Zur Physiologie und Morphologie der Nierentätigkeit. Pflügers Arch. **91**, 71 (1902).

[11] Arnold, J.: Über vitale und supravitale Färbung in den Nierenepithelien. Anat. Anz. **21**, 417 (1902).

[12] Cesa-Bianchi, D.: Zitiert auf S. 200. [13] Policard, A.: Zitiert auf S. 183.

[14] Herzfeld, E.: Über die Natur der am lebenden Tier erhaltenen granulären Färbung usw. Anat. H. **54**, 447 (1917).

um ein Material handelt, das anodische Kolloide enthält, also analog den sauren Farbstoff- (z. B. Trypanblau-) Granulis entstanden ist (s. W. v. Möllendorff[1], 1924, daselbst Literatur über Färbung).

Arnold nimmt allerdings an, daß sich mit Neutralrot umgewandelte Teile der Stäbchensubstanz färben, was er zum Teil aus der in späten Stadien zutage tretenden Mitfärbung von fädigen Verbindungssträngen zwischen den Granulis schließt.

Sehr häufig enthalten *Frosch*nieren ein gelbes Pigment, das den Farbstofftropfen völlig analog angeordnet ist und vermutlich Gallenfarbstoff darstellt, da es besonders im Zusammenhang mit schweren Leberveränderungen bei Sommerfröschen angetroffen wird. Nach den Darstellungen von Fr. Meves[2] (1899), K. Peter[3] (1924) für *Salamander*larven, A. Policard[4] (1910) beim *Frosch* enthält bei Amphibien das Hauptstück einer normal tätigen Niere unter dem Bürstensaum Bläschen (Abb. 33), etwas mehr in Kernnähe kleine Körner, noch weiter basal große Körner. Meves ordnete diese Einschlüsse in einen Sekretionsakt (analog den Vorstellungen, die später A. Gurwitsch[5] im einzelnen ausbaute), K. Peter betrachtet diese Einschlüsse als Stufen einer Umwandlung, die im Gefolge einer Resorptionsarbeit aus Bläschen die Körner entstehen läßt, analog dem, was bei Farbstoffversuchen zu beobachten ist. Beachtenswert ist die von Fr. Meves gefundene, von K. Peter bestätigte Tatsache, daß die Vakuolenbildung während bestimmter Phasen der mitotischen Teilung aussetzt (s. Abb. 33). Cl. Regaud[6] (1908) beschreibt im Hauptstück von *Fischen* und *Amphibien* die Entstehung von „Sekretkörnern“ aus Plastosomen, wovon sich

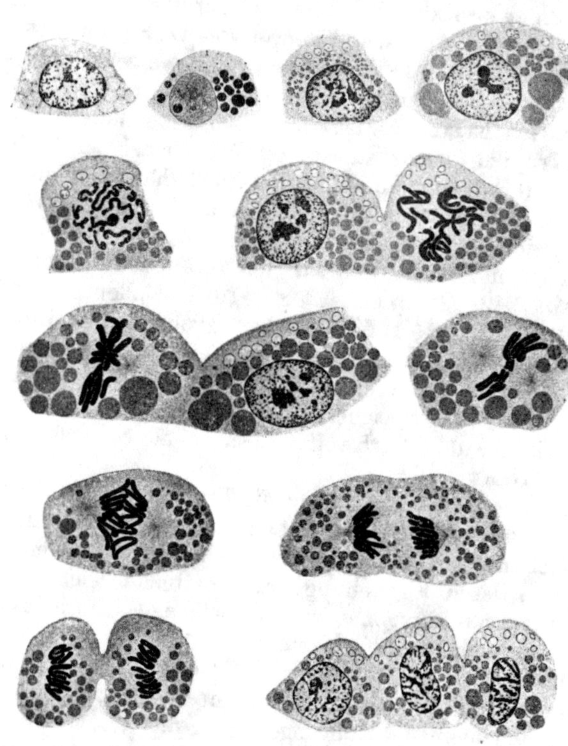

Abb. 33. Einschlüsse in Hauptstückzellen der Niere einer Salamanderlarve, mit ruhenden und sich teilenden Zellkernen. (Nach Meves 1899, aus K. Peter 1924.)

[1] Möllendorff, W. v.: Farbenanalytische Untersuchungen der Zelle. Oppenheimers Handb. d. Biochem., 2. Aufl. (1924).

[2] Meves, Fr.: Über den Einfluß der Zellteilung auf den Sekretionsvorg. usw. Festschr. f. v. Kupffer. Jena 1899.

[3] Peter, K.: Zellteilung und Zelltätigkeit, I. Z. Anat. **72**, 463 (1924).

[4] Policard, A.: Contributions à l'étude du mécanisme de la sécretion urinaire usw. Arch. d'Anat. microsc. **12**, 177 (1910).

[5] Gurwitsch, A.: Zitiert auf S. 207.

[6] Regaud, Cl.: Variations des format. mitochondr. dans les tubes à cutic. striée du rein. C. r. Soc. Biol. **64**, 1145 (1908).

hinwiederum A. Policard nicht überzeugen konnte. Bei Leberausschaltung fand Policard dagegen die Sekretkörner vermehrt als Folge der vermehrten exkretorischen Beanspruchung der Niere. Was für Substanzen in den genannten „Sekretkörnern" enthalten sind, läßt sich nicht sagen. Policard will dieselben auch nicht unbedingt im sekretorischen Sinne auffassen. Die Einflüsse der Diurese führen zu einer starken Vermehrung und Vergrößerung der Vakuolen (G. Galeotti[1], 1895; K. Peter[2], 1924).

Für die *Sauropsiden* sind vor allem die Arbeiten von Tribondeau[3] (1904), Cl. Regaud und A. Policard[4] (1903) sowie Cl. Regaud[5] (1909) hervorzuheben, die aber spezifisch nichts Neues bringen. Besondere Sorgfalt ist dem Harnsäurenachweis in den Nieren dieser Tierklasse gewidmet worden. In dem sehr konzentrierten Harn der *Sauropsiden* bilden die sog. Harnkügelchen den markantesten Formbestandteil. Nach den Arbeiten von M. Bial[6] (1890), A. Policard und A. Lacassagne[7] (1910), Ph. Schoppe[8] (1897) dürfte es heute als klargestellt gelten, daß diese Konkremente nicht als solche in den Zellen entstehen. Allen Untersuchern ist es nämlich aufgefallen, in welchem Mißverhältnis die nachweisbaren Harnsäuremengen im Hauptstückepithel (Abb. 34) zu den enormen Massen im Harne erscheinender Harnsäure stehen. Nach R. Krause[9] (1922) lassen sich Harnsäureeinlagerungen im Hauptstück der *Tauben*niere nach Alkoholfixation als zahlreiche kleine, stark lichtbrechende Kügelchen „nachweisen". Ähnlich lauten die Beschreibungen der übrigen Autoren. Zweifelhaft ist es, ob die Methoden, Harnsäure durch Silbernitrat zu färben (J. Courmont und Ch. André[10], 1905), einwandfrei *nur* Harnsäure darstellt (s. die ausführliche Erörterung dieser Fragen bei A. Noll[11], 1921, spez. S. 856). Neuerdings hat R. Cordier[12] (1928) bei Reptilien die Harnsäureausscheidung studiert und sich dabei der Untersuchung im polarisierten Lichte bedient. Er findet 2—4 Stunden nach der Injektion Harnsäurekrystalle in den Gefäßen (auch des Glomerulus); das Lumen der Kapsel ist frei; dagegen enthalten die Hauptstücke im Lumen und in den Zellkuppen Krystalle. Stark angefüllt mit solchen sind auch die distalen Kanälchenlumina. Er zieht aus seinen Beobachtungen den Schluß, daß Harnsäure in

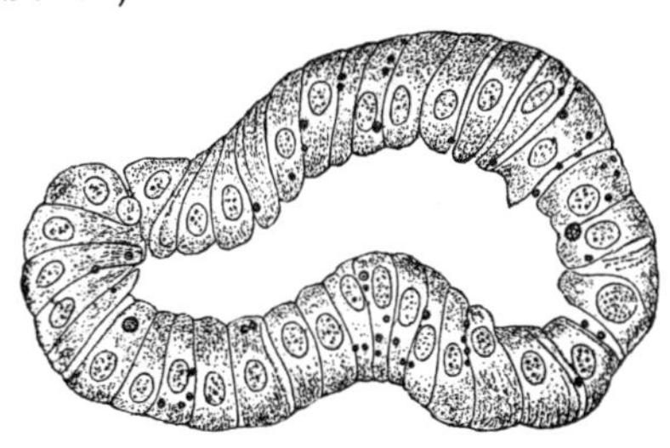

Abb. 34. Hauptstück der Blindschleiche mit Harnkügelchen. (Nach Schoppe, 1897, aus A. Noll, 1921.)

---

1 Galeotti, G.: Über die Granulation in den Zellen. Internat. Mschr. Anat. u. Physiol. **12**, 523 (1895).

2 Peter, K.: Zellteilung und Zelltätigkeit, III. Z. Anat. **72**, 487 (1924).

3 Tribondeau: Sur les enclaves contenues dans les cellules des tubes contournés du rein chez la Tortue usw. C. r. Soc. Biol. **56**, 266 (1904).

4 Regaud, Cl. u. A. Policard: Sur l'alternance fonctionelle et sur les phénom. histologiques de la sécréton. C. r. Soc. Biol. **55**, 216 (1903).

5 Regaud, Cl.: Particip. du chondriome à la formation usw. C. r. Soc. Biol. **66**, 1034 (1909).

6 Bial, M.: Ein Beitrag zur Physiologie der Niere. Pflügers Arch. **47**, 116 (1890).

7 Policard, A. u. A. Lacassagne: Recherches histophysiologiques sur le rein des Oiseaux. C. r. Assoc. Anat. **12**, 57 (1910).

8 Schoppe, Ph.: Die Harnkügelchen bei Wirbellosen und Wirbeltieren. Anat. H. **7**, 405 (1897).

9 Krause, R.: Mikroskopische Anatomie der Wirbeltiere. II. Vögel und Reptilien. Berlin u. Leipzig 1922.

10 Courmont, J. u. Ch. André: L'élimination de l'acide urique par le rein des vertébrés. J. Physiol. et Path. gén. **7**, 255 (1905).

11 Noll, A.: Zitiert auf S. 184.

12 Cordier, R.: Zitiert auf S. 204.

den Glomerulis nicht ausgeschieden wird. Ich vermag diesen Schluß nicht anzuerkennen, da der Autor gar nicht in Betracht gezogen hat, daß die Harnsäure im Kapsellumen so stark verdünnt sein kann, daß sie sich dem Nachweis entzieht. Bei Behandlung der Versuchstiere mit Tellursalz kommt es zu einer Abscheidung metallischen Tellurs in den Hauptstücken. Diese Körnchen sind reihenweise basal angeordnet.

Bei den *Säugetieren*, wo durch die Ausbildung der Stäbchenstruktur im Hauptstück besondere morphologische Verhältnisse geschaffen sind, beschränken sich bemerkenswerte granuläre Einschlüsse auf die supranucleäre Zone. Die Bedeutung dieser Einschlüsse ist nach den gleichen Prinzipien zu bewerten wie diejenige der „Sekretkörner" in den übrigen Wirbeltiernieren. So ist die von verschiedenen Autoren hervorgehobene Vermehrung solcher Einschlüsse während der Arbeitsruhe (im Winterschlaf s. besonders R. und A. MONTI[1], 1901) auch für *Reptilien* (TRIBONDEAU[2]) angegeben worden. Die ausgedehnten Versuche über Diureseveränderungen in den Epitheleinschlüssen hier zu besprechen, liegt um so weniger Veranlassung vor, als die sehr widersprechenden Ergebnisse mehrfach eingehend dargestellt sind (s. besonders J. ARNOLD[3], 1914).

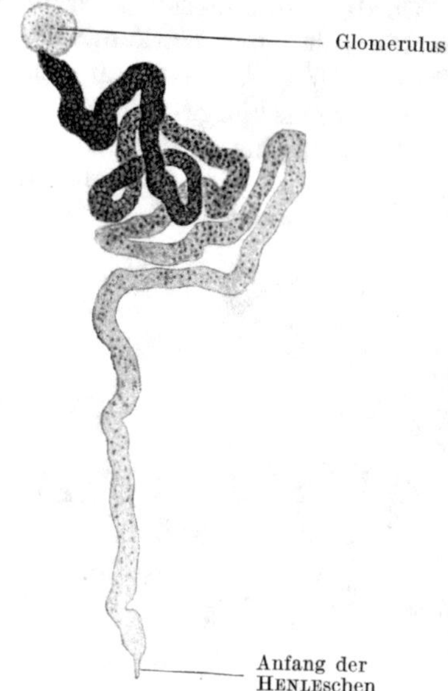

Abb. 35. Isoliertes Hauptstück in ganzer Länge aus einer Mäuseniere, die mehrere Tage Trypanblau ausgeschieden hat. Die Farbstoffeinlagerung ist durch dunklere Tönung wiedergegeben. (Nach v. MÖLLENDORFF, 1915, aus STÖHR - v. MÖLLENDORFF, 1924.)

Ihrer Natur nach bestimmbar sind die *Fett*einschlüsse, die auch bei vielen Kaltblütern nachgewiesen sind. Fett ist bekanntlich unter den *Säugetieren*, besonders bei den *Fleischfressern* (Hund und Katze), in den Hauptstücken sehr verbreitet (K. B. LEHMANN und TREUTLEIN[4], 1914).

Die experimentell erzeugbaren und die leicht zu beobachtenden *Pigment*einschlüsse besitzen in allen Nieren insofern eine charakteristische Anordnung, als *alle* funktionierenden Kanälchen einer Niere *zu gleicher Zeit* und *an derselben Stelle* beladen werden, so zwar, daß die Beladung am Glomerulusende beginnt und mit der Zeit in distaler Richtung fortschreitet (Abb. 35), wobei gleichzeitig das proximale Ende intensiver speichert (s. SUZUKI[5], 1912; W. v. MÖLLENDORFF[6], 1915; DE HAAN[7], 1923; K. PETER[8], 1924; R. CORDIER[9], 1928). Inwieweit eine ähnliche Anordnung bei den anderen genuinen Einschlüssen vorkommt, darüber haben wir nur wenige Angaben; so finden sich nach PETER[10] (1909) die Fetteinschlüsse in der Katzenniere vorzugsweise in den proximalen Hauptstückanteilen.

---

[1] MONTI, R. u. A.: Sur l'épithélium rénal des Marmottes durant le Sommeil. Arch. ital. Biol. **35**, 296 (1901).

[2] TRIBONDEAU: Zitiert auf S. 209.

[3] ARNOLD, J.: Über Plasmastrukturen. Jena 1914.

[4] LEHMANN, K. B. u. TREUTLEIN: Untersuchungen über den histologischen Bau und den Fettgehalt der Niere der Katze. Frankf. Z. Path. **15**, 163 (1914).

[5] SUZUKI: Zitiert auf S. 201. [6] MÖLLENDORFF, W. v.: Zitiert auf S. 199.

[7] HAAN, J. DE: Zitiert auf S. 207. [8] PETER, K.: Zitiert auf S. 205.

[9] CORDIER, R.: Zitiert auf S. 204.

[10] PETER, K.: Zitiert auf S. 192.

Wie läßt sich nun die große Mannigfaltigkeit in den Einschlüssen deuten? Die übergroße Mehrzahl der Autoren hat bis in die letzte Zeit hinein alle diese Einschlüsse unter dem Gesichtspunkt der Sekretionstheorie betrachtet. Unter den Tatsachen, die als beweisend für eine Sekretion in den Hauptstückzellen genannt worden sind, spielen die Hauptrolle erstens Untersuchungen mit Granulamethoden an Nieren, die sich in verschiedenen Funktionsphasen befinden; zweitens Farbstoffstudien.

Die Untersuchungen mit Granulamethoden (Literatur s. bei J. Arnold, 1924, und A. Noll, 1921) haben sehr widersprechende Ergebnisse gehabt. Wenn man die gegen Fixierungsmittel außergewöhnliche Empfindlichkeit der Struktur des Hauptstückepithels in Rechnung zieht, wird man den Wert der zahlreichen, dem Gegenstande gewidmeten Untersuchungen nur gering veranschlagen können, wie dies auch A. Noll tut (s. auch W. v. Möllendorff[1], 1922). Auch die Beweise, die aus Farbstoffversuchen für eine sekretorische Tätigkeit des Hauptstückepithels hergeleitet wurden, sind heute als nicht stichhaltig erkannt; im Gegenteil neigt heute schon ein großer Teil der Forscher dazu, aus den Farbstoffversuchen Beweise für eine resorptive Tätigkeit der Hauptstückepithelien herzuleiten (W. v. Möllendorff[1], 1920; de Haan[2], 1923; K. Peter[3], 1924; R. Hoeber[4], 1924 u. a.).

Ursprünglich als stärkste Stütze für die Sekretionstheorie (R. Heidenhain[5], 1874) eingeführt, dann jahrzehntelang sogar als Beweis für die granuläre Sekretionsweise der Niere betrachtet, dürfen heute dank den Arbeiten von Aschoff-Suzuki[6] (1912), M. Ghiron[7] (1913, 1923), W. v. Möllendorff[1] (1915, 1919, 1920), de Haan[2] (1923), K. Peter[3] (1924) die Farbstoffversuche als stärkste Gründe *gegen* die Annahme einer Sekretionstätigkeit der Hauptstücke betrachtet werden. Wir beschränken uns hier auf die Vorgänge im Hauptstückepithel, ohne auf die gesamte Frage der Theorie der Harnabsonderung einzugehen. Nur die lückenhafte Untersuchung früherer Forscher konnte zu der Ansicht führen, daß die Farbstoffe in Granulaform im Hauptstückepithel abgesondert werden. Am meisten beachtet wurde hier die präzise Darstellung von A. Gurwitsch[8] (1902), der aus nebeneinander liegenden Kanälchenquerschnitten einer Toluidinblau ausscheidenden Froschniere die Vorstellung ableitete, daß sich der Farbstoff in basal gelegenen, Kondensatoren genannten Vakuolen ansammle, und daß dann diese Vakuolen lumenwärts wandern, um sich durch den Bürstensaum zu entleeren. *Ich* konnte nach der genauen Analyse des Vorganges (1915[1]) darauf hinweisen, daß hier Trugschlüsse vorlagen; die Mehrzahl der älteren Autoren hat zudem schon dargelegt, daß von einem Durchtritt der im Cytoplasma erkennbaren Granula durch den Bürstensaum nichts zu sehen sei, obwohl begreiflicherweise unter dem Banne der Sekretionstheorie alle Forscher gerade diesen Übertritt zu sehen bestrebt waren. In Wirklichkeit spielt sich bei der Ansammlung der Farbstoffe in dem Cytoplasma ein streng physikalisch geregelter, in allen Kanälchen einer Niere gleichzeitig und gleichmäßig zu beobachtender Vorgang ab: die kolloiden (sauren) Farbstoffe werden zuerst in den proximalen Teilen der Kanälchen, und zwar dicht unter dem Bürstensaum sichtbar (s. oben S. 205). Injiziert man nur sehr wenig Farbstoff und untersucht man den Vor-

[1] Möllendorff, W. v.: Zitiert auf S. 198.
[2] Haan, J. de: Zitiert auf S. 207.
[3] Peter, K.: Zitiert auf S. 205.
[4] Hoeber, R.: Untersuchungen über die Tätigkeit der Froschniere. Sitzgsber. med. Ges. Kiel. Klin. Wschr. **3**, 763 (1924).
[5] Heidenhain, R.: Mikroskopische Beiträge zur Anatomie und Physiol. der Nieren. Arch. mikrosk. Anat. **10**, 1 (1874).
[6] Aschoff-Suzuki: Zitiert auf S. 201.
[7] Ghiron, M.: Zitiert auf S. 205.
[8] Gurwitsch, A.: Zitiert auf S. 204.

gang der Ausscheidung am lebenden Tier (M. GHIRON[1], 1913), so rückt die Farbstoffansammlung vom Bürstensaum, wo sie beginnt, über das gesamte Cytoplasma, um sich vor dem Abblassen an der peripheren Epithelzone anzuhäufen. Intensivere und dauerhaftere Färbungen erhält man mit reichlicherem Farbstoffangebot. Hierbei steht aber die Farbstoffspeicherung zu der Urinfärbung in einem eigenartigen Verhältnis. Die Speicherung nimmt in den Kanälchen so lange zu, als die Konzentration im im Blute und im Harn (beide gehen parallel) eine gewisse maximale Höhe einhält (Abb. 36). Mit dem Absinken der Harnkonzentration entfärbt sich das Epithel allmählich, wobei die proximalen Teile den Farbstoff am längsten festhalten (s. W. v. MÖLLENDORFF[2], 1915). Nimmt man hinzu, daß von den Farbstoffgranula auch nicht eines während der Ausscheidungsperiode in das Lumen übertritt (es sei denn, daß eine partielle Nekrotisierung der Zellen erfolgt ist), so ergibt sich, daß die Granulabildung nicht zum Zwecke der Sekretion erfolgt ist, sondern einer während der Durchströmung der Zellen zustande gekommenen Speicherung entspricht. Die Analyse der An-

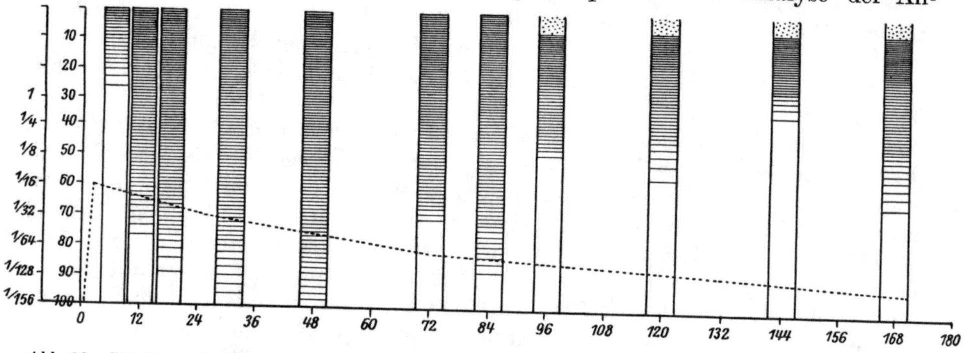

Abb. 36. Urinkonzentration (bezogen auf die Farbstärke der eingespritzten Trypanblaulösung) und Farbstoffspeicherung in der Niere einer weißen Maus. Die schraffierten Säulen symbolisieren die Hauptstücke in ganzer Ausdehnung, oben Glomerulusende, unten Übergang in die HENLEsche Schleife. Die Dichtigkeit der Schraffur bedeutet Intensität der Farbablagerung. (Aus W. v. MÖLLENDORFF, 1915.)

ordnung, des Zustandekommens der Speicherung zeigt deren Lagebeziehung zum Glomerulus (vgl. Abb. 35, S. 210), so daß eigentlich nur die Aufnahme des Farbstoffes vom Lumen her eine Erklärung für seine gesetzmäßige Anordnung zu geben imstande ist.

Das wird heute nach der Bestätigung der entsprechenden Befunde durch DE HAAN[3] und besonders nach den neusten Versuchen von R. HOEBER[4] (1924) so gut wie sicher. HOEBER konnte nämlich zeigen, daß in der *Frosch*niere Cyanol nur dann erscheint, wenn es durch die Arterien der Niere zugeführt wird. Er durchspülte in getrennten Kreisläufen die überlebende Froschniere sowohl von den Arterien wie von der Nierenpfortader aus. Der Befund zeigt, daß die isolierte Zufuhr von der Nierenpfortader aus keine Farbstoffausscheidung zustande bringt. Damit sind die entgegengesetzt gedeuteten Versuche von M. NUSSBAUM[5] (1878) und A. GURWITSCH[6] überholt; deren Ergebnisse sind durch die moderne, viel besser die physiologischen Bedingungen wahrende Technik als korrigiert zu betrachten.

---

[1] GHIRON, M.: Zitiert auf S. 205.
[2] MÖLLENDORFF, W. v.: Zitiert auf S. 199.
[3] HAAN, J. DE: Zitiert auf S. 207. [4] HOEBER, R.: Zitiert auf S. 211.
[5] NUSSBAUM, M.: Fortgesetzte Untersuchungen über die Sekretion der Niere. Pflügers Arch. 17, 580 (1878).
[6] GURWITSCH, A.: Zitiert auf S. 204.

Weiter bringen die Untersuchungen von K. PETER[1] (1924) eine schöne Bestätigung der Resorptionstheorie, wenngleich wir gerade die dunkle Färbung des Glomerulusinhaltes nach subcutaner Injektion von Trypanblau bei Salamanderlarven nicht als beweisend für eine Sekretion im Glomerulus ansehen können. Sicherlich spielen bei dem Zustandekommen dieses Befundes leichte Schädigungen eine Rolle, da man sonst regelmäßig den Kapselinhalt farblos findet. Aber die aufeinanderfolgenden Speicherungsbilder im Epithel (vgl. Abb. 29—31, S. 204) sehen wir mit PETER[1] als ein Zeichen für ihre resorptive Entstehung an. Auch die übereinstimmend von W. v. MÖLLENDORFF[2] (1919) und DE HAAN[3] (1922) gefundene Tatsache, daß in wachsenden Nieren eine Speicherung nur in solchen Hauptstücken erkennbar wird, deren Glomeruli reif sind, d. h. ein abgeflachtes Epithel besitzen, spricht sehr zugunsten einer resorptiven Genese der Speicherung.

Die Versuche ANIKINS[4] (1927), die Möglichkeit einer direkten Aufnahme von Trypanblau in den Lymphstrom durch die Epithelzellen der Hauptstücke nachzuweisen, können nicht als geglückt angesehen werden. ANIKIN brachte ein mit Farbstoff getränktes Stückchen Agar auf die Innenfläche der Niere und fand unter der Operationsstelle eine bevorzugte Speicherung. A. WALDEYER[5] (1928) klärte dies Versuchsergebnis auf und bekräftigte durch seine Untersuchung die Annahme der resorptiven Speicherung. Auch K. PETER[6] (1928) spricht sich gegen die Ergebnisse ANIKINS aus.

Fassen wir das über das Hauptstückepithel Gesagte kurz zusammen, so ergibt sich, daß nach unserer Auffassung diesem Epithel nicht der Charakter eines typischen Drüsenepithels eignet, daß dargebotenes Farbstoffmaterial nicht durch die Hauptstücke ausgeschieden, sondern in ihnen resorbiert wird, daß somit der Glomerulus, wenigstens für die Farbstoffe, der einzige Ausscheidungsort ist. Über die Salze läßt sich nach dem heutigen Stande nach den morphologischen Befunden nicht mit gleicher Sicherheit derselbe Schluß ziehen.

A. PÜTTER[7] (1926) geht über das ganze hier dargelegte Tatsachenmaterial ohne Diskussion hinweg. Die Angaben, die er zur Stützung seiner Anschauung von dem Arbeitsrhythmus des Nierenelements anführt, können nicht befriedigen. In der Niere findet man bei guter Konservierung gerade *keine* funktionell auswertbare Strukturunterschiede von Zelle zu Zelle oder von Nephron zu Nephron wie bei vielen echten Drüsen; von der gleichmäßigen Farbzeichnung in allen Nephronen kann sich jeder überzeugen, der sich nur die Mühe nimmt, damit zu experimentieren. Dagegen sind die von PÜTTER zitierten Versuche mit Harnstoffnachweis denkbar ungeeignet zur Diskussion dieser Fragen.

Distale Abschnitte der Harnkanälchen.

An das Hauptstück schließt sich regelmäßig ein ganz anders gebauter Teil des Kanälchens an, dessen Gliederung in den einzelnen Wirbeltiernieren beträchtliche Unterschiede aufweist.

Bei *Cyclostomen*, *Selachiern* und *Teleostiern* scheinen, soweit die nicht sehr eingehenden Angaben der Literatur ein Urteil zulassen, besondere Differenzierungen des auf das Hauptstück folgenden Teiles der Harnkanälchen nicht beob-

[1] PETER, K.: Zitiert auf S. 205.
[2] MÖLLENDORFF, W. v.: Zitiert auf S. 205. [3] HAAN, J. DE: Zitiert auf S. 207.
[4] ANIKIN, A. W.: Zur Streitfrage der Farbstoffspeicherung und Ausscheidung in der Niere. Z. Zellforschg **6** (1927).
[5] WALDEYER, A.: Beiträge zur Vitalfärbung der Niere. Z. Zellforschg **7** (1928).
[6] PETER, K.: Der Weg injizierten Farbstoffs in den Hauptstückzellen der Salamanderlarve. Z. Zellforschg **8** (1928).
[7] PÜTTER, A.: Die Dreidrüsentheorie der Harnbereitung. Berlin 1926.

achtet zu sein (s. auch die neuste Darstellung bei R. Krause[1], 1924). Auch in der Vorniere von Amphibienlarven (vgl. Abb. 20, S. 194), einem nur im Kaulquappenstadium funktionierenden Organ (M. Fürbringer[2], 1875; H. Rabl[3], 1904; W. v. Möllendorff[4], 1919), folgt dem Hauptstück ein uncharakteristischer, bei Kaulquappen durch niedriges Epithel, enges Lumen und stärkere Pigmentierung ausgezeichneter Kanal, der den Harn dem primären Harnleiter zuführt.

Es scheint also, daß es erst in den Nieren erwachsener *Amphibien* zu einer weiteren Unterteilung dieses Abschnittes kommt (vgl. Abb. 22, S. 195). Man unterscheidet hier drei Teile: einen kurzen 3. Abschnitt, der dem Halse ähnlich mit Wimperepithel ausgekleidet ist. Nach den Befunden von O. Krayer (nicht veröffentlicht) ist der III. Abschnitt am deutlichsten und längsten ausgebildet bei *Triton*, *Salamandra* und *Bombinator* (wo auch der Hals die größte Länge aufweist). Bei *Rana* ist der III. Abschnitt deutlich, aber kurz; ganz zu fehlen scheint er, ebenso wie der Hals bei *Bufo vulgaris*. Dieser Abschnitt ist also sehr variabel. Über seine Bedeutung läßt sich nicht mehr sagen als über den Hals. Die ebenfalls blasenwärts schlagenden Wimperfahnen dürften für das Fließen des Harnes eine gewisse Bedeutung haben. Topographisch findet sich der III. Abschnitt immer in unmittelbarer Nachbarschaft des ihm zugehörenden Glomerulus (M. Nussbaum[5], 1878; R. Krause[6], 1923).

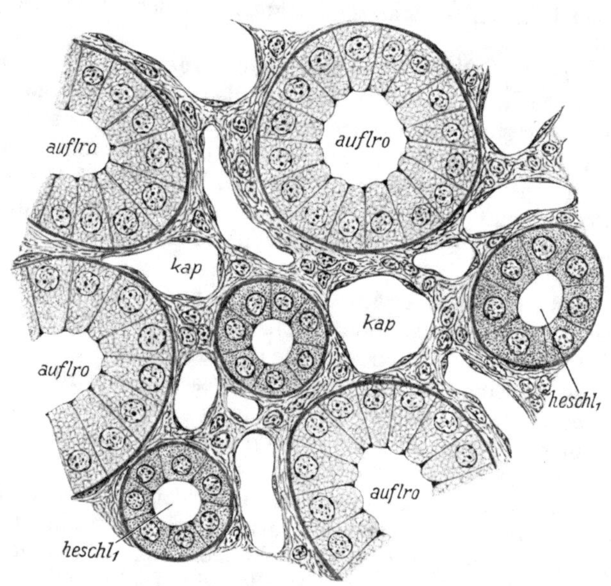

Abb. 37. Querschnitt durch die „Marksubstanz" einer Taubenniere. *auflro* Ausflußröhrchen, *heschl₁* absteigende Schenkel der Henleschen Schleifen, *kap* Blutcapillaren. (Aus R. Krause, 1922.)

Bei *Reptilien* (B. Zarnik[7], 1910) ist der III. Abschnitt ein charakteristisches Element der Harnkanälchen, mit den gleichen wesentlichen Charakteren (Engigkeit, Wimperepithel) wie bei Amphibien. Allerdings schwanken die Angaben über das Vorkommen des III. Abschnittes bei Reptilien und verdienten, wie überhaupt die Reptiliennieren, eine Nachuntersuchung. So weicht die Schilderung, die R. Krause[8] (1922) vom Bau der Eidechsenniere

---

[1] Krause, R.: Mikroskopische Anatomie der Wirbeltiere. IV. Teleostier, Plagiostomen, Cyclostomen und Leptokardier. Berlin u. Leipzig 1923.
[2] Fürbringer, M.: Zur vergleichenden Anatomie und Entwicklungsgeschichte der Exkretionsorgane der Vertebraten. Morph. Jb. **4**, 1 (1878).
[3] Rabl, H.: Zitiert auf S. 194.
[4] Möllendorff, W. v.: Zitiert auf S. 205.
[5] Nussbaum, M.: Über die Sekretion in der Niere. Pflügers Arch. **16**, 139 (1878).
[6] Krause, R.: Mikroskopische Anatomie der Wirbeltiere. III. Amphibien. Berlin u. Leipzig 1923.
[7] Zarnik, B.: Zitiert auf S. 194.
[8] Krause, R.: Mikroskopische Anatomie der Wirbeltiere. II. Vögel, Reptilien. Berlin u. Leipzig 1922.

gibt, vielfach von dem ab, was ZARNIK an Isolationspräparaten gefunden hat. G. C. HUBER[1] (1917) und R. CORDIER[2] bestätigen Vorkommen und Bau des III. Abschnittes bei Reptilien.

Erst bei den warmblütigen Tieren (*Vögeln* und *Säugetieren*) verliert der III. Abschnitt die Wimpern, die nebenbei auch dem Halsteil, sofern überhaupt noch ein solcher ausgebildet wird, fehlen. Aus dem III. Abschnitt entsteht hier der Anfangsteil der HENLEschen Schleife, dessen niedriges Epithel bekannt ist.

Bei den *Vögeln* läßt sich allerdings in der Schleife ein dünner und dicker Abschnitt kaum trennen. Jedenfalls ist hier keine Rede von einer derartigen Abflachung des Epithels, wie wir sie bei Säugetieren kennen (vgl. R. KRAUSE[3], 1922). Der als Schleife bezeichnete Teil hat hier ein hochkubisches Epithel (Abb. 37), dem ein Bürstensaum fehlt, dessen Cytoplasma aber sehr granulareich ist. Der Umfang dieses Abschnittes ist beträchtlich geringer als derjenige des Hauptstückes.

In seiner charakteristischen Ausbildung ist also der *dünne Teil* der HENLEschen Schleife ein Charakteristicum der Säugerniere. Hier erscheint das Epithel so abgeflacht, daß man den Querschnitt fast mit Blutgefäßen verwechseln kann. Nur spärliche Granula sind im Cytoplasma enthalten; Granula fehlen. Die Länge dieses dünnen Abschnittes schwankt innerhalb der einzelnen Niere. K. PETER[4] (1909) unterscheidet kurze und lange Schleifen (Abb. 38), wobei der Längenunterschied sehr wesentlich auf Rechnung des dünnen Abschnittes kommt. PETER möchte an diese Stelle den Hauptort der Wasserresorption verlegen, weil die Gesamtfläche der so gebauten Kanälchenstrecke bei den Tieren am größten sei, die den konzentrierten Harn absondern. Farbstoffversuche zeigen uns allerdings, daß die stärkste Harnkonzentration zuerst in den Sammelrohren auftritt; dies ist an einer bei manchen Farbstoffen entstehenden Zylinderbildung zu erkennen, die von den Sammelröhren aufsteigend erst allmählich auf das Schleifengebiet übergreift.

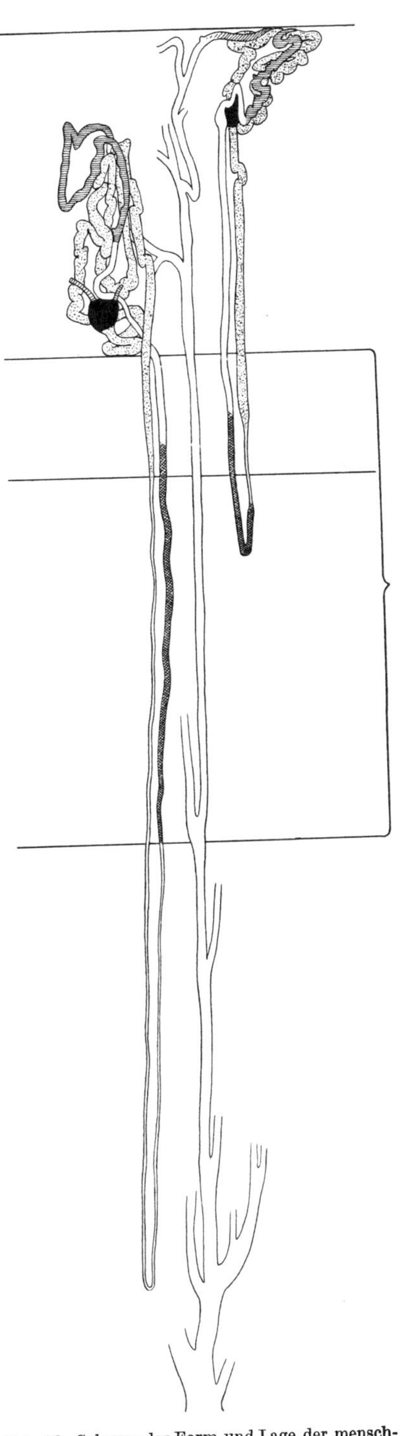

Abb. 38. Schema der Form und Lage der menschlichen Harnkanälchen. Längenvergrößerung 8,8mal. *Punktiert:* Hauptstück; *gestrichelt:* eigentliches Schaltstück; *mit Kreuzstrichen ausgefüllt:* dicker trüber Teil der HENLEschen Schleife; *hell:* heller dünner und heller dicker Schleifenteil, Zwischenstück, Sammelrohr. (Nach K. PETER, 1909.)

[1] HUBER, G. C.: Anat. Rec. **13**, 305 (1917).
[2] CORDIER, R.: Zitiert auf S. 204.
[3] KRAUSE, R.: Zitiert auf S. 214.
[4] PETER, K.: Zitiert auf S. 192.

Der sog. *IV. Abschnitt* läßt ebenfalls beträchtliche Unterschiede innerhalb der Wirbeltiere erkennen. Bei *Amphibien* (vgl. Abb. 22, S. 195) ist dieser Teil der hervorstechendste Abschnitt der distalen Kanälchenhälfte. Er besitzt zahlreiche Windungen, die sich an der dem Hauptstück entgegengesetzten Nierenhälfte ausbreiten, wobei sie in Nachbarschaft mit dem zugehörigen Glomerulus kommen. Dieser ganze Abschnitt ist durch Stäbchenepithel ausgezeichnet; an ihm entdeckte R. HEIDENHAIN diese Struktureigentümlichkeit der Niere zuerst. Nach seiner topographischen Anordnung könnte man diesen Teil nur mit dem Schaltstück der Säugerniere vergleichen. Doch steht dem entgegen, daß das Säugerschaltstück *keine* Stäbchen besitzt (K. PETER[1], 1909; s. jedoch A. POLICARD[2], 1909). Bei den Säugetieren findet sich dagegen das Stäbchenepithel in dem *gestreckt* verlaufenden, sog. dicken, trüben Teil der HENLEschen Schleife, der erst durch einen *dicken, hellen* Abschnitt (ohne Stäbcheneinlagerungen) in das Schaltstück übergeht (vgl. Abb. 38, S. 215). Angesichts dieser sehr großen Unterschiede läßt sich eine sichere Homologisierung heute noch nicht durchführen (vgl. auch PETER[3], 1927).

Was die *Reptilien* und *Vögel* anlangt, so ist hier angesichts der widersprechenden Angaben und der betreffenden Unterschiede innerhalb der einzelnen Ordnungen eine Charakterisierung noch schwieriger. So findet sich (CL. REGAUD und A. POLICARD[4]) bei Eidechsen und Krokodilen ein Abschnitt mit Stäbchenepithel; dieser soll aber bei Schlangen und Schildkröten fehlen. Als Besonderheit tritt bei den meisten Reptilien noch die Zwischenlagerung von Schleimzellen in dem Epithel hinzu. Auch hier geht dieser nur in ganz kurzer Strecke gerade verlaufende Teil (vgl. Abb. 25, S. 199) (ZARNIKS Schleifenstück) in mehrere Windungen über, die ihrer Lagerung nach mit dem bei Amphibien geschilderten Verhalten übereinstimmen. Auch die Vögel scheinen von diesem Verhalten nicht wesentlich abzuweichen (s. besonders R. KRAUSE[5], 1922).

Bei den Säugetieren muß man, soviel ich sehe, mit A. POLICARD[2] (1909) dem IV. Abschnitt den breiten Teil der HENLEschen Schleife und das Schaltstück zusammen homologisieren, wenngleich hier anscheinend eine andere Differenzierung des Epithels Platz gegriffen hat. Die lange Ausziehung der Schleife, die ja auch bei den Vögeln noch sehr kurz ist, hat den wesentlichen Anteil an der Veränderung der Verhältnisse.

Histologisch ist zweifellos die Ausbildung der Plastosomen als Stäbchenformation besonders hervorzuheben. Eine Verwechslung mit dem Hauptstück kann aber auch in der Säugetierniere vermieden werden, wenn man beachtet, daß weder ein Bürstensaum noch ein so wechselnder Gehalt an granulären Einschlüssen im Cytoplasma vorkommen. Farbstoffe werden in diesem Teil des Nierenkanälchens nicht gespeichert. Man ist um so mehr zu der Annahme berechtigt, daß solche Substanzen gar nicht ins Epithel eindringen (also nicht bloß nicht gespeichert werden), weil die Konzentration des Kanälcheninhaltes an dieser Stelle schon sehr hoch sein kann. Dies erkennt man bei manchen Farbstoffen an der Zylinderbildung (T. SUZUKI[6], 1912; W. v. MÖLLENDORFF[7], 1915), die bis hierher hinaufreichen können. Trotzdem läßt sich kein Farbstoff weder im Schaltstück noch in dem breiten Teil der HENLEschen Schleife intraepithelial nachweisen.

---

[1] PETER, K.: Zum feineren Bau der menschlichen Niere. Jena 1927.
[2] POLICARD, A.: Zitiert auf S. 182. [3] PETER, K.: Zitiert auf S. 192.
[4] REGAUD, CL. u. A. POLICARD: Zitiert auf S. 209.
[5] KRAUSE, R.: Zitiert auf S. 214.
[6] SUZUKI, T.: Zitiert auf S. 201.
[7] MÖLLENDORFF, W. v.: Zitiert auf S. 199.

Besondere Einlagerungen sind in dem distalen Teil der Kanälchensysteme seltener erwähnt. Braune Pigmentierungen, die aber wohl weniger als Ausscheidungspigmente, sondern vielmehr als endogene Pigmente zu betrachten sind, finden sich bei pigmentreichen Tierformen hier öfters vor, wie oben schon für die Vorniere der Kaulquappen angegeben. SOLGER[1] (1885) erwähnt solche Pigmentierungen im V. Abschnitt bei Reptilien. Auch bei Säugetieren findet man mit zunehmendem Alter in den Epithelien Pigmente auftreten, die zur Gruppe der Lipofuscine gerechnet werden. Dieselben kommen in den verschiedensten Teilen des Harnkanälchens (vom untersten Hauptstückabschnitt bis zu den Sammelrohren) auch beim Menschen vor, wo sie sich H. SCHREYER[2] (1914) allerdings durch Speicherung eines während des Lebens im Harne ausgeschiedenen Farbstoffes entstanden denkt, obwohl er eine Verwandtschaft mit den gelösten Harnfarbstoffen nicht festzustellen vermochte. Fetteinschlüsse sollen in den Schleifen- und Schaltstückepithelien der menschlichen Niere physiologisch sein (SEGAWA[3], 1914). Alle diese Einschlüsse sind aber wohl als dem endogenen Zellstoffwechsel entstammend zu betrachten, und befinden sich nicht auf dem Ausscheidungswege. Man hat also keine Anzeichen dafür, daß etwa die distalen Kanälchenabschnitte sekretorisch an der Harnbildung beteiligt sind.

Mit dem Schaltstück haben die Einzelsysteme der Niere ihren Abschluß erreicht; sie werden nur durch einfache „Verbindungsstücke“ (V. Abschnitt) in das Sammelrohrsystem übergeleitet.

Das *Sammelrohrsystem* zeichnet sich histologisch durch ein relativ hohes Epithel aus, das je nach der Weite der Rohre in seinen Ausmaßen verschieden ist. Bei den einzelnen Tierarten bestehen mannigfache Besonderheiten, doch scheinen alle Nieren darin übereinzustimmen, daß hier eine charakteristische Beziehung zur Harnbildung vermißt wird. Nach langdauernder Farbstoffausscheidung kommt es allerdings zu einer schwachen Farbbeladung des Epithels der großen Sammelgänge an der Papillenspitze; anscheinend haben wir es dabei mit einer Begleiterscheinung resorptiver Prozesse zu tun, wie sie auch noch in der Harnblase zu einer Eindickung des Harnes führen.

Bei vielen Tieren finden sich in den Sammelrohren besondere Drüsenzellen eingelagert, die anscheinend schleimiges Sekret absondern (*Amphibien* N. WIGERT und ECKBERG[4], 1903; *Reptilien* CL. REGAUD und A. POLICARD[5]; R. KRAUSE[6], 1922). In den Sammelrohren der Taube weist R. KRAUSE Schleimkörner in den Epithelzellen nach.

In der Anordnung des Sammelrohrsystems bestehen charakteristische Unterschiede in den einzelnen Klassen. Bei *Amphibien* (s. besonders E. GAUPP[7], 1904; R. KRAUSE[8], 1923) verläuft der Harnleiter an der lateralen Nierenkante und entsendet transversal verlaufende Quer- oder Sammelkanäle (Abb. 39), die bogenförmig nach der medialen Kante hin verlaufen und in diesem Verlaufe die einzelnen Harnkanälchen aufnehmen.

---

[1] SOLGER, B.: Zur Kenntnis der Krokodilniere und des Nierenfarbstoffes niederer Wirbeltiere. Z. Zool. **41**, 605 (1885).

[2] SCHREYER, H.: Über Lokalisation und Natur des physiologischen Nierenpigments. Med. Dissert. Freiburg i. B. (1914).

[3] SEGAWA: Beitr. path. Anat. **58** (1914).

[4] WHIGERT, V. u. ECKBERG: Histologische Studien über die Epithelien gewisser Teile der Nierenkanälchen von Rana esculenta. Arch. mikrosk. Anat. **62**, 740 (1903).

[5] REGAUD, CL. u. A. POLICARD: Zitiert auf S. 209.

[6] KRAUSE, R.: Zitiert auf S. 214.

[7] GAUPP, E.: Ecker und Wiedersheims Anat. d. Frosches **2**, bes. 252 (1904).

[8] KRAUSE, R.: Mikroskopische Anatomie der Wirbeltiere. III. Amphibien. Berlin u. Leipzig 1923.

Die genannten Angaben über die Sammelrohrsysteme unter den Reptilien verdanken wir B. ZARNIK[1] (1910). Vom Harnleiter entspringen hier demnach große Stämme, die sich in zahlreichen Verzweigungen an der Außenfläche der Läppchen emporranken, wo sie die aus der Tiefe des Läppchens herauskommenden Verbindungsstücke aufnehmen. Je nach der Form der Lappung haben dabei die Sammelrohrverzweigungen eine typisch verschiedene Gestalt. Auf die zum Teil beträchtlichen Unterschiede in der Klasse der Reptilien kann hier nicht eingegangen werden (vgl. auch R. SPANNER[2], 1927).

Gerade in der Beziehung zu den Läppchen gleichen die Sammelrohrverzweigungen bei den Vögeln denjenigen der Reptilien in weitem Maße (R. SPANNER[3], 1924). Auch hier treten die sich stark verzweigenden Sammelrohrsysteme von allen Seiten an die Läppchenperipherie heran. Nur erscheint ein gewisser

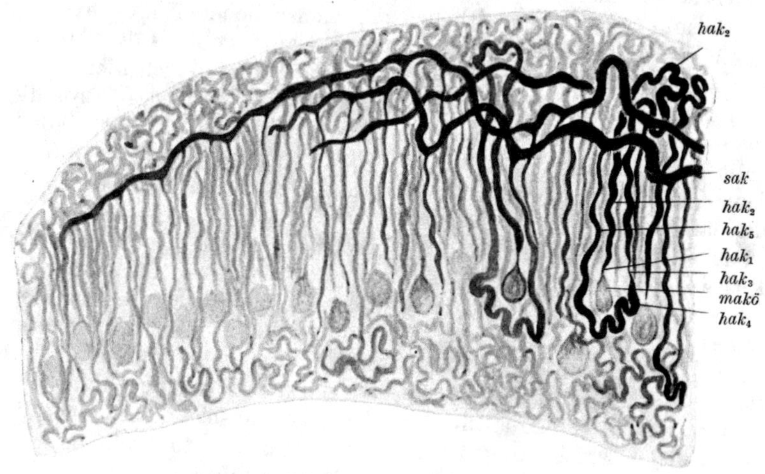

Abb. 39. Dicker Querschnitt der Froschniere, nach Injektion der Harnkanäle vom Harnleiter aus. *makö* Glomeruli, $hak_1 - hak_5$ die fünf Abschnitte des Harnkanälchens, *sak* Sammelkanal. (Aus R. KRAUSE, 1923.)

Unterschied darin gegeben zu sein, daß von großen Ästen des Ureters aus ganze Büschel von Sammelröhren ihren Ursprung nehmen, so daß in der Vogelniere der Beginn einer Nierenbecken- und Papillenbildung gegeben zu sein scheint.

Bei den Säugetieren fällt uns die scheinbare völlige Neuordnung auf, die in der Lage der Sammelgänge ausgebildet ist. Versucht man nämlich eine Säugerniere durch Maceration in Läppchen zu zerlegen, so bilden die Markstrahlen, in denen die peripheren Sammelrohrverzweigungen liegen, die Achse solcher isolierbarer Einheiten, die man als Lobuli bezeichnet hat. Ein Läppchen der Säugerniere ist jedoch nicht identisch mit dem, was man bei den anderen Wirbeltierklassen als Läppchen bezeichnet (s. u. S. 231).

Die Verzweigung der auf der Area cribrosa der Papillen in das Nierenbecken mündenden Sammelrohre ist sehr reichlich. Auf einem Präparat von der Kaninchenniere (K. PETER, 1909, S. 66) zählt man 9 Verzweigungsstellen, so daß bei dem gewöhnlich dichotom ausgebildeten Verzweigungstypus mit einem Haupt-

[1] ZARNIK, B.: Zitiert auf S. 194.
[2] SPANNER, R.: Bau und Kreislauf der Reptilienniere. I. Blindschleichen. Z. Anat. **76**, 64 (1925).
[3] SPANNER, R.: Der Pfortaderkreislauf in der Vogelniere. Verh. anat. Ges. **1924**, und erscheint in Morph. Jb.

rohr 512 Kanälchen in Verbindung stehen würden. Dabei finden sich zwei Hauptverzweigungszonen: 1. in der Innenzone; 2. in Außenstreifen der Außenzone des Markes.

Für die menschliche Niere werden die Angaben von K. PETER neuerdings von H. F. TRAUT[1] erweitert. Nach seinen Befunden teilt sich ein Sammelrohr vom For. papillare aus bis zur Grenze zwischen Innen- und Außenzone des Markes 6mal; die so entstandenen Äste durchziehen die Außenzone des Markes ungeteilt, um sich dann im Markstrahl noch 6—8mal zu teilen. Er errechnet damit pro For. papillare etwa 16000 Kanälchenmündungen; da eine Papille durchschnittlich 20—30 Forr. papillaria besitzt, ergäbe sich eine Zahl von etwa 480000 Kanälchen pro Papille, durchschnittlich 4500000 Kanälchen für eine Niere des Menschen. Nun macht aber K. PETER[2] (1927) mit Recht geltend, daß TRAUT pro Läppchen eine viel zu große Nephronenanzahl (140—180) annimmt. Ich selbst habe auf Serienschnitten die Zahl der in einem Markstrahl vereinigten Schleifen zu bestimmen versucht und bin auf durchschnittlich etwa 35—40 Schleifen pro Markstrahl gekommen. Nimmt man TRAUTS Berechnungsweise im übrigen an, so reduziert sich die errechnete Anzahl von Nephronen pro Niere auf etwa 1000000, was mit den übrigen Bestimmungen (s. oben S. 192) gut übereinstimmen würde.

c) Maßbeziehungen der Kanälchen untereinander und zum Glomerulus.

Durch Messungen an isolierten Kanälchen haben schon zahlreiche ältere Autoren (Literatur s. bei K. PETER, 1909) eine Vorstellung von der Ausdehnung der einzelnen Abschnitte zu geben versucht. Eine Tabelle, in der die Angaben über eine größere Zahl von Tierformen vereinigt sind, zeigt die große Variabilität der Zahlen.

Hierbei ist festzustellen, daß 1. eine beträchtliche Schwankung der Größendimensionen der einzelnen Elemente in derselben Niere vorkommt. So schwankt der mittlere Glomerulusdurchmesser in der Mäuseniere zwischen 110 und 55 μ, die Länge der zugehörigen Hauptstücke von 8,0—2,0 mm. Genauere Untersuchungen bei anderen Tierarten dürften überall solche Schwankungen, die in geringerem Maße längst bekannt sind, aufdecken.

2. Schwanken die *mittleren* Maße von Tier zu Tier der gleichen Art. Hierbei scheint die Größe bzw. das individuelle Körpergewicht eine gewisse Rolle zu spielen. Genauere und ausgedehnte Untersuchungen über diesen Punkt fehlen noch.

3. Am längsten und ausgiebigsten bekannt sind die Größenschwankungen der homologen Abschnitte bei *verschiedenen Tierarten* (Tabelle 5 und 6). Über die Bedeutung dieser Unterschiede sind aber klare Vorstellungen heute deshalb noch nicht möglich, weil genügendes vergleichbares Zahlenmaterial noch nicht vorhanden ist. Es ist aber gleichwohl in der Eigenart des Körperhaushaltes begründet, daß z. B. bei manchen Amphibien riesige Glomeruli vorhanden sind, während z. B. bei den Vögeln extrem kleine Glomeruli typisch sind. Ähnliche äußerst prägnante Unterschiede sind in der Länge und besonders in der Umfangfläche des Hauptstückes zu erkennen. Diese Unterschiede sind besonders deswegen von hohem Interesse und fordern zu einer weiteren vergleichenden Untersuchung um so mehr heraus, als innerhalb der Wirbeltiere Unterschiede vorkommen, die *ich*[3] (1922) durch eine Größenbeziehung zwischen der Glomerulusoberfläche und der Umfangfläche des Hauptstückes auszudrücken versuchte.

---

[1] TRAUT, H. F.: The structural unit of the human kidney. Contrib. to Embryol. **15**, 103 (1923).

[2] PETER, K.: Zitiert auf S. 216.

[3] MÖLLENDORFF, W. v.: Zitiert auf S. 189.

Index $= \frac{\text{Hauptstückumfangfläche}}{\text{Glomerulusoberfläche}}$. Diesen Index bestimmte ich für die Maus im Mittel zu 22,2, für den Hausspatz zu 22,5, Stieglitz 25,1 bei geringer Abweichung. G. STEINBACH und O. KRAYER[1] fanden für Amphibien folgende Indices: *Rana esculenta* 21,5 bzw. 10,2, *Bufo vulgaris* 13,2 bzw. 10,6, *Bombinator pachypus* 7,86, junge Exemplare von *Bombinator igneus* 2,53, *Salamandra maculosa* 7,73 resp. 7,04, *Hyla arborca* 7,5, *Triton alpestris* 6,3. Neuere Untersuchungen an Mäusen (ERIKA PETERS[2], 1928) ergaben auffallend hohe Indices für die Maus (Schwankung um 40 herum); es ist noch ungeklärt, ob hierin individuelle Schwankungen oder Varietäten vorkommen. Die Genauigkeit der Indexbestimmung leidet unter der Schwierigkeit, die Glomerulusoberfläche exakt zu bestimmen (s. o. S. 191). A. PÜTTER[3] (1927) meint, daß bei Berücksichtigung der Lappung der Glomeruli bei Vögeln der Index etwa 22, bei Säugern durchschnittlich 8—10, bei Amphibien kaum 3—4 betrage.

Tabelle 5. Länge der Harnkanälchen bei Säugern in Millimeter (nach K. PETER).

Art	Ganzes Kanälchen	Hauptstück	HENLEsche Schleife		Schaltstück	Sammelrohr
			dünner, heller Teil	dicker Teil		
Maus	12	2,75	0,8— 2,3	1,5	0,65	6
Kaninchen	29—37	6,9	1,2—12,3	5 —3,6	0,75	16
Schaf	56—65	16	2,6—13	8 —6,6	1,9	27,5
Katze	40—52	9	3,6—12,4	6,5—5,2	1,2	20—24
Tümmler	18,6	4,5	1,0— 6,5	2,4—2,6	—	6,2
Rind	70—84	19	4,5—20	11,8—8,9	1,3	20,8—22,4
Mensch	52—58	14	2 —10	9	4,6	21
Schwein hoch	51	15,6	0 — 3,3	1,6—3,7	1,8	21
Schwein tief	75	22,5	9,3	6,4	3,4	33

Tabelle 6. Länge der Harnkanälchen von Reptilien (nach B. ZARNIK 1910).

Tierart	Gesamtlänge	Hauptstück und Übergangsstück	Schleifenstück	Bewimperter Teil	Dicker, heller Teil	Schaltstück	Initiales Sammelrohr
Lazerta	5,28	3,13	0,77	0,23	0,54	0,92	0,46
Anguis ♀, gewöhnliches Kanälchen	7,79	2,62	1,70	1,07	0,63	0,77	1,70
uretrales Kanälchen	8,47	3,54	1,70	1,07	0,63	0,92	2,31
Coronella ♀	16,66	10,00	2,00	1,33	0,67	2,22	2,44
Pelias ♀	9,86	5,08	1,24	0,62	0,62	2,00	1,54
Crocodilus	7,39	3,85	0,62	0,31	0,31	1,38	1,54
Testudo	14,47	9,85	1,38	0,46	0,92	2,62	0,62
Emys	4,15	2,46	0,62	0,15	0,47	0,85	0,23
Platydactylus ♂ gewöhnliches Kanälchen	8,47	5,85	1,54	—	—	0,77	0,31
uretrales Kanälchen	8,47	5,40	1,38	—	—	0,77	0,92

4. Auch das Verhältnis der Länge des Hauptstückes zur Gesamtlänge des Kanälchens darf auf Beachtung Anspruch erheben. Hierfür liegen die genauesten Zahlenangaben für Reptilien (B. ZARRNIK[4], 1910) und Säugetiere (K. PETER[5], 1909) vor (Tabelle 5 und 6).

[1] STEINBACH, G.: Über Zusammenhänge zwischen dem Nierenindex und dem histologischen Bau der Haut bei Amphibien. Z. Zellforschg **4**, 382 (1926).
[2] PETERS, E.: Über die Veränderungen und die Maße der Nierenkanälchen bei der kompensatorischen Hypertrophie. Z. Zellforschg **8**, H. 1 (1928).
[3] PÜTTER, A.: Der Nierenindex. Z. Anat. **83**, 228 (1927).
[4] ZARNIK, B.: Zitiert auf S. 194. [5] PETER, K.: Zitiert auf S. 192.

Bemerkenswert sind die Ergebnisse PETERS, der auf das Vorkommen von kurzen und langen Schleifen in der Niere der Säugetiere hinweist und zeigte, daß die Zahl der verschiedenen Schleifenformen erheblich schwankt. Hund und Katze haben *nur* lange Schleifen, das Kaninchen hat noch mehr lange als kurze, die Wiederkäuer umgekehrt etwa 2—3mal mehr kurze als lange, der Mensch 7mal mehr kurze, beim Schwein endlich fast nur kurze Schleifen. Auch diesen Verhältnissen müssen physiologische Erscheinungen parallel gehen, wenngleich sich darüber Bestimmtes nicht aussagen läßt (vgl. S. 215 und A. PÜTTER[1], 1926).

Innerhalb einer Niere bestehen in der Länge des distalen Kanälchenteiles (von der HENLEschen Schleife an abwärts) nach unseren Erfahrungen, die mit den oben zitierten Angaben von PETER übereinstimmen, bei Säugern und Amphibien nicht unbeträchtliche Schwankungen. B. ZARNIK[2] (1910) betont dagegen für die Reptilien eine beträchtliche Konstanz dieser Werte bei dem gleichen Tier.

Auf den Maßangaben PETERS aufbauend, hat A. PÜTTER (1926) ausgedehnte Flächenberechnungen für die einzelnen Kanälchenabschnitte der Niere ausgeführt (vgl. Tabelle 7 und 8).

Tabelle 7. Flächengröße der einzelnen Abschnitte der Niere (nach A. PÜTTER, 1926).

	Glomerulus	Hauptstück	HENLEsche Schleife		Schaltstück	Ganzes Harnkanälchen	Zahl der Glomeruli beider Nieren in Tausenden	Gesamtoberfläche beider Nieren
			dünner Teil	dicker Teil				
	qmm	qmm	qmm	qmm	qmm	qmm		qm
Maus	0,038	0,423	0,058	0,134	0,084	0,7370	54	0,0398
Kaninchen	0,101	0,755	0,254	0,228	0,066	1,4035	285	0,40
Katze	0,144	1,720	0,220	0,412	0,101	2,5970	460	1,19
Schaf	0,249	2,160	0,290	0,517	0,263	3,4790	1010	3,50
Schwein	0,425	3,570	0,350	0,404	0,408	5,1550	1400	7,20
Mensch	0,293	2,500	0,282	0,910	0,578	4,5610	1700	7,80
Rind	0,335	2,980	0,630	0,765	0,171	4,8820	8050	39,50
Echidna	0,183	1,630	0,022	0,525	0,197	2,5590	180	0,46
Tümmler	0,126	0,522	0,106	0,181	—	—	—	—

Tabelle 8. Anteil der einzelnen Abschnitte am Aufbau der Niere (in Prozenten) (nach A. PÜTTER, 1926).

	Glomerulus	Hauptstück	Schaltstück	Hauptstück + Schaltstück	HENLEsche Schleife	
					dünner Teil	dicker Teil
Maus	5,15	57,4	11,4	68,8	7,9	18,15
Kaninchen	7,2	54,0	4,8	58,8	18,0	16,0
Katze	5,6	66,0	3,9	69,9	8,5	16,0
Schaf	7,1	62,0	7,7	69,7	8,4	14,8
Schwein	8,2	70,0	7,6	77,6	6,6	7,6
Mensch	6,4	55,0	12,4	67,4	6,2	20,0
Rind	6,9	61,0	3,4	64,4	13,0	15,7
Echidna	7,15	63,8	7,7	71,5	0,85	20,5

d) Das Stroma und die Gefäße der Nierensysteme.

Das Stroma der Nieren ist im allgemeinen außerordentlich zellarm und enthält auch nur in geringem Maße fibrilläre Strukturen. Diese bilden ein Gitterwerk und sollen in ihren Reaktionen den sog. Reticulinfasern nahestehen (M. RUEHLE[3], 1897; J. DISSE[4], 1902 u. a.), sie gehen allenthalben Verbindungen mit der Membrana propria der Kanälchen ein. Nur nach dem papillären Teil des Markes nimmt die Menge des Fasergerüstes zu, wobei es in bezug auf seine

[1] PÜTTER, A.: Die Dreidrüsentheorie der Harnbereitung. Berlin 1926.
[2] ZARNIK, B.: Zitiert auf S. 194. [3] RUEHLE, M.: Arch. Anat. u. Physiol. **1897**.
[4] DISSE, J.: Harnorgane. v. Bardelebens Handb. d. Anat. d. Menschen **7**, T. 1.

Färbbarkeit mehr und mehr Kollagencharakter annimmt. Immerhin ist bekannt, daß das Stroma in ähnlicher Weise zur Bildung von Wanderzellen befähigt ist wie das Bindegewebe in allen Teilen des Körpers. Auf dieser Grundlage ist das Vorkommen reichlicher granulierter Wanderzellen in der Niere des Frosches z. B. zu beurteilen. Vielleicht bekommt man auch hierdurch ein Verständnis für die eigenartige Umbildung des kranialen Nierenteils bei vielen Fischen (s. A. NOLL[1], 1921; R. KRAUSE[2]), bei denen eine intensive Lymphocytenansammlung im Stroma zur allmählichen Verödung der exkretorischen Systeme führt. Bei Säugetieren gibt es in der Niere fast nur den Fibrocyten gleichzustellende Bindegewebszellen.

Die *Gefäßanordnung* ist nach zwei verschiedenen Typen durchgeführt, von denen der eine Typ wahrscheinlich alle Vor- und Urnierensysteme charakterisiert, während der andere Typ (ausschließlich?) bei der sog. Nachniere durchgebildet ist.

Die Nierenarterien.

Beiden Typen gemeinsam ist die *Blutgefäßversorgung der Glomeruli.* Diese beziehen als in die Arterienbahn eingeschaltete sog. Wundernetze ihr Blut aus

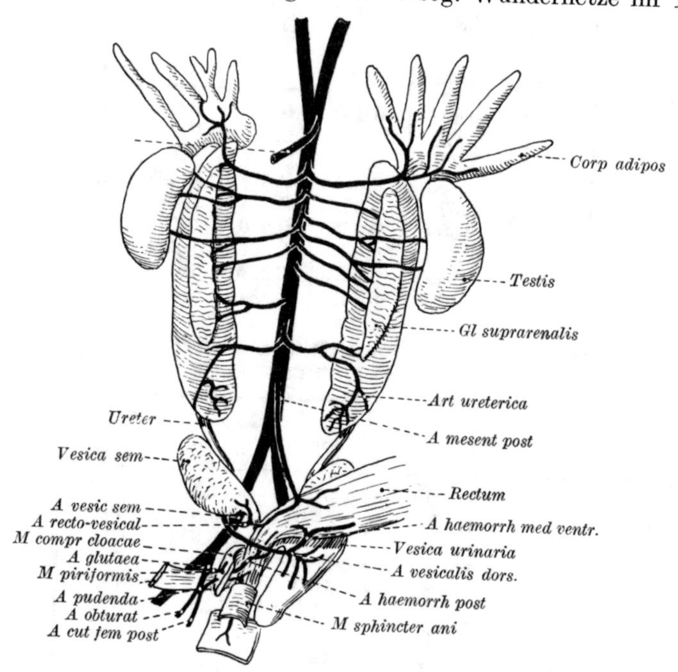

Abb. 40. Arterien der Urogenitalorgane eines männlichen Frosches. A = Niere, H = Hoden, F = Fettkörper, A = Aorta. (Nach GAUPP, 1899.)

Arterien, die entweder einem einzigen oder zahlreichen Aortenästen entstammen. Während die Angaben über die Blutversorgung bei *Knochenfischen* sehr kompliziert sind und sich im wesentlichen auf die Untersuchungen von J. AUDIGÉ[3] (1910), J. HYRTL[4] (1851) beziehen, ist unter den *Amphibien* der *Frosch* genau

[1] NOLL, A.: Zitiert auf S. 183. [2] KRAUSE, R.: Zitiert auf S. 214.

[3] AUDIGÉ, J.: Contributions à l'étude des reins des Poissons téleostéens. Arch. Zool. expér. (5) **4**, 275 (1910).

[4] HYRTL, J.: Das uropoetische System der Knochenfische. Denkschr. Akad. Wiss. Wien, Math.-naturwiss. Kl. **2**, 1, 27 (1851).

untersucht, dessen Nieren jederseits durch 5—6 Aa. renales versorgt werden (Abb. 40). Diese verzweigen sich großenteils an die Glomeruli, sollen aber auch aglomeruläre Zweige in das die Kanälchen umgebende Capillarsystem abgeben (s. E. GAUPP[1]).

Für den Kreislauf der *Reptilien*nieren liegen neuere Untersuchungen von B. ZARNIK[2] (1909) vor, deren Ergebnisse denen von HYRTL[3] (1863) entgegengesetzt sind. Nach ZARNIK versorgen die Nierenarterien (Abb. 41) ähnlich denen der Amphibienniere im wesentlichen die Glomeruli und geben nur einige aglomeruläre Äste an die Kanälchen ab; nach HYRTL sollen die Kanälchen durch ein zweites Arteriensystem versorgt werden, das mit den Ästen der Nierenpfortader in die Niere eintritt. Neue Untersuchungen

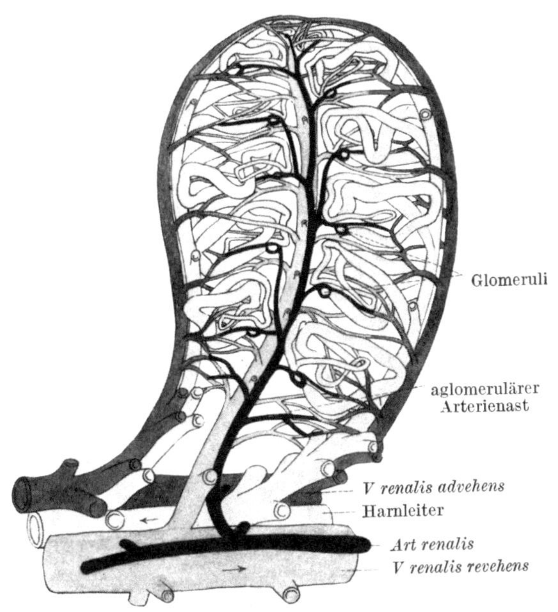

Abb. 41. Schema der Anordnung der Kanälchen und Gefäße in einem Läppchen der Eidechsenniere. Das Schema stellt eine durch zwei Frontalschnitte aus einem Lappen der Niere herausgeschnittene Scheibe des Nierenparenchyms dar, und zwar in der Ansicht von der Dorsalseite. (Nach B. ZARNIK, 1910.)

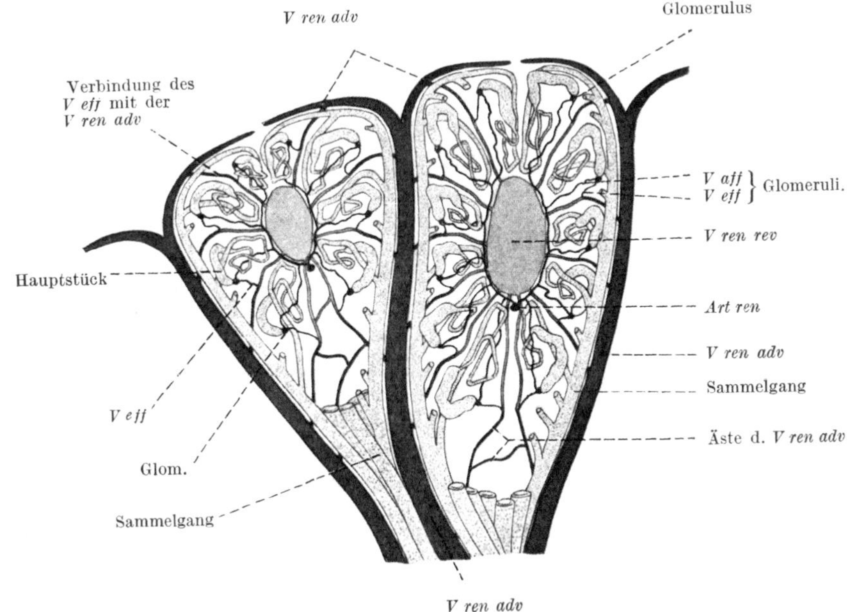

Abb. 42. Schema der Anordnung der Kanälchen und Gefäße in der Vogelniere. Das Schema gibt die Vereinfachung eines Schnittes durch eine 3fach injizierte Vogelniere. (Nach R. SPANNER, 1924.)

[1] GAUPP, E.: Zitiert auf S. 198. [2] ZARNIK, B.: Zitiert auf S. 194.
[3] HYRTL, J.: Über die Injektion der Wirbeltiernieren und deren Ergebnisse. Sitzgsber. Akad. Wiss. Wien, Math.-naturwiss. Kl., 1. Abt. 47, 146 (1863).

über diesen Punkt von R. SPANNER (1925) haben die ZARNIKsche Darstellung bestätigt und erweitert.

Die *Vogel*nierengefäße sind in jüngster Zeit ganz genau von R. SPANNER[1] (1924) untersucht worden. Der Vogelniere führen außerordentlich feine Arterien Blut zu, die, mit den Ästen der abführenden Nierenvenen verlaufend (Abb. 42), ausschließlich die Glomeruli speisen. Aglomeruläre Äste konnte SPANNER nicht auffinden. Die Angaben von H. GADOW[2] (1891), der zwei Arteriensysteme in der Vogelniere gesehen haben will, ähnlich dem, was HYRTL für die Reptilienniere behauptet hatte, sind als von SPANNER widerlegt zu betrachten.

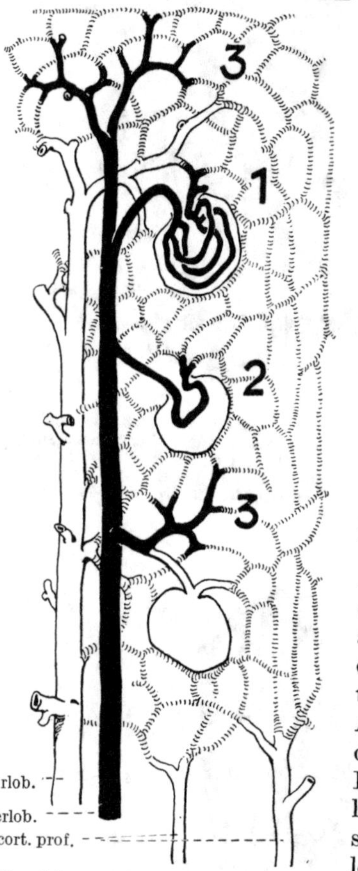

In allen bisher besprochenen Klassen sind die Arterien im Verhältnis zu den Venen sehr kleinkalibrig, was sich daraus erklärt (s. unten), daß außer den Arterien noch ein zuführendes Venensystem vorhanden ist, dessen Blut zusammen mit dem Arterienblut von der abführenden Nierenvene aus der Niere fortgeleitet wird.

In der *Nachniere* der *Säugetiere* stimmt dagegen das Kaliber der Arterie annähernd mit dem Kaliber der Vene überein. Hier sind die Arterien die einzigen der Niere Blut zuführenden Gefäße. Prinzipiell gleich den besprochenen Fällen ist das Verhalten der Nierenarterie zu den Glomerulis, denen sie die Vasa afferentia abgeben. Auch aglomeruläre Äste sind sowohl in der Rindenzone wie in der Markzone nachgewiesen. Offenbar ist aber die Zahl dieser aglomerulären Äste in der Säugerniere gegenüber den Urnieren beträchtlich vermehrt. Allerdings sind die Angaben darüber bis in die neueste Zeit durchaus widersprechend. Die Untersuchung E. DEHOFFS[3] (1920) ergab, daß die Aa. interlobulares in der menschlichen Nierenrinde sehr häufig sich in Parenchymcapillaren auflösen (Abb. 43), und daß außerdem die von F. SCHWEIGGER-SEIDEL[4] (1865) schon gesehenen, aber von G. C. HUBER[5] (1907) bestrittenen tiefen Rindenäste tatsächlich existieren. Ganz neuerdings bestreitet H. F. TRAUT[6] wieder, daß in der menschlichen Niere nennens-

Abb. 43. Schema der Arterienverzweigung in der Nierenrinde des Menschen. Das Blut muß bei *1* ganz durch den Glomerulus, bei *2* durch eine Glomerulusschlinge, wenn die anderen gesperrt sind, bei *3* unmittelbar ins Kanälchencapillarensystem.
(Nach ELZE-DEHOFF, 1920.)

[1] SPANNER, R.: Zitiert auf S. 218.

[2] GADOW, H.: Vögel. In Browns Klassen und Ordnungen des Tierreichs, 4. Abt. **6**, s. bes. 818 (1891).

[3] DEHOFF, E.: Die arteriellen Zuflüsse des Capillarsystems in der Nierenrinde des Menschen. Virchows Arch. **228**, 134 (1920).

[4] SCHWEIGGER-SEIDEL, F.: Die Nieren der Menschen und der Säugetiere in ihrem feinen Bau. Halle 1865.

[5] HUBER, G. C.: The arteriolae rectae of the mamm. kidney. Amer. J. Anat. **6**, 391 (1907).

[6] TRAUT, H. F.: Zitiert auf S. 192.

werte Mengen von Arterienästen existieren, die keine Glomeruli passieren. LEE-BROWN[1] (1924) gibt dagegen eine Schilderung über die arterielle Rindenversorgung, die mit den Befunden DEHOFFS in den Grundzügen übereinstimmt.

Vor allem besitzt auch die Marksubstanz der Niere eine reichliche arterielle Versorgung; auch hier ist es schwer zu bestimmen, ob das Blut nur postglomerulär in die Markcapillaren strömt, oder ob nicht auch direkte Äste (Arteriolae rectae verae von den Aa. arciformes entspringen. Abgestritten werden solche Äste von G. GERARD[2] (1911), HUBER[3]. H. F. TRAUT[4] (1923) hat bei seinen zahlreichen Präparaten nur 6mal aglomeruläre Arterienzuflüsse zum Capillarsystem gefunden und vermutet, daß dieselben während der Entwicklung solche Glomeruli versorgt haben, die noch in embryonaler Zeit zugrunde gegangen sind (s. darüber O. F. KAMPMEIER[5] 1919). Auch der neueste Autor (LEE-BROWN) bezweifelt einen unmittelbaren Abgang, also das Vorhandensein von Aa. rectae verae. Oft findet man allerdings markwärts ziehende Äste, die mit einem rudimentären Glomerulus in Zusammenhang stehen. Für die funktionelle Beurteilung der Frage ist es jedenfalls wichtig, daß nach der Arteriendurchschneidung kein Blut aus dem Arterienstumpfe herausfließt, daß also eine Rückstauung des Venenblutes nicht zugleich eine arterielle Stauung hervorruft. Andererseits kommunizieren die Venen der Nierenlappen in der menschlichen Niere miteinander, da sich von einer A. interlobaris aus das gesamte Venensystem füllen läßt (P. HUARD und M. MONTAGNÉ[6] 1924).

Sehr wichtig ist der Nachweis (E. LIECK[7] 1915), daß die Säugerniere arterielle Nebenbahnen besitzt, die nach Unterbindung der Hauptarterie allmählich weiter werden und schon nach wenigen Stunden eine Injektion der ganzen Niere zulassen. Solche Bahnen kommen reichlich aus der Kapsel und dem Ureter; für die normale Niere gilt aber weiterhin der Satz, daß die Aa. interlobares Endarterien sind (P. HUARD und MONTAGNÉ[6]), da es erst einiger Stunden nach dem Ausschluß eines Lappens aus der Blutbahn bedarf, ehe eine Zirkulation durch die Nebenleitung in Gang kommt (LIECK).

Einer Nachprüfung bedarf die Angabe von H. F. TRAUT[4], daß die Capillaren eines „Lobulus" in der menschlichen Nierenrinde mit denjenigen der benachbarten Lobuli nicht oder nur sehr wenig in Verbindung stehen.

Das Venensystem der Niere.

Die Hauptdifferenz der Vor- und Urnieren einerseits, der Nachniere andererseits kommt aber in der Anordnung des *Venensystems* zum Ausdruck. Sehen wir auch hier von den mangelhaft bekannten *Fischen* ab (Lit. s. b. A. NOLL[8] 1921), so besitzen alle Nierensysteme des ersten Typus ein zweifaches Venensystem, während die Nachniere (Säuger) nur ein Venensystem besitzt.

Sehr gut untersucht ist der venöse Kreislauf der Froschniere (NUSSBAUM[9]

---

[1] LEE-BROWN: The renal circulation. Arch. Surg. **8**, 831 (1924).

[2] GÉRARD, G.: Contributions à l'étude des vaisseaux artériels du rein. J. de l'Anat. et Physiol. **47**, 169 (1911).

[3] HUBER, G. C.: Zitiert auf S. 215.

[4] TRAUT, H. F.: Zitiert auf S. 192.

[5] KAMPMEIER, O. F.: Erstgeformte Harnkanälchen in der Niere. Arch. f. Anat. **1919**, 204.

[6] HUARD, P. u. M. MONTAGNÉ: Sur la terminalité des artères du rein. C. r. Soc. Biol. **90**, 203 (1924).

[7] LIECK, E.: Die arteriellen Kollateralbahnen der Niere. Virchows Arch. **220**, 275 (1915).

[8] NOLL, A.: Zitiert auf S. 183.

[9] NUSSBAUM, M.: Über die Sekretion der Niere. Pflügers Arch. **16**, 139 (1878) — Fortgesetzte Untersuchungen über die Sekretion der Niere. Ebenda **17**, 580 (1878) — Über den Bau und die Tätigkeit der Drüsen, 5. Mitt. Arch. mikrosk. Anat. **27**, 442 (1886) — Über die Sekretion der Niere. Anat. Anz. **1**, 67 (1886).

1878—1886, E. GAUPP[1] 1904). Die Vv. iliacae (Abb. 44) geben einen Ast zur Bildung der nach der Leber hinziehenden V. abdominalis ab, ziehen dann aber weiter zur Niere, um sich dort mit zahlreichen Zweigen im Nierenparenchym aufzuzweigen (V. portarum renis JAKOBSON). In diese Vene ergießen sich auch noch Eileiter- und Rumpfwandvenen der unteren Körperhälfte. Aus der gegenüberliegenden Fläche der Niere treten die zusammen mit den Arterien verlaufenden Vv. renales revehentes heraus. Diese sind also von den zuführenden Nierenvenen leicht durch die Arterienbegleitung zu unterscheiden. Die zuführenden Nierenvenen haben stets ein kleineres Kaliber als die abführenden, die ja auch noch das durch die Arterien zugeführte Blut abzuleiten haben. Der Nierenpfortader kommt die Speisung des die Kanälchen umspinnenden Capillarennetzes zu, das also sowohl durch die aglomerulären Arterienäste wie durch die Vasa efferentia der Glomeruli und durch die Pfortader gespeist wird (Abb. 45). Der Abfluß aus diesem Capillarsystem ist *nur* durch die Vv. renales revehentes möglich. Von direkten, das Capillarsystem umgebenden Verbindungen beider Venensysteme ist in der Froschniere nichts bekannt. Dagegen muß der weite Verbindungsbogen, der über die V. abdominalis hin besteht, beachtet werden, da durch ihn ein Ausgleich der Blutströmung erfolgen kann.

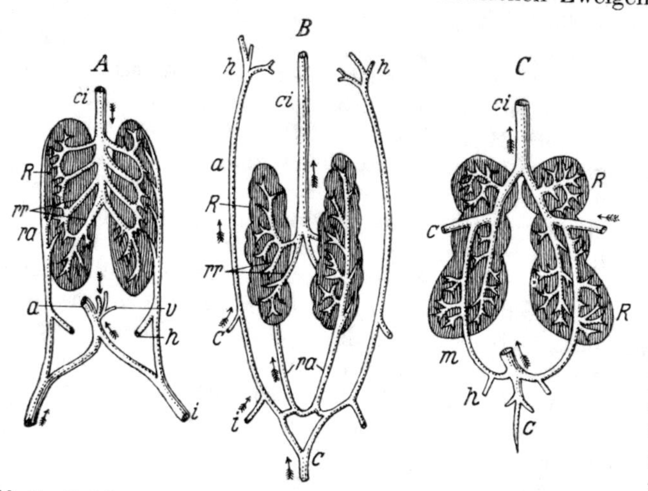

Abb. 44. Beziehungen des Venensystems zur Niere. *A* Frosch, *B* Alligator, *C* Vogel, *R* = Nieren, *c* (unpaarer Stamm) = Caudalvene, *c* = V. cruralis, *i* = V. ischiadica, *v* = V. vesicalis, *a* = V. abdominalis, *m* = V. coccygeomesenterica, *ra* = V. renalis advehens, *rr* = V. renalis revehens, *ci* = V. cava inferior, *h* in *A* und *C* = V. hypogastrica, in *B* = Ende der V. abdominalis in der Leber. (Aus C. GEGENBAUR[2], 1901.)

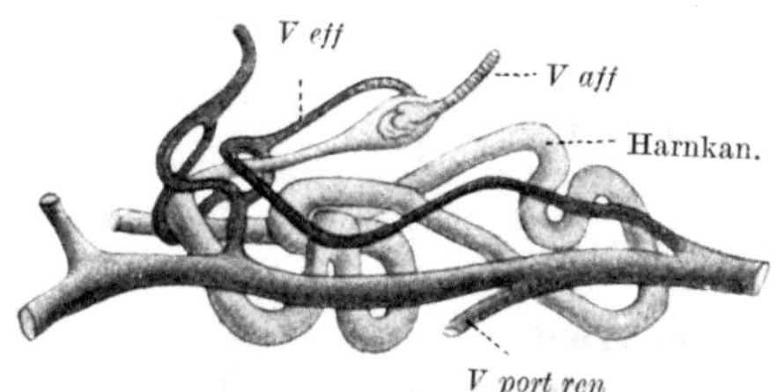

Abb. 45. Verbindung des Vas efferens mit den Pfortaderzweigen von *Triton cristatus*. *V aff* = Vas afferens, *V eff* = Vas efferens, *V p* = Vena portarum, *H* = Harnkanälchen. (Nach NUSSBAUM, aus NOLL 1921.)

W. WOODLAND[3] (1922) meint durch sehr sorgfältige Durchströmungsversuche nachgewiesen zu haben, daß das Pfortadersystem keine Bedeutung für die Froschniere hat. Er findet Farbstoffe (entgegen A. GURWITSCH[4] 1902) nur dann im Harn und in den Kanälchencapillaren, wenn sie von der Aorta aus in die Niere kommen (dies hat auch HOEBER (1924) bestätigt (s. oben S. 211). Das beweist aber nur, daß in den Tubuli nicht sezerniert, sondern resorbiert wird. Daß dagegen die Nierenpfortader nur eine zufällige und funktionell bedeutungslose Einrichtung sei, kann aus WOODLANDS Versuchen nicht entnommen werden.

[1] GAUPP, E.: Zitiert auf S. 198.

[2] GEGENBAUR, C.: Vergleichende Anatomie, **2**. Leipzig 1901.

[3] WOODLAND, W.: On the „renal portal" system (renal venous mashwork) and kidney excretion in vertebrata. J. a. Proc., Asiat. Soc. of Bengal **18**, 85 (1922).

[4] GURWITSCH, A.: Zitiert auf S. 204.

Zudem hat R. SPANNER[1] an verschiedenen Reptilien die Strömung des Blutes am lebenden Tier beobachtet.

Bei den *Reptilien* (ZARNIK[2] 1909) bestehen im Prinzip die gleichen Strömungsverhältnisse des Venenblutes (vgl. Abb. 41, S. 223) wie bei den Amphibien, nur ist vielfach die Lappenbildung der Niere komplizierter (s. u. S. 231). Die älteren Angaben HYRTLS[3] (1863) dürften durch ZARNIKS Untersuchungen als widerlegt

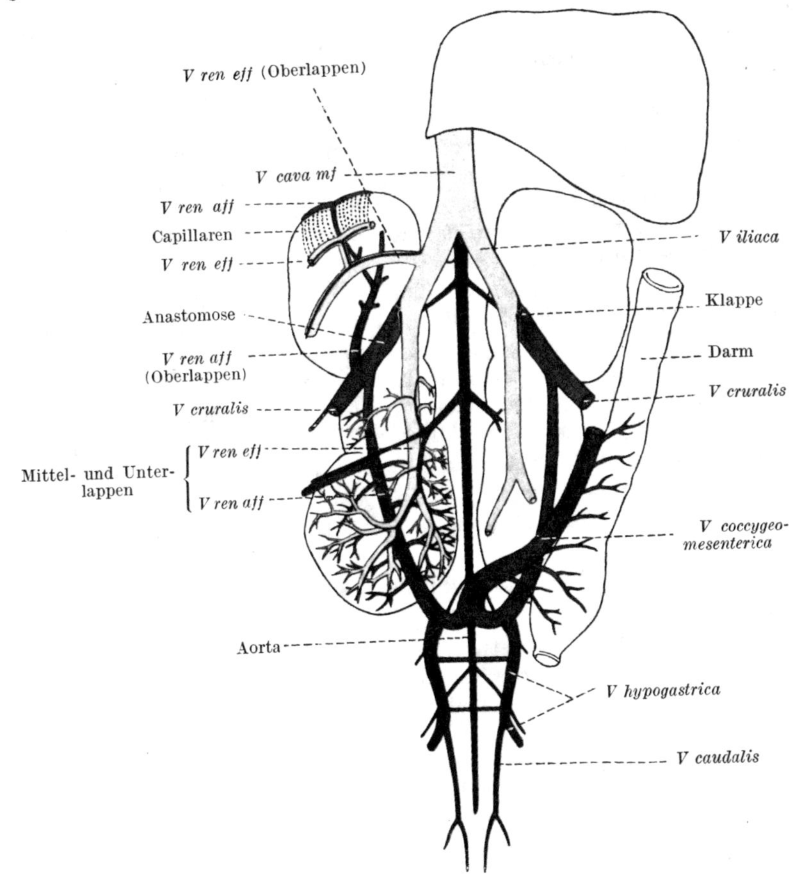

Abb. 46. Schema der Gefäßversorgung der Vogelniere. (Aus R. SPANNER, **31** 1924.)

zu gelten haben. Auch bei den Reptilien wird durch die V. abdominalis ein weiter die Niere umgebender Venenbogen ausgebildet, der bei manchen Formen unpaar, bei anderen paarig ist (vgl. Abb. 44 *B*).

Die höchst merkwürdigen früheren Angaben über die Venen der *Vogelniere* (ref. bei A. NOLL[4] 1921) sind durch die Untersuchungen R. SPANNERS[1] (1924) überholt, der die venöse Zirkulation besonders nach Injektionspräparaten erschöpfend dargestellt hat. Danach unterliegt es keinem Zweifel, daß die Vögel einen *Pfortaderkreislauf* haben, der sich dem Prinzip nach nicht von demjenigen der Amphibien unterscheidet (vgl. Abb. 42, S. 223). Von der V. caudalis und der V. femoralis aus gelangt das Venenblut in die Niere (vgl. Abb. 44 *C*), wo es

[1] SPANNER, R.: Zitiert auf S. 218.
[2] ZARNIK: Ztiert auf S. 194.
[3] HYRTL: Zitiert auf S. 223.
[4] NOLL, A.: Zitiert auf S. 183.

sich in der Umgebung der Kanälchen verzweigt und sich in die zentral im Läppchen gelegenen Vv. renales revehentes ergießt, die auch hier durch die Arterienbegleitung charakterisiert sind. Bemerkenswert ist, daß nach SPANNER aglomeruläre Arterienäste bei den Vögeln nicht existieren, was zum Teil die außerordentliche Feinheit der Nierenarterien bei den Vögeln erklären mag.

Die Veranlassung dazu, daß bislang der Pfortaderkreislauf in der Vogelniere bestritten worden ist, scheint die Anastomose zu sein, die die V. femoralis in die V. cava hinein fortsetzt. Diese Anastomose ist aber, wie SPANNER gezeigt hat, durch eine minimal durchbohrte Membran (Abb. 46) fast vollständig verschlossen. So muß die Anastomose als eine den Venenblutstrom zur Niere regulierende Einrichtung betrachtet werden, die bei den Vögeln als zweite Sicherung zu der der V. abdominalis der Frösche entsprechenden V. coccygeomesenterica hinzukommt.

Allen diesen mit einem Pfortaderkreislauf versehenen Nierensystemen steht nun die Säugerniere gegenüber, der eine zuführende Nierenvene mangelt. Die V. renalis sammelt sich aus den großen Vv. interlobares, die ihrerseits als Begleitvenen der großen Arterien an der Mark-Rindengrenze als Vv. arciformes beginnen. In die letztere münden von der Nierenoberfläche her als „Stellulae Verheynii" beginnend, die Vv. interlobulares ein, die das Blut aus Rinde und Markstrahlen sammeln. Aus den Papillen münden kleinere aufsteigende Venulae rectae in die Vv. arciformes ein. So ist in der Säugernniere der Pfortaderkreislauf aufgegeben. Übergangsstufen zwischen Nieren mit doppelter und einfacher Venenversorgung sind bisher nicht bekannt. Über die Gründe, die zur Aufgabe des Pfortaderkreislaufs geführt haben, läßt sich heute noch nichts Sicheres sagen, da dies Problem bisher nicht genügend beachtet ist.

Von Interesse ist, daß die Ausbildung der Vv. stellatae bei den einzelnen Säugerarten stark variiert. So sind dieselben z. B. ausnehmend stark beim Hund ausgebildet (s. LEE-BROWN[1], 1924).

e) Die Lymphbahnen der Niere.

Alle Untersucher (C. LUDWIG und T. ZAWARYKIN[2], 1863; RINDOWSKY[3], 1867; H. STAHR[4], 1900; KUMITA[5] 1909); stimmen darin überein, daß von der Niere eine zweifache Lymphabflußbahn vorhanden ist: einmal nimmt ein in der Nierenkapsel gelegenes, flächenhaft entwickeltes Netz die Lymphe aus den oberflächlichen Rindenschichten auf (STAHR, KUMITA); ferner gibt es größere Lymphstämme, die in Begleitung der Gefäße aus dem Nierenhilus heraustreten. Über das Verhalten der Lymphcapillaren im Parenchym ist — entsprechend den schwierigen technischen Bedingungen — heute noch vieles ungeklärt. Vor allem ist auch in der Arbeit von KUMITA, die sonst die genauesten Angaben enthält, nicht klargestellt, ob die Lymphbahn eine „offene" ist, wie dies LUDWIG und ZAWARYKIN behauptet hatten, oder ob allseitig geschlossene Lymphcapillaren vorliegen. Nach KUMITA enthalten alle Teile des Nierenparenchyms ein sehr enges Lymphcapillarennetz, das auch im Innern der Glomeruli nachweisbar ist. Auch das Mark enthält sehr reichliche, Netze bildende capillare Lymphbahnen.

f) Die Nervenversorgung.

Die feinere Verteilung der Nerven und ihrer Endigungen im Nierengewebe kennen wir hauptsächlich aus den sorgfältigen Untersuchungen von A. E. v. SMIR-

[1] LEE-BROWN: Zitiert auf S. 225.

[2] LUDWIG, C. u. T. ZAWARYKIN: Zur Anatomie der Niere. Sitzgsber. Akad. Wiss. Wien, Math.-naturwiss. Kl., 2. Abt. **48**, 691 (1863).

[3] RINDOWSKY: Zur Kenntnis der Harnkanälchen. Virchows Arch. **91** (1867).

[4] STAHR, H.: Die Lymphapparate der Nieren. Arch. f. Anat. **1900**, 41.

[5] KUMITA: Über die Lymphgefäße der Nieren- und der Nebennierenkapsel. Arch. f. Anat. **1909**, 49.

NOW[1] (1901), der dieselbe an einem großen Material mit Hilfe der GOLGIschen und EHRLICHschen Methode untersucht hat. Mit J. DISSE[2] findet er, daß nicht nur an den Gefäßen allenthalben sensible und motorische Nervenendigungen vorhanden sind, sondern daß auch die Harnkanälchen eine reiche Nervenversorgung besitzen (Abb. 47); die Innervation der Epithelien und der Capillaren wird jeweils von dem gleichen Stämmchen gebildet, wodurch die innige Zusammenarbeit des Kanälchen- und Gefäßsystems in der Niere besonders klar verdeutlicht wird. Sämtliche Kanälchen, sowohl in der Rinde wie im Mark besitzen intercelluläre Endigungen im Epithel. Außerdem haben die Hauptstücke hypolemmale, d. h. an der Außenwand der Membrana propria endigende Fasern. Vielleicht wird hierdurch die funktionelle Sonderstellung der Hauptstücke teilweise bedingt. R. SPANNER[3] (1928) hat mit der Methylenblaumethode an Reptiliennieren zahlreiche Nerven dargestellt, eine intraepitheliale Endigung aber

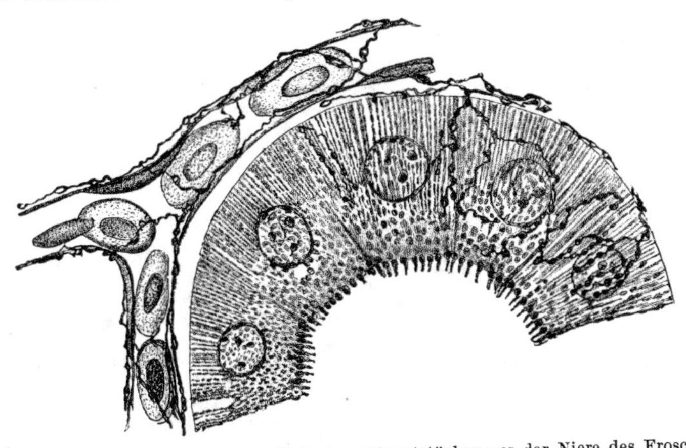

Abb. 47. Nervenendigung im Epithel eines Hauptstückes aus der Niere des Frosches. (Nach A. E. v. SMIRNOW aus Rauber-Kopsch, 1922.)

ebensowenig feststellen können wie ein Eindringen von Nerven in die Glomeruli. Letzteres bildet W. KOLMER[4] (1928) ab; doch scheint die Nervenfaser mit dem V. efferens zu enden.

Während sich in den Strängen des Plexus renalis, der sich extrarenal in der Umgebung der Nierengefäße ausbreitet, zahlreiche Ganglienzellen vom Typus der vegetativen Zellen nachweisen lassen, konnte O. RENNER[5] (1920) solche im Niereninnern niemals finden.

Die Nervenversorgung der Niere ist besonders durch die neuen Untersuchungen von A. HIRT[6] (1924, 1926) genauer bekannt geworden. Bei Katze, Hund, Kaninchen und Mensch bestehen nicht unerhebliche Unterschiede in der Versorgung der Niere. Die Nierennerven, die sich um die Art. renalis herumgruppieren, stammen aber bei allen untersuchten Formen aus zwei Quellen: einmal aus den Ggl. coeliacum und mesentericum (Vagus und Splanchnicus), außerdem

---

1 SMIRNOW, A. E. v.: Über die Nervenendigungen in den Nieren der Säugetiere. Anat. Anz. **19**, 347 (1901).

2 DISSE, J.: Harnorgane. v. Bardelebens Handb. d. Anat. d. Menschen **7**, 1 (1902).

3 SPANNER, R.: In Verh. dtsch. anat. Ges., Erg.-Bd. d. Anat. Anz. **1928**.

4 KOLMER, W.: Anat. Anz. **65** (1928).

5 RENNER, O.: Die Innervation der Niere. In L. R. Müller, Das vegetative Nervensystem, S. 157. Berlin 1920.

6 HIRT, A.: Vergleichende anatomische Untersuchungen über die Innervation der Niere. Z. Anat. **73**, 621 (1924) — Über den Faserverlauf in den Nierennerven. Ebenda **78**, 260 (1926)

aus dem lumbalen Grenzstrang. Der letztere Anteil schwankt bei verschiedenen Tierformen beträchtlich (Abb. 48). Die Analyse der Nierennerven durch Ph. Ellinger und A. Hirt[1] (1926) hat aber weiter den wichtigen Nachweis erbracht, daß funktionell mindestens vier verschieden wirkende Nervenbahnen in dem Pl. renalis enthalten sind. Besonders interessant ist dabei, daß außer den vom N. splanchnicus major und dem Ggl. coeliacum gelieferten typischen postganglio-

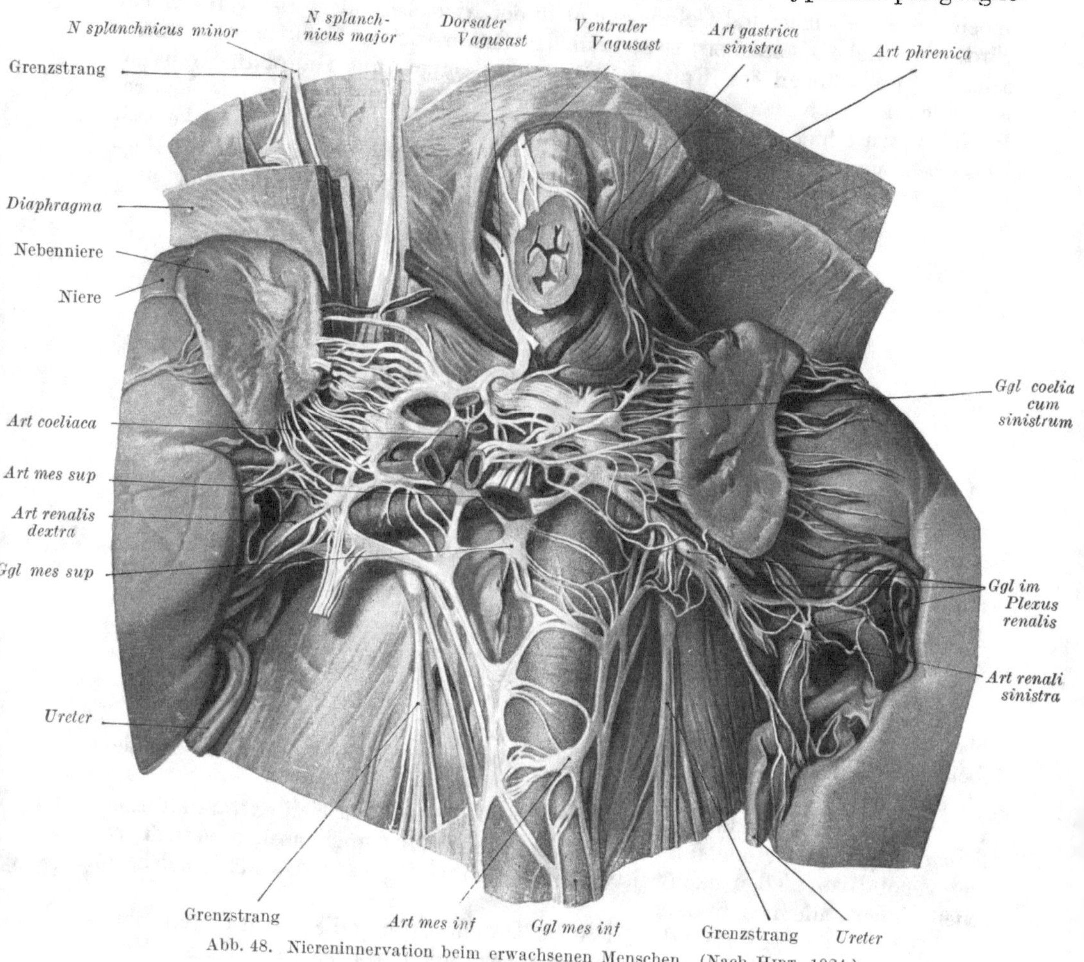

Abb. 48. Niereninnervation beim erwachsenen Menschen. (Nach Hirt, 1924.)

nären Fasern im N. splanchnicus minor II und III auch zahlreiche direkte spinale Fasern ohne Umschaltung zur Niere laufen. Diese kommen entweder aus der Vorder- oder der Hinterwurzel und stehen wahrscheinlich mit der Regulation der Diurese in Beziehung.

Eine besondere Bedeutung für die Harnentleerung hat wohl die reiche Versorgung des Nierenbeckens, der Kelche und Papillen mit Nervenfasern, bei denen sowohl intraepitheliale (wohl sensible) wie Endigungen an den glatten Muskeln gefunden sind. Auch in der Wand des Nierenbeckens konnte Smirnow zahlreiche vegetative Ganglienzellen nachweisen.

[1] Ellinger, Ph. u. A. Hirt: Zur Funktion der Nierennerven. Arch. f. exper. Path. **106**, 3/4 (1925).

2. Die Architektonik der Niere.

Nur die Säugerniere besitzt nach allem, was wir wissen, ein Nierenbecken als ein den Harn aufsammelndes Reservoir. Im Zusammenhang damit ist bei den Säugern auch der Gesamtaufbau der Niere mehr konzentrisch geworden.

In den Nieren, die einen Pfortaderkreislauf besitzen, zu denen, wie wir gesehen haben, auch die Reptilien- und Vogelnieren gehören, ist der Gesamtaufbau in sehr wesentlicher Weise durch die doppelte Venenversorgung bestimmt. Ein Nierenbecken existiert hier nicht, vielmehr münden die Sammelrohre, teilweise zu Büscheln vereint, in den an einer Kante entlanglaufenden Harnleiter. Die Harnkanälchen sind sozusagen zwischen den Ästen der beiden großen Venensysteme ausgespannt, von denen das eine, die V. portarum renis (V. advehens), beim *Frosche* an der dorso-lateralen Kante verläuft und von da aus in transversaler und medialer Richtung ihre Äste abgibt. Nach dieser Seite hin ergießen sich auch die Sammelrohre in den Harnleiter. Von der ventralen Fläche her treten die Vv. renales revehentes aus und die Arterien in die Niere ein. Die Glomeruli liegen im wesentlichen in einer Fläche, die der ventralen Nierenoberfläche näher liegt. Die Gesamtheit der Schlingen jedes Kanälchens bildet ein Konvolut von länglicher Ausdehnung, das in ventro-dorsaler Richtung eingestellt ist. Hierbei liegen die wesentlichen Anteile des II. Abschnitts der V. advehens näher (also mehr der dorsalen Fläche zugekehrt), während die Schlingen des IV. Abschnitts der V. revehens (also der ventralen Nierenfläche zugekehrt) liegen. Es dürfte schon aus dieser Lagerung hervorgehen, daß wir dem Venensystem eine wesentliche Rolle für die Einordnung der Kanälchen zugestehen müssen.

Die gleichen Beziehungen lassen, wenn auch in vielfach modifizierter Form, die *Reptilien* und *Vogel*nieren erkennen, wie aus den Darstellungen von B. ZARNIK[1] (1909) und R. SPANNER[2] (1924) hervorgeht. Überall bestimmen die zwei Venensysteme, von denen das ableitende mit der Arterie zusammen verläuft, die Anordnung der Kanälchenkonvolute.

Aus den zahlreichen Modifikationen, die ZARNIK bei den *Reptilien* auffand, führe ich hier nur einige an (Abb. 41, S. 223). In der *Eidechsenniere* sind die wenigen größeren Läppchen um die zentral liegenden Arterien und Vv. efferentes angeordnet; die Kanälchenkonvolute sind auch hier wieder zwischen diesen Gefäßen und den an die Peripherie der Läppchen herantretenden Vv. afferentes und den sich hier bildenden Sammelgängen ausgespannt. In der Anordnung dieser durch den Gefäßverlauf geordneten Systeme herrscht innerhalb der Reptilien die größte Mannigfaltigkeit.

Anscheinend durch Läppchenverschmelzung ist der Aufbau der Schildkrötenniere entstanden zu denken. Hier verlaufen nämlich sämtliche größeren Gefäße und die Sammelrohre im Innern der Niere, wobei aber das Prinzip der Anordnung durchaus gewahrt bleibt.

Bei den *Vögeln* (R. SPANNER) (vgl. Abb. 42, S. 223) ist bisher, trotzdem zahlreiche Arten untersucht wurden, nur ein Typus der Architektonik aufgefunden worden, der sich am besten an die Eidechsenniere anschließen läßt. Es ist hier zu einer Formierung von Nierenläppchen gekommen, die lediglich durch die zentral verlaufenden Arterien und Vv. efferentes bestimmt wird. Eine größere Zahl von Nierenläppchen hängt wie ein Strauß an papillenartigen Sammelrohrbüscheln; diese münden in den Harnleiter ein. Mit den Sammelrohrbüscheln verteilen sich die Vv. afferentes, die ihrerseits an der Peripherie der Läppchen zur Verteilung kommen.

Bei allen bisher besprochenen Nierenformen ist der Aufbau durch das doppelte Venensystem charakterisiert, wobei eine Läppchenbildung stets mit einer zentralen Lage der Arterien und der abführenden Venen Hand in Hand geht.

Das zuführende Venensystem fehlt nur der *Säugetier*niere. Hier wird deshalb das Prinzip des Läppchenaufbaues (im obengenannten Sinne) aufgegeben.

---

[1] ZARNIK, B.: Zitiert auf S. 194.
[2] SPANNER, R.: Zitiert auf S. 218.

Maceriert man Säugetiernieren, so läßt sich bei geeignetem Verfahren auch hier das Parenchym im „Lobuli“ zerlegen. Hier wird aber als Lobulus ein Abschnitt bezeichnet, in dessen Zentrum ein Markstrahl verläuft, wobei alle diejenigen Konvolute mit zu den Läppchen gehören, deren Schleifen und Sammelrohre in dem Markstrahl verlaufen. An den Kanten eines solchen Läppchens verlaufen die Artt. und Vv. interlobulares. Will man überhaupt homologisieren, so entspricht ein solches „Läppchen“ der Säugerniere in keinem Falle dem, was wir bei den anderen Wirbeltierklassen als „Läppchen“ gefunden haben. Dort verlaufen alle Arterien und Vv. revehentes zentral in den Läppchen, hier peripher. Es muß auch darauf hingewiesen werden, daß diese Läppchenabgrenzung nur durch Maceration gelingt, also nach Lockerung bzw. Auflösung des Bindegewebes.

Es ist aber nunmehr ein neues Moment hinzugekommen in der Entwicklung der *Marksubstanz*, die in dieser Form nur bei der Säugerniere vorkommt. Durch den langen, dem Nierenzentrum zustrebenden Verlauf der Schleifen ist das Kanälchenkonvolut sozusagen dreipolig geworden, wobei die Lagebeziehung zur A. und V. interlobularis den einen, diejenige zum initialen Sammelrohr den zweiten, die Umbiegungsstelle der Schleife den dritten Pol darstellt.

Über die spezielle Gestaltung der topographischen Anordnung der Teile in den Säugetiernieren siehe vor allem das grundlegende Werk von K. PETER[1] (1909). Über die Verschiedenheiten in der Anordnung des Nierenbeckens und der Oberflächenlappung in der Reihe der Säugetiere siehe speziell U. GERHARDT[2] (1911).

[1] PETER, K.: Zitiert auf S. 192.

[2] GERHARDT, M.: Zur Morphol. d. Säugetierniere. Verh. dtsch. zool. Ges. **21**, 261 (1911).

Der Harn.

Physikalische Eigenschaften und chemische Zusammensetzung.

Von

E. Schmitz

Breslau.

Zusammenfassende Darstellungen.

Neubauer-Huppert, Analyse des Harns, 11. Aufl. 1910. Wiesbaden: C. W. Kreidels Verlag. — Neuberg, C., Der Harn, Berlin: Julius Springer 1910.

Allgemeines.

Der Harn wird durch die Nieren aus dem sie durchströmenden Blut abgeschieden. Mit ihm verläßt etwa die Hälfte des Wassers und die Hauptmenge der festen Körper, die zur Ausscheidung gelangen, den Körper. Es handelt sich dabei fast ausschließlich um Stoffwechselschlacken, nur in ganz geringer Menge gehen Substanzen in den Harn über, die für den Organismus noch verwendbar wären (Kohlehydrat, Aminosäuren).

Normaler menschlicher Harn ist eine klare, durchsichtige, hellgelb bis braungelb gefärbte, leicht schäumende Flüssigkeit. Er besitzt einen charakteristischen Geruch, dessen Träger noch vollkommen unbekannt ist und einen salzigen und durch den Harnstoff schwach bitteren Geschmack. Der Harn der Pflanzenfresser ist durch Salze der Erdalkalien getrübt.

Seine Bestandteile lassen einen Zusammenhang mit denen des Nierengewebes nicht erkennen. Es gibt jedoch einige unter ihnen, die von der Niere bereitet werden, so die Hippursäure, die sie aus Benzoesäure und Glycin aufbaut, und das Ammoniak, das sie aus einer noch nicht festgelegten Vorstufe in Freiheit setzt.

Die durchschnittliche Harntagesmenge wird für den Mann mit 1500 ccm, für die Frau mit 1200 ccm angegeben. Sie ist aber von einer Reihe äußerer und innerer Faktoren stark abhängig. So wächst sie durch alle Einflüsse, die das Wasser zur Niere hinlenken, wie Anreicherung des Blutes an Wasser und festen Bestandteilen sowie durch niedrige Außentemperatur, und fällt durch solche, die das Wasser zu anderen Ausscheidungsstätten (Lunge, Haut) hintreiben, wie forcierte Atmung, mechanische Arbeit, Durchfälle. Bäder führen, vermutlich infolge einer Anpassung an die veränderten Druckverhältnisse, zu einer erheblichen Mehrausscheidung von Wasser[1]. Auch unter vollkommen normalen Verhältnissen können demnach beträchtliche Schwankungen der Harnmenge statthaben.

---

[1] Bazett, H. C., Thurlow, Crowell u. Stewart: Effects of bath on man. Amer. J. Physiol. **70**, 430 (1924).

Bei weitem die Hauptmenge des Harns wird in den Tagesstunden sezerniert. Nur etwa 25% entfallen auf die Nacht, in der selbst bei Wasserzufuhr eine Neigung zur Retention bemerkbar wird[1]. Bei der Leistung von mechanischer Arbeit erfolgt ein Abfall der Harnmenge, der auch durch Darreichung von Wasser nicht überwunden werden kann[2]. Im Affekt kann völlige Anurie eintreten[3].

Abnorme Steigerungen der Harnmenge (Polyurie) finden sich z. B. im Diabetes mellitus, in denen der auszuscheidende Zucker größere Wassermengen zur Lösung erfordert, und im Diabetes insipidus, in dem das Konzentrationsvermögen der Niere geschädigt ist. In beiden Fällen ist der Urin hellfarbig, unterscheidet sich jedoch dadurch, daß der Zuckergehalt eine hohe Dichte verleiht, während im Diabetes insipidus die niedrigsten spezifischen Gewichte gemessen werden. Zu abnormen Einschränkungen der Harnabsonderung (Oligurie) kommt es z. B. im Fieber, bei starker Schweißabsonderung, bei Durchfällen und manchen Erkrankungen der Nieren.

Physikalische Eigenschaften des Harns.

Farbe. Normaler Harn zeigt eine gelbe bis gelbbraune oder rotbraune Farbe. Sie wird dadurch hervorgerufen, daß er die einzelnen Lichtarten in verschiedenem Maße durchläßt: von den roten Strahlen 90%, von den grünen 60%, von den blauen nur 20%. Die Beobachtung der Farbenunterschiede war in früherer Zeit ein viel angewandtes diagnostisches Hilfsmittel, kam dann wegen ihrer Verwendung durch Kurpfuscher in Verruf, wird aber neuerdings, nachdem gründliche Forschungen ihren Verwendungsbereich geklärt haben, wieder viel geübt.

Die gründlichsten Untersuchungen stammen von DRABKIN[4] sowie von W. VEIL und seinem Schüler HEILMEYER[5]. DRABKIN bedient sich bei seinen Messungen eines colorimetrischen Verfahrens, bei dem eine Lösung von Alizarin in Salzsäure und Anilinorange als Vergleichsobjekt benutzt wird, und einer Einheit, die der Farbintensität von 100 ccm dieser Lösung entspricht. VEIL und HEILMEYER verwenden ein Stufenphotometer von PULFRICH-ZEISS, das die Absorption des roten, grünen und blauen Lichts zu verfolgen gestattet und nehmen als Einheit das 20fache des Extinktionskoeffizienten, wie er sich als Mittel aus 200 Messungen an Normalharnen für grünes Licht von den Wellenlängen 510—570 ergibt. Die Voraussetzung beider Verfahren, die VEIL und HEILMEYER ausführlich dargetan haben, ist die Gültigkeit des BEERschen Gesetzes, nach dem die Farbintensität und die Lichtabsorption proportional der Schichtdicke und der Konzentration sind, für den Harnfarbstoff.

In allen normalen Harnen ist das Verhältnis der Absorptionen für die drei genannten Lichtarten ein sehr ähnliches, nur in engen Grenzen schwankendes. Stellt man die Werte graphisch dar, so erhält man ähnlich gestaltete Kurven, woraus hervorgeht, daß das Farbstoffgemisch des normalen Harns wenig variiert. Auch bei hochgestellten, rotbraun erscheinenden Harnen erhält man bei passender Verdünnung Kurven derselben Gestalt. Stärkere Abweichungen der

[1] SIMPSON, G. E.: Diurnal variations in the rate of urine. J. of biol. Chem. **59**, 107 (1924).

[2] WILSON, D. W., LONG, THOMPSON u. THURLOW: Changes in the composition of the urine after muscular exercise. Proc. Soc. exper. Biol. a. Med. **21**, 425 (1924).

[3] DOBREFF, M.: Experimenteller Beitrag über den Einfluß von Affekt und Muskelarbeit auf die Urinausscheidung. Pflügers Arch. **213**, 511 (1926).

[4] DRABKIN, D. L.: The normal pigment of the urine. I. J. of biol. Chem. **75**, 443 (1927).

[5] VEIL, W.: Die Harnfarbe, eine bedeutsame Funktion des Organismus. Klin. Wschr. **6**, 2217 (1927). — HEILMEYER, L.: Die Harnfarbe in ihrer physiologischen und klinischen Bedeutung. Z. exper. Med. **58**, 532 (1927).

Kurven zeigen das Auftreten besonderer Farbstoffe im Harn an. In solchen Fällen beobachtet man beim Stehen am Licht häufig ein Dunklerwerden des Harns durch Bildung von Urobilin aus seiner Vorstufe, in anderen ein Hellerwerden, z. B. durch Ausbleichen von Uroerythrin. Schwankungen des p_H der Harne, auch über die physiologischen Grenzen hinaus, sind von geringem Einfluß auf die Lichtabsorption.

Der gesamte Farbstoffgehalt einer Harntagesmenge ist bei den einzelnen Individuen ziemlich konstant und bei Männern mit 10—16 Veil-Einheiten etwas höher als bei Frauen (7—12). Im Laufe des Tages treten Schwankungen durch Essen und Trinken, Schlaf und Bewegung auf, die denen der Dichte parallel gehen. Die Zusammensetzung der Nahrung übt wenig Einfluß aus, dagegen wirkt der Hunger steigernd auf die Farbstoffausfuhr. In vielen Fällen wurde eine Beziehung zum Mineralstoffwechsel in Form einer Gegenbewegung gefunden. Nervöse und medikamentöse Steigerung der Wasserausfuhr (Coffeindiurese) vermindert den Farbstoffgehalt, ebenso starke Muskelarbeit, trotzdem hier die verminderte Wasserausscheidung den Harn dunkler erscheinen läßt.

Die wichtigsten pathologischen Befunde sind eine Steigerung bei perniziöser Anämie ohne Änderung des Farbcharakters, bei Polycythämie, verschiedenen Erkrankungen der Leber, bei Nephrosen und Urämie, Typhus und Atherosklerose. Besonders bedeutungsvoll ist eine von Drabkin regelmäßig festgestellte Erhöhung bei Basedowscher Erkrankung, die nach der Operation oder bei erfolgreicher medikamentöser Behandlung zurückging.

Über die Stoffwechselprozesse, die zur Entstehung desHarnfarbstoffs führen, besteht noch keine Klarheit. Es ist möglich, daß er aus dem Hämoglobin hervorgeht, jedoch weist eine von Drabkin gefundene Beziehung zur Körperoberfläche sowie das Verhalten bei der Basedowschen Erkrankung darauf hin, daß Zusammenhänge mit dem Zellstoffwechsel, vielleicht mit einem der Zellpigmente (Myohämoglobin, Cytochrom), bestehen.

Bei trüben Harnen nimmt die Durchlässigkeit für rotes, weniger für blaues Licht zu. Dadurch können fluorescenzähnliche Erscheinungen hervorgerufen werden[1]. In geringem Grade zeigen alle normalen Harne eine grünliche bis bläuliche *Fluorescenz*, die durch Gegenwart von Eiweiß oder Eintritt der ammoniakalischen Gärung verstärkt wird. Besonders stark ist die Fluorescenz bei Milchdiät[1].

Die *Lichtbrechung* des Harns geht dem Gehalt an festen Stoffen, wie er in der Dichte und dem osmotischen Druck zum Ausdruck kommt, einigermaßen parallel. Bei menschlichem Harn schwankt der Brechungsindex um 1,34.

Normaler Harn besitzt eine geringe *optische Aktivität*, und zwar dreht er die Ebene des polarisierten Lichts nach links. Am Zustandekommen dieser Erscheinung sind die im Harn enthaltenen gepaarten Glucuronsäuren und Aminosäuren beteiligt. Die Drehung beträgt meist nicht über 0,1° und übersteigt nur sehr selten den Wert von 0,2°.

Das *spezifische Gewicht* des Harns hängt von seinem Gesamtgehalt an festen Stoffen ab und ist dementsprechend dem Stundenvolumen annähernd umgekehrt proportional. Natürlich wirken sich die einzelnen festen Harnbestandteile nach Maßgabe ihrer eigenen Dichte aus. Die Mittelwerte einer Tagesmenge vom Erwachsenen liegen meist zwischen 1,017 und 1,020, enthalten jedoch erhebliche Tagesschwankungen. Einzelportionen mit Dichten zwischen 1,005 und 1,030 werden häufig beobachtet. Diese Werte werden überschritten bei starken Glucosurien, vor allem in schwereren Fällen von Diabetes mellitus, in denen große Traubenzuckermengen in den Harn gelangen, unterschritten beim Diabetes in-

[1] Skramlik, E. v.: Über Harnacidität. Hoppe-Seylers Z. 71, 290 (1911).

sipidus, bei dem die Niere den Harn so ungenügend konzentriert, daß spezifische Gewichte bis zu 1,002 herab sich ergeben. Sichere Schlüsse auf irgendwelche physiologischen oder pathologischen Verhältnisse im Körper gestattet eine Größe, die von so vielen Einzelfaktoren abhängt wie die Dichte, nicht[1].

Die Bestimmung des spezifischen Gewichts geschieht gewöhnlich mit dem Aräometer, jedoch kann man bei sehr kleinen Mengen auch das Hammerschlagverfahren heranziehen[2].

Osmotischer Druck. Da die Niere der wichtigste Faktor für die Regulierung des osmotischen Drucks im Blutplasma ist, hat man von vornherein mit raschen und ausgiebigen Schwankungen des osmotischen Drucks im Harn zu rechnen. In der Tat weichen die Bestimmungen, die verschiedene Autoren[3] am Harn von normalen Personen unternommen haben, weit auseinander. Die höchsten lagen bei 2,6° Gefrierpunktserniedrigung, entsprechend einem Druck von ungefähr 33 Atm., während durch reichliche Wasserzufuhr Senkungen bis auf 0,075°, also auf Bruchteile einer Atmosphäre, zu erzielen waren.

Der Gefrierpunkt gibt ein Maß für die gesamte, von der Niere geleistete osmotische Arbeit, die sich aber auf eine große Menge von untereinander recht verschiedenen Einzelvorgängen verteilt. Die Krystalloide des Harns werden ja in der Niere in sehr wechselndem Grade konzentriert. Dabei kann sich das Konzentrationsverhältnis zweier Ionen dem Blut gegenüber ändern; z. B. wird das Verhältnis K:Cl im Harn immer größer gefunden als im Plasma (Macallum).

Die Ausscheidung großer Überschüsse an osmotisch wirksamem Material beginnt nach Versuchen von Galeotti an Hunden mit normalen und geschädigten Nieren[4] unter großem Wasserverbrauch, während, sobald dieses knapp zu werden beginnt, die osmotische Arbeit zunimmt.

Bei Hühnern scheint die Niere durch diese Arbeit bald zu ermüden, so daß dann in steigendem Maße die Darmschleimhaut für die Exkretion in Anspruch genommen wird[5].

Zur Bestimmung des osmotischen Drucks im Harn wird jetzt ausschließlich die kryoskopische Methode verwendet, trotzdem an sich z. B. die Hamburgersche durchaus brauchbar ist.

Elektrische Leitfähigkeit. Während das spezifische Gewicht und der osmotische Druck von der Gesamtheit der festen Bestandteile beeinflußt werden, ist die elektrische Leitfähigkeit des Harns ein Maß für seinen Gehalt an Elektrolyten. Unter diesen spielen die in weit geringerer Menge vorhandenen organischen Ionen nur eine vergleichsweise bescheidene Rolle. Vergleichende Bestimmungen beider Größen wurden zuerst von Bugarsky[6] ausgeführt und mit solchen der Dichte und des Kochsalzgehaltes kombiniert. Der Gehalt des Harns an anorganischen und organischen sowie an anorganischen Nichtkochsalzbestandteilen wurde in Molen ausgedrückt und die gegenseitigen Relationen festgelegt. Die Leit-

[1] Addis, T. u. Foster: The specific gravity of urine. Arch. int. Med. **30**, 455 (1922). — Sharlit, H. u. Lyle: The specific gravity of urine. Ebenda **33**, 109 (1924).

[2] Noeggerath, C. Th. u. Reichle: Bestimmung des spezifischen Gewichts in wenigen Tropfen Harn. Arch. Kinderheilk. **70**, 161 (1921).

[3] Dreser, H.: Die Diurese und ihre Beeinflussung durch pharmakologische Mittel. Arch. f. exper. Path. **29**, 303 (1892). — Koranyi, A. v.: Physiologische und klinische Untersuchungen über den osmotischen Druck. Z. klin. Med. **33**, 1 (1897). — Macallum, A. B. u. Benson: On the composition of diluted renal secretions. J. of biol. Chem. **6**, 87 (1909).

[4] Galeotti, G.: Über die Arbeit, welche die Nieren leisten, um den osmotischen Druck des Blutes auszugleichen. Arch. Anat. u. Physiol. **1902**, 200.

[5] d'Errico, G.: Über die physikochemischen Verhältnisse der Harnsekretion bei Hühnern. Beitr. chem. Physiol. u. Path. **9**, 455 (1907).

[6] Bugarsky, St.: Über die molaren Konzentrationsverhältnisse des normalen menschlichen Harns. Pflügers Arch. **68**, 389 (1897).

fähigkeit des normalen Menschenharns schwankt zwischen $137{,}8$ und $325{,}9 \cdot 10^{-4}$, die des Hundeharns wird von BOTTAZZI und ONORATO[1] mit $275-341 \cdot 10^{-4}$ angegeben. Bei BUGARSKY schwankte der gesamte Molengehalt von 0,6—1,1, der der Elektrolyte von 0,37—0,57, der der organischen Körper von 0,27—0,75. BUGARSKY folgerte aus seinen Befunden, daß das Verhältnis der organischen zu den anorganischen Molekülen eine Konstante und gleich 0,75 sei. STEYRER machte darauf aufmerksam, daß eine solche Konstanz bei vollkommen frei gewählter Kost und besonders Salzzufuhr gar nicht vorhanden sein könne, und fand weiter, daß das Verhalten der Niere in Krankheitsfällen sich den einzelnen Exkretstoffen gegenüber in so verschiedener Weise ändere, daß von einem Vergleich der verschiedenen Größen nicht mehr die Rede sein könne[2].

Durch Eiweiß wird die Leitfähigkeit des Harns herabgedrückt, und es ist sogar vorgeschlagen worden, durch Vergleich der Leitfähigkeit des nativen und des von Eiweiß befreiten Harns dieses zu bestimmen[3].

Im Verlauf der Salzdiurese ist die Leitfähigkeit des Harns stärker gesteigert als der osmotische Druck, ein Zeichen, daß der Organismus sich zunächst von dem Salzüberschuß zu befreien sucht, während die Harnstoffsekretion stockt[1].

Durch Kontrolle der Leitfähigkeit haben BOTTAZZI und ONORATO[4] den Beweis geliefert, daß nach Entfernung einer Niere die andere die Konzentrationsarbeit vollständig zu leisten vermag.

Die nachfolgende Tabelle von BOTTAZZI[5] stellt Gefrierpunkts- und Leitfähigkeitswerte des Harns von Meeres- und Süßwassertieren zusammen:

Untersuchungsobjekt	Gefrierpunkts-erniedrigung	Spezifische Leitfähigkeit $K \cdot 10^{-4}$ bei 25,5°
Conger vulgaris	0,820	226
Lophius piscatorius	0,643	217
Scorpaena scrofa	0,680	219
Thalassochelys caretta	0,607	207
Bufo viridis	0,420	69
Testudo graeca	0,190	41
Octopus vulgaris	2,075	452
Scyllium stellare	2,23	381
Rana esculenta	0,170	45
Bufo vulgaris	0,155	29
Emys europaea	0,096	9

Die Tabelle zeigt deutlich die Eigenschaft der in ihrer Mineralstoffversorgung besonders ungünstig dastehenden Süßwassertiere, die Abgabe von Salzen durch die Niere auf ein sehr geringes Maß einzuschränken.

Die *Viscosität* des Harns ist etwas höher als die des Wassers: um 1,05, beim Hund 1,10—1,20. Sie hängt von der Gesamtkonzentration ab, ohne ihr streng proportional zu sein. Formbestandteile wirken kräftig viscositätssteigernd. Eiweißgehalt wirkt verhältnismäßig wenig, jedoch verhalten sich die einzelnen

---

1 BOTTAZZI, F. u. ONORATO: Beiträge zur Physiologie der Niere. Arch. Anat. u. Physiol. **205** (1906).

2 STEYRER, A.: Über die osmotische Analyse des Harns. Beitr. chem. Physiol. u. Path. **2**, 312 (1902).

3 WASMUTH, A.: Über die Veränderungen der Leitfähigkeit des Harns bei Anwesenheit von Eiweiß. Arch. f. klin. Med. **88**, 123 (1907).

4 BOTTAZZI, F. u. ONORATO: Funzione dei reni sperimentalmente alterati. Arch. di Fisiol. **1**, 273 (1903/04).

5 BOTTAZZI, F.: Physikalisch-chemische Untersuchung des Harns und der anderen Körperflüssigkeiten. In NEUBERG: Der Harn, S. 1486. Berlin: Julius Springer 1911.

Albuminurien etwas verschieden. Im ganzen steigt der Faktor in pathologischen Fällen kaum über 1,15[1].

Strenge Beziehungen zwischen Viscosität und Oberflächenspannung bestehen nicht, hohe Viscosität braucht nicht mit niedriger Oberflächenspannung einherzugehen[2].

Normaler Harn enthält reichliche Mengen von *Kolloiden*, die seine Neigung zum Schäumen bedingen. Sie zeigen eine positive Ladung, solange nicht die Kationen durch Dialyse entfernt sind. Mit den als Maß der Oberflächenspannung geltenden „Stalagmonen" können sie nicht identifiziert werden, da nach Entfernung der Kolloide durch Schütteln mit Kaolin die Oberflächenaktivität keine Veränderung erfährt[3].

Die Isolierung der Harnkolloide ist nach verschiedenen Methoden durchgeführt worden: die Hofmeistersche Schule verwendet die Dialyse[4], Salkowski Alkoholfällung[5], Lichtwitz und Rosenbach[6] Schütteln mit Benzin.

Die quantitative Bestimmung gründet sich auf die Schutzwirkung, die die Harnkolloide auf kolloidale Goldlösung ausüben. Die Goldzahl beträgt bei normalem Harn 7—3,5 mg[7]. Sie ist von der Konzentration und Reaktion des Harns unabhängig.

Unter den Harnkolloiden fand Mörner Mucin und Chondroitinschwefelsäure[8], Baisch[9] eine dextrinähnliche Substanz, die von Glykogen verschieden ist und die Eigenschaften des sog. „tierischen Gummis" besitzt. Der normale Harnfarbstoff hat mit der Schutzwirkung für Goldsol nichts zu tun (Lichtwitz), die Ernährung, insbesondere die Eiweißzufuhr ist ohne nachweisbare Bedeutung (Ebbecke). Von Bechhold und Reiner[10] werden Albumosen und Peptone in der Kolloidfraktion angenommen. Tatsächlich fand Ebbecke in Pneumonieharn eine peptonähnliche Substanz. In der Schwangerschaft nehmen die Harnkolloide mäßig zu, stärker bei der Eklampsie (Savarè), ebenso bei Ikterus und Nephritiden. Das Alter spielt keine erkennbare Rolle, anscheinend aber das Geschlecht: Savarè fand bei Männern im Mittel 1,44; bei Frauen 0,44 g Kolloid in der Tagesmenge.

Oberflächenspannung. Die Oberflächenspannung des normalen Harns ist gegenüber der des Wassers ein wenig herabgesetzt und schwankt zwischen 56 und 73 Dynen pro Quadratzentimeter gegenüber 75,83 bei reinem Wasser unter denselben Bedingungen[11]. An der Erniedrigung sind aber die Krystalloide des Harns nur wenig beteiligt, und ein aus ihnen hergestelltes Harnmodell besitzt nahezu die Oberflächenspannung reinen Wassers. Insbesondere reicht die Kon-

---

[1] Joel, E.: Zur Viscosi- und Stalagmometrie des Harns. Biochem. Z. **108**, 93 (1921).

[2] Hahn, F. V. v.: Beobachtungen zur Kolloidchemie des Harns. Kolloid-Z. **38**, 156 (1926).

[3] Wohlgemuth, J. u. Koga: Die Kolloide in Harn und Blut. Biochem. Z. **146**, 36 (1924).

[4] Sasaki, K.: Bestimmung der nichtdialysablen Stoffe des Harns. Beitr. chem. Physiol. u. Path. **9**, 386 (1907). — Savarè: Der Gehalt des Frauenharns an nichtdialysablen Stoffen. Ebenda **9**, 401 (1907). — Ebbecke, U.: Über die Ausscheidung nichtdialysabler Stoffe durch den Harn unter normalen und pathologischen Bedingungen. Biochem. Z. **12**, 485 (1908).

[5] Salkowski, E.: Zur Kenntnis der alkoholunlöslichen bzw. kolloiden Stoffe des Harns. Berl. klin. Wschr. **1905**, 1581.

[6] Lichtwitz, L. u. Rosenbach: Über Kolloide im normalen menschlichen Harn. Hoppe-Seylers Z. **61**, 112 (1909).

[7] Lichtwitz u. Rosenbach: Hoppe-Seylers Z. **61**, 112 (1909). — Ottenstein, B.: Die Harnkolloide und ihre Bestimmung nach der Goldzahlmethode. Biochem. **128**, 382 (1922).

[8] Mörner: Untersuchungen über die Proteinstoffe und die eiweißfällenden Substanzen des Harns. Skand. Arch. Physiol. (Berl. u. Lpz.) **6**, 332 (1895).

[9] Baisch: Über die Natur der Kohlehydrate des normalen Harns. Hoppe-Seylers Z. **18**, 193 (1894).

[10] Bechhold, H. u. Reiner: Die Stalagmone des Harns. Biochem. Z. **108**, 98 (1920).

[11] Tanaka: Über die Viscosität, Acidität und Leitfähigkeit des Harns. Arch. f. exper. Path. **59**, 1 (1908).

zentration der Aminosäuren, die ja eine gewisse Oberflächenaktivität besitzen, im Harn nicht aus, die Spannung merklich zu verändern. Die beobachteten Unterschiede gegenüber reinem Wasser und zwischen verschiedenen Harnen müssen also zum Teil auf die Gegenwart kolloider Substanzen bezogen werden. Deutliche Abweichungen von den Normalzahlen werden zu erwarten sein, wenn Eiweiß und seine Abbauprodukte oder die sehr oberflächenaktiven Gallensalze in den Harn übertreten.

Vor allem von BECHHOLD und seinen Schülern ist die Gesamtheit der oberflächenaktiven Stoffe des Harns, die von ihm als Stalagmone bezeichnet wurden, quantitativ und qualitativ untersucht worden in der Erwartung, die Bestimmung der Oberflächenspannung klinisch-diagnostischen Zwecken dienstbar machen zu können.

Bei quantitativen Vergleichen wird der Einfluß der Dichte von ihnen durch Auffüllen bis zu einem bestimmten spezifischen Gewicht — etwa 1010 — eliminiert. Außerdem ist es notwendig, bei bestimmtem p_H zu arbeiten, da mit der Acidität die Tropfenzahl wächst. SCHEMENSKY[1] fand die Änderungen in der Gegend von $p_H = 4$ am geringsten und schlägt deshalb vor, die Harne bis zum Umschlag von Kongorot oder Methylorange, der zwischen 3,8 und 4,1 erfolgt, mit Salzsäure zu versetzen. Ein Maß für die Menge der Stalagmone ergibt sich aus einem Vergleich der Tropfenzahl des nativen und des angesäuerten Harns mit der, die beide Flüssigkeiten nach Bindung der Stalagmone an Tierkohle zeigen (stalagmometrischer bzw. Säurequotient).

Der stalagmometrische Quotient liegt für normalen Harn unter 1,110, der Säurequotient unter 1,200. Bei Gravidität, Nephrosen, Nephritis, Pyelitis[1] sowie bei Diabetes[2] sind die Werte bis gegen 1,4 erhöht. Derartige Ausschläge können durch die Gegenwart von Eiweißabkömmlingen allein schon nicht mehr erklärt werden, da deren Lösungen Säurequotienten von 1,1—1,187 haben.

Die qualitative Untersuchung der Stalagmone hat vor allem die Bedeutung der Gallenbestandteile, insbesondere der gallensauren Salze, für die Oberflächenaktivität des Harns erwiesen[3]. Sind diese in einigermaßen reichlicher Menge vorhanden, so wird die Oberflächenspannung so stark herabgesetzt, daß Schwefelblumen, die von normalem Harn getragen werden, innerhalb kurzer Zeit untersinken[4] (Gallensäureprobe von HAY).

Die Oberflächenspannung des Harns erfährt Veränderungen unter dem Einfluß des Schlafs, der Mahlzeiten und der Arbeit. Eiweiß- und Kohlehydratkost führen zu einer in mäßiger Höhe verlaufenden Kurve mit starker abendlicher Erhebung, reichliche Fettaufnahme und ebenso der Hungerzustand äußern sich in sehr hoch und gleichmäßig verlaufenden Kurven ohne Zacke am Abend[5].

Eine Reihe von Medikamenten wirkt denivellierend auf den Harn, so Alkohole und Chloral, aromatische Säuren, Pyramidon, verschiedene Drogen und vor allem gallensäurehaltige Mittel (Cadechol, Decholin).

Infolge seines reichlicheren Gehaltes an Gallenbestandteilen und vielleicht auch an aromatischen Substanzen besitzt der Pferdeharn eine niedrigere Oberflächenspannung als der von Mensch und Hund.

---

[1] SCHEMENSKY, W.: Stalagmometrische Untersuchungen am Urin und ihre Anwendung auf die klinische Pathologie. Biochem. Z. **105**, 229 (1920) — Münch. med. Wschr. **67**, 773 (1920). — BECHHOLD u. L. REINER: Die Stalagmone. Ebenda **67**, 891 (1920) — Biochem. Z. **108**, 98 (1920).

[2] PRIBRAM, H. u. F. EIGENBERGER: Über Harnkolloide und Stalagmone. Biochem. Z. **115**, 168 (1921).

[3] FRENKEL, H. u. CLUZET: Recherches sur la tension superficielle des urines. J. Physiol. et Path. gén. **3**, 151 (1901).

[4] MÜLLER, H.: Untersuchungen über die Brauchbarkeit der Hayprobe beim Nachweis der Gallensäuren im Urin. Schweiz. med. Wschr. **51**, 821 (1921).

[5] ZANDREN, S.: Die Tageskurve der Stalagmone. Biochem. Z. **114**, 211 (1921).

Gegen die von BECHHOLD und seinen Schülern eingehaltene Technik hat v. HAHN[1] eingewandt, daß die Verdünnung auf gleiches spezifisches Gewicht, durch die dessen Einfluß ausgeschaltet werden sollte, unzulässig sei und daß das auch von anderen Autoren geübte Schütteln mit Tierkohle ein ungeeignetes Mittel sei, die Kolloide zu entfernen. Nach v. HAHN, mit dem WOHLGEMUTH übereinstimmt, ist auf die Kolloide nur ein kleiner Teil der Oberflächenaktivität des Harns zurückzuführen.

Die Oberflächenspannung selbst soll nach v. HAHN in linearer Abhängigkeit von der Dichte stehen, aus der sie sich nach der Formel $0{,}69\,(D - 1{,}004)$ berechnet. Die Werte der Oberflächenaktivität des Harns gibt v. HAHN in Graham an (1 Gh ist die Oberflächenaktivität, die die Oberflächenspannung des Lösungsmittels um 1% herabsetzt). Sie beträgt bei normalen Harnen +3 bis −3 Gh. Die von LICHTWITZ angegebenen Zusammenhänge zwischen Oberflächenspannung und Viscosität des Harns hat v. HAHN nicht finden können, dagegen bestehen solche außer mit der Dichte mit der Linksdrehung des Harns.

Reaktion. Die Reaktion des Blutes schwankt nur in ganz engen Grenzen um einen dem Neutralpunkt nahegelegenen Wert, trotzdem saure und basische Bestandteile in sehr wechselndem Maße mit der Nahrung in den Körper hineingelangen oder im Zellstoffwechsel durch Bildung saurer Produkte, wie Kohlensäure, Schwefel- und Phosphorsäure, und organischer Säuren entstehen. Daß trotzdem die Reaktion des Blutes erhalten bleibt, rührt zunächst von dessen ausgiebiger Pufferung her, dann aber auch von der Tätigkeit mächtiger Regulationsmechanismen, unter denen die Niere der vielseitigste ist. Sie vermag die verschiedenartigsten Säuren und Basen in den Harn übergehen zu lassen. Die Folge ist, daß wir hier mit sehr ausgeprägten Schwankungen der Reaktion zu rechnen haben.

Die Menge der im Harn enthaltenen sauren und basischen Bestandteile hängt demnach ab 1. von der Zufuhr an fixen Alkalien und der Produktion von Harnstoff, Kreatinin, Ammoniak und anderen Basen; 2. von der Menge der in der Nahrung enthaltenen und im Stoffwechsel nicht veränderten Säuren und der Produktion von anorganischen und organischen Säuren im Stoffwechsel; 3. von der auswählenden Tätigkeit der Niere.

Die wichtigsten in Betracht kommenden Anionen sind die der Salzsäure, Schwefelsäure, Phosphorsäure, Kohlensäure; von organischen Säuren Harnsäure, Hippursäure, β-Oxybuttersäure, Acetessigsäure; an Kationen stehen die der Alkali- und Erdalkalimetalle, Ammoniak und Kreatinin zur Verfügung.

Sämtliche Anionen und Kationen treten im Harn in Beziehungen zueinander, die durch das Massenwirkungsgesetz geregelt sind. Die stärksten Säuren werden daher vollständig mit Basen abgesättigt sein, während die schwächeren es nur in dem Maße sein können, in dem nach Absättigung der starken Säuren noch Basen zur Verfügung stehen. Bei ihnen werden wir also erwarten müssen, daß neben Salzen auch freie Säuren anzutreffen sind. Überwiegen umgekehrt die Basen, so werden sämtliche Säuren abgesättigt und darüber hinaus noch basische Elemente verfügbar sein. Von diesen beiden extremen Fällen ist das erste beim Fleischfresser verwirklicht, der in seiner Kost wenig fixe Alkalien, dafür aber reichliche Mengen des stark säurebildenden Eiweißes aufnimmt, der andere beim Pflanzenfresser, der viel Alkali, aber wenig Eiweiß aufnimmt. Der menschliche Harn zeigt mittlere Verhältnisse.

In allen Fällen kommen freie, schwache Säuren und Basen neben ihren Salzen, potentielle Ionen neben aktuellen vor, und wir werden ebenso wie im

[1] HAHN, F. V. v.: Beobachtungen über die Kolloidchemie des Harns. Kolloid-Z. **38**, 156 (1926).

Blut zwischen einer potentiellen, durch Titration zu ermittelnden, und einer aktuellen, durch die Wasserstoffionenkonzentration definierten Reaktion zu unterscheiden haben.

Die titrimetrische Bestimmung der Gesamtacidität wird wenig geübt, da keiner der gebräuchlichen Indicatoren im Harn einen scharfen Umschlag beim Neutralpunkt liefert — die Phosphate haben eine breite Gleichgewichtszone, Ammoniak beeinflußt Phthalein zu wenig, Kohlensäure zu stark, endlich fallen unter Umständen basische Kalksalze aus —, und da zu viele Momente auf diese Acidität einwirken, als daß sie ein Kriterium für irgendeinen physiologischen oder pathologischen Vorgang sein könnte. Bis zum Umschlag von Phenolphthalein verbraucht eine normale Harntagesmenge etwa soviel Alkali, als 1,5—2,3 g Salzsäure entspricht. Mit Hilfe besonderer Verfahren kann man dagegen z. B. die organischen Säuren des Harns (s. daselbst) oder die für die Harnreaktion besonders wichtige Phosphorsäure titrieren.

Die Neutralrottitration des mit Kaliumoxalat entkalkten Harns kann nach Henderson und Spiro[1] dazu dienen, die Menge des durch die Nierentätigkeit dem Organismus gesparten Alkalis zu bestimmen. Nach einer weiter unten wiedergegebenen Überlegung kann man schließen, daß im Blut 12% der Phosphorsäure als primäres, 88% als sekundäres Phosphat enthalten sind, während im Harn fast ausschließlich primäres Phosphat enthalten ist. Stellt man sich eine Phosphatgemischlösung von der ungefähren Konzentration des Blutes her und titriert den entkalkten Harn, bis bei beiderseits gleicher Indicatorkonzentration gleiche Farbe besteht, so verbraucht man die gleiche Menge Alkali, die die Niere bei der Harnbereitung zurückbehalten hat, d. i. ungefähr die Hälfte der in Gestalt von Phosphaten an sie herangelangenden Menge. Zu dieser addieren sich noch weitere Mengen, die durch Ersatz von fixem Alkali durch Ammoniak in der Niere gewonnen werden.

Auch die anderen schwachen Säuren des Harns entführen nicht die ganze Alkalimenge aus dem Körper, die sie im Blute gebunden halten. Man kann für jede schwache Säure, deren Dissoziationskonstante bekannt ist, berechnen, zu welchem Betrage sie bei einer gegebenen Wasserstoffionenkonzentration im freien, zu welchem im Salzzustand vorhanden sein wird. Derartige Berechnungen haben Henderson und Spiro in ihrer genannten Arbeit in Kurvenform niedergelegt, Guillaumin[2] hat entsprechende Angaben für Wasserstoffzahlen gemacht, die in nachfolgender Tabelle wiedergegeben sind:

Dissoziationsgleichgewichte der schwachen Säuren des Harns.

Säure	Dissoziations-konstante	Prozent der Gesamtsäure frei bei p_H					
		8	7	6	5,5	5	4,5
Essigsäure	$1{,}82 \cdot 10^{-5}$	0,05	0,54	5,2	14,8	35,4	62,2
Acetessigsäure	$1{,}5 \cdot 10^{-4}$	0,006	0,06	0,6	2,0	6,2	16,6
Ameisensäure	$2{,}1 \cdot 10^{-4}$	0,004	0,04	0,4	1,4	4,5	12,5
Hippursäure	$2{,}2 \cdot 10^{-4}$	0,004	0,04	0,4	1,4	4,3	12,0
Milchsäure	$1{,}4 \cdot 10^{-4}$	0,007	0,07	0,7	2,2	6,6	17,6
β-Oxybuttersäure	$2{,}0 \cdot 10^{-5}$	0,040	0,49	4,7	13,6	33,0	60,0
Harnsäure, 1. H.	$1{,}5 \cdot 10^{-6}$	0,600	6,2	40,0	67,9	87,0	95,3
Phosphorsäure, 2. H.	$1{,}95 \cdot 10^{-7}$	4,870	33,9	83,7	94,2	98,1	99,3
Kohlensäure, 1. H.	$3{,}04 \cdot 10^{-7}$	3,100	24,7	76,7	—	97,0	

[1] Henderson, L. J. u. K. Spiro: Über Basen- und Säurengleichgewicht im Harn. Biochem. Z. **15**, 105 (1909).

[2] Guillaumin: Considérations sur l'acidité urinaire mesurée à l'aide des méthodes physicochimiques. Bull. Soc. de Chim. biol. **6**, 14 (1924).

Wenn wir vorwegnehmen, daß die Acidität des menschlichen Harns für gewöhnlich zwischen den Werten 5 und 7 schwankt, so sehen wir, daß in den mittleren Bereichen hauptsächlich die Phosphorsäure in Gestalt des Ions PO_4H_2 und in geringerem Maße die Harnsäuren es sind, die die Wasserstoffionen des Harns liefern, während bei weniger sauren Harnen auch der Einfluß der Kohlensäure ins Gewicht fällt[1]. Im Diabetikerharn üben β-Oxybuttersäure und Acetessigsäure erheblichen Einfluß aus.

Praktisch hängt also in den mittleren Regionen die aktuelle Harnreaktion fast ganz von dem Verhältnis des primären zum sekundären Phosphat ab. Soweit das der Fall ist, kann man sie durch Titration des primären Phosphats mit Natronlauge gegen Phenolphthalein und des sekundären mit Salzsäure gegen Methylorange und Multiplikation des Verhältnisses beider Werte mit $2 \cdot 10^{-7}$ (nach einer von HENDERSON aufgestellten Formel) bestimmen[2]. Das Verfahren gibt aber Werte, die von den direkt gemessenen einigermaßen abweichen, und ist nur für klinische Zwecke brauchbar.

Zu wissenschaftlichen Zwecken bedient man sich entweder der Indicatorenmethode oder des elektrometrischen Verfahrens. Zur Ausführung der Indicatorenmethode gibt es mehrere Wege. Nach SÖRENSEN[3] vergleicht man die durch eine bestimmte Indicatormenge in der zu untersuchenden Flüssigkeit hervorgerufene Farbe mit der, die man in aus vorrätig gehaltenen Stammlösungen jeweils bereiteten Pufferlösungen von bekanntem H-Ionengehalt erhält. Einfacher ist das Verfahren von MICHAELIS und GYEMANT[4], bei dem eine Reihe von Nitrophenolen als Indicatoren verwendet werden, die alle aus Farblos in Gelb umschlagen und mit ihren Umschlagszonen den ganzen Spielraum der Harnacidität überdecken. Man hält Dauerstandards vorrätig, deren p_H um je 0,2 Einheiten ansteigt und die mit den genannten Nitrophenolen gefärbt sind. Die Eigenfarbe des zu untersuchenden Harns wird mit Hilfe des WALPOLEschen[5] oder HURWITZschen Komparators ausgeschaltet, Apparaten, die das Vorsetzen eines Röhrchens mit Harn vor die Testlösung gestatten. Die verwendeten Indicatoren sind:

Name	Chemische Bezeichnung	Anwendungsbereich
β-Dinitrophenol	1-Oxy-2, 6-dinitrobenzol	2,2—4
α-Dinitrophenol	1-Oxy-2, 4-dinitrobenzol	2,8—4,5
γ-Dinitrophenol	1-Oxy-2, 5 dinitrobenzol	4,0—5,5
p-Nitrophenol		5,2—7,0
m-Nitrophenol		6,7—8,4

Die elektrometrische Bestimmung wird mit Hilfe der Gaskette, bestehend aus Kalomel- und Wasserstoffelektrode, in Chlorkaliumlösung durchgeführt. Sämtliche Verfahren sind in Spezialwerken und in den großen methodologischen Handbüchern genau beschrieben[6].

Da sich Lunge und Niere in die Regulation der Blutreaktion teilen, ist die Annahme von Beziehungen zwischen den Leistungen beider Organe naheliegend. In der Tat haben die Untersuchungen von HASSELBALCH[7] und von ENDRES[8] ergeben, daß die Wasserstoffzahl des Harns und der Kohlensäuregehalt der Alveolarluft unter dem Einfluß verschiedener Maßnahmen gleichsinnig variieren. Diätformen, die einen sauren Harn verursachen, bewirken niedrigen, solche, die einen wenig sauren oder alkalischen Harn hervorrufen, einen hohen

[1] GAMBLE, J. L.: Carbonic acid and bicarbonate in urine. J. of biol. Chem. **51**, 295 (1922).

[2] BIEHLER, W.: Zur Methodik der Harnacidimetrie. Hoppe-Seylers Z. **110**, 299 (1920).

[3] SÖRENSEN, S. P. L.: Über die Messung und die Bedeutung der Wasserstoffionenkonzentration. Biochem. Z. **21**, 131 (1909).

[4] MICHAELIS u. GYEMANT: Die Bestimmung der Wasserstoffzahl durch Indicatoren. Biochem. Z. **109**, 165 (1920). — MICHAELIS, L.: Vereinfachte Titrationsmethode. Dtsch. med. Wschr. **1921**, 465.

[5] WALPOLE: Biochemic. J. **5**, 207 (1910).

[6] Siehe z. B. L. MICHAELIS: Prakticum der physikalischen Chemie. Berlin: Julius Springer 1922 — Handb. der biologischen Arbeitsmethoden, Abt. III, T. A, Liefg. 77. — CLARK, W. M.: The Determination of hydrogen Ions. Baltimore 1920.

[7] HASSELBALCH, K. A.: Neutralitätsregulation und Reizbarkeit des Atemzentrums. Biochem. Z. **46**, 403 (1912).

[8] ENDRES, G.: Über die Gesetzmäßigkeiten in der Beziehung der wahren Harnacidität zu der alveolaren CO_2-Spannung. Biochem. Z. **132**, 220 (1922).

Kohlensäuregehalt des Bluts und damit der Alveolarluft. Bei normaler Nierentätigkeit geht die Säureausscheidung im Harn parallel der Alkalireserve des Bluts.

Forcierte Atmung macht den Harn alkalischer, Einatmung von Kohlensäure saurer[1]. Ausgiebige Aderlässe führen durch Zustrom carbonatreicher Gewebsflüssigkeit zum Blut zur Ausscheidung alkalischen Harns[2].

Während der Inanition wird der Harn allmählich sehr sauer. HASSELBALCH maß schon am 2. Hungertage Werte unter $p_H = 5$. Ebenso zeichnet sich die chronische Unterernährung durch hohe Harnaciditäten aus[3]. ENDRES kommt zu dem gleichen Ergebnis.

Die ersten Untersuchungen über den Einfluß einzelner Kostformen auf die Höhe der Harnacidität führte v. SKRAMLIK[4] aus. Er fand, daß bei Ernährung mit Milch oder mit Kohlehydraten die Wasserstoffzahlen ziemlich gleich — 5,86 bis 6,06 bei Milch, 5,84—5,89 bei Kohlehydratkost — sind, und daß auch die Titrationsaciditäten mit 18,5—22 bzw. 13,5—18,5 einander sehr nahekommen. Bei ausschließlicher Ernährung mit Kalbfleisch lag dagegen die p_H wesentlich tiefer, bei 5,38, und die Titrationsacidität betrug 24—45 ccm.

Den Kohlehydraten hat HASSELBALCH in der oben zitierten Arbeit eine die Harnacidität herabsetzende Wirkung zugeschrieben, da er regelmäßig 3 Stunden nach der Mahlzeit, zu einer Zeit also, wo die Kohlehydratverbrennung auf der Höhe ist, ein Anwachsen der p_H feststellen konnte, das aber nach kohlehydratfreien Mahlzeiten ausblieb[5]. Dagegen hat ENDRES einen Einwand erhoben, den HASSELBALCH selber ausschließen zu können geglaubt hatte, daß nämlich mit den gebräuchlichen Nahrungsstoffen der Kohlehydratreihe nicht unbeträchtliche Mengen basischer Bestandteile in den Organismus hineingelangen, und daß diese es sind, die das p_H in die Höhe gehen lassen. Versuche mit reinen, aschefreien Kohlehydraten besitzen wir nicht. Einen Ansatz zu solchen unternahmen LE NOIR und FOSSEY[6], die die Hungeracidose durch Gaben von reinem Traubenzucker hintanhalten konnten. Hier handelt es sich natürlich nicht um eine Mehrausfuhr basischer Produkte, sondern um eine Hinderung säurebildender Stoffwechselprozesse, wie sie sonst im Hunger stattfinden, durch das Kohlehydrat.

Früchte wirken im allgemeinen nur säuernd auf den Harn, wenn sie mit Benzoesäure konserviert sind. Eine Ausnahme bilden Pflaumen und Preißelbeeren, in denen Säuren enthalten sind, die als Hippursäure ausgeschieden werden. Es läßt sich denn auch nachweisen, daß die Aciditätszunahme auf organische Säuren zurückzuführen ist[7]. Saure Nahrung wirkt überhaupt nicht durch ihren Säuregehalt an sich, sondern nur nach Maßgabe der Eigenart der in ihr enthaltenen Säuren auf die Harnacidität ein. So säuert Sauermilch den Harn nur kraft der in ihr enthaltenen Phosphate (BLATHERWICK und LONG).

Auch die Art der verabreichten Milch ist von Bedeutung. So scheiden Brustkinder einen alkalischen Harn aus, der nur äußerst geringe Mengen von primärem Phosphat enthält, während Flaschenkinder, die verdünnte Kuhmilch erhalten,

---

[1] DAVIES, H. W. u. J. B. S. HALDANE: Experiments on the regulation of the bloods alkalinity. J. of Physiol. **54**, 32 (1920).

[2] VEIL, W.: Über die Bedeutung der Ionenacidität des Harns. Klin. Wschr. **1**, 2176 (1922).

[3] HASSELBALCH, K. A.: Ammoniak als physiologischer Neutralitätsregulator. Biochem. Z. **74**, 18 (1916).

[4] SKRAMLIK, E. v.: Über Harnacidität. Hoppe-Seylers Z. **71**, 290 (1911).

[5] HASSELBALCH, R. A.: Neutralitätsregulation und Reizbarkeit des Atemzentrums. Biochem. Z. **46**, 419 (1912).

[6] LE NOIR u. FOSSEY: Acidité urinaire ionique chez l'homme normal. C. r. Acad. Sci. **178**, 1632 (1924).

[7] BLATHERWICK, N. R. u. LONG: Studies on urinary acidity. J. of biol. Chem. **53**, 103 (1922); **57**, 875 (1923).

niedrige p_H-Werte zeigen[1]. Phosphatzulage führt bei Flaschenkindern zwar zu einem Sinken der p_H, diese bleibt aber im alkalischen Bereich. Fette spielen unter normalen Verhältnissen keine für die Harnacidität ausschlaggebende Rolle.

Neuerdings mehren sich die Stimmen, die dem Eiweiß eine die Harnalkalität steigernde Wirkung zuschreiben. Eine befriedigende Erklärung für diese Beobachtungen steht freilich noch aus[2]. Die alkalisierende Wirkung soll sich übrigens nur bemerkbar machen, wenn ausschließlich Fleisch gegessen wird und durch alle Beigaben abgeschwächt werden.

Die Fette scheinen sich verschieden zu verhalten. BOGERT und KIRKPATRICK[3] rechnen die Butter zu den den Harn säuernden Nahrungsmitteln, während das Erdnußöl ihn alkalisch machen soll.

Wasser verändert selbst bei Aufnahme recht großer Mengen die Harnreaktion nicht erheblich.

Die enge Verbindung der Harnacidität mit der Erregbarkeit und Leistung des Atemzentrums und der Kohlensäurespannung der Alveolarluft tritt auch darin hervor, daß alle Umstände, die die Erregbarkeit herabsetzen und dadurch die Kohlensäurespannung in Blut und Alveolarluft steigern, zugleich den Harn reicher an Wasserstoffionen machen, so daß CO_2- und p_H-Kurve sich entgegengesetzt bewegen[4]. Diesen Erscheinungskomplex hat zuerst HASSELBALCH[5] realisiert, indem er im Selbstversuch Messungen mit und ohne Morphiumnarkose vornahm. Seine Ergebnisse wurden von ENDRES[4] bestätigt, der hinzufügte, daß auch im Schlaf, in dem die Erregbarkeit des Atemzentrums sinkt, die Kohlensäurespannung der Alveolarluft hoch und das p_H des Harns niedrig wird. Entgegengesetzt wirkt das Coffein, das ein Stimulans für das Atemzentrum darstellt und das p_H des Harns bis in den alkalischen Bereich bringen kann. Entziehung des Schlafs verschiebt die Reaktionslage des Gesamtorganismus und damit des Harns nach der alkalischen Seite hin[6].

Von klimatischen Faktoren bewirkt intensive Beleuchtung eine allerdings leichte Säuerung des Harns[7], Erniedrigung des Luftdrucks bis zum Auftreten der Erscheinungen der Bergkrankheit die Produktion eines Harns von wesentlich geringerer Acidität als sonst[8]. Solange dergleichen Beschwerden nicht auftreten, bleibt der Sauerstoffmangel an sich ohne erkennbaren Einfluß auf das p_H des Harns[9].

Die Schwangerschaftsacidose, in der der höhere Gehalt des Bluts an sauren Bestandteilen durch eine Herabsetzung der Kohlensäurespannung kompensiert ist, geht mit der Ausscheidung eines alkalischeren Harns einher, als man ihn nach der Geburt beobachtet (im Mittel 5,80 gegen 5,45)[10]. Zum Teil wird dieser Effekt durch Verstärkung der Ammoniakproduktion erreicht.

[1] GYÖRGY, P.: Über den Einfluß der Ernährung auf die Säureausscheidung durch den Urin im Säuglingsalter. Jb. Kinderheilk. **49**, 109 (1922).

[2] Siehe z. B. HASSELMANN: Das Verhalten der Harnacidität nach einseitiger Kost. Klin. Wschr. **2**, 122 (1923). — LUTZ, O.: Einfluß der Ernährung auf die Harnacidität. Z. exper. Med. **41**, 516 (1924).

[3] BOGERT, L. I. u. KIRKPATRICK: Studies on inorganic metabolism. J. of biol. Chem. **54**, 375 (1922).

[4] ENDRES: Zitiert auf S. 242 (S. 230). [5] HASSELBALCH: Zitiert auf S. 243.

[6] KROETZ, CH.: Über stoffliche Erscheinungen bei verlängertem Schlafentzug. Z. exper. Med. **52**, 770 (1926).

[7] HASSELBALCH, K. A.: Zitiert auf S. 243 (S. 434).

[8] HASSELBALCH, K. H. u. J. LINDHARD: Zur experimentellen Physiologie des Höhenklimas. II. Biochem. Z. **68**, 265 (1915).

[9] HASSELBALCH, K. H. u. J. LINDHARD: Zur experimentellen Physiologie des Höhenklimas. III. Biochem. Z. **68**, 295 (1915).

[10] HASSELBALCH, K. A. u. S. A. GAMMELTOFT: Neutralitätsregulation des graviden Organismus. Biochem. Z. **68**, 206 (1915).

Leistung von Muskelarbeit erhöht sofort nach Beginn die c_H des Harns, deren kleinster Wert ungefähr mit dem Minimum der Kohlensäurespannung in der Alveolarluft zusammenfällt. Nach Aufhören der Arbeit treten die ursprünglichen Verhältnisse wieder ein, nicht ohne daß vorübergehend stärkere Alkalescenz beobachtet wird[1]. Auch bei Pflanzenfressern findet sich wenigstens eine Abnahme der Alkalescenz des Harns, beim Pferde um im Mittel 0,3 Einheiten[2].

Im Anschluß an die Mahlzeiten erscheint im Harn die sog. Alkaliflut (alcaline tide). Schon BENCE-JONES hatte 1856[3] beobachtet, daß einige Stunden nach der Nahrungsaufnahme die Acidität des Harns abnimmt und sogar alkalischer Reaktion weichen kann. Dabei nimmt der Säuregrad des Harns um so stärker ab, je saurer der gleichzeitig sezernierte Magensaft ist, und bei Anacidität des Magensafts bleibt die Alkaliflut aus[4]. Diese Beobachtungen wurden später von PAWLOW, BABKIN, HASSELBALCH, HUBBARD, FISKE, PESOPOULOS u. a.[5] bestätigt. Die Alkaliflut erreicht ihre Höhe etwa $2^1/_2$ Stunden nach der Aufnahme einer reichlichen Mahlzeit. Hoher Eiweißgehalt der Kost macht die Schwankungen ausgiebiger, Kohlehydrat ist fast ohne Einfluß. Dadurch erledigt sich die Ansicht von HASSELBALCH, nach der die Alkaliflut durch starkes Kohlehydratangebot und dessen Umsatz bedingt sein sollte. Maßgebend für die Entwicklung der Flut ist der Gehalt des Magensaftes an Gesamtsäure, nicht an freier Salzsäure. Der Parallelismus zeigt sich auch bei fraktionierter Ausheberung und Bestimmung, ist aber streng zahlenmäßig nicht auszudrücken.

Schwankungen der Acidität im Verlauf des Tages bleiben aber auch bestehen, wenn die Nahrungsaufnahme ganz ausgesetzt wird. Es findet sich dann ein Maximum zwischen 5 und 6 Uhr nachmittags und ein Minimum während der Nacht. Bei einmaliger Fortlassung der Mittagsmahlzeit erscheint die Alkaliflut in gewöhnlicher Form, eine Erscheinung, die FISKE und RANNENBERG als Folge einer Gewöhnung auffassen.

Als Folge der bis jetzt erwähnten Einflüsse ergibt sich für die Tageskurve der Harnacidität ein Bild, wie es etwa HUBBARD aus Bestimmungen an 19 gesunden Erwachsenen abstrahiert hat:

7—9	5,5	3—5	5,87	bei der in Amerika üblichen Lebensweise
9—11	5,79	5—7	5,69	
11—1	5,86	7—7	5,50	
1—3	5,45			

Etwas ausgiebiger sind die Schwankungen, wie sie ENDRES in den Kurven seiner Normalversuche[6] wiedergibt.

---

[1] ENDRES: Zitiert auf S. 242 (S. 237). — LE NOIR u. FOSSEY: Zitiert auf S. 243.

[2] WILLINGER: Die Wasserstoffionenkonzentration im Pflanzenfresserharn. Pflügers Arch. **202**, 468 (1924).

[3] BENCE-JONES: On animal chemistry, S. 156. London 1856.

[4] RINGSTEDT: Studien über die Acidität des Menschenharns unter normalen und pathologischen Bedingungen. Malys Jber. d. Tierchemie **20**, 196 (1890).

[5] PAWLOW: Die Arbeit der Verdauungsdrüsen, S. 16. Wiesbaden 1898. — BABKIN: Die äußere Sekretion der Verdauungsdrüsen, S. 90. Berlin 1914. — HASSELBALCH, K. A.: Ammoniak als physiologischer Neutralitätsregulator. Biochem. Z. **74**, 18 (1916). — FISKE, C.: Inorganic phosphate and acid excretion in the postabsorptive period. J. of biol. Chem. **49**, 163, 171 (1921). — HUBBARD, R. S.: Presence of the alkali tide. J. amer. med. Assoc. **80**, 304 (1923). — PESOPOULOS, SP.: Über die p_H des Harns bei verschiedener Ernährung. Biochem. Z. **139**, 366 (1923). — RANNENBERG: Die Schwankungen der Wasserstoffionenkonzentration des Harns im Verlauf des Tages. Pflügers Arch. **212**, 601 (1926).

[6] ENDRES: Zitiert auf S. 242.

Auf medikamentösem Wege ist eine Säuerung des Harns z. B. durch Verabreichung von Borsäure[1], Chlorammonium[2] oder Betainhydrochlorid[3] zu erreichen. Säuernd wirkt ferner Kalkion auf dem Wege über die nach der Formel von RONA und TAKAHASHI eintretende Steigerung der c_H im Blut[4]. Daß das Morphin durch Herabstimmung der Reizbarkeit des Atemzentrums die Harnacidität steigert, wurde bereits erwähnt. Ebenso wirken Scopolamin und Papaverin[5].

Eine Verschiebung der Harnreaktion nach der alkalischen Seite hin wird durch K-Ionen (BENATT und HÄNDEL, HETENYI und HOLLO) und besonders rasch durch Natriumbicarbonat herbeigeführt. Von eigentlichen Medikamenten bewirken Digitalis durch Steigerung der Nierendurchblutung (VEIL, ENDRES, v. PANNWITZ) und Coffein durch Reizung des Atemzentrums eine Alkalitätssteigerung im Harn.

Die Schnelligkeit, mit der die Niere auf die orale Zufuhr von Salzsäure und die intravenöse Einspritzung von 50 ccm 4 proz. Natriumbicarbonatlösung reagiert, ist von REHN und seiner Schule[5] zu einer Funktionsprüfung der Niere benutzt worden.

Verschiebungen der Harnacidität durch pathologische Verhältnisse überschreiten in der Regel nicht die Grenzen, die auch unter physiologischen Bedingungen, z. B. durch die Diät, erreicht werden können. Angaben in dieser Richtung haben alle nur bei weitgehender Berücksichtigung der allgemeinen Verhältnisse, unter denen der Patient lebt, Bedeutung. Zu einer Säuerung des Harns bis zu einem p_H von 4,6 führt die gesteigerte Eiweißzersetzung im Fieber, bis p_H 4,0 die gesteigerte Muskelaktion bei Krampfzuständen[6]. Säuerung des Darminhalts, wie sie durch Steigerung der Gärungen herbeigeführt wird, hat eine vermehrte Resorption von Phosphaten und Ausscheidung in den Harn zur Folge, wodurch wiederum dessen C_H steigt bzw. durch Mehrproduktion von Ammoniak reguliert wird[7]. Im floriden Stadium der Rachitis, mit ihrer Störung des Kalkstoffwechsels, werden Harne mit niedrigem p_H produziert[8]. Bei Nierenkrankheiten ist die Variationsbreite der Nieren für die Ausscheidung saurer und basischer Valenzen mehr oder weniger eingeschränkt. Die gesamte Kurve liegt mehr im sauren Bereich und verläuft an sich flacher[9]. Das gilt vor allem, solange Ödeme bestehen, während bei deren Ausschüttung der Harn alkalischer wird und größere Reaktionsschwankungen zeigt[10].

---

[1] ROHDE, K.: Über den Einfluß der H-Ionen auf die Vitalfärbung. Pflügers Arch. **168**, 411 (1917).

[2] HALDANE, J. B. S.: Experimental and therapeutic alterations of tissue alcalescence. Lancet **206**, 537 (1924). — MUCHAT, M.: Ammonium chloride as an urine acidifier. J. of Urol. **15**, 375 (1926).

[3] FLATOW, R.: Acidol, ein Ersatz für Salzsäure. Deutsche med. W. 1905. Nr. **44**.

[4] BENATT, A. u. M. HÄNDEL: K- und Ca-Wirkung auf die Harnacidität. Klin. Wschr. **3**, 1621 (1924). — HETENYI u. J. HOLLO: Kalium- und Calciumwirkung auf die Harnacidität. Z. exper. Med. **52**, 595 (1926).

[5] v. PANNWITZ: Untersuchungen über das p_H des Harns im Dienste der Säure-Alkali-Ausscheidungsprobe zur funktionellen Nierendiagnostik. Z. urol. Chir. **15**, 227 (1924); **18**, 125 (1925); **20**, 19 (1926).

[6] BONACORSI, L.: La concentrazione ionica delle urine. Giorn. Clin. med. **4**, 491 (1923).

[7] MÜLLER, ERICH, H. STEUDEL u. ELLINGHAUS: Über das Verhalten von Ammenmilch und Kuhmilchmischung im Stoffwechsel des Säuglings. Arch. Kinderheilk. **79**, 131 (1926).

[8] GYÖRGY, P.: Die Säureausscheidung im Harn bei Rachitis. Z. exper. Med. **38**, 9 (1923).

[9] STRAUB u. MEIER: Blutreaktion und Dyspnoe bei Nierenkranken. Arch. klin. Med. **138**, 208 (1923). — BECKMANN, K.: Über die Säuren-Basen-Ausscheidung im Harn Gesunder und Nierenkranker. Münch. med. Wschr. **70**, 417 (1923).

[10] KEMPMANN, W. u. H. MENSCHEL: Die Säure-Alkali-Ausscheidung bei Nierenkranken. Klin. Wschr. **3**, 182 (1923).

Vom vergleichend-physiologischen Standpunkt aus interessieren Angaben über die Harnacidität bei Pferden und Rindern[1]. Bei ausgewachsenen Rindern, auch Stieren und hochtragenden Kühen, variiert p_H zwischen 8,62 und 8,97 um 8,699 als Mittelwert. Saugkälberharn dagegen ist sauer bis 5,74, kann aber auch bei Ausschluß von Pflanzennahrung alkalische Reaktion annehmen. In weiteren Grenzen schwankt die Wasserstoffzahl des Pferdeharns. WILLINGER gibt 7,11—8,72, REINHARDT[2] 6,8—8,4 an. Bei der Arbeit steigt das p_H um 0,3—0,7 Einheiten.

Mineralbestandteile des Harns.

Die Gesamtmenge der Mineralbestandteile beträgt in einer 24-Stunden-Portion des erwachsenen Menschen nach HAMMARSTEN[3] 20—25 g, die sich etwa in folgender Weise auf die einzelnen Ionen verteilen:

Na	5,89 g	Cl	8,93 g
K	2,73 g	SO_4	2,44 g
Ca	0,5 g	OP	1,66 g
Mg	0,40 g	NH_3	0,7 g

Diese Angaben sind nur ungefähre, da die Ausscheidung der Mineralbestandteile naturgemäß in besonders hohem Grade von der jeweiligen Aufnahme abhängt.

Natrium und *Kalium* werden in der Regel in Mengen ausgeschieden, deren Verhältnis nahe an 5 : 2 liegt. Plötzliche Steigerung der Kaliumzufuhr wird mit vermehrter Ausfuhr von Natrium beantwortet, jedoch stellt sich allmählich beim Natrium der ursprüngliche Wert wieder her[4]. Andererseits übt die Natriumzufuhr wenig Einfluß auf die Kaliumabgabe aus. Vorwiegen der Pflanzennahrung macht den Harn kalireicher. Eine Verschiebung des Verhältnisses zugunsten des Kaliums findet sich auch im Hunger, in dem die Natriumzufuhr unterbunden ist, während beim Abbau der Gewebe Kali frei wird, sowie bei körperlicher Arbeit, die wiederum das Natrium ziemlich unverändert läßt[5].

Ein sicheres Verfahren zur Bestimmung des Natriums besteht in der Ausfällung als Natriumcaesiumwismutnitrit, Überführung des Wismuts in kolloidales Sulfid und Colorimetrie[6]. Kalium wird als Kobaltikaliumnitrit gefällt und durch Permanganattitration des Nitritgehalts bestimmt. Zur Einzelbestimmung von Na, K, Ca und Mg wird meist die Methodik von KRAMER und TISDALL[7] angewendet.

Die Erdalkalimetalle *Calcium* und *Magnesium* werden nur zum Teil durch die Nieren, zum anderen durch den Darm ausgeschieden. Das Verhältnis, in dem ihre Mengen im Harn zueinander stehen, ist einigermaßen variabel, so daß vor allem aus früherer Zeit sehr widersprechende Angaben über ihr Mischungsverhältnis vorliegen[8]. Nach den zahlreichen und sorgfältigen Analysen von

---

[1] WILLINGER, J.: Die Wasserstoffionenkonzentration im Pflanzenfresserharn. Pflügers Arch. **202**, 468 (1924).
[2] REINHARDT, C. u. F. HUMMELT: Ein Beitrag zur Kenntnis der Wasserstoffionenkonzentration im normalen Pferdeharn. Arch. Tierheilk. **51**, 517 (1925).
[3] HAMMARSTEN, O.: Lehrbuch der physiologischen Chemie, 11. Aufl., S. 609 (1926).
[4] MILLER, H.: Potassium in animal nutrition. J. of biol. Chem. **55**, 45 (1923).
[5] GARRATT, G. C.: The sequence of changes produced in the urine as a result of exercise. J. of Physiol. **23**, 150 (1898); **29**, 9 (1903).
[6] SPIRO, K.: zitiert nach L. PINCUSSEN: Mikrochemie, 4. Aufl., S. 36 (1928).
[7] KRAMER, B. und TISDALL: Methods for the direct quantitative determination of sodium, potassium, calcium and magnesium in urine and stools. Journ. of biol. Chem. **48**, 1 (1921).
[8] NELSON, C. F. u. BURNS: The calcium and magnesium content of normal urine. J. of biol. Chem. **28**, 237 (1916).

RENVALL[1] sind in einer Harntagesmenge etwa 0,5 g Calcium und 0,4 g Magnesium anzunehmen. Das entspricht bei beiden etwa der Hälfte der mit dem Kot weggehenden Mengen. Die Ausscheidung von Calcium + Magnesium geht einigermaßen der des Ammoniaks parallel und läßt sich ebenso wie diese durch Zufuhr von fixen Alkalien einschränken. Dagegen steigt sie — wiederum mit dem Ammoniak — bei abnormer Säurebildung (diabetische Acidose). Das kann so weit gehen, daß das normale Verhältnis der Erdalkalien von Harn und Kot umgekehrt wird[2]. In der Schwangerschaft findet eine Retention von Calcium und Magnesium statt, die bei der Anlage der fetalen Gewebe Verwendung finden. Die Minderausscheidung macht sich besonders am Harn bemerkbar[3].

Die Ausscheidung des *Eisens* findet fast ausschließlich durch den Darm statt, die im Harn erscheinende Menge beträgt kaum über 1 mg täglich. Gegenüber dem Umfang des Eisenstoffwechsels tritt diese Menge völlig in den Hintergrund. EHRENBERG und KARSTEN[4] haben sie zu dem eigenen Stoffwechsel der Niere, und zwar zu der von ihr geleisteten Konzentrationsarbeit, in Beziehung gesetzt. Mangan ist im Harn nicht nachweisbar.

Der Gesamtbasengehalt des Harns wird nach FISKE[5] bestimmt, indem man nach Entfernung der Phosphorsäure und des Eisens die Basen in Sulfate überführt und in diesen die Schwefelsäure nach dem Benzidinverfahren des gleichen Autors bestimmt.

Von den Anionen ist das *Chlor* im Harn ausschließlich in Form seiner einfachen Ionen enthalten. Das Vorkommen von organisch oder an Sauerstoff gebundenem Chlor ist mit ziemlicher Sicherheit ausgeschlossen[6]. Die Menge des Chlors im Harn wird entscheidend von dem bei der Zubereitung der Nahrung zugesetzten Kochsalz beeinflußt. Da zudem die Bestimmung der Chloride des Harns meist ausgeführt wird, um die Menge des einem Patienten zu erlaubenden Kochsalzes festzustellen, hat es eine gewisse Berechtigung, die Chloride als Kochsalz zu berechnen. Strenggenommen verteilt sich natürlich das Chlor wie die anderen Anionen nach dem Massenwirkungsgesetz auf die anwesenden Kationen. Normalerweise beträgt die als Kochsalz berechnete Chloridmenge um 15 g täglich, die Schwankungen sind aber, da sie vom individuellen Geschmack abhängen, ziemlich ausgiebig. Einer Verminderung der Zufuhr paßt sich die Ausscheidung rasch an, und bei Fortlassung des Kochsalzes wird die Chloridausscheidung fast vollständig eingestellt[7]. Auf eine Einsparung von Chlor ist auch die Niere von Tierarten eingestellt, die in ihrer Chloridversorgung besonders ungünstig gestellt sind, wie die Süßwassertiere. So enthält der normale Froschharn nur 0,29—0,41% Chlorid gegenüber 0,6% im Blutplasma, und dieser Wert kann durch Chloridgaben nur wenig in die Höhe gesetzt werden. Hier wird also das Chlorid nicht nur nicht konzentriert, sondern sogar verdünnt[8]. Im Verlauf

---

[1] RENVALL, G.: Zur Kenntnis des Phosphor-, Calcium- und Magnesiumumsatzes beim Menschen. Skand. Arch. Physiol. (Berl. u. Lpz.) **16**, 94 (1904).

[2] GERHARDT, D. u. SCHLESINGER: Über die Kalk- und Magnesiumausscheidung bei Diabetes mellitus. Arch. f. exper. Path. **42**, 83 (1899).

[3] HOFFSTRÖM, K. A.: Eine Stoffwechseluntersuchung während der Schwangerschaft. Skand. Arch. Physiol. (Berl. u. Lpz.) **23**, 326 (1910).

[4] EHRENBERG, R. u. KARSTEN: Harneisen und Nierenfunktion. Pflügers Arch. **193**, 86 (1921).

[5] FISKE, C.: A method for the estimation of totam bases in the urine. J. of biol. Chem. **47**, 59 (1921).

[6] CAMERON, A. T. u. HOLLENBERG: The nature of chlorine combination in urine. J. of biol. Chem. **44**, 239 (1920).

[7] ROSEMANN, R.: Die Bedeutung der Chlorverarmung des Körpers für die Magensaftsekretion. Pflügers Arch. **190**, 1 (1921).

[8] SCHÜRMEYER: Über die Harnbildung in der Froschniere. Pflügers Arch. **210**, 759 (1928). — Vgl. auch J. PARNAS: Die Harnbildung in der Froschniere. Biochem. Z. **114**, 1 (1920).

des Tages weist die Chloridausscheidung gewisse gesetzmäßige Schwankungen auf. Nach dem Erwachen folgt eine „Chloridflut“[1], ebenso bedingt die Nahrungsaufnahme eine allerdings nur kurzdauernde Zunahme der Chloride des Harns. Solange die Salzsäureproduktion im Magen auf der Höhe ist, wird sie durch eine Senkung abgelöst, der während der Darmresorption eine erneute Steigerung folgt[2].

Bei akuten und manchen Formen chronischer Nierenentzündungen ist die Ausscheidung der Chloride gestört, so daß um der Ausbildung von Ödemen vorzubeugen, eine Beschränkung der Zufuhr eintreten muß. Andrerseits kann während der Resorption von Ödemen eine Steigerung der Kochsalzausscheidung eintreten.

Die Herkunft der *Sulfate* des Harns ist eine völlig andere als die der Chloride. Während diese in freier Form in der Nahrung enthalten sind, wird fertiges Sulfat in den Körper nicht eingeführt und, wenn es aufgenommen wird (Bitterwasser), nicht resorbiert. Die gesamte Harnschwefelsäure, deren Menge auf im Mittel 2,5 g in einer Harntagesmenge angegeben wird, entstammt vielmehr dem Schwefelgehalt der umgesetzten Eiweißkörper. Die Harnschwefelsäure ist infolgedessen ähnlich dem Stickstoff als Maß für den Eiweißumsatz benutzt worden, jedoch begegnet das insofern Schwierigkeiten, als bei den einzelnen Eiweißkörpern die Unterschiede im Schwefelgehalt viel größer sind als in dem an Stickstoff und als nicht der gesamte Schwefel bis zur Sulfatstufe oxydiert wird. Dieser Fraktion hat man den nicht sehr treffenden Namen „Neutralschwefel“ gegeben. Sie umfaßt verschiedene saure Verbindungen, wie die von SCHMIEDEBERG[3] gefundene Thioschwefelsäure, ferner organische Körper, wie Rhodanalkali[4], Äthylsulfid[5] und Methylmercaptan[6], kleine Mengen von Cystin usw. Von der Sulfatschwefelsäure ist ein Teil durch Bindung an Phenole als „geparte Schwefelsäure“ den üblichen Nachweismethoden entzogen und erst nach Spaltung auffindbar (s. unter „Phenole“). Die Gesetzmäßigkeiten, die das gegenseitige Verhältnis der drei Fraktionen beherrschen, sind von FOLIN[7] und für die Cystinurie von seinen Schülern LOONEY, BERGLUND und GRAVES[8] untersucht worden.

Zwischen den Chloriden und den Sulfaten stehen, was ihre Herkunft anlangt, die *Phosphate* des Harns. Während ihre Hauptmenge in anorganischer Form in der Nahrung enthalten ist, entstammt der Rest organischen Verbindungen des Nahrungs- und des Zellstoffwechsels, den Nucleinen und Lipoiden. Auch das Skelett kann einen Teil der Harnphosphate liefern.

Wie bei den Erdalkalien ist die Niere auch beim Phosphor nicht die einzige Ausscheidungsstätte, sondern sie teilt sich in diese Aufgabe mit der Darmschleimhaut. Beim Fleischfresser steht mehr die Niere, beim Pflanzenfresser

---

1 BAZETT, H. C., THURLOW, CROWELL u. STEWART: Effects of bath on man. Amer. J. Physiol. **70**, 430 (1924).

2 MÜLLER, A. u. SAXL: Die Chlorausscheidung im Harn und ihre Beziehung zu den Verdauungsvorgängen. Z. klin. Med. **56**, 546 (1905).

3 SALKOWSKI, E.: Über die Bindungsformen des Schwefels im Harn. Hoppe-Seylers Z. **89**, 495 (1914). — DEZANI, S.: Ricerche sulla genesi dell' acido tiosolforico negli animali. Arch. Farmacol. sper. **33**, 81 (1922).

4 GSCHEIDLEN, R.: Über das konstante Vorkommen einer Schwefelcyanverbindung im Harn. Pflügers Arch. **14**, 401 (1877).

5 ABEL, J.: Über das Vorkommen von Äthylsulfid im Hundeharn. Hoppe-Seylers Z. **20**, 253 (1895).

6 NENCKI, M.: Über das Vorkommen von Methylmercaptan im menschlichen Harn nach Spargelgenuß. Arch. exper. f. Path. **28**, 206 (1890).

7 FOLIN, O.: Laws governing the composition of urine. Amer. J. Physiol. **13**, 45 (1905).

8 LOONEY, J., BERGLUND u. GRAVES: Zitiert auf S. 273.

dagegen die Darmschleimhaut in solchem Grade im Vordergrund, daß sogar subcutan injiziertes Phosphat diesen Weg einschlägt[1]. Beim Menschen ist die Phosphatausscheidung durch die Nieren eng mit der der sauren Bestandteile verknüpft, während reichliche Erdalkalimengen die Phosphorsäure zum Darm hinlenken. Bei der sog. Phosphaturie, bei der der Harn durch Phosphate getrübt entleert wird oder solche beim Stehen an der Luft ausfallen läßt, können mit der Phosphorsäure gesteigerte Mengen von Erdalkalien durch die Niere sezerniert werden[2].

Eine gesetzmäßige Beziehung der Phosphor- und der Stickstoffausscheidung, die man früher vielfach angenommen hat, braucht nicht zu bestehen. Es kann sogar in Zeiten deutlichen Phosphoransatzes zu Stickstoffverlusten des Körpers kommen[3]. Im Hungerzustande wird im Verhältnis zum Stickstoff besonders viel Phosphor ausgeschieden, da auch das Knochengewebe in Mitleidenschaft gezogen wird.

Die Tageskurve der Phosphorausscheidung wurde von verschiedenen Autoren der Säurekurve weitgehend parallel gefunden, indessen soll die Beziehung bei der Titrationsacidität leichter zu verfolgen sein als bei der aktuellen Reaktion[4]. In der Nacht liegt die stündliche Phosphatausscheidung höher als am Tage[5], zugleich das Ammoniak und die Wasserstoffionenkonzentration.

Die Beziehungen der Phosphorsäure zum Kohlehydratabbau werden auch am Harn erkennbar, indem Verabreichung von Traubenzucker und Insulin bei normalen und pankreasdiabetischen Hunden ein Nachlassen der Phosphorsäureabgabe herbeiführen, dem später ein Wiederanstieg folgt[5].

Sehr häufig untersucht worden ist der Einfluß der Muskelarbeit auf die Phosphorsäureausscheidung. Meist wurde dabei eine Vermehrung der Ausfuhr gefunden[6], gelegentlich aber auch das Gegenteil[7]. Nach KLEITMAN[8] findet im Beginn der Muskeltätigkeit eine Phosphorretention statt, der bald eine vermehrte Ausscheidung folgt, also ein Verhalten, das stark an das nach Traubenzuckerzufuhr erinnert.

Die Diurese soll wenig Einfluß auf den Umfang der Phosphatabgabe besitzen[9].

Die Bestimmung der Phosphorsäure im Harn geschieht durch Titration mit Uranylacetat in acetatgepufferter Lösung unter Tüpfeln gegen Ferrocyankali, das einen Überschuß an Uranylreagens durch Braunfärbung anzeigt.

---

[1] BERGMANN, W.: Über die Ausscheidung der Phosphorsäure beim Fleisch- und Pflanzenfresser. Arch. f. exper. Path. **48**, 77 (1902).

[2] TOBLER, L.: Phosphaturie und Calcariurie. Arch. f. exper. Path. **52**, 116 (1905). — BOCKELMANN, W. A. u. STAAL: Zur Kenntnis der Kalkausscheidung im Harn. Ebenda **56**, 260 (1907).

[3] EHRSTRÖM, R.: Zur Kenntnis des Phosphorumsatzes beim erwachsenen Menschen. Skand. Arch. Physiol. (Berl. u. Lpz.) **14**, 82 (1903).

[4] FISKE, C. H.: Inorganic phosphate and acid excretion in the postabsorptive period. J. of biol. Chem. **49**, 171 (1921).

[5] SOKHEY, F. S. u. ALLAN: The relationship of phosphoric acid to carbohydrate metabolism. Biochemic. J. **18**, 1170 (1924). — CAMPBELL, J. A. u. WEBSTER: Day and night urine. Ebenda **15**, 660 (1920).

[6] KLUG, H. u. OSLAWSKY: Einfluß der Muskelarbeit auf die Ausscheidung der Phosphorsäure. Pflügers Arch. **54**, 21 (1893). — MUNK, J.: Über den Einfluß angestrengter körperlicher Arbeit auf die Ausscheidung der Mineralstoffe. Arch. Anat. u. Physiol. **1895**, 385. — EMBDEN, G. u. GRAFE: Über den Einfluß der Muskelarbeit auf die Phosphorsäureausscheidung. Hoppe-Seylers Z. **113**, 108 (1921).

[7] KAUP, I.: Ein Beitrag zur Lehre vom Einfluß der Muskelarbeit auf den Stoffwechsel. Z. Biol. **43**, 221 (1902). — OERTEL, H.: Zur Kenntnis des organisch gebundenen Phosphors im Harn. Hoppe-Seylers Z. **26**, 123 (1898/99).

[8] KLEITMAN, N.: The efect of muscular activity, rest and sleep on the urinary excretion of phosphorus. Amer. J. Physiol. **74**, 225 (1925).

[9] HAVARD, R. C.: The excretion of phosphate during water diure sis. J. of Physiol. **61**, 1 (1926).

Die Phosphorsäure ist im Harn von kleinen Mengen organisch, zum Teil an Glycerin, gebundener begleitet. Die Menge beträgt nach OERTEL und nach EHRSTRÖM[1] 50 bzw. 3—118 mg in der Tagesmenge. STARLING und EICHHOLTZ[2] haben die Hypothese ausgesprochen, daß das anorganische Phosphat des Harns erst in der Niere aus organischen Phosphaten abgespalten werde, jedoch hat sich diese keinen Eingang zu verschaffen vermocht.

Kleine Mengen von *Arsen*, die sich im Harn regelmäßig finden, entstammen der Nahrung, deren meiste Bestandteile schwach arsenhaltig sind. In der Tagesmenge kommen bis zu 0,52 mg des Elements vor[3].

Der *Kohlensäuregehalt* des Harns schwankt nach beiden Seiten um je 25% um einen Mittelwert von 4,2 Vol.-%, die Menge des Bicarbonats dagegen innerhalb der im Harn vorkommenden Schwankungsbreite der Wasserstoffionenkonzentration um mehr als das 1000fache[4]. Oberhalb eines p_H von 6,8 wird die Reaktion des Harns ausschlaggebend von dem Verhältnis Kohlensäure : Bicarbonat beeinflußt.

Von PFLÜGER wird die Menge der gesamten, auspumpbaren Kohlensäure mit 14,39% angegeben[5]. Nach neueren Versuchen mit einer sicher luftdichten Pumpe wurden gefunden:

Kohlensäure	4,26—6,44%, in je einem Fall 7,63 u. 13,96%
Sauerstoff	0,23—0,63%
Stickstoff	0,84—1,53% des Volumens[6].

Normaler Harn enthält geringe Mengen von *Salpetersäure*, die beim Stehen, vermutlich durch Bakterientätigkeit, in salpetrige Säure übergeht[7].

Kieselsäure ist ebenfalls in kleinen Mengen nachweisbar, die augenscheinlich aus dem Trinkwasser stammen[8].

Ammoniak.

Unter den Basen des Harns nimmt das Ammoniak insofern eine besondere Stellung ein, als seine Menge in höherem Grade variabel und in geringerem von der Nahrung abhängig ist als die der fixen Alkalien.

Als Quelle des Ammoniaks kommt letzten Endes nur das Eiweiß in Frage. Mit dessen Anteil an der Zusammensetzung der Nahrung wächst denn auch die absolute Menge des Harnammoniaks, während das Verhältnis NH_3 - N : Gesamt-N von der absoluten Höhe des Eiweißumsatzes weitgehend unabhängig ist[9]. Der eiweißarm genährte Pflanzenfresser scheidet wenig, der Fleischfresser viel Ammoniak mit dem Harn aus[10]. Beim Menschen, der sonst zwischen diesen

---

1 OERTEL: Zitiert auf S. 250. — EHRSTRÖM: Zitiert auf S. 250.

2 STARLING, E. H. u. EICHHOLTZ: The action of inorganic salts on the secretion of the isolated kidney. Proc. roy. Soc. Lond. **98**, 93 (1925). — EICHHOLTZ, F.: Über Verknöcherung. Klin. Wschr. **4**, 1959 (1925).

3 BANE, J.: Der physiologische Arsengehalt des Harns und damit zusammenhängende Fragen. Biochem. Z. **165**, 364, 377 (1925).

4 GAMBLE, I. L.: Carbonic acid and bicarbonate in urine. J. of biol. Chem. **51**, 295 (1922).

5 PFLÜGER, E.: Die Gase der Sekrete. Pflügers Arch. **2**, 156 (1869).

6 BUCKMASTER, G. A. u. HICKMAN: The gases of urine and bile. J. of Physiol. **61**, 17 (1926).

7 RÖHMANN, F.: Über die Ausscheidung von Salpetersäure und salpetriger Säure. Hoppe-Seylers Z. **5**, 241 (1888).

8 GONNERMANN, M.: Die quantitative Ausscheidung der Kieselsäure durch den menschlichen Harn. Biochem. Z. **94**, 163 (1919).

9 SCHITTENHELM, A.: Zur Frage der Ammoniakausscheidung im menschlichen Urin. Dtsch. Arch. klin. Med. **77**, 517 (1903).

10 HALLERVORDEN, E.: Über das Verhalten des Ammoniaks im Organismus. Arch. f. exper. Path. **10**, 125 (1877).

beiden Extremen steht, führt vegetabilische Kost zu einem Absinken des Ammoniaks[1]. Daß es nicht das gesteigerte Stickstoffangebot ist, das bei Eiweißzulagen die absolute Ammoniakausscheidung in die Höhe gehen läßt, erhellt daraus, daß sich außer der absoluten auch die verhältnismäßige Ammoniakmenge vermehrt, wenn einer an sich calorisch genügenden Kost große Fettmengen zugelegt werden (SCHITTENHELM). Die sauren Stoffwechselprodukte des Fetts führen zu einer Vermehrung des Harnammoniaks. Das Schritthalten der Ammoniakproduktion mit dem Eiweißangebot erklärt sich zwanglos aus der parallelen Erhöhung der Schwefel- und Phosphorsäurebildung aus Eiweiß.

In der Tat kann man auch durch direkte orale oder intravenöse Gabe von starken Säuren beim Hund[2] und vielleicht auch beim ausreichend mit Eiweiß versorgten Kaninchen[3] die Ammoniakproduktion mächtig anregen und spontane Steigerungen der Säurebildung, wie sie z. B. die Acetonkörperbildung bei den verschiedenen Acidoseformen darstellt, führen zu Vermehrungen des Harnammoniaks, deren Ausmaß an 1000% heranreichen kann.

Auch die Tagesschwankungen der Ammoniakausfuhr wurden frühzeitig mit Neutralisationsvorgängen in Verbindung gebracht. Es ergab sich ein Zusammengehen der Schwankungen der Titrationsacidität des Harns mit denen des Ammoniaks[4]. Insbesondere wurde die Neutralisation der im Darm resorbierten Salzsäure in ihrer Bedeutung für die Verschiebung der absoluten und relativen Ammoniakmengen im Harn erkannt[5]. LÖB sah bei einem Patienten, der dauernd große Salzsäuremengen durch Erbrechen nach außen hin abgab, Ammoniakmengen von nur 10—12% des normalen Wertes, zu dem sie aber sofort anstiegen, als auf operativem Wege die Ursache des Erbrechens beseitigt worden war. Experimentelle Studien führten weiter zu dem Ergebnis, daß etwa in der 3. Stunde nach Aufnahme einer ausgiebigen Mahlzeit die relative Menge des Ammoniaks am geringsten ist, also etwa zur Zeit des Einsetzens der „Alkaliflut“.

Die engen Beziehungen der Ammoniakproduktion zur Säureausfuhr traten noch klarer hervor, als man für diese in der Bestimmung der Wasserstoffionenkonzentration des Harns ein exakteres Maß gefunden hatte. Sie lassen sich zahlenmäßig genau erfassen und sind zuerst von HASSELBALCH in einer Gleichung ausgedrückt worden, die neuerdings durch RAFFLIN[6] folgende Form erhalten hat:

$$p_H/4 + \log NH_3 - \log \text{Gesamt-N} = K,$$

in der K den Anteil der Niere an der Erhaltung des Säuren-Basengleichgewichts bedeutet.

Insbesondere wurde eine Übereinstimmung zwischen den p_H- und Ammoniakwerten bei der Gravidität nachgewiesen, die zu einer Steigerung des Ammoniakanteils am Gesamtstickstoff führt und in der Ab- und Zunahme des p_H von ent-

[1] CORANDA: Über das Verhalten des Ammoniaks im menschlichen Harn. Arch. f. exper. Path. **12**, 76 (1880).

[2] WALTER, F.: Untersuchungen über die Wirkung der Säuren auf den Organismus. Arch. f. exper. Path. **7**, 148 (1877).

[3] EPPINGER, H.: Zur Lehre von der Säurevergiftung. Z. exper. Path. u. Ther. **3**, 530 (1906). — BJÖRN-ANDRESEN, H. u. M. LAURITZEN: Über die Ausscheidung von Säuren und Ammoniak im Harn. Hoppe-Seylers Z. **64**, 21 (1910). — MORITZ, F. u. KLEIN: Das Harnammoniak beim gesunden Menschen. Dtsch. Arch. klin. Med. **99**, 162 (1910).

[4] LÖB, A.: Beitrag zum Stoffwechsel Magenkranker. Z. klin. Med. **56**, 100 (1905) — Über den Eiweißstoffwechsel des Hundes. Z. Biol. **55**, 168 (1911).

[5] CAMMERER, W.: Beobachtungen und Versuche über die Ammoniakausscheidung im menschlichen Urin. Z. Biol. **43**, 13 (1902).

[6] RAFFLIN, R.: Relation entre l'ammoniaque et l'acidité urinaire. Bull. Soc. de Chim. biol. **8**, 352 (1926).

sprechenden Bewegungen des Ammoniaks begleitet sind[1]. Die Steigerung des Ammoniaks hilft die Schwangerschaftsacidose kompensieren. Beim Übergang in Höhenklima oder Atmen verdünnter Luft läßt die Ammoniakerzeugung nach, so daß es zur Entwicklung einer Höhenklimaacidose kommt. In der eigentlichen Bergkrankheit ist die Acidität des Harns gering und steigt erst während der Akklimatisation an[2]. Bei gesteigertem Luftdruck wächst umgekehrt auch die Ammoniakerzeugung. Der Parallelismus zwischen Harnreaktion und Ammoniakausfuhr zeigt sich endlich bei den durch diätetische Maßnahmen und endogene Störungen, wie Hunger, Kohlehydratkarenz, Fieber, diabetische Acidose bedingten Veränderungen der Harnreaktion[3].

Den Entstehungsort des Ammoniaks suchte man zunächst im Innern des Organismus. So sprach sich Löb[4] dahin aus, daß entsprechend seinen Beobachtungen am Magenkranken auch für den Normalen anzunehmen sei, „daß ein Teil des im Harn ausgeschiedenen Ammoniaks deshalb der Synthese zu Harnstoff entgeht, weil es zur Regulierung der durch die Resorption der Magensalzsäure gestörten Körperalkalescenz in Anspruch genommen wird". Weitere Mengen würden im Sinne dieser Auffassung zur Neutralisation der übrigen im Stoffwechsel entstehenden Säuren in Anspruch genommen werden müssen, und das Resultat würde sein, daß man Ammoniaksalze dieser Säuren in den Säften und Geweben des Körpers anzunehmen hätte. Es wirkte daher ziemlich überraschend, als Nash und Benedict[5] eine Reihe von Gründen und experimentellen Befunden vorbrachten, die dafür sprechen, daß das Ammoniak des Harns ausschließlich in der Niere frei wird. Das Blut der Nierenvene enthält regelmäßig 2—3mal mehr Ammoniak als das Kreislaufblut, Mengen, die man sich der Exkretion entgangen zu denken hat. Im Kreislaufblut findet man keine Zunahme des Ammoniaks selbst unter Umständen, die wie die diabetische Acidose eine Vermehrung der Ammoniakexkretion um bis zu 1000% mit sich bringen, bei Phlorhizindiabetes oder nach Säureinjektion[6].

Bei der Nephritis ist das Ammoniak der einzige stickstoffhaltige Blutbestandteil, der keine Anreicherung zeigt und für die nephritische Acidose, bei der eine Überproduktion von Säure nicht stattfindet, fehlt eigentlich jede Möglichkeit der Erklärung, wenn man eine Neutralisation durch Ammoniak in den inneren Organen annimmt; dagegen wird sie verständlich, wenn man nur der Niere die Ammoniogenese zuschreibt. Endlich ist die Durchblutung der Nieren nicht groß genug, um aus ihr die Gesamtmenge des Harnammoniaks abzuleiten. Rabinovitch hat berechnet, daß dazu bis zu 30% des gesamten Blutumlaufs auf die Nieren entfallen müßten.

Die Befunde von Nash und Benedict wurden von Henriquez und Gottlieb sowie von Ambard und Schmid bestätigt[7], von Bliss[8] dagegen angefoch-

[1] Hasselbalch, K. A. u. S. A. Gammeltoft: Die Neutralitätsregulation des graviden Organismus. Biochem. Z. **68**, 206 (1915).

[2] Hasselbalch, K. A. u. J. Lindhard: Zur experimentellen Physiologie des Höhenklimas. I. Skand. Arch. Physiol. (Berl. u. Lpz.) **25**, 361 (1911) — II. Biochem. Z. **68**, 265 (1915) — III. Ebenda **68**, 295 (1915) — IV. Ebenda **74**, 1. (1916) — V. Ebenda **74**, 48 (1916).

[3] Hasselbalch, K. A.: Ammoniak als physiologischer Neutralitätsregulator. Biochem. Z. **74**, 18 (1916).

[4] Loeb, A.: Zitiert auf S. 252.

[5] Nash, Th. u. St. Benedict: The site of ammonia formation. J. of biol. Chem. **48**, 463 (1921); **51**, 183 (1922); **69**, 381 (1926).

[6] Nash, Th. u. St. Benedict: a. a. O. — Rabinovitch, I. M.: Studies concerning the origin of urinary ammonia. J. of biol. Chem. **69**, 283 (1926).

[7] Henriquez u. Gottlieb: Untersuchungen über den Ammoniakgehalt des Blutes. Hoppe-Seylers Z. **138**, 254 (1923). — Ambard, L. u. F. Schmid: De la formation de l'ammoniaque urinaire. Arch. Mal. Reins **1**, 190 (1922).

[8] Bliss, S.: The site of ammonia formation. J. of biol. Chem. **67**, 109 (1926).

ten. BLISS glaubte den Nachweis erbracht zu haben, daß auch das Blut der Vene pancreaticoduodenalis, femoralis und jugularis sowie das der Milz-, Nebennieren- und Lebervene mehr Ammoniak enthalte als das der entsprechenden Arterien. NASH und BENEDICT haben aber in ihrer Kritik der Befunde von BLISS nachweisen können, daß dieser deutlich positive Ergebnisse nur an solchen Stellen erzielt hatte, an denen die Möglichkeit einer Resorption von Ammoniak aus dem daran sehr reichen Darminneren bestand, und daß tatsächlich z. B. die Leber kein Ammoniak an das Kreislaufblut abgibt.

Der Mechanismus der Ammoniakbildung und die Vorstufe, aus der es hervorgeht, ist noch unerforscht. Bei dieser scheint es sich jedenfalls nicht um Harnstoff zu handeln[1]. Dadurch, daß die Niere die auszuscheidenden Säuren an Ammoniak bindet, spart sie dem Organismus die fixen Basen, durch die sie im Blut neutralisiert waren. Reichliche Versorgung des Körpers mit fixen Basen setzt in Zeiten gesteigerter Säurebildung die Ammoniakabgabe herab[2].

Die Ammoniakausscheidung eines erwachsenen Menschen beträgt normalerweise im Lauf von 24 Stunden 0,7 g entsprechend einer Stickstoffmenge von 0,58 g. Bei diabetischer Acidose sind bis zu 12 g täglich beobachtet worden.

Der prozentuale Anteil des Ammoniak am Gesamtstickstoff unterliegt, wie schon gesagt, einer Abhängigkeit von der Harnacidität. Für ein und dieselbe Person liegen die verschiedenen Aciditäten entsprechenden Ammoniakzahlen auf einer hyperbolischen Kurve, die Werte für eine mittlere Acidität von $p_H = 5{,}8$ sind für ein und dasselbe Individuum ziemlich konstant (reduzierte Ammoniakzahl nach HASSELBALCH). Bei Sauerstoffarmut der eingeatmeten Luft ist diese reduzierte Ammoniakzahl herabgesetzt, bei echten, durch vermehrte Säureproduktion bewirkten Acidosen erhöht[3].

Die niedrige Ammoniakausscheidung der Pflanzenfresser erklärt sich durch ihren starken Konsum an fixen Alkalien, der ihren Harn alkalisch werden läßt und dadurch die Ammoniakproduktion unnötig macht.

Organische Harnbestandteile.

Gesamtstickstoff.

Physiologisch gehört das Ammoniak durch seine Abstammung aus dem Eiweiß mit den stickstoffhaltigen organischen Substanzen des Harns zusammen, mit denen es auch bei der Bestimmung des Gesamtstickstoffs nach KJELDAHL bestimmt wird.

Das Kjeldahlverfahren beruht darauf, daß bei der Veraschung organischer Substanzen mit konzentrierter Schwefelsäure in Gegenwart von Katalysatoren der Stickstoff von Amino- und Iminogruppen als Ammoniak von den Kohlenstoffketten abgelöst wird. Das frei gewordene Ammoniak wird entweder in Normalsäure übergetrieben und titriert oder direkt durch Nesslerisation nach FOLIN oder durch Formoltitration bestimmt.

Der Stickstoffgehalt des Harns ist ein genaues Maß für den Umfang der Eiweißzersetzung und wird bei Entziehung der Eiweißnahrung rasch auf einen Minimalwert herabgedrückt. Bei frei gewählter gemischter Nahrung beträgt die Stickstoffausscheidung eines erwachsenen Menschen um 15 g, indessen sind auch kleinere Werte mit dauerndem Wohlbefinden durchaus vereinbar.

---

[1] PRZYLECKI, ST.: Sur l'origine de l'ammoniaque dans l'organisme des vertebrés. Arch internat. Physiol. **25**, 45 (1925).

[2] SALKOWSKI, E. u. I. MUNK: Über die Beziehungen der Reaktion des Harns zu seinen Gehalt an Ammoniumsalzen. Virchows Arch. **71**, 500 (1877).

[3] HASSELBALCH, K. A.: Zitiert auf S. 243.

Die Verteilung des Gesamtstickstoffs auf die einzelnen Substanzen ist häufig und mit einigermaßen wechselnden Ergebnissen untersucht worden. Die nebenstehenden Zahlen entstammen einer Arbeit von FOLIN[1]:

	Eiweißreiche Kost	Eiweißarme Kost
Harnstoff	87%	60%
Harnsäure	0,7–1,6%	1,6–4,0%
Kreatinin	2,5–4,5%	bis 15%
Unbestimmter N	4,9%	7,3%

Etwa 1,8% des Gesamt-N entfallen beim Erwachsenen auf Aminosäuren.

Harnstoff

(Carbamid. CH_4ON_2, NH_2CONH_2).

Der Harnstoff ist das typische Endprodukt des Stickstoffwechsels beim Menschen, den Säugetieren, Amphibien und Fischen und steht deshalb unter den stickstoffhaltigen Verbindungen des Harns der absoluten und relativen Menge nach an erster Stelle, während er bei den Vögeln und Reptilien hinter der Harnsäure zurücktritt. Auch bei wirbellosen Tieren ist er mit Sicherheit festgestellt[2]. Sein Vorkommen ist sogar nicht auf das Tierreich beschränkt, vielmehr wurde er, seit von BAMBERGER und LANDSIEDL[3] zuerst auf sein Vorkommen im Pflanzenreich hingewiesen wurde, in einer Reihe pflanzlicher Objekte gefunden, so in Bakterien[4], höheren Pilzen, wie Champignons und Lycoperdonarten[5], sowie bei höheren Pflanzen[6]. Er scheint hier als Stickstoffvorratssubstanz ähnlich dem Asparagin zu dienen und vermag sich in Abwesenheit von Urease und unter geeigneten Ernährungsbedingungen in außerordentlich hohen Konzentrationen anzuhäufen. Möglicherweise ist er auch als Entgiftungsprodukt des Ammoniaks anzusehen, und seine physiologische Bedeutung unterscheidet sich jedenfalls grundlegend von der beim Tier, bei dem er als reines Exkretionsprodukt anzusehen ist.

Der Harnstoff wurde 1773 von ROUELLE entdeckt und von FOURCROY und VAUQUELIN rein dargestellt. Er krystallisiert wasserfrei in vierseitigen, rhombischen Prismen, in deren Innerem vielfach Hohlräume erscheinen. Die Krystalle sind farblos und glasglänzend. In 100 g Wasser lösen sich bei 0° 67, bei 10° 84, bei 50° 205 und bei 70° 314 g Harnstoff[7]. Die Lösung reagiert gegen Lackmus neutral und schmeckt schwach salpeterähnlich. Harnstoff löst sich ferner in Methyl-, Äthyl- und Amylalkohol.

Bei 132° schmilzt der Harnstoff unter starker Entwicklung von Ammoniakgas. Die Schmelze erstarrt dann wieder zu einer weißen Masse, die größtenteils aus Biuret besteht.

Harnstoff ist als das Diamid der Kohlensäure aufzufassen und besitzt dementsprechend trotz der beiden Aminogruppen nur sehr schwach basische Eigenschaften. Er bildet nur mit schwachen Säuren, und zwar mit einem Äquivalent,

[1] FOLIN, O.: Laws governing the composition of urine. Amer. J. Physiol. **13**, 45 (1905).

[2] FOSSE: Über die Gegenwart von Harnstoff bei wirbellosen Tieren und in ihren Ausscheidungen. C. r. Acad. Sci. **157**, 151 (1913) — Ursprung und Verteilung des Harnstoffs in der Natur. Ann. Inst. Pasteur **30**, 225 (1916).

[3] BAMBERGER, M. u. LANDSIEDL: Über ein Vorkommen von Harnstoff im Pflanzenreich. Mh. Chem. **24**, 218 (1903).

[4] IVANOW, N. u. SMIRNOWA: Harnstoff in Bakterien. Ber. Physiol. **42**, 156 (1927).

[5] IVANOFF, N.: Der Harnstoff der Pilze und dessen Bedeutung. Hoppe-Seylers Z. **170**, 274 (1927).

[6] TAUBÖCK, K.: Nachweis und Bedeutung des Harnstoffs bei höheren Pflanzen. Österr. bot. Z. **76**, 43 (1927). — KLEIN, G. u. TAUBÖCK: Ebenda **76**, 94 (1927). — Weitere Literatur bei A. KIESEL: Der Harnstoff im Haushalt der Pflanze. Erg. Biol. **2**, 257 (1927).

[7] PINCK, L. A. u. KELLY: The solubility of urea in water. J. amer. chem. Soc. **47**, 2170 (1925).

Salze, die den Typus der Ammoniumsalze zeigen. Unter ihnen sind das Oxalat durch seine Schwerlöslichkeit in Wasser, das Nitrat durch die in Salpetersäure ausgezeichnet. Das Nitrat krystallisiert in dünnen, rhombischen Tafeln, die oft ziegelartig übereinandergelagert sind. Das Oxalat bildet rhombische oder sechsseitige Prismen. Harnstoff bindet auch Alkali- und Schwermetallsalze zu Doppelverbindungen, von denen die mit Mercurinitrat in neutral bis höchstens schwach sauer gehaltener Lösung sich bildende, eine Zeitlang viel zur Bestimmung des Harnstoffs benutzt worden ist. Das Verfahren ist jedoch jetzt wegen seiner Ungenauigkeit verlassen.

Durch alkalische Hypobromitlösung wird der Harnstoff nach folgender Gleichung zersetzt:

$$NH_2CONH_2 + 3\,NaOBR = CO_2 + 2\,H_2O + N_2 + 3\,NaBr.$$

Beim Erhitzen mit Alkali zerfällt er in Ammoniak und Kohlensäure. Die gleiche Umwandlung ruft das zuerst im Micrococcus ureae gefundene und auch in höheren Pflanzen weitverbreitete Ferment Urease hervor. Aus stark essigsaurer Lösung oder aus mit Eisessig versetztem Harn wird durch Xanthydrol Dixanthylharnstoff gefällt:

$$NH_2CONH_2 + 2\,O{<}\genfrac{}{}{0pt}{}{C_6H_4}{C_6H_4}{>}CHOH = O{<}\genfrac{}{}{0pt}{}{C_6H_4}{C_6H_4}{>}CHNHCONHCH{<}\genfrac{}{}{0pt}{}{C_6H_4}{C_6H_4}{>}O$$

Dixanthylharnstoff

Es sind zwar unter gewissen Umständen auch Verbindungen des Xanthydrols mit anderen stickstoffhaltigen Verbindungen zu erhalten, bei vorschriftsmäßiger Ausführung ist aber das Verhalten ungemein charakteristisch für Harnstoff und bei Identifikation des Produktes eine Täuschung kaum möglich[1].

Zum Nachweis des Harnstoffs kommen die folgenden Reaktionen in Frage: 1. Die Biuretprobe, bei der die beim Schmelzen einer kleinen Harnstoffmenge erhaltene Masse in Wasser und Alkalilauge gelöst und mit wenig Kupfersulfatlösung versetzt wird. Das bei Gegenwart von Harnstoff entstehende Biuret $NH_2CONHCONH_2$ hält Kupferoxydhydrat mit rosenroter Farbe in Lösung. 2. Die Reaktion von SCHIFF: Bringt man in eine mit Salzsäure versetzte, konzentrierte Furfurollösung einen Harnstoffkrystall, so färbt sich die Lösung gelb, dann der Reihe nach grün, blau und tiefviolett.

Während diesen beiden Verfahren die Reindarstellung des Harnstoffs voranzugehen hat, kann die Xanthydrolmethode sofort auf biologische Flüssigkeiten angewendet werden und ist deshalb den anderen vorzuziehen, wenn nur kleine Mengen von Untersuchungsmaterial zur Verfügung stehen.

Zur quantitativen Bestimmung des Harnstoffs werden Verfahren benutzt, die sich auf dem Verhalten gegenüber Hypobromit, Urease und Xanthydrol aufbauen. Das Hypobromitverfahren ist in seiner gasometrischen Form vor allem in Frankreich noch zu klinischen Zwecken viel benutzt, man hat aber neuerdings auch versucht, den Alkaliverbrauch oder die Kohlensäurebildung zu messen.

Zur fermentativen Harnstoffbestimmung wird die Urease des Soja- oder des viel reicheren Jackbohnenmehls benutzt, die als Trockenpräparat in den Handel kommt. In phosphatgepufferter Lösung spaltet sie das Ammoniak in kurzer Zeit quantitativ ab, so daß es durch Übertreiben in titrierte Säure bestimmt werden kann[2].

Die einzelnen Ausführungsformen des Xanthydrolverfahrens sind meist gravimetrisch, man hat jedoch z. B. auch versucht, es mit einer Kohlenstoffbestimmung nach der Methode von NICLOUX zu kombinieren[3].

Die Darstellung von Harnstoff aus Harn ist trotz seiner großen Wasserlöslichkeit ziemlich einfach. Der Harn wird bei 50° im Vakuum eingeengt, durch Zusatz von konz. Salpetersäure das Nitrat gefällt und nach dem Auspressen mit frischgefälltem Bariumcarbonat zersetzt. Durch Extrahieren mit Alkohol wird der frei gewordene Harnstoff vom Barium-

---

[1] FOSSE, R.: Zitiert auf S. 255 — ferner C. r. Acad. Sci. **158**, 1374 (1914).

[2] MARSHALL, E.: A rapid clinical method for the determination of urea. J. of biol. Chem. **14**, 283 (1914); **15**, 495 (1913).

[3] FOSSE: Zitiert auf S. 255. — CORDEBARD, H.: Dosage volumétrique de l'urée par oxydation de la xanthylurée. Bull. Soc. de Chim. biol. **10**, 461 (1928).

nitrat getrennt. In etwas veränderter Form ist dieser Arbeitsgang auch zur quantitativen Bestimmung des Harnstoffs vorgeschlagen worden[1].

Zu präparativen Zwecken wird man kaum auf den Harn als Ausgangsmaterial zurückgreifen, da ergiebige andere Verfahren zur Verfügung stehen. Harnstoff bildet sich in guter Ausbeute, wenn Ammoniumcyanat oder eine Mischung äquivalenter Mengen von Ammoniumsulfat und Kaliumcyanat in wässeriger Lösung zur Trockne gedampft und Harnstoff und Kaliumsulfat durch Extraktion mit Amylalkohol getrennt werden. In dieser Reaktion fand WÖHLER 1828 die erste Synthese einer der belebten Natur entstammenden Substanz:

$$C\begin{matrix}\nearrow O \\ \searrow N-NH_4\end{matrix} \rightarrow CO\begin{matrix}\nearrow NH_2 \\ \searrow NH_2\end{matrix}$$

Ammoniumcyanat Harnstoff

Auch die Synthese aus Kohlensäure und Ammoniak ist durchgeführt worden, besitzt aber keine praktische Bedeutung[2].

Die technische Darstellung von Harnstoff geschieht durch Einleiten von Ammoniakgas in geschmolzenes Phenolcarbonat.

Auch die fermentative Synthese des Harnstoffs durch Umkehrung der Ureasewirkung ist behauptet[3], aber nicht bestätigt worden[4].

Die Synthese des Harnstoffs im pflanzlichen und tierischen Organismus ist noch nicht völlig aufgeklärt. Den Pilzen, vielleicht auch höheren Pflanzen vermag Ammoniak als Ausgangsmaterial zu dienen[5]. Beim Tier kommt als Ausgangsmaterial für die Harnstoffbereitung letzten Endes das Eiweiß in Frage, von dem aus eine Reihe von Wegen zum Harnstoff führen können. Der direkteste und einzige vollkommen aufgeklärte ist die Abspaltung von Harnstoff aus der Guanidogruppe der Aminosäure Arginin durch das von KOSSEL und DAKIN[6] in der Leber gefundene Ferment Arginase.

$$\begin{array}{l} CH_2NHC-NH_2 \\ | \qquad\ \ \| \\ CH_2 \quad\ NH \\ | \\ CH_2 + HOH \\ | \\ CHNH_2 \\ | \\ COOH \end{array} = \begin{array}{l} CH_2NH_2 \\ | \\ CH_2 \\ | \\ CH_2 \\ | \\ CHNH_2 \\ | \\ COOH \end{array} + \begin{array}{l} OC-NH_2 \\ | \\ NH_2 \end{array}$$

Arginin Ornithin Harnstoff

Während die Arginase nur auf freies Arginin wirkt, vermag ein weiteres, ebenfalls von KOSSEL und DAKIN entdecktes Ferment ihr den Harnstoff zu entziehen, ohne sie aus dem Verbande des Eiweißmoleküls zu lösen[7]. Auch in pflanzlichen Objekten ist Arginase festgestellt worden[8], und der geschilderte Weg der Harnstoffbereitung steht demnach der Pflanze ebenfalls offen. Er besitzt hier allerdings nicht dieselbe physiologische Bedeutung wie beim Tier, da ja

[1] MOOR: Die quantitative Darstellung von Harnstoff aus menschlichem Harn. Biochem. Z. **143**, 423 (1923).

[2] FICHTER: Über die Bildung von Harnstoff aus Ammoniumcarbonat. Helvet. chim. Acta **8**, 301 (1925).

[3] BARENDRECHT, H. P.: Die direkte Synthese des Harnstoffs durch Urease. Rec. Trav. chim. Pays-Bas **39**, 73, 603 (1920); **40**, 66 (1921).

[4] MATAAR, TH. J. F.: Die direkte Synthese des Harnstoffs durch Urease. Rec. Trav. chim. Pays-Bas **39**, 495 (1913); **40**, 65 (1921).

[5] IVANOFF: Zitiert auf S. 255.

[6] KOSSEL, A. u. DAKIN: Untersuchungen über fermentative Harnstoffbildung. Hoppe-Seylers Z. **41**, 321 (1904); **42**, 181 (1904).

[7] KOSSEL u. DAKIN: a. a. O. — KOSSEL, A.: Biochem. Zbl. **5**, 7 (1906).

[8] KOSSEL, A. u. CURTIUS: Über Bakterienarginase. Hoppe-Seylers Z. **148**, 283 (1925).

die Pflanze das Arginin unter Benutzung von Ammoniak aufzubauen vermag und also eigentlich nur ein Umweg vorliegt.

Aus Arginin können nach einer von Drechsel angestellten Berechnung auf diesem Wege kaum mehr als 10% des im Harn erscheinenden Harnstoffs gebildet sein. Schon Stoffwechselversuche mit Arginin selber ergaben denn auch[1], daß auch der Ornithinstickstoff in Harnstoff überzugehen vermag, und auch für die meisten anderen Aminosäuren sowie für Polypeptide wurde diese Möglichkeit experimentell nachgewiesen[2].

Als Zwischenprodukt zwischen Eiweiß und Harnstoff haben wir demnach das Ammoniak anzunehmen, das bei dem Vorgang der Desamidierung der Aminosäuren frei wird.

Über den weiteren Weg vom Ammoniak zum Harnstoff hat bis jetzt volle Klarheit nicht geschaffen werden können. Daß jedoch Ammoniak in Form von Salzen organischer und anorganischer Salze in der Leber in Harnstoff übergehen kann, ist schon vor langer Zeit von v. Schroeder[3] gezeigt worden und, nachdem der Befund verschiedentlich angezweifelt worden war[4], neuerdings in sehr sorgfältigen Versuchen von Jansen[5] und vor allem von Löffler[6] einwandfrei dargetan worden. Nach Verfütterung solcher Salze erscheint ihr Stickstoff in Form von Harnstoff im Harn[7]. Aus Ammoniumbicarbonat vermag noch Organbrei, vor allem aus Leber, Harnstoff zu erzeugen[8].

Aus Löfflers Untersuchungen ergab sich der wichtige Befund, daß die Harnstoffbildung außerordentlich abhängig von der Sauerstoffversorgung ist und deshalb mit oxydativen Prozessen in engster Beziehung stehen muß. Durch minimale Konzentrationen von Blausäure wird sie vollkommen unterdrückt.

Den ersten Erklärungsversuch für den Übergang des Ammoniaks in Harnstoff gaben Nencki[9] und Schmiedeberg[10] in ihrer sog. Dehydrierungstheorie, nach der aus kohlensaurem Ammoniak durch Austritt von 2 Molekülen Wasser das Diamid synthetisiert werden sollte:

$$O{=}C\begin{matrix}\diagup ONH_4\\ \diagdown ONH_4\end{matrix} - 2H_2O = O{=}C\begin{matrix}\diagup NH_2\\ \diagdown NH_2\end{matrix}$$

Die Reaktion verläuft freilich mit ziemlich geringer Wärmebindung, immerhin

[1] Thompson, H.: The metabolism of arginine. J. of Physiol. **32**, 137 (1905); **33**, 106 (1905/06).

[2] Schultzen u. Nencki: Die Vorstufen des Harnstoffs im tierischen Organismus. Z. Biol. **8**, 124 (1872). — v. Knieriem: Beiträge zur Kenntnis der Bildung des Harnstoffs im tierischen Organismus. Ebenda **10**, 263 (1874). — Salkowski, E.: Beiträge zur Chemie der Harnstoffbildung. Hoppe-Seylers Z. **4**, 54, 100 (1880). — Stolte, K.: Über das Schicksal der Aminosäuren im Tierkörper. Beitr. chem. Physiol. u. Path. **5**, 15 (1904). — Abderhalden, E. u. Teruuihi: Über den Abbau der Aminosäuren und Polypeptide. Hoppe-Seylers Z. **47**, 159 (1906).

[3] Schroeder, W. v.: Über die Bildungsstätte des Harnstoffs. Arch. f. exper. Path. **15**, 364 (1882); **19**, 373 (1885).

[4] Fiske, C. u. Karsner: Urea formation in the liver. J. of biol. Chem. **16**, 399 (1913/14).

[5] Jansen: The function of the liver in the urea formation. J. of biol. Chem. **21**, 557 (1915).

[6] Löffler, W.: Harnstoffbildung in der isolierten Warmblüterleber. Biochem. Z. **76**, 55 (1916); **85**, 214 (1918).

[7] Nencki, M., Pawlow u. Zaleski: Über den Ammoniakgehalt des Bluts und der Organe. Arch. f. exper. Path. **37**, 26 (1895).

[8] Abderhalden, E. und Buadze: Über die Bildung von Harnstoff aus Ammoniumbicarbonat. Fermentforschung **9**, 89 (1926).

[9] Nencki, M.: Über Wasserentziehung im Tierkörper. Ber. dtsch. chem. Ges. **5**, 890 (1872).

[10] Schmiedeberg, O.: Über das Verhältnis des Ammoniaks zur Harnstoffbildung. Arch. f. exper. Path. **8**, 1 (1879).

wäre es verständlich, daß sie zum Stehen kommt, wenn die oxydativen Prozesse, die die notwendige Energie liefern, verhindert werden.

Daß die C-N-Bindung, wie sie im Harnstoff vorliegt, im Organismus zustande kommen kann, geht aus dem Vorkommen der Carbaminsäure NH_2COOH in Blut und Harn hervor, die diese Bindung ebenfalls enthält[1]. Sie findet sich in erhöhter Menge bei Hunden, bei denen durch Anlegung einer Eckschen Fistel die Stoffwechseltätigkeit der Leber weitgehend eingeschränkt ist[2]. Man hat die Carbaminsäure als Zwischenprodukt der Harnstoffgenese angesprochen, die Versuche Löfflers haben jedoch ergeben, daß Harnstoff noch bei Wasserstoffionenkonzentrationen gebildet werden kann, die zu hoch sind, als daß Carbaminsäure bei ihnen bestehen könnte.

Als „oxydative Synthese" faßte Hofmeister[3] die Harnstoffbildung auf, nachdem ihm der Nachweis gelungen war, daß bei der Oxydation mancher organischen Stoffe, vor allem von Eiweiß und Aminosäuren, in Gegenwart von Ammoniak Harnstoff gebildet wird. Er dachte an ein Zusammentreten von $-NH_2$-mit $CONH_2$-Resten, und eine experimentelle Bestätigung dieser Vorstellung schien sich zu ergeben, als verschiedentlich in biologischen Flüssigkeiten die sog. Uraminosäuren, Verbindungen des Typus $\underset{\displaystyle COOH}{\underset{|}{RCH}}NHCONH_2$ gefunden wurden. Diese Stütze der Hofmeisterschen Theorie fiel freilich fort, als von Lippich[4] nachgewiesen wurde, daß Uraminosäuren mit größter Leichtigkeit entstehen, wenn aminosäurehaltige Flüssigkeiten in Gegenwart von Harnstoff höheren Temperaturen ausgesetzt werden, wie das bei der Isolierung der angeblichen Naturprodukte geschehen war.

An die Wöhlersche Synthese lehnte sich ein dritter Erklärungsversuch der Harnstoffbildung an, der zuerst von Hoppe-Seyler und von Salkowski formuliert, aber bald verlassen wurde und erst in neuerer Zeit infolge der Arbeiten von Fosse wieder diskutiert wird.

Nach dieser Theorie erfolgt auch im Organismus die Bildung des Harnstoffs aus cyansaurem Ammoniak. Die experimentellen Stützen, die man ihr gegeben hat, sind die folgenden: Bei der Oxydation von Zucker, Formaldehyd oder Glycerin in Gegenwart von Ammoniak sah Fosse neben Harnstoff und Oxamid Cyansäure auftreten[5], die nach dem von ihm aufgestellten Reaktionsschema aus zunächst gebildetem Cyanwasserstoff entsteht. Bei der Ureasespaltung des Harnstoffs glauben verschiedene Autoren, Cyansäure beobachtet zu haben, die Fearon als ein Zwischenprodukt der Spaltung, Mack und Villars[6] als Nebenprodukt ansprechen. Endlich glaubte Montgomery[7], Cyansäure im Blutplasma nachgewiesen zu haben. Diese verschiedenen Feststellungen haben indessen nicht vermocht, der Cyansäuretheorie zu allgemeinerer Anerkennung zu ver-

---

[1] Drechsel: J. prakt. Chem. **12**, 417 (1875).

[2] Pawlow, N., Hahn, Massen u. Zaleski: Die Ecksche Fistel und ihre Folgen für den Organismus. Arch. f. exper. Path. **32**, 161 (1893).

[3] Hofmeister, F.: Arch. f. exper. Path. **37**, 426 (1895). — Eppinger, H.: Beitr. chem. Physiol. u. Path. **6**, 481 (1905).

[4] Lippich, F.: Über Isobutylhydantoinsäure. Ber. dtsch. chem. Ges. **39**, 2953 (1906); **41**, 2953, 2974 (1908).

[5] Fosse, R.: Synthèses de l'acide cyanique par oxydation des matières organiques, C. r. Acad. Sci. **168**, 1164, 1691 (1919); **171**, 398 (1920). — Fosse u. Laude: Ebenda **173**, 318 (1921).

[6] Fearon, W. R.: The chemical changes involved in the zymolysis of urea. Biochemic J. **17**, 84 (1923); **18**, 576 (1924). — Mack, E. und Villars, Synthesis of urea with the enzyme urease. Journ. of the Americ. Chem. W **45**, 501 (1923).

[7] Montgomery, E.: The determination of cyanates in blood. Biochemic. J. **19**, 71 (1925).

helfen. Man hat sich zwar daran gewöhnt, toxische Zwischenprodukte bei einer im lebenden Organismus verlaufenden Reaktion nicht von vornherein abzulehnen, es erscheint aber äußerst bedenklich, einen Körper wie die Cyanwasserstoffsäure in die zur Entstehung des Harnstoffs führende Reaktionsfolge einzustellen, von der man weiß, daß sie schon in kleinsten Konzentrationen nicht nur verheerende Allgemeinwirkungen ausübt, sondern speziell die Harnstoffsynthese völlig zum Erliegen bringt. Den Befund von Cyansäure bei der Ureasespaltung hat Sumner[1] mit hochgereinigten und sehr wirksamen Präparaten nicht zu bestätigen vermocht. Ebenso haben Nicloux und Welter sowie Gottlieb[2] im Plasma keine Anzeichen für das Vorkommen von Cyansäure beobachtet.

Freilich haben vergleichende Untersuchungen von Sumner das Ergebnis gehabt, daß bei Konzentrationen von weniger als 2 mg% Cyansäure, die zu Blut zugesetzt war, nicht mit Sicherheit wiedergefunden wird. Das ist aber schon eine Konzentration, die physiologisch nicht mehr als indifferent bezeichnet werden kann, mit der also auch in dem Falle kaum zu rechnen ist, daß wirklich die Säure ein Zwischenprodukt der Harnstoffgenese wäre. Es ist also kaum wahrscheinlich, daß es auf diesem Wege gelingen wird, die Richtigkeit der Cyansäuretheorie zu erweisen oder zu widerlegen.

Über den Ort der Harnstoffbildung liegt eine außerordentlich umfangreiche und in ihren Ergebnissen und Folgerungen sehr widerstreitende Literatur vor. Für die Arginasewirkung kann man auf Grund der Untersuchungen von Edlbacher[3] bestimmt angeben, daß sie auf die Leber beschränkt ist und auch hier nur bei Harnstoff ausscheidenden Tierarten stattfindet.

Auch für den anderen Weg der Harnstoffbereitung hat man von jeher an die Leber als das Zentralorgan des intermediären Stoffwechsels gedacht. Es war zu prüfen, ob die Leber das einzige oder das Hauptorgan der Harnstoffbildung darstellt, oder ob in dieser Beziehung die übrigen Organe nicht hinter ihr zurückstehen.

Der Vergleich des Harnstoffgehaltes in dem der Leber oder anderen Organen zuströmenden mit dem sie verlassenden Blut hat zu sehr widersprechenden Folgerungen geführt. Eine Berechnung der Konzentrationsänderungen, die die in 24 Stunden produzierte Harnstoffmenge in dem in der gleichen Zeit die Leber oder andere Organe passierenden Blut hervorbringen würde, ergibt aber auch, daß dieser Weg nicht zum Ziele führen kann, weil die Konzentrationsänderungen nicht groß genug sind, um mit den heutigen Methoden sicher feststellbar zu sein[4].

Man hat weiter nach Konzentrationsgefällen des Harnstoffs zwischen dem Blut und den verschiedenen Organen gesucht, aber auch dieses Verfahren gestattet angesichts der großen Löslichkeit und Diffusibilität des Harnstoffs keine sicheren Schlüsse.

Die klinischen Erfahrungen an Patienten mit Lebererkrankungen oder Vergiftungen, die wie die Phosphorvergiftung hauptsächlich dieses Organ schädigen, führten zu dem Resultat, daß es in solchen Fällen häufig zu einer Störung der Harnstoffbildung kommen kann, die sich dann vor allem in einer Veränderung

---

[1] Sumner, J. B.: Is cyannic acid an intermediate product of the action of urease on urea? J. of biol. Chem. **68**, 101 (1926).

[2] Nicloux, M. u. Welter: L'acide cyanique existe-t'il dans le sang? C. r. Acad. Sci. **174**, 1733 (1922). — Gottlieb, E.: On the presence of cyanate in blood. Biochemic. J. **20**, 1 (1926).

[3] Edlbacher, S.: Über das Vorkommen der Arginase im tierischen Organismus. Hoppe-Seylers Z. **95**, 81 (1915); **100**, 111 (1917).

[4] Eine vollständige Zusammenstellung der Literatur findet sich in der Arbeit von J. Bollman, Mann u. Magath: Effect of liver removal on urea formation. Amer. J. Physiol. **69**, 371 (1924).

des Verhältnisses Harnstoff-N: Gesamt-N äußert, daß aber auch die durch Cirrhose, gelbe Atrophie, Phosphorvergiftung schwer geschädigte Leber der Aufgabe der Harnstoffbereitung noch in hohem Maße gerecht werden kann[1]. Diese Feststellungen sind von den einzelnen Autoren sehr verschieden gedeutet worden, z. B. von VAN SLYKE und STADIE[2] im Sinne einer ausschlaggebenden Bedeutung der Leber, von WINTERBERG und MÜNZER[3] im entgegengesetzten.

Endlich ist die Frage auch direkt an der künstlich durchbluteten überlebenden Leber sowie an dem der Leber beraubten Organismus geprüft worden. Der Untersuchungen von v. SCHROEDER und von SALASKIN, die die Fähigkeit der isolierten Leber, aus Ammoniak und aus Aminosäuren Harnstoff zu bereiten, ans Licht gebracht hatten, wurde bereits weiter oben gedacht. Ihre Ergebnisse wurden von der FOLINschen Schule[4] in Zweifel gezogen, die zwar eine Ammoniakbildung aus Ammoniumcarbonat, nicht aber aus Aminosäuren erzielen konnte. Ihre Mißerfolge wurden indessen von JANSEN[5] auf unzureichende Arterialisierung des Durchströmungsblutes zurückgeführt und nach Ausschaltung dieses Fehlers widerlegt. Auch LÖFFLER erhielt in seinen ebenfalls bereits erwähnten Untersuchungen reichliche Harnstoffbildung aus Aminosäuren und konnte weiter nachweisen, daß die harnstoffbildende Funktion der Leber außerordentlich unempfindlich gegen schädigende Einwirkungen ist, daß sie z. B. durch Alkohol erst bei Konzentrationen unterdrückt wird, die das Gewebe härten[6].

Am beweiskräftigsten erscheinen die Versuche von BOLLMANN, MANN und MAGATH am vollständig entleberten Hund, aus denen hervorgeht, daß schon kurze Zeit nach der Exstirpation der Harnstoffgehalt von Blut und Geweben und die Ausscheidung durch den Harn bis zum fast völligen Verschwinden zurückgeht und daß dieser Sturz nicht einmal durch nachfolgende beiderseitige Nierenexstirpation verhindert werden kann. BOLLMANN, MANN und MAGATH ziehen aus ihren Versuchen den Schluß, daß nach völliger Entfernung der Leber eine meßbare Harnstoffproduktion nicht mehr stattfindet.

Die Menge des von einem gesunden Erwachsenen ausgeschiedenen Harnstoffs beträgt bei einer Ernährung, die etwa den Eiweißgehalt des VOITschen Kostmaßes besitzt, um 30 g in 24 Stunden. Wenn wenig Eiweiß zur Verfügung steht, so sinkt mit der Gesamtmenge des produzierten Harnstoffs auch sein prozentischer Anteil am Gesamtstickstoff des Harns. Am höchsten liegt dieser Anteil beim reinen Fleischfresser, bei dem er 98% erreichen kann, am niedrigsten beim Pflanzenfresser, beim Menschen auf mittlerer Linie. Hier entfallen bei eiweißreicher Kost gegen 88, bei eiweißarmer etwa 60% des Stickstoffs auf Harnstoff[7].

Unabhängig von der Ernährung kann eine Steigerung der Harnstoffausfuhr beim Vorliegen pathologischer Prozesse vor sich gehen, die mit einer erhöhten Einschmelzung von Eiweiß verbunden sind. Senkung der absoluten und rela-

---

1 Klinische Literatur bei W. FREY: Zur Diagnostik der Leberkrankheiten. Z. klin. Med. **72**, 383 (1911).

2 SLYKE, D. D. VAN u. STADIE: The effect of yellow atrophy in metabolism. Arch. int. Med. **25**, 693 (1920).

3 WINTERBERG u. MÜNZER: Die harnstoffbildende Funktion der Leber. Arch. f. exper. Path. **33**, 164 (1894).

4 FISKE, C. u. KARSNER: Urea formatopn in the liver. J. of biol. Chem. **16**, 399 (1913/14); **18**, 381. — FISKE, C. u. SUMNER: Ebenda **18**, 285 (1914).

5 JANSEN, B.: The function of the liver in urea formation. J. of biol. Chem. **21**, 557 (1915).

6 LÖFFLER, W.: Zur Kenntnis der Leberfunktion unter pathologischen Bedingungen. Biochem. Z. **112**, 164 (1920).

7 FOLIN, O.: Laws governing the chemical composition of the urine. Amer. J. Physiol. **13**, 66 (1905).

tiven Harnstoffwerte wurde früher allgemein als Zeichen einer Lebererkrankung angesehen und das Verhalten nach Eiweißbelastung als Leberfunktionsprüfung verwendet. Das Verfahren ist durch Arbeiten von FOLIN und BERGLUND[1] in Mißkredit gekommen, kann auch nicht sehr empfindlich sein, da ja manchmal bei sehr schweren Leberschädigungen die harnstoffbildende Funktion noch sehr gut erhalten gefunden wurde. Immerhin werden vielleicht die Befunde von MANN und MAGATH neue Untersuchungen auf diesem Gebiete anregen.

Sekundär kann eine Minderung der Harnstoffausscheidung durch eine Störung der Harnstoffsekretion in der Niere hervorgerufen sein. Sie würde in diesem Falle mit einer Stickstoffretention und Steigerung der Harnstoff- und Reststickstoffwerte im Blut einhergehen. Von AMBARD[2] ist der Versuch gemacht worden, die von der Niere sezernierte Harnstoffmenge in Beziehung zu der im Blut herrschenden Konzentration zu setzen. Die von ihm ermittelten Gesetze faßte er in die Formel

$$K = \frac{Ur}{\sqrt{\frac{D \cdot 14 \cdot \sqrt{C}}{P}}}$$

zusammen, in der Ur die Konzentration im Blut, D die im Harn ausgeschiedene Menge, C die Konzentration im Harn und P das Körpergewicht bedeutet. Der Wert der Konstante soll beim Nierengesunden in der Nähe von 0,07, bei Nierengeschädigten weit höher liegen. Die Konstante, deren Berechnung von VAN SLYKE modifiziert wurde, soll nach einigen Autoren zuverlässige Schlüsse auf den Zustand der Niere gestatten, während sie von anderen abgelehnt wird[3].

Kreatinin

(Methylglykocyamidin $C_4H_7ON_3$).

```
         /NH2 COOH                          /NH—CO
HN = C<       |               HN = C<       |
         \N——CH2                            \N——CH2
          |                                  |
         CH3                                CH3
       Kreatin                            Kreatinin
```

Das Kreatinin wurde 1844 von PETTENKOFER und HEINTZ zuerst beobachtet und 1858 von LIEBIG rein dargestellt[4].

Zur Gewinnung aus Harn versetzt man diesen mit einer konzentrierten alkoholischen Lösung von reiner Pikrinsäure, zersetzt das ausgeschiedene Kreatininkaliumpikrat mit konz. Salzsäure, neutralisiert das Filtrat mit Magnesiumoxyd und fällt nach dem Ansäuern mit Essigsäure durch Alkohol. Aus dem Filtrat scheidet man durch 30proz. Chlorzinklösung Kreatininchlorzink ab. Zur Gewinnung von Kreatinin erhitzt man das Zinksalz mit konz. Ammoniak und läßt die erkaltete Lösung im Eisschrank stehen, wobei sich reines Kreatinin ausscheidet. Beim Kochen des Zinksalzes mit $Ca(OH)_2$, Entfernen des Zinks mit Schwefelwasserstoff und Einengen des mit Essigsäure angesäuerten Filtrats wird Kreatin erhalten[5].

[1] FOLIN, O. u. BERGLUND: The retention and distribution of aminoacids. J. of biol. Chem. **51**, 395 (1922).

[2] AMBARD, L.: Les lois numériques de la sécrétion de l'urée. J. Physiol. et Path. gén. **12**, 207 (1910).

[3] RABINOVITCH: Urea tests of renal efficiency. J. of biol. Chem. **65**, 617 (1925). — CHAUSSIN, J.: Antagonisme de concentrations entre les principales substances dissoutes dans l'urine. J. Physiol. et Path. gén. **18**, 895 (1920). — LUBLIN, A.: Die Ambardsche Harnstoffkonstante. Biochem. Z. **125**, 187 (1921). — BESDZIEK, CH.: Neuere Untersuchungen über die Ambardsche Konstante. Dissert. Breslau 1928.

[4] Literatur bei C. VOIT: Über das Verhalten des Kreatins, Kreatinins und Harnstoffs im Tierkörper. Z. Biol. **4**, 77 (1868).

[5] BENEDICT, S. R.: Preparation of Kreatine and Kreatinine. J. of biol. Chem. **18**, 183 (1914).

Synthetisch ist das Kreatinin von STRECKER durch Erhitzen von Sarkosin mit Cyanamid erhalten worden. Es ist unter dem Namen Ilun im Handel.

Das Kreatinin krystallisiert wasserfrei in monoklinen Prismen, bei langsamem Verdunsten mit 2 aq. Einen eigentlichen Schmelzpunkt hat es nicht. Bei 235° tritt Zersetzung ein. In Wasser löst es sich in der Hitze sehr leicht, kalt in 11,5 Teilen. In Alkohol und besonders in Äther ist es schwer löslich. Die Dissoziationskonstante ist $1{,}85 \cdot 10^{-10}$[1].

Mit Nitroprussidnatrium in alkalischer Lösung gibt das Kreatinin eine tiefrubinrote Farbe, die beim Ansäuern mit Essigsäure verschwindet (WEYLsche Reaktion). Wässerige Pikrinsäurelösung wird bei Gegenwart von Alkali durch Kreatinin rötlich gefärbt (JAFFÉsche Reaktion).

Dabei handelt es sich wahrscheinlich nicht, wie früher angenommen wurde, um eine Reduktion der Pikrinsäure zu Pikraminsäure, sondern um eine Kondensationsreaktion der Methylengruppe des Kreatinins[2].

Die Reaktion von JAFFÉ ist von FOLIN[3] zu einem colorimetrischen Verfahren ausgebildet worden, bei dem die aus 1 ccm Harn durch Pikrinsäure erhaltene Färbung mit der einer halbnormalen Lösung von Kaliumbichromat oder besser mit der einer aus einer bekannten Menge Kreatinin erhaltenen Testlösung verglichen wird.

Kreatinin ist das Anhydrid des im Muskel vorkommenden Kreatins, mit dem es durch die Möglichkeit gegenseitiger Umwandlung verknüpft ist. In alkalischer Lösung geht Kreatinin in langsam verlaufender, monomolekularer Reaktion in Kreatinin über, bis ein durch die Konstante $k = 2{,}11$ für das Verhältnis der Konzentrationen von Kreatin um Kreatinin charakterisiertes Gleichgewicht erreicht ist. In saurer Lösung geht Kreatin vollständig in Kreatinin über[1].

In Harn von saurer Reaktion ist Kreatinin vollkommen beständig, zugefügtes Kreatin wird in 24 Stunden vollkommen in Kreatinin umgewandelt. Normaler menschlicher Harn enthält übrigens kein Kreatin, während seine Konzentration die des Kreatinins im Muskel um das 100fache, im Blut um das 2,3fache übertrifft.

Unter den Stickstoffsubstanzen des Harns nimmt das Kreatinin insofern eine Sonderstellung ein, als es von der Menge des zugeführten Nahrungseiweißes und des Gesamtstickstoffes im Harn vollkommen unabhängig ist und seine Menge für jedes Individium eine in ziemlich engen Grenzen schwankende Konstante darstellt[4]. Für die in 24 Stunden pro Kilogramm Körpergewicht ausgeschiedene Kreatininmenge hat SHAFFER[5] den Namen Kreatininkoeffizient eingeführt. Sein Wert beträgt beim Mann 5,4—11,7 mg im Mittel 8,1 mg, bei der Frau wurde er zu 7,5 mg im Mittel bestimmt[6]. Die Tageszeit und der Umfang der Diurese beeinflussen die Kreatininausscheidung praktisch nicht. Das deutet darauf hin, daß die Gleichmäßigkeit der Ausscheidung in der Erzeugung, nicht in der Exkretion begründet ist. FOLIN folgerte aus den genannten Tatsachen, daß das Kreatinin dem endogenen, dem eigentlichen Zellstoffwechsel entstamme, eine Vorstellung, die SHAFFER wegen der niedrigen Ausscheidung in gewissen

[1] HAHN, O. u. BARKAN: Die Umwandlung des Kreatinins und Kreatins. I. Z. Biol. **72**, 25 (1920).

[2] WEISE, W. u. TROPP: Über die Jafféschr Kreatininreaktion. Hoppe-Seylers Z. **178**, 125 (1928).

[3] FOLIN, O.: Die Bestimmung des Kreatinins. Hoppe-Seylers Z. **41**, 223 (1904)

[4] FOLIN, O.: The laws governing the composition of urine. Amer. J. Physiol. **13**, 66 (1905).

[5] SHAFFER, PH.: The excretion of kreatinine and kreatine in health and disease. Amer. J. Physiol. **23**, 1 (1908/09).

[6] MAC LAUGHLIN, M. u. BLUNT: Some observations on the kreatinine excretion of women. J. of biol. Chem. **58**, 285 (1923).

pathologischen Fällen dahin einschränkte, daß das Kreatinin ein Maß nicht für den gesamten endogenen Eiweißstoffwechsel, sondern nur für einen bestimmten Vorgang in der Muskulatur sein könne[1].

Diese Theorie führt auf die Frage, ob man berechtigt ist, das im Harn auftretende Kreatinin in physiologischen Zusammenhang mit dem Kreatin des Muskels zu setzen. Wenn man ursprünglich auf Grund der nahen chemischen Verwandtschaft beider Körper eine derartige Beziehung beinahe als selbstverständlich ansah, so erschien sie nicht mehr haltbar, als FOLIN und andere Autoren nachwiesen, daß per os eingeführtes Kreatin nicht oder nur zu einem geringen Prozentsatz als Kreatinin im Harn erscheint[2] und daß auch subcutan injiziertes Kreatin als solches in den Harn übergeht[3], während Kreatinin zum großen Teil im Harn wiedererscheint. Es hat sich später herausgestellt, daß das Nichterscheinen des Kreatins im Harn hauptsächlich darauf beruht, daß der Körper Kreatin in ziemlich großem Umfang zu speichern vermag und daß doch erhebliche Kreatinmengen in Harnkreatinin übergehen, wenn man die Depots im Organismus erst einmal aufgefüllt hat[4]. Auch in diesem Falle deckt freilich die Ausfuhr an Kreatin + Kreatinin die Zufuhr nicht, so daß man vielleicht einen anderen kreatinabbauenden Vorgang in den Geweben anzunehmen hat.

Daß im Muskel eine Umwandlung von Kreatin in Kreatinin erfolgen kann, darf man aus Versuchen von MYERS und FINE[5] an Muskelbrei und aus solchen von HAMMETT[6] an Muskelextrakten schließen. In schwächerem Maße hat auch die Gehirnsubstanz die Fähigkeit, diese Umwandlung zu bewirken. Sie geht bei neutraler, schwach saurer und schwach alkalischer Reaktion vor sich, ein Anhalt für die Beteiligung von Fermenten hat sich in neueren Arbeiten nicht ergeben. Die Befunde an der Muskulatur selber weisen also im Gegensatz zu den Stoffwechseluntersuchungen doch auf eine Entstehung des Harnkreatinins aus dem Muskelkreatin hin. In dieser Richtung spricht auch eine Reihe von allgemeinen Hinweisen.

Die individuellen Unterschiede in der Kreatininausscheidung zeigen deutlichen Zusammenhang mit der Menge der Muskelmasse. Der Anteil des Kreatininstickstoffs am Gesamtstickstoff ist größer bei Menschen mit gut ausgebildeter, als bei solchen mit schwacher Muskulatur. Bei regressiven Muskelveränderungen beobachtet man eine starke, endogene Kreatininurie[7]. Vom Kreatingehalt des Körpers sind nur etwa 2% außerhalb der Muskulatur lokalisiert.

Bei Studien über den Mechanismus des Übergangs von Kreatin in Kreatinin konnten HAHN und seine Schüler bestätigen, daß ein Fermentvorgang nicht angenommen zu werden braucht, sondern daß innerhalb der im Muskel vorkommenden Reaktionsschwankungen Kreatin reichlich in Kreatinin übergeht. In ge-

---

[1] SHAFFER, PH.: Zitiert auf S. 263.

[2] FOLIN, O.: Beitrag zur Chemie des Kreatins und Kreatinins. Hoppe-Seylers Z. **41**, 243 (1904). — Hammarsten-Festschrift. Upsala 1906. — KLERCKER: Zur Frage der Kreatin- und Kreatininausscheidung. Beitr. chem. Physiol. u. Path. **8**, 59 (1908). — LEHMANN, G.: Beiträge zum Kreatininstoffwechsel. Hoppe-Seylers Z. **57**, 446 (1908). — MELLANBY, E.: Creatine and creatinine. J. of Physiol. **36**, 447 (1909).

[3] HAHN, A. u. SCHÄFER: Über die gegenseitige Umwandlung von Kreatinin und Kreatin. Z. Biol. **80**, 195 (1924).

[4] CHANUTIN, A.: The fate of creatine when administered to man. J. of biol. Chem. **67**, 29 (1826).

[5] MYERS, V. C. u. FINE: The influence of carbohydrate feeding on the creatine content of muscle. J. of biol. Chem. **15**, 304 (1913).

[6] HAMMETT, F.: Creatinine and creatine in muscle extrakts. J. of biol. Chem. **48**, 133 (1921); **53**, 323 (1922); **55**, 323 (1923); **59**, 347 (1924).

[7] BÜRGER, M.: Beiträge zum Kreatininstoffwechsel. Z. exper. Med. **9**, 262, 361 (1919); **12**, 1 (1921).

pufferten Lösungen vom Kreatingehalt der Muskulatur bilden sich in 24 Stunden 1,32% Kreatinin. Wenn man diese Zahl auf den mit etwa 112 g anzunehmenden Kreatinvorrat des gesamten Organismus umrechnet, so kommt man auf einen Betrag von etwa 1,5 g, der tatsächlich der Kreatininausscheidung eines gesunden Menschen von 70 kg Gewicht sehr nahe kommt[1].

Es scheint danach, daß das im Muskel vorhandene Kreatin sich in bezug auf die Kreatininbildung anders verhält als per os oder subcutan zugeführtes. Eine solche Vorstellung erscheint nicht abwegig, seit wir wissen, daß das Kreatin im Muskel in Gestalt einer Verbindung mit Phosphorsäure vorkommt[2].

Als äußerste Grenzen der gesamten Kreatininausscheidung eines erwachsenen Menschen sind 0,5–2,5 g angegeben worden. Beim Kinde sind die Mengen verhältnismäßig kleiner. Der Mittelwert halbjähriger Kinder liegt bei 0,026 g, der 14jähriger bei 1,22 g. In dieser Zeitspanne nimmt also die Kreatininausscheidung um das 45fache, die Harnmenge nur um das 4fache zu[3]. Nach Erreichung des 20. Jahres beginnt die Ausscheidung wieder zu sinken und erreicht mit dem sechzigsten wieder ähnliche Werte pro Kilogramm, wie sie für das Kindesalter gelten. Daß ein Einfluß der Ernährung nicht nachweisbar ist, wurde bereits oben erwähnt. Muskelarbeit verschiedener Formen führt zu einer Steigerung der Ausfuhr, die allerdings nur in den ersten Stunden nachweisbar ist, um dann durch eine Senkung unter die Normalwerte abgelöst zu werden[4]. Der Einfluß der Muskelaktion wird auch in einer starken Vermehrung des Harnkreatinins bei Patienten mit tetanischen Krämpfen offenbar[5].

Unter den pathologischen Bedingungen, die die Kreatininausscheidung beeinflussen, ist die wichtigste das Fieber, in dem auch eine gewisse Abhängigkeit von der Menge des Gesamtstickstoffs erkennbar wird[6]. Die gleiche Steigerung ruft auch künstliche Diathermie hervor, jedoch fehlt hier die Abhängigkeit vom Gesamtstickstoff. Sie findet sich ferner bei Alkalose und Acidose[7]. Herabgesetzt ist die Menge des Harnkreatinins bei Basedowscher Krankheit[8], Anämien und leichtem Diabetes.

Im Fieber und bei Lebererkrankungen pflegt das Kreatinin im Harn von Kreatin begleitet zu sein, das im normalen Harn immer fehlt[9]. Die nach Guanidinvergiftung oder durch Exstirpation der Nebenschilddrüsen eintretenden Krämpfe führen ebenfalls zum Auftreten von Kreatin im Harn[10]. Insbesondere nach Unterkühlung tritt bei Kaninchen Kreatin in den Harn über[11], nach An-

[1] Hahn, A. u. Meyer: Die Entstehung von Kreatinin im Organismus. Z. Biol. **78**, 9 (1923).

[2] Eggleton, P. u. G. P.: The physiological significance of phosphagen. J. of Physiol. **63**, 155 (1927). — Fiske, C. u. Subarrow: Science (N. Y.) **65**, 401 (1927).

[3] Salvioli, G.: Contributo allo studio della creatininuria in condizioni normali e patologiche. Arch. Pat. e Clin. med. **6**, 429 (1927).

[4] Schulz, W.: Der Verlauf der Kreatininausscheidung im Harn des Menschen mit besonderer Berücksichtigung des Einflusses der Muskelarbeit. Pflügers Arch. **186**, 126 (1921).

[5] Roncato, A.: L'escrezione della creatinina in rapporto all' eta ed in rapporto alla funzione musculare. Arch. di Sci. biol. **5**, 308 (1924). — Bürger, M.: Zitiert auf S. 264.

[6] Forschbach, J.: Kreatininausscheidung in Krankheiten. Arch. f. exper. Path. **58**, 113 (1908). — Skutetzky, A.: Über Kreatin- und Kreatininausscheidung unter pathol. Umständen. Deutsches Arch. f. klin. Med. **103**, 423 (1911).

[7] Underhill, F. u. Kapsinow: The relationship of blood concentration to nitrogen in experimental nephritis. J. of Urol. **8**, 307 (1922).

[8] Shaffer, Ph.: Zitiert auf S. 263.

[9] Meyer, E. Chr.: Über Kreatin- und Kreatininausscheidung bei Krankheiten. Arch. klin. Med. **134**, 219 (1920).

[10] Palladin, A. u. Griliches: Zur Frage der Biochemie der experimentellen Tetanie. Biochem. Z. **146**, 458 (1924).

[11] Palladin, A.: Über den Einfluß der Abkühlung auf die Kreatinausscheidung. Biochem. Z. **136**, 353 (1923).

sicht von PALLADIN, weil das starke Muskelzittern einen Mehrverbrauch an Eiweiß bedingt. Im Schweineharn soll es sich regelmäßig finden[1].

Andere organische Basen des Harns.

Neben dem Kreatinin treten die anderen organischen Basen des Harns an Menge und Bedeutung weit zurück. Sein Begleiter im Muskel, das Carnosin, geht nicht in den Harn über und steht auch nicht in sicherem Zusammenhang mit dessen Gehalt an Imidazolkörpern[2]. Dagegen ist sein Baustein Histidin ein regelmäßiger Bestandteil des Harns[3]. Systematische Untersuchungen von KUTSCHER und seinen Schülern haben gezeigt, daß im Hunde- und Menschenharn Methyl- und Dimethylguanidin häufig in kleinen Mengen vorkommen[4]. Durch sie scheint die Reaktion von SAKAGUCHI im Harn bedingt zu sein[5]. Zur Abtrennung des Kreatinins eignet sich besonders die Pikrolonsäure[6]. Über eine Vermehrung der Guanidinbasen im Harn bei Tetanie werden verschiedene Angaben gemacht. Während FRANK und KÜHNAU[7] erheblich gesteigerte Mengen bei parathyreopriver Tetanie der Basen antrafen, hat KUEN[6] in verschiedenen Fällen von idiopathischer, postoperativer und Kindertetanie niemals ein positives Resultat erhalten und auch GREENWALD hält eine solche Steigerung für unwahrscheinlich, wenn er ihre Möglichkeit auch nicht völlig ausschließen zu können glaubt[8].

KUTSCHER fand ferner im Harn folgende, zum Teil bereits im Fleischextrakt festgestellte Basen: Mingin $C_{13}H_{18}N_2O_2$, Novain $C_7H_{18}NO$, Vitiatin, Reduktonovain und Gynesin.

Diamine sind im normalen Harn vergeblich gesucht worden[9], in manchen Fällen von Cystinurie treten indessen spontan oder nach Zufuhr von Diaminosäure im Harn Putrescin $NH_2(CH_2)_4NH_2$ und Cadaverin $NH_2(CH_2)_5NH_2$ auf[10].

Harnsäure

2,6,8-Trioxypurin $C_4H_4O_3N_4$.

```
HN—CO                              N=COH
|   |                              |   |
OC  C—NH\                    HO—C  C—NH\
|   ||    CO        oder        ||  ||    COH
HN—C—NH/                        N—C—N//
```

Lactamform — Lactimform[11]

[1] GROSS, E. G. u. STEENBOCK: Creatinuria. J. of biol. Chem. **47**, 33, 45 (1920).

[2] HEFTER, J.: Über die organischen Basen des Harns. Hoppe-Seylers Z. **145**, 290 (1925). — HUNTER, G.: Carnosine of muscle and iminazole excretion in the urine. Biochemic. J. **19**, 34 (1925).

[3] ENGELAND, R.: Über den Nachweis organischer Basen im Harn. Hoppe-Seylers Z. **57**, 49 (1908).

[4] KUTSCHER, F. u. LOHMANN: Über den Nachweis toxischer Basen im Harn. Hoppe-Seylers Z. **48**, 1, 422; **49**, 81 (1906). — ACHELIS: Über das Vorkommen von Methylguanidin im Harn. Ebenda **50**, 10 (1906/7). — KUTSCHER, F.: Der Nachweis toxischer Basen im Harn. Ebenda **51**, 457 (1907).

[5] HOPPE-SEYLER: Über die Sakaguchische Reaktion im Harn. Arch. klin. Med. **153**, 327 (1927).

[6] KUEN, F. M.: Über die Bestimmung der Guanidine und über ihr angebliches Vorkommen im Tetanieharn. Biochem. Z. **187**, 283 (1927).

[7] FRANK, E. u. KÜHNAU: Isolierung von methylierten Guanidinen aus dem Harn. Klin. Wschr. **4**, 1170 (1925).

[8] GREENWALD, I.: Are guanidines present in the urines of parathyreoidektomized dogs? J. of biol. Chem. **59**, 329 (1924).

[9] SCHÜLER, R. u. THIELMANN: Lassen sich aliphatische Diamine in normalen und nephritischen Harnen nachweisen? Z. Biol. **79**, 139 (1924).

[10] UDRANSKY, L. v. u. BAUMANN: Das Vorkommen von Diaminen, sogenannten Ptomainen, bei Cystinurie. Hoppe-Seylers Z. **13**, 562 (1889). — LOEWY, A. u. NEUBERG: Ebenda **43**, 338 (1904).

[11] FISCHER, E.: Synthesen in der Purinreihe. Ber. dtsch. chem. Ges. **32**, 435 (1899).

Die Harnsäure wurde 1776 von SCHEELE im menschlichen Harn und gleichzeitig von BERGMANN in Blasensteinen, 1798 von PEARSON in Gichtknoten entdeckt. Sie bildet ein weißes, sandiges Pulver, das unter dem Mikroskop die Formen rhombischer Prismen und Täfelchen bietet. Die unmittelbar aus Harn ausfallenden Krystalle sind meist größer, schwach bräunlich verfärbt und zeigen infolge Abrundung der stumpfen Winkel wetzsteinartige Form. Harnsäure und ihre Salze, selbst die der Alkalien, sind in Wasser schwer löslich. Es lösen sich:

	bei 18°	bei 37°
Harnsäure	1: 39 (480)[1]	1: 15 (505)
Mononatriumurat	1: 846 (1270)	1: 469 (710)
Monokaliumurat	1: 477 (716)	1: 266 (402)
Monoammoniumurat	1:2191 (3290)	1:1225 (1848)[2]

Auffallenderweise beginnt sich bald nach dem Verbringen in das Lösungsmittel die Löslichkeit zu verringern, so daß es für jede Temperatur außer dem Löslichkeitsmaximum auch ein Minimum gibt. Die Minimalzahlen sind oben in Klammer gegeben. Nach GUDZENT beruht die Erscheinung auf einer allmählichen Umwandlung einer instabilen, löslicheren Form in eine stabile, weniger lösliche. Als stabile Form spricht GUDZENT die Lactim-, als labile die Lactamform an. Von großer Bedeutung für die Lösung der Harnsäure ist die Wasserstoffionenkonzentration des Lösungsmittels[3], sein Kohlensäuregehalt[4] und die Natur der etwa in der gleichen Lösung anwesenden Anionen[3].

Eine kolloide Natur der Harnsäure wurde von SCHADE und BODEN[5] unter gewissen Lösungsverhältnissen angenommen, es ist aber bis jetzt nicht gelungen, sie in nichtultrafiltrabele Form zu versetzen[6]. Auch der Beweisführung von SCHADE und BODEN ist von LICHTWITZ[7] widersprochen worden.

Neutrale Salze der Harnsäure sind in verdünnter wässeriger Lösung nicht existenzfähig. Verhältnismäßig große Löslichkeit zeigen die Lithiumsalze sowie die mit einigen organischen Basen, wie Piperazin, Methylglyoxalidin (Lysidin).

In organischen Lösungsmitteln ist die Harnsäure im allgemeinen wenig löslich, von heißem Glycerin wird sie dagegen ziemlich reichlich aufgenommen.

In gesättigter, wässeriger Lösung bei 37° ist die Harnsäure zu 7,5%, in Wasserstoff- und $C_5H_3O_3N_4$-Ionen dissoziiert (GUDZENT). Die spezifische Leitfähigkeit beträgt unter diesen Umständen 0,000013, die molekulare 33,92. In Gegenwart starker Säuren ist die Dissoziation und damit auch die Löslichkeit herabgesetzt.

Zur Darstellung von Harnsäure aus menschlichen Harn bringt man diesen auf einen Salzsäuregehalt von 0,5%, läßt in der Kälte stehen und reinigt die ausgeschiedenen Krystalle durch Auflösen in verdünntem Alkali, vorsichtiges Entfärben mit Tierkohle (da diese Harnsäure adsorbiert[3]) und Wiederausfällen mit Salzsäure. Ein ergiebigeres Material sind Schlangenexkremente, die zum größten Teil aus Harnsäure bestehen.

---

[1] HIS, W. u. TH. PAUL: Physikalisch-chemische Untersuchungen über das Verhalten der Harnsäure und ihrer Salze in Lösung. Hoppe-Seylers Z. **31**, 1 (1900/01).

[2] GUDZENT, F.: Über das Verhalten der harnsauren Salze in Lösungen. Hoppe-Seylers Z. **56**, 150 (1908); **60**, 25, 38 (1909); **63**, 455 (1910).

[3] JUNG, A.: Über den Einfluß der Wasserstoffionenkonzentration auf die Löslichkeit der Harnsäure. Helvet. chim. Acta **5**, 688 (1922); **6**, 562 (1923) — Arch. f. exper. Path. **122**, 95 (1927).

[4] LANG, S. u. H.: Über die Löslichkeit der Harnsäure in kohlensauren Salzen und deren Beeinflussung durch Kohlensäure. Biochem. Z. **185**, 88 (1928).

[5] SCHADE, H. u. BODEN: Über die Anomalie der Harnsäurelöslichkeit. Hoppe-Seylers Z. **83**, 347 (1913).

[6] GUDZENT, F.: Zur Frage der Anomalie der Harnsäurelöslichkeit. Hoppe-Seylers Z. **89**, 253 (1914).

[7] LICHTWITZ, L.: Bemerkungen zu der Arbeit von Schade und Boden. Hoppe-Seylers Z. **84**, 417 (1913).

Von den synthetischen Bildungsweisen der Harnsäure besitzen die aus Glykokoll und Harnstoff[1] sowie aus Trichlormilchsäureamid und Harnstoff[2] physiologisches Interesse.

Harnsäure fällt aus salzsaurer Lösung durch Phosphorwolframsäure, ferner durch ammoniakalische Silberlösung und Bleiessig. Aus Harn wird sie durch Pikrinsäure zusammen mit dem Kreatinin niedergeschlagen.

Beim Erhitzen der wässerigen Lösung wird die Harnsäure allmählich unter Rotfärbung zerstört. Saure Oxydationsmittel führen sie in Alloxan, alkalische in Allantoin über.

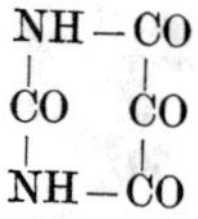

```
NH – CO          NH2  CO – NH
|     |          |    |     |
CO    CO         CO   |     CO
|     |          |    |     |
NH – CO          NH – CH – NH
 Alloxan          Allantoin 3
```

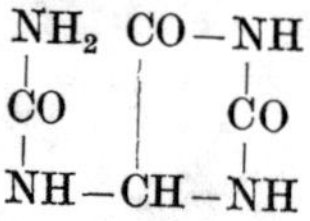

Auf Oxydationsreaktionen beruhen auch die charakteristischen Nachweismethoden für Harnsäure. Bei der Murexidprobe wird Harnsäure durch Abrauchen mit Salpetersäure oder Chlorwasser zu Alloxan und weiter zu Alloxantin umgewandelt, aus dem beim Befeuchten mit Ammoniak das purpursaure Ammon entsteht. Natronlauge erzeugt eine Blaufärbung. Diese Reaktion bildet den empfindlichsten Nachweis der Harnsäure (Murexidprobe). Phosphor- und Arsenwolframsäure werden in alkalischer Lösung durch Harnsäure unter Bildung blau gefärbter Verbindungen reduziert. Da die Reaktion sehr empfindlich und in ihrer Intensität der vorhandenen Harnsäuremenge genau proportional ist, ist sie die Grundlage einer colorimetrischen Bestimmung der Harnsäure geworden, die vor allem auch auf das Blut angewendet werden kann[4]. Auch Silbernitrat wird in alkalischer Lösung durch Harnsäure reduziert (SCHIFFsche Reaktion).

Zur Erkennung der Harnsäure dient die Reindarstellung, Beobachtung der Krystallform und Anstellung der Murexidprobe.

Die quantitative Bestimmung erfolgt entweder durch Niederschlagung des Ammoniaksalzes aus 20proz. Ammonsulfatlösung und Titration des ausgewaschenen Niederschlages mit Kaliumpermanganat in schwefelsaurer Lösung nach HOPKINS-FOLIN[5] oder durch Ausfällung als Magnesiumsilberurat mit Magnesiamischung und Silbernitrat nach LUDWIG-SALKOWSKI, Zerlegung des Niederschlages und Wägung der erhaltenen Harnsäure. Die Mikroverfahren sind auf der Colorimetrie der reduzierten komplexen Wolframsäuren aufgebaut.

Die Konzentration und Gesamtmenge der mit dem Harn ausgeschiedenen Harnsäure ist bei den einzelnen Arten außerordentlich verschieden. Bei den Vögeln und Reptilien repräsentiert sie bei weitem die Hauptmenge des abgegebenen Stickstoffs und drängt den Harnstoff bis zum völligen Verschwinden zurück. Bei fleischfressenden Säugetieren soll sie ganz fehlen können, bei Pflanzenfressern kommt sie zwar regelmäßig[6], aber in sehr kleiner Menge vor; beim Menschen erscheinen bei gemischter Kost in 24 Stunden etwa 0,7 g im Harn. Dieses komplizierte Verhalten ist das Ergebnis des Ineinandergreifens einer

[1] HORBACZEWSKI, J.: Synthese der Harnsäure. Mh. Chem. **3**, 796 (1882); **6**, 356 (1885).

[2] HORBACZEWSKI, J.: Mh. Chem. **8**, 201 (1887).

[3] BILTZ, H. u. ROBL: Uroxansäure. Ber. dtsch. chem. Ges. **53**, 1950, 1967 (1920). — BILTZ u. MAX: Über den Mechanismus der Uroxansäurebildung. Ber. dtsch. chem. Ges. **53**, 1957 (1920).

[4] FOLIN, O. u. DENIS: Colorimetric determination of uric acid in blood. J. of biol. Chem. **3**, 469 (1913). — BENEDICT, ST.: The determination of uric acid. Ebenda **51**, 187 (1922); **54**, 233 (1922).

[5] FOLIN, O.: Eine Vereinfachung der Hopkinsschen Methode zur Bestimmung der Harnsäure im Harn. Hoppe-Seylers Z. **24**, 224 (1898). — SALKOWSKI, E.: Weitere Beiträge zur Kenntnis der Leberkrankheiten. Virchows Arch. **52**, 58 (1871).

[6] MITTELBACH: Über das Vorkommen der Harnsäure im Harn bei Herbivoren. Hoppe-Seylers Z. **12**, 463 (1888).

ganzen Reihe verschiedener Vorgänge. Von Bedeutung ist die Entstehung der Harnsäure aus nahe- oder auch aus ihr fernstehenden Verbindungen sowie die Möglichkeit einer Zerstörung im intermediären Stoffwechsel.

Die hauptsächliche Quelle der Harnsäure wurde zum ersten Male von A. KOSSEL in den Purinbasen der Nucleine richtig erkannt[1]. Verschiedene Forscher konnten diese Ansicht durch Stoffwechselversuche belegen, in denen gezeigt wurde, daß wenigstens ein Teil der Purinbasen verfütterter Nucleine im Harn als Harnsäure erscheint[2]. Andrerseits war von HORBACZEWSKI die Ansicht ausgesprochen worden, daß die Harnsäure des menschlichen Harns von den Nucleinen zerfallender Leukocyten abstamme. BURIAN und SCHUR beschäftigten sich eingehend mit der Frage, in welchem Maße die Nucleine der Nahrung und die des Organismus selber — nicht nur der Leukocyten — an der Deckung der Harnsäureausscheidung beteiligt seien[3]. Sie kamen zu dem Schluß, daß jeder gesunde Mensch eine gewisse, ihm eigentümliche, im großen und ganzen konstante Harnsäuremenge auch dann produziert, wenn seine Nahrung frei von Purinen ist. Diese Menge bezeichneten sie als den endogenen Anteil der Harnsäure (0,2—0,5 g). Zu ihr addiert sich der mit der Nahrung zusammenhängende exogene Anteil. Die gewöhnlichen Schwankungen der Harnsäureausfuhr beruhen auf Veränderungen der exogenen Komponente.

Die exogene Komponente entspricht nicht quantitativ dem Puringehalt der Nahrung, vielmehr immer nur einem Bruchteil derselben. Man muß danach annehmen, daß entweder eine gewisse Speicherung oder eine Zerstörung der Harnsäure stattfinden kann. Damit wird es auch wahrscheinlich, daß auch die endogene Komponente nicht den vollen Betrag der jeweils aus den Zellen in das Blut übertretenden Harnsäure wiedergibt. Tatsächlich vermag vor allem die Leber Purine zu speichern. Noch umfangreicher ist demgegenüber die Fähigkeit mancher Organismen, Harnsäure weiter abzubauen. Die meisten Säugetiere, nicht aber der Mensch und die anthropoiden Affen, scheiden neben der Harnsäure Allantoin aus, das als Abbauprodukt der Harnsäure anzusehen ist. Der Weg freilich, auf dem es aus ihr entsteht, ist noch unklar. Harnsäureglykol[4] und Uroxansäure, die ersten von H. BILTZ festgestellten Zwischenprodukte beim chemischen Abbau der Harnsäure zu Allantoin, gehen im Organismus des Hundes nicht in Harnsäure über[5]. Das Vermögen der einzelnen Tierarten, Harnsäure zu Allantoin abzuwandeln, hat man an dem Mischungsverhältnis beider Verbindungen im Harn abzulesen versucht. Es kommen auf die Summe von Allantoin- und Purin-N:

	Allantoin-N	Harnsäure-N	Purinbasen-N
Meerschwein	91	6	3
Ratte	93,7	3,7	2,7
Schaf	64	16	20
Kuh	92	7,3	0,7
Pferd	88	12	0,5
Schwein	92,3	1,8	5,8
Hund	97,1	1,9	1,3
Mensch	2,0	90,0	8,0[6]

[1] KOSSEL, A.: Zur Chemie des Zellkerns. Hoppe-Seylers Z. **7**, 19 (1882).

[2] WEINTRAUD, W.: Über den Einfluß des Nucleins der Nahrung auf die Harnsäurebildung. Berl. klin. Wschr. **32**, 405 (1895).

[3] BURIAN, R. u. SCHUR: Das quantitative Verhalten der Harnpurinausscheidung. Pflügers Arch. **80**, 241 (1900); **87**, 239 (1901); **94**, 273 (1904).

[4] BRÜNIG, H., EINECKE, PETERS, RABL u. VUL: Untersuchungen über den biologischen Abbau der Harnsäure zu Allantoin. Hoppe-Seylers Z. **174**, 94 (1928).

[5] STEUDEL, H. u. IZUMI: Zur Frage des biologischen Abbaus der Harnsäure. Hoppe-Seylers Z. **129**, 188 (1923).

[6] HUNTER, A., GIVENS u. GNION: Excretion of purine metab. products in urine. J. of biol. Chem. **18**, 387, 403 (1914).

Für den Hund ist der Umfang der harnsäurezerstörenden Tätigkeit kontrolliert worden[1]. Es zeigte sich, daß ein purinfrei ernährter Hund bei einer täglichen Gabe von 2 g Harnsäure dauernd harnsäurefreien Harn ausscheidet, daß aber bei 3 g schon bestimmbare Mengen im Harn auftreten. Die Harnsäurezerstörung ist also verhältnismäßig umfangreich, aber begrenzt. Beim Menschen hat sie nur geringe Ausdehnung und wird jetzt zu 10—30% der auftretenden Harnsäure angenommen. Der Versuch, ein genaues Verhältnis der entstandenen zur ausgeschiedenen Harnsäure festzustellen[2] hat nicht zu einem endgültigen Ergebnis geführt.

Der Übergang von Nahrungspurin in Harnsäure findet auch im Organismus des Vogels statt[3], deckt aber nur einen kleinen Teil der Ausscheidung. Hier geht auch der Stickstoff nucleinfreier Eiweißkörper, der beim Menschen keinen Einfluß auf die Harnsäureproduktion hat, in diese über, es findet also in großem Umfang eine Synthese des Purinkerns aus Eiweißabbauprodukten statt. Nach den Versuchen von Minkowski[4] an entleberten Gänsen treten gleichzeitig mit dem Erliegen der Harnsäuresynthese große Mengen von Ammoniak und Milchsäure im Harn auf, so daß augenscheinlich das bei der Desamidierung der Aminosäuren frei werdende Ammoniak den Stickstoff, Milchsäure die mittlere Dreikohlenstoffkette der Harnsäure liefert.

Für den Säugerorganismus ist eine Purinsynthese nicht streng bewiesen[5], es deuten aber manche Umstände — die Zellkernbildung während der Säuglingszeit, in der Purine nicht aufgenommen werden, die stark gesteigerte Harnsäureausfuhr bei der Leukämie — darauf hin, daß wenigstens zeitweise auch hier eine solche Synthese erfolgen kann.

Ort der Harnsäurebildung ist für den synthetischen Prozeß im Vogelorganismus die Leber. Dagegen sind die desamidierenden und oxydierenden Fermente, die im Säugerorganismus die Überführung der Purinbasen in die Harnsäure bewirken, auch in der Milz und anderen Organen gefunden worden[6].

Die Leber ist auch als Sitz der Allantoinbildung aus Harnsäure anzusehen[7]. Beim Frosch wird das Allantoin durch ein Ferment Allantoinase in Gegenwart von Sauerstoff weiter abgebaut und zum Verschwinden gebracht[8].

Beim erwachsenen Menschen macht der Harnsäurestickstoff etwa 1—2% des Gesamtstickstoffs aus. Beim Säugling ist das Verhältnis indessen ein wesentlich höheres[9]. Die Harnsäureausscheidung steht in deutlicher Abhängigkeit von den Vorgängen im Darm, insofern bei besonderer Aktivität der Darmflora und

[1] Niederhoff: Die Harnsäureausscheidung im Hundeharn. Hoppe-Seylers Z. **137**, 85 (1924).

[2] Burian, R. u. Hall: Die Bestimmung der Purinstoffe in tierischen Organen mittels der Methode des korrigierten Wertes. Hoppe-Seylers Z. **38**, 336 (1903).

[3] v. Mach: Über die Bildung der Harnsäure aus Hypoxanthin. Arch. f. exper. Path. **24**, 389 (1887).

[4] Minkowski: Über den Einfluß der Leberexstirpation auf den Stoffwechsel. Arch. f. exper. Path. **21**, 41 (1886).

[5] Burian, R.: Über die oxydative Bildung von Harnsäure im Rinderleberauszug. Hoppe-Seylers **43**, 497 (1905).

[6] Horbaczewski, J.: Beitr. z. Kenntnis der Bildung der Harnsäure. Mh. Chem. **12**, 221 (1891). — Schittenhelm, A. u. Bendix: Über die Ausscheidungsgröße per os, subcutan und intravenös eingeführter Harnsäure. Hoppe-Seylers Z. **42**, 251 (1904); **43**, 228 (1904); **45**, 121 (1905).

[7] Bollman, J., Mann u. Magath: Uric acid following total removal of the liver. Amer. J. Physiol. **72**, 629 (1925).

[8] Przylecki, St.: La dégradation de l'acide urique chez les vertebrés. Arch. internat. Physiol. **24**, 238 (1925).

[9] Steudel, H. u. Ellinghaus: Über die Harnsäureausscheidung des normalen Säuglings. Arch. Kinderheilk. **78**, 41 (1926).

rascher Darmpassage die Harnsäureausscheidung, insbesondere auch ihr endogener Anteil, gering ist. Augenscheinlich werden Purinkörper durch bakterielle Zersetzung im Darm der Resorption entzogen. Soweit der endogene Anteil in Frage kommt, scheint es sich um die Purine zu handeln, die mit dem Nucleingehalt der Verdauungssäfte in den Darm gelangt sind[1].

Die zeitliche Verteilung der Harnsäureausscheidung ist nicht ganz gleichmäßig, in der Nacht erscheint weniger von ihr im Harn als in den Vormittagsstunden[2]. Starke Muskelarbeit führt zu einer Steigerung der Abgabe von Harnsäure in den Harn, die auf einen vermehrten Umsatz der Purinkörper des Muskels (Inosin- bzw. Adenylsäure) hinweist[3].

Eine pathologische Störung der Harnsäureausscheidung findet sich in der Gicht, bei der die endogene relativ niedrig zu sein pflegt. Dem gichtischen Anfall geht eine Periode herabgesetzter Harnsäureausfuhr voraus, während in der folgenden Zeit die Ausscheidung verstärkt ist. Durch Atophan, Phenylchinolincarbonsäure können auch beim Gichtiker die Ausscheidungsverhältnisse so weit verbessert werden, daß injizierte Harnsäure vollständig im Harn erscheint[4]. Auch bei der „Guaningicht" der Schweine ist die Menge der Harnsäure im Harn vermindert[5].

Die Harnsäure ist im menschlichen Harn von kleinen Mengen — entsprechend ungefähr 20 mg Stickstoff am Tage — von *Purinbasen* begleitet. Sie können von der Harnsäure getrennt werden, indem man sie zunächst mit ihr zusammen durch Kupfersulfat und Natriumsulfit als Kupferoxydulverbindungen ausfällt, das Kupfer durch Schwefelwasserstoff beseitigt und aus dem Filtrat die Harnsäure auskrystallisieren läßt. Aus der Mutterlauge werden die Basen erneut als Kupferoxydulverbindungen gefällt und isoliert. In dieser Weise haben KRÜGER und SALOMON[6] die Purinbasen aus 10000 l Mischharn qualitativ untersucht und Hypoxanthin 8,5 g, Xanthin 10,11 g, Adenin 3,54 g, 31,29 g 1-Methylxanthin, 22,35 g Heteroxanthin (Methylxanthin), 15,3 g Paraxanthin (1,7-Dimethylxanthin) und 3,4 g Epiguanin (7-Methylguanin) gefunden. Nach neueren Untersuchungen von STEUDEL und ELLINGHAUS[7] werden bei purinarmer Kost vom Menschen nur solche Purinbasen ausgeschieden, die sich von den methylierten Xanthinen der Genußmittel (Kaffee, Tee, Kakao) ableiten. Die Purinbasen des Harns hätten danach keinerlei Zusammenhang mit dem Harnstoffwechsel. Tatsächlich werden nach Verfütterung von Coffein an Hunde alle drei Methylgruppen angegriffen, und es finden sich nebeneinander im Harn das 3-Methylxanthin und die drei Dimethylxanthine Theobromin, Paraxanthin und Theophyllin[8]. Von den stark harnsäureabbauenden Tierarten scheidet das Rind etwa

---

[1] STEUDEL, H.: Die Harnsäureausscheidung bei purinarmer Kost. Hoppe-Seylers Z. **124**, 267 (1923).

[2] SIVÉN: Skand. Arch. Physiol. (Berl. u. Lpz.) **11**, 123 (1906). — LEATHES: J. Physiol. **35**, 125 (1906/07).

[3] GORRY, R. C.: The static effort and the excretion of uric acid. J. of Physiol. **62**, 364 (1927). — Vgl. C. HARTMANN: Über den Einfluß der Muskelarbeit auf die Harnsäureausscheidung. Pflügers Arch. **204**, 613 (1924).

[4] KRAUS-BRUGSCH: Handb. der speziellen Pathologie und Therapie, **1**, 231 (1919).

[5] SCHITTENHELM, A.: Über den Purinstoffwechsel des Schweins. Hoppe-Seylers Z. **66**, 53 (1910).

[6] KRÜGER, M. u. SALOMON: Die Alloxurbasen des Harns. Hoppe-Seylers Z. **24**, 364 (1898).

[7] STEUDEL, H. u. ELLINGHAUS: Die Purinbasen im Harn bei purinarmer Kost. Hoppe-Seylers Z. **127**, 291 (1923).

[8] KRÜGER, M.: Über den Abbau des Coffeins im Organismus des Hundes. Ber. dtsch. chem. Ges. **32**, 3336 (1899) — Biochem. Z. **15**, 361 (1909) — Über die Bildung von 3-Methylxanthin aus Coffein im tierischen Organismus. Ber. dtsch. chem. Ges. **32**, 2280 (1899).

gleichviel, das Schwein und das Pferd wesentlich mehr Purinbasen aus als Harnsäure[1].

Das obenerwähnte *Allantoin*, das Diureid der Glyoxylsäure wurde zunächst in der Allantoinflüssigkeit der Kühe, dann im Harn saugender Kälber gefunden, kommt aber im Harn der Säugetiere bis hinauf zu den höheren Affen in reichlicher Menge vor. Nur bei diesen und beim Menschen ist es nur spurenweise vorhanden. Seine Zusammensetzung entspricht der Formel $C_4H_6N_4O_3$, die Strukturformel ist auf S. 268 wiedergegeben.

Das Allantoin krystallisiert in großen, monoklinen Prismen, die häufig zu Drusen vereinigt sind. In kaltem Wasser ist es ziemlich schwer löslich, von heißem wird es reichlicher aufgenommen. In Alkohol ist es ebenfalls schwer löslich und wird aus dieser Lösung durch Äther gefällt. Der Schmelzpunkt liegt bei 234°. Die Lösungen reagieren neutral, das Allantoin vermag sich aber sowohl mit Säuren wie mit Basen zu verbinden. Besondere analytische Bedeutung kommt der Silber- und der Quecksilberverbindung zu. Das Allantoin gibt ebenso wie die Harnsäure die Farbenreaktion der Glyoxylsäure mit Indolderivaten[2].

Zur quantitativen Bestimmung wird der Harn mit Phosphorwolframsäure und mit Bleiessig behandelt und nach Entfernung der Schwermetalle das Allantoin mit einer Lösung von 0,5% Quecksilberacetat und 20% Natriumacetat als Quecksilberverbindung gefällt. Nach Entfärbung des Quecksilbers mit Schwefelwasserstoff krystallisiert beim Einengen das Allantoin in quantitativer Ausbeute aus.

Zur Darstellung von Allantoin wird Kälberharn zur Sirupkonsistenz eingeengt und stehengelassen, worauf das Allantoin zusammen mit Phosphaten auskrystallisiert. Von diesen wird es durch Kochen mit wenig Wasser unter Zusatz von Tierkohle getrennt und aus der mit Salzsäure schwach angesäuerten Lösung rein erhalten. Zur Gewinnung größerer Mengen ist indessen die Oxydation von Harnsäure mit Kaliumpermanganat vorzuziehen.

Das Allantoin ist das Endprodukt des oxydativen Purinstoffwechsels der Säugetiere[3]. Nach subcutaner Injektion wird es von ihnen unverändert ausgeschieden. Beim Kaltblüter wird es jedoch durch eine Allantoinase weiter aufgespalten[4].

Vom Hund werden in 24 Stunden 0,2—0,3 g, vom Kaninchen 0,07—0,15 g Allantoin ausgeschieden. Im Tagesharn des Menschen erscheinen nur 5—15 mg, die augenscheinlich aus der Nahrung, vor allem der genossenen Kuhmilch, stammen[5].

Aminosäuren.

Während der Organismus sich gegen Verluste von Eiweiß durch die Exkrete wirksam schützt, gibt er durch die Nieren in Form von Aminosäuren nicht ganz wenig dieses Gewebsbaumaterials ab. Die Aminosäuren lassen sich hier durch die üblichen Charakterisierungsverfahren mit Naphthalinsulfochlorid[6] oder Naphthylisocyanat nachweisen und mit Hilfe verschiedener Verfahren quantitativ bestimmen.

Entweder mißt man den Aminostickstoff gasometrisch, nachdem er durch Stickoxyd in elementaren Stickstoff überführt worden ist[7], oder man titriert nach Bindung der Amino-

---

[1] SCHITTENHELM, A. u. BENDIX: Vergleichende Untersuchungen über die Purinkörper des Urins bei Schwein, Rind und Pferd. Hoppe-Seylers Z. **48**, 141 (1906).

[2] WIECHOWSKI, W.: Über die Zersetzlichkeit des Allantoins. Biochem. Z. **25**, 453 (1910).

[3] WIECHOWSKI, W.: Über die Produktion der Harnsäure und ihre Zersetzung durch tierische Organe. Beitr. chem. Physiol. u. Path. **9**, 295 (1907) — Die Bedeutung des Allantoins im tierischen Stoffwechsel. Ebenda **11**, 109 (1907).

[4] PRZYLECKI, ST.: Zitiert auf S. 270.

[5] Über das Vorkommen und die Bedeutung des Allantoins im menschlichen Harn. — SCHITTENHELM, A. u. WIENER: Hoppe-Seylers Z. **63**, 283 (1909). — ACKROYD: On the presence of allantoin in certain foods. Biochemic. J. **5**, 400 (1911).

[6] EMBDEN, G. u. REESE: Über die Gewinnung von Aminosäuren aus normalem Harn. Beitr. chem. Physiol. u. Path. **7**, 411 (1906).

[7] SLYKE, D. D. VAN: A method for the determination of aliphatir amino groups. J. of biol. chem. **9**, 185 (1911); **16**, 187 (1913/14); **22**, 281 (1915): **23**, 407 (1915).

gruppen durch Formaldehyd die dadurch frei werdenden Carboxylgruppen[1], oder endlich man colorimetriert die Naphthochinonsulfosäureverbindungen gegen eine aus einer bekannten Menge Aminosäure erhaltene Testlösung[2].

Nachgewiesen sind im normalen Harn vor allem Glykokoll[3], Histidin[4] und Cystin[5], im Harn schwangerer Frauen auch Arginin und Lysin, Alanin, Leucin und Prolin[6].

Die Gesamtmenge beträgt beim gesunden Erwachsenen um 200 mg N in der Tagesmenge. Davon soll etwa ein Fünftel auf Glykokoll entfallen, während die Menge des Cystins im Durchschnitt nur 0,62 mg% beträgt[7].

Da die Aminosäuren im Hunger nicht aus dem Harn verschwinden, ist ein Teil von ihnen als endogen zu bezeichnen[8]. Ein weiterer Teil entstammt der Nahrung. Es ist aber nicht leicht, diesen exogenen Anteil durch Veränderung der Eiweißzufuhr zu beeinflussen. Am ehesten scheint das noch bei Verabreichung eines biologisch stark unterwertigen Eiweißkörpers zu gelingen[9]. Auch freie Aminosäuren führen erst bei Aufnahme sehr großer Mengen zu einer Vermehrung des Aminosäurestickstoffs im Harn, während bei Anwendung racemischer Formen durch die Nichtausnutzung der unnatürlichen Form ein beträchtlicher Zuwachs eintritt[10].

Die Ausscheidung der Aminosäuren ist nicht durch ein mangelhaftes Funktionieren der Desaminierung bedingt, vielmehr auf eine Eigenart der Niere zu beziehen, vielleicht auf eine im Verhältnis zum Traubenzucker weniger vollkommene Rückresorption der in den Primärharn ausgeschiedenen Aminosäuren durch die Tubuluszellen[11]. Die Menge des Aminosäurestickstoffs im Harn liegt denn auch beim Säugling mit etwa 4,5% vom Gesamtstickstoff wesentlich höher als beim Erwachsenen mit ca. 1,8%, da die Nahrung des Kindes wesentlich wasserhaltiger ist. Noch höher ist die Ausscheidung bei frühgeborenen Kindern, bei denen die Quote auf 9—25% des Gesamt-N steigen kann[8]. Die Aminosäureausfuhr steigt auch beim Erwachsenen durch alle Maßnahmen, die die Niere zur Ausscheidung größerer Wassermengen zwingen[9].

Von pathologischen Zuständen, in denen die Aminosäureausscheidung gesteigert ist, sind zunächst verschiedene Erkrankungen der Leber zu nennen, so die akute gelbe Leberatrophie[10] und die Phosphorvergiftung[11]. Andrerseits ist das Nierengift Phlorohizin, das die Zuckerdichtigkeit der Niere aufhebt, ohne wesentlichen Einfluß auf die Aminosäureausscheidung[12]. Steigerungen finden sich ferner häufig bei Diabetes mellitus[13] und bei verschiedenen Infektionskrankheiten.

---

[1] HENRIQUEZ, V.: Über die quantitative Bestimmung der Aminosäuren. Hoppe-Seylers Z. **60**, 1 (1909). — HENRIQUEZ, V. u. SOERENSEN: Ebenda **63**, 27 (1909); **64**, 120 (1910).

[2] FOLIN, O.: A colorimetric determination of the aminoacid nitrogen in normal urine. J. of biol. Chem. **51**, 393 (1922).

[3] EMBDEN, G. u. REESE: Zitiert auf S. 272.

[4] HEFTER: Zitiert auf S. 266. — ENGELAND, R.: Zitiert auf S. 266.

[5] SLYKE, D. D. VAN: Zitiert auf S. 272.

[6] HONDA, M.: Untersuchung des Harns gravider Frauen. Acta Scholae med. Kioto **6**, 405 (1924).

[7] LOONEY, J., BERGLUND u. GRAVES: A study of several cases of cystinuria. J. of biol. Chem. **57**, 515 (1923).

[8] GOEBEL, F.: Über die Aminosäurefraktion im Säuglingsharn. Z. Kinderheilk. **94** (1922).

[9] SCHMITZ, E. u. SIWON: Niere und Aminosäureausscheidung. Biochem. Z. **160**, 1 (1925).

[10] JACOBY, M.: Über die fermentative Eiweißspaltung und die Ammoniakbildung in der Leber. Hoppe-Seylers Z. **30**, 149 (1900).

[11] ABDERHALDEN, E. u. BERGELL: Über das Auftreten von Monaminosäuren im Harn bei Kaninchen nach Phosphorvergiftung. Hoppe-Seylers Z. **39**, 464 (1903).

[12] KRECH, J.: Niere und Aminosäureausscheidung. II. Bruns' Beitr. **144**, 243 (1928).

[13] GALAMBOS, A. u. TAUSZ: Über Eiweißstoffwechselstörungen bei Diabetes mellitus. Z. klin. Med. **77**, 14 (1911). — GRAFE, E. u. WOLF: Beiträge zur Therapie der schwersten Diabetesfälle. Dtsch. Arch. klin. Med. **107**, 201 (1912).

Die wichtigste Störung der Aminosäureausscheidung ist die Cystinurie, bei der einseitig diese Aminosäure in größeren Mengen im Harn auftritt.

Cystinurie.

Eine zwar einseitige, aber manchmal sehr ausgiebige Überschwemmung des Harns mit einer Aminosäure ist die Cystinurie, bei der die meisten Aminosäuren in der Regel glatt verarbeitet werden[1], das Cystin aber nur dann, wenn es in freier Form aufgenommen wird[2]. Der Stoffwechsel der Diaminosäuren Arginin und Lysin kann ebenfalls insofern gestört sein, als diese nur durch Decarboxylierung in die zugehörigen Diamine Putrescin $NH_2CH_2CH_2CH_2CH_2NH_2$ und Cadaverin $NH_2CH_2CH_2CH_2CH_2CH_2NH_2$ übergeführt werden. Die beiden Diamine finden sich manchmal spontan, in anderen Fällen jedoch nur nach Zulage der Diaminosäuren im Harn der Cystinuriker[3]. Die Konzentration des Cystins, die im normalen Harn im Mittel 0,62 mg% beträgt, steigt in der Cystinurie soweit, daß die schwerlösliche Aminosäure sich in Einzelkrystallen oder in Form von Konkrementen ausscheidet. Die gesamte Tagesausscheidung beträgt meist einige Dezigramme, stieg aber in einem bei einem von MAGNUS-LEVY beobachteten Patienten mit an sich besonders hohem Eiweißumsatz während eines Fieberanfalles auf 1,6—1,8 g täglich[4]. Die Cystinsteine treten manchmal in großer Zahl auf, andrerseits sind auch solche im Gewicht von mehr als 200 g beobachtet worden. Gelegentlich schlägt sich das Cystin schon in den inneren Organen, wie der Milz, nieder[5]. Die Cystinurie befällt Menschen aller Altersstufen und neigt zu familiärer Verbreitung. Ihr Wesen ist noch nicht befriedigend erklärt. Eine weitgehende Behebung der Störung ist aber durch reichliche Gaben von Natriumbicarbonat gelungen[6].

Die Bestimmung des Cystins geschah früher meist gravimetrisch nach Isolierung der sehr schwer löslichen Aminosäure, gegebenenfalls unter Zuhilfenahme der Polarisation[4], zu der sich das Cystin wegen seiner Drehung von über 300° besonders eignet. Neuerdings hat LOONEY[7] ein colorimetrisches Verfahren ausgearbeitet, das darauf beruht, daß Cystin das FOLINsche Phosphorwolframsäurereagens reduziert, aber nicht wie Harnsäure in alkalischer Lösung, sondern erst nach Zugabe von Natriumsulfit. Der Cystingehalt wird aus dem Unterschied der Färbung bestimmt, der zwischen einer alkalischen und einer sulfithaltigen Lösung des zu untersuchenden Harns auftritt.

Hippursäure, $\underset{\displaystyle COOH}{CH_2}NHCOC_6H_5$.

An die Aminosäuren schließt sich die Hippursäure als Benzoylverbindung des Glycins an. Sie krystallisiert in farblosen Prismen oder Nadeln vom Schmelzpunkt 187,5°. Sie wurde im Pferdeharn 1829 von LIEBIG entdeckt, wird aber auch vom Menschen in einer Tagesmenge von 0,1—2 g ausgeschieden. Diese Schwankungsbreite läßt darauf schließen, daß die Hippursäure ihre Entstehung nicht dem Zellstoffwechsel verdankt, daß vielmehr exogene Faktoren beteiligt sein müssen. Diese hat man in einem Übergang von Benzoesäure aus dem Darmlumen in das Körperinnere aufgefunden. Der nierengesunde Mensch scheidet nach

[1] ALSBERG, C. u. FOLIN: Protein metabolism in cystinuria. Amer. J. Physiol. **14**, 54 (1904).
[2] LOONEY, J., BERGLUND u. GRAVES: A study of several cases of cystinuria. J. of biol. Chem. **57**, 515 (1923).
[3] UDRANSKY, L. u. BAUMANN: Über den Nachweis von Diaminen (Ptomainen) bei Cystinurie. Hoppe-Seylers Z. **13**, 562 (1889). — LÖWY, A. u. NEUBERG: Über Cystinurie. Ebenda **43**, 338 (1904).
[4] MAGNUS-LEVY, A.: Kleine Beiträge zur Cystinurie. Biochem. Z. **156**, 150 (1925).
[5] ABDERHALDEN, E.: Familiäre Cystindiathese. Hoppe-Seylers Z. **38**, 557 (1903).
[6] ROSENFELD, G.: Die Cystinurie. Erg. Physiol. **18**, 119 (1920).
[7] LOONEY, J.: The colorimetric estimation of cystine in urine. J. of biol. Chem. **54**, 171 (1922).

Aufnahme von 5 g Natriumbenzoat innerhalb von 12 Stunden 5 g Hippursäure aus[1] und verträgt sogar Gaben bis zu 15 g, ohne daß freie Benzoesäure im Harn erscheint. Allerdings ist nicht die gesamte Benzoesäure in Form von Hippursäure nachweisbar, vielmehr geht anscheinend ein Teil in Benzoeglucuronsäure über[2].

Normalerweise sind als Quelle der Benzoesäure die aromatischen Substanzen der Nahrung, als Ursache ihres Übergangs in Benzoesäure die Darmfäulnis anzusehen. Durch Darmdesinfektion wird die Benzoesäurebildung und mit ihr die Hippursäureausscheidung eingeschränkt[3]. Ihre mehr oder weniger große Intensität bewirkt die erwähnten Tagesunterschiede beim Menschen und die bestehenden Artunterschiede. Während der Mensch Stoffe der aromatischen Reihe nur in Form der Aminosäuren Phenylalanin und Tyrosin erhält, von denen vermutlich nur die erstere in Benzoesäure übergeht, nimmt der Pflanzenfresser in Heu und Stroh beträchtliche Mengen von Substanzen, anscheinend aus der Coniferinreihe[4] auf, die in noch nicht näher erforschter Weise Benzoesäure bilden. Die Gesetze der Hippursäurebildung beim Pflanzenfresser (Kaninchen) sind von Wiechowski[5] eingehend untersucht worden.

Der Umfang der Hippursäuresynthese kann hier durch Eingabe von Benzoesäure so weit gesteigert werden, daß ihr Anteil an dem Gesamtstickstoff des Harns auf über 50% steigt. In solchen Fällen reichen natürlich die Mengen freien Glycins, die im Blut und in den Geweben zur Verfügung stehen, bei weitem nicht zur Deckung des Bedarfs aus. Trotzdem entsteht keine Verarmung des Körpers an Glycin, vielmehr ist seine Menge in den Eiweißkörpern nicht herabgesetzt[6]. Es muß also angenommen werden, daß die erforderlichen Mengen auf dem Wege der Synthese bereitgestellt werden.

Die Bildung der Hippursäure geht beim Hunde ausschließlich in der Niere vor sich[7]. Auch beim Menschen bildet die Niere Hippursäure, indessen ist nicht ganz sichergestellt, daß sie als einziges Organ dazu befähigt ist. Bei Nierenschrumpfung leidet die Ausscheidung der Hippursäure eher als die Synthese an sich[1].

Die Berechnung der Hippursäure aus der verhältnismäßig leicht zu bestimmenden Gesamtbenzoesäure ergibt falsche Werte, da ein Teil der Benzoesäure in anderer Form im Harn erscheinen kann. Die direkte Bestimmung, insbesondere die Trennung vom Harnstoff, ist nicht ganz einfach. Nach Snapper und Laqueur[8] entzieht man die Hippursäure dem Harn durch Essigäther, zerstört den durch Auswaschen nicht entfernten Harnstoff mit Bromlauge und bestimmt den Hippursäurestickstoff nach Kjeldahl.

Von Hühnern wird Benzoesäure nicht mit Glykokoll, sondern mit Ornithin, der Grundsubstanz des Arginins (α, δ-Diaminovaleriansäure) gepaart und in dieser Form ausgeschieden. Das Dibenzoylornithin hat den Namen *Ornithursäure* erhalten. Sie krystallisiert in kleinen, farblosen Nadeln, die in Wasser sehr schwer löslich sind. Alkohol und Essigester nehmen sie reichlich auf, in Äther ist sie

[1] Snapper, J. u. Grünbaum: Der Hippursäurestoffwechsel beim Menschen. — Klin. Wschr. **3**, 55, 101 (1924).

[2] Neuberg, J.: Der Stoffwechsel der Benzoesäure im menschlichen Organismus. Biochem. Z. **145**, 249 (1924).

[3] Baumann, E.: Die aromatischen Verbindungen im Harn und die Darmfäulnis. Hoppe-Seylers Z. **10**, 123 (1885).

[4] Vasiliu, H.: Neue Untersuchungen über die Muttersubstanz der im Tierkörper erzeugten Benzoesäure. Dissert. Breslau 1906 — Mitt. Landw. Inst. Univ. Breslau **4**, 355, 374 (1906).

[5] Wiechowski, W.: Die Gesetze der Hippursäurebildung. Beitr. chem. Physiol. u. Path. **7**, 204 (1906).

[6] Abderhalden, E. u. Hirsch: Die Bildung von Glykokoll im tierischen Organismus. Hoppe-Seylers Z. **78**, 292 (1913).

[7] Bunge, G. u. Schmiedeberg: Über die Bildung der Hippursäure. Arch. f. exper. Path. **6**, 233 (1877).

[8] Snapper, J. u. Laqueur: Bestimmung der Hippursäure im Harn. Biochem. Z. **145**, 32 (1924).

unlöslich. Der Schmelzpunkt beträgt 184—185°, die spezifische Drehung des Natriumsalzes in 10proz. wässeriger Lösung +9,3°[1].

Phenylessigsäure, die beim Pflanzenfresser reichlich bei der Darmfäulnis entsteht, wird von ihm ebenso wie die Benzoesäure durch Paarung mit Glycin harnfähig gemacht. Die *Phenacetursäure* genannte Verbindung, die auch im menschlichen Harn gefunden worden ist, kommt aus Wasser in dünnen Blättchen, bei langsamem Abkühlen in dicken Prismen heraus und schmilzt bei 143°. Auch aus Alkohol krystallisiert sie[2].

Gepaarte Schwefel- und Glucuronsäuren, Phenole, Indoxyl und andere Tryptophanabkömmlinge.

Die gepaarten Schwefelsäuren wurden 1876 von E. BAUMANN[3] im Harn entdeckt und von ihm und seinen Schülern so eingehend durchforscht, daß wenig mehr hinzuzufügen blieb. BAUMANN gelang auch die Darstellung des p-kresylschwefelsauren Kaliums in Substanz aus Menschenharn. Die Menge der gepaarten Schwefelsäuren schwankt um 0,18 g in 24 Stunden, der Anteil am Gesamtschwefel in allerdings sehr weiten Grenzen um etwa 10%. Im Harn der Pflanzenfresser sind gepaarte Schwefelsäuren erheblich reichlicher vertreten. Durch Eingabe von Phenolen wird die Ausscheidung wesentlich verstärkt, wenn auch nicht die ganze aufgenommene Phenolmenge an Schwefelsäure gepaart im Harn erscheint[4]. Das Auftreten der Säuren im Harn steht in deutlicher Abhängigkeit von der Darmfäulnis, da diätetische[5] und medikamentöse[6] Eingriffe, die diese einschränken, ihre Menge senken, gesteigerte Darmfäulnis sie erhöht.

Die Ätherschwefelsäuren werden gespalten, wenn man ihre Lösungen mit $^1/_{10}$ Volum 25proz. Salzsäure kocht. Zur Bestimmung im Harn verwendet SALKOWSKI[7] die barythaltigen Filtrate der Bestimmung der Sulfatschwefelsäure, aus denen die abgespaltene Schwefelsäure bei der Zersetzung als Bariumsalz ausfällt.

Unter den organischen Paarlingen wurden zunächst Phenole, und zwar neben dem gewöhnlichen Phenol das der Menge nach überwiegende p-Kresol und wenig o-Kresol sowie in geringer Menge Brenzcatechin[8] gefunden. Nach Verabreichung von Phenol findet sich auch Hydrochinon[9].

Die Bestimmung der Phenole im Harn geschah früher meist nach einem jodometrischen Verfahren von BAUMANN, neuerdings colorimetrisch durch Messung der Blaufärbung, die ein Phosphorwolframphosphormolybdänsäurereagens durch Phenole erfährt[10]. In diesem Falle ist allerdings die Entfernung von Eiweiß und Harnsäure nötig[11].

---

[1] JAFFÉ, M.: Über das Verhalten der Benzoesäure im Organismus der Vögel. Ber. dtsch. chem. Ges. **10**, 1925 (1878).

[2] SALKOWSKI, E. u. H.: Über das Verhalten der aus dem Eiweiß durch Fäulnis entstehenden aromatischen Säuren im Tierkörper. Hoppe-Seylers Z. **7**, 162 (1882); **9**, 229 (1883).

[3] BAUMANN, E.: Über gepaarte Schwefelsäuren im Harn. Pflügers Arch. **12**, 69 (1876); **13**, 285 (1876).

[4] BAUMANN, E. u. HERTER: Über die Synthese von Ätherschwefelsäuren und über das Verhalten einiger aromatischer Substanzen im Tierkörper. Hoppe-Seylers Z. **1**, 244 (1877/78).

[5] MOSSE, M.: Die Ätherschwefelsäuren des Harns unter dem Einfluß einiger Arzneimittel. Hoppe-Seylers Z. **23**, 160 (1897).

[6] SCHMITZ, K.: Die Eiweißfäulnis im Darm unter dem Einfluß der Milch, des Kefir und des Käses. Hoppe-Seylers Z. **19**, 378 (1894).

[7] SALKOWSKI, E.: Über die quantitative Bestimmung der Schwefelsäure im Harn. Virchows Arch. **79**, 551 (1880).

[8] BAUMANN, E.: Über das Vorkommen von Brenzcatechin im Harn. Pflügers Arch. **12**, 63 (1876).

[9] BAUMANN, E. u. PREUSSE: Zur Kenntnis der Oxydationen und Synthesen im Tierkörper. Hoppe-Seylers Z. **3**, 156 (1879).

[10] FOLIN, O. u. DENIS: The excretion of free and conjugated phenols. J. of biol. Chem. **22**, 309 (1915).

[11] GOIFFON, R. u. NEPVEUX: Appréciation colorimétrique des phénols urinaires. C. r. Soc. Biol. **89**, 1213 (1923).

Die Quelle der Phenole des Harns ist in den aromatischen Aminosäuren, insbesondere im Tyrosin der Nahrungsstoffe, zu sehen[1]. Die 24stündige Menge ist demnach von Nahrungseinflüssen abhängig. Die Phenolbildung scheint unter den im Darm angesiedelten Organismen vor allem einem Colistamm, B. coli phenologenes, eigentümlich zu sein. Da er auch aus p-Oxybenzoesäure Phenol bildet, wird man in dieser ein Zwischenprodukt auf dem Wege vom Tyrosin zum Phenol zu sehen haben[2]. Unter sonst gleichmäßigen Bedingungen sollen gewisse Schwankungen mit der Jahreszeit eintreten, so daß z. B. in einem Falle eine durchschnittliche Tagesausscheidung von 461 mg im Sommer, von 353 mg im Winter gefunden wurde[3].

Die Phenolausscheidung steigt, wenn auch nicht proportional, mit dem Gesamtstickstoff des Harns und mit der Eiweißaufnahme[4]. Ein Wechsel in der Geschwindigkeit der Darmentleerung ist von so überwiegendem Einfluß, daß dadurch die Wirkung diätetischer Maßnahmen ganz verdeckt werden kann. Durch Stauung im Darm wächst die Phenolmenge des Harns, nur die im Skorbut stattfindende ist ohne erheblichen Einfluß[5].

Die Menge der Phenole überwiegt die der gepaarten Schwefelsäuren des Harns nicht unbeträchtlich. Schon bald nach der Entdeckung jener wies denn auch FLÜCKIGER[6] nach, daß ein Teil der Phenole an Glucuronsäure gebunden ist. Die Menge der gepaarten Glucuronsäuren geht in der Regel über die der Schwefelsäuren hinaus und erreicht einen Tagesdurchschnitt von 0,37 g[7]. Freie Glucuronsäure kommt im Harn nicht vor.

Die meisten gepaarten Glucuronsäureverbindungen sind nach dem Glucosidtypus gebaut, nur bei einigen sauren Paarlingen, wie der Benzoe- und p-Dimethylaminobenzoesäure[8], findet eine Veresterung der Carboxylgruppe statt:

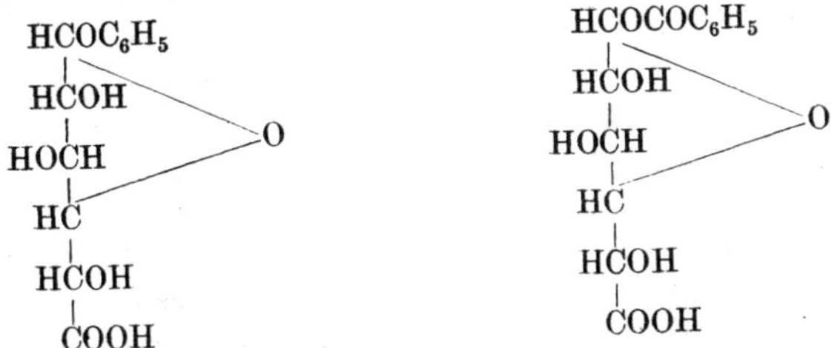

Phenolglucuronsäure, Glucosidtypus — Benzoesäureglucuronsäure, Estertypus

Zwischen beiden Typen von Glucuronsäuren finden sich beträchtliche Unterschiede: die Glucosidverbindungen reduzieren Kupferhydroxyd nicht und

---

[1] BAUMANN, E. u. BRIEGER: Über die Bildung von Kresolen bei der Fäulnis des Fleisches. Hoppe-Seylers Z. **3**, 149 (1879).

[2] RHEIN, C.: Über die Bildung von Phenol im menschlichen Darm. Biochem. Z. **84**, 246 (1917); **87**, 123 (1918).

[3] HOLCK, H.: Seasonal variations in the excretion of total phenol. Amer. J. Physiol. **78**, 299 (1926).

[4] UNDERHILL, F. u. SIMPSON: The effect of diet on the excretion of indicane and the phenols. J. of biol. Chem. **44**, 69 (1920).

[5] KARR, W. u. LEWIS: The phenol excretion of guinea pigs under the exclusive oat diet. Amer. J. Physiol. **44**, 586 (1917).

[6] FLÜCKIGER: Unters. über die kupferoxydreduzierenden Subst. d. norm. Harns. Hoppe-Seylers Z. **9**, 323 (1885).

[7] TOLLENS, C. u. STERN: Über die Menge der im Harn erscheinenden Glucuronsäure. Hoppe-Seylers Z.. **64**, 36 (1910).

[8] JAFFÉ, M.: Über das Verhalten des p-Dimethylaminobenzaldehyds im Stoffwechsel. Hoppe-Seylers Z. **43**, 374 (1904/05). — MAGNUS LEVY, A.: Über das Auftreten einer Benzoesäure-Glucuronsäure-Verbindung im Hammelharn. Biochem. Z. **6**, 502 (1907).

drehen die Ebene des polarisierten Lichts nach links, die Esterglucuronsäuren zerfallen durch Alkali so leicht, daß sie FEHLINGsche Lösung schon in der Kälte langsam und in der Hitze sofort reduzieren. Die Verbindung der Dimethylaminobenzoesäure zeigt eine schwache, die der Benzoesäure eine sehr kräftige Rechtsdrehung. Sie sind in Wasser schwer löslich. Durch verdünnte Säure werden beide Typen in ihre Bestandteile gespalten, so daß in jedem Falle die Rechtsdrehung der freien Glucuronsäure auftritt. Durch Bleiessig und Bleiessig-Ammoniak werden die Glucuronsäuren ausgefällt.

Die Konstitution der Glucosidverbindungen wurde von NEUBERG und NEIMANN[1] aufgeklärt und durch Synthese erhärtet. Die eigenartige Erscheinung, daß unter Schonung der labilen Aldehydgruppe die viel weniger empfindliche primäre Alkoholgruppe zur Carboxylgruppe oxydiert wird, erklärten SUNDVIK und FISCHER und PILOTY[2] durch die Annahme, daß zunächst eine Paarung an der Aldehydgruppe und erst dann die Oxydation erfolgt. Sie wurde durch die Beobachtung von HÄMÄLÄINEN[3] gestützt, daß subcutan injizierte Glucoside leicht und in besserer Ausbeute in gepaarte Glucuronsäuren übergehen als die entsprechenden Paarlinge, wenn sie in freier Form angewendet werden.

Die Glucuronsäure und ihre Derivate bilden beim Erhitzen mit Naphthoresorcin in 12,5proz. salzsaurer Lösung eine Verbindung, die mit violetter Farbe in Äther geht. Zur quantitativen Bestimmung gab TOLLENS[4] ein Verfahren an, das auf der Überführung in Furfurol und dessen gravimetrischer Bestimmung als Phloroglucid beruht. Glucuronsäure gibt dabei ein Drittel ihres Gewichts an Furfurolphloroglucid. Die Chemie der Glucuronsäure selbst ist in diesem Handbuch **3**, 149 behandelt.

Die wichtigsten Glucuronsäurepaarlinge sind das Chloralhydrat, Naphthol, Campher und Borneol, Pinen, Morphin u. a.

Indikan. In manchen normalen und pathologischen Harnen entstehen spontan oder unter der Einwirkung oxydierender Agenzien intensiv blau gefärbte Niederschläge, in denen bereits vor langer Zeit Indigo festgestellt wurde (HILL HASSALL 1853, SICHERER 1854). Als Muttersubstanz des Farbstoffs stellte BAUMANN eine gepaarte Schwefelsäure fest[5], und von G. HOPPE-SEYLER wurde das Kaliumsalz der Indoxylschwefelsäure in reiner krystallisierter Form aus Menschen- und Hundeharn dargestellt[6]. Das Verhalten der Indoxylschwefelsäure war bereits von BAUMANN und seinen Schülern TIEMANN und BRIEGER[7] eingehend untersucht worden[7]. Das Indoxyl entsteht innerhalb des Organismus aus resorbiertem Indol, das nach oraler Zufuhr zu 50% in dieser Form im Harn erscheint[8]. Allerdings verläuft die Ausscheidung

---

[1] NEUBERG, C. u. NEIMANN: Synthese gepaarter Glucuronsäuren. Hoppe-Seylers Z. **44**, 114 (1905). — SALKOWSKI, E. u. NEUBERG: Zur Kenntnis der Phenolglucuronsäure. Biochem. Z. **2**, 307 (1907).

[2] SUNDVIK: Akademische Verhandlungen, S. 61. Helsingfors 1886; zitiert bei HÄMÄLÄINEN. — E. FISCHER u. PILOTY: Reduktion der Zuckersäure. Ber. dtsch. chem. Ges. **24**, 521 (1891).

[3] HÄMÄLÄINEN, J.: Biologische Oxydation einiger Glucoside. Skand. Arch. Physiol. (Berl. u. Lpz.) **30**, 187 (1913).

[4] TOLLENS, C.: Quantitative Bestimmung der Glucuronsäure im Urin mit der Furfurolsalzsäuremethode. Hoppe-Seylers Z. **61**, 95 (1909).

[5] BAUMANN, E.: Zitiert auf S. 276.

[6] HOPPE-SEYLER, G.: Zur Kenntnis der indolbildenden Substanz im Urin. Darstellung der Indoxylschwefelsäure aus menschlichem Harn. Hoppe-Seylers Z. **97**, 171, 250 (1916).

[7] BAUMANN, E. u. BRIEGER: Über Indoxylschwefelsäure, das Indican des Harns. Hoppe-Seylers Z. **3**, 254 (1879). — BAUMANN, E. u. TIEMANN: Die Konstitution des Indigos. Ber. dtsch. chem. Ges. **12**, 1098, 1172 (1879); **13**, 408 (1880).

[8] KAUFFMANN, M.: Über das Verhalten des Indols im menschlichen Organismus. Hoppe-Seylers Z. **71**, 168 (1911).

stark protrahiert. Das Indol seinerseits ist ein Produkt der Darmfäulnis des Tryptophans[1].

Die Indicanausscheidung steigt mit der Zufuhr tierischen Eiweißes; bei ausschließlicher Verabreichung der tryptophanfreien Gelatine geht sie auf ein Minimum zurück[2].

Auf den Umfang der Indoxylbildung haben Stauungsvorgänge im Dünndarm maßgebenden Einfluß, während solche im Dickdarm verhältnismäßig bedeutungslos sind. Am wirksamsten erwies sich die Herstellung einer Stauung durch die Antiperistaltik eines umgekehrt eingeheilten Darmstücks[3]. Beim Abbau des Tryptophans innerhalb des Organismus entsteht augenscheinlich kein Indol.

Die tägliche Indoxylausscheidung des erwachsenen Menschen liegt nach MAILLARD[4] zwischen 0,9 und 36 mg. Bei Pflanzenfressern ist sie verhältnismäßig viel größer.

Der Nachweis des Indikans geschieht durch Überführung in Farbstoffe der Indigoreihe. Zu diesem Zweck wird zunächst die Schwefelsäure durch 33 proz. Salzsäure abgesprengt und dann der organische Rest oxydiert:

```
    CH                       CH                   CH                      CH                         CH
HC⁄⁄ \C——COSO3H  HCl   ( HC⁄⁄ \C——COH )  HC⁄⁄ \C——CO   O    HC⁄⁄ \C——CO OC——C⁄⁄ \CH
 |     ||   ||   ——→   (  |    ||   || )   |    ||   |   ——→   |    ||   |   |   ||   |
HC\\  /C\  /CH         ( HC\\ /C\  /CH )  HC\\ /C\  /CH2      HC\\ /C\  /C====C\  /C\\ /CH
    CH  NH                  CH  NH            CH  NH               CH  NH        NH  CH
Indoxylschwefelsäure       unbeständig                                 Indigoblau
```

Es entsteht jedoch bei diesem Verfahren meist nicht reines Indigoblau, vielmehr ist häufig Indigorot beigemengt. Von BOUMA[5] wurde deshalb vorgeschlagen, das Indoxyl durch Kondensation mit Isatin vollständig in diesen Farbstoff überzuführen. Dieses Verfahren findet besonders auch zur colorimetrischen Bestimmung des Indoxyls im Harn Verwendung. Es besitzt den weiteren Vorzug, daß die Hälfte des Farbstoffmoleküls von außen zugeführt und also aus einem Molekül Indoxyl ein Molekül Farbstoff erhalten wird, während bei den qualitativen Verfahren aus zwei Indoxylmolekülen nur eines des Farbstoffs entsteht. Als Oxydationsmittel verwendet JAFFÉ[6] eine frischbereitete Chlorkalklösung. Da diese den Nachteil besitzt, im Überschuß zugesetzt den Farbstoff wieder auszubleichen, hat OBERMAYER statt dessen eine Lösung von Eisenchlorid in konz. Salzsäure eingeführt[7]. Besonders empfindlich ist ein von JOLLES[8] eingeführtes Verfahren zum Nachweis und zur colorimetrischen Bestimmung von Indoxyl, bei dem dieses zusammen mit Thymol durch Eisenchloridsalzsäure oxydiert wird. Es entsteht ein 4-Cymol-2-indolindolignon, das ein in Chloroform mit prachtvoll violetter Farbe lösliches Chlorhydrat bildet.

```
                          C3H7
    CH                    C
HC⁄⁄ \C——CO HC⁄⁄ \CO
 |    ||   |   |      |
HC\\ /C\  /C====C\\ /CH
    CH  NH       CCH3
```

[1] ELLINGER, A. u. GENTZEN: Tryptophan, eine Vorstufe des Indols bei der Eiweißfäulnis? Beitr. chem. Physiol. u. Path. **4**, 171 (1904). — UNDERHILL, F.: On the origin and precursors of urinary indol. Amer. J. Physiol. **12**, 176 (1905).

[2] KAST, L., SHORT u. CROLL: The influence of diet on intestinal putrefaction. Proc. Soc. exper. Biol. a. Med. **20**, 45 (1922).

[3] ELLINGER, A. u. PRUTZ: Der Einfluß von mechanischen Hindernissen im Dünndarm und Dickdarm auf die Indicanausscheidung beim Hunde. Hoppe-Seylers Z. **38**, 399 (1903).

[4] MAILLARD: Contribution numérique a l'étude de la sécrétion urinaire. VII. L'indoxyle. J. Physiol. et Path. gén. **12**, 345 (1910).

[5] BOUMA, J.: Über die Bestimmung des Harnindicans als Indigorot mittels Isatinsalzsäure. Hoppe-Seylers Z. **32**, 82 (1901).

[6] JAFFÉ, M.: Über den Nachweis und die quantitative Bestimmung des Indicans im Harn. Pflügers Arch. **3**, 448 (1870).

[7] OBERMAYER, F.: Über eine Modifikation der Indicanprobe. Wien. klin. Wschr. **9**, 176 (1890).

[8] JOLLES, A.: Über eine neue Methode zur Bestimmung des Indicans im Harn. Hoppe-Seylers Z. **94**, 79; **95**, 29 (1915).

Obschon bei der Eiweißfäulnis im Darm neben Indol auch reichliche Mengen von Skatol entstehen, sind Derivate des *Skatoxyls* aus dem Harn noch nicht in reiner Form erhalten worden. MAYER und NEUBERG[1] machten jedoch das Vorkommen einer Skatoxylglucuronsäure im Harn wahrscheinlich, und ein weiterer Hinweis ergab sich aus der Isolierung eines roten Farbstoffes, eines Kuppelungsproduktes von p-Dimethylaminobenzaldehyd mit einem zunächst unbekannten Paarling, aus Harn, dessen Analysen auf ein Skatoxylderivat hinwiesen[2]. G. SCHEFF konnte dann weiter zeigen, daß durch Verabreichung von Skatol die Ausbeute an diesem Farbstoff und zugleich die Menge der gepaarten Schwefelsäuren des Harns gesteigert wird[3]. Der erwähnte Farbstoff kann auf photometrischem Wege bestimmt werden[4].

Sowohl die Phenole wie die Indole werden stets teils an Schwefelsäure, teils an Glucuronsäure gebunden ausgeschieden. Man hat sich darüber die Vorstellung gebildet, daß zunächst die Schwefelsäure zur Harnfähigmachung der Körper herangezogen wird und danach, weil sie als Eiweißderivat nicht in unbeschränkter Menge zu Gebote steht, die Glucuronsäure. Von TOLLENS[5] ist diese Vorstellung experimentell geprüft worden, wobei sich ergeben hat, daß das Indoxyl mehr zur Bindung an Schwefelsäure neigt, während die Phenole die Glucuronsäure bevorzugen.

Ort der Paarung ist, wie schon BAUMANN festgestellt hat, nicht die Niere, vielmehr scheint sie ausschließlich in der Leber vor sich zu gehen. Beim Frosch erlischt mit Exstirpation der Leber die Fähigkeit, zugeführtes Indol in Indican überzuführen[6]. Auch beim Hund beeinträchtigt Anlegung einer ECKschen Fistel die Paarung der Phenole aufs schwerste[7].

Neben den Phenolen und Indolderivaten sind im Harn noch andere Abkömmlinge der aromatischen Aminosäuren und des Tryptophans anzutreffen. Von BAUMANN[8] wurden schon im normalen menschlichen Harn die *p-Oxyphenylessig-* und *p-Oxyphenylpropionsäure* nachgewiesen. Die erstere krystallisiert in farblosen spröden Nadeln oder Prismen vom Schmelzpunkt 148°, die p-Oxyphenylpropionsäure in monoklinen Prismen, die bei 125° schmelzen[9]. Sie geben die MILLONsche Reaktion schon in der Kälte und lassen sich von den Phenolen durch ihre Löslichkeit in Sodalösung trennen. Mit Eisenchlorid liefern sie eine grauviolette bzw. blaue Färbung, die rasch vorübergeht. Nach Darmdesinfektion verschwinden sie nicht vollständig aus dem Harn, sind auch bei Tieren mit keimfreiem Darm nachzuweisen[10], so daß möglicherweise ein Teil von ihnen im tierischen Stoffwechsel erzeugt wird.

---

[1] MAYER, P. u. NEUBERG: Über den Nachweis gepaarter Glucuronsäuren und ihr Vorkommen im normalen Harn. Hoppe-Seylers Z. **29**, 256 (1900).
[2] HARI, P.: Über einen aus normalem menschlichem Harn durch Behandlung mit p-Dimethylaminobenzaldehyd dargestellten Farbstoff. Biochem. Z. **117**, 41 (1921).
[3] SCHEFF, G.: Die Skatoxylschwefelsäure im Harn. Biochem. Z. **179**, 364 (1926).
[4] SCHEFF, G.: Über die Zusammensetzung des aus Menschenharn erhaltenen Farbstoffs. Biochem. Z. **168**, 453 (1926).
[5] TOLLENS, C. u. STERN: Über die Menge der im normalen und im pathologischen Urin erscheinenden Glucuronsäure. Hoppe-Seylers Z. **64**, 36 (1910).
[6] GAUTIER CL. und HERVIEUX: Les organes formateurs des chromogènes urinaires. J. Physiol. et Path. gén. **9**, 593 (1907).
[7] PELKAN, K. F. u. WHIPPLE: Phenol conjugation as influenced by liver injury and insufficiency. J. of biol. Chem. **50**, 499, 513 (1922).
[8] BAUMANN, E.: Die aromatischen Verbindungen im Harn und die Darmfäulnis. Hoppe-Seylers Z. **10**, 123 (1884/85).
[9] SALKOWSKI, E. u. H.: Über das Verhalten der aus dem Eiweiß durch Fäulnis entstehenden Substanzen im Tierkörper. Hoppe-Seylers Z. **7**, 161 (1882/83).
[10] NUTTALL, G. u. THIERFELDER: Tierisches Leben ohne Bakterien im Verdauungskanal. II. Hoppe-Seylers Z. **22**, 73 (1896).

Homogentisinsäure, $C_8H_8O_4$

```
        COH
   HC⁄⁄  \CCH₂COOH
    |     ||
   HC\\  ⁄CH
        COH
```

Im Jahre 1861 entdeckte BORDECKER, daß in Harnen, die durch eine bei der ammoniakalischen Gärung eintretende Dunkelfärbung ausgezeichnet waren, eine reduzierende Säure enthalten war, der er den Namen Alkapton gab[1], wonach die zugrundeliegende Stoffwechselstörung den noch heute gebräuchlichen Namen Alkaptonurie bekommen hat. Die Verbindung wurde von BAUMANN und WOLKOW als Hydrochinonessigsäure erkannt und erhielt den Namen Homogentisinsäure[2]. Die Säure kommt auch in der Cerebrospinalflüssigkeit und im Serum der Alkaptonuriker vor[3].

Homogentisinsäure krystallisiert aus Wasser in Nadeln oder Prismen vom Schmelzpunkt 147—148°, die an der Luft Wasser verlieren und opak werden. Sie ist löslich in Wasser, Alkohol und Äther, unlöslich in Chloroform, Petroläther und Benzol. Sie sublimiert unzersetzt, das Sublimat wird aber an der Luft rasch blau. Bleiacetat fällt sie aus ihren Lösungen aus, das Salz kann umkrystallisiert werden. Die Säure reduziert ammoniakalische Silberlösung und gibt mit Eisenchlorid eine blaue Farbe.

Die Bestimmung geschieht nach H. EMBDEN[4] durch Zusatz von Silberlösung und Ammoniak, Bindung des reduzierten Silbers an einen Kalkniederschlag und Ermittlung des Überschusses im Filtrat.

Homogentisinsäure wurde von ABDERHALDEN nach ausgiebiger Tyrosinfütterung im normalen Menschenharn gefunden[5] und wird andrerseits vom Gesunden leicht verbrannt[6]. Sie ist deshalb mit größter Wahrscheinlichkeit als Durchgangsprodukt des normalen Stoffwechsels anzusprechen, und zwar sind es die aromatischen Aminosäuren, aus denen sie hervorgeht[4]. Allerdings ist der Weg über Homogentisinsäure nicht einmal beim Alkaptonuriker der einzig mögliche, vielmehr hat es den Anschein, daß die aromatischen Aminosäuren auch in Orthostellung zum Hydroxyl angegriffen und über Brenzcatechinderivate abgebaut werden können[7]. Beide Wege werden aber in abgestimmtem Verhältnis beschritten, da beim Alkaptonuriker das Verhältnis der Homogentisinsäure zum Stickstoff einigermaßen konstant ist.

Homogentisinsäurehaltige Harne müssen immer ganz frisch untersucht werden, da der Sauerstoff der Luft die Säure angreift[8].

---

1 BOEDECKER, C.: Über das Alkapton, ein neuer Beitrag zu der Frage: Welche Körper des Harns können Kupfer reduzieren? Liebigs Ann. **117**, 98 (1861).

2 BAUMANN, E. u. WOLKOW: Über das Wesen der Alkaptonurie. Hoppe-Seylers Z. **15**, 228 (1891).

3 HALLIBURTON: Cerebrospinal fluid. J. of Physiol. **10**, 232 (1904). — ABDERHALDEN, E. u. FALTA: Die Zusammensetzung der Bluteiweißkörper in einem Fall von Alkaptonurie. Hoppe-Seylers Z. **39**, 143 (1903).

4 EMBDEN, H.: Beitr. zur Kenntnis der Alkaptonurie. Hoppe-Seylers Z. **18**, 304 (1894).

5 ABDERHALDEN, E.: Bildung von Homogentisinsäure nach Aufnahme großer Mengen von l-Tyrosin. Hoppe-Seylers Z. **77**, 454 (1912).

6 FALTA, W. u. LANGSTEIN: Die Entstehung der Homogentisinsäure aus Phenylalanin. Hoppe-Seylers Z. **37**, 513 (1903). — NEUBAUER, O. u. FALTA: Über das Schicksal einiger aromatischer Säuren bei der Alkaptonurie. Ebenda **42**, 67 (1904).

7 FROMHERZ, K. u. HERRMANNS: Über den Abbau der aromatischen Aminosäuren im Tierkörper. III. Hoppe-Seylers Z. **91**, 194 (1914).

8 KATSCH, G.: Zur Theorie der alkaptonurischen Stoffwechselstörung. Dtsch. Arch. klin. Med. **151**, 329 (1926).

Indolessigsäure

```
      CH
HC╱╲C——CCH₂COOH
HC╲╱C╲╱CH
   CH  NH
```

wurde von HERTER[1] krystallinisch aus dem Ätherextrakt eines Patienten mit abnormer Darmflora erhalten. Auch hier ist es indessen nicht ausgeschlossen, daß die Säure, die auf dem normalen Abbauweg des Tryptophans im Körper liegt, im Stoffwechsel entstehen kann. Die Säure krystallisiert aus Benzol in weißen, seidenglänzenden Blättchen, die bei 164° schmelzen. Indolessigsäure ist die Muttersubstanz des Uroroseins und wahrscheinlich auch des von diesem nicht scharf unterschiedenen Skatolrots. Wahrscheinlich gehören beide Körper der Reihe der Triindylmethanfarbstoffe an[2].

Kynurensäure, γ-Oxy-α-chinolincarbonsäure.

```
    CH  COH
HC╱╲C╱╲CH
HC╲╱C╲╱CCOOH
   CH  N
```

Die Kynurensäure ist von LIEBIG im Hundeharn gefunden worden und in ihrem Vorkommen auch augenscheinlich auf diesen und den Harn einiger nahestehender Tierarten beschränkt. Sie läßt in ihrer Konstitution, die von A. HOMER[3] und von ELLINGER und MATSUOKA endgültig festgestellt worden ist, die Beziehung zum Tryptophan kaum mehr erkennen, diese ist jedoch dadurch ganz einwandfrei festgestellt, daß Kaninchen, deren Harn spontan die Kynurensäure nicht führt, sie nach Tryptophanfütterung verhältnismäßig reichlich enthält[4]. Anscheinend wird die Kynurensäure in der Weise gebildet, daß der Indolstickstoff eliminiert und der Aminostickstoff mit einem Kohlenstoffatom des Benzolrings verknüpft wird[5].

Kynurensäure krystallisiert mit 1 Mol. Wasser in sehr feinen Nadeln, die sich beim Aufbewahren unter angesäuertem Wasser allmählich in lange vierseitige Prismen umwandeln. In kaltem Wasser ist sie fast unlöslich, auch in Alkohol nur in der Wärme reichlich löslich. Kynurensäure verbindet sich mit Basen und Säuren zu Salzen, von denen die ersteren krystallisieren, während von den Salzen mit Säure nur das Chlorhydrat und das Phosphorwolframat dargestellt sind.

Der Nachweis geschieht durch eine von JAFFÉ gefundene Reaktion, indem man den Harn mit Salzsäure und Kaliumchlorat verdampft und den Rückstand mit Ammoniak befeuchtet. Er ist bei Anwesenheit von Kynurensäure rötlich gefärbt und wird durch Ammoniak grünbraun und dann smaragdgrün. Ein Verfahren zur quantitativen Bestimmung hat CAPALDI[6] angegeben.

---

[1] HERTER, A.: The relation of nitrifying bakteria to the urorosein reaction of Nencki and Sieber. J. of biol. Chem. **4**, 239, 253 (1908).
[2] ELLINGER, A. u. FLAMAND: Eine neue Farbstoffklasse von physiologischer Bedeutung. Hoppe-Seylers Z. **62**, 276 (1909); **71**, 7 (1911).
[3] HOMER, A.: The constitution of kynurenic acid. J. of biol. Chem. **17**, 509 (1914).
[4] ELLINGER, A. u. MATSUOKA: Darstellung von N-Methyltryptophan und sein Verhalten im Tierkörper. Hoppe-Seylers Z. **91**, 45 (1914); **109**, 259 (1920).
[5] ELLINGER, A.: Die Entstehung der Kynurensäure. Hoppe-Seylers Z. **43**, 325 (1904).
[6] CAPALDI, A.: Ein Verfahren zur quantitativen Bestimmung der Kynurensäure. Hoppe-Seylers Z. **23**, 92 (1897).

Organische Säuren.

Der Harn enthält eine Anzahl verschiedener organischer Säuren, deren Gesamtheit mittels einer von VAN SLYKE und PALMER[1] angegebenen Methodik bestimmt werden kann.

Durch Behandlung mit Calciumhydroxyd werden dem Harn die Phosphate, Oxalate und Carbonate entzogen. Ein aliquoter Teil des Filtrats wird gegen Phenolphthalein neutralisiert und dann die Gesamtheit der an Calcium gebundenen Säuren durch Titration gegen einen geeigneten, bei p_H etwa 2,7 umschlagenden Indicator ermittelt. Als solche kommen in Frage Methylorange, Tropäolin 00, Dimethylamidoazobenzol und Orange IV. Die Endtitration erfolgt durch Farbvergleich mit einer aus Wasser bereiteten Kontrollösung, für deren Verbrauch ebenso wie für das mitbestimmte Kreatinin Korrekturen angebracht werden müssen. Von dem Gesamtwert der Titration entfällt etwa ein Drittel auf Kreatinin, etwa vorhandenes Kreatin und Harnsäure[2]. Das Verfahren ist von vielen Seiten als für klinische Zwecke brauchbar anerkannt.

Die Konzentration der organischen Säuren wird für den Mann mit 450 ccm $^n/_{10}$-Lösung, für die Frau mit 376 ccm im Mittel pro Liter Harn angegeben[3], das sind pro Kilogramm in 24 Stunden etwa 6,3 mg. Nachts ist die Ausscheidung geringer, als in den Tagesstunden. Von besonderer Bedeutung scheint der Eiweißgehalt der Nahrung zu sein, da die Säurekurve der des Harnstoffes meist parallel gefunden wird[4]. Auch die Säuren einiger Obstsorten scheinen zu einer Vermehrung der organischen Säure des Harns Veranlassung geben zu können. Kohlehydrat und Fett sind beim Normalen ohne Bedeutung.

Durch reichliche Gaben von Natriumbicarbonat wird die Ausfuhr organischer Säuren gesteigert[5]. Unter den pathologischen Umständen, die eine vermehrte Exkretion veranlassen, seien genannt: die Rachitis und Tetanie[6] sowie vor allem die diabetische Acidose[3], in der im allgemeinen die Kurve der Acetonkörper der der organischen Säuren parallel geht, ohne daß allerdings gelegentliche Abweichungen ausgeschlossen wären.

Über die einzelnen Individuen aus der Gruppe der organischen Säuren liegt eine große Menge von Angaben vor.

Ameisensäure kommt im normalen Harn nur in Spuren, ca. 14 mg pro Tag, vor[7], tritt aber nach Methylalkoholvergiftung reichlicher auf. Auch im Hundeharn soll sie in kleinen Mengen regelmäßig vorkommen[8].

Essigsäure findet sich in nicht ganz geringer Menge in Harn, der die alkalische Gärung durchgemacht hat. Im Hundeharn wurde sie von HAHN und NENCKI nachgewiesen[9].

---

[1] SLYKE, D. D. VAN u. PALMER: The titration of organic acids in urine. J. of biol. Chem. **41**, 567 (1920).

[2] MAC LAUGHLIN, L. u. BLUNT: Urinary excretion of organic acids and its variations with diet. J. of biol. Chem. **58**, 267 (1923).

[3] STARR, P. u. FITZ: The excretion of organic acids in the urine. Arch. int. Med. **33**, 97 (1924).

[4] MACLAUGHLIN u. BLUNT: Anm. 1. — GOIFFON, R.: Alimentation azotée et acides organiques de l'urine. C. r. Soc. Biol. **88**, 33 (1923). — BROCK, J.: Stickstoff und organische Säuren im Säuglingsharn. Z. Kinderheilk. **39**, 44 (1925).

[5] GOIFFON, R.: L'augmentation, de la sécrétion des acides organiques dans l'alcalose. Presse méd. **33**, 1316 (1925).

[6] HOTTINGER, A.: Ausscheidung organischer Säuren im Urin. Mschr. Kinderheilk. **30**, 497 (1925). — GYÖRGY: Zitiert nach HOTTINGER.

[7] DEEDS, F.: Quant. methods for the estimation of formic acid in blood and urine. J. Labor. a. clin. Med. **10**, 59 (1924). — VOIT, K.: Über das Verhalten der Ameisensäure. Z. klin. Med. **109**, 227 (1928).

[8] POHL, J.: Über die Oxydation des Methyl- und Äthylalkohols im Tierkörper. Arch. f. exper. Path. **31**, 286 (1893).

[9] THUDICHUM: Acetic and formic acid in human urine. J. chem. Soc. II. S., **8**, 400 (1871). — HAHN, M. u. NENCKI: Über die Ecksche Fistel. Arch. f. exper. Path. **32**, 199.

Auch über die Anwesenheit von Buttersäure, Valeriansäure sowie der höheren Fettsäuren, Palmitin-, Stearin- und Ölsäure[1] liegen verschiedene Angaben, vor allem aus älterer Zeit, vor. Zum Teil beruhen sie auf der Untersuchung von Material, das die alkalische Gärung durchgemacht hat. Da diese Gefahr beim Harn immer nahe liegt und wir inzwischen erfahren haben, wie leicht niedere Fettsäuren aus den im Harn immer vorhandenen Aminosäuren entstehen, wäre eine erneute Bearbeitung der Frage wünschenswert.

Von höheren Fettsäuren hat HYBINETTE[2] Palmitin-, Stearin- und Ölsäure in kleiner Menge gefunden.

Nach Verfütterung gehen nur Ameisen- und Essigsäure in kleiner Menge in den Harn über, die höheren Glieder der Fettsäurereihe bis zur Capronsäure einschließlich werden vollständig abgebaut[3].

Von Dicarbonsäuren ist die *Oxalsäure* $\begin{matrix} COOH \\ | \\ COOH \end{matrix}$ ein regelmäßiger Bestandteil des normalen Harns. Sie wird täglich in Mengen von 20—30 mg ausgeschieden, kann aber unter besonderen Bedingungen auf ca. 600 mg pro die steigen (Oxalurie).

Die Oxalsäure krystallisiert aus Wasser, in dem sie bei gewöhnlicher Temperatur zu etwa 10% löslich ist, in rhombischen Prismen, die 2 Mol. Krystallwasser enthalten. Sie verliert das Wasser beim Stehen über Schwefelsäure oder bei 100° und schmilzt dann bei 98°.

Ihre Anwesenheit zeigt sich in neutralem oder alkalischem Harn nach einigem Stehen durch die Gegenwart sog. Briefkouvertkrystalle an, deren Bild durch die Aufsicht auf die vierseitigen Pyramiden der Krystalle zustandekommt. Zu einem exakten Nachweis ist indessen die Isolierung der Säure, wie sie auch der quantitativen Bestimmung vorausgeht, notwendig.

Im Harn kann die Oxalsäure von kleinen Mengen von Oxalursäure $COOHCONHCONH_2$ begleitet sein, die beim Eindampfen von Lösungen von Oxalsäure und Harnstoff entsteht, aber auch mit dem Purinstoffwechsel in Verbindung stehen kann.

Die Bestimmung setzt daher zweckmäßig mit einer Spaltung der Oxalsäureverbindungen durch Erhitzen mit Salzsäure ein, wenn dabei vielleicht auch geringe Mengen präformierter Oxalursäure mitbestimmt werden. Die Oxalsäure wird dann, am besten im Extraktionsapparat, mit Ätheralkohol ausgeschüttelt[4], als Calciumoxalat gefällt und gravimetrisch als CaO bestimmt oder zunächst in ammoniakalischer Lösung mit den anderen kalkfällbaren Substanzen durch $CaCl_2$ niedergeschlagen, der Lösung dieses Niederschlages durch Äther entzogen und abermals gefällt[5]. An Stelle der gravimetrischen Bestimmung tritt besser eine Titration der Oxalsäure mit Kaliumpermanganat in schwefelsaurer Lösung.

Für die Oxalsäure des Harns kommen mehrere Quellen in Betracht. Die Pflanzenkost enthält nicht unbeträchtliche Mengen der Säure, die zwar zum Teil im Stoffwechsel zerstört werden, aber auch in individuell etwas verschiedenem Grade in den Harn übergehen können[6]. Sie kann ferner im Stoffwechsel aus Glyoxylsäure entstehen, die einerseits das Produkt der oxydativen Desaminierung

---

[1] MACLAUGHLIN, L. und BLUNT: Zitiert auf S. 283, Anm. 2.

[2] HYBINETTE, S.: Über die Gegenwart von nichtflüchtigen Fettsäuren im normalen menschlichen Harn. Skand. Arch. Physiol. (Berl. u. Lpz.) **7**, 380 (1897).

[3] SCHOTTEN, C.: Über die flüchtigen Säuren des Pferdeharns und das Verhalten der flüchtigen Fettsäuren im Organismus. Hoppe-Seylers Z. **7**, 344 (1882/83).

[4] AUTENRIETH, W. u. BARTH: Über Vorkommen und Bestimmung der Oxalsäure im Harn. Hoppe-Seylers Z. **35**, 327 (1902).

[5] DAKIN, H. D.: Experiments bearing on the mode of oxydation of simple aliphatic substances in the animal organism. J. of biol. Chem. **3**, 57 (1907).

[6] POHL, J.: Über den oxydativen Abbau der Fettkörper. Arch. f. exper. Path. **37**, 413 (1896). — DAKIN: Anm. 5.

des Glykokolls ist[1], andrerseits mit den Kohlehydraten in Beziehung steht. So werden auch diese als Muttersubstanz der Oxalsäure des Harns in Anspruch genommen[2]. Endlich hat man aus den Faeces von Oxalurikern einen Colistamm des Typus B züchten können, der nach Übertragung auch bei normalen Personen zur Abgabe abnormer Oxalsäuremengen führt[3]. Daß die Oxalurie mit der Ausscheidung größerer Indicanmengen einherzugehen pflegt, ist längst bekannt[4].

Milchsäure, $CH_3CHOHCOOH$.

Im normalen menschlichen Harn kommen gewöhnlich nur geringe Mengen von Milchsäure vor[5], die aus dem Bichromatverbrauch pro Stunde zu 7—18 mg berechnet werden[6].

Die Milchsäure ist eine einbasische α-Oxysäure, die wegen der Asymmetrie des mittleren Kohlenstoffatoms in zwei aktiven und einer racemischen Form vorkommt. Diese letztere entsteht bei der alkoholischen Gärung als Nebenprodukt, die Säure des tierischen Organismus ist die rechtsdrehende Form. Im Harn sind beide gefunden worden. Die Säuren sind vor allem durch das Verhalten der Zinksalze zu unterscheiden, von denen das der racemischen Säure mit 3 Mol. Wasser krystallisiert und sich in 57 Teilen Wasser löst, während das der aktiven Form mit 2 aq. krystallisiert und sich schon in 17,7 Teilen Wasser löst. Dieses letzte dreht in wässeriger Lösung die Ebene des polarisierten Lichts um $(\alpha) = -6{,}06°$ [7].

Dem qualitativen Nachweis und der Bestimmung der Milchsäure muß die Isolierung vorangehen. Sie erfolgt am besten durch mechanische Ätherextraktion des mit Phosphorsäure angesäuerten und mit Ammonsulfat gesättigten Harns. Von den Reaktionen sind die wichtigsten die Eisenchloridreaktion von UFFELMANN[7], bei der die zeisiggrüne Farbe des milchsauren Eisens zur Beobachtung kommt, und die Reaktion von FLETCHER und HOPKINS[8], bei der aus der Milchsäure durch Erhitzen mit konzentrierter Schwefelsäure in Gegenwart von Kupfersulfat als Katalysator Acetaldehyd abgespalten und dieser in ein intensiv rot gefärbtes Kondensationsprodukt mit Thiophen übergeführt wird. Die quantitative Bestimmung der extrahierten Milchsäure geschieht durch vorsichtige Oxydation mit sehr verdünnter Kaliumpermanganatlösung bei schwefelsaurer Reaktion. Der frei werdende Acetaldehyd destilliert ab, wird in Natriumbisulfitlösung von bekanntem Gehalt aufgefangen und jodometrisch nach RIPPER titriert. Das Verfahren ist zuerst von v. FÜRTH und CHARNASS[9] ausgebaut worden, hat aber neuerdings eine Menge von Modifikationen erfahren (CLAUSEN, HIRSCH-KAUFMANN), die es vor allem auch für Mikrobestimmungen geeignet gemacht haben.

Die geringen Milchsäuremengen des normalen Menschenharns erfahren eine weitere Reduktion beim Atmen sauerstoffreicher Gasgemische[10]. Andrerseits

---

1 KUTSCHER, F. u. SCHENCK: Zur Kenntnis der Oxalurie. Hoppe-Seylers Z. **43**, 337 (1904). — EPPINGER, H.: Über das Verhalten der Glyoxylsäure im Tierkörper — Beitr. chem. Physiol. u. Path. **6**, 493 (1905).

2 VIALE, G. u. CASTAGNA: L'origine dell'acido ossalico nell'organismo animale. Arch. di Sci. biol. **9**, 365 (1927).

3 PICCININI, F. u. LOMBARDI: Contributo alla patogenesi dell'ossaluria. Riforma med. **41**, 726 (1925).

4 MORACZEWSKI, W. v.: Über die Ausscheidung der Oxalsäure unter dem Einfluß der Nahrung. Z. klin. Med. **51**, 475 (1904).

5 JERUSALEM, E.: Bestimmung der Milchsäure in tierischen Flüssigkeiten. II. Biochem. Z. **12**, 386 (1908).

6 JERVELL, O.: Investigation of the concentration of lactic acid in blood and urine under normal and pathologic conditions. Acta med. scand. (Stockh.) Supp.-Bd. **24**, 1 (1928).

7 UFFELMANN, K.: Die Methodik des Nachweises freier Milchsäure im Magensaft. Z. klin. Med. **8**, 392 (1884).

8 HOPKINS, F. G. u. FLETCHER: Lactic acid in amphibian muscle. J. of Physiol. **35**, 308 (1906/07).

9 FÜRTH, O. v. u. CHARNASS: Über die quantitative Bestimmung der Milchsäure durch Ermittlung der daraus abspaltbaren Aldehydmenge. Biochem. Z. **26**, 199 (1910).

10 HEWLETT, A. W., BARNETT u. LEWIS: The effect of breathing oxygen-enriched air upon the excretion of lactic acid. Proc. Soc. exper. Biol. a. Med. **22**, 538 (1925).

führt Herabsetzung des Sauerstoffgehalts der eingeatmeten Luft[1] sowie Eingriffe, die die Sauerstoffverwertung erschweren, wie Vergiftung mit Kohlenoxyd, Strychnin, Curare[2], zu einer vermehrten Milchsäureausscheidung. Bei der gesteigerten Milchsäureproduktion und dem vermehrten Sauerstoffbedarf, den die Muskelarbeit bedingt, kommt es besonders leicht zu stärkerer Milchsäureausscheidung in den Harn[3]. Bei extremen Leistungen konnten bis zu 1,5 g Milchsäure pro Liter Harn in Form des Zinksalzes erhalten werden[4]. Das Maximum der Ausscheidung findet sich etwa 15 Minuten nach der Beendigung der Arbeit, nach 30—50 Minuten ist sie beendet[5]. Im Laufe des Trainings geht die Milchsäureabgabe in den Harn allmählich zurück[6].

Unter den pathologischen Zuständen, die zu einer Vermehrung der Milchsäureabgabe in den Harn führen, sind vor allem mit Krämpfen einhergehende Erkrankungen, wie Epilepsie und Eklampsie[7] zu nennen. Auch Ausfall oder Einschränkung der Leberfunktion geben bei Tieren und Menschen Veranlassung zu verstärktem Übertritt der Säure in den Harn[8]. Nach Eingabe von Propionsäure und Oxybuttersäure findet man leicht gesteigerte Milchsäurewerte im Harn[9].

Die Acetonkörper (β-Oxybuttersäure, Acetessigsäure, Aceton).

Wie die Milchsäure als Zwischenprodukt des Kohlehydratstoffwechsels durch ihr Erscheinen im Harn anzeigt, daß dieser nicht vollständig bis zu den Endprodukten fortschreitet, so zeigt das Erscheinen der unter dem Namen der Acetonkörper zusammengefaßten Substanzen β-Oxybuttersäure, Acetessigsäure und Aceton eine ähnliche Störung im Stoffwechsel der Fette und Proteine an.

Die drei genannten Substanzen stehen miteinander in unmittelbarem genetischem Zusammenhang, indem aus der β-Oxybuttersäure, dem ersten Oxydationsprodukt der Buttersäure, durch weitere Oxydation die Ketonsäure Acetessigsäure, aus dieser durch Abspaltung von Kohlensäure das Aceton entsteht. Die Acetonkörper haben demnach die gleiche physiologische und pathologische Bedeutung und treten in der Regel auch gemeinsam im Harn auf. Das ist in der Regel dann der Fall, wenn die Nahrung kein oder zu wenig Kohlehydrat enthält oder ganz entzogen wird (Hungeracidose) oder wenn das Gleichgewicht des Kohlehydratstoffwechsels gestört ist (diabetische Acidose).

β-Oxybuttersäure, $CH_3CHOHCH_2COOH$.

Die β-Oxybuttersäure wurde gleichzeitig von KÜLZ[10] und MINKOWSKI[11] aus

[1] v. TERRAY: Über den Einfluß des Sauerstoffgehalts der Luft auf den Stoffwechsel. Pflügers Arch. **65**, 393 (1896).

[2] ARAKI, T.: Über die Bildung von Milchsäure und Glucose im Organismus bei Sauerstoffmangel. Hoppe-Seylers Z. **15**, 335 (1891); **16**, 453 (1892). — ZILLESSEN, H.: Über die Bildung von Glucose und Milchsäure in den Organen bei gestörter Zirkulation und bei Sauerstoffmangel. Ebenda **15**, 398 (1891).

[3] SPIRO, P.: Beiträge zur Physiologie der Milchsäure. Hoppe-Seylers Z. **1**, 117 (1877).

[4] FLOESSNER, O. u. KUTSCHER: Biochemische Untersuchungen am Harn der Marburger Olympiakämpfer. Münch. med. Wschr. **73**, 1434 (1926).

[5] LILJESTRAND, G. u. WRIGHT: The excretion of lactic acid in the urine after muscular exercise. J. of biol. Chem. **65**, 773 (1925).

[6] HEWLETT, A. W., BARNETT u. LEWIS: The effect of training on lactic acid excretion. Proc. Soc. exper. Biol. a. Med. **22**, 537 (1925).

[7] ZWEIFEL: Zur Aufklärung der Eklampsie. Münch. med. Wschr. **53**, 299 (1906).

[8] SCHULTZEN, A. u. RIESS: Charité-Ann. **15**, 1 (1869). — MINKOWSKI, O.: Über den Einfluß der Leberexstirpation auf den Stoffwechsel. Arch. f. exper. Path. **21**, 67 (1886).

[9] KNOOP, F. u. JOST: Über Milchsäureausscheidung im Harn. Hoppe-Seylers Z. **130**, 338 (1923).

[10] KÜLZ, E.: Über eine neue linksdrehende Säure. Z. Biol. **20**, 165 (1884).

[11] MINKOWSKI, O.: Über das Vorkommen von Oxybuttersäure im Harn bei Diabetes mellitus. Arch. f. exper. Path. **18**, 835 (1884).

Diabetikerharn isoliert, nachdem schon vorher STADELMANN[1] die durch Wasserabspaltung aus ihr entstehende α-Crotonsäure beobachtet hatte. Die Oxybuttersäure wird durch Extraktion des angesäuerten, mit Ammonsulfat gesättigten Harns gewöhnlich als wasserklarer Sirup erhalten. Es ist indessen MAGNUS-LEVY gelungen, sie zu krystallisieren. Sie stellt dann glashelle Platten dar, die bei 47,5—48° sintern und bei 49—50° (unkorr.) schmelzen[2]. Sie löst sich leicht in Wasser und den üblichen organischen Solventien, wie Methyl- und Äthylalkohol, Essigäther, Aceton und Eisessig, nicht dagegen in Petroläther, Benzol und Toluol. Die freie Säure zieht stark Wasser an.

Das die Oxygruppe tragende Kohlenstoffatom ist asymmetrisch und die natürlich vorkommende Form der Säure dementsprechend optisch aktiv. In wässerigen Lösungen von weniger als 12% Gehalt und bei Temperaturen von 17—22° dreht die Säure um $(\alpha)_D = -24{,}12°$. Von den Salzen der Oxybuttersäure sind die des Natriums und Kaliums, des Silbers, des Zinks und Cadmiums krystallinisch erhalten worden. Zur Isolierung eignet sich durch seine Schwerlöslichkeit am besten das Zinkcalciumsalz[3].

Es wird aus Harnextrakt erhalten, indem man durch Kochen mit Zinkçarbonat die Zinksalze herstellt, durch Alkoholfällung das der Milchsäure abtrennt, aus dem Rückstand die Säure nochmals in Freiheit setzt und in Äther aufnimmt, dann die eine Hälfte mit Zinkcarbonat, die andere mit Calciumcarbonat kocht und die abfiltrierten Lösungen miteinander mischt. Aus mehr als 10proz. Lösungen krystallisiert dann das Zinkcalciumsalz aus. Zusatz von Alkohol beschleunigt die Krystallisation. In 3—9proz. Lösung hat das Salz die Drehung $(\alpha) = -16{,}26°$.

Die Anwesenheit der Oxybuttersäure im Harn wird durch hohe Ammoniakausscheidung und durch größere Unterschiede zwischen den Ergebnissen der polarimetrischen und der titrimetrischen Zuckerbestimmung signalisiert. Der direkte Nachweis der Säure ist bei ihrem Mangel an charakteristischen Reaktionen schwierig. Man kann die Säure durch Abspaltung von Wasser durch Erhitzen eines mit der gleichen Menge konz. Schwefelsäure versetzten Extrakts — gegebenenfalls auch des Harns selber — in α-Crotonsäure umwandeln, die sich manchmal unmittelbar aus dem Destillat, sonst aus seinem ätherischen Extrakt ausscheidet und bei 71—72° schmilzt. Bei der Oxydation mit Wasserstoffsuperoxyd in Gegenwart von Ferrosulfat entsteht Acetessigsäure, die mit dem gleichzeitig gebildeten Eisenoxydsalz eine bordeauxrote Farbe liefert[4].

Zur quantitativen Bestimmung kann man sich verschiedener Verfahren bedienen. Der Überführung in α-Crotonsäure hat PRIBRAM[5] eine für diese Zwecke befriedigende Form gegeben. Bei der Oxydation mit Kaliumbichromat und Schwefelsäure wird Aceton gebildet, das überdestilliert und jodometrisch bestimmt werden kann[3]. Endlich kann in den Ätherextrakten die Säure polarimetrisch bestimmt werden, wobei man allerdings etwas zu hohe Werte erhält, weil auch andere linksdrehende Stoffe aus dem Harn in das Ätherextrakt übergehen[6].

Acetessigsäure, CH_3COCH_2COOH.

Die Eisenchloridreaktion der Acetessigsäure wurde schon 1865 von GERHARDT[7] im Diabetikerharn beobachtet, aber erst 1881 durch DEICHMÜLLER und

---

[1] STADELMANN, E.: Über die Ursache der pathologischen Ammoniakausscheidung im Diabetes mellitus und über das Coma diabeticum. Arch. f. exper. Path. **17**, 419 (1883).

[2] MAGNUS-LEVY, A.: Untersuchungen über die Acidosis im Diabetes mellitus und die Säureintoxikation im Coma diabeticum. Arch. f. exper. Path. **45**, 389 (1901).

[3] SHAFFER, PH. u. MARRIOTT: The determination of oxybutyric acid. J. of biol. Chem. **16**, 265 (1913/14).

[4] BLACK: The detection and quantitative determination of β-oxybutyric acid. J. of biol. Chem. **5**, 207 (1908/09).

[5] PRIBRAM, B. O.: Quantitative Bestimmung der β-Oxybuttersäure in Harn und Blut. Z. exper. Path. u. Ther. **10**, 279 (1910).

[6] EMBDEN, G. u. SCHMITZ: Nachweis, Bestimmung und Isolierung von Aceton, Acetessigsäure und β-Oxybuttersäure. Handb. der biol. Arbeitsmethoden **4** (5), 232 (1924).

[7] GERHARDT: Über Diabetes mellitus und Aceton. Wien. med. Presse **6**, 28 (1865).

TOLLENS[1] auf Acetessigsäure zurückgeführt. Freie Acetessigsäure ist eine farblose, dickliche, sehr saure Flüssigkeit, die Wasser anzieht und sich in jedem Verhältnis mit ihm mischt. Beim Erwärmen zersetzt sie sich schon unterhalb 100° stürmisch in Aceton und Kohlensäure. In der Kälte ist sie dagegen einigermaßen beständig und findet sich im Harn noch großenteils erhalten, wenn dieser bereits in Gärung übergegangen ist[2]. Mit Eisenchlorid geben sowohl die freie Säure wie auch ihre Salze und Ester eine intensiv rote Farbe. Sie wird durch die Enolform der Acetessigsäure hervorgerufen, die nur zu etwa 1% in den Lösungen vorhanden ist, zeigt also bei intensivem Ausfall die Gegenwart von verhältnismäßig großen Mengen der Säure an[3]. Mit Nitroprussidnatrium gibt Acetessigsäure eine rote Färbung, die auch nach Zusatz von Essigsäure bestehen bleibt (LEGALsche Probe, Unterschied von Kreatinin). Die Reaktion galt früher als Acetonprobe, soll indessen nach LORBER nur von Acetessigsäure gegeben werden[4]. Acetessigsäure reagiert mit Diazoverbindungen unter Austausch eines Wasserstoffatoms der Methylengruppe gegen einen Benzolazorest. Zum Nachweis der Säure besonders geeignet ist die Verbindung mit p-Diazoacetophenon, die sich sehr leicht bildet und eine intensiv violette Farbe zeigt (Reaktion von ARNOLD[5]).

Endlich hat man versucht, die Jodbindung, zu der die Acetessigsäure auch in saurer Lösung befähigt ist, zu ihrem Nachweis im Harn zu benutzen[6].

Die quantitative Bestimmung der Acetessigsäure geschieht gewöhnlich zusammen mit der des Acetons als „Gesamtaceton". Will man die Acetessigsäure getrennt bestimmen, so wird zunächst im Vakuum bei einer 35° nicht übersteigenden Temperatur des Heizwassers das präformierte Aceton abdestilliert und dann mit dem Rückstand eine Acetonbestimmung nach MESSINGER-HUPPERT durchgeführt[7].

Die Darstellung von Acetessigsäure erfolgt durch Verseifen von Acetessigester mit der siebenfachen Menge Normalnatronlauge im Eisschrank, Neutralisieren und Ausäthern des unveränderten Esters und Entfernung des frei gewordenen Alkohols sowie etwa entstandenen Acetons durch Vakuumdestillation bei niederer Temperatur.

Aceton, CH_3COCH_3.

Das Aceton ist zuerst von PETTERS in pathologischen Harnen entdeckt worden, aus normalem wurde es von v. JAKSCH isoliert[8]. Es findet sich bei der Acidose auch in allen Körperflüssigkeiten und in den Geweben und geht auch in die Atemluft über.

Aceton ist eine farblose, leichtbewegliche Flüssigkeit, die unter 760 mm Druck bei 56,1° siedet. Seine Dichte beträgt bei 4° 0,8124, bei 15° 0,7973. In flüssiger Luft erstarrt es zu einer weißen, feinkrystallinischen Masse, die bei —94,9° wieder schmilzt. Es mischt sich in jedem Verhältnis mit Wasser, Methyl- und Äthylalkohol, Methyl- und Äthyläther.

[1] DEICHMÜLLER: Über diabetische Acetonurie. Ann. Chem. **209**, 22 (1881). — TOLLENS: Über Eisenchlorid rotfärbenden Harn. Ebenda **209**, 30 (1881).

[2] ENGFELDT, N. O.: Bemerkungen über getr. Best. v. Aceton und Acetessigsäure. Hoppe-Seylers Z. **100**, 93 (1917).

[3] LICHTWITZ, L.: Über die Reaktion auf Acetessigsäure nach Gerhardt. Berl. klin. Wschr. **52**, 339 (1915).

[4] LORBER, L.: Das quantitative Verhältnis des Acetons und der Acetessigsäure im Harn. Biochem. Z. **181**, 375 (1927).

[5] ARNOLD: Über Nachweis und Vorkommen der Acetessigsäure im pathologischen Harn. Zbl. inn. Med. **21**, 417 (1900).

[6] RIEGLER: Zum Nachweis der Acetessigsäure. Münch. med. Wschr. **52**, 1386 (1905); **53**, 448 (1906).

[7] EMBDEN, G. u. SCHLIEP: Über getrennte Bestimmung von Aceton und Acetessigsäure. Zbl. ges. Physiol. u. Path. d. Stoffwechsels **1907**, Nr 7, 8.

[8] PETTERS: Untersuchungen über die Honigharnruhr. Prag. Vjschr. **55**, 81 (1857). — JAKSCH, R. v.: Über Acetonurie. Hoppe-Seylers Z. **6**, 541 (1982) — Über pathologische Acetonurie. Z. klin. Med. **5**, 346 (1882).

Es gibt alle Reaktionen der Carbonylgruppe sowie der Methyl- und Methylenketone. Als Keton verbindet es sich mit Natriumbisulfit zu der Verbindung $\frac{CH_3}{CH_3}\!>\!C\!<\!\frac{OH}{SO_3Na}$, die mit Alkalien oder Säuren unter Freiwerden von besonders reinem Aceton wieder zerfällt. Charakteristisch für Aceton ist noch seine Verbindung mit Jodnatrium, die beim Erwärmen besonders reines Aceton abgibt und sich deshalb zur Darstellung von Testmaterial für Analysen besonders eignet[1]. Es verbindet sich ferner mit Hydroxylamin zu Acetoxim, mit Semicarbazid zum Semicarbazon. Als Methylketon wird es durch Natriumhypochlorit-, -bromit und -jodit zu Essigsäure und Chloroform bzw. Bromoform und Jodoform oxydiert.

$$CH_3COCH_3 + 3\,NaOJ = CH_3COONa + CHJ_3 + 2\,NaOH.$$

Als Methylenketon kondensiert es sich in alkalischer Lösung mit Benzaldehyd zu dem Dibenzalaceton $C_6H_5CH = CHCOCH = CHC_6H_5$.

Zum klinischen Nachweis des Acetons ist eine außerordentlich große Menge von Farbenreaktionen angegeben worden, von denen hier nur die wichtigsten genannt sind:

1. Die LEGALsche Probe, die in zahlreichen Modifikationen in Gebrauch ist. Sie beruht auf dem Auftreten einer gegen Essigsäure beständigen Rotfärbung beim Versetzen einer acetonhaltigen Flüssigkeit mit Nitroprussidnatrium. Nach der älteren Auffassung wird sie auch, nach der neueren nur von Acetessigsäure gegeben. 2. Die Jodoformprobe von LIEBEN, die nur im Harndestillat angestellt werden kann, also auf alle Fälle das Aceton aus Acetessigsäure mit umfaßt. Sie beruht auf der oben formulierten Oxydation des Acetons durch Hypojodit unter Abspaltung von Jodoform, die schon in der Kälte vor sich geht. 3. Kondensation von Aceton mit Salicylaldehyd in alkalischer Lösung nach FROMMER. Sie entspricht der Bildung des Dibenzalacetons und führt zum Auftreten einer prachtvoll roten Färbung[2].

Die Bestimmung des Acetons geschieht gewöhnlich zusammen mit der der Acetessigsäure als „Gesamtaceton“, indem der Harn aus verdünnter essigsaurer Lösung destilliert und das Aceton in kaltem Wasser aufgefangen wird. Es wird in stark alkalischer Lösung durch einen Überschuß von $^{n}/_{10}$-Jodlösung in Jodoform übergeführt und der Überschuß der Jodlösung nach dem Ansäuern mit Salz- oder Schwefelsäure mittels Natriumthiosulfat zurücktitriert (Verfahren von MESSINGER-HUPPERT[3]).

Das präformierte Aceton ergibt sich als Differenz des gesamten Acetons und des aus Acetessigsäure gebildeten (s. S. 288).

Ein leicht ausführbares Verfahren, bei dem man Gesamtaceton, β-Oxybuttersäure und Gesamtacetonkörper bestimmen kann, wurde von D. D. VAN SLYKE[4] auf der Neigung des Acetons, mit Quecksilbersulfat eine schwerlösliche Verbindung zu bilden, begründet. Es bietet den Vorteil, daß alle Operationen in ein und demselben Gefäß vor sich gehen, also eine Reihe von Fehlerquellen von vornherein ausgeschaltet ist.

Die Versuche, ein bestimmtes Verhältnis zwischen den ausgeschiedenen Mengen von β-Oxybuttersäure und Aceton ausfindig zu machen, haben nicht zum Erfolg geführt, vielmehr wechselt dieses bei verschiedenen Personen und bei der gleichen zu verschiedenen Zeiten in recht weiten Grenzen, die etwa bei 2:1 und 8:1 anzusetzen sind[5]. Dieses Verhalten ist eigentlich zu erwarten, da auf die Ausscheidung der drei Acetonkörper viele und zum Teil sehr verschiedene Faktoren einwirken. Das Aceton wird außer durch den Harn durch die Atemluft ausgeschieden, die Säuren nicht. Aceton diffundiert kraft seiner Lipoid-

---

[1] SHIPSEY, K. u. WERNER: The purification of acetone by means of sodium jodide. J. chem. Soc. **103**, 1255 (1913).

[2] Weitere Acetonproben s. bei G. EMBDEN u. SCHMITZ: Handb. der biologischen Arbeitsmethoden **4 V**, 193 (1924).

[3] EMBDEN, G. u. SCHMITZ: Handb. der biologischen Arbeitsmethoden **4 V**, 196 (1924).

[4] SLYKE, D. D. VAN: The determination of β-oxybutyric and acetoacetic acid and of acetone in urine. J. of biol. Chem. **32**, 455 (1917).

[5] LUBLIN, A.: Über das gegenseitige Verhältnis der im Harn ausgeschiedenen Mengen von Aceton und β-Oxybuttersäure. Dtsch. Arch. klin. Med. **145**, 15 (1924).

löslichkeit, so daß es allenthalben im Körper in annähernd der gleichen Konzentration vorhanden ist. Auch die Konzentration im Harn ist von der im Plasma nur wenig verschieden und mit der Diurese kaum veränderlich. Demgegenüber ist die Konzentration von β-Oxybuttersäure von der Nierentätigkeit abhängig und sinkt bei verstärkter Diurese[1]. Die Acetonkonzentration in normalem Menschenharn beträgt etwa 0,3 mg%, die der β-Oxybuttersäure, die aus ihm in Substanz noch nicht erhalten worden ist, schwankt bei Bestimmung nach van Slyke-Fitz in etwas weiteren Grenzen. Beim Diabetiker kann die Gesamtmenge der in 24 Stunden ausgeschiedenen Acetonkörper leicht 20 g erreichen, im Coma diabeticum sind bis zu 150 g beobachtet worden. Im Pankreasdiabetes des Hundes tritt Acetonkörperausscheidung nicht regelmäßig auf[2], gewöhnlich aber dann, wenn gleichzeitig noch eine Leberschädigung besteht[3]. Im Phlorrhizindiabetes stellt sie sich zu Beginn ein, erreicht aber bald ein Maximum und sinkt dann bis zum Nullpunkt ab[4].

Als unmittelbare Vorstufe der Acetonkörper kommt zunächst die Buttersäure in Betracht, deren Ammoniaksalz durch Oxydation mit Wasserstoffsuperoxyd oder Kaliumpersulfat der β-Oxydation verfällt[5]. Daß sie im Körper nach dem gleichen Schema angegriffen wird, hat zuerst F. Knoop[6] an der γ-Phenylbuttersäure gezeigt. Weiterhin liefert auch die Isovaleriansäure auf einem noch nicht ganz aufgeklärten Wege im Organismus des Diabetikers β-Oxybuttersäure und in der überlebenden Hundeleber Acetessigsäure und Aceton[7]. Damit rücken alle die Substanzen, deren Stoffwechsel über eine dieser Fettsäuren führt, in den Kreis der ketogenen Substanzen ein, also z. B. die niederen Fettsäuren mit gerader Kohlenstoffatomzahl bis zur Decylsäure[8] und das Leucin. Endlich hat sich gezeigt, daß auch der aromatische Kern des Phenylalanins und Tyrosins vom Organismus unter Acetessigsäurebildung geöffnet wird. Als ketogene Substanzen sind demnach die Fettsäuren und ein Teil der Eiweißbausteine anzusehen. Die Acetonbildung in der überlebenden Leber wird durch reichlichen Glykogengehalt des Organs stark eingeschränkt[9]. Bei ausgiebiger Zufuhr von „antiketogener" Nahrung, das sind Kohlehydrate und der zuckerbildende Teil der Eiweißkörper, findet deshalb im normalen Körper keine Ansammlung und Ausfuhr von Acetonkörpern statt. Von amerikanischen Autoren ist der Versuch gemacht worden, das Verhältnis, das zwischen den ketogenen und antiketogenen Bestandteilen der Nahrung bestehen muß, damit eben keine Ketonurie auftritt, formelmäßig zu erfassen[10].

[1] Widmark, E. M.: Studies in the acetone concentration in blood, urine and alveolar air. II. Biochemic. J. **14**, 364 (1920).

[2] Minkowski, O.: Untersuchungen über den Diabetes mellitus nach Exstirpation des Pankreas. Arch. f. exper. Path. **31**, 85 (1893).

[3] Allard, E.: Die Acidose beim Pankreasdiabetes. Arch. f. exper. Path. **59**, 388 (1908).

[4] Baer, J.: Die Acidose beim Phlorrhizindiabetes des Hundes. Arch. f. exper. Path. **51**, 271 (1904).

[5] Dakin, H. D.: A study of the oxydation of the ammonium salts of saturated fatty acids with hydrogen-peroxyde. J. of biol. Chem. **4**, 77 (1908). — Neubauer, O.: Der Abbau der Aminosäuren im tierischen Organismus. Dtsch. Arch. klin. Med. **95**, 211 (1909).

[6] Knoop, F.: Der Abbau aromatischer Fettsäuren im Tierkörper. Beitr. chem. Physiol. u. Path. **6**, 140 (1904).

[7] Baer, J. u. Blum: Über den Abbau von Fettsäuren im Diabetes mellitus. Arch. f. exper. Path. **55**, 89 (1906). — Embden, G., Salomon u. Schmidt: Über Acetonbildung in der Leber. II. Beitr. chem. Physiol. u. Path. **8**, 129 (1906).

[8] Embden, G. u. Marx: Über Acetonbildung in der Leber. III. Beitr. chem. Physiol. u. Path. **11**, 318 (1908).

[9] Embden, G. u. Wirth: Über Hemmung der Acetessigsäurebildung in der Leber. Biochem. Z. **27**, 1 (1910).

[10] Shaffer, Ph.: Antiketogenesis. I. An in vitro analogy. II. The ketogenic-antiketogenic balance in man. J. of biol. Chem. **47**, 433, 449 (1921).

Ort der Acetonkörperbildung ist ausschließlich die Leber[1], indessen vermag auch die Niere an ihnen Umsetzungen vorzunehmen[2].

Acetaldehyd, CH_3CHO.

Der Acetaldehyd wurde von STEPP und FEULGEN im Diabetikerharn nachgewiesen[3], nachdem STEPP und seine Schüler schon vorher auf das Vorhandensein aldehydartig reagierender Substanzen aufmerksam gemacht hatten.

Acetaldehyd wird durch Oxydation von Äthylalkohol mit Kaliumbichromat in schwefelsaurer Lösung bereitet. Er stellt eine farblose, leichtbewegliche Flüssigkeit vom Siedepunkt 20,8° und der Dichte 0,8009 bei 0° dar, die durch einen eigentümlichen, etwas stechenden Geruch ausgezeichnet ist. Er mischt sich in allen Verhältnissen mit Wasser, Alkohol und Äther. Die Aldehydgruppe verleiht ihm große Reaktionsfähigkeit. So gibt er Additionsprodukte mit Ammoniak und Natriumbisulfit, kondensiert sich mit Hydroxylamin, Hydrazin und seinen Substitutionsprodukten, Semicarbazid sowie, was für den Nachweis in biologischen Flüssigkeiten wichtig ist, mit Dimethylhydroresorcin, das von NEUBERG und REINFURTH[4] als Reagens auf Aldehyde in die biochemische Methodik eingeführt worden ist (Dimedon). Er reduziert Schwermetalloxyde, indem er in Essigsäure übergeht. Insbesondere wird ammoniakalische Silberlösung unter Spiegelbildung reduziert, eine Reaktion, die der Acetaldehyd freilich mit einer Menge anderer organischer Stoffe teilt. Durch Alkalihypojodit wird er ebenso wie das Aceton schon in der Kälte unter Abscheidung von Jodoform oxydiert. Als zuverlässige Nachweismethode kann ferner die Farbenreaktion von RIMINI-LEWIN[5] gelten, die auf einer Blaufärbung durch Nitroprussidnatrium und Piperidin beruht und noch in einer Verdünnung von 1:50000 positiv ausfällt. Aceton, das an sich dieselbe Färbung zu liefern vermag, reagiert erst in um ein Vielfaches höheren Konzentrationen.

Quelle des Acetaldehyds scheinen die Fettsäuren zu sein, jedoch sind Einzelheiten noch nicht bekannt.

Lipoide.

Neutralfette fehlen im normalen menschlichen Harn, können aber bei solchen Tieren in den Harn übergehen, bei denen, wie beim Hunde, schon unter physiologischen Verhältnissen Fetteinlagerungen in den Zellen der Harnwege vorkommen[6]. Unter abnormen Umständen kann es auch beim Menschen zum Übertritt größerer Fettmengen in den Harn kommen, so bei verschiedenen Lipämieformen (z. B. der diabetischen), bei Ikterus und verschiedenen Nierenerkrankungen. Insbesondere ist die sog. Chylurie zu erwähnen, bei der der ganze Harn eine milchige, chylusähnliche Trübung aufweist. Die Chylurie kommt als Tropenkrankheit vor, die durch den Fadenwurm Filaria sanguinis verursacht wird, findet sich jedoch auch ohne erkennbare parasitäre Ursache in Europa. Sie

---

[1] EMBDEN, G. u. KALBERLAH: Über Acetonbildung in der Leber. I. Beitr. chem. Physiol. u. Path. **8**, 121 (1905).

[2] SNAPPER, J. u. GRÜNBAUM: Über den Abbau der Diacetsäure in der Niere. Biochem. Z. **185**, 223 (1927).

[3] STEPP, W. u. FEULGEN: Über die Identifizierung der aldehydartig reagierenden Substanzen im Harn von Diabetikern als Acetaldehyd. Hoppe-Seylers Z. **114**, 301 (1921).

[4] NEUBERG, C. u. REINFURTH: Ein neues Abfangverfahren und seine Anwendung auf die alkoholische Gärung. Biochem. Z. **106**, 281 (1920).

[5] LEWIN, L.: Über eine Reaktion des Açroleins und einige anderer Aldehyde. Ber. dtsch. chem. Ges. **32**, 3388 (1899).

[6] BERNARD, CL.: Leçons sur les propriétés physiologiques des liquides de l'organisme. **2**, 143 (1859). — SCHOENDORFF, B.: Über die Ausscheidung von Fett im normalen Hundeharn. Pflügers Arch. **117**, 291 (1907).

steht in einiger Abhängigkeit von der Fettaufnahme und läßt bei deren Unterdrückung nach. Auch gefärbte oder jodhaltige Fette können im Harn nachweisbar werden. Es sind Fettgehalte bis zu 2,2% des Harns beobachtet worden.

Phosphatide sind verschiedentlich, zuerst von BRIEGER[1], in dem bei Chylurie ausgeschiedenen Fett gefunden worden.

Erhöhte Aufmerksamkeit hat man in den letzten Jahren dem Übergang von *Cholesterin* geschenkt. Es ist in kleiner Menge schon im normalen Harn anzutreffen, und zwar zum Teil in freiem Zustand, zum anderen in Form seiner schwer verseifbaren Verbindungen mit Ölsäure und Schwefelsäure. In dieser letzteren Form soll es sich vor allem im Harn des Nilpferdes finden[2]. GARDNER fand für freies und gebundenes Cholesterin eine Konzentration von je ungefähr 0,1 mg%, nach CONDORELLI sollen gesunde Menschen bereits 15 mg des Ölsäureesters am Tage ausscheiden. Cholesteringaben sollen an sich wenig Einfluß auf den Umfang der Exkretion ausüben[3]. Bei verschiedenen Nierenerkrankungen erscheint Cholesterin in erheblich gesteigerter Menge im Harn, nicht jedoch bei Amyloidniere (GROSS). Ein sehr beträchtlicher Anteil des Cholesterins wird mit dem Eiweiß des Harns zusammen ausgefällt. TIETZ[4] fand eine Beziehung zu der Zahl der im Harn enthaltenen Epithelzellen, ein Zusammenhang mit dem Cholesterinspiegel des Blutes wird auch von GRUNKE bestritten[5].

Der Cholesteringehalt des Harns soll von besonders großem Einfluß auf dessen antihämolytischen Titer sein (CONDORELLI).

Gallensäuren sind im normalen Harn nicht nachweisbar, gehen aber bei verschiedenen Erkrankungen der Leber, auch bei Leberstauung infolge von Herzinsuffizienz[6] in ihn ein. Ihre Menge ist auch dann verhältnismäßig gering. Bei der Untersuchung einer Reihe von Fällen von mechanischem Ikterus fanden SCHMIDT und MERRILL[7] nur einmal 600, sonst immer unter 100 mg Gallensäure, berechnet als Glykocholsäure, in der Tagesmenge.

Zum Nachweis der Gallensäuren hat in letzter Zeit die HAYsche Probe[8] vielfach Eingang in die klinischen Laboratorien gefunden. Sie beruht darauf, daß Schwefelblumen in gewöhnlichem Harn nicht, wohl aber rasch in gallensäurehaltigem untersinken und damit auf der großen Oberflächenaktivität, die die Gallensäuren im Gegensatz zu den Bestandteilen des normalen und pathologischen Harns haben[9]. Nur verschiedene Eiweißabbauprodukte besitzen, eine wenn auch geringere Oberflächenaktivität. Aus Gründen mangelnder Spezifität ist die Probe von verschiedenen Autoren abgelehnt worden[10] von anderen ist sie als klinisch brauchbar anerkannt und wenigstens als Vorprobe zu langwierigeren Prüfungen empfohlen worden[10].

Auf den Urin Schwangerer ist die HAYsche Probe nicht anwendbar, da hier oberflächenaktive Stoffe anderer Art, vermutlich Eiweißderivate, in den Harn übergehen. Hier wird

[1] BRIEGER, P.: Über einen Fall von Chylurie. Hoppe-Seylers Z. **4**, 407 (1880).

[2] GARDNER, J. A. u. GAINSBOROUGH: Cholesterol secretion in the urine. Biochemic. J. **19**, 667 (1925). — CONDORELLI, L.: Sulla escrezione urinaria della colesterina. Policlinico, sez. prat. **33**, 796 (1926).

[3] GROSS: Zum Cholesterinstoffwechsel. Verh. dtsch. Ges. inn. Med. **1921**, 343.

[4] TIETZ, L.: Über das Verhalten des Cholesterins im Blut und in den Nieren, insbesondere über dessen Veränderung bei der Cholesterinurie. Frankf. Z. Path. **27**, 353 (1922).

[5] GRUNKE, W.: Über die Ausscheidung des Cholesterins im Harn. Biochem. Z. **132**, 543 (1922).

[6] SIMON, H.: Zur klinischen Verwertbarkeit der Hayprobe als klinische Leberfunktionsprüfung. Klin. Wschr. **2**, 488 (1923).

[7] SCHMIDT, C. u. MERRILL: The estimation of bile acids in urine. J. of biol. Chem. **58**, 601 (1923).

[8] MÜLLER, H.: Untersuchungen über die Brauchbarkeit der Hayprobe beim Nachweis der Gallensäuren im Urin. Schweiz. med. Wschr. **51**, 821 (1921) — Klin. Wschr. **3**, 445 (1924).

[9] LEPEHNE: Vergleichende Untersuchungen über den Bilirubin- und Gallensäurestoffwechsel. Klin. Wschr. **1**, 2031 (1922).

[10] BRULÉ u. GARBAN: La recherche des sels biliaires. C. r. Soc. Biol. **89**, 144 (1923).

aber die PETTENKOFERsche Probe mit Rohrzucker oder Furfurol und konz. Schwefelsäure in einem um so größeren Prozentsatz der Fälle positiv, je weiter die Gravidität fortgeschritten ist. Unmittelbar vor der Geburt scheiden 75, gleich nach ihr 95% der Frauen Gallensäuren aus. Im Wochenbett verschwinden die Gallensäuren rasch aus dem Harn[1].

Durch Aussalzung der gallensauren Salze mit Ammonsulfat hat MELLÈRE die PETTENKOFERsche Probe verfeinert (BRULÉ und GARBAN).

Zur quantitativen Bestimmung der Gallensäuren empfehlen SCHMIDT und MERRILL[2] Aussalzung der Gallensalze mit Magnesiumsulfat, Hydrolyse der Säuren und Bestimmung des frei gewordenen Aminostickstoffs nach WHIPPLE und HOOPER.

Kohlehydrate im Harn.

Die Chemie der Kohlehydrate ist in Bd. *3*, S. 113—159 behandelt. Daselbst finden sich auch die allgemeinen Hinweise auf die Methodik des Zuckernachweises, so daß im folgenden nur die spezielle Anwendung auf den Harn berücksichtigt zu werden braucht.

Normaler Harn gibt mit den üblichen Verfahren des Zuckernachweises, die auf der Reduktion von Schwermetalloxyden oder Nitroverbindungen beruhen, positive Ausschläge, die zum Teil auf die Anwesenheit von Harnsäure und Kreatinin zurückzuführen sind. Aber auch, wenn man diese durch LLOYDS Reagens beseitigt[3] oder sie in anderer Weise von der Beteiligung an diese Reaktion ausschließt[4], bleibt eine gewisse Reduktion über, die tatsächlich auf der Anwesenheit von Kohlehydraten im normalen Harn beruht. Ihr Betrag wird von verschiedenen Autoren ungefähr übereinstimmend mit 5—600 mg in 24 Stunden angegeben[5]. Bei diesen Kohlehydraten handelt es sich um ein Gemisch verschiedener Stoffe, zum Teil höherer Polysaccharide, während nur ein verhältnismäßig kleiner Teil aus Traubenzucker besteht. Der Betrag dieses Anteils wurde neuerdings mit einer überaus empfindlichen Methode zu weniger als 0,01% gemessen[6]. Bei Nephrosen liegt er etwas höher, bei Glomerulonephritis dagegen nicht. Vom Gesunden werden selbst ziemlich starke Gaben von Traubenzucker (bei FOLIN und BERGLUND 200 g) vertragen, ohne daß eine Steigerung der Zuckerausscheidung hervortritt. Dagegen üben die gewöhnlichen, gemischten Mahlzeiten einen deutlichen Einfluß im Sinne einer Erhöhung aus. Da auch Dextrine während mehrerer Tage nach der Aufnahme per os zu einem vermehrten Zuckergehalt des Harns führen, hat man an eine Veränderung der Polysaccharide der Nahrung bei der Zubereitung gedacht.

Diese Steigerung der Kohlehydratausfuhr im Harn hat man, um sie gegen die eigentliche Glucosurie abzusetzen, als Glucoresis bezeichnet. Über die Nahrungsstoffe, die sie verursachen, gehen die Meinungen auseinander. Teils werden sie für in der Nahrung vorgebildete, unverdauliche, körperfremde Kohlehydrate, teils auch für Stoffe von der Art des Lävulosans oder der Isosaccharose gehalten[7]. Auch mit dem Stoffwechsel der Darmbakterien hat man sie in Verbindung gebracht.

---

1 KLEESATTEL, H.: Über das Verhalten der Gallensäuren in Blut und Harn während der Schwangerschaft. Arch. Gynäk. **123**, 638 (1925).

2 SCHMIDT, C. u. MERRILL: Zitiert auf S. 292.

3 FOLIN, O. u. BERGLUND: A colorimetric method for the determination of sugar in normal human urine. J. of biol. Chem. **51**, 209 (1922).

4 BENEDICT, ST. u. OESTERBERG: A method for the determination of sugar in normal urine. J. of biol. Chem. **48**, 51 (1921).

5 NEUWIRTH, I.: A study of urinary sugar excretion. J. of biol. chem. **51**, 11 (1922). O. FOLIN und BERGLUND: Some new observations and interpretations with r' ference to transprortation, retention and excretion of carbohydrates. J. of biol. chem. **51**, 213 (1922).

6 HAWKINS, J. A., MAC KAY u. VAN SLYKE: Glucose in the urine of normal and nephritic subjects. J. of biol. Chem. **78**, 23 (1928).

7 GREENWALD, I., GROSS u. MAC GUIRE: Observations on the nature of the sugar of normal urine. J. of biol. Chem. **75**, 491 (1927).

Der Übergang größerer Mengen von Traubenzucker in den Harn wird dadurch verhindert, daß die Niere unterhalb eines gewissen Schwellenwertes den Plasmazucker vollkommen zurückhält. Wird diese Schwelle überschritten oder die Zuckerdichtigkeit der Niere aufgehoben, so kommt eine echte Glucosurie zustande. Der Schwellenwert zeigt erhebliche individuelle Unterschiede, indem einige Personen schon bei 0,16% Blutzucker eine erhebliche, andere bei 0,20% noch keine Glucosurie bekommen[1]. Erheblich verstärktes Zuckerangebot vom Darm her kann verhältnismäßig leicht zu einer Hyperglykämie, schwerer zu einer Glucosurie führen. Durch eine vorausgegangene Hungerperiode wird dem Übergang von Zucker in den Harn Vorschub geleistet, so daß er dann schon infolge ziemlich geringer Zufuhr von Polysaccharid eintreten kann[2] (Hungerdiabetes).

Die Regulierung des Blutzuckergehaltes wird im gesunden Organismus durch die Leber unter nervöser und hormonaler Steuerung durchgeführt. Die nervösen Vorgänge haben ihr Zentrum in der Medulla oblongata, die zentripetalen Fasern verlaufen im Vagus, die zentrifugalen im Splanchnicus. Verletzung des Zuckerzentrums durch den Zuckerstich (Piqûre) führen, ausreichenden Glykogengehalt der Leber vorausgesetzt, bei Kaninchen, Hunden und Fröschen zum Übergang erheblicher Zuckermengen in den Harn[3]. Bei der Infusion größerer Salzmengen[4], nach Vergiftung mit Kohlenoxyd[5] oder Beschränkung der Sauerstoffzufuhr, durch Morphin, Strychnin, Curare, Chloroform und andere Gifte kommt es leicht zu einer Glucosurie, die mit einer Reizung des Zuckerzentrums erklärt worden ist.

Die hormonale Steuerung beruht auf dem Antagonismus zwischen dem Adrenalin, dem Inkret des Nebennierenmarks, und dem Insulin, dem der LANGERHANSschen Inseln des Pankreas. Das Adrenalin veranlaßt einen Abbau von Leberglykogen, während andrerseits das Insulin die Glykogenie begünstigt. Exstirpation des Pankreas führt zu einer schweren und dauernden Glucosurie[6], Adrenalininjektion zu einer zwar vorübergehenden, aber ebenfalls intensiven Zuckermobilisation und -ausscheidung[7].

Man hat die Frage aufgeworfen, ob nicht die nervöse und die hormonale Regulierung der Lebertätigkeit dadurch miteinander verknüpft seien, daß die Übertragung der nervösen Impulse auf die Leberzelle auf dem Wege über die Nebenniere, durch Ausschüttung von Adrenalin, zustandekomme. Veranlassung dazu gab die Beobachtung, daß beim nebennierenlosen Kaninchen der Zuckerstich wirkungslos bleibt[8], trotzdem die Leber ihren Glykogengehalt behält[9]. Es ist aber von P. TRENDELENBURG und FLEISCHHAUER[10] nachgewiesen worden, daß

[1] MACKAY, R. L.: Observations on the renal threshold for glucose. Biochemic. J. **21**, 760 (1927).

[2] HOFMEISTER, F.: Über den Hungerdiabetes. Arch. f. exper. Path. **26**, 355 (1890).

[3] BERNARD, CL.: Leçons, cours du sémestre d'hiver **289** (1854/55). — SCHIFF, M.: Untersuchungen über die Zuckerbildung, S. 72. Würzburg 1859.

[4] FISCHER, M. H.: Versuche über die Hervorrufung und Hemmung der Glucosurie durch Salze. Pflügers Arch. **106**, 80 (1905); **109**, 1 (1906).

[5] ARAKI: Zitiert auf S. 286. — BANG, I. u. STENSTRÖM: Asphyxie und Blutzucker. Biochem. Z. **50**, 437 (1913).

[6] MERING, J. v. u. MINKOWSKI: Diabetes mellitus nach Pankreasexstirpation. Arch. f. exper. Path. **26**, 371 (1890).

[7] BLUM, F.: Weitere Beiträge zur Lehre vom Nebennierendiabetes. Pflügers Arch. **90**, 617 (1902).

[8] MAYER, A.: Sur le mode d'action de la piqûre diabétique. Rolle des capsules surrénales. C. r. Soc. Biol. **60**, 1123 (1906).

[9] KAHN, R. H. u. STARKENSTEIN: Über das Verhalten des Glykogens nach Nebennierenexstirpation. Pflügers Arch. **139**, 181 (1911).

[10] TRENDELENBURG, P. u. FLEISCHHAUER: Über den Einfluß des Zuckerstichs auf die Adrenalinsekretion der Nebenniere. Z. exper. Med. **1**, 369 (1903).

die nach dem Zuckerstich eintretende Adrenalinvermehrung nicht annähernd so groß ist wie die zur Erzeugung einer Glucosurie notwendige Konzentration. Man muß daher noch mit einer direkten, in ihrem Mechanismus allerdings noch unaufgeklärten Wirkung der Nervenreize auf die Leberzelle rechnen.

Der menschliche Diabetes mellitus kommt, wie schon die Erfolge der Insulintherapie zeigen, in der überwiegenden Mehrzahl der Fälle durch Schädigungen des Pankreas zustande, die zu einer Einschränkung der Funktion der LANGERHANSschen Inseln führen.

In ihrem Mechanismus vollständig verschieden ist die Glucosurie, die durch subcutane Zufuhr von Phlorrhizin, einem Glucosid aus der Wurzelrinde des Apfelbaums, herbeigeführt wird. Der Angriffspunkt dieses Giftes ist die Niere, deren Zuckerdichtigkeit aufgehoben wird. So kommt es zu einem ständigen Abfluß des an sich nicht zu stark konzentrierten Blutzuckers und durch die ständige Nachfüllung aus den Reserven der Leber schließlich zu deren vollständiger Verarmung an Glykogen[1]. Auf einer vermehrten Durchlässigkeit für Traubenzucker beruhen die Schwangerschaftsglucosurien, die besonders bei Zuckerbelastung manifest werden[2].

Quellen des Traubenzuckers sind die Kohlehydrate der Nahrung, vor allem die Stärke und ein Teil der Eiweißbausteine, so das Glykokoll, Alanin, Asparaginsäure u. a. Die Zuckerbildung aus Fett ist umstritten und besitzt kaum praktische Bedeutung.

Zum Nachweis der Glucose im Harn benutzt man die weniger empfindlichen unter den Reduktionsproben: die TROMMERsche, bei der Kupferhydroxyd von anwesendem Zucker mit lasurblauer Farbe in Lösung genommen und beim Erwärmen zunächst zu gelbem Kupferhydroxydul reduziert wird, aus dem alsbald unter Wasserabspaltung das rote Kupferoxydul entsteht. Die Kupfermenge muß sehr genau dosiert werden, da ein Zuwenig Braunfärbung des überschüssigen Zuckers durch Alkali (MOOREsche Probe), ein Zuviel Ausfallen von schwarzem Kupferoxyd verursacht. NYLANDERsche Probe: Eine alkalische Wismut-Tartratlösung wird in Anwesenheit von Zucker bei längerem Kochen geschwärzt.

Die Reduktionsproben, die nicht streng spezifisch für Zucker sind, müssen durch solche ergänzt werden, die nur von Zuckern gegeben werden. Dahin gehört die Osazonbildung mit Phenylhydrazin, die allerdings aus epimeren Zuckern identische Produkte entstehen läßt, z. B. aus d-Glucose, d-Mannose und d-Fructose d-Glucosazon, und die Vergärung, die Hexosen (und andere Zucker mit durch 3 teilbarer Kohlenstoffatomzahl) angreift. Glucose und Fructose werden leicht, Galaktose nur von besonderen Heferassen angegriffen, andere im Harn vorkommende Zucker, wie Pentosen und Milchzucker gar nicht. Charakteristische Farbenreaktionen besitzen die Aldohexosen nicht.

Zur quantitativen Bestimmung werden benutzt:

1. Die Vergärung in einer quantitativen Ausgestaltung, die ihr von LOHNSTEIN gegeben worden ist[3]. Der Druck der bei der Vergärung erzeugten Kohlensäure treibt eine Quecksilbersäule an einer Skala in die Höhe, an der unmittelbar der Prozentgehalt des Traubenzuckers abgelesen werden kann.

2. Die polarimetrische Bestimmung des Drehungswinkels α, den der Harn der Ebene des polarisierten Lichtes erteilt. Aus ihm, aus der spezifischen Drehung des Traubenzuckers (+ 52,5°), der Schichtdicke (gewöhnlich 2 dm) und dem spezifischen Gewicht, das übrigens bei Harn in der Regel vernachlässigt werden kann, läßt sich der Prozentgehalt errechnen. Die Resultate der polarimetrischen Bestimmung fallen infolge der Linksdrehung des normalen Harns in der Regel um ca. 0,2% zu niedrig aus.

3. Die Reduktionsmethoden. Sie beruhen meist auf dem alten Verfahren von FEHLING, bei dem eine gegebene Kupfermenge durch aufeinanderfolgende Zusätze der zuckerhaltigen Lösung reduziert wird. Die Möglichkeit des Erwärmens von Zucker mit überschüssigem Kupfer in alkalischer Lösung ist durch einen Zusatz von Weinsäure gegeben, die ihrerseits das Kupferhydroxyd in Lösung hält, ohne es zu reduzieren. Die am meisten benutzten

---

[1] v. MERING: Über Diabetes mellitus. Z. klin. Med. **14**, 405 (1888); **16**, 431 (1889).
[2] FRANK, E.: Über renalen Diabetes. Ther. Gegenw. **62**, 167 (1921).
[3] LOHNSTEIN, TH.: Über Gärungssaccharometer. Münch. med. Wochenschr. **46**, 1671. (1899).

Ausführungsformen sind die nach BERTRAND[1] und LEHMANN-MAQUENNE[2]. Bei der ersteren wird das ausgeschiedene Kupferoxydul in Gegenwart von Schwefelsäure in Eisenoxydsulfat gelöst und die entstandene, dem reduzierten Kupfer äquivalente Menge von Eisenoxydulsalz mit Kaliumpermanganat titriert, bei der zweiten das unreduziert gebliebene Kupfer mit Jodkali in schwefelsaurer Lösung umgesetzt, wobei für 1 Atom Kupfer 1 Atom Jod frei wird und dieses mit Natriumthiosulfat zurücktitriert. Die Bedingungen sind so gewählt, daß ein erneutes Freiwerden von Jod während der Titration nicht zu fürchten ist.

Neuerdings sind verschiedentlich Versuche unternommen worden, die Spezifität der Reduktionsmethoden für Traubenzucker durch Variation der Alkalität der Lösungen zu erhöhen[3].

Pentosen. Pentosurie wurde zum ersten Male von SALKOWSKI und JASTROWITZ[4] beobachtet. Sie ist eine anscheinend nicht so überaus seltene Stoffwechselstörung, die nur deshalb in der Regel nicht gefunden wird, weil sie keine Beschwerden verursacht. Gelegentlich tritt sie als Begleiterscheinung des Diabetes mellitus auf[5]. Da Pentosen vom Menschen verhältnismäßig langsam umgesetzt werden, kommt es bei reichlicher Aufnahme leicht zu ihrem Übergang in den Harn[6]. Die eigentliche Pentosurie neigt zu familiärer Verbreitung. Der im Harn erscheinende Zucker ist in manchen Fällen dl-Arabinose[7], in anderen eine noch nicht rein dargestellte Ketoxylose der unnatürlichen d-Reihe[8]. Der Mechanismus der Genese der Harnpentosen ist noch ganz unklar.

Nachweis und Bestimmung der Pentosen gründen sich auf ihre Fähigkeit, beim Destillieren mit 12,5proz. Salzsäure in Furfurol überzugehen, während die Aldohexosen unter diesen Umständen Lävulinsäure, die Ketohexosen ein Oxymethylfurfurol bilden. Das Furfurol gibt mit den Phenolen Orcin (Dioxytoluol) und Phloroglucin (symm. Trioxybenzol) Kondensationsprodukte, von denen das erste mit blaugrüner, das zweite mit kirschroter Farbe in Amylalkohol übergeht. Die Lösung des Orcinfarbstoffs zeigt bei der spektroskopischen Betrachtung einen Streifen in der Nähe der *D*-Linie, die des Phloroglucinfarbstoffs einen solchen im Grün nahe der *E*-Linie.

Unter gleichmäßigen Bedingungen ist die Furfurolausbeute sehr konstant, so daß durch Wägung des Furfurolphloroglucids eine Bestimmung der Pentosen durchgeführt werden kann[9].

Die Pentosen sind unvergärbar. Ihre Osazone sind in Wasser genügend löslich, um durch Umkrystallisieren daraus rein dargestellt werden zu können.

Von ZLATAROFF[10] ist bei einem Diabetiker die Ausscheidung von *Rhamnose* (Menthylpentose) beobachtet worden.

---

[1] BERTRAND, G.: Bull. de la soc. chimique de Paris **35**, **III** 1285 (1906).

[2] MAQUENNE, L.: Bull. de la soc. chimique de Paris **19**, **III**, 926 (1898). LEHMANN, F.: Inauguraldiss. Marburg 1908.

[3] BENEDICT, ST.: The determination of blood sugar. Journ of biol. chem. **64**, 207 (1925). FOLIN, O. und SVEDBERG, The determination of sugar in urine and blood. Journ. of biol. chem. **70**, 405 (1926).

[4] SALKOWSKI, E. u. JASTROWITZ: Über das Vorkommen von Pentaglykosen im Harn. Zbl. med. Wissensch. **1892**, 337, 593 — Über Pentosurie, eine neue Anomalie des Stoffwechsels. Berl. klin. Wschr. **1895**, 364 — Über das Vorkommen von Pentosen im Harn. Hoppe-Seylers Z. **27**, 507 (1899).

[5] KÜLZ, E. u. VOGEL: Über das Vorkommen von Pentosen im Harn bei Diabetes mellitus. Z. Biol. **32**, 185 (1895). — KLERCKER, H.: Beitrag zur Lehre von der Pentosurie. Dtsch. Arch. klin. Med. **108**, 277 (1912).

[6] NEUBERG, C. u. WOHLGEMUTH: Über das Schicksal der 3 Arabinosen im Kaninchenleibe. Ber. dtsch. chem. Ges. **35**, 41 (1902).

[7] NEUBERG, C.: Bemerkungen über den Zucker im Pentosurikerharn. Ber. dtsch. chem. Ges. **33**, 2243 (1900) — Biochem. Z. **56**, 506 (1913). — CAMMIDGE, P. J. u. HOWARD: Seven cases of essential pentosuria. Brit. med. J. **3125**, 777 (1920).

[8] ZERNER, E. u. WALTUCH: Zur Frage des Pentosuriezuckers. Biochem. Z. **58**, 410 (1914). — LEVENE, P. A. u. LA FORGE: On pentosuria. J. of biol. Chem. **15**, 481 (1913); **18**, 319 (1914). — HILLER, A.: Ebenda **30**, 129 (1917).

[9] TOLLENS, C.: Nachweis und Bestimmung der reduzierenden Zucker. Handb. der biochemischen Arbeitsmethoden **2**, 128 (1910).

[10] ZLATAROFF, As.: Über eine neue Art von Glucosurie: Gluco-Methylpentosurie. Hoppe-Seylers Z. **97**, 28 (1916).

d-Fructose kommt, vor allem in schwereren Fällen, bei Diabetes mellitus neben Glucose im Harn vor. Ihre Gegenwart verrät sich dadurch, daß ihre starke Linksdrehung die Rechtsdrehung der Glucose soweit abschwächt, daß große Differenzen zwischen den titrimetrisch und polarimetrisch ermittelten Werten auftreten. Der exakte Nachweis neben großen Traubenzuckermengen ist nicht ganz leicht.

Fructose bildet (wie auch Sorbose) beim Erhitzen in 12,5% salzsäureenthaltender Lösung Oxymethylfurfurol, das sich mit Resorcin zu einem lebhaft roten, in Amylalkohol löslichen Farbstoff kondensiert. Die ursprünglich von SELIWANOFF gefundene Reaktion ist nur bei Anwendung gewisser Vorsichtsmaßregeln zuverlässig[1]. Fructose gibt weiter beim Erhitzen mit Molybdänsäure in essigsaurer Lösung eine schöne Blaufärbung, während die anderen Zucker meist erst nach längerer Zeit und viel schwächer reagieren[2]. Mit Hilfe ihrer schwerlöslichen Kalkverbindung kann die Fructose aus Harnen isoliert werden[3]. Charakteristisch ist auch das von NEUBERG erhaltene Methylphenylosazon der Fructose, das aus Alkohol in sehr feinen gelblichen Nädelchen vom Schmelzpunkt 158—160° krystallisiert und in Pyridinalkohol (0,2 g in 10 ccm) um 1,4° nach rechts dreht[4].

Galaktose ist von LANGSTEIN und STEINITZ[5] im Harn darmkranker Säuglinge neben Milchzucker gefunden worden. Sie vergärt mit einigen Heferassen, aber langsamer, als Glucose. Zur Identifizierung kann das Osazon dienen, das bei 194° schmilzt. Bei Abwesenheit von Milchzucker kann man auch durch Oxydation mit konzentrierter Salpetersäure Schleimsäure gewinnen, die durch ihre geringe Löslichkeit in Wasser, ihren Schmelzpunkt von 217° und das Fehlen der optischen Aktivität (das einzige Asymmetrieelement der Galaktose geht durch die Oxydation verloren) charakterisiert ist.

Von Disacchariden kommt *Maltose* gelegentlich im Harn von Diabetikern vor[6]. Sie steigert infolge ihrer hohen spezifischen Drehung die polarimetrischen Zuckerwerte weit über die titrimetrischen hinaus, während nach Hydrolyse mit Salzsäure Übereinstimmung innerhalb der gewöhnlichen Fehlergrenzen eintritt. Nach eigenen Erfahrungen kann das Maltosazon durch Auslaugen mit 60° warmem Wasser von Glucosazon getrennt werden. Es schmilzt bei 202° und 0,2 g in 10 ccm Pyridinalkohol drehen um 1,3° nach rechts, in Eisessig dreht das Osazon dagegen nach links.

Milchzucker erscheint außer im Harn kranker Säuglinge[6] auch in dem stillender Frauen bei Milchstauung[7].

Da ungespaltener Milchzucker nicht resorbiert wird, ist eine alimentäre Lactosurie beim Gesunden kaum zu erzielen[8]. Injizierter Milchzucker wird dagegen ungenutzt durch die Niere zur Ausscheidung gebracht.

Milchzucker besitzt die gleiche spezifische Drehung wie Traubenzucker (+52,5°) und reduziert FEHLINGsche Lösung, wenn auch etwas schwächer als Glucose. Sein Osazon krystallisiert aus Wasser, in dem es ziemlich leicht löslich

---

[1] ADLER, R. u. O.: Über einige Reaktionen der Kohlehydrate. Pflügers Arch. **106**, 323 (1905).

[2] PINOFF, O. u. GUDE: Einfacher Nachweis der Lävulose neben anderen Zuckern. Chem.-Ztg **38**, 625 (1914).

[3] KÜLZ, E.: Über das Vorkommen eines wahren, linksdrehenden Zuckers im Harn. Z. Biol. **27**, 23 (1890).

[4] NEUBERG, C. u. STRAUSS: Über Vorkommen und Nachweis von Fruchtzucker in menschlichen Körpersäften. Hoppe-Seylers Z. **36**, 231 (1902) — Notiz über den Nachweis von Fructose neben Glucosamin. Ebenda **45**, 500 (1905).

[5] LANGSTEIN, L. u. STEINITZ: Lactose- und Zuckerausscheidung beim magendarmkranken Säugling. Beitr. chem. Physiol. u. Path. **7**, 575 (1906).

[6] GEELMUYDEN, H. CHR.: Über Maltosurie beim Diabetes mellitus. Z. klin. Med. **58**, 1 (1905); **63**, 527 (1907).

[7] HOFMEISTER, F.: Über Lactosurie. Hoppe-Seylers Z. **1**, 101 (1877).

[8] MÜLLER, W.: Die Ausscheidung des Zuckers im Harn des gesunden Menschen. Pflügers Arch. **34**, 576 (1884).

ist, in kugeligen Aggregaten feiner Nadeln und schmilzt bei 200°. Bei der Oxydation milchzuckerhaltiger Harne mit konzentrierter Salpetersäure (20 ccm von spezifischem Gewicht 1,4 auf 100 ccm Harn) entsteht aus dem Galaktoseanteil des Milchzuckers Schleimsäure (s. S. 297)[1].

Rohrzucker geht ebenfalls nur nach subcutaner Injektion in den Harn über. Er wird daran erkannt, daß die Fähigkeit zur Reduktion und Osazonbildung fehlt und erst nach Hydrolyse auftritt, während Rechtsdrehung — $(\alpha)_D = +66{,}5°$ — und Vergärbarkeit von vornherein vorhanden sind.

*Dextrin*artige Körper sind von LANDWEHR[2] im Harn gefunden worden. Sie besitzen hohe Rechtsdrehung und fallen bei dem Versuch, sie durch Kupferreduktion nachzuweisen, als Kupferverbindungen aus (tierisches Gummi).

Inosit, Hexaoxyhexahydrobenzol (vgl. Bd. 8, 1, S. 460) ist im normalen Harn in kleinen Mengen enthalten[3], wird aber nach Zufuhr größerer Wassermengen oder nach einer durch Salzfütterung erzwungenen reichlicheren Wasseraufnahme[4] in großen Mengen ausgeschieden. Beim Diabetes insipidus sind Tagesausscheidungen von 12 g beobachtet worden[5]. In den Versuchen von NEEDHAM trat durch die starke Erhöhung der Inositausfuhr keine Verarmung der Gewebe ein.

Zur Bestimmung des Inosits wird nach NEEDHAM[6] der Harn eingeengt, mit Gips zu einer bröckeligen Masse verrührt, diese mit verdünntem Aceton extrahiert und der Inosit über die Bleiverbindung isoliert und schließlich aus der konzentrierten Lösung durch Alkohol gefällt.

Der Inosit krystallisiert in blumenkohlartigen Aggregaten und schmilzt, nachdem er von 210° an gesintert hat, bei 217°. Durch konzentrierte Salpetersäure wird er zu Rhodizonsäure $C_6(OH)_2(O_2)_2$ (Dioxydichinon) oxydiert. Dieses Verhalten wird zum Nachweis des Inosits benutzt, indem man entweder nach SCHERER den Rückstand der Salpetersäureoxydation mit Chlorcalcium oder nach SEIDEL mit Strontiumacetat versetzt. Im ersten Fall entsteht eine rosenrote, im zweiten eine violette Farbe.

Dysoxydative Carbonurie. Bei verschiedenen pathologischen Zuständen kommt es zu einer Mehrausfuhr von Kohlenstoff durch den Harn. Diese erklärt sich in manchen Fällen durch den Zuckergehalt des Harns, kann aber auch auf Störungen im intermediären Stoffwechsel anderer Nahrungsstoffe, als der Kohlehydrate, hervorgerufen sein. Die Erscheinungen, die in ihrer Grundlage und Äußerung sehr verschiedenartig sein können, werden von BICKEL unter dem Namen einer dysoxydativen Carbonurie zusammengefaßt, die wiederum in eine glykosurische und eine aglykosurische Form unterschieden wird[7].

---

[1] BAUER: Eine oxydative Methode zum chemischen Nachweis von Galaktose und Milchzucker im Harn. Hoppe-Seylers Z. **51**, 159 (1907).

[2] LANDWEHR, H.: Ein neues Kohlehydrat (tierisches Gummi) im Harn des Menschen. Hoppe-Seylers Z. **8**, 122 (1883/84) — Pflügers Arch. **39**, 193 (1886) — Über die Bedeutung des tierischen Gummis. Ebenda **40**, 21 (1887).

[3] ROSENBERGER, F.: Nachweis von Inosit in tierischen Geweben und Flüssigkeiten. Hoppe-Seylers Z. **56**, 373 (1908); **57**, 464 (1908); **58**, 369 (1909). — STARKENSTEIN, E.: Über Inositurie und die physiologische Bedeutung des Inosits. Z. exper. Path. u. Ther. **5**, 378 (1908).

[4] NEEDHAM, J.: Studies on inositol. II. The synthesis of inositol in the animal body. Biochemic. J. **18**, 891 (1924).

[5] VOHL, H. A.: Über das Auftreten des Inosits im Harn bei Nierenkrankheiten. Arch. physiol. Heilk. II. S., **2**, 410 (1858). — HOPKINS, F. G.: Zitiert nach NEEDHAM, Anm. 4.

[6] NEEDHAM, J.: Studie on insitol. I. A method of quantitative estimation. Biochemic. J. **17**, 423 (1923).

[7] BICKEL, A. u. KAUFFMAN-COSLA: Zur pathologischen Physiologie und Klinik der dysoxydativen Carbonurie. Virchows Arch. **259**, 186 (1926).

Eiweißkörper im Harn.

Normaler Harn enthält nur äußerst geringe Mengen von Eiweiß, die sich beim Stehen mit Zellelementen zusammen als Nubecula absetzen. Sie entstammen zum Teil den abführenden Harnwegen, für einen albuminartigen Anteil zieht man aber auch die Herkunft aus dem Körperinneren in Betracht[1]. Von den üblichen Eiweißproben werden diese geringe Mengen nicht erfaßt, man kann sie nur durch Schütteln des essigsauer gemachten Harns mit Chloroform, Äther oder Amylalkohol ausfällen und dann den um die Chloroformtröpfchen abgeschiedenen Niederschlag, der neben Eiweiß auch eiweißfällende Substanzen, wie Chondroitinschwefelsäure und Nucleinsäure enthält, den eigentlichen Nachweismethoden zugeführt[2]. Da die Ausflockung durch die krystalloiden Bestandteile des Harns gehemmt wird, läßt man zweckmäßig eine 24stündige Dialyse vorangehen[3]. Die Menge des im normalen Harn vorkommenden Eiweißes beziffert Mörner auf 22—78, im Mittel 36 mg im Liter. Eine Steigerung dieser Menge bis in den Bereich der Nachweisbarkeit durch die üblichen Eiweißproben kommt, auch ohne daß eigentlich pathologische Momente vorliegen, gelegentlich vor, z. B. nach starker Arbeit oder eiweißreichen Mahlzeiten (physiologische Albuminurie). Das Auftreten größerer Mengen von Eiweiß im Harn deutet dagegen immer auf das Vorliegen schwerer Störungen, vor allem an den Nieren, hin.

Zum Nachweis von Eiweiß im Harn kommen die Farbenreaktionen nicht in Betracht, da sie an Gruppen im Molekül haften, die auch in einigen in den Harn übergehenden Stoffwechselprodukten der Eiweißbausteine noch enthalten sind. So ist die Millonsche Probe wegen der Phenole, die von Adamkiewicz wegen des Indicans nicht anwendbar. Man bedient sich vielmehr der Fällungsproben, die immer möglichst sämtlich am klar filtrierten Harn angestellt werden sollen.

1. Die Kochprobe beruht darauf, daß die Proteine bei einem gewissen Neutralsalz- und Wasserstoffionengehalt der Lösung denaturiert und ausgeflockt werden. Die optimale Reaktion liegt nahe dem Umschlagspunkt des Alizaringelb und wird durch Zusatz von wenig verdünnter Essigsäure nach dem Aufkochen hergestellt. Der nötige Salzgehalt ist im Harn in der Regel vorhanden. Die Eiweißkörper des Harns koagulieren zwischen 55 und 82°.

2. Die Hellersche Ringprobe. Beim Unterschichten mit konzentrierter Salpetersäure werden die Harnproteine in schwerlösliche Acidalbuminate umgewandelt, die sich als Grenzschicht zwischen beiden Flüssigkeiten absetzen.

3. Eiweißfällende Reagenzien sind in großer Zahl in die Laboratoriumspraxis eingeführt worden. Die wichtigsten unter ihnen sind Ferrocyanwasserstoffsäure, Metaphosphorsäure, Sulfosalicylsäure, Jodquecksilber-Jodkali (Tanrets Reagens), Sublimat in einer weinsäure- und rohrzucker- oder glycerinenthaltenden Lösung (Spieglers Reagens), Pikrinsäure und andere. Ein Teil von ihnen ist schon vorher bei der Untersuchung der Alkaloide verwendet worden.

Die quantitative Bestimmung der Eiweißkörper erfolgt durch Koagulation in Gegenwart von Natriumbiphosphat, das zugleich den Salz- und den H-Ionengehalt reguliert, Abfiltrieren und Auswaschen des Niederschlags. Der getrocknete Niederschlag wird entweder zur Wägung gebracht oder sein Stickstoffgehalt nach Kjeldahl bestimmt und durch Multiplikation mit 6,25 auf Eiweiß umgerechnet.

Die Eiweißkörper des Harns können in derselben Weise, wie die des Blutes, fraktioniert ausgesalzen werden[3]. Die einzelnen Fraktionen erweisen sich dabei denen der Blutproteine in ihrem Verhalten, besonders auch in dem Drehungsvermögen, sehr ähnlich. Nur bei der Eklampsie kommt dem Harneiweiß ein

---

[1] Pribram, H. u. Herrnheiser: Zur Kenntnis der adialysablen Bestandteile des menschlichen Harns. Biochem. Z. **111**, 30 (1920).

[2] Plosz, P.: Untersuchungen über den Eiweißgehalt normalen Harns. Malys Jber. Tierchem. **20**, 215 (1890). — Mörner, K. A. H.: Untersuchungen über die Proteinstoffe und die eiweißfällenden Substanzen des normalen Menschenharns. Skand. Arch. Physiol. (Berl. u. Lpz.) **6**, 403 (1895).

[3] Pohl, J.: Ein neues Verfahren zur Bestimmung des Globulins im Harn. Arch. exper. Path. **20**, 426 (1886).

niedrigeres, dem des Lactalbumins ähnliches Drehungsvermögen zu[1]. Das Verhältnis der Albumin- und Globulinfraktion wechselt in außerordentlich weiten Grenzen, in der Regel überwiegen aber die Albumine. In Fieberharn, bei Lipoidnephrose und Amyloidniere finden sich indessen verhältnismäßig hohe Globulinwerte. Bei Amyloidniere und Brightscher Krankheit sind sogar recht deutliche Unterschiede in der qualitativen Zusammensetzung der Harnproteine zu erkennen, indem bei der ersteren das Eiweiß weniger Gesamt-N, aber mehr Ammoniak, Cystin und Histidin, weniger Arginin und Lysin, mehr Tyrosin, aber nur etwa halb so viel Tryptophan enthält, als im anderen Falle[2].

Fibrinogen geht manchmal in solchen Mengen in den Harn über, daß es zur Gerinnselbildung kommt[3].

Peptone wurden im Harn zuerst von Krehl und Matthes[4] gefunden. Sie finden sich den höheren Eiweißkörpern ziemlich häufig beigemischt. Sie werden nach Entfernung der höheren Proteine durch Aussalzen gewonnen und durch die Biuretprobe in dem wieder aufgelösten Niederschlag nachgewiesen.

Den Peptonen in mancher Beziehung ähnlich ist der eigentümliche, von Heller zuerst beobachtete, 1848 von Bence-Jones beschriebene und nach ihm benannte Eiweißkörper[5]. Er ist dadurch ausgezeichnet, daß er beim Erhitzen zwischen 45 und 60° ausfällt, in der Siedehitze aber vollständig oder zum großen Teil wieder in Lösung geht. Er ist von Magnus-Levy[6] krystallisiert erhalten worden und erscheint in manchmal sehr großer Menge — bis zu 20 g täglich — im Harn von Patienten mit bösartigen Knochenmarkstumoren[7], aus dem er sich durch $^2/_3$-Sättigung mit Ammonsulfat gewinnen läßt. Von Magnus-Levy wurde eine Abstammung aus Proteinen der Nahrung angenommen, Abderhalden und Rostoski[8] dagegen kamen auf Grund der Analyse seiner Bausteine zu dem Schluß, daß es sich um ein endogenes Produkt handeln muß.

Manche Harne werden beim Zusatz von Essigsäure opalescierend oder trübe. In ihnen lassen sich nach Entfernung der Salze durch Dialyse Mucin oder Nucleoalbumin nachweisen[9].

Proteinsäuren.

Als Oxydationsprodukte von Eiweißkörpern wurden die sog. Proteinsäuren angesprochen, die sich von anderen Harnbestandteilen durch die Löslichkeit ihrer Baryt- und die Unlöslichkeit der Quecksilbersalze trennen lassen[10]. Neuere Untersuchungen haben aber gezeigt, daß hier recht verschiedene Stoffe zu einer

[1] Hynd, A.: On the nature of urinary protein, with special reference to eklampsia. Lancet **209**, 910 (1925).

[2] Sammartino, U.: Über die Eiweißkörper im Harn bei Amyloidose der Niere und bei Brightscher Nierenkrankheit. Biochem. Z. **133**, 85 (1922).

[3] Kutner, H. B.: Über Fibrinurie. Dissert. Berlin 1907.

[4] Krehl, L. u. Matthes: Untersuchungen über den Eiweißzerfall im Fieber und über den Einfluß des Hungers auf denselben. Arch. f. exper. Path. **40**, 436 (1898).

[5] Bence-Jones, M. I.: Philos. Transactions of the Royal society of London **1** (1848).

[6] Magnus-Levy, A.: Über den Bence-Jonesschen Eiweißkörper. Hoppe-Seylers Z. **30**, 200 (1900).

[7] Literatur bei A. Ellinger: Das Vorkommen des Bence-Jonesschen Eiweißkörpers bei Tumoren des Knochenmarks. Dtsch. Arch. klin. Med. **62**, 235 (1899).

[8] Abderhalden, E. u. Rostoski: Über den Bence-Jonesschen Eiweißkörper. Hoppe-Seylers Z. **46**, 125 (1905). — Hopkins, F. G.: A study of Bence-Jones protein. J. of Physiol. **42**, 189 (1911).

[9] Mörner, K. A. H.: Zitiert auf S. 238.

[10] Bondzynski, St., Dombrowski u. Panek: Über eine Gruppe von stickstoff- und schwefelhaltigen Säuren, die im normalen menschlichen Harn enthalten sind. Hoppe-Seylers Z. **46**, 83 (1905). — Dombrowski u. Browinski: Ebenda **77**, 92 (1912). — Ginsberg, W.: Über das Mengenverhältnis und die physiologische Bedeutung der Oxyproteinsäurefraktion im Harn. Beitr. chem. Physiol. u. Path. **10**, 411 (1907).

Klasse zusammengefaßt worden sind. Die früher Oxyproteinsäure genannte Substanz besteht fast vollständig aus Harnstoff, während die Antoxyproteinsäure vorwiegend Aminosäurestickstoff enthält, also wohl polypeptidartigen Charakter hat[1]. Die älteren Befunde erklären sich vermutlich daraus, daß vor der Baryt- und Quecksilberfällung die Harnkolloide nicht entfernt wurden[2].

Fermente.

In den Harn gehen verschiedene Fermente über. Die schon länger bekannte Lipasewirkung wurde neuerdings von BLOCH[3] näher untersucht und viel schwächer als die des Serums gefunden. Sie erfährt bei entzündlichen und degenerativen Nierenerkrankungen eine erhebliche, bei Herdnephritis und Leberleiden nur eine mäßige Steigerung. Gegen Chinin ist die Harnlipase resistent, also mit der des Blutes nicht identisch. Mit anderen Blutbestandteilen kann jedoch auch chininempfindliche Serumlipase in den Harn gelangen.

Diastase ist ebenfalls im normalen Harn ständig enthalten. Sie entstammt augenscheinlich dem Pankreas, da sie nach dessen Exstirpation verschwindet[4] und auch bei Pankreaserkrankungen fast immer vermindert gefunden wird[5]. Ihre Bestimmung erfolgt nach WOHLGEMUTH[6] durch Ermittlung der Stärkemenge, die durch 1 ccm Harn in einer gegebenen Zeit gespalten wird. Die Menge wird durch Einnahme eines Diastasepräparats gesteigert[7]. An und für sich ist die Ausscheidung nicht gleichmäßig, sie sinkt während der Nacht auf ein Minimum, wird aber morgens auch ohne Nahrungsaufnahme reichlicher[8]. Ebenso sind die Mahlzeiten an einer Erhebung der Kurve zu erkennen. Der Diastasebestimmung im Harn wird eine erhebliche Bedeutung für die Erkennung von Pankreaserkrankungen zugeschrieben[9], jedoch soll das Verhalten bei Diabetes mellitus nicht sehr charakteristisch sein[10]. Ein kontinuierliches Anwachsen der amylolytischen Kraft des Harns zeigt sich in der Gravidität[11].

Von Proteasen finden sich Pepsin — zumeist in Gestalt seines Proferments Pepsinogen —, Trypsin und Erepsin im Harn. Die Ausscheidung des Pepsins beginnt schon in der ersten Lebenswoche[12], die Tageskurve ist der der Diastase ähnlich, insbesondere ist auch hier während und gleich nach der Verdauung eine Vermehrung zu bemerken[13]. Beim Übergang von Eiweiß in den Harn ist auch

---

[1] EDLBACHER, S.: Über die Proteinsäuren des Harns. Hoppe-Seylers Z. **120**, 71 (1922); **127**, 186 (1923).

[2] FREUND, E. u. SITTENBERGER-KRAFFT: Zur Kenntnis des „Oxyproteinsäure“ genannten Harnbestandteils. Biochem. Z. **157**, 261 (1925).

[3] BLOCH, E.: Untersuchungen über Urinlipase. Z. exper. Med. **35**, 416 (1923).

[4] ZUMMO, C.: Gli effetti della estirpazione del pancreas sull'amilasi dell'urina. Boll. Soc. Biol. sper. **2**, 696 (1927).

[5] PERMIN, C.: De l'élévation du taux diastasique dans l'urine. Rev. de Chir. **43**, 34 (1924).

[6] WOHLGEMUTH, J.: Über eine neue Methode zur Bestimmung des diastatischen Ferments. Biochem. Z. **9**, 1 (1908).

[7] MASUMIZU, Y.: The fate of amylase introduced into the body. Tohoku J. exper. Med. **5**, 1 (1924).

[8] COHEN, J.: The concentration of diastase in the urine throughout the day. Biochemic. J. **20**, 253 (1926).

[9] UNGER, E. u. HEUSS: Der diagnostische Wert der Wohlgemuthschen Probe bei akuten Pankreaserkrankungen. Zbl. Chir. **54**, 770 (1927).

[10] HARRISON, A. u. LAWRENCE: Diastase in blood and urine in diabetes mellitus. Brit. med. J. **3243**, 317 (1923).

[11] VERCESI, C.: Sul contenuto normale della diastasi del sangue, dell' urina etc. Fol. gynaec. (Genova) **18**, 309 (1923).

[12] THORLING, J.: Über proteolytische Enzyme im Harn. Upsala Läk. för. Förh. **31**, 39 (1926).

[13] PECZENIK, O. u. KAWAHARA: Über den Einfluß der Nahrung auf die Ausscheidung des Pepsinogens. Fermentforschg **9**, 97 (1926). — GOTTLIEB, E.: Sur la variation de la quantité de pepsinogène dans l'urine. C. r. Soc. Biol. **90**, 1172, 1175 (1924).

die Pepsinkonzentration gesteigert[1]. Im allgemeinen scheint die Pepsinausscheidung biologische Bedeutung nicht zu besitzen.

Hormone.

In neuester Zeit beginnt man auch dem Übergang von Inkreten in den Harn erhöhte Bedeutung zu schenken. *Adrenalin* fehlt im normalen Harn und wurde nur bei Graviden in einem geringen Prozentsatz der untersuchten Fälle gefunden[2]; es entgeht vermutlich der Ausscheidung durch seine große Zersetzlichkeit. Dagegen werden von zugeführtem Insulin bis zu 25% im Harn angetroffen[3]. Ovarialhormon wird in den ersten Tagen des Wochenbetts in großen Mengen in den Harn ergossen, ist aber schon von dem 5. Schwangerschaftsmonat an nachweisbar. Schon vor seinem Erscheinen, etwa vom 2. Monat an, findet sich das Hormon des Hypophysenvorderlappens[4].

Farbstoffe des Harns.

Über die Farbe des normalen Harns und ihre physiologische Bedeutung ist schon in der Einleitung (vgl. S. 234) berichtet worden. Ihr eigentliches Substrat ist bis jetzt sehr wenig erforscht, wenn es auch an Versuchen dazu nicht gefehlt hat. Von THUDICHUM wurde ihm der Name Urochrom gegeben. Zusammensetzung und Eigenschaften der Substanzen, die seitdem unter diesem Namen beschrieben worden sind, differieren indessen so beträchtlich und besonders die letzteren sind so wenig charakteristisch, ihre Beziehungen zu anderen Körperbestandteilen so undurchsichtig, daß eine eingehende Darstellung an dieser Stelle unmöglich ist und auf die Originalliteratur verwiesen werden muß[5].

Neuerdings hat WEISS[6] die Ansicht ausgesprochen, daß nur ein Teil der Harnfarbe durch einen gelben Farbstoff bedingt sei, für den er den Namen Urochrom beibehält. In pathologischen Fällen, vor allem bei Prozessen, die gleich der Lungentuberkulose mit pathologischem Eiweißabbau einhergehen, soll das Urochrom von seiner Vorstufe Urochromogen begleitet oder vertreten sein, die bei der Oxydation mit Kaliumpermanganat eine gelbgefärbte Verbindung liefert. Aber auch die Beziehungen des Urochromogens zur normalen Harnfarbe sind bis jetzt ganz ungeklärt.

In dem Urochromogen sieht WEISS, wie schon frühere Autoren, einen Verwandten der Gruppe der Proteinsäuren und andrerseits das Substrat der EHRLICHschen Diazoreaktion, einer Rotfärbung, die manche pathologische Harne (bei Typhus, Masern und Tuberkulose) beim Schütteln mit Diazobenzolsulfosäure geben. Nach HERRMANNS ist es allerdings ein Gemisch mehrwertiger Phenole, die dem Stoffwechsel des Tyrosins und Tryptophans entstammen, die zum Auftreten der Diazoreaktion Veranlassung geben[7].

[1] HEDIN, S. G.: Über proteolytische Enzyme im Harn. Skand. Arch. Physiol. (Berl. u. Lpz.) **46**, 316 (1925).

[2] DAL COLLO BONARETTI, M.: Sul contenuto in adrenalina nelle urine delle gravide. Arch. Ostetr. **17**, 467 (1923).

[3] FISHER, N. F. u. NOBLE: Excretion of insulin by kidneys. Amer. J. Physiol. **67**, 72 (1923).

[4] ASCHHEIM, S. u. ZONDEK: Hypophysenvorderlappenhormon und Ovarialhormon im Harn bei Schwangeren. Klin. Wschr. **6**, 1322 (1927).

[5] DOMBROWSKI, ST. u. BROWINSKI: Über Ausscheidung von Urochrom im Harn. Hoppe-Seylers Z. **54**, 390 (1907/08). — HOHLWEG, H.: Zur Kenntnis des Urochroms. Biochem. Z. **13**, 199 (1908). — SALOMONSEN, K. E.: Zur Kenntnis des Urochroms. II. Ebenda **13**, 205 (1908). — MANCINI, ST.: Zur Kenntnis des Urochroms. III. Ebenda **13**, 208 (1908). — GARROD, E.: A contribution to the study of the yellow colouring matter of the urine. Proc. roy. Soc. Lond. B **55**, 394 (1894).

[6] WEISS, M.: Die Farbstoffanalyse des Harns. Biochem. Z. **102**, 228 (1920).

[7] HERRMANNS, L. u. SACHS: Über das Wesen der Ehrlichschen Diazoreaktion. Hoppe-Seylers Z. **114**, 79 (1921); **122**, 98 (1922).

Gallenfarbstoff. Schon im normalen Harn läßt sich mit empfindlicheren Verfahren Bilirubin nachweisen. Das gelang zuerst beim Hundeharn[1], erst später im menschlichen[2]. Noch schwerer geht beim Pferde das im Blutserum kreisende Bilirubin in den Harn über[3]. Es scheint, daß Schwellenwerte der Bilirubinsekretion durch die Niere bestehen, die je nach der Art etwas verschieden sind. Steigerung der Bilirubinkonzentration im Serum führt zu einer vermehrten Ausscheidung durch die Nieren. Sie tritt vor allem bei mechanischem Ikterus, aber auch bei Erkrankungen der Leber, wie der akuten gelben Leberatrophie, bei Leberstauung und einigen Infektionskrankheiten ein.

Ein Gehalt an Gallenfarbstoffen erteilt dem Harn eine gelbgrüne bis gelbbraune Farbe, die auch am Schaum erkennbar ist und eine deutliche Färbekraft, während sonst auch bei dunklen Harnen Schaum und Filter farblos sind. Beim Versetzen mit Jod schlägt die Farbe in die grüne des Biliverdins um, wobei allerdings außer der Oxydation anscheinend noch eine Substitution durch Halogen eintritt[4]. Durch konzentrierte Salpetersäure, die eine Spur salpetrige Säure enthält, wird der Gallenfarbstoff ebenfalls zu Biliverdin und dann weiter zu verschieden gefärbten Produkten oxydiert. Unterschichtet man den Gallenharn mit der Säure, so lagern sich diese in Form verschiedenfarbiger Ringe übereinander, wobei der grüne des Biliverdins als des nächststehenden Oxydationsprodukts zu oberst, der Salpetersäure am fernsten, liegt (Probe von GMELIN). Wichtig für den Nachweis des Bilirubins ist ferner seine Fähigkeit, sich mit Diazoverbindungen zu schön gefärbten Azofarbstoffen zusammenzuschließen[5]. Beim Nachweis von Bilirubin neben anderen Farbstoffen kann man es zunächst durch Calciumchlorid und Ammoniak niederschlagen[6], wobei es in Bilirubinkalk übergeht und in dieser Form an überschüssiges Calciumphosphat adsorbiert wird. Zur quantitativen Bestimmung ist die Überführung in Biliverdin durch salpetrige Säure vorgeschlagen worden, das sich mit Amylalkohol extrahieren läßt und colorimetrisch bestimmt wird[7].

Urobilinogen und *Urobilin.* Das Urobilin wurde schon 1867 von JAFFÉ[8] beobachtet und durch seine Zinkreaktion charakterisiert. Erst 30 Jahre später erkannte SAILLET[9], daß es im Harn zunächst in Gestalt seiner Vorstufe Urobilinogen enthalten ist. Das Urobilin konnten H. FISCHER und MEYER-BETZ in reiner Form aus Harn gewinnen und mit dem schon vorher durchgreifend untersuchten Mesobilirubin, einem Reduktionsprodukt des Bilirubins, identifizieren[10]. Schon vorher hatte NEUBAUER[11] im Urobilinogen das Substrat der Farbenreaktion mit p-Dimethylaminobenzaldehyd entdeckt, die EHRLICH in gewissen Harnen gefunden hatte.

Urobilinogen wandelt sich rasch am Sonnenlicht oder durch ultraviolette Strahlen (Quarzlampe), langsamer im diffusen Tageslicht, am leichtesten in Gegenwart einer kleinen Spur von Faeces[12] in Urobilin um. Andrerseits kann

---

[1] VOSSIUS, A.: Bestimmungen des Gallenfarbstoffs in der Galle. Arch. f. exper. Path. **11**, 427 (442) (1879).

[2] OBERMAYER, F. u. POPPER: Über den Nachweis des Gallenfarbstoffs und dessen klinische Bedeutung. Wien. klin. Wschr. **1908**, 895.

[3] BEYERS, A.: Urobilinurie und Ikterus bei unseren pflanzenfressenden Haustieren. Dissert. Utrecht 1923.

[4] JOLLES, A.: Beiträge zur Kenntnis der Gallenfarbstoffe. Pflügers Arch. **75**, 446 (1899).

[5] PRÖSCHER, H.: Über Acetophenonazobilirubin. Hoppe-Seylers Z. **2**, 411 (1900).

[6] HUPPERT: Zitiert nach I. MUNK: Über den Nachweis von Gallenfarbstoff im Harn. Arch. Anat. u. Physiol. **1898**, 361.

[7] SABATINI, G.: Die quantitative Bestimmung des Gallenfarbstoffs im Harn. Klin. Wschr. **2**, 2031 (1923).

[8] JAFFÉ, M.: Zur Lehre von der Abstammung und den Eigenschaften der Harnpigmente. Virchows Arch. **47**, 405 (1869).

[9] SAILLET: De l'urobiline dans les urines normales. Rév. Méd. **17**, 109 (1897).

[10] FISCHER, H. u. MEYER-BETZ: Zur Kenntnis der Gallenfarbstoffe. II. Über das Urobilinogen des Urins und das Wesen der Ehrlichschen Aldehydreaktion. Hoppe-Seylers Z. **75**, 232 (1911).

[11] NEUBAUER, O.: Über die Bedeutung der neuen Ehrlichschen Farbenreaktion. Münch. med. Wschr. **50**, 1846 (1903).

[12] HOESCH, K.: Zur Urobilinogenurie. Biochem. Z. **167**, 107 (1926).

dieses unter der Einwirkung reduzierender Agenzien, wie Eisenoxydsalz, in Urobilinogen zurückverwandelt werden. Die Reduktion, mit der unter Umständen eine Aufhellung des Harns verbunden ist, kann auch durch den reduzierenden Einfluß von Bakterien erfolgen.

Urobilinogen wird nachgewiesen, indem man der zu prüfenden Flüssigkeit einige Tropfen einer Lösung von Dimethylaminobenzaldehyd in Normalsalzsäure zusetzt. Nach einiger Zeit, schneller bei gelindem Erwärmen, tritt eine schöne Rotfärbung auf[1].

Urobilin ist leicht an der grünen Fluorescenz seiner Zinkverbindung zu erkennen. Man erhält sie, indem man entweder den Harn mit einer alkoholischen Aufschwemmung von Zinkacetat versetzt und nach einiger Zeit filtriert oder indem man ihn mit ein wenig einer alkoholischen Chlorzinklösung versetzt und in ein Reagierglas filtriert, das einige Kubikzentimeter Amylalkohol enthält. Konzentriertere Lösungen erscheinen deutlich rosafarbig, im auffallenden Licht zeigt sich eine intensive grüne Fluorescenz und bei der spektroskopischen Betrachtung ein Streifen zwischen den Wellenlängen 508 und 455, d. i. von der Grünblaugrenze nach der blauen Seite hin[2]. Durch Alkalisierung tritt eine Verlagerung des Streifens nach der roten Seite hin ein.

Die quantitative Bestimmung erfolgt entweder als Urobilin oder als Urobilinogen, nachdem man entweder die Umwandlung durch Jodtinktur vollendet oder durch Eisensulfat rückgängig gemacht hat. Das Urobilinogen wird in Form seiner Verbindung mit Dimethylaminobenzaldehyd entweder spektrophotometrisch[3] oder colorimetrisch[4] gemessen, das Urobilin als Zinkverbindung mittels Verdünnung bis zum Verschwinden der Fluorescenz unter Vergleich mit einer Lösung von bekanntem Gehalt[5].

Das Urobilinogen entsteht aus dem um 8 Atome Wasserstoff ärmeren Bilirubin. Den Reduktionsvorgang verlegt die sog. enterohepatische Theorie von F. v. Müller[6] in den Darm, wo die Bakterien den nötigen Wasserstoff liefern, während von anderer Seite die reduzierende Kraft der Gewebe[7], insbesondere die der Leber[8], verantwortlich gemacht wird. Das entstandene Urobilinogen wird zum weitaus größten Teil — etwa 150 mg am Tage — mit den Faeces ausgeschieden, ein kleiner Teil gelangt zur Resorption und wird wieder nach der Galle hin ausgeschieden. Bei Erkrankungen der Leber wächst der normalerweise sehr kleine Wert des Verhältnisses Harnurobilin : Urobilin der Faeces. Die Gesamtmenge im Tagesharn des gesunden Erwachsenen wird zwar mit Hilfe der verschiedenen Methoden sehr wechselnd gefunden, die Angaben bewegen sich aber innerhalb der Grenzen von 0,3—3 mg. Der erste Morgenharn zeigt einen stärkeren Gehalt, als die nachfolgenden Portionen, etwa 3—5 Stunden nach den Mahlzeiten ergeben sich neue Anstiege[9]. Im Hunger wächst das Verhältnis Harn- : Koturobilin, durch eiweißreiche Nahrung wird es kleiner, Kohlehydrate sind fast ohne Einfluß, hoher Fettgehalt der Nahrung setzt die absoluten Werte herab[10].

---

[1] Ehrlich, P., zitiert nach K. Thomas: Urobilinogen. Dissert. Freiburg 1907.

[2] Lewin u. Stenger: Spektrophotographische Untersuchungen über Urobilin. Pflügers Arch. **144**, 279 (1912).

[3] Charnass, D.: Über die Darstellung, das Verhalten und die Bestimmung des reinen Urobilins und Urobilinogens. Biochem. Z. **20**, 401 (1909).

[4] Terwen, A. J. L.: Über ein neues Verfahren zur Urobilinbestimmung. Dtsch. Arch. klin. Med. **149**, 72 (1925).

[5] Adler, A.: Klinische Methode der approximativ-quantitativen Urobilinbestimmung in den Ausscheidungen des Körpers. Dtsch. Arch. klin. Med. **138**, 30 (1922).

[6] Müller, F.: Über Ikterus. Verh. Schles. Ges. f. Vaterl. Kultur zu Breslau (Med. Abt.) **1892**, 1.

[7] Brulé, M. u. Garban: Etude critique de la théorie entrohépatique de la uribilinurie. Rev. Méd. **38**, 583 (1921).

[8] Fischler, F. u. Ottensooser: Zur Theorie der Urobilinentstehung. Dtsch. Arch. klin. Med. **146**, 305 (1925).

[9] Adler, A.: Die Urobilinurie des gesunden und kranken Organismus. Dtsch. Arch. klin. Med. **140**, 302 (1922).

[10] Adler, A. u. Sachs: Die Urobilinausscheidung bei verschiedenartiger einseitiger Ernährung. Z. exper. Med. **31**, 398 (1923).

Gleich nach der Geburt ist der Harn urobilinfrei, die Ausscheidung beginnt aber schon in den ersten Lebenstagen.

Pathologische Steigerungen der Ausfuhr zeigen sich besonders bei Lebererkrankungen, bei der hämolytischen Form des Ikterus und Cirrhose, ferner bei einigen allgemeinen Infektionskrankheiten und bei der Pneumonie[1].

Bei den pflanzenfressenden Haustieren beginnt ebenfalls 1—2 Tage nach der Geburt eine physiologische Urobilinurie, die 8—14 Tage anhält, während auch hier der Harn der Neugeborenen stets frei ist[2].

Blutfarbstoff gelangt entweder bei anatomischen Läsionen der Niere oder der Harnwege in Erythrocyten oder auch in freier Form in den Harn, so bei der paroxysmalen Hämoglobinurie, einzelnen Infektionen und Vergiftungen, die mit hämolytischen Erscheinungen einhergehen.

Dem Nachweis ist er in beiden Fällen leicht zugänglich. Bei der Hellerschen Blutprobe entsteht durch Adsorption an einen sich bildenden Calciumphosphatniederschlag ein rotbraun gefärbtes Sediment, bei den verschiedenen Oxydationsproben, vor deren Anstellung man den Harn zweckmäßig zur Zerstörung etwa vorhandener Oxydationsfermente aufkocht, wird der Sauerstoff von Superoxyden auf leicht oxydable Körper — Leukobasen von Farbstoffen, Guajakharz — übertragen. Bei nicht allzu spärlichem Vorkommen kann man sich auch der spektroskopischen Methode zum Nachweis bedienen.

Porphyrine.

Gelegentlich gelangen bräunlichrote Harne zur Untersuchung, die zwar eine deutliche Hellersche, aber keine Oxydationsreaktion geben. Gewöhnlich handelt es sich hier um Hämatoporphyrin, das zum ersten Male von Salkowski[3] mit Sicherheit festgestellt und bald darauf von Hammarsten[4] krystallisiert erhalten wurde. Der Harn stammte in beiden Fällen von Patienten, die mit Sulfonal behandelt waren. Es zeigte sich später, daß die Bleivergiftung zur Ausscheidung des gleichen Farbstoffs Veranlassung gibt, daß sie aber spontan, und zwar entweder angeboren als Hämatoporphyria congenita oder erworben vorkommen kann[5]. H. Fischer erkannte, daß es sich in dem Harnfarbstoff nicht um das gleiche Hämatoporphyrin handelt, das bei der Enteisenung von Blutfarbstoff durch chemische Mittel erhalten wird, daß vielmehr im Harn zwei Porphyrine auftreten, von denen das eine die Formel $C_{36}H_{36}N_4O_8$ hat und nach seinem Vorkommen im Kot den Namen Koproporphyrin erhielt, während das andere, das die Formel $C_{41}H_{42}N_4O_{16}$ besitzt, dem Harn eigentümlich ist und deshalb Uroporphyrin genannt wurde[6]. Das Koproporphyrin herrscht bei den kurzdauernden, toxisch bedingten Porphyrinurien vor, während das Uroporphyrin vor allem bei den angeborenen und chronischen Formen vorkommt. Als Muttersubstanz der Porphyrine sieht H. Fischer[7] das Myohämatin an, während ein drittes Porphyrin, das Kämmerer unter dem Einfluß von Darmbakterien aus dem Blutfarbstoff entstehen sah, nicht in den Harn übergeht und auch sonst

---

1 Lichtenstein, A.: Die Bedeutung der Urobilinbestimmung für die Diagnose der Cirrhosis hepatis. Münch. med. Wschr. **72**, 1962 (1925).

2 Beyers: Zitiert auf S. 303.

3 Salkowski, E.: Über Vorkommen und Nachweis von Hämatoporphyrin im Harn. Hoppe-Seylers Z. **15**, 286 (1891).

4 Hammarsten, O.: Über Hamatoporphyrin im Harn. Skand. Arch. Physiol. (Berl. u. Lpz.) **3**, 319 (1892).

5 Günther, H.: Die Hämatoporphyrinurie. Dtsch. Arch. klin. Med. **105**, 89 (1911) — Die Bedeutung der Hämatoporphyrine in Physiologie und Pathologie. Erg. Path. **20**, 608 (1922).

6 Fischer, H.: Über Porphyrinurie und natürliche Porphyrine. Münch. med. Wschr. **70**, 1143 (1923).

7 Fisher, H. u. Schneller: Über exogene Porphyrinurie. Hoppe-Seylers Z. **130**, 302 (1923).

biologisch anscheinend indifferent ist. Der Mehrgehalt an Kohlenstoff- und Sauerstoffatomen, die die Porphyrine des Harns gegenüber dem Nencki-Porphyrin zeigen, kommt durch das Vorhandensein überzähliger Carboxylgruppen zustande. In der Carboxylierung sieht H. Fischer einen Weg zur Harnfähigmachung der Produkte, der freilich durch die gleichzeitig sich entwickelnde Fähigkeit zur Photosensibilisierung schwere Nachteile mit sich bringt.

Die Porphyrine sind in normalem Harn nur in sehr kleinen, stark schwankenden Mengen vorhanden[1]. Außer bei den verschiedenen Porphyrieformen und den erwähnten Vergiftungen kommen sie in gesteigerter Menge vor bei perniziöser Anämie und bei hämolytischem Ikterus.

Die Harnporphyrine sind durch eine tiefrote Fluorescenz gekennzeichnet[2]. Zum Nachweis werden sie dem Harn entweder durch Bindung an einen Kalkniederschlag[3] oder durch Ausschütteln des angesäuerten Harns mit Essigäther entzogen[4]. Die Identifizierung erfolgt dann spektroskopisch in saurer und alkalischer Lösung, die Bestimmung spektrophotometrisch[5].

Uroerythrin. Das Uroerythrin findet sich in manchen normalen und pathologischen Harnen und bedingt die Farbe des Ziegelmehlsediments. Es kann durch Adsorption an Talk und Elution mit schwach saurem Alkohol gewonnen werden[6]. Der Farbstoff ist in verschiedenen organischen Solventien löslich, aber noch aus keinem krystallisiert erhalten worden. Die Lösungen fluorescieren nicht und bleichen am Tageslicht rasch aus. Das Spektrum zeigt zwei unscharf begrenzte Bänder, die durch einen Schatten verbunden sind. Das eine liegt zwischen den Linien D und E, das andere zwischen b und F[7]. Durch Alkali wird die Farbe des Uroerythrins in Grün verwandelt und eine rasche Zersetzung eingeleitet.

Urorosein. Als Urorosein wird ein Farbstoff bezeichnet, der sich in manchen pathologischen Harnen beim Ansäuern mit Salz- oder Schwefelsäure bildet[8]. Er entsteht durch die oxydierende Wirkung der salpetrigen Säure, die infolge von Bakterienwirkungen meist im Harn vorhanden ist, auf Indolessigsäure[9]. Der entstehende Farbstoff ist wahrscheinlich ein Triindylmethanderivat[10]. Urorosein löst sich nur wenig in Wasser, in Amylalkohol aber ausreichend, um damit ausgeschüttelt zu werden. In Chloroform ist es unlöslich. Die alkoholischen Lösungen zeigen einen scharf begrenzten Streifen in Grün bei Wellenlänge 557. Durch Alkali wird die Farbe in Gelb geändert. Mit Erdalkali- und Kupfersalzen bildet es schwer lösliche Fällungen.

Melanogen und Melanin. Bei Trägern von Melanosarkomen erscheint zuweilen ein dunkler Farbstoff, das Melanin, im Harn, das von einem oder

---

[1] Schumm, O.: Über die natürlichen Porphyrine. Hoppe-Seylers Z. **126**, 169 (1923). — Fischer, H. u. Zerweck: Über Koproporphyrin in Harn und Serum unter normalen und pathologischen Bedingungen. Ebenda **133**, 150 (1924).

[2] Langecker, H.: Zur Fluorescenzbeobachtung bei den Porphyrinen. Hoppe-Seylers Z. **115**, 1 (1921).

[3] Garrod, A.: Hematoporphyria in normal urines. J. of Physiol. **17**, 349 (1894/85).

[4] Saillet: De l'urospectrine on urohématoporphyrine normal et su transformation en hémochromogène. Rev. Méd. **16**, 542 (1896).

[5] Schumm, O.: Nachweis und Bestimmung von Porphyri nen. Handb. der biologischen Arbeitsmethoden, Abt. I, Teil 8, S. 351.

[6] Zoja, L.: Über Uroerythrin und Hämatoporphyrin im Harn. Zbl. med. Wissensch. **30**, 705 (1892).

[7] Garrod, A.: Uroerythrin. J. of Physiol. **17**, 405 (1895).

[8] Nencki, M. u. Sieber: Über das Urorosein, einen neuen Harnfar bstoff. J. prakt. Chem. **26**, 333 (1882).

[9] Herter, E.: The relation of nitrifying bakteria to the ur orosein reaction of Nencki and Sieber. J. of biol. Chem. **4**, 238 (1908) — On indolacetic acid as the chromogen of the urorosein of the urine. Ebenda **4**, 253 (1908).

[10] Riesser, O.: Zur Chemie des Uroroseins. Dissert. Königsberg 1911.

mehreren Chromogenen begleitet sein kann. Er fällt mit Quecksilbersulfat-Schwefelsäure aus[1]. Nach dem Zersetzen mit Schwefelwasserstoff und Einengen wird ein weißer Körper erhalten, der sich in Methylalkohol löst und daraus durch Äther in feinen Nadeln erhalten wird. Er gab Zahlen, die auf die Formel $C_6H_{12}N_2SO_4$ stimmten und EPPINGER zu der Deutung als n-Methylpyrrolidonoxycarbonsäure veranlaßten. Oxydationsmittel bringen sofort eine dunkle bis schwarze Farbe hervor, bei der Reaktion von ADAMKIEWICZ mit Glyoxylsäure und konzentrierter Schwefelsäure sowie mit Formaldehyd und Schwefelsäure wurde violette Färbung erhalten. Mit Nitroprussidnatrium und Alkali bildete sich eine blauviolette Färbung aus, die durch Essigsäure in ein reines, beständiges Blau umgewandelt wurde (Reaktion von THORMAELEN).

Harnsedimente und -konkremente.

Aus manchen Harnen setzen sich sofort beim Abkühlen oder erst nach einigem Stehen Niederschläge von Substanzen ab, für die die Löslichkeitsbedingungen nicht mehr erfüllt sind. Regelmäßig erscheint nach einiger Zeit die sog. Nubecula, eine wolkige Trübung, die aus Schleim aus der Blase und den unteren Harnwegen besteht und abgestoßene, zellige Elemente aus denselben Bezirken einschließt.

Aus normalen, sauren Harnen können sich, zumal nach reichlicher Eiweißaufnahme, Harnsäure und ihre Salze als schwerer Niederschlag absetzen. Die Urate gehen beim Erwärmen wieder in Lösung. Die Niederschläge adsorbieren leicht Farbstoffe und geben beim Vorhandensein von Uroerythrin das Sedimentum lateritium. Harnsäure zeigt unter dem Mikroskop rhombische Tafeln, aus denen durch Abrundung der stumpfen Ecken die „Wetzsteinformen" hervorgehen.

Bei alkalischer Reaktion und reichlichem Gehalt an Erdalkalimetallen setzt der Harn Phosphatsediment ab, in dem sich die Sargdeckelformen des Magnesiumammoniumphosphats (Tripelphosphat) feststellen lassen. Die Phosphatsedimente verschwinden beim Ansäuern des Harns, nicht aber beim Erwärmen.

Oxalsaurer Kalk krystallisiert in tetragonalen Doppelpyramiden, die in der Aufsicht die Form eines Briefkuverts zeigen. Kohlensaures Calcium findet sich regelmäßig im Pflanzenfresserharn, ist in dem des Menschen aber selten.

Auch Indigoblau und -rot sind im Harn als Sedimente gefunden worden.

Ausscheidung unlöslicher Bestandteile in der Niere oder der Blase führt zur Bildung von Konkrementen, die manchmal spontan entleert werden.

Die Harnsäuresteine sind meist oval, braunrot gefärbt und zeigen krystallinischen Bruch. Ihre Identifikation geschieht durch die Murexidprobe. Sehr selten sind die Xanthinsteine, die ebenfalls braun gefärbt und konzentrisch geschichtet sind. Xanthin gibt die fälschlich nach WEIDEL benannte Reaktion. Sie besteht in einer Gelbfärbung beim Eindampfen mit Chlorwasser und weiterem Erhitzen, die beim Befeuchten mit Ammoniak in Purpurrot übergeht.

Ebenfalls sehr selten sind Cystinsteine. Sie haben glatte Oberfläche, sind weich und brechen leicht mit krystallinischer Fläche. Sie lösen sich in Ammoniak und aus der Lösung fallen beim Verdunsten die charakteristischen sechseckigen Cystinkrystalle aus.

Phosphatsteine sind weißgrau bis braun und oft in bedeutender Zahl und Größe vorhanden. Die sehr harten Calciumcarbonatsteine sind beim Menschen sehr selten.

Verhältnismäßig häufig trifft man dagegen Calciumoxalatsteine, die beim Erhitzen nur schwach verkohlen und sich in Salzsäure, nicht aber in Essigsäure lösen.

[1] EPPINGER, H.: Über Melanurie. Biochem. Z. **28**, 181 (1910). — FEIGL, J. u. QUERNER: Untersuchungen über Melanurie. Dtsch. Arch. klin. Med. **123**, 107 (1917).

Die Absonderung des Harns unter verschiedenen Bedingungen einschließlich ihrer nervösen Beeinflussung und der Pharmakologie und Toxikologie der Niere[1].

Von

Ph. Ellinger

Heidelberg.

Mit 10 Abbildungen.

Zusammenfassende Darstellungen.

Asher, L.: Die Lehre von der Harnabsonderung. Biophysik. Zbl. **2**, 1, 33, 65, 165 (1906). — Biberfeld, J.: Der gegenwärtige Stand der Theorie der Harnabscheidung. Zbl. Physiol. u. Path. d. Stoffw. N. F. **1907**, Nr 9 u. 10. — Bowman, W.: On the structure and use of the Malpighian bodies of the kidney, with observations on the circulation through that gland. Phil. Trans. **1842** I, 57. — Cushny, A. R.: The Secretion of the Urine. London 1917. — Second edition. London 1926. (Bei der ursprünglichen Zusammenstellung des Artikels lag nur die erste Auflage vor und die meisten Angaben beziehen sich daher auf diese. Vgl. untenstehende Fußnote) — Hamburger, H. J.: Osmotischer Druck und Ionenlehre. Wiesbaden **2**, 392 (1904). — Heidenhain, R.: Die Harnabsonderung. Hermanns Handb. d. Physiol. **5**, 279. Leipzig 1883. — Höber, R.: Exkretion des Harns in Korányi-Richter Handb. d. physik. Chem. u. Med. **1**, 381. Leipzig 1907. — Nierensekretion usf., in Physiologische Chemie der Zellen und Gewebe. 5. Aufl., S. 790ff. Leipzig 1924. — Neue Versuche zur Physiologie der Harnbildung. Klin. Wschr. **6**, 673 (1927). — Ludwig, C.: Nieren- und Harnbereit. in Wagners Handwörterb. d. Physiol. **2**, 628. Braunschweig 1844 — Lehrb. d. Physiol. d. Menschen, 2. Aufl. **2**, 373, 427. Leipzig u. Heidelberg 1861 — Strickers Handb. d. Gewebelehre **1**, 489 (1871). — Marshall jr., E. K.: The secretion of urine. Physiol. Rev. **6**, 440 (1926). — Magnus, R.: Die Tätigkeit der Niere. Münch. med. Wschr. **1906**, Nr 28 u. 29. — Die Tätigkeit der Niere, im Handb. d. Biochemie von C. Oppenheimer, 1. Aufl. **3**, 477ff. Jena 1909. — Metzner, R.: Die Absonderung und Herausbeförderung des Harns. Nagels Handb. d. Physiol. **2** I, 207. Braunschweig 1906. — Meyer, Hans H.: Pharmakologie der Nierenfunktion in H. Meyer u. R. Gottlieb: Lehrb. d. exper. Pharm. 7. Aufl. Berlin-Wien 1925. — Mitamura, T.: Über den Mechanismus der Nierensekretion. Trans. 6. congr. far east. Assoc. trop. Med., Tokyo 1925, **1**, 927 (1926). — Noll, A.: Die Sekretion der Drüsenzellen. II. Die Niere. Erg. Physiol. **6**, 1 (1907). — Nonnenbruch, W.: Über Diurese. Erg. inn. Med. **26**, 119 (1924). — Pick, E. P.: Über Wasserhaushalt und Diuretica. Wien. klin. Wschr. **37**, H. 14 (1920). — Pütter, A.: Die Dreidrüsentheorie der Harnbereitung. Berlin 1926. — Schulz, Fr. N.: Die Tätigkeit der Niere, im Handb. d. Biochemie von C. Oppenheimer, 2. Aufl. **5**, 611ff. Jena 1925. — Schwarz, E.:

[1] Die beiden Abschnitte über „Die Absonderung des Harns unter verschiedenen Bedingungen usw." und „Theorien der Harnabsonderung" wurden auf Veranlassung des Herausgebers im Frühjahr 1926 druckfertig abgeschlossen. Da die Drucklegung nicht sofort erfolgen konnte, war eine Ergänzung im Herbst 1928 notwendig. Bei dem außerordentlich großen in der Zwischenzeit erschienenen Material und der kurzen zur Ergänzung zur Verfügung stehenden Zeit war es leider nur möglich, die wesentlichsten neueren Arbeiten zu berücksichtigen, und es gelang nur in den wenigsten Fällen, diese organisch durch Umarbeitung des betr. Abschnittes in das Gefüge der Darstellung hineinzuarbeiten.

Probleme der Nierenarbeit. Wien. med. Wschr. **74**, 2385, 2723, u. 2813 (1924). — SOLLMANN, T.: A review of recent work on the mechanism of urine formation. J. amer. med. Assoc. **49**, 725 (1907). — SPIRO, K. u. H. VOGT: Physiologie der Harnabsonderung. Erg. Physiol. **1** I, 414 (1902). — STARLING, E. H.: The mechanism of the secretion of urine. Schäfers Textbook of Physiol. (Edinb. u. Lond.) **1**, 639 (1898). — VOLHARD, F.: Nierenerkrankungen, im Handb. d. inn. Med. von L. MOHR u. R. STAEHELIN **3**, 1149. Berlin 1918.

A. Einleitung.

Der Niere kommt als Organ die Aufgabe zu, Stoffwechselendprodukte, soweit sie löslich sind, aus dem Körper zu entfernen, die Salzkonzentration und das Säurebasengleichgewicht von Blut und Gewebe, beides in Gemeinschaft mit anderen Organen, zu regulieren, neben Haut, Lunge und Magendarmkanal das Wassergleichgewicht des Körpers aufrecht zu erhalten und schließlich neben Darm und Hautdrüsen lösliche körperfremde Substanzen oder deren Umwandlungsprodukte aus dem Körper zu eliminieren. Zur Aufrechterhaltung dieser Tätigkeit ist sie befähigt, aus dem Blut, das mit ihr in einem komplizierten Capillarnetz in Verbindung tritt, entgegen dem osmotischen Druck Stoffe zu konzentrieren und zu verdünnen. Daneben vermag sie aus ihr vom Blute dargebotenen Stoffen Synthesen vorzunehmen, von denen bisher nur die Bildung der Hippursäure und des Ammoniaks bekannt sind. Wenn wir im folgenden von Harnbildung und deren Abhängigkeit von bestimmten Faktoren reden, so sollen, wenn nicht ausdrücklich anders betont, die Synthesen in der Niere außer Betracht gelassen werden. Von den Stoffen, die im Harn ausgeschieden werden, wird ein Teil unabhängig von ihrer Konzentration im Blut restlos eliminiert, ein anderer Teil der Stoffe wird im Harn konzentriert, jedoch nicht restlos aus dem Blut entfernt, wieder ein anderer Teil wird im Harn verdünnt ausgeschieden, und für einen vierten Anteil der im Blut kreisenden Substanzen bildet die Niere ein unpassierbares Hindernis.

Um aus dem Blut den Harn, eine derartig von ihm verschiedene Flüssigkeit, abzusondern, bedarf die Niere eines beträchlichen Energieaufwandes. Die notwendige Energie wird ihr einmal vom Herzen in Form des Bludrucks dargeboten, zum anderen Teil wird sie in der Niere selbst durch die Verbrennungsprozesse in den Nierenzellen gewonnen. Der hierzu erforderliche Sauerstoff wird gleichzeitig mit dem Blutstrom zugeführt. Wir werden also eine Abhängigkeit der Nierenfunktion von dem Blutdruck und von der Durchströmungsgeschwindigkeit erwarten müssen. Da die Beschaffenheit des Harns für die Substanzen, deren Ausscheidung oder Einsparung mit ihrer Konzentration im Blut wechselt, von der Zusammensetzung des Blutes abhängig ist, so muß auch die Blutbeschaffenheit auf die Funktion der Niere von Einfluß sein. Ein solcher Wechsel in der Blutbeschaffenheit ist abhängig von dem Konzentrationswechsel der normalen harnfähigen Substanzen des Blutes, von dem Gehalt an Produkten der endokrinen Organe und schließlich von dem Körper von außen zugeführten Fremdstoffen. Als arbeitleistende Energiequelle war der Blutdruck erwähnt. Für die Tätigkeit der Niere kommt er nur so weit in Frage, als zwischen dem Druck in den Nierengefäßen und in dem Lumen der harnleitenden Teile der Niere ein Gefälle besteht. Dieses Gefälle wird zum Teil mitbestimmt vom Ureterendruck, es muß also auch der Ureterendruck auf die Harnbildung einen Einfluß haben, zumal er auch für die Verweildauer des Harns in den Nierenkanälchen von ausschlaggebender Bedeutung ist. Schließlich ist die Niere ein mit Nerven reichlich bedachtes Organ, so daß wir auch den Einfluß des Nervensystems auf die Nieren in unseren Betrachtungen einbeziehen müssen.

Die Schwierigkeiten, die sich unserer Betrachtung entgegenstellen, liegen darin, daß wir über den Vorgang der Harnbereitung keine bündigen Vorstellungen haben. Der Satz, mit dem C. LUDWIG[1] im Jahre 1844 im WAGNERschen Handwörterbuch der Physiologie seine Auseinandersetzung über die Theorie der Harnbereitung beginnt, gilt noch heute zu Recht.

„Die mannigfachen und komplizierten Einrichtungen unserer Drüse und die schon früher vorhandenen ausführlichen Analysen des Harns haben vor allen anderen die Aufmerksamkeit der Physiologen auf sich gezogen und sie veranlaßt, den Versuch zu wagen, ob es möglich sei, sich eine klare Vorstellung von dem Einzelhergange der Harnbereitung zu entwerfen. Es haben aber alle diese Versuche bis jetzt nur zu einer Reihe von mehr oder weniger klaren Hypothesen geführt."

Da es jedoch wünschenswert ist, der folgenden Untersuchung eine einheitliche Betrachtungsweise zugrunde zu legen, so wollen wir bei der Behandlung der aufgeworfenen Frage eine Theorie der Harnbereitung zugrunde legen, die nach dem heutigen Stand unserer Kenntnisse die größte Wahrscheinlichkeit für sich zu haben scheint, wie sie etwa von CUSHNY[2] vertreten wird: die Ausscheidung eines provisorischen Harnes erfolgt in dem Glomerulussystem unter Ausschaltung aktiver arbeitleistender Zellprozesse, im wesentlichen unter dem Einfluß des Druckgefälles zwischen Glomeruluscapillaren und Kapsellumen; die Bildung des endgültigen Harnes findet in den Tubulis statt durch Rückresorption einzusparender Komponenten und möglicherweise unter Ausscheidung weiterer Blutbestandteile unter dem Einfluß aktiver Zelltätigkeit (Sekretion), für die die notwendige Energie aus den Verbrennungsprozessen in den Nierenzellen selbst geliefert wird.

B. Die Abhängigkeit der Nierenfunktion von physikalischen Bedingungen.

I. Die Abhängigkeit der Nierenfunktion vom Kreislauf.

1. Die Abhängigkeit vom Blutdruck.

Für die Frage der Möglichkeit einer reinen Filtration des Harnes, wie sie in krassester Form von C. LUDWIG[3] zuerst vertreten wurde, ist die Abhängigkeit der Nierentätigkeit vom Blutdruck von ausschlaggebender Bedeutung. Zur Entscheidung der Möglichkeit einer Filtration des Harnes interessiert uns unter diesem Gesichtspunkt lediglich das Verhältnis des Druckes in dem Glomerulus zu dem Druck in dem Lumen der BOWMANschen Kapsel. Die Schwierigkeiten einer exakten Untersuchung beruhen nun einmal darin, daß wenigstens beim Warmblüter eine Änderung des Blutdrucks bzw. des Arterien- und Venendrucks nur schwer von einer Änderung der Durchströmungsgeschwindigkeit der Niere zu trennen ist, daß einwandfreie Messungen des Capillardruckes ohne Beeinflussung der Funktion fast unmöglich sind und daß man über die Abhängigkeit des Glomerulusdrucks vom Aorten- bzw. Venendruck nichts Bestimmtes aussagen kann. Noch komplizierter wird eine Untersuchung über die Beziehung von Glomerulusdruck zu dem Druck im Innern der BOWMANschen Kapsel, denn, wie HEIDENHAIN[4] ausführt, beeinflußt der Druck in den Vasis rectis der Grenz-

---

[1] LUDWIG, C.: Abschnitt „Nieren und Harnbereitung" im Handwörterb. d. Physiol. von R. WAGNER **2**, 629 (1844).

[2] CUSHNY, A. R.: The secretion of the urine. London 1917; 2. Aufl. London 1926. — Das soll nicht etwa bedeuten, daß die von CUSHNY vertretenen Anschauungen restlos als richtig anerkannt werden. Eine eingehende Kritik der CUSHNYschen Anschauungen findet sich unter „Theorien der Harnabsonderung" auf S. 491ff. Die oben skizzierte Auffassung soll lediglich die Anordnung der Einzelbetrachtungen erleichtern.

[3] LUDWIG, C.: Wagners Handwörterb. d. Physiol. **2**, 633. Braunschweig: Fr. Vieweg u. Sohn 1844.

[4] HEIDENHAIN, R.: Hermanns Handb. d. Physiol. **5**, 315. Leipzig 1883.

schicht den Druck, der mit ihnen alternierend in Bündel gelagerten Harnkanälchen, und zwar in dem Sinne, daß eine Erweiterung der Venen bei steigendem Druck eine Kompression auf die Harnkanälchen und damit eine Erhöhung des Druckes in den distal gelegenen Anteilen desselben ausübt, so daß der lediglich bestimmbare maximale Druck im Ureter nichts Bestimmtes über den Druck im Lumen der BOWMANschen Kapsel aussagt.

a) Die Bedeutung des Arterien- und Venendrucks für die Nierentätigkeit.

Die erste Untersuchung über die Abhängigkeit der Nierenfunktion vom Blutdruck stammt aus dem LUDWIGschen Laboratorium von GOLL[1], der feststellen konnte, daß mit zu- und abnehmendem Blutdruck nach Reizung des Herzvagus eine zu- bzw. abnehmende Urinausscheidung stattfindet. Das gleiche fand GOLL, wenn er die Änderung des Blutdrucks durch Entziehung und Wiedereinspritzung größerer Blutmengen hervorrief, oder durch Unterbindung größerer Arterien und nachfolgender Lösung der Ligatur.

Ähnliche Ergebnisse erzielte HERRMANN[2] bei künstlicher Verengerung der Nierenarterie. Hierbei trat Abnahme und schließlich völliges Versiegen der Harnabsonderung auf, noch bevor die Blutzufuhr gänzlich gedrosselt war. Bei völliger Abklemmung der Arterie erfolgte nach deren Wiedereröffnung eine Sekretionspause bis zu 45 Minuten. Im Gegensatz hierzu tritt aber bei Abklemmung der Nierenvene, die eine Erhöhung des Druckes zur Folge hat, nach HEIDENHAIN[3] eine Herabsetzung der Harnbildung und gleichzeitige Durchlässigkeit des Nierenfilters für Eiweiß in Erscheinung.

Die Angaben HERRMANNS werden von MARSHALL und CRANE[4] bestritten. Sie konnten feststellen, daß ein 1—5minutenlanges Abklemmen der Arterie bei schonendem Vorgehen keine Veränderung der Harnsekretion außer vorübergehender Eiweißausscheidung hervorbringt. Einen Einfluß auf die Wirkung der Abklemmung scheint die Beteiligung der Nerven, die mit der Arterie verlaufen, auszuüben, denn nach Durchschneidung des Splanchnicus finden sich in der Überzahl der Fälle keine Veränderungen der Harnmenge, während bei erhaltenem Splanchnicus nach der Abklemmung fast regelmäßig eine Herabsetzung der Harnausscheidung erfolgt. MARSHALL und CRANE fassen diesen Befund als Folge eines Reflexes auf, nicht als Folge der Herabsetzung von Blutdruck und Durchflußgeschwindigkeit.

Die Versuche HERRMANNS und die Erfahrungen bei Abklemmung der Nierenvene diskutiert HEIDENHAIN in dem Sinne, daß sie eine Abhängigkeit vom Druck in keiner Weise beweisen, sondern daß sie lediglich für eine Beeinflussung der Harnabsonderung durch Änderung der Blutgeschwindigkeit in den Nieren von Wichtigkeit seien. Denn bei der Herabsetzung des Blutdrucks durch Abklemmung der Arterie würde ebenso wie durch Steigerung des Druckes bei venöser Stauung die Harnbildung herabgesetzt. Da in beiden Fällen die die Niere passierende Blutmenge erniedrigt ist, sieht er lediglich hierin die Ursache der Verminderung der Harnbildung. Erst neuere Arbeiten haben Beziehungen zwischen Änderung des Blutdrucks und Harnproduktion erweisen können. HOOKER[5] gelang es an mit defibriniertem Hundeblut durchspülten Hundenieren, in denen der Durchströmungsdruck willkürlich veränderbar war, nachzuweisen, daß sowohl die Geschwindigkeit des Blutstroms in der Niere wie auch die Urin-

[1] GOLL, F.: Z. rat. Med. N. F. **4**, 78 (1854).

[2] HERRMANN, M.: Sitzgsber. Akad. Wiss. Wien, Math.-naturwiss. Kl. **36**, 349 (1859) u. **45**, 317 (1860).

[3] HEIDENHAIN, R.: Zitiert auf S. 310.

[4] MARSHALL jr., E. K. u. M. M. CRANE: Amer. J. Physiol. **64**, 387 (1923).

[5] HOOKER, D. R.: Amer. J. Physiol. **27**, 24 (1910).

menge vom Blutdruck abhängig ist, während Gesell[1] ebenfalls Beziehungen zwischen Blutdruck und Nierenfunktion feststellen zu können glaubte. Gegen diese Versuche der beiden Verfasser ist jedoch einzuwenden, daß der aus den Nieren gewonnene Harn eiweißhaltig war, und daß gleichzeitig mit dem Druck auch eine Veränderung der Blutmenge in den Nieren statthatte. Einwandfreie Untersuchungen über die Beziehungen von Aortendruck zur Harnabsonderung liegen erst vor, seit Richards und Plant[2] die Kaninchenniere mit Hirudinblut in einer Versuchsanordnung durchströmten, die eine Änderung vom Blutstrom und Blutdruck unabhängig voneinander gestattete (s. a. S. 379). Sie konnten zeigen, daß bei gleichbleibender Durchströmungsgeschwindigkeit die Harnmenge eine lineare Funktion des Blutdrucks ist. Am Herz-, Lungen- und Nierenpräparat konnten Dreyer und Verney[3] beim Hunde diesen Befund bestätigen und nachweisen, daß der Blutdruck die Harnmenge in beträchtlich höherem Maße beeinflußt als die Durchströmungsgeschwindigkeit. Im gleichen Sinne sprechen die Angaben von Janssen und Rein[4], die feststellten, daß beim Absinken des Blutdrucks beim Hund auf etwa 75 ccm Hg die Harnabscheidung fast völlig versiegte, obwohl noch eine sehr erhebliche Blutmenge (das 0,9—1,5fache des Nierengewichts in der Minute) die Nieren durchfließt. Gegenüber den Versuchen von Richards und Plant[2] erhebt aus theoretischen Erwägungen heraus O'Connor[5] den Einwand, daß Blutdruck und Blutdurchfluß durch die Nierengefäße in gewissen Grenzen voneinander abhängig seien. Er berechnet auf Grund einer Modifikation des Poiseuilleschen Gesetzes für unstarre Röhren den für die Fortbewegung des Harns durch die Tubuli notwendigen Druck in der Bowmanschen Kapsel auf 25 mm Hg. Wenn dieser Druck durch Erhöhung des Sekretionsdrucks oder Fallen des Blutdrucks den Glomerulusdruck übersteigt, so müsse der weitere Zufluß zu den Glomeruli und Tubuli gedrosselt werden. Er übersieht dabei die Ausweichmöglichkeit durch die Arteriolae rectae. Er kommt so zu der Annahme bestimmter Abhängigkeit vom Blutdruck, Blutmenge und Harnmenge und versucht sie unter Zugrundelegung einer äußerst komplizierten Versuchsmethodik am Kaninchen zu belegen. Ein Teil der Ergebnisse, die zu der Annahme in Widerspruch stehen, werden auf Versuchsfehler zurückgeführt. Ein einleuchtender Gegenbeweis gegen die Versuche von Richards und Plant[2] gelingt nicht. Über den Einfluß des Venendrucks auf die Harnmenge geben die Untersuchungen von Cruickshank und Takeuchi[6] Auskunft. Sie fanden im Herz-Lungen-Nierenpräparat bei der Katze, daß Steigerung des Venendrucks um 100% die Urinmenge um 75% sinken läßt, bei gleichzeitiger Abnahme der Durchblutungsgröße. An der isolierten Forschniere konnten Hohl[7] und Hartwich[8] zeigen, daß die Harnmenge in erster Linie von der Höhe des Aortendrucks beeinflußt wird. Hohl sah außerdem, daß Änderungen des Durchströmungsdrucks bei hohem Aortendruck einen viel größeren Einfluß auf die Harnmenge ausübte als bei niederem.

b) Einfluß des Capillardrucks in den Glomerulis auf die Nierenfunktion.

Für die Abscheidung des Harns in den Glomerulis kommt natürlich nur der in den Glomeruluscapillaren herrschende Druck bzw. sein Gefälle zu dem Druck in dem Harn abführenden System in Frage. Bei der Säugetierniere ist

[1] Gesell, R. A.: Amer. J. Physiol. **32**, 70 (1913).
[2] Richards, A. W. u. O. H. Plant: Amer. J. Physiol. **59**, 144—183 (1922).
[3] Dreyer, M. B. u. F. B. Verney: J. of Physiol. **57**, 451 (1923).
[4] Janssen, S. u. H. Rein: Ber. Physiol. **42**, 567 (1928).
[5] O'Connor, J. M.: J. of Physiol. **59**, 200 (1924).
[6] Cruickshank, E. W. H. u. K. Takeuchi: J. of Physiol. **60**, 120 (1925).
[7] Hohl, H.: Biochem. Z. **173**, 95 (1926).
[8] Hartwich, A.: Arch. f. exper. Path. **111**, 206 (1926).

der Glomerulusdruck nicht unmittelbar meßbar. Dagegen glauben HILL und McQUEEN[1] ihn beim Frosch direkt bestimmt zu haben. Durch eine Apparatur, die es gestattet, auf das Glomeruluscapillargebiet einen Druck auszuüben und gleichzeitig unter schwacher mikroskopischer Vergrößerung die Zirkulation in dem Gefäßsystem zu beobachten, stellten sie fest, daß bei 2—3 mm Hg-Druck das Blut aus den Venen ausgetrieben wird, wobei die Glomeruli stärker hervortreten. Bei 5—10 mm Hg-Druck wird der Strom in den Glomerulis verlangsamt, bei 25—30 mm fließt auch durch die Arteriolen kein Blut mehr.

Mit einer sehr eleganten Methode konnte HAYMAN[2] den Druck in den Arteriolen und Glomeruluscapillaren der Froschniere unmittelbar bestimmen. Er führte eine Mikropipette nach RICHARDS und WEARN,[3] die durch ein T-Rohr einerseits mit einem feinen Manometer, andererseits mit einer LUERschen Spritze mit Schraubenregulierung in Verbindung stand und die durch ein Quecksilberreservoir ausgewaschen und unter einen bestimmten Druck gesetzt werden konnte, in den Glomerulus ein. Nach Punktion des Glomerulus wird eine kleine Menge Farbstoff in den Kapselraum injiziert und der zum Glomerulus gehörige Tubulus sichtbar gemacht. Mit Hilfe eines feinen Glasstäbchens wird der Tubulus durch Kompression verschlossen, so daß er unterhalb der Kompressionsstelle ungefärbt bleibt. Durch Bewegung des Spritzenkolbens wird nun der Druck so lange erhöht, bis jede Erythrocytenbewegung in den Glomeruluscapillaren aufhört. Bei langsamer Erniedrigung des Druckes bewegen sich die Erythrocyten wieder, wenn der Spritzendruck gleich dem Druck der zuführenden Arteriole ist. Bei weiterer Erniedrigung des Druckes bis zum Capillardruck herab tritt wieder ein gleichmäßiger Blutstrom ein. Der Aortendruck wird gleichzeitig mit einer Kanüle im Aortenbogen gemessen. Der Aortendruck bei 18 Fröschen betrug zwischen 21 und 61 cm Wasser, durchschnittlich 37,2 ± 6,4 cm Wasser, der Druck in den zuführenden Arteriolen betrug 15—56 cm, im Mittel 31,6 ± 6,0 cm Wasser = 85% des Aortendrucks, der Capillardruck 4—52 cm Wasser, im Mittel 20,2 ± 6,8 cm Wasser = 54% des Aortendrucks. Der starke Druckabfall zwischen Arteriolen und Capillaren wird als Folge der engen Capillaröffnungen und einer hierdurch bedingten starken Widerstandssteigerung an-

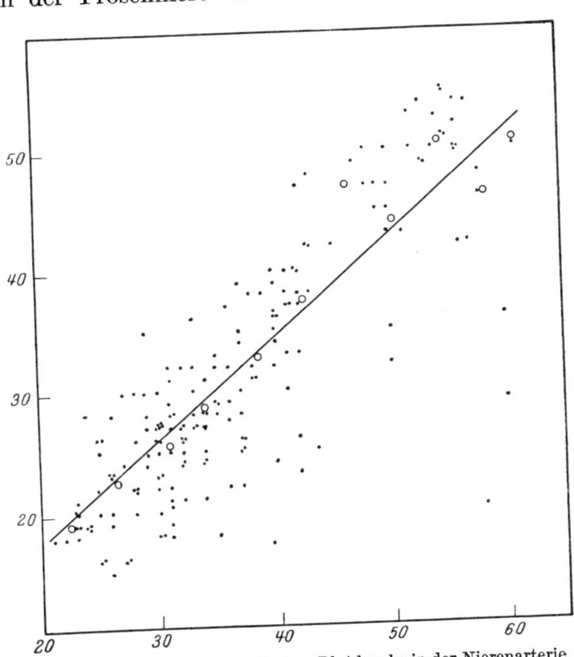

Abb. 49. Beziehung des systolischen Blutdrucks in der Nierenarterie zu dem in der Aorta. Die Punkte bezeichnen die einzelnen Messungen des Blutdrucks in der Nierenarterie; die Kreise bezeichnen den Gruppenmittelwert, jede Gruppe umfaßt Messungen innerhalb eines Gebiets von 4 cm Wasserdruck in der Aorta. Die Kurve wurde nach den Gruppenmittelwerten angelegt; ihre Gleichung lautet: $y = 3{,}37\,x + 16{,}3$. (Nach J. M. HAYMANN jr.)

[1] HILL, L. u. JAMES MC QUEEN, Brit. J. exper. Path. 2, 205 (1921).
[2] HAYMAN jr., J. M.: Amer. J. Physiol. 79, 389 (1927).
[3] RICHARDS, A. N. u. J. S. WEARN: Amer. J. Physiol. 71 209 (1925).

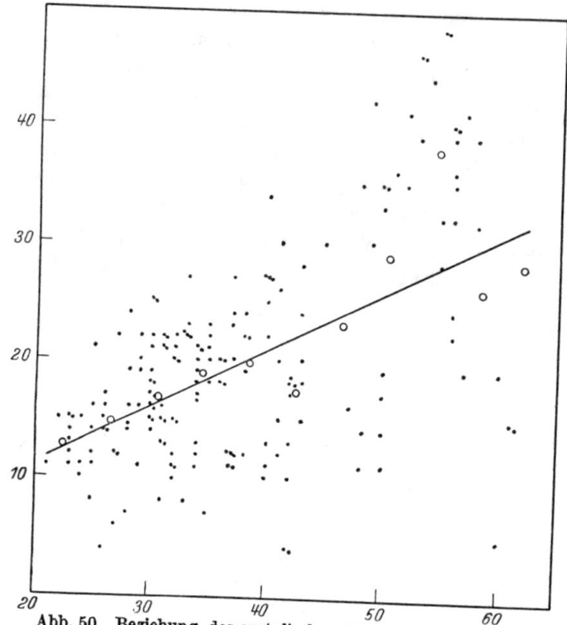

Abb. 50. Beziehung des systolischen Blutdrucks in der Aorta zu dem in den Glomeruluscapillaren. Die Punkte bezeichnen die einzelnen Messungen, die Kreise bezeichnen den Gruppenmittelwert. Jede Gruppe umfaßt Messungen innerhalb eines Gebiets von 4 cm Wasserdruck in der Aorta. Die Kurve wurde nach den Gruppenmittelwerten angelegt; ihre Gleichung lautet: $y = 1{,}89\,x + 10{,}9$. (Nach J. M. HAYMAN jr.)

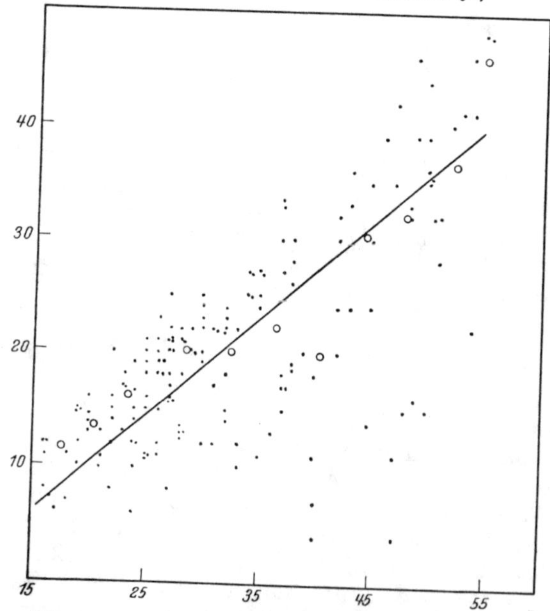

Abb. 51. Beziehung des systolischen Blutdrucks in der Nierenarterie zu dem in den Glomeruluscapillaren. Die Punkte bezeichnen die einzelnen Messungen, die Kreise bezeichnen den Gruppenmittelwert, jede Gruppe umfaßt Messungen innerhalb eines Gebietes von 4 cm Wasserdruck in der Aorta. Die Kurve wurde nach den Gruppenmittelwerten angelegt; ihre Gleichung lautet: $y = 3{,}38\,x + 4{,}1$. (Nach J. M. HAYMAN jr.)

gesehen. Über die gegenseitige Abhängigkeit von Aortendruck, Druck in der Nierenvene und Glomerulusdruck geben die folgenden Diagramme Auskunft (Abb. 49—51).

TAMURA, MIYAMURA, NISHINA und NAGASAWA[1] bestimmten den Aortendruck des Frosches zu 30 mm Quecksilber. Beim Absinken auf 20 mm Hg hört die Glomeruluszirkulation auf, kann aber erhalten bleiben, wenn der Druck in der BOWMANschen Kapsel niedrig ist, also bei geringer Harnsekretion. Bei Erhöhung des Ureterendruckes hört die Blutzirkulation in den Capillaren schon bei höherem Blutdruck auf. Der Druck in den Glomerulusschlingen und in der BOWMANschen Kapsel soll gleich hoch sein, und Harn soll noch sezerniert werden können, wenn der Druck in der BOWMANschen Kapsel die Höhe des Blutdrucks erreicht hat.

Für die Säugetierniere hat zuerst C. LUDWIG[2] Überlegungen über die Höhe des Druckes in den Capillaren angestellt. Er glaubt aus der Konfiguration der Glomerulusgefäße — weites Vas afferens, dann starke Vergrößerung des Querschnittes in dem Wunderknäuel und schließlich beträchtlich engeres Vas efferens — den Schluß ziehen zu müssen, daß in den Capillaren des Glomerulus ein außerordentlich hoher Druck auf die Gefäßwand herrschen müsse, der zu einer Filtration des Glomerulusharns aus dem Blut ausreiche.

Die äußerst komplizierten Gefäßverhältnisse in der Niere und ihre Beziehungen zu den

[1] TAMURA, K., K. MIYAMURA, T. NISHINA u. H. NAGASAWA: Trans. far east. Assoc. trop. Med. (6. congr. Tokyo 1925) **1**, 913—916 (1926).

[2] LUDWIG, C.: Wagners Handwörterb. d. Physiol. **2**, 633 (1844).

harnabführenden Venen hat in anschaulichster Weise HEIDENHAIN[1] dargestellt und auf Grund dieser Darstellung die in den einzelnen Gefäßgebieten herrschenden Druckverhältnisse diskutiert. Die Nierenarterie ist im Verhältnis zur Größe des Organs auffallend weit. Sie kann künstlich beträchtlich verengert werden, ohne nennenswerte Verringerung der die Nieren durchströmenden Blutmenge. Die Blutmenge ist daher in weitem Maße unabhängig von der Größe des Arterienlumens und wird bedingt von der Höhe des Aortendrucks und den Stromwiderständen in und jenseits der Niere. Druck und Blutgeschwindigkeit in den Glomerulis sind schon deshalb vom Aortendruck relativ unabhängig, weil schon vor Eintritt in die Glomeruluscapillaren durch die arteriolae rectae ein Abzweigungsweg nach dem Capillarnetz der Tubuli führt. Nach den in beiden Systemen herrschenden Stromwiderständen wird sich also der Blutdurchfluß auf die beiden Capillarsysteme verteilen. Dies stellt einen inneren Regulationsmechanismus für Druck und Blutverteilung in dem harnbildenden Nierenteil dar. Infolge der oben erwähnten Tatsache, daß das Vas efferens der MALPIGHIschen Knäuel enger ist als das Vas afferens und dann in das Capillarnetz der Harnknäuelchen übergeht, wird der Druck in den Glomeruluscapillaren gesteigert und die Geschwindigkeit durch die Verbreiterung des Gesamtlumenquerschnitts in den Capillaren verlangsamt. Auch der Lagerung der Gefäße innerhalb des Knäuels wird eine Bedeutung insofern zugesprochen, als durch die Anordnung der zuführenden Gefäße in der Peripherie und der abführenden im Inneren des Knäuels bei Steigerung des Drucks im zuführenden Gefäß die peripheren Knäuel auseinandergezogen werden und so für das abführende Gefäß mehr Raum geschaffen wird. Diese Vermutungen erfahren eine Bestätigung durch die Untersuchungen RICHARDS und seinen Mitarbeitern[2]. Sowohl an der künstlich durchspülten Kaninchenniere als auch an der Froschniere ruft Adrenalinzufuhr bei Gleichhaltung der Durchspülungsgeschwindigkeit eine Steigerung von Blutdruck und Nierenvolumen hervor mit gleichzeitiger Vermehrung der Harnmenge, was auf eine Konstriktion der Vasa afferentia und eine gleichzeitige Dilatation der Glomeruli zurückgeführt wurde. Die Vergrößerung der Glomeruli wurde am Frosch unmittelbar durch Inspektion nachgewiesen. Auch kleine Bariumchloriddosen erzielten an der Kaninchenniere den gleichen Effekt. Umgekehrt werden bei einer Drucksteigerung in dem efferenten Teile durch Ausdehnung der zentralen Schlingen die peripheren afferenten Anteile komprimiert, und der Zustrom neuen Blutes wird so erschwert. Hinter dem Gefäßknäuel muß der Druck beträchtlich herabgesetzt sein wegen der Höhe der Widerstände in den vorgeschalteten Glomerulis und den zahlreichen Anastomosen zwischen den einzelnen Venen. In der Grenzschicht zwischen Rinde und Mark wechseln die Gefäßbüschel alternierend mit den Harnkanälchen, und der Füllungsgrad des einen Systems beeinträchtigt den des anderen. Für die Druckverhältnisse in den einzelnen Abschnitten sind danach folgende Schlüsse zu ziehen. Steigerung des arteriellen Druckes wird, solange nicht eine kompensierende Verengerung in den afferenten Gefäßen der Niere statthat, in allen Fällen eine Erhöhung des Glomerulusdruckes hervorgerufen, und zwar um so mehr, je höher die Widerstände in den Arteriolis rectis sind. In dem Capillarnetz der Tubuli wird sich wegen der vorgeschalteten hohen Widerstände eine Erhöhung des Aortendruckes in geringerem Maße geltend machen. Umgekehrt wird durch Drosselung des venösen Abflusses bei unverändertem Zufluß aus der Arterie die Drucksteigerung in

---

[1] HEIDENHAIN, R.: Handb. d. Physiol. **5**, 315. Leipzig 1883.

[2] RICHARDS, A. N., u. O. H. PLANT: Amer. J. Physiol. **59**, 184 (1922). — MENDENHALL, W. L., E. M. TAYLOR u. A. N. RICHARDS: Ebenda **71**, 174 (1925). — RICHARDS, A. N., J. B. BARNWELL u. R. C. BRADLEY: Ebenda **79**, 410 (1926/27).

erster Linie in den Tubuluscapillaren zum Ausdruck kommen. Doch wird auch im Glomeruluscapillarsystem eine Druckerhöhung in Erscheinung treten, die jedoch im Gegensatz zu der durch erhöhten Aortendruck entstandenen mit einer verminderten Durchströmungsgeschwindigkeit einhergeht. Bei der durch venöse Stauung hervorgerufenen Drucksteigerung kommt es aber auch gleichzeitig wegen der Anordnung der Harnkanälchen zwischen den Venenbündeln zu einer Kompression der Harnkanälchen, die ihrerseits zu einer Druckerhöhung im Lumen der BOWMANschen Kapsel führen muß.

Für die Höhe des Capillardrucks in den Glomerulusgefäßen ist der Umstand von Bedeutung, daß fast nie alle Glomeruli zu gleicher Zeit durchströmt werden. Eine Eröffnung neuer Glomeruli bei steigendem und eine Schließung bisher eröffneter bei fallendem Blutdruck vermag ebenfalls die Wirkungen von Aortendruckänderungen zu kompensieren.

Eingehende Untersuchungen hierüber an der Froschniere liegen von RICHARDS und SCHMIDT[1] vor. Sie konnten bei unmittelbarer Beobachtung im Mikroskop bei auffallender Beleuchtung feststellen, daß die Zahl der durchströmten Glomeruli in jedem Präparat schwankt, daß sie nie maximal ist und daß sie durch verschiedene Substanzen, die auf die Harnbildung von Einfluß sind, beeinflußt werden können. Ebenso schwankt auch die Zahl der innerhalb der einzelnen Glomeruli durchströmten Schlingen. Von der Pulswelle sind diese Erscheinungen völlig unabhängig, dagegen können sie durch Reizung eines afferenten Nerven der Sympathicusfasern oder durch langsame Adrenalininjektion ausgelöst werden. Die Verengerung der Arteriolen soll zu Sauerstoffmangel und dadurch zur Anhäufung von Stoffwechselprodukten führen, die die Gefäßverengerung aufheben. Erneute Blutzufuhr wirkt dann wieder vasoconstrictorisch (RICHARDS[2]). Die Versuche haben durch KHANOLKAR[3] eine Bestätigung erfahren. Er führt die verschiedenen Grade der Schädigung einzelner Nierenelemente bei Vergiftungen auf diese alternierende Tätigkeit zurück. Auch bei der Kaninchenniere sind nicht alle Glumeruli gleichzeitig in Tätigkeit. Die Gesamtzahl der vorhandenen Glomeruli ist in beiden Nieren ungefähr gleich. Die Zahl der funktionierenden Glomeruli wechselt stark mit der Funktion der Niere. Nach Coffeingaben oder Kochsalzinfusion sind fast alle Glomeruli in Tätigkeit, während Splanchnicusreizung, Adrenalin, die Zahl der arbeitenden Glomeruli bis auf 10% herabsetzen kann. Die Zahl der tätigen Glomeruli steht nicht in unmittelbarem Zusammenhang mit der Durchblutung. Dies konnten HAYMANN und STARR[4] durch Vitalfärbung mit Janusgrün zeigen. KRAUSE[5] konnte durch Tuscheinjektion bei Kaninchen und Katzen den Befund bestätigen, daß immer nur ein Teil der Glomeruli gleichzeitig in Funktion ist. TAMURA, MIYAMURA, NISHINA und NAGASAWA[6] bestimmten die wechselweise Funktion der Glomeruli am Frosch. Sie fanden im Gegensatz zu den Voruntersuchern alle Glomeruli ständig in Tätigkeit, dagegen soll die Capillarströmung in der Niere eher Veränderungen erfahren als in den übrigen Körpercapillaren. Nach Verletzungen wurden Zirkulationsstörungen und pulsatorische Strömungen beobachtet, die durch Ringer-, Coffein- oder Traubenzuckerinfusion behoben werden können.

Die Frage nach der Höhe des Capillardrucks bzw. des Druckgefälles ist deshalb von ausschlaggebender Wichtigkeit, weil sie Auskunft gibt über einen Teil

[1] RICHARDS, A. N. u. C. F. SCHMIDT: Amer. J. Physiol. **59**, 489 (1922).
[2] RICHARDS, A. N.: J. of Urol. **13**, 283 (1925).
[3] KHANOLKAR, V. R.: J. of Path. **25**, 414 (1922).
[4] HAYMANN, J. M. u. J. STARR: J. of exper. Med. **42**, 641 (1925).
[5] KRAUSE, F.: Z. Biol. **86**, 99 (1927).
[6] TAMURA, K., K. MIYAMURA, T. NISHINA u. H. NAGASAWA: Trans. far east. Assoc. trop. Med. (6. congr.) **1**, 913 (1926).

der zur Harnbildung zur Verfügung stehenden Energie und damit auch Auskunft über die Wege der Harnbereitung aus dem Blut. Die ersten hierhergehörigen Betrachtungen stammen von DRESER[1] und TAMMANN[2]. Sie berechneten aus der Gefrierpunktserniedrigung des Blutes und der des Harns, daß zur Überwindung des osmotischen Drucks des Blutes ein Druck von etwa 7 Atmosphären, d. h. gleich 5000 mm Hg, erforderlich sei. Da ein Druck von dieser Höhe den Aortendruck weitaus übersteigt, war ohne weiteres ersichtlich, daß von einer mechanischen Abpressung des Blutwassers, wie sie sich BOWMAN vorstellte, nicht die Rede sein kann. LUDWIG hat die Ansicht vertreten, daß im Glomerulus aus dem Blut eine Lösung abgeschieden werde, die sich von der Zusammensetzung des Blutes lediglich durch das fehlende Eiweiß unterschied. Es kommt daher für die Abpressung des Glomerulusharns lediglich ein Druck in Frage, der durch das Wasserbindungsvermögen der Eiweißkörper repräsentiert wird, der allein der Ultrafiltration entgegenwirkt. STARLING[3] bestimmte das Wasserbindungsvermögen der Eiweißkörper im Serum und fand für dieses bei einem Eiweißgehalt des Serums von 7—8% ein Wasserbindungsvermögen von 25—30 mm Hg. REID[4], der die STARLINGschen Versuche nachprüfte, konnte sie bestätigen, sah aber den aufgefundenen Druck als osmotischen Druck kolloider Eiweißspaltprodukte an. Zu ähnlichen Werten wie STARLING kommen MOORE und PARKER[5] (beim gesunden Menschen 20—25 mm Quecksilber), MOORE und ROAF[6] (30 bis 34 mm Quecksilber), SCHADE und CLAUSSEN[7] (21,4—27,6 mm Quecksilber), FAHR und SWANSSEN[8] (21—22 mm Quecksilber) und GOVAERTS[9], der den osmotischen Druck für Globulin und Albumin bestimmt und für 1% Albumin einen osmotischen Druck von 7,54 cm Wasser findet, während eine Lösung von 1% Globulin einen osmotischen Druck von 1,95 cm Wasser aufweist. Für ein Serum mit einem Gesamteiweißgehalt von 6,23% (4,3% Albumin und 1,93% Globulin) beobachtet er einen osmotischen Druck von 35,5 cm Wasser. Etwas kleinere Werte (16 mm Quecksilber) finden GASSER, ERLANGER und MEEK[10]. Neuere Untersuchungen über den osmotischen Druck der Froschplasmaeiweißkörper, die WHITE[11] angestellt hat, kommen zu wesentlich niedrigeren Werten. WHITE bestimmt ihn bei einem mittleren Plasmaeiweißgehalt zu 9,6—11,5 cm Plasma, das wäre ungefähr 8—10 mm Quecksilber. Es würde also zur Abfiltrierung eines Harns aus dem Blut bei mittlerem Eiweißgehalt lediglich ein minimales Druckgefälle von 25—30 mm bzw. 8—10 mm Quecksilber notwendig sein.

Da, wie oben geschildert, eine direkte Messung des Glomerulusdrucks nicht unmittelbar möglich war, wurde von zahlreichen Untersuchern der minimale Aortendruck bestimmt, bei dem noch eben Harn aus dem Ureter austropft. USTIMOWITSCH[12] beobachtete das Versiegen der Harnsekretion bei 40—50 mm Hg, GRÜTZNER[13] bei 30 mm Hg Aortendruck. Der Druck in den Glomerulis soll nach TAMMANN[2] ungefähr 20% geringer sein als der Aortendruck. HILL und MC QUEEN[14]

---

1 DRESER, H.: Arch. f. exper. Path. **29**, 303 (1892).
2 TAMMANN, C.: Z. physik. Chem. **20**, 180 (1896).
3 STARLING, E. H.: J. of Physiol. **19**, 312 (1896); **24**, 317 (1899).
4 REID, E. W.: J. of Physiol. **31**, 438 (1904).
5 MOORE, B. u. W. H. PARKER: Amer. J. Physiol. **7**, 261 (1902).
6 MOORE, B. u. H. E. ROAF: Biochemic. J. **2**, 34 (1907).
7 SCHADE, H. u. F. CLAUSSEN: Z. klin. Med. **100**, 363 (1924).
8 FAHR, G. F. u. W. W. SWANSSEN: Amer. J. Physiol. **76**, 201 (1926).
9 GOVAERTS, P.: C. r. Soc. Biol. **93**, 441 (1925).
10 GASSER H. S., J. ERLANGER u. W. J. MEEK: Amer. J. Physiol. **50**, 31 (1919/20).
11 WHITE, H. L.: Amer. J. Physiol. **68**, 523 (1924).
12 USTIMOWITSCH, C.: Ber. sächs. Ges. Wiss. **1870**, 12. Dez. Cl. 22. S. 430.
13 GRÜTZNER, P.: Pflügers Arch. **11**, 372 (1875).
14 HILL, L. u. J. MC QUEEN: Brit. J. exper. Path. **2**, 205 (1921).

berechnen aus den Druckverhältnissen in den Venen verschiedener Körpergebiete und verschiedener Tierarten aus der Messung des Nierenvenendrucks, den sie beim Hunde auf 10,9 mm Hg bestimmten, den Druck in dem Tubuluscapillarsystem der Niere auf 12—13, den der Glomerulusschlingen auf 13—15 mm Hg, während sie den systolischen Druck in den kleinen Nierenarterien auf 50—60 mm, den diastolischen auf 40—50 mm schätzen. HAYMAN[1] bestimmte am Frosch den Glomerulusdruck zu 20,2 $\pm$ 6,8 cm Wasser, d. h. zu etwa 54% des herrschenden Aortendrucks. Der Wert stimmt gut mit dem von TAMURA, MIYAMURA, NISHINA und NAGASAWA[2] beobachteten Glomerulusdruck von 20 mm Quecksilber beim Frosch überein.

c) Das Druckgefälle zwischen Glomeruluscapillaren und Kapsellumen.

Da es jedoch bei der Filtration nicht so sehr auf die absolute Höhe des Glomerulusdrucks, als auf das Gefälle zwischen ersterem und dem Druck in dem Lumen der BOWMANschen Kapsel ankommt, liegen noch zahlreiche Untersuchungen über den Druck in den abführenden Harnwegen vor, die uns einen Schluß auf den Druck in den Glomerulis ermöglichen sollen.

Der Ureterendruck wird in der Weise bestimmt, daß man das Lumen des angeschnittenen Ureters mit einem Quecksilbermanometer verbindet und sieht, bis zu welcher Höhe das Quecksilber steigt. Die ältesten Angaben hierüber stammen von LOEBELL[3], der eine Steighöhe von 7—10 mm Hg beobachtet für die maximale Spannung in einem längere Zeit unterbundenen Harnleiter, während HERRMANN[4] Werte von 40 und 60 mm, HEIDENHAIN[5] einen Maximaldruck von 64 mm bei einem gleichzeitigen Aortendruck von 100—105 mm angibt. Nach den Angaben von GOTTLIEB und MAGNUS[6] und HENDERSON[7], die als Maximaldruck ähnliche Werte wie HEIDENHAIN[5] beobachteten, die aber auch bei hohem Blutdruck unter Umständen sehr viel niedrigere Werte für den Ureterendruck fanden, und zwar solche von 40 und 30 mm bei 110 bzw. 106 mm Blutdruck, folgt das Ureterenmanometer raschen Schwankungen arteriellen Drucks. Ureterkontraktionen haben keinen Einfluß auf den Manometerstand. Je nach der Tierart sollen mehr oder weniger große rhythmische Bewegungen des Meniscusstandes im Gefolge der Pulswelle festzustellen sein. OZORIO DE ALMEIDA[8] beobachtete bei Hunden einen Ureterdruck von 120 mm Hg bei einem Arteriendruck von 155 mm Hg. Beim Frosch fanden TAMURA, MIYAMURA, NISHINA und NAGASAWA[2] Ureterdruckwerte von 6 mm Hg, die bei Diuresen auf 10—12 mm Hg anstiegen. TAMURA, MIYAMURA, NISHINA und NAGASAWA[9] beobachteten die Abhängigkeit des Ureterendrucks und des Blutdurchflusses durch die Glomeruli von dem Aortendruck am Frosch bei direkter Inspektion der Glomeruli unter dem Mikroskop. Die folgende Tabelle demonstriert das Verhalten.

---

[1] HAYMAN jr., J. M.: Amer. J. Physiol. **79**, 389 (1926/27).
[2] TAMURA, K., K. MIYAMURA, T. NISHINA u. H. NAGASAWA: Trans. far east. Assoc. trop. Med. (6. congr. Tokyo 1925) **1**, 913 (1926).
[3] LOEBELL, C. F.: De conditionibus quibus secretiones in glandulis perficiuntur. Marburgi 1849.
[4] HERRMANN, MAX: Sitzgsber. Akad. Wiss. Wien, Math.-naturwiss. Kl. **36**, 349 (1859); **45**, 317 (1861).
[5] HEIDENHAIN, R.: Hermanns Handb. d. Physiol. **5 I**, 325. Leipzig 1883.
[6] GOTTLIEB, R. u. R. MAGNUS: Arch. f. exper. Path. **45**, 249 (1901).
[7] HENDERSON, V. G.: J. of Physiol. **33**, 175 (1905).
[8] OZORIO DE ALMEIDA, A.: C. r. Soc. Biol. **96**, 385 (1927).
[9] TAMURA, K., K. MIYAMURA, T. NISHINA u. H. NAGASAWA: Jap J. med. Sci. **1**, 210 (1927).

	Blutdruck in der Aorta in mm Hg	Harndruck im unterbundenen Ureter in mm Hg	Blutdurchfluß in den Glomeruli in einem Gesichtsfeld
12h 20′	28—32	0	ruhiger und konstanter Durchfluß in vier sichtbaren Glomerulis
25′	28—32	2	
1h 4′	28—30	6	
6′	28—30	22	sistiert
		durch Injektion von Salzlösung in den Ureter	
29′	26—28	6	pulsierender Durchfluß
		nach Ablassen	
30′	20	6	sistiert
	durch Blutentnahme		
36′	28—30	6	schneller Durchfluß
	durch Injektion von Ringerlösung		
38′	28—30	20	sistiert
		durch Injektion	
2h 35′	26	0	konstanter Durchfluß
		durch Ablassen	
38′	18	0	konstanter Durchfluß!
	durch Blutentnahme		

Über die Deutung des so gemessenen Ureterendrucks besteht keine einheitliche Auffassung. Beim Anschluß des Manometers an den Ureter findet der Anstieg des Quecksilbers erst schnell statt, dann wird er kontinuierlich langsamer. Nach Herrmanns[1] Angaben ist die Form der Anstiegkurve durch die bei zunehmendem Druck stark abnehmende Austrittsgeschwindigkeit des Harns aus der Niere in den Ureter bedingt. Ludwig[2] wollte in einem Druckmaximum des Manometers den Druck erkennen, der eine weitere Harnauspressung aus den Glomerulis verhindert, also dem Glomerulusdruck das Gleichgewicht halte. Heidenhain[3] hingegen glaubt bei Annahme der Filtrations-Rückresorptionstheorie den Ureterendruck als den Druck ansehen zu müssen, bei dem Glomerulussekretion und Tubulusrückresorption sich einander die Waage halten. Nach der Ludwigschen[2] Anschauung muß die Höhe des Ureterendrucks lediglich bedingt sein durch den Blutdruck, während bei Richtigkeit der Heidenhainschen[3] Anschauung der Ureterendruck sich unabhängig vom Blutdruck ändern kann. Gottlieb und Magnus[4] konnten im Verlaufe verschiedener Diuresen eine von dem Blutdruck unabhängige Änderung des Ureterendrucks feststellen. Sie zogen daraus den Schluß, daß die Heidenhainsche[3] Auffassung die richtige sei. Sie vernachlässigten aber dabei den Umstand, daß eine Änderung des Glomerulusdrucks, auf den es nach der Ludwigschen[2] Anschauung lediglich ankommt, keineswegs mit einer Veränderung des Blutdrucks, wie oben ausgeführt, parallel gehen muß. Sie konnten feststellen, daß bei einer Differenz zwischen Blutdruck und Ureterdruck von 6 mm Hg noch Harn abgeschieden wird, dies jedoch nur bei stärkster Kochsalzdiurese.

Fassen wir die minimalen Blutdruckwerte, bei denen noch Harn gebildet wird, und die für den Ureterendruck gefundenen Maximalwerte zusammen und vergleichen sie mit den Werten von Starling[5] und Reid[6], so kommen wir zu dem Schluß, daß in der Regel die Harnsekretion versiegt, wenn die Druckwerte

[1] Herrmann, M.: Sitzgsber. Akad. Wiss. Wien., Math.-naturwiss. Kl. **36**, 349 (1859); **45**, 317 (1861).
[2] Ludwig, C.: Lehrb. d. Physiol., 2. Aufl. 1861.
[3] Heidenhain, R.: Zitiert auf S. 318.
[4] Gottlieb, R. u. R. Magnus: Zitiert auf S. 318.
[5] Starling, E. H.: Zitiert auf S. 317.
[6] Reid, E. W.: Zitiert auf S. 317.

erreicht sind, die der Größenordnung nach ungefähr den von Starling[1] für eine Harnabpressung aus dem Serum angegebenen Werten entsprechen. Eine Ausnahme scheint lediglich die Untersuchung von Gottlieb und Magnus[2] darzustellen, doch muß man hier mit Cushny[3] annehmen, daß durch die Kochsalzdiurese eine beträchtliche Verdünnung des Bluteiweißes, also auch eine Herabsetzung des osmotischen Drucks der Eiweißkörper stattgefunden hat. Diese Annahme ist auch nur unter der Voraussetzung erforderlich, daß die von Starling[1] gemessenen Werte richtig sind und die Werte nicht, wie White[4] angibt, beträchtlich niedriger liegen.

Mit der Annahme der Whiteschen Zahlen werden auch die Diskussionen von Hill und Mc Queen[5] hinfällig, die auf Grund ihrer Berechnung den Capillardruck für eine Filtration des provisorischen Harns im Glomerulus nicht für hinreichend halten und von einem „physiologischen Durchtritt" des Harns bei der Glomerulustätigkeit sprechen. Die von zahlreichen Beobachtern festgestellte Abhängigkeit des Harnabflusses aus den Nieren von dem Aortendruck glauben sie als eine Auspressung des Harns aus den Ureteren erklären zu müssen, da einer Volumzunahme der Gegendruck der Nierenkapsel entgegenwirke.

Schließlich hat Magnus[6] den Versuch gemacht, den Capillardruck in den Nierengefäßen unmittelbar zu erhöhen, indem er das Blut eines Kaninchens einem anderen infundierte, das eine vollkommen gleiche Blutzusammensetzung aufwies. Er erhöhte dadurch die Blutmenge um etwa 30—50% und rief so eine Steigerung des Capillardrucks hervor. Irgendeine Veränderung der Harnabsonderung trat jedoch nicht ein. Die Magnusschen Versuche wurden von Asher und Waldstein[7] bestätigt. Es ergab sich, daß eine Steigerung der Harnmenge nur dann ausblieb, wenn Blutspender und Blutempfänger völlig gleich vorbehandelt waren; war jedoch eines der Tiere trocken, das andere feucht gefüttert, so trat in jedem Fall beträchtliche Erhöhung der Harnmenge in Erscheinung. Magnus[7] zog daraus den Schluß, daß die Harnabsonderung von der Höhe des Capillardrucks unabhängig sei. Dieser Versuch galt als ausschlaggebend für die Unabhängigkeit der Harnbildung vom Capillardruck, bis Cushny[8] den Einwand erhob, daß, wie schon Magnus selbst zeigt, nach solchen Übertragungen die Blutflüssigkeit schnell in das Gewebe übertritt und auf diese Weise eine Steigerung des Eiweißgehalts und eine Vermehrung der Viscosität erzielt wurde. Diese gesteigerte Viscosität, die die Ultrafiltrierbarkeit herabsetze, kompensiere dann die Wirkung des erhöhten Capillardrucks auf die Harnbildung. Für die Beweiskraft des Cushnyschen[8] Einwandes ist der Nachweis Knowltons[9] unerheblich, daß die herabgesetzte Filtrierbarkeit nicht als Folge einer Steigerung der Viscosität, sondern einer Erhöhung des osmotischen Drucks der Eiweißkörper zu betrachten sei.

Hier müssen noch die Untersuchungen von Griffith und Hansel[10] Erwähnung finden, die den Einfluß des abdominellen Drucks auf die Harnmenge untersuchten. Sie sahen an zwei Versuchspersonen in horizontaler Lage bei einem Außendruck von 10—25 cm Wasser eine Steigerung der Urinmenge bis um 150%.

---

[1] Starling, E. H.: Zitiert auf S. 317.
[2] Gottlieb, R. u. R. Magnus: Zitiert auf S. 316.
[3] Cushny, A. R.: The secret. of the urine. S. 113. London 1917.
[4] White, H. L.: Zitiert auf S. 317.
[5] Hill, L. u. J. Mc Queen: Zitiert auf S. 317.
[6] Magnus, R.: Über Diurese. Arch. f. exper. Path. **45**, 210 (1901).
[7] Asher, L. u. A. Waldstein: Biochem. Z. **2**, 1 (1906).
[8] Cushny, A. R.: J. of Physiol. **28**, 443 (1902).
[9] Knowlton, F. P.: J. of Physiol. **43**, 219 (1911).
[10] Griffith, J. Q. u. H. R. Hansel: Amer. J. Physiol. **74**, 16 (1925).

Die Steigerung führen die Verfasser auf eine Erhöhung des Venendrucks zurück. Es besteht natürlich die Möglichkeit, daß hierfür die Druckveränderung in den harnabführenden Wegen oder eine reflektorische Beeinflussung der Nierenfunktion in erster Linie verantwortlich zu machen ist. Vielleicht sind auch die Feststellungen von WHITE, ROSEN, FISCHER und WOOD[1], daß die Urinausscheidung beim Menschen in liegender Stellung um vieles größer ist als im Stehen, auf eine Änderung des Venendrucks zurückzuführen.

Zusammenfassend müssen wir sagen, daß nach den bisher vorliegenden Versuchsergebnissen mit höchster Wahrscheinlichkeit eine unmittelbare Abhängigkeit der Harnbildungsgeschwindigkeit von dem Druck in den Glomeruluscapillaren anzunehmen ist und daß die beobachteten Werte für eine Filtration des provisorischen Harns aus dem Blut unter dem Einfluß des Glomerulusdrucks sprechen. Gestützt wird diese Anschauung durch die Befunde von RICHARDS und PLANT[2] an der überlebenden Kaninchenniere, die eine unmittelbare Abhängigeit der Harnbildungsgeschwindigkeit vom Blutdruck nachweisen konnten. Bei der Kaninchenniere liegen nun insofern besondere Verhältnisse vor, als ihnen die arteriolae rectae, d. h. die unmittelbare Verbindung zwischen Nierenarterie und Tubuluscapillaren fehlen sollen. Das gesamte, in die Nierenarterien eintretende Blut muß daher die Glomeruli passieren, und die Wahrscheinlichkeit, daß sich der Glomerulusdruck mit dem Blutdruck gleichsinnig ändert, ist daher wesentlich größer als bei den Nieren anderer Tierarten. Jedenfalls bieten die Befunde von RICHARDS und PLANT[2] eine erhebliche Stütze für die Annahme einer direkten Abhängigkeit der Harnsekretion vom Glomerulusdruck.

2. Die Abhängigkeit der Nierenfunktion von der Blutzufuhr.

a) Einleitung.

Wenn wir bisher über die Beeinflussung der Nierenfunktion durch den Blutdruck gesprochen haben, so haben wir als Maß der Nierenfunktion stillschweigend die Höhe der Harnausscheidung angenommen. Das läßt sich rechtfertigen, wenn wir sie lediglich unter dem Gesichtspunkt einer Abhängigkeit vom Blutdruck betrachten, da wir ja die von dem Blutdruck zugeführte Energie als Ursache der Filtration des provisorischen Harns im Glomerulusanteil angesehen haben. So konnten wir auch feststellen, daß die Harnmenge proportional dem Blutdruck anstieg. Von der Blutzufuhr sind nun aber zwei Faktoren der Nierenfunktion abhängig, die nicht ohne weiteres gleichsinnig hinsichtlich der Menge des gebildeten Harns zu wirken brauchen. Denn das Blut führt proportional seiner Menge in der Zeiteinheit der Niere einerseits die Substanzen zu, aus denen der Harn bereitet wird, zweitens aber liefert das Blut der Niere die Sauerstoffmenge für die intracellulären Verbrennungsprozesse, aus denen die für die aktive Zelltätigkeit der Niere erforderliche Energie gewonnen wird.

Wäre die Harnmenge ausschließlich von der Zufuhr der harnfähigen Substanzen zur Niere abhängig, so wäre ohne weiteres eine direkte Abhängigkeit der Harnmenge von der Durchblutungsgröße der Niere vorauszusehen. Nun müssen wir aber nach der unserer Betrachtung vorangestellten Hypothese über den Modus der Harnabsonderung annehmen, daß aus dem provisorischen Harn (Glomerulusultrafiltrat) in dem Tubulusanteil der Niere durch aktive Zelltätigkeit eine Korrektion des provisorischen Glomerulusharns durch Rückresorption bestimmter Anteile des provisorischen Harns und möglicherweise

[1] WHITE, H. L., J. T. ROSEN, S. S. FISCHER u. G. H. WOOD: Proc. Soc. exper. Biol. a. Med. 23, 743 (1926).

[2] RICHARDS, A. N. u. O. H. PLANT: Amer. J. Physiol 59, 184 (1922).

auch durch Sekretion solcher Bestandteile erfolgt, die im Glomerulus nicht oder nicht in hinreichender Menge filtriert werden können. Wir müssen für die weiteren Betrachtungen in Erwägung ziehen, daß eine optimale Nierenfunktion nicht in der Ausscheidung einer möglichst großen Harnmenge gesehen werden kann, sondern in der Ausscheidung eines Harns, der in seiner Zusammensetzung der Zusammensetzung des Blutes in möglichst entsprechender Weise angepaßt ist. Zur Ermöglichung dieser Anpassung liefert das Blut im Sauerstoff und etwaigem Brennmaterial eine Energiequelle. Es ist daher ohne weiteres ersichtlich, daß die optimale Nierenleistung sich keineswegs mit einer maximalen Harnproduktion deckt und daß eine reichliche Sauerstoffversorgung durch Vergrößerung der Blutzufuhr eine Vermehrung der Rückresorption im Gefolge hat. Dies geht auch ohne weiteres aus den Versuchen von STARLING und VERNEY[1] hervor, die bei Ausschaltung der energieliefernden Stoffwechselprozesse durch Cyankalium eine Zunahme der Harnausscheidung bei möglichst gleichbleibendem Blutdruck oder ein Gleichbleiben der Harnmenge bei abnehmendem Blutdruck feststellen konnten, während DAVID[2] im HÖBERschen Institut an der Froschniere nach Einführung mittlerer Dosen verschiedener Narkotica in den Renoportalkreislauf eine beträchtliche Erhöhung der Harnsekretion erzielen konnte, wobei allerdings die Durchströmungsgeschwindigkeit nicht bestimmt wurde. Auch JANSSEN und REIN[3] konnten keine bestimmten Beziehungen zwischen Harnmenge und Durchblutungsgröße feststellen. Wir stoßen daher auf die Schwierigkeit, kein exaktes Maß zur Bestimmung der Nierenfunktion zu besitzen, und müssen, um uns Klarheit über die Wirkung einer Funktionsveränderung der Niere zu verschaffen, eigentlich alle Partialfunktionen der Niere getrennt betrachten, ohne auch hier mit absoluter Bestimmtheit das Optimum der Nierenleistung angeben zu können. Wenn wir unter diesem Gesichtspunkt die Ergebnisse der HERRMANN-[4] und HEIDENHAINschen[5] Untersuchungen bei venöser Stauung betrachten, so läßt sich vielleicht das allmähliche Erlöschen der Harnausscheidung bei Drosselung der Nierenvene auch als Folge vermehrter Rückresorption in den Tubuluscapillaren auffassen, auf die ja, wie oben ausgeführt, eine Stauung im Nierenvenensystem stärker einwirkt als auf das Glomeruluscapillargebiet. Auch die Erfahrung von MARSHALL und CRANE[6], die nach vorübergehender Abklemmung der Nierenarterie die Harnmenge zuweilen vermehrt sahen, lassen sich wohl in gleichem Sinne deuten.

b) Methoden zur Bestimmung der Durchblutungsgröße.

Die Bedeutung, die dem Verhältnis von Durchblutungsgröße zu Harnbildung für die Frage der Harnbildungstheorien zukommt, hat schon früh nach geeigneten Methoden suchen lassen, die den Nierendurchfluß unter möglichster Schonung der Organfunktion zu bestimmen gestatteten. CL. BERNARD[7] machte die Beobachtung, daß das aus der Nierenvene ausfließende Blut, das normalerweise blaurot gefärbt ist, bei vermehrter Nierentätigkeit eine hellrote Farbe gewinnt, und schloß daraus auf einen vermehrten Blutdurchfluß durch die Niere. Dem Wunsche, diese subjektive Beobachtung durch ein exaktes Maß zu ersetzen, verdanken wir die Einführung der Nierenonkometrie durch COHNHEIM und ROY[8]. Sie gestattet schnell, Änderungen des Nierenvolumens graphisch zu registrieren, und zahlreiche Untersuchungen sind bis etwa 1905 mit dieser Methode durchgeführt. Gegen diese Methode

[1] STARLING, E. H. u. E. B. VERNEY: Pflügers Arch. **205**, 47 (1924) — Proc. roy. Soc. Lond. B **97**, 321 (1925).
[2] DAVID, E.: Pflügers Arch. **208**, 146 (1925).
[3] JANSSEN, S. u. H. REIN: Ber. Physiol. **42**, 567 (1928).
[4] HERRMANN, M.: Zitiert auf S. 318. [5] HEIDENHAIN, R.: Zitiert auf S. 318.
[6] MARSHALL jr., E. K. u. M. M. CRANE: Amer. J. Physiol. **64**, 387 (1923).
[7] BERNARD, CL.: Lecons sur les liquides de l'organisme **2** (1895).
[8] ROY, Ch. S.: J. of Physiol. **3**, 205 (1882). — COHNHEIM u. Ch. S. ROY: Virchows Arch. **92**, 424 (1883).

hat zuerst LOEWI[1] den Einwand erhoben, daß das Nierenvolumen nicht lediglich durch die Durchblutungsgröße bedingt sei und daß die von zahlreichen Voruntersuchern gewonnenen und auf die Nierendurchblutung bezogenen Änderungen des Nierenvolumens ebenso sehr von dem Füllungszustand der harnabführenden Harnwege und von der in den Interstitialräumen der Niere angehäuften Flüssigkeit abhängig sei. Diesem Einwand schließt sich CUSHNY[2] an und betont, daß vor allem die Tubuli bei der Diurese stark erweitert seien und infolgedessen das Nierenvolumen beträchtlich beeinflußten. LOEWI[1] kehrt daher zu der von CL. BERNARD[3] inaugurierten Inspektion des Nierenvenenblutes zurück, wobei er gleichzeitig eine Ausdehnung der Niere durch Eingipsen verhindert. Er tut dies, obwohl FLEISCHHAUER[4] die Befunde CL. BERNARDS[3] nicht hatte bestätigen können. Die Annahme LOEWIS[1] geht dahin, daß bei fixiertem Nierenvolumen wegen der mangelnden Kompressibilität des Nierengewebes eine Erweiterung der Gefäße ausgeschlossen sei und daß das Ausfließen hellroten Blutes aus der Vene, aus der auf eine gesteigerte Blutgeschwindigkeit geschlossen wurde, auf einer unbestimmten Wegräumung innerer Widerstände in der Blutbahn beruhen müsse. MAGNUS[5] sieht in der Argumentation LOEWIS[2] insofern einen Trugschluß, als durch Übertritt von Wasser aus den Gewebsspalten in das Gefäßlumen auch in der eingegipsten Niere eine Gefäßerweiterung möglich sei. Er glaubt daher die Einwände, die LOEWI[1] aus seinen Versuchen mit der fixierten Niere gegen die Onkometrie erhebt, für nicht stichhaltig ansehen zu müssen.

Neben diesen indirekten Methoden zur Bestimmung des Blutdurchflusses wurde schon frühzeitig der Versuch gemacht, die Größe der Nierendurchblutungen unmittelbar zu bestimmen. Als erste haben LANDERGREN und TIGERSTEDT[6] die zuströmende Blutmenge durch Einschaltung einer LUDWIGschen Stromuhr in die Nierenarterie bestimmt. Die hierzu notwendigen Manipulationen an der Arterie gehen jedoch nicht ohne Schädigung der an ihr verlaufenden Nerven einher, so daß ihre Versuche kein einwandfreies Bild von der Durchströmung der unverletzten Niere geben. Diesen gerügten Versuchsfehler wollte die Versuchsanordnung von SCHWARZ[7] vermeiden, der mit einer von F. PICK[8] angegebenen Methode den Ausfluß aus der Nierenvene in der Form bestimmte, daß er eine Pipette einschaltete, in die er von Zeit zu Zeit das Venenblut ausfließen ließ und so die pro Zeiteinheit ausfließende Blutmenge direkt messen konnte. Den SCHWARZschen Versuchen haften noch eine solche Fülle von methodischen Schwierigkeiten an, daß von einer größeren Versuchsreihe nur zwei einwandfreie Versuche gelangen.

Die von BURTON-OPITZ und LUCAS[9] angewandte Messung der Ausflußmenge durch Einführung einer von BURTON-OPITZ angegebenen Stromuhr in die Nierenvene beseitigt einen Teil der bisherigen Schwierigkeiten, stellt jedoch auch noch für die Funktion der Niere einen verhältnismäßig schweren Eingriff dar.

Eine wesentliche Verbesserung bedeutet die Versuchsanordnung von BARCROFT und BRODIE[10], die zum erstenmal die direkte Bestimmung des Venenausflusses ohne irgendeine Beeinträchtigung der Nierenfunktion ermöglichte. Sie entfernten bei Hunden den gesamten Magendarmtraktus mit Pankreas und Milz, klemmten die Cava unterhalb des Abgangs der Nierenvene ab und führten hier eine Kanüle in die Cava ein. Durch Öffnen der genannten Klemme und gleichzeitiges Abklemmen der Cava oberhalb des Abgangs der Nierenvene war es möglich, die aus der Niere ausfließende Blutmenge unmittelbar jederzeit zu messen, ohne daß die Nierenzirkulation auch nur für kürzeste Zeit unterbrochen war. LAMY und MAYER[11] haben diese Methode insofern verbessert, als sie es ermöglichten, die Messungen bei geschlossener Bauchhöhle vorzunehmen, und so die Abkühlung der Niere vermieden, während CUSHNY und LAMBIE[12] eine Kanülenmodifikation angaben, die es erlaubte, das zur Messung ausgeflossene Blut nach Hirudinisierung dem Kreislauf wieder zuzuführen, und gleichzeitig eine Klemmenform beschrieben, die in wesentlich schonenderer Weise den Verschluß der Vene gestattete, wodurch die Möglichkeit von Thrombenbildung ausgeschlossen wurde.

---

1 LOEWI, O.: Arch. f. exper. Path. **53**, 15 (1905).
2 CUSHNY, A. R.: The secretion od the urine. S. 122. London 1917.
3 BERNARD, CL.: Zitiert auf S. 322.
4 FLEISCHHAUER, J.: Beitr. Anat. u. Physiol. **6**, 97 (1872).
5 MAGNUS, R.: Oppenheimers Handb. d. Biochem. **3**, 489. Jena 1908.
6 LANDERGREN, E. u. R. TIGERSTEDT: Skand. Arch. Physiol. (Berl. u. Lpz.) **4**, 241 (1893).
7 SCHWARZ, L.: Arch. f. exper. Path. **43**, 1 (1899).
8 PICK, F.: Arch. f. exper. Path. **42**, 399 (1899).
9 BURTON-OPITZ, R. u. D. R. LUCAS: Pflügers Arch. **123**, 553; **125**, 221; **127**, 143, 148 (1908) — J. of exper. Med. **13**, 308 (1911) — Amer. J. Physiol. **40**, 437 (1916).
10 BARCROFT, J. u. T. G. BRODIE: The ges. metab. of the kidney. J. of Physiol. **33**, 52 (1905).
11 LAMY, H. u. A. MAYER: J. Physiol. et Path. gén. **8**, 258 (1906).
12 CUSHNY, A. R. u. C. G. LAMBIE: J. of Physiol. **55**, 276 (1921).

Die Methode zur Messung der Blutgeschwindigkeit in den Nierengefäßen von Barcroft und Brodie erfuhr durch Ozaki[1] insofern eine wesentliche Verbesserung, als er durch Einführung eines automatischen Blutdruckkompensators willkürliche Änderungen des Blutdruckes, die immer einen Einfluß auf die Gefäßweite ausüben, ausschalten kann. Ozaki arbeitete an urethanisierten eviscerierten Kaninchen. Sein Blutdruckkompensator beruht auf folgendem Prinzip: In die Aorta wird eine Kanüle eingeführt, die mit einem Quecksilbermanometer in Verbindung steht. In die Carotis wird eine andere Kanüle eingeführt, die mit einem Blutreservoir verbunden ist. Dieses Blutreservoir ist mit hirudinisiertem Blut bzw. im Anfang des Versuches mit einer Hirudin-Gummi-Ringerlösung gefüllt und steht unter einem Überdruck von etwa $^1/_7$ Atmosphären, der mit Hilfe einer Druckpumpe erzielt wird. Das Quecksilbermanometer ist mit Platinkontakten armiert. Steigen oder Fallen des Blutdruckes schließt je einen Stromkreis und läßt entweder Blut aus dem Blutreservoir zufließen oder drückt Blut aus der Carotis in das Blutreservoir, bis der ursprüngliche Blutdruck wieder erreicht ist. So gelingt es, die Durchströmungsgeschwindigkeit des Blutes in den Nierengefäßen völlig unabhängig von dem Blutdruck zu gestalten.

Ozaki[1] untersuchte die Abhängigkeit des Nierendurchflusses von dem Blutdruck und sah bei eviscerierten Kaninchen bei konstantem Blutdruck während 40 Minuten keine nennenswerte Änderung der Durchströmungsgeschwindigkeit durch die Nierenvenen. Bei Änderungen des Blutdruckes zwischen 75 und 95 mm Quecksilber ist das Produkt aus Blutdruck und Blutgeschwindigkeit annähernd konstant, d. h. mit steigendem Blutdruck nimmt die Blutgeschwindigkeit proportional zu. Bei 65 mm ist die Blutgeschwindigkeit verhältnismäßig stärker vermindert, um bei einem Blutdruck von 45 mm Quecksilber enorm abzufallen.

Die bisherigen Methoden zur Messung des Blutdurchflusses durch die Nieren werden an Genauigkeit weitaus übertroffen durch zwei Methoden, die in der neuesten Zeit beschrieben worden sind. Die äußerst elegante Versuchsanordnung von Rein und Janssen[2] gestattet eine unblutige Messung des Nierendurchflusses über viele Stunden hinaus ohne Schädigung der Nierennerven und erlaubt unmittelbar die Bestimmung absoluter Strömungswerte. Das Prinzip der Methode beruht darauf, daß dem zu untersuchenden Gefäß an einer bestimmten Stelle eine sehr konstante Wärmemenge von außen zugeführt wird und die Temperaturdifferenz stromauf- und stromabwärts von der Heizstelle thermoelektrisch gemessen wird. Die notwendige Apparatur wird außerordentlich kompendiös ausgeführt. Die Heizung der Blutsäule erfolgt mittels Hochfrequenzstromes (2000000 Perioden), ist also praktisch homogen und unabhängig von Gefäßdurchmesser, Oberfläche usw., dagegen nur abhängig von sehr genau meßbaren Größen: nämlich der effektiven Intensität des Heizstromes, dem Widerstande des Gefäßes zwischen den Heizelektroden und der zu erwärmenden Masse (Blutsäule + Gefäßwände). Die Heizelektroden sind zusammen mit einem Thermodoppelelement, dessen eine Lötstelle stromauf, dessen andere stromab von den Heizelektroden gelegen ist, in einer Hartgummi- bzw. Bakelithülse ganz bestimmter Form angeordnet, welche außen um das uneröffnete Gefäß gelegt wird. Diese Form garantiert unverrückbaren Sitz des zu untersuchenden Gefäßes in der Hülse an Heizelektroden und Lötstellen ohne Stauung sowie konstanten Widerstand zwischen den Heizelektroden. Durch Verschluß der Hülse mittels eines momentan trocknenden nicht reizenden Kittes wird zudem der Sitz des „Diathermie-Thermoelementes" (D.Th.E.) ein so fester, daß auch bei Bewegungen des Tieres Verlagerungen oder Stauungen des Gefäßes fast unmöglich werden. Das Verfahren wurde zunächst an lebendfrischen Gefäßen (Kalb, Katze, Hund) im Modell ausgearbeitet (Durchströmung mit Rinderblut), dann an Tieren mit gleichzeitiger blutiger Kontrolle der Meßresultate. Erst dann wurde zu den unblutigen Tierversuchen übergegangen. Es wurde festgestellt, daß die Beziehungen zwischen Strömungsgeschwindigkeit und Temperaturdifferenz oberhalb und unterhalb der Heizstelle – d. h. die gemessene Bluterwärmung – völlig abhängt von der Lage der messenden Lötstellen zu den Heizelektroden. Es gelang in langen Versuchsreihen schließlich eine Anordnung zu finden, die folgende einfache Verhältnisse ergab: Die Bluterwärmung geht direkt proportional dem Quadrate der effektiven Heizstromintensität, umgekehrt proportional der mittleren absoluten Strömungsgeschwindigkeit des Blutes. Die Ausschläge des registrierenden Galvanometers (Mechauсsches Schleifengalvanometer) sind also ohne Rücksicht auf die Dimensionen der Gefäße, lediglich abhängig von der effektiven Heizstromintensität, dem wirksamen Widerstand des Gefäßes

[1] Ozaki, M.: Arch. f. exper. Path. **123**, 305 (1927).

[2] Rein, H. u. S. Janssen: Ber. Physiol. **42**, 565 (1928). – Rein, H.: Verh. dtsch. pharmak. Ges. (7. Tagung Würzburg). Arch. f. exper. Path. **128**, 106 (1928). – Rein, H.: Z. Biol. **87**, 394 (1928).

und der Masse der durchfließenden zu erwärmenden Blutsäule, also der mittleren absoluten Blutströmungsgeschwindigkeit. Jedes Diathermiethermoelement wird einmal im Modell geeicht und kann dann jederzeit im Tiere am uneröffneten Gefäße benutzt werden. Die Nierengefäße und die Bauchaorta werden vom Rücken her extraperitoneal freigelegt und je mit einem der winzigen Apparate umgeben. Die Messung des Heizstromes erfolgt nach dem Prinzip des Dynamobolometers, es wird also direkt das J^2 registriert. Seine Größenordnung ist stets 10^{-3} Amp. Gleichzeitig wird der Thermogalvanometerausschlag registriert. Aus diesen beiden Kurven sowie der einmaligen Modelleichung des D.Th.E. ergibt sich die absolute mittlere Durchflußmenge in der Zeiteinheit für das uneröffnete Gefäß des Tieres: G = Thermogalvanometerausschlag bei der Modelleichung. J = effektive Heizstromintensität bei der Modelleichung. W = effektiver Widerstand des Gefäßes + Blutsäule bei der Modelleichung. V = direkt gemessene Durchflußmenge bei der Modelleichung (ccm/min.). G_x = Thermogalvanometerausschlag im unblutigen Tierversuch. J_x = effektive Heizstromintensität im unblutigen Tierversuch. W_x = Gefäßwiderstand im unblutigen Tierversuch. x = absolute mittlere Durchflußmenge im uneröffneten Gefäß.

$$\frac{G}{G_x} = \frac{J^2 W}{V} : \frac{J_x^2 W_x}{x}, \qquad \text{also:} \quad x = \left(\frac{G \cdot V}{J^2 W}\right) \cdot \frac{J_x^2 W_x}{G_x}.$$

Der geklammerte Wert wird numerisch bei der Modelleichung für jedes D.Th.E. ermittelt und als Eichungsfaktor a bezeichnet, so daß also direkt aus der Ablesung der Photogramme sich ergibt: $x = a\frac{J_x^2 W_x}{G_x}$ ccm/Min. Die Reaktionsgeschwindigkeit der Anordnung ist $^1/_{10}$ bis $^1/_2$ Sekunde, die absolute Einstellzeit bei Änderungen der Strömung um 200% ist 10 bis 12 Sekunden. Die Fehlerbreite für die absoluten Werte beträgt nach blutiger Kontrolle 5—10%, für die relativen aber 2—5%.

Gegen diese Methode läßt sich der Einwand erheben, daß bei Wechsel der Gefäßweite während der Messung die zugeführte Wärmemenge sich in wechselnder Weise auf Gefäßwand und durchfließende Blutmenge verteilt und hierdurch unter Umständen das Versuchsergebnis beeinträchtigt wird; denn die Eichungen berücksichtigen diesen Punkt nicht, da sie nur an starren Gefäßen durchgeführt sind. Ob und inwieweit dieser Gesichtspunkt die Ergebnisse beeinträchtigt, läßt sich erst durch Nachprüfungen feststellen. Falls jedoch keine nennenswerten Fehler durch die Änderung der Gefäßweite hervorgerufen werden, stellen die Befunde dieser Methode zusammen mit den Broemserschen die weitaus sichersten Ergebnisse für die Durchblutung der Niere dar. Rein und Janssen haben die Methode kombiniert mit einer Anordnung, die es gestattet, gleichzeitig den Wärmeabtransport aus der Niere zu messen und zu registrieren. Außen an Nierenvene und Arterie wird nämlich je die Lötstelle eines besonders gebauten zweiteiligen Thermoelementes angelegt und wie das D.Th.E. verkittet. Mittels eines zweiten Thermogalvanometers wird so die Temperaturzunahme des Blutes in der Niere festgestellt. Durch willkürliche Zulage einer ganz bestimmten Wärmemenge in das arterielle Blut kurz vor dem Eintritt in den Hilus (Hochfrequenzheizung) und Beobachtung, wieviel der zugelegten Wärme in der Vene wieder erscheint, wird die thermometrische Messung der Bluttemperatur in Arterie und Vene direkt in eine calorimetrische umgeeicht. Gleichzeitig wird die Harnmenge und Leitfähigkeit des Harns und der Blutdruck in der Carotis registriert.

Eine zweite Methode, die ebenfalls die Geschwindigkeit des Blutes in den Arterien an uneröffneten Gefäßen gestattet, beschreibt Broemser[1]. Sie beruht darauf, daß vor und hinter einer durch einen Keil etwas eingedrückten Stelle eines von Flüssigkeit durchströmten Gefäßes ein Stau und ein Sog entsteht. Durch Stau und Sog entsteht zwischen den Orten unmittelbar vor und hinter der eingedrückten Stelle eine Druckdifferenz, deren Größe ausschließlich von der Strömungsgeschwindigkeit abhängt. Nach dem Sphygmographenprinzip kann am uneröffneten Gefäß der Ablauf des Druckes vor und hinter der Eindruckstelle registriert werden. Die Differenz der beiden Druckkurven ergibt die Geschwindigkeitskurve; die Summe der beiden Druckkurven zeigt, da sich Stau und Sog bei der Summierung fast vollständig aufheben, ein gewöhnliches Sphygmogramm, d. h. den zeitlichen Ablauf des Druckes in dem Gefäß. Der angewandte, als „Differentialsphygmograph" bezeichnete Apparat besteht aus einer „Sendekapsel", die durch eine Scheidewand in zwei Teile geteilt und nach beiden Seiten der Scheidewand dachförmig abgeschrägt ist. Die Kapsel wird mit Gummi überspannt und so auf die Arterie gedrückt, daß die Scheidewand quer zur Stromrichtung steht und als eindrückender Keil wirkt, die Gummimembranen vor und hinter der Scheidewand der Gefäßwand anliegen. Die Räume der beiden Kapselhälften werden gesondert durch Gummischläuche einer Registrierkapsel zugeleitet. Die gewonnenen Kurven ermöglichen die Berechnung der Strömungsgeschwindigkeit. Die Registrierung erfolgt optisch.

[1] Broemser, Ph.: Ber. Physiol. **42**, 552 (1928).

Neben diesen Methoden, die es ermöglichen, am Gesamttier einwandfreie Bestimmungen des Blutzuflusses zur Niere durchzuführen, wurden in den letzten Jahren Methoden ausgearbeitet, die unter Benutzung eines überlebenden Nierenpräparates ebenfalls eine exakte Messung des Nierendurchflusses erlauben. RICHARDS und PLANT[1] verwenden die Niere am ausgeweideten Tier in situ und benutzen als Durchströmungsmotor eine Pumpe, die es ermöglicht, Blutdruck und Blutgeschwindigkeit getrennt und willkürlich zu verändern und quantitativ zu bestimmen, während das von STARLING[2] verbesserte Herz-, Lungen-, Nierenpräparat von BAINBRIDGE und EVANS[3], das das Herz als Kreislaufmotor benutzt, nur eine willkürliche Veränderung des Blutdruckes, aber eine getrennte Messung von Blutdruck und Blutgeschwindigkeit erlaubt. Daneben kommt die neuerdings von CARNOT und RATHERY[4] beschriebene äußerst heroische Methode zur Durchblutung der Hundeniere in situ wegen ihrer ganz unphysiologischen Verhältnisse (Blutdruck von 200 mm Hg, Citratblut) nicht ernstlich in Betracht, und die Ergebnisse dieser Untersucher sind mit Vorsicht zu bewerten.

Eine relativ einfache Methode der Durchflußmessung bei der Hundeniere verdanken wir HORIUCHI[5], der aus einer MARIOTTEschen Flasche gepufferte Tyrodelösung durch Heizröhren einfließen ließ und den Ausfluß aus der MARIOTTEschen Flasche direkt registrierte. Kürzlich beschrieben LIVINGSTON und WAGONER[6] zwei Methoden zur Messung der Durchblutungsgröße. Einmal verwandten sie einen intermittierenden Verschluß der Nierenvene, der durch einen Elektromagneten bedient war und mit einem fein geteilten BRODIEschen Recorder die Ablesung der Nierenvolumschwankungen onkometrisch gestattete. Im anderen Fall gebrauchten sie nach dem Prinzip der Differentialdruckmessung zwei Steigröhren an einem einseitig verjüngten Glasrohr, das die Art. mesent. super. mit dem zentralen Aortenstumpf unmittelbar am Abgang der Arteria renalis verbindet.

An der Froschniere haben zuerst R. SCHMIDT[7] und später HARTWICH[8] und MANCINI[9] die Durchströmungsgeschwindigkeit, ersterer nur durch die Arterie, letztere durch Arterie und Pfortader mit einem von ATZLER[10] angegebenen Registriersystem bestimmt.

c) Methoden zur Änderung des Blutdurchflusses.

Die Veränderung des Nierendurchflusses wurde auf verschiedene Weise hervorgerufen. Die ersten Versuche gingen darauf hinaus, durch Einengung der Nierenarterie oder Nierenvene die Geschwindigkeit des Durchflusses herabzusetzen, wobei jedoch eine gleichzeitige Veränderung des Blutdruckes statthat. Daß eine vorübergehende Abklemmung der Nierengefäße für die Funktion des Organs eine wesentliche Schädigung bedeutet, beweisen die Versuche von ROZDESTVENSKY[11] an Hunden, der diese Störungen 3 Wochen bis 2 Monate bestehen bleiben sah. In gleichem Sinne sind die Untersuchungen von DE SOUZA[12] durch Einengung der Nierenvene und von YAGI und KURODA[13] durch Drosselung der Arterie zu bewerten. PANETH[14] veränderte die Blutgeschwindigkeit durch Verengerung der Vena cava. Die meisten Untersucher versuchten, durch Einführung diuretischer Mittel den Umfang der Durchblutungsgröße zu beeinflussen, und bestimmten die Abhängigkeit der Harnabsonderung vom Blutdruck durch Bestimmung der beiden Größen, ohne jedoch so den Nierendurchfluß primär abändern zu können. Die einzige Versuchsanordnung, die eine willkürliche isolierte Änderung der Blutgeschwindigkeit gestattet, ist die von RICHARDS und PLANT[1], bei der durch Änderung des Pumpenvolumens, also der Auswurfgeschwindigkeit der Pumpe, die Größe der Nierendurchblutung jederzeit beherrscht wird. Auch durch Nierendekapsulation wird die Durchblutung der Niere erheblich gesteigert (HÜLSE und LITZNER[15]).

---

1 RICHARDS, A. N. u. O. H. PLANT: J. of Pharmacol. **7**, 485 (1915).
2 STARLING, E. H. u. E. B. VERNEY: J. of Physiol. **56**, 353 (1922).
3 BAINBRIDGE, F. A u. C. L. EVANS: J. of Physiol. **48**, 278 (1914).
4 CARNOT, P. u. F. RATHERY: J. Physiol. et Path. gén. **23**, 625 (1925).
5 HORIUCHI, K.: Pflügers Arch. **205**, 275 (1924).
6 LIVINGSTON, A. E. u. G. W. WAGONER: Amer. J. Physiol. **72**, 233 (1925).
7 SCHMIDT, R.: Arch. f. exper. Path. **95**, 267 (1922).
8 HARTWICH, A.: Arch. f. exper. Path. **111**, 81, 207 (1926).
9 MANCINI, M.: Arch. f. exper. Path. **114**, 275 (1926).
10 ATZLER, E.: Pflügers Arch. **181**, 141 (1920).
11 v. ROZDESTVENSKY: Izv. naucn. Inst. Lesshaft (russ.) **12**, 97 (1927); zit. nach Ber. Physiol. **44**, 98 (1928).
12 DE SOUZA, D. H.: J. of Physiol. **26**, 139 (1901).
13 YAGI, S. u. M. KURODA: J. of Physiol. **49**, 162 (1915).
14 PANETH, J.: Pflügers Arch. **39**, 515 (1896).
15 HÜLSE, W. u. ST. LITZNER: Z. exper. Med. **52**, 84 (1926).

d) Absolute Höhe der Nierendurchblutung.

Die Meinung aller Forscher, die sich mit der Frage der Durchblutung der Niere beschäftigt haben, geht dahin, daß die Niere eines der bestdurchbluteten Organe ist, wenn auch über die Höhe der die Niere passierenden Blutmenge im einzelnen Meinungsverschiedenheiten bestehen. Während LANDERGREN und TIGERSTEDT[1] pro Minute und Gramm Niere einen Durchfluß von etwa 0,5 ccm im Mittel berechnen, finden BURTON-OPITZ und LUCAS[2] einen Wert von etwa 1,5 ccm pro Gramm Niere und Minute, TRIBE und BARCROFT[3] stellen mit einwandfreieren Methoden einen Wert von 2 ccm pro Minute für die Kaninchenniere fest, und Werte von gleicher Höhe beobachteten BARCROFT und BRODIE[4] an der Hundeniere. Über die Größe des Verhältnisses der Durchblutung einzelner Organe gibt die folgende, von BURTON-OPITZ und LUCAS[2] mitgeteilte Tabelle Auskunft. Die Durchströmung pro 100 g Organ und Minute beträgt:

Hintere Extremität	5 ccm
Skelettmuskel	12 „
Kopf	20 „
Niere	151 „
Schilddrüse	560 „

Danach erhält also die Niere ungefähr die zwöffache Blutmenge wie der Skelettmuskel und muß als eines der bestdurchbluteten Organe angesehen werden.

JANSSEN und REIN[5] fanden in 75% der Fälle an Hunden von 8—30 kg, die decerebriert oder mit Chloralose narkotisiert waren, bei Blutdrucken von 90—130 mm Quecksilber einen minütlichen Durchfluß von 1,6—3,7 ccm Blut pro Gramm Niere. Als Durchschnittswert ergibt sich aus einer großen Anzahl Untersuchungen ein Durchfluß von 2,5 ccm pro Gramm Niere und Minute[6]. (Minimalwert 1,3 ccm pro Minute und Gramm, Maximalwert 7 ccm pro Minute und Gramm.) Blutdruck und Durchflußgeschwindigkeit gehen prinzipiell parallel. Gleichzeitige Messungen des Durchflusses in der Aorta abdom. inf. zeigten, daß unter Berücksichtigung des Tiergewichts durch beide Nieren ungefähr in der gleichen Zeit soviel Blut fließt, wie durch die übrige untere Körperhälfte, d. h. pro Kilogramm Niere zwischen 1300 und 7000 ccm in der Minute. Mit den Befunden von JANSSEN und REIN stimmen die Ergebnisse von BROEMSER[7] fast völlig überein, der im Durchschnitt einen Durchfluß von 2,6 ccm pro Gramm Niere und Minute am Kaninchen beobachtete.

Unter der Annahme, daß die Niere in der Minute ungefähr die doppelte Menge ihres Gewichts an Blut erhält, berechnet CUSHNY[8] für ein Nierengewicht von ungefähr 0,8—0,9% des Körpergewichts und eine Gesamtblutmenge von etwa 7,5% des Körpergewichts für den Menschen einen Nierendurchfluß von ungefähr 1000—1500 l in 24 Stunden, während bei einem Nierengewicht von nur 0,4—0,5% des Körpergewichts, wie es oft festgestellt wurde, der tägliche Durchstrom durch die Niere immer noch 700 l überschreiten muß. LANDERGREEN und TIGERSTEDT[1] kommen aus ihren Untersuchungen zu einem Wert von 580 l Blut in 24 Stunden, während METZNER[9] auf Grund von Messungen

---

[1] LANDERGREN, E. u. R. TIGERSTEDT: Skand. Arch. Physiol. (Berl. u. Lpz.) **4**, 241 (1892).
[2] BURTON-OPITZ, R. u. D. R. LUCAS: Pflügers Arch. **123**, 553; **125**, 221; **127**, 143, 148 (1908) — J. of exper. Med. **13**, 308 (1911) — Amer. J. Physiol. **40**, 437 (1916).
[3] TRIBE, E. M. u. J. BARCROFT: Proc. phys. Soc. — J. of Physiol. **50**, X (1916).
[4] BARCROFT, J. u. T. G. BRODIE: J. of Physiol. **32**, 18 (1905); **33**, 52 (1906).
[5] JANSSEN, S. u. H. REIN: Ber. Physiol. **42**, 567 (1928).
[6] JANSSEN, S.: Persönliche Mitteilung.
[7] BROEMSER, PH.: Persönliche Mitteilung.
[8] CUSHNY, A. R.: The secretion of the urine. S. 37. London 1917.
[9] METZNER, R.: Nagels Handb. d. Physiol. **2**, 241. Braunschweig 1906.

der Weite der Vene renalis einen Durchfluß von 482—588 l in 24 Stunden berechnet. VERNEY und DREYER[1] beobachteten an der isolierten Hundeniere von 35 g einen maximalen Durchfluß von 200 ccm Blut in der Minute. Je nach dem Grade der Tätigkeit können sich diese Werte um 50—100% verändern. An der überlebenden Säugetierniere (Herz-Lungen-Nieren-Präparat) zeigten CRUICKSHANK und TAKEUCHI[2], daß die Sauerstoffentnahme durch die Niere nicht dem Durchfluß des Bluts durch die Gefäße parallel geht, sondern daß bei stärkerem Durchfluß verhältnismäßig weniger Sauerstoff dem Blut entnommen wird als bei geringerem.

e) Energieverbrauch bei der Harnbildung.

Da das Blut als sauerstoffzuführendes Organ als Quelle für die energieliefernden Zellprozesse in Frage kommt und neben dem Blutdruck die für die Harnbildung notwendige Energie liefert, so dürfte es angebracht sein, an dieser Stelle über die Höhe der berechneten und der wirklich beobachteten Nierenarbeit zu sprechen. Seitdem durch die Ausarbeitung der Theorie der Lösungen durch ARRHENIUS und VAN 'T HOFF Anhaltspunkte gegeben waren für die osmotische Arbeit, die bei der Harnbildung aus Blut aufgewandt werden muß, hat es nicht an Versuchen gefehlt, die Größe dieser Arbeit zu berechnen. Sämtliche angestellten Berechnungen gehen von der Voraussetzung aus, daß der Prozeß der Harnbildung ein reversibler Prozeß sei. Da dies in Wirklichkeit aber nicht der Fall ist, können die gefundenen Werte nur als Minimalwerte angesehen werden. Als erster hat DRESER[3] auf Grund der Gefrierpunkte von Blut und Harn die Nierenleistung berechnet. Es folgt dann eine Verbesserung der DRESERschen Formel durch GALEOTTI[4], beide arbeiten aber unter der Vernachlässigung der Tatsache, daß die Gefrierpunktserniedrigung, die sie ihrer Berechnung zugrunde legen, bedingt ist durch eine Menge verschiedener gelöster Bestandteile, deren Konzentration im Harn und im Blut zum Teil im entgegengesetzten Sinne verändert wird. v. RHORER[5] berechnet die Arbeit lediglich aus den Konzentrationsänderungen von Kochsalz und Harnstoff und gelangt schon zu einer Arbeitsgröße, die den DRESER-GALEOTTIschen Wert um fast das Dreifache übersteigt. v. ROHRER[5] kommt für die Bildung von 1 l Harn mit einem Kochsalzgehalt von 1,2 und einem Harnstoffgehalt von 2,4% zu einer notwendigen Arbeit von 308 mkg gegenüber 127 mkg nach der GALEOTTIschen Formel. Die tatsächlichen Werte müssen natürlich weitaus größer sein, da ja zur Harnbildung nicht die Konzentrationsänderung von 2, sondern von fast sämtlichen gelösten Harnsubstanzen erforderlich ist. MAGNUS[6] gibt eine von BREDIG aufgestellte Formel wieder, nach der es möglich ist, für jeden Einzelfall aus der Konzentration der einzelnen Stoffe in Blut und Harn die bei der Harnbildung geleistete Arbeit zu berechnen, allerdings ebenfalls für den nicht reproduzierbaren Fall einer völlig reversiblen Reaktion.

Die Gesamtarbeit A berechnet sich danach nach folgender Formel:

$$A = RT\left(n_1 \ln\frac{p_1\,\text{Harn}}{p_1\,\text{Blut}} + n_2 \ln\frac{p_2\,\text{Harn}}{p_2\,\text{Blut}} + \ldots\right) - \frac{RT}{1{,}85}(\varDelta\,\text{Blut} - \varDelta\,\text{Harn})\,.$$

Darin stellt R die Gaskonstante, T die absolute Temperatur, n_1, n_2, n_3 die Zahl der von jedem Stoff im Harn enthaltenen Mole dar, während p_1 Harn

[1] DREYER, M. B. u. C. W. VERNEY: J. of Physiol. **57**, 451 (1923).
[2] CRUICKSHANK, E. W. H. u. K. TAKEUCHI: J. of Physiol. **60**, 120 (1925).
[3] DRESER, H.: Arch. f. exper. Path. **29**, 303 (1892).
[4] GALEOTTI, G.: Arch. Anat. u. Physiol. **1902**, 200.
[5] ROHRER, L. v.: Pflügers Arch. **109**, 375 (1905).
[6] MAGNUS, R.: Oppenheimers Handb. d. Biochem. **30**, 482. Jena 1908.

durch p_1 Blut das Verhältnis der Konzentration der einzelnen Substanzen im Harn und Blut, Δ Blut und Δ Harn die Gefrierpunktserniedrigung von Blut und Harn bedeutet. Eine ähnliche Formel wurde später von HILL[1] aufgestellt. Sie wurde neuerdings von DONNAN[2] in folgender Weise vereinfacht:

$$A = RT\left[\sum\left(c_u \log \frac{c_u}{c_b}\right) + \sum c_b - \sum c_u\right].$$

Darin ist c_u die Konzentration eines Bestandteiles im Harn, c_b die desselben im Blut.

Wie MAGNUS[3] schon selbst bemerkt, berücksichtigen diese Formeln lediglich die osmotische Arbeit und läßt die von der Niere gebildete Wärme und die für chemische Prozesse notwendige Energie völlig außer Betracht. Wenn diesen ganzen Berechnungen auch kein praktisch brauchbarer Wert zuzusprechen ist, so konnte aber schon durch den von DRESER[4] berechneten Minimalwert klar festgestellt werden, daß an eine Harnbildung lediglich auf Kosten des Blutdrucks nicht zu denken ist, da schon für eine Zunahme der Gefrierpunktserniedrigung um 1° ein Druck von 9100 mm Hg erforderlich sei und die Niere Harne liefern könne, die sich von der Konzentration des Blutes wesentlich stärker unterscheiden.

Ein sehr viel klareres Bild über die Nierenarbeit gewinnt man aus den Bestimmungen des Sauerstoffverbrauchs, wie sie zuerst von BARCROFT und BRODIE[5] für die Säugetierniere und dann weiterhin von BARCROFT[6] und seinen Mitarbeitern für die Froschniere angestellt wurden. Die Höhe des Gaswechsels bei der Niere ist außerordentlich beträchtlich. Sie wird von BARCROFT und BRODIE[5] für den Hund auf 0,026 ccm Sauerstoff pro Gramm Niere und Minute angegeben. Auch HAYMAN und SCHMIDT[7] fanden bei Hunden mit der Methode von BARCROFT und BRODIE Sauerstoffverbrauchswerte, die denen von BARCROFT und BRODIE entsprechen. Sie schwanken zwischen 0,009 und 0,113 ccm pro Gramm Niere und Minute. Den höheren Werten entspricht ein stärkerer Blutdurchfluß und eine größere Harnmenge. Eine Einwirkung von Harnstoff, Coffein oder Natriumsulfat auf den Sauerstoffverbrauch konnte nicht festgestellt werden. Am STARLINGschen Herz-Lungen-Nieren-Präparat fanden FEE und HEMINGWAY[8] einen Sauerstoffverbrauch von 0,03—0,20 ccm pro Gramm und Minute. Mit steigendem Blutdruck sahen sie den Sauerstoffverbrauch zunehmen. In ähnlicher Höhe finden auch BARCROFT und STRAUB[9] den Sauerstoffverbrauch der Kaninchen- und Katzenniere in der Ruhe, während VERNON[10] für die überlebende Kaninchenniere bei 31° einen beträchtlich niedrigeren Wert angibt. Der Sauerstoffverbrauch der Niere entspricht also Werten, die auch für andere Drüsen gefunden wurden, und übertrifft den Gaswechsel des Skelettmuskels etwa um das Siebenfache. Der Gaswechsel der Niere steigt häufig mit zunehmender Nierentätigkeit an, jedoch kommen Diuresen vor, ohne irgendwelche Änderungen im Gaswechsel. WINFIELD[11] beobachtete in einem Fall nach der Injektion von Ringerlösung ein Abfallen des Sauerstoffverbrauchs der Niere auf ein Viertel bis ein Fünftel

---

[1] BARCROFT, J.: The respiratory function of the blood, S. 92 (1914).
[2] DONNAN: Zitiert nach A. R. CUSHNY. The secretion of the urine. 2. Aufl. S. 39 (1926).
[3] MAGNUS, R.: Zitiert auf S. 328. [4] DRESER, H.: Zitiert auf S. 328.
[5] BARCROFT, J. u. T. G. BRODIE: J. of Physiol. **33**, 52 (1905).
[6] BARCROFT, J. u. O. HAMILL: J. of Physiol. **34**, 306 (1906). — CULLIS, W. C.: Ebenda **34**, 250 (1906). — BRODIE, T. G. u. W. C. CULLIS: Ebenda **34**, 224 (1906).
[7] HAYMAN jr., J. M. u. C. F. SCHMIDT: Amer. J. Physiol. **83**, 502 (1928).
[8] FEE, A. R. u. A. HEMINGWAY: J. of Physiol. **65**, 100 (1928).
[9] BARCROFT, J. u. H. STRAUB: J. of Physiol. **41**, 145 (1911).
[10] VERNON, H.: J. of Physiol. **35**, 53 (1906).
[11] WINFIELD, G.: J. of Physiol. **45**, 182 (1912).

der Norm, als der Harn isotonisch wurde. Auf diese Verhältnisse wird an anderer Stelle noch eingegangen.

Unter der Annahme, daß der aufgenommene Sauerstoff zur vollkommenen Verbrennung von Eiweiß und Kohlehydrat verwandt wird, berechnen Barcroft und Brodie[1] aus der Sauerstoffaufnahme die aus der verbrauchten Sauerstoffmenge gebildete Energie. Sie berechnen gleichzeitig aus der Konzentration von Harn und Blut nach der Galeottischen Formel die zur Harnbildung notwendige minimale osmotische Arbeit. Dabei stellt sich heraus, daß die aus der Bestimmung des Sauerstoffverbrauchs errechnete Energie die nach der Galeottischen Formel berechnete um mehrere Größenordnungen übertrifft. Das stimmt auch mit den tatsächlich beobachteten Verhältnissen überein. Schon Grijns[2] fand, daß die Harntemperatur beim Ausfluß aus der Niere wesentlich die Temperatur des Nierenarterienblutes übersteigt, und Janssen und Rein sahen das Nierenvenenblut in allen Fällen erheblich wärmer als das Blut der Nierenarterie. Nur ein Teil des in der Niere gebundenen Sauerstoffs wird für die Harnbildung verwandt. Leider liegen aus den Untersuchungen von Janssen und Rein[3] noch keine unmittelbaren Bestimmungen über den Gaswechsel der Niere vor. Aus ihren Versuchsergebnissen geht jedoch hervor, daß die Wärmeabgabe der Niere durch das Blut pro Gramm Niere und Minute 0,035—0,70 cal beträgt. Janssen und Rein glauben, daß die so beobachteten Werte optimal 95—98%, im ungünstigsten Falle 70% der in der Niere wirklich freigewordenen Wärme erfassen. Sie stimmen gut mit denen aus den Barcroftschen Gaswechseluntersuchungen errechneten Werten überein, die bei Zugrundelegung eines respiratorischen Quotienten von 1,0 pro Gramm Niere und Minute 0,04—0,4 cal ergeben. Über die von der Niere verbrauchte Energie erfahren wir aus den Versuchen von Janssen und Rein nur mittelbar, daß bei der Bildung von hypotonischen Harnen verhältnismäßig große Wärmemengen in den Körper abfließen und daß bei hochgestellten Harnen die abgeführte Wärmemenge wesentlich geringer war, d. h. daß bei gleichbleibender Durchblutungsgröße und wohl demnach auch gleichbleibendem Sauerstoffverbrauch die für die Harnbereitung verbrauchte Energie, die dem Körper nicht als Wärme zugeführt wird, bei konzentrierten Harnen nennenswert größer ist als bei verdünnten.

Für die ruhende Niere berechnet Loewy[4] einen Gasverbrauch, der ungefähr 4—5,4% des Gesamtumsatzes ausmacht, während ihr Gewicht nur 0,6% des Körpergewichts beträgt.

Tangl[5] stellte durch Calorimetrie an Ratten fest, daß durch Exstirpation der Niere bei Ratten der Gesamtumsatz um etwa 2% sank, während er nach Nierenausschaltung eine Abnahme des Sauerstoffverbrauchs des Gesamttiers zwischen 8,7 und 5,1% beobachten konnte. Beide Werte befinden sich in guter Übereinstimmung und geben zusammen mit den von Barcroft[6] und seiner Schule gefundenen Werten ein Maß für die wirkliche Größe der Nierenarbeit.

Auch bei der Froschniere ist der Sauerstoffverbrauch von Barcroft und seinen Mitarbeitern[7] bestimmt. Er beträgt in der Ruhe pro Gramm Niere und Minute 0,025—0,22 ccm und steigt bei Zunahme der Harnbildung meist an, obwohl der Froschharn dem Serum gegenüber in der Regel hypotonisch ist.

[1] Barcroft, J. u. T. G. Brodie: Zitiert auf S. 329.
[2] Grijns, G.: Arch. Anat. u. Physiol. **1893**, 78.
[3] Janssen, S. u. H. Rein: Ber. Physiol. **42**, 567 (1928).
[4] Loewy, A.: Oppenheimers Handb. d. Biochem., 2. Aufl. **8 I**, 9. Jena 1925.
[5] Tangl, F.: Biochem. Z. **34**, 17 (1911); **53**, 26 (1913).
[6] Barcroft, J.: Zitiert auf S. 329.
[7] Barcroft, J. u. P. Hamill: J. of Physiol. **34**, 306 (1906). — Cullis, W. C.: Ebenda **34**, 250 (1906). — Brodie, T. G. u. W. C. Cullis: Ebenda **34**, 224 (1906).

Es ist dies aber ohne weiteres verständlich, da im Harn einzelne Elektrolyte konzentriert, andere verdünnt ausgeschieden werden. CULLIS[1] beobachtete die bemerkenswerte Tatsache, daß bei Erhöhung des Sauerstoffgehalts der Durchspülungsflüssigkeit von der überlebenden isolierten Froschniere beträchtlich mehr Urin abgesondert wird. An der ausgeschnittenen Froschniere fand SIEBECK[2] bei 17,5° pro Gramm und Minute einen mittleren Sauerstoffverbrauch von 0,003 ccm, der im Laufe von 24 Stunden auf 40% abfällt, um dann konstant zu bleiben.

Eine direkte Bestimmung des Nierenstoffwechsels durch Messung des respiratorischen Quotienten hat sich bisher nicht vornehmen lassen, da Sauerstoffabsorption und Kohlensäurebildung zeitlich nicht korrespondieren.

Das große Sauerstoffbedürfnis der Niere hat schon EHRLICH[3] dadurch erkannt, daß die Niere im Gegensatz zu den meisten anderen Organen die Fähigkeit besitzt, einen so schwer angreifbaren Farbstoff wie Alizarinblau zu reduzieren.

Durch Ausschaltung der energieliefernden Prozesse der Niere, die STARLING und VERNEY[4] bei der überlebenden Hundeniere durch Blausäure, E. DAVID[5] bei der Froschniere durch Blausäure und Narkotica bewirkte, konnten erstere eine Vermehrung der Urinmenge beobachten; die Harnbeschaffenheit war insofern geändert, als die Verdünnungsfähigkeit der Niere für Chloride und das Konzentrationsvermögen für Harnstoff und Sulfate praktisch aufgehoben war. Der Chlor-, Harnstoff- und Zuckergehalt sowie die Gefrierpunktserniedrigung des Harns entsprach der des Serums. Es liegt also ein reines Blutultrafiltrat des Serums im Harn der cyanvergifteten Niere vor. Bei längerdauernder Blausäureeinwirkung tritt eine Schädigung der Glomerulusmembran mit Eiweißdurchlässigkeit ein. Ähnlich sind die Befunde DAVIDS[5] an der Froschniere. Während hier kleine Konzentrationen von Narkoticis eine Verminderung und irreversiblen Stillstand der Harnbildung hervorriefen, bewirkten mittlere Dosen eine Vermehrung der Harnausscheidung unter gleichzeitiger Aufhebung der osmotischen Leistung. Die Verminderung der Harnbildung geht in jedem Falle mit einer Verengerung der Nierengefäße parallel. Durch Blausäure wird in kleinen Dosen zuerst die osmotische Arbeit an Chlor, Kalium, Calcium, erst durch größere Dosen die osmotische Leistung an Zucker- und Harnstoff aufgehoben. HÖBER und MACKUTH[6] konnten dagegen an der Froschniere sowohl durch Blausäure als durch Narcotica eine beträchtliche reversible Verminderung der Harnbildung hervorrufen.

MARSHALL und CRANE[7] finden nach vorübergehender Unterbrechung der Sauerstoffzufuhr durch zeitweilige Unterbindung der Nierenarterie ähnliche Ergebnisse. STOLL und CARLSON[8] sahen nach Abklemmung von Arterie oder Vene bei erhaltenen oder durchschnittenen Nerven erst vorübergehende Anurie, dann Wiederanstieg der Harnmenge bis weit über die ursprüngliche hinaus. Der Harn war verdünnt; Harnstoff, Phosphat, Sulfat und Kreatininausscheidung waren herabgesetzt. Das Nierenvolum ist während der Abklemmung herabgesetzt, steigt

[1] CULLIS, W. C.: Proc. physiol. Soc. J. of Physiol. **37**, 16 (1908).
[2] SIEBECK, R.: Pflügers Arch. **148**, 443 (1912).
[3] EHRLICH, P.: Das Sauerstoffbedürfnis des Organismus. Berlin 1885.
[4] STARLING, E. H. u. E. B. VERNEY: Pflügers Arch. **205**, 47 (1904) — Proc. roy. Soc. Lond. B **97**, 321 (1925).
[5] DAVID, E.: Pflügers Arch. **208**, 146 (1925).
[6] HÖBER, R. u. E. MACKUTH: Pflügers Arch. **216**, 420 (1927).
[7] MARSHALL jr., E. K. u. M. M. CRANE: Amer. J. Physiol. **55**, 278 (1921): **62**, 330 (1922); **64**, 387 (1923).
[8] STOLL, J. E. u. A. J. CARLSON: Amer. J. Physiol. **67**, 153 (1923).

nach Öffnung der Klemme an, um schließlich wieder vorübergehend abzusinken. Diese zweite Volumabnahme wird auf Getäßspasmus zurückgeführt. Die vorübergehende Abklemmung der Gefäße ruft nach PAUNZ[1] zunächst eine Abnahme der Farbstoffspeicherungsfähigkeit der Hauptstückepithelien hervor. Bei länger dauernder Abdrosselung nimmt die Speicherungsfähigkeit über die Norm hinaus zu, schließlich tritt an Stelle der granulären eine diffuse Färbung der Epithelien auf.

f) Durchblutung und Harnbildung.

Was die Wirkung der vermehrten oder verminderten Blutzufuhr auf die Harnmenge und Beschaffenheit angeht, so ist die Beurteilung der Versuche meist dadurch erschwert, daß gleichzeitig mit der Blutzufuhr noch andere für die Harnbildung wichtige Komponenten eine Änderung erfahren.

Bei den älteren Versuchen, bei denen die Beeinflussung der Blutzufuhr durch Verengerung der Arterie oder Vene erfolgte, wird zugleich der Blutdruck und zum Teil der Ureterdruck geändert, bei den späteren kommt meist auch eine Änderung der Blutzusammensetzung hinzu.

In den schon mehrfach erwähnten Untersuchungen HERRMANNS[2], die den Einfluß der Verengerung von Nierenvene und Nierenarterie auf die Harnbildung betrafen, konnte in beiden Fällen eine Abnahme der Harnsekretion nachgewiesen werden, bei der durch Abklemmung der Arterie schon zu einer Zeit, wo der Zufluß durch die Niere noch nicht völlig aufgehoben war. ASHER[3] beobachtete, nach vorübergehender Abklemmung der Nierenarterie von $1^1/_2$ Minuten trotz Wiederherstellung des Kreislaufs eine langanhaltende Anurie, die auch durch Diuretica trotz teilweiser Erweiterung der Gefäße nicht zu durchbrechen war. Auch die Untersuchungen CL. BERNARDS[4] und ECKHARDS[5], die durch Entnervung der Niere eine Gefäßerweiterung erzielten, ergaben eine Vermehrung des Harns bei Durchflußsteigerung, während sie nach Reizung des Rückenmarks oder des Splanchnicus bei starker Gefäßverengerung der Niere eine Herabsetzung der Harnsekretion beobachten konnten, trotz gleichzeitiger Blutdrucksteigerung. GRÜTZNER[6], der durch Entnervung der Niere die Gefäßverengerung ausschalten konnte, fand bei Reizung des Rückenmarks eine Steigerung der Harnsekretion durch Blutdrucksteigerung. YAGI und KURODA[7] prüften den Einfluß der Nierenarterienverengerung auf Harnmenge und Harnbeschaffenheit bei gleichzeitiger Diuresesteigerung. Sie fanden, daß die Niere mit verengter Arterie nur eine verminderte Harnmenge bei gleichzeitiger Verminderung der Chloridkonzentration ausschied, und zwar tritt diese Tatsache deutlicher bei Sulfat- und weniger klar bei Harnstoffdiurese in Erscheinung. Harnstoff und Sulfatausscheidung werden weniger beeinflußt als die der Chloride. Daß MARSHALL und CRANE[8] die Befunde HERRMANNS[2] auf eine Reflexwirkung von den Nierennerven aus ansehen, ist schon früher erwähnt; ihre Annahme wurde von LIVINGSTONE und WAGONER[9] mit anderer Methodik bestätigt. STARR[10] sah nach vorübergehender Verengerung der Nierengefäße bei Hund, Katze und Kaninchen ein Durchlässigwerden der Niere für Eiweiß, das nach einiger Zeit wieder zurück ging.

---

[1] PAUNZ, L.: Z. exper. Med. **45**, 255 (1925).
[2] HERRMANN, M.: Sitzgsber. Akad. Wiss. Wien, Math.-naturwiss. Kl. **45**, 321 (1861).
[3] ASHER, L.: Biochem. Z. **14**, 1 (1908).
[4] BERNARD, CL.: Leçons sur les liquides de l'organisme **2**, 153 (1859).
[5] ECKHARDS, C.: Beitr. Anat. u. Physiol. **4**, 155 (1869).
[6] GRÜTZNER, P.: Pflügers Arch. **11**, 370 (1875).
[7] YAGI, S. u. M. KURODA: J. of Physiol. **49**, 162 (1915).
[8] MARSHALL jr., E. K. u. M. M. CRANE: J. of Physiol. **64**, 387 (1923).
[9] LIVINGSTONE, A. E. u. G. W. WAGONER: Amer. J. Physiol. **72**, 233 (1925).
[10] STARR jr., J.: J. of exper. Med. **43**, 31 (1926).

Bei der Unterbindung der Nierenvene fand HERRMANN[1] ein Erlöschen der Harnsekretion schon bald vor völliger Abklemmung, und PANETH[2], der eine venöse Stauung durch eine Ligatur der Vena cava oberhalb der Einmündung der Nierenvene hervorrief, beobachtete regelmäßig eine Herabsetzung der Harnmenge, während SCHWARZ[3] im Gegensatz zu diesen Untersuchungen eine enorme Steigerung der Harnsekretion auch nach 5—10 Minuten langer gänzlicher Abdrosselung der Nierenvene beobachtete. SCHWARZ arbeitete im Gegensatz zu den Voruntersuchern mit defibriniertem Blut, und er glaubt die Differenzen zwischen seinen Befunden und denen von HERRMANN[1] und PANETH[2] darauf zurückführen zu müssen, daß bei nichtdefibriniertem Blut in den Glomeruluscapillaren bei venöser Stauung eine Gerinnung und dadurch Verschluß erfolgt. Er belegt seine Anschauungen durch die Erfahrungen eines Versuchs, in dem er bei der Abklemmung der Nierenvene beim Tier mit nichtdefibriniertem Blut Gerinnsel in den Glomeruli nachweisen konnte. Die sehr sorgfältigen Untersuchungen DE SOUZAS[4] bestätigten jedoch die alten HERRMANNschen[1] und PANETHschen[2] Befunde. Gerinnsel in den Glomerulis wurden dabei nie beobachtet. DE SOUZA[4] stellte fest, daß die Urinmenge direkt proportional der Durchströmungsgeschwindigkeit ist. In der herausgeschnittenen Niere beobachtete KOBERT[5] bei der Durchströmung mit eiweißfreier Nährlösung, daß der Ausfluß aus dem Ureter bei Unterbindung der Vene anstieg. Im Gegensatz hierzu stehen die Angaben SOLLMANNS[6], der nach venöser Stauung niemals eine Zunahme, sondern in allen Fällen eine bald einsetzende Abnahme der Harnmenge zeigen konnte.

Versuche, mit Hilfe der Nierenonkometrie Beziehungen zwischen Durchblutung und Harnbildung festzustellen, wurden von den verschiedensten Forschern in der Weise angestellt, daß durch Einbringung verschiedener diuretisch wirksamer Substanzen in die Blutbahn eine Harnvermehrung hervorgerufen und gleichzeitig die Änderungen des Nierenvolumens beobachtet werden. Aus ihnen geht übereinstimmend hervor, wie namentlich von GOTTLIEB und MAGNUS[7] ausgeführt wurde, daß in einem Teil der Fälle die Zunahme der Harnmenge mit einer Vergrößerung des Nierenvolumens gleichen Schritt hält. Daneben wurden aber auch Diuresesteigerungen bei gleichbleibendem oder abnehmendem Nierenvolumen und Veränderung des Volumens ohne gleichzeitige Veränderung der Harnmenge festgestellt. Entsprechende Resultate ergeben die Untersuchungen von BARCROFT und BRODIE[8] und LAMY und MAYER[9] durch direkte Messung der Nierendurchblutung. Auch hier waren in der Regel Diuresesteigerungen von einer stärkeren Durchblutung begleitet, während in einigen Fällen ein Zusammenhang zwischen Harnmenge und Blutstrom nicht bestand. Dabei scheint, was später noch zu erörtern ist, die Art des angewandten Diureticums eine Rolle zu spielen. So haben CUSHNY und LAMBIE[10] nachweisen können, daß die nach Injektion von Natriumsulfat und Harnstoff einsetzende Harnflut ebenso wie die bei der Coffeindiurese von der Durchströmungsgröße unabhängig sind. Bei allen diesen Versuchen war jedoch eine strenge Trennung von Blutgeschwindigkeit und Blutdruck nicht zu erreichen. Erst durch die Versuchsanordnungen von VERNEY und DREYER[11]

[1] HERRMANN, M.: Zitiert auf S. 332.
[2] PANETH, J.: Pflügers Arch. **39**, 515 (1886).
[3] SCHWARZ, L.: Arch. f. exper. Path. **43**, 1 (1900).
[4] DE SOUZA, D. H.: J. of Physiol. **26**, 139 (1901).
[5] KOBERT, R.: Arch. f. exper. Path. **16**, 384 (1883).
[6] SOLLMANN, T.: Amer. J. Physiol. **13**, 241 (1905).
[7] GOTTLIEB, R. u. R. MAGNUS: Arch. f. exper. Path. **45**, 223 (1901).
[8] BARCROFT, J. u. T. G. BRODIE: J. of Physiol. **32**, 18 (1905); **33**, 52 (1906).
[9] LAMY, H. u. A. MAYER: J. Physiol. et Path. gén. **8**, 660, 258 (1906).
[10] CUSHNY, A. R. u. C. G. LAMBIE: The action of Diuretics. J. of Physiol **55**, 276 (1921).
[11] DREYER, M. B. u. E. B. VERNEY: J. of Physiol. **57**, 451 (1923).

mit dem STARLINGschen[1] Präparat und von RICHARDS und PLANT[2] konnte der Beweis erbracht werden, daß die Abhängigkeit der Harnmenge vom Blutdruck beträchtlich größer ist als von der Durchflußgeschwindigkeit. Das geht eindeutig aus den folgenden Kurven hervor, die der Arbeit von DREYER und VERNEY[3] entnommen sind. Es wird durch die Angaben von JANSSEN und REIN[4] bestätigt, daß bei niederem Blutdruck (75 mm Hg) und großem Blutdurchfluß durch die Nieren die Harnbildung stark gehemmt wird. Bei der Vermehrung des Blutdrucks von 50 auf 70 mm Quecksilber (Abb. 53) stieg der Durchfluß von 120 auf 150 ccm in der Minute und die Urinmenge von 2,6 auf 11 ccm in 10 Minuten. Eine Herabsetzung des Blutdrucks auf 42 mm Quecksilber ließ die Durchflußmenge unverändert, setzte jedoch die Harnmenge auf 2,4 ccm pro 10 Minuten herab. Die andere Kurve (Abb. 52) zeigt, daß bei steigendem Blutdruck die Urinmenge stark ansteigt, während das Verhältnis von Durchfluß zu Urinmenge keine eindeutigen Besiehungen aufweist. In gleicher Weise konnte HARTWICH[5] an der überlebenden Froschniere feststellen, daß bei Veränderung des Druckes die Harnmenge wesentlich stärker beeinflußt wird als der Durchfluß, wie aus der folgenden Tabelle hervorgeht.

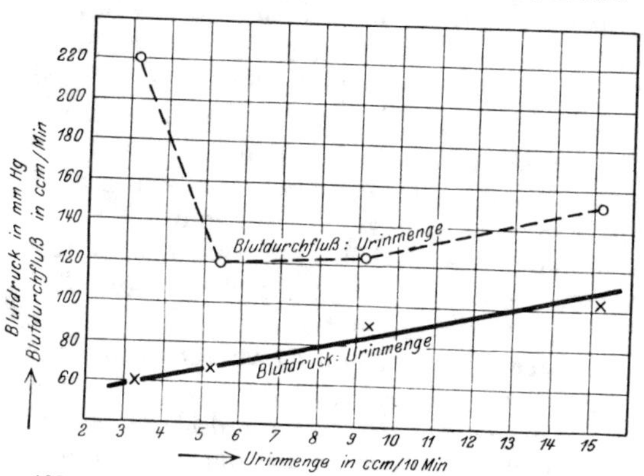

Abb. 52. Das Verhältnis von Blutdruck bzw. Blutdurchfluß zu Urinmenge am Herz-Lungen-Nieren-Präparat. (Nach DREYER u. VERNEY.)

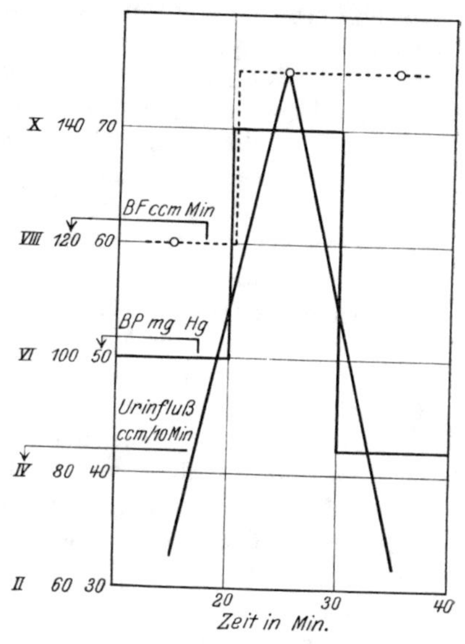

Abb. 53. Blutdruck, Blutdurchfluß und Harnmenge am Herz-LungenNieren-Präparat. (Nach DREYER u. VERNEY.)

Einfluß des Durchströmungsdruckes auf Arteriendurchfluß und Harnsekretion.

Druck in ccm Wasser	Durchfluß durch die Aorta pro Minute in cmm	Harnsekretion pro Minute in cmm	Prozentuale Zunahme des Durchflusses	Prozentuale Zunahme der Sekretion
25	5	0,037	—	—
35	8	0,083	60	124
50	10	0,12	100	224

Zu gleichen Ergebnissen kommt HOHL[6] am gleichen Präparat.

[1] STARLING, E. H. u. E. B. VERNEY: J. of Physiol. **56**, 353 (1922).
[2] RICHARDS, A. N. u. O. H. PLANT: Amer. J. Physiol. **59**, 144 (1922).
[3] DREYER M. B. u. E B. VERNEY: Zitiert auf S. 333.
[4] JANSSEN, S. u. H. REIN: Ber. Physiol. **42**, 567 (1928).
[5] HARTWICH, A.: Arch. f. exper. Path. **111**, 81 (1926).
[6] HOHL, H.: Biochem. Z. **173**, 95 (1926).

Nach einer Mitteilung LINDEMANNS[1] soll die Niere noch Harn absondern, wenn sie überhaupt nicht mehr durchblutet wird. LINDEMANN berichtet über Versuche von DSCHATKEWICZ, der Hunde mit unterbundenem Ureter auf der Höhe der Diurese tötete. Er beobachtete dann ein Abfallen des Ureterdrucks auf 20 mm Quecksilber. Ein weiteres Abfallen zur Abszisse blieb aus. Wenn er nun durch einen Dreiweghahn Harn abließ, so daß in dem Ureter kein Überdruck mehr vorhanden war und das System abschloß, so stieg der Druck in dem Ureter wieder auf einige Millimeter Quecksilber an. Ob der von LINDEMANN daraus gezogene Schluß, daß dieses Ansteigen auf Urinproduktion der überlebenden Niere beruht, richtig ist, muß bezweifelt werden. Der Wiederanstieg des Ureterdrucks beruht wahrscheinlich auf Leichenveränderung in der Niere bzw. in den abführenden Harnwegen.

Wir sehen also, daß die Harnmenge in manchen, und zwar recht zahlreichen Fällen, der Größe des Blutstroms durch die Niere parallel geht, daß aber auch häufig eine Veränderung des Nierendurchflusses und der Harnmenge unabhängig voneinander erfolgen kann. Verständlich wird diese Erscheinung bei Annahme der CUSHNYschen Hypothese, nach der die Harnmenge eine Resultante darstellt, aus der Ausscheidung des provisorischen Harns in den Glomerulis und der Rückresorption in den Tubulis, deren Ausmaß in beiden Fällen von der zugeführten Blutmenge abhängig ist.

II. Ureterendruck und Harnbildung.

Während wir bereits früher die Bedeutung des Druckgefälles zwischen Glomeruluscapillaren und abführenden Harnwegen einer Besprechung unterzogen haben, müssen wir uns jetzt noch mit der Frage befassen, wie eine Widerstandsänderung in den abführenden Harnwegen Menge und Beschaffenheit des Urins beeinflußt.

Methodisch sind derartige Untersuchungen verhältnismäßig einfach, da man den Druck in dem Ureter einer Niere isoliert beeinflussen und das Ergebnis auf die Harnbildung mit der Tätigkeit der anderen normalen Kontrollniere vergleichen kann. Das setzt die Annahme voraus, daß beide Nieren in der Zeiteinheit quantitativ und qualitativ übereinstimmenden Urin liefern. Über die Berechtigung dieser Annahme bestehen gewisse Meinungsverschiedenheiten bei den einzelnen Autoren. Für den Menschen wird die gleiche Harnabscheidung bei der Niere von der Mehrzahl der Autoren bejaht, so von ALLARD[2], STEYRER[3], von diesem sowie von KASPAR und RICHTER[4], CUSHNY[5], ELLINGER und HIRT[6] auch für verschiedene Tierarten. Auch ERCOLE[7] fand beim Hunde wenigstens in längeren Zeiträumen gleiche Funktion beider Nieren, ebenso wie YOSHIOKA[8] bei Hündinnen immer nur geringe Differenzen in Harnmenge und Zusammensetzung beobachten konnte. LÉPINE und BOULUD[9] erwähnen von ihren Betrachtungen an Hunden, daß sie zwischen den Funktionen der rechten und linken Niere Unterschiede bis zu 100% beobachtet haben, wobei die schwächer funktionierende

[1] LINDEMANN, W.: Erg. Physiol. **14**, 638 (1914).
[2] ALLARD, E.: Arch. f. exper. Path. **57**, 241 (1907).
[3] STEYRER: Beitr. chem. Physiol. u. Path. **2**, 312 (1902).
[4] KASPAR u. RICHTER: Funktionelle Nierendiagnostik. Berlin 1901.
[5] CUSHNY, A. R.: The secretion of the urine, S. 88. London 1917.
[6] ELLINGER, PH. u. A. HIRT: Arch. f. exper. Path. **106**, 145 (1925).
[7] ERCOLE, M.: Atti Accad. naz. Lincei **33**, 202 (1924).
[8] YOSHIOKA, Y.: Okayama Igakkai Zasshi (jap.) **39**, 1283 (1927); zitiert nach Ber. Physiol. **44**, 801 (1928).
[9] LÉPINE, R. u. R. BOULUD: C. r. Acad. Sci. **156**, 1958 (1913).

Niere die Chloride relativ und absolut vermindert ausschied, während der Harnstoffgehalt des Harns relativ vermehrt, absolut vermindert war. In Fällen, wie sie z. B. von SAMSCHIN[1] aufgeführt werden, wo große Differenzen zwischen der Harnmenge der beiden Nieren angegeben werden, oder in den von ZUELZER[2] berichteten Fällen, wo nicht nur die Harnmenge, sondern auch Kochsalz und Harnstoffgehalt außerordentlich variierten, müssen pathologische Veränderungen an der Niere angenommen werden. CUSHNY[3] gibt Differenzen bei kurzdauernden Perioden der Harnaufsammlung zu, sagt aber, daß bei längerdauernden Perioden der Harnaufsammlung Menge und Zusammensetzung des Urins beider Nieren praktisch identisch seien. Er führt diese Abweichungen, die in den einzelnen Fällen beobachtet werden, auf reflektorische Veränderungen an den Gefäßen zurück. ELLINGER und HIRT[4] beobachteten bei Hunden, Kaninchen und Katzen bei Ureterenkatheterisierung einen in der Regel mengen- und zusammensetzungsmäßig fast identischen Urin beider Nieren. Differenzen über 30% konnten regelmäßig auf pathologische Veränderungen einer Niere zurückgeführt werden. HARA[5] und KICHIHAWA[6] kommen am Ureterenfistelhund zu gleichen Ergebnissen.

Nach diesen Beobachtungen scheint es erlaubt, auch die Veränderungen des Harns einer Niere, an der Eingriffe vorgenommen werden, mit dem Harn der anderen, unbehandelten Niere zu vergleichen.

Der Widerstand in den abführenden Harnwegen wird einmal in der Weise erhöht, daß der Ureter für eine gewisse Zeit völlig unterbunden wird; der während dieser Zeit angesammelte Urin wird qualitativ und quantitativ nach Lösung der Ligatur untersucht. Andere Untersucher verbanden den Ureter mit einem Quecksilbermanometer, so daß der Harn gegen erhöhten Widerstand abgeschieden werden mußte.

Die ältesten Versuche stammen von MAX HERRMANN[7]. In den ersten Versuchen, in denen er den Ureter vollkommen unterband, fand er in dem Inhalt des abgebundenen Ureters einen erhöhten Harnstoff- und einen verminderten Chlorgehalt. Nach der Lösung der Unterbindung erfolgte eine vermehrte Harnausscheidung mit niedrigerem Chloridgehalt, während der Harnstoffgehalt der Norm entsprach. Bei den späteren Untersuchungen beobachtete HERRMANN[7] sowohl bei völliger als auch bei partieller Unterbindung des Ureters einen herabgesetzten Harnstoffgehalt und eine erhöhte Kreatinausscheidung. HERRMANN[7] und ebenso GUYON[8] hatten unmittelbar nach Lösung der Ligatur eine beträchtliche Steigerung der Harnproduktion beschrieben, was von CUSHNY[3] auf eine Auslösung eines Gefäßreflexes zurückgeführt wird. Wegen der oben besprochenen Schwierigkeit in der Deutung der Abscheidungszeit kommen den Versuchen mit totaler Unterbindung des Ureters nur eine beschränkte Wertungsmöglichkeit zu, zumal bei längerer Unterbindung eine mehr oder minder schwere Veränderung der Niere zuerst der Harnkanälchen, dann auch der Glomeruli, auftritt, die eine beträchtliche Abnahme des Harnleiterdrucks zur Folge hat, wie ROSOW[9] überzeugend nachwies.

---

[1] SAMSCHIN, A: Zbl. Gynäk. **11**, 297 (1887).
[2] ZUELZER: Zbl. Harn- u. Sexualorg. **1** (1889).
[3] CUSHNY, A. R.: The secretion of the urine, S. 88. London 1917.
[4] ELLINGER, PH. u. A. HIRT: Zitiert auf S. 335.
[5] HARA, Y.: Z. Biol. **75**, 149 (1922).
[6] KICHIHAWA, W.: Biochem. Z. **166**, 362 (1925).
[7] HERRMANN, MAX: Sitzgsber. Akad. Wiss. Wien, Physik.-math. Kl. **36**, 349 (1859); **45**, 317 (1862).
[8] GUYON: C. r. Acad. Sci. **114**, 457 (1892).
[9] ROSOW, W.: Z. Biol. **54**, 269 (1910).

LÉPINE und PORTERET[1] und LÉPINE und BOULUD[2] fanden bei partieller Abdrosselung des Ureters eine Verminderung von Harnmenge und Chlorausscheidung, während Harnstoff, Sulfat, Phosphat und Calcium relativ erhöht, absolut vermindert ausgeschieden wurde.

Die LÉPINEschen[1, 2] Versuche wurden von LINDEMANN[3] an Hunden bestätigt, wenigstens was die relative Vermehrung des Harnstoffs anbelangt, während die Harnmenge und das Kochsalz gleichmäßig abnehmen sollen.

Auch CUSHNY[4] konnte die Resultate von LÉPINE[1, 2] und LINDEMANN[3] am Kaninchen bestätigen und dahin ergänzen, daß die Sulfate und Phosphate sich ebenso verhalten wie der Harnstoff. Die Beobachtungen von FILEHNE und RUSCHHAUPT[5] am Kaninchen stimmen im wesentlichen hinsichtlich der Verminderung der Harnmenge und des Kochsalzes mit den Ergebnissen der anderen Beobachter überein, ihre Versuche werden aber dadurch kompliziert, daß je nach dem Charakter des verabfolgten Diureticums die prozentuale Ausscheidung der einzelnen Harnelektrolyte schwankt. SUZUKI[6] beobachtete die Carminausscheidung bei völligem Ureterverschluß von verschieden langer Dauer histologisch. Der Farbstoff wird noch nach Wochen in Spuren ausgeschieden. Er schließt daraus, daß er mit dem Lösungswasser fast völlig absorbiert wird.

Dem entsprechen auch die Ergebnisse ALLARDS[7] an einem Fall von Blasenektopie am Menschen nach peroraler Verabreichung von Wasser, Harnstoff und Kochsalz. Auf der Widerstandsseite ist die Urinmenge stets vermindert. Der Kochsalzgehalt ist in der Regel relativ schwach, absolut stark herabgesetzt, während die Stickstoffausscheidung eine relative Erhöhung und absolut eine geringe Verminderung aufweist. Zu entsprechenden Resultaten kommt auch schließlich GOGITIDSE[8] bei Hunden in Versuchen, die über sehr lange Zeitperioden ausgedehnt werden.

Ergebnisse, die von diesen Befunden völlig abweichen, liegen vor in den Untersuchungen von STEYRER[9], PFAUNDLER[10], SCHWARZ[11] und BRODIE und CULLIS[12]. STEYRER[9] berichtet über Beobachtungen an Frauen, bei denen ein Ureter durch pathologische Zustände extrarenaler Natur komprimiert war. Er fand auf der Widerstandsseite einen Urin, dessen Menge erhöht, dessen Gehalt an Kochsalz und Harnstoff jedoch vermindert war. Da es sich aber um chronische Prozesse handelt, dürften diese Befunde auf Veränderungen des Nierenepithels zurückzuführen sein, wie sie auch ROSOW[13] beobachtet hat.

PFAUNDLER[10], der die alten HERRMANNschen[14] Versuche wiederholte und auch über gelegentliche Erfahrungen am Menschen berichtete, stellt fest, daß bei erhöhtem Gegendruck die Harnmenge erhöht wird, während die Gesamtfixa eine Erniedrigung von $^1/_4$—$^1/_2$ des Normalen erfahren. An dieser Erniedrigung ist der Harnstoff nur mit 4%, das Kochsalz mit 11% beteiligt. Die Beurteilung dieser Versuche scheint PFAUNDLER[10] dadurch erschwert, daß er nicht

1 LÉPINE, R. u. PORTERET: C. r. Acad. Sci. **107**, 71 (1888).
2 LÉPINE, R. u. R. BOULUD: C. r. Acad. Sci. **156**, 1958 (1913).
3 LINDEMANN, W.: Beitr. path. Anat. **21**, 500 (1897).
4 CUSHNY, A. R.: J. of Physiol. **28**, 431 (1902).
5 FILEHNE, W. u. W. RUSCHHAUPT: Pflügers Arch. **95**, 409 (1903).
6 SUZUKI, S.: Zur Morphologie der Nierensekretion. Jena 1912.
7 ALLARD, E: Arch. f. exper. Path. **57**, 241 (1907).
8 GOGITIDSE, J.: Z. Biol. **51**, 79 (1908).
9 STEYRER: Beitr. chem. Physiol. u. Path. **2**, 312 (1902).
10 PFAUNDLER, M.: Beitr. chem. Physiol. u. Path. **2**, 336 (1902).
11 SCHWARZ, S.: Zbl. Physiol. **16**, 281 (1902).
12 BRODIE, T. G. u. W. C. CULLIS: J. of Physiol. **34**, 224 (1906).
13 ROSOW, W.: Zitiert auf S. 336.
14 HERRMANN, M.: Zitiert auf S. 336.

sagen kann, ob der nach der Stauung entnommene Urin auch während der Stauungszeit produziert ist. PFAUNDLER[1] erscheint es unwahrscheinlich, daß während dieser Stauung die ganze nach Lösung der Ligatur ausgeschiedene Menge gebildet wurde und in der Niere und den abführenden Harnwegen Platz fand. Höchstwahrscheinlich ist der von PFAUNDLER[1] als Stauungsurin untersuchte Harn ein Gemisch aus dem während der Unterbindungsperiode erzeugten Harn und dem Harn, der unmittelbar nach Lösung der Ligatur in großer Menge erzeugt wurde.

Auch SCHWARZ[2] stellte bei Hunden nach einseitiger Ureterkompression eine Vermehrung und Verdünnung des Harns fest, und BRODIE und CULLIS[3] fanden ebenfalls am Hund bei partieller Abklemmung eines Ureters in der Sulfatdiurese eine Vermehrung des Harnvolums mit Erhöhung des Sulfatgehalts. CUSHNY[4] führt diese abweichenden Resultate auf eine reflektorische Veränderung der Gefäßweite zurück.

Den Einfluß der Druckzunahme auf Menge und Zusammensetzung des Harns untersuchte CICCONARDI[5] an Hunden. Er fand, daß mit steigendem Druck im Ureter die Harnbildung langsam abnimmt, während die molare Konzentration der Elektrolyte mit zunehmendem Druck eine Steigerung erfährt. Bei Erreichung eines Maximaldrucks hört die Abscheidung völlig auf. Wird dieser Maximaldruck langsam vermindert, so setzt die Harnbildung erneut ein, der nunmehr auftretende Harn zeigt aber eine Abnahme des Elektrolytgehalts gegenüber der normalen Seite. Eine Analyse der einzelnen Harnbestandteile wurde leider nicht vorgenommen. BURTON-OPITZ und LUCAS[6] untersuchten den Einfluß der Druckerhöhung in den Harnwegen auf Stromvolumen und Blutdruck in der Nierenvene. Sie fanden eine Erniedrigung beider Faktoren, während der Dauer der Druckerhöhung, deren Beginn und Ende jedoch durch eine akute, schnell vorübergehende Erhöhung des Stromvolums charakterisiert ist.

Wir können also zusammenfassend sagen, daß die Druckerhöhung in den abführenden Harnwegen durch Kompression des Ureters bei den verschiedensten Tierarten von einer Herabsetzung der Harnmenge begleitet ist. Die Chloridausscheidung wird stärker herabgesetzt als die Wasserausfuhr, während die gegen erhöhten Widerstand arbeitende Niere Harnstoff, Phosphate und Sulfate konzentriert.

C. Die Abhängigkeit der Nierenfunktion vom Nervensystem.

I. Einleitung.

Die sehr umfangreiche Versorgung der Niere mit Nerven, die im wesentlichen mit der Nierenarterie am Hilus eintreten, hat schon früh das Interesse der Physiologen auf die Frage der Bedeutung dieser Nerven für die Harnbildung hingelenkt. Nach einer Ansicht, die schon C. LUDWIG[7] als ihres Alters wegen „ehrwürdig“ bezeichnet, soll die Bereitung des Urins eine Funktion der Nierennerven sein. Wie LUDWIG[7] meint, beruht diese Ansicht zum Teil darauf, daß man dem in die Niere dringenden Nerv keine andere Funktion als eine sog. trophische beizulegen wußte. Nach LUDWIG[7] stützt sich diese Hypothese auf Versuche von BRACHET, MÜLLER und PFEIFFER[8], nach denen infolge der „Modi-

---

[1] PFAUNDLER: Zitiert auf S. 337. [2] SCHWARZ, S.: Zbl. Physiol. **16**, 281 (1902).
[3] BRODIE, A. C. u. T. G. CULLIS: J. of Physiol. **34**, 224 (1906).
[4] CUSHNY, A. R.: The secretion of the urine, S. 91. London 1917.
[5] CICCONARDI, G.: Z. Biol. **52**, 401 (1909).
[6] BURTON-OPITZ, R. u. D. R. LUCAS: Pflügers Arch. **123**, 553 (1908).
[7] LUDWIG, C.: Wagners Handwörterb. d. Physiol. **2**, 629 (1844).
[8] BRACHET, MÜLLER u. PFEIFFER: Zitiert nach C. LUDWIG auf S. 338.

fikation der Nierennerven entweder die Sekretion unterdrückt oder in ihrer Qualität sehr alieniert war". Schon LUDWIG[1] hält diese Versuche nur für beweiskräftig, wenn die Sekretionsänderungen sich zeigten, ohne daß sie von Störungen der Blutzirkulation oder von Gewebsveränderungen begleitet waren. Er stellte unter diesem Gesichtspunkt an Kaninchen Versuche an und konnte nachweisen, daß bei Wiederholung der PFEIFFERschen Versuchsanordnung bei Ausschaltung der Nerven durch gleichzeitige Unterbindung der Vene und Arterie schwere Gewebsveränderungen der Niere auftraten, bei denen es zum mindesten zweifelhaft war, ob sie mit der Verödung der Nerven überhaupt etwas zu tun hätten. Gestützt wurde die negativistische Anschauung LUDWIGS durch die Beobachtung, daß bei Schonung der Vene nach Unterbrechung der Nerven die beobachteten Gewebsveränderungen in sehr viel geringerem Maße in Erscheinung traten. Zu einer Entscheidung im positiven Sinne hält jedoch LUDWIG die Versuche für zu mangelhaft. Neben den erwähnten experimentellen Befunden stützt sich die Theorie einer Harnbereitung unter dem Einfluß des Nervensystems auf klinische Erfahrungen, denen bei genauerer Betrachtung von LUDWIG aber zu Recht jede Beweiskraft abgesprochen wurde. Neben diesem einen Extrem, das die Harnbildung in engster Beziehung zum Nervensystem vor sich gehen lassen wollte, besteht heute die verbreitete Ansicht, als deren energischster Verfechter wohl CUSHNY[2] angesehen werden kann, daß den Nierennerven jede sekretorische Bedeutung abzusprechen ist und daß die beobachteten Funktionsveränderungen rein vasomotorisch bedingt seien. Gestützt wird diese Ansicht durch die Erfahrungen, daß eine ihrer normalen nervösen Verbindungen, durch Transplantation völlig beraubte Niere scheinbar normale Funktionen aufweist und als ein den Bedürfnissen des Körpers angepaßtes Ausscheidungsorgan funktionieren kann. Die ersten hierhergehörenden Versuche wurden von CARREL und GUTHRIE[3] ausgeführt. Sie exstirpierten die linke Niere eines Hundes und transplantierten sie an den Hals, indem sie die Arterie mit der Carotis, die Vene mit der Jugularis verbanden, den Ureter in den Oesophagus einnähten, die Niere selbst wurde dann an dem Sternokleidomasteoideus fixiert. Unmittelbar nach Öffnung der Zirkulation begann aus dem Ureter eine klare Flüssigkeit abzulaufen. Bei der Inspektion nach 3 Tagen zeigte sich außer einem beträchtlich vergrößerten Volum und einer leichten Rötung keine Veränderung gegenüber der normalen Niere. Bei der Untersuchung des produzierten Harns war die Harnmenge der transplantierten Niere auf das Vier- bis Fünffache vermehrt und stieg nach Kochsalzinjektion in die Femoralis noch beträchtlich mehr an als die Harnmenge der normalen Niere. Hinsichtlich seiner Zusammensetzung unterschied sich der Harn der transplantierten Niere von dem der normalen durch einen stark herabgesetzten Harnstoffgehalt und eine geringe Eiweißausscheidung. Diese Differenzen lassen sich, da genaue Untersuchungen der Partialfunktionen fehlen, ohne weiteres auf eine veränderte Zirkulation zurückführen. Auch LOBENHOFFER[4] konnte bei der Transplantation einer Niere an die Milzgefäße und folgender Exstirpation der normalen Niere zeigen, daß für die Lebensbedürfnisse mindestens temporär einer Verbindung der Niere mit dem Zentralnervensystem keine ausschlaggebende Bedeutung zukommt. QUINBY[5] bestätigte die Erfahrungen von CARREL und GUTHRIE und fand außer einer Sekretionssteigerung keine Änderungen der Nierentätigkeit; ebenso konnte sich auch WILLIAMSON[6] von der

[1] LUDWIG, C.: Wagners Handbuch d. Physiol. **2**, 629 (1844).
[2] CUSHNY, A. R.: The secretion of the urine, S. 8. London 1917.
[3] CARREL, A. u. C. C. GUTHRIE: C. r. Acad. Sci. **57 II**, 669 (1905).
[4] LOBENHOFFER, W.: Mitt. Grenzgeb. Med. u. Chir. **26**, 197 (1913).
[5] QUINBY, W. C.: J. of exper. Med. **23**, 535 (1916).
[6] WILLIAMSON, C.: J. of Urol. **10**, 275 (1923).

Funktionstüchtigkeit einer transplantierten Niere überzeugen. LURZ[1] sah an der herausgenommenen und reimplantierten Niere eines Hundes die Stickstoffausscheidung gegenüber der intakten Kontrollniere unverändert, während Wasser- und Salzausscheidung gegen die normale beeinträchtigt war.

Aus diesen Erfahrungen darf wohl als sicher angenommen werden, was ja auch schon aus der Fähigkeit einer völlig aus ihrem Verband herausgenommenen isolierten Niere, „Harn" zu erzeugen, hervorgeht, daß den Nerven bei der Harnbereitung kein ursächlicher Einfluß zukommt. Wir können jedoch aus diesen Versuchen keineswegs den Schluß ziehen, daß dem Nervensystem für die Regulation von Partialfunktionen der Niere und für die Angleichung der Harnzusammensetzung und der Harnmenge an die Bedürfnisse des Körpers jede regulierende Bedeutung abzusprechen ist. Der Aufklärung dieser Frage gelten die im folgenden zu besprechenden Untersuchungen über die Abhängigkeit der Nierenfunktion vom Zentralnervensystem einerseits, von den peripheren, nierenversorgenden Nerven andererseits und über die reflektorische Beeinflussung der Nierenfunktion.

II. Zentralnervensystem und Nierenfunktion.

1. Einleitung.

Daß zwischen Zentralnervensystem und Nierenfunktion Beziehungen bestehen, ist schon seit langer Zeit aus einer Anzahl klinischer Erfahrungen geschlossen worden und seit CL. BERNARD[2] auch Gegenstand experimentell physiologischer Untersuchungen. Es sind im Laufe der Zeit fünf verschiedene Punkte des Zentralnervensystems beobachtet worden, deren experimenteller Reizung oder Zerstörung eine Beeinflussung der Nierenfunktion verursacht, und wir wollen im folgenden diese verschiedenen Punkte von der Hirnrinde an absteigend betrachten.

2. Hirnrinde.

In der klinischen Literatur werden seit LACOMB[3] zahlreiche Fälle erwähnt, in denen im Zusammenhang mit Gemütsbewegungen, Traumen oder organischen Geisteskrankheiten Polyurie beobachtet wurde. Neuerdings konnte DOBREFF[4] beobachten, daß starke stenische Affekte (Zorn, Ärger, Wut, Haß, Feindschaft) beim Hunde, auch nach der Verabreichung von Diureticis, eine vollkommene Anurie hervorrufen, die sich langsam wieder restituiert. Die der Erregung folgende Anurie wird von HOFF und WERMER[5] auf eine Steigerung der Pituitrinausschüttung zurückgeführt. Es ist daher fraglich, ob ihr ein unmittelbarer Einfluß auf die Harnbildung zugrunde liegt.

Experimentell lokalisatorisch trat zuerst ODDI[6] unter LUCIANI der Frage näher, ob der Hirnrinde oder irgendeinem Teil des Hirns ein Einfluß auf die Harnausscheidung zukomme. Er exstirpierte beim Hunde das motorisch-sensorische Rindenzentrum und beobachtete im Anschluß hieran eine vorübergehende Harnvermehrung mit Glykosurie, Acetonurie und Albuminurie. Wesentlich eingehender sind die Untersuchungen KARPINSKIS[7], die dieser auf Veranlassung v. BECHTEREWS vornahm. An Hunden, denen Neusilberkanülen steril in die Ureteren eingeführt waren, wurde nach Beobachtung einer Normalperiode

[1] LURZ, L.: Dtsch. Z. Chir. **194**, 25 (1925).
[2] BERNARD, CL.: Leçons de Physiol. **1**, 339 (1835).
[3] LACOMB: Thèses de Paris 1841.
[4] DOBREFF, M.: Pflügers Arch. **213**, 511 (1926).
[5] HOFF, H. u. P. WERMER: Arch. f. exper. Path. **133**, 97 (1928).
[6] ODDI, R.: Sperimentale **45** (1891).
[7] KARPINSKI, D.: Obosr. psich. **1901**, Nr 12 — Russki Wratsch **1904**, Nr 49: zitiert nach v. BECHTEREW: Arch. Anat. u. Physiol. **1905**, 303.

die Hirnrinde durch Trepanation freigelegt. Die Operation war in der Regel von einer vorübergehenden Anurie begleitet, die auf der Seite der Operation anhielt, während sie aus der entgegengesetzten Niere von einer Sekretionssteigerung gefolgt war. Sobald sich ein Gleichgewicht eingestellt hatte, wurden verschiedene Rindenbezirke mit schwachen faradischen Strömen gereizt und die Wirkung auf die Harnausscheidung beobachtet. Neben der Feststellung einiger psychischer Eindrücke über Vermehrung der Harnausscheidung bei einem Dursttier, das Wasser vorgehalten bekommt, oder bei Erregung und Unterdrückung der Harnausscheidung durch Schreck und Schmerz wurden folgende exakte Beobachtungen angestellt. In den vorderen Abschnitten der Hirnrinde sind Gebiete vorhanden, deren Reizung eine lebhafte Steigerung der Harnsekretion auslöst. Die stärksten diuretischen Wirkungen ruft die Reizung des inneren Teils des vorderen Abschnitts des Gyrus sigmoideus bzw. Gyrus praecruciatus hervor, während eine weniger konstante und lebhafte Wirkung vom äußeren Abschnitt des Gyrus praecruciatus aus ausgelöst werden kann. Der Einfluß der Rindenreizung ist gekreuzt, da die Sekretion der Niere der entgegengesetzten Seite verstärkt wird. Der Harn bei der stärker sezernierenden Niere zeigte eine prozentuale Verdünnung von Chlor und Stickstoff, dagegen eine absolute Vermehrung beider Substanzen. Bei anhaltender Rindenreizung wurde auch Eiweiß im Harn gefunden. Bisweilen konnte auch Zucker nachgewiesen werden. Eine Abtragung dieser harnsekretorischen Rindenzentren führte zu kurzdauernder Abnahme der täglichen Harnmenge mit nachfolgender, aber bald vorübergehender Steigerung der Harnausscheidung.

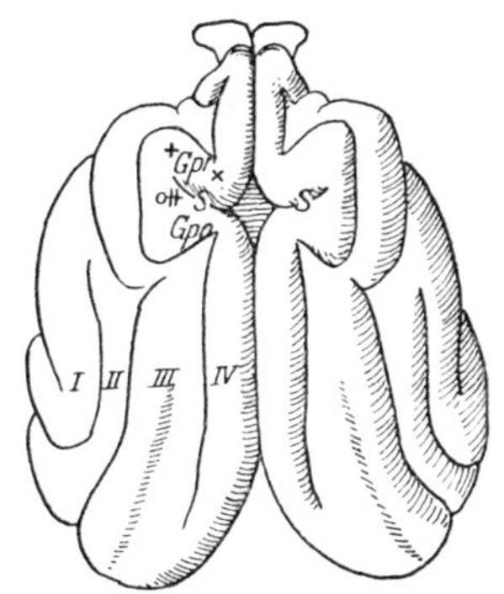

Abb. 54. Großhirn des Carnivoren. *I–IV* Urwindungen. *S* Sulcus cruciatus. *Gpr* Gyrus praecruciatus. *Gpo* Gyrus postcruciatus. *Gpr* + *Gpo* Gyrus sigmoideus. × nach Bechterew polyurisch, in Uckos Versuchen oligurisch wirksam. + nach Bechterew und Uckos Beobachtungen schwach polyurisch. o bei Uckos Versuchen starke, längerdauernde Polyurie. ⧺ von Hug polyurisch wirksam gefunden. (Nach Ucko.)

Scott und Loucks[1] sahen bei Hunden fast völliges Sistieren der Harnabscheidung nach Enthirnung. Nach vorhergehender Entnervung oder Splanchnicusdurchschneidung blieb auf der entnervten Niere die Anurie aus, ja sie war von einer Zunahme der Harnbildung gefolgt. Durch peripher an der Niere angreifende Diuretica konnte die Anurie der nichtentnervten Niere vorübergehend aufgehoben werden. Blutdruck und Sauerstoffversorgung des Blutes blieben bei der Enthirnung unverändert.

Weitere Untersuchungen über die Beziehungen von Hirnrinde zur Harnsekretion liegen von Hug[2] vor, der bei einem größeren Hundematerial an 51 verschiedenen Stellen der Schädeldecke Einstiche machte und in 5 Fällen leichte Polyurie und zweimal eine geringe Olygurie nachweisen konnte, und zwar ebenfalls in der Gegend des Gyrus sigmoideus. Und schließlich hat Ucko[3] die v. Bechterewschen Versuche nachgeprüft und seine Untersuchungen auf das Verhalten von Harnmenge, Harnkochsalz und Blutkochsalzgehalt ausgedehnt. Die Versuche wurden an Katzen angestellt. Sie ergaben im wesentlichen eine Bestätigung der v. Bechterewschen Beobachtungen, eine Differenz besteht lediglich darin, daß bei Reizung des Gyrus praecruciatus, wo von v. Bechterew eine Polyurie ausgelöst werden konnte, Ucko eine Abnahme der Harnsekretion fand. Die Einzelheiten der in den verschiedenen Versuchen beobachteten Rindengebiete,

[1] Scott, F. H. u. M. M. Loucks: Proc. Soc. exper. Biol. a. Med. **23**, 795 (1926).
[2] Hug, E.: C. r. Soc. Biol. **85**, 504 (1921).
[3] Ucko, H.: Z. exper. Med. **36**, 211 (1923).

von denen aus eine Beeinflussung der Harnbildung möglich war, gibt beiliegende Skizze Abb. 54, die der Arbeit von Ucko entnommen ist. Aus dem Verhalten von Harn- und Blutkochsalz glaubt Ucko den Schluß ziehen zu dürfen, daß es sich bei der Polyurie weniger um renale Einflüsse handelt, als um eine Veränderung des Wasser- und Salzaustauschs zwischen Blut und Gewebe. Diese Vermutung steht in direktem Widerspruch zu den Feststellungen v. Bechterews über die einseitig diuretische Wirkung einseitiger Rindenreizung, eine Beobachtung, die Ucko bei seiner Versuchsanordnung entgehen mußte, da er den Urin beider Nieren nicht getrennt untersuchte. Am Frosch konnte Pohle[1] keine Wirkung der Entfernung des Großhirns auf die Harnsekretion feststellen.

3. Zwischenhirn.

Ein tiefer liegendes Zentrum, dessen Reizung ebenfalls auf die Harnsekretion von Einfluß ist, wurde im Jahre 1912 von Aschner[2] in der Hypothalamusgegend am Boden des III. Ventrikels nachgewiesen, nachdem Karplus und Kreidl[3] in dieser Gegend das Vorhandensein sympathischer Zentren durch eingehende Untersuchungen festgestellt hatten. Sie konnten auch Beziehungen des v. Bechterewschen Rindengebiets zum sympathischen Zentrum des Zwischenhirns feststellen. Denn es gelang, bei Katzen nach einseitiger Verätzung des Zwischenhirns die Reizwirkung vom Gyrus praecruciatus aus auf der verätzten Seite zum Ausfall zu bringen, während auf der Gegenseite die Reizung wirksam blieb. Durch Versuche an Hunden haben Camus und Roussy[4] die Existenz dieses Zentrums bestätigt und vor allem die vollkommene Unabhängigkeit dieses Zentrums von der Hypophyse nachgewiesen, indem sie nach Entfernung der Hypophyse ohne Verletzung des Infundibulums keinerlei Polyurie feststellen konnten, während eine Verletzung des Bezirks der grauen Substanz des Tuber cinereum in allen Fällen Polyurie auslöste.

Umfangreiche Untersuchungen an Hunden sollten Bourquin, Benesch und Lenam[5] dazu dienen, die Frage der Zwischenhirnpolyurie zu klären. Sie kauterisierten den Boden des III. Ventrikels und entfernten dann bei einem Teil die Hypophyse, schalteten bei einem zweiten Teil nach Eintritt einer Harnflut das Mittelhirn durch Narkotica aus, bei einer dritten Reihe wurde durch Halsmarkdurchschneidung oder Atropinisierung das parasympathische Nervensystem lahmgelegt, während bei einem vierten Teil zwischen gesunden und polyurisch gemachten Hunden eine gekreuzte Bluttransfusion durchgeführt wurde. Es zeigte sich, daß für die Zwischenhirnpolyurie nicht das Fehlen der Hypophyse, sondern die Beschädigung der Corpora mamillaria ausschlaggebend war. Da die Ausschaltung des autonomen Nervensystems ohne Einfluß auf die Harnflut bleibt, wurde geschlossen, daß infolge der Reizung der Corpora mamillaria eine diuresesteigernde Substanz im Blut kreise, die auch bei den Transfusionsversuchen in den gesunden Tieren eine Polyurie erzielte. Der beim Diabetes insipidus beobachtete Durst wurde als Folge der Wasserverarmung des Körpers festgestellt.

Durch pathologisch-anatomische Untersuchungen ergänzten Camus und Roussy in Gemeinschaft mit le Grand[6] ihren Befund dahin, daß das Polyuriezentrum im Zwischenhirn im mittleren und vorderen Teil der Kerne des Tuber cinereums lokalisiert sei.

[1] Pohle, E.: Pflügers Arch. **182**, 215 (1920).
[2] Aschner, B.: Wien. klin. Wschr. **1912**, Nr 25.
[3] Karplus, J. P. u. A. Kreidl: Pflügers Arch. **129**, 138 (1909); **135**, 401 (1910); **143**, 109 (1912).
[4] Camus, J. u. G. Roussy: C. r. Soc. Biol. **76**, 877 (1914).
[5] Bourquin, H., L. C. Benesch u. M. O. Lenam: Amer. J. Physiol. **79**, 362 (1927).
[6] Camus, J., G. Roussy u. le Grand: C. r. Soc. Biol. **86** 719 (1922).

LESCHKE[1] schloß aus einer Anzahl klinischer Fälle, die er zusammenstellte, daß ebenfalls bei völligem Ausfall der Hypophyse die Harnabsonderung ungestört bliebe, während Verletzungen, Blutungen oder Tumoren am Boden des III. Ventrikels mit einer Steigerung der Harnabsonderung verbunden seien. Nach LESCHKE ist die Zwischenhirnpolyurie in der Regel auch mit Hyperchlorämie und verminderter Ausscheidung der Harnfixa verbunden.

HOUSSAY, CARULLA und ROMANA[2] und HOUSSAY und CARULLA[3] bestätigten die bisherigen Versuche und ergänzten sie dahin, daß die Polyurie nicht mit einer Blutdruckerhöhung einhergeht und nicht von Glykosurie begleitet ist.

HOUSSAY und CARULLA[3] konnten als erste zeigen, daß die Zwischenhirnpolyurie auch nach völliger Entnervung der Niere noch eintritt.

BAILAY und BREMER[4] glauben im Gegensatz zu den übrigen Beobachtern, daß die Polyurie nach Verletzung des Infundibulums durch nichts von der unterschieden sei, die durch Entfernung der Hypophyse auftrete und bestätigen, daß diese Polyurie auch nach Durchtrennung der Nierennerven bestehen bleibt. Eine Erfahrung, die auch von HOUSSAY und RUBIO[5] und CAMUS und GOURNAY[6] bestätigt wurde. Die Zwischenhirnpolyurie muß also auf humoralem Weg durch Vermittlung eines Zwischenorgans die Harnsekretion beeinflussen, und als dieses Vermittlungsorgan sehen HOUSSAY und RUBIO[5] die Hypophyse an.

Nach Entfernung der zwei Hügel sah POHLE[7] am Frosch eine beträchtliche Steigerung der Harnbildung, die aber mit einer starken Vermehrung der Wasseraufnahme durch die Haut vergesellschaftet ist und wohl auf extrarenale Ursachen bezogen werden muß.

Zusammenfassend läßt sich sagen, daß in der Gegend des Tuber cinereum ein Zentrum für die Harnabsonderung vorhanden ist, das nicht auf nervösem, sondern auf humoralem Wege die Harnsekretion beeinflußt. Daß dieses Zentrum in unmittelbarer Beziehung zur Hypophyse steht, ist bisher nicht klar erwiesen. Die bei seiner Reizung entstehende Polyurie scheint mit einer Hypochlorämie und Hyperchlorurie verbunden zu sein und sich hierdurch nach den Feststellungen von VEIL[8] von der weiter unten zu besprechenden, von der Medulla aus ausgelösten Polyurie zu unterscheiden. Ob diese von VEIL vermutete Differenz tatsächlich besteht, muß weiteren Untersuchungen vorbehalten bleiben.

4. Vierter Ventrikel.

Weitaus am frühesten und eingehendsten untersucht ist die Veränderung der Nierenfunktion, die bei Verletzung des Bodens des IV. Ventrikels auftritt. Als erster hat sie CL. BERNARD[9] beschrieben. Er stach mit einer Nadel am Boden des IV. Ventrikels in der Mitte zwischen dem Acusticus- und Vaguskern ein und beobachtete hiernach Polyurie und gleichzeitig Glykosurie. Er konnte jedoch beide Erscheinungen trennen; wenn er in eine etwas höher gelegene Stelle einstach, erzielte er lediglich eine zuweilen von Eiweißausscheidung begleitete Polyurie, während er beim Einstechen unterhalb der angegebenen Stelle lediglich Glykosurie ohne Veränderung der Harnmenge hervorrufen konnte. Er glaubt an zwei getrennte, sehr nahe beieinander gelegenen Zentren für Niere und Leber.

---

1 LESCHKE, E.: Z. klin. Med. **87**, 202 (1919).
2 HOUSSAY, B. A., J. E. CARULLA u. L. ROMANA: C. r. Soc. Biol. **83**, 1250 (1920).
3 HOUSSAY B. A. u. J. E. CARULLA: C. r. Soc. Biol. **83**, 1252 (1920).
4 BAILAY u. BREMER: C. r. Soc. Biol. **86**, 925 (1922).
5 HOUSSAY, B. A. u. H. RUBIO: C. r. Soc. Biol. **88**, 358 (1923).
6 CAMUS, J. u. J. J. GOURNAY: C. r. Soc. Biol. **88**, 694 (1923).
7 POHLE, E.: Pflügers Arch. **182**, 215 (1920).
8 VEIL, W. H.: Arch. f. exper. Path. **87**, 188 (1920).
9 BERNARD, CL.: Leçons de Physiol. **1**, 339 (1835).

Sehr eingehend wurde dann von ECKHARD[1] in zahlreichen Untersuchungen mit verbesserter Technik das Problem erneut angegangen. Statt der undurchsichtigen Piqûre CL. BERNARDS[2] legte ECKHARD an Hunden und Kaninchen das Operationsfeld durch Trepanation frei und reizte verschiedene Stellen des verlängerten Marks mechanisch, chemisch oder elektrisch. Dabei gelang es ihm nicht, Zucker- und Polyuriezentren so scharf voneinander zu trennen, wie es CL. BERNARD[2] beschrieben hat. Bei Kaninchen beobachtete er überhaupt nur äußerst selten eine Polyurie, die nicht von Zuckerausscheidung begleitet war. Reine Polyurien ohne Zucker sind beim Menschen auf Herderkrankungen im Bereich des verlängerten Marks nach Comotio cerebri, Epilepsie und hysterischen Krampfanfällen von EBSTEIN[3] beschrieben. ECKHARD[1] konnte weiter feststellen, daß die Polyurie nach einseitiger Verletzung des Marks auf der kontralateralen Niere stärker auftritt wie auf der kollateralen. Das läßt auf eine Leitung des Reizes zu den Nieren auf Nervenbahnen schließen. Als Vermittler des Reizes lag es nahe, den Splanchnicus anzunehmen, da auch Durchschneidung des Splanchnicus, wie ECKHARD zeigte, Polyurie hervorruft. Jedoch beobachtete ECKHARD zwischen der Polyurie nach Piqûre und der nach Splanchnicusdurchschneidung charakteristische Unterschiede. Die Splanchnicuspolyurie steigt unmittelbar zu einem Plateau an, auf dem sie sich längere Zeit hält. Die Stichpolyurie beginnt mit einer vorübergehenden, auch bei einseitiger Schädigung doppelseitigen Herabsetzung der Harnmenge, die von einem schnellen Anstieg gefolgt ist, der schnell wieder zur Norm abfällt. Den stärksten Beweis für die Richtigkeit der Annahme, daß Piqûrepolyurie und Splanchnicuspolyurie voneinander unabhängig seien, sieht ECKHARD in der Tatsache, daß die nach bestehender Splanchnicusdurchschneidung auftretende Harnflut durch einseitige Piqûre auf der kontralateralen Seite noch gesteigert wird. ECKHARD[1] konnte die Piqûre noch wirksam erweisen nach Durchschneidung sämtlicher, ihm erreichbarer Nervenbahnen. Er glaubt per exclusionem den Schluß ziehen zu müssen, — eine Erhöhung des Blutdrucks konnte nicht nachgewiesen werden und müßte auch auf beide Nieren gleichmassig einwirken, — daß von der Aorta her Nerven mit der Nierenarterie in die Niere gelangen, die sich einem Nachweis entziehen. Er hält diese Nerven für echte sekretorische Fasern, die aus dem Brustteil des Rückenmarks mit sympathischen Fasern zur Aorta ziehen und durch diese die Nierenarterie entlang zur Niere gelangen.

Die Befunde ECKHARDS erfuhren durch KAHLER[4] eine Bestätigung und Erweiterung insofern, als es ihm gelang, bei Kaninchen durch Ätzung mit Silbernitrat in der Medulla chronische Polyurien zu erzeugen.

Wie JUNGMANN und MEYER[5] bemerken, büßen die KAHLERschen Versuche dadurch an Beweiskraft ein, daß die Versuchstiere nicht konstant ernährt waren. FINKELNBURG[6] schaltete diesen Versuchsfehler aus und konnte nachweisen, daß sich von der Medulla aus primäre Polyurien hervorrufen lassen; eine Veränderung des Salzstoffwechsels wurde von ihm nicht beobachtet. Der quantitative Vergleich von Wasseraufnahme und Wasserabgabe zeigt, daß nach der Piqûre die Wasserausscheidung trotz verminderter Wasseraufnahme beträchtlich gesteigert war, während der Kochsalzgehalt des polyurischen Urins erniedrigt gefunden wurde. Sehr eingehende Untersuchungen wurden von JUNGMANN und MEYER[5] angestellt. Ihre Ergebnisse weichen in drei wesent-

[1] ECKHARD, C.: Beitr. Anat. u. Physiol. **4**, 155 (1869); **5**, 147 (1870); **6**, 150 (1872).
[2] BERNHARD, CL.: Zitiert auf S. 334.
[3] EBSTEIN, W.: Arch. klin. Med. **11**, 344 (1873).
[4] KAHLER, O.: Prag. Z. Physiol. **7**, 105 (1886).
[5] JUNGMANN, P. u. E. MEYER: Arch. f. exper. Path. **73**, 49 (1913).
[6] FINKELNBURG, R.: Dtsch. Arch. klin. Med. **91**, 345 (1907).

lichen Punkten von den Feststellungen der Voruntersucher ab. Sie konnten erstens feststellen, daß neben der Beeinflussung des Wasserstoffwechsels die Piqûre auch eine beträchtliche Steigerung der Salzausscheidung zur Folge hat, und zwar auch in Fällen, in denen die Wasserausscheidung nicht oder nur wenig vermehrt war. Sie beobachteten weiterhin, daß der Stich auf einer Seite der Medulla oblongata auf beide Nieren eine gleichmäßige Wirkung ausübt und stellten drittens fest, daß nach einseitiger Splanchnektomie die Piqûre nur an der Niere mit erhaltenem Splanchnicus wirksam ist. Von dem Wasser- bzw. Kochsalzgehalt des Gewebes (Wasser- und Kochsalzzulage per os) fanden sie die Piqûrewirkung unabhängig. Der von MEYER und JUNGMANN festgestellte Salzstich wurde durch LANDAUER[1] näher lokalisiert. Es gelang ihm, durch Piqûre eine isolierte Vermehrung der Salzausscheidung hervorzurufen, die nicht von Glykosurie begleitet war, während umgekehrt der Zuckerstich stets eine Vermehrung der Wasser- und Salzausscheidung im Gefolge hatte. LANDAUER glaubt, daß an der Stelle des Salzstiches beide Bahnen getrennt verlaufen, während an der Stelle der Zuckerpiqûre die Bahn für die Chlorausscheidung und die Bahn für die Zuckermobilisierung sich berühren.

Mit den Beziehungen zwischen infundibularer und medullarer Polyurie beschäftigen sich die Untersuchungen von LESCHKE[2] und W. H. VEIL[3]. LESCHKE sieht in der Zwischenhirnpolyurie als Charakteristicum eine Veränderung des Wasser- und Salzstoffwechsels des Körpers im Sinne einer vermehrten Wasser- und verminderten Salzausscheidung. Unter der Annahme der Richtigkeit dieses Befundes unterscheidet VEIL die olygochlorurische Zwischenhirnpolyurie von der polychlorurischen Medullarpolyurie, während MEYER und JUNGMANN[4] keine Veränderungen des Blutkochsalzspiegels nach Salzstich annehmen und deshalb einen rein renalen Effekt in der Salzausscheidung sehen, konnte VEIL[3] durch Bestimmung des Kochsalzgehalts des Serums bei nierenintakten und entnierten Tieren nach der Piqûre eine Herabsetzung des Blutkochsalzspiegels wahrnehmen, ein Befund, der durch BRUGSCH, DRESEL und LEWY[5] keine Bestätigung gefunden hat.

Aus diesen Untersuchungen ergibt sich, daß vom Boden des IV. Ventrikels aus eine Polyurie und eine vermehrte Ausscheidung von Kochsalz hervorgerufen werden kann. Über die Frage, ob es sich dabei um eine renale Funktion oder um eine primäre Veränderung des Wasser- und Salzgehalts des Blutes handelt, gehen die Meinungen der verschiedenen Autoren auseinander, doch sprechen zahlreiche Befunde für einen renalen Angriffspunkt. Auch hier kann nach den vorliegenden Feststellungen nicht unterschieden werden, ob wir es mit einer echten sekretorischen Beeinflussung der Nierenzellen oder lediglich mit einer vasomotorischen Beeinflussung der Nierengefäße zu tun haben. Auch über den Weg, auf dem der Reiz zur Niere vermittelt wird, besteht keine Klarheit.

5. Kleinhirn.

Ein weiterer Teil des Zentralnervensystems, von dem aus die Nierenfunktion beeinflußbar sein soll, ist nach den Untersuchungen von ECKHARD[6] das Kleinhirn. Durch Reizung gewisser Stellen desselben, vor allem des Wurms, konnte er bei Kaninchen, aber nicht bei Hunden, Polyurie mit Zuckerausscheidung er-

---

1 LANDAUER, F.: Inaug.-Dissert. Straßburg 1914.
2 LESCHKE, E.: Z. klin. Med. **87**, 201 (1919).
3 VEIL, W. H.: Arch. f. exper. Path. **87**, 188 (1920).
4 JUNGMANN, P. u. E. MEYER: Arch. f. exper. Path. **73**, 49 (1913).
5 BRUGSCH, F., DRESEL, K. u. F. H. LEWY: Z. exper. Path. u. Ther. **21**, 358 (1920).
6 ECKHARD, C.: Zitiert auf S. 344.

zeugen, letztere blieb nach Durchschneidung der Lebernerven aus. Diese Beobachtung Eckhards hat nie eine Nachprüfung erfahren.

6. Rückenmark.

Über die Beeinflussung der Nierenfunktion vom Rückenmark aus sind schon Versuche von Cl. Bernard[1] angestellt worden, der nach Durchschneidung des Halsmarks Anurie beobachtete. Eckhard[2], Ustimowitsch[3] und Grützner[4] erweiterten die Cl. Bernardschen[1] Befunde. Eckhard fand ein Maximum der Anurie bei Durchschneidung in der Gegend des VII. Halswirbels, bei tiefer Rückenmarksdurchschneidung unterhalb des XII. Brustwirbels konnte er bisweilen Polyurie beobachten. Er führte diese Erscheinungen auf Ausschaltung spezifischer Absonderungsnerven zurück, während Ustimowitsch und Grützner nachwiesen, daß zu einer Erklärung der Anurie die nach Halsmarkdurchschneidung auftretende Blutdrucksenkung ausreiche. Janssen[5] sah beim Kaninchen bei Hals- und Brustmarkdurchschneidung keinen Einfluß auf die Harnmenge und auf die Konzentrationsfähigkeit der Niere und schließt daraus, daß der Einfluß des Zentralnervensystems auf die Harnbildung in einer Einwirkung auf die Hypophyse besteht und von dieser aus hormonal erfolgt. Unbestätigt sind die Angaben Vincis[6], der beim Hunde nach Halsmarkdurchschneidung zwischen III. und IV. Halswirbel Anurie auftreten sah, die durch intravenöse Zuckerinjektion trotz auftretender Blutdrucksteigerung und Gefäßerweiterung nicht zu beseitigen war. Durchtrennungen der Medulla oblongata und des Rückenmarks rufen beim Frosch keine Veränderung der Harnausscheidung hervor (Pohle[7]).

7. Die Bahnen der zentralen Beeinflussung der Nierenfunktion.

Über die Bahnen, die die Piqûrewirkung zur Niere vermitteln, geben Untersuchungen über den Verlauf sympathischer Bahnen des Rückenmarks Auskunft. Am wahrscheinlichsten scheint, daß sie durch das Rückenmark über die von Jost[8] und Ellinger und Hirt[9] gefundenen Splanchnicusäste zur Niere ziehen. Nikolaides[10] fand nach Durchscheidung des Rückenmarks zwischen XI. und XII. Brustwirbel keine Veränderung an den Nieren, Halsmarkreizung bei Durchschneidung des Marks zwischen I. und II. Lendenwirbel, rief jedoch eine Erblassung beider Nieren hervor. Nikolaides[10] konnte nach halbseitiger Rückenmarksdurchschneidung eine Wirkung auf beide Nieren beobachten und so feststellen, daß die vasomotorischen Fasern für die Niere teilweise direkt, teilweise gekreuzt verlaufen.

Die Vasomotoren der Niere verlassen das Rückenmark, wie Bradford[11] an Onkometerversuchen nachwies, durch die vorderen Wurzeln vom VI. Dorsalsegment bis zum II. Lumbalsegment, während Hallion und Francois-Franck[12] vom XI. Dorsalsegment abwärts neben constrictorischen Fasern auch

---

1 Bernard, Cl.: Lecons de Physiol. **2**, 153 (1859).
2 Eckhardt, C.: Beitr. Anat. u. Physiol. **5**, 153 (1870).
3 Ustimowitsch, C.: Ber. sächs. Ges. Wiss. **1870**, 12. Dez. A. 22 S. 430.
4 Grützner, P.: Pflügers Arch. **11**, 372 (1875).
5 Janssen, S.: Arch. f. exper. Path. **135**, 1 (1928).
6 Vinci, G.: Arch. ital. de Biol. **34**, 288 (1900).
7 Pohle, E.: Pflügers Arch. **182**, 215 (1920).
8 Jost, W.: Z. Biol. **64**, 441 (1914).
9 Ellinger, Ph. u. A. Hirt: Arch. f. exper. Path. **106**, 135 (1925).
10 Nikolaides, R.: Arch. Anat. u. Physiol. **1882**, 28.
11 Rose J., Bradford: J. of Physiol. **10**, 358 (1889).
12 Hallion, L. u. Francois-Franck: Arch. de Physiol. **8**, 478 (1896).

Dilatatoren feststellen konnten. ELLINGER und HIRT[1] beobachteten auch nach Durchschneidung der hinteren Wurzeln des unteren Dorsalmarks eine Vermehrung der Urinausscheidung, während sie nach der Durchschneidung der vorderen Wurzeln keine Veränderung oder eine Verminderung der Harnflut feststellten. Dagegen beobachteten sie nach Durchschneidung der vorderen Wurzel des unteren Dorsal- und oberen Lendenmarks das Auftreten einer Veränderung in der Harnbeschaffenheit, die auf das Vorhandensein echter, sekretorischer Fasern für die Niere hinwies. Durch Analyse des Faserverlaufs und Degenerationsversuche konnte HIRT[2] zeigen, daß die Vasomotoren der Niere beim Hund (Splanchnici minores) aus den Segmenten *D* 12, *D* 13 und *L* 1 entspringen. Sie treten über den Grenzstrang hinweg und gelangen ohne Unterbrechung zur Niere. Sie führen wahrscheinlich als direkte spinale Fasern afferente Anteile über die hinteren Wurzeln zum Rückenmark und efferente Anteile über die vordere Wurzel des gleichen Segments zur Niere. Der Splanchnicus major entspringt aus den mittleren und unteren Brustsegmenten und wird im Ggl. splanchnicum, coeliacum oder renale unterbrochen. Die Bauchsympathicusfasern verlassen das Rückenmark über die vorderen Wurzeln der Segmente *L* 2 und 3, werden im Grenzstrang unterbrochen und gelangen über den Plexus aorticus zur Niere. Die Beobachtungen von ELLINGER und HIRT fanden durch WIEDHOPF[3] eine Bestätigung. Es gelang ihm durch paravertebrale Anästhesie der Segmente *D* 11, *D* 12 und *L* 1 beim Hunde eine erhebliche Zunahme der Wasserausscheidung mit gleichzeitiger geringer prozentualer und starker absoluter Vermehrung der Kochsalzausfuhr zu erzielen.

III. Der Einfluß der peripherischen Nerven auf die Nierenfunktion.

1. Die Funktion der völlig entnervten Niere.

Daß eine völlig aus ihrem Nervenverband gelöste Niere den groben Bedürfnissen des Stoffwechsels nachzukommen vermag, ist schon früher erwähnt worden. Um jedoch die feineren Einflüsse dieses Nervenausfalles analysieren zu können, ist es notwendig, die einzelnen Partialfunktionen der Niere bei Entnervung zu studieren. Am augenfälligsten treten etwaige Veränderungen im Harnbild in Erscheinung, wenn man den Urin der entnervten Niere mit dem der anderen normalen vergleichen kann. Bei Anwendung dieser Methode ist man sicher, daß beiden Nieren ein Blut von gleicher Beschaffenheit zugeführt wird, das unter gleichem Aortendruck steht. Das getrennte Auffangen des Urins der beiden Nieren bereitet keinerlei Schwierigkeiten. Welche von den verschiedenen Methoden der Ureterentrennung, eine doppelseitige Blasenkanüle, Ureterenkatheterismus oder eine der verschiedenen Modifikationen doppelter Ureterenfisteln den Vorzug verdient, ist schwer zu entscheiden. Das bestimmende Moment muß in allen Fällen das sein, einen möglichst kleinen Raum zwischen Nierenbecken und Auffanggefäß zu schaffen, damit der während einer Versuchsperiode ausfließende Harn tatsächlich dem während dieser Periode gebildeten entspricht. Für alle chronischen Versuche ist die Anlegung von Ureterenfisteln die Methode der Wahl, obwohl hier das einwandfreie Auffangen des Urins und die Vermeidung infektiöser Prozesse der Ureteren eine beträchtliche Schwierigkeit bereitet.

Zur Entnervung der Niere stehen ebenfalls mehrere Methoden zur Verfügung:

Die zweifellos einwandfreieste und sicherste ist die Transplantation der Niere an andere Gefäße. Sie setzt aber die Technik der Gefäßnaht voraus. Die zweite Möglichkeit besteht

[1] ELLINGER, PH. u. A. HIRT: Arch. f. exper. Path. **106**, 135 (1925).
[2] HIRT, A.: Z. Anat. **78**, 260 (1926) — Anat. Anz. **63**, Erg.-H. 165 (1927).
[3] WIEDHOPF, O.: Bruns' Beitr. **141**, 171 (1927).

in dem Aufsuchen aller am Nierenhilus eintretender Nerven unter gründlicher Inspektion der zum Teil in der Arterienscheide verlaufenden Nerven. Hierbei ist es notwendig, die Niere umzuklappen, damit man den Hilus von beiden Seiten von Nerven befreien kann. Bei dieser Methode ist eine nachträgliche anatomische Kontrolle unbedingt vonnöten. Die Entnervung muß in möglichster Nähe der Niere ausgeführt werden, da bei Hunden, Katzen und Kaninchen noch Nervenfasern in nächster Nähe des Hilus an die Niere herantreten. Die später zu erörternden Abweichungen in den Ergebnissen der einzelnen Untersucher über die Funktion der entnervten Niere dürfte zum großen Teil auf eine mangelhafte Ausführung der Operation zurückzuführen sein. Eine dritte Möglichkeit, die von Bayliss[1] zuerst angegeben wurde, die Entnervung der Niere durch Bepinseln der Arterie mit Phenol vorzunehmen, bietet die geringste Gewähr für ein exaktes Gelingen.

Schon frühzeitig wurde der Versuch angestellt, mittels Durchtrennung der Arterie und Wiederzusammenfügen die Wirkung gänzlicher Entnervung festzustellen. So berichtet Brachet[2], daß er nach Durchschneidung der Nierenarterie und Wiederverbindung des Blutzuflusses durch ein intubiertes Glasröhrchen die Harnabsonderung gänzlich erlöschen sah. Wenn man von diesen und ähnlichen mit unvollkommener Methodik ausgeführten Versuchen absieht, so haben als erste Carrel und Guthrie[3] die Nierenfunktion nach Transplantation am Hunde eingehendst untersucht. Durch Ureterenkatheterismus wurden die Harne der beiden Nieren getrennt aufgefangen; 3 Tage nach der Transplantation sezernierte die transplantierte Niere ungefähr 4—5mal soviel Urin als die normale. Auch nach Injektion von Salzlösungen stieg die Harnabscheidung der transplantierten Niere noch stärker an, als die der normalen Die Reaktion des Urins beider Nieren war neutral, die Menge der Harnfixa auf der Seite der transplantierten Niere relativ beträchtlich herabgesetzt.

Lobenhoffer[4], dem es im wesentlichen darauf ankam, die Funktionstüchtigkeit der transplantierten Niere zu erweisen, und der deswegen die normale Niere entfernte und sich so der Kontrolle beraubte, stellte fest, daß an der transplantierten Niere nach langdauernder Tätigkeit irgendwelche anatomischen Veränderungen nicht nachweisbar waren und daß Belastungsproben mit Wasser, Kochsalz, Milchzucker und Phlorrhizin wie von der normalen Niere beantwortet wurden. Quinby[5] fand nach der Transplantation lediglich eine vorübergehende Steigerung der Harnmenge, und Avramovici[6] konnte eine Differenz gegenüber der Funktion der normalen Niere nach Transplantation nicht feststellen. Es ist bedauerlich, daß bei dieser exaktesten Form der Entnervung der Niere bisher nur wenige Beobachtungen der Partialfunktionen angestellt wurden, so daß wir nach den sorgfältigen Untersuchungen von Carrel und Guthrie und den Feststellungen Quinbys lediglich aussagen können, daß die durch Transplantation ihrer peripheren Nerven völlig beraubte Niere gegenüber der normalen einen beträchtlich vermehrten und verdünnten Urin ausscheidet. Erst Lurz[7], der in besonders sorgfältiger Untersuchung (von 28 operierten Hunden verwarf er alle bis auf 2 wegen nicht einwandfreier Harnproduktion) bei Hunden die Gefäße der linken Niere mit den Milzgefäßen vereinigte, dehnte die Beobachtung der so entnervten Niere auf mehrere Partialfunktionen aus. Als Kontrolle diente der Harn der rechten Niere. Er fand die Harnmenge und die absolute Kochsalzmenge der transplantierten Seite vermehrt, das spezifische Gewicht, die Gefrierpunktserniedrigung, die Gesamtstickstoffausscheidung herabgesetzt. Auch

---

[1] Bayliss, W. M.: J. of Physiol. **28**, 220 (1902).
[2] Brachet, J. L.: Recherches sur les fonctions du système nerveux 2. ed. Paris 1837.
[3] Carrel, A, u. C. C. Guthrie: C. r. Soc. Biol. **57**, 669 (1905).
[4] Lobenhoffer, W.: Mitt. Grenzgeb. Med. u. Chir. **26**, 197 (1922).
[5] Quinby, W. C.: J. of exper. Med. **23**, 535 (1916).
[6] Avramovici, A.: Lyon chir. **21**, 734 (1924); zit. nach Ber. Physiol. **32**, 43 (1925).
[7] Lurz, L.: Dtsch. Z. Chir. **194**, 25 (1925).

Farbstoffe (Indigcarmin) werden auf der entnervten Seite verdünnter ausgeschieden. Durch Phlorrhizin wird auf der entnervten Seite eine stärkere Harnflut mit relativ geringerer Zuckerkonzentration hervorgerufen, während beim Wasserversuch die Vermehrung der Wasserausscheidung länger anhielt. Veränderungen der Harnreaktion wurden nicht beobachtet. Die transplantierten Nieren zeigten eine Schädigung der Tubuli contorti. HOLLOWAY[1] will Unterschiede in der Funktion autogen und homogen tranplantierter Nieren bei Hunden vor allem gegenüber der Wirkung von Diureticis sehen, Erscheinungen, die aber wohl mit Sicherheit von der nervösen Versorgung unabhängig sind. Zu ähnlichen Ergebnissen gelangt WILLIAMSON[2] bei Hunden und Ziegen.

Sehr viel umfangreichere Analysen über den Einfluß der Entnervung liegen zum Teil in den Versuchen vor, die auf Grund von Durchtrennung der einzelnen Nierennerven am Hilus oder durch Bepinselung der Nierennerven mit Phenol erzielt worden sind. So konnte schon KRIMER[3] beobachten, daß nach Durchschneidung der Nierennerven der allerdings häufig eiweiß- und blutfarbstoffhaltige Harn an Harnfixen verarmt, während JOHANNES MÜLLER[4] gemeinsam mit PEIPERS[5], welche die Nierennerven durch feste Ligierung der Arterie auszuschalten versuchten, nach diesem heroischen Eingriff in fast allen Fällen ein Erlöschen der Harnausscheidung sahen.

Auch die Versuche v. WITTICHS[6] müssen wegen der stets beobachteten Albuminurie ausscheiden. M. HERRMANN[7] erbrachte den Nachweis, daß die Eiweißausscheidung lediglich eine Folge gröberer Zirkulationsstörungen bei der Nervendurchtrennung ist. Eine Vermehrung der Harnmenge nach Entnervung zeigten zuerst CL. BERNARD[8] und ECKHARD[9]. ECKHARD fand, daß die Polyurie im Laufe von $^1/_2$—1 Stunde nach der Operation zu einem Maximum ansteigt und längere Zeit bestehen bleibt.

v. SCHROEDER[10], der am Kaninchen die Nervendurchreißung so vorsichtig ausführte, daß eine Unterbrechung der Harnsekretion nie eintrat, fand als Durchschneidungseffekt eine Vermehrung der Harnmenge bis auf das Neunfache und bei der Fütterung der Tiere mit Brot oder Kleie auf der operierten Seite einen stets alkalischen Urin, während der Urin der normalen Niere saure Reaktion zeigte. Während ECKHARD[9] und KNOLL[11] nach Splanchnicusdurchschneidung ebenfalls eine Veränderung der Reaktion beobachteten und sie als Begleiterscheinung der auftretenden Polyurie ansahen, hält v. SCHROEDER[10] die veränderte Reaktion für eine spezifische Folge der Entnervung. Versuche, die er in dieser Hinsicht durch RÜDEL[12] ausführen ließ, erbrachten jedoch den Beweis, daß sowohl bei Kaninchen als auch bei Hunden bei lebhafter Diurese der Harn alkalischer wird.

LOEWI[13], der nach der Methode von BAYLISS[14] durch Phenolbepinselung der Aterie, zum Teil auch durch Nervenzerreißung die Entnervung vornahm,

1 HOLLOWAY, J. K.: J. of Urol. **15**, 111 (1926).
2 WILLIAMSON, C. S.: J. of Urol. **16**, 231 (1926).
3 KRIMER, A.: Physiol. Unters. Leipzig 1820.
4 MÜLLER, J.: Handb. d. Physiol. **1**, 384 (1844).
5 PEIPERS, E.: Dissert. Berolini 1834.
6 v. WITTICH: Königsberg. med. Jb. **3**, 52ff. (1860).
7 HERRMANN, M.: Sitzgsber. Akad. Wiss. Wien, Math.-naturwiss. Kl. II **45**, 317 (1862).
8 BERNARD, CL.: Lecons sur les liquides de l'organisme **2**, 169 (1859).
9 ECKHARD, C.: Beitr. Anat. u. Physiol. **4**, 164 (1869).
10 v. SCHROEDER, W.: Arch. f. exper. Path. **22**, 39 (1887).
11 KNOLL: Eckhardts Beitr. zur Anat. u. Physiol. **6**, 41 (1872).
12 RÜDEL, G.: Arch. f. exper. Path. **30**, 41 (1892).
13 LOEWI, O., W. M. FLETCHER u. V. E. HENDERSON: Arch. f. exper. Path. **53**, 15 (1905).
14 BAYLISS, W. M.: J. of Physiol. **28**, 220 (1902).

fand keine regelmäßige Veränderung der Harnmenge. Ein mehrfach beobachtetes Absinken der Harnmenge auf der operierten Seite wird als Shockwirkung gedeutet.

Rohde und Ellinger[1] fanden nach Entnervung der Niere vermittels Durchschneidung der einzelnen Nierennerven am Hilus eine starke Vermehrung des Urins mit beträchtlicher Verdünnung der Harnfixa. Die Verdünnung der Harnfixa geht jedoch nicht so weit, daß die absolute Menge der von der normalen Niere ausgeschiedenen Fixa die der entnervten übersteigt. Die Titrationsacidität ist ebenfalls bei der entnervten Seite prozentual stets beträchtlich gegenüber der normalen herabgesetzt. Auch die aktuelle Reaktion des Urins gegen Lackmus ist in der Regel bei der entnervten Seite alkalisch, während sie auf der normalen Seite sauer ist. Diese Differenz in der Urinreaktion ist auch in solchen Fällen zu beobachten, in denen die Differenz in der Harnmenge relativ gering ist, kann also nicht primär als Folge stärkerer Diurese angesehen werden. Im Gegensatz zu der Ausscheidung der übrigen Fixa geht die Ausscheidung der Chloride der Wassermenge annähernd parallel. Die eben geschilderte Veränderung des Harnbildes tritt unmittelbar nach der Entnervung in Erscheinung und bleibt über Wochen und Monate unverändert erhalten.

Mauerhofer[2] unterzog im wesentlichen die Beobachtungen Rohdes und Ellingers einer Nachprüfung. Anstelle der von Rohde und Ellinger in erster Linie untersuchten Titrationsacidität bestimmte er die aktuelle Reaktion des Harns mit der Gaskette und daneben die Konzentration der Gesamtelektrolyte des Harns durch Leitfähigkeitsmessung. Er kam praktisch zu einer Bestätigung der Rohde- und Ellingerschen Befunde.

Auch Yoshimura[3] bestätigte die Befunde von Rohde und Ellinger. Er glaubt sie aber dadurch als Folge reiner Gefäßerweiterung feststellen zu können, daß er durch Abdrosselung der Nierenarterie der entnervten Niere die Veränderungen des Harnbildes durch Nierenentnervung aufheben konnte. Die Methode Yoshimuras bringt aber schon deshalb keine Klarheit in diese Frage, weil er durch Abklemmung der einen Nierenarterie in der Blutzufuhr der beiden Nieren verschiedene Verhältnisse schafft, während eine Gefäßerweiterung der intrarenalen Gefäße durch Entnervung, wie sie Yoshimura annimmt, keine Veränderung der Blutzufuhr, sondern lediglich eine längere Verweildauer des Bluts in der Niere verlangt. Gegen diese Auffassung Yoshimuras spricht nach Ellinger[4] auch weiterhin die Tatsache, daß die nach Entnervung auftretende Harnflut monatelang anhält. Außerdem erstreckten sich die Beobachtungen Yoshimuras lediglich auf Beobachtungen der Harnmenge, der Gesamtfixa, der Chlor- und der Sulfatausscheidung. Eine Beobachtung der Harnreaktion, die für die Entscheidung der Frage wesentlich ist, wurde von ihm nicht angestellt. Asher[5] und seine Schüler Pearce, Jost und Mauerhofer beobachteten nach Entnervung durch Phenolbepinselung in der Regel ebenfalls eine vermehrte Harnmenge auf der entnervten Seite. Auch die Versuche von Marshall und Kolls[6] an Hunden zeigten nach der Durchschneidung der Nerven eine Vermehrung der Urinabsonderung auf der entnervten Seite. Die Harnfixa, gemessen am spezifischen Gewicht, waren in der Regel relativ vermindert, und zwar um so mehr, je größer die Vermehrung der Harnabscheidung war. Das gilt in erster Linie für die Aus-

[1] Rohde, E. u. Ph. Ellinger: Zbl. Physiol. **27**, 12 (1913).
[2] Mauerhofer, Fr.: Z. Biol. **68**, 31 (1918).
[3] Yoshimura, R.: Tohoku J. exper. Med. **1**, 113 (1920).
[4] Ellinger, Ph.: Arch. f. exper. Path. **90**, 77 (1921).
[5] Asher, L. u. R. G. Pearce: Z. Biol. **63**, 83 (1913). — Jost, W.: Ebenda **64**, 441 (1914). — Mauerhofer, Fr.: Ebenda **68**, 31 (1918).
[6] Marshall jr., E. K. u. A. C. Kolls: Amer. J. Physiol. **49**, 302 (1919).

scheidung von Harnstoff und Kreatinin, während die Ausscheidung von Kochsalz der Wasserausscheidung parallel geht oder sie noch übertrifft. Die Versuche stellen also eine volle Bestätigung der Erfahrungen von ROHDE und ELLINGER[1] dar.

Es folgen nun eine Anzahl Untersuchungen von PICO[2] und seinen Schülern. PICO beobachtete nach Entnervung Polychlorurie, unabhängig von der Größe der Harnmenge. Durch Chlorzufuhr wird die Chlorausscheidung noch verstärkt, während die Ausscheidung von Sulfaten, Harnstoff und Phenolsulfophthalein unverändert bleibt. Die Harnausscheidung der entnervten Niere beim Hunde soll 3 Stunden lang hinter der Harnmenge der normalen Seite zurückbleiben, was sicher auf die wenig schonende Operationsmethode zurückzuführen ist. Eine Harnvermehrung nach Entnervung sah PICO in der Regel erst auf die Zufuhr von Kochsalz in Erscheinung treten. 8—12 Monate nach der Operation sollen beide Nieren wieder gleichfunktionieren, was auf eine Regeneration der Nierennerven zurückgeführt wird. Auch auf die Zuckerschwelle soll die Entnervung von Einfluß sein. PICO findet den Schwellenwert für Zucker nach Entnervung erhöht und bei alimentärer Hyperglykämie abhängig von der Höhe der Glykämie.

BELLIDO und PUCHE[3] beobachteten, daß eine entnervte Niere auf einen durch Injektion von Salzsäure gesetzten Reiz in den ersten Tagen langsamer, vom 12. Tage ab schneller mit Änderung der Wasserstoffionenkonzentration im Harn reagiert als die normale.

AMBARD[4] hält in einem umfassenden Referat einen sicheren Nachweis sekretorischer Nerveneinflüsse auf die Niere für nicht erbracht. Er findet nach einseitiger Durchschneidung der Nierennerven Harnmenge und Chlor- und Harnstoffkonzentration unverändert, dagegen glaubt er, daß die entnervte Niere auf äußere Reize anders reagiert als die normale.

Schließlich liegen aus neuester Zeit noch drei Untersuchungen vor, die in gleicher Weise den akuten Reiz der Nierenentnervung vermeiden wollen, — dies erreichten ROHDE und ELLINGER dadurch, daß sie die Entnervung Tage bis Monate vor der Urinuntersuchung vornahmen — und deshalb einen Harnfistelhund benutzen. Es sind dies zwei Arbeiten aus dem ASHERschen Institut von HARA[5] und KICHIKAWA[6] und Untersuchungen von MEYER-BISCH und KOENNECKE[7]. HARA, der die Entnervung durch Durchreißung der sichtbaren Nerven und nachträgliche Phenolbepinselung nach BAYLISS vornahm, bestimmte Harnmenge, Titrationsacidität und molare Konzentration (Gefrierpunktserniedrigung, Harnstoff- und Chlorausscheidung). In allen Fällen bestand noch nach Monaten eine Differenz zwischen dem Harn beider Nieren, die bei Fleischnahrung beträchtlich größer war als bei Milchnahrung. Die Ergebnisse decken sich mit den Befunden von ROHDE und ELLINGER[8] sowie von MARSHALL und KOLLS[9]. Nur hinsichtlich der Chlorausscheidung konnte HARA feststellen, daß im Gegensatz zu den Befunden von ROHDE und ELLINGER und MARSHALL und KOLLS die ausgeschiedene Chlormenge auf der entnervten Seite ebenfalls prozentual vermindert war, daß aber bei Kochsalzzufuhr die Kochsalzmenge im Harn der entnervten Seite auch prozen-

---

[1] ROHDE, E. u. PH. ELLINGER: Zitiert auf S. 350.

[2] PICO, O. N.: C. r. Soc. Biol. **83**, 1255 (1920). — PICO, O. N. u. J. J. MURTAGH: Ebenda **85**, 36 (1921); **88**, 381 (1923); **89**, 115 (1923).

[3] BELLIDO, J. M. u. J. PUCHE: C. r. Soc. Biol. **90**, 827 (1924).

[4] AMBARD, L.: Soc. intern. de Urol. **1**, 48 (1924).

[5] HARA, Y.: Z. Biol. **75**, 179 (1922).

[6] KICHIKAWA, W.: Biochem. Z. **166**, 362 (1925).

[7] KOENNECKE, W. u. E. MEYER-BISCH: Z. exper. Med. **45**, 343 u. 356 (1925). — KOENNECKE, W.: Z. urol. Chir. **13**, 157 (1925).

[8] ROHDE, E. u. PH. ELLINGER: Zbl. Physiol. **27**, 12 (1913). — ELLINGER, PH.: Arch. f. exper. Path. **90**, 77 (1921).

[9] MARSHALL jr., E. K. u. A. C. KOLLS: Zitiert auf S. 350.

tual über die der normalen Nieren hinausging. Kichikawa[1] dehnte seine Untersuchungen noch auf die Ausscheidung von Phosphaten, Kreatinin und die Wasserstoffionenkonzentration des Harns aus. Er fand unter Bestätigung der Haraschen Versuche stets eine vermehrte Harnmenge auf der entnervten Niere mit Verdünnung von Phosphat, Kreatinin und Sulfat und eine häufig beobachtete Differenz in der Wasserstoffionenkonzentration. Bemerkenswerterweise war die Kreatininausscheidung nicht nur relativ, sondern absolut vermehrt.

Im Gegensatz zu den eben geschilderten Versuchen konnten Meyer-Bisch und Koennecke[2] nach Nierenentnervung an Hunden auf der entnervten Niere eine Herabsetzung der Harnmenge feststellen, die allerdings durch Narkose in das Gegenteil umgekehrt werden kann. Die Kochsalzkonzentration war auf der Seite der entnervten Niere in der Regel vermindert. Die gefundenen Differenzen sind allerdings in sämtlichen Versuchen außerordentlich gering. Bei Belastung durch Kochsalz oder durch Traubenzuckerinjektion reagierten die einzelnen Tiere verschieden, so daß sich aus diesen Versuchen ein klares Bild über die Wirkung der Nierenentnervung nicht gewinnen läßt. Milliken und Karr[3] sahen bei total entnervter Niere eine beschleunigte Ausscheidung von Indigocarmin bei Hunden. Schönbauer und Whitaker[4] fanden, daß die Entnervung eines Nierenrestes Hunden, denen die andere Niere entfernt und große Teile der entnervten Niere reseziert war, günstig auf die Funktion des Nierenrestes einwirkte; denn während alle Tiere bei der gleichen Operation ohne Entnervung zugrunde gingen, konnten durch die Entnervung 75% der operierten Tiere gerettet werden; die Verfasser führen das auf die Aufhebung der Diuresehemmung nach Splanchnicusdurchtrennung zurück. Die Entnervung der Niere hebt nach Gubergritz und Istschenko[5] auch die Schmerzempfindung der Niere auf; sie fanden gleichzeitig die Wasser-, Harnstoff- und Farbstoffausscheidung vermehrt.

Zusammenfassend können wir sagen, daß aus den Versuchen, die mit einwandfreien Methoden angestellt worden sind, übereinstimmend hervorgeht, daß eine ihrer Nerven völlig beraubte Niere einen im Verhältnis zur normalen Niere vermehrten und verdünnten Urin ausscheidet. Während fast völlig übereinstimmend nach den meisten Untersuchern Harnfixa, Sulfate, Phosphate, Harnstoff prozentual vermindert, absolut vermehrt ausgeschieden werden, nehmen die Chloride insofern eine Sonderstellung ein, als sie je nach ihrer Konzentration im Blute bei niedriger Konzentration ebenso wie die übrigen Fixa im Harn vermindert erscheinen, während bei einer Steigerung der Chloridkonzentration im Blute die Chloride auch relativ vermehrt im Harne auftreten. Bemerkenswert ist schließlich die häufig beobachtete Differenz in der Reaktion des Urins im Sinne einer Alkalisierung des Harns der entnervten Niere. Von einigen Untersuchern werden diese Veränderungen des Harns nach der Entnervung als Folge einer Gefäßerweiterung hingestellt; hiergegen spricht die lange Dauer der Polyurie ohne Veränderung der Gefäßweite sowie die veränderte Reaktion des Harns auch bei wenig veränderter Harnmenge. Die Art der Polyurie läßt ebenfalls eine Deutung in dem Sinne zu, daß die Rückresorption, d. h. der hauptsächlichste „vitale“ Prozeß der Niere unter nervösem Einfluß steht. Hierfür spricht auch die Tatsache, daß Lurz[6] bei der transplantierten Niere die Tubulusepithelien verändert fand.

---

[1] Kichikawa, W.: Zitiert auf S. 351.
[2] Meyer-Bisch, R. u. W. Koennecke: Zitiert auf S 351.
[3] Milliken, L. F. u. W. G. Karr: J. of Urol. **13**, 1 (1925).
[4] Schönbauer, L. u. L. R. Whitaker: Wien. klin. Wschr. **38**, 580 (1925).
[5] Gubergritz, M. M. u. J. N. Istschenko: Z. exper. Med. **52**, 619 (1926).
[6] Lurz, L.: Z. Dtsch. Chir. **194**, 25 (1925).

2. Der Einfluß des Splanchnicus auf die Funktion der Niere.

Die Feststellung der Funktion eines Nerven kann erschlossen werden entweder durch Beobachtung der Wirkung seiner Reizung oder seiner Ausschaltung auf das Erfolgsorgan. Von beiden Methoden ist bei der Untersuchung der Wirkung der einzelnen Nierennerven von zahlreichen Untersuchern Gebrauch gemacht worden. Über den Wert der Methode sind die Meinungen geteilt. Bei der Reizung des Nerven, die mechanisch oder elektrisch vorgenommen werden kann, besteht die Schwierigkeit einmal in der Wahl der richtigen Reizstärke, die empirisch in jedem Falle ermittelt werden muß, ein andermal in der Tatsache, daß die Reizung nur verhältnismäßig kurze Zeit vorgenommen werden kann und daß daher nur relativ kleine Urinmengen für die einzelnen Perioden zur Verfügung stehen. Außerdem stellt die Anbringung der Reizelektroden bei dem im Gewebe liegenden Nerven einen viel umfangreicheren Eingriff dar als die Durchschneidung, und schließlich ist bei der Möglichkeit des gleichzeitigen Verlaufs afferenter und efferenter Fasern in demselben Nerv die Wirkung der Reizung schwer abgrenzbar. Bei der Durchschneidung ist darauf zu achten, daß sie selbst, wie von zahlreichen Autoren angenommen wird, als Reiz wirken und daher entgegengesetzte Resultate vortäuschen kann. Nach den Erfahrungen von Ellinger und Hirt[1] klingt ein derartiger Reiz außerordentlich schnell ab; die Veränderung der Nierenfunktion nach der Durchschneidung erhält sich aber über Monate hindurch unverändert. Asher[2], in dessen Institut die Frage nach der Funktion der Nierennerven sehr eingehend behandelt wurde, verwirft in seinen ersten Untersuchungen mit Pearce die Resultate, die mit Hilfe der Durchschneidung gewonnen sind, als unsicher und indirekt. In seinen späteren Arbeiten (Mauerhofer[3], Hara[4] und Kichikawa[5]) geht er aber selbst zur Methode der Nervendurchtrennung über.

Die Versuche, die zur Feststellung der Bedeutung des Splanchnicus für die Nierenfunktion angestellt wurden, geben ein außerordentlich wechselvolles Bild, und zwar zu einem Teil deswegen, weil die einzelnen Autoren, — einige bis in die neueste Zeit, — unter dem Namen Splanchnicus verschiedene Nervengruppen verstehen, die die Niere versorgen und denen eine verschiedene Bedeutung zukommt. So kennen die älteren Autoren nur den Splanchnicus major und minor und unterscheiden in der Regel nicht einmal diese unter einander. Jost[6] machte dann auf die schon früher von Langley und Anderson[7] beschriebenen, zur Niere hinziehenden Bauchsympathicusfasern, die von den physiologischen Bearbeitern völlig vergessen waren, erneut aufmerksam, und schließlich konnten Ellinger und Hirt[1] zeigen, daß die früher als Splanchnicusinnervation der Niere bezeichnete Nervengruppe aus drei funktionell voneinander getrennten Anteilen, Splanchnicus major, Splanchnici minores (Nervi renales superiores) und unteren Grenzstrangfasern (Nervi renales inferiores) besteht (s. Abb. 55). Der Verlauf dieser Fasern ist individuell und bei den einzelnen Tierarten beträchtlichen Schwankungen unterworfen, und diese Tatsache erschwert natürlich ein Eindringen in die Deutung der Funktion. Je nach den bei der Reizung oder Durchschneidung getroffenen Fasern oder der Kombination derselben ist der von den einzelnen Untersuchern beobachtete Effekt auf die Nierenfunktion beschrieben

---

[1] Ellinger, Ph.: Arch. f. exper. Path. **90**, 77 (1921); Ellinger, Ph. u. A. Hirt: **106**, 135 (1925).

[2] Asher, L. u. R. G. Pearce: Z. Biol. **63**, 83 (1913).

[3] Mauerhofer, Fr.: Z. Biol. **68**, 51 (1918).

[4] Hara, Y.: Z. Biol. **75**, 179 (1922).

[5] Kichikawa, W.: Biochem. Z. **166**, 362 (1925).

[6] Jost, W.: Z. Biol. **64**, 441 (1914).

[7] Langley, J. H. u. H. K. Anderson: J. of Physiol. **20**, 372 (1806).

worden. Dazu kommt noch, daß der meist untersuchte Splanchnicus major nur einen sehr dünnen Ast zur Niere abgibt und im wesentlichen Fasern für die übrigen Bauchorgane führt.

Die älteren Beobachtungen über die Funktion des Splanchnicus gehen auf CL. BERNARD[1] zurück, der nach Splanchnicusreizung eine Hemmung, nach Splanchnicusdurchschneidung eine Vermehrung der Harnmenge beobachtete. ECKHARD[2] fand bei eingehender Nachprüfung der CL. BERNARDschen Angaben nach Durchtrennung des Splanchnicus major eine Polyurie, die im Gegensatz

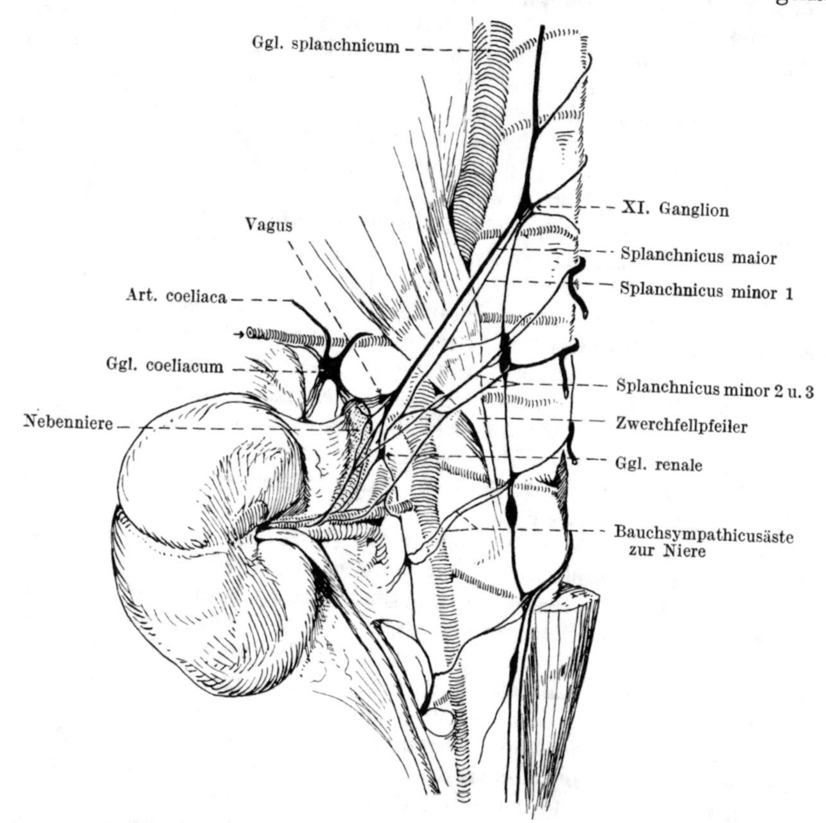

Abb. 55. Nerven der linken Niere vom Hund. Die Niere ist aus ihrem Bette luxiert und die Aorta nach der rechten Seite umgeklappt. [Nach ELLINGER u. HIRT: Arch. f. exper. Path. **106** (1925).]

zur Piqûrepolyurie keinen Reizcharakter hat, da sie weniger hoch als die Piqûrepolyurie ansteigt und längere Zeit anhält. Er fand weiterhin, daß sie streng einseitig verläuft und gemeinsam mit seinem Schüler KNOLL[3] stellte er fest, daß sie häufig mit einer Veränderung der Urinreaktion im Sinne der Alkalisierung verbunden sei. KNOLL[3] beobachtete weiter, daß der Urin der Niere mit durchschnittenem Splanchnicus ein geringeres spezifisches Gewicht und eine relative Verminderung, aber absolute Vermehrung der Harnfixa speziell des Harnstoffs zeigt. Bei Reizung des Splanchnicus stellte ECKHARD eine Hemmung der Harnabsonderung fest.

[1] BERNARD, CL.: Lecons de Physiol. **2** (1859).
[2] ECKHARD, C.: Eckhards Beitr. Anat. u. Physiol. **4**, 171 (1869).
[3] KNOLL: Eckhards Beitr. Anat. u. Physiol. **6**, 41 (1872).

Die einseitige Harnvermehrung nach Splanchnicusdurchschneidung wurde von Burton-Opitz und Lucas[1] bestätigt. Sie sahen sie $^1/_2$ Stunde nach der Operation auftreten und dann etwa 6 Stunden lang anhalten. Sie unterschieden beim Hund fünf verschiedene Nervenfasern, die in der Nähe der Nierenarterie zum Hilus hinziehen. Es dürfte sich um die Gesamtheit der später von Ellinger und Hirt[2] beschriebenen Gruppe des Splanchnicus major und der Splanchnici minores handeln. Mit Ausnahme von einer Faser ruft ihre Reizung eine zwar quantitativ verschiedene, aber stets gefäßverengernde Wirkung, ihre Durchschneidung eine Gefäßerweiterung hervor. Burton-Opitz und Lucas[1] beobachteten ebenfalls eine Differenz in der Wirkung der Splanchnicusreizung rechts und links im Sinne einer sehr viel stärkeren Wirkung der Reizung des linken Splanchnicus. Das wird ohne weiteres verständlich durch den von Hirt[2] beschriebenen verschiedenen Verlauf der Splanchnicus major- und minor-Fasern auf der rechten und linken Nierenseite.

Schon vorher hatte mit Hilfe der Onkometrie Bradford[3] zeigen können, daß die Reizung des Splanchnicus eine starke Abnahme des Nierenvolums hervorruft. Eine Angabe, die durch Beco und Plumier[4] und Dieker und Demoor[5] eine Bestätigung erfuhr. Ozaki[6] sah nach Splanchnicusdurchschneidung eine beträchtliche Beschleunigung des Nierendurchflusses, wenn der Blutdruck auf gleicher Höhe gehalten wurde, während bei Splanchnicusreizung die Durchflußgeschwindigkeit eine erhebliche Verminderung erfuhr. Auch v. Klecki[7] erwähnt Harnvermehrung nach Splanchnicusdurchschneidung, und Grek[8] stellte nach Durchtrennung des Splanchnicus eine Polyurie mit relativer und absoluter Steigerung der Chlorausscheidung fest. Lediglich Schwarz[9] und Vogt[10] konnten nach Splanchnicusdurchschneidung einen Einfluß auf die Harnsekretion nicht beobachten. Diese ältesten Versuche über die Wirkung des Splanchnicus weisen eindeutig darauf hin, daß der Splanchnicus gefäßverengernde Fasern für die Niere führt, deren Reizung eine Verminderung, deren Durchschneidung eine Vermehrung der Harnsekretion hervorruft. Über das Vorhandensein echter sekretorischer Fasern geben diese Versuche keine Auskunft. Durch eine Prüfung der Harnmenge allein war diese Frage nicht zu entscheiden. So sind denn die späteren Untersuchungen bestrebt, neben der Harnmenge eine mehr oder minder große Anzahl anderer Partialfunktionen der Niere unter dem Einfluß von Splanchnicusreizung oder Splanchnicusdurchtrennung zu beobachten. Jungmann und Meyer[11] untersuchten neben der Harnmenge das spezifische Gewicht und die Kochsalz- und Stickstoffausscheidung. Sie fanden nach Splanchnicusdurchschneidung auf der entnervten Seite einen vermehrten Urin von vermindertem spezifischen Gewicht, verminderter Gesamtsalzkonzentration, vermindertem Stickstoffgehalt, aber erhöhter Kochsalzkonzentration. Die Versuche verlieren dadurch an Beweiskraft, daß in fast allen Versuchsprotokollen irgendwelche Störungen verzeichnet werden.

Die annähernd gleichzeitig mit Jungmann und Meyer angestellten Versuche

1 Burton-Opitz, R. u. D. R. Lucas: Pflügers Arch. **125**, 221 (1908).
2 Hirt, A.: Z. Anat. **73**, 621 (1924).
3 Bradford, Rose J.: J. of Physiol. **10**, 358 (1889).
4 Beco, L. u. L. Plumier: Arch. internat. Physiol. **4**, 265 (1906/07).
5 Dieker, E. u. J. Demoor: C. r. Soc. Biol. **99**, 345 (1928).
6 Ozaki, M.: Arch. f. exper. Path. **123**, 305 (1927).
7 v. Klecki, C.: Arch. f. exper. Path. **39**, 173 (1897).
8 Grek, J.: Arch. f. exper. Path. **68**, 305 (1908).
9 Schwarz, L.: Arch. f. exper. Path. **43**, 1 (1900).
10 Vogt, H.: Arch. Anat. u. Physiol. **1898**, 399.
11 Jungmann, P. u. E. Meyer: Arch. f. exper. Path. **73**, 49 (1913).

von ROHDE und ELLINGER[1] ergaben nach Splanchnicotomie beim Hunde in der Regel eine Vermehrung der Harnausscheidung mit Verdünnung sämtlicher Harnfixa, während beim Kaninchen sehr viel kompliziertere Verhältnisse beobachtet wurden. Rechtsseitige Splanchnicotomie hatte zuweilen keine Funktionsdifferenzen der Niere zur Folge, zuweilen wurde aber bei gleicher Harnmenge eine Veränderung der Harnbeschaffenheit beobachtet. ELLINGER[2] fand bei Erweiterung der Versuche nach Splanchnicotomie in der Regel eine Erhöhung der Harnmenge, wenn auch in geringerem Ausmaß als nach vollkommener Entnervung der Niere mit relativer Verminderung der Harnfixa mit Ausnahme des Kochsalzes.

Sehr eigehende Untersuchungen hat ASHER[3] mit seinen Schülern über die Wirkung des Splanchnicus auf die Harnausscheidung angestellt. Er fand zusammen mit PEARCE nach Splanchnicusreizung eine onkometrisch gemessene Abnahme des Nierenvolums. ASHER und PEARCE beschreiben dann eine interessante Methode zur Ausschaltung der durch die Splanchnicotomie gesetzten vasomotorischen Störungen durch Verwendung eines zweiten Tieres als Harnspender. Leider liegen Versuchsergebnisse mit dieser Methodik bisher nicht vor. ASHER und JOST[3] haben durch Vergleich der Funktion einer gänzlich entnervten Niere mit einer Niere nach Vagus- und Splanchnicusdurchschneidung feststellen können, daß zwischen der Funktion dieser beiden Nieren ein Unterschied besteht, eine Angabe, die später von ELLINGER[2] bestätigt werden konnte. Sie zogen daraus den Schluß, daß noch ein anderer Nerv für die Versorgung der Niere in Frage kommt und sehen ihn in den Fasern, die von dem Bauchsympathicus zur Niere hinziehen. Durch Theophyllineinlauf versuchen sie, die gefäßverengernde Wirkung der Vagusreizung auszuschalten, und erklären nun die nach Vagusreizung auftretenden Veränderungen der Harnbeschaffenheit als von der Gefäßweite unabhängige sekretorische Funktion, und zwar in dem Sinne, daß die beobachtete Harnverminderung nach Splanchnicusreizung lediglich auf sekretorische Beeinflussung zurückgeführt wird. Den vom Bauchsympathicus zur Niere führenden Fasern schreibt JOST[3] eine hemmende Wirkung auf die Wasserausscheidung und eine fördernde auf die Kochsalzausscheidung zu.

Auch MARSHALL und KOLLS[4] fanden im wesentlichen nach Durchschneidung des Splanchnicus major und minor an Hunden eine Steigerung der Urinmenge, Verminderung des spezifischen Gewichts, prozentuale Herabsetzung von Harnstoff und Kreatinin und eine prozentuale Steigerung der Chlorausscheidung. Während aber die absolut ausgeschiedene Harnstoffmenge auf der entnervten Seite eine Steigerung aufwies, zeigte die absolut ausgeschiedene Kreatininmenge keine Vermehrung. Durch nachträgliche Abklemmung der Nierenarterie konnte die durch Splanchnicotomie gesetzte Urinveränderung rückgängig gemacht werden. Ebenso gelang es durch Nicotininjektion die Wirkung einseitiger Splanchnicotomie auf die Niere zum Verschwinden zu bringen. Nach der Splanchnicusdurchschneidung ruft Kochsalzinjektion eine Steigerung der Diurese der entnervten Seite hervor, während Natriumsulfat stärker auf die nervenintakte Niere einwirkt.

Bis dahin war kein unmittelbarer Beweis erbracht für das tatsächliche Vorhandensein sekretorischer Fasern für die Niere im Splanchnicus. Zu diesem Schluß kommt CUSHNY[5] durch die Feststellung, daß die bisher beobachteten

[1] ROHDE, E. u. PH. ELLINGER: Zbl. Physiol. **27**, 12 (1913).
[2] ELLINGER, PH.: Arch. f. exper. Path. **90**, 77 (1921).
[3] ASHER, L. u. R. G. PEARCE: Z. Biol. **63**, 83 (1913). — JOST, W.: Ebenda **64**, 441 (1914).
[4] MARSHALL jr., E. K. u. A. C. KOLLS: Amer. J. Physiol. **49**, 302 (1919).
[5] CUSHNY, A. R.: The secretion of the urine. London 1917.

Veränderungen im Urinbefund nach Splanchnicusdurchschneidung unschwer durch Stauung des Ureters reproduziert werden können.

Eine tatsächliche Feststellung sekretorischer Fasern war nur möglich durch Beobachtung von Partialfunktionen der Niere, die unabhängig von einer Veränderung der Urinmenge in Erscheinung traten.

MARSHALL und CRANE[1] dehnten ihre Untersuchungen auf die Ausscheidung von Sulfat, Phosphat, Carbonat, Ammoniak und Bestimmung der Wasserstoffionenkonzentration unter dem Einfluß der Splanchnicusdurchschneidung aus. Sie stellten fest, daß der Ammoniakgehalt unbeeinflußt bleibt, während Phosphate und Sulfate ähnlich wie der Harnstoff relativ erniedrigt, absolut vermehrt ausgeschieden werden. Die Carbonate aber erscheinen wie die Chloride relativ und absolut vermehrt im Harn.

ELLINGER und HIRT[2] erweiterten daher ihre Untersuchungen durch Bestimmung von Harnmenge, spezifischem Gewicht, Chlorgehalt, Wasserstoffionenkonzentration, Titrationsacidität, Ammoniakbildung, Gesamtsäure, Gesamtstickstoff und Harn- und Phosphorsäure. Sie konnten auf diese Weise die schon oben geschilderten, funktionell voneinander trennbaren Gruppen der Splanchnici minores, unteren Grenzstrangfasern und des Splanchnicus major nachweisen. Die ersteren regeln Wasser- und Elektrolytausscheidung ohne Beeinflussung der übrigen Fixa, voraussichtlich lediglich durch Beeinflussung der Nierendurchblutung, indem sie die eigentlichen Vasoconstrictoren für die Nierengefäße führen, vielleicht auch durch unmittelbare Beeinflussung der Rückresorption.

Die unteren Grenzstrangfasern — Nervi renales inferiores — regulieren ohne Mengenbeeinflussung die Wasserstoffionenkonzentration, sie hemmen die Ammoniakbildung, die Gesamtsäure- und Phosphatausscheidung, sie fördern in geringem Maße die Gesamtstickstoffausfuhr.

Der Splanchnicus major wirkt als Antagonist der unteren Grenzstrangfasern. Er reguliert ebenfalls ohne Mengenbeeinflussung die Wasserstoffionenkonzentration, fördert die Ammoniakbildung, die Gesamtsäure- und Phosphatausschwemmung und hemmt, zum Teil beträchtlich, die Gesamtstickstoffausscheidung.

Damit war also zum ersten Male der bündige Beweis erbracht, daß im Splanchnicus neben Gefäßnerven für die Niere auch echte sekretorische Fasern enthalten sind.

Auch am Frosch beobachtete POHLE[3] eine Steigerung der Harnmenge nach Durchtrennung des Nervus splanchnicus.

Versuche von MEYER-BISCH und KOENNECKE[4] am Ureterenfistelhund ergeben für die Funktion des Splanchnicus kein eindeutiges Bild und stehen zum großen Teil im Widerspruch mit den meist übereinstimmenden Untersuchungen früherer Beobachter. Versuche von BLOCH[5] an Hunden zeigten bei Reizung des Plexus renalis mit frequenten Induktionsströmen eine Verminderung, mit Strömen von geringer Frequens eine Vergrößerung des Nierenvolums, woraus auf vasomotorische Fasern für die Niere im Renalplexus geschlossen wird.

JUNGMANN und BERNHARDT[6], die nach einseitiger Splanchnicus- (offenbar Spl. minor-) durchtrennung erhöhte Wasserausscheidung mit prozentual und absolut vermehrter Kochsalzausscheidung beobachteten, sahen nach Gaben von

[1] MARSHALL jr., E. K. u. M. M. CRANE: Amer. J. Physiol. **62**, 330 (1922).
[2] ELLINGER, PH. u. A. HIRT: Arch. f. exper. Path. **106**, 135 (1925).
[3] POHLE, E.: Pflügers Arch. **182**, 215 (1920).
[4] MEYER-BISCH, R. u. W. KOENNECKE: Z. exper. Med. **45**, 356 (1925).
[5] BLOCH, G.: Sperimentale **79**, 805 (1925).
[6] JUNGMANN, P. u. H. BERNHARDT: Verh. dtsch. Ges. inn. Med. **1925**, 231

0,3 mg Urannitrat auf der Niere mit durchtrenntem Splanchnicus Wasser- und Kochsalzausscheidung schnell abnehmen. Die histologisch festgestellte Schädigung der Tubulusepithelien durch Uran überwog weitaus auf der entnervten Niere, was ohne weiteres durch die verstärkte Blut- und damit Giftzufuhr erklärbar ist. Streptokokkeninfektion der Nieren und völlige Entnervung riefen das gleiche Bild hervor. Lediglich auf die Abhängigkeit des Nierenvolumens von der Reizung bzw. Durchschneidung der Splanchnicusfasern sind Versuche von Dogliotti[1] gerichtet, die den Beweis für vasoconstrictorische Fasern im Splanchnicus und darüber hinaus auch reno-renale Reflexe von einer Niere zur anderen zu erbringen scheinen. Zu ähnlichen Ergebnissen kommen auch Tournade und Hermann[2]. Während sie durch Splanchnicusreizung für die gleichseitige Niere eine unmittelbare nervöse Beeinflussung im Sinne einer Vasoconstriction feststellen konnten, sehen sie einen in Erscheinung tretenden vasoconstrictorischen Einfluß auf die andere Niere als durch die nach Splanchnicusreizung auftretende Adrenalinausscheidung humoral bedingt an. Splanchnicusanästhesierung ruft nach Schmidt und Simon[3] eine Verringerung der Harnmenge auf 30% mit geringer Herabsetzung der Kochsalz- und starker Verminderung der Stickstoffausscheidung hervor, auf die Farbstoffausscheidung (Lithiumcarmin) wirkt Splanchnicusreizung hemmend, Splanchnicusdurchschneidung fördernd (Condorelli[4]). Auf die nach Ureterligatur und Einführung von Bariumsulfat in die Nierenarterie hervorgerufene Hydronephrose ist die Splanchnicusdurchschneidung ohne Einfluß (Hinman und Hepler[5]).

3. Der Einfluß des Vagus auf die Nierenfunktion.

Trotz wohl noch zahlreicherer Untersuchungen über die Bedeutung des Vagus für die Nierenfunktion ist das Bild, das wir aus diesen Versuchen gewinnen, noch beträchtlich weniger klar als das über die Splanchnicuswirkung auf die Harnabsonderung. Dies beruht zum Teil darauf, daß die älteren Untersuchungen durch mangelhafte Kenntnis der anatomischen Verhältnisse des Vagus beeinflußt sind. Erst durch die Untersuchungen von Hirt[6] wissen wir, daß der Vagus beim Hund, bei Katzen, Kaninchen und Mensch einen verhältnismäßig geringen Anteil an der Nierenversorgung hat, und zwar lediglich durch Fasern, die über das Ganglion coeliacum nach der Niere hinziehen, und daß die Vagusversorgung der Niere nicht einseitig ist, sondern daß der dorsale Vagusast für die Versorgung beider Nieren in Frage kommt. Eine einseitige Ausschaltung des Nierenvagus wäre daher nur bei Durchschneidung der zum Ganglion coeliacum führenden Vagusfasern möglich, wobei eine streng einseitige Wirkung wegen der zahlreichen Oratcomoten zwischen den beiden Ganglien nur eine Zufälligkeit sein kann.

Die ersten Untersuchungen über die Vaguswirkung stammen von Goll[7]. Er zeigte, daß nach Reizung des Vagus am Hals die hierdurch hervorgerufene Blutdrucksenkung eine Harnverminderung zur Folge hat. Eckhard[8], der diese Versuche bestätigte, leugnet jeden unmittelbaren Einfluß des Vagus auf die Nierenfunktion. Masius[9] beobachtete eine Verminderung der Harnausscheidung

[1] Dogliotti, A. M.: Boll. Soc. Biol. sper. **1**, 84 (1926); zitiert nach Ber. Physiol. **38**, 268 (1927).
[2] Tournade, A. u. H. Hermann: C. r. Soc. Biol. **94**, 656 (1926).
[3] Schmidt, A. u. P. Simon: Z. urol. Chir. **23**, 223 (1927).
[4] Condorelli, L.: Arch. Pat. e Clin. med. **6**, 281 (1927).
[5] Hinman, F. u. A. B. Hepler: Arch. Surg. **11**, 578 (1925).
[6] Hirt, A.: Z. Anat. **73**, 621 (1924).
[7] Goll, Fr.: Z. rat. Med. N. F. **4**, 78 (1854).
[8] Eckhard, C.: Beitr. Anat. u. Physiol. **5**, 147 (1870).
[9] Masius, J. B.: Bull. Acad. Méd. belg. **15**, 528; **16**, 69 (1888).

nach Vagusreizung, die nach Atropininjektion ausblieb, und schloß daher auf das Vorhandensein vasomotorischer Fasern für die Niere im Vagus. BRADFORD[1] konnte diese Befunde nicht bestätigen und leugnet daher die Existenz dieser Fasern, ein Befund, den auch BAYLISS[2] bestätigen konnte.

ARTHAUD und BUTTE[3] sahen nach Vagusreizung eine Verminderung der Harnabsonderung und des Blutausflusses aus der Nierenvene unabhängig von dem Ort der Reizung oberhalb oder unterhalb des Herzfaseraustritts und schließen so auf spezifisch constrictorische Fasern für die Niere, während WALRAVENS[4] durch gleichzeitige Nierenonkometrie und Blutdruckmessung nach Vagusreizung ein Schwinden der pulsatorischen Onkometerschwankungen feststellte. Er führt die Urinabnahme lediglich auf die Senkung des Blutdrucks zurück. CORIN[5] glaubt hingegen wegen der zeitlichen Diskrepanz von Herz- und Nierenwirkung nach Vagusreizung auf eine unmittelbare Beeinflussung der Nierensekretion durch den Vagus schließen zu können. SCHNEIDER und SPIRO[6] sahen nach Vagusreizung die Harnmenge auch unabhängig von der Blutdrucksenkung herabgesetzt. Nach Durchreißung der Nierennerven trat bei Reizung des Vagus in langsamem Rhythmus eine Beschleunigung der Harnabsonderung auf. Sie beobachteten, daß einseitige Vagusreizung in gleicher Weise auf die Funktion beider Nieren einwirkt. ANTEN[7] sah nach Vagusreizung eine deutliche Verminderung, nach Durchschneidung eine Steigerung der Urinmenge ohne Änderung des Nierenvolums und glaubt, keine vasomotorischen Fasern im Vagus für die Nieren annehmen zu können.

Auch JUNGMANN und MEYER[8] bringen einige Versuche, in denen sie am Kaninchen nach Durchschneidung des Vagus am Hals eine vorübergehende Steigerung der Kochsalzdiurese beobachteten, die auch nach durchtrenntem Splanchnicus erhalten blieb. Die sämtlichen Versuche sind aber durch Gerinnselbildung oder Kanülenverstopfung in ihrem Wert beeinträchtigt. JUNGMANN und MEYER[8] schreiben danach dem Vagus eine ähnliche Wirkung auf die Nierenfunktion zu wie dem Splanchnicus, der lediglich quantitativ von ihm verschieden ist. ROHDE und ELLINGER[9] glauben, nach Vagusdurchschneidung Andeutungen für das Vorhandensein diuresefördernder Fasern im Vagus feststellen zu können. Sehr eingehend haben sich ASHER und PEARCE[10] mit der Bedeutung des Vagus für die Funktion der Niere beschäftigt. Nach umfangreichen Vorarbeiten glaubten sie die Wirkung des Vagus am besten in der Weise feststellen zu können, daß sie zunächst die eine Niere am Hilus vollkommen entnervten, bei der anderen Niere den Splanchnicus durchschnitten und nun die nach Reizung des Vagus auftretenden Veränderungen des Urins der splanchnicotomierten Niere mit denen des Harns der vollkommen entnervten Niere verglichen. Unzweideutig schalteten sie so den Fehler aus, der durch die unilaterale Versorgung des Vagus beider Nieren in Frage kommt, falls ihnen eine völlige Entnervung der rechten Niere gelang. Die Versuche wurden sämtlich an decerebrierten Katzen vorgenommen, sie erstreckten sich aber hinsichtlich der Harn-

1 BRADFORD, ROSE, J.: J. of Physiol. **10**, 358 (1889).
2 BAYLISS, W. M.: J. of Physiol. **28**, 276 (1902).
3 ARTHAUD, G. u. L. BUTTE: Arch. de Physiol. norm. et path. **1890**, 377.
4 WALRAVENS, W.: Arch. ital. de Biol. **25**, 169 (1896); zitiert nach K. SPIRO u. H. VOGT: Erg. Physiol. **1**, 414 (1902).
5 CORIN, G.: Ann. med. Chir. de Liege **1896**; zitiert nach ANTEN.
6 SCHNEIDER, M. u. K. SPIRO: Erg. Physiol. **1**, 419 (1902).
7 ANTEN, H.: Arch. internat. Pharmaco-Dynamie **8**, 455 (1901).
8 JUNGMANN, P. u. E. MEYER: Arch. f. exper. Path. **73**, 49 (1913).
9 ROHDE, E. u. PH. ELLINGER: Zbl. Physiol. **27**, 12 (1913).
10 ASHER, L. u. R. G. PEARCE: Z. Biol. **63**, 83 (1914).

veränderungen leider nur auf die Harnmenge. Sie finden bei der Reizung des Vagus stets eine Vermehrung der Harnabsonderung, die über die Harnvermehrung auf der entnervten Seite hinausgeht. In zwei Versuchen, in denen auch die Trockensubstanz des Harns bestimmt wurde, ist auch diese nach der Reizung gesteigert. Bei nichtdurchschnittenem Splanchnicus hat die Vagusreizung eine Herabsetzung der Urinmenge zur Folge, die größer ist als die der völlig entnervten Niere. Asher und Pearce schließen aus diesen Versuchen auf das Vorhandensein von spezifisch sekretorischen Fasern für den Harn im Vagus. Die Erklärung der Vagusreizwirkung bei erhaltenem Splanchnicus bereitet jedoch den Verfassern gewisse Schwierigkeiten. Sie werfen die Frage auf, ob nicht bei Reizung des Vagus gleichzeitig durch eine Art Axonreflex über das Ganglion coeliacum hinweg eine Störung der im Splanchnicus verlaufenden Vasoconstrictoren hervorgerufen werden könnte. Pearce[1] erweiterte seine Untersuchungen über die Wirkung der Vagusreizung durch onkometrische Messung des Nierenvolums und durch direkte Bestimmung des Blutstroms in der Niere und konnte keine Steigerung der Nierendurchblutung beobachten.

Mauerhofer[2] hat dann die Versuche von Asher und Pearce auf das Verhalten der Wasserstoffionenkonzentration und der Elektrolyte im Urin ausgedehnt. Er benutzte die gleiche Versuchsanordnung wie Asher und Pearce[2], die am Hilus total entnervte Kontrollniere und Reizung des Vagus. Als Versuchstiere verwandte er urethanisierte Kaninchen. Da er aber mit der Vagusreizung weder am Hals noch am Oesophagus unterhalb des Zwerchfells eindeutige Resultate erhielt, suchte er mit Hilfe der früher von Asher[3] abgelehnten indirekten Durchschneidungsmethode sich ein Bild von der Wirkung des Vagus zu verschaffen. Er findet Hinweise dafür, daß der Vagus fördernd auf die Wasserausscheidung und auf die Ausscheidung der Elektrolyte einwirkt und Veränderung der Wasserstoffionenkonzentration hervorruft. Stierlin und Verriotis[4] schreiben auf Grund ihrer Versuche am Hund dem Vagus eine Kochsalz- und Harnstoffausscheidung fördernde, spezifisch sekretorische Funktion zu. Ellinger[5] konnte auf Grund seiner Versuche am Hund und Kaninchen kein einheitliches Bild gewinnen. In einem Teil der Versuche sind Andeutungen vorhanden, daß der Vagus fördernde Fasern für die Wasserausscheidung und für die Ausscheidung der Fixa führt. In zwei anderen Versuchen zeigte jedoch kombinierte Durchtrennung von Vagus und Splanchnicus, daß die Polyurie nach Splanchnicusdurchschneidung bei gleichzeitiger Vagotomie eine außerordentliche Steigerung erfährt. Auch Ellinger und Hirt[6] haben den Einfluß des Vagus auf die Nierenfunktion untersucht, in Kenntnis der neueren Untersuchungen über den anatomischen Verlauf der Vagusfasern. Der Vagus wurde unmittelbar an der Eintrittsstelle in das Ganglion coeliacum durchschnitten in der Hoffnung, so nur den Einfluß des Vagus auf eine Niere isoliert erhalten zu können. Doch konnte nur eine ganz belanglose Veränderung der Harnmenge beobachtet werden. In einem Falle erfuhr jedoch die Ausscheidung des Gesamtstickstoffs eine wesentliche Vermehrung. Bei Kombination der Vagusdurchschneidung mit der der Splanchnici minores trat eine Harnflut ein, die beträchtlich größer war als die nach isolierter Durchschneidung der Splanchnici minores sonst beobachteten. Ellinger und Hirt halten diesen Effekt in der Weise für deutbar, daß durch

[1] Pearce, R. G.: Amer. J. Physiol. **35**, 151 (1914).
[2] Mauerhofer, F.: Z. Biol. **68**, 51 (1918).
[3] Asher, L. u. R. G. Pearce: Z. Biol. **63**, 83 (1913).
[4] Stierlin, E. u. Verriotis: Dtsch. Z. Chir. **152**, 37 (1920).
[5] Ellinger, Ph.: Arch. f. exper. Path. **90**, 77 (1921).
[6] Ellinger, Ph. u. A. Hirt: Arch. f. exper. Path. **106**, 135 (1925).

Vagusdurchschneidung selbst unmittelbar am Ganglion coeliacum infolge der zahlreichen Anastomosen auch der die Diurese fördernde Vagusanteil der Kontrollniere ausgeschaltet war. Eine gleichzeitige Durchschneidung der Vasoconstrictoren führenden Splanchnici minores muß daher eine fördernde Wirkung hervorrufen gegenüber der nach Vagusausschaltung nur noch unter dem Splanchnicuseinfluß stehenden Kontrollniere. Gestützt wird diese Anschauung auch durch die Beobachtung, daß Nicotinbepinselung des Ganglion coeliacum beim Kaninchen und Hund die Urinmenge beträchtlich herabsetzt unter Steigerung der Konzentration der Harnfixa. ELLINGER und HIRT[1] glauben, dem Vagus einen Einfluß auf die Wasserausscheidung zusprechen zu müssen, dessen Mechanismus jedoch noch näherer Klärung bedarf. Auch die Untersuchungen von MEYER-BISCH und KOENNECKE[2] konnten die Frage der Vaguswirkung nicht weiterbringen. Die endgültige Klärung steht bis heute aus.

Die isolierte Beeinflussung einer Nierenfunktion, nämlich die der Zuckerdurchlässigkeit der Niere durch den Vagus, wurde von HILDEBRANDT[3] beobachtet. Er konnte am Kaninchen den Befund erheben, daß die Harnschwelle für die Ausscheidung des Blutzuckers nach Vagotomie beträchtlich herabgesetzt war. Auch für die Ausscheidung von Lithiumcarmin wurde ein Einfluß des Vagus festgestellt. Nach CONDORELLI[4] zeigten sich bei Vagusdurchschneidung die Tubuli recti und Sammelröhren der Niere mit durchtrenntem Vagus frei von Carmin, während sie in der intakten Kontrollniere mit Carminmassen erfüllt waren. In den Tubulis contortis fehlten die bei der Kontrollniere beobachteten Granula, an den Glomerulis wurde kein Unterschied wahrgenommen. Vagusreizung ergab das entgegengesetzte Bild.

Aus allen mitgeteilten Versuchen ergibt sich mit Sicherheit eine klare Abhängigkeit der Nierenfunktion vom Nervensystem. Während für die Beeinflussung von dem Großhirn und auch von dem Boden des III. Ventrikels aus die beobachteten Zusammenhänge sich wohl ebensogut auf humoralem wie auf rein nervösem Wege erklären lassen, erscheint die Wirkung der Piqûre auf die Niere nur auf rein nervösem Wege erklärbar. Der hauptsächlichste Einfluß aller dieser beobachteten, vom Zentralnervensystem ausgehenden Effekte scheint in einer veränderten Durchblutungsgröße der Niere durch Veränderung der Gefäßweite zu bestehen.

Noch CUSHNY[5] glaubt die Veränderung der Nierendurchblutung als einzige Ursache der auf Nerveneinfluß zurückgeführten Veränderungen der Nierenfunktion ansprechen zu können. Über das Verhalten der einzelnen intrarenalen Gefäßgruppen sind wir völlig unorientiert, und eine Veränderung des Nierenvolums kann durch isolierte Erweiterung einzelner Capillargebiete entstehen, es ist daher bei der verschiedenen Deutungsmöglichkeit einer verstärkten bzw. herabgesetzten Durchblutung der einzelnen Gebiete und einer mit ihr verbundenen stärkeren und schwächeren Funktion der einzelnen Nierenabschnitte eine recht beträchtliche Beeinflussung der Nierenfunktion durch veränderte Durchströmungsgeschwindigkeit denkbar. Die Untersuchungen von ELLINGER und HIRT[1] haben jedoch den Beweis erbracht, daß, unabhängig von der Harnmenge, einzelne Partialfunktionen der Niere nervös reguliert werden. Wir müssen also in den Nierennerven Regulationsmechanismen sehen, die eine feinere Anpassung der Harnabscheidung an die Bedürfnisse des Körpers ermöglichen.

[1] ELLINGER, PH. u. A. HIRT: Zitiert auf S. 360.
[2] MEYER-BISCH, R. u. W. KOENNECKE: Zitiert auf S. 351.
[3] HILDEBRANDT, F.: Arch. f. exper. Path. **90**, 142 (1921).
[4] CONDORELLI, K.: Arch. Pat. e Clin. mod. **6**, 281 (1927).
[5] CUSHNY, A. R.: The secretion of the urine, S. 10. London 1917.

IV. Die reflektorische Beeinflussung der Nierenfunktion.

Eine reflektorische Beeinflussung der Nierenfunktion vom Vasomotorenzentrum aus durch Erstickung der Medulla oblongata ist häufig beobachtet. Durch Reizung sensibler Nerven, so des Sympathicus, konnten COHNHEIM und ROY[1] und ROSE BRADFORD[2] eine Vasokonstriktion der Nierengefäße hervorrufen, ebenso bei Reizung der Intercostalnerven. ELLINGER und HIRT[3] halten nach den oben geschilderten Erscheinungen bei kombinierter Durchschneidung des Vagus und der Splanchnici minores sowohl wie nach ihren Befunden nach Durchschneidung der hinteren und vorderen Wurzeln das Vorkommen afferenter Fasern in den Splanchnici minores für wahrscheinlich. Diese afferenten Fasern laufen durch die hinteren Wurzeln und schalten Reize in einem Reflexbogen auf die in den vorderen Wurzeln verlaufenden Vasoconstrictoren um. Für das Spinalganglion wurde gleichzeitig ein Einfluß auf die Nierengefäße nachgewiesen. Der anatomische Zusammenhang der afferenten Fasern aus der Niere mit efferenten Zellen im Spinalganglion hat HIRT[4] nachgewiesen. Er glaubt auf Grund dieser Befunde im Spinalganglion ein erstes vasomotorisches Zentrum annehmen zu müssen. BRADFORD[2] konnte auch durch Reizung des zentralen Vagusstumpfs trotz Blutdrucksenkung nur eine geringe Abnahme des Nierenvolums beobachten und glaubt, daß hier reflektorisch eine Dilatation der Nierengefäße erzielt wird. Eine Beeinflussung der Nierenfunktion, Verminderung von Nierenvolum und Blutgeschwindigkeit in der Nierenvene bei gleichzeitiger Blutdrucksteigerung nach Abkühlung der Haut wurde zuerst von WERTHEIMER[5] beobachtet. DELEZENNE[6], der diese Versuche erweiterte, konnte bei Hunden nach Abkühlung der Haut beträchtliche Abnahme der Harnsekretion auch bei bestehender Harnstoff- oder Zuckerdiurese beobachten unter gleichzeitigem Anstieg des Blutdrucks. Neuerdings berichtet RÖSLER[7] über Hemmung der Wasserdiurese durch Eintauchen der Hand in Eiswasser bei gleichzeitiger Zunahme des Blutdrucks sowie über Steigerung der Diurese durch Eintauchen der Hand in Wasser von 40°. Vielleicht ist auch die von RATHERY und DREIFUS-SÉE[8] beobachtete, zuweilen nach Lumbalpunktion auftretende Hemmung der Urin- und Zuckerausscheidung bei Diabetikern reflektorisch zu deuten.

Auch von Blase und Ureter aus wird die Nierendurchblutung reflektorisch beeinflußt. Hierüber liegen zahlreiche klinische Erfahrungen am Menschen vor. So berichtet STEYRER[9], daß bei Ureterenkatheterismus häufig reflektorische Olygurie und Polyurie ausgelöst werde, von der auch die Elektrolytkonzentration des Harns betroffen wird. Beim Tierexperiment tritt bei der Einfügung von Ureterenkanülen namentlich beim Kaninchen länger andauernde reflektorische Anurie auf, deren Ausmaß jedoch individuell sehr verschieden ist und die unter Umständen bei jeder Manipulation am Ureter den Versuch gefährden kann. In der Regel klingen allerdings derartige reflektorische Anurien vom Ureter aus schnell ab. Bei Hunden wurden sie in weitaus geringerem Maße beobachtet.

GOETZL[10], der die reflektorische Beeinflussung der Nierenfunktion vom Ureter aus an Hunden untersuchte, konnte am morphinisierten Tier durch Druckveränderung im Ureter bei der anderen Niere in der Regel eine beträchtliche

---

[1] COHNHEIM u. ROY, CH. S.: Virchows Arch. **92**, 424 (1883).
[2] BRADFORD, ROSE, J.: J. of Physiol. **10**, 358 (1889).
[3] ELLINGER, PH. u. A. HIRT: Zitiert auf S. 360. [4] HIRT, A.: Anat. **87**, 275 (1928).
[5] WERTHEIMER, E.: Arch. de Physiol. **5**, 297 (1893); **6**, 308 (1894).
[6] DELEZENNE, C.: Arch. de Physiol. **7**, 170 (1894).
[7] RÖSLER, O. A.: Klin. Wschr. **4**, 968 (1925).
[8] RATHERY, F. u. DREIFUS-SÉE: C. r. Soc. Biol. **92**, 789 (1925).
[9] STEYRER, A.: Z. klin. Med. **55**, 470 (1904). [10] GOETZL, A.: Pflügers Arch. **83**, 628 (1901).

reflektorische Anurie auslösen. Bei Reizung der Hinterpfoten eines Hundes mit Induktionsströmen sah LEIBSON[1] eine länger anhaltende Anurie auftreten, die jedoch auch schon durch das Geräusch des Induktionsapparates hervorgerufen wurde. Hinzukommende Lichtreize setzten die Harnausscheidung noch weiter herab.

In ähnlicher Weise beobachteten BYKOW und BERKMAN[2] am Ureterenfistelhund nach der Einführung von Wasser ins Rectum starke Diurese. Diese Diurese tritt aber auch ein, wenn das Wasser sofort wieder abgesaugt oder wenn nur das Darmrohr eingeführt wird. Auch schon das Geräusch von laufendem Wasser ruft bei dem gewöhnten Hunde eine Harnvermehrung hervor.

CUSHNY[3] geht so weit, anzunehmen, daß die Diuresevermehrung, die BRODIE und CULLIS[4], PFAUNDLER[5], SCHWARZ[6], LOMBROSO[7] und LUCAS[8] nach partieller Drosselung des Ureters bei leichter Anästhesie oder bei decerebrierten Tieren feststellen konnten und die oben (S. 337) näher beschrieben worden ist, zum Teil im Gegensatz zu der Anschauung der genannten Autoren lediglich auf reflektorischer Beeinflussung der Nierendurchblutung beruhe.

Nach SÉRÈS[9] verlaufen die reflektorischen Fasern zwischen Harnblase und Niere über das Ganglion mesentericum inferius. Harnverhaltung in der Blase ruft in den ersten Stunden eine Polyurie hervor, die nach Harnentleerung noch ansteigt. Bei längerdauernder Harnverhaltung tritt eine konsekutive Oligurie ein. Nach Durchtrennung der Reflexbahn erlischt der angeführte Reflex. Verletzungen in der Umgebung des Colliculus seminalis sowie Reizungen der Nervi erigentes wirken diuresehemmend. Diese Hemmung bleibt nach Enthirnung aus, während umgekehrt die Durchschneidung der Nervi erigentes auf die Diuresehemmung ohne Einfluß ist (SCOTT und LOUCKS[10]).

Vielleicht ist auch die von GRIFFITH und HANSEL[11] beschriebene Einwirkung der Steigerung des abdominellen Druckes auf die Harnmenge im Sinne einer Vermehrung auf reflektorische Einflüsse auf die Niere zurückzuführen. ERCOLE[12] konnte beim Hunde durch elektrische und Schmerzreize von der Haut aus die Urinabscheidung nicht wesentlich beeinflussen, ebensowenig von Genitalien oder Nasenschleimhaut aus. Durch Verschluß eines Ureters wurde eine Harnvermehrung der anderen Niere erzielt, was auf Erregung des Tieres zurückgeführt wird.

D. Die Abhängigkeit der Harnabscheidung von Umweltsbedingungen.

I. Der Einfluß der Temperatur auf die Nierenfunktion.

Für die Froschniere liegen Untersuchungen über die Abhängigkeit der Harnbildung von der Temperatur von ADOLPH[13] und von KRAUSE[14] vor. Beide beobachteten ein Ansteigen der Harnbildung mit zunehmender Temperatur bei mitt-

---

1 LEIBSON, L.: Physiol. Lab. med. Inst. Leningrad; zit. nach Ber. Physiol. **44**, 559. (1928).
2 BYKOW, K. M. u. A. BERKMAN: C. r. Acad. Sci. **185**, 1214 (1927).
3 CUSHNY, A. R.: The secretion of the urine, S. 13. London 1917.
4 BRODIE, T. G. u. W. C. CULLIS: J. of Physiol. **34**, 224 (1906).
5 PFAUNDLER, M.: Beitr. chem. Physiol. u. Path. **2**, 336 (1902).
6 SCHWARZ, L.: Zbl. Physiol. **16**, 281 (1902).
7 LOMBROSO, N.: Arch. di Fisiol. **9**, 377 (1910/11).
8 LUCAS, K.: Amer. J. Physiol. **22**, 245 (1908).
9 SÉRÈS, M.: J. d'Urol. **16**, 177 (1923).
10 SCOTT, F. H. u. M. M. LOUCKS: Proc. Soc. exper. Biol. a. Med. **23**, 795 (1926).
11 GRIFFITH, J. A. u. H. R. HANSEL: Amer. J. Physiol. **74**, 16 (1925).
12 ERCOLE, M.: Atti Accad. naz. Lincei **33**, 202 (1924).
13 ADOLPH, E. F.: Amer. J. Physiol. **81**, 315 (1927).
14 KRAUSE, F.: Z. Biol. **87**, 167 (1928).

leren Wärmewerten, und zwar eine Zunahme bei einer Steigerung der Temperatur um 10° auf das Doppelte (ADOLPH) bzw. auf das 2,62fache (KRAUSE). Bei einer Temperatur von 1° sah ADOLPH die Harnbildung völlig versiegen, und KRAUSE beobachtet unterhalb von 7° einen wesentlich stärkeren Abfall der Harnbildung mit fallender Temperatur als zwischen 7° und 30°.

Zur entgegengesetzten Feststellung kam CONWAY[1] für die Säugetierniere. Er fand bei urethanisierten Kaninchen nach Abkühlung eine Vermehrung des Blasenurins, die allerdings mit einer Blutdrucksteigerung einherging und möglicherweise auf diese zurückzuführen ist. Dagegen konnte er feststellen, daß bei erhöhtem Gehalt des Blutes an Zucker, Harnstoff oder Kochsalz durch intravenöse Zufuhr bei Abkühlung bis auf 27° herab eine beträchtliche Herabsetzung der Ausscheidung der genannten Substanzen im Harn erfolgte.

II. Die Einwirkung der Tageszeiten und des Schlafes auf die Harnbildung.

Über die tageszeitlichen Schwankungen der Harnausscheidung liegen verhältnismäßig wenig zuverlässige Untersuchungen vor. PÜTTER[2] berichtet über Selbstversuche bei gleichmäßiger fettarmer, vegetarischer Kost, gleichmäßiger Wasserzufuhr und gleichmäßiger Lebensweise. Die Harnbildung war kurz nach Mitternacht am geringsten und erreichte in den frühen Nachmittagsstunden ihr Maximum. Um zu untersuchen, inwieweit diese Schwankungen durch Nahrungsaufnahme bedingt sind, wurde die Urinproduktion während einer 45stündigen vollständigen Karenzperiode untersucht. Am ersten Tag war das mittägliche Maximum noch deutlich ausgeprägt, während am zweiten Tage die stündliche Harnausscheidung keine Schwankungen mehr aufweist. Dabei war jedoch nach den ersten 24 Stunden ein Flüssigkeitsverlust des Körpers von $2^1/_2$ l vorhanden.

SIMPSON[3] beobachtete bei gesunden Versuchspersonen, die 24—48 Stunden zu Bett lagen und außer 200 ccm Wasser pro Stunde keine Nahrung erhielten, während der Nacht eine Verminderung der Harnmenge und der Ausscheidung von Harnstoff, Harnsäure, Chloriden und Phosphaten. Nach dem Erwachen am Morgen stellte SIMPSON[4] stets einen starken Anstieg der Wasserstoffionenkonzentration und der Chloride fest, und zwar unabhängig von der Harnmenge. Beim Einschlafen am Abend waren die Chlorausscheidung und die Wasserstoffionenkonzentration nicht einheitlich verändert. Bei Störungen der Schlafzeiten war die Änderung des Chlorgehalts und der Wasserstoffionenkonzentration des Urins nicht einheitlich.

Für Phosphate und Gesamtacidität hat KLEITMANN[5] einen regelmäßigen Anstieg während der Nacht feststellen können, während am Mittag ein Minimum festgestellt wurde. 48stündiges Fasten änderte an der Ausscheidungskurve nichts.

RAKESTRAW und WHITTIER[6], die den 24-Stundenharn von gesunden Männern nach 48stündiger Schlaflosigkeit mit dem Harn der gleichen Personen bei normalem Schlaf verglichen, konnten keine nennenswerten Veränderungen beobachten.

LABBÉ, VIOLLE und AZÉRAD[7] sahen die antidiuretische Wirkung der Hypophyse im Schlaf aufgehoben.

[1] CONWAY, E. J.: J. of Physiol. **60**, 30 (1925).
[2] PÜTTER, A.: Die Dreidrüsentheorie der Harnbildung. S. 158ff. Berlin 1926.
[3] SIMPSON, G. E.: Abstr. of Comm. to the 12 intern. physiol. congr. S. 153. Stockholm 1926.
[4] SIMPSON, G. E.: J. of biol. Chem. **67**, 505 (1926).
[5] KLEITMANN, N.: Amer. J. Physiol. **74**, 225 (1925).
[6] RAKESTRAW, N. W. u. F. O. WHITTIER: Proc. Soc. exper. Biol. a. Med. **21**, 5 (1923).
[7] LABBÉ, M., P. L. VIOLLE u. E. AZÉRAD: C. r. Soc. Biol. **94**, 848 (1926).

III. Der Einfluß der Körperstellung auf die Nierentätigkeit.

WHITE, ROSEN, FISCHER und WOOD[1] untersuchten den Einfluß der Körperstellung bei gesunden Versuchspersonen auf die Harnausscheidung, die zweistündlich 200 ccm Wasser zu sich nahmen. Während des Liegens war die Harnausscheidung regelmäßig um etwa das Sechsfache und mehr vermehrt, während der Blutdruck im Liegen in der Regel ebenso wie die Pulsfrequenz vermindert war. Die Blutumlaufsgeschwindigkeit nahm im Liegen zu. Der Niere soll daher im Liegen mehr Blut zugeführt werden als im Stehen, während der Capillardruck in den Glomerulis niedriger sein soll. Die Zunahme der einzelnen Harnbestandteile im Liegen ist außerordentlich verschieden. Kreatinin- und Ammoniakausscheidung ändern sich nicht. Sulfat ist um 41%, Phosphat um 50%, Harnstoff um 64%, Chlor um 123%, Bicarbonat um 549% und die Harnmenge um 237% gesteigert.

Auf den starken Anstieg der Diurese in Horizontallage bis aufs Fünf- und Zehnfache der Menge bei aufrechter Haltung haben NEUKIRCH und NEUHAUS[2] bei Herz- und Nierengesunden hingewiesen und sie auf mangelnde Anpassungsfähigkeit des Gefäßsystems an wechselnde Anforderungen zurückgeführt.

IV. Die Wirkung von Bädern auf die Nierentätigkeit.

Über die Wirkung von Bädern auf die Harnbildung wird an anderer Stelle dieses Handbuches ausführlich berichtet (Bd. 17, S. 460). Durch ein kaltes Bad wird die Harnabsonderung bei gleichzeitiger Verdünnung vorübergehend erniedrigt. Indifferente Bäder rufen eine Diurese von mehrstündiger Dauer mit vermehrter Harnstoffausscheidung und relativ verminderter, absolut vermehrter Kochsalzausscheidung und eine Alkalisierung des Harns hervor. Die Diurese tritt nur ein, wenn der Rumpf ins Wasser eingetaucht ist, nicht, wenn die unteren Extremitäten und der Leib vom Wasser bedeckt sind. Als Ursache der Diurese wird Änderung des Venendrucks im Abdomen infolge des hydrostatischen Drucks des Badewassers angenommen (BAZETT[3]). PORAK[4] konnte dagegen an Selbstversuchen keine prinzipiellen Unterschiede der Wirkung kalter und warmer Bäder auf die Wirkung der Diurese beobachten. Die diuretische Wirkung der Bäder soll von der Hauttemperatur und der Erweiterung der peripheren Gefäße abhängen. Die diuretische Wirkung des Bades ist höchstwahrscheinlich auf eine Steigerung des abdominellen Drucks durch den Wasserdruck zurückzuführen. Die Drucksteigerung, die die stärksten Diuresen erzielt, liegt bei 15 cm Wasser (GRIFFITH und HANSEL[5]).

V. Die Einwirkung der Schwangerschaft auf die Nierentätigkeit.

Über die Veränderungen des Urins in der Schwangerschaft liegen zahlreiche klinische Beobachtungen vor, die im wesentlichen auf einer Änderung des Stoffwechsels beruhen und extrarenale Ursache haben. Vergleichende experimentelle

---

[1] WHITE, H. L., J. T. ROSEN, S. S. FISCHER u. G. H. WOOD: Amer. J. Physiol. **78**, 185 (1926).

[2] NEUKIRCH, P.: u. K. NEUHAUS: Dtsch. med. Wschr. **48**, 1413 (1922).

[3] BAZETT, H. C.: Amer. J. Physiol. **70**, 412 (1924) — BAZETT, H. C., S. THURLOW, C. CROWELL u. W. STEWART: ebenda **70**, 430 (1924).

[4] PORAK, R.: J. Physiol. et Path. gén. **23**, 796 (1925).

[5] GRIFFITH, J. Q. u. H. R. HANSEL: Amer. J. Physiol. **74**, 16 (1925).

Untersuchungen an normalen und schwangeren Kaninchen von YAMADA[1] ergaben einen Anstieg der täglichen Harnmenge in der ersten Hälfte der Schwangerschaft, in der zweiten einen Abfall und einen plötzlichen Wiederanstieg post partum, so daß innerhalb von 10 Tagen nach der Geburt die Norm erreicht ist. Bei Wasserbelastung wird während der Schwangerschaft weniger Wasser ausgeschieden. Das spezifische Gewicht des Harns ist während der ganzen Schwangerschaft konstant und weicht nicht von der Norm ab. Wasser und Kochsalz werden in der Gravidität zurückgehalten, und zwar in erster Linie vom Embryo. Die Harnstoffausscheidung ist gegen Ende der Schwangerschaft und unmittelbar post partum erhöht. Die Nierenfunktion scheint relativ wenig verändert.

VI. Über die Einwirkung der Muskeltätigkeit auf die Harnbildung.

Eine Beziehung zwischen vermehrter Muskeltätigkeit und Harnbildung ist schon seit langer Zeit bekannt. RANKE[2] beobachtete an Hunden mit Ureterenkatheter, daß Tetanisierung der hinteren Extremitäten die Harnausscheidung während und unmittelbar nach dem Tetanus stark herabgesetzt war. Nach einiger Zeit stieg die Harnabsonderung an und ging in ihrem Ausmaße über die vor Tetanisierung vorhandene Harnabscheidung hinaus.

ZUNTZ und SCHUMBURG[3] sahen nach längeren Märschen ein Ansteigen der Harnbildung mit gleichzeitiger Abnahme der Harnfixa. Eingehende Untersuchungen liegen von ASHER und seinen Schülern vor. ASHER und BRUCK[4] sahen am Hunde, daß die isolierte Tätigkeit einer größeren Muskelgruppe einen abschwächenden Einfluß auf die Diurese ausübt. In Selbstversuchen beobachtete WÜSCHER[5], daß durch etwa einstündige mäßige Muskelarbeit die Harnmenge beträchtlich herabgesetzt wird, während gleichzeitig die Konzentration an Chloriden, Phosphaten und Sulfaten beträchtlich vermindert war. ASHER und BRUCK hatten die diuresehemmende Wirkung der Muskeltätigkeit auf einen erhöhten Wasserbedarf des tätigen Muskels zurückgeführt, während WÜSCHER die Verminderung der Wasserausscheidung als Folge gesteigerter Wasserabgabe durch den Schweiß ansah. Für die Herabsetzung des Konzentrationsvermögens der Niere gegenüber den genannten Elektrolyten wird jedoch ein Sauerstoffmangel der Niere infolge der gesteigerten Muskeltätigkeit als Ursache betrachtet. Entsprechende Selbstversuche stellte WEBER[6] über den Einfluß kurzdauernder heftiger Muskelarbeit auf die Harnbildung nach Einleitung einer Purindiurese an. Auch er sah eine starke Verminderung der Harnausscheidung, deren Ausmaß in gewissem Verhältnis zur Größe der Arbeitsleistung stand. Die Konzentration der Chloride, Sulfate und Phosphate sank zunächst ab, um dann wieder anzusteigen, Chloride und Sulfate blieben unter der Norm, während die Phosphatausscheidung die Norm zuletzt übertraf. Nach einiger Zeit trat dann die durch die Muskeltätigkeit verzögerte diuretische Wirkung der Puringaben in Erscheinung mit einer kompensatorischen Über- bzw. Unterausscheidung der Salze, so daß nach 4 Stunden die ausgeschiedenen Gesamtmengen sich in Arbeits- und Ruheversuchen nicht nennenswert unterschieden. Die Gesamtmenge des ausgeschiedenen Harns war nicht von der Muskelarbeit, sondern nur von dem Wasser- und Salzgehalt der Gewebe abhängig. Im Gegensatz hierzu konnte DOBREFF[7], der

[1] YAMADA, K.: J. of. Biochem. **5**, 245 (1925).
[2] RANKE, J.: Die Blutverteilung und der Tätigkeitswechsel der Organe. Leipzig 1871.
[3] ZUNTZ, N. u. SCHUMBURG: Studien zu einer Physiologie des Marsches. Berlin 1901.
[4] ASHER, L. u. S. BRUCK: Z. Biol. **47**, 1 (1906).
[5] WÜSCHER, H.: Biochem. Z. **156**, 426 (1925).
[6] WEBER, A.: Biochem. Z. **173**, 93 (1926).
[7] DOBREFF, M.: Pflügers Arch. **213**, 511 (1926).

in wesentlich kürzeren Perioden (5 Minuten) den Harn entnahm, zeigen, daß bei starker Muskelarbeit der diuresehemmenden Wirkung der Muskelarbeit in den ersten 5 Minuten eine beträchtliche Steigerung der Harnausscheidung vorangeht. Am Harnblasenfistelhund wurde sowohl bei kurzdauernder als auch bei langdauernder Arbeit eine starke Hemmung der Diurese ohne vorhergehenden Anstieg der Harnbildung beobachtet. Untersuchungen von MacKeith, Pembrey, Spurrell, Warner und Westlake[1] an trainierten Langstreckenläufern zeigten regelmäßig beträchtliche Einschränkung der Harnausscheidung während und unmittelbar nach dem Lauf. Wurden vor Beginn der vermehrten Muskeltätigkeit größere Mengen Flüssigkeit mit oder ohne Diuretica aufgenommen, so unterschied sich die insgesamt ausgeschiedene Harnmenge nicht von der in der Ruhe. Dagegen wurde bei der Muskelarbeit ein größerer Anteil extrarenal eliminiert. Aber auch hier war im Beginn der Muskeltätigkeit eine Einschränkung in der Harnsekretion zu beobachten.

Wilson, Long, Thompson und Thurlow[2] dehnten ihre Untersuchungen auf die Änderung der einzelnen Harnkomponenten unter Einfluß von starker körperlicher Arbeit aus. Sie sahen gleichzeitig mit der Verminderung der Harnmenge eine Zunahme der Wasserstoffionenkonzentration, der Titrationsacidität, der Phosphatausscheidung und des Harnammoniaks. Kreatinin war unverändert, die Chloride stark eingeschränkt. Als Ursache wird eine Erhöhung des Wassergehalts der arbeitenden Muskulatur und eine verminderte Blutzufuhr zu den Nieren infolge Verengerung der Eingeweidegefäße angesehen. Das Maximum der Veränderungen liegt 15 Minuten nach der Arbeit. Nach 90 Minuten ist die Normalfunktion der Niere im äußersten Falle wiederhergestellt.

Carpentier und Brigaudet[3] beobachteten nach körperlicher Arbeit eine Zunahme der Ausscheidung der Harnsäure, des Harnstoffs, der Phosphat-, Ammonium- und Calciumionen.

VII. Der Einfluß partieller Ausschaltung der Nieren auf die Harnbildung.

Die Exstirpation beider Nieren führt nach zahlreichen Untersuchungen an verschiedenen Tierarten in verhältnismäßig kurzer Zeit mit Anstieg des Reststickstoffs im Blute unter urämischen Symptomen zum Tode. Dagegen können verhältnismäßig große Teile des Nierengewebes ausgeschaltet werden, ohne daß es zu einer schweren Schädigung des Gesamttieres kommt. Schon Tuffier[4] stellte fest, daß der Rest der menschlichen Niere 12—15 Tage nach partieller Exstirpation hypertrophiert. Die ersten experimentellen Untersuchungen über die Wirkung partieller Nierenausschaltung stammen von Bradford[5] und Bainbridge und Beddard[6]. Während Bradford bei relativ geringer Verkleinerung des Nierengewebes eine starke Polyurie beobachtete, die wahrscheinlich auf eine Verletzung der Nierennerven zurückzuführen war — solche Polyurien sind verschiedentlich nach harmlosen Eingriffen an der Niere, vor allem bei Entfernung der äußeren

---

[1] MacKeith, N. W., M. S. Pembrey, W. R. Spurrell, E. C. Warner u. H. J. W. J. Westlake: Proc. roy. Soc. Lond., Ser. B, **95**, 413 (1923).

[2] Wilson, D. W., W. L. Long, H. C. Thompson u. S. Thurlow: J. of. biol. Chem. **65**, 755 (1925).

[3] Carpentier, G. u. M. Brigaudet: Bull. Soc. de Chim. biol. **9**, 580 (1927).

[4] Tuffier, Th.: Études expérimentales sur la chirurgie du rein. Paris 1898.

[5] Bradford, Rose J.: J. Physiol. **23**, 415 (1898).

[6] Bainbridge, F. A. u. A. P. Beddard: Proc. physiol. Soc. S. 21 — J. of Physiol. **35** (1907).

fibrösen Kapsel beschrieben (RUSCHHAUPT[1], BIBERFELD[2] und LINDEMANN[3]) —, konnten BAINBRIDGE und BEDDARD selbst nach Entfernung von 75% des Nierengewebes bei Katzen weder eine abundante Polyurie noch eine nennenswerte Veränderung der Harnstoffausscheidung beobachten. BRADFORD stellte fest, daß ein Viertel des Nierengewebes zur Erhaltung der lebenswichtigen Funktionen der Niere ausreicht. PEARCE[4] bestätigte dies und sah bei Exstirpation von noch größeren Anteilen der Niere die Tiere unter Magen-Darmstörungen an Unterernährung zugrunde gehen.

HEINECKE und PÄSSLER[5] beobachteten nach partieller Nierenentfernung Hypertrophie des linken Ventrikels und Steigerung des Blutdruckes. Zur partiellen Ausschaltung des Nierengewebes bediente sich eine Anzahl Autoren der Unterbindung der Nierenarterie (LEWINSKI[6], KATZENSTEIN[7], MACNIDER[8], LITTEN[9], KAWASHIMA[10], PILCHER[11], v. MONAKOW[12]). Es wurde dabei niemals ein so großer Nierenverlust erzielt, daß lebenswichtige Funktionen nennenswert eingeschränkt waren. Vielleicht übernahmen aber auch die von den Arteriae lumbales, suprarenales und phrenicae zur Nierenkapsel führenden Äste sowie die am Ureter entlang gehenden Äste der Arteriae spermaticae, die zur Nierenkapsel hinführen, einen Teil der Versorgung der Niere mit Blut durch Ausbildung von Kollateralkreisläufen.

Zahlreiche Arbeiten der neueren Zeit beschäftigen sich mit der kompensatorischen Hypertrophie der Niere nach einseitiger Nierenexstirpation. So sahen MACKAY, MACKAY und ADDIS[13] bei halbjährigen Ratten nach einseitiger Nierenexstirpation eine Gewichtszunahme der zweiten Niere um etwa 30%. ANDERSON[14] beobachtete bei Kaninchen nach Exstirpation von zwei Drittel des Nierengewebes starke Hypertrophie des Nierenrestes sowohl bei Normalkost als auch bei eiweißreicher Nahrung. MOISE und SMITH[15] beobachteten bei ausgewachsenen Ratten nach Exstirpation einer Niere ein beträchtliches Wachstum der anderen, die am Ende der 3. Woche ihre Ende erreichte und durch die das Nierengewicht bis zu etwa 50% vermehrt wurde. AMBARD und BENOIT[16] sahen an Hunden zwar eine beträchtliche Steigerung der Nierenfunktion nach einseitiger Nephrektomie, aber keine nennenswerte Gewichtszunahme, dagegen eine Vergrößerung der einzelnen Glomeruli und Erweiterung der Tubuli contorti erster Ordnung.

Nach HINMAN[17] bleibt die gewichtsmäßige Größenzunahme einer Niere nach Entfernung der anderen immer hinter der funktionellen Leistungssteigerung zurück. Bis zum 5. oder 6. Lebensjahr wird die Bildung neuer Glomeruli und Tubuli beobachtet. Später kommt es nur zu einer Vergrößerung derselben, doch beschränkt sich diese Hypertrophie immer nur auf die Glomeruli und

[1] RUSCHHAUPT, W.: Pflügers Arch. **91**, 619 (1902).
[2] BIBERFELD, J.: Pflügers Arch. **102**, 116 (1904).
[3] LINDEMANN, W.: Beitr. path. Anat. **37**, 1 (1904).
[4] PEARCE, R. M.: J. of exper. Med. **10**, 632 (1908).
[5] HEINECKE u. H. PÄSSLER: Verh. dtsch. path. Ges. Meran **1905**, 99.
[6] LEWINSKI, L.: Z. klin. Med. **1**, 561 (1880).
[7] KATZENSTEIN, M.: Berl. klin. Wschr. **36**, 1651 (1911). — Virchows Arch. **182**, 327 (1915).
[8] MACNIDER, Wm.: J. Med. Res. **24**, 425 (1911).
[9] LITTEN, M.: Z. klin. Med. **1**, 131 (1880).
[10] KAWASHIMA, K.: Z. exper. Path. u. Ther. **8**, 656 (1911).
[11] PILCHER, J. B.: J. of. biol. Chem. **14**, 389 (1913).
[12] v. MONAKOW, P.: Dtsch. Arch. klin. Med. **123**, 57 (1917).
[13] MACKAY, L. L., E. M. MACKAY u. T. ADDIS: Proc. Soc. exper. Biol. a. Med. **22**, 536 (1925).
[14] ANDERSON, H.: Arch. int. Med. **37**, 297, 313 (1926).
[15] MOISE, T. S. u. A. H. SMITH: Proc. Soc. exper. Biol. a. Med. **23**, 561 (1926).
[16] AMBARD, L.: C. r. soc. Biol. **94**, 1375 (1926). — J. BENOIT: ebenda **94**, 1378 (1926).
[17] HINMAN, F.: Arch. Surg. **12**, 1105 (1926).

Tubuli contorti erster Ordnung. Die Hypertrophie kann die ganze Niere wie auch einzelne Abschnitte betreffen. Durch Implantation des Ureters einer Niere in den Darm konnte HINMAN bei Hunden Hypertrophie beider Nieren erzielen. Der Grad der Hypertrophie schwankt außerordentlich stark, ebenso die Eintrittszeit (CARNOT[1]). ADDIS, MEYERS und OLIVER[2] sahen bei Kaninchen nach einseitiger Nephrektomie die Funktion der anderen Niere beträchtlich stärker ansteigen als das Gewicht. Sie führen dieses darauf zurück, daß die Hypertrophie ausschließlich die Glomeruli und Tubuli contorti erster Ordnung betrifft, während der Zuwachs der HENLEschen Schleifen und Sammelröhren erheblich dahinter zurückbleibt. JACKSON und SHIELS[3] beobachteten bei jungen Ratten nach einseitiger Nierenexstirpation eine Hypertrophie der zweiten Niere ohne Neubildung von Glomeruli. Die Größenzunahme betraf in erster Linie die Rinde. Auch SAPHIR[4] sah bei Hypertrophie nach partieller Nierenresektion keine Vermehrung, sondern nur eine Vergrößerung der Glomeruli bei der Kaninchenniere. In erster Linie sind die Glomeruli der äußersten Zone vergrößert.

Nach HICKS und MITCHELL[5] sowie MACKAY, MACKAY und ADDIS[6] vermag weder chronische experimentelle Polyurie noch Belastung durch eiweißreiche Kost eine Hypertrophie normaler Nieren hervorzurufen. Nach einseitiger Nierenexstirpation sah MILLER[7] an Ratten bei einer Kost, die 40% Eiweiß enthielt, keine Schädigung oder Veränderung der Niere. War jedoch zwei Drittel des Nierengewebes entfernt, so sah ANDERSON[8] bei Kaninchen bei eiweißreicher Kost einen Anstieg des Blutharnstoff- und -kreatininspiegels. Nach Ersatz der Eiweißkost durch Normaldiät sanken Harnstoff- und Kreatininwerte wieder zur Norm ab. SMITH und MOISE[9] sahen bei Ratten nach einseitiger Nephrektomie eine Abhängigkeit der Hypertrophie des Nierenrestes von der Größe des Eiweißgehalts der Nahrung. Einen Einfluß auf das Wachstum junger Ratten durch einseitige Nierenexstirpation konnten SMITH und JONES[10] nicht beobachten. ULLMANN[11] glaubt, nach weitgehender Nierenexstirpation (totale Entfernung der einen Niere und zwei Drittel der anderen) auftretende schwere Störungen (fibrilläre Zuckungen, Muskelzittern, Mattigkeit) auf das Fehlen der von der Niere angeblich gebildeten Niereninkrete zurückführen zu müssen. Über einen eigentümlichen Befund berichten SCHÖNBAUER und WHITAKER[12]. Sie sahen nach ausgedehnter Resektion von Nierengewebe die Mehrzahl ihrer Hunde an Niereninsuffizienz zugrunde gehen. Bei Tieren, bei denen jedoch gleichzeitig die Adventitia der Vena renalis entfernt war, führte die gleiche Operation nicht zum Tode. Sie führen dieses Verhalten auf eine Entfernung der diuresehemmenden Splanchnicusfasern zurück.

Über die Funktionsänderungen des zurückgebliebenen Restes nach weitgehender Resektion der Niere liegen Versuche vor von FURUYA[13], der an einseitig nephrektomierten Kaninchen unmittelbar nach der Operation eine Verminderung

[1] CARNOT, P.: C. r. Soc. Biol. **74**, 1086 (1913).
[2] ADDIS, T., B. A. MEYERS u. J. OLIVER: Arch. int. Med. **34**, 243 (1924). — OLIVER, J.: ebenda **34**, 258 (1924).
[3] JACKSON, C. M. u. M. SHIELS: Anat. Rec. **36**, 221 (1927).
[4] SAPHIR, O.: Amer. J. Path. **3**, 329 (1927).
[5] HICKS, C. S. u. M. L. MITCHELL: Austral. J. exper. Biol. a. med. Sci. **3**, 221 (1926).
[6] MACKAY, L. L., E. M. MACKAY u. T. ADDIS: Proc. Soc. exper. Biol. **24**, 336 (1927).
[7] MILLER, A. J.: J. of exper. Med. **42**, 897 (1925).
[8] ANDERSON, A.: Arch. int. Med. **37**, 297 (1926).
[9] SMITH, A. H. u. T. S. MOISE: J. of exper. Med. **45**, 263 (1927).
[10] SMITH, A. H. u. M. H. JONES: Amer. J. Physiol. **80**, 594 (1927).
[11] ULLMANN, E.: Wien. med. Wschr. **76**, 787 (1926).
[12] SCHÖNBAUER, L. u. L. R. WHITAKER: Wien. klin. Wschr. **38**, 580 (1925).
[13] FURUYA, A.: Jap. J. of. Dermat. **25**, 85 (1925).

von Harnmenge, Stickstoff- und Harnstoffausscheidung beobachten konnten, die jedoch nach einiger Zeit zur Norm zurückkehrten oder sogar über die Norm anstiegen. Kochsalz wurde vermehrt ausgeschieden. Der Reststickstoff im Blut ist kurze Zeit nach der Operation erhöht, die Chloridausscheidung auch bei Belastung nicht verändert. Auch Gibson[1] sah nach weitgehender Entfernung des Nierengewebes (zwei Drittel bis drei Viertel der Nierensubstanz) nur eine vorübergehende Störung der Harnsekretion und des Stickstoffgleichgewichts. Lundin und Mark[2] beobachteten nach weitgehender Reduktion des Nierengewebes bei Hunden und einer Ziege bei Schonungsdiät (wenig Salz und wenig Stickstoff) ausgesprochene Hypertrophie und normale Funktion des Restgewebes, jedoch bei Belastung durch salz- oder eiweißreiche Kost Albuminurie, Hämaturie, Blutdrucksteigerung und Harnstoffretention. Die Tiere gingen schließlich an Verödung des Nierenrestes unter urämischen Erscheinungen zugrunde. Das Stickstoffkonzentrationsvermögen war beträchtlich herabgesetzt. Bei einer Entfernung von mehr als 75% des Nierengewebes wird auch die Salzausscheidung und das Säurekonzentrationsvermögen der Niere geschädigt. Die bei eiweißreicher Nahrung auftretenden Störungen gehen bei Kostwechsel zurück. Schließlich liegen noch aus der neuesten Zeit eingehende Untersuchungen von Mark[3] über die Funktion des Nierenrestes von Hunden vor, bei denen in zweizeitigen Operationen erst drei der vier Äste einer Nierenarterie unterbunden waren und dann die zweite Niere reseziert wurde. Bei dieser wohl bisher weitestgehenden experimentellen Ausschaltung von Nierengewebe, die nicht unmittelbar zum Tode führte, wurde im Anschluß an die Operation nie Polyurie beobachtet, dagegen kam es bei der zweiten Operation zu einer ausgesprochenen Albuminurie. Der Blutdruck wurde durch diese zweite Operation nicht gesteigert. Der Nierenrest hypertrophiert rasch und zeigt normales Wasserausscheidungs- und Verdünnungsvermögen. Dagegen ist das Konzentrationsvermögen des Nierenrestes beträchtlich eingeschränkt. Das höchste nach mehrtägiger Trockenkost beobachtete spezifische Gewicht des Harns wird mit 1,032 angegeben. Unmittelbar nach der zweiten Operation steigt der Harnstoffwert im nüchternen Zustand an, um nach einigen Wochen wieder zur Norm abzusinken. Die Harnstoffausscheidung ist nach Harnstoffgaben stark verzögert. Auch große Harnstoffgaben mit starker Erhöhung des Blutharnstoffspiegels hatten keine toxische Wirkung. Fleischbelastung ruft Harnstoffretention im Blut hervor. Wasserkarenz erhöht den Blutharnstoffspiegel beträchtlich. Unter zunehmender Albuminurie treten Intoxikationserscheinungen ohne Hydrämie auf. Nach Fleischbelastung treten im Gegensatz zur Harnstoffbelastung Intoxikationserscheinungen im Sinne der Urämie auf. Bei Kochsalzbelastung ist die Kochsalzausscheidung ebenfalls verzögert. Einige der operierten Tiere starben im Anschluß an die zweite Operation unter schwerster Harnstoffretention und stark positiver Indican- und Xanthoproteinreaktion des Serums, wofür Anomalien des Arterienverlaufs verantwortlich gemacht werden.

---

[1] Gibson, Th. E.: Urologic Rev. **31**, 356 (1927).
[2] Lundin, H. u. R. E. Mark: J. metabol. Res. **7/8**, 221 (1926).
[3] Mark, R. E.: Z. exper. Med. **59**, 601 (1928).

E. Die Abhängigkeit der Nierenfunktion von der chemischen und physicochemischen Beschaffenheit des Blutes (zugleich eine Analyse der Pharmakologie und Toxikologie der Niere).

I. Einleitung.

Da die Niere, wie schon früher ausgeführt, lediglich die Funktion besitzt, die ihr vom Blut zugeführten Stoffe in den Harn überzuführen, sie aber mit Ausnahme der Hippursäure- und Ammoniakbildung, soweit bisher zuverläßlich bekannt, nicht befähigt ist, Synthesen selbst vorzunehmen, so ist ohne weiteres verständlich, daß die Nierenfunktion, d. h. die Harnbildung in höchstem Maße von der chemischen Zusammensetzung des Blutes abhängig sein muß.

Bei der Betrachtung des Einflusses der chemischen Zusammensetzung des Blutes auf die Harnbildung müssen wir grundsätzlich zwei voneinander verschiedene Fragestellungen beachten.

Wir müssen erstens untersuchen, wie sich die Niere gegenüber einem ihr vom Blut zugeführten Stoffe hinsichtlich seiner Ausscheidung in den Harn verhält, und zweitens müssen wir feststellen, wie ein der Niere zugeführter Stoff die Abscheidung der anderen harnfähigen Substanzen des Blutes in der Niere beeinflußt, d. h. wir müssen seine diuretische Wirkung zu bewerten suchen.

II. Das Verhalten der Niere zu den normalen Blutbestandteilen.

Die normale Niere als Ganzes ist für einen Teil der im Blute vorhandenen Substanzen völlig undurchlässig. Es ist dies in erster Linie Eiweiß und die Mehrzahl der kolloidal im Blute kreisenden Substanzen. Andere Stoffe, die Endprodukte des Eiweißabbaues und ein Teil der Fremdsubstanzen, werden restlos aus dem Blute in den Harn übergeführt. Zwischen diesen beiden Gruppen steht eine große Anzahl anderer Substanzen, die je nach ihrer Konzentration im Blut mehr oder minder stark in den Harn übertreten. Die Niere ist offenbar praktisch nicht völlig undurchlässig für Eiweiß. Es sollen im menschlichen Harn ständig Spuren von Serumalbuminen enthalten sein, und bei einer nicht unbeträchtlichen Anzahl sonst normaler Menschen enthält der Harn zum Teil erhebliche Eiweißmengen. Nach Schädigung der Nierenzellen, in erster Linie durch vorübergehenden Sauerstoffabschluß, aber auch durch eine Anzahl nierenreizender Gifte (Schwermetalle, Cantharidin usw.) ist eine Vermehrung des Serumeiweißes im Harn zu beobachten. Die öfters festgestellte Durchlässigkeit der Niere für intravenös zugeführtes Eiereiweiß, die auch bei manchen Menschen nach reichlicher peroraler Zufuhr beobachtet wird (Ponfick[1] und Lehmann[2]), beruht wohl ebenso wie die Durchlässigkeit der Niere für Hämoglobin auf einer chemischen Schädigung der Glomerulusmembran durch diese Substanzen. Auch für eine größere Anzahl anderer Kolloide ist die Niere regelmäßig durchgängig. So befinden sich im Harn stets Chondroitinschwefelsäure, Landwehrsches Gummi, Nucleinsäure und eine Anzahl chemisch nicht näher definierter Produkte in kolloidaler Form. Allerdings wäre es auch denkbar, daß ein Teil der Harnkolloide erst in der Niere nach der Glomeruluspassage oder bei der Behandlung des Harns im Reagensglas nach Entfernung aus dem Körper ihren Zustand annehmen.

Magnus[3] hat als erster die Unterscheidung der harnfähigen Substanzen des Blutes in Schwellensubstanzen und Nichtschwellensubstanzen formuliert,

---

1 Ponfick: Virchows Arch. **62**, 273 (1875).

2 Lehmann, J. Chr.: Virchows Arch. **30**, 593 (1864).

3 Magnus, R.: Oppenheimers Handb. d. Biochem., 1. Aufl., **3**, 477 ff. (1909). — Arch. f. exper. Path. **44**, 398 (1900).

d. h. solche Stoffe, die erst nach Erreichung einer bestimmten Konzentration im Blut in den Harn übergehen, und solche, die unabhängig von der Höhe ihres Blutspiegels durch die Nieren ausgeschieden werden.

Aus der Tatsache, daß verschiedene Salze in isomolarer Konzentration bei sonst gleichen Bedingungen in verschieden hohem Maße im Harn erscheinen und die Wasserausscheidung durch die Niere anregen, zieht MAGNUS den Schluß, daß die Niere für die verschiedenen Substanzen eine verschiedene Sekretionsschwelle besitzt. So konnte er vor allem zeigen, daß bei relativ geringem Anstieg des Blutkochsalzspiegels von 0,655% auf 0,78% nach Kochsalzinfusion der Kochsalzgehalt des Harns um 1,18% stieg, während bei einer Glaubersalzdiurese, bei der der Kochsalzgehalt im Blut 0,600% betrug, das Kochsalz fast völlig aus dem Harn verschwand. Die Versuche wurden von SOLLMANN[1] und BRODIE und CULLIS[2] bestätigt und von SOLLMANN[1] dahin erweitert, daß der gleiche Effekt, d. h. das Verschwinden von Kochsalz bzw. Cl-Ionen aus dem Harn auch durch Acetat-, Phosphat-, Ferrocyanidionen, Traubenzucker und Harnstoff hervorgerufen werden kann. LAMY und MAYER[3] zeigten, daß nach Traubenzuckerinfusion trotz einer Abnahme des Blutkochsalzspiegels um nur 10%, der Kochsalzgehalt des Harns um 85% heruntergedrückt wurde, während der vorher zuckerfreie Harn einen beträchtlichen Zuckergehalt aufwies. CUSHNY[4] zeigte durch gleichzeitige Infusion von Kochsalz und Natriumsulfat, daß diese Erscheinung nicht auf einer Verdrängung des einen Salzes durch das andere zurückzuführen ist, eine Erscheinung, die auch von BROWN[5] bestätigt und von GAUVIN[6] dahin eingeschränkt wurde, daß der Gesamtausscheidung eine obere Grenze durch die osmotische Leistungsfähigkeit der Niere gezogen ist. Auf das Verhalten der einzelnen Mole wird später noch zurückzukommen sein.

Die MAGNUSsche Vorstellung von Schwellensubstanzen und Nichtschwellensubstanzen hat CUSHNY[7] in seiner Monographie über die Sekretion des Urins weiter vertieft; er glaubt zwischen beiden eine strenge Grenze ziehen zu können.

Er bezeichnet als Nichtschwellensubstanzen solche, deren Gehalt im Harn zu ihrer Konzentration im Blut in einer einfachen linearen Proportion steht, während bei den Schwellensubstanzen nur der Anteil im Harn erscheint, der im Plasma über die Konzentration der Schwelle hinausgeht, und zwar proportional seiner die Schwelle überschreitende Konzentration. Für die Nichtschwellensubstanz nimmt CUSHNY ein vollkommenes Fehlen jeder Rückresorption in den Tubulis an, während die Schwellensubstanzen in den Tubulis mit Wasser gleichzeitig rückresorbiert werden. Die Beweisführungen CUSHNYS[7] unterscheiden in dieser Richtung nicht immer eindeutig zwischen Ursache und Wirkung. Sie werden daher von zahlreichen Autoren als unbefriedigend angesehen.

Da allgemeine Regeln für die Einreihung einer Stoffgruppe unter die Schwellen- und Nichtschwellensubstanzen nicht aufgestellt werden können, so ist es notwendig, das Verhalten der wichtigsten einzelnen harnfähigen Substanzen des Blutes gegenüber der Niere zu besprechen, um durch Vergleich ihrer Konzentration im Plasma und im Harn zu entscheiden, ob ein Stoff von der Niere zurückgehalten, verdünnt oder konzentriert ausgeschieden wird.

---

[1] SOLLMANN, T. H.: Amer. J. Physiol. **9**, 459 (1903).
[2] BRODIE, T. G. u. W. C. CULLIS: J. of Physiol. **34**, 224 (1906).
[3] LAMY, H. u. A. MAYER: Soc. Biol. **69**, 192 (1905).
[4] CUSHNY, A. R.: J. of Physiol. **28**, 430 (1902).
[5] BROWN, W. L.: Proc. roy. Soc. of med. sect. of therap. a. pharm. **15**, 1 (1922).
[6] GAUVIN, R. W.: J. Pharmacie et chim. **24**, 58 (1921).
[7] CUSHNY, A. R.: The secretion of the urine, S. 15 ff. London 1917.

Cushny gibt für den Menschen die allerdings nur in sehr weitem Maße festgelegten Durchschnittswerte in der folgenden Tabelle an. Auch für die Säugetiere gelten mit Ausnahme des Harnsäurewerts ähnliche Werte.

	Konzentration		Konzentrationsänderung durch die Niere
	im Blutplasma %	im Urin %	%
Wasser	90—93	95	—
Eiweiß, Fett, Kolloide	7—9	—	—
Dextrose	0,1	—	—
Harnstoff	0,03	2	60
Harnsäure	0,002	0,05	25
Na	0,32	0,35	1
K	0,02	0,15	7
NH_4	0,001	0,04	40
Ca	0,008	0,015	2
Mg	0,0025	0,006	2
Cl	0,37	0,6	2
PO_4	0,009	0,27	30
SO_4	0,003	0,18	60

Auf Grund eingehender Vergleiche der verschiedenen harnfähigen Stoffe hinsichtlich ihrer Konzentration im Blut und im Harn schließt Adolph[1], daß für alle Substanzen ein Schwellenwert existiere, d. h. eine Konzentration im Blut, unterhalb derer ein Absonderungsreiz auf die Niere nicht ausgeübt wird. Oberhalb des Schwellenwertes geht die Konzentration im Harn dem Überschuß über den Schwellenwert im Blute parallel.

Die Frage der Schwellensubstanzen unter dem Gesichtspunkt von Filtration und Rückresorption wird von Rehberg-Brandt[2] eingehend an Selbstversuchen studiert. In erster Linie untersucht er das Verhalten des Kreatinins, das von allen Stoffen am stärksten im Harn konzentriert wird. Nach Einnahme von 5 g Kreatinin fanden sich im Harn Kreatininkonzentrationen, die die Blutkonzentration zwischen dem 7,7- und 293fachen übertrafen. Die Ausscheidung des Kreatinins im Harn pro Minute entsprach durchschnittlich einem Kreatiningehalt, wie er in 110—150 ccm Plasma enthalten ist, bei starker Diurese dem von 200 ccm Plasma; das bedeutete also eine Filtration von 200 ccm pro Minute bei einem Blutdurchfluß von 1 l pro Minute. Unter der Annahme von 2 Millionen Glomerulis beim Menschen mit einer Oberfläche von 8800 qcm müßte die Filtrationsgeschwindigkeit 4 μ in der Sekunde betragen, was mit den von Richards und Wearn für die Froschniere gefundenen Werten durchaus übereinstimmt. Die auf Grund dieser Berechnungen rückzuresorbierende Flüssigkeitsmenge deckt sich in der Größenordnung mit der von der Vogelkloake bekannten Rückresorption.

In entsprechender Weise untersucht Rehberg-Brandt die Konzentrationsverhältnisse von Harnstoff und Chloriden in Harn und Blut. Es ergab sich eine um so größere Harnstoffausscheidung, je verdünnter der Harn war. Rehberg-Brandt schließt daraus, daß der Harnstoff lediglich passiv rückdiffundiert und nicht aktiv rückresorbiert wird. Der Harnstoff wird daher nicht als Schwellensubstanz angesehen. Für die Chloride ergeben sich analoge Verhältnisse, solange die Plasmakonzentration der Chloride über 375 mg% liegt. Fällt die Plasma-

[1] Adolph, E. F.: Amer. J. of Physiol. **73**, 186 (1925).
[2] Rehberg-Brandt, P.: Biochem. J. **20**, 447, 461 (1926).

konzentration unter 370 mg%, so wird Kochsalz aktiv rückresorbiert. Es wird also als richtige Schwellensubstanz angesehen.

Für den Frosch liegen entsprechende Untersuchungen von CRANE[1] vor. Im Froschharn sind Chloride und Bicarbonate normalerweise nur in Spuren enthalten. Bei steigendem Gehalt im Blut steigen sie auch im Harn an, erreichen aber nie die Blutkonzentration. Traubenzucker fehlt im normalen Harn fast völlig. Bei erhöhtem Blutspiegel steigt aber die Konzentration im Harn bis auf das Dreifache der Blutkonzentration. Phosphate sind im normalen Harn gering, können aber auf das Sechsfache konzentriert ausgeschieden werden. Der Harnstoff, der im Blut nur geringe Konzentrationen erreicht, wird vermehrt ausgeschieden. Bei Wassermangel steigt die Harnkonzentration des Harnstoffs bis zum 74fachen der Blutkonzentration. Von einer gewissen Konzentration des Harnstoffs im Blute an wird die Konzentrationsleistung der Niere für Harnstoff gehemmt. Der Froschharn ist immer hypotonisch. Aus dieser Tatsache und dem Fehlen der HENLEschen Schleife beim Frosch wird der Schluß gezogen, daß beim Säugetier die HENLEsche Schleife der Ort der Rückresorption für Wasser sei.

Diese Versuche erfahren eine Bestätigung durch ADOLPH[2]. Die Harnmenge von in Wasser gehaltenen Fröschen beträgt pro Tag 31% des Körpergewichts. Sie ist stark temperaturabhängig. Bei Entfernung aus dem Wasser nimmt die Harnbildung stark ab. Ein Gehalt bis zu $^m/_{10}$ Kochsalz an Salzen in der Umgebungsflüssigkeit bleibt auf die Harnbildung ohne Einfluß. Höhere Salzkonzentrationen setzen die Harnmenge herab.

TSCHOPP[3] zeigte für das Grünfutterkaninchen, daß von den wesentlichen Komponenten des Blutes Natrium und Chlor stark verdünnt, Harnsäure in der Konzentration des Plasmas, Carbonat und Ammoniak wenig, Phosphat, Harnstoff, Kalium, Calcium und Sulfat außerordentlich stark konzentriert ausgeschieden werden. Die Ausscheidung der einzelnen Komponenten hängt in hohem Maße von der Fütterung ab. Bei Haferfütterung steigt die Konzentration der Wasserstoffionen im Harn stark an unter gleichzeitigem Absinken der Alkalireserve im Blut. Dabei kommt es zu einer erheblichen Demineralisation mit negativer Bilanz der Kalium-, Calcium-, Sulfat- und Phosphationen, was aus folgender Tabelle hervorgeht:

Bilanz in mg.

	Rübenfutter		Winterkohl		Hafer		Hafer	
	positiv	negativ	positiv	negativ	positiv	negativ	positiv	negativ
Na	400	—	3	—	12	—	7	—
K	450	—	1050	—	—	32	—	12
Ca	100	—	140	—	—	30	—	64
Mg	27	—	56	—	3	—	6	—
PO_4	20	—	175	—	—	54	—	144
CO_2	40	—	20	—	10	—	5	—

1. Am Gesamttier.

Eine besondere Stellung unter allen harnfähigen Substanzen nimmt das Wasser ein. Es ist zweifellos unter die Schwellensubstanzen zu rechnen. Es wird aber daneben von allen harnfähigen Substanzen als Lösungswasser mit-

[1] CRANE, M. M.: Amer. J. of. Physiol. **72**, 189 (1925) **81**; 232 (1927).
[2] ADOLPH, E. F.: Amer. J. of Physiol. **81**, 315 (1927).
[3] TSCHOPP, E.: Schweiz. med. Wschr. **57**, 1065 (1927).

geführt und von den nichtharnfähigen Kolloiden als Quellungswasser gebunden. Die Größe seiner Harnfähigkeit ist bedingt durch die Menge des disponiblen Wassers, d. h. des nicht von den Kolloiden als Quellungswasser bzw. von den Elektrolyten osmotisch in Anspruch genommenen Wassers.

Es kommt daher als harnfähig nur insoweit in Frage, als es von den Blutkolloiden nicht als Quellungswasser oder von den Elektrolyten osmotisch in Anspruch genommen wird. Der Grad dieser Inanspruchnahme ist bedingt einmal von der absoluten Konzentration der Kolloide, ein andermal von der kolloidchemischen Struktur dieser Stoffe, die wiederum von der osmotischen Struktur der Plasmaelektrolyte und von dem Vorhandensein oberflächenaktiver, chemischer Substanzen beherrscht wird. Auch für die Harndisponibilität der Kationen ist das Bindungsvermögen (Quellungswasser, adsorptive oder Salzbildung) der Plasmakolloide zweifellos von Einfluß.

Von den Ionen des Wassers konzentriert die Niere die Wasserstoffionen bzw. sie verdünnt die Hydroxylionen. Dieser Vorgang scheint auf einer Rückresorption von sekundären Phosphat- bzw. Carbonationen in den Tubulis zu beruhen. Richards und Wearn[1] fanden den Glomerulusurin von Fröschen von der gleichen Reaktion wie das Plasma, schwach alkalisch, während der Blasenurin sauer war. Auch die häufig beobachtete Tatsache, daß polyurischer Urin der verschiedensten Säugetiere alkalischer ist als der der nichtpolyurischen Niere, deutet darauf hin, daß in dem Tubulus durch Rückresorption basischer Komponenten der Urin gesäuert wird. Daß hierzu der Niere Puffergemische angeboten werden müssen, zeigen die Versuche von Bainbridge und Beddard[2] und Trevan[3]. Bainbridge und Beddard beobachteten beim Frosch mit unterbundener Nierenarterie nach Harnstoff-Phosphatzufuhr den Harn saurer werden als bei Zufuhr von Harnstoff allein. Trevan konnte bei Durchspülung der Froschniere mit Ringerlösung keine Säurung des Harns beobachten. Erst als er von der Pfortader neutrales Phosphat zuführte, wurde der Urin saurer als die Durchspülungsflüssigkeit. Der hieraus gezogene Schluß, daß die Ausscheidung der Säure in den Tubulis erfolgt, erscheint nicht stichhaltig, da wir ja heute aus den Untersuchungen von Richards und Walker[4] und Smith[5] wissen, daß auch in die Pfortader eingeführte Substanzen zu den Glomerulis gelangen, dagegen zeigen die Versuche deutlich, daß zur Säureausscheidung durch die Niere das Angebot von Puffersubstanzen erforderlich ist. Auch die später zu besprechenden Untersuchungen von Detering[6] beweisen diese Auffassung. Der Regulierung der Wasserstoffionenkonzentration steht in der Niere auch die vermehrte Bildung von Ammoniak aus Harnstoff zur Verfügung. Die Regulierung der Säureausscheidung durch den Harn unterliegt dem Einfluß des Splanchnicus major und den unteren Bauchsympathicusfasern (Ellinger und Hirt[7]).

Vom Kochsalz wissen wir, daß es in der Säugetierniere meist konzentriert, bei Kochsalzarmut der Gewebe verdünnt, beim Frosch stets beträchtlich verdünnt ausgeschieden wird. Die Konzentrationsarbeit der Niere verläuft rhythmisch in Wellen von 2—10 Minuten, was Janssen und Rein[8] durch Leitfähigkeitsbestimmungen des Harns in der Ureterenkanüle feststellten. Dem Konzentrationsmaximum entspricht ein Minimum der Wärmeabfuhr im Nierenvenen-

---

[1] Richards, A. N. u. J. T. Wearn: Amer. J. of Physiol. **71**, 209 (1924).
[2] Bainbridge, F. A. u. A. P. Beddard: Proc. Roy. Soc. **79**, 75 (1907).
[3] Trevan, J. W.: Proc. physiol. Soc. S. 15 — J. of Physiol. **50** (1916).
[4] Richards, A. N. u. A. M. Walker: Amer. J. of Physiol. **79**, 419 (1927).
[5] Smith, C. S.: Amer. J. of Physiol. **82**, 717 (1927).
[6] Detering, F.: Pflügers Arch. **214**, 744 (1927).
[7] Ellinger, Ph. u. A. Hirt: Arch. f. exper. Path. **106**, 135 (1925).
[8] Janssen, S. u. H. Rein: Ber. Physiol. **42**, 567 (1928).

blut, d. h. ein Maximum des Energieverbrauchs in der Niere, während Schwankungen in der Durchblutungsgröße nicht in Erscheinung treten. Um den Einfluß der Rückresorption, der nach Cushny[1] für die Einreihung eines Stoffes unter die Schwellensubstanzen maßgebend ist, zu beobachten, injizierte Cushny[2] Kaninchen ein Gemisch von Kochsalz und Glaubersalz intravenös und ließ die eine Niere durch Drosselung des Ureters gegen vermehrten Druck arbeiten. Er konnte so feststellen, daß die gegen Druck arbeitende Niere einen kochsalz- und glaubersalzärmeren Urin ausschied als die andere, jedoch übertraf die Kochsalzabnahme beträchtlich die Abnahme des Glaubersalzgehalts. Entsprechende Versuche mit der Infusion von Kochsalz und Harnstoff ergaben ebenfalls eine stärkere Abnahme von Kochsalz. Daraus zog Cushny[1] den Schluß, daß das Kochsalz in den Tubulis rückresorbiert wird, also zu den Schwellensubstanzen zu rechnen sei. Eine Tatsache, von der aus, wie oben ausgeführt, Magnus[3] ja zur Formulierung des Begriffs der Schwellensubstanzen gekommen ist. Die Untersuchungen von Cushny sind nicht unwidersprochen geblieben. So kommen Brodie und Cullis[4] am Hund und Filehne und Ruschhaupt[5] am Kaninchen zum Teil zu entgegengesetzten Resultaten, die vielleicht auf eine reflektorische Beeinflussung der Nierenfunktion von dem abgebundenen Ureter aus zurückzuführen sind. Das Konzentrationsvermögen der Niere für Chlor in der Agonie erlischt bei erhaltenem Konzentrierungsvermögen für Stickstoff (Mantz[6]). Kalium wird in der Regel in der Niere konzentriert, und zwar stärker als Natrium. Die Bicarbonationen verhalten sich ähnlich wie die Chlorionen, d. h. sie erscheinen in der Regel im Harn in einer etwas höheren Konzentration als im Plasma, doch kommt für das Bicarbonat hinzu, daß es gleichzeitig ebenso wie die Phosphate der Regulation des Säure-Basengleichgewichts dient. Alkalotische Veränderungen im Plasma führen zu einer erhöhten Bicarbonatausscheidung im Harn, während acidotische Einsparung veranlassen. Das gleiche gilt für die anorganischen Phosphate, die in der Regel konzentriert werden. Sinkt der Phosphatgehalt des Plasmas unter eine gewisse Schwelle, so scheinen nach Haldane, Wigglesworth und Woodrow[7] die Phosphate im Harn eingespart zu werden. Die Sulfate werden im Harn beträchtlich konzentriert. Calcium ist im Plasma nur in sehr geringen Mengen in dialysabler Form enthalten. Nach Klinke[8] ist der restliche Anteil des Serumcalciums an Kolloide adsorbiert und kann die tierische Membran nicht passieren. Das freie Plasmacalcium wird in der Niere außerordentlich konzentriert ausgeschieden (Tschopp[9]).

Bei mit Chloralose narkotisierten Hunden sahen Brull und Roskam[10] unter gleichzeitiger Erhöhung des Blutzuckers ein Ansteigen der Plasmaphosphate und ein Versiegen der Phosphatausscheidung im Urin, eine Erscheinung, die auf die Bindung der Phosphate an Zucker in Form der Hexosephosphate zurückgeführt wird.

Für den Harnstoff liegen die Dinge wesentlich unklarer. Cushny[2] rechnet ihn unbedingt zu den Schwellensubstanzen.

---

[1] Cushny, A. R.: The secretion of the urine, S. 15ff. London 1917.
[2] Cushny, A. R.: J. of Physiol **28**, 431 (1902).
[3] Magnus, R.: Zitiert auf S. 471.
[4] Brodie, T. G. a. W. C. Cullis: Il. of Phys. **34**, 224 (1906).
[5] Filehne, W. u. W. Ruschhaupt: Pflügers Arch. **95**, 409 (1903).
[6] Mantz, J.: Z. exper. Med. **46**, 646 (1925).
[7] Haldane, J. B. S., V. B. Wigglesworth u. C. E. Woodrow: Proc. roy. Soc. B. **96**, 1 (1924).
[8] Klinke, K.: Erg. Physiol. **26**, 265 (1928).
[9] Tschopp, E.: Schweiz. med. Wschr. **57**, 1065 (1927).
[10] Brull, L. u. J. Roskam: C. r. Soc. Biol. **97**, 737 (1927).

In konsequenter Durchführung des CUSHNYschen Gedankens hat AMBARD[1] das zahlenmäßige Verhältnis der Konzentration des Harnstoffs im Blut zu der im Harn auf eine mathematische Formel zu bringen versucht, die jedoch weder einer mathematischen Überprüfung ihrer Unterlagen, noch der Bewährung in der Praxis standgehalten hat. Auf die umfangreiche Literatur über die AMBARDsche Formel, die zumeist auf klinischen Untersuchungen beruht und zur Funktionsprüfung der Niere herangezogen wird, kann hier nicht näher eingegangen werden. Aber auch CUSHNY konnte an der Auffassung des Harnstoffs als Nichtschwellensubstanzen nicht festhalten. Versuche, die in seinem Institut durch MAYRS[2] ausgeführt wurden, ließen erkennen, daß auch voraussichtlich der Harnstoff partiell rückresorbiert wird. Ob man daraus den Schluß ziehen will, daß der Harnstoff unter die Schwellensubstanzen fällt, oder daß auch Nichtschwellensubstanzen eine Rückresorption erfahren können, ist praktisch gleichgültig. Die Versuche von MAYRS beweisen lediglich, daß zwischen Schwellensubstanzen und Nichtschwellensubstanzen keine grundsätzlichen Unterschiede, sondern nur fließende Übergänge bestehen. ADOLPH[3] glaubt, für die einzelnen Tierarten unmittelbare Beziehungen zwischen der Sekretionsschwelle des Harnstoffs und seiner Konzentration im Blut feststellen zu können. Diese Beziehungen gehen aus der folgenden Tabelle hervor.

	Harnstoff im Blut mg in 100 ccm	Sekretionsschwelle des Harnstoffs mg in 100 ccm
Hund	15—55	15
Mensch	25—35	22
Kaninchen	35—80	40

WHITE[4] kommt auf Grund seiner Beobachtungen über die Konzentrationsverhältnisse von Harnstoff, Phosphat, Zucker und Sulfat beim phlorrhizinvergifteten Hund zu dem Schluß, daß zwischen den genannten Substanzen kein Parallelismus im Ausscheidungsverhältnis besteht und daß daher die CUSHNYsche strenge Formulierung der Schwellenkörper und Nichtschwellenkörper nicht aufrechterhalten werden kann. Nach ADDIS[5] und seinen Mitarbeitern ist die Höhe der Harnstoffausscheidung abhängig von der Höhe des Harnstoffspiegels im Blut, sie ist aber durch die Leistungsfähigkeit der Niere nach oben begrenzt. Durch Adrenalin wird in mittleren Dosen die Ausscheidung des Harnstoffs gesteigert, durch große gehemmt. Pituitrin schränkt die Harnstoffausscheidungsfähigkeit der Niere ein. Ebenso soll auch die Erhöhung des Blutphosphatgehalts die Harnstoffschwelle der Niere erhöhen (NAGAYAMA[6]).

Die Harnsäure wird in der menschlichen Niere und in der der meisten Säugetiere beträchtlich konzentriert. Ihre Ausscheidung soll nach MORRIS und REES[7] der Ausscheidung des Harnstoffs parallel gehen. Die Aminosäuren des Plasmas werden im Harn verdünnt ausgeschieden. Das Harnkreatinin, das dem Blutkreatin entstammt, wird in der Niere erheblich konzentriert. Die ausgeschiedene Gesamtmenge unterliegt außerordentlich geringen Schwankungen.

---

1 AMBARD, L.: Soc. Biol. **69**, 411, 506 (1910).
2 MAYRS, F. B.: Il. of Phys. **56**, 58 (1922).
3 ADOLPH, E. F.: Amer. J. of Physiol. **74**, 93 (1925).
4 WHITE, W. L.: Amer. J. of Physiol. **65**, 200, 212, 537 (1923).
5 ADDIS, T., G. D. BARNETT u. A. E. SHEVSKY: Amer. J. of Physiol. **46**, 1, 39, 129 (1918).
6 NAGAYAMA, T.: Amer. J. of Physiol. **51**, 449 (1920).
7 MORRIS, J. L. u. H. M. REES: Amer. J. of Physiol **66**, 363 (1923).

Sehr eingehend untersucht ist das Verhalten des Zuckers, den CUSHNY zu den Schwellensubstanzen gerechnet hat. Gerade hier zeigt sich eine außerordentliche individuelle Streuung in der Höhe des Schwellenwerts. So fanden CHABANIER und LEBERT[1] eine beträchtliche Differenz in der Höhe des Blutzuckerspiegels verschiedener untersuchter Menschen. Eine systematische Untersuchung des Blutzuckers am normalen Japaner ergaben Differenzen des Blutzuckergehalts um annähernd 100% (GOTO und KUNO[2]). Auf Zuckerzulage zeigt die Reaktion der untersuchten Individuen ebenfalls beträchtliche Differenzen. Auch die Schwelle für den Übertritt der Glukose in den Harn ist beim Menschen gewöhnlich (0,160–0,180% Glukose im Blut) großen individuellen Schwankungen unterworfen (MACKAY[3]). VAN CREVELD[4] fand das Nierenvenenblut beträchtlich zuckerärmer als das arterielle, so daß die Möglichkeit eines Zuckerverbrauchs in der Niere nicht von der Hand zu weisen ist. Überlebendes Nierengewebe besitzt die Fähigkeit, Zucker in Milchsäure zu verwandeln und in geringer Menge mit Phosphorsäure zu verestern. Beide Fähigkeiten werden durch Sauerstoffabschluß oder Blausäure aufgehoben (IRVING[5]). Durch Einführung von Salzlösungen diuretisch wirkender Salze konnte CONWAY[6] am Kaninchen zeigen, daß durch Natriumsulfat, -phosphat, -bicarbonat, -jodid und Harnstoff bei gleichem Blutzuckerspiegel der Harnzucker beim Kaninchen beträchtlich herabgesetzt wird, während Kochsalz keinen Einfluß auf die Zuckerschwelle ausübt. Ebenso ist bekannt, daß Phlorrizin in weitestem Maße die Blutzuckerschwelle beeinflußt.

Aus alledem geht hervor, daß die prinzipielle Einteilung in Schwellensubstanzen und Nichtschwellensubstanzen einer kritischen Prüfung nicht standhält und daß hier wohl lediglich quantitative und nicht qualitative Differenzen vorliegen. Bei dem Verhalten der einzelnen Stoffe, die vom Blut aus der Niere zugeführt werden, müssen Faktoren in Betracht gezogen werden, die sich der Untersuchung bisher entzogen haben und die vielleicht durch den Zustand der Nierenzellen bedingt sind.

So konnte OEHME[7] nachweisen, daß trocken- und feuchtgefütterte Kaninchen sich gegenüber einer Wasserzulage völlig verschieden verhielten, obwohl hinsichtlich des Wasser- und Chlorgehalts des Blutes Differenzen nicht erkennbar waren. Die trockengefütterten Kaninchen hielten das einverleibte Wasser zurück, während die feuchtgefütterten es sofort ausschieden. Auf Nerveneinflüsse war dieses Verhalten nicht zurückzuführen, da die Differenz auch nach völliger Entnervung der Niere bestehen blieb.

2. An der künstlich durchströmten Niere.

Um ein klares Bild über das Verhalten der Niere gegenüber den ihr vom Blut zugeführten Substanzen zu erhalten, bleibt lediglich der Weg der Prüfung der einzelnen Substanzen an einer künstlich durchströmten Niere.

Die Versuche, an der überlebenden Niere eine Harnproduktion zu erzielen, gehen weit zurück.

Die ersten Versuche wurden von LOEBELL[8] und BITTER[9] unternommen. Weitere Versuche wurden später im LUDWIGschen[10] Institut angestellt; dann haben auch namentlich

[1] CHABANIER, H. et M. LEBERT: Soc. Biol. **84**, 548, 612 (1921).
[2] GOTO, K. u. N. KUNO: Arch. int. Med. **27**, 224 (1921).
[3] MACKAY, R. L.: Biochem. J. **21**, 760 (1927).
[4] CREVELD, S. VAN: Arch. néerl. Physiol. **10**, 397 (1925).
[5] IRVING, I. T.: Biochem J. **21**, 880 (1927); **22**, 964 (1928).
[6] CONWAY, E. J.: J. of Physiol. **58**, 234 (1924).
[7] OEHME, C.: Arch. f. exper. Path. u. Pharm. **89**, 301 (1921).
[8] LOEBELL, C. E.: Diss. Marburg 1849. [9] BITTER: Diss. Dorpat 1862.
[10] LUDWIG, C.: Sitzgsber. Akad. Wiss. Wien, Math.-naturwiss. Kl. **48**, 1 (1863); Wien. Med. Wschr. 1864 Nr 13, 14, 15.

Munk[1], Jakobj[2] und v. Sobieranski[3] und schließlich Pfaff und Vejux-Tyrode[4] versucht, die überlebende Säugetierniere isoliert zu durchströmen. Allen diesen Versuchen, denen der Wunsch nach dem ersten Tropfen Urin das Gepräge gibt, kommt lediglich historische Bedeutung zu, ihr Wert für die Beurteilung unserer Frage ist nicht größer als etwa der des Abelschen Nierenmodells.

Abel, Rowntree und Turner[5] haben eine Versuchsanordnung beschrieben, bei der das Blut lebender Tiere in einem System von Kollodiumröhrchen gegen eine blutisotonische Salzlösung dialysiert wird. Im Dialysat konnte Harnstoff, Kochsalz, Milchsäure, dem Tier injizierte Salicylsäure und nach Einschaltung der Apparatur in die Pfortader auch Aminosäuren nachgewiesen werden.

Wenn Abel aus dieser Versuchsanordnung den Schluß zieht, daß die Einfügung einer derartigen Apparatur die Niere entbehrlich machen, so harrt dieser Schluß noch der experimentellen Bestätigung, wenn auch Necheles[6] bei der Prüfung einer derartigen Apparatur am nephrektomierten Tier angeblich das Befinden der Tiere beträchtlich bessern konnte.

Die praktische Brauchbarkeit einer solchen Apparatur wird von G. Haas[7] wegen der Gerinnungsgefahr in Abrede gestellt.

Noch neuerdings hat M. Lemesic[8] Versuche an der überlebenden Niere angestellt, denen aus methodischen Gründen jeder Wert abzusprechen ist.

Erst Richards und Plant[9] und Verney und Starling[10] und seiner Schule war es möglich, in fast einwandfreier Weise die Säugetierniere künstlich zu durchströmen.

Richards und Plant durchströmen die Niere mit Hirudinblut mit Hilfe einer von Richards und Drinker[11] angegebenen Pumpe. Das Blut passiert auf seinem Rückweg Herz, Lungen und den oberen Teil des Körpers. Der Vorzug der Richardsschen Methode besteht darin, daß die Blutzufuhr zu den Nieren nie eine Unterbrechung erfährt, da die Pumpenzirkulation durch eine von der Aorta aus in die Nierenarterie eingeführte Kanüle beginnt, bevor der natürliche Blutweg abgedrosselt ist. Der von dem Richardsschen Präparat gelieferte Harn unterscheidet sich anscheinend durch nichts von dem natürlichen.

Verney und Starling[10] bauten eine ursprünglich von Bainbridge und Evans[12] angegebene Methode, in der das Herz als Motor dient und defibriniertes Blut, das in der Lunge arterialisiert wird, als Nährflüssigkeit dient, zur Durchströmung der Niere aus. Die Versuche werden an decerebrierten Hunden vorgenommen. Bei der Einschaltung der Niere wird die Nierenzirkulation kurz unterbrochen. Der von dem Starlingschen Präparat gelieferte Harn ist stets hypotonisch und vermag vor allem nicht die Chloride zu konzentrieren, während er hinsichtlich der übrigen Harnbestandteile normalem Harn ähnlich ist. Starling und Verney[13] führen das mangelnde Konzentrationsvermögen für Chloride auf das Fehlen von Hormonen zurück, die im wesentlichen von der

1 Munk, J.: Virchows Arch. **107**, 291 (1887).
2 Jakobj, C.: Arch. f. exper. Path. **26**, 388 (1890).
3 Jakobj, C. u. W. v. Sobieranski: Arch. f. exper. Path. **29**, 25 (1892).
4 Pfaff, F. u. W. Vejux-Tyrode: Arch. f. exper. Path. **49**, 324 (1903).
5 Abel, J. J., L. H. Rowntree u. B. B. Turner: Jl. of Pharm. **5**, 275 (1914).
6 Necheles, H.: Klin. Wschr. **2**, 1257 (1923).
7 Haas, G.: Klin. Wschr. **2**, 1888 (1923).
8 Lemesic, M.: Klin. Wschr. **2**, 1455 (1923).
9 Richards, A. N. u. O. H. Plant: J. of Pharmacol. **7**, 485 (1915).
10 Verney, E. B. u. E. M. Starling: J. of Physiol. **26**, 353 (1922).
11 Richards, A. N. u. C. K. Drinker: J. of Pharmacol. **7**, 467 (1915).
12 Bainbridge, F. A. u. C. L. Evans: J. of Physiol. **48**, 278 (1914).
13 Starling, E. H. u. E. B. Verney: Proc. roy. Soc. **97**, 321 (1925).

Hypophyse geliefert werden sollen. Nach EICHHOLTZ und VERNEY[1] gelingt die Durchblutung der überlebenden Niere mit defibriniertem Blut im Herz-Lungen-Nierenpräparat nur deshalb, weil die im defibrinierten Blut enthaltenen Vasotonine in der Lunge entgiftet werden. Diese Beobachtungen konnten von JARISCH und VAN WIJNGAARDEN[2] wenigstens für die Katze nicht bestätigt werden. Das Herz-Lungen-Nierenpräparat ist von CRUICKSHANKS und ORAHOVATS[3] durch Einfügung einer zweiten Lunge in das System noch zur Durchblutung der Niere mit Blut von willkürlich variierbarem Sauerstoffgehalt ausgestaltet worden. Diese Versuchsanordnungen wurden aber bisher nur wenig zur Beantwortung der angeschnittenen Frage ausgenutzt[4].

Dagegen wurden an der überlebenden Froschniere im HÖBERschen Institut umfangreiche Untersuchungen über das Verhalten der einzelnen harnfähigen Stoffe bei ihrem Durchtritt durch die Niere angestellt. Das Froschnierenpräparat ist auf Grund der Arbeiten von BAINBRIDGE, COLLINS und MENZIES[5] und ATKINSON, CLARK und MENZIES[6] zu einem für physiologische Experimente brauchbaren Instrument ausgearbeitet worden.

Durch die Untersuchungen von BARKAN, BRÖMSER und HAHN[7] steht eine Durchspülungsflüssigkeit zur Verfügung, die eine optimale Funktion der Niere gewährleistet.

Es wurden vor allem die Druckverhältnisse in den beiden Nierenkreisläufen untersucht und festgestellt, daß der Normaldruck der Arterie ungefähr 25—30 cm Wasser, der in der Vene 10—12 cm Wasser beträgt. Von der Nierenpfortader aus gelangen nur dann Stoffe zum Glomerulus, wenn ein Druck von 12 mm überschritten wird. Daher sind ältere Versuche, die in Unkenntnis dieser Verhältnisse angestellt worden sind, hinsichtlich ihrer Ergebnisse als nicht einwandfrei zu bewerten. Die Froschniere produziert unter normalem Druck Harn nur bei der Durchspülung von dem Glomerulus aus.

Die schon seit NUSSBAUM[8] bekannte eigenartige Blutversorgung der Froschniere — Durchblutung der Glomeruli von der Arteria renalis, des Tubuluscapillarnetzes von der Nierenpfortader und von den Vasa afferentia der Glomeruli aus — ermöglicht eine getrennte Durchströmung des Glomerulus- und Tubulussystems.

In neueren Untersuchungen konnten RICHARDS und WALKER[9] den Beweis erbringen, daß unter bestimmten Umständen die Glomeruli auch von der Pfortader aus schon bei Drucken von 10 cm Wasser und weniger zugänglich sind. Es kann sogar zu einem Rückfluß bis zur Aorta kommen, wenn nur das Pfortadersystem durchströmt wird. Diese Durchströmungsmöglichkeit von der Pfortader aus wird durch Harnstoffzusatz zur Durchspülungsflüssigkeit gesteigert. Wenn durch höheren Druck oder Harnstoffzusatz die Glomeruli einmal von der Pfortader aus zugängig gemacht worden sind, so bleibt dieser Weg erhalten auch nach Herabsetzung des Druckes oder Entfernung des Harnstoffes aus der Durchspülungsflüssigkeit. Die schon von NUSSBAUM beobachtete Bahnung durch

[1] EICHHOLTZ, F. u. E. B. VERNEY: J. of Physiol. **59**, 340 (1924).
[2] JARISCH, A. u. C. DE LIND VAN WIJNGAARDEN: Pflügers Arch. **212**, 103 (1926).
[3] CRUICKSHANKS, E. W. H. u. D. ORAHOVATS: J. of Physiol. **60**, 322 (1925).
[4] In letzter Zeit wurde von JACOBJ [JAKOBJ, C.: Arch. f. exper. Path. **136**, 203, 224 (1928)] eine Apparatur beschrieben, die mit Hilfe einer Zwillingspumpe unter Erhaltung der Lunge als Arterialisator die Untersuchung der überlebenden Niere gestattet.
[5] BAINBRIDGE, F. A., S. H. COLLINS u. J. A. MENZIES: **48**, 233 (1914).
[6] ATKINSON M., G. A. CLARK u. J. A. MENZIES: J. of Physiol. **55**, 253 (1921).
[7] BARKAN G., PH. BRÖMSER u. A. HAHN: Z. Biol. **74**, 1 (1922).
[8] NUSSBAUM, M.: Pflügers Arch. **16**, 139 (1878); **17**, 580 (1878) — Anat. Anz. **1**, 67 (1886) — Arch. f. mikr. Anat. **27**, 442 (1886) — Arch. Anat. u. Physiol. **1906**, 518.
[9] RICHARDS, A. N. u. A. M. WALKER: Amer. J. of Physiol **79**, 419 (1927).

Harnstoff gelang TAMURA, MIYAMURA, FUKUDA, HOSOYA, KANEKI und KIHARA[1] nach Arterienunterbindung nicht. Durch Zusatz verschiedener Farbstoffe zur Aorten- bzw. Pfortaderdurchströmungsflüssigkeit wurde das Verhalten der Glomeruli genauer analysiert. Ein Teil der Glomeruli färbte sich mit beiden Farbstoffen, die übrigen entweder mit dem Farbstoff, der von der Aorta oder mit solchen, die von der Pfortader zugeführt waren. Daraus geht hervor, daß ein Teil der Glomeruli sicher vom Pfordaderkreislauf aus leichter zugängig ist, als von der Aorta aus. Es ist daher notwendig, die Schlußfolgerungen einer Revision zu unterziehen, die auf der Annahme beruhen, daß von der Pfortader aus nur das Tubulussystem versorgt wird. Substanzen, die von der Pfortader aus im Harn erscheinen, können auch bei Anwendung normaler Drucke die Glomeruli passiert haben.

In letzter Zeit glaubt SMITH[2] sowohl für den Frosch als auch für die Kröte nachgewiesen zu haben, daß die Gefäße, die von der Vena portae in die Niere eindringen, sich nicht in ein getrenntes Capillarnetz auflösen, das die Tubuli oder irgendein Teilgebiet der Niere mit Blut versorgt, sondern daß sie in relativ weiten Gefäßen direkt zur Vena cava hinziehen bei allerdings reichlicher Anastomosenbildung mit den Nierenarterien. Das Anastomosengebiet soll so umfangreich sein, daß eine Unterbindung entweder der Nierenarterie oder der Pfortader auf die Funktion der Niere ohne Einfluß bleibt. Sollte sich dieser Befund bestätigen, so müssen allerdings alle Schlüsse, die aus der Annahme einer anscheinend getrennten Versorgung des Tubulus- und Glomerulussystems beim Frosch gezogen sind, in Zweifel gezogen werden. Abb. 56 gibt ein Bild des von SMITH beobachteten Gefäßverlaufs in der Niere. Auch die Untersuchungen von BIETER und HIRSCHFELDER[3] lassen das Vorhandensein von Anastomosen zwischen der Pfortader und der Nierenarterie vermuten.

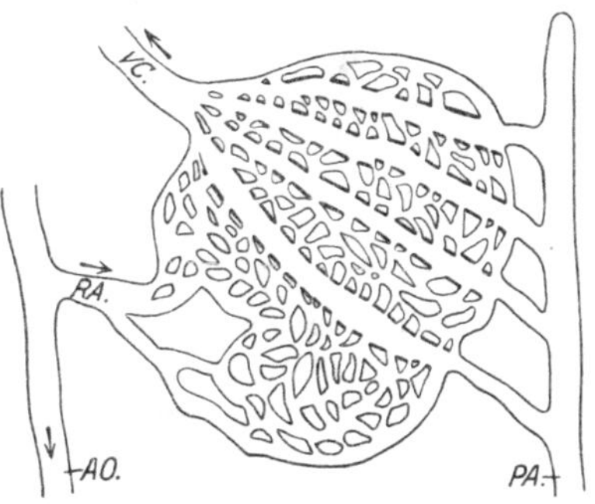

Abb. 56. Die schematische Blutversorgung der Froschniere. Die Kanäle von der Pfortader gehen direkt zur Vena cava, anastomieren aber reichlich mit den Capillaren der Nierenarterie. AO = Aorta. RA = Nierenarterie. VC = Vena cava. PA = Pfortader. (Nach C. S. SMITH.)

Den von einer solchen gleichzeitigen Durchströmung von Glomerulus und Tubulus aus gewonnenen Harn fanden BAINBRIDGE, COLLINS und MENZIES[4] gegenüber der Durchströmungsflüssigkeit hypotonisch, während nach Ausschaltung der Tubuli ein isotonischer Harn abfloß. Der Befund wurde von den genannten Autoren in dem Sinne erklärt, daß in den Glomerulis blutisotonischer Harn abgesondert wird und durch Rückresorption einzelner Bestandteile, vor allem des Kochsalzes, in den Tubulis eine Hypotonie erzielt wird. Durch die Feststellung von ATKINSON, CLARK und MENZIES[5] über das Verhalten des Traubenzuckers in der Niere wurde diese Anschauung gestützt.

HÖBER hat nun mit verschiedenen Schülern das Verhalten der einzelnen Blutkomponenten in der Froschniere geprüft, indem er in der Durchströmungsflüssigkeit von BARKAN, BRÖMSER und HAHN[6] die Konzentration der einzelnen Komponenten variierte bzw. solche, die nicht darin enthalten waren, hinzufügte.

[1] TAMURA, K., K. MIYAMURA, F. FUKUDA, M. HOSOYA, K. KISHI u. G. KIHARA: Jap. J. med. Sci. Trans. IV. Pharmacology **1**, 249 (1927).
[2] SMITH, C. S.: Amer. J. of Physiol. **82**, 717 (1927).
[3] BIETER, R. N. u. A. D. HIRSCHFELDER: Proc. Soc. exper. Biol. a. Med. **23**, 698 (1926).
[4] BAINBRIDGE, F. A., S. H. COLLINS u. J. A. MENZIES: Zitiert auf S. 380.
[5] ATKINSON, M., G. A. CLARK u. J. A. MENZIES: Zitiert auf S. 380.
[6] BARKAN, G., PH. BRÖMSER u. A. HAHN: Zitiert auf S. 380.

Wasserstoffionen werden von der isolierten Froschniere bis zu einer Wasserstoffionenkonzentration der Durchspülungsflüssigkeit von p_H 2,16 hinauf konzentriert, und zwar durch Einsparung von $HCO_3^{\cdot}$- und $HPO_4^{\cdot\cdot}$-Ionen und unter vermehrter Ausscheidung von $CO_3^{\cdot\cdot}$- und $H_2PO_4^{\cdot}$-Ionen. Das Optimum der Leistungsfähigkeit, gemessen an der Verdünnungsarbeit am Kochsalz, liegt bei p_H 7,26 (Detering[1]).

Für die verschiedenen Anionen konnte von Yoshida[2] gezeigt werden, daß Chlor exzessiv eingespart wird und daß diese Einsparung des Chlors die wesentliche Ursache für die Hypotonie des Froschharns darstellt. Die Verdünnung geht bis zu 0,144% herunter; bei Vermehrung des Chlorgehalts in der Durchströmungsflüssigkeit steigt der Chlorgehalt des Harns an, während seine Menge abnimmt. Chlor wird immer verdünnt ausgeschieden, bis die Harnsekretion bei ungefähr 1% Kochsalzgehalt in der Durchströmungsflüssigkeit sistiert. Auch beim intakten Frosch vermag die Niere Kochsalz nicht über die Konzentration im Blut hinaus zu steigern (Schürmeyer[3]). An der überlebenden Säugetierniere werden nach Starling und Verney[4] im Gegensatz zum intakten Säugetier, wo meist eine Konzentration statthat, die Chloride ebenfalls verdünnt. Durch Erhöhung des Chlorspiegels im Blut kann eine Konzentrierung in der Niere nicht erzwungen werden. Dagegen läßt sich durch Pituitrin der Chlorgehalt des Harns bei Verminderung der Wasserausscheidung steigern, während Adrenalin keine Wirkung ausübt. Das fehlende Konzentrierungsvermögen der isolierten Hundeniere wird auf den Mangel eines solchen pituitrinähnlichen Hormons im defibrinierten Blut zurückgeführt. Mit unvollkommenerer Methodik sahen Carnot und Rathery[5] bei der überlebenden Hundeniere bald Konzentrierung, bald Verdünnung des Kochsalzes im Urin.

Sulfat wird im Gegensatz hierzu im Froschharn angereichert, während die Chloridverdünnung bei Sulfatgegenwart noch gesteigert wird. Vom Tubulusgefäßsystem aus tritt Sulfat nur spurenweise in den Harn über. Die Anreicherung des Sulfats muß auf Wasserrückresorption in den Kanälchen beruhen, denn nach Vergiftung der Tubuli durch Sublimat wird das Konzentrationsvermögen der Niere für Sulfat aufgehoben.

Andere mehrwertige Anionen, wie Äthylsulfat, Phosphat, Tartrat und Ferrocyanid, verhalten sich beim Frosch wie Sulfat, während Citrat die Niere in größten Verdünnungen schädigt. Bromid wird wie Chlorid in der Niere verdünnt und die Verdünnung ebenso wie beim Chlorid durch Sulfat noch gesteigert. Bei gleichzeitiger Zufuhr von Chlor und Bromionen wird jedoch das Bromid weniger verdünnt als das Chlorid, was vielleicht auf eine Schädigung der Nierenfunktion durch das Bromid zurückzuführen ist. Anders verhalten sich Jodid und Rhodanid, die durch die Niere unverändert ausgeschieden werden, auch bei Zufuhr von den Kanälchen aus. Trotzdem wird bei gleichzeitiger Zufuhr von Jodid und Sulfat Sulfat konzentriert. Bei gleichzeitiger Zufuhr von Chlorid und Jodid wird die Verdünnungsfähigkeit gegen Chlor reversibel herabgesetzt.

Von den untersuchten Kationen zeigte die Niere gegenüber Kalium bei unternormaler Konzentration im Blut eine Einsparung, bei übernormaler Konzentration eine Anreicherung im Harn. Die normale Konzentration, bei der Kalium weder eingespart noch konzentriert ausgeschieden wird, liegt bei einem Kaliumchloridgehalt von 0,0075% in der Durchströmungsflüssigkeit. Bei Steigerung der

---

[1] Detering, F.: Pflügers Arch. **214**, 744 (1927).
[2] Yoshida, H.: Pflügers Arch **206**, 275 (1924).
[3] Schürmeyer, A.: Pflügers Arch. **210**, 759 (1925).
[4] Starling, E. H. u. S. B. Verney: Proc. roy. Soc. Lond. Ser. B **97**, 321 (1925).
[5] Carnot, P. u. F. Rathery: J. Physiol. et Path. gen. **23**, 625 (1925).

Kaliumkonzentration auf 0,12% tritt eine reversible Schädigung in der Abscheidung von Chlor, Ferrocyanid und Traubenzucker auf, unter gleichzeitiger Einschränkung der Harnmenge und der Durchströmung. Bei weiterer Steigung auf 0,16% sistiert die Harnbildung. Durch gleichzeitige Steigerung der Calciumkonzentration kann die Kaliumvergiftung aufgehoben werden.

Ein analoges Verhalten zeigt die Froschniere gegenüber Calcium. Hier erfolgt Rückresorption bei Werten in der Durchströmungsflüssigkeit bis zu 0,025%, während bei höheren Werten in der Durchströmungsflüssigkeit eine Konzentration im Urin stattfindet. Auf die Kochsalzausscheidung ist der Calciumgehalt ohne Einwirkung. Über die Wirkung kalium- und calciumfreier Durchspülungsflüssigkeit auf die Harnsekretion der Froschniere liegen Untersuchungen von WOHLENBERG[1] vor, die jedoch trotz zahlreicher angestellter Versuche kein einheitliches Bild erkennen lassen und der Aufklärung durch weitere Versuche bedürfen.

Rubidium wird unter allen Umständen konzentriert, schädigt aber offenbar die Niere. Ammonium wird ebenfalls von der Niere stark konzentriert. Das Konzentrationsvermögen für Ammonium wird durch Sublimatvergiftung der Tubuli aufgehoben.

Von untersuchten Nichtleitern wird Harnstoff in weitem Bereich konzentriert ausgeschieden; dasselbe konnten CARNOT und RATHERY[2] für die überlebende Hundeniere zeigen. Schon früher hatte NUSSBAUM[3] feststellen können, daß nach Harnstoffzufuhr die durch Unterbindung der Nierenarterie zum Stillstand gekommene Harnabsonderung wieder in Gang kommt. BAINBRIDGE und BEDDARD[4] konnten den NUSSBAUMschen Befund bestätigen. Das beruht offenbar auf der von RICHARDS und WALKER[5] beobachteten Erscheinung, daß nach Harnstoffzusatz zur Durchspülungsflüssigkeit die Blutversorgung der Glomeruli auch von der Pfortader übernommen wird.

YOSHIDA[6] zeigte, daß die überlebende Froschniere Harnstoff in beträchtlicher Weise konzentriert. Das gleiche Verhalten beobachtete WANKELL[7] für Thioharnstoff und Mononatriumurat. Von Purinbasen wird Hypoxanthin durch die Niere konzentriert. Von Aminosäuren wurden Glykokoll, Lysin und Alanin bald konzentriert, bald unverändert oder verdünnt ausgeschieden. WANKELL[7] zeigte, daß diese Differenzen bedingt sind durch die aktuelle Reaktion der Durchspülungsflüssigkeit. Bei saurer Reaktion erfolgt eine Konzentrierung, bei neutraler eine Verdünnung im Urin. Auch Asparaginsäure wurde vermehrt, während das zugehörige Amid das Asparagin in unveränderter Konzentration die Niere passiert. Das gleiche Verhalten zeigten Glutaminsäure und Glutamin, erstere wird konzentriert, letzteres verdünnt ausgeschieden. Lysin und Arginin werden konzentriert, ebenso Guanidin; während Kreatinin eine Konzentration im Harn erfährt, wird Kreatin unverändert ausgeschieden. Auch Hippursäure und Lactamid erfahren eine Konzentrierung. Glykokoll soll, in einer Konzentration von 0,1% der Durchströmungsflüssigkeit beigesetzt, die Arbeitsfähigkeit der Niere in hohem Maße erhalten (DETERING[8]).

Nach WATZADSE[9] wirken auch andere Aminosäuren sowie Aminosäureamide, Dipeptide, Erepton und Pepton im gleichen Sinne, während andere N-haltige

[1] WOHLENBERG, W.: Pflügers Arch. **217**, 318 (1927).
[2] CARNOT, P. u. F. RATHERY: J. Physiol. et Path. gén. **23**, 625 (1925).
[3] NUSSBAUM, M.: Pflügers Arch. **16**, 139 (1878).
[4] BAINBRIDGE, F. A. und A. P. BEDDARD: J. of Physiol. **34**, 9 (1906).
[5] RICHARDS, A. N. u. A. M. WALKER: Amer. J. of Physiol. **79**, 418 (1927).
[6] YOSHIDA, H.: Pflügers Arch. **206**, 274 (1924).
[7] WANKELL, F.: Pflügers Arch. **208**, 604 (1925).
[8] DETERING, F.: Pflügers Arch. **214**, 744 (1926).
[9] WATZADSE, G.: Pflügers Arch. **219**, 694 (1928).

Verbindungen, wie Kreatin, Kreatinin, Lactamid, Äthylaminhydrochlorid, Hippursäure, selbst Coffein und vielleicht harnsaures Natrium die Durchströmung und Funktion der Niere nicht begünstigen. Diese günstige Wirkung beruht wohl auf Verbesserungen der Blutzirkulation durch Aminosäurenzusatz, doch ist die Ursache der Wirkung mit Sicherheit noch nicht aufgeklärt.

Für den Traubenzucker war schon von Hamburger und Brinkman[1] und von Atkinson, Clark und Menzies[2] gefunden worden, daß bei niedriger Konzentration aller Zucker von der Froschniere zurückgehalten wird. Clark[3] hatte zeigen können, daß diese Zurückhaltung auf einer Verdünnungsarbeit in den Nierenkanälchen beruht. Yoshida[4] erweiterte diese Feststellung dahin, daß auch bei höheren Konzentrationen, bei denen die Froschniere zwar Zucker durchläßt, stets eine Verdünnungsarbeit geleistet wird, und daß eine Konzentration von Traubenzucker in der Froschniere nicht möglich ist, was von Schürmeyer[5] auch für den intakten Frosch bestätigt wurde. Wenn Cullis[6] und Rowntree, Fitz und Geraghty[7] auch einen Durchtritt von Traubenzucker von der Pfortader aus beobachteten, so dürfte das auf die Anwendung eines übernormalen Venendrucks zurückzuführen sein. Hosoya[8] unterband japanischen Kröten einseitig die Nierenpfortader und sah bei künstlich gesetzter Hyperglykämie und Glykosurie keine Differenz im Zuckergehalt des Harns beider Nieren. Wenn er dagegen eine Nierenarterie unterband und vom distalen Stumpf aus mit Salzlösung durchspülte, während die Pfortader mit dem normalen Kreislauf in Verbindung stand, so trat nach künstlich gesetzter Hyperglykämie in der künstlich durchströmten Niere im Gegensatz zur anderen, unbehandelten, kein Zucker im Harn auf. Zuckerzusatz zur Durchströmungsflüssigkeit ließ erst bei Steigerung über 0,05% oder bei sehr langer Durchströmungszeit Zucker im Harn erscheinen. Schädigungen der Niere bei der Operation setzten den Schwellenwert für Zucker herab, während Serumzusatz ihn erhöhte. Hosoya deutet diese Versuche in der Weise, daß die Zuckerschwelle des Harns durch das Verhalten der Glomeruli bedingt sei. Doch scheinen die Versuche hierfür keinen Beweis zu liefern; denn bei der Unterbindung der Nierenpfortader übernimmt die Arterie die Versorgung des Tubulusgebietes. Ohne Angabe des Durchströmungsdrucks ist eine Beurteilung der Versuche kaum möglich.

Ein Teil der zugeführten Glucose, und zwar 1—2 mg pro Stunde bei einem durchschnittlichen Trockengewicht der Niere von 30—40 mg wird von der Froschniere bei der Harnbildung verbraucht. Die Glucoseaufnahme wird bei Verminderung der Alkalireserve herabgesetzt und fällt bei gleichbleibender Alkalireserve mit steigender Wasserstoffionenkonzentration. Durch Narkotica wird der Glucoseverbrauch eingeschränkt, ebenso durch Sauerstoffblockierung. Die verbrauchte Glucose wird zum Teil anoxybiotisch (38%), zum Teil unter Sauerstoffaufnahme weiter verarbeitet (Detering[9]).

Im Anschluß an die Feststellungen von Hamburger und Brinkman[1], daß im Gegensatz zum Traubenzucker Fructose, d- und l-Arabinose, d- und l-Mannose, d-Glucosamin, Lactose und Raffinose unverändert schon in kleinen Mengen die

[1] Hamburger, H. J. u. R. Brinkman: Biochem. Z. **88**, 97 (1918). — Hamburger, H. J.: Biochem Z. **128**, 185 (1922). — Hamburger, H. J.: Proc. acad. Sci. Amsterdam **22**, 351, 360 (1920) zitiert nach Ber. Physiol. **3**, 253 (1921).
[2] Atkinson, M., G. A. Clark u. J. A. Menzies: Zitiert auf S. 380.
[3] Clark, G. A.: J. of Physiol. **56**, 201 (1922). [4] Yoshida, H.: Zitiert auf S. 383.
[5] Schürmeyer, A.: Pflügers Arch. **210**, 759 (1925).
[6] Cullis, W. C.: J. of Physiol. **34**, 250 (1906).
[7] Rowntree, G. L., R. Fitz u. J. F. Geraghty: Arch. int. Med. **11**, 121 (1913).
[8] Hosoya, M.: Proc. imp. Acad. Tokyo **3**, 632 (1927).
[9] Detering, F.: Pflügers Arch. **214**, 744 (1927).

Niere passieren, dagegen d-Galaktose, d- und l-Xylose sowie d-Ribose verdünnt ausgeschieden werden, konnte YOSHIDA[1] zeigen, daß Fructose und Rohrzucker die Froschniere ohne Konzentrationsänderungen durchlaufen, während an Galaktose eine geringe Verdünnungsarbeit geleistet wird. Glucose wird von der überlebenden Hundeniere in der Regel verdünnt, erst bei sehr hoher Konzentration im Blut noch darüber hinaus im Harn angereichert (CARNOT und RATHERY[2]).

Die folgende Tabelle gibt eine Übersicht über die Ausscheidung der von HAMBURGER, YOSHIDA und WANKELL untersuchten organischen Nichtleiter durch die Froschniere.

Konzentriert	Unverändert durchgelassen	Partiell zurückgehalten	Vollständig zurückgehalten
Harnstoff	Asparagin	d-Galaktose	d-Glucose
Thioharnstoff	Glutamin	l-Xylose	
Mononatriumurat	Kreatin	d-Xylose	
Hypoxanthin	Glucosamin	d-Ribose	
Glykokoll (saure Reaktion)	l-Mannose	Glykokoll (neutr. Reaktion?)	
Alanin (saure Reaktion)	l-Arabinose	Alanin (neutrale Reaktion?)	
Asparaginsäure	l-Glucose		
Glutaminsäure	d-Mannose		
Lysin	d-Arabinose		
Arginin	d-Fructose		
Guanidin	Saccharose		
Kreatinin	Lactose		
Hippursäure	Raffinose		
Lactamid			

Aus ihr geht hervor, daß die stickstoffhaltigen Verbindungen überwiegend konzentriert abgeschieden werden, während kein einziges Kohlehydrat in der Froschniere konzentriert werden kann. Für das Verhalten der Aminosäuren scheint die Form ihrer Dissoziation nach der Amino- oder nach der Carboxylgruppe ausschlaggebend zu sein. Im Gegensatz zu den Aminosäuren, die konzentriert werden, passieren die zugehörigen Amide die Niere unverändert. Derselbe Unterschied besteht zwischen Kreatinin und Kreatin. Weitere Gesetzmäßigkeiten lassen sich aus den bisher vorliegenden Tatsachen nicht erkennen.

Um die Ausschaltung der energieliefernden Prozesse an der isolierten Froschniere durchzuführen, haben HÖBER und seine Mitarbeiter[3] verschiedene Methoden angewandt. Die unmittelbare Erstickung durch Verwendung sauerstoffloser Durchspülungsflüssigkeit, d. h. einer Flüssigkeit, in der das Sauerstoff-Kohlensäuregemisch durch ein Stickstoff-Kohlensäuregemisch ersetzt war, zeigt eine starke Abnahme der Harnbildung in der Erstickung, die reversibel ist und die offenbar eine Wirkung auf die Glomerulusfunktion darstellt, da auch nach Ausschaltung der Tubuli durch Sublimat die antidiuretische Wirkung der Erstickung bestehen bleibt. Die Versuche sind bisher nicht ganz eindeutig. Die Differenzen scheinen auf jahreszeitliche und individuelle Schwankungen zurückzuführen zu sein. Der Glykoseverbrauch der Niere wird durch die Erstickung ebenfalls herabgesetzt. Die Ergebnisse stehen übrigens im Widerspruch zu den Resultaten MASUDAS[4], der bei sorgfältigem Sauerstoffabschluß eine Steigerung der Harn-

[1] YOSHIDA. H.: Zitiert auf S. 383.
[2] CARNOT, P. u. F. RATHERY: J. Physiol et Path. gen. **23**, 625 (1925).
[3] DETERING, F.: Pflügers Arch. **214**, 757 (1926). — HÖBER, R. u. E. MACKUTH: ebenda **216**, 420 (1927).
[4] MASUDA, T.: Biochem. Z. **175**, 8 (1926).

menge mit erhöhter Chlorkonzentration bei unverändertem Gefäßdurchfluß feststellte. Die Zuckerausscheidung war dabei meistens nicht beeinflußt.

Noch weniger eindeutig ist das Verhalten der Froschniere unter Cyankali. DAVID[1] hat feststellen können, daß Kaliumcyanid in Konzentrationen von 0,001—0,0005 molar die osmotische Leistung gegenüber Chlorid, Ferrocyanid, Kalium, Calcium und Ammonium aufhebt, während die Ausscheidung von Glykose, Harnstoff, Thioharnstoff und Glykokoll bei dieser Konzentration noch unverändert ist und erst bei Konzentrationen von 0,002 molar gestört wird. Die Vergiftung von der Pfortader aus war leichter reversibel als die von der Aorta aus. Eine nennenswerte Änderung der Harnmenge durch Cyankali wurde nicht beobachtet.

Im Gegensatz hierzu beobachteten HÖBER und MACKUTH[2] bei Vergiftung der Niere mit gleichen Cyankaliumkonzentrationen regelmäßig eine starke reversible Verminderung der Harnmenge ohne Veränderung des Gefäßdurchflusses. Die Ursache der Unterschiede gegenüber den DAVIDschen Befunden sieht HÖBER in individuellen und jahreszeitlichen Schwankungen des Froschmaterials.

Auch diese Versuche werden von MASUDA[3] nicht bestätigt, der bei der Blausäurevergiftung meist einen Anstieg der Harnmenge beobachtete, die aber gleichzeitig mit einer Gefäßerweiterung verbunden war.

Schließlich wurde noch das Verhalten der Funktion der isolierten Froschniere unter dem Einfluß von Narkoticis geprüft. DAVID[1] beschränkt sich auf die Durchspülung des Pfortadergebietes mit Narkoticis und stellt fest, daß alle Nierenleistungen gegen osmotischen Druck, d. h. die Verdünnungsarbeit an Chlorid, Kalium, Calcium und Glykose und die Konzentrationsarbeit an Ammoniak, Kalium und Calcium, durch Narkotica reversibel aufgehoben werden kann. HÖBER und MAKUTH erweiterten diese Versuche auch auf die Wirkung der Narkotica von der Aorta aus. Sie beobachteten bei Phenylurethankonzentrationen von 0,02% in der Aorta eine starke Herabsetzung der Harnbildung ohne nennenswerte und zwar reversible Änderung des Gefäßdurchflusses. Das Tubulussystem ist an dieser Hemmung unbeteiligt, wie durch Ausschaltung desselben durch Sublimat gezeigt werden konnte.

DAVID[1] hat bei der Durchspülung mit geringer Narcoticumkonzentration von der Vene aus eine Verminderung oder Aufhören der Harnbildung gefunden und als Gefäßwirkung gedeutet. HÖBER und MAKUTH[2], die diese Versuche bestätigen, glauben die Hemmung der Harnbildung durch kleine Narkoticadosen von der Vene aus auf ein partielles Eindringen des Narkoticums in das Glomerulussystem zurückführen zu können, während sie die Harnvermehrung bei Steigerung der Narkoticadosen als eine Strukturschädigung der Glomeruli auffassen, die dadurch zu passiven Filtern werden. Vergleichsweise herangezogene Schädigungen der Glomeruli mit Sublimat ergaben ebenfalls eine Herabsetzung der Harnbildung, die aber auf einer Schädigung der Gefäße beruht. Bei der Verwendung von Narkoticis sinkt der Chlorwert des Harns, während er bei der Blausäurevergiftung steigt, während der Zuckergehalt des Harns sowohl bei Anwendung von Narkoticis als auch auf Blausäure hin steigt. Daraus wird auf einen verschiedenen Rückresorptionsort für Chlor und Glukose geschlossen. Durch das Verhalten der Froschniere gegenüber Substanzen, die die energieliefernden Prozesse einschränken, glaubt HÖBER Beweise erbracht zu haben, daß die Harnabscheidung in den Glomerulis keine reine Filtration sei, sondern ein mit Energieverbrauch verbundener aktiver Zellprozeß.

---

[1] DAVID, E.: Pflügers Arch. **208**, 147 (1925).
[2] HÖBER, R. u. E. MACKUTH: Pflügers Arch. **216**, 420 (1927).
[3] MASUDA, T.: Zitiert auf S. 385.

Für Eiweiß ist die Froschniere undurchlässig, auch nach Vergiftung durch Narkotica oder Cyankalium (H. SCHULTEN[1]), während die Hundeniere bei längerdauernder Cyankaliumvergiftung für Eiweiß durchlässig wird (STARLING und VERNEY[2]). Ebenso wie Eiweiß werden auch hochkolloide Farbstoffe von der Niere zurückgehalten, dagegen werden feindisperse konzentriert, mittlere verdünnt ausgeschieden. Das Tubulussystem ist für Farbstoffe undurchgängig. Durch Zusatz von Eiweiß zur Durchspülungsflüssigkeit wird die Harnmenge beträchtlich eingeschränkt. Die Undurchlässigkeit des Glomerulusepithels für Eiweiß steht zwar im Widerspruch zu den Anschauungen von DE HAAN und BAKKER[3], die annehmen, daß der primäre Glomerulusharn immer eiweißhaltig sei und erst vom Tubulussystem das Eiweiß rückresorbiert würde, sie deckt sich aber mit den Befunden von RICHARDS und WEARN[4], die in dem durch Punktion gewonnenen Froschglomerulusinhalt nie Eiweiß, aber stets Zucker nachweisen konnten.

Über das Verhalten von Wasser gegenüber der Froschniere geben Untersuchungen von DEUTSCH[5] Auskunft über die osmotischen Verhältnisse der Gesamtsalze in der Durchströmungsflüssigkeit zu denen im Harn. Es zeigt sich, daß der Froschharn in seiner osmotischen Gesamtkonzentration innerhalb gewisser Grenzen Konzentrationsänderungen der Durchströmungsflüssigkeit sowohl bei Hypotonie wie bei Hypertonie folgt. In jedem Falle wird aber von der Froschniere noch Verdünnungsarbeit geleistet. Hypertonische Lösungen schädigen die Niere mehr als hypotonische.

Leider fehlen bisher entsprechende Untersuchungen für die Säugetierniere fast vollständig, und es wäre wohl verfehlt, aus den Befunden an der Froschniere auf ein völlig gleichartiges Verhalten der Säugetierniere zu schließen. Aber aus den Versuchen von HÖBER geht ohne weiteres hervor, daß die CUSHNYsche Einteilung in Schwellensubstanzen und Nichtschwellensubstanzen zum mindesten einer beträchtlichen Korrektur bedarf.

Betrachten wir unter diesem Gesichtspunkte die Feststellungen der HÖBERschen Schule, so sind ohne weiteres als Nichtschwellenkörper alle die Substanzen zu bezeichnen, die ohne Konzentrationsänderungen die Niere passieren, wie Jodid, Rhodanid, Fructose und Rohrzucker usw. Ebenso müssen als Nichtschwellensubstanzen angesehen werden die Körper, die wie Sulfat, Äthylsulfat, Phosphat, Tartrat, Ferrocyanid, Ammonium, Harnstoff usw. konzentriert und die, wie Kochsalz, Bromid, Rubidium oder Galaktose usw., verdünnt ausgeschieden werden. Als reine Schwellensubstanz muß der Traubenzucker angesehen werden, der erst bei größerer Blutkonzentration in den endgültigen Harn übertritt, während Kalium und Calcium eine Zwischenstellung einnehmen, die in dem CUSHNYschen Schema nicht vorgesehen ist.

III. Der Einfluß einzelner der Niere im Blut zugeführten Substanzen auf die Ausscheidung der übrigen. (Die Diuresen.)

1. Einleitung.

Nachdem wir bisher das Verhalten der Niere den einzelnen Blutbestandteilen gegenüber besprochen und nur in einigen wenigen Fällen das gegenteilige Verhalten der Blutbestandteile zueinander nur gestreift haben, wollen wir im folgen-

[1] SCHULTEN, H.: Pflügers Arch. **208**, 1 (1925).
[2] STARLING, E. H. u. E. B. VERNEY: Zitiert auf S. 382.
[3] HAAN, J. DE u. A. BAKKER: Pflügers Arch. **199**, 125 (1923) — J. of Physiol. **59**, 129 (1924).
[4] WEARN, J. G. u. A. H. RICHARDS: Amer. J. of Physiol. **71**, 209 (1924).
[5] DEUTSCH, W.: Pflügers Arch. **208**, 177 (1925).

den die Wirkung einzelner Stoffe auf die Ausscheidung der übrigen, in erster Linie des Wassers, untersuchen, d. h. also die diuretische Wirkung der Blutbestandteile und anderer zugesetzter pharmakologischer Agentien. Dazu ist es notwendig, zunächst den Begriff der Diurese zu fixieren.

Wir wollen unter Diurese die über die Norm gesteigerte Ausfuhr harnfähiger Substanzen, vorzugsweise eine Steigerung der Wasserausfuhr sehen. Daß es dabei in erster Linie auf eine Steigerung der Wassermenge ankommt, geht schon daraus hervor, daß eine Steigerung der Salzausfuhr ohne gleichzeitige Vermehrung des Wassers an der Konzentrationsfähigkeit der Niere bzw. an dem Maximum ihrer osmotischen Leistungsfähigkeit eine Einschränkung erfährt. Wissen wir doch aus den Untersuchungen von Deutsch[1], daß die Niere gegen eine Überschreitung des osmotischen Drucks nach oben außerordentlich empfindlich ist und bald ihre Sekretion einstellt. Wir müssen daher untersuchen, wie eine Konzentrationsänderung der Plasmabestandteile bzw. wie die Zufuhr körperfremder Stoffe auf die Harnbildung wirkt.

Wir müssen grundsätzlich zwei Faktoren voneinander trennen, und zwar eine Harnvermehrung durch vermehrte Zufuhr harnfähiger Blutanteile aus extrarenalen Ursachen, d. h. im wesentlichen eine Beeinflussung des Stoffaustauschs zwischen Gewebe und Blut und Harnvermehrung aus renalen Ursachen, d. h. die Einwirkung auf die Harnbildungsprozesse innerhalb der Niere selbst. Die extrarenalen Faktoren sollen aus unserer Betrachtung nach Möglichkeit ausgeschieden werden, da sie an anderer Stelle dieses Handbuches eine Besprechung erfahren (Bd. 17, S. 160ff. u. 223ff.). Es wird jedoch schwierig sein, sie völlig beiseite zu lassen, da eine scharfe Trennung zwischen renaler und extrarenaler diuretischer Wirkung kaum durchzuführen sein wird. Renal-diuretisch kann nach der unserer Untersuchung zugrunde gelegten Harnabsonderungstheorie ein Stoff wirken, wenn er die physikalischen Bedingungen der Harnbildung ändert durch Steigerung des Blutdrucks bzw. der Blutfülle in den Glomeruluscapillaren und der dadurch vermehrten Filtration einerseits, durch verminderte Rückresorptionsgelegenheit andererseits, und zwar entweder infolge Einschränkung von Blutdruck und Durchströmungsgeschwindigkeit im Tubuluscapillarsystem oder infolge einer Beschleunigung des Harndurchflusses durch die Kanälchen (Tubulusdiarrhöe H. H. Meyers[2]). Weiterhin kann ein Stoff renal-diuretisch wirken durch Veränderung der chemischen bzw. physikochemischen Verhältnisse im Nierengewebe und Blut, durch Vermehrung des harnfähigen Blutwassers (Grenzfall renaler und extrarenaler Wirkung), Veränderungen der Porengröße des Glomerulusfilters oder Veränderungen der Tubuluspermeabilität im Sinne einer gehinderten Rückresorption oder gesteigerten Sekretion. Bei der Undurchsichtigkeit der Nierenfunktion ist es natürlich unmöglich völlig zu übersehen, welche dieser Faktoren im einzelnen bei der jeweiligen Diurese beeinflußt werden, und bei dem außerordentlich fein zugeschnittenen Zusammenspiel verschiedener Einflüsse darf man wohl sicher annehmen, daß in jedem einzelnen Fall diuretischer Wirksamkeit eine Anzahl dieser Faktoren gleichsinnig in Funktion tritt. Weiterhin ist auch die Tatsache zu erwähnen, daß der Sprachgebrauch unter Diuresesteigerung zwei hinsichtlich des tierischen Gesamtkörpers verschiedene Prozesse versteht, nämlich eine Entwässerung des Körpers durch Mehrausscheidung von Wasser über die Aufnahme hinaus und eine Durchspülung des Körpers durch die Aufnahme großer Wassermengen. Für die Nierenfunktion, auf die es uns aber in diesen Ausführungen allein ankommt, liegt in beiden Fällen die gleiche Beeinflussung, d. h. eine Steigerung der Harnmenge vor. Die Differenzen sind lediglich extrarenal.

---

[1] Deutsch, W.: Pflügers Arch. **208**, 177 (1925). — [2] Meyer, H. H.: Zit. auf S 308.

2. Verdünnungsdiuresen.

a) Allgemeines.

Cushny[1] unterscheidet in seiner Monographie zwei Formen der Diurese, und zwar die Verdünnungsdiurese, die bedingt ist durch die Veränderung des Kolloidkonzentrationsfaktors und die Tubulusdiurese, deren Ursache in einer veränderten Permeabilität der Tubuluszellen im Sinne der Verminderung der Rückresorption zu suchen ist.

Wir wollen hier zunächst die Frage der Verdünnungsdiurese als solche erörtern. Dazu ist es notwendig, festzustellen, welche physikalisch-chemischen Faktoren des Blutes bei der Hydrämie, d. h. bei der Verminderung der Kolloidkonzentration des Plasmas, eine Veränderung erleiden und auf welche dieser Veränderungen eine erhöhte Harnbildung bzw. Vermehrung der Filtrationsgeschwindigkeit im Urin zurückzuführen ist.

Starling[2] hat als erster klar erkannt, daß zur Abpressung eines Ultrafiltrats in den Glomerulis der Druck überwunden werden muß, mit dem die das Nierenfilter nicht passierenden Plasmakolloide die im Glomerulusharn abgepreßte Salzlösung binden. Auf die Frage des physikalisch-chemischen Faktors dieser Bindung kommt es nun wesentlich an.

Der ursprünglich von Starling[2] als maßgebend angesehene osmotische Druck der Eiweißkörper ist bald verlassen worden, und wenn neuerdings Schade und Menschel[3] allen flüssigkeitsaufsaugenden Druck in Lösungen, der durch Gallerten oder durch Sole hervorgebracht wird, als „onkotischen Druck" bezeichnen, so ist das lediglich die Einführung einer neuen Bezeichnung ohne Klärung der Abhängigkeit seiner Größe von Änderungen der äußeren Bedingungen, und hierauf kommt es für unsere Fragestellung im wesentlichen an. Denn um die Bedeutung der Hydrämie für die Diurese erkennen zu können, müssen wir wissen, in welcher Weise sich der „onkotische Druck" der Plasmakolloide mit der Kolloidkonzentration ändert. Wenn nämlich die Abhängigkeit dieser Änderung eine ungefähr lineare Funktion darstellt, so kann eine zunehmende Hydrämie nur von relativ geringem Einfluß auf die Harnabsonderung sein. Wenn jedoch, was durchaus im Bereich der Möglichkeit liegt, der „onkotische Druck" von einer bestimmten Plasmakonzentration an eine sprunghafte Änderung aufweist, so dürften selbst kleine Änderungen in der Plasmakonzentration die größten Veränderungen in der Menge des harndisponiblen Blutwassers hervorrufen. Auch über die Bedeutung anderer physikochemischer Faktoren für die Harnabsonderung wissen wir wenig.

Als erster hat M. H. Fischer[4] den Versuch gemacht, den Quellungsdruck als Ursache für die Wasserbindung in Anspruch zu nehmen. Auch Loewi[5] und H. Meyer[6] suchen die Wirkung der Salzdiurese in einem veränderten Quellungszustand der Kolloide. Durch die Untersuchungen von A. Ellinger[7] und seiner Schule ist die Bedeutung des Quellungszustandes der Eiweißkörper für die Diurese als ursächlicher Faktor erneut in den Vordergrund der Betrachtungen gestellt worden.

---

1 Cushny, A. R.: The Secr. of the Urine, London 1917.

2 Starling, E. H.: J. of Physiol. **24**, 317 (1899).

3 Schade, H. u. H. Menschel: Z. klin. Med. **96**, 279 (1923).

4 Fischer, M. H.: Kolloid-Z. **8**, 159 (1911).

5 Loewi, O.: Arch. f. exper. Path. **48**, 410 (1902).

6 Meyer, H. H.: In Meyer-Gottlieb Lehrbuch d. exper. Pharmakologie 7a. Berlin u. Wien 1925.

7 Ellinger, A., P. Heymann u. G. Klein: Arch. f. exper. Path. **91**, 1 (1921). — Ellinger, A. u. P. Heymann: ebenda **90**, 336 (1921). — Ellinger, A. u. S. M. Neuschlosz: Biochem. Z. **127**, 241 (1922). — Ellinger, A.: Verh. dtsch. Ges. inn. Med. **1922**, 275.

Eine Bestimmung des Quellungsdrucks bei Solen ist direkt nicht möglich. ELLINGER und seine Schüler mußten daher nach einer indirekten Meßmethode suchen, in die der Quellungsdruck als wesentlicher Faktor eingeht. Als solche glaubten sie zunächst die Ultrafiltrationsgeschwindigkeit ansprechen zu können. Sie untersuchten die Wirkung einer großen Anzahl von Diureticis auf die Ultrafiltrationsgeschwindigkeit des Serums und fanden im Modellversuch eine Steigerung der Ultrafiltrationsgeschwindigkeit durch verschiedenste diuretisch wirksame Substanzen. Gegen diese Versuche ist jedoch der Einwand zu erheben, daß durch die zugesetzten Substanzen nicht nur das Serum, sondern auch das Filter in seiner Porengröße beeinflußt werden kann. Auf Grund vergleichender Untersuchungen über die Änderungen der Filtrationsgeschwindigkeit und die Änderungen der Viscosität, die einen gewissen Parallelismus aufwiesen, glaubte ELLINGER und seine Schule später die Viscositätsänderungen als Maß der Quellungsänderung der Plasmakolloide ansehen zu dürfen und in der Viscosität des Plasmas einen maßgeblichen Faktor der Harnabsonderungsgeschwindigkeit gefunden zu haben. Demgegenüber hatte schon KNOWLTON[1] zeigen können, daß Viscositätsänderungen des Plasmas auf die Sekretionsgeschwindigkeit des Harns ohne Einfluß waren. Die Untersuchungen von ELLINGER und NEUSCHLOSZ[2] haben den Nachuntersuchungen über den Parallelismus von Plasmaviscosität und Harnsekretion durch OEHME[3], SCHULTZ[4] und BECHER[5] nicht standgehalten. Über die Bedeutung des Quellungsdrucks bzw. Quellungszustandes der Eiweißkörper für die Diurese ist jedoch damit weder in positiver noch in negativer Richtung eine Entscheidung gefällt. Diese Verhältnisse werden erst übersehbar, wenn wir eine Methode ausfindig machen, die eine unmittelbare Bestimmung des Quellungszustandes der Eiweißkörper gestattet.

Wir sehen also, daß wir über den physikochemischen bzw. kolloidchemischen Zustand der Blutplasmakolloide noch völlig im dunkeln sind. Für die Frage nach der Bedeutung der Verdünnungsdiurese sind wir lediglich auf die biologischen Erfahrungen im Tierexperiment angewiesen.

Daß Hydrämie zur Diurese führt, wurde zuerst von STARLING[6] ausgesprochen. STARLING[6] sah aber das wesentliche Moment weniger in der Blutverdünnung als in der angeblich gleichzeitig mit ihr auftretenden und damit verbundenen Erhöhung des Glomeruluscapillardrucks. Im Gegensatz hierzu zeigte MAGNUS[7] in den schon obenerwähnten Versuchen (s. S. 320), daß bei der Transfusion von Blut eines gleich vorbehandelten Tieres in die Vene eines zweiten trotz der entstehenden Plethora keine Diuresevermehrung zu beobachten war und daß eine Diurese erst entstand, wenn zwischen der Blutzusammensetzung des Blutspenders und des Blutempfängers Differenzen bestanden. MAGNUS[7] deutet diese Versuche in dem Sinne, daß lediglich die chemische Änderung der Blutbeschaffenheit und nicht die Erhöhung des Capillardrucks eine diuretische Wirkung erzeugen konnte.

CUSHNY[8], METZNER[9] und HÖBER[10] erheben gegen die MAGNUSsche Deutung den Einwand, daß bei der MAGNUSschen Versuchsanordnung die Wirkung des erhöhten Capillardrucks durch die von MAGNUS selbst gefundene gleichzeitige Steigerung

---

[1] KNOWLTON, F. P.: J. of Physiol. **43**, 219 (1911).
[2] ELLINGER, A. u. S. M. NEUSCHLOSZ: Zitiert auf S. 389.
[3] OEHME, C.: Arch. f. exper. Path. **102**, 40 (1924).
[4] SCHULTZ, O.: Z. exper. Med. **31**, 221 (1923).
[5] BECHER, E.: Z. inn. Med. **45**, 242 u. 273 (1924) — Münch. med. Wschr. **1924**, 499.
[6] STARLING, E. H.: J. of Physiol. **24**, 317 (1899).
[7] MAGNUS, R.: Arch. f. exper. Path. **45**, 210 (1902).
[8] CUSHNY, A. R.: J. of Physiol. **28**, 431 (1902).
[9] METZNER, R.: Nagels Handb. d. Phys. **2**, 207. Braunschweig 1906.
[10] HÖBER, R., Koranji-Richters Handb. d. phys. Chem. u. Med. **1**, 381. Leipzig 1907.

der Blutplasmakonzentration überkompensiert werde. ASHER und WALDSTEIN[1] konnten jedoch auch eine Diurese nach Bluttransfusion nachweisen, wenn das Blut des Blutspenders eine höhere Kolloidkonzentration als die des Blutempfängers aufwies. Die Voraussetzung war lediglich eine verschiedene Beschaffenheit der Blutzusammensetzung, die MAGNUS als Reiz für eine vermehrte Sekretion der Niere auffaßt.

Für die Frage nach der Bedeutung der Hydrämie für die Diurese ist es nun von ausschlaggebender Bedeutung, ob jede Hydrämie eine Diuresesteigerung zur Folge hat bzw. ob jede Diuresesteigerung von einer Hydrämie begleitet ist. Schon STARLING[2] und MAGNUS[3] haben feststellen können, daß Diuresesteigerung und Hydrämie nicht völlig parallel gehen. BOCK[4] hat Salzdiuresen beobachtet, die völlig ohne Blutverdünnung ablaufen, und neuerdings hat BECHER[5] eingehende Untersuchungen über das Verhalten der Hydrämie bei der Harnstoffdiurese angestellt. Er konnte feststellen, daß das Verhalten der Kolloidkonzentration im Plasma abhängig ist von dem Wassergehalt der Gewebe und daß nach Harnstoffinjektion Hydrämie und Diurese zeitlich nicht aneinandergebunden sind.

Wir müssen daher annehmen, daß die Hydrämie in vielen Fällen als auslösendes Moment für die Diurese in Frage kommt, daß aber eine Hydrämie nicht in allen Fällen eine Diurese nach sich ziehen muß. So beobachtete WINOGRADOFF[6], daß bei extremer Blutverdünnung bei einer Gefrierpunktserniedrigung des Blutes von $-0{,}47°$ die Harnabsonderung beim Kaninchen völlig erlischt. Die Salzverarmung wurde durch salzfreie Diät und reichliche perorale Zufuhr von destilliertem Wasser erzielt. Bei Zufuhr hypotonischer Kochsalzlösungen hört die Harnbildung fast vollständig oder völlig auf. Die extremen, hierbei beobachteten Werte der Blutverdünnung zeigten eine Gefrierpunktserniedrigung von $-0{,}37°$. Injektion von Rohrzucker brachte die Harnbildung wieder in Gang.

Im Gegensatz hierzu konnte nachgewiesen werden, daß die Vermehrung der Kolloidkonzentration im Blut bzw. in der Durchströmungsflüssigkeit eine Herabsetzung der Diurese hervorruft. So zeigte PONFICK[7], daß die Salzdiurese durch gleichzeitige Injektion von Eiereiweiß vermindert werden kann, MOUTARD-MARTIN und RICHET[8] konnten durch Injektion von Gummi die Zuckerdiurese zum Erlöschen bringen, und KNOWLTON[9] sah an Hunden, denen er abwechselnd Salzlösungen und Lösungen von dem gleichen Salzgehalt mit Gelatine oder Gummi arabicum zusetzte, daß trotz gleicher Wirkung auf den Blutdruck, den Blutdurchfluß durch die Niere und Gleichbleiben des Sauerstoffverbrauchs eine außerordentliche Einschränkung der diuretischen Wirkung der Salze durch den Kolloidzusatz erzielt wurde.

Diese diuresehemmende Wirkung kommt Gelatine und Gummi zu, obwohl wir aus den Untersuchungen SPIROS[10] wissen, daß die Niere für diese Substanzen nicht ebenso völlig undurchlässig ist wie für Eiweiß. An der isolierten Froschniere konnte SCHULTEN[11] zeigen, daß die Harnmenge durch Eiweißzusatz zur Durchströmungsflüssigkeit beträchtlich eingeschränkt wird, und schließlich

---

1 ASHER, L. u. A. WALDSTEIN: Biochem. Z. **2**, 1 (1906).
2 STARLING, E. H.: Zitiert auf S. 391.
3 MAGNUS, R.: Handbuch der Biochemie von C. OPPENHEIMER 1a. **3**, 493ff. Jena 1908.
4 BOCK, J.: Arch. f. exper. Path. **57**, 183 (1907).
5 BECHER, E.: Zbl. inn. Med. **45**, 242, 273 (1924) — Münch. med. Wschr. **1924**, 499.
6 WINOGRADOFF, W.: Zitiert nach LINDEMANN, Erg. Physiol. **14**, 649 (1914).
7 PONFICK: Virchows Arch. **62**, 273 (1875).
8 MOUTARD-MARTIN, R. u. Ch. RICHET: Arch. Physiol. **8**, 1 (1881).
9 KNOWLTON: J. of Physiol **43**, 219 (1911/12).
10 SPIRO, K.: Arch. f. exper. Path. **41**, 148 (1898).
11 SCHULTEN, H.: Pflügers Arch. **208**, 1 (1925).

fanden im Modellversuch Ellinger und Neuschlosz[1] eine starke Herabsetzung der Ultrafiltrationsgeschwindigkeit von Serum bei Zunahme der Eiweißkonzentration. Diese Ergebnisse zeigen, daß da, wo es möglich ist, durch Änderungen einer einzigen Variabeln, d. h. der Kolloidkonzentration des die Niere durchströmenden Blutes einen Einfluß auf die Harnabsonderung zu gewinnen, stets in gleichsinniger Weise mit zunehmender Kolloidkonzentration eine abnehmende Harnproduktion zu beobachten ist, und wir dürfen wohl den Schluß ziehen, daß in den früher besprochenen Fällen, in denen Hydrämie scheinbar ohne Einfluß auf die Harnproduktion war, die diuretische Wirkung der Hydrämie durch andere gleichzeitige, entgegengesetzt wirkende Einflüsse auf die Niere kompensiert wurde.

b) Die Kochsalzdiurese.

Bei der Untersuchung der diuretischen Wirkung der Salze soll im folgenden so ausschließlich wie möglich nur auf die renale Funktion hingewiesen werden. Wir wollen daher nur auf die Wirkung intravenöser Applikationen der diuretischen Substanzen eingehen, da bei der Zuführung von anderen Orten peroral oder subcutan ein wesentlicher Anteil durch das verschiedene Verhalten der Resorption und der Wirkung auf Blut und Gewebe verdeckt wird.

Die ältesten Feststellungen über die diuretische Wirkung des Kochsalzes stammen von Bock und Hoffmann[2], Klikowicz[3] und v. Limbeck[4], die sich jedoch lediglich auf die Feststellung bezogen, daß die intravenöse Zufuhr größerer Mengen 1 proz. oder kleinere Mengen 5 proz. Kochsalzlösungen die ausgeschiedene Harnmenge beträchtlich vermehrt. Dastre und Loye[5] zeigten, daß größere Mengen von 0,7 proz. Kochsalzlösung bei Kaninchen und Hunden starke Diurese erzeugen.

Aber auch bei unmittelbarer Zufuhr in die Blutbahn ist ein weiter Anteil der Wirkung, der nicht scharf abzugrenzen ist, als extrarenal anzusehen, d. h. auf der Austauschwirkung zwischen Gewebe und Blut. Eine Erhöhung des Blutkochsalzspiegels allein scheint nach Hartwich[6] keinen Einfluß auf die Diurese zu haben.

Die intravenöse Injektion von Kochsalz ruft nach Hamburger[7] und v. Limbeck[4] eine Vermehrung der Harnabsonderung hervor, und zwar dann, wenn die eingeführte Salzkonzentration hypertonisch war, während hypotonische Kochsalzzufuhr angeblich keine diuretische Wirkung ausüben soll.

Magnus[8] beobachtete demgegenüber, daß schon hypotonische Kochsalzlösungen am Kaninchen eine beträchtliche Diuresesteigerung hervorrufen können. Er hat dann sehr eingehend am Kaninchen und Hund die Wirkung der intravenösen Zufuhr verschiedener Kochsalzkonzentrationen auf die Harnbildung beobachtet und gleichzeitig das Verhalten aller für die Harnbildung in Betracht kommenden Faktoren festgestellt.

Über die Bedeutung des Applikationsortes von Salzlösungen für die diuretische Wirkung geben Versuche von Uyeda[9] an Kaninchen Aufschluß. Bei Einführung von Ringer-Lockescher Lösung in einer Menge von 50 ccm ruft lediglich die intravenöse Injektion eine Steigerung der Harnmenge hervor, während subcutane, intraperitoneale, perorale und rectale Zufuhr wirkungslos bleiben. Werden 200 ccm zugeführt, so wird von allen Applikationsorten aus eine Vermehrung

[1] Ellinger, A. u. S. M. Neuschlosz: Biochem. Z. **127**, 241 (1922).
[2] Bock, C. u. F. A. Hoffmann: Arch. Anat. u. Physiol. **1871**, 550.
[3] Klikowicz, St.: Arch. Anat. u. Physiol. **1886**, 518.
[4] v. Limbeck, R.: Arch. f. exper. Path. **25**, 68 (1888).
[5] Dastre, A u. P. Loye: Arch. Physiol. **21**, 93, 253 (1888/89).
[6] Hartwich, A.: Biochem. Z. **167**, 329 (1926).
[7] Hamburger, H. J.: Z. Biol. **27**, 259 (1890).
[8] Magnus, R.: Arch. f. exper. Path. **42**, 250 (1899); **44**, 68 (1900).
[9] Uyeda, S.: Fol. jap. pharmacol. **4**, 300 (1927); zitiert nach Ber. Physiol. **41**, 773 (1927).

der Harnmenge erzielt. Die größte Wirkung hat auch hier die intravenöse Zufuhr vor der subcutanen und intraperitonealen.

Aus den Versuchen von MAGNUS[1], HAACKE und SPIRO[2], THOMPSON[3], DASTRE und LOYE[4] sind wir über die Wirkung der verschiedenen Kochsalzkonzentrationen und Kochsalzmengen auf die Nierenfunktion unterrichtet. Kleine Mengen isotonischer Lösungen haben nur einen relativ geringen diuretischen Effekt. Mengen, die ungefähr ein Drittel bis zwei Drittel des Körperbluts entsprechen, rufen nach etwa $1^1/_2$ Stunden eine diuretische Wirkung hervor, die nach etwa 2 Stunden ihr Maximum erreicht und dann abfällt, während große Dauereinläufe nach wenigen Minuten eine beträchtliche Harnflut erzielen, die während der Dauer der Injektion bestehen bleibt und ungefähr nach 3—4 Stunden nach Aufhören der Injektion zum Erlöschen kommt. In der Regel wird nicht die gesamte zugeführte Kochsalzmenge und auch nicht das gesamte zugeführte Wasser ausgeschieden, sondern zum Teil im Gewebe zurückgehalten, während bei mittelgroßen Mengen die gesamte zugeführte Menge zur Ausscheidung kommt. Bei der Untersuchung der Blutbeschaffenheit während der Diurese beobachtete MAGNUS[1] bei allen angewandten Kochsalzkonzentrationen gleichmäßig eine beträchtliche Hydrämie, die bei abfallender Diurese wieder zurückging. Doch werden bei der Kochsalzdiurese auch viele andere Faktoren in der Nierenfunktion geändert. Das onkometrisch bestimmbare Nierenvolum steigt fast parallel mit dem Einsetzen der Diurese (THOMPSON[3], GOTTLIEB und MAGNUS[5], LAMY und MAYER[6]).

LOEWI[7] konnte zeigen, daß nach Eingipsung der Niere die Salzdiurese bestehen bleibt, während das Nierenblut eine hellere Farbe annimmt.

BARCROFT und BRODIE[8] und LAMY und MAYER[9] stellten durch Bestimmung des Ausflusses aus der Nierenvene fest, daß große Kochsalzinjektionen, die Diuresesteigerung hervorriefen, eine beträchtliche Vermehrung des Blutausflusses aus der Nierenvene im Gefolge hatten; in jedem Falle war auch das Blut verdünnt. LAMY und MAYER[6] sahen jedoch auch Diuresevermehrung ohne Vermehrung des Blutausflusses. BARCROFT und STRAUB[10] zeigten, daß der venöse Ausfluß bei der Kochsalzdiurese häufig, aber keineswegs regelmäßig gesteigert ist.

SHAH[11] konnte die Befunde von BARCROFT und STRAUB[8] an der Kaninchenniere bestätigen. Nach Injektion isotonischer Kochsalz- und Natriumsulfatlösung war der Sauerstoffverbrauch trotz erheblicher Harnvermehrung nicht verändert. Nur bei lange andauernden täglichen Injektionen von Natriumsulfat stieg der Sauerstoffverbrauch gering an, während er bei Kochsalz auch dann unverändert blieb. Injektionen hypertonischer Lösungen (5% Kochsalz, 10% Glaubersalz) riefen stets eine Vermehrung des Sauerstoffverbrauchs hervor, während Kalium-, Lithium- und Calciumchlorid schon in isotonischer Lösung den Sauerstoffverbrauch erheblich steigern, bei gleichzeitig einsetzender Diurese. Auf Magnesiumchlorid wird der Sauerstoffverbrauch gesteigert, ohne daß die Harnbildung vermehrt ist.

---

1 MAGNUS, R.: Zitiert auf S. 392.
2 HAACKE, B. u. K. SPIRO: Hoffmeisters Beitr. **2**, 149 (1902).
3 THOMPSON, W. H.: Journ. of Physiol. **25**, 487 (1899).
4 DASTRE, A. u. P. LOYE: Arch. Physiol. **21**, 93 (1888); **21**, 253 (1889).
5 GOTTLIEB, R. u. R. MAGNUS: Arch. f. exper. Path. **45**, 223 (1901).
6 LAMY, H. u. A. MAYER: J. Physiol. et Path. gén. **6**, 1067 (1904) — C. r. Soc. Biol. **55**, 1514 (1903).
7 ALCOCK, N. H. u. O. LOEWI: Arch. f. exper. Path. **53**, 33 (1905).
8 BARCROFT, J. u. T. G. BRODIE: J. of Physiol. **32**, 18 (1905); **33**, 52 (1905).
9 LAMY, H. u. A. MAYER: J. Physiol. et. Path. gén. **8**, 258, 660 (1906).
10 BARCROFT, J. u. H. STRAUB: J. of Physiol. **41**, 145 (1910/11).
11 SHAH, J. T.: Proc. imp. Acad. Tokyo **3**, 627 (1927) — zitiert nach Ber. Physiol. **44**, 801 (1928).

Wir sehen also, daß an dem Gesamttier während der Kochsalzdiurese als einzig konstant auftretendes Symptom eine Verdünnung des Plasmas vorhanden ist, während alle übrigen Faktoren wie Blutdruck, Blutdurchfluß durch die Vene und Nierenvolum keine gleichmäßige Veränderung aufweisen. Der Sauerstoffverbrauch der Niere ist nach den Untersuchungen von BARCROFT und STRAUB[1] bei der Kochsalzdiurese in keiner Weise beeinflußt.

An dem STARLINGschen Herz-Lungen-Nieren-Präparat sahen FEE und HEMINGWAY[2] mit steigender Harnflut und verstärktem Blutdurchfluß den Sauerstoffverbrauch der Niere in der Kochsalzdiurese gesteigert.

RICHARDS und PLANT[3] finden nach der Zufuhr von 5proz. Kochsalz an der überlebenden Kaninchenniere eine deutliche Erhöhung der Harnmenge ohne Veränderung der Durchflußgeschwindigkeit durch die Niere. Auf Zufuhr von kleineren Mengen (6—10 ccm) 0,9proz. Kochsalzlösung konnte eine diuretische Wirkung nicht eindeutig beobachtet werden. Dagegen konnten STARLING und VERNEY[4] am Herz-Lungen-Nieren-Präparat des Hundes zeigen, daß die Zufuhr einer kleinen Menge isotonischer Salzlösung eine enorme Vermehrung der Harnbildung bei praktisch gleichbleibender Durchblutungsgröße und unverändertem Blutdruck und bei beträchtlicher gleichzeitiger Hydrämie hervorruft, wie die nebenstehende Abb. 57 zeigt. Auch JANSSEN und REIN[5] sahen in der Kochsalzdiurese die Nierendurchblutung und den Blutdurchfluß durch die Aorta unverändert.

Auf die Zusammensetzung des Urins ist die Kochsalzdiurese von beträchtlicher Einwirkung. Während der Diurese ist die Gesamtmenge der Fixa herabgesetzt, der Gefrierpunkt fällt jedoch nie unter den Gefrierpunkt des Serums. Harnstoff, Phosphate, Sulfate werden in der Regel relativ verdünnt, aber absolut vermehrt ausgeschieden. Auch Kalium und Harnsäure verhalten sich entsprechend. Nach Injektion hypotonischer Kochsalzlösungen steigt die Bicarbonatausscheidung beim Hunde häufig noch stärker an als die Wasser- und Chloridausscheidung, während Harnstoff, Sulfat und Phosphat weniger stark ausgeschieden werden (WHITHE und CLARK[6]). Die Reaktion des Urins fand RÜDEL[7] während der Kochsalzdiurese nach der alkalischen Seite verschoben. Im Gegensatz hierzu konnte BEHRENS[8] keine vermehrte Bicarbonatausscheidung nach Kochsalzgaben feststellen. Er sah die Harnacidität nach großen Kochsalzgaben stark ansteigen. Die Ursache der Säuerung ist noch nicht aufgeklärt. Die Kochsalzausscheidung ist nach FILEHNE und BIBERFELD[9], POTOTZKY[10] und RUSCHHAUPT[11] abhängig vom Kochsalzgehalt des Gewebes. Beim salzarmen Tier ist sie unter dem Einfluß der Diurese erhöht. Während der Diurese steigt sie an, die totale Kochsalzausscheidung ist immer erhöht. Ähnlich verhält sich auch die Zuckerausscheidung. Bei Hyperglykämie steigt der Harnzuckergehalt in der Kochsalzdiurese an. Beim Kaninchen tritt während der Kochsalzdiurese häufig Glykosurie auf, wie schon BOCK und HOFFMANN[12] zeigen konnten, während bei Hunden eine Harnzuckerausscheidung erst bei

[1] BARCROFT, J. u. H. STRAUB: Zitiert auf S. 393.
[2] FEE, A. R. u. A. HEMINGWAY: J. of Physiol. **65**, 100 (1928).
[3] RICHARDS, A. N. and O. H. PLANT: Amer. J. of Pharmacol. **7**, 484 (1915).
[4] VERNEY. E. B. and E. H. STARLING: J. of Physiol. **56**, 353 (1922).
[5] JANSSEN, S. u. H. REIN: Verh. dtsch. pharmak. Ges. VII, 107 (1927) — Arch. f. exper. Path. **128** (1928).
[6] WHITE, H. L. u. S. L. CLARK: Amer. J. of Physiol. **78**, 201 (1926).
[7] RÜDEL, G.: Arch. f. exper. Path. **30**, 41 (1892).
[8] BEHRENS, B., Arch. f. exper. Path. **128**. Verh. dtsch. pharmark. Ges. 104 (1928).
[9] FILEHNE, W. u. J. BIBERFELD: Pflügers Arch. **91**, 569 (1902).
[10] POTOTZKY, C.: Pflügers Arch. **91**, 584 (1902).
[11] RUSCHHAUPT, W.: Pflügers Arch. **91**, 574, 595 (1902).
[12] BOCK, C. u. F. A. HOFFMANN: Arch. Anat. u. Physiol. **1871**, 550.

stärkster Diurese einsetzt. Wie CUSHNY[1] ausführt, werden also in der Kochsalzdiurese alle Harnkomponenten absolut vermehrt ausgeschwemmt. Während die Nichtschwellensubstanzen immer relativ verdünnt werden, finden sich die Schwellensubstanzen zuweilen auch relativ im Urin vermehrt. Nach Abklingung der Harnflut tritt eine Umkehr ein, die Nichtschwellensubstanzen werden vermehrt ausgeschieden und die Schwellensubstanzen je nach den Umständen vermehrt oder vermindert. Dieses Verhalten ist charakteristisch für alle Verdünnungsdiuresen.

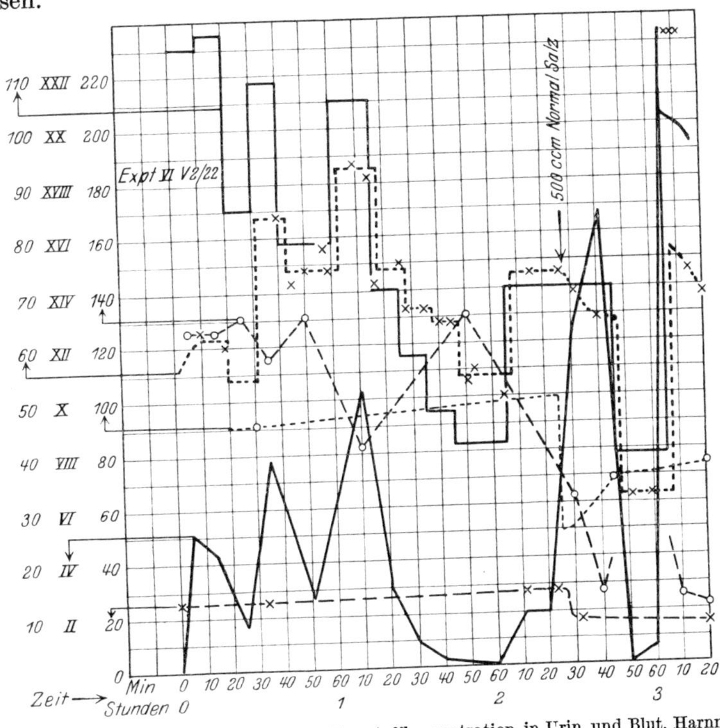

Abb. 57. Verhalten von Blutdruck, Blutdurchfluß, Harnstoffkonzentration in Urin und Blut, Harnmenge und Hämoglobingehalt in der Kochsalzdiurese.
——— Druck in der Nierenarterie in mm Hg; – – – Blutdurchfluß durch die Niere in ccm/min. – o – o – Harnstoffgehalt des Urins in mg %; – × – × – Harnstoffgehalt des Blutes in mg %; ——— Harnbildung in ccm/10 Min.; ···o···o·· Hämoglobingehalt des Blutes in %.
(Nach STARLING u. VERNEY.)

c) Die Wasserdiuresen.

Die Infusion von destilliertem Wasser in die Vene ist nach den Erfahrungen der verschiedensten Beobachter ohne jede diuretische Wirkung. Selbst nach intravenöser Zufuhr einer Wassermenge, die ungefähr einem Drittel der Blutmenge entsprach, konnte THOMPSON[2] kein Ansteigen der Harnausscheidung beobachten. Einer noch größeren Zufuhr destillierten Wassers unmittelbar in die Blutbahn setzt die hämolytische Wirkung auf die Erythrocyten eine Schranke. Auch eine Hydrämie konnte nie beobachtet werden. Es ist daher anzunehmen, daß destilliertes Wasser außerordentlich schnell aus der Blutbahn in das Gewebe verschwindet. Auch bei subcutaner Injektion konnten GINSBERG[3] und COW[4]

[1] CUSHNY, A. R.: The Secr. of the Urine, London 1917, S. 136.
[2] THOMPSON, W. H.: J. of Physiol. **25**, 487 (1900).
[3] GINSBERG, W.: Arch. f. exper. Path. u. Pharm. **69**, 381 (1912).
[4] COW, D.: Arch. f. exper. Path. u. Pharm. **69**, 393 (1912).

nur nach längerer Zeit ein geringes Ansteigen der Harnabsonderung beobachten, während die Aufnahme von Wasser durch den Magendarmkanal eine außerordentlich energische Diuresesteigerung hervorruft. Nach den Untersuchungen von HASHIMOTO[1] am Hund erzielen schon 10 ccm pro Kilogramm Körpergewicht bei der peroralen Einverleibung eine deutliche Harnflut. COW[2] glaubt, daß die diuresefördernde Wirkung der Wasseraufnahme vom Darm aus auf eine im Darm aufgenommene, möglicherweise fermentartige Substanz von diuretischer Wirkung zurückzuführen sei. HASHIMOTO[1] konnte diese Auffassung von COW widerlegen durch den Nachweis, daß sich das durch den Darm eingeführte Wasser mit Salz belädt und so etwa wie eine intravenös applizierte Salzlösung auf die Harnausscheidung wirkt. Vielleicht dürfte man aber auch die Differenz in der Wirkung intravenös und peroral zugeführten destillierten Wassers in der von PICK und MOLITOR[3] festgestellten Bedeutung der Leberpassage sehen. Durch die Befunde an Hunden mit ECKscher Fistel, die nach peroraler Wasserzufuhr eine zeitlich völlig veränderte Wasserausscheidung gegenüber normalen zeigten, erbrachten sie den Beweis, daß der Leber für den Wasserhaushalt eine große Bedeutung zukommt, die sie einmal auf venöse Sperrvorrichtungen, und weiterhin auf hormonale Einflüsse zurückführen. Einen anderen Gesichtspunkt für die diuretische Wirkung großer peroral zugeführter Wassergaben bieten die Versuche von PRIESTLEY und seinen Mitarbeitern[4]. Sie konnten zeigen, daß nach großen Wassergaben die Kolloidkonzentration des Plasmas fast unverändert, daß dagegen der Salzgehalt des Plasmas beträchtlich herabgesetzt ist, während der Salzgehalt umgekehrt nach starkem Schwitzen bei ebenfalls fast unveränderter Kolloidkonzentration beträchtlich erhöht erscheint. Nach peroraler Zufuhr von Salzlösungen wird dagegen die Plasmakolloidkonzentration erniedrigt. Wenn nach großen peroralen Wassergaben die Harnmenge auf das Zehnfache gesteigert ist, wird der osmotische Druck des Plasmas um etwa $4^1/_2$% erniedrigt. Beim Trinken isotonischer, in ihrer Zusammensetzung dem Salzgehalt des Plasmas entsprechender Salzlösungen findet keine nennenswerte Steigerung der Harnausscheidung statt, wie es auch von ADOLPH[5] beobachtet wurde. Der Reiz auf die Niere zur Wasserabscheidung soll nicht in der Plasmaverdünnung, sondern in dem Diffusionsdruck des Wassers, d. h. in dem Verhältnis der Wassermolekülzahl zur Zahl der Gesamtmoleküle, zu suchen sein. Eine kleine Änderung dieses Diffusionsdrucks bedeute schon einen sehr starken sekretorischen Reiz. So sahen UNDERHILL und PACK[6] nach Gaben von 50 ccm Wasser pro Kilogramm bei Hunden starke Diurese, ohne daß eine Blutverdünnung nachweisbar war. Vielleicht erklärt diese Tatsache auch die alten MAGNUSschen[7] Versuche bei der Infusion von Plasma verschieden vorbehandelter Kaninchen.

Wir sehen also, daß sich die Wasserdiurese im wesentlichen extrarenal abspielt und könnten an dieser Stelle auf eine Besprechung der Wasserdiurese nach großer peroraler Wasserzufuhr verzichten, wenn nicht der Urinbefund nach exzessivem Wassertrinken Erscheinungen zeigte, die für die Beurteilung der Nierenfunktion von Bedeutung sind.

---

[1] HASHIMOTO, M.: Arch. f. exper. Path. u. Pharm. **76**, 367 (1914).
[2] COW, D.: Zitiert auf S. 395.
[3] MOLITOR, H. u. E. PICK: Arch. f. exper. Path. u. Pharm. **97**, 317 (1923).
[4] HALDANE, J. S. u. J. G. PRIESTLEY: J. of Physiol. **50**, 296, 304 (1916). — PRIESTLEY, J. G.: ebenda **55**, 305 (1921). — BEADLE, O. A. u. J. G. PRIESTLEY: Proc. Physiol. Soc. [J. of Physiol.] **60**, 46 (1925).
[5] ADOLPH, E. F.: J. of Physiol. **55**, 114 (1921) — Amer. J. of Physiol **63**, 482 (1923).
[6] UNDERHILL, F. P. u. G. T. PACK: Amer. J. of Physiol. **66**, 520 (1923).
[7] MAGNUS, R.: Arch. f. exper. Path. u. Pharm. **45**, 210 (1901).

Es kommt nämlich, wie schon DRESER[1] beobachtete, nach der peroralen Einverleibung großer Wassermengen zur Ausscheidung großer Mengen eines Harns, dessen Gefrierpunktserniedrigung niedriger ist als die des Blutes, und bei der sein spezifisches Gewicht bis auf 1,001% herabgesetzt ist.

JANSSEN und REIN[2] konnten diese extreme Änderung der Harnkonzentration in der Wasserdiurese (perorale Zufuhr) nicht bestätigen. Sie sahen die Harnmenge auf das Vier- bis Fünffache erhöht. Die Durchblutung der Niere und der Aorta sowie die Wärmeabfuhr aus der Niere blieben unverändert. Die Beobachtung von JANSSEN und REIN steht hinsichtlich der fehlenden Konzentrationsänderungen des Urins im Gegensatz zu allen anderen Untersuchungen. Die Feststellung DRESERS wird von den Anhängern der Sekretionstheorie als Hauptargument gegen die Möglichkeit der Filtrationstheorie herangezogen. FREY[3] wurde durch diese Tatsache veranlaßt, eine zusätzliche Sekretion von Wasser in den Tubulis anzunehmen.

Bei der Wasserdiurese werden alle Harnfixa relativ verdünnt ausgeschieden, während ihre Ausscheidung absolut erhöht ist. Doch werden die einzelnen Fixa in ihrem Verhältnis zueinander verschieden erhöht (MARSHALL[4]), was mit der CUSHNYschen Ansicht über die Ausscheidung der Nichtschwellenkörper nicht verträglich erscheint. Für die Ausscheidung der Phosphate gegenüber den Sulfaten und dem Harnstoff werden diese Erfahrungen durch HAVARD und REAY[5] bestätigt. In der Wasserdiurese fanden sie die Phosphate bis zu 50% verdünnt, während Sulfate und Harnstoff weiter konzentriert wurden. Lediglich die Phosphatausschwemmung soll nach LOEWI[6] unverändert bleiben, Versuche, die jedoch durch die Untersuchungen von METZNER[7] widerlegt zu sein scheinen.

d) Weitere Verdünnungsdiuresen.

v. LIMBECK[8] hatte durch vergleichende intravenöse Injektion verschiedener Natriumsalze gezeigt, daß sie bei gleicher Verdünnung ungefähr proportional ihrem Molekulargewicht ausgeschieden werden, und er sowie MÜNZER[9] haben versucht, die Salzdiurese rein osmotisch zu erklären. Demgegenüber hatte MAGNUS[10] schon früh erkannt, daß der diuretische Effekt isomolarer Natriumsulfat- und Natriumchloridlösungen wesentlich voneinander abweicht. FISCHER und SYKES[11] hatten dann den Befund erhoben, daß in Analogie zu den HOFMEISTERschen Reihen sowohl den Anionen wie den Kationen eine von bestimmten Gesetzmäßigkeiten folgende, verschiedene diuretische Wirkung zukommt. Sie ordnen sich für die Natriumsalze der Anionen in der Reihenfolge $Cl' < NO'_3 < Br' < Acetat' < HPO''_4 < H_2PO'_4 < J' < SO''_4$, für die Chloride der Kationen in der Reihenfolge $Na^{\cdot} < Mg^{\cdot\cdot} < Sr^{\cdot\cdot} < Ca^{\cdot\cdot}$. Die Wirkung entsprach völlig der im Reagensglas von den gleichen Beobachtern festgestellten dehydratisierenden Wirkung auf Serumeiweiß. Mit Ausnahme des Nitrats und des Jodids, die beide eine Schädigung der Nierenzellen hervorrufen, stimmt die gefundene Reihenfolge

---

1 DRESER, H.: Arch. f. exper. Path. u. Pharm. **29**, 303 (1892).
2 JANSSEN, S. u. H. REIN: Verh. dtsch. pharmak. Ges. **7**, 107 (1927) — Arch. f. exper. Path. u. Pharm. **128** (1928).
3 FREY, E.: Pflügers Arch. **120**, 66 (1907).
4 MARSHALL jr. E. K.: J. of Pharmacol. **16**, 141 (1920).
5 HAVARD, R. C. u. G. A. REAY: J. of Physiol. **61**, 35 (1926) — Biochem. J. **20**, 99 (1926).
6 LOEWI, O.: Arch. f. exper. Path. u. Pharm. **48**, 410 (1902).
7 METZNER, W.: Arch. f. exper. Path. u. Pharm. **72**, 309 (1913).
8 v. LIMBECK, R.: Arch. f. exper. Path. u. Pharm. **25**, 69 (1889).
9 MÜNZER, E.: Arch. f. exper. Path. u. Pharm. **41**, 74 (1898).
10 MAGNUS, R.: Arch. f. exper. Path. u. Pharm. **44**, 68 (1900).
11 FISCHER, M. H. and A. SYKES: Kolloid-Z. **13**, 112 (1913).

mit der Stellung der einzelnen Substanzen in der HOFMEISTERschen Anionenreihe überein. Auch SMITH und MENDEL[1], die die Ausscheidungsgröße verschiedener Natriumsalze durch die Nieren nach Injektion großer Mengen isotonischer Lösungen untersuchten, beobachteten eine fast analoge Reihenfolge der Salze bezüglich ihrer prozentualen Ausscheidungsgröße. Wir müssen daher mit einem verschiedenen Einfluß der einzelnen An- und Kationen auf die Harnbildung rechnen.

Die größte Ähnlichkeit mit dem Verhalten der Chloride besitzen Bromide und Rhodanide. Von den Bromsalzen ist aus zahlreichen Untersuchungen bekannt, daß sie sich weitgehend im Körper analog den Chloriden verhalten und sich gegenseitig ersetzen können.

Vor allem konnte FREY[2] zeigen, daß die Niere für Brom und Chlor eine gemeinsame Sekretionsschwelle hat und daß sie sich gegenseitig bei der Ausscheidung ersetzen. Auf die Niere übt die Verabreichung von Bromiden den gleichen Einfluß aus wie die Zufuhr von Chloriden. Dabei werden Brom- und Chlorionen durch die Niere unter Konzentrierung im gleichen Verhältnis, wie sie im Blut kreisen, ausgeschieden. Das Brom wird jedoch von den Geweben zurückgehalten und erst langsam noch Tage nach Beendigung der Bromzufuhr aus dem Körper entfernt (DÜNNER und HARTWICH[3]). An der isolierten Froschniere ergab sich jedoch nach YOSHIDA[4] keine völlige Analogie hinsichtlich des Verhaltens der Chlor- und Bromionen. Die isolierte Froschniere verdünnt Bromionen weniger als Chlorionen, und Bromide schädigen die Nierenarbeit. Ganz ähnlich wie die Bromide verhalten sich die Rhodanide der Niere gegenüber. Sie werden ebenfalls, wie DE SOUZA[5] fand, von der Säugetierniere wie die Chloride behandelt, nur werden sie relativ schneller als die Bromide, deren Ausscheidung außerordentlich langsam vor sich geht, aus dem Blut entfernt (SOLLMANN[6]). Im Gegensatz hierzu beobachtete YOSHIDA[4], daß die isolierte Froschniere Rhodanid unverändert ausscheidet, d. h. keine Verdünnungsarbeit an ihm vornimmt.

Die Nitrate, denen ursprünglich von v. LIMBECK[7] und MÜNZER[8] mit unvollkommenen Untersuchungsmethoden eine den Chloriden ähnliches Verhalten zugeschrieben wurde, wurden von HAACKE und SPIRO[9] in ihrer diuretischen Wirkung den Chloriden gegenüber weit überlegen gefunden. In der Nitratdiurese fand LOEWI[10] eine Ausschwemmung von Chloriden, und SOLLMANN[6], der diese Versuche bestätigte, zeigte, daß in der Nitratdiurese die Kochsalzausfuhr relativ und absolut erhöht war. Diese Erscheinung ist vielleicht mit einer von LANGLOIS und RICHET[11] beobachteten Ausschwemmung des Kochsalzes aus den Geweben zurückzuführen, in denen die Nitrate, ähnlich wie die Bromide, das Chlor vertreten können. Die Nitrate selbst werden, im Gegensatz zu den Bromiden, bei fallender Diurese im Urin angereichert. BECHER und MAY[12] beobachteten beim Kaninchen nach intravenöser oder subcutaner Injektion hypertonischer Natriumnitratlösungen eine von der Hydrämie und von

[1] SMITH, A. H. u. L. B. MENDEL: Amer. J. of Physiol. **53**, 323 (1920).
[2] FREY, E.: Z. exper. Path. u. Ther. **8**, 29 (1911).
[3] DÜNNER, L. u. G. HARTWICH: Berl. klin. Wschr. **57**, 564 (1920).
[4] YOSHIDA, H.: Pflügers Arch. **206**, 274 (1924).
[5] SOUZA, D. H. DE: J. of Physiol. **35**, 332 (1906).
[6] SOLLMANN, T.: Amer. J. of Physiol. **9**, 425 (1903).
[7] v. LIMBECK, R.: Arch. f. exper. Path. **25**, 69 (1889).
[8] MÜNZER, E.: Arch. f. exper. Path. **41**, 74 (1898).
[9] HAACKE, B. u. K. SPIRO: Hofmeisters Beitr. **2**, 149 (1902).
[10] LOEWI, O.: Arch. f. exper. Path. **48**, 429 (1902).
[11] LANGLOIS, J. P. u. Ch. RICHET: J. Physiol. et Path. gén. **2**, 742 (1900).
[12] BECHER, E. u. G. MAY: Klin. Wschr. **5**, 1229 (1926).

Änderungen der Serumviscosität unabhängige starke Harnvermehrung, bei der die Konzentration der einzelnen Harnfixa ihrer Konzentration im Serum angenähert waren. Während die absolute Stickstoffausscheidung nicht wesentlich vergrößert war, stieg die Kochsalzausscheidung auch absolut stark an. Vergleiche über die Wirkung gleicher Nitratinjektionen beim nephrektomierten Kaninchen zeigten keine stärkere Hydrämie und keine Erhöhung des Blutkochsalzes. Der Angriffspunkt der Nitratwirkung muß also in der Niere selbst gesucht werden. Ähnlich wie die Nitrate verhalten sich auch nach den Untersuchungen von ERCKLENTZ[1] die Chlorate, die ebenfalls konzentriert durch die Niere ausgeschieden werden. Auch die Jodide rufen in der Regel nach den Untersuchungen von SOLLMANN[2] eine Chloridausschwemmung aus den Geweben hervor und weisen nach den Feststellungen LOEWIS[3] und FREYS[4] eine mit abnehmender Diurese steigende Konzentration im Urin auf. Auch dem Natriumhyposulfit kommt eine starke diuretische Wirkung zu (LEBDUSKA[5]).

An der isolierten Froschniere wird das Jodid nach YOSHIDA[6] ohne Konzentrationsänderungen ausgeschieden, macht aber eine merkliche Schädigung der Nierenzellen, was aus der Herabsetzung der am Chlor geleisteten Verdünnungsarbeit hervorgeht. Merkwürdigerweise wird die am Sulfat geleistete Konzentrationsarbeit durch Jodide an der isolierten Froschniere nicht beeinträchtigt (YOSHIDA[6]).

3. Die Tubulusdiuresen.

Im Gegensatz zu den bisher aufgeführten diuretisch wirkenden Salzen, die im großen und ganzen eine mehr oder minder beträchtliche diuretische Wirkung, entsprechend der Wirkung der Chloride oder des Wassers, infolge Hydrämie oder Herabsetzung des Wasserbindungsvermögens ausüben, kennen wir eine weitere Gruppe von diuretisch wirksamen Elektrolyten, bei denen zwar eine Hydrämie nicht auszuschließen ist, deren diuretische Wirkung aber wohl in erster Linie auch in der Beeinflussung des sekretorischen bzw. rückresorbierenden Nierenapparates zu suchen ist.

a) Sulfat-, Phosphat-, Ferrocyaniddiurese.

Als Typus dieser Tubulusdiuresen wird von CUSHNY[7] die Sulfatdiurese betrachtet. Die älteren Untersucher, MAGNUS[8] und SOLLMANN[9], legen den Hauptwert auf ein unterschiedliches Verhalten des zeitlichen und quantitativen Ablaufs der Sulfatdiurese gegenüber der Kochsalzdiurese. Die Harnflut steigt schneller zu einem Maximum an, sie erreicht es früher und sinkt langsamer ab als bei der intravenösen Kochsalzzufuhr. Die Sulfatausscheidung im Urin ist erhöht und fällt mit fallender Diurese. Trotz größerer Harnflut fanden GOTTLIEB und MAGNUS[10] eine geringere Volumzunahme der Niere. Auch die Hydrämie ist nach MAGNUS[8] in der Sulfatdiurese nicht größer als in der Kochsalzdiurese, aber die Sulfatdiurese überdauert in der Regel die Hydrämie. Auch die von MAGNUS[8] untersuchte Salzkonzentration im Blut ist bei der Sulfatdiurese nicht

---

1 ERCKLENTZ, W.: Pflügers Arch. **91**, 599 (1902).
2 SOLLMANN, T.: Zitiert auf S. 398.
3 LOEWI, O.: Arch. f. exper. Path. **48**, 429 (1902).
4 FREY, E.: Pflügers Arch. **139**, 465 (1911).
5 LEBDUSKA, J.: C. r. Soc. Biol. **98**, 1171 (1928).
6 YOSHIDA, H.: Zitiert auf. S. 383.
7 CUSHNY, A. R.: J. of Physiol. **28**, 431 (1902).
8 MAGNUS, R.: Arch. f. exper. Path. **44**, 68 (1900).
9 SOLLMANN, T.: Arch. f. exper. Path. **46**, 1 (1901).
10 GOTTLIEB, R. u. R. MAGNUS: Arch. f. exper. Path. **45**, 223 (1901).

mehr als bei der Kochsalzdiurese gesteigert, während der Blutchlorgehalt in der Regel herabgesetzt ist. Nach Janssen und Rein[1] bleiben bei der Sulfatdiurese ebenso wie bei der Kochsalz- und Wasserdiurese Nierenzirkulation und Durchblutung der Aorta unverändert, während im Gegensatz zur Wasserdiurese die Wärmeabfuhr vermehrt, der Energieverbrauch also wahrscheinlich vermindert ist.

Cushny[2] beobachtete, daß das Konzentrationsverhältnis bei Sulfaten und Chloriden im Urin unabhängig ist vom Verhältnis der beiden Salze im Serum, und Sollmann[3] zeigte, daß bei gleichzeitiger Injektion von Chloriden und Sulfaten eine erhöhte Sulfatausscheidung die Diurese beträchtlich überdauert. Durch partielle Abdrosselung eines Ureters konnte Cushny[2] zeigen, daß das Verhältnis von Harnchlorid und Harnsulfat bei der gegen Druck arbeitenden Niere beträchtlich zugunsten des Urinsulfats vermehrt war, und er schloß daraus, daß beide Salze im Glomerulus ausgeschieden, die Sulfate jedoch im Gegensatz zu den Chloriden in den Tubulus nicht rückresorbiert werden. Diese von Cushny[2] gefundenen Resultate wurden von Filehne und Ruschhaupt[4] experimentell bestätigt, während Brodie und Cullis[5] nicht wie Cushny[2] bei der Ureterdrosselung eine Herabsetzung der Harnmenge mit erhöhtem Sulfatgehalt, sondern eine Steigerung der Harnausscheidung mit nicht regelmäßiger Steigerung der Sulfatkonzentration erhielten.

Filehne und Ruschhaupt[4] sowohl wie Brodie und Cullis[5] nehmen jedoch gegen die Deutung Cushnys[2] Stellung. Die Ansicht Cushnys wird dagegen gestützt durch die von Yagi und Kuroda[6] beobachtete Tatsache, daß auch bei Abdrosselung des arteriellen Zuflusses und der damit verbundenen Einschränkung der Diurese am meisten die Kochsalzzufuhr, dann die Wasserausfuhr und in sehr viel geringerem Maße die Ausfuhr der Sulfate herabgesetzt wird. Weitaus die wesentlichste Differenz zwischen der Kochsalzdiurese als Typus der Verdünnungsdiurese und der Sulfatdiurese als Typus der Tubulusdiurese scheint aber in den folgenden beiden Feststellungen zu liegen. Einmal konnte Knowlton[7] zeigen, daß die gleichzeitige intravenöse Zufuhr von Gelatine die Natriumsulfatdiurese völlig unverändert läßt, während sie die Kochsalzdiurese beträchtlich einschränkt. Das bedeutet also, daß der Hydrämie bei der Natriumsulfatdiurese im Gegensatz zur Kochsalzdiurese eine ganz untergeordnete Rolle zukommt. Zweitens zeigten Barcroft und Straub[8], und nach ihnen Bainbridge und Evans[9], auch an der isolierten Niere, daß der Sauerstoffverbrauch der Niere bei der Natriumsulfatdiurese im Gegensatz zur Kochsalzdiurese beträchtlich vermehrt ist, was allerdings zu den erwähnten Ergebnissen von Janssen und Rein, daß die Sulfatdiurese mit vermehrter Wärmeabfuhr einhergeht, im Widerspruch steht. Da Zahlenmaterial über die Versuche noch nicht vorliegt, ist es möglich, daß sich der Widerspruch durch die verschiedene Größe der in den verschiedenen Fällen dem Tiere beigebrachten Sulfatmengen klären läßt. Auch Hayman und Schmidt[10] fanden bei der Natriumsulfatdiurese keine Änderung des Sauerstoffverbrauchs. Die Natriumsulfatdiurese muß daher, wenn die Beobachtungen von Barcroft und Straub[8] sowie Bainbridge und Evans[9]

[1] Janssen, S. u. H. Rein: Verh. dtsch. pharmak. Ges. **7**, 107 (1927) — Arch. f. exper. Path. **128** (1928).
[2] Cushny, A. R.: Zitiert auf S. 399. [3] Sollmann, T.: Zitiert auf S. 399.
[4] Filehne, W. u. W. Ruschhaupt: Pflügers Arch. **95**, 409 (1903).
[5] Brodie, T. G. u. W. C. Cullis: J. of Physiol. **34**, 224 (1906).
[6] Yagi, S u. M. Kuroda: J. of Physiol. **49**, 161 (1915).
[7] Knowlton, F. P.: J. of Physiol. **43**, 219 (1911).
[8] Barcroft, J. u. H. Straub: J. of Physio. **41**, 145 (1910).
[9] Bainbridge, F. A. u. C. L. Evans: J. of Physiol. **48**, 278 (1914).
[10] Hayman, J. M. u. C. F. Schmidt: Amer. J. of Physiol **83**, 502 (1928).

sich bestätigen, im Gegensatz zur Kochsalzdiurese, mit einer beträchtlichen sekretorischen Leistungssteigerung der Niere verbunden sein. Ein weiterer eindeutiger Unterschied des Natriumsulfats gegenüber dem Chlorid liegt auch darin, daß das Sulfat von der isolierten Froschniere konzentriert wird (YOSHIDA[1]).

Ganz ähnlich wie die Sulfate scheinen sich auch die Phosphate und die Ferrocyanide nach den Untersuchungen von SOLLMANN[2] zu verhalten. Bei Ureterendrosselung fand CUSHNY[3] eine relative Steigerung des Phosphatgehalts in dem von der gegen Druck arbeitenden Niere ausgeschiedenen Urin. Auch die isolierte Froschniere konzentriert Phosphat- und Ferrocyanidionen (YOSHIDA[1]).

b) Kalium- und Calciumdiurese.

Von Kationenwirkungen ist in erster Linie die diuretische Wirkung von Kalium und Calcium näher untersucht. Nach den Beobachtungen von MEYER und COHN[4] handelt es sich hier wohl im wesentlichen um eine extrarenale Verschiebung des Verhältnisses Kalium-Natrium-Calcium, doch ist dem Kalium wohl sicher auch eine renale Wirkung zuzuschreiben. Durch Zufuhr von isotonischen Kaliumchloridlösungen beim Kaninchen in kleinen Dosen konnte BOCK[5] zeigen, daß ohne Hydrämie eine beträchtliche Urinausscheidung mit starker Kaliausfuhr statthat, die schnell abklingt. Nach einiger Zeit setzt dann eine erneute Diurese mit sinkender Kaliausfuhr ein. Demgegenüber soll nach den Untersuchungen von MACCALLUM[6] Calciumzufuhr andere Salzdiuresen hemmen.

Die Versuche MAC CALLUMS[6] wurden von LAMY und MAYER[7] bestritten, die nach Calciumzufuhr eine Diurese beobachteten, die etwa der Kochsalzdiurese entsprach. Auch PORGES und PRIBRAM[8] und BONNAMOUR und IMBERT[9] sahen nach Calcium eine normale Verdünnungsdiurese auftreten.

FISCHER und SYKES[10], die nach Calcium, Magnesium und Strontium eine beträchtliche diuretische Wirkung am Kaninchen beobachteten, fanden nach gleichzeitiger Injektion von Natrium- und Calciumchlorid in verschiedenen Mischungsverhältnissen immer eine Diurese auftreten. Es sei jedoch darauf hingewiesen, daß an der isolierten Froschniere, die durch hohe Kaliumkonzentration erfolgende Anurie durch gleichzeitige Vermehrung des Calciums rückgängig gemacht wird (YOSHIDA[1]). Ob die Einreihung der Kaliumdiurese unter den Begriff der Tubulusdiurese gerechtfertigt ist, erscheint nach den vorliegenden Untersuchungen nicht hinreichend gesichert; das geht wohl ohne weiteres aus der Tatsache hervor, daß die isolierte Froschniere sich den Kaliumionen gegenüber anders verhält wie gegenüber den Chlorionen einerseits und den Sulfationen andererseits.

In neuester Zeit ist von EICHHOLTZ und STARLING[11] am Herz-, Lungen-Nierenpräparat des Hundes beobachtet worden, daß eine gleichzeitige Injektion von Calcium- und Kaliumchlorid eine Erhöhung der Chlor- und Wasserausscheidung hervorruft. Wenn beide Stoffe einzeln gegeben werden, so tritt eine Änderung der Harnabscheidung nicht ein, jedoch ruft eine nacheinander folgende Zufuhr beider Substanzen den gleichen Effekt hervor. Die Autoren glauben an eine

[1] YOSHIDA, H.: Pflügers Arch. **206**, 274 (1924).
[2] SOLLMANN, T.: Amer. J. Physiol. **9**, 429 (1903).
[3] CUSHNY, A. R.: J. of Physiol. **31**, 188 (1904).
[4] MEYER, L. F. u. COHN: Z. Kinderheilk. **2**, 360 (1911).
[5] BOCK, J.: Arch. f. exper. Path. **57**, 183 (1907).
[6] MACCALLUM, A. B.: J. of exper. Zool. **1**, 179 (1904).
[7] LAMY, H. u. A. MAYER: C. r. Soc. Biol. **61**, 102 (1906).
[8] PORGES, O. u. E. PRIBRAM: Arch. f. exper. Path. **59**, 30 (1908).
[9] BONNAMOUR, S. u. A. IMBERT: J. Physiol. et Path. gén. **14**, 768 (1912).
[10] FISCHER, M. H. u. A. SYKES: Kolloid-Z. **13**, 112 (1913).
[11] EICHHOLTZ, F. u. E. H. STARLING: Proc. roy. Soc. Lond. **98**, 93 (1925).

Sensibilisierung der Zellen durch Kalium für das Calcium. Die erhöhte Chlor- und Wasserausscheidung wird durch Phosphatzusatz aufgehoben bei gleichzeitigem Verschwinden des Calciums aus dem Harn. Die Phosphate sollen dabei in eine kolloidale Calcium-Phosphatverbindung übergeführt werden, die das Glomerulusfilter nicht mehr passiert. Auf Blausäurezusatz soll eine Permeabilitätssteigerung der Glomerulusmembran eintreten, so daß allerdings gleichzeitig mit Eiweiß das Calciumphosphat wieder im Urin erscheint.

Brull und Eichholtz[1] konnten auch am Gesamttier die Chlor- und Wasserausschwemmung im Urin durch Kalium-Calciumgabe hervorrufen, wenn sie vorher die Hypophyse entfernten.

c) Harnstoffdiurese.

Hinsichtlich seines Gesamtverhaltens der Niere gegenüber steht den Sulfaten der Harnstoff sehr nahe. Er wird von der überlebenden Froschniere konzentriert (Yoshida[2]). Die Harnstoffdiurese ist mit einer beträchtlichen Steigerung des Sauerstoffverbrauchs der Niere verbunden (Barcroft und Straub[3]). Im Gegensatz hierzu sahen Hayman und Schmidt[4] keine Steigerung des Sauerstoffverbrauchs bei der Harnstoffdiurese. Die bei seiner intravenösen Einverleibung hervorgerufene Hydrämie verläuft unabhängig von der Diurese (Becher und Janssen[5]).

Auch auf der Höhe der Harnstoffdiurese ist der Blutdurchfluß durch die Niere nicht gesteigert (Lamy und Mayer[6], Janssen und Rein[7]). Simici und Marcou[8] sahen bei der Harnstoffdiurese am Hunde keine Veränderungen von Blutdruck und Nierenvolumen. Die Wärmeabfuhr wird vermindert, d. h. der Energieverbrauch der Niere vermehrt, durch Harnstoffzufuhr, die die Harnmenge unbeeinflußt läßt, aber Gefrierpunktsdepression und Stickstoffgehalt des Harns steigerten (Janssen und Rein[7]). Cushny[9] und Yagi und Kuroda[10] finden bei ihren Versuchen an der Niere mit abgedrosseltem Ureter bzw. verengter Arterie ein den Sulfaten ähnliches Verhalten des Harnstoffs. Becher[11], der dem Harnstoff eine vorzugsweise renale Wirkung zuschreibt, unterscheidet in der Harnstoffdiurese zwei Stadien. Im ersten, in dem der Harnstoff stark konzentriert ausgeschieden wird, findet eine Annäherung der übrigen Harnfixa in ihrer Konzentration an ihre Serumwerte statt, im zweiten Stadium kommt es zu einer Verdrängung des Kochsalzes im Harn durch den Harnstoff. Bei der Harnstoffdiurese kommt es zu einer Wasserverarmung der Gewebe. Auch Kochsalz wird vermehrt ausgeschieden, aber die Kochsalzkonzentration im Harn erreicht nie den Serumwert. Die Ausscheidung von Phosphaten, Milchzucker, Kreatinin und Harnsäure wird nach Becher in der Harnstoffdiurese nicht beeinflußt.

Auch an der isolierten Froschniere wirkt Harnstoff nach R. Schmidt[12] diuresesteigernd, ohne daß es gleichzeitig zu einer Verstärkung des Nierendurchflusses kommt. Während A. Hartwich[13] in der Regel die Diuresevermehrung

---

[1] Eichholtz, F. u. L. Brull: Proc. roy. Soc. Lond. **99**, 57 (1925).
[2] Yoshida, H.: Zitiert auf S. 401.
[3] Barcroft, J. u. H. Straub: J. of Physiol. **41**, 145 (1911).
[4] Hayman, J. M. u. C. F. Schmidt: Amer. J. of Physiol. **83**, 502 (1928).
[5] Becher, E. u. S. Janssen: Arch. f. exper. Path. **98**, 148 (1923); **104**, 250 (1924).
[6] Lamy, H. u. A. Mayer: J. Physiol. et Path. gén. **8**, 258, 660 (1906).
[7] Janssen, S. u. H. Rein: Zitiert auf S. 400.
[8] Simici, D. u. J. Marcou: C. r. Soc. Biol. **98**, 455 (1928).
[9] Cushny, A. R.: J. of Physiol. **31**, 188 (1904).
[10] Yagi, S. u. M. Kuroda: J. of Physiol. **49**, 162 (1915).
[11] Becher, E.: Dtsch. Arch. klin. Med. **145**, 222 (1924).
[12] Schmidt, R.: Arch. f. exper. Path. **95**, 267 (1922).
[13] Hartwich, A.: Arch. f. exper. Path. **111**, 206 (1926).

mit einer Durchflußsteigerung vergesellschaftet fand. VERNEY und STARLING[1] fanden am Herz-, Lungen- und Nierenpräparat eine von dem Blutdurchfluß und von dem Blutdruck unabhängige Steigerung der Harnmenge nach Harnstoffgaben.

d) Zuckerdiurese.

Schließlich dürfte auch die nach der Injektion verschiedener Zuckerarten beobachtete Steigerung der Harnabscheidung, soweit sie nicht auf einer rein extrarenalen Verschiebung des Wassers zwischen Blut und Gewebe beruht, als ein Zwischending zwischen Verdünnungs- und Tubulusdiurese aufzufassen sein.

Dem Traubenzucker selbst kommt nur eine relativ geringe diuretische Wirkung zu, und R. SCHMIDT[2] konnte an der isolierten Froschniere zeigen, daß auch bei relativ hoher Zuckerkonzentration keine Vermehrung der Harnmenge auftritt. LAMY und MAYER[3] sahen, daß Lactose und Saccharose einen beträchtlich größeren diuretischen Effekt haben als Traubenzucker. STARLING[4] und ALBERTONI[5] beobachteten nach intravenöser Injektion größerer Zuckermengen ein Ansteigen des Blutdrucks und des Nierenvolums. Auch der Blutdurchfluß durch die Niere wird nach HÉDON und ARROUS[6] beträchtlich vermehrt, was LAMY und MAYER[3] bestätigten. Im Gegensatz zu HÉDON und ARROUS[7] sahen sie jedoch keine Hydrämie auftreten. Der Charakter der Harnflut ähnelt dem bei der Harnstoffdiurese, die Urinmenge steigt schnell an und fällt zuerst schnell, dann langsam ab. Nach GALEOTTI[7] ist der Urin zunächst sehr verdünnt und nimmt bei fallender Harnflut an Zuckergehalt zu. Die Zuckerkonzentration des Urins steigt während der Diurese dauernd an, während der Chlorgehalt abnimmt. Im Verlauf des Diureseabfalls steigt sogar der Zuckergehalt des Urins bei fallendem Blutzuckergehalt. CUSHNY[8] schließt aus diesem Verhalten auf eine dem der Sulfate und Phosphate ähnliche Wirkung des Zuckers auf die Niere. Hinsichtlich seines Verhaltens an der isolierten Froschniere nimmt der Traubenzucker eine Sonderstellung ein, die am meisten dem Verhalten von Kalium und Calcium entspricht, während die anderen Zuckerarten ähnlich wie Jod- und Rhodanionen die Froschniere fast unverändert passieren (YOSHIDA[9] und WANKELL[10]).

Die Zuckerarten sind in ihrer diuretischen Wirkung bis jetzt noch nicht eindeutig unter die von CUSHNY[11] aufgestellten Diuresetypen einzureihen, was wohl auf ein Überwiegen der extrarenalen Wirkung des Zuckers zurückzuführen ist.

Zusammenfassend können wir als Charakteristicum der Tubulusdiurese die Unbeeinflußbarkeit durch gleichzeitige Kolloidvermehrung im Blut, die Konzentrationserhöhung des Diureticums durch die Niere und ihr Verhalten bei Einschränkung der Harnabsonderung durch Drosselung des Ureters ansehen, während dem zeitlichen und quantitativen Ablauf der Harnflut weniger Gewicht beizulegen ist. Während nach den bisherigen Untersuchungen auch eine Steige-

---

[1] VERNEY, E. B. u. E. H. STARLING: J. of Physiol. **56**, 353 (1922).
[2] SCHMIDT, R.: Zitiert auf S. 402.
[3] LAMY, H. u. A. MAYER: C. r. Soc. Biol. **61**, 102 (1906).
[4] STARLING, E. H.: J. of Physiol. **24**, 317 (1899).
[5] ALBERTONI, P.: Arch. ital de Biol. **15**, 321 (1891).
[6] HÉDON, E. u. J. ARROUS: C. r. Soc. Biol. **51**, 642 (1899).
[7] GALEOTTI, G.: Arch. f. Anat. u. Physiol. **1902**, 200.
[8] CUSHNY, A. R.: The secretion of the urine, S. 161. London 1917.
[9] YOSHIDA, H.: Pflügers Arch. **206**, 274 (1924).
[10] WANKELL, F.: Pflügers Arch. **208**, 604 (1925).
[11] CUSHNY, A. R.: The secretion of the urine, S. 118ff. London 1917.

rung des Energieverbrauchs der Niere für die Tubulusdiuresen eigentümlich schien, ist dieser Punkt nach den Untersuchungen von JANSSEN und REIN zumindest strittig und bedarf weiterer Klärung.

4. Purindiurese.

Im Vordergrund des Interesses stehen seit den Untersuchungen v. SCHROEDERS[1] als Diuretica eine Anzahl Körper der Puringruppe. Über ihren Wirkungsmechanismus sind wohl von allen Diureseformen die eingehendsten und umfangreichsten Untersuchungen angestellt worden. Trotzdem herrschen noch heute bei den verschiedenen Autoren die stärksten Meinungsverschiedenheiten, ob ihr Angriffspunkt vorwiegend renal oder extrarenal zu suchen sei. Aus der Gruppe der Purinkörper gelten als diuretisch wirksam in erster Linie das Coffein (1-3-7-Trimethylxanthin), das Theobromin (3-7-Dimethylxanthin), das Theophyllin oder Theocin (3-1-Dimethylxanthin), (v. SCHROEDER[1]), Paraxanthin (1-7-Dimethylxanthin), (ACH[2]), das Allyltheobromin (C. HEYMANS[3]) und die Monomethylxanthine (1, 3 u. 7) (M. ALBANESE[4]). Nach STARKENSTEIN[5] sollen auch die Harnsäure und ihre Methylderivate diuretische Wirkung ausüben. v. SCHROEDER[1] zeigte als erster, daß die verschiedenen Tierarten verschieden auf Purinderivate ansprechen. Der deutlichste diuretische Effekt von Purinderivaten wird am Kaninchen und Menschen erzielt, während Hunde fast gar nicht, Katzen in keiner Weise auf Coffein diuretisch reagieren. Auch beim Kaninchen ist das Ausmaß der Diurese von der Fütterung (Wassergehalt der Gewebe) abhängig. Das gilt jedoch in erster Linie für Theobromin, während auch das Kaninchen auf Coffein nur nach Ausschaltung der zentral bedingten Gefäßverengerung durch Narkotica eine vermehrte Wasserausscheidung zeigt. Beim Hunde konnte LOEB[6] bei gleichzeitiger Dauerinfusion einer Salzlösung auch durch Coffein eine Diuresesteigerung erzwingen. Über das Vorkommen geringer diuretischer Wirkungen des Coffeins auch bei Hunden gehen die Angaben der einzelnen Autoren auseinander. v. SCHROEDER[1] glaubte an einen vorzugsweisen renalen Effekt. Er, sowie LOEWI, FLETSCHER und HENDERSON[7] fanden, daß bei der Purindiurese das Blut eingedickt ist. Die Diurese zeigt nach Puringaben einen schnellen Anstieg der Harnausscheidung und einen verhältnismäßig schnellen Abfall. Die Harnfixa sind relativ vermehrt, absolut vermindert (v. SCHROEDER[1]). Dementsprechend weist die molare Konzentration des Purinharns eine starke Verdünnung auf, die nach DRESER[8] häufig unter die Salzkonzentration im Blut herabgeht. Jedoch ist auch die Ausschwemmung der Salze beträchtlich. Auch MICHAUD[9] sah auf der Höhe der Theophyllindiurese bei Kaninchen die molare Konzentration der Salze im Harn unter die im Blut sinken, während die Konzentration des Kochsalzes im Harn die Konzentration im Blut übertraf; WÜSCHER[10] konnte hingegen am Menschen diese Erscheinung nicht reproduzieren. Die Höhe der Kochsalzausscheidung hängt ab von dem Salzgehalt des Gewebes (FREY[11]). Bei anfänglich hohem Salzgehalt fällt das Harnkochsalz während der Diurese ab, während es bei niedri-

---

[1] v. SCHROEDER, W.: Arch. f. exper. Path. **24**, 85 (1887).
[2] ACH, N.: Arch. f. exper. Path. **44**, 319 (1900).
[3] HEYMANNS, C.: Arch. internat. Pharmacodynamie **25**, 485 (1921).
[4] ALBANESE, M.: Arch. di Farm. e Terap. **1902**, 291.
[5] STARKENSTEIN, E.: Arch. f. exper. Path. **57**, 27 (1907).
[6] LOEB, A.: Arch. f. exper. Path. **54**, 314 (1906).
[7] LOEWI, O., W. M. FLETSCHER u. V. E. HENDERSON: Arch. f. exper. Path. **53**, 15 (1905).
[8] DRESER, H.: Pflügers Arch. **102**, 1 (1904).
[9] MICHAUD, L.: Z. Biol. **46**, 198 (1905).
[10] WÜSCHER, H.: Biochem. Z. **156**, 426 (1925).
[11] FREY, E.: Z. exper. Path. u. Ther. **8**, 29 (1911).

gem Kochsalzgehalt im Gewebe im Laufe der Diurese ansteigt. Daß es in der Coffeindiurese stets neben der Wasserausscheidung zu einer spezifischen Kochsalzausscheidung kommt, beweisen Versuche von E. MEYER[1] über die Purinwirkung bei Diabetes-insipidus-Kranken. Er konnte zeigen, daß Coffein bei Kranken mit maximaler Wasserausscheidung eine Erhöhung der Salzkonzentration ohne Steigerung der Wasserausfuhr hervorrief. Ebenso gelang es GRÜNWALD[2], bei chlorarm gefütterten Kaninchen durch Theobromindiurese noch eine Kochsalzausschwemmung hervorzurufen, die infolge Chlorverarmung des Gewebes zum Tode führte.

v. MONAKOW[3] beobachtete die Wirkung von Theophyllingaben durch Untersuchung des Harns in kurzen Intervallen und fand in der Regel eine vermehrte Kochsalzausscheidung vor Eintritt der Vermehrung der Wasserausfuhr. Am kochsalzarmen Tier beobachtete auch POTOTZKI[4] eine Vermehrung der Kochsalzausscheidung, die die vermehrte Wasserausfuhr überdauert.

Versuche von PREOBRASCHENSKI[5] über die Wirkung von Coffein und Theobromin auf die Harnbildung nach Durst und Wasser- und Salzzulagen, kamen zu keinem eindeutigen Ergebnis, da sie an Hunden angestellt wurden, die erfahrungsgemäß für Purindiuresen ungeeignet sind.

Wasser- und Salzausfuhr gehen in der Coffeindiurese nicht parallel. Darauf hat vor allem LOEWI[6] beim Kaninchen für die Chlor- und BOCK[7] für die Phosphatausscheidung hingewiesen, und auch für das gegenseitige Verhalten von Natrium und Kalium konnten KATSUJAMA[8] und BOCK[9] zeigen, daß in ihrer Ausscheidung kein völliger Parallelismus besteht, während nach FREY[10] die Ausscheidung von Bromiden und Chloriden unter Coffeinwirkung proportional ihrer Konzentration im Serum erfolgt. WÜSCHER[11] sah am Menschen in der Purindiurese die Chloridausscheidung mit der Wassermenge parallel gehen, während die Sulfatausscheidung im Anfang der Diurese absolut gleichblieb und erst auf der Höhe der Diurese gesteigert war. Die Phosphatausscheidung sank zunächst ab und stieg in der 3. und 4. Stunde an.

Wie bei den meisten Diuresen steigt nach RÜDEL[12] auch in der Coffeindiurese die Alkalescenz des Harns, die Harnfixa fand v. SCHROEDER[13] meist relativ vermindert, absolut vermehrt im Harn. Diese Beobachtung wurde von GÜNZBURG[14] für Theobromin bestätigt. Bei Kaninchen wurde von zahlreichen Beobachtern häufig Zuckerausscheidung beobachtet (JAKOBJ[15], LOEB[16]).

Die Purindiurese ist in der Regel mit einer Wirkung auf die Nierengefäße verbunden, die jedoch bei Coffein durch eine zentral bedingte Vasoconstriction verdeckt sein kann. Onkometrisch haben PHILIPPS und BRADFORD[17], STARLING[18],

1 MEYER, E.: Dtsch. Arch. klin. Med. **83**, 1 (1905).
2 GRÜNWALD, H. F.: Arch. f. exper. Path. **60**, 360 (1909).
3 v. MONAKOW, P.: Dtsch. Arch. klin. Med. **121**, 241 (1917); **122**, 1 (1917).
4 POTOTZKY, C.: Pflügers Arch. **91**, 584 (1902).
5 PREOBRASCHENSKI, A.: Arch. f. exper. Path. **132**, 330 (1928).
6 LOEWI, O.: Arch. f. exper. Path. **53**, 33 (1905).
7 BOCK, J.: Arch. f. exper. Path. **58**, 227 (1908).
8 KATSUJAMA, K.: Z. physiol. Chem. **26**, 543 (1899); **32**, 235 (1901).
9 BOCK. J.: Skand. Arch. Physiol. (Berl. u. Lpz.) **25**, 239 (1911).
10 FREY: Z. exper. Path. u. Ther. **8**, 29 (1910).
11 WÜSCHER, H.: Biochem. Z. **156**, 426 (1925).
12 RÜDEL, G.: Arch. f. exper. Path. **30**, 41 (1892).
13 v. SCHROEDER, W.: Arch. f. exper. Path. **24**, 85 (1888).
14 GÜNZBURG, L.: Biochem. Z. **129**, 549 (1922).
15 JAKOBJ, C.: Arch. f. exper. Path. **35**, 213 (1895).
16 LOEB, A.: Arch. f. exper. Path. **54**, 314 (1906).
17 PHILIPPS, O. D. F. u. J. R. BRADFORD: J. of Physiol. **8**, 117 (1887).
18 STARLING, E. H.: J. of Physiol. **24**, 317 (1899).

GOTTLIEB und MAGNUS[1] und LOEWI, FLETSCHER und HENDERSON[2] in der Regel nach intravenöser Purinzufuhr ein Ansteigen des Nierenvolums beobachtet, das jedoch zeitlich in seinem Maximum mit der Höhe der Diurese häufig nicht parallel geht. An der eingegipsten Niere beobachteten LOEWI, FLETSCHER und HENDERSON[2], daß nach Coffeininjektion das Nierenvenenblut eine hellrote Farbe annahm. Die genannten Autoren sowie ASHER[3] fanden nach Coffeininjektion eine Steigerung des Nierenvolums auch dann, wenn infolge von Aderlässen oder Trockenfütterung eine diuretische Wirkung nicht erzielt werden konnte.

Die Bestimmungen des Blutdurchflusses aus früherer Zeit sind methodisch nicht einwandfrei. Neuerdings konnte jedoch RICHARDS und PLANT[4] an der isolierten Säugetierniere zeigen, daß eine Coffeindiurese ohne jede Veränderung des Blutdurchflusses durch die Niere vor sich geht. CUSHNY und LAMBIE[5] sahen, daß die Coffeindiurese am Kaninchen einsetzt, bevor der Durchfluß durch die Niere erhöht wird und noch lange Zeit anhält, nachdem der Blutdurchfluß wieder zur Norm zurückgekehrt ist. Mit Hilfe seines automatischen Blutdruckreglers konnte OZAKI[6] zeigen, daß Purinsubstanzen bei intravenöser Injektion am Kaninchen eine Nierengefäßerweiterung hervorrufen, die jedoch durch eine gleichzeitig auftretende Blutdrucksenkung kompensiert werden. Wird der Blutdruck konstant gehalten, so steigt die Nierendurchflußgeschwindigkeit um 30—40% an. Diese Gefäßwirkung beruht nicht auf einer Wirkung auf den Splanchnicus. Die Purindiurese erfolgt auch, wenn die durch Gefäßerweiterung gesteigerte Durchflußgeschwindigkeit durch den fallenden Blutdruck kompensiert ist. Sie muß also unabhängig von einer Gefäß- oder Blutdruckwirkung unmittelbar auf einen Angriff in den Nierenzellen zurückzuführen sein. Nach JANSSEN und REIN[7] steigern Coffeingaben von 3 mg pro Kilogramm peroral beim Hunde die Durchflußgeschwindigkeit des Blutes durch die Niere gleichzeitig mit der einsetzenden Harnflut und gleichzeitig mit einer Steigerung der Blutgeschwindigkeit in der Aorta. Die Nierengefäße reagieren schneller und stärker als die anderen Gefäße auf das Coffein, und es kommt zu einer aktiven Erweiterung des Strombettes der Niere. Die Euphyllindiurese wird beim Kaninchen durch Dyspnoe herabgesetzt bei fast unverändertem Blutdruck, was als Folge herabgesetzter Leistungsfähigkeit der Nierenzellen durch Sauerstoffmangel gedeutet wird (NAKAO[8]). Im Gegensatz hierzu haben MIWA und TAMURA[9] eine Steigerung des Blutdurchflusses durch die Nieren während der Coffeindiurese überhaupt nicht beobachten können. CUSHNY und LAMBIE[5] führen das darauf zurück, daß ihnen wegen zu großer Intervalle zwischen den einzelnen Beobachtungen die relativ kurzfristige Steigerung des Blutdurchflusses entgangen sei. TASHIRO und ABE[10] sahen nach kleinen Coffeingaben (0,001 mg) beim Kaninchen den Blutdurchfluß durch die Nieren erhöht, bei großen (0,02 mg) erniedrigt. CURTIS[11] will die Euphyllindiurese bei

[1] GOTTLIEB, R. u. R. MAGNUS: Arch. f. exper. Path. **45**, 223 (1901).
[2] LOEWI, O., W. M. FLETSCHER u. V. E. HENDERSON: Arch. f. exper. Path. **53**, 15 (1905).
[3] ASHER, L.: Biochem. Z. **14**, 1 (1908).
[4] RICHARDS A. N. u. O. H. PLANT: Amer. J. of Physiol. **7**, 485 (1915).
[5] CUSHNY, A. R. u. C. G. LAMBIE: J. of Physiol. **55**, 276 (1921).
[6] OZAKI, M.: Arch. f. exper. Path. **123**, 305 (1927).
[7] JANSSEN, S. u. H. REIN: Verh. dtsch. pharmak. Ges. **7**, 107 (1927) — Arch. f. exper. Path. **128** (1928).
[8] NAKAO, H.: Biochem. Z. **173**, 41 (1926).
[9] MIWA u. K. TAMURA: Mitt. med. Fak. Tokyo **23**, 349 (1920).
[10] TASHIRO, K u. H. ABE: Tohoku J. exper. Med. **3**, 142 (1922).
[11] CURTIS, G. M.: Biochem. Z. **163**, 109 (1925).

Kaninchen rein extrarenal erklären durch Chlorverschiebungen zwischen Blut und Gewebe.

BARCROFT und STRAUB[1] fanden nach intravenöser Zufuhr von Coffeinum natriosalicylicum eine Steigerung des Sauerstoffverbrauchs während der Coffeindiurese. Diese Beobachtung wurde aber durch die Feststellung von MIWA und TAMURA[2] widerlegt, die zeigen konnten, daß die beobachtete Steigerung des Sauerstoffverbrauchs lediglich auf die Salicylzufuhr zurückzuführen sei. TASHIRO und ABE[3] sahen nach kleinen Coffeingaben den Sauerstoffverbrauch der Niere meist gering erhöht, nach größeren herabgesetzt. HAYMAN und SCHMIDT[4] beobachteten keine Einwirkung von Coffein auf den Sauerstoffverbrauch der Niere. JANSSEN und REIN[5] fanden die Wärmeabfuhr aus der Niere nach Coffein vermehrt, was wegen der größeren Blutgeschwindigkeit auf den Energieverbrauch bei der Coffeindiurese keinen Rückschluß erlaubt. Auch in der Froschniere fand BARCROFT[6] eine Steigerung des Sauerstoffverbrauchs bei Zufuhr von Coffeinum natriosalicylicum von der Pfortader aus. Gegen diesen Versuch erhebt CUSHNY[7] den Einwand, daß seine Bedeutung abgeschwächt werde durch die gleichzeitige Feststellung BARCROFTS, daß auch die renoportale Zufuhr von Sulfat ohne Steigerung der Diurese den Sauerstoffverbrauch erhöhe. MICHAUD[8] konnte beim Kaninchen die Theophyllindiurese durch Blutentzug unterdrücken.

Die Nerven sind ohne Einfluß auf die Coffeinwirkung, wie schon v. SCHROEDER[9] durch die unveränderte Wirkung des Coffeins nach Nierenentnervung zeigte. Bei einseitiger Drosselung des Ureters beobachtete FILEHNE und RUSCHHAUPT[10] am Kaninchen nach Theobrominininjektion eine Herabsetzung der Urinmenge auf der obturierten Seite ohne nennenswerte Änderung der Harnzusammensetzung, und FREY[11] fand an Hunden eine Steigerung des maximalen Ureterendrucks während der Coffeindiurese.

An der isolierten Säugetierniere liegen alte Versuche mit unvollkommener Methodik von MUNK[12] am Hunde vor, der zwar ein Ansteigen des Nierendurchflusses nach Coffein, aber keine Diuresesteigerung beobachtete, und neuerdings die schon erwähnten Untersuchungen von RICHARDS und PLANT[13], die mit einwandfreier Methodik eine beträchtliche Steigerung des Harnflusses bei unverändertem Blutdruck und unverändertem Blutdurchfluß beobachteten. An der isolierten Froschniere konnte CULLIS[14] und ROWNTREE und GERAGHTY[15] vom Tubulussystem aus durch Coffein eine vermehrte Harnsekretion hervorrufen. Ihre Versuche verlieren aber an Beweiskraft, weil sie durch Anwendung zu hohen Druckes auch das Glomerulussystem durchspülten. Aus ähnlichen Gründen büßen auch die Versuche von HALSEY[16], der nach Unterbindung der Nierenarterie durch Theobromin eine Diurese erzeugen konnte, an Wert ein.

---

1 BARCROFT, J. u. H. STRAUB: J. of Physiol. **41**, 145 (1910).
2 MIWA u. K. TAMURA: Zitiert auf S. 406.
3 TASHIRO. K. u. H. ABE: Zitiert auf S. 406.
4 HAYMAN, J. M. u. C. F. SCHMIDT: Amer. J. of Physiol. **83**, 502 (1927/28).
5 JANSSEN, S. u. H. REIN: Zitiert auf S. 406.
6 BARCROFT, J.: Erg. Physiol. **7**, 744 (1908).
7 CUSHNY, A. R.: The secretion of the urine, S. 179. London 1917.
8 MICHAUD, L.: Z. Biol. **46**, 198 (1905).
9 v. SCHROEDER, W.: Zitiert auf S. 405.
10 FILEHNE, W. u. W. RUSCHHAUPT: Pflügers Arch. **95**, 409 (1903).
11 FREY, E.: Pflügers Arch. **115**, 175 (1906).
12 MUNK, J.: Virchows Arch. **107**, 291 (1887); **111**, 434 (1888).
13 RICHARDS A. N. u. O. H. PLANT: Amer. J. Physiol. **7**, 485 (1915).
14 CULLIS, W. C.: J. of Physiol. **34**, 250 (1906).
15 ROWNTREE and GERAGHTY: Arch. int. Med. **9**, 284 (1912).
16 HALSEY, J. T.: Amer. J. of Physiol. **6**, 16 (1902).

In neuerer Zeit konnte dann R. SCHMIDT[1] zeigen, daß Coffein an der isolierten Froschniere eine beträchtliche diuretische Wirkung hervorrief, die völlig unabhängig von dem Durchfluß durch die Arterie war. Diese Versuche wurden von HARTWICH[2] bestätigt. Die Tatsache der Coffeinwirkung an der Froschniere ist um so bemerkenswerter, als die Purinderivate am Gesamtfrosch eine Diurese nicht hervorriefen. In entsprechender Weise beobachtete GREMELS[3] an dem STARLINGschen Herz-Lungen-Nieren-Präparat nach Coffein, Theobromin, Theophyllin und Euphyllin eine Vermehrung der Harnbildung mit prozentualer und absoluter Steigerung der Kochsalzausfuhr und relativer Verminderung, aber absoluter Vermehrung der Gesamtstickstoffausscheidung. Der Blutdurchfluß durch die Niere war nur wenig gesteigert. Eine weitere Analyse der Coffeinwirkung an der Froschniere erfolgte einerseits durch MASUDA[4], andererseits durch WOHLENBERG[5]. MASUDA konnte an der Froschniere, an der die energieliefernden Prozesse durch Sauerstoffabschluß oder Cyankali ausgeschaltet waren, zeigen, daß auch dann Coffein seine diuretische Wirkung behält. Der Angriffspunkt des Coffeins wird in die Glomeruli verlegt. WOHLENBERG sah im Gegensatz hierzu die diuretische Coffeinwirkung bei kleinen Coffeingaben bei einer Konzentration unter $^{1}/_{100000}$, wie sie auch von MASUDA angewandt wurden, nach Sauerstoffabschluß oder Narkotisierung ausbleiben, während bei größeren Coffeingaben die Narkosewirkung durchbrochen wird. Die daraus auf die Glomerulusfunktion gezogenen Schlüsse müssen entfallen, bis der Widerspruch gegenüber den Untersuchungen MASUDAS aufgeklärt ist. v. SOBIERANSKI[6] und TASHIRO[7] schlossen aus dem färberischen Verhalten der Niere in der Coffeindiurese auf aktive Reizung der sekretorischen Nierenelemente und verminderte Rückresorption bei größeren Dosen, während TASHIRO bei kleinen Dosen eine vermehrte Rückresorption beobachtet haben will. Aus den histologischen Veränderungen an den Nieren mit Coffein vergifteter Frösche sucht TOCCO-TOCCO[8] ein Bild von dem Angriffspunkt des Coffeins in der Niere zu erhalten. Bei akuter Vergiftung findet er trübe Schwellung der Tubulusepithelien mit teilweisen Nekrosen und eine Aufblähung der Glomerulusschlingen.

Über die Ausscheidung des Coffeins liegen die ersten kritischen Untersuchungen in der Arbeit von ROST[9] vor, der zeigen konnte, daß bei einmaliger Coffeingabe die Hauptmenge des im Harn nachweisbaren Coffeins nach 24 Stunden ausgeschieden war. Auf Grund vergleichender Untersuchungen über die Größe der Coffeinausscheidung bei einzelnen Tierarten spricht er die Vermutung aus, daß zwischen diuretischer Wirkung und Ausscheidungsgröße im Harn eine direkte Beziehung besteht. ALBANESE[10] und BONDZYNSKI und GOTTLIEB[11] beobachteten, daß ein Teil des Coffeins im Hundekörper in 3-Methylxanthin umgewandelt wird, und KRÜGER[12] fand bei chronischer Coffeinzufuhr im Hundeharn neben Coffein Theophyllin, Theobromin, Paraxanthin und 3-Methylxanthin, deren Gesamtsumme jedoch beträchtlich unter der durch Coffein eingeführten Xanthinmenge steht. Hinsichtlich des Angriffspunktes der Demethylierung im

[1] SCHMIDT, R.: Arch. f. exper. Path. **95**, 267 (1922).
[2] HARTWICH, A.: Arch. f. exper. Path. **111**, 206 (1926).
[3] GREMELS, H.: Arch. f. exper. Path. **130**, 61 (1928).
[4] MASUDA, T.: Biochem Z. **175**, 8 (1926).
[5] WOHLENBERG, W.: Pflügers Arch. **218**, 449 (1928).
[6] v. SOBIERANSKI, W.: Arch. f. exper. Path. **35**, 144 (1895).
[7] TASHIRO, R.: Tohoku J. exper. Med. **3**, 155 (1922).
[8] TOCCO-TOCCO, L.: Arch. Farmacol. sper. **38**, 268, 273 (1924).
[9] ROST, E.: Arch. f. exper. Path. **36**, 62 (1895).
[10] ALBANESE, M.: Arch. f. exper. Path. **35**, 456 (1895).
[11] BONDZYNSKI, St. u. R. GOTTLIEB: Arch. f. exper. Path. **36**, 54 (1895).
[12] KRÜGER, M.: Ber. dtsch. chem. Ges. **32**, 2818 (1899).

Coffeinmolekül soll nach KRÜGER[1] zwischen Kaninchen und Hund ein Unterschied bestehen. Beim Menschen wird Coffein nach den Untersuchungen von SCHNEIDER[2], ROST[3] und ALBANESE[4] fast gar nicht im Urin ausgeschieden. Neuerdings hat dann mit Methoden, die den Nachweis sehr viel geringerer Xanthinmengen gestatten, FRIEDBERG[5] und OKUCHIMA[6] die Ausscheidung des Coffeins und GÜNZBURG[7] die des Theobromins im Harn untersucht. Hinsichtlich der Coffeinausscheidung konnte FRIEDBERG einen gewissen Parallelismus zwischen Coffeinmenge im Harn und Diurese beobachten, es besteht aber keine völlige Proportionalität zwischen ausgeschiedener Coffeinmenge und Harnmenge. Dabei ist die Niere offenbar bestrebt, die Coffeinkonzentration im Harn möglichst niedrig zu halten. Die Coffeinausscheidung durch den Harn war in allen Fällen schnell beendet. OKUSHIMA[6] zeigte, daß beim Tee- oder Kaffeetrinken der Höhepunkt der Coffeinausscheidung ungefähr 3—4 Stunden nach der Aufnahme erreicht wird, daß aber noch 10—11 Stunden nach der Aufnahme Coffein im Harn nachweisbar ist. Durch weitere Flüssigkeitszugaben konnte OKUCHIMA die Ausscheidung auch nach 6—7 Stunden nach der Aufnahme steigern. GÜNZBURG[7] beobachtete nach Theobromin eine Ausscheidungskurve, die nach 2—3 Stunden ihr Maximum erreicht und nach etwa 7 Stunden zur Abszisse abfällt. Diese Theobrominausscheidungskurve ist unabhängig von der Größe des diuretischen Effekts. Bei intravenöser Injektion verschwindet ein Teil schnell aus dem Blut, während ein anderer lange Zeit nachweisbar bleibt. Subcutan injiziertes Coffein erscheint gleichzeitig im Blut und Harn (LOEB[8]).

Durch Alkalizufuhr schränkte GÜNZBURG die Theobromindiurese ein, während Säuregaben die diuretische Wirkung erhöhten.

Zuerst wurde von LOEWI[9] und später von MOSENTHAL und SCHLAYER[10] eine Ermüdbarkeit der Niere der Coffeinausscheidung gegenüber beobachtet. An der isolierten Froschniere konnte HARTWICH[11] einen derartigen Effekt nicht feststellen, während BARCROFT und STRAUB[12] aus der abnehmenden Wirksamkeit wiederholter Coffeingaben auf eine Vergiftung der Nierenzellen schlossen. Auch GÜNZBURG[7] beobachtete nach Theobromin insofern eine Gewöhnung, als der diuretische Effekt der gleichen Theobrominkonzentration bei wiederholten Gaben abnimmt und erst durch Steigerung der Gabengröße wieder erzielt wird. Auf einer vermehrten Zerstörung des Coffeins im Körper kann diese Erscheinung nicht beruhen, denn nach den Untersuchungen von BOCK und BECH-LARSEN[13] und FRIEDBERG[5] findet bei chronischer Zufuhr keine vermehrte Coffeinzerstörung im Gewebe statt.

Die Versuche v. SOBIERANSKIS[14], die von MODRAKOWSKI[15] und TASHIRO und ABE[16] später bestätigt wurden, sollten mit Hilfe der Vitalfärbung Aufklärung über den Angriffspunkt der Coffeinwirkung bringen. Die Färbbarkeit der Tubuluszellen durch Indigocarmin geht unter Coffeinwirkung stark zurück. TASHIRO

[1] KRÜGER, M.: Zitiert auf S. 408. [2] SCHNEIDER, R.: Diss. Dorpat 1884.
[3] ROST, E.: Zitiert auf S. 408. [4] ALBANESE, M.: Zitiert auf S. 408.
[5] FRIEDBERG, E.: Biochem. Z. **118**, 164 (1921).
[6] OKUSHIMA, K.: Biochem Z. **129**, 563 (1920).
[7] GÜNZBURG, L.: Biochem. Z. **129**, 549 (1922).
[8] FARMER-LOEB, L.: Biochem. Z. **129**, 570 (1922).
[9] LOEWI, O.: Arch. f. exper. Path. **53**, 33 (1905).
[10] MOSENTHAL, H. u. C. SCHLAYER: Dtsch. Arch. klin. Med. **111**, 217 (1913).
[11] HARTWICH, A.: Arch. f. exper. Path. **111**, 206 (1926).
[12] BARCROFT, J. u. H. STRAUB: J. of Physiol. **41**, 145 (1910).
[13] BOCK, J. u. R. BECH LARSEN: Arch. f. exper. Path. **81**, 15 (1917).
[14] v. SOBIERANSKI, W.: Arch. f. exper. Path. **35**, 144 (1895).
[15] MODRAKOWSKI, G.: Pflügers Arch. **98**, 219 (1903).
[16] TASHIRO, K. u. H. ABE: Tohoku J. exper. Med. **3**, 142 (1922).

und ABE[1] fanden neben dieser nach größeren Coffeingaben beobachteten Erscheinung, daß nach kleinen Coffeingaben der distale Teil der Tubuli contorti eine erhöhte Färbbarkeit aufweist. HJELT[2] beobachtete eine Veränderung der Granula in den Tubulis contortis nach der Coffeininjektion. Demgegenüber fanden COURMONT und ANDRÉ[3] bei Fröschen eine Vermehrung mit Silbernitrat fixierbarer Granula in den Epithelien der Rindenkanälchen.

Aus allen diesen Versuchen geht mit Sicherheit ein renaler Angriffspunkt der Purinderivate hervor. Daß die Wirkung auf die Gefäße nicht den primären Angriffspunkt darstellt, ist wohl nach der geschilderten Inkoinzidenz von Gefäßerweiterung und Diurese als sicher zu betrachten. Auch die Einschränkung in der Rückresorption, die die Versuche v. SOBIERANSKIS[4] beweisen sollten, erscheint wenig wahrscheinlich. Die unveränderte Größe des Sauerstoffverbrauchs spricht dafür, daß die Coffeindiurese nicht an der energieverbrauchenden Komponente der Nierenfunktion angreift. FRÖHLICH und ZAK[5] nehmen auf Grund ihrer Versuche an Fröschen und Kaninchen, in denen Theophyllingaben das Eindringen verschiedenster Substanzen in das Gewebe beträchtlich beschleunigen, als auslösendes Moment für die Theophyllindiurese eine Permeabilitätssteigerung der Glomerulusmembranen durch Purinderivate an. An Kollodiummembranen hatten BRINKMAN und v. SZENT-GYÖRGY[6] schon früher eine Erhöhung der Permeabilität durch Coffein ebenso wie durch eine Anzahl anderer Alkaloide zeigen können. Beweiskräftig für ihre Annahme sind die Versuche von FRÖHLICH und ZAK nicht, denn eine ganze Anzahl von Alkaloiden die nicht diuretisch wirken, erhöhen die Permeabilität von Kolloidmembranen, während nach ANNAU und SÁRKÁNY[7] im Tierversuch nicht diuretisch wirkende Substanzen wie Strychnin, Chinin und Kokain die Aufnahme von Magnesium und Morphin ebenso begünstigen, wie das FRÖHLICH und ZAK durch Theophyllin haben erreichen können. Wir müssen per exclusionem den voraussichtlichen Angriffspunkt der Coffeinderivate mit CUSHNY[8] in einer Veränderung der Glomerulusfiltration sehen, wie sie auch schon SPIRO und HELLIN[9] nach ihren Erfahrungen über das Verhalten des Coffeins bei künstlich geschädigten Nieren angenommen hatten.

Neben dieser renalen Wirkung tritt in den letzten Jahren immer mehr der extrarenale Einfluß der Purinwirkung in den Vordergrund der Betrachtung, der jedoch an anderer Stelle dieses Handbuchs seine Besprechung erfährt (Bd. 17, S. 231).

IV. Die Wirkung der endokrinen Inkrete auf die Nierenfunktion.

1. Die Hypophyse.

Seit den Beobachtungen von MAGNUS und SCHÄFER[10] wissen wir, daß die Extrakte des infundibularen Teils der Hypophyse eine beträchtliche Einwirkung auf die Wasserausscheidung zeigen. Die ersten Untersucher fanden regelmäßig eine beträchtliche Steigerung der Harnflut, und erst VAN DEN VELDEN[11] beob-

---

[1] TASHIRO, K. u. H. ABE: Zitiert auf S. 409.
[2] HJELT, K. J.: Virchows Arch. **207**, 207 (1912).
[3] COURMONT, C. u. M. ANDRÉ: J. Physiol. et Path. gén. **7**, 255 (1905).
[4] v. SOBIERANSKI, W.: Arch. f. exper. Path. **35**, 144 (1895).
[5] FRÖHLICH, A. und E. ZAK: Wien. Klin. Wschr. **39**, 493 (1926).
[6] BRINKMAN, R. und A. v. SZENT-GYÖRGY: Biochem. Z. **139**, 270 (1923).
[7] ANNAU, E. und J. SÁRKÁNY, Arch i. ex. Path. **138**, 240 (1928).
[8] CUSHNY, A. R.: J. of Physiol. **28**, 431 (1902).
[9] SPIRO, K. u. D. HELLIN: Arch. f. exper. Path. **38**, 368 (1897).
[10] MAGNUS, R. u. E. A. SCHÄFER: J. of Physiol. **27**, IX (1901).
[11] VELDEN, R. v. D.: Berl. klin. Wschr. **50**, 1156 (1913).

achtete, daß die Hypophysenextrakte eine einschränkende Wirkung auf die Harnausscheidung durch die Niere hervorrufen können. Diese Einwirkung der Hypophyse auf die Harnbildung wurde bald in Beziehung zu der Einwirkung des Diabetes insipidus gesetzt, und es liegen eine außerordentlich große Anzahl von klinischen Beobachtungen vor über das Verhalten von Hypophysenpräparaten beim Diabetes insipidus. Diese finden an anderer Stelle dieses Handbuchs (Bd. 17, S. 287ff.) ihre Besprechung.

Auch in dem Tuber cinereum normaler Hunde finden sich antidiuretische Stoffe, die der Hinterlappensubstanz ähnlich wirken. Nach Entfernung der Hypophyse wird der Gehalt des Tuber cinereum an ihnen wesentlich gesteigert. Durch Zerstörung des Tuber cinereum wird am hypophysenlosen Hund ein Diabetes insipidus erzeugt, weil das antidiuretische Hormon nicht mehr gebildet werden kann (Sato[1]).

Am normalen Warmblüter ist die Wirkung der Hypophysenextrakte auf die Harnbildung außerordentlich wechselnd. Sie ist nicht nur bei den verschiedenen Tierarten beträchtlichen Schwankungen unterworfen, sondern schwankt auch erheblich, je nach dem Wasser- und Salzgehalt des Versuchstieres. Houssay[2] und seine Mitarbeiter fanden bei Kaninchen und Meerschweinchen Diuresesteigerung, beim Hunde Diuresehemmung. Am normalen Menschen beobachtet v. d. Velden[3] Hemmungen der Wasser- und Kochsalzausscheidung bei unveränderter Stickstoff- und Phosphatausfuhr. Auch Brown[4] konnte am Menschen lediglich Diuresehemmung feststellen und führt die beim Tier beobachtete Harnflut auf die im Versuch angewandte Narkose zurück. v. Konschegg und Schuster[5] sahen jedoch nach kleinen Hypophysenhinterlappenextraktdosen Diuresesteigerung, nach mittleren und größeren primär Steigerung und später Hemmung der Harnausscheidung.

Fromherz[6] hat durch eingehende Untersuchungen bei den verschiedensten Tierarten und bei der verschiedenartigsten Vorbehandlung insofern in diese widerspruchsvollen Ergebnisse Klarheit gebracht, als er zeigen konnte, daß unabhängig von Tierart, Ernährung, Narkose und Art der Zufuhr Hypophysenhinterlappenextrakte auf die Harnbildung eine zweiphasige Wirkung ausüben, und zwar erst eine hemmende, später eine steigernde, und daß die verschiedenen Ergebnisse der früheren Untersucher auf den wechselnden Zeitpunkt der Beobachtungen nach der Hypophysenzufuhr zurückzuführen sind.

Neben der zweiphasigen Wirkung der Hypophysenhinterlappenextrakte auf die Wasserausscheidung kommen noch eine Anzahl anderer Faktoren in Frage, die die verschiedenen Wirkungsbilder der einzelnen Beobachter erklären. Erstens scheint die Geschwindigkeit, mit der der Hypophysenextrakt in das Blut eintritt, die diuresehemmende oder -steigernde Wirkung der Hypophysenzufuhr zu beeinflussen. So beobachteten C. und M. Oehme[7] sowie Fromherz[6], daß je langsamer der Hypophysenextrakt in die Blutbahn übertritt, desto intensiver die antidiuretische Wirkung zum Ausdruck kommt. Bei subcutaner Verabreichung steht die Diuresehemmung weit mehr im Vordergrund als bei intravenöser Zufuhr. Der zweite Umstand, der die verschiedenen Wirkungsbilder

---

1 Sato, G.: Arch. f. exper. Path. **131**, 45 (1928).
2 Houssay, B. A., J. S. Galan u. J. Negrete: C. r. Soc. Biol. **83**, 1248 (1920).
3 Velden, R. v. d.: Berl. klin. Wschr. **50**, 1156 (1913).
4 Brown: Proc. roy. Soc. Lond. **15**, Nr 5, S. 1 (1922).
5 v. Konschegg, A. u. E. Schuster: Dtsch. med. Wschr. **1915**, 1091.
6 Fromherz, K.: Arch. f. exper. Path. **100**, 1 (1923).
7 Oehme, C. u. M.: Dtsch. Arch. klin. Med. **127**, 261 (1918).

hervortreten läßt, beruht darauf, daß Narkotica die antidiuretische Wirkung in ausgesprochenem Maße hemmen (Molitor und Pick[1]). Molitor und Pick leiten daraus den Schluß ab, daß die Hypophysenstoffe auf Gehirnzentren der Wasserregulation wirken und so den Wasserhaushalt der Gewebe regeln. Eine Ausnahme soll lediglich die Paraldehydnarkose machen. Die Aufhebung der antidiuretischen Wirkung der Hypophysenextrakte wird angeblich auch durch Exstirpation des Großhirns erreicht (Thalamuskaninchen, Molitor und Pick), Versuche, die durch McFarlane[2] an decerebrierten Katzen bestätigt wurden; ebenso ist die diuresehemmende Wirkung im Schlaf aufgehoben (Koref und Mautner[3]). Bei Patienten mit Hirntumor, Hirndruck und Paralyse sowie in tiefer Hypnose war die Diuresehemmung durch Pituitrin ebenso beseitigt wie im tiefen Schlaf. Nach operativer Entfernung des Hirndrucks oder bei Remissionen der Paralyse durch Malariabehandlung kehrte die Hemmung wieder. Hoff und Wermer[4], die diese Beobachtung anstellten, schließen ähnlich wie Molitor und Pick daraus auf einen zentralnervösen Angriffspunkt der Pituitrinwirkung. Bei Akromegalie sahen sie die Diuresehemmung durch Pituitrin verstärkt. Bei Basedowkranken soll die antidiuretische Pituitrinwirkung schwächer sein als bei Normalen. Es ist also leicht verständlich, daß die meisten Tierversuche, die an narkotisierten Tieren angestellt wurden, die Erscheinung der antidiuretischen Wirkung der Hypophysenextrakte nicht erkennen ließen.

Diese Befunde stehen im Gegensatz zu den Feststellungen von Starling und Verney[5] und Starling und Eichholtz[6] am Herz-Lungen-Nieren-Präparat, an dem Hypophysenextrakte antidiuretisch wirken, und vor allem zu den eingehenden Untersuchungen von Janssen[7]. Janssen kann am Kaninchen zeigen, daß die Durchschneidung des Rückenmarks zwischen den Segmenten C_5 und Th_2 ohne Einfluß auf die antidiuretische Wirkung des Pituitrins ist, daß sie auch nach Vagusdurchschneidung bestehen bleibt und daß auch die Decerebrierung sowohl an Katzen wie auch am Hund keine Wirkung auf die Antidiurese ausübt. Dagegen erbrachte er den Beweis, daß die Aufhebung der antidiuretischen Wirkung durch Narkotica renal bedingt ist. Auch die Angabe von Molitor und Pick, daß die diuresehemmende Wirkung der Hypophysenstoffe bei intralumbaler Injektion verstärkt wird, konnte Janssen durch sorgfältige quantitative Untersuchungen ablehnen. Ausschaltung des Splanchnicus ist auf die diuresehemmende Wirkung des Pituitrins ohne Einfluß (Oehme[8], Weir, Larson und Rowntree[9] und McFarlane[2]).

Über die Dosen, die eine Diuresehemmung hervorrufen, sind wir aus den Untersuchungen von Bijlsma[10], von Smith und McClosky[11], sowie von Abel und Geiling[12] unterrichtet. Beim Hund rufen 0,02 mg frische Hinterlappensubstanz pro Kilogramm Körpergewicht eine deutliche antidiuretische Wirkung hervor, beim Menschen 10 mg Voegtlinsches Standardpulver.

Bei gleichzeitigen Wassergaben finden alle Beobachter, Modrakowski

[1] Molitor, H. u. E. P. Pick: Arch. f. exper. Path. **101**, 198 (1924).
[2] McFarlane, A.: J. of Pharmacol. **28**, 177 (1926).
[3] Koref, O. u. H. Mautner: Arch. f. exper. Path. **113**, 124 (1926).
[4] Hoff, H. u. P. Wermer: Arch. f. exper. Path. **119**, 153 (1926).
[5] Starling, E. H. u. E. B. Verney: Proc. roy. Soc. Lond. Ser. B. **97**, 321 (1925).
[6] Starling, E. H. u. F. Eichholtz: Proc. roy. Soc. Lond. Ser. B. **98**, 93 (1925).
[7] Janssen, S.: Arch. f. exper. Path. **135**, 1 (1928).
[8] Oehme, C.: Dtsch. Arch. klin. Wschr. **127**, 279 (1918).
[9] Weir, J. F., E. E. Larson u. L. G. Rowntree: Arch. int. Med. **29**, 306 (1922).
[10] Bijlsma, U. G.: Klin. Wschr. **5**, 1352 (1926).
[11] Smith, M. J. u. W. T. McClosky: J. of Pharmacol. **23**, 138 (1924).
[12] Abel, J. J. u. E. M. K. Geiling: J. of Pharmacol. **22**, 317 (1924).

und HALTER[1], PRIESTLEY[2], E. MEYER und R. MEYER-BISCH[3], BRUNN[4], FROMHERZ[5] und LABBÉ, VIOLLE und AZÉRAD[6] eine beträchlichet Herabsetzung der Diurese. Wenn jedoch neben Wasser reichlich Kochsalz zugeführt wird, so soll nach BRUNN[7] und PENTIMALLI[8] an Stelle der Diuresehemmung eine Diuresesteigerung erfolgen. FROMHERZ[5] konnte diesen Befund nicht bestätigen, er fand sowohl bei kochsalzarmer wie bei kochsalzreicher Kost regelmäßig eine Hemmung der Harnflut und konnte nur bei Kochsalzbelastung, die weit über die physiologischen Grenzen hinausgeht, eine diuretische Wirkung des Hypophysins feststellen.

ADOLPH und ERICSON[9] ließen gesunde Menschen iso- und hypertonische Lösungen von Glaubersalz, Harnstoff und Kaliumchlorid trinken und stellten fest, daß gleichzeitige Injektion von Pituitrin zwar diejenigen Mengen Wasser zur Ausscheidung zuläßt, die zur Ausscheidung der betreffenden Salze notwendig ist, daß sie aber die Retention des überschüssigen Wassers bewirkt. Das Pituitrin soll also lediglich die Wasser- und nicht die Salzdiurese hemmen.

MOLITOR und PICK[10] beobachteten am Hund nach Pituitringaben lediglich Diuresehemmung und nie eine Steigerung der Wasserausfuhr. Eine Analyse dieser Diuresehemmung ergab Unabhängigkeit von der Leber. Die Diuresehemmung konnte durch Wasserzufuhr nicht durchbrochen werden, jedoch durch die Einverleibung von Kochsalz, Traubenzucker und Harnstoff. Auch gefäßerweiternde Mittel sind ohne Wirkung auf die Diuresehemmung. Die Wirkung an der Niere angreifender Gifte — Cantharidin, Uran — wird durch Hypophysenpräparate nicht beeinflußt.

Bei großen Wassergaben und gleichzeitiger Hypophysenextraktzufuhr kann die Wasserretention so stark werden, daß sie unter Krämpfen zum Tode führt (ROWNTREE[11], WEIR, LARSON und ROWNTREE[12] und FROMHERZ[13]).

Im Gegensatz zum Warmblüter wird am Gesamtfrosch keine eindeutige Wirkung auf die Harnabscheidung nach Hypophysengaben beobachtet (OEHME[14], BRUNN[15] und FROMHERZ[16]). Dagegen scheinen beim Frosch extrarenale Verschiebungen des Wasser- und Kochsalzhaushalts nach Hypophysengaben aufzutreten (POHLE[17]).

Mit der antidiuretischen Wirkung geht gleichzeitig eine Änderung in der Konzentration der einzelnen Harnbestandteile einher im Sinne einer Konzentrationssteigerung der meisten Stoffe. Am auffallendsten ist das Verhalten der Kochsalzausscheidung. Diese Beobachtung ist von zahlreichen Untersuchern

---

1 MODRAKOWSKI, G. u. G. HALTER: Z. exper. Path. u. Ther. **20**, 331 (1919).
2 PRIESTLEY, J. G.: J. of Physiol. **55**, 305 (1921).
3 MEYER, E. u. R. MEYER-BISCH: Dtsch. Arch. klin. Med. **137**, 225 (1921).
4 BRUNN, F.: Zbl. inn. Med. **41**, 674 (1920).
5 FROMHERZ, K.: Zitiert auf S. 411.
6 LABBÉ, M., P. L. VIOLLE u. E. AZÉRAD: C. r. Soc. Biol. **94**, 845 (1926).
7 BRUNN, F.: Zbl. inn. Med. **41**, 674 (1920) — Z. exper. Med. **25**, 170 (1921).
8 PENTIMALLI, F.: Sperimentale **75**, 145 (1921).
9 ADOLPH, E. F. u. G. ERICSEN: Amer. J. Physiol. **79**, 377 (1927).
10 MOLITOR, O. u. E. P. PICK: Arch. f. exper. Path. **101**, 198 (1924); **107**, 180 (1925); **107**, 185 (1925); **112**, 113 (1926).
11 ROWNTREE, L. G.: Amer. J. Physiol. **59**, 451 (1922).
12 WEIR, J. F., E. E. LARSON u. L. G. ROWNTREE: Arch. int. Med. **29**, 306 (1922); nach Ber. Physiol. **13**, 312 (1922).
13 FROMHERZ, K.: Arch. f. exper. Path. **100**, 1 (1923).
14 OEHME, C.: Z. exper. Med. **9**, 251 (1919).
15 BRUNN, F.: Z. exper. Med. **25**, 170 (1921).
16 FROMHERZ, K.: Arch. f. exper. Path. **112**, 359 (1926).
17 POHLE, E.: Pflügers Arch. **182**, 215 (1920).

angestellt worden (FREY und KUMPIESS[1], VEIL[2], LICHTWITZ und STROMEYER[3], FRANK[4], FROMHERZ[5], MIURA[6] und BIJLSMA[7]). FROMHERZ sah die vermehrte Kochsalzausscheidung gerade bei kochsalzarmer Diät am stärksten auftreten. Durch Wasserzufuhr wird sie noch beträchtlich gesteigert. Das gilt auch für chlorarmernährte Tiere, bei denen nach STEHLE und BOURNE[8] der prozentuale Gehalt der Chloride im Harn auf das 160fache gesteigert werden kann. Dagegen ist bei Tieren mit reichlichem Kochsalzgehalt die Steigerung der Chlorausscheidung gering.

Im Blut rufen Hypophysenextrakte bei wasser- und kochsalzreichen Tieren eine Hydrämie hervor (V. KONSCHEGG und SCHUSTER[9], MODRAKOWSKI und HALTER[10], BRUNN[11], BRIEGER und RAWACK[12]). FROMHERZ[13] wies während der Diuresehemmung und Kochsalzausschüttung, unabhängig vom Kochsalzgehalt des Gewebes, Hydrämie und Vermehrung des Blutkochsalzgehalts nach.

Im Gegensatz hierzu sahen STEHLE und BOURNE[8] bei Hunden keine nennenswerte Änderung der Plasmakonzentration nach intravenöser Pituitrinzufuhr. Sie fanden ebenso wie FROMHERZ erst Hemmung, dann Steigerung der Wasserausscheidung im Urin. Die Chlorausfuhr ist noch über die Wasserausfuhr hinaus gesteigert. In Äthernarkose sind beide Wirkungen abgeschwächt. Die Diuresehemmung tritt nach starker Wasserzufuhr deutlicher in Erscheinung, die Chlorausscheidung wird dabei nicht verändert. Nach peroraler Kochsalzzufuhr wird die prozentuale Chlorausscheidung durch Pituitrin herabgesetzt. STEHLE und BOURNE[8] schreiben dem Pituitrin eine regulatorische Wirkung in dem Sinne zu, daß Stoffe, die schnell ausgeschieden werden, in ihrer Ausscheidung verlangsamt werden und umgekehrt die Ausfuhr langsam ausgeschiedener beschleunigt wird.

Die Angaben über die Änderung der Stickstoffausscheidung nach Hypophysengaben sind nicht eindeutig (V. D. VELDEN[14], VEIL[15], LARSON und Mitarbeiter[16], FROMHERZ[13], MOTZFELDT[17], STEHLE und BOURNE[8]). Lediglich ADDIS und seine Mitarbeiter[18] sahen beim Kaninchen in allen Fällen gleichsinnig eine Herabsetzung der renalen Harnstoffausscheidung, die durch gleichzeitige Adrenalingaben kompensiert wurde. Kreatinin wird vermehrt ausgeschieden (ROUX und TAILLAUDIER[19]). Die Titrationsacidität des Harns wird herabgesetzt (LARSON und Mitarbeiter[11] und VOLLMER[20]). Auf die Farbstoffausscheidung scheinen Hypophysingaben ohne Einfluß (MOLITOR und PICK[21]).

---

[1] FREY, W. u. K. KUMPIESS: Z. exper. Med. **2**, 380 (1914).
[2] VEIL, W.: Biochem. Z. **91**, 317 (1918).
[3] LICHTWITZ, L. u. F. STROMEYER: Dtsch. Arch. klin. Med. **116**, 127 (1914).
[4] FRANK, E.: Klin. Wschr. **3**, 847, 895 (1924).
[5] FROMMHERZ: Zitiert auf S. 413.
[6] MIURA, Y: Arch. f. exper. Path. **107**, 1 (1925).
[7] BIJLSMA, U. G.: Klin. Wschr. **5**, 1352 (1926).
[8] STEHLE, R. L. u. W. BOURNE: J. of Physiol. **60**, 229 (1925).
[9] KONSCHEGG, V. u. SCHUSTER: Dtsch. med. Wschr. **1915**, 1091.
[10] MODRAKOWSKI, G. u. G. HALTER: Z. exper. Path. u. Ther. **20**, 331 (1919).
[11] BRUNN, F.: Zbl. inn. Med. **41**, 674 (1920).
[12] BRIEGER u. RAWACK: Med. Klin. **1921**, 1485.
[13] FROMHERZ, K.: Arch. f. exper. Path. **100**, 1 (1923).
[14] VELDEN, R. VAN DEN: Berl. klin. Wschr. **50**, 1156 (1913).
[15] VEIL, W.: Biochem. Z. **91**, 317 (1918).
[16] LARSON, E. E., J. F. WEIR u. L. G. ROWNTREE: J. of Pharmacol. **17**, 333 (1921).
[17] MOTZFELDT, K.: Norsk Mag. Laegevidensk. **1915**, Nr 11; nach Malys Jahresber. **45**, 150 (1915).
[18] ADDIS, T. u. G. D. BARNET: Proc. Soc. exper. Biol. a. Med. **14**, 49 (1918). — ADDIS, T.: G. D. BARNET, A. E. SHEWSKI, M. G. FOSTER und G. BEVIER: Amer. J. Physiol. **46**, 1, 39, 84, 129 (1919).
[19] ROUX, J. CH. u. TAILLAUDIER: Int. Beitr. d. Path. u. Ther. d. Ernährungskr. **5**, 286; nach Malys Jahresber. **44**, 326 (1914).
[20] VOLLMER, H.: Arch. f. exper. Path. **96**, 352 (1923).
[21] MOLITOR, H. u. E. P. PICK: Arch. f. exper. Path. **101**, 169 (1924).

Nach Hypophysenexstirpation beobachtete VERNEY[1] eine starke Steigerung der Harnflut mit gleichzeitiger Einschränkung der Chlorid- und Phosphatausfuhr, die jedoch durch Zufuhr von Hypophysenextrakt wieder rückgängig gemacht wird.

Den Blutdruck sahen MAGNUS und SCHÄFER[2] und nach ihnen CAMPBELL[3] ROBERTSON[4], HALLIBURTON, CANDLER und SIKES[5], KNOWLTON und SILVERMAN[6] und OZAKI[7] nach Zufuhr von Hypophysenextrakt erhöht. Wiederholungen der Hypophysenextraktzufuhr lassen die blutdrucksteigernde Wirkung beträchtlich zurückgehen, während die Wirkung auf die Harnabscheidung nur in geringem Maße nachläßt. C. und M. OEHME[8] sahen bei langsamer Zufuhr von Hypophysenextrakt zwar Abnahme der Harnmenge, aber keine Blutdrucksteigerung.

Da, wo am narkotisierten Tier eine Diuresesteigerung beobachtet wurde, traf sie zeitlich nicht mit der Blutdrucksteigerung zusammen (DALE[9], ABEL und Mitarbeiter[10], SCHÄFER und HERRING[11], HOSKINS und MEANS[12], KNOWLTON und SILVERMAN[6]).

Die Angaben über die Wirkung auf den Blutdurchfluß sind nicht einheitlich. MAGNUS und SCHÄFER[2] sahen gleichzeitig mit der Blutdrucksteigerung eine Erweiterung der Nierengefäße. SCHÄFER und HERRING[11] und C. und M. OEHME[8] konnten Beziehungen zwischen Diurese und Blutdurchfluß nicht nachweisen, während CUSHNY und LAMBIE[13] nach Hypophysenextrakten eine regelmäßige Steigerung des Blutdurchflusses durch die Nierengefäße beobachteten.

DALE[9], PENTIMALLI und QUERICA[14] und MCCORD[15] fanden an der isolierten Warmblüterniere eine Gefäßverengerung nach Pituitrin, während RICHARDS und PLANT[16] nach kleinen Hypophysengaben trotz Zunahme des Nierenvolumens eine Abnahme der Durchblutungsgeschwindigkeit feststellten. STOLAND und KORB[17] sahen nach Hypophysenextrakten zunächst eine Zunahme, dann eine Abnahme des Nierenvolumens. OZAKI[7] beobachtete nach intravenöser Zufuhr verschiedener Hypophysenpräparate bei kompensiertem Blutdruck stets eine mächtige Verlangsamung der Durchflußgeschwindigkeit auch bei splanchnicotomierten Tieren. Wenn der Blutdruck nicht kompensiert war, erfolgte eine starke Blutdrucksteigerung, die aber die durch Gefäßverengerung erzeugte Herabsetzung der Durchflußgeschwindigkeit nicht kompensieren konnte. Bei extrem hohen Blutdrucken beobachtet allerdings OZAKI in 2 Fällen eine vermehrte Durchflußgeschwindigkeit durch die Nierenvenen.

Nach JANSSEN und REIN[18] geht die starke Diuresehemmung, die am decerebrierten Hund nach subcutaner Injektion von Hypophysenhinterlappen-

1 VERNEY, E. R.: Proc. roy. Soc. **99**, 487 (1926).
2 MAGNUS, R. u. E. A. SCHÄFER: J. of Physiol **27**, IX (1901).
3 CAMPBELL, J. A.: Quart. J. exper. Physiol. **4I**, 1 (1911).
4 ROBERTSON, J. H.: Amer. J. Physiol. **33**, 324 (1914).
5 HALLIBURTON, W. D., J. P. CANDLER u. A. W. SIKES: Quart. J. exper. Physiol. **8**, 245 (1915).
6 KNOWLTON, F. P. u. A. C. SILVERMAN: Amer. J. Physiol. **47**, 1 (1918).
7 OZAKI, M.: Arch. f. exper. Path. **123**, 305 (1927).
8 OEHME, C. u. M.: Dtsch. Arch. klin. Med. **127**, 261 (1918).
9 DALE, H. H.: Biochem. J. **4**, 427 (1909).
10 ABEL, J. J., CH. A. ROUILLER u. E. M. K. GEILING: J. of Pharmacol. **22**, 289 (1924).
11 SCHÄFER, E. A. u. P. T. HERRING: Trans. roy. Soc. Lond. B **199**, 1 (1908).
12 HOSKINS, R. G. u. J. M. MEANS: J. of Pharmacol. **4**, 435 (1913).
13 CUSHNY, A. R. u. C. G. LAMBIE: J. of Physiol. **55**, 276 (1921).
14 PENTIMALLI, F.: Sperimentale **75**, 145 (1921). — PENTIMALLI F. u. R. QUERCIA: Sperimentale **66**, 123 (1912).
15 MCCORD, C. P.: Arch. int. Med. **8**, 609 (1911).
16 RICHARDS, A. N. u. O. H. PLANT: Amer. J. Physiol. **59**, 191 (1921).
17 STOLAND, O. O. u. J. H. KORB: Amer. J. Physiol. **55**, 305 (1921).
18 JANSSEN, S. u. H. REIN: Verh. dtsch. pharmak. Ges. **7**, 107 (1927) — Arch. f. exper. Path. **128** (1928).

extrakt aus 0,1—0,05 mg frischer Drüse pro Kilogramm Hund auftritt, ohne Änderung der renalen Blutzirkulation vonstatten. Die Harnkonzentration wird stark erhöht, die Wärmeabfuhr aus der Niere stark vermindert, der Energieverbrauch also erheblich gesteigert (vgl. Abb. 58). Im Gegensatz hierzu sahen FEE und HEMINGWAY[1] am Herz-Lungen-Nieren-Präparat des Hundes in der Pituitrin-Antidiurese bei fallender Harnmenge und steigender Chlorkonzentration den Sauerstoffverbrauch der Niere herabgesetzt.

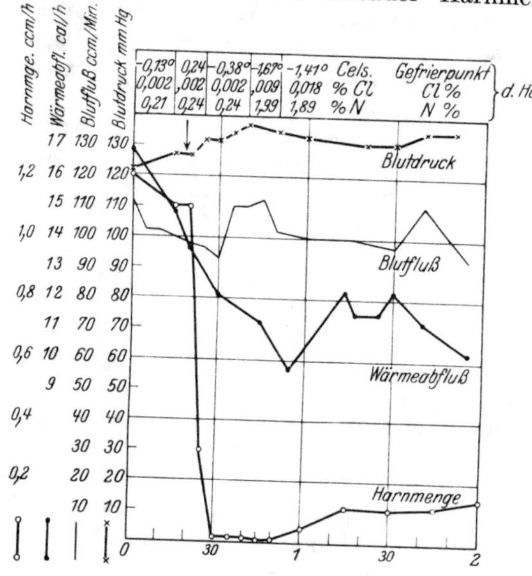

Abb. 58. Verhalten von Blutdruck, Blutdurchfluß, Wärmeabfluß und Harnmenge in der Hypophysen-Antidiurese am decerebrierten Hund. Die chemischen Analysen der einzelnen Harnportionen sind am Kopf angegeben, die senkrechten Abschnitte entsprechen der auf der Abszisse angegebenen Zeit. (Nach S. JANSSEN, unveröffentlichte Versuche.)

RICHARDS und SCHMIDT[2] beobachteten an der Froschniere nach Pituitrin eine Abnahme der Zahl der durchströmten Glomeruli, während sie bei Zufuhr von Diureticis meist vermehrt wird.

Auch VONWILLER und SULZER[3] sahen in der Froschniere eine Verzögerung des glomerulären Blutstroms nach Pituitringaben. An der isolierten Froschniere stellte HARTWICH[4] eine Gefäßerweiterung fest, während NOGUCHI[5] eine starke Verengerung der Nierenarterie und eine schwächere der Pfortader fand, die unabhängig von der Wirkung auf die Harnabscheidung war.

Hinsichtlich des Angriffspunkts der Pituitrinwirkung im Wasser- und Salzstoffwechsel gehen die Meinungen beträchtlich auseinander. Ein Teil der Untersucher (MODRAKOWSKI und HALTER[6], MEYER und MEYER-BISCH[7] und FROMHERZ[8]) sehen die Hydrämie als ausschlaggebend an.

LEBERMANN[9] untersuchte am Menschen den Einfluß einer Anzahl Substanzen auf die antidiuretische Wirkung von Hypophysenstoffen. Wie aus der folgenden Tabelle hervorgeht, wird diese antidiuretische Wirkung von solchen Stoffen durchbrochen, die als renale Diuretica aufzufassen sind, während anderen Substanzen, namentlich solchen, die durch Veränderung der Gefäßweite auf die Harnbildung einwirken, kein Einfluß auf die Pituitrinantidiurese zukommt.

Diese Ergebnisse sprechen für einen renalen Angriffspunkt der Hypophysenstoffe.

PRIESTLEY[10] glaubt an eine vermehrte Wasserdurchlässigkeit der Nierenzellen. PENTIMALLI[11] sieht die Wirkung im wesentlichen in vasomotorischen Ein-

[1] FEE, A. R. u. A. HEMINGWAY: J. of Physiol. **65**, 100 (1928).
[2] RICHARDS, A. N. u. S. F. SCHMIDT: Amer. J. Physiol. **59**, 489 (1922).
[3] VONWILLER, P. u. R. SULZER: Bull. Histol. appl. **4**, 153 (1927).
[4] HARTWICH, A.: Verh. dtsch. inn. Med. **37**, 404 (1925).
[5] NOGUCHI, J.: Arch. f. exper. Path. **112**, 343 (1926).
[6] MODRAKOWSKI, G. u. G. HALTER: Z. exper. Path. u. Ther. **20**, 331 (1919).
[7] MEYER, E. u. R. MEYER-BISCH: Dtsch. Arch. klin. Med. **137**, 225 (1921).
[8] FROMHERZ, K.: Arch. f. exper. Path. **100**, 1 (1923).
[9] LEBERMANN, F.: Z. exper. Med. **61**, 228 (1928).
[10] PRIESTLEY, J. G.: J. of Physiol. **55**, 305 (1921).
[11] PENTIMALLI, F.: Sperimentale **75**, 145 (1921).

Präparat	Wirkung auf die Niere	Einfluß auf die Hemmung der experimentellen Diurese durch Hypophysenhinterlappenextrakte
Adrenalin	Gefäßverengerung	Nur in 50% gleichsinnig-verstärkend
Gynergen	Gefäßverengerung	Stets gleichsinnig
Pilocarpin	Gefäßerweiterung	Kein Einfluß
Cholin	Gefäßerweiterung	Kein Einfluß
Harnstoff	Nierenzellreizung	Gegensinnig, leicht abschwächend
Diuretin	Nierenzellreizung (Gefäßerweiterung)	Gegensinnig, leicht abschwächend
Euphyllin	Nierenzellreizung (Gefäßerweiterung)	Gegensinnig, stark abschwächend
Novasurol	Nierenzellreizung	Gegensinnig, fast aufhebend
Sexualhormone	—	Gleichsinnig, verstärkend
Thyroxin	—	Kein Einfluß
Insulin	—	In kleinen Dosen gleichsinnig, in größeren gegensinnig und stark schweißtreibend

flüssen und auch Cushny und Lambie[1] sind geneigt, die Pituitrinwirkung in erster Linie auf eine Veränderung der Blutzufuhr zurückzuführen. Stehle und Bourne[2] vermuten eine unmittelbar sekretorische Wirkung auf die Niere, Molitor und Pick[3] sehen die Pituitrinwirkung hingegen als rein zentral bedingt an. Die Beobachtungen von Janssen und Rein[4] über die Veränderung der Wärmeabfuhr, d. i. Vermehrung des Energieverbrauchs der Niere, machen eine Erhöhung der Rückresorption, also eine spezifische Wirkung auf das Tubulussystem wahrscheinlich. Während die meisten anderen Untersucher die Möglichkeit einer extrarenalen Hypophysinwirkung neben dem renalen Angriffspunkt zugeben, glaubt Fromherz die Hypophysenwirkung lediglich in die Niere verlegen zu müssen. Für ihn kommt den Hypophysenextracten neben der Beeinflussung der Nierengefäße und der Hydrämie in erster Linie eine Verminderung der Rückresorption des Kochsalzes in den Nierenkanälchen zu, also Aufhebung der physiologischen Permeabilität der Tubuluszellen. Er läßt dabei die Frage offen, ob etwa autonome Nervenendigungen an dieser Wirkung beteiligt sind.

Ein eindeutiges Bild von der renalen Wirkung des Pituitrins bekommt man erst aus der Beobachtung der Wirkung an der isolierten Niere. Hier liegen Versuche für die Säugetierniere von Pentimalli und Quercia[5] vor, die eine deutliche Einschränkung der Harnabscheidung nach Einwirkung von Hypophysenprodukten feststellen konnten, weiterhin die Versuche von Starling und Verney[6], die am Herz-Lungen-Nieren-Präparat nach Hypophysengaben eine Einschränkung der Harnabsonderung und eine Erhöhung der Harnkonzentration feststellen konnten. Auch die vermehrte Chlorausscheidung muß nach Brull und Eichholtz[7] auf eine renale Wirkung der Hypophyse zurückgeführt werden.

Über eine eigentümliche Wirkung der Hypophysenexstirpation berichten Brull und Eichholtz. Die von Eichholtz und Starling[8] am Herz-Lungen-

[1] Cushny, A. R. u. C. G. Lambie: J. of Physiol. **55**, 276 (1921).
[2] Stehle, R. C. u. W. Bourne: J. of Physiol. **60**, 229 (1925).
[3] Molitor, H. u. E. P. Pick: Arch. f. exper. Path. **101**, 198 (1924); **107**, 180 (1925); **107**, 185 (1925); **112**, 113 (1926).
[4] Janssen, S. u. H. Rein: Verh. dtsch. pharmak. Ges. **7**, 107 (1927) — Arch. f. exper. Path. **128** (1928).
[5] Pentimalli, F. u. N. Quercia: Sperimentale **66**, 123 (1912).
[6] Starling, E. H. u. E. B. Verney: Proc. roy. Soc. Lond. **97**, 321 (1925). — Verney, E. B.: ebenda **99**, 487 (1926).
[7] Brull, S. u. F. Eichholtz: Proc. roy. Soc. Lond. **99**, 57 (1925).
[8] Eichholtz, F. u. E. H. Starling: Proc. roy. Soc. Lond. **98**, 93 (1925).

Nieren-Präparat beobachtete Konzentrationsunfähigkeit der Niere für Chloride konnte durch Hypophysenexstirpation aufgehoben werden.

An der isolierten Froschniere sah Hartwich[1] eine erhebliche Zunahme der Harnausscheidung, während Noguchi[2] an dem gleichen Präparat eine starke Einschränkung der Harnabscheidung, die von der Gefäßerweiterung unabhängig war, beobachten konnte. Dagegen sah er bei geringerer Pituitrinzufuhr eher eine Steigerung der Harnbildung. Der Kochsalzgehalt des Harns wurde durch Pituitrin nicht beeinflußt. Ein renaler Angriffspunkt der Hypophysenpräparate wird auch durch die Versuche Miuras[3] bewiesen, der bei Injektion von Hypophysenpräparaten in die Arterie einer Kaninchenniere die Wirkung auf die Harnabscheidung früher auftreten sah als in der zweiten Niere, zu der das Präparat erst auf dem Blutwege gelangen konnte. Die Versuche erfuhren eine Bestätigung durch Janssen[4]. Schließlich lassen die Stoffe, die die antidiuretische Wirkung der Hypophysenextrakte durchbrechen oder nicht durchbrechen, einen Schluß auf deren renalen Angriffspunkt der Hypophysenpräparate zu. Die unter diesen Gesichtspunkten angestellten Versuche von Lebermann[5] weisen eindeutig auf ein derartiges Verhalten hin.

Pick und Molitor[6] glauben aus der Tatsache, daß gefäßerweiternde Stoffe, wie Nitrite, Papaverin und Purinkörper sowie Ergotamin und Atropin, die antidiuretische Wirkung der Hypophysenstoffe nicht beeinflussen, die Einwirkung auf die Nierengefäße für die Hemmungswirkung als belanglos ansehen zu müssen. Pick und Molitor sahen in der Cantharidin- und Uranvergiftung die antidiuretische Hypophysenwirkung verschwinden, was wegen der Nierenzellenschädigenden Wirkung dieser Substanzen ebenfalls für einen renalen Angriffspunkt spricht.

Erwähnt sei noch die Beobachtung von Hoff und Wermer[7], daß nach diuretisch wirkenden Stoffen, wie Euphyllin, Novasurol und Harnstoff, bei Hunden eine beträchtliche Vermehrung des Pituitringehalts im Zisternenliquor gefunden wird, den sie als einen regulatorischen Vorgang gegen die Wasserverarmung des Blutes und der Gewebe auffassen.

2. Das Histamin.

Unter dem Gesichtspunkt, daß aus Hypophysenpräparaten Histamin dargestellt werden kann, haben Molitor und Pick[8] die Wirkung des Histamins auf die Diurese beim Hunde untersucht. Sie fanden sowohl nach subcutaner wie nach intravenöser Injektion von Histamin eine vorübergehende Hemmung der Diurese, die nach Ausschaltung der Leber nicht in Erscheinung tritt und die in ihrem Verhalten grundsätzlich verschieden ist von der des Pituitrins. Sie wird auf rein extrarenale Ursachen zurückgeführt. Histamin ruft beim Hund eine Vergrößerung des Nierenvolumens hervor, die der Blutdrucksenkung vorangeht und sie überdauert (Dicker und Demoor[9]). An der Froschniere ruft Histamin bei Zuführung von der Arterie eine starke Beschleunigung des Durchflusses hervor, während bei der Zufuhr von der Pfortader aus eine beträchtliche Verlangsamung des Blutstroms erzielt wird (Smith[10]).

---

1 Hartwich, A.: Verh. dtsch. Ges. inn. Med. **37**, 404 (1925).
2 Noguchi, J.: Arch. f. exper. Path. **112**, 343 (1926).
3 Miura, Y.: Arch. f. exper. Path. **107**, 1 (1925).
4 Janssen, S.: Arch. f. exper. Path. **135**, 1 (1928).
5 Lebermann, F.: Z. exper. Med. **61**, 228 (1928).
6 Molitor, H. u. E. P. Pick: Arch. f. exper. Path. **101**, 169 (1924).
7 Hoff, H. u. P. Wermer: Arch. f. exper. Path. **133**, 84 (1928).
8 Molitor, H. u. E. P. Pick: Arch. f. exper. Path. **101**, 198 (1924).
9 Dicker, E. u. I. Demoor: C. r. Soc. Biol. **99**, 344 (1928).
10 Smith, C. S.: Amer. J. Physiol. **82**, 717 (1927).

3. Die Schilddrüsenstoffe.

Über die Bedeutung der Schilddrüse für die Diurese liegen eine große Anzahl umfangreicher Untersuchungen vor, die allerdings nicht zu einem einheitlichen Bild führen.

Ältere Untersuchungen stammen von BALLET und ENRIQUEZ[1] und HEINATZ[2], die bei Hunden durch Implantation von Schilddrüsen oder Einverleibung von Schilddrüsenextrakten Steigerung der Diurese hervorrufen konnten. Dann hat ROOS[3] nach Verfütterung von Schilddrüsenpulver am Hund eine Vermehrung der Diurese mit vermehrter Ausscheidung der Chloride, des Stickstoffs und der Phosphate beobachtet. Die Chlorausscheidung sank bald wieder zur Norm ab. Nach Thyreoidektomie an dem gleichen Versuchstier war die auf Schilddrüsenfütterung eintretende Stickstoff- und Chlorausfuhr im Harn noch größer als vor der Entfernung der Schilddrüse.

CORONEDI[4] stellte fest, daß nach Thyreoidektomie eine beträchtliche Hemmung der Diurese auftrat, die nicht durch die üblichen Diuretica, wohl aber durch Verfütterung von Schilddrüsenpräparaten aufzuheben war. Eine eingehende Analyse des Schilddrüseneinflusses auf die Diurese stammt von EPPINGER[5]. Er beobachtete, daß die Schilddrüsenpräparate von ausschlaggebender Bedeutung für den Wasseraustausch zwischen Gewebe und Blut sind und daß die Resorption subcutan injizierter Salzlösungen durch Schilddrüsenentfernung wesentlich verzögert, durch Schilddrüsenfütterung beträchtlich beschleunigt wird. Irgendein Anhalt für einen renalen Angriffspunkt der Schilddrüsenpräparate konnte nicht erbracht werden. Die von EPPINGER festgestellte, rein extrarenale Wirkung der Schilddrüsenpräparate wurde von SCHAAL[6] bestätigt und dahin ergänzt, daß Schilddrüsenpräparate auf die Diurese bei intravenöser Zufuhr von Salzlösungen vollkommen ohne Einfluß sind, während peroral verabreichte Salzlösungen nach Schilddrüsenfütterung beschleunigt ausgeschieden werden. LOMIKOWSKAJA, LASINA, AISENMAN und LEIBMAN[7] beobachteten nach der Injektion von Schilddrüsenextrakten nur unspezifische Wirkungen auf die Diurese.

Wir müssen also die Wirkung der Schilddrüse auf die Diurese als eine rein extrarenale ansehen. Diese Annahme wird auch bestätigt durch die Versuche von HILDEBRANDT und FUJIMAKI[8], die nach Thyroxindarreichungen am Kaninchen eine mächtige Wasserverschiebung vom Gewebe ins Blut mit nachfolgender Diurese beobachteten. Auch sie konnten keinerlei Anhaltspunkte für einen renalen Angriffspunkt des Thyroxins erbringen.

4. Die Nebennierenstoffe.

Im Gegensatz zur Schilddrüse ist die Wirkung der Nebenniere auf die Diurese zum mindesten zu einem erheblichen Teil in der Niere selbst zu suchen.

Die Angaben über die Wirkung der Nebennierenextrakte und des reinen Adrenalins bei intravenöser Zufuhr auf die Harnbildung sind nicht einheitlich. So sahen OLIVER und SCHÄFER[9] und ELLIOTT[10] nach intravenöser Injektion von Nebennierenauszügen oder Adrenalin bei Hunden und Kaninchen lediglich eine

[1] BALLET u. ENRIQUEZ: Semaine med. **1894**, 569.
[2] HEINATZ: Diss. 1894. [3] ROOS, E.: Hoppe-Seylers Z. **21**, 19 (1895).
[4] CORONEDI, G.: Arch. internat. Pharmaco-Dynamie **23**, 353 (1913).
[5] EPPINGER, H.: Path. u. Ther. d. menschl. Ödems. Berlin 1917.
[6] SCHAAL, H.: Biochem. Z. **132**, 295 (1922).
[7] LOMIKOWSKAJA, M., O. LASINA, B. AISENMAN u. L. LEIBMAN: Trudy ukrain. psichonevr. Inst. **4**, 63 (1927); zitiert nach Ber. Physiol. **41**, 773 (1927).
[8] HILDEBRANDT, F. u. Y. FUJIMAKI: Arch. f. exper. Path. **102**, 226 (1924).
[9] OLIVER, G. u. E. A. SCHÄFER: J. of Physiol. **18**, 230 (1895).
[10] ELLIOTT, T. R.: J. of Physiol. **32**, 401 (1905).

Herabsetzung der Diurese, die mit einer onkometrisch festgestellten vasoconstrictorischen Wirkung einhergeht. Auch Cushny und Lambie[1] sahen nach Adrenalininjektion eine Vasokonstriktion der Nierengefäße, während Ogawa[2] bei Adrenalinlösungen von 1:1 Million zunächst Vasokonstriktion beobachtete, die von einer Gefäßerweiterung gefolgt war. Ozaki[3] fand bei kompensiertem Blutdruck nach Adrenalininjektionen von 1 : 100000 bis 1 : 1 Million stets Abnahme der Blutgeschwindigkeit, die beim splanchnicotomierten Tier größere Ausmaße aufwies (38,8 bis 100%) als beim normalen (27,3—50,0%). Bei nichtkompensiertem Blutdruck änderte sich die Durchflußgeschwindigkeit durch die Nierengefäße bei geringer Blutdrucksteigerung nicht. Bardier und Frenkel[4] sowie Lomikowskaja, Pustovar und Reinfeld[5] beobachteten bei Hunden nach intravenöser Zufuhr von Nebennierenextrakt eine kurz vorübergehende Hemmung mit folgender längerdauernder Steigerung der Diurese. Reine Steigerungen sahen Schlayer[6] beim Kaninchen, Straub[7] und Pick und Pineles[8] bei Kaninchen und Ziege. Schatiloff[9] beobachtete bei kleinen Dosen am Kaninchen Steigerung, bei größeren Hemmung der Diurese. Pollak[10] sah nach intravenöser Adrenalininjektion beim Kaninchen stets Hemmung der Diurese, während bei gleichzeitiger Zufuhr von physiologischer Kochsalzlösung eine Steigerung der Harnausfuhr nach Adrenalininjektion statthatte. Falta, Newburgh und Nobel[11] beobachteten bei Infusion von Adrenalin-Kochsalzlösungen einen individuell wechselnden Effekt unter gleichen Versuchsbedingungen und konnten bald Hemmung, bald Steigerung der Diurese feststellen.

Cushny und Lambie[12] fanden bei Kaninchen nach Adrenalininjektion eine Verminderung der Harnausscheidung. Ebenso konnte Nagasawa[13] durch Adrenalin an Kröten-, Kaninchen- und Hundenieren eine Einschränkung der Harnbildung unter gleichzeitiger Gefäßverengerung hervorrufen.

Nach subcutaner Adrenalinzufuhr haben zahlreiche Untersucher eine beträchtliche Steigerung der Harnmenge gefunden, die gleichzeitig mit einer bedeutenden Einschränkung der Kochsalzausfuhr einhergeht (Frey, Bulcke und Wels[14], Biberfeld[15], Schatiloff[9], Pick und Pineles[8], Erlandsen[16] und v. Konschegg[17]).

Im Gegensatz hierzu sehen Arnstein und Redlich[18] nach subcutaner Adrenalininjektion beim Hund eine Hemmung von Wasser- und Kochsalzausfuhr. Ebenso wollen Stahl und Schute[19] beim Menschen in der Mehrzahl der Fälle eine Verzögerung der Harnausscheidung nach Wasserbelastung sowie Adrenalinzufuhr beobachtet haben.

Adrenalin beschleunigt die Harnstoffausscheidung infolge Steigerung des

---

1 Cushny, A. R. u. C. G. Lambie: J. of Physiol. **55**, 276 (1921).
2 Ogawa, S.: Arch. f. exper. Path. **67**, 89 (1912).
3 Ozaki, M.: Arch. f. exper. Path. **123**, 305 (1927).
4 Bardier u. Frenkel: J. Physiol. et Path. gén. **1899**, 950.
5 Lomikowskaja, M., J. Pustovar u. A. Reinfeld: Trudy ukrain. psichonevr. Inst. **4**, 79 (1927); zitiert nach Ber. Physiol. **41**, 773 (1927).
6 Schlayer, C.: Münch. med. Wschr. **1908**, 2604.
7 Straub, J.: Münch. med. Wschr. **1909**, 493.
8 Pick, E. P. u. F. Pineles: Biochem. Z. **12**, 473 (1908).
9 Schatiloff, P.: Arch. Anat. u. Physiol. **1908**, 213.
10 Pollak, L.: Arch. f. exper. Path. **61**, 157 (1909).
11 Falta, W., L. H. Newburgh u. E. Nobel: Z. klin. Med. **72**, 97 (1911).
12 Cushny, A. R. u. C. G. Lambie: J. of Physiol. **55**, 276 (1921).
13 Nagasawa, H.: Proc. imp. Acad. Tokyo **3**, 381 (1927).
14 Frey, W., W. Bulcke u. W. Wels: Dtsch. Arch. klin. Med. **123**, 163 (1917).
15 Biberfeld, J.: Pflügers Arch. **119**, 341 (1907).
16 Erlandsen, A.: Biochem. Z. **24**, 1 (1910).
17 v. Konschegg, A.: Arch. f. exper. Path. **70**, 311 (1912).
18 Arnstein, A. u. F. Redlich: Arch. f. exper. Path. **97**, 15 (1923).
19 Stahl, R. u. W. Schute: Z. exper. Med. **35**, 312 (1923).

Blutharnstoffspiegels (ADDIS und Mitarbeiter[1]). STARR[2] sah bei Kaninchen und Hunden nach 5—10 Minuten lang verabreichten kleinen intravenösen Adrenalingaben bei gleichzeitiger Abnahme des Nierenvolums vorübergehende Eiweißausscheidung, die er als Folge der Gefäßverengerung ansieht. F. A. HARTMAN, MAC ARTHUR, GUNN, W. E. HARTMAN und MAC DONALD[3] beobachteten bei Hunden nach Entfernung der Nebenniere Veränderungen des Nierengewebes, die sich in einer starken Anhäufung von Lipoiden in den Tubulis contortis und einer geringeren in den HENLEschen Schleifen äußerte.

An der isolierten Niere sowohl beim Frosch als auch beim Warmblüter fanden nach Adrenalingaben R. SCHMIDT[4], BECO und PLUMIER[5] und PENTIMALLI und QUERIEZ[6] eine Herabsetzung der Diurese, die mit der Einschränkung des Blutdurchflusses parallel geht. RICHARDS und PLANT[7] konnten zeigen, daß bei der künstlich durchspülten Säugetierniere Adrenalinzufuhr bei gleicher Durchströmungsgeschwindigkeit die Harnmenge vermehrt. Dabei steigt der Blutdruck und das Nierenvolum an. Sie schließen daraus, daß das Adrenalin vorzugsweise eine Verengerung der Vasa efferentia der Glomeruli hervorruft und so zu einer Druckerhöhung in den Glomeruluscapillaren mit beschleunigter Harnabsonderung und Vermehrung des Nierenvolums führt. Auch kleine Bariumchloriddosen rufen an eviscerierten Kaninchen die gleiche Erscheinung hervor: Ansteigen der Harnmenge, des Nierenvolumens und des Blutdrucks und Abnahme der durch die Nieren gehenden Blutmenge (MENDENHALL, TAYLOR und RICHARDS[8]).

Das gleiche gilt für die überlebende, mit Froschblut durchspülte Froschniere bei künstlich gleichgehaltenem Blutdurchfluß. Geringer Adrenalinzusatz zur Durchspülungsflüssigkeit macht erhöhten Durchspülungsdruck erforderlich und vergrößert die Glomeruli durch eine Vasokonstriktion der Vasa efferentia (RICHARDS, BARNWELL und BRADLEY[9]). An der isolierten Froschniere bewirkt Adrenalin (1 : 20 000) bei der Zufuhr von der Nierenpfortader aus eine geringere Herabsetzung der Durchströmungsgeschwindigkeit als bei der Zufuhr von der Arterie aus. Diese Differenz wird noch deutlicher, wenn die Durchströmung nur von einem der beiden Stromgebiete aus erfolgt (SMITH[10]). An der Froschniere ruft Adrenalin nur eine Kontraktion der Gefäße des Glomerulusgebiets hervor, während die Tubulusgefäße nicht beeinträchtigt werden (ZUCKERSTEIN[11]). Auf das Nierenvolum wirken Adrenalingaben je nach der Größe und der Tierart bald steigernd, bald herabsetzend ein (BARDIER und FRENKEL[12], R. HUNT[13]).

Wir sehen aus diesen Versuchen, daß der Einfluß der Nebennierensubstanzen im wesentlichen auf einer Wirkung auf die Nierengefäße beruht, die völlig zur Erklärung der individuell wechselnden Wirkung der Nebennierensubstanzen auf die Diurese hinreicht. ARNSTEIN und REDLICH[14] glauben jedoch, daß neben

---

1 ADDIS, T. u. D. R. DRURY: J. of biol. Chem. **55**, 629, 639 (1923). — TAYLOR, F. B., D. R. DRURY u. T. ADDIS: Amer. J. Physiol. **65**, 55 (1923).

2 STARR jr., J.: Amer. J. Physiol. **72**, 184 (1925).

3 HARTMAN, F. A., C. G. MCARTHUR, F. D. GUNN, W. E. HARTMAN und J. J. MCDONALD: Amer. J. Physiol. **81**, 244 (1927).

4 SCHMIDT, R.: Arch. f. exper. Path. **95**, 267 (1922).

5 BECO, L. u. L. PLUMIER: J. Physiol. et Path. gén. **8**, 10 (1906).

6 PENTIMALLI, P. u. N. QUERIEZ: Arch. ital. de Biol. **58**, 33 (1912).

7 RICHARDS, A. M. u. O. H. PLANT: Amer. J. Physiol. **59**, 184 (1922).

8 MENDENHALL, W. L., E. M. TAYLOR u. A. N. RICHARDS: Amer. J. Physiol. **71**, 174 (1924).

9 RICHARDS, A. N., J. B. BARNWELL u. R. C. BRADLEY: Amer. J. Physiol. **79**, 410 (1926/27).

10 SMITH, C. S.: Amer. J. Physiol. **82**, 717 (1927).

11 ZUCKERSTEIN, S.: Z. Biol. **67**, 293 (1917).

12 BARDIER, E. u. E. FRENKEL: J. Physiol. et Path. gén. **1899**, 950).

13 HUNT, R.: Amer. J. Physiol. **45**, 197 (1918).

14 ARNSTEIN, A. u. F. REDLICH: Arch. f. exper. Path. **97**, 15 (1923).

dieser Gefäßwirkung dem Adrenalin noch ein extrarenaler Einfluß zuzuschreiben sei, eine Anschauung, für die eine nähere Begründung nicht gegeben wird.

Mit der glykogenolytischen Wirkung des Adrenalins steht jedenfalls auch nach den Befunden von Ogawa[1] die Wirkung des Adrenalins auf die Harnbildung in keinerlei Beziehung.

5. Die Wirkung anderer Inkrete.

Aus den Corpora mammillaria von Hunden glaubt Bourquin[2] eine Substanz isoliert zu haben, die stark diuretische Eigenschaften besitzt und in anderen Hirnteilen nicht aufgefunden wird. Sie ist durch Phosphorwolframsäure nicht fällbar. In den Corpora mammillaria von Hunden, die an Diabetes insipidus leiden, wurde eine erheblich größere Menge dieser Substanz gefunden. Auch im Blut von Hunden, die an Diabetes insipidus erkrankt waren, konnte eine ähnlich wirkende Substanz beobachtet werden, die im Blut normaler Hunde fehlt. Diese im Blut gefundene Substanz wird beim Kochen mit Alkali zerstört, ist bei neutraler Reaktion und trocken haltbar und wird nicht von Phosphorwolframsäure gefällt. Im Urin konnten entsprechende Substanzen nicht nachgewiesen werden. Auch Labbé und Violle[3] sahen bei der Injektion von Serum Diabetes-insipidus-Kranker an Kaninchen eine ziemlich beträchtliche Vermehrung der Harnbildung, die allerdings auch durch Serum Normaler ausgelöst werden konnte.

Extrakte von Ovarien und Hoden scheinen nur unspezifische Wirkung auf die Diurese auszuüben (Lomikowskaja, Lasina, Aisenman und Leibmann[4]). Aus der Magen-Darmschleimhaut will Cow[5] eine Substanz isoliert haben, die unmittelbar diuretisch wirkt bei gleichzeitiger Vergrößerung des Nierenvolums. Sie soll sich hinsichtlich ihrer diuretischen Wirkung von der Wirkung der gleichzeitig mit ihr in die Blutbahn eintretenden Salze in der Ablaufsform der Diurese unterscheiden.

Im Gegensatz hierzu fanden Zaleski[6] und Gizelt[7] bei intravenöser Injektion von Extrakten der Duodenal- und Jejunalschleimhaut eine Diuresehemmung. Molitor und Pick[8] sahen nach der Injektion von Cholin an Hunden eine Diuresehemmung, die bei intravenöser Zufuhr deutlicher zum Ausdruck kommt als bei subcutaner und die sie auf extrarenale Einflüsse zurückführen.

Auch in der Leber, der ja nach Molitor und Pick[8] eine sehr beträchtliche Wirkung für den Wasserhaushalt zuzuschreiben ist, vermuten die beiden Autoren neben einer rein mechanischen Sperrvorrichtung das Vorhandensein einer Substanz, die auf hormonalem Weg durch Beeinflussung des Quellungszustandes der Plasmakolloide für die Regulation des Wasserwechsels in Frage kommt. Glaubach und Molitor[9] glauben, dieses Leberhormon in Leberextrakten angereichert zu haben. Die Wirkung der Extrakte ist aber noch unsicher und bedarf weiterer Nachprüfungen. Asher[10] sah am isolierten Froschnierenpräparat, bei dem das Herz im Kreislauf erhalten war und das mit Broemserlösung durchströmt war, nach Einschaltung der Leber beträchtliche Vermehrung der Harnmenge, die nicht auf der Steigerung des Zuckergehalts der Durchspülungs-

[1] Ogawa, S.: Arch. f. exper. Path. **67**, 89 (1912).
[2] Bourquin, H.: Amer. J. Physiol. **83**, 125 (1927/28).
[3] Labbé, M. u. P.-L. Violle: C. r. Soc. Biol. **98**, 1290 (1928).
[4] Lomikowskaja, M., O. Lasina, B. Aisenman u. L. Leibmann: Trudy ukrain. psichonevr. Inst. **4**, 63 (1927) — zitiert nach Ber. Physiol. **41**, 773 (1927).
[5] Cow, D.: J. of Physiol. **48**, 1 (1914).
[6] Zaleski: Abh. preuß. Akad. Wiss., Physik.-math. Kl. **33**, 36 — zitiert nach Gizelt.
[7] Gizelt, A.: Pflügers Arch. **123**, 540 (1908).
[8] Molitor, H. u. E. P. Pick: Arch. f. exper. Path. **101**, 198 (1924).
[9] Glaubach, S. u. H. Molitor: Arch. f. exper. Path. **132**, 31 (1928).
[10] Asher, L.: persönliche Mitteilung.

flüssigkeit beruht und die auf eine in der Leber gebildete diuretischwirkende Substanz zurückgeführt wird.

In neuester Zeit berichtet RICHET[1] von einer diuretisch wirksamen Substanz, die bei längerer Durchspülung von Kalbsnieren mit Sodalösung aus der Niere extrahiert wird und nach deren intravenöser Einverleibung beim Hunde eine beträchtliche Diuresesteigerung mit vermehrter Chlor- und Stickstoffausscheidung beobachtet wurde. Eine nähere Analyse dieses Stoffes und eine Untersuchung darüber, ob es sich dabei um eine nur in der Niere vorkommende Substanz oder um ein ubiquitäres, durch Zelltod entstehendes Kunstprodukt handelt, steht noch aus. Auch KIMURA[2] berichtet über die angebliche diuretische Wirkung von Nierengewebsextrakten.

Insulin erzielt nach anfänglicher Abnahme eine nachfolgende Steigerung der Harnmenge bei Hunden (LOMIKOWSKAJA, PUSTOVAR und REINFELD[3]). Nach VAN CREVELD und VAN DAM[4] soll es die Zuckerschwelle der Froschniere erhöhen. Bei Hunden wird es bis zu 25% nach peroraler Zufuhr im Urin ausgeschieden (FISHER und NOBLE[5]). Am Blasenfistelhunde wurde nach Verabreichung von 20 Insulineinheiten eine Steigerung der Harnmenge beobachtet, die 2 Stunden nach der Injektion beginnt und eine Stunde dauert (COLLAZO und DOBREFF[6]). Beim Kaninchen sah LAMERS[7] bei gleichzeitiger intravenöser Injektion von Insulin und Glukose eine leichte Vermehrung der Säureausscheidung im Harn. Wenn er dagegen erst Insulin und später Glukose subcutan injizierte, beobachtete er in den ersten 24 Stunden völlige Harnsistierung, in den folgenden 24 Stunden eine starke Vermehrung der Säureausscheidung.

V. Alkaloide, Glykoside und Harnbildung.

1. Atropin.

Über die Wirkung von Alkaloiden und die Harnbildung liegen nur spärliche Untersuchungen vor.

THOMPSON[8] sah bei Hunden nach Atropingaben von 2,0—6,5 mg/kg eine starke Herabsetzung der Harnausscheidung, die er auf eine spezifische Wirkung auf die Nierenzellen zurückführt und die durch Diuretica aufgehoben wurde. Zu ähnlichen Feststellungen gelangte WALTI[9] am Kaninchen. Er beobachtet eine starke Einschränkung der Harnabscheidung nach Atropingaben, die unabhängig von der Blutdruckänderung sein soll. Aus den Untersuchungsprotokollen geht jedoch hervor, daß in allen Fällen die Einschränkung der Harnmenge mit einem starken Absinken des Blutdrucks vergesellschaftet war. Er konnte nach Harnstoffgaben im Harn auftretende Zuckerausscheidung durch Atropin unterdrücken.

Für das Atropin konnte HARTWICH[10] an der isolierten Froschniere zeigen, daß Konzentration von 1 : 20 000 000 bis 1 : 100 000 keinerlei Wirkung auf die Harnbildung ausüben. MANCINI[11] fand, daß auch bei stärkeren Konzentrationen

[1] RICHET, CH., jr.: Arch. internat. Physiol. **24**, H. 3, S. 265 (1925). — C. r. Soc. Biol. **92**, 486 (1925). — RICHET, jr., CH. u. G.-A. NURET: ebenda **92**, 488 (1925).
[2] KIMURA, J.: Zitiert nach Ber. Physiol. **30**, 296 (1925).
[3] LOMIKOWSKAJA, M., J. PUSTOVAR u. A. REINFELD: Trudy ukrain. psichonevr. Inst. **4**, 79 (1927) — zitiert nach Ber. Physiol. **41**, 773 (1927).
[4] CREVELD, S. VAN u. E. VAN DAM: Nederl. Tijdschr. Geneesk. **67**, 1498 (1923).
[5] FISHER, N. F. u. B. E. NOBLE: Amer. J. Physiol. **67**, 72 (1923).
[6] COLLAZO, J. A. u. M. DOBREFF: Biochem. Z. **171**, 436 (1926).
[7] LAMERS, K.-L.-E.: C. r. Soc. Biol. **94**, 1261 (1926).
[8] THOMPSON, W. H.: Arch. f. Physiol. **1894**, 117.
[9] WALTI, L.: Arch. f. exper. Path. **36**, 411 (1895).
[10] HARTWICH, A.: Arch. f. exper. Path. **111**, 206 (1926).
[11] MANCINI, M.: Arch. f. exper. Path. **114**, 275 (1926).

die Harnmenge und die Blutzufuhr keine einheitliche Veränderung zeigt, dagegen wurde durch Atropin die Durchlässigkeit der Niere für Zucker herabgesetzt. Im Gegensatz hierzu sah SHIM[1] am gesunden Menschen und am Diabetiker eine Erhöhung der Nierenschwellen für Zucker durch Atropin, ebenso bei Kaninchen nach Vagotonie, während Pilocarpin ohne Einfluß war.

HECHT und NOBEL[2] sahen bei Kindern eine kurzdauernde diuretische Wirkung nach Atropingaben, zu gleichen Ergebnissen kommt GRIJNS[3] am Hund, während GINSBERG[4] und LOMIKOWSKAJA, PUSTOVAR und REINFELD[5], in Bestätigung der Versuche von THOMPSON[6] und WALTI[7], eine Diureseeinschränkung am Hund nach Atropin beobachteten. Auch NAGASAWA[8] sah an der in situ durchströmten Krötenniere sowie an der überlebenden isolierten Kaninchen- und Hundeniere nach Atropin eine Diuresehemmung mit gleichzeitiger Gefäßverengerung. Am nierengesunden Menschen ruft nach BROGSITTER und DREYFUSS[9] Atropin eine Hemmung der Wasser-, Kochsalz-, Kreatinin- und Harnsäureausscheidung hervor. Die prozentuale Hemmung ist für alle Substanzen etwa gleich groß. Nach dem Aufhören der Atropinwirkung kommt es zu einer mäßigen Polyurie. Die Phlorrhizinglykosurie wird durch Atropin gehemmt. COW[10] beobachtete nach Atropingaben zwar keine Diureseeinschränkung, wohl aber ein verzögertes Auftreten der Wasserdiurese.

2. Pilocarpin und Acetylcholin.

Nach Pilocarpin konnte LOEWI[11] bei Hunden keine wesentlichen Veränderungen der Harnmenge feststellen. Lediglich die Phosphorsäure- und Stickstoffausscheidung waren herabgesetzt. ASHER und BRUCK[12] beobachteten nach Pilocarpingaben bei Hunden in Morphin-Äthernarkose eine starke Diuresehemmung, auch nach vorhergehender intraperitonealer oder intravenöser Injektion von physiologischer Kochsalzlösung. Durch intravenöse Injektion von Natriumsulfat wird die Diuresehemmung aufgehoben. ASHER und BRUCK sehen die Pilocarpinwirkung auf die Harnabsonderung nicht als eine Wirkung auf die Nierenzellen an.

Nach Pilocarpin sah HARTWICH[13] an der isolierten Froschniere keinerlei Wirkung auf die Harnmenge. MANCINI[14] beobachtete keine eindeutige Wirkung auf die Harnabscheidung, dagegen stets eine Steigerung der Zuckerdurchlässigkeit der Niere, die durch Atropin aufhebbar ist. HECHT und NOBEL[2] fanden nach Pilocarpingaben an Kindern zunächst eine Diuresehemmung, die später durch eine Diuresesteigerung abgelöst wurde. GINSBERG[4] sah beim Hunde nach Pilocarpin einen steilen Anstieg der Harnausscheidung. Ebenso beobachtet NAGASAWA[8] nach Pilocarpin an Kröten-, Kaninchen- und Hundeniere Diuresesteigerung unter gleichzeitiger Gefäßerweiterung, während COW[10] einen Abfall der Diurese nach Pilocarpin feststellen konnte. Diese führt er ebenso wie andere

---

[1] SHIM, H. S.: J. of Biochem. **5**, 333 (1925).
[2] HECHT, A. F. u. E. NOBEL: Z. exper. Med. **34**, 197 (1923).
[3] GRIJNS, G.: Arch. Anat. u. Physiol. **1893**, 78.
[4] GINSBERG, W.: Arch. f. exper. Path. **69**, 381 (1912).
[5] LOMIKOWSKAJA, M., J. PUSTOVAR u. A. REINFELD: Trudy ukrain. psichonevr. Inst. **4**, 79 (1927) — zitiert nach Ber. Physiol. **41**, 773 (1927).
[6] THOMPSON, W. H.: Arch. Anat. u. Physiol. **1894**, 117.
[7] WALTI, L.: Arch. f. exper. Path. **36**, 411 (1895).
[8] NAGASAWA, H.: Proc. imp. Acad. Tokyo **3**, 381 (1927).
[9] BROGSITTER, A. M. u. W. DREYFUSS: Arch. f. exper. Path. **107**, 349 (1925).
[10] COW, E.: Arch. f. exper. Path. **69**, 391 (1912).
[11] LOEWI. O.: Arch. f. exper. Path. **48**, 410 (1902).
[12] ASHER, L. u. S. BRUCK: Z. Biol. **47**, 1 (1906).
[13] HARTWICH, A.: Arch. f. exper. Path. **111**, 206 (1926).
[14] MANCINI, M.: Arch. f. exper. Path. **114**, 275 (1926).

Beobachter der Atropinwirkung auf die Niere zum Teil auf eine Wirkung auf die Ureterenmuskulatur zurück. Pilocarpin wirkt nach BROGSITTER und DREYFUSS[1] vermehrend auf die Zuckerausscheidung in der Phlorrhizinglykosurie am Menschen, während es die Wasserausscheidung hemmt. HUNT[2] beobachtete nach Acetylcholin eine Verminderung des Nierenvolumens. HAMET[3] sah nach Acetylcholin dagegen bei fallendem Blutdruck eine Steigerung des Nierenvolumens, während DICKER und DEMOOR[4] nach Acetylcholin eine vorübergehende Verminderung des Nierenvolumens beobachteten, die von einer Vermehrung gefolgt ist. Diese Erscheinungen sind unabhängig vom Blutdruck und von der Vagusdurchschneidung.

3. Ergotamin.

Nach der intravenösen Einfuhr von Ergotamin sahen ARNSTEIN und REDLICH[5] eine der Adrenalinwirkung ähnliche Diuresehemmung beim Hund.

4. Digitaliskörper.

Seit WITHERING[6] gelten die verschiedenen Digitalissubstanzen als mächtigste Diuretica bei Kranken mit Kreislaufstörungen. Aus zahlreichen Untersuchungen geht hervor, daß die diuretische Wirkung der Digitalisglykoside eine Folge ihrer Wirkung auf Herz und Kreislauf ist. Dabei kommt den Nierengefäßen hinsichtlich ihrer Empfindlichkeit und ihrem Verhalten gegenüber den Digitalissubstanzen eine Sonderstellung zu, die eine kurze Besprechung an dieser Stelle erfordert.

Die angestellten Untersuchungen erstrecken sich in erster Linie auf das Verhalten des Nierenvolums unter verschieden großen Digitalisdosen.

Am Tier und am gesunden Menschen ergibt sich nach Digitalisanwendung kein einheitliches Bild. Ein Teil der Untersucher finden nach großen Dosen vermehrte Harnausscheidung (PHILIPPS und BRADFORD[7] am Hund, BOULEY und REGNAL[8] am Pferd, SIEGMUND[9] am Kaninchen); andere, wie BRUNTON[10], beobachteten beim Hund und MARSHALL[11] am Kaninchen bei großen Digitalisgaben erst eine Verminderung, dann eine Vermehrung der Urinbildung, während wieder andere Beobachter nach großen Digitalisdosen eine Herabsetzung der Urinmenge feststellen konnten (WINOGRADOFF[12] und PFAFF[13]).

Nach kleinen (therapeutischen) Digitalisgaben finden LOEWI und JONESCU[14] eine beträchtliche Steigerung der Urinmenge.

Über die Beschaffenheit des Urins in der Digitalisdiurese wissen wir aus den Untersuchungen von STEYRER[15], daß die Konzentration der Fixa im Urin herabgesetzt ist, daß sowohl Kochsalz wie Stickstoff relativ vermindert, absolut vermehrt ausgeschieden werden und daß die absolute Stickstoffvermehrung im Verhältnis zur Kochsalzvermehrung beträchtlich geringer ist.

---

1 BROGSITTER, A. M. und W. DREIFUSS: Arch. f. exper. Path. **107**, 371 (1925).
2 HUNT, R.: Amer. J. Physiol. **45**, 218 (1918).
3 HAMET, R.: C. r. Soc. Biol. **94**, 727 (1926).
4 DICKER, E. u. J. DEMOOR: C. r. Soc. Biol. **99**, 344 (1928).
5 ARNSTEIN, A. u. F. REDLICH: Arch. f. exper. Path. **97**, 15 (1923).
6 WITHERING: An account of the foxglove. 1785.
7 PHILIPPS, C. D. F. and J. R. BRADFORD: J. of Physiol. **8**, 117 (1887).
8 BOULEY and REGNAL: zitiert nach BRUNTON: on Digitalis. London 1868.
9 SIEGMUND, G.: Virchows Arch. **6**, 238 (1854).
10 BRUNTON, L.: On Digitalis. London 1868.
11 MARSHALL, C. R.: J. of Physiol. **22**, 1 (1897).
12 WINOGRADOFF: Arch. pathol. Anat. **22**, 457 (1861).
13 PFAFF, F.: Arch. f. exper. Path. **32**, 1 (1893).
14 LOEWI, O. u. D. JONESCU: Arch. f. exper. Path. **59**, 71 (1908).
15 STEYRER, A.: Hoffm. Beitr. zur. chem. Physiol. **2**, 312 (1902).

PHILIPPS und BRADFORD[1] haben nun bei Hunden auf große Digitalisgaben eine Diuresevermehrung parallelgehend mit der Steigerung des Nierenvolums beobachten können. JONESCU und LOEWI[2] sahen ebenfalls am Kaninchen und Hund eine Steigerung des Nierenvolums bei gleichzeitiger Diuresevermehrung unter Gaben, die so klein waren, daß sie den Blutdruck noch nicht zum Ansteigen brachten. Die Nierengefäße verhalten sich nach Digitalisgaben abweichend von den Gefäßen des Darms, die bei den von LOEWI und JONESCU angewandten Digitalisdosen sich entweder verengerten oder unverändert blieben. Prinzipiell wurden diese Versuche von JOSEPH[3] bestätigt; er konnte am Kaninchen zeigen, daß kleinste, eben wirksame Dosen von Digipurat und Strophanthin bei intravenöser Injektion eine allerdings flüchtig vorübergehende Erweiterung der Nierengefäße und gleichzeitig eine länger andauernde Erweiterung der Darmgefäße hervorrufen. Untersuchungen von KASZTAN[4] an der ausgeschnittenen Katzenniere und von FAHRENKAMP[5] an der Katzen- und Kaninchenniere zeigten grundsätzlich entsprechende Ergebnisse bei Durchspülung mit Strophanthin bzw. Digitoxinringer. Kleine Dosen wirken auf die Nierengefäße erweiternd, große verengernd. Aber die Dosen, die auf die isolierte Niere noch erweiternd wirken, verengern schon die Gefäße des überlebenden Darms. CUSHNY und LAMBIE[6] sahen nach kleinen Strophanthindosen (0,025 g) keine Änderung in der Durchflußgeschwindigkeit der Nierengefäße. Demgegenüber konnte OZAKI[7] nach Strophanthingaben von 0,01—0,2 mg wie auch nach Digipuratgaben zwischen 1 und 4 mg und Digalen zwischen 0,1 und 0,5 ccm bei kompensiertem Blutdruck stets eine Gefäßverengerung feststellen. Im Gegensatz hierzu glaubt GREMELS[8] am Herz-Lungen-Nierenpräparat neben der Gefäßwirkung von Strophanthin und Digitoxin eine spezifisch diuretische Wirkung auf die Nierenzellen beobachtet zu haben. Bei Gitalin fand er in größeren Dosen eine gefäßverengernde und diuresehemmende Wirkung, während kleine Dosen ohne Einfluß auf Diurese und Blutdurchfluß in der Niere bleiben. Wir müssen also die Wirkung der Digitalispräparate auf die Niere fast ausschließlich als eine Gefäßwirkung ansehen, und dies um so mehr, als nach den Untersuchungen von HEDINGER[9] Gifte, die die Nierengefäße schädigen (Cantharidin), die Digitalisdiurese verhindern, während Stoffe, die eine Schädigung des Nierenepithels hervorrufen, wie Chrom und Uran, die diuretische Wirkung der Digitaliskörper vermehren.

5. Phlorrhizin.

Durch die Untersuchungen v. MERINGS[10] ist bekannt geworden, daß das Phlorrhizin, ein aus der Wurzelrinde des Apfelbaums gewonnenes Glykosid, nach peroraler oder subcutaner Einverleibung Zuckerausscheidung im Harn hervorruft.

Das Phlorrhizin stellt das Glykosid des Phloretins dar, eines Phloroglucinparaoxyphenylpropionsäureesters

HO–C₆H₄–CH₂—CH₂—C(=O)—C₆H₂(HO)(OH)–O—CH—(CHOH)₂—CH—CHOH—CH₂OH (Ring: O—CH … CH—O)

Phloretin

1 PHILIPPS, C. D. F. and J. R. BRADFORD: J. of Physiol. **8**, 117 (1887).
2 LOEWI, O. u. D. JONESCU: Zitiert auf S. 425.
3 JOSEPH, R.: Arch. f. exper. Path. **73**, 81 (1913).
4 KASZTAN, M.: Arch. f. exper. Path. **63**, 405 (1900).
5 FAHRENKAMP, C.: Arch. f. exper. Path. **65**, 367 (1911).
6 CUSHNY, A. R. u. C. G. LAMBIE: J. of Physiol. **55**, 276 (1921).
7 OZAKI, M.: Arch. f. exper. Path. **123**, 305 (1927).
8 GREMELS, H.: Arch. f. exper. Path. **130**, 61 (1928).
9 HEDINGER, M.: Dtsch. Arch. klin. Med. **100**, 310 (1910).
10 v. MERING, J.: Z. klin. Med. **14**, 405 (1888); **16**, 431 (1889).

Beim Kochen mit verdünnter Säure zerfällt das Phlorrhizin in Phloretin und Zucker, während das Phloretin durch Kochen mit Alkalien in seine beiden Komponenten Phloroglucin und Phloridsäure (Paraoxyphenylsäure) gespalten werden kann. Im Tierkörper wird das Phlorrhizin zum Teil unverändert ausgeschieden (Pitkiewicz[1], v. Mering[2], Moritz und Prausnitz[3] [beim Menschen], Külz und Wright[4]). Beim Kaninchen hingegen konnte vor allem Schüller[5] den Nachweis erbringen, daß ein großer Teil des einverleibten Phlorrhizins als Phlorrhizinglykuronsäure unter Anlagerung eines weiteren Zuckermoleküls zur Ausscheidung gelangt.

Schon v. Mering[2] schloß aus der Tatsache, daß der Blutzucker bei der Phlorrhizinglykosurie nicht vermehrt, sondern vermindert sei, daß die Zuckerausscheidung im Harn nach Phlorrhizin auf einer vermehrten Zuckersekretion der Niere beruhen müsse. Eine Ansicht, die sowohl durch die Untersuchungen von Erlandsen[6], der die Beobachtungen v. Merings[2] bestätigte, und vor allem durch den folgenden Versuch von Zuntz[7] sichergestellt zu sein scheint.

Zuntz injizierte einem Hund in die eine Nierenarterie Phlorrhizin und beobachtete, daß lediglich die Niere, die unmittelbar Phlorrhizin erhalten hatte, Zucker ausschied, während bei der anderen Niere erst nach einiger Zeit eine Zuckerausfuhr im Harn erfolgte.

Durch Lépine[8] und Pavy, Brodie und Siau[9] sind diese Versuche bestätigt, wenn auch Cremer[10] und Winkler[11] dagegen den Einwand erhoben, daß schon lediglich durch die Injektion in die Arterie und die mit ihr verbundene Beeinträchtigung der Nierenfunktion Zuckerausscheidung hervorgerufen sein könnte, eine Ansicht, die übrigens durch Ringer[12] direkt widerlegt wurde. Levene[13] fand im Phlorrhizindiabetes den Zuckergehalt des Nierenvenenblutes gegenüber dem der Nierenarterie gesteigert. Schenk[14] konnte die Leveneschen Versuche nicht bestätigen und konnte zeigen, daß dessen Resultate voraussichtlich auf mangelhafte Methodik der Blutgewinnung zurückzuführen sind. Brogsitter und Dreyfuss[15] sahen die Zuckerausscheidung beim phlorrhizinvergifteten Menschen durch Atropin gehemmt und durch Pilocarpin gesteigert.

Während der Harnzucker nach Phlorrhizingaben stets beträchtlich vermehrt ist — die Höhe der beobachteten Zuckerausscheidung im Urin beträgt zwischen 3 und 15%, also bis zu 100mal mehr als der Zuckerkonzentration im Plasma entspricht —, sind Urinmenge und die übrigen Fixa nur wenig verändert.

Allerdings gehen hier die Meinungen der einzelnen Untersucher zum Teil auseinander; so fand Loewi[16] die Chloride stets unverändert, Biberfeld[17] sah eine geringe Verminderung und Lépine und Maltet[18] eine geringe prozentuale

1 Pitkiewicz: Dissert. Dorpat 1864.
2 v. Mering, J.: Z. klin. Med. **14**, 405 (1888); **16**, 431 (1889).
3 Moritz, F. u. W. Prausnitz: Z. Biol. **27**, 106 (1890).
4 Külz, E. u. W. Wright: Z. Biol. **27**, 181 (1890).
5 Schüller, J.: Z. Biol. **56**, 274 (1911).
6 Erlandsen, A.: Biochem. Z. **23**, 329 (1910).
7 Zuntz, N.: Arch. Anat. u. Physiol. **1895**, 570.
8 Lépine, R.: Arch. méd. expér. **13**, 710 (1901).
9 Pavy, F. W., T. G. Brodie u. R. L. Siau: J. of Physiol. **29**, 467 (1903).
10 Cremer, M.: Erg. Physiol. **1**, 884 (1902). 11 Winkler, F.: Z. Physiol. **24**, 311 (1910).
12 Ringer, zitiert nach Lusk: Erg. Physiol. **12**, 336.
13 Levene, P. A.: J. of Physiol. **17**, 259 (1894).
14 Schenk, P.: Z. exper. Med. **25**, 62 (1921).
15 Brogsitter, A. M. u. W. Dreyfuss: Arch. f. exper. Path. **107**, 349 u. 371 (1925).
16 Loewi, O.: Arch. f. exper. Path. **50**, 326 (1903).
17 Biberfeld, J.: Pflügers Arch. **112**, 398 (1906).
18 Lépine, R. u. Maltet: C. r. Soc. Biol. **54**, 404 (1902).

Vermehrung derselben. Ebenso beobachteten auch Cushny[1] und Ruschhaupt[2] eine geringe Steigerung der Chloridausfuhr. Die Differenzen liegen möglicherweise in dem verschiedenen Salzgehalt der Gewebe. Harnstoff, Gesamtstickstoff und Phosphate werden übereinstimmend als unbeeinflußt angesehen. Es gilt dies jedoch nur für die akute Phlorrhizinvergiftung; bei chronischer Vergiftung wird durch die andauernde Zuckerverarmung des Körpers eine Stoffwechselveränderung mit sekundärer Steigerung der Stickstoffausfuhr hervorgerufen. Das Verhältnis der Phosphatausscheidung zur Stickstoffausscheidung bleibt ebenfalls unverändert (Biley, Nolan und Lusk[3], Blumenthal[4] und Lépine und Maltet[5]). Das spezifische Gewicht des Harns ist nach Frey[6] trotz hoher Zuckerkonzentration vermindert, nach den Angaben anderer Untersucher erhöht. Jedoch bemerken auch Spiro und Vogt[7], daß die Gefrierpunktserniedrigung des Harns in der Phlorrhizinglykosurie nicht ansteigt. Die Harnmenge ist in der Regel vermehrt, aber nur in geringem Ausmaß. Loewi und Neubauer[8] sehen als Ursache dieser Wasservermehrung lediglich den Einfluß des an den vermehrten ausgeschiedenen Zucker osmotisch gebundenen Wassers an.

Im Gegensatz hierzu glaubt Weber[9] die Phlorrhizinwirkung als echte Diuresesteigerung durch spezifische Reizwirkung auf die Kanälchen ansehen zu müssen. Weber[9] glaubt, daß das Phlorrhizin eine vermehrte Abscheidung des Wassers in den Tubuli contorti hervorruft.

Hinsichtlich der Beeinflussung der Phlorrhizinglykosurie durch andere harnfähige Substanzen bestehen unter den Untersuchern beträchtliche Widersprüche. Weber[9] sah eine Steigerung der Phlorrhizinglykosurie durch Salz- und Purinzufuhr, Loewi[10] sowie Loewi und Neubauer[8] fanden die Phlorrhizinglykosurie durch Diuretica völlig unbeeinflußbar. Spiro und Vogt[7] stellten fest, daß an Hunden, an denen durch intravenöse Traubenzuckerzufuhr eine Diuresesteigerung hervorgerufen wurde, Phlorrhizininjektionen einen Anstieg der Traubenzuckerkonzentration im Harn hervorrufen. Nach dem Abklingen der Phlorrhizinwirkung erfolgt eine Einschränkung der Harnmenge, die nicht auf Blutdruckänderung beruht. Gleichzeitig wird auch die Phlorrhizin- und Phosphatausfuhr reduziert. Auch in der Kochsalzdiurese ruft Phlorrhizin eine vorübergehende Einschränkung der Harnmenge hervor. Bei Rohrzuckerinfusion erzeugt Phlorrhizin eine Steigerung der Rohrzuckerausfuhr und keine oder nur eine geringe Vermehrung der Traubenzuckerausscheidung. Shioya[11], der in der Phlorrhizinglykosurie den Gaswechsel der Niere im Gegensatz zur Glykosurie nach Zuckerzulage erheblich gesteigert und die Blutzufuhr zur Niere herabgesetzt sah, glaubt, daß das Phlorrhizin den Nierenstoffwechsel erhöht und die Permeabilität der Niere für Zucker steigert, zumal die Menge des Harnzuckers viel größer als die aus dem Phlorrhizin abspaltbaren Zucker sei.

An dem Tubulusepithel ruft Phlorrhizin eine nekrotische Zerstörung hervor (Trambusti und Nesti[12], Policard und Garnier[13]). Die Glomeruli wurden

[1] Cushny, A. R.: J. of Physiol. **51**, 36 (1917).
[2] Ruschhaupt, W.: Pflügers Arch. **91**, 595 (1902).
[3] Biley, F. H., F. W. Nolan u. G. Lusk: Amer. J. Physiol. **1**, 395 (1898).
[4] Blumenthal, F.: Dtsch. med. Wschr. **25**, 814 (1899).
[5] Lépine, R. u. Maltet: C. r. Soc. Biol. **54**, 921 (1902).
[6] Frey, E.: Pflügers Arch. **115**, 204 (1906).
[7] Spiro, K. u. H. Vogt: Verh. Kongr. inn. Med. **20**, 524 (1902).
[8] Loewi, O. u. E. Neubauer: Arch. f. exper. Path. **59**, 57 (1908).
[9] Weber, S.: Arch. f. exper. Path. **54**, 1 (1906).
[10] Loewi, O.: Arch. f. exper. Path. **50**, 326 (1903).
[11] Shioya, H.: Hokkaido Igaku Zasshi **3**, 49 (1925); zitiert nach Ber. Physiol. **36**, 184 (1926).
[12] Trambusti, A. u. G. Nesti: Beitr. path. Anat. **14**, 337 (1893).
[13] Policard, A. u. M. Garnier: C. r. Soc. Biol. **62**, 834 (1907).

stets unverändert gefunden. v. Kóssa sah eine trübe Schwellung der Tubuli contorti.

Nach Junkersdorf[1] soll die Niere nach längerdauernden Phlorrhizingaben beträchtlich hypertrophieren. Albuminurie wird im Gegensatz zu allen übrigen Untersuchern nur von v. Kóssa[2] erwähnt.

Der Versuch, histologisch den Ort der Zuckerausscheidung zu bestimmen, wurde von Seelig[3] unternommen. Er fand nach Behandlung der Niere mit Phenylhydrazin eine Anhäufung von Phenylglykosazonkrystallen in erster Linie im Tubulusgebiet, und zwar im interstitiellen Gewebe der Tubuli, während die Lumina selber frei waren und im Glomerulusanteil nur geringe Zuckermengen gefunden wurden. Die Verteilung des Zuckers zwischen Niere und Mark untersuchte Nishi[4], der feststellen konnte, daß beim Phlorrhizinkaninchen das Mark reichlich Zucker enthielt, während am Normaltier die Rinde einen größeren Zuckergehalt aufweist als das Mark. Ob der festgestellte Zuckergehalt des Marks aus dem Parenchym oder aus dem Tubulusinhalt stammt, ist nicht geklärt. Welz[5] kommt gerade zu entgegengesetzten Ergebnissen.

An der isolierten Niere konnten Charlier[6] und Biedl und Kolisch[7] keine deutliche Glykosurie auslösen, was wohl auf mangelhafte Methodik zurückzuführen ist. Pavy, Brodie und Siau[8] gelang es jedoch durch Phlorrhizin eine echte Zuckervermehrung im Harn hervorzurufen. Die letzten Beobachter konnten noch feststellen, daß die Phlorrhizinglykosurie vom Blutdruck und von Nierenvolumveränderungen unabhängig ist. Auch Schwarz[9] und Brodie und Barcroft[10] konnten eine Veränderung des Blutdurchflusses während der Phlorrhizinwirkung nicht nachweisen, dagegen wird der Sauerstoffverbrauch der Niere während der Phlorrhizinglykosurie stark gesteigert (Brodie und Barcroft).

Ähnlich wie die Harnstoffkonzentration des Harns in der Harnstoffdiurese durch partielle Stauung des Ureters erhöht wird, wird auch bei Ureterdrosselung unter gleichzeitigem Anstieg der Urinmenge die Zuckerkonzentration nach Phlorrhizin gesteigert (Schwarz[11], Brodie und Cullis[12]). Allard[13] fand hingegen am Menschen auf der gedrosselten Seite eine Harnverminderung mit prozentualer Vermehrung, jedoch absoluter Verminderung des Zuckers.

Mosberg[14] erzeugte durch intravenöse Injektion von Phlorrhizin bei Fröschen Glykosurie, die auch nach Unterbindung der Nierenarterie in gleicher Weise auftrat. Bei Fröschen mit unterbundener Nierenarterie zeigte sich nach intravenöser Zufuhr von Glykoselösung keine Glykosurie. Sie trat aber sofort nach Injektion von Phlorrhizin auf. Hierdurch war der Beweis erbracht, daß die Phlorrhizinglykosurie auf einer Änderung der Tubulusfunktion beruhen muß.

Am Frosch beobachteten Bainbridge und Beddard[15] nach Unterbindung

---

1 Junkersdorf, P.: Pflügers Arch. **131**, 306 (1910).
2 Kóssa, J. v.: Z. Biol. **40**, 324 (1900).
3 Seelig, A.: Arch. f. exper. Path. **28**, 265 (1891).
4 Nishi, M.: Arch. f. exper. Path. **62**, 329 (1910).
5 Welz, A.: Arch. f. exper. Path. **115**, 232 (1926).
6 Charlier, M. F.: C. r. Soc. Biol. **53**, 494 (1901).
7 Biedl, A. u. R. Kolisch: Verh. Kongr. inn. Med. **18**, 573 (1900).
8 Pavy, F. W., T. G. Brodie u. L. R. Siau: J. of Physiol. **29**, 467 (1903).
9 Schwarz, L.: Arch. f. exper. Path. **43**, 1 (1899).
10 Brodie, T. G. u. J. Barcroft: J. of Physiol. **33**, 52 (1905).
11 Schwarz, L.: Zbl. Physiol. **16**, 281 (1902).
12 Brodie, T. G. u. W. C. Cullis: J. of Physiol. **34**, 224 (1906).
13 Allard, E.: Arch. f. exper. Path. **57**, 241 (1907).
14 Mosberg, B.: Inaug.-Dissert. Würzburg 1898.
15 Bainbridge, F. A. u. A. P. Beddard: J. of Physiol. **34**, IX (1906) — Biochemic. J. **1**, 255 (1906).

der Nierenarterie und darauffolgender Harnstockung durch gleichzeitige Phlorrhizin- und Harnstoffgaben eine Harnabsonderung mit Zuckerausscheidung, während nach der Injektion von Harnstoff ohne Phlorrhizin kein Zucker im Harn nachgewiesen werden konnte. CULLIS[1] konnte von der Nierenvene aus am Frosch durch Phlorrhizin Diuresesteigerung und Glykosurie hervorrufen, die durch Traubenzuckerzusatz beträchtlich erhöht wurde.

Die Glykosurie soll durch Antipyrin (SÉE und GLEY[2]), Cocain (FLEISCHLER[3]), Piperacin (HILDEBRANDT[4]) sowie durch Methylenblau und Carmin (FROUIN[5]) unterdrückt werden. Atropin, Ergotamin und Pituitrin beeinflussen die Phlorrhizinglykosurie nicht (ANDERSON[6]).

Die glykosurische Wirkung des Phlorrhizins wird aufgehoben durch Gifte, die das Tubulusepithel verändern, wie Chromsäure, Aloin, Cantharidin, Glutarsäure und Weinsäure (SCHABAD[7], RICHTER[8], WEBER[9], HELLIN und SPIRO[10] [die letztgenannten Autoren fanden jedoch Chromat und Aloin unwirksam, dagegen Cantharidin wirksam], UNDERHILL[11], BAER und BLUM[12]).

Über die Ursache der Phlorrhizinglykosurie gehen die Ansichten der einzelnen Untersucher je nach ihrer Einstellung zu den Theorien der Harnbildung beträchtlich auseinander. Der renale Angriffspunkt erscheint sichergestellt einmal durch die Untersuchungen an der überlebenden Niere, durch die Feststellung der Steigerung des Sauerstoffverbrauchs in der Phlorrhizinglykosurie und schließlich durch die nach den meisten Beobachtern fehlende Hyperglykämie.

PAVY, BRODIE und SIAU[13] glauben, daß das Phlorrhizin eine Abscheidung des Zuckers in den Tubuli hervorriefe, im Gegensatz zur normalen Niere, in der der Zucker aus dem Glomerulus abgeschieden wird. Diese Anschauung wird widerlegt durch die Versuche von CUSHNY[14], in denen er zeigen konnte, daß an phlorrhizinvergifteten Kaninchen der Zuckergehalt des Nierengewebes vom Blutdruck unbeeinflußt ist.

MINKOWSKI[15] sah in dem Phlorrhizin lediglich ein Vehikel für die Zuckerausscheidung in dem Sinne, daß das Phlorrhizin Zucker abspaltet, der ausgeschieden wird und das entstehende Phloretin durch Zuckeranlagerung wieder in Phlorrhizin umgewandelt wird.

LOEWI[16] glaubt, daß der Zucker im Blut in einer kolloidalen Form kreist und daß das Phlorrhizin eine Umwandlung des kolloidalen Zuckers in harnfähigen Zucker veranlaßt. In ähnlichem Sinn deuten auch PAVY, BRODIE und SIAU[13] die Phlorrhizinglykosurie. CUSHNY[14] nimmt in seiner „modernen Theorie" an, daß der Zucker, der in dem provisorischen Harn in den Glomerulis ausgeschieden wird, in den Tubulis unter Phlorrhizin an der Rückresorption verhindert wird. Schwer zu deuten sind unter diesem Gesichtspunkte lediglich

---

1 CULLIS, W. C.: J. of Physiol. **34**, 250 (1906).
2 SÉE, G. u. E. GLEY: Wien. med. Wschr. **39**, 215 (1889).
3 FLEISCHLER, R.: Arch. klin. Med. **42**, 82 (1888).
4 HILDEBRANDT, H.: Berl. klin. Wschr. **31**, 141 (1894).
5 FROUIN, A.: C. r. Soc. Biol. **63**, 411 (1907).
6 ANDERSON, A. B. u. M. D. ANDERSON: J. of Physiol. **64**, 350 (1928).
7 SCHABAD, F.: Wien. med. Wschr. **1894**, 1067.
8 RICHTER, P. T.: Z. klin. Med. **41**, 160 (1900).
9 WEBER, S.: Arch. f. exper. Path. **54**, 1 (1906).
10 HELLIN, D. u. K. SPIRO: Arch. f. exper. Path. **38**, 368 (1897).
11 UNDERHILL, F. P.: J. of Biol. **12**, 115 (1912).
12 BAER, L. u. L. BLUM: Arch. f. exper. Path. **65**, 1 (1911).
13 PAVY, F. W., T. G. BRODIE u. R. L. SIAU: J. of Physiol. **29**, 467 (1903).
14 CUSHNY, A. R.: J. of Physiol. **51**, 36 (1917).
15 MINKOWSKI, O.: Arch. f. exp. Path. **31**, 85 (1893).
16 LOEWI, O.: Arch. f. exper. Path. **50**, 326 (1903).

die Versuche von BAINBRIDGE und BEDDARD[1] an der Froschniere bei ausgeschalteter Glomerulusfunktion. Jedoch konnte hier schon ADAMI[2] den Beweis erbringen, daß durch Unterbindung der Arterie die Ausschaltung der Glomeruli nicht vollständig war, was ja durch die neuen Untersuchungen von SMITH[3] bestätigt wird. Das gleiche gilt für die Versuche von CULLIS[4], der das Tubulisgebiet von der Pfortader aus unter zu hohem Druck durchströmte.

Die isolierte Verhinderung der Rückresorption des Zuckers, für die ja auch der hohe Energieverbrauch in der Phlorrhizinglykosurie spricht, läßt sich vielleicht in dem Sinne erklären, daß das Phlorrhizin in den Tubulusepithelzellen abgelagert und relativ schwer ausgeschieden wird. Es stellt sich dann in den Zellen ein Gleichgewicht zwischen Phlorrhizin und Phloretin-Zucker ein, und die relativ hohe Konzentration des Zuckers in den reabsorbierenden Tubulusepithelzellen verhindert die Aufnahme von Zucker durch die Tubulusepithelien von den Kanälchen aus. Man muß zu einer ähnlichen Anschauung gelangen, wenn man nicht eine schwerverständliche isolierte Permeabilitätsherabsetzung für Zucker durch Phlorrhizin annehmen will. Die Befunde von SPIRO und VOGT[5] über das Verhalten des Rohrzuckers weisen in die gleiche Richtung.

6. Atophan.

Ein ähnliches Verhalten wie das Phlorrhizin gegenüber der Zuckerausscheidung scheint dem Atophan gegenüber der Harnsäure zuzukommen. FOLIN und LYMAN[6] konnten zeigen, daß Atophangaben die Harnsäureausscheidung durch die Niere beträchtlich steigern, und zwar auch dann, wenn gleichzeitig der Harnsäuregehalt des Blutes erheblich herabgesetzt ist. Es muß sich also hierbei höchstwahrscheinlich um eine Hemmung der Rückresorption in den Tubulis handeln.

7. Curare.

Ein eigenartiger, bisher in seiner Ursache noch nicht geklärter Einfluß auf die Urinsekretion kommt dem Curare zu. Am Frosch beobachtete MORISHIMA[7], daß nach Vergiftung mit $^1/_2$ mg bis 1 mg Curare pro Kilogramm Körpergewicht zunächst eine Verringerung der Harnabscheidung erfolgte. Die Urinabsonderung sistierte bisweilen völlig bis zu 24 Stunden. Dabei nimmt der Frosch an Gewicht zu. Durch Kochsalz ist Diurese nicht zu erzielen. Später klingt die Anurie ab, und es folgt mitunter eine zum Teil sehr starke Vermehrung der Harnausscheidung noch während des Bestehens der Vergiftung. Daneben kommt es zu einer Stauung des Harns in der Harnblase. Das gilt vor allem auch für den Feuersalamander, bei dem JAKABHÁZY[8] während der Curarevergiftung in der Harnblase eine Harnmenge fand, die etwa $^1/_3$ des Körpergewichts ausmacht.

Auch bei Kaninchen und Hunden, die künstlich geatmet waren, beobachtete ECKHARD[9] im Beginn eine starke Herabsetzung oder völliges Versiegen der Harnsekretion; es folgte eine vorübergehende Polyurie. O'CONNOR[10] und USTIMOWITSCH[11] bestätigten diese Versuche. Letzterer stellte fest, daß die Ursache des Versiegens der Harnsekretion nicht in dem Absinken des Blutdrucks

---

1 BAINBRIDGE, F. A. u. A. P. BEDDARD: J. of Physiol. **34**, IX (1906) — Biochemic. J. **1**, 255 (1906).

2 ADAMI, J. G.: J. of Physiol. **6**, 382 (1885).

3 SMITH, C. S.: Amer. J. Physiol. **82**, 717 (1927).

4 CULLIS, W. C.: J. of Physiol. **34**, 250 (1906).

5 SPIRO, K. u. H. VOGT: Verh. Kongr. inn. Med. **20**, 524 (1902).

6 FOLIN, O. u. H. LYMAN: J. of Pharmacol. **4**, 539 (1913).

7 MORISHIMA, K.: Arch. f. exper. Path. **42**, 28 (1899).

8 JAKABHÁZY, S.: Arch. f. exper. Path. **42**, 10 (1899).

9 ECKHARD, C.: Beitr. Anat. u. Physiol. **5**, 162 (1870).

10 O'CONNOR, J., zitiert nach R. BÖHM: Heffters Handb. d. exper. Pharmakol. **2**, 212 (1920).

11 USTIMOWITSCH, C. u. C. LUDWIG: Arb. physiol. Anst. Leipzig **5**, 198 (1870).

zu suchen ist, denn in der Mehrzahl der Fälle erfolgte das Erlöschen der Nierenfunktion bei ausreichendem Blutdruck. Durch Entnervung der Niere am Hilus konnte die Harnsekretion wieder in Gang gebracht werden. In den Fällen, in denen die Harnausscheidung nicht völlig erlischt, ist der ausgeschiedene Harn ärmer an Harnstoff und Chloriden. UCKO[1] bestimmte an curarisierten Fröschen die Kochsalzausscheidung zu 0,1—1,0, die Stickstoffausscheidung zu 1,0 bis 3,5 mg in 48 Stunden. Bei Belastung mit Kochsalz wurden in den folgenden 48 Stunden 20—40% der zugeführten Menge, von Harnstoff 40—70% im Harn ausgeschieden. Bei gleichzeitiger Belastung curarisierter Frösche mit Kochsalz und Stickstoff versiegt bei normaler Stickstoffausscheidung die Ausfuhr des Kochsalzes fast vollkommen. Durch intravenöse Injektion von Harnstoff oder Kochsalz kann die curarevergiftete Niere nicht zur Tätigkeit angeregt werden. Dagegen gelang es GRÜTZNER[2] durch Injektion von Natriumnitrat die Curarinanurie zu durchbrechen. USTIMOWITSCH[3] glaubt dem Curarin einen spezifisch hemmenden Einfluß auf die Harnsekretion zuschreiben zu müssen. Die vorliegenden Versuche reichen jedoch nicht aus, um sich über den Mechanismus der Curarewirkung auf die Harnsekretion ein klares Bild zu machen.

VI. Stoffe, die die Energie liefernden Prozesse der Niere beeinflussen.

1. Narkotica.

Über die Wirkung der Narkotica auf die isolierte Niere liegen bisher lediglich die Untersuchungen aus dem HÖBERschen Institut über das Verhalten der Froschniere unter ihrem Einfluß vor. DAVID[4] konnte in zwei Untersuchungen zeigen, daß Narkotica der verschiedensten Art, Phenylurethan, Heptylalkohol, Phenylharnstoff, carbaminsaures Isobutyl und carbaminsaures Propyl, in kleinen Konzentrationen eine Verminderung der Harnmenge hervorrufen, die voraussichtlich auf eine isolierte Gefäßverengerung der Nierengefäße zurückzuführen ist. Mittlere Konzentrationen heben die gesamte Konzentrierungs- und Verdünnungsarbeit der Niere auf, d. h. sie haben stets eine Vermehrung der Urinmenge und eine Angleichung des Harns an die Durchströmungsflüssigkeit zur Folge. Diese Wirkung ist reversibel, während hohe Konzentrationen eine irreversible Unterdrückung der Harnabsonderung hervorrufen. HÖBER und MACKUTH[5] sahen in der isolierten Froschniere sowohl bei intakten Tubulis als auch nach Zerstörung derselben durch Sublimat bei Zufuhr von 0,02% Phenylurethan von der Artrie aus die Harnbildung reversibel stark aingeschränkt, während höhere Phenylurethankonzentrationen die Ausscheidung einer vermehrten Harnmenge hervorriefen, die in ihrer Zusammensetzung der Durchströmungsflüssigkeit nahe kam. Die Veränderung war nicht umkehrbar. Beim Gesamttier werden diese hohen Konzentrationen nie erreicht, da schon bei einer niedrigeren Konzentration eine Narkose der Medulla und damit der Tod herbeigeführt wird. Solche hohen Narkoticumkonzentrationen in der Niere mit Anurie sind lediglich von MAC NIDER[6] am Hunde bei peroraler Darreichung von Äther oder Chloroform beobachtet worden. Bei Äther tritt die Anurie erst spät, bei Chloroform meist früh auf. Bei Äther ist die Anurie in der Regel durch Diuretica durchbrechbar, bei Chloroform nicht. Hier ist meist gleichzeitig die Alkalireserve des Blutes herabgesetzt. Da, wo die Anurie reversibel war, zeigten die Epithelien der Tubuli contorti trübe Schwellung mit Fettanhäufung im auf-

[1] UCKO, H.: Z. exper. Med. **50**, 400 (1926).
[2] GRÜTZNER, P.: Pflügers Arch. **11**, 371 (1875).
[3] USTIMOWITSCH, C.: Zitiert auf S. 431.
[4] DAVID, E.: Pflügers Arch. **206**, 492 (1924); **208**, 146 (1925).
[5] HÖBER, R. u. E. MACKUTH: Pflügers Arch. **216**, 420 (1927).
[6] MACNIDER, W. B.: J. of Pharmacol. **15**, 249 (1920); **17**, 289 (1921).

steigenden Schenkel der HENLEschen Schleifen. Bei irreversibler Anurie kam es zu Nekrosen- und Vakuolenbildung in den Hauptstückepithelien. Die Glomeruli waren stets intakt. Die Nierengiftigkeit von Äther und Chloroform nimmt bei Hunden mit dem Alter zu. Die bei den einzelnen Narkoticis beschriebenen Wirkungen auf die Harnsekretion sind, soweit sie nicht indirekt durch die Wirkung der Narkose auf andere Organe hervorgerufen werden, in der Regel je nach der Art des angewandten Narkoticums als Herabsetzung der Harnsekretion oder als Steigerung derselben beschrieben, d. h. also im Sinne der Wirkung kleiner und mittlerer Konzentrationen. Nach DAVID[1] kommt den Narkoticis, die als halogenhaltige Kohlenwasserstoffe oder wie der Alkohol starke Zellgifte sind, noch außerdem eine Schädigung des Nierenparenchyms zu.

Bei kurzdauernden Chloroformnarkosen, bei denen der Chloroformgehalt des Blutes niedrig ist, wird von einem Einfluß auf die Harnsekretion nichts berichtet. Dagegen ist in der Äthernarkose die Harnsekretion vermindert (GINSBERG[2], FREY[3], HAWK[4]). Nach Abklingen der Narkose tritt eine vermehrte Harnbildung ein. Die Olygurie ist unabhängig von der gleichzeitig auftretenden, durch Hyperglykämie bedingten Glykosurie (SEELIG[5]). Eine Schädigung des Nierenparenchyms fehlt auch bei langdauernden Äthernarkosen völlig. Lediglich STOKVIS[6] gibt im Gegensatz zu allen anderen Beobachtern an, daß auch in der Äthernarkose beim Menschen zuweilen Albuminurie mit Zylinderausscheidung auftritt.

Nach Chloralhydrat sieht DRASCHE[7] die Abscheidung eines vermehrten, verdünnten Urins. Ähnliches wird nach Urethan (CHITTENDEN[8]), Paraldehyd (v. SCHROEDER[9]), Veronal (KLEIST[10]) und Sulfonal (VANDERLINDEN und DE BUCK[11] und HAHN[12]) berichtet. Nach Sulfonalvergiftung werden von GRYNFELTT und LAFONT[13] beim Kaninchen schwere degenerative Veränderungen der Hauptstückepithelien beschrieben. MOLITOR und PICK[14] sahen am Kaninchen nach Paraldehyd keine Einschränkung, ja sogar meist eine Steigerung der Wasserausfuhr, während Chloreton die Diurese beträchtlich hemmt. Bei Kombination von Chloreton und Paraldehyd tritt ebenfalls Hemmung auf. VANDERLINDEN und DE BUCK[11] führten die Diuresesteigerung auf eine Hydrämie zurück und beobachteten gleichzeitig eine Vermehrung des Harnstickstoffs und der Chloride, während KLEIST die Diuresesteigerung nach Veronal als Folge einer Gefäßerweiterung der Niere ansieht, da er bei der Durchspülung isolierter Nieren mit Veronallösung eine Erweiterung der Gefäße beobachtete. Es ist jedoch näherliegend, die Diuresesteigerung mit einer Ausschaltung der aktiven Zellfunktion der Tubuluszellen durch die Narkotica im Sinne von DAVID[1] zu erklären.

Neben dieser allgemeinen Wirkung der Narkotica auf die Nierenfunktion kommt, wie schon erwähnt, den Narkoticis vom Chloroformtyp eine schwere

---

1 DAVID, E.: Pflügers Arch. **206**, 492 (1924); **208**, 146 (1925).
2 GINSBERG, W.: Arch. f. exper. Path. **69**, 381 (1912).
3 FREY, E.: Pflügers Arch. **120**, 66 (1907).
4 HAWK, P. B.: Arch. int. Med. **8**, 177 (1911).
5 SEELIG, A.: Arch. f. exper. Path. **52**, 481 (1906).
6 STOKVIS, B. J.: Ges. Nat. u. Geneesk. Amsterdam **1893**, 286.
7 DRASCHE, A.: Wien. med. Wschr. **1870**, Nr 21, 22, 23.
8 CHITTENDEN, R. H.: Z. Biol. **25**, 496 (1889).
9 v. SCHROEDER, W.: Arch. f. exper. Path. **24**, 85 (1888).
10 KLEIST, P.: Ther. Gegenw. **1904**, 354.
11 VANDERLINDEN, O. u. D. DE BUCK: Arch. internat. Pharmaco-Dynamie **1**, 431 (1895).
12 HAHN, M.: Virchows Arch. **125**, 182 (1891).
13 GRYNFELTT, E. u. R. LAFONT: C. r. Acad. Sci. **173**, 257 (1921).
14 MOLITOR, H. u. E. P. PICK: Arch. f. exper. Pathol. **107**, 185 (1925).

Schädigung des Nierenparenchyms zu. Nach FRIEDLÄNDER[1], LUTHER[2] u. a. tritt beim Menschen bei ungefähr einem Viertel aller Fälle vorübergehend Albuminurie auf. Bei großen Chloroformgaben beobachtete CALABRESE[3] am Meerschweinchen bei intakten Glomerulis in den Tubulis degenerative Vorgänge mit Schwellung und Trübung, und bei wiederholter Chloroformzufuhr nekrotisierende Prozesse im Tubulusepithel. Ähnliche Veränderungen beschreibt HASLEBACHER[4] beim Kaninchen nach Chloräthylnarkose.

Der Äthylalkohol ruft bei peroraler Verabreichung eine beträchtliche Steigerung der Wasserausscheidung hervor, die jedoch im wesentlichen auf extrarenale Einflüsse zurückzuführen ist. GALAMINI[5] beobachtete bei Zufuhr von 1—1,5 ccm/kg 50proz. Alkohols beim Menschen eine starke diuretische Wirkung unter gleichzeitiger Erhöhung des Blutalkoholgehalts und einer Steigerung des Alkoholgehalts des Urins, die etwa der der Blutkonzentration entsprach. Bei jungen Hunden wird durch Alkohol (40 proz.) vom Magen aus Albuminurie hervorgerufen (MAC NIDER[6]). Es fand sich histologisch nur eine Veränderung der Glomeruli (hyaline Degeneration). Die Durchspülung isolierter Nieren mit Alkohollösung erzielt nach JANUSZKIEWICZ[7] stets eine Gefäßverengerung, und das Volum der Niere in situ zeigt nach kurzdauernder Vergrößerung schnell eine Abnahme.

2. Kohlenoxyd.

In der Kohlenoxydvergiftung ist die Harnmenge in der Regel vermehrt. Nach ECKHARD[8] ist diese Vermehrung stets mit einer Glykosurie verbunden. Ob ein innerer Zusammenhang zwischen der Glykosurie und der Polyurie besteht, läßt sich nicht ohne weiteres entscheiden. Die Glykosurie ist stets Folge einer Hyperglykämie. SENFF[9] und ARAKI[10] beobachteten bei schweren Vergiftungen auch Albuminurie, die jedoch bald abklingen soll. ARAKI[10] sah bei Kaninchen in der Kohlenoxydvergiftung den Harn saurer werden, während nach SENFF[9] bei Hunden die ursprünglich saure Reaktion des Harns neutral wird. ARAKI[10] führt die Gesamtveränderungen des Harns in der Kohlenoxydvergiftung auf Sauerstoffmangel zurück.

3. Blausäure.

Bei der Blausäurevergiftung des Gesamttiers kommt es nie zu Schädigungen der Nierenfunktion, da die Empfindlichkeit des Zentralnervensystems gegen Blausäureerstickung so groß ist, daß der Tod des Tieres eintritt, bevor eine Schädigung der Niere stattgefunden hat. Dagegen wird die isolierte Niere in ihrer Funktion durch Blausäure stark beeinträchtigt. DAVID[11] konnte zeigen, daß an der überlebenden Froschniere bei der Blausäurevergiftung zunächst die osmotische Arbeit an Chlor, Ferrocyan, Kalium, Calcium und Ammoniak, erst bei höheren Konzentrationen die an Traubenzucker, Harnstoff, Diäthylharnstoff und Glykokoll eingestellt wird. Das Glomerulussystem erleidet schon bei niedrigen Konzentrationen eine irreversible Schädigung. HÖBER und MACKUTH[12] sahen bei

[1] FRIEDLÄNDER, E. v.: Vjschr. gerichtl. Med. **8**, Suppl., 94 (1894).
[2] LUTHER, J.: Münch. med. Wschr. **1893**, 7.
[3] CALABRESE, D.: Bull. Sci. med. **1911**, 576.
[4] HASLEBACHER, A.: Inaug.-Dissert. Bern 1901.
[5] GALAMINI, A.: Atti Accad. naz. Lincei, Rend. (6) **6**, 347 (1927); zitiert nach Ber. Physiol. **45**, 521 (1928).
[6] MAC NIDER, WM. DE B.: J. of Pharmacol. **25**, 171 (1925) — Proc. Soc. exper. Biol. a. Med. **23**, 52 (1925); **26**, 97 (1925).
[7] JANUSKIEWICZ, A. J.: Panietnik towarzystwa lekarskiego **105**, 431 (1909); zitiert nach Malys Jber. Tierchem. **39**, 295 (1909).
[8] ECKHARD, C.: Beitr. Anat. u. Physiol. **6**, 1 (1872).
[9] SENFF, L.: Dissert. Dorpat 1869. [10] ARAKI, F.: Hoppe-Seylers Z. **15**, 335 (1895).
[11] DAVID, E.: Pflügers Arch. **206**, 492 (1924); **208**, 146 (1925).
[12] HÖBER, R. u. E. MACKUTH: Pflügers Arch. **216**, 420 (1927).

einem Gehalt von $^m/_{2000}$ Cyankali in der Durchströmungsflüssigkeit die Harnbildung in der überlebenden Froschniere bei intaktem und zerstörtem Tubulussystem stark eingeschränkt. An der Hundeniere beobachteten STARLING und VERNEY[1] die Ausschaltung der Tubulusfunktion durch Cyankali, die mit einer Vermehrung der Harnmenge und der Harnchloride und einer Verminderung des Urinharnstoffs und der Sulfate verbunden war. Die Gefrierpunktserniedrigung des Harns in der Blausäurevergiftung entspricht der des Serums. Bei langdauernder Cyankaliumzufuhr wurde auch Eiweiß im Urin ausgeschieden. Kürzere Vergiftungen sind reversibel.

4. Arsen und Antimonverbindungen.

Arsenige Säure und Brechweinstein beeinflussen zwar nicht unmittelbar die energieliefernden Prozesse der Niere, beschränken aber die Sauerstoffzufuhr durch Herabsetzung des Blutdrucks. Sie führen in Dosen von 0,01 bis 0,0005 zu einer Abnahme der Harnmenge bei gleichzeitiger Einschränkung des Sauerstoffverbrauchs. Die Herabsetzung des Sauerstoffverbrauchs bleibt bestehen, wenn Blutdruck und Harnmenge zur Norm zurückgekehrt sind. Wenn die Blutdrucksenkung verhindert wird, so bleibt die Harnmenge nach Arsenik unverändert, während der Sauerstoffverbrauch der Niere eingeschränkt wird. Durch Coffein wird in der chronischen Arsenvergiftung der Niere eine Diurese hervorgerufen, während der Sauerstoffverbrauch herabgesetzt bleibt. Die Harnmenge in der Arsenikvergiftung ist also von dem Sauerstoffverbrauch der Niere unabhängig. Brechweinstein wirkt qualitativ ebenso wie Arsenik, quantitativ aber in geringerem Ausmaße (KOMATSUBARA[2]).

VII. Gifte, die eine entzündliche Reizung des Nierenparenchyms hervorrufen.

(Schwermetalle, Cantharidin, organische Säuren, Emodine usw.)

Eine große Anzahl von Substanzen, die als eiweißfällende oder sonst als spezifische Zellgifte bekannt sind und die durch die Niere ausgeschieden werden, haben die Eigenschaft, an den für die Harnbildung in Betracht kommenden Zellen der Niere mehr oder minder charakteristische Veränderungen hervorzurufen.

Es handelt sich in erster Linie einmal um die Salze der Schwermetalle, dann um eine Anzahl anorganischer und organischer Säureionen, um einige tierische und pflanzliche Gifte und schließlich um eine Anzahl medikamentös verwandter Substanzen, die bei Überdosierung die Niere zu schädigen pflegen. Am besten untersucht sind von diesen Substanzen Cantharidin, Aloin, Quecksilber, Chrom, Uran und schließlich in neuester Zeit Weinsäure und das aus einer japanischen Schlange — Trimesursus riukiuanus — gewonnene Habugift.

Die genannten Substanzen sollen nach Angabe der verschiedenen Autoren, auf die später zurückzukommen sein wird, an verschiedenen Punkten des Nierenepithels angreifen und dementsprechend in ihrer Wirkung auf die Nierenfunktion voneinander different sein. Bevor es jedoch zu einer eingehenden Nierenschädigung kommt, scheinen die meisten Stoffe eine diuretische Wirkung auszuüben, die keine anatomischen Veränderungen an der Niere hinterläßt. Sie sind daher in kleinen Dosen zum Teil seit altersher als Diuretica verwandt worden.

Das gilt in erster Linie von den ätherischen Ölen und Terpenen, die in zahlreichen, als Diuretica gebrauchten Volksmitteln, in den Species diureticae und ähn-

[1] STARLING, E. H. u. E. B. VERNEY: Pflügers Arch. **205**, 47 (1924) — Proc. roy. Soc. Lond. B **97**, 321 (1925).
[2] KOMATSUBARA, S.: Proc. imp. Acad. Tokyo **3**, 630 (1927).

lichen Drogen enthalten sind, dann für Cantharidin — und schließlich für die Quecksilbersalze, die in neuester Zeit durch die Einführung des Novasurols durch SAXL und HEILIG[1] eine außerordentliche praktische Bedeutung erlangt haben.

Bei Überschreitung der kleinen therapeutisch zur Diurese verwandten Dosen rufen die Substanzen zunächst in der Regel eine meist reversible Schädigung der Glomeruli, charakterisiert durch vorübergehende Eiweißausscheidung und z. T. auch durch Glykosurie (LUZZATTO[2]) hervor, und erst bei der Verwendung größerer Dosen oder nach längerdauernder Vergiftung kommt es zu einer degenerativen Entzündung, bei der zuerst Veränderungen des Tubulusepithels, wo infolge der Wasserrückresorption höhere Giftkonzentration herrscht, mit Polyurie, später solche der Glomeruli mit Oligurie auftreten, die schließlich zu einer vollkommenen Sistierung der Harnbildung führen können. Dabei scheint bei dem Cantharidin und dem Habugift die Veränderung des Glomerulus zu überwiegen, die durch früh auftretende Albuminurie zum Ausdruck kommt, während bei den übrigen Substanzen vor allem bei Uran (MACNIDER[3]) und Chrom in erster Linie die Tubuli befallen zu sein scheinen. Mercurochrom, das an Kaninchen bis zu 5 mg/kg keine Nierenschädigung macht, ruft in größeren Dosen eine reversible desquamative isolierte Veränderung der Tubulusepithelien hervor (HILL und BIDGOOD[4]). Dagegen ruft die Phosphorvergiftung nach GALEOTTI[5] gleichzeitig eine Veränderung des Tubulus- und Glomerulusapparats hervor, und dem Arsen kommt offenbar lediglich eine reine Veränderung der Nierengefäße zu. Das Cantharidin erzeugt nach ELIASCHOFF[6] bei längerdauernder Vergiftung ebenfalls eine Zerstörung der tubulären Anteile. Diese Zerstörung betrifft in erster Linie die proximalen Tubuli contorti (SUZUKI[7]). Bei Kaninchen konnte ELLINGER[8] für Cantharidin zeigen, daß der Grad der Giftwirkung abhängig ist von der Reaktion des Harns. Während bei hafergefütterten Tieren mit saurem Urin 0,1 mg Cantharidin pro Kilogramm eine schwere Nephritis hervorruft, bleiben Tiere, deren Urin nach Rübenfütterung alkalisch ist, nach Verabreichung einer 5mal größeren Menge Cantharidin ungeschädigt. Einzelne Tierarten (Frösche und Hühner [RADECKI[9] und SUSSNITZKI[10]] und Igel [HARNACK[11], HORVAT[12] und ELLINGER[13]]) zeigen dem Cantharidin gegenüber eine ausgesprochene Immunität, während die Igel anderen Nierengiften gegenüber, z. B. dem Kaliumchromat, ebenso empfindlich sind wie Kaninchen. Diese Immunität der Igel gegen Cantharidin beruht nicht auf einer Zerstörung der Substanzen im Igelorganismus, da das eingeführte Gift unverändert durch die Nieren ausgeschieden wird. Auch das Habugift, das SUZUKI[14] eingehend untersuchte, und das Gift der amerikanischen Klapperschlange Crotalus adamanteus (PEARCE[15], FLEXNER und NOGUCHI[16]) erzeugt in kleinen Dosen vorzugsweise eine isolierte Veränderung der Glomeruli. Für Habu konnte SUZUKI[14] zeigen, daß bei intakten Tubulus-

[1] SAXL, P. u. R. HEILIG: Wien. klin. Wschr. **1920**, 943.
[2] LUZZATTO, R.: Z. exper. Path u. Ther. **16**, 18 (1914).
[3] MACNIDER, WM. DE B.: Proc. Soc. exper. Biol. a. Med. **19**, 222 (1922).
[4] HILL, J. H. u. CH. Y. BIDGOOD: Bull. Hopkins Hosp. **35**, 409 (1924).
[5] GALEOTTI, G.: Arch. Anat. u. Physiol. **1902**, 200.
[6] ELIASCHOFF J.: Virchows Arch. **44**, 323 (1883).
[7] SUZUKI T.: Zur Morphologie der Nierensekretion. Jena 1912.
[8] ELLINGER, A.: Münch. med. Wschr. **52**, 345 (1905).
[9] RADECKI, R. D.: Inaug.-Dissert. Dorpat 1866.
[10] SUSSNITZKI, J.: Inaug.-Dissert. Königsberg 1903.
[11] HARNACK, E.: Dtsch. med. Wschr. **1898**, 745.
[12] HORVAT: Dtsch. med. Wschr. **1898**, 342.
[13] ELLINGER, A.: Arch. f. exper. Path. **45**, 89 (1900); **58**, 424 (1908).
[14] SUZUKI, T.: Mitt. Path. (Snedai) **1**, 225 u. 243 (1921).
[15] PEARCE: J. of exper. Med. **11**, 532 (1909).
[16] FLEXNER, S. u. H. NOGUCHI: Univ. Pennsylvania med. Bull. **15**, 325 (1902).

epithelien nach entzündlicher Veränderung der Glomeruli eine cystische Erweiterung derselben auftritt, die zur Schrumpfniere führt. Bei wiederholten Gaben kommt es zu einer chronischen Nephritis mit Atrophie der Epithelien der Harnkanälchen und der aufsteigenden Schenkel der HENLEschen Schleifen.

Die meisten der genannten Substanzen rufen, wie schon erwähnt, in kleinsten Dosen Diurese mit absoluter Vermehrung und relativer Verminderung von Harnstoff, Phosphaten und Chloriden hervor (RUSCHHAUPT[1]). Der Blutdurchfluß ist nur wenig erhöht, der Sauerstoffverbrauch beträchtlich herabgesetzt (TRIBE, HOPKINS und BARCROFT[2]). Salze, Digitalis und Theophyllin rufen in diesem Stadium eine größere Diuresesteigerung und eine stärkere Volumzunahme der Niere hervor als am normalen Tier (HEDINGER[3]). Erst bei größeren Gaben erscheint Eiweiß im Urin, und die Nieren produzieren weniger Harn, indem die Fixa mit Ausnahme des Kochsalzes vermindert sind, wie BARDIER und FRENKEL[4] nach der Injektion von Kaliumchromat in die Nierenarterie einer Niere zeigen konnte. Die aktuelle Acidität des Harns ist in der Regel erhöht, während die Titrationsacidität häufig herabgesetzt ist (HENDERSON und PALMER[5]). In diesem Stadium der Vergiftung fand GRÜNWALD[6] bei Quecksilbervergiftung eine Diuresevermehrung nach Theobromin mit vermehrter Chloridausschüttung, BOYKOTT und RYFFEL[7] bei der Urannephritis am Kaninchen eine geringe Steigerung der Harnmenge nach Coffein und Salzzufuhr mit geringerer Chloridausfuhr als am Normaltier. Die Harnstoffdiurese und die Harnstoffausfuhr fanden sie herabgesetzt. HELLIN und SPIRO[8] beobachteten, je nach der Art des verwandten Giftes, eine verschiedene Wirkung des Coffeins auf die Diurese. Bei der Chrom- und Aloinvergiftung fanden sie Coffein wirksam, bei der Cantharidinvergiftung unwirksam. Sie schließen daher auf einen verschiedenen Angriffspunkt beider Gifte, doch sind die angewandten Dosen schwer vergleichbar. Auch Cantharidin ruft nach HELLIN und SPIRO[8] und SCHLAYER[9] keine Glykosurie hervor, während WEBER[10], RICHTER[11], HELLIN und SPIRO[8] und SCHABAD[12] nach Uran, Chrom und Aloin eine gegenüber der Norm herabgesetzte glykosurische Wirkung des Phlorrhizins beobachteten. Die Salzdiurese ist bei der Cantharidinnephritis geringer als bei der Quecksilbernephritis (GALEOTTI[13]). SCHLAYER, HEDINGER und TAKAYASU[14] untersuchten die Wirkung von Cantharidin, Arsen, Kaliumchromat, Quecksilber und Uran auf die Harnabsonderung, das Nierenvolum, das Verhalten der Niere gegenüber Adrenalin, Purinkörpern, Salzen, Zucker und reflektorischer Nervenreizung und verglichen die Wirkungen auf die Nierenfunktion mit den jeweiligen anatomischen Veränderungen in den Nierenepithelien. Sie fanden bei Kaninchen, die mit Chrom und Quecksilber vergiftet waren, zunächst eine Diuresesteigerung ohne Steigerung des Nierenvolums. Dann beobachteten sie einen Anstieg des Volums mit Verminderung der

[1] RUSCHHAUPT, W.: Pflügers Arch. **91**, 595 (1902).
[2] TRIBE, E. M., F. G. HOPKINS u. J. BARCROFT: Proc. physiol. Soc. **1916**, 11.
[3] HEDINGER, M.: Dtsch. Arch. klin. Med. **100**, 305 (1910).
[4] BARDIER, E. u. H. FRENKEL: J. Physiol. et Path. gén. **3**, 749 (1901).
[5] HENDERSON, L. J. u. PALMER: J. of biol. Chem. **21**, 37 (1916).
[6] GRÜNWALD, F. H.: Arch. f. exper. Path. **60**, 360 (1909).
[7] BOYKOTT, A. E. u. J. H. RYFFEL: J. of Path. **17**, 458 (1913).
[8] HELLIN, D. u. K. SPIRO: Arch. f. exper. Path. **38**, 368 (1897).
[9] SCHLAYER: Pflügers Arch. **120**, 359 (1907).
[10] WEBER, S.: Arch. f. exper. Path. **54**, 1 (1906).
[11] RICHTER, P. F.: Z. klin. Med. **41**, 160 (1900).
[12] SCHABAD, F.: Wien. med. Wschr. **1894**, 1067.
[13] GALEOTTI, G.: Arch. Anat. u. Physiol. **1902**, 200.
[14] SCHLAYER u. HEDINGER: Dtsch. Arch. klin. Med. **90**, 1 (1907). — SCHLAYER, HEDINGER u. TAKAYASU: Ebenda **91**, 59 (1907). — SCHLAYER u. TAKAYASU: Ebenda **98**, 17 (1910).

Harnausscheidung. In diesem Stadium rief Adrenalin und Reizung des Ischiadicus eine deutliche Verengerung der Nierengefäße hervor. Coffein- und Salzlösungen machten starke Diurese. In der Uranvergiftung hingegen kam es nach Coffein ebenfalls zur Diuresesteigerung, während auf Kochsalzgaben die Harnbildung häufig ganz sistierte. Bei noch weiter gehender Uranvergiftung bleibt die Coffein- und Salzwirkung völlig aus, und die Adrenalinwirkung ist wesentlich vermindert. Bei der Cantharidinvergiftung hingegen wurde eine wesentlich stärkere Herabsetzung der Wirkung der genannten Diuretica beobachtet. Sowohl bei der Cantharidinvergiftung wie vor allem bei der Arsenvergiftung war der Blutdruck beträchtlich herabgesetzt. Anatomisch zeigten die mit Uran, Chrom und Quecksilber vergifteten Nieren ausschließlich Zerstörung der Kanälchenepithelien bei intakten Glomerulis, während in der Cantharidinvergiftung die Kanälchen intakt gefunden werden. SCHLAYER[1] unterscheidet daher zwischen den vasculären Giften Cantharidin und Arsen, die in erster Linie den Glomerulus angreifen, und den tubulären Giften, Quecksilber und Chrom mit vorwiegend tubulärer Wirkung, während dem Uran eine Mittelstellung zugeschrieben wird. Die Untersuchungen von SCHLAYER und seinen Mitarbeitern[1] wurden im wesentlichen von THEOHARI und GIUREA[2] bestätigt, während PEARCE, HILL und EISENBREY[3] am Hunde keinen so ausgeprägten Unterschied zwischen beiden Typen beobachten konnten. MACNIDER[4] sah auch bei Uran und Chrom eine Beteiligung der Gefäße, jedoch werden hier früher als beim Cantharidin und Arsen auch die Epithelien betroffen. Die nach Uran auftretende Polyurie konnte durch Narkotica unterdrückt werden. Durch sehr kleine Dosen Uran konnte POHL[5] eine Nephritis hervorrufen, die von einer starken Polyurie mit geringer Eiweißausscheidung begleitet war, bei der vor allem die Harnstoffausscheidung, die Gesamtstickstoffausscheidung und Kalium-, Natrium- und Chlorausfuhr beträchtlich vermehrt waren. Die Tiere gingen schließlich am Verlust dieser Fixa zugrunde. POHL fand eine vollkommene Zerstörung des Tubulusepithels mit Ausschwemmung der Zylinder. Demgegenüber beobachteten DÜNNER und SIEGFRIED[6] nach kleinen Urandosen in erster Linie eine außerordentlich starke Ausschwemmung von Wasser, Stickstoff und Kochsalz, jedoch keine Zerstörung, sondern eine starke Abplattung des Tubulusepithels und bei Injektion von Uran unmittelbar in die Niere auch eine Entzündung der Glomeruli. Auch JESSEN[7] sah an Kaninchen nach kleinen Urangaben vorwiegend Veränderungen an den Tubulis I. Ordnung. DÜNNER und SIEGFRIED[6] sowie HEILIG[8] weisen auch auf beträchtliche extrarenale Faktoren bei der Uranvergiftung hin.

GHIRON[9] beobachtet das Verhalten von Mäuse- und Rattenglomerulis und -tubulis im Mikroskop unter auffallendem Licht gegenüber Farbstoffen bei Sublimat-, Cantharidin- und Diphtherietoxinvergiftungen. Er sah in der Sublimatvergiftung eine Verlangsamung des Blutstroms in den Capillaren. Die Tubuli contorti werden trüber. Injizierte Farbstoffe erscheinen später im Urin und verschwinden langsamer. In der Cantharidinvergiftung verhält sich die Niere entsprechend. Im Gegensatz hierzu sind die Glomerulusschlingen in der Diphtherietoxinvergiftung, die viel langsamer auftritt, kontrahiert. Die Farbstoffausscheidung sistiert, ebenso die

[1] SCHLAYER: Zitiert auf S. 437.
[2] THEOHARI, A. u. G. U. GIUREA: J. Physiol. et Path. gén. **12**, 484 (1910).
[3] PEARCE, R. M., M. O. HILL u. A. B. EISENBREY: J. of exper. Med. **12**, 196 (1911).
[4] MACNIDER, WM. DE B.: J. of Pharmacol. **3**, 423 (1912); **4**, 491 (1913); **6**, 123 (1914).
[5] POHL J.: Arch. f. exper. Path. **67**, 233 (1912).
[6] DÜNNER, L. u. K. SIEGFRIED: Z. exper. Path. u. Ther. **21**, 380 (1920).
[7] JESSEN, J.: Hosp.tid. (dän.) **68**, 656 (1925); zitiert nach Ber. Physiol. **35**, 119 (1925).
[8] HEILIG, R.: Z. exper. Med. **37**, 163 (1923).
[9] GHIRON, M.: Policlinico, Ser. Med. **30**, 361 (1923).

Harnbildung. Erst nach einer gewissen Zeit kommt es dann zu einer sekundären Polyurie. In allen drei Vergiftungen gehen Gewebsveränderungen am Nierenepithel voraus.

Die Cantharidin- und Chromatnephritis wurde neuerdings von FRANDSEN[1] untersucht. Die Tiere wurden mit kleinen Dosen von Cantharidin und Kaliumbichromat über längere Zeit hinaus behandelt. Die Cantharidintiere zeigten neben der Degeneration der Tubuli contorti auch eine Veränderung der Glomeruli, während bei den Chromattieren sich die Schädigungen auf die Tubuli beschränkten. Erst nach Monaten werden auch die Glomeruli angegriffen. Bei der Chromatniere war das Verdünnungs- bzw. Konzentrationsvermögen für Chloride und Stickstoff gestört, Wasser- und Jodidausscheidung waren unverändert. Im Anschluß an längerdauernde Chlorid- oder Stickstoffbelastungsversuche starben die Tiere unter urämischen Erscheinungen. Auch durch Einschränkung der Wasserzufuhr gingen die Chromattiere beschleunigt zugrunde.

SUZUKI[2] vergiftete Kaninchen und Meerschweinchen mit minimal giftigen Urandosen. Er sah bei den Kaninchen vorwiegend Veränderungen der Glomeruli, die beim Meerschweinchen fehlten oder geringer waren. Er glaubt, daß beim Kaninchen das Uran selbst die Giftwirkung ausübe, während beim Meerschweinchen Veränderungen des Gesamtstoffwechsels im Vordergrund ständen.

Die Ausbildung der Nierenschädigungen in der Uranvergiftung konnte von MACNIDER[3] durch gleichzeitige Alkalisierung zurückgehalten werden, während Tiere mit primären Nierenschädigungen gegen Uraneinwirkung empfindlicher waren. MACNIDER glaubt, die Uranschädigung als Folge einer Störung des Säure-Basen-Gleichgewichts ansehen zu müssen.

Germaniumdioxyd ruft bei Hunden eine degenerative Schädigung der Glomeruli hervor (BODANSKY und HARTMANN[4]).

Von Schwermetallen wurde von COHNSTEIN[5] noch Silber und Platin am Kaninchen genauer untersucht. Sie verhalten sich prinzipiell ähnlich wie die Uran- und Quecksilbersalze.

Neuerdings liegen auch eingehende Untersuchungen über die diuretische Wirkung des Wismuts durch BLUM[6] vor. Er fand in der Wismutdiurese ebenso wie in der Quecksilberdiurese eine vermehrte Ausscheidung von Kochsalz und eine Verminderung der Harnstoffsekretion eine Wirkung, die durch eine direkte Wirkung des Wismuts auf die Nierenzelle erklärt wird. Diese Befunde werden durch die Versuche von BROWN, SALEEBY und SCHAMBERG[7] bestätigt, die bei Anwendung von Wismutpräparaten Stickstoff- und Kreatininretention bei Kaninchen beobachteten. Für Cadmiumsalze konnte schließlich HARTWICH[8] zeigen, daß sie im Gegensatz zu den Quecksilbersalzen an der isolierten Froschniere keinen nennenswerten diuretischen Effekt ausüben.

Das Quecksilber in Form von Kalomel ist von alters her als Diureticum in Gebrauch (STERNBERG[9]). Während neuerdings sein Angriffspunkt vorwiegend extrarenal gesucht wird (FLECKSEDER[10] und ELLINGER[11]), kommt sowohl dem

---

1 FRANDSEN, J.: Skand. Arch. Physiol. **46**, 193, 203, 223 (1925).
2 SUZUKI, T.: Arb. anat. Inst. Sendai H. 12, 169 (1926); zitiert nach Ber. Physiol. **42**, 494 (1928).
3 MACNIDER, WM. DE B.: J. metabol. Res. **7/8**, 1 (1926); zitiert nach Ber. Physiol. **44**, 683 (1928).
4 BODANSKY, M. u. H. C. HARTMANN: J. metabol. Res. **4**, 515 (1923).
5 COHNSTEIN, W.: Arch. f. exper. Path. **30**, 126 (1892).
6 BLUM, L.: C. r. Soc. Biol. **88**, 461 (1923).
7 BROWN, H., E. R. SALEEBY u. J. F. SCHAMBERG: J. of Pharmacol. **28**, 165 (1926).
8 HARTWICH, A.: Arch. f. exper. Path. **111**, 206 (1926).
9 STERNBERG, M.: Med. Klin. **1923**, 424.
10 FLECKSEDER, R.: Arch. f. exper. Path. **67**, 409 (1912).
11 ELLINGER, A.: Verh. Kongr. inn. Med. **34**, 274 (1922).

Kalomel wie auch dem Novasurol zweifellos auch eine renale Wirkung zu, wie es SCHMIDT[1] an der isolierten Froschniere und neuerdings HARTWICH[2] am gleichen Präparat zeigen konnten. Nach HÖBER und MACKUTH[3] vergiftet Sublimat an der isolierten Froschniere die Glomeruli. Es kommt zu einer Sistierung der Harnbildung ohne Gefäßveränderung. Für Novasurol und Salyrgan konnte GREMELS[4] am STARLINGschen Herz-Lungen-Nieren-Präparat des Hundes eine spezifisch-diuretische Wirkung nachweisen.

Mit einer eleganten Methode sicherte GOVAERTS[5] den renalen Angriffspunkt des Novasurols am Hunde. Er implantierte einem Hund die Niere eines anderen Hundes, der Novasurol erhalten hatte, auf der Höhe der Diurese und sah, daß diese Nieren, die Novasurol erhalten hatten, wesentlich mehr Harn produzierten als die anderen. Zur Kontrolle implantierte er einem Hunde, der selbst Novasurol erhalten hatte, die Niere eines nicht behandelten Hundes und sah, daß die implantierten Nieren wesentlich weniger Harn produzierten als die normalen, die Novasurol erhalten hatten. Je 4 Versuchsreihen fielen identisch aus. Die Unterschiede in der Funktion der Novasurolnieren und der unbehandelten Nieren waren so beträchtlich, daß der Beweis als gesichert angesehen werden muß. Über die gefundenen Werte gibt das nachfolgende Versuchsprotokoll Auskunft.

		Harnmenge pro Min. in ccm
I. Die 4 Nieren werden mit dem Blut eines normalen Hundes versorgt	Novasurolniere (am Hals)	3,98
	Normale nichttransplant. Niere	0,21
II. Die 4 Nieren erhalten Blut eines Tieres, das Novasurol erhalten hat	Novasurolniere (am Ort)	1,61
	Normale Niere am Hals	0,09

MASUDA[6], der die Beobachtungen von SCHMIDT und HARTWICH bestätigen konnte, sah die diuretische Wirkung des Sublimats an der anoxybiotischen Niere noch erhalten, aber geringer, da schon durch die Erstickung eine beträchtliche Steigerung der Harnmenge hervorgerufen war. An der blausäurevergifteten Niere ruft Sublimat in erster Linie eine Gefäßverengerung hervor, die mit einer Abnahme der Harnmenge verbunden ist.

Auf die umfangreichen Untersuchungen über die extrarenale Wirkung des Novasurols wird an anderer Stelle dieses Handbuchs eingegangen (Bd. 17, S. 234 ff.).

Eine besondere Form der Nephritis konnten UNDERHILL[7] und seine Mitarbeiter durch weinsaure Salze beim Kaninchen und Hunde hervorrufen. Nach subcutaner Injektion fanden sie eine Zerstörung der Tubuli contorti mit starker Hemmung der Wasserausscheidung und völliger Einschränkung der Stickstoffausfuhr. Nach Injektion eines Gemisches von Harnstoff und Kochsalz tritt Harnvermehrung auf, bei reichlicher Chlorausscheidung und starker Einschränkung der Harnstoffausfuhr.

ROSE[8] sah nach Tartratgaben beim Kaninchen Anstieg des präformierten Kreatinins im Blut auf das Sechs- bis Achtfache sowie des Blutzuckers und Cholesterins, ebenso des Harnstickstoffs, während die Harnchloride abnahmen. Meconsäure führt zu Nephritis mit Retention von Stickstoff, Harnstoff und Kreatinin; erst werden Tubuli dann Glomeruli befallen. Adipinsäure ist fast ungiftig (ROSE und DIMMITT[9]).

[1] SCHMIDT, R.: Arch. f. exper. Path. **95**, 267 (1922).
[2] HARTWICH: Zitiert auf S. 439.
[3] HÖBER, R. und E. MACKUTH: Pflügers Arch. **216**, 420 (1927).
[4] GREMELS, H.: Arch. f. exper. Path. **130**, 61 (1928).
[5] GOVAERTS, P.: C. r. Soc. Biol. **99**, 647 (1928).
[6] MASUDA, T.: Biochem. Z. **175**, 8 (1926).
[7] UNDERHILL, F. P.: J. Biol. **12**, 115 (1912). — UNDERHILL, F. P. u. N. R. BLATHERWICK: Ebenda 39 **19**, (1914). — UNDERHILL, F. P., H. G. WELLS u. S. GOLDSCHMIDT: J. of exper. Med. **18**, 322, 347 (1913).
[8] ROSE, W. C.: J. of biol. Chem. **50**, 23 (1922).
[9] ROSE, W. C. u. P. S. DIMMITT: J. of biol. Chem. **55**, 27 (1923).

Ähnliche Vergiftungserscheinungen, wie Tartrat, ruft auch Oxalat an der Niere hervor.

Dunn, Haworth und Jones[1] sahen bei der Oxalatnephritis die Harnstoffausscheidung gehemmt, während die Wasserausscheidung nach vorübergehender Hemmung in späteren Stadien vermehrt ist.

Dunn, Dible, Jones und McSwiney[2] fanden bei der Oxalat-Nephritis des Kaninchens die Nierendurchblutung schwach erhöht (1,5 ccm gegen 1,4 ccm in der Norm pro Minute und Gramm Niere) und einen erheblich erhöhten Blutharnstoffspiegel.

Dunn und Jones[3] analysierten die experimentelle Oxalatnephritis hinsichtlich der Ausscheidung von Wasser, Harnstoff und Chloriden bei Kaninchen, die auf eine Standardkost eingestellt waren, und zwar teils auf Fütterung mit Hafer und Kleie als Trockenkost, teils mit Zugabe von Wasser und Salat. Im Blut wurde fortlaufend der Harnstoffgehalt bestimmt. Die Vergiftung erfolgte mit 50 mg Natriumoxalat pro Kilogramm Tier. Die Wasserausscheidung sinkt unmittelbar nach der Vergiftung ab und steigt, ohne auf den Normalwert zu kommen, in den folgenden Tagen wieder an. Bei trocken gefütterten Tieren ruft die Vergiftung eine geringe Steigerung der Wasserausscheidung hervor, die durch intraperitoneale Zufuhr isotonischer Kochsalzlösung erheblich gesteigert wird. Durch diese intraperitoneale Kochsalzinjektion wird bei Trockenkost eine starke Gewichtsabnahme hervorgerufen. Während bei dem Normaltier der Harnstoffgehalt 1—2%, bei Trockenkost 6% beträgt, sinkt nach der Vergiftung der Harnstoffgehalt des Urins stark ab. Intravenös zugeführter Harnstoff, den das Normaltier vollkommen ausscheidet, wird beim vergifteten Tier zurück gehalten. Im späteren Zeitpunkt der Vergiftung steigt der Harnstoffgehalt des Urins wieder etwas an. Bei Diuresesteigerung am vergifteten Tier durch intraperitoneale Kochsalzzufuhr wird auch gleichzeitig reichlich Harnstoff ausgeschwemmt. Der Blutharnstoff nimmt beim vergifteten Tier dauernd zu. Auf die Kochsalzausscheidung durch den Urin ist die Oxalatvergiftung von geringem Einfluß. Histologisch finden sich Veränderungen lediglich an den Tubulis, Abflachen des Epithels und Nekrosen sowie Kalkablagerungen und degenerative Epithelwucherungen. In erster Linie werden die Tubuli contorti erster Ordnung betroffen.

Glutarsäure führt zur Stickstoffretention (Rose[4]), während Apfelsäure wenig, Bernsteinsäure und Malonsäure völlig ungiftig für die Niere sind. Höhere Dicarbonsäuren mit 6—9 C-Atomen sind fast ungiftig (Rose, Weber, Corley und Jackson[5]). Mucinsäure ist bei peroraler Gabe ungiftig, ruft aber bei subcutaner Verabreichung schwerste Nephritis hervor (Rose und Dimmitt[6]).

Im Gegensatz zu der stark giftigen Glutarsäure sind 3 Isomeren derselben, die Dimethylmalonsäure, die Äthylmalonsäure und die Pyroweinsteinsäure für die Niere fast ungiftig. Auch durch Einführung einer Hydroxyl- oder Ketogruppe in α-Stellung wird die Giftigkeit der Glutarsäure fast völlig aufgehoben. Das Molekül scheint um so weniger giftig, je leichter es im Organismus oxydiert werden kann (Corley und Rose[7]).

Peroral gegebene Schleimsäure in Dosen von über 5 g pro Tier rufen am Kaninchen schwere tubuläre Nephritis mit erheblicher Stickstoff- und Kreatinin-

---

[1] Dunn, J. Sh., A. Haworth u. N. A. Jones: J. of Path. **27**, 377 (1924).
[2] Dunn, J. Sh., I. H. Dible, N. A. Jones u. B. A. McSwiney: J. of Path. **28**, 233 (1925).
[3] Dunn, J. Sh. u. N. A. Jones: J. of Path. **28**, 483 (1925).
[4] Rose, W. C.: J. of Pharmacol. **24**, 147 (1924).
[5] Rose, W. C., C. J. Weber, R. C. Corley u. R. W. Jackson: J. of Pharmacol. **25**, 59 (1925).
[6] Rose, W. C. u. P. S. Dimmitt: J. of Pharmacol. **25**, 65 (1925).
[7] Corley, R. C. u. W. C. Rose: J. of Pharmacol. **27**, 165 (1926).

retention hervor (ROSE und JACKSON[1]). Auch große Harnsäuregaben (0,5 g/kg) können beim Kaninchen bei intravenöser Zufuhr schwere Veränderungen der Niere, in erster Linie der Tubuli contorti II. Ordnung mit Hämaturie, Albuminurie und Harnstoffretention auslösen (DUNN und POLSON[2]).

Auch eine Anzahl von Aminosäuren sollen nach NEWBURGH[3] bei Hunden und Kaninchen Schädigungen des Nierenepithels hervorrufen. Bei intravenöser Injektion zeigten Alanin, Leucin, Glycin, Phenylalanin und Glutaminsäure keine Wirkung auf die Niere. Arginin und Asparaginsäure schädigen die Kaninchenniere vorübergehend (Eiweiß, Zylinder, Erythrocyten im Urin), während sie für den Hund unschädlich sind. Lysin, Histidin, Tryptophan und Cystin schädigen bei beiden Tierarten die Niere stark. In erster Linie sind die Tubuli betroffen, während nach Tyrosin eine vorwiegende Glomerulusnephritis beobachtet wurde. Die kleinsten schädigenden Dosen schwanken zwischen 0,1 und 1 g pro Kilogramm Körpergewicht. An der isolierten Froschniere scheint indessen ein gewisser Aminosäuregehalt (Glykokoll, Alanin, Lysin, Asparaginsäure) in der Durchströmungsflüssigkeit für die Funktion des Organs ausschlaggebend. Die Aminosäuren können durch Aminosäureamide, Dipeptide, Erepton, Pepton, also Körper mit einer Amidogruppe, aber nicht durch andere stickstoffhaltige Substanzen ersetzt werden. (DETERING[4], WATZADE[5]).

CURTIS, NEWBURGH und THOMAS[6] bestimmten die Giftigkeit des peroral zugeführten Cystins. Sie sahen, daß bei einem Cystingehalt der Nahrung von 1,5% innerhalb eines Jahres Epithelnekrosen der Tubuli auftraten. 5% führten innerhalb weniger Wochen, 10% innerhalb einiger Tage zum Tode unter Ausbildung diffuser Hämorrhagien und Parenchymnekrosen in der Niere.

Eine sehr beträchtliche entzündliche Veränderung am Nierenepithel rufen die als dickdarmperistaltikerregenden Abführmittel gebrauchten Stoffe der Antrachinongruppe, die Emodine, hervor. Hier ist am besten die Wirkung des Aloins untersucht (COHN[7], GOTTSCHALK[8], MÜRSET[9], STRAUCH[10] und BRANDENBURG[11]). Aloin erzeugt sowohl in der akuten wie in der chronischen Vergiftung eine schwere, anatomisch feststellbare Zerstörung in erster Linie des Epithels der Tubuli contorti, während die Glomeruli in der akuten Vergiftung wenig betroffen sind. In der chronischen Vergiftung kommt es auch zu einer Desquamation des Glomerulusepithels. Hinsichtlich der Funktion konnte CLOETTA[12] zeigen, daß nach Aloingaben beim Kaninchen nach mittleren Gaben Albuminurie auftritt und der ausgeschiedene Harn eine Vermehrung der Fixa aufweist. SCHLAYER und TAKAYASU[13], die am eingehendsten die funktionellen Veränderungen durch Aloin untersuchten, fanden prinzipiell das gleiche Verhalten in der Aloinvergiftung wie in der Uran- und Chromvergiftung. Nach Peristaltin sah PIETSCH[14] am Kaninchen Albuminurie auftreten. Ebenso ist nach Chrysarobin und Chrysophanhydroanthron Albuminurie beschrieben worden (WEYL[15], LEWIN und ROSEN-

[1] ROSE, W. C. u. R. W. JACKSON: J. Labor. a. clin. Med. **11**, 824 (1926).
[2] DUNN, J. SH. u. C. J. POLSON: J. of Path. **29**, 337 (1926).
[3] NEWBURGH, L. H. u. PH. L. MARSH: Arch. int. Med. **36**, 682 (1925).
[4] DETERING, F.: Pflügers Arch. **214**, 744 (1926).
[5] WATZADE. G.: Pflügers Arch. **219**, 694 (1928).
[6] CURTIS, A. C., L. H. NEWBURGH u. F. H. THOMAS: Arch. int. Med. **39**, 817 (1927).
[7] COHN, C.: Berl. klin. Wschr. **1882**, 68.
[8] GOTTSCHALK, E.: Inaug.-Dissert. Leipzig 1882.
[9] MÜRSET, A.: Arch. f. exper. Path. **19**, 310 (1885).
[10] STRAUCH, C.: Inaug.-Dissert. Göttingen 1888.
[11] BRANDENBURG, K.: Inaug.-Dissert. Berlin 1893.
[12] CLOETTA, M.: Arch. f. exper. Path. **48**, 222 (1902).
[13] SCHLAYER u. TAKAYASU: Arch. klin. Med. **98**, 17 (1910).
[14] PIETSCH, P.: Ther. Mh. **1910**, 35.
[15] WEYL, TH.: Pflügers Arch. **43**, 367 (1888).

THAL[1] und IWAKAWA[2]). Das gleiche gilt für Koloquinten, die am Kaninchen erst Diuresesteigerung (FISCHER[3]), dann Nephritis hervorrufen (PADTBERG[4] [Katzen] und KUNKEL[5] [Mensch]). Elaterin wirkt nach ORFILA[6] beim Menschen diuresesteigernd. Podophyllin ruft bei Hund und Katze sowohl am Glomerulus- wie am Tubulusepithel schwere entzündliche Veränderungen hervor (NEUBERGER[7], MACKENZIE und DIXON[8]). Jalapin soll nach HEINRICH[9] beim Kaninchen bei intravenöser Zufuhr, aber nicht nach subcutaner Einverleibung Albuminurie erzeugen.

Eine geringe diuretische Wirkung kommt nach den Feststellungen von CASPARI[10] und ROSE[11] dem Santonin zu, und zwar offenbar durch unmittelbare Reizung der Nierenzellen. Auch nach Jpecacuanha sind Entzündungen der Niere beschrieben (PANDER[12] und LOWIN[13]). An Katzen und Hunden sahen MAYRET und COMBEMALE[14] Diuresevermehrung und Blutaustritt im Harn nach Colchicin. Phenol und seine Abkömmlinge rufen regelmäßige Veränderungen an den Nieren hervor (HESSELBACH[15], KATHE[16] [Kresol], WILLENZ[17] [Naphthol]). Für Thymol beschreibt HUSEMANN[18] schwere anatomische Veränderungen des Nierenepithels, die jedoch von KÜSSNER[19] und ELLINGER[20] bestritten werden. ELLINGER konnte lediglich Albuminurie und Zylindrurie bei tödlichen Thymolgaben feststellen.

Oleum santali in Gummiemulsion ruft bei intravenöser Injektion beim Kaninchen in kleinen Dosen (0,003 ccm/kg) Diurese ohne Änderung des Sauerstoffverbrauchs der Niere hervor. Mittlere Dosen bis zu 0,01 ccm/kg steigern gleichzeitig mit der Diurese den Sauerstoffverbrauch, während Dosen von 0,02 ccm und mehr pro Kilogramm den Sauerstoffverbrauch stark steigern, während die Harnbildung häufig gehemmt ist. Pinen, in gleicher Weise appliziert, steigert schon in kleinsten Dosen den Sauerstoffverbrauch der Niere stark, während die Harnmenge nur in vereinzelten Fällen ansteigt (KABURAKI[21]).

Schwere Veränderungen an der Niere werden nach Salicylsäuresalzen, die nach TOCCO-TOCCO[22] 3 Stunden nach der Einnahme bei Hunden undKaninchen in der Tubulis und Glomerulis nachgewiesen werden können, beobachtet. HESSELBACH[15] sah bei Kaninchen nach Salicylsäuregaben Hyperämie und Blutungen im interstitiellen Gewebe und in den Kanälchen mit vereinzelten Degenerationserscheinungen im Epithel. Beim Menschen wurde von LÜTHJE[23] das Auftreten

---

1 LEWIN, L. u. O. ROSENTHAL: Virchows Arch. **85**, 118 (1881).
2 IWAKAWA, K.: Arch. f. exper. Path. **65**, 315 (1911).
3 FISCHER, J.: Inaug.-Dissert. Berlin 1889.
4 PADTBERG, J.: Pflügers Arch. **139**, 318 (1911).
5 KUNKEL, A. J.: Handbuch der Toxikologie, S. 977. Jena 1901.
6 ORFILA, M.: Lehrbuch der Toxikologie, S. 2. Braunschweig 1854.
7 NEUBERGER, J.: Arch. f. exper. Path. **28**, 32 (1891).
8 MACKENZIE, H. W. G. u. W. E. DIXON: Edinburgh med. J., N. s. **4**, 393 (1898).
9 HEINRICH, B.: Biochem. Z. **88**, 13 (1918).
10 CASPARI, D.: Inaug.-Dissert. Berlin 1883.
11 ROSE, E.: Virchows Arch. **16**, 233 (1859); **18**, 15 (1860).
12 PANDER, E.: Inaug.-Dissert. Dorpat 1871.
13 LOWIN, C.: Arch. internat. Pharmaco-Dynamie **11**, 9 (1902).
14 MAYRET, A. u. C. COMBEMALE: C. r. Acad. Sci. **104**, 439 (1887).
15 HESSELBACH, W.: Inaug.-Dissert. Halle 1890.
16 KATHE: Virchows Arch. **185**, 132 (1906).
17 WILLENZ: Ther. Mh. **2**, 20 (1888).
18 HUSEMANN, TH.: Handbuch der gesamten Arzneimittellehre, 1. Aufl. Zitiert nach KÜSSNER, Habilitationsschr. Halle 1878.
19 KÜSSNER, B.: Habilitationsschr. Halle 1878.
20 ELLINGER, A.: Heffters Handb. d. exper. Pharmakol. **1**, 930. Berlin 1923.
21 KABURAKI, H.: Proc. imp. Acad. Tokyo **3**, 474 (1927); zitiert nach Ber. Physiol. **44**, 99 (1928).
22 TOCCO-TOCCO, L: Arch. Farmacol. sper. **39**, 42 (1925).
23 LÜTHJE, H.: Dtsch. Arch. klin. Med. **74**, 163 (1902).

von Albuminurie und Zylindrurie beobachtet. Sie läßt sich nach Frey[1] bei Kaninchen, Hunden und beim Menschen unterdrücken, wenn der Harn durch geeignete Fütterung oder durch Natriumbicarbonatgaben alkalisch gemacht wird. Während Gläsgen[2] die Freyschen Befunde bestätigt, konnte Ehrmann[3] die Freyschen Versuche nicht reproduzieren. Für eine große Anzahl anderer aromatischer Säuren konnte Pribram[4] eine Steigerung der Harnausscheidung und eine vermehrte Ausscheidung des Stickstoffs nachweisen. Zwischen beiden Erscheinungen besteht ein gewisser Parallelismus. Hinsichtlich der Größe ihrer diuretischen Wirkung und ihrer Wirkung auf die Stickstoffausscheidung ordnen sich die untersuchten Säuren in folgender Reihenfolge an (Tufanow)[5]:

Diuretischer Effekt		Wirkung auf die Stickstoffausscheidung	
1. Phthalsäure	5. Hippursäure	1. Phthalsäure	5. Camphersäure
2. Toluylsäure	6. Zimtsäure	2. Benzoylessigsäure	6. Benzoesäure
3. Benzoesäure	7. Camphersäure	3. Mandelsäure	7. Hippursäure
4. Mandelsäure	8. Benzoylessigsäure	4. Zimtsäure	8. Toluylsäure

Dem Saponin soll nach Kobert[6] am Hund und am Menschen eine gewisse diuretische Wirkung zukommen. Tufanow[5] fand bei Tieren, die an Cyclaminvergiftung gestorben waren, eine entzündliche Veränderung der Tubulus- und Glomerulusepithelien.

Den Gerbstoffen hat Ribbert[7] eine albuminuriehemmende Wirkung zugeschrieben. Diese Beobachtung wurde jedoch von Briese[8] am Menschen und von Penzoldt[9] am Hunde widerlegt.

Eigenartig lokalisierte Veränderungen soll das Vinylamin ebenso wie Chlor- und Bromäthylamin, die nach Luzzatto[10] im Körper in Vinylamin umgewandelt werden sollen, und Isoallylamin in der Niere hervorrufen. Diese Wirkung wurde von Ehrlich[11] entdeckt und als nekrotische Zerstörung des Markkegels dargestellt. Levaditi[12], der sie zuerst histologisch beschrieb, beobachtete eine isolierte Schädigung des Epithels im absteigenden Schenkel der Henleschen Schleife, Feststellungen, die von Müller und Heineke[13], Oka[14] und Ricker[15] sowie von Schlayer und Mitarbeitern[16] bestätigt wurden. Diese Schädigung der Zellen der Henleschen Schleife gab zu verschiedenen Theorien hinsichtlich des Angriffspunkts der Substanz Anlaß. Levaditi glaubt an eine spezifische Affinität des Vinylamins zu den Epithelzellen der geraden Harnkanälchen. Ricker schreibt dem Vinylamin eine Reizung auf die Gefäßnerven der Papille zu, während Oka der Ansicht ist, daß das Vinylamin in so geringer Konzentration durch die Glomeruli ausgeschieden wird, daß es durch die Wasserrückresorption im Verlaufe der weiteren Kanälchenpassage erst in den Henleschen Schleifen eine zellschädigende Konzentration erreicht. Diese Auffassung von Oka wurde durch die Versuche

[1] Frey, E.: Münch. med. Wschr. **1905**, 1326.
[2] Gläsgen jun.: Münch. med. Wschr. **1911**, 1125.
[3] Ehrmann, R.: Münch. med. Wschr. **1907**, 2597.
[4] Pribram, E.: Arch. f. exper. Path. **51**, 372 (1904).
[5] Tufanow, N.: Arb. pharmaz. Inst. Dorpat **1**, 117 (1888).
[6] Kobert, R.: Neue Beiträge zur Kenntnis der Saponinsubstanzen. Stuttgart 1860.
[7] Ribbert, H.: Zbl. med. Wissensch. 20, 36 (1882.
[8] Briese, E.: Dtsch. Arch. klin. Med. **33**, 220 (1883).
[9] Penzoldt, F.: Lehrb. klin. Med. **1908**, 206.
[10] Luzzatto, R.: Z. exper. Path. u. Ther. **16**, 18 (1914).
[11] Ehrlich, P.: Festschr. f. Leyden 647, (1898).
[12] Levaditi, C.: Arch. internat. Pharmaco-Dynamie **8**, 45 (1901).
[13] Müller, Fr. u. Heineke: Verh. dtsch. path. Ges. Meran 70 (1905),
[14] Oka: Virchows Arch. **214**, 149 (1913).
[15] Ricker, G.: Pathologie als Naturwissenschaft. Relationspathologie. Berlin 1924.
[16] Schlayer u. Hedinger: Ebenda **90** 1 (1907). — Schlayer u. Takajasu: Arch. klin. Med. **98**, 17 (1910).

von KOSUGI[1] bestätigt, der auch nachweisen konnte, daß bei hoher Konzentration die Hauptstücke unmittelbar geschädigt werden. Glykosurie tritt in der Vinylaminvergiftung nicht auf (LUZZATTO[2]).

Anhang.

Das Verhalten der Niere gegenüber den im Blut kreisenden Mikroorganismen.

Ungefähr seitdem man die Bakterien als Krankheitserreger kennengelernt hat, weiß man aus zahlreichen klinischen, pathologischen und zum Teil auch experimentellen Untersuchungen, daß Bakterien der verschiedensten Art durch die Harnwege ausgeschieden werden. Literatur hierüber ist eingehend bei v. KLECKI[3] niederlegt. Die ersten experimentellen Untersuchungen über die Ausscheidung von Bakterien durch die Niere und ihre Abhängigkeit von dem funktionellen Zustand der Niere stammen von BIEDL und KRAUS[4]. Sie sahen an Hunden und Kaninchen in die Blutbahn eingeführte Mikroorganismen (Staphylococcus aureus, Bakterium coli und Milzbrandbacillen) nach wenigen Minuten im Harn auftreten. Die Ausscheidung erfolgte schubweise und wurde durch Diuretica begünstigt. Der Harn war blut- und eiweißfrei. Nachprüfungen dieser Versuche durch v. KLECKI ergaben, daß von den im Blut kreisenden Bakterien nur ein Teil durch die Niere ausgeschieden wird und daß Grad und Geschwindigkeit der Ausscheidung durch Veränderung der Nierenfunktion infolge äußerer Eingriffe, wie Zufuhr von Diuretica, blutdrucksteigernden Pharmaka, Entnervung der Niere nicht beeinflußt werden können. Die beiden Nieren des gleichen Tieres zeigen häufig ein verschiedenes Verhalten. Während die eine Niere vollkommen bakterienundurchlässig war, schied die andere Niere reichlich Bakterien aus. Histologisch wurden die Bakterien in den Glomerulusschlingen, der BOWMANNschen Kapsel und im Lumen der Kanälchen festgestellt. In den Tubulusepithelien wurden sie nur ganz vereinzelt gefunden, so daß ihre Ausscheidung durch die Glomeruli sicher erscheint, eine Annahme, die durch den alleinstehenden, im folgenden beschriebenen Befund WARTHINS[5] nicht ins Schwanken gerät. Er beobachtete in 5 Fällen tödlich verlaufender Lues schwere Veränderungen des Tubulusepithels, die er wegen der gleichzeitigen Spirochätenausscheidung durch die Nieren als eine Folge der Spirochätenausscheidung durch die Tubuli ansah.

In neuerer Zeit haben HELMHOLTZ und verschiedene Mitarbeiter[6] das Problem der Bakterienausscheidung durch die Nieren wieder aufgenommen. Sie konnten am Kaninchen zeigen, daß von den injizierten Mikroorganismen (virulente und avirulente Staphylokokken, Colibacillen und Streptokokken) in den ersten 24 Stunden nur virulente Staphylokokken, und zwar ausnahmsweise schon nach 5—6 Stunden, im Urin auftraten, während die anderen Keime nur spät und unregelmäßig im Harn beobachtet wurden. Diuretica (Rohrzucker, Traubenzucker und Kochsalz) machten die Niere nicht durchgängig, ebensowenig eine Unterbindung der Nierenarterie bis zu einer Stunde Dauer. Dagegen ließ die Unterbindung der Nierenvene schon nach 40 Minuten Bakterien in den Harn übertreten. Nach Ureterunterbindung war in den ersten $1^1/_2$ Stunden das Nierenfilter unverändert. Sublimat und Uranacetat hatten keinen Einfluß auf die Nierendichtig-

1 KOSUGI, T.: Beitr. path. Anat. **77**, 1 (1927).
2 LUZZATTO: Zitiert auf S. 444.
3 KLECKI, C. v.: Arch. f. exper. Path. **39**, 173 (1897).
4 BIEDL, A. u. R. KRAUS: Arch. f. exper. Path. **37**, 1 (1896).
5 WARTHIN, A. S.: J. inf. Dis. **30**, 569 (1922).
6 HELMHOLTZ, H. F. u. F MILLIKIN: Amer. J. Dis. Childr. **29**, 497 (1925). — HELMHOLZ, H. F. u. R. S. FIELD: Ebenda **29**, 506, 641 u. 645 (1925); **30**, 33 (1925); **31**, 693 (1926). — HELMHOLZ, H. F. u. M. R. BOWERS: Ebenda **31**, 856 (1926).

keit, dagegen wurden nach größeren Cantharidingaben die Bakterien bald im Urin beobachtet. Die Versuche machen es wahrscheinlich, daß die intakte Niere für Bakterien so gut wie undurchlässig ist, daß aber bei Nierenläsionen oder bei Schädigungen der Capillar- und Glomerulusepithelien durch die Stoffwechselprodukte pathogener Keime der Glomerulus für die Bakterien durchgängig wird.

F. Die in der Niere vor sich gehenden Synthesen.

I. Die Hippursäurebildung.

Im Säugetierkörper wird eingeführte Benzoesäure und eine Anzahl anderer Substanzen, die eine Umwandlung in Benzoesäure erfahren können, wie Zimtsäure, Bittermandelöl, Chinasäure u. dgl., zum größten Teil mit Glykokoll gepaart als Hippursäure ausgeschieden (KELLER und WÖHLER[1] und KÜHNE und HALLWACHS[2] und BAUMANN[3]), während im Vogelorganismus die Benzoesäure an Ornithin gebunden als Ornithursäure zur Ausscheiduug gelangt (JAFFE[4]). KÜHNE und HALLWACHS bezeichneten die Leber als Bildungsstätte der Hippursäure, während MEISSNER und SHEPARD[5] die Niere als Bildungsstätte der Hippursäure ansehen.

BUNGE und SCHMIEDEBERG[6] konnten den Nachweis erbringen, daß beim Hunde die Bildung der Hippursäure aus Benzoesäure und Glykokoll lediglich in der Niere erfolgt, während beim Kaninchen auch neben der Niere als Bildungsstätte der Hippursäure die Leber in Frage kommt (FRIEDMANN und TACHAU[7]).

Die ausschließliche Bildung der Hippursäure in der Niere bei Hunden wird neuerdings von KINGSBURY und BELL[8] bestritten. Sie wollen nämlich bei nephrektomierten Tieren nach Benzoesäuregaben Hippursäure im Blut gefunden haben. Jedoch ist ihre Bestimmungsmethode der Hippursäure nicht einwandfrei, und es ist durchaus möglich, daß sie eine andere Verbindung der Benzoesäure als Hippursäure bestimmt haben. Durch Kohlenoxyd und durch Chinin wird die Hippursäurebildung in der Hundeniere gehemmt (A. HOFFMANN[9]).

Skorbutkrank gemachte Meerschweinchen verlieren zunehmend die Fähigkeit, Hippursäure zu bilden (PALLADIN und ZUWERKALOW[10]).

Neuerdings konnten SNAPPER, GRÜNBAUM und NEUBERG[11] auch für die überlebende Schweins-, Schaf- und Menschenniere die Fähigkeit der Hippursäurebildung nachweisen. Im Gegensatz zu KINGSBURY und BELL[8] fanden sie bei nephrektomierten Hunden keine Hippursäure im Blut nach Benzoesäuregaben.

SNAPPER und GRÜNBAUM[12] dehnten die Untersuchungen über die Hippursäurebildung in der Niere auch auf die anderen bekannten aromatischen Fettsäuren aus. Sie durchströmten Hunde-, Schweine- und Kalbsnieren mit Blut, dem sie Phenylessigsäure, Phenylpropionsäure, Phenylbuttersäure und Phenylvaleriansäure zusetzten und beobachteten, daß in der Niere die Phenylessigsäure an Glykokoll gekuppelt und in Phenylacetursäure umgewandelt wird, während die Phenylpropionsäure, die Phenylbuttersäure und die Phenylvaleriansäure auf dem Wege der β-Oxydation zu Benzoesäure und Phenylessigsäure abge-

[1] KELLER, W. u. F. WÖHLER: Liebigs Ann. **43**, 108 (1842).
[2] KÜHNE, W. u. W. HALLWACHS: Virchows Arch. **12**, 386 (1857).
[3] BAUMANN, E.: Pflügers Arch. **13**, 285 (1876).
[4] JAFFE, M.: Ber. dtsch. chem. Ges. **10**, 426 (1876); **11**, 406 (1878).
[5] MEISSNER, G. u. C. U. SHEPARD: Untersuchungen über das Entstehen der Hippursäure im tierischen Organismus. Hannover 1866.
[6] BUNGE, G. u. O. SCHMIEDEBERG: Arch. f. exper. Path. **6**, 233 (1877).
[7] FRIEDMANN, E. u. A. TACHAU: Biochem. Z. **35**, 88 (1911).
[8] KINGSBURY, B. u. E. T. BELL: J. of biol. Chem. **21**, 297 (1915).
[9] HOFFMANN, A.: Arch. f. exper. Path. **7**, 233 (1877).
[10] PALLADIN, A. u. D. ZUWERKALOW: Biochem. Z. **195**, 8 (1928).
[11] SNAPPER, J., A. GRÜNBAUM u. J. NEUBERG: Biochem. Z. **145**, 40 (1924).
[12] SNAPPER, J. u. A. GRÜNBAUM: Biochem. Z. **150**, 12 (1924).

baut werden. Diese konnten dann als Hippur- bzw. Phenacetursäure im Durchspülungsblut nachgewiesen werden. Auch aus den entbluteten Nieren konnten sie Hippur- bzw. Phenacetursäure isolieren. Diese Versuche sprechen für eine weitere bisher unbekannte Funktion der Niere im Stoffwechsel.

BIETER und HIRSCHFELDER[1] sahen bei Durchströmung der überlebenden Froschniere mit Natriumbenzoat ein Ansteigen der Zahl der tätigen Glomeruli und des Durchflusses. Durchströmung mit hippursaurem Natrium hatte den entgegengesetzten Effekt. Sie bringen diesen Befund mit der Hippursäurebildung in der Niere in Beziehung.

Eine eigentümliche Beziehung zwischen der synthetischen Funktion der Hippursäurebildung und der Kochsalzausscheidung konnten ASHER und TROPP[2] beim Hunde beobachten. Die Zufuhr eines Gemisches von Benzoesäure und Glykokoll in der Kochsalzdiurese bewirkte einen Anstieg der prozentualen Kochsalzzufuhr bei unveränderter Harnmenge. Ob der aus dieser Erscheinung gezogene Schluß, daß Kochsalz aktiv sezerniert wird und daß die höhere Kochsalzausscheidung eine Funktion der durch die Hippursäurebildung angeregten vermehrten Zelltätigkeit der Nierenzellen darstellt, stichhaltig ist, muß dahingestellt bleiben, denn ohne vorherige Kochsalzinfusion ist eine Wirkung der Hippursäurebildung auf die Kochsalzausscheidung nicht bekannt.

In neuester Zeit steht die Beobachtung im Vordergrund des Interesses, daß bei gewissen Nierenerkrankungen die Hippursäureausscheidung verändert ist. Schon JAARSVELD und STOKVIS[3] haben zeigen können, daß nach Zufuhr von Benzoesäure beim nierengesunden Menschen praktisch alle Benzoesäure in gebundener Form im Harn erscheint, während sie bei verschiedenen Nierenkranken in verschiedenem Maße als freie Benzoesäure im Harn erscheint. Durch Verfütterung von Hippursäure bei den gleichen Versuchspersonen konnten sie zeigen, daß bei bestimmten Erkrankungen der Niere eine Aufspaltung der Hippursäure im Organismus erfolgt. Sie haben dieses verschiedene Verhalten gesunder und nierenkranker Menschen gegenüber zugeführter Benzoesäure einmal auf ein gestörtes Hippursäurebildungsvermögen der Niere, und weiterhin auf ein Spaltungsvermögen des Organismus für Hippursäure zurückgeführt. Die von JAARSVELD und STOKVIS[3] angewandten Bestimmungsmethoden der Hippursäure sind jedoch wenig zuverlässig und lassen so weitgehende Schlüsse nicht zu.

KRONECKER[4] sah ebenfalls bei Nierenerkrankungen eine Einschränkung der Hippursäureausscheidung, die er jedoch weniger von der Art als von dem Ausmaß der Nierenerkrankung beeinflußt glaubte. Auch LEWINSKI[5] beobachtete sowohl bei Patienten mit schwerer parenchymatöser Nephritis als auch bei chronischer Schrumpfniere eine Verlangsamung der Hippursäureausscheidung im Urin.

Neuerdings fand VIOLLE[6] die Hippursäureausscheidung bei Schrumpfnierenkranken besonders stark verzögert. Abweichend von den bisherigen Untersuchern, die nicht zwischen einer Veränderung der Hippursäureausscheidung und einer Veränderung der Hippursäurebildung bei Nierenaffektionen unterschieden, zeigten KINGSBURY und SWANSON[7], daß im Gegensatz zum Normalen, bei dem 2 g Benzoesäure in 3 Stunden zu 97% als Hippursäure im Harn ausgeschieden ist, bei Nierenkranken in der gleichen Zeit nur 30—50% der angegebenen Benzoesäure im Harn als Hippursäure erscheint. Sie zogen daraus den Schluß, daß

[1] BIETER, R. u. A. HIRSCHFELDER: Proc. Soc. exper. Biol. a. Med. **19**, 352 (1922).
[2] ASHER, L. u. TROPP: Z. Biol. **45**, 143 (1904).
[3] JAARSFELD u. H. J. STOKVIS: Arch. f. exper. Path. **10**, 268 (1879).
[4] KRONECKER, F.: Arch. f. exper. Path. **16**, 344 (1883).
[5] LEWINSKI, J.: Arch. f. exper. Path. **58**, 397 (1908).
[6] VIOLLE, P. L.: C. r. Soc. Biol. **82**, 1007 (1919); **84**, 194 (1920).
[7] KINGSBURY, F. B. u. W. W. SWANSON: Arch. int. Med. **28**, 220 (1921).

zwar nicht die Hippursäurebildungsfähigkeit des Patienten gestört war, sondern daß lediglich das Ausscheidungsvermögen der Niere für Hippursäure durch die Nierenerkrankung herabgesetzt wird. MORGULIS, PRATT und JAHR[1] kommen auf Grund ähnlicher Beobachtungen zu dem Schluß, daß die gestörte Hippursäureausscheidung auf einer Störung der Hippursäurebildung beruht.

Den exaktesten Beweis für die Tatsache, daß in der Nephritis lediglich die Hippursäureausscheidung, aber nicht die Hippursäurebildung beim Menschen herabgesetzt ist, haben SNAPPER[2] und seine Mitarbeiter erbracht. Sie konnten zunächst feststellen, daß die gesunde Menschenniere bis zu 2% Hippursäure im Harn auszuscheiden vermag, daß bei Nierenkranken die Ausscheidung der Hippursäure beträchtlich verzögert ist und daß bei diesen Kranken im Gegensatz zu Normalen, bei denen im Blut Hippursäure nie nachweisbar ist, kleine Mengen Hippursäure im Blut zu beobachten waren.

II. Die Ammoniakbildung in der Niere.

Durch eingehende Feststellungen des Ammoniakgehalts des Blutes beim Hunde konnten NASH und BENEDICT[3] zeigen, daß der Ammoniakgehalt des Blutes praktisch in der Regel nur wenige hundertstel Milligramm in 100 ccm beträgt und daß der hohe Ammoniakgehalt des Harns auf eine Bildung von Ammoniak in der Niere schließen läßt.

Man müßte die Voraussetzung einer außerordentlich hohen Konzentrationsfähigkeit der Niere für Ammoniak machen, wenn man die hohe Ammoniakkonzentration im Harn lediglich durch Konzentrierung des der Niere vom Blut angebotenen Ammoniaks erklären wollte. Daß diese Konzentrierungsfähigkeit recht beträchtlich ist, hat YOSHIDA[4] für die Froschniere gezeigt. Er beobachtete eine Steigerung der Ammoniakkonzentration im Harn auf das 80fache gegenüber der Konzentration in der Durchspülungsflüssigkeit. NASH und BENEDICT[3] glaubten in der Weise den Beweis für ihre Annahme erbringen zu können, daß bei doppelseitiger Nephrektomie der Ammoniakgehalt des Blutes keine Erhöhung erfuhr und daß bei Phlorrhizinhunden, bei denen der Harnammoniak beträchtlich vermehrt war, im Gesamtblut keine Erhöhung des Ammoniakgehalts feststellbar war, dagegen der Gehalt des Nierenvenenbluts am Ammoniak eine beträchtliche Steigerung zeigte. Auch intravenöse Säurezufuhr rief eine Vermehrung des Ammoniaks im Nierenvenenblut hervor, während der Ammoniakgehalt des übrigen Körperbluts unverändert blieb. Gegen die Deutung von NASH und BENEDICT[3] hat ADDIS[5] den Einwand erhoben, daß die Erhöhung des Ammoniakgehalts im Venenblut in einer vermehrten Rückresorption des bereits in den provisorischen Harn ausgeschiedenen Ammoniaks aus den Kanälchen beruhe. ADDIS und SHEVSKY[5] hatten nämlich nachweisen können, daß bei Kaninchen nach Harnstauung auch der Harnstoffgehalt des Nierenvenenblutes vermehrt ist. NASH und BENEDICT[3] führen diesen Befund von ADDIS[5] auf eine schwere Schädigung der Nierenfunktion in ihrer Versuchsanordnung zurück. Sie nehmen als Quelle des Ammoniaks Harnstoff und Aminosäuren an. AMBARD und SCHMID[6] glauben ebenfalls an eine Bildung des Harnammoniaks in der Niere, wenn sie auch gegen die von NASH und BENEDICT[3] angewandten Bestimmungsmethoden

[1] MORGULIS, J., G. P. PRATT u. H. M. JAHR: Arch. int. Med. **31**, 116 (1923).
[2] SNAPPER, J. u. A. GRÜNBAUM: Nederl. Tijdschr. Geneesk. **66**, 2910 (1922). — SNAPPER, J.: Klin. Wschr. **3**, 55 (1920). — SNAPPER, J. u. A. GRÜNBAUM: Ebenda **3**, 101 (1924) — Presse méd. **34**, 1524 (1926).
[3] NASH, TH. P. u. ST. R. BENEDICT: J. of biol. Chem. **48**, 463 (1921); **51**, 183 (1922).
[4] YOSHIDA, H.: Pflügers Arch. **206**, 274 (1924).
[5] ADDIS, T. u. A. E. SHEVSKY: Amer. J. Physiol. **43**, 363 (1917).
[6] AMBARD, L. u. F. SCHMID: C. r. Soc. Biol. **86**, 604 (1922).

ebenso wie Henriques und Gottlieb[1] Einwendungen zu erheben haben. Neuerdings gelang es Gottlieb[2] in sehr sorgfältigen Untersuchungen die Ammoniakbildung in der Niere sicherzustellen. Bei vergleichenden Untersuchungen der Ammoniakkonzentration im arteriellen Blut und im Nierenvenenblut wurde sowohl bei nüchternen Hunden als auch bei Hunden, die 24 Stunden lang mit Calciumchlorid behandelt waren, im Blut der Nierenvene ein erheblich erhöhter Ammoniakgehalt beobachtet. Ellinger und Hirt[3] konnten dann den Nachweis erbringen, daß die Ammoniakbildung der Niere unter dem Einfluß des Nervensystems steht und daß sie durch die unteren Grenzstrangfasern gehemmt, durch den Splanchnicus major gefördert wird.

III. Die Bildung eines spezifischen Stoffwechselgiftes in der Niere.

Bei der Implantation des Ureters einer Hundeniere in die Vena iliaca beobachteten Galehr und Ito[4] unter Brücke[5] die auffallende Tatsache, daß Hunde, bei denen die Niere mit in die Vene transplantiertem Ureter funktionstüchtig bleibt, nach kurzer Zeit unter starker Erhöhung des Reststickstoffs des Blutes unter urämieähnlichen Erscheinungen zugrunde gingen. Im Gegensatz hierzu bleiben die Hunde, bei denen die implantierte Niere durch Abknickung oder Thrombosierung ihre Funktion einstellte, am Leben. Die beobachteten Veränderungen können also nicht auf dem Funktionsausfall der Nieren beruhen, sondern werden als Folge eines in der Niere gebildeten, vorläufig noch unbekannten Giftes angesehen, das auch für das Entstehen von Urämie verantwortlich gemacht wird.

Die Untersuchungen von Brücke und seinen Mitarbeitern wurden durch Hartwich und Hessel[6] bestätigt und erweitert. Sie erzeugten an Hunden durch Nierenexstirpation oder Ureterenunterbindung Urämie und verglichen die Folge auf den Blutchemismus und auf das klinische Verhalten mit den Folgen einseitiger Ureterimplantation in die Vena iliaca oder die Vena portae. Die Tiere mit Ureter-Venen-Verbindung gehen, im Gegensatz zu den nephrektomierten, mit niedrigen Harnstoff- und Indicanwerten und hoher Xanthoproteinreaktion im Blut zugrunde und zwar schneller als die Tiere mit doppelseitiger Nierenexstirpation. Die Veränderungen des Blutchemismus nach Ureter-Venen-Verbindung ähneln denen nach experimenteller Phosphor-, Morphin- oder Urethan-Vergiftung. Tiere, bei denen der Ureter in die Pfortader verpflanzt ist, überleben in der Regel länger als die Tiere, bei denen der Ureter mit der Vena iliaca vereinigt ist. Die Verfasser schließen auf ein in der Niere gebildetes Gift, das in der Leber zum Teil entgiftet wird und an Leber, Zentralnervensystem und Kreislauf angreift. Histologisch ist eine schwere Leberverfettung und hochgradige Gefäßparalyse nachweisbar. Das gebildete Gift kann also nicht mit dem Urämiegift identisch sein. Es ist auch sicher nicht eines der von Abelous und Bardier[7] im Harn beobachteten blutdrucksteigernden oder blutdrucksenkenden Hormone, das in der Zwischenzeit von Frey, Kraut und Bauer[8] näher untersucht wurde. Denn dieses konnte von den letzgenannten auch im Blut nachgewiesen werden.

---

1 Henriques, V. u. E. Gottlieb: Hoppe-Seylers Z. **138**, 254 (1924).
2 Gottlieb, E.: Biochem. Z. **194**, 163 (1928).
3 Ellinger, Ph. u. A. Hirt: Arch. f. exper. Path. **106**, 135 (1925).
4 Galehr, O. u. T. Ito: Z. exper. Med. **55**, 115 (1927).
5 Brücke, E. Th.: Wien. klin. Wschr. **1926**, Nr 38.
6 Hartwich, A. u. G. Hessel: Z. exper. Med. **59**, 633 (1928).
7 Abelous, J. E. u. E. Bardier: J. Physiol. et Path. gén. **11**, 34 u. 777 (1909) — C. r. Acad. Sci. **146**, 775, 1057 (1908); **148**, 1471 (1909); **149**, 142 (1909).
8 Frey, E. K. u. H. Kraut: Hoppe-Seylers Z. **157**, 32 (1926). — Kraut, H., E. K. Frey u. E. Bauer: Ebenda **175**, 97 (1928).

Auch ENDERLEN, ZUKSCHWERDT und FEUCHT[1] kamen bei der Implantation des Ureters in die Vena cava oder Pfortader bei Hunden zu denselben Ergebnissen. Um die Wirkung der von der Niere gebildeten Giftstoffe besser beobachten zu können, machten sie die zu verpflanzende Niere durch achttägige Ureterenunterbindung hydronephrotisch. Sie beobachteten im Laufe der Vergiftung unmittelbar nach der Operation eine Erhöhung des Reststickstoffs, die allmählich abfiel, die Norm aber nicht erreichte. Dann setzte Ikterus ein unter erneuter starker Erhöhung des Reststickstoffs, von dem der Harnstoff 25% ausmachte. Die Xanthoproteinreaktion nahm dauernd an Stärke zu. Ebenso war der Harnsäuregehalt auf das Doppelte erhöht. Die Nieren wiesen nur geringe Schädigungen im Tubulussystem auf, während an der Leber Atrophie des Parenchyms beobachtet wurde. Wenn der Ureter statt in die Vena cava in der Pfortader implantiert war, blieb der Ikterus aus. Im übrigen bot sich das gleiche Bild dar.

IV. Die innere Sekretion der Niere.

Die Frage nach der inneren Sekretion der Niere wird schon lange, in erster Linie von französischen Autoren, diskutiert. Ob die schon erwähnten blutdrucksenkenden bzw. blutdrucksteigernden Hormone von ABELOUS und BARDIER[2] in der Niere gebildet werden, erscheint fraglich. Nachdem ihr Vorkommen im Blut durch FREY, KRAUT und BAUER[3] sichergestellt ist, ist ihr vermehrtes Erscheinen im Harn ebenso leicht durch eine Ausscheidung durch die Niere unter Erhöhung der Konzentration zu erklären als durch eine Bildung in der Niere selbst. Dagegen soll nach BROWN-SÉQUARD und D'ARSONVAL[4] die Niere eine Substanz produzieren, die der Urämie entgegenwirkt. Sie sahen bei nephrektomierten Kaninchen und Meerschweinchen nach subcutaner Injektion verdünnten Nierensaftes die Entwicklung der urämischen Erscheinungen gegenüber unbehandelten Kontrolltieren hinausgeschoben. Ähnliche Beobachtungen stellte VITZOU[5] an nephrektomierten Kaninchen und Hunden nach subcutaner oder intravenöser Zufuhr von defibriniertem Nebennierenblut eines normalen Tieres an. Auch klinische Beobachtungen von CAPITAN[6], TEISSIER und FRENKEL[7] sowie FORMANEK und EISELT[8] berichten von beträchtlicher Besserung von Nephritiden nach Eingabe von Nierenextrakten. (Dort auch klinische Literatur über die Behandlung von Nephritiden mit Nierenpräparaten.) MEYER[9] will nach Injektion von Nierenextrakten und Nierenvenenblut normaler Tiere eine unmittelbare Beseitigung der SHEYNE-STOCKESschen Atmung bei Urämikern beobachtet haben. Die genannten Versuche sind mit äußerster Skepsis zu betrachten; denn erstens fehlen Kontrollen mit Extrakten anderer Organe, und zweitens werden sie von kritischen Nachuntersuchern (CHATIN und GOUINARD[10]) bestritten. Ein einwandfreier Beweis für die Existenz einer inneren Sekretion der Niere fehlt bisher.

---

[1] ENDERLEN, ZUKSCHWERDT u. FEUCHT: Münch. med. Wschr. **75**, 30 (1928).
[2] ABELOUS, J. E. u. E. BARDIER: Zitiert auf S. 449.
[3] FREY, E. K., H. KRAUT u. E. BAUER: Zitiert auf S. 449.
[4] BROWN-SÉQUARD u. D'ARSONVAL: Arch. de Physiol. **24**, 148 (1893).
[5] VITZOU, A. M.: J. Physiol. et Path. gén. **3** (1901).
[6] CAPITAN, M.: C. r. Soc. Biol. **56**, 26 (1904).
[7] TEISSIER, J. u. H. FRENKEL: Arch. de Physiol. **30**, 108 (1898).
[8] FORMANEK, E. u. R. EISELT: Arch. internat. Pharmaco-Dynamie **17**, 231 (1907).
[9] MEYER, E.: Arch. de Physiol. **25**, 760 (1893); **26**, 179 (1895).
[10] CHATIN u. GOUINARD: Arch. Méd. expér. **12**, 137 (1900).

Theorien der Harnabsonderung[1].

Von

PH. ELLINGER

Heidelberg.

Zusammenfassende Darstellungen.

Siehe Abschnitt ELLINGER: „Die Absonderung des Harns unter verschiedenen Bedingungen usw.“ S. 308.

A. Einleitung.

Die Abscheidung des Harns aus dem der Niere zugeführten Blut hat schon früh das Interesse der Biologen erweckt, und es liegen eine Anzahl älterer Theorien vor, die die Harnbildung als eine Funktion der Nierennerven ansehen wollen. CARL LUDWIG[2] berichtet über sie in seiner Darstellung der Nierenfunktion in Wagners Handwörterbuch und zeigt, daß die schon damals vorliegenden Versuche diesen Theorien jede Grundlage entziehen. Da auch die Erfahrungen über die Funktionstüchtigkeit entnervter oder transplantierter Nieren (vgl. **1**, 45) zeigten, daß der Einfluß des Nervensystems für die Harnbereitung vielleicht nur in einer Feinregulation der Harnzusammensetzung beruht, kommt diesen Theorien lediglich historische Bedeutung zu. Das gleiche gilt für eine zweite, von LUDWIG erwähnte Theorie, die den Harn auf Grund „endosmotischer Kräfte“, d. h. reiner Dialyse, entstanden glaubte, die aber, wie schon LUDWIG angibt, von ihren Autoren nur ganz unvollkommen ausgesprochen war. LUDWIG widerlegt sie mit dem Hinweis auf die voneinander unabhängige und dauernd wechselnde Zusammensetzung des Harns hinsichtlich des Wassers und der Salze.

B. Die älteren Theorien der Harnbildung.

I. Die BOWMANsche Theorie.

Erst die genauere Kenntnis von der histologischen Beschaffenheit der Niere ermöglichte es BOWMAN[3], eine Theorie aufzustellen, die unter Berücksichtigung des anatomischen Bildes eine Vorstellung von der Funktion der einzelnen Nierenabschnitte bei der Harnbereitung geben sollte. Die Erkenntnis, daß die Niere anders wie alle anderen Drüsen in dem MALPIGHIschen Gefäßknäuel ein Organ besitzt, in welchem der Blutstrom ohne Vermittlung von Lymphräumen unmittelbar an das Drüsenlumen grenzt und von diesem lediglich durch die Capillarwand und eine dünne Epithelschicht getrennt ist, veranlaßten BOWMAN,

---

[1] Vgl. Fußnote auf S. 308.
[2] LUDWIG, C.: Wagners Handwörterb. d. Physiol. **2**, 634ff. Braunschweig 1844.
[3] BOWMAN, W.: Physiol. Trans. **1**, 57, 73 (1842).

in den Glomerulis den Sitz der sekretorischen Ausscheidung des Harnwassers und vielleicht der mit dem Wasser überall im tierischen Organismus zusammengehenden Salze, in erster Linie des Kochsalzes, zu sehen. Die übrigen, eigentlich charakteristischen Substanzen des Harns: Harnstoff, Harnsäure usw., sollen in den Harnkanälchen durch die epithelialen Drüsenzellen sezerniert werden. Dabei spricht Bowman von einer Bereitung des Sekrets in den Nierenzellen, eine Bezeichnung, die von Ludwig[1] schon unter dem Gesichtspunkt gerügt wird, daß es sich tatsächlich für die meisten harnfähigen Substanzen lediglich um eine Ausscheidung schon im Blut vorhandener Substanzen handelt. Bowman formuliert die Begründung seiner Lokalisation für die Sekretion der einzelnen Nierenbestandteile folgendermaßen: Die Harnkanälchen haben an den mit Epithel überkleideten Stellen ein gewundenes Aussehen, zeigen also eine große Neigung zur Oberflächenvermehrung. Sie besitzen an diesen Stellen eine Epithelbekleidung, die der anderer sekretorischer Drüsen völlig analog ist. Sie sind mit einem engmaschigen Capillarnetz ausgestattet, das die Kanälchen von außen umgibt, das vielfache Anastomosen aufweist und dem der sezernierenden Kanälchen anderer, echter Drüsen in hohem Maße ähnelt. Den Malpighischen Körperchen dagegen weist Bowman[2] die Funktion der Absonderungsapparate des Wassers zu, weil sie 1. nur einen kleinen Teil der inneren Oberfläche der Niere ausmachen, und 2. weil sie sich strukturell von den sezernierenden Zellen anderer Drüsen wesentlich unterscheiden. Ihre Epithelauskleidung weicht von dem Drüsenepithel völlig ab. Die Glomeruluscapillaren umspinnen die Membran nicht von der Oberfläche, sondern dringen in die Kapsel ein und bilden ein Knäuel mit freier Oberfläche. Sie anastomosieren nicht miteinander. Durch diesen Bau des Knäuels wird der Blutstrom verzögert, und das austretende Wasser wird von den Cilien des Kapselepithels zu den Harnkanälchen hingetrieben, wodurch jeder Stauungsdruck auf die Außenfläche der Gefäße vermieden wird. Ludwig[1] glaubt, daß diese rein deskriptiven Beweismittel Bowman's[2] für seine Theorie keine der großen Schwierigkeiten hinwegschaffen, welche die Harnsekretion der theoretischen Auffassung bietet. Er hält jedoch eine Widerlegung nach dem damaligen Stand der Dinge für ergebnislos.

Auch Heidenhain[3] gibt zu, daß die Bowmansche Theorie mehr einer künstlerischen Intuition als der Erkenntnis positiver Tatsachen entsprungen sei.

II. Die Ludwigsche Theorie.

Im Gegensatz zu dieser Bowmanschen Sekretionstheorie stellte Ludwig[1] eine mechanische Theorie der Harnabsonderung auf, die die Harnabscheidung in der Niere lediglich auf den einfachen physikalischen Vorgang der Filtration unter Vermeidung jeder aktiven Zelltätigkeit zurückführen wollte. Er glaubte, daß in den Glomerulis von den flüssigen und gelösten Bestandteilen des Bluts nur Wasser, ein Teil der Extraktivstoffe und die freien, im Wasser gelösten Salze hindurchtreten, während sämtliche Proteinsubstanzen, die Fette und das an beide locker gebundene Wasser bzw. Salzlösung zurückgehalten werden.

Da im Glomerulus der Blutstrom aus dem engen Vas afferens in das weite Glomeruluscapillarsystem und dann wieder in das noch engere Vas efferens eintritt, entstehe nach hydraulichen Gesetzen ein beträchtlicher Druck auf die Gefäßwandungen, und dieser Druck sei die Ursache der Abpressung der vorbeschriebenen Harnflüssigkeit, die zwar alle Bestandteile des Harns, vielleicht

[1] Ludwig, C.: Wagners Handwörterb. d. Physiol. **2**, 634ff. Braunschweig 1844.
[2] Bowman, W.: Physiol. Trans. **1**, 57, 73 (1842).
[3] Heidenhain, R.: Hermanns Handb. d. Physiol. **5**, 310. Leipzig 1883.

auch alle festen Bestandteile in denselben relativen Mengen zueinander wie im Harn, aber in viel mehr Wasser gelöst, enthalte. Diese Flüssigkeit wird durch nachdringendes Filtrat in die Tubuli vorgeschoben und kommt dort mit dem Tubuluscapillarnetz in Berührung, welches ein Blut enthält, das die Glomeruli passiert hat und bei der Glomeruluspassage stark eingedickt ist. Aus dem stark verdünnten Tubulusinhalt soll es dann nach der ursprünglichen Annahme unmittelbar, nach späteren Untersuchungen von LUDWIG[1] mit ZAWARYKIN durch Vermittlung der Lymphbahnen zu einer Rückdiffusion des Wassers infolge Endosmose kommen und auf diese Weise soll der Urin seine endgültige Konzentration erhalten. Während LUDWIG[1] ursprünglich annahm, daß die einzelnen Blutbestandteile mit Ausnahme der Proteine, der sonstigen Kolloide und der an sie gebundenen Salzlösung in gleichen relativem Verhältnis, wie sie im Plasma sich vorfinden, in den Harn übergingen, erklärt er später[2] die Differenz der Salzkonzentration im Plasma und Urin durch die Annahme einer partiellen Rückdiffusion auch der im Glomerulusfiltrat gelösten Salze in den Tubulis.

Seine Auffassung begründet LUDWIG mit dem anatomischen Bau der Harnkanälchen, die an Kaliber nicht zunehmen, und mit der Anordnung des Capillarnetzes im Tubulusgebiet, die endosmotische Einwirkungen sehr begünstige. Als funktionelle Beweisgründe für die Rückdiffusion des Wassers sieht LUDWIG einmal die Tatsache an, daß der flüssige Urin unabhängig von seiner Zusammensetzung und von der Absonderungsgeschwindigkeit eine bestimmte Konzentration nie übersteigt, weiterhin, daß die Urinkonzentration innerhalb der gegebenen Grenzen bei normaler Zusammensetzung des Bluts von der Absonderungsgeschwindigkeit abhängig ist, daß die Urinmenge mit zunehmendem Gehalt an Urinfixen zunimmt, und endlich damit, daß ein Ausfallen der einzelnen Harnfixa innerhalb der Niere keine Vermehrung der Harnmenge hervorruft. Diese ursprüngliche Theorie hat LUDWIG[2] mit seinen Schülern weiter ausgebaut und durch experimentelle Beweise zu ergänzen versucht. Die Beweise erstrecken sich im wesentlichen nach drei Richtungen hin, nach dem Nachweis der Abhängigkeit der Glomerulusfiltration vom Blutdruck, der Ausscheidung eines verdünnten provisorischen Harns in den Glomerulis und dem Nachweis der Eindickung des Harns in den Tubulis durch Wasserabgabe.

Einen alten Einwand VALENTINS[3], daß die früheste Form der LUDWIGschen Theorie die verschiedenen Konzentrationen der Salze und vor allem des Harnstoffs im Blut und im Harn nicht erklären könne, versucht LUDWIG ursprünglich mit einem Hinweis auf die verschiedene Bindungsfähigkeit der einzelnen Stoffe an die im Blut zurückgehaltenen Eiweißkörper zu entkräften. Später nimmt er dann, wie schon erwähnt, eine verschieden starke Rückdiffusion der einzelnen Salze im Tubulusgebiet an.

III. Die HEIDENHAINsche Theorie.

1. Kritik der LUDWIGschen Theorie.

Gegen die Theorie LUDWIGS erhebt HEIDENHAIN[4] als erster eingehende und gewichtige Einwände in seiner Darstellung der Nierenfunktion im HERMANNschen Handbuch der Physiologie. Das erste, hauptsächlichste Bedenken sieht HEIDENHAIN in der Tatsache, daß die Menge des ausgeschiedenen Harnstoffs bei reiner Filtration eine tägliche Filtration von etwa 70 l Wasser erfordert, von

---

[1] LUDWIG, C.: Wagners Handwörterb. d. Physiol. **2**, 628ff. Braunschweig 1844.
[2] LUDWIG, C.: Lehrb. d. Physiol., 1. Aufl. **2**, 274 (1856); 2. Aufl. **2**, 373 (1861).
[3] VALENTIN: Zit. nach LUDWIG, C.: Wagners Handwörterb. d. Physiol. **2**, 634 (1844).
[4] HEIDENHAIN, R.: Hermanns Handb. d. Physiol. **5**, 310. Leipzig 1883.

denen wieder etwa 68 l zurückresorbiert werden müssen. Ihm erscheint dies in erster Linie aus dem Grunde unmöglich, als nach seiner Berechnung die Nieren im Tag nur von etwa 130 l Blut passiert werden. Es müßten also etwa bei einer Nierenpassage 50% der Blutflüssigkeit in den Glomerulis abfiltriert und annähernd die gleiche Menge in den Tubulis rückresorbiert werden.

Die bei dieser Berechnung zugrunde gelegte Zahl von 130 l für die 24stündige Blutpassage durch die Niere ist jedoch nach den Bestimmungen neuerer Untersucher weitaus zu niedrig gegriffen (vgl. S. 327 ff.). Die Schätzungen schwanken heute zwischen 500 und 1500 l, so daß bei der einzelnen Passage lediglich 5—15% der Blutflüssigkeit zur Filtration und Rückresorption käme, was durchaus im Rahmen des Möglichen liegt. Aber auch die von HEIDENHAIN[1] und zahlreichen späteren Autoren, z. B. von SCHMIEDEBERG[2] als unphysiologisch abgelehnte Notwendigkeit, daß die Niere zur Produktion von 2 l Harn 70 l abfiltriere und 68 l rückresorbiere, kann unter teleologischen Gesichtspunkten keineswegs als unwahrscheinlich angesehen werden.

Die von der Niere für die Ausscheidung des Harns zu leistende Arbeit hängt lediglich von dem Anfangszustand, d. h. von der Konzentration der Salze im Blut, und dem Endzustand, d. h. der Salzkonzentration im Harn ab. Der Weg, auf dem diese Arbeit geleistet wird, ist völlig irrelevant. Wir wissen aus zahlreichen Prozessen, daß der tierische Organismus hohe Potentialgefälle und Energiekonzentrationen scheut und daß er sie zu ersetzen versucht durch Ausdehnung der Fläche, auf der kleine Potentialgefälle zur Wirkung kommen.

LUDWIG[3] selbst bzw. sein Schüler M. HERRMANN[4] hat allerdings eine wesentliche Bresche in seine Theorie gelegt, indem er für die Absonderung des Harnstoffs unter gewissen Bedingungen eine Anreicherung des Glomerulusfiltrats an Harnstoff über die Konzentration im Blut hinaus annahm, um die Abnahme des Harnstoffgehalts des Harns bei verlangsamter Absonderung erklären zu können.

Der zweite Einwand HEIDENHAINS[1] gegen die LUDWIGsche Theorie, der auch sicher heute noch zu Recht besteht, liegt in der Tatsache, daß ein Rückfluß des Wassers aus dem Tubuluslumen in die Tubuluscapillaren auf Grund von diffusions- oder endosmotischen Prozessen, wie sie LUDWIG annimmt, nicht möglich ist.

Der osmotische Druck in dem Kanälcheninhalt ist höher als der im Capillarblut. — Die Zwischenschaltung der Lymphgefäße ist für diese Frage völlig bedeutungslos, da lediglich der Anfangs- und Endzustand entscheidend ist. — Auf diesen physikalischen Widerspruch hat schon HOPPE[5] hingewiesen, der bei der Diffusion von Hundeharn gegen Hundeblutserum einen Wasserstrom vom Blut zum Harn beobachtete. Wenn man nicht an eine negative Osmose denken will, so ist man gezwungen, für die Rückresorption des Wassers in den Kanälchen einen sekretorischen Prozeß mit negativem Vorzeichen anzunehmen.

Weiterhin sah HEIDENHAIN[1] die Voraussetzung LUDWIGS[3], daß mit steigendem arteriellen Druck durch Capillarwandungen größere Flüssigkeitsmengen filtrieren, an anderen Capillargebieten (Extremitäten und Speicheldrüsen) nicht bestätigt. Auch die Tatsache, daß der Gefäßknäuel des Glomerulus von einem Außenepithel begleitet ist, und erfahrungsgemäß einfache Epithellagen einen hohen Filtrationswiderstand bieten, wird als Gegengrund angeführt. Bei reiner

[1] HEIDENHAIN, R.: Hermanns Handb. d. Physiol. **5**, 310. Leipzig 1883.
[2] SCHMIEDEBERG, O.: Grundr. d. Pharmakologie 8. Aufl., S. 105 (Leipzig 1921).
[3] LUDWIG, C.: Wagners Handwörterb. d. Physiol. **2**, 634ff. Braunschweig 1844.
[4] HERRMANN, M.: Sitzgsber. Akad. Wiss. Wien, Math.-naturwiss. Kl. **45**, 349 (1861).
[5] HOPPE, F.: Virchows Arch. **16**, 412 (1859).

Filtration müßte die Harnmenge mit steigendem Druck wachsen, was mit den Erfahrungen angeblich nicht übereinstimme [vgl. darüber S. 311 ff. Die Ergebnisse der HERRMANNschen Versuche bei venöser Stauung], was aber nach den neueren Untersuchungen [s. S. 313 ff.] sicher der Fall ist. Außerdem lasse es die Filtrationshypothese im unklaren, weshalb mit zunehmendem Wassergehalt des Bluts und steigendem Gehalt an harnfähigen Substanzen die Sekretionsgeschwindigkeit wachse.

2. Ausarbeitung einer neuen Theorie.

HEIDENHAIN beschränkt sich nicht nur auf eine Kritik der LUDWIGschen Theorie, sondern er baut die BOWMANsche Theorie experimentell aus und faßt seine Theorie der Harnabsonderung in folgenden Punkten zusammen:

1. Wie in allen übrigen Drüsen, so beruht auch in der Niere die Absonderung auf einer aktiven Tätigkeit besonderer Sekretionszellen.

2. Als solche fungieren erstens die in einfacher Lage die Gefäßschlingen des MALPIGHIschen Knäuels überdeckenden Zellen, welche die Aufgabe haben, Wasser und diejenigen Salze des Harns abzusondern, welche überall im Organismus die Begleiter des Wassers sind, wie Kochsalz usf.

3. Ein anderes System von Sekretionszellen, die gewundenen Schläuche und die breiten Schleifenteile bekleidend, dient der Absonderung der spezifischen Harnbestandteile; unter Umständen wird gleichzeitig mit diesen ebenfalls eine gewisse Wassermenge sezerniert.

4. Der Grad der Tätigkeit der beiderlei Sekretionszellen wird bestimmt:

a) durch den Gehalt des Blutes an Wasser bzw. festen Harnbestandteilen;

b) durch die Blutgeschwindigkeit in den Nierencapillaren, sofern von der letzteren die Versorgung der betreffenden Zellen teils mit dem für sie bestimmten Absonderungsmaterial, teils mit Sauerstoff abhängt.

5. Die große Veränderlichkeit der Zusammensetzung des Harns erklärt sich aus den Schwankungen in der Absonderungstätigkeit der beiderlei Zellen, deren relatives Verhältnis in breiten Grenzen wechselt.

Die Filtrationstheorie LUDWIGS[1] und die Sekretionstheorie BOWMANS[2] und HEIDENHAINS[3] bilden die Grundlagen für die Erklärung der Nierenfunktion bei der Harnbereitung für alle späteren Untersucher. Sie haben das Interesse für die Bedeutung der einzelnen Nierenabschnitte in den Vordergrund gerückt und zu zahlreichen Untersuchungen geführt, die Funktion der einzelnen Nierenabschnitte isoliert zu erklären.

C. Versuche der isolierten Beobachtung von Tubulus- und Glomerulusfunktion.

I. Funktionelle Untersuchungen.

1. An der Froschniere.

Die Niere des Frosches und auch der Reptilien und Vögel (SPANNER[4]) besitzen eine doppelte Blutversorgung, die namentlich beim Frosch in weitgehendem Maße eine getrennte Blutzufuhr zu den Glomerulus- und Tubuluscapillaren zur Folge haben soll. Nach den Untersuchungen von NUSSBAUM[5] erhält der Glomerulus sein Blut aus den aus der Aorta stammenden Arteriae renales, und die Tubulus-

[1] LUDWIG, C.: Wagners Handwörterb. d. Physiol. **2**, 634 ff. Braunschweig 1844.
[2] BOWMAN, W.: Physiol. Trans. **1**, 57, 73 (1842).
[3] HEIDENHAIN, R.: Hermanns Handb. d. Physiol. **5**, 310. Leipzig 1883.
[4] SPANNER, R.: Z. Anat. **76**, 64 (1925) — Anat. Anz. **58**, Erg.-Heft, 23 (1924).
[5] NUSSBAUM, M.: Pflügers Arch. **16**, 139 (1878), **17**, 580 (1878) — Anat. Anz. **1**, 67 (1886) — Arch. mikrosk. Anat. **27**, 442 (1886).

capillaren werden einerseits von den Vasa efferentia der Glomeruli, andererseits von der Vena renoportalis versorgt, die von der Vena iliaca abzweigt und der Niere das Blut der unteren Extremitäten zuführt. Der gemeinsame Abfluß erfolgt durch die Nierenvenen in die Vena cava inferior.

Die Bedeutung der Vena renoportalis für die Blutversorgung des Tubulussystems ist durch die Untersuchungen von Smith[1] (s. S. 381) stark in Frage gestellt, da die Gefäße, ohne sich in Capillaren aufzusplittern, unter Anastomosenbildung mit der Nierenarterie direkt in die Nierenvene übergehen sollen.

Smiths Schlußfolgerungen liegen folgende Beobachtungen zugrunde: Luftblasen, Quecksilbertropfen oder Paramaeciensuspensionen, die von der Pfortader in die Froschniere eingeführt werden, konnten auf dem ganzen Weg bis zur Vena cava beobachtet werden. Sie gingen glatt durch die Niere hindurch. Bei Injektion von Tusche in die Pfortader und gleichzeitiger starker Flüssigkeitszufuhr in die Arterie konnte die Tusche nur in den Hauptverzweigungen der Venen und zahlreichen Anastomosen zum arteriellen Capillarennetz nachgewiesen werden. Bei Abklemmung der Nierenarterie blieb der Glomeruluskreislauf unverändert. Andeutungen solcher Anastomosen zwischen Vena portalis und Nierenarterie liegen schon in den Untersuchungen von Bieter und Hirschfelder[2] vor.

Bainbridge, Collins und Menzies[3] konnten durch Injektion von Berlinerblau in die Pfortader zeigen, daß das Blut von der Pfortader aus zu den Glomerulis nur dann vordringt, wenn der Druck in der Aorta unter den Druck an der Nierenpfortader sinkt. Die Glomeruli werden beim Frosch unter normalem Druck lediglich von der Aorta versorgt, während die Tubuli ihr Blut sowohl von der Pfortader wie auch von der Aorta aus beziehen.

Nussbaum[4] machte sich als erster diese Tatsache zunutzen, um die Funktion der Glomeruli isoliert zu untersuchen. Er unterband die Nierenarterien und sah ein vollkommenes Versiegen der Harnbildung. Nach Ausschaltung der Glomeruli ist daher die Harnbildung vollkommen aufgehoben. Von der Tatsache, daß alle Glomeruli ausgeschaltet sind, überzeugte er sich durch nachträgliche Injektion von Farbstoff und mikroskopischen Untersuchungen des Objekts. Infolge der zahlreichen, zur Niere hinziehenden Arterien ist diese Nachprüfung notwendig, und Versuche, bei denen sie unterlassen ist, verlieren beträchtlich an Wert. Die Beobachtungen Nussbaums wurden von Schmidt[5] und später von Beddard[6] bestätigt. Sie konnten zeigen, daß nach der Arterienunterbindung auch das Tubulusepithel schnell degeneriert. Diese Degeneration des Tubulusepithels ist die Folge des Sauerstoffmangels; denn Bainbridge und Beddard[7] beobachteten späterhin, daß bei Fröschen, die in Sauerstoffatmosphäre gehalten werden, eine Degeneration der Tubulusepithelien nach Arterienunterbindung nicht statthat. Durch intravenöse Injektion von Harnstoff gelang es Nussbaum[4], nach Unterbindung der Nierenarterie eine Absonderung von Urin hervorzurufen. Er fand dann nach Verschluß der Blase die vorher entleerte Blase nach 2—3 Stunden gefüllt. Dieser Versuch wird von Tamura, Miyamura, Fukuta, Hosoya, Kishi und Kihara[8] bestritten, dagegen konnten Richards und Wal-

---

[1] Smith, C. S.: Amer. J. Physiol. **82**, 717 (1927).
[2] Bieter, R. N. u. A. D. Hirschfelder: Proc. Soc. exper. Biol. a. Med. **23**, 798 (1926).
[3] Bainbridge, F. A., S. H. Collins u. J. A. Menzies: Proc. roy. Soc. Lond. B **86**, 355 (1913) — J. of Physiol. **48**, 233 (1914).
[4] Nussbaum, M.: Pflügers Arch. **16**, 139 (1878).
[5] Schmidt, A.: Pflügers Arch. **48**, 34 (1891).
[6] Beddard, A. P.: J. of Physiol. **28**, 20 (1902).
[7] Bainbridge, F. A. u. A. P. Beddard: Biochem. J. **1**, 255 (1906).
[8] Tamura, K., K. Miyamura, F. Fukuta, M. Hosaya, K. Kishi u. G. Kihara: Jap. J. med. Sci. Trans., IV. Pharmacol., **1**, Nr. 2, 249 (1927).

KER[1] zeigen, daß durch Harnstoffzufuhr nach Unterbindung der Nierenarterie von der Pfortader aus ein Weg für die Durchblutung der Niere gebahnt wird. Traubenzucker ruft nach intravenöser Einverleibung keine Urinabscheidung nach Glomerulusausschaltung hervor. Indigoschwefelsaures Natrium wird nach Glomerulusausschaltung im Lumen der Tubuli gefunden, ohne daß es zu einer Urinsekretion kommt, während Carmin, Eiereiweiß und Pepton zurückgehalten werden, was nach v. MÖLLENDORFF[2] auf der schnellen Diffusion des indigoschwefelsauren Natriums beruhen soll und von ihm als postmortale Erscheinung angesehen wird, während BIETER und HIRSCHFELDER[3] an das Entstehen eines Kollateralkreislaufes als Erklärung denken. SCHMIDT[4] fand hingegen auch Carmin reichlich im Urin und in den Tubulis. Die Versuche von NUSSBAUM galten natürlich als klarer Beweis für die BOWMAN-HEIDENHAINsche Sekretionstheorie. NUSSBAUM selbst schloß aus seinen Versuchen, daß der Harnstoff lediglich von dem Tubulusepithel sezerniert wird. BAINBRIDGE und BEDDARD[5] prüften die NUSSBAUMschen Versuche nach. Sie bestätigten diese im wesentlichen und erweiterten sie dahin, daß sie in dem Urin nach Arterienunterbindung Chloride, Sulfate und Harnstoff nachweisen konnten. Der ausgeschiedene Urin war sauer. Bei gleichzeitiger Injektion von Harnstoff und Traubenzucker bzw. von Harnstoff und Phlorrhizin enthielt der Urin auch Zucker. Wenn jedoch BAINBRIDGE und BEDDARD[5] die Frösche mit unterbundenen Glomerulis in einer Sauerstoffatmosphäre hielten, so gelang es ihnen nicht, durch Harnstoffinjektion die unterbrochene Urinabscheidung wieder in Gang zu bringen. Es ist daher wahrscheinlich, daß der NUSSBAUMsche Versuch auf eine Durchlässigkeit der Tubuli für Harnstoff infolge Schädigung des Tubulusepithels zurückzuführen ist. Der Versuch büßt dadurch an Beweiskraft für die sekretorische Funktion der Tubuluszellen beträchtlich ein.

Umgekehrt hat GURWITSCH[6] nach Unterbindung der Nierenpfortader nach Harnstoffzufuhr eine beträchtliche Einschränkung der Harnproduktion der Niere mit ausgeschalteter Pfortader beobachtet. Diese Tatsache ist schwer verständlich, denn das Tubulussystem erhält ja noch reichlich Zufluß aus den Vasa efferentia der Glomeruli; sie kann als Beweis für die sekretorische Funktion der Tubuluszellen, auf die GURWITSCH aus seinem Versuch schließt, nicht anerkannt werden.

WOODLAND[7] prüfte die GURWITSCHschen Versuche nach und fand im Gegensatz zu GURWITSCH eine Vermehrung des Urins auf der Seite der Unterbindung mit Herabsetzung des prozentualen Stickstoff- und Kochsalzgehalts.

Ganz neue Einblicke in die Glomerulusfunktion des Frosches eröffneten die Untersuchungen, die RICHARDS und seine Mitarbeiter[8] in den letzten Jahren angestellt haben. Bei Verwendung schwacher mikroskopischer Vergrößerungen gelang es ihnen im auffallenden Lichte, den Glomerulus mit einer besonders dazu konstruierten Pipette zu punktieren und den Glomerulusharn isoliert zu gewinnen. Ein Vergleich der quantitativen Zusammensetzung dieses Glomerulusurins mit dem Plasma einerseits und dem Blasenurin andererseits gestattet

---

1 RICHARDS, A. N. u. A. M. WALKER: Amer. J. Physiol. **79**, 419 (1927).

2 v. MÖLLENDORFF, W.: Erg. Physiol. **18**, 141 (1920).

3 BIETER, R. N. u. A. D. HIRSCHFELDER: Proc. Soc. exper. Biol. a. Med. **19**, 352 (1922).

4 SCHMIDT, A.: Pflügers Arch. **48**, 34 (1891).

5 BAINBRIDGE, F. A. u. A. P. BEDDARD: Proc. physiol. Soc. **1906**, 9.

6 GURWITSCH, A.: Pflügers Arch. **91**, 71 (1902).

7 WOODLAND, W. V. F.: Ind. J. med. Res. **10**, 595 (1923).

8 WEARN, J. T.: Amer. J. Physiol. **59**, 490 (1922). — WEARN, J. T. u. A. N. RICHARDS: Ebenda **71**, 209 (1924) — J. of biol. Chem **66**, 247 (1925). — HAYMAN JR., J. M. u. A. N. RICHARDS: Amer. J. Physiol. **79**, 149 (1926). — HAYMAN JR., J. M.: Ebenda **72**, 184 (1925).

weitgehende Schlüsse über die Vorgänge im Glomerulus- und Tubulusgebiet. Bei normaler Nierenfunktion konnte 0,6—1,2 mg in der Stunde, bei starker Zuckerdiurese in 4 Stunden 6 mg Glomerulusurin aus einer Kapsel gewonnen werden. Der so erhaltene Glomerulusurin war immer eiweißfrei, wenn der Glomerulus tätig war. Dagegen wurde zuweilen, wenn der Glomerulus schlecht durchblutet war, das Auftreten von Eiweiß beobachtet werden. Bei Winterfröschen war der Glomerulusharn in der Regel zuckerfrei. Es trat aber sofort Zucker schon in geringsten Mengen auf bei künstlicher Zuckerzufuhr. Dagegen konnte im Blasenurin Zucker erst nachgewiesen werden, wenn der Blutzucker mehr als 0,05% betrug. In allen Fällen mit geringerer Zuckerkonzentration im Blut war der Blasenurin völlig zuckerfrei, während der Glomerulusharn reichlich Zucker enthielt. Chlor war im Glomerulusurin immer beträchtlich mehr enthalten als im Blasenurin. Der Glomerulusurin wurde auch dann chlorhaltig gefunden, wenn der Blasenurin durch mehrtägigen Aufenthalt der Frösche in destilliertem Wasser chlorfrei geworden war. Genauere Chloranalysen zeigten, daß der Chlorgehalt des Glomerulusurins aber auch den des Froschplasmas übertraf, und zwar zwischen 15 und 50%. Diese Konzentrierung des Chlors in dem Glomerulusurin liegt außerhalb der Fehlergrenzen der Methode und tritt konstant auf. Wenn sie sich auch weiterhin bestätigen sollte, wäre sie mit einer reinen Ultrafiltration des Plasmas in dem Glomerulus nicht ohne weiteres verträglich. Es ist jedoch daran zu denken, daß der Chlorwert im Plasma sich auf die eiweißhaltige Flüssigkeit bezieht, so daß in dem dialysablen Rest eine höhere Konzentration anzunehmen ist, und daß sich um diesen Wert die beobachteten Chlorwerte vermindern. Ein Modellversuch kann übrigens verhältnismäßig leicht hierüber Auskunft geben. Der Harnstoffgehalt des Glomerulusurins ist beträchtlich verdünnter als der des Blasenurins. Dic Wasserstoffionenkonzentration des Glomerulusurins entsprach etwa der des Plasmas, während der Blasenurin deutlich saurer war.

Subcutan injizierte Farbstoffe (Indigocarmin, Phenolrot, Methylenblau) wurden im Glomerulusharn wiedergefunden. Um das Verhalten injizierten Substanzen genauer zu analysieren, wurden folgende Stoffe: Indigocarmin, Carmin, Phenolrot, Trypanblau, Methylenblau, Toluidinblau sowie Eisenammoniumcitrat und Harnstoff vergleichend in Vene oder Bauchlymphsack einerseits sowie unmittelbar in die BOWMANsche Kapsel andererseits injiziert und der Transport bzw. die Ausscheidung der Substanzen teils in Serienschnitten, teils unter direkter Beobachtung im Mikroskop an der lebenden Froschniere verfolgt. Das Eisen wurde als Berlinerblau, der Harnstoff mit der Xanthhydrolmethode identifiziert. Es konnte kein Unterschied festgestellt werden zwischen den Substanzen, die auf dem Blutweg zur Niere gelangten, und denen, die direkt in die Kapseln eingeführt wurden. Es wurde in beiden Fällen beobachtet, daß die Farblösung auf dem Weg durch die Kanälchen zunehmend stärker konzentriert wurde. Außer in dem Lumen der Kanälchen fanden sich Farbstoffgranula in den Kanälchenepithelien, und zwar sowohl auf der dem Lumen zugewandten Seite als auch auf der Epithelbasis. Das Auftreten von Farbstoffgranula in den Tubulusepithelien gibt daher keine Auskunft darüber, ob der Farbstoff in der Richtung vom Lumen zu den Gefäßen oder in entgegengesetzter Richtung durchgetreten ist.

Auch BIETER und HIRSCHFELDER[1] beobachteten nach Injektion von Phenolsulfophthalein in den Lymphsack das Auftreten des Farbstoffes im Glomerulus und 5—10 Minuten später in den Tubulis rectis und den Tubulis

[1] BIETER, R. N. u. A. D. HIRSCHFELDER: Proc. Soc. exper. Biol. a. Med. **23**, 798 (1926).

contortis mit der Methode von RICHARDS und WEARN. Dagegen blieb die Erscheinung aus nach Unterbindung der Nierenarterie in dem dadurch ausgeschalteten Glomerulusgebiet, während MARSHALL und VICKERS[1] auch dann die Tubuslusepithelien mit Phenolsulfophthalein gefärbt fanden. BIETER und HIRSCHFELDER führen nun diese Färbung der Tubulusepithelien nach Arterienunterbindung, die MARSHALL als Beweis für eine Ausscheidung des Phenolsulfophthaleins durch die Tubuluszellen ansah, auf den Eintritt des Farbstoffes durch die Pfortader in die Glomeruli zurück. Sie konnten nämlich zeigen, daß auch Farbstoffe von der Pfortader aus die Glomeruli erreichen. Nach Einführung von Farbstoff und Tusche in die Nierenpfortader färbten sich die Glomeruli der unteren Nierenhälfte in 5—10 Minuten, während die Glomeruli der oberen Nierenhälfte entweder gar nicht oder erst nach 10—30 Minuten tingiert waren. Der Harn der unteren Nierenhälfte enthielt den Farbstoff in höherer Konzentration als der Harn der oberen Nierenhälfte. Aus den Versuchen geht nun eindeutig hervor, daß Kochsalz, Zucker, Harnstoff und Farbstoffe durch den Glomerulus in den Harn gelangen, und daß im Tubulusgebiet sicher Zucker und Kochsalz rückresorbiert werden, der Harnstoff durch Rückresorption des Wassers angereichert wird und daß die Farbstoffe ebenso wie wohl auch die Harnsäure zwar im Verlaufe der Kanälchenpassage beträchtlich konzentriert werden, daß sie aber zum kleinen Teil auch einer Rückresorption in den Kanälchenepithelien unterliegen. Diese Versuche von RICHARDS und seinen Mitarbeitern wurden durch WHITE und SCHMITT[2] an der hierfür besonders geeigneten Niere von Necturus maculosus bestätigt und erweitert. Bei ihm gelingt es nämlich, außer den Glomerulus auch die Tubuli contorti erster Ordnung in ihrem Verlaufe zu punktieren. Nach Injektion von Glukoselösungen ist der Kapselurin zuckerhaltig, dagegen der aus der Mitte der Tubuli entnommene zuckerfrei, so daß die Rückresorption des Zuckers in der oberen Hälfte der Tubuli contorti erster Ordnung erfolgen muß. Um den Ort der Chloridresorption festzustellen, wurden Hundeerythrocyten mit der Mikropipette in die Kapsel eingeführt, die durch Methylenblaulösung angefärbt waren. Bei direkter Beobachtung im Mikroskop konnten die Erythrocyten im Kapselraum deutlich unterschieden werden. Sofort beim Eintritt in die Tubuli wurden sie durch die infolge der Rückresorption des Kochsalzes auftretende beträchtliche Verminderung des osmotischen Drucks im Milieu hämolysiert und der Inhalt der Lumina färbte sich von dem austretenden Methylenblau, das beim weiteren Absteigen durch die Tubuluszellen reduktiv entfärbt wird. Zur Kontrolle eingeführte formalingehärtete Hundeerythrocyten blieben im Verlauf der ganzen Kanälchenpassage unverändert. Die Rückresorption des Kochsalzes, die die Hämolyse veranlaßt, muß also ebenfalls im oberen Teil der Tubuli contorti stattfinden. Phosphate wurden im Kapselurin in geringerer Konzentration als im Blutplasma und im Blasenurin beobachtet. Ob die ausgesprochene Vermutung, daß die Phosphate aktiv im Tubulus sezerniert werden, richtig ist, muß dahingestellt bleiben. Die Konzentrationserhöhung im Blasenurin kann ebensogut auf einer Konzentrationserhöhung durch Rückresorption des Wassers beruhen.

Über die von RICHARDS und anderen bei direkter Beobachtung festgestellten periodischen Schwankungen in der Tätigkeit der Glomeruli s. S. 316.

TAMURA, MIYAMURA, NISHINA, NAGASAWA und HOSOYA[3] beobachteten bei direkter Inspektion eine Veränderung der Glomeruli beim Frosch während der

---

[1] MARSHALL, E. K. u. J. L. VICKERS: Bull. Hopkins Hosp. **34**, 383 (1923).

[2] WHITE, H. L. u. F. O. SCHMITT: Amer. J. Physiol. **76**, 220 u. 483 (1926).

[3] TAMURA, K., K. MIYAMURA, T. NISHINA, H. NAGASAWA u. M. HOSOYA: Jap. J. med. Sci., IV. Pharmacol., **1**, 229 (1927). — TAMURA, K., K. MIYAMURA, F. FUKUDA, M. HOSOYA, K. KISHI u. G. KIHARA: Ebenda **1**, 249 (1927).

Diurese gegenüber dem Ruhezustand. Während der Wasserdiurese soll durch Eintauchen des Frosches in Wasser die Niere durchscheinend und die Glomeruli und Tubuli sollen deutlicher beobachtbar werden. Die Glomeruli vergrößern sich, ihre im Ruhezustand elliptische Form wird kugelig und erscheint deutlich gelappt. Der Blutstrom ist beschleunigt aber gleichmäßig und nicht pulsierend. Die Bowmannsche Kapsel erscheint stark vergrößert. Auch die Tubuli sind in ihrem Gesamtverlauf erweitert. Nach Abklingen der Diurese nimmt der Glomerulus wieder seine Ruheform an. Der Kapselraum bleibt am längsten verbreitert. Natriumsulfat-, Harnstoff-, Zucker- und Coffeindiruese bieten im großen ganzen das gleiche Bild wie die Wasserdiurese. Die stärksten Veränderungen zeigen sich in der Sulfat- und in der Zuckerdiurese. In der Harnstoffdiurese ist der Blutstrom in den Glomerulis im Beginn verlangsamt, in der Coffeindiurese fehlt die Blutstrombeschleunigung völlig. Nach Unterbindung der Nierenarterie sistiert der Blutstrom im Glomerulus und ebenso die Harnabscheidung. Harnstoffinjektion ruft im Gegensatz zu den Angaben Nussbaums und Richards keine Harnabscheidung hervor. Nach Beseitigung der Arterienunterbindung setzt die Glomerulusdurchblutung und die Harnabscheidung sofort wieder ein. Ureterunterbindung ruft eine Pulsation des Stromes in den Glomerulis hervor, der schließlich in der Diastole vollkommen sistiert, in der Systole aber erhalten war. Eine starke Dehnung des Kapselraumes und der Tubuli läßt auf eine fortdauernde Harnabscheidung schließen. Da zwischen Capillardruck und Ureterendruck das Gefälle zunehmend geringer wurde und schließlich fast vollkommen vernachlässigt werden konnte, gleichzeitig aber der Plasmagehalt des Frosches an Eiweiß relativ hoch war (bei trocken gehaltenen Fröschen bis zu 4,7%), wird der Schluß gezogen, daß das Gefälle zwischen Glomerulusdruck und Ureterendruck zur Überwindung des osmotischen Druckes nicht mehr ausreicht, so daß zur Bildung des Glomerulusharnes eine vitale Funktion der Zellen angenommen werden muß.

Auch Vonwiller und Sulzer[1] und Okkels[2] haben in letzter Zeit den Blutkreislauf in der Froschniere und das Verhalten der Glomeruli in auffallendem Licht unter dem Mikroskop beobachtet. Vonwiller und Sulzer haben durch Injektion von Olivenöl in den Ureter die Tubuli sichtbar gemacht, das bis in die Bowmansche Kapsel getrieben werden kann. Durch Erhöhung des Ureterendrucks gelingt es, die Glomeruli zu komprimieren. Okkels, der durch Injektion von Stärke, Kaolin oder Kohle in den Blutstrom die Beobachtung verbesserte, konnte feststellen, daß bei physiologischen Druckverhältnissen die Glomeruli ausschließlich ihr Blut von der Nierenarterie erhalten.

Während diese eben angeführten Versuche am Gesamtfrosch durchgeführt wurden, liegen aus neuerer Zeit zahlreiche Untersuchungen vor, die an der künstlich durchströmten Niere die Funktion der Glomeruli und Tubuli feststellen sollen.

Cullis[3] und später Rowntree und Geraghty[4] sowie Bainbridge, Menzies und Collins[5] haben in erster Linie das Präparat ausgearbeitet und die Wirkung verschiedener Diuretica an ihm untersucht. Bei einem Druck von der Arterie aus von 20—24 cm und von der Pfortader von 10—12 cm Wasser scheidet die isolierte Froschniere einen hypotonischen Urin aus. Bei Steigerung des Drucks

---

[1] Vonwiller, P. u. R. Sulzer: Bull. Histol. appl. **4**, 153 (1927).
[2] Okkels, H.: Bull. Histol. appl. **4**, 290 (1927).
[3] Cullis, W. C.: J. of Physiol. **34**, 250 (1906).
[4] Rowntree u. Geragthy: Arch. int. Med. **9**, 284 (1912).
[5] Bainbridge, F. A., J. A. Menzies u. S. H. Collins: Proc. roy. Soc. Lond. B **86**, 355 (1913) — J. of Physiol. **48**, 233 (1914).

von der Pfortader aus dringt die Durchspülungsflüssigkeit in die Glomeruli vor, so daß dann eine gesonderte Beobachtung nicht mehr möglich ist. Da sowohl CULLIS[1] wie auch ROWNTREE und GERAGHTY[2] diese Tatsache außer acht ließen, kommt ihren Versuchen nur beschränkte Beweiskraft zu. Sie konnten von der Vene aus durch Phlorrhizin und Coffein, in geringerem Maße auch durch Traubenzucker und Harnstoff Harnvermehrung hervorrufen, während von der Arterie aus Sulfat, Nitrat, Chlorid, Zucker und Harnstoff diuretisch wirkten. Bei Unterdrückung des Zuflusses von der Aorta aus wird kein Urin abgesondert. Durch Drucksteigerung im renoportalen System kann jedoch die Harnsekretion in Gang gebracht werden. MENZIES[3] und ATKINSON, CLARK und MENZIES[4] sahen bei Durchspülung der Nierenvene unter 11—12 cm Wasserdruck Harnstoff und Sulfat in den Urin übertreten, während Traubenzucker zurückgehalten wurde. Bei der Durchspülung von der Arterie aus traten jedoch alle drei Substanzen in den Urin über. Durch Zerstörung des Tubulusepithels mittels von der Vene aus zugeführten Sublimats gewannen BAINBRIDGE, COLLINS und MENZIES[5] einen Urin, der mit der Durchspülungsflüssigkeit isotonisch ist, was als Beweis für die Rückresorption des Kochsalzes in den Tubulis angesehen werden muß. Über das Verhalten der isolierten Froschniere gegenüber den einzelnen Blutbestandteilen ist bereits an anderer Stelle (vgl. S. 381 ff.) berichtet worden.

Neuerdings hat nun BRÜHL[6] die Methoden der Durchspülung der isolierten Froschniere mit willkürlich gewähltem Zusatz verschiedenster auf die Harnabscheidung wirkender Stoffe zur Durchspülungsflüssigkeit, sowohl von der Arterie wie von der Pfortader aus, bei gleichzeitiger Untersuchung von Harnmenge und Harnzusammensetzung mit der mikroskopischen Inspektion der Niere im auffallenden Licht kombiniert. Um die Strömungen in den Gefäßen sichtbar zu machen, setzte er der sonst im Höberschen Institut gebrauchten modifizierten Salzlösung von BARKAN, BROEMSER und HAHN[7] Rinderblutkörperchen zu, die durch Rohrzuckerwaschungen gehärtet waren. Er stellte fest, daß die Zahl der arbeitenden Glomeruli in der künstlich durchströmten Niere im wesentlichen konstant war und faßt eine Abnahme dieser Zahl als Schädigung auf. Durch Coffeinzufuhr oder Glykokollzufuhr bei Glykokollmangel können ruhende Glomeruli wieder zur Tätigkeit angeregt werden. Cyankali und Narkotica schränken die Harnbildung ein, ohne die Glomeruluszirkulation zu verändern. Coffein erweitert die Glomeruluscapillaren ohne eindeutige Veränderung der Nierendurchströmung, Glykokollmangel schaltet reversibel Glomeruluszirkulation aus, die Harnbildung wird jedoch hierdurch irreversibel geschädigt. Erhöhung des Durchströmungsdrucks führt zu keinen eindeutigen Ergebnissen hinsichtlich der Glomeruluszirkulation und der Harnbildung, lediglich die Durchströmungsgeschwindigkeit wird beträchtlich gesteigert.

Bei inverser Durchströmung der Froschniere von der Nierenvene aus und Ausfluß aus der Nierenarterie sah WOODLAND[8] eine außerordentlich starke Vermehrung des Harns auftreten, obwohl der Druck in den Glomerulis herabgesetzt war. Hieraus sowie aus der angeblichen Unabhängigkeit der Harnmenge vom

---

1 CULLIS, W. C.: J. of Physiol. **34**, 250 (1906).
2 ROWNTREE u. GERAGTHY: Arch. int. Med. **9**, 284 (1912).
3 MENZIES, J. A.: J. of Physiol. **54**, 66 (1920).
4 ATKINSON, M., G. A. CLARK u. J. A. MENZIES: J. of Physiol. **55**, 253 (1921).
5 BAINBRIDGE, COLLINS u. MENZIES: Proc. roy. Soc. Lond. B **86**, 355 (1913) — J. of Physiol. **48**, 233 (1914).
6 BRÜHL, H.: Pflügers Arch. **220**, 380 (1928).
7 BARKAN, G., PH. BROEMSER u. A. HAHN: Zeitschr. Biol. **74**, 1 (1922).
8 WOODLAND, W. V. F.: J. a. Proc. Asiat. Soc. Bengal, N. s. **18**, 85 u. 193 (1922).

Glomerulusdruck und aus der Tatsache, daß bei Steigerung des Drucks in der Nierenarterie oder in der Nierenvene ein chlorreicherer, stickstoffärmerer Harn ausgeschieden wird, schließt Woodland[1] auf eine Sekretion des gesamten Harns im Kanälchensystem. Die Glomeruli sollen lediglich der Regelung des Blutdrucks und der Durchströmungsgeschwindigkeit des Bluts in der Niere dienen.

In einer weiteren Untersuchung glaubt Woodland[2] den als Bowmansche Kapsel beschriebenen Spaltraum als Kunstprodukt ansprechen zu müssen. Diese Befunde von Woodland, die mit allen bisher beobachteten Tatsachen in krassestem Widerspruch stehen, sind durch das vorliegende Versuchsmaterial nicht hinreichend gestützt und erlauben nicht so weitgehende Schlüsse zu ziehen, wie es der Verfasser getan hat.

2. An der Säugetierniere.

Auch bei der Säugetierniere hat man versucht, die Funktion der einzelnen Systeme getrennt zu beobachten. Ribbert[3] hat bei Kaninchen große Teile des Nierenmarks entfernt und die andere Niere exstirpiert. Danach schied die Niere einen außerordentlich vermehrten und verdünnten Urin aus und er schloß daraus, daß in den Tubulis im wesentlichen eine starke Rückresorption von Wasser stattfindet. Boyd[4] konnte die Ribbertschen Versuche nicht bestätigen, dagegen konnte Hausmann[5] zeigen, daß in der Ribbertschen Versuchsanordnung die Niere einen außerordentlich vermehrten und verdünnten Urin produzierte, in dem der Gehalt von Chlor und Stickstoff ungefähr in ihrem gegenseitigen Verhältnis dem des enteiweißten Serums entsprach. Auch die Beobachtungen von Buyniewicz[6] an einem Menschen, bei dem durch Unfall fast das gesamte Mark einer Niere zerstört war, bestätigten den Ribbertschen Befund. Der Wert der Ribbertschen Versuche erfährt aber eine starke Einschränkung durch die Feststellung Bradfords[7], daß bei Hunden der gleiche Urinbefund beobachtet wird, wenn ihnen nicht ausschließlich das Mark, sondern Rinde und Mark in gleicher Ausdehnung entfernt wird, Versuche, die allerdings von späteren Untersuchern nicht bestätigt wurden (s. S. 367 ff.). Auch die Beobachtungen Winiwarters[8], der bei frisch geborenen Mäusen trotz des Vorhandenseins einer außerordentlichen geringen Zahl von Malpighischen Körperchen die Blase mit Urin gefüllt sah und daraus auf eine Harnsekretion durch die reichlich vorhandenen Kanälchen schloß, lassen keine verwertbaren Schlüsse über die Funktion des Glomerulus- und Tubulusgebiets zu, da immerhin schon eine Anzahl Glomeruli vorhanden war und man über die Ausscheidungszeit des Blasenharns nicht unterrichtet ist. Durch Injektion von verschiedenen Nierengiften hat man ebenfalls versucht, einzelne Teile des Nierenepithels auszuschalten in der Meinung, daß die einen (Cantharidin) eine isolierte Zerstörung der Glomeruli, die anderen eine isolierte Veränderung des Tubulusepithels erzielen. Wie schon bei der Besprechung dieser Gifte (vgl. S. 435ff.) gezeigt wurde, handelt es sich hier lediglich um graduelle Unterschiede, so daß eine exakte Differenzierung nicht

[1] Woodland, W. V. F.: Zitiert auf S. 461.
[2] Woodland, W. V. F.: Amer. J. Physiol. **63**, 368 (1923).
[3] Ribbert, H.: Virchows Arch. **93**, 169 (1883).
[4] Boyd, F. D.: J. of Physiol. **28**, 76 (1902).
[5] Hausmann, W., zitiert nach Grünwald: Arch. f. exper. Path. **60**, 360 (1909).
[6] Buyniewicz: Le physiologiste Russe **2**, 196 (1902); zitiert nach Hamburgers Osmot. Druck u. Ionenlehre **2**, 408 (1904).
[7] Bradford, J. R.: J. of Physiol. **23**, 415 (1899).
[8] Winiwarter, H. de: C. r. Soc. Biol. **96**, 1076 (1927).

möglich ist. Ebensowenig gelingt es vom Nierenbecken aus, durch Einpressung von Fluornatrium eine Schädigung des Nierenepithels hervorzurufen, wie es BOTAZZI und ONORATO[1] und DE BONIS[2] versucht haben.

Auch die Methode, die Glomeruli durch Ölembolie auszuschalten (LINDEMANN[3]), erscheint unsicher, weil bei erfolgreicher Blockierung auch die Tubuli von der Blutversorgung abgesperrt werden und weil im Versuch nur eine partielle Ausschaltung der Blutversorgung gelang, denn die Durchströmung wurde jeweils nur auf die Hälfte herabgesetzt. Neuere Untersuchungen von PAUNZ[4] an der Säugetierniere durch Umkehr des Kreislaufes mit Hilfe von Netzanastomosen auszuschalten, befinden sich noch im Versuchsstadium. Neuerdings haben O'CONNOR und seine Mitarbeiter[5] den Versuch gemacht, aus dem Zeitpunkt des ersten Auftretens von Veränderungen des Harns nach der intravenösen Injektion bestimmter Substanzen und der bis zum Auftreten der Urinveränderungen (Leitfähigkeitsmessung oder Farbstoffausscheidung) aus dem Ureter austretenden Harnmenge auf den Ausscheidungsort der betreffenden Substanz Schlüsse zu ziehen. Sie gehen von dem Gedanken aus, daß die Längenausdehnung der harnabscheidenden Elemente vom Glomerulus bis zum Nierenkelch hinreiche, um die im Glomerulus austretenden Stoffe erkennbar später im Harn sichtbar werden zu lassen, als solche, die in den einzelnen Abschnitten der Tubuli ausgeschieden werden. Diese Untersuchungen können noch nicht als abgeschlossen gelten; die bisher vorliegenden Resultate sind nicht eindeutig. Die Voraussetzung für die O'CONNORsche Versuchsanordnung ist die durch nichts bewiesene, nach den Erfahrungen von RICHARDS und SCHMIDT[6] und KHANOLKAR[7] eher unwahrscheinliche, gleichzeitige Funktion aller einzelnen Nierenelemente.

Durch unmittelbare histologische Beobachtungen mit geeigneten Fixierungsmethoden konnte KOSUGI[8] bei Nieren verschiedenster Säugetiere feststellen, daß die einzelnen Epithelzellen der Tubuli sehr verschiedene Größen aufweisen. Er konnte den Nachweis erbringen, daß diese großen Differenzen der einzelnen Zellen vikariieren und auf einem verschiedenen Quellungszustand der Plasmakolloide während der Tätigkeit der Zellen beruhen. Bei Fixationsmitteln, die sublimatfrei waren, sah er in den Epithelien eigenartige Strukturen, die er als „Granuloid" bezeichnet. Die Zellen im Grenzgebiet zwischen Mark und Rinde enthalten am meisten Granuloid, gegen die Glomeruli hin nimmt es ab. In den Schleifen findet sich kein Granuloid vor. Es ist in den Tubuluszellen um so reichlicher enthalten, je größer sie sind und findet sich am stärksten in der lumennahen Kuppenregion, die allmählich größer wird und schließlich an einer Stelle, meist in der Mitte der Zellkuppe, platzt. Bei Kochsalz- und Harnstoffdiurese soll das Granuloid zerstört werden. Auch Ureterenunterbindung bewirkt Granuloidschwund, aber merkwürdigerweise auch vorübergehend bei einseitiger Unterbindung in der nicht unterbundenen Niere. Aus diesen Befunden zieht KOSUGI weitgehende Schlüsse auf die Funktion des Granuloids, auf die noch an anderer Stelle S. 506 eingegangen wird.

---

1 BOTAZZI, F. u. R. ONORATO: Sulla funz. dei reni sperim. alterati. Arch. di Fisiol. **1**, 273 (1904) — Arch. Anat. u. Physiol. **1906**, 205.
2 DE BONIS, V.: Arch. Anat. u. Physiol. **1906**, 271.
3 LINDEMANN, W.: Z. Biol. **42**, 161 (1901).
4 PAUNZ, L.: Z. exper. Med. **52**, 548 (1926); **59**, 280, 391 (1928).
5 O'CONNOR, J. M. u. E. J. CONWAY: J. of Physiol. **56**, 190 (1922). — O'CONNOR, J. M. u. J. A. MCGRATH: Ebenda **58**, 338 (1924).
6 RICHARDS, A. N. u. C. S. SCHMIDT: Amer. J. Physiol. **71**, 174 (1925).
7 KHANOLKAR, V. R.: J. of Path **25**, 414 (1922).
8 KOSUGI, T.: Beitr. path. Anat. **77**, 1 (1927).

II. Histologische Untersuchungen.

1. Farbstoffausscheidung.

Neben der experimentell-funktionellen Trennung von Tubulus- und Glomerulussystem kommt in erster Linie die histologische Beobachtung solcher durch die Niere ausgeschiedener Substanzen in Frage, die entweder wie die Farbstoffe unmittelbar oder wie andere Substanzen durch Anwendung besonderer technischer Fixierungs- und Färbungsmethoden in den einzelnen Abschnitten der Niere sichtbar gemacht werden können. Der erste dahingehende Versuch stammt von Heidenhain[1] und diente lange Zeit als Hauptstütze der Bowman-Heidenhainschen Sekretionstheorie. Heidenhain injizierte Kaninchen indigschwefelsaures Natrium (Indigcarmin) und konnte den Farbstoff nie in den Glomerulis, sondern ganz ausschließlich in den Harnkanälchen nachweisen. Durch Rückenmarksdurchschneidung wurde der Blutdruck soweit herabgesetzt, daß jeder Harnabfluß aus den Ureteren sistierte oder, wie Heidenhain meint, kein Urin sezerniert wurde. Wurde dann intravenös indigschwefelsaures Natrium injiziert und die Tiere ungefähr 10 Minuten nach der Injektion getötet, so waren die Tubuluszellen blau gefärbt. Wartete man eine Stunde nach der Injektion, so fand sich der Farbstoff in Körnchen oder in Krystallform im Lumen der Tubuli contorti und in den breiten Schenkeln der Henleschen Schleifen. Die Glomeruli blieben vollkommen farblos. Heidenhain[1] schließt daraus, daß bei vollkommener Stockung der Wasserabsonderung in den Knäueln der Farbstoff durch die Epithelien der Tubuli contorti und der Henleschen Schleifen ausgeschieden wird. Bei intaktem Rückenmark und daher harnsezernierender Niere wird der Farbstoff in den Sammelröhren und in dem Ureteren- und Blasenurin gefunden, während er aus den Tubulis ausgeschwemmt ist. Bei Injektion größerer Farbstoffmengen sind Rinde und Pyramiden nach 20—25 Minuten tiefblau gefärbt, die Grenzschicht hingegen erscheint heller.

Bei Verätzung einzelner Nierenabschnitte durch Silbernitrat mit so weitgehender Zerstörung der Kapseln, daß in diesen Bezirken die Wasserabsonderung aufhört, findet sich in den zerstörten Partien der Farbstoff in den Tubulis contortis, während in den normalen Anteilen vor allem die unteren Abschnitte der Niere intensiven Farbstoffgehalt aufweisen. Das von Heidenhain beobachtete Bild blieb von den Nachuntersuchern, soweit sie seine Methodik genau befolgten, unbestritten; seine Schlußfolgerungen haben aber zur Kritik verschiedenster Art Anlaß gegeben.

Als Kabrhel[2] diesen Versuch durch mechanische Abtragung einer Rindenpartie der Kaninchenniere nachprüfen wollte, bot sich im geschädigten Abschnitt ein Bild, das dem nach Injektion von Indigo (Indigcarmin) in die Arterie der toten Niere gleichkam. Schon Runeberg[3] hatte gegen die Auffassung Heidenhains, der Farbstoff werde in den Kanälchen sezerniert, den Einwand erhoben, daß das fehlende Ausfließen von Urin aus den Ureteren nach Rückenmarksdurchschneidung keinen Beweis für ein Aufhören der Wasserabscheidung im Glomerulus darstellt, da ja bei langsam fließendem Harn die gesamte Flüssigkeitsmenge in den Tubulis rückresorbiert werden könne. Das Nichtsichtbarwerden des Farbstoffs in den Tubulis kann eine Folge der großen Verdünnung sein und erst durch allmähliche Rückresorption des Wassers in den Tubulis werde durch Konzentrationserhöhung der Farbstoff sichtbar. Heidenhain[4]

---

[1] Heidenhain, R.: Pflügers Arch. **9**, 1 (1874) — Arch. mikrosk. Anat. **10**, 1 (1874).
[2] Kabrhel, G.: Wien. med. Jb. **1**, 385, 422 (1886).
[3] Runeberg, J. W.: Dtsch. Arch. klin. Med. **23**, 11 (1879).
[4] Heidenhain, R.: Hermanns Handb. d. Physiol. **5**, 347. Leipzig 1883.

selbst glaubte, den RUNEBERGschen Einwand durch folgende Darlegungen widerlegen zu können. Einmal müsse bei der Ausscheidung des verdünnten Farbstoffs durch die Glomeruli eine so außerordentlich große Flüssigkeitsmenge rückresorbiert werden, daß die in den Kanälchen zurückzulegende Strecke hierfür nicht ausreiche; und weiterhin seien die Tubuli contorti von ihrem Ursprung an mit körnigem Farbstoff aufs dichteste gefüllt, während bei der Annahme einer Rückresorption die Farbstoffkonzentration in den Tubulis mit zunehmender Länge des Rückresorptionsweges zunehmen müßte.

Durch spätere Untersuchungen (HÖBER und KÖNIGSBERG[1], BASLER[2] und SCHAFER[3]) wurden die Befunde HEIDENHAINS im wesentlichen bestätigt. Auch v. SOBIERANSKI[4] beobachtete bei strenger Einhaltung der HEIDENHAINschen Versuchsanordnung dieselben Bilder wie HEIDENHAIN. v. SOBIERANSKI jedoch konnte erweisen, daß die von HEIDENHAIN gefundenen Bilder teilweise bedingt sind durch das verschiedene färberische Verhalten des Tubulus- und Glomerulusepithels gegenüber den angewandten Indigo, und er konnte weiterhin durch Variation der Zeit, die zwischen Farbstoffinjektion und der Tötung des Tiers verstrich, zeigen, daß tatsächlich das Indigo durch die Glomeruli sezerniert wird und daß die Färbung des Tubulusepithels durch partielle Rückresorption des Farbstoffs in den Tubulis zustande kommt.

Auch KABRHEL[5] hatte schon darauf hingewiesen, daß nicht alle Zellen, die von Indigo passiert werden, sich färben und daß die Färbbarkeit zum Teil von der Konzentration des passierenden Farbstoffs abhängig ist. Eine Stütze erfuhr die Anschauung HEIDENHAINS durch die Versuche von NUSSBAUM[6] an Fröschen, der nach Unterbindung der Nierenarterie einen Übertritt des Indigos in die Harnkanälchen beobachtete. Bei nichtunterbundenen Gefäßen konnte weder NUSSBAUM noch GURWITSCH[7] Farbstoff in den Glomerulis feststellen. HEIDENHAIN[8] selbst sowie vor allem PAUTYNSKI[9] hatte in einzelnen Fällen nach schneller Injektion großer Dosen, ebenso wie HENSCHEN[10] und v. SOBIERANSKI[4] nach Unterbindung der Vena renalis den Inhalt der Glomeruli gefärbt gesehen. GRÜTZNER[11] hat allerdings mit Recht gegen die Versuche von PAUTYNSKI und HENSCHEN den Einwand erhoben, daß die unter gänzlich unphysiologischen Bedingungen vorgenommen waren und deshalb ihre Beweiskraft verlieren. v. SOBIERANSKI[4] dagegen konnte an Hunden, die er sehr wasserarm gemacht hatte und schnell nach der Injektion des Farbstoffs tötete, einwandfrei die Färbung des Glomerulusinhalts zeigen, während bei längerem Zuwarten auch hier die Glomeruli farblos waren. Die Tatsache, daß HEIDENHAIN[8] das Glomerulusepithel ungefärbt fand, ist möglicherweise auch auf die leichte Reduzierbarkeit des Indigos zurückzuführen (SCHAFER[3]).

Die Frage der Ausscheidung von Farbstoffen durch den Glomerulus ist nun endgültig durch die Versuche von WEARN und RICHARDS[12] dahin entschieden, daß zum mindesten Indigocarmin, Phenolrot und Methylenblau durch

1 HÖBER, R. u. A. KÖNIGSBERG: Pflügers Arch. **108**, 323 (1905).
2 BASLER, A.: Pflügers Arch. **112**, 203 (1906).
3 SCHAFER, G. D.: Amer. J. Physiol. **22**, 335 (1908).
4 v. SOBIERANSKI, W.: Arch. f. exper. Path. **35**, 144 (1895).
5 KABRHEL, G.: Wien. med. Jb., N. F. **1**, 385, 421 (1886).
6 NUSSBAUM, M.: Pflügers Arch. **16**, 141 (1878).
7 GURWITSCH, A.: Pflügers Arch. **91**, 71 (1902).
8 HEIDENHAIN, R.: Zitiert auf S. 464.
9 PAUTYNSKI, J. F.: Virchows Arch. **79**, 393 (1880).
10 HENSCHEN, S.: Hofman-Schwalbes Jber. üb. d. Fortschr. d. Anat. u. Physiol. **1880**, 347.
11 GRÜTZNER, P.: Pflügers Arch. **24**, 441 (1881).
12 WEARN, J. T. u. A. N. RICHARDS: Amer. J. Physiol. **71**, 209 (1924).

den Glomerulus in das Kapsellumen eindringen. Denn bei Punktion des Kapselinhaltes konnte Farbstoffgehalt in demselben nachgewiesen werden, der ausreichte, um Filtrierpapier zu färben. Auch die Versuche von Tamura, Miyamura, Nishina, Nagasawa, Fukuda und Hosoya[1] bestätigen dies. Bei der unmittelbaren Beobachtung von Tubulis und Glomerulis der Froschniere sahen sie nach Injektion von Lithiumcarmin Farbstoff sowohl im Kapsellumen als auch im Lumen der Tubuli gleich stark erscheinen. Bei Verwendung von Indigocarmin waren ebenfalls Kapsel- und Tubuluslumen gefärbt, jedoch überwog die Farbe in den Tubulis um ein Geringes. Diese intensivere Färbung der Tubuli zeigte sich noch stärker nach Injektion von Phenolrot. Nach Unterbindung der Arteria renalis versiegte ebenso wie bei dem Nussbaumschen Versuch die Harnausscheidung. Bei nunmehriger Injektion von Indigocarmin waren die Tubuluslumina stärker gefärbt. Diese Erscheinung kann einmal darauf beruhen, daß in den Tubulis der Farbstoff ausgeschieden wird, wahrscheinlicher ist aber, daß infolge der Anastomosen zwischen Pfortader und Arterie die Abscheidung des Harnes durch die Glomeruli vermindert bestehen bleibt, daß sie zwar nicht mehr ausreicht, um den Harn in die Ureteren vorzutreiben, daß aber die geringe, von den Glomerulis abgeschiedene Harnmenge bei ihrer Stagnation in den Tubulis stärker eingedickt wird und dadurch stärker gefärbt ist. Nunmehr wurde ein Froschpräparat hergestellt, bei dem die Arterie der einen Niere durch eine Kanüle künstlich durchströmt wurde, während die Portalvene dieser Niere sowie das ganze Gefäßgebiet der anderen Niere unverändert blieb. Wurde diesem Präparat Lithiumcarmin in den Lymphsack gebracht, so blieb der Harn der künstlich durchspülten Niere farbstofffrei, während der Harn der intakten Niere gefärbt war. Das Lithiumcarmin mußte also durch die Glomeruli ausgeschieden werden. Wurde an Stelle von Lithiumcarmin Indigorot oder Phenolrot verwandt, so färbte sich auch der Harn der künstlich durchströmten Niere, jedoch wesentlich schwächer als der der intakten, so daß auf eine Ausscheidung dieser Farbstoffe durch die Tubuli neben der Glomerulusausscheidung geschlossen wird. Auch die Beobachtungen von Hirschfelder und Bieter[2] über die Ausscheidung von Phenolsulfophthalein und Indigocarmin durch die Froschniere erfolgte durch Inspektion unter dem Mikroskop. Sie sahen zunächst die Kapsel durch gefärbte Flüssigkeit ausgedehnt und einen allmählichen Übertritt des Farbstoffes in die Kanälchen mit zunehmender Konzentration. Bei lädierter Nierenarterie fehlt die Farbstoffausscheidung. Die Färbung der Kanälchenzellen war nicht so intensiv wie die der Zellen der anderen Gewebe. Im Gegensatz hierzu sahen Edwards und Marshall[3] Phenolsulfophthalein zuerst in den Tubuli contorti auftreten und fanden gleichzeitig die Epithelzellen der Tubuliteile dunkel gefärbt.

Ähnliche Versuche hatte schon früher Ghiron[4] an der lebenden Säugetierniere angestellt. Er konnte an den Kanälchen zeigen, daß intravenös injizierter Farbstoff zunächst im Lumen des Kanälchens erscheint und von dort aus in die Epithelzellen eindringt und sie durchsetzt. Bei Tieren mit durchschnittenem Halsmark blieb das Eindringen des Farbstoffs in die Kanälchenlumen aus. Bei gleichzeitiger Injektion von Harnstoff dagegen zeigten sich dieselben Bilder wie bei dem Tier mit intaktem Halsmark. Ghiron sah diese Beobachtungen als Beweis für die Ausscheidung des Farbstoffs im Glomerulus bei partieller Rück-

---

[1] Tamura, K., K. Miyamura, T. Nishina, H. Nagasawa, F. Fukuda u. M. Hosoya: Trans. of the 6. congr. of the Far Eastern assoc. of trop. med. **1**, 921 (1926). Tokio 1925.
[2] Bieter, R. N. u. A. D. Hirschfelder: Proc. Soc. exper. Biol. a. Med. **23**, 798 (1926).
[3] Edwards, J. G. u. E. K. Marshall jr.: Amer. J. Physiol. **70**, 489 (1924).
[4] Ghiron, M.: Pflügers Arch. **150**, 405 (1913).

resorption im Tubulus an. KHANOLKAR[1] konnte diese Befunde nicht bestätigen, da er angeblich infolge der Dicke der Kanälchenwand keine eindeutigen Bilder erhielt. Auch analoge Versuche von EDWARDS und MARSHALL[2] zwecks Beobachtung der Nierenpassage des Phenolsulfophthaleins ergaben keine eindeutigen Bilder.

Dagegen gelang EDWARDS[3] eine Reproduktion der GHIRONschen Versuche sowohl bei der Albinoratte als auch beim Frosch. Er konnte hinsichtlich ihres Verhaltens gegenüber der Niere drei Gruppen von Farbstoffen unterscheiden: einmal solche vom Typ des Phenolrots, die in großen Mengen in der Niere ausgeschieden werden. Sie färben wenige Minuten nach der Injektion die Tubuluszellen intensiv und gleichzeitig in geringem Maße die Lumina. Unter steigender Farbstoffaufnahme in das Epithel und unverändertem Farbgrad des Lumens beginnt nach einiger Zeit die Ausscheidung gefärbten Urins. Nach einiger Zeit sind die Epithelzellen der Tubuli contorti intensiv gefärbt, während die Schaltstücke farbloses Epithel und erhebliche Farbstoffanreicherung im Lumen aufweisen. Schließlich werden die Epithelzellen farbstofffrei, während sich im Lumen noch geringe Farbstoffmengen vorfinden. Drei Stunden nach der Injektion sind Urin und die gesamte Niere farbstofffrei. Der zweite Typus von Farbstoffen, zu dem unter anderen das Trypanblau gehört, wird nur in geringer Menge in den Nieren ausgeschieden. Sie färben das Tubulusepithel stärker als die Tubuli, teils in Form von Granula, teils diffus. In 2 Stunden werden maximal 10% des Farbstoffes ausgeschieden. Ein dritter Typus von Farbstoffen (Vitalrot, Neutralrot usw.) wird nicht durch die Nieren ausgeschieden. Während EDWARDS aus der Tatsache der Färbung der tubulären Epithelzellen keinen Schluß auf eine sekretorische Funktion dieser Zellen ziehen will, betrachtet er das gleichzeitige Auftreten der Färbungsmaxima dieser Zellen mit dem Ausscheidungsmaximum im Urin und das gleichzeitige Verschwinden von beiden Erscheinungen als Beweis der Sekretion des Farbstoffes in den Tubulis.

Weiterhin hat EDWARDS[4] die Ausscheidung verschiedener Farbstoffe bei intraperitonealer und intravenöser Injektion am Nekturus beobachtet und miteinander verglichen. Da beim Nekturus ein Teil der Nierenkanälchen durch Nephrostomen unmittelbar mit der Bauchhöhle in Verbindung steht, während andere MALPIGHIsche Körperchen an ihrem Ende tragen, so werden intraperitoneal injizierte Stoffe durch die Nephrostomen direkt in die Tubuli eingeführt. Nach der Injektion in die Bauchhöhle wurde eine Farbstoffaufnahme durch das Tubulusepithel nie beobachtet. Nach intravenöser Injektion waren die Tubuli contorti erster Ordnung während der Ausscheidung im Urin intensiv gefärbt. Alle übrigen Epithelien bleiben ungefärbt. Auf Grund der Gleichzeitigkeit von Farbstoffaufnahme durch die Tubulusepithelien und Ausscheidung im Urin wird diese Färbung als sekretorische Funktion der Zellen angesehen. Lediglich nach Toluidin- und Trypanblauinjektion wurde eine diffuse Färbung aller Tubuli in ihrer ganzen Ausdehnung sowohl bei intravenöser als auch bei intraperitonealer Applikation beobachtet.

SCHLECHT[5] hält die Färbung der Tubuli mit Indigo für eine nach dem Tode eintretende Diffusion des Farbstoffes in das Epithel und diese Auffassung wird gestützt durch die Versuche von JAKOBJ und v. SOBIERANSKI[6], die an der ausgeschnittenen Hundeniere bei der Durchspülung mit Indigo das gleiche färberische

[1] KHANOLKAR, V. R.: J. of Path. **25**, 414 (1922).
[2] EDWARDS, J. G. u. E. K. MARSHALL JR.: Zitiert auf S. 466.
[3] EDWARDS, J. G.: Amer. J. Physiol. **80**, 179 (1927).
[4] EDWARDS, J. G.: Amer. J. Physiol. **75**, 330 (1926).
[5] SCHLECHT, H.: Beitr. path. Anat. **40**, 312 (1907).
[6] JAKOBJ, C. u. W. v. SOBIERANSKI: Arch. f. exper. Path. **29**, 25 (1891).

Verhalten der Niere sahen wie HEIDENHAIN. In ihrer Versuchsanordnung muß die Niere sicher als tot angesehen werden. Im Gegensatz zu einer stets granulären Intravitalfärbung ist die von HEIDENHAIN beobachtete Färbung des Tubulusepithels diffus mit einer allerdings intensiveren Färbung der Zellkerne. Eine granuläre Vitalfärbung konnte ARNOLD[1] mit indigoschwefelsaurem Natrium und vor allem BASLER[2] und SUZUKI[3] durch Carmin beobachten. Schon CHRZONSZCZEWSKY[4] und v. WITTICH[5] hatten zeigen können, daß Carmin die Kapsel in der Regel diffus färbt. In größerer Konzentration sahen sie es im Lumen der Tubuli contorti, deren Zellinhalt farblos war. Sie sowie HEIDENHAIN[6], SCHMIDT[7] und RIBBERT[8] nahmen für das Carmin eineAusscheidung in den Glomerulis an.

BASLER[2] zeigte, daß bei Carmininjektion der Urin Carmin enthielt, bevor die Tubuli die geringste Menge Farbstoff annahmen, während die Glomeruli intensiv gefärbt waren, und schloß daraus, daß Carmin durch den Glomerulus ausgeschieden wird. Auch HEIDENHAIN[6] hat bei Kaninchen mit normalem Blutdruck eine Färbung des Urins ohne Tinktion der Tubuli beobachtet, diese Erscheinung jedoch auf ein zu schnelles Ausspülen des Farbstoffes durch das Tubulussystem gedeutet. SUZUKI[3] sah in Bestätigung der BASLERschen Versuche eine intensive Carminfärbung des Lumeninhalts der tiefen Abschnitte, bevor sich die Tubuli granulär anfärbten. Dagegen blieben diese Farbstoffgranula im Tubulusepithel Tage und Wochen nach der Farbstoffinjektion bei gänzlich farbstofffreiem Urin bestehen. Der Übertritt von Trypanblau in die Epithelzellen der Tubuli auf dem Wege von der Blutbahn zum Lumen soll bei Ratten durch gleichzeitige Theobrominzufuhr beschleunigt und verstärkt werden (MITACEK[9]). Während im Urin der Farbstoffgehalt kurze Zeit nach der Injektion seinen Höhepunkt erreicht, nimmt die granuläre Farbstoffanhäufung im Parenchym noch bis zum Ablauf des ersten Tages nach der Injektion zu. Die Farbstoffanhäufung in den Epithelien und die Farbstoffausscheidung stehen nach der Ansicht SUZUKIS daher nicht in unmittelbarem Zusammenhang. Hinsichtlich der granulären Anhäufung von Farbstoff verhält sich das Tubulusepithel wie andere Körperzellen ohne sekretorische Funktion. Die von HEIDENHAIN beobachtete Tubulusfärbung muß also als postvitale angesehen werden und büßt für die Deutung des Harnbildungsvorganges ihre Bedeutung ein. BASLER[2] und SUZUKI[3] nehmen für das Carmin an, daß es zwar im wesentlichen durch die Glomeruli ausgeschieden werde, sie glauben aber auf Grund des färberischen Verhaltens des Hauptstückepithels, daß ein Teil des Carmins auch durch die Tubuli zur Ausscheidung komme. KHANOLKAR[10] injizierte Kaninchen Carmin und Hämoglobin intravenös. Bei der mikroskopischen Untersuchung der Nieren — die Tiere wurden 3—5 Minuten nach der Injektion getötet — waren alle Knäuelcapillaren blaßrosa gefärbt. In den einzelnen Capillaren waren verschiedene intensive Farbstoffdepots. Die Zahl der Depots, also die Zahl der funktionierenden Glomeruli nahm bei der Diuresesteigerung durch Kochsalz oder Coffein erheblich zu. Neuerdings hat MITAMURA[11] an der Froschniere den endgültigen Beweis erbracht, daß Carmin lediglich durch die Glomeruli ausgeschieden wird und daß die Haupt-

[1] ARNOLD, K.: Virchows Arch. **169**, 1 (1902).
[2] BASLER, A.: Pflügers Arch. **112**, 203 (1906).
[3] SUZUKI, T.: Zur Morphologie der Nierensekretion. Jena 1912.
[4] CHRZONSZCZEWSKY: Virchows Arch. **31**, 153 (1864).
[5] v. WITTICH: Arch. mikrosk. Anat. **11**, 75 (1875).
[6] HEIDENHAIN, R.: Herrmanns Handb. d. Physiol. **5**, 279 (1883).
[7] SCHMIDT, A.: Pflügers Arch. **48**, 34 (1891).
[8] RIBBERT, H.: Zbl. Path. **5**, 851 (1894).
[9] MITACEK, ST.: C. r. Soc. Biol. **97**, 777 (1927).
[10] KHANOLKAR, V. R.: J. of Path. **25**, 414 (1922).
[11] MITAMURA, T.: Pflügers Arch. **204**, 561 (1924).

stückepithelien für Carmin undurchgängig sind. Denn bei der Durchspülung der Niere mit Carminringer nur von der Pfortader aus bei gleichzeitiger Durchströmung der Arterie mit farbstofffreier Ringerlösung tritt unter sonst normalen Verhältnissen kein Farbstoff in den Urin über. Die beobachtete Speicherung des Carmins in den Epithelien erfolgt durch Rückresorption des carminhaltigen Wassers unter Zurückhaltung des wesentlichen Carminanteils in dem Epithel. Ein Abfluß des Carmins aus den Tubulusepithelien in die Blutbahn erscheint unwahrscheinlich.

Über die Aufnahme von Farbstoffen und anderer leicht resorbierbarer Substanzen von den harnabführenden Organen aus liegen zahlreiche Untersuchungen vor, die ältesten wohl von RIBBERT[1], der durch Injektion einer Carminlösung in das Nierenmark versuchte, die HENLEschen Schleifen mit der Farblösung zu füllen. Er beobachtete nach einiger Zeit eine Anhäufung von Farbstoffgranula in den HENLEschen Schleifen und den Tubulis. Irgendeinen Schluß lassen die Versuche nicht zu, da es nicht bekannt ist, ob die primäre Injektion tatsächlich in die Lumina oder in das umgebende Bindegewebe erfolgt war. In den Ureter bzw. ins Nierenbecken mit mehr oder minder großer Gewalt injizierte Farbstoffe und andere leicht nachweisbare Substanzen werden sicher resorbiert. (HUBER[2]: Jodkali; TUFFIER[3]: Strychnin; BASLER[4] und HENDERSSON[5]: Indigo.) Ob diese Resorption vom Nierenbecken, von den Sammelröhren oder von den Tubulis aus erfolgt, besagen die Versuche nicht. LINDEMANN[6], der wäßrige Berlinerblaulösungen und in Öl gelöste Farbstoffe in den Ureter brachte, glaubt, daß sein Resultat — nur Spuren von Farbstoffen in einigen HENLEschen Schleifen — eine Resorption in den Tubulis ausschlösse.

Erst die Versuche von MIYAKE[7] machen es durch Vergleich der Farbstoffresorption bei intakten und geschädigten Kanälchenepithelien wahrscheinlich, daß das Tubulusepithel vom Lumen aus Farbstoffe aufnehmen kann. Er führte in einen Ureter unter 50 mm Quecksilberdruck Farbstoffe in ein Nierenbecken ein und beobachtete die Farbstoffausscheidung im Harn der anderen Niere. Er vergleicht die Schnelligkeit der Farbstoffausscheidung bei dieser Applikationsform mit der Ausscheidung der gleichen Farbstoffe nach intravenöser Zufuhr. Von den untersuchten Farbstoffen wurden Indigocarmin und Rhodaminsäurefuchsin schnell, Eosin und Neutralrot langsamer, Anilinblau und Methylenblau überhaupt nicht von der zweiten Niere ausgeschieden. Bei intravenöser Darreichung verhielten sich die einzelnen Farbstoffe identisch. Nach vorangehender einstündiger Abklemmung der Nierenarterie war die Farbstoffaufnahme verzögert. Gleichzeitig fand sich eine Schädigung der Tubuli contorti. Injektion von Kaliumchromat ins Nierenbecken, die eine histologische Veränderung des HENLEschen Schleifenepithels hervorrief, verbesserte die Farbstoffresorption vom Nierenbecken aus und ließ auch die sonst nicht aufgenommenen Farbstoffe zur Resorption kommen. Zufuhr von Calcium ins Nierenbecken wirkte resorptionshemmend.

Durch die Versuche von HAYMAN und RICHARDS[8] und HAYMAN[9] ist erwiesen, daß die Kanälchenepithelien sich bei der Einführung des Farbstoffes in das Kapsellumen in der gleichen Weise färben wie beim Eintritt von der Blut-

---

1 RIBBERT, H.: Zbl. Path. **5**, 851 (1894).
2 HUBER, A.: Arch. Physiol. norm. et Path. **8**, 140, 553 (1896).
3 TUFFIER: Ann. Mal. Org. Genitour. **1894**, 14.
4 BASLER, A.: Pflügers Arch. **112**, 203 (1906).
5 HENDERSSON, V. E.: J. of Physiol. **33**, 175 (1905).
6 LINDEMANN, W.: Beitr. path. Anat. **37**, 1 (1905).
7 MIYAKE, J.: Jap. J. of Dermat. **27**, 594, und dtsch. Zusammenfassung **1927**, 42; zitiert nach Ber. Physiol. **45**, 229 (1928).
8 HAYMAN jr., J. M. u. A. N RICHARDS: Amer. J. Physiol. **79**, 149 (1926).
9 HAYMAN jr., J. M.: Amer. J. Physiol. **72**, 184 (1925).

bahn aus. Selbst wenn man annimmt, daß von der Blutbahn aus ein Eintritt des Farbstoffes auf dem Wege von der Peripherie zum Tubuluslumen erfolgen kann, so besagen diese Versuche doch, daß die Tinktion der Tubulusepithelien über die Richtung der Farbstoffpassage in diesen Zellen keinen Schluß zuläßt. Dagegen geben die Versuche von White und Schmitt[1] über die Farbstoffverteilung im Verlaufe der Passage des Farbstoffes durch die abführenden Harnwege ein einwandfreies Bild darüber, daß der Eintritt der Farbstoffe durch den Glomerulus erfolgt, und daß ihre Konzentration im Verlaufe der Tubuluspassage eine Folge der Wasserresorption bzw. der Resorption der Farbstofflösung im Tubulusgebiet und nicht der Sekretion des Farbstoffes im Tubulus sein kann.

Es bleibt als Beweis für die Sekretionstheorie noch die von Heidenhain beobachtete Tatsache, daß die Farbstoffkonzentration im Tubuluslumen in den obersten Tubuluspartien am dichtesten ist und nicht mit dem Verlauf der Kanälchen zunimmt, wie es nach der Rückresorptionstheorie der Fall sein mußte. Heidenhain[2] glaubt die Ablagerung ausgefällten Indigos in den Tubulis auf eine Art Aussalzung des durch das Tubulusepithel sezernierten Farbstoffes zurückführen zu müssen.

Da aber unter gleichen Versuchsbedingungen auch Carmin und andere, nicht aussalzbare Farbstoffe im Tubuluslumen in gleicher Form angehäuft werden, kann die Heidenhainsche Erklärung nicht als gültig angesehen werden. Die Ausfällung kann nur durch Konzentrationserhöhung des Farbstoffes infolge Wasserrückresorption in den obersten Nierenabschnitten erklärt werden. Die Tatsache der maximalen Anhäufung des Farbstoffs in den glomerulusnahen Kanälchenabschnitten läßt sich durch die verhältnismäßig früh nach der Injektion des Farbstoffs erfolgende Abtötung des Tieres hinreichend begründen.

Nachdem so die Versuche Heidenhains in ihrer gesamten Ausdeutung für die Tätigkeit des Glomerulus- und Tubulussystems bei der Farbstoffausscheidung in der Niere eine grundlegende Umdeutung erfahren hatten und für die Mehrzahl der versuchten Farbstoffe eine Ausscheidung im Glomerulus und eine Anreicherung im Kanälchenlumen durch Rückresorption sichergestellt schien, während sich die Färbung der Tubulusepithelien als eine vom Ausscheidungsakt unabhängige Angelegenheit erwies, haben neuerdings Marshall und seine Mitarbeiter[3] Versuche vorgebracht, die eine aktive Sekretion der Farbstoffe im Tubulus beweisen sollen. Während beim normalen Hund und Kaninchen Phenolsulfophthalein sehr schnell im Harn erscheint, fanden sie es nach Blutdruckherabsetzung durch Halsmarkdurchschneidung in großer Menge in der Nierenrinde, in der sich die Tubuli contorti befinden, bei gänzlicher Sistierung der Harnabsonderung. Sie schlossen daraus auf eine Abscheidung der Substanz in den Tubulis. Der Befund läßt sich natürlich ebenso leicht auf eine Ausscheidung durch die Glomeruli und Konzentrierung durch Rückresorption des Wassers in den Tubulis bei langsamster Harnabsonderung erklären. Auch aus der angeblich beobachteten Tatsache, daß im Harn mehr Phenolsulfophthalein erscheint, als in der gleichen Zeit der Niere durch das Blut zugeführt wird, schließt Marshall auf eine vorherige Speicherung des Farbstoffes im Epithel.

Im gleichen Sinne sprechen auch Versuche von Anikin[4], der bei Fröschen und Ratten farbstoffgetränkte Agarplättchen mit der Niere durch Kontakt in Berührung brachte. An der Berührungsstelle — aber nur an dieser — sah er den Farbstoff in die Niere eindringen. Die Tubulusepithelien enthielten bei sauren

[1] White, H. L. u. F. O. Schmitt: Amer. J. Physiol. **76**, 220 u. 483 (1926).
[2] Heidenhain, R.: Herrmanns Handb. d. Physiol. **5**, 347 (1883).
[3] Marshall jr., E. K. u. M. M. Craner: Amer. J. Physiol. **70**, 465 (1924). — Marshall jr., E. K. u. J. L. Vickers: Bull. Hopkins Hosp. **34**, 383 (1923). — Edwards, I. G. u. E. K. Marshall jr.: Amer. J. Physiol. **70**, 489 (1924).
[4] Anikin, A. W.: Z. Zellforschg **6**, 541 (1927).

Farbstoffen reichliche Granula, während basische Farbstoffe sich daneben auch im Kanälchenlumen befanden. Er schloß daraus auf eine Speicherung der Farbstoffe in den Epithelzellen. Ähnliche Resultate ergaben auch die Beobachtungen der Farbstoffausscheidung nach intravenöser Injektion von Toluidinblau am Frosch. Hier zeigte sich ein sofortiges Auftreten im Harn, das bald abklang. Sechs Stunden, nachdem der Harn vollkommen farbstofffrei geworden war, trat eine erneute Farbstoffausscheidung ein, die sich über etwa 10 Stunden hinzog. Der Farbton dieser zweiten Farbstoffausscheidung soll sich von dem der ersten etwas unterscheiden. Zeitlich wurde ein Zusammenfallen der zweiten Ausscheidung mit dem Maximum der Granulabildung im Tubulusepithel beobachtet. Die erste Farbstoffausscheidung wird als unmittelbares Glomerulusfiltrat aus dem Blut gedeutet, während die zweite als Folge der Sekretion der im Körper gespeicherten Farbstoffanteile durch die Kanälchenepithelien angesehen wird. Es erscheint merkwürdig, daß solche Befunde trotz der unendlich umfangreichen Untersuchungen anderweitig nicht beobachtet wurden. Sollten sie sich bestätigen, so wäre damit nicht bewiesen, daß die Ausscheidung in der zweiten Phase tatsächlich durch die Sekretion in den Tubulis erfolgte, sondern es wäre ebensogut möglich an einen Übertritt des gespeicherten Materials in die Blutbahn und eine Ausscheidung durch die Glomeruli zu denken.

Auch STARLING und VERNEY[1] haben in ihren Versuchen am Herz-Lungen-Nierenpräparat eine Speicherung von Phenolsulfophthalein in der Niere beobachtet. Die Niere gab den Farbstoff bei Blausäurezufuhr ab. Sie schließen daraus auf einen aktiven Sekretionsprozeß in der Niere für Phenolrot, der durch Sauerstoffblockierung unterdrückt wird. Es ist aber ebensowohl möglich, anzunehmen, daß in den erstickten Nierenepithelien der Farbstoff durch Diffusion ausgeschwemmt oder infolge der Potentialvernichtung durch Erstickung nicht mehr in den Zellen gebunden wird. Vielleicht beruht die Nierenausscheidung von Phenolsulfophthalein in den MARSHALLschen Versuchen auf einer Schädigung des Nierenepithels. Denn aus den Versuchen von BIETER und HIRSCHFELDER[2] geht eindeutig hervor, daß Phenolrot bei der Froschniere durch die Glomeruli ausgeschieden wird.

Dem Phenolrot kommt infolge seiner Diffusibilität überhaupt eine Sonderstellung unter den Farbstoffen zu (RICHARDS und BARNWELL[3]). Auf die Oberfläche einer dekapsulierten Kaninchen- oder Froschniere gebracht, wird es bald im Harn dieser Niere nachgewiesen. Im überlebenden Nierenpräparat des Frosches tritt es nach Zufuhr von der Pfortader in den Harn ein, auch wenn die Flüssigkeit durch Steigerung des Druckes in der Vena renoportalis oder des Ureterdruckes von den Glomerulis abgesperrt ist. Es wird dann in den Tubulis stark konzentriert. Auch die ausgeschnittene Froschniere nimmt aus einer Phenolrotlösung, die in diese eingelegt wird, den Farbstoff auf und konzentriert ihn in den Tubulis. Hieraus wird auf eine Diffusion des Farbstoffes in bestimmten Tubulusabschnitten und Rückresorption von Wasser ohne Farbstoff in anderen Abschnitten geschlossen. Dabei soll zwischen den einzelnen Tubulusabschnitten ein ständiger Flüssigkeitstransport stattfinden, der durch mikroskopische Inspektion einer Niere an injiziertem Graphit und an kolloiden Farbstoffpartikeln beobachtet wurde. Durch Blausäurevergiftung wird nicht das Eindringen, aber die Konzentrierung im Lumen der Kanälchen der ausgeschnittenen Niere verhindert. Auch der Flüssigkeitsstrom wird durch Cyankalium unterbrochen. Die Ausscheidungsvorgänge des Phenolrots in der Niere werden von

---

[1] STARLING, E. H. u. E. V. VERNEY: Proc. roy. Soc. Lond. B **97**, 321 (1925).

[2] BIETER, R. N. u. A. D. HIRSCHFELDER: Proc. Soc. exper. Biol. a. Med. **23**, 798 (1926).

[3] RICHARDS, A. N. u. J. B. BARNWELL: Proc. roy. Soc. Lond. B **102**, 714 (1927).

RICHARDS und BARNWELL[1] auf Filtration, Diffusion und Rückresorption zurückgeführt und aktive Sekretion wird ausgeschlossen.

Später wurde dann neben Indigo und Carmin von verschiedenen Untersuchern eine große Menge verschiedener Farbstoffe injiziert und ihr Verhalten beobachtet. Erst durch die Untersuchungen von HÖBER und seinen Mitarbeitern[2], SUZUKI[3], v. MÖLLENDORFF[4] und SCHULEMANN[5] gewann man einige Klarheit über die Bedeutung des Dispersionsgrads des Farbstoffes für seine Ausscheidung wenigstens für die meist verwandten Säurefarbstoffe. Es konnte gezeigt werden, daß fast alle untersuchten Farbstoffe durch die Glomeruli in sehr verdünnter Form ausgeschieden werden und dann durch Rückresorption der wäßrigen Farbstofflösung in den Hauptstücken, durch Rückresorption des Wassers in den übrigen Kanälchenanteilen im Harn erheblich konzentriert werden. Die Ausscheidung der Farbstoffe im Harn geht parallel mit dem Dispersionsgrad.

Von kolloidalen Farbstoffen wird um so mehr im Harn ausgeschieden, je feiner dispergiert sie sind. Für das Thiazinbraun konnte GERZOWITSCH[6] an der Froschniere zeigen, daß es bei starken Diuresen in den Harn übertritt, während es sonst im Harn nicht auffindbar ist. Nach Ausschaltung der Glomeruli konnte durch Diuretica keine Thiazinbraunausscheidung im Harn erzielt werden, während andere Farbstoffe auch dann in den Harn übertreten. Überschreitet die Teilchengröße die Größe der im Blut vorkommenden Eiweißteilchen, so tritt kein Farbstoff in den Urin über. Nach wiederholter Injektion von Collargol beobachtete PAUNZ[7] eine Speicherung der kolloiden Silberteilchen in den hohen Zellen der HENLEschen Schleifen. Diese Erfahrungen wurden in letzter Zeit von NAKAGAWA[8] an der überlebenden Hundeniere bestätigt. v. MÖLLENDORFF[4] konnte weiterhin einwandfrei feststellen, daß eine granuläre Färbung nur in den Hauptstücken nachweisbar war, während alle übrigen früher beobachteten angeblichen Vitalfärbungen anderer Nierenabschnitte als nichtvital angesehen werden müssen.

Über die Art, wie diese granuläre Färbung zustande kommt, bestehen Differenzen in der Auffassung zwischen SUZUKI[3] und v. MÖLLENDORFF[4] einerseits und CUSHNY[9] andererseits. SUZUKI[3] und v. MÖLLENDORFF[4] sehen in der Speicherung des Farbstoffs in dem Hauptstückepithel ein aus dem Strom vom Kanälchenlumen zu den Tubuluscapillaren, aus dem rückresorbierten provisorischen Harn aufgenommenes Farbstoffdepot, das sich solange verstärkt, als wesentliche Farbstoffmengen die Niere durchsetzen und mit dem Versiegen der Farbstoffausscheidung abklingt. Sie sehen diese Speicherung als von der Ausscheidung abhängig, aber als nicht mit ihr identisch an. CUSHNY[9] dagegen geht von der Ansicht aus, daß Nichtschwellenwertskörper — und zu denen gehören ja die Farbstoffe — nicht rückresorbiert werden können. Er vertritt die Meinung, daß es sich bei der granulären Farbstoffanhäufung in den Tubulusepithelien um einen von der Farbstoffausscheidung völlig unabhängigen Vorgang handelt, der auf einem zeitlich von der Farbstoffausscheidung durch die Niere un-

[1] RICHARDS, A. N. u. J. B. BARNWELL: Zitiert auf S. 471.

[2] HÖBER, R. u. A. KÖNIGSBERG: Pflügers Arch. **108**, 323 (1905). — HÖBER, R. u. F. KEMPNER: Biochem. Z. **11**, 105 (1908). — HÖBER, R. u. J. CHASSIN: Kolloid-Z. **3**, 76 (1908). — HÖBER, R.: Biochem. Z. **20**, 56 (1909). — HÖBER, R. u. O. NAST: Ebenda **50**, 418 (1913).

[3] SUZUKI, T.: Zur Morphologie der Nierensekretion. Jena 1912.

[4] v. MÖLLENDORFF, W.: Anat. H. **53**, 87 (1915) — Arch. mikrosk. Anat. **90**, 463 (1918) — Erg. Physiol. **18**, 141 (1920).

[5] SCHULEMANN, W.: Biochem. Z. **80**, 1 (1917).

[6] GERZOWITSCH, S.: Z. Biol. **66**, 391 (1916).

[7] PAUNZ, L.: Orvosképzés (ung.) **15**, Sonderh., 246 (1925); zitiert nach Ber. Physiol. **36**, 182 (1926).

[8] NAKAGAWA, CH.: Pflügers Arch. **201**, 402 (1923).

[9] CUSHNY, A. R.: The Secretion of the Urine. London 1917.

abhängigen Eindringen des Farbstoffes von den Tubuluscapillaren aus in die Hauptstückepithelien beruhe[1].

Durch die Untersuchungen an der überlebenden Froschniere konnte SCHULTEN[2] zeigen, daß die eben angeführte Beobachtung hinsichtlich der Abhängigkeit der Farbstoffausscheidung durch die Niere vom Dispersionsgrad zu Recht besteht. Die CUSHNYsche[3] Ansicht einer Färbung durch Übergang des Farbstoffs von den Tubuluscapillaren zu den Venen konnte er durch die Tatsache widerlegen, daß bei Farbstoffdurchspülung vom renoportalen Kreislauf aus Farbstoff weder in die Epithelien noch in den Harn übergeht. Das gleiche konnte MITAMURA[4] für Carmin zeigen. Versuchen von NISHIMARU[5] über die Ausscheidung von Farbstoffen durch die überlebende Schildkrötenniere und ihre Abhängigkeit vom Molekulargewicht der Stoffe einerseits und von der Sauerstoffzufuhr andererseits kann wegen der gänzlich unphysiologischen Bedingungen, unter denen sie angestellt werden, Beweiskraft nicht zugesprochen werden.

BETHE[6] hat mit seinen Schülern ROHDE[7] am Frosch und POHLE[8] am Hund neuerdings auf die Bedeutung der aktuellen Reaktion von Blut und Harn für die Farbstoffausscheidung hingewiesen in dem Sinne, daß bei Alkalosis basische, bei Acidosis saure Farbstoffe vermehrt ausgeschieden werden. Auch die Speicherung der Farbstoffe in den Hauptstückepithelien ändert sich mit der Reaktion. Bei alkalischer Reaktion ist der Säurefarbstoff entweder überhaupt nicht oder in großen Schollen nachzuweisen, basischer Farbstoff färbt dann diffus. Bei Säurung des Gewebes ist die Säurefarbstoffgranula klein, die basischen Farbstoffe sind grobschollig abgelagert.

Wenn sich diese Tatsache bestätigen sollte — SCHULTEN[2] stellte hinsichtlich der Ausscheidung durch die isolierte Froschniere entgegengesetzte Beobachtungen an —, so wäre der Mechanismus der Farbstoffausscheidung oder Speicherung in den Kanälchen dadurch in keiner Weise geklärt. SCHULTEN[2] sah bei Erhöhung der Wasserstoffionenkonzentration der Durchspülungsflüssigkeit eine Abnahme der Konzentrierung von Säurefarbstoffen im Harn ebenso wie bei Narkose oder Blausäurevergiftung. Sowohl bei der Narkose wie bei der Blausäurevergiftung blieb jedoch das Tubulusepithel undurchgängig für Farbstoffe in der Richtung zum Lumen hin.

Über die Form, in der die Farbstoffe sich innerhalb der Nierenzellen vorfinden, stellte zuerst GURWITSCH[9] Beobachtungen an. Er sah die Farbstoffe als granulär eingelagert in Vakuolen und beschrieb verschiedene Arten von Vakuolen für lipoidlösliche und lipoidunlösliche Farbstoffe und Harnsäure. Diese Vakuolen sollten dann durch das Epithel durchtreten und sich nach dem Lumen eröffnen. LINDEMANN[10] sieht diese Vakuolen als ausschließlichen Transportweg des Farbstoffes in den Nieren an. HÖBER und KÖNIGSBERG[11] fanden verschiedene lipoidlösliche und -unlösliche Farbstoffe in der gleichen Vakuole, und HÖBER und KEMPNER[12] konnten nachweisen, daß die lipoidlöslichen Farb-

---

1 HIRSCHFELDER, A. D. u. R. N. BIETER: J. of Pharmacol. **25**, 165 (1925).
2 SCHULTEN, H.: Pflügers Arch. **208**, 1 (1925).
3 CUSHNY, A. R.: The Secretion of the Urine. London 1917.
4 MITAMURA, T.: Pflügers Arch. **204**, 561 (1924).
5 NISHIMARU, K.: Biophysics **2**, 47 (1927).
6 BETHE, A.: Wien. med. Wschr. **1916**.
7 ROHDE, K.: Pflügers Arch. **182**, 114 (1920).
8 POHLE, E.: Dtsch. med. Wschr. **47**, 1465 (1921).
9 GURWITSCH, A.: Pflügers Arch. **91**, 71 (1902).
10 LINDEMANN, W.: Erg. Physiol. **14**, 618 (1914).
11 HÖBER, R. u. A. KÖNIGSBERG: Pflügers Arch. **108**, 323 (1905).
12 HÖBER, R. u. F. KEMPNER: Biochem. Z. **11**, 105 (1908).

stoffe in der Regel eine diffuse Färbung der Zellen hervorrufen. Während Ernst[1], Aschoff und Suzuki[2] und Gross[3] u. a. die Farbstoffspeicherung als eine Funktion präformierter Zellgranula ansehen, glauben Schulemann[4] und v. Moellendorff[5], daß sich der Farbstoff in Vakuolen anreichert, die erst neu entstehen. Demgegenüber muß die diffuse Färbung mit leicht diffusiblen Farbstoffen, wie Indigo als nicht vitaler Prozeß völlig aus der Betrachtung ausscheiden.

Schließlich ist noch eine dritte Ablagerungsform zu erwähnen in Form grobscholliger, dunkel gefärbter Brocken im Cystoplasma, wie sie vor allem von Suzuki[2] und v. Möllendorff[5] bei Injektion großer Farbstoffmengen nach Ablauf längerer Zeit in dem Glomerulus nahen Teil der Hauptstücke beobachteten. v. Möllendorff führt diese Ablagerungsform auf eine Nekrose des Nierenepithels durch den Farbstoff zurück. Es handelt sich also auch bei dieser Färbungsform nicht um einen vitalen Prozeß. Was die prinzipielle Beziehung der Konstitution eines Farbstoffes zu seinem Ausscheidungsweg anbelangt, so konnten Brakefield und Schmidt[6] an Kaninchen und Hund zeigen, daß von den Halogenfarbstoffen die mit nur vier Halogenen im Molekül durch Niere und Galle abgesondert werden, während alle die, die sechs oder mehr Halogene im Molekül enthalten, lediglich durch die Galle ausgeschieden werden. Die völlige Unabhängigkeit der Speicherung von der Ausscheidung konnte Paunz[7] dadurch nachweisen, daß er die Speicherungsfähigkeit durch Epithelschädigung infolge Abklemmung der Nierengefäße völlig aufhob, während die Ausscheidung intakt blieb.

Erschwert wird die ganze Betrachtungsweise der Farbstoffausscheidung im Urin durch die Tatsache, daß die meisten Farbstoffe an die Bluteiweißkörper mehr oder minder fest adsorbiert sind. Das führte vor allem de Haan, van Creveld und Bakker[8] zu der Auffassung, daß im provisorischen Harn der Farbstoff an Eiweiß gebunden durch die Glomeruli ausgeschieden wird. Das Eiweiß soll dann durch die Tubuli rückresorbiert werden.

Unterstützt wird diese Auffassung durch die Schlußfolgerungen von Hirschfelder und Bieter[9]. Aus der von ihnen gefundenen Tatsache, daß in den Tubulis eine alkalische Reaktion herrscht, während in den Glomerulis ungefähr die gleiche Reaktion vorhanden ist wie im Blut, was mit den Beobachtungen von Richards und Wearn[10] übereinstimmt, folgerten sie, daß durch die stärkere Alkalescenz in den Tubulis dann die Adsorptionsverbindung zwischen Eiweiß und Farbstoff gelöst werden könne. Diese Anschauungen werden aber eindeutig übereinstimmend mit alten Befunden von Posner[11] und Seelig[12] widerlegt einerseits durch die Feststellungen von Richards und Wearn[10], die im provisorischen Glomerulusurin zwar Indigocarmin, Phenolsulfophthalein und Methylenblau, aber niemals Eiweiß nachweisen konnten und durch die Beobachtungen von Schulten[13], der zeigen konnte, daß bei Zusatz von Eiweiß zur Durchspülungs-

[1] Ernst, P.: In Krehl-Marchands Handb. d. Path. **1915**.
[2] Suzuki, T.: Zur Morphologie der Nierensekretion. Jena 1912.
[3] Gross, W.: Beitr. path. Anat. **51**, 528 (1911).
[4] Schulemann, W.: Biochem. Z. **80**, 1 (1917).
[5] v. Möllendorff, W.: Anat. H. **53**, 87 (1915) — Arch. mikrosk. Anat. **90**, 463 (1918) — Erg. Physiol. **18**, 141—306 (1920).
[6] Brakefield, J. L. u. C. L. A. Schmidt: Proc. Soc. exper. Biol. a. Med. **23**, 583 (1926).
[7] Paunz, L.: Z. exper. Med. **45**, 234 (1925).
[8] Haan, J. de u. A. Bakker: Pflügers Arch. **199**, 125 (1923). — Haan, J. de: J. of Physiol. **56**, 444 (1922). — Haan, J. de u. A. Bakker: Ebenda **59**, 129 (1924).
[9] Hirschfelder, A. D. u. R. N. Bieter: Proc. Soc. exper. Biol. a. Med. **19**, 415 (1922). — Dieselben: Amer. J. Physiol. **68**, 326 (1924).
[10] Richards, A. N. u. J. G. Wearn: Amer. J. Physiol. **71**, 209 (1924).
[11] Posner, C.: Virchows Arch. **79**, 313 (1880).
[12] Seelig, A.: Arch. f. exper. Path. **28**, 265 (1891).
[13] Schulten, H.: Pflügers Arch. **208**, 1 (1925).

flüssigkeit die Ausscheidung des Farbstoffes im Urin sehr viel geringer ist als bei Durchspülung mit eiweißfreier Farblösung, und daß die Forschniere auch bei Narkose und Blausäurevergiftung für Eiweiß völlig undurchgängig ist. DE HAAN[1] stellte fest, daß Säurefarbstoffe bei Abwesenheit von Eiweiß nicht in die Kanälchenepithelien eindringen. Er sowie SCHULTEN[2] zeigten, daß bei Durchströmung der isolierten Froschniere mit Säurefarbstoffen der Farbstoff im Harn ausgeschieden wird, ohne daß sich die Epithelien der Hauptstücke färben. Vielleicht sind diese Befunde dahin zu deuten, daß in der überlebenden Froschniere die Epithelien eine leichte Schädigung erfahren haben, wie ja PAUNZ[3] bei der Hundeniere eine Änderung des färberischen Verhaltens der Niere als erstes Zeichen einer Zellschädigung hatte nachweisen können. Bei der Bindung von Farbstoffen an das Plasmaeiweiß und bei ihrer Ausscheidung durch die Niere spielen vielleicht Adsorptionserscheinungen der Farbstoffe an das Filter eine Rolle (GROLLMANN[4]).

DE HAAN und BAKKER[5] weisen ferner auf die Differenz der Farbstoffausscheidung bei Sommer- und Winterfröschen hin, die bei Sommerfröschen beträchtlich schneller vor sich geht als bei Winterfröschen. Die Speicherung des Farbstoffes in den Tubulis erfolgt ebenfalls bei den Sommerfröschen wesentlich schneller, und zwar beginnt die Anhäufung im tubuluslumennahen Teil der Zellen, was auf ein Eindringen des Farbstoffes vom Tubuluslumen aus hindeutet.

In einer vorläufigen Mitteilung berichtet HÖBER[6] über Versuche von SCHEMINZKY und LIANG, nach denen bei der isolierten Froschniere Sulfophthaleine bei Zufuhr von der Pfortader aus in die Harnkanälchen eindringen und dort auf das 30—40fache gesteigert werden. Die Vorbedingung hierfür sei ein gewisses Maß von Lipoidlöslichkeit. Der Vorgang sei durch Narkose und Erstickung der Epithelien unterdrückbar.

Im Gegensatz zu den bisher geschilderten Untersuchungen über das färberische Verhalten der Niere, die einer Klärung der Ausscheidungswege dienen sollten, stehen die jetzt zu erörternden Versuche, die mit Hilfe des färberischen Verhaltens einzelner Nierenabschnitte über den Zustand dieser Abschnitte hinsichtlich ihres elektrostatischen bzw. elektrodynamischen Verhaltens Auskunft geben sollen. Die ältesten dahingehenden Versuche stammen von KOWALEWSKI[7]. Er sah an Mäusenieren, die er mit Lackmus behandelte, die Glomeruli ungefärbt, während die Harnkanälchen tiefblau waren, also alkalisch, d. h. kathodisch erscheinen. UNNA[8], der mit Hilfe der Rongalitweißmethode, d. h. mit Leukomethylenblau, die Niere untersuchte, das an Oxydationsorten, d. h. an anodischen Orten, zu Methylenblau oxydiert wird, sah vor allem bei gleichzeitiger Anwendung einer kathodischen Kontrastfärbung die Glomeruli anodisch, die Tubuli contorti als Reduktionsorte kathodisch gefärbt. Im gleichen Sinne sind die Untersuchungen MACCALLUMS[9] zu bewerten. In der Absicht, die Oberflächenspannungsverhältnisse in den einzelnen Nierenabschnitten zu untersuchen, als deren Indicator er die Verteilung der Kaliumionen in den Geweben ansah,

---

1 HAAN, J. DE: Pflügers Arch. **201**, 393 (1924).
2 SCHULTEN, H.: Zitiert auf S. 474.
3 PAUNZ, L.: Z. exper. Med. **45**, 535 (1925).
4 GROLLMANN, A.: J. of biol. Chem. **64**, 141 (1925) — Amer. J. Physiol. **75**, 287 (1926) — J. gen. Physiol. **9**, 813 (1926).
5 HAAN, J. DE u. A. BAKKER: Pflügers Arch. **199**, 125 (1923). — HAAN, J. DE: J. of Physiol. **56**, 444 (1922). — HAAN, J. DE u. A. BAKKER: Ebenda **59**, 129 (1924).
6 HÖBER, R.: Klin. Wschr. **8**, 23 (1929).
7 KOWALEWSKI, A.: Biol. Zbl. **9**, 33, 65, 127 (1889).
8 UNNA, G. P.: Abderhaldens Handb. d. biol. Arbeitsmeth., Abt. V **1921**.
9 MACCALLUM, A. B.: Report. Brit. Assoc. Sheffield Meeting **1910** — Erg. Physiol. **11**, 598 (1911).

tingierte er die Niere mit dem von ihm als mikrochemisches Nachweismittel für Kalium angesehenen Natriumkobalthexanitrit, das er dann durch Ammoniumsulfid in Kobaltsulfid umwandelte. Das Natriumkobalthexanitrit ist aber ebenso wie viele Kobaltverbindungen ein deutliches Reagens für Reduktionsorte und zeigte die Glomeruli ungefärbt, während die Tubuli sowohl im Lumen als auch an der Epithelbasis eine intensive kathodische Färbung aufwiesen. Auch KELLER[1], der sich um die Ausarbeitung des Nachweises elektrostatischer Zellenladungen große Verdienste erworben hat, sah gleichzeitig mit UNNA und MACCALLUM durch Injektion von Kobaltchlorür, Kobaltchlorid und Eisenchlorid sowie gelbem Blutlaugensalz und Toluidinblau eine einwandfreie anodische Färbung der Glomeruli und kathodische Färbung der Tubuli.

Neuerdings haben nun KARCZAG und PAUNZ[2] zur Bestimmung der Färbungsverhältnisse der einzelnen Nierenabschnitte Triphenylmethanfarbstoffe, und zwar Sulfosäurefarbstoffe angewandt. Diese Farbstoffe werden allerdings von KELLER wegen der leichten Umladbarkeit für nicht besonders geeignet angesehen. Die Versuche von KARCZAG und PAUNZ bestätigen eindeutig die Elektronegativität des Tubulusepithels. Sie zeigten aber auch, daß im Gegensatz zu den Ergebnissen von UNNA, MACCALLUM und KELLER, die im Sinne KELLERS für eine positive Ladung der Glomerulusmembran sprechen, die Glomeruli elektronegative Ladung besitzen. Durch alle Eingriffe, die die Sauerstoffversorgung der Glomeruli herabsetzten, wie Schädigungen und Vergiftungen, ebenso in Schnitten, zeigten sie sich elektropositiv. Auch bei Splanchnicusreizung änderte sich das Färbevermögen der Glomeruli und im Sinne einer Herabsetzung der negativen Aufladung. Die gleiche Wirkung ruft Narkose, Agonie und Tod hervor. Die Unterschiede in dem Verhalten des Glomerulus zwischen den Befunden KARCZAGS und den Feststellungen von MACCALLUM, UNNA und KELLER führen KELLER und GICKLHORN[3] darauf zurück, daß die früheren Ergebnisse an isolierten Gefrierschnitten nach Ausschaltung des Herzdruckes gewonnen sind, d. h. nicht als Vitalfärbung anzusehen sind, sondern auf postmortale Veränderungen zurückzuführen sind.

Analoge Versuche von NÉMETH[4] über das vitalfärberische Verhalten der Mäuseniere gegenüber Gemischen verschiedener elektrotroper Farbstoffe zeigten, daß sich die Tubuli mit einer Mischfarbe der einzelnen Komponenten vital anfärbten, wobei die Farbe der gröber dispersen Farbstoffe überwiegt.

Fassen wir das Ergebnis über die Untersuchungen der Farbstoffausscheidung durch die Niere zusammen, so ist von der ursprünglichen Deutung der HEIDENHAINschen Versuche nichts mehr übriggeblieben. Es kann als sicher angenommen werden, daß die Ausscheidung aller untersuchten Farbstoffe, soweit sie überhaupt infolge ihres Dispersionsgrades in den Harn übertreten, durch die Glomeruli erfolgt, und zwar in einer Konzentration, die infolge der adsorptiven Bindung eines Teils des Farbstoffes an Eiweiß unterhalb ihrer Gesamtkonzentration im Blut liegt. — Eine Ausnahme machten wohl lediglich die durch ihre hohe Diffusibilität ausgezeichneten Farbstoffe vom Phenolrottyp, die durch Diffusion auch durch die Tubuli in den Harn gelangen können. — Die durch die Glomeruli ausgeschiedene Farblösung ist so dünn, daß sie nur in den seltensten Fällen eine Färbung des Kapselinhalts bewirkt. Im gesamten Tubulussystem erfährt die Farbstoffkonzentration im Harn eine Erhöhung durch Rückresorption

[1] KELLER, R.: Die Elektrizität in der Zelle, S. 109ff., 2. Aufl. Mährisch-Ostrau 1925.

[2] KARCZAG, L. u. L. PAUNZ: Z. klin. Med. **98**, 311 (1924). — KARCZAG, L.: Abderhaldens Handb. d. physiol. Arbeitsmeth. Abt. V, Tl. 2, H. 8. Berlin-Wien: Urban & Schwarzenberg 1925, S. 936, 944, 945.

[3] KELLER, R. u. J. GICKLHORN: Biochem. Z. **172**, 242 (1926).

[4] NÉMETH, L.: Orvosképzés (ung.) **15**, Sonderh., 318 (1925); zitiert nach Ber. Physiol. **34**, 529 (1926).

von Wasser. In den Hauptstücken werden auch wahrscheinlich Farbstoffanteile mit rückresorbiert und führen so zu einer granulären Tinktion der Hauptstückepithelien, die sich in Vakuolen vorfinden. Ob der Farbstoff vom Epithel aus wieder in die Blutbahn gelangt oder hier zurückgehalten wird, entzieht sich unserer Kenntnis. In der Richtung von Tubuluscapillaren zu Tubuluslumen sind die intakten Tubulusepithelien für den Farbstoff undurchlässig. Diese Auffassung bezieht sich im wesentlichen auf Säurefarbstoffe, während die Ausscheidungsbefunde des ursprünglich von HEIDENHAIN[1] verwandten indigoschwefelsauren Natrium wegen seiner hohen Diffusibilität und der diffusen Tinktion der Epithelien keinen Schluß auf die vitalen Vorgänge zulassen.

In größerer Konzentration rufen auch die Säurefarbstoffe eine irreversible Zellschädigung hervor, was sich in der brockenartigen Ablagerung des Farbstoffes geltend macht. Für eine Beteiligung von Vakuolen an der Sekretionsarbeit, auf die schon HEIDENHAIN[1] auf Grund der von ihm beobachteten Stäbchenstruktur der Hauptstückzellen hingewiesen hatte, treten in erster Linie GURWITSCH[2], ARNOLD[3] und ERNST[4] ein. Man muß aber mit SUZUKI[5] und v. MÖLLENDORFF[6] annehmen, daß den Vakuolen lediglich die Bedeutung von Speicherungsdepots im Sinne dieser Autoren zukommt, die mit dem Farbstofftransport vom Blut zum Harn nichts zu tun haben.

2. Ausscheidung anderer harnfähiger Substanzen.

Neben dem Versuch, die Ausscheidung von Farbstoffen mikroskopisch zu verfolgen, sind vor allem schon lange die Bestrebungen der Untersucher darauf gerichtet, die Ausscheidung normaler Harnbestandteile und diuretisch wirkender Substanzen im histologischen Bild feststellen zu können.

a) Harnsäure. Relativ einfach schien die Verfolgung der Harnsäure, die bekanntlich im Blut und vor allem im Harn in übersättigter Lösung vorhanden ist und bei geringer Steigerung der Konzentration in charakteristischen Krystallen zur Ausfällung kommt. Der Haupteinwand gegen die Versuche mit Harnsäure scheint in der Tatsache zu liegen, daß die Ausfällung von unbekannten Faktoren abhängig ist und daß das Vorhandensein ausgefällter Harnsäure keinen direkten Schluß auf die Überschreitung der Blutkonzentration an dieser Stelle zuläßt. Es ist anzunehmen, daß Harnsäure in allen Teilen des Nierengewebes vorhanden ist und überall durch Änderungen der sie in Lösung haltenden Bedingungen zur Ausfällung gebracht werden kann. Da sich die Änderung dieser Bedingungen vollkommen unserer unmittelbaren Beeinflussung entzieht, verlieren die Beobachtungen erheblich an Beweiskraft. Dazu kommt, daß der Harnsäurestoffwechsel namentlich im Bereich der Säugetierniere relativ beschränkt ist und daß daher für diese Versuche im wesentlichen nur niedere Tierarten herangezogen werden können.

Schon HEIDENHAIN[7] sah harnsaure Salze nie in den Glomerulis, sondern lediglich in den Kanälchen abgelagert. Bei Nieren mit verätzter Oberfläche, deren Glomeruli so ausgeschaltet waren, fand er die Harnsäureablagerung nicht bloß in den Rindenkanälchen, sondern auch in den Pyramiden und schloß daraus, daß sie durch die Tubuli ausgeschieden wird, und daß sie gleichzeitig eine

---

[1] HEIDENHAIN, R.: Herrmanns Handb. d. Physiol. **5**, 279. Leipzig 1883.
[2] GURWITSCH, A.: Pflügers Arch. **91**, 71 (1902).
[3] ARNOLD, J.: Über Plasmastrukturen. Jena 1914.
[4] ERNST, P.: Pathologie d. Zelle, in Krehl-Marchands Handb. d. Physiol. **31**, 246ff. (1915).
[5] SUZUKI, T.: Zur Morphologie der Nierensekretion. Jena 1912.
[6] v. MÖLLENDORFF, W.: Erg. Anat. **24**, 278 (1922).
[7] HEIDENHAIN, R.: Pflügers Arch. **9**, 23 (1874).

Wasserausscheidung durch die Tubuli veranlaßt, da ja sonst ein Transport in die glomerulusfernen Kanälchenstücke nach Ausschaltung der Wasserausscheidung durch die Glomeruli nicht möglich sei. v. Wittich[1] beobachtet bei Nieren verschiedener Vögel die Einlagerung von harnsauren Salzen in den Tubulusepithelien. Im Gegensatz hierzu konnte Bial[2] bei Eidechsen und Vögeln niemals, auch nicht nach Verfütterung von Harnsäure oder Harnstoff oder nach Unterbindung des Ureters, Harnsäurekrystalle innerhalb der Zellen finden, dagegen wurden solche in den Kanälchenlumina öfter beobachtet.

Gurwitsch[3] fand bei Fröschen niemals Uratniederschläge intracellulär, dagegen konnte Nussbaum[4] bei Fischembryonen in den Wolffschen Gängen Uratausfällungen nachweisen, bevor die Glomeruli entwickelt waren. Unmittelbar nach dem Auftreten der Glomeruli wurde der Urin flüssig und die Uratmassen verschwanden. Regaud und Policard[5] sahen in den von Epithel ausgekleideten Kanälchen von Neunaugen und den Divertikeln von Schlangen, die den Tubulis contortis der Säugetierniere entsprechen, die Lumina mit Uratmassen gefüllt. Sie schlossen daher auf eine sekretorische Funktion dieser Epithelien. Cushny[6] jedoch glaubt, vom Verhalten dieser niederen Tierarten Schlüsse auf die Funktion der Säugetierniere nicht als zulässig ansehen zu können. Ebstein und Nikolaier[7], Minkowski[8] und Sauer[9] und schließlich Eckert[10] untersuchten die Ausscheidung von Harnsäure nach intravenöser und subcutaner Injektion von Harnsäure und harnsäurebildenden Stoffen bei Kaninchen und Hunden bei normaler und gestörter Nierenfunktion. Die Glomeruli waren stets frei von Uratkonkrementen dagegen fanden sich in dem Lumen der gewundenen Kanälchen und der Henleschen Schleifen reichlich Niederschläge. Die ersten Niederschlagsbildungen werden schon 5 Minuten nach der Injektion beobachtet. Bei subcutaner Injektion beobachtete Eckert niemals die Ausscheidung von Konkrementen.

Bei Schädigung der Tubulusepithelien sah Eckert mit zunehmender Schädigung eine Abnahme der Konkrementbildung im Lumen. Er schließt daraus, daß die Harnsäureausscheidung eine Funktion der Tubulusepithelien sei, das Ausbleiben der Konkrementbildung bei Zellschädigung läßt sich aber ebensowohl durch Herabsetzung der Harnsäurekonzentration in den Kanälchen infolge gehemmter Rückresorption des Wassers erklären. Eckert sah in fast allen Versuchen Harnsäurekonkremente in Form feinster Körnchen innerhalb der Zellkerne, deren Auftreten mit dem Auftreten der Harnkonkremente im Tubuluslumen synchron verlief. Ob es sich dabei um den Durchtritt von Harnsäure von den Capillaren zum Lumen oder vom Lumen zu den Capillaren handelt, bleibt unerörtert. Sauer[9] erwähnt das Auftreten verschieden geformter Konkremente im Verlauf der verschiedenen Kanälchenabschnitte. Anten[11] und Courmont und André[12] versuchten bei Tieren, bei denen der Harnsäuregehalt nicht durch Harnsäurezufuhr gesteigert war, die Purinkörper in der Niere durch Injektion von Silbernitrat oder von in Ammoniak gelösten Silberchlorid sichtbar zu machen.

[1] v. Wittich: Virchows Arch. **10**, 325 (1856).
[2] Bial, M.: Pflügers Arch. **47**, 116 (1890).
[3] Gurwitsch, A.: Pflügers Arch. **91**, 71 (1902).
[4] Nussbaum, M.: Arch. mikrosk. Anat. **27**, 442 (1886).
[5] Regaud, A. u. C. L. Policard: C. r. Soc. Biol. **54**, 554 (1902); **55**, 1028 (1903).
[6] Cushny, A. R.: The Secretion of the Urine, S. 68. London 1917.
[7] Ebstein, W. u. A. Nikolaier: Virchows Arch. **143**, 337 (1896).
[8] Minkowski, O.: Arch. f. exper. Path. **41**, 375 (1898).
[9] Sauer, H.: Arch. mikrosk. Anat. **53**, 218 (1899).
[10] Eckert, A.: Arch. f. exper. Path. **74**, 244 (1913).
[11] Anten, H.: Arch. internat. Pharmaco-Dynamie **8**, 455 (1901).
[12] Courmont, I. u. Ch. André: J. Physiol. et Path. gén. **7**, 255, 271 (1905).

Für die Beurteilung der von ihnen gefundenen Bilder gilt das gleiche, was v. MOELLENDORFF hinsichtlich der später zu besprechenden Versuche LESCHKES über die Sichtbarmachung der Kochsalzausscheidung sagt (s. S. 481). Die beobachteten Granula sind als Kunstprodukte anzusehen, die durch Konzentrationserhöhung der unlöslichen Salze an einzelnen Punkten des Nierenepithels hervorgerufen werden. ANTEN und COURMONT und ANDRÉ beobachteten das Auftreten fein verteilter granulärer Niederschläge in den Zellen der Tubuli, während sie bei niederen Wirbeltieren in Vakuolen eingeschlossen waren. Diese Niederschläge erstreckten sich auf das Epithel der Tubuli contorti und der HENLEschen Schleifen, Glomeruli und Sammelröhrchen waren frei. Eine Unterscheidung unter den einzelnen Purinderivaten ist mit diesen Silberniederschlägen nicht möglich. O'CONNOR und CONWAY[1] nehmen auf Grund ihrer Versuche (s. S. 463) an, daß die Harnsäure in den Tubulis contortis zweiter Ordnung ausgeschieden wird.

b) Harnstoff. Für den Harnstoff sind mit Hilfe der von POLICARD[2] eingeführten und von CHEVALLIER und CHABANIER[3] verbesserten Xanthydrolmethode, durch die der Harnstoff als Dixanthylharnstoff niedergeschlagen wird, durch zahlreiche neuere, gut übereinstimmende Untersuchungen von STÜBEL[4], OLIVER[5], PIRAS[6], HOLLMAN[7] und WALTER[8] die früheren Versuche von LESCHKE[9] widerlegt. LESCHKE hatte den Harnstoff durch Quecksilbersalze nachzuweisen versucht. Er wollte ihn im wesentlichen in den Tubulusepithelien beobachten, während die Glomeruli völlig frei von ihm sein sollten.

Die genannten Untersucher sahen Krystalle von Dixanthylharnstoff sowohl im Lumen der BOWMANschen Kapseln wie auch der Tubuli contorti sowie in den Epithelien der Tubuli contorti, in den tubulären Gewebsspalten und in den Gefäßlumina der Nierengefäße. Innerhalb der Tubuli contorti beobachtete WALTER[8] die Beschränkung auf einzelne Tubulusgebiete und glaubt daraus auf vikariierende Tätigkeit einzelner Systeme schließen zu müssen. Während in den Zellen die Krystalle regellos angeordnet sind, nehmen im Tubuluslumen die Krystalle an Zahl und Größe distalwärts zu, was auf eine Erhöhung der Harnstoffkonzentration mit zunehmender Entfernung vom Glomerulus schließen läßt. Offenbar in Unkenntnis dieser neueren Untersuchungen hat MELCZER[10] mit einer Methode, die der LESCHKEschen ähnlich ist, die Ausscheidung des Harnstoffes bei Maus, Ratte und Katze in der Norm und in der Harnstoffdiurese untersucht. Bei normalen Tieren beobachtete er Harnstoffablagerungen in den Tubulis contortis und vor allem in den absteigenden Schenkeln der HENLEschen Schleife. Nach Harnstoffgaben sah er im Gegensatz zur Norm in den Glomerulis Harnstoffablagerungen und führt diese auf eine Schädigung der Glomeruli bei hoher Harnstoffkonzentration zurück. Wegen der mangelhaften Versuchstechnik verlieren diese Versuche ihre Beweiskraft.

Bei starker Diurese sah PIRAS[11] die Differenzen der Konzentrationen innerhalb der einzelnen Kanälchenabschnitte verschwinden. Die Ausscheidung des

---

[1] O'CONNOR, J. M. u. E. J. CONWAY: J. of Physiol. **56**, 190 (1922).
[2] POLICARD, A.: C. r. Soc. Biol. **78**, 32 (1915).
[3] CHEVALLIER, P. u. H. CHABANIER: C. r. Soc. Biol. **78**, 689 (1915).
[4] STÜBEL, H.: Anat. Anz. **54**, 236 (1921).
[5] OLIVER, J.: J. of exper. Med. **33**, 177 (1921).
[6] PIRAS, A.: Arch. di Fisiol. **20**, 237 (1922).
[7] HOLLMAN, J. L. A. H.: Nederl. Tijdschr. Geneesk. **67**, 2266 (1923); nach Ber. Physiol. **24**, 374.
[8] WALTER, K.: Pflügers Arch. **198**, 267 (1923).
[9] LESCHKE, E.: Z. klin. Med. **81**, 24 (1914).
[10] MELCZER, N.: Z. exper. Med. **49**, 678 (1925).
[11] PIRAS, A.: Arch. di Fisiol. **20**, 237 (1922).

Harnstoffes durch die Glomeruli scheint durch die Versuche von WALTER[1] und PIRAS[2] wahrscheinlich gemacht, und die zunehmende Harnstoffkonzentration innerhalb der Kanälchenabschnitte, die bei verstärkter Diurese verschwindet, spricht für eine Anreicherung des Harnstoffes im Urin durch Rückresorption des Wassers im Tubulusgebiet, doch spricht sie auch nicht gegen eine Harnstoffausscheidung in den Hauptstücken.

MARSHALL und CRANE[3] nehmen beim Frosch eine Speicherung des Harnstoffs in den obersten Kanälchenabschnitten mit nachfolgender Sekretion in diesem Gebiet an, während beim Säugetier keine Speicherung beobachtet werden konnte. Die Harnstoffausscheidung soll hier lediglich durch Filtration im Glomerulus erfolgen.

Nach einer vorläufigen Mitteilung HÖBERS[4] soll in der Froschniere Harnstoff in den Kanälchenepithelien des zweiten Abschnittes in Depots gespeichert werden, die man in die Lumina entleeren und von der Pfortader aus auffüllen kann. Die Entleerung sei ein aktiver durch Cyanionen unterdrückbarer Zellprozeß.

Endlich haben vor kurzem HAYMAN und RICHARDS[5] mit der Xanthydrolmethode den Verlauf der Harnstoffausscheidung bei Fröschen nach intravenöser Einverleibung und Injektion in den Glomerulus verfolgt. Sie sahen bei beiden Arten der Zufuhr keine Differenzen in den Ablagerungsbildern und fanden eine im Verlauf der Tubuluspassage ständig zunehmende Anhäufung von Harnstoff in beiden Fällen, wodurch die letzten Bedenken über die Ausscheidung des Harnstoffes im Glomerulus behoben sind, wobei allerdings eine zusätzliche Ausscheidung durch die Tubuli nicht auszuschließen ist.

c) Zucker. Für den Zucker liegen ältere Untersuchungen von LAMY und MAYER[6] und NISHI[7] vor. LAMY und MAYER[6] verglichen den Zuckergehalt der Niere mit dem des Bluts und fanden, daß die Niere immer weniger Zucker enthielt als das Blut, auch bei intravenöser Zufuhr. NISHI[7] dagegen untersuchte getrennt den Zuckergehalt von Nierenmark und Nierenrinde bei Hunden und Kaninchen. Er fand stets Zucker in der Rinde, während das Mark völlig frei war und schloß daraus, daß der Glomerulusharn zuckerhaltig ist und daß der Zucker dann rückresorbiert wird. Auch bei Hyperglykämie ohne Glykosurie war der Zuckergehalt der Rinde vermehrt, während das Mark zuckerfrei war und erst bei Übertritt von Zucker in den endgültigen Harn zuckerhaltig gefunden wurde. Durch die Versuche von RICHARDS und WEARN[8] an der Froschniere, die den Glomerulusharn bei zuckerfreiem Blasenharn zuckerhaltig fanden, ist die Ansicht, daß Glukose im Glomerulus ausgeschieden und im Tubulus rückresorbiert wird, endgültig bestätigt.

d) Chloride. Hinsichtlich der Chloride wurden Untersuchungen von LANGLOIS und RICHET[9] angestellt. Sie fanden einen höheren Chlorgehalt im Blut als in der Niere. LAMY und MAYER[6] konnten bei der künstlichen Zufuhr von Chloriden keine Steigerung des Chlorgehalts der Niere nach Zufuhr von Kochsalz beobachten. GRÜNWALD[10] fand bei der Kaninchenniere im Mark un-

---

[1] WALTER, K.: Zitiert auf S. 479.
[2] PIRAS, A.: Zitiert auf S. 479.
[3] MARSHALL jr., E. K. u. M. M. CRANE: Amer. J. Physiol. **70**, 465 (1924).
[4] HÖBER, R.: Klin. Wschr. **8**, 23 (1929).
[5] HAYMAN jr., J. M. u. A. N. RICHARDS: Amer. J. Physiol. **79**, 149 (1926/27).
[6] LAMY, H. u. A. MAYER: J. Physiol. et Path. gén. **7**, 679 (1905).
[7] NISHI, M.: Arch. f. exper. Path. **62**, 329 (1910).
[8] RICHARDS, A. N. u. J. T. WEARN: Amer. J. Physiol. **71**, 209 (1924).
[9] LANGLOIS u. RICHET: J. Physiol. et Path. gén. **2**, 742 (1900).
[10] GRÜNWALD, H. F.: Arch. f. exper. Pathol. **60**, 360 (1909).

gefähr 2—3mal mehr Chlor als in der Rinde. Das Verhältnis ändert sich je nach der Fütterung und nach der Größe der Urinausscheidung.

LESCHKE[1] untersuchte histochemisch die Ausscheidung von Kochsalz und beobachtete durch Ausfällung mit Silbernitrat Anhäufung von Granula in den Epithelien, die v. MÖLLENDORFF[2] als Fixierungskunstprodukte ansieht. Er hält aus den LESCHKEschen Befunden lediglich einen Schluß auf das Vorhandensein von Kochsalz in den Hauptstückzellen für berechtigt.

DEFRISE[3], der mit einer modifizierten LESCHKEschen Methode die Chlorausscheidung in der Niere untersuchte, konnte es sowohl im Glomerulus als auch im Tubulus feststellen und schließt daraus auf eine Sekretion im Glomerulus und eine Rückresorption im Tubulus. Auch hier haben die Versuche von RICHARDS und seinen Mitarbeitern[4] endgültige Entscheidung gebracht. Sie fanden beim Frosch den Glomerulusurin kochsalzhaltig, wenn der Blasenurin kochsalzfrei war, und beobachteten im Glomerulusurin eine Kochsalzkonzentration, die über die Konzentration im Plasma hinausging.

O'CONNOR und CONWAY[5] nehmen eine Kochsalzausscheidung bald in den Glomerulis, bald in den Tubulis an, während Jodide in den Glomerulis ausgeschieden werden sollen.

e) Calcium. Nach intravenöser Injektion von Kalksalzen konnte ROEHL[6] Kalkkonkremente in den Epithelien der Tubuli contorti, dagegen nicht in den geraden Kanälchen und in den Glomerulis beobachten. Auch nach Schädigung des Tubulusepithels wurden solche Kalkablagerungen im Lumen und im Epithel der Tubuli contorti gefunden, die von KLOTZ[7] auf Kalkseifenbildung infolge fettiger Degeneration der Zellen zurückgeführt werden. ROEHL[6] sieht in diesen Ablagerungen eine Störung der Kalkausscheidung.

f) Nitrat. ADAMI[8] benutzte die Ausscheidung von intravenös zugeführtem Hämoglobin durch die Niere bei Hunden als Indicator für die Ausscheidung von intravenös zugeführtem Natriumnitrat. Das Hämoglobin füllte vor der Natriumnitratzufuhr die Glomeruluskapsel, während nach der Zufuhr des Diureticums das Hämoglobin aus den Kapseln ausgeschwemmt war. Er schloß daraus auf die Ausscheidung des Nitrats durch die Glomeruli.

g) Phosphat. Über die Ausscheidung der Phosphate liegt eine Untersuchung von SEHRWALD[9] vor, der sie mit Hilfe von Uransalzen und Ferrocyankali bestimmte. Er sah den Glomerulus und die innere Epithelschicht grauweiß verfärbt, während die übrige Niere ein blaues Aussehen zeigte. SEHRWALD schloß daraus auf eine Ausscheidung der Phosphate durch den Glomerulus.

h) Eisen. Schließlich wurde auch die Ausscheidung von Eisen und komplexen Eisensalzen einer Untersuchung unterzogen.

Schon KOBERT[10], GLAEVECKE[11] und STENDER[12] konnten zeigen, daß bei intravenöser Injektion ein geringer Teil eingeführten Eisens durch die Niere ausgeschieden wird. Durch Schwefelwasserstoffällung konnten die ersteren eine granu-

1 LESCHKE, E.: Z. klin. Med. **81**, 14 (1914).
2 v. MÖLLENDORFF, W.: Erg. Anat. **24**, 278 (1922).
3 DEFRISE, A.: Arch. ital Anat. **24**, 697 (1927).
4 RICHARDS, A. N. u. J. T. WEARN: Amer. J. Physiol. **71**, 209 (1924) — J. of biol. Chem. **66**, 247 (1925).
5 O'CONNOR, J. M. u. E. J. CONWAY: J. of Physiol. **56**, 190 (1922).
6 ROEHL, W.: Beitr. path. Anat., Suppl. **7**, 456 (1905).
7 KLOTZ, O.: Amer. J. Physiol. **13**, 21 (1905).
8 ADAMI, J. G.: J. of Physiol. **6**, 382 (1885).
9 SEHRWALD, E.: Habilitationsschr. Jena 1887.
10 KOBERT, R.: Arch. f. exper. Path. **16**, 384 (1883).
11 GLAEVECKE: Arch. f. exper. Path. **17**, 466 (1883).
12 STENDER, E.: Inaug.-Dissert. Dorpat 1891.

läre Färbung der Epithelien der Tubuli contorti und STENDER[1] auch der Glomeruli nachweisen.

Sehr eingehend ist die Eisenausscheidung neuerdings von FIRKET[2] an Katzen, KHANOLKAR[3] an Kaninchen und STIEGLITZ[4] an Kaninchen und Meerschweinchen verfolgt worden. FIRKET[2] sah nach kombinierten Injektionen von Ferricitrat und Ferrocyannatrium Niederschläge von Berlinerblau in der Nierenarterie, in den Vasis efferent. und den Glomeruluscapillaren, im Lumen der Glomeruli und der Harnkanälchen. Bei schneller Injektion größerer Dosen war Berlinerblau darüber hinaus auch in den Vases efferent der Glomeruli sowie in den Tubuluscapillaren nachzuweisen. Es fehlte jedoch stets im Innern der Kanälchenepithelien. Wenn die Tiere erst 25 Stunden nach der Injektion getötet wurden, fand sich vereinzelt Berlinerblau auch in den Hauptstückepithelzellen, was FIRKET als Speicherung durch Rückresorption ansieht. Da er zudem an Katzenembryonen eine Eisenausscheidung in den Nieren erst nach Differenzierung des Glomerulusepithels feststellen konnte, nimmt er die Ausscheidung des Eisens in den Glomerulis als erwiesen an. KHANOLKAR[3] sah das Eisen im Tubuluslumen verschieden verteilt.

STIEGLITZ[4] findet bei der intravenösen Injektion von Ferriammoniumzitrat das Eisen, nachgewiesen durch Berlinerblaureaktion, in den Epithelzellen der Tubuli contorti während der Ausscheidung im Urin. Es wird dort granulär in den Zellen in unmittelbarer Nähe des Lumens oder in dem Bürstensaum selbst beobachtet und noch bis zu 83 Stunden nach dem Aufhören der Ausscheidung im Harn zurückgehalten. Bei wiederholten Injektionen tritt Anhäufung ein. Diese Anhäufung beeinflußt die Ausscheidung von Wasser, Phenolsulfophthalein und Calciumcarbonat. Schädigung des Tubulusepithels hemmt die Eisenausscheidung. Nach v. MÖLLENDORFF[5] handelt es sich bei den beobachteten Ablagerungen um eine nekrotisierende Schädigung der Hauptstückepithelien. Die vom Verfasser angestellten Schlüsse auf die Vorgänge der normalen Harnabsonderung verlieren daher ihre Beweiskraft. HAYMAN und RICHARDS[6] sahen nach der Einführung von Ferriammoniumcitrat in die Vene und in die Glomeruluskapsel keine Differenzen in dem Ausscheidungsbild in der Niere, so daß die Ausscheidung durch den Glomerulus und eine zunehmende Konzentration im Tubulusgebiet durch Wasserrückresorption sichergestellt ist.

Über das Schicksal des Eisens im Mesonephros von Nekturus hat DAWSON[7] interessante Versuche angestellt. Das Mesonephros besitzt zwei Arten von Tubuli contorti, von denen die ventral gelegenen durch Peritonealkanälchen unmittelbar mit der Bauchhöhle in Verbindung stehen, während die dorsalen gegen die Bauchhöhle abgeschlossen sind. Bei intraperitonealer Zufuhr von Eisenammoncitrat und Ferrocyannatrium wurde beobachtet, daß das Eisen in die Lumina der ventralen Tubuli eintritt und von da aus resorbiert wird. Bei intravenöser Zufuhr gelangt jedoch das Eisen durch Filtration in den Glomerulis in die dorsal gelegenen Tubuli und wird von da aus rückresorbiert. Bei länger dauernder Eisenzufuhr kommt es zu Speicherung in allen Tubulusepithelien. Sekretion durch die Tubuli wurde nie beobachtet.

Die Ausscheidung komplexer Eisensalze wurde von BIBERFELD[8], BASLER[9]

---

[1] STENDER, E.: Zitiert auf S. 481.
[2] FIRKET, J.: C. r. Soc. Biol. **83**, 1004, 1230 (1920) — Arch. internat Physiol. **18**, 332 (1921).
[3] KHANOLKAR, V. R.: J. of Path. **25**, 414 (1922).
[4] STIEGLITZ, E. J.: Amer. J. Med. **29**, 33 (1921).
[5] v. MÖLLENDORFF, W.: Erg. Anat. **24**, 78 (1922).
[6] HAYMAN jr., J. M. u. A. N. RICHARDS: Amer. J. Physiol. **79**, 149 (1926/27).
[7] DAWSON, A.: Amer. J. Physiol. **71**, 679 (1925).
[8] BIBERFELD, J.: Pflügers Arch. **105**, 308 (1904); **119**, 341 (1907).
[9] BASLER, A.: Pflügers Arch. **112**, 203 (1906).

und STIEGLITZ[1] untersucht. Die Versuche ergeben kein einheitliches Bild, jedoch geht aus den Versuchen von FIRKET[2] und von DAVID[3] an der überlebende Froschniere hervor, daß Ferrocyanionen durch die Glomeruli ausgeschieden und im Harn konzentriert werden.

i) **Polonium.** Weniger aus physiologischen als aus technischen Gründen interessiert der Nachweis des Poloniums durch LACASSAGNE, LATTÈS und LAVEDAN[4] nach intravenöser Injektion beim Kaninchen. Noch 83 Tage nach der Injektion konnte es mit Hilfe des von den Autoren angegebenen „autoradiographischen Verfahrens" in der Niere, und zwar ausschließlich in den Tubulis contortis, nachgewiesen werden.

k) **Uran.** Den Nachweis von Uran in der Niere hat EITEL[5] in der Weise geführt, daß er die Nieren uranvergifteter Kaninchen in Gefrierschnitten verascht und nach geeigneter Behandlung mit Salpetersäure oder Borax das Uran durch seine Fluorescenzstrahlung nachgewiesen hat. Es fand sich lediglich in der Nierenrinde.

D. Diskussion der LUDWIGschen und BOWMAN-HEIDENHAINschen Theorie bis zum Jahre 1917.

Seit dem Erscheinen der scheinbar glänzend begründeten Auseinandersetzungen HEIDENHAINS im Hermannschen Handbuch für Physiologie im Jahre 1883 bildet fast für alle Untersuchungen, die sich mit der Harnbildung beschäftigen, die Frage nach der Gültigkeit der LUDWIGschen oder der BOWMAN-HEIDENHAINschen Theorie den Ausgangspunkt. Beide Theorien setzten eine getrennte Funktion des Glomerulus- und des Tubulussystems voraus. Die von LUDWIG ursprünglich geforderte Rückfiltration des provisorischen Harnwassers in den Tubulis infolge einfacher physikalischer Gesetze beruhte lediglich auf einem Trugschluß und mußte auch von den Verfechtern der Glomerulusfiltrationstheorie durch die Annahme aktiver Zelltätigkeit in den Tubulis bzw. durch die Einschaltung einer mit einfachen physikalischen Gesetzen nicht ohne weiteres deutbaren Kraft erklärt werden.

Der Gegensatz beider Theorien bezieht sich einerseits auf die Frage, was wird im Glomerulus aus dem Blut in den Harn übergeführt, und welche Kräfte wirken dabei mit, und zweitens findet im Tubulussystem eine Ausscheidung harnfähiger Substanzen statt oder werden hier lediglich nur im Glomerulusgebiet ausgeschiedene Stoffe durch Rückresorption der Blutbahn zum Teil wieder zugeführt. Da die Vertreter der glomerulären Ultrafiltration lediglich physikalisch faßbare Kräfte, d. h. den Blutdruck als Ultrafiltrationsdruck heranziehen wollen, während die Vertreter der BOWMAN-HEIDENHAINschen Theorie auch für die Glomerulusfunktion eine nicht näher definierbare aktive Zelltätigkeit in Anspruch nehmen, so war es natürlich leichter, Gegenbeweise gegen die LUDWIGschen Forderungen als gegen die Sekretionstheorie beizubringen. Die Untersuchungen drehten sich daher im wesentlichen um die Frage: Besteht eine Abhängigkeit zwischen Blutdruck und Harnbildung oder ist die Harnbildung lediglich eine Funktion der die Niere passierende Blutmenge?, die im bejahenden Falle als eindeutiger Beweis für die Sekretionstheorie gelten soll. Zweitens um die Frage: Reicht der im Glomerulussystem jeweils herrschende Blutdruck aus, um die Abpressung eines provisorischen Harns zu erzielen bzw. ruft eine Erhöhung des Capillardrucks eine Steigerung der Abscheidung des Glomerulusfiltrats hervor? Dazu war es notwendig, sich Klarheit zu verschaffen über den Umfang der für die von der

[1] STIEGLITZ, E. J.: Zitiert auf S. 482. [2] FIRKET, J.: Zitiert auf S. 482.
[3] DAVID, E.: Pflügers Arch. **208**, 146 (1925).
[4] LACASSAGNE, A., J. LATTÈS u. J. LAVEDAN: J. de Radiol. **9**, 1, 67 (1925).
[5] EITEL, H.: Arch. f. exper. Path. **135**, 188 (1928) u. STRAUB, W.: Verh. dtsch. pharmak. Ges. 8. Tag. Hamburg **1928**, 134.

Ludwigschen Theorie geforderten Ultrafiltration des provisorischen Harns aus dem Blutplasma notwendigen Energie sowie über die Art der bei dem Prozeß zu überwindenden Kräfte bzw. deren Abhängigkeit von der Beschaffenheit des Plasmas.

Die Gegenbeweise gegen die glomeruläre Filtrationstheorie, die sich auf den eben geschilderten Zusammenhängen aufbauen, können aus folgenden Gründen nicht als unbedingt beweiskräftig angesehen werden:

Wir wissen heute noch nicht eindeutig, welche Kräfte der Ultrafiltration im Glomerulus entgegenwirken. Wir kennen nicht die Größe dieser Kräfte und vor allem nicht die Abhängigkeit dieser Größe von dem jeweiligen Kolloidzustand bzw. der jeweiligen Kolloidkonzentration der Plasmakolloide. Wir wissen z. B. nicht, wieviel von dem Wasser des Plasmas vom Eiweiß gebunden ist und wieviel disponibel ist. Wir wissen nicht, sind Teile des Kochsalzes und anderer Elektrolyte im Quellungswasser des Eiweißes enthalten oder binden diese filtrierbaren Elektrolyte einen Teil des Wassers osmotisch ohne der Trennung vom Eiweiß einen nennenswerten Druck entgegenzusetzen? Wir haben zur Zeit, wenigstens beim Säugetier, keine exakte Möglichkeit, das Gefälle des Drucks zwischen Glomeruluscapillaren und Kapsellumen, auf das es bei der Ultrafiltration ankommt, zu bestimmen, denn wir kennen bei den Säugern nicht die Höhe des Drucks in den Glomeruluscapillaren und im Kapsellumen. Es liegt nach den Untersuchungen Haeblers[1] durchaus im Rahmen des möglichen, daß im Kapselraum durch eine vom Nierenbecken aus ausgehende Saugwirkung ein negativer Druck herrscht. Durch mangelnde Kenntnis dieser für die Ultrafiltration wesentlichen Faktoren scheidet daher die Möglichkeit einer exakten Berechnung der notwendigen Größe aus. Daher verlieren auch solche Versuche, die früher als stärkste Stütze gegen die Ludwigsche Theorie angeführt wurden, an Beweiskraft, wie z. B. die von Gottlieb und Magnus[2], die zeigten, daß die Harnsekretion noch bei einem Blutdruck in Gang blieb, der unterhalb des von Starling[3] berechneten, bei der Ultrafiltration zu überwindenden osmotischen Drucks der Serumkolloide lag.

Wir sind daher angewiesen auf die Beobachtung der Abhängigkeit der Harnbildung von der Änderung des Blutdrucks und der Blutmenge. Wenn wirklich die Harnabsonderung eine Funktion des Blutdurchflusses ist, wie in erster Linie die onkometrischen Versuche, deren Beweisführung an anderer Stelle (s. S. 322 u. 333) einer eingehenden Kritik unterzogen worden sind, vorzutäuschen schienen, und wenn die Harnabsonderung von der Größe des Capillardrucks (vgl. den Versuch von Magnus S. 320) unabhängig wäre, so bedeutete dies einen eindeutigen Beweis gegen die glomeruläre Filtrationstheorie. Nun haben aber die neueren Versuche von Richards und Plant[4] und Starling[5] und seinen Schülern an der isolierten Niere (s. S. 333) den Beweis erbracht, daß die Harnabscheidung in sehr viel höherem Maße vom Blutdruck als von der die Niere durchströmenden Blutmenge abhängig ist, und damit fällt auch dieser wesentliche Einwand. Von den Vertretern der Bowman-Heidenhainschen Theorie, in erster Linie von Magnus wird aber auch das Verhalten des Gaswechsels der Niere bei der Diurese herangezogen. Wenn jede Vermehrung der Wasserabscheidung mit einer vermehrten Arbeitsleistung der Niere verbunden wäre, so müßte auch jede Diuresesteigerung eine Steigerung des Gaswechsels der Niere hervorrufen, wenn man nicht den Nieren unter normalen Verhältnissen, was allerdings durchaus wahrscheinlich ist, einen Luxusgaswechsel zuschreiben und eine etwaige eintretende Diuresesteigerung ohne Gaswechselerhöhung durch eine bessere Ausnutzung der zur Verfügung

[1] Haebler, H.: Z. Urol. **16**, 145 (1922).
[2] Gottlieb, R. u. R. Magnus: Arch. f. exper. Path. **45**, 223 (1901).
[3] Starling, E. H.: J. of Physiol. **24**, 317 (1899).
[4] Richards, A. N. u. O. H. Plant: Amer. J. Pharmacol. **59**, 144 (1922).
[5] Starling, E. H. u. E. B. Verney: J. of Physiol. **56**, 352 (1922).

stehenden Energie erklären will. Erst die gleichzeitige Bestimmung des Sauerstoffverbrauchs und der von der Niere an den Körper abgegebenen Wärmemenge kann hier Aufschluß bringen. Wie früher (vgl. S. 329 und 407) ausgeführt, kennen wir Diuresesteigerungen vor allem nach Salz- und Coffeinzufuhr ohne Steigerung des Gaswechsels. Ganz unvereinbar ist jedoch mit der Sekretionstheorie, daß nach Ausschaltung der aktiven Zelltätigkeit durch Blausäure die Urinabscheidung nicht völlig versiegt, sondern eine mengenmäßige Steigerung und eine Herabsetzung der Konzentration erfährt[1]. Auch die histologische Beobachtung der Farbstoffausscheidung und das scheinbare Ungefärbtbleiben des Glomerulusinhalts, das eine der stärksten Beweise gegen die Theorie der Ultrafiltration im Glomerulus bildete, hat durch die Untersuchungen mit verbesserter Technik in erster Linie durch SUZUKI[2] und v. MÖLLENDORFF[3] eine zwanglose Erklärung gefunden.

Der zweite Teil der LUDWIGschen Theorie, die Bildung des endgültigen Harns aus dem Glomerulusultrafiltrat durch Rückdiffusion von Wasser, war, wie schon früher gesagt, nicht aufrechtzuerhalten. Die gegen sie erhobenen Einwendungen sind daher prinzipiell als richtig anzuerkennen.

E. CUSHNYS „modern theory".

Es ist das große Verdienst von CUSHNY[4], auf Grund der alten LUDWIGschen Vorstellungen unter Ausschaltung des eben erwähnten kardinalen Irrtums eine neue Filtrationsrückresorptionstheorie geschaffen und unter dem Namen „modern theory" in seiner Monographie über die Sekretion des Urins eingehend begründet zu haben.

CUSHNY nimmt mit LUDWIG an, daß im Glomerulus aus dem Blutserum alle die Substanzen abfiltriert werden, die nicht an die Serumkolloide gebunden sind. Die hierzu notwendige Energie liefert das Druckgefälle zwischen Glomeruluscapillaren und Kapsellumen. Im Glomerulusurin sind alle freien Serumsubstanzen in gleicher relativer Konzentration enthalten wie im Serum. Es stellt also praktisch ein proteinfreies Plasma dar. Bei dem Durchtritt des Glomerulusurins durch die Tubuli wird durch aktive Rückresorption des Tubulusepithels ein Teil des Wassers und der Fixa zurückresorbiert und so der endgültige Urin geschaffen.

Die Filtration in den Glomerulis stellt sich CUSHNY ähnlich vor wie die Filtration durch gewöhnliches Filtrierpapier im Laboratorium. Während hier die treibende Kraft durch die Schwerkraft repräsentiert wird, wird in der Niere der Filtrationsdruck durch das Druckgefälle zwischen Glomeruluscapillaren und Kapseldruck dargestellt. Übersteigt der Druck in der Kapsel den in den Capillaren, so kann eine Filtration nicht zustande kommen. Wie es Filter von verschiedener Porenweite gibt, die verschieden schnell filtrieren, so ist auch die Porenweite des Glomerulusfilters nicht konstant. Durch Änderung der Porenweite kann bei gleichbleibendem Gefälle die Filtrationsgeschwindigkeit verändert werden. Solange die Porenweite nicht derartig gesteigert wird, daß die Plasmakolloide durchtreten können, bleibt die Zusammensetzung des Glomerulusharns bei wechselnder Porenweite unverändert. Bei Eintritt von Sauerstoffmangel wird das Filter eiweißundicht. Auch von der Beschaffenheit des Filtrandums ist die Filtrationsgeschwindigkeit und die Beschaffenheit des Fil-

[1] Eine Abnahme der Harnbildung in der Blausäurevergiftung wäre allerdings nach den Untersuchungen von HÖBER und MACKUTH (Pflügers Arch. **216**, 420 (1927) für die Froschniere anzunehmen.

[2] SUZUKI, T.: Zur Morphologie der Nierensekretion. Jena 1912.

[3] v. MÖLLENDORFF, W.: Erg. Anat. **24**, 78 (1922).

[4] CUSHNY, A. R.: The Secretion of the urine. London 1917.

trats abhängig, da der angeblich für die Ultrafiltrationsgeschwindigkeit ausschlaggebende osmotische Druck der Plasmakolloide von ihrer Konzentration abhängig ist.

Was die Rückresorption anbelangt, so wird am Beispiel des Harnstoffs – in der 2. Auflage auch an Hand der Sulfatausscheidung –, dessen Konzentration im Glomerulusfiltrat 0,1% nicht überschreiten kann, der aber im endgültigen Katzenharn bis zu 12% enthalten ist, ausgeführt, daß man mit einer Rückresorption von etwa 99% des Glomeruluswassers rechnen muß. Ein Teil der Harnfixa wird ebenfalls in den Tubulis rückresorbiert sowie ein Teil der Chloride und der Zucker. Die Rückresorption der einzelnen Fixa, soweit sie überhaupt rückresorbiert werden, ist verschieden groß. Sulfate werden fast gar nicht rückresorbiert, Bromide etwa ebenso leicht wie Chloride. Auch das Verhältnis der Rückresorption von Wasser und Chlor ist kein konstantes, je nach dem Chlorgehalt der Gewebe wird bald mehr, bald weniger Chlor rückresorbiert als Wasser. Der von Cushny scharf formulierte Begriff von Schwellenkörper und Nichtschwellenkörper, der an anderer Stelle (s. S. 372) eingehende Besprechung und Kritik erfahren hat, verlangt restlos fehlende Rückresorption für die Nichtschwellenkörper, während die Schwellenkörper in verschieden starkem Maße rückresorbiert werden. Nach der strengen Formulierung Cushnys muß das relative Mengenverhältnis aller Nichtschwellenkörper im Harn identisch sein mit ihrem relativen Mengenverhältnis im Plasma, soweit sie hier nicht an Plasmakolloide gebunden sind. Die Tubulusepithelien resorbieren also aus dem Glomerulusfiltrat eine schwach alkalische Lösung von Zucker, Aminosäuren und ähnlichen Stoffen sowie Chloride, Natrium, Kalium in ungefähr gleichen Mengenverhältnissen, in denen sie im normalen Plasma enthalten sind.

Cushny definiert kurz die Funktion der Niere als Filtration der Nichtkolloidanteile durch die Kapsel und Rückresorption einer „Lockeschen Lösung" in den Kanälchen. Der Glomerulus bietet den Tubulis eine Flüssigkeit dar, wie sie im Blute zirkuliert, und der Tubulus führt dem Blute eine Flüssigkeit zu, die den Bedürfnissen der Gewebe angepaßt ist, während der Rest im Urin zur Ausscheidung kommt. Wenn also im Plasma ein Überschuß von Zucker oder Chlor enthalten ist, enthält der Glomerulusurin eine Konzentration, die ihren Schwellenwert überschreitet. Die Tubuli nehmen daher nur eine optimale oder Schwellenwertskonzentration auf und lassen den Überschuß in den endgültigen Urin übergehen. Wenn nach reichlicher Wasserzufuhr der Glomerulusurin stark verdünnt ist, so geht nach Rückresorption einer optimalen Lösung der Wasserüberschuß in den endgültigen Urin über.

Sehr anschaulich stellte Cushny die Bildung von 1 l Urin mit einem Harnstoffgehalt von 2% auf Grund seiner Theorie in der folgenden Tabelle dar.

	67 l Plasma enthalten		62 l Glomerulusfiltrat enthalten	61 l rückresorbierte Flüssigkeit enthalten		1 l Urin enthält	
	%	insgesamt	insgesamt	%	insgesamt	%	insgesamt
Wasser	92	62 l	62 l	—	61 l	95	950 ccm
Kolloide	8	5360 g	—	—	—		
Traubenzucker	0,1	67 g	67 g	0,11	67 g	—	—
Harnsäure	0,002	1,3 g	1,3 g	0,0013	0,8 g	0,05	0,5 g
Natrium	0,3	200 g	200 g	0,32	196 g	0,35	3,5 g
Kalium	0,02	13,3 g	13,3 g	0,019	11,8 g	0,15	1,5 g
Chloride	0,37	248 g	248 g	0,40	242 g	0,6	6,0 g
Harnstoff	0,03	20 g	20 g	—	—	2,0	2,0 g
Sulfate	0,003	1,8 g	1,8 g	—	—	0,18	1,8 g

Er geht von einem Harnstoffplasmagehalt von 0,03% aus und kommt so zu der Annahme, daß zur Bildung von 1 l endgültigem Urin 67 l Plasma die Glomerulusmembran passiert haben müssen[1].

Die eingeklammerten Zahlen geben jeweils den Gehalt an Festsubstanzen an, der im Plasma zurückgehalten wird, in den Tubulis rückresorbiert bzw. im endgültigen Harn zur Ausscheidung kommt.

Die Kräfte, die aus dem provisorischen Glomerulusharn die Rückresorption einer für die Gewebe optimalen Flüssigkeit veranlassen, sieht CUSHNY als unbekannt an und verzichtet auf den Versuch ihrer Analyse. Er untersucht jedoch die äußeren Umstände, die eine Veränderung der Rückresorptionsgröße bedingen. Er hält es für möglich, daß die Rückresorptionsfähigkeit der Epithelien in ihrem Ausmaße durch bestimmte Pharmaca ebenso verändert wird, wie etwa die Nervenzelle erregt oder gehemmt werden kann; während für die Gesamtheit der rückresorbierten Substanzen ein solcher Beweis noch aussteht, glaubt er für den Zucker im Phlorrhizin eine derartige Wirkung erkennen zu können. Substanzen, die nicht rückresorbiert werden können, vermögen durch ihren osmotischen Druck Wasser von der Rückresorption zurückzuhalten. Hierzu gehören in erster Linie der Harnstoff, die Sulfate und Phosphate. Umgekehrt kann eine Konzentrationserhöhung solcher Substanzen, die leicht rückresorbiert werden, eine vermehrte Rückresorption des Wassers bedingen. Die Konzentration der einzelnen Substanzen im Urin ist bedingt durch die osmotische Leistungsfähigkeit der rückresorbierenden Tubuluszellen. Diese ist bei den einzelnen Tierarten verschieden groß und beträgt bei der Katze ungefähr 50—60 Atmosphären. Sie ist beim Hund und Mensch niedriger; noch niedriger beim Kaninchen. Die Größe der Rückresorption ist in gewissem Maße abhängig von der Verweildauer des Glomerulusfiltrats im Tubuluslumen. Bei starker Glomerulusfiltration ist die Rückresorption vermindert. Je schneller die Filtration stattfindet, um so mehr nähert sich die Zusammensetzung des endgültigen Harns der des Glomerulusfiltrats. Aber auch bei maximaler Diurese findet noch eine gewisse Rückresorption statt. Das geht z. B. aus Versuchen an Kaninchen hervor, bei denen nach intravenöser Sulfatzufuhr der Sulfatgehalt im endgültigen Harn stets höher gefunden wird als im Plasma.

Eine von LOEWI[2] ausgesprochene Ansicht, daß das Vorhandensein einzelner Schwellenkörper in abnorm hoher Konzentration in Lymphe und Blut die Rück-

[1] In der 2. Aufl. seiner Monographie hat CUSHNY an Stelle des Harnstoffes die im Harn die höchste Konzentration erfahrenden Sulfate seiner Berechnung zugrunde gelegt und kommt dadurch zu etwas anderen Werten. Er berechnet, daß zur Bildung von 1 l Harn von 90 l Plasma 83 l in das Glomerulusfiltrat übergehen und aus diesen 82 l LOCKEsche Lösung zurückfiltriert werden. Die Einzelheiten gehen aus der folgenden Tabelle hervor:

	90 l Plasma enthalten		83 l Filtrat enthalten	82 l rückresorbierte Flüssigkeit enthalten		1 l Harn enthält	
	%	absolut	absolut	%	absolut	%	absolut
Wasser	92	83 l	83 l	—	82 l	95	950 ccm
Kolloide	7,5	6750 g	—	—	—	—	—
Glucose	0,1	90 g	90 g	0,11	90 g	—	—
Natrium	0,3	270 g	270 g	0,32	266,5 g	0,35	3,5 g
Chlorid	0,37	333 g	333 g	0,4	327 g	0,6	6,0 g
Harnstoff	0,03	27 g	27 g	0,008	7 g	2,0	20,0 g
Harnsäure	0,004	3,6 g	3,6 g	0,003	3,1 g	0,05	0,5 g
Kalium	0,02	18,0 g	18,0 g	0,02	16,5 g	0,15	1,5 g
Phosphat	0,009	8,1 g	8,1 g	0,008	6,6 g	0,15	1,5 g
Sulfat	0,002	1,8 g	1,8 g	—	—	0,18	1,8 g

[2] LOEWI, O.: Arch. f. exper. Path. **48**, 410 (1902).

resorption verhindere, wird zwar als theoretisch richtig, praktisch jedoch nicht in Betracht kommend angesprochen. Denn die in Frage kommenden osmotischen Partialdrucke der betreffenden Substanz seien selbst unter der Annahme abnorm hoher Konzentration im Gewebe im Hinblick auf die osmotische Leistungsfähigkeit der Nierenzellen abnorm niedrig.

Cushny faßt die Filtration in der Kapsel und die Rückresorption in den Tubulis als getrennte Prozesse auf, als deren vermittelndes Glied lediglich die gemeinsame Blutversorgung anzusehen sei. Vermehrte Blutzufuhr verbessert die Filtrationsbedingungen in den Glomerulis, schafft aber gleichzeitig infolge besserer Sauerstoffversorgung der Tubulusepithelien eine vermehrte Rückresorption. Doch wird durch den gleichzeitigen beschleunigten Durchtritt des vermehrten Glomerulusfiltrats durch die Tubuli die Möglichkeit einer Rückresorption wieder beeinträchtigt. Auf die außerordentlich verwickelten Beziehungen zwischen Tubulus- und Glomerulussystem durch die Anordnung der Gefäßverbindung und durch die gegenseitige Beeinflussung von Gefäßweite und Weite des Tubuluslumens ist schon an anderer Stelle (S. 314ff.) hingewiesen.

Bei dem Vergleich seiner „modernen Theorie" mit der Bowman-Heidenhainschen kommt Cushny zu dem Schluß, daß zwischen seiner Auffassung und der Bowman-Heidenhainschen hinsichtlich der Funktion des Malpighischen Körperchens keine nennenswerten Differenzen bestehen. Die Differenzen liegen einmal in den Kräften, die die Funktion des Glomerulus beeinflussen; während Cushny für die Abscheidung von Harn durch die Glomerulusmembran lediglich den Blutdruck bzw. das Druckgefälle zwischen Glomerulus und Kapsellumen als treibende Kraft in Anspruch nimmt, verlangt die Heidenhainsche Theorie auch hier einen aktiven Zellprozeß. Beide Theorien sehen nach der Darstellung Cushnys in dem Kapselurin eine Flüssigkeit, die ungefähr die Eigenschaften des enteiweißten Plasmas besitzt. — Dies stimmt aber mit den tatsächlichen Verhältnissen nicht ohne weiteres überein, denn nach der Heidenhainschen Theorie muß dem Kapselurin auch Zucker fehlen, der nach der Annahme Cushnys darin vorhanden ist. — Wesentliche Unterschiede liegen in der Menge der abgeschiedenen Glomerulusflüssigkeit vor. Denn nach Heidenhain beträgt diese Menge ungefähr die des endgültigen Harns, während nach der „Modern theory" eine ungefähr 90mal so große Menge provisorischen Harns abgeschieden wird.

Hinsichtlich der Tubulusfunktion stehen sich die Anschauungen Heidenhains und Cushnys diametral gegenüber. Während Heidenhain die Funktion des Tubulusepithels als rein sekretorisch ansieht, für einzelne Fälle eine Resorption unter anormalen Bedingungen nicht als völlig ausgeschlossen hinstellt, schreibt die moderne Theorie den Tubulusepithelien eine ausschließlich resorbierende Funktion zu und hält zur Zeit die Annahme einer aktiven Sekretion in den Tubulis für unnötig, läßt jedoch die Ergänzung der Theorie durch aktive Sekretion für bestimmte Fälle offen, sobald experimentelle Beweise hierfür erbracht sind. Beide Theorien stimmen darin überein, daß in den Tubulis vitale Zellprozesse vonstatten gehen.

Es ist nun verschiedentlich der Versuch gemacht worden, eine vermittelnde Stellung zwischen beiden Theorien einzunehmen, so vor allem von Metzner[1], der den Hauptstücken der Tubuli ebenfalls eine sekretorische Funktion zuschreibt, während er in den restlichen Tubulusanteilen eine Rückresorption von Wasser annimmt. Auch Aschoff und Suzuki[2] schlossen aus ihren Farbstoffausscheidungsversuchen auf eine sekretorische Funktion der proximalen Tubuli

---

[1] Metzner, R.: Nagels Handb. d. Physiol. d. Menschen 2, 207 (1906).
[2] Suzuki, T.: Zur Morphologie der Nierensekretion. Jena 1912.

contorti, während in den übrigen Tubulusanteilen eine Rückresorption stattfinden soll.

Auch LOEWI[1] hat versucht, ein Kompromiß zwischen der HEIDENHAINschen und LUDWIGschen Theorie aufzustellen, indem er für die Phosphate und Zucker die Annahme einer kolloidalen Bindung im Plasma machte und ihre Ausscheidung auf eine aktive Sekretion des Tubulusepithels zurückführte.

CUSHNY selbst hält, wie schon gesagt, die Möglichkeit einer Ergänzung seiner Theorie durch die Annahme einer derartigen Sekretion in den Hauptstücken nicht für ausgeschlossen, glaubt aber alle bis zur Zeit der Formulierung seiner Theorie im Jahre 1917, ja bis zur Erscheinung der 2. Auflage seiner Monographie 1926, vorliegenden Ausscheidungserscheinungen der Niere mit seiner Theorie erklären zu können.

Den hauptsächlichsten Einwand gegen seine Theorie, nämlich die Notwendigkeit der Annahme einer außerordentlich großen und angeblich unnötigen Flüssigkeitspassage durch das Nierenepithel sucht CUSHNY durch eine Anzahl Analoga aus der Tierphysiologie zu widerlegen. Er führt aus, daß zur Ausscheidung der Gallenfarbstoffe in 24 Stunden von der Leber ungefähr 500 ccm Galle in das Duodenum ausgeschieden werden, die mit Ausnahme der Gallenfarbstoffe selbst restlos vom Darm rückresorbiert werden. Ebenso ist es bekannt, daß der Vogelurin im Ureter eine klare Flüssigkeit bildet, die in der Kloake durch Rückresorption des Wassers zu einer dicken Paste eingeengt wird (SHARPE[2]).

An Hand eingehender Berechnungen stellt CUSHNY schließlich fest, daß auch die Größe der rückresorbierten Wassermenge bei der Passage durch den Tubulus durchaus im Bereich physiologischer Möglichkeiten bleibt. Auf Grund von Messungen des Blutstroms durch die Nieren einerseits und der Sulfatkonzentration im Plasma und Urin anderseits kommen MAYRS und WATT[3] zur Feststellung, daß beim Kaninchen in der Regel 20—25% (äußerste Werte 6—40%) des die Glomeruli passierenden Plasmas in die BOWMANschen Kapseln abfiltriert werden.

CUSHNY glaubt den Vorwurf einer ungewöhnlich großen Flüssigkeitsbewegung bei Annahme von Filtration und Rückresorption durch den Nachweis begegnen zu können, daß auch nach der BOWMAN-HEIDENHAINschen Theorie die Tubulusepithelien mit der gleichen sehr großen Flüssigkeitsmenge in innige Berührung kommen müssen, allerdings nicht auf dem Weg durch die Zellen hindurch, sondern lediglich an der Zellbasis entlang, von der dann die zu sezernierenden Substanzen aufgenommen werden.

Eine starke Stütze für die Annahme der Filtration und Rückresorption geben auch die Versuche von TSCHOPP[4]. Er ging von der Tatsache aus, daß der Kaninchenurin, ehe er die Blase verläßt, durch Calciumphosphatausfällung getrübt ist, und er nahm an, daß durch die Niere nur gelöste Körper hindurchtreten können. Er bestimmte nun einmal den Gehalt des Plasmas an dialysablem Calcium zu 5—6 mg% und fand in dem Urin des gleichen Kaninchens eine Calciumkonzentration von 246 mg%. Da nun die Löslichkeit des Calciumphosphats unter den gegebenen Bedingungen etwa 2 mg% beträgt, so sind ungefähr 4,5 l Plasma-Ultrafiltrat notwendig, um die ausgeschiedene Calciummenge in Lösung zu halten. Da die Menge des Tagesurins nur 118 ccm beträgt, mußten 4,38 l rückresorbiert sein. Bei der Annahme einer reinen Sekretion müßte die Konzentration von 246 mg% Calcium die sezernierenden Zellen zum Verkalken bringen. Durch Schüttelversuche wurde weiterhin nachgewiesen, daß das Cal-

[1] LOEWI, O.: Arch. f. exper. Path. **48**, 410 (1902).
[2] SHARPE, N. S.: Amer. J. Physiol. **31**, 75 (1912).
[3] MAYRS, E. B. u. J. M. WATT: J. of Physiol. **56**, 120 (1922).
[4] TSCHOPP, E.: Schweiz. med. Wschr. **57**, 1065 (1927).

cium im Harn der Grünfutter-Kaninchen sich sowohl als Phosphat als auch als Carbonat in übersättigter Lösung findet, während es im Serum nicht übersättigt ist. Damit ist der einwandfreie Beweis erbracht, daß in der Niere eine Rückresorption stattfinden muß. Das Verhalten der Niere den einzelnen Harnkomponenten gegenüber geht aus der folgenden Tabelle hervor:

	4,5 l Plasma (Ultrafiltrat)		Rückresorbiert 4,382 l enthalten		118 ccm Harn enthalten		Konzentration im Harn verglichen mit der im Blut-Ultrafiltrat
	%	absolut in g	%	absolut in g	%	absolut in g	
Na	0,32	14,4	0,33	14,37	0,023	0,027	0,072
Cl	0,36	16,2	0,36	15,95	0,21	0,25	0,58
CO_2	0,108	4,85	0,103	4,58	0,226	0,267	2,1
NH_4	0,01	0,45	0,0076	0,33	0,02	0,017	2,0
Harnsäure	0,004	0,18	0,004	0,175	0,004	0,0047	1,0
K	0,02	0,9	0,0068	0,3	0,51	0,6	25,5
Ca	0,0065	0,29	—	—	0,246	0,29	38,0
Harnstoff	0,03	1,35	0,0022	0,1	0,7	1,25	23,0
PO_4	0,009	0,405	0,0067	0,295	0,092	0,11	10,0
SO_4	0,0046	0,21	—	—	0,18	0,21	39,0

TSCHOPP konnte an Hand der Funktion des Magen-Darmkanals und der Gallenblase zeigen, daß auch hier in weitestem Maße eine Rückresorption statthat und daß es bei der Rückresorption sich um ein allgemeines biologisches Prinzip handelt. Dem Wasser kommt dabei wohl in erster Linie die Aufgabe als Transportmittel, dem Kochsalz die Aufgabe der Aufrechterhaltung des osmotischen Drucks zu.

Auch die Erscheinung einer Diuresesteigerung nach dem Trinken großer Wassermengen, die vor allem von MACCALLUM und BENSON[1] als Einwand gegen die Filtrationstheorie angeführt wird, wird von CUSHNY im Rahmen seiner Theorie als durchaus möglich dargestellt. Er führt aus, daß die von den genannten Autoren beobachtete Sekretion von 20 ccm Harn pro Minute mit einem Gefrierpunkt von —0,075°, bei einem Gefrierpunkt des Bluts von —0,56°, eine Filtration von 0,05 mg provisorischen Urins pro Minute und Glomerulus voraussetzt, von denen 0,04 mg wieder bei der Tubuluspassage rückresorbiert werden. Er glaubt, daß alle diese Beobachtungen durch die enorm große Zahl der Glomeruli und die große absorbierende Fläche der Tubuli eine einfache Erklärung finden.

Einwände von HILL[2] und FILEHNE und BIBERFELD[3], die von der Annahme ausgehen, daß alle Zellen praktisch eine kolloidale Lösung darstellten, in der sich der Druck gleichmäßig ausbreitet, die Möglichkeit eines Druckgefälles also ausscheidet, wird durch den Hinweis auf die Filtrationsmöglichkeit durch Gelatine und in der toten Niere zurückgewiesen. Wenn auch die moderne Theorie CUSHNYS vor der BOWMAN-HEIDENHAINschen nicht mehr den Vorzug der alten LUDWIGschen Theorie besitzt, die gesamte Harnbildung auf einzelne physikalisch faßbare Kräfte zurückzuführen, so verdient sie doch im Gegensatz zur BOWMAN-HEIDENHAINschen Theorie, die bewußt auf jeden Erklärungsversuch verzichtet, den großen Vorzug, das sie die geheimnisvolle aktive Zelltätigkeit auf ein relativ kleines Maß einschränkt und alle Erscheinungen, die physikalisch faßbar sind, auf exakte Begriffe zurückführt. Vielleicht gelingt es der fortschreitenden Erkenntnis physikalisch-chemischer und kolloid-chemischer Vorgänge, auch für die selektive Rückresorption eine streng physikalische Erklärung zu finden.

[1] MACCALLUM, A. B. u. C. C. BENSON: J. of Biol. **6**, 87 (1909).
[2] HILL, J.: Biochemic. J. **1**, 55 (1901).
[3] FILEHNE, W. u. J. BIBERFELD: Pflügers Arch. **111**, 1 (1906).

F. Diskussion der CUSHNYschen Theorie.

Die CUSHNYsche Theorie bildet seit ihrer Veröffentlichung Gegenstand umfangreicher Diskussionen. Zahlreiche Autoren haben versucht, sie zu widerlegen, bei anderen findet sie restlose Zustimmung, und wieder andere sind bemüht, da, wo die Versuchsergebnisse nicht mit den Forderungen CUSHNYS übereinstimmen, sie weiter auszubauen. Die Einwände richten sich teils gegen die Glomerulusfiltration überhaupt, im wesentlichen aber gegen die Ausschließlichkeit der Filtration, und zahlreiche Autoren verlangen für einzelne Substanzen neben der Filtration im Glomerulus noch eine Sekretion im Tubulusgebiet, die CUSHNY als möglich erachtet, und schließlich richtet sich der Einwand der meisten Autoren gegen CUSHNYS Forderung einer vollkommenen Nichtrückresorbierbarkeit der Nichtschwellensubstanzen.

Der wesentlichste Einwand gegen die Glomerulusfiltration stammt von HILL und MC QUEEN[1]. Sie kommen auf Grund der Untersuchungen über den Capillardruck in den verschiedensten Capillargebieten rechnerisch zu dem Schluß, daß der Capillardruck in den Glomeruluscapillaren 13—15 mm Quecksilber beträgt, also nicht ausreichen würde, um den osmotischen Druck der Eiweißkörper, der von STARLING[2] auf 25—30 mm Quecksilber berechnet ist, zu überwinden. Gegenüber dieser Berechnung muß auf die Ausführungen auf S. 317 hingewiesen werden. Die Berechnungen von HILL und MC QEEN sind auch durch die direkten Messungen von HAYMAN[3] widerlegt, der selbst beim Frosch noch einen Capillardruck von 4—52 cm — im Mittel von 20,2 cm — Wasser in den Glomerulis messen konnte.

Viel zahlreicher sind die Versuche, die neben der Rückresorption eine Sekretion bestimmter Harnanteile beweisen sollen. So halten z. B. ANDRÉ[4] und TURCHINI[5] trotz der vorausgegangenen Untersuchungen von SUZUKI, SCHULEMANN und v. MÖLLENDORFF (s. S. 472) an der Deutung der granulären Färbung der Hauptstückepithelien als Sekretionserscheinung fest auf Grund von Versuchsergebnissen über die Färbbarkeit der Mitochondiren, deren Richtigkeit von AVEL[6] bestritten wird. Ähnlich deuten FUKUDA und OLIVER[7] die bei der Ausscheidung von Hämoglobin beobachteten histologischen Bilder zum Teil als Folge der Sekretion des Farbstoffes durch die Tubuli. Die Erscheinungen, die STIEGLITZ[8] bei der Ausscheidung von Eisencitrat durch die Niere beobachtete, grobflockige Tinktion des Hauptstückepithels, und die er als Speicherungsbildung bei der Sekretion ansah, konnte v. MÖLLENDORFF[9] auf eine Zellschädigung zurückführen.

Die Versuche von STIEGLITZ[8] entbehren um so mehr der Beweiskraft, weil sie im Gegensatz zu den Feststellungen FIRKETS[10] stehen, der nach Injektion von Eisencitrat einwandfrei die Ausscheidung des Eisens durch die Glomeruli nachweisen konnte, und zwar teils unmittelbar durch die Beobachtung des färberischen Verhaltens, teils durch die Feststellung, daß bei Embryonen ein Nach-

---

1 HILL, J. u. MC QUEEN: Brit. J. exper. Path. **2**, 205 (1921).
2 STARLING, E. H.: J. of Physiol. **24**, 317 (1899).
3 HAYMAN jr., J. M.: Amer. J. Physiol. **79**, 389 (1927).
4 ANDRÉ, CH.: C. r. Soc. Biol. **83**, 971 (1920).
5 TURCHINI, J.: C. r. Soc. Biol. **83**, 1036 (1920).
6 AVEL, M.: C. r. Soc. Biol. **92**, 870 (1925).
7 FUKUDA, Y. u. J. OLIVER: J. of exper. Med. **37**, 83 (1923).
8 STIEGLITZ, E. J.: Amer. J. Anat. **29**, 33 (1921).
9 v. MÖLLENDORFF, W.: Erg. Anat. **24**, 278 (1922).
10 FIRKET, J.: C. r. Soc. Biol. **83**, 1004, 1230 (1920) — Arch. internat. Physiol. **18**, 332 (1921).

weis des Eisens in der Niere erst möglich ist, wenn die Glomerulusepithelien differenziert sind.

Die Bedeutung der Entwicklung der Glomeruli für die Ausscheidung von Fremdsubstanzen haben für Farbstoffe auch v. Möllendorff[1] an Kaulquappen, und de Haan und Bakker[2] für neugeborene Katzen nachweisen können. Beide zeigten, daß injizierte Farbstoffe im Urin erst beobachtet werden konnten, wenn das Glomerulusepithel hinreichend abgeplattet war.

Die Ergebnisse der Versuche von de Haan und Bakker stehen insofern in einem Widerspruch mit den Forderungen der Cushnyschen Theorie, als sie auf Grund der Farbstoffadsorption an Eiweiß eine Filtration und Rückresorption auch für Plasmaeiweißkörper voraussetzen. Sie stehen aber mit dieser nur theoretisch geforderten, experimentell aber unbegründeten Anschauung im Gegensatz zu allen Erfahrungen des Experiments.

Für die Harnsäure glaubt Mayrs[3] wenigstens für die Vögel auf eine sekretorische Funktion der Nieren schließen zu müssen, auf Grund der Ausscheidungsverhältnisse bei erhöhtem Ureterdruck. Die Versuche erscheinen jedoch technisch nicht einwandfrei, und die erhobenen Befunde lassen sich auch durch Rückresorption erklären. Auch für die Phosphate glaubt Mayrs[3] beim Vogel eine aktive Sekretion annehmen zu müssen. Durch die Untersuchungen von Brull und Eichholtz[4] erscheint jedoch der Mechanismus der Phosphatausscheidung in einem völlig anderen Lichte.

Brull, Eichholtz und Robinson[4] konnten die Phosphatausscheidung ohne gleichzeitige Veränderung von Wasser-, Chlor- und Harnstoff unterdrücken. Sie glauben, daß die Phosphate, ähnlich wie es auch Loewi[5] angenommen hatte, in einer nicht ultrafiltrierbaren Form kreißen und daß sie erst in der Niere durch ein Enzym in eine ausscheidbare Form übergeführt werden. Dieser Fragenkomplex muß daher aus der Kritik der Cushnyschen Theorie ausscheiden. Gegen die Eichholtzsche Annahme spricht allerdings die Angabe Mayrs, bei dem der größte Teil des Plasmaphosphates dialysabel gefunden wurde.

Wenn Marshall und Vickers und Marshall und Crane[6] aus einer Anreicherung von Phenolsulfophthalein in der Niere auf eine aktive Sekretion der Nierenzellen schließen, so läßt sich die Erscheinung ebensowohl durch eine Speicherung des Farbstoffes im Sinne v. Möllendorffs gelegentlich der Rückresorption deuten. Auch dem Schluß von Marshall und Crane[7], daß die nach Abklemmung der Nierenarterie beobachtete Herabsetzung der Ausscheidung von Harnstoff, Sulfaten, Phosphaten, Ammoniak und Kreatinin bei gesteigerter Wasser-, Chlor- und Bicarbonatausfuhr auf eine aktive Sekretion in den Tubulis hinweise, kann nicht Folge gegeben werden, denn durch die Unterbindung der Nierenarterie wird die Sauerstoffzufuhr unterdrückt, die aktiven Zelleistungen also eingeschränkt, und die geschilderte Änderung des Harnbefunds, bei der an allen einzelnen Harnkomponenten geringere osmotische Arbeit geleistet wird, läßt sich ohne weiteres durch eine gestörte Rückresorption deuten, ja bietet sogar einen wertvollen Beleg hierfür.

---

[1] v. Möllendorff, W.: Festschr. f. M. Fürbringer. Sitzgsber. Heidelberg. Akad. Wiss., Math.-naturwiss. Kl., Abt. B **1919**, 3.
[2] de Haan, J. u. A. Bakker: Pflügers Arch. **199**, 125 (1923).
[3] Mayrs, E. B.: J. of Physiol. **58**, 276 (1924).
[4] Eichholtz, F., R. Robinson u. L. Brull: Proc. roy. Soc. Lond. B **99**, 91 (1925). — Brull, L. u. F. Eichholtz: Ebenda **99**, 70 (1925).
[5] Loewi, O.: Arch. f. exper. Path. **48**, 429 (1902).
[6] Marshall jr., E. K. u. J. L. Vickers: Bull. Hopkins Hosp. **34**, 1 (1923). — Marshall jr., E. K. u. M. M. Crane: Amer. J. Physiol. **70**, 465 (1924).
[7] Marshall jr., E. K. u. M. M. Crane: Amer. J. Physiol. **64**, 387 (1923).

Auch STARLING und VERNEY[1] glauben, aus der Verminderung der Harnstoff- und Sulfatausscheidung bei der Cyankalivergiftung durch die isolierte Säugetierniere bei gleichzeitiger, nur geringer Steigerung der Urinmenge auf aktive Sekretion von Sulfat und Harnstoff in der Niere schließen zu müssen. Da aber in beiden mitgeteilten Versuchen gleichzeitig eine beträchtliche Herabsetzung der Durchströmungsgeschwindigkeit der Niere beobachtet wurde, so läßt sich der Versuch auch in dem Sinne auslegen, daß durch die verminderte Durchströmungsgeschwindigkeit primär weniger Glomerulusfiltrat abgepreßt wurde und daß die Herabsetzung der Harnstoff- und Sulfatmenge hierdurch erklärt ist. Durch die Blausäure wäre dann lediglich das Konzentrationsvermögen für beide Substanzen aufgehoben. Eine Erscheinung, die durch die Versuche von DAVID[2] an der Froschniere hinreichend begründet ist. Aus den Befunden bei der Harnstoffdiurese am Herz-Lungen-Nieren-Präparat wollen STARLING und VERNEY[1] folgern, daß Harnstoff, Chloride und Wasser an verschiedenen Stellen der Tubuli ausgeschieden bzw. rückresorbiert werden, das Wasser in weiter abwärts gelegenen Teilen als die Chloride.

Eine Sonderstellung muß dem Harnstoff zugeschrieben werden. Schon die alten Versuche NUSSBAUMS[3] an der Froschniere, der nach Unterbindung der Aorta und völliger Sistierung der Diurese nach Harnstoffzufuhr einen Wiederbeginn der Harnausscheidung beobachtete, schließen die Möglichkeit einer Sekretion des Harnstoffs im Tubulusgebiet nicht völlig aus. Der NUSSBAUMsche Versuch läßt sich allerdings ebenso leicht in dem Sinne deuten, daß die Tubulusepithelien durch Erstickung für Harnstoff durchlässig werden. Näheres auf S. 385 u. 456.

Die Annahme einer aktiven Sekretion des Harnstoffes in den Kanälchen auf Grund des häufig bestätigten NUSSBAUMschen Versuchs, wird hinfällig durch die Beobachtung von RICHARDS und WALKER[4], nach denen es gelingt, durch Harnstoffgaben in der Froschniere den Weg von der Pfortader zu den Glomeruluscapillaren zu bahnen, so daß auch für den Harnstoff keine wesentliche Veranlassung mehr vorliegt, eine Sekretion in den Tubuluszellen anzunehmen.

Auf Grund der gegenseitigen Konzentrationsverhältnisse der einzelnen Harnfixa im Plasma und im Urin glaubt UNDERHILL[5], auf eine aktive Sekretion des Harnstoffs und vielleicht auch von Kreatinin schließen zu müssen. Die histologischen Beobachtungen über die Harnstoffausscheidung durch STÜBEL[6], OLIVER[7], PIRAS[8], HOLLMAN[9] und WALTER[10], die auch den Harnstoff in den Hauptstückepithelien, und zwar im Gegensatz zu der Anordnung der bei der Rückresorption gespeicherten, meist an der Epithelbasis am stärksten angehäuften Farbstoffe regellos in den Epithelzellen verteilt sahen, lassen zum mindesten die Möglichkeit einer Ausscheidung des Harnstoffs durch das Tubulusepithel offen. Diese Bilder von der Verteilung des Harnstoffs in den Tubulusepithelien lassen sich aber auch durch die große Diffusibilität des Harnstoffs und seine dielektrischen Eigenschaften erklären. Hierzu kommen noch die Beobachtungen von UNDERHILL,

[1] STARLING, E. H. u. E. B. VERNEY: Pflügers Arch. **205**, 47 (1924) — Proc. roy. Soc. Lond. B **97**, 321 (1925).
[2] DAVID, E.: Pflügers Arch. **208**, 146 (1925).
[3] NUSSBAUM, M.: Pflügers Arch. **16**, 139 (1878); **17**, 580 (1878).
[4] RICHARDS, A. N. u. A. M. WALKER: Amer. J. Physiol. **79**, 419 (1927).
[5] UNDERHILL, S. W. F.: Brit. J. exper. Path. **4**, 117 (1923).
[6] STÜBEL, H.: Anat. Anz. **54**, 236 (1921).
[7] OLIVER, J.: J. of exper. Med. **33**, 177 (1921).
[8] PIRAS, A.: Arch. di Fisiol. **20**, 237 (1922).
[9] HOLLMAN, J. L. A. H.: Nederl. Tijdschr. Geneesk. **67**, 2266 (1923); nach Ber. Physiol. **24**, 374 (1924).
[10] WALTER, K.: Pflügers Arch. **198**, 267 (1923).

Wells und Goldschmidt[1]. Sie sahen bei der Tartratnephritis eine isolierte histologische Schädigung des Hauptstückepithels bei gleichzeitiger isolierter Herabsetzung der Harnstoffausscheidung, ein Vorgang, der aber auch auf der Änderung der Durchlässigkeit der Tubulusmembran beruhen kann.

Durch die Kombination dieser Beobachtung wird für den Harnstoff die Möglichkeit einer aktiven Sekretion durch die Hauptstücke, wenn auch nicht nahegerückt, so doch denkbar gemacht. Dies steht auch nicht im Widerspruch zu den Erfahrungen Davids[2], der nach Ausschaltung der aktiven Zelltätigkeit bei der Froschniere durch Narkotica oder Blausäure eine Herabsetzung der Harnstoffkonzentration der Niere beobachtete, denn bei gleichzeitiger Einschränkung von Wasserrückresorption und Harnstoffsekretion wurde die Harnstoffausscheidung gleichsinnig beeinflußt. Nach den neusten von Höber[3] entwickelten Anschauungen wird der Harnstoff infolge seiner Lipoidlöslichkeit in den Tubulusepithelien der Froschniere gespeichert und durch eine aktive Zelltätigkeit hochkonzentriert dem Harn zugeführt. Sollten sich die Versuche bestätigen, so wären sie als eine der von Cushny als möglich angesehenen Ergänzungen seiner Theorie anzusprechen.

Eine Bestätigung der Cushnyschen Theorie erbrachten die Analysen des färberischen Verhaltens der Niere durch v. Möllendorff[4] in weitest gehendem Maße. Sie erfuhren dann später noch durch Mitamura[5] eine weitere Bekräftigung.

Auf Grund eingehender Kritik der vorliegenden Versuche zeigte v. Moellendorff, daß die vitale Farbstoffspeicherung in den Hauptstückepithelien bei der Rückresorption des Glomerulusfiltrats durch die Hauptstückepithelien zustande kommt und daß alle abweichenden Farbstoffbilder entweder durch postvitale Diffusion oder durch Schädigung des Nierenepithels zustande kommt. Seine Ausführungen stehen nur insofern zu der Cushnyschen Auffassung in Widerspruch, als Cushny die Tinktion der Zellen als einen von der Farbstoffabscheidung völlig unabhängigen Prozeß ansehen wollte. Denn nach seiner Auffassung von den Schwellenkörpern dürfen die Farbstoffe als Nichtschwellenkörper keine Rückresorption erleiden. Daß diese strenge Gliederung in Schwellenkörper und Nichtschwellenkörper nicht mehr haltbar ist, ist schon auf S. 387 erörtert worden.

v. Möllendorff[6] konnte aber auch die Cushnysche Theorie insofern weiter ausbauen, als er zeigen konnte, daß die Rückresorption der Harnfixa in den Hauptstücken vor sich geht, während in den Markkanälchen und den restlichen Anteilen des Tubulussystems eine weitere Eindickung des Urins durch Wasserrückresorption erfolgt. Er kommt zu seinen Schlüssen zum Teil durch die interessanten Feststellungen, daß bei den einzelnen Tierarten eine außerordentlich große Konstanz in dem Verhältnis der Oberflächenentwicklung von Glomerulusfilter und Hauptstückepithel besteht. Das Verhältnis der Fläche des Glomerulus zur Fläche des Hauptstückes bezeichnet v. Möllendorff[7] als Nierenindex und faßt es als wesentliches Kennzeichen einer Niere auf, das für die Tierart konstant ist und den Wasserhaushalt beherrscht. Gegen die Schlußfolgerungen v. Möllendorffs nimmt Pütter[8] Stellung. Er weist auf Grund

---

[1] Underhill, F. P., H. G. Wells u. S. Goldschmidt: J. of exper. Med. **18**, 317, 322, 347 (1913).
[2] David, E.: Pflügers Arch. **208**, 146 (1925).
[3] Höber, R.: Klin. Wochenschr. **8**. 23 (1929).
[4] v. Möllendorff, W: Erg. Physiol. **18**, 141 (1920) — Erg. Anat. **24**, 278 (1922).
[5] Mitamura, T.: Pflügers Arch. **204**, 561 (1924).
[6] v. Möllendorff, W: Münch. med. Wschr. **69**, 1069 (1922).
[7] v. Möllendorff, W.: Münch. med. Wschr. **69**, 1069 (1922). — Steinbach, G.: Z. Zellforschg **4**, 382 (1926). — Möllendorff, W. v.: Ebenda **6**, 441 (1927).
[8] Pütter, A.: Z. Anat. **83**, 228 (1927).

des anatomischen Baues der Nieren darauf hin, daß die Niere nicht als Drüse im Sinne der Sekretionstheorie aufzufassen ist, sondern als ein Organ, das in weitestem Maße dem Gefäßsystem untergeordnet ist.

Eine sehr bedeutsame Stütze erfährt die CUSHNYsche Theorie durch die Feststellung von STARLING und RICHARDS, daß die Größe der Harnausscheidung in weit höherem Maße eine Funktion des Blutdrucks als der Blutmenge ist (s. S. 334).

Nach der Sekretionstheorie, die auch für die Wasserabscheidung eine aktive Zelltätigkeit verlangt, muß die Größe der Harnausscheidung eine direkte Funktion der Nierentätigkeit sein und in einfacher linearer Beziehung zu dem Sauerstoffverbrauch der Niere stehen, während nach der CUSHNYschen Theorie die Harnmenge eine Resultante aus der Menge des Glomerulusfiltrats und der rückresorbierten Flüssigkeit darstellt. Nach der Sekretionstheorie ist eine Steigerung der Harnsekretion ohne Steigerung des Sauerstoffverbrauchs bzw. eine Steigerung des Sauerstoffverbrauchs ohne gleichzeitige Erhöhung der Urinmenge nur unter der Annahme komplizierter Veränderungen der Blutbeschaffenheit möglich.

Die Beobachtungen von MIWA und TAMURA[1] bei der Coffeindiurese (s. S. 407) scheinen zu den Forderungen der Sekretionstheorie in direktem Gegensatz zu stehen, auch die oben (S. 331) zitierten Erfahrungen von MARSHALL und CRANE bei Ausschaltung der energieliefernden Prozesse durch Unterbindung der Sauerstoffzufuhr sowie durch Vergiftung mit Cyankalium oder Narkoticis (STARLING und VERNEY und DAVID) (S. 434) lassen sich nur unter Annahme aktiver Rückresorption deuten.

Der endgültige Beweis für die Richtigkeit der CUSHNYschen Theorie erschien jedoch erbracht durch die Untersuchungen von WEARN und RICHARDS[2] die am Frosch eine unmittelbare Analyse des Glomerulusinhalts vornahmen und bei völlig zucker- und kochsalzfreiem endgültigem Urin eine beträchtliche Menge beider Substanzen im provisorischen Urin nachweisen konnten, während der Harnstoff im Glomerulusfiltrat in wesentlich geringerer Konzentration als im endgültigen Urin vorhanden war.

Drei neuere zusammenfassende Untersuchungen über die Funktion der Niere schließen sich mehr oder minder der CUSHNYschen Ansicht an, weichen jedoch z. T. in wesentlichen Punkten von ihr ab. MITAMURA[3] kommt auf Grund zahlreicher, unter seiner Leitung an Säugetieren und Kröten angestellter Untersuchungen zu dem Schluß, daß sämtliche untersuchten Harnfixa in dem Glomerulus ausgeschieden werden können. Das Harnwasser stammt ausschließlich aus dem Glomerulus und wird zum Teil in den Hauptstücken rückresorbiert. Ähnlich verhält sich das Kochsalz. Bei Kröten kann jedoch, wenn der Kochsalzgehalt des Glomerulusfiltrats sehr niedrig ist, auch durch den Tubulus Kochsalz in den Harn durch Osmose übertreten. Harnstoff wird je nach der Konzentration in den Tubulis rückresorbiert oder sezerniert. Traubenzucker wird neben dem Glomerulus zum Teil durch die Tubuli ausgeschieden. Das gleiche gilt für die meisten Farbstoffe mit Ausnahme von Carmin, das lediglich in den Glomerulis in den Harn übertritt. Als treibende Kräfte werden Diffusion und Osmose sowie Quellung der Epithelkolloide der Hauptstücke angesehen.

MARSHALL[4] faßt seine Anschauung von dem gegenwärtigen Stand der Harnabscheidung für die Säugetierniere folgendermaßen zusammen: Alle nichtkolloiden Bestandteile des Plasmas werden durch Filtration im Glomerulus aus-

---

[1] MIWA, M. u. K. TAMURA: Mitt. med. Fak. Tokyo **23**, 349 (1920).
[2] WEARN, J. T. u. A. N. RICHARDS: J. of Physiol. **71**, 209 (1924).
[3] MITAMURA, T.: Trans. of the 6. Congr. of the Far Eastern assoc. of trop. med., Tokyo 1925 **1**, 927 (1926).
[4] MARSHALL jr., E. K.: Physiologic. Rev. **6**, 440 (1926).

geschieden. Wasser, Chloride, Bicarbonate, Kalium, möglicherweise auch Phosphate, Harnsäure und andere Körper werden im Tubulus rückresorbiert. Harnstoff und Sulfate werden ebenfalls unter bestimmten Bedingungen rückresorbiert, aber nicht in so hohem Maße wie Chloride. Ammoniak, Hippursäure und möglicherweise auch andere Körper werden in den Nierenzellen gebildet und ausgeschieden. Gewisse Fremdsubstanzen vom Typus des Phenolrots und vielleicht auch Stoffe, die in kleinen Mengen im Körper enthalten sind, werden nach vorhergehender Speicherung im Tubulusepithel von den Kanälchen sezerniert. Das Glomerulusfiltrat wird in so großer Masse produziert, daß es für die vollkommene Elimination des Sulfats und des Harnstoffes ausreicht, jedoch nicht für die Ausscheidung des Ammoniaks, bestimmter Farbstoffe vom Phenolrottyp (s. S. 467) und nicht für alle die Substanzen, die im Urin im Verhältnis zu ihrer Plasmakonzentration stärker konzentriert werden als das Sulfat. Wir sehen also, daß MARSHALL die CUSHNYsche Theorie vollkommen zur seinen macht lediglich mit der Einschränkung für das Phenolrot, dem er vor allen nach den Versuchen von EDWARDS[1] eine Sonderstellung zuschreiben will. Aber auch diese Modifikation ist völlig verträglich mit der CUSHNYschen Theorie, die die Möglichkeit einer Sekretion für bestimmte Substanzen zugibt. Wie wir gesehen haben, scheint das Phenolrot wegen seiner starken Diffusibilität die Tubuluszellen wie alle anderen Zellen anzufärben und nach den Versuchen von RICHARDS[2] und BIETER und HIRSCHFELDER[3] scheint diese Tinktion der Tubuluszellen unabhängig von der Ausscheidung vonstatten zu gehen.

HÖBER[4] legt seiner Betrachtung über die Physiologie der Harnbildung in erster Linie die unter seiner Leitung entstandenen Arbeiten über die Harnbildung in der Froschniere sowie die Untersuchungen RICHARDS und STARLINGS zugrunde. HÖBER nimmt ebenfalls an, daß in der Froschniere das Wasser sowie Kochsalz und die meisten Elektrolyte im Glomerulus ausgeschieden werden und daß durch Rückresorption von Wasser und einem Teil der Fixa im Tubulusgebiet der endgültige Harn hergestellt wird. Für saure Farbstoffe, Sulfat, Phosphat, Harnstoff, Thioharnstoff, Urat, Aminosäuren, Wasserstoffionen und Carbonat glaubt er eine Konzentrierung im Tubulusgebiet durch Rückresorption von Wasser annehmen zu müssen. Dagegen werden Kohlehydrate in den Tubulis in keinem Falle konzentriert; Bicarbonat verdünnt. Eine Sekretion im Tubulusgebiet lehnt HÖBER nicht grundsätzlich ab. In seiner letzten Mitteilung (HÖBER[5]) nimmt er sie für bestimmte lipoidlösliche Substanzen, Farbstoffe und Harnstoffe, sogar als erwiesen an. Neuartig und in einem gewissen Widerspruch zu der CUSHNYschen Theorie stehend ist aber die Auffassung der treibenden Kraft für die Abscheidung des provisorischen Harns im Glomerulus. Auch diese sieht CUSHNY ausschließlich in dem Blutdruck bzw. in dem Druckgefälle zwischen Glomerulus und Kapsellumen und betrachtet die Funktion des Glomerulus als reine Ultrafiltration. Im Gegensatz zu diesen Versuchen kommt HÖBER auf Grund der Arbeiten seines Instituts über die reversible Hemmung der Glomerulusfunktion durch Narkotica einerseits und Erstickung (Blausäure und Sauerstoffabsperrung) andererseits zu dem Schluß, daß auch im Glomerulus die Harnbildung auf aktiven Zellprozessen beruhen muß. Er zeigt, daß die durch Narkotica gesetzte Veränderung, d. h. die im Versuch beobachtete Einschränkung der Harnbildung, nicht auf einer vermehrten Rückresorption durch Permeabilitätsänderung der Tubulusmembranen beruhen kann, denn Narkose ist nie mit einer

[1] EDWARDS, J. G.: Zitiert auf S. 467.
[2] RICHARDS, A. N. u. J. B. BARNWELL: Proc. roy. Soc. Lond. B **102**, 714 (1927).
[3] BIETER, R. N. u. A. D. HIRSCHFELDER: Proc. Soc. exper. Biol. a. Med. **23**, 698 (1926).
[4] HÖBER, R.: Klin. Wschr. **6**, 673 (1927).
[5] HÖBER, R.: Klin. Wochenschr. **8**, 23 (1929).

Permeabilitätssteigerung der Membran verbunden, und Veränderungen der Durchlässigkeit von Membranen durch Sauerstoffabschluß oder Cyanionen sind bisher nicht beobachtet. Wenn nach Zufuhr von Narkoticis oder Erstickung eine verminderte Harnbildung stattfindet, so kann diese Verminderung nur auf der Ausschaltung eines energieverbrauchenden aktiven Zellprozesses in den Glomerulis beruhen. Über die Art dieses Zellprozesses gibt HÖBER keine Erklärung. Dagegen weist er darauf hin, daß die Annahme eines derartigen aktiven Zellprozesses im Glomerulus nicht unbedingt im Widerspruch zu stehen braucht mit den Beobachtungen, die in erster Linie als Beweis für die Filtrationstheorie unter dem Einfluß des Blutdruckes angenommen worden seien: nämlich mit der Abhängigkeit der Harnmenge von dem Blutdruck — HÖBER glaubt hier, daß bei steigendem Blutdruck die Zahl der aktiven Glomeruli vermehrt werde, ohne daß die Durchströmungsgröße zunimmt, — weiterhin mit der Beobachtung von STARLING, daß die Harnbildung aufhört, wenn der Blutdruck auf 40 mm Quecksilber abgesunken ist, so daß er nicht mehr in der Lage ist, den osmotischen Druck der Plasmakolloide zu überwinden. Er setzt dem die allerdings recht unsicheren Versuche LINDEMANNS[1] entgegen, der bei einem Blutdruck, der unterhalb des Ureterendruckes lag, noch eine Harnabscheidung beobachten wollte. Wenn sich dieser Versuch bestätigt, würde er natürlich für eine aktive Sekretion der Glomeruluszellen im Sinne HÖBERS sprechen. Und schließlich diskutiert er die Frage der Abhängigkeit der Harnbildung vom Sauerstoffverbrauch der Niere, aus dem nach seiner Anschauung unter der Berücksichtigung der Versuche von TAMURA und Mitarbeitern[2] kein Widerspruch zur Annahme einer aktiven Sekretion in den Glomerulis abzuleiten ist. Das Versuchsmaterial, auf dem HÖBER seine Schlußfolgerungen aufbaut, erscheint zu so weitgehenden Schlüssen noch nicht hinreichend groß. Die Befunde namentlich der Untersuchungen von DAVID[3] einerseits und HÖBER und MACKUTH[4] andererseits erscheinen in den Einzelheiten doch immerhin gewisse Widersprüche zu bergen. Jedenfalls bedarf die HÖBERsche Theorie weiterer experimenteller Stützen. Eine solche ist vielleicht in dem Befund von RICHARDS und WEARN[5] über die Kochsalzausscheidung durch die Glomeruli gegeben, die im Glomerulusharn eine höhere Kochsalzkonzentration fanden als im Plasma, eine Erscheinung, die kaum anders als durch aktive Sekretion von Kochsalz durch die Glomerulusmembran zu erklären ist (s. S. 458).

G. Die PÜTTERsche Theorie.

Während seit dem Erscheinen der CUSHNYschen Theorie die meisten Untersucher mehr oder minder sich auf den Boden der Filtrations- und Rückresorptionstheorie stellten, d. h. auf die Annahme der Abscheidung einer großen Menge provisorischen Harns im Glomerulus und der Bildung des endgültigen Harns durch Rückresorption im Tubulus, entstand in PÜTTER[6] im Jahre 1926 der alten BOWMAN-HEIDENHAINschen Theorie ein neuer Verfechter. PÜTTERS Buch zerfällt grundsätzlich in zwei Teile: einmal in die Ablehnung der CUSHNYschen-Theorie an Hand des vorhandenen Versuchsmaterials und dann in den Aufbau einer neuen Sekretionstheorie auf Grund vergleichend-physiologischer Betrachtungen über den Aufbau und die Funktion der Exkretionsorgane bei den verschiedensten Tierarten und die rechnerische Verwertung der hierfür vorliegenden

[1] LINDEMANN, W.: Erg. Physiol. **14**, 673 (1914).
[2] TAMURA, K.: Mitt. med. Fak. Tokyo **23**, 317 (1920) — Proc. imp. Acad. Tokyo **2** (1926).
[3] DAVID, E.: Pflügers Arch. **206**, 492 (1924); **208**, 146 u. 529 (1925).
[4] HÖBER, R. u. E. MACKUTH: Pflügers Arch. **216**, 420 (1927).
[5] RICHARDS, A. N. u. J. T. WEARN: Amer. J. Physiol. **71**, 209 (1924).
[6] PÜTTER, A.: Die Dreidrüsentheorie der Harnbereitung. Berlin 1926

Tatsachen. Es würde den durch die Erfordernisse eines Handbuches gezogenen Rahmen überschreiten, wollte man auf die große Zahl der anregenden Einzelheiten eingehen, die die Pütterschen Ausführungen bringen. Es kann hier nur auf die wichtigsten Punkte zurückgegriffen werden.

Was zunächst Pütters Stellung zur Filtrations- und Rückresorptionstheorie anbelangt, so definiert er einleitend, daß er mit seiner Kritik nicht die partielle Möglichkeit einer Rückresorption einzelner Bestandteile unter bestimmten Umständen ablehne, sondern daß er sich gegen grundsätzliche Auffassung der Harnbereitung durch Filtration im Glomerulus und Rückresorption im Tubulus wende. Zunächst diskutiert Pütter die Beweismöglichkeit der Cushnyschen Theorie und hält für entscheidend einen Versuch, der allein die energieliefernden Prozesse in der Niere ausschaltet, ohne andere Faktoren (Permeabilität usw.) zu ändern. Nach der Sekretionstheorie müßte dann die Harnbildung völlig versiegen, während nach der Filtrations-Rückresorptionstheorie ein Harn produziert werden könnte, der das gesamte Ultrafiltrat durch die Glomeruli, d. h. große Mengen eines enteiweißten Plasmas darstellen müßte. Solche Versuche sind nun von Starling und Verney[1] am überlebenden Herz-Lungen-Nieren-Präparat durch Blausäurevergiftung angestellt worden. Bei der Beurteilung muß man das Verhalten der Kochsalzausscheidung ausschalten, da das normale Herz-Lungen-Nieren-Präparat Kochsalz nicht konzentrieren kann. Während nun die normale überlebende Niere Harnstoff und Sulfate konzentriert, wird in der Cyanvergiftung ein Harn geliefert, der die gleiche Harnstoff- und Sulfatkonzentration enthielt wie das Blut. Die Harnmenge stieg in der Vergiftung um knapp 50% an. Pütter berechnet auf Grund der Harnstoffkonzentration in Harn und Serum vor der Vergiftung, daß die Niere unter Annahme der Rückresorptionstheorie 143 ccm Harn in 15 Minuten und davon 130,2 ccm rückresorbieren müßte. Um diese 130,2 ccm hätte die Harnmenge in der Vergiftung erhöht sein müssen, während sie tatsächlich nur um 6,5 ccm gestiegen ist. Ähnlich liegen die Verhältnisse für die Sulfate. Aus diesen Versuchen schließt Pütter auf eine absolute Ablehnung der Rückresorptionstheorie. Sie bedeuten dagegen in erster Linie eine Ablehnung der Sekretionstheorie, doch glaubt Pütter, das nicht völlige Versagen der Harnbildung durch eine Permeabilitätssteigerung in der Vergiftung erklären zu können, die nach Starling und Eichholtz denn auch bei Cyanvergiftung durch Übertritt von kolloidalem Calciumphosphat in dem Harn regelmäßig nachzuweisen ist. Die Versuche Starlings lassen sich aber auch in anderer Weise deuten, und zwar als direkter Beweis für die Filtrations- und Rückresorptionstheorie. Die nicht hinreichend vermehrte Harnmenge in der Cyanvergiftung läßt sich ebensowohl verstehen, wenn man nach Ausschaltung der aktiven Zelltätigkeit an eine Rückdiffusion einer beträchtlichen Menge Lockescher Lösung im Verlaufe der Tubuluspassage denkt, die ja unter Annahme auch der von Pütter akzeptierten Permeabilitätssteigerung in der Cyanidvergiftung erhöht sein muß und die durch den osmotischen Druck der eingedickten Plasmaeiweißkörper in den Tubuluscapillaren eine Unterstützung erfährt. Der Befund der Cyanvergiftung am Herz-Lungen-Nieren-Präparat bereitet jedenfalls dem Sekretionstheoretiker größere Schwierigkeit als den Anhängern Cushnys. Auf die Diskussion Pütters über den Starlingschen Beweis einer Rückresorption des Wassers einzugehen, erscheint untunlich, da hier Deutung gegen Deutung steht. Pütter kommt dann weiterhin auf die alten Bockschen[2] Versuche über die Ausscheidung injizierten Kaliums beim Kaninchen. Bock injizierte einem Kaninchen von 2670 g im Verlauf von 2 Stunden 135,9 ccm einer 1,1 proz. Lösung von Chlorkalium intra-

[1] Starling, E. H. u. E. B. Verney: Pflügers Arch. **205**, 50 (1924).
[2] Bock, J.: Arch. f. exper. Path. **57**, 183 (1907).

venös. Die Harnmenge betrug vor der Injektion 0,3 ccm in 15 Minuten, auf der Höhe der Diurese 10,8 ccm in 15 Minuten mit 0,664% Kalium. Die Kaliumkonzentration im Serum kann während des Versuches 0,03% nicht überschritten haben. Im Harn wird das Kalium also um das 22fache konzentriert. Das verlangt nach der CUSHNYschen Theorie eine Bildung von 237,6 ccm Glomerulusharn in 15 Minuten, von denen 226,8 wieder rückresorbiert sein müssen. PÜTTER stellt dann die Rechnung an, daß unter Annahme eines Nierengewichtes von 16,2 g und einer Durchblutung von 200% pro g Niere und Minute in 15 Minuten 485 ccm Blut mit 280 ccm Plasma die Niere passieren. Von diesen 280 ccm Plasma müßten 237,6 ccm, d. h. 85%, abfiltriert werden. Das wird von PÜTTER als unmöglich bezeichnet und ist auch ohne weiteres als unmöglich anzuerkennen. Nun haben aber JANSSEN und REIN[1], denen wir die bisher einzig exakten Messungen der Nierendurchblutung in größerem Umfang verdanken, festgestellt, daß am normalen Hund ohne Diurese eine Blutmenge bis zu 700% des Nierengewichts in der Minute die Niere passieren kann. Legen wir diese experimentell gefundenen Werte im Gegensatz zu den von PÜTTER angenommenen dem BOCKschen Versuch zugrunde, so kommen wir zu einer Blutmenge von 1700 ccm in 15 Minuten für die Kaninchenniere mit ungefähr 900 ccm Plasma, aus denen natürlich ohne weiteres die 237,5 ccm = 26% Filtrat abgepreßt werden können. Damit entfällt auch dieser Gegenbeweis.

Auch der nächste, von PÜTTER gegen die CUSHNYsche Theorie geführte Gegenbeweis, nämlich der, daß die nach den Untersuchungen CUSHNYS für die Tagesharnproduktion notwendige Filtration von etwa 130 l Wasser eine Plasmaeindickung von 40% voraussetzt, die unwahrscheinlich sei, wird hinfällig, wenn man für die Nierendurchblutung beim Menschen einen von JANSSEN und REIN[1] und BROEMSER[2] für verschiedene Säugetiere gefundenen Mittelwert von 250—260 ccm pro 100 g Niere und Minute einsetzt. Dann passieren die menschliche Niere im Tag etwa 1100 l Blut und nicht 600, wie PÜTTER annimmt. Wenn PÜTTER dann für die Feststellung der Filtrationsleistung im Glomerulusgebiet die von STARLING und VERNEY am Herz-Lungen-Nieren-Präparat in der Cyanidvergiftung beobachtete Menge von 17,8 ccm in 15 Minuten als Norm ansieht, so wissen wir, wie oben ausgeführt, nicht, ob nicht beträchtliche Mengen durch Diffusion wieder im Tubulusgebiet verschwunden sind. Einen Anhalt für die Leistung des Glomerulus gibt eher die von WEARN und RICHARDS[3] am Frosch beobachtete Menge von 0,58 mg Flüssigkeit für die halbe Stunde pro Glomerulus, die zu wesentlich höheren Werten führt. Die Einwände PÜTTERS gegen die möglichen Beweise der CUSHNYschen Theorie können daher nicht anerkannt werden.

PÜTTER bespricht dann eine Anzahl der von den Vertretern der Filtrations- und Rückresorptionstheorie als Beweis für ihre Auffassung angesehenen Versuche. PÜTTER hält es für ein Gebot der CUSHNYschen Auffassung, daß bei steigernder Harnbildung die Konzentration des Harnes sich der des Blutplasmas nähert. Das ist richtig unter der Voraussetzung konstanter Zusammensetzung des Blutplasmas. Wenn aber sowohl der Elektrolytgehalt des Plasmas als auch der Gehalt an disponiblem Wasser sich ändert, werden die Verhältnisse unübersehbar. Die von PÜTTER angeführten Beispiele sind schon wegen der großen Änderung ihrer Plasmakonzentration nicht als beweiskräftig. Sie erscheinen aber für die Teile des Versuchs beweisend, in denen die Änderung der Plasmazusammensetzung relativ geringen Umfang zeigt. Diese Versuche sind einerseits von METZNER[4], anderer-

[1] JANSSEN, S. u. H. REIN: Ber. Physiol. **42**, 567 (1928).
[2] BROEMSER, PH.: Zitiert auf S. 327.
[3] WEARN, J. T.: Amer. J. Physiol. **59**, 490 (1922). — WEARN, J. T. u. A. N. RICHARDS: Ebenda **71**, 209 bis 227 (1924/25).
[4] METZNER, R.: Nagels Handb. d. Physiol. **2**, 243 (1906).

seits von Galeotti[1] als Beweis für die Abhängigkeit der Harnkonzentration von der Absonderungsgeschwindigkeit aufgefaßt worden. Pütter wendet nun auf diese Versuche die partielle Korrelationsrechnung an und findet, daß für konstante Zusammensetzung des Plasmas in einem Versuch (Zuckerdiurese) überhaupt keine Beziehungen zwischen Harnmenge und Harnkonzentration bestehen, in einem zweiten Versuch (Kochsalzdiurese) zeigt er, daß bei konstanter Zusammensetzung des Blutes bei zunehmender Harnmenge auch die Konzentration zunimmt und nur in einem dritten Versuch, wo gleichzeitig mit der Salzdiurese Wasser gegeben wird, ergibt die partielle Korrelationsrechnung den Sinn, den eine naive Beobachtung des Versuchs zu erkennen glaubt, nämlich auch im Falle verhältnismäßig konstanter Blutzusammensetzung eine Abnahme der Harnkonzentration mit steigender Harnmenge. Zu diesen Versuchen ist erstens zu sagen, was vorhin schon kurz erwähnt, daß durch die Änderung der Blutzusammensetzung während des Versuchs die ganzen Versuchsbedingungen so unübersichtlich werden, daß sie keinen einwandfreien Beweis erbringen können. Der zweite Punkt ist aber der, daß die partielle Korrelationsrechnung eine statistische Methode ist und nur da angewendet werden darf, wo größeres Versuchsmaterial vorliegt. In den ausgeführten Versuchen besitzen wir aber im Höchstfalle 9, sonst 6 Beobachtungen, und hier kann natürlich ein „Ausbeißer", wie er in jedem biologischen Versuch die Regel ist, die ganze Berechnung illusorisch machen. Es handelt sich hier übrigens um Versuche, die von Cushny nicht mehr als Beweis seiner Theorie herangezogen werden.

Als weiteren Beweis für die Unmöglichkeit einer Filtration im Glomerulus führt Pütter die Tatsache an, daß bei kleineren Tieren der Blutdruck nicht hinreicht, um den osmotischen Druck der Eiweißkörper zu überwinden. Für alle Tiere, für die der Blutdruck bekannt ist, reicht der beobachtete Blutdruck aus. Pütter glaubt nun auf Grund der Ähnlichkeitsrechnung aus der von ihm für die Beziehung zwischen Lineardimension und Blutdruck an relativ großen Tieren aufgestellten Kurve auch auf die Blutdruckwerte für kleine Tiere extrapolieren zu dürfen. Solche Extrapolationen sind erfahrungsgemäß immer höchst unsicher. Es ist schwierig, den Schlußfolgerungen Pütters hinsichtlich der Höhe des Blutdrucks, vor allem bei der Maus, zu folgen, ehe nicht einer dieser Punkte der Kurve experimentell bestätigt ist[2]. Pütter gibt auf Grund der Versuche von Wearn und Richards[3] die Ausscheidung von Chlor und Zucker im Glomerulus zu und kommt um eine Rückresorption des Chlors nicht herum. Für den im Glomerulus ausgeschiedenen Zucker nimmt er an, daß er bei seiner Passage durch das Tubuluslumen verbrannt wird. Als weiteren Beweis gegen die Filtrationstheorie führt Pütter die von Starling und Verney[4] am Herz-Lungen-Nierenpräparat gefundenen Werte für die Abhängigkeit zwischen Harnmenge und Blutdruck an. Die von der Filtrationstheorie geforderte Steigerung der Harnmenge bei steigendem Blutdruck ist zwar in allen angeführten 6 Versuchen vorhanden. Jedoch beanstandet Pütter, daß das Verhältnis der beiden Werte zueinander in allen Fällen verschieden

[1] Galeotti, G.: Arch. f. Physiol. **1902**, 206.

[2] In der Zwischenzeit sind zwei Untersuchungen von Kunstmann (Kunstmann, H. K.: Arch. f. exper. Path. **132**, 122 [1928] und Behrens (Behrens, B.: Arch. f. exper. Path. **139**, 154 [1929]) erschienen, die mit verschiedenen Methoden den Blutdruck der Maus experimentell bestimmten. Sie kommen zu Werten von 70—75 mm Hg (Kunstmann) und 78—99 mm Hg (Behrens), die den von Pütter errechneten, um das zwei- bis dreifache übertreffen. Die tatsächlich beobachteten Werte reichen natürlich ohne weiteres hin, um den osmotischen Druck der Plasmaeiweißkörper zu überwinden.

[3] Wearn, J. T. u. A. N. Richards: Amer. J. Physiol. **71**, 209—227 (1924/25).

[4] Starling, E. H. u. E. B. Verney: Proc. roy. Soc. Lond. B **97**, 321 (1925).

sei. PÜTTER verlangt als Beweis eine Proportionalität der beiden Größen. Nun ist bekanntlich das Herz-Lungen-Nierenpräparat ein keineswegs vollkommenes Objekt, wie schon seine mangelnde Konzentrationsfähigkeit für Chloride beweist. Dazu kommen die ja aus allen physiologischen Versuchen bekannten großen individuellen Schwankungen und drittens sind die Ausgangsblutdrucke untereinander recht verschieden, so daß man nicht mehr für den Beweis der Abhängigkeit der Harnmenge vom Bludruck erwarten kann, als daß alle die angeführten Versuche sich in der gleichen Richtung bewegen. Die zweifellos unter Verhältnissen, die den physiologischen näher kommen, angestellten Versuche von RICHARDS und PLANT[1] über die Abhängigkeit der Harnmenge vom Blutdruck beim Kaninchen scheinen auch hinsichtlich der Proportionalität der Änderungen beider Werte wesentlich bessere Beziehungen zu vermitteln, wie aus den Kurven ohne weiteres ersichtlich ist.

Als Beweis für die Sekretionstheorie werden u. a. die Versuche des HÖBERschen Instituts an der Froschniere angeführt, die DAVID[2] über die Beeinflussung der Nierentätigkeit durch Narkotica ausgeführt hat. Das Ergebnis der Versuche ist kurz folgendes: Bei geringen Narkoticumkonzentrationen nimmt die Harnmenge ab unter Beibehaltung des normalen Harnkochsalzwertes. Bei höheren Konzentrationen des Narkoticums steigt die Harnmenge an, und die Niere verliert die Fähigkeit, Kochsalz zu verdünnen. Unter diesen Verhältnissen ist der Prozeß reversibel. Bei noch höheren Konzentrationen des Narkoticums kommt es zu einem irreversiblen Versiegen der Harnabscheidung. PÜTTER deutet nun die Versuche im Gegensatz zu DAVID so, daß die Harnabnahme bei kleiner Narkoticumkonzentration auf einer Aufhebung der sekretorischen Funktion der Niere beruhe, während die Zunahme bei mittlerer Konzentration auf eine Permeabilitätssteigerung durch das Narkoticum zurückzuführen sei, was schon durch die Vermehrung des Kochsalzgehaltes bewiesen werde. Nun bedeutet reversible Narkose für die Permeabilität einer Membran stets eine Permeabilitätsverminderung und PÜTTER bleibt den Beweis schuldig, daß in diesem Falle Narkose mit einer Permeabilitätssteigerung verbunden sei. So viel nur über die Beweisversuche PÜTTERS für die Sekretions- und gegen die Filtrations- und Rückresorptionstheorie.

In seinen weiteren Ausführungen kommt dann PÜTTER auf Grund vergleichend-physiologischer Betrachtungen über die harnbildenden Organe und die Größenverhältnisse der einzelnen Nierenabschnitte und die Konzentrationsfähigkeit der Niere verschiedenster Tierarten für die einzelnen harnfähigen Substanzen mit Hilfe der Korrelationsrechnung zu einer neuen Form der Sekretionstheorie, in der den einzelnen Nierenabschnitten bestimmte differenzierte Funktionen zugewiesen werden.

Während bei niederen Tieren (Fischen und manchen Würmern) die verschiedenen Funktionen der Niere von einer Zellart getragen werden, sind bei höheren Tieren die einzelnen Funktionen der Niere auf verschiedene Abschnitte verteilt.

PÜTTER unterscheidet eine Wasserdrüse, eine Stickstoffdrüse und eine Salzdrüse.

Als Wasserdrüse sieht er die BOWMANsche Kapsel an, als Stickstoffdrüse bezeichnet er die Tubuli contorti erster und zweiter Ordnung, die er vorläufig nicht differenzieren kann, und als Salzdrüse die aufsteigenden Schenkel der HENLEschen Schleife, während den dünnen Schenkeln keine ausschlaggebende Funktion zukommen soll. Ihnen wird lediglich in beschränktem Maße eine Rückresorption von Wasser und Kochsalz zugeschrieben. Die Wasserdrüse soll ein dem Blut gegenüber stark hypotonisches Sekret mit einem Kochsalzgehalt von 0,08% und eine von der Größe der ausgeschiedenen Wassermenge abhängige

[1] RICHARDS, A. N. u. O. H. PLANT: Amer. J. Physiol. **59**, 144, (1922).
[2] DAVID, E.: Pflüg. Arch. **206**, 492 (1924) u. **208**, 146 (1925).

Kolloidmenge sezernieren. Der Sekretionsdruck der Wasserdrüse wird auf 40—50 mm Quecksilber geschätzt und als treibende Kraft für die Austreibung des Harnes durch die Kanälchen hindurch angesehen. In etwa 20—30 Sekunden soll ein Glomerulus soviel Flüssigkeit sezernieren, wie dem Inhalt des Hauptstückes entspricht. Der Flüssigkeitsstrom in den Hauptstücken hat während der Tätigkeit des Glomerulus eine Geschwindigkeit von 0,5 mm pro Sekunde. In dem Sekret des Glomerulus ist Harnstoff und Traubenzucker in der gleichen Konzentration enthalten wie im Plasma. Die Gesamtabsonderung der Wasserdrüse soll beim Menschen 600 ccm pro Tag betragen und bei maximaler Absonderung auf das etwa 80fache, allerdings nur über relativ kurze Zeit, gesteigert werden können.

Durch die Stickstoffdrüse werden Harnstoff, Harnsäure, Hippursäure, Aminosäuren, gepaarte Glykuronsäuren, ein Teil der Phosphate und Sulfate ausgeschieden, ebenso der Traubenzucker. Das Sekret ist viel kochsalzärmer als das Blut, etwa in gleichem Maße wie das der Wasserdrüse. Der Harnstoffgehalt beträgt ungefähr 6,6% beim Menschen und soll bei den einzelnen Tierarten beträchtlichen Schwankungen unterliegen. Bei der der Ausscheidung vorangehenden Anreicherung der einzelnen Stoffe in den Epithelzellen wird eine intermediäre Umwandlung der Substanzen in eine hypothetische Speicherungsform angenommen. Das Sekret der Stickstoffdrüse soll beim Menschen pro Tag 700 ccm betragen.

Die Salzdrüse endlich soll in erster Linie Kochsalz, Natriumcarbonat, Kaliumchlorid und Kaliumsulfat ausscheiden. Die Konzentration des Sekrets soll bei den verschiedenen Tierarten (Maus, Kaninchen, Mensch) = 0,54 molar sein. Die einzelnen Salze sollen sich gegenseitig nach Maßgabe ihrer Menge quantitativ verdrängen können. Auch saures Natriumsulfat soll zum Teil durch die Salzdrüse ausgeschieden werden, zum Teil aber auch durch die Stickstoffdrüse, das Gleiche gilt unter bestimmten Bedingungen auch für das Natriumsulfat. Es ist nicht recht verständlich, daß die Niere unterscheiden soll zwischen Natriumsulfat und Kaliumsulfat, da ihr die betreffenden Salze ja stets in Ionenform angeboten werden. Die Produktion der Salzdrüse des Menschen wird auf 465 ccm pro Tag geschätzt. Die einzelnen Sekretionsmechanismen sind bestimmt einmal durch die Höhe der Sekretionsschwelle, dann durch die Grenzleistungen, die die Drüse in der Zeiteinheit vollbringen kann und schließlich durch das Verhältnis der elnderung der Sekretionsleistung zur Änderung der Blutkonzentration des zu Äiminierenden Stoffes.

Diese Theorie wird aufgebaut auf vorhandene Daten; die Unterlagen für die Schlußfolgerungen scheinen zum Teil sehr unsicher. Eine Stellungnahme zu den meisten Punkten kann erst erfolgen, wenn experimentelles Beweismaterial erbracht ist. Nur zwei Konsequenzen seien herausgegriffen, die neben den grundsätzlichen Einwendungen gegen eine Sekretionstheorie, die an verschiedenen Stellen dieses Buches bereits erörtert sind, sich speziell gegen die Püttersche Dreidrüsentheorie richten. Die eine beruht auf einer teleologischen Betrachtung. Die Püttersche Theorie setzt eine außerordentlich unökonomische Leistung der Niere voraus. In der Wasserdrüse wird unter beträchtlichem Energieaufwand eine stark hypotonische Lösung sezerniert, in der Stickstoff- und in der Salzdrüse ebenfalls unter Aufwendung beträchtlicher Energie stark hypertonische Lösungen bereitet, und beim Zusammentreffen der drei Sekrete werden wieder beträchtliche aufgewandte Energiemengen durch Konzentrationsausgleich vernichtet. Mit derartig unökonomischen Leistungen pflegt man im Tierkörper nicht zu rechnen, obwohl gerade für die Niere eine im Verhältnis zu ihrer osmotischen Leistung außerordentlich hohe Energiebildung bekannt ist.

Der zweite Einwand gegen die PÜTTERschen Ausführungen ist der, daß seine Theorie, wenigstens für die Salzdrüse (— für die in der Stickstoffdrüse ausgeschiedenen Substanzen kann man Speicherungsprodukte annehmen, die den osmotischen Druck vermindern —), in den Epithelzellen der Salzdrüse einen osmotischen Druck voraussetzt, der den in der normalen Zelle herrschenden um etwa 200% übersteigt. Für die Alkalihalogene können wir auf Grund ihrer chemischen Beschaffenheit keine Speicherungsform annehmen, die den osmotischen Druck vermindert. Die Filtrations-Rückresorptionstheorie verlangt demgegenüber in den Wasser und Kochsalz rückresorbierenden Epithelzellen der Tubuli eine maximale Herabsetzung des osmotischen Druckes um etwa 10% gegenüber dem osmotischen Druck des Plasmas. Aus der Literatur ist über die osmotischen Verhältnisse in den einzelnen Zellen des Nierengewebes wenig bekannt. Untersuchungen von SABBATANI[1] und HAMBURGER[2] über den osmotischen Druck isolierter Nierenzellen bzw. von Nierenbrei geben wegen ihrer Vermischung mit Blut, Harn und Intracellularflüssigkeit kein klares Bild. Die Befunde von SABBATANI ergeben für Nierenbrei, der allerdings nicht von Harn befreit war, Werte, die den osmotischen Druck des Bluts um ungefähr 50% übertrafen. FILEHNE und BIBERFELD[3] sowie HIROKAWA[4] untersuchten die Quellung bzw. Entquellung von ausgeschnittenen Nierenstücken, und zwar getrennt nach Mark und Rinde in Salzlösungen von verschiedenem Salzgehalt. Für die Rinde finden beide osmotische Werte, die ungefähr einer 1,5proz. Kochsalzlösung entsprechen. Nach FILEHNE und BIBERFELD soll der osmotische Druck der Rinde bei Tieren, bei denen eine Diurese eingeleitet war, außerordentlich abnehmen, während HIROKAWA die Rindenwerte bei verschiedenen Tierarten immer gleich fand, entsprechend einer Kochsalzlösung von 1—2%, während die Werte des Marks je nach der Harnkonzentration außerordentlich stark wechselten. Es handelt sich bei beiden Befunden offenbar um eine Bestimmung der in den Nierenstücken enthaltenen Harnanteile, so daß man Schlüsse auf die osmotischen Verhältnisse in den Epithelzellen nicht ziehen kann. Auch die Untersuchungen von SIEBECK[5] sowie von EHRENBERG[6] lassen die tatsächlich in den einzelnen Nierenzellen herrschenden osmotischen Verhältnisse nicht erkennen. Solange also nicht der experimentelle Beweis erbracht ist, daß in den Epithelien des aufsteigenden Schenkels der HENLEschen Schleife tatsächlich ein Druck herrscht, der einer 0,54 molaren Salzlösung entspricht, muß die PÜTTERsche Auffassung auch von diesem Standpunkt aus als unwahrscheinlich abgelehnt werden.

H. Andere Theorien der Harnabsonderung.

Vor allem durch die Tatsache, daß in den Jahrzehnten zwischen der Aufstellung der HEIDENHAINschen und der CUSHNYschen Theorie die Mehrzahl der gefundenen Tatsachen zugunsten der Sekretionstheorie zu sprechen schienen, daß aber die von ihr geforderte fast gleichmäßige Funktion des Glomerulus- und des Tubulussystems bei völlig verschiedenem anatomischem Bau in gewissem Sinne unbefriedigend erscheinen mußte, veranlaßte die Aufstellung einer Anzahl anderer Theorien, die in erster Linie dem Glomerulus eine Sonderfunktion zuschreiben wollten. LAMY und MAYER[7] sehen in dem Glomerulus eine Druck-

[1] SABBATANI, L.: J. Physiol. et Path. gén. **3**, 939 (1901).
[2] HAMBURGER, H. J.: Osmotischer Druck und Ionenlehre, **3**, 52. Wiesbaden 1904.
[3] FILEHNE, W. u. H. BIBERFELD: Pflügers Arch. **91**, 569 (1902).
[4] HIROKAWA, W.: Beitr. chem. Physiol. u. Path. **11**, 458 (1908).
[5] SIEBECK, R.: Pflügers Arch. **148**, 443 (1912).
[6] EHRENBERG, R.: Pflügers Arch. **153**, 1 (1913).
[7] LAMY, H. u. A. MAYER: J. Physiol. et Path. gén. **8**, 660 (1906).

pumpe, die den Flüssigkeitsstrom durch die Kanälchen hindurchpreßt. Die Pumpwirkung wird durch die pulsatorischen Schwankungen des Herzschlags in den Glomeruluscapillaren hervorgerufen. Sie begründen ihre Ansicht mit den Beobachtungen von Huot[1] und Regaud und Policard[2], die bei verschiedenen Fischnieren festgestellt haben wollen, daß nicht jeder Tubulus einen eigenen Glomerulus besitzt, sondern daß oft mehreren Tubulis gemeinsam ein Glomerulus zukommt, eine Anschauung, die jedenfalls für die Niere der von ihm untersuchten Säugetiere, Sauropsiden und Amphibien durch die Untersuchungen v. Möllendorff[3] als widerlegt gelten darf. Cushny[4] führt gegen die Ansicht von Lamy und Mayer[5] an, daß eine Pumpwirkung in den Glomerulis unmöglich sei, da die Tubuli keine starre Wand hätten und im System ein Ventil fehle. Pulsatorische Schwankungen im Glomerulus können nur eine oszillatorische Schwankung der Flüssigkeitssäure im Tubulus hervorrufen.

Auch Brodie[6] entwickelt ähnliche Anschauungen wie Lamy und Mayer[5]. Er sieht im Glomerulus zwar eine sezernierende Fläche, seine Hauptfunktion aber in der Aufgabe, pulsatorisch den Flüssigkeitsstrom durch die Tubuli durchzutreiben. Denn er hält den Druck, unter dem die etwaige Sekretion durch die Glomerulusmembran stattfindet, nicht für ausreichend zur Weiterbeförderung der Flüssigkeit durch das Tubuluslumen. Zu seiner Anschauung gelangt er auf Grund der Berechnung der hydrostatischen Verhältnisse im Tubulus nach Messung von Länge und Durchmesser unter Anwendung des Poiseuilleschen Gesetzes. Der so errechnete notwendige Druck soll mit dem Druck in den Glomeruluscapillaren übereinstimmen. Wie dieser Capillardruck auf die Flüssigkeitsbewegung einwirken soll, ist aus den Ausführungen Brodies nicht ersichtlich. Ob die Kalibermessungen Brodies, die an Gefrierschnitten vorgenommen wurden, auch für die lebende Niere gelten, erscheint fraglich. Brodie nimmt außerdem, die Richtigkeit seiner Berechnungen vorausgesetzt, zur Überwindung des Tubuluswiderstandes einen Druck von ungefähr 80 mm Quecksilber an, wenn ungefähr 1 ccm Flüssigkeit das Tubuluslumen in der Minute passieren soll. Da aber eine Harnabscheidung bei wesentlich niederen Drucken festgestellt ist, und da an der ausgeschnittenen Niere schon bei einem Druck von etwa 15 mm Quecksilber Flüssigkeit aus dem Ureter ausfließt, kann die Brodiesche Auffassung nicht als berechtigt angesehen werden. Zudem erscheint es fraglich, ob das Poiseuillesche Gesetz für den Flüssigkeitstransport durch das unstarre Tubulusröhrensystem überhaupt Geltung hat.

Neuerdings wollten Hill und Mc Queen[7] im Glomerulus die Stätte eines nicht näher definierten „physiologischen Flüssigkeitsdurchtritts" sehen. Sie schreiben außerdem dem wechselnden Füllungszustand der Nierengefäße, die je nach dem Füllungsgrad einen mehr oder minder großen Druck auf die eng benachbarten Kanälchenlumina ausüben, eine Art pulsatorischen Auspressens des Lumeninhalts zu und führen hierauf die Abhängigkeit der Harnausscheidung vom Blutdruck zurück.

Die Voraussetzung für diese Anschauung bildet allerdings eine relative Starrheit der Nierenkapsel und eine nur geringe Veränderungsmöglichkeit des Nierenvolums, eine Tatsache, die mit den gesamten onkometrischen Versuchen nicht

---

[1] Huot, zitiert nach Cushny A. R.: The secretion of the urine, S. 57. London 1917.
[2] Regaud, C. u. A. Policard: C. r. Soc. Biol. **54**, 554 (1902); **55**, 1028 (1903).
[3] v. Möllendorff, W.: Münch. med. Wschr. **1922**, 1069.
[4] Cushny, A. R.: The secretion of the urine, S. 57. London 1917.
[5] Lamy, H. u. A. Mayer: Zitiert auf S. 503.
[6] Brodie, T. G.: Proc. roy. Soc. Lond. B **87**, 571 (1914).
[7] Hill, L. u. J. Mc Queen: Brit. J. exper. Path. **2**, 205 (1921).

in Einklang zu bringen ist. Eine weitere eingehendere Diskussion dieser Anschauung bleibt solange unmöglich, als der Begriff des physiologischen Durchtritts durch die Glomerulusmembran im Gegensatz zur Filtration nicht näher definiert ist.

WOODLAND[1] erhob den Befund, daß man bei bestimmten Darstellungsverfahren den als BOWMANsche Kapsel bekannten Spaltraum nicht als Spalt sichtbar machen kann. Auf Grund dieser Beobachtung leugnet er die Existenz eines solchen Spaltraums überhaupt und sieht in dem Glomeruluscapillarsystem lediglich einen Regulationsmechanismus für den Blutdurchfluß durch das Tubuluscapillarsystem.

Damit steht WOODLAND im Gegensatz zu der Erfahrung aller übrigen Experimentatoren, vor allem von RICHARDS und WEARN[2], die ja den Kapselinhalt direkt entnehmen und analysieren konnten. Die Deutung WOODLANDS und namentlich die weiteren Schlüsse, die er aus seinen Befunden zu ziehen geneigt ist, sind bisher experimentell nicht genügend begründet; die von ihm beobachteten histologischen Befunde sind voraussichtlich auf das Fixationsverfahren zurückzuführen und entsprechen auch keineswegs den unmittelbaren mikroskopischen Beobachtungen über das Verhalten der BOWMANschen Kapsel an der lebenden Froschniere.

Schließlich ist noch die Theorie von LINDEMANN[3] zu erwähnen. Im wesentlichen auf Grund von Versuchen, die unter seiner Leitung angestellt wurden, und deren Einzelheiten wegen der Publikation in russischer Sprache sich meist der Kritik entziehen, kommt LINDEMANN zu der Auffassung, daß der Harn ausschließlich im Tubulusgebiet abgesondert wird. Der Tubulusharn soll dann rückläufig in die BOWMANsche Kapsel abgepreßt werden, und dort soll im Gegensatz zur Filtration ein „osmotischer Druckausgleich" durch die semipermeable Glomeruluswand stattfinden. Den einzelnen Nierenelementen wird eine alternierende Funktion zugeschrieben. Das Alternieren von kurzdauernder Tätigkeit und langdauernden Ruhestadien soll durch Zirkulationsschwankungen in Gang gesetzt werden, die durch Kompression der Glomeruli durch den in der BOWMANschen Kapsel entstehenden osmotischen Druck hervorgerufen werden. Das aktive Stadium der Harnbildung beginne mit der Füllung des Kanälchenlumens mit konzentriertem Harn, der von den Tubulusepithelien der proximalen Tubulusstücke unter Druck ausgestoßen würde. Durch die Enge des Lumens in der HENLEschen Schleife werde dem Harnabfluß nach der Richtung zum Nierenbecken ein so großer Widerstand entgegengesetzt, daß der Harn retrograd in die BOWMANsche Kapsel gedrängt werde, wo die osmotischen Erscheinungen einsetzten und durch Absperren des Blutzuflusses zum Tubulussystem die Harnausscheidung unterbrochen würde. Dann würden die Tubuluslumina durch den von außen einsetzenden Gewebsdruck in der Richtung zum Nierenbecken hin entleert. Auf diese Theorie kann im Rahmen des vorliegenden Handbuchs nicht näher eingegangen werden, es muß auf ihre ausführliche Begründung durch den Verfasser in den Ergebnissen der Physiologie hingewiesen werden.

Die von LINDEMANN für seine Theorie als Beweismittel angeführten Tatsachen stehen häufig in Widerspruch mit den Befunden anderer Autoren und die ganzen Schlußfolgerungen erscheinen so gekünstelt und einseitig, daß sich eine Widerlegung der Einzelheiten im Rahmen des vorliegenden Handbuchs erübrigt.

---

[1] WOODLAND, W. N. F.: Amer. J. Physiol. **63**, 368 (1923) — J. Proc. Asiat. Soc. Bengal. **18**, 85 (1922) — Ind. J. med. Res. **10**, 595 (1923).
[2] RICHARDS, A. N. u. J. T. WEARN: Amer. J. Physiol. **71**, 209 (1924).
[3] LINDEMANN, W.: Erg. Physiol. **14**, 618 (1914).

Eine Diffusionstheorie der Harnabscheidung wurde neuerdings von Conway[1] aufgestellt. Conway hatte zeigen können, daß nach Zufuhr großer Glykosemengen zwischen der Harnmenge, der Konzentration im Urin und im Blut sich eine einfache Gleichung ergibt, die mit geringen Variationen auch für die Ausscheidung von Chloriden und Harnstoff gilt und die temperaturunabhängig ist. Es ergab sich die Gleichung: $V(C_u - C_B) = K$. In dieser Gleichung ist C_u und C_B die Konzentration der betreffenden Substanz im Urin und im Blut, V die in der Zeiteinheit ausgeschiedene Harnmenge und K eine Konstante. Conway führt nun in diese Gleichung die Zeit t ein, in der die Volumeinheit Harn ausgeschieden wird und erhält die Gleichung: $1 : t \cdot (C_u - C_B) = K$. Diese Gleichung läßt sich ohne weiteres auf einfache Diffusionsvorgänge anwenden, wie Conway am Beispiel der Diffusion von Jod aus Wasser in Chloroform zeigt. Auf Grund dieser Gleichung glaubt nun Conway die Eindickung des Glomerulusharns in den Tubulis auf einfache Diffusionsvorgänge zurückführen zu können, deren Ausmaß von der Verweildauer des Glomerulusharns in den Kanälchen, d. h. von der Stärke der Diurese beeinflußt sei. Die Conwayschen Annahmen können die Verdünnungsarbeit der Niere an irgendeinem Plasmaanteil nicht erklären, so daß diese Vorgänge in den Glomerulus verlegt werden müssen und dem Glomerulus allein eine elektive Sekretion zugeschrieben wird, wobei die Befunde von Wearn und Richards[2] über den gegenüber der Plasmakonzentration erhöhten Kochsalzgehalt des Glomerulusfiltrats als Beispiel angeführt werden. Die Begründung dieser Theorie, die sich lediglich auf einen Analogieschluß stützt und deren rechnerische Grundlagen unter abnormen Bedingungen (künstlich stark erhöhter Harnstoff- und Zuckerspiegel im Blut) gewonnen sind und die andererseits bisher völlig unbewiesene Hilfsfunktion des Glomerulus voraussetzt, erscheint für den Umfang des gezogenen Schlusses nicht hinreichend.

Auf Grund der auf S. 463 dargestellten histologischen Befunde über den Zustand der Tubulusepithelien und über das Granuloid stellt Kosugi[3] eine neue Theorie der Harnbildung auf. Das gesamte Glomerulusfiltrat soll in den Epithelzellen der Hauptstücke resorbiert werden. Hier tritt eine Sonderung ein. Die harnfähigen Substanzen werden durch Elimination als Granuloid in die Harnwege befördert, während das „entlastete“ Filtrat durch die basale Stäbchenstruktur in die Blut- und Lymphbahn zurückresorbiert wird. Diese weittragenden Schlüsse werden lediglich aus der Beobachtung histologischer Bilder gezogen. Die Elimination der harnfähigen Substanzen soll durch ein Platzen der Epithelzellen in das Lumen hinein erfolgen. Da jedoch bei einem derartigen Platzen der Zellmembran stets Eiweiß austreten muß, der Harn aber normalerweise eiweißfrei gefunden wird, scheinen schon hierdurch die Anschauungen Kosugis widerlegt zu sein.

I. Zusammenfassung.

Wir haben unsere Betrachtungen mit dem Zitat Ludwigs[4] aus dem Jahre 1844 begonnen, daß trotz zahlreicher Untersuchungen über die Funktion der Niere nur wenige gesicherte Tatsachen bekannt sind, und wir müssen in unserer Schlußbetrachtung wieder darauf zurückkommen, daß trotz der zahllosen Untersuchungen, die im Laufe des letzten Jahrhunderts über die Funktion der Niere angestellt worden sind, nur wenige Tatsachen sicher und unwiderruflich begründet erscheinen. Trotzdem scheint es wünschenswert, das Bild, das uns von der Funktion der Niere als wahrscheinlichstes vorschwebt, kurz darzulegen.

---

[1] Conway, E. J.: J. of Physiol. **60**, 30 (1925). — Conway, E. J. u. F. Cane: Ebenda **61**, 595 (1926).

[2] Wearn, J. T. u. A. N. Richards: J. of biol. Chem. **66**, 247 (1925).

[3] Kosugi, T.: Beitr. path. Anat. **77**, 1 (1927).

[4] Ludwig, C.: Wagners Handwörterbuch d. Physiol. **2**, 634ff. Braunschweig 1844.

Wir haben gesehen, daß der tierische Körper wesentlich mehr Nierensubstanz besitzt, als er zur Aufrechterhaltung des Lebens nötig hat, daß also etwa drei Viertel der vorhandenen Nierensubstanz als Reserve zur Verfügung stehen. Ob diese Reserve nur bei der dauernden Ausschaltung durch Schädigung oder Krankheit eines Teiles der Niere in Anspruch genommen wird oder ob diese Reserve notwendig ist, um dauernd große Teile der Niere in Untätigkeit bzw. in einer Restitutionsphase zu halten, wissen wir nicht. Wir wissen dagegen, daß tatsächlich immer nur ein Teil der Glomeruli mit den zugehörigen Kanälchen in Aktion ist und daß im einzelnen Glomerulus die Zahl der durchbluteten Capillaren wechselt. Die Produktion des einzelnen Nierenabschnittes ist also vikariierend. Infolge des dauernden Wechsels der funktionierenden Glomeruli ist aber die Gesamtproduktion der Niere kontinuierlich, obwohl auch die Konzentrationsarbeit der Niere nach JANSSEN und REIN[1] rhythmisch schwankt.

Die harnfähigen Substanzen werden offenbar sämtlich im Glomerulus ausgeschieden, und zwar in einer Konzentration, die der des Plasmas gleicht oder nahe kommt. Lediglich Stoffe, deren Teilchengröße die Normgröße des Glomerulusfilters übersteigt, wie die Eiweißkörper usw., werden im Blut zurückgehalten. Diese Tatsache muß solange aufrechterhalten bleiben, bis außer den in der Niere selbst gebildeten Stoffe ein Körper im Blasenurin gefunden ist, der mit Sicherheit nicht im Glomerulusharn nachgewiesen werden kann. Daß unter regelwidrigen Verhältnissen leicht diffusible Körper, wie Phenolrot, das unter normalen Verhältnissen im Glomerulusharn sich findet, unter Umständen durch die Zellen der Tubuli in deren Lumen diffundieren können, ist als Gegenbeweis nicht anzusehen. Aus dem Glomerulusharn werden im Verlaufe der Kanälchenpassage Wasser und die Harnfixa je nach ihrer Konzentration im Blut und wohl auch nach ihrem Ladungssinn rückresorbiert. Auf eine differente Betrachtung der einzelnen Abschnitte sei verzichtet, da hierüber zu wenig Exaktes bekannt ist. Eine prinzipielle Unterscheidung zwischen Schwellenkörpern und Nichtschwellenkörpern ist abzulehnen. Wohl jeder Körper hat eine Nierenschwelle, die allerdings mitunter dem Grenzwert Null nahe kommen kann.

Zur Abscheidung des Harnes, der sich hinsichtlich der Konzentration seiner einzelnen Komponenten wesentlich von der Zusammensetzung des Blutes unterscheidet, ist ein beträchtlicher Energieaufwand notwendig, der sich aus der Summe der Konzentrations- und Verdünnungsarbeit für die einzelnen Harnkomponenten zusammensetzt. Für diese Arbeitsleistung stehen der Niere verschiedenartige Kräfte zur Verfügung sowohl solche, die von außen zugeführt werden und wie auch solche, die in der Niere selbst entstehen müssen. Als extrarenale Kraft ist in erster Linie der Blutdruck anzusehen, der für die Harnproduktion eine ausschlaggebende Rolle spielt, wie aus den Versuchen von RICHARDS und PLANT[2] und STARLING und VERNEY[3] eindeutig hervorgeht. Die aus dem Blutdruck bzw. aus dem von ihm gebildeten Druckgefälle zwischen Glomeruluscapillaren und Kapsellumen gelieferte Energie wird im wesentlichen zur Überwindung des osmotischen Drucks der Eiweißkörper bei der Filtration im Glomerulus verwandt. Über die in der Niere selbst gebildete Energie wissen wir, daß sie mengenmäßig im Verhältnis zu der Arbeitsleistung der Niere außerordentlich groß ist. Wir wissen aber auch, vor allem aus den Versuchen von JANSSEN und REIN[1], daß sie höchstwahrscheinlich zum großen Teil als Wärme mit dem Nierenvenenblut abgeführt wird. Die Niere scheint also verhältnismäßig unökonomisch zu arbeiten. Dabei ist nach den bisherigen Untersuchungen fraglich, ob die Niere nicht unter gewissen

[1] JANSSEN, S. u. H. REIN: Ber. Physiol. **42**, 567 (1928).
[2] RICHARDS, A. N. u. O. H. PLANT: Amer. J. Physiol. **59**, 144 (1922).
[3] STARLING, E. H. u. E. B. VERNEY: J. of Physiol. **56**, 353 (1922).

Bedingungen wesentlich ökonomischer arbeiten kann und ob die große Wärmeabgabe an den Körper die Niere nicht unter teleologischem Gesichtspunkt zu einer der Hauptstellen der Wärmebildung stempelt. Vergleichende Untersuchungen über Energiebildung und Energieverbrauch in der Warm- und Kaltblüterniere müßten hierüber Auskunft geben. Über den tatsächlichen Energieverbrauch der Niere sind wir nicht unterrichtet, da gleichzeitige Messungen von Energiebildung und Wärmeabfuhr nicht vorliegen. Wir können daher über die Beziehungen von Energieverbrauch in der Niere und zur Harnbildung nichts aussagen.

Die zur Bildung des Glomerulusharns nötige Energie wird wohl im wesentlichen vom Druckgefälle zwischen Glomerulus und Kapsellumen bestritten. Sollte tatsächlich (WEARN und RICHARDS[1]) im Glomerulus eine Konzentrationserhöhung von Kochsalz stattfinden, so müßte hierzu noch eine Sekretionsarbeit hinzukommen, für die wohl eine Energie durch Oxydation in der Niere selbst beschafft werden müßte. Auch die Versuche von HÖBER und MACKUTH[2] über die Einwirkung von Erstickung auf die Harnbildung im Glomerulus, die allerdings noch weiterer experimenteller Bestätigung bedürfen, sprechen im Sinne eines Verbrauchs renal gebildeter Energie bei der Abscheidung des Glomerulusharns. Und schließlich deutet die von KARCZAG und PAUNZ[3] beobachtete allerdings sehr labile Elektronegativität der Glomerulusmembran in die gleiche Richtung. Bei dem Ultrafiltrationsprozeß tritt nicht unwahrscheinlicherweise auch eine Veränderung des Filters im Sinne einer Verstopfung der Poren ein, wie es AUGSBERGER[4] an Modellversuchen ausgeführt hat. Es ist natürlich möglich, daß unter den Strömungsverhältnissen im Glomerulus die Reinigung des Filters durch den Blutstrom erfolgt. Sonst ist daran zu denken, daß die Restitution des Filters in der Ruhepause des Glomerulus unter Verbrauch von in der Niere gebildeter Energie vor sich geht.

Für die Rückresorption in den Kanälchen müssen wir Kräfte in Anspruch nehmen, für die die Energie in der Niere selbst geschaffen wird. Ein Teil der Rückresorptionsarbeit kann natürlich durch den osmotischen Druck der Eiweißkörper in den Capillaren des Tubulus geleistet werden. Denn diesen Capillaren wird das durch Ultrafiltration in den Glomeruluscapillaren eingedickte Blut zugeführt — ein unmittelbarer experimenteller Nachweis der erhöhten Eiweißkonzentration im Blut der Vasa efferentia würde übrigens die Filtrations-Rückresorptionstheorie in hohem Maße stützen —, das hier nicht mehr bzw. in viel geringerer Weise unter der Einwirkung des Blutdruckes steht und das allerdings ohne Selektion einen Teil des Glomerulusfiltrats rückresorbieren muß. Für die Konzentrations- und Verdünnungsarbeit aber müssen wir andere Kräfte in Anspruch nehmen, für die, wie gesagt, die notwendige Energie in der Niere selbst gebildet werden muß. Diese Kräfte wurden bisher immer als „vital" bezeichnet, d. h. man verzichtete auf den Versuch einer physikalischen oder physikalisch-chemischen Deutung. Die Untersuchungen über die elektrostatischen Eigenschaften des Gewebes, die vor allem von KELLER in jahrelanger Arbeit einer Klärung nähergebracht worden sind, legen uns nahe, ihre Bedeutung für die Konzentrations- und Verdünnungsarbeit der Niere zu betrachten.

KELLER und GICKLHORN[5] haben in einer jüngst erschienenen Arbeit die elektrostatischen Verhältnisse des Nierengewebes diskutiert. Für das Tubulusepithel liegt qualitativ wenigstens ein eindeutiges Bild vor. Aus zahlreichen Untersuchungen über die Vitalfärbung der Nierenzellen mit elektrotropen Farben

[1] RICHARDS, A. N. u. J. T. WEARN: Amer. J. Physiol. **71**, 209 (1924). — J. of biol. Chem. **66**, 247 (1925).

[2] HÖBER, R. u. E. MACKUTH: Pflügers Ach. **216**, 420 (1927).

[3] KARCZAG, L. u. L. PAUNZ: Z. klin. Med. **98**, 311 (1924).

[4] AUGSBERGER, A.: Biochem. Z. **196**, 276 (1928).

[5] KELLER, R. u. J. GICKLHORN: Biochem. Z. **172**, 242 (1926).

geht hervor, daß das Tubulusepithel in seiner Grundmasse stark negativ geladen ist, während die eingelagerten Granula positive Ladung tragen. Das erklärt ohne weiteres die Resorption des zur Kathode wandernden Wassers und Kochsalzes, ebenso die Abstoßung des anodisch wandernden Harnstoffes. Dagegen erklärt es vorläufig nicht die Abstoßung von Kalium- und Sulfationen, die im Modellversuch ebenso wie Wasser und Kochsalz zur Kathode wandern. Viel schwieriger ist die Deutung des elektrostatischen Zustandes der Glomerulusmembran. Die meisten Färbungen, die am Gefrierschnitt gewonnen sind, sowie vorläufige direkte Messungen von PÉTERFI[1], weisen der Glomerulusmembran eine positive Ladung zu. Das verträgt sich aber nicht mit der Tatsache, daß es bisher nicht gelungen ist, positive Membranen für wäßrige Medien herzustellen, da dies einen durchlässigen festen Körper mit einer höheren Dielektrizitätskonstante als Wasser voraussetzt. Eine vorübergehende Positivierung von Membranen gelingt durch Einbringung in saure Medien oder in Lösungen mit drei- oder mehrwertigen Kationen. Nun zeigen aber die Versuche von KARCZAG und PAUNZ[2], daß der Glomerulusmembran ebenfalls eine elektronegative Ladung zukommt, die allerdings durch geringfügige Schädigungen sowie durch Nerveneinfluß leicht herabgesetzt bzw. aufgehoben werden kann. Auch Versuche von HAMBURGER[3] über die Beeinflussung der Zuckerdichtigkeit der Niere durch steigenden Zusatz von Bicarbonat deuten KELLER und GICKLHORN im Sinne einer Negativität der Glomerulusmembran. KELLER und GICKLHORN glauben, in der Niere als Folge der elektrostatischen Ladungen einen konstanten und mit entsprechenden Methoden wahrscheinlich nachweisbaren Strom entnehmen zu müssen, der für die Nierenfunktion von großer Bedeutung wäre. Elektrostatische Potentialdifferenzen liegen wohl auch den von RICHARDS und BARNWELL[4] in der ausgeschnittenen Froschniere beobachteten Flüssigkeitsströmungen zugrunde, die kaum anders als Elektroendosmose gedeutet werden können. Zur Aufrechterhaltung dieser Strömung, das hieße dann zur Aufrechterhaltung der Potentialdifferenz, ist dauernde Energiezufuhr notwendig, denn nach Ausschaltung der Oxydationen durch Cyanid kommt die Strömung zum Stillstand. Auch zur Aufrechterhaltung bzw. zur Wiederherstellung der Potentialdifferenzen der Zellen der Tubuli und Glomeruli muß Energie verbraucht werden, da sie bei der Harnbildung vernichtet werden müssen. Wir sehen also, daß die Filtrations-Rückresorptionstheorie nicht auf energieverbrauchende Prozesse verzichten kann, daß es aber höchstwahrscheinlich möglich sein wird, auch diese „vitalen“ Prozesse auf physikalisch einfache Grundlagen zurückzuführen.

Neben der Elimination der der Niere vom Blut zugeführten Substanzen im Harn kommt ihr auch noch die Funktion zu, Stoffe synthetisch zu bilden und ebenfalls in den Harn überzuführen. Das sind in erster Linie Ammoniak, Hippursäure und ihre Homologen und schließlich wohl auch noch das von BRÜCKE[5] zuerst beobachtete spezifische Stoffwechselgift.

Aus den bisher geschilderten Tatsachen geht hervor, daß auch extrarenale Faktoren ausschlaggebend für die Funktion der Niere sein müssen. In erster Linie regulieren die Harnabsonderung Blutdruck und Blutzusammensetzung, in geringerem Maße die durch die Niere in der Zeiteinheit fließende Blutmenge. Daneben stehen dem Körper zur feineren Regulation der Nierenfunktion einmal die endokrinen Inkrete zur Verfügung und weiterhin die Einflüsse, die ihr vom Zentralnervensystem auf sympathischen und parasympathischen Bahnen übermittelt werden.

---

[1] PÉTERFI, T.: Zitiert nach KELLER, R. u. J. GICKLHORN, Biochem. Z. **172**, 242 (1926).
[2] KARCZAG, L. u. L. PAUNZ: Z. klin. Med. **98**, 311 (1924).
[3] HAMBURGER, J.: Proc. Acad. Sc. Amsterdam **22**, 351 (1920).
[4] RICHARDS, A. N. u. J. B. BARNWELL: Proc. roy. Soc. Lond. B **102**, 72 (1927).
[5] BRÜCKE, E. TH.: Wien. klin. Wschr. **1926**, Nr 38.

Nierenerkrankungen.

Anatomie, Ursachen und Harnveränderungen (auch Urämie) einschließlich Funktionsprüfungen der Niere.

Von

L. Lichtwitz

Altona.

Mit 3 Abbildungen.

Zusammenfassende Darstellungen.

Aufrecht: Die diffuse Nephritis. Berlin 1879. — Bartels: Handb. d. Krankh. d. Harnapparats. Leipzig 1875 (Ziemssens Handb. **9 I**). — Fahr: Pathologische Anatomie des Morbus Brightii. Handb. d. spez. path. Anat. **6 I**. Berlin 1925. — Frerichs: Die Brightsche Nierenkrankheit. Braunschweig 1851. — Koranyi u. Richter: Physikal. Chemie und Medizin. **2**, 133 (1908). — Lichtwitz: Praxis der Nierenkrankheiten. 2. Aufl. Berlin 1925. — Löhlein: Über die entzündliche Veränderung der Glomeruli bei menschlichen Nieren. Leipzig 1906. — Munk: Pathologie und Klinik der Nierenerkrankungen. 2. Aufl. Berlin 1925. — von Noorden: Die Krankheiten der Nieren. Handb. d. Path. d. Stoffwechsels. — Richter, P. F.: Funktionelle Nierendiagnostik. Kraus-Brugschs Handb. **7** (1920). — Richter: Chronische Nephritis, in Kraus-Brugschs Handb. **7** (1920). — Senator, O.: Erkrankungen der Nieren. Wien 1902. (Nothnagels Handb. **19 I**.) — Siebeck: Beurteilung und Behandlung der Nierenkrankheiten. Tübingen 1921. — Strauss: Die Nephritiden. 2. Aufl. Berlin 1917. — Strauss: Akute Nephritiden. Kraus-Brugschs Handb. **7** (1920). — Volhard: Die doppelseitigen hämatogenen Nierenerkrankungen. Berlin 1918. (Handb. d. inn. Med.) — Volhard u. Fahr: Die Brightsche Nierenkrankheit. Berlin 1914. — Wagner: Krankheiten des Harnapparates. Ziemssens Handb. 1882.

Das Ausscheidungssystem für Flüssigkeiten und feste, wassergelöste Körper, in jeder Zelle beginnend, erstreckt sich auf Lymph- und Blutbahn und besitzt als wichtigstes Endorgan die die Blutzusammensetzung unmittelbar kontrollierende Niere.

Der Sekretionsapparat, das *Nephron*, ist befähigt, überschüssiges Wasser auszuscheiden, also osmotische Verdünnungsarbeit zu leisten, und gelöste Stoffe in höherer Konzentration, als der im Blute gegebenen, zu entfernen, also osmotische Konzentrationsarbeit zu liefern, die nicht nur der Erhaltung eines gleichmäßigen osmotischen Druckes des Blutplasmas dient, sondern ganz speziell und ganz spezifisch auf jeden einzelnen gelösten Stoff — sei er Elektrolyt oder Nichtelektrolyt — gerichtet ist, also eine Summe von Teilfunktionen darstellt.

Die Normalität der Nierenarbeit liegt in dem Ausmaß der Verdünnung und der vielen einzelnen Konzentrierungen, in der Schnelligkeit ihres Eintritts, in der Möglichkeit ihrer Zeitdauer, in der Fähigkeit zu raschem Wechsel und in der Fähigkeit, verschiedene Konzentrationsleistungen gleichzeitig nebeneinander zu betreiben. Normalität der Nierenarbeit begrenzt sich aber auf Erfüllung dieser Forderungen bei einem Fehlen von solchen Stoffen (Eiweiß, Blut

u. a.) im Harn, die zwar durchaus nicht unbedingt etwas Krankhaftes anzeigen, beim Gesunden auch durch gewisse Eingriffe für kurze Zeit hervorzurufen sind, aber in der Regel und besonders als Dauererscheinung doch normalerweise fehlen.

Die Arbeit der Niere ist abhängig von der Unversehrtheit des sezernierenden Parenchyms, von der Blutversorgung und von neuroendokrinen Bedingungen. Funktionsausfälle treffen wir also auch bei gesunden Nieren und normalem Kreislauf, so z. B. bei Diabetes insipidus.

Von diesen Beziehungen abgesehen, besteht aber das pathologische Geschehen nicht bloß in einer Verminderung der Leistungen oder dem gänzlichen Verlust einzelner der genannten Fähigkeiten, sondern wirkt sich weit über die Grenzen aus, in denen sich die Nierentätigkeit zu erfüllen scheint.

Die Pathologie der Niere beschränkt sich keineswegs auf das Organ selbst. Auch wenn das Primum movens nur an der Niere oder einzelnen Elementen des Nephron selbst angriffe, könnte es nicht ausbleiben, daß neben den unmittelbaren Nierenzeichen (Eiweiß, Zylinder, Blutfarbstoffe, zellige Elemente) die Behinderung der Ausscheidung, über Veränderungen der Zusammensetzung der Körpersäfte, zu abnormen Vorgängen an Grenzflächen, die man in Gegenüberstellung zu dem Endorgan, der Niere, extrarenales Ausscheidungssystem nennt, führt. Ferner muß die durchaus eigenartige, einzigartige Stellung, die die Niere im Kreislauf einnimmt, unter gewissen Bedingungen ihrer Erkrankung Folgeerscheinungen veranlassen. Und endlich gehören Vergiftungssymptome — sei es, daß normale Stoffwechselprodukte im Körper verbleiben, sei es, daß die unter krankhaften Bedingungen erfolgende Arbeit der Niere zum Entstehen giftiger Produkte führt — zu den Auswirkungen krankhaften Geschehens in den Nieren. Diese Symptome, die wir unter dem Worte „extrarenale Symptome“ zusammenfassen wollen, bestehen in Ödem, Veränderungen am Kreislauf (Herzhypertrophie und arterieller Hochdruck) und Urämie. Ob und inwieweit sie durch gleichzeitigen extrarenalen Angriff des toxischen Agens zustande kommen, wird zu diskutieren sein.

Ganz unabhängig von der Entscheidung dieser Frage ergibt sich für die Symptomatik der Nierenerkrankungen folgende Einteilung:

1. die unmittelbaren Zeichen (s. oben);
2. das Verhalten der Nierenfunktionen;
3. die extrarenalen Symptome.

Zwischen 2. und 3. steht die Veränderung der Blutzusammensetzung, die auch in besonderen Fällen die Bedingung der Albuminurie darstellt.

Der Darstellung der pathophysiologischen Auswirkung soll die Erörterung der krank machenden Bedingungen, der morphologischen Veränderungen und der typischen Krankheitsbilder folgen.

Die Beurteilung des Einzelfalles, der Art und des Grades der Erkrankung, der Prognose sowie der therapeutischen Notwendigkeiten ist durch die Feststellung der einzelnen Symptome, nicht selten durch ihre Prüfung in Wiederholungen, mit genügender Sicherheit möglich. Die Einreihung eines Krankheitsfalles in eine der Einteilungen, die auf rein morphologischen oder rein funktionellen, ätiologischen oder pathogenetischen Gesichtspunkten beruhen, stellt keinen Ersatz für die systematische Durcharbeitung dar, ist aber für die Zusammenfassung zu Krankheitsbildern, für die Sichtung und Mitteilung der Erfahrungen, notwendig.

Obgleich die Versuche der Systematisierung einen kurzen Abriß der Geschichte des *Morbus Brightii* darstellen, ist die Notwendigkeit an dieser Stelle, auf sie einzugehen, nicht gegeben. Vom Standpunkt der pathologischen Physiologie haben nur solche Einteilungen Interesse, die (auf morphologischer Grundlage oder wenigstens mit genügender Berücksichtigung der Morphologie) auf den Besonderheiten und dem Verlauf des krankhaften Geschehens aufgebaut sind.

Eine Systematik auf rein funktioneller Basis führt wegen der Fülle der Symptome nicht zu einem genügendem Grad von Durchsichtigkeit des Materials, der durch diese Bestrebung beabsichtigt wird.

Der Fortschritt, der auf diesem Gebiet in den letzten 15—20 Jahren erreicht wurde, liegt darin, daß die *Pathogenese* als Einteilungsprinzip gewählt wurde. Da die sekretorischen Nierenfunktionen, ebenso wie ihre Wirkungen auf andere Gewebe und Organe, an bestimmte morphologische Elemente gebunden sind, und weil die Schädlichkeiten, die zu Nierenerkrankungen führen, eines dieser Elemente zuerst krank machen, so ergibt sich aus dieser Betrachtungsweise eine morphologisch-funktionelle Synopsis, die, wenigstens stückweise, durch ätiologische Lichter vervollständigt wird.

Aus einer vorausgehenden Sonderung in einseitige und doppelseitige Erkrankungen, in Affektionen, die mit dem Blutstrom in die Niere eintreten (deszendierende), und solche, die durch Vorgänge in den Abflußwegen ausgelöst werden (aszendierende), läßt sich als Hauptstück der Nierenpathologie der große Komplex der doppelseitigen hämatogenen Nierenerkrankungen herausschälen, den man auch heute noch als *Brightsche Krankheit* bezeichnen kann (Fahr) und den weiter begrifflich aufzulösen die wichtigste und schwierigste Aufgabe ist.

Fr. Müller[1] hat empfohlen, die entzündlichen Erkrankungen von den nichtentzündlichen zu trennen, die ersteren als Nephritis zu bezeichnen und alle Affektionen degenerativer Natur unter den Begriff „Nephrose“ zusammenzufassen. Fr. Müller hat wohl ausschließlich die degenerativen Prozesse am sezernierenden Parenchym im Auge gehabt. Diese Einschränkung des Begriffes Nephrose ist von Volhard u. Fahr[2] durchgeführt worden, indem sie alle Nierenerkrankungen, die von degenerativen Prozessen des Blutgefäßsystems, d. h. von der Arteriosklerose, ihren Ausgang nehmen, als Sklerosen abtrennen und demnach die doppelseitigen hämatogenen Nierenerkrankungen einteilen in

1. primär-degenerative Nephrosen;
2. primär-entzündliche Nephritiden;
3. primär-arteriosklerotische Sklerosen.

Diese Gruppenbildung hat sich im allgemeinen als sehr praktisch und nützlich erwiesen. Eine Schwierigkeit liegt aber darin, daß über den Begriff der Entzündung keine Einigung besteht, und daß die Frage, ob Epithelzellen entzündlich erkranken können und auch dann, wenn sie die Merkmale der Degeneration zeigen, entzündlich erkrankt sind, verschieden beantwortet wird.

Die pathogenetische Einteilung von Volhard und Fahr bleibt unabhängig von dem Entzündungsbegriff, aber sonst in ihrem Wesen nicht verändert, wenn man nach dem Gewebsbestandteil sondert, in dem die Erkrankung beginnt. Da die einwandfrei entzündlichen Prozesse den Glomerulus und das Interstitium, die degenerativen das Epithel (der Glomeruli und Tubuli) betreffen, so ergibt sich folgendes System der Nierenerkrankungen:

A. *Primär epitheliale Leiden* (d. s. Epithel der Glomeruli und Tubuli). (Nephropathia epithelialis s. tubularis, Nephritis tubularis, Nephrose, tubuläre Nephrose, Epithelialnephrose.)

1. *Akuter Verlauf* (febrile Albuminurie [akute Nephrose], Nephritis tubularis bei Diphtherie, Cholera u. a. m., nach Vergiftungen mit Schwermetallen, Chrom u. a. m.).

[1] Müller, Fr.: Dtsch. path. Ges. Meran **1905** — Bezeichnung und Begriffsbestimmung der Nierenkrankheiten. Veröff. Mil.san.wes. Heft 65.

[2] Volhard u. Fahr: Die Brightsche Nierenkrankheit. Berlin: Julius Springer 1914.

2. *Chronischer Verlauf* (im Anschluß an 1, bei Lues im Sekundärstadium, Diabetes mellitus, Morbus Basedowii, malignem Granulom, durch amyloide Degeneration).
3. *Schwangerschaftsniere.*
4. *Lipoidnephropathie.*
(5.) *Tubuläre Schrumpfniere* (rein degenerative Schrumpfniere, nephrotische Schrumpfniere, Nephrocirrhosis tubularis).

B. *Primär glomeruläre Leiden* (betr. die Glomerulusschlingen, vielleicht das Vas afferens, den Kapselraum).
1. *Herdförmige:*
   a) akutes Stadium;
   b) chronisches Stadium.
2. *Diffuse:*
   a) akutes Stadium;
   b) chronisches Stadium:
      1. „akute Nephritis in Permanenz", subakute N., subchronische N.,
      2. nicht progredient,
      3. progredient,
      4. zum Endstadium fortgeschritten (chronische Glomerulonephritis mit Niereninsuffizienz, sekundäre Schrumpfniere).

C. *Primär vasculäre Leiden.*
1. Orthostatische Albuminurie (funktionell).
2. Stauungsniere.
   Stauungsschrumpfniere.
3. Embolische Schrumpfniere.
4. Nephrosclerosis arteriosclerotica initialis s. lenta. (Arteriosklerose mit Beteiligung der Nieren, essentielle oder vasculäre Hypertonie, blande gutartige Hypertonie, benigne Nierensklerose.)
5. Nephrosclerosis arteriolosclerotica progressa. (Genuine Schrumpfniere, maligne Nierensklerose.)

D. *Interstitielle Affektionen.*
1. *Herdförmig:*
   a) infiltrativ;
   b) abscedierend.
2. *Diffus* (infiltrativ).

E. *Affektionen durch Entwicklungsstörungen und Gestaltungsstörungen.*
1. Angeborene Cystenniere (polycystische Nierendegeneration).
2. Hydronephrose. Hydronephrotische Schrumpfniere.

F. *Ascendierende Nierenerkrankungen.*
1. Ascendierende tubuläre Nephropathie (Harnstauungsniere).
2. Hydronephrose (s. E 2).
3. Pyelonephritis simplex.
4. Pyelonephritis apostematosa.
5. Pyelonephritische Schrumpfniere.

A. Die unmittelbaren Nierenzeichen.

I. Die Albuminurie.

Ein jeder Harn vom Menschen enthält Eiweiß (POSNER[1], MOERNER[2]), wenn auch gewöhnlich nur in Spuren. Zu deutlichen Reaktionen und sogar zu ansehnlichen Mengen kommt es aber auch bei völlig Nierengesunden in einer sehr beträchtlichen Zahl von Fällen unter Bedingungen, deren Kenntnis uns dem Verständnis der pathologischen Albuminurie näherführt. Eine physiologische Eiweißausscheidung besteht in den ersten 8—10 Lebenstagen, ferner in der Menstruation, bei Kreißenden und Gebärenden sowie post partum. EBSTEIN[3] hat Albuminurie (und Cylindrurie) bei Obstipation beschrieben; SCHIFF[4] hat nach Magenausheberung Eiweiß im Harn gefunden. Ob es eine „Verdauungsalbumin-

[1] POSNER: Dtsch. med. Wschr. **1906**, Nr 12.
[2] MOERNER: Skand. Arch. Physiol. (Berl. u. Lpz.) **6**, 332 (1895).
[3] EBSTEIN: Berl. klin. Wschr. **1909**, 1837.
[4] SCHIFF: Diskussion. Ref. Wien. klin. Wschr. **1915**, Nr 43.

urie“ gibt, ist strittig. Aber sicher kann man bei einer Anzahl von Menschen durch Zuführung von Eiweiß sein Auftreten im Harn hervorrufen. Bei CL. BERNARD genügten im Selbstversuch dazu bereits zwei Hühnereier. Das entspricht aber sicher nicht dem gewöhnlichen Verhalten.

Diese Bedingungen der Albuminurie treten an Bedeutung weit zurück hinter drei Faktoren, die in einem großen Prozentsatz der Untersuchten oft sehr viel Eiweiß im Harn auftreten lassen. Diese Faktoren sind: Gemütsbewegung, körperliche Anstrengung, Kälteeinwirkung auf die Haut.

CL. BERNARD hat nach Stich in den IV. Ventrikel Albuminurie beobachtet, der, als Folge eines zuerst nervösen Reizes, vielleicht die Eiweißausscheidung nach Commotio cerebri und im Kollaps in Parallele zu setzen ist. E. MEYER und JUNGMANN[1] haben die orthostatische Albuminurie (s. unten) ganz außerordentlich abhängig vom nervösen Einfluß gefunden. Sehr interessant ist die Beobachtung von RAPP[2], daß von Kadetten vor dem Examen 33%, nach dem Examen nur 11% Eiweiß ausschieden.

Nach stärkeren körperlichen Anstrengungen ist von verschiedenen Untersuchern in 10—80% der Fälle Albuminurie (bis 0,4%) festgestellt worden. CHRISTENSEN[3] fand bei 67 sporttreibenden Menschen nach den gewöhnlichen Leistungen eines Übungsabends 25mal Albuminurie, 64mal hyaline und körnige Zylinder, 5mal rote Blutkörperchen. Da es sich hier um trainierte Menschen handelt, so scheint es, als ob Übung nicht imstande sei, die Erscheinung zu verhindern. Dem widersprechen aber ältere Beobachtungen von LEUBE[4] und VON NOORDEN[5]. Insbesondere hat man auch in dieser Beziehung eine günstige Wirkung von der militärischen Ausbildung festgestellt.

Nach kalten Bädern treten bei mehr als 50% der Untersuchten Eiweiß und Zylinder auf. CHRISTENSEN fand bei 19 „Vikingern“ (Leuten, die auch im Winter regelmäßig in der offenen See baden) nach dem Bade 6mal Albumen (bis 0,1%), 13mal hyaline und granulierte Zylinder, 4mal Erythrocyten. In diesen Fällen ist es nicht zu einer Gewöhnung an den Kältereiz gekommen.

Die Beobachtung solcher Menschen lehrt, daß diese Ausscheidung von Eiweiß, Zylinder und Blut, auch wenn sie sich oft wiederholt, keinen schädigenden Einfluß auf die Niere hat.

Diese Erkenntnis ist von großer praktischer Bedeutung für die Beurteilung derjenigen Albuminurien, die bei gesunden Nieren durch Störungen an anderen Organen oder auf konstitutionell-funktioneller Basis auftreten.

Die wichtigste Albuminurie dieser Art ist die *orthostatische*[6] (orthotische, lordotische, juvenile, cyclische, intermittierende). Sie findet sich im Kindesalter, vorzugsweise in der Pubertät und hängt in erster Linie von der Körperhaltung (JEHLE[6]) ab. In den reinen Fällen ist der im Liegen ober bei vornübergebeugter Stellung gebildete Harn eiweißfrei; der im Stehen oder in liegender lordotischer Haltung gebildete enthält Eiweiß (von Spuren bis zu 1,6%). JEHLE hat festgestellt, daß die wesentliche Veranlassung die Lordose der Lendenwirbelsäule darstellt. Alle Verrichtungen, die zu Lordose führen, wie Erheben der Arme, Kämmen der Haare, Festmachen der Kleidung am Rücken, Handstand, Tornistertragen, Schwimmen u. ä. verursachen Eiweißausscheidung, und zwar

---

[1] MEYER, E. u. JUNGMANN: Verh. Kongr. inn. Med. Wiesbaden **1913**, 211.
[2] RAPP: Mil.ärztl. Z. **1903**, Nr 1.
[3] CHRISTENSEN: Dtsch. Arch. klin. Med. **98**, 378 (1910).
[4] LEUBE: Virchows Arch. **72**, 145 (1878). — Ther. Gegenw. **1902**. Z. klin. Med. **13**, 1 (1887).
[5] VON NOORDEN: Handb. d. Path. d. Stoffwechsels. **I**, 969.
[6] JEHLE: Die lordotische Albuminurie. Leipzig-Wien 1902.

leichter und häufiger in den Vormittagsstunden als nachmittags. Nahrungsaufnahme schwächt für etwa 2 Stunden die Reaktion ab (VON NOORDEN[1], FRANK[2]). Die Abscheidung eiweißhaltigen Harns tritt 30 Sekunden (ENGEL[3]) bis einige Minuten (FRANK) nach Einnahme der verantwortlichen Haltung auf und überdauert diese um 45—60 Minuten. Charakteristisch für diese Albuminurie ist das Auftreten eines „in der Kälte durch Essigsäure fällbaren Eiweißkörpers" neben einem durch Hitze gerinnbaren Protein.

Dieser „Essigsäurekörper" ist kein chemisches Individuum, sondern ein Fällungsprodukt aus einem löslichen Eiweiß und einer eiweißfällenden Substanz bei schwachsaurer Reaktion. Eine unlösliche Verbindung dieser Art, die *Nubecula*, entsteht auch im normalen Harn, weil jeder Harn eiweißfällende Stoffe (so Chondroitinschwefelsäure, Nucleinsäure) enthält. Die Ausscheidung dieser Stoffe ist bei der orthostatischen Albuminurie vermehrt. Man erhält daher mit einem solchen Harn nach Ansäuern mit Essigsäure bei Zusatz von Blutserum eine deutliche (mitunter erst nach einigen Minuten auftretende) Trübung. Zu diesen charakteristischen Symptomen (hitzekoagulables Eiweiß, Essigsäurekörper, eiweißfällende Substanz) kommt durch die Bedingung, unter welcher diese Veränderung eintritt, hinzu: Verminderung der Harnmenge, Änderung der Harnreaktion und eine sehr große Neigung zu Sedimenten von oxalsaurem Kalk, phosphorsaurem Kalk und Uraten.

Diese Albuminurie ist im jugendlichen Alter sehr häufig. RAUDNITZ[4] fand bei Bürgerschülern in 40,5%, unter den stark und schnell Gewachsenen in 100%, LUEDKE und STURM[5] unter 60 Menschen mit beginnender Tuberkulose bei 53 nach 1stündigem Stehen Albumen (bis 0,1 und 0,2%) im Harn.

Zur differentialdiagnostischen Abgrenzung dieser Befunde ist es notwendig zu wissen, daß auch bei abklingender, akuter Nephritis (im „postnephritischen Zustand") und bei der in der Regel gutartigen chronischen „Pseudonephritis" der Kinder der orthotische Typus der Albuminurie nicht selten auftritt.

Die orthostatische Albuminurie geht fließend in eine konstante Albuminurie über und kann auch bei einem und demselben Individuum zeitweise als Dauererscheinung auftreten. Die Niere des Orthotikers reagiert auch auf andre Bedingungen als die Lordose mit Eiweißausscheidung, so auf seelische Erregungen (E. MEYER und JUNGMANN[6]), Reize aus der sexuellen Sphäre in der Pubertät, Obstipation, Eingeweidewürmer, zumal diesen Menschen eine ausgeprägte reizbare Schwäche des vegetativen Nervensystems eigen ist. Man findet bei ihnen kardiovasculäre Stigmata (so Labilität der Pulsfrequenz, Neigung zu arterieller Hypotension, positives Bulbusdruckphänomen, Steigen des Blutdruckes beim Übergang in die aufrechte Stellung (POLITZER[7]), Steigerung der vasomotorischen Erregbarkeit [blasse Haut, leichtes Frieren, kalte Füße, Akrocyanose] und leichte Ermüdbarkeit).

Als wirksames Moment bei der Entstehung der orthostatischen Albuminurie hat JEHLE die venöse Stauung angesehen, die durch eine Knickung oder Dehnung der Nierenvenen bei der lordotischen Stellung oder durch Behinderung der unteren Hohlvene infolge der bei Lordose veränderten Zwerchfellstellung zustande kommt. Die anatomische Lage muß zur Folge haben, daß bei Lordose

---

1 v. NOORDEN: Dtsch. Arch. klin. Med. **38**, 205 (1896). — Handb. d. Path. d. Stoffw. **1**, 969.
2 FRANK: Über den genuinen orthostatischen Typus. Inaug.-Dissert. Straßburg 1908.
3 ENGEL: Münch. med. Wschr. **1907**, Nr 45.
4 RAUDNITZ: Wiss. Ges. dtsch. Ärzte Böhmens.
5 LUEDKE u. STURM: Münch. med. Wschr. **1911**, Nr 19.
6 MEYER, E. u. JUNGMANN: Jahreskurse ärztl. Fortbildg **5** (1914).
7 POLITZER: Ren iuvenum. Berlin: Urban & Schwarzenberg 1913.

die Nierengefäße angespannt werden, und zwar die linke Nierenvene, die über die Aorta zu der rechts gelagerten Vena cava verläuft, mehr. SONNE[1] hat daher vermutet, daß die lordotische Albuminurie besonders oder ausschließlich die linke Niere betreffe. In der Tat fand er in 5 Fällen, bei denen er den Ureter beiderseits katheterisierte, den Harn der rechten Niere frei von Eiweiß, 2mal links Albuminurie, 3mal rechts Anurie und 1mal doppelseitige Anurie.

Daß eine venöse Stauung in der Niere Albuminurie und Anurie macht, würde nach klinischen Erfahrungen und nach Ergebnissen von Tierexperimenten verständlich sein. Die Schnelligkeit aber, mit der der Symptomenkomplex verschwindet, die Harmlosigkeit auch eines langdauernden Lordoseversuches passen nicht ganz zu der erklärenden Annahme, daß nur eine Behinderung des venösen Abflusses aus der Niere das schuldige Moment sei. Auch die Veränderung anderer Eigenschaften des Harns (s. oben) widerstrebt einer so einfachen Deutung.

Daß die Verhältnisse viel verwickelter liegen, geht daraus hervor, daß der unter dem Namen Marschhämoglobinurie zusammengefaßte Tatsachenkreis sehr nahe Beziehungen zur orthotischen Albuminurie hat (JEHLE, PORGES und STRISOWER[2], LICHTWITZ[3]). Nicht nur treten beide Erscheinungen bei jungen Leuten gleicher Konstitution auf, sondern die lordotische Haltung kann bei geeigneten Individuen das eine Mal eine Hämoglobinurie, das andere Mal eine Albuminurie hervorrufen. Auch in reinen Fällen von orthotischer Albuminurie hat der in lordotischer Stellung gebildete Harn einen höheren Urobilingehalt, woraus die Vermutung folgt, daß eine geringe Vermehrung des Blutabbaus dem Symptomenkomplex zugehörig sein könnte. Von der Kältehämoglobinurie her ist bekannt, daß die venöse Stauung wohl eine Bedingung der anfallsweise auftretenden Blutauflösung darstellt, aber allein den Effekt nicht hervorbringen kann. Da bei Hämoglobinurien verschiedener Art und auch bei der Marschhämoglobinurie die Hämoglobinfreiheit des Serums die Annahme nahelegt, daß die Blutkörperchenzerstörung in den Nieren selbst vor sich geht, so erscheint eine einfache Zirkulationsstörung als causa movens unzureichend.

Die Häufigkeit der psychischen Auslösung der Albuminurie und die Erfahrung, daß Harnmenge, Harnreaktion und Sedimentbildung von nervösen Einflüssen stark abhängig sind, führt dazu, die nervösen Bedingungen der orthotischen Albuminurie näher ins Auge zu fassen.

Daß hier stärkere Schwankungen im Tonus des vegetativen Nervensystems vorliegen, ist offensichtlich. Dämpfung des Vagustonus bringt in manchen Fällen Beseitigung, in anderen Verstärkung der Albuminurie hervor. Eine Einordnung in das nur sehr bedingt gültige Schema „Vagotonie — Sympathicotonie" ist also nicht möglich. Wohl aber ist daran zu denken, daß die Lordose der Lendenwirbelsäule mit Blutgefäßen auch die zahlreichen, zwischen Nierenbecken und Ganglion solare gelagerten Nervenfasern und Ganglien tangiert.

Ob der Reiz an dieser peripheren Stelle oder höher ansetzt, in jedem Falle muß man annehmen, daß er nicht nur die Gefäßnerven betrifft, sondern vor allem auch sekretorische Fasern. Daß bei besonderen fördernden und hemmenden Sekretionsreizen, bei gleichzeitiger abnormer Innervation der Gefäßnerven und bei Behinderung des venösen Abflusses eine Vielheit von der Norm abweichender Vorgänge eintreten kann, erscheint verständlich.

Der Wechsel zwischen normalem und in der geschilderten Weise verändertem Harn unter dem Einfluß der Innervation (und zwar der sekretorischen und vasomotorischen) erinnert an analoge Erscheinungen bei den Speicheldrüsen und

[1] SONNE: Z. klin. Med. **90**, 1 (1920).
[2] PORGES u. STRISOWER: Dtsch. Arch. klin. Med. **117**, 13 (1915).
[3] LICHTWITZ: Berl. Klin. Wschr. **1916**, Nr 46.

Schweißdrüsen, die bei einer Innervation, die eine geringere Durchblutung veranlaßt (Sympathicusreizung bei den Speicheldrüsen, im Kollaps bei den Schweißdrüsen), ein qualitativ verändertes, eiweißreiches Sekret liefern.

Die orthostatische Albuminurie lehrt eine große Zahl der Bedingungen kennen, die, vom Gipfel des Zentralnervensystems bis zur Nierenzelle und den Blutgefäßen an irgendeiner Stelle der Systeme angreifend, bei vollständig gesunden Nieren Albuminurie veranlassen. Sie ist daher auch theoretisch von großem Interesse.

Das Eiweiß, das bei jeder Albuminurie (von besonderen seltenen Ausnahmen wie der Albuminurie nach BENCE JONES abgesehen) im Harn erscheint, stammt, nach seinen Fällungsbedingungen zu schließen, aus dem Blutserum.

Daß das Protoplasma der Niere selbst (tubulogenes Eiweiß — STRAUSS) einen nennenswerten Betrag zum Harneiweiß liefert, kann nicht angenommen werden. Eine längerdauernde und stärkere Albuminurie (man hat bis 110 g Harneiweiß pro die beobachtet) kann aus dieser Quelle nicht unterhalten werden. FISCHER[1], der eine solche Annahme macht, schreibt der Niere ein besonderes großes Regenerationsvermögen zu. Daß die Niere unter krankhaften Verhältnissen, z. B. im Zustande der Entzündung, vielleicht aber auch bei einer gewissen Art vermehrter Arbeit, sehr viel Protein aus dem Plasma aufnimmt, kann wohl als sehr wahrscheinlich gelten. Daß aber die kranke Niere Plasmaeiweiß in dem Grade der Albuminurie zu zellspezifischem Eiweiß umbaut, ist eine Hypothese, an die zu glauben schwer fällt. Eine vermittelnde Stellung nimmt die Ansicht ein, daß das Harneiweiß aus dem Blutplasma stammt, aber als solches — vorübergehend — in den Verband oder Bestand der Nierenzelle eingetreten ist, bevor es in den Harn abgegeben wurde.

Es handelt sich um Albumin und Globulin[2], dessen Verhältnis (A/G) wechselt, gewöhnlich zwischen 5 und 10 liegt. SENATOR u. a. haben versucht, Beziehungen dieses Quotienten zur Natur der Nierenerkrankung aufzufinden. Eine einheitliche Auffassung ist noch nicht erzielt worden. Nach HOFFMANN[3] ist bei schweren Nierenerkrankungen A/G niedrig (unter 5), bei leichten hoch. Sehr hohe Globulinausscheidung findet MUNCK bei Lipoidnephropathie, GROSS[4] ebenso wie WALLIS[5] bei funktioneller Albuminurie. Es scheint also, als ob A/G weder für die Art noch für den Grad des Nierenprozesses charakteristische Eigentümlichkeiten erkennen läßt. Indessen ist diese Frage erneuter Beobachtung bedürftig, da die Methodik durch die Erkenntnis, daß die Fällungen bei gleichem p_H vorzunehmen sind, eine festere Basis gewonnen hat, und da ein Vergleich mit der Aufteilung der Plasmaeiweißkörper bessere Einblicke verspricht.

Diese Verteilung, das Bluteiweißbild, zeigt bei Nierenerkrankungen bedeutende Veränderungen der Art, daß bei einer Verminderung des Gesamtplasmaeiweißes das Albumin bedeutend (bis auf ein Siebentel) absinkt, das Globulin absolut oder relativ vermehrt ist und besonders das Fibrinogen (in deutlicher Weise bei der Lipoidnephropathie) eine beträchtliche Zunahme erfahren kann. Es findet also eine Verschiebung der Plasmaeiweißkörper nach der Richtung der größeren Moleküle statt. KOLLERT und STARLINGER[6] haben beobachtet, daß (bei Lipoidnephropathie) die Größe der Albuminurie dem Fibrinogengehalt des Plasmas entspricht. Auf die Ansichten und Hypothesen, die über die Ursachen

1 FISCHER, M. H.: Die Nephritis. Dresden 1921.
2 TORBEN DEILL: Klin. Wschr. **1927**, 220 (Literatur).
3 HOFFMANN: Arch. f. exper. Path. **89**, 271 (1882).
4 GROSS: Dtsch. Arch. klin. Med. **86**, 578 (1906).
5 WALLIS: Proc. roy. Soc. Med. **13**, 96 (1920).
6 KOLLERT u. STARLINGER: Z. exper. Med. **30**, 1 (1922).

der Änderung des Bluteiweißbildes und dessen Beziehungen zur Albuminurie gemacht worden sind, werden wir später zurückkommen. Im allgemeinen geht der größte Teil des Harneiweißes in die Albuminfraktion. In keinem Fall ist das Verhältnis A/G im Blut und Harn gleich.

Hierdurch kennzeichnet sich die Albuminurie als ein Vorgang, der nicht als ein einfaches, mechanisches Durchgehen des Blutserums durch die Niere infolge „größerer Durchlässigkeit des Nierenfilters" oder „größerer Porenweite", wie die den Mangel an Wissen verdeckenden Ausdrücke lauten, „erklärt" werden kann. Mit Hilfe der Goldzahlmethode läßt sich nachweisen[1], daß in keinem Falle das Harneiweiß so gut gelöst (so fein verteilt) ist als im Blute. Es befindet sich in einem Zustande der Teilchenvergröberung, der durch Harn der verschiedensten Art nicht erzeugt wird, also schon bei dem Durchgang durch die Zellen, d. h. beim Akt der Eiweißsekretion, vor sich gegangen sein muß. Diese Eiweißflockung kann so stark sein, daß das gesamte Harneiweiß in Form feinster Trübung vorliegt, so daß der Harn keine Koagulationsreaktion gibt.

Als Orte der Eiweißausscheidung gelten Glomerulus und Tubulus. Es liegt nahe, den Glomerulus als die Hauptstätte anzusehen, da hier das Blut als Eiweißquelle dem Lumen der Nierenkanälchen näher liegt. Erfahrungsgemäß finden sich aber die höchsten Harneiweißwerte bei den tubulären Erkrankungen. Die Annahme, daß die einzige Bedingung für dieses Zusammentreffen in der eben erwähnten Verschiebung des Bluteiweißbildes liege, paßt nicht zu der Erhebung, daß bei intakten Nieren Fibrinogenvermehrung des Plasmas nicht mit Albuminurie einhergeht. Inwieweit bei diesen Zuständen die Plasmaveränderung durch eine Allgemeinerkrankung bedingt ist, die auch die Niere betrifft, inwieweit die Plasmaveränderung Folge der Albuminurie, der pathologische Prozeß in den Nieren von der Grundkrankheit, der Plasmazusammensetzung als ihrer Folge oder von einer hinzugetretenen Nierenerkrankung abhängig ist, läßt sich nicht entscheiden. Die Beobachtung aber, daß eine sehr starke Albuminurie bei der Schwangerschaftsniere von einem Tage zum anderen, in der Geburt, vollständig verschwinden kann, und die Erfahrung, daß bei der Lipoidnephropathie die Intensität der Albuminurie in ganz kurzer Frist, ohne erkennbare Veranlassung, die stärksten Schwankungen zeigen kann, legen die Vermutung nahe, daß die Albuminurie weniger die Folge eines greifbaren pathologisch-anatomischen Prozesses als einer dynamischen Veränderung darstellt.

II. Die Kolloidurie.

Unter dieser nicht ganz zutreffenden Bezeichnung — denn Eiweiß ist auch ein Kolloid — sind hier die nichteiweißartigen Kolloide gemeint. Geringe Mengen solcher Stoffe (0,2—0,6 g im Liter) enthält jeder Harn. Größere Mengen (1—2 g) finden sich im Fieber- und Stauungsharn, erheblich größere bei Nephritis. Der höchste Wert, den Lichtwitz[1] beobachtete, betrug 29 g bei 24 g Eiweiß im Liter. Die Kolloidmenge geht vielfach der Eiweißmenge parallel.

III. Die Harnzylinder.

Die Harnzylinder sind zuerst von I. Fr. Simon (1843), sodann von Nasse und Henle[2] im Harn, von Henle auch in der Niere gesehen worden.

Man unterscheidet hyaline, bestäubte, granulierte, wachsartige Zylinder, aus Epithelzellen zusammengefügte, mit weißen und roten Blutkörperchen besetzte, aus Blutfarbstoff gebildete Zylinder und die Cylindroide.

[1] Lichtwitz, L.: Hoppe-Seylers Z. **72**, 215 (1911).
[2] Nasse u. Henle: Z. rat. Med. **1** (1842).

Die hyalinen Zylinder sind die häufigsten. Sie kommen in geringen Mengen auch im normalen Harn vor, unter gewissen physiologischen Bedingungen auch zahlreicher, finden sich aber nicht in jedem Harn Nierenkranker. Sie sind 0,1—2 mm lang und 10—15 μ breit, gerade gestreckt, mitunter leicht gebogen, gelegentlich auch gewulstet. Diese Wulstung rührt nicht davon her, daß die Zylinder in den Tubulis contortis entstanden sind, gestattet aber den Schluß, daß ihre Substanz von knetbarer Weichheit ist und daher beim Herauspressen aus einem Kanälchen sich so verhält, wie Salbe, die aus einer Tube herausgedrückt wird. Wie dieser kommt den Zylindern eine Klebrigkeit zu, die zur Folge hat, daß auf der Oberfläche Harnsalze (besonders Urat), Eiweißkörnchen, Zellen, Zelltrümmer u. a. haften. Diese Anlagerung von nichtorganischen oder nicht mehr deutlich organisierten Teilchen ergibt eine dünne oder teilweise *Bestäubung*, die gewöhnlich der Granulation der Zylinder gleichgesetzt, richtiger aber von dieser unterschieden wird.

Die granulierten Zylinder zeigen eine gröbere zusammenhängende Körnchenoberfläche. Diese Körnchen sind stark fetthaltig und enthalten nicht selten doppeltbrechende Substanz. Die Granulierung besteht aus zusammenhängendem Zelldetritus. Daher sind die granulierten Zylinder den Epithelzylindern nahe verwandt. Nicht selten findet man Übergänge zwischen beiden. Auch durch Besetzung eines Zylinders mit Steatophagen (Leukocyten, die aus Epithelien stammendes Fett aufgenommen haben) kann das Bild des granulierten Zylinders entstehen. Hier wie in anderen Zweifelsfällen gibt die Beachtung des Gesamtsediments (Nierenepithelien, Steatophagen) Aufschluß.

Von diesen Zylindern, die einen Kanälchenausguß darstellen, sind gewisse Epithelzylinder zu unterscheiden, die aus einem abgestoßenen Epithelschlauch bestehen.

Hämoglobinzylinder finden sich neben körnigem und gelöstem Blutfarbstoff (Hämoglobin, Methämoglobin) bei akuter hämorrhagischer Nephritis und besonders bei den Hämoglobinurien. Das Hämoglobin erfährt bei seinem Nierendurchgang eine Ausfällung, die nicht selten bereits bei einfacher Betrachtung feststellbar ist.

Die Wachszylinder sind von auffallender Länge und Breite, stark lichtbrechend, mit scharfem Rand. Querverlaufende Risse und Sprünge lassen auf eine gewisse Sprödigkeit schließen. Sie treten bei schwerer, meist chronischer Nierenentzündung auf. Ihre Breite weist darauf hin, daß sie in erweiterten Harnkanälchen gelegen haben.

Cylindroide sind durchscheinende Gebilde, etwa von derselben optischen Dichte wie hyaline Zylinder, aber viel länger als diese, weniger scharf begrenzt und häufig verzweigt. Sie finden sich in besonders großen Mengen im postnephritischen Zustand, aber auch unter anderen Bedingungen z. B. bei Ikterus. Es ist nicht selten, daß das ganze Sediment aus einem dickflüssigen, schleimigen Klumpen von Cylindroiden besteht.

Die diagnostische Bedeutung der Zylinder läßt sich in folgender Weise zusammenfassen:

1. *Hyaline Zylinder.* Bedeutung ergibt sich aus Zahl, Dauer des Auftretens und Zylinderbreite (s. Wachszylinder).

2. *Bestäubte Zylinder. Zylinder mit Auflagerungen.* Bewertung der Grundsubstanz wie bei 2. Bewertung der Auflagerung entsprechend ihrer chemischen und morphologischen Beschaffenheit, die auch aus dem sonstigen Sediment erkennbar ist.

3. *Granulierte Zylinder, Epithelzylinder, Epithelschläuche, Fettzylinder, Lipoidzylinder* zeugen von degenerativen Vorgängen an den Epithelien.

4. *Blutfarbstoffzylinder.* Hämoglobinurie oder Hämaturie mit Hämolyse.
5. *Wachszylinder.* Schwere chronische Nierenerkrankung.
6. *Cylindroide.* Fast charakteristisch für den postnephritischen Zustand.

Die Bildung der Harnzylinder. Die Zylinder (mit Ausnahme der Epithelschläuche und mancher Epithelzylinder) stellen Ausgüsse von Harnkanälchen dar. Sie bestehen aus Eiweiß, von dem nur bekannt ist, daß es nicht die Eigenschaften des Fibrins zeigt. Es handelt sich um geronnenes Eiweiß. Und es ist nach Lage der Dinge gewiß, daß gelöstes Eiweiß durch Gerinnung in den Harnkanälchen in die Form von Zylindern übergeht. Man hat früher geglaubt, daß ein besonderer Eiweißkörper, so z. B. das Protoplasma der Nierenzellen, zur Zylinderbildung erforderlich sei. Ich glaube, daß jedes Harneiweiß unter geeigneten Bedingungen gerinnungsfähig ist, da das Eiweiß im Harn (s. oben) stets eine Neigung zur gröberen Dispersion hat und Gerinnungsvorgänge verschiedener Art (Nubecula, irisierendes Häutchen bei Phosphaturie, Harn von Beschaffenheit eines Gelatinklumpens) im Harn stattfinden.

In der älteren Literatur (SENATOR) herrscht die Ansicht, daß eine Gerinnung der Eiweißkörper des Blutserums nicht vorliegt, sondern daß die Epithelien der Harnkanälchen bei der Zylinderbildung die Hauptrolle spielen, entweder so, daß diese Zellen absterben, sich in die hyaline Substanz umwandeln und zu Zylindern verschmelzen, oder daß durch Vermischung des abgestorbenen Zellmaterials mit der Lymphe eine Gerinnung eintritt (WEIGERT[1]) oder dadurch, daß die Zellen durch eine Art von Sekretion gerinnendes Material liefern.

Die beiden ersten Erklärungsversuche können nicht gut richtig sein. Es ist nicht zutreffend, daß in den zahlreichen Fällen, in denen hyaline Zylinder entstehen, überhaupt eine krankhafte Veränderung von Nierenepithelien vorliegt, geschweige denn eine solche, die zum Absterben führt. Aber auch dann, wenn, wie bei degenerativen tubulären Prozessen, eine Epithelerkrankung eintritt, geht sie nicht bis zu einer so völligen Lösung des Zellinhaltes vor sich, daß eine homogene Lösung, und aus dieser ein homogenes Gerinnungsgebilde, wie es eben der hyaline Zylinder ist, entstehen könnte. Es müßten bei einer solchen Entstehung hyaliner Zylinder Zelltrümmer in Form von Eiweiß- und Fettkörnchen in der Fällung zu sehen sein. Die Meinung, daß der Stoff, aus dem die hyalinen Zylinder entstehen, ein Sekretionsprodukt der Nierenepithelzellen sei, ist in dieser Allgemeinheit gewiß richtig, da ja alle Stoffe, die in den Harn gehen, auch das Harneiweiß, diese Herkunft haben. Daß es sich um einen besonderen Stoff handelt, wird in dieser Entschiedenheit nirgends betont. AUFRECHT[2] hat nach Ureterenunterbindung hyalin aussehende Kugeln beobachtet, die aus den Harnkanälchenepithelien hervorragen, darauf in das Lumen der Harnkanälchen gelangen und dort zu Zylindern zusammenschmelzen. Die Epithelien bleiben dabei überall erhalten. Es handelt sich also nicht um eine Degeneration, sondern um eine aktive Leistung der Zellen. ROVIDA[3], LUBARSCH[4] u. a. haben diese Beobachtungen bestätigt. Für die besondere Natur des Zylinderstoffes oder für eine besondere Sekretionsart wird damit nichts bewiesen, da im Bereich der Tubuli diese Differenzierung im Zellinhalt, die man auch als Granula-, Vacuolen- oder Tonoplastenbildung bezeichnet, charakteristisch für die Sekretion aller löslichen Substanzen und ihres Lösungswassers ist.

Ein Bedenken gegen das Harneiweiß als Muttersubstanz der Zylinder wird darin erblickt, daß Eiweißgehalt und Zylinderbildung in gar keinem konstanten

[1] WEIGERT: Volkmanns Samml. klin. Vortr. **1879**, 162.
[2] AUFRECHT: Zur Pathologie und Therapie der diffusen Nephritiden. Berlin 1918.
[3] ROVIDA: Moleschotts Unters. **11**, 1 (1876).
[4] LUBARSCH: Zbl. Path. **4**, 209 (1893).

Verhältnis zueinanderstehen, daß sehr viel Eiweiß ohne Zylinder und daß Cylindrurie ohne Eiweißausscheidung vorkommt. Bei der abklingenden akuten Nephritis, so wie im Harn nach körperlichen Anstrengungen, findet sich dieses zweite Verhältnis sogar sehr häufig. Dieser scheinbare Widerspruch der Erscheinungen ist auflösbar durch die Betrachtung der Bedingungen, die zu einer Eiweißgerinnung notwendig sind. Eine wesentliche ist die saure Reaktion. Im alkalischen Harn kommt es nur schwer zur Zylinderbildung, wie auch in solchem die Eiweißfällung nicht leicht vor sich geht. Weiterhin kann ein Zuviel an Eiweiß (oder anderem Kolloid) die Gerinnungsneigung vermindern und sogar aufheben. Zu einer gegenseitigen Fällung von Kolloiden gehört ein Optimum der Konzentrationen. Ein Überwiegen eines Stoffes kann die Wirkung eines Kolloidschutzes verursachen. So wird im Harn die Chondroitinschwefelsäureprobe nach POLITZER[1] bei Anwesenheit größerer Mengen Eiweiß negativ. *Es ist also nicht zu erwarten, daß sich die Abstammung der hyalinen Zylinder aus dem Harneiweiß dadurch kundgibt, daß Eiweißgehalt und Zylinderzahl in einem einfachen zahlenmäßigen Verhältnis zueinander stehen*[2]. Im Gegenteil stimmt die Auffassung der Zylinderbildung als eines Eiweißgerinnungsvorgangs mit der Erfahrungstatsache überein, daß relativ um so mehr Zylinder da sind, je kleiner die Eiweißmenge, und daß besonders bei hoher Harnacidität der Befund an gelöstem Eiweiß negativ, die Zylinderzahl aber sehr groß ist. Ein solches Verhältnis findet sich oft im ikterischen Harn, der bei saurer Reaktion fast immer hyaline Zylinder enthält. Da die Gallensäuren eiweißfällende Stoffe sind, so führt uns diese Tatsache unmittelbar zu der Erkenntnis, daß die eiweißfällenden Stoffe des Harns an der Zylinderbildung beteiligt sind. Untersuchungen meines früheren Mitarbeiters O. HOEPER[3] haben ergeben, daß in Harnen, die sehr reich an Zylindern sind, die Zahl der Zylinder mit einer überraschenden Genauigkeit dem Produkt aus Eiweißmenge und Eiweißlösungszustand proportional ist. Je weniger fein verteilt das Harneiweiß ist, in je stärkerem Maße also Gerinnungserscheinungen an dem noch gelösten Eiweiß kenntlich sind, um so größer ist die Zylinderzahl.

Nach POSNER[4] ist auch die Herabsetzung der Oberflächenspannung des Harns, wie sie durch manche Kolloide und Semikolloide hervorgerufen wird, von Einfluß auf die Zylinderbildung. Dieser Gesichtspunkt ist darum sehr beachtenswert, weil jede Gerinnung, außer von den gerinnungsfähigen Stoffen und den in der Lösung gegebenen Bedingungen, von einer geeigneten Oberfläche und den Beziehungen der gerinnungsfähigen Stoffe zu dieser abhängt. Von den Gerinnungserscheinungen des Blutplasmas in vitro weiß man, daß eine die Gerinnung fördernde (aktive) Oberfläche eine solche ist, an der die Lösung haftet, an der also eine Benetzung stattfindet. Von den capillaren Röhren der Niere muß angenommen werden, daß eine Benetzung mit Harn nicht stattfindet, da eine solche die Entleerung der Röhrensysteme sehr erschweren würde. Eine Veränderung der Oberfläche im Bereich der Tubuli, wie sie sicher bei Erkrankungen, vielleicht aber auch bei erheblicher funktioneller Beanspruchung (Konzentrationsleistung) eintritt, schafft der Gerinnung eine günstigere Fläche, genau so wie eine Veränderung der Intima eines Gefäßes den Ort für einen Thrombus gibt. Die Bedeutung der Oberfläche für die Zylinderbildung zeigt sich deutlich bei der Beobachtung einer abklingenden akuten Nephritis. Die Ausscheidung hyaliner Zylinder überdauert die (mit den gewöhnlichen Methoden feststellbare) Albuminurie. Zu dieser Zeit treten neben Zylindern bereits die Cylindroide

[1] POLITZER: Dtsch. med. Wschr. **1912**, Nr 33.
[2] LICHTWITZ, L.: Klinische Chemie, S. 305. Berlin 1918.
[3] HOEPER: Inaug.-Dissert. Göttingen 1912.
[4] POSNER: Virchows Arch. **79** (1880).

hervor, die die Ausscheidung gerinnungsfähigen und jenseits der Kanälchen geronnenen Materials, das nach den Untersuchungen von ROVIDA mit dem der hyalinen Zylinder identisch ist, anzeigt. In einem späteren Stadium sind die hyalinen Zylinder verschwunden, aber die Cylindroide noch in reichlicher Menge vorhanden. Es wird also noch gerinnungsfähiges Material abgesondert, aber die Stellen, an denen hyaline Zylinder entstehen können, sind nicht mehr geeignet, die Gerinnung zu befördern. Die Oberfläche ist inaktiv geworden, so daß die Gerinnung nicht mehr in Form eines Röhrchenausgusses (Zylinders) eintritt.

IV. Blutbestandteile.

a) *Rote Blutkörperchen* werden im Harn sehr häufig gefunden. Ihre Menge schwankt von einzelnen, leicht zählbaren Exemplaren bis zu Graden, in denen der Harn volle Blutfarbe hat und wie Blut gerinnt. Eine starke Hämaturie, bei dem die Harnfarbe über die des Fleischwassers hinausgeht, ist bei diffusen Nierenerkrankungen nicht häufig. Die Grade der Hämaturie, die hier vorwiegend in Betracht kommen, kann man leicht danach beurteilen, ob sie ohne weiteres oder nach Zentrifugieren sichtbar (in beiden Fällen auch aus der Höhe des gefärbten Sediments abschätzbar) oder nur mikroskopisch feststellbar sind. Nach H. STRAUSS[1] reicht ein Zusatz von 1 ccm Blut zu 1 l Harn aus, um den Verdacht der Hämaturie zu erregen.

Nicht selten ist es möglich, aus der Untersuchung des Harns und der Beobachtung der Harnentleerung den Ort der Blutung zu erkennen. Bei den diffusen Blutungen aus den Nieren (wie bei der hämorrhagischen Nephritis) ist der Harn meist fleischwasserfarben, mehr braun als rot, im auffallenden Licht grünlich schillernd. Faserstoffgerinnungen fehlen, weil das Blut in äußerst feiner Verteilung dem Harn beigemischt wird. Infolge des geringen osmotischen Druckes, den solche Harne haben können, kommt es zu Hämolyse. Erfolgt diese schon im Kanälchensystem, so findet man Hämoglobinzylinder, die ebenso wie Erythrocytenzylinder den Ort der Blutung in eindeutiger Weise anzeigen.

Aus dem Verhältnis des Blutgehalts zum Eiweißgehalt des Harns kann man erkennen, ob neben der Hämaturie eine Albuminurie besteht. Der Eiweißgehalt, der 1000—3000 Erythrocyten im Kubikzentimeter Harn entspricht, ergibt beim Kochen eine feine Flockung. Eine Blutung, die 30000 rote Blutkörperchen in das Kubikzentimeter Harn liefert, gibt dem Harn einen Eiweißgehalt von höchstens 1‰ (GOLDBERG[2]).

Blutergüsse vom Nierenbecken abwärts sind mitunter aus der Form der Blutgerinnung zu erkennen. Aus der Beobachtung der einzeln aufgefangenen Harnportionen und aus der „Dreigläserprobe" kann man unter günstigen Umständen ersehen, ob der Blutzutritt in der Blase aus der Prostata oder in der Harnröhre erfolgt.

Es gibt renale Blutungen, bei denen der Ort des Blutaustritts nur bei genauester histologischer Untersuchung der Niere geklärt werden kann. Es gibt auch Nierenblutungen, für die sich anatomisch keine Grundlage finden läßt. Diese „essentielle" oder „idiopatische" Hämaturie kann als Teilerscheinung einer Hämophilie oder hämorrhagischen Diathese aus der Niere erfolgen, erfolgt aber unter diesen Umständen meist aus dem Nierenbecken. Die Annahme, daß es eine hämorrhagische Diathese gibt, die nur die Niere betrifft, entbehrt einer ausreichenden Begründung. Die Beobachtung, daß diese renale Blutung mit kolikartigen Schmerzen einhergeht, und daß bei ihr herdförmige Entzündungen in

[1] STRAUSS, H.: Z. klin. Med. **87**, 12 (1919).
[2] GOLDBERG: Dtsch. med. Wschr. **1920**, Nr 22.

der Rinde (Kümmell[1]) und entzündliche sowie adhäsive Prozesse in der Nierenkapsel (Israel[2], Rovsing[3]) gefunden wurden, hat zu der Bezeichnung Koliknephritis (Casper[4]) und Nephritis dolorosa geführt. Die Ursache der Blutung liegt aber nur indirekt an diesen entzündlichen Veränderungen. Israel und Strauss machen die sehr wahrscheinliche Annahme, daß die Blutung durch eine Kongestion zustande kommt, die infolge der Unnachgiebigkeit der durch Entzündungen und Verwachsungen starrer Nierenkapsel zu Blutaustritt führt.

Die Annahme einer kongestiven Verletzbarkeit kleinster Nierengefäße darf auch auf andere Hämaturien angewandt werden, so auf die Hämaturie, die nach starken körperlichen Anstrengungen eintritt, aber von L. F. Meyer[5] und Nassau[6] in einem großen Prozentsatz bereits nach $1-1^1/_2$stündigem Stehen beobachtet wurde, auf die (geringfügige) Blutausscheidung, die nach Jehle die orthostatische Albuminurie begleiten kann, und auf die Hämaturie nach psychischer Erregung, wie sie von Latour beschrieben wird. Jehle, Strauss[7] und L. F. Meyer vermuten, daß es sich oft um eine Ermüdungskongestion der Nieren handle.

B. Das Verhalten der Nierenfunktionen.

I. Über Arbeitsweise und Arbeitsergebnis kranker Nieren und über die Feststellung dieser Verhältnisse durch Untersuchung des Harns.

Es gibt keine einheitliche Nierenfunktion, sondern die Nierenarbeit besteht aus einer großen Zahl voneinander sehr weitgehend unabhängiger Teilfunktionen, die in zwei Gruppen zu gliedern sind, deren eine die *Funktion der Wasserausscheidung* bildet, während die andere die *voneinander unabhängig verlaufenden Konzentrierungen der gelösten Harnbestandteile* umfaßt.

Wir können das Verhalten der Nierenfunktionen bei Erkrankungen der Nieren ganz unabhängig von den Theorien über die Harnbereitung darstellen. Die kranke Niere arbeitet — im allgemeinen — schlechter als die gesunde. Wenn man eine Verringerung der Wasserausscheidung oder eine schlechtere Ausscheidung löslicher Stoffe beobachtet, so ist daraus nicht mit Sicherheit zu folgern, daß die betreffenden Funktionen der Niere geschädigt sind. Auch die gesunde Niere kann Stoffe nur in dem Maße ausscheiden, als sie ihr auf dem Blutwege zufließen. Eine geringe Ausscheidung kann auch durch einen Mangel ausscheidungsfähiger Stoffe, durch ihre auf anderen Wegen vollzogene Entfernung aus dem Körper oder durch ihr Verbleiben im Körper erfolgen. Gerade der letzte Modus, der durch das abnorme Verhalten der Capillaren herbeigeführt wird, macht die Verhältnisse bei Nierenerkrankungen oft so unübersichtlich, daß die Frage, ob eine Retention durch renale oder durch extrarenale Faktoren herbeigeführt wird, unentschieden bleiben muß. Der Beurteilung des Krankheitsfalles, der Bemessung der Diät und der Flüssigkeitszufuhr, sowie der Indikation für die Verabreichung diuretischer Mittel erwächst aus dieser mangelhaften Einsicht kein Schaden, weil es in erster Linie auf die Feststellung und Beseitigung der *Ausscheidungsstörungen* ankommt, deren renaler und extrarenaler Anteil durch dieselben Maßnahmen beeinflußt wird.

---

[1] Kümmell: Berl. klin. Wschr. **1912**, Nr 49. — Schede, Kümmell u. Graf: Chirurgie der Nieren. Handb. d. spez. Chir., 4. Auf. Stuttgart 1914.
[2] Israel: Chirurgische Klinik der Nierenkrankheiten. Berlin 1904.
[3] Rovsing: Arch. f. klin. Chir. **21**, 4 (1895). [4] Casper: Med. Klin. **1920**, 109.
[5] Meyer, L. F.: Med. Klin. **1917**, Nr 16.
[6] Nassau: Z. Kinderheilk. **33** (1922).
[7] Strauss: Z. klin. Med. **87**, 12 (1919) — Z. urol. Chir. **12** (1923).

Betrachtet man nur die *Bilanz*, so wird — im allgemeinen — ein Urteil über den renalen Anteil einer Ausscheidungsstörung, d. i. über die betreffende Nierenfunktion, nicht zu gewinnen sein. Faßt man aber den *Ausscheidungs*modus ins Auge, indem man untersucht, ob die einzelnen Stoffe in höherer oder niedrigerer Konzentration als der im Blute oder mit dieser isotonisch ausgeschieden werden, so erhält man gute Einblicke in das Verhalten der Niere selbst. Zwar herrscht in dieser Frage keine völlige Übereinstimmung. Es gibt Autoren, welche meinen, daß eine mangelhafte Konzentrierung des Cl′-Ions im Harn nicht auf einem Versagen der Niere, sondern auf der krankhaften Tätigkeit der „extrarenalen Faktoren" beruhe.

Diese Auffassung kann indessen nur auf solche Fälle bezogen werden, in denen die Gewebe so viel Cl′ aus dem Blute aufnehmen, daß seine Blutkonzentration unter den Schwellenwert sinkt, d. h. unter den Wert, bei welchem die Konzentrierungsfunktion der Niere einsetzt. Eine Hypochlorämie dieses Grades gibt es. Aber sie ist weit seltener, als die Bildung eines Harns, dessen Cl′-Gehalt weit unter dem des Blutes liegt.

Die Feststellung der Schädigung der „Cl′-Funktion" der Niere ist also nur durch Analyse des Harns und des Blutes (am sichersten in Serienuntersuchungen) möglich. Aber auch dann ist sie nicht über jeden Zweifel erhaben. Offenbar ist nur derjenige Teil des Chlorions in der Niere ausscheidungsfähig, der im Plasma enthalten ist. Bekanntlich ist dieser Teil aber beträchtlichen Schwankungen unterworfen, indem bei der Aufnahme von Bicarbonation aus den Geweben, der äquivalente Teil Cl′ in die Gewebe und besonders in Erythrocyten einwandert. Wenn bei Zirkulationsschwierigkeiten und besonders bei Blutstromverlangsamung — und solche Verhältnisse liegen bei Nierenerkrankungen oft vor — das Blut mehr Sauerstoff abgibt und mehr Kohlensäure aufnimmt als in der Norm, so muß auch eine größere Menge Cl′-Ion aus dem Plasma herausgehen und damit den Zustand der Ausscheidungsfähigkeit verlieren. Es ist durchaus damit zu rechnen, daß, insbesondere in dem ersten Stadium der akuten Nephritis, bei Stauungsniere und auch bei Harnstauungsniere, das Plasma während der Zirkulation durch die Niere an Cl′-Ion so stark verarmt, daß das sich einstellende Gleichgewicht unter dem Schwellenwert bleibt. Leider haben wir noch keine Methode, diese Verhältnisse zu messen.

Neben dieser Senkung des Plasmachlorgehaltes unter den Schwellenwert durch Cl′-Wanderung des Chlorids in Gewebe und Erythrocyten gibt es aber ganz sicher einen in bezug auf Chlorid hypotonischen Harn durch eine Schädigung der Konzentrierungsfunktion, deren Leistung von der Beschaffenheit der Nierenzelle und von der Unversehrtheit ihrer neuroendokrinen Beziehungen und ihres Kreislaufs abhängt. Die Mehrheit der Bedingungen ergibt sich klar aus den Erfahrungen bei Diabetes insipidus, Stauungsniere und Nephritiden, insbesondere bei Epithelialnephropathie.

In diesem Zusammenhange ist das Chlorion nicht nur als Beispiel herausgehoben worden, sondern weil ihm unter den durch die Niere zu konzentrierenden Stoffen eine eigenartige Stellung zukommt. Während die Niere imstande ist, Harnstoff um das 40—80fache, Harnsäure um das 25—50fache, Zucker (im Diabetes mellitus) um das 30—50fache in ihren Konzentrationen über die im Plasma zu erhöhen, erreicht die Konzentrationssteigerung des Chlorids nur den 2—5fachen Betrag. Entsprechend diesem erheblich schwächeren Vermögen gibt es eine völlige Unfähigkeit der Konzentrierung nur für das Cl′-Ion. Auch bei schwerster Niereninsuffizienz findet man dagegen stets die Harnstoffkonzentration im Harn höher als im Blute. Bei Gicht, bei schwerster Schrumpfniere und mitunter bei Epithelschädigung (z. B. nach Vergiftungen) sinkt die Fähigkeit der Harnsäurekonzentrierung, so daß in einzelnen Perioden sogar der Wert im Harn unter dem des Blutes liegt. Aber niemals ist die Hypotonie so fixiert, wie das beim Cl′ häufig angetroffen wird. Zwar sind die Verhältnisse deswegen nicht ohne weiteres vergleichbar, weil sich als Folge der schweren Nierenfunktionsstörungen Harnstoff und Harnsäure, nicht aber Chorid, im Blute erheblich anreichern, so daß die betreffende Nierenfunktion einem weit stärkeren Reize ausgesetzt ist und die Konzentrationsleistung von einem höheren Niveau ausgeht. Aber es findet jedenfalls eine Konzentrationsleistung statt, während für das Cl′-Ion nicht selten, auch bei normalem Cl′-Gehalt des Plasmas (allerdings im peripheren Blut gemessen) nicht einmal die Möglichkeit der Isotonie, d. h. des einfachen osmotischen Durchgangs besteht, sondern, wie beim Diabetes insipidus, zwangsläufig ein Harn gebildet wird, der nur etwa 100 mg% Cl′ enthält.

Um die Funktion kranker Nieren zu beurteilen, ist es notwendig, die Konzentrationen der einzelnen Stoffe im Harn zu verfolgen, indem man die Niere unter Kontrolle der extrarenalen Ausscheidungswege durch entsprechende Belastung mit den auszuscheidenden Stoffen und Flüssigkeitsbeschränkung zwingt, soviel an Konzentrationsleistung herzugeben, als ihr möglich ist.

Von den vielen Konzentrierungsfunktionen, die unabhängig voneinander vor sich gehen und im einzelnen geprüft werden müssen oder müßten, sind im wesentlichen bisher Chlorion, Gesamtstickstoff (bzw. Harnstoff) und Harnsäure in ausreichendem Maße untersucht worden. Mit den Einschränkungen, die früher gemacht wurden, ersehen wir aus dem Konzentrationsverhältnis dieser Stoffe im Blut und im Harn das Verhalten der betreffenden Funktionen. Es ist wünschenswert, den Einblick soweit zu vertiefen, daß die gesamte Breite der Konzentrationsfähigkeit, die Schnelligkeit ihres Eintritts, die Dauer, die Beeinflußbarkeit durch gewisse Reize (Diuretica) und ihr Zusammenspiel mit anderen Funktionen in Erfahrung gebracht wird.

Von großer Bedeutung ist die Fähigkeit der Niere, einen Harn von differenter Reaktion zu bilden. Diese Funktion, die einen sehr großen Einfluß auf den Mineralstoffwechsel ausübt, ist bei schweren Nierenkrankheiten gestört und eine der Ursachen der urämischen Acidose (Beckmann[1]).

In engstem Zusammenhang hiermit steht der Ammoniakgehalt des Harns, der bei schweren renalen Prozessen auf so minimale Werte heruntergeht, wie sie von keinem anderen Zustand bekannt sind. Im Gegensatz zu anderen Acidosen geht die urämische Acidose mit einer äußerst geringen NH_3-Ausscheidung einher. Auf die Einwirkung dieser Störung auf den Mineralstoffwechsel wird später (s. S. 544) eingegangen werden.

Die Ammoniakausscheidung im Harn kann nicht als renale Ausscheidungsfunktion aufgefaßt und parallel mit den anderen Stoffwechselendprodukten geprüft werden, weil das Ammonium des Harns nur zu einem sehr kleinen Teil dem Blute entstammt.

Der Ammoniakgehalt des Blutes ist äußerst gering und bei schweren Nierenkrankheiten ebensowenig vermehrt wie bei Acidosen mit erhöhter NH_3-Ausscheidung oder bei Darreichung von Ammoniumsalzen. Nach Nash und Benedict[2] enthält das Blut der Nierenvene mehr NH_3 als das Nierenarterienblut. Nash und Benedict sind zu der Meinung gekommen, daß die Niere Ammoniak bildet.

Der Befund der verringerten NH_3-Ausscheidung bei Schrumpfnieren ist also geeignet, einen Einblick in diejenigen Vorgänge der Niere zu geben, die nicht oder nicht ausschließlich Ausscheidungsfunktion sind.

[1] Beckmann: Z. exper. Med. **29**, 644 (1922).

[2] Nash u. Benedict: J. of biol. Chem. **48**, 463 (1921). — Vgl. auch Rabinowitsch: Arch. int. Med. **33**, 394 (1924). — Russell, D. S.: Biochem. Z. **27**, 72 (1923).

Da die Niere (bei Tieren) keine Urease enthält, so kommt Harnstoff als Muttersubstanz des NH_3 nicht in Betracht. Die großen NH_3-Mengen, die bei diabetischer Acidose ausgeschieden werden, können nicht dem Eiweißstoffwechsel der Niere entstammen. Die unbekannte Muttersubstanz hat die Eigenschaft, bei einem durch Säurebildung gesteigertem Kationenbedarf NH_3 zu liefern, andernfalls aber Harnstoff zu bilden. Im Falle einer solchen Acidose handelt es sich nicht um einen um den Harnammoniak-N vermehrten Eiweißumsatz, sondern man findet — bekanntlich — die Harnstofffraktion um diesen Betrag vermindert. Da der Ammoniak — wie die Blutanalyse zeigt — nur zum Zwecke der Ausscheidung der Säuren gebildet wird, so ist es in dem Falle der schweren Schrumpfniere erlaubt, aus der verringerten Ausscheidung auf die verminderte Bildung zu schließen.

Koranyi, der als erster die damals ganz junge physikalisch-chemische Forschung zum Studium der Physiologie und Pathologie der Niere herangezogen hat, versuchte die osmotische Arbeit der Niere durch die Beobachtung der Gefrierpunktserniedrigung, seiner Beeinflußbarkeit und der Grenzen seiner Veränderlichkeit zu bestimmen.

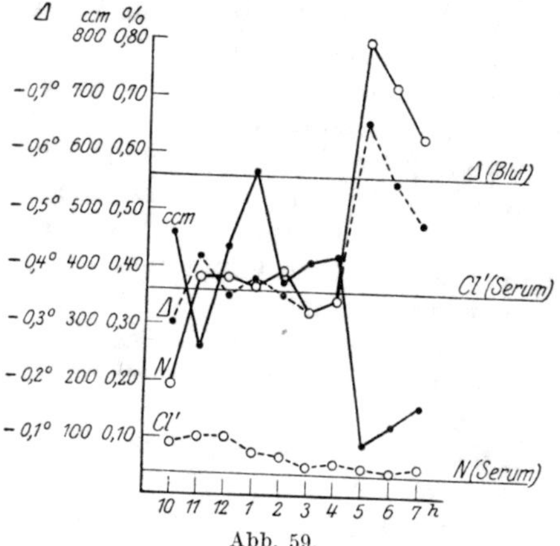

Abb. 59.

Die Gefrierpunktserniedrigung gibt die Summe aller gelösten Teilchen wieder. Die osmotische Arbeit der Niere ist aber durch Δ nicht meßbar, weil die Konzentrationen der einzelnen Stoffe im Harn in einem anderen Verhältnis stehen als im Blute. Nicht nur zur Bildung eines Harns von dem Gefrierpunkt des Blutes ist osmotische Arbeit notwendig, sondern auch zur Bildung eines jeden Harns von geringerer osmotischer Konzentration. Das geht aus Abb. 59 auf das deutlichste hervor.

Erklärung zu Abb. 59. Fall von Diabetes insipidus. Bestimmt sind Harnmenge, Δ (Gefrierpunkt), die Konzentration von Chlorion und N. In dieser Kurve bedeutet die punktierte Linie den Gefrierpunkt des Harns. Die unterste Horizontallinie entspricht der Rest-N-Konzentration des Blutserums (also dem Reststickstoffgehalt); die mittlere der Cl′-Konzentration des Blutserums; die oberste dem Gefrierpunkt (Δ) des Blutes. Die Cl′-Kurve ist dauernd stark hypotonisch, d. h. verläuft weit unter dem Werte der Cl′-Konzentration im Blute (= 0,36%). Die Stickstoffkurve ist anfangs niedrig, aber mit durchschnittlich 0,35% doch mindestens 10mal höher, als dem Reststickstoff des Blutes entspricht. Bei der erheblichen Polyurie liegt Δ zwischen −0,30 und −0,40°, ist also trotz der positiven osmotischen Leistung, die die N-Konzentration bedeutet, viel geringer als Δ im Blute (−0,56°). Von der fünften Nachmittagsstunde an sinkt die Polyurie, die Konzentration des N steigt, Δ erreicht den Wert von −0,660°, geht also über den Blutwert hinaus, trotzdem die Konzentration des Chlors auf den äußerst niedrigen Werten beharrt, die für den Diabetes insipidus charakteristisch sind.

Der hypotonische Wert von Δ zeigt also nicht die in der N-Konzentrierung geleistete osmotische Arbeit an. Im hypertonischen Wert verbirgt sich die schwere Konzentrationsschwäche der NaCl-Funktion.

In der ärztlichen Praxis ist nach Volhard zur Messung der Konzentrationsleistung an Stelle der Bestimmung von Δ die technisch viel einfachere *Messung des spezifischen Gewichtes* in Gebrauch gekommen. Auch diese Methode sagt nichts über die Teilprozesse aus.

Das spezifische Gewicht ist das Gewicht der Volumeneinheit (im ärztlichen Sprachgebrauch des Liters) bei 15° C. Über den Einfluß, den der Eiweißgehalt des Harns auf das spezifische Gewicht ausübt, gehen die Meinungen weit auseinander. *Wenn sich die im Harn enthaltenen Stoffe in Wasser ohne Volumenänderung lösten, so würde das spezifische Gewicht die Menge dieser Stoffe angeben.* Daß dies aber nicht so ist, lehrt bereits eine rohe Überschlagsrechnung. Der Harn bei gewöhnlicher Ernährung enthält im Liter etwa 20 g Harnstoff und 10 g Kochsalz. Allein durch diese beiden Stoffe müßte also, wenn keine Volumenvermehrung bei der Losung einträte, das spezifische Gewicht 1030, infolge der Anwesenheit der anderen gelösten Stoffe noch mehr betragen. In Wirklichkeit wiegt aber 1 l einer 2proz. Harnstoff- und 1proz. Kochsalzlösung nicht 1030, sondern etwa 1013, d. h. *bei der Lösung stellt sich eine Volumenvermehrung ein. An die Stelle von Wasser tritt im Raume gelöste Substanz*, so daß eine 1proz. Harnstofflösung nicht 1010, sondern 1002,8, eine 2proz. 1005,6 g usf., eine 1proz. Kochsalzlösung nicht 1010, sondern nur 1007,2 g wiegt. Wie steht es nun mit dem Eiweiß? Untersuchungen, die unmittelbar das Harneiweiß betreffen, scheinen noch nicht angestellt zu sein. Aber wohlbekannt sind die Volumengewichte von Albuminlösungen. Sie sind von fast genau der gleichen Größe wie die gleichprozentigen Harnstofflösungen, so daß also eine 1proz. Albuminlösung (10‰ Alb.) nicht 1010, sondern 1002,6 g wiegt. Erst bei einem Wert von 0,4% steigt das spezifische Gewicht um einen Grad, und eine Albuminurie von 20‰ setzt es nur um 5,2 herauf. Für *die geringen Grade der Albuminurie (bis 7‰) ist der Einfluß also ganz gering, so daß er für die Zwecke der Funktionsprüfung praktisch keine Rolle spielt.* Bei höheren Graden muß unter Umständen eine Korrektur angebracht und für jedes 1% Albumen 0,26 vom spezifischen Gewicht in Abzug gebracht werden.

Es ist von sehr großer praktischer Bedeutung, daß wir den Begriff der *Funktionsstörung* (Konzentrationsstörung), eines rein renalen Vorganges, scharf trennen von dem Begriff der *Ausscheidungsstörung*, da an der Ausscheidung renale und extrarenale Prozesse beteiligt sind. Auch wenn eine schwere Schädigung von Konzentrierungsfunktionen vorliegt, kann mit Hilfe vermehrter Harnmenge eine vollständige Ausscheidung aller Stoffe erfolgen. Andererseits kann eine schwere Ausscheidungsstörung durch Verminderung der Harnmenge bei voll erhaltenen Konzentrierungsfunktionen vorliegen. Eine klare Verständigung ist nur dann möglich, wenn diese Vorgänge auch sprachlich so scharf getrennt werden, wie sie begrifflich getrennt sind.

Der Arzt will über den Nierenkranken folgendes wissen:

1. Welche Menge an Kochsalz, Wasser und Stoffwechselendprodukten (d. i. im wesentlichen Stickstoff und Harnsäure) kann ausgeschieden werden. Das Wissen von diesen Bilanzen entscheidet über die Diät, die ja einen wesentlichen Teil der Therapie darstellt, und über Ödemverhütung.

2. Wie verhalten sich die Konzentrierungsfunktionen? Aus dieser Kenntnis ergibt sich ein Einblick in die Schwere der Prozesse am sezernierenden Parenchym und ein Schluß auf die Prognose.

3. Enthält der Organismus im Blut und in den Geweben Rückstände von Kochsalz oder N-haltigen Produkten? Das ist, wenigstens in den Geweben, bei normal erscheinenden Bilanzen möglich. Darüber geben die Analyse des Blutes auf Cl′, N, Harnsäure, auch auf Kreatin, Indikan u. a. und die Beobachtung der Bilanzen bei konstanter Zufuhr und Einwirkung diuretischer Mittel (dazu gehört auch das Wasser) Aufschluß.

4. Bestehen Besonderheiten im zeitlichen Ablauf der Wasserdiurese? Die Beobachtung der Überschußreaktion, der Nykturie, der Abhängigkeit der Harnbildung von der Lage des Körpers geben unter Umständen wertvolle therapeutische und prognostische Hinweise.

5. Bestehen Veränderungen im Mineralstoffwechsel? Verhalten der Harnreaktion bei Gaben von Alkali oder acidotisch wirkenden Salzen, Harnammoniak, p_H im Blute, Alkalireserve, Kohlensäurebindungskurve geben ein sehr genaues Maß des Zustandes, dessen extreme Veränderung auch an dem Verhalten der Atmung (große Atmung) zu erkennen ist.

Betrachtet man diese Fülle von Aufgaben, so wird man wenig Vertrauen zu der Möglichkeit haben, mit Hilfe eines einfachen Verfahrens das Wesentlichste in Erfahrung bringen zu können.

Methoden zur „Prüfung der Nierenfunktion" gibt es eine sehr große Anzahl. Und eine noch größere kann leicht konstruiert werden. Alle Versuche, mit Hilfe einer Schlüsselfunktion die Harnbereitung unter physiologischen und pathologischen Verhältnissen erkennen zu wollen, können kein anderes Ergebnis haben, als daß man die Konzentrierungs- oder Ausscheidungsfunktion für den als Test angewandten Stoff erkennt.

Als Prüfungsstoffe werden Farbstoffe (Indigocarmin, Phenolsulfophthalein, Methylenblau, Uramin, Fluorescinnatrium) u. a. verwandt. In der inneren Medizin wird die „Chromoskopie" (STRAUSS) als unterstützende Maßnahme bei dem Ureterkatheterismus und nach den Beobachtungen von GOLDBERG und SEYDERHELM[1] zur Prüfung auf beschleunigte Ausscheidung gewisser Farbstoffe, aber niemals als ausschließliche Funktionsprüfung gebraucht.

Andere im Harn leicht zu erkennende Stoffe, wie Jodsalze, Milchzucker, Thiosulfat, Kreatinin, Ferrocyannatrium, haben eine Zeitlang Anwendung gefunden, sind aber jetzt im allgemeinen außer Gebrauch.

Die Nierenfunktionen (Konzentrierungsfunktionen) der wichtigsten Stoffe können zusammen mit den Ausscheidungsverhältnissen (Bilanzen) dieser Stoffe und des Wassers auf einfache Art erfaßt werden, wenn der Organismus auf eine konstante Diät und Flüssigkeitszufuhr eingestellt ist. Die Kost muß ein bestimmtes, nicht zu großes Volumen haben und so viele Ausscheidungsprodukte liefern, oder durch Zulagen an bestimmten Tagen so ergänzt werden, daß maximale Konzentrierungen herauskommen.

Auf dieser allen Arten des Prüfungsvorgehens gemeinschaftlichen Basis sind verschiedene „Methoden" in Gebrauch, von denen die kürzeren, die ohne chemische Analyse arbeiten, nur einen Teil der Aufgaben erfüllen, so daß Ergänzungen durch Bilanzversuche notwendig sind.

Gemeinsam ist allen Methoden der Wasserversuch. KORANYI hat die Meinung vertreten, daß die Unfähigkeit zur Bereitung eines sehr verdünnten Harns bei reichlicher Wasseraufnahme eine nicht minder wichtige Eigenschaft des kranken Nierengewebes ist als die Hypostenurie.

Zur Bereitung eines sehr verdünnten Harns muß eine beträchtliche Menge Wasser in kurzer Zeit ausgeschieden werden, ohne daß durch den diuretischen Eingriff der Wasserzufuhr gleichzeitig retinierte Stoffe in den Harn gehen. Tritt also bei guter Wasserreaktion nicht wie beim Normalen eine Senkung des spezifischen Gewichtes und der Teilkonzentrationen ein, so ist zu fragen, ob dieses Ausbleiben einer „Verdünnungsreaktion" durch die Unfähigkeit der Niere einen dünnen Harn zu bilden oder durch die Ausscheidung früher retinierter fester Stoffe bedingt ist.

Der Begriff der Verdünnungsfunktion hat für die Pathologie eine begrenzte, aber in diesen Grenzen erhebliche Bedeutung. Bei vorgeschrittenen Fällen von Nierenerkrankung, bei der später zu besprechenden Niereninsuffizienz, wird ein Harn von einem geringen (1005–1012), aber konstanten spezifischen Gewicht

[1] GOLDBERG u. SEYDERHELM: Z. exper. Med. **45**, 154 (1925).

(von niedrigen, aber konstanten Teilkonzentrationen) gebildet bei einer mäßig besonders zur Nachtzeit vermehrten Harnmenge. Diese Nieren sind auch bei Wasserzufuhr nicht imstande, eine größere Wassermenge auszuscheiden. Der Wasserversuch fällt negativ aus. Sie sind aber auch nicht imstande, einen dünneren Harn zu bereiten, als es spontan geschieht. Die abgesonderte Lösung behält die gleiche Zusammensetzung bei. Die Menge der ausgeschiedenen Stoffe entspricht etwa den Endprodukten des geringsten Stoffumsatzes. Die anatomischen Veränderungen bestehen in solchen Fällen in einem so gut wie völligen Verlust der Glomeruli. Es liegt also nahe anzunehmen, wie VOLHARD es tut, daß in diesen Fällen die gesamte Diurese durch den Tubulusapparat geht (Tubulusdiurese). Bei dieser Beschränkung der Sekretion auf das eine, ebenfalls schwer erkrankte sezernierende Element liegt der *Zwang zur sekretorischen Höchstleistung* vor, der es einigermaßen verständlich macht, daß die Konzentrationen nicht auf Werte heruntergehen, die bei unbehinderter Wasserausscheidung angetroffen werden.

Daß das spezifische Gewicht des Harns bei Niereninsuffizienz ungefähr dem spezifischen Gewicht des eiweißfreien Blutplasmas entspricht, wird von manchen Autoren unrichtigerweise so gedeutet, daß in diesen Fällen der Harn ein Ultrafiltrat des Blutes darstellt. Die Analyse aber lehrt, daß sich die Konzentrationen der gelösten Stoffe im Harn ganz anders verhalten als im Blute, daß Chlorion unter, Harnstoff über dem Blutwert liegt, und daß auch p_H im Harn ganz wesentlich nach der sauren Seite abweicht. Es wird also auch in diesem extremen Falle osmotische Arbeit geleistet. Thermodynamisch betrachtet, bedeutet die Bildung eines Ultrafiltrates die kleinste Arbeitsleistung. Es ist interessant, daß man nicht selten, z. B. in gewissen Stadien der akuten Glomerulonephritis, Harne findet, deren Chlorgehalt dem des Plasmas isotonisch ist. Man kann daran denken, da dieser Zustand viele Tage anhalten kann, daß das in Reparation begriffene Organ sich auf die kleinste Arbeitsleistung einstellt. Bei der Niereninsuffizienz liegt aber der Chlorwert des Harns, auch bei NaCl-Belastung unter dem des Plasmas. Hier liegt eine im Nutzeffekt negative osmotische Leistung vor.

Daß eine Verdünnungsreaktion ausbleiben muß, wenn das Wasser von den Geweben aufgenommen wird und gar nicht bis zur Niere kommt, ist nicht der Niere zur Last zu legen.

Von dem Vorkommen einer renalen Hemmung der Wasserabscheidung bei wohlerhaltenen Konzentrierungsfunktionen habe ich mich niemals einwandfrei überzeugen können. In jedem Fall, ob es sich um eine Schädigung des Blutumlaufes in der Niere oder um eine toxische Affektion des Epithels (auch der Zellbelag der Glomerulusspalten gehört zum Epithel) handelt, erweist sich die Konzentrierung des Chlorions als die empfindlichste Funktion.

Im allgemeinen ist es richtig, die *Wasserdiurese* (den Wasserversuch) *nicht unter dem Gesichtspunkt der Nierenfunktion, sondern unter dem der Bilanz zu betrachten.* VOLHARD glaubt zwar, daß die gleichzeitige Beobachtung des Wassergehaltes des Blutes (Hydrämie bei renaler Retention, keine Hydrämie bei Gewebsretention) eine Unterscheidung zwischen renalen und extrarenalen Bedingungen gestattet. Aber dieser Glauben gehört wohl der Vergangenheit an. Auch bei Versagen der Niere wird in der Mehrzahl der Fälle der Wassergehalt des Blutes durch die Aufnahmefähigkeit der Gewebe konstant gehalten.

Die Betrachtungsweise des Wasserversuches im Rahmen des gesamten Wasserhaushaltes gibt die Entscheidung über die Wahl der Methode.

VOLHARD mißt halbstündlich die Harnausscheidung nach Einnahme von 1500 ccm Wasser durch 4 Stunden. Er legt den Hauptwert nicht auf die ausgeschiedene Gesamtmenge, sondern auf die maximale Sekretionsgeschwindigkeit,

d. h. auf schnellen Eintritt und Höhe der Halbstundenmenge. Von der Höchstleistung (Halbstundenmenge von 500 ccm mit einem spezifischen Gewicht von 1001—1002) bis zum Fehlen eines jeden Anstiegs der Wasserkurve finden sich alle Übergänge.

Strauss mißt die stündliche Wassermenge nach einer Zufuhr von 1000 ccm. Volhard und Strauss schließen an diesen diuretischen Vormittag sofort einen Konzentrationsversuch an, indem sie den weiteren Ablauf der Harnbildung bei Trockenkost beobachten.

In dieser oder ähnlicher Weise wird von Kliniken und in der Außenpraxis vielfach verfahren. Diese Methode hat den großen Vorzug der Kürze, gibt aber nicht mehr als eine erste Orientierung und muß vielfach durch Bilanzprüfungen ergänzt werden.

Die Beschränkung des Wasserversuchs auf 4 Stunden und das Zusammendrängen mit dem Konzentrationsversuch läßt zwei wichtige Störungen der Beobachtung entgehen, erstens die Ausscheidung der Wasserzulage in der Nacht

Normaltag			Wassertag		
Stunde	Menge	Spez. Gew.	Stunde	Menge	Spez. Gew.
8	175	1015	8	25	1024
10	150	1016	10	120	1020
12	65	1016	12	260	1005
2	165	1015	2	440	1010
4	265	1008	4	150	1015
6	75	1026	6	110	1022
8	70	1028	8	110	1025
Nacht	360	1026	Nacht	1100	1008
Summe	1325	1018	Summe	2315	1011
			Um 10 Uhr $^3/_4$ l Wasser		

und zweitens die für das Gegenspiel der Niere und der Gewebe sehr wichtige und interessante Tatsache, daß die Wasserzulage in den ersten Stunden schnell ausgeschieden, aber am Spätnachmittag und in der Nacht quantitativ wieder eingespart werden kann:

Normaltag			Wassertag		
Stunde	Menge	Spez. Gew.	Stunde	Menge	Spez. Gew.
10	—	—	10	270	1010
12	200	1016	12	560	1008
2	180	1020	2	220	1006
4	110	1024	4	240	1010
6	100	1020	6	95	1018
8	145	1028	8	75	1026
Nacht	620	1015	Nacht	285	1022
Summe	1855	1018	Summe	1745	1013
			Um 10 Uhr $^3/_4$ l Wasser		

In unserem eigenen Verfahren ist der Wasserversuch (750 ccm, 2stündliche Ausscheidung von 8—20 Uhr und die Nachtmenge) in eine Prüfung eingereiht, die die Bilanzen für Wasser, Cl′, N (und Harnsäure) und die Konzentrierungen dieser Stoffe mißt. Dieses Verfahren ergibt zugleich Aufschlüsse über die diuretische (wasser- und molendiuretische) Wirkung von Wasser, Kochsalz und Harnstoff.

Es wird eine Nierenprobekost gegeben, wie sie ähnlich auch von Schlayer, Hedinger und Takagasu[1] für die Funktionsprüfung der Niere angewandt wird

[1] Schlayer, Hedinger u. Takagasu: Dtsch. Arch. klin. Med. **91**, 59 (1907). — Schlayer: Beitr. med. Klin. **1912**, Heft 9.

und an mindestens 4 Tagen (Normaltag, Wassertag, Kochsalztag, Harnstofftag) die 2stündliche Harnmenge und ihr spezifisches Gewicht, außerdem im Sammelharn, Cl′, N und Harnsäure bestimmt. Die Menge des gereichten Wassers beträgt 750 ccm, des Kochsalzes (bei Erwachsenen) 5—10 g (in manchen Fällen wird natürlich von einer NaCl-Belastung Abstand genommen), des Harnstoffs 20 g.

Dieses Verfahren erfordert etwas mehr Geduld von seiten des Kranken, bedeutet für eine Klinik eine gewisse, durchaus erträgliche Arbeitsbelastung, ist aber dafür in diagnostischer und therapeutischer Hinsicht sehr ertragreich.

Eine für Kliniken nicht empfehlenswerte, aber im Hause des Kranken mögliche Vereinfachung des Verfahrens, die auf jede chemische Analyse verzichtet und sich auf Anwendung des Meßglases und des Aräometers beschränkt, ergibt sich aus der Betrachtung des Einflusses, den die Belastungszulagen auf Harnmenge und spezifisches Gewicht ausüben.

Die Beziehung dieser beiden Zahlen zueinander ist die der umgekehrten Proportionalität. Je weniger Wasser, um so höher, bei der gleichen Menge der löslichen Bestandteile, das spezifische Gewicht. Da nach einer Wasserzulage häufig auch eine Mehrausscheidung fester Stoffe und nach einer Belastung mit festen Stoffen häufig eine Veränderung der Harnmenge, ein Steigen oder Fallen derselben, eintritt, so müssen zum Zwecke einer raschen, einfachen Abschätzung die beiden Größen in eine Beziehung zueinander gebracht werden. *Das geschieht, indem man für die Tagesmengen das spezifische Gewicht auf die Harnmenge 1000 umrechnet. Dann erhält man nur eine Zahl, die ausdrückt, wie hoch das spezifische Gewicht an den Normaltagen und an den Belastungstagen wäre, wenn immer gleichmäßig 1 l Harn in 24 Stunden ausgeschieden werden würde.*

Beträgt die Harnmenge z. B. 1500 ccm und das spezifische Gewicht 1020, so ist folgender Ansatz zu machen:

$$1500 : 1000 = x : 20$$

$$x = \frac{20 \cdot 1500}{1000} = 30.$$

Betrüge die Harnmenge 1000 ccm, so würde bei der gleichen Menge gelöster Stoffe das spezifische Gewicht 1030 sein. *Nach den oben mitgeteilten Volumengewichten für Kochsalz- und Harnstofflösungen läßt sich mit Hilfe folgender Tabelle aus der Zunahme des auf 1 l berechneten spezifischen Gewichtes über den Wert der Normaltage die Mehrausscheidung von Harnstoff (Stickstoff) und Kochsalz (Chlorion) entnehmen.* Da die Werte für Stickstoff zufällig gerade von der doppelten Größe wie die für Chlorion (Cl′) sind, und da die Analysen, durch die diese Methoden kontrolliert wurden, sich auf diese Stoffe beziehen (N und Cl′), so werden auch diese Umrechnungen in die Tafel aufgenommen.

Berechnungstafel.

Zunahme des auf 1000 ccm umgerechneten spez. Gewichts um	= g Ū	= g N	= g NaCl	= g Cl′
1	3,57	1,67	1,39	0,84
2	7,14	3,34	2,78	1,68
3	10,71	5,01	4,17	2,52
4	14,28	6,68	5,56	3,36
5	17,85	8,35	6,95	4,20
6	21,42	10,02	8,34	5,04
7	24,99	11,69	9,73	5,88
8	28,46	13,36	11,12	6,72
9	32,13	15,03	12,51	7,56
10	35,70	16,70	13,90	8,40

Der Fehler dieser Methode beruht darin, daß die Grundbilanzen bei Nierenkranken nicht immer gleichmäßig sind, und daß ein Belastungsstoff mitunter eine größere oder in seltenen Fällen auch eine geringere Ausscheidung eines anderen Stoffes zur Folge hat. In dem Falle der größeren Ausscheidung steigt das umgerechnete spezifische Gewicht auf Werte, die mehr als 6 Teilstriche bei Gabe von 20 g Harnstoff und mehr als 7 Teilstriche bei Gabe von 10 g Kochsalz betragen. Dann wird die wichtige Tatsache der gesteigerten Diurese fester Teile (auch *Molendiurese* = Diurese von Molekülen genannt) klar, ohne daß man die Art dieser Stoffe kennt. *Dieser Fehler wird bedeutend eingeschränkt, wenn man den Sammelharn auf Kochsalz analysiert.*

In der einfachsten Ausführung ergibt diese Art der Funktionsprüfung folgende Einblicke:

1. Bewegung von Harnmenge und spezifischem Gewicht im Tagesverlauf unter dem Einfluß der Nierenprobekost.

2. Verdünnungsreaktion und Wasserausscheidungsverlauf am Wassertag. Gesteigerte oder verminderte Molendiurese durch den Wasserversuch aus dem umgerechneten spezifischen Gewicht.

3. Einfluß von Kochsalz und Harnstoff auf das spezifische Gewicht (die Konzentrierungen) im Tagesverlauf. Einfluß der Zulagen auf die Wasserausscheidung. Angenähert die Bilanz des Zulagestoffes aus dem spezifischen Gewicht und eine gesteigerte Molendiurese.

Die Kochsalzanalyse des Sammelharns verschärft die Einsicht in die Bilanzverhältnisse bis zu einer für alle praktischen Zwecke ausreichenden Genauigkeit.

Folgendes Beispiel einer ausführlichen Funktionsprüfung zeigt die Berechtigung und die Grenzen des einfachen Verfahrens und die Darstellungsweise der Untersuchungsergebnisse (Abb. 60) nach der vollständigen Analyse:

Fall von akuter Nephritis nach 7monatigem Bestehen im Zustand der postnephritischen Albuminurie und Hämaturie.

Bilanztafel.

Tag	Harnmenge	Spez. Gewicht	g Cl'	g N	Spez. Gewicht auf 1 Liter berechnet	Gefundener Mehrbetrag		Aus der Zunahme des spez. Gewichts berechneter Mehrbetrag	
						Cl'	N	Cl'	N
1. Tag	1218	1017,8	7,2	7,6	1021,7	—	—	—	—
2. „	**2090**	1009,4	7,1	7,4	1019,6	—	—	—	—
3. „	1800	1014,9	**12,6**	6,9	1026,9	5,4	—	5,3	—
4. „	1556	1019,6	9,9	**13,4**	1026,5	2,7	5,87	—	8,8
5. „	1000	1020	8,9	7,4	1020	—	—	—	—

Die Wasserbilanz ist normal. Die Kochsalzzulage wird in der auch bei Gesunden üblichen Zeit ausgeschieden; der aus dem umgerechneten spezifischen Gewicht berechnete Wert stimmt mit dem durch die Analyse gefundenen überein. Die Ausscheidung des Stickstoffs nach Harnstoffzulage ist nach dem Resultat der Analyse kleiner als nach dem der Umrechnung, weil an diesem Tage auch eine Mehrausscheidung an Kochsalz stattgefunden hat. Bei Einschaltung eines Normaltages wäre dieser Fehler kleiner geworden. An beiden Tagen tritt eine deutliche Vermehrung der Harnmenge (Wasserdiurese) ein.

Für die einfachste Anwendung der Funktionsprüfung kommt nur die Linie (Abb. 60) des Wassers und des spezifischen Gewichts in Betracht. Die Darstellung der ausführlichen Prüfung zeigt, daß an den Belastungstagen der Verlauf des spezifischen Gewichts der Konzentration des Belastungsstoffes entspricht. Die horizontale Linie bedeutet die Chlorionenkonzentration im Blute. Bereits der Normaltag zeigt, daß die Niere zu hohen Konzentrationsleistungen fähig ist. Der Wasserversuch ergibt eine verspätet (erst nach 4 Stunden) eintretende Zunahme der Harnmenge, mit der aber die Zulage noch nicht vollständig entfernt ist. Daher bleibt über den ganzen Tag eine Erhöhung der Wasserkurve bestehen. Also verspätet einsetzende, langsam verlaufende, aber vollständig werdende Ausscheidung der Wasserzulage. An den Belastungstagen mit Kochsalz und Harnstoff zeigt sich nicht nur die Höhe, sondern auch die Dauer der Konzentrationsleistungen, die *beide* die Tüchtigkeit der Niere beweisen. Die Konzentrationsleistungen setzen rechtzeitig ein und bedingen keine

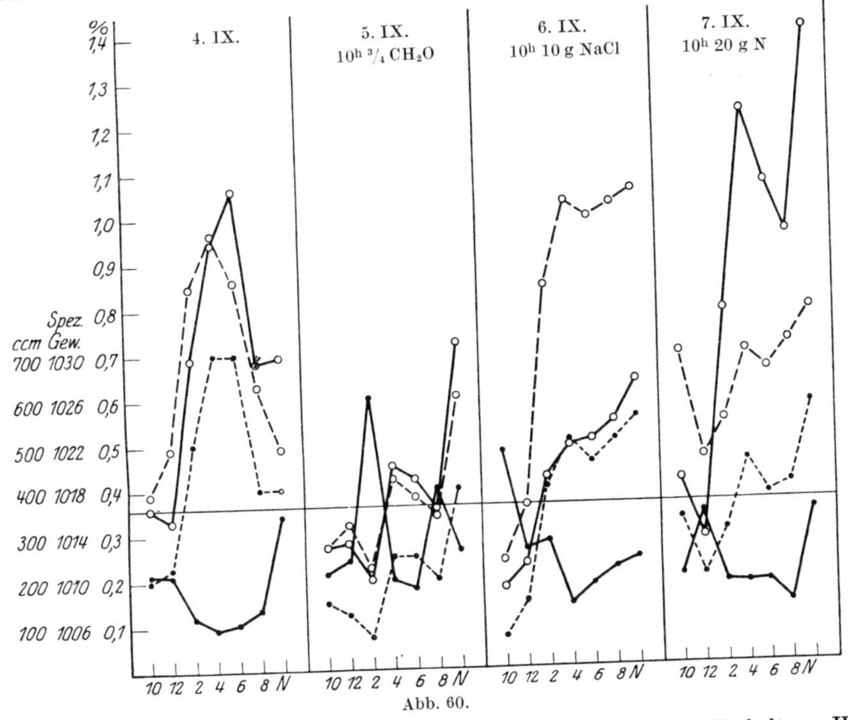

Abb. 60.

Erklärung der Abb. 60. Normaltag (4. IX.): Durchaus normales Verhalten. Hohes S. G. – *Wassertag* (5. IX.): Verspätetes Einsetzen (Gipfel nach 4 Stunden) der Wasserausscheidung. Verdünnungsreaktion bei 1005. – *Kochsalztag* (6. IX.): Guter und dauernder Anstieg der Cl'-Kurve, der die Linie des S. G. parallel läuft. – *Harnstofftag* (7. IX.): Hoher Anstieg der N-Kurve, der die Linie des S. G. parallel läuft.

Verminderung der Harnmenge, was bei Kochsalzgabe bei gewissen krankhaften Zuständen mitunter im Beginn der Tageskurve, mitunter während des ganzen Verlaufes zu beobachten ist.

Die Verknüpfung der Prüfung der Nierenfunktion mit einer Untersuchung der Bilanzen, die natürlich in sehr verschiedener Weise möglich ist, muß in allen Fällen durch eine Untersuchung des Blutes, in manchen durch einen Wasserversuch in horizontaler Körperstellung, gelegentlich auch (zum Zwecke der Produktion der höchstmöglichen Konzentration) durch Beobachtung bei verschärfter Trockenkost oder unter dem Einfluß von Hypophysenpräparaten ergänzt werden.

II. Über das Verhalten des Blutes bei krankhafter Nierenarbeit.

1. Die Blutmenge. Man neigte in der Zeit, die dem Besitz einer für die Klinik brauchbaren Blutmengenbestimmung voranging, zu der Meinung, daß die bei *chronischer* Nephritis so häufige (relative) Verminderung der Erythrocyten und die Abnahme des Plasmaeiweißes Folge einer Hydrämie seien, die dem Gewebsödem parallel oder auch vorausgeht. Die Untersuchungen von Keith, Geratthy und Rowntree[1], Seyderhelm und Lampe[2], Linder, Lundgaard, van Slyke und Stillmann[3] haben ergeben, daß es sich bei chronischen Nierenkrankheiten um normal große oder gegen die Norm herabgesetzte Blutmengen handelt. Das Erythrocytenvolumen ist vermindert. Es handelt sich also um eine echte Anämie. Das durch Zellverlust verminderte Volumen des Blutes wird durch Einstrom aus den Geweben ganz oder teilweise ergänzt. Unvollständige Ergänzung führt zu einer Oligämie. Wird das Volumen wieder hergestellt, so erfolgt doch — meistenteils — die Ergänzung nicht qualitativ vollständig, sondern durch eine eiweißärmere Flüssigkeit. Das Plasma ist dann hypalbuminotisch. Während in der Norm die im Blut zirkulierende Eiweißmenge 3,5 g pro Kilogramm Körpergewicht beträgt, finden sich in diesem Zustand nur 1,5—3 g. In einem Falle von Nephropathie bei Osteomyelitis fanden Brown und Rowntree eine leicht vermehrte Blutmenge mit Oligocytämie im Zustand des Ödems, nach Entwässerung aber normalen Mengenwert. Die Meinung der Verfasser, daß der Zustand der Plethora nur ganz vorübergehend war, wird durch Befunde anderer Untersucher erschüttert. Wolff[4] hat in unserem Laboratorium eine Reihe von Fällen akuter Nephritis untersucht. Er fand zwei Gruppen: die eine, die durch mäßiges Ödem und Fehlen von Höhlenhydrops charakterisiert ist, zeigt echte Plethora, deren Rückbildung im Verlauf der Besserung des Leidens beobachtet wurde, die zweite (starkes Ödem und Höhlenhydrops) zeigt Verminderung der Blutmenge und Rückkehr zur Norm bei Schwinden der sonstigen Krankheitssymptome. Sehr ähnliche Ergebnisse haben Hartwich und May[5], die unter 17 Fällen verschiedener Formen von Nierenkrankheiten 12mal recht beträchtliche Vermehrung der Blutmenge sahen.

Plesch[6] hat mit seiner Kohlenoxydmethode eine Vermehrung der Blutmenge bei Nichtödematösen, Verminderung bei Ödematösen gefunden. Die Zahlen von Plesch und Wolff geben der Auffassung von Volhard, daß Hydrämie und Ödembereitschaft im entgegengesetzten Verhältnis zueinander stehen, eine gute Stütze.

Die von Seyderhelm gezogene Schlußfolgerung, daß es bei Nierenkranken keine Plethora gebe, ist in dieser allgemeinen Fassung nicht aufrechtzuerhalten. Untersucht man, wie Wolff es getan hat, Kranke mit akuter Nephritis wiederholt, in den verschiedenen Stadien des Ödems, so erhält man Einblicke, die für die Genese dieses Ödems sehr wertvoll sind. Lichtwitz hat darauf hingewiesen, daß Menschen mit akuter Nephritis ohne knetbares Ödem, die, wie ihr Kopfvolumen und die nachfolgende Gewichtsabnahme lehren, trotzdem viel Wasser retiniert hatten, sehr leicht an Lungenödem erkranken, ganz in Übereinstimmung mit den experimentellen Erfahrungen von Cohnheim und Lichtheim[7], daß Hydrämie kein Hautödem, wohl aber Ödem der großen Drüsen verursacht. Aus diesen Verhältnissen geht hervor, daß es bei der akuten Nephritis eine renale Wasserretention gibt, die bei geringer Ödembereitschaft, d. h. bei einem Ausbleiben der Schädigung der extrarenalen Capillaren, zu einer Hydr-

---

[1] Keith, Geratthy u. Rowntree: Arch. int. Med. **16**, 547 (1915). — Miller, Keith u. Rowntree: J. amer. med. Assoc. **65**, 779 (1915).

[2] Seyderhelm u. Lampe: Erg. inn. Med. **27**, 245 (1925) (Literatur) — Z. exper. Med. **41**, 1 (1924).

[3] Linder, Lundgaard, van Slyke u. Stillmann: J. of exper. Med. **39**, 921 (1925). — Bock: Arch. int. Med. **27**, 83 (1921).

[4] Wolff: Zbl. inn. Med. **1926**, Nr 26.

[5] Hartwich u. May: Z. exper. Med. **53**, 677 (1926).

[6] Plesch: Z. klin. Med. **93**, 271 (1922).

[7] Cohnheim u. Lichtheim: Virchows Arch. **69**, 106 (1877).

ämie führt. Die Ödembereitschaft, die so stark sein kann, daß sie zu einer Verminderung der Blutmenge führt (das kann am Krankenbett aus dem großen Durst der Kranken gefolgert werden), stellt einen Sicherheitsfaktor gegen die Hydrämie und ihre gefährliche Folge, das Lungenödem, dar.

2. Das Plasma. Die Zusammensetzung der Proteine im Plasma kann bei Nierenkrankheiten hochgradig verändert sein. Die Einsicht in diese Verhältnisse ist dadurch erschwert, daß zur Bestimmung des „Plasmaeiweißbildes" ganz verschiedene Methoden, teils direkte, teils indirekte, angewandt werden, deren Ergebnisse voneinander stark abweichen. Gerade in der Klinik, in der die Forschungsobjekte nicht reproduzierbar sind, und bei so wichtigen Fragen wäre es sehr erwünscht, wenn eine Normung der Methoden einträte, und zwar in dem Sinne, daß der direkten, chemisch-analytischen der Vorzug gegeben wird. Dr. CONITZER (†) hat in unserm Laboratorium die Methode von HOWE, die auch bei kleinen Blutmengen sehr gute Resultate gibt, vervollständigt.

Die Zusammenstellung der Literatur zeigt, daß bereits die Angaben über die Gesamtproteinmenge im Plasma beim Menschen sehr stark, zwischen 6 und 10, schwanken. Im allgemeinen darf man wohl, nach HAMMARSTEN[1] und HALLIBURTON, einen Mittelwert von 7—8% annehmen. Von Interesse für unsere Frage sind Albumin, Globulin, Fibrinogen und ihre Verhältnisse, A : G bzw. F : G : A.

Diese Schreibweisen haben eine historische Berechtigung. In der älteren Literatur handelt es sich um den Albumin-Globulinquotienten A/G. Jetzt (wie schon in einer älteren Periode der Medizin) spielt das Fibrinogen eine große Rolle. Gemeint ist jetzt nicht oder nicht nur die chemische Natur der Eiweißkörper, sondern ihre Molekulargröße und Ausfällbarkeit, die von Fibrinogen über Globulin zum Albumin abnehmen. Da man die Werte dieser Eiweißkörper zu physikalischen Reaktionen (Flockungsreaktion, Blutkörperchensenkungsgeschwindigkeit, kolloid-osmotischer Druck) teils in Beziehungen setzt, teils aber auch aus der Messung dieser Eigenschaften zu erkennen strebt, so hat man die Reihenfolge in der Benennung so gewählt, daß der am gröbsten disperse Eiweißkörper (Fibrinogen) links steht. Im Sprachgebrauch der Zeit wird das „Bluteiweißbild" und der Grad seiner „Linksverschiebung" gemessen. Man hätte ganz gewiß ebenso gut die frühere Schreib- und Sprechweise fortsetzen und zu $A:G:F$ erweitern können. Es scheint aber so, als ob man von der Meinung, daß „links" = abnorm oder pathologisch sei, nicht loskommen könne.

Schon BRIGHT wußte, daß bei der nach ihm genannten Krankheit der Proteingehalt des Plasmas stark vermindert sein kann. Spätere Beobachter haben diesen Befund bestätigt und durch die Erkenntnis erweitert, daß das Verhältnis A/G weit unter der Norm liegt. In neuerer Zeit sind in verschiedenen Laboratorien in reichlicherem Maß Erfahrungen gesammelt worden.

LINDER, LUNDGAARD und VAN SLYKE[2] fanden folgende Werte:

	Totalprotein	A/G
Normal	5,6—7,5	1,4—2,0
Glomerulonephritis	3,5—5,5	< 1,4
Nephrose	bis 1,6	0,6—0,8 bis 0,3
Nephrosklerose = Hypertonieniere	normal	
Vorgeschrittene genuine Schrumpfniere	noch normal	leicht vermindert
Funktionelle Albuminurie	normal	

Unsere eigenen, nicht publizierten Erfahrungen, die mit einer sehr ähnlichen Methodik gewonnen sind und auch das Fibrinogen betreffen, stimmen mit diesen Befunden überein.

[1] HAMMARSTEN: Pflügers Arch. **17**, 413 (1878).
[2] LINDER, LUNDGAARD u. VAN SLYKE: J. of exper. Med. **39**, 887, 921 (1924).

Kollert und Starlinger[1] haben schon vor den amerikanischen Autoren eine größere Zahl Untersuchungen mit Hilfe indirekter Methoden (Refraktometrie) ausgeführt. Folgende Aufstellung gibt ein anschauliches Bild der von diesen Autoren gefundenen Änderung des Bluteiweißbildes:

	Gesunder	Nierenkranker
Gesamtprotein	8,4	6,2
Fibrinogen	0,24	0,65
Globulin	0,41	3,35
Albumin	7,76	2,23
F:*G*:*A*	2,9:4,9:92,2	10,4:53,8:35,8

Kollert und Starlinger sahen als die höchsten Werte 1,19% Fibrinogen und 88,5% Globulin.

Rusznyák[2] findet mit einer nephelometrischen Bestimmungsmethode:

	Albumin	Globulin	Fibrinogen
Normal	60—69	26—37	2,7—4,9
Nephritis mit Ödem	33,2	55,3	11,5
Nephrose	35—47,3	15,6—37,6	19,5—37,1
Amyloidniere	26,6—47,5	28,2—54,7	18,8—24,3

Über die Ursache der Verminderung des Gesamtproteins und der Veränderung seiner Zusammensetzung besteht noch Unklarheit. Ob die Plasmaeiweißkörper ineinander übergehen, ist eine bisher nicht beantwortete Frage. Es ist daher nicht möglich, zu einer der entgegengesetzten Meinungen über die Richtung des Übergangs Stellung zu nehmen.

Daß die Hypalbuminämie eine Folge der Eiweißausscheidung durch die Niere sei, ist eine naheliegende Annahme, die auch durch die Erfahrung, daß die Nierenerkrankung mit stärkster Albuminurie, die Nephrose, die stärkste Verminderung des Plasmaproteins aufweist, einigermaßen gestützt wird. Wenn in einem solchen Fall, der in seinem Blute 100—200 g Plasmaprotein (gegen 300 in der Norm) besitzt, täglich 20 und mehr Gramm Eiweiß mit dem Harn verlorengehen, so ergibt sich, zumal auch solche Kranke nicht selten — wenn auch zu Unrecht — eiweißarm ernährt werden, eine mengenmäßige Anschauung für einen solchen Zusammenhang.

Aus den Untersuchungen von Morawitz[3] und Kerr, Hurwitz und Whipple[4] geht hervor, daß das Plasmaeiweiß auch am hungernden Tier rasch ergänzt wird, daß es sich also auf Kosten des Organeiweißes wiederherstellt. So erklärt sich — zum mindesten teilweise — die hochgradige Kachexie der Nephrotiker, die — dem Unerfahrenen durch das hochgradige Ödem verdeckt — nach guter Entwässerung eindrucksvoll in Erscheinung tritt.

Die Wirkungen der Plasmaproteinveränderungen bei Nierenkrankheiten gehen nach zwei Richtungen. Kollert und Starlinger finden eine Abhängigkeit des Grades der Albuminurie von der Linksverschiebung des Plasmaeiweißbildes. Nach den Untersuchungen dieser Autoren ist der Fibrinogengehalt des Plasmas bei Nierenkranken mit starker Albuminurie meistens hoch, bei Nieren-

[1] Kollert u. Starlinger: Z. klin. Med. **99**, 431 (1923) — Wien. klin. Wschr. **1922**. — Kollert: Z. klin. Med. **97**, 287 426 (1923).

[2] Rusznyák: Klin. Wschr. **1923**, Nr 43 — Biochem. Z. **133**, 359 (1922) — Z. exper. Med. **41**, 578 (1922).

[3] Morawitz: Oppenheimers Handb. d. Biochem. **2**, 70 (1909).

[4] Kerr, Hurwitz u. Whipple: Amer. J. Physiol. **47**, 356 (1918/19).

kranken mit geringer Albuminurie im Verhältnis dazu niedrig. Da aber Fibrinogenvermehrung im Plasma ohne gleichzeitige Nierenschädigung nicht zu Eiweißausscheidung führt, und da bei der Lipoidnephropathie (bei einem Teil der Fälle) die Tubulusepithelien morphologisch nachweisbare, mitunter bis zur Nekrose fortschreitende Veränderungen erfahren, so ergibt sich die Möglichkeit (KOLLERT und STARLINGER), daß es sich in den Nierenzellen (und vielleicht sogar ganz allgemein) um Proteinveränderungen handelt, die denen im Plasma analog sind.

Die zweite Beziehung der Plasmaveränderung bei Nierenkranken geht zum *Ödem*. Bei ödematösen Nierenkranken findet sich Zunahme der leichter fällbaren Fraktionen des Plasmas auf Kosten des Albumins (EPSTEIN[1], LINDER, LUNDGAARD und VAN SLYKE[2], RUSZNYÁK, KOLLERT und STARLINGER). Nach RUSZNYÁK geht auch nichtnephritische Ödembereitschaft mit Zunahme der leichter fällbaren Fraktionen, besonders des Fibrinogens, einher.

STARLING[3] hat gezeigt, daß die Proteine des Serums einen kolloidosmotischen Druck von 30—40 mm Hg (= 400—550 mm Wasser) ausüben. KROGH[4] fand mit der von SÖRENSEN[5] angegebenen, aber für kleinere Volumina modifizierten Methode 400—520 mm Wasser. G. HECHT[6] hatte in unserem Laboratorium mit derselben Methodik Werte zwischen 36,6 und 42,5 mm Hg, SCHADE und CLAUSSEN[7] mit einer eigenen Methode Zahlen zwischen 28,9 und 37,2 mm Hg. SCHADE und RUSZNYÁK[8] haben auf das Bestehen eines DONNANschen Gleichgewichts zwischen Blut und Gewebssaft hingewiesen. HECHT hat das Membranpotential im Serum im Osmoseversuch bestimmt und die Donnankorrektur zu 18,6 cm H_2O berechnet. Der kolloidosmotische Druck der Blutflüssigkeit ist also etwa zur Hälfte durch eine von dem Gesetz von DONNAN bestimmte Ionenverschiebung bedingt. Der kolloidosmotische Druck des Serums (und Plasmas) geht der Proteinkonzentration nicht parallel. Die wasseranziehende Kraft der verschiedenen Eiweißkörper ist sehr verschieden. Sie ist abhängig von der Kationenbindung des Proteins, die ihrerseits eine Funktion der Entfernung der elektrischen Ladung vom isoelektrischen Punkt ist. Der isoelektrische Punkt liegt für Albumin bei $p_H = 4,7$, für Globulin bei 5,4; das Fibrinogen ist zwischen $p_H = 4-9$ (FUNK) nicht ionisiert.

Bei einem Fall von Nephrose haben im Laboratorium von KROGH, HAGEDORN, RASMUSSEN und REHBERG eine Herabsetzung des kolloidosmotischen Druckes vom Normalwert 450 auf 100 festgestellt. SCHADE und CLAUSSEN finden regelmäßig bei ödematösen Nierenkranken erheblich verminderte Werte. RUSZNYÁK führt den „reduzierten osmotischen Druck", d. h. den auf 1% Eiweißgehalt berechneten Druck, ein und findet Verminderungen, die der Höhe des Fibrinogengehaltes parallel gehen.

Diese Forschungsergebnisse machen es sehr wahrscheinlich, daß Hypalbuminose und Linksverschiebung des Bluteiweißbildes einen Faktor bei der Ödembildung bedeuten. LICHTWITZ[9] hat in einem Fall epitheliarer Nephropathie

---

1 EPSTEIN: J. of exper. Med. **16**, 719 (1912); **17**, 444 (1913); **20**, 324 (1914) — Amer. J. med. Sci. **154**, 638 (1917).

2 LINDER, LUNDGAARD u. VAN SLYKE: J. of exper. Med. **39**, 887 (1924).

3 STARLING: J. of Physiol. **24**, 317 (1899).

4 KROGH: Anatomie und Physiologie der Capillaren. Berlin 1924.

5 SÖRENSEN: Hoppe-Seylers Z. **106**, 1 (1919).

6 HECHT, G.: Biochem. Z. **165**, 214 (1925).

7 SCHADE u. CLAUSSEN: Z. klin. Med. **96**, 279 (1923); **100**, 363 (1924). — Siehe auch SCHADE: Erg. inn. Med. **32**, 424 (1927).

8 SCHADE u. RUSZNYÁK: Z. exper. Med. **41**, 532 (1924).

9 LICHTWITZ: Therapia (Koranyi-Festschr.) 1926.

(Lipoidnephrose) durch Infusion einer Gummilösung den kolloidosmotischen Druck des Plasmas wiederhergestellt und dadurch eine vorher auf keine Weise zu erreichende vollständige Entleerung der Ödeme erzielt. Wegen der mitunter erheblichen Nebenwirkungen (Shock) ist das aber keine brauchbare therapeutische Methode.

3. Stickstoffhaltige Stoffwechselendprodukte. Der nach Ausfällung der Proteine des Blutes zurückbleibende Stickstoff, der *Reststickstoff*, setzt sich im wesentlichen aus dem N von Harnstoff, Aminosäuren, Harnsäure, Kreatinin und Indican zusammen. Der Ammoniak-N spielt, wie oben (s. S. 525) dargelegt wurde, infolge seiner ganz geringfügigen Konzentration keine Rolle.

Die Fraktionierung des Rest-N ist mit befriedigender Genauigkeit nicht möglich. Wohl aber gelingt es, leicht den Anteil des Harnstoffs und der Harnsäure zu bestimmen. In der klinischen Praxis hat sich in Deutschland der Gebrauch ausgebildet, Rest-N und Harnsäure, daneben auch Indikan und Kreatinin, zu bestimmen. In Frankreich wird in erster Linie der Harnstoffgehalt gemessen und der Anteil des Rest-N, der nicht durch Harnstoff-N gedeckt ist, als „Residual-N" besonders bewertet.

Die Bewertung geht nach zwei Richtungen. Die chemische Blutuntersuchung gibt uns Zahlen, die sich erfahrungsgemäß — aus der Synopsis mit allen anderen Symptomen — für die Beurteilung des Standes, Verlaufs und Ausgangs einer Nierenkrankheit verwenden lassen. Dieser Zweck läßt sich durch Prüfung des Rest-N und der Harnsäure mit vollkommener Sicherheit erreichen. Wahrscheinlich gibt auch die Prüfung anderer Körper — darüber fehlen uns eigene Erfahrungen — ebenso gute Resultate. In dieser Richtung gibt es kaum eine Meinungsverschiedenheit. Anders aber ist es — und das ist der andere Zweck der Blutuntersuchung —, wenn die Retention in eine Beziehung zur Urämie gebracht wird. Dann schwankt nach der Hypothese, zu deren Stütze Beweismaterial gesucht wird, der Wert der Ergebnisse.

An dieser Stelle soll die Wahl der Methode von der klinisch-praktischen Aufgabe bestimmt werden. Folgende Tabelle gibt die normalen und maximalen Zahlen für mg% Rest-N, Harnstoff und Harnsäure:

	Normal	Maximal
Rest-N	15—40	500
Harnstoff	30—80	700
Harnsäure	2—4	24

Das *Indican*, das besonders bei Schrumpfniere schon früh (auch vor dem Rest-N) einen hohen Wert im Blute erreichen kann, ist in der Norm nur zu Bruchteilen eines mg (eine Schätzungsmethode ergibt 0,04—0,107 mg) (Haas[1], Rosenberg[2], Becker[3]) im Blute enthalten. Es steigt auf Werte von 6—7 mg%. Den diagnostischen Wert halte ich für gering. Das gleiche gilt vom *Kreatinin*, das sich dem Indican ganz ähnlich verhält (Rosenberg).

Einen sehr feinen Maßstab für krankhafte Vorgänge in der Niere gibt die Beobachtung der *Blutharnsäure* (Krauss[4]). Ihre Abhängigkeit von anderen Bedingungen (Ernährung, Gicht, Leukämie, Fieber, Eiweißzerfall, Kreislaufschwäche) ist bekannt und wird bei der Bewertung der Befunde beachtet. Be-

[1] Haas: Münch. med. Wschr. **1915**, Nr 31 — Dtsch. Arch. klin. Med. **119**, 177 (1916); **121**, 304 (1917).
[2] Rosenberg: Arch. f. exper. Path. **79**, 265 (1916) — Münch. med. Wschr. **1916**, Nr 4 u. 26.
[3] Becker: Dtsch. med. Wschr. **1921**, Nr 2 — Dtsch. Arch. klin. Med. **134**, 325 (1920).
[4] Krauss: Dtsch. Arch. klin. Med. **138**, 340 (1922).

merkenswert ist, daß eine Hyperuricämie sehr lange Zeit nach einer akuten Glomerulonephritis bestehen bleibt, nachdem die Erhöhung des Rest-N längst abgeklungen ist.

Die Erhöhung des Rest-N im Blute wird sehr gewöhnlich als Maß der „Niereninsuffizienz“ aufgefaßt und bezeichnet. Dieser Ausdruck ist bisher vermieden worden, weil er, wie später dargelegt wird, in ganz verschiedener Weise angewandt zu werden pflegt und daher nicht ohne Deutung angewandt werden kann.

Aber auch die vorsichtigere Fassung, daß Rest-N-Erhöhung Maß einer Stickstoffausscheidungsstörung sei, muß noch nach zwei Richtungen eingeengt werden.

Zunächst findet sich Rest-N-Erhöhung auch bei anderen Krankheitszuständen als renalen, so bei Fieber, pathologischem Eiweißzerfall, Vergiftungen[1] u. a. m. Bei Vergiftungen mit Stoffen, die schwere Nierenprozesse machen, ist daher Rest-N durchaus nicht als Maß der Nierenerkrankung zu bewerten. Diese Einschränkung macht keine Schwierigkeiten.

Sehr viel wesentlicher sind die Fragen, ob jede N-Retention zu einer Rest-N-Erhöhung des Blutes führt, und ob sich der retinierte N gleichmäßig über Blut und Gewebe verteilt, so daß aus dem Blutwert auf die Gesamtretention geschlossen werden kann.

Über diesen wichtigen Punkt gehen die Meinungen auseinander. MARSHALL und DAVIS[2] sahen, daß sich in den Körper eingeführter Harnstoff gleichmäßig über Blut und Gewebe verteilt. Beim nierenkranken Menschen sahen aber MONAKOW[3] und LICHTWITZ[4], daß Harnstoff ohne Erhöhung des Rest-N-Blutes retiniert wird. LICHTWITZ sah, daß ein Knabe mit akuter eklamptischer Nephritis trotz normalem Rest-N (36 mg%) 46 g retinierten Stickstoffs ausschied. Dieselbe Beobachtung machte MONAKOW an einem Patienten nach 5tägiger Anurie. ROSENBERG[5] gibt dagegen in seiner zusammenfassenden Darstellung an, daß Rest-N in Blut und Muskulatur ungefähr parallel geht. Aus seinen Originalarbeiten geht das nicht hervor. Er sagt[6]: „Mit einer verschiedenen Verteilung der Retentionsstoffe (gemeint ist Rest-N, Harnstoff usw.) im Blut und den übrigen Geweben innerhalb gewisser Grenzen muß bei jeder Azotämie, selbst bei solcher gleicher Genese, gerechnet werden, so daß wir aus der Bestimmung der Blutretention keinen sicheren Rückschluß auf die Gesamtretention machen können.“ An anderem Orte berichtet ROSENBERG[7] über einen an akuter Glomerulonephritis verstorbenen Mann, bei dem Rest-N im Muskel gegenüber dem im Blut ganz gewaltig gesteigert war. BECHER[8] findet, daß in der Norm und bei einer Blut-Rest-N-Vermehrung, die nicht durch „Niereninsuffizienz“ bedingt ist, der Gewebs-Rest-N etwas stärker ansteigt, daß aber bei „Niereninsuffizienz“ das Blut etwas stärker betroffen ist.

Diese an der Leiche gemachten Feststellungen haben gegenüber den Befunden am kranken Menschen keine entscheidende Bedeutung. Die Meinung MONAKOWS, daß Rest-N im Blute erst nach Sättigung der Gewebe ansteigt, kann ich nicht bestätigen. Ebensowenig zutreffend ist — auch nach seinen eigenen Feststellungen — die entgegengesetzte Verallgemeinerung von ROSEN-

[1] GLAUBITZ: Z. exper. Med. **25**, 230 (1921).
[2] MARSHALL u. DAVIS: J. of biol. Chem. **18** (1914).
[3] MONAKOW: Dtsch. Arch. klin. Med. **115**, 47 (1914); **116**, 1 (1914).
[4] LICHTWITZ: Klin. Chemie. Berlin 1918 — Berl. klin. Wschr. **1917**, Nr 25.
[5] ROSENBERG: Die Klinik der Nierenkrankheiten. Berlin 1927.
[6] ROSENBERG: Arch. f. exper. Path. **87**, 112 (1920).
[7] ROSENBERG: Arch. f. exper. Path. **87**, 163 (1920).
[8] BECHER: Dtsch. Arch. klin. Med. **129**, 1 (1919); **135**, 1 (1920).

BERG, daß der Rest-N im Muskel erst ansteigt, wenn die Azotämie eine gewisse Schwelle (170 mg%) überschritten hat. Ich finde die Verteilung auf Blut und Gewebe sehr verschieden, habe aber die Bedingungen des unterschiedlichen Verhaltens noch nicht erkannt.

Es ist wahrscheinlich, daß sich bei äußerster Retention, wie sie im Endstadium der Schrumpfniere statthat, eine ungefähr gleichmäßige Verteilung über Blut und Gewebe findet. Für diese Stadien, wie sie der Untersuchung an der Leiche zugrunde liegen, ist die Verteilungsfrage ohne Interesse. Auch für die zahlreichen Fälle, in denen eine Erhöhung von Rest-N im Blute vorliegt, deren symptomatische Bedeutung ja von keiner Seite bezweifelt wird, bedarf es nicht dieser Diskussion. Sie ist aber von Bedeutung für die kasuistische Beurteilung und für das pathogenetische Verständnis bei den vielleicht seltenen, aber zweifellos vorkommenden Fällen, in denen eine N-Retention ohne abnorme Azotämie vorliegt. Die Frage der N-Ausscheidungsarbeit der Niere, die Frage des Verhaltens der Gewebe zum N und die Frage der Bedeutung des Rest-N oder einer seiner Fraktionen für die Urämie läßt sich nicht allein aus der Bestimmung der Azotämie entscheiden.

Besonders für die chronischen Nierenleiden kommt der Azotämie ein hohes prognostisches Interesse zu.

Ihre Bedeutung für die Beurteilung der Nierenfunktion ist in Deutschland nicht ausgewertet worden, obwohl SIEBECK[1] und LICHTWITZ[2] für den Stickstoff (bzw. Harnstoff), STEINITZ[3], LICHTWITZ[4] und THANNHAUSER[5] für die Harnsäure auf die Wichtigkeit des Konzentrationsunterschiedes im Blut und Harn für diese Frage eindringlich hingewiesen haben.

AMBARD[6] hat den viel beachteten Versuch gemacht, aus dem Harnstoff von Blut und Harn eine mathematische Nierenfunktionsprüfung zu konstruieren, die in sehr entgegengesetzter Weise beurteilt wird. AMBARD gewinnt aus folgender Formel den hämorenalen Index:

$$\frac{Ur}{\sqrt{\frac{D \cdot 70 \cdot \sqrt{c}}{p \cdot 5}}} = 0{,}07\,.$$

In dieser Formel bedeutet Ur den Blutharnstoff (g pro Liter), D die in 24 Stunden im Harn ausgeschiedene Harnstoffmenge in g, c Harnstoff des Harns in g pro Liter, p Körpergewicht. 70 = Normalgewicht, 5 = Quadratwurzel aus der durchschnittlichen normalen Harnstoffkonzentration des Harns (g pro Liter).

Gegen diese Methode sind von vielen Seiten Einwände erhoben worden. Ganz sicher handelt es sich nicht um eine „Konstante". Der Normalwert liegt nach BAUER und NYIRI[7] zwischen 0,05 und 0,09, nach ROSENBERG[8] zwischen 0,03 und 0,09. Diese Autoren finden aber bei anatomisch unversehrten oder nahezu unveränderten Nieren Werte bis 0,14 und 0,15.

---

[1] SIEBECK: Die Beurteilung und Behandlung Nierenkranker. Tübingen 1920.

[2] LICHTWITZ: Arch. f. exp. Path. **65**, 128 (1911) — 27. Kongr. inn. Med. **1910**, 756 — Berl. klin. Wschr. **1912**, 1232 — Klin. Chemie. Berlin 1918. — LICHTWITZ u. STROMEYER: Dtsch. Arch. klin. Med. **116**, 127 (1914). — LICHTWITZ u. ZACHARIAE: Ther. Mh. **1916**, H. 12; **1917**, H. 1.

[3] STEINITZ: Ther. Gegenw. **1922**, 369.

[4] LICHTWITZ: Klin. Chemie, S. 95. Berlin 1918.

[5] THANNHAUSER: Dtsch. Arch. klin. Med. **139**, 160 (1922) — Klin. Wschr. **1923**, 65 — Ther. Halbmh. **1921**, 23.

[6] AMBARD: Physiol. norm. et pathol. des reins. Paris 1914.

[7] BAUER u. NYIRI: Z. Urol. **9** (1915); **17** (1916).

[8] ROSENBERG: Dtsch. med. Wschr. **1924**, Nr 30.

Andere Nachuntersucher beurteilen trotz aller theoretischen Bedenken die Methode, deren Hauptvorzug in der Kürze der Untersuchungszeit liegt, günstig. Sie hat sich aber in Deutschland weder in ihrer ursprünglichen Gestalt noch in den Modifikationen, wie sie von McLEAN[1] und VAN SLYKE[2] angegeben sind, eingebürgert.

RABINOWITSCH[3] hat aus dem „Harnstoffkonzentrationsfaktor

$$= \frac{\text{mg \% U in Harn}}{\text{mg \% U im Blut}}$$

die Arbeit (A) berechnet, die die Niere bei der Konzentrierung leistet. Nach den allgemeinen Gasgleichungen ist

$$A = 2{,}3 \cdot RT \cdot \log \frac{(C_1)}{(C_2)} \cdot \frac{m}{M} \cdot$$

R, Konstante $= 0{,}35$, T — abs. Temperatur $273 + 37 = 310$, C_1/C_2 der Harnstoffkonzentrationsfaktor, m die während der Versuchsperiode ausgeschiedene Harnstoffmenge in g, M Molekulargewicht des Harnstoffs. Für die Arbeit der Ausscheidung von 1 g U ($m = 1$) findet RABINOWITSCH den Wert von etwa 17 kg/m. Bei chronischer Nephritis wird eine erhebliche Erniedrigung der Arbeitsleistung gefunden.

4. Die Veränderungen der mineralischen Zusammensetzung[4]. Bei Nierenkranken findet sich eine Reihe von Störungen der ionalen Zusammensetzung des Blutes und (der bisher nicht ausreichend untersuchten) Gewebe. Im allgemeinen sind die Veränderungen um so ausgeprägter, je schwerer die Nierenerkrankung ist. Es ist aber bisher nicht gelungen, die erhobenen Befunde anatomischen Veränderungen zuzuordnen, ganz im Gegenteil ist die außerordentliche Unregelmäßigkeit im Auftreten bestimmter Störungen — so der Nierenacidose — auffallend.

Ein Teil der mangelhaften Übereinstimmung der Befunde ist allerdings auf Kosten der Methode zu setzen. Dabei handelt es sich nicht so sehr um Mängel der chemischen Analyse als solcher — das trifft z. B. für die von ihrem Autor jetzt selbst verlassene Methode der Kaliumbestimmung nach TISDALL[5] zu —, vielmehr um die Nichtbeachtung von Einflüssen, die im Blut bzw. Plasma oder Serum vor Beginn der Analyse wirksam sind und die Befunde ausschlaggebend beeinflussen können. Da es sich bei diesen Vorgängen zum Teil um Austauscherscheinungen zwischen Blutflüssigkeit und Erythrocyten handelt, schließt sich hier unmittelbar die Frage an, wo überhaupt die ionalen Veränderungen in charakteristischer Weise aufzufinden seien, ob die Analyse des Gesamtblutes oder des Plasmas (Serums) hierzu den richtigen Weg biete. Die Frage muß für die einzelnen Ionen verschieden beantwortet werden.

Für das Cl'-Ion ist es seit den klassischen Untersuchungen J. H. HAMBURGERS[6] bekannt, daß es unter dem Einfluß der CO_2-Spannung reversibel seinen Verteilungskoeffizienten zwischen Blutkörperchen und Plasma ändert. Hohe CO_2-Spannung bewirkt Eintritt von Cl'-Ion aus dem Plasma in die gleichzeitig durch Wasseraufnahme schwellenden Erythrocyten und umgekehrt. Dieser

---

[1] McLEAN: J. of biol. chem. **19** (1924) — J. of exper. med. **22** (1915); — Brit. j. of exper. med. **1** (1920).

[2] VAN SLYKE: J. of biol. chem. **3** (1913).

[3] RABINOWITSCH: Arch. int. Med. **34**, 365 (1924).

[4] STRAUB, H.: Störungen der phys.-chem. Atmungsregulation. Erg. inn. Med. **25**, 1 (1924) (Literatur).

[5] TISDALL: J. of biol. Chem. **46**, 330 (1921).

[6] HAMBURGER, J. H.: Osmotischer Druck und Ionenlehre in der medizinischen Wissenschaft. Wiesbaden 1902.

Vorgang, durch van Slyke[1] und seine Mitarbeiter als Wirkung des Donnangleichgewichtes des Hämoglobins nachgewiesen, ist mit spiegelbildlichem Verhalten des Bicarbonates gekoppelt, da die Erythrocytengrenze bei der Wasserstoffionenaktivität des Blutes für Kationen so gut wie unpassierbar ist. Bicarbonat und Cl′-Bestimmungen, die im Plasma oder Serum von unter Venenstauung entnommenem Aderlaßblut vorgenommen sind — und das trifft für einen großen Teil der mitgeteilten Befunde zu —, entbehren durchschlagender Beweiskraft. Allein Analysen des Gesamtblutes sind hier verläßlich, wenn man nicht das bei 40 mm CO_2-Spannung abzutrennende „wahre" Plasma untersuchen will.

Für die Beurteilung der anorganischen *Phosphate* ist wesentlich, daß sie extravasal je nach den Bedingungen der Entnahme (H^+-Aktivität, Läsion der Erythrocyten) durch Synthese oder Spaltung einer lactacidogenähnlichen Substanz Veränderungen erleiden (Lawaczek[2]). Da bei Läsion der Erythrocyten Spaltung überwiegt, dürften die im Aderlaßblute gewonnenen Werte oft zu hoch liegen. Die Untersuchung des Blutes und des Plasmas (Serums) ergibt hier brauchbare Vergleichswerte.

Auch für das *Kalium* des Serums ist durch Noguchi[3] (unter Nonnenbruch) eine schnelle extravasale Vermehrung nachgewiesen. Da es in großer Menge in den Erythrocyten vorhanden und seine Menge im Blut somit vom Hämoglobingehalt abhängig ist, sind nur Analysen des Plasmas (Serums) schlüssig. Gleiches gilt für das *Natrium*, das im Plasma in erheblich größerer Menge als in den Blutkörperchen vorkommt.

Beim *Calcium* sind die Konzentrationsunterschiede nicht sehr erheblich; sowohl Blutanalysen wie Serumanalysen sind hier verläßlich.

Für das *Magnesium* fehlen analytische Anhaltspunkte.

Die besondere Stellung, die das Cl-Ion für die Beurteilung der Nierenerkrankungen gegenüber den anderen Ionen seit den Untersuchungen von H. Strauss und Vidal einnimmt, ist wohl mehr von methodischen als von pathologischen Gesichtspunkten aus berechtigt. Die vorliegenden Analysen im Blut — meist Serumanalysen — bieten jedenfalls nichts Charakteristisches. Neben normalen Konzentrationen finden sich sowohl erhöhte wie erniedrigte Werte, ohne daß zwischen akuten und chronischen Nierenerkrankungen grundsätzlich geschieden werden könnte.

Das anorganische Phosphat, normalerweise in einer Menge von etwa 3 bis 4 mg% im Serum enthalten, ist bei Nierenkranken meist vermehrt. Bei akuten Nierenerkrankungen hält sich die Vermehrung in mäßigen Grenzen, erreicht bei chronischen Urämien Werte bis um 20 mg%. Die Vermehrung geht damit über die bei der idiopathischen Tetanie feststellbaren Werte hinaus. Von der Beziehung dieses Befundes zum Verhalten des Serumcalciums und den damit zusammenhängenden physiologischen Fragen wird unten die Rede sein.

Das Verhalten des Bicarbonations ist bei den Nierenkrankenheiten von besonderem Interesse. Seine Bedeutung ist ja keineswegs damit erschöpft, daß es unter den Anionen des Blutes der Menge nach an zweiter Stelle steht. Einmal ist seine Menge von ausschlaggebendem Einfluß auf die $[H^+]$ des Blutes, da das Blut im wesentlichen ein (Hämoglobin-) Bicarbonatkohlensäurepuffersystem darstellt. Weiter aber ist der Bicarbonatgehalt die Resultante des Verhaltens sämtlicher übrigen im Blute vorhandenen Ionen. Denn

[1] van Slyke: J. of biol. Chem. **54**, 481 (1922); **54**, 507 (1922); **56**, 765 (1923); **59**, 20 (1923); **60**, 89 (1923); **63**, 13 (1924); **65**, 701 (1924).

[2] Lawaczek: Biochem. Z. **145**, 341 (1924).

[3] Noguchi: Arch. f. exper. Path. **108**, 77 (1925).

der Hauptteil der basischen Äquivalente, die nicht als Salze fixer Säuren vorgefunden werden, fällt auf das Bicarbonat; diese Doppelbeziehung des Bicarbonates ist es, die den Zusammenhang zwischen dem Säurebasengleichgewicht und dem allgemeinen Ionengleichgewicht im Blute ausmacht. Eine isolierte Betrachtung ist daher beim Bicarbonat noch unfruchtbarer als bei den anderen Ionen des Blutes.

Schon vor 40 Jahren hatte JACKSCH[1] bei einem Urämischen — mit einer Methodik, die allerdings den heutigen Anforderungen nicht mehr gerecht wird — eine Verminderung des titrierbaren Alkalis im Blute festgestellt. Die Frage gewann erst Bedeutung, als STRAUB und SCHLAYER[2] bei der Urämie eine Verminderung der alveolaren CO_2-Spannung fanden. Weitere Untersuchungen — in Deutschland in erster Reihe durch die STRAUBsche Schule — zeigten, daß sich bei schwerem Nierensiechtum häufig, keineswegs jedoch regelmäßig und in fester Beziehung zur Schwere des Gesamtbildes, eine Acidose, kenntlich durch die Verminderung des CO_2-Bindungsvermögens, final auch durch die Erhöhung der (H^+) des Blutes, einstellt. So fanden wir einmal den außerordentlich niedrigen Wert von $p_H = 7{,}01$. Bei akuten Nierenerkrankungen ist diese Erscheinung oft wenig ausgeprägt, das Bicarbonat hält sich oft innerhalb der Grenzen der statistischen Norm, zeigt aber auch dann bei eintretender Heilung einen Anstieg. Bei chronischen Nierenleiden wurde übrigens hie und da auch ein erhöhtes CO_2-Bindungsvermögen angetroffen.

Nach dem oben Gesagten ist es klar, daß die Ursachen für diese Nierenacidose außerordentlich komplex sind, da bei denjenigen Nierenerkrankungen, in denen der Befund ausgeprägt ist, die Isoionie mehr oder weniger aller Ionen des Blutes gestört ist. Nur in einer Minderzahl der Fälle spielt eine Vermehrung des Cl'-Ions eine wesentliche Rolle. Auch eine Vermehrung des Phosphations ist, in stöchiometrischen Äquivalenten gemessen, wenig bedeutsam. Aus quantitativen Gründen kommt das Sulfation noch weniger in Betracht, obwohl es nach den Untersuchungen von DENIS und HOBSON[3] bei Nephritiden in vermehrter Menge im Blute auftritt. Eine größere Rolle spielt schon die Verminderung der basischen Äquivalente, die, von PETERS[4] und seinen Mitarbeitern festgestellt, in erster Reihe auf das Na^+-Ion zu beziehen ist. Von den anderen Kationen zeigt nämlich nur das Calcium mit einiger Regelmäßigkeit eine Abnahme, die aber vom stöchiometrischen Gesichtspunkt aus gleichfalls unwesentlich ist.

Alle diese Veränderungen zusammen vermögen zumeist eine vorgefundene Bicarbonatverminderung nicht quantitativ zu erklären. Wenn die Gesamtheit der basischen Äquivalente der Summe der Anionen gegenübergestellt wird, findet sich unter normalen Bedingungen ein Betrag von rund 15% der Kationen, denen keine bekannten Anionen entsprechen. Der Befund, von TISDALL[5] erhoben, weiter von KROETZ[6] verfolgt, wird unter dem Begriff des Anionendefizits zusammengefaßt. Bei acidotischen Nierenkranken findet sich nun eine Vermehrung dieses Defizits. Nach dem gegenwärtigen Stande des Wissens kann das nur durch die Anwesenheit unbekannter Säuren im Blute erklärt werden (H. STRAUB).

Vom Standpunkt der Nierenfunktion aus gesehen ist es eine Insuffizienz in der Ausscheidung der verschiedenen Anionen wie auch die vermehrte Heranziehung fixer Basen zur Neutralisation der starken Säuren im Harn, die der

1 JACKSCH: Z. klin. Med. **13**, 350 (1888).
2 STRAUB u. SCHLAYER: Münch. med. Wschr. **1912**, Nr 11.
3 DENIS u. HOBSON: J. of biol. Chem. **54**, 311 (1921); **55**, 183 (1923).
4 PETERS: J. clin. Invest. **2**, 213 (1926).
5 TISDALL: J. of biol. Chem. **53**, 241 (1022).
6 KROETZ: Biochem. Z. **151**, 146, 349 (1924).

Blutacidose zugrunde liegt. Der letztere Befund mag wohl zum Teil durch die Tatsache bedingt sein, daß von der kranken Niere das Ammoniumion oft nicht in ausreichender Menge geliefert wird.

Von den Kationen hat man dem Calcium mit Recht die größte Aufmerksamkeit geschenkt. Schon bei akuten Nierenerkrankungen, bei denen die Veränderungen im ganzen meist wenig deutlich sind, findet sich oft eine mäßige Verminderung des Serumkalks. Sehr ausgeprägt ist sie — doch auch das nicht regelmäßig — bei chronischem Nierensiechtum, und zwar bei glomerulären Erkrankungen wie bei tubulären.

Die Betrachtung der analytisch gewonnenen Calciumwerte ist aber nicht ausreichend, zumal die Frage nach der physiologisch wirksamen Form des Calciums noch keineswegs gelöst ist. Die Dinge liegen hier jedenfalls viel komplizierter, als man noch vor kurzem (Freudenberg und György[1]) angenommen hat. Keinesfalls kann die Ansicht als bewiesen gelten, daß nur dem dissozierten Calcium physiologische Wirkungen zuzuschreiben seien (Heubner[2]). Eine zuverlässige direkte Bestimmungsmethode der dissozierten Fraktion besteht nicht; die Berechnungen, die auf den Gleichgewichten des Calciumbicarbonats und Phosphats in wässerigen Lösungen basieren, sind für das Serum gleichfalls nicht unbedingt schlüssig. Bedeutungsvoller erscheinen die Versuche, auf direktem Wege das Calcium zu fraktionieren. Es hat sich gezeigt, daß bei der Ultrafiltration des Serums von Nephritikern 5—6 mg Ca die Membran passieren, genau wie beim Normalen (Pinkus, Peterson und Kramer[3]). Im urämischen Anfall jedoch sinkt der Anteil des ultrafiltrablen Calciums auf Werte von 2—3 mg%, d. h. Werte, wie sie auch bei der parathyreopriven Tetanie gefunden werden. Wahrscheinlich bestehen hier Beziehungen zu Befunden von Bernard und Beaver[4], die durch Elektrodialyse das Serumcalcium in eine positiv geladene und eine negativ geladene [also als Komplexsalz vorhandene (Klinke[5])] Fraktion scheiden konnten. Entsprechende Untersuchungen bei Nierenkranken scheinen nicht vorzuliegen; sie sind aber im Hinblick auf die nervösen Erscheinungen im Gefolge der Niereninsuffizienz von Bedeutung.

Das Verhalten des Kaliums ist viel weniger regelmäßig. Meist wird über Vermehrung, jedoch auch über normale und erniedrigte Werte berichtet. Doch muß nochmals betont werden, daß gegen die Methodik schwere Bedenken vorliegen.

Dem Magnesium wurde bisher wenig Beachtung geschenkt, da es sich nur in verschwindender Menge (1,5—2,5 mg%) im Serum vorfindet. Bei akuter Nephritis fanden Boyd und Courtney[6] niedrige Normalwerte.

Vom Natrium war weiter oben bereits die Rede. Neben den erniedrigten Werten, auf die als Teilursache der Nierenacidose hingewiesen wurde, sind auch Erhöhungen des Serumnatriumgehaltes beobachtet.

Zwei Größen sind an dieser Stelle noch zu betrachten, die in der Hauptsache Funktionen des Elektrolytgehaltes des Lösungsmittels sind: der *osmotische Druck*, gemessen an der Gefrierpunkterniedrigung (Δ) und die *Leitfähigkeit der Blutflüssigkeit.* Erkenntniswert besitzt jeweils nur die Untersuchung des Serums (Plasmas), da die Bestimmung von Δ nur in einem homogenen Medium einen physikalischen Sinn hat und Leitvermögen den unverletzten Erythrocyten über-

---

1 Freudenberg u. György: Klin. Wschr. **1**, 410 (1922); **2**, 1539 (1923).
2 Heubner: Klin. Wschr. **2**, 1603 (1923).
3 Pinkus, Peterson u. Kramer: J. of biol. Chem. **68**, 601 (1926).
4 Bernard u. Beaver: J. of biol. Chem. **69**, 113 (1926).
5 Klinke: Erg. Physiol. **26**, 233 (1928).
6 Boyd u. Courtney: Amer. J. Dis. Childr. **32**, 192 (1926).

haupt nicht zukommt. So ist das Anwachsen des Widerstandes im Gesamtblut gegenüber dem Serum geradezu ein Maß des Erythrocytenvolums (BUGARZKY und TANGL[1]). Die Untersuchung dieser beiden Größen ging den oben besprochenen analytischen Bestrebungen voraus (BUGARSZKY und TANGL, v. KORANYI[2]), so wie die Erkenntnis der Isotonie der Blutflüssigkeit der Erkenntnis der Isohydrie und Isoionie vorausging. Für sich allein angewandt hat die Betrachtung des osmotischen Drucks und der Leitfähigkeit in der Pathologie der Nierenkrankheiten nicht weit geführt. Sie zeigte, daß der beim Normalen von äußeren Einflüssen (Wasserzufuhr, Nahrungsaufnahme) wenig abhängige osmotische Druck bei Ausscheidungsstörungen stark ansteigen kann (höchster Wert = 0,90 [H. STRAUB]).

Erst die Verbindung dieser Untersuchungsmethoden mit der Gesamtionenanalyse, zuerst von H. STRAUB und seiner Schule geübt, hat zu neuen Erkenntnissen geführt. Der Wert der kombinierten Anwendung beider Methoden beruht darauf, daß ihre Ergebnisse durch die Anwesenheit von Anelektrolyten in verschiedener Weise berührt werden und dadurch Rückschlüsse auf die Natur der anwesenden Substanzen erlauben. Die Leitfähigkeit wird durch Eiweiß und Anelektrolyte (Harnstoff) herabgesetzt, der osmotische Druck gesteigert. Es zeigt sich nun, daß bei Ausscheidungsstörung die Erhöhung des osmotischen Druckes zu einem großen Teil auf das Auftreten abnormer Mengen von Anelektrolyten zurückgeht, daß aber auch — wo die Leitfähigkeit erhöht — Elektrolyte in vermehrter Menge im Serum vorhanden sein können. Nur in einer Minderzahl von Fällen spielen dabei die vorher besprochenen Ionen eine wesentliche Rolle. Nicht selten findet sich vielmehr eine Erhöhung der Leitfähigkeit, die nicht durch sie erklärt, also auf unbekannte Ionen zurückgeführt werden muß. In Verbindung mit oben angeführten Befunden bildet gerade diese Tatsache eine wichtige Stütze der These, daß das Auftreten unbekannter Säuren im Blute eine wesentliche Ursache der Nierenacidose ist.

5. Stickstofffreie Körper aromatischer oder heterocyclischer Konstitution. Bei der Urämie der chronischen Nierenkranken nimmt das Filtrat des mit Trichloressigsäure enteiweißten Serums beim Stehen eine Rosafärbung an. Das Blut enthält also die Vorstufe eines Farbstoffs, der als Urorosein bezeichnet wird. Im Blute von Menschen mit schwersten chronischen Nierenleiden sind von BECHER[3] Mono- und Diphenole (auch freies Phenol), Kresol und aromatische Oxysäuren nachgewiesen worden. Das Trichloressigsäurefiltrat gibt nach BECHER eine braune Diazoreaktion und Urochromogenreaktion, das Filtrat nach FOLIN-WU Xanthoprotein- und Millonsreaktion. Die Träger dieser Reaktionen haben diagnostisch keine Bedeutung, da zu ihrem Nachweis ziemlich große Blutmengen gehören. BECHER schreibt ihnen eine wichtige Rolle für die Entstehung der Urämie und für das Fortschreiten der Nierenerkrankung zu.

Auch Urochromogen und andere Chromogene kommen unter den gleichen Bedingungen wie die Phenole vor.

Die Beachtung oder photometrische Messung der Serumfarbe (VEIL[4]) wird auch bei Nierenleiden eine gewisse Bedeutung gewinnen.

Bei der Schrumpfniere wird ein heller Harn gebildet, der nach BECHER[5] wenig Farbstoff, aber reichlich Chromogene enthält, die durch Behandlung mit Kaolin in gefärbte Produkte übergeführt werden können.

---

[1] BUGARSZKY u. TANGL: Pflügers Arch. **72**, 531 (1898).
[2] v. KORANYI: Z. klin. Med. **33**, 1 (1897).
[3] BECHER: Dtsch. Arch. klin. Med. **148**, 10, 46, 78 (1925) — Z. klin. Med. **104**, 29, 182, 195 (1926).
[4] VEIL: Klin. Wschr. **1927**, 2217. [5] BECHER. Med. Klin. **1926**, Nr 25.

III. Die Niereninsuffizienz.

Diese Darstellung des Verhaltens der Nierenfunktionen zeigt, daß aus der Untersuchung von Harn, Blut (auch von Ödemflüssigkeit u. a.) der Funktionszustand und die Leistung der Nieren mit einem genügenden Grade von Genauigkeit und Sicherheit erkannt werden kann.

Aus der Höhe der Konzentrationen im Harn beurteilen wir, unter Beachtung der Blutwerte, das Verhalten der Nierenfunktionen; aus den zeitlichen Ausscheidungsverhältnissen und aus den Bilanzen ersehen wir den Stand der Ausscheidungsarbeit.

Aus dieser scharfen gedanklichen Trennung ergibt sich ohne weiteres eine Bezeichnung der vorliegenden Verhältnisse. Es kann der Verständigung nicht dienen, wenn man bei Teilfunktionsschwäche ebenso wie bei mangelhafter Ausscheidungsarbeit von Niereninsuffizienz schlechthin spricht.

Darunter versteht man eine komplexe Funktionsschädigung, deren Kennzeichen KORANYI in folgender Weise zusammenfaßt:

1. Die Molekularkonzentration des Harns ist gleichmäßig.
2. Die Konzentration der einzelnen verschiedenen Harnbestandteile schwankt ebenfalls zwischen engeren Grenzen.
3. Der Einfluß des Stoffwechsels auf die Nierentätigkeit ist geringer und kommt, wenn er überhaupt nachweisbar ist, verspätet zum Vorschein.
4. Das Maximum und das Minimum der möglichen molekularen Konzentration des Harnes rücken derjenigen des Blutes näher.
5. Die Permeabilität der Nieren für gelöste Moleküle nimmt ab.
6. Die Permeabilität der Nieren für Wasser nimmt ab.
7. Die physiologische gegenseitige Unabhängigkeit der Wasserdiurese und der Ausscheidung gelöster Stoffe geht je nach dem Grade der unter 4 erwähnten Störung mehr oder weniger vollständig verloren.

VOLHARD findet ungefähr dasselbe bei der sekundären Schrumpfniere und bezeichnet diesen Zustand als *absolute Niereninsuffizienz*.

Im Ergebnis unserer Funktionsprüfung stellt sich die Niereninsuffizienz in folgender Weise dar (Abb. 61).

Fall I, **127**. 32jähriger Mann. Seit 3 Jahren nierenkrank. Ursache unbekannt. Klagt über Schwellung der Beine, Kurzatmigkeit, Verminderung des Sehvermögens. Blaß, gedunsen. Mäßiges Ödem beider Unterschenkel. Hämoglobin 38%. Herz stark nach links, mäßig nach rechts erweitert. I. Ton an der Spitze unrein. II. A.-T. betont. Blutdruck 200 mg Hg. Drahtpuls. Lber drei Querfinger unterhalb des Rippenbogens. Retinitis albuminurica. Rest-N 62 mg%. Harn: hell, dünn, 6—12‰ Alb., hyal., granul. und epith. Zyl., Nierenepithelien, wenige rote und weiße Blutkörperchen. Diagnose: chronische Nephritis im Stadium der Niereninsuffizienz.

Tag	Harnmenge	Spez. Gew.	g Cl′	g N	Spez. Gew. auf 1 Liter berechnet	Gefundener Mehrbetrag		Aus der Zunahme des spez. Gew. berechneter Mehrbetrag	
						Cl′	N	Cl′	N
8. II.	2145	1011	7,7	9,3	1024	—	—	—	—
9. II.	**2060**	1013	7,1	9,3	1027	—	—	—	—
10. II.	1970	1012	**7,1**	8,8	1023,8	0	—	0	—
11. II.	2340	1011	9,1	**11,3**	1027,3	1,0	2,0	—	5,5
12. II.	1840	1012	6,2	9,6	1022,1	—	—	—	—
13. II.	2040	1008	7,2	10,2	1016,5	—	—	—	—

Es handelt sich also um eine begrenzte *Polyurie*, meist mit erheblicher *Nykturie* und um ein *niedriges*, den Wert von 1015 nach oben, von 1008 nach unten kaum je überschreitendes *spezifisches Gewicht*. Die stündlichen oder zweistündlichen Harnportionen sind oft von etwa gleicher Größe. *Alle Einflüsse, die sonst die Harnmenge verändern, kommen nicht zur Wirkung.* Auch die Konzentrationen von NaCl und N verlaufen über den ganzen Tag geradlinig bzw. mit geringen Schwankungen.

Die Konzentration des NaCl im Harn fällt bei einer großen Zahl dieser Fälle genau mit der NaCl-Konzentration im Blutserum zusammen (= 0,36% Cl'; horizontale Linie). Es besteht also zwischen Blut und Harn eine *Kochsalzisotonie.* In anderen Fällen ist die Niere nicht einmal zu dieser Leistung fähig; dann liegt

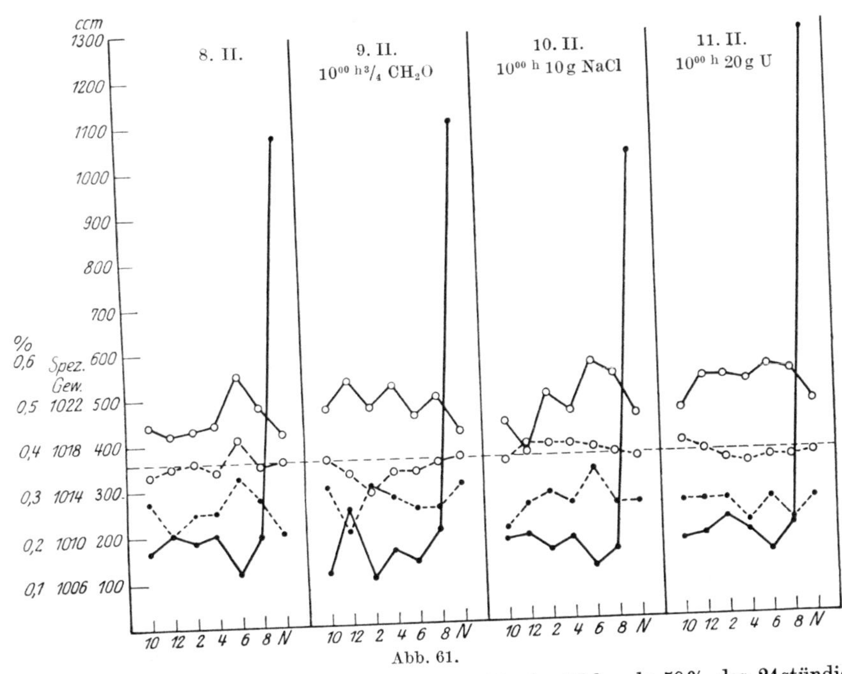

Abb. 61.

Erklärung der Abb. 61. Die Harnmengen sind hoch. Mehr als 50% des 24stündigen Harns erscheint in der Nacht (von 8 Uhr abends bis 8 Uhr morgens). Die spezifischen Gewichte liegen zwischen 1010 und 1015.

Am *Normaltag* (8. II.) Konstanz der Konzentrationen von Cl' und N. Cl' isotonisch (in der Höhe der Horizontallinie).

Am *Wassertag* (9. II.) keine deutliche Wasserzacke. Keine Verdünnungsreaktion. Cl'- und N-Linien wie am Normaltag.

Am *Kochsalztag* (10. II.) und *Harnstofftag* (11. II.) dasselbe Bild.

Die Zulagen von Wasser und Kochsalz werden retiniert.

Die Harnstoffzulage unter mäßiger Steigerung der Harnmenge (besonders nachts) zu etwa ein Viertel ausgeschieden.

der Kochsalzgehalt des Harns zwangsläufig unter dem des Blutwassers, es besteht eine *Kochsalzhypotonie.* Mitunter beobachtet man, auch in vorgeschrittenen Fällen, noch einen Rest von Konzentrationsfähigkeit für NaCl, so daß der Harn wenigstens vorübergehend einmal einen Wert von 0,75% NaCl erreicht. Die Herstellung so geringer Konzentrationswerte, wie sie auch in Exsudaten und in der Ödemflüssigkeit anzutreffen sind, ist nichts für die Niere Spezifisches; sie entspricht einer Elektrolytverschiebung nach dem Gesetz von DONNAN. Die Stickstoffkonzentration zeigt im Tagesverlauf nur geringe Schwankungen; sie beträgt meistens 0,5—0,6%, erreicht nur selten ein wenig höhere Werte, ist aber in ganz schweren Fällen noch kleiner (0,3—0,4%). Wie die Kurve zeigt, sind die Belastungszulagen (Wasser, Kochsalz, Harnstoff) auf den Verlauf der

Wasserausscheidung und der Konzentrationen ohne Einfluß. Es tritt weder eine Verdünnungsreaktion noch eine Konzentrationssteigerung ein. Die Veränderlichkeit der Harnausscheidung ist verlorengegangen. Auch durch Trockenkost und Dürsten wird die Polyurie nicht vermindert; es handelt sich um eine *Zwangspolyurie. Die Niere braucht größere Wassermengen, um die löslichen Stoffe auszuscheiden*, und nimmt das Wasser, wenn es nicht von außen angeboten wird, aus den Geweben. *Durstversuche werden daher von diesen Kranken nicht vertragen.* Diese Zwangspolyurie ist die Folge des Verlustes der Konzentrierungsfunktionen. Sie tritt überall auf, wo ein solcher Defekt besteht, der im Tubularepithel lokalisiert werden muß. Wir treffen sie beim Diabetes insipidus auf funktionellem Boden, ferner bei allen Fällen von *Harnstauung* (z. B. bei Prostatahypertrophie), wenn die Stauung bis in die Tubuli der Niere reicht und durch den Druck die Kanälchen erweitert, die Epithelien abgeplattet werden und somit in ihrer Funktion behindert sind. Bei diesen letztgenannten Zuständen sind die Glomeruli unversehrt und in ihrer Fähigkeit zur Wasserausscheidung nicht geschädigt. Es kommt daher zu Polyurien erheblichen Grades, so daß eine Ausscheidungsinsuffizienz nicht einzutreten braucht.

Die Zwangspolyurie bei der Niereninsuffizienz durch diffuse Nephritis ist dagegen eine begrenzte, weil in diesen Fällen durch die schwere Veränderung des gesamten Parenchyms, einschließlich der Glomeruli, auch das Wasserausscheidungsvermögen geschädigt ist. Deshalb wird, trotz der Polyurie, eine Wasserzulage gar nicht oder nur zu einem kleinen Teile ausgeschieden, und diuretische Mittel haben nur eine geringe Wirkung. Bei Niereninsuffizienz *arbeitet die Niere bereits ständig mit dem größten Maß ihres Könnens und wahrscheinlich gleichzeitig mit dem ganzen Rest von Parenchym, der ihr noch geblieben ist.* Einige Anhaltspunkte weisen darauf hin, daß die normale Niere nicht im ganzen Parenchym zugleich funktioniert, sondern daß es auch Ruhepausen in den einzelnen Teilen gibt. Ein Parenchymrest, der ständig mit dem Höchstmaß seines Könnens tätig ist, muß in absehbarer Zeit zum Versagen und Versiegen kommen. *Solange die Niere wenigstens zu Zwangspolyurie fähig ist, kann sie in bezug auf die Ausscheidungsarbeit* (Bilanzen) geringen Ansprüchen genügen. Da sie sich aber nicht mehr den Umsätzen im Stoffhaushalt anzupassen vermag, so muß *versucht werden, den Stoffhaushalt den Nierenmöglichkeiten anzupassen.* Das ist diätetisch bis zu einem gewissen Grade möglich für das Wasser und das Kochsalz. Wenn man die Größe der Flüssigkeitszufuhr in den Grenzen der Harnmenge hält und die Kochsalzzufuhr stark einschränkt, so kann eine Ausscheidungsinsuffizienz für diese beiden Stoffe vermieden werden. Bei den stickstoffhaltigen Endprodukten liegt das nicht mehr für alle Fälle in den therapeutisch-diätetischen Möglichkeiten, da der endogene Eiweißumsatz unter ein gewisses Maß nicht herabgedrückt werden kann. Es kommt daher bei Niereninsuffizienz stets zu einer Steigerung des *Reststickstoffes* im Blut und in den Geweben.

Der Reststickstoff im Blute ist aber kein Maßstab der Niereninsuffizienz. Seine Höhe steht zu der Schwere des Krankheitsbildes und der Nierenveränderungen nicht in einem Verhältnis, der einen Vergleich zwischen verschiedenen Kranken ermöglicht. Der oben geschilderte Sekretionstyp kann voll ausgebildet sein, ohne daß der Rest-N über hohem Normalwert liegt. Andererseits kommt — so bei der akuten Nephritis und der mit Oligurie einhergehenden akuten epithelialen Nephropathie — erhebliche Steigerung ohne die komplexe Funktionsschwäche der Niereninsuffizienz vor.

Im allgemeinen steigt bei Niereninsuffizienz Rest-N mit deren Dauer an. Darin liegt ein prognostischer Hinweis von hoher Bedeutung. Da auch die

Fähigkeit zur Polyurie — teils durch Fortschreiten der Verödungsprozesse, teils durch hinzutretende Kreislaufschwäche — allmählich abnimmt, so führt die Niereninsuffizienz, trotz der diätetischen Anpassung, schließlich zu einer Ausscheidungsinsuffizienz.

Die Beziehungen von Wasserausscheidungsvermögen und Konzentrationsfunktionen zur Niereninsuffizienz und zur partiellen und komplexen Ausscheidungsinsuffizienz lassen sich in folgender Weise übersichtlich darstellen:

Wasserausscheidung	Konzentrationsfähigkeit für NaCl	Konzentrationsfähigkeit für N[1]	Niereninsuffizienz	Ausscheidungsinsuffizienz für NaCl	Ausscheidungsinsuffizienz für N	Ausscheidungsinsuffizienz für NaCl und N
Oligurie	+	+	—	±[2]	±[2]	±[2]
	—	—	+	+	±[2]	+
	—	+	—	—	—	±[2]
Begrenzte Polyurie	+	+	—			±[2]
	—	—	+	+	—	
	—	+	—	—	—	
Polyurie	+	+	—	—	—	—
	—	—				
	—[3]	+	—	—	—	

IV. Die Anurie.

Die Ursachen einer Anurie können liegen in

1. *dem Fehlen beider Nieren* (Exstirpation oder schwerste Verletzung einer Niere bei Fehlen der zweiten) = *arenale Anurie;*

2. einer *Aufhebung des Blutzuflusses zu beiden Nieren* durch Thrombose oder Kompression beider Nierenarterien oder beider Nierenvenen = *prärenale Anurie;*

3. einer *vollständigen Aufhebung der Wassersekretionsfähigkeit* beider Nieren (bei akuter Glomerulonephritis, im Endstadium chronischer Nephritiden, bei schweren degenerativen Prozessen, z. B. Sublimatniere) = *renale Anurie im engeren Sinne*; eine renale Anurie kann durch Erkrankung des sezernierenden Parenchyms (wie bei Hg-Vergiftung) oder durch eine Sperrung sämtlicher Glomeruli bedingt sein;

4. mechanischer *Verlegung des Harnabflusses.*

Diese Verlegung kann bereits in den Kanälchen stattfinden, so z. B. bei der Kanälchenverstopfung, die durch Hämoglobinmassen bei plötzlichem Untergang großer Blutmengen (Verbrennungen, Schwarzwasserfieber) stattfindet = *renale subrenale Anurie.* Vielleicht ist auch bei der akuten Nephritis die Anurie durch eine Verstopfung der Kanälchen mit Harnzylindern mitbedingt (Aufrecht).

Die Verlegung findet häufiger in den Uretern (durch Steine oder Tumoren — Gebärmutter-, Blasen- oder Prostatatumoren) statt. *Subrenale Anurie.* Auch Steinverschluß *eines* Ureters führt nicht selten zu doppelseitiger Anurie = *subrenale und reflektorische Anurie;*

5. *nervösen Bedingungen* = *reflektorische Anurie*, die auch ohne grobe mechanische Hindernisse bei Reizzuständen im Bereich der abführenden Harnwege, aber auch bei peritonealer Reizung zustande kommt. Nach Caspar, der wiederholt nach Einlegung eines Ureterkatheters ein Aufhören der Anurie beobachtete, handelt es sich um Spasmen der Ureteren, die (s. Nierennerven) reflektorisch zu einer Beeinflussung der vasomotorischen und sekretorischen Nerven führen;

---

1 Konzentrationsschädigung für N bei erhaltener Konzentrationsfähigkeit für NaCl kommt nicht vor.

2 Abhängig von Wassermenge und Ernährung.

3 Beim Diabetes insipidus.

6. *einem Wassermangel* bei starken Durchfällen, hochgradiger Wasserverarmung des Körpers, abnormer Capillardurchlässigkeit und Wasser-Salzbindung im Gewebe infolge Schock oder neuroendokriner Störungen (*extrarenale Anurie*).

Casper unterscheidet zwischen der *echten Anurie*, bei der überhaupt kein Harn gebildet wird (= arenale, prärenale und renale Anurie) und der *falschen Anurie*, bei der der Harn infolge Ureterenverschlusses nicht abfließen kann (= subrenale Anurie). Diese Namengebung ist nicht sehr glücklich, da die „falsche Anurie“ doch auch eine wirkliche ist, und da der *Unterschied in bezug auf die Harnbildung nur im Beginn dieses anurischen Zustandes besteht.* Es wird nämlich bei Ureterenverschluß der Druck im Harnleiter oberhalb des Hindernisses sehr groß; er pflanzt sich bis in die Harnkanälchen fort, führt dort zu einer Erweiterung und Epithelabplattung, sodann zu einer Behinderung des Kreislaufes, Kompression der Gefäße, Anämie des Organs mit rasch folgendem Aufhören der Harnbildung. Die reflektorische Anurie (Sekretionsstillstand in beiden Nieren bei einseitiger Abflußbehinderung) ist sehr selten. Es handelt sich um einen renorenalen Reflex, der auf Nervenfasern, die von einer Niere zur anderen verlaufen, zustande kommt. Die anatomischen Verhältnisse sind sehr wechselnde, weil fördernde Vagusfasern und hemmende Sympathicusfasern teils unmittelbar, teils durch das Ganglion coeliacum verlaufend, dazu markhaltige, sensible Elemente in wechselnder Zahl und Zuteilung vorhanden sind.

Die Anurie führt zu dem höchsten Grad der Ausscheidungsinsuffizienz.

Symptomatologie der Anurie. Das Bild, unter dem die nicht durch nephritische Prozesse hervorgerufene Anurie — also die arenale, prärenale und subrenale — verläuft, ist in seinem Beginn und ersten Teil meist insofern außerordentlich überraschend, als zunächst, etwa für die ersten Tage, aber in manchen Fällen auch länger, bis zur Dauer einer Woche, *völlige Symptomlosigkeit und völliges Wohlbefinden* besteht. Erst nach diesem — von Bradford *latente Urämie* genannten — Stadium treten Folgeerscheinungen, bestehend *in geistiger und körperlicher Ermüdung, Teilnahmlosigkeit, vermehrter Neigung zum Schlaf,* auf. Gleichzeitig macht sich *Empfindlichkeit der Muskulatur auf Druck, gesteigerte Erregbarkeit der gesamten Körpermuskulatur* bemerkbar, die zu *Sehnenhüpfen*, unwillkürlichen ausfahrenden Bewegungen und besonders im Schlaf zum Erwachen infolge eines Ruckes führt. *Die Sehnen- und Periostreflexe sind oft beträchtlich gesteigert. Trockenheit im Munde, braunschwarz belegte Zunge, gänzliche Appetitlosigkeit, Übelkeit und Brechreiz* (mitunter Erbrechen), hartnäckiger *Singultus*, Obstipation und Meteorismus sind die sehr quälenden Symptome von seiten des Verdauungskanales. Die Pupillen sind sehr eng. Es besteht *Frostgefühl*, die Haut ist kühl. Es bildet sich ein *klebriger Schweiß*, besonders auf der Stirn, der in seltenen Fällen beim Eintrocknen auf der Haut feine, glänzende, aus Harnstoff bestehende Schüppchen hinterläßt. *Die Körpertemperatur erreicht bisweilen auffallend niedrige Werte. Die Atemluft riecht deutlich urinös und ammoniakalisch.* Bei Vorhalten eines mit starker Salzsäure befeuchteten Glasstabes vor den Mund bilden sich Salmiaknebel.

Zu dem Vergiftungsbild, das sich bei langdauernder Anurie allmählich entwickelt, gesellen sich bisweilen eklamptische Anfälle, ganz so wie bei der chronischen Urämie (s. S. 557).

In den Fällen von subrenaler Anurie kommt es nach den Beobachtungen von Pässler, Brasch u. a. zu einer *Blutdrucksteigerung*. Bei renaler Anurie ist die Blutdrucksteigerung eine Folge des nephritischen Prozesses. Nach *Beobachtung am Tier führt Unterbindung beider Nierenarterien nicht zur Blutdrucksteigerung*. Demnach ist zu erwarten, daß eine prärenale Anurie (durch Thrombose beider Nierenarterien) das gleiche Verhalten zeigt. Wie die renale Anurie den Blutdruck beeinflußt, bedarf noch weiterer Beobachtungen. Im entsprechenden Tierexperiment steigt der Blutdruck nicht. Ich beobachtete bei einem Fall von arenaler Anurie, der erst am 21. Tag starb, am 14. Tage einen Blutdruck von 140 mm Hg.

Bei denjenigen Anurien, die nicht durch Nephritis bedingt sind, kommt es, wie die Beobachtung des Körpergewichts lehrt, trotz vermehrter Ausscheidung durch Darm, Magen (Erbrechen) und Haut zu einer *Wasserretention*, aber erst sehr spät und nur in sehr geringem Maße zu Ödemen, die dann nicht die Lokalisation der nephritischen Ödeme (Augenlider) zeigen, sondern an den Fußknöcheln auftreten. So hat PÄSSLER einen Fall von subrenaler Anurie beobachtet, in dem nur ganz spärliche Knöchelschwellungen auftraten, obwohl eine Wassermenge, die 13—14% des Körpergewichts betrug, im Körper verblieben war. Eine solche Flüssigkeitsmenge pflegt beim Nephritiker bereits recht deutliche Schwellungen zu machen.

Der Reststickstoff steigt stets erheblich an, und der Kochsalzgehalt des Blutes ist gleichfalls in einer Anzahl von Fällen, wenn auch nicht regelmäßig, erhöht befunden worden. Der *Gefrierpunkt* sinkt. Alle diese Zeichen einer höheren Konzentration des Blutserums treten ein, obwohl, wie die Abnahme von Hämoglobin und Zahl der roten Blutkörperchen zeigen, sich das *Volumen des Blutes infolge* der *Wasserretention vermehrt*.

C. Die extrarenalen Symptome.

Unter dieser Bezeichnung sollen Ödeme, Blutdrucksteigerung und Urämie zusammengefaßt werden. Von den beiden ersteren in ihrem Zusammenhang mit Niere und Nierenerkrankungen ist in diesem Handbuch (VII. 2 1363; XVII. III. 285) bereits die Rede gewesen. Wir können uns daher hier auf kurze Bemerkungen beschränken.

I. Das Ödem.

NONNENBRUCH faßt in folgender Weise zusammen:

„Bei Nierenkrankheiten besteht oft eine Wasser-Salzretention, die sich häufig im Ödem äußert. Eine Beziehung zu bestimmten histologischen Formen hat sich nicht ergeben, jedoch sind die Ödeme bei den tubulären Formen besonders häufig und haben bei diesen eine charakteristische Beschaffenheit. Der Hydrops der Nierenkranken ist nicht einheitlich zu erklären. Die Ursache ist in einer besonderen Hydropsietendenz der Gewebe gelegen. Wieweit diese in Abhängigkeit zu bestimmten Funktionsstörungen der Niere oder zu von der Niere abgegebenen Stoffen steht, ist nicht bekannt. Ganz ähnliche Ödemzustände kommen anscheinend auch ohne Nierenerkrankung vor. Dies spricht für die Auffassung der renalen Ödeme als einer Teilerscheinung einer allgemeinen Erkrankung, von der sowohl Peripherie wie Niere gemeinsam betroffen sind. Bei bestehender Hydropsietendenz kann eine renale Insuffizienz der Wasserausscheidung und namentlich der Kochsalzausscheidung ödemfördernd sein".

Die sehr wichtige Frage, in welchen Beziehungen das Ödem zur Nierenerkrankung steht, bedarf hier noch einer Erörterung.

Dem *Ödem bei Nephrose* kommt eine Sonderstellung zu. Dieses Ödem, bei dem das Blutserum milchig oder seifenwasserähnlich aussehen kann, tritt bei der chronischen epithelialen Nephropathie auf, die mit starker Anhäufung doppeltbrechender Lipoide in den Nieren einhergeht. Wir finden hier hochgradige Veränderungen der Blutzusammensetzung, die besonders das Verhältnis der Plasmaeiweißfraktionen zueinander und den Lipoidgehalt betreffen, und Herabsetzung des kolloid-osmotischen Druckes des Blutes (KROGH[1], SCHADE und CLAUSSEN[1]). Dagegen besteht hier, wie der fehlende oder ganz geringe Eiweißgehalt der Ödemflüssigkeit ergibt, keine nachweisbare oder keine hochgradige Veränderung der Capillardurchgängigkeit für Eiweiß. Gleichzeitig fehlen die anderen extrarenalen Symptome. VOLHARD meint, ohne Beweise hierfür erbringen zu können, daß bei der lipoiden Degeneration der Nierenepithelien hydropigene Stoffe entstehen.

FR. MUNK nimmt an, daß es sich nicht um eine renale Genese des Ödems handelt, sondern daß „der Zustand auf einer physikalisch-chemischen Veränderung aller Kolloide des Organismus beruht, die bewirkt, daß der Quellungsdruck der Körpersäfte sowie der Zellen erhöht ist und daher das Wasser von ihnen in abnormer Weise festgehalten wird". Für das Blut trifft diese Annahme sicher nicht zu.

Das *Ödem bei Nephritis* besteht im wesentlichen aus Wasser, Eiweiß und Kochsalz. Seine Ansammlung im Gewebe hat abnorme Durchlässigkeit der Capillaren und abnorme Wasserbindung im Gewebe zur Voraussetzung.

Die Frage, ob die *Ödemneigung* Folge einer abnormen Ansammlung von *Ödemmaterial*, also im wesentlichen Kochsalz und Wasser, oder vielleicht auch einer Linksverschiebung des Plasmaeiweißbildes sei, ist für die Glomerulonephritis nicht ganz zu verneinen. Eine hyperchlorämische Hydrämie, wie sie THANNHAUSER[2] bei der akuten Nephritis gefunden hat und wie sie auch bei der Blutmengenbestimmung festgestellt wurde (AD. WOLFF[3]), könnte sehr wohl einen Faktor der Ödembildung darstellen.

Die zweite Möglichkeit des Zusammenhanges zwischen Ödem und Nephritis könnte darin gegeben sein, daß die kranke Niere endogen gebildete Giftstoffe nicht ausscheidet oder Giftstoffe selbst bildet, die die Capillaren und Gewebe in der Richtung des Ödems beeinflussen. Es gibt keine tatsächlichen Unterlagen für die Prüfung dieser Frage.

Die dritte Möglichkeit, deren geistige Urheber COHNHEIM[4] und SENATOR sind, führt die Affektion der Capillaren auf eine selbständige, der Nierenerkrankung parallel gehende Bedingung zurück. Diese Auffassung hat in den letzten Jahren im Kreise der Klinik viel Zustimmung gefunden. O. MÜLLER und WEISS[5] sehen in der Glomerulonephritis die Teilerscheinung einer allgemeinen Capillaritis. KYLIN[6] versucht sogar die Bezeichnung „akute Glomerulonephritis" durch „Capillaropathia acuta universalis" zu ersetzen.

VOLHARD hat die Lehre aufgestellt, daß der erste krankhafte Vorgang bei der akuten Nephritis ein Spasmus der renalen und extrarenalen Arteriolen sei. Ödem und Blutdrucksteigerung gehen bisweilen der Albuminurie voraus. KYLIN findet auch eine pränephritische Steigerung des Capillardrucks. Da in Wirklichkeit aber der Druck in den präcapillaren Arteriolen gemessen ist, so ist der Schluß auf „Capillaropathia" nicht vollberechtigt.

Aber auch wenn Erscheinungen von seiten der Capillaren der Albuminurie vorausgehen, so ist ihre Deutung als pränephritisches Symptom nur dann gültig, wenn die Albuminurie gesetzmäßig und zwingend den frühesten Beginn der Nephritis anzeigt. Diese Voraussetzung der Lehre von der allgemeinen Capillaritis trifft aber nicht zu. Ist die Aufmerksamkeit besonders auf diese Verhält-

---

[1] Literatur s. S. 537.
[2] THANNHAUSER: Z. klin. Med. **89**, 181 (1920).
[3] WOLFF, AD.: Zitiert auf S. 534.
[4] COHNHEIM: Vorlesungen über allgemeine Pathologie. 2. Aufl. 1882.
[5] MÜLLER, O. u. WEISS: Die Capillaren der menschlichen Oberfläche. Stuttgart 1922.
[6] KYLIN: Die Hypertoniekrankheit. Berlin 1926.

nisse gerichtet, so kann man beobachten, daß der Albuminurie eine Cylindurrie, eine Vermehrung der Harnkolloide oder ein Sinken der Cl'-Konzentration auf bluthypotonische Werte und also auch ein Sinken der Cl-Ausscheidung vorausgehen kann.

Es handelt sich aber, wie Fahr hervorhebt, bei der akuten Nephritis gar nicht um eine allgemeine Capillarschädigung. Im Beginn der Krankheit ist der außerhalb des Glomerulus gelegene Blutgefäßapparat der Niere in der Regel morphologisch völlig unverändert (Fahr).

In der Haut findet sich eine Pericapillaritis. Gelegentlich kommt es auch zur Schwellung, Vermehrung und Desquamation der Endothelien. Aber der Prozeß ist keineswegs so diffus und so charakteristisch wie bei der Glomerulusveränderung (Fahr). Nach Fahr scheinen noch weitere Untersuchungen darüber notwendig, ob man es hier mit einem bestimmten charakteristischen capillaritischen Prozeß oder mit unspezifischen Veränderungen zu tun hat, wie man sie an den Hautgefäßen oft bei allen möglichen Erkrankungen findet.

Ganz gewiß braucht der Grad der Capillarveränderung, der zu Ödem führt, nicht für das Auge darstellbar zu sein. Es gibt aber auch diffuse akute Glomerulonephritis ohne Ödem, also ohne Capillarveränderung.

Fahr nimmt in dieser Frage eine vermittelnde Stellung an. Wenn die Niere erkrankt, weil sie bakterielle Gifte auszuscheiden hat, so wird auch die Haut als Ausscheidungsorgan erkranken können, wenn die Niere allein die Entfernung der Gifte nicht bewältigen kann. Gegenüber dem eindrucksvollen pathologischen Geschehen, das sich bei der akuten Glomerulonephritis in den Glomerulusschlingen abspielt und, wenn man von dem Ödem absieht, bei dem Fehlen aller Symptome, die eine allgemeine Capillarentzündung, besonders auch in den inneren Organen, bieten müßte, ist die Annahme einer primären diffusen Capillaritis unwahrscheinlich.

Es ist wohl nicht richtig die Aufmerksamkeit ausschließlich auf eine der drei Möglichkeiten der Ödembildung zu richten. Veränderung der Menge und Zusammensetzung des Blutes, das Ödem bei der chronischen Nephritis, das aller Wahrscheinlichkeit nach eine Folge renaler Ereignisse ist, und eine Affektion der Capillaren als gleichzeitige Giftwirkung oder als Folge der Überlastung und des Versagens der Niere müssen als Bedingungen betrachtet werden, die generell in Betracht kommen, aber vielleicht in den Verhältnissen ihrer Stärke von Fall zu Fall verschieden sind.

Ganz ähnlich dem Problem der Bildung steht das Problem der Beseitigung des nephritischen Ödems.

Die alte Streitfrage, ob die Diuretica renal oder extrarenal angreifen, ob auch eine Einwirkung auf das Blut stattfindet, läßt sich, wenn alle Tatsachen berücksichtigt werden, nur so beantworten, daß das gesamte dem Wasserwechsel dienende System Erfolgsort ist oder sein kann.

Da das Wasser im Organismus nicht frei, sondern allenthalben in Gelen und Solen gebunden ist, so geht zwischen zwei Systemen des Wasserhaushalts, z. B. Blut und Gewebe, eine Wasserbewegung mit Entbindung (Entquellung) in dem einen — und Bindung (Quellung) im andern einher. Zwischen Blut und Gewebe bewegt sich das Wasser durch die Capillarwand hin und her. Der kolloidosmotische Druck der beiden Systeme schwankt (unter normalen Verhältnissen) in entgegengesetzter Weise. Die Konstanz dieser Größe im Blute wird von den gesamten Capillaren und besonders auch von der Niere aufrechterhalten. Die Capillaren des Glomerulus unterscheiden sich von allen anderen Haargefäßen im Prinzip dadurch, daß sie mit den Harnablaufswegen, d. h. mit der Außenwelt, in einer unmittelbaren Verbindung stehen, so daß der durch sie gehende Flüssigkeitsstrom einseitig gerichtet ist.

Die Kräfte, die für die Wasserbewegung in Betracht kommen, sind: Capillardruck, kolloidosmotischer Druck, elastische Spannung der Gewebe, Unterschiede der osmotischen Konzentration und Reaktion. Die Rolle des Capillardrucks wird nicht von allen Seiten anerkannt (HILL). Da der Gesamtquerschnitt des Capillarsystems einer so starken Erweiterung fähig ist, daß jede mögliche Drucksteigerung um ein Vielfaches ausgeglichen werden kann, so darf wohl die Bedeutung des Capillardrucks für den Stoffaustausch nicht sehr hoch veranschlagt werden. Von den wirksamen Kräften kommt die größte Bedeutung allem Anschein nach dem kolloidosmotischen Druck zu. Die normale Wasserbewegung, die vom Magendarmkanal durch das Blut in die Gewebe und von diesen zurück durch das Blut in die Niere geht, läßt erkennen, daß die Ungleichheit der Wasseranziehung und Bindung in den verschiedenen Systemen in einer gesetzmäßigen Reihenfolge wechselt.

Zwischen den wasseranziehenden Kräften besteht ein dynamisches Gleichgewicht. Die Wasserbewegung, deren Intensität von der Tätigkeit abhängt, vollzieht sich in einem Rhythmus von Quellung und Entquellung.

Alle Mittel, die den Strom beschleunigen oder verstärken, also die Diuretica, sind Stoffe, die auf die Beziehung Kolloid-Wasser einwirken.

Ein diuretischer Erfolg wird aber nur dann auftreten können, wenn die Reaktionen an den Kolloiden in den verschiedenen Systemen in derjenigen Abstufung eintreten, die in der Norm die Richtung der Wasserbewegung leitet, d. h. wenn die kolloid-osmotischen Kräfte mit einem starken Gefälle nach der Niere eingestellt sind. Eine Reaktion, die nur im extrarenalen Gebiet eintritt, wie z. B. eine Entquellung im Gewebe, wird die Aufnahme vom Wasser in das Blut ermöglichen, aber ohne eine Steigerung der Reaktionsfähigkeit der Glomeruluscapillaren nicht zu einer vermehrten Harnmenge führen.

Wenn es nach diesen Überlegungen und angesichts der Gleichheit im Bau der renalen und extrarenalen Capillaren nicht zweifelhaft sein kann, daß die Diuretica renal und extrarenal angreifen, so ist doch die außerhalb der Niere stattfindende Einwirkung nicht leicht zu beweisen im Gegensatz zu dem Einfluß, der in der Niere selbst stattfindet und sich in einem Ansteigen der Konzentrationen der gelösten Stoffe äußert. Diesen ausschließlich renalen Erfolg haben die Diuretica der Purinreihe, die quecksilberhaltigen Mittel und auch die Digitalis. Die Konzentrationssteigerung tritt mit und ohne gleichzeitige Wasserdiurese, nicht selten auch dieser vorausgehend, ein.

Den Einfluß diuretischer Mittel auf die Bluteiweißkörper hat besonders ELLINGER[1] studiert. Die von ihm angewandte Methode (Viscositätsbestimmung) ist aber für diesen Zweck nicht ausreichend.

II. Die Blutdrucksteigerung.

In der (Bd. 7, II, S. 1360ff. dieses Handbuchs) von FR. KAUFFMANN dargestellten Beziehung zwischen Blutdrucksteigerung und Niere findet die Auffassung, daß der arterielle Hochdruck bei der akuten Nephritis ein von der Niere unabhängiger Vorgang sei, ein starkes Echo. Nach VOLHARD ist bei dieser Krankheit das Kardinalsymptom der Blutdrucksteigerung nicht als Folge der Nierenerkrankung anzusehen. Nach VOLHARD ist die primäre allgemeine Arteriolenkontraktion die Ursache des Hochdrucks und in ihrem renalen Anteil, der renalen Ischämie, die Ursache der entzündlichen Veränderungen.

[1] ELLINGER: Arch. f. exper. Path. **90**, 375 (1921); **91**, 1 (1921); **106**, 135 (1925) — 34. Kongr. inn. Med. **1922**, 374.

Diese Auffassung entspricht der oben wiedergegebenen Meinung über das Entstehen des Ödems, stützt sich zum Teil auf analoge Beobachtungen (prä-nephritische Blutdrucksteigerung) und führt offenbar zu denselben Widersprüchen.

Diese Auffassung der Entstehung der Hypertonie wie des Ödems gilt nur für die akute Nephritis. Daß dieselben Erscheinungen bei der „chronischen" Nephritis nicht so erklärt werden können, macht diese Theorie oder Hypothese ganz unwahrscheinlich.

Es kann wohl keinem Zweifel mehr unterliegen, daß ein dauernder oder wenigstens längere Zeit dauernder Hochdruck ganz unabhängig von einer Erkrankung der Niere bestehen kann. Die *essentielle Hypertonie*, die Hochdruckkrankheit, deren Bedingungen nervöse, psychische oder neuroendokrine sind, ist der hauptsächliche Vertreter dieser Hochdruckform.

Wie nahe Beziehungen aber die Blutdrucksteigerung zur Niere hat, geht daraus hervor, daß sich Hochdruck findet: 1. bei der akuten Glomerulonephritis, 2. bei der fortschreitenden chronischen Nephritis, auch im Zustande völliger renaler und kardialer Kompensation, 3. bei der sekundären und genuinen Schrumpfniere, 4. bei der Harnstauungsniere, mitunter sogar bei einseitiger Hydronephrose, 5. in manchen Fällen von degenerativer Epithelerkrankung, z. B. bei der Sublimatniere, 6. bei der Schwangerschaftsniere, 7. in manchen Fällen von polycystischer Nierendegeneration.

Mit einer für die essentielle Hypertonie und zum Teil für die Schwangerschaftsniere geltenden Einschränkung stimme ich daher FAHR zu, wenn er sagt: „Der wichtigste, wenn auch nicht der einzige Anreiz zur dauernden Blutdrucksteigerung geht von der Niere aus." Mit der teleologischen Begründung, die FAHR gibt, daß es sich in der Hauptsache um einen Ausgleichsvorgang handelt, um das Bestreben bei entsprechender Verkleinerung des sezernierenden Parenchyms den Nierenrest entsprechend schneller zu durchspülen oder bei Behinderung der Konzentrationsfähigkeit zwecks entsprechender Verdünnung eine besonders große Menge Flüssigkeit durch die Niere zu treiben oder (bei Sklerose der Nierenarterien) eine Erschwerung des Kreislaufs in der Strombahn der Niere zu überwinden, brauchen wir uns um so weniger zu bescheiden, als diese Postulate nicht zutreffen. Weder ist Konzentrationsunfähigkeit eine Bedingung der Blutdrucksteigerung (Beispiel: Diabetes insipidus), noch ist bei der kompensierten chronischen Nephritis eine Beeinflussung des Hochdrucks von dem Grad der Nierenarbeit zu beobachten.

Ein Verständnis der renalen Bedingung des Hochdrucks läßt sich, wie ich glaube, auf Grund folgender Überlegungen anbahnen:

Die Hauptausscheidungsorgane, die Nieren und die Lungen, nehmen in bezug auf die Durchblutung eine besondere Stellung ein. Diese Organe brauchen das Blut nicht nur zur eigenen Ernährung, beanspruchen also nicht nur einen Teil des Gesamtblutes, sondern sie müssen die ganze Blutmenge durch sich hindurchgehen lassen, da sie die Aufgabe haben, das Blut von Verbrauchtem zu reinigen. Für die besondere Durchströmung der Lunge sorgt ein besonderer Kreislauf. Wie aber steht es mit der Niere?

Die Niere wird, wie die anderen Organe, aus dem allgemeinen Kreislauf gespeist. Ein mit harnfähigen Stoffen reich beladenes Blut hat die Fähigkeit, die Nierengefäße zu erweitern. Wenn es die Gefäße aller Organe und Gewebe gleichmäßig erweiterte, würde eine bevorzugte Durchblutung der Niere nicht stattfinden. Ja, man sieht ein, daß eine optimale Stellung der Nierendurchströmung dann stattfinden würde, wenn zwischen den Gefäßen der Niere und allen anderen Gefäßen ein funktioneller Antagonismus bestände, derart, daß eine Erweiterung der Nierengefäße mit einer Verengerung aller anderen einherginge. Da das Gefäßgebiet des Splanchnicus ein Überlaufbecken des Kreislaufes darstellt, so muß bereits ein derartiger Antagonismus zwischen Nierengefäßen und Splanchnicusgebiet für die Durchblutung der Niere sehr wirksam sein. Eine solche entgegengesetzte Wirkung hat das Coffein, das eine Verengerung der Splanchnicus- und eine Erweiterung der Nierengefäße hervorruft. Wenn auch die umgekehrte Beeinflussung bestände — worüber noch nichts bekannt ist —, wenn eine Erweiterung der Nierengefäße (z. B. durch harnfähige Substanzen) die Verengerung anderer großer arterieller Gebiete auslöste, so wäre eine *automatische physiologische Beziehung zwischen Blutdruck und Nierendurchblutung* gegeben.

Dieser Gedanke ist die Grundlage, auf der das einheitliche Verständnis aller Blutdrucksteigerungen, wie sie bei den genannten so verschiedenartigen Nierenerkrankungen auftreten, möglich wäre. Wenn eine Behinderung der aktiven Gefäßerweiterung in der Niere den Reflex nach den anderen Gefäßgebieten verstärkte, so würde sich die Hypertonie bei der akuten und chronischen Nephritis und bei den Schrumpfnieren aus dem krankhaften (angiospastischen oder angiopathischen) Zustand der Gefäße selbst erklären. Bei der Harnstauungsniere, und vielleicht bei der Stauungsniere überhaupt, wäre es die Steigerung des Organdrucks, der die Erweiterung der Nierengefäße hemmt. Ähnlich stände es bei der Sublimatniere, bei der ebenfalls eine starke Schwellung der Organe und damit ein erhöhter Organdruck vorliegt. Auch bei der polycystischen Nierendegeneration kann man sich eine Behinderung des Kreislaufes und der Gefäßreaktionen in der Niere vorstellen. Einen Zusammenhang zwischen Organdruck und allgemeinem Blutdruck hat auch das Experiment ergeben. ALWENS[1] hat gefunden, daß der Blutdruck in geringem Grade steigt, wenn man die Niere im Onkometer komprimiert. TETZNER[2] hat allerdings in einem chronischen Kompressionsversuch am 18. Tag einen normalen Blutdruck gemessen.

Diese Auffassung schließt nicht aus, daß die zum Zwecke vermehrter Nierendurchblutung erfolgende Kontraktion anderer Gefäßgebiete durch endogene, in der Niere entstehende Produkte, also durch eine innere Sekretion der Niere, bewirkt wird. Da aber KÖLLIKER und SMIRNOW in der Niere, und zwar auch im Bindegewebe der Adventitia und in der Media aller Nierengefäße, sensible Endorgane gefunden haben, so ist außer der humoralen Steuerung auch eine nervösreflektorische in Betracht zu ziehen.

Für einen solchen Mechanismus und für sein Hinausreichen über das Nierenparenchym auf die ableitenden Harnwege spricht die Erfahrung, daß Stauung des Harns in Blase, Ureter und Nierenbecken Hochdruck verursacht. Daß eine Ausscheidungsinsuffizienz an dieser Wirkung nicht beteiligt ist, zeigt FULL, der Blutdrucksteigerung beobachtet hat, die (unabhängig von Schmerzempfindungen) mit Füllung und Entleerung der Blase in wenigen Minuten kommt und wieder verschwindet.

Auch bei einseitiger Hydronephrose findet sich gelegentlich Hochdruck. Mein Mitarbeiter A. RENNER hat entsprechend dieser klinischen Beobachtung am narkotisierten Tier, also ohne Schmerzvermittlung, durch Füllung eines Nierenbeckens vom Ureter aus Blutdrucksteigerung hervorgerufen.

III. Urämie.

Bei der akuten und bei der chronischen Nephritis, bei den Schrumpfnieren und bei der Schwangerschaftsnephropathie treten sehr verschiedene Komplexe psychischer und nervöser Erscheinungen auf. Es ist hier nicht der Ort, auf die

[1] ALWENS: Dtsch. Arch. klin. Med. **98**, 137 (1909).
[2] TETZNER: Arch. f. exper. Path. **97**, 421 (1923).

Symptomatologie einzugehen, sondern es genügt festzustellen, daß zur Kennzeichnung der einzelnen Krankheitsbilder Ausdrücke wie nervöse, zentrale, psychotische, gastrointestinale, viscerale, eklamptische, epileptische, asthenische, paralytische, komatöse, dyspnoische (asthmatische) Urämie im Gebrauch sind. Auch die Begriffe Präurämie und latente Urämie, akute und chronische Urämie dienen der Verständigung.

Eine gute Übersicht ergibt die von REISS[1] eingeführte Einteilung in 1. asthenische Urämie (Nierensiechtum), 2. Krampfurämie, 3. psychotische Urämie, 4. Mischformen.

Mit der Einschränkung, daß auch bei Nierensiechtum eklamptische Anfälle auftreten können (Mischfälle), also nur mit Geltung für reine Symptomenbilder, kann man auch die asthenische Urämie als chronische, die eklamptische als akute bezeichnen.

Diese allein auf Symptomatik berechnete Gliederung ist frei von jeder Lehrmeinung über das Wesen der Urämie.

VOLHARD und andere wollen nur das Nierensiechtum als Urämie (Harnvergiftung) bezeichnen. VOLHARD teilt ein in 1. akute oder eklamptische Form der (falschen) Urämie, 2. echte chronische Urämie, 3. chronische Pseudourämie (d. s. Eklampsie und andere cerebrale Symptome bei Hochdruckkrankheit).

Diese dritte Form der Urämie ist qualitativ der akuten eklamptischen Urämie gleich oder sehr ähnlich. Eklamptische Anfälle, Bewußtseinverlust, äquivalente Herderscheinungen (Monoplegie, Hemiplegie, Amaurose), psychotische Zustände sind die Charakteristica der vollen Entwicklung, die, wie bei der akuten Urämie, rascher Rückbildung fähig sind. Als leichtere Form oder als Vorläufer treten Anfälle von heftigem Kopfschmerz auf, der, mit Schwindel und Augenflimmern einhergehend, einem Migräneanfall gleicht.

Solche Zustände finden sich auch bei akuter Nephritis. Sie können, wie der Migräneanfall, mit einer Steigerung des erhöhten Blutdruckes verlaufen.

So wie die leichteren Formen der akuten Urämie und der sog. chronischen Pseudourämie der Migräne gleichen, so der urämisch-eklamptische Anfall dem epileptischen.

Der migränöse und der epileptische Anfall beruhen auf cerebralen Angiospasmen. Der gleiche Mechanismus muß für die akute Urämie und für die Urämie bei Sklerose angenommen werden.

Bei der Hochdruckkrankheit (essentielle Hypertonie) findet sich eine Neigung zu lokalen Angiospasmen, die je nach Lokalisation als Angina pectoris, Angina abdominalis, intermittierendes Hinken auftreten. Zwischen den beiden Bewegungsstörungen der Gefäßmuskulatur, dem allgemeinen Hypertonus und dem lokalen Spasmus wird in der Klinik nicht immer scharf genug unterschieden. Daß es sich aber hier um Prozesse handelt, die grundsätzlich zu trennen sind, geht schon daraus hervor, daß die Pharmaka, die den Spasmus schnell und sicher beseitigen, gegen den Hypertonus ohne Wirkung sind. Weil sich Angiospasmen so oft bei Hypertonikern einstellen, konnte sich in ärztlichen Kreisen die irrige Meinung festsetzen, daß Diuretin, Papaverin, Nitrite und andere Mittel, die die angiospastischen Beschwerden des Hypertonikers verringern, auch zur Bekämpfung der Blutdrucksteigerung geeignet seien.

Daß diese beiden Bewegungsstörungen der Gefäßwand gegenseitige Beziehungen zueinander haben, geht nicht nur aus dem Auftreten von Angiospasmen bei Hypertonus, sondern auch daraus hervor, daß sich im migränösen Anfall (Angiospasmus) eine Blutdrucksteigerung einstellen kann, und daß die Migräne eine Disposition für Hochdruckkrankheit und genuine Schrumpfniere gibt.

[1] REISS: Z. klin. Mod. **80**, 07 (1014).

LICHTWITZ[1] hat vorgeschlagen, den epileptischen, migränösen, eklamptischen und asthmatischen, auch den gichtischen Anfall u. a. unter dem Begriff der *Entladungskrankheiten* zusammenzufassen.

Damit soll nicht nur das Gewaltsame des Zustandes ausgedrückt, sondern auch gemeint sein, daß *die Dauer des Anfalls nicht der Dauer der Anwesenheit der primären Ursache entspricht*. Wenn z. B. — ein tatsächliches Ereignis — ein Kranker mit Schrumpfniere nach einem heftigen eklamptischen Anfall noch 3 Tage im Zustande der Anurie lebt, so darf man wohl annehmen, daß das (hypothetische) giftige Prinzip sich noch im Körper befindet, ja sich vielleicht vermehrt hat. Wenn aber trotzdem in diesen 3 Tagen bis zum Tode kein weiterer Anfall kommt, so muß man schließen, daß das Entstehen eines Anfalls nicht allein von der Anwesenheit des Giftes abhängt.

Betrachten wir diese Erscheinung im weiteren Rahmen der Entladungskrankheiten, so ist vor allem die Periodizität bemerkenswert. Viele Epileptiker, und noch ausgesprochener Migranöse, erleiden ihre Anfälle in bestimmten Zwischenräumen und sind nicht selten nach dem Anfall für einige Zeit in besonders guter Verfassung, als ob der Anfall wie ein reinigendes Gewitter gewirkt hätte. Über die Dynamik der Stoffe, die diese Entladungserscheinungen machen, fehlt noch jede Theorie. Vielleicht bringt uns das weitere Studium der Überempfindlichkeitsreaktionen auf diesem Gebiete weiter. Die Erscheinung der Periodizität erlaubt die Vorstellung, daß der durch das Gift ausgelöste Anfall selbst wie eine antiallergische Reaktion entgiftend wirkt, daß in der Folgezeit ein Anfall ausbleibt, so lange diese Reaktionsfolge vorhält. Bei der Annahme eines solchen Mechanismus ist aber nicht zu übersehen, daß die Fähigkeit zu einer solchen Reaktion keine unbedingte ist, und daß ihr Versagen sich im Status eclampticus, epilepticus usw. äußert.

Daß der epileptische und migränöse Anfall allergischer Natur sei, wird besonders in der französischen Literatur mit bejahender Tendenz diskutiert. Eine Brücke zur Ausdehnung solcher Anschauungen auf das Gebiet der Urämie bildet die Gleichheit der Symptome, die Kenntnis des Asthma uraemicum, einer entsprechenden Reaktionsfolge in der Bronchialmuskulatur und der mitunter zu beobachtenden allergischen Natur der Angina pectoris bei Hochdruckkranken.

VOLHARD sieht in Anlehnung an die Theorie von TRAUBE die Ursache der eklamptischen Urämie in einem Hirnödem, das die Folge eines Krampfes der Hirngefäße sei.

Zu dieser Auffassung kommt VOLHARD durch die gute Wirkung, die Lumbalpunktionen bei eklamptischen Urämien haben. FAHR findet aber Ödem in solchen Fällen nicht regelmäßig. Auch FAHR ist der Meinung, daß der eklamptische Anfall die Folge eines Angiospasmus sei, der auch die Bildung des Hirnödems herbeiführe. KLEMENSIEWICZ[2] hat in einem sehr bekannten Versuch gezeigt, daß Ischämie am Kaninchenohr zu starkem Ödem führt. Auch in der Niere wird bei der akuten Entzündung ödematöse Schwellung beobachtet. Eine ausgiebige Herabsetzung des Hirndrucks durch Lumbalpunktion wird sicher einen vermehrten Zustrom von Blut in das Schädelinnere herbeiführen. Für die ursächliche Rolle des Hirnödems bildet der Punktionserfolg keinen Beweis.

Die Einreihung der eklamptischen Urämie in den Begriff der Entladungskrankheiten nimmt diese Zustände aus dem Zusammenhang mit krankhaften renalen Vorgängen heraus. In der Tat tritt auch der eklamptische Anfall ganz unabhängig von den Funktionszuständen und der Gesamtleistung der Niere auf.

[1] LICHTWITZ: Klin. Wschr. **1923**, 2013.
[2] KLEMENSIEWICZ: Verh. Ges. dtsch. Naturforsch. **1913**, 327.

Wenn auch die akute Urämie bei Anurie und Oligurie vorzugsweise besteht, so ist sie doch auch nach Überwindung der schwersten renalen Symptome, selbst bei der Ausschwemmung der Ödeme, zu finden.

Wenn man in dem cerebralen Angiospasmus den Mechanismus der akuten Urämie erkennt oder anerkennt, so erhebt sich die Frage, durch welche Kraft er in Bewegung gesetzt wird.

Die stoffliche Grundlage kann in zwei Gebieten gesucht werden, im Eiweiß und in den Mineralien.

Die Retention von Eiweißabbauprodukten als solche kommt nicht in Frage. Das geht aus der Seltenheit und Geringfügigkeit der eklamptisch-urämischen Erscheinungen bei arenaler Anurie und bei Anurie infolge Nephrose hervor. Alle Bemühungen, einen Zusammenhang mit der Höhe des Bluthamstoffs, des Rest-N oder des Residual-N zu finden, sind ergebnislos verlaufen.

FOSTER[1] hat (1921) mitgeteilt, daß er aus dem Blute von Kranken mit Krampfurämie eine toxische, bei Tieren Krämpfe verursachende Base in krystallinischer Form isoliert habe. Da eine weitere Veröffentlichung über diesen wichtigen Befund nicht erfolgt ist, darf wohl ein Zweifel an der Wirklichkeit dieser Entdeckung ausgesprochen werden. Gleichwohl ist die Möglichkeit, daß das Urämiegift ein proteinogenes Amin sei, im Auge zu behalten. Es ist daran zu denken, daß die schlechte Durchblutung kranker Nieren dazu führen kann, an Stelle von Oxydationen Spaltungen als energieliefernden Prozeß zu setzen und bei der geringen Zufuhr an Nährmaterial auch Aminosäuren in dieser Richtung zu verwenden. Weitere Untersuchungen sind darauf gerichtet, zu sehen, inwieweit der Prozeß der Ammoniaklieferung, der (s. S. 525) bei schweren Nierenleiden gestört oder fast aufgehoben ist, mit urämischen Symptomen in Zusammenhang steht. Außer der arbeitenden Niere als Ort der Giftbildung kommt die Retention stickstoffhaltiger Stoffwechselendprodukte als Bedingung der Entstehung eines giftigen Produktes in Betracht. Durch Sperrung des normalen Abbauweges infolge hoher Konzentration der Endprodukte könnten Nebenwege des Aminosäureabbaus (Decarboxylierung) zu schädlichen Stoffen führen (ROMMELAERE[2], LICHTWITZ[3], O. KLEIN[4]).

Nach den Untersuchungen von BARGER und DALE[5] kommt den höheren Gliedern der Alkylaminreihe und den Phenylalkylaminen sympathico-mimetische Wirkung zu, von der zwei Ausdrucksformen, Blutdrucksteigerung und Pupillenerweiterung, im urämischen Anfall regelmäßig vorliegen. Nach KATO und MASAO[6] steigert das Blutserum chronisch Nierenkranker die Erregbarkeit des peripheren Sympathicus.

Solche Beobachtungen geben der Vermutung, daß das Urämiegift in die Klasse der proteinogenen Amine gehöre, eine bescheidene Stütze. BECHER[7] hat das Indican und aromatische Oxysäuren als Bedingungen der Urämie in Verdacht.

Die Besonderheiten der Ammoniakbildung in der schwer erkrankten Niere führen zu einem zweiten Komplex von Vorgängen, die für die Urämie und bei der Urämie eine bedeutende Rolle spielen, d. s. sind die *Veränderungen des Mineralstoffwechsels*.

---

1 FOSTER: J. of the Amer. med. ass. **76**, 281 (1921).
2 ROMMELAERE: Zitiert nach BARTELS: Ziemssens Handb. **9 I** (1875).
3 LICHTWITZ: Klin. Wschr. **1923**, 2013.
4 KLEIN, O.: Zbl. inn. Med. **46**, 1137 (1925).
5 BARGER u. DALE: J. of Physiol. **41**, 499 (1911).
6 KATO u. MASAO: Tohoku j. of exp. med. **1**, 167, 187 (1920).
7 BECHER: Dtsch. Arch. klin. Med. **148**, 159 (1925) — Z. klin. Med. **104**, 29 (1926).

Die Veränderungen der mineralischen Zusammensetzung des Blutes, die Störungen der Isotonie, Isoionie und Isohydrie sind oben (s. S. 541—546) dargestellt worden.

Bei dem Versuch, die Frage zu beantworten, inwieweit diese chemischen und chemisch-physikalischen Abweichungen von der Norm in Beziehungen zu den urämischen Erscheinungen stehen, ist einschränkend zu bemerken, daß diese Erscheinungen von dem Zustand des Nervengewebes abhängen, und daß die Frage, wie die ionale Zusammensetzung des Blutes auf die ionale Lage des Gewebes einwirkt, nicht beantwortet werden kann. Wir stehen hier vor derselben Schwierigkeit wie bei der Beurteilung der Abhängigkeit der urämischen Erscheinungen von einem Giftstoff organisch-chemischer Art. Vermutlich wird es bei einem solchen Zusammenhang weniger auf die Giftmenge ankommen, die im Blute kreist, als auf die, die in den reagierenden Zentren fixiert ist.

Unsere Kenntnisse von der Abhängigkeit neuromuskulärer Übererregbarkeit von Veränderungen der ionalen Zusammensetzung sind noch sehr unvollständig. Die Verminderung des Calciums, der Anstieg des anorganischen Phosphors — aus physikalisch-chemischen Gründen koordiniert — und die Vermehrung des Kaliums im Blute sind Befunde, die oft mit Erhöhung der nervösen Erregbarkeit und mit Krampfneigung einhergehen. MAINZER[1] hat auf die Ähnlichkeit dieses Blutverhaltens bei Urämie mit dem bei Epithelkörperchentetanie hingewiesen. Tetanische Symptome sind bei Urämie und bei Schwernierenkranken vor der Urämie bisweilen auffindbar. Die Veränderungen der ionalen Zusammensetzung stellen also wohl *einen* Faktor dar, der für die Entstehung der eklamptischen Anfälle und für die Entstehung neuromuskulärer Übererregbarkeit bei der chronischen Urämie von Bedeutung sind.

Das urämische Koma hat einige Ähnlichkeit mit dem Coma diabeticum. Es ist aber zu beachten, daß das Koma, insbesondere seine charakteristische Atmung, auch bei solchen Urämikern vorkommt, die keine Blutacidose haben. Die Frage, inwieweit der Nierenacidose eine Bedeutung für die Pathogenese des Coma uraemicum zukommt, muß also vorerst unbeantwortet bleiben.

D. Ätiologie.

Die Erfahrungen, daß es Familien gibt, in denen die Albuminurie — zumal im jugendlichen Alter — bei mehreren Mitgliedern und in mehreren Generationen auftritt, und daß in denselben oder anderen Familien die genuine Schrumpfniere ein bekanntes und gefürchtetes Schicksal bedeutet, lehren, daß das konstitutionelle Moment bei der Entstehung von Nierenkrankheiten eine gewisse (wenn auch nicht sehr große) Rolle spielt. MARTIUS[2] spricht von einer „konstitutionellen Nierenschwäche". Aus der Darstellung der bei der orthostatischen Albuminurie wirksamen Bedingungen geht hervor, daß bei der Albuminurie der Jugendlichen die konstitutionelle Besonderheit die Statik der Wirbelsäule und das autonome Nervensystem betrifft. Diese Albuminurie ist an sich keine Nierenkrankheit und steht, wie ich glaube, mit einer später auftretenden Schrumpfniere nur in dem Maße in einem Zusammenhang, als abnorme Reaktionen des autonomen Nervensystems an dieser wie an jener beteiligt sind. Die Neigung zu Angiospasmen, die sich, besonders im jugendlichen Alter, auch als Albuminurie äußern kann, die in einer Fülle von Symptomen auch als Migräne die konstitutionelle Erkrankung der stärksten hereditären Übertragbarkeit darstellt, gibt

[1] MAINZER: Z. exper. Med. **56**, 498 (1927).

[2] MARTIUS: Die Pathogenese innerer Krankheiten. 1900 — Konstitution und Vererbung in ihren Beziehungen zur Pathologie. Berlin 1914.

eine sehr erhebliche Bedingung für die genuine Schrumpfniere (LICHTWITZ[1], HADLICH[2]).

Daß Menschen dieser Konstitution gegenüber den häufigsten Bedingungen von Nierenerkrankung, den Infektionen und exogenen Giften, eine größere Empfindlichkeit haben, ist nicht bekannt. Wohl aber erscheint es möglich, daß die Erkältung oder, richtiger, die Abkühlung der Körperoberfläche oder einzelner ihrer Teile bei diesen Menschen mit empfindlichen Gefäßen leichter zu einer akuten Nephritis führt.

Die Rolle der *Abkühlung*, die früher sehr hoch bewertet, im Zeitalter der reinen Bakteriologie verachtet wurde, spielt, wie eine genügende Anzahl einwandfreier Beobachtungen ergibt, für die Entstehung einer akuten hämorrhagischen Nephritis eine beachtliche Rolle. Es darf als eine gesicherte Tatsache gelten, daß äußere Abkühlung eine Ischämie der Nieren herbeiführt. Ob die vermittelnde Ansicht, daß diese Gefäßreaktion den Boden für die Einwirkung einer bakteriellen Noxe bereitet, richtig oder notwendig ist, steht dahin. Der Befund von Streptokokken im Harn von Patienten mit Erkältungsnephritis beweist nichts für die infektiöse Natur des diffusen Nierenprozesses, sondern für das gleichzeitige Bestehen einer embolischen, herdförmigen Erkrankung. Bei den diffusen Glomerulonephritiden wird der Harn in der Regel steril befunden. Auch daß in solchen Fällen unter Umständen Fieber besteht, kann nicht auf eine gleichzeitige, die Nephritis bedingende Infektion bezogen werden, da durch die Abkühlung gleichzeitig katarrhalische Prozesse an den Luftwegen entstehen können, Prozesse, an denen die dort sitzenden Bakterien beteiligt sind, und da das Fieber wohl mit Unrecht fast ausschließlich auf bakterielle Einflüsse zurückgeführt wurde. Die Häufung von Nephritis in kalter und nasser Jahreszeit, besonders die Erfahrungen der Kriegsnephritis führen dazu, der äußeren Abkühlung eine selbständige Rolle für die Entstehung der Nephritis zuzuerkennen.

Die größte Zahl der Nierenkrankheiten entsteht durch Infektion. Es gibt keine Infektionskrankheit, die nicht eine Beteiligung der Nieren herbeiführen könnte.

Pathogenetisch sind drei verschiedene Arten der Einwirkung zu unterscheiden. Durch bakterielle Infektion der Niere selbst kommt es zu herdförmigen Erkrankungen, die relativ harmloser Natur sind. Auf dem Wege der bakteriellen Embolie wandern auch die Erreger in den Harn. Nicht selten trifft man eine renale Bakteriurie, ohne daß wesentliche Zeichen einer Nierenerkrankung bestehen. Die herdförmige Erkrankung kann unter besonderen Umständen, so bei Endocarditis lenta und bei der Purpura variolosa, die Niere in so großer Ausdehnung befallen, daß die Mehrzahl oder ein großer Teil der Glomeruli außer Betrieb gesetzt wird.

Die diffusen Glomerulonephritiden entstehen dagegen — sehr wahrscheinlich — nicht so, daß die Bakterien selbst mit der Niere in Kontakt treten, sondern durch Einwirkung der an anderer Stelle gebildeten Giftstoffe.

Von allergrößter Bedeutung ist, daß die Kokken, in erster Linie die Streptokokken, nach ihnen die Pneumokokken, Toxine bilden, die im Glomerulus angreifen — zweite Art der Einwirkung —, während alle Bakterien, auch die Kokken jeder Art — dritte Art der Einwirkung — die Epithelzellen so schädigen, daß eine Affektion, in leichteren Fällen eine „febrile Albuminurie", in schwereren eine bis zur mehrtätigen Anurie führende Nephropathie entsteht. Schwere und schwerste Erkrankungen dieser Art trifft man bei Infektion mit Cholera, Diphtherie, Dysenterie, Typhus, Paratyphus, Malaria, Pneumobacillus Friedländer.

[1] LICHTWITZ: Praxis der Nierenkrankheiten. 2. Aufl. Berlin 1925.
[2] HADLICH: Dtsch. Z. Nervenheilk. 75, 125 (1022).

Eine ähnliche Wirkung kommt vielen Giften zu, so dem Quecksilber, dem Arsen (auch dem Salvarsan), der Oxalsäure u. a. m. Die akute, d. h. die durch eine einmalige oder kurzdauernde Einwirkung entstehende Form der toxischen Nierenerkrankung ist die *epitheliale Nephropathie* (*Nephrose*), während bei einer der praktisch wichtigsten renalen Giftfolgen, bei der chronischen Bleivergiftung, die langsame Gifteinverleibung zu schweren glomerulären Prozessen führt, und zwar in derselben Weise, wie sie bei den vasculären Nierenerkrankungen sich entwickelt.

Trotzdem bei akuten Infektionen glomeruläre und tubuläre Erkrankung nicht selten zusammen auftritt (Mischfälle), so ist es doch gerechtfertigt, diese beiden Formen der Erkrankung auch pathogenetisch streng gesondert zu behandeln. Wir sehen, daß eine febrile Albuminurie (akute Nephrose) im Beginn eines Scharlachs ganz und gar nicht den Boden für eine Scharlachnephritis vorbereitet, sondern daß diese nach etwa 18 Tagen einsetzende glomeruläre Erkrankung zu den renalen Erscheinungen der ersten Krankheitstage keine Beziehungen hat.

Auch bei der Lues treffen wir diese zweifache renale Schädigung in voller Unabhängigkeit voneinander. Die luische Nephropathie, die schon in einem frühen Stadium der Infektion auftreten kann, ist, sofern sie ausheilt, ohne Zusammenhang mit der Schrumpfniere, die auf der Basis der luischen Arteriolenerkrankung sich entwickelt.

Auch bei einem Teil der Nierenschädigung durch endogene Gifte kann man Ähnliches beobachten. So findet sich bei der Gicht frühzeitig eine Schädigung tubulärer Funktionen (der Fähigkeit der Harnsäurekonzentrierung), während später die Erscheinungen der vasculär bedingten Schrumpfniere in den Vordergrund treten.

Man kann im Falle der Gicht — im weitesten Sinne — ein endogenes renales Toxin epithelialer Wirkung annehmen. Auch bei dem Diabetes mellitus, bei endokrinen Störungen, vielleicht bei der Anaemia gravis ist bisweilen an Schädigungen ähnlicher Art zu denken.

Die häufigste und wichtigste endogen-toxische Nierenerkrankung dagegen, die Schwangerschaftsniere, ist komplexer Natur, indem neben tubulären und glomerulären Symptomen auch eine Alteration des Blutplasmas und der Gewebskolloide das Symptomenbild zusammensetzt.

Endokrine Veränderungen eigener Art (in manchen Fällen eine nachweisbare Unterfunktion der Schilddrüse) führen zu der Lipoidnephropathie (Lipoidnephrose), von der in einem Teile der Fälle sich Lues als pathogenetische Bedingung findet.

Neben die entzündlichen und toxischen Ursachen tritt als dritte die Erkrankung der Gefäße, die — endogen oder exogen toxisch bedingt — zum Teil auf die gleichen, aber chronisch einwirkenden Noxen zurückzuführen ist, die auch die Glomeruli und die Epithelien schädigen kann, in einem bedeutenden Teil der Fälle aber als einziger oder wenigstens vorwiegend und ausschließlich sichtbar werdender Angriffspunkt die Basis quantitativ und qualitativ sehr verschiedenartiger renaler Prozesse bildet.

Die Ätiologie der Erkrankung der Nierengefäße ist die der Arteriosklerose überhaupt. Die Bedeutung der Abnutzung, der psychovasomotorischen Erregbarkeit, einer in der Familie gelegenen und leicht übertragbaren Bedingung, des Klimakteriums, der Einfluß von Gicht, Diabetes und Fettleibigkeit, die schädliche Wirkung von Alkohol, Vielessen, Blei sind die bekannten Faktoren. Von Infektionskrankheiten spielt neben der Lues der Gelenkrheumatismus, wie FAHR hervorhebt und wie ich bestätige, für die Entwicklung der genuinen Schrumpfniere eine beachtenswerte Rolle.

E. Pathologische Physiologie der speziellen Krankheitsbilder.

I. Primär epitheliale Leiden (Nephrosen).

Bei dieser großen Gruppe von Nierenerkrankungen betrifft die hauptsächliche, in der Mehrzahl der Fälle die einzige und in den anderen Fällen die erstzeitige Veränderung die Epithelien, und zwar besonders diejenigen der tubulären Hauptstücke und der Glomeruli. Bei länger bestehender und schwererer Erkrankung zeigt auch die Wand der Glomerulusschlingen charakteristische Erscheinungen. Sie erscheint dann verbreitert, unscharf begrenzt und weniger durchsichtig. Nach FAHR werden in diesen Stadien Glomerulusveränderungen, die als entzündlich zu deuten wären, wie Exsudation und Kernvermehrung, nicht gefunden.

Was man an der Niere sieht, sind, wie bald dargestellt werden soll, degenerative Prozesse. VOLHARD und FAHR haben daher diese Gruppe von Erkrankungen als primär-degenerative bezeichnet.

Über die Trennung der Begriffe Entzündung und Degeneration gehen die Meinungen weit auseinander. LUBARSCH[1] versteht unter Entzündung „diejenigen lokalen Reaktionen der lebendigen Substanz der Zellen und Gewebe, die auf eindringende oder eingedrungene Schädlichkeiten erfolgen und der Abwehr, Zerstörung und Beseitigung der Schädlichkeit dienen können". ASCHOFF[2] erkennt im Gegensatz zu RIBBERT[3] und HERXHEIMER[4] nicht nur dem Zellkomplex, dem Gewebe, sondern jeder Einzelzelle, auch dem Epithelium, die Fähigkeit defensiver Regulation zu.

Die Kampfmittel einer Epithelzelle ergeben sich aus ihrem Bau und Wesen und können nicht mit denen des Blutgefäßbindegewebsapparates verglichen werden. Man kann wohl als sicher annehmen, daß jede Abwehrleistung mit einem erhöhtem Stoffverbrauch einhergeht. Wenn also die primär-epitheliale Erkrankung der Niere eine Abwehr bedeutet, d. h. im weitesten Sinne entzündlicher Natur ist, so muß man wenigstens in dem Stadium und in dem Verlauf, in denen die Zelle mit Erfolg kämpft, einen erhöhten Stoffverbrauch feststellen können. Wir werden auf diesen Gesichtspunkt zurückkommen. Die Nierenepithelzelle kann den Entzündungsgiften nicht das Maß des Widerstandes entgegenstellen, dessen der Blutgefäßbindegewebsapparat fähig ist, und verfällt daher leicht Veränderungen offensichtlich degenerativen Charakters, wie wir sie am schnellsten und deutlichsten bei Einwirkung von anorganischen Giften (Hg, Cr u. a.) auftreten sehen.

Daß ein Abwehrkampf stattgefunden hat, kann man an der Epithelzeile — morphologisch — nicht beweisen, ganz sicher nicht in den Fällen, in denen die Zelle unterlegen ist. Die Abwehrmaßnahme der Nierenzelle wird wohl — der Natur und Bestimmung dieser Zelle nach — in erster Linie die beschleunigte Ausscheidung sein. So erklärt sich wohl die Polyurie (kurzer Dauer), die bei epithelialer Erkrankung durch gewisse Gifte (Hg, Phenol) im allerersten Stadium der Erkrankung von uns beobachtet wurde, und so ist wohl auch zu verstehen, daß Quecksilberpräparate (Calomel, Novasurol u. a.) je nach Dosierung sowohl das kräftigste Diureticum als das stärkste Nierengift abgeben.

Der Beziehung zwischen reizender und degenerierender Wirkung dieser Gifte könnte eine Beziehung zwischen entzündender und degenerierender Wirkung von Bakterienprodukten entsprechen. Für die Pathologie der Niere ist eine

---

1 LUBARSCH: Entzündung. In Aschoffs Lehrbuch. Jena 1919.
2 ASCHOFF: Berl. klin. Wschr. **1917**, 3 — Veröff. Mil.san.wes. **1917**, H. 65.
3 RIBBERT: Dtsch. med. Wschr. **1909**, Nr 46.
4 HERXHEIMER: Beitr. path. Anat. **65**, 1 (1919).

solche Betrachtung von Bedeutung, weil gar nicht selten sicher entzündliche Veränderungen (Glomerulitis) und epitheliale Degeneration gleichzeitig auftreten (Mischfälle), weil in manchen Fällen die (klinischen) glomerulären Symptome wenig ausgesprochen und rasch vorübergehend sind und nicht selten Krankheitszustände zurückbleiben, die den Typus der Nephrose zeigen und ohne die Kenntnis der Vorgeschichte, die ja nicht immer zu erlangen ist, als primär degenerative Formen aufgefaßt werden können.

Die Erscheinungen an den Epithelien sind nach der Darstellung von Fahr folgende:

Die erste Veränderung ist die „*trübe Schwellung*", die *albuminöse oder körnige Schwellung*, die sich auch im Zustande erhöhter physiologischer Tätigkeit findet (Rössle[1]). Daher darf wohl die pathologische albuminöse Schwellung ebenfalls als der Ausdruck einer erhöhten Tätigkeit und als defensive Reaktion aufgefaßt werden. Morphologisch charakterisiert sich dieser Zustand durch Vergrößerung der Zelle, durch das Auftreten zahlreicher, aus Eiweißmasse bestehender Körnchen, Auflösung der Stäbchenstruktur, Abnahme der Färbbarkeit. Der Zellkern erscheint unverändert. Wahrscheinlich handelt es sich um Gerinnungsvorgänge, oder auch um eine „anderweitige Modifikation der Eiweißsubstanzen" (Cohnheim[2]).

Zu erwägen ist auch bei dieser Veränderung wie bei den späteren, wie Fahr es tut, eine Reaktion der in die Zelle eingedrungenen Plasmaeiweißkörper mit dem Zellprotoplasma.

Das zweite Stadium ist das der *hyalin-tropfigen Degeneration*. Die Zellen sind vergrößert, erfüllt von Tropfen verschiedenen Volumens, glänzend wie Hyalin. Die Zellen zeigen ein wabiges Aussehen. Über die Auffassung dieser Tropfen sind die Ansichten verschieden. Ein Teil der Autoren meint, daß sie aus den Altmann-Granula entstehen und der Ausdruck einer Supersekretion seien (Aschoff[3], Suzuki[4]). Fahr hält auch Bildung aus dem intergranulären Protoplasma oder aus den Altmann-Granula durch Verlust des lipoiden Anteils für möglich. In diesem Stadium leiden allmählich auch die Zellkerne. Der hyalintropfigen Degeneration der Epithelien entspricht die hyaline Degeneration der Bindegewebsfaser. Die Meinung von Fahr, daß auch hier das Zellprotoplasma mit Eiweiß, das in die Zelle eingedrungen ist, unter Fällungserscheinungen reagiert, wird durch die besser gesicherte Kenntnis der amyloiden Degeneration, die sicher eine solche Genese hat und mit der hyalinen verwandt ist und vergesellschaftet auftritt, gestützt. Auf das Auftreten von Fällungserscheinungen bei dem interrenalen Akt der Albuminurie wurde bereits früher (S. 518) hingewiesen.

Das dritte und äußerste Stadium ist die *Koagulationsnekrose*, die in einer Umwandlung des Zellprotoplasmas in eine amorphe, bald mehr homogene, bald körnige und schollige Masse und in Kernschwund besteht, eine vollständige irreversible Gerinnung der ganzen Zelle darstellt und Zelltod bedeutet.

Diese drei Stadien, von denen die beiden ersten rückbildungsfähig sind, werden je nach der Dauer und der Stärke des einwirkenden Agens mit sehr verschiedener Geschwindigkeit durchlaufen.

Zu diesen primären *Veränderungen* gesellen sich *pathologische Begleiterscheinungen*. An erster Stelle steht die *Verfettung*. Die alte Lehre von Virchow, daß das Fett lokal aus Eiweiß entstehe, ist im allgemeinen verlassen. Das in der

[1] Rössle: Virchows Arch. **170**, 375 (1902).
[2] Cohnheim: Vorlesungen über allgemeine Pathologie. Berlin 1882.
[3] Aschoff: Lehrb. d. path. Anat. Jena.
[4] Suzuki: Zur Morphologie der Nierensekretion. Jena 1912.

Zelle sichtbare Fett ist bei der Schädigung von außen eingewandert oder infolge einer Änderung der Zellstruktur aus dem vorher unsichtbaren Zustand in den sichtbaren übergegangen (Fettphanerose, KRAUS[1], KLEMPERER[2]). ASCHOFF ist der Meinung, daß eine solche Dekomposition der Zelle nur autolytisch oder postmortal vorkomme, und daß es sich im übrigen stets um eine Fettspeicherung aus dem Blute handele. Für die doppeltbrechende Substanz hat WINDAUS[3] an einigen Amyloidnieren festgestellt, daß der Gehalt an gebundenem Cholesterin (Cholesterylpalmitat und Cholesteryloleat) gegenüber der Norm um etwa das 50fache vermehrt war, während in bezug auf freies Cholesterin und in einem der beiden Fälle auch in bezug auf den Gesamtätherextrakt kein Unterschied bestand.

Die Fettumwandlung in der erkrankten Zelle ist, sofern sie nicht aus der allgemeinen Stoffwechsellage folgt, eine pathologische Begleiterscheinung der Epithelerkrankung. Man nimmt an, daß bei einem gewissen Grad der Schädigung die Aufnahme der Fette in die Zellen noch vor sich geht, die weitere Verarbeitung aber nicht mehr stattfindet. Bei rasch einsetzender Koagulationsnekrose fehlt jede Verfettung.

ROSENFELD[4] hat den Begriff der *fettigen Regeneration* aufgestellt. Er meint, daß die Zelle mehr Fett aufnimmt, um eine Schädigung zu überwinden. In diesem Sinne würde also die Fettablagerung eine defensive Maßnahme sein.

Wie LUBARSCH[5] hervorhebt, beweist die (mikroskopisch sichtbare) Einlagerung lipoider Substanzen in Harnkanälchenepithelien, Kapselepithelien und Glomeruli eine Störung des Lipoidstoffwechsels, beweist aber nicht das Vorliegen einer Nephrose.

Anders verhält es sich mit einem andern wichtigen Einlagerungsstoff, dem *Amyloid*. VON GIERKE[6] und LEUPOLD[7] sind der Meinung, daß der Amyloidablagerung eine toxische Schädigung des Gewebes vorausgeht. Weiterhin aber scheint die Amyloideinlagerung ihrerseits zur Degeneration der Zelle zu führen.

Während die Kenntnis der Chemie des Amyloids früher festzustehen schien, ist durch den Befund von EPPINGER[8], der die amyloide Substanz frei von Schwefelsäure fand, zweifelhaft geworden, ob man bei den Substanzen, die das bekannte optische und färberische Verhalten zeigen, eine chemische Individualität annehmen darf. Einigkeit scheint darüber zu herrschen — und das geht aus der Erzeugung von Amyloid durch Caseinfütterung bei Mäusen (KUCZYNSKI[9]) hervor —, daß ein aus dem Blute in die Zelle eingedrungener Eiweißkörper eine Fällungsreaktion, ähnlich der des Hyalins, hervorruft. In der Niere kommt es nach Amyloidablagerung regelmäßiger und stärker als anderswo zu Parenchymveränderungen, die das auch klinisch faßbare Bild der Amyloidnephrose ergeben.

Die Infiltrationen der Niere mit Glykogen, Harnsäure, Kalk, Gallenfarbstoff, Blutfarbstoff, eisenhaltigem Pigment und anderen gefärbten Körpern sollen, da sie für die Entstehung und Weiterbildung einer epithelialen Nephropathie teils eine geringe, teils keine Bedeutung haben, hier nur kurz erwähnt sein (vgl. LUBARSCH[10]).

FAHR unterscheidet zwischen *einfachen* und *bestimmt charakterisierten Nephrosen*.

---

1 KRAUS: Verh. dtsch. path. Ges. Kassel 1903.
2 KLEMPERER: Dtsch. med. Wschr. **1909**, Nr 3.
3 WINDAUS: Hoppe-Seylers Z. **65**, 110 (1910).
4 ROSENFELD: Erg. Physiol. **1**, 651 (1902); **2**, 50 (1903).
5 LUBARSCH: Handb. d. spez. path. Anat. **6** I, 525 (1925).
6 v. GIERKE: Aschoffs Lehrbuch. Jena 1919.
7 LEUPOLD: Zieglers Beitr. **64**, 347 (1918).
8 EPPINGER: Biochem. Z. **127**, 107 (1921).
9 KUCZYNSKI: Virchows Arch. **239**, 185 (1922).
10 LUBARSCH: Zitiert S. 563.

Bei den einfachen Nephrosen handelt es sich gemäß den drei oben beschriebenen Formen der Degeneration (albuminöse Schwellung, hyalin-tropfige Degeneration, Koagulationsnekrose) um drei Stadien des Prozesses. In den leichteren Fällen, besonders bei der sog. febrilen Albuminurie, bleibt es bei dem rascher und völliger Rückbildung fähigen I. Stadium. Auch die Zellen in hyalin-tropfiger Degeneration (Stadium II) können, sofern die Zellkerne unversehrt sind, wieder regenerieren. Regenerative Vorgänge finden sich aber auch noch bei der nekrotischen Form. Die Entwicklung zu diesem Stadium und darüber hinaus geht mit sehr unterschiedlicher Geschwindigkeit vonstatten.

Die Veränderungen beschränken sich durchaus auf den epithelialen Apparat. An den Glomeruli findet sich nichts Entzündliches. Auch das Zwischengewebe ist frei bis auf geringe zellige Infiltrationen in der Umgebung steckengebliebener Zylinder.

Klinisch sind diese Erkrankungen nach der positiven und negativen Seite gut charakterisiert. Es fehlen Blutdrucksteigerung, Augenhintergrundveränderungen, Hämaturie und Urämie. Die Ödemneigung ist gering. In dem gewöhnlich hochgestellten Harn finden sich Eiweißgehalt jeden Grades und Zylinder. Die Harnmengen schwanken von Werten, die dem Allgemeinzustand entsprechen, bis zur Anurie. Bei der Nephrose der Cholera asiatica kommt für die Anurie der übergroße Wasserverlust durch den Darm in Betracht. Die renale Grundlage der Anurie liegt sonst in der Erkrankung der Glomerulusepithelien, dem Verschluß der Kanälchen durch Epithelschwellung und steckengebliebene Zylinder und in der Schwellung der Niere.

Die Zusammensetzung des Harns ist gegen die Norm in der Weise verändert, daß (nicht in allen Fällen) eine außerordentliche Herabsetzung der Konzentration des Cl′ und der Harnsäure besteht, während Harnstoff in normaler und selbst in sehr hoher Dichte ausgeschieden wird. Bei fieberhaften Erkrankungen, z. B. der croupösen Pneumonie, ist der Cl′-Gehalt des Blutes herabgesetzt, so daß man daran denken muß (Monakow[1]), daß der Konzentrationsschwellenwert unterschritten ist. Im allgemeinen aber kann diese Konzentrationsunfähigkeit für Cl′ mit Sicherheit auf die tubuläre Schädigung bezogen werden.

Die *bestimmt charakterisierten Nephrosen* haben ein gemeinsames Kennzeichen darin, daß es in ihrem Verlauf zu glomerulären Veränderungen und zu Schrumpfungen kommt.

Die *Lipoidnephrose* ist eine Allgemeinerkrankung, bei der der Lipoidgehalt in Blut, Ödemflüssigkeit, Niere wohl die Bezeichnung rechtfertigt, pathogenetisch aber keine große, wahrscheinlich sogar eine untergeordnete Stellung einnimmt. Neben der luischen Infektion, die in einem Teil der Fälle vorausgegangen ist, spielen nach A. A. Epstein[2] Unterernährung, Schwangerschaft und Hypothyreoidismus eine Rolle. Der eigenen Erfahrung nach trifft man bei manchen Kranken dieser Art einen herabgesetzten Grundumsatz, wenn es auch nicht immer möglich ist, den gefundenen Wert auf das reale Körpergewicht zu beziehen, da das in diesen Fällen meist sehr starke Ödem die Rechnung verschleiert und der durch das Ödem verdeckte erhebliche Körpersubstanzverlust an der Senkung des Wertes beteiligt sein kann. Bemerkenswerte Besonderheiten des Verhaltens der Schilddrüse bei diesen Kranken finden sich aber darin, daß eine ganz ungewöhnliche Toleranz für Schilddrüsenpräparate (solche Patienten vertragen tägliche Dosen von 2,0 g Thyreoidin Merck durch mehrere Wochen ohne Neben-

[1] Monakow: Dtsch. Arch. klin. Med. **102**, 248 (1911); **115**, 47, 224 (1914); **116**, 1 (1914).

[2] Epstein, A. A.: Amer. J. med. Sci. **1917**, 638 — Med. Clin. N. Amer., Juli (1920) — Amer. J. med. Sci. **1922**, Nr 2 — 77. sess. of Amer. med. Assoc., April (1926).

wirkungen und bei nur geringer Steigerung des Grundumsatzes) besteht und daß auf diese Weise (nicht in allen Fällen) Entwässerung bewirkt werden kann.

Der Harn ist von hohem spezifischen Gewicht, sehr hohem, nicht selten von einem zum anderen Tag sehr verschiedenem Eiweißgehalt. Im Sediment findet man doppeltbrechende Substanz. Die Nierenfunktionen können normal sein. Nicht selten findet sich schwere Beeinträchtigung der Cl'-Konzentrierung.

Wichtige Charakteristica dieser Krankheit sind: Hypalbuminämie mit starker Linksverschiebung des Bluteiweißbildes, hoher Cholesteringehalt des Blutes (0,3—1,3% gegen den durchschnittlichen Wert von 0,2%; Lipoidämie) und der Ergüsse, die außerordentlich arm an Eiweiß sind (seifenwasserähnliche Beschaffenheit). Sehr merkwürdigerweise hat das lipoide Blutserum solcher Kranker, auch bei nichtsteriler Aufbewahrung, eine unbegrenzte Haltbarkeit.

In frischen Fällen ist die Mehrzahl der Glomeruli noch unverändert. Der glomeruläre Prozeß beginnt mit einer Verbreiterung (Quellung) der Schlingenwand und des parietalen Kapselblattes. Später kommt es zur hyalinen Verklumpung der Schlingen und schließlich zur Verödung der Knäuel.

Während die Veränderungen des Epithels in Tubulis und Glomerulis (Tubulo- und Glomerulonephrose) sich, im Gegensatz zu den schwereren akuten Nephrosen, nur langsam entwickeln, dabei aber durch die Einlagerung der Cholesterinester in besonderer Weise charakterisiert sind, ist das Schicksal der Niere durch die zuerst langsam fortschreitende Veränderung der Glomeruli gegeben. Zwar kommt es auch im Bereich der Tubuli zu Schrumpfungsprozessen, indem im Anschluß an Zelluntergänge im Interstitium reaktive Prozesse reparativer Natur auftreten, die schließlich zur Vernichtung des Tubulus führen. Aber es ist für das pathologische Geschehen in der Niere von grundlegender Bedeutung, daß der Untergang von Kanälchen auf den Glomerulus einen sehr geringen Einfluß hat (Orth), so daß eine tubuläre Schrumpfung nur sehr langsam zu einer wirklichen Schrumpfniere führt. Umgekehrt aber wirkt der vom Glomerulus ausgehende Schrumpfungsprozeß rasch auf den Tubulus und damit auf die ganze Niere ein. Und daher sind die bei der Lipoidnephrose (und ebenso bei der Amyloidniere und Schwangerschaftsniere) im Glomerulus einsetzenden, von der epithelialen Veränderung unabhängigen Degenerationsvorgänge von der größten Bedeutung für die Entwicklung der Krankheit und des Schicksals der Kranken; sie führen schließlich zur Schrumpfniere, der *nephrotischen Schrumpfniere.*

Die *Amyloidniere* ist ein Teil der Amyloidose, die sich bei Tuberkulose, Lues, Malaria, Kachexie, chronischem Erbrechen, Hodgkinscher Krankheit u. a., gelegentlich aber auch ohne erkennbare Ursache entwickelt.

Es handelt sich um eine Tubulo- und Glomerulonephrose. Die Beteiligung der Glomeruli tritt hier stärker und früher hervor als bei der Lipoidniere. Die tubulären Veränderungen bieten grundsätzlich das gleiche Bild, unterscheiden sich aber von der Lipoidnephrose in quantitativer Beziehung, indem die Lipoidablagerung geringer, die hyalintropfige Degeneration stärker ist. In einer Anzahl der Fälle tritt, seltener klinisch als im histologischen Bild, die ungeheuere Zahl der Zylinder, die zum Teil Amyloidreaktion geben, hervor. Dieser Befund ist darum interessant, weil er mit der Auffassung, daß Zylinderbildung wie Amyloidbildung auf Eiweißfällung beruht, im Einklang steht.

Das Amyloid lagert sich in der Wand der Glomerulusschlingen ab. Es kommt zu einer Schrumpfung und Hyalinisierung der Knäuel und folgend durch Atrophie zum Untergang der betreffenden Gewebsabschnitte.

Die *Schwangerschaftsniere* wird gewöhnlich im Verbande der primär-epithelialen Leiden abgehandelt, obwohl ein beträchtlicher Teil der Fälle mit Blutdrucksteigerung und den zugehörigen Gefäßerscheinungen (Retinitis, Eklampsie) einhergeht und bisweilen auch einen entsprechenden, zur Schrumpfniere neigenden Verlauf zeigt. Das Verständnis wird noch mehr dadurch erschwert, daß in einer Anzahl der Fälle, die klinisch das reine Bild der Nephrose zeigen, trotz der sehr starken Albuminurie eine ernsthafte, anatomisch begründete Nierenerkrankung gar nicht vorliegt. Das geht daraus hervor, daß die Albuminurie mit der Stunde der Geburt aufhören kann. Komplizierter wird die Sache noch dadurch, daß es Fälle gibt, die ohne arteriellen Hochdruck eklamptisch werden.

Zur Nephrose, und zwar besonders zur Lipoidnephrose, besteht die Beziehung, daß der Schwangerschaft an sich, physiologischerweise, die Neigung zu der erwähnten Veränderung der Blutzusammensetzung (Hypalbuminämie, Linksverschiebung des Bluteiweißbildes, Cholesterinämie) zukommt, die als Teilerscheinung einer den ganzen Körper betreffenden Besonderheit aufzufassen ist, der Albuminurie, Ödemneigung und Alteration der Nierenepithelien zugehören. Eine Steigerung über das Physiologische hinaus führt zu dem nephrotischen Komplex.

Weiter ist der Schwangerschaft etwa vom 4. bis 5. Monat an — physiologischerweise — eine Änderung im Verhalten der Arteriolen und Capillaren eigentümlich. Auch ohne Albuminurie findet sich arterieller Hochdruck und Eklampsie. Wie aber aus der Beobachtung von Eklampsie ohne Hochdruck hervorgeht, kann sich eine angiospastische Reaktion auch lokal einstellen. Das vielgestaltige Krankheitsbild der Schwangerschaftsniere, worunter hier alle Erscheinungen von der reinen Nephrose bis zur Eklampsie ohne renale und allgemein-vasale Symptome verstanden werden sollen, lassen sich aus dem einzeln oder kombiniert in übernormaler Stärke erfolgendem Auftreten dieser beiden physiologischen Besonderheiten der Gravidität verstehen.

II. Primär glomeruläre Leiden.

Es sollen hier nur die diffusen Prozesse abgehandelt werden, da den herdförmigen vom pathologisch-physiologischen Gesichtspunkt aus kein besonderes Interesse zukommt.

Die *diffuse akute Glomerulonephritis* entsteht durch Toxine von Bakterien, am häufigsten von Streptokokken. In ganz frischen Fällen, wie sie HERXHEIMER[1] und FAHR beschrieben haben, findet man — ausschließlich — eine Entzündung der Schlingen der Glomeruli.

HERXHEIMER fand in einem Fall, der 24 Stunden nach Krankheitsbeginn an einer eiterigen Meningitis starb, die Nieren makroskopisch unverändert. Im mikroskopischen Bild zeigten die meisten Glomeruli einen großen Teil der Schlingen stark blutgefüllt, dazwischen andere, welche blutleer, dagegen gering gebläht und reich an Zellen, und zwar vergrößerten Endothelien wie Leukocyten, waren. Das Kapselepithel ist völlig intakt, der Kapselraum zumeist leer. Die Hauptstücke zeigen ziemlich unveränderte Epithelien. Das Bindegewebe und die Gefäße sind völlig unverändert, die Capillaren stark gefüllt.

In späteren Stadien, d. h. nach wenigen Tagen, verschwindet das Blut vollständig aus den Glomerulusschlingen. In manchen Fällen wird auch das Vas afferens blutleer. An Stelle des Blutes füllt diese Gefäße eine zähflüssige Masse aus (LANGHANS), die dem Blutstrom einen unüberwindlichen Widerstand entgegensetzt.

Es handelt sich also um eine *Capillaritis der Glomeruli*, um einen Prozeß, der alle Kennzeichen der Entzündung aufweist. Von vornherein beherrschen

---

[1] HERXHEIMER: Beitr. path. Anat. **64**, 297 (1918) — Münch. med. Wschr. **1918**, 11 — Dtsch. med. Wschr. **1916**, Nr 29—32.

die Exsudation und Proliferation das Bild. Die Exsudation, die den Grad der Organschwellung und somit auch das Organgewicht bestimmt, besteht aus einer eiweißreichen Flüssigkeit, die die Glomerulusschlingen anfüllt und zum Teil durch Gerinnung in hyaline Thromben übergeht. Abscheidung von Fibrin scheint in diesem Stadium gewöhnlich keine große Rolle zu spielen. In dem Exsudat sammeln sich Leukocyten, deren Zahl in einem Glomerulus von 15 μ Schnittdicke von 3—25 auf 100 und mehr ansteigt (GRÄFF[1]). Diese Exsudation in das Innere der Glomerulusschlingen bewirkt eine Vergrößerung, eine Streckung und Blähung der Schlingen.

Gleichzeitig mit der Exsudation setzt eine Proliferation der Glomerulusendothelien ein. Die Endothelien schwellen, wölben sich in das Innere vor und werden schließlich abgestoßen, so daß sie sich mit den Leukocyten in dem Exsudat vermischen.

Erst später kommt es zu einer deutlichen Alteration, die im Beginn nur andeutungsweise besteht. Die Wandung der Schlingen zeigt zunächst eine leichte Verdickung, die allmählich stärker wird. Die Schlingen werden plump, die Grenzen verwischen sich, und es entsteht allmählich ein den ganzen Knäuel einnehmendes Syncytium (FAHR).

Dieser Prozeß betrifft alle Glomeruli. Wohl findet man im Beginn noch unveränderte Schlingen, aber keinen unveränderten Glomerulus. Später sind alle Schlingen befallen. In einem auffallenden Gegensatz zu dieser universellen Glomerulocapillaritis steht die vollständig normale Beschaffenheit der intertubulären Capillaren. Die bereits früher (s. S. 552) diskutierte Auffassung, daß die akute Glomerulonephritis auf einer universellen Capillaritis beruhe, wird durch diesen Gegensatz widerlegt. Wie bereits früher vermerkt, finden sich an den Capillaren der Haut gewisse, dem Wesen nach nicht gleiche Veränderungen, die aber, wie FAHR hervorhebt, nicht obligatorisch zum Bild der akuten Glomerulonephritis gehören.

VOLHARD hält die Glomerulonephritis nicht für eine entzündliche Affektion, sondern glaubt, daß es sich um einen primären Gefäßkrampf handelt, der zu einer Ischämie der Glomeruli und sekundär zu entzündlichen Vorgängen führt. AUFRECHT hat die Auffassung vertreten, daß der primäre Vorgang das Vas afferens betreffe. VOLHARD begründete seine These vor allem auf die vermeintliche Tatsache, daß im Frühstadium der Erkrankung, die Glomerulusschlingen blutleer befunden werden. LÖHLEIN hat diesen Befund in den frühesten Stadien, die er zur Untersuchung bekam, erhoben, aber gleichzeitig betont, daß es sich nicht um das früheste Stadium der Erkrankung handele, das noch kein pathologischer Anatom mit Bewußtsein gesehen habe. Danach aber ist durch HERXHEIMER (s. oben) festgestellt worden, daß im noch früheren Stadium die Mehrzahl der Schlingen stark blutgefüllt sei. Und diese Feststellung allein genügt, um die Auffassung von VOLHARD zu widerlegen. FAHR macht weiterhin dagegen geltend, daß Folge einer längerdauernden Ischämie Nekrose oder Atrophie sein müsse, wovon sich bei der akuten Glomerulonephritis nichts findet. FAHR bemerkt weiter, daß sich bei einem Arteriolenkrampf auch eine Blutleere der intertubulären Capillaren einstellen müßte, die in keinem Fall beobachtet werden konnte. Auch am Vas afferens fehlen, wie HERXHEIMER festgestellt hat, in den frühesten Stadien nennenswerte Abweichungen von der Norm.

Im Kapselraum und in den Kanälchen befindet sich Blut.

An den Tubuli fehlen zunächst bei der akuten Glomerulonephritis tiefgreifende Veränderungen. Gelegentlich findet sich Schwellung, Desquamation und tropfige Degeneration der Epithelien der Hauptstücke.

[1] GRÄFF: Dtsch. med. Wschr. **1916**, 36.

Die klinischen Symptome der akuten Glomerulonephritis bestehen in der Ausscheidung von Eiweiß und Blut in den Harn, Verminderung der Harnmenge bis zur Anurie, Störungen der Konzentrierungsfunktionen, Blutdrucksteigerung, Ödem und Urämie. Von diesen Symptomen ist das konstanteste die Albuminurie. Aber auch diese kann im Beginn der Erkrankung fehlen. REICHEL[1] und LÖHLEIN[2] haben bemerkt, daß sich Veränderungen in den Knäueln entwickeln, bevor klinische Erscheinungen auftreten. Diese Feststellung darf bei der Beurteilung der Meinung, daß Ödem und Blutdrucksteigerung von der Niere unabhängige, pränephritische Erscheinungen seien, nicht außer acht gelassen werden. Die Blutdrucksteigerung kann von so kurzer Dauer sein, daß sie der Beobachtung entgeht. Das Ödem kann fehlen oder alle Grade von der leichtesten Schwellung der Augenlider bis zum schwersten allgemeinen Hydrops aufweisen. Bei einem eiweiß- und bluthaltigen Harn und dem Fehlen von Hochdruck und Ödem besteht die Verführung das Vorliegen der sehr viel harmloseren herdförmigen Erkrankung anzunehmen. Diese Diagnose soll aber, sofern es sich nicht um das Rezidiv einer von früher her bei demselben Patienten dem Verlauf nach bekannten Affektion handelt, nur vorläufig und vermutungsweise gestellt werden.

Ein besonderes Interesse kommt der Hämaturie zu, die in dem Stadium der Krankheit, in dem die Glomeruli blutleer sind, vollständig zurücktritt. Gewinnt aber das Blut bei Zurückgehen der exsudativ-proliferativen Erscheinungen wieder Eingang in die Capillaren, so bersten die erkrankten Schlingen, und es kommt zu einer stärkeren Hämaturie, deren Schwere also keineswegs ein Maßstab der Schwere der Erkrankung ist, sondern eine sehr bedeutungsvolle Wendung zum Besseren anzeigt.

Die akute Glomerulonephritis hat sehr verschiedene Formen des Verlaufs. Vollständige Heilung ist möglich; sie tritt um so häufiger und schneller ein, je frühzeitiger und energischer die Therapie beginnt, deren wichtigstes Prinzip die Schonung des erkrankten Organs ist. Eine kleine Zahl von Fällen führt — durch Urämie oder durch Lungenödem — zum Tode.

Chronische Glomerulonephritis. Sehr oft dauert die Krankheit lange Zeit, in der Mehrzahl der Fälle in der Form, daß nicht alle Krankheitssymptome weiterbestehen, sondern nur einige, und auch die meist — gegen das Anfangsstadium — in abgeschwächtem Grade.

Das führende Symptom ist der arterielle Hochdruck. Es ist VOLHARD völlig beizustimmen, daß man aus der Höhe und namentlich aus der Dauer der Blutdrucksteigerung einen sicheren Schluß auf die Schwere der Erkrankung ziehen kann. Ich halte es sogar für richtig, die Blutdrucksteigerung erst dann für (vorläufig) beendet zu halten, wenn ein für das Individuum subnormaler Wert gemessen wird.

Eine sehr viel geringere Bedeutung kommt der Albuminurie zu. Hat ein Mensch nach einer akuten Nephritis einen dauernd normalen Blutdruck erreicht, Ödem und Ödemneigung verloren, aber Eiweiß und ein nicht zu großes Sediment von roten Blutkörperchen, hyalinen oder bestäubten Zylindern und Cylindroiden behalten, so kommt in Frage, die mildeste Form einer chronischen Erkrankung anzunehmen, die man als *postnephritische Albuminurie* bezeichnet. Das anatomische Substrat mag in einem Teil der Fälle in einer der diffusen Erkrankung gleichzeitigen Herdnephritis bestehen und ist im übrigen unbekannt. Sicher aber ist, daß eine solche Albuminurie durch viele Monate bestehen und schließ-

[1] REICHEL: Z. Heilk. **26**.

[2] LÖHLEIN: Über die entzündlichen Veränderungen der Glomeruli. Leipzig 1906 — Erg. inn. Med. **5** — Med. Klin. **1916**, 35 — Dtsch. med. Wschr. **1918**, Nr 43.

lich ausheilen kann und auch bei Bestehenbleiben in einer Zahl der Fälle nicht mehr als einen gleichgültigen Nebenbefund bedeutet. Vollkommene Sicherheit aber, daß nicht doch ein mit größter Langsamkeit fortschreitender oder wenigstens des Fortschritts fähiger Prozeß vorliegt, besteht nicht. Ich habe wiederholt gesehen, daß nach jahrelangem Bestehen der Albuminurie aus bekannter (in einigen Fällen während einer Gravidität) oder nicht erkennbarer Bedingung die chronische Nephritis losging. Ich glaube, daß jeder mit wachsender Erfahrung in der Beurteilung der postnephritischen Albuminurie vorsichtiger wird.

Besteht in einem solchen Falle auch nur vorübergehend die geringste Spur von Lidödem, Blutdrucksteigerung oder Anfällen, die in ihrer leichtesten Form wie Migräne aussehen, während das Individuum früher von solchen Ereignissen frei war, dann ist die mildeste Einschätzung der Dauerform kategorisch auszuschließen.

Endet die akute Glomerulonephritis nicht mit Heilung oder Tod, so erstreckt sich der Verlauf auf Monate, Jahre oder Jahrzehnte.

Einen Versuch, auf Grund der Verlaufsdauer einzuteilen, hat Löhlein in folgender Weise gemacht:

1. Glomerulonephritis von kurzer Krankheitsdauer (akute Glomerulonephritis).

2. Glomerulonephritis von monatelanger Dauer, späteres subakutes resp. subchronisches Stadium.

3. Glomerulonephritis von jahrelanger Dauer.

Ich glaube, daß es richtig ist, jede Nephritis, die nicht ausheilt, chronisch zu nennen und die Bezeichnungen subakut und subchronisch zu vermeiden. Vom ärztlichen Standpunkt kommt es darauf an, ob und in welchem Grade die chronische Nephritis die Tendenz zum Fortschreiten hat. Betrachtet man die Neigung zum Fortschritt als das Wesentliche, so ergeben sich zwei Typen, die dadurch verschieden sind, daß im ersten die akute Erkrankung ohne Milderung, d. h. bei gleichmäßigem Fortbestehen der klinischen Symptome in die Dauerform übergeht, während im zweiten ein erheblicher Rückgang der Symptome der akuten Nephritis, unter Umständen bis zur postnephritischen Albuminurie, stattfindet und sich dann allmählich oder nach einer Latenz eine fortschreitende Nephritis entwickelt. Die Gruppen 2. und 3. Löhleins entsprechen — im allgemeinen — diesen beiden Typen.

Die Sonderung nach diesem Gesichtspunkt hat eine gewisse klinische Bedeutung, jedenfalls eine größere als die auf die Krankheitsdauer bezogene epikritische Namengebung der Anatomen. Bei dem Typus 2 (Gruppe 3, Löhleins) ist der Grad der Progredienz durch Wiederholung genauer Untersuchungen mit ausreichender Sicherheit festzustellen. Für den Typus I ist das vom Beginn der akuten Erkrankung gleichmäßige Fortbestehen der Symptome, eine Eintönigkeit des Verlaufs so charakteristisch, daß man diese Form als „akute Nephritis in Permanenz" bezeichnen könnte.

Pathologisch-anatomisch tritt die „akute Nephritis in Permanenz" in zwei Formen auf. Die eine Form, die die *intracapilläre* genannt wird, zeigt schwerste glomeruläre Veränderungen. Die Glomeruli sind sehr stark vergrößert, auffallend blutarm, vielfach nahezu blutleer, kernreich, besonders durch Vermehrung der endothelialen Elemente. Die Schlingen sind verdickt, verklebt und verklumpt. Vielfach ist Hyalisierung und Verödung zu sehen. Der Kapselraum enthält wie die Kanälchen Eiweiß und Erythrocyten, die Kanälchen sind zum Teil erweitert und mit abgeplatteten Epithelien ausgekleidet. Diese Erweiterung der Kanälchen ist bereits klinisch aus dem Befunde sehr breiter Zylinder zu erschließen. Die Epithelien zeigen (nicht in allen Fällen) Degenerationserscheinungen, von tropfiger Degeneration bis zur Nekrose, und Verfettung. In älteren Fällen wird Athrophie der Kanälchen deutlich, durch die es zu Kollaps- und Schwund kommt. In den verbreiterten Interstitien findet man stellenweise kleinzellige Infiltrate.

Die zweite Form ist die *extracapillare* oder *kapsuläre*. Sie ist durch eine riesige Wucherung und Desquamation der Glomerulusepithelien ausgezeichnet, die als „Halbmonde" den Kapselraum solid ausfüllen und den Knäuel bedrängen. Diese Form, in der die Niere eine sehr viel stärkere Größenzunahme erfährt, zeigt noch schwerere Veränderungen als die intercapillare, nimmt einen schnelleren und bösartigeren Verlauf und wurde daher von LÖHLEIN auch als „stürmischer Typ" der subakuten Nephritis bezeichnet (wenn diese Bezeichnung auch nur vergleichsweise — gegenüber der intercapillaren Form — gemeint war, so zeigt sie doch das Verwirrende der Benennung nach der Verlaufszeit).

Charakteristisch ist für diese beiden Formen, daß der Prozeß in allen Glomerulis ganz gleichmäßig ausgebildet ist und daß Erscheinungen von Regeneration nicht auftreten. Aus diesen beiden Besonderheiten kann man vielleicht auf die Schwere der Affektion schließen und die Bedingung des schnellen, in wenigen Monaten zum Tode führenden Verlaufs ableiten.

Ganz sicher ist nicht eine organische Erkrankung der Gefäße die Ursache; denn Gefäßveränderungen können ganz fehlen. Bei einem längeren Verlauf können sich entzündliche und degenerative Gefäßprozesse ausbilden.

Die klinischen Symptome bei beiden Formen der „akuten Nephritis in Permanenz" sind im allgemeinen die der akuten Nephritis. Die Hämaturie ist gering oder fehlt ganz.

Daß in solchen Fällen Heilung eintritt, erscheint kaum möglich. Wohl aber habe ich vollständige Heilung bei akuter Nephritis von monatelanger bis zu einem Jahr währender Dauer beobachtet. Aber in diesen Fällen bestand nicht die Monotonie des Verlaufs, sondern ein wechselvolles Verhalten, so in einem Falle wiederholte Anfälle von Urämie und Hämaturie bei einer dauernden Albuminurie und dauerndem schweren Allgemeinhydrops. In diesem Falle lehrte die stärkere Hämaturie, daß die Blutleere der Glomerulusschlingen nicht ständig vorherrschte und nicht so hochgradig war, daß eine Restitution unmöglich wurde.

Die chronische Nierenentzündung vom langsameren Verlauf, die man auch die schleichende nennen könnte, bietet so verschiedene Krankheitsbilder, daß es kaum möglich ist, in Kürze ein übersichtliches Bild zu geben.

Die Verkleinerung (Schrumpfung) der Nieren nimmt mit der Dauer der Krankheit zu, so daß schließlich im Endzustand das Gewicht der Niere auf 40 bis 45 g sinkt. Da die Nieren in diesem Stadium stark bindegewebshaltig sind, so ist der Verlust an sezernierendem Parenchym so erheblich, daß der oft gebrauchte Ausdruck „Nierenrest" nicht zu stark erscheint.

Das morphologische Charakteristicum und die Bedingung für die Vielheit der Zustandsformen liegt darin, daß sich der glomeruläre Prozeß nicht gleichmäßig über die ganze Niere ausgebreitet hat, sondern daß ein Teil der Knäuel und Schlingen funktionstüchtig geworden ist, während an andern die entzündlichen bis zur Verödung fortgeschrittenen Prozesse in allen Stadien vorliegen, daß, parallel diesen Vorgängen an den Knäueln, Kanälchen der Degeneration und Atrophie verfallen, während an andern, und zwar an denen, die zu funktionsfähigen Glomeruli gehören, sich Regenerationserscheinungen ausgebildet haben.

Die Regenerationsvorgänge führen nach JORES[1] zu 1. einer Hypertrophie der Kanälchen (die Kanälchen sind vergrößert und tragen vergrößertes Epithel),

[1] JORES: Med. Klin. **1909**, Nr 12 — Virchows Arch. **221**, 14 (1916).

2. zu einer Hyperplasie der Kanälchen (die Kanälchen sind verlängert und tragen seitliche, blind endende Auswüchse von oft beträchtlicher Länge), 3. adenomartigen Bildungen, die dadurch zustandekommen, daß sich von der Kanälchenwand papillenartige Vorsprünge erheben. Die kompensatorisch erweiterten Harnkanälchen bilden Inseln, die über die Oberfläche der Niere herausragen und so die granulierte Beschaffenheit derselben bedingen.

An den Kanälchen treten neben den Regenerationserscheinungen degenerative und atrophische Prozesse auf. Zu der Frage, ob diese Degenerationen selbständiger Natur sind oder sekundär von der Glomeruluserkrankung bedingt, bemerkt FAHR, daß die Degeneration — tropfige Degeneration, in manchen Fällen mit sehr stark hervorstehender Lipoidablagerung — von der Glomeruluserkrankung unabhängig ist, während der durch Atrophie bedingte endgültige Schwund der Kanälchen in engster Abhängigkeit von dem Untergang der Glomeruli steht. Aus der algebraischen Summe von Verödung und Erholung, von Atrophie, Degeneration und Regeneration ergibt sich das klinische Zustandsbild, aus dem Verhältnis der Geschwindigkeiten dieser Prozesse der Verlauf.

Bei der sekundären Schrumpfniere finden sich sehr oft Gefäßveränderungen, hyperplastische Intimaverdickungen, degenerative Prozesse, wie Verfettung, Hyalinisierung und Nekrose sowie Endarteritis, und zwar vornehmlich oder sogar ausschließlich in den Nieren. VOLHARD vertritt die Meinung, daß die Gefäßveränderung die Bedingung für das Chronischwerden der Nierenerkrankung abgebe. Prozesse an den Arterien sind aber durchaus nicht in allen Fällen, die von dem akuten in das chronische Stadium übergehen, nachweisbar. JORES[1], PRYM[2], ROTH[3], FAHR und LÖHLEIN halten daher die Gefäßveränderungen für eine Folge des schweren Nierenleidens. Gestützt wird diese Auffassung durch die Erfahrung (LÖHLEIN), daß bei der chronischen Glomerulonephritis bisweilen eine außerordentliche stürmische Entwicklung arterieller Veränderungen stattfindet, die zu ausgedehnten Nekrosen der Gefäßwand führen kann.

Wie es zu diesen Gefäßprozessen kommt, ist eine Frage, die einen Teil der weiteren Frage nach den Bedingungen der Progredienz der Nephritis darstellt. Ganz sicher ist, daß das bakterielle Toxin, das die akute Nephritis hervorgerufen hat, an der fortschreitenden Entwicklung der Krankheit nicht beteiligt ist. VOLHARD nimmt an, daß es sich um eine neue Störung der Durchblutung handelt, die teils auf organischen, teils auf spastischen Gefäßprozessen beruht.

Die organischen Prozesse werden, wie bereits erwähnt, von den Pathologen nicht anerkannt. Welche Rolle eine „Spätischämie“ spielt, läßt sich nicht beurteilen. Wenn man bedenkt, daß nicht wenige Fälle in den ersten Jahren der chronischen Nephritis keine krankhafte Blutdrucksteigerung haben und keine Erscheinungen aufweisen, die als angiospastische gedeutet werden können (wie z. B. anfallweise auftretende Oligurie oder Anurie), so erscheint der Wert der Hypothese VOLHARDS zweifelhaft. Es genügt vielleicht anzunehmen, daß diejenige Hinterlassenschaft der akuten Nephritis, die die Progredienz im Gefolge hat, in einer Beeinträchtigung der Funktion oder Reaktionsfähigkeit der Glomerulusschlingen besteht. Man darf wohl annehmen, daß die Glomerulusschlingen eine vasomotorisch geregelte Variabilität ihrer Weite haben. Es würde dem morphologischen Befund entsprechen anzunehmen, daß diese Funktion nach einer akuten Nephritis geschädigt ist, und daß durch diese Beeinträchtigung in Gemeinschaft mit der durch den Verlust von Schlingen und Kanälchen erfolgten

---

[1] JORES: Virchows Arch. **178**, 367 (1904); **223**, 233 (1917) — Dtsch. Arch. klin. Med. **94**, 1 (1908).

[2] PRYM: Virchows Arch. **177**, 485 (1904).

[3] ROTH: Virchows Arch. **188**, 527 (1907).

und durch Kollaterale nicht wieder gutzumachenden Einengung der Strombahn die erforderliche Leistung der Nierensekretion, die auf den beiden Faktoren Durchblutung und Zellarbeit beruht, nur durch stärkere Beanspruchung der letzteren erzielt werden kann.

Vermehrte Zellarbeit kann an sich wohl zu vermehrter Abnutzung führen und wird es besonders dann tun, wenn nicht die Möglichkeit besteht, die Durchblutung (O_2-Versorgung) in entsprechendem Maße zu steigern. Bereits früher (s. S. 559) wurde angedeutet, daß unter diesen Verhältnissen mit dem Auftreten giftiger Stoffwechselprodukte zu rechnen ist. Und die Wirkung lokal entstehender und lokal auf Parenchym und Arterien wirkender Gifte wird als Bedingung der Chronizität und Progredienz der Nephritis auch von FAHR u. a. angenommen. So hypothetisch auch dieser Versuch dem schwierigen Problem nahezukommen noch ist, so gibt er vielleicht doch etwas mehr als die allgemeine Fassung, „daß das Chronischwerden einer Entzündung darauf beruhen kann, daß während des akuten Entzündungsprozesses das Gewebe derartig alteriert wird, daß nun auch die normalen Lebensreize und die damit verbundenen Abbauvorgänge am Protoplasma als pathologische Reize wirken" (LUBARSCH). Da wir die O_2-Spannung der Niere aus der O_2-Spannung des Harnes messen können (MAINZER), so hoffen wir einen Einblick in das Verhalten von Arbeitsleistung und O_2-Entnahme der gesunden und kranken Niere gewinnen zu können.

Während der objektive Befund — Menge, Beschaffenheit, Tag-, Nachtverteilung des Harns; die Veränderungen am Kreislauf (Blutdrucksteigerung und Herzhypertrophie); Augenhintergrundsprozesse (Retinitis nephritica) — im allgemeinen (ein ganz unregelmäßiges Verhalten zeigt die Ödembildung) den anatomischen Veränderungen parallel gehen, stehen die subjektiven Beschwerden oft in einem sehr auffälligen Mißverhältnis zu den anatomisch und klinisch nachweisbaren Prozessen. Es ist gar nicht selten, daß die Kranken im Stadium der Niereninsuffizienz oder im präurämischen Zustand erstmalig den Arzt aufsuchen, daß sie bis wenige Wochen vor dem Tode beschwerdefrei sind und ihrer gewohnten Beschäftigung, auch wenn sie mit körperlichen Leistungen verbunden ist, nachgehen. Ganz bekannt ist, daß nicht selten die Störungen des Sehvermögens die ersten subjektiven Beschwerden darstellen und infolgedessen die schwere Nierenkrankheit vom Augenarzt entdeckt wird. Man muß annehmen, daß der sehr langsame, durch die Regenerationsvorgänge gebremste Schwund des Nierenparenchyms eine Anpassung an die Veränderungen der Harnbildung und die Folgeerscheinungen des renalen Prozesses herbeiführt, der auf diese Weise lange Zeit unter der Schwelle des Bewußtwerdens bleibt. Geht der fortschreitende Prozeß mit dauernder oder in Schüben eintretender Ödembildung einher, so bleibt er dem Kranken in der Regel nicht verborgen.

III. Primär vasculäre Leiden.

Die Arteriosklerose der Nierenarterien und -arteriolen führt zu anatomischen und funktionellen Veränderungen des Organs. Je nach dem Grad der Gefäßprozesse und je nach ihrer Ausdehnung, die eine diffuse oder eine herdförmige sein kann, müssen notwendigerweise sehr verschiedene Krankheitsbilder entstehen. Da die Arteriosklerose ein fortschreitender Prozeß ist, dessen Entwicklung an verschiedenen Stellen des Nierengefäßsystems (Art. arciformes und interlobulares oder Vas afferens und Kapselcapillaren) beginnt, mit sehr verschiedener, mitunter mit sehr großer Geschwindigkeit fortschreitet, so werden bei der Beurteilung des Kranken sowohl wie in zusammenfassender Betrachtung zur Klarstellung der Pathogenese die Faktoren — *Lokalisation, Grad, räumliche Ausdehnung* und *Geschwindigkeit* — zu berücksichtigen sein, ähnlich wie es bei der Differenzierung der nach akuter Nephritis verbleibenden Dauerzustände der Fall war. Wir werden daher mit einer summarischen Bezeichnung, wie „arteriosklerotische Schrumpfniere“ oder „Nephrosklerose“ nicht auskommen.

Den auf der Basis der Arteriolenerkrankung entstandenen Nierenleiden, den Nierensklerosen, ist der arterielle Hochdruck gemeinsames Symptom. An die erste Stelle der Erörterung gehört die Frage, in welchen Beziehungen arterieller Hochdruck, Arteriosklerose und Nierenschrumpfung stehen. Bekanntlich gehen die Meinungen über dieses Problem sehr weit auseinander. Es soll daher versucht werden, durch Feststellung des Tatsächlichen die Streitpunkte nach Möglichkeit zu begrenzen.

Sicher ist, daß es einen arteriellen Hochdruck gibt, der ohne klinisch nachweisbare renale Prozesse einhergeht. Das wird auch von den Vertretern der Theorie des renalen Bedingtseins eines jeden Hochdrucks nicht bestritten, zumal von autoritativer Seite (Aschoff, Munk, Fahr) Fälle mitgeteilt sind, in denen jede Veränderung der Nierenarteriolen fehlte. Aber es wird der Einwand gemacht, daß wohl eine vorübergehende Blutdrucksteigerung bestehen könne, daß es aber fraglich sei, ob sich eine konstante Blutdrucksteigerung einstellen könne, bevor es zu einer Sklerose der Nierenarteriolen gekommen ist (Fahr).

Es ist nicht zu bezweifeln, daß es Hypertonien sehr verschiedener Konstanz gibt, daß die Hochdruckkrankheit mit hypertonischen Anfällen anfängt und daß es viele Kranke gibt, bei denen durch Jahre konstant hohe Werte gemessen werden. Gleichwohl ist es nicht gerechtfertigt, anzunehmen, daß es eine unabänderliche Hypertonie gibt. Selbst bei Fällen von chronischer Nephritis und genuiner Schrumpfniere, bei denen die renale Genese des Hochdrucks außer Zweifel ist, kann der Druck, auch bei unveränderter Herzkraft, auf niedrigere, wenn nicht auf normale Werte zurückgehen. Je häufiger Blutdruckmessungen gemacht werden und je mehr die Patienten unter Bedingungen stehen, die geeignet sind den Druck zu senken — solche Bedingungen sind Diät, körperliche, geistige und seelische Ruhe —, um so leichter gewinnt man den Eindruck, daß auch der renal bedingte Hochdruck nicht grobmechanisch durch Enge und Starre des arteriellen Systems der Niere, sondern selbst bei solchen anatomischen Verhältnissen funktionell bedingt ist.

Daß eine Hypertonie monatelang bestehen und dann abklingen kann, ist ein Beweis ihrer Unabhängigkeit von Veränderungen der Nierengefäße.

Die Erfahrung lehrt, daß die Hochdruckkrankheit und Arteriosklerose durch dieselben Schädlichkeiten veranlaßt werden.

Die Arteriosklerose ist in der Niere viel häufiger als in den anderen Organen (Ziegler, Jores, Herxheimer, Fahr). Auch darin spricht sich die Sonderstellung aus (s. S. 555), die die Arterien der Niere im Kreislauf einnehmen.

Die Frage, in welchen Beziehungen Hochdruck und Sklerose der Nierenarterien stehen, kann nicht eindeutig beantwortet werden. Wenn im Verlauf der Hochdruckkrankheit Nierenerscheinungen auftreten, die auf renale Sklerose hinweisen, so kann auf keine Weise entschieden werden, ob die Sklerose die Folge des Hochdrucks oder der Bedingungen des Hochdrucks ist. Daß in manchen Fällen die Nierenveränderungen nicht eintreten, ist nicht geeignet, die Entscheidung dieser Streitfrage herbeizuführen.

Romberg[1] und auch Fahr stehen nach wie vor auf dem Standpunkt, daß die Nierensklerose der primäre Vorgang sei, der den Hochdruck zur Folge habe.

Daß eine Erkrankung der Nierenarteriolen in einer gewissen Intensität und Ausbreitung arteriellen Hochdruck veranlaßt, kann nicht bezweifelt werden.

[1] Romberg: Krankheiten des Herzens und der Gefäße. Stuttgart 1925.

Über den Modus dieses Vorganges ist oben (s. S. 555) eine Vermutung geäußert worden, die eine Vereinheitlichung der Bedingungen der verschiedenen Arten renal bedingten Hochdrucks erstrebt.

Wenn Hochdruck und Arteriosklerose der Niere durch die gleichen Schädlichkeiten herbeigeführt werden, dann ist es wohl denkbar, daß die Gefäßerkrankung in der Niere unter gewissen konstitutionellen oder konditionellen Bedingungen eintritt, bevor der den Tonus der Gefäße bestimmende Nerv-Muskel-Drüsenapparat mit Drucksteigerung reagiert.

Es ist nicht zu bezweifeln, daß die Veränderungen der Gefäße bei der genuinen Schrumpfniere arteriellen Hochdruck bedingen müssen, auch wenn ein solcher bereits vor der Nierenerkrankung bestanden haben sollte.

In bezug auf das zeitliche Verhalten und in bezug auf den Grad und die Ausdehnung des renalen Prozesses bestehen aber zwischen der Hochdruckkrankheit und der genuinen Schrumpfniere sehr bemerkenswerte Unterschiede. Die Hochdruckkrankheit kann Jahre bestehen, ohne daß es zu klinisch wahrnehmbaren Veränderungen kommt. Sodann zeigt dieser Nierenprozeß sowohl klinisch wie anatomisch so geringe Neigung zum Fortschritt, daß die Krankheit von VOLHARD und FAHR als „benigne Nierensklerose" bezeichnet wurde. Und dieses eigentümliche Zeit-Fortschrittverhältnis herrscht gesetzmäßig, obwohl der Blutdruck so hohe Werte einhält, wie sie bei der genuinen Schrumpfniere meistens nicht erreicht werden. Nur ausnahmsweise kommt es bei diesen Nieren zu einer Niereninsuffizienz.

Ganz im Gegensatz dazu ist das Vorstadium der genuinen Schrumpfniere kurz. Zwar spielt die Blutdrucksteigerung in diesem auch eine Rolle. E. HADLICH[1] hat aus den Beobachtungen unserer Klinik Fälle mitgeteilt — und die spätere Erfahrung hat vollkommene Bestätigung gebracht —, daß die Migräne ätiologisch eine sehr große Bedeutung für die Entstehung der genuinen Schrumpfniere hat. Migräne führt — auch in jüngeren Jahren — zu Anfällen von Hypertonie und später zu Hochdruckkrankheit. Aber wichtiger ist, daß zu dem Zustande der migränösen Veranlagung eine Neigung zu arteriellen Spasmen gehört, die sich nicht nur im Gehirn einstellen, die häufig die Skelettmuskulatur und auch die Nieren befallen. So finden sich bei Migränekranken Oligurien, die dem Anfall voranzugehen pflegen. Bekannt ist die — manchmal mit Pollakiurie einhergehende — Harnflut, die mit dem Abklingen des Anfalls beginnt und den Anfall um einige Stunden überdauert. Dieser „spastische Harn", wie die älteren Ärzte die Erscheinung nannten, wird auch nach anderen angiospastischen Anfällen, besonders nach Angina pectoris, beobachtet. Man kann aus diesen Erfahrungen wohl ableiten, daß sich bei der Migräne, lange bevor es zu renalen Erscheinungen kommt und ohne daß solche gesetzmäßig zu folgen brauchen, in der Niere abnorme Gefäßreaktionen abspielen. Das Vorstadium der genuinen Schrumpfniere ist leider sehr wenig bekannt. Es wäre sehr wichtig, genaue Angaben darüber zu erhalten, ob und wie lange Zeit eine Blutdrucksteigerung vorausgeht. Aus nicht sehr zahlreichen Beobachtungen möchte ich folgern, daß ein längeres hypertonisches Vorstadium fehlen kann. Fassen wir diese Erfahrungen mit einigen noch nicht genannten zusammen, so finden wir auf der einen Seite: höheres Lebensalter, langes hypertonisches Vorstadium, sehr hohen Blutdruck, Hypertonie von meist nachweisbarer Inkonstanz, enorme Herzhypertrophie, spätes Auftreten renaler Erscheinungen, sehr geringe Neigung zum Fortschritt des renalen Prozesses, fast nie Niereninsuffizienz, auf der anderen Seite: jüngeres Lebensalter, fehlendes oder kurzes hypertonisches Vorstadium, Hypertonie von meist geringerer Höhe aber meist strengerer Konstanz, geringere Herzhyper-

[1] HADLICH, E.: Dtsch. Z. Nervenheilk. **75**, 125 (1922).

trophie, stürmisches Auftreten und rasches Fortschreiten des Nierenprozesses, Niereninsuffizienz, dazu Neigung zu Arteriospasmen in der Niere und auch anderwärts (Retina).

Aus dieser Gegenüberstellung und aus der Erfahrung, daß sich aus dem ersten Symptomenkomplex der zweite in der Regel nicht entwickelt, muß man schließen, daß die Beziehungen von Hochdruck und Sklerose der Nierenarterien bei diesen beiden Zuständen, die man früher einheitlich als „Schrumpfniere" bezeichnete, nicht die gleichen sein können, und daß es sich — sehr wahrscheinlich — um ganz verschiedene Krankheitsprozesse handelt.

In dieser Frage gehen die Meinungen weit auseinander. Schalten wir zunächst die Sklerose der größeren Nierengefäße aus, die anatomisch zu Bildung großer Narben führt und klinisch keine Bedeutung hat. Volhard und Fahr haben aus der Synopsis klinischer und anatomischer Erscheinungen die Notwendigkeit erkannt, die unter der Diagnose „arteriosklerotische Schrumpfniere" laufenden Fälle in zwei Gruppen zu teilen. Sie gebrauchten die Bezeichnungen „benigne" und „maligne Sklerose". Die benigne Sklerose fassen sie als reine Folge der Arteriosklerose auf, während sie für die zweite Form außer dieser eine andere wirksame Bedingung annehmen. Diese Zweiteilung an sich — nicht aber die Namengebung und die Anerkennung der zweiten Bedingung —, die für Kranke und Ärzte eine erlösende Tat bedeutete, hat fast allgemeine Zustimmung gefunden. Jores, Löhlein, Aschoff und Herxheimer vertreten den Standpunkt, daß es sich nicht um zwei verschiedene Formen ,sondern um zwei Stadien einer und derselben Krankheit handelt. Aschoff, Löhlein und Herxheimer lehren, daß es sich in beiden Fällen um einen diffusen Prozeß handelt, der zunächst die Arteriolen und dann die Glomeruli befällt und daß mit Fortschreiten dieses Prozesses die ausgesprochen renale Krankheit aus der zunächst vorwiegend kardiovasculären entsteht. Jores und Paffrath[1] finden, daß es sich bei der ersten Form um einen herdförmigen, bei der zweiten um einen diffusen Prozeß handelt. Löhlein und Herxheimer haben entsprechend ihrer Meinung die Ausdrücke Nephrosklerosis arteriolosclerotica initialis bzw. progressa eingeführt.

Bezüglich der bei der bösartigen Krankheit wirksamen zweiten Bedingung haben Volhard und Fahr ursprünglich angenommen, daß es sich um eine zu der Sklerose hinzutretende Entzündung handle. Später haben sie diese Hypothese aufgegeben und — scheinbar — verschiedene Erklärungen versucht. Volhard nimmt an, daß das gutartige Dauerstadium durch ischämische Gefäßreaktionen in das vorgeschrittene Leiden übergehe, während Fahr folgert, daß zu dem arteriosklerotischen Prozeß toxisch bedingte Veränderungen hinzutreten.

Die *Hochdruckkrankheit* (vasculäre oder essentielle oder genuine Hypertonie, Nephrosclerosis arteriolosclerotica initialis s. lenta). Meiner Überzeugung nach ist diese Krankheit zunächst keine renale Affektion. In ihrem Verlaufe stellen sich aber gewisse Veränderungen der Nieren ein, die zwar klinisch an Bedeutung zurücktreten, aber, wenn auch in einer Minderzahl der Fälle, unter der Einwirkung bestimmter Bedingungen zu renaler Dekompensation führen.

Die anatomischen Veränderungen, die sich in solchen Nieren finden, sind dem Grade nach sehr verschieden. Es handelt sich zunächst um Veränderungen an den Arteriolen, den Vasa afferentia und den kleineren Arteriae interlobares. Diese Gefäße zeigen in den frühesten Stadien die elastisch-hyperplastische Intimaverdickung, die Jores, da sie eine Hypertrophie darstellt, für eine Folge der Mehrbelastung der Gefäßwand, d. h. des gesteigerten Blutdrucks, hält. Nach Hueck geht diese Hyperplasie parallel der Dauer und der Höhe der Blutdruck-

[1] Paffrath: Inaug.-Dissert. Marburg 1916.

steigerung. Sie stellt eine physiologische oder an der Grenze des Physiologischen stehende Erscheinung dar, solange es nicht zu Degenerationen gekommen ist. Die in einem weiteren Stadium eintretende regressive Metamorphose führt zu einer Wandverdickung durch Hyalinisierung, zu Kernschwund, häufig zu Fettablagerung. In den Gefäßen, die eine Elastica haben, kommt es zu einer Verquellung und Verklumpung der elastischen Fasern. Auch findet ein Abbau der muskulären Elemente statt, an deren Stelle Bindegewebe tritt. Eine Verengerung des Lumens kann lange ausbleiben, stellt sich aber später regelmäßig ein. Diese Prozesse weisen darauf hin, daß einem Verlust oder einer Verminderung der Variabilität der Gefäßweite eine Verengerung der Strombahn folgt.

Diese Erkrankung der Arteriolen führt zu einer Affektion der Glomeruli, entweder in der Form, daß die Schlingen zu wenig Blut bekommen und allmählich der Atrophie verfallen, oder so, daß der sklerosierende Prozeß auf die Schlingen überkriecht (LÖHLEIN, FAHR). Es kommt dann zu Hyalinisierung, Verklumpung und Verödung von Schlingen und nicht selten auch zu Verödung ganzer Knäuel. Eine dritte, ihrem Werdegang nach weniger klare Alteration der Knäuel geht von den Glomeruluskapseln aus, deren Membrana propria anfänglich quillt, später eine — mitunter ungeheuerliche — Verdickung erfährt, die den Knäuel zum Kollaps und zur Atrophie bringt.

Der Schwund des Knäuels hat, wie bei der chronischen Nephritis, die Atrophie des zugehörigen Kanälchensystems zur Folge. Diese Atrophie kann so schnell erfolgen, daß das Bild der anämischen Nekrose ähnelt (FAHR).

Der Prozeß schreitet, wie bereits vermerkt, durchaus nicht in allen Fällen bis zu den äußersten Graden fort, ist auch längst nicht immer diffus. Der Grad der Veränderungen an den Glomeruli ist nur wohl äußerst selten überall der gleiche.

Bei der — erfahrungsgemäß — langsamen Entwicklung, die dieser Prozeß einhält, findet sich als konstantes klinisches Symptom nur die Blutdrucksteigerung und die Herzhypertrophie. Es ist bereits erwähnt, daß der Hochdruck sowohl im Verlauf des Tages wie unter den Bedingungen, die physiologischerweise auf seine Höhe Einfluß haben, wechselt. So gut wie nie läßt sich der Nachweis eines konstanten Hochdrucks erbringen. Die Beschwerden dieser Patienten sind zunächst kardiovasculärer Natur und Folgen der Arteriosklerose in anderen Organen (besonders des Gehirns). In der Mehrzahl der Fälle erfolgt der Tod durch cerebrale Apoplexie oder durch Kreislaufschwäche. Erscheinungen von seiten der Nieren können vollständig fehlen. Der Harn kann frei von Eiweiß sein oder gelegentlich oder auch dauernd kleinere Mengen Albumen und hyaline Zylinder enthalten. Rückt die kardiale Dekompensation nahe, so nimmt der Harn eine entsprechende Beschaffenheit an. Seine Menge wird spärlicher, Färbung und spezifisches Gewicht nehmen zu. Bereits durch diese Veränderungen wird deutlich und ist am Krankenbett sofort erkennbar, daß die Nierenfunktionen (Konzentrierungsfunktionen) voll erhalten sind. In der Tat ergibt die Funktionsprüfung, sofern eine ernstere kardiale Dekompensation noch nicht längere Zeit besteht, vollkommen normale Verhältnisse. Eine Störung in der Wasserausscheidung, die oft gefunden wird, ist sicher nicht durch einen Fehler der Niere, sondern kardial bedingt.

Eine Dekompensation der „Niere bei Hochdruckkrankheit" könnte dadurch erfolgen, daß alle Glomeruli (oder eine zu große Zahl) in vorgeschrittener Weise verändert sind. Ein solches Ereignis scheint sehr selten zu sein (FAHR). Eine renale Dekompensation kann auch so erfolgen, daß die sklerotische Niere von einer gewöhnlichen Glomerulonephritis befallen wird. Wir haben wiederholt solche Fälle gesehen und beobachtet, daß dann die Nierenentzündung lange dauert, aber doch heilen kann und den Status quo ante hinterläßt. In seltenen Fällen —

auch das haben wir klinisch und autoptisch beobachtet — kommt es, vielleicht durch eine Ischämie, zu einer schweren akuten Nephrose. Aber alles das sind Ausnahmen. Häufig aber treten schwerere renale Prozesse (starke Albuminurie, Oligurie, Sinken der Konzentrierungsfähigkeit für Cl′, Erhöhung von Reststickstoff und Harnsäure im Blut) durch das Versagen des Kreislaufs ein. Zu den extrarenalen Bedingungen treten die Folgen der durch die Kreislaufschwäche verschlechterten Nierendurchblutung. Zu den arteriosklerotischen Veränderungen treten die der Stauungsniere (Stauungsschrumpfniere). Histologisch finden sich dann Kernvermehrungen, Epithelwucherungen, kleine Schlingennekrosen an den Glomeruli, und gelegentlich Degenerationen an den Epithelien der Glomeruli und Kanälchen. Im ganzen sind aber alle diese Veränderungen gering, die Übergänge ganz allmählich (FAHR).

Aus der sehr eingehenden Darstellung von FAHR und aus der eigenen Erfahrung geht hervor, daß die renale Dekompensation der „Niere bei Hochdruckkrankheit“, d. h. das Eintreten der Niereninsuffizienz und des Nierensiechtums, sehr selten vorkommt.

Wenn FAHR meint, daß es deswegen nicht zur Dekompensation kommt, weil die Individuen es nicht erleben, so muß dazu bemerkt werden, daß viele Jahre nicht ausreichen, um bei der Hochdruckkrankheit so schwere renale Veränderungen herbeizuführen. Es ist wesentlich festzustellen, daß die so Erkrankten nur ganz ausnahmsweise an einem Nierenleiden sterben.

Die *genuine Schrumpfniere* (Nephrocirrhosis arteriolosclerotica progressa, „maligne Sklerose“). Die anatomischen Veränderungen sind zu einem Teil mit den im vorigen Abschnitt geschilderten identisch. Dazu aber treten (nach FAHR) an den Arteriolen Wandnekrosen (LÖHLEIN, FAHR), Endarteriitis productiva und Periarteriitis. FAHR ist zu der Überzeugung gekommen, daß man die Gefäßveränderungen bei der genuinen Schrumpfniere, von den Prozessen, auf die nach Form und Lokalisation die Bezeichnung „Periarteriitis nodosa“ zutrifft, nicht trennen kann. Er schlägt als gemeinsamen Namen „nekrotisierende Arteriitis“ bzw. „Arteriolitis“ vor. Die Glomeruli zeigen außer den sklerotischen und ischämischen Prozessen thrombotische Verschlüsse, Wandnekrosen, Kernvermehrungen und Proliferationen. Diese letzteren stellen nach LÖHLEIN und HERXHEIMER reparative Vorgänge, nach FAHR Zeichen echter Entzündung dar, und zwar nicht einer Entzündung, die zufällig als Nephritis hinzugetreten ist, sondern einer gesetzmäßig endogen bedingten Alteration. In der Nachbarschaft von Schlingennekrosen finden sich Wucherungen des Kapselepithels. Es kommt zu einem hochgradigen Schwund der Kanälchen. Die inselartig erhaltenen Kanälchen sind erweitert und vielfach mit einem abgeplatteten (endothelartigen) Epithel ausgekleidet. An besser erhaltenen Epithelien sieht man degenerative Vorgänge. Im Interstitium trifft man — als Zeichen reparativer Vorgänge — kleinzellige Infiltration.

Es ist oft schwierig, anatomisch das Bild der genuinen Schrumpfniere von dem der sekundären Schrumpfniere abzugrenzen. Und diese Schwierigkeit trifft, wenn nicht die Anamnese gut bekannt ist, auch für die Klinik zu. Die klinischen Symptome der voll ausgebildeten Krankheiten sind im wesentlichen die gleichen.

Ist der ganze Krankheitsverlauf, auch die Vorgeschichte und Familiengeschichte (familiales Vorkommen der genuinen Schrumpfniere) bekannt, so sieht man, daß für die genuine Schrumpfniere die unheimliche Schnelligkeit der Entwicklung charakteristisch ist.

Die Mehrzahl dieser Kranken steht im Alter von 30—50 Jahren, während Hochdruckkrankheit vorzugsweise Menschen zwischen 45—65 Jahren befällt (die durch Sektion gewonnenen Zahlen liegen wegen der Länge dieser Krankheit etwas höher).

In der Ätiologie der genuinen Schrumpfniere spielen — außer der bereits erwähnten und an die erste Stelle gehörenden Migräne, Lues, Blei, der Gelenkrheumatismus (FAHR, O. MEYER[1]) u. a. eine Rolle.

FAHR ist der Meinung, daß die genuine Schrumpfniere durch eine toxische Schädigung entsteht, die zuerst die Arteriolen betrifft. Außer den exogenen Giften (Lues, Blei), die aber doch nur ausnahmsweise zu der Krankheit führen und daher die Annahme einer konstitutionellen Grundbedingung nicht überflüssig erscheinen lassen, sind es aber vielleicht in der Niere selbst gebildete Stoffe, an die zu denken ist. Die Annahme von VOLHARD, daß eine Ischämie auch hier die wesentliche Bedingung sei, scheint mir mit der Annahme von FAHR nicht im Widerspruch zu stehen. Denn, wie früher (s. S. 559) wiederholt berührt, ist in der unter ischämischen Verhältnissen arbeitenden Niere mit der Bildung giftiger Stoffwechselprodukte zu rechnen.

Die von VOLHARD für ein großes (zu großes) Gebiet der Nierenpathologie in den Vordergrund gerückte Ischämie ist für die genuine Schrumpfniere bewiesen durch die Anfälle von Oligurie und Anurie, die im Verlaufe dieser Krankheit auftreten, und durch die angiospastische Konstitution, die sich so häufig aus der individuellen und familialen Anamnese ergibt.

---

[1] MEYER, O.: Verh. dtsch. path. Ges. Göttingen **1927**.

Nierenartige Exkretionsorgane Wirbelloser.

Von

OTTO FÜRTH

Wien.

Zusammenfassende Darstellungen.

FÜRTH, O. v.: Chemische Physiologie der Nierensekretion niederer Tiere. Erg. Physiol. **1**, 395–413 (1902). — FÜRTH, O. v.: Vergleichend chemische Physiologie der niederen Tiere. S. 258–303. Jena: G. Fischer 1903. — BURIAN, R.: Die Exkretion: Protozoen, Cölenteraten, Echinodermen, Würmer. Wintersteins Handb. d. vergl. Physiol. **2** II, 257–443 (1910–1913). — STROHL, J.: Die Exkretion: Mollusken. Ebenda 443–607 (1913–1914). — BURIAN, R.: Die Exkretion: Tunicaten. Ebenda 607–632 (1914). — BURIAN, R. u. A. MUTH: Die Exkretion: Crustaceen. Ebenda 633–694 (1921). — EHRENBERG, R.: Die Exkretion: Crustaceen. Ebenda 695ff. (1921).

1. Einleitung. Exkretion bei den niedersten Tieren.

Die grenzenlose Vielgestaltigkeit alles Lebendigen tritt auch bei der Betrachtung der Exkretionsvorgänge der Wirbellosen in Erscheinung. Da die Schilderung der anatomischen und histologischen Eigentümlichkeiten der Exkretionsorgane einen nicht unbeträchtlichen Bruchteil der gesamten deskriptiven Zoologie und vergleichenden Histologie ausmacht, kann auch nicht im entferntesten daran gedacht werden, innerhalb des diesen Betrachtungen zugewiesenen Raumes auch nur die wichtigsten Einzelheiten dieses Wissensgebietes zu skizzieren. Wir werden uns vielmehr damit begnügen müssen, innerhalb der großen Hauptgruppen von Lebensformen sozusagen nur das leitende Prinzip des morphologischen Aufbaues der Exkretionsorgane, insoweit dasselbe für die physiologische Betrachtung unerläßlich ist, kurz anzudeuten. Bezüglich alles weiteren muß auf die Handbücher der Zoologie und der vergleichenden Physiologie verwiesen werden.

Auf die Exkretionsvorgänge bei den **Protozoen** soll hier nicht eingegangen werden, da dieselben an anderen Stellen dieses Handbuches behandelt werden.

Bei der großen Mehrzahl von Cölenteraten werden echte *Emunktorien* vermißt. Immerhin scheinen sich solche bei gewissen *Medusen* und *Siphonophoren* zu finden. Bei diesen entspringen die Tentakeln aus einem Wulste, welcher eine Öffnung, den Exkretionsporus, trägt; nach innen führen diese Öffnungen in den Ringkanal, welcher im Schirme verläuft. Die den Exkretionsporus auskleidenden Entodermzellen erscheinen nun von stark lichtbrechenden Konkrementen erfüllt. CLAUS hat beobachtet, daß dieselben von den Zellen in den Hohlraum des Exkretionsporus ausgeschieden werden und von dort aus nach außen gelangen. Über den Chemismus des Stoffwechsels wissen wir hier wenig. Nach SULIMA[1] enthalten Seeanemonen in ihrer Leibessubstanz reichlich *Harnsäure*. PÜTTER[2] fand bei

---

[1] SULIMA, A.: Zur Kenntnis des Harnsäurestoffwechsels niederer Tiere. Z. Biol. **63**, 223 (1914).

[2] PÜTTER, A.: Stoffwechsel der Actinien. Z. allg. Physiol. **12**, 297.

Actinien 78—100% der Gesamt-N-Ausscheidung in Form von *Ammoniak*. FOSSE[1] vermochte (mit Hilfe seiner sehr empfindlichen und spezifischen Xanthydrolmethode) kleine *Harnstoffmengen* auch unter den Ausscheidungsprodukten von Actinien aufzufinden.

Unter den Stoffwechselprodukten der *Echinodermen* nehmen Konkremente und Krystalle einen hervorragenden Platz ein, die von *Phagocyten* der Leibeshöhlenflüssigkeit aufgegriffen und entweder in Zellen ausgeschieden oder in Geweben gespeichert werden. Es erscheint allerdings fraglich, ob diese Konkremente nicht größtenteils anorganischer Natur sind. Zusammenfassend sagt BURIAN[2]: „Nur soviel ist gewiß, *daß keine wahren Emunktorien vorhanden sind*. Alle gegenteiligen Angaben haben sich als irrig herausgestellt. . . . Außer dem Darme pflegt man noch die respiratorische Oberfläche des Echinodermenleibes als Austrittsort für gelöste Exkretstoffe anzusehen." Die Behauptung von BORDAS[3], der zufolge die Flüssigkeit, welche Seewalzen aus ihren Wasserlungen ausstoßen, gelöste *harnsaure Salze* enthält, scheint auf Richtigkeit zu beruhen. (Nachweis mit Hilfe der GARRODschen Fadenprobe und der Murexidreaktion.) FOSSE[4] konnte in den Ausscheidungsprodukten von Seesternen etwas *Harnstoff* nachweisen. Interessant ist die Tatsache, daß KOSSEL und EDELBACHER[5] in allen untersuchten Organen von Seesternen *Taurin* $\begin{matrix} CH_2 \cdot HSO_3 \\ | \\ CH_2NH_2 \end{matrix}$ und *Glykokoll* $\begin{matrix} CH_2 \cdot NH_2 \\ | \\ COOH \end{matrix}$ in so reichlichen Mengen nachzuweisen vermochten, daß diese Substanzen für die Regelung des osmotischen Druckes der Körperflüssigkeiten in Betracht kommen. Es ist dies insofern bemerkenswert, als diese beiden Eiweißabbauprodukte (das Taurin leitet sich vom Cystin ab) beim Wiebeltiere Teile der Gallenausscheidung bilden.

2. Würmer.

Spezifische Exkretionsorgane werden nur bei wenigen Würmern ganz vermißt. Die große Mehrzahl derselben besitzt *Emunktorien*, d. i. Kanalsysteme, die an der Körperoberfläche nach außen münden — bei den *niederen Würmern* meist zwei verzweigte oder unverzweigte, oft auch anastomosierende Längsstämme. Gegen die Leibeshöhle ist dieses Kanalsystem stets abgeschlossen. „Wenn Leibeshöhle und Blutgefäße noch nicht entwickelt sind," sagt R. HERTWIG diesbezüglich, „so müssen die Exkretionsröhren, um die Exkrete aus dem Gewebe ableiten zu können, sich verästeln und den Körper nach allen Richtungen nach Art einer Drainage durchsetzen, wobei sie sich häufig zu einem an Blutcapillaren erinnernden Netzwerke verbinden (Protonephridien der parenchymatösen Würmer)."

Anders dagegen liegen die Verhältnisse bei den *Anneliden*. Hier nimmt der Exkretionsapparat die Form von paarigen *Segmentalorganen* an. Es sind dies meist schleifenförmige Kanäle, die einerseits mit einer flimmernden Öffnung, dem Wimpertrichter, in der Leibeshöhle beginnen, andererseits an der Körperoberfläche frei ausmünden und sich, paarweise angeordnet, in den einzelnen Segmenten wiederholen.

Im Inhalte der Emunktorien begegnet man häufig *Konkrementen* verschiedener Art. Er befindet sich stets in *strömender Bewegung*, an der die Wimpern und Geißeln, mit denen die meisten Würmeremunktorien ausgekleidet sind, wesentlich beteiligt sind. Gelegentlich findet sich eine besondere Ringmuskelschicht, welche die Exkretflüssigkeit vorwärtstreibt. Häufiger dient die peristaltische Tätigkeit der gesamten Körpermuskulatur diesem Zwecke. Auch die *Ausstoßung* des Emunktorieninhaltes läßt sich in manchen Fällen beobachten.

---

[1] FOSSE, C.: Gegenwart von Harnstoff bei Wirbellosen. C. r. Acad. Sci. **157**, 151 (1913).
[2] BURIAN: Zitiert auf S. 581 (S. 305).
[3] BORDAS, L.: Fonctions physiol. des poumons aquatiques des Holothuries. Ann. Mus. Marseille, Zool. 5. Mém., No 3 (1899).
[4] FOSSE: Zitiert unter Fußnote 1.
[5] KOSSEL, A. u. S. EDELBACHER: Beiträge zur chemischen Kenntnis der Echinodermen. Hoppe-Seylers Z. **95**, 264 (1915).

Chemisches. Werden Ascariden in verdünnter Kochsalzlösung gehalten, so geben sie (nach WEINLAND[1]) ihren N hauptsächlich in Form von *Ammonsalzen* der Butter-, Valerian- und Capronsäure ab (allerdings mengen sich dabei Kot und Hautsekrete den Emunktorialsekreten bei). Diese Beobachtung ist von FLURY[2] bestätigt worden, scheint aber nur für darmparasitische Würmer zu gelten. LESSER[3] hat bei Regenwürmern Ammoniak nur in geringen Mengen unter den Ausscheidungsprodukten, und zwar sowohl bei Oxybiose als auch bei Anoxybiose (N-Atmosphäre) angetroffen.

Das Vorkommen von *Harnstoff* unter den Ausscheidungsprodukten von Würmern ist von LESSER[3] bei Regenwürmern geleugnet, von FOSSE[4] jedoch beim Blutegel festgestellt worden.

GRIFFITHS glaubte *Harnsäure* in den Nephridien von Hirudo und Lumbricus gefunden zu haben; doch wurde diese Angabe von MARSCHAL nicht bestätigt. A. SULIMA[5] hat das Vorkommen von Harnsäure im Sipunculidenkörper vermißt, ebenso LESSER[6] unter den Ausscheidungsprodukten der Regenwürmer. PÜTTER[7] fand in Wasser, in dem 300 Blutegel 100 Stunden lang gelebt hatten, zwar kleine Mengen von Purinbasen und von Kreatinin, aber weder Harnstoff noch Harnsäure.

Als wichtigstes N-haltiges Exkretionsprodukt der Würmer hatte bisher das *Guanin* gegolten, seitdem EISIG[8] in den Konkretionen aus den Nephridien von Capitelliden auf Grund des mikrochemischen Verhaltens Guanin vermutet und WEYL tatsächlich (allerdings bei Untersuchung der ganzen Tiere) die Gegenwart von Guanin festgestellt hatte. Dabei war die Entdeckung von besonderem Interesse, daß die gelben Konkretionen aus den Nephridien von Capitella nicht nach außen, vielmehr in die Haut hinein entleert werden und sich derart in letzterer verbreiten, daß eine gelbe Pigmentierung des Tieres zustande kommt.

Demgegenüber erscheint es beachtenswert, daß in jüngster Zeit ACKERMANN und KUTSCHER[9] im Extrakte aus 30 kg Regenwürmern Harnstoff, Harnsäure und Kreatin vermißt und Guanin nur in Spuren gefunden haben. Dagegen wurden 5 g *Adenin* als Nitrat isoliert. Die Genannten nehmen daher an, daß nicht das Guanin, vielmehr das Adenin das Hauptendprodukt des Stoffwechsels der Würmer sei.

Der Ausscheidungsmodus bei den Würmern ist vielfach durch Fütterung und Injektion von Farbstoffen studiert worden. So hat, um nur einige Beispiele anzuführen, EISIG Capitelliden und KÜCKENTHAL Regenwürmer mit Carmin gefüttert. KOVALEVSKY sah nach Injektion von Hirudineen mit Carmin oder Sepia die 13 Paare von Nephridien rot oder schwarz gefärbt. SCHNEIDER hat die Ausscheidung von Indigocarmin bei Anneliden, METALNIKOFF bei Sipunculiden studiert usw.[10]

Ganz eigenartige Ausscheidungsverhältnisse scheinen bei den letzteren zu bestehen. Nach WILCZYNSKI[11] werden bei *Sipunculiden* eingebrachte Tuschekörnchen von Amöbocyten der Cölomflüssigkeit verschlungen. Die mit Tuschekörnern beladenen Amöbocyten durchdringen die Wand des Hinterdarmes und werden per anum ausgeschieden. Indigocarmin färbt nur die Nephridien und den absteigenden Darm blau, während der aufsteigende Darm ungefärbt bleibt.

Bei der großen Mehrzahl der Anneliden mit cölomwärts offenen Nephridien bildet zunächst die *Leibeshöhlenflüssigkeit* das Vehikel, in das hinein die Sekretionsprodukte sezerniert werden. Hier sind es die mittleren drüsigen Partien der Nephridien, deren Zellen stets von Einschlüssen erfüllt sind, und denen die Ausscheidung spezifischer Exkretstoffe zufällt.

---

1 WEINLAND, E.: Über die Zersetzung der N-haltigen Substanz bei Ascaris. Z. Biol. **45**, 113 (1904).

2 FLURY, F.: Chemie und Toxikologie der Ascariden. Arch. f. exper. Path. **67**, 275 (1912).

3 LESSER, E. S.: Chemische Prozesse bei Regenwürmern. Z. Biol. **50**, 421 (1908); **53**, 582 (1909).

4 FOSSE: Zitiert auf S. 582. 5 SULIMA: Zitiert auf S. 581.

6 LESSER: Zitiert unter Fußnote 3.

7 PÜTTER, A.: Der Stoffwechsel des Blutegels. Z. allg. Physiol. **6**, 16 (1907); **7**, 217 (1907).

8 EISIG, H.: Monographie der Capitelliden. Fauna u. Flora d. Golfes v. Neapel **1887**, 724ff.

9 ACKERMANN, D. u. F. KUTSCHER: Extraktivstoffe von Lumbricus. Z. Biol. **75**, 315 (1923).

10 Vgl. die Literatur bei BURIAN: Zitiert auf S. 581.

11 WILCZYNSKI, J.: Über die exkretorische Tätigkeit des Hinterdarmes bei Sipunculiden. Bull. Acad. de Cracovie **1913**, 275 — Jber. Tierchem. **43**, 556.

Exkretaphoren. Gewisse zellige Elemente im Körper der Anneliden außer den Zellen der Nephridien, die „Exkretophoren", besitzen das Vermögen, Exkretstoffe in sich aufzusammeln. Diese Exkretophoren bilden Gewebe ohne Ausführungsgang. Hierher gehört bei den Oligochäten ein braungefärbtes, den Darm umkleidendes Gewebe, das *Chloragogen* (MORREN 1826). Als Einschlüsse in den Zellen dieses Gewebes soll angeblich teils Guanin, teils saures Natriumurat auftreten. Die mikrochemische Charakteristik erscheint jedoch höchst mangelhaft[1]. „Alles Schlackenmaterial," sagt BURIAN[2], „das den Nephridien von vornherein in fester Form zugeführt wird ... stammt von den Einschlüssen der Exkretaphoren und Pseudoexkretaphoren. ... Stets werden die Einschlüsse zuletzt in die *Leibeshöhle* befördert. ... Als nächster Schritt erscheint nunmehr, fast ausnahmslos durch *Phagocytose* vermittelt, der Transport der abgegebenen Massen an ihren Bestimmungsort. ... Was nun das Endschicksal betrifft, kann es ein dreifaches sein. Denn neben der *Ausscheidung durch die Nephridien* ist auch eine *dauernde Speicherung* und eine *intrazelluläre Exkretion* des gesamten Schlackenmaterials der Anneliden mit Sicherheit festgestellt."

3. Tunicaten.

Außerordentlich merkwürdig sind die Ausscheidungsverhältnisse bei den Tunicaten. Während bei den *Salpen* exkretorisch tätige Anhänge des Verdauungstraktes das Ausscheidungsgeschäft zu besorgen scheinen, werden bei *Ascidien* die Exkretstoffe gar nicht nach außen befördert, sondern in eigentümlichen Speicherorganen innerhalb des Körpers dauernd aufbewahrt. Am übersichtlichsten liegen die Verhältnisse bei der Gattung *Molgula* (VAN BENEDEN 1846, DE LACAZE-DUTHIER 1871). Hier handelt es sich um eine große, dem Herzen benachbarte Speicherblase, die ein gewaltiges, wurstförmiges, konzentrisch geschichtetes, anscheinend aus Harnsäure bestehendes Konkrement enthält, das offenbar im stetigen Wachstum begriffen ist. Die Blase ist prall mit Flüssigkeit gefüllt, die beim Anstechen derselben unter Druck austritt (DAHLGRUEN[3]). Die Blase besteht aus einer derben Bindegewebskapsel, die mit einer einfachen Lage hoher prismatischer Zellen mit basaler Streifung ausgekleidet ist. Dieselben enthalten zahlreiche, teilweise von Vakuolen umschlossene Konkrementkörnchen. Die Zellen sind befähigt, in die Blutbahn injiziertes Indigocarmin aufzusammeln und in das Blaseninnere hineinzusezernieren[4]. Weniger einfach liegen die Verhältnisse bei den Gattungen *Cynthia, Ascidia* und *Phallusia.* Hier finden sich statt einer einzigen imposanten Blase *zahlreiche kleine Blasen* im Bindegewebe versteckt, in der Nachbarschaft des Darmes oder in anderen Körperregionen. Neben rundlichen Konkrementen finden sich auch wohlausgebildete längliche „Krystallstäbchen". Bei *Cionia* wiederum finden sich die sezernierenden Zellen gar nicht mehr als Wandbelag blasiger Gebilde angeordnet. Sie finden sich vielmehr *zerstreut* oder zu Haufen angeordnet und sind dazu bestimmt, die Exkretstoffe dauernd aufzubewahren und zu fixieren. Nach A. SULIMA[5] enthält Cynthia in ihrem Körper erhebliche *Harnsäure*mengen.

4. Mollusken.

Bau des Exkretionsapparates. Als Exkretionsorgane der *Muscheln* werden die nach ihrem Entdecker benannten *Bojanusschen Organe* angesehen. Diese in der Nachbarschaft des Herzbeutels gelegenen Organe sind stets paarig. Die ovale Drüse besteht aus einem unteren, von Balkenwerk durchzogenen und einem oberen glatten Anteile, welcher durch

[1] WILLEM, V. u. A. MINNE: Excrétion chez quelques Annelides. Mém. Acad. Bruxelles **1899**.

[2] BURIAN: Zitiert auf S. 581 (S. 429ff.).

[3] DAHLGRUEN, W.: Untersuchungen über den Bau der Exkretionsorgane der Tunicaten. Arch. mikrosk. Anat. **58**, 608 (1906).

[4] KOWALEVSKY, A.: Ein Beitrag zur Kenntnis der Exkretionsorgane. Biol. Zbl. **9**, 33, 65 (1889).

[5] SULIMA, A.: Zur Kenntnis des Urstoffwechsels niederer Tiere. Z. Biol. **63**, 233 (1914).

einen kurzen Ureter nach außen mündet. Der Hohlraum der Drüse kommuniziert durch einen trichterförmigen Kanal mit dem Perikardialraume. Durch Wimperbewegungen einerseits, durch die Bewegungen des Herzens andererseits gelangt Leibeshöhlenflüssigkeit in den Nierensack hinein und bildet das Vehikel für die von den Nierenzellen gelieferten Exkretstoffe.

Die *Niere der Schnecken* entspricht dem BOJANUSschen Organ der Muscheln. Ihre Anlage ist eine bilaterale. Doch findet sich bei ausgewachsenen Tieren infolge der durch Spiraldrehung bewirkten Asymmetrie meist nur auf einer Seite eine entwickelte Niere in Gestalt eines länglichen, in der Nähe des Herzens gelegenen Sackes. Der Hohlraum der Drüse kommuniziert durch einen Wimpertrichter mit dem Perikardialraume und andererseits durch eine Öffnung mit der Körperoberfläche. Das spongiöse Balkenwerk, welches den Hohlraum der Drüse durchsetzt, trägt einen Belag von sezernierenden Zellen, in deren innerer Hälfte sich feste Konkremente finden.

Ein hochgradig ausgebildeter Exkretionsapparat findet sich bei den Cephalopoden. Hier finden sich paarige *Nierensäcke* von großer Ausdehnung, die durch einen Ureter in den Mantelraum ausmünden. Wird bei einem Octopusmännchen die Kiemenhöhle durch Aufschlitzen des Mantels eröffnet, so treten sogleich die Harnsäcke zutage. Wenn man mit Hilfe einer Kanüle in die kurzen Ureteren, die zu beiden Seiten des Afters ausmünden, Luft einbläst, so sieht man, daß die Nierensäcke nicht nur die ventrale Seite der Eingeweide überdecken, sondern daß sie sich seitlich bis auf den Rücken fortsetzen. Eröffnet man die Harnsäcke, so sieht man, wie die rückwärtige Wand derselben sich den schwammigen, in lebhafter schlängelnder Bewegung befindlichen *Anhängen der Hohlvenen* eng anschmiegt. Während der glatte Anteil der Nierensäcke von einem Pflasterepithel überzogen erscheint, findet sich im Bereiche der Venenanhänge ein *Zylinderepithel*, dessen Zellen von stark lichtbrechenden Körnern durchsetzt sind und an ihrer Basis eine Streifung aufweisen.

Damit ist die Fülle morphologischer Eigentümlichkeiten der Molluskennieren keineswegs erschöpft. So findet man bei den *Chitoniden* vielfach verästelte paarige Emunktorien. Bei *Eolis papillosa* (Opistobranchier) erreicht die baumartige Verästelung, die den verzweigten Leberanhängen in die Rückenpapillen hinauf folgt, ihren Höhepunkt.

Auf die Frage der nicht *emunktoriellen exkretorischen* Einrichtungen der Mollusken kann hier nicht eingegangen werden[1].

Tätigkeit der Nephridialzellen. Im eigentlichen exkretorischen Abschnitte der Molluskenniere finden sich meist hohe, kuppenartig vorgebuchtete Zellen, in denen sich die Exkretionsprodukte in Form von Konkretionen und Vakuolen anhäufen. Oft finden sich neben einem größeren Hauptkonkrement noch viele andere Körnchen von anscheinend gleicher chemischer Natur. Die größeren Konkremente erscheinen im auffallenden Lichte weißglänzend, im polarisierten Lichte doppelbrechend. So finden sich z. B. bei *Helix* im Blute Körnchen teils frei, teils in amöboiden Wanderzellen. Die mit Exkretstoffen beladenen Amöbocyten durchbrechen die Basalmembran der Nephridialzellen. Jedoch auch frei in den Blutlakunen enthaltene Exkretkörner werden von Nephridialzellen aufgenommen und von Vakuolen umschlossen. Die Entleerung der Emunktorialzellen erfolgt nach verschiedenen Typen: durch Aussickern als „*tröpfchenförmige Ausscheidung*“, oder durch Abschnürung als „*vesiculäre Ausscheidung*“, oder endlich als „*Dehiscenz*“, wobei die Exkretkugeln eine solche Größe erreichen, daß sie die gespannte Zellwand zum Bersten bringen. Vgl. die Literatur bei M. KRAHELSKA[2].

Sehr zahlreiche *Farbstoffversuche* vieler Autoren an den verschiedensten Mollusken (vgl. Näheres im Kapitel „Die Athrocyten der Mollusken“ bei STROHL[3]) haben ergaben, daß sich injiziertes *Indigocarmin* meist schnell in den Nephridialzellen ansammelt. Wie auch sonst bei derartigen Versuchen, pflegen Indigocarmin und *Ammoniakcarmin* einander auszuschließen. STROHL meint „es würde Indigocarmin sowohl in alkalische als auch in sauere Zellen gehen, Ammoniakcarmin dagegen ausschließlich in solche, deren Reaktion sauer ist“.

---

1 Vgl. diesbezüglich STROHL: Zitiert auf S. 581 (S. 538—574).

2 KRAHELSKA, M.: Einfluß der Winterruhe auf den histologischen Bau einiger Landpulmoxaten. Jena. Z. Naturwiss. N. F. 46 (1910).

3 STROHL: Zitiert auf S. 581 (S. 574—592).

Bei Muscheln hat EMALJANENKO[1] erst nach 3 Tagen, nachdem Indigocarmin injiziert worden war, eine Blaufärbung der BOJANUSschen Organe gesehen, wobei blaue Farbstoffkrystalle an denselben Stellen und in denselben Vakuolen auftreten, in welchen die Harnkonkremente ausgeschieden werden. Bei Schnecken sind derartige Versuche u. a. von KOWALEVSKY[2] und CUÉNOT[3], bei Cephalopoden von SOLGER[4] ausgeführt worden.

Harnausscheidung bei den Cephalopoden. Bei den Cephalopoden begegnet man bereits der Einrichtung einer *intermittierenden Harnentleerung*. Die Ureteren besitzen einen aus Kreis- und Längsmuskeln zusammengesetzten Sphincter, der das Eindringen von Meerwasser in die Harnsäcke verhindert. Von Zeit zu Zeit wird der Ureter geöffnet und der Inhalt der Harnsäcke, anscheinend mit Hilfe von Kontraktionen der Mantelmuskulatur, ausgetrieben.

Ref.[5] hat große Oktopoden nach Unterbindung der Ureteren einige Tage lang am Leben erhalten. Wurden die Tiere nach 1—3 Tagen getötet, so fanden sich die Harnsäcke meist prall gefüllt und enthielten bis 140 ccm Urin (Tagesmenge 15—80 ccm). Der Eingriff erfolgte in der Art, daß bei den (nach J. v. UEXKÜLLS Vorgange fixierten) Tieren der Mantel an der Bauchseite durch zwei längsverlaufende Einschnitte durchtrennt wurde. Sodann wurden die beiden Ureteren mit einer Pinzette gefaßt, vorgezogen und unterbunden. Schließlich wurden die Kontinuitätstrennungen der Haut und Muskulatur sorgfältig vernäht und das Tier ins Bassin zurückgebracht, wo es sich bald erholte. Doch nahmen die operierten Tiere keine Nahrung mehr zu sich.

Wird die *osmotische Konzentration des Blutes*, welche unter normalen Verhältnissen derjenigen des Meerwassers gleichkommt ($\Delta = 2{,}2°$), durch Injektion von Zucker, Kochsalz oder Harnstoff in die Blutbahn erhöht, so erweitern sich die Bluträume der Venenanhänge, die Papillen breiten sich fächerartig aus, und es wird eine Polyurie provoziert (MAYER und RATHÉNY[6]). Die osmotische Konzentration des Blutes wird schnell wiederhergestellt, wobei, neben der Tätigkeit des Darmes und des Hepatopankreas, in erster Linie die Nierentätigkeit beteiligt ist. Dabei handelt es sich nicht um einfache Osmose und Diffusion, vielmehr um eine selektive Sekretion (GOMPEL und HENRI[7]). Nach Injektion von *Coffein* oder *Theobromin* erscheint der Salzgehalt des Harns nicht verändert; nach *Phlorrhizin* erfolgt keine Zuckerausscheidung; nach *Pilocarpininjektion* ist die Harnflüssigkeit wenig reichlich, aber reicher an Eiweiß (s. u.), viscös, fadenziehend (MAYER[8]).

Chemisches. **A. Muscheln.** *Harnsäure* ist von zahlreichen Untersuchern in den BOJANUSschen Organen vieler Muscheln immer wieder gesucht und immer wieder vermißt worden (Ref.[9]). Manche von den in den Nierenzellen von Muscheln gefundenen Konkrementen bestehen aus anorganischem Material. Ref.[9] ist seinerzeit den ungenügend begrün-

[1] EMELJANENKO, P.: Ausscheidung von Farbstoffen durch das Bojanussche Organ der Mollusken. Z. Biol. **53**, 232 (1909).

[2] KOWALEVSKY: Beiträge zur Kenntnis der Exkretionsorgane. Biol. Zbl. **9**, 66 (1889).

[3] CUÉNOT, L.: L'excrétion chez les Gastropodes pulmonés. C. r. Acad. Sci. **115**, 256 (1892) — Sur le fonctionement du rein de Helix. Ebenda **119**, 539 (1894) — L'excrétion chez les mollusques. Arch. de Biol. **16**, 49 (1899).

[4] SOLGER, B.: Physiologie der Venenanhänge der Cephalopoden. Zool. Anz. **4**, 379 (1881).

[5] FÜRTH, O. v.: Über den Stoffwechsel der Cephalopoden. Hoppe-Seylers Z. **31**, 353 (1900).

[6] MAYER, A. u. F. RATHÉNY: Histol. du rein du Poulpe. C. r. Soc. Biol. **60** (1906) — Corps fungiforme du Poulpe. J. Anat. et Physiol. **43** (1907).

[7] GOMPEL, M. u. V. HENRI: Étude sur la sécretion urinaire chez le poulpe. C. r. Soc. Biol. **60** (1906).

[8] MAYER, A.: Étude sur les éliminations provoqués chez le poulpe. C. r. Soc. Biol. **58**, 959 (1906).

[9] FÜRTH, O. v.: Vergl. chem. Physiol. Zitiert auf S. 581 (S. 573—574).

deten Behauptungen LETELLIERS[1] betzüglich des Vorkommens von *Harnstoff, Hippursäure, Kreatin, Leucin, Tyrosin* und *Taurin* unter den Ausscheidungsprodukten der Muscheln durchaus skeptisch gegenübergestanden. STROHL[2] meint diesbezüglich: „Immerhin ist es auffallend, daß, während denselben Untersuchern (LETELLIER, MARSCHALL, SULIMA) der Harnsäurenachweis bei Schnecken ohne weiteres gelang, dies bei Muscheln ebenso regelmäßig mißglückte. Es wäre ja denkbar, daß die Harnsäure bei den Muscheln in einem Zustande vorhanden ist, in dem sie mit den üblichen Methoden schwer oder gar nicht nachzuweisen ist. ... Es ist aber auch nicht nötig, daß unbedingt überall Harnsäure gefunden werden muß, zumal gerade in diesem Falle bei Muscheln positive Harnstoffbefunde zu verzeichnen sind. ... Die Reaktionen, die LETELLIER zur Identifizierung des Harnstoffes angewendet hat, sind nun allerdings keineswegs eindeutig genug, als daß sie ohne weiteres so bestimmte Schlüsse zuließen ... Es dürfte auch hier, wie bei der Hippursäure, v. FÜRTHS vollkommen ablehnende Haltung nicht ganz berechtigt sein." — Tatsächlich hat seitdem FOSSE[3] mit seiner empfindlichen und spezifischen Xanthydrolmethode den Nachweis von *Harnstoff* bei Anodonta und bei Miesmuscheln erbracht. *Taurin* und *Glykokoll*, die, wie bekannt, die Gewebe von Mollusken, insbesondere die Muskeln, reichlich durchtränken, sind von AGNES KELLY[4] (im HOFMEISTERschen Laboratorium) in den BOJANUSschen Organen von Muscheln aufgefunden worden, und zwar Taurin bei Mytilus, bei Pecten auch reichlich Glykokoll.

B. Schnecken. Im Gegensatz zu den Muscheln steht bei den Schnecken die dominierende Rolle der *Harnsäure* als N-haltiges Exkretionsprodukt außer jedem Zweifel. CUÉNOT[5] hat in den Harnsäcken von Helix 4—6 mg Ūr, MARSCHAL[6] am Ende des Winterschlafes 7 mg Ūr gefunden. Sobald das Tier aus dem Winterschlafe erwacht, entleert es die massenhaft aufgespeicherten Exkretmassen nach außen. SULIMA[7] fand in den Mitteldarmdrüsen von *Aplysien* reichlich Harnsäure (0,04—0,20 in 100 g des feuchten Organs). Wird die Mitteldarmdrüse mit Asparagin oder Glykokoll oder mit Natrium bei Gegenwart von Harnstoff digeriert, so erschien die Ūr vermehrt. Wurden andererseits relativ große Harnsäuremengen (0,1 g) mit dem Brei des Hautmuskelschlauches von Aplysien digeriert, so konnte hinterher die Ūr in keiner Weise mehr nachgewiesen werden. Es scheinen sich hier also die Vorgänge einer Harnsäuresynthese bzw. Zerstörung in vitro abzuspielen.

Mehrere Untersucher (EWALD und KRUCKENBERG, NALEPA, BIAL, CUÉNOT (vgl. FÜRTH[8]) glauben neben der Harnsäure das Vorkommen von *Guanin* unter den Exkretionsprodukten wahrscheinlich gemacht zu haben.

C. Cephalopoden. Ganz eigenartige Verhältnisse liegen in bezug auf die Exkretionsprodukte bei den Cephalopoden vor.

Ref.[9] hat, ebenso wie frühere Untersucher, reichliche, im wesentlichen aus *Harnsäure* bestehende Konkremente in den Nierensäcken von Cephalopoden angetroffen, dagegen auffallenderweise das Vorkommen gelöster Harnsäure in der Harnflüssigkeit (Gewinnung s. oben) ganz vermißt. Auch scheint nach den Untersuchungen SULIMAS[10] eine Harnsäurebildung, sei es oxydativer, sei es synthetischer Art, in der Mitteldarmdrüse der Cephalopoden überhaupt nicht zu erfolgen. „Einem unzweifelhaften Bestand an Harnsäure in den Konkrementen", sagt STROHL[11], „entspricht ein vollständiges Fehlen dieser Substanz in dem umgebenden Medium. Diese Tatsache ist nach mündlicher Mitteilung BURIANS unzählige Male in der physiologischen Abteilung der Neapeler Station bestätigt worden und ließ bei ihm den Verdacht aufkommen, es könnten vielleicht die massenhaft an den Venenanhängen vorkommenden *Dicyemiden* an der Erscheinung beteiligt sein. Tatsächlich stellte sich bei Verfolgung dieses Gedankenganges heraus, daß an diesen eigentümlichen Organismen ein großer Gehalt an offenbar exkretorischen Konkrementen bekannt ist ... (chemisch anscheinend nicht untersucht!) ... Wie dem auch sein mag, jedenfalls macht das Fehlen der Ūr in der Nephridialflüssigkeit und das Fehlen einer oxydativen und synthetischen Ūr-Bildung im Organismus der Cephalopoden es im höchsten Grade wahrscheinlich, daß die Ūr-Konkremente keine Stoffwechselprodukte des Cephalopoden sind."

---

1 LETELLIER, A.: Fonction urinaire chez les Mollusques acéphales. Arch. de Zool. (2) 5 bis (1887).

2 STROHL: Zitiert auf S. 581 (S. 528). 3 FOSSE: Zitiert auf S. 581.

4 KELLY, A.: Vorkommen von Ätherschwefelsäuren, von Taurin und Glykokoll bei niederen Tieren. Beitr. chem. Physiol. u. Path. **5**, 377 (1904).

5 CUÉNOT: Zitiert auf S. 586.

6 MARSCHAL, P.: L'acide urique et la fonction rénale chez les Invertébrés. Mem. Soc. zool. de France **3**, 31 (1889).

7 SULIMA: Zitiert auf S. 581. 8 FÜRTH: Zitiert auf S. 581 (S. 277).

9 FÜRTH: Zitiert auf S. 581. 10 SULIMA: Zitiert auf S. 581.

11 STROHL: Zitiert auf S. 581 (S. 534).

Die Analyse der aus den unterbundenen Harnsäcken von Octopus gesammelte *Harnflüssigkeit* (Fürth[1]) ergab: 94,68% H_2O, 3,63% anorganische Bestandteile, 0,12% Eiweiß und 1,57% anderer organischer Substanzen. Die Untersuchung der *Stickstoffverteilung* ergab ein Zurücktreten jener Fraktion, in der im Säugetierharn der Harnstoff enthalten ist. Dagegen fand sich fast ein Fünftel des N in Form von *Ammoniak*-N.

Harnstoff ist in der Harnflüssigkeit von Lindemann beschrieben, von P. Bert, L. Frédéricq, sowie vom Ref.[1] dagegen vermißt worden. Sanzo[2] fand im Blute, der Perivisceralflüssigkeit und in den Geweben von Cephalopoden eine Substanz, die mit NaOBr N_2 zu entwickeln vermag, angeblich alle charakteristischen Reaktionen des Harnstoffes gibt und die der genannte Autor, solange nicht das Gegenteil bewiesen ist, für Harnstoff gelten lassen möchte. Vielleicht bietet eine Beobachtung A. Mayers[3] die Erklärung für die negativen Befunde: Wird Harnstofflösung in die Nierensäcke injiziert und der Ureter abgebunden, so war sie nach 24 Stunden verschwunden. Offenbar hatte eine Resorption derselben stattgefunden. Auffallend ist es immerhin, daß die Gewebe von Mollusken (im Gegensatz zu denjenigen von Würmern und Crustaceen) anscheinend reichlich *Urease* (harnstoffzerstörendes Ferment) enthalten (Przylecki[4]).

Ref.[5] hat ferner im Octopodenharne *Hypoxanthin* gefunden (0,008%), ferner eine N-haltige krystallisierbare, durch Quecksilberacetat fällbare *Säure unbekannter Art.*

Einen eigenartigen Befund bildet die bereits von L. Frédéricq[6] nachgewiesene *Albuminurie.* Ref.[5] hat dieselbe auch bei intakten Tieren niemals vermißt. Mayer und Rathery[7] meinen diesbezüglich: „Ce liquide a le double charactère d'un urine et d'un transsudat séreux. On pourrait écrire expressivement, sinon très-exactement, que le poulpe urine dans son péritoine." Burian fragt, ob es sich nicht etwa um die Folgen einer durch parasitäre Infektion verursachten „chronischen Nephritis" handeln könnte.

5. Crustaceen.

„Als Nieren", sagt R. Hertwig in seinem Lehrbuche, „werden jene Drüsen gedeutet, welche *Schalendrüse* und *Antennendrüse* heißen. Die Schalendrüse — fälschlich so genannt, weil man glaubte, die Bildung der Schale ginge von ihr aus — mündet jederseits neben der 4. Extremität, der Maxilla; die Antennendrüse vor der Basis der 2. Extremität, der großen Antenne. Beide haben denselben Bau und vielfach gewundene Kanäle, die mit einer Blase beginnen und öfters mit einer Art Blase enden. Durch das Auftreten von schleifenförmigen Kanälen erinnern diese Drüsen an die Segmentalorgane der Anneliden. Es ist sehr wahrscheinlich, daß sie modifizierte Segmentalorgane sind."

Was speziell die dekapoden Crustaceen betrifft, findet man an der ventralen Seite des vorderen Abschnittes des Cephalothorax zwei rundliche Massen, die *grünen Drüsen,* die allgemein als Exkretionsorgane angesehen werden. Sie bestehen aus einem sackförmigen Reservoirgebilde und einem drüsigen Anteile, der seinen Inhalt durch einen kurzen Ausführungsgang nach außen entleert.

Burian und Muth[8] bezeichnen es als eine fundamentale Tatsache, daß diese Organe (abweichend von den Annelidennephridien) keinerlei Scheidung in einen vehikelbildenden und einen die eigentlichen Schlackenstoffe absondernden Anteil erkennen lassen. Dennoch sind die beiden Anteile, der „Cölomsack" und der Nephridialkanal, nicht nur histologisch, sondern auch physiologisch verschieden. „So sind die Cölomsackzellen *Carminathrocyten* von entschieden *saurer* Reaktion, während die Zellen des Nephridialkanales sich als entschieden *alkalisch* reagierende Indigoathrocyten erwiesen haben."

Weiteres über die Farbstoffausscheidung vgl. Fürth[9].

---

[1] Fürth: Zitiert auf S. 581.

[2] Sanzo, L.: Zur Kenntnis des N-Stoffwechsels mancher wirbelloser Tiere. Biol. Zbl. **27**, 479 (1907).

[3] Mayer, A.: Zitiert auf S. 586.

[4] Przylecki, St. J.: Présence et repartition de l'uréase chez les invertébrés. Arch. internat. Physiol. **20**, 103 (1922).

[5] Fürth: Zitiert auf S. 581.

[6] Frédéricq, L.: Sur l'Organisation et la Physiologie du Poulpe. Bull. Acad. Méd. belg. (2) **46** (1878).

[7] Mayer u. Rathery: Zitiert auf S. 586.

[8] Burian u. Muth: Zitiert auf S. 581 (S. 630ff.).

[9] Fürth: Vergl. Physiol. Zitiert auf S. 581 (S. 289).

Am eingehendsten sind die Exkretionsvorgänge bei den Crustaceen von P. MARSCHAL[1] studiert worden. Entnimmt man einem lebenden Eupagurus mit Hilfe einer in eine Capillare ausgezogenen, in einen Ureter eingeführten Glaskanüle etwas Harnflüssigkeit, so findet man dieselbe von runden Bläschen durchsetzt. Histologische Untersuchungen lehren, daß dieselben durch einen Abschnürungsvorgang aus dem sezernierenden Epithel ausgestoßen werden.

Bei den Seespinnen hat man eine *intermittierende Harnentleerung* bemerkt. Beobachtet man eine mit der Bauchfläche auf der Glaswand des Aquariums aufliegende Maja, so bemerkt man von Zeit zu Zeit, wie das Operculum emporgehoben wird und wie die benachbarten Kieferfüße unmittelbar darauf eine wirbelnde Bewegung ausführen, offenbar um den Harn aus der Nähe der Mundöffnung zu entfernen.

Chemisches. In der Mitteldarmdrüse von Maja vermochte A. SULIMA[2] *Harnsäure* nachzuweisen. Dagegen ist die Behauptung von GRIFFITHS über das Vorkommen von Harnsäure in der grünen Drüse des Flußkrebses von MARSCHAL[1] nicht bestätigt worden. Ebensowenig vermochte dieser im Majaharne Harnsäure nachzuweisen. GORUP-BESANEZ und WILL haben in den grünen Drüsen von Astacus das Vorkommen von *Guanin* wahrscheinlich gemacht. Als ein den Crustaceen eigentümliches Stoffwechselprodukt hat MARSCHAL eine Säure („Acide carcinurique") beschrieben. FOSSE[3] hat *Harnstoff* unter den Ausscheidungsprodukten von Krebsen, Krabben und Langusten nachgewiesen. Nach BRUNOW[4] macht das *Ammoniak* 28—38% der Gesamt-N-Ausscheidung des Flußkrebses aus.

6. Arthropoden (exl. Crustaceen).

Die *Onychophoren* schließen sich ihrem Exkretionssystem nach mehr den Crustaceen und Anneliden als den eigentlichen Tracheaten an. Sie besitzen *Segmentalorgane*, die chemisch noch nicht studiert sind. Nur über die Farbstoffausscheidung durch dieselben liegen einige Beobachtungen vor[5].

In einer Linie mit den Segmentalorganen der Onychophoren scheinen die *coxalen Exkretionsorgane von Arachnoideen* zu stehen (RAY-LANKESTER 1882).

Dagegen begegnen wir bei Arachnoiden, Insekten und Myriopoden als einem neuen Typus von Exkretionsorganen den *Malphighischen Gefäßen*. Es sind dies schlauch- oder fadenförmige, in größerer oder geringerer Anzahl auftretende Ausstülpungen des Enddarmes, die möglicherweise auch die Bedeutung modifizierter Segmentalorgane besitzen.

Dieselben bestehen aus drei Schichten: einer bindegewebigen serösen Hülle, einer zarten Tunica propria und einer einfachen Lage großer Sekretionszellen. Das Exkret ist flüssig oder körnig und scheint durch Dehiscenz der Epithelzellen freigemacht zu werden. Sehr zahlreiche Versuche mit *Farbstoffen* (SCHINDLER, KOWALEVSKY, CUENOT u. a.) haben die exkretorische Funktion derselben jedem Zweifel entrückt. EHRENBERG[6] sagt diesbezüglich zusammenfassend: „Die Mehrzahl der Untersuchungen sind mit Ammoncarmin und Indigocarmin ausgeführt worden, und es herrscht Einstimmigkeit darüber, daß nur der Indigo in dem Tubeninhalte erscheint, während das Ammoniakcarmin nicht emunktoriell abgeschieden wird. Es herrscht weiter Einstimmigkeit darüber, daß der Indigo die Zelle in einer farblosen Modifikation passiert, dagegen im Lumen als bläuender Agens sichtbar wird." Bei mit *Arsen* gefütterten Insekten und Myriopoden ergab die chemische Untersuchung, daß sich das aufgenommene Arsen ausschließlich in den MALPHIGHIschen Gefäßen anhäuft.

---

[1] MARSCHAL, P.: Excrétion chez les Crustacées décapodes. C. r. Acad. Sci. **105**, 1130 (1887); **113**, 223 (1891) — Mém. Soc. zool. de France **3**, 48 (1891) — Appareil excréteur des Crustacées. Arch. de Zool. **10**, 57 (1892).

[2] SULIMA: Zitiert auf S. 581. [3] FOSSE: Zitiert auf S. 582.

[4] BRUNOW, H.: Der Hungerstoffwechsel des Flußkrebses. Z. allg. Physiol. **12**, 315 (1911).

[5] BRUNTZ, L.: Excrétion et phagocytose chez les Onychophores. Bull. Soc. Sci. Nancy (3) **4** (1903).

[6] EHRENBERG: Zitiert auf S. 581 (S. 728).

Exkretionsprodukte. *a) Harnsäure.* Als charakteristisches Stoffwechselendprodukt des Insektenorganismus hat die Ū zu gelten[1]. Interessant sind die gewaltigen Harnsäureanhäufungen im *Fettkörper* mancher Arthropoden. So erscheint z. B. der Fettkörper der Wespenart Sphex schon für das freie Aug von weißlichen Körnern durchsetzt (Fabre); bei Blatta können die Fettzellen unter Umständen fast ganz durch die Urate verdrängt sein (Cuenot). Zweifellos kommt auch dem *Darme* der Arthropoden eine exkretorische Funktion zu. So ist bei Sphegidenlarven der Darm durch ein Dissepiment geteilt, so daß sie keine Exkremente zu entleeren vermögen. Untersucht man nun die Insekten kurze Zeit nach dem Ausschlüpfen, so findet man den Darm oberhalb des Diaphragmas mit Harnsäure angefüllt, die unmöglich aus den Malphighischen Gefäßen stammen kann, da diese erst unterhalb der Scheidewand in den Darm einmünden (Marschal[2]).

b) Guanin. Bei gewissen Arachnoiden tritt zweifellos nicht die Harnsäure, sondern das Guanin als wichtigstes Stoffwechselendprodukt auf (Gorup-Besanez, Davy, Plateau, Marschal, Weinland[3]).

c) *Harnstoff.* Die diesbezüglichen Angaben (Sirodot, Rywosch) sind zu dürftig, als daß sich damit etwas anfangen ließe.

d) *Ammoniak.* Weinland[4] fand, daß Calliphoralarven reichlich NH_3 ausscheiden (etwa 69–82% ihrer Gesamt-N-Ausscheidung entsprechend). Dieses wird nicht vom Darme entbunden. Bei der Puppe findet sich keine NH_3-Ausscheidung mehr. Die ausgeschlüpfte Fliege scheidet reichlich Harnsäure aus.

e) Als besondere Eigentümlichkeit wurde die Ausscheidung von *oxalsaurem Kalk* durch die Malphighischen Gefäße von Wespen, Eichenspinnerraupen und anderen Insekten beobachtet. Bei einigen Capricornierlarven werden große Mengen von *Calciumcarbonat* in den Malphighischen Gefäßen gefunden[5]. Das Sekret der Malphighischen Gefäße gewisser Falter (Vanessa-Arten) kann so reichliche Mengen eines *roten Farbstoffes* enthalten, daß die auf Mauern anhaftenden Tropfen zu wiederholten Malen zum Aberglauben eines Blutregens Anlaß gegeben haben.

---

[1] Literatur Fürth: Vergl. Physiol. Zitiert auf S. 581 (S. 295ff.).

[2] Marschal: Zitiert auf S. 587.

[3] Weinland, E.: Guanin in den Exkrementen der Kreuzspinne. Z. Biol. **25**, 390 (1889).

[4] Weinland, E.: Ausscheidung von NH_3 durch Larven von Colliphora. Z. Biol. **47**, 232 (1905).

[5] Mayet, V.: Une nouvelle fonction des tubes de Malpighi. C. r. Acad. Sci. **122**, 541 (1896).

Prinzipien der Konkrementbildung.

(Bildung der Gallensteine und Harnsteine.)

Von

L. Lichtwitz

Altona.

Mit 56 Abbildungen.

Die Abbildungen sind fast sämtlich Wiedergaben von Lichtbildern, für die ich meinem vortrefflichen Mitarbeiter Herrn Valentin Welz zu großem Dank verpflichtet bin. — Die Präparate sind nur zu einem Teil in unserem Laboratorium hergestellt. Herr Dr. R. Brühl (Rostock-Göttingen) war so freundlich, seine Sammlung zum Studium und zur Reproduktion zur Verfügung zu stellen. Ebenso hat Herr Prof. K. Kleinschmidt (Heidelberg) diese Arbeit durch Überlassung von Präparaten unterstützt. — Den Herren Prof. Hueter, Prof. Jenckel, Prof. Wohlwill und Prof. Gerlach bin ich für Zuwendung von Steinmaterial verpflichtet. Ganz besonderen Dank aber schulde ich Herrn Geheimrat M. B. Schmidt (Würzburg), der mir durch gütige Vermittlung von Frau Naunyn Einblick in die von Naunyn hinterlassene Steinsammlung gewährte und mir Steinschliffe von der Hand des Meisters zum Studium und zur Wiedergabe anvertraute.

Anmerkung: Der Abschnitt „Herausbeförderung des Harns“ mußte aus äußeren Gründen an den Schluß des Bandes gesetzt werden.

Zusammenfassende Darstellungen.

1. Gallensteine. ASCHOFF u. BACMEISTER: Die Cholelithiasis. Jena 1909. — BACMEISTER, A.: Die Entstehung des Gallensteinleidens. Erg. inn. Med. **11**, 1 (1913). — BOYSEN, J.: Über die Struktur und die Pathogenese der Gallensteine. Berlin 1909. — CHAUFFARD: La lithiase biliaire. Paris 1922. — GERLACH, FR.: Das Gallensteinpathogeneseproblem. Erg. inn. Med. **30**, 221 (1926). — LICHTWITZ, L.: Über die Bildung der Harn- und Gallensteine. Berlin 1914. — MECKEL V. HEMSBACH, H.: Mikrogeologie. Berlin 1856. — NAUNYN, B.: Klinik der Cholelithiasis. Leipzig 1899. — NAUNYN, B.: Die Gallensteine, ihre Entstehung und ihr Bau. Jena 1921. — NAUNYN, B.: Versuch einer Übersicht und Ordnung der Gallensteine der Menschen. Jena 1924. — ROVSING, TH.: Pathogenese der Gallensteinkrankheit. Acta chir. scand. (Stockh.) **56**, 104 (1923). — TORINOUMI: Über den Bau und die formale Genese der Gallensteine. Mitt. Grenzgeb. Med. u. Chir. **37**, 385 (1924).

2. Harnsteine. CARTER, H. V.: The microscopic structure and mode of formation of urinary calculus. London 1873. — EBSTEIN, W.: Die Natur und Behandlung der Harnsteine. 1884. — HELLER, FLORIAN: Die Harnkonkretionen, ihre Entstehung, Erkennung und Analyse. Wien 1860. — KLEINSCHMIDT, O.: Die Harnsteine. Berlin 1911. — NAKANO, H.: Atlas der Harnsteine. Leipzig-Wien 1925. — ULTZMANN: Die Harnkonkretionen des Menschen. Wien 1882. — WALTHER: Die Harnsteine, ihre Entstehung und Klassifikation. Berlin 1820.

Die Frage nach der Bildung der Gallen- und Harnsteine ist ein Teil des Problems der Steinbildung im Tierkörper überhaupt und der Ablagerung von Salzen, Säuren und anderen Körpern in amorpher und krystallinischer Form. Die reizvollste Bearbeitung dieses Stoffes, die von MECKEL V. HEMSBACH im Jahre 1856 unter dem Titel „Mikrogeologie. Über die Konkremente im tierischen Organismus“ herausgegeben wurde, umfaßt daher auch die Bildung der Perlen und der Schalen von Schnecken und Muscheln. Aber auch zu der physiologischen und pathologischen Verkalkung bestehen enge Beziehungen. Darüber hinaus erweitert sich das Gebiet dadurch, daß es in den Harn- und Gallenwegen auch „Steine“ gibt, die keine Steine sind, d. h. kein verhärtendes Material enthalten, sondern fast nur aus Eiweiß bestehen und den HASSALschen Körperchen der Thymus, den Prostatakörpern u. a. sehr nahe verwandt sind. Diesen Zusammenhang hat schon MECKEL V. HEMSBACH erkannt und in seinem Buche ausführlich dargestellt.

Obwohl in den höheren tierischen Organismen auch Steine im Darm, in den Lungen, den Speicheldrüsen und ihren Ausführungsgängen, in der Prostata und im Gehirn vorkommen, so ragen doch die Gallen- und Harnsteine an Häufigkeit und Bedeutung weit hervor. Die Prinzipien der Steinbildung überhaupt können, soweit es der Stand des Wissens unserer Zeit gestattet, an diesem reichen Material dargestellt werden. Die anderen Konkretionen sind fast nur von kasuistischem Interesse und brauchen hier nicht besonders berücksichtigt zu werden.

Man versteht unter einem Stein eine feste, in Wasser und auch in seiner Mutterflüssigkeit unlösliche Masse von schleimig-weicher bis erzharter Konsistenz und von einer Größe, die zu mikroskopischen Dimensionen hinabreicht und die Größe eines Gänseeies überschreiten kann. Zu unterscheiden sind die strukturlosen Steine, die aus zusammengeklebtem Sediment bestehen und dem Verständnis keine anderen Schwierigkeiten machen, als es die Entstehung der Sedimente an sich tut, und die viel häufigeren Gebilde von sehr eindrucksvoller Struktur. Diese letzteren haben, von einer kleinen Zahl, die später zu besprechen ist, abgesehen, die gesetzmäßige Eigentümlichkeit, daß ihr zentralster Teil, der offensichtlich den Bildungskern darstellt, eine andere chemische und physikalische Beschaffenheit hat als die weiter peripher gelegenen Partien. Sehr häufig bei den Gallensteinen — ebenso wie bei den Harnsteinen — wird dieser zentrale Teil, der Kern, von einem Sediment gebildet. In diesem Umfange gehört die Sedimentbildung zum Problem der Steinbildung.

I. Die Sedimentbildung.

In der Galle und im Harn ist eine nicht geringe Zahl von Stoffen in Konzentrationen enthalten, die die wässerige Löslichkeit weit übertreffen. Die Frage, warum diese Flüssigkeiten in der Regel amorphe oder krystallinische Niederschläge nicht enthalten, ist vielfach untersucht worden.

Folgende Tatsachen können als gesichert gelten:

1. Der Übersättigungsgrad ist ohne entscheidenden Einfluß. Bei höchster Übersättigung kann vollständige Lösung bestehen, bei geringer Übersättigung kann bereits Sedimentbildung eintreten.

2. Bei den Stoffen, deren Ausfällung von der Reaktion der Lösung abhängt, ist — auch unabhängig von der Stärke ihrer Konzentration — die p_H ohne oder ohne wesentliche Bedeutung. So kann z. B. auch bei Zufügung von sehr viel Säure die Harnsäure im Harn gelöst bleiben.

3. Durch Behandlung mit Fällungsmitteln — z. B. bei dem Versuch, das Oxalat des Harns oder das Bilirubin der Galle durch Kalksalze auszufällen — geht, sofern überhaupt eine Fällung eintritt, die Konzentration nicht auf die Grenze des Löslichkeitsprodukts des Calciums und Oxalats bzw. Bilirubins zurück, sondern es bleibt eine immer noch stark übersättigte Lösung bestehen.

4. Es gelingt nicht, durch Impfung die Sedimentierung herbeizuführen.

5. Die Niederschläge enthalten aus der Mutterlösung stammende gefärbte oder ungefärbte Stoffe, die sog. „Gerüstsubstanz".

Die Niederschlagsbildung erfolgt also nicht wie aus einer reinen wässerigen Lösung. Es könnte sein, daß das abnorme Verhalten der Löslichkeit dadurch bedingt ist, daß sich die Stoffe gegenseitig in Lösung halten. So z. B. nahmen G. Klemperer und Tritschler[1] an, daß die abnorme Löslichkeit des Calciumoxalats im Harn durch das Magnesium erfolge. Eine Nachprüfung dieser Annahme durch Buchholtz[2] hatte ein negatives Ergebnis.

G. Klemperer[3] hat zuerst dem Gedanken Ausdruck gegeben, daß die abnorme Löslichkeit der Sedimentbildner im Harn auf dessen Gehalt an Kolloiden beruhe. Er fand, daß Lösungen von Eiweiß, Gelatine und Stärke die Löslichkeit der Harnsäure erhöhen, und führte im besonderen die Uratlöslichkeit auf das Urochrom des Harns zurück, für das er einen kolloidalen Zustand annahm.

Beweisendes Material für den Einfluß der Kolloide auf die abnorme Löslichkeit im Harn und Galle hat Lichtwitz[4] beigebracht.

Für den Einfluß der Harnkolloide auf die Löslichkeit der Harnsäure und des Natriumbiurats ließ sich folgendes feststellen:

Die Temperatur hat auf die Löslichkeit des sauren Natriumurats einen großen Einfluß; das Sedimentum lateritium löst sich bereits wieder bei Körpertemperatur. Es ist sehr häufig zu beobachten, daß, nach Lösung des Urats durch kurzes Aufkochen, bei nachfolgendem Abkühlen auf die Ausgangstemperatur der Niederschlag nicht wieder eintritt, sondern daß der Harn für Stunden und sogar für Tage klar bleibt. Es muß also durch das Aufkochen eine Veränderung in dem Harn eingetreten sein. Um eine Zersetzung von Harnsäure handelt es sich nicht; eine Abnahme der Acidität, etwa bedingt durch das Entweichen einer kleinen Menge Kohlensäure, kann eine so große Änderung nicht bewirken. Man kann sogar den Harn nach dem Kochen viel stärker sauer machen,

---

[1] Klemperer, G. u. Tritschler: Z. klin. Med. **44**, 387 (1902).

[2] Buchholtz: Inaug.-Dissert. Göttingen 1913.

[3] Klemperer, G.: 20. Kongr. inn. Med. **1902**, 219.

[4] Lichtwitz: Dtsch. Arch. klin. Med. **92**, 100 (1907) — Hoppe-Seylers Z. **61**, 117 (1908); **64**, 144 (1910); **72**, 215 (1911) — Dtsch. med. Wschr. **1910**, Nr 15 — Z. exper. Path. u. Ther. **13**, 271 (1913) — Kongr. inn. Med. **1912**, 516. — Z. Urol. **7** (1913).

als er vorher war, ohne daß die Niederschlagsbildung gefördert wird. Dieses Phänomen der Löslichkeitsänderung durch Aufkochen ist auch gelegentlich an solchen Harnen zu beobachten, die bei Ansäuern einen dicken Niederschlag von Harnsäure ergeben. Macht man den gleichen Säurezusatz zu dem aufgekochten Harn, so kann die Fällung ausbleiben. Es läßt sich nun zeigen, daß in solchen Harnen durch das Aufkochen eine Änderung in dem Lösungszustand der Kolloide eingetreten ist. LICHTWITZ hat 57 derartige Harne auf ihren Kolloidzustand untersucht.

Es wurde die Goldzahl vor und nach dem Aufkochen bestimmt und die Zeit notiert, in der das Sediment in Lösung blieb. Die Goldzahl nahm um das Zwei- bis Zehnfache zu, d. h. die Harnkolloide waren in diesen Harnen und im Sediment in einem Zustand der Fällung, der durch Aufkochen reversibel war, sowie Gelatine durch Erwärmen in eine feinere Aufteilung übergeht. Bei 18 Harnen, die beim Abkühlen das Sedimentum lateritium wieder auffallen ließen, war die Goldzahl vor und nach dem Kochen die gleiche; d. h. die Kolloide, die auch diese Harne enthielten, waren in einem Zustande der irreversiblen Fällung. Derartige Harne können ohne jede Schutzwirkung für kolloidale Goldlösung sein. LICHTWITZ hat eine Patientin beobachtet, die 4 Wochen lang einen Harn ohne Goldzahl mit starkem Harnsäuresediment entleerte: nur an einem Tage war der Harn klar und übte auf Goldlösung einen Schutz aus.

In einfacher Weise läßt sich zeigen, daß auch die Löslichkeit der phosphorsauren Erdalkalien von den kolloidalen Verhältnissen des Harns abhängt. Auf Wasser bezogen sind Konzentrationen von Phosphat und Calcium, wie sie im Harn vorkommen bei einer Wasserstoffionenkonzentration, die höher ist als $2 \cdot 10^{-6}$, nicht beständig. Es müßten also die meisten Harne die Erscheinung zeigen, die man nicht ganz zutreffend als „Phosphaturie" bezeichnet. Das Ausfallen des phosphorsauren Kalks ist aus der Betrachtung der Konzentrationen und der Reaktion nicht verständlich. Es hat sich nun gezeigt, daß alkalisch sezernierter Harn ein ätherlösliches Kolloid enthält, das, wie andere Kolloide, oberflächenaktiv ist, sich an der Grundfläche Harn—Luft anreichert, dort gerinnt und dann das bekannte schillernde Häutchen bildet (LICHTWITZ). Dieses Häutchen ist ätherlöslich. Nicht selten trifft man Harne, die klar mit alkalischer Reaktion entleert werden und sich erst nach einiger Zeit unter Häutchen- und Niederschlagsbildung verändern. Wenn man einen solchen frischen Harn mit Äther ausschüttelt, so entsteht die Phosphatfällung sofort, während die unbehandelte Kontrolle erst nach einiger Zeit (oft nach Stunden) trübe wird.

Aus vielfachen Beobachtungen geht hervor, daß bei manchen Menschen eine Neigung zu Harnsedimenten im allgemeinen besteht, daß aber die Art des Sediments — Phosphat, Oxalat, Urat — je nach der Reaktion des Harns und den Bedingungen der Ernährung wechselt. Einen weiteren Anhaltspunkt für die Grundbedingungen der Sedimentbildung gibt die Beachtung der gemischten Sedimente. Harnsäure und Natriumbiurat, Urat und Oxalat, Erdphosphat und Oxalat, Cystin und Oxalat finden sich nicht selten gleichzeitig.

Aus alledem folgt, daß die übergeordnete Bedingung in dem kolloidalen Zustand des Harns liegt.

Der Harn enthält eine größere Zahl von Kolloiden (Albumin, Nucleinsäure, Chondroitinschwefelsäure, das sog. tierische Gummi, kolloidale Farbstoffe u. a. m.). Die Menge der adialysablen Substanz in der Norm und in pathologischen Zuständen ist bekannt. Der Grad der Dispersität ist mit ZSIGMONDYS Goldzahlmethode meßbar. Zustandsänderungen reversibler und irreversibler Art sind leicht feststellbar. Am längsten kennt man die Bildung der *Nubecula*, die nach MÖRNER infolge einer Fällung des Harneiweißes durch Nucleinsäure und Chondroitinschwefelsäure bei saurer Reaktion, d. h. durch eine Reaktion zweier Kolloide, entsteht. Die hyalinen *Harnzylinder* sind Ausdruck einer interrenalen Kolloidfällung (Lichtwitz, Hoeper), die vermutlich der Bildung der *Zylindroide*, die im Stadium der ausheilenden akuten Nephritis auftreten, nahe verwandt ist. Die Häutchenbildung im alkalisch sezernierten Harn wurde bereits erwähnt. Die spontane Ausfällung von Eiweiß, die man bei Bence-Jones-Albuminurie mitunter beobachtet, gehört hierher. Gelegentlich haben wir auch die Entleerung eines Harns, der gelatineähnliche Klumpen bildete, gesehen.

Der Dispersitätsgrad der Harnkolloide, den man mit der Goldzahlmethode mißt, ist ganz und gar nicht von der Menge der adialysablen Substanz abhängig. So befindet sich das Harneiweiß meistenteils in einem so groben Zustande der Verteilung, daß Eiweißharn eine sehr kleine oder gar keine Schutzwirkung auf kolloidale Goldlösung ausübt (Lichtwitz). Die normalen und pathologischen Harnkolloide können in grober Dispersion von der Nierenzelle ausgeschieden werden oder im Harn spontan und durch Reaktion mit anderen Kolloiden in einen schlechten Lösungszustand übergehen, ohne daß eine Fällung, wie die Nubecula, eintritt. So ist es zu verstehen, daß bei gewissen Albuminurien, z. B. bei der orthostatischen, Sedimentbildung häufig ist.

Die Krystallisation aus der wässerigen übersättigten Lösung, wie sie der Harn darstellt, tritt also dann nicht ein, wenn fein verteilte Kolloide zugegen sind. Diese Beobachtung steht in völliger Übereinstimmung mit den Befunden von R. Marc[1], der die Krystallisation aus wässerigen Lösungen untersucht hat. Er ist von der Annahme ausgegangen, daß der Krystallisation eine Adsorption vorausgeht, daß ein Krystall an seiner Oberfläche Materie verdichtet. Marc hat gefunden, daß anorganische Salze die Krystallisationsgeschwindigkeit teils erhöhen, teils herabsetzen. Die Adsorbierbarkeit anorganischer Salze ist sehr gering, und aus ihrer Wirkung auf die Krystallisation kann mit Sicherheit auf die Richtigkeit der Annahme von Marc nicht geschlossen werden. Das Aufziehen von Farben auf Wolle und Seide ist aber nach Freundlich und Losev[2] mindestens primär ein Adsorptionsprozeß. Da Krystalle färbbar sind, so hat Marc die Krystallisationsgeschwindigkeit in Farblösungen untersucht und gefunden, daß solche Farbstoffe, die die Krystalle nicht färben, keinen merklichen Einfluß haben, daß schwach färbende Stoffe die Krystallisationsgeschwindigkeit nicht unbeträchtlich herabsetzen, und daß stark färbende das Krystallisieren übersättigter Lösungen trotz der Gegenwart zahlreicher Krystallkeime praktisch vollständig verhindern. Aus dem Umstande, daß die Auflösungsgeschwindigkeit gefärbter Krystalle eine normale ist, ist der Einwand zu widerlegen, daß der Farbstoff die Krystallkeime umschließt und von der Lösung trennt.

Die Farbstoffe, die sich Marc als stark wirksam erwiesen haben, sind nicht notwendig kolloidal. Das Bismarckbraun, das die Krystallisation von Kaliumsulfat verhindert, dialysiert rasch. Aber es ist von diesen Krystallen, wie aus der Färbbarkeit hervorgeht, adsorbierbar, und darin liegt die Beziehung der wichtigen Untersuchungen von Marc zu dem Problem, das uns hier beschäftigt. Die reversiblen Kolloide sind, wie wir bereits aus ihren Beziehungen untereinander gesehen haben, in hohem Grade oberflächenaktiv, werden also auf die Krystallisationsgeschwindigkeit denselben Einfluß haben, wie die wirksamen Farbstoffe.

Daß in Galle und Harn eine Adsorptionsbeziehung zwischen Krystall (auch amorphem Sediment) und Kolloid besteht, geht daraus hervor, daß alle Niederschläge ein organisches Gerüst besitzen.

In der Galle — wenigstens in der Gallenblase aus der Leiche — findet man sehr oft Niederschläge. Vorherrschend sind braune amorphe Massen von Bilirubinkalk. Weniger häufig findet man auch freie Tafeln von Cholesterin und

[1] Marc, R.: Z. physik. Chem. **68**, 104 (1909); **73**, 685 (1910).
[2] Freundlich u. Losev: Z. physik. Chem. **59**, 284 (1907).

noch seltener Myelintropfen und Büschel brauner Nadeln von Bilirubinkalk, Cholesterin in Rosetten von feinen doppeltbrechenden Nadeln und kohlensauren Kalk. Wie im Harn bildet sich auch in der Galle eine Nubecula, die, entsprechend dem großen Kolloidreichtum, viel massiger ist und oft als eine dichte Wolke zu Boden sinkt. Es findet sich ferner gelegentlich wie auf dem Harn ein Oberflächenhäutchen, in dem Myelinbildungen und feine Cholesterinkrystalle beobachtet wurden. Neben dieser Kolloidfällungsreaktion enthält die Galle oft geronnenen Schleim, amorphe fädige oder körnige Massen organischer Substanz. Gelegentlich ist die gesamte Galle der Blase in eine grützige Masse umgewandelt, die fest an der Schleimhaut haftet. Der schwer veränderte Inhalt einer operativ entfernten Gallenblase war nicht flüssig, sondern bestand aus zahlreichen kugeligen Massen von gelatinösem Aussehen. Die größeren Kugeln erreichten die Größe einer Kirsche, waren durchscheinend und sehr weich. Die kleineren waren etwas fester. Bei erbsengroßen Gebilden war ein konzentrischer Kern zu erkennen. TAPPOLET[1] hat festgestellt, daß aus normalen Gallebestandteilen bei ganz bestimmter Reaktion der Mischung Gele entstehen und daß bakterielle Infektion diesen Vorgang beschleunigt.

Trotz dieser Kolloidfällungssymptome muß man von einer beträchtlichen Beständigkeit des kolloidalen Systems der Galle sprechen, da ja nach den meisten Fällungsreaktionen eine Flüssigkeit zurückbleibt, die alle charakteristischen Merkmale der Galle aufweist. Diese Beständigkeit kann man wohl mit einiger Berechtigung darauf zurückführen, daß die Kolloide eine gleichsinnige Ladung tragen. Fällungen (über die Möglichkeit einer Fällung durch Schwermetalle, Aluminium und Kieselsäure s. S. 618) können stattfinden durch entgegengesetzt geladene Kolloide. So ist die Beobachtung von NAUNYN, daß Eiweißlösung aus der Galle den Farbstoff ausfällt, als eine die Dispersität der Schutzkolloide vermindernde Reaktion des positiv geladenen Albumins mit den anodischen Kolloiden der Galle (ISCOVESCO[2]) verständlich. In Modellversuchen konnte gezeigt werden (LICHTWITZ), daß Eiereiweißlösung das Cholesterin aus wässerig-methylalkoholischen Suspensionen, aus Seifenlösungen und aus Lecithinaufquellungen, das Bilirubin aus Seifenlösungen, d. h. die Hauptbestandteile der Gallensteine aus ihren Lösungsmitteln kolloidalen oder semikolloidalen Charakters ausfällt. Die Verhältnisse in der nativen Galle liegen aber zweifellos viel verwickelter wegen der Vielheit der Kolloide und wegen der chemischen Beziehungen des Cholesterins zu den Gallensäuren (WIELAND). BOLT und HEERES konnten aber die Kolloidschutztheorie im Experiment bestätigen. Sie durchströmten Froschleber mit Ringerlösung und erhielten Galle mit viel Konkrement (Cholesterin). Bei Zusatz von Kolloid (Gelatine, Lecithin) zur Ringerlösung blieb die Galle frei von Niederschlägen.

Es darf also gesagt werden, daß die Kolloide des Harns und der Galle die übersättigte Lösung schützen und die Sedimentbildung verhüten, solange sie sich in feiner Dispersion befinden, und daß die Anwesenheit von Eiweiß oder vielleicht gewisser Mengen von Eiweiß die Stabilität vermindert. Für das Problem der Gallensteinbildung muß daher den unter physiologischen und pathologischen Verhältnissen vorkommenden Eiweißkörpern der Galle eine besondere Aufmerksamkeit zugewandt werden.

Die normale Menschengalle enthält nach HAMMARSTEN echtes Mucin. Nach den Untersuchungen von LOGAN[3] ist der Eiweißstoff der Galle ein Gemisch einer großen Menge eines sehr beständigen Glykoproteids mit ein wenig Nucleoproteid.

[1] TAPPOLET: Schweiz. med. Wschr. **1922**, 1210.
[2] ISCOVESCO: C. r. Soc. Biol. **72**, 257, 318, 1021 (1912).
[3] LOGAN: J. of biol. Chem. **58**, 17 (1923).

Daß bei entzündlichen Prozessen der Gallenwege Eiweiß in der Galle auftritt, ist selbstverständlich und schon lange bekannt (L. BRAUER[1]).

Seit der Einführung der Duodenalsonde ist die *Albuminocholie* in größerem Umfange studiert worden. Besonders scheint sich die Methode von RAUE[2] bewährt zu haben. Bei Cholangitis und Cholecystitis wurden 1—6‰ Eiweiß gefunden. Geringere Mengen (0,09 bis 0,6%) treten bei Stauungsleber, Lebercarcinom, Anaemia gravis, Alkoholismus und Lebercirrhose auf, nach RAUE auch in jedem Falle von Icterus catarrhalis. Leider fehlen noch Untersuchungen über Albuminocholie bei Gravidität, die bei dem oft behaupteten Zusammenhang zwischen Schwangerschaft und Gallensteinbildung von Interesse sind.

Zu der Beziehung des Kolloidschutzes zwischen Kolloid und Sedimentbildner tritt eine zweite. Sie besteht darin, daß in einem gefällten Kolloid eine Niederschlagsbildung stärker und früher eintritt als in der Lösung. So kann man

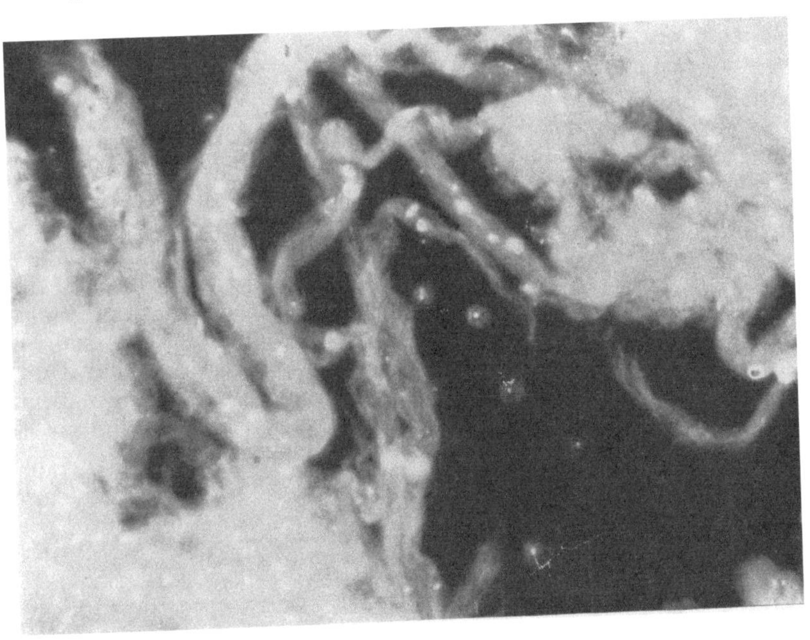

Abb. 62. Salzablagerungen in der Nubecula. (Nach POSNER.)

leicht beobachten, daß eine Harnnubecula Harnsäurekörnchen enthält, die im Harn selbst fehlen. POSNER[3] hat Salzablagerungen in der Nubecula im Bilde festgehalten.

Andere Erscheinungen dieser Art sind „Verkalkung" von Tripperfäden, dichte Durchsetzung von Schleimflocken mit Krystallen von Ammoniummagnesiumphosphat, Ablagerung von Platten von Magnesiumphosphat oder — seltener — dichten Büscheln von Dicalciumphosphat in dem schillernden Häutchen der Phosphaturie, Ausfallen von groben Aggregaten von Bilirubinkalk in den Schleimgerinnseln einer Galle bei Cholangitis (LICHTWITZ[4]). Diese Erscheinung konnte auch in einem Modellversuch reproduziert werden. Stellt man die Ionen des Harns zu löslichen Salzen zusammen und bringt man diese Salze in den Konzentrationen, in denen sie im Harn enthalten sind, in eine gemeinschaftliche Lösung, so treten bald Fällungen ein, wenn man die Lösung nicht durch ein geeignetes Kolloid (Gelatine) schützt. Eine solche Gelatinelösung bleibt lange klar, bildet aber auf der Oberfläche ein festes Häutchen. Und in diesem Häutchen setzt sich Sediment ab. Dieses Häutchen wird

1 BRAUER, L.: Münch. med. Wschr. **1901**, Nr 25.
2 RAUE: Klin. Wschr. **1923**, Nr 16. 3 POSNER: Z. Urol. **7**, 799 (1913).
4 Abbildungen in LICHTWITZ: Bildung der Harn- und Gallensteine. Berlin 1914.

durch die Verkrustung schwerer und sinkt zu Boden. Es bildet sich auf der Oberfläche ein neues Häutchen, das das gleiche Schicksal erleidet. LICHTWITZ zeigt in einem Bild drei solche verkrustete Häutchen, die, wie wir später sehen werden, den Schichten eines Konkrements analog sind.

II. Bildung der Gallensteine.

1. Vorkommen, Häufigkeit. Abhängigkeit von Alter, Konstitution, Geschlecht, Gravidität, Puerperium, Krankheiten.

Mit der Beobachtung, daß sich Steine in der Gallenblase und in den Gallengängen im Tierreich nur bei den pflanzenfressenden Haussäugetieren finden, steht im Einklang, daß beim Menschen die Häufigkeit des Gallensteinvorkommens mit der Entfernung von der Lebensweise der in und mit der Natur lebenden Völker zunimmt, also in den Großstädten am größten sein dürfte. Schon MECKEL v. HEMSBACH erwähnt, daß Gallensteine in Europa viel häufiger sind als z. B. in Ägypten. Eine Abhängigkeit von Boden und Klima, die man früher als Ursachen annahm, besteht nicht, ebensowenig eine Beziehung zu dem Kalkreichtum des Wassers, von der auch neuerdings gesprochen wird. Das wird aus der Darstellung der Befunde über Kalkgehalt der Galle und Gallensteine klar hervorgehen. Die statistischen Angaben über die geographische Verteilung der Gallensteine sind sehr lückenhaft. Als ganz sicher aber kann gelten, daß in Japan Gallensteinträger seltener sind als in Deutschland (MIYAKE[1]) (3,05% in Japan gegenüber 6,94% in Deutschland). RIEDEL[2] schätzt die Zahl der Gallensteinträger in Deutschland auf 2 Millionen. Da die Anwesenheit von Gallensteinen nicht gleichbedeutend mit Gallensteinkrankheit ist, sondern lange Jahre oder durch das ganze Leben symptomlos verlaufen kann und dann intra vitam nur gelegentlich (durch operative Autopsie oder eine Röntgenuntersuchung mit Kontrastfüllung der Gallenblase) diagnostiziert wird, so ist die Häufigkeit von Gallensteinen in den verschiedenen Lebensaltern nur aus den Beobachtungen am Leichentisch zu erfahren. Darüber gibt folgende Tabelle SCHROEDERS[3] Auskunft:

Lebensalter	Zahl der Sektionen	Darunter Fälle mit Gallensteinen	Gallensteine in Proz. der Sektionsfälle
0—20	82	2	2,4
21—30	188	6	3,2
31—40	209	24	11,5
41—50	252	28	11,1
51—60	161	16	9,9
60 und mehr	258	65	25,2
	1150	141	12,3

Eine solche Aufstellung gibt zunächst keinen Aufschluß darüber, in welchem Lebensalter sich die Gallensteine — vorzugsweise — bilden. Sicher ist, daß sie sich in jedem Alter bilden *können*. Sie sind auch in frühestem Kindesalter und sogar bei Neugeborenen gefunden worden. Da nur relativ wenige Menschen an Gallensteinkrankheit sterben, also Gallensteinträger nur eine ganz wenig höhere Mortalität haben als Gallensteinfreie, so müßte, wenn die Bedingung zur Gallensteinbildung das ganze Leben hindurch gleichgroß wäre, und da Gallensteine nur selten in der Gallenblase zerstört und nur zu einem kleinen Prozent-

[1] MIYAKE: Mitt. Grenzgeb. Med. u. Chir. **6**, 54 (1900) — Arch. klin. Chir. **101**, 54 (1913).
[2] RIEDEL: Berl. klin. Wschr. **1901**, Nr 1 u. 2.
[3] SCHROEDER: Zitiert nach NAUNYN.

satz ausgeschieden werden, das Steinvorkommen dem Lebensalter proportional sein. In der Aufstellung von SCHROEDER finden sich aber im 4. und nach dem 6. Dezennium erhebliche Anstiege, die den Anschein erwecken, als ob in diesen Altersstufen noch besondere Bedingungen der Steinbildung vorlägen (s. auch S. 600).

Über die Verteilung der Gallensteinträger unter die beiden Geschlechter unterrichtet uns eine Anzahl von Statistiken in dem Sinne, daß das weibliche Geschlecht weit überwiegt. Die Übersichten aus den Jahren 1893–1912 ergaben in Deutschland das Verhältnis von männlichen zu weiblichen Gallensteinträgern 1:4 bis 1:4,75 (SCHROEDER, RIMANN[1], GRUBE und GRAFF[2], KEHR[3]). Für die Zeit von 1914–1921 finden sich in der Literatur folgende Verhältniszahlen: BRANON[4] 1 : 4,1; ROHDE[5] 1 : 2,51; JACOBSON[6] 1 : 4; ADAMS[7] 1 : 2,45; LOTZIN[8] 1:3.

Es verdient große Aufmerksamkeit, daß HEIN im Jahre 1846 von 620 Fällen das Verhältnis 1 : 1,56 fand, eine Zahl, die noch heute in Japan (1 : 1,5; MIYAKE) und sehr angenähert auffallenderweise in Dänemark besteht (1 : 1,64; HANSEN). NAITO fand in Japan 1 : 1,18.

ROVSING[9] hat – mit Recht – darauf hingewiesen, daß Operationsstatistiken und Sektionsstatistiken nicht in gleicher Weise für die Entscheidung der Frage nach der Häufigkeit der Gallensteine bei den Geschlechtern benutzt werden dürfen. Die Operationsstatistiken geben ein klares Bild davon, daß die Gallensteinkrankheit bei dem weiblichen Geschlecht öfter vorkommt, aber keinen Beweis für die vermehrte Steinbildung.

Eine Frage von großer Bedeutung geht dahin, welche Rolle *Schwangerschaft und Puerperium* bei der *Bildung* der Gallensteine spielt. Kein Zweifel besteht darüber, daß die Gallenstein*krankheit* unter der Bedingung dieser Geschlechtsvorgänge oft eintritt. Wenn NAUNYN mitteilt, daß unter 115 mit Gallensteinen behafteten Leichen von geschlechtsreifen Weibern nur 10% keine Schwangerschaft durchgemacht hatten, so kann daraus kein Schluß auf die Schwangerschaft als Bedingung der Gallensteinbildung gezogen werden, wenn man nicht das Verhältnis der Frauen mit Geburten zu Frauen ohne Geburt überhaupt kennt, das von der Zahl 9 : 1 vielleicht nicht sehr abweichend sein dürfte. Den Einfluß von Schwangerschaft und Geburt kann man am besten so berechnen, daß man alle Gallensteinfrauen, die geboren haben, allen Gallensteinmenschen, die nicht geboren haben (also Männern und solchen Frauen, die nicht geboren haben) gegenüberstellt. Setzt man die Zahl NAUNYNS 9 : 1 ein, so ergibt sich aus dem Material von HEIN aus dem Jahre 1846 (377 Frauen, 243 Männer)

$$377 - 37 : 243 + 37 = 340 : 280.$$

Unter den von W. MAYO wegen Gallensteinleiden operierten 3075 Frauen hatten 90% geboren. In der Statistik von GRUBE und GRAFF ist, ebenso wie in der von ROVSING, das Verhältnis der Gallensteinfrauen mit Geburten zu denen ohne Geburt nur 4 : 1. Aus dieser Zahl würde sich ergeben, daß vor 70 Jahren Schwangerschaft und Geburt ohne jeden Einfluß auf die Gallensteinbildung war. Zum mindesten war dieser Einfluß sehr gering, wie noch heute nach der Statistik von MIYAKE in Japan.

---

1 RIMANN: Beitr. klin. Chir. **60**, 3 (1908).
2 GRUBE u. GRAFF: Die Gallensteinkrankheit. Jena 1912.
3 KEHR: Chirurgie der Gallenwege. Stuttgart 1913.
4 BRANON: J. amer. med. Assoc. **1920**, Nr 3.
5 ROHDE: Arch. klin. Chir. **112**, H. 2/3 (1919); **113**, 565 (1920).
6 JACOBSON: Arch. Surg. **1**, Nr 2 (1920).
7 ADAMS: J. amer. med. Assoc. **1921**, Nr 11.
8 LOTZIN: Arch. klin. Chir. **139**, 525 (1926).
9 ROVSING: Acta chir. scand. (Stockh.) **56**, 103 (1923).

Ein ganz anderes Bild geben die großen Statistiken von Scheel, Svend Hanssen, Fibiger[1] aus Kopenhagen, die Rovsing seinen Betrachtungen zugrunde legt. Obgleich die Zahlen dieser drei Statistiken erheblich voneinander abweichen, so ergibt sich — wenn man das Verhältnis der Frauen mit Geburten zu Frauen ohne Geburten mit 9 : 1 als Korrektur einsetzt — ein geringes Überwiegen der Steinträger mit Geburten (das Verhältnis 1,23 : 1) in der Summe der drei Aufstellungen. Setzt man als Korrektur die Beziehung 4 : 1 ein, so ist das Verhältnis der Steinträger mit Geburten zu Steinträgern ohne Geburten 0,97 : 1.

Aus den dänischen Statistiken folgt also bei dieser Art der Berechnung, die nicht ganz frei von Willkür aber richtiger ist, als wenn man den Einfluß von Schwangerschaft und Wochenbett aus der Verteilung der Gallensteine auf die Geschlechter ableiten will, daß — je nach der Korrektur — ein ganz geringer oder gar kein Einfluß dieser Art auf die Gallensteinbildung besteht.

Die Tatsache, daß Gallensteine bei Frauen häufiger sind als bei Männern, darf also nicht ohne weiteres auf die drastischen, anatomischen und funktionellen Geschlechtsunterschiede zurückgeführt werden, sondern kann auch andere im Sexus begründete, aber noch unbekannte Ursachen haben. So geht aus der Erfahrung, daß Nierenbeckensteine beim männlichen Geschlecht im allgemeinen, in manchen Gegenden (Bokay) auch im frühesten Kindesalter, um ein vielfaches häufiger sind als beim weiblichen, deutlich hervor, wie Unterschiede zwischen den Geschlechtern auch vor der Zeit der geschlechtlichen Funktionen, und also unabhängig von diesen, wirksam sind.

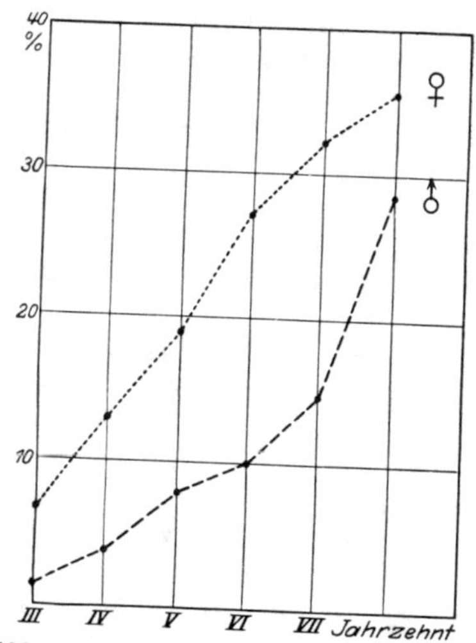

Abb. 63. Prozentuale Häufigkeit der Gallensteine bei Männern und Frauen in den verschiedenen Altersklassen.

Betrachtet man die prozentuale Häufigkeit der Steine in den verschiedenen Altersklassen bei Männern und Frauen (s. Abb. 63, aufgestellt nach der Summe der drei dänischen Statistiken), so sieht man bei den Männern bis zum 6. Jahrzehnt zunächst einen kontinuierlichen Verlauf, der sich aus der mit den Jahren größeren Wahrscheinlichkeit einer Steinbildungsgelegenheit ergibt, und nach dem 6. Jahrzehnt einen deutlichen Anstieg, der auf eine besondere Bedingung dieser Altersklasse hinweist. Bei den Frauen sehen wir bis zum 60. Lebensjahr einen stetigen Verlauf. Man kann nicht erkennen, daß in den Altersklassen der Fortpflanzung eine besondere Bedingung wirksam ist. Vom 60. Lebensjahr an, also von dem Alter, in dem die Häufigkeit der Gallensteine in männlichen Leichen steigt, sinkt bei den Frauen die Kurve, so daß im höchsten Alter nur noch ein ganz geringer Unterschied besteht. Man kann aus diesen Statistiken nicht mehr schließen, als daß Gallensteine bei den Frauen häufiger sind als bei den Männern. Für die Bedeutung der Gravidität und des Wochenbetts läßt sich auch aus ihnen kein bündiger Hinweis gewinnen.

Das Überwiegen der weiblichen Gallensteinträger über die männlichen ist auf eine Reihe von Faktoren zurückgeführt worden. Als mechanisch wirkende Bedingungen, die zu einer Gallenabflußstörung führen, betrachtet man das Korsett, das die japanischen Autoren (Aoyama[2] Miyake) für den Unterschied im Befallensein der japanischen und „westlichen" Frauen verantwortlich machen, die geringe Zwerchfellatmung, den geringeren Muskelgebrauch und Muskeltonus,

[1] Scheel, Svend Hanssen, Fibiger: Zitiert nach Rovsing.
[2] Aoyama: Beitr. path. Anat. **57**, 168 (1913) — Virchows Arch. **210**, 439 (1912).

die Raumbeengung durch die Schwangerschaft, die Splanchnoptose. Die Gallenstauung wurde seit NAUNYN als eine Vorbedingung der Gallensteinbildung angesehen. Die meisten Autoren nach ihm sind dieser Meinung beigetreten. GUNDERMANN[1] hält die Stauung für ganz hypothetisch. Er betont den Widerspruch, der darin liegt, daß für den von SCHMIEDEN und ASCHOFF aufgestellten Typus der Stauungsgallenblase das Fehlen von Steinen charakteristisch ist. Eine Stauung in der Gallenblase wird die Eindickung der Galle begünstigen, soweit das an sich sehr erhebliche Resorptionsvermögen überhaupt einer Steigerung fähig ist. Eine Eindickung kommt aber als alleinige Bedingung der Steinbildung nicht in Betracht, da sogar Trockengalle wieder vollkommen löslich ist, also einen reversiblen Zustand darstellt. Die Stauung könnte aber deswegen von Bedeutung sein, weil sie die Infektion begünstigt. ROVSING hat sehr energisch gegen dieses Moment Stellung genommen, auf Grund des Fehlens von Gallensteinen bei Stauungsikterus, auch bei vorgeschrittenen Fällen von Stauungsgallenblase (J. BERG[2], SCHMIEDEN[3], ROHDE[4]) und seiner Beobachtung, daß bei 300 enteroptotischen Patienten die Operation nur in 8 Fällen Gallensteine nachwies, während von 530 wegen Cholelithiasis Operierten nur 18 Enteroptose hatten. Aus diesen Feststellungen muß man folgern, daß die anatomisch nachweisbaren Momente, auf die man Gallenstauung zurückführte, für die Steinbildung nicht in Betracht kommen. Vielleicht aber spielen gewisse funktionelle Umstände, das Spiel des Hohlmuskels der Gallenblase mit den zugeordneten Sphincteren, eine Rolle. Die Zunahme der Gallensteine im höheren Lebensalter hat NAUNYN mit dem von CHARCOT erhobenen Befund, daß die glatten Muskelfasern der Gallenwege bei alten Leuten eine weitgehende Atrophie erleiden, in Zusammenhang gebracht. NAUNYN hat auch das Zusammentreffen von Obstipation und Gallenstein funktionell zu erklären versucht durch den Gedanken, daß die Muskulatur des Darmes und der Gallenblase gleichen anatomischen Bau und gleiche Innervation haben und daß eine Atonie beide Systeme gleichzeitig betreffen könnte. Während aber früher nur eine Atonie verantwortlich gemacht werden konnte, haben neuere Untersuchungen (HENDRICHSON[5], MANN[6], WESTPHAL[7], HELLY[8]) die Kenntnis vermittelt, daß Dyskinesen verschiedener Art zu einem Verschluß der Gallenblase führen[9].

Neben dem Sphincter Oddi, der irisblendenartig, wie der Pylorusring, das ganze System abschließt, ist an der Papilla Vateri ein weiterer Schließmuskel angelegt, der dem Antrum pylori analog ist. Schwache Vagusreizung macht Tonuszunahme der Gallenblase und Tonusnachlaß des Schließapparates. Bei stärkerer Vagusreizung tritt stärkere Kontraktion der Gallenblase und partieller oder totaler Spasmus des Sphincters ein. Es kommt dann zu frustranen Kontraktionen der Gallenblase, die den Charakter von Koliken annehmen können, und zu dem Symptomenbild der „hypertonischen Stauungsgallenblase". Bei Sympathicusreizung erschlafft die Gallenblase und der Antrumteil, während der Sphincter selbst kontrahiert bleibt. Es entsteht dann die „atonische Stauungsgallenblase" (WESTPHAL). Ob auch dem Collum-Cysticus-Gebiet eine Sphincterwirkung zukommt, wie BERG früher glaubte und WESTPHAL nach seinen Beobachtungen erwägt, muß noch als zweifelhaft gelten.

---

1 GUNDERMANN: Mitt. Grenzgeb. Med. u. Chir. **39**, 353 (1926).
2 BERG, J.: Arch. klin. Chir. **126**, 329 (1923) — Acta chir. scand. (Stockh.) **2** (1922).
3 SCHMIEDEN: Zbl. Chir. **1920**, Nr 41 — Arch. klin. Chir. **118**, 14 (1921).
4 ROHDE: Arch. klin. Chir. **112**, H. 2/3 (1919); **113**, 565 (1920).
5 HENDRICHSON: Bull. Hopkins Hosp. **9**, 221 (1898).
6 MANN: Anat. Rec. **18**, 355 (1920).
7 WESTPHAL: Z. klin. Med. **96**, 52, 95 (1923).
8 HELLY: Arch. mikrosk. Anat. **54**.
9 ASCHOFF, L.: Arch. klin. Chir. **126**, 233 (1923). — v. BERGMANN: Dtsch. med. Wschr. **1926**, Nr 42 u. 43. — LUETKENS: Aufbau und Funktion der extrahepatischen Gallenwege. Leipzig 1926.

Durch Annahme einer solchen Dyskinese ist es möglich, die Fälle zu verstehen, bei denen wegen Gallenkoliken, die mit Gallenblasenfüllung einhergingen, vorgenommene Operationen keinen Stein, keine Entzündung, überhaupt kein mechanisches Hindernis erkennen ließen.

Auf Grund der Beobachtung solcher Fälle hat JOHN BERG von einer „funktionellen Gallenwegestauung" gesprochen. Er unterscheidet drei verschiedene Typen: 1. die Mucostase, gekennzeichnet durch eine kräftige Muskulatur der Gallenblase, starke Kontraktion des Sphincter Oddi und starke Schleimsekretion des Gallenblasenepithels; 2. die Cholestase, gekennzeichnet durch Schwäche des motorischen Apparates, dadurch bedingte Erweiterung der Gallenblase und des Ductus choledochus, Steigerung des Resorptionsvermögens der Schleimhaut und daraus folgende stärkere Eindickung der Lebergalle; 3. den rudimentären Typ, bei dem die abführenden Gallenwege eine einfachere kanalähnliche Anordnung der Blase, des Collum und des Cysticus aufweisen, eine labile Druckregulierung vorliegt, die zu mangelhafter Entleerung der Blase und zur Anhäufung von organischen Zerfallsprodukten in der Blase führt.

ROHDE und SCHMIEDEN finden gewisse Anomalien im Bereich des Collum und der Gallenblase und des proximalen Cysticus, die zu plötzlichem Verschluß des Cysticus und dem klinischen Bild des akuten Gallenblasenanfalls führen können.

Die Feststellungen von WESTPHAL und BERG sind, trotzdem sie sich in manchen Punkten widersprechen, von großer Bedeutung für die Lehre der Cholecystopathien und der Gallensteinbildung. Die Ausdehnung der Arbeiten WESTPHALS über die motorische Funktion hinaus auf die Sekretions- und Resorptionsverhältnisse der Gallenblase werden voraussichtlich zu weiteren wichtigen Feststellungen führen.

Schon jetzt aber wird deutlich, daß die Berücksichtigung der Motilität des extrahepatischen Gallensystems für die Genese der Gallenblasenerkrankungen in den Vordergrund der Betrachtung gehört. Damit rückt die Cholecystopathie in den großen Kreis der krankhaften Vorgänge, die mit einer fehlerhaften Funktion des autonomen Nervensystems zusammenhängen, und gewinnt von neuem Beziehungen zur Konstitution.

Neuroendokrine Bedingungen der Cholecystopathie sind bekannt, so das häufige Zusammentreten von Gallenkoliken mit Migräne und endogener Fettsucht zu einer wohl charakterisierten Trias. Es bestehen auch Beziehungen zur Gravidität. So hat WESTPHAL gezeigt, daß bei der Schwangerschaft, ja sogar schon bei der Menstruation, eine erhöhte Reizbarkeit des Sphincter Oddi vorliegt, die zu kolikähnlichen Schmerzen Veranlassung geben kann. HOFFMANN[1] hat post abortum echte Gallenkoliken ohne Stein und ohne Entzündung beobachtet und als Erklärung eine hypertonisch-spastische Cholestase gegeben. Für die von NAUNYN skeptisch betrachtete, von RIEDEL, CHAUFFARD u. a. betonte Heredität bildet sich eine funktionelle Grundlage. *Daß diese klinisch so wichtigen Motilitätsanomalien aber irgendwie* — unter Umständen auch durch begleitende Besonderheiten der Sekretion oder der Eiweißabsonderung in die Gallenblase — *eine Steinbildung bedingen oder begünstigen, ist bisher nicht erwiesen.* ROVSING berichtet über eine größere Zahl von Kranken mit langdauerndem Stauungsikterus (36 Fälle eigener Beobachtung, 32 Fälle aus dem Sektionsmaterial FIBIGERS), die sämtlich *nicht* zur Steinbildung geführt hatten. Es ist daher nicht gestattet, das Moment der Stauung als das feste Fundament der Gallensteinbildung anzusehen, wie es im allgemeinen üblich ist.

Man hat früher wohl als selbstverständlich angenommen, daß sich jede Gallenblase vollständig entleert oder entleeren kann. Das ist aber, wie die Untersuchungen mit Hilfe des Cholecystogramms und der Duodenalsonde ergeben haben, durchaus nicht die Regel. Herr SCHOENDUBE hat die Freundlichkeit mir

[1] HOFFMANN: Klin. Wschr. **1925**, 2008.

brieflich mitzuteilen, daß sich die Gallenblase bei manchen Individuen nach Öl- und Eigelbmahlzeit innerhalb einer Stunde vollkommen entleert, daß aber gewöhnlich eine völlige Entleerung nicht stattfindet, weil der Reiz gemeinhin dazu nicht ausreicht. Herr SCHOENDUBE glaubt, daß es Gallenblasen ohne schwere anatomische Veränderungen gibt, die sich auch bei stärkstem Reiz nicht völlig entleeren.

Über den Zusammenhang der Gallensteinbildung mit anderen Krankheiten ist nichts Sicheres bekannt. Daß Atheromatosis der Blutgefäße, Gicht, üppige Lebensweise, Alkoholismus die Gallensteinbildung begünstigen, sind Behauptungen, deren ehrwürdiges Alter den, der sie übernimmt, nicht von der Verpflichtung entbindet, einen Beweis wenigstens zu versuchen. Daß Fettleibigkeit, auch wenn sie exogen bedingt ist, durch Behinderung der Bauchatmung und Erschwerung des Gallenflusses als Hilfsmoment wirkt, kann man als möglich ansehen.

Als eine wesentliche Bedingung für Entstehung von Gallensteinen gilt seit MECKEL v. HEMSBACH die *Infektion der Gallenwege*. Besonders NAUNYN hat die Lehre vom *steinbildenden Katarrh* vertreten, und die Mehrzahl der Autoren hat für alle Gallensteine oder für einen Teil die Bedeutung der Infektion anerkannt.

NAUNYN stellt die Vermutung auf, daß die Verlangsamung des Stromes bei Gallenstauung den im Duodenum vorhandenen Spaltpilzen das Eindringen in die Gallenwege ermöglicht. Später hat er auch die hämatogene Infektion als möglich in Betracht gezogen. Experimentelle und klinische Beobachtungen haben diesen Infektionsmodus in den Vordergrund gerückt, sogar dann, wenn die Bakterien primär in den Verdauungskanal eingedrungen waren (EUGEN FRÄNKEL). Der schwache Punkt dieser Theorie lag von jeher darin, daß sich Gallensteine bei vielen Menschen finden, die niemals die charakteristischen Symptome der Gallengangserkrankung hatten, und daß bei Menschen mit Cholangitis eine besondere Neigung zur Gallensteinbildung nicht nachweisbar oder wenigstens bisher nicht nachgewiesen ist. NAUNYN war sich dieser Schwierigkeiten voll bewußt und hat versucht, ihnen durch die Einführung des Begriffes der „*Cholangie*“ zu begegnen. Er sagt: „Die lithogene Cholangie braucht sich nicht zur richtigen (entzündlichen) Cholangitis auszugestalten, wenn das auch oft geschieht: sie kann heilen, ohne oder mit Bildung von Steinen und auch bei Gegenwart von solchen, so daß dann — außer diesen — keinerlei pathologische Veränderungen in den Gallenwegen mehr auffindbar zu sein brauchen, insbesondere keine Veränderungen entzündlicher Art, aber auch keine Infektionsträger.“ UMBER[1] erkennt den Begriff der Cholangie voll an. Er hält sie für eine Affektion, die mehr ist wie Bakteriocholie — auch die Galle des Gesunden kann bakterienhaltig sein — und weniger als Cholangitis. „Abwesenheit von histologischen Zeichen einer entzündlichen Cholangitis und ebenso ein normales Aussehen der Galle schließen keineswegs eine voraufgegangene infektiöse Cholangie aus, und diese darf darum noch nicht vom pathologischen Anatomen abgelehnt werden“ (UMBER). Es erscheint aber einleuchtend, daß sie beim Fehlen aller Zeichen vom pathologischen Anatomen keinesfalls anerkannt werden kann (ASCHOFF). UMBER betont auch, daß die Diagnose der infektiösen Cholangie immer in erster Linie von der klinischen Beobachtung auszugehen habe. UMBER bezeichnet aber in seinem Handbuchbeitrag Fälle mit Fieber, Ikterus und Streptokokken im Blut als infektiöse Cholangie, so daß man, auch wenn man eine Cholangitis zu erkennen versteht, nicht lernt, wie man eine

[1] UMBER: Mohr-Staehelins Handb. d. inn. Med., 2. Aufl. **3** II, 139 (1926).

Cholangie zu diagnostizieren hat. Es ist durchaus möglich, ja sogar wahrscheinlich, daß es leichte Erkrankungen der Gallenwege gibt. Aber wir müssen zugeben, daß sie klinisch ebenso undefiniert sind wie pathologisch-anatomisch. Daher ist auch klinisch nicht zu beweisen, daß ein Gallensteinträger einen solchen Prozeß durchgemacht hat und daß ein solcher Prozeß ein steinbildender gewesen ist.

Es wäre sehr wichtig, genaueste Anamnesen von Steinträgern zu haben, insbesondere von solchen, die niemals an „Gallensteinbeschwerden" gelitten, und eine große Statistik, wie viele Menschen, die einen gewöhnlichen Ikterus durchgemacht haben, Gallensteine tragen (vgl. Rovsing S. 601). Schwereitrige Gallenprozesse machen sicher keine Steinbildung. So findet man im Gallenblasenempyem keine neugebildeten Konkremente. Nach Gundermann wird im Empyem und seinem Folgezustand, dem Gallenblasenhydrops, der Gallenfarbstoff durch Bakterien abgebaut und durch Leukocyten fortgeschafft. In Betracht kommt auch, daß durch proteolytische Fermente (aus den Leukocyten) die Steinbildung (Steinkernbildung) verhindert werden könnte.

Die Häufigkeit der Gallensteine und die Unergiebigkeit der Anamnese erwecken den Verdacht, daß die Prozesse, die zu einem Gallenstein führen, nicht mit subjektiven oder objektiven Symptomen einhergehen. Dem Ausspruche von Bergmann, „die Gallensteinträger sind zu einem ganz großen Teil geheilte und während ihrer eigentlichen Krankheit verkannte Gallenblasenpatienten", muß — ohne daß die große praktische Bedeutung vermindert werden soll, die diesem Satz jetzt, da wir die Gallensteine intra vitam bei gesunden Menschen diagnostizieren können, gebührt — die sehr wahrscheinlich zu verneinende Frage zugesellt werden, ob diese Menschen, als sich die Gallensteine bildeten, überhaupt Patienten waren.

Einer der ersten, die die infektiöse Steinbildung in Zweifel zogen, war Boysen. Er erkannte, daß man eine vorangegangene symptomlose Galleninfektion annehmen müsse, da man klinisch eine Cholecystitis oder Cholangitis nicht nachweisen kann. In sehr energischer Weise lehnt Rovsing die Infektionstheorie ab, da er in 60% seiner 530 Gallensteinfälle die Galle steril findet. Hierin liegt aber ebensowenig als in der post mortem festgestellten anatomischen Intaktheit der Gallenwege ein Argument für die Frage, ob zur Zeit der Lithogenese eine Infektion bestanden hat. Rovsing ist der Meinung, daß die intrahepatisch entstehenden Pigmentsteinchen, die später des genaueren besprochen werden, durch ihre Spitzen und Verästelungen in der Gallenblasenschleimhaut stecken bleiben und durch einen Dauerreiz einen „aseptischen, steinerzeugenden Katarrh" verursachen. Gundermann mißt der Infektion keine Bedeutung bei, weil er in der Gallenblasenwand von Steinträgern (und zwar bei Trägern von Steinen aller Art) ebenso wie in der Wand steinfreier Blasen dieselben Bakterien findet.

Während also Klinik und pathologische Anatomie für die infektiöse Natur der Gallensteinbildung noch keine bündigen Beweise beibringen können, führt die Bakteriologie etwas weiter. Zunächst glaubte man aus dem Befund von Bakterien in Gallensteinen einen Schluß auf die Bedeutung der Infektion ziehen zu dürfen (Gilbert[1], Fournier[2]), bis nachgewiesen wurde, daß Bakterien die Möglichkeit haben in Steine einzuwandern (Gilbert, Chauffard[3]).

Bakterien, in Galle wachsend, bringen Cholesterin zum Ausfallen (Italia[4], Gerard[5]). Cramer[6] erhielt beim Wachstum von Coli- und Typhusbacillen in

[1] Gilbert: Arch. gén. de Méd. **182**, 257 (1898).
[2] Fournier: Origine microbienne de la lithiase biliaire. Thèse de Paris 1896.
[3] Chauffard: Rev. Méd. **17**, 81 (1897).
[4] Italia: Ref. Zbl. ges. Chir. **27**, 693, 762 (1901).
[5] Gerard: C. r. Soc. Biol. **58**, 348 (1905).
[6] Cramer: J. of exper. Med. **9**, H. 3 (1907).

klarer, mit alkalischer Peptonbouillon vermischter menschlicher Galle nach einigen Tagen einen wolkigen Niederschlag, aus dem allmählich eine Art weicher, amorphes Calciumphosphat, Calciumcarbonat, Magnesiumphosphat, Gallenfarbstoff und einige Cholesterinkrystalle enthaltender „Gallenstein" wird. Das Experiment von GERARD ist in verschiedenen Abänderungen (LICHTWITZ[1], BACMEISTER[2]) nachgeprüft und bestätigt worden. BACMEISTER hat nach Zusatz von Epithelzellen und einmal auch in steriler Galle Cholesterinniederschläge beobachtet. LICHTWITZ hat festgestellt, daß Cholesterin und Bilirubin aus Lösungen verschiedener Art durch Eiweiß ausgefällt werden, und daß das Eiweiß an dem Niederschlag teilnimmt. Seine Auffassung, daß Eiweiß und Cholesterin eine kolloidale Fällungsreaktion ergeben, wird von PORGES und NEUBAUER[3] geteilt.

Die Wirkung der Bakterien wurde gemäß der Theorie von THUDICHUM[4] so erklärt, daß es zu einer Zersetzung der Gallensäuren und dadurch zu einer Verschlechterung der Löslichkeitsbedingungen des Cholesterins kommt. EXNER und HEYROWSKI[5] haben bei Impfung mit Bacterium coli in 5 Tagen eine Abnahme der gallensauren Salze um 22,5%, in 15 Tagen um 58% beobachtet. Inwieweit daraus auf die Vorgänge in corpore geschlossen werden kann, läßt sich nicht beurteilen. Die Möglichkeit eines solchen Vorganges ist im Auge zu behalten. LICHT[6] hat nachgewiesen, daß durch Bakterien der Coli-Typhusgruppe nicht die Aminosäure-Cholsäurebindung der gekuppelten Gallensäuren gesprengt wird, sondern daß eine Umwandlung zu gekuppelten Abbauprodukten erfolgt, über deren chemische Natur und chemisch-physikalisches Verhalten noch nichts bekannt ist. LICHTWITZ hat aus dem gleichen Erfolg so verschiedener Bedingungen (Bakterien aller Art, tote Epithelien, Eiweißlösung) den Schluß gezogen, daß es sich um eine kolloidale Fällungsreaktion handelt, da auch einer Bakterienkultur die Eigenschaft eines Kolloids (Suspensionskolloids) zukommt. LICHTWITZ hat nicht versucht, aus diesen Experimenten mehr als die Niederschlagsbildung der Galle zu erklären, während ASCHOFF und BACMEISTER sehr weitgehende Schlüsse auf die Steingenese gezogen haben, so z. B. auf die nichtinfektiöse Bildung des sog. reinen Cholesterinsteins aus der gelegentlichen Beobachtung, daß in steriler (mit Bouillon vermischter) Galle Cholesterinkrystalle auftreten. Die Erörterung dieser Frage kann deswegen sehr kurz sein, weil es sich weder bei der primären Steinbildung, noch bei dem Steinwachstum um die Krystallisation des Cholesterins (besonders in Tafelform) als den führenden Vorgang handelt, wie später ausführlich festgestellt wird.

Für die infektiöse Genese der Gallensteine ergibt sich aus diesen Experimenten die Möglichkeit, daß der Bakteriengehalt der Galle (ganz unabhängig von einer Veränderung der Gallenwege), also eine Bakteriocholie, durch Kolloidfällungsreaktion oder auch durch Abbau der Gallensäuren das Lösungssystem zerstört, oder daß eine bakterielle Entzündung durch Epitheldesquamation (NAUNYN) oder durch den Zustrom eiweißhaltiger Körpersäfte eine solche Wirkung herbeiführt. Aber Bakteriocholie muß nicht notwendigerweise zu Steinbildung führen; Epitheldesquamation kann ebenso wie eine pathologische Albuminocholie auch ohne Infektion auftreten (s. S. 597).

Der Gehalt der Gallensteine an Eiweiß (Gerüstsubstanz) weist darauf hin, daß das Protein zum mindesten für die Formbildung von Bedeutung ist.

---

[1] LICHTWITZ: Dtsch. Arch. klin. Med. **92**, 100 (1907) — Münch. med. Wschr. **1908**, Nr 12.
[2] BACMEISTER: Münch. med. Wschr. **1908**, Nr 5—7; **1908**, Nr 17.
[3] PORGES u. NEUBAUER: Biochem. Z. **7**, 152 (1907).
[4] THUDICHUM: Virchows Arch. **156**, 384 (1899).
[5] EXNER u. HEYROWSKI: Wien. klin. Wschr. **1908**, Nr 7.
[6] LICHT: Biochem. Z. **153**, 159 (1924).

Ob die normalen Eiweißkörper der Galle in den normal vorkommenden Mengen zur Bildung der Gerüstsubstanz ausreichen, kann nicht entschieden werden. In Analogie mit der Harnsteinbildung muß es jedoch als wahrscheinlich gelten. Daß aber die normalen Eiweißkörper in den normalerweise vorkommenden Mengen den Einsturz des kolloidalen Systems der Galle bedingen, kann nicht angenommen werden.

Eine glänzende Bestätigung für die Bedeutung der Infektion sah man in den Ergebnissen des Tierexperiments. R. MIGNOT[1] gelang es durch Einbringung von sterilen Fremdkörpern in die Gallenblase von Hunden und Meerschweinchen und milde Infektion, nicht durch virulente Bakterien, ja in einigen Fällen durch milde Infektion ohne Fremdkörper, Konkremente zu erzeugen, von denen NAUNYN sagt, „daß sie wenigstens in einzelnen Fällen eine genügende Ähnlichkeit mit menschlichen Gallensteinen zeigten“. Die Konkremente hatten die Größe von Hirsekörnern bis zu kleinen Weizenkörnern und bestanden fast ausschließlich aus Cholesterin. Einige hatten radiäre Struktur, andere eine konzentrische. Auch MIYAKE[2] und ITALIA[3] erzielten bei Kaninchen und Hunden durch Verengerung des Ductus cysticus und Infektion mit abgeschwächten Erregern Gallenblasensteine. CUSHING[4] beobachtete bei einem Kaninchen nach intravenöser Typhusinfektion Gallensteinbildung.

Eine glatte Übertragung dieser Ergebnisse auf die menschliche Pathologie kann nur mit Einschränkung erfolgen, da in allen erfolgreichen Versuchen (MIYAKE) die Gallenblase geschrumpft und entzündet war, eine Veränderung, die, sofern sie nicht als Folge der Gallensteinkrankheit aufgetreten ist, in Steinblasen des Menschen meistenteils fehlt.

Während es MIYAKE nicht gelungen ist, durch Stauung, chemische oder thermische Reize oder einen sterilen Fremdkörper Konkrementbildung hervorzurufen, berichtet IWANAGA[5], daß nach mechanischer oder thermischer Reizung der Gallenblasenschleimhaut eine pigmentkalksteinartige Bildung in der sterilen Gallenblase erfolgt. Der Verfasser nimmt an, daß eine sterile Entzündung und Desquamation der Epithelien zu einer Vermehrung der Kolloidsubstanzen und der Kalkausscheidung (s. S. 610) und dadurch zur Steinbildung führt. Diese Vorstellung hat manche Berührungspunkte mit der ROVSINGS.

HABERLAND[6] gelang es durch aseptische Schleimhautnekrose und vorübergehende Gallenblasenstauung Konkrementbildung herbeizuführen.

ROUS, PEYTON, MC MASTER und DRURY[7] haben Hunden nach Ausschaltung der Gallenblase ein Glasgummikanülensystem intraperitoneal in den Gallengang eingebunden und frühestens nach 14 Tagen, auch bei steriler Galle, Konkrementbildung beobachtet. Die Konkremente bestanden aus Calciumcarbonat oder Bilirubinkalk oder einem Gemenge beider. Alle hatten ein organisches Gerüst und einen runden farbstoffreichen Kern, der nach Behandlung mit salzsaurem Alkohol als unlöslicher Körper zurückblieb. Cholesteringehalt der Konkremente erwähnen die Autoren nicht.

FUJIMAKI[8] hat die überraschende und bereits mehrfach bestätigte Mitteilung gemacht, daß es ihm gelungen ist, bei Ratten durch Vitamin-A-freie Nahrung

---

[1] MIGNOT, R.: Arch. gén. de Méd. **182**, Nr. 8/9 (1898).
[2] MIYAKE: Mitt. Grenzgeb. Med. u. Chir. **6**, 479 (1900) — Arch. klin. Chir. **101**, 41 (1913).
[3] ITALIA: Zitiert auf S. 604.
[4] CUSHING: Münch. med. Wschr. **1900**, Nr 1.
[5] IWANAGA: Mitt. med. Fak. Univ. Kyushu, Fukuoka **6**, 89 (1921).
[6] HABERLAND: Münch. med. Wschr. **1926**, 171.
[7] ROUS, PEYTON, MC MASTER u. DRURY: J. of exper. Med. **37**, 395, 421 (1923) — Proc. Soc. exper. Biol. a. Med. **20**, 128 (1922).
[8] FUJIMAKI: In Progress of the science of Nutrition in Japan. Herausgegeben vom Völkerbund 1926.

Nierenbeckensteine, Blasensteine und Gallengangsteine (Ratten haben keine Gallenblase) zu erzeugen.

Aus diesen Ergebnissen muß man schließen, daß im Tierexperiment die Infektionstheorie keine ausschließliche Gültigkeit besitzt, sondern daß auch eine aseptische Konkrementbildung stattfindet. Daß die im Tierexperiment, sowohl durch Infektion wie auf sterilem Wege, erzeugten Steine mit den menschlichen Gallensteinen fast durchweg im Bau nicht übereinstimmen, tritt gegenüber der prinzipiellen Feststellung in den Hintergrund. Daß aber die experimentelle Infektion zu schweren Veränderungen der Gallenblase führt, die bei der überwiegenden Mehrzahl der menschlichen Steinträger fehlen, bei den anderen als Folge der Gallensteinkrankheit aufgefaßt werden müssen, verbietet, die Lithogenese beim Menschen durch die tierexperimentellen Ergebnisse zu erklären.

2. Zusammensetzung der Galle. Abhängigkeit der Zusammensetzung von Ernährung, Gravidität, Krankheiten. Bestandteile der Gallensteine.

Die Zusammensetzung der Galle spielt für die Steinbildung eine Rolle, insofern einige ihrer Bestandteile an der Bildung und dem Wachstum der Steine teilnehmen, andere dagegen den Übergang der Steinbildner in den festen Zustand verhindern. Während die in den vorigen Abschnitten erörterten Fragen lediglich auf die Bedingungen der Lithogenese gerichtet waren, beschäftigt uns hier in erster Linie die Frage der Art und Menge des Materials, aus dem sich Steine bei gegebenen günstigen Bedingungen formen können, und in zweiter das Problem, ob eine gewisse zu große Menge des einen oder anderen Stoffes zugleich eine Bedingung darstellt, wie manche Autoren unter Führung von Aschoff und Bacmeister glauben (Cholesterindiathese). Die relative Seltenheit der Gallensteine in Japan (Miyake) und auf Java (Langen) und der geringere Cholesteringehalt der Gallensteine in diesen Ländern weisen darauf hin, daß in der Ernährung und in den Lebensumständen überhaupt auch Bedingungen der Steinbildung oder wenigstens des Steinwachstums liegen könnten.

Die Lebergalle ist ausschließlich ein Produkt der Leberzellen. Zu dieser Galle treten aus den Schleimdrüsen der extrahepatischen Gallenwege Schleimsubstanzen. Luetkens hat gefunden, daß in den Wandungen des vom Pfortaderbindegewebe umschlossenen Ductus hepaticus und seiner Äste knäuelartige, den Schweißdrüsen ähnliche Drüsen liegen, deren Sekret noch nicht bekannt ist. Aus dem Umstand aber, daß dort, wo diese Drüsen liegen, das Gallengangepithel auch bei ganz frisch fixiertem Material von seiner Unterlage abgelöst und im Stadium beginnender kadaveröser Maceration ist, während das Epithel der intrahepatischen Gallengänge noch nach Tagen erhalten bleibt, schließt Luetkens, daß diese Drüsen ein Sekret von ganz eigenartiger Wirksamkeit produzieren müssen.

Eine sehr erhebliche Veränderung erfährt die Galle in der Gallenblase, und zwar im wesentlichen durch Resorption, die in erster Linie Wasser und lösliche Salze betrifft. Das Resorptionsvermögen der Gallenblase ist sehr groß. Nach Rous und McMaster[1] konzentriert die leere Gallenblase in $22^1/_2$ Stunden von 49,8 auf 4,6 ccm, d. i. um das 10,8fache; bei einfachem Durchströmen um das 2,3—4,8fache. Nach dem Durchschnitt der Analysen von Hammarsten[2] verhalten sich die Konzentrationen in Leber- und Blasengalle und das Verhältnis beider in folgender Weise:

[1] Rous u. McMaster: J. of exper. Med. **34**, 47 (1926).

[2] Hammarsten: Lehrb. d. physiol. Chemie.

	Lebergalle	Blasengalle	Konzentrations-faktor
Wasser	971,4	834,7	—
Feste Stoffe	28,62	165,8	5,8
Mucin und Farbstoff	4,88	43,14	8,85
Gallensaure Alkalien	12,19	92,10	7,5
Cholesterin	1,24	9,28	7,5
Lecithin, Fett	1,00	6,02	6,0
Fettsäuren aus Seifen	1,20	10,87	9,0
Lösliche Salze	7,36	2,95	2,5
Unlösliche Salze	0,32	2,29	7

Die Zahl dieser Analysen ist zu gering, um daraus bindende Zahlen für die Größe der Resorption und Sekretion in der Gallenblase abzuleiten. Sie ergeben keinen Anhaltspunkt für eine Aufnahme von Fett, zu der die Epithelien der Gallenblase nach VIRCHOW, ASCHOFF, ROUS und McMASTER u. a. im Prinzip befähigt sind.

Auch für die Aufnahme von Cholesterin sprechen die Zahlen von HAMMARSTEN nicht. ASCHOFF[1] ist der Meinung, daß die Epithelien der Gallenblase ein Cholesterinester-Neutralfett-Gemisch resorbieren, die Cholesterinester spalten und das Cholesterin in die Galle zurückgeben, während das Fett abtransportiert wird. Auf diese Weise soll es zu einer Verschlechterung der Lösungsbedingungen des Cholesterins kommen. Es darf als sicher gelten, daß die menschliche Galle, in der THANNHAUSER[2] ein cholesterinspaltendes Ferment gefunden hat, im wesentlichen freies Cholesterin enthält. Immerhin wäre es möglich, daß Cholesterin in einer wasserlöslichen Additivverbindung mit Desoxycholsäure resorbiert wird. Dagegen spricht allerdings, daß die gallensauren Alkalien bei dem Resorptionsakt in der Gallenblase keine relative Verminderung erfahren. IWANAGA[3] fand nach Einbringung von Cholesterinöl in die Gallenblase von Tieren starke Vermehrung der Fetttröpfchen in den Epithelzellen, aber keine oder eine weit geringere Resorption von Lipoiden. Gar nicht selten findet man in den subepithelialen Lymphräumen der Gallenblasenwand eine sehr erhebliche Anhäufung von cholesterinhaltigen Massen[4], von denen die morphologische Betrachtung anzunehmen geneigt ist, daß sie auf dem Wege der Resorption aus der Galle gekommen seien. Das läßt sich aus der bloßen Betrachtung ebensowenig beweisen als das Gegenteil, daß dieses Cholesterin in die Galle sezerniert werde, was LICHTWITZ, wie ASCHOFF[5] irrtümlicherweise annimmt, nicht uneingeschränkt behauptet hat. LICHTWITZ hat mitgeteilt, daß an einer solchen Gallenblasenschleimhaut (und in der Folgezeit wurden wiederholt solche Fälle beobachtet) kleine, aus Cholesterin bestehende, zum Teil radiär gefügte Konkremente hängen[6] und hat von diesen Konkrementen behauptet, daß das Material zu ihrer Bildung (aller Wahrscheinlichkeit nach) aus dem subepithelial gelagerten Cholesterin

[1] ASCHOFF: Münch. med. Wschr. **1906**, 1846.
[2] THANNHAUSER: Dtsch. Arch. klin. Med. **141**, 290 (1923).
[3] IWANAGA: Mitt. med. Fak. Univ. Kyushu, Fukuoka **7**, 1 (1923).
[4] Dr. SCHWIEGER hat im Laboratorium unserer Klinik eine derartige Gallenblase auf Cholesterin und Cholesterinester untersucht (Methode WINDAUS). Es wurde gefunden: auf 100 g Trockensubstanz

476,9 mg Gesamtcholesterin,
447,0 „ freies Cholesterin,
29,9 „ Estercholesterin.

[5] ASCHOFF: Arch. klin. Chir. **126**, 233 (1923).
[6] GOSSET, LOEWY und MAGRON [C. r. Soc. Biol. **83**, 1207 (1920)] scheinen Ähnliches (gestielte, körnchenförmige, cholesterin- und lecithinhaltige Bildungen) beobachtet zu haben. Vgl. auch MENTZER: Amer. J. Path. **1**, 383 (1925).

stamme, daß also dieser Teil des Cholesterins, wie es ASCHOFF von dem vermeintlich oder vermutlich aus der Gallenblase resorbierten annimmt, in das Gallenblasenlumen abgegeben werde. Die Frage ist deswegen von besonderer Bedeutung, weil nach NAUNYN das zum Aufbau der Gallensteine dienende Cholesterin nicht der Lebergalle, sondern ganz oder teilweise der Gallenblasenwand entstammt, indem es sich aus abgestoßenen Epithelien bildet. NAUNYN hat beobachtet, daß „ein weiteres Wachstum des Steines durch Anlagerung von Cholesterin auch da noch stattfinden kann, wo der Stein in einer Gallenblase mit verschlossenem Ductus cysticus oder in einem Divertikel derselben von der Schleimhaut umklaftert dauernd festliegt, und wenn auch jedes Hinzutreten von Galle längst unmöglich gemacht ist, denn Cholesterin liefert die Schleimhaut selbst. Ich entnahm öfters von solchem Standorte Steine, die auf ihrer Oberfläche eine breiige Lage von Cholesterin in Myelinform oder in kleinen Krystallen ohne jede Beimengung von Bilirubin zeigten". Daß dort, wo ein Stein der Schleimhaut fest anliegt, durch eine starke Epitheldequamation, vielleicht auch aus kleinen Blutungen Cholesterin frei und dem Konkrement aufgelagert wird, ist ein Vorgang, mit dessen Wahrscheinlichkeit sehr gerechnet werden muß (vgl. Abb. 108, S. 662). Das Bestreben, das Cholesterin aller in der Gallenblase wachsender Steine aber auf dieselbe Quelle zurückzuführen, kann kaum uneingeschränkt richtig sein. Die Frage, ob die Epithelien der Gallenblase Cholesterin auch auf dem Wege der Sekretion abgeben können, wird von DELREZ und CORNET[1] bejaht, bedarf aber noch weiteren Studiums. Daß die intrahepatischen Steine der Haustiere kein Cholesterin und die intrahepatischen Steine des Menschen meist kein oder wenig Cholesterin enthalten, ist eine Tatsache, die auf die Bedeutung der Gallenblase als eine Cholesterinquelle hinweist.

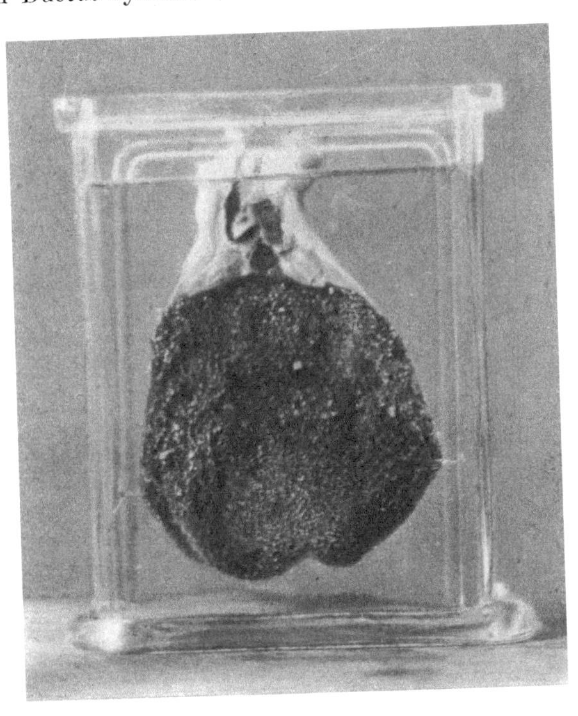

Abb. 64. Gallenblase mit cholesterinhaltigen Massen und anhängenden kleinen Cholesterinkonkrementen.

Für die Konsistenz der Blasengalle gilt die Beimengung von Mucin aus den Blasenepithelien als einflußreich. LUETKENS bemerkt dagegen, daß die normale Gallenblase Schleim gar nicht oder nur in sehr geringer Menge produziert.

Nach den Analysenzahlen HAMMARSTENS findet eine Resorption von gallensauren und fettsauren Alkalien nicht statt.

[1] DELREZ u. CORNET: Arch. internat. Méd. expér. **1**, 649 (1925).

Über das Verhalten des Calciums gaben die Untersuchungen von HAMMARSTEN keinen Anhalt. Nach vielfachen, aber nicht durch Beobachtungen gestützten Bemerkungen in der Literatur steigt bei katarrhalischen und entzündlichen Zuständen durch die Produktion von Schleim der Kalkgehalt der Galle an. LICHTWITZ und BOCK[1] haben festgestellt, daß die menschliche Lebergalle (Fistelgalle) bei einem Trockenrückstand, wie er den von HAMMARSTEN untersuchten Gallen etwa entspricht, 65—84 mg% Calcium (also weniger als das Blutserum) enthält, daß bei dünneren Gallen noch niedrigere Werte (bis 40 mg%) vorkommen und daß keine Steigerung bei cholangitischen Anfällen eintritt. In klarer Blasengalle wurden 85—109 mg%, also Konzentrationen, die dem Serumwert naheliegen, gefunden. Im Inhalt entzündeter Gallenblasen betrug

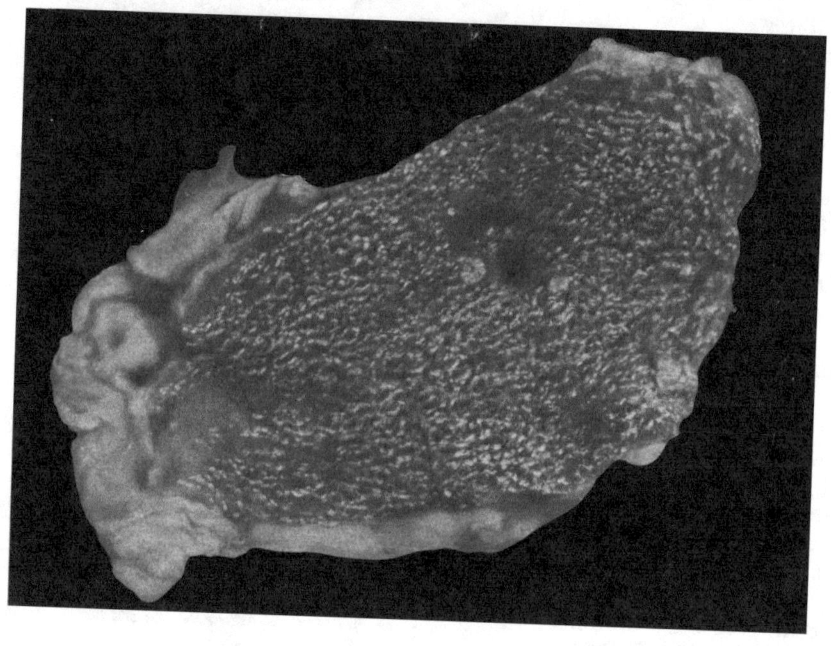

Abb. 65. Gallenblase mit subepithelialer Cholesterineinlagerung und anhängenden kleinen Cholesterinkonkrementen. (Nach LICHTWITZ.)

der Gehalt an gelöstem Calcium nicht wesentlich mehr als in der Norm. Da der Kalkgehalt von Schleim (aus den Bronchien) den von Blutserum und Lymphe nicht übersteigt (LICHTWITZ und BOCK), während Eiterserum (das für den steinbildenden Prozeß nicht in Betracht kommt) kalkreicher sein kann (HOPPE-SEYLER[2]), so besteht kein Anhaltspunkt für die Annahme, daß der Kalkgehalt der Galle bei der Cholangitis ansteigt. Nach DITTRICH[3] und DRURY[4] ist der Kalkgehalt der Galle abhängig von dem des Blutes. Nach DRURY ist der Kalkgehalt der Lebergalle des Hundes konstant und unabhängig von der Kalkzufuhr. Man darf also eine geringe Steigerung des Calciumgehaltes bei der Konzentration der Galle in der Blase für wahrscheinlich halten, während für eine Anreicherung durch Zufuhr von Schleim oder Exsudat kein Anhaltspunkt

[1] LICHTWITZ u. BOCK: Dtsch. med. Wschr. **1915**, Nr 4.
[2] HOPPE-SEYLER: Med.-chem. Unters. S. 490.
[3] DITTRICH: Z. exper. Med. **41**, 355 (1924).
[4] DRURY: J. of exper. Med. **40**, 797 (1924).

besteht. Auf wässerige Löslichkeit bezogen, ist der Kalkgehalt der Blasengalle und meistens wohl auch der Lebergalle hoch genug, um Bilirubin-Kalkniederschläge zu erklären, ebenso wie der etwa gleichhohe Calciumgehalt des Blutes für physiologische und pathologische Verkalkungen ausreicht.

Die Gegenüberstellung der steinbildenden Stoffe und ihrer Löslichkeitsvermittler in der Galle ergibt, daß bei der Eindickung in der Gallenblase keine Verschiebung in dem Verhältnis eintritt, die als eine wesentliche Verschlechterung der Stabilität aufgefaßt werden kann. Dem Cholesterin kommt für die Gallensteinbildung eine sehr wesentliche Bedeutung zu. Der Schluß, daß sich Steine um so leichter und schneller bilden, je mehr Cholesterin die Galle enthält, ist so naheliegend, daß seine Berechtigung bisher nicht diskutiert wurde. Ganz zweifellos findet das Wachstum und die Ausbildung der Blasensteine im wesentlichen durch einen Cholesterinansatz statt, der in der Gallenblase selbst erfolgt. Man findet aber bisweilen auch in intrahepatischen Steinen Cholesterin (Beer, eigene Beobachtung[1]) und hat dann nur die Annahmen frei, daß dieses Cholesterin entweder aus untergehenden Zellen stammt oder daß selbst der sehr geringe Cholesteringehalt der Lebergalle — unter gewissen Bedingungen — zu Anlagerungen in Steinen ausreicht.

Aschoff und Bacmeister vertreten die Meinung, daß der radiäre Cholsterinstein durch eine vorübergehend stark erhöhte Ausscheidung von Cholesterin in der Galle zustande komme und halten diesen Prozeß für den Ausdruck oder einen Teil einer „Cholesterindiathese“.

Das Cholesterin ist kein spezifischer Gallebestandteil, sondern in allen Zellen und Körperflüssigkeiten enthalten und von vielfacher physiologischer Bedeutung. Es steht fest, daß der Tierkörper zur Cholesterinsynthese befähigt ist. Von per os zugeführten Sterinen wird ein mit den Begleitstoffen (Öl, Desoxycholsäure u. a.) wechselnder Teil im Darm resorbiert. Die Phytosterine (Sterine der Pflanzen) werden intermediär in Cholesterin umgewandelt. Der nichtresorbierte Anteil und in den Darm abgeschiedenes Cholesterin erscheint als Koprosterin im Kot. Bei der nahen chemischen Verwandtschaft zwischen Cholesterin und Cholsäure ist damit zu rechnen, daß im Tierkörper (in der Leber) Cholesterin in Gallensäuren umgebaut wird (vgl. S. 615). Aus dem Umstand, daß der Organismus mit den Gallensäuren äußerst sparsam wirtschaftet, den größten Teil aus dem Darm wieder aufnimmt und somit einen ständigen Kreislauf durch Leber und Darm unterhält, aus dem Umstand, daß der Organismus Cholesterin bildet und das Cholesterin der Galle zu einem Teil aus dem Darm resorbiert (wofür die Komplexbindung Cholesterin—Gallensäuren

[1] Dr. Schwieger untersuchte im Laboratorium unserer Klinik einige intrahepatische Pigmentkalksteine.

1. *Intrahepatischer Stein* (schwarzblau schillernd) (trocken)

Ätherextrakt	10,04%
Rückstand	88,43%
Wasser	1,53%
Freies Cholesterin	7,42%
Asche	6,15%
Calcium	3,42%

2. *Pigmentkalkstein* (trocken)

Ätherextrakt	36,47%
Rückstand	63,01%
Wasser	0,52%
Asche	5,8 %
Calcium	4,74%

3. *Pigmentkalkstein* (feucht)

Ätherextrakt	28,4 %
Rückstand	49,75%
Wasser	21,85%
Asche	6,6 %
Calcium	1,65%

4. *Feinschmierige Masse aus Gallengang* (nach Trocknung)

Ätherextrakt	74,86%
Rückstand	24,92%
Wasser	0,22%

5. *Kleine, schwarze, harte Steinchen aus Gallenblase* Nr. 159

Qualitative Analyse: Cholesterin, Gallenfarbstoff, Calcium, Natrium, Eisen, Kupfer, Phosphorsäure.

eine fördernde Bedingung herstellt), muß man schließen, daß das Cholesterin der Galle ein wertvoller Bestandteil und nicht ein zur definitiven Ausscheidung bestimmtes Endprodukt des Stoffwechsels ist.

Beim Menschen steigt bei Gallenstauung das freie Cholesterin im Blute an (N. G. BÜRGER[1]), während das Estercholesterin abnimmt. Die Gesamtmenge des Cholesterins braucht auch bei vollständigem Choledochusverschluß nicht erhöht zu sein (STEPP[2]). Der Anstieg des freien Cholesterins ist nicht eine Folge der Gallenstauung; er findet sich, verbunden mit der Umkehr der Cholesterinrelation, bei allen schweren Erkrankungen des Leberparenchyms, auch bei solchen, die nicht mit Icterus und Abflußbehinderung einhergehen (THANNHAUSER und SCHABER[3]). Aus diesen Feststellungen kann nicht gefolgert werden, daß der Cholesteringehalt der Galle von der Ausscheidung des Blutcholesterins abhängt.

Über den *Cholesteringehalt der Galle unter dem Einfluß der Ernährung, der Gravidität und unter pathologischen Verhältnissen* gibt es eine ziemlich große Zahl von Untersuchungen mit sehr widersprechenden Resultaten. Auch wenn man nur diejenigen berücksichtigt, die analytisch einwandfrei sind, so bleibt doch als unlösbare Schwierigkeit bestehen, daß ein Resultat nur bei vollständiger Ableitung der Galle nach außen gewonnen werden kann, d. h. bei einem Eingriff, durch welchen dem Körper Cholesterin ständig verloren geht, also ein mit der Dauer des Versuches wachsender Fehler die Beurteilung erschwert.

Alle Angaben der Literatur (GOODMAN[4], BACMEISTER[5] u. a.), nach denen ein höherer Eiweißgehalt der Nahrung den Cholesteringehalt der Galle vermehre, halten der Kritik nicht stand. MC MASTER[6] hat (Methode AUTENRIETH-FUNK) gefunden, daß im allgemeinen, doch keineswegs regelmäßig, mit der Gallenmenge auch die Cholesterinkonzentration steigt, die Cholesterinausscheidung bei Hunger am kleinsten ist (PETROFF[7] findet bei Hunger und Ableitung der Galle nach außen sogar ein vollständiges Versiegen der Gallenbildung, bei Hunger ohne Gallenverlust ein Sinken der Menge, Ansteigen des spezifischen Gewichts und der Gallensäureausscheidung), mit der Futtermenge, auch mit cholesterinarmem Futter zunimmt und bei cholesterinreichem Futter hoch liegt.

Eine Entscheidung der Frage, ob der Cholesteringehalt der Galle oder die Gesamtcholesterinausscheidung mit der Galle von der Art der Nahrung, besonders von ihrem Eiweißgehalt, abhängt, ist zur Zeit noch nicht möglich.

Eine Sonderfrage, die für das hier behandelte Problem eine besondere Bedeutung hat, geht dahin, ob das Cholesterin der Nahrung oder im Experiment oral oder parenteral zugeführtes Cholesterin in die Galle ausgeschieden wird. Bei Kaninchen (Herbivoren) führt Cholesterinfütterung zur Hypercholesterinämie. Nach IWANAGA[8] findet durch Cholesterininjektion keine Vermehrung des Gallencholesterins statt, wohl aber durch Lanolinfütterung. Dann tritt in der sterilen Gallenblase nach Unterbindung des Ductus cysticus ein weiches, amorphes Gebilde auf. AOYAMA[9] hat bei normal ernährten Kaninchen und Meerschweinchen in der abgebundenen Gallenblase Ähnliches beobachtet, kleine facettierte knetbare Körnchen, die noch homogen sind, Cholesterin enthalten, das in manchen Fällen radiäre Anordnung zeigt. Wurde den Tieren Cholesterin oder Cholesterinester zugeführt, so fanden sich in der Gallenblase kleine, größten-

[1] BÜRGER, N. G.: Erg. inn. Med. **34**, 587 (1928).
[2] STEPP: Münch. med. Wschr. **1918**, 781 — Zieglers Beitr. **69**, 235.
[3] THANNHAUSER u. SCHABER: Klin. Wschr. **1926**, Nr 7.
[4] GOODMAN: Beitr. chem. Physiol. u. Path. **9**, 91 (1907).
[5] BACMEISTER: Dtsch. med. Wschr. **1913**, Nr 12 — Biochem. Z. **26**, 223 (1910).
[6] MC MASTER: J. of exper. Med. **40**, 25 (1924).
[7] PETROFF: Z. exper. Med. **43**, 284 (1924).
[8] IWANAGA: Zitiert auf S. 606.
[9] AOYAMA: Dtsch. Z. Chir. **132**, 234 (1915).

teils aus Cholesterin bestehende radiär gebaute Körnchen, von denen ein Teil eine geringe Beimengung von Gallenfarbstoff aufwies. ENGEL und CSERNA[1] haben Kaninchen 4—10 Monate hindurch systematisch 2proz. Cholesterinemulsion intraperitoneal zugeführt, dadurch eine Erhöhung des Blutcholesterins, aber niemals eine Steinbildung erzielt. Nach WELTMANN und BIACH[2] findet beim Kaninchen nach Cholesterinzufuhr keine Mehrausscheidung durch die Galle statt. Beim Hund steigt die Cholesterinämie nach Cholesterinzufuhr nicht in der Weise an, wie beim Kaninchen. BACMEISTER schließt daraus, daß der Hund das aufgenommene Cholesterin sehr rasch in die Galle abgibt. JANKAU[3] hat aber festgestellt, daß auch beim Hund per os oder subcutan zugeführtes Cholesterin nicht in der Galle erscheint. ENDERLEN, THANNHAUSER und JENKE[4] haben diesen Befund neuerdings bestätigt. Aus den Versuchen von AOYAMA und IWANAGA scheint hervorzugehen, daß beim Kaninchen und Meerscheinchen die Galle nach Zuführung von Cholesterin an diesem Stoff reicher wird, daß unter dem Einfluß einer schweren Gallenblasenstauung ohne Entzündung kleinste Konkremente auftreten, von denen AOYAMA aussagt, daß sie mit den radiären Cholesterinsteinen der Menschen Ähnlichkeit haben, Konkremente, die vielleicht mit den von LICHTWITZ beschriebenen, der Gallenblasenschleimhaut anhängenden Cholesterinkonkrementchen verwandt sind. Auch DEWEY[5] sah bei Kaninchen nach Cholesterininjektionen in der Gallenblase kleine, aus Epithelzellen, Bilirubin, Kalk und Cholesterin bestehende Konkrementchen. Bei einzelnen so behandelten Tieren waren die geweiteten Lymphräume der Gallenblasenzotten mit Fett und Cholesterin gefüllt. Ob aber der Befund von AOYAMA auf den Menschen, dessen Galle bei Cholesterinnahrung nicht cholesterinreicher wird, ausgedehnt werden darf, bleibt eine offene Frage.

Die zweite wichtige Frage ist die nach der Einwirkung der Gravidität auf den Cholesteringehalt der Galle. HERRMANN und NEUMANN[6] haben festgestellt, daß Blut Gravider Neutralfette und Cholesterinester, nicht aber freies Cholesterin in größeren Mengen enthält. CHAUFFARD, LAROCHE und GRIGAUT[7] u. a. haben diese mit der Methode von WINDAUS gewonnenen Resultate mit einer colorimetrischen bestätigt, jedoch meist von der Vermehrung des Cholesterins gesprochen, während es sich nach HERRMANN und NEUMANN um eine Vermehrung der Cholesterinester handelt. PARHON und PARHON[8] finden eine Hypercholesterinämie vor der Legeperiode der Vögel, in derselben aber eine Abnahme des Cholesterins infolgedessen Übergang in das Eigelb. Da der Embryo zu seinem Aufbau Chloesterinester braucht, so erscheint es selbstverständlich, daß der Cholesterinstoffwechsel in der Schwangerschaft gegen die Norm verändert, der Aufbau vielleicht vermehrt, die Abgabe, sofern das Cholesterin zum Teil ein Ausscheidungsprodukt sein sollte, vermindert ist. Die Auffassung, daß die Galle in der Gravidität weniger Cholesterin enthält, weil die Ausscheidungsfunktion der Leber herabgestimmt ist, würde gut zu der in der Schwangerschaft beobachteten Bilirubinämie (HERRMANN und KORNFELD[9], PUCCIONI[10]) passen. Doch scheint dieser Schluß nicht zwingend, da eine Verminderung des Gallencholesterins

---

1 ENGEL u. CSERNA: Wien. klin. Wschr. **1925**, 123.
2 WELTMANN u. BIACH: Z. exper. Path. u. Ther. **14**, 367 (1913).
3 JANKAU: Arch. f. exper. Path. **29**, 237 (1892).
4 ENDERLEN, TANNHAUSER u. JENKE: Klin. Wschr. **1926**, 2340.
5 DEWAY: Arch. int. Med. **17**, 756 (1916).
6 HERRMANN u. NEUMANN: Biochem. Z. **43**, 47 (1912).
7 CHAUFFARD, LAROCHE u. GRIGAUT: C. r. Soc. Biol. **70**, 536 (1911).
8 PARHON u. PARHON: C. r. Soc. Biol. **89**, 349 (1927).
9 HERRMANN u. KORNFELD: Wien. klin. Wschr. **1924**, 1215.
10 PUCCIONI: Riv. ital. Ginec. **3**, 363 (1925).

auch dann denkbar ist, wenn dieses nicht als zu eliminierender Körper aufgefaßt wird. Ob aber überhaupt eine solche Verminderung erfolgt, ist bisher nicht erwiesen. Bacmeister und Havers[1] haben einen einzigen derartigen Versuch am Hund angestellt und dahin gedeutet, daß gegen Ende der Gravidität der Cholesteringehalt der Galle sinkt, nach der Geburt (für ganz kurze Zeit) ansteigt. Lichtwitz hat bereits an anderer Stelle ausgeführt, daß dieser Versuch nichts beweist, da keine vollständige Gallenableitung vorgenommen wurde, keine Bestimmung des Blutcholesterins erfolgte und, wie jetzt hinzugefügt werden muß, die beigegebene Kurve (Analysenzahlen sind nicht veröffentlicht worden) Bedenken gegen die analytische Methode erweckt. Diese Kritik kann darum nicht unterdrückt werden, weil diesem Versuch in der Literatur eine starke Beweiskraft eingeräumt wird. Er beweist ebensowenig etwas als die Untersuchung der Blasengalle verstorbener Schwangerer (Peirce[2], McNee[3]), Untersuchungen, die zur Begründung der „Cholesterindiathese der Gravidität" herangezogen wurden.

Es sind auch Untersuchungen des Duodenalsaftes beim Menschen zur Feststellung der Zusammensetzung der Galle ausgeführt worden. Beweiskraft kann diese Methode nur dann haben, wenn die Versuche langdauernd sind und bei mehrfacher Wiederholung das gleiche Ergebnis zeigen. Die Erfüllung dieser Forderung ist in den vorliegenden Arbeiten nicht immer ersichtlich. Medak und Pribram[4] haben in 2 Fällen von Gravidität sehr kleine Werte von Cholesterin im Duodenalinhalt gefunden. Pribram[5] verzeichnet in der Gravidität meistens eine Verminderung des Gallencholesterins, nach der Geburt sehr häufig eine Vermehrung. Seine Durchschnittswerte sind für die „Lebergalle" in der Gravidität 39, nach der Entbindung 59,5 mg%. Die Normalwerte liegen nach Stepp zwischen 30 und 75. Ferracciu[6] findet in der Norm 72, in der Gravidität 62 mg%. Bei der Unsicherheit der Methode scheint aus diesen Zahlen nichts Bindendes hervorzugehen. Mit derselben Versuchsanordnung verfolgt Barát[7] Blut- und Gallencholesterin bei verschiedenen Krankheiten mit dem Schluß, daß „eine gesteigerte Ausscheidung von Cholesterin durch die Galle bei perniziöser Anämie beobachtet werden kann, ohne daß eine Steigerung des Blutcholesterins vorhanden wäre", und „daß bei anderen hämolytischen Vorgängen und Zellzerstörungen eine evtl. mäßige Erhöhung des Serumcholesterins bestehen kann, jedoch sich keine Vermehrung des Gallencholesterins dazugesellt".

Nach den von Barát mitgeteilten Zahlen geht bei Nephrose Blut- und Gallencholesterin einander nicht parallel, wie es der Fall sein müßte, wenn das Cholesterin ein für die Ausscheidung durch die Leber bestimmtes Stoffwechselendprodukt wäre. Die alte Auffassung von Naunyn, der sich im Prinzip die Schule von Chauffard-Grigaut anschließt, daß das Gallencholesterin von dem Angebot im Blut unabhängig ist, wird durch diese Befunde (s. auch S. 612) neu gestützt, und noch wirkungsvoller durch das Ergebnis der Versuche von Rosenthal, Melchior und Licht[8], daß die Leberexstirpation auf die Cholesterinzusammensetzung des Blutes keinen gesetzmäßigen Einfluß hat. Die Befunde von Enderlen, Thannhauser und Jenke[9] am leberlosen Hund ergeben im Gesamtblut eine Steigerung des Blutcholesterins, werden aber von den Autoren nicht als beweisend für Stauung durch Fortfall des Ausscheidungsvorgangs angesehen.

In und nach der Gravidität muß der Cholesterinstoffwechsel verändert sein, weil Cholesterin zum Aufbau des Fetus gebraucht wird und in die Milch (Cholesteringehalt der Kuhmilch 360—500 mg%) und mehr noch in das Colostrum übergeht. Ein Beweis für eine gesetzmäßige Änderung (besonders Erhöhung) des Cholesteringehalts der Galle während der Schwangerschaft ist bisher nicht erbracht. Wenn Aschoff einen solchen Vorgang im Komplex der Besonderheiten

[1] Bacmeister u. Havers: Dtsch. med. Wschr. **1914**, Nr 8.
[2] Peirce: Dtsch. Arch. klin. Med. **106**, 337 (1912).
[3] Mc Nee: Dtsch. med. Wschr. **1913**, 994. — Aschoff: Ebenda **1913**, S. 996.
[4] Medak u. Pribram: Berl. klin. Wschr. **1915**, 706, 740.
[5] Pribram: Biochem. Z. **1**, 413 (1906).
[6] Ferracciu: Riv. ital. Ginec. **9**, 5 (1924).
[7] Barát: Z. klin. Med. **98**, 353 (1924).
[8] Rosenthal, Melchior u. Licht: Arch. f. exper. Path. **115**, 138 (1926).
[9] Enderlen, Thannhauser u. Jenke: Arch. f. exper. Path. **120**, 16 (1927).

des Cholesterinstoffwechsels in der Gravidität für eine Tatsache annimmt und aus ihr schließt, daß der radiäre Cholesterinstein durch diese Diathese ohne Entzündung entsteht, so kann ihm darin um so weniger gefolgt werden, als gar kein Anhaltspunkt dafür vorliegt, daß sich in oder nach der Schwangerschaft der radiäre Cholesterinstein bildet[1].

Der Gehalt der Lebergalle an Cholesterin (20—70 mg%) ist kleiner als der des Gesamtcholesterins und auch des freien Cholesterins im Blute. Diese Tatsache wird meist übersehen, weil das Sterin der Galle in den Steinen sicht- und greifbar vorliegt und daher auch bestimmend für die Bezeichnung geworden ist. Wenn nun das Cholesterin in der Galle nicht als Folge einer Ausscheidung betrachtet werden darf, so bleibt als Möglichkeit des Verständnisses seiner Anwesenheit in der Galle die Auffassung von NAUNYN, daß es aus dem Untergang von Epithelien der Gallenwege und daneben von einer spezifischen Sekretion der Leberzellen herstammt. Es ist sehr wahrscheinlich, daß diese Annahme in beiden Punkten zutrifft. Die Steigerung des Cholesteringehalts, die KAUSCH[2] bei Cholangitis des Hundes beobachtet und als Steigerung des Epithelzerfalls gedeutet hat, und der Cholesteringehalt der Produkte kranker Schleimhäute (NAUNYN) ist für die Steinformung gewiß nicht unwichtig. Wenn es außerdem — wie mit großer Wahrscheinlichkeit angenommen werden darf — noch eine spezifische Cholesterinsekretion der Leber gibt, die keine Exkretion bedeutet, so muß man fragen, was es mit dem Cholesteringehalt der Galle für eine Bewandtnis hat.

Eine erste Antwort auf die Frage geben die sehr beachtenswerten Untersuchungen von E. NEUBAUER[3] und A. ADLER[4]. Die Gallensäuren sind bekanntlich Stoffe von starker Oberflächenaktivität. Sie müssen sich also an Grenzflächen anreichern und, da sie gleichzeitig die Viscosität erhöhen, auch feste Häutchen bilden. Zusatz von Cholesterin zu einer Lösung von gallensaurem Alkali macht dessen Einfluß auf die Oberflächenspannung fast ganz unwirksam bei gleichzeitiger Viscositätserhöhung. Dieser Mechanismus bewirkt einen regulierenden Schutz vor allzu starker Auswirkung der möglichen Capillaraktivität und verstärkt durch Peptisation und Hydratation die Stabilität der Galle (ADLER). Die Bedeutung solcher Vorgänge für die Steinbildung ist sehr wahrscheinlich höher als die Konzentration der Steinbildner. Es fehlte bisher an einer Methode, um die Gallensäuren chemisch mit genügender Schärfe zu bestimmen. Inwieweit Veränderungen ihrer Konzentration für die Steinbildung eine Bedingung herstellen, ist unbekannt. CHAUFFARD, LAROCHE und GRIGAUT[5] haben die Hypothese aufgestellt, daß eine besondere Form der Leberinsuffizienz mit einer Herabsetzung der Bildung von Cholsäure aus Cholesterin einhergehe, daß daher Hypercholesterinämie und Hypercholesterinocholie gleichzeitig mit Hypocholalecholie erzeugt werde, Veränderungen, die beide die Steinbildung begünstigen. Diese Hypothese entbehrt bisher einer analytischen Begründung.

---

[1] Dazu sagt TORINOUMI [Mitt. Grenzgeb. Med. u. Chir. **37**, 385 (1924)]: „Nach dem in der Literatur vorliegenden Material habe ich durchaus den Eindruck erhalten, daß gerade bei Frauen der Cholesterinstein im Anschluß an die Gravidität entsteht. LICHTWITZ bestreitet das. Ich glaube, daß hier nur sehr umfangreiche Statistiken die Entscheidung bringen können." ASCHOFF (Klin. Wschr. **1922**, 1345 — Vortr. u. Path. **1925**, 206) bemerkt: „Bei Frauen ist ihre (sc. des radiären Cholesterinsteins) Entstehung im Anschluß an Geburten wahrscheinlich zu machen." Ich habe bei sehr genauen Literaturstudien keinen Versuch eines Beweises dieser Behauptung oder Vermutung gefunden.

[2] KAUSCH: Inaug.-Dissert. Straßburg 1891.

[3] NEUBAUER, E.: Biochem. Z. **109**, 82 (1920); **130**, 556 (1922).

[4] ADLER, A.: Z. exper. Med. **46**, 371 (1925).

[5] CHAUFFARD, LAROCHE u. GRIGAUT: C. r. Soc. Biol. **74**, 1005, 1093 (1913).

CHABROL, BÉNARD und CAMBILLARD[1] haben im Duodenalinhalt weder bei Gallensteinkrankheit noch bei Schwangerschaft und Diabetes Verminderung der Gallensäuremenge gefunden.

Nach den Untersuchungen von ENDERLEN, THANNHAUSER und JENKE[2] verläuft die Gallensäurebildung unabhängig von dem Angebot an exogenem und endogenem Sterin als ein zwangsläufiger biologischer Vorgang, der nur in der Synthese des Hämingerüstes ein Analogon hat. Als Ausgangsmaterial kommen in erster Linie Fettsäuren in Betracht, die unter allen Umständen der Ernährung und des Stoffwechsels zur Verfügung stehen. Der Cholesteringehalt der Galle ist im Verhältnis zum Gallensäuregehalt für alle bisher untersuchten Fälle so klein, daß auch eine (chemisch mögliche, aber bisher nicht nachgewiesene) Bildung von Cholesterin aus Gallensäuren sich nur in einer Größenordnung bewegen kann, die für die Stabilität der Galle belanglos ist.

Das *Bilirubin*, das als Calciumverbindung für die Steinkernbildung von größter Bedeutung ist, kommt in der Galle in sehr verschiedenen Konzentrationen vor. Daß eine pleiochrome Galle, wie z. B. beim hämolytischen Ikterus, eine besondere Bedingung zur Steinbildung darstellt, ist bisher nicht bekannt geworden. Auch bei der Bilirubinkalkfällung spielt wohl die Veränderung der Stabilität die erste Rolle.

Eine solche Veränderung kann durch eine Abweichung der Reaktion auftreten. LICHTWITZ hat darauf hingewiesen, daß durch Zutritt von Eiweiß eine Verschiebung nach der sauren Seite erfolgen muß. DRURY, MCMASTER und ROUS[3] finden beim Hund die p_H der Blasengalle zu 5,18—6,00, die der Lebergalle zu 7,5—8,5. Diese Säuerung der Galle in der Blase bewirkt, daß aus Calciumcarbonat bestehende Konkremente, wie sie im Gallengang gefunden werden, in der normalen Gallenblase des Hundes nicht gebildet werden können.

Den Hauptbestandteil der meisten Gallensteine stellt das *Cholesterin* dar. NAUNYN teilt Analysen von GUSSENBAUER mit, nach denen der Cholesteringehalt der verschiedenartigen Steine zwischen 57,3 und 99,7% der Trockensubstanz ausmacht. Intrahepatische Steine und die ziemlich seltenen „reineren" Bilirubinkalksteine können wesentlich weniger oder auch gar kein Cholesterin enthalten. Sehr bemerkenswert ist der Befund von GUSSENBAUER, daß neben freiem Cholesterin 1—6% *gebundenes Cholesterin* vorkommt[4]. Keiner der untersuchten Steine war frei von solchem. Der jüngste Stein enthielt am meisten. Ob es sich um Cholesterinester, die von KÜSTER[5] in Rindergallensteinen nachgewiesen sind, handelt, ist nicht ganz eindeutig. Weitere Untersuchungen müssen entscheiden, ob Cholesterin-Gallensäure (*Choleinsäure*) vorliegt. Freie Choleinsäure ist von HANS FISCHER und P. MEYER[6], W. KÜSTER in Rindergallensteinen

[1] CHABROL, BÉNARD u. CAMBILLARD: Bull. Soc. méd. Hop. Paris **40**, 1145 (1924).
[2] ENDERLEN, THANNHAUSER u. JENKE: Klin. Wschr. **1926**, 2340.
[3] DRURY, MCMASTER u. ROUS: J. of exper. Med. **39**, 403 (1924).
[4] Dr. SCHWIEGER hat im Laboratorium unserer Klinik einen radiär-krystallinen Cholesterinstein und einen gewöhnlichen Stein nach dieser Richtung hin analysiert:

1. *Rad. Cholesterinstein* (trocken)

Ätherextrakt	95,98%
Rückstand	3,54%
Wasser	0,48%
Freies Cholesterin	90,77%

2. *Gewöhnlicher Gallenstein* (trocken)

Ätherextrakt	92,54%
Rückstand	6,34%
Wasser	1,12%
Gesamtcholesterin	85,7 %
Freies Cholesterin	73,44%
Gebundenes Cholesterin	12,26%

Ob es sich um Cholesterinfettsäureester oder eine andere Bindung des Cholesterins handelt, ist noch nicht festgestellt.
[5] KÜSTER: Hoppe-Seylers Z. **121**, 80 (1922).
[6] FISCHER, HANS u. P. MEYER: Hoppe-Seylers Z. **76**, 94 (1911).

neben freien Fettsäuren nachgewiesen worden. SALKOWSKI[1] hat in Gallensteinen vom Menschen, KÜSTER in solchen vom Rinde *Desoxycholsäure* gefunden. Bei der sehr starken Oberflächenaktivität der Gallensäuren würde ihr Eintreten in Konkremente sehr verständlich erscheinen, wenn nicht nach den Befunden von ADLER der Cholesteringehalt ihre Adsorption dämpfte. *Neutralfett* fehlt nach SALKOWSKI in Gallensteinen.

Der Bestandteil der Gallensteine, der der Masse nach an zweiter Stelle steht und gewöhnlich stark überschätzt wird, ist das *Calcium*, das sich als Bilirubinkalk, Calciumcarbonat, Calciumphosphat in den Steinen findet. Die älteren Angaben (RITTER[2]), nach denen Steine bis zu 82% aus „anorganischer Substanz, fast ausschließlich Kalk", bestehen, betreffen cholesterinfreie Pigmentkalksteine. In Steinen verschiedener Art kann nach MAGNUS-LEVY der Kalkgehalt bis über 20% der Trockensubstanz betragen. NAUNYN fand in intrahepatischen Steinchen, die kein Cholesterin oder nur Spuren davon enthielten, 1,25—12,3% Calcium.

Nach KLEINSCHMIDT[3] beträgt der durchschnittliche Bilirubinkalkgehalt der Gallensteine 3,5%. Radiäre Cholesterinsteine enthalten nach NAUNYN bis 0,5%. Wie TORINOUMI beschrieben hat und wie wir aus eigener Prüfung bestätigen können, folgt der mit der Silbernitratmethode von KOSSA leicht kenntlich zu machende Kalkgehalt dem Farbstoffgehalt. Am meisten Kalk enthält der Steinkern, die Facettenschicht ist kalkarm. Die Härte der Steine hängt (von seltenen Fällen abgesehen) nicht vom Kalkgehalt ab. Ist der Kalk in Form von anorganischen Salzen abgelagert (Calciumcarbonatsteine oder bestimmte Schichten in anderen Steinen), so ergibt sich eine beträchtliche Härte, wie sie von Harnsteinen u. a. her bekannt ist.

Das *Bilirubin* bildet mit seinen Oxydationsprodukten denjenigen Teil der Steine, der an der Kernbildung und damit an der Steinbildung überhaupt den wesentlichsten Anteil hat und durch die Eigenart seiner Verteilung im Stein und die Verschiedenheit der Farbbildung zu der Mannigfaltigkeit des Aussehens der Steine viel beiträgt. Zu einer analytischen Feststellung der Menge der Farbstoffe fehlt es an Methoden. Aber es ist ausreichend, den Querschnitt, Dünnschliff oder Mikrotomschnitt zu betrachten, um zu sehen, daß der Steinkern am meisten Farbstoff enthält und daß der Farbstoff von dort in Diffusionsringen oder auch in einer dem Radiärgefüge angepaßten Ausstrahlung nach der Peripherie wandert. Einen stärkeren Farbstoffgehalt weisen in lamellierten Steinen einzelne Schichten und die Ecken, in Steinen aller Art nicht selten die äußersten Schichten auf.

Jeder Gallenstein enthält ein *Eiweißgerüst* (MECKEL, KURU[4] AOYAMA[5]). Die auf den Ausfall der WEIGERTschen Färbemethode begründete Annahme von KURU, daß es sich um Fibrin handelt, ist nicht zutreffend. Die Art des Eiweißkörpers kann in dem Zustand irreversibler Fällung, wie sie im Gerüst vorliegt, nicht definiert werden. Es handelt sich nicht, wie EBSTEIN für die Harnsteine annahm, um eine spezifische Gerüstsubstanz. Jeder Eiweißkörper kann bei geeigneten Bedingungen in den festen Zustand übergehen. Die Menge der Gerüstsubstanz in den Steinen verschiedener Art und in den verschieden gebauten Teilen eines Steines ist sehr verschieden, am kleinsten im radiären Cholesterinstein, am größten in den Steinen konzentrischer Schichtung. Größe der Cholesterinkrystalle und Menge der Gerüstsubstanz sind einander umgekehrt proportional.

---

[1] SALKOWSKI: Hoppe-Seylers Z. **98**, 24, 281 (1916) — Klin. Wschr. **1922**, 1368.
[2] RITTER: J. l'Anat. et Physiol. **8**, 60 (1872).
[3] KLEINSCHMIDT: Zieglers Beitr. **72**, 128 (1923).
[4] KURU: Zbl. Chir. **14**, 71.
[5] AOYAMA: Zieglers Beitr. **57**, 168 (1914).

Ein wesentlicher Faktor ist auch das Alter des Steines, wie bei der Erörterung des Umbaues der Steine des näheren auseinandergesetzt werden soll.

Schon sehr lange ist bekannt, daß Gallensteine *Schwermetalle* enthalten. So beschrieb LACARTERIE[1] (1827) einen Stein, dessen Kern, in der Wärme geschmolzen, zahlreiche Kugeln von Quecksilber zeigte. Auch BEIGEL[1] und FRERICHS[1] haben solche Steine beobachtet. BERTOZZI[1] und HELLER[1] fanden Kupfer, das FRERICHS in keinem größeren farbstoffhaltigen Gallenstein vermißte. Wir haben wiederholt Kupfer in makroskopisch sichtbaren Einlagerungen von Stecknadelkopfgröße, mikroskopisch aus Büscheln hellgrüner Nadeln (fettsaurem oder gallensaurem Kupfer) bestehend, beobachtet. FRERICHS fand stets Eisen, seltener Mangan. Nach NAUNYN findet sich fast regelmäßig Kupfer und Eisen, beide in äußerst geringer Menge, etwa bis zum 10. Teile des Kalkes steigend. GONNERMANN[2] hat 10 Gallensteine quantitativ auf Kieselsäure, Tonerde und Eisen untersucht. Er findet Kieselsäure (SiO_2) 0,15—33,3%, Aluminiumoxyd (Al_2O_3) 1,55—90,0%, Eisen Spuren bis 4,0% der Asche.

Diese anorganischen Stoffe sind bisher nur als mehr zufällige und für die Steinbildung unwesentliche Beimengungen aufgefaßt worden. Aber eine Diskussion der Frage ihrer lithogenetischen Bedeutung ist notwendig, weil Schwermetallionen mit den Gallensäuren unter Niederschlagsbildung stark reagieren und sehr wahrscheinlich auch den Lösungszustand anderer Stoffe, die für die Stabilität wesentlich sind (Lecithin, Seifen), verändern. Auch der Kieselsäure und der Tonerde, Stoffen, die sowohl in kolloidaler Aufteilung wie durch ionische Ladung eine große Wirkung auf kolloidale Körper ausüben, wird man nach dieser Richtung Aufmerksamkeit schenken müssen[3].

Zusammensetzung der Gallensteine.

RITTER gibt über die Zusammensetzung der Gallensteine folgende Zahlen:

	Cholesterinsteine		Facettierte Steine		Geschichtete Cholesterinsteine		Pigmentkalksteine	
	I	II	III	IV	V	VI	VII	VIII
Cholesterin	98,1	97,4	70,6	64,2	81,4	84,3	Spur	0
Organische Masse . . .	1,5	2,1	22,9	27,4	15,4	12,4	75,2	18,1
Anorganische Masse .	0,4	0,5	0,5	8,4	3,2	3,3	24,8	81,9

Aus Analysen von PEEL[4] und aus Untersuchungen, die in unserem Laboratorium von Dr. SCHWIEGER ausgeführt worden sind, stelle ich folgende Werte zusammen:

	Facettierter Stein	Tonnenstein	Rad.-kryst. Cholesterinstein	Bilirubinkalkstein	Erdiger Pigmentstein	Carbonatstein
Ätherextrakt	80—97	92—98	93—99	0—36	80	4
Rückstand	2—6	1,5—5,6	0,14—3,5	25—88	15	35
Asche	0,3—8,6	—	0,7—1,4	5—11	—	36
Calcium	0,04—3,2	0,4	0,05—0,9	1,9—4,1	0,8	14,5

[1] Zitiert nach FRERICHS: Klinik der Leberkrankheiten **2** (1861).

[2] GONNERMANN: Hoppe-Seylers Z. **111**, 32 (1920).

[3] PEEL [Hoppe-Seylers Z. **167**, 250 (1927)] findet in Pigmentsteinen (Bilirubinkalksteinchen) Eisen und Kupfer in solchen Mengen, daß die Asche ganz schwarz bis dunkelbraun gefärbt ist und meint, daß zur Entstehung eines reinen Pigmentsteines eine metabolische Veränderung der Galle im Sinne eines gewissen Kupfergehaltes nötig sei. Eigene Untersuchungen haben gezeigt, daß Pigmentkalksteinchen auch eine graue kupferfreie Asche haben.

[4] PEEL: Hoppe-Seylers Z. **167**, 250 (1927).

Bemerkenswert ist, daß der Ätherextraktgehalt der drei ersten Steinarten sich nicht sehr verschieden verhält. Nach den auf S. 616 (Anm.) mitgeteilten Analysen darf aber Ätherextrakt nicht dem Gehalt an Cholesterin (freiem Cholesterin) gleichgesetzt werden.

Fremdkörper als Steinteile spielen naturgemäß bei den Gallensteinen eine kleinere Rolle als bei den Harnblasensteinen. Doch hat sich im Laufe der Jahre eine beträchtliche Zahl von Fällen gesammelt. In der älteren Literatur[1] ist verzeichnet: Gallensteinbildung um Nadel, Blutklumpen, Quecksilberkugel, Pflaumenstein, Spulwurm, Distomum. In der späteren Zeit haben besonders die Konkremente um Seidenfäden, die von einer Operation herrühren, Interesse erregt und die Konkremente um Eingeweidewürmer und ihre Eier. SVEND HANSEN[2] fand ein Haar und auch Fruchtkerne als Steinkerne[3].

Beim Ochsen sollen inkrustierte Leberegel in der Gallenblase häufiger vorkommen (MECKEL). Bei der Leberegelkrankheit der Schafe kommt es in den Gallengängen zur Ablagerung einer dicken, harten Schicht krystallinischen kohlensauren Kalks in einem Umfang, daß die Pfortaderäste komprimiert werden. Die Eingeweidewürmer spielen als Steinursache in Japan und wahrscheinlich auch in anderen tropischen Ländern, eine große Rolle. MIYAKE fand unter 56 operierten Fällen 10mal, d. i. in 17,9%, in Konkrementen Darmparasiten oder deren Eier. Tierversuche haben gezeigt, daß sich um sterile Fremdkörper kein Stein bildet. Der von LICHTWITZ aufgestellte Satz: „Die Steinbildung ist ein Vorgang an einer fremden Oberfläche" ist daher nicht unbedingt zu verstehen.

Es kommt auf die Aktivität der Oberflächen an und auf ihr Verhältnis zur Stabilität der Lösung. Daher werden die besten Bedingungen dort gegeben sein, wo infolge einer Stabilitätsverminderung fremde Oberflächen entstehen, wie z. B. bei der Gerinnung oder Gelbildung der Galle. Die Partikelchen, die dann in unendlich großer Zahl auftreten, sind in der Galle Fremdkörper, die durch ihre aktive Oberfläche und durch die sie bedingende Störung der Gallenstabilität zu Steinen werden. Fremdkörper in der Galle sind auch die fertigen Steine, die, wie wir genau wissen, nicht ins Uferlose durch Anlagerung neuer Schichten weiterwachsen, sondern sehr lange, manchmal jahrzehntelang, konstant bleiben, weil ihre Oberfläche inaktiv geworden ist. Wird aber einer von diesen Steinen zersprengt, so wirken die Bruchstücke, die dann mit einer frischen Fläche die Galle berühren, als Fremdkörper, um die eine neue Steinbildung einsetzt.

Zusammenfassend läßt sich über die Bedingungen der Steinbildung mehr Negatives als Positives aussagen:

Die Steinbildung ist die Folge einer Fällungsreaktion, deren Ursachen nicht genügend bekannt sind; es kommen in Betracht: Albuminocholie, desquamativer, aseptischer oder bakterieller Katarrh, Bakteriocholie, Einfluß von Schwermetallen und der Reaktionslage.

Fehlerhafte Ernährung (FUJIMAKI), Anomalien der Gallensekretion (Sedimentbildung in den Leberzellen s. S. 623 AUFRECHT) und individuelle Besonderheiten der Gallenblasenentleerung (s. S. 627—629) stellen übergeordnete Faktoren dar.

Gallensteine sind bei Frauen häufiger als bei Männern. Eine entscheidende Rolle der Generationsvorgänge läßt sich nicht mit Sicherheit nachweisen. Vielleicht spielt die beim weiblichen Geschlecht größere Labilität des vegetativen

---

[1] Zitiert nach MECKEL u. SCHÜPPEL: Cholelithiasis. In Ziemssens Handb. **8** (1880).

[2] HANSEN, SVEND: Ugeskr. Laeg. (dän.) **84**, 405 (1922).

[3] Bakterien finden sich in Gallensteinen nicht nur im Kern, wohin sie von außen einwandern, sondern auch als zusammenhängende Lamelle (AOYAMA); sie können daher, was wohl nur selten geschieht, als Steinaufbaumaterial dienen.

Nervensystems eine Rolle. Eine stärkere Reaktion in der Motilität der extrahepatischen Gallenwege ist durch die bisherigen Untersuchungen wahrscheinlich gemacht. Die Beteiligung der sekretorischen und respiratorischen Funktion wäre zu erwägen. Mitwirkung einer Cholesterindiathese ist nicht bewiesen.

Die Konzentration der zum Steinaufbau dienenden Stoffe ist in der Blasengalle auch unter normalen Verhältnissen ausreichend hoch.

3. Systematik der Gallensteine.

Das Bedürfnis nach einer Einteilung der Gallensteine, das durch ihren Formenreichtum erweckt wird, ist in einer Weise, die alle Gesichtspunkte erschöpft, nicht zu befriedigen.

Für eine Systematik können, je nach der Fragestellung, sehr verschiedene Prinzipien maßgebend sein, so die Zahl (Solitär bis Herde), die Größe, die Form, die Struktur, die chemische Zusammensetzung, der Sitz (Leber, Gallengang, Gallenblase; frei oder intramural), das Alter, die Entstehungsbedingung. Viele dieser Einteilungsmotive werden und müssen sich notwendigerweise berühren oder überschneiden.

NAUNYN versucht auf Grund des Alters der Steine folgende Einteilung, die für praktische Zwecke, zur Bestimmung der Steine, gedacht ist, aber auch beabsichtigt, die Steinentstehung systematisch, wenigstens im Umriß, zu erfassen.

I. *Die Jugendformen der Gallensteine.*
   1. Die primären Cholesterinsteine.
      a) Die Cholesterinperlen.
      b) Die primär-krystallinen Cholesterinsteine.
   2. Die Gelsteine. Konfluenzsteine.
   3. Magmasteine.
   4. Cholesterinmikrorhombensteine.
   5. Steinkerne. Die intrahepatischen Bilirubinkalkkonkremente.

II. *Die reifen Gallenblasensteine.*
   1. Die Gelsteine.
   2. Die primären Cholesterinsteine. Cholesteringelsteine.

III. *Die alten Gallensteine.*
   1. Die alten Gallenblasensteine.
   2. Die Cholesterinsolitäre. Gestreckte Steine. Kombinationssteine.
   3. Die Bilirubinkalksolitäre.
      a) Die primär reinen Bilirubinkalksolitäre.
      b) Die primär gemischten Bilirubinkalksolitäre.
   4. Bilirubinkalk-Riesenkonkremente.

IV. *Verkalkung der Steine.*

Das System NAUNYNS ist frei von jeder Hypothese der kausalen Steingenese, die ASCHOFF und BACMEISTER als Einteilungsprinzip gewählt haben:

I. *Nichtentzündliche Steinbildung.*
   Radiärer Cholesterinstein
   Bilirubinkalksteine und Niederschlagsbildungen Geschichteter Cholesterinkalkstein? } aus sich steril zersetzender und mit den Steinbildnern übersättigter Galle auskrystallisierend.

II. *Entzündliche Steinbildung.*
   Geschichteter Cholesterinkalkstein.
   Cholesterinpigmentkalkstein:
      a) die größeren rundlichen Formen mit wenig Exemplaren in einem Fall
      b) die multiplen, facettierten Cholesterinpigmentkalksteine,
   Bilirubinkalksteine und Niederschlagsbildungen. } aus entzündlich zersetzter Galle entstehend.

Dieses System basiert auf den strittigsten Punkten der Lehre von der Gallensteinbildung, nämlich der Frage der Bedeutung der Infektion und der Frage der Umformung (Cholesterinierung) der Steine. Es wird Gültigkeit haben, wenn diese Fragen im Sinne von ASCHOFF und BACMEISTER entschieden sein werden.

Im folgenden werden die Steine nicht nach ihrer Entstehungsbedingung eingeteilt.

Eine allgemeine Charakterisierung der Gallensteine aller Arten nach ihrem Gehalt an den wichtigsten Steinbildnern (Cholesterin, Pigment, Calcium, Gerüstsubstanz) ist nicht möglich, da sich Steine ganz verschiedenen Aussehens in ihrer Zusammensetzung sehr gleichen können, und da sich der Gehalt an diesen Substanzen und ihr Verhältnis zueinander mit dem Alter der Steine stark ändert. Bei einer Beziehung auf die Trockensubstanz enthalten die gemischten Steine 80—99% Cholesterin. Diese Beziehung gibt aber kein zutreffendes Bild, da der Feuchtigkeitsgehalt der Steine beträchtliche Unterschiede aufweist und die Dichte des Cholesterins in den einzelnen Teilen des Steines voneinander abweicht. Die Beziehung des Gehalts an festen Bestandteilen auf Gewicht oder Volumen bleibt wegen des komplizierten Baues der Steine ebenso unbefriedigend.

Ich versuche eine Einteilung nach der Struktur in Verbindung mit der Zusammensetzung und trenne zunächst die Steine danach, ob ihre Struktur auf einem Bestandteil oder auf mehreren beruht. Mit Rücksicht auf die Steingenese mußten die letzteren an erster Stelle abgehandelt werden. Eine Abtrennung der sog. Kombinationssteine und der gestreckten Steine von der Hauptgruppe, den aus gemischten Bestandteilen aufgebauten Gallensteinen, war notwendig. Eine Besprechung der genetisch überaus wichtigen Steinkerne wurde vorangestellt.

Es ergibt sich danach folgende Gliederung, die zwar in manchen Beziehungen unbefriedigend und anfechtbar, aber doch vielleicht praktisch ist:

a) Steinkerne. Bilirubinkalksteinchen.
b) Gallensteine, deren Struktur von mehreren Bestandteilen gebildet wird:
  α) Facettierte Steine (Herdensteine, gewöhnliche Gallensteine, Cholesterinpigmentkalksteine).
  β) Große Steine, Tonnensteine, Riesensteine.
c) Steine, deren Struktur von einem Bestandteil vorherrschend bedingt wird:
  α) Radiäre Cholesterinsteine.
  β) Bilirubinkalksteine.
  γ) Calciumcarbonatsteine.
  δ) Eiweißsteine.
d) Kombinationssteine, gestreckte Steine.

4. Morphologie und Morphogenese der Gallensteine.

a) Steinkerne.

In den meisten Steinen findet sich ein Steinkern als Ausgangspunkt der Bildung zum Stein. Dieser Steinkern ist in einer Anzahl von Fällen selbst schon ein kleiner Stein, den Naunyn und Boysen eingehend beschrieben haben. Es handelt sich um kleine *Bilirubinkalksteine*, von denen Naunyn folgende Darstellung gibt: „Sie kommen in zwei verschiedenen Formen vor: einmal solide, schwarzbraune, kugelige Bildungen, nicht viel über stecknadelkopfgroß, wenn größer, bis zur Erbse, auch Himbeere, durch Zusammenbacken jener kleinen entstanden, denn diese sind wachsweich und sehr geneigt zum Zusammenkleben. Beim Trocknen können jene größeren wieder in solche kleine zerfallen. Die anderen sind sandkorn- bis erbsengroß, hart, spröde, von verschiedenster Gestalt, auch stengelig. Oberfläche meist glatt, bucklig, selten stacheltragend; Farbe: schwarzgrau, häufig stahlblau; die zerriebenen oder zerkrümelten Massen metallisch glänzend. Das Innere aus fester, schwarzer Masse bestehend oder ein kammeriges Gewebe darstellend, in dessen Kammern oft jene metallisch glänzenden Körnchen und Krümel liegen. Die kleinen klebrigen Steinchen der ersten Form bestehen fast ausschließlich aus Kalkverbindungen des Bilirubins oder seiner höheren

Oxydationsstufen bis zum Bilihumin; in den größeren harten Steinen findet sich außer diesen viel anorganischer Kalk, Kalkcarbonat mit geringen Mengen Phosphat. Cholesterin enthalten beide nur in Spuren; beide stammen aus intrahepatischen Gallengängen, in denen man sie häufig findet."

Eine ganz ähnliche Beschreibung gibt Boysen. Hein[1], Thudichum, Lawson Tait[2], Hoppe-Seyler[3] haben schon früher die Auffassung vertreten, daß die Blasensteinkerne intrahepatisch entstehen. Mit großer Entschiedenheit verficht diese Ansicht Rovsing.

Nach Naunyn sind die kleinen *intrahepatischen Bilirubinkalkkonkremente* sehr häufig. Rovsing findet in Steinschnitten von 530 Fällen (mit einer einzigen Ausnahme) einen Kern von schwarzem Pigment, den er als intrahepatischen schwarzen Pigmentstein erklärt. Er sieht in dieser Steinart das jüngste Stadium

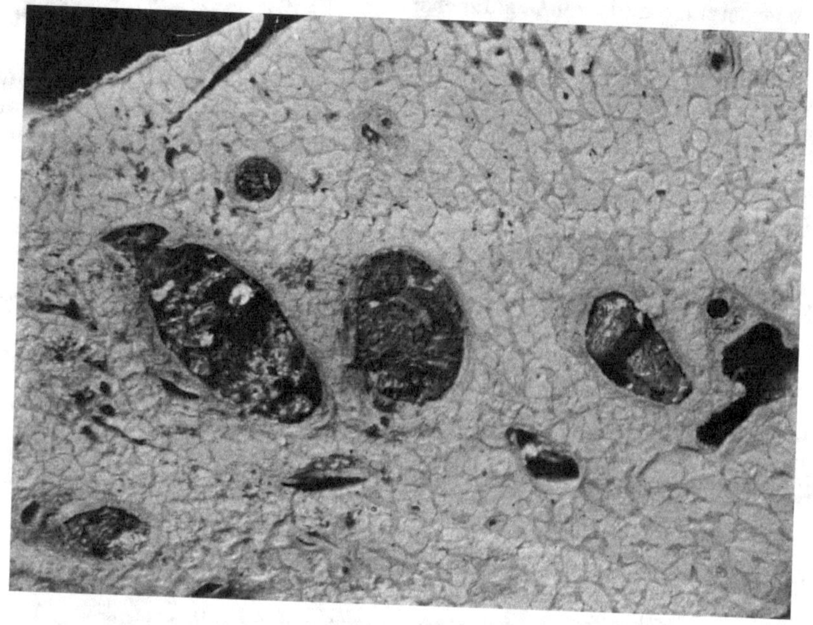

Abb. 66. Schnitt durch Leber. Choledochusverschluß. Stark erweiterte Gallengänge, erfüllt mit Bilirubinkalksteinchen und schmierigen Massen.

der Gallensteinbildung und meint, daß diese Steine in die Gallenblase gelangen, mit ihren Spitzen und Verästelungen in die Schleimhaut eindringen und dadurch einen Reizzustand, den „aseptischen, steinerzeugenden Katarrh", erzeugen. Der Befund Rovsings wird in dieser Einheitlichkeit kaum die Zustimmung derjenigen Forscher finden, die selbst eine genügend große Menge Gallensteine untersucht haben. Aschoff vertritt den ganz entgegengesetzten Standpunkt, daß den Konkrementen der Gallenwege irgendwelche Bedeutung für die Entstehung der Blasengallensteine nicht zukommt. Von der Häufigkeit kleinster Bilirubinkalksteine in den Gallenwegen hat sich Aschoff nicht überzeugen können. Er findet dort sehr selten Konkrementbildungen, und dann meist in Gestalt torfartiger, weicher, gleichmäßig braungefärbter Steine.

[1] Hein: Z. rat. Med. **1846**.
[2] Tait, Lawson: Lancet **1885**. — Edinburgh med. J. **1889**.
[3] Hoppe-Seyler: Med.-chem. Untersuchungen.

Zahlenmäßig findet THUDICHUM in 5, SCHRÖDER[1] in 3, BEER[2] in 8,3% der Fälle von Cholelithiasis Steine in den Lebergallengängen. Die Fälle von BEER hatten einen Choledochusverschluß. Daß man die intrahepatischen Steinchen nur selten antrifft, ist kein Beweis gegen die Häufigkeit ihrer Bildung. AUFRECHT[3] fand hirsekorngroße, weiche, aus amorphen schwärzlichen oder gelblichen Partikelchen bestehende Körnchen in den Faeces nach Gallenkolik und bei der Sektion in den feineren Gallengängen, und zwar bei Gallenstauung, bei der bereits früher CHARCOT[4] die Bildung von feinem Gallengrieß in den Lebergängen beobachtet hatte. AUFRECHT sah dann solche Niederschläge in den Leberzellen selbst und schließt, daß der Gallengrieß, der Gallensteinbildung und Gallenkoliken verursacht, in den Leberzellen selbst entsteht. Dieser von AUFRECHT beschriebene Vorgang hat ein Analogon in der Bildung des Harnsäuresediments, das als Sphärolith in den Zellen der Nierentubuli gefunden wurde (MEISSNER[5], EBSTEIN und NIKOLAIER[6], MINKOWSKI[7]). Diese wenig beachteten Untersuchungen AUFRECHTS sollten neu aufgenommen werden, weil die Bestätigung der Existenz eines „Lebersediments" möglicherweise von Infektion und Stauung ganz unabhängige, einer abnormen sekretorischen Funktion entsprechende Bedingungen der Steinkernbildung ergeben würde.

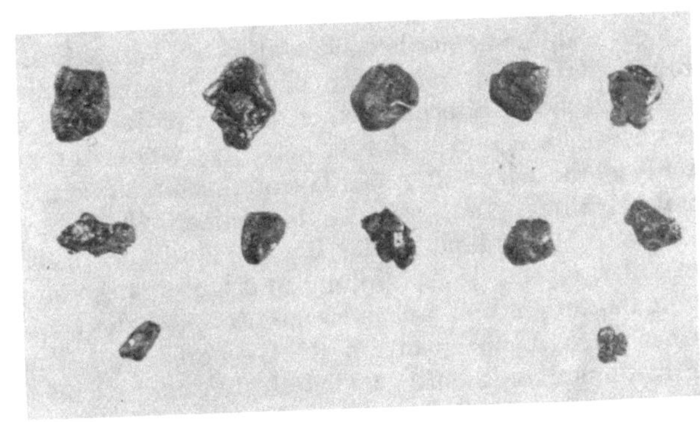

Abb. 67. Stahlharte intrahepatische Bilirubinkalksteine.

Es kann nicht als bewiesen gelten, daß alle Steinkerne intrahepatisch entstehen. Ganz sicher ist auch die Gallenblase die Stätte solcher Bildungen. Eine zahlenmäßige Abschätzung ist nicht möglich, weil die Kerne der Steine, wie wir später sehen werden, eine sehr eingreifende Umwandlung erfahren. Von den noch unveränderten Pigmentsteinchen, Steintrümmern und Fremdkörpern abgesehen, ist das ursprüngliche Aussehen des Kerns fertiger Steine nicht mit dem Aussehen zur Zeit der Untersuchung identisch. Die weitere Analyse muß daher den Weg einschlagen, nach Bildungen in der Galle zu suchen, die möglicher- oder wahrscheinlicherweise Kerne künftiger Steine sein können.

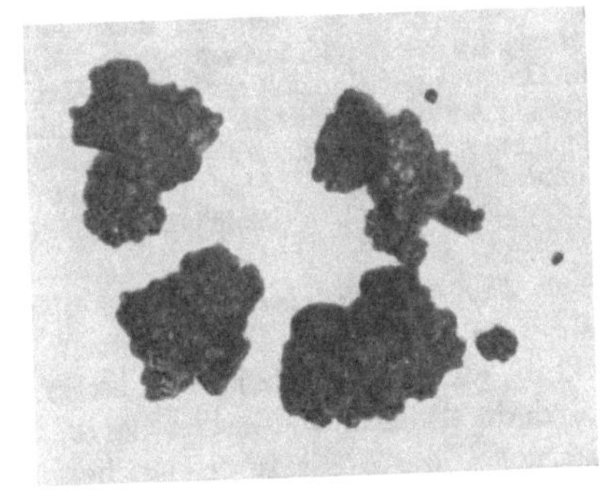

Abb. 68. Torfartige intrahepatische Bilirubinkalksteine.

---

1 SCHRÖDER: Inaug.-Dissert. Straßburg 1892.
2 BEER: Arch. klin. Chir. **74**, 115 (1904).
3 AUFRECHT: Dtsch. Arch. klin. Med. **128**, 242 (1919) — Berl. klin. Wschr. **1921**, 1873.
4 CHARCOT: Leçons sur les maladies du foie. Paris 1862.
5 MEISSNER: Z. rat. Med. **31**, 283 (1868).
6 EBSTEIN u. NIKOLAIER: Virchows Arch. **143**, 377 (1896).
7 MINKOWSKI: Arch. f. exper. Path. **41**, 375 (1898).

An erster Stelle kommen *Niederschläge* in Betracht, deren sichtbarster Bestandteil Gallenfarbstoff (als Bilirubincalcium) und organische Grundsubstanz ist, die nicht regelmäßig Cholesterin in Form von Täfelchen, seltener in Form von kleinsten Nadeln oder mikrokrystallinen Büscheln enthalten. Niemals aber findet man in einem frischen Sediment oder in einem Stein, den man als junges Gebilde anzusehen berechtigt ist, kompakte Massen von Cholesterin, etwa breite Balken in paralleler oder gar radiärer Anordnung, größere Rosetten, wie man sie in älteren Steinen häufig trifft. Haufen von Cholesterintafeln sind ein ziemlich seltener Befund. Nicht ganz selten sind auch ungefärbte Niederschläge, die am ehesten der Harnnubecula zu vergleichen sind und (TORINOUMI[1]) mit Myelintropfen, auch mit wenigen Cholesterinkrystallen verbunden sein können. Die Sedimente der Blasengalle finden sich post mortem gewiß häufiger als intra vitam, da Abkühlung und Untergang von Epithelien, auch Einwachsen von Bakterien und autolytische Prozesse die Stabilität der Galle vermindern. Aber auch Beobachtungen an Gallenfisteln haben ergeben, daß die braunen Bilirubinkalksedimente am häufigsten sind. Und damit stimmen auch die Befunde an jungen Gallensteinen überein. Man kann daher mit Sicherheit sagen, daß dem *Cholesterin für die Bildung der Steinkerne nicht eine führende Rolle zukommt*, von selteneren Ausnahmen, wie z. B. den beschriebenen kleinen, an der Wand hängenden Cholesterinkonkrementchen, abgesehen.

Als Kernanlagen deutet NAUNYN *weiter zarte gelatinöse Massen*, die hier und da flächenhafte Entwicklung mit Andeutung von Schichtenbildung zeigen. Sie stellen eine gequollene Substanz dar, die beim Eintrocknen zu fast unwägbaren Resten zusammenschrumpft. Diese von NAUNYN beobachteten Gebilde scheinen mit den Kolloidkonkrementen nahe verwandt zu sein (s. S. 596). Nach NAUNYN bekleiden sich die gelatinösen Massen mit einer Schicht von Bilirubinkalk, „der, wenn auch sehr zart, doch fest genug ist, um vorsichtiges Hantieren mit ihnen zu gestatten“.

Eine größere Rolle als diese seltenen Gebilde spielen als Steinkerne nach NAUNYN *klumpige, sedimentäre Massen*, die bis zu 30% Bilirubinkalk, bis zu 20% Fett, 25% Cholesterin und viel Cholate enthalten (NAUNYN). Eine solche Masse ist nicht eine stark konzentrierte Galle, sondern in der Gallenblase gesammelte Sedimente mehrerer oder vieler Fällungen, *ganz zweifellos Folgen einer Entmischung des Kolloidsystems der Galle*. Diese grützigfeinkörnigen Massen haften so fest an der Gallenblasenschleimhaut und sind an sich so schwerbeweglich, daß ihr Verbleiben in der Gallenblase dem Verständnis keine Schwierigkeiten macht.

Der Steinkernbildung liegt also in allen diesen Fällen ein Prozeß kolloidaler Fällung zugrunde. Das Wachstum des Steines um einen solchen Kern erfolgt dann, wenn seine Oberfläche aktiv ist und wenn die umgebende Flüssigkeit Stoffe enthält, die sich an dieser Oberfläche ansetzen können. Daß es an solchen Stoffen in der Galle nicht fehlt, ist bekannt. Über die Bedingungen, welche die ausgeglichene Oberflächenspannung (s. S. 615, ADLER) so verändern, daß ein Ansatz an einen Kern erfolgen kann, sind wir noch nicht genügend unterrichtet. Daß an den als Steinkernen angesprochenen Fällungsprodukten Apposition erfolgt, hat NAUNYN beobachtet. Wir fanden in dem grützigen Inhalt einer Gallenblase dicke Bilirubinkalkniederschläge, die sich mit einem Mantel von hellerer gefällten Masse umgeben hatte, in denen sich teils tropfiges, teils in Tafeln auskrystallisiertes Cholesterin befand (Abb. 69).

NAUNYN beschreibt weiter primäre Steinanlagen, die im wesentlichen aus Cholesterin bestehen, zunächst in Form von Myelintropfen und -klümpchen auftreten, einzeln zu kleinen, ein schwarzes Bilirubinkalkbröckelchen oder eine Bilirubinkalkflocke als Bildungszentrum enthaltenden Cholesterinsteinchen erstarren und durch Adsorption von Cholesterin weiterwachsen oder untereinander zu kugeligen, auch unregelmäßigen (z. B. Himbeer-) Formen verkleben und in diesem Zustand einen zentralen, seltener mit Flüssigkeit, häufiger mit einem feuchten lockeren Bilirubinkalk gefüllten Hohlraum enthalten.

[1] TORINOUMI: Mitt. Grenzgeb. Med. u. Chir. **37**, 385 (1924).

Da man auch in diesen Gebilden zentralen Bilirubinkalk antrifft, so ist es nicht ganz zutreffend, die „primären Cholesterinanlagen" NAUNYNS als primär zu bezeichnen. Ob es einen primär aus Cholesterin bestehenden Steinkern (Steinanlage) gibt, wie es ASCHOFF und seine Schule behaupten, wird noch bei der Besprechung des radiären Cholesterinsteins ausführlich erörtert werden. Physikalisch-chemisch ist ein solcher Steinkern durchaus möglich. SCHADE[1] hat beobachtet, daß aus einer Cholesterin-Cholatlösung das Cholesterin in Form von Nadeln, die langsam in die beständigere Form von Tafeln übergehen, auskrystallisiert. LICHTWITZ hat beschrieben, daß aus einer Lecithin-Cholesterinaufquellung das Cholesterin in Myelintropfen ausfällt. SCHADE hat dann gesehen, daß Zusatz

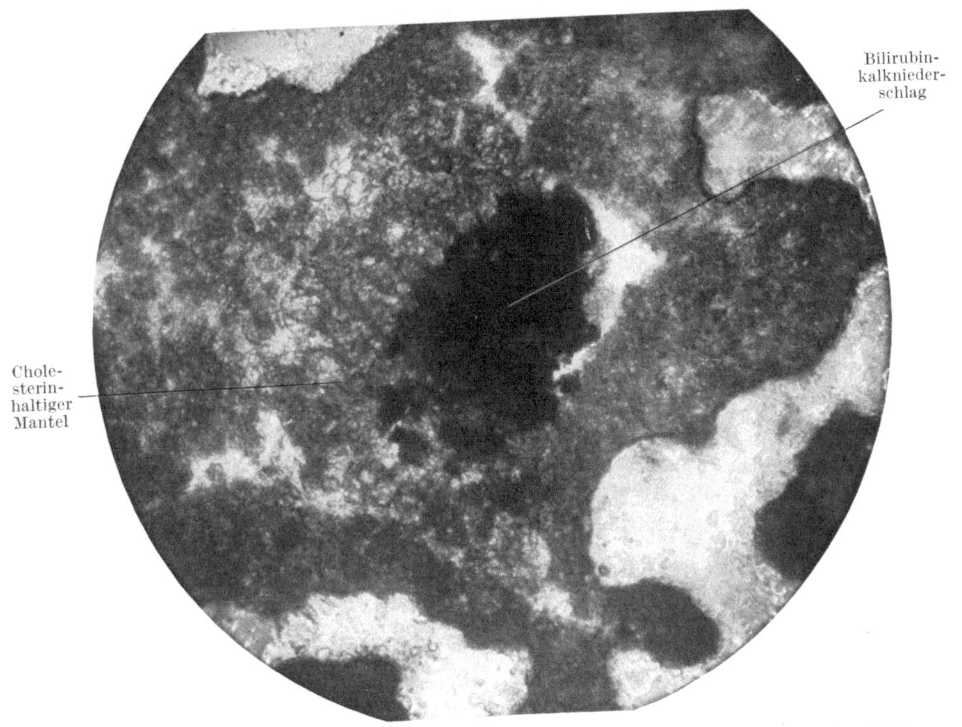

Abb. 69. Aus dem grützigen Inhalt einer Gallenblase, die unzählbare Partikelchen dieser Art enthielt. (Mikroaufnahme im polarisierten Licht.)

von Fett zu einer Cholesterin-Cholatlösung eine Fällungsform gibt, die über Myelintropfen in eine strahlige kompakte Krystallmasse übergeht. Auch aus der Galle konnten solche Gebilde dargestellt werden. Aus der sich verfestigenden Masse wird das Fett wieder freigegeben. Dieser Vorgang der amorphen Ausfällung des Cholesterins (tropfige Entmischung) und der nachträglichen radiären Krystallisation ist bei sehr vielen Gallensteinen noch kenntlich und spielt ganz gewiß für das Wachstum der Steine eine Rolle. Daß er aber, wie SCHADE meint, für die Steinanlage von Bedeutung ist, als Steinkern fungiert und besonders, daß die Entstehung des radiären Cholesterinsteins auf diesem Prozeß beruht, ist nicht zutreffend. Außer den bereits mehrfach erwähnten, von LICHTWITZ beschriebenen, radiär gebauten Cholesterinkörnchen ist in der

[1] SCHADE: Münch. med. Wschr. **1909**, 3, 77; **1911**, 723 — Z. exper. Path. u. Ther. **8**, 92 (1911) — Kolloidchem. Beih. **1**, H. 10/11 (1910).

Literatur nichts über ein *junges* Gebilde erwähnt, das keinen braunen Kern enthält. Ob man aus dem Fehlen eines braunen Steinkerns in alten radiären Cholesterinsteinen darauf schließen darf, daß niemals ein Kern vorgelegen hat, werden wir später sehen.

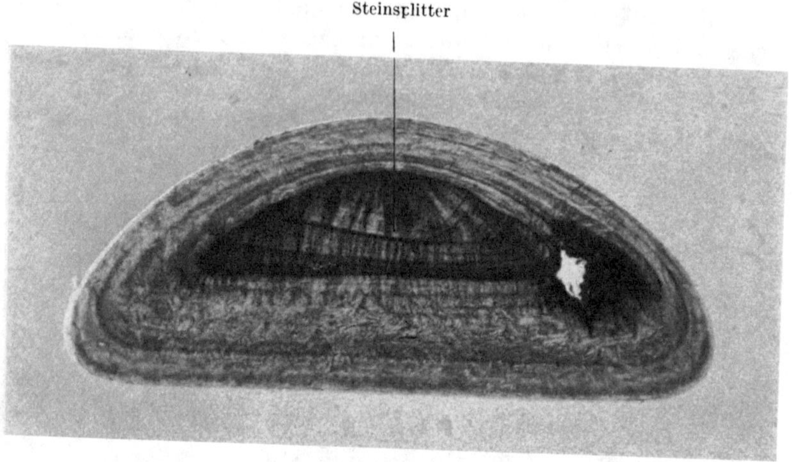

Abb. 70. Stein um Steinsplitter. (Aus Sammlung Dr. BRÜHL.)

Nicht ganz selten trifft man als Bildungszentrum von Steinen Splitter älterer Steine (Abb. 79, 106, 110).

b) Gallensteine, deren Struktur von mehreren Bestandteilen (Bilirubincalcium, Cholesterin, Gerüstsubstanz) gebildet wird.

α) *Die facettierten Steine* (*Herdensteine, multiple Steine, Cholesterinpigmentkalksteine, gewöhnliche Gallensteine*).

Es handelt sich hier um die größte Gruppe der Gallenblasensteine. Man nennt sie vielfach facettierte Steine (BOYSEN), obwohl die Steine ursprünlich Kugelgestalt haben und in einem ziemlich hohen Prozentsatz als kugelige Steine gefunden werden (ROVSING). Auch ihre Benennung nach der chemischen Zusammensetzung ist nicht eindeutig, weil Cholesterin, Bilirubin und Calcium zwar in anderen Mengenverhältnissen, sich auch in Steinen finden, die nicht zu dieser Gruppe gehören. Der vielgebrauchte Ausdruck Herdensteine ist ungeeignet, weil Vielheit nicht eine notwendige Bedingung der Zugehörigkeit zu dieser Gruppe darstellt, die großen Formen fast immer in sehr beschränkter Zahl (2—3) vorkommen und andererseits auch Herden von Bilirubinkalksteinen und Calciumcarbonatsteinen in der Gallenblase gefunden werden.

Die *multiplen facettierten Steine*, die bis zu einer Zahl von mehreren Tausenden in einer Gallenblase vorkommen, haben durch Verschiedenheit der Größe, Form, Farbe eine große Mannigfaltigkeit (Abb. 71). Zahl und Größe verhalten sich ungefähr umgekehrt proportional. *Von grundlegender Bedeutung ist, daß in der überwiegenden Mehrzahl der Fälle alle Steine einer Gallenblase genau dasselbe Aussehen, dieselbe Form und Farbe, dieselbe Struktur* (*die gleiche Beschaffenheit des Kerns und des Körpers, vollständige Gleichheit in bezug auf Zahl und Färbung der Rindenschichten*), *denselben Härtegrad und nicht selten auch die gleiche Größe haben* (NAUNYN). *Daraus kann man mit voller Sicherheit schließen, daß alle Steine gleichzeitig nach festen Gesetzen entstanden sind, daß also der Vorgang der Steinbildung meistenteils ein einmaliger gewesen ist.*

Diese sehr merkwürdige Tatsache, die besagt, daß Anwesenheit von Steinen in der Gallenblase — meistenteils — vor Bildung neuer Steine schützt, kann

Abb. 71. Facettierte Steine.

so erklärt werden, daß die Gallenblase — und vielleicht sind das diejenigen Gallenblasen, in denen überhaupt die Möglichkeit der Steinbildung besteht — einen Raum enthält, der niemals entleert wird. Dieser „tote Raum" ist nicht anatomisch (etwa als Recessus oder dgl.) zu verstehen, sondern funktionell. In diesem Raum, der mit dem Wechsel der Körperhaltung immer den tiefsten Teil der Gallenblase einnimmt, bleibt etwas Galle stehen. Und in diesem Raume sammeln sich infolge ihres größeren spezifischen Gewichts die Gallensteine an, so daß später entstehende Kerne den für das Steinwachstum günstigen Platz besetzt finden.

Abb. 72. Gleichalterige Steine aus einer Gallenblase. Die Verschiedenheit der Größe ist durch die Verschiedenheit der Größe der Kerne bedingt.

Dieser Erklärungsversuch wäre von unerlaubter Kühnheit, wenn nicht das wichtige Faktum zu seiner Stütze hinzukäme, daß Steinkerne, die dasselbe spezifische Gewicht haben, wie die bereits vorhandenen Steine — und solche Steinkerne finden sich häufig in den Steinsplittern —, zu neuen Steinen heranwachsen.

Aus dieser Auffassung ergibt sich ein Hinweis auf die Beziehung der Steinbildung zur individuellen Entlerungsfähigkeit der Gallenblase, die, ohne daß eine allgemeine Abflußerschwerung besteht, nicht vollständig zu sein braucht.

Abb. 73. Herde mit Konglomeratstein.

In einer kleinen Zahl von Fällen beherbergt dieselbe Blase zwei oder gar drei Generationen von Steinen (KLEINSCHMIDT[1] findet in 20% zwei, in 3% drei Generationen). BOYSEN sah niemals mehr als zwei Generationen. BOYSEN macht darauf aufmerksam, daß die Verschiedenheit der Größe nicht einen Altersunterschied anzeigt, sondern meistens von der Größe des Kerns (vgl. Abb. 72) oder von dem Zusammenbacken mehrerer Steine zu einem größeren (Konglomeratstein) herrührt (Abb. 73).

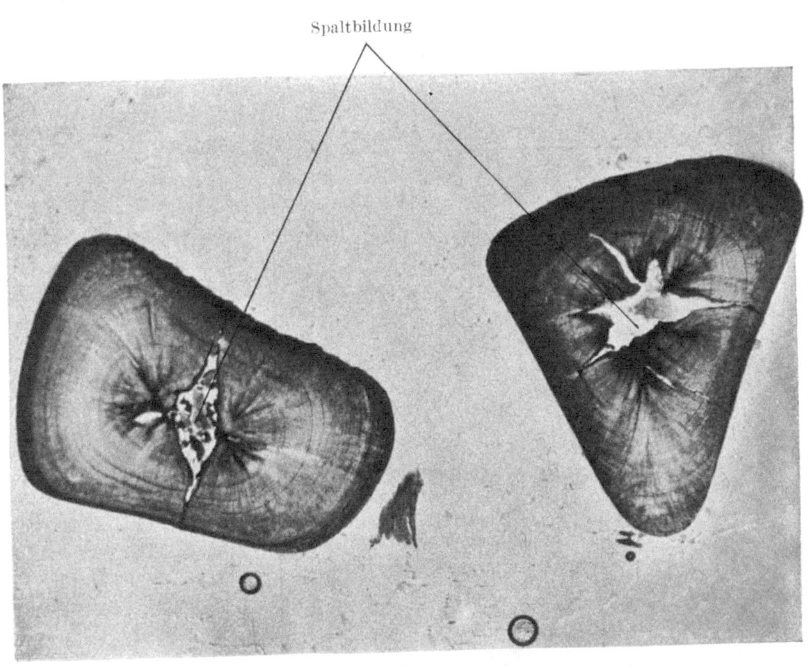

Abb. 74. Zwei junge facettierte Steine. (Sammlung Dr. BRÜHL.)

Die Unterschiede in Größe und Gewicht können sehr erheblich sein. So beherbergte eine Gallenblase 997 Steine im Gesamtgewicht von 78,0 g. Unter diesen war ein großer Konglomeratstein (3,55 g). Der größte Einzelstein wog 371, der kleinste 30 mg.

[1] KLEINSCHMIDT: Beitr. path. Anat. **72**, 128 (1923).

Abb. 75. Schnitte durch junge hexaedrische Steine. Kein Hohlraum, beginnende Diffusion des Kernpigments, kleiner Steinkörper. (Sammlung Dr. BRÜHL.)

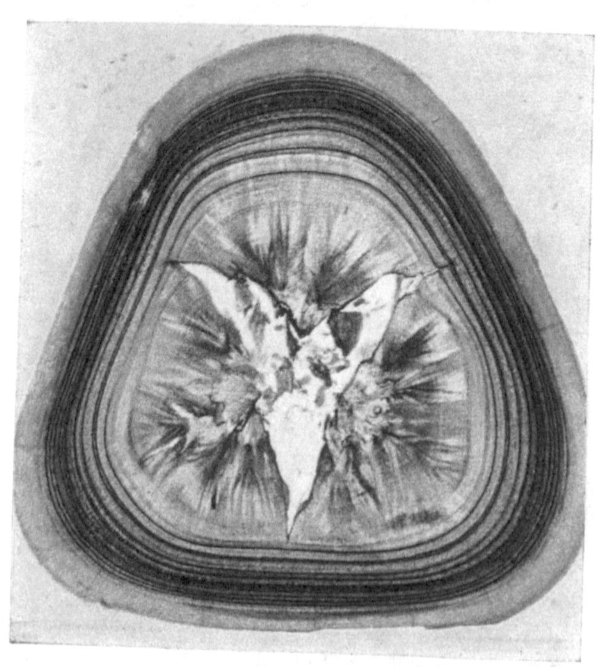

Abb. 76. Schnitt durch tetraedrischen Stein. Hohlraum. Ausgebildeter Steinkörper. Lagen und Abwanderungslinien. (Sammlung Dr. BRÜHL).

Die Steine sind von Hanfkorn- bis Bucheckergröße, von weißer, gelber, brauner, grauer oder grüner Farbe, manche auch schwarz, andere bunt oder schwarzweiß oder mit zierlicher Ornamentzeichnung der Oberfläche. Diese ist rauh oder glatt bis glattglänzend wie poliert.

Die Steine bestehen aus *Kern*, *Körper* (couche moyenne oder fibreuse der französischen Autoren, FRERICHS nennt diesen Teil Schale) und *Rinde*. Diese drei Teile finden sich aber durchaus nicht in allen Steinen. Nach BOYSEN fehlt der Körper in ganz jungen Steinen, in denen ganz wenige Rindenschichten den soliden Kern unmittelbar umgeben. Sehr oft wird der Kern vermißt: an seiner Stelle findet sich ein mit Flüssigkeit gefüllter Hohlraum.

Diese Flüssigkeit ist von gelblicher Farbe, alkalischer Reaktion und frei von gelöstem Eiweiß; sie enthält Kochsalz, Spuren von Kalk und Cholesterin.

Der Hohlraum ist meist spaltförmig. Die Lage der Spalten entspricht dem kleinsten Radius (BOYSEN). So läuft bei tetraedrischen Steinen der Spalt nach der Mitte der Flächen, daher auf dem Querschnitt ein dreistrahliger Stern (gleich dem Fabrikzeichen der Mercedeswagen) erscheint. Diese Risse erstrecken sich (Abb. 76, 77) nicht nur auf den Kern, sondern gehen auch durch den Körper bis in die Rinde und enden manchmal erst dicht unter der Oberfläche. Die Wände des Hohlraums sind durch Pigment stark gefärbt. Mitunter sind auch Auflagerungen von Cholesterin (meist in Form von Nadeln, selten von Platten) zu erkennen.

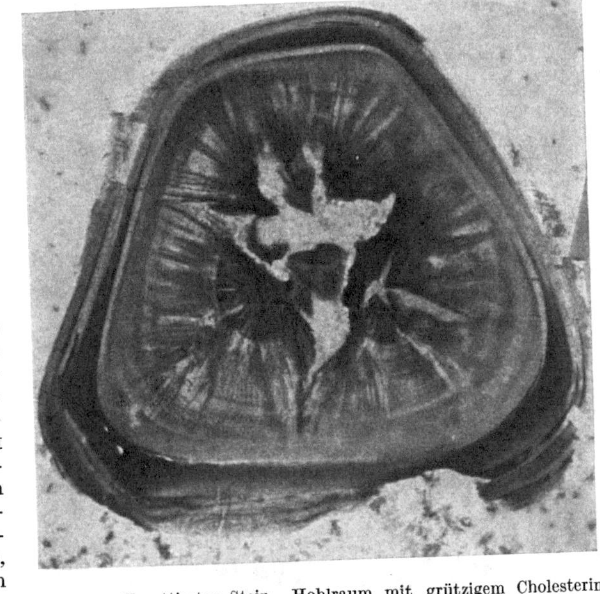

Abb. 77. Facettierter Stein. Hohlraum mit grützigem Cholesterin ausgefüllt. (Sammlung Dr. BRÜHL.)

Die Auffassung von ASCHOFF und BACMEISTER, daß der Hohlraum nur in getrockneten Steinen gefunden werde, also für die Entwicklung der Steine ganz bedeutungslos sei, ist sicher unzutreffend und wird wohl, wie aus der Darstellung TORINOUMIS, eines Schülers von ASCHOFF, hervorgeht, nicht mehr aufrechterhalten. TORINOUMI führt die Bildung des zentralen Hohlraums auf einen Entquellungsprozeß zurück, indem das Gel, das den Kern bildet, beim Altern sein Quellungswasser abgibt. TORINOUMI meint, daß „infolge der Unnachgiebigkeit der äußeren dichten Schalen dieser Entquellungsprozeß schließlich zur Selbstzerreißung der Kernstruktur, zum Auftreten der Spalten führt“. Die Annahme von TORINOUMI scheint uns soweit zutreffend, als es sich vielleicht um einen Entquellungsprozeß handelt, der allerdings nicht nur, wie TORINOUMI annimmt, das Cholesteringel betrifft. Diese Entquellung des Kerns müßte mit einer Volumvermehrung einhergehen, wenn sie die Bildung der Risse erklären soll. BOYSEN hat schon früher, allerdings ohne kolloidchemische Nomenklatur, aber dafür anschaulicher, den Vorgang klargelegt, indem er darauf hinwies, daß die Form der Risse am meisten Ähnlichkeit hat mit den Rissen, die in einem eintrocknenden Baumstamm vom Zentrum nach der Peripherie sich bilden. Die Risse sind in den Stämmen wie in den Gallensteinen zentral am breitesten und laufen nach der Peripherie spitz zu. Sie sind die Folge einer zentrifugalen Schrumpfung (Schrumpfung = Entquellung) und verdanken ihre Keilform dem Umstand, daß der zentrale Teil wasserreicher war als der periphere. Der Wassergehalt der facettierten Steine schwankt zwischen $^1/_{15}$—$^1/_3$ ihres Gewichts (THUDICHUM). An der Entquellung nehmen also nicht nur die Gele des Kerns teil, sondern auch die von Körper und Rinde. Ob es sich um einen kolloidchemischen Vorgang handelt oder auch um fermentative (z. B. Proteolyse, Cholesterinesterspaltung, vielleicht auch um Choleinsäurespaltung), ist noch unbekannt.

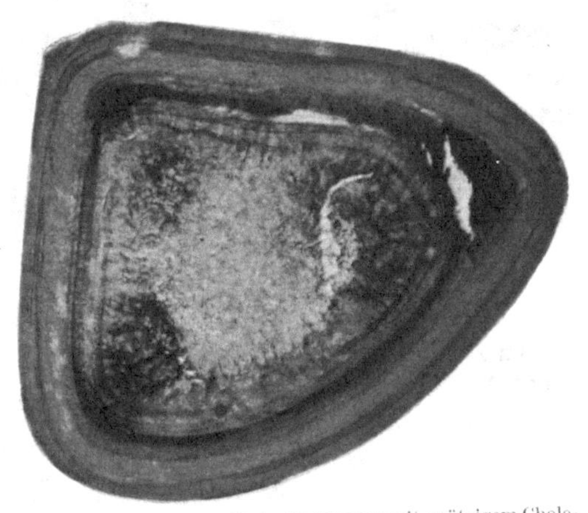

Abb. 78. Facettierter Stein. Hohlraum mit grützigem Cholesterin ausgefüllt. Pigment in die Ecken verdrängt. (Sammlung Dr. BRÜHL.)

In sehr vielen Fällen sind die frisch aus der Gallenblase entnommenen Steine unter einer mäßig harten Rinde so weich, daß sie leicht mit dem Finger zerdrückt werden können, der Kern ausläuft und der Körper herausfällt. Wenn das Innere des Steins von einer Flüssigkeit erfüllt ist, so bedarf es für die Entwicklung des

Steins keiner weiteren Begründung, daß die Schichtenbildung nicht um einen flüssigen Tropfen vor sich gegangen sein kann, sondern daß der feste Körper (Bilirubinkalksteinchen) oder die aus Bilirubinkalk und Kolloid geformte Krume oder Flocke in dem Stein eine Veränderung erfahren hat. Mit dieser Veränderung von dem festen oder halbfesten zu dem flüssigen Zustand ist die Entwicklung des Kerns nicht beendet. Man findet nämlich in sehr vielen älteren Steinen das Zentrum mit Cholesterinmasse ausgefüllt. Naunyn gibt von der Gestalt dieser Cholesterinfüllung des Kerns etwa folgendes Bild: Es treten streng zentral gelegen vereinzelte Krystalle auf, die zu größeren Säulen (niemals zu Tafeln) aufwachsen und sich zu größeren Gruppen zusammenschließen, bis die Mitte des Steines ganz oder fast ganz mit Cholesterin, mitunter in Form von parallelen oder durcheinandergeworfenen Balken, häufiger in Form von Rosetten (Sphärolithen), voll ist (Abb. 79). In früheren Stadien hat das Cholesterin keine krystalline, sondern eine amorphe Beschaffenheit (grützige Aussehen). (Abb. 77 u. 78.)

Abb. 79. Facettierter Stein mit krystallinischem Kern und Körper. (Sammlung Dr. Brühl.)

Es ist ganz sicher, daß die zentrale Cholesterinierung zeitlich durchaus nicht immer der Hohlraumbildung nachfolgt, sondern auch die zentrale Pigmentmasse betreffen kann. Man kann nämlich in Schnitten oder Dünnschliffen vielfach sehen, daß Pigmentmassen von den Cholesterinbalken und -rosetten in Richtung gebracht werden, so daß sie den Balken und der Konvexität der Rosetten seitlich anliegen, und daß die Sphärolithen sich um ein zentrales Pigmentkorn bilden.

Die sehr umstrittene Frage ist nun, ob das Cholesterin, das das Zentrum in den reifen Steinen ausfüllt, von Anfang an (in Form eines Gels) im Stein vorhanden war, wie es viele Autoren, besonders auch Aschoff und seine Schule, annehmen, oder ob von außen Cholesterin in den Stein eindringt (Meckel, Naunyn, Boysen, Kretz[1]).

Naunyn bemerkt, „daß es höchst auffällig ist, wie wenig Neigung die Forscher zeigen, sich mit den Veränderungen zu beschäftigen, die in den erwachsenen Gallensteinen sich abspielen“.

[1] Kretz: Über Gallen- und Pankreassteine. In Krehl-Marchands Handb. d. allg. Path. **2 II**, 423. Leipzig 1913.

Die jüngsten facettierten Steine haben einen dichten Kern ohne Hohlraum und konzentrische Schichten von unkrystallinem Cholesterin, die sicher auch eiweißartige Substanz enthalten. Das Wachstum erfolgt durch Ablagerung von Schichten, d. h. durch Übergang adsorbierbaren, kolloidal verteilten Materials der Galle in den Gelzustand. Die Schichten bestehen aus Cholesterin, Bilirubinkalk und Gerüstsubstanz. Die näheren Umstände, durch welche Cholesterin oder Bilirubinkalk oder ein Gemisch beider adsorbiert wird, sind unbekannt. Das Wachstum der Steine erfolgt zu einem Teil durch Ansatz neuer Lagen, die, sofern sie aus Cholesterin als Hauptbestandteil gebildet sind, zunächst ein homogenes oder ein grütziges Aussehen zeigen, d. h. das Sterin als amorphe Masse (Gel) enthalten. NAUNYN unterscheidet Lagenbildung durch Oberflächenadhäsion von Magma, d. h. steinbildendem Material, das schon vor seiner Anlagerung in die Oberfläche Gelzustand angenommen hat, und von Cholesterin und Bilirubinkalk, die sich aus der kolloidalen Lösung, wie die Galle sie darstellt, auf der Oberfläche niederschlagen. Es ist nicht zu bezweifeln, daß die so veränderten Teilchen der Galle sich an Steinen festhalten, wie sie es auch am Gallenblasenepithel tun, und auf diese Weise zum Wachstum des Steins beitragen. Aus der Struktur der Steinoberfläche herauszulesen, welchen Zustand das Steinmaterial vor seinem Ansatz hatte, wie es NAUNYN tut, darf sich ein weniger Erfahrener nicht zutrauen. In keinem Falle sind frische Adsorptionsschichten, mögen sie Cholesterin rein oder gemischt mit Bilirubinkalk und Eiweiß enthalten, krystallin. Bei dem Altern der Steine zeigen sie zunächst eine feine radiäre Streifung, die mit der Zeit an Deutlichkeit zunimmt. Auch das Cholesterin des Kerns und der Schichten geht allmählich aus dem amorphen Zustand in den krystallinen über. Es bilden sich aber kaum je die bekannten Tafelkrystalle, denen man in Gallensedimenten gewöhnlich begegnet, sondern Sphärolithe um einen Farbstoffkern und im späteren Verlauf breite Balken, die im Kern nicht immer eine radiäre Anordnung zeigen. Aus diesen Sphärolithen, die den Kern oder Hohlraum in radiärer Anordnung umrahmen, besteht der Steinkörper. Der durch die bereits erwähnten autolytischen oder entquellenden Prozesse gebildete zentrale Hohlraum füllt sich dann mit Cholesterin aus. Es entsteht der sog. „*falsche Kern*“ (NAUNYN) [falsche krystalline Cholesterinkern (Abb. 80)]. Die Cholesterinbalken des falschen Kerns können weit in den Körper und in die Rinde hineinragen, sie durchbrechen und durchwachsen den Körper und die Schichten. In manchen Fällen bleibt der braune Kern erhalten, so daß das Cholesterin um diesen eine Schale bildet. In anderen Fällen ist das Zentrum nicht vollständig cholesteriniert, sondern zeigt zusammenhängende, teilweise besonders dichte dunkle Partien (als ob die Pigmentmasse zusammengeschoben wäre) neben und zwischen plumpen Cholesterinbalken oder Sphärolithen. Durch die Füllung des Zentrums und die Bildung des aus Sphärolithen bestehenden Steinkörpers werden die Schichten der Rinde in Buckeln, die im Querschnitt als Wellenlinien erscheinen, aufgehoben. Es kann angesichts dieser Veränderungen, die der wachsende Stein erleidet, gar keinem Zweifel unterliegen, daß das in die erste Anlage aufgenommene Cholesterin nicht ausreicht, um den Cholesterinreichtum des reifen Steins zu erklären, und daß ein Wachstum der Steine *nicht nur durch Anlagerung von Schichten, sondern auch durch Aufnahme von Cholesterin, durch Cholesterinierung, erfolgt.*

Dieser Vorgang der Cholesterinierung ist fast von allen Beobachtern dieses Gebietes in den letzten 30 Jahren nicht als real anerkannt worden. ASCHOFF und BACMEISTER verhalten sich vollkommen ablehnend, LICHTWITZ hielt einen solchen Prozeß fur möglich, aber für die Steingenese ohne prinzipielle Bedeutung. KLEINSCHMIDT ist der Meinung, daß wohl von außen Cholesterin in den Stein eindringt, sich in ihm bewegt, auskrystallisiert und daß eine Umkrystallisation von Cholesterin im Stein stattfindet, daß aber der Effekt dieser Vorgänge klein ist, im Stein nichts Wesentliches ändert und insbesondere — das ist wie wir später sehen werden, der Punkt, der die große Bedeutung dieses Prozesses ausmacht — nicht zu einer gröberen Umwandlung des Steins führt. Eine sekundäre Cholesterinierung wird von RIESE[1] und BRÜHL[2] abgelehnt.

Im Jahre 1900 hat BOYSEN sich für die Cholesterinierung ausgesprochen. Er glaubte, wie früher auch NAUNYN, daß das Cholesterin durch Spalten und

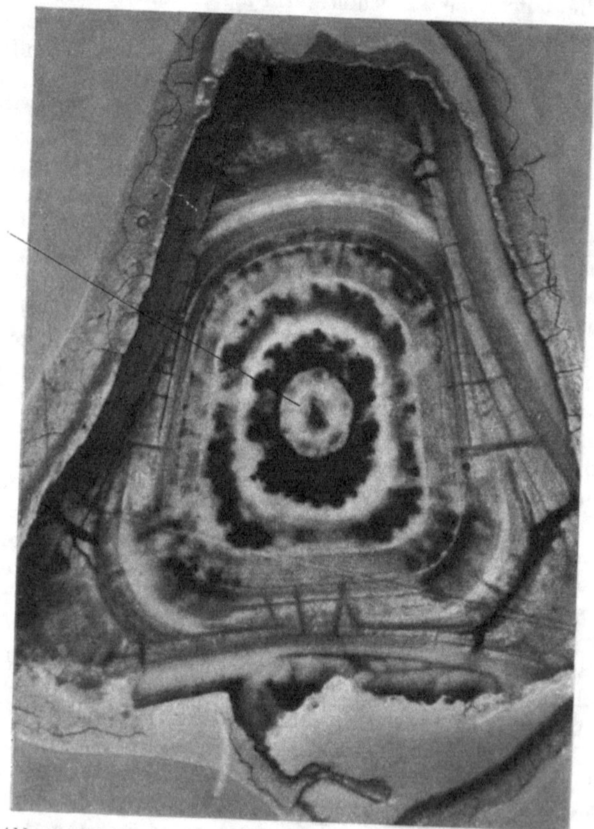

Abb. 80. Falscher Kern. (Steinschliff aus der Sammlung B. NAUNYN.)

Sprünge (Infiltrationskanäle) in den Stein hineingelange. Später hat NAUNYN erkannt, daß das Cholesterin den Stein durchdringt. Denn der „Gallenstein" ist kein Stein, ist kein fester Körper (auch in festen Körpern können lebhafte Bewegungen stattfinden), sondern ist ein kompliziert zusammengesetztes Hydrogel. Nach NAUNYN, der die Meinung vertritt, daß das Cholesterin des Steins (zum Teil) aus der Schleimhaut stammt, schwimmt das weiche Konkrement in dem von der umklammernden Schleimhaut gelieferten Cholesterin, das von allen Seiten in breitem Strome eindringt. In erster Linie wird man bei diesem Eindringen an eine Diffusion denken. Die Blasengalle ist cholesterinreich, durch Kolloidschutz stark cholesterinübersättigt. Daß das Cholesterin in den Stein

[1] RIESE: Erg. Chir. **7**, 454 (1913).
[2] BRÜHL: Beitr. path. Anat. **74**, 294 (1925).

hineingeht und dort (eine Zeitlang) in gelöstem Zustande verbleibt, ist eine sichere Tatsache. So sieht man, daß sich Bruchflächen, der zentrale Hohlraum, auch Steinschnitte von frischen Steinen mit Cholesterin beschlagen. Cholesterin hat ein ziemlich großes Molekulargewicht, und es ist anzunehmen, daß seine Bewegung in den Gelen des Konkrements nicht ganz leicht und schnell verläuft. Da andere Bestandteile der Galle überhaupt nicht oder bei weitem nicht in demselben Maße eindringen, so muß man entweder an eine besondere elektive Durchlässigkeit der Gelschichten denken oder in Erwägung ziehen, ob der Gehalt der Konkremente an Gallensäuren über die Zwischenstufe der Choleinsäurebildung den Eintritt von Cholesterin begünstigt. Ein Sonderfall dieser Annahme führt zu dem Gedanken, ob der Gehalt der Gelschichten an Gallensäuren die elektive Diffusion bedinge. Diese Fragen sind vielleicht einer experimentellen Prüfung zugänglich.

Die Tatsache jedenfalls, daß Cholesterin in den Stein eindringt, steht fest. KRETZ hat die Auffassung NAUNYNS mit allen ihren Folgerungen zu der seinigen gemacht. Und entgegen meiner früheren Auffassung schließe ich mich nach sehr eingehenden Studien diesem Standpunkt völlig an.

Analoga dieses Vorganges sind bekannt, so z. B. die Achatbildung[1]. Auch hier hat man früher angenommen, daß die Kieselsäure durch Infiltrationskanäle in die Hohlräume der Metaphyre eindringt, da die äußere Schicht des fertigen Achats für wässerige Lösungen undurchdringbar ist. Aber wie die Gallensteine sind die Achate während der Entstehung nicht von der Dichte des Endzustandes, vielmehr in einer gallertigen Verfassung, die einer Durchschwitzung fähig ist. Auch in anderer Beziehung ergeben sich (s. unten) Ähnlichkeiten in der Achat- und Gallensteinbildung.

Der Vorgang der Cholesterinierung ist, wie wir bald sehen werden, ein Austauschprozeß, der im Mineralreich weit verbreitet ist. Diese auf chemischen Veränderungen beruhende Verwandlungserscheinung wird mit dem Namen der Metasomatose (metasomatische Umwandlung, Verdrängung oder Substitution) bezeichnet. „Die besondere Art dieser Umwandlung besteht darin, daß feste Mineralstoffe, wenn sie mit mineralischen Lösungen wässeriger, pneumatolytischer oder schmelzflüssiger Beschaffenheit in Berührung kommen, ihre Bestandteile teilweise oder ganz austauschen, indem die neugebildeten Verbindungen an die Stelle des festen Minerals treten oder dieses gewissermaßen verdrängen. Der chemische Charakter kann dabei völlig verändert werden. Kalksteine gehen dabei nicht nur in andere Carbonate, wie Dolomite, Eisenspate, über, sondern auch in Silicate, Metalloxyde und Sulfide; Erze können Quarz und Silicate verdrängen." (NAKANO[2].)

Das Eindringen von Cholesterin in den Stein bedeutet eine Raumbeanspruchung und steht vielleicht in einer kausalen Beziehung zu der Auswanderung des Bilirubincalciums, zu der die Verflüssigung des Steinkerns die Vorbedingung schafft. In allen facettierten Steinen und auch in anderen, von denen später gesprochen wird, beobachtet man diese Abwanderung aus dem Zentrum als Kugelsystem, auf dem Schnitt als Ringbildung, die zu der reichen Zeichnung des Querschnitts sehr wesentlich beiträgt.

LIESEGANG[3] hat die rhythmische Niederschlagsbildung von Ionen, die in Gelen wandern, beobachtet und erklärt und die Bänderung der Achate auf der Grundlage analoger kolloidchemischer Prozesse gedeutet. ASCHOFF[4] hat dieses Prinzip in der belebten Natur wiedergefunden, und NAUNYN hat es in umfassender Weise für das Verständnis der Gallensteinstruktur nutzbar gemacht. Bereits in ganz jungen Steinen kommen die Liesegang-Linien zur Beobachtung. Diese Niederschlagsringe sind mit ihrer Konvexität nach der Peripherie gerichtet, und diese Richtung zeigt, daß der Diffusionsstrom vom Zentrum nach der Peri-

---

1 LIESEGANG, R. ED.: Die Achate. 1915.
2 NAKANO: Atlas der Harnsteine. Leipzig-Wien 1925.
3 LIESEGANG: Beiträge zu einer Kolloidchemie des Lebens. Dresden 1913.
4 ASCHOFF: Festschrift für Lustig. Florenz 1914.

pherie geht. In einem einzigen Falle hat NAUNYN neben diesen gewöhnlichen Ringen auch einige mit der Konvexität nach innen gestellte gefunden.

Die LIESEGANGschen Ringe sind kenntlich am Rhythmus, d. i. der gleiche Abstand der konzentrischen Bögen. Besonders charakteristisch für das nach LIESEGANG benannte Phänomen ist der auch in Gallensteinen oft auftretende „doppelte Rhythmus", indem unter den konzentrischen Linien in annähernd gleichem Abstand stärker entwickelte hervortreten. Der diese Linien bildende Bilirubinkalk stammt aus dem Steinkern, der, wie die Hohlraumbildung im facettierten Stein lehrt, unter bestimmten, oft eintretenden Bedingungen gelöst wird. Zu der Annahme einer Entquellung oder eines fermentativen Prozesses als Lösungsbedingung kommt die Möglichkeit einer nach der alkalischen Seite verschobenen Reaktion (Pigmentkalksteinchen geben, wie eigene Beobachtungen gezeigt haben, bereits von $p_H = 7{,}2$ an, nach der alkalischen Seite zunehmend, Farbstoff an die Lösung ab). Vielleicht wirken mit dem Cholesterin eindringende Stoffe (gallensaure Alkalien) auf die Reaktion oder unmittelbar lösend. Mit der Konvexität nach außen gerichtete Liesegang-Ringe kann man also nur dort finden, wo ein brauner Kern vorhanden ist oder vorhanden war. In jungen Steinen, die noch einen echten Kern haben, durchsetzen die Liesegang-Ringe die Schale und — in bestimmter Anordnung — auch den Körper vollständig. Beim Durchmustern vieler Steine kann man deutlich verfolgen, daß mit der Aufzehrung des Kerns der Nachschub von Ringen aufhört und sich der innerste Ring immer weiter vom Zentrum entfernt[1]. Man findet dann Steine, bei denen nur noch in der Peripherie (s. Abb. 89) und, wenn die Form der Steine oval ist, nur noch in der Gegend der Pole (Abb. 100, Stein 2 und Abb. 93) Ringe (und auch Lagen) vorhanden sind, und kann von diesen Gebilden zu Steinen extrapolieren, die überhaupt kein Pigment mehr — wenigstens nicht in Ringbildung — enthalten. Diese Steine brauchen noch nicht pigmentfrei zu sein und sind es auch in den wenigsten Fällen. Die Ringbildung — als Ausdruck einer Diffusionsbewegung in einem kolloidalen Medium (Gel) — muß aufhören, wenn dieses Medium und besonders das Cholesterin, das den überwiegenden Anteil der Kolloidmasse bildet, diese Zustandsform verloren hat. Das Cholesterin geht aus dem Gelzustand in die krystallinische Form über. Anfangs fein radiär angeordnet, bilden sich nach dem bekannten Gesetz immer gröbere Krystalle, die für den Bilirubinkalk undurchgängig sind. Der noch übrige braune Stoff wird von den Krystallen verdrängt und füllt in geradlinig begrenzten Strahlen die Räume zwischen den Krystallen zum Teil aus. In dem Maße, in dem das Cholesterin grob radiär die peripheren Steinteile durchwächst, werden die Lagen und die Liesegang-Ringe durchbrochen. Geschieht das symmetrisch durch die ganze Circumferenz, so erscheint der Liesegang-Ring nicht mehr als kontinuierliche, sondern als punktierte Linie, in der der Bilirubinkalk durch die Strahlen seitlich verdrängt, sich auf der durch seine Fällung vorgezeichneten Linie in kleinen Häufchen ansammelt (s. Abb. 92). Diese Erscheinung kann aber auch spontan eintreten; sie entspricht einer Form der Liesegang-Ringe, die von KÖHLER ausführlich beschrieben ist.

In diesem Stadium ist eine Beurteilung, ob eine Adsorptions- oder eine Liesegang-Schicht (sekundärer Lamellenring nach NAUNYN) vorgelegen hat, nicht mehr möglich. Diese Abwanderungslinien finden sich auch in den einzelnen Sphärolithen des falschen Kerns und des Steinkörpers.

[1] Diese im folgenden dargestellten Phänomene des Aufhörens der Bilirubinabwanderung finden sich nicht in den noch gelartigen Herdensteinen, sondern in solchen Steinen oder Steinteilen (Sphärolithen), in denen Gerüstabbau und radiäre Krystallisierung vorgeschritten sind.

Eine weitere Vielgestaltigkeit der konzentrischen Zeichnung tritt nach NAUNYN dadurch ein, daß sich die Anlagerungsschichten weiter differenzieren, indem Cholesterin ausflockt. Es bildet dann helle, durchscheinende Anhäufungen, die sich von der bräunlichen Magmamasse, bereits für das unbewaffenete Auge sichtbar, abheben. Diese Anhäufungen strecken sich zu dünnen Schichten aus. Man kann diesen Vorgang (NAUNYN) mit dem Aufrahmen der Milch vergleichen (s. Abb. 81). Die so entstehenden Schichten zeigen nirgends Faltungen oder Schlängelungen. Das ist charakteristisch für die von G. QUINCKE und LIESEGANG beschriebenen Schichtbildungen in Lösungen.

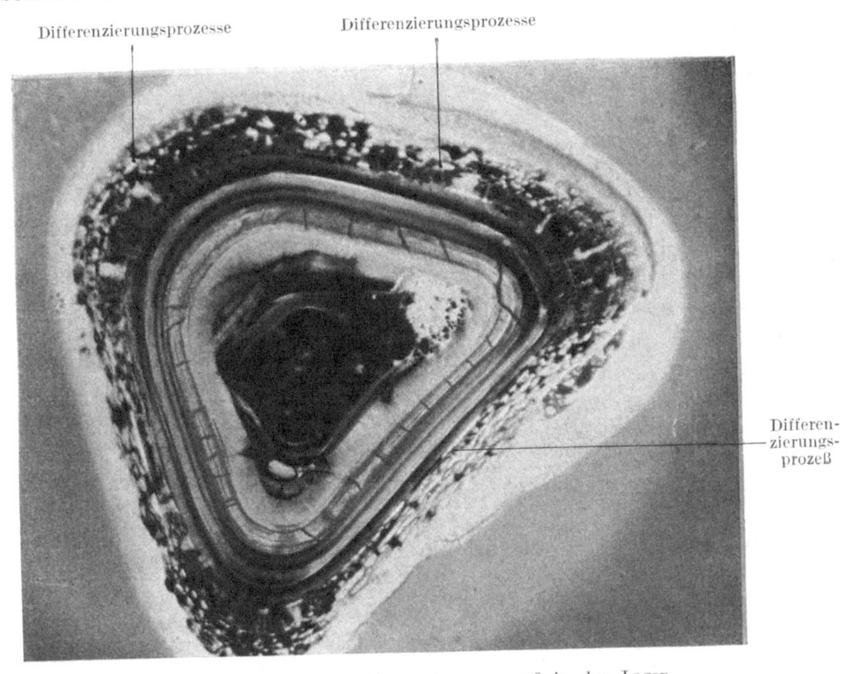

Abb. 81. Facettierter Stein. Differenzierungsprozeß in den Lagen. (Steinschliff aus Sammlung B. NAUNYN.)

SCHADE hat gezeigt, daß durch einen auf plastische Massen wirkenden äußeren Druck Schichten entstehen. Gegen die Allgemeingültigkeit eines solchen Modus wendet NAUNYN ein, daß so regelmäßige und um den ganzen Stein laufende Schichten, wie sie sich bei den Gallensteinen finden, auf diese Weise nicht entstehen können. Feine und recht gleichmäßige Schichten, die auf äußeren Druck bezogen werden dürfen, findet NAUNYN aber unter einer Druckfläche (Facette) (s. Abb. 84 u. 87).

Für die konzentrische Zeichnung spielt die Anlagerung die kleinere Rolle. Die Schale besteht meistens nur aus wenigen (bis 4, seltener aus 8—10) Anlagerungsschichten, ein wichtiger Hinweis darauf, daß das Steinwachstum durch äußere Anlagerung nur sehr kurze Zeit dauert, obwohl jede Galle sicher adsorbierbares Material besitzt. Warum die Oberfläche so rasch inaktiv wird, ist mit Sicherheit nicht festzustellen. Manche der äußerlich fertigen Gallensteine sind von auffallender Glätte, andere haben in der äußeren Schicht eine reichliche Ablagerung von Calciumcarbonat. Aber diese Eigenschaften können das Aufhören der Apposition nicht erklären, weil sie bei anderen Steinen mit zeitlich ebenso begrenztem Wachstum fehlen. Gemeinsam ist allen in einem gewissen Stadium ihrer Entwicklung eine innere Spannung, die, wie wir bald sehen werden, zu der Ausbildung der Form beiträgt. Zu erwägen ist auch, ob die von dem sich verflüssigendem Kern nach außen erfolgende Bewegung, die sich in der Bilirubinkalkabwanderung ausdrückt, dadurch einen Einfluß hat, daß mit dem Diffusionsstrom proteolytische Fermente, wie sie möglicherweise an der Kernumwandlung beteiligt sind, an die Oberfläche kommen und die Bildung eiweißhaltiger Oberflächenhäutchen verhindern. Das sind nur Vermutungen und Möglichkeiten.

Wir wenden uns jetzt zunächst zu der Betrachtung der *Form der multiplen Steine*. Sie haben ursprünglich Kugelgestalt. Die jungen Gallensteinanlagen haben (Naunyn[1]) eine so geringe innere Reibung, daß sie in einem Medium, mit dem sie sich nicht mischen können, Kugelform annehmen müssen. Ihre Oberfläche steht unter einer gewissen Spannung, die nach Verkleinerung strebt und zur Kugel führt, weil die Kugel von allen dreidimensionalen Gebilden die kleinste Oberfläche hat. Die Oberflächenspannung kann allerdings nur bis zu einer gewissen Größe des Konkrements (Hanfkorn- oder Kirschkerngröße) wirksam sein. So groß sind etwa die kugeligen Steinchen. Sie kann auch nur wirksam sein, wenn die Steine frei in der Flüssigkeit schweben. In engen Gängen (in den feineren Gallengängen z. B.) passen sie sich dem Lumen an. Daher haben die intrahepatischen Steinchen (s. S. 623) ganz verschiedene und oft eine unregelmäßige Gestalt. Eine Raumbeengung kann auch dadurch eintreten, daß sich sehr viele Gallensteine in der Blase befinden. Man war früher der Meinung, daß die Formung der facettierten Gallensteine durch den äußeren Druck erfolgt, den die Gallenblasenwand auf die Steinherde ausübt. Bei einem Druck von außen und aufeinander müßten ganz unregelmäßige Formen entstehen. Das Eigenartige der Erscheinung der facettierten Steine liegt aber gerade darin, daß fast ausschließlich nur zwei Formen entstehen, nämlich Tetraeder und Hexaeder (Jungklaus[2]). Unter den ganz großen Herden herrscht das Hexaeder vor. Beide Typen können in der gleichen Herde angetroffen werden. Jungklaus ist durch die Regelmäßigkeit dieser Formen dazu verführt worden, diese Steine für krystallinische Bildungen zu halten.

Naunyn hat sich mit dieser Gestaltung der gewöhnlichen Gallensteine sehr eingehend beschäftigt und die gesetzmäßigen Bedingungen in eigenartigen Kraftwirkungen gefunden, die nicht von außen, sondern von innen heraus formbildend wirken.

Der junge Stein hat die Gestalt einer Kugel, d. h. desjenigen regelmäßigen Körpers, der im Verhältnis zu seiner Masse die kleinste Oberfläche besitzt. Die Endgestalt der fertigen Gallensteine, von denen hier die Rede ist, ist das Tetraeder und Hexaeder, das sind diejenigen regelmäßigen Körper, die im Verhältnis zu ihrer Masse die größte Oberfläche haben. Es findet also eine Veränderung des Verhältnisses Masse : Oberfläche statt, dadurch, daß entweder das Volumen der Masse ab- oder die Größe der Oberfläche zunimmt. Naunyn macht darauf aufmerksam, daß die Gestaltung der Erdkugel einen solchen Vorgang darstellt. Nach einer Annahme von Lowthian Green (1857) hat die Erde die Gestalt eines Tetraedroids, d. h. eines Tetraeders mit gekrümmten Kanten und Flächen, also eines Körpers, dessen Oberfläche im Verhältnis zu seinem Inhalt viel größer ist als die einer Kugel. Man nimmt an, daß das Volumen der Erde bei ihrer Abkühlung abnimmt und daß die Oberfläche trotz Spalten- und Gebirgsbildung zu groß bleibt, um Kugelgestalt zu bewahren.

---

[1] Naunyn: Arch. f. exper. Path. **96**, 145 (1923); **99**, 38 (1923); **93**, 115 (1922); **102**, 1 (1924) — Dtsch. med. Wschr. **1922**, 1244 — Mitt. Grenzgeb. Med. u. Chir. **36**, 1 (1923).

[2] Jungklaus: Inaug.-Dissert. Jena 1909.

Nach NAUNYN kommt die Änderung der Gestalt der Gallensteine dadurch zustande, daß zunächst zwei kugelige Gallensteinchen in noch weichem Zustande aneinander adhärent werden und daß sich die Adhäsionsstelle nach dem „Minimalstreben der zähflüssigen Oberflächenschicht" zu einer ebenen Fläche auswächst, die NAUNYN als Kontaktfläche bezeichnet. Es entsteht dann ein Doppelgebilde, dessen senkrecht zur Kontaktfläche geführter Durchschnitt jeder Hälfte etwa einen Halbkreis darstellt. Solche Bildungen hat NAUNYN beschrieben. Die Adhäsionsfläche ist kreisrund, zeigt eine, wenn auch ganz flache, doch deutliche Einsenkung in der zentralen Partie (s. Abb. 77 u. 81) und in der Peripherie einen verhältnismäßig breiten, zarten Auflagerungsring von amorphem Cholesterin. Der Teil der Steinschale, der der Kontaktfläche entspricht, zeigt ganz das Aussehen, als ob hier ein Druck stattgefunden habe: die Schichten sind scharf gegeneinander abgesetzt, genau parallel der Druckfläche, also geradlinig (s. Abb. 82) oder leicht

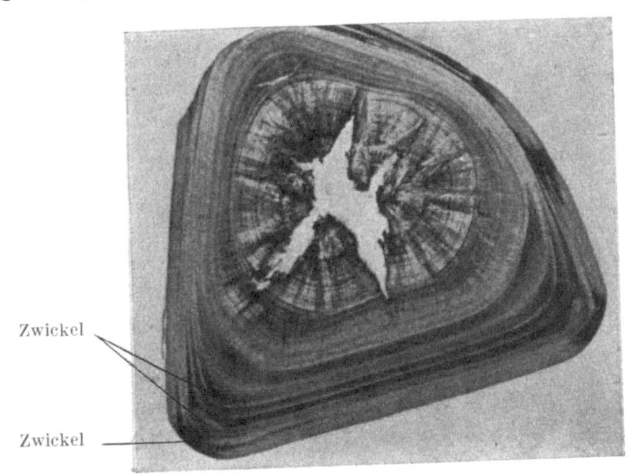

Abb. 82. Facettierter Stein. Zwickelbildung an der Kontaktfläche. (Sammlung Dr. BRÜHL.)

gedellt. Von der Kontaktebene biegen die Schichten nach dem Scheitel der Kuppe entweder in einem Winkel, der annähernd 90° (Abb. 79) oder 60° (Abb. 81) beträgt, oder in einem schön gezeichneten Bogen um. Jenseits dieser Umbiegung sieht man an einzelnen Stellen Schichten gestreckt geradlinig verlaufen. Die Durchsicht vieler Steine liefert Bilder des ununterbrochenen Überganges des bogenförmigen Schichtenverlaufs in geradlinigen, bis zu der Endform des Tetraederdurchschnittes, in dem die geradlinig gestreckten Seiten oben in einem spitzen Winkel zusammenkommen. Auf diese Weise ist aus der Kugel ein Tetraeder entstanden. Ganz analog ist der Werdegang des Hexaeders.

Es ist ganz unzweifelhaft, daß sich dieser Prozeß an dem in bezug auf seine Größe fertigen Steine vollzieht. Das geht auch daraus hervor, daß die Appositionslagen in ganz gesetzmäßiger Weise im Verhältnis zum Körper und Kern des Steines verändert werden. Während bei der Kugelgestalt die Lagen das Innere straff umschließen, bedingt die Ausbildung der Ecken ein Auseinanderweichen der Lagen und ein Abrücken der innersten Lage vom Kern, so daß hier ein zwickelförmiger Raum entsteht, der sich mit einer braunen körnigen Masse ausfüllt (Abb. 82).

V. GOLDSCHMIDT[1] hat auf Grund der Arbeiten NAUNYNS den tetraedrischen und würfelförmigen Gallensteinen seine Aufmerksamkeit geschenkt. Daß nicht nur Tetraeder ent-

[1] GOLDSCHMIDT, V.: Arch. f. exper. Path. **99**, 33 (1923).

stehen, geht aus dem Gesetz der Wahrscheinlichkeit hervor, welches besagt, daß das meist begünstigte nicht ausschließlich erscheint, aber das häufigste ist. Das Tetraeder ist wahrscheinlicher und deshalb häufiger als der Würfel. Die Verkleinerung des Volumens im Verhältnis zur Oberfläche führt GOLDSCHMIDT vermutungsweise auf Kontraktion (durch Eintrocknen) zurück. Ist beim Wasseraustritt die Kontraktion in der Schicht kleiner als senkrecht zur Schicht, so folgt Ausdehnung der Fläche gegenüber dem Volumen. Es könnte dann ein Ausgleich erfolgen durch Faltenbildung (wie beim Apfel) oder durch Spalten und Verwerfungen (wie bei der Erde). Daß ein solcher Ausgleich nicht eintritt, beweist, daß die Schale der Gallensteine nicht die Härte hat, wie sie nach dem Trocknen der Steine erscheint, sondern eine flüssige oder gelartige Beschaffenheit. Der Oberflächenausgleich tritt also bei den Gallensteinen durch Übergang in die Polyederform ein. In Verfolgung seiner Annahme der Kontraktion setzt GOLDSCHMIDT als wirkende Ursache einen Vektor senkrecht zur Fläche. Dann tritt an Stelle der vier Tetraederflächen ein Bündel von vier Vektoren senkrecht zu diesen Flächen. Für diese Auffassung spricht die Tatsache, daß die Schichten in der Mitte der Flächen am dichtesten zusammenrücken (Abb. 81), und daß die Tetraederflächen der Gallensteine schwach konkav sind (Abb. 77 u. 81).

Scheidet sich in der Kugel ein Kontraktionsvektor aus, der die Kugelvektoren (eine ebene Fläche hat nur *einen* Vektor, eine krumme Fläche oder eine Kugel unendlich viele) seiner Umgebung in sich aufnimmt, so pflanzt sich die Anregung durch die Masse der Kugel fort und gibt den Ansporn zur Ausscheidung weiterer Kontraktionsvektoren, deren jeder die Kugelvektoren seiner Umgebung in sich sammelt. So tritt an die Stelle der unendlich vielen Kugelvektoren eine kleine Gruppe von Einzelvektoren. Man nennt diesen Vorgang *Displikation* (GOLDSCHMIDT). Bei der Tetraederbildung entsteht ein harmonisches Bündel von vier Vektoren, bei dem Würfel ein Bündel von drei (mit Gegenrichtung sechs).

Auch GOLDSCHMIDT kommt zu dem Schluß, daß die facettierten Gallensteine keine Krystalle darstellen. In der Tat fehlen alle Eigenschaften, die für Krystalle charakteristisch sind: die Winkel sind nicht konstant und nicht genau; die Steine wachsen nicht durch Schichtenauflagerung in bestimmten Achsen, sie geben kein Röntgenspektrum (NAUNYN-HOCHHEIM). Aber diese Steine sind, äußerlich betrachtet, Krystallen sehr ähnlich. Deswegen hat NAUNYN den Ausdruck „*Krystallmimese*" eingeführt. NAUNYN hat auch die Frage berührt, ob die Mimese vielleicht durch eine primäre Vergrößerung der Oberfläche zustande komme. Die Lagen sind für gelöste Stoffe durchgängig, können solche Stoffe in sich aufnehmen, so daß eine Vergrößerung der Oberfläche erfolgen muß. Es ist durchaus möglich, daß ein solcher Vorgang eine Rolle spielt. Die Annahme von GOLDSCHMIDT, daß es sich um eine Kontraktion durch Austrocknung handelt, behält ihre Bedeutung, wenn man in der Ausdrucksweise, an die wir gewöhnt sind, statt von Austrocknung von Entquellung spricht. Das Magma, das die Appositionslagen ursprünglich bildet, enthält das Cholesterin, als Hauptbestandteil, nicht in reinem Zustande, sondern in Verbindung mit Stoffen (Eiweiß, Desoxycholsäure), die Wasser binden und das Krystallisieren des Cholesterins verhindern. Aus dem Umstande, daß das Cholesterin im späteren Werden des Steins krystallisiert, geht hervor, daß diese Stoffe die Gelnatur verlieren (d. h. Wasser abgeben) oder aus der Lage verschwinden. Vielleicht auch, daß das Cholesteringel (Magma) selbst Wasser enthält, das es allmählich abgibt. Einer exakten chemischen oder physikalischen Deutung ist der Prozeß zur Zeit nicht zugänglich; wir müssen uns daher mit diesen Andeutungen begnügen.

Sehr häufig findet man an nicht zu dunklen Herdensteinen die Ecken und — wenn auch weniger — die Kanten dunkel gefärbt (s. Abb. 82). An diesen Stellen ist die Steinoberfläche rauh. Auf dem Schnitt sieht man, daß diese durch Bilirubinkalk verursachte Dunkelfärbung in den Stein hineinwächst, indem sie die oberflächlichen Schichten, zwischen denen sich dunkle Einlagerungen befinden, anbräunt (s. Abb. 81). NAUNYN meint, daß die Steine an den Ecken und Kanten durch die Nachbarsteine beschädigt sind, und daß durch diese rauhe Oberfläche Galle eingedrungen ist. Diese Erklärung scheint nicht ganz befriedigend, weil die Dunkelfärbung ganz gesetzmäßig alle Ecken oder alle Ecken und Kanten aller Steine einer Herde betrifft und daher kaum auf eine zufällige Einwirkung von außen bezogen werden kann. Vielleicht beruht die poröse Beschaffenheit, die das Eindringen von

Galle ermöglicht, darauf, daß die Ecken und Kanten bei der Umformung des Steines aus der Kugelgestalt Stellen besonderer Spannung sind.

Aus dem Werdegang der gewöhnlichen Gallensteine ist von prinzipieller Bedeutung, daß der Steinkern (Bilirubinkalkniederschlag oder Bilirubinkalksteinchen) der Auflösung verfällt, während das Cholesterin, das zusammen mit anderen Stoffen (Eiweißstoffen und Bilirubinkalk) primär im Zustand eines Gels die Lagen der Rinde bildet, allmählich in eine krystallinische Struktur übergeht und daß das Cholesterin, das in den Stein von außen eindringt, dieselbe Veränderung erfährt. Dadurch kommt es zur Bildung eines „falschen Kernes" und des häufig aus Sphärolithen bestehenden Steinkörpers.

Bei dem Übergang in den krystallinischen Zustand nimmt das Cholesterin im Kern, im Körper und in der Rinde und auch in den einzelnen Sphärolithen eine radiäre Richtung an. Aus dem amorphen Cholesterin bilden sich zuerst feine Nadeln, die in der Rinde die konzentrischen Lagen durchsetzen. Nach dem bekannten Krystallisationsgesetz wachsen die großen Krystalle auf Kosten der kleineren. So kommt es, daß mit zunehmendem Alter die Krystalle immer gröber werden, während die Gerüstsubstanz an Menge (durch autolytische Prozesse und durch Abwanderung mit dem nach außen gehenden Diffusionsstrom) ständig abnimmt.

Die reine konzentrische Schichtung, die durch Oberflächenanlagerung gerinnungsfähiger kolloidaler Massen entsteht, ist das Charakteristicum junger Steine. Nach einer gewissen Zeit zeigen die Steine ein radiär-konzentrisches Gefüge, als Folge der beginnenden Cholesterinkrystallisation. Noch später geht die konzentrische Zeichnung (zunächst für das unbewaffnete Auge, später fast absolut) verloren.

Bei den multiplen Gallensteinen erfolgt die krystalline Umwandlung der Cholesterins vor allem im Körper, und zwar an den medialen Teilen am frühesten und stärksten, nach der Peripherie abnehmend. Der Hohlraum des Steins ist von braunem Pigment umsäumt. An dieses Pigment schließt sich die Krystallisation an, so daß das Cholesterin, strahlenförmig von diesem Pigmentraum ausgehend, den Steinkörper ausfüllt. Die Krystalle sind in ihrem zentralen Teil am stärksten ausgebildet, zum Teil gallig gefärbt. Zwischen den Krystallen liegt Bilirubinkalk. An vielen Stellen sieht man Krystallstrahlen in die Lagen der Rinde hineinwachsen.

In einer Zeit also, in der die Rinde noch eine rein konzentrische Schichtung oder eine reine Schichtung mit feiner radiärer Strichelung aufweist, kann im Körper bereits ein strahliges Gefüge entwickelt sein. In diesem sieht man, stärker in der Peripherie als zentral, feine rhythmische Abwanderungslinien von Bilirubinkalk (Liesegang-Ringe).

Dadurch, daß sich die Krystallisation in dem Pigmentraum des zentralen drei- bzw. vierstrahligen Hohlraums anschließt, stehen die radiär gerichteten Krystalle gruppenweise in Winkelstellung zueinander. In sehr viel höherem Grade geschieht das, wenn in Kern und Körper die radiäre Krystallisation um Pigmentkörnchen erfolgt. Dann bilden sich Sphärolithe, die voneinander streng, häufig durch einen stärkeren Pigmentsaum, getrennt sind. Auch diese Sphärolithe zeigen Abwanderungslinien von Bilirubinkalk. Die Konvexität der Sphärolithe ist stets nach außen gerichtet. So kommt es, daß die an die Rinde grenzende äußerste Schicht mit ihren Konvexitäten die Lagen und Schichten der Rinde deformiert, so daß diese in ihrem zentralen Teil eine girlandenförmige Zeichnung annimmt (s. Abb. 86 u. 87), die zeigt, daß in diesen Steinen durch das von innen heraus erfolgende Wachstum eine Druckwirkung nach außen ausgeübt wird.

Die Prozesse, die zur Bildung eines facettierten Steines führen, bestehen also in Steinkernbildung (aus Bilirubin, Calcium, eiweißartigem Kolloid mit oder ohne Einschluß von nicht krystallinem Cholesterin), Apposition cholesterinreicher Schichten im Gelzustand, Kernlösung, Cholesterinierung, Bilirubinkalkabwanderung, Cholesterinkrystallisation, Krystallmimese, Bildung eines falschen Kerns. Diese Prozesse verlaufen nicht in der Reihenfolge ihrer Benennung oder Darstellung, sondern nebeneinander.

Ganz anders stellt sich ASCHOFF[1] den Werdegang eines solchen Steines vor. Er unterscheidet drei Perioden: 1. Die Auskrystallisierungsperiode, d. h. die eigenartige Rosettenbildung; 2. die Agglutinationsperiode, d. h. die Zusammenlagerung der Rosetten zu dem sog. Kern; 3. die Appositionsperiode, d. h. die Bildung der Rinde. Von dem ersten Akt sagt ASCHOFF, „daß er leider noch von niemandem beobachtet worden ist". Dasselbe gilt auch von dem zweiten Akt. Daß die Bildung eines sphärolithischen Kerns oder Steinzentrums der Rindenbildung vorausgeht, ist unbewiesen. Diese Annahme ergibt sich nicht aus der Beobachtung — denn rindennackte sphärolithische Agglutinate sind unbekannt —, sondern allein aus der Ablehnung der Cholesterinierung der Gallensteine; sie steht in unüberbrückbarem Widerspruch zu dem ganz gewöhnlichen Befund facettierter Steine ohne ein krystallines Zentrum.

β) *Große Steine, Tonnensteine, Riesensteine.*

Je weniger Steine eine Gallenblase enthält, um so mehr ist die Gelegenheit eines Wachstums zu größeren Gebilden gegeben.

Von den Steinen dieser Gruppe finden sich in einer Gallenblase zwei oder drei Stück. In seltenen Fällen handelt es sich um einen Solitär. NAUNYN rechnet zu dieser Gruppe auch diejenigen Steine, die ASCHOFF und BACMEISTER als Kombinationssteine bezeichnen. Wir wollen diese aber besonders behandeln, da ihnen — ganz unabhängig von der Richtigkeit der These ASCHOFFS und BACMEISTERS über ihre kausale Genese — ein besonderer Entstehungsmechanismus zukommt.

Handelt es sich um einen *Einzelstein*, so ist festzustellen, daß seine Form rund ist, zur Kugel neigt, gelegentlich einmal auch eine flache Eindellung aufweist. Sehr große Steine, die die Gallenblase ausfüllen, haben ovale Gestalt. Auf dem Durchschnitt wird deutlich, daß der Kern (falscher Kern) stark cholesteriniert ist, aber gewöhnlich keine oder keine deutliche radiär-krystallinische Struktur aufweist. Den Kern umschließt ein an Achatzeichnung erinnerndes konzentrisches Gefüge, das helle, cholesterinreiche, mit Knospen versehene Schichten abwechselnd mit cholesterindurchbrochenen Farbstoffschichten enthält. Die Unterscheidung von Appositionslagen und Abwanderungsschichten ist in diesem vorgeschrittenen Stadium der Steingenese nicht möglich. Die Oberfläche des Steins kann cholesterinreich sein, besonders an den Stellen, an denen der Stein fest an der Gallenblasenschleimhaut anliegt, d. s. die seitlichen Partien (Beispiele Abb. 83—85).

Bei kleineren Einzelsteinen (und selten auch bei einem größeren), die in der Gallenblase frei beweglich liegen, kann die Struktur der Rinde, wie wir sie von den multiplen Steinen her kennen, noch erhalten sein.

2—3 größere Steine können die Gallenblase so ausfüllen (s. Abb. 85), daß sie die freie Beweglichkeit einbüßen und in einer festen Stellung zueinander stehen. Ein Stein kann dann die Form einer Walze oder Tonne haben. Der den Gallenblasengrund berührende Pol eines Steines ist wie dieser Grund oval gerundet. Die Steine berühren sich mit Gelenkflächen, die deutliche Schleifspuren aufweisen können. Die freien Flächen sind höckrig, feinwarzig oder glatt. Auf dem Quer-

[1] ASCHOFF: Vorträge über Pathologie **1925**, 221.

schnitt findet man oft Reste eines Hohlraumes in Form eines Risses. Das Zentrum ist erfüllt von Sphärolithen, die einen falschen Kern bilden, der von Pigmentmassen umsäumt wird. An den Polen ist die konzentrische Schichtung erhalten, während die freien seitlichen Flächen, die mit der Schleimhaut in Berührung

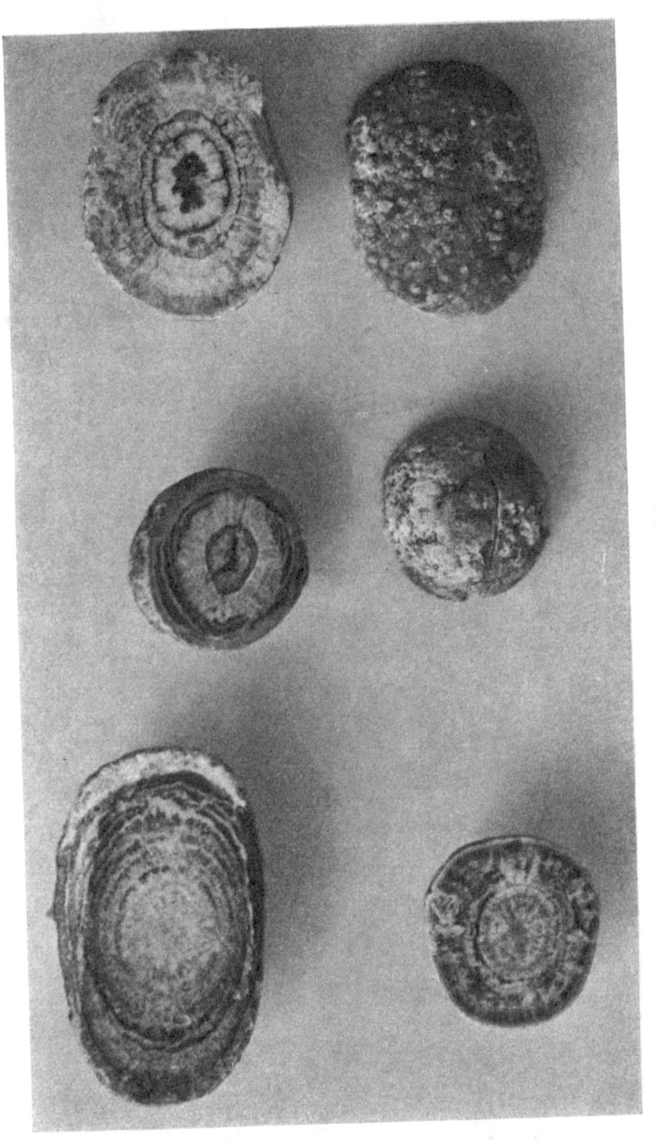

Abb. 83. Große Solitärsteine.

kommen, von einer Masse von Sphärolithen gebildet werden, die zentral an den Sphärolithenkomplex des Kernes grenzen und peripher in Form von feinen Höckern an die Oberfläche drängen.

Nach Naunyn zeigen die großen Steine, die die Gallenblase ausfüllen, keine richtige primäre Schichtenbildung. Die in ihnen auftretenden Schichten sind meist Druckschichten. Eine Druckwirkung kann man besonders deutlich an der Linienführung unterhalb der Gelenkflächen beobachten (s. Abb. 84 u. 87).

Abb. 84. Große Steine, Tonnensteine, Riesensteine.

Abb. 85. Ein die Gallenblase vollständig ausfüllendes Steinsystem.

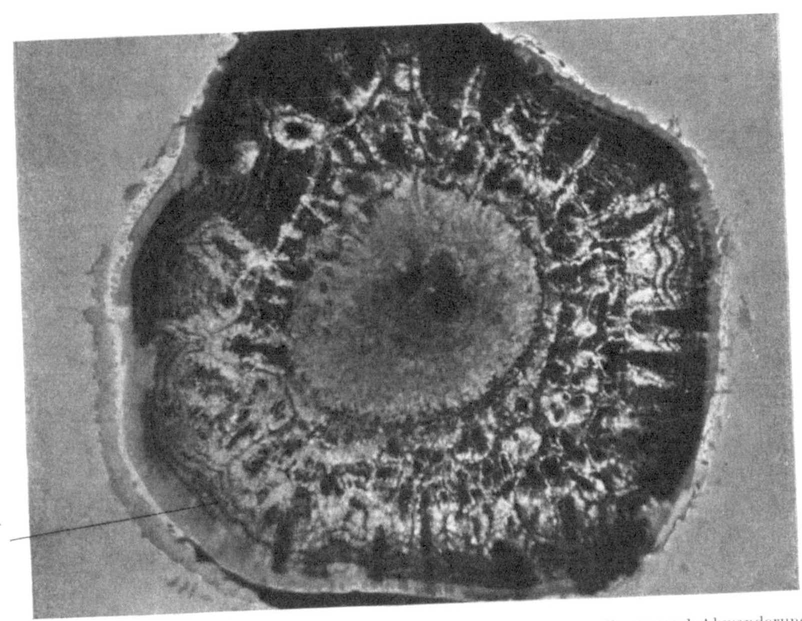

Abb. 86. Großer Stein. Falscher Kern. Körper sphärolithisch. Reste von Lagen und Abwanderungen, z. T. in Girlandenform.
(Steinschliff aus Sammlung B. NAUNYN.)

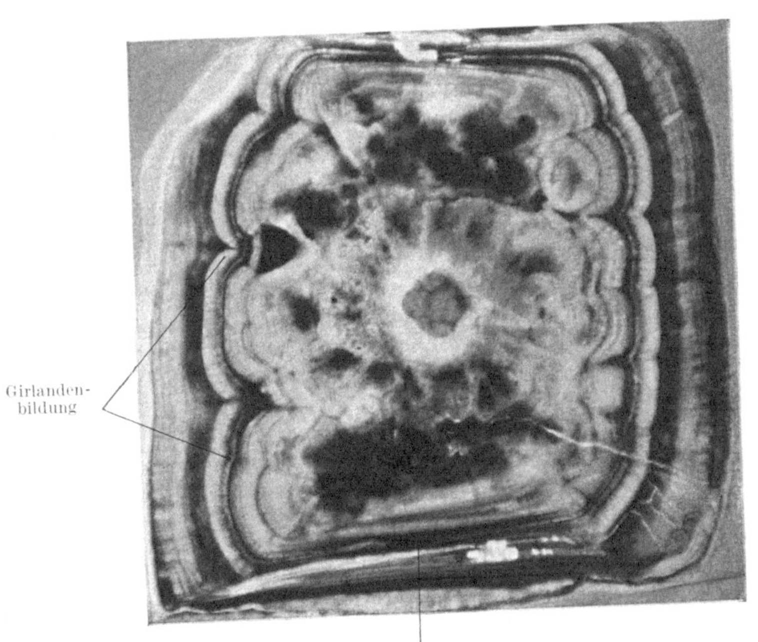

Abb. 87. Tonnenstein. Sphärolithischer Körper. Sehr schöne Girlandenbildung.
(Steinschliff aus Sammlung B. NAUNYN.)

Gelegentlich trifft man auch große Blasensteine, die kleinere Steine in sich eingeschlossen haben.

Nach NAUNYN entstehen diese Riesensteine nicht allmählich, sondern in einigen wenigen, schnell sich abspielenden Akten, vielleicht auch einmal in einem. „Es handelt sich bei ihnen um alte Gallensteinkrankheit mit kalkulöser Schleimhauterkrankung: der Cysticus war verschlossen, und in der Gallenblase war eingedicktes, kalk- und cholesterinreiches Sekret angesammelt; dann wurde die Gallenblase wieder der Galle zugängig, und es konnte schnell ein massenhafter Niederschlag von Bilirubinkalk entstehen". Dieses Ereignis kann sich wiederholen.

Es ist sehr wahrscheinlich, daß diese Steine auf einmal oder in Schüben entstehen, etwa so, daß der Inhalt einer gefüllten Gallenblase zu einer dickgrützigen Masse gerinnt, wie sie öfter beobachtet wurde, zu einem Magma, dessen Entleerung aus der Gallenblase nicht mehr möglich ist. Dieses Magma verfällt als Ganzes einer von der Peripherie nach dem Zentrum zuschreitenden Inkrustierung mit Bilirubinkalk und dann — sekundär — den Veränderungen, die eingehend dargestellt wurden.

Ob die Kolloidfällung der Galle durch eine Entzündung, oder auch auf sterilem Wege eintritt, vermag ich nicht zu entscheiden. Aber ganz sicher können solche Riesensteine ohne subjektive Beschwerden und ohne anatomische Entzündungszeichen viele Jahre lang in der Gallenblase verweilen.

c) Steine mit einem vorherrschenden Bestandteil.

α) *Cholesterinsteine* (radiär-krystalline Cholesterinsteine).

ASCHOFF und BACMEISTER haben dieser Steinart besondere Aufmerksamkeit gewidmet. Bereits MECKEL V. HEMSBACH hat sie gekannt und die bemerkenswerte Tatsache beobachtet, daß sie nur in der Einzahl in einer Gallenblase vorkommen. Sie werden daher auch *Cholesterinsolitäre* genannt. Von großem Interesse ist weiter die Tatsache, daß die kleinsten Steine dieser Art, die beobachtet werden, einen Durchmesser von mindestens 1 cm besitzen. Die Steine haben kugelige oder ovale Gestalt, eine grauweiße oder gelbliche oder graubraune bis braune Farbe und ein niedriges spezifisches Gewicht. Die helleren Steine sind leicht durchscheinend. Für die Bestimmung dieser Steine ist in erster Linie das Verhalten der Bruchfläche maßgebend. Diese zeigt das prächtige Bild grober, stark glitzernder, radiär gestellter Balken, die, wenn der Stein durchkrystallisiert ist, die Oberfläche erreichen und vorbuckeln. Nicht immer gehen die Krystalle vom Zentrum bis zur Peripherie durch. Mitunter setzt sich, im gleichen Abstand vom Zentrum, an die gröberen Krystalle eine feinere Krystallisation an, die sich manchmal auch fächerförmig verzweigt. Dieser Zone kann wieder im gleichen Abstand eine dritte, noch feinere Krystallisation folgen. Diese radiäre Krystallisation soll — für diese Darstellung — das beherrschende Merkmal bilden. Nach dieser Definition gehören zu dieser Steinart auch solche grob krystalline Cholesterinsolitäre, die so viel Gallenpigment enthalten, daß nicht nur die Oberfläche, sondern auch die Bruchfläche tiefbraun verfärbt ist (Abb. 88, Nr. 5, 7—11). Ich rechne ferner hierzu solche Steine, die im grobradiären krystallinen Gefüge einige Bilirubinkalkabwanderungsringe enthalten, und muß auch solche Steine unter dieser Rubrik aufführen, die (z. B. Abb. 93) bei grobradiärer Krystallisierung an ihren Polen deutliche konzentrische Schichtung aufweisen.

Mit dieser Abgrenzung trete ich in Gegensatz zu ASCHOFF, der diese Gruppe wesentlich enger faßt und das für die übergroße Mehrzahl der Fälle zutreffende Fehlen der Schichtung und das Fehlen eines Steinkerns betont.

Dieser letzte Punkt ist von ganz besonderer Bedeutung. Außer Aschoff und seiner Schule haben alle Beobachter beschrieben, daß die radiären Cholesterinsteine einen Pigmentkern enthalten *können*. Wenn demgegenüber Torinoumi, ein Schüler Aschoffs, betont, daß „ein Stein, der einen Kern auf-

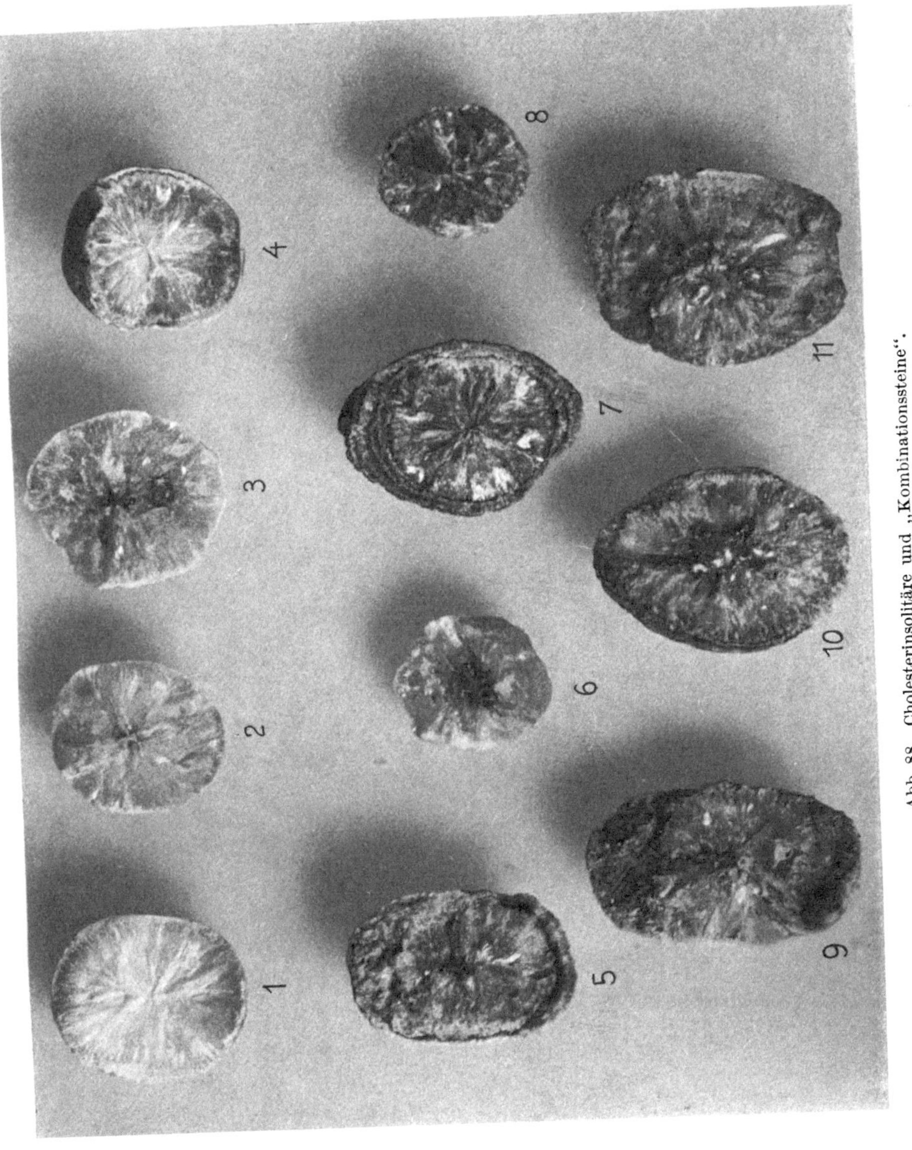

Abb. 88. Cholesterinsolitäre und „Kombinationssteine“.

weist, niemals ein reiner Cholesterinstein ist, denn für ihn ist das Fehlen des Kerns charakteristisch“, so muß die Schule Aschoffs zu den Steinen Stellung nehmen, die radiäre Cholesterinsteine sind und einen braunen Kern haben; Steinen, die Aschoff, wie ein Bild, das Bacmeister wiedergibt, beweist, früher zu den „steril entstandenen radiären Cholesterinsteinen“ gerechnet hat.

Darüber besteht keine Meinungsverschiedenheit, daß es radiäre Cholesterinsteine gibt, die keinen Kern enthalten, sondern oft nur sehr spärliches Pigment, das zwischen den Cholesterinbalken liegt.

Abb. 89. Radiär-krystalliner Cholesterinsolitär mit zwei peripher gelegenen Abwanderungsringen.

Wenn diese farbstoffärmsten Exemplare als Sondergruppe betrachtet werden sollen, dann ist es notwendig, die anderen Arten unter einer anderen Bezeichnung zusammenzufassen.

Wie man aber auch definiert, keinesfalls wird man sich der Einsicht verschließen können, daß in einer größeren Anzahl von grobradiär-krystallinen Solitären die Merkmale ,,Kernlosigkeit, Kern" und ,,Fehlen jeder konzentrischen Zeichnung, Abwanderungsringe, Schichtung an den Polen" als Zeichen einer Entwicklung der Steine betrachtet werden müssen.

Diese Frage ist deswegen so wichtig, weil Aschoff die These aufgestellt hat, daß der radiäre Cholesterinstein eine ganz besondere Entstehungsgeschichte habe, nämlich, sich im Gegensatz zu den gewöhnlichen Gallensteinen, ohne Ent-

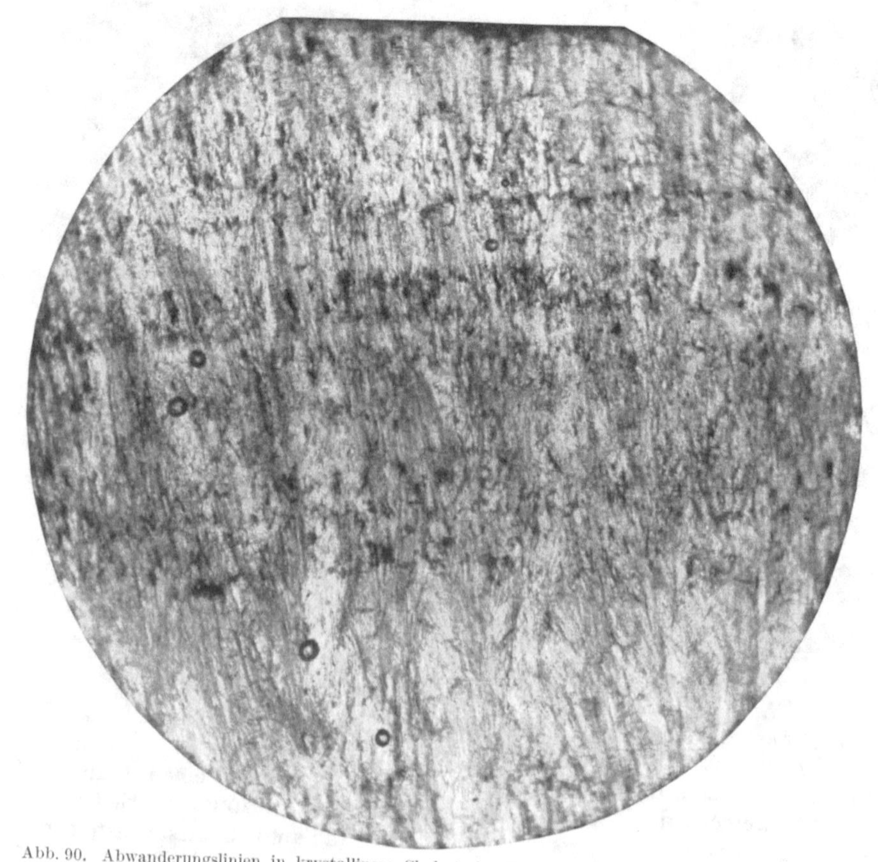

Abb. 90. Abwanderungslinien in krystallinem Cholesterinsolitär. (Teilaufnahme eines Steinschnitts.)

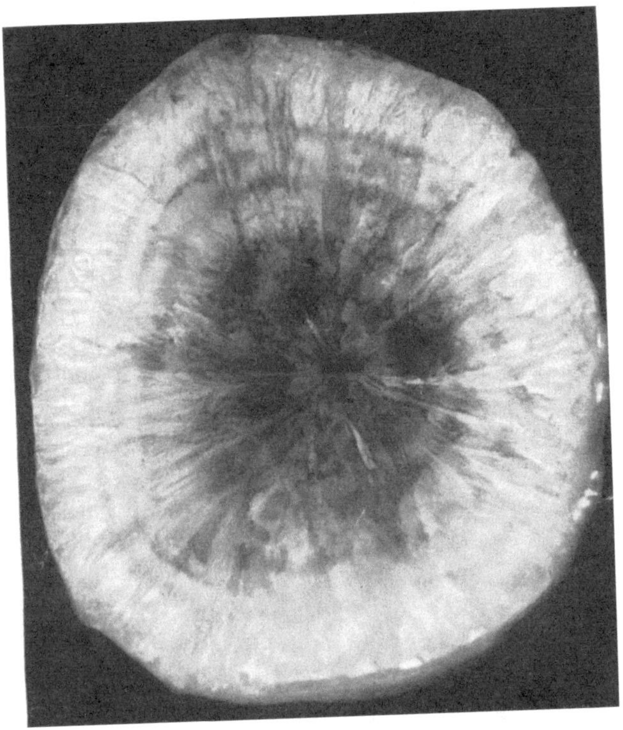

Abb. 91. Abwanderungsring an krystallinem Cholesterinsolitär. (Steindurchschnitt.)

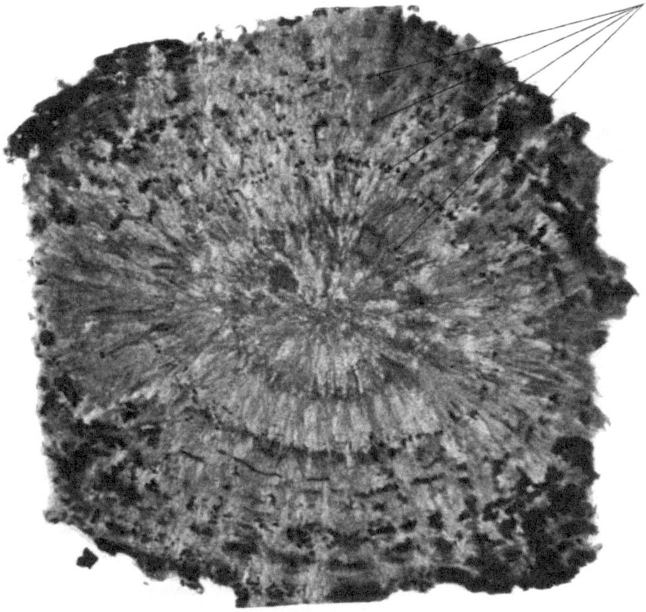

Durchbrochene Abwanderungsringe

Abb. 92. Krystalliner Cholesterinsolitär. Durchbrochene Abwanderungsringe. (Sammlung Dr. BRÜHL.)

zündung, durch eine Stoffwechselstörung, durch eine vorübergehende stark erhöhte Cholesterinausscheidung in die Galle, bilde.

Aschoff führt als einen Beweisgrund für diese These die Tatsache an, daß die Gallenblasen, in denen sich solche Steine finden, in der Regel jeglicher Zeichen von Entzündungen entbehren. Aber dasselbe gilt von der überwiegenden Mehrzahl der durch Sektion gewonnenen Steinblasen überhaupt. Und nach der Lehre von Naunyn, nach der nur eine leichte Entzündung lithogenetisch wirkt, ist auch nicht zu erwarten, daß ein solcher Prozeß bleibende Spuren hinterläßt. Aschoff meint ferner, daß die radiären Cholesterinsteine diejenigen Gallensteine sind, die man gelegentlich bei Individuen trifft, die nie in ihrem Leben Gallensteinerscheinungen gehabt haben. Aber auch das gilt von Steinen aller Art. Aschoff meint, daß infolge einer Störung des Cholesterinstoffwechsels und vielleicht auch infolge einer Verminderung der Bildung von Gallensäuren aus Cholesterin (s. S. 616) Mischungsverhältnisse in der Galle eintreten können, wo zuviel Cholesterin und zuwenig lösende Substanz vorhanden ist. Gemäß der oben gegebenen und einer früheren Kritik der einschlägigen Arbeiten muß hier wiederholt werden, daß ein Beweis für ein solches Mischungsverhältnis in der Galle nicht erbracht ist. Hinzuzufügen ist, daß ein Ansteigen des Cholesteringehalts der Lebergalle, selbst wenn es unter bestimmten Bedingungen beobachtet werden sollte, sich in Zahlen bewegen würde, die gegenüber der immer, auch unter physiologischen Verhältnissen, stattfindenden Konzentrationserhöhung des Cholesterins in der Gallenblase nicht in Betracht kämen.

Abb. 93. Ovaler Solitär. Grobradiäre Krystallisierung. In der Peripherie und besonders an den Polen deutliche konzentrische Zeichnung. (Sammlung Dr. Brühl.)

Aber auch wenn die „Hyper- und Dyscholesterinose der Galle“ (Aschoff) bestände, so ist es nicht verständlich, warum in einer solchen Galle spontan, ohne jede Infektion und ohne jede fremde Beimengung, die „Sedimentierung und Auskrystallisierung des Cholesterins auf *ein* Zentrum zu erfolgt, weil andere Krystallisationspunkte nicht gegeben sind“ (Aschoff). Dieser Krystallisationsmodus, der von Aschoff für die Erklärung der Einzahl der radiären Cholesterinsteine herangezogen wird, besteht nirgends in gesetzmäßiger Weise. Wenn aber — wie es tatsächlich der Fall ist — diese Steine einen echten Kern enthalten können, so ist es, wie Aschoff mit Recht vermerkt, gar nicht zu verstehen, warum sich nur *ein* Stein dieser Art bildet, da wir doch wissen, daß sich die gewöhnlichen Steinkerne — mögen es intrahepatische Bilirubinkalksteinchen oder vesiculäre Bilirubinkalkflocken sein — gleichzeitig in größerer Zahl bilden.

In der Tat liegt hier einer der schwierigsten und dunkelsten Punkte des Problems der Gallensteinbildung. Die Eigenschaft ein Solitär zu sein, ist kein Spezificum des radiären Cholesterinsteins. Es gibt, wie wir gesehen haben, auch andere Einzelsteine, die, wie der radiäre Cholesterinstein, fast durchweg eine beträchtliche Größe haben. Aus dem Umstand, daß man nie reine Cholesterinsteine mit einem geringeren Durchmesser als etwa 1 cm, sondern meistens noch größere Exemplare findet, kann man wohl schließen. daß die Bildung sehr schnell verläuft. Es ist einleuchtend, daß man den Endzustand eines Steines um so häufiger finden muß, je schneller die Bildung und je dauerhafter das Gebilde ist. Aber bei der ungeheuren Zahl von Beobachtungen, die täglich gemacht werden, müßte auch öfter ein junges, kleineres Konkrement dieser Art vorkommen. Es bleibt also nur die Möglichkeit übrig, daß ein fertiger Stein einer gewissen Größe der radiären Cholesterinierung verfällt, aber nur dann verfallen kann, wenn er eine gleichmäßig gerundete Oberfläche hat. Eine solche kann er nur haben, wenn er in der Einzahl vorkommt. Auch in Tonnensteinen (zwei in einer Blase) findet man (Abb. 94) eine grobradiäre Cholesterinkrystallisation im Zentrum. Zu einer vollständigen Durchkrystallisierung kann es aber hier nicht kommen, weil das Eindringen von Cholesterin an den der Gallenblasenwand anliegenden Flächen stärker ist als an den Gelenkenden und weil die Unregelmäßigkeit der Oberfläche — sehr wahrscheinlich — die Symmetrie der Krystallisation verhindert.

Abb. 94. Tonnenstein mit starker, zentral am meisten entwickelter, grobradiärer Cholesterinkrystallisation.

Der Streit um die Existenz eines echten Kerns im radiären Cholesterinstein ist — nach der hier vertretenen Auffassung — nicht mehr ein Streit um die Ätiologie, da das Moment der Infektion für die übergroße Mehrzahl aller Steine nicht mehr als gültig anerkannt wird. Damit kann auch der Streit um die Bedeutung einer Cholesterindiathese für die Entstehung des radiären Cholesterinsteins in den Hintergrund treten.

Mit geringen Ausnahmen (Fremdkörper, Steinsplitter u. ä.) haben alle Steine den gleichen Kern, der durch eine Kolloidfällung aus Bilirubin, Calcium und Gerüstsubstanz entsteht und sehr bald Cholesterin aufnimmt. Derartige Kerne bilden sich — intrahepatisch und intravesical — in sehr großer Zahl. Wir können mit aller Sicherheit annehmen, daß nicht alle Kerne zu Steinen anwachsen, sondern daß die meisten in den Darm abgehen. Wenn sich in einem Falle Tausende von Steinen bilden, in einem anderen einige Dutzend, in einem dritten einige Stück, so muß es auch Fälle geben, in denen sich nur ein einziger Kern zum Stein auswächst. Je kleiner die Zahl, um so größer die Wachstumsmöglichkeit. Die Faktoren des Wachstums sind Lagenbildung und Cholesterinierung.

Jetzt ist die Frage, ob sich an einen Steinkern das Cholesterin primär in radiärer Krystallisation anlagern kann. Ich habe früher diese Möglichkeit bejaht, weil das Cholesterin zugleich adsorbierbar und krystallisationsfähig ist. Aber bei diesem Entstehungsmodus müßten kleine Steine dieser Art vorkommen. Man müßte auch Formen treffen, die in der Peripherie noch amorph (gelartig) oder fein krystallin strukturiert sind, wenn man nicht die sehr unwahrscheinliche Annahme machen will, daß die radiären Krystalle ganz rein oder fast ganz rein aus der Galle anwachsen. Diese Annahme ist deswegen unwahrscheinlich, weil jede Galle eine große Zahl oberflächenaktiver, gerinnungsfähiger Stoffe enthält, die die reine Adsorption des Cholesterins stören müssen. An den fertig krystallisierten farbstoffarmen Steinen kann man die Berechtigung dieser Annahme nicht entscheiden, aber aus der Betrachtung der unfertig krystallisierten oder mit Abwanderungsringen versehenen Steine erkennt man, daß ein solcher Entstehungsmodus keinesfalls Allgemeingültigkeit hat. Ein Abwanderungsring kann nicht in einem, zumal durch breite Spalten unterbrochenen krystallinen Gefüge zustande gekommen sein, sondern er setzt den Gelzustand voraus, beweist also, daß dieser Stein, bevor er krystallinisch erstarrte, eine gelartige Beschaffenheit gehabt hat. Noch deutlicher geht das aus den Steinen hervor, die an den Polen oder zwischen den Balken konzentrische Schichtung aufweisen. *Zweifellos kann ein radiärer Cholesterinstein aus einem Stein konzentrischen Gefüges entstehen.* Ob er auch primär gebildet wird, muß zum mindesten als unentschieden und *sehr* unwahrscheinlich gelten.

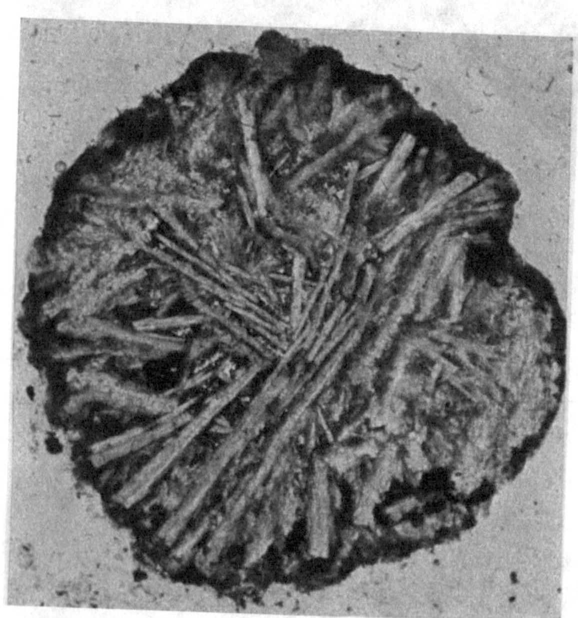

Abb. 95. Wirrkrystallinischer Cholesterinstein. (Sammlung Dr. Brühl.)

Ich trete also der alten Auffassung von Naunyn bei, *daß der radiäre Cholesterinstein keine primäre Bildung ist*, sondern durch Umformung aus einem um einen gewöhnlichen Kern gebildeten runden geschichteten Gallenstein entsteht. Es gibt eine sehr große Zahl von Steinen, an denen dieser Übergang mit aller Deutlichkeit erkennbar ist. Ganz in Übereinstimmung damit bemerkt Brühl: „Es gibt auch Cholesterinsteine, die zwar noch einen durchaus radiären Aufbau besitzen, doch sind gewisse konzentrische Schichtungsbildungen unverkennbar." Die Abb. 93 eines großen (3,3:1,9 cm) Solitärs zeigt in überzeugender Weise, wie grobe Cholesterinbalken vom kernlosen Zentrum durch die Schichten, die in der ganzen Peripherie noch kenntlich, an den Polen von größter Deutlichkeit sind, hindurchwachsen.

Unter besonderen seltenen Verhältnissen kommt es in einem Gelstein auch zum Auftreten grober Cholesterinbalken, die nicht geordnet sind. Einen solchen Stein mit *einem* großen Cholesterinkrystall bildet Kleinschmidt ab. Aus der Sammlung Brühls stammt Bild 95, in dem ein Gewirr grober Krystalle in einem strukturlosen Felde liegt.

Im allgemeinen gilt aber als Gesetz, daß die Stärke der Krystalle der Dichte des gewöhnlich in Form konzentrischer Schichtung gegebenen Gels umgekehrt proportional ist. Zur Ausbildung gröberer Krystalle ist es notwendig, daß die Gelmasse abgebaut wird, so daß ihr Cholesterin zum Wachstum der Krystalle beiträgt, während die anderen Bestandteile, besonders die Gerüstsubstanz, ausgestoßen wird. So kommt es, daß die am gröbsten krystallinischen Cholesterinsteine nur noch Spuren von Kalk und Eiweiß enthalten, während in den peripheren Schichten feinerer Krystallisation (den sekundären und tertiären Krystallen) noch regelmäßig eine stärkere Beimengung dieser Stoffe gefunden wird.

In den radiären Cholesterinsteinen findet also auch außerhalb des Kernes, und in noch höherem Grade, als bei den meisten Steinen, im Kern der Vorgang der Gellösung und Cholesterinierung statt, der zu der Bildung des „falschen Kerns" führt. *Diese Steine zeigen in ihrem Endzustand keine Differenzierung von Kern, Körper und Rinde, sondern sind ganz Kern geworden.*

Naunyn rechnet zu einer Frühform der radiären Cholesterinsteine die *Cholesterinperlen*, die echten Perlen ähnlich, hanfkern- bis kirschkerngroß, als graue oder gelbe feste Kügelchen bis zu Herden von 30 Stück in einer Gallenblase gefunden werden. Sie brauchen nichts von krystalliner Struktur zu zeigen, können aber in einheitliche radiäre oder vielfach sphärolithische Krystallisation übergehen. Diese Steine enthalten, wie die echten Perlen (s. Abb. 97), einen echten, aus Pigmentkalk gebildeten Kern. Man kann sie daher nicht als primäre Cholesterinsteine bezeichnen, wie Naunyn es tut. Ich habe mich überhaupt nicht davon überzeugt, daß es primäre Cholesterinsteine gibt. Die oben beschriebenen kleinen wandadhärenten Konkrementchen könnten als Anfänge solcher betrachtet werden. Aber spätere Stadien scheint es nicht zu geben.

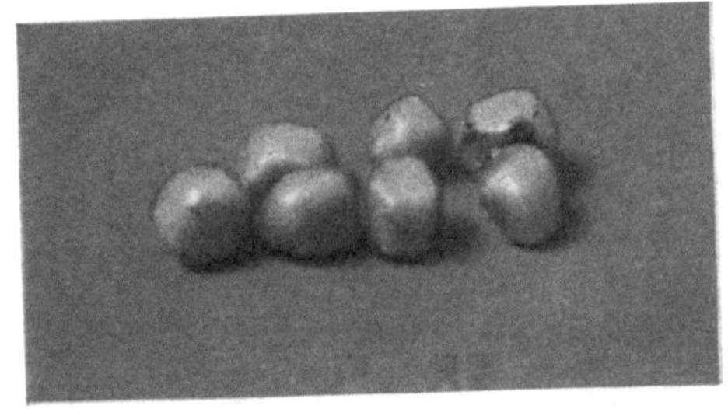

Abb. 96. Cholesterinperlen.

In der von Naunyn hinterlassenen Sammlung befindet sich ein großer weißer kernloser Solitär, der auf dem Durchschnitt keinerlei krystallinische Struktur und keinerlei Schichtung aufweist, als ob es sich um einen großen, gelartigen Cholesterinklumpen handelte. Etwas näheres ist über diesen Stein nicht bekannt. Er scheint ein Unikum zu sein, aus dem ein Beitrag zum Verständnis der gesetzmäßigen Vorgänge bei der Bildung der radiären Cholesterinsteine nicht folgt.

Eine Sonderart der Cholesterinsteine sind die von Naunyn beschriebenen, sehr seltenen *Cholesterinmikrorhombensteine*, kugelige, meist nicht über haselnußkerngroße Gebilde, die dadurch entstehen, daß Cholesterinkrystalle, wie man sie in Gallesediment finden kann, mit Hilfe von Bilirubinkalk zu Steinen zusammenbacken.

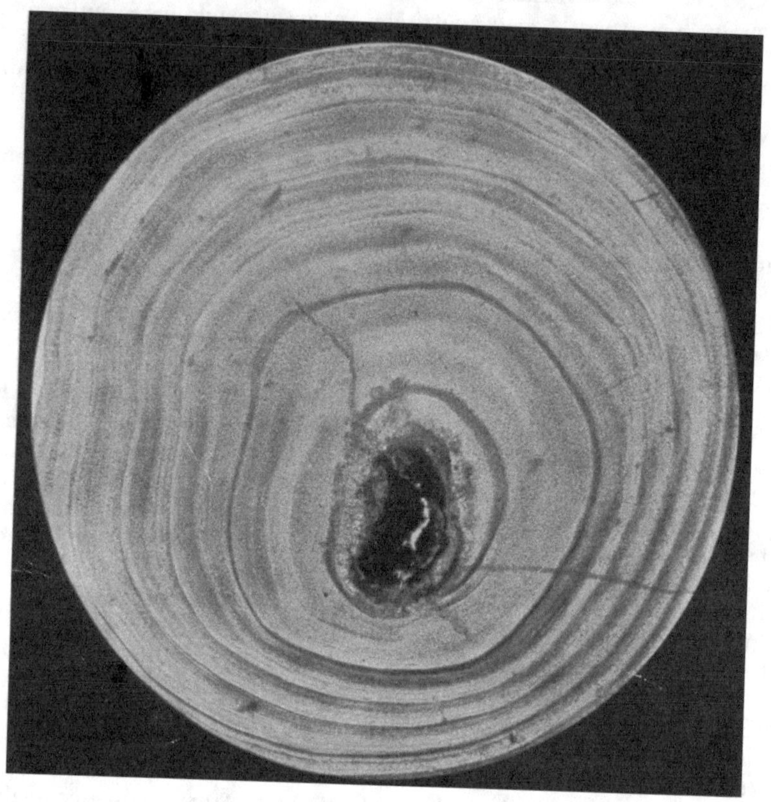

Abb. 97. Orientalische Perle. (Dünnschliff der Firma J. D. Möller, Optische Werke in Wedel [Holstein].)

β) *Bilirubinkalksteine.*

Von den *intrahepatischen Bilirubinkalksteinchen,* die cholesterinfrei sein können, war bereits die Rede. Durch eine Beimengung von Cholesterin, die wir wiederholt feststellten, wird ihre Wesensart nicht geändert, da das Cholesterin keinen bestimmenden Einfluß auf den Steinaufbau hat.

Reine Bilirubinkalksteine (bis zu 58% Kalkgehalt als CaO berechnet, K. KLEINSCHMIDT) finden sich in der Gallenblase, häufiger aber im Ductus choledochus und cysticus, seltener im hepaticus. Sind die Steine frei beweglich gewachsen, so haben sie die Form der Kugel, manchmal länglich-rundliche Gestalt. So können sie sich auch in den Gängen finden. In diesen nehmen sie aber bei weiterem Wachstum Zylinder- oder Bolzenform an. Sie sind von gelber bis tiefschwarzer, häufig von kupferroter Farbe, sehr hart und schwer und so spröde, daß die Darstellung durchsichtiger Präparate durch Schleifen oder Schneiden sehr schwierig ist. Die oberflächlichen Lagen splittern beim Aufbewahren und beim Hantieren leicht ab. Sie scheinen oft strukturlos zu sein. Zum mindesten läßt sich ihre Struktur schwer darstellen. In anderen Fällen zeigen sie eine konzentrische Schichtung, die ganz frei von radiärer Krystallisation ist. Die konzentrische Schichtung folgt, wie immer, aus Adsorptionsvorgängen; und stets ist, als ein Bestandteil, der die Form bestimmt oder mitbestimmt, eine große Menge Gerüstsubstanz (nach Röhmann bis 50%) in diesen Steinen enthalten. Das mag der Grund sein, warum der mitunter (in älteren Blasensteinen) sehr erhebliche Cholesteringehalt (bis 70%) für die morphologische Analyse latent bleibt.

Der braune erdige Pigmentstein birgt in seinem Innern als Kern nicht selten einen gewöhnlichen Gallenstein und bisweilen einen Fremdkörper (z. B. Parasiteneier).

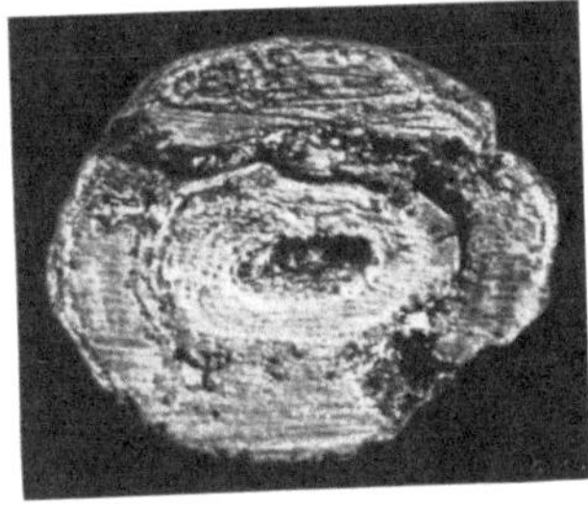

Abb. 98. Bilirubinkalkstein.

Naunyn rechnet zu den Bilirubinkalksteinen auch die Riesensteine, die infolge sekundärer Cholesterinierung einen falschen Kern und Cholesterin in Schichtstrukturen enthalten. Diese Konkremente sind unter b β beschrieben, da wir die Steine nach den Bestandteilen gliedern, die die Form bestimmen.

Die Tatsache, daß die in den Gallengängen festsitzenden Bilirubinkalksteine vollkommen cholesterinfrei sein können, gibt vielleicht einen Beitrag zu der alten Streitfrage über die Herkunft des zum Steinaufbau dienenden Cholesterins. Der leberwärts gerichtete Steinpol kann wohl mit Galle in Berührung kommen. Aber diese Galle ist im besten Falle dünne Lebergalle, die sehr wenig Cholesterin enthält. Und bei länger dauerndem Wachstum enthalten die Gänge nur die weiße Galle.

Aus den wandständigen Partien müßte Cholesterin anwachsen, wie es bei den die Gallenblase ausfüllenden Steinen der Fall sein kann, wenn das Epithel der Gallengänge Cholesterin sezernierte. Das nimmt Naunyn von dem Gallenblasenepithel an. Nach Rous und Mc Master[1] ist das Sekret der Gallengänge cholesterinfrei. Stammt aber, wie Aschoff meint, der Cholesterinansatz bei den wandständigen Blasensteinen von dem entzündlichen Exsudat aus den epithelfreien Druckstellen, so müßte man bei den festliegenden Gangsteinen das gleiche erwarten. Danach hat es also den Anschein, daß das Epithel der Gallenblase, nicht aber das der Gallengänge zum Steinbau dienendes Cholesterin abgibt.

γ) *Steine aus kohlensaurem Kalk und Bemerkungen über die anorganische Verkalkung von Gallensteinen.*

Willich[2] teilt 2 Fälle mit, in denen in der Gallenblase weiche Gallensteine gefunden wurden, die vorwiegend aus kohlensaurem Kalk (einmal mit reichlicher Beimengung von Cholesterin) bestanden. Solche Steine scheinen selten zu sein. Ich habe einmal in einer Gallenblase, die keine Zeichen der Entzündung aufwies, eine Herde von 5 etwa erbsengroßen, harten, maulbeerförmigen, grünlichen, metallisch glänzenden Gallensteinen gefunden, die neben sehr viel Calciumcarbonat etwas Phosphorsäure, Bilirubin und Spuren von Kupfer und Eisen enthielten.

Abb. 99. Calciumcarbonatsteine. (Qualitative Analyse: Bilirubin, ein zweiter gelber Farbstoff, Cholesterin, Kohlensäure, Phosphorsäure, Calcium, Eisen und Kupfer in Spuren, Wasser, „organische" Substanz.)

Calciumcarbonat findet sich (meist in Verbindung mit Phosphat) vielfach in Gallensteinen. Eine stärkere Beimengung führt nach Naunyn zu der grünlichen Verfärbung, die wir auch in unserer Herde beobachteten. Man findet anorganischen Kalk in Schalenschichten, häufiger jedoch an der Oberfläche, als dichte, harte Hülle, die dem Messer unüberwindlichen Widerstand entgegensetzen kann. Kleinschmidt konnte im Innern von Steinen keine anorganische Verkalkung feststellen. Naunyn

[1] Rous u. McMaster: J. of exper. Med. **34**, 47 (1926).
[2] Willich: Mitt. Grenzgeb. Med. u. Chir. **35**, 324. (1922).

findet sie in unregelmäßiger Weise in die Tiefe gehend. Sie kann die Schichtenstrukturen bestehen lassen, aber auch völlig auslöschen.

Dieser Prozeß der anorganischen Verkalkung ist ein sekundärer. Calciumion, Carbonat und Phosphat diffundieren in die Gerinnungsschichten hinein und fallen aus. Geschieht das bereits in den oberflächlichen Schichten in ausgedehnter Weise, so kann die Diffusionsmöglichkeit aufhören und eine Schale entstehen. Es ist die Möglichkeit in Betracht zu ziehen, daß die Oberfläche durch Kalkinkrustierung inaktiv wird, so daß das Steinwachstum durch Apposition aufhört.

Der Prozeß der anorganischen Verkalkung ist von großem Interesse für die radiologische Darstellung der Gallensteine. Nach Kleinschmidt ist der Kalkgehalt der Steine, der dem Farbstoff entspricht, so gering, daß selbst bei den weichsten Röntgenstrahlen und bei größerer Anhäufung keine zur Darstellung genügende Strahlenabsorption stattfinden kann. Für die Darstellung intra vitam ist die anorganische Verkalkung wohl meist ausschlaggebend. Die Röntgenphotographie isolierter Steine, die wir öfter vorgenommen haben, kann für die Beurteilung des Kalkgehalts recht instruktive Bilder liefern.

δ) *Eiweißsteine.*

In einem Falle schwerer Cholecystitis habe ich in der operativ entfernten Gallenblase eine große Anzahl teilweise geschichteter „Eiweißsteine“ gefunden. Eine zweite Beobachtung dieser Art konnte ich in der Literatur nicht entdecken.

d) Kombinationssteine, gestreckte Steine.

Der Begriff „Kombinationssteine“ (s. Abb. 88) stammt von Aschoff und Bacmeister. Die Autoren verstehen darunter einen Stein, der von einem andersgearteten Stein umschlossen ist. Es handelt sich also um den Vorgang der Steinbildung um einen Stein als Steinkern. Im strengsten Sinne kann man dann auch alle gewöhnlichen Steine, die sich um Bilirubinkalksteinchen bilden, hierher rechnen. Auch ein gewöhnlicher Gallenstein, der im Ductus choledochus von einer aus Bilirubinkalk bestehenden Hülle umgeben wurde, stellt einen Kombinationsstein dar. Aber im Mittelpunkt des Interesses stehen die um einen radiären Cholesterinstein gebildeten. Ein radiärer Cholesterinstein, von einer aus Bilirubinkalk und Cholesterin bestehenden Schale umgeben, ist nach Aschoff das Dokument einer Entwicklung, die darin besteht, daß in einer Gallenblase, die einen steril (durch Cholesterindiathese) entstandenen Cholesterinstein trug, ein infektiöser Zustand aufgetreten ist, der zur Steinbildung um den Primärstein als Kern und in manchen Fällen gleichzeitig zur Entwicklung von Herdensteinen geführt hat. Diesen Entstehungsmodus erkennt Naunyn für einen Teil der Steine an. Und auch, wenn man die Bedeutung der Infektion für die Bildung der gewöhnlichen Steine anzweifelt oder ablehnt, muß die Analyse zu dem Ergebnis führen, daß eine zweiphasische Entwicklung — primär Cholesterinsolitär (der oben dargestellten Entwicklung), sekundär Schalenbildung — stattgefunden hat.

Naunyn erkennt aber diese Entstehungsart nicht für alle Steine kombinierter Bauweise an, sondern tritt dafür ein, daß sich solche auch aus einem gewöhnlichen Stein (Solitär) durch von innenheraus erfolgende Umformung bilden können. Es handelt sich fast immer um ovale Steine, deren Gestalt meist gestreckter ist, als der Eiform entspricht. „Der Durchschnitt kann ein reines, krystallines oder amorphes Cholesteringebilde ergeben, oft zeigt er Reste von Schichtung, welche erkennen lassen, daß der Stein einst als freier Gallenblasenstein in der Gallenblase daheim war. Ehe er (im Gallenblasenhals) festgelegt wurde, war er viel kleiner und runder, dann brachte es die Einklemmung mit sich, daß er in seinem mittleren Teil von Schleimhaut umschlossen wurde, während die beiden Polenden frei blieben. Soweit die Schleimhaut dem Stein anlag, fand Eindringen von Cholesterin, das die Schleimhaut lieferte, statt, und so ist ein Mittelstück entstanden, durch dessen Einschaltung der Stein gestreckt wurde.“ NAUNYN bezeichnet solche Konkremente als *gestreckte*. ASCHOFF und BACMEISTER, sowie KLEINSCHMIDT erkennen eine solche Entstehungsweise nicht an. Ich kann aus eigener Erfahrung nichts darüber aussagen, ob zur Entstehung eines gestreckten Steines eine Einklemmung notwendig ist. Daß es aber gestreckte Steine gibt, oder daß es Steine gibt, deren Entstehung anders nicht erklärt werden kann, ist nicht zu bezweifeln. NAUNYN sagt von solchen Steinen: „Auf dem Durchschnitt grenzt sich das Mittelstück von den beiden Polstücken gut ab; es besteht aus reinem Cholesterin ohne Schichtung, während die beiden Polstücke an ihrer Schichtung die Schale des einst typischen Gallenblasensteins erkennen lassen: beide Polstücke können ganz gleiche Schichtung in Farbe und Dicke der einzelnen Schicht und in der Schalenfolge zeigen, so daß die Schichten beider Polstücke über das zwischengelagerte Mittelstück aneinander passen.“ Ganz genau so ist es. Das zeigt der prächtige Stein (Abb. 100, Nr. 4), dessen vollkommen symmetrische Ausbildung anders als durch Streckung nicht verstanden werden kann. Auf einem

Abb. 100. 1—3 Kombinationssteine. Stein 1, 2, 3 krystalliner Cholesterinstein als Kern, radiär-krystalline Hülle (bei Stein 1 mit noch deutlicher, bei Stein 2 und 3 mit noch angedeuteter konzentr. Zeichnung). 4 u. 5 gestreckte Steine.

Schliff aus der Sammlung Naunyns (Abb. 101) kann man sehen, wie feine gelbe Bilirubinlinien aus den Polen in die peripheren Teile des aus krystallinem Cholesterin bestehenden Mittelstücks hineinlaufen. Diese Linien haben genau den-

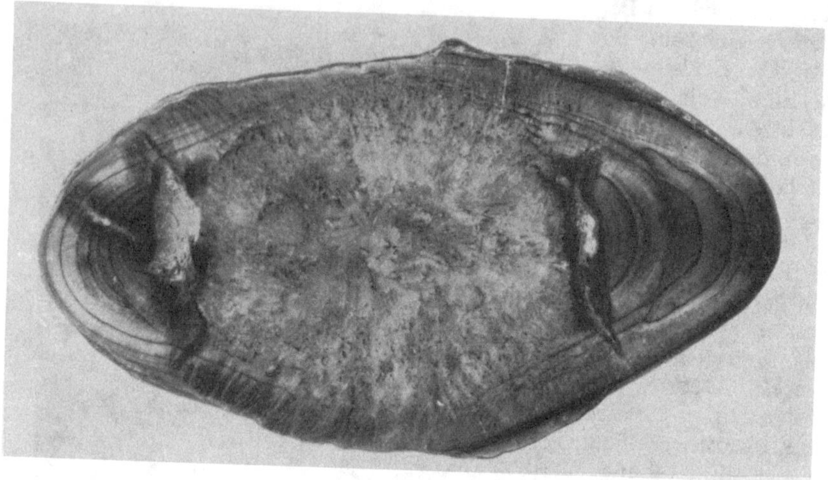

Abb. 101. Gestreckter Stein. (Schliff aus der Sammlung B. Naunyn.)

selben Farbton wie die den Pol bildenden und sich über den Polen auseinanderdrängenden Schichten.

Auf einem noch unvollständig krystallinen Solitär (Abb. 100, Nr. 5) sieht man, daß durch eine zentrale Cholesterinierung eine Trennung im Kern und eine polare Abdrängung der beiden Kernhälften stattgefunden hat. Ganz zweifellos

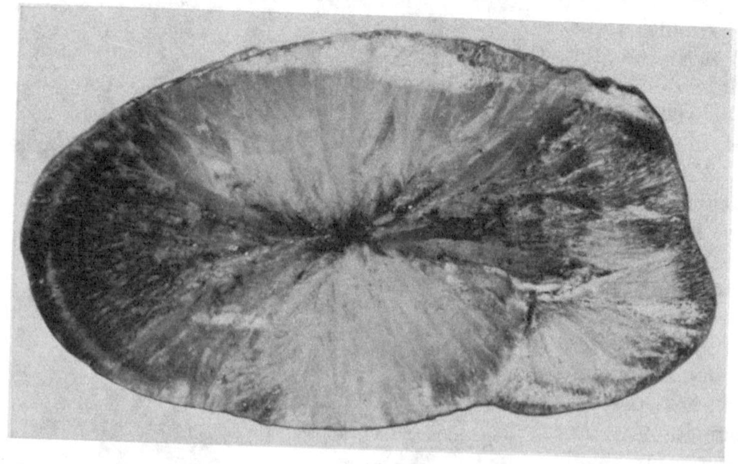

Abb. 102. Langovaler Solitär mit Knospe und radiärer Cholesterinkrystallisation nach den seitlichen Teilen und Abdrängung des Pigments nach den noch deutliche Schichtung zeigenden Polen.

sind in den lang ovalen Steinen (bei krystalliner Erstarrung) nach den Polen gerichtete Kräfte oder Strömungen wirksam. Der Solitär (Abb. 101) zeigt eine für solche Steine typische Pigmentzeichnung (vgl. auch Abb. 15 bei Rovsing und Abb. 100, Nr. 1 und 2), eine von dem Zentrum nach beiden Polen fächerförmig ausstrahlende Pigmentierung bei schwächerer Krystallbildung innerhalb dieser

Partien, während die Krystallisation nach den Seiten kräftiger durchgebildet ist. Die dunkler pigmentierten Teile zeigen besonders peripher noch deutliche, die seitlichen Teile nur eben angedeutete Schichtungen. An einer Polseite ist eine Knospe angesetzt, die grob, aber noch nicht ganz bis zur Peripherie durchkrystallisiert ist. Diese Erscheinung kann in folgender Weise gedeutet werden. Das Cholesterin dringt von außen in den Stein und krystallisiert, bei gleichzeitig stattfindender Zerstörung der primären Struktur, vom Zentrum aus nach der Peripherie. In einem ovalen und noch mehr in einem lang ovalen Stein ist der Weg von den Seiten nach dem Zentrum kürzer als der von den Polen. Ist Gelschwund und also, wie aus Abb. 101 ersichtlich, krystalline Cholesterinierung auf dem kurzen Radius früher vollendet, so muß die Abwanderung des Kernpigments nach den Polen abgedrängt werden. Ich halte es für möglich, daß durch eine Analyse der Kurve der Pigmentgrenze das Problem mathematisch gelöst werden kann.

Abb. 103. Radiär-krystalliner Cholesterinsolitär mit Polknospen.

Zwischen solchen Steinen, die man als Streckungssteine bezeichnen muß, und solchen, die mit ihrer geschichteten Umhüllung als Appositionsbildungen um Cholesterinsolitäre betrachtet werden können, fehlt es nicht an Übergangsformen. Je mehr nämlich die Gestalt des Steines von der Kugelform in der Richtung auf ovale Gestalt abweicht, um so stärker treten gegenüber den Anlagerungen auf den Seiten die Polanlagerungen hervor (s. Abb. 88, Nr. 5, 7, 9), die mehr oder weniger deutlich geschichtet und teilweise grobporig sind. Ich habe den Eindruck, möchte es aber nicht mit Sicherheit entscheiden, als ob die radiären Cholesterinsteine um so leichter den Typus des Kombinationssteines annehmen, je mehr Pigment sie enthalten oder enthielten. Und das führt zu der noch nicht entscheidbaren Frage, ob das abwandernde, bei langovalen Steinen mehr nach den Polen abwandernde Pigment sich an der Oberfläche des Steines niederschlagen und durch Veränderung (Anrauhung) der Oberfläche die Bedingung zur Adsorption von Gallenbestandteilen schaffen kann. Zur Stellung dieser Frage führt u. a. die Betrachtung des eigenartigen Kombinationssteines (Abb. 103), eines herrlich durchkrystallisierten Solitärs, der symmetrisch an den Polen je eine dunkelbraune Knospe (Bilirubinkalk mit Cholesterinüberzug) trägt.

Abb. 104. Futteralstein.

Aschoff und Kleinschmidt halten die Entstehung eines Kombinationssteines auf einem anderen Wege als dem der Umschalung für unmöglich, weil die radiäre Krystallisation scharf an der Schale abschneidet. Es gibt Steine, die ein solches Verhalten zeigen; ja es gibt Steine (s. Abb. 104), in denen der Kernstein wie in einem gut passenden Futteral steckt. Aber man findet auch ein so deutliches Übergreifen der radiären Krystallisierung vom Kernstein auf die Schale (s. Abb. 105, Abb. 100, Nr. 1, 2, 3), daß der Typus des Kombinationssteins nicht als ein Endprodukt, sondern als ein Zwischenglied zum Cholesterinkombinationsstein, d. h. Cholesterinsolitär als Kern mit radiärer Cholesterinhülle, aufgefaßt werden muß. Solche Steine hat Kleinschmidt beschrieben. „Einzelne Kombinationssteine zeichnen sich dadurch aus, daß der Mantel nicht aus bunten Schichten besteht, sondern daß er undurchsichtige weiße Lagen bildet, die neben dem fein krystallinen Cholesterin nur Kalk ohne Pigment enthalten. Die Schichtbildung ist oft nur angedeutet, und die Unterscheidung vom radiären Cholesterinstein ist manchmal nicht ganz leicht." Die Steine 1, 2, 3 auf Abb. 100 veranschaulichen den Werdegang. Stein 1 hat in der Schale noch Reste konzentrischer Zeichnung. Die Steine 2 und 3 sind auch in den dicken Außenteilen radiär gebaut, wenn auch weniger grob als in dem älteren Kernstein. Die Schale des „Kombinationssteines" kann sich also cholesterinieren. Das ist für jeden, der die Cholesterinierung anerkennt, keine Überraschung, sondern eine Notwendigkeit.

Abb. 105. Kombinationsstein. Radiär-krystalliner Cholesterinstein mit guterhaltenem Kern. Mehrschichtige Schale, auf welche die radiäre Krystallisation des Kernsteins übergreift.

Wenn also die radiäre Krystallisation der Schale um einen radiären Cholesterinstein möglich ist, dann muß man erwarten, daß auch eine um einen ge-

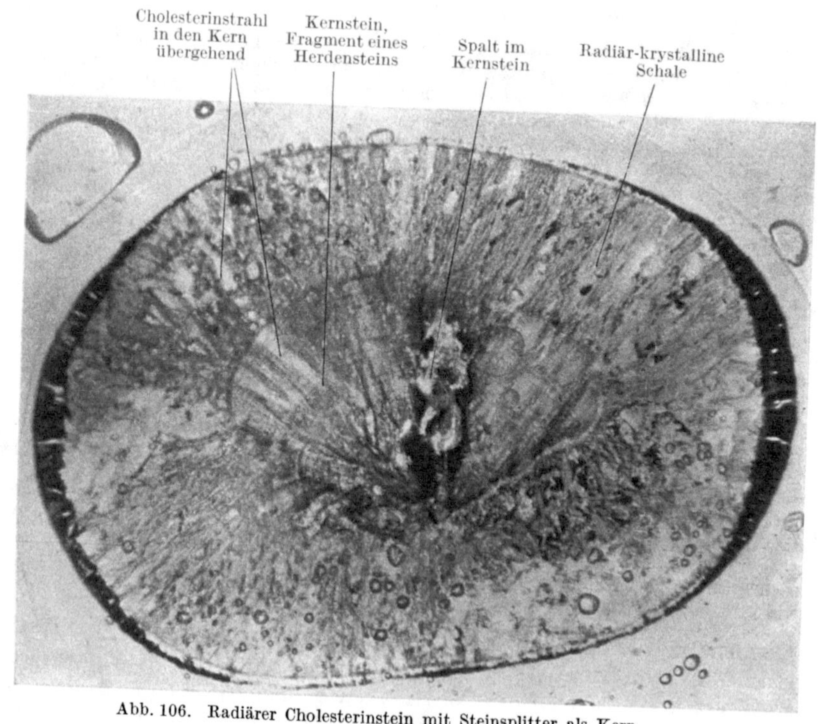

Abb. 106. Radiärer Cholesterinstein mit Steinsplitter als Kern.

wöhnlichen Gallenstein gebildete Schale den Typus des radiär-krystallinen Cholesterinsteins annehmen kann. Aschoff sagt, daß eine solche Bildung noch niemals beobachtet worden ist. Aschoffs Schüler Torinoumi erklärt weniger vorsichtig, daß eine solche Bildung niemals stattfindet.

Ich bin in der glücklichen Lage, einen solchen Kombinationsstein vorzulegen. Es handelt sich um einen ovalen Stein mit glatter Oberfläche, großem Kern und grobkrystalliner Rinde. Die mikroskopische Untersuchung (Abb. 106) zeigt, daß der Kern von dem Bruchstück eines facettierten Gallensteins gebildet wird. Dieses Bruchstück ist seitlich von seiner Mitte von einem Gang durchbrochen, dessen Rand von dunkelbraunen Pigment umsäumt wird, dessen Inneres von amorphem Cholesterin und hellgrünem krümlichen Massen erfüllt ist, die, wie die chemische Untersuchung ergibt, aus einem Kupfersalz bestehen.

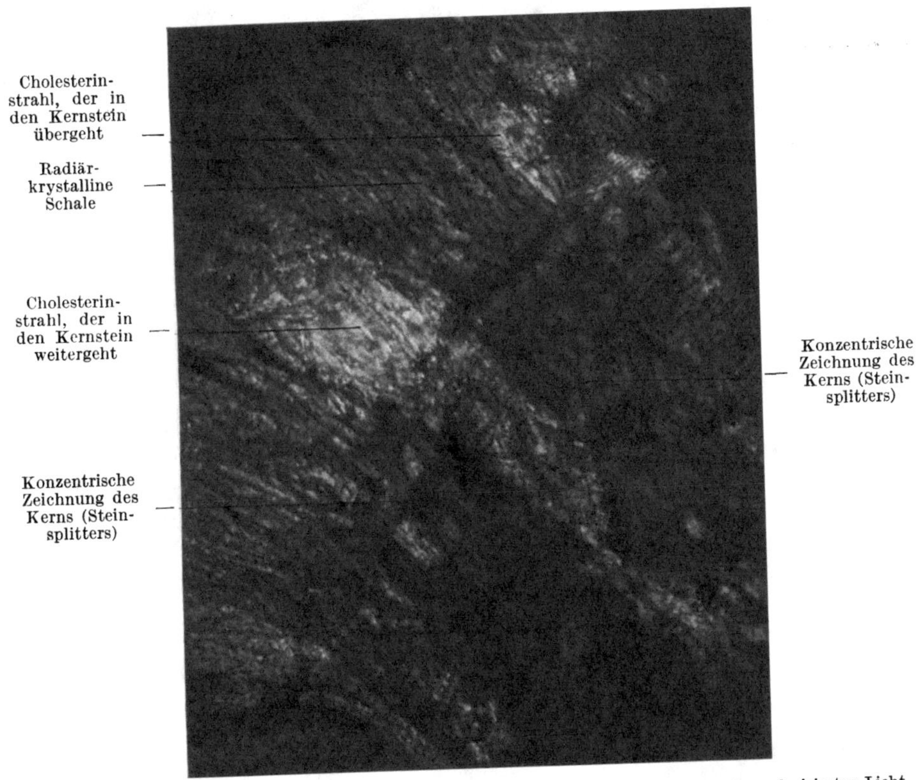

Abb. 107. Radiärer Cholesterinstein um Steinsplitter als Kern. Teilfarbenaufnahme im polarisierten Licht.

Das konzentrische Gefüge des Steinsplitters ist an einigen Stellen von grobkrystallinen Cholesterinbalken durchsetzt, die, wie die Teilaufnahme im polarisierten Licht beweist, die unmittelbare Fortsetzung von Cholesterinbalken der Rinde bilden (Abb. 107).

5. Intramurale Steine.

Nicht selten findet man Steine in der Wand der Gallenblase, in den Luschkaschen Gängen und Krypten. Die Steine können dort ihre Bildungsstätte haben und damit die Rolle der Gallenblasenschleimhaut für die Konkrementbildung augenscheinlich machen (Naunyn). Auch die wiederholt erwähnten kleinen, an der Schleimhaut hängenden Cholesterinsteinchen dürfen hierher gerechnet werden. Ihre Bedeutung für die Bildung größerer Konkremente ist unsicher. Es können aber auch intravesical gebildete Steine in Krypten hineingeraten, oder es können, wie Torinoumi richtig bemerkt, fertige Steine „an die geschwürigzerfallenen Schleimhautstellen angeklebt und durch spätere Heilungsprozesse, und zwar durch die Epithelisierung der Geschwüre, von der Schleimhaut abgekapselt oder in die LUSCHKAschen Gänge eingepreßt werden". Abb. 108 zeigt eine durch Sektion gewonnene Gallenblase mit einer kleinen Herde facettierter Steine, von denen einer in der Nähe des Collum in die geschwollene Schleimhaut tief eingepreßt war. Dieser Stein wirkte als Verschlußstein. Es ist bemerkenswert, daß er sich von den anderen Steinen nicht durch Größe und Form,

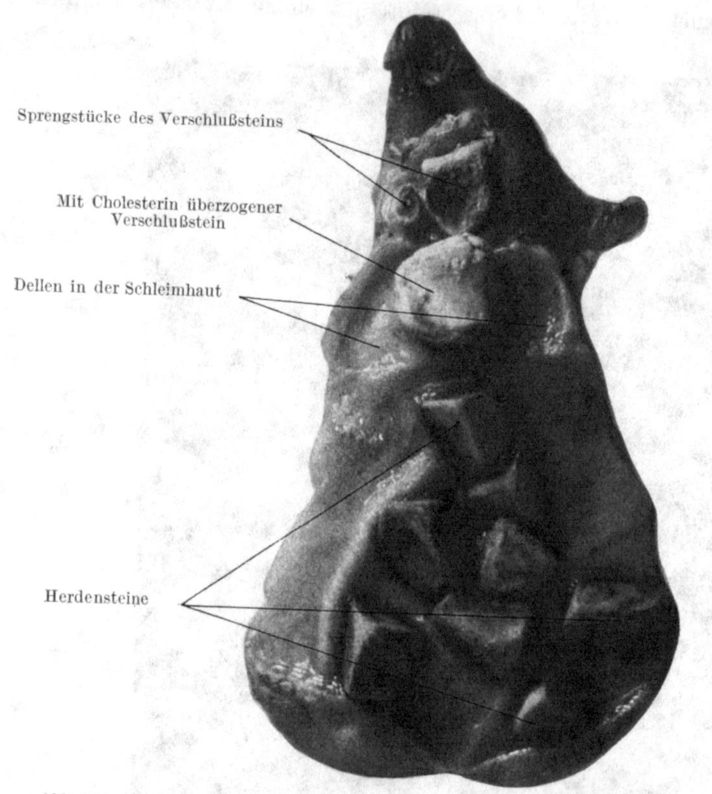

Abb. 108. Gallenblase (Cholecystitis) mit Steinherden und cholesterinüberzogenem facettierten Verschlußstein.

sondern nur durch einen weißen frischen Cholesterinüberzug unterscheidet. Von seiner oberen Fläche sind zwei Stücke abgesprengt, so daß man schließen darf, daß er beträchtlichem Druck ausgesetzt war. In einem anderen Falle sahen wir einen durch die Gallenblasenwand durchgewachsenen großen Stein, so daß er wie ein Knopf in die Bauchhöhle hineinragte. Abb. 109 zeigt einen intramuralen Stein am Abgang des Blasenhalses.

6. Häufigkeit der einzelnen Steinarten; zeitliche Verhältnisse in der Steinbildung. Steinsprengung. Steinlösung.

Es ist nicht möglich, aus der Literatur eine Zusammenfassung der Zahlen zu geben, da die Bezeichnung der Steine bei den verschiedenen Autoren nicht einheitlich und das dem einzelnen vorliegende Material zu verschiedenartig ist.

80—90% aller Steinblasen enthalten gewöhnliche Steine (Herdensteine). Der Betrag an radiären Cholesterinsteinen in reiner Form oder in der Form des Kombinationssteins ist wahrscheinlich kleiner, als in den Statistiken der Autoren zum Ausdruck kommt, da diese Steine mehr Interesse erregen, sorgfältiger gesammelt und den Interessenten zugeschickt werden. Wenn ASCHOFF 33% angibt, BACMEISTER 26,7, TORINOUMI 18,4, so kann das nur für die betreffenden Sammlungen, aber nicht allgemein gelten. Der Prozentsatz der anderen Steinarten ist gering.

Die Bildung der gewöhnlichen Gallensteine verläuft sicher in ganz kurzer Zeit. Ich halte es für wahrscheinlich, daß wenige Tage ausreichend sind. Aber dafür gibt es keinen Beweis.

Die Umwandlung der Steine ist sicher ein Prozeß von etwas längerer Dauer. Ich glaube aber nicht, daß es sich dabei um Jahre oder Jahrzehnte handelt, wie KKEINSCHMIDT anzunehmen geneigt ist, der versucht, eine Beziehung des Lebensalters der Träger zur Steinart aufzufinden. Eindringen von Cholesterin, Lösung der Kernmasse und Abwanderung von Bilirubinkalk sind einfache Vorgänge in Gelen. Wie die LIESEGANGschen Modellversuche zeigen, geht die Wanderung und rhythmische Fällung in Gelen innerhalb weniger Tage über große Strecken. Im Ductus choledochus kann sich eine Pigmentkalkschale von 2—3 mm Dicke in der Zeit von 8 Tagen bilden (NAUNYN).

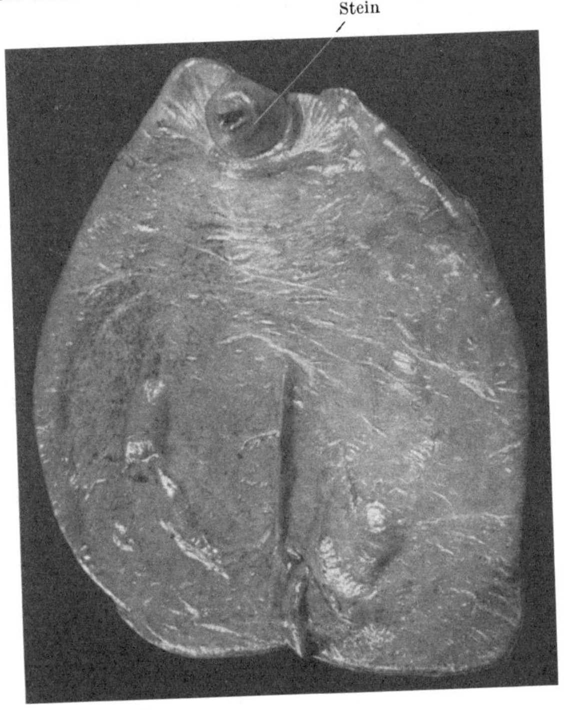

Abb. 109. In einer Krypte sitzender Verschlußstein.

Fertige Gallensteine können in der Gallenblase durch unbegrenzte Zeit in unverändertem Zustande fortbestehen. BOYSEN teilt Beobachtungen mit, aus denen hervorgeht, daß Steine, die mit Zwischenräumen von 10 Monaten in einem Falle und 2 Jahren in einem zweiten abgegangen waren, genau dieselbe Größe, Form, Farbe und Struktur hatten.

Der Endzustand eines Steines ist dadurch gekennzeichnet, daß keine Apposition, keine Einwanderung von Cholesterin und keine Abwanderung von Bilirubinkalk mehr stattfindet. Man muß annehmen, daß die Oberfläche für Adsorption inaktiv und gleichzeitig inpermeabel wird.

Nicht selten kommt es in der Gallenblase zum Zerfall von Steinen. Manche Steine, besonders auch konglomerierte Bilirubinkalksteine, sind so leicht pulverisierbar, daß sie durch geringen Druck zerfallen. Andere haben eine sehr dünne Schale um einen großen, mit Flüssigkeit oder Schmiere gefüllten Hohlraum. Bei starker Steinfüllung der Blase können sich die Steine „wund reiben", so daß der weiche Kern freigelegt wird u. dgl. m. Komplizierte Verhältnisse, die zum Steinzerfall führen, liegen darin, daß die Lagen durch Spalten, die bis in den Körper und Kern führen, aufgerissen werden. Solche Spalten hat man früher für

Kanäle gehalten, durch die sich die Steine mit Cholesterin infiltrieren. Richtig ist, daß sich diese Kanäle (s. Abb. 106 u. 107) mit zunächst amorphem, später krystallinem Cholesterin anfüllen und somit wieder verschließen. Geschieht das aber nicht oder nicht rechtzeitig, so können die Steine durch diese Spaltbildung zerfallen. Es handelt sich dann um einen Sprengungsprozeß, dem eine Lösung von Steinbestandteilen zugrunde liegt.

Die Frage, ob Gallensteine löslich sind, hat auch eine sehr große praktische Bedeutung. Der Wunsch der Kranken geht nach einem Mittel zur Steinlösung. Ich möchte es als sicher bezeichnen, daß es eine vollständige Lösung von Gallensteinen in der Gallenblase im chemischen Sinne nicht gibt. NAUNYN fand in 1% der Fälle bei Menschen spontane Auflösung, aber nur bis zum Auftreten von Bruchstücken, von denen er sagt, „daß sie, in der Galle schwimmend, weiter aufgelöst werden“. Dieser Teil des Prozesses entzieht sich aber der Beobachtung. Von HANSEMANN[1] und HEDINGER[2] wird eine größere Häufigkeit der Steinlösung angenommen. Es handelt sich aber wohl immer um einen Zerfall auf Grund teilweiser Lösungsprozesse. Es wäre sehr wichtig, zu wissen, welcher chemische Vorgang der Auflösung menschlicher Gallensteine in der Gallenblase von Hunden zugrunde liegt. Diese Frage hat auch eine klinische Bedeutung, und zwar im Sinne der Therapie, wenn es eine vollständige Auflösung und einen pharmakotherapeutischen Einfluß auf diese gibt, dagegen im Sinne des Rezidivs der Steinbildung, wenn es sich nur um einen Steinzerfall auf Grund teilweiser Lösungsprozesse handelt.

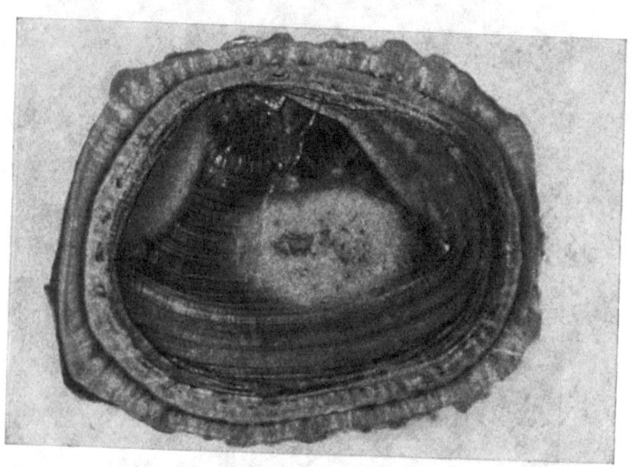

Abb. 110. Stein um Steinsplitter als Kern. Im Kern mit grützigem Cholesterin ausgefüllter, durch Auflösung der geschichteten Struktur entstandener Hohlraum. (Sammlung Dr. BRÜHL.)

Solche Lösungsprozesse gibt es ohne Zweifel. Sie betreffen den Kern regelmäßig und finden sich auch in den Lagen (s. Abb. 110). Sie würden mit großer Regelmäßigkeit zum Steinzerfall führen, wenn die Lösungswunden nicht durch Cholesterin gedichtet würden. Der Löslichkeit krystallinen Cholesterins in der Galle (zumal in der Lebergalle) stehe ich sehr skeptisch gegenüber, da ich mich nicht davon überzeugen konnte, daß Cholesterin (in Tafelform) von Lebergalle selbst bei Herstellung günstiger Bedingungen (lange Zeit, Schüttelapparat) gelöst wird.

ROSIN[3] hat die Gewichtsabnahme von Steinen in 5proz. Lösungen gallensaurer Salze bestimmt. In Desoxycholat nahm ein Cholesterinstein in 22 Tagen etwa 5%, ein Cholesterinpigmentkalkstein etwa 10% an Gewicht ab. Auf die Blasengalle mit ihrem hohen Cholesteringehalt dürfen diese Zahlen aber nicht übertragen werden.

---

[1] HANSEMANN: Virchows Arch. **212**, 212 (1913).
[2] HEDINGER: Schweiz. med. Wschr. **1921**, Nr 45.
[3] ROSIN: Hoppe-Seylers Z. **124**, 282 (1923).

Eine vollständige Lösung von Gallensteinen ist beim Menschen bisher nicht sichergestellt und unwahrscheinlich. Teilweise Lösungen, die zum Zerfall und zum Auftreten von Steinsplittern führen, kommen vor, sind aber ihrem Wesen nach ungeklärt.

III. Bildung der Harnsteine.

Seit den ältesten Zeiten der Menschheit und der Medizin haben die Harnsteine und namentlich die Steine in der Harnblase ein besonderes Interesse erweckt. Es ist bekannt, daß die bis zum Jahre 5867 v. Chr. hinaufreichenden ägyptischen Dynasten an Steinbeschwerden gelitten haben. MECKEL V. HEMSBACH äußerte im Jahre 1856 die Vermutung, daß „die genauere anatomische Untersuchung der die Eingeweide der Mumien enthaltenden Kanopen vielleicht die Steinkrankheit auf höchstes Alter hinaufführen würde“. Und wirklich hat im Jahre 1901 ERIOT SMITH[1] in einer 7000 Jahre alten Mumie in einem ägyptischen Dorf, El Alma genannt, Harnsteine gefunden.

Bereits HIPPOKRATES und GALEN haben sich mit den Harnsteinen eingehend beschäftigt. Und schon zu jener Zeit, ganz deutlich aber im ganzen vorigen Jahrhundert, das eine sehr bedeutende Literatur über die Harnsteine hervorgebracht hat, waren die Probleme und Streitfragen dieselben, die uns noch heute beschäftigen.

1. Vorkommen. Häufigkeit. Geographische Verbreitung. Abhängigkeit von Alter, Geschlecht. Heredität.

Harnsteine werden außer bei dem Menschen gefunden bei Schweinen, Pferden, Rindern, Hunden, Hasen, bei der wilden Katze, bei Fischen, Boa constrictor, Kröten[2], Schildkröten[2], namentlich bei Ratten. Die Häufigkeit der Harnsteine ist regionär ganz außerordentlich verschieden und scheint auch starken zeitlichen Schwankungen zu unterliegen. Die Beobachtung von PRÄTORIUS[3], daß in Hannover zur Zeit Harnsteine (besonders Oxalatsteine) mit zunehmender Häufigkeit auftreten, wird auch in Hamburg-Altona gemacht. Seit langer Zeit aber sind bestimmte Gegenden und auch einzelne eng begrenzte kleinere Bezirke durch das häufige Vorkommen von Harnsteinen bekannt. So gibt es im westlichen Asien viel Urolithiasis. Im östlichen steinarmen Asien bildet aber die Stadt Kanton und ihre Umgebung eine an Harnsteinen reiche Insel. Ebenso verhält sich Altenburg, die Gegend zwischen München und Landshut, die Schwäbische Alb in dem sonst, zur Zeit der Aufstellung dieser Statistiken, harnsteinarmen Deutschland. Viele Steine gibt es im Zentrum Rußlands, besonders im Wolgagebiet, in einigen ungarischen Bezirken, auch in England (in den südlichen und östlichen Distrikten und in Schottland) und in Italien. In Afrika sind Mauritius, Réunion und namentlich Ägypten Steinländer. In Holland sind Harnsteine früher häufig gewesen, jetzt selten geworden, während in der Schweiz der entgegengesetzte Verlauf beobachtet wird[4, 5].

Wie bereits HIRSCH[6] festgestellt hat, hat die geographische Verbreitung der Harnsteine keine Beziehungen zu Bodenbeschaffenheit und Klima. Die Häufigkeit der Steine in Ägypten ist die Folge der Bilharziakrankheit. Im

---

1 SMITH, ERIOT: Zitiert nach H. NAKANO, Atlas der Harnsteine. Leipzig-Wien 1925.
2 EBSTEIN, W.: Virchows Arch. **158**, 514 (1899).
3 PRÄTORIUS: Dtsch. med. Wschr. **1925**, 311.
4 SENATOR: Nothnagels Handb. **19** I, 465.
5 SUTER: Mohr-Staehelins Handb. **3** II, 1795.
6 HIRSCH: Handb. d. hist.-geograph. Path. **3**. Stuttgart 1886.

übrigen sind die Bedingungen der ungleichen geographischen Verbreitung gänzlich unbekannt. Nicht ohne Bedeutung aber für die Einsicht in diese interessante Frage ist die sichergestellte Tatsache, daß in Gegenden mit endemischem Steinvorkommen mindestens die Hälfte der Befallenen (in manchen Statistiken bis 85%) Kinder unter 16 Jahren sind, und zwar vorwiegend Kinder aus der ärmeren Bevölkerung. Im Gegensatz dazu finden sich in solchen Gegenden, in denen Steine nur sporadisch vorkommen, vorzugsweise ältere Männer als Steinträger. Wenn die Befunde von FUJIMAKI[1] (Erzeugung von Nierenbecken-, Blasen- und Gallengangsteinen bei Ratten durch vitamin-A-freie Ernährung) sich auch für den Menschen bestätigen, so werden die Bedingungen des endemischen Steinvorkommens vielleicht klar und beherrschbar werden.

Das *Alter der Steinträger* und damit die Lebenszeit, in der sich Steine bilden, ist, wie sich aus der verschiedenen geographischen Verbreitung der Steine ergibt, kaum so summarisch anzugeben, wie MECKEL es tut, indem er sagt, daß die Urolithiasis vorzüglich eine Krankheit der Kinderjahre sei. Spätere Beobachtungen differenzieren nach dem Sitz der Steine. So schreibt SENATOR, daß *Nierensteine* am häufigsten im Alter von 30—60 Jahren sind, während *Blasensteine* im frühen Kindesalter verhältnismäßig oft vorkommen und auch nach dem 50. Lebensjahre eine steigende Frequenz haben. Die Statistik von NAKANO bestätigt diese Angabe.

Man nimmt meistens an, daß die Steinbildung im Kindesalter auf den Harnsäureinfarkt der Neugeborenen zurückgeht. NAKANO findet aber unter 45 Fällen zwischen dem 2. und 10. Lebensjahr 16 Oxalatsteine, 10 Uratsteine, 15 Steine aus gemischter Substanz. Daraus geht mit Sicherheit hervor, daß im Kindesalter eine allgemeine Bedingung wirksam sein muß.

Harnsteine sind beim männlichen Geschlecht sehr viel häufiger als beim weiblichen. Dieses Verhältnis besteht bereits im Kindesalter. BOKAY[2] fand unter 1621 steintragenden Kindern nur 4% Mädchen (s. S. 600). Die Annahme, daß die weitere und kürzere weibliche Harnröhre für den Abgang von Konkrementen günstigere Bedingungen bietet (SENATOR), scheint keine befriedigende Erklärung zu sein. Es ist nichts davon bekannt, daß bei Frauen häufiger kleine Konkremente oder auch nur Konkrementanlagen zur Ausscheidung kommen. Es ist aber sicher, daß die Harnröhre des Mannes bei normalen anatomischen Verhältnissen die Nierensteine, die nach einem Kolikanfall in die Blase gekommen sind, ohne Schwierigkeit passieren läßt.

Von altersher besteht die Ansicht, daß Harnsteine hereditär und familiär vorkommen, besonders in solchen Familien, in denen die Gicht heimisch ist. SYDENHAM hat selbst an Gicht und Urolithiasis gelitten. ERASMUS schrieb an THOMAS MORUS: „Du hast Nierensteine und ich die Gicht, wir haben zwei Schwestern geheiratet.“ (Zit. nach CHARKOT.) Auch bei einseitig auf das Verhalten des Purinstoffwechsels gerichteter Definition der Gicht kann man nicht daran zweifeln, daß eine verwandtschaftliche Beziehung zwischen den beiden Affektionen besteht. Das erscheint sonderbar, da bei der Gicht die Harnsäurekonzentration des Harns im Vergleich zum Normalen niedrig liegt. Der Gichtkranke hat aber eine sehr starke Neigung zu Harnsedimenten, und zwar zu Harnsäure und Mononatriumurat und ebenso zu Calciumoxalat. LICHTWITZ, der zusammen mit THANNHAUSER — im Sinne der Theorie von GARROD — die Besonderheiten des Purinstoffwechsels bei der Gicht für renale Funktionsanomalien hält, sieht in dieser Neigung zu Sedimenten ein zweites Zeichen funktioneller Nierenstörung.

[1] FUJIMAKI: Zitiert auf S. 606.
[2] BOKAY: Jb. Kinderheilk. (1895).

2. Bestandteile der Harnsteine. Steinarten. Untersuchungsmethoden.

NAKANO definiert Harnsteine als „Krystalle von Harnbestandteilen enthaltende, in den Harnwegen gebildete Konkretionsmassen“ und schließt damit die Gerüstsubstanz und diejenigen Konkremente, die keine Krystalle enthalten und als „Eiweißsteine“ bezeichnet werden, aus. Da aber diese Eiweißsteine — trotz ihrer Seltenheit — für das Verständnis der formalen Genese sehr wichtig sind, so ist es vielleicht zweckmäßig, als Harnsteine „scharf begrenzte, Gerüstsubstanz und meistenteils Krystalle von Harnbestandteilen enthaltende, in den Harnwegen gebildete Konkretionsmassen“ zu bezeichnen. Danach würden also mit Tripelphosphat inkrustierte geronnene Schleimmassen, wie wir sie wiederholt fanden, nicht unter den Begriff des Harnsteins fallen, da sie nicht scharf begrenzt sind.

Außer der Gerüstsubstanz, die uns später beschäftigen wird, bestehen Harnsteine aus Harnsäure, Natrium-, Kalium- und Ammoniumurat, Xanthin, Cystin, Calciumoxalat, Phosphaten und Carbonaten der alkalischen Erden. EBSTEIN teilt die Harnsteine in dieser Weise ein. Dieses Prinzip wird aber den Erscheinungen nicht ganz gerecht, weil die Steine fast niemals nur aus einem Stoff bestehen und besonders nicht selten die Kernsubstanz von der Zonensubstanz chemisch verschieden ist. In der Praxis begnügt man sich meistenteils damit, den Stein nach dem vorherrschenden Bestandteil zu benennen. Es ist aber von Bedeutung, die Kernsubstanz gesondert zu analysieren.

Nur solche Stoffe können an der Bildung von Harnsteinen teilnehmen, die im Harn in übersättigter Lösung enthalten sind. Diese Bedingung trifft für alle Steinbildner — wenn auch in den Grenzen der möglichen Harnreaktion nicht für alle gleichzeitig — unter allen physiologischen Verhältnissen der Harnbildung zu. Es gibt kaum je einen Harn, in dem diese Übersättigungen nicht bestehen. Es müßten also, wenn, wie ASCHOFF sagt, die Konkrementbildungen auf einer Übersättigung der Flüssigkeit mit Steinbildnern beruhen, alle Menschen Steine haben.

Die Tatsache, daß so gut wie alle Harne an Steinbildnern übersättigte Lösungen darstellen, enthebt uns der Notwendigkeit, auf die Bildungs- und Ausscheidungsverhältnisse dieser Körper hier einzugehen. Die Harnveränderungen, die man als Urat-, Oxalat-, Phosphatdiathese[1] zu bezeichnen pflegte und noch pflegt, betreffen nicht die Menge und Konzentration der betreffenden Stoffe, sondern ihre Löslichkeit und in geringem Umfange (bei der Phosphaturie) auch die Harnreaktion, d. h. das Säuren-Basengleichgewicht des Körperhaushalts.

Zweifellos sind Menschen mit Neigung zu Harnsteinen auch für Harnsedimentbildung disponiert. Die Sedimentbildung tritt auch dann ein, wenn die Konzentrationen der betreffenden Stoffe (Ionen) keineswegs abnorm hoch liegen (vgl. „Gicht“, S. 666). Aber ceteris paribus wird bei gegebener Kolloidveränderung das Sediment leichter und stärker auftreten, wenn der betreffende Bildner in größerer Menge und Konzentration zur Ausscheidung kommt. Daraus folgt die bleibende Berechtigung der Durchspülungstherapie und der diätetischen Prophylaxe bei Sediment- und Steinbildung. Es ist früher (S. 594) vermerkt, daß bei einem und demselben Menschen Neigung zur Sedimentbildung im allgemeinen besteht, daß aber die Art des einheitlichen oder gemischten Sediments häufig und auch in kurzen Fristen wechselt. Der Wechsel des Steinmaterials in den einzelnen Steinteilen (Kern und verschiedenen Lagen) geht dieser Erscheinung ganz parallel und zeigt, *daß es eine allgemeine Tendenz zur Steinbildung gibt und daß es nicht auf ein bestimmtes krystallisationsfähiges Material ankommt.*

[1] LICHTWITZ: Hoppe-Seylers Z. **64**, 144 (1910); **72**, 215 (1911) — Kongr. inn. Med. **1912**, 487 — Z. exper. Path. u. Ther. **13**, 271 (1913) — Kraus-Brugschs Handb. **1**, 239 (1919). — Z. Urol. **7** (1913).

Die Steinkernbildung ist der erste Akt der Steinbildung; sie wird auch als *primäre Steinbildung* bezeichnet. Die chemische Natur der Steinkerne erweist sich bei den einzelnen Beobachtern als sehr verschieden. NAKANO stellt seine Fälle denen von ULTZMANN gegenüber. Dieser Aufstellung schließe ich die kleinere Statistik KLEINSCHMIDTS an.

Autor	Zahl der Steine	Kernsubstanz besteht aus					
		Urat und Harnsäure	Phosphate	Oxalate	Gemischt	Cystin	Fremdkörper
ULTZMANN . . .	545	441 = 80,9%	47 = 8,6%	31 = 5,7%	—	8 = 1,4%	18 = 3,3%
NAKANO	485	113 = 23,3%	94 = 19,4%	166 = 34,2%	79 = 16%	7 = 1,4%	26 = 5,3%
KLEINSCHMIDT .	40	24 = 60,0%	8 = 20%	—	7 = 17,5%	1 = 2,5%	—

Den großen Unterschied zwischen der Aufstellung ULTZMANNS und NAKANOS führt NAKANO auf die europäische Fleischkost und die japanische vegetarische Verpflegung zurück. Ich glaube, daß bei uns zur Zeit das Oxalat als Steinkern und Steinmaterial eine sehr viel größere Rolle spielt als zur Zeit ULTZMANNS. Die Oxalatsteine im Nierenbecken sind jetzt wohl die häufigsten Harnsteine, mit denen der Praktiker zu tun hat. Ob die Ernährungsverhältnisse dafür eine ausreichende Erklärung bieten, läßt sich nicht beurteilen. Wenn KLEINSCHMIDT (Freiburg 1911) die Oxalatsteine in bezug auf ihre Häufigkeit den Xanthin- und Cystinsteinen gleichstellt, so gilt das nur für das relativ kleine, von ihm bearbeitete Material (größtenteils Material aus der Institutssammlung), aber ganz und gar nicht für das natürliche Vorkommen.

Nach NAKANO überwiegen bei den Frauen die Phosphate (54,3%), bei den Männern die Oxalate (40,4%) als Kernsubstanz. Nach demselben Autor sind in Japan die Oxalate als Kern- und Zonensubstanz bei Bauern und Kaufleuten sehr häufig, während bei den geistigen Arbeitern die Phosphate und Urate vorherrschen.

Die Benennung der Steine erfolgt, da es im chemischen Sinne reine Steine nicht gibt, nach dem vorherrschenden Bestandteil. NAKANO berücksichtigt chemische Zusammensetzung und Struktur und gibt folgende Bezeichnungen:

1. *Einfach zonierter Stein.*

Der Stein ist von der Mitte bis zur Peripherie durchwegs aus *einer* Substanz aufgebaut, z. B. Uratstein, Oxalatstein, Phosphatstein, Cystinstein = „einfach nicht gemischte Steine“. Der Stein, der von der Mitte bis zur Peripherie aus demselben Substanzgemeinge aufgebaut ist, heißt „einfach gemischter Stein“, z. B. Urat-Oxalatstein. Die Schreibweise, die chemischen Bestandteile durch Bindestriche zu verbinden, deutet an, daß die Substanz als Gemenge im Stein enthalten ist. Die Reihenfolge richtet sich nach der Menge des Stoffes.

2. *Mehrfach zonierter Stein.*

Konzentrisch geschichteter radiärstrukturierter Typus. Die einzelnen Substanzen oder die Substanzgemenge sind als Zonen gelagert. Die Zonen werden vom Kern zur Peripherie gezählt.

3. *Fremdkörpersteine.*

Die morphologische Analyse (äußere Besichtigung, Bruchfläche, Dünnschliff) ergibt nach NAKANO, dem ich folge, weil er von den neueren Beobachtern das größte Material mit krystallographischen und chemischen Methoden untersucht hat, folgende Merkmale:

Die Uratsteine. Form: Ellipsoidal, Oberfläche kleinwarzig oder fast ganz glatt. Schnittfläche der Steinsubstanz: teilweise löcherig mit traubigen Auswüchsen und Kügelchenaggregaten, beides sekundär. Der Zonenbau regelmäßig, parallel den äußeren Umrissen, Radialstruktur deutlich. Zentralpartie (Kern) körnig. Die anderen Teile größtenteils ebenso, mit einigen konzentrischen, dichten inneren Zonen und grobstrahligen peripherischen Zonen.

Mikroskopisch: Die zentrale Partie besteht aus kurzen, 0,01—0,05 mm dicken und 0,1—0,5 mm langen, stark lichtbrechenden, gerade auslöschenden, wirr angeordneten Stengeln. Der Hauptteil des Steines besteht aus denselben Substanzen wie die Zentralpartie, aber in mehr radialer Anordnung. Die in der Dicke kaum über 0,01—0,05 mm betragenden radialstrukturierten konzentrischen Schichten sind meistenteils tiefer gefärbt und deshalb weniger durchsichtig. Die Radialfasern der hell aussehenden konzentrischen Zonen löschen gerade aus und sind ungleichmäßig lang, so daß die Oberfläche dieser Schichten zickzack aussieht.

Die sekundären traubigen Auswüchse und Kügelchen sind sehr dünnfaserig radial und zeigen ein schwarzes Kreuz in den gekreuzten Nicols. Auch die einzelnen Zonen unterscheiden sich oft durch verschiedene Interferenzfarben.

Die Untersuchung von Dünnschliffen von Harnsteinen ließ EBSTEIN zwei Haupttypen der Steinarten unterscheiden:

1. eine konzentrische Schichtung und eine radiäre Streifung;
2. einen wirr krystallinischen Typus.

Der erste zeigt schon bei Besichtigung mit bloßem Auge, noch deutlicher aber bei Lupenvergrößerung, eine konzentrische Schichtung und eine radiäre Streifung. Der zweite charakterisiert sich dadurch, daß man bei der mikroskopischen Untersuchung krystallinische Massen in wirrer Anordnung sehen kann; es finden sich nämlich zahlreiche, regellos durcheinander gelagerte krystallinische Bildungen. Den zweiten Typus findet man meist kombiniert mit dem ersten.

Was die Untersuchung des sog. (im Sinne der EBSTEINschen Theorie) *organischen Gerüstes* anbelangt, so wurde der Uratstein anfangs mit schwach alkalischer (besser Boraxlösung $Na_2B_4O_7 + 10\,H_2O$), mit wenig Alkohol versetzter Lösung behandelt, dann bei 30—50° C digeriert. Die zurückbleibende Substanz wurde chemisch untersucht und als *eiweißartig* erkannt.

Die Oxalatsteine. Form: Ellipsoidal oder unregelmäßig. Die maulbeerartige Rauheit der Oberfläche in verschiedenem Grade variierend. Die Steinsubstanz ist hellbraun bis dunkelbraun, fettglänzend. Die braune Färbung ist wohl durch die eiweißartigen Beimengungen (Harnfarbstoffe?) zu erklären. Die makroskopisch schon sichtbare Struktur ist eine etwas komplizierte. Außer der Neigung zu parallelkonzentrischer Struktur, welche in diesem Falle stark zurücktritt, sieht man unregelmäßige übereinandergelagerte Schichten, dünnfaserigen, traubigen Charakters. Die zwei einander folgenden Schichten sind oft ganz verschieden in der Oberflächenform. Die halbkugeligen Teile der Struktur sind nicht gleichmäßig entwickelt, manche davon ragen bedeutend höher als die anderen hervor. Die konzentrischen sind nicht übereinander gestellt, sondern zeigen flach ausgedehnte Lückenräume zwischen denselben. In diesen Räumen sitzen sehr oft feine Kügelchen, welche auch die konzentrischen Zonen des Steines bilden.

Mikroskopisch: Die zentrale Partie besteht aus der Ansammlung von zahllosen stark doppelbrechenden gerade auslöschenden Kügelchen. Diese Partie ist größtenteils bräunlich, getrübt, wahrscheinlich durch Beimengung einer eiweißähnlichen Substanz.

Die anderen Partien (konzentrischen Zonen) bestehen aus demselben Kügelchenaggregat, beigemengt mit körnigem Calciumoxalat. Die maulbeerartige Oberflächenrauheit des Steines rührt, wie oben erwähnt, von dem ungleichartigen Wachstum der traubigen Aggregatenpartie her. Diese Teile sind sehr deutlich feinschichtig und feinfaserig. Viele von denselben bleiben nicht in der gewöhnlichen glatten Form, sondern wachsen in runden Zacken aus oder nehmen, wenn dies in sehr starker Form der Fall ist, kugelförmige Bildungen an.

Die organische Substanz des Oxalatsteins wird dargestellt, indem der Stein mit schwacher salzsaurer Lösung oder einer anderen mineralsauren Lösung bei 30—50° C einige Tage digeriert.

Die Phosphatsteine. Form: Ellipsoidal oder unregelmäßig, die Oberfläche ganz glatt oder warzig. Steinsubstanz: sehr locker gebaut, aber deutlich konzentrisch, besonders in den peripherischen Teilen, die Radialstruktur undeutlich. Die Steine sind nicht nur höckerig, sondern lassen sich auch sehr leicht durch minimalen Fingerdruck in Schalen zerlegen.

Mikroskopisch: Der Hauptteil des Steines besteht aus mäßig lichtbrechenden, schwach doppelbrechenden, mehr oder weniger radial angeordneten Körnern und Säulchen. Manche Durchschnitte der Säulchen zeigen gerade Auslöschung in bezug auf die oft bemerkbaren Spaltrisse.

Außer diesem Hauptbestandteil lassen sich sehr feine, lichtbrechende, gerade auslöschende Körper und die von diesen gebildeten sphärischen Aggregate erkennen. Es fehlen hier bei den Phosphatsteinen, wie es bei den Urat- und Oxalatsteinen der Fall ist, die die Zonen und vereinzelten Radialfasern schmutzig färbenden Substanzen.

Die organische Substanz des Phosphatsteins wird nach mehrstündiger Digerierung in schwacher Salzsäurelösung hergestellt.

Die Cystinsteine. Form: Ellipsoidal, Oberfläche fast ganz glatt, wachsgelbe, perlmutterglänzende Farbe. Steinsubstanz: perlmutterglänzende, konzentrisch geschichtete, blätterig-strahlige Aggregate. Die Blätter liegen dicht aneinander nach einem zentralen Punkte gelagert und bilden eine schöne Radialstruktur.

Im Mittelpunkte der Zentralpartie eines Präparates zeigt sich ein hexagonal-polyedrisches Kryställchen, um welches die Cystinblätter konzentrisch und radialfaserig überschichtet worden sind. In dieser Masse ist die Zonenstruktur nicht deutlich auffallender, als bei den Uratsteinen und Oxalatsteinen, jedoch zeigt sich in schwachem Grade zickzackförmig konzentrische Struktur. Die radialen Streifungen zeigen sich als Zeichnungen von größeren und kleineren hexagonalen Stengeln, die aber noch deutlicher bei Lupenvergrößerung sichtbar werden. Außerdem sieht man in den peripherischen Zonen der Dünnschliffe häufig Risse, Sprünge und unregelmäßig gestaltete polyedrische Lücken, welche gewöhnlich in radialer Richtung verlaufen.

Mikroskopisch: Die Radialstruktur ist deutlich zu sehen, konzentrischer Zonenbau undeutlich. Die radiale Streifung charakterisiert sich dadurch, daß die größeren und kleineren Stengel, welche sehr häufig fragmentär sind, die Lückenräume der nebeneinander parallellaufenden Stengel in dichtem Gefüge ausfüllen. Was das ganze Bild der Masse betrifft, so erinnert es an das Bild des Vogelflügels.

Die einzelnen Blätter zeigen starke Lichtbrechung und gerade Auslöschung, Pleochroismus deutlich.

Wenn man den Cystinstein anfangs in verdünnter Natriumcarbonatlösung, dann in verdünnter Ammoniaklösung digeriert, so geht das Cystin in Lösung und man erhält organische Substanz, wenn auch manchmal sehr wenig.

So weit die Beschreibung von Nakano.

Carbonatsteine. Calciumcarbonatsteine sind beim Menschen selten (Nakano hat keinen gesehen), häufig aber beim Pflanzenfresser. Farbe: schmutzig-weiß mit perlartigem oder perlmutterartigem Glanz. Form rundlich. Beträchtliche Härte. Auf Durchschnitt und Dünnschliff den Oxalatsteinen ähnlich (Kleinschmidt).

Xanthinsteine. Sehr selten. Farbe zimtbraun. Oberfläche glatt, mattglänzend. Sehr hart. Bruchfläche konzentrisch geschichtet. Schichten blättern leicht ab.

Indigosteine. Sehr selten. Der Stein von Ord[1] enthielt nur eine dicke Lage des körnigen, mattglänzenden Farbstoffs, der auf Papier einen braunschwarzen Strich hinterließ. Der Stein von Chiari[2] war ein Uratstein, der außen in einer eiweißartigen Gerüstsubstanz rote und blaue Indigokrystalle eingebettet enthält. Dorner[3] beschreibt Nierenbeckensteine aus Cholesterin, Calciumoxalat und Indigokrystallen. Der Harn war alkalisch und enthielt viele Leukocyten. Nach Dorner ist durch alkalische Reaktion freigewordenes Indoxyl durch Leukocyten und rote Blutkörperchen zu Indigo oxydiert worden.

Cholesterinsteine und Urostealithen. Cholesterinsteine werden bei Kommunikation der Harnwege mit den Gallenwegen und bei langdauerndem Zellzerfall (Eiterung, Blutung) in den Harnwegen gefunden.

„Steine" aus Fetten, Fettsäuren oder Paraffin entstehen, wenn das Material von außen durch die Harnröhre in die Blase gebracht ist.

Die *chemische Untersuchung* kann sich für praktische Zwecke auf die qualitative Analyse beschränken. Für die Vorprüfung verfährt man am besten nach der Vorschrift von Ultzmann:

Steinpulver verbrennbar			Steinpulver nicht verbrennbar		
ohne Flamme und Geruch	mit Flamme und Geruch		Natives Pulver braust mit HCl auf	Natives Pulver braust mit HCl nicht auf.	
Harnsäure, Natriumurat, Ammoniumurat	schwach bläuliche Flamme mit Schwefelgeruch = *Cystin*	gelbliche Flamme mit Haar- oder Federgeruch = *Gerüstsubstanz*	= *Carbonate*	geglühtes Pulver braust mit HCl auf = *Oxalat*	geglühtes Pulver braust mit HCl nicht auf = *Phosphat*

Die Farbstoffe der Harnsteine entstammen sicher den Harnfarbstoffen und vielleicht auch dem Hämoglobin, als Folge der durch die Steine bedingten

[1] Ord: Berl. klin. Wschr. **1878**, Nr 25.
[2] Chiari: Prag. med. Wschr. **1888**, Nr 56.
[3] Dorner: Münch. med. Wschr. **1922**, 661.

Hämaturien. Trotz mancher Bemühungen (ULTZMANN) ist Näheres nicht bekannt geworden.

Jeder Harnstein enthält Gerüstsubstanz. An der Bildung der Gerüstsubstanz können sich auch Bakterien beteiligen. So beschreibt HELLSTRÖM[1] Steine, deren Gerüst aus Staphylokokken bestand. LIEBERMEISTER[2] hat 3 Fälle von Nephrolithiasis bei Nierenbeckentuberkulose mitgeteilt, in denen die Steine säurefeste Stäbchen enthielten.

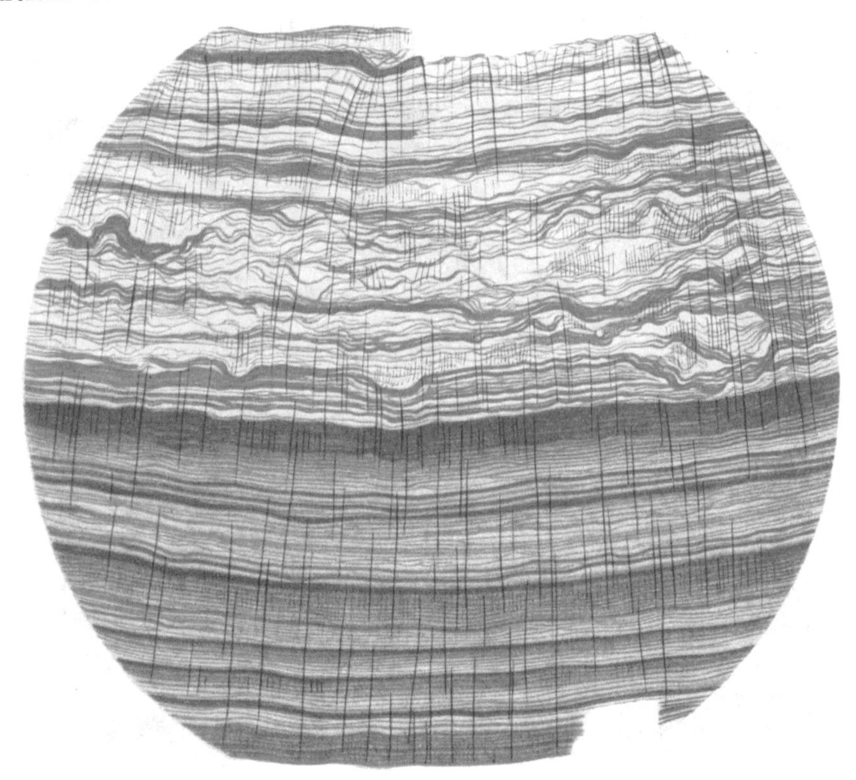

Abb. 111. Reiner Calciumoxalatstein (Kernstein, Oxalat aufgelöst mit HCl, organisches Gerüst mit Eosin gefärbt). (Aus O. KLEINSCHMIDT: Harnsteine.)

Die Menge der Gerüstsubstanz erfährt man, wenn man von dem Gesamtstickstoffgehalt des Konkrements Urat-, Ammoniak- und Cystin-N in Abzug bringt. NAKANO findet, wenn man den vermutlich sehr geringen N-Gehalt des Farbstoffes vernachlässigt, 1—3% N als Stickstoff der Gerüstsubstanz, d. i. rund 6—18 g Eiweiß auf 100 g Stein.

Die morphologische Untersuchung des Gerüstes ergibt ein feines aber sehr festes und dichtes Gefüge mit gut erkennbarer konzentrischer Schichtung. EBSTEIN und O. KLEINSCHMIDT geben sehr schöne Bilder der Gerüstsubstanz.

Dieses Gerüst, das nach Auflösung der krystallinischen Massen zurückbleibt, hat die Größe, die Form und das konzentrische Gefüge des Steines und ist den sog. Eiweißsteinen in Parallele zu stellen.

---

1 HELLSTRÖM: Hygiea (Stockh.) **87**, 529 (1925); zit. nach Kongreßzbl. inn. Med. **42**, 285.

2 LIEBERMEISTER: Dtsch. Arch. klin. Med. **140**, 195 (1922).

Eiweißsteine sind weiche, runde Gebilde von hellgrauer bis dunkelgrauer Farbe und deutlicher konzentrischer Schichtung. Es sind Fibrinsteine (MECKEL), amyloide Eiweißsteine (M. B. SCHMIDT[1]) und auch Bakteriensteine (NEUMANN[2], BORNEMANN[3]) beschrieben worden. Wir selbst fanden in einem Harn von einem Mann mit cystitischen Beschwerden drei runde, weiße Eiweißsteine von 2 mm Durchmesser (s. Abb. 112), die die Konsistenz von hart gekochtem Reis hatten und sich unter dem Deckglas breitquetschen ließen. Es ist nicht auszuschließen, daß diese Steine aus der Prostata stammten und zu den Prostatakörperchen Beziehung haben, die wie die Eiweißsteine das Produkt einer Kolloidgerinnung darstellen. Gelegentlich ist in den Eiweißsteinen ein Oxalat- oder Uratkern gefunden worden.

Die Größe der Harnsteine liegt zwischen den Dimensionen eines Sandkorns und eines Kindskopfes. Man pflegt Nierensand und Nierengrieß von den Steinen

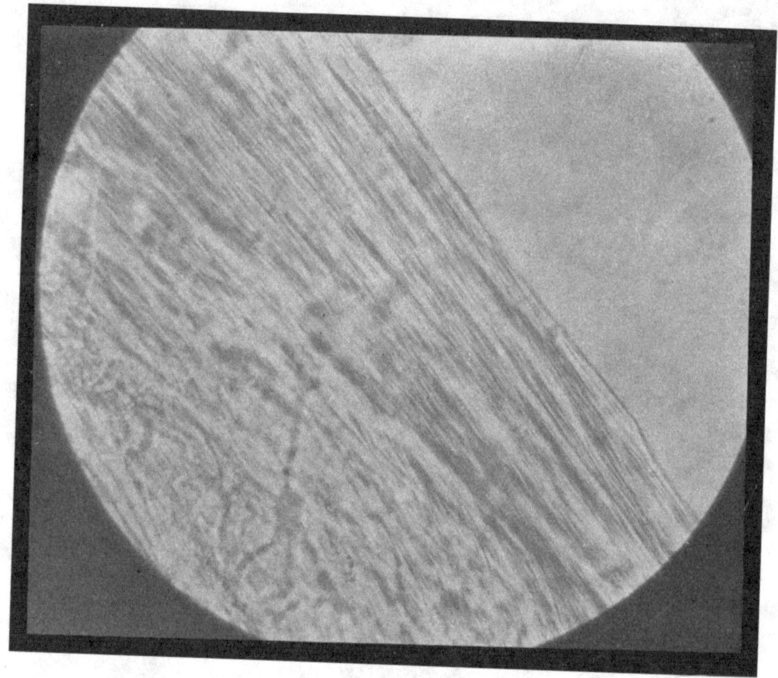

Abb. 112. Eiweißstein.

zu unterscheiden. Das ist für Fragen der Praxis richtig, aber für die Fragen der Steingenese unwesentlich. Auch Bildungen von mikroskopischer Kleinheit (Harnsäure-Mikrolithe, POSNER) zeigen bereits alle für Steine charakteristischen Eigenschaften.

Die Harnsteine sind rund, solange sie frei beweglich wachsen. Bilden sie sich aber in einem Recessus oder nehmen sie bei starkem Wachstum den ganzen Hohlraum ein, so nehmen sie die Form des Raumes an. Bekannt sind die Konkremente, die das Nierenbecken vollständig ausfüllen und durch Hineinwachsen in die Kelche zu phantastischen Formen führen (Abb. 113). So gibt es auch Harnsteine, die einen Ausguß der Harnblase darstellen. Die Steine, die sich im Ureter oder in der Urethra ausbilden, nehmen eine längliche Form an.

---

[1] SCHMIDT, M. B.: Zbl. Path. **23**, 865 (1912).
[2] NEUMANN: Dtsch. med. Wschr. **1911**, 1477.
[3] BORNEMANN: Frankf. Z. Path. **14**, 458 (1913).

Je nach dem Standort unterscheidet man Nierensteine, Uretersteine, Blasensteine und Harnröhrensteine. Das Häufigkeitsverhältnis der Steinorte läßt sich zahlenmäßig nicht angeben, da sich die große Mehrzahl der Nierensteinkranken nicht dort sammelt, wo die Blasensteinkranken Heilung finden, d. i. beim Chirurgen und Urologen. Wenn NAKANO unter 451 Fällen nur 23 Nieren- und Uretersteine und 428 Blasen- und Harnröhrensteine hat, so steht das im Gegensatz zu den Erfahrungen eines praktischen Arztes oder der inneren Kliniken, die viel mehr Nierensteine (Nierenbeckenkoliken, Beschwerden durch Nierenbeckensteine, Ureterstein u. dgl.) sehen als Blasensteine.

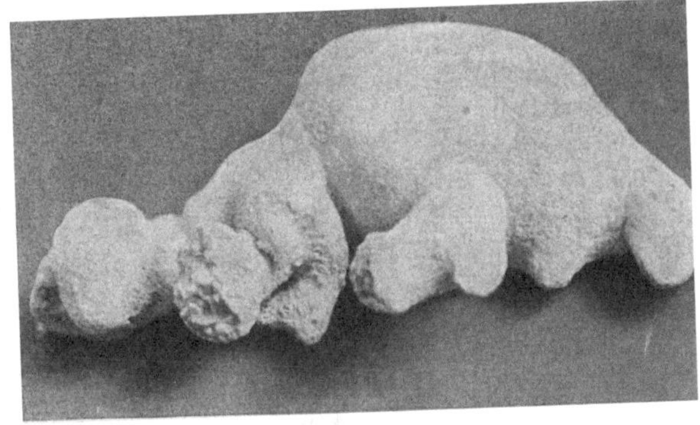

Abb. 113. Nierenbeckenstein. (Sammlung Prof. JENCKEL.)

3. Bedingungen der Harnsteinbildung. Experimentelle Steinbildung. Physikalische Chemie der Steinbildung. Theorien. Steinzertrümmerung. Steinlösung.

Auch in der Literatur der Harnsteinbildung spielt wie in der der Gallensteine die Frage der Infektion und des Katarrhs eine große Rolle. Es ist ganz sicher, daß sich in infizierten Harnwegen Steine bilden können. Diese Bedingung ist früher sehr hoch eingeschätzt worden. Wenn aber wirklich die Cystitis und Pyelitis einen größeren Einfluß hätte, dann würden bei dem weiblichen Geschlecht, das auch im Kindesalter sehr viel häufiger an diesen Krankheiten leidet als das Genus masculinum, Harnsteine nicht vergleichsweise so spärlich gefunden werden.

MECKEL, ALBARRAN und EBSTEIN haben für die formale Genese die Gerüstsubstanz als das primäre und wesentliche Moment angesehen und angenommen, daß sich (infolge der reichlichen Ausscheidung der krystallisationsfähigen Stoffe) ein sog. steinbildender, aseptischer Katarrh bilde, der durch Ausscheidung einer besonderen gerinnungsfähigen Substanz, von Schleim, durch Abschilferung von Epithelien, das Material für die Gerüstsubstanz liefere. Diese Lehre von der Herkunft der spezifischen Gerüstsubstanz gehört der Vergangenheit an. Man findet in jedem Krystall, wenn er in einem Medium, das adsorbierbare Stoffe — mögen sie molekular verteilt oder in gröberer Dispersion vorhanden sein — enthält, Beimengungen dieser Stoffe. So enthält jedes Harnsediment ein zartes Gerüst (MORITZ[1], PFEIFFER[2]) und ebenso jeder Krystall, der in eiweißhaltiger Lösung (Blut) entsteht (ASCHOFF[3]). Es ist kein Zweifel, daß auch der normale Harn eine hinreichende Menge adsorbierbarer und gerinnungsfähiger Kolloide enthält, um die Gerüstsubstanz zu bilden. Mit dieser Erkenntnis ist die Lehre von dem aseptischen steinbildenden Katarrh hinfällig geworden, aber die Auffassung von der primären Rolle der gerinnungsfähigen Kolloide nicht erschüttert.

---

1 MORITZ: 14. Kongr. inn. Med. **1896**.
2 PFEIFFER: 5. Kongr. inn. Med. **1886**.
3 ASCHOFF: Verh. dtsch. path. Ges. Meran **1900**.

O. KLEINSCHMIDT versucht die entzündliche (bakterielle) Steinbildung von der nichtentzündlichen zu trennen, indem er als ein Charakteristicum der ersteren den Gehalt der Steine an Ammoniumsalzen (Ammoniummagnesiumphosphat, Ammoniumurat) aufstellt. Ganz abgesehen von der praktisch unwesentlichen Tatsache, daß Sedimente dieser Salze auch im sterilen Harn vorkommen, bedingt die Infektion (Mischinfektion) mit harnstoffspaltenden Mikroorganismen nur einen Bruchteil der Blasenkatarrhe und einen verschwindend kleinen Teil der Nierenbeckenkatarrhe. Durch das Fehlen dieser Salze ist die entzündliche Entstehung anderer Steine nicht auszuschließen.

Es ist sicher, daß sich auch andere Steine als die von KLEINSCHMIDT genannten (so besonders Phosphatsteine) durch eine Infektion oder während einer Infektion bilden. Als ganz sicher aber kann angesehen werden, daß die Infektion keine notwendige Bedingung darstellt.

Im allgemeinen ist aber die Einteilung nach KLEINSCHMIDT zutreffend und jedenfalls ausreichend für die Praxis. Man unterscheidet demnach eine Steinkernbildung (primäre Steinbildung) und eine Schalenbildung (sekundäre Steinbildung) nichtentzündlicher und entzündlicher Ätiologie, deren wechselseitige Kombination möglich ist. Daß sich um einen Kern oder einen Stein nichtentzündlicher Herkunft eine Schale durch Entzündung bildet, ist wohl häufiger als die nichtentzündliche Steinbildung um einen durch Entzündung entstandenen Steinkern.

Der wichtigste Punkt für die Steinbildung ist die *Entstehung der Steinkerne.* Endogene Steinkerne enthalten krystallines Material meistens in radiär-konzentrischer Struktur. Ein strukturloser Kern kann sich strukturlos vergrößern. Dieser Prozeß stellt nach EBSTEIN die wirr krystallinische Steinbildung dar, während die Bildung einer konzentrisch-radiären Struktur als konzentrisch-schalige Steinbildung bezeichnet wird.

Sehr große Aufmerksamkeit verdient die von den älteren Forschern (KRÜCHE[1], ULTZMANN, ORD) erwiesene, von POSNER[2] und LICHTWITZ gewürdigte, aber von ASCHOFF und KLEINSCHMIDT nicht beachtete Tatsache, daß in den Harnsteinen (mit Ausnahme der Cystinsteine) die Krystalle nicht in denselben Formen auftreten, wie in den Harnsedimenten. Das trifft auch für die Steinkerne zu. Es ist also nicht allgemein richtig, in der Steinkernbildung nichts anderes zu sehen als eine Anhäufung von Sediment. Und es ist sicher *ganz unzutreffend zu meinen, daß das Wachstum der Steine durch Anlagerung von Sediment stattfindet.*

Bereits wiederholt (s. S. 667) ist vermerkt worden, daß für ein Sediment nicht eine zu hohe Konzentration die vorherrschende Bedingung darstellt, daß aber ceteris paribus die Niederschlagsbildung um so eher und stärker eintreten wird, je höher die Konzentration des Stoffes ist. Genau dasselbe gilt für den Anund Einbau der krystallinischen Bestandteile in einen Harnstein. Der Umstand, daß Sediment und Steinbildung so häufig gleichzeitig bei demselben Menschen vorliegt, hat dazu geführt, den Konzentrationsfaktor sehr hoch einzuschätzen und die Bildung des Steins aus krystallinischem Sediment anzunehmen. Bereits MECKEL V. HEMSBACH hat sich gegen diese Auffassung gewandt, indem er (S. 4) sagt: „Der etwas modernen Ansicht zuwider schließt sich die Bildung von krystallinischem Sediment und geschichteten Steinen gewissermaßen gegenseitig aus.“ Dieser Ausspruch darf so verstanden werden, daß derjenige Teil der Sedimentbildner, der als unlöslicher Niederschlag ausfällt, für die Einlagerung in geschichtete Steine nicht mehr in Betracht kommt und daß das in Steinen irreversibel festgelegte Material nicht krystallinisches Sediment werden kann.

[1] KRÜCHE: Inaug.-Dissert. Jena 1879.
[2] POSNER: Z. Urol. 7, 799 (1913).

Wenn auch die Möglichkeit einer Steinkernbildung aus Sediment gegeben ist, so lehrt die Erfahrung, daß die Kernbildung gewöhnlich nach dem Modus der Steinbildung verläuft. Das schönste Beispiel dafür ist der *Harnsäureinfarkt der Neugeborenen*. Er besteht (LUBARSCH[1]) aus bald langen, bald kürzeren wulstförmigen, bei durchfallendem Licht dunkelbräunlich bis grauschwarz erscheinenden Klumpen, die die erweiterten Sammelröhren ausfüllen und „sich zusammengesetzt zeigen aus größeren und kleineren Kügelchen, an denen man bei stärkerer Vergrößerung meist eine zentrale radiäre Streifung, konzentrische Schichtung der Ränder, erkennen kann". Diese Sphärolithe haben, wie alle konzentrischen Konkrementbildungen, ein (feines) Eiweißgerüst. LUBARSCH hat in einigen Kanälchen der Rinde von Harnsäureinfarktnieren fast immer Eiweißausscheidung gesehen.

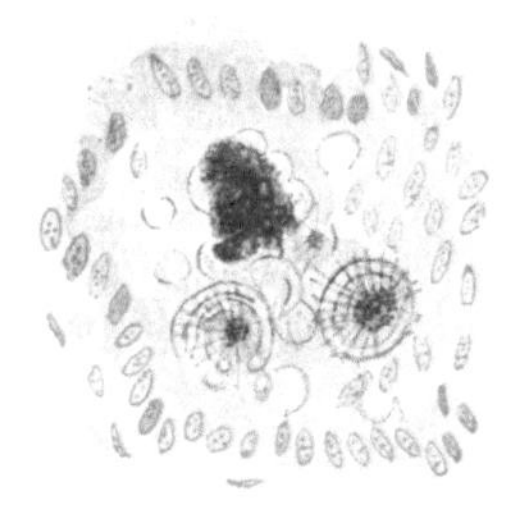

Abb. 114. Harnsäureinfarkt. Starke Vergrößerung. Hämalaunfärbung. (Nach LUBARSCH.)

Zwischen einem krystallinen Sediment und einem Sphärolithen besteht ein für das Verständnis der Steinbildung bedeutungsvoller Unterschied.

Das Sediment tritt in übersättigter Lösung (bei günstigen *p*H- und Temperaturverhältnissen) dann ein, wenn der Kolloidschutz versagt. Der Krystall nimmt Kolloid auf (Gerüstsubstanz). Die *Bestimmung der Form geht vom Krystall aus.*

Im Sphärolithen dagegen ist die Gerüstsubstanz mit dem versteinernden Material so verbunden, daß die *Bildung der äußeren Gestalt (Kugel) und die konzentrische Schichtung durch das gefällte Kolloid erfolgt.*

Aus einer Gruppe von Mikrolithen besteht die häufigste Art des Steinkerns. Daneben spielen in den Harnwegen eine größere Rolle als in den Gallenwegen Körper mit fremder Oberfläche der verschiedensten Art, die von außen in die Blase gelangt oder vom Nierenbecken abwärts entstanden sind. Zu letzteren rechnet POSNER in erster Linie die Nubecula des Harns, die ja bekanntlich ein Fällungsprodukt der geringen, auch im normalen Harn vorhandenen Eiweißmengen und eiweißfällender Stoffe (Chondroitinschwefelsäure, Nucleinsäure) (C. A. H. MÖRNER[2]) darstellt. Diese Nubecula ist (s. S. 597) eine Ablagerungsstätte für Krystalle (POSNER[1]). Das Prinzip ihrer Entstehung ist wahrscheinlich für die Bildung der Steinkerne (und der Gerüstsubstanz) von Bedeutung. Es zeigt, daß der normale Harn gerinnungsfähige Stoffe enthält und lenkt die Aufmerksamkeit auf die Bedingungen, die eiweißfällend wirken. Vielleicht spielt die „Chondroitinurie" eine Rolle neben den zweifellos wirksamen physikalischen Einflüssen.

Als endogen entstandene Steinkerne findet man auch Blutkoagula, die selbst von krystallinischen Niederschlägen frei bleiben können, zur Bildung einer festen geschichteten Schale Veranlassung geben, dann schrumpfen oder austrocknen und so zu einem Konkrement führen, das einer hohlen Nuß gleicht (Abb. 115—117).

Fremdkörper der verschiedensten Art (Haare, Haarnadeln, Stroh, Fäden, Gummischläuche, Bakterienhaufen, Bilharziaeier u. a.) können Steinkerne bilden.

Das Gemeinsame dieser so verschiedenen Bildungszentren liegt darin, daß sie dem Harn eine fremde Oberfläche bieten.

Die normale Oberfläche der Harnwege ist für die Stabilität des Harns genau so indifferent wie die Oberfläche der Gefäße für das strömende Blut. Ganz im Gegensatz zu der Grenzfläche Harn—Luft, an der eine Kolloidanreicherung

[1] LUBARSCH: Handb. d. spez. path. Anat. **6** I, 575 (1925).
[2] MÖRNER, C. A. H.: Skand. Arch. Physiol. (Berl. u. Lpz.) **6**, 332 (1895).

und Gerinnung stattfindet (z. B. schillerndes Häutchen auf dem alkalischen Harn — LICHTWITZ), ist die Oberfläche der Harnwege inaktiv. Es ist aber denkbar, daß eine Schleimhauterkrankung Verhältnisse schafft, die durch Adsorption von Kolloid die Stabilität des Harns so vermindern, wie es bei einer Gefäßendothelerkrankung in bezug auf die Fibrinogengerinnung stattfindet. Ein Fremdkörper im Harn kann, aber muß nicht die Bedingungen einer aktiven Oberfläche bieten.

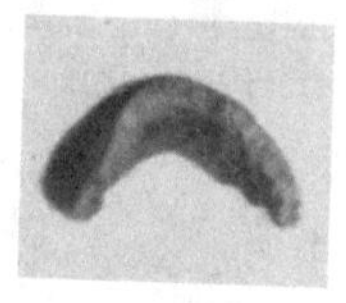

Abb. 115. Stück eines Schalensteins aus oxalsaurem Kalk. (Aus der Sammlung Dr. SCHULTHEISS-Wildungen.)

Im positiven Falle treten gesetzmäßige Folgen ein, die darin bestehen, daß oberflächenaktive Stoffe an der Oberfläche festgehalten werden.

Die Frage bezüglich der Harnsteinbildung um Steinkerne geht dahin, ob in erster Linie Krystalloide oder Kolloide oder beide gleichzeitig die Lage um den Kern bilden. Diese Frage schließt den alten Streit um die Bedeutung der Gerüstsubstanz ein.

Die älteren Autoren haben der Gerüstsubstanz die führende Rolle bei der Steinbildung zugeschrieben. ASCHOFF, KLEINSCHMIDT, NAKANO halten sie für ganz sekundär und stellen sie auf die gleiche Stufe wie die Gerüstsubstanz in den krystallinen Sedimenten.

NAKANO hat in häufig gewechseltem, normalem menschlichen Harn Fäden gehängt und nach 8 Monaten inkrustierte steinartige Massen erhalten, die aus Calciumoxalat, Phosphat, Urat bestanden. „Hier findet man auch die halbkugeligen und viertelkugeligen Sphärolithe von 20—50 Mikron Durchmesser, an denen sich konzentrische Schichtung nachweisen läßt.“ Dieses Experiment ist sehr interessant, *da es zeigt, daß sich Steine im normalen klaren Harn bilden.* Aber es entscheidet nicht für oder gegen die primäre Bildung der Gerüstsubstanz, da auch das Material für diese im normalen Harn gegeben ist.

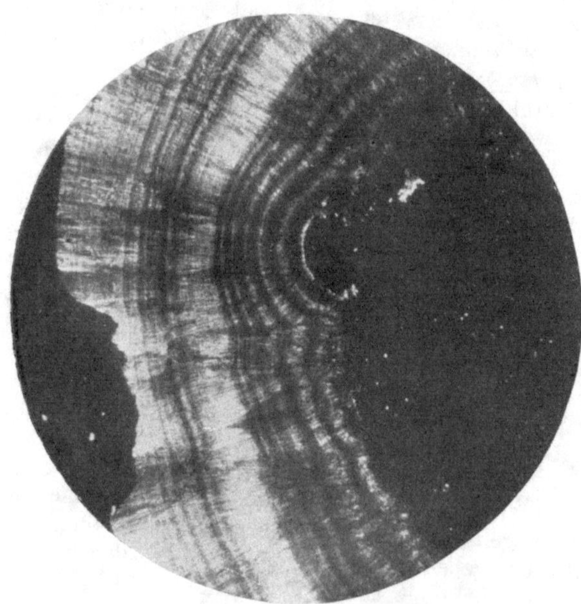

Abb. 116. Schalenstein aus oxalsaurem Kalk bestehend. (Mikroskopische Aufnahme von Abb. 115 im polarisierten Licht bei gekreuzten Nikols.)

SCHADE[1] ist der Meinung, daß eine Kolloid- und Krystalloidfällung gleichzeitig eintritt. Er schließt das aus Modellversuchen, die so eingerichtet waren, daß Blutplasma mit frischgefällten Salzniederschlägen von Calciumphosphat, Calciumcarbonat oder Tripelphosphat versetzt, zu einer milchartig aussehenden Flüssigkeit verrührt und sodann dieser Mischung Chlorcalciumlösung in leichtem Überschuß zugefügt wurde. Es trat in 1—2 Minuten Ge-

[1] SCHADE: Münch. med. Wschr. 3, 77 (1909); **1911**, 723.

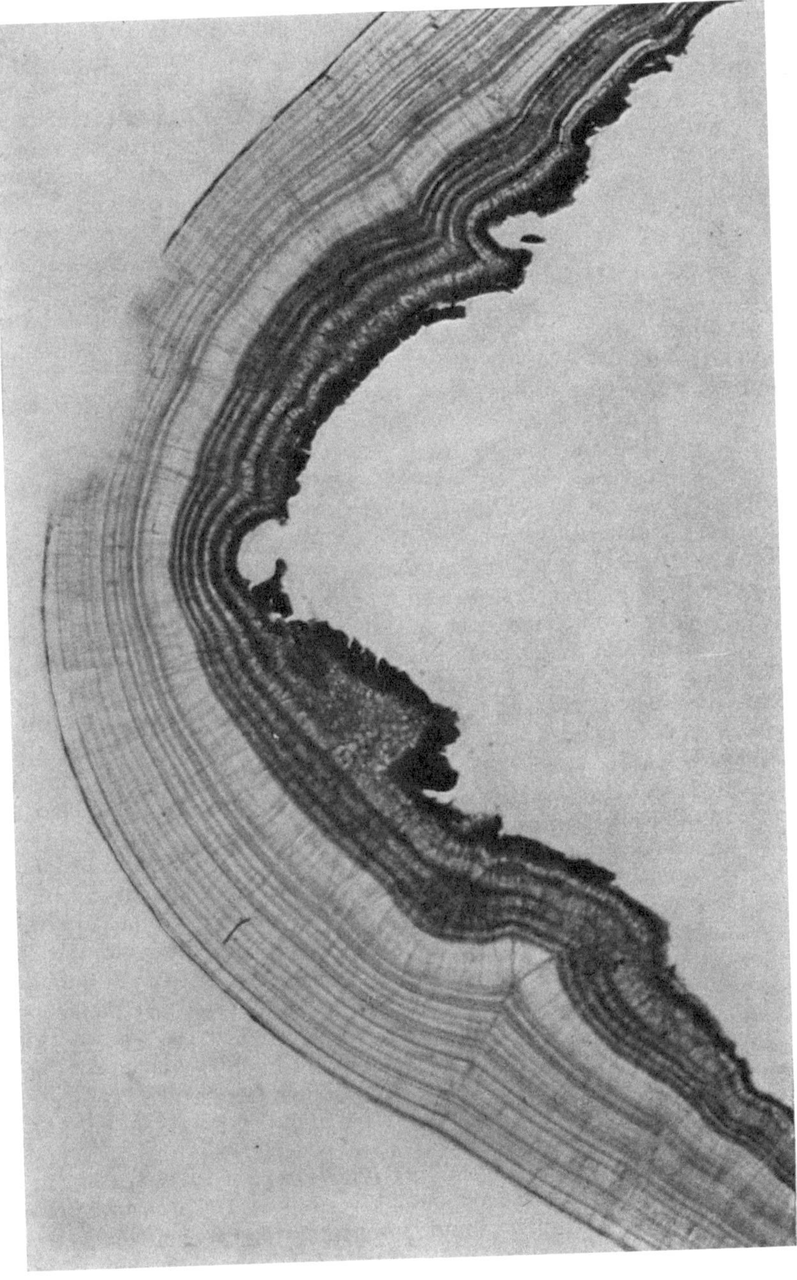

Abb. 117. Stück eines Schalensteins aus oxalsaurem Kalk. (Mikrofarbenaufnahme.)

rinnung zu einer festen Masse ein, die mit der Zeit, je nach der Menge des Sediments, an Härte zunahm.

Gegen diesen Modellversuch ist vor allem einzuwenden, daß er den natürlichen Bedingungen in keiner Weise entspricht.

Gegenüber anderen Kritikern dieses Versuches halte ich es für unwesentlich, daß Fibrinogen benutzt wurde, das für die Harnsteinbildung als Vorstufe der

Gerüstsubstanz sicher keine Rolle spielt, aber für einen Modellversuch wegen der leichten Beherrschbarkeit seiner Fällungsbedingungen in erster Linie in Betracht kam. Viel wesentlicher ist der Einwand, daß SCHADE nicht Kolloid und Krystalloid gleichzeitig ausfallen ließ, sondern daß bereits gefällte Salzniederschläge zur Verwendung kamen, die natürlich in das Fibrinnetz eingeschlossen werden mußten. Wenn in den Harnwegen auf diese Weise geschichtete Steine entständen, so müßte ein Zustand des Harns bekannt sein derart, daß Salz- oder Harnsäureniederschläge nicht krystalliner Beschaffenheit (ganz frische Teilchenaggregation) auftreten, die von einem gerinnenden Kolloid mitgerissen werden könnten. Ein solcher Harn wird aber nicht beobachtet. Von der Beschaffenheit des Harns bei Steinträgern und auch während des Steinwachstums ist bekannt, daß krystalline Sedimente auftreten oder daß vollkommene Klarheit besteht. So beschreibt ROTH einen 220 g schweren Uratstein und bemerkt ausdrücklich, daß der Harn stets klar gewesen sei.

SCHADE führt als eine Stütze seiner Auffassung, daß konzentrisch geschichtete Konkremente durch kombinierte Ausfällung von Kolloiden und Krystalloiden entstehen, Beispiele aus der anorganischen Natur, die Lothringer Rogensteine und Karlsbader Erbsensteine, an, die als gefällte Kolloide Eisenoxydhydrat bzw. Kieselsäure und als Krystallbestandteil Calciumcarbonat enthalten.

Bei diesen Bildungen liegen aber die Verhältnisse insofern ganz anders, als hier für alle an der Steinbildung beteiligten Stoffe die gleiche Fällungsbedingung vorliegt, nämlich das Entweichen von Kohlensäure beim Zutagetreten der Quellen. Daß zwei gleichzeitig ausfallende Massen einen gemeinsamen Niederschlag bilden und eine konzentrische Schicht, wenn die Bedingungen für eine solche gegeben sind, ist zwar selbstverständlich, berechtigt aber nicht, diesen Modus für einen gesetzmäßigen, für alle Schichtbildungen gültigen anzusehen. Die Ausfällungsbedingungen der Gerüstsubstanz und der krystallinen Steinbestandteile haben wohl Beziehungen zueinander insofern, als eine Vergröberung der Dispersität der Kolloide Sedimentbildung begünstigt, sind aber nicht primär miteinander identisch.

Das Nebeneinander von Harnstein und krystallinem Sediment ist vielleicht am ehesten so zu verstehen, daß stärkere Labilität der Harnkolloide die Bildung der Gerüstsubstanz und der krystallinen Sedimente begünstigt. Würde bei diesen kurz aufeinanderfolgenden Vorgängen im Harn ein Niederschlag von der Form entstehen, wie er sich in den Harnsteinen findet, so wäre SCHADES Auffassung der gleichzeitig kombinierten Kolloid-Krystall-Adsorption mit den Vorgängen in Übereinstimmung. So aber bleibt die dritte Auffassung übrig, die im Prinzip von den älteren Autoren, in moderner Gewandung hauptsächlich von POSNER und LICHTWITZ, vertreten wird, daß die Bildung der Gerüstsubstanz der erste, die der krystallinen Durchdringung und Verhärtung der zweite Akt der Steinbildung sei.

POSNER weist darauf hin — und bereits MECKEL v. HEMSBACH hat die Zusammengehörigkeit dieser Vorgänge betont —, daß im Tierreich harte Gebilde (sofern sie nicht wie der Chitinpanzer und Horngebilde aus rein kolloidem Material bestehen) so gebildet werden, daß in präformierte Lagen organischer Substanz Kalksalze eingelagert werden. „So entsteht die *Schale der Muscheln;* die Epidermiszellen des Mantels sondern eiweißartige Sekrete ab, die durch krystallinischen Kalk steinhart werden; so imprägniert sich die ursprünglich albuminöse Schale des *Vogeleies* im Eileiter mit Kalksalzen; so ist der Vorgang bei der „Verknöcherung“ der *Fischschuppen* und genau so bei der Bildung derjenigen Formationen, in denen wir die physiologischen Vorbilder der pathologischen Konkremente erblicken dürfen, bei den durch das ganze Tierreich verbreiteten *Otolithen.* Auch die einzigartige Entstehung von normalen Konkretionen im menschlichen Körper, diejenige der *Prostatakörperchen*, vollzieht sich nach demselben Gesetz, nur daß hier — wie ich dies zwingend nachgewiesen zu haben glaube — das Konkrement überhaupt auf der kolloidalen Stufe stehen bleiben kann und eine Inkrustation mit Krystalloiden gar nicht zu erfolgen braucht" (POSNER).

LICHTWITZ hat darauf hingewiesen, daß die pathologische Verkalkung fast immer Bezirke gefällten kolloidalen Materials (hyaline Degeneration, Nekrose, Verkäsung) betrifft, daß für die physiologische Verkalkung vielleicht ähnliche, wenn auch für die morphologische Betrachtung weniger deutliche Veränderungen der kolloidalen Struktur des Knorpels angenommen werden dürfen und daß für die Konzentrationsherde des Mononatriumurats im gichtischen Tophus derselbe Modus wirksam ist.

Das physikalisch-chemische Prinzip dieser Versteinerung besteht darin, daß Stoffe aus einer kolloidgeschützten übersättigten Lösung in Bezirken ohne Kolloidschutz, in die hinein sie diffundieren können, ausfallen. Da durch den Übergang in den Bodenkörper eine Konzentrationsverminderung stattfindet, so müssen Bezirke gefällten Kolloids als Kollektoren wirken.

Man darf sich die Steinbildung in der Regel nicht so vorstellen, wie sie in einem Fall von PEIPERS[1] beobachtet wurde. Hier fanden sich in einem Nierenbecken neben gewöhnlichen festen Steinen ein noch plastischer Stein, fibrinartig weiche zusammengeballte Eiweißgerinnsel von hellziegelgelber Farbe und ein Gebilde mit einem geschichteten harten Stein als Kern und einem umschließenden geschichteten, fast sedimentfreien Eiweißmantel, also Übergänge vom gewöhnlichen Stein zum Eiweißstein.

Gewöhnlich wird der Vorgang so vonstatten gehen, daß sich um einen Kern ein ganz zartes Oberflächenhäutchen bildet, das sofort mit krystallinem Material inkrustiert wird. Aus der sehr häufigen Wiederholung folgt ein geschichteter Stein.

So verläuft die Bildung und Inkrustierung des Oberflächenhäutchens bei Phosphaturie und im „künstlichen Harn" (s. S. 597) (LICHTWITZ).

Durch den Ausfall der Krystalle in einem geronnenen Kolloid (Gel) erklären sich die besonderen Krystallformen der Steinbildner im Stein. Bereits ORD hat gezeigt, daß in Gelatine Oxalatkrystalle nicht in Form von Quadratoktaedern, sondern als radiär gestreifte Kugeln ausfallen. SABBOTINI und SELVIOLI finden, daß $CaCO_3$ in reinem Wasser in Rhomboedern bei Gegenwart von Kolloiden in ovalen Formen ausfällt u. a. m.

ROBERTS und POSNER haben darauf hingewiesen, daß das Calciumoxalat im Stein sehr stark, die Quadratoktaeder des Sediments nicht oder nur sehr schwach doppelbrechend sind.

Die Aufeinanderfolge von Kolloidfällung und Inkrustierung macht es verständlich, daß es „Steine" konzentrischen Baues ohne krystalline Einlagerung (Eiweißsteine), aber niemals Steine ohne Gerüstsubstanz gibt.

Ich halte demnach die Auffassung, daß die Bildung der Gerüstsubstanz der primäre, der die Form bestimmende Vorgang der Steinbildung ist, für die aller Wahrscheinlichkeit nach richtige. Daß auch Bestandteile des Harns, von denen es bekannt ist, daß sie leicht adsorbierbar sind — zu diesen gehört vor allem die Harnsäure —, primär an einer aktiven Oberfläche angereichert und verfestigt werden, erscheint möglich.

Ebensowenig wie der Gallenstein ist der Harnstein ein fertiges ruhendes Gebilde. Auch bei ihm kommt es, zwar in viel geringerem Grade, zu Abwanderungslinien.

[1] PEIPERS: Münch. med. Wschr. **1894**, 531.

Auch für Harnsteine ist eine sehr kurze Bildungszeit anzunehmen, etwa von der gleichen Größenordnung wie für Gallensteine. Ein prinzipieller Unterschied zur Bildung der Gallenblasensteine liegt aber darin, daß sich Nierenbeckensteine nicht einmalig, sondern immer wieder bilden. Mit Hilfe der Röntgenuntersuchung ist es möglich, das Werden der Steine zeitlich zu verfolgen.

Sicher brauchen die ganz großen Steine für ihr Wachstum sehr lange Zeit. Das läßt sich aus ihrem Gehalt an krystallinem Material berechnen. Ein Uratstein von 200 g, der etwa 150 g Harnsäure enthält, könnte bei einer täglichen Uratausscheidung von 1 g in 5 Monaten gebildet werden, wenn die gesamte Harnsäure in den Stein ginge. Das ist aber natürlich nicht der Fall. Ganz im Gegenteil muß als sicher angenommen werden, daß nur ein kleiner Bruchteil im Stein bleibt, der überwiegende Anteil aber mit dem Harn entleert wird. Ein solcher Stein braucht also viele Jahre zur Erreichung seiner Größe.

Harnsteine sind im chemischen Sinne unlöslich. Die Bildung der Gerüstsubstanz beruht auf einer irreversiblen Kolloidfällung. Das Gerüst ist als Eiweißsubstanz für proteolytische Fermente, die im Harn enthalten sind, aber auch von Leukocyten und Bakterien geliefert werden können, im Prinzip angreifbar. In Wirklichkeit aber erfolgt eine Verdauung nicht oder nicht in nachweisbarer oder ausreichender Weise. Ob die Risse und Spalten, die in Harnsteinen auftreten, auf Enzymwirkung beruhen, ist unbekannt. ORD[1] und ULTZMANN haben den Bakterien eine einleitende Wirkung, die man vielleicht als eine enzymatische auffassen darf, für die Entstehung der Spalten und Risse zugeschrieben; andere ältere Autoren (HELLER, SOUTHAM[1]) haben an plötzliche Gasentwicklung durch Harnstoffzersetzung gedacht. ORD hat auch eine Quellung, LEROY[2], D'ETIOLLES dagegen eine Austrocknung des Kerns angenommen, also Veränderungen des kolloiden Materials, wie sie bei der Metamorphose der Gallensteine besprochen wurden. Da die Spalträume häufig von neu eingetretenen Massen ausgefüllt werden, so erklärt NAKANO ihre Entstehung durch Pseudomorphose. Auch eine schnelle Änderung der Kohäsion (Kohäsionsunterschiede in bestimmten Richtungen) wird von NAKANO in Betracht gezogen.

Infolge dieser Prozesse können Harnsteine zersplittern. SCHEELE[3] gibt Bilder einer röntgenologisch festgestellten spontanen Verkleinerung von Harnsteinen. Bei der Operation wurden morsche Steintrümmer gefunden.

Das therapeutische Bestreben wird oft auf die Lösung der krystallinen Steinbestandteile gerichtet. Dafür besteht, auch wenn die Berührungsbedingungen mit dem Harn bessere wären, als sie unter den gegebenen Verhältnissen sein können, für das Calciumoxalat gar keine, für die Harnsäure kaum eine Möglichkeit. Daß Calciumphosphat und Ammoniummagnesiumphosphat durch stark sauren Harn allmählich aus dem Stein ausgelaugt werden, scheint dagegen nicht ausgeschlossen.

Die Erzeugung von Harnsteinen im Tierkörper ist EBSTEIN und NIKOLAIER durch Verfütterung von Oxamid gelungen. KEYSER[4] teilt mit, daß Oxamid aus Harn in anderen Krystallformen (Kreuzen und Sphäroiden) ausfällt als aus wässeriger Lösung oder aus Harn, der durch Kohle von seinen Kolloiden befreit ist. Die im Harn entstehenden Krystalle haben die Neigung, miteinander zu verschmelzen und Konkremente zu bilden. KEYSER hat bei Kaninchen auch durch Injektionen von Butyloxalat und Calciumchlorid Konkremente erzeugt. Alle Versuche, mit anderem Material (insbesondere auch mit Harnsäure) Steinbildung im Tierexperiment zu erzielen, sind fehlgeschlagen.

---

[1] ORD: Zitiert nach NAKANO. [2] Zitiert nach NAKANO.
[3] SCHEELE: Z. Urol. **18**, 528 (1924).
[4] KEYSER: Arch. Surg. **6**, 525 (1923) — Ann. Surg. **77**, 210 (1923).

Der Darm als Exkretionsorgan.

Von

Julius Strasburger

Frankfurt a. M.

Zusammenfassende Darstellungen.

Cohnheim, O. (Kestner): Physiologie d. Verdauung u. Aufsaugung in Nagels Handb. d. Physiol. 2 (1907). — Heubner, W.: Mineralstoffwechsel, in Dietrich-Kamminers Handb. d. Balneologie 2, 219 (1922). — Heupke, W.: Über die Ausscheidung durch den Dickdarm. (Erscheint demnächst in Z. exper. Med.) — Schmidt, Ad. u. J. Strasburger: Die Faeces des Menschen, 4. Aufl. Berlin 1915.

Unter den verschiedenartigen Funktionen des Darmes erscheint die Exkretion als die wenigst wichtige; bedeutender ist seine Sekretion, aber auch diese tritt zurück gegenüber der Hauptaufgabe des Darmes, der Resorption, abgesehen von der Weiterschaffung des Inhalts, der Motilität. So unterscheidet sich der Darm vom Magen, der nur wenig resorbiert, überwiegend Sekretionsorgan ist.

Wenn wir im engeren Sinne unter Sekreten Stoffe verstehen, die im Körper noch eine bestimmte Aufgabe zu erfüllen haben, unter Exkreten solche, die für die Vorgänge im Körper keine Bedeutung mehr besitzen und als Stoffwechselendprodukte nach außen abgeführt werden, so ist diese Trennung für die Abscheidungen des Darmes theoretisch nicht immer, praktisch sehr oft nicht durchführbar. In pathologischen Fällen besonders kann das, was sonst als Sekret gewertet wurde, zum Exkret werden.

In die Exkretion nicht gasförmiger Stoffe teilt sich der Darm mit der Niere. Im allgemeinen erfolgt dies in der Weise, daß die löslichen Bestandteile durch die Niere, die unlöslichen oder schwer löslichen durch den Darm entfernt werden. Dies gilt besonders für eine Reihe von Leicht- und Schwermetallen aus der Nahrung, Calcium, Magnesium, Eisen; ferner für andere, medikamentös oder bei Vergiftungen dem Körper zugeführte Metalle. Sie werden teils durch Darm und Niere in wechelndem Anteil, teils ganz überwiegend oder fast ausschließlich durch den Darm ausgeschieden. Nach Genuß einer vollständig resorbierbaren Nahrung (Normalkost nach Prausnitz) macht die Asche im Mittel etwa 12% der Trockensubstanz, $2^1/_2$% der feuchten Substanz aus. Auch organische Stoffe werden von der Darmschleimhaut ausgeschieden oder gelangen durch deren Mauserung in den Darminhalt. Man findet demgemäß Fettsubstanzen, N-haltige Substanzen, wie Eiweiß, Mucin, Hornsubstanz (Epithel), soweit untersucht, einige Alkaloide usw.

Wege des Nachweises.

Es ist bezüglich der genannten Stoffe, soweit sie durch die Nahrung zugeführt oder etwa als Medikament eingegeben werden, schwierig und oft unsicher zu sagen, welcher Anteil im Kot von den Körperausscheidungen und welcher von nicht resorbierten Nahrungsresten stammt.

Für die wissenschaftliche Forschung wie für die Klinik ist fast ausschließlich der quantitative Nachweis der ausgeschiedenen Stoffe von Belang. Bei den früher ausgeführten Ascheanalysen sind die als anorganische Körper mit der Nahrung zugeführten oder in den Darm ausgeschiedenen Stoffe, gewissermaßen die präformierten Mineralstoffe, mit den durch die Analyse aus den organischen Körpern abgespaltenen zusammen bestimmt worden. Um dies zu vermeiden, hat man dann nach HOPPE-SEYLER die Faeces zur Untersuchung der anorganischen Stoffe zunächst mit reichlich Alkohol, dann mit verdünnter Essigsäure und zuletzt mit verdünnter Salzsäure ausgezogen und hat bei der Veraschung die beiden ersten Auszüge getrennt von dem dritten behandelt.

Der Nachweis, welche Stoffe durch die Darmwand ausgeschieden werden, kann auf verschiedenen Wegen erbracht werden. Zunächst durch Untersuchung der *Faeces*.

1. Über Reste der in den Verdauungsschlauch ergossenen Sekrete und Exkrete gibt in ihrer Gesamtheit und ohne die störende Beimengung nicht resorbierter Nahrungsstoffe, der *Hungerkot*[1] Auskunft. Wir können an ihm aber nicht unterscheiden, welcher Anteil auf die Absonderungen des Darmes und welcher auf die der übrigen Teile des Verdauungstraktus, insbesondere von Leber, Gallenwegen und Pankreas fällt. Auch lassen sich Exkrete im strengen Sinne und nicht rückresorbierte Reste von Sekreten im allgemeinen nicht trennen. Bezüglich der Anteile von Sekreten ist des weiteren zu sagen, daß sie einen Minimalwert darstellen, da ja bei Nahrungszufuhr mehr Verdauungssäfte abgesondert werden, als im Hungerzustande[2]. Wie weit und innerhalb welchen Zeitraumes nach Entziehung der Nahrung dies auch für die Menge der Exkrete gelten mag, ist noch wenig untersucht.

Nach den bekannten Untersuchungen FRIEDR. MÜLLERS an den Hungerkünstlern Cetti und Breithaupt sowie einigen anderen hungernden Personen ergibt sich als Durchschnitt für die tägliche Menge des Hungerkots beim Menschen 3,93 g Trockensubstanz, wovon übrigens ein nicht unerheblicher Teil auf Bakterien entfällt.

2. Um bei Nahrungszufuhr den Anteil der Körperabscheidungen an der Faecesasche von demjenigen der Nahrungsreste zu trennen, hat H. URY[3] nach dem Vorgang von SALKOWSKI folgenden Weg eingeschlagen. Die frischen Faeces werden gründlich mit Wasser extrahiert; das, was in diesen Auszug übergeht, also wasserlöslich ist, rechnet URY zu den Exkreten und Sekreten, das übrige zu den Nahrungsresten, indem er darauf fußt, daß die wasserlöslichen oder durch die Verdauung in Lösung gebrachten Bestandteile der Nahrung vom Darm so vollkommen aufgesaugt werden, daß nichts davon in den Kot gelangt. Bestätigt bzw. gestützt wird diese Auffassung durch die Tatsache, daß bei darmgesunden Versuchspersonen nach Verabreichung gemischter Kost die Aschewerte im wässerigen Faecesauszug sehr gleichmäßig ausfielen, während sie im Gesamtkot starke Unterschiede aufwiesen und somit, entsprechend der Verschiedenartigkeit der Durchschnittskost, auf Nahrungsreste zu beziehen waren. URY gibt folgende Zahlen als Standardwerte im wässerigen Kotfiltrat, berechnet auf 100 g der absoluten Trockensubstanz:

Trockensubstanz	N-Gehalt	Aschesubstanz	Kalk (Ca O)	Chlor (Cl)	Schwefelsäure (SO_3)	K Cl + Na Cl
14,784	1,0483	4,552	0,3944	0,10249	0,0293	3,3586

[1] MÜLLER, FR.: Virchows Arch. **131**, Suppl. 107 (1893).
[2] RIEDER: Z. Biol. **20**, 378 (1884).
[3] URY: Dtsch. med. Wschr. **1901**, Nr 1 — Arch. Verdgskrkh. **14**, 411 (1908).

3. SALOMON und WALLACE[1] verabreichten reine Zuckerkost, also eine so gut wie aschefreie Diät, und konnten alsdann sämtliche Aschebestandteile im Kot auf Körperausscheidungen beziehen. Ihre Zahlen sind:

Name	Kot-trocken-gewicht pro die	Asche	Ca O	Mg O	K Cl + Na Cl	P_2O_5	Na Cl	SO_3
G.	12	1,0	0,211	0,034	0,368	0,222	0,291	0,101
S.	10	0,724	0,189	0,020	0,390	0,231	0,175	0,09

Es ist aber hierzu zu bemerken, daß an dem als Schwefelsäure bestimmten Neutralschwefel nicht nur die Darmabscheidungen, sondern auch die Galle (Taurin) Anteil hat, daß das Natron von Galle, Pankreas- und Darmsaft stammt und der letztere, um auf den Darm zurückzukommen, in der Norm zu den Sekreten, nicht zu den Exkreten zu rechnen ist.

4. Um Exkrete der Darmwand von Resten der Verdauungssäfte oder von Exkreten aus anderen Orten des Verdauungsschlauches zu trennen, muß man Darminhalt aus *isolierten* Teilen des Darmes gewinnen. HERMANN[2] und seine Schüler[3] stellten im Tierversuch fest, daß auch in abgebundenen Darmschlingen, also bei Ausschaltung von Pankreassaft und Galle, eine kotähnliche Masse in nicht unbeträchtlicher Menge von der Darmwand geliefert wird. Das „*Hermannscher Ringkot*" benannte Produkt wurde von L. HERMANN an Hunden in der Weise gewonnen, daß eine Dünndarmschlinge durch zwei Schnitte vom übrigen Darm abgetrennt und die beiden Enden dieses Stückes miteinander vernäht wurden, so daß die Darmschlinge einen in sich geschlossenen Ring bildete. Einige Tage bis zu 3 Wochen nach der Operation wurden die Tiere getötet, und bei der Sektion zeigte sich der Ring mit einer dünnflüssigen oder auch konsistenteren faecesähnlichen Masse prall gefüllt. Am isolierten Dickdarm des Hundes hat neuerdings HEUPKE[4] in einer Arbeit aus meinem Institut die Exkretion untersucht. Bei einem 15 kg schweren Hunde betrug die vom Colon abgegebene Trockensubstanz pro Tag im Durchschnitt 0,1720 g. 0,0494 g kamen auf anorganische Bestandteile und 0,1226 g auf organische Stoffe.

5. Es erscheint naheliegend, auch beim Menschen Versuche an *Darmfistelträgern* auszuführen und ferner den Inhalt des unterhalb der Fistel gelegenen abgetrennten Darmteiles zu untersuchen, ihn auch mit dem Inhalt aus der Fistel unter bestimmten Versuchsbedingungen zu vergleichen. Bisher liegen nur wenige verwertbare Beobachtungen vor. CZERNY und LATSCHENBERGER[5] fanden 0,294 g Trockensubstanz als tägliche Ausscheidung des 30 cm langen Dickdarmabschnittes, welchen sie untersuchten. KOBERT[6] untersuchte einen Fall von Anus praeternaturalis, bei welchem fast der ganze Dickdarm ausgeschaltet war. Als Trockensubstanz der täglich von der Dickdarmschleimhaut abgesonderten Masse ergab sich hier im Durchschnitt von 12 Bestimmungen 0,9684 g, was einem Viertel der oben angegebenen mittleren Menge des täglichen Hungerkotes beim Menschen entspricht. Da der Hungerkot von dem gesamten Verdauungstraktus stammt, so errechnete KOBERT an der Hand der Hunger-

---

1 SALOMON u. WALLACE: Med. Klin. **1909**, Nr 16.
2 HERMANN: Pflügers Arch. **46**, 93 (1890).
3 BLITZSTEIN u. EHRENTHAL: Pflügers Arch. **48**, 74 (1891). — BERENSTEIN: Ebenda **53**, 53 (1893).
4 HEUPKE: Z. exper. Med. 1930.
5 CZERNY, V. u. J. LATSCHENBERGER: Virchows Arch. **59** (1874).
6 KOBERT u. KOCH: Dtsch. med. Wschr. **1894**, Nr 47.

kotzahlen von Fr. Müller, daß demnach auf die Abscheidungen des Magens, Dünndarms, der Galle und des Pankreas pro 24 Stunden 2,849 g Trockensubstanz fallen würden. Die Werte sind aber doch nicht so einfach miteinander zu vergleichen, da Koberts Fistelpatient Nahrung zu sich genommen hatte und demnach der auf die Absonderungen des Dickdarms fallende Teil zweifellos im Verhältnis zu hoch angesetzt ist. Kobert macht außerdem auch selbst auf den Einfluß aufmerksam, den die Zusammensetzung der Nahrung auf die Zusammensetzung und Menge der Ausscheidungen des isolierten Dickdarms hat; nur auf diese Weise ist das beträchtliche Schwanken seiner Tageseinzelwerte — das Maximum betrug 1,391 g, das Minimum 0,385 g — zu verstehen. Die Unterschiede betrafen ganz überwiegend die Aschenbestandteile, die, aus der Nahrung im Dünndarm resorbiert, im Dickdarm wieder ausgeschieden werden. So schwankten diese, je nach der Ernährung der Versuchsperson, zwischen 3,35% und 57,52% der Trockensubstanz der Dickdarmabscheidungen.

6. Um festzustellen, in welchen Mengenverhältnissen ein Stoff (z. B. Ca oder P) in einem bestimmten Darmteil aufgesaugt oder ausgeschieden wird, mischt Ol. Bergein[1] der Nahrung einen nicht resorbierbaren Bestandteil zu, als welchen er Eisenoxyd benutzt. Er analysiert alsdann Inhalt aus verschiedenen Höhen des Darmes und stellt das jeweilige prozentische Verhältnis zwischen Eisenoxyd und dem zu prüfenden Körper fest.

7. Ein eindeutiges Verfahren, um die Ausscheidung durch den Verdauungskanal zu prüfen, besteht darin, Substanzen, die an sich im Darminhalt nicht zu finden sind, *parenteral* (durch subcutane, intramuskuläre, intravenöse Injektion) zuzuführen und im Kot oder im Inhalt isolierter Darmteile aufzusuchen.

Beeinflussung der Exkretion durch Medikamente.

Wakabayashi[2] beobachtete an Hunden nach Pilocarpin eine inkonstante Steigerung der Sekretmenge. Auf eine Vermehrung der Exkrete hat Wakabayashi nicht speziell untersucht.

Heupke[3] zeigte, daß nach Reizung der Colonschleimhaut durch Glycerin und schwer resorbierbare Salze die Ausscheidung der anorganischen Exkrete erhöht wurde.

Kalk, Phosphorsäure.

Unter den mit dem Kot ausgeschiedenen Mineralbestandteilen überwiegen Calcium und Phosphorsäure bei weitem, hauptsächlich wohl in der Bindung als dreifachphosphorsaurer Kalk. Ihre wechselseitige Abhängigkeit bei der Ausscheidung ist derart, daß es erforderlich ist, sie gemeinsam zu besprechen. Es ist auch gerade hier besonders schwierig, den ausgeschiedenen und den nicht resorbierten Anteil zu trennen.

Das Calcium wird in der Nahrung teils in organischer, teils in anorganischer Bindung aufgenommen. Im Magendarmkanal werden anorganische Verbindungen durch die Salzsäure des Magens, organische durch Verdauungsfermente gespalten; ein Teil des Calciums wird als Ion oder als gebundenes Calcium resorbiert. Im Dünndarm verbindet sich weiterhin Calcium mit Kohlensäure zu dem fast unlöslichen kohlensauren Kalk, mit höheren Fettsäuren zu den an sich schwer löslichen Kalkseifen, die aber, bei hinreichender Gallenabsonderung, durch die gallensauren Salze zum großen Teil in lösliche[4] und damit resorbierbare Form gebracht werden.

[1] Bergein, Ol.: Proc. Soc. exper. Biol. a. Med. **23**, 777 (1926).
[2] Wakabayashi: Intern. Beiträge zur Path. u. Ther. d. Ernährungsstörungen **2**, (1911).
[3] Heupke: Z. exper. Med. 1930.
[4] Adler, E.: Arch. Verdgskrkh. **40**, 174 (1927). — Heupke, W.: Ebenda S. 185.

Immerhin zeigt schon der bei kalkreicher Nahrung (Milch) zunehmende Gehalt der Faeces an Kalkseifen, daß es sich hier um Kalk handelt, der nicht resorbiert wurde. Calcium wird ferner im Darm auch als Phosphat gebunden und dadurch unlöslich und unresorbierbar. BLÜHDORN[1] stellte fest, daß nach Zusatz von Chlorcalcium und Dinatriumphosphat zu Kotextrakten bei alkalischer Reaktion Calciumphosphat ausfiel, während saure Reaktion diese Ausfällung verhinderte.

Im Durchschnitt werden bei Pflanzenfressern nur 3—6% des mit der Nahrung eingeführten Kalkes mit dem Urin ausgeschieden, während sich in dem sauren Harn der Fleischfresser bis zu 27% finden[2].

Vermehrt man die Löslichkeit des Kalkes in der Nahrung durch Zugabe von viel Salzsäure oder vermindert sie durch phosphorsaures Natron, so steigt bzw. sinkt, wie RÜDEL[3] zeigte, die im Harn ausgeschiedene Kalkmenge. Es geht daraus aber noch nicht hervor, wie hoch sich das Kalkquantum stellt, das von der Darmschleimhaut ausgeschieden wird. Es ist zwar anzunehmen, daß, wenn mehr Kalk resorbiert wird, die Ausscheidung sowohl durch die Niere als auch durch den Darm steigt; in welchem Prozentverhältnis sich diese zwischen Niere und Darm teilt, ist dann eine weitere Frage. SHOHL und SATO[4] fanden nach Eingabe von Salzsäure Ca und P im Urin vermehrt, Ca im Kot vermehrt, P vermindert; nach Natronbicarbonat Ca und P im Urin vermindert, im Kot vermehrt.

Nach Versuchen RÜDELS[5] an Kindern nahm bei Steigen der Kalkausscheidung im Harn die Menge der wasserlöslichen Kalksalze im zugehörigen Stuhl ab, und umgekehrt. Bezieht man (nach H. URY) den wasserlöslichen Anteil des Kotes auf Darmabsonderungen, so würde das also bedeuten, daß bei vermehrter Einfuhr von Kalk in die Körpersäfte die Ausfuhr sich zugunsten der Niere verschiebt. Der Schluß wäre aber im vorliegenden Falle nicht berechtigt. Denn es ist zwar zulässig, den wasserlöslichen Anteil des Kotes als Darmabscheidung zu rechnen, es ist aber nicht gesagt, daß mit ihm alle Darmabscheidungen erfaßt sind. Bezüglich des Kalkes ist es sicher, daß er zum großen Teil in wasserunlöslicher Form von der Darmschleimhaut abgegeben wird. Diesen Nachweis konnte A. KATASE[6] in zu anderen Zwecken ausgeführten Untersuchungen an der Darmschleimhaut von Kaninchen und Meerschweinchen erbringen, indem er zeigte, daß nach parenteraler Zufuhr (Injektion) von Kalksalzen die Epithel- und Drüsenzellen in den den Lumina zugekehrten protoplasmatischen Teilen feine Kalkkörnchen enthalten, die nach und nach an Größe zunehmen. Haben die Kalkanhäufungen in den Zellen einen gewissen Grad erreicht, so fließt mit Kalkkörnchen durchsetztes Sekret in die Lumina ab. Besonders häufig fanden sich solche Kalkausscheidungen im Dickdarm, wo sie auch besonders stark waren, entsprechend der größeren Anzahl der Becherzellen im Dickdarm im Vergleich zum Dünndarm. Bei diesem Exkretionsvorgang handelte es sich also um eine Abgabe fester, wohl wasserunlöslicher Salze.

Wie F. OERI[7] in Versuchen über den Phosphorsäure- und Kalkstoffwechsel beim erwachsenen gesunden Menschen zeigte, ist das Verhältnis von Urin- und Kot*phosphor* in hohem Grade variabel, je nach dem Kalkgehalt der Nahrung.

[1] BLÜHDORN: Mschr. Kinderheilk. **11**, 68 (1912).
[2] Vgl. FR. VOIT: Z. Biol. **29**, 358 (1892).
[3] RÜDEL, G.: Arch. f. exper. Path. **33**, 79 (1894).
[4] SHOHL u. SATO: J. of biol. Chem. **58** (1923).
[5] RÜDEL, G.: Arch. f. exper. Path. **33**, 99 (1894).
[6] KATASE, A.: Experimentelle Verkalkung am gesunden Tiere. Beitr. path. Anat. **57**, 516, 538 (1914).
[7] OERI, F.: Z. klin. Med. **67**, 288 (1909).

Bei vorwiegend animalischer Kost, die phosphorsäurereich und kalkarm ist, wird durch Zugabe von kohlensaurem Kalk die Phosphorsäureausscheidung durch den Kot auf Kosten der Ausscheidung durch den Urin vergrößert. Bei Milchnahrung wird infolge ihres hohen Kalkgehaltes die Phosphorsäure ebenfalls zum größeren Teile mit dem Kot entleert. Ebenso ist das Verhältnis der *Kalkausscheidung* im Urin und Kot veränderlich und abhängig von der Ernährung. Bei vorwiegend animalischer Kost wird durch Zugabe von Kalk der Kalkgehalt des Kotes auf Kosten des Urins vergrößert; bei Milchnahrung gilt für den Kalkgehalt das gleiche. Das ganze Verhältnis läßt sich also auf die einfache Formel bringen, daß P_2O_5 und CaO mit dem Kot vermehrt ausgeschieden werden, wenn sie im Körper aufeinandertreffen, wobei man die Bildung unlöslichen Calciumphosphats annehmen wird, eine Form, in der Kalk und Phosphor die Nieren nur noch in geringer Menge passieren können.

Es ist nun aber die Frage, ob es sich bei der Vermehrung von Kalk und Phosphor im Kot um eine Absonderung in den Darm oder um nicht resorbierte Mineralstoffe der Nahrung handelt. Denn es wurde darauf hingewiesen, daß die beiden Körper oft im Darm eine Bindung vorher eingehen und das Produkt nicht resorbiert werden kann. OERI nimmt aber doch an, daß ein nicht unbeträchtlicher Teil der Phosphorsäure und des Kalkes tatsächlich resorbiert und durch den Darm wieder ausgeschieden wurde. Denn wenn er seine Versuche so einrichtete, daß wasserlösliches Natriumphosphat im Verhältnis zu der Hauptnahrung verspätet eingenommen wurde, so fand er nach 12 Stunden in der noch auf den vorhergehenden Nahrungstag fallenden Kotportion P_2O_5 und CaO ausgesprochen vermehrt, und zwar in wasserunlöslicher Bindung. Die Phosphorsäure mußte also im Dünndarm resorbiert und dann im Dickdarm mit dem Kalk zusammen wieder ausgeschieden sein. Zu ganz entsprechenden Ergebnissen führten Versuche mit organisch gebundener Phosphorsäure[1], Lecithin, Nucleinsäure, die wahrscheinlich auch für andere organische Phosphorsäure, wie namentlich im Casein, gelten dürfen. Die Phosphorsäure der organischen Präparate folgt, sobald sie aus ihrem Molekül frei wird, den gleichen Ausscheidungsgesetzen, wie die Phosphorsäure anorganischer Salze. Sobald Kalk zur Verfügung steht, bindet sie sich mit diesem und wird durch den Darm ausgeschieden; steht solcher nicht zur Verfügung, so wird sie durch die Nieren abgegeben. Auch hier geht wieder aus der Anordnung der Versuche hervor, daß Phosphorsäure zur Resorption gelangt war und dann mit dem zur Verfügung stehenden Kalk durch die Darmschleimhaut ausgeschieden wurde. OERI bemerkt demgemäß mit Recht, daß die Kennzeichnung des Begriffes Ausnutzung gleich Einfuhr minus Kot, für den Mineralstoffwechsel nicht gilt, indem hier der Darm so gut Ausscheidungsorgan ist wie die Nieren und die Salze des Kotes ebensowenig als ungebrauchtes Material anzusehen sind wie die des Urins.

Nach Untersuchungen von M. KOCHMANN und E. PETZSCH[2] an ausgewachsenen Hunden ist der Kalkstoffwechsel, und davon in Abhängigkeit die Ausscheidung von Kalk und Phosphorsäure, durch Darmschleimhaut und Nieren weitgehend abhängig von Art und Menge der organischen Nahrungsmittel. Eiweiß, Kohlehydrate und Fette beeinflussen die Kalkbilanz in der Weise, daß eine Zulage dieser Nahrungskomponenten zu der ursprünglichen Nahrung das vorher bestehende Kalkgleichgewicht im Sinne einer pathologisch negativen Bilanz stört, der Organismus also erhebliche Kalkmengen abgibt. Die zu Verlust gehenden Kalkmengen werden als phosphorsaures Salz dem Kalkvorrat des Skelettsystems entnommen. KOCHMANN nimmt an, daß es sich hierbei um einen Mechanismus

[1] OERI, F.: Z. klin. Med. **67**, 307 (1909).
[2] KOCHMANN, M. u. E. PETZSCH: Biochem. Z. **32**, 10, 27 (1911).

der Abwehr und des Schutzes gegen toxische Stoffwechselschlacken handelt, wobei dem Kalk eine entgiftende Wirkung zufällt. Der Phosphorsäurestoffwechsel wird sowohl durch den des Kalks wie durch den des Stickstoffs beeinflußt. Die Verteilung von Phosphorsäure und Kalk zwischen Urin- und Kotausscheidung schwankte in den Versuchen innerhalb weiter Grenzen. Sie lag im Kot für die Phosphorsäure zwischen 6% und 43,3%, für Kalk zwischen 80% und 95,3%. Gibt man den Versuchstieren unter den genannten Ernährungsbedingungen Phosphor[1] in medikamentösen Gaben, so wie dies bei rachitischen Kindern gebräuchlich ist, so wird weniger Kalk und Phosphorsäure ausgeschieden, was auf einer Verbesserung der Bilanz beruht. Es sei noch erwähnt, daß nach Untersuchungen von A. P. Briggs[2] beim gesunden Menschen innerlich gegebenes Calciumacetat eine Verminderung der Gesamtphosphorsäureausscheidung bewirkte, und vor allem eine wesentliche Verschiebung der Ausscheidung zugunsten des Darmes. Ferner verschiebt nach H. G. Miller[3] erhöhte Kaliumzufuhr die Phosphorsäureausscheidung in der Richtung nach der Niere zu.

Bedeutungsvoll sind die am hungernden Hunde ausgeführten Untersuchungen von Falta, Bertelli, Bolaffio, Tedesko und Rudinger[4] über die Beziehungen der inneren Sekretion zum Salzstoffwechsel. Danach führte erhöhte Zufuhr von Schilddrüse oder Hypophysin zu einer enormen Erhöhung der Phosphorausscheidung durch den Kot, während nach Adrenalininjektion der Überschuß nahezu ausschließlich durch die Nieren abfließt. Das letztere findet sich auch nach Exstirpation der den Salzstoffwechsel hemmenden Drüsen, nämlich des Pankreas oder der Epithelkörperchen.

Daß in den Darmtraktus Kalk ausgeschieden wird, geht unmittelbar hervor aus dem ziemlich reichlichen Kalkgehalt des Hungerkotes. Nach den Analysen Fr. Müllers[5] an dem Hungerkünstler Cetti und dem Schuhmacher Breithaupt betrug die Asche bei jedem 12,5%, wovon wiederum 14,5 bzw. 12,5% Ca, 43,1 bzw. 55,7% H_3PO_4 waren. Normale Galle ist daran als Kalklieferant nur wenig beteiligt. So zeigte z. B. Jankau[6] am Kaninchen, daß nach Eingabe von Kalkpräparaten, der mehr zugeführte Kalk nicht, auch nicht teilweise, in der Galle wieder erscheint. Bei entzündlichen Prozessen der Gallenwege wird der Inhalt der Gallenblase allerdings kalkreicher und führt zur Bildung von Bilirubinkalksteinen. Auch das Pankreassekret enthält nur wenig Kalk.

Ort der Kalkausscheidung. Die Frage, welcher Teil der Darmoberfläche die Kalkausscheidung besorgt, wird zumeist dahin beantwortet, daß es die Dickdarmschleimhaut ist. Subcutan oder intravenös eingespritzte Kalksalze treten sehr bald und hauptsächlich durch den Darm aus, und zwar vorzugsweise durch den Dickdarm; zum kleinen Teil auch durch den Dünndarm[7]. Für Überwiegen des Dickdarms sprechen auch die schon erwähnten histologischen Untersuchungen Katases[8]. J. G. Rey[9] fand bei hungernden Hunden, die pro Tag und Kilogramm Körpergewicht etwa 4 mg Kalk (CaO) ausschieden, die größere Menge, ca. 87%, im Dickdarm. Nach subcutaner und intravenöser Injektion von Calciumacetat fanden sich erheblich größere Quantitäten von Kalkverbindungen im Darm,

---

[1] Kochmann: Biochem. Z. **39**, 81 (1912).
[2] Briggs, A. P.: Arch. int. Med. **37**, Nr 3 (1926).
[3] Miller, H. G.: J. of biol. Chem. **70** (1926).
[4] Falta, Bertelli, Bolaffio, Tedesko u. Rudinger: Verh. Kongr. inn. Med. **1909**, 138.
[5] Müller, Fr.: Virchows Arch. **131**, Suppl.-Heft (1893).
[6] Jankau: Arch. f. exper. Path. **29**, H. 3 u. 4 (1892).
[7] Voit, E.: Z. Biol. **16**, 93 (1880). — Voit, C.: Physiol. d. Stoffwechs. **1883**, 93. — Forster: Arch. f. Hyg. **2**, 385 (1885). — Rüdel: Arch. f. exper. Path. **33**, 79 (1894).
[8] Katase: Beitr. path. Anat. **57**, 516, 538 (1914).
[9] Rey, J. G.: Arch. f. exper. Path. **34**, H. 4/5 (1894).

und zwar erschienen etwa 20—30% der gesamten injizierten Menge im Dickdarm. Der Kalkgehalt des Dünndarms war nicht vermehrt. Auch nach Anlegung einer Ligatur am unteren Ende des Dünndarms enthielt der Dickdarm reichliche Kalkmengen. Andererseits geht aus den Ringkotversuchen FR. VOITS klar hervor, daß auch die Dünndarmschleimhaut an der Kalkabgabe sehr wesentlich beteiligt ist; 27,5% der Ringkotasche fielen auf Kalk. OL. BERGEIN[1] fand mit Hilfe seiner S. 684 genannten Methode bei rachitischen Ratten folgendes über den Ort der Kalkresorption und -ausscheidung: Bei kalkreicher, phosphorsäurearmer Kost wird Calcium reichlich im oberen Dünndarm resorbiert; die Ca-Exkretion im unteren Darm führt aber zu negativer oder wenigstens subnormaler Ca-Bilanz. Phosphorsäure wird nach BERGEIN normalerweise im oberen Darm ausgeschieden, im Coecum und Dickdarm resorbiert; rachitische Ratten können letzteres nicht, so daß die P-Bilanz negativ bleibt. Bei Milchdiät, die reich an Kalk und Phosphorsäure ist, werden beide reichlich im Dünndarm resorbiert; je nach der Ausscheidung im unteren Darm ist die Bilanz positiv oder negativ.

Von *pathologischen Zuständen*, bei denen die Ausscheidung des Kalks in Kot und Harn verändert ist, interessiert zunächst die *diabetische Acidose*. D. GERHARDT und W. SCHLESINGER[2] fanden hierbei den Kalkgehalt des Harns und des Kotes erhöht. Durch Zufuhr von Natronbicarbonat konnte diese Kalkausschwemmung in gleicher Weise vermindert werden, wie die Ausscheidung des Ammoniaks, das bekanntlich, als Folge der Acidose, zur Neutralisation herangezogen wird.

Die Frage der Kalkausscheidung durch den Darm wird auch mit der als *Phosphaturie* oder als *Kalkariurie* bezeichneten Störung in Zusammenhang gebracht. Bei Phosphaturie findet man einen durch fixes Alkali alkalischen Urin, der bereits bei der Entleerung durch ausgefallene Phosphate und Carbonate getrübt ist. Setzt man dem Urin etwas Säure zu, so wird er klar, mit oder ohne Aufbrausen, je nach dem Gehalt an Carbonaten. Superacidität des Magens kann Phosphaturie zur Folge haben, indem zur Aufrechterhaltung normaler Reaktion des Blutserums vermehrt Alkali im Urin ausgeschieden wird. Es läßt sich aber auch, mit MINKOWSKI[3], die Phosphaturie als eine Sekretionsneurose der Nieren auffassen, und beide, Superacidität des Magens und Sekretionsneurose der Nieren, können Ausdruck einer Störung im vegetativen Nervensystem sein. Andererseits kommt auch ein konstitutionelles Moment in Betracht, denn die Phosphaturie findet sich nicht selten bei Menschen mit Habitus asthenicus. Veränderter Kalkstoffwechsel, d. h. erhöhte Ausscheidung von Kalk, findet sich nun bloß in einem Teil der Fälle; dort, wo alkalische Reaktion des Harns die Phosphate ausfallen läßt, fehlt er. Wenn aber die Nieren mehr Kalk ausscheiden, spricht man richtiger von Kalkariurie. Hierbei kann nun der Kotkalk erheblich verringert, der Harnkalk auf Kosten des Kotkalkes auf das 3—4fache vermehrt sein. Dabei braucht die im Urin ausgeschiedene Phosphorsäuremenge nicht erhöht zu sein, so daß in Versuchen SOETBEERS[4] das Verhältnis Phosphorsäure zu Kalk, das im Kontrollversuch 12:1 betrug, bis auf 12:8 stieg. SOETBEER betrachtete die verminderte Kalksausscheidung durch den Darm als den Ausgangspunkt und sah als deren Ursache Darmkatarrhe an, bei denen die Erkrankung der Darmschleimhaut ihr Ausscheidungsvermögen für Kalk schädige.

---

[1] BERGEIN, OL.: Proc. Soc. exper. Biol. a. Med. **23**, 777 (1926).
[2] GERHARDT, D. u. W. SCHLESINGER: Arch. f. exper. Path. **42** (1899).
[3] MINKOWSKI: Leydens Handb. d. Ernähr.lehre, S. 550 (1897).
[4] SOETBEER: Jb. Kinderheilk. **56**, 1 (1902). — SOETBEER u. KRIEGER: Arch. klin. Med. **72**, 553 (1902).

Dies war auch die Ansicht von PEYER[1], ROBIN[2], TOBLER[3], während LANGSTEIN[4] ein Zusammentreffen mit Colitiden bei seinen Fällen nicht bestätigt fand. Die Pädiater haben sich auch weiterhin viel mit der Frage der Kalkariurie beschäftigt. VON DOMARUS[5] hält sie für eine selbständige Stoffwechselstörung. Daß die Ausscheidung von Kalksalzen bei ihr nicht durch die Reaktion des Urins bedingt ist, geht daraus hervor, daß sie auch bei saurem Harn und alsdann in krystallinischer Form, als phosphorsaurer oder oxalsaurer Kalk, vonstatten geht.

KRONE[6] prüfte auf Veranlassung von AD. SCHMIDT (Halle) in Untersuchungen am Menschen die Frage, ob bei Darmstörungen, *Durchfall* oder *Verstopfung*, eine Änderung in der Verteilung des Harn- und Kotkalks nachgewiesen werden könne, etwa derart, daß bei Durchfall weniger, bei Verstopfung mehr Kalk in den Darm ausgeschieden würde. Ein nennenswerter Einfluß dieser Faktoren konnte aber nicht aufgefunden werden.

KOBERT berechnete bei seinem Patienten mit isoliertem Dickdarm eine Mineralausscheidung von durchschnittlich 0,2699 g pro Tag durch das Colon. 12,793% der Asche bestand aus Calcium und 44,12% aus Phosphorsäure. HEUPKE[7] fand beim Hund (15 kg) eine durchschnittliche tägliche Ausscheidung von 9,94 mg Calcium und 12,93 mg Phosphorsäure für das isolierte Colon. Nach Einführung von Abführmitteln in den abgetrennten Dickdarm stieg die Calcium- und Phosphorausscheidung an.

Eisen.

Durch die Nieren verläßt nur ein ganz kleiner Teil des aufgenommenen oder im Körper durch Abbau frei gewordenen Eisens den Organismus. M. REICH[8] fand 1 mg Fe auf 1000 ccm Harn, M. GINI[9] 0,6—0,9 mg pro die. Auch nach Eingabe von Eisen in irgendeiner Form steigt das Harneisen nicht über die täglich vom Menschen ausgeschiedenen 1—2 mg[10]. Mit der Galle und dem Pankreassaft wird nur wenig Eisen ausgeschieden, von dem außerdem ein Teil wieder zur Rückresorption kommt[11], die Tatsache, daß bei vermehrtem Eisenabbau im Körper (hämolytische Anämien usw.) viel Eisen in der Leber abgelagert wird, besagt noch nicht, daß dieses die Leber auf dem Wege über die Galle verläßt. So muß der eigentliche Ausscheidungsort des Eisens die Darmschleimhaut sein und der größte Teil des auszuscheidenden Eisens auf diesem Wege den Körper verlassen. Den unmittelbaren Nachweis erbrachten KUNKEL[12], QUINCKE und HOCHHAUS[13], ABDERHALDEN[14], indem sie durch verdünnte Schwefelammoniumlösung und Ammoniak makro- und mikroskopisch das Eisen in verschiedenen Organen ihrer Versuchstiere, insbesondere auch im Darm, nachwiesen. Wenn sie Mäuse, Ratten, Meerschweinchen, Hunde, Katzen mit einer Nahrung fütterten, der ein Eisenpräparat zugesetzt war, und die Tiere nach verschieden langer Zeit töteten, so war im Darm an zwei Stellen konstant Eisen nachweisbar, im

1 PEYER: Die Phosphaturie. Volkmanns Vortr. 336 (1889).
2 ROBIN: Bull. thérapeut. 30. Dez. 1890.
3 TOBLER: Arch. f. exper. Path. **52**, 116 (1904).
4 LANGSTEIN: Med. Klin. **1906**, Nr 16.
5 v. DOMARUS: Arch. klin. Med. **122**, 117 (1917) — Erg. inn. Med. **16**, 219.
6 KRONE: Zbl. inn. Med. **33**, 597 (1912).
7 HEUPKE: Z. exper. Med. 1930.
8 REICH, M.: Inaug.-Dissert. Rostock 1911.
9 GINI, M.: Bull. Sci. med. **1912**, 257.
10 KOBERT: Arch. f. exper. Path. **16**, 361 (1883). — GOTTLIEB, R.: Ebenda **26** — Hoppe-Seylers Z. **15**, 371 (1891).
11 Literatur bei FR. VOIT: Z. Biol. **29**, 392 (1892) und F. ROSENTHAL: Handb. d. norm. u. path. Physiol. **3**, 886 (1927).
12 KUNKEL: Pflügers Arch. **50**, 1 (1891); **61**, 595 (1895).
13 QUINCKE u. HOCHHAUS: Arch. f. exper. Path. **37**, 159 (1896) — Kongr. inn. Med. 1896.
14 ABDERHALDEN: Z. Biol. **39**, 113 (1900).

Duodenum und im Dickdarm, besonders dessen oberen Teil. Mikroskopisch war die Anordnung der Schwefeleisenkörner an beiden Stellen verschieden: im Duodenum lagen sie in freier Verteilung ausschließlich im oberen Teil der Epithelzellen, unmittelbar unter deren Saum; im Dickdarm fanden sich Gruppen größerer und kleinerer Körner vorwiegend in der Submucosa. Hieraus ergab sich der Schluß, daß im Duodenum, und zwar in diesem allein, Eisen aufgenommen, im Dickdarm ausgeschieden wurde. Letzteres erfolgt sehr wahrscheinlich durch Auswanderung von Leukocyten, die sich mit den Eisenkörnchen beladen haben. Vielleicht hat auch das Epithel einen Anteil an der Ausstoßung des Eisens. Die gleichen Orte der Resorption und Ausscheidung finden wir bei Eisen in anorganischer wie in organischer Bindung. Interessant ist dabei, daß das Eisen der Normalnahrung oder des Blutes mit Schwefelammonium an sich keine Reaktion gibt, auch nicht im Darminhalt, wohl aber in den Epithelien des Darmes, so daß also hier chemische Umwandlungen der komplizierten organischen Bindungen erfolgt sind. Die Resorption von Eisenverbindungen im Dünndarm ist viel größer und vollständiger, als man lange Zeit geglaubt hatte. G. HONIGMANN[1] fand bei einer Patientin mit Fistel am unteren Ende des Dünndarms 81% des eingeführten Eisens resorbiert, F. RABE[2] bei einem Fistelhunde 87,5%. So muß denn auch die Gesamtausscheidung von Eisen durch den unteren Darm entsprechend groß sein. Quantitativ prüfte R. GOTTLIEB[3] bei Hunden die Eisenausscheidung durch den Darm nach subcutaner und intravenöser Injektion von weinsaurem Eisenoxydnatron. Bis zu 97% des injizierten Eisens wurde im Kot wiedergefunden. Dabei zog sich die Ausscheidung bis 19 Tage nach der letzten Einspritzung hin, was darauf zurückgeführt wurde, daß die Leber zunächst das Eisen speichert und dann wieder langsam abgibt. Im Hungerkot findet sich nur wenig Eisen. In Versuchen FR. VOITS trafen bei einem Hund von 17 kg Gewicht auf 24 Stunden 9,9 mg; ein 30 kg schwerer Hund C. VOITS schied 5,8 mg, ein 23 kg schwerer Hund GRUBERS 8,3 mg Eisen täglich aus[4]. KOBERT[5] konnte aus dem Exkret des isolierten menschlichen Dickdarms nur 1,006 mg Eisen pro die gewinnen.

Wenn man auch auf Grund der histologischen Untersuchungen den Dickdarm als den Hauptort der Eisenausscheidung auffaßt, so ist doch auch der Dünndarm nicht ganz unbeteiligt. So fand FR. VOIT im Inhalt einer isolierten Dünndarmschlinge seiner Versuchshunde, auf 24 Stunden berechnet, 0,7—2 mg Eisen; F. RABE gewann aus Ileumfisteln, 3 Tage nach Aussetzen der Eisenzufuhr, geringe Mengen Fe und stellte fest, daß die Ausscheidung auch nach 8 Tagen noch nicht beendet war. CARLES, BLAUE und LEURET[6] legten bei Hunden oder Kaninchen eine Catgutligatur unterhalb des Duodenums und an der Ileocoecalgrenze an und prüften die Ausscheidung intramuskulär injizierter Medikamente in Dünn- und Dickdarm, nach 6—24 Stunden, durch Veraschen der betreffenden Darmabschnitte. Von 0,9 g citronensaurem Eisen fanden sie nach 24 Stunden im Dünndarm 0,05 g, im Dickdarm 0,016 g (die Zahlen in einem Versuch nach 9 Stunden scheinen durch einen Druckfehler entstellt zu sein). Nach Unterbindung der Nierenarterien war die Eisenausscheidung durch den Darm größer.

Magnesium.

Das Magnesium des Kotes stammt teils aus der Nahrung (Chlorophyll), teils aus den Verdauungssäften. Ein Teil wird durch den Harn ausgeschieden;

[1] HONIGMANN, G.: Arch. Verdgskrkh. **2**, 296 (1896).
[2] RABE, F.: Münch. med. Wschr. **1912**, Nr 51.
[3] GOTTLIEB, R.: Hoppe-Seylers Z. **15**, 371 (1891).
[4] VOIT, FR.: Zitiert auf S. 689 (S. 390). [5] KOBERT: Dtsch. med. Wschr. **1894**, Nr 47.
[6] CARLES, BLAUE u. LEURET: C. r. Soc. Biol. **87**, Nr 22 u. 26 (1922).

er beträgt beim Menschen im allgemeinen weniger, als im Kot enthalten ist. Beim Pferde finden sich 60–70% des Magnesiums im Kot[1]. Wieviel auf Ausscheidung durch den Darm zurückzuführen ist, ist noch fraglich. Der Magnesiumstoffwechsel ist von dem des verwandten Metalls, Calcium, ziemlich unabhängig und hat, im Gegensatz zu diesem, in Versuchen mit Zulagen von Eiweiß, Fett, Kohlehydraten kein charakteristisches Aussehen[2]. Im isolierten Dickdarm des Hundes (15 kg) bestimmte Heupke[3] eine tägliche durchschnittliche Magnesium-Ausscheidung von 1,33 mg.

Chlornatrium, Chlorkalium.

Mit der Nahrung eingeführtes NaCl, ebenso wie viele andere leicht lösliche Salze, z. B. Jodkali, salicylsaures Natron, werden von der Darmschleimhaut so leicht resorbiert, daß nichts von ihnen im Kot wieder erscheint, selbst nicht, wenn man zu gleicher Zeit ein auf Dünn- und Dickdarm wirkendes Abführmittel, wie Ricinusöl, verabreicht. Nur die Mittelsalze (Glaubersalz, Bittersalz) sind trotz ihrer Wasserlöslichkeit schwer resorbierbar, verdanken ihre Abführwirkung dem Umstand, daß sie das Lösungswasser festhalten bzw. Wasser aus dem Darm an sich ziehen und erscheinen zu etwa 50–70% im Kot wieder. Bei Durchfällen und Darmkatarrhen mit dünnflüssigen Stühlen findet man nun aber Alkalisalze in auffallender Menge, besonders Chlornatrium (Chlorgehalt des wässerigen Faecesauszuges). Es unterliegt keinem Zweifel, daß es sich hierbei um Körperausscheidungen, sei es als Sekret oder als Transsudat oder als Exsudat der Darmwand handelt[4]. Auch die osmotisch wirkenden Abführmittel (also z. B. die Mittelsalze) ziehen neben Wasser NaCl und fermenthaltige Flüssigkeit in den Darm, so daß ihre Wirkung nicht einfach osmotisch, sondern zugleich durch Erregung der Darmsekretion zu erklären ist. Gennari[5] gibt an, daß bei Chlorretention im Körper (Nephritis, Ödem, Ergüsse in seröse Höhlen) nach Abführmitteln der Kochsalzgehalt in den Faeces parallel der im Körper retinierten Menge ansteigt.

Fett, Lipoide.

Der Fettgehalt (Ätherextrakt) des Hungerkots ist stets beträchtlich. Fr. Müller[6] fand 17,7–47,9% des trockenen Kots; bei dem Hungerkünstler Cetti waren es 35%. Man glaubte erst, daß das Kotfett, das nicht aus der Nahrung stammt, von Pankreassaft und Galle geliefert werde. Fr. Voit[7] fand aber auch in isolierten Darmschlingen reichlich Neutralfett, Fettsäuren und Seifen, 22,6–36% der Trockensubstanz, und der Ringkot seiner Hunde hatte fast die gleiche Zusammensetzung wie der Hungerkot oder der Fleischkot. Auch in den isolierten Dickdarm wird etwas Fett ausgeschieden, wie Kobert[8] am Menschen nachwies. Heupke[9] bestimmte am isolierten Colon eines Fistelhundes den ätherextrahierbaren Anteil der Trockensubstanz zu 11,84%. Neuerdings zeigten Hill und Bloor[10] in Versuchen an Katzen, daß bei fettfreier oder fettarmer Kost immer etwas Fett in den Faeces von annähernd gleicher, von dem Nahrungsfett unabhängiger Zusammensetzung gefunden wird. Es kann deshalb

---

1 Tangl, F.: Pflügers Arch. **89**, 227 (1902).
2 Kochmann u. Petzsch: Biochem. Z. **32**, 11, 27 (1911).
3 Heupke: Z. exper. Med. 1929.
4 Ury, H.: Arch. Verdgskrkh. **14**, 411, 506 (1908); **15**, 210 (1909). — Salomon u. Wallace: Med. Klin. **1909**, Nr 16.
5 Gennari: Clin. med. ital. **1906**, Nr 8.
6 Müller, Fr.: Berl. klin. Wschr. **1887**, Nr 24.
7 Voit, Fr.: Z. Biol. **29**, 354 (1892).
8 Kobert: Dtsch. med. Wschr. **1894**, Nr 47.
9 Heupke: Z. exper. Med. 1930.
10 Hill u. Bloor: J. of biol. Chem. **53**, 178 (1922).

nicht als unresorbiertes Nahrungsfett angesehen werden, sondern muß auf Exkretion, Abstoßung von Zellen der Darmwand und wohl auch auf Leibesbestandteile der Darmbakterien zurückgeführt werden.

Cholesterin. Nach der bisherigen Anschauung stammt das im Kot gefundene Cholesterin von unsorbiertem Nahrungscholesterin und besonders von dem Cholesterin der Galle. H. SALOMON[1] hat es aber neuerdings sehr wahrscheinlich gemacht, daß beim Menschen auch Ausscheidung durch die Darmschleimhaut erheblich beteiligt ist. Er fand nämlich bei einem Patienten mit völligem Galleabschluß nach cholesterinarmer Ernährung im Kot erheblich mehr Cholesterin, als dem Nahrungsanteil entsprechen konnte. Den direkten Nachweis des Cholesterins im reinen Dickdarmsekret konnte HEUPKE[2] erbringen, doch betrug die Exkretion beim Hund und Kaninchen nur wenige mg.

N-haltige Substanzen.

Der N der Faeces stammt aus nicht völlig verdauten Nahrungsteilen, den Überresten der Körperabscheidungen, und zum nicht geringen Teil aus den Leibern der Darmbakterien.

Sehen wir von einer gewissen N-Quote ab, die auf abgemauserte Darmepithelien fällt, so sind, soweit es sich um die Abscheidungen des Verdauungskanals handelt, die eiweißhaltigen Verdauungssäfte zu nennen, also Sekrete. Unter dem Einfluß krankhafter Reize im Darmkanal kann es ferner zur Absonderung größerer Mengen von Flüssigkeit kommen, die je nach Art und Stärke des Reizes (entzündlich oder nicht entzündlich) gelöstes Eiweiß, manchmal in recht erheblichen Mengen, enthalten[3]. In den diarrhoischen Faeces ist alsdann dieses Eiweiß mit den gewöhnlichen Proben, z. B. Essigsäure Ferrocyankalium, leicht nachweisbar, während demgegenüber Stühle von normaler Konsistenz durch Wasser extrahierbare Eiweißkörper völlig vermissen lassen. Bei diesen wässerigen Absonderungen handelt es sich bald um vermehrte Sekretion von Darmsaft, was aus dem Gehalt der Flüssigkeit an Fermenten hervorgeht, bald um Transsudation oder um Exsudation, in letzterem Fall besonders reich an Eiweiß, je nach dem Grade der Entzündung. Von Exkretion kann man in diesen pathologischen Fällen also auch nicht sprechen. SALOMON und WALLACE[4], die von einer stickstofffreien Kost (Rohrzucker) ausgingen, fanden ebenfalls bei Personen mit Darmkatarrhen und Durchfällen verschiedenster Entstehungsweise in quantitativen Analysen, daß die N-Ausscheidungen mit der Schwere des Darmkatarrhs wuchsen und daß die Hauptmenge auch des in pathologischen Fällen im Kot enthaltenen Stickstoffs auf Verdauungssäfte, insbesondere auf die Abscheidungen der Darmwand selbst zu beziehen ist.

Bei gestörter Stickstoffausscheidung durch die Nieren kann der Darm vikariierend Harnstoff ausscheiden, der alsdann durch bakterielle Zersetzungsvorgänge in Ammoniak umgewandelt wird. Ein Teil der urämischen Durchfälle beruht auf der hierdurch bedingten Darmreizung. A. GRIGAUT und CH. RICHET fils[5] injizierten bei Hunden intravenös hypertonische Lösungen von Harnstoff und erzeugten zugleich Durchfall, wobei in den Faeces eine beträchtliche Menge Harnstoff gefunden wurde, z. B. 3,85 g im Stuhl gegenüber 12,48 g im Urin. Aminosäuren, Kreatinin und Harnstoff, auf welche HEUPKE[2] das reine Dickdarmsekret untersuchte, waren nicht nachzuweisen.

---

[1] SALOMON H.: Arch. Verdgskrkh. **41**, 257 (1927). [2] HEUPKE: Z. exper. Med. 1930.
[3] URY: Arch. Verdgskrkh. **9**, 219 (1903). — SIMON, O.: Ebenda **10**, 197 (1904). — SCHLÖSSMANN: Z. klin. Med. **60**, 272 (1906). — TSUCHIYA: Z. exper. Path. u. Ther. **5**, 455 (1909).
[4] SALOMON u. WALLACE: Med. Klin. **1909**, Nr 16.
[5] GRIGAUT, A. u. CH. RICHET fils: C. r. Soc. Biol. **72**, 143 (1912).

Nucleine. Sie kommen schon im bakterienfreien Meconium vor, woraus hervorgeht, daß sie von Körperausscheidungen stammen. Es handelt sich um Pankreassekret und Absonderungen der Darmschleimhaut, nicht dagegen der Galle[1]. SCHITTENHELM denkt besonders an abgestoßenes Material der Darmwand, die, wie er in ausführlichen Versuchen fand, sehr reich an diesen Basen, vornehmlich Guanin und Adenin, ist. Im Sekret des isolierten Dickdarmes konnte HEUPKE[2] geringe Mengen Purinbasen nachweisen. Bei Leukämie kann die Menge der Purinkörper im Kot erheblich, bis zum Zehnfachen, vermehrt werden.

Ausscheidung von H-Ionen durch die Darmwand.

Neuerdings ist die Frage erörtert worden, ob auch die Darmschleimhaut an der Erhaltung des Säurebasengleichgewichts beteiligt ist, indem sie, analog der Niere, H-Ionen aus dem Körper eliminiert. LOEFFLER[3] glaubt dies, gestützt auf Untersuchungen von HELZER und SCHAUDT, daraus entnehmen zu können, daß kurze Zeit nach der Zufuhr von Säure der Stuhl saurer, nach Zufuhr von Natriumbicarbonat alkalischer werde. K. SCHEER[4] (in Untersuchungen gemeinsam mit KATZENSTEIN) kommt aber zu negativem Ergebnis und bestreitet außerdem die Richtigkeit der von LOEFFLER angewandten Methodik, ebenso wie seiner Schlußfolgerungen.

Die Reaktion des Dickdarmsekretes ist in der Regel alkalisch. BERLAZKI titrierte das Coecumsekret des Hundes und fand eine Alkalinität von 0,04332% Na_2CO_3.

HEUPKE[2] bestimmte die Wasserstoffionenkonzentration im Dickdarmsaft des Hundes und im Coecumsekret des Kaninchens und erhielt p_H-Werte, welche zwischen 7,4 und 8,4 schwankten. Nach intravenöser Zufuhr von Mononatriumphosphat blieb die Reaktion des Coecumsaftes der Kaninchen im alkalischen Bereich, so daß unter Berücksichtigung dieser Beobachtung und der geringen Sekretmenge, welche das Colon überhaupt abgibt, dem Dickdarm für die Regulation der Reaktionslage des Organismus keine große Bedeutung beigemessen werden kann.

Körperfremde Metalle; medikamentöse Substanzen.

Blei. Im allgemeinen wird angenommen, daß Blei, wie die meisten Schwermetalle, hauptsächlich durch die Schleimhaut des unteren Darmabschnittes ausgeschieden wird. Dies bestätigt eine Untersuchung von BEHRENS[5] über Aufnahme, Ausscheidung und Verteilung kleinster Bleimengen, bei der eines der radioaktiven Bleiisotopen verwendet und die Strahlung gemessen wurde. Die Hauptausscheidung ging hier durch den Kot, nur wenig durch den Harn. F. SCHÜTZ[6] hingegen fand bei ganz langsam verlaufender Bleivergiftung bei Kaninchen die Hauptausscheidung durch die Galle.

Germaniumdioxyd wird nach J. H. MÜLLER und ST. I. MIRIAM[7] hauptsächlich durch die Nieren, weniger durch den Darm ausgeschieden.

Kupfer wird durch Darmschleimhaut und Galle ausgeschieden[8]. Übrigens

[1] WEINTRAUD: Berl. klin. Wschr. **1895**. — SCHITTENHELM: Dtsch. Arch. klin. Med. **81**, 436 (1904).
[2] HEUPKE: Z. exper. Med. 1930.
[3] LOEFFLER: Klin. Wschr. **1926**, Nr 5.
[4] SCHEER, K.: Klin. Wschr. **1928**, Nr 18.
[5] BEHRENS: Arch. f. exper. Path. **109**, H. 5/6 (1925).
[6] SCHÜTZ, F.: Z. Hyg. **104**, H. 3 (1925).
[7] MÜLLER, J. H. u. ST. I. MIRIAM: Amer. J. med. Sci. **163** (1927).
[8] ZANGGER, H.: Vergiftungen, in Mohr-Staehelins Handb. d. inn. Med. **6**, 600 (1919). — MEYER u. GOTTLIEB: Exper. Pharmakologie, Exkretion durch die Darmdrüsen. — STERNBERG, H.: Kupfersalzvergiftung. Zbl. inn. Med. **1926**, Nr 27.

werden die Kupfersalze sehr schlecht resorbiert, und die örtlichen Reizwirkungen im Magen und Darm können vor allem auf nichtresorbierte Kupfersalze bezogen werden.

Lithium. Nach starken subcutanen Gaben von Lithiumchlorid[1] bei Hunden und Katzen erkrankten die Versuchstiere an heftiger Gastroenteritis mit Erbrechen und Durchfällen und gingen bald zugrunde. Das Lithium ließ sich im Harn, Speichel, dem Erbrochenen und den Faeces nachweisen. Die Ausscheidung auf die Darmschleimhaut verursachte offenbar heftige Reizerscheinungen.

Mangan[2] wird durch den Darm gut und schnell ausgeschieden. Nächstdem findet man es in der Galle, weniger im Urin.

Nickel und Kobalt[3] werden durch Nieren und Darm ausgeschieden.

Quecksilber[4], nach der Resorption im Körper als Quecksilberalbuminat in Form eines Doppelsalzes an Kochsalz gebunden, wird zum größeren Teil durch den Darm, zum kleineren durch die Nieren, ferner auch durch die Galle ausgeschieden. Bei vergiftenden Dosen stellen sich blutige Durchfälle ein, und man findet, entsprechend dem Abscheidungsorte im Darm, die Schleimhaut des Dickdarms blutig infiltriert, nekrotisiert, verschorft. Das Quecksilber wird durch gesteigerte Drüsensekretion und durch Transsudation abgesondert.

Radium[5]. Nach Injektion wässeriger Lösungen radioaktiver Salze werden innerhalb der ersten 4 Tage etwa 4—19% des eingespritzten Radiums ausgeschieden. Der übrige Teil wird lange Zeit im Körper zurückgehalten, vor allem im Knochen und Knochenmark (hämopoetisches System). Die Ausscheidung erfolgt ganz überwiegend durch den Darm, nur zu einem sehr kleinen Teil durch den Harn. Entsprechendes gilt für **Thorium X**. Die Ausscheidung durch den Darm kann zu schweren Strahlenschädigungen und Auftreten von heftigen Diarrhöen, Blutungen, Tenesmus führen.

Tellur[6]. Die Ausscheidung erfolgt durch Darm und Nieren.

Wismut[7] wird im allgemeinen in stärkerem Maße durch die Nieren als durch den Darm ausgeschieden. Nach intramuskulärer Verabreichung des Wismutpräparates „Oleobi“ bei einem Hunde fand KÜRTHY 58,8% im Harn, 41,2% im Kot. Im Zeitraum von 30 Tagen wurden nur 20% des zugeführten Wismuts aus dem Körper eliminiert. Ganz verschieden war die Ausscheidung nach Einreibung in die Haut von „Bismocutan“, welches das Wismutradikal als Ion enthält. 30% der Gesamtmenge wurden innerhalb 20 Tagen in den Ausscheidungen wiedergefunden, davon 94,3% im Kot, 5,7% im Harn.

Unter dem Einfluß des Schwefelwasserstoffes geht nach DEBELIN das Wismut in die Sulfidform über und wird als Wismutindoxylsulfat ausgeschieden. Die Ausscheidung erfolgt in den ganzen Darmkanal. AUTENRIETH und MEYER konnten am Tage nach Injektion von 1 ccm Neowismulen, die 20 mg Bi enthalten, im Kot 0,8 mg Bi nachweisen. Infolge der Ausscheidung von Wismut in den Darm kommt es, besonders nach intravenöser Injektion, gelegentlich zu Durchfällen, nur ganz vereinzelt zu ulceröser Kolitis[8].

---

[1] GOOD, C.: Amer. J. med. Sci., Febr. 1903.

[2] CAHN: Arch. f. exper. Path. **18**, 129. — BARGERO: Bull. Sci. med. **1906**, Nr 4. — HANDOWSKI, SCHULZ u. STAEMMLER: Arch. f. exper. Path. **110** (1926).

[3] STUART, T. P. ANDERSON: J. of Anat. a. Physiol. **17**, 89 (1882).

[4] SCHUSTER: Arch. f. Dermat. **1882**, H. 1. — LANGER: Z. exper. Path. u. Ther. **1906**. — ALMQUIST: Arch. f. exper. Path. **82**, 221 (1917).

[5] Vgl. LAZARUS: Radiumbiologie und Therapie **1913**, 233, 261.

[6] LEVADITI u. MANIN: C. r. Soc. Biol. **95**, Nr 27 (1926).

[7] PISENTI: Giorn. internat. Sci. med. **1888**, Fasc. 10. — LOMHOLT: Biol. J. **18**, Nr 3/4 (1924). — MEYER u. STEINFELD: Arch. f. exper. Path. **20**, 40 (1886). — KÜRTHY: Biochem. Z. **150**, H. 3/4 (1924).

[8] Zit. nach E. LANGER: Klin. Wschr. **1928**, 554.

Barium und Strontium[1], bei Hunden und Katzen subcutan eingeführt, ist in den Lymphgefäßen des Darmes nachweisbar.

Zinn. Die Ausscheidung erfolgt vorwiegend durch den Kot, nach Versuchen von HANDOVSKY[2] 75% im Kot, 25% im Harn.

Andere Arzneimittel. H. QUINCKE[3] untersuchte an isolierten Dünndarmschlingen bei Tieren die Ausscheidung einiger Medikamente. Jod-, Brom- und Rhodanverbindungen wurden von der Dünndarmschleimhaut ausgeschieden. Borsäure, Arsen und Ferrocyankali konnte QUINCKE dagegen nicht nachweisen. J. CARLES[4], H. BLANC und FR. LEURET fanden nach intravenöser Injektion von Jodkali und Bromnatrium geringe Mengen Jod und Brom im Inhalt des abgebundenen Dünn- und Dickdarmes.

HEUPKE[5] konnte den Übertritt kleiner Mengen von Jod, Brom, Rhodan, Salicylsäure und Antipyrin in das abgetrennte Colon des Hundes, bzw. in das isolierte Coecum des Kaninchens nachweisen. Ferrocyankali, Chinin und Gallussäure wurden dagegen durch den Dickdarm nicht ausgeschieden.

Morphium. Daß ein großer Teil subcutan gegebenen Morphins durch die Schleimhaut des Magens ausgeschieden wird, ist schon lange bekannt. Aber auch die Darmschleimhaut scheidet Morphin ab[6]. Hyperämie der Schleimhaut und vermehrte Sekretion der Darmepithelien, durch verschiedenartige Reize erzeugt, steigert die ausgeschiedenen Morphiummengen[7]. Abweichend sind die Ergebnisse von T. TAKAYANAGI[8], der mit neuer Methodik die Ausscheidung des Morphins durch Harn und Kot prüfte und im letzteren nur sehr geringe Spuren fand.

Auch **andere Alkaloide** (Atropin, Eserin usw.), **Bakterientoxin, Schlangengift,** werden in geringerem Grade durch die Darmschleimhaut ausgeschieden[9].

Gewisse **Drastica** gelangen bei subcutaner Zufuhr in den Dickdarm und wirken auch auf diesem Wege abführend. Aloe gelangt beim Menschen nach Injektion fast vollständig in den Dickdarm. Auch Podophyllin und Colocynthin wirken bei subcutaner Injektion, einer im übrigen nicht zweckmäßigen Applikationsform, da die Nieren gereizt werden und an der Einspritzungsstelle Entzündungen entstehen.

Teerfarbstoffe. HEUPKE[5] injizierte Kaninchen mit Coecumfisteln Teerfarbstoffe intravenös und beobachtete nie eine Ausscheidung durch die Blinddarmschleimhaut. I. MATSUO[10] ließ durch seine Schüler die Ausscheidung von Teerfarbstoffen in isolierte Darmschlingen bei Kaninchen untersuchen. Im Dickdarm wurde überhaupt kein Farbstoff ausgeschieden, in den Dünndarm traten nur wenige Farbstoffe in geringer Konzentration über.

Nach Untersuchungen von A. F. HESS[11] an Kaninchen und Hunden können in die Blutbahn eingebrachte **Mikroorganismen** (Bac. prodigiosus) durch die Mucosa in den Darm ausgeschieden werden.

---

[1] LAFAYETTE, MENDEL u. THACHER (Strontium): Amer. J. Physiol. **11**, 5 (1904). — LAFAYETTE, MENDEL u. SICHER (Barium): Ebenda **16**, 147 (1906).

[2] HANDOVSKY: Arch. f. exper. Path. **114** (1926).

[3] QUINCKE, H.: Müllers Arch. 1868.

[4] CARLES, J., H. BLANC u. FR. LEURET: Cpt. rend. Soc. de Biol. **87** (1922).

[5] HEUPKE: Z. exper. Med. 1930.

[6] Vgl. MEYER-GOTTLIEB: Exper. Pharmakologie, unter „Morphin".

[7] MCCRUDDEN: Arch. f. exper. Path. **62**, 374 (1910). — LANGER: Biochem. Z. **45**, 239 (1912).

[8] TAKAYANAGI, T.: Arch. f. exper. Path. **102** (1924).

[9] MEYER-GOTTLIEB, unter „Exkretion durch die Darmdrüsen". — CARLES, BLANC u. LEURET: C. r. Soc. Biol. **87** (1922).

[10] MATSUO, I., Act. scoll. med. univ. imp. Kiotens. Vol. 10, Fasc. 4, 1928.

[11] HESS, A. F.: Arch. int. Med., Nov. 1910.

Die Faeces.

Von

Julius Strasburger

Frankfurt a. M.

Mit 6 Abbildungen.

Zusammenfassende Darstellungen.

Gaultier, R.: L'exploration fonctionnelle de l'intestin par l'analyse des fèces. Paris 1905. — Goiffon, R.: Manuel de coprologie clinique. Paris 1921. — Harley, V. u. F. Goodbody: The chemical investigation of gastric and intestinal diseases. London 1906. — Hurst, A. F.: Constipation and allied intestinal disorders. 2. Aufl. London 1921. — Langeron, M. u. M. Rondeau du Noyer: Coprologie microscopique. Paris 1926. — Ledden-Hulsebosch, M. van: Makro- und mikroskopische Diagnostik der menschlichen Exkremente. Berlin 1899. — Lohrisch, H.: Methoden zur Untersuchung der menschlichen Faeces, in Abderhaldens Handb. d. biol. Arbeitsmethoden, Abt. IV, T. 6, H. 1. Berlin 1923. — Luger, A.: Grundriß der klinischen Stuhluntersuchung. Wien 1928. — Lynch, R.: Etude des Fèces normales. Argentina Medica 1904. — Nothnagel, H.: Beiträge zur Physiologie und Pathologie des Darmes. Berlin 1884. — Rosell, J.: Coprologia clinica. Madrid 1920. — Schilling, F.: Die Verdaulichkeit der Nahrungs- und Genußmittel auf Grund mikroskopischer Untersuchungen der Faeces. Leipzig 1901. — Schmidt, Ad. u. J. Strasburger: Die Faeces des Menschen im normalen und krankhaften Zustande. Berlin, 1. Aufl. 1903, 4. Aufl. 1915.

Die folgende Darstellung bezieht sich, soweit es nicht besonders bemerkt wird, auf die Verhältnisse beim Menschen.

Der Kot setzt sich zusammen aus Ausscheidungsprodukten des Verdauungskanals, einschließlich seiner funktionell hinzugehörigen großen drüsigen Organe (Leber und Bauchspeicheldrüse), aus Überresten der eingeführten Nahrung und ihren Zersetzungsprodukten, aus den im Darm gebildeten Bakterien und aus zufälligen, von außen eingeführten oder im Körper gebildeten Bestandteilen.

Den *Ausscheidungs*produkten kommt ein, besonders theoretisch, wichtiger Anteil an der Kotbildung zu; zu unterscheiden ist dabei ihre prozentuale und ihre absolute Menge. Prozentual fällt der Anteil der Ausscheidungsprodukte um so größer aus, je mehr der von der Nahrung stammende Anteil der Faeces zurücktritt. Am reinsten finden wir dies im Hungerzustand, beim sog. Hungerkot, ferner am Hermannschen Ringkot und beim Meconium. Aber auch bei einer weitgehend aufgeschlossenen schlackenfreien, animalischen oder vegetabilischen Kost tritt der Anteil der Nahrungsreste in den Faeces so stark zurück, daß der Kot, von den Bakterien abgesehen, noch zum großen Teil als Produkt der Verdauungsorgane aufzufassen ist. Die *absolute* Menge dieses von Prausnitz als „Normalkot", von v. Noorden[1] als „Eigenkot" bezeichneten Anteils (zwei Begriffe, die nicht ganz das gleiche bedeuten, der Noordensche ist wohl der

[1] Schmidt-Noorden: Klinik der Darmkrankheiten, S. 32, 178 (1921).

präzisere) kann aber sehr verschieden groß sein, da die Körperausscheidungen, im Hungerzustand den Tiefstwert darstellend, auf Grund der Nahrungsaufnahme zunehmen und demgemäß auch mehr Kot liefern. So betrug die tägliche Menge des Hungerkotes bei verschiedenen erwachsenen Menschen nach FR. MÜLLER[1] im Durchschnitt 3,9 g Trockensubstanz. Berechnet man nun, bei Anwendung einer N-freien Nahrung, aus dem N-Gehalt der Faeces den Anteil der Körperausscheidungen, so gelangt man zu den doppelten oder dreifachen Werten (RIEDER[2]); bei Darmkatarrhen nimmt dieser Wert noch erheblich zu (ROEHL[3]).

Die in den Faeces zu findenden Abscheidungen der Verdauungsorgane sind teils Überreste der Verdauungssäfte, also Sekrete, teils Exkrete, teils Abschilferungen und in pathologischen Fällen Absonderungen der Darmwand. Reste dieser Sekrete und Exkrete können durch alleinige Untersuchung der Faeces in vielen Fällen nicht voneinander getrennt werden. Das vorausgehende Kapitel über Darmexkretion gibt hierüber Aufschluß. Pathologische gelöste oder geformte Absonderungen der Darmwand lassen sich teils aus der Konsistenz der Faeces erschließen (dünnflüssige Beschaffenheit), teils aus ihren wasserlöslichen Bestandteilen (H. URY, AD. SCHMIDT), teils aus den makro- und mikroskopischen Beimengungen, nämlich Schleim, roten und weißen Blutkörperchen, von der Darmschleimhaut abgestoßenen Epithelien.

Die *Menge* der auf den Tagesdurchschnitt entleerten Faeces unterliegt großen Schwankungen, sie liegt beim erwachsenen Menschen durchschnittlich zwischen 60—150 g, kann aber auch niedriger sein und gelegentlich viel höhere Werte erreichen, bis zu 1—$1^1/_2$ kg. Der Eigenkot hat an dieser Gewichtsdifferenz viel weniger Anteil als Ausnutzbarkeit und Menge der Nahrung. Die Zahlen der Tabellen 1 und 2* geben hierüber Auskunft. Die größten Kotmengen finden sich nach Ernährung mit grobem, kleiehaltigem Brot, groben Gemüsen, Obst, also schlackenhaltiger vegetabilischer Kost; die kleinsten Kotmengen (abgesehen vom Hungerkot) bei Ernährung mit Fleisch, Eiern, Milch, feinen Mehlen usw., also einer Kost, die keine Nahrungsschlacken enthält und fast restlos verdaut wird. Auch die Leistungsfähigkeit der Verdauungsorgane, die schon unter physiologischen Verhältnissen eine gewisse Variationsbreite besitzt, ist auf die Kotbildung von Einfluß. Bei sog. blander Nahrung kommt dies wenig zum Ausdruck, da diese auch bei mittlerem Verdauungsvermögen nur geringe Reste

Tabelle 1.

	Alter	Nahrung	Durchschnittliche Menge des frischen Kotes pro Tag in g	Beobachter
1	1 Mon. altes Kind	Muttermilch	3,3	CAMERER u. HARTMANN
2a	2—3 „ „ „	„	6,5	„ „
2b	2—3 „ „ „	Kuhmilch	51,6	ESCHERICH
3	7 „ „ „	je nach d. Nahrung	15—56	Verschiedene
4	9 „ „ „	Kuhmilch m. Zutat.	59	CAMERER
5	$^3/_4$—2 Jahre „ „	gemischt	77	„
6	4 „ „ „	„	101	„
7	6 „ „ „	„	134	„
8	9 „ „ „	„	117	„
9	11 „ „ „	„	128	„
10	Erwachsener.	„	131	PETTENKOFER u. VOIT

[1] MÜLLER, FR.: Virchows Arch. **131**, Suppl., 107 (1893).
[2] RIEDER: Z. Biol. **20**, 378 (1884).
[3] ROEHL: Dtsch. Arch. klin. Med. **83**, 523 (1905).
* SCHMIDT-STRASBURGER: Die Faeces des Menschen, 4. Aufl., S. 14, 15 (1915).

Tabelle 2.

	Speise	Menge des Hauptnahrungsmittels (frisch)	Kotmenge in Gramm frisch	trocken	Prozentgehalt der Trockensubstanz	Beobachter
1	Gemischt . . .	—	131,0	34,0	25,9	PETTENKOFER u. VOIT
2	Vegetar. Kost .	—	370,6	—	—	RUMPF u. SCHUMM
3	Milch	3075	174,0	40,6	23,0	RUBNER
4	Milch mit Käse.	Milch 2050, Käse 218	88,0	27,4	31,1	„
5	Eier	948	64,0	13,0	20,3	„
6	Fleisch	1435	64,0	17,2	26,9	„
7	Weißbrot . . .	1237	109,0	28,9	26,5	„
8	Reis	638	195,0	27,2	13,9	„
9	Makkaroni . . .	695	98,0	27,0	27,5	„
10	Mais	750	198,0	49,3	24,9	„
11	Kartoffel . . .	3078	635,0	93,8	14,7	„
12	Schwarzbrot . .	1360	815,0	115,8	14,2	„
13	Erbsen	959,8	927,1	124,0	13,4	„
14	Gelbe Rüben . .	5133	1092,0	85,0	7,7	„
15	Wirsing	3831	1670,0	73,8	4,4	„

hinterläßt. Bei mehr vegetabilischer oder ausgesprochen vegetarischer Ernährung zeigen sich aber deutliche Unterschiede. Nach Übergang zu solcher Ernährung stellt sich übrigens oft bis zu einem gewissen Grade Angewöhnung ein derart, daß die anfänglich große Kotmenge allmählich zurückgeht. Die der Ernährungsweise sich anpassende Darmflora spielt hierbei wohl eine gewisse Rolle.

Manche Menschen nutzen auch verhältnismäßig grobe Nahrung so gut aus, daß man geradezu von Hyperpepsie[1] sprechen kann. Bei krankhaften Zuständen der Verdauungsorgane kann die Menge der Darmentleerungen erheblich steigen. Teils beruht diese Vermehrung auf Absonderung von Flüssigkeit in den Darm, die zu Durchfall führt. Im größten Maßstab findet man dies bei der asiatischen Cholera; in schneller Aufeinanderfolge der reiswasserartigen Stühle werden hierbei oft in kurzer Zeit mehrere Liter Flüssigkeit entleert[2], Wasserverarmung des Körpers und Eindickung des Blutes sind die Folge. Störungen der Nahrungsausnutzung machen sich in der Kotmenge am stärksten bemerkbar bei Galleabschluß (Schädigung der Fettverdauung), pankreatischer Sekretionsstörung (Fett und Fleisch), Gärungsdyspepsie (Insuffizienz der Kohlehydratverdauung). So fanden SCHMIDT und STRASBURGER bei Anwendung ihrer „Probekost für Darmkranke", die bei Gesunden im Mittel pro Tag 84 g frischen Kot mit 18 g Trockensubstanz lieferte, bei Galleabschluß 315 (58,5) g; bei Gärungsdyspepsie 260 (42,5) g[3]. Bei ungeeigneter Ernährung würden diese Unterschiede noch größer geworden sein. Bei habitueller Verstopfung ist demgegenüber die Gesamtmenge der Faeces vielfach auffallend vermindert[4], im Mittel der verschiedenen Untersucher auf 43 g frischen Kot 11,1 g Trockensubstanz.

Die *Konsistenz* der Faeces hängt in erster Linie von ihrem Wassergehalt ab, der bei gemischter Kost und normalem Verhalten des Darmes durchschnittlich etwa 75% beträgt. Der Wassergehalt nimmt zu bei ausgesprochen vegetabi-

[1] STRASBURGER: Z. klin. Med. **46**, 430 (1902).
[2] LIEBERMEISTER, C.: Cholera asiatica, in Nothnagels Spez. Path. u. Ther. **4 I**, 57 (1896).
[3] Nach SCHMIDT-STRASBURGER, S. 19: Zitiert auf S. 697.
[4] STRASBURGER, J.: Z. klin. Med. **46**, 436 (1902) — Handb. d. inn. Med. (BERGMANN-STAEHELIN), 2. Aufl., **3 II**, 328, 342 (1926). — GOODHART, J. F.: Lancet **1902**, 1241. — LOHRISCH: Dtsch. Arch. klin. Med. **79**, 383 (1904). — TOMASZEWSKI: Med. Klin. **1909**, Nr. 12.

lischer Ernährung, wobei die Faeces oft breiig werde. Das letztere ist zugleich durch die reichliche Beimengung unverdauter pflanzlicher Bestandteile bedingt und nicht selten auch durch die Durchsetzung mit Gasbläschen als Folge von Vergärung nicht genügend ausgenutzter Kohlehydrate. Nach Abführmitteln und anderen auf den Darm wirkenden Reizen nimmt der Wassergehalt der Stühle zu, im allgemeinen weniger als Folge verkürzter Verweildauer im Darm und damit verminderter Resorption als vielmehr hauptsächlich durch Flüssigkeitsabsonderung in die Darmlichtung. Erschwerung der Wasserresorption findet man vorwiegend bei den als Abführmitteln gereichten Mittelsalzen (Glauber- und Bittersalz), die selbst schwer resorbierbar sind und ihr Lösungswasser festhalten. Vereinzelt kann auch eine Resorptionsstörung im Dickdarm in Betracht kommen, etwa nach schwerer bakterieller Ruhr, bei deren Ausheilung ein großer Teil der Schleimhaut zugrunde gegangen sein kann. Bei habitueller Stuhlverstopfung überschreitet infolge des längeren Verweilens im Dickdarm die Wasserresorption häufig die Norm; einige Prozent genügen, um die Faeces erheblich fester und härter zu machen. Vermehrter Fettgehalt infolge fettreicher Nahrung oder mangelhafter Fettausnutzung macht den Kot weicher und kann ihm Lehm- oder Salbenkonsistenz verleihen. Dies findet man auch nach Einnehmen des jetzt bei Obstipation gebräuchlichen flüssigen Paraffins, welches, im Gegensatz zu den echten, verseifbaren Fetten, nicht resorbiert wird und die Faeces in Form feiner Tröpfchen innig durchsetzt.

Die *Farbe* der Faeces hängt zunächst von ihrem Gehalt an Gallenfarbstoff und dessen Art ab. In der Norm ist es ausschließlich das braune Hydrobilirubin, das durch Bakterienwirkung im Dickdarm auf dem Wege der Reduktion aus Bilirubin entsteht. Nur bei dem mit Muttermilch ernährten Säugling besteht der Kotfarbstoff regelmäßig aus Bilirubin, welches den Faeces goldgelbe Farbe verleiht. Bei Dyspepsien findet man auch durch Biliverdin grün gefärbte Stühle. Beim Erwachsenen kommt aber Bilirubin oder Biliverdin, mit entsprechender Färbung der Stühle oder nur einzelner Partikel derselben (z. B. Schleimflöckchen), nur gelegentlich vor, immer als Ausdruck einer groben, bis in den Dünndarm hinaufreichenden dyspeptischen Störung. Neben den Gallefarbstoffen ist die Art der Ernährung von großer Bedeutung für die Färbung der Faeces. Während bei gemischter Kost ein mittleres Braun das Gewöhnliche ist, geht diese Farbe bei Überwiegen der Fleischkost in Dunkelbraun bis Schwarzbraun über, bei vorwiegend vegetabiler Nahrung in Hellbraun, bei Milchnahrung in Orange bis Hellgelb. Reichlicher Genuß chlorophyllhaltiger Gemüse, z. B. Spinat, verleiht eine dunklere grünliche Farbe; Rotwein, Heidelbeeren färben schwarzbraun mit Stich ins Grünliche; Eisenpräparate, Wismutsalze (Reduktion zu Wismutoxydul, nicht Schwefelwismut[1]), Kohle bewirken Schwarzfärbung. Lange Verweildauer im Dickdarm mit Eindickung und Verhärtung des Kotes gibt diesem eine dunkle Farbe, „wie verbrannt“. Durch Kohlehydratgärungen werden die Faeces heller und mehr gelb, bei Durchfällen mit Fäulnisprozessen dunkler, schwärzlich. Fehlen des Gallenfarbstoffes und gleichzeitig sehr reichlicher Fettgehalt, besonders in Form von Kalkseifen, wie dies für Gallenabschluß charakteristisch ist, gibt dem Stuhl silbergraue bis weiße Färbung. Blutungen aus den oberen Teilen des Verdauungstraktes, liefern durch Umwandlung des Hämoglobins in Hämatin Stühle von der Farbe und zugleich der schmierigen Beschaffenheit des Teers.

Der eigenartige *Geruch* der Faeces ist vorwiegend durch Skatol, weniger durch Indol bedingt; beide Körper entstehen durch Fäulnis von Eiweißstoffen

---

[1] Quincke, H.: Münch. med. Wschr. **1896**, 854.

im Dickdarm. Bei Fleischnahrung ist dieser Geruch demgemäß ausgesprochener als bei vegetabilischer. Letztere kann demgegenüber durch Kohlehydratgärung einen säuerlichen Geruch nach Essig-, Butter-, Valeriansäure erzeugen. Der Geruch ist sehr gering bei Milchkost, besonders der an der Brust genährten Säuglinge, wo er normalerweise höchstens schwach säuerlich ist; er fehlt auch fast völlig im Meconium und Hungerkot. Auch die harten, eingedickten Faeces bei habituellen Stuhlverstopfungen besitzen nur wenig Geruch. Acholische Stühle riechen, entgegen der landläufigen Annahme, bei richtiger Ernährung nicht stärker faulig; gestattet man dem Patienten eine mäßige Menge Milch, so findet man das nicht ausgenutzte Fett überwiegend als Kalkseifen, und die Stühle riechen dann überhaupt nur sehr wenig.

Die *Reaktion* der Faeces ist zumeist mit Lackmus geprüft worden. Man verwendet aber auch Cochenille, die weniger empfindlich gegen CO_2 ist, Curcuma, welches gut auf Ammoniak reagiert. Nach v. OEFELE[1] reagiert lackmusalkalischer Kot in der Regel nicht alkalisch gegen Phenolphthalein und gegen Methylorange. Die Pädiater interessiert neuerdings auch die H-Ionenkonzentration und das Pufferungsvermögen der Faeces[2].

Bei gemischter, gut verdaulicher Kost und normaler Darmtätigkeit ist die Reaktion gegen Lackmus annähernd neutral und zeigt nur geringe Abweichungen nach beiden Seiten hin. Bei größerem Ausschlag nach der alkalischen Seite hin ist in der Regel reichlich Ammoniak vorhanden, als Ausdruck fauliger Zersetzung von Eiweißkörpern. Bei ausgesprochen saurer Reaktion sind stets Fettsäuren vorhanden, entweder flüchtige Fettsäuren als Folge von Kohlehydratgärung oder höhere Fettsäuren bei reichlichem Gehalt an unverdautem, aber doch gespaltenem Fett, soweit dieses nicht durch Bindung an Alkali verseift ist. Beim gesunden Brustkind wird die schwachsaure Reaktion der Faeces fast allein durch Milchsäure gebildet, die als die normale Säure des Säuglingsstuhles zu betrachten ist. Beim dyspeptischen Kind findet man hingegen auch flüchtige Fettsäuren, unter denen besonders die Buttersäure die empfindliche Darmschleimhaut des Säuglings stark reizt. Bei den Kotgärungen des Erwachsenen wird Milchsäure nur ganz ausnahmsweise gefunden, wahrscheinlich weil sie rasch weiter zu flüchtigen Fettsäuren vergoren wird[3].

Gegenüber diesen Produkten der Zersetzung, nach der einen wie nach der anderen Richtung hin, hat unter den Aschenbestandteilen das fixe Alkali auf die Reaktion insofern Einfluß, als es besonders höhere Fettsäuren als Seifen bindet und absättigt. Über das Ineinandergreifen der verschiedenen Faktoren bei gärenden Stühlen geben Untersuchungen von FISCHER[4] Auskunft. Nach K. SCHEER und F. MÜLLER[2] ist die Acidität der Säuglingsfaeces, in p_H ausgedrückt, bei den gebräuchlichsten Ernährungsarten abhängig von der Art der Nahrung, der Häufigkeit der Stühle, dem Pufferungsvermögen der Faeces.

Nahrungsreste. Es handelt sich teils um sog. Nahrungsschlacken, teils um Nahrungsreste im engeren Sinne.

Unter *Nahrungsschlacken* versteht man diejenigen Bestandteile der Nahrung, die auch von einem gesunden Verdauungskanal nicht angegriffen werden und somit mit dem Kot den Darm wieder verlassen. In der Hauptsache sind es verhärtete, in verschiedener Weise inkrustierte (verholzte, verkorkte, cutinisierte) Bestandteile der pflanzlichen Zellwände, Leitungsgefäße, Stützgewebe

---

[1] v. OEFELE: Statist. Vergleichstabellen zur prakt. Kopologie. Jena 1904.
[2] EITEL: Z. Kinderheilk. **16**, 36 (1907). — SCHEER u. FR. MÜLLER: Jb. Kinderheilk. **101**, 143 (1923).
[3] STRASBURGER, J.: Dtsch. Arch. klin. Med. **67**, 546 (1900).
[4] FISCHER: Z. exper. Path. u. Ther. **14**, 179 (1913).

und Oberhaut, also Cellulose und verwandte Körper, die in den klassischen Ausnutzungsversuchen als Rohfaser zusammengefaßt sind. Eine scharfe Grenze der Unverdaulichkeit läßt sich aber nicht ziehen, denn gerade im Celluloseverdauungsvermögen bestehen zwischen den einzelnen Lebewesen weitgehende Unterschiede. Einige Insekten und Schnecken besitzen ein celluloseverdauendes Enzym[1], was allen übrigen Tieren und besonders den Warmblütern fehlt. Bei den letzteren aber, soweit sie herbivor sind, treten dafür bakterielle Gärungen in Kraft, während die Nahrung in Gärkammern (Coecum, Vormagen) tagelang zurückgehalten wird. So sind z. B. Rüben für das Rindvieh völlig verdaulich, Stroh, Sägespäne gehen einer teilweisen Lösung entgegen. Über die Verdauung der Rohfaser durch körnerfressende Vögel schwanken die Angaben in der Literatur stark[2]. Neuerdings fand T. Radeff[3] im Institut von Mangold beim Huhn folgendes: Rohfaser von verfütterter Gerste wurde gar nicht verdaut; dagegen Rohfaser von Weizenkörnern zu 5%, von Hafer zu 7%, von geschrotenen Maiskörnern zu 17%. Bei einem Huhn mit exstirpiertem Blinddarm wurde die Rohfaser von Weizenkörnern nur zu 1,4% und die von geschrotenem Mais überhaupt nicht verdaut, woraus sich die Bedeutung des Blinddarms für diese Funktion ergibt. Bei Fleischfressern läßt sich nach den vorliegenden Angaben die Rohfaser restlos aus dem Stuhl wiedergewinnen[4]. Beim Menschen[5] verschwinden von zarten Zellmembranen etwa 40—50%, während in irgendeiner Form inkrustierte Pflanzen so gut wie ganz als Schlacke zu betrachten sind.

Übrigens ist auch beim Menschen das Verdauungsvermögen gegenüber Zellwandbestandteilen verschieden, worüber am besten die mikroskopische Untersuchung der Faeces Auskunft gibt. Bei Patienten mit habitueller Stuhlverstopfung sind diese Reste oft auffallend spärlich, bei Gärungsdyspepsie dagegen erheblich vermehrt. Als absolut unverdaulich für den Menschen sind u. a. noch zu bezeichnen Hornsubstanzen, Harze, Wachsstoffe, elastisches Gewebe; als nur im Magensaft angreifbar: Knochen, Gräten, rohes Bindegewebe; nur im Pankreassaft angreifbar: Zellkerne. Sehr schwer verdaulich ist (im Gegensatz zu anderen Stärkearten) rohe Kartoffelstärke, so daß nach Einnahme von 1 Teelöffel voll in jedem Gesichtsfeld unter dem Mikroskop zahlreiche wohlerhaltene Stärkekörner gefunden werden.

Die mikroskopischen Abbildungen von Schlacken, Abb. 118 und 119, geben einige charakteristische Befunde unverdaulicher Überreste pflanzlicher Nahrungsmittel wieder, die durch vorsichtiges Ausschwemmen der Faeces und Auswaschen in der Zentrifuge gewonnen wurden. Wir sehen Getreidereste aus Brot, Verdickungsringe und -spiralen der Gefäßbündel von Blattgemüsen, Palisadenzellen der Leguminosen.

Nahrungsreste im engeren Sinne sind an sich verdauliche, aber aus irgendeinem Grunde nicht ausreichend verdaute Bestandteile der Nahrung. Wieviel von ihnen der Ausnutzung entgeht und im Kote gefunden wird, hängt von der Art, Menge und Zubereitung der betr. Nahrungsmittel ab und von der Leistungsfähigkeit der Verdauungsorgane im allgemeinen oder für den betr. Nahrungsstoff im besonderen. Der quantitative Nachweis der Nahrungsreste im Kot ist ein Teil des sog. Ausnutzungsversuches, wie er in klassischer Weise durch Bestimmung der Ein- und Ausfuhr von der Münchener physiologischen Schule (C. Voit,

---

[1] Biedermann, W.: Pflügers Arch. **73**, 219 (1898); **174**, 358 (1919).

[2] Mangold, E.: Biochem. Z. **156**, 7 (1925); Arch. f. Geflügelkunde **2**, 312 (1928).

[3] Radeff, T.: Biochem. Z. **193**, 192 (1928). — Meyer, W.: Z. vergl. Physiol. **6**, 402 (1927).

[4] Vgl. Schmidt-Strasburger, 4. Aufl., S. 220.

[5] Vgl. L. Strauss: Arch. Verdgskrkh. **34**, 288 (1925).

Rubner u. a.) am Menschen für zahlreiche Nahrungsmittel durchgeführt wurde. Als allgemeines Resultat hat sich dabei ergeben, daß von aufgeschlossener Nahrung, d. h. einer solchen, die von schwerverdaulichen Stoffen befreit und den Verdauungssäften gut zugänglich ist, die für die Deckung des Bedarfes nötigen Mengen und noch darüber hinaus vielfach fast ohne Verlust aufgenommen werden. Besonders gilt dies für leicht zugängliche Kohlehydrate, Eiweißstoffe von Milch, Eiern und Fleisch, in geringerem Grade für Fett. Bei Ernährung mit Fleisch in großen Mengen steigt der N-Verlust durch den Kot merklich an, was zum Teil (wie bei jeder Nahrungszufuhr) auf vermehrt abgesonderte Verdauungssäfte (s. S. 682), zum Teil aber auch auf nicht völlig verdaute Teile der Nahrung zu beziehen ist. Bei gröberer, weniger aufgeschlossener Nahrung entgeht auch trotz leistungsfähiger Verdauung regelmäßig ein nicht unbeträchtlicher Teil an sich gut verdaulicher und für den Körper wertvoller Stoffe der Ausnutzung und wird im Kot, entweder als solcher nachgewiesen oder in Form von Produkten bakterieller Zersetzungsvorgänge.

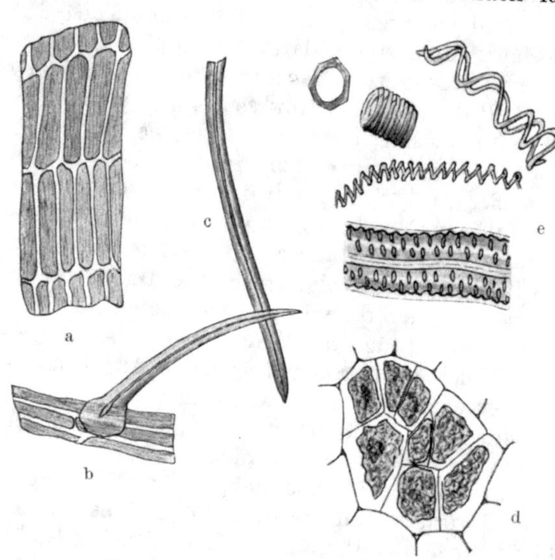

Abb. 118. Unverdauliche Reste pflanzlicher Nahrung. Getreideteile aus Brot: a) Teile der Fruchthülle; b) Stück der Fruchthülle mit einem Pflanzenhaar; c) Bruchstück eines Haares; d) Zellen der Kleberschicht; e) Reste von Blattgemüsen und Stengeln: Tüpfelgefäße, Verdickungsringe und Verdickungsspiralen.

In Fällen pathologisch gestörter Verdauung und ihr zugrunde liegender Leistungsunfähigkeit bestimmter Teile des Verdauungsapparates kann die Verdauung und demgemäß die Ausnutzung aller oder nur einzelner Nahrungsqualitäten verschlechert sein. Bei ausgesprochenen Störungen ergibt dies dann schon oft die Betrachtung oder eine einfache Untersuchung der Faeces, auch ohne Berücksichtigung der Art und Menge der eingeführten Nahrung.

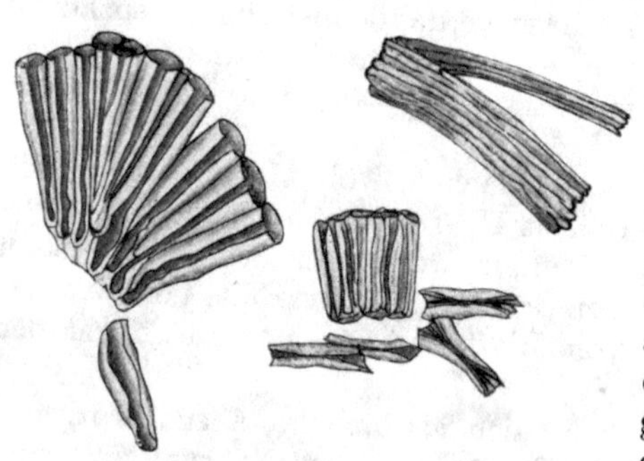

Abb. 119. Unverdauliche Reste pflanzlicher Nahrung. Palisadenzellen der Samenschale von Erbsen und Bohnen.

Will man aber Genaueres über die Leistungsfähigkeit der Verdauungsorgane und die Grenze zwischen „normal“ und „krankhaft“ erfahren, so muß man von einer bekannten normierten, d. h. in gleicher Weise zusammengesetzten Nahrung ausgehen. Sie darf nicht die Nahrungsmittel in schwer zugänglicher Form enthalten derart, daß auch bei leistungsfähigen Verdauungsorganen größere Reste davon in den Faeces erscheinen würden. Legt man eine derartige Kostform der Untersuchung und „Funktionsprüfung des Darmes“ zugrunde, so zeigt das Auftreten unausgenutzter Nahrungsbestandteile im Kot an, daß eine Minderleistung der Verdauung als pathologischer Vorgang vorliegt. Dies ist der Sinn der von AD. SCHMIDT und J. STRASBURGER[1] eingeführten „Probekost für Darmkranke". Die Erkennung der Abweichungen von der Norm erfolgt alsdann durch die makro- und mikroskopische Betrachtung der Faeces und mit Hilfe einiger einfacher qualitativer chemischer Proben.

Protein der Nahrung. In dem Kapitel „Exkretion" (S. 692) wurde bereits ausgeführt, daß die N-Substanzen des Kotes sich aus Ausscheidungen des Körpers, Bakterien und Nahrungsresten zusammensetzen. Von letzteren sind zu nennen: Muskelbruchstücke, Bindegewebe, Casein, Klebereiweiß.

Im Kot des Menschen finden sich nach Fleischgenuß (im Gegensatz z. B. zum Hunde, der Fleisch restlos verdaut) bei mikroskopischer Untersuchung immer noch einzelne Muskelfasern in verschiedenen Stadien der Verdauung, was man an Abrundung der Ecken und Veränderungen der Quer- und Längsstreifung erkennt (Abb. 120). Bei Störungen der Fleischverdauung, als Ausdruck von Erkrankungen der äußeren Pankreassekretion oder von Dünndarmkatarrhen, sieht man die Muskelfasern mikroskopisch in Haufen zusammenliegen, mit scharfen Ecken, die Querstreifung auffallend deutlich erhalten (Abb. 121). Makroskopisch erkennbare Muskelfleischreste sind selten und stets der Ausdruck grober Störung.

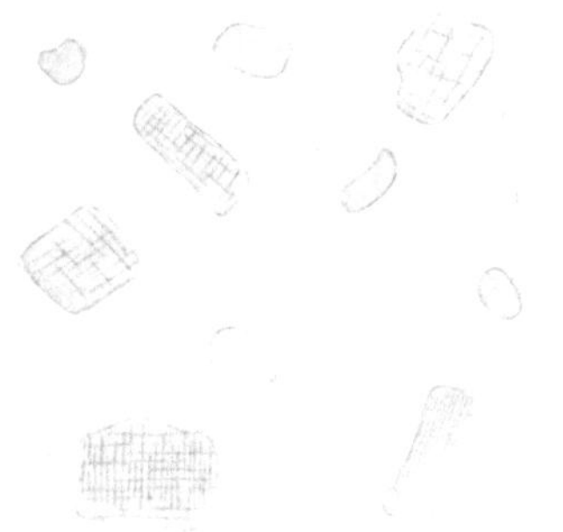

Abb. 120. Verschiedene Reste von Muskelfasern bei normaler Verdauungstätigkeit.

Abb. 121. Muskelreste bei Störung der äußeren Pankreassekretion.

Rohes oder nur geräuchertes Bindegewebe des Fleisches kann bemerkenswerterweise nur vom Magensaft verdaut werden. Liegt nach dieser Richtung ein Ausfall vor (Achylia gastrica, abnorm schnelle Entleerung des Magens), so findet man das Bindegewebe massenweise in den Faeces, das sie, auch bei normaler Konsistenz und normalem Aussehen des Kotes, wie ein Filz durchsetzt. Das Milcheiweiß hinterläßt in der Norm nur geringe Reste im Kot. Bei dyspeptischen Säuglingen kann aber der N-Verlust auf 43, selbst 50% steigen[2]. Wieviel davon auf Nahrungseiweiß und wieviel auf Körperabscheidungen fällt, ist aber nicht genau zu sagen, da die Identifizierung des Caseins und des durch die Magenverdauung von ihm abgespaltenen Paranucleins in den Faeces auf Schwierigkeiten stößt. Bezüglich unverdauten Pflanzeneiweißes kommt hauptsächlich das in dickwandige Zellen eingeschlossene Klebereiweiß der Zerealien und das Reserveeiweiß der Leguminosen in Betracht. Das Zellprotoplasma der Blatt-

[1] SCHMIDT, AD. u. J. STRASBURGER: Dtsch. Arch. klin. Med. **61**, **65**, **67**, **69** (1898—1901). — SCHMIDT, AD.: Die Funktionsprüfung des Darmes mittels der Probekost. Wiesbaden 1904; 2. Aufl. 1908.

[2] HEUBNER, O.: Z. Biol. **38**, 315 (1899) — Dtsch. med. Wschr. **1899**, 281.

gemüse wird nur teilweise ausgenutzt[1]. Über die täglich mit dem Kot ausgeschiedene N-Menge bei schlackenreicher Nahrung gibt folgende Tabelle Auskunft[2].

	Art der Nahrung	Tägliche ausgeschiedene N-Menge	Prozentgehalt des Trockenkotes	Autor
1	Kartoffeln (3078 g)	3,69	3,93	RUBNER
2	Schwarzbrot (1360 g)	4,26	3,68	„
3	Erbsen (600 g)	3,57	7,35	„
4	Gelbe Rüben (5133 g)	2,52	3,01	„
5	Wirsingkohl (3831 g)	2,4	3,39	„
6	Frei gewählte vegetarische Kost . .	3,46	—	VOIT
7	„ „ „ „ . .	4,01	—	RUMPF u. SCHUMM

Der *Fettgehalt der Faeces* ist, je nach der Ernährung, sehr wechselnd. Im Milchkot des gesunden Säuglings beträgt er etwa 10—20% der Trockensubstanz. Beim Erwachsenen findet sich (nach PRAUSNITZ[3]) bei schlackenfreier Kost 12—18% Ätherextrakt des Trockenkotes, bei mäßig schlackenreicher 25—30%. Der Anteil der Körperausscheidungen tritt in den Vordergrund bei fettarmer Ernährung; sinkt das Nahrungsfett unter 10 g täglich, so kann es sich ereignen, daß im Kot mehr Fett ausgeschieden wird, als aufgenommen wurde. Da leicht schmelzende Fette besser ausgenutzt werden als solche mit hohem Schmelzpunkt, so liegt der Schmelzpunkt des Kotfettes oft über dem des Nahrungsfettes[4]. Das Verhältnis von Neutralfett zu Fettsäuren und Seifen ist nach FR. MÜLLER beim gesunden Erwachsenen im Durchschnitt 24,2:38,8:37,0.

Der Fettgehalt der Faeces nimmt beim Säugling oft schon bei leichten Verdauungsstörungen ausgesprochen zu als Folge verschlechterter Ausnutzung des Milchfettes. Man findet es im Stuhl hauptsächlich in verseifter Form, teils aber auch als freie Fettsäuren und, was beim Erwachsenen selten ist, noch als Neutralfett. Darmstörungen beim Erwachsenen (der Dickdarm kommt für Störungen der Nahrungsausnutzung nicht in Betracht; also nur der Dünndarm) vermehren das Kotfett in gewissen, aber nicht in allen Fällen. Verkürzung des Dünndarms durch ausgedehnte Resektion schädigt die Ausnutzung des Fettes stärker als die des Fleisches und der Kohlehydrate. Die auffallendste Zunahme des Kotfettes tritt bei Abschluß der Galle vom Darm auf. FR. MÜLLER[5] fand bei Ikterischen (vornehmlich Milchnahrung) durchschnittlich 49,1% Fettgehalt des Trockenkotes gegenüber 22,7% bei Gesunden. AD. SCHMIDT[6] erhielt nach Probekost im Mittel 48,65%. Das Fett im Kot ist bei Galleabschluß zu etwa zwei Drittel gespalten und zum größten Teil an Erdalkali, hauptsächlich als Kalkseifen, ge-

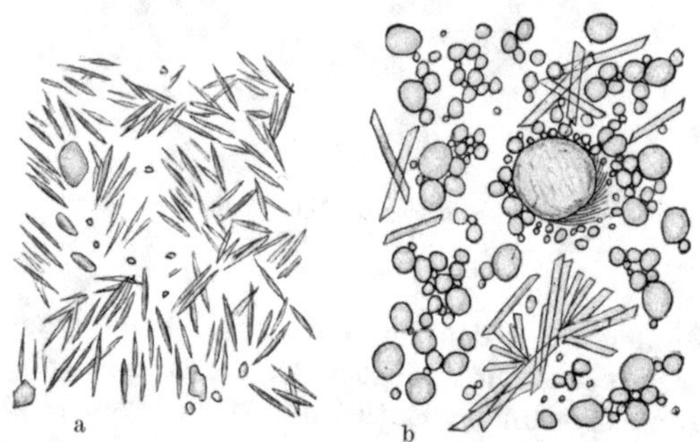

Abb. 122 a und b. Fett im Stuhl bei Galleabschluß. a) Nativpräparat; b) nach Erhitzen mit verdünnter Schwefelsäure.

[1] RUBNER: Z. Biol. **15** (1879) — Arch. Anat. u. Physiol. **1916**. — BIEDERMANN: Pflügers Arch. **174** (1919). — HEUPKE, W.: Arch. Verdgskrkh. **41**, H. 3/4 (1927).
[2] Aus SCHMIDT-STRASBURGER, 4. Aufl., S. 130.
[3] PRAUSNITZ: Z. Biol. **35**, 335 (1897).
[4] MÜLLER, FR.: Z. Biol. **20**, 327 (1884).
[5] MÜLLER, FR.: Z. klin. Med. **12**, 101 (1887).
[6] SCHMIDT-STRASBURGER, 4. Aufl., S. 178.

bunden. Diese schwerlöslichen Seifen entgehen bei Galleabschluß der Resorption, weil die Gallensäuren dazu erforderlich sind, sie in Lösung zu bringen[1]. Die Abb. 122 zeigt im mikroskopischen Präparat eines Ikterusstuhles a) die in kurzen Nadeln krystallisierten Seifen, b) das gleiche Präparat nach Erhitzen mit verdünnter Schwefelsäure, wodurch die Seifen gespalten wurden. Es finden sich nunmehr die Fettsäuren als Tropfen, innerhalb derer und an ihrem Rand sie als feine geschwungene Nadeln wieder teilweise auskrystallisieren. Die Schwefelsäure verbindet sich mit dem frei gemachten Calcium zu Gips, der geradlinige charakteristische Krystalle bildet.

Bei Zerstörung oder experimenteller Entfernung der Bauchspeicheldrüse, weniger bei einfachem Verschluß der Ausführungsgänge, finden sich außerordentlich schwere Störungen der Fettausnutzung[2]. In einem Teil der Fälle, aber auffallenderweise durchaus nicht regelmäßig, bleibt dabei ein Teil des Fettes ungespalten. Das nichtresorbierte Fett kann bei der Defäkation neben dem übrigen Kot aus dem After abfließen und nachträglich erstarren, als sog. Butterstuhl.

Kohlehydrate. Zucker wird in den Faeces unter normalen Verhältnissen niemals, bei Verdauungsstörungen der Säuglinge nur gelegentlich in geringen Mengen gefunden. Es gilt dies dann auch nur für den im Verhältnis zu anderen Zuckerarten schwerer assimilierbaren Milchzucker. Die Zucker werden eben im Darm gut gespalten und leicht resorbiert. Soweit Zucker bis in den Dickdarm gelangt oder dort noch bei dem Abbau von Stärke entsteht, wird er entweder von der Dickdarmschleimhaut aufgesaugt oder von gärungserregenden Bakterien beseitigt.

Das Vorkommen von Stärke im Kot hängt davon ab, wieweit sie den Verdauungssäften zugänglich ist. Speisen aller Art aus feinen Mehlen hinterlassen so gut wie keine Stärkereste im Kot. Anders wenn die Stärke in Pflanzenzellen eingeschlossen ist. Auch hier wird aber bei normaler Verdauungstätigkeit aus dünnwandigen Zellen, z. B. Kartoffelzellen, noch das meiste herausverdaut, so daß nur wenig davon in den Faeces zu finden ist. Dies gilt nicht nur für Zellen, deren Hülle in irgendeiner Form mechanisch oder durch Erhitzen gesprengt ist, sondern auch für völlig geschlossene Zellen, und wie sich neuerdings herausstellte, sind in der für den Menschen zubereiteten Pflanzennahrung die Zellen in der großen Mehrzahl mechanisch unverletzt und noch geschlossen. Die Verdauungsfermente dringen, entgegen früheren Vorstellungen, in die geschlossenen Zellen ein. Ja sie durchsetzen sogar ganze Zellverbände in vielfacher Schicht[3]. Bei dickwandigeren Zellen, wie dem Parenchym der Leguminosen, bei Ernährung mit grobem, kleiehaltigem Brot usw. ist aber das Hindernis, das die Zellwand dem Eindringen der Fermente setzt, doch so erheblich, daß größere Anteile an Stärke in den Faeces zu finden sind. Gelangen ganze Erbsen oder Linsen mit ihrer Schale in den Kot, so findet sich in ihnen noch die gesamte Stärke. Auffallend schlecht verdaut wird rohe Kartoffelstärke.

Die in der Literatur niedergelegten Ausnutzungsversuche geben über den quantitativen Gehalt des Kotes an Stärke im allgemeinen keine Auskunft, da die Kohlehydrate fast immer indirekt bestimmt wurden, d. h. als die im Trockenkot nach Abzug von Proteinen, Fett und Asche resultierende Differenz. In dieser

---

[1] Adler, Er.: Arch. Verdgskrkh. **40**, 174 (1927). — Heupke, W.: Ebenda S. 184.

[2] Vgl. Th. Brugsch: Z. exper. Path. u. Ther. **6**, 326 (1909) — Z. klin. Med. **58**, 519 (1906).

[3] Haberland, G.: Beitr. allg. Bot. **1** (1918). — Biedermann, W.: Pflügers Arch. **174**, 358 (1919). — Strasburger, J., L. Strauss, A. V. Marx, W. Heupke: Untersuchungen über Verdauung aus geschlossenen Pflanzenzellen. Arch. Verdgskrkh. **41** (1927) — Dtsch. med. Wschr. **1927**, Nr 40.

ist aber auch die gesamte unausnutzbare Rohfaser enthalten, die oft mehr ausmacht als die an sich verdauliche Stärke. Bei direkter Analyse der Stärke im Kot fand STRASBURGER[1] nach Probekost als Mittel aus 3 Versuchen an gesunden Erwachsenen pro Tag 0,64 g Stärke = 3,22% der Trockensubstanz. Vermehrung der Stärke im Stuhl, als Ausdruck einer Verdauungsschwäche, findet sich nicht selten als isolierte Insuffizienz der Kohlehydratverdauung, die sich infolge der Vergärung der unverdauten, aber an sich zugänglichen Stärke als „intestinale Gärungsdyspepsie" (SCHMIDT-STRASBURGER) zu erkennen gibt[2]. Der Stärkegehalt des Stuhles war in solchen Fällen nach Probekost pro Tag im Durchschnitt 1,62 g Stärke = 5,18% der Trockensubstanz.

Viel leichter als durch quantitative Analysen läßt sich in diesen Fällen der Gehalt des Stuhles an unverdauter Stärke mit Hilfe der Gärungsprobe und

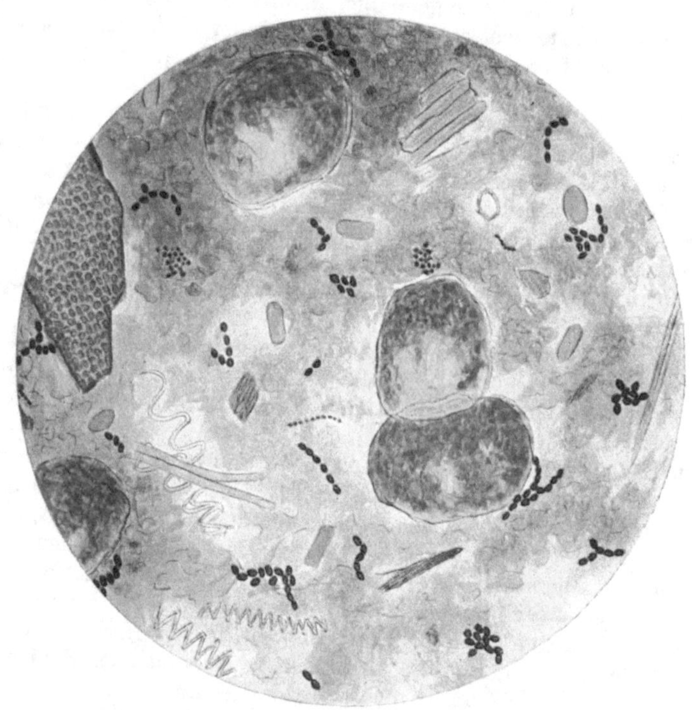

Abb. 123. Mikroskopisches Bild des Stuhles bei Gärungsdyspepsie. Mit Stärke noch teilweise gefüllte Kartoffelzellen, Klostridien und andere granulosehaltige Bakterien. (Jodfärbung.)

auf mikroskopischem Wege erbringen (Abb. 123). Über die Ursachen isolierter Insuffizienz der Stärkeverdauung sind die Meinungen noch geteilt. Nach meiner Auffassung dürfte eine Fermentschwäche das Primäre sein[3].

Bei diffusen Katarrhen des Dünndarms, ebenso bei Pankreaserkrankungen, kann der Gehalt der Stühle an sämtlichen Nahrungsresten, also auch Stärke, erhöht sein; die Ausnutzungsstörung für Stärke pflegt aber gegenüber Fleisch und Fett zurückzutreten, kann sogar ganz fehlen.

---

[1] SCHMIDT-STRASBURGER: Faeces, 4. Aufl., S. 205.

[2] SCHMIDT-STRASBURGER: Dtsch. Arch. klin. Med. **69**, 570 (1901).

[3] Vgl. J. STRASBURGER, in Bergmann-Staehelins Handb. d. inn. Med. **3 II**, 462—471 (1926) — Dtsch. med. Wschr. **1927**, Nr 40 — s. auch KALK: dieses Handb. **3**, 1247.

Stücke von *Gemüse* oder *Obst*, soweit es sich nicht um die als Nahrungsschlacken bezeichneten, für die menschlichen Verdauungsorgane unangreifbaren Teile, wie Schalen und Kerne von Obst, Schalen der Leguminosen usw., handelt, kommen bei normaler Verdauung und gut arbeitendem Gebiß in den Faeces nicht oder nur in geringen Mengen vor. Man findet sie aber bei mangelhafter Magenverdauung und dann besonders nach wenig zerkleinerter Rohkost. Es hängt dies mit dem Fehlen der Salzsäurewirkung zusammen, denn die Salzsäure des Magensaftes bringt normalerweise die pektinhaltigen Zwischenlamellen, die die Zellen des Pflanzenparenchyms zusammenhalten, zur Quellung und Auflockerung, so daß die Zellen, besonders auch noch weiter unter der Wirkung der in den oberen Teil des Darms abgesonderten alkalischen Säfte auseinanderfallen[1]. Unzerkleinerte und wenig veränderte Nahrungsteile aller Art können auch gelegentlich im Stuhl gefunden werden (Lienterie), wenn eine abnorme Verbindung zwischen Magen und Colon transversum entstanden ist.

Zersetzungsprodukte der Eiweißkörper und Kohlehydrate, erzeugt durch die im Darm lebenden und sich intensiv vermehrenden Mengen von Bakterien verschiedenster Art finden sich auch normalerweise stets im Kot. Soweit sich die Vorgänge an den Proteinen abspielen, sprechen wir von Fäulnis, soweit sie die Kohlehydrate betreffen, von Gärung. Beide stehen in einem Gegensatz derart, daß Überwiegen des einen Vorganges den anderen zurückdrängt. Im Dünndarm finden wir normalerweise nur Gärung, im Dickdarm Gärung und Fäulnis. In den Faeces finden sich demgemäß die Produkte beider Formen der Zersetzungen. Art und Menge der entstehenden Produkte sind weiterhin, und besonders bei gestörter Verdauung, abhängig von den den Mikroorganismen zur Verfügung stehenden Nährstoffen. Sie sind aber auch abhängig von der Art und Menge der Zersetzungserreger, und diese werden wiederum hauptsächlich durch den Nährboden aus den vorhandenen Darmbakterien herausgezüchtet, in manchen Fällen aber auch von außen eingeführt.

Die Gärungsprodukte überwiegen im Kot bei mangelhafter Ausnutzung der Kohlehydrate infolge zu großen Angebots oder Schwerverdaulichkeit derselben oder infolge von Verdauungsschwäche gegenüber den Kohlehydraten (Gärungsdyspepsie). Fäulniskörper überwiegen bei schlechter Ausnutzung der Proteine, Absonderung eiweishaltiger Flüssigkeiten von seiten der Darmwand, Stauung im Darm infolge von Passagehindernissen.

Als Zersetzungsprodukte der Kohlehydrate findet man in den Faeces besonders Buttersäure und Essigsäure, ferner Valeriansäure, Proprionsäure, Ameisensäure, in geringen Mengen Alkohol, Aldehyd, Bernsteinsäure. Bei den Gärungen entstehen zugleich Gase: Kohlensäure, Methan, Wasserstoff, unter denen die Kohlensäure stark überwiegt. Bei Fäulnis finden wir im Kot Indol, Skatol, Phenol, Parakresol, Orthokresol, aromatische Oxysäuren (Hydroparacumarsäure, Oxyphenylessigsäure), Diamine (Ptomaine). Auch bei der Fäulnis werden Gase gebildet, in der Regel nur in geringen Mengen. Es sind wieder Kohlensäure, Methan, Wasserstoff, aber in anderem gegenseitigen Verhältnis. Kohlensäure tritt zurück, Methan überwiegt. Dazu kommen als stinkende Gase Methylmercaptan, Ammoniak, etwas Schwefelwasserstoff.

Bakterien. Ungeheuer groß ist, auch unter völlig normalen Verhältnissen, die Menge der Bakterien, die sich täglich im Darm entwickeln. Im unteren Teil des Dünndarms setzt ihr Wachstum allmählich ein und erreicht den Höhepunkt im oberen Teil des Dickdarms. Begrenzt wird das Bakterienwachstum durch

---

[1] Schmidt, Ad.: Dtsch. med. Wschr. **1911**, Nr 10. — Capaldi, B.: Arch. Verdgskrkh. **33**, 181 (1924).

Aufbrauchung der Nährstoffe und Eindickung des Darminhalts infolge Wasserresorption. So besteht für das Bakterienwachstum doch wieder eine Grenze, und es kommt zu einem Gleichgewichtszustand derart, daß ein bestimmter, stets annähernd gleicher Anteil der Kotsubstanz aus Bakterienleibern besteht. Bereits Woodward[1] hatte sich auf Grund des Aspekts dahin ausgesprochen, daß ein großer Teil der gesamten Kotsubstanz normalerweise aus Bakterienleibern bestehe, und Nothnagel[2] sagte, daß er diesen Satz vollkommen unterschreibe. Zu der gleichen Meinung kamen Uffelmann[3] und Escherich[4] bei ihren Untersuchungen der Säuglingsfaeces. Als man nun versuchte, auf Grund von Bakterienkulturen oder durch mikroskopische Zählungen den Anteil der Bakterien an der Gesamtmenge der Faeces zu bestimmen, kam man nur auf Bruchteile eines Prozents und weniger. Dieses Verfahren hatte aber offenbar große Fehlerquellen. Noch nicht ein Tausendstel der im Kot sichtbaren Bakterien gelangt auf Kulturmedien zum Wachstum; die Zählergebnisse müssen, abgesehen von anderen Unsicherheiten, mit außerordentlich großen Werten multipliziert werden. Demgegenüber ergaben die Untersuchungen J. Strasburgers[5] auf Grund eines ganz anderen Verfahrens völlig andere Werte, die offenbar dem Augenschein bei der Mikroskopie der Faeces viel besser entsprechen.

Strasburgers Methode beruht auf mechanischer Trennung der Bakterien von der übrigen Kotsubstanz auf Grund der Unterschiede im spezifischen Gewicht. Verreibt man nämlich die Faeces mit Wasser (bzw. $^1/_2$proz. Salzsäure, um unlösliche Salze zu beseitigen) und schleudert aus, so bleibt die überstehende Flüssigkeit getrübt. Diese Trübung wird, wie die mikroskopische Untersuchung lehrt, fast ausschließlich durch Bakterien bedingt, indem sie infolge ihrer gegenüber dem Inhalt großen Oberfläche und dem geringen Unterschied im spezifischen Gewicht, aus der Flüssigkeit nicht ausfallen. Trennt man diese Flüssigkeit von dem Bodensatz und setzt dann das spezifische Gewicht der Flüssigkeit durch Zusatz von Alkohol herab, so lassen sich nunmehr die Bakterien leicht so vollständig ausschleudern, daß die Flüssigkeit klar wird. Der von der bakterienhaltigen Flüssigkeit getrennte Bodensatz, der die anderen größeren Faecesbestandteile, Nahrungsreste usw. enthält, wird erneut und wiederholt mit Wasser verrieben und wiederum durch Zentrifugieren von den Bakterien befreit, bis endlich eine ziemlich befriedigende Trennung vollzogen ist.

Auf diesem Wege fand Strasburger, daß annähernd ein Drittel der Kottrockensubstanz aus Bakterienleibern besteht, was etwa 128 Billionen Bakterien pro Tag ausmacht. Durch weitere Untersuchungen[6] erfolgten Korrekturen in dem Sinne, daß man jetzt etwa sagen kann: bei leicht verdaulicher Kost bestehen 4,5—5,3 g Trockensubstanz pro Tag = $^1/_6$—$^1/_5$ der Kottrockensubstanz, $^1/_4$—$^1/_3$ der frischen Faeces aus Bakterienleibern. Für Säuglinge gelten annähernd die gleichen Prozentzahlen wie für Erwachsene. Bei dyspeptischen Darmstörungen mit verschlechterter Ausnutzung der Nahrung steigt die Gesamtmenge der pro Tag ausgeschiedenen Bakterien erheblich. Die verbesserten Wachstumsbedingungen sind wohl durch erhöhtes Angebot von Nährstoffen und durch Herabsetzung der natürlichen Schutzkräfte des Darmes zu erklären. Bei habitueller Stuhlverstopfung ist die Gesamtmenge der Bakterien oft erheblich vermindert. Die niedrigsten Werte werden bei völliger Nahrungsentziehung erreicht.

Bezüglich der im Stuhl vorhandenen *Arten* von Mikroorganismen sei auf den Abschnitten über Darmbakterien in diesem Handbuch[7] verwiesen.

[1] Woodward: The medical and surgical report of the war of rebellion **1 II**, 278 (1879).
[2] Nothnagel: Beiträge zur Physiologie und Pathologie des Darmes, S. 114. Berlin 1884.
[3] Uffelmann: Dtsch. Arch. klin. Med. **28**, 450 (1881).
[4] Escherich: Die Darmbakterien des Säuglings, S. 25. Stuttgart 1886.
[5] Strasburger: Z. klin. Med. **46**, H. 5/6 (1902); **48**, H. 5/6 (1903).
[6] Vgl. Schmidt-Strasburger, 4. Aufl., S. 311, 343.
[7] Hdb. d. norm. u. pathol. Physiol. **3**, 967ff.

Die Haut als Exkretionsorgan.

Von

A. Schwenkenbecher

Marburg.

Die Ausscheidungsvorgänge an der Haut sind vorzüglich, aber nicht ausschließlich an deren Drüsen gebunden. Zum Teil gehören sie auch zu den konstanten Lebensäußerungen der Epidermiszellen selbst. So entsteht in deren tieferen Schichten, im Stratum granulosum, eine gewisse Menge wachsartiger Substanz — das Keratohyalin Waldeyers, das Eleidin Ranviers —, die die Oberhaut fettig imprägniert, bis in die obersten Schichten des Stratum corneum vordringt und an der Hautoberfläche wohl mit den abschilfernden Hornschuppen zur Ausscheidung gelangt. Diese in den Gewebszellen stattfindende Fettproduktion, die in naher Beziehung zum Verhornungsvorgang steht, ist im Vergleich zur Talgsekretion gering, doch dürfte sie, besonders für solche Körperstellen, die wie die Handteller und die Fußsohlen der Talgdrüsen ermangeln, von Bedeutung sein. Bei zahlreichen krankhaften Prozessen der Haut, namentlich denen, die mit Anomalien der Hornbildung einhergehen, ist auch die Produktion dieser Hornfette gestört. Vielfach ist sie in solchen Fällen vermindert, weshalb dann die Oberhaut trocken und spröde wird. Über diese und damit zusammenhängende Fragen sind wir noch nicht genügend unterrichtet, obwohl wir seit Jahren nach dem Vorgehen Linsers[1] in der Lage sind, diese Hornfette von dem Talgdrüsensekret mit Hilfe der Cholesterinreaktion zu trennen und so die quantitativen Störungen dieser Bildung von Hautfetten mit leidlicher Genauigkeit zu ermitteln.

Zu den Exkretionsprodukten der Haut kann man mit einer gewissen Berechtigung auch deren gasförmige Verluste rechnen, einen Teil der früher sogenannten „Hautatmung". Die Menge der durch die Haut nach außen wandernden Kohlensäure erreicht etwa 7—8 g pro die[2]. Ein Teil dieser Kohlensäure ist in den Sekreten gelöst, ein anderer Teil stammt aus den Epidermiszellen selbst, in denen sich ein geringer Gasaustausch gegenüber der Atmosphäre abspielt. So konnte Zuelzer[3] dartun, daß aus der den Körper umgebenden Luft 2,3 ccm Sauerstoff in der Minute, das sind etwa 5 g pro Tag, von der Hautoberfläche absorbiert werden. Im Vergleich zu der Sauerstoffaufnahme durch die Lunge ist diese Menge allerdings sehr klein und für den gesamten Gaswechsel des Menschen deshalb belanglos. Für die Lebensvorgänge in der Haut selbst ist aber der direkte Eintritt von Sauerstoff vielleicht nicht ohne Bedeutung[4]. Eine weit

---

[1] Linser: Über den Hauttalg beim Gesunden und bei einigen Hauterkrankungen. Habilitationsschr. Tübingen 1904.

[2] Schierbeck: Arch. f. Hyg. **16**, 226 (1893). — v. Willebrand: Skand. Arch. Physiol. (Berl. u. Lpz.) **13**, 352 (1902).

[3] Zuelzer: Z. klin. Med. **53**, 403 (1904).

[4] Unna: Berl. klin. Wschr. **1921**, 571.

wichtigere Rolle als die Kohlensäure spielt unter den Stoffwechsel-Endprodukten, die durch die Epidermiszellen den Körper verlassen, das Wasser. Hier handelt es sich lediglich um jene Form der Wasserdampfelimination, die wir als „Perspiration“ von der Schweißabsonderung abtrennen. Wir verstehen darunter die Bereitstellung und Wanderung von Wasser aus den tiefen, vom Blut durchströmten Hautschichten bis in die obersten Epidermislagen und die Wasserabdunstung aus diesen. Die „Perspiration“ ist also ein grundsätzlich anderer Vorgang als die Wasserabsonderung durch die Hautdrüsen, auch wenn diese „unmerklich“ erfolgt. Davon wird in einem besonderen Abschnitt weiter unten die Rede sein.

I. Die Talgsekretion.

Zusammenfassende Darstellungen.

1. BAB: Die Talgdrüsen und ihre Sekretion. Beitr. klin. Med. (Senator-Festschr.) **1904**. — 2. HEIDENHAIN: Die Absonderung des Hauttalgs, in Hermanns Handb. d. Physiol., S. 406. Leipzig: Vogel 1883. — 3. JARISCH: Hautkrankheiten, in Nothnagels Handb. d. spez. Path. u. Ther. Wien: Hölder 1900. — 4. JESIONEK: Biologie der gesunden und kranken Haut. Leipzig: Vogel 1916. — 5. KREIDL: Die Physiologie der Haut, in Mračeks Handb. d. Hautkrankh. Wien: Hölder 1902. — 6. LINSER: Über den Hauttalg beim Gesunden und bei einigen Hauterkrankungen. Habilitationsschr. Tübingen 1904. — 7. METZNER: Die Absonderung des Hauttalges und des Schweißes, in Nagels Handb. d. Physiol. d. Menschen **2** u. Erg.-Bd. Braunschweig: Vieweg & Sohn 1907. — 8. RABL: Histologie der normalen Haut des Menschen. Mračeks Handb. d. Hautkrankh. Wien: Hölder 1902.

1. Die Talgdrüsen und ihre Tätigkeit. Die Talgmenge.

Der quantitativ bedeutsamere Teil der exkretorischen Hautfunktionen ist an die Tätigkeit von Drüsen gebunden. So stammt die überwiegende Menge von ätherlöslichen, fettartigen Substanzen, die der normalen Haut ihren Glanz und ihre Geschmeidigkeit verleihen, aus den Talgdrüsen. Diese sind fast durchweg Anhangsgebilde der Haare, und ihr Sekret dient in erster Linie zu deren Einfettung. Doch finden wir auch Talgdrüsen in spärlicher Zahl an einzelnen haarlosen Körperstellen, z. B. da, wo die Haut in Schleimhaut übergeht.

Der Hauttalg ist ein spezifisches Absonderungsprodukt der Drüsenzellen, die zum Teil bei dieser Tätigkeit zugrunde gehen und als Trümmer im Sekret mikroskopisch nachweisbar sind. Die ältere Vorstellung, daß der Hauttalg ausschließlich aus der Zellsubstanz der Drüse durch fettige Umwandlung derselben entstehe und „daß von einer eigentlichen Absonderung in diesen Drüsen nicht die Rede sei“ (HEIDENHAIN), ist nicht mehr haltbar. Wie bereits ALTMANN[1] dargelegt und PLATO[1] sowie MARG. STERN[1] für die Bürzeldrüse nachgewiesen haben, wird das zur Talgbildung nötige Fett mit dem Blute den Drüsen zugeführt; diese besitzen die Fähigkeit, es in ihren Zellen zu fixieren und in ihr spezifisches Sekret umzuwandeln. Der Zerfall der Drüsenzelle und ihres Kerns tritt erst im Verlaufe des Sekretionsvorganges in die Erscheinung.

Unter bestimmten Versuchsbedingungen, z. B. wenn die Zufuhr eines besonderen Fettes als ausschließliche Nahrung und sehr reichlich erfolgt, kann dieses Fett, etwa Sesamöl, in das Sekret der Talgdrüsen unverändert übergehen. Dasselbe gilt für die MEIBOMschen Drüsen der Kaninchen und Meerschweinchen sowie für die Bürzeldrüse der Vögel[2]. Der Übergang von Nahrungsfett in das Hautdrüsensekret ist selbst unter diesen Bedingungen meist so spärlich, daß

[1] Zitiert bei METZNER: Zus. Darst. Nr 7.

[2] PLATO u. RÖHMANN: Zus. Darst. Nr 7, S. 389. — ROSENFELD, siehe bei KUZNITZKY: Experimentelle und klinische Beiträge zur Frage der Hauttalgsekretion. Inaug.-Dissert. Breslau 1913.

er sich nur in einem Teil der Experimente nachweisen läßt[1]. Dennoch sind diese Beobachtungen grundsätzlich bedeutungsvoll wegen ihrer Beziehungen zu dem Kapitel der Organverfettung.

Zu den Hauttalgdrüsen gehören die MEIBOMschen Drüsen, die die Einfettung der Wimperhaare besorgen und die Präputialdrüsen, die das Smegma liefern. Bei einer Reihe von Tieren kennen wir verhältnismäßig große, den Talgdrüsen verwandte Organe, so die Bürzeldrüse bei Vögeln, die großen Präputialdrüsen bei manchen Nagern (Bisamratte[2], Biber), die Sekretbeutel (z. B. der am Perineum des Moschustiers), die Sekretfalten (z. B. die Brunstfalte des Hirsches, die Brunstfeige am Kopfe der Gemse[3]).

Die Ohrenschmalzdrüsen betrachtet man ihres histologischen Baues wegen als Verwandte der Schweißdrüsen, wiewohl ihr an wachsartigen, ätherlöslichen Substanzen reiches Sekret dem Hauttalg nähersteht. Auch an andern Körperstellen gibt es Hautdrüsen, die morphologische und funktionelle Beziehungen zu beiden Arten, Talg- und Schweißdrüsen, erkennen lassen, so z. B. die Achseldrüsen beim Menschen. Von ihnen wird später noch gesprochen werden.

Die Blutversorgung der Talgdrüsen geschieht durch Abzweigung von Haarbalggefäßen, deren Capillaren ein korbartiges Geflecht um die Drüsen bilden (RABL[4]), das aber weit weniger ausgebildet ist als die Gefäßknäuel der Schweißdrüsen. Dennoch hat die wechselnde Größe der Hautdurchblutung auf die Talgabsonderung einen entscheidenden Einfluß. Das beleuchtet besonders gut eine Beobachtung UNNAS[5]: Nach dieser sind Fettanhäufung und -umwandlung innerhalb der Drüse häufig asymmetrisch, sie sind stärker und lebhafter an den Stellen, die in der Nachbarschaft größerer Gefäße liegen.

Eine besondere Innervation der Talgdrüsen ist bisher nicht nachgewiesen, doch wahrscheinlich[6].

Auch Beobachtungen am kranken Menschen sprechen in diesem Sinne. So sah v. MARSCHALKO[7] eine Patientin mit Supraorbitalneuralgie, die neben gleichseitigem Tränenfluß eine auf die erkrankte Stirnhälfte beschränkte profuse Talgabsonderung zeigte. Auch die Steigerung der Sekretion im Gesicht bei Kranken mit Encephalitis epidemica, das für diese Erkrankung so charakteristische sog. Salbengesicht, ist kaum anders als durch die Existenz besonderer Drüsennerven zu erklären.

Daneben mögen auch die von Sympathikusfasern innervierten Musculi arrectores pilorum eine Rolle als Expressores sebi spielen.

Über die *Menge* von Hauttalg, die beim gesunden Menschen sezerniert wird, sind wir noch keineswegs genügend unterrichtet. Ältere, mit unzureichender Methodik angestellte Untersuchungen seien hier nicht mehr berücksichtigt. ROSENFELD[8] und dessen Schüler KUZNITZKY[9] bestimmten die Tagesquantität der in die Kleidung übertretenden fettähnlichen Stoffe und fanden sie übereinstimmend beim gesunden Erwachsenen zu etwa 2 g. BIRK[10], der in gleicher

---

1 BUSCHKE u. FRAENKEL: Berl. klin. Wschr. **1905**, 318.
2 REISINGER: Anat. Anz. **49**, 321 (1916).
3 Ausführliche Literatur bei BAB: Zus. Darst. Nr 1, S. 9.
4 RABL: Zus. Darst. Nr 8, S. 127.
5 UNNA: Handb. d. Hautkrankheiten. In Ziemssens Handb. d. spez. Path. u. Ther. **14**, 88 (1883).
6 BAB: Zus. Darst. Nr 1, S. 22. — KREIDL: Zus. Darst. Nr 5, S. 186. — ARLOING: Arch. de Physiol., V. s. **3** (1891).
7 v. MARSCHALKO: Dermat. Z. **12**, H. 11 (1905).
8 ROSENFELD, G.: Zbl. inn. Med. **1906**, Nr 40.
9 KUZNIZTKY: Arch. f. Dermat. **111**, 691 (1914).
10 BIRK: Mschr. Kinderheilk. **8**, 394 (1909/10).

Weise seine Untersuchungen anstellte, gewann bei gesunden Kindern im Alter von 6—10 Jahren 0,5—1 g Hauttalg pro die.

Im allgemeinen scheiden Kinder, auch bei Berücksichtigung ihrer kleineren Oberfläche, weniger Hauttalg als Erwachsene aus, eine stärkere Absonderung soll erst mit der Pubertät einsetzen (ARNOZAN, LEUBUSCHER), vielleicht ist sie sogar zu dieser Zeit besonders lebhaft (BIRKS 4. und 5. Versuchsperson).

Damit steht im Einklang, daß die sog. freien Talgdrüsen an den Haut- und Schleimhautgrenzen auch erst in diesem Lebensalter auftreten, und zwar in größerer Zahl beim männlichen als beim weiblichen Geschlecht (STIEDA)[1]. Die Talgdrüsen und ihre mit der Geschlechtsreife lebhafter werdende Tätigkeit hat man deshalb, ebenso wie die gleichzeitig zunehmende Körperbehaarung, als sekundäres Geschlechtsmerkmal angesprochen, doch darf man nicht außer acht lassen, daß in der Pubertät nicht nur die Funktion der Keimdrüsen, sondern die Tätigkeit des ganzen endokrinen Systems eine gewaltige Umstimmung erfährt. Auf diese komplizierten Beziehungen zur Talgsekretion wies kürzlich PULVERMACHER[2] hin. Mit solchen endokrinen Einflüssen hängen die individuellen Differenzen der Absonderungsstärke zusammen, z. B. das verschiedene Verhalten von blonden und brünetten Menschen, vielleicht auch das der weißen und der dunkeln Rasse. Allerdings bestehen gewisse histologische Unterschiede an den Talgdrüsen der Neger gegenüber denen der weißen Menschen, doch sind diese wohl nur die Folgen der verschieden starken Funktion[3].

Während der Schwangerschaft und des Wochenbettes sehen wir oft eine Vermehrung der Absonderung. Namentlich das Stillgeschäft scheint nicht nur die Milchdrüsen, sondern auch die andern Hautdrüsen anzuregen. So konnte SEITZ[4] bei vier Wöchnerinnen eine aus Talg und Schweiß bestehende starke Sekretion in der Achselhöhle beobachten, die zunächst als Milchabsonderung imponierte. Auch beim Hyperthyreoidismus, besonders beim ausgesprochenen Morbus Basedow, besteht oft neben profusen Schweißen eine sichtbar gesteigerte Talgabscheidung. Ferner spielt der Ernährungszustand eine Rolle. Magere Leute sondern weniger Talg ab als fette (LINSER, KUZNITZKY), hungernde weniger als gut genährte. So nimmt die Masse der Bürzeldrüse beim Hungerzustande der Ente ab (KOSSMANN[5]).

Die Art der Ernährung ist auch nicht ohne Bedeutung, und zwar ist merkwürdigerweise nach übereinstimmendem Ergebnis der Experimente ROSENFELDS und KUZNITZKYS die Talgabsonderung lebhafter nach kohlehydratreicher als nach fettreicher Ernährung. Die Zahlen BIRKS sprechen zum Teil im gleichen Sinne. Auffallend ist, daß in Mastversuchen diese durch die Nahrung bedingten Differenzen weniger hervortreten und daß unter diesen Bedingungen überhaupt weniger Hauttalg ausgeschieden wird als bei gehaltärmerer Kost. Alle diese Versuche bedürfen meines Erachtens der Nachprüfung an einer größeren Anzahl von Einzelpersonen.

Von den atmosphärischen Faktoren beeinflußt die Lufttemperatur nachweislich die Größe der Talgabsonderung. So konnte KUZNITZKY zeigen, daß in einem auf 20° R erwärmten Zimmer pro 24 Stunden etwa $^1/_2$ g Hauttalg mehr produziert wurde als bei gewöhnlicher Stubentemperatur. In Wirklichkeit dürfte es wohl, ebenso wie bei der Wasserabgabe der Haut, auf die Temperatur der Haut

---

[1] STIEDA: Verh. Ges. dtsch. Naturforsch. (73. Versamml. zu Hamburg 1901) II, 3, 527. Leipzig 1902).
[2] PULVERMACHER: Klin. Wschr. **1924**, 1843.
[3] MUNK, J.: Physiologie des Menschen und der Säugetiere. 4. Aufl. Berlin 1897.
[4] SEITZ: Arch. f. Gynäk. **80** (1907).
[5] KOSSMANN: Z. wiss. Zool. **21**, 568 (1871).

selbst ankommen, d. h. ihre Durchblutung. Innerhalb bestimmter Grenzen geht ja die Hauttemperatur bei den meisten Menschen der Umgebungstemperatur parallel[1].

2. Pathologische Veränderungen der Talgmenge.

Quantitative Bestimmungen des Hauttalgs bei pathologischen Zuständen existieren so gut wie überhaupt noch nicht. Beim kranken Menschen hat man sich bisher meist auf die einfache Inspektion der Haut beschränkt, was eine um so mangelhaftere Methode ist, als sich ein solches Urteil in der Regel nur auf das Gesicht bezieht, während die Talgsekretion, wie LEUBUSCHER[2] und ARNOZAN[3] nachwiesen, in den verschiedenen Hautregionen ganz ungleich stark zu sein pflegt.

a) Verminderung der Talgsekretion.

Die Absonderung des Hauttalges fehlt oder ist vermindert, wenn die Talgdrüsenentwicklung eine angeborene Hemmung erfährt. Meist ist dann die ganze Cutis mit ihren Anhangsgebilden, insonderheit die Behaarung anomal. So sollen z. B. beim überzüchteten englischen Hausschwein neben einer Unterentwicklung der Haare und der Milchdrüsen auch die Talgdrüsen fehlen. Interessanterweise besteht aber kein absoluter Parallelismus zwischen Haar- und Talgdrüsenmangel. So soll z. B. das Faultier trotz seines vollen, allerdings sehr dürren Haarkleides keine Talgdrüsen haben (LEYDIG[4]), und SCHEDE[5] berichtet von einem kahl geborenen Knaben, der normale, auf freier Hautfläche ausmündende Talgdrüsen besaß.

In den Fällen, in denen beim Menschen von Geburt an die Talgdrüsen fehlen, handelt es sich meist um mehr oder weniger ausgedehnte Bildungsstörungen der Haut. Diese ist in den erkrankten Bezirken häufig stark verdünnt, bläulich, kühl, schilfernd und brüchig. An diesen Stellen fehlen dann die Haare, Talg- und Schweißdrüsen. Oft zeigen auch die Milchdrüsen und Zähne eine Entwicklungshemmung, die Nägel sind mißbildet. Auch die endokrinen Organe, namentlich die Keimdrüsen und die Thyreoidea beteiligen sich nicht selten am Krankheitsbild. Ganz ähnliche Veränderungen weist die Haut bei erworbenen Atrophien derselben auf, die sich im Anschluß an andere Hautkrankheiten einstellen. Die sog. idiopathischen Formen der erworbenen Hautatrophie gehören wohl meist zur Sklerodermie. Und diese hat anscheinend ebenfalls Beziehungen zu den Drüsen mit innerer Sekretion!

Zu den Hautkrankheiten, die die Talgsekretion zu beeinträchtigen vermögen, gehören auch solche mit abnormen Verhornungsprozessen, z. B. die *Ichthyosis*. In den schweren Fällen dieser Krankheit werden die Haarfollikel von den Hornmassen ganz verschlossen, so daß eine mehr oder weniger ausgedehnte Asteatose resultiert. Die sog. „*Milien*", die kleinen, weißen Grießkörner in der Haut, verdanken ihre Entstehung ebenfalls gleichzeitigen Verhornungsanomalien und Talgsekretionsstörungen. Dabei verhornt die Mündung des Follikulartrichters so vollkommen, daß es sogar eines kleinen Einschnittes bedarf, wenn man das in der Haut retinierte Talgknötchen entleeren will.

Eine Herabsetzung der Talgabscheidung nehmen wir bei vielen Allgemeinerkrankungen an, die mit einer Schädigung des Ernährungszustandes, der Haut-

---

1 OEHLER, JOHANNES: Über die Hauttemperatur des gesunden Menschen. Inaug.-Dissert. Tübingen 1904.
2 LEUBUSCHER: Verh. Kongr. inn. Med. **1899**.
3 ARNOZAN: Ann. de Dermat., III. s. 1—3 (1892).
4 LEYDIG, zitiert nach BAB: Zug. Darst. Nr 1, S. 7.
5 SCHEDE: Langenbecks Arch. klin. Chir. **14**, 158.

durchblutung und des Hautturgors einhergehen. So ist bei ausgesprochen kachektischen Zuständen, beim Carcinom, beim Diabetes gravis, bei Schrumpfniere die Haut meist trocken, welk und fettarm. Das gleiche beobachten wir im Greisenalter. Auch bei Lähmungszuständen kann der Fettgehalt der Hautoberfläche vermindert sein, was wohl ebenfalls eine Folge mangelhafter Blutversorgung ist. Bei Zuckerkranken konnte Rosenfeld[1] mit Hilfe direkter quantitativer Bestimmung eine Hyposteatose zahlenmäßig nachweisen. Er erklärt allerdings diese Talgverminderung mit der kohlehydratarmen, fettreichen Diät dieser Kranken. Mit diesem Mangel an Hauttalg, der normaliter antibakterielle Einflüsse besitzt, bringt Rosenfeld auch die Häufigkeit der Furunculose bei manchen Diabetikern in Zusammenhang. Nach meiner Erfahrung besitzen Zuckerkranke mit Neigung zu Furunculose keineswegs stets eine besonders trockene, fettarme Haut.

b) Pathologische Vermehrung der Talgsekretion.

Die Talgsekretion ist in der Regel gesteigert bei allen krankhaften Zuständen, die mit einer vermehrten Durchblutung der Haut einhergehen. So sehen wir bei nervösen Störungen der Hautgefäße — an den Morbus Basedow sei hierbei nochmals erinnert — nicht selten eine Erhöhung der Absonderung. Auch bei entzündlichen Veränderungen der Haut, namentlich umschriebenen Prozessen, kann man bisweilen in deren Bereich bzw. deren unmittelbarer Umgebung das gleiche konstatieren[2].

Die häufigste, praktisch bedeutungsvollste, pathologische Form der Hypersekretion kennen wir als „*Seborrhöe*". Dieselbe stellt aber nicht nur eine quantitative Abweichung der normalen Absonderung dar, sondern das seborrhoische Sekret ist auch qualitativ verändert (Linser).

Davon wird später noch zu sprechen sein. Die Seborrhoea oleosa betrifft vorwiegend die talgdrüsenreichsten Körperregionen, Kopf, Gesicht und Brust. Die Mündungen der Drüsen sind hier erweitert und die Fettabscheidung nachweislich vermehrt (Linser, Kuznitzky). Vielleicht erstreckt sich diese Hypersekretion sogar über den ganzen Körper, wenn das auch durch die einfache Inspektion nicht immer einwandfrei festzustellen ist (Birks Versuche). Dieselben Reize, die den Talgfluß hervorrufen, machen sich auch an den Schweißdrüsen geltend, so daß oft eine Hyperhidrosis neben der Seborrhöe besteht.

Über die Ätiologie und Pathogenese der Seborrhöe wissen wir auch heute noch sehr wenig. Oft tritt die Störung in bestimmten Familien gehäuft auf, so daß man eine angeborene Krankheitsanlage vermutet. Es ist deshalb nicht ohne Interesse, daß einzelne Autoren die Vernix caseosa, den fettigen Hautüberzug der Neugeborenen, als pathologisch und als Ausdruck einer fetalen Seborrhöe aufgefaßt haben[3]. Ob das angängig ist, sei dahingestellt. Die Tatsache, daß nicht alle Kinder bei ihrer Geburt einen solchen Fettüberzug haben, kann sehr wohl damit zusammenhängen, daß die Hautdrüsen bei den verschiedenen Neugeborenen nicht gleichmäßig entwickelt und noch nicht gleich funktionstüchtig sind. Die große Mehrzahl der Autoren hält die Bildung der Vernix caseosa jedenfalls für einen physiologischen Vorgang[4].

Die Seborrhöe tritt in der Regel erst zur Zeit der Geschlechtsreife ein, weshalb man vielfach eine veränderte Tätigkeit der Keimdrüsen und deren Einfluß auf die gesamte innere Sekretion für pathogenetisch entscheidend hält.

---

[1] Rosenfeld: Zbl. inn. Med. **27**, Nr 40, 990 (1906).
[2] Rosenthal: Arch. f. Dermat. **131**, 534 (1921).
[3] Jacquet u. Rondeau: Ann. de Dermat. **1905**, 33.
[4] Jesionek: Zus. Darst. Nr 4, S. 136.

Die Seborrhöe bildet den Boden verschiedener anderer Hautstörungen. Da sei zunächst das sog. *seborrhoische Ekzem* genannt. Über das Wesen dieser Erkrankung besteht ebenfalls noch keine genügende Klarheit. „Daß beim seborrhoischen Ekzem das alles beherrschende und wichtigste Spezialsymptom ein abnorm hoher Fettgehalt der Haut ist, wird wohl allgemein anerkannt", aber schon die Frage nach dem Ursprung dieses Fettes wird sehr verschieden beantwortet (RIECKE[1]). Nach eingehendem Studium der Literatur möchte ich mich JESIONEKS[2] Ansicht anschließen: Beim seborrhöischen Ekzem mit fettigem Hautkatarrh besteht sicher, wohl häufig als erstes Symptom, eine wahre Seborrhöe, d. h. eine vermehrte Absonderung eines pathologisch zusammengesetzten, unfertigen Talgdrüsensekretes (LINSER). Da wir aber auch an denjenigen Stellen der Körperoberfläche, an denen die Talgdrüsen fehlen, einen abnorm starken Fettüberzug und eine Fettdurchtränkung der Oberhaut finden, müssen noch andere Quellen dieses Fettes in Betracht kommen. JESIONEK nimmt deshalb in Übereinstimmung mit BESNIER, UNNA u. a. an, daß bei solchen pathologischen Zuständen auch eine gesteigerte Fettsekretion aus den Schweißdrüsen besteht, eine Steatidrosis.

Daneben, ja wahrscheinlich sogar hauptsächlich, wird die fettige Imbibation der Oberhaut weder durch Talg- noch Schweißdrüsenfett, sondern durch Hornfette herbeigeführt, die im Übermaße im Stratum granulosum entstehen und die darüberliegende Hautschicht durchtränken. So scheint es, daß beim „fettigen Katarrh" des seborrhoischen Ekzems alle drüsigen und epithelialen Elemente, die normaliter an der Hautfettbildung beteiligt sind, profuse Mengen eines pathologisch veränderten Sekretes produzieren. Zur weiteren Klärung dieser komplizierten Fragen dürften in erster Linie neue chemische Analysen des in solchen Fällen gesammelten Hautfettes führen, wie sie LINSER vor Jahren vornahm.

Jedenfalls ist die als Seborrhöe bezeichnete Erkrankung ein sehr verwickelter Prozeß, bei dem ein vermehrter Talgfluß nur *ein* Symptom darstellt. Die von der Seborrhoea oleosa abgetrennte und als Seborrhoea sicca bezeichnete Erkrankungsform läßt neben dem abnormen Fettgehalt der Oberhaut eine besonders reichliche Abschuppung derselben in den Vordergrund treten. Zu diesen bald mehr fettigen, bald mehr desquamativen Formen des Hautkatarrhs treten meist noch pathologische Veränderungen der Verhornung, die das ganze Krankheitsbild noch weiter komplizieren[3].

Mit der Seborrhöe hat man die Bildung der *Comedonen* in Zusammenhang gebracht, da beide Prozesse fast immer gemeinsam beobachtet werden. Wie wir jetzt wissen, entstehen die Mitesser dadurch, daß die Follikelöffnungen durch abnorme Hornbildung in ihnen verstopft werden und es dadurch zu einer Anhäufung von Talg unterhalb eines Hornpfropfes kommt. Der dunkel aussehende „Kopf" des Mitessers, der dem Leiden den Stempel „der Hautunreinheit" aufprägt, besteht aus solchen Hornmassen; die schwärzliche Farbe ist die Farbe der Hornsubstanz, die diese unter dem Einfluß des Lichtes annimmt (JESIONEK[4]).

Die Beziehungen zwischen der Seborrhöe (im engern Sinne) und der Comedonenbildung sind somit nicht so nahe als man früher vermutete. Es handelt sich wohl mehr um ein Nebeneinander zweier verschiedener Prozesse — ge-

---

[1] RIECKE: Arch. f. Dermat. **145**, 99 (1924).
[2] JESIONEK: Zus. Darst. Nr 4, S. 376.
[3] Über die verschiedenen Stadien der Seborrhöe siehe GREENE CUMSTON: Ref. Dermat. Wschr. **1921**, Nr 26, 590.
[4] JESIONEK: Zus. Darst. Nr 4, S. 157.

steigerter Talgabsonderung und abnormer Verhornung —, die vielleicht gemeinsame Entstehungsbedingungen haben.

Die zur Eiterung neigende Entzündung der Haarbalgfollikel und der zugehörigen Talgdrüsen, die *Acne*, entsteht auf dem Boden der Comedonen und der Seborrhöe. Denn es gibt wohl diese ohne Acne, aber keine Acne ohne Seborrhöe. Man hat sich diesen Zusammenhang so vorgestellt, daß im seborrhöischen Hauttalg, dessen chemische Zusammensetzung von der Norm abweicht und der gegenüber bakteriellem Wachstum eine verminderte Resistenz aufweist, sich leichter Staphylokokken und andere Mikroorganismen ansiedeln. Besonders treffe das für die Comedonen zu, d. h. für die Stellen, an denen ein leichter zersetzliches Sekret sich staut.

Wie JESIONEK[1] vermutet, wirken die gleichen Mikroorganismen, die das Ekzema seborrhoicum hervorrufen, auch bei der Entstehung der Acne mit. Beziehungen der Acne zur Furunculose seien hier nur angedeutet. Beiden Prozessen ist die verminderte Widerstandsfähigkeit der Haut gegenüber den Staphylokokken gemein.

Im Acneeiter sind außer Staphylokokken auch andere Mikroorganismen gefunden worden. Das sind zum Teil Zufallsbefunde, meist handelt es sich um Saprophyten, so z. B. bei den kürzlich von PICK[2] beschriebenen säurefesten Stäbchen; ein „Erreger" der Acne ist bisher nicht erwiesen.

Im übrigen kehren dieselben pathogenetischen Vorstellungen, die man sich bezüglich des Zustandekommens der Seborrhöe machte, wieder in den Erörterungen der Autoren über die Ätiologie der Acne vulgaris.

Die Vermutung einer primären Alteration im Verdauungstraktus und von hier ausgehender toxischer Wirkungen wird nicht mehr so ernstlich wie früher erörtert. Zwar hat SPIETHOFF[3] festgestellt, daß die Aciditätswerte im Magensafte von Acnekranken häufig über die obern und untern normalen Durchschnittswerte hinausgehen, doch ist diese Feststellung einstweilen einer Erklärung nicht zugänglich. Ferner bleibt die Tatsache bestehen, daß manche Acnekranke überzeugend angeben, nach dem Genusse bestimmter, besonders fettreicher Speisen (Margarine, Käse) eine Verschlimmerung ihres Zustandes zu beobachten[4].

Ebenso wie die Seborrhöe beginnt die Acne in der Regel im Pubertätsalter. Nach PICK[5] haben Acnekranke ein sehr geringes sexuelles Bedürfnis und einen Typus der Behaarung, der bei Funktionsstörungen der Keimdrüsen beobachtet wird. Zur Zeit der Menstruation sollen oft neue Acneschübe eintreten und nach der Menopause die Krankheit nicht mehr vorkommen. Nach VEIELS Ansicht hört die Acne in der Schwangerschaft auf, andere (JARISCH, TÖRÖK) beobachteten das Gegenteil. Auch beeinflußt angeblich die therapeutische Verabreichung von Keimdrüsensubstanz an die Kranken das Leiden günstig. Gewisse Beziehungen zwischen Acne einerseits und Sexualhormonen bzw. der gesamten inneren Sekretion[6] anderseits sind selbstverständlich, da ja die normale Talgdrüsenfunktion unter Einflüssen des endokrinen Systems steht. Ob aber eine Störung dieser Beziehungen in der Pathogenese der Acne wirklich die beherrschende Rolle spielt, das dürfte trotz der vielen Erörterungen dieses Gegenstandes noch zu beweisen sein.

---

[1] JESIONEK: Zus. Darst. Nr 4, S. 355. [2] PICK: Dermat. Wschr. **74**, 345 (1922).
[3] SPIETHOFF: Münch. med. Wschr. **1923**, 232.
[4] JARISCH: Zus. Darst. Nr 3, S. 429. — BUSCHKE u. FRÄNKEL: Berl. klin. Wschr. **1905**, 318.
[5] PICK: Arch. f. Dermat. **131**, 350 (1921). — JULIUSBERG: Zbl. Hautkrkh. **9**, 202 (1923).
[6] BLOCH: Klin. Wschr. **1922**, 153.

3. Eigenschaften und Zusammensetzung des Hauttalges.

Ich habe hier nicht die Absicht, auf die zahlreichen Analysen näher einzugehen, die man mit Hauttalg oder analogen Sekreten angestellt hat, verweise vielmehr auf die mehrfach zitierte Arbeit von LINSER und die Zusammenstellung in Nagels Handbuch durch METZNER. In diesen finden wir für den Hauttalg folgende Daten: Das Ätherextrakt ist von goldgelber bis brauner Farbe, ohne besondern Geruch; Schmelzpunkt 33—36° C, Säurezahl 3, 4—7, 9, Verseifungszahl 117—140, Jodzahl des Gesamtätherextraktes 54—67; Jodzahl der Fettsäuren 36—44. Im nichtverseifbaren Anteil, der 40—45% des Ätherextraktes ausmacht, war wenig Cholesterin, in größerer Menge finden sich andere Substanzen, die LINSER als „Acetonkörper“ und „öligen Rückstand“ bezeichnet und die mit dem „Dermocerin“ und „Dermoolein“ RÖHMANNS identisch sein dürften. Es handelt sich um hochmolekulare kohlen- und wasserstoffreiche Substanzen, die noch nicht völlig charakterisiert werden konnten. Das Sekret der Talgdrüsen ist also kein Cholesterinfett, es enthält, wie gesagt, nur geringe Mengen dieser Substanz. Es besitzt einen niedrigen Schmelzpunkt, alle in ihm enthaltenen Fettsäuren sind esterartig gebunden. Echte Fette, Triglyceride, fehlen in der Regel oder sind nur in sehr geringen Mengen vorhanden.

Durch ihre Zusammensetzung lassen sich vom eigentlichen Hauttalg die aus den Epidermiszellen stammenden Hornfette abgrenzen. Diese haben einen höheren Schmelzpunkt und besitzen vor allem einen hohen Cholesteringehalt. Die Möglichkeit dieser Trennung ist von hoher Wichtigkeit, namentlich für die Beurteilung pathologischer Zustände.

Eine physikalische Eigenschaft dieser Hautfette scheint mir einer ganz besonderen Betonung wert: das ist ihr großes Aufnahmevermögen für Wasser. Was für das Lanolin bekannt ist, das trifft auch für das Hautfett des Menschen zu, sowohl für dessen aus den Talgdrüsen stammenden Anteil wie für die Hornfette. In diesem Wasserbindungsvermögen des Talges und der die Epidermis imprägnierenden Hornfette liegt die Gewähr für die Erhaltung des notwendigen Feuchtigkeitsgrades der Oberhaut. Auch der Zustrom von Wasser aus den tiefer liegenden Hautschichten, namentlich aber die Wasserabdampfung von der Oberhaut, erhält dadurch eine gewisse Regulierung. Ferner scheint es mir nicht unwichtig darauf hinzuweisen, daß nicht nur aus den Schweißdrüsen, sondern auch aus den Talgdrüsen, im Hauttalg gelöst, stets kleine Mengen von Wasser ausgeschieden werden.

Mit dem Hauttalg werden Riechstoffe[1] ausgeschieden, über deren Natur wir nichts Näheres wissen. Im Sexualleben vieler Tiere spielen diese Substanzen eine wichtige Rolle. Von den bei zahlreichen Säugern vorkommenden modifizierten großen Talgdrüsen, die meist schon ihrer Lokalisation nach als zu den Genitalorganen gehörig anzusprechen sind, war bereits die Rede. Diese Organe haben die Aufgabe, durch ihr stark riechendes Sekret den beiden Geschlechtern zur Brunstzeit ein Zusammenfinden zu erleichtern.

Beim Menschen, der weniger feinnasig ist als die meisten Tiere, spielen solche Riechstoffe nicht die gleiche Rolle. Doch wissen wir alle, daß bestimmte Völkerrassen einen starken charakteristischen Eigengeruch besitzen, daß manche Menschen einen lebhafteren Geruch als andere ausströmen lassen, und daß diese individuell so verschiedenen Hautgerüche auch im Geschlechtsleben des Menschen normaler- und pathologischerweise nicht ohne Einfluß sind. Ob aber alle diese riechenden Substanzen auch wirklich aus den Talgdrüsen stammen, ist höchst zweifelhaft. Wahrscheinlich beteiligen sich auch die Schweißdrüsen an

[1] Zahlreiche Literaturangaben bei HANS HENNING: Der Geruch. Leipzig: Barth 1924.

der Absonderung solcher Stoffe, auch Zersetzungsvorgänge auf der Haut dürften dabei ebenfalls mit in Betracht kommen.

Von Veränderungen in der Zusammensetzung des Hauttalgs bei Krankheiten wissen wir nur sehr wenig. Bei einzelnen Hautkrankheiten liegen Untersuchungen vor, die wir LINSER verdanken:

Bei der Ichthyosis und der Psoriasis fand er eine vermehrte Bildung von Hornfetten, bei letzterer bestand ebenso wie bei den Comedonen gleichzeitig eine mangelhafte Absonderung von Talgdrüsensekret. Auch bei der Seborrhoea sicca finden wir im Hauttalggemisch größere Mengen von Cholesterin, daneben auch Triglyceride und freie Fettsäuren in abnormer Menge. Noch reichlicher ist der Gehalt an echten Fetten und Fettsäuren bei der Seborrhoea oleosa. Die Talgdrüsenepithelien haben hier infolge einer überstürzten Sekretion gewissermaßen keine Zeit, die Blutfette zu speichern und in ihr spezifisches Sekret umzuwandeln. Interessant ist, daß, wie BIRK fand, im Gegensatz zum Verhalten des Gesunden, bei der Seborrhoea oleosa auch eine deutliche Steigerung der Talgproduktion bei fettreicher Kost eintritt.

4. Die Pharmakologie der Talgsekretion.

Zur Zeit wissen wir noch nicht, ob es eine Möglichkeit gibt, die Talgdrüsenfunktion pharmakologisch zu beeinflussen. Von *Pilocarpin* und *Atropin* kennen wir nur ihre Wirkung auf die Schweißdrüsen und die Hautgefäße. Und da ein vermehrter Blutzufluß zur Haut auch die Talgabsonderung steigert, so sollte man annehmen, daß das Pilocarpin auch die Talgsekretion steigere. Eine gegenteilige Wirkung erwarten wir vom *Adrenalin*. Bei der *Physostigmin*vergiftung von Kaninchen und Meerschweinchen beobachteten BUSCHKE und FRÄNKEL[1] eine lebhafte Sekretionssteigerung an den MEIBOMschen Drüsen, die sie durch Einwirkung des Giftes auf die glatte und quergestreifte Muskulatur erklären. Nach ihrer Ansicht kontrahieren sich die in der Umgebung der Drüsen liegenden Muskelfasern und pressen das fertige Sekret aus den Ausführungsgängen; eine direkte Beeinflussung der sekretorischen Drüsenfunktion durch Physostigmin halten die Autoren für nicht erwiesen.

Wahrscheinlich wird eine Reihe von Arzneimitteln auch durch die Talgdrüsen eliminiert. Das gilt zunächst wohl für alle die Stoffe, die gleichzeitig wasser- und lipoidlöslich, nach OVERTON relativ schnell, in das Protoplasma aller Zellen hinein diffundieren und die auch in den Schweiß und in die Milch übergehen (ROST[2]). Unter zahlreichen andern bekannten Körpern gehören hierher Jod, Brom, Antipyrin, die Salicylsäure.

Wenn diese und andere Pharmaka mit dem Hauttalg ausgeschieden werden, so braucht das kein echter Sekretionsvorgang zu sein. Denn diese Substanzen wandern eben wie in alle Zellen so auch in die der Talgdrüsen ein; sie treten schon deshalb in den Hauttalg über, weil ja dies Sekret zum Teil aus zugrunde gegangenen Zellen besteht.

Man hat die bekannten entzündlichen Veränderungen der Talgdrüsen nach Jod- und Bromgebrauch als Folge der Ausscheidung dieser Körper durch die Talgdrüsen angesehen. Gewiß mit Recht! Doch sind die Entstehungsbedingungen für diese Arzneimittel-Acne wohl komplizierter. Denn die Efflorescenzen gehen nicht immer von den Talgdrüsen aus.

Neuere Untersuchungen über die *Bromacne* stammen u. a. von KUZNITZKY. Er fand, als die Bromacne auf ihrem Höhepunkte war, eine deutliche Verminde-

[1] BUSCHKE u. FRÄNKEL: Berl. klin. Wschr. **1905**, 318.
[2] ROST, E.: Über die Ausscheidung von Arzneimitteln aus dem Organismus. Deutsche Klinik. Berlin-Wien: Urban & Schwarzenberg 1902.

rung der Talgabsonderung. Diese durch das Brom hervorgerufene Verringerung der Sekretion begünstigt nach seiner Ansicht die Infektion durch Hautbakterien und die durch diese ausgelöste Entzündung. Damit stimmt meines Erachtens die Tatsache nicht recht überein, daß Seborrhoiker nicht nur zu Acne vulgaris neigen, sondern auch eine gesteigerte Disposition zur Jod- und Bromacne zeigen. Und zwar erkranken mit Vorliebe gerade die seborrhoischen Hautstellen. Anscheinend rufen die Halogensalze bei ihrer Ausscheidung durch die Haut eine gewisse Gewebsalteration hervor, die das Eindringen und die Einwirkung der Staphylokokken erleichtert. Jedenfalls besteht eine gewisse Wechselwirkung zwischen Jod- und Bromverbindungen einerseits und den Hautstaphylokokken andererseits. Denn wie HAXTHAUSEN[1] feststellte, verschlimmern sich gewöhnlich alle Staphylokokkenerkrankungen der Haut bei innerlichem Gebrauch der genannten Arzneimittel. Häufig wirken beim Zustandekommen der Bromacne äußere örtliche Reize mit. So sah WHITFIELD[2] den Ausschlag auf die Stelle einer Verletzung beschränkt, auch zeigt nach seiner Beobachtung das Neugeborene erst einige Zeit nach der Geburt den Ausschlag, nachdem der Lichtreiz auf die Haut eingewirkt hat.

Zu den im Körper selbst entstehenden Stoffen, welche die Haut, zum Teil auch durch die Talgdrüsen verlassen dürften, gehört das Aceton.

II. Die Schweißdrüsen und ihre Tätigkeit.

Zusammenfassende Darstellungen.

1. ADAMKIEWICZ: Die Sekretion des Schweißes. Berlin: Hirschwald 1878. — 2. KRAUSE: Wagners Handwörterb. d. Physiol. **2**. Braunschweig 1844. — 3. KREIDL: Mraćeks Handb. d. Hautkrankh., S. 188. Wien: Hölder 1902. — 4. LOEWY, A.: Hand. d. Balneol. von DIETRICH u. KAMINER. Leipzig: Thieme 1924. — 5. LUCHSINGER: Hermanns Handb. d. Physiol. **5**, 421. Leipzig: Vogel 1883. — 6. METZNER: Nagels Handb. d. Physiol. **2**, 401. Braunschweig 1907. — 7. MÜLLER, L. R.: Die Lebensnerven. Berlin: Julius Springer 1924. — 8. RABL: Mračeks Handb. d. Hautkrankh., S. 109. Wien: Hölder 1902. — 9. RÖHRIG: Die Physiologie der Haut. Berlin: Hirschwald 1876. — 10. SCHWENKENBECHER: Krehl-Marchands Handb. d. allg. Path. II **2**. Leipzig: Hirzel 1913. — 11. STÖHR u. v. MÖLLENDORFF: Lehrb. d. Histologie, S. 402. Jena: Fischer 1924.

1. Die Schweißdrüsen.

Der Schweiß ist das Sekret der Knäueldrüsen, deren sezernierender Hauptabschnitt, eben der Knäuel, in der Subcutis oder an der Grenze zwischen dieser und der Lederhaut gelegen ist. Der Ausführungsgang der Drüse durchsetzt das Corium und in Spiralwindungen die Epidermis und gelangt so in einem kleinen, dem unbewaffneten Auge eben noch sichtbaren Grübchen, der Schweißpore, an die Oberfläche der Hornschicht. Diese Poren liegen an Hand und Fuß, in zierlichen Reihen angeordnet, stets auf den Hautleisten[3].

Die Schweißdrüsen sind über die ganze Körperoberfläche des Menschen verteilt, doch stehen sie in der Haut der verschiedenen Körperregionen sehr verschieden dicht. Besonders zahlreich sind sie an Handfläche und Fußsohle, am spärlichsten in der Haut des Rückens und am Gesäß. Die mühevollen Zählungen der Schweißdrüsen, die verschiedene Autoren vorgenommen haben (RABL[3]), stimmen untereinander wenig überein. Die neueren Untersuchungen ergaben höhere, aber auch niedrigere[4] Werte als die seinerzeit von KRAUSE[5]

[1] HAXTHAUSEN: Dermat. Z. **35**.
[2] WHITFIELT: Zitiert nach Zbl. Hautkrkh. **3**, 441 (1921).
[3] RABL: Zus. Darst. Nr. 8, S. 110.
[4] SAPPEY, zit. bei BRANCA: Traité d'Anatomie humaine von POIRIER u. CHARPY II, 115 (1912).
[5] KRAUSE: Zus. Darst. Nr 2.

aufgestellten. Deshalb können dessen Zahlen in ihrer absoluten Größe kaum mehr als zutreffend gelten. Trotzdem geben sie auch heute noch die beste Übersicht über die Verteilung der Schweißdrüsen. Sie seien darum auch hier ausführlich zitiert:

Auf einen Quadratzoll (= 11 qcm) kommen

an Stirn	1258	Schweißdrüsen
„ Wangen	548	„
„ Hals (vordere und Seitenfläche)	1303	„
„ Brust und Bauch	1136	„
„ Nacken, Rücken, Gesäß	417	„
„ Vorderarm, innere Seite	1123	„
„ „ äußere „	1093	„
„ Vola manus	2736	„
„ Handrücken	1490	„
„ Oberschenkel, innere Seite	576	„
„ „ äußere „	554	„
„ Unterschenkel, innere Seite	576	„
„ Fußsohle	2586	„
„ Fußrücken	924	„

Völlig fehlen die Knäueldrüsen nur an der Glans penis und der Innenfläche des Praeputium, ferner an der Innenfläche der Ohrmuschel, an den Augenlidern und in den Gegenden der Haut, wo Muskeln ansetzen (BRANCA[1]).

Hautstellen mit zahlreichen Schweißdrüsen sind meist Prädilektionsstellen des Schwitzens. Sie geraten leichter als die anderen in „Schweiß", d. h. die Sekretion ist an ihnen lebhafter und wird deshalb zuerst an ihnen sichtbar. Aber auch bei trockener Haut ist die Wasserverdunstung im großen ganzen über den schweißdrüsenreichen Partien lebhafter als über den drüsenarmen Hautstellen[2].

Entsprechend ihrer verschiedenen Funktion und Leistung sind die Schweißdrüsen bei den verschiedenen Tieren sehr ungleich entwickelt. So hat der Hund in seiner Haut nur kleine Drüsensäckchen, während in der Haut des Pferdes lange, vielfach verschlungene Schläuche vorhanden sind.

Am ganzen Körper schwitzen *sichtbar* der Mensch, ferner das Pferd und wohl auch andere Einhufer. Ein gleich ausgedehntes Schwitzvermögen wird auch dem Schaf zugeschrieben (METZNER[3]). Andere Tiere schwitzen merklich nur an den Fußsohlen, wie Hund, Katze, Igel, Affe; letzterer zeigt auch am Nasenrücken eine geringe Absonderung. Rinder schwitzen sichtbar an den weichen haarlosen Partien um das Maul, am sog. Flötzmaul, Schweine an der Rüsselscheibe. An den kleineren Laboratoriumstieren wie Kaninchen und anderen Nagern hat, man eine Schweißabsonderung bisher überhaupt nicht nachgewiesen.

Es ist nun von Wichtigkeit festzustellen, daß manche Tiere, die, wie der Hund, nicht merklich schwitzen, dennoch Schweißdrüsen haben, die sich über die ganze Hautoberfläche verteilen. Diese Drüsen zeigen unter gewöhnlichen Bedingungen keine sichtbare Absonderung, doch wird nach Pilocarpin die Haut des Hundes feucht[4], ferner tritt nach Durchtrennung des Halsmarkes am gelähmten Hinterkörper regelmäßig Schweiß auf[5].

Die hohe Durchtrennung des Rückenmarks führt somit entweder zu einer starken Reizung von Schweißnerven, oder die Hautdrüsen des Hundes stehen für gewöhnlich unter dem Einfluß gewisser nervöser Hemmungsvorrichtungen, die bei Halsmarkdurchschneidung in Wegfall geraten (vgl. S. 761).

[1] BRANCA: l. c. [2] GALEOTTI u. MACRI: Biochem. Z. **67**, 472 (1914).
[3] METZNER: Zus. Darst. Nr 6, S. 403).
[4] FRANK u. VOIT: Z. Biol. **44**, 116 (1903). — EIMER: Pflügers Arch. **212**, 781 (1926).
[5] GOLTZ u. EWALD: Pflügers Arch. **63**, 370 (1896).

Die Schweißdrüsen des Menschen bestehen fast durchweg aus langen, vielfach verschlungenen, einfachen Schläuchen. Nur die in der Achselhöhle und am Brustwarzenhofe vorhandenen Drüsen sowie diejenigen, die ringförmig den After umgeben, weichen in ihrem histologischen Bilde von jenen ab. Sie sind einmal zum Teil weit größer als die gewöhnlichen Schweißdrüsen der freien Körperfläche, auch zeigen sie Verzweigungen. Man findet sie auch oft zu Gruppen vereinigt, dicht nebeneinander. Ohne Zweifel kommt diesen Schweißdrüsen in der Achselhöhle, wie auch den Circumanaldrüsen, entsprechend ihrem komplizierteren Bau, auch eine kompliziertere Funktion zu. Es ist deshalb nicht statthaft, histologische Beobachtungen, die man beim Studium der Axillardrüsen machte, ohne weiteres auf die Gesamtheit der Schweißdrüsen auszudehnen.

Bezüglich der feineren Struktur der Schweißdrüsen verweise ich auf die Angaben von Kölliker[1], Rabl[1], Metzner[1], Stöhr u. v. Möllendorff[1], Zimmermann[2], Talke[3], Holmgren[4].

Was uns hier am meisten interessiert, ist die Sekretbildung in den Schweißdrüsen und das Sekret selbst. Schon Kölliker hat hervorgehoben, daß der Inhalt der Drüsengänge zwei verschiedene Formen erkennen lasse. Einmal wird eine helle, wässerige, klare Flüssigkeit gebildet, eben der Schweiß, und zu andern Zeiten entsteht eine mehr plastische, teigartige Substanz, die geformte Bestandteile und Zellabschnürungsprodukte enthält. Diese Form der Absonderung fand man vorwiegend an den großen Achseldrüsen, die erstere schrieb man den gewöhnlichen kleinen Schweißdrüsen zu.

Auf Grund dieser verschiedenen Absonderungsweise und dieser verschiedenen Absonderungsprodukte hielt man sich für berechtigt, die Existenz zweier besonderer Arten von Schweißdrüsen anzunehmen. Man unterschied eine merokrine und eine apokrine Form. Der erstere Typus wurde durch die kleinen, den eigentlichen Schweiß absondernden Knäueldrüsen repräsentiert, die apokrine Form durch die großen verzweigten Drüsen, z. B. in der Achselhöhle, in denen das Sekret durch Abschnürung von zungenförmig in das Lumen hineinragenden Protoplasmafortsätzen entsteht. Es ist ohne weiteres ersichtlich, daß die letztere Art der Sekretbildung an den Modus der Talgbildung erinnert; man hat deshalb auch in den apokrinen Drüsen einen Übergang zu den holokrinen Drüsen erblickt. Allerdings liefern, wie ebenfalls schon Kölliker betont, die Knäueldrüsen im Gegensatz zu den Talgdrüsen keine zellenhaltige Materie. Die Einteilung der Schweißdrüsen in merokrine und apokrine ist mit Recht verlassen, denn beide Sekretionsformen scheinen sich an sämtlichen großen und kleinen Knäueldrüsen abspielen zu *können*. „Es herrscht in dieser Beziehung keine Ausschließlichkeit“ (Holmgren). Vielmehr bestehen — so schließt Holmgren aus seinen neuen Untersuchungsbefunden — an allen Schweißdrüsen wenigstens zwei nach Struktur und Funktion wesentlich verschiedene Abschnitte. Diese zwei Abteilungen, die sich scharf oder auch mehr allmählich aneinander anschließen, unterscheiden sich nicht nur durch ein abweichendes histologisches Bild, das auf einem momentan verschiedenen Tätigkeitszustande ihrer Zellen beruhen könnte (Talke[5]), sondern es handelt sich um zweierlei Arten von Zellen mit grundsätzlich verschiedener Funktion. Holmgren unterscheidet an den Drüsenschläuchen einen Abschnitt mit hellen, nicht körnigen Zellen, an denen man epicelluläre und binnenzellige Sekretkanälchen in großer Menge feststellen

[1] Zus. Darst. Nr 6 u. 8.
[2] Zimmermann: Arch. mikrosk. Anat. **52** (1898).
[3] Talke: Arch. mikrosk. Anat. **61** (1903).
[4] Holmgren: Anat. Anz. **55**, 553 (1922).
[5] Talke: l. c.

kann. Den Zellen dieses Drüsenabschnittes wird eine einfachere, filtratorische Tätigkeit zugeschrieben. Die Filtration soll sich abspielen zwischen dem reichen Blutcapillarnetz, das die Schweißdrüsen umgibt, und dem Drüsenlumen bzw. dessen inter- und intracellulären Verlängerungen. Das Produkt dieses Drüsenabschnittes, der eine unverkennbare Ähnlichkeit mit dem MALPIGHIschen Knäuel der Niere zeigt, ist eine wässerige Flüssigkeit. Auch in der Ruhe bleiben diese hellen Zellen hell, die intracellulären Sekretkanälchen verschwinden dagegen im mikroskopischen Bilde, da sie kollabieren.

Von dieser ersten Art von Zellen, die der „filtratorischen Abteilung" der Schweißdrüsen angehören, unterscheidet sich wesentlich die zweite Art, die die „spezifisch sezernierende Abteilung" kennzeichnen. Die Zellen dieses Drüsenabschnittes besitzen sehr dünne Schlußleistchen und eine zarte Zellcuticula; epicelluläre und intracelluläre Sekretkanälchen fehlen ihnen. Sie enthalten Körnchen als Vorstufen spezifischer Sekretionsprodukte, deren Ausstoßung „durch eine Art von Selbstamputation zungenförmig in das Drüsenlumen hineinragender protoplasmatischer Ausläufer" erfolgt (HOLMGREN[1]). Diese abgeschnürten, zerfließenden Protoplasmateile bilden das Sekretionsprodukt dieser gekörnten Zellen.

Diesen Vorgang der Sekretionsbildung durch Protoplasmaabschnürung kann man besonders deutlich an den Drüsen der Achselhöhle beobachten. Wie HOLMGREN an den Schweißdrüsen dieser Region feststellte, werden sogar bisweilen — ähnlich wie bei den Talgdrüsen — ganze Zellen abgestoßen und gehen in das Sekret über.

Die Protoplasmakörnchen des sekretorischen Abschnittes der Schweißdrüsen zeigen meist eine gelbliche Eigenfarbe. Nach HOLMGRENS Ansicht kann durch den Übertritt solcher Körnchenzellen in den Achselschweiß eine gelbe Färbung desselben zustande kommen. Das mag zutreffen, doch sind für die Farbe eines gelben Achselschweißes meist andere Faktoren maßgebend (vgl. S. 733/34).

Wenn wir uns auf die Ergebnisse der Untersuchungen HOLMGRENS stützen können, tritt auch die so oft schon diskutierte Frage nach der Fettsekretion der Schweißdrüsen in eine neue Beleuchtung. Zwar hat eine Reihe von Autoren weder in den Drüsenkanälen noch in den Zellen Fetttröpfchen nachweisen können (METZNER[2]), doch gibt RABL in Übereinstimmung mit HEYNOLD, UNNA, KÖLLICKER zu, daß in den Zellen osmierbare Tröpfchen vorkommen, deren Natur allerdings noch nicht sicher bestimmt sei. Falls es indessen zutrifft, daß an allen Knäueldrüsen zwei histologisch und physiologisch verschiedene Abschnitte existieren, von denen der eine sekretorische Funktionen erkennen läßt, die an den Absonderungsmodus der Talgdrüsen, wenn auch nur annähernd, erinnern, so erscheint uns eine zumeist geringe, unter pathologischen Bedingungen z. B. bei der Seborrhöe, aber lebhaft gesteigerte Absonderung einer fettähnlichen Substanz aus den Schweißdrüsen eher verständlich. Dieser Fragenkomplex bedarf zu seiner *Klärung* sicherlich noch zahlreicher weiterer Studien histologischer und experimenteller Art, diese dürften nach den heute geleisteten Vorarbeiten durchführbar sein und Erfolg versprechen.

Die Knäueldrüsen in der Achselhöhle und in der Analgegend scheinen auch noch andere Beziehungen zu den Talgdrüsen zu besitzen, denn einmal sieht man in diesen Körperregionen hin und wieder einmal Schweißdrüsenausführungsgänge in Haarfollikel einmünden (RABL[3]), ferner liefern sie anscheinend auch Riechstoffe, die auf die Sexualsphäre von Einfluß sind.

Die Knäuel der Schweißdrüsen sind von einem dichten Capillarnetz umsponnen, das im Gegensatz zu den die Talgdrüsen umgebenden Haargefäßen, völlig selbständig, d. h. unabhängig vom Papillarkreislauf ist. Die Gefäßknäuel

[1] HOLMGREN: Zitiert auf S. 721. [2] METZNER: Zus. Darst. Nr 6, S. 403.
[3] RABL: Zus. Darst. Nr 8, S. 111.

der Drüsen erhalten ihr Blut aus kleinen Arterienzweigen, die unmittelbar einer aufsteigenden Hautarterie entstammen. Nur der Ausführungsgang wird mit Blut aus dem Papillarkreislauf versorgt (RABL[1]).

Über die Lymphgefäße der Knäuel und die Beziehungen des Lymphstroms zur Sekretion des Schweißes wissen wir nichts Sicheres.

Etwas besser sind wir über die Innervation der Schweißdrüsen unterrichtet. Die die Knäuel umgebenden Nervenfasern sind außerordentlich zahlreich. ARNSTEIN u. a.[2] unterscheiden ein äußeres und ein inneres Nervengeflecht, von dem letzteren aus sollen Fasern mit ihren Endapparaten bis zu den Drüsenzellen selbst ziehen.

Weitere Einzelheiten über Physiologie und Pathologie der Schweißnervenbahnen und -zentren werden in einem besonderen Kapitel Erörterung finden.

2. Die Bedingungen der Schweißsekretion.

Die Schweißabsonderung ist ein echter Sekretionsvorgang, der wie bei anderen Drüsen abhängig ist von der Unversehrtheit und der Erregbarkeit von Sekretionsnerven, und dessen Intensität unter gewöhnlichen Umständen der Blutdurchströmung der Drüsen entspricht. Dabei kommt es nicht auf den Blutreichtum der Haut schlechthin an — Stauungszustände in den Venen oder Erweiterung der Capillaren allein brauchen keineswegs die Schweißproduktion zu fördern —, vielmehr ist das Entscheidende die Menge des arteriellen, sauerstoffreichen Blutes, die in der Zeiteinheit durch die Drüsen fließt.

Daß aber auch trotz schlechter, ja völlig fehlender Blutversorgung die Schweißsekretion bei Reizung der Nerven noch lange Zeit erhalten bleiben, ja sogar besonders stark hervortreten kann, ist aus Beobachtungen am Menschen und aus Tierexperimenten genugsam bekannt. Der Schweiß bei Angstzuständen und bei Ohnmacht, der Todesschweiß sind hier zu nennen. Glieder, die mit ESMARCHscher Binde blutleer gemacht worden sind, geraten im Heißluftkasten ebensoschnell und stark in Schweiß wie gut durchblutete[3].

Wird der Blutzufluß zu einer bestimmten Hautpartie, z. B. zu einer Extremität, dauernd aufgehoben, so hört die Schweißsekretion allmählich endgültig auf und ist auch durch stärkste Nervenreize nicht mehr hervorzurufen. Im Tierexperiment tritt diese Erschöpfung der Absonderung schon nach etwa 20 Minuten ein (LUCHSINGER[4], MAX LEVY[5]).

Beim Menschen kann die Sekretion trotz aufgehobenen Kreislaufes bisweilen noch stundenlang anhalten, wie das CONES[6] an der Leiche beobachtete.

Rufen wir an einer Extremität durch oberflächliche Umschnürung eine venöse und capillare Stauung hervor, so nimmt infolge der Stockung der Zirkulation die Wasserabgabe der Haut (LOEWY[7], MOOG[8]) bzw. die Schweißsekretion[9] ab, lassen wir aber die Stauungsbinde längere Zeit, etwa 2 Stunden liegen, so beobachten wir neben Cyanose und Ödem eine Steigerung der Wasserabgabe (MOOG[10]). Damit stimmt die bekannte ärztliche Erfahrung überein, daß gelähmte Extremitäten blau, kalt und häufig auch feucht sind, das gleiche wird meist bei den als Akrocyanose bezeichneten nervösen Störungen der Hautgefäße beobachtet. Wie kommt nun dieser Schweiß bei kühler, bläulicher Haut zustande? Wie MOOG vermutet, handelt es sich hier um eine direkte oder indirekte

1 RABL: Zus. Darst. Nr 8, S. 127. 2 METZNER: Zus. Darst. Nr 6, S. 405—406.
3 MÜLLER, L. R.: Zus. Darst. Nr 7, S. 387. 4 LUCHSINGER: Zus. Darst. Nr 5.
5 METZNER: Zus. Darst. Nr 6, S. 415. 6 CONES: Lancet **1889**, 1027.
7 LOEWY: Biochem. Z. **67**, 261 (1914). 8 MOOG: Z. exper. Med. **42**, 452 (1924).
9 KITTSTEINER: Arch. f. Hyg. **78**, 275 (1913).
10 MOOG: Z. exper. Med. **42**, 454 (1924).

örtliche Reizwirkung auf die Schweißdrüsen durch die in der gestauten Extremität sich anhäufende Kohlensäure. Vielleicht sagen wir besser: infolge der Anhäufung „asphyktischen" Blutes.

Daß Sauerstoffarmut und Kohlensäurereichtum des Blutes schweißtreibend wirken, ist durch zahlreiche Tierversuche und durch die Krankenbeobachtung sichergestellt. Doch mußte man nach den bisherigen Untersuchungen annehmen, daß dieser Erstickungsreiz lediglich auf die Schweißzentren in Gehirn und Rückenmark wirke. Die MOOGschen Vorstellungen sind deshalb neu, doch nicht unwahrscheinlich, sie dürften zu weiteren Untersuchungen anregen.

Der wichtigste Reiz, der zum Eintritt bzw. zur Vermehrung der Schweißabsonderung führt, ist der Wärmereiz, der beim Menschen in der Regel zentral, d. h. durch Erhöhung der Bluttemperatur angreift.

Diese zentrale Wirkung einer erhöhten Bluttemperatur hat KAHN[1] mit seiner Methode der Carotidenerwärmung in besonders eindrucksvoller Weise demonstriert. Lediglich infolge von Steigerung der Gehirntemperatur kommt es regelmäßig bei jungen Katzen zu Rötung der Pfoten und Auftreten von Schweißtropfen. Auch die spinalen Schweißzentren sprechen bei Temperaturerhöhung des sie durchströmenden Blutes an.

Nach STERN und FRÉDÉRICQ[2] bedarf es beim Menschen einer Erhöhung der Körper- bzw. der Bluttemperatur um durchschnittlich etwa 0,34° C, wenn im heißen Bade oder infolge von Muskelarbeit ein allgemeiner Schweißausbruch ausgelöst werden soll.

Auch peripher angreifende Wärmeeinwirkungen regen die Schweißsekretion an den gereizten Stellen an. Das beweisen einmal die zahlreichen Versuche an Katzenpfoten, deren Erwärmung die Ansprechbarkeit der Drüsen und ihrer Nerven steigert. Wahrscheinlich spielt dabei auch der direkte Einfluß der Erwärmung auf die Gefäße und die Durchblutung der Haut eine Rolle. Und als dritter Angriffspunkt des peripheren Wärmereizes müssen die Wärmenerven gelten, deren Erregung sich bis ins Rückenmark fortpflanzt und hier reflektorisch auf die entsprechenden regionären Schweißzentren und -fasern übergreift. Sind die Hautreize stark oder die betreffenden Hautstellen besonders empfindlich, so pflanzt sich die Erregung von den zugehörigen Rückenmarkzentren auch auf höhere Schweißzentren fort, und es kommt zu allgemeinem Schweißausbruch.

Gerade so wie bei der umschriebenen Abkühlung der Nackenhaut durch ein Eisstückchen uns ein Kälteschauer nach dem anderen überläuft und die Piloarrektoren der gesamten Oberfläche sich kontrahieren, ebenso sehen wir, wenn ein Strom heißer Luft das Gesicht trifft, den ganzen Körper schwitzen[3]. Diese lebhaften Reaktionen sind weder in dem einen noch in dem anderen Falle durch wärmeregulatorische Erfordernisse bedingt. Geradeso wie die Ansprechbarkeit der Schweißdrüsen überhaupt, ist auch die Ausbreitung solcher reflektorischen Schweiße außerordentlich großen individuellen und zeitlichen Schwankungen unterworfen. Für den Menschen gilt im allgemeinen das, was CRAMER[4], KITTSTEINER[5] und auch ich[6] wiederholt konstatieren konnten: es ist nicht leicht, durch Wärmereizung kleiner Hautbezirke örtlich umschriebenen, sichtbaren Schweiß zu erzielen. Indessen wenn man eine nicht zu kleine Reizstelle wählt, den Reiz richtig dosiert und längere Zeit einwirken läßt, gelingt es auch beim

---

[1] KAHN, siehe bei METZNER: Zus. Darst. Nr 6, S. 413.
[2] STERN, FRÉDÉRICQ, siehe bei A. LOEWY: Zus. Darst. Nr 4, S. 16.
[3] KITTSTEINER: Zitiert auf S. 723 (S. 284).
[4] CRAMER: Arch. f. Hyg. **10**, 235/36 (1890).
[5] KITTSTEINER: Arch. f. Hyg. **73**, 283 (1911).
[6] SCHWENKENBECHER: Zus. Darst. Nr 10, S. 444.

Menschen, solch lokalen Schweiß hervorzurufen. Wenn man z. B. die Hand oder den Fuß in einen Heißluftkasten einführt und den betreffenden Körperteil 20—30 Minuten dem Einfluß der Wärme aussetzt[1], so wird er rot und feucht. Diese Feuchtigkeit ist, wie der Nachweis des Kochsalzes mit Sicherheit zu schließen gestattet, Schweiß. Bei mittlerer Kastentemperatur (30—40° C) schwitzt die der Erwärmung ausgesetzte Extremität allein, während der übrige Körper für die gewöhnliche Inspektion trocken bleibt. Bei höherer Temperatur und bei längerer Dauer des Versuches tritt am Orte der Erwärmung eine weitere Steigerung der Sekretion ein, gleichzeitig zeigt sich an der ganzen Körperhaut, wenn auch in geringerem Grade, Schweiß. Die verschiedenen Vorzugsstellen des Schwitzens verhalten sich dabei verschieden; bisweilen sieht man ein besonders deutliches Mitschwitzen des Hautgebietes der anderen Körperhälfte, das dem erwärmten Gebiete entspricht.

Noch besser als bei Erwärmung scheint man bei elektrischer Reizung solches symmetrisches Mitschwitzen beobachten zu können[2].

Bei örtlicher Einwirkung von heißer, trockener Luft zeigt die Schweißsekretion an dem erwärmten Körperteil ein Optimum bei 50—60° C, bei höherer Temperatur wird die Absonderung wieder geringer (RAUTENBERG[3]). Ja, übermäßige Erwärmung wirkt ebenso wie Abkühlung Das illustriert treffend der schöne Versuch LUCHSINGERS, den auch METZNER[4] zitiert: L. tauchte 10 Minuten lang die eine Hand in heißes Wasser (45—50° C), die andere in Wasser von kühler bzw. indifferenter Temperatur (15—30° C). Wenn L. nun danach durch Muskelanstrengung absichtlich einen allgemeinen Schweißausbruch hervorrief, so schwitzte er an der erhitzten Hand sehr viel später als an der anderen. Nach den bekannten heißen japanischen Vollbädern wird grundsätzlich das gleiche beobachtet. Dies Verhalten der Schweißabsonderung gegen örtliche *Hitze*einwirkung dürfte in erster Linie die Folge der durch Hitzereize veränderten Hautdurchblutung sein. Denn wie HAUFFE[5] kürzlich wieder hervorhob, wirken schroffe Hitze- und Kältereize in gleicher Weise, nämlich verengernd auf die Hautarterien. Auf diese aber kommt es bei der Schweißsekretion an und nicht lediglich auf die Weite der Capillaren.

Zur Erklärung der Beobachtung, daß starke Erhitzung örtlich weniger schweißtreibend wirkt als mildere Erwärmung, ist vielleicht auch folgende Erwägung heranzuziehen: Wie ALRUTZ[6] annimmt, kommt die Hitzeempfindung durch gleichzeitige Erregung von Wärme- und Kältenerven zustande. Man kann sich gut vorstellen, daß ein Reiz, der gleichzeitig beide einander gegensätzliche Arten von Nerven erregt, zur Auslösung eines reflektorischen Schweißes in der gereizten Körperregion weniger wirksam ist als ein Reiz, der die Wärmenerven allein erregt.

Außer den Wärmereizen, die die Haut treffen, können auch elektrische[7] und Schmerzreize örtliche Schweiße reflektorisch auslösen. Wahrscheinlich sind beide identisch. Da bei solchen Reizen auch die Psyche mit erregt wird, sind die hier in Betracht kommenden reflektorischen Vorgänge wohl stets kompliziert. Auch wenn nur am Orte der Reizung *sichtbar* geschwitzt wird, läßt sich doch meist eine allgemeine Steigerung der Hautwasserbildung nachweisen.

---

1 WÖRNER u. HEISE: Zbl. inn. Med. **40**, Nr 32 (1919).
2 ADAMKIEWICZ: Zus. Darst. Nr 1.
3 RAUTENBERG: Z. physik. u. diät. Ther. **8** (1904).
4 METZNER: Zus. Darst. Nr 6, S. 412.
5 HAUFFE: Physiologische Grundlagen der Hydrotherapie. Berlin: Fischers med. Buchhdlg. H. Kornfeld 1924.
6 ALRUTZ: Skand. Arch. Physiol. (Berl. u. Lpz.) **10**, 340 (1900).
7 Siehe hierüber die eingehenden Untersuchungen von ADAMKIEWICZ: Zus. Darst. Nr 1.

Gegenüber den mannigfachen Reizen, die eine gesteigerte Schweißabsonderung auslösen, stehen die Kältereize allein, indem ihnen normalerweise stets eine Einschränkung der Sekretion folgt. Allerdings bleiben die Schweißdrüsen trotz starker Abkühlung des Körpers auf Reize noch ansprechbar, wie Levy-Dorn an Katzen zeigte. Ebenso beobachtete Jürgensen[1] mit dem Hautmikroskope beim Menschen, daß auch bei kühler, völlig trockener Haut die Sekretion nie ganz aufhört.

Bei nervösen Menschen wurde dagegen öfter ein profuser, meist örtlich begrenzter Schweißausbruch bei Kälteeinwirkung konstatiert (Schlesinger[2], Kaposi[3], Marischler[4], Jürgensen[5]).

Zappert[6], der an einem Kinde einen solchen „paradoxen" Kälteschweiß beobachten konnte, berichtet sogar von einem periodischen Auftreten und Wiederverschwinden dieser merkwürdigen Störung.

Von der Schleimhaut des Mundes wird durch bestimmte scharf schmeckende Reizmittel (Senf, Pfeffer, Paprika, Essig) häufig Gesichtsschweiß ausgelöst. Wie interessant ist es nun, daß, wie Stary[7] mitteilt, die Geschmacksschärfe mancher Gewürze durch die Erregung von Wärmenervenenden entsteht. Da verstehen wir auf einmal ganz besonders gut den Schweißausbruch im Gefolge solcher Reize!

Ebenso schwitzen manche Menschen nach dem Geruch von Ammoniak an Stirn und Wangen; kohlensäurehaltige Getränke wirken oft ebenso von der Magenschleimhaut aus. Ja, ein Trunk kalten Wassers kann in heißen Sommertagen schlagartig — oft noch während des Trinkens — profusen Schweiß auslösen. L. R. Müller[8] meint, daß solches fast augenblickliche Eintreten von Schweiß durch die Kontraktion der glatten Muskelfasern erfolge, die in der Wand des Drüsenschlauches nachgewiesen sind[9]. Präformierter Schweiß werde also unter solchen Umständen ausgedrückt. Diese Annahme ist recht plausibel. Denn der Schweißausbruch beim Genuß kalten Wassers tritt nur ein, nachdem die Schweißdrüsen bereits vorher in erheblichem Grade tätig gewesen sind, und mit dem Auftreten dieses Schweißes ist häufig ein gewisser Kälteschauer verbunden, der durch gleichzeitige Reflexwirkungen auf die Haarbalgmuskeln zu erklären wäre.

Zu den reflektorisch ausgelösten örtlich beschränkten Schweißen gehören wahrscheinlich auch die, die bei Tätigkeit bestimmter Muskelgruppen auftreten und als eine Art von sekretorischer Mitbewegung[10] aufgefaßt worden sind. So das bekannte Gesichtsschwitzen beim Kauakt und das Auftreten lokalisierten Schweißes an anderen Hautpartien, die über tätigen Muskeln liegen.

Auch hierbei kann man an symmetrischen Hautstellen gleichzeitig Schweiß beobachten. So zeigt sich z. B. bei starker Muskeltätigkeit *einer* Hand meist an *beiden* Händen Schweiß. In ähnlicher Weise verhalten sich bekanntermaßen die Vasomotoren der Hände; auf thermische Reizung einer Hand reagieren die Blutgefäße beider Hände[11].

---

[1] Jürgensen: Dtsch. Arch. klin. Med. **144**, 193 (1924).
[2] Schlesinger: Festschr. f. Moritz Kaposi. Wien u. Leipzig: Braumüller 1900.
[3] Kaposi: Arch. f. Dermat. **40**.
[4] Marischler: Wien. klin. Wschr. **1899**, Nr 30.
[5] Jürgensen: Dtsch. Arch. klin. Med. **144**, 251 (1924).
[6] Zappert: Jb. Kinderheilk. **61**, 735 (1905).
[7] Stary: Arch. f. exper. Path. **105**, 76 (1925).
[8] Müller, L. R.: Zus. Darst. Nr 7, S. 387.
[9] Stöhr u. v. Möllendorff: Zus. Darst. Nr 11.
[10] Adamkiewicz: Zus. Darst. Nr 1, S. 16.
[11] Edwards u. Gentil siehe Adamkiewicz: Zus. Darst. Nr 1, S. 25.

Wie das Vasomotorenspiel der Hautgefäße ist auch die Schweißsekretion in ganz besonderem Maße vom Zustand der Psyche abhängig. Die Bedeutung gewisser Stimmungen, Empfindungen und Erregungen sind in dieser Beziehung allgemein bekannt. Angst, Scham, Verlegenheit, spannungsvolle Erwartung bedingen regelmäßig, bisweilen schon das Wachsein gegenüber dem Schlafen, eine nachweisbare Steigerung der Hautwasserabgabe[1]. Unsere diesbezüglichen Beobachtungen stimmen völlig mit den Ergebnissen TARCHANOFFS[2] überein, nach denen jede geringste Erregung die Tätigkeit der Hautdrüsen verändert. JÜRGENSEN[3] gelang es, diese psychisch bedingte Vermehrung der Schweißabsonderung mit Hilfe des Hautmikroskopes direkt zu demonstrieren.

Es gibt Menschen, die angeblich willkürlich schwitzen können. In Wirklichkeit handelt es sich dabei um eine durch Vorstellungen hervorgerufene Absonderung. Geradeso wie sich bei einzelnen unter der Vorstellung „Kälte“ eine Gänsehaut bildet[4], so geraten jene unter der Vorstellung „Wärme“ in Schweiß. Mit Recht vergleicht KREIDL[5] diese Erscheinung mit der psychogenen Sekretion des Magensaftes in den Experimenten PAWLOWS.

Wie alle dem vegetativen Nervensystem unterstehende Funktionen zeigt auch die Schweißsekretion große individuelle Differenzen. Diese möglichst genau zu kennen ist für die Beurteilung und Abgrenzung pathologischer Abweichungen erforderlich.

Verschiedene Menschen geraten, wie man zu sagen pflegt, verschieden leicht in Schweiß. Solche Unterschiede, denen zuweilen das Attribut des Krankhaften unzutreffenderweise beigelegt wird, sind, wenn man nur die verschiedenen, Bildung und Abgabe von Wärme beeinflussenden Momente gebührend berücksichtigt, oft leicht zu erklären (Unterschiede des Ernährungszustandes, der Körperübung, der Lebensweise, der Gewöhnung).

So besitzen z. B. nach den Untersuchungen von IGNATOWSKI[6] Menschen, die in warmen Räumen zu arbeiten pflegen (Badewärter), eine höhere Indifferenztemperatur als solche, die beständig im Freien tätig sind (Droschkenkutscher, Straßenhändler); mit anderen Worten: die Leute der ersten Gruppe haben ein größeres Wärmebedürfnis und sind auf ein höheres Luft- bzw. Hauttemperaturniveau eingestellt als die der zweiten. Solche individuelle Differenzen beobachten wir alltäglich, z. B. in gut geheizten Räumen, in erwärmten Eisenbahnabteilen usw. Sie haben natürlich Einfluß auf die gesamte Wärmeregulation und somit auch auf die Schweißsekretion.

Weiter kann man auch durch Übung das Schwitzvermögen steigern[7], die Erregbarkeitsschwelle der Schweißdrüsen herabsetzen. Wenn man das gleiche Schwitzverfahren bei demselben Patienten täglich in Anwendung bringt, so beobachtet man, wie die anfangs nur spärliche Absonderung von Tag zu Tag reichlicher wird und auch frühzeitiger sich einstellt. Abgesehen von einer gewissen Bahnung des Reflexes durch die häufige Auslösung spielen dabei wohl auch psychische Momente eine Rolle.

Bei täglich aufeinanderfolgenden Schwitzversuchen konnte dagegen KITTSTEINER[8] das umgekehrte Verhalten feststellen: die Absonderungsgeschwindigkeit nimmt beständig ab, weil eine allmähliche Gewöhnung der Versuchsperson an denselben Reiz eintritt. Dieser Widerspruch ist wohl nur scheinbar, zum Teil durch die verschiedene Art der Schwitzprozedur, zum Teil durch individuelle Momente zu erklären. Bei regelmäßiger Muskelübung wie beim Turnen, beim Bergsteigen wird anfangs mehr geschwitzt als später. MAGNUS-LEVY[9]

---

1 SCHWENKENBECHER: Zus. Darst. Nr 10, S. 459. — MOOG u. NAUCK: Z. exper. Med. **25**, 393 (1921).

2 TARCHANOFF: Pflügers Arch. **46**, 53 (1890).

3 JÜRGENSEN: Zitiert auf S. 726 (S. 251).

4 KOHLRAUSCH: Z. physik. u. diät. Ther. **25**, 485 (1921).

5 KREIDL: Zus. Darst. Nr 3, S. 193.

6 IGNATOWSKI: Arch. f. Hyg. **51**, 355 (1904).

7 GOLDSCHEIDER: Münch. med. Wschr. **1906**, 2557.

8 KITTSTEINER: Arch. f. Hyg. **78**, 285 (1913).

9 MAGNUS-LEVY: In v. Noordens Handb. d. Pathologie d. Stoffwechsels **1**, 432. Berlin: Aug. Hirschwald 1906.

glaubt auch hierin eine gewisse „Trainierung der Schweißdrüsen" zu erblicken. Die Sekretion setzt nach seiner Ansicht mit zunehmender Übung immer frühzeitiger ein, so daß eine Überwärmung des Körpers vermieden und die mit ihr zusammenhängende Produktion ganz profuser Schweißmengen verhindert wird. Das mag zutreffen, das Wichtigere aber für die Erklärung dieser Beobachtung dürfte die Tatsache sein, daß bei systematischer Körperübung die unzweckmäßige Bildung von überschüssiger Wärme allmählich immer geringer wird.

Auf solche Zusammenhänge, wie überhaupt auf die Beziehungen der Wärmeregulation zu Perspiration und Schweißsekretion, wird in einem späteren Abschnitt näher eingegangen werden.

III. Die Zusammensetzung des Schweißes.

Zusammenfassende Darstellungen.

1. DRECHSEL: Zusammensetzung des Schweißes. Hermanns Handb. d. Physiol. **5**, 543. Leipzig: Vogel 1883. — 2. JESIONEK: Biologie der gesunden und kranken Haut. Leipzig: Vogel 1916. — 3. KITTSTEINER: Arch. f. Hyg. **78** (1913). — 4. KREIDL: Physiologie der Haut. Mraceks Handb. d. Hautkrankheiten. Wien: Hölder 1902. — 5. METZNER: Die Chemie des Schweißes. Nagels Handb. d. Physiol. **2**. Braunschweig: Vieweg & Sohn 1907. — 6. ROEHRIG: Die Physiologie der Haut. Berlin: Hirschwald 1876. — 7. SCHWENKENBECHER: Krehl-Marchands Handb. d. allg. Path. **2** II, 428 (1913). — 8. TÖRÖK: Krankheiten der Schweißdrüsen. In Mraceks Handb. d. Hautkrankheiten. Wien: Hölder 1902.

Schon die zur Analyse des Schweißes erforderliche Sammlung desselben macht gewisse Schwierigkeiten. Denn es gelingt nie, das Sekret vollständig und rein zu erhalten. Vielmehr ist es stets mit Hauttalg, Epidermiszillen und deren Absonderungsprodukten, wie Hornfette usw., vermischt.

Auch weist der Schweiß verschiedener Körpergegenden anscheinend nicht die gleiche Zusammensetzung auf. So liefern z. B. die Achseldrüsen ein von dem der anderen Knäueldrüsen abweichendes Sekret, was ja bei dem verschiedenen histologischen Bau beider Drüsenarten nicht anders zu erwarten ist (vgl. oben S. 721).

Auch das zur Gewinnung des Sekretes angewandte Verfahren beeinflußt in entscheidendem Maße die Resultate. Arbeitsschweiß ist anders zusammengesetzt als Wärmeschweiß Vor allem muß man bei der Sammlung von Schweiß jede größere unkontrollierbare Wasserverdunstung vermeiden, was nicht immer leicht ist und keineswegs stets beobachtet wurde. Bei vergleichenden Studien ist stets dieselbe Schwitzprozedur zu wählen, denn mit der Intensität und Dauer des Schwitzens ändert sich auch die Zusammensetzung der ergossenen Flüssigkeit. Daß selbst dann noch durch allmähliche Gewöhnung an das betreffende Schwitzverfahren gewisse Fehlerquellen unvermeidlich sind, geht aus dem bereits S. 727 Angeführten hervor.

Durch Filtration des Schweißes erhält man eine wasserhelle, oft leicht opalescierende, salzig schmeckende Flüssigkeit.

Schon die Frage nach der normalen *Reaktion des Schweißes* ist noch ungeklärt. TRÜMPY und LUCHSINGER nahmen an, daß reiner menschlicher Schweiß nach vorhergehender sorgfältiger Säuberung der Haut stets alkalisch reagiere. Erst durch die Beimengung von aus dem Hauttalg stammenden Fettsäuren werde er sauer. Das scheint nach anderen, namentlich nach neueren Untersuchungen nicht zuzutreffen. Frisch sezernierter Schweiß ist bei starker Absonderung zuerst sauer, mit der Dauer der Sekretion nimmt die Acidität langsam ab, die Reaktion wird schließlich neutral und nach weiterer Zeit alkalisch (KITTSTEINER). Die Acidität des Schweißes ist zunächst um so größer, je lebhafter die Sekretionsgeschwindigkeit ist. Auch an den Handflächen ist bei profuser Absonderung der Schweiß sauer, obwohl doch hier Talgdrüsen fehlen. An verschiedenen Hautpartien ist die Acidität verschieden. Am sauersten soll der

Schweiß am Arme sein, weniger sauer im Bereich des Gesichtes, am Unterschenkel ist er fast konstant neutral (KITTSTEINER).

Die großen Differenzen in den Angaben der Autoren gestatten uns auch heute noch nicht ein abschließendes Urteil über diese Frage. Anscheinend ändert sich die Reaktion unter dem Einfluß der Sekretionsgröße und -dauer, sie hängt vielleicht auch mit der Art der Ernährung zusammen (Pflanzenfresser, z. B. Pferde, liefern ein alkalisches Sekret). Dazu kommt noch, daß das von der Haut gesammelte Sekret eben ein Gemisch und nie reiner Schweiß ist.

Wahrscheinlich wird die Schweißreaktion auch durch Krankheiten beeinflußt. So soll beim Schweißfriesel, auch beim Gelenkrheumatismus und anderen Fieberkrankheiten ein besonders saurer Schweiß abgesondert werden. Wenigstens sprechen die alten Ärzte von dem unangenehm sauern Geruch dieser Schweiße. Daß dieser Geruch erst durch gewisse bakterielle Zersetzungen der Hautsekrete hervorgerufen wird, ist ein naheliegender Einwand.

TALBERT[1] bestimmte in zahlreichen Untersuchungen die Wasserstoffzahl des Schweißes. Danach war die Reaktion des Schweißes stets sauer; der Wasserstoffexponent betrug im Mittel 5,5. Einen Unterschied zwischen Hitze- und Arbeitsschweiß konnte er nicht feststellen. Der von verschiedenen Körpergegenden stammende Schweiß zeigte nur geringe Differenzen in der Reaktion; eine erhöhte Acidität zeigte das Sekret der bedeckten Körperteile gegenüber den unbedeckten. Da der Kohlensäuregehalt des Schweißes sich als zu gering erwies, nimmt TALBERT an, daß flüchtige organische Säuren es sind, deren festeres Haften an den bedeckten Körperteilen diesen Unterschied bedingt.

Die saure Reaktion wird in erster Linie auf die Anwesenheit von Milchsäure zurückgeführt. Andere Säuren, wie Ameisensäure, Essigsäure, Buttersäure, Propion-, Capron- und Caprylsäure, stammen wahrscheinlich aus zersetztem Hauttalg (KREIDL[2]).

Der Schweiß ist eine sehr schwach konzentrierte Flüssigkeit von dem *spezifischen Gewicht* 1001—1006. Höhere Werte bis 1010 werden nur selten erreicht. Das Sekret enthält etwa 99% Wasser und nur 1% Trockensubstanz. Bei spärlicher Absonderung ist der Prozentgehalt an festen Bestandteilen oft noch geringer, bei profuser Sekretion erreicht dieser etwa die genannte Größe, bei längerer Dauer des Schwitzens nimmt er wieder ab. Das gleiche Verhalten kennen wir auch bei anderen Sekreten, z. B. beim Speichel.

Daß die Art des Schwitzverfahrens einen wesentlichen Einfluß auf die Zusammensetzung des Sekretes ausübt, wurde schon erwähnt. Die niedrigsten Konzentrationen beobachtete man im allgemeinen Dampfbade (CAMERER), während im heißen Lokalbade ein hohes spezifisches Gewicht (bis 1010) festgestellt wurde (KITTSTEINER). Der Arbeitsschweiß ist im ganzen reicher an festen Bestandteilen als der Wärmeschweiß, nicht nur beim Pferde[3], sondern wohl auch beim Menschen (vgl. S. 731). Spärlicher, konzentrierter Schweiß tritt bisweilen im Gefolge bestimmter seelischer Erregungen, z. B. der Angst, auf, ebenso bei Ohnmacht und vor dem Tode. Wenigstens zeigt in solchen Fällen das Sekret häufig eine auffallend klebrige Beschaffenheit.

Über Veränderungen des spezifischen Gewichtes im Verlaufe und unter dem Einflusse von Krankheiten wissen wir nur wenig Sicheres. Es ist bisweilen erhöht bei Nephritiden, namentlich solchen mit urämischen Erscheinungen. Auch beim akuten und chronischen Gelenkrheumatismus ist das gleiche beobachtet worden.

---

1 TALBERT: Amer. J. Physiol. **61**, 493 (1922).
2 KREIDL: Zus. Darst. Nr 4, S. 189.
3 PUGLIESE: Zitiert nach Zbl. Physiol. **27**, 350 (1913).

Die molekulare Konzentration des Schweißes ist ebenfalls sehr wechselnd. Im Mittel beträgt $\delta = -0{,}32°$ C beim Gesunden. Dieser Wert ist ganz von dem Kochsalzgehalt des Schweißes abhängig, der fast die Hälfte der gesamten Trockensubstanz ausmacht. Der osmotische Druck des Schweißes ist, wie man sieht, erheblich geringer als der des Blutserums. Somit muß es infolge intensiveren Schwitzens zu einer vorübergehenden, sich allerdings bald ausgleichenden Anhäufung osmotisch wirksamer Bestandteile im Blute kommen[1].

Unter den *Aschebestandteilen* des Schweißes spielt das *Kochsalz* die wichtigste Rolle. Was über die Konzentration des Schweißes gesagt, trifft im allgemeinen auch für den Kochsalzgehalt des Schweißes zu: mit zunehmender Sekretionsgeschwindigkeit steigt der Prozentgehalt des Schweißes an Kochsalz zunächst an, um bei längerer Dauer des Schwitzens allmählich abzunehmen. Der NaCl-Gehalt des Schweißes ist meist zu hoch taxiert worden, da die Mehrzahl der Forscher zur Gewinnung großer Sekretmengen eine möglichst intensive Absonderung hervorrief. Kittsteiner[2], der diese Verhältnisse berücksichtigte, fand nur 0,13% NaCl im Mittel beim Gesunden. Nicht nur von der Sekretionsgeschwindigkeit und -dauer hängt der Salzgehalt des Schweißes ab, sondern auch ganz wesentlich von der Durchblutungsgröße der Knäueldrüsen, von der Höhe der Hauttemperatur. Deshalb finden wir bei heißen Lokalbädern höhere Salzmengen als im warmen Vollbad. Aus dem gleichen Grunde ist der Schweiß über bedeckten Hautstellen salzreicher als über unbedeckten, auch steigert starke Sonnenbestrahlung neben der N-Ausscheidung auch den Cl-Gehalt des Schweißes. So sieht man besonders oft im Wüstenklima mit seiner gewaltigen Sonnenwirkung und seiner großen Lufttrockenheit, daß der stark sezernierte und schnell verdunstende Schweiß eine feine Salzkruste auf der Haut hinterläßt. Die Salzausscheidung im Schweiße steht gesondert unter der Herrschaft des Zentralnervensystems. Nach Kittsteiner[3] handelt es sich bei den salzreichen Schweißen um eine Umstellung des gewöhnlichen Sekretionsmodus, die unter bestimmten Bedingungen einsetzt. Nach den gleichen Erfahrungen bezüglich der Salzausscheidung durch die Nieren (Salzstich!) und nach den Untersuchungen Holmgrens, die an den Schweißdrüsen verschiedene Sekretionsabschnitte aufdeckten, erscheint uns das auch plausibel.

Der Einfluß der Ernährung auf den Cl-Gehalt des Schweißes ist gering. Einmalige brüske Kochsalzzulagen zur Kost wirken meist diuretisch und vermindern dadurch Wasser- und Chlorabscheidung durch die Haut. Wird aber durch anhaltend kochsalzreiche Ernährung der Cl-Bestand des Körpers erhöht, so wird auch das Hautsekret etwas Cl-reicher[4]. In Krankheiten hat man wiederholt eine Vermehrung des Kochsalzes im Schweiße festgestellt. So fand Strauss[5] bei einigen Nierenkranken 0,41% NaCl gegen 0,29% bei Gesunden. In Übereinstimmung mit Strauss[5] und Harnack[6], die einen abnorm tiefen Gefrierpunkt des Schweißes bei Rheumatikern beobachteten, konstatierte Loofs[7] in 2 Versuchen an einem Kranken mit Lumbago, daß dieser innerhalb 24 Stunden die 3—4fache Cl-Menge des Gesunden durch die Haut ausschied.

Die Kochsalzausscheidung durch die Haut[8], die man durch das Auswaschen Cl-freier Bett- und Leibwäsche und Analyse des Waschwassers bestimmen kann,

---

[1] Harnack: Fortschr. Med. **11**, 91 (1893).
[2] Kittsteiner: Zus. Darst. Nr 3, S. 313. [3] Kittsteiner: Zus. Darst. Nr 3.
[4] Schwenkenbecher u. Spitta: Arch. f. exper. Path. **56**, 291 (1907). — Klee: Inaug.-Dissert. Marburg 1909.
[5] Strauss: Dtsch. med. Wschr. **1904**, 1236.
[6] Harnack: Fortschr. Med. **1893**, H. 3.
[7] Loofs: Dtsch. Arch. klin. Med. **103** (1911).
[8] Diese und die folgenden Angaben siehe bei Schwenkenbecher u. Spitta: l. c.

schwankt beim ruhenden Gesunden zwischen 0,27 g und 0,40 g NaCl für 24 Stunden. Im Mittel beträgt sie 0,33 g. Gesunde Menschen, die aus „individuellen“ bzw. „konstitutionellen“ Gründen mehr als andere schwitzen, scheiden auch mehr Kochsalz aus. Meist handelt es sich um übererregbare, nervöse Personen. Die Tagesquantität an NaCl beträgt bei solchen Menschen etwa 0,6 g. Bei Krankheiten, die wie der Morbus Basedowii, die Arthritis rheumatica, vorgeschrittene Tuberkulosen, mit profusen Schweißen einhergehen, überschreitet dennoch die tägliche Kochsalzausscheidung nie die Höhe von 1 g, sie schwankt meist zwischen 0,6 und 0,9 g. Hochfiebernde Typhuskranke schieden normale NaCl-Mengen (0,33 g pro die) durch die Haut aus.

In 2 Fällen konnte der Chloridverlust durch die Haut während einer kritischen Entfieberung bestimmt werden: Bei dem einen Patienten bestand eine mittelschwere croupöse Pneumonie, die am 7. Krankheitstage kritisch entfieberte. Am 6., 7. und 9. Tage konnte die Salzausscheidung ermittelt werden. Am 6. und 9. Tage betrug dieselbe je 0,49 g (gegenüber 0,33 in der Norm), am Tage der Krise trotz profusester Schweißabsonderung nur wenig mehr, nämlich 0,64 g. Ein ganz ähnliches Ergebnis zeigte die Untersuchung eines Scharlachkranken, der am 6. Krankheitstage kritisch entfieberte. Am 5. Tage wurden 0,31 g, am 6. Tage, dem der Krise, 0,60 g, am 7. Tage bei normaler Temperatur 0,42 g gefunden. Der Kochsalzverlust bei kritischer Entfieberung ist dennoch auffallend gering. Diese profusen Schweiße müssen sehr chlorarm sein!

Außer Chlor, Natrium sind noch in Spuren Phosphorsäure, Schwefelsäure, Kalium, Calcium und Magnesium in der Asche des Schweißes nachweisbar. Kittsteiner fand in 100 g Schweiß 8 mg Schwefelsäure.

Im normalen Schweiße sind etwa 0,3—0,5% *organische Substanzen*, deren Hälfte aus *Harnstoff* besteht. In 100 g des Sekrets ist etwa 0,1 g *Stickstoff*, in maximo 0,185 g (Strauss). Kittsteiner gibt einen niedrigeren Mittelwert von 0,05 g N an, ebenso Camerer.

Bei stark schwankender Konzentration des Schweißes gehen im allgemeinen Stickstoff- und Kochsalzgehalt einander parallel, bei länger dauernder Absonderung sinken, wie die Cl- so auch die N-Zahlen erheblich ab. Auch der N-Gehalt ist im heißen Teilbad höher als im Vollbad, wie das bereits für die NaCl-Ausscheidung erwähnt wurde.

Bei starker Muskelarbeit wird der Schweiß stickstoffreicher[1]. Das gleiche geschieht unter dem Einfluß starker Besonnung[2]. Eine Abhängigkeit von dem N-Gehalt der Nahrung konnte nicht festgestellt werden[3]. Die Stickstoffmengen, welche in 24 Stunden durch die Haut des Gesunden bei Bettruhe treten, betragen nach eigenen Untersuchungen durchschnittlich 0,38 g[4]. Cramer[5] fand bei mäßiger Körperbewegung 0,067—1,01 g, Argutinsky[6] nach einem größeren Spaziergang 0,759 g.

Nach Eijkman[7] verlieren die Bewohner von Java bei leichter Arbeit pro Tag etwa $1-1^1/_2$ g N mit dem Schweiße.

In allen Krankheiten, in denen es zu einer Aufspeicherung von N-haltigen Substanzen im Körper kommt, also vorwiegend bei Nierenkrankheiten mit urämischen Symptomen, finden wir eine mehr oder weniger erhebliche Erhöhung des prozentualen N-Gehaltes im Schweiße. Strauss beobachtete Werte bis zu 0,280%, Kövesy und Roth-Schulz sogar bis zu 0,45%.

---

[1] Durig, Neuberg u. Zuntz: Biochem. Z. **72**, 253 (1916).
[2] Durig, Neuberg u. Zuntz l. c., ferner Kittsteiner: Dtsch. med. Wschr. **1916**, 199.
[3] Berry: Biochem. Z. **72**, 285 (1916).
[4] Schwenkenbecher u. Spitta: Zitiert auf S. 730 (S. 297).
[5] Cramer: Arch. f. Hyg. **10**, 267 (1890).
[6] Argutinsky: Pflügers Arch. **46**, 594 (1890).
[7] Eijkman: Virchows Arch. **131**, 168 (1893).

Bisweilen können solche Schweiße so reichlich Harnstoff enthalten, daß dieser als Krystallniederschlag nach Verdunstung der Feuchtigkeit auf der Haut zurückbleibt. Die Haut solcher Kranken bekommt, namentlich infolge bakterieller Umsetzung des Harnstoffes in Ammoniak, einen charakteristisch urinösen Geruch; die alten Ärzte sprechen deshalb von Harnschweißen, den Sudores urinae.

Das Auftreten dieser Harnschweiße bei Niereninsuffizienz hat bis in unsere Tage die Anschauung erhalten, daß die Schweißdrüsen die Aufgabe und die Fähigkeit hätten, für die erkrankten Nieren funktionell einzutreten. Am häufigsten hat man über das Auftreten solcher harnstoffreichen Schweiße bei der Cholera berichtet, ferner sah man sie bei urämischen Zuständen, bisweilen auch im Terminalstadium der progressiven Paralyse.

Diesen Schweißen folgte meist bald der tödliche Ausgang, weshalb sie als Signum mali ominis galten, sie sind nichts anderes als Todesschweiße von Kranken, deren Körper mit harnfähigen Substanzen überladen ist.

Die Auffassung der Harnschweiße als Ausdruck einer vikariierenden Hauttätigkeit ist somit nicht gestattet. Dieser Harnstoffreichtum im Schweiße mancher Nierenkranker bedeutet auch nicht einmal immer eine erhöhte Elimination dieser Substanz aus dem Organismus. Denn bei den meisten Nierenleiden, namentlich bei der Schrumpfniere, ist die Schweißsekretion in der Regel beträchtlich vermindert, so daß die tägliche Gesamtausscheidung von Haut-N trotz erhöhter Konzentration desselben im Schweiße nicht die normale Größe übertrifft. Das konnte LOOFS durch Experimente beweisen, die er auf meine Veranlassung an 12 Nierenkranken vornahm.

Die Tatsache, daß die Schwitzprozeduren von alters her in der Therapie der Nierenkranken sich einer gewissen Beliebtheit erfreuen, legt die Frage nahe, ob es nicht möglich ist, durch geeignete Maßnahmen die Hauttätigkeit so erheblich zu steigern, daß die versagenden Harnorgane, namentlich bezüglich der N-Ausfuhr, erfolgreich entlastet werden.

Dem ist nicht so. Nach VON NOORDENS und auch nach eigenen Erfahrungen gelingt es selten, mehr als 1 g N durch eine Schwitzprozedur aus dem Körper von Nierenkranken zu entfernen. Die Bedeutung der Schwitzkuren bei Nierenkrankheiten muß deshalb, wenn ihr praktischer Nutzen wirklich sicher steht, in anderer Richtung zu suchen sein.

Über den Anteil, den die verschiedenen stickstoffhaltigen Stoffwechselprodukte am Gesamtstickstoff des Schweißes haben, wissen wir nichts Zuverlässiges. Normalerweise fallen etwa $^{2}/_{3}$—$^{3}/_{4}$ des ausgeschiedenen Stickstoffes auf den Harnstoff.

Eiweiß scheint ein konstanter Bestandteil des Pferdeschweißes zu sein. Im Hautsekret des Menschen ist es auch wiederholt festgestellt worden, doch selten und dann nur in Spuren, die vielleicht nicht einmal aus den Knäueldrüsen, sondern aus macerierten Epidermiszellen herrühren.

Ammoniak galt früher als gasförmiges Produkt der Hautatmung, das beständig im Schweiße angetroffen würde. Neuere Untersuchungen fehlen. Wahrscheinlich entsteht Ammoniak zum größten Teile erst nachträglich auf der Haut durch bakterielle Zerlegung des Harnstoffes.

Harnsäure ist im normalen Schweiß wiederholt festgestellt worden (CAMERER). Bei Gichtkranken soll sie vermehrt[1] oder auch normal[2] sein. ALDER[3] hat mit Hilfe einer von HERZFELD und HAGGENMACHER ausgearbeiteten colorimetrischen

[1] TISCHBORNE, zit. nach SCHWENKENBECHER: Zus. Darst. Nr 7.
[2] MARTINI u. UBALDINI: Virchow-Hirschs Jb. **1866** II, 267.
[3] ALDER: Dtsch. Arch. klin. Med. **119**, 548 (1916).

Methode das Vorkommen von Harnsäure im Schweiße nachgeprüft und diese nie vermißt. Er fand durchschnittlich 0,1 mg U in 1 ccm Schweiß. Nucleinnahrung führt nach seinen Untersuchungen zur vermehrten Harnsäureausscheidung, wie durch die Nieren, so auch durch die Hautdrüsen.

Meine Bedenken gegen die von ALDER angewandte Methode haben durch die Untersuchungen von K. VOIT[1] volle Bestätigung gefunden. Weist doch das von dem erstgenannten Forscher benutzte FOLIN-DENISsche Reagens außer Harnsäure auch Phenole nach, die ebenfalls im Schweiße vorkommen. Mit den üblichen Methoden gelingt es im allgemeinen nicht, Harnsäure aus dem Schweiße darzustellen, doch scheinen Versuche mit dem MORRISschen Verfahren dafür zu sprechen, daß tatsächlich geringe Mengen von U im Hautsekrete vorkommen (etwa 0,3 mg%).

Kreatinin wird ferner als konstanter Bestandteil des Schweißes genannt, wahrscheinlich spielt seine Anwesenheit neben der des *Cholin* eine interessante Rolle bei der sog. Giftigkeit des Schweißes (s. S. 734).

Unter den N-haltigen Substanzen des Schweißes fanden EMBDEN und TACHAU regelmäßig auch *Aminosäuren*. Von ihnen konnten sie das *Serin* isolieren.

KAST berichtete über das Auftreten von aromatischen Fäulnisprodukten. (Über Indigoschweiße s. diese Seite weiter unten.)

Die Fette, Lipoide und Fettsäuren, die man meist nur in Spuren im Schweiß nachweisen kann, sind wohl hauptsächlich auf die Beimischung von Hauttalg zurückzuführen. Der sog. „Fettschweiß", der besonders für die schwarzen Menschenrassen charakteristisch ist, beruht meist auf einer gleichzeitigen Steigerung von Schweiß- und Talgsekretion. Wir sehen dieselbe Kombination nicht selten bei nervösen Kranken, z. B. bei Patienten mit Morbus Basedow.

Ob und unter welchen Umständen sich auch die Knäueldrüsen an der Absonderung fettartiger Substanzen beteiligen, ist noch nicht endgültig geklärt (s. S. 715).

Sowohl im Schweiße der Gesunden wie namentlich in dem von schwerkranken Diabetikern ist oft *Aceton* nachgewiesen worden. Meist handelt es sich nur um recht kleine Mengen, wenigstens im Vergleich zu denjenigen, die durch den Urin und durch die Atmung ausgeschieden werden. *Acetessigsäure* konnte mit Hilfe der GERHARDTschen Eisenchloridprobe nie ermittelt werden.

Auch *Zucker* soll bei schwerkranken Diabetikern in den Schweiß übergehen. Diese ältere Angabe konnte von uns nicht bestätigt werden.

Gallenfarbstoff tritt bei Ikterus beträchtlicheren Grades auch in den Schweiß über.

Blutige Schweiße sind bei Menschen und Tieren wiederholt beschrieben worden. In solchen Fällen handelt es sich um Blutungen in die Schweißdrüsen infolge einer hämorrhagischen Diathese, bei Skorbut bzw. schweren Infektionskrankheiten (Sepsis). Eine hämorrhagische Entzündung der Knäueldrüsen wurde dabei nie beobachtet.

Sehr selten sind *gefärbte Schweiße*, d. h. Schweiße, die auf der Haut und in der Wäsche farbige Flecken hinterlassen (Chromhidrosis[2]).

Dunkele, blaue oder schwarze Schweiße, die auf der Ausscheidung von Indigo, Pyocyanin oder Ferrophosphat beruhen sollen, sieht man am häufigsten an den Augenlidern, seltener auf Hals, Brust oder Leib lokalisiert. Auch von roten und gelben Schweißen wird berichtet.

Die gelbe Farbe mancher Achselschweiße kann durch den Gehalt an abgestoßenen, mit eigengefärbten Körnchen beladenen Drüsenzellen bedingt sein

[1] VOIT, K.: Arch. f. exper. Path. **116**, 321 (1926).
[2] TÖRÖK: Zus.-Darst. Nr 8, S. 404.

(vgl. S. 722). Das ist aber sicher die seltene Ausnahme. Meist handelt es sich nicht um farbige Schweiße im eigentlichen Sinne, sondern darum, daß die Haare der Achselhöhle von Farbstoff produzierenden Mikroorganismen befallen sind (Trichomycosis palmellina[1]). — Diese bilden an den Achselhaaren einen rotgelben oder auch schwefelgelben, reifähnlichen Überzug. Der Farbstoff teilt sich dann dem Schweiße mit und verursacht entsprechend gefärbte Flecke in der Wäsche. Den Herren NEISSER und BRAUN vom hygienischen Institut in Frankfurt a. M. verdanke ich eine größere Anzahl bakteriologischer Untersuchungen solcher „bereifter" Achselhaare. Es gelang, ihnen Saprophyten aus der Gruppe des Bacillus prodigiosus und aus der Gruppe der Sarcinen nachzuweisen. Erstere produzierten einen rosaroten, letztere einen rötlichgelben, häufiger einen schön citronengelben Farbstoff.

Unter *Osmidrosis* versteht man die Eigenschaft des Hautsekretes einen stark stechenden Schweißgeruch von sich zu geben. Dieser wird durch den vermehrten Gehalt des Schweißes an Fettsäuren bedingt. Deshalb verbreitet auch der Fettschweiß der dunkeln Rassen einen besonders unangenehmen Eigengeruch. In unseren Gegenden handelt es sich meist um brünette Mädchen und Frauen, deren Achseldrüsen abnorm große Schweißmengen produzieren, um eine lokale Hidrorrhöe. Das Sekret durchnäßt Wäsche und Kleider und konserviert hier einen lästigen, säuerlichen Schweißgeruch[2].

Der üble Geruch der sog. Schweißfüße (*Bromidrosis*) entsteht durch bakterielle Beeinflussung eines überreichlich gelieferten Hautsekretgemisches, bei dem flüchtige, fötide Zersetzungsprodukte frei werden.

Über die sog. „*Giftigkeit des Schweißes* existiert eine große, namentlich ausländische Literatur. Während nach den Experimenten von QUEIROLO und BRIEGER filtrierter und sterilisierter Schweiß gesunder Menschen bei Injektion in den Kreislauf eines Kaninchens nicht toxisch wirkt, soll das der von bestimmten, z. B. von Infektionskranken stammende Schweiß tun. Nach den Angaben anderer Autoren (ARLOING) zeigt aber auch der Schweiß Gesunder unter Umständen giftige Eigenschaften[3]. Bei den großen Schwankungen, die die chemische Zusammensetzung des Hautsekretes aufweist und der unkontrollierbaren Verunreinigung desselben durch alle auf der Haut befindlichen Substanzen wäre mit den widersprechenden Ergebnissen solcher Versuche überhaupt nichts anzufangen, wenn nicht durch neuere Untersuchungen über die „Giftigkeit" des Schweißes menstruierender Frauen das ganze Kapitel von einer anderen Seite her betrachtet, unser Interesse aufs Neue fesselte. „Zu allen Zeiten, bei allen Völkern wurde an die „Giftigkeit" der Menstruierenden geglaubt, Landwirtschaft, Gärtnereien, Katgut- und Konservenfabriken, Kellereien trugen ihr praktisch Rechnung. Nur die offizielle Wissenschaft verhielt sich diesem Mystizismus gegenüber schweigend" (POLANO und DIETL[4]). SCHICK[5] gebührt das Verdienst, als erster das experimentelle Studium dieses Kapitels aufgenommen zu haben. Er konnte einwandfrei demonstrieren, wie das Hautsekret einzelner Frauen zur Zeit der Menses, namentlich in deren ersten Tagen, bestimmte Wirkungen erkennen läßt. So verwelken Blumen, die die betreffende Versuchsperson eine halbe Stunde in den Händen getragen, so erfährt der Gärungsprozeß bei Anwesenheit von Menstruationsschweiß in seinem Ablauf gewisse Änderungen.

[1] JESIONEK: Zus. Darst. Nr 2, S. 198.

[2] Nicht ohne Interesse ist es, daß diese übermäßige Sekretion der Achseldrüsen in manchen Familien gehäuft auftritt und sich durch Generationen verfolgen läßt. (JESIONEK: Zus. Darst. Nr 2, S. 134.)

[3] Vgl. auch den alten Versuch von RÖHRIG: Zus. Darst. Nr 6, S. 70.

[4] POLANO u. DIETL: Münch. med. Wschr. **1924**, 1385.

[5] SCHICK: Wien. klin. Wschr. **1920**, Nr 19.

Dies „Menotoxin“ erwies sich als koktostabil und wurde außer im Schweiß auch im Blutplasma nachgewiesen.

SIEBURG und PATZSCHKE[1] untersuchten den Menstruationsschweiß mit exakter pharmakologischer Methodik und fanden eine Substanz vor, die normaliter sich in den ersten Menstruationstagen um das 80—100fache vermehrt zeigte, und die sie als Cholin ansprachen. Ob nun aber das Cholin wirklich identisch mit dem SCHICKschen Menotoxin ist, mußte einstweilen unentschieden bleiben, da ein Einfluß reinen Cholins auf blühende Blumen bzw. die Hefegärung gar nicht oder doch wesentlich geringer zutage trat. POLANO und DIETL, die diese Versuche wiederholten und erweiterten, nehmen deshalb an, daß im Hautsekret der Menstruierenden noch andere, gleichartig bzw. erhöht wirksame Stoffe vorhanden sein müssen, sie denken dabei an Kreatinin und Kreatin. Die beiden Autoren kommen zu dem Schluß, daß die merkwürdigen Eigenschaften des Menstruationsschweißes auf einer vermehrten Absonderung bestimmter Stoffwechselprodukte beruhen, die stets, auch im Intermenstruum durch die Haut ausgeschieden werden. Der Umstand, daß diese verschiedenen Stoffe nicht immer gleichzeitig in genügend wirksamen Mengen im Schweiße der Menstruierenden vorhanden sind, erklärt zur Genüge die erheblichen individuellen Differenzen und die Inkonstanz der ganzen Erscheinung.

Ob bei Infektionskranken spezifische Substanzen, wie z. B. bei schwer Tuberkulösen das Tuberkulin in den Schweiß übergehen kann, ist wohl noch nicht bewiesen, wenn auch SALTER[2] dies aus seinen Versuchen schloß. Agglutinine fehlen stets im Schweiß. Ebenso ist auch die Wassermannsche Syphilisreaktion stets negativ. Beides ist bei der Eiweißarmut des Schweißes eigentlich selbstverständlich.

Die Absonderung des Schweißes hat für die Haut die Bedeutung mechanischer Reinigung und Reinhaltung. Außerdem kommt dem Sekrete eine gewisse bactericide, fäulniswidrige Wirkung zu. Vielleicht erfährt diese Eigenschaft des Schweißes in bestimmten pathologischen Zuständen eine Abschwächung, so daß dann Mikroorganismen besser gedeihen. Ich denke da z. B. an die Pityriasis versicolor als Begleiterin der Lungentuberkulose.

In einer Reihe von Arbeiten[3] hat man Untersuchungen darüber angestellt, ob Bakterien, die im Blute zirkulieren, durch die Schweißdrüsen, etwa so wie durch die Nieren, zur Ausscheidung gelangen. Die Frage ist *im allgemeinen* zu verneinen. Abgesehen von seltenen Ausnahmen, bei denen es meist zu entzündlichen Prozessen in der Umgebung der Drüsencapillaren kommt, gehen Krankheitserreger aus dem Kreislaufe nicht in den Schweiß über. Die in ihm vorhandenen Keime sind so gut wie ausschließlich die auf der Haut lebenden Mikroorganismen.

IV. Schweißsekretion und Perspiration.

Zusammfassende Darstellungen.

1. CRAMER: Arch. f. Hyg. **10** (1890). — 2. JESIONEK: Biologie der gesunden und kranken Haut. Leipzig: Vogel 1916. — 3. JÜRGENSEN: Dtsch. Arch. klin. Med. **144** (1924). — 4. LOEWY: Biochem. Z. **67** (1914). — 5. LOEWY-WECHSELMANN: Virchows Arch. **206** (1911). — 6. RÖHRIG: Die Physiologie der Haut. Berlin: Hirschwald 1876. — 7. RUBNER: Arch. f. Hyg. **11** (1890). — 8. SCHWENKENBECHER: Über Perspiration und Schweißabsonderung beim Menschen. Sitzgsber. Ges. Naturwiss. Marburg **1925**.

Die Vorstellung, daß die Schweißsekretion ein diskontinuierlicher Vorgang sei, daß die Knäueldrüsen unter gewöhnlichen Bedingungen völlig ruhen und

[1] SIEBURG u. PATZSCHKE: Z. exper. Med. **36**, 324 (1923).
[2] Zus. Darst. Nr 7. [3] Zus. Darst. Nr 4, S. 387; Nr. 7, S 404.

erst auf bestimmte Reize hin in Aktion treten, trifft in dieser extremen Form nicht zu.

Wie wir aus der Arbeit Cramers[1] und aus zahlreichen spätern Untersuchungen wissen[2], verlassen ständig geringe Mengen von Kochsalz und Stickstoff den Körper durch die Haut. Und nichts spricht dagegen, daß die Ausscheidung dieser für den Schweiß charakteristischen Bestandteile durch die Knäueldrüsen erfolgt. Auch bei völliger Körperruhe und gewöhnlichen Umgebungsbedingungen werden diese Substanzen konstant in Leib- und Bettwäsche ermittelt, vorausgesetzt, daß man längere Versuchszeiten (24 Stunden) einhält. Es muß also ständig eine gewisse Menge von Schweiß abgesondert werden.

Zur gleichen Schlußfolgerung gelangte kürzlich Jürgensen[3] unter Zuhilfenahme der Hautmikroskopie. Nach seinen Beobachtungen sind die Schweißdrüsen — bei trockener, kühler Haut in allerdings geringer Anzahl und in geringer Intensität — immer in Tätigkeit. An den einzelnen Schweißporen sieht man Zeiten der Sekretion mit solchen der Erholung wechseln. Die einzelne Drüse ist also temporär tätig; dadurch aber, daß die verschiedenen Drüsen einander ablösen, wird die Schweißabsonderung zu einem kontinuierlichen Vorgang. Der sog. Schweißausbruch bedeutet nicht den Beginn der Sekretion, sondern nur den mehr oder weniger plötzlichen Eintritt einer beträchtlichen Verstärkung derselben. Die Schweißsekretion ist an der „unmerklichen“ Hautwasserabgabe stets beteiligt, und die alte Unterscheidung zwischen insensibler Wasserabgabe gleich Perspiration und sensibler Wasserabgabe gleich Sudor ist zwar bequem, aber nicht zutreffend.

Es fragt sich deshalb zunächst: Ist etwa die gesamte Hautwasserbildung (600—700 g pro die) auf eine zumeist insensible Schweißabsonderung zurückzuführen?

Daß neben ihr kleine Mengen von Wasser durch die Epidermis direkt verdunsten, wird niemand in Abrede stellen, denn der Schutz gegen Feuchtigkeitsverluste, den im allgemeinen die Oberhaut mit ihrer Fettimprägnation, mit ihrem Horn- und Talgüberzug gewährleistet, dürfte nicht einem hermetischen Abschluß gleichkommen.

Bei der hygroskopischen Beschaffenheit der Epidermisschuppen und der Haare nehmen diese stets Wasser aus feuchter Umgebung auf und geben bei warmer, trockener, bewegter Luft ihre Feuchtigkeit wieder ab. So trockenen die obersten Hautlamellen im Wüstenklima aus, sie werden brüchig und schilfern ab. Aber diese Wassermengen, die unabhängig von jeder Lebensäußerung des Organismus, d. h. unabhängig von einem Sekretionsvorgang und unabhängig von der Blutdurchströmung der Haut, durch diese den Körper verlassen, sind unter gewöhnlichen Bedingungen äußerst klein. So konnte Erismann[4] feststellen, daß nur etwa 40 g Wasser durch die Haut einer ganzen Leiche in 24 Stunden verdunsten. Und dazu muß dieser Flüssigkeitsverlust noch zum Teil als Nachwirkung einer agonalen Schweißsekretion und auch als Folge der schnell nach dem Tode in der Haut, namentlich in den Knäueldrüsen, eintretenden Fäulnis gedeutet werden (Köllicker)[5]. Diese Feuchtigkeitsspuren, die durch die Oberhaut, trotz aller Abdichtungseinrichtungen entweichen, spielen also quantitativ kaum eine Rolle.

Gibt es nun noch eine weitere, bedeutsamere Quelle des Hautwassers? Dafür spricht in der Tat eine Reihe von Beobachtungen: So geben Patienten

[1] Cramer: Zus. Darst. Nr 1.
[2] Schwenkenbecher: Klin. Wschr. **1925**, 203.
[3] Jürgensen: Zus. Darst. Nr 3, S. 193. [4] Erismann: Z. Biol. **11**, 24 (1875).
[5] Köllicker, zit. nach Veil: Dtsch. Arch. klin. Med. **103**, 608 (1911).

mit ektodermalen Entwicklungsstörungen trotz des Unvermögens zu schwitzen, nicht unbeträchtliche Wassermengen durch die Haut ab (LOEWY und WECHSELMANN[1]). Über starken Hautödemen stellen die Schweißdrüsen zuweilen ihre Tätigkeit ein (JÜRGENSEN[2]), trotzdem hört die Wasserverdampfung nicht auf, wenn sie auch nachläßt.

Nach Atropininjektion bleibt der psychogalvanische Reflex VERGUTHS aus (LEVA[3]), das spricht für eine Ausschaltung der Schweißsekretion; die Wasserdampfabgabe von der Haut hört aber nicht gleichzeitig auf, sie wird nach Atropin nur geringer. Das insensibel abgegebene Hautwasser besitzt im Vergleich zur gewöhnlichen Zusammensetzung des flüssigen Schweißes einen sehr niedrigen Kochsalzgehalt (0,06%, SCHWENKENBECHER und SPITTA[4]). Diese Tatsachen, deren Aufzählung hier genügen möge, weisen mit einer gewissen Überzeugungskraft auf die Existenz einer besonderen Form der unmerklichen Hautwasserabgabe hin, die ebenfalls insensibel, unter gewöhnlichen Bedingungen neben einer unmerklichen Schweißsekretion besteht. Wir pflegen diese Form der Hautwasserbildung von Alters her als „Perspiration" zu bezeichnen.

Was ist nun diese insensible Perspiration? Heute wie ehedem spricht sie die Mehrzahl der Autoren als einen einfachen Verdunstungsvorgang an, als eine rein physikalischen Gesetzen folgende Wasserverdampfung von der Körperoberfläche (AD. LOEWY). Diese Auffassung trifft aber nicht das Wesen des Perspirationsprozesses! Natürlich ist jede Wasserverdunstung, die auf der Haut vor sich geht, ein rein physikalischer Vorgang, das bezweifelt niemand. Doch ist diese Verdunstung etwas Sekundäres. Das Wasser, das da verdampft, verdankt — abgesehen von den Feuchtigkeitsspuren, die, trotz aller Abdichtungseinrichtungen die hygroskopische Epidermis hindurchläßt —, Tätigkeitsäußerungen des lebenden Organismus seine Entstehung und Bereitstellung. Das gilt nicht nur für den Schweiß, sondern auch für das Perspirationswasser.

Die der Hautwasserabgabe zugrunde liegenden Vorgänge selbst — Schweißsekretion und Perspiration — bleiben im wesentlichen unbeeinflußt von der Temperatur, dem Feuchtigkeitsgehalt, der Bewegung der umgebenden Luft, solange nicht diese klimatischen Faktoren eine veränderte Einstellung der Wärmeregulation nötig machen. So steigt z. B. nur dann die Wasserdampfabgabe an, wenn eine erhöhte Lufttemperatur auch zu einer entsprechenden Erhöhung der Hauttemperatur führt. Gerade A. LOEWY, der in der Perspiration eine rein physikalische Erscheinung erblickte, hat auf diese wichtigen und komplizierten Verhältnisse, d. h. auf die entscheidende Bedeutung des Zustandes der Haut für die Größe der Hautwasserabgabe wiederholt hingewiesen. Freilich waren diese Beziehungen, namentlich durch die Untersuchungen RUBNERS und seiner Schule, bekannt, aber sie sind doch vorher nie so scharf hervorgehoben worden: „Alles, was die Temperatur der Haut erniedrigt, setzt die Wasserabgabe herab, was sie steigert, erhöht sie" (A. LOEWY[5]). Bei der Perspiration handelt es sich keineswegs lediglich um eine passive Verdunstung des Gewebewassers aus Cutis und Subcutis, denn die Wasserabgabe über ödematöser Haut ist nicht gesetzmäßig gesteigert, sie ist es nicht einmal über Hautblasen, wo doch der Flüssigkeitsspiegel sich unmittelbar unter, ja sogar zwischen den Zellagen der Epidermis befindet[6], vielmehr erfolgt die gesamte Wasserausscheidung, auch die durch die Haut, unter dem beherrschenden Einflusse von Regulationseinrichtungen des

[1] LOEWY u. WECHSELMANN: Zus. Darst. Nr 5, S. 95.
[2] JÜRGENSEN: Zus. Darst. Nr 3, S. 254.
[3] LEVA: Münch. med. Wschr. **1913**, 2386.
[4] SCHWENKENBECHER u. SPITTA. Arch. f. exper. Path. **56**, 299 (1907).
[5] LOEWY, A.: Zus. Darst. Nr 4.
[6] SCHWENKENBECHER: Zus. Darst. Nr 8.

lebenden Organismus. „Der Körper stößt“, wie RUBNER[1] sich ausdrückt, „aktiv Wasser aus.“ Die insensible Perspiration ist hauptsächlich eine Funktion der Durchblutung der Haut; nicht lediglich die Erweiterung der Capillaren, vielmehr die Versorgung des Hautorganes mit frischem, arteriellem, sauerstoffreichem Blute ist dabei das Maßgebende. Die Erkenntnis dieser Zusammenhänge führte mich vor Jahren zu dem naheliegenden Schluß: Die sog. Perspiration ist ein Sekretionsprozeß, wahrscheinlich nichts weiter als eine insensible Schweißabsonderung[2]! Hatte doch schon HEIDENHAIN[3] gelehrt: „Die Wasserabsonderung beruht nirgends auf einfacher Filtration oder auf einfacher Diffusion, sondern *überall auf der aktiven Tätigkeit lebender Zellen.*“

Nun hat im Laufe der letzten Jahre der scharfe Kampf, der früher zwischen den Geistern darum geführt wurde, ob ein wässeriges Organprodukt lediglich durch physikalische Vorgänge oder durch sekretorische Lebenstätigkeit der Zellen zustande komme, zum Waffenstillstand geführt[4]. Es gibt keine Sekretion ohne physikalische Grunderscheinungen, und im lebenden Organismus walten keine mechanischen Kräfte, die nicht durch das „Leben“ eine dauernde und wesentliche Beeinflussung erführen.

So schwinden die Gegensätze: der Beobachter sieht überall im Organismus ein äußerst kompliziertes Nebeneinander von Vorgängen, die zum Teil physikalisch und chemisch erklärbar, samt und sonders aber mit dem Leben verknüpft sind und deshalb als physiologische zu gelten haben.

Alles das trifft auch für den Perspirationsprozeß zu und die Vorstellungen, die man sich von seinem Wesen zu bilden hat. Es ist hier nicht der Ort, auf die zahlreichen einschlägigen Anschauungen, die im Laufe von Jahrzehnten auftauchten und wieder verschwanden, einzugehen. Ich erinnere hier nur beispielsweise an den alten Begriff der „Hautatmung“. Heute kann man vielleicht die Perspiration als Teilfunktion des Transsudationsprozesses, als eine Art von „Capillarsekretion“ ansprechen, bei der eine stark hypotonische Lösung aus den Capillaren der tieferen Hautschichten austritt und nach der Oberfläche zu weiter wandert[5], um dann schließlich aus der Hornschicht der Epidermis zu verdunsten. Zu dieser Vorstellung scheint mir gut zu passen die Tatsache, daß mit einer lebhafteren Wasserverdunstung von der Haut im allgemeinen deren Gewebsturgor zunimmt. Ob die Gefäßknäuel der Schweißdrüsen und deren Ausführungsgänge auch bei der Perspiration eine besondere Rolle spielen[6], ist, wie alle anderen Vermutungen über das Wesen der Perspiration, einstweilen noch unbewiesen.

An der „unmerklichen“ Hautwasserabgabe beteiligen sich Perspiration und Schweißsekretion gemeinsam. Welcher von beiden Prozessen dabei der wichtigere und quantitativ der bedeutendere ist, wie weit für die, voraussichtlich zwischen ihnen bestehenden Relationen körperliche Verschiedenheiten (Fettleibige schwitzen mehr — Magere perspirieren mehr —) und individuelle Differenzen (der Einfluß der Psyche und endokriner Organe auf die Schweißdrüsen) in Betracht kommen, das können wir zur Zeit nur andeuten. Meines Erachtens ist die Beteiligung der Schweißabsonderung am Verdunstungsvorgang an der Haut lange Zeit unterschätzt worden. Ihre führende Bedeutung erhellt schon daraus, daß Menschen mit fehlenden bzw. mangelhaft ansprechenden Schweiß-

---

[1] RUBNER: Arch. f. Hyg. **11**, 255 (1890).
[2] SCHWENKENBECHER: Verh. Kongr. inn. Med. **1908**.
[3] HEIDENHAIN: Hermanns Handb. d. Physiol. **5**, 410. Leipzig: Vogel 1883.
[4] SIEBECK: Pflügers Arch. **201**, 26ff. (1923).
[5] JESIONEK (Zus. Darst. Nr 2, S. 33) vermutet, daß dieser Wassertransport durch die Epidermis in einem Röhrennetz von Protoplasmafasern erfolgt.
[6] RÖHRIG: Zus. Darst. Nr 6, S. 47.

drüsen trotz erhaltener Perspiration außerordentlich leicht Störungen ihres Wärmegleichgewichtes aufweisen!

Wie bisher, sind wir leider auch weiterhin nicht in der Lage, die auf verschiedene Weise entstandenen Hautwassermengen voneinander zu trennen[1]. Wir fassen deshalb Perspiration und Schweißsekretion einstweilen am besten unter der nichts präjudizierenden Bezeichnung „Bildung und Abgabe des Hautwassers“ zusammen. Neben der Entstehung und der quantitativen Beteiligung ihrer verschiedenen Komponenten interessieren uns auch der Umfang und die Bedeutung dieser gesamten (merklichen und unmerklichen) Hautwasserabgabe, ebenso die Veränderungen, die diese unter besonderen physiologischen und pathologischen Bedingungen erfährt.

V. Die Menge des Hautwassers und ihre Veränderungen.

Zusammenfassende Darstellungen.

1. Loewy: Handb. d. Balneol. von Dietrich u. Kaminer **3**. Leipzig: Thieme 1924. — 2. Müller, L. R.: Die Lebensnerven. Berlin: Julius Springer 1924. — 3. Naunyn: Schwalbes Lehrb. d. Greisenkrankheiten. Stuttgart: Enke 1909. — 4. Röhrig: Die Physiologie der Haut. Berlin: Hirschwald 1876. — 5. Rubner: v. Leydens Handb. d. Ernährungstherapie **1**. Leipzig: Thieme 1897. — 6. Rubner: Handb. d. Hygiene von Gruber u. Ficker **1**. Leipzig: Hirzel 1911. — 7. Schwenkenbecher: Krehl-Marchands Handb. d. allg. Path. **2**. Leipzig: Hirzel 1913. — 8. Valentin: Lehrb. d. Physiol. d. Menschen **1**. Braunschweig: Vieweg & Sohn 1844. — 9. Wolpert: Die Luft und die Methoden der Hygrometrie. Berlin: C. W. u. S. Loewenthal. — 10. Zuntz u. Schumburg: Studien zu einer Physiologie des Marsches. Berlin: Hirschwald 1909.

Eine bestimmte Durchschnittszahl des von der menschlichen Haut innerhalb 24 Stunden verdunstenden Wassers anzugeben, ist kaum möglich wegen der außerordentlichen Variationen, die diese Größe unter den verschiedenen äußeren und inneren Lebensbedingungen erfährt.

Die gesamte Wasserausscheidung erfolgt auf vier Wegen: durch den Urin (1500 g pro die), den Kot (100 g), die Lunge (300 g) und die Haut (600 g). Urin- und Kotwasser sind leicht zu bestimmen. Das in der Atemluft ausgeschiedene Wasser ist ebenfalls nicht allzu schwer zu ermitteln, da die Exspirationsluft in der Regel mit Wasserdampf gesättigt, die Luftwege verläßt. Man braucht also nur die Temperatur und relative Feuchtigkeit der Atmosphäre und das in einer bestimmten Zeit ausgeatmete Luftvolumen, sowie dessen Temperatur[2] festzustellen.

So könnte man durch Subtraktion der Summe des Urin-, Kot- und Lungenwassers von der Gesamtwasserausscheidung die Hautwassermenge errechnen.

Zur Bestimmung der gesamten Wasserabgabe des Menschen bedarf man aber eines großen Pettenkofer-Voitschen oder ähnlichen Respirationsapparates, der nur selten zur Verfügung steht und bei Kranken nicht immer anwendbar ist. Für unsere Zwecke hat sich als hinreichend zuverlässig erwiesen eine Apparatur, die Schierbeck[3] in Rubners Laboratorium erstmalig anwandte, und die ich, um sie für Untersuchungen an Kranken brauchbar zu machen, entsprechend abänderte[4].

Die für die Hautwasserabgabe des Menschen von verschiedenen Autoren direkt ermittelten Werte weichen begreiflicherweise trotz ähnlicher Versuchsbedingungen beträchtlich voneinander ab. Dennoch ist es nötig, einen mittleren Vergleichswert zu haben, um pathologische Verhältnisse einigermaßen beurteilen

[1] Der Versuch, aus der Menge des von der Haut abgeschiedenen Kochsalzes die Schweißmenge errechnen zu wollen, ist als gescheitert zu bezeichnen, da die Salzkonzentration des Schweißes ganz inkonstant ist.

[2] Die Temperatur der Exspirationsluft wird mit etwa 37° viel zu hoch angenommen. Nach Loewy und Gerhartz [Biochem. Z. **47**, 343 (1912)] ist sie erheblichen Schwankungen unterworfen und überschreitet im allgemeinen nicht 33,5° C.

[3] Schierbeck: Arch. f. Hyg. **16**, 203 (1893).

[4] Schwenkenbecher: Dtsch. Arch. klin. Med. **79**, 29 (1903).

zu können. In Übereinstimmung mit den alten Zahlen von PETTENKOFER und VOIT, sowie mit den Werten ATWATERS[1], gleichzeitig gestützt auf zahlreiche eigene Untersuchungen, möchte ich empfehlen, als Tagesmittelwert rund 600 g Wasser für die Hautausscheidung anzunehmen. Diese Menge gilt für den ruhenden, 70 kg schweren, gesunden Menschen, der, ohne fühlbar zu schwitzen, sich unter mittleren, ihm gewohnten und behaglichen Umgebungsbedingungen befindet.

Die Wasserausscheidung durch die Haut spielt beim Menschen quantitativ stets eine erhebliche Rolle. Macht sie doch schon dann, wenn nicht merklich geschwitzt wird, etwa die Hälfte der Harnmenge aus.

Welche Wassermengen aber erst auf diesem Wege den Körper verlassen, wenn es unter besonderen klimatischen Einflüssen und infolge körperlicher Arbeit zu anhaltend profuser Schweißabsonderung kommt, das geht aus zahlreichen Reiseberichten aus den Tropen hervor. Ich beschränke mich hier auf wenige eindrucksvolle Angaben. So war der Afrikareisende ROHLFS[2] gezwungen, auf einer sommerlichen Reise durch die Lybische Wüste $12^1/_2$ l Wasser pro Person und Tag mit sich zu führen, und FRANKLIN[3] schätzt nach Beobachtungen an Kohlenträgern und Schnittern in Pennsylvanien deren tägliche Hautausscheidung bis auf 20% des Körpergewichts, also etwa auf 10 kg. Auch die unmerklich verdunsteten Hautwassermengen (Perspiration und Schweiß) sind in den Tropen sehr beträchtlich. CASPARI und SCHILLING[4] geben für sie 3—4 kg pro die an.

1. Hautwasserabgabe und normaler Wärmehaushalt.

Die Wasserabgabe der menschlichen Haut steht in erster Linie im Dienste der Wärmeregulation, und ihre Quantität wird in ganz überwiegendem Maße durch die thermischen Bedürfnisse des Körpers bedingt. Diese Einpassung der Hautwasserverdunstung[5] in die komplizierten Verhältnisse des Wärmehaushaltes erfordert das ihr eigene wechselvolle Verhalten, für das eine Deutung unter gegebenen Verhältnissen nur möglich ist, wenn man die Gesetze der gesamten Wärmeregulation zum Verständnis heranzieht. Diese Zusammenhänge werden an anderer Stelle dieses Handbuches ausführlich abgehandelt.

Betrachten wir hier nur in kurzen Umrissen die Variationen, welche die Hautwasserabgabe erfährt, unter der Einwirkung äußerer und innerer thermischer Einflüsse.

a) Lufttemperatur.

Nach den alltäglichen Beobachtungen jedermanns, wie nach den zahlreichen in der Literatur vorliegenden experimentellen Untersuchungen bedarf es keines Beweises mehr, daß im großen ganzen sowohl die unmerkliche Hautwasserabgabe wie auch die sichtbare Hautsekretion mit steigender Umgebungstemperatur wächst. Es fragt sich nur, ob ein wirklicher weitgehender Parallelismus zwischen beiden Faktoren besteht.

Das Verhältnis zwischen Temperatur und Sekretionsgeschwindigkeit des flüssigen Schweißes hat KITTSTEINER[6] untersucht. Nach seiner Ansicht ist es unmöglich, bei Betrachtung *einzelner* Versuchsresultate eine Proportion zwischen beiden zu erkennen. „Nimmt man dagegen Mittelwerte aus mehreren gleichartigen Versuchen, so kommt ein ungefähr

[1] ATWATER: Erg. Physiol. **3** I, 572 (1904).
[2] ROHLFS, zit. bei REINHARD: Arch. f. Hyg. **3**, 188 (1885).
[3] FRANKLIN: Zus. Darst. Nr 4, S. 66.
[4] CASPARI u. SCHILLING: Z. Hyg. **91**, 57 (1920).
[5] 1 ccm auf der Haut verdunstendes Wasser entzieht dem Körper 0,54 Calorien.
[6] KITTSTEINER: Arch. f. Hyg. **78**, 280 (1913).

proportionales Verhältnis heraus." Dieser annähernde Parallelismus gilt nur innerhalb bestimmter Temperaturgrenzen, da die Schweißsekretion, wie schon erwähnt, ihr Temperaturoptimum hat (vgl. S. 725).

Den Einfluß der Temperatur auf die unmerkliche Hautwasserabgabe hat mein Mitarbeiter MOOG[1] kürzlich noch einmal eingehend studiert. Bei der Hälfte seiner 10 Versuchspersonen konnte er völlig eindeutig dartun, daß zwischen Umgebungstemperatur und insensibler Wasserabgabe nahe Beziehungen bestehen. Bei der anderen Hälfte der Untersuchten gelang indessen dieser Nachweis nicht, man beobachtete hier mehr weniger erhebliche Abweichungen der Wassermenge nach beiden Seiten, die im Einzelfall schwer zu deuten sind. Solche Schwankungen sahen auch RUBNER[2], SCHIERBECK[3] u. a., ebenso ich, ohne deshalb einen gesetzmäßigen Einfluß der Lufttemperatur auf die Hautwasserabgabe zu bezweifeln. LOEWY und WECHSELMANN[4] dagegen, welche bei der kurzen Dauer ihrer Versuche besonders große Differenzen erhielten, folgerten daraus, daß unmittelbare, gesetzmäßige Beziehungen zwischen Temperatur der Luft und Wasserdampfabgabe nicht bestehen, vielmehr spiele die für die Wasserabgabe entscheidende Rolle der Zustand der Haut, d. h. der Umstand, ob die Hauttemperatur sich mit wechselnder Außentemperatur entsprechend ändere oder nicht. Das ist sicher richtig! Doch da nach den Untersuchungen von RUBNER[5], OEHLER[6] u. a. die Hauttemperatur bei der *Mehrzahl normal reagierender gesunder Menschen* der Umgebungstemperatur annähernd gleich läuft, so dürfte das in der Regel auch für die Hautwasserabgabe gelten! Wie aber sollen wir die große Anzahl von Ausnahmen erklären? KITTSTEINER macht für die Abweichungen Vorgänge verantwortlich, die sich im Organismus der Versuchspersonen abspielen und die man im Experiment nicht beherrscht.

MOOG spricht von Momenten exogener und endogener Natur, die in ihrer Einwirkung auf das „Verhalten der Haut" jede Gesetzmäßigkeit bei der unmerklichen Hautwasserabgabe verdecken. Gedacht wird dabei an den bekannten Einfluß der Psyche auf Hautgefäße und Schweißdrüsen und deren wechselnder Erregbarkeit, die gewohnheitsmäßige Einstellung auf bestimmte Außentemperaturen u. dgl. m.

Wenn auch Lufttemperatur und Hautwasserabgabe bei einer das Zufällige ausschließende Zahl von Menschen in annähernd gleicher Richtung laufen, so wird damit ein strenger Parallelismus beider Linien nicht behauptet. Vielmehr dürfte das Gesetz, das nach RUBNER, WOLPERT[7], OSBORNE[8] für die Haut und Lunge verlassenden Gesamt-Wasserverdampfmengen gilt, auch für die Wasserabgabe der Haut allein zutreffen. Danach ist diese beim Menschen nicht proportional der Außentemperatur, sondern steigt mit wechselnder Temperatur immer schneller an.

Überschreitet die Umgebungstemperatur gewisse Werte (zwischen 30 und 35° C beim Nackten), so tritt sichtbarer Schweiß auf. Einen bestimmten Temperaturpunkt festzustellen, an dem der Schweißausbruch erfolgt, gelingt nicht, da der Übergang von der unmerklichen Wasserabgabe in die merkliche ganz allmählich und nicht am ganzen Körper gleichzeitig sich vollzieht. Ferner spielen außer der Temperatur noch andere klimatische Faktoren dabei eine bestimmende Rolle, so die relative Feuchtigkeit und die Bewegung der Luft. Auch kommt für den „Schweißausbruch" nicht nur die absolute Höhe der Temperatur in Betracht, vielmehr hat die Gewöhnung[9] an bestimmte Temperatur und die Abweichung von dieser eine oft entscheidende Bedeutung.

b) Relative Feuchtigkeit.

Da der Feuchtigkeitsgehalt der Atmosphäre jeden Verdunstungsprozeß beeinflußt, so muß auch die Wasserverdampfung von der Hautoberfläche durch

[1] MOOG: Z. exper. Med. **31**, 316 (1923).
[2] RUBNER: Arch. f. Hyg. **11**, 189—191 (1890).
[3] SCHIERBECK: Arch. f. Hyg. **16** (1893).
[4] LOEWY u. WECHSELMANN: Virchows Arch. **206**, 105 (1911).
[5] RUBNER: Zus. Darst. Nr 6, S. 77.
[6] OEHLER: Dtsch. Arch. klin. Med. **80**, 245 (1904).
[7] WOLPERT: Arch. f. Hyg. **41**, 306 (1902).
[8] OSBORNE: J. of Physiol. **41**, 345 (1910/11).
[9] IGNATOWSKI: Arch. f. Hyg. **51**, 319 (1904).

ihn modifiziert werden[1]. Bei Sättigung der Luft mit Wasserdampf hört die Perspiration auf. Nicht aber die Schweißsekretion, nur ihr entwärmender Effekt.

Bei großer Lufttrockenheit, z. B. im Wüsten- oder Hochgebirgsklima, werden Haut und Schleimhäute durch die Wasserentziehung spröde und springen auf. Und ebenso werden die hygroskopischen Gebilde der Epidermis bei hoher atmosphärischer Feuchtigkeit sich mit Wasser beladen. Aber, wie schon früher (S. 737) auseinandergesetzt, haben diese durch die Umgebung direkt hervorgerufenen Veränderungen des Wassergehaltes der Epidermis mit dem eigentlichen Perspirationsprozeß nichts zu tun.

Innerhalb der Temperaturzone, die dem einzelnen Menschen als behaglich erscheint — für den Nackten sind das Temperaturen etwa zwischen 25—30° C —, beobachten wir beim ruhenden Menschen meist keine eindeutige Veränderung der Hautwasserabgabe, wenn die zu prüfenden Variationen der relativen Feuchtigkeit beide Extreme vermeiden, d. h. sich etwa zwischen 30 und 60% relativer Feuchtigkeit bewegen. Das sind Schwankungen, wie sie normaliter der die Haut umgebende Luftmantel, die sog. Kleiderluft, in stetem Wechsel aufweist[2]. Auch etwas niedrigere (bis 25%) und etwas höhere (bis 80%) Feuchtigkeitswerte lassen bei mittlerer behaglicher Außentemperatur eine markante Änderung der Hautwasserabgabe oft nicht erkennen.

Untersuchungen über den Einfluß extrem feuchter bzw. extrem trockener Luft sind mit der durch RUBNER in das physiologische Experiment eingeführten Hygrometermethode nicht immer sicher auszuführen, da bei einer relativen Feuchtigkeit unter 15% und über 85% mehrere Hygrometer weniger gut übereinzustimmen pflegen als bei mittleren Graden. Das haben wir bei unseren zahlreichen Versuchen immer wieder feststellen müssen.

Die Wirkung einer trockenen bzw. feuchten Atmosphäre ist eine rein thermische, d. h. sie modifiziert den Einfluß der Umgebungstemperatur auf den Menschen und dessen Wärmeabgabe. Kühle, feuchte Luft wirkt kälter als trockene Luft der gleichen Temperatur, und warme feuchte Luft führt infolge Behinderung der *Wasserverdunstung* leichter zu Wärmestauung als trockene.

Wie uns RUBNER gelehrt hat, steigt bei Tier und Mensch mit hoher Luftfeuchtigkeit die Wärmeabgabe durch Leitung und Strahlung, und es ist deshalb erklärlich, daß unter solchen Bedingungen die Wasserverdunstung, um das Wärmegleichgewicht zu erhalten, sinkt. Nur bis zu einer gewissen oberen Temperaturgrenze genügt diese Erhöhung der Wärmeabgabe durch Leitung und Strahlung, um den Körper vor Überwärmung zu schützen; wird diese überschritten, dann steigt auch trotz hoher Feuchtigkeit der Luft die Wasserabgabe der Haut rasch an, und zwar infolge zunehmender Tätigkeit der Schweißdrüsen.

Sicherlich wird die Temperaturgrenze, bei der in feuchter Luft die Einschränkung der Wasserabgabe durch intensive Schweißbildung „abgelöst wird", wie LOEWY mit Recht betont, wesentlich „von der körperlichen Beschaffenheit mitbestimmt", ja, es ist sogar stets der Anteil, den Strahlung und Leitung einerseits und Wasserverdunstung andererseits an der gesamten Wärmeabgabe nehmen, gewissen Variationen unterworfen, die lediglich in der Konstitution des betreffenden Individuums begründet sind (Ernährungszustand, Durchblutung der Haut, Erregbarkeit ihrer Gefäße und Schweißdrüsen). Die Wärmebildung bleibt, sofern es nicht zu Hyperthermie kommt, durch Schwankungen der relativen Feuchtigkeit unbeeinflußt.

c) Luftdruck.

Die Luftdruckerniedrigung, die uns wegen des komplizierten Einflusses des Hochgebirgsklimas besonders interessiert, ist in ihrer Wirkung auf die Wasserabgabe der Haut nur selten genauer untersucht worden.

---

[1] RUBNER: Zus. Darst. Nr 6. — NUTTAL: Arch. f. Hyg. **23**, 184 (1895). — MOOG: Dtsch. Arch. klin. Med. **138**, 181 (1922). — LOEWY: Zus. Darst. Nr 1, S. 21.

[2] WURSTER: Zus. Darst. Nr 9, S. 315.

NOTHWANG[1] bestimmte an Meerschweinchen den *gesamten Wasserverlust durch Haut und Lunge* und konnte eine geringe Steigerung der Wasserausscheidung konstatieren, die er auf eine veränderte Atmung der Tiere bezieht. GUILLEMARD und MOOG[2] fanden — ebenfalls am Meerschweinchen — das Gegenteil, eine Verminderung von 10—20%. Ihre Tiere wurden allerdings während des Versuches somnolent.

Direkte Messungen der Hautwasserabgabe am Menschen sind schon früher und auch in letzter Zeit wiederholt mit kleineren Apparaten an begrenzten Hautbezirken vorgenommen worden, und zwar mit wechselnden Ergebnissen, die kein abschließendes Urteil gestatten. Wie aus den Studien JACOBJS[3] hervorgeht, dürften unter dem Einfluß verminderten Luftdrucks die Gefäße der Haut und der oberflächlichen Schleimhäute Neigung zeigen, sich zu erweitern. Ob aber im Gefolge dieser Vasodilatation auch eine Steigerung der Hautwasserabgabe stattfindet, bedarf erst direkter experimenteller Prüfung am Menschen mit einwandfreier Methodik.

d) Wind[4].

Ist die atmosphärische Luft in Bewegung, so kommen größere Mengen derselben mit der Oberfläche des Menschen in Berührung, wodurch unter gewöhnlichen Bedingungen der Wärmeverlust des Körpers durch Leitung gesteigert wird. Deshalb verstärkt der Wind bei niedrigen Temperaturen das Kältegefühl, während er bei höheren Wärmegraden als abkühlend angenehm empfunden wird; die trockenen heißen Winde des Wüstenklimas steigern meist die Wärmeempfindung und -wirkung. Die Wasserdampfabgabe von der Haut ist deshalb bei bewegter Luft bis zu einer Temperatur von etwa 35° C stets geringer als bei Windstille. Von dieser Indifferenzgrenze ab steigt mit der Temperatur die Wasserdampfabgabe durch Schweißverdunstung sehr erheblich.

Durch den lebhafteren Luftwechsel wird die Schweißverdunstung von der Haut sehr gefördert, und das Auftreten flüssiger Sekrettropfen wird erst bei höherer Außentemperatur beobachtet als bei Windstille. Nur insofern wirkt die Luftbewegung auf die *Hautwasserverdunstung* ein. Eine direkte physikalische Wasserentziehung der Haut durch die Luftbewegung spielt keine Rolle, der Wind beeinflußt die Wasserabgabe nur indirekt, d. h. in physiologischer Weise, indem er die gesamte Wärmeabgabe, bei niedrigen Temperaturen auch die Wärmebildung, steigert.

e) Die Nahrungsaufnahme.

Mit der Steigerung des Energieumsatzes nach Einfuhr einer reichlichen Mahlzeit[5] ist beim Menschen neben einer Erhöhung der Wärmeabgabe durch Leitung und Strahlung auch eine Vermehrung der gesamten Wasserdampfausscheidung nachweisbar. Auch die Hautwasserabgabe pflegt eine Vermehrung zu erfahren. Die Größe dieses auf Rechnung der Mahlzeit kommenden Verlustes steht mit den Vorgängen der gesamten Wärmeregulation in innigem Zusammenhang und wird deshalb durch alle die Momente mit bestimmt, die auf die Bildung und Abgabe der Wärme im menschlichen Organismus Einfluß besitzen. Ich nenne nur Lufttemperatur, Kleidung, Ernährungszustand. Ferner spielt eine Rolle die Größe, der Calorienreichtum der betreffenden Nahrungszufuhr. So erheben sich die Wasserzahlen nach den spärlichen Mahlzeiten, wie sie Kranke so oft zu sich nehmen, kaum über die Nüchternwerte[6]. Bei abundanter Kost ist die

---

1 NOTHWANG: Arch. f. Hyg. **14**, 337 (1892).
2 GUILLEMARD u. MOOG: C. r. Soc. Biol. **62**, 819 (1907).
3 JACOBJ: Arch. f. exper. Path. **104**, 171ff. (1924).
4 Arbeiten von WOLPERT u. RUBNER siehe Zus. Darst. Nr 6, S. 579.
5 RUBNER: Zus. Darst. Nr 6, S. 81.
6 SCHWENKENBECHER: Dtsch. Arch. klin. Med. **79**, 29 (1903).

Wasserausscheidung lebhaft gesteigert und mitunter viele Stunden lang nach dem Essen erhöht[1].

Ich füge zur Illustration einige Zahlen an: Zwei gesunde Studenten der Medizin schieden in den verschiedenen Stunden eines Hungertages folgende Wassermengen durch die Haut aus:

cand. med. G.: 29 g, 23 g, 27 g, 29 g, 25 g pro Stunde,
cand. med. St.: 15 g, 18 g, 23 g, 19 g, 19 g pro Stunde.

Nach einem reichlichen Frühstück am folgenden Tage gab G. 44 g Hautwasser pro Stunde ab, St. 31 g[2].

Eine magere, welke, doch gesunde Frau von 56 Jahren zeigte dagegen folgendes Verhalten:

Im nüchternen Zustand schied sie bei 3 Versuchen aus:

8 g 9 g 9 g pro Stunde,

nach spärlichem Mittagessen

9 g 12 g 14 g pro Stunde.

Wie wir wissen, werden Kranke durch die gleiche Leistung, die den Gesunden ganz unberührt läßt, nicht selten erheblich angestrengt. Das zeigt sich anscheinend auch in einer vermehrten Ausscheidung des Hautwassers. So schied z. B. eine Kranke mit schwerer Anämie unter sonst gleichen Bedingungen im nüchternen Zustande 8 g, nach einer mäßigen Mahlzeit, wie sie Gesunde fast unberührt läßt, 23 g Wasser pro Stunde aus.

Wie uns die grundlegenden RUBNERschen Untersuchungen gelehrt haben, steigert unter den Calorienträgern einer Nahrung das Eiweiß in spezifischer Weise den Energieumsatz. Ich habe deshalb die Wirkung einer an Caloriengehalt gleichen, aber einseitig zusammengesetzten Mahlzeit, die einmal vorwiegend aus Eiweiß, ein anderes Mal vorwiegend aus Fett und ein drittes Mal vorwiegend aus Kohlehydraten bestand, in mehreren, 4 Stunden dauernden Versuchen untersucht.

Versuchsperson Sch., 28 Jahre alt, 72 kg, 173 cm groß, Brustumfang 94,5 cm, Bauchumfang 85,5 cm, nackt:

1. *nüchtern* (5 Stunden vorher die letzte kleine Mahlzeit):

Kastentemperatur	Relative Feuchtigkeit	Hautwasser in 4 Std.
28,1° C	64%	80 g

2. *Eiweißmahlzeit*: 304 g vom Speck befreiten Schinken und 331 g dünnen Tee (85 g Eiweiß, 25 g Fett, 512 g Wasser, 541 Cal.). Der Schinken war etwas stark gesalzen. Vor dem Versuch war die Blase entleert worden. Unmittelbar nach dem Versuch 477 ccm Urin.

Kastentemperatur	Relative Feuchtigkeit	Hautwasser in 4 Std.
28,3° C	62%	102 g

3. *Fettmahlzeit*: 56 g Butter, 33 g Semmel, 493 g Tee (dünn, lauwarm) (= 3 g Eiweiß, 49 g Fett, 19 g Kohlehydrate, 511 g Wasser, 542 Calorien). Es herrschte große Schwüle an dem Tage, da ein Gewitter in Sicht war.

Urinmenge nach dem Versuch: 328 ccm.

Kastentemperatur	Relative Feuchtigkeit	Hautwasser in 4 Std.
28,6° C	68%	142 g

4. *Kohlehydratmahlzeit*: 100 g Zwieback, 22 g Zucker, 35 g Semmel, 512 g Tee (11 g Eiweiß, 1 g Fett, 119 g Kohlehydrat, 539 g Wasser, 542 Calorien).

Urinmenge nach dem Versuch: 317 ccm.

Kastentemperatur	Relative Feuchtigkeit	Hautwasser in 4 Std.
27,7° C	62%	133 g

Wie die Versuche einwandfrei erkennen lassen, steigt die Wasserdampfabgabe der Haut nach der Mahlzeit, hier um etwa 50%; eine spezifisch-dynamische Wirkung der Eiweißmahlzeit prägt sich in der Hautwassermenge nicht

[1] SCHWENKENBECHER: Dtsch. Arch. klin. Med. **79**, 36ff.

[2] Eine ungewohnte reichliche Mahlzeit regt den Energieumsatz und auch die Hautwasserabgabe viel stärker an als häufigere kleine Mahlzeiten (siehe auch bei STAEHELIN: Z. klin. Med. **66**, 21).

aus. Im Gegenteil ist die Wasserzahl nach der Eiweißnahrung kleiner als nach den beiden anderen isokalorischen Mahlzeiten, was wahrscheinlich auf die Steigerung der Diurese durch die stickstoff- und salzhaltige Speise zurückgeführt werden muß. Daß Eiweiß- und Salzreichtum der Nahrung der Haut Wasser entziehen, ist ja genugsam bekannt. Pflegt doch deshalb die in den Tropen instinktiv gewählte Kost eiweiß- und salzarm zu sein.

Die Selbstversuche von STAEHELIN[1], die den gesamten Gaswechsel betreffen, somit die Wasserverdampfung von Haut und Lungen zusammen berücksichtigen, führen zu ähnlichen Ergebnissen: Es wurden in 12 Stunden durch *Haut* und *Lunge* ausgeschieden:

Nüchtern	nach Eiweißmahlzeit	nach Fettmahlzeit	nach Kohlhydratemahlzeit
254,2 g	285,0 g	280,2 g	286 g Wasser

Unter den thermischen Einflüssen, die die Nahrungszufuhr auf den Organismus ausübt, spielt auch die Temperatur der aufgenommenen Speisen und Getränke eine wichtige Rolle. Durch heiße Tees führen wir aus therapeutischen Gründen eine Erhöhung der Bluttemperatur und Schweißausbruch herbei. Ein Alkoholgehalt heißer Getränke pflegt die Wirkung derselben auf Hautzirkulation und Schweißbildung noch zu steigern (s. im übrigen S. 765).

f) Kleidung, Bettung.

Der Einfluß aller äußeren Faktoren auf die Wärmeabgabe des Menschen wird weitgehend modifiziert durch die Kleidung. Sie versetzt in unserem kühlen Klima den Körper in ein behagliches Milieu, indem sie ihn mit einem Luftmantel umhüllt, der wärmer und trockener ist als die Atmosphäre und der die Kältewirkung starker Luftbewegung erheblich abschwächt. Da man außerdem die Menge und Art der Kleidungsstücke verändern kann, resultiert daraus eine weitgehende Unabhängigkeit von den äußeren klimatischen Bedingungen. Jedermann kann sich so sein eigenes Klima schaffen. Ähnlich wie die Kleidung wirkt der Aufenthalt im Bett, in dem wir fast ein Drittel des Lebens verbringen. Das Bett bedeutet in der Regel einen noch erheblicheren Wärmeschutz als die Kleidung. Auch er muß entsprechend der verschiedenen Art der Bettung sehr verschieden ausfallen. Es ist verständlich, daß man in der Nacht des stärksten Wärmeschutzes bedarf, einmal deshalb, weil jede wärmesteigernde Muskelbewegung fehlt und auch weil im Schlafe alle Lebensprozesse der Organe und mit ihnen die Wärmebildung ihren Tiefpunkt erreichen[2].

Der Einfluß, den Kleidung und Bettung speziell auf die Wasserabgabe der Haut nehmen, richtet sich nach den Verhältnissen der gesamten Wärmeregulation und ist, wie ohne weiteres ersichtlich, zahlenmäßig allgemeingültig nicht festzulegen. Immerhin darf angenommen werden, daß der Mensch, der seine Kleidung frei wählen kann, sich so bekleidet, daß der gesamte Wärmeverlust etwa der Menge gleichkommt, die er *nackt* im Ruhezustand bei etwa 30—35° C erleidet. Das gleiche gilt für die Hautwasserabgabe, die unter diesen Umständen etwa 25—30 g pro Stunde beträgt. Die Zone der Indifferenztemperatur, bei der sich der einzelne Mensch behaglich fühlt, unterliegt nicht unbeträchtlichen individuellen Schwankungen. Sie wechselt auch beim gleichen Individuum zu verschiedenen Zeiten der Tagesperiode (Nahrungsaufnahme, Schlaf). Beim ruhenden nüchternen, *leicht bekleideten* Menschen (Sommeranzug) liegt die Behaglichkeitstemperatur etwa zwischen 20—25° C.

Auch in dem Temperaturbereich, in dem eine profuse Schweißabsonderung im Gange ist, scheidet der Bekleidete wesentlich mehr Wasser aus als der Unbekleidete. KITTSTEINER[3] fand, daß der bekleidete Körper bei etwa 40° C und 50% rel. Feuchtigkeit etwa doppelt soviel Schweiß ausscheidet als der Unbekleidete. Die namentlich in den älteren Arbeiten niedergelegte Angabe, die

---

[1] STAEHELIN: Zitiert auf S. 744. [2] GESSLER: Pflügers Arch. **207**, 390 (1925).
[3] KITTSTEINER: Arch. f. Hyg. **78**, 282 (1913).

Wasserabgabe sei auf der freien hüllenlosen Hautoberfläche lebhafter als auf der bedeckten, ist somit nicht aufrechtzuerhalten. Ein solches Resultat dürfte vor allem auf eine zu kurze Versuchsdauer zurückzuführen sein. Nur das eine trifft zu: der bei hoher Temperatur sich reichlich ergießende Schweiß verdunstet an der nackten Haut schneller, als durch die Kleidung hindurch.

Etwa der fünfte Teil der Körperoberfläche ist unbekleidet; inwieweit diese Unterschiede der Bedeckung die Wasserabgabe in den verschiedenen Hautbezirken örtlich beeinflussen, ist noch nicht genügend untersucht worden.

g) Arbeit.

Es gibt kein mächtigeres Mittel, die Wärmebildung im Organismus anzuregen, als die körperliche Arbeit. Dieser gesteigerten Produktion entspricht eine erhöhte Abgabe von Wärme, an der eine Vermehrung der Wasserabgabe stets Anteil hat. Schon bei niedriger Lufttemperatur erfährt die Gesamtwasserabgabe des Arbeitenden eine Zunahme, und zwar infolge der vermehrten Lungenventilation. Bei mittlerer und höherer Temperatur steigt auch die Wasserausfuhr durch die Haut, und zwar bei um so tieferer Temperatur, je intensiver die Arbeit ist. Anscheinend sprechen bei Muskeltätigkeit die Quellen des Hautwassers, namentlich die Schweißdrüsen, besonders leicht an. So pflegen in heißen Luft- und Dampfbädern Leute, die erfahrungsgemäß „schwer in Schweiß geraten", körperliche Übungen auszuführen, um eine lebhaftere Hautsekretion in Gang zu bringen.

Die Steigerung, die die Hautwasserabgabe durch Arbeit erfährt, ist natürlich sehr verschieden groß, je nach der Größe der Leistung und den klimatischen Bedingungen. Um nur einige Anhaltspunkte für die Wasserausscheidung zu geben, seien folgende Daten zitiert:

CRAMER[1] errechnete aus der Chlorausscheidung einen Schweißverlust von 225 g infolge eines einstündigen Marsches bei 13,2° C. Das ist etwa das Siebenfache der stündlichen Wasserabgabe bei Körperruhe (30 g).

ZUNTZ und SCHUMBURG[2] untersuchten den Stoffwechsel und Energieumsatz von jungen Männern, die 3 Stunden, mit 31 kg Gepäck beladen, 22—28 km marschierten. Die bei dieser Leistung konstatierten Wasserverluste durch die Haut schwankten bei der Versuchsperson P. zwischen 820 und 2622 g, bei einer anderen Person B. zwischen 584 und 1786 g.

Selbst in der kühlen, trockenen Luft des Hochgebirges werden bei anstrengenden Anstiegen, unmerklich oft, große Schweißmengen verloren. Das gleiche gilt von sportlichen Leistungen anderer Art. Welche mildernde Rolle dabei das sog. „Training" spielt, ist allgemein bekannt. Der Geübte zeigt eine viel sparsamere Wärmebildung als der Ungeübte bei der gleichen Leistung[3]. Umgebungsbedingungen, die die Wärmeabgabe erheblich beeinträchtigen, wie große Feuchtigkeit bei hoher Lufttemperatur, führen zu Überwärmung des Arbeitenden evtl. zu Hitzschlag. Oder sie machen wenigstens jede längerdauernde intensive Anstrengung unmöglich (feuchtes Tropenklima, Arbeiten beim Tunnelbau).

Die während körperlicher Arbeit erhöhte Wasserdampfabgabe des Menschen bleibt nach Beendigung der Leistung noch eine Zeitlang erhöht (WOLPERT und PETERS[4]).

Das gleiche trifft, wie schon bemerkt, auch bei anderen Bedingungen, die den Wärmeumsatz steigern, zu, z. B. im Gefolge einer überreichlichen Nahrungszufuhr. Hier sehen wir ebenfalls bisweilen sehr lange nachklingende Einwirkung auf die Schweißdrüsen (s. S. 743/44). Auch das sog. „Nachschwitzen" nach beendeten Schwitzprozeduren kann wohl an dieser Stelle erwähnt werden.

---

[1] CRAMER: Arch. f. Hyg. **10**, 251 (1890).
[2] ZUNTZ u. SCHUMBURG: Zus. Darst. Nr 10.
[3] RUBNER: Zus. Darst. Nr 6, S. 67.
[4] WOLPERT u. PETERS: Arch. f. Hyg. **55**, 309 (1906).

h) Ruhe, Schlaf.

Als Grundwert, zu dem wir die unter den verschiedensten Einflüssen sich ändernde Größe der Hautwasserabgabe in Vergleich setzen, dient uns die Ausscheidung des nackten ruhenden Menschen bei indifferenten äußeren Bedingungen.

Während sich nach RUBNERS Untersuchungen bei Tieren, die sich in absoluter gleichmäßiger Ruhe befinden, ein Unterschied im Energieverbrauch zwischen *Schlaf* und *Wachen* nicht feststellen läßt, erhielten andere namhafte Forscher bei der Untersuchung von Menschen Differenzen, die auf eine Verminderung des Wärmeumsatzes (um 24—45%) im Schlafzustand schließen lassen. Hierzu bemerkt RUBNER[1], es komme alles darauf hinaus, was man unter „Wachsein" verstehe. Das Temperament des lebhaften Menschen führe zu unbewußten, unbeachteten Muskelleistungen, während diese beim ruhenden Phlegmatiker mehr unterblieben.

Ich bin davon überzeugt, daß solche schwer kontrollierbaren motorischen Äußerungen der Unruhe die Wärmebildung und -abgabe, auch die Wasserabgabe von der Haut steigernd beeinflussen können. Daneben kommt aber noch der unmittelbare Einfluß psychischer Momente auf die Schweißdrüsen selbst zur Geltung. Solche Einwirkungen fallen im Schlafe fort. Wir haben oft Gelegenheit gehabt, dies zu beobachten. So schied u. a. ein 27jähriges Mädchen[2] im wachen Zustand 30 g, im Schlafe nur 17 g Hautwasser pro Stunde aus, und LANG[3] konnte mit unserem Apparate zeigen, daß 3 Personen, die im wachen Zustande durchschnittlich 17 g Wasser pro Stunde lieferten, während des Schlafes nur 12 g bildeten.

Mitunter wird auch nachts während des Schlafes mehr Hautwasser abgegeben als am Tage im ruhenden Zustande. Das kann, worauf RUBNER[4] hinweist, daran liegen, daß viele Menschen im Bett wärmer gehalten sind als in ihrer Kleidung. (Über die sog. Nachtschweiße s. S. 750/51.)

i) Die Tageskurve der Hautwasserabgabe.

In dem Vorhergehenden sind die Faktoren nacheinander aufgezählt und besprochen worden, die allein oder verknüpft miteinander eine quantitative Änderung der Hautwasserausscheidung während der Tagesperiode hervorzurufen pflegen. Jetzt handelt es sich um die Beantwortung der Frage, ob die Hautwasserabgabe während der verschiedenen Tagesstunden gleichmäßig verläuft oder bestimmte, der Zeit entsprechende Schwankungen aufweist.

Die Angaben, die uns die Literatur gibt, sind sehr verschieden. So fand NOTHWANG[5] die Gesamtwasserabgabe im Tierversuch über den Tag sehr gleichmäßig verteilt, und vermutet dieselben Verhältnisse auch beim Menschen. WOLPERT und PETERS[6] konnten dagegen diese Vermutung nicht bestätigen. An drei Tagen stellten sie in sechs 4stündigen Versuchen mittels des großen Respirationsapparates nicht unbeträchtliche Schwankungen in der Gesamtwasserausscheidung des Menschen fest. Diese Abweichungen nach beiden Seiten fanden keine Aufklärung, abgesehen von dem Einfluß des Schlafes, der in der Nacht und auch am Tage eine Senkung der Dampfabgabe herbeiführte.

Ich[7] habe vor Jahren die *Haut*wasserbildung an zwei Studenten mehrmals an einem Tage untersucht, während diese bei Bettruhe sich jeder Nahrung enthielten. Das Ergebnis war folgendes:

---

1 RUBNER: Zus. Darst. Nr 6, S. 64.
2 SCHWENKENBECHER u. SPITTA: Arch. f. exper. Path. **56**, 298 (1907).
3 LANG: Dtsch. Arch. klin. Med. **79**, 357 (1904).
4 RUBNER: Zus. Darst. Nr 5, S. 73.
5 NOTHWANG: Arch. f. Hyg. **14**, 355 (1892).
6 WOLPERT u. PETERS: Arch. f. Hyg. **55**, 299 (1906).
7 SCHWENKENBECHER: Dtsch. Arch. klin. Med. **79**, 30 (1903).

1. cand. med. G.

Tageszeit	Temperatur C	Relative Feuchtigkeit %	Hautwasser pro Std. g
5^{00} a. m.	24,9	79	29[1]
7^{00} a. m.	25,2	74	23
10^{30} a. m.	25,1	77	27
2^{45} p. m.	25,3	77	29
6^{15} p. m.	25,4	76	25

2. cand. med. St.

Tageszeit	Temperatur C	Relative Feuchtigkeit %	Hautwasser pro Std. g
6^{00} a. m.	26,0	61	15
11^{00} a. m.	26,4	62	18
12^{00} p. m.	27,7	62	23
2^{00} p. m.	27,0	65	19
6^{00} a. m.	27,1	65	19

Aus diesen Zahlen erhellt, daß unter den gewählten Versuchsbedingungen (Hunger, Ruhe) die Wasserabgabe im ganzen recht gleichmäßig verläuft. Auf die erste Zahl bei cand. med. G. lege ich deshalb kein großes Gewicht, weil dieser in der Nacht vor der Versuchsreihe sehr unruhig und schlecht geschlafen hatte. Das Maximum der stündlichen Ausscheidung liegt bei beiden Versuchspersonen in der Mittagszeit, vielleicht ist das kein Zufall! Jedenfalls sind diese Tagesschwankungen des Nüchternen so gering, daß sie eine besondere Beachtung nicht verdienen. Konstatieren wir doch bei erregbaren Individuen oft wesentlich größere Abweichungen von ihrer Mittelzahl ohne Änderung der äußeren Bedingungen.

k) Geschlecht, Körpergröße, Körperoberfläche, Lebensalter, Ernährungszustand.

Namentlich in den älteren Arbeiten über die „insensible Perspiration“ finden sich Angaben über den Einfluß weiterer bestimmter Momente auf die Hautwasserabgabe.

So vertritt z. B. JANSSEN die Ansicht, daß das *Geschlecht* von Bedeutung sei, so daß Männer mehr Wasser durch die Haut ausscheiden als Frauen. Grundsätzliche Unterschiede bestehen nach unserem Dafürhalten zwischen den Geschlechtern nicht, aber es mag zutreffen, daß Männer bei ihrer kräftigeren Muskulatur und besseren Hautdurchblutung vielfach mehr Wasserdampf abgeben als Frauen.

Die *Körpergröße* ist bei Menschen desselben Lebensalters ohne Belang.

Bezüglich der *Körperoberfläche* ist folgendes zu sagen: Je größer diese im Verhältnis zum Körpergewicht, um so größer ist der Wärmeverlust durch Strahlung und Leitung. Kleine Kinder verlieren auf diesen Wegen verhältnismäßig mehr Wärme und kühlen sich leichter ab als Erwachsene. Deshalb muß unter den gewöhnlichen Bedingungen beim Kinde der Wärmeverlust durch Wasserverdampfung relativ geringer sein, als beim Erwachsenen (RUBNER). Ganz anders aber liegen die Verhältnisse, wenn die Wärmeabgabe durch Leitung und Strahlung bei hoher Luftwärme oder zu reichlicher Einhüllung des Kindes stark beschränkt bzw. ausgeschaltet ist und die Wasserverdampfung allein die Entwärmung besorgen muß. Dann muß diese beim Kinde relativ größer als beim Erwachsenen sein. Deshalb versagt sie auch öfter, und es kommt leichter zu Wärmestauung und Erhöhung der Körpertemperatur. Das um so mehr, als bei jugendlichen Kindern die Schweißdrüsen und deren Funktion häufig noch nicht ganz ausgebildet sind.

Auf der anderen Seite haben manche Autoren, die in der Perspiration einen rein physikalischen Prozeß sahen, die Ansicht vertreten, daß die zarte Haut des Kindes lebhafter perspiriere als die dickere der Erwachsenen. Diese Frage bedarf erneuter experimenteller Bearbeitung.

[1] Nacht vorher schlecht geschlafen.

Hier schließt sich vielleicht am besten an die Beobachtung, daß im höheren *Lebensalter* die Wasserdampfabgabe der Haut abzunehmen pflegt. Mangelhafte Blutversorgung der Körperperipherie infolge arteriosklerotischer Prozesse, senile Atrophie der Haut und ihrer Drüsen, ferner Altersveränderungen im vegetativen Nervensystem[1] mit Abnahme der Erregbarkeit desselben sind die Ursachen.

Dem *Ernährungszustand* des Menschen kommt eine große Bedeutung zu, indem fette Leute infolge ihrer schlechteren Hautzirkulation bei ungünstigen Entwärmungsbedingungen sehr viel leichter in Schweiß geraten als magere Individuen. Bei mittleren Temperatur- und Feuchtigkeitsgraden und im Ruhezustand verhalten sich magere und fette Leute bezüglich der Hautwasserabgabe etwa gleich, aber schon geringfügige Erhöhung der Wärmebildung, z. B. durch Muskelanstrengung oder durch eine Mahlzeit, löst bei Fetten oft profuse Schweißsekretion aus. Über die außerordentlich großen Schweißquantitäten, die Fettleibige bei körperlicher Arbeit verlieren können, geben uns die Untersuchungen von Broden und Wolpert[2] Aufschluß.

1. Schwitzkuren und Wärmeregulation.

Noch auf eine andere wichtige Beziehung zwischen Schweiß und Wärmeregulation sei hier verwiesen. Nach den Untersuchungen von Max E. Bircher[3] und denen von Plaut und Wilbrand[4] steht fest, daß die Verbrennungsvorgänge im Organismus unter dem Einfluß von Schwitzprozeduren eine Zunahme erfahren können, sowie, daß diese an sich „unzweckmäßige" Steigerung des Gaswechsels weniger auf der Arbeit der Schweißdrüsen als vielmehr auf der Erhöhung der Körpertemperatur beruht. Deshalb tritt auch bei allen mit Wärmestauung und Behinderung der Schweißverdunstung verbundenen Maßnahmen, bei denen die Innentemperatur des Körpers schneller, stärker und nachhaltiger ansteigt als bei freier Wasserverdampfung, die Gaswechselerhöhung stets in Erscheinung, während sie bei unbehinderter Hautwasserabgabe weniger konstant und deutlich ist. Mit dieser Stoffwechselalteration steht die erfolgreiche Anwendung von Schwitzkuren vielfach in Zusammenhang. So z. B. bei chronischen Gelenkerkrankungen oder zur Unterstützung der Syphilistherapie. Auch der Pilocarpinschweiß ist mit einer Steigerung des Gaswechsels verbunden (vgl. S. 764).

2. Die Hautwasserabgabe bei Krankheiten mit veränderter Wärmeregulation.

a) Fieberhafte Infektionskrankheiten.

Die Wasserabgabe der Haut von Fieberkranken hat die Ärzte von jeher interessiert. Wie rätselvoll erscheint es doch immer wieder, wenn man einen hoch Fiebernden, z. B. einen Typhuskranken, sieht, der trotz seiner geröteten, unleidlich warmen Haut keinen Tropfen Schweiß produziert! (Valentin[5]). Und doch ist im Fastigium des Fiebers die unmerkliche Hautwasserabgabe in der Regel gesteigert. Auch sieht man gar nicht selten Hochfiebernde deutlich schwitzen. Das Schwitzvermögen ist ungestört.

Die ausgeschiedene Wassermenge ist bei frischen Infektionskrankheiten um so größer, je höher das Fieber ist. So fanden wir bei einer Achseltemperatur von 37—39° C durchschnittlich 45 g Wasser pro Stunde und 100 kg Körpergewicht, bei 39—40° C 54 g gegenüber 40 g in der Norm. Bei längerer Dauer einer Fieberkrankheit, z. B. beim Typhus, wird mit zunehmender Kachexie die Hautwasserabgabe allmählich geringer.

Im Fieberanstieg ist die Wasserverdampfung der Haut weniger lebhaft als auf der Fieberhöhe, oft sogar geringer als in der Norm (35 g pro Stunde und 100 kg).

---

[1] Müller, L. R.: Zus. Darst. Nr 2, S. 91.
[2] Broden u. Wolpert: Arch. f. Hyg. **39**, 298 (1901).
[3] Bircher: Schweiz. med. Wschr. **1922**, 1265.
[4] Plaut u. Wilbrand: Z. Biol. **74**, 191 (1922).
[5] Valentin: Zus. Darst. Nr 8, S. 607.

Beim Schweißfriesel, schweren Fällen des akuten Gelenkrheumatismus, bei der Trichinose sieht man im Anstieg und auf der Höhe des Fiebers oft profusen Schweiß. Diese Vermehrung der Absonderung im steigenden Fieber tritt namentlich bei solchen Infekten ein, die bei entsprechender Empfindlichkeit des Erkrankten zu ganz exzessiver Erhöhung des Stoffzerfalls und der Wärmebildung führen. Übersteigt in solchen Fällen die Wärmeproduktion ein bestimmtes Maß, so wird ein Teil des Wärmeüberschusses — vielleicht damit nicht das Leben durch Hyperpyrese gefährdet werde — wieder entfernt. So erscheint der Schweiß im Stadium des steigenden Fiebers und auf dessen Höhe als Abwehrmaßregel gegen eine übermäßige, deletäre Wärmebildung. Haben doch Schweiße im Fieberanstieg von je eine ernste Vorbedeutung gehabt! (WUNDERLICH, IMMERMANN.)

Häufiger trifft eine gesteigerte Transpiration mit einer Senkung der Fiebertemperatur und Besserung aller Krankheitserscheinungen zusammen. Sie scheint bisweilen geradezu die Genesung einzuleiten. Wir sprechen dann von kritischen Schweißen. Solche kennen wir bei zahlreichen Infektionskrankheiten, so bei der Pneumonie, dem Scharlach, dem Malariaanfall, auch zahlreichen septischen Infektionen. Häufig besteht zwischen Steilheit des Fieberabfalles und der abgesonderten Schweißmenge weitgehende Übereinstimmung (SCHWENKENBECHER und INAGAKI[1]). Aber dem ist nicht immer so: Einmal kann die Schweißbildung gegenüber dem Temperaturfall sehr zurückbleiben (z. B. trockene Pneumoniekrisen!), und auf der anderen Seite sehen wir bisweilen außergewöhnlich große Flüssigkeitsverluste bei nur geringer Temperatursenkung. Somit sind also für die Schweiße beim Fieberabfall nicht immer und nicht allein die Gesetze des Wärmehaushaltes maßgebend!

Einer besonderen Erwähnung bedürfen die periodischen Schweiße bei septischen Erkrankungen. Meist beschließen diese Schweiße — ebenso wie bei der Malaria — einen Fieberanfall, der durch einen Schüttelfrost eingeleitet wurde. Sie sind also typische Deferveszenzschweiße, die das Abklingen einer febrilen Reaktion anzeigen.

Diese Fieberperioden sind, wie meist angenommen wird, durch das periodisch wiederkehrende Eindringen von Infektionserregern in die Blutbahn bedingt, z. B. im Anschluß an eine septische Endokarditis oder Thrombophlebitis. Wahrscheinlich sind aber die hier in Betracht kommenden Vorgänge viel komplizierter; vielleicht werden solche Fieberanfälle weniger durch periodisch wiederkehrende Infekte der Blutbahn hervorgerufen als vielmehr durch die wechselnde Reaktionsfähigkeit, Fieberbereitschaft des Organismus selbst.

Auch bei der Tuberkulose stehen Schweiße bisweilen im Vordergrunde der Krankheitssymptome. Oft weicht die Hautwasserabgabe bei Tuberkulösen nicht wesentlich von der Norm ab, ja sie kann sogar — entsprechend der Kachexie des Kranken — erheblich vermindert sein. Andere Patienten, namentlich solche mit akut fortschreitender Tuberkulose und hektischem Fieber, schwitzen stark und anhaltend. Andere nur vorübergehend nachts beim Einschlafen oder erst gegen Morgen.

Ein großer Teil dieser Schweiße hängt mit der Entfieberung zusammen, wie mich eigene Untersuchungen einwandfrei lehrten[2], ein anderer Teil steht in keiner Beziehung zu den Verhältnissen der Wärmeregulation, was schon SORGO[3] u. a. aussprachen. Für die Entstehung dieser Schweiße dürfte eine ganze Reihe verschiedenartiger Momente, die oft nebeneinander bzw. gemeinsam wirken, verantwortlich sein. Das sind zum Teil ganz banale Ursachen, wie z. B. übermäßig warme Bettung, körperliche Anstrengung beim Husten usw.

---

[1] SCHWENKENBECHER u. INAGAKI: Arch. f. exper. Path. **53**, 365 (1905).
[2] Siehe auch GROSS u. HEINELT: Z. exper. Med. **35**, 381 (1923).
[3] SORGO: Wien. med. Wschr. **1904**, Nr 50—52.

Zu solchen mehr zufälligen, aber häufigen Nebeneinflüssen tritt die Wirkung des Schlafes, der die Erregbarkeit des Atemzentrums herabsetzt und zur Anhäufung von Kohlensäure im Blute führt. Diese löst nun ihrerseits durch Erregung der nervösen Schweißzentren die Sekretion aus.

Der Mechanismus „Schlaf und Schweiß" spielt sich oft auch beim Gesunden ab, z. B. beim Säugling. Bei alten Leuten beschreibt NAUNYN[1] reguläre Nachtschweiße!

Wieder andere Schweiße Tuberkulöser, namentlich solcher im Terminalstadium, sind Folgen der Kreislaufschwäche, Begleiterscheinungen des Kollapses. Das sind namentlich die Schweiße gegen Ende der Nacht zu jener Zeit, wo alle Lebensäußerungen des Organismus ihren Tiefpunkt haben.

Man hat ferner die Schweiße der Tuberkulösen auf die Produktion spezifischer Krankheitsgifte zurückgeführt. Ein direkter Einfluß des Tuberkulins auf die Schweißabsonderung ist weder erwiesen noch wahrscheinlich, doch dürfen wir den eingehenden Studien von MEYER-BISCH[2] entnehmen, daß der Wasserhaushalt Tuberkulöser spontan oder bei Tuberkulininjektionen erhebliche Schwankungen erfährt, die unter bestimmten Bedingungen auch eine gesteigerte Hautwasserabgabe bedingen können. Auch die Schweißdrüsen von Phthisikern sind sogleich nach dem Tode sorgfältig auf pathologisch-histologische Veränderungen untersucht worden (VEIL[3]), sie erwiesen sich jedoch stets als normal.

Bei einer bestimmten Gruppe von Tuberkulösen ist aus konstitutionellen Gründen — und das scheint mir das Entscheidende für das Zustandekommen der Nachtschweiße zu sein — das vegetative Nervensystem abnorm leicht erregbar. Ich erinnere hier an den alten Begriff des „Erethismus". Wahrscheinlich kommt für die Übererregbarkeit solcher erethischer Naturen eine Steigerung gewisser endokriner Funktionen in Betracht. Finden wir doch auch sonst — abgesehen von der Neigung zu Schweißen — bei denselben Kranken gewisse Symptome des Hyperthyreoidismus.

Rekonvaleszenten nach schweren Infektionskrankheiten geraten bekanntlich leicht in Schweiß. Sie reagieren bei der gleichen Anforderung an ihre Wärmeregulation sehr viel stärker als Gesunde. Während z. B. im Experiment beim Gesunden nach einer reichlichen Mahlzeit die Wasserabgabe der Haut von 31 g auf 48 g, d. h. um 17 g vermehrt wird, tritt bei Typhusrekonvaleszenten eine weit erheblichere Steigerung von 29 g auf 67 g, also um 38 g auf (SCHWENKENBECHER und TUTEUR[4]). Das liegt daran, daß die gleiche Kost bei den abgemagerten Kranken, die ein wesentlich niedrigeres Minimum des Energiebedarfs aufweisen als Gesunde, eine viel stärkere Wirkung entfalten muß als bei diesen.

Der Schweißausbruch Genesender schon bei geringer Arbeitsleistung erklärt sich ferner durch den Mangel jedes Trainings, das Schwitzen gilt hier mit Recht als Ausdruck der bestehenden Körperschwäche. Eine gesteigerte Erregbarkeit des Nervensystems, wie sie auch in anderen Symptomen, z. B. in Herzklopfen, Labilität des Gefäßtonus, zum Ausdruck kommt, dürfte ebenfalls mit im Spiele sein.

b) Einflüsse der endokrinen Drüsen auf die Hautwasserabgabe.

Die Tätigkeit der endokrinen Drüsen hat nachgewiesenermaßen einen allerdings noch nicht völlig geklärten Einfluß auf den Wärmehaushalt. Deshalb finden wir auch bei krankhaften Änderungen der Funktion dieser Organe quantitative Abweichungen der Hautwasserbildung. Abgesehen von diesen Wir-

[1] NAUNYN: Zus. Darst. Nr 3, S. 44.
[2] MEYER-BISCH: Dtsch. Arch. klin. Med. **134**, 185 (1920).
[3] VEIL: Dtsch. Arch. klin. Med. **103**, 600 (1911).
[4] SCHWENKENBECHER u. TUTEUR: Arch. f. exper. Path. **57**, 285 (1907).

kungen, die durch Vermittlung des gesamten Stoff- und Kraftwechsels mehr indirekt die Haut beeinflussen, bestehen wohl auch nähere Beziehungen zwischen endokrinen Drüsen und Haut, die durch die Drüsenhormone unmittelbar oder durch Vermittlung des vegetativen Nervensystems unterhalten werden. Die bisweilen sehr beträchtlichen Schweiße beim Morbus Basedow gehören hierher. So schied ein junges Mädchen mit dieser Krankheit im nüchternen Zustande 65 g (25 g wären etwa normal!) und nach der Mahlzeit 111 g aus (gegen etwa 35 g in der Norm), und das obwohl die Kranke nur 52 kg wog. Wir können aus diesen Zahlen schließen, daß nicht nur der Nüchternwert der Wasserabgabe stark erhöht ist, sondern auch die Steigerung durch Nahrungszufuhr ganz unverhältnismäßig groß ist.

In geringerem Umfange kann man die Schilddrüsenwirkung auf die Schweißdrüsen auch bei Darreichung von Thyreodintabletten beobachten. Wiederholt konnte ich feststellen, daß Kranke nach längerem Gebrauch dieses Präparates lästige Schweiße bekamen, ohne dabei andere Symptome von Thyreodismus aufzuweisen.

Bei thyreogener Fettsucht (Adipositas dolorosa) erwies sich die Hautwasserabgabe bei Ruhe und Hunger als niedrig; beim Myxödem ist sogar ausgesprochene Anhidrosis beobachtet worden (Leichtenstern[1]). Eine Verminderung der Gesamtwasserausscheidung tritt auch bei Tieren nach Entfernung der Schilddrüse ein (Asher[2]). An einer Patientin mit Akromegalie fanden wir keine Abweichung von der Norm. Dieden[3] berichtet über Anhidrosis bei Morbus Addison.

3. Hautwasserabgabe und Wasserhaushalt.

„Für alle höheren Organismen ist ein sorgfältig regulierter Wassergehalt Grundbedingung ihrer Existenz“ (Rubner). Deshalb untersteht nicht nur der gesamte Wasserumsatz des Körpers einer zentral-nervösen Leitung, sondern auch die Verteilung des Wassers auf die verschiedenen Wege der Ausscheidung. Gewiß haben in erster Linie die Nieren die Aufgabe als Wächter des Blutes und der Gewebe deren normale Zusammensetzung zu wahren; und die Wasserausscheidung im Urin hat hauptsächlich diesen Zweck, während die Wasserverdampfung von der Haut vorwiegend im Dienste der Wärmeökonomie steht.

Doch auch die Haut hat, was meist zu wenig betont wird, eine wichtige Stellung als Regulator des Wasserhaushalts, indem sie einmal, ohne daß dies zur Erhaltung des Wärmegleichgewichts geboten wäre, die Herausschaffung überflüssigen Wassers besorgt, ein andermal dagegen Wasser einspart. Unter gewöhnlichen Bedingungen tritt diese Bedeutung der Haut hinter ihren thermischen Funktionen weit zurück, in pathologischen Zuständen aber, z. B. bei der Ausschwemmung von Ödemen, kann das ganz anders sein.

Sowohl die sichtbare Schweißsekretion als auch die unmerkliche Wasserabgabe der Haut sind bezüglich ihrer Intensität von einem gewissen Wassergehalt des Blutes abhängig, sowie von einem Wasserüberschuß in den Geweben, der für das Blut und das Hautorgan mobilisiert werden kann, ohne gleichzeitig größere Mengen von Salz mitzunehmen.

Die durch Erwärmung herbeigeführte Schweißabsonderung der Katzenpfote fällt nach Montuori[4] mit Abnahme des osmotischen Druckes des Blutes zusammen. Der Erschöpfung der Schweißdrüsen entspricht umgekehrt eine Erhöhung des osmotischen Druckes. Wenn im Tierexperiment die Einspritzung hypotonischer Salzlösungen zu Erniedrigung des osmotischen Blutdruckes führt, werden Schweißtröpfchen sichtbar; und die Sekretion hört auf,

---

[1] Leichtenstern: Dtsch. med. Wschr. **1891**, 1333.
[2] Asher, zit. Ber. Physiol. **8**, 61 (1921). [3] Dieden: Z. Biol. **66**, 387 (1916).
[4] Montuori, zit. nach Zbl. Physiol. **25**, 686 (1911).

wenn durch Injektion einer hypertonischen Lösung eine Erhöhung des osmotischen Druckes erzielt wird. Die Erniedrigung des osmotischen Druckes im Blute bildet also nach PARI[1] einen Reiz, der sowohl die Schweißzentren, als auch die Peripherie erregt.

Alle Vorgänge, die zu einer beträchtlichen Verminderung des Wasserbestandes im Körper führen, wie profuse Diarrhöen (Cholera), Polyurie (Diabetes, Schrumpfniere), Verdursten[2] (stenosierende Prozesse im Verdauungskanal) sind mit einer mehr oder weniger beträchtlichen Herabsetzung der Hautwasserabgabe[3] verbunden. Diese wird in den genannten Krankheitszuständen keineswegs völlig unterdrückt, doch sinkt sie oft auf Bruchteile des Normalen herab. Durch geeignete Prozeduren können auch solche Patienten zum Schwitzen gebracht werden, doch fühlen sie sich bei solchen Versuchen häufig unwohl, und die Sekretion bleibt spärlich. Eine Verminderung der Wasserverdampfung konstatieren wir ferner bei allen Prozessen, die zu einer Wasserfixierung in den Geweben führen, sowohl bei solchen physiologischer Art, wie beim Übergang zu einer kochsalzreicheren Ernährung[4], als auch bei pathologischen Vorgängen, z. B. bei der Bildung von Ödemen.

Die innigen Beziehungen des gesamten Wasserhaushaltes zum Salz- bzw. Ionenbestand des Körpers zeigen sich dabei aufs deutlichste (TOBLER[5]). So interessiert uns die hierher gehörende Beobachtung, daß ein durch profuses Schwitzen herbeigeführter Wasserverlust des Organismus trotz reichlichen Wassertrinkens erst dann wieder ersetzt wird, wenn gleichzeitig Kochsalz[6] oder eine andere Natriumverbindung[7] zugeführt wird. Mit dem Schweiße tritt eben nicht nur eine Einbuße des Körpers an Wasser, sondern auch an Natriumchlorid ein, dessen Anwesenheit im Gewebe zur Wasserfixierung nötig ist. Nicht nur der Salzgehalt der Nahrung und dessen Schwankungen, sondern auch der Stickstoffreichtum derselben ist für die Verteilung des Wassers auf die verschiedenen Wege der Ausfuhr von Belang, indem ein hoher Eiweißgehalt der Kost die Diurese auf Kosten der Hautwasserabgabe anzuregen pflegt (vgl. S. 745).

Wie verhält sich nun die Evaporation von der Haut bei Aufnahme reichlicher Getränkemengen? Die Anwort muß, je nach der Versuchsanordnung, verschieden ausfallen. So ist es natürlich nicht gleichgültig, ob die Versuchsperson kaltes Wasser oder ob sie heißen Tee zu sich nimmt. Im letzteren Falle werden vermehrte Durchblutung der Haut und gesteigerte Schweißsekretion angeregt werden. Ferner besteht ein beträchtlicher Unterschied, ob man während mehrtägiger Perioden die Flüssigkeitszufuhr steigert oder ob man die Versuchsperson nur einmal eine größere Wassermenge von 1—2 Litern trinken läßt. Bei ersterer Anordnung nimmt die unmerkliche Hautwasserabgabe während der Trinkperiode zunächst etwas zu; diese Vermehrung hält einige Tage an, doch nur so lange, bis sich das betreffende Individuum auf die gesteigerte Wasserzufuhr eingestellt hat (DENNIG[8], MOOG und NAUCK[9]).

Bei einmaliger Zufuhr einer größeren Flüssigkeitsmenge von indifferenter Temperatur tritt dagegen weder in der gesamten Wasserdampfausscheidung

---

[1] PARI, zit. nach Ber. Physiol. **4**, 274 (1921).
[2] STRAUB, WALTHER: Z. Biol. **38**, 537 (1899).
[3] Zahlenangaben siehe bei SCHWENKENBECHER: Zus. Darst. Nr 7.
[4] SCHWENKENBECHER u. INAGAKI: Arch. f. exper. Path. **53**, 385 (1905). — KITTSTEINER: Arch. f. Hyg. **73**, 286 (1911).
[5] TOBLER: Arch. f. exper. Path. **62** (1910). — BORELLI u. GIRARDI: Dtsch. Arch. klin. Med. **116**, 206 (1914).
[6] COHNHEIM u. Mitarbeiter: Hoppe-Seylers Z. **63**, 413 (1909); **78**, 62 (1912).
[7] BOGENDÖRFER: Arch. f. exper. Path. **89**, 252 (1921).
[8] DENNIG: Z. physik. u. diät. Ther. **1**, 281 (1898).
[9] MOOG u. NAUCK: Z. exper. Med. **25**, 385 (1921).

(LASCHTSCHENKO[1]) noch in der durch die Haut eine deutliche Änderung ein (MOOG und NAUCK[2]). Obwohl diese Resultate durch direkte Bestimmung der ausgeschiedenen Wassermengen mit einwandfreier Methode gewonnen wurden, halte ich dennoch die Frage für noch nicht endgültig gelöst. Denn schon FERBER[3] gibt, gestützt auf Wägeversuche, an, daß durch einmaligen Wassergenuß auch die extrarenale Wasserabgabe gesteigert werden kann. Das gleiche fanden VEIL und STRAUSS[4] beim Erwachsenen und WENGRAF[5] beim Säugling. Allerdings erfahren wir von keinem dieser Autoren, wie die eingeführte Flüssigkeit temperiert war.

Daß die Wasserdampfausscheidung der Lunge durch Wassertrinken erhöht wird, war schon VALENTIN[6] bekannt und ist durch SIEBECK und BORKOWSKI[7] aufs neue nachgewiesen worden. Diese Wasserverluste durch die Luftwege können aber nur sehr gering sein, etwa 1—3 g pro Stunde, sie fallen also praktisch nicht sehr ins Gewicht. Deshalb muß eine Steigerung des „unmerklichen Gewichtsverlustes" unter den hier in Rede stehenden Bedingungen auf erhöhter Wasserabgabe durch die Haut beruhen. Die Ergebnisse FERBERS und der anderen genannten Autoren bedürfen somit erneuter Prüfung.

Dem Verhalten der Haut bei ödematösen Zuständen haben viele Forscher besondere Aufmerksamkeit geschenkt. Hielt man doch die Vorstellung, die insensible Wasserabgabe sei ihrem Wesen nach ausschließlich oder vorwiegend ein rein physikalischer Verdunstungsvorgang, für bewiesen, wenn der Nachweis gelinge, daß über hydropischer Haut und Unterhaut die Wasserabgabe *gesetzmäßig* gesteigert sei. Schon bei den alten Ärzten finden wir die Ansichten hierüber geteilt. Auch das Experiment fiel verschieden aus. Heute kann als festgestellt gelten, daß bei Beginn einer Wasserretention im Körper und in deren Höhestadium, solange das Wasser in den Geweben gesammelt und fixiert wird, zugleich mit dem Spärlichwerden der Diurese auch die Verdunstung von der Haut abnimmt. Und zwar geschieht das bereits, ehe die Ödeme entwickelt sind.

So fand SSOKOLOW[8], daß sich sogleich mit den ersten Symptomen einer Scharlachnephritis eine bedeutende Abnahme der Hautwasserabgabe einstellt. Zu dieser Störung des Wasserhaushaltes, die den Orten der Ausscheidung das Wasser gewissermaßen vorenthält, mögen dann noch im Verlaufe der wachsenden Durchtränkung und Schwellung von Unterhaut und Haut direkte Kompressionswirkungen evtl. auch reflektorische Einflüsse auf die Tätigkeit der Hautgefäße und der Schweißdrüsen hinzutreten, wie POLACCI und JÜRGENSEN[9] annehmen und auch ich früher schon ausführte.

Bessert sich das Leiden und die Ödeme geraten wieder in Bewegung, so steigt mit der Diurese auch die Wasserabgabe durch Lunge[10] und Haut. Mitunter befördern sogar die extrarenalen Ausscheidungswege den Überschuß an Gewebswasser fast ganz allein, ohne Mitwirkung der Niere, heraus (VEIL, HEINEKE, v. HOESSLIN[11]). Bei solchen entwässernden Ödemkranken sah HEINEKE bisweilen profuse Schweiße, z. B. im Anschluß an Strophantingaben. Allermeistens aber dürfte lediglich eine insensible Sekretionssteigerung bestehen. Bei Wasser-

---

[1] LASCHTSCHENKO: Arch. f. Hyg. **33**, 145 (1898). [2] MOOG u. NAUCK: l. c.
[3] FERBER: Arch. Heilkde **1**, 244 (1866).
[4] VEIL: Klin. Wschr. **1924**, 1609. — STRAUSS: Ebenda **1922**, 1302.
[5] WENGRAF: Z. Kinderheilk. **30**, 79 (1921).
[6] VALENTIN: Zus. Darst. Nr 8.
[7] SIEBECK u. BORKOWSKI: Dtsch. Arch. klin. Med. **131**, 55 (1919).
[8] SSOKOLOW: Arch. Kinderheilk. **14**, 257 (1892).
[9] JÜRGENSEN: Dtsch. Arch. klin. Med. **144** (1924).
[10] SIEBECK u. BORKOWSKI: l. c. S. 58.
[11] VEIL: Dtsch. Arch. klin. Med. **113** (1914). — HEINEKE: Ebenda **130**, 60 (1919). — v. HOESSLIN: Ebenda **137**, 374 (1921).

süchtigen kommen häufig außer der Wasserspeicherung in den Geweben noch andere Momente hinzu, die ihrerseits — evtl. in entgegengesetzter Richtung — die Hautwasserabgabe direkt beeinflussen. Das sind die mangelhafte Blutlüftung und die damit zusammenhängende Dyspnoe, ferner Angst und Schmerzen, Mißempfindungen aller Art und deren erregende Wirkung auf die Schweißnerven. So verstehen wir ohne weiteres, daß die Untersuchung der Hautwasserabgabe bei Hydropischen recht verschiedene Ergebnisse zeitigen muß.

Nicht selten sind auch örtliche Ödeme verbunden mit Cyanose an gelähmten Gliedmaßen. Hier finden wir meist gleichzeitig eine lokale Hyperhidrose; die betreffende Extremität ist dann geschwollen, blau und feucht. Daß solche Hautstellen eine vermehrte Wasserverdunstung zeigen, ist selbstverständlich.

Mit dem Gesagten sind nur die wichtigsten Beziehungen zwischen Ödem und Hautwasserabgabe skizziert. Diese Beziehungen, wesentlich komplizierter, als man sie sich meist vorstellt, sind in ganz überwiegendem Maße durch Gesetze bestimmt, die den *gesamten* Wasserhaushalt bei hydropischen Kranken regulieren. Das Hautödem steigert an sich nicht die Perspiration, es ist vielmehr erstaunlich, wie fest die Epidermis, die unter ihr liegenden Wasserdepots nach außenhin abzuschließen vermag! Nur dann, wenn das Gewebe das retinierte Wasser frei läßt, kommt es zu gesteigerter Elimination desselben. Warum dabei einmal fast ausschließlich die Niere, ein andermal überwiegend die Haut als Ausscheidungsweg bevorzugt wird, das entzieht sich noch unserer Kenntnis. Vielleicht spielen bei diesem unterschiedlichen Verhalten feste Substanzen, wie Salze und Stickstoffverbindungen, die mit dem resorbierten Ödemwasser gleichzeitig ins Blut eintreten, die ausschlaggebende Rolle. Daneben kommt noch eine ungleiche, mehr oder weniger beeinträchtigte Ansprechbarkeit der Nieren (Entzündung, Stauung) bzw. des Hautorgans (Kompression, Stauung) in Betracht. In solchen Fällen, in denen ein großer Teil retinierter Gewebeflüssigkeit den Körper durch die Haut verläßt, kann man in begrenztem Sinne wohl von einem „vikariierenden“ Eintreten derselben für die Niere sprechen. Wie wenig aber bezüglich der Ausscheidung fester Harnbestandteile das Hautorgan bei versagender Nierenfunktion zu leisten vermag, ist bereits auf S. 732 ausgeführt worden.

4. Die Hautwasserabgabe bei Zustandsveränderungen der Haut.

Der Zustand des Hautorgans selbst ist von wesentlicher Bedeutung für die Größe der cutanen Wasserausscheidung. Darauf ist im vorstehenden schon wiederholt hingewiesen worden[1]. Neben dem Blutgehalt der Haut und der Strömungsgeschwindigkeit des Blutes in ihr spielen noch andere Vorgänge eine wichtige Rolle. Talgsekretion, Verhornung, ferner die Erregbarkeit der Haut- und Schweißnerven usw. Die einfache Hauthyperämie, die auf einer aktiven Erweiterung der Arteriolen und der arteriellen Schenkel der Capillaren beruht, führt zu einer Steigerung der Hauttemperatur und zu vermehrter Wasserabgabe. Das können wir feststellen z. B. im Anschluß an warme Aufschläge und andere milde Hautreize, auch nach der Einatmung von Amylnitrit. Treten aber paralytische Zustände an den Hautgefäßen (Scharlach[2]) ein oder ausgesprochen entzündliche Vorgänge (Erysipel, Sonnenstich), so beobachten wir trotz erhöhter Hauttemperatur keine Steigerung, sondern eine Verminderung der Wasserabgabe. Das gleiche ist auch über Hautblasen der Fall, die durch Cantharidinpflaster gesetzt werden. Die Entzündung führt zu einer Hemmung des Blut- und Lymphstroms und zu einer Retention von Flüssigkeit in dem vermehrt

---

1 Siehe auch Moog: Z. exper. Med. **42**, 449 (1924).

2 Kirsch: Z. Kinderheilk. **4**, 97 (1912).

hydrophilen Gewebe. Bei ausgedehnter Dermatitis machen sich daneben wärmeregulatorische Einflüsse geltend, indem die Wärmeabgabe durch Leitung und Strahlung erhöht wird. Solche Kranke klagen, wie mir mein dermatologischer Kollege RUETE mitteilt, trotz geröteter Haut häufig über Frostgefühl.

Mangelhafte Blutversorgung der Haut ist oft mit Verminderung der Wasserabgabe verbunden. Nicht selten finden wir aber auch das Gegenteil: neben Hautgefäßspasmen eine nervöse Steigerung der Schweißabsonderung (blasse, kalte, feuchte Hände!).

Atrophische Vorgänge an der Haut spielen sich ferner im Alter ab, sie erstrecken sich auch auf die Schweißdrüsen selbst. Wahrscheinlich ist diese Atrophie die Folge einer Arteriosklerose der Hautgefäße. Mit der schlechteren Blutversorgung der Haut nimmt deren Turgor ab, sie wird welk und trocken, die unmerkliche Wasserabgabe sinkt.

Die Schweißabsonderung fehlt überall da, wo die Drüsen zerstört sind. Auf Hautnarben bildet sich kein Sekret. Es gibt ferner seltene Zustände angeborener Entwicklungsstörung der Haut und ihrer Anhangsgebilde. In solchen Fällen, in denen eine mehr oder weniger komplette Anhidrosis besteht, können die Betroffenen nur ungenügend schwitzen. Sie erleiden deshalb in heißen Sommertagen oder bei der Arbeit oft Störungen in ihrer Wärmeregulation, da ihre Entwärmungsvorrichtungen nicht ausreichen. Solche Kranke sind zu anstrengender Körperleistung, namentlich in der heißen Jahreszeit, unfähig. Es gelingt leicht, sie in heißen Luftbädern zu überwärmen, ohne daß ein Tropfen Schweiß sichtbar wird.

LOEWY und WECHSELMANN[1] hatten Gelegenheit, mehrere derartige Patienten zu untersuchen. Sie stellten fest, daß die betreffenden Individuen trotz fehlender Sekretion bei mittlerer Temperatur und in der Ruhe eine fast normale unmerkliche Hautwasserabgabe besaßen. Das ist sehr auffallend und höchst bemerkenswert!

Die Unfähigkeit zu schwitzen ist nicht stets mit dem völligen und endgültigen Ausfall jeder Drüsentätigkeit identisch. So berichteten PATZSCHKE und PLAUT[2] von einem Mädchen, das infolge einer Naphthalin-Dermatitis anhidrotisch wurde. Auch unter dem Lichtbogen blieb anfangs die Haut der Patientin vollständig trocken, dabei trat eine Steigerung der Körpertemperatur um 2,8° C ein. Unter einer kombinierten Behandlung mit Wärme und Pilocarpin gelang es aber sehr schnell, die Funktion der Schweißdrüsen anzuregen und die Anhidrosis zu beheben. Bei dem hier vorliegenden Zustande dürfte es sich wohl weniger um eine universelle anatomische Schädigung der Schweißdrüsen gehandelt haben, als vielmehr um eine Funktionsstörung. Denn eine chronische, histologisch begründete Erkrankung der Schweißdrüsen, die zu einem fast 2 Jahre anhaltenden Versiegen der Sekretion geführt hat, würde wohl kaum nach wenigen Wärmeapplikationen und minimalen Pilocarpingaben geheilt worden sein. Ich vermute, daß an den Händen und Füßen der Kranken, wo ausgesprochene Hyperkeratose bestand, eine ernstere organische Schädigung der Schweißdrüsen vorlag, und daß von diesen Hautstellen aus, rein reflektorisch, eine Anhidrosis ausgelöst wurde — etwa so, wie eine komplette Anurie bei Steinverschluß einer *Niere* entsteht. In dieser Annahme bestärkt mich eine andere ärztliche Mitteilung, die GRIESBACH[3] veröffentlichte: Im Anschluß an eine schwere Formalinschädigung der Haut beider Füße und beider Achselhöhlen stellte sich bei mehreren Personen eine *allgemeine* Oligohidrosis ein, so daß auch hier bei körperlicher Betätigung und Sommertemperatur Hyperthermie erfolgte.

Daß auch auf rein psychogenem Wege eine allgemeine Anhidrosis entstehen kann, geht aus einer eigenartigen Beobachtung von KNAUER und BILLIGHEIMER[4] hervor.

Einwandfreie quantitative Bestimmungen der Wasserabgabe bei ausgedehnter Erkrankung der Haut fehlen noch vollkommen. Was wir hierüber wissen, stützt sich meist auf die weniger genauen Methoden, die mit Hilfe kleiner Exsiccatorgefäße begrenzte Hautgebiete einer Prüfung unterziehen. Im allgemeinen wird angenommen, daß bei denjenigen Leiden, die mit einer trockenen Haut

[1] LOEWY u. WECHSELMANN: Virchows Arch. **206**, 79 (1911). — SIEBERT: Z. klin. Med. **94**, 317 (1922).
[2] PATZSCHKE u. PLAUT: Münch. med. Wschr. **1921**, 1117.
[3] GRIESBACH: Münch. med. Wschr. **1922**, 16.
[4] KNAUER u. BILLIGHEIMER: Z. Neur. **50**, 199 (1919).

einhergehen, wie die Ichthyosis, die Psoriasis, die Sklerodermie, bestimmte Ekzemformen, Hyperkeratosen, die Wasserabgabe vermindert ist. Das trifft aber sicher nicht für alle Fälle zu. So vermißte sowohl LOEWY[1] wie auch ich[2] bei Ichthyosis eine Herabsetzung der Hautwasserabgabe, AUBERT[3] konstatierte sogar bei Psoriasis im Stadium der Abheilung eine Hyperhidrosis. Die seltene eitrige Entzündung der Schweißdrüsen soll mit profusen Schweißen einhergehen.

VI. Die Innervation der Schweißdrüsen.

Zusammenfassende Darstellungen.

1. ADAMKIEWICZ: Die Sekretion des Schweißes. Berlin: Hirschwald 1878. — 2. HIGIER: Erg. Neur. 2. Jena: Fischer 1912. — 3. LANGLEY: Das autonome Nervensystem. Berlin: Julius Springer 1922. — 4. LUCHSINGER: Hermanns Handb. d. Physiol. 5, 421. Leipzig: Vogel 1883. — 5. METZNER: Nagels Handb. d. Physiol. 2, 410. Braunschweig 1907. — 6. METZNER: Das autonome Nervensystem. Jber. Physiol. 1920. — 7. MÜLLER, L. R.: Die Lebensnerven. Berlin: Julius Springer 1924. — 8. SCHLESINGER: Arch. f. Dermat. (Festschr. f. MORITZ KAPOSI). Wien u. Leipzig: Braumüller 1900. — 9. SCHWENKENBECHER: Krehl-Marchands Handb. d. allg. Path. 2. Leipzig: Hirzel 1913.

Die Schweißabsonderung untersteht, wie jede echte Sekretion, dem Einflusse spezifischer Nerven. Ja, man ist sogar der Ansicht, daß ohne Nervenreiz Schweiß überhaupt nicht gebildet werden kann, indem die Schweißdrüsen selbst für jeden direkten Reiz als ganz unzugänglich gelten. Wenn dies auch in weitem Maße zutrifft, so muß doch immer wieder hervorgehoben werden die erhebliche Bedeutung, die der Durchblutung und Erwärmung der Haut für die Größe der Absonderung selbst *bei durchschnittenen Schweißnerven* zukommt.

Dem Studium der Schweißdrüseninnervation stehen große Schwierigkeiten im Wege, weil wir für den Menschen vorwiegend auf Beobachtungen aus dem Gebiet der Pathologie angewiesen sind und die Krankheit nur selten eindeutige, unkomplizierte Bedingungen schafft. Tierexperimente, so unentbehrlich sie für die Lösung vieler physiologischer Fragen auch auf diesem Gebiete sind, können bezüglich der Innervation der Schweißdrüsen nur mit großer Vorsicht verwertet werden, da bei den gewöhnlichen Laboratoriumstieren die Drüsen wenig entwickelt und ihre Tätigkeit in der Hauptsache auf einzelne Körpergegenden (Fußsohlen usw.) beschränkt ist. Auch ist die Nervenversorgung bei verschiedenen Tierarten (v. BECHTEREW), ja sogar bei Tieren der gleichen Art (LANGLEY) erheblichen Variationen unterworfen.

Alle Schweißnerven gehören dem System des Sympathicus an. Sie verlassen das Rückenmark mit den vorderen Wurzeln und treten mit den Rami communicantes albi in ein Ganglion des Grenzstranges ein. In diesen Ganglien beginnt die periphere Schweißbahn. Die postganglionären Fasern begeben sich in den Rami communicantes grisei zu den spinalen Nerven zurück und gelangen mit den größeren Nervenstämmen und deren Verzweigung zur Hautoberfläche. Ihre örtliche Ausbreitung entspricht hier weitgehend der Verteilung der sensiblen Nerven, so daß wir bei peripheren Nervenschädigungen neben Schweißanomalien häufig gleichzeitig Sensibilitätsstörungen beobachten.

Durch die Untersuchung von SHERRINGTON, LANGLEY u. a. sind diese intimen Beziehungen zwischen beiden Nervenarten auch im Tierexperiment nachgewiesen worden (METZNER[4]).

Die *sympathische* Innervation der Schweißdrüsen ist durch anatomische und physiologische Untersuchungen sichergestellt. Mit Rücksicht auf das phar-

[1] LOEWY: Biochem. Z. 67, 266 (1914).
[2] SCHWENKENBECHER: Dtsch. Arch. klin. Med. 79, 55 (1903).
[3] AUBERT: Ann. de Dermat. 9, 359 (1877/78).
[4] METZNER: Zus. Darst. Nr 5, S. 419.

makologisch abweichende Verhalten der Schweißdrüsen (s. S. 764) und als Ergebnis eines Vergleichs der Speicheldrüsen mit den Schweißdrüsen hat man auch für diese wiederholt eine doppelte Innervation angenommen. So hat man den gewöhnlichen dünnflüssigen Schweiß mit dem parasympathischen Chordaspeichel und den klebrigen Todesschweiß mit dem Sympathicusspeichel verglichen (L. R. Müller[1]). Bewiesen ist indessen diese doppelte Innervation der Knäueldrüsen noch keineswegs, auch erscheint ihre Annahme in Berücksichtigung bestimmter pharmakologischer Wirkungen auf die Drüsen heute weniger zwingend als früher (vgl. S. 764).

Die Existenz von schweißhemmenden Fasern, die seit Jahrzehnten immer wieder postuliert wird (zuletzt von Dieden[2]), ist ebenfalls nicht sicher (Metzner[3]).

Wenn ein *peripherer Nerv* vollständig durchtrennt wird, so erlischt zumeist in einiger Zeit die Schweißsekretion in dem betreffenden Hautbezirke. Auch bei Krankheitsprozessen, die, wie z. B. die Lepra, in ausgedehntem Maße die Funktion der peripheren, besonders der sensiblen Nerven schädigt, kann man in etwa gleicher Ausdehnung eine komplette Anhidrosis feststellen. Auch eine alte, immer wieder bestätigte Erfahrung der Chirurgen spricht in diesem Sinne: danach sind transplantierte Hautstücke anhidrotisch und beginnen erst mit der Rückkehr der Sensibilität wieder zu schwitzen. Beide Arten von Nervenfasern sind eben in einem Nerven vereint, werden bei der Operation gleichzeitig durchtrennt und restituieren sich bei der Heilung nun auch wieder gleichzeitig.

Diese Übereinstimmung ist nicht immer vorhanden. So bleibt im Tierexperiment nach Nervendurchschneidung die Sekretion oft noch wochenlang erhalten (Langley, Burn[4]). Allerdings besteht ein deutlicher Unterschied zwischen elektrischer Nervenreizung und Pilocarpinwirkung. Schon Luchsinger machte auf diese Divergenz aufmerksam und schloß daraus, daß entweder die letzten Nervenenden in den Drüsen sehr spät degenerieren oder daß das Pilocarpin die Drüsensubstanz selbst reize. Wir würden statt dessen heute mit Langley sagen, daß das Pilocarpin „mehr peripheriewärts als die Endverzweigungen der Nerven angreift".

Beim Menschen fehlen entsprechende zahlreiche und systematische Untersuchungen. Aus dem vorliegenden Material ist zu schließen, daß nach dauernder Unterbrechung eines peripheren Nerven, wie gesagt, in der Regel eine Anhidrosis eintritt. In einzelnen Fällen sah man aber auch beim Menschen Ausnahmen, indem die Schweißsekretion nach Nervendurchschneidung nicht nur erhalten blieb, sondern sogar eine Steigerung zeigte (Schuh[5]).

Bei Reizung, Entzündung peripherer Nerven, ist wiederholt eine lokalisierte Steigerung der Absonderung notiert worden. Doch ist dies Zusammentreffen nach meinen ärztlichen Erfahrungen selten und meist nicht eindeutig.

Die Schweißfasern des Gesichtes scheinen sich beim Menschen sowohl dem N. trigeminus als auch dem N. facialis anzuschließen. Bei Quintusneuralgie sind lokalisierte Gesichtsschweiße nicht seltene Begleiterscheinungen. Allerdings kann man diesen „Trigeminusschweiß" auch als Reflexwirkung auffassen. Über Schweißanomalien bei peripherer Facialislähmung ist oft berichtet worden. Bloch und Strauss[6] glaubten sogar eine ausgesprochene Übereinstimmung zwischen der Schwere der Lähmung und der Verminderung der Schweißabsonderung feststellen zu können. Ein so weitgehender Parallelismus ist aber sicherlich

[1] Müller, L. R.: Zus. Darst. Nr 7, S. 390.
[2] Dieden: Dtsch. Arch. klin. Med. **117** (1915).
[3] Metzner: Zus. Darst. Nr 5, S. 419, 420.
[4] Langley: Zus. Darst. Nr 3, S. 34. [5] Schuh: Zus. Darst. Nr 4, S. 426.
[6] Bloch u. Strauss, zit. nach Cassierer: Die vasomotorisch-trophischen Neurosen. S. 33ff. Berlin: Karger 1901.

nicht gesetzmäßig vorhanden, da von anderer Seite bei Facialislähmung auch örtliche Hyperhidrosis beschrieben wurde (WINDSCHEID[1]).

In ihrer lokalen Ausbreitung sind Schweißanomalien bei peripheren Nervenstörungen meist nicht so scharf begrenzt, wie etwa Veränderungen der Sensibilität. Auch sind die Zonen abnormer Übersekretion oft größer als gleichzeitige Empfindungsstörungen. Sie erstrecken sich z. B. auf eine ganze Hand oder eine ganze Extremität, während die Ausfallserscheinungen der Sensibilität wesentlich geringer sind. Stets aber wird die Mittellinie des Körpers streng respektiert, die Schweiße bleiben auf die erkrankte Seite beschränkt.

Nach Exstirpation von *Sympathicusganglien* (mit allen Verbindungsästen) hat man beim Menschen die Schweißabsonderung ebenfalls erlöschen sehen (ROWNTREE und ADSON[2]). Demgegenüber hat BURN[3] beim Tier nach Exstirpation des Ganglion stellatum eine Abnahme der Pilocarpinwirkung an den Vorderpfoten der Katze nicht feststellen können.

Der Halssympathicus entspricht nicht einem peripheren Nerven, denn er enthält präganglionäre Schweißfasern. Trotzdem tritt beim Menschen bei dauernder Unterbrechung desselben meist Anhidrosis der betreffenden Gesichtshälfte ein. Auch beim Tier ist das häufig so, aber es ist auch, z. B. beim Pferde, nicht selten der gegenteilige Effekt gesehen worden: starke Hyperhidrosis.

Dieselbe Inkonstanz der Erscheinung beobachten wir auch beim Menschen, wenn Erkrankungen zu Störungen im Halssympathicus führen, allerdings wissen wir da meist nicht, ob durch die Erkrankung, z. B. eine auf den Halssympathicus drückende Geschwulst, ausschließlich Lähmungs- bzw. Reizwirkungen oder auch beide zugleich ausgelöst werden.

Gar vieles weist darauf hin, daß die Knäueldrüsen nach der Abtrennung von allen äußeren Schweißfasern in ihrem *Binnennervensystem* Einrichtungen besitzen, die innerhalb gewisser Grenzen die Drüsenfunktion aufrecht erhalten. Da kommt wohl ein Gesetz zur Geltung, das nach LEWANDOWSKY[3] an allen Organen beobachtet werden kann: Nach dem Fortfall der sämtlichen äußeren vegetativen Nerven wird die Peripherie in vermehrtem Maße selbständig und zeigt eine gesteigerte Erregbarkeit. Daneben übt die nach Durchschneidung sympathischer Nerven eintretende Vasomotorenlähmung und die damit verbundene Vermehrung der Hautdurchblutung einen gewissen, die Tätigkeit der Schweißdrüsen fördernden Einfluß aus.

In der grauen Substanz des Rückenmarks, an der Grenze zwischen Vorder- und Hinterhorn, liegen Gruppen von Ganglienzellen, die zu *spinalen Schweißzentren* zusammengehören. Diese sympathischen Zellen sind nicht über das Rückenmark in seiner ganzen Länge verteilt, sondern sie sind auf das Dorsalmark und die obere Hälfte des Lumbalmarks beschränkt.

Die *Schweißfasern* verlassen größtenteils in der Höhe, in der ihre Zentren liegen, die Medulla spinalis, die aus dem oberen Brustmarke stammenden Fasern ziehen dann nach oben, die aus dem Lendenmarke stammenden nach unten, die aus dem mittleren Teil des Brustmarkes entspringenden Fasern teils nach oben, teils nach unten. Alle enden in einem Ganglion des Grenzstranges bzw. des Halssympathicus.

Die in ein und derselben Wurzel vereinigten Schweißfasern stammen keineswegs stets aus derselben Höhe des Rückenmarks, auch verteilen sich die Fasern derselben Wurzel auf verschiedene Ganglien des Grenzstranges und gelangen schließlich mit verschiedenen sensiblen Nervenzweigen zur Hautoberfläche.

[1] WINDSCHEID: Münch. med. Wochenschr. **1890**, 882.
[2] ROWNTREE u. ADSON: J. amer. med. Assoc. **85**, Nr 13 (1925).
[3] LEWANDOWSKY: Sein Handb. d. Neur. **1**, 418. Berlin: Julius Springer 1910.

Deshalb erstrecken sich spinale Schweißanomalien oft auf größere Hautbezirke als gleichzeitig vorhandene sensible Störungen, sie greifen auf die Nachbarschaft über, aber sie werden auch undeutlich, gewissermaßen überdeckt, wenn eine spinale Herderkrankung von nur geringer Ausdehnung vorliegt.

SCHLESINGER[1] unterschied, gestützt auf zahlreiche Beobachtungen an Rückenmarkskranken, vier periphere Schweißterritorien, die eine gewisse Unabhängigkeit voneinander zu besitzen schienen. Das erste dieser Gebiete ist die eine Gesichtshälfte, das zweite die obere Extremität, ein drittes stellen die obere Rumpfhälfte, Hals, Nacken, behaarter Kopf dar, und ein viertes bildet die untere Extremität.

Genauere Untersuchungen aus neuerer Zeit verdanken wir ANDRÉ THOMAS[2], der eingehende Studien an Soldaten mit Verletzungen des Rückenmarks vornahm. Nach ihm liegen die spinalen Schweißzentren für Kopf, Hals und oberen Teil des Brustkorbes zwischen den Segmenten C_8 und D_6. Die Zentren für die obere Extremität liegen zwischen D_5 und D_7. Die sich nach abwärts anschließenden Rückenmarkssegmente versorgen die Haut des Rumpfes, und zwar endigen die spinalen Schweißzentren, die die Haut bis zur Leistenbeuge und zum Darmbeinkamm versorgen, etwa in der Höhe des 9. Dorsalsegments. Für die Beine existiert nach dem gleichen Autor ein langgestrecktes Zentrum im unteren Dorsalmark und dem oberen Drittel des Lumbalmarkes.

Während nun ein großer Teil der Forscher der Ansicht zuneigt, daß etwa in der Mitte des Lumbalmarkes die Sympathicuszentren ihr Ende finden, vermutet BÖWING[3] auf Grund eigener Beobachtungen, daß Schweißzentren für die Haut der äußeren Genitalien und der Umgebung des Anus im Sakralmark liegen. FILIMONOFF[4] ist dagegen zu anderen Resultaten gelangt. Nach seinen Untersuchungen stammen die Schweißfasern dieser Hautpartie aus dem unteren Dorsalmark bzw. Lendenmark.

Bei *Querschnittsunterbrechungen des Rückenmarks* in dessen dorsalem und lumbalem Anteil wird die Paraplegie der unteren Extremitäten bisweilen von einer etwa der Sensibilitätsstörung entsprechenden kompletten Anhidrosis begleitet. Noch öfter ist die Schweißabsonderung in der gelähmten unteren Körperhälfte nur herabgesetzt. Diesen Befund BÖWINGS[5] kann ich bestätigen.

Nicht selten sieht man auch bei schweren Läsionen des Rückenmarkquerschnittes gemischte Schweißanomalien, anhidrotische und hyperhidrotische Zonen an demselben Menschen (SCHLESINGER, HIGIER). Ich selbst sah einen Patienten mit Hämatomyelie in der Höhe des 8. Cervicalsegments, der bis zur oberen Brusthälfte herauf, abgesehen von einigen ausgesparten Hautpartien, nicht schwitzte, an Kopf, Hals, oberster Brustpartie aber eine beträchtliche Hyperhidrosis aufwies. Wir vermuten in solchen Fällen Lähmungs- und Reizungserscheinungen nebeneinander.

Bestehen bei Nervenkranken örtlich begrenzte Hyperhidrosen beträchtlichen Grades, so sieht man nicht selten am übrigen Körper die Absonderung abnehmen. Das geschieht wohl aus regulatorischen Gründen, um den durch die abnorme Absonderung gesteigerten Wasser- und Wärmeverlust wieder auszugleichen. Eine solche Oligohidrosis kann also sekundär und rein physiologischer Natur sein. Das bedarf der Beachtung!

In anderen Fällen von Querschnittsunterbrechungen des Rückenmarks hat man in den *gelähmten* Körperteilen eine vermehrte Schweißbildung konstatiert (SCHLESINGER). So trat auch in den Versuchen von GOLTZ und EWALD

[1] SCHLESINGER: Zus. Darst. Nr 8. [2] THOMAS, ANDRÉ: L'Encephale **1920**, 233.
[3] BÖWING: Zus. Darst. Nr 7, S. 393. [4] FILIMONOFF: Z. Neur. **86**, 182 (1923).
[5] BÖWING: Dtsch. Z. Nervenheilk. **76**, 91 (1923).

an Hunden nach Durchschneidung des Halsmarkes eine Hyperhidrose in dem gelähmten Gebiete ein. Die Kopfhaut des Tieres blieb dabei trocken, während am übrigen Körper die Haare feucht wurden. In diesen Versuchen zeigte sich die Steigerung der Sekretion nur in der ersten Zeit nach der Läsion (16 Tage lang), um dann wieder zu verschwinden. Man betrachtet allgemein diese unmittelbar nach hoher Markdurchschneidung bei Tieren auftretende Hypersekretion als Ausdruck einer vorübergehenden Reizung von Schweißzentren und sensiblen Nervenfasern. Es ist aber dabei auch an die Möglichkeit zu denken, daß infolge der Läsion schweißhemmende Einflüsse in Wegfall geraten. Deutet man doch die infolge des Eingriffs gleichzeitig ausgelöste Reflexsteigerung in diesem Sinne!

Bei der Halbseitenverletzung des Rückenmarks findet man die Schweißanomalie, falls eine solche vorhanden, auf der Seite der motorischen Ausfallserscheinungen (ENDERLEN[1], HENNEBERG[1], KARPLUS).

Bei Erkrankungen der *grauen Hörner* des Rückenmarks sind Schweißanomalien verhältnismäßig häufig. Namentlich gilt dies für die Syringomyelie in ihren ausgeprägteren Bildern. Man sieht hier hyperhidrotische Prozesse nicht selten, namentlich auf eine Gesichtshälfte beschränkt, auch Bezirke mit herabgesetzter Sekretion kommen oft vor. Bei der Poliomyelitis berichtet HIGIER[2] von vollständigem Versiegen der Absonderung an den gelähmten Körperteilen. Das ist aber nicht stets der Fall.

Bei den vorwiegend isolierten Erkrankungen der *weißen Substanz*, den sog. *Strangerkrankungen*, bleibt meist die Schweißsekretion unverändert.

Die Verminderung des Fußsohlenschweißes, die man als seltenes Symptom einer beginnenden Tabes kennt, hat wohl weniger ihre Ursache in Erkrankung von Schweißzellen oder -fasern, als vielmehr in der Schädigung der sensibeln Bahn, indem periphere Reize, die vordem eine gesteigerte Drüsentätigkeit auslösten, mit der Erkrankung in Wegfall geraten.

Bei der Entzündung der *sensibeln Spinalganglien*, die zum Herpes zoster führt, besteht nicht selten gleichzeitig eine örtliche Hyperhidrosis im Bereiche der Hautefflorescenzen.

Die im Rückenmark gelegenen Zentren sind höheren Zentralstellen der Schweißabsonderung untergeordnet. Es unterliegt wohl keinem Zweifel mehr, daß in der grauen Substanz des *Zwischenhirns* die Schweißsekretion wie alle anderen vegetativen Funktionen des Körpers die höchste zentrale Lokalisation beherrscht werden. So sitzt, von der aus alle tieferliegenden Schweißzellengruppen beherrscht werden. So erhielten KARPLUS und KREIDL im Tierversuch bei Reizung des Zwischenhirns eine profuse Schweißabsonderung an allen vier Pfoten der untersuchten Katze.

Über Schweißbahnen, die die Regio subthalamica mit den Rückenmarkszentren fest verbinden, wissen wir nichts Genaueres. Die alte Anschauung, nach der eine lange Schweißbahn in der weißen Substanz des Vorderseitenstranges herabziehen soll, ist unbewiesen. Wenn dem so wäre, müßten, wie L. R. MÜLLER[3] ausführt, dann auch lange, voneinander gesonderte Bahnen für die Blutgefäße, die Haarbalgmuskeln und alle inneren Organe verlangt werden. Das ist um so weniger wahrscheinlich, als weder die Physiologie noch die Pathologie auf dem Rückenmarksquerschnitt Felder für solche Bahnen kennt. Wahrscheinlich gibt es im Rückenmark überhaupt keine ausgesprochene kompakte Schweißbahn, sondern vielmehr kurze, allerdings feste Verbindungen, die vorwiegend innerhalb der grauen Säulen verlaufend, die übereinanderliegenden Schweißzellengruppen verknüpfen. Dasselbe müßte dann allerdings auch für

---

[1] ENDERLEN, HENNEBERG, zit. nach Zus. Darst. Nr 9, S. 461.
[2] HIGIER: Dtsch. Z. Nervenheilk. **20**, 426 (1901) — Neur. Zbl. **26**, 19 (1907).
[3] MÜLLER, L. R.: Zus. Darst. Nr 7, S. 91.

die anderen vegetativen Nervenbahnen im Gehirn und Rückenmark gelten, insbesondere auch für die Vasomotoren, die ja in ihrer örtlichen Anordnung und Verteilung mit den Schweißnerven vieles Gemeinsame zeigen.

Bezüglich dieser Fragen sind unsere Kenntnisse auch nicht einigermaßen gesichert. Denn während auf der einen Seite die Existenz einer langen Schweißbahn nicht recht plausibel erscheint, ist doch diese Vorstellung schwer entbehrlich für die Erklärung bestimmter anderer Beobachtungstatsachen. So müssen doch wohl ähnlich der motorischen Bahn auch die Schweißfasern in ihrem Verlauf durch Gehirn und verlängertes Mark irgendwo eine Kreuzung erfahren, denn wir sehen sowohl bei Gehirnherden wie bei der Brown-Sequardschen Halbseitenläsion des Rückenmarks die Schweißanomalie auf derselben Körperhälfte wie die motorische Lähmung.

Bei Erkrankungen des *Gehirns* werden Störungen der Schweißsekretion häufig beobachtet. Sowohl bei Prozessen der *Hirnrinde* (progressive Paralyse, Rindenepilepsie, Rindenblutung) hat man halbseitige Schweiße im Gesicht oder auch am ganzen Körper beobachtet. Die Annahme v. Bechterews u. a., daß die Hirnrinde Schweißzentren enthalte, ist uns nach den Ausführungen L. R. Müllers nicht wahrscheinlich. Müßten wir doch sonst für das gesamte vegetative Nervensystem und den von diesem innervierten Organen Rindenzentren postulieren. Auch bietet ein des Großhirns beraubter Hund weder vasomotorische noch sudorale Ausfallserscheinungen. Wir fassen vielmehr die Schweißanomalien, die nach Hirnrindenreizung eintreten, als reflektorische Erscheinungen auf, die durch Reizung sensibler Nervenfasern ausgelöst werden.

Besonders häufig sieht man halbseitiges, auf die gelähmte Körperseite beschränktes Schwitzen, meist zugleich mit vasomotorischen Störungen, bei der gewöhnlichen Apoplexie, der Blutung in die Gegend der inneren Kapsel.

In einem solchen Falle von rechtsseitiger Hemiplegie mit starker Hemihyperhidrosis fand Böwing[1] einen Erweichungsherd im Thalamus und Corpus subthalamicum der linken Gehirnhälfte. In der Mehrzahl der Hemiplegien finden wir nur eine Sekretionssteigerung geringeren Grades, die hauptsächlich an der Fläche der gelähmten Hand nachweisbar ist (Böwing[1]). Die Schweiße bei Chorea und bei Parkinsonscher Krankheit weisen hin auf einen Krankheitsherd im Grau des Zwischenhirns.

Nachdem nunmehr als *dominierendes* Zentrum der Schweißabsonderung, sowie aller anderen vegetativen Funktionen die in den Wandungen des 3. Hirnventrikels gelegene graue Substanz angesprochen werden muß, dürfte wohl die frühere Annahme einer die gesamte Schweißsekretion *beherrschenden* Zentralstelle in der Medulla oblongata als erledigt anzusehen sein, wie denn auch heute ein dominierendes Gefäßzentrum in der gleichen Gegend angezweifelt wird[2].

Über die zahlreichen Wege, auf denen *Schweißreflexe* verlaufen, können wir uns noch keine sicheren Vorstellungen machen. So sehen wir dieselbe Hautstelle unter dem Einfluß der verschiedensten Reize schwitzen. Wir beobachten z. B. Schweißausbruch im Gesicht bei Trigeminusneuralgie, aber auch bei Schmerzen in ganz entfernten Nervengebieten, ferner bei bestimmter Reizung der Geschmacksnerven (Paprika), der Geruchsnerven (Ammoniak), bei Reizung der Magenschleimhaut (Kohlensäure), bei stark gefüllter Harnblase, bei Stuhldrang. Das von Adamkiewicz[3] besonders studierte Vorkommen von symmetrischen Schweißen (z. B. an beiden Händen) bei einseitiger Hautreizung weist darauf hin, daß sich solche Reflexe häufig über das Rückenmark bis zum Gehirn fortpflanzen. Aber es erklärt sich auch diese bilateral-symmetrische Sekretion

[1] Böwing: Zus. Darst. Nr 7, S. 391 — Dtsch. Z. Nervenheilk. **76**, 107 (1923).
[2] Böwing: Zus. Darst. Nr 7, S. 194.
[3] Adamkiewicz: Zus. Darst. Nr 1.

zum Teil wenigstens aus der Existenz von Verbindungsfasern, die von einem Grenzstrang zum anderen hinüberziehen. So konnte LANGLEY[1] im Tierversuch feststellen, daß bei Reizung des Lumbalteiles eines Grenzstranges nicht nur an der zugehörigen Hinterpfote Schweiß auftritt, sondern auch auf der anderen.

Die wichtigste Reflexbahn verläuft von der Haut durch die Temperaturnerven zum spinalen Schweißzentrum und von da durch den Grenzstrang wieder zur Peripherie. Deshalb ist auch die Integrität der Sensibilität für den normalen Ablauf des Absonderungsvorganges von besonderer Wichtigkeit.

Daneben gibt es wahrscheinlich noch zahlreiche andere Schweißreflexwege, die wir noch nicht kennen. So scheint mir die innige und ganz aufeinander abgestimmte Zusammenarbeit zwischen Vasomotoren und Schweißdrüsen *nicht nur* darauf zu beruhen, daß eine stärkere Hautdurchblutung die Schweißabsonderung steigert. Ich vermute daneben reflektorische Vorgänge, deren zentripetalen Anteil man wohl in rückläufigen Sympathicusfasern suchen muß, die die Hautgefäße mit den spinalen Schweißzentren verbinden. Ferner müssen irgendwelche Fasern existieren, die den höheren Schweißzentren Mitteilung über bestimmte Erregungszustände in den Knäueldrüsen selbst oder deren Nervensystem übermitteln. Wenigstens kann man sich wohl jene merkwürdige Form von universeller Anhidrosis, die nach Formalinverätzung relativ kleiner Hautbezirke entsteht, kaum anders erklären. Ein Verständnis dieser komplizierten vegetativen Reflexe zu gewinnen, ist äußerst wichtig, ihr Studium befindet sich zur Zeit noch in den ersten Anfängen.

Von dem entscheidenden Einfluß, den die *Psyche* und alle Erregungen derselben auf die Tätigkeit der Schweißdrüsen ausüben, ist bereits die Rede gewesen (S. 727). Damit im Einklang finden wir besonders häufig Schweißanomalien bei leicht erregbaren nervösen Individuen. Meist zeigt sich bei ihnen eine *Hyperhidrosis* in wechselnder Ausdehnung und wechselnder Stärke. In der Regel beschränkt sich diese auf umschriebene Hautbezirke, so auf Hände und Füße, auf die Achselhöhlen, auf das Gesicht. Auch *halbseitige* Schweiße des Gesichts oder auch einer ganzen Körperseite sind oft beschrieben worden.

Anhidrosen auf nervöser Basis sind dagegen sehr selten. Um so interessanter ist deshalb eine Beobachtung von KNAUER und BILLIGHEIMER[2], die bei einem hochgradig nervösen Arzte neben anderen Störungen im vegetativen Nervensystem eine komplette Aufhebung des Schwitzvermögens feststellten.

VII. Einige Bemerkungen zur Pharmakologie der Schweißsekretion.

Zusammenfassende Darstellungen.

1. ERBEN: Vergiftungen. Handb. d. ärztl. Sachverständigentätigkeit von DITTRICH. Wien u. Leipzig: Braumüller 1910. — 2. HEFFTER: Handb. d. erxper. Pharmakologie **2** II. Berlin: Julius Springer 1924. — 3. LANGLEY: Das autonome Nervensystem. Berlin: Julius Springer 1922. — 4. LUCHSINGER: Hermanns Handb. d. Physiol. **5**, 425. Leipzig: F. C. W. Vogel 1883. — 5. MEYER u. GOTTLIEB: Die experimentelle Pharmakologie. Berlin u. Wien: Urban & Schwarzenberg 1925. — 6. MÜLLER, L. R.: Die Lebensnerven. Berlin: Julius Springer 1924.

1. Diaphoretica und Antihidrotica.

Wenn im folgenden noch einiges über die Wirkung von Schweißgiften wiedergegeben werden soll, so beschränke ich mich hier fast ganz auf Erfahrungen, die man in Untersuchungen am *Menschen* gewonnen hat.

[1] LANGLEY, zit. nach Zus. Darst. Nr 5, S. 415.
[2] KNAUER u. BILLIGHEIMER: Z. Neur. **50**, 237 (1919).

Unter den die Schweißsekretion anregenden Substanzen nimmt das Alkaloid *Pilocarpin* die erste Stelle ein. Andere Gifte, wie z. B. das *Physostigmin*, das ebenso wie Pilocarpin peripher an den parasympathisch reagierenden Schweißnervenendigungen angreift, ist in seiner Wirkung auf die Schweißsekretion weniger studiert.

Das Pilocarpin zeigt in Gaben von 0,002—0,015 g seines Chlorids bei verschiedenen Individuen eine höchst ungleiche Wirkung, nicht selten überwiegt der Einfluß auf die Speichelsekretion und die Herz- und Magendarmtätigkeit denjenigen auf die Funktion der Knäueldrüsen. Häufig zeigt sich auch der Pilocarpinschweiß dem Beobachter nur auf bestimmte Körperregionen, namentlich Gesicht, Hals und Brust beschränkt; doch sind diese Prädilektionsstellen und die Ausdehnung der Sekretion nach Pilocarpin ebenso verschieden wie die Intensität des Schwitzens, auch wenn man sich mit der Dosis anzupassen versucht.

Wegen dieser ungleichmäßigen Wirkung auf die Schweißdrüsen und der unangenehmen, bei Kranken höchst unerwünschten Nebenerscheinungen findet das Pilocarpin nurmehr im geringen Umfange therapeutische Verwendung.

Die Wirkungsweise des Mittels auf die Hautwasserabgabe ist keine einfache, sondern eine komplexe. Bereits nach der Einspritzung von kleinen Dosen, die noch nicht zu sichtbarer Schweißbildung führen, pflegt sich die Haut, namentlich die des Gesichts, zu röten, die Hauttemperatur steigt um 0,3—0,7° C, die unmerkliche Wasserausscheidung wird erhöht (MOOG[1]). Vielleicht stehen diese Vorgänge vermehrter Wärmeabgabe mit einer Steigerung der Stoffzersetzung und Wärmebildung in Zusammenhang, wie sie FRANK und VOIT[2] am Hunde und PLAUT und WILBRAND[3] am Menschen nachwiesen. Jedenfalls kommen periphere und zentrale Einflüsse bei der Wirkung des Pilocarpins auf die Wasserabgabe in Betracht.

Warum die sympathisch innervierten Schweißdrüsen auf Gifte ansprechen, die sonst auf das parasympathische System einwirken, hat in den letzten Jahren eine vorläufige Antwort gefunden, die allerdings nur das eine Rätsel in zahlreiche neue Probleme auflöst.

Wie LANGLEY[4] darlegt, entspricht die Wirkung der vorwiegend „sympathomimetischen“ bzw. „parasympathomimetischen“ Gifte zwar weitgehend den durch Reizung der betreffenden Nervenarten ausgelösten Erscheinungen, aber nicht vollkommen. So wird durch Pilocarpin außer der Schweißsekretion auch Kontraktion des Uterus, ferner bisweilen auch Verengerung der kleinen Arterien hervorgerufen, Tätigkeitsäußerungen, die man nur im Gefolge von Sympathicusreizungen sieht. Die Ergebnisse zahlreicher neuerer experimenteller Studien, die die Wirkungsweise solcher spezifischen Gifte zum Gegenstand haben, sprechen überhaupt mehr dafür, daß für den pharmakologischen Effekt dieser Mittel die Eigenschaften der Erfolgsorgane wichtiger sind, als die Art des Nervensystems, das diese Gewebe versorgt. Es erscheint heute „besser, die funktionelle Gegenüberstellung vom Parasympathicus und Sympathicus nicht mehr so stark zu betonen“, wie dies bislang geschah. Können doch sogar verschiedene Reizungen desselben Nerven einander entgegengesetzte Erfolge bewirken. Diese sich scheinbar widersprechenden Resultate finden ihren Grund in der verschiedenen Größe des einwirkenden Reizes (Konzentration des Reizmittels) und in der jeweils verschiedenen Reaktionsfähigkeit der Gewebszelle selbst (SCHILF[5]).

[1] MOOG: Arch. f. exper. Path. **98**, 75 (1925).
[2] FRANK u. VOIT: Z. Biol. **44**, 116 (1903).
[3] PLAUT u. WILBRAND: Z. Biol. **74**, 191 (1922).
[4] LANGLEY: Zus. Darst. Nr 3. [5] SCHILF: Dtsch. med. Wschr. **1925**, 1737.

Diese verschiedene Ansprechbarkeit und Stimmungslage der Gewebszellen unterstehen zwar weitgehend psychischen und hormonalen Einflüssen und deren Schwankungen. Daneben aber besitzt das Erfolgsorgan sein Eigenleben und einen nicht unbeträchtlichen Grad von Selbständigkeit, wie er auch in der relativen Unabhängigkeit der Organbinnennerven vom Zentralnervensystem zum Ausdruck kommt[1]. So ist wohl auch zu verstehen, daß manche Pharmaca, wie z. B. das *Pikrotoxin*[2] und der *Campher*[3], die als zentralwirkende Krampfgifte die spinalen Schweißzentren zu erregen vermögen, in praxi auch als Antihidrotica erfolgreich Verwendung gefunden haben.

Als Medikamente zur Einleitung von Schweißen dienen am Menschen heute fast ausschließlich *Antipyretica*, insbesondere Mittel aus der *Salicylsäuregruppe*, z. B. die Acetylsalicylsäure, das *Aspirin*. Ihr Einfluß auf die Schweißsekretion ist ein indirekter, abhängig von einer zentralbedingten Steigerung der gesamten Wärmeabgabe, bei der durch Vermittlung von Schweißzentren die Hautdrüsen in Tätigkeit gesetzt werden. Auch das Schwitzen nach der Eingabe dieser Antipyretica ist von einer den Wärmeverlust ausgleichenden Steigerung der Wärmebildung gefolgt.

Vielfach wird auch der *Alkohol*, namentlich in Form von heißen Getränken, zur Diaphorese verwendet. Ohne gleichzeitige Wärmezufuhr von innen und außen ist sein Effekt verhältnismäßig gering. Als Angriffspunkt des Alkohols kommen sowohl die peripheren Hautgefäße, die erweitert werden, wie auch die zentralen Apparate der Wärmeregulation in Betracht. Die Tätigkeit der Schweißdrüsen und besonders ihre Erregbarkeit bleibt nach einmaligem reichlichen Alkoholgenuß oft noch stundenlang erhöht; bisweilen kommt es bei dieser Nachwirkung des Alkohols zur Abgabe eines verhältnismäßig wasserarmen, klebrigen Sekretes.

Unter den starkwirkenden Antihidrotica ist als wichtigstes das *Atropin* zu bezeichnen, dessen schwefelsaures Salz beim Menschen in Einzelgaben von $^1/_2$—1 mg oral oder per injectionem gegeben wird. Atropin lähmt die peripheren Schweißnervenenden bzw. Rezeptivkörper, die Pilocarpin erregt. Beide Gifte beeinflussen sich weitgehend in ihrer Wirkung als echte Antagonisten.

Wie bereits LUCHSINGER[4] im Tierversuch feststellte, hebt Atropin den elektrischen Drüsenstrom auf.

Dasselbe bestätigte LEVA[5] unter GILDEMEISTER für den Menschen. Das ist wohl identisch mit einer vollkommenen Sistierung der Sekretion durch Atropin in den untersuchten Fällen, da auch elektrische Reizung des N. ischiadicus an der atropinisierten Katze keinen sichtbaren Pfotenschweiß mehr auslöst.

Die unmerkliche Wasserabgabe der menschlichen Haut wird dagegen durch Atropin zwar weitgehend vermindert (von 35 auf 20 g pro Stunde), aber sie hört nicht auf.

Die Wirkung derselben Atropinmenge (pro Kilogramm) auf die Schweißdrüsen und die Wasserabgabe ist, ebenso wie die des Pilocarpins, außerordentlichen Schwankungen unterworfen. Auch sie ist ebenso komplex wie die des Pilocarpins. So sieht man bei etwas größeren als den üblichen therapeutischen Dosen (0,0015 g Atrop. sulf. intramuskulär) die Haut infolge einer Gefäßerweiterung sich röten; die Versuchspersonen klagen dann oft über Hitzegefühl in der Haut, bisweilen ist auch die Hauttemperatur erhöht[6]. In vielen Vergiftungsfällen

---

1 FRIEDBERG: Erg. inn. Med. **20**, 173 (1921).
2 SEMNOLA u. GIOFFREDI, zit. Virchow-Hirschs Jber. **1**, 388 (1895).
3 ZWERG: Dtsch. med. Wschr. **1925**, 1742.
4 LUCHSINGER: Zus. Darst. Nr 4, S. 444.
5 LEVA: Münch. med. Wschr. **1913**, 2386.
6 MOOG: Arch. f. exper. Path. **98**, 81 (1923).

erreicht diese Hautrötung einen solchen Grad, daß sie an ein Scharlachexanthem erinnert. Eine befriedigende Erklärung dieser Zirkulationsveränderungen ist noch nicht gefunden[1]. Am wahrscheinlichsten ist eine direkte periphere Atropinwirkung auf die Gefäße, wohl eine Lähmung der vasoconstrictorischen sympathischen Nervenenden (WEHLAND)[2]. Sehr große Giftmengen lähmen daneben die Vasomotorenzentren. Auch der nervöse Zentralapparat der Wärmebildung scheint nicht unbeeinflußt zu bleiben. So ist wiederholt ein Anstieg der Körpertemperatur nach Atropin festgestellt worden. Daß diese, wenn auch bei der therapeutischen Dosierung am Menschen meist zurücktretenden zentralen Giftwirkungen auch ihrerseits die Abgabe von Wärme und Hautwasser verändern, ist mit Sicherheit anzunehmen.

Auch dem *Adrenalin* kommt eine ausgesprochen antihidrotische Wirkung beim Menschen zu (Herabsetzung der unmerklichen Hautwasserabgabe auf ein Drittel). Sie beruht auf der bekannten starken Konstriktion der Hautgefäße, die auf Adrenalineinspritzungen zu folgen pflegt[3]. Demgegenüber scheint die Annahme DIEDENS[4], das Adrenalin wirke durch die Erregung schweißhemmender Nervenfasern, nicht genügend gestützt. Die Versuchsergebnisse des gleichen Autors, die dem Nebennierenextrakt unter Umständen auch schweißfördernde Wirkungen zuschrieben, haben der Nachprüfung durch LANGLEY[5], SCHILF und MANDUR[6] nicht standgehalten.

Die *Agaricin*präparate wirken durch ihren Gehalt an Agaricinsäure, ähnlich wie das Atropin, auf die nervösen Endapparate der Schweißdrüsen. Im ganzen ist ihr Einfluß wenig konstant und weniger stark als der des Atropins.

Die *Camphersäure* (2 g vor dem Schlafengehen), früher viel gebraucht, wird heute kaum noch verwendet. Neuerlich ist die Aufmerksamkeit der Ärzte wieder auf ein Hausmittel gelenkt worden, dessen schweißhemmende Wirkung im Volke seit alters bekannt ist, das *Salbeikraut*. In dieser Droge stellte KOBERT[7] als die am stärksten schweißhemmende Komponente ein ätherisches Öl, das *Salviol*, fest; dasselbe scheint ähnlich wie Campher auf die Zentralapparate des Nervensystems zu wirken. Schon nach einer salzreichen Mahlzeit sinkt die Wasserabgabe der Haut, mehr nach Injektionen von 10—20 ccm einer 10proz. Kochsalzlösung in die Vene[8]. Deshalb hat man auch lästige Schweiße mit Einspritzungen solcher hypertonischer Lösungen zu behandeln versucht. Die Wirkungsweise dieser Methode erklärt sich wohl so, daß mit dem Salze aus osmotischen Gründen Wasser im Körper zurückgehalten und dann auf die Nieren abgelenkt, jedenfalls der Haut entzogen wird.

Häufiger als Kochsalz hat man Rohrzuckerlösungen als Antihidroticum verwendet[9]. Der Erfolg ist nach meinen Erfahrungen bei schwitzenden Tuberkulösen nur in einem Teil der Fälle überzeugend und nachhaltig.

MOOG und EIMER untersuchten Gesunde, denen 5 ccm einer 50proz. Rohrzuckerlösung eingespritzt waren, mit unserem großen Versuchskasten. Am 2. und 3. Tage nach der Einspritzung wurde bei diesen Personen eine Verminderung der unmerklichen Hautwasserabgabe festgestellt, die dann rasch sich wieder ausglich. Diese verhältnismäßig geringe und flüchtige Wirkung bleibt sogar ganz aus, wenn es im Anschluß an die Zuckerinjektion

[1] CUSHNY: Zus. Darst. Nr 2, S. 615.
[2] WEHLAND: Skand. Arch. Physiol. (Berl. u. Lpz.) **45**, 211 (1924).
[3] MOOG: l. c.
[4] DIEDEN: Z. Biol. **66**, 387 (1916) — Dtsch. Arch. klin. Med. **117**, 180 (1922).
[5] LANGLEY: Zus. Darst. Nr 3.
[6] SCHILF u. MANDUR: Pflügers Arch. **196**, 345 (1922).
[7] KOBERT: Lehrb. d. Intoxikationen. Stuttgart: Enke 1906.
[8] MOOG u. EIMER: Münch. med. Wschr. **1925**, 1912.
[9] STEJSKAL: Grundlagen der Osmotherapie, S. 26. Wien 1922. — GERBER: Münch. med. Wschr. **1919**, 662. — PELLER u. STRISOWER: Wien. Arch. inn. Med. **3**, 297,

zu lokaler Infiltration des Gewebes und zu Fieber kam. Dann zeigte sich die Hautwasserabgabe gesteigert. Der Effekt dieser Rohrzuckerbehandlung ist offenbar ein ganz verschiedener, je nachdem ob es sich um Kranke handelt, deren Schweißdrüsen eine abnorme Funktionssteigerung zeigen, oder um Gesunde, die nicht sichtbar schwitzen. Wahrscheinlich spielen bei der antihidrotischen Wirkung hypertonischer Zuckerlösungen nicht allein osmotische, sondern auch nervöse Vorgänge eine Rolle. SANMARTINO[3] gibt z. B. an, daß Rohrzucker in großen Dosen vasoconstrictorisch wirke. Merkwürdig bleibt die Beobachtung von MOOG und EIMER, daß der die Wasserausscheidung beschränkende Effekt sich erst nach einer 2tägigen Latenzzeit einstellt.

Kalksalze hat man zur Beseitigung von Nachtschweißen Tuberkulöser mehrfach per os gegeben. MAENDL[1], ebenso PELLE[1] sahen eine schweißlindernde Wirkung auch bei intravenöser Einspritzung von hypertonischer Calciumchloridlösung. Beim nicht merklich schwitzenden Gesunden konnten MOOG und EIMER diese Angabe nicht bestätigen. Vielmehr fanden sie in vier Versuchsreihen dreimal eine *Vermehrung* der Wasserabgabe nicht nur *unmittelbar* nach der Injektion, sondern noch *stundenlang* danach. Sie erklären diese Zunahme des Hautwassers in der Hauptsache mit der Entquellung der Gewebskolloide durch Calciumionen und dem hierdurch eintretenden Freiwerden von Wasser.

Das *Tuberkulin* ist von mancher Seite als ein spezifisches Antihidroticum gegen die Nachtschweiße der Phthisiker angesprochen worden[2]. Das trifft wohl nur insofern zu, als solche Kranke tuberkulinempfindlicher sind als Gesunde. Im übrigen dürfte die Wirkungsweise des Tuberkulins mit derjenigen anderer Proteinkörper grundsätzlich übereinstimmen.

Wie MEYER-BISCH[3] feststellte, kann der Organismus die Injektion von Milch, Aolan usw. sowohl mit einer Retention als auch mit einer Ausschwemmung von Wasser beantworten. Der jeweilige Ausfall der Reaktion ist vom momentanen Zustande des Wasserhaushaltes abhängig. Angesichts dieser Proteinkörperwirkung auf den Wasserhaushalt erinnert MEYER-BISCH an den bekannten lymphagogen Einfluß des Eiweißes. Daneben dürften aber noch andere Momente, z. B. direkte Einwirkung auf das vegetative Nervensystem, in Betracht kommen.

Um lokale Hyperhidrosen, z. B. den lästigen Fußschweiß, zu beseitigen, hat man adstringierende und desinfizierende Pulver und Lösungen äußerlich und örtlich angewandt. Die Zahl dieser Präparate ist sehr groß, ihre Wirkungsweise im einzelnen verschieden und noch nicht hinreichend geklärt. Der Formaldehyd bringt in höherer Konzentration das Gewebseiweiß zur Gerinnung, er trocknet, gerbt gewissermaßen die Haut. Er ruft wohl an den Zellen der Schweißausführungsgänge und an den Drüsen selbst Schädigungen hervor, die deren Funktion beeinträchtigen. An die reflektorische Auslösung einer allgemeinen An- bzw. Oligohidrosis infolge lokaler Formalinätzung sei hier nochmals erinnert (vgl. S. 763).

2. Ausscheidung von Arzneimitteln im Schweiß.

Nachgewiesenermaßen wird eine gewisse Anzahl von Arzneimitteln und Giften zum Teil auch im Schweiße wieder ausgeschieden. Allerdings kann nicht sicher festgestellt werden, ob diese Substanzen im Hauttalg oder im Schweiß oder auch in beiden Sekreten zugleich erscheinen, da wir ja bei der Sammlung des Schweißes beide Sekrete nicht voneinander trennen können. Es liegt nahe, anzunehmen, daß dieselben chemischen Körper, die in die Milch[4] übergehen,

---

[1] Siehe bei MOOG u. EIMER: l. c.
[2] v. SCHRÖTTER, in A. OTT: Die chemische Pathologie der Tuberkulose.
[3] MEYER-BISCH: Dtsch. med. Wschr. **1924**, Nr 20, 22, 25.
[4] ROST: Über die Ausscheidung von Arzneimitteln aus dem Organismus. Deutsche Klinik. Berlin u. Wien: Urban & Schwarzenberg 1902.

auch im Sekret der anderen Hautdrüsen wieder erscheinen. Doch bedarf diese an sich wahrscheinliche Vermutung erst noch der experimentellen Bestätigung. Bisher wurden im Schweiß nach oraler Einfuhr ermittelt: Jod, Brom, Borsäure, Quecksilber, Kupfer, Arsen, Schwefelwasserstoff, Benzoesäure, Weinsäure, Apfelsäure, Alkohol, Phenol, Salicylsäure, Antipyrin, Fuselöle, ätherische Öle, Chinin[1].

Diese im Schweiße sich vollziehende Ausscheidung von Medikamenten spielt quantitativ eine sehr untergeordnete Rolle, weshalb auch der Nachweis mancher Arzneistoffe im Hautsekret nicht immer gelingt. Wahrscheinlich trägt der Übergang bestimmter Arzneimittel in das Hautsekret bei empfindlichen Menschen Mitschuld an dem Zustandekommen von Arzneiexanthemen.

[1] Siehe bei SCHWENKENBECHER: Krehl-Marchands Handb. d. allg. Path. 2 II, 433. Leipzig: Hirzel 1913.

Die Leber als Excretionsorgan.

Von

A. Adler

Leipzig.

Mit 13 Abbildungen.

Zusammenfassende Darstellungen.

Adler, A.: Die Wirkung von Gallensäuren im Organismus. Z. exper. Med. **46** (1925). — Adlersberg, D.: Gallensekretion und Gallenentleerung. Leipzig und Wien: Fr. Deuticke 1929. — Babkin, B. P.: Die äußere Sekretion der Verdauungsdrüsen. Berlin 1928. (Monogr. a. d. Gesamtgeb. d. Naturw.). — Babkin, B. P.: Die sekretorische Tätigkeit der Verdauungsdrüsen. Handb. d. norm. u. pathol. Physiol. **3**. — Burian: Die Exkretion. Wintersteins Handb. d. vergl. Physiol. **2** II. — Biedermann, W.: Aufnahme, Assimilation und Verdauung der Nahrung. Wintersteins Handb. d. vergl. Physiol. **2** I. — Brugsch, Th.: Syncholie und Syncholika. Arch. f. exper. Path. **124**, 170. — Cuénot, L.: L'Excrétion in Physiologie et Pathologie du foie p. Roger-Binet, Paris 1928. T. III. — Eppinger, H.: Galleabsonderung und Galleausscheidung. Handb. d. norm. u. pathol. Physiol. **3**. — Fischler, F.: Physiologie und Pathologie der Leber. 2. Aufl. Berlin 1925. — Höber, R.: Physikalische Chemie der Zelle und Gewebe. 4. Aufl. — Lepehne, G.: Leberfunktionsprüfungen. 2. Aufl. Halle: Carl Marhold 1929. — Lütkens, U.: Aufbau und Funktion der extrahepatischen Gallenwege. Leipzig 1926. — Mann, F. C.: Die Folgen der Leberexstirpation beim Säugetier. Medicine **4**. — v. Möllendorf, W.: Die Ausscheidung von sauren Farben durch die Leber. Z. allg. Physiol. **17**, 129. — v. Möllendorf, W.: Studien über vitale Färbungen. Abderhaldens biochem. Arbeitsmeth. Abt. V, Teil II. — v. Möllendorf, W.: Vitale Färbungen an tierischen Zellen. Asher-Spiro, 18. Jg. 1920. — Roger, G. H.: Physiologie du foie. Traité de physiolog. T. III. Paris 1928. — Rosenthal, F.: Die Galle. Handb. d. norm. u. pathol. Physiol. Bd. **3**. — Wohlgemuth: Die Leber als sekretorisches Organ. Oppenheimers Handb. d. Biochem. 2. Aufl. **4**.

Die sekretorischen Funktionen der Leber sind bereits früher (Bd. III ds. Handbuchs) in verschiedenen Abhandlungen geschildert worden. Hier soll uns lediglich die Leber als Excretionsorgan beschäftigen.

Eine exakte Definition des Begriffes Excretion ist nicht ganz leicht. Für gewöhnlich versteht man darunter den Vorgang der Herausbeförderung von Substanzen aus dem Organismus, die, hervorgegangen aus chemischen Umsetzungen, im Körper nun keine Verwendung mehr finden können (Stoffwechselendprodukte). Diese können nun einerseits so beschaffen sein, daß der betreffende Organismus zu weiterem Abbau unfähig, aus ihnen also Energie nicht mehr zu schöpfen vermag oder sie zu weiterem Aufbau nicht mehr verwenden kann oder andererseits, daß diese Stoffe giftig wirken würden. Für den ersten Fall ist in bezug auf den Menschen ein gutes Beispiel die Harnsäure, für den zweiten Fall die Kohlensäure. Oder aber es handelt sich um die Eliminierung von Substanzen, die einmal in den Körper hineingelangen, von vornherein für ihn nutzlos oder gar schädlich sind. Stoffe, die für einen Organismus Excretionsprodukte darstellen, können für andere Organismen sehr wohl noch verwertbar sein, von ihnen abgebaut oder zum Aufbau verwandt werden. Die Excretionsprodukte sind also zunächst dreifacher Art: Endogen entstandene Stoffwechselprodukte, giftig wirkende Substanzen und schließlich Nahrungsschlacken. Für die Eliminierung dieser Excretstoffe, die den Körper in gelöstem oder festem Zustande verlassen, stehen verschiedene Wege offen: über Organe, deren Hauptfunktion gar nicht einmal die Excretion zu sein braucht, wie Haut, Darm oder respiratorische Oberfläche, sowie über eigens vorgebildete Mechanismen, die mit elektiven Fähigkeiten ausgestattet, eben speziell als „Excretionsorgane" fungieren, wie z. B. die Lungen für die Kohlensäure, die Nieren für die harnfähigen Substanzen und die Leber für die gallefähigen Stoffe.

Wohlbemerkt muß die Notwendigkeit der Beseitigung eines „Abfallstoffes" nicht sofort seine Herausbeförderung aus dem Organismus nach sich ziehen. Er kann auch in Zellen, Phagocyten, eingeschlossen, von ihnen gleichsam aufgefressen werden und dort abgelagert gefangen bleiben. So abseits vom Stoffwechselgetriebe abgelagert, kommt auch dies einer Eliminierung gleich.

Die Eliminierung von körperfremden oder körperunbrauchbaren Stoffen durch vorgebildete Excretionsorgane schließt noch ein wichtiges regulatorisches Prinzip ein: Durch die Ausscheidung gewisser Stoffe wird die physiologisch-biologisch wichtige konstante Zusammensetzung der Körperflüssigkeit, insbesondere des Blutes gewährt.

Diese Eliminierung kann man an niederen Organismen studieren: Spritzt man einem niederen Tier in die Körperhöhle eine kleine Menge Farbstoff in körperisotonischer Lösung, so wird die körperfremde Substanz sofort in ein präformiertes Organ, das sich damit als Excretionsorgan erweist, quantitativ gesammelt, um von diesem ausgestoßen zu werden. Die Aufrechterhaltung der konstanten Zusammensetzung der Körpersäfte ist eine lebenswichtige Aufgabe, insbesondere das Blut muß freigehalten werden von Stoffen, die im Stoffwechsel entstehen, und die schädlich wirken würden. Diese Aufgabe erfüllen vor allem die Excretionsorgane. Wenn wir oben sagten, daß die Eigenschaften, die einen Stoff zum Excretionsprodukt stempeln, nur relative sind, indem dies für andere Lebewesen sehr wohl noch verwertbar sein kann, so können wir nun diesen Satz dahin erweitern, daß sogar in demselben Organismus ein Stoffwechselprodukt an einer Stelle als Excretionsprodukt zu gelten hat und an anderer Stelle doch noch — sei es auch nur teilweise — Verwendung findet. Dies Verhalten läßt sich an den gallefähigen Substanzen demonstrieren: Das Blut muß freigehalten werden von Gallebestandteilen. Ihr Verweilen in der Blutbahn zieht nachteilige Folgen für den Organismus nach sich, und doch werden sie nach ihrer Ausscheidung durch die Leber im Darm noch verwandt. Die toxische Wirkung der Galle auf den Körper ist von einer ganzen Anzahl Forscher erwiesen worden, zuletzt in umfassenden Studien von HORRALL[1]. BOUCHARD[2], KING[3] und STEWART[3], KING und BIGLOER, PEARCE[4] und DE BRUIN[5] legen dem Gallenfarbstoff giftige Eigenschaften bei. RAYWOCH[6], GILBERT und HERSCHER[7] zuerkennen dem Bilirubin nur geringe Giftigkeit. DANILEWSKY[8] und FLINT[9] sehen im Cholesterin den toxischen Faktor der Galle, RÖHRIG[10], TRAUBE[11] und DE BRUIN schreiben den Gallensäuren die Gift-

[1] HORRALL: Amer. J. Physiol. **85**, Nr 3 (1928).
[2] BOUCHARD: Zitiert nach [1].
[3] KING: J. of exper. Med. **11**, 673 (1909).
[4] PEARCE: J. of exper. Med. **19**, 159 (1912).
[5] DE BRUIN: Jber. Tierchem. **20**, 271 (1891).
[6] RAYWOCH: Arb. Pharm. Inst. Dorpat **2**, 102 (1888).
[7] GILBERT und HERSCHER: C. r. Soc. Biol. Paris **59**, 208 (1906).
[8] DANILEWSKY: Pflügers Arch. **120**, 181 (1907).
[9] FLINT: Amer. J. med. Sci. **43**, 305 (1862).
[10] RÖHRIG: Arch. Heilk. **4**, 385 (1863).
[11] TRAUBE; Berl. klin. Wschr. **9**, 85 (1864).

wirkung zu. Diese Stoffe üben toxische Wirkungen auf fast sämtliche Organsysteme des Organismus aus. HORRALL berichtet über toxische Wirkungen der Galle auf das Zirkulations-, Respirations-, das Harn- und Nervensystem. Die gallefähigen Substanzen sind also Excretionsprodukte. Das hindert nicht, daß sie an anderen Stellen des Körpers auf ihrem Ausscheidungswege noch einmal, zum Teil wenigstens, Verwendung finden, zum Unterschied von dem Harn, der völlig aus dem Körper eliminiert wird. Die Ausscheidung der Galle durch die Leber ist also ein richtiger Excretionsvorgang. Sie ist durchaus der Harnausscheidung in Parallele zu setzen, mit dem genannten Unterschiede natürlich, daß der Harn quantitativ als nicht mehr verwendbar ausgeschieden, die Galle aber zum Teil noch weiter verwandt wird. Wie die Niere das Blut freizuhalten hat von harnfähigen Stoffen, so hat die Leber die Aufgabe, das Blut von gallefähigen Substanzen zu reinigen.

Die Berechtigung zur Aufstellung dieser Analogie lehrt auch besonders die Pathologie. Zerstörung der harnabscheidenden Nierenzellen führt zur Urämie, wie die Vernichtung der Hauptmasse der Leberzellen zur Cholämie. Die Leber ist also auch ein Excretionsorgan. Ihr Excretionsprodukt die Galle. In bezug auf die spätere Wiedernutzbarmachung einzelner Gallenbestandteile auf ihrem Ableitungswege ist die Galle als Sekret anzusehen. Im Hinblick auf ihre Abscheidung durch die Leber als giftiges Stoffwechselprodukt ist sie ein Excret. Die Betrachtung als Excret aber hat besonders die Lehre von den Krankheiten, die durch mangelhafte oder gestörte Abscheidung bedingt sind, vertieft. Während man früher meist nur die Folgen der Gallesekretionsstörung die bei partiellem oder totalem Gallemangel im Darm resultierenden Verdauungsstörungen betrachtete, die Galle mehr als Sekret ansah, ist man jetzt dazu übergegangen, in der Galle auch das Excretionsprodukt zu sehen. BRUGSCH[1] hat Recht, wenn er schreibt, daß, wie man in der Urämie nicht eine Vergiftung des Körpers mit einem physiologischen Sekret sehen kann, auch nur die Pathologie des Ikterus unter dem Gesichtswinkel der Galle als Excretionsprodukt erklärbar ist. So erscheint der Standpunkt gerechtfertigt, die Gallenabsonderung nicht nur vom Standpunkte der Sekretion, sondern auch von dem der Excretion aus zu betrachten und in der Cholerese einen analogen Vorgang zur Diurese zu sehen.

Diese teilweise Wiederverwendung der Galle in ihren einzelnen Bestandteilen hat für den Organismus den Zweck der Anregung der Lebertätigkeit. Die ausgeschiedene Galle reguliert bei ihrer Rückresorption automatisch die Leberfunktion. Sie regt die Galleabscheidung von neuem an, überdies aber wirkt sie auch anreizend auf die Harnstoffbildung, den Kohlehydratstoffwechsel u. a. m. SADI-NAZIM[2] injizierte einem Hunde mit Kochsalz verdünnte Galle in die Mesenterialvene und beobachtete nicht nur eine Vermehrung der Galleausscheidung beträchtlicher Natur, sondern auch eine erhöhte Lebertätigkeit in bezug auf die Harnstoffproduktion und auf den Kohlehydratstoffwechsel.

Farbstoffausscheidung durch die Leber.

Am eindringlichsten tritt uns die Eigenschaft der Leber als Excretionsorgan entgegen in ihrer Funktion des Ausscheidungsorgans für gewisse peroral und parenteral einverleibte Farbstoffe, zumal dann, wenn man mit MÖLLENDORF[3], unter Excretion die Ausscheidung von Stoffen, die nicht vom Organ geliefert werden, unter Sekretion die Absonderung von spezifischen, im selben Organ bereiteten Stoffen versteht. BRUGSCH[4] nennt den Vorgang der Ausscheidung körperfremder Stoffe durch die Galle Syncholie und die betr. Stoffe, die Affinität zur Leber

[1] BRUGSCH: Klin. Wschr. **2**, Nr 33, 1538.
[2] SADI-NAZIM: C. r. Acad. Sci. Paris **1928**.
[3] v. MÖLLENDORF. Erg. Physiol **18**, (1920).
[4] BRUGSCH: Arch. f. exper. Path. u. Pharm. **124**.

zeigen: Syncholika. Insbesondere ist die Farbstoffsyncholie von einer Reihe von Forschern gut untersucht.

CHRZONOSCZEWSKY[1] (1866) ist wohl einer der ersten gewesen, der die Ausscheidung des indigschwefelsauren Natron und des Anilinrot in die Galle histologisch verfolgten. Dieser Arbeit folgten die physiologischen Arbeiten von HERING[2], EBERTH[2] und HEIDENHAIN[2]. In neuerer Zeit sind dann besonders die experimentellen Prüfungen der Farbstoffelimination durch die Leber von GOLDMANN[3] zu erwähnen, der injiziertes Trypanblau in der Galle nachweisen konnte; die Arbeit von KIYONO[4] wie die umfassenden Arbeiten von MÖLLENDORF, der neben anderen auch besonders die Farbstoffelimination durch die Leber untersucht hat. In jüngster Zeit haben sich dann TADA[5], BRUGSCH[5] und besonders HÖBER mit der Frage der Leber als Excretionsorgan für Farbstoffe befaßt. Von klinischer Seite ist dies Problem seit 2 Dezennien unter dem Gesichtswinkel einer Funktionsprüfung der Leber vielfach angegangen worden (ROWNTREE[6], S. M. ROSENTHAL[7], LEPEHNE[8], HATIEGANU[9], F. ROSENTHAL[10], ADLER[11] u. a. m.), und hat schließlich zu dem schönen Erfolge der Möglichkeit der Darstellung der Gallenblase im Röntgenbilde geführt (GRAHAM und COLE[12]). So sehen wir, daß die Farbstoffsyncholie der Leber seit langem eine wichtige Rolle in den verschiedensten Zweigen der biologischen Forschung spielt.

Am ausgesprochensten findet man die Darstellung der Leber als Excretionsorgan bei den niederen Tieren. Der Mitteldarmdrüse (Leber) der Mollusken wird excretorische Funktion zugesprochen, wenigstens gewissen Zellen in ihr (BURIAN). Vor allem die Mitteldarmdrüse der Pulmonaten und Cephalopoden soll excretorisch tätig sein. Hier hat nun auch besonders die Farbstoffinjektion Aufklärung gebracht.

Wenn man einer Helix in die Leibeshöhle z. B. Lösungen von Indigcarmin oder Säurefuchsin oder Orange III in Schneckenblut injiziert, so findet man nach einiger Zeit außer der Niere auch die Leber gefärbt, und zwar ausschließlich die Fermentballen der Sekretionszellen „Cellules vacuolaires". Andere Farbstoffe, wie Methylgrün, Brillantgrün gelangen in anderen kleinen Zellen („Cellules cyanophiles"), CUÉNOT zur Ausscheidung. CUÉNOT wollte dafür spezifische „Excretzellen" der Leber den Resorptions- und Sekretionszellen gegenüberstellen. Andere Forscher aber, besonders BIEDERMANN, widersprechen dem und geben an, daß die nämlichen Leberzellen, die auch die Sekretion besorgen, auch die Aufgabe der Excretion der körperfremden Farbstoffe bewerkstelligen. Bei Cirrhipedien läßt sich die excretorische Funktion der Mitteldarmdrüse durch Lichtgrüngaben erweisen (BRUNS). Ferner konnte bei Amphipoden, Isopoden und Schizopoden die Excretion von Indigcarmin, Vemoin, Säurefuchsin sowie Lichtgrün durch die Leber beobachtet werden. Nach ST. HILAIRE soll die Leber auch injizierte basische Farbstoffe ausscheiden, was CUÉNOT bestreitet.

Bei höheren Tieren ist nun seit $1^1/_2$ Dezennien die Frage der Farbstoffexcretion durch die Leber eingehend bearbeitet worden. KIYONO hat 1914 unter ASCHOFFS Leitung die Farbstoffausscheidung durch die Leber untersucht, nachdem GOLDMANN schon vorher (1909) festgestellt hatte, daß Trypanblau in die

[1] CHRZONOSCZEWSKY: Virchows Arch. **31**, 187 (1866).
[2] HERING, EBERTH und HEIDENHAIN: zitiert nach MÖLLENDORF, s. S. 771.
[3] GOLDMANN: Neue Untersuchungen über die innere und äußere Sekretion usw. Tübingen: Laupp 1912.
[4] KIYONO: Die vitale Carminspeicherung. Jena 1914.
[5] TADA, BRUGSCH und HÖBER: Zitiert nach BRUGSCH: Arch. f. exper. Path. **124**.
[6] ROWNTREE: J. clin. Invest. **4**, 545 (1927).
[7] ROSENTHAL, S. M.: J. of Pharmacol. **19**, 385 (1922).
[8] LEPEHNE: Die Leberfunktionsprüfung, ihre Ergebnisse und ihre Methodik. Halle 1929.
[9] HATIEGANU: Ann. Méd. **10** (1921).
[10] ROSENTHAL, F.: Berl. klin. Wschr. **1921**, Nr 44.
[11] ADLER: Fortschr. Ther. **1925**.
[12] GRAHAM und COLE: Amer. J. med. Sci. **172**, 625 (1926).

Galle übertritt, ohne eine Leberzellfärbung zu machen. KIYONO arbeitete an Hühnern, Kaninchen und Meerschweinchen, bei denen es 1—2 Stunden post inject. zu einer Anhäufung des Farbstoffes in den Gallengängen kommt. Es ist MÖLLENDORF durchaus beizupflichten, wenn er gegen KIYONO einwendet, daß Gallencapillarfärbung nicht ohne weiteres der Farbstoffexcretion durch die Leberzelle gleichzusetzen ist. v. MÖLLENDORF untersuchte dann (1916) systematisch die Farbstoffausscheidung neben anderem auch durch die Leber. Als Versuchstier diente ihm das Kaninchen. Dieser Autor fand auch zugleich eine Gesetzmäßigkeit für die Farbstoffsyncholie: Je diffusibler ein Farbstoff ist, um so rascher und um so konzentrierter erscheint er in der Galle. Die Leber eliminiert die Farbstoffe streng nach ihrer Dispersität. Von BETHE wurde auf die Bedeutung der H-Ionenkonzentration hierbei hingewiesen. Im Darmlumen des lebenden Tieres nach intravenöser Farbstoffinjektion angetroffener Farbstoff stammt aus der Galle. Der Darm beteiligt sich an der Ausscheidung nicht (v. MÖLLENDORF). Ganz analog der Diffusion durch den Dialysierschlauch erfolgte auch die Galleabscheidung des Farbstoffes. Hochkolloidale Farbstoffe wie Trypanrot und Nigrosin wurden nicht durch die Galle ausgeschieden. SCHULEMANN[1] hatte betont, daß die Leber gerade kolloide Farbstoffe, die Niere dagegen hochdisperse auszuscheiden vermöge. Die v. MÖLLENDORFschen Versuche lehrten das gerade Gegenteil. Zur Orientierung diene folgende Tabelle (v. MÖLLENDORF[2]).

Farbstoff	Lösung	Diffusibilität	Besonderheiten	Maximalkonzentr. in der Galle
Chromotrop	2	1 : 60[1]	—	1 : 3[1]
Patentblau V	3	1 : 80	—	1 : 2
Crocein	3,3	1 : 100	—	1 : 2
Säurefuchsin	2	1 : 120	—	1 : 15
Wasserblau	2	1 : 600	—	1 : 30
Vitalneurot	2	1 : 7—800	—	1 : 40
Bayrisch-Blau	2	1 : 1250	—	1 : 60
Trypanblau	1	Spuren	rotviolettes Dialysat	1 : 125
Lithioncarmin	2,5	1 : 2000	—	Spuren
Trypanrot	2	—	gelbbraunes Dialysat	—
Nigrosin	1	—	rotviolettes Dialysat	—

Es zeigte sich bei den Versuchen der Farbstoffeliminierung durch die Leber also, daß in erster Linie saure Farbstoffe durch dies Organ ausgeschieden zu werden vermögen. Weiter zeigte sich bei zusammengesetzten Farbstoffen, die ein gut und weniger gut dialysablen Anteil aufwiesen, daß der gut diffusible Anteil rasch zu hoher Konzentration in der Galle ansteigt, während der langsam diffundierende auch langsam und in geringer Konzentration in die Galle übertritt. So z. B. am Trypanblau. Dieser Körper dialysiert zuerst mit einer roten Komponente, auch in die Galle tritt zuerst der rote Anteil rasch und zu hoher Konzentration über, während der blaue langsam und nur gering konzentriert sich zeigt. Weiter ergibt sich zum Unterschied von der Niere, daß die Leber Farbstoffe nicht oxydiert, um sie dann zur Ausscheidung zu bringen. Wird eine durch Na-Hydrosulfit reduzierte Lösung von Bayrisch-Blau einem Kaninchen injiziert, so erscheint danach in der Galle keine Blaufärbung. Diese tritt sofort nach Zusatz von HCl zu dieser Galle auf. In dem Harn aber erscheint der Farbstoff sofort blau. Die Niere leistet also Oxydationen, die Leber nicht. Bei den diffusiblen Farbstoffen zeigt sich deutlich, daß wie die Niere auch die Leber Konzentrationsarbeit zu leisten vermag, indem sie die Farbstoffe in höherer

[1] Dtsch. med. Wschr. **1914**, Nr 30, 1508.
[2] Tabelle aus v. MÖLLENDORF: Z. allg. Physiol. **17**. (Zusammenziehung zweier Tabellen).

Konzentration auszuscheiden vermag, als sie im Blutserum vorhanden ist. Wenn auch weitgehende Übereinstimmung mit der Niere die Farbstoffausscheidung durch die Leber charakterisiert, so weist v. MÖLLENDORF doch auf die grundlegenden Unterschiede hin. Diese Unterschiede fallen bei den leicht diffusiblen Farbstoffen wenig in die Augen. Die Niere vermag feine sowohl als auch noch grob disperse Farbstoffe in hoher Konzentration auszuscheiden. Die Leber hingegen stuft das Durchtrittsvermögen der Farbstoffe nach der Galle hin streng nach dem Maßstabe ihrer Dispersität ab: Die Permeabilität der Leberzelle für die sauren Farbstoffe ist geringer als die der Nierenzelle.

Neuerdings hat nun HÖBER noch einen anderen Gesichtspunkt für den Mechanismus der Farbstoffexcretion durch die Leber bei Kaltblütern beigebracht: Die Leber wie die Niere vermögen, wie betont, Farbstoffe, die ihnen auf dem Blutwege zugeführt werden, stark zu konzentrieren. Diese Konzentration geschieht in der Niere bei lipoidunlöslichen Farbstoffen, die die Glomeruli passiert haben, durch Wasserrückresorption; bei lipoidlöslichen aber, wenn sie durch die Vena portae renal. (Frosch) angeboten werden, durch stark konzentrierte Ausscheidung von seiten der Epithelien (HÖBER[1]). Anders bei der Leber: Dieses Organ hat die Fähigkeit, sowohl lipoidlösliche wie -unlösliche Farbstoffe, die in Ringerlösung suspendiert durch die Vena abdominalis des Frosches infundiert werden, in enorm hoher Konzentration in die Galle auszuscheiden (zuweilen auf das 1000fache konzentriert). Hochsuspensionskolloide Farbstoffe werden nicht ausgeschieden. Durch Narkose und durch Cyanid läßt sich die Konzentrierung stark reversibel herabsetzen. Bei der Aufnahme in die Leberzellen handelt es sich vermutungsweise um eine Art Phagocytose.

Warum werden die grobdispersen saueren Farbstoffe nicht durch die Leber in die Galle eliminiert, dagegen wohl durch die Niere in den Harn? v. MÖLLENDORF hat dafür eine recht plausible Erklärung gegeben. Der Dispersitätsgrad eines Farbstoffes verhält sich umgekehrt zu seiner Fähigkeit, adsorbiert zu werden. In der Leber kommen die Farbstoffe, die durch die Blutbahn angeboten werden, und in die Galle übertreten wollen, sofort mit den Capillarendothelien (KUPFERsche Sternzellen) in Berührung. Je größer die Farbstoffpartikel, um so größer ihre Adsorption, um so geringer ihre Durchgangsmöglichkeit in die Galle. In der Niere ist das anders. In der Niere werden überhaupt nur solche Stoffe abgelagert, die auch im Harn erscheinen. Die Zellen der Hauptstücke erhalten durch Rückresorption aus dem bereits vom Glomerulus sezernierten Harn den Farbstoff. Was also den Glomerulus passiert hat, ist dem gleichzusetzen, was die Sternzellen durchwandert hat. Während die Adsorptionsfähigkeit der Sternzellen groß ist, ist sie bei den Glomeruluszellen klein. Aber auch bei diesem Apparat ist der Dispersitätsgrad für den Durchtritt maßgebend.

In neuerer Zeit hat nun BRUGSCH und HORSTERS[2] sowie ein japanischer Autor TADA[3] über Farbstoffelimination durch die Leber berichtet. Während BRUGSCH und HORSTERS am Kaninchen experimentierten, wurden die Versuche TADAS am Hunde ausgeführt. Es wurden von sauren Farbstoffen Oxyphthaleine, Monazo-, Disazofarbstoffe sowie Triphenylmethanfarbstoffe sauren und basischen Charakters und außerdem basische Farbstoffe der Azurreihe untersucht. Von Oxyphthaleinen wurden das Eosin I, das Erythrosin B, das Uramin, Rose bengale, Phloxin herangezogen. Bei all diesen Oxyphthaleinen hat sich gezeigt, daß sie sämtlich mit der Ausnahme des Uramins sehr gute Syncholika sind; d. h., sie werden zum allergrößten Teile und dazu noch rasch durch die Galle

[1] HÖBER: Ref. Klin. Wschr. **1929**, Nr 24, 1147.
[2] BRUGSCH und HORSTERS: Arch. f. exper. Path. **124**, 131.
[3] TADA: Zitiert nach BRUGSCH.

ausgeschieden, im Harn dagegen nur in geringer Menge. Folgende Tabelle (nach BRUGSCH)[1] möge diese Verhältnisse illustrieren:

Farbstoff	Injizierte Menge pro Kilo in mg	Autor	Dauer des Versuches in Stunden	Ausscheidung durch die Galle in %	Ausscheidung durch den Harn in %
		Versuche am Kaninchen			
Eosin I, bläulich	10	eigener Versuch	5	50,8	8,5
Eosin	9	KAUFTHEIL und NEUBAUER	3	72	Ø
Erythrosin B	10	eigener Versuch	4	85	Spur
Uranin	10	eigener Versuch	5	43	39,5
Rose bengale	10	eigener Versuch	3	53	Ø
Phloxin	10	eigener Versuch	4	78	Spur
		Versuche am Hunde			
Eosin A	10	TADA	24	89	4
Erythrosin B	10	TADA	24	80	Spur
Uranin	10	TADA	24	62	28
Phloxin	10	TADA	24	90	Spur
Phloxin	10	TADA	24	93	0

Die halogen-substituierten Oxyphthaleine sind weit gallefähiger als die nicht-substituierten. Ein anderes Bild erhält man schon bei den Monazofarbstoffen. Diese sind zwar zum Teil gute, zum Teil mäßige Syncholika, aber von ihnen wird schon ein relativ großes Quantum auch durch die Niere eliminiert. Die Galleausscheidung überwiegt aber die durch die Nieren.

Versuche Tadas am Hund (10 mg pro kg Tier)[1].

Farbstoffe	Chemische Konstitution	Nr. des Farbstoffes[1]	Ausscheidung innerhalb von 24 Stunden nach der Farbstoffinjektion: durch die Galle in %	durch den Harn in %
Chromotrop. 2 RM	Anilin → Chromotropsäure (Formel: $C_6H_5 \cdot N = N-$, OH OH, NAO_3S-, $-SO_3Na$)	40	45	50
Croceïnscharlach BX. BY (identisch mit Coccin 2 B ??	Naphthionsäure-β-Naphtholsulfosäure	167	59	36
Coccin 2 B (α)	Naphthionsäure-β-Naphtholsulfosäure	167	41	32
Ponceau 3 R(BY)	Pseudocumidin-β-Naphtholdisulfosäure	83	78	7
Ponceau R(A)	Xylidin-β-Naphtholdisulfosäure	82	43	46
Azocochenille (BY)	o-Anisidin → α-Naphtholdisulfosäure	95	14	70
Azorubin S(A)	Naphthionsäure → Naphtholsulfosäure	163	88	5
Viktoriaviolett 4 BS	p-Phenylendiamin → Chromotropsäure (Formel: OH OH, $-N=N-C_6H_4-NH_2$, NaO_3S-, $-SO_3Na$)	61	3	75

[1] Tabellen aus BRUGSCH und HORSTERS. Arch. f. exper. Path. und Pharm. **124**, 131.

Farbstoff	Chemische Konstitution	Nr. des Farbstoffes	Ausscheidung innerhalb von 24 Stunden nach der Farbstoffinjektion	
			durch die Galle in %	durch den Harn in %
Bordeaux extra (By)	Benzidin < 2-Naphthol-8-Sulfosäure / 2-Naphthol-8-Sulfosäure	320	30	1
Trypanrot	Benzidinmonosulfosäure < 2-Naphthylamin-3, 6-Disulfosäure / 2-Naphthylamin-3, 6-Disulfosäure	359	Spur	1
Kongorubin (By)	Benzidin < 2-Naphthol-8-Sulfosäure / Naphthionsäure	313	37	1
Palatinschwarz 4 B	Sulfanilsäure (saure Kombination) / α-Naphthylamin (alkalische Kombination) > 1-Amido-8-Naphthol-4-Sulfosäure	220	91	0
Trisulfonblau B	Dianisidin < 1-Naphthol-3, 6, 8-Trisulfosäure / β-Naphthol	409	25	0
Kongorot 4 R (By)	Tolidin < Naphthionsäure / Resorcin	374	38	0
Indazurin B	Dianisidin < 1,7-Dioxynaphthalin-4-Sulfosäure / R-Salz	414	17	Spur
Benzopurpurin 10 B	Dianisidin < Naphthionsäure / Naphthionsäure	405	80	Ø
Rosazurin **G** (By)	Tolidin < Äthyl-2-Naphthylamin-7-Sulfosäure / 2-Naphthylamin-7-Sulfosäure	371	32	Spur
Rosazurin **B** (By)	Tolidin < Äthyl-β-Naphthylamin-δ-Sulfosäure / Äthyl-β-Naphthylamin-δ-Sulfosäure	372	Spur	Ø
Chikagoblau **B** (A)	Dianisidin < 1-Amido-8-Naphthol-4-Sulfosäure / 1-Amido-8-Naphthol-4-Sulfosäure	423	23	Ø
Kongokorinth **B** (By)	Tolidin < Naphthionsäure / 2-Naphtholsulfosäure	375	Spur	Spur
Benzoazurin **G** (By)	Dianisidin < 1-Naphthol-4-Sulfosäure / 1-Naphthol-4-Sulfosäure	410	51	Spur
Azoblau (By)	Tolidin < 1-Naphthol-4-Sulfosäure / 1-Naphthol-4-Sulfosäure	377	42	Ø

Tabelle aus BRUGSCH und HORSTERS: Arch. f. exper. Path. und Pharm. **124**.

Bei den Disazofarbstoffen sind die Verhältnisse wechselnde: Man findet unter ihnen hundertprozentige Syncholica und auch solche, bei denen keine Spur des Farbstoffes in Galle oder Harn erscheint. So erscheint z. B. Kongorot zu 100% in der Galle, während Trypanrot M und Trypanblau M im Körper retiniert werden.

TADA fand bei den Disazofarbstoffen folgende Verhältnisse:

Es zeigen sich also im vorstehenden weitgehende Abhängigkeiten der Gallefähigkeit von Farbstoffen mit der chemischen Konstitution, wobei besonders zu vermerken ist, daß durch die Halogensubstituierung die Oxyphthaleine nahezu 100proz. Syncholica werden. Das ist für die klinische Diagnostik von weittragender Bedeutung geworden.

Bei den Farbstoffen, die saure und basische Gruppen gleichzeitig haben, verringert sich die Gallefähigkeit mit der Zahl der basischen Gruppen. KREBS und WITTGENSTEIN[1] haben gefunden, daß intravenös gegebene basische Farbstoffe schneller aus dem Serum abwandern als saure, wobei die Geschwindigkeit des Verschwindens mit dem Dispersitätsgrade der Farbstoffe zusammenhängt, und ebenso nimmt mit dieser Abwanderungsgeschwindigkeit die Toxizität für den Organismus zu. BRUGSCH fand nun aber nicht wie v. MÖLLENDORF die strenge Abhängigkeit der Gallefähigkeit der untersuchten sauren Farbstoffe von ihrer Diffusionsgeschwindigkeit; dagegen scheint bei den sauren Farbstoffen ein gewisser Parallelismus zur Absorptionsfähigkeit durch Seide zu bestehen.

Von Tryphenylmethanfarbstoffen sauren Charakters wurde zur Untersuchung herangezogen Säurefuchsin und Wasserblau, die auf ihre Syncholie auch schon von v. MÖLLENDORF untersucht wurden. Während dieser Forscher beide Farbstoffe als gute Syncholika ermittelte, fanden TADA sowohl wie BRUGSCH die Säurefuchsinausscheidung durch die Galle gleich Null, durch den Harn 70%. Bei Wasserblau konnten auch sie geringe Gallefähigkeit nachweisen. Die basischen Farbstoffe dieser Reihe, die untersucht wurden (Malachitgrün, Brillantgrün, Methylviolett), wirkten im Gegensatz zu den sauren sehr giftig. Eine Ausscheidung durch die Galle konnte nicht festgestellt werden. Schließlich konnten bei basischen Azinfarbstoffen (Neutralrot, Neutralblau) ferner aus der Xanthonreihe (Rhodamin) festgestellt werden, daß sie keine quantitative Ausscheidung, weder durch Galle noch durch Harn, erfahren; jedoch überwiegt hierbei die Syncholie.

Die Ausscheidung künstlich zugeführter Farbstoffe durch die Leber beim Menschen.

(Chromocholoskopie, Chromodiagnostik.)

Die im vorhergehenden dargelegte, im Tierexperiment ermittelte, farbstoffausscheidende Funktion der Leber wurde zu diagnostischen Zwecken in der Klinik herangezogen. Nachdem schon BÜRKER[2] (1901) vom Indigcarmin und BRAUER[3] (1903) vom Methylenblau experimentell den Übertritt in die Galle gefunden hatten, wandte man diesen beiden Stoffen die Aufmerksamkeit zu. Französische Autoren (CHAUFFARD und CASTAIGNE[4]) ebenso wie SYRTLANOFF[5] und ROCH[6] wollten aus der Methylenblauausscheidung im Urin Rückschlüsse auf die Leberfunktion ziehen. CAVAZZANI schlug das Methylviolett als Mittel zur Prüfung der aus-

[1] KREBS und WITTGENSTEIN: Pflügers Arch. **212**, H. 2.
[2] BÜRKER: Pflügers Arch. **83**, 241 (1901).
[3] BRAUER: Hoppe-Seylers Z. **40**, 182 (1903).
[4] CHAUFFARD und CASTAIGNE: La Presse méd. Jan. 1898.
[5] SYRTLANOFF: Thèse de Genève **1912**.
[6] ROCH: Thèse de Paris **1912**.

scheidenden Funktion der Leber vor. Da diese Stoffe durch die Galle eliminiert werden, so hoffte man, bei Schädigung der Leber durch die auftretende Retention den Übertritt in die Blutbahn und sein Erscheinen im Harn finden zu können. Wenn auch BABALIANTZ[1] glaubte, dies bestätigen zu können, so ist doch durch neuere Untersuchungen von LEPEHNE, KIRCH und MASLOWSKY[2] festgestellt, daß das Erscheinen des Methylenblau im Harn kein Recht gibt auf eine Störung der Leberfunktion zu schließen. Besser konnten aber ROSENTHAL und v. FALKENHAUSEN[3] die Methylenblauexcretion durch die menschliche Leber als Prüfung zur Leberfunktion heranziehen.

Diese Autoren fanden nämlich, daß subcutan dargereichtes Methylenblau (3 ccm einer 2 proz. Lösung) von der kranken Leber viel rascher in die Galle durchgelassen wird als von der gesunden. Bei Lebergesunden vergeht 1 bis $1^1/_2$ Stunden, ehe der Farbstoff in der Galle erscheint, bei Leberkranken kann man diesen Farbstoff schon nach 10—40 Minuten in der Galle nachweisen. Diese Befunde wurden von DÜTTMANN[4] vollinhaltlich bestätigt. Der Einwand von SAXL und SCHERF[5], daß das Methylenblau schon in den Magen ausgeschieden wird, trifft für die subcutane Injektion nicht zu (ROSENTHAL und FALKENHAUSEN). Diese Befunde der schnelleren Ausscheidung dieses Farbstoffs bei Leberkranken sind in mehrfacher Hinsicht außerordentlich interessant. Einmal steht das Methylenblau doch gerade dabei im Gegensatz zu den übrigen Farbstoffen, die von der kranken Leber erheblich langsamer eliminiert werden. Weiter ist hier im Methylenblau eine Analogie gegeben zu einem physiologischen Farbstoff, der auch von der kranken Leber leichter durchgelassen wird als von der gesunden: dem Urobilin, von dem in einem späteren Kapitel die Rede sein wird. Vielleicht liegt die erhöhte Durchlässigkeit der erkrankten Leber für Methylenblau in seiner Natur als basischer Farbstoff begründet. Oben haben wir von den basischen Farbstoffen erfahren, daß sie rasch aus der Blutbahn abwandern, gespeichert werden. Der kranken Leber ist vielleicht diese Fähigkeit verlorengegangen, und sie läßt das Methylenblau rasch ungehindert in die Galle übertreten. Jedenfalls wird die Methylenblauprobe als besonders feines Reagens auf Leberparenchymschädigung angesehen. Weiter wurde das *Indigcarmin*, das ein gutes Syncholicum darstellt, beim Menschen auf seine Ausscheidbarkeit in die Galle geprüft. 2 ccm einer 1 proz. Lösung erscheinen beim Lebergesunden in 15 Minuten in der Duodenalgalle, deren goldgelbe Färbung dann plötzlich in Grün umschlägt. Bei Leberschädigung kann dieser Übertritt ganz ausbleiben oder stark verzögert auftreten (LEPEHNE). Diese Tatsachen werden von einer großen Reihe von Forschern bestätigt (HATIEGANU[6], HESSE und WÖRNER[7], TONIETTI[8], WEILBAUER[9], BORCHARDT[10], EINHORN[11], BOSSERT[12], LÖWENBERG, NOAH[13], KUSNETZOW, KUSNETZOWSKA und SUCHOW[14], EILBOTT[15]). Besonders wichtig ist hierbei die quantitative Bestimmung des in die Galle eliminierten Indigcarmin. Die gesunde Leber scheidet etwa 60% des Farbstoffes aus. Bei der kranken

[1] BABALIANTZ: Thèse de Genève **1912**.
[2] LEPEHNE, KIRCH und MASLOWSKY: Die Leberfunktionsprüfungen. 2. Aufl.
[3] ROSENTHAL und v. FALKENHAUSEN: Die Leberfunktionsprüfungen. Berl. klin. Wschr. **1921**, Nr. 44.
[4] DÜTTMANN: Bruns Beitr. **129**, 507 (1923).
[5] SAXL und SCHERF: Wien. klin. Wschr. **1922**, Nr 6.
[6] HATIEGANU: Ann. Méd. **1921**, 10. [7] WÖRNER: Klin. Wschr. **1922**, Nr 23.
[8] TONIETTI: Dtsch. med. Wschr. **1923**, Nr 28.
[9] WEILBAUER: Klin. Wschr. **1922**, Nr 51.
[10] BORCHARDT: Klin. Wschr. **1923**, Nr 12.
[11] EINHORN: Arch. Verdgskrkh. **32**, 1 (1923).
[12] BOSSERT: Dtsch. med. Wschr. **1925**, Nr 5. [13] NOAH: Klin. Wschr. **1927**, Nr 10.
[14] SUCHOW: Arch. Verdgskrkh. **41**,89 (1927). [15] EILBOTT: Z. klin. Med. **106**, 524 (1927).

sinken die Zahlen auf ganz niedrige Werte ab. Auch ist die Zeitdauer der Elimination, die bei der normalen Leber 1—2 Stunden anhält, bei der kranken verkürzt. Es wird also nicht nur in der Zeiteinheit ganz beträchtlich weniger abgeschieden, auch die Zeitdauer der Ausscheidung ist erheblich verkürzt. Auch bei Encephalitis ist oft die verzögerte Indigcarminelimination durch die Leber nachweisbar (SCHARGRODSKY und SCHEIMANN[1]). WINKELSTEIN[2] fand bei experimenteller Phosphorvergiftung im Tierexperiment einmal eine beschleunigte und einmal eine verzögerte Ausscheidung des Indigcarmins je nach Stärke der Läsion. Über ähnliche Erfahrungen berichtet SUCHOW.

Auch noch andere Farbstoffe wurden beim Menschen auf ihre Ausscheidbarkeit durch die Galle geprüft. BAROK[3] gab Fuchsin S peroral und fand bei gesunden Menschen gute, bei kranker Leber schlechte oder fehlende Farbstoffausscheidung im Harn. Auch Azorubin S besitzt hepatotrope Eigenschaften. Es ist ein gutes Syncholicum. Es wurde von TADA und NAKASHIMA[4] sowie von FENSTERMANN[5] und KÉMERI zur Leberfunktionsprüfung verwandt. Hier ist es gerade umgekehrt wie beim Fuchsin. Bei kranker Leber ist eine hohe Harnausscheidung vorhanden, die bis zu 100% des Farbstoffes gehen kann. SCHELLONG und EISLER[6] fanden an Kaninchen, daß das Verschwinden des Azorubin S aus dem Blutserum nach vorhergehender Blockierung des reticuloendothelialen Apparates oder nach vorhergehender Milzexstirpation weitgehende Verzögerung erleidet. Die stärkste Verzögerung der Leberausscheidung dieses Farbstoffes findet man bei mechanischer Gelbsucht, jedoch ist auch die Durchtrittsgeschwindigkeit durch das Blut vom Zustande des reticuloendothelialen Systems abhängig.

Von DELPRAT und KERR[7] wurde schließlich noch das Bengalrot auf seine syncholischen Eigenschaften hin geprüft. Bengalrot ist gallefähig. Es ist auch ein nicht toxischer Farbstoff, aber während dieser Farbstoff im Organismus kreist, muß der Patient im Dunkeln gehalten werden, da dieser Farbstoff bei Belichtung toxische Wirkungen zeigt. Diese Eigenschaft macht dies sonst nahezu 100proz. Syncholicum zur weitergehenden praktischen Anwendung nicht gerade geeignet. Doch haben sich neuerdings wieder eine Reihe von Autoren (FIESSINGER und WALTER[8], FIESSINGER und OLIVIER[9], SNAPPER und SPOOR[10]) für seine Anwendung in der Chromodiagnostik der Leberkrankheiten eingesetzt.

Bei der Besprechung der Tierexperimente war noch aufgefallen, daß das Kongorot, ein absolut ungiftiger Körper, hervorragend gute syncholische Eigenschaften zeigt. Auch dieser Farbstoff ist wiederholt beim Menschen auf seine Gallefähigkeit geprüft und zur Chromocholoskopie herangezogen worden. LEPEHNE injizierte beim Menschen 2 ccm einer 2proz. wässerigen Lösung intravenös und fand beim Lebergesunden ein Rotfärben des Duodenalinhaltes nach 20 bis 30 Minuten. Bei Leberkranken waren die Resultate wechselnd. Auch BENNHOLD, der diesen Farbstoff besonders zur Diagnose des Amyloids heranzog, fand bei Leberkranken keine eindeutigen Resultate. Verzögerung der normalen Ausscheidungsmöglichkeit aus dem Blute trat bei Leberatrophie und Lebercirrhose auf. REIMANN, ADLER und EDEL[11] sowie später WILENSKI[12] stellten fest, daß be-

[1] SCHARGROSDKY und SCHEIMANN: Arch. f. Psychiatr. **81**, 371 (1927).
[2] WINKELSTEIN: Z. exper. Med. **34**, 127 (1923).
[3] BAROK: Med. Klin. **1927**, Nr 51.
[4] TADA und NAKASHIMA: J. amer. med. Assoc. **83**, 1292 (1924).
[5] FENSTERMANN: Münch. med. Wschr. **1926**, Nr 21.
[6] SCHELLONG und EISLER: Brugsch-Schittenhelm, Technik d. Laborator.-Meth. **3**.
[7] DELPRAT und KERR: Arch. int. Med. **34**, 533 (1924).
[8] FIESSINGER und WALTER: C. r. Soc. Biol Paris **90**, 84 (1924).
[9] FIESSINGER und OLIBIER: Presse méd. **1927**, Nr 20.
[10] SNAPPER und SPOOR: Arch. Verdgskrkh. **43**, 426 (1927).
[11] EDEL: Med. Klin. **1926**, Nr. 33.
[12] WILENSKI: Z. exper. Med. **54**, 257 (1927).

sonders bei Erkrankungen, die mit Schädigung des reticuloendothelialen Apparates einhergehen (Infektionskrankheiten, Septicämien, Milzexstirpation), die Kongorotausscheidung durch die Galle herabgesetzt und verzögert wird. Damit stimmt auch überein, daß PASCHKIS[1] auch beim hämolytischen Ikterus eine positive Kongorotprobe erhielt. SCHELLONG und EISLER glauben allerdings, daß die Behinderung des Galleabflusses in erster Linie für den Grad der Verweildauer des Kongorots in der Blutbahn verantwortlich zu machen ist.

Oben war mitgeteilt worden, daß die Oxyphthaleine, besonders wenn sie halogen substituiert sind, ausgezeichnete Syncholica darstellen. Diese Eigenschaft kommt auch den halogen substituierten Phenolphthaleinen zu. Dies hat auch die Klinik ausgenutzt zur Prüfung der Ausscheidungsfunktion der Leber. ABEL und ROWNTREE[2], HURWITZ und BLOOMFIELD[3], HIGGINS, MAC NEILL[4] haben die Ausscheidung dieses Farbstoffs durch die Leber experimentell geprüft. Bei intravenöser Injektion von 200—400 mg des Phenoltetrachlorphthaleins erschien in den nächsten 2 Tagen etwa 60% des Farbstoffs in den Faeces wieder. Bei Leberkranken kam die Farbstoffmenge, die durch den Darm eliminiert wurde, nie über 25%. Es waren das die gleichen Erfahrungen, die WHIPPLE, MASON und PEIGHTAL[5] im Tierexperiment bei Phosphorvergiftung machten. Besser prüft man die Schnelligkeit des Erscheinens von Tetrachlorphenolphthalein nach dessen intravenöser Injektion in der Duodenalgalle. In der Norm erscheint dieser Farbstoff, wie außer ARON, BECK und SCHNEIDER[6], PIERSOL und BOCKUS[7], ADLER und SCHMID[8] feststellen konnten, nach 12—17 Minuten in der Galle. Bei Leberzellschädigung, besonders bei Leberatrophien und Cirrhosen, ist die Schnelligkeit der Elimination dieses Farbstoffs durch die Leber herabgesetzt. Auch bei latenten Leberschädigungen, die keine Spur von Retention von Gallenfarbstoffen im Blute erkennen lassen, ist die Ausscheidung des Tetrachlorphenolphthaleins durch die Leber als gestört zu erweisen.

Diese Probe hat sich als sehr fruchtbar für die Klinik erwiesen, insbesondere noch, als S. M. ROSENTHAL[9] dazu überging, die Verweildauer dieses Farbstoffes in der Blutbahn quantitativ zu verfolgen. Außer von zahlreichen amerikanischen Autoren ist die Probe auch bei uns vielfach einer Nachprüfung unterzogen worden (KUNFI[10], KÄHLER[11], REICHE[12], BAUER[13], REIMANN, ADLER und EDEL, PASCHKIS, SCHELLONG und ATHANASSIU). Alle fanden, daß Tetrachlorphenolphthalein bei Menschen ein ausgezeichnetes Syncholicum ist. Es wird zu 95% und mehr durch die Galle eliminiert, und nur 1—7% erscheinen im Harn. Bei Leberschädigung wird die Harnausscheidung größer. ROSENTHAL und Mitarbeiter fanden noch die interessante Tatsache, daß bei längerer Verweildauer im Blute der Farbstoff zunächst als Konzentration abnimmt (nach 15 Minuten), um dann nach etwa 1—3 Stunden wieder stärker konzentriert im Blute aufzutreten (Wirkung anfänglicher Speicherung?). Jedenfalls haben SCHELLONG und EISLER gefunden, daß auch bei diesem Farbstoff der Zustand des reticuloendothelialen Apparates eine

[1] PASCHKIS: Z. exper. Med. **54**, 237 (1927).
[2] ABEL und ROWNTREE: J. of Pharmacol. **1910**, 231.
[3] HURWITZ und BLOOMFIELD: J. Hopkins Bull. **24**, 337 (1913).
[4] MC NEILL: J. Labor. a. clin. Med. **1**, 822 (1915).
[5] WHIPPLE, MASON und PEIGHTAL: John Hopkins Bull. **24**, 207 (1913).
[6] SCHMID: J. amer. med. Assoc. **77**, Nr 21 (1921).
[7] PIERSOL und BOCKUS: Trans. Assoc. amer. Physicians **37**, 433 (1922).
[8] ADLER und SCHMID: Fortschr. Ther. **1925**.
[9] ROSENTHAL, S. M.: J. of Pharmacol. **19**, 385 (1922). **23**, (1924) — J. amer. med. Assoc. **79**, 2151; **83**, 1049 — Wien. klin. Wschr. **1924**, 561.
[10] KUNFI: Klin. Wschr. **1924**, Nr 39. [11] KÄHLER: Med. Klin. **1925**, Nr 35.
[12] REICHE: Med. Klin. **1926**, Nr 8 — Klin. Wschr. **1927**, Nr 3.
[13] BAUER: Wien. klin. Wschr. **1926**, Nr 16.

erhebliche Rolle auf seine Gallefähigkeit ausübt. Sicher ist, daß die Retention dieses Farbstoffes im Blute nicht parallel geht der Zurückhaltung von Gallebestandteilen in der Blutbahn, wie R. BAUER, BAUER und NYIRI, BAUER und STRASSER annehmen wollen. Neuerdings wird besonders in Amerika nicht mehr das Phenoltetrachlorphthalein in der klinischen Leberdiagnostik angewandt, da von ihm doch vorübergehend leichtere oder schwerere Schädigungen beobachtet worden sind (Venenthrombosen, Verstärkung eines Ikterus). Fast regelmäßig kann man eine vorübergehende Erhöhung des Blutbilirubins nach intravenöser Injektion dieses Farbstoffes feststellen (BLOOM und ROSENAU[1], ADLER, CZICKE[2]).

Aus diesem Grunde gibt man einem verwandten Körper, dem *Bromsulphalein*, Phenoltetrabromnatriumsulfanat, den Vorzug. Auch diese Substanz ist exquisit cholotrop. Es wird noch schneller als das Tetrachlorphenolphthalein in die Galle ausgeschieden (S. M. ROSENTHAL und WHITE, TILLGREN, CASERMANN und BLOOSTROEM). Die beim Menschen angewandte Dosis ist 2 mg pro kg Körpergewicht, beim Tetrachlorphenolphthalein 5 mg pro kg Körpergewicht.

Die Kenntnis von der ausgezeichneten Syncholie der halogensubstituierten Phenolphthaleine führte schließlich dazu, auch die Phenolphthaleine weiter halogen zu substituieren und damit zu einer ausgezeichneten diagnostischen Errungenschaft, der Darstellung der Gallenblase im *Röntgenbild* zu gelangen. Mit Hilfe der nahezu quantitativen Galleausscheidung des *Tetrajod-* und *Tetrabromphenolphthaleins* ist es GRAHAM und COLE[3] möglich gewesen, diese Substanzen so in der Gallenblase anzureichern, daß ein Röntgenkontrastschatten erzielt werden konnte. Bei der Injektion von halogensubstituiertem Phenolphthalein wird das Halogen nicht abgespalten (IBUKI[4]). Reines Phenolphthalein ist nicht cholotrop. Es wird hauptsächlich (80%) im Harn ausgeschieden. Ferner wird aus der Verbindung auch im Organismus kein Jod abgespalten, sondern das Jod kommt in organischer Bindung zur Ablagerung in die Gallenblase (IBUKI). Anorganisches Jod ist nicht gallefähig, es geht hauptsächlich durch die Nieren aus dem Organismus heraus. Über die Form der Jodausscheidung durch die Galle wird später noch zu sprechen sein, gelegentlich der Eliminierung von Arznei- und Giftstoffen durch die Leber auf dem Wege der Galleausscheidung.

Zusammenfassung: Aus den berichteten Tatsachen und Versuchsresultaten ergibt sich, daß die Leber in der Tat für viele Farbstoffe ein ausgezeichnetes Ausscheidungsorgan darstellt, zum Teil in Gemeinschaft mit der Niere, für einen Teil aber auch als die einzige Eliminationsstätte fungiert. Die Leber tritt hierbei in zweierlei Weise als Abfangvorrichtung für blutfremde Stoffe in Tätigkeit: Einmal, indem die Partikel abgelagert werden, sei es in den KUPFFERschen Sternzellen, sei es in den Leberzellen, oder indem sie durch die Galle ausgeschieden werden. Für die erstgenannte Art der Eliminierung kommen besonders grobdisperse Stoffe in Frage, die leicht adsorbierbar sind, für die zweite Art gerade hochdisperse Lösungen. Die erstgenannte Abscheidevorrichtung interessiert im Rahmen dieser Abhandlung nicht, die zweite dagegen dokumentiert in klassischer Weise *eine* der Leberfunktionen als Excretion. Es kommen als exquisit gallefähig besonders saure Farbstoffe in Betracht[5]. Je höher dispers, um so besser ihre Eliminationsmöglichkeit auf dem Gallewege. Bei zusammengesetzten Farbstoffen, die saure und alkalische Komponenten besitzen, erscheint der saure Anteil zuerst in der Galle. Die Abscheidung saurer Farbstoffe kann durch Säure-

---

1 BLOOM und ROSENAU: Arch. int. Med. **34**, 446 (1924).

2 CZICKE: Dtsch. Arch. klin. Med. **162**.

3 GRAHAM und COLE: Zitiert auf S. 772.

4 IBUKI: Arch. f. exper. Path. und Pharm. **124**, 371.

5 Unter sauren Farbstoffen versteht man die Tatsache, daß der färbende Anteil eine Säure ist; beim alkalischen Farbstoff ist der farbtragende Teil eine Base.

beigabe, der alkalischen durch Alkalizugabe gesteigert werden (BETHE, POHLE). Der Säurecharakter ist allerdings nicht das einzige Kriterium der Syncholie von Farbstoffen. Die cholotropen Eigenschaften der Oxyphthaleine können durch Halogensubstituierung verstärkt werden, beim Phenolphthalein erleben wir so-

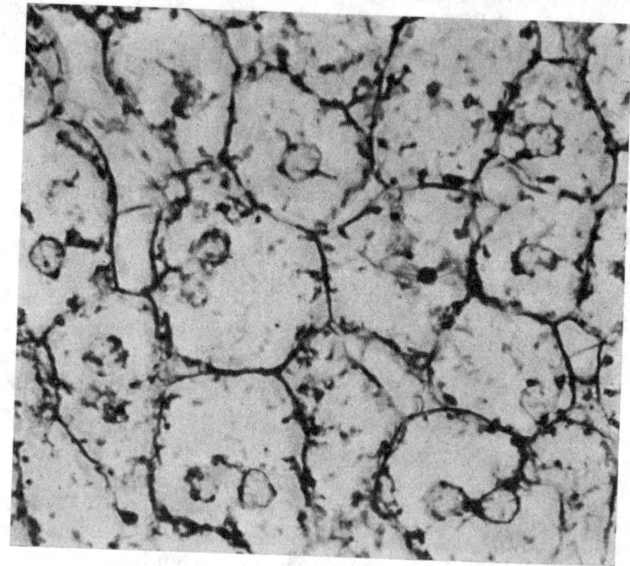

Abb. 125. Leberbild auf dem Höhepunkt des assimilatorischen Stadiums nach Fixierung mit Bariumchlorid. (630 mal vergrößert.) Die Leberzellen enthalten eine minimale Menge von Gallenbestandteilen, und die Gallencapillaren sind in der Regel leer, zusammengefallen. (Alle Leberzellen enthalten dagegen reichlich Glykogen. Glykogengehalt 13%, gesamte Glykogenmenge 17 g.)

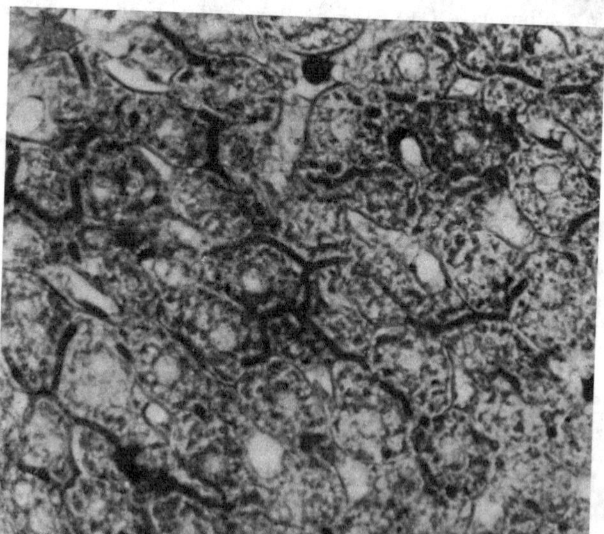

Abb. 124. Leberbild auf dem Höhepunkt des sekretorischen Stadiums nach Fixierung mit Bariumchlorid. (Vergrößerung 630 mal.) Alle Leberzellen und Gallencapillaren enthalten reichlich Gallenbestandteile. (Bei Glykogenfärbung nach BESTs Methode findet man nur Spuren von Glykogen in den Leberzellen. Glykogengehalt 1%, gesamte Glykogenmenge $^1/_2$ g.)

gar, daß dieser Stoff rein synurische Eigenschaften besitzt; mit der Halogeneinführung wird es zum nahezu 100prozentigen Syncholicum. Die Leber vermag im Gegensatz zur Niere oxydierende Einflüsse an den auszuscheidenden Farbstoffen nicht auszuüben. Reduziertes Bayrischblau wird in der Galle farblos, von der Niere jedoch blau, also oxydiert, abgeschieden.

Bei den Farbstoffen, die in der klinischen Diagnostik als Syncholica benutzt werden, zeigt sich, daß im allgemeinen die Farbstoffe bei erkrankter Leber langsamer aus dem Blute verschwinden und später in der Galle erscheinen als beim Normalen, und daß die Nierenausscheidung bei erkrankter Leber vikariierend zu-

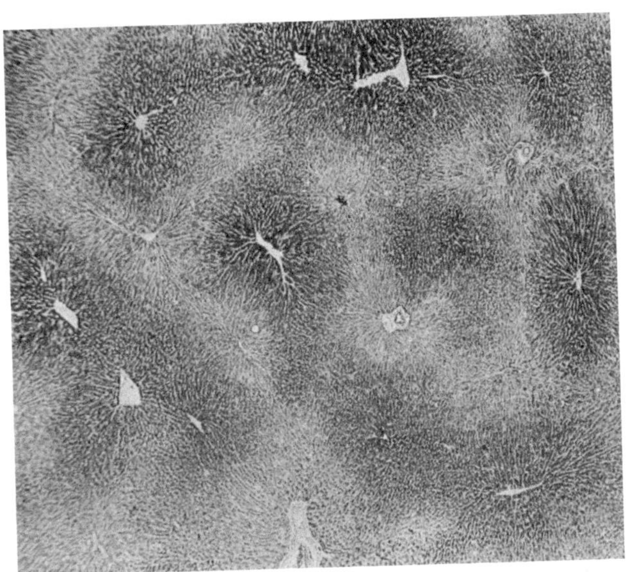

b) Bei Färbung nach BEST: Das Glykogen findet sich vorzugsweise in einer zentralen Zone der Lobuli vor. (Glykogengehalt 4%, gesamte Glykogenmenge 3,4 g.)

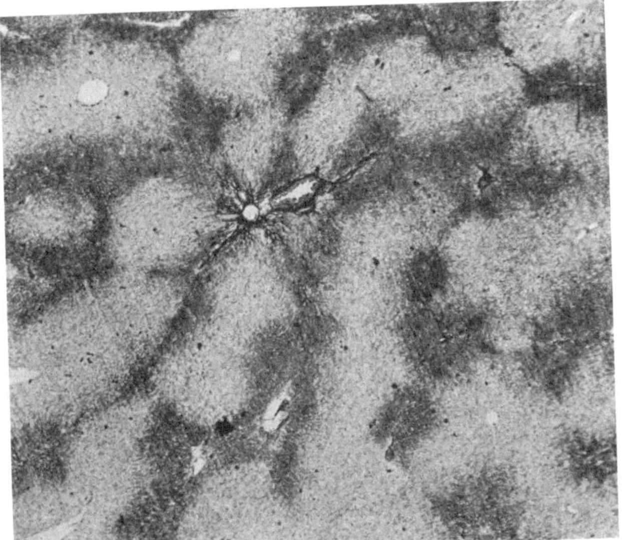

a) nach Bariumchloridfixierung: Die Gallenbestandteile kommen vorzugsweise in der Peripherie der Lobuli vor.

Abb. 126. Übersichtsbild der Leber in einem Zwischenstadium (20 mal vergrößert).

nimmt. Das Methylenblau nimmt eine Ausnahmestellung ein. Es erscheint bei Lebererkrankungen schneller in der Galle als in der Norm. Die pathologisch veränderte Leber erscheint für Methylenblau besser durchlässig als die gesunde: eine Analogie zum Urobilin, das auch die kranke Leber leichter passiert als die gesunde. Daß aber die Ansicht mancher Autoren (FIESSINGER[1], GARNIER, SCHELLONG), daß die Blutretention hepatotroper Farbstoffe nicht mehr besage als der Ikterus, als die Gallenfarbstoffretention, irrtümlich ist, geht aus der Tatsache hervor, daß auch Leberstörungen, die nicht mit Irradiationen im Gallestoffwechsel einhergehen, Störungen der farbstoffausscheidenden (körperfremde Farbstoffe) aufzeigen können (Milzerkrankungen, Diabetes). (HATIÉGANU, eigne Erfahrungen).

Nachdem wir die hervorragende excretorische Funktion der Leber für körperfremde Farbstoffe kennengelernt haben, wollen wir ihre ausscheidende Fähigkeit für physiologische Stoffwechselprodukte betrachten. Als solche hat sie — dies in einer Umschreibung ausgedrückt — die Aufgabe, das Blut frei zu halten von gallefähigen Substanzen. Die Galle, die alle gallefähigen Substanzen enthält, wird meist als Sekret der Leber aufgefaßt (BABKIN, ROSENTHAL, WOHLGEMUTH u. a.). Freilich, wenn man ihre große Aufgabe als Verdauungssekret im Darmkanale im Auge hat, ist dies gut verständlich. Im Normalzustande imponiert eigentlich die Galle nur als Sekretionsprodukt. Aber im Krankheitsfalle wird klar, wie sehr auch die Leber *Ausscheidungs*organ für Gallebestandteile ist: Aus dem Negativ erst erfahren wir die ganze Größe des Positiv. Es sind insbesondere die drei charakteristischen Bestandteile der Galle, deren „Ausscheidung" der Leber obliegt: der *Gallenfarbstoff*, die *Gallensäuren* und das *Cholesterin*. Die Zusammensetzung der Galle, die Herkunft ihrer einzelnen Bestandteile sowie die Physiologie und Pharmakologie ihres Übertritts in den Darm ist in einzelnen Abschnitten dieses Handbuchs bereits behandelt, so daß hier auf diese Arbeiten verwiesen werden kann[2]. Im Rahmen dieser Abhandlung interessiert vor allem die spezielle Aufgabe der Leber als Excretionsorgan für die einzelnen Gallebestandteile. Die weittragende Bedeutung der Lösung dieser Aufgabe für den Organismus erkennen wir vor allem, wie eben bereits angedeutet, an den Zuständen, in denen es der Leber nicht mehr gelingt, dieser Funktion gerecht zu werden.

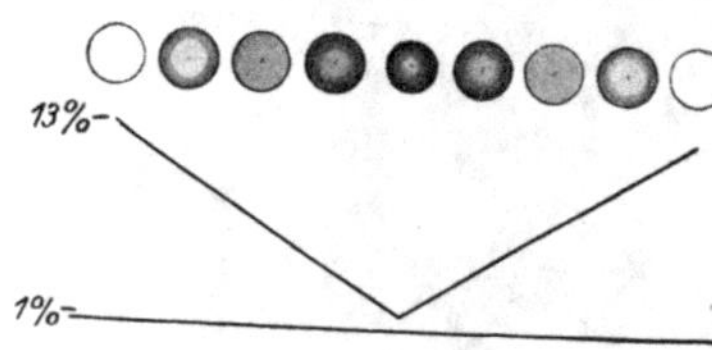

Abb. 127. Schema, das illustriert, wie sich die Gallenbestandteile (schwarz) und das Glykogen (weiß) während verschiedener Funktionsstadien in den Leberlobuli verteilen, die durch kreisrunde Figuren bezeichnet sind, deren Zentrum der Vena centralis entspricht. (Grau bedeutet, daß die Zellen in der entsprechenden Zone eines Lobulus sowohl Glykogen als Gallenbestandteile enthalten.) Die Kurve gibt die gleichzeitigen Variationen im Glykogengehalt der Leber an.

Neuerdings hat sich herausgestellt, daß in der Abscheidung der Gallenbestandteile in der Leberzelle eine gewisse Rhythmik der Tätigkeit statthat. FORSGREN[3] konnte erweisen, daß die Lebertätigkeit in eine assimilatorische und dissimilatorische Phase zerfällt. Erstere stellt die Ablagerung von Glykogen in der Leberzelle dar, die zweite ist die des Auftretens von Gallebestandteilen. FORSGREN[4] konnte beide färberisch darstellen, und zwar das Glykogen nach BEST und die Gallenbestandteile, Farbstoffe und Cholate nach $BaCl_2$-Fixierung und Malloryfärbung mit Säurefuchsin. Es ergeben sich Verhältnisse, die sich am eindringlichsten durch vorstehende Abbildungen, die einer Arbeit FORSGRENS[5] entnommen sind, darstellen lassen (vgl. Abb. 124—127).

---

[1] FIESSINGER: Presse méd. **1928**, Nr 62.

[2] BABKIN, B. P.: Die sekretorische Tätigkeit der Verdauungsdrüsen. — WESTPHAL, K.: Pathologie der Bewegungsvorgänge der extrahepatischen Gallenwege. — ROSENTHAL, F.: Die Galle. — EPPINGER und ELEK: Gallenabsonderung und Gallenableitung. Sämtl. Bd. **3** d. Hdbuch.

[3] FORSGREN: Skand. Arch. Physiol. (Berl. u. Lpz.) **55**, 144 (1929).

[4] FORSGREN: Z. Zellforschg **6**, 647 (1928).

[5] FORSGREN: Klin. Wschr. **1929**, Nr 24, 1110 u. 1111.

Die Leber als Excretionsorgan für den Gallenfarbstoff.

Schon bei niederen Tieren, bei den Mollusken, treffen wir die Ausscheidung eines Excretes, das der Galle entspricht. Dabei ist besonders interessant im Hinblick auf die vorerwähnten Forsgrenschen Feststellungen, daß eine besondere Rhythmik in dieser Galleabscheidung mit Absorption und Sekretion stattzuhaben scheint: „Wenn die Absorption fast vollendet ist, sezerniert die Leber eine andere Flüssigkeit, die sich in keiner Weise von der Galle unterscheidet.“ (Biedermann[1].) Auch nach Burian und Muth[2] hat die Mitteldarmdrüse der Dekapoden „neben ihren anderen Aufgaben auch die eines wahren Ausscheidungsorganes, d. h. eine echte excretorische Nebenfunktion“. v. Fürth[3] allerdings stellt die Anwesenheit von Gallenfarbstoff und Gallensäuren, weil sie charakteristische Bestandteile der Galle der Wirbeltiere sind, für die Leber der Mollusken in Abrede. Wirbellose aber haben oft Farbstoffe, wie mit der Nahrung aufgenommenes Chlorophyll, das sie durch die Leber bzw. durch das Hepatopankreas, nachdem es umgewandelt wurde, eliminieren. Aus dem Darm aufgenommenes Chlorophyll wird zu vielfachen Pyrrolverbindungen, die mit Eisen oder bei manchen Tieren auch mit Kupfer gebunden werden, zu einem großen, eiweißartigen Komplex umgebaut (Roger[4]). Bei Mollusken, Pulmonaten, Crustaceen können tiefergreifende Umwandlungen statthaben. Man findet in der Mitteldarmdrüse Pigmente: Cholerubin, Helicorubin (Krukenberg), eisenhaltiges Chromoproteid von der Art eines Hämoeteromogen (Vegezzi). So erkennen wir schon bei den niederen Tieren die Mitteldarmdrüse bzw. das Hepatopankreas als das Organ, das zur Elimination der Pigmentkomplexe dient. Bei den höheren Tieren, Wirbeltieren, entstammt das Bilirubin dem Hämoglobin. Die Leber dient also hier der Beseitigung der Schlacken des Blutabbaues. Daß Gallenfarbstoff auch aus anderen Bausteinen entstehen kann, ist bis heute nicht erwiesen. Chlorophyll kommt jedenfalls als Quelle nicht in Frage. Jedoch ist neuerdings die Frage diskutiert worden, ob nicht aus dem Cytochrom (Keilin), das in zahlreichen Zellen und Geweben vorkommt, und das chemisch Beziehungen zum Blutfarbstoffkomplex haben soll, Gallenfarbstoff werden kann[5]. Jedenfalls ist als Ausdruck des dauernd stattfindenden Blutumsatzes zumeist eine geringe Menge Bilirubin im Blute anzutreffen.

Ist die normale Abscheidung des Gallenfarbstoffs aus der Leber gestört, so tritt sie in die Blutbahn über. Es war lange ein Streit darüber, ob der Gallenfarbstoff, wenn er nicht den Weg in die Galle nimmt, zuerst in die Lymphbahn und von da in die Blutbahn übertritt, oder direkt dorthin gelangt. Jetzt wissen wir, daß dies auf beiden Wegen geschieht. Für den Menschen existiert eine physiologische Bilirubinämie (bis 1 mg%). Hierüber liegen zahlreiche experimentelle Ergebnisse vor (Forster[6], Jendrassik[7], Schiff[8], Ernst[9], Sivo[10], Adler[11]). Es gibt auch Tiere, bei denen ein gewisser Grad von Bilirubinämie physiologisch ist, z. B. das Pferd. Andere Tiere wieder weisen stets bilirubinfreies Serum auf, wie z. B. der Hund. Beim Hunde kommt es nur sehr schwer zu einer Bilirubin-

[1] Biedermann: Wintersteins Handb. **2** I, 963.
[2] Burian und Muth: Wintersteins Handb. **2** II, 681.
[3] v. Fürth: Vgl. Chem. Physiol. d. niederen Tiere. Jena 1903.
[4] Roger, cit. S. 1.
[5] Bierich und Rosenbohm: Hoppe-Seylers Z. **155**, 249 (1926).
[6] Forster: Z. klin. Med. **163**, 703.
[7] Jendrassik: Z. exper. Med. **60**, 554.
[8] Schiff: J. of med. **1827**, Dez.
[9] Ernst: Biochem. Z. **157**, 16.
[10] Sivo: Biochem. Z. **189**, 160.
[11] Adler: Dtsch. Arch. klin. Med. **164**, 130.

ämie. Beim Menschen ist schon eine relativ leichte Leberstörung von einer gewissen Retention von Gallenfarbstoff im Blute gefolgt. Hunger vermag die physiologische Bilirubinämie zu verstärken (H. v. d. BERGHS Hungerhyperbilirubinämie). Der Hunger bedingt nach PICK und HASHIMOTO einen gewissen Grad von intravitaler Autolyse der Leberzellen (KRAUS). Eine auf eine Hungerkur aufgepfropfte reine Fleischmahlzeit kann die Hungerbilirubinämie noch erhöhen. Auch eine mit Hungern gleichzeitige Kälteeinwirkung hat gleichartige Folgen (ADLER). Hierbei bleibt die Reaktionsform des Gallenfarbstoffs indirekt. Tritt nun Galle in die Blutbahn über, dadurch, daß die abführenden Gallenwege mechanisch verlegt sind, so finden wir alsbald eine Bilirubinanhäufung im Blute direkter Natur. Feinere hierauf gerichtete experimentelle Untersuchungen (GUZMANN-BARRON und BUMSTEAD[1]) haben ergeben, daß schon 1 Stunde nach der Unterbindung des Choledochus und Cysticus bei gleichzeitig nephrektomierten Hunden in der Ductus thoracicus-Lymphe indirekt reagierendes Bilirubin auftritt, nach $1^1/_2$ Stunden nach der Wegverlegung erscheint auch im Blute der indirekte Typ des Gallenfarbstoffs. Nach $2^1/_2$ Stunden wird der Reaktionstyp in der Lymphe zweiphasisch verzögert, und nach $2^3/_4$ Stunden ebenso im Blute, nach $4^1/_2$ Stunden ist in beiden Flüssigkeiten die inzwischen erheblich angestiegene Gallenfarbstoffmenge direkt geworden. Bei Ausschaltung des Ductus thoracicus durch Drainage kommt die entsprechende Blutbilirubinanhäufung nur ganz wenig später. Es kann also hieraus geschlossen werden, wenn die Leber ihrer Ausscheidungsfunktion nicht mehr gerecht wird, daß auf beiden Wegen Bilirubin in das Blut gelangt, wenngleich der Lymphweg zunächst bevorzugt wird.

Die direkte und indirekte Diazoreaktion nach v. d. BERGH. H. v. d. BERGH fand bekanntlich bei Einführung der EHRLICH-PRÖSCHERschen Diazoreaktion zum Zwecke des Bilirubinnachweises im Serum, daß diese Reaktion bald spontan (direkte R.) sofort nach Zusatz von Diazoreagens, oft aber auch erst nach Alkoholzusatz (indirekte R.) zu erzielen ist. Dazwischen existiert noch eine Übergangsstufe, die zweiphasische oder direkt verzögerte R., d. h., es tritt eine gewisse Diazokupplung bereits spontan auf, die Färbung wird aber nach Alkoholzusatz stärker und maximal, während bei der direkten R. das Färbungsmaximum spontan innerhalb 1 Minute erreicht wird. Die normale menschliche Galle zeigt stets direkten Reaktionstyp. Ist die Galle infiziert, so kann es vorkommen, daß sie indirekte Reaktionsart zeigt.

Systematische Untersuchungen über den Reaktionstyp des Gallenfarbstoffes bei dessen Übertritt ins Blut haben nun gezeigt, daß bei mechanischer Behinderung des Galleabflusses die Bilirubinreaktion im Blute stets direkt ist. Wir haben bereits gesehen, daß im Tierexperiment in ganz frühen Stadien der Stauung indirektes Bilirubin im Blute und in der Lymphe nachweisbar wird (BARRON GUZMANN und BUMSTEAD). Dieser Vorgang findet auch in der menschlichen Pathologie seine Analogie. Bei Gallensteinleiden in frühen Stadien, ohne daß es zu komplettem Abschluß kommt, treffen wir Bilirubinämie indirekten Typs (ADLER). Auch bei Lebererkrankungen mit Retention von Gallenfarbstoff, die nicht auf mechanischer Grundlage beruhen, ist die Bilirubinreaktion im Serum direkter Natur. Hierbei kann man nun die merkwürdige Beobachtung machen, daß in geringen Stadien im Anfang und am Ende der Gelbsucht unterhalb einem gewissen Niveau (bei 2–3 mg%) der Reaktionstyp indirekt ist. Das trifft aber nicht für alle Fälle des hepatocellulären Ikterus zu; bei dem cholangischen Typ ist die Reaktionsform des Bilirubins auch unterhalb dieses Niveaus direkter Natur (ADLER). Schon diese Tatsache lehrt, daß, wie man nach den erstgenannten Ergebnissen hätte meinen können und wie es einige Forscher annehmen (BRULÉ), der Unterschied zwischen den beiden Reaktionsformen ein rein quantitativer ist. Das lehrt nun noch deutlicher das Vorkommen des indirekten Reaktionstyps bei verschiedenen Krankheiten.

Bei hämolytischen Prozessen, die mit funktioneller Überlastung, um nicht zu sagen Leberschädigungen, einhergehen, tritt stets der indirekte Reaktionstyp auf. Das klassische Beispiel hierfür ist der hämolytische Ikterus, die perniziöse Anämie, der Icterus neonatorum. Ich verweise hierbei ausdrücklich auf die funktionelle Überlastung der Leber, denn, wenn man lebergesunden Menschen große Blutextravasate setzt (auch bei Resorption größerer Blutergüsse und bei Blutungsanämien) kommt es in der Regel nicht zur Bilirubinämie über 1,5 mg%. Bei den genannten drei Krankheitsgruppen, denen noch einzelne Zustände wie manche Arten und

[1] GUZMANN-BARRON und BUMSTEAD: J. of exper. Med. **17**, 999.

Stadien der Herzinsuffizienzen — keineswegs alle — manche Pneumonieformen, ebenfalls keineswegs alle, zuzuzählen sind, kann nun der indirekte Bilirubingehalt des Blutserums ganz beträchtliche Grade erreichen — ich habe bis 25 mg% indirekten Typs gesehen, ferner in einem Falle CO-Vergiftung 17,5 mg% —. Diese Zustände lehren, daß die Unterschiede der beiden Bilirubinformen tiefergreifende sein müssen.

Ein Unterschied zwischen beiden Typen ist besonders hervorzuheben: das indirekte *Bilirubin ist niemals harnfähig*[1]. Selbst bei unserem Fall von 25 mg% nicht, während doch das direkte Bilirubin schon bei 8—10 mg%, in mechanischen Fällen schon früher, in den Harn übertritt. LEPEHNE[2] hat nun geglaubt, die Charakterisierungen der beiden Gallenfarbstoffformen dahin vornehmen zu können, daß das direkte Bilirubin hepatischen, das indirekte hämolytischen (anhepatischen) Ursprungs sei (RETZLAFF[3]). Diese Unterscheidung kann aber wohl deshalb nicht zutreffen, weil wir beim hepatocellulären Ikterus die eine Form in die andere übergehen sehen. Andere glaubten (FEIGEL und QUERNER[4], ROSENTHAL[5]), die Lipoide bedingten den trägeren Reaktionstyp. BRULE[6] gar hielt die Unterschiede nur für quantitative und nicht für qualitative, und THANNHAUSER[7] brachte die verzögerte Reaktion mit der Verweildauer des Bilirubins in der Blutbahn zusammen. ADLER und STRAUSS[8] stellten fest, daß die Art des Bluteiweißes des Serums für die Reaktionsart entscheidend ist. Überwiegen der Globulinfraktion bedingt indirekten, der Albuminfraktion direkten Typ. Man kann durch Wegnahme des Globulinanteils aus indirekter direkte Reaktion entstehen lassen oder das gleiche erreichen, wenn man eine feinere Dispergierung der Eiweißmoleküle durch Zusatz entquellender Substanzen, wie Coffein natr. benzoic. vornimmt. Ebenso konnte LEVI[9] durch Verdauung mit Pepsinsalzsäure das indirekte Bilirubin in das direkte überführen. In der Tat spielt die Adsorption an das Eiweiß eine gewisse Rolle. WIEMER[10] konnte feststellen, daß der an Eiweiß adsorbierte Bilirubinanteil im Serum sich im ikterischen Serum verschieden verhält. Je länger ein Ikterus besteht, um so größer wird der Bilirubinindex, d. h. der eiweißadsorbierte Anteil; dagegen ist bei indirektem Gallenfarbstoff kaum ein Unterschied vorhanden. WELTMANN[11] fand das gleiche und spricht von A. W. (Adsorptionswert). Das ist das gleiche, was WIEMER Bilirubinindex nennt. Den Kern der Sache kann also die Eiweißadsorption des indirekten Bilirubins nicht treffen.

Jedenfalls ist zu betonen, daß überall dort, wo Bilirubin extrahepatisch, also in Hämatomen, serösen Ergüssen, Liquor cerebrospinalis entsteht, es indirekten Reaktionstyp zeigt. Es ist weiter zu betonen, daß in all diesen Fällen, wie bei der Perniciosa usw., das indirekte Bilirubin von Hämatin begleitet ist (BINGOLD). So auch beim leberlosen Hunde (MANN, ROSENTHAL, THANNHAUSER). ASCHOFF[12] nimmt an, daß das Bilirubin extrahepatisch (in dem Reticuloendothel, KUPFFERschen Sternzellen, Milz usw.) entsteht, normaliter indirekten Reaktionstypus besitzt, und beim Durchgang durch die Leberzelle seinen direkten Typ erst erhält. Es kann hier nicht auf den Entstehungsort des Gallenfarbstoffs eingegangen werden, das ist in anderen Abschnitten dieses Handbuches ausführlich erfolgt[13]. Wir müssen bekennen, daß eindeutige Klarheit über die Natur beider Reaktionsformen jedenfalls bis heute nicht erlangt werden konnte.

Wenn die Leber unfähig wird, das Blut von Gallenfarbstoff freizuhalten, so tritt, abgesehen von den beiden Modi des Reaktionstyp, auch sonst noch Verschiedenartigkeit der Gallenfarbstoffretention im Blute auf. ASCHOFF glaubt, daß bei freien Gallenwegen und intakter Leber die Reaktionsart des retinierten Gallenfarbstoffs im Serum indirekt ist. Daß aber auch hierbei (Icterus neonat., perniziöse Anämie, hämolytischer Ikterus) zum mindesten funktionelle Schädigung bzw. Überlastung des Organs vorliegt, wurde bereits früher betont. Das pathologische Korrelat hierfür ist die Pleiochromie der Galle und besonders auch die oft hochgradige Urobilinocholie in diesen Fällen.

Sonst ist die Art der Bilirubinretention im Blute in der Regel direkt. Es unterscheidet sich aber die Art der Retention von Gallenfarbstoff im Serum bei gestörter Ausscheidungs-

---

1 Mit Ausnahme des Icterus neonat. Hier tritt bisweilen Bilirubinurie trotz indirekter Blutreaktion auf.

2 LEPEHNE: Dtsch. Arch. klin. Med. **132**, 96.

3 RETZLAFF: Z. exper. Med. **34**, 133 (1923).

4 FEIGEL und QUERNER: Z. exper. Med. **9**, 153 (1919).

5 ROSENTHAL: Arch. f. exper. Path. **81**, 246.

6 BRULÉ: Rech. sur les icteres. III. Ed. 1922.

7 THANNHAUSER: Dtsch. Arch. klin. Med. **1922**.

8 ADLER und STRAUSS: Z. exper. Med. **44**, 152.

9 LEVI: Z. exper. Med. **32**.

10 WIEMER: Dtsch. Arch. klin. Med. **151**, 154.

11 WELTMANN: Dtsch. Arch. klin. Med. **161**.

12 ASCHOFF: Acta path. scand. (Kobenh.) **5**, 350 (1928).

13 ROSENTHAL: l. c.

funktion der Leber danach, ob ein mechanisches Hindernis den Galleabfluß verlegt, oder ob die Störung im Quellgebiet, in der Leberzelle selbst, sitzt (Adler[1]). Beim hepatocellulären Ikterus steigt der Bilirubingehalt des Serums viel höher als beim mechanischen. In einer großen Serie von Untersuchungen an einem großen Lebermaterial erreichten die Blutgallenfarbstoffwerte bei der hepatocellulären Gelbsucht (akute gelbe Leberatrophie, sog. Icterus catarrhalis) Werte bis 85 mg%, dagegen ging der Bilirubingehalt des Serum bei mechanisch bedingtem Ikterus nicht über 40 mg% hinaus. Werte zwischen 30 und 40 mg% gehören dabei zu den selteneren Vorkommnissen.

Schon oben bei Besprechung der Farbstoffexcretion durch die Leber wurde darauf hingewiesen, daß bei gestörter Leberfunktion die Harnausscheidung der Farbstoffe vicariierend größer wird. Ähnlich ist es mit dem Gallenfarbstoff. Auch dieser erscheint von einer gewissen Schwelle ab im Harn. Auf 2 Wegen sucht der Organismus des im Blute bei gestörter Ausscheidungsfunktion der Leber angehäuften Bilirubin sich zu entledigen: durch vikariierende Ausscheidung im Harn und durch Ablagerung in der Haut. Für beide Arten gibt es keinen Schwellenwert. Auch bei verschiedenen Tieren ist der Ausscheidungsmodus verschieden. Der Hund z. B. scheidet schon bei ganz niederem Bilirubinspiegel des Blutes Gallenfarbstoff im Harne aus. Die niedrige Hyperbilirubinämie durch Hunger genügt, um bei diesem Tier Bilirubinurie auszulösen. Hautikterus ist beim Hunde schon schwerer zu erzielen. Beim Menschen kommt es nun schon relativ früh zu Hautikterus und relativ schwer zum Harnikterus. Auch hierin unterscheidet sich wieder die mechanische Gelbsucht von der hepatozellulären. Bei ersterer tritt die Bilirubinurie früher, leichter und intensiver auf als bei letzterer. Z. B. kann bei Leberzellschädigung schon bei 40 mg/% Blutbilirubin der Gallenfarbstoff aus dem Harn verschwinden, während es bei mechanischer noch bei 4—6 mg/% vorhanden sein kann. Auf ein merkwürdiges Faktum soll hier noch hingewiesen werden: Es kann, wie ich fand, bei abklingender Gelbsucht und noch hohem Blutbilirubinspiegel, wenn bereits Gallenfarbstoff aus dem Harn geschwunden war, durch intravenöse Injektion gallensauerer Salze wieder Bilirubinurie hervorgerufen werden (Adler[2]) vgl. Abb. 130 u. 131, S. 794. Die Harnfähigkeit des im Blute retinierten Bilirubin hängt vielleicht mit dessen Adsorptionsfähigkeit an Eiweiß zusammen (Wiemer, Weltmann). Ob dabei die Gallensäuren, wie Wiemer meinte, eine Rolle spielen, muß noch dahingestellt bleiben. Jedenfalls zeigt sich aus der Summe der berichteten Tatsachen, daß bei gestörter Ausscheidungsfunktion der Leber für Gallenfarbstoff der Mechanismus dieser Retention einen komplexen Vorgang darstellt.

Man hat die Bilirubinausscheidung in der Galle als Maßstab für die Größe des Blutumsatzes heranzuziehen versucht (Eppinger[3], Brugsch und Retzlaff[4]). Fischler[5] äußert sich prinzipiell skeptisch gegenüber der Möglichkeit eines solchen Vorgehens. Wir kennen natürlich nicht die Größe des im Darme rückresorbierten Farbstoffanteils, wenn wir die Urobilinbestimmung als Maßstab für die Bilirubinexcretion wählen. Ferner ist es, da die Konstitution des Urobilins unbekannt, nicht möglich, zu sagen, wie die quantitativen Beziehungen zwischen Bilirubin und Urobilin sind; dagegen kann man den Urobilinogengehalt der Faeces sehr wohl auf Bilirubin und damit auf Hämoglobin umrechnen. Terwen[6] hat eine Methode der quantitativen Urobilinbestimmung im Faeces angegeben (Reduktion des Urobilins zu seinem Chromogen durch Mohrsches Salz in alkalischer Lösung). Er berechnet in der Norm den Blutumsatz auf etwa 160 Tage. Das ist eine Größe, die drei- bis viermal so hoch ist wie die von Eppinger errechnete. Ich habe dann in Gemeinschaft mit Bressel[7] eine Methode der quantitativen Urobilinogenbestimmung im Stuhl versucht, die die Reduktion umgeht und

---

[1] Adler: Dtsch. Arch. klin. Med. **64** (1929).
[2] Adler: Z. exper. Med. **46**, 312.
[3] Eppinger: Hepato-lienale Erkrankungen. Berlin: Julius Springer 1920.
[4] Brugsch und Retzlaff: Z. exper. Path. u. Ther. **10** (1911).
[5] Fischler: Die Physiologie und Pathologie der Leber. 2. Aufl.
[6] Terwen: Dtsch. Arch. klin. Med. **149**, 710.
[7] Adler u. Bressel: Dtsch. Arch. klin. Med. **155**, 326; **154**, 238.

das native Chromogen erfaßt. Mit Hilfe dieses Bestimmungsverfahrens kommen wir zu ähnlichen Zahlen wie TERWEN[1]. KÜHL[2] hält die Zahlen für zu hoch, ohne dafür eine weitere Begründung anzugeben. Die Größe der Rückresorption von Urobilin aus dem Darm ist jedenfalls nicht bedeutend. Ich[3] habe bei menschlichen Gallenfistelträgern eine tägliche Bilirubinexcretion von 280 mg% gefunden; auf Urobilinogen umgerechnet sind das 260 mg, ein für diese Fälle ganz richtiger Wert. WHIPPLE lehnt sie sogar ganz ab. Demgegenüber haben aber McMASTER und BROWN[4] den Nachweis erbracht, daß sie tatsächlich stattfindet, allerdings mit dem artfremden Gallenfarbstoff der Schafe (Cholohämatin) bei Hunden.

Noch eine andere Möglichkeit der Bestimmung des Blutumsatzes aus dem in den Darm ausgeschiedenen Bilirubin haben wir beim Neugeborenen. Dort findet sich der unumgewandelte Gallenfarbstoff im Darm, wodurch die Bestimmung erleichtert wird. Ich[3] habe seiner Zeit mit E. MEYER eine quantitative Gallenfarbstoffbestimmung im Stuhl Neugeborener angegeben.

Die Lebensdauer der r. Bk. bei normalen Erwachsenen berechnet sich nach diesen Untersuchungen auf etwa 150—200 Tagen. Auf ähnliche Zahlen kommt man noch von einer ganz anderen Seite her. ADLER und MEYER[5] fanden bei Neugeborenen eine Tagesausscheidung von Bilirubin im Stuhl von 15—30 mg. Das ist etwa $^1/_{10}$ der Menge, die ADLER[3] bei menschlichen Gallenfistelträgern als Tagesausscheidung in der Galle fand. Das Körpergewicht des normalen Neugeborenen (3000 g) ist etwa $^1/_{20}$ des normalen Erwachsenen (60 kg). Da die Bilirubinmenge aber $^1/_{10}$ ist, so sezerniert die Neugeborenenleber das doppelte Quantum wie die des Erwachsenen. Wenn wir die Blutmenge des Neugeborenen mit 250 g annehmen, so bedeutete das bei einer Bilirubinausscheidung von 25 mg pro die eine Blutumsatzgröße von rund 85 Tagen; für den Erwachsenen müßten wir nach dem eben Gesagten die doppelte Größe setzen, also 170 Tage. Das stimmt mit unseren hier gewonnenen Werten gut überein. Alle diese Vorstellungen haben freilich nur dann eine Berechtigung, wenn in der Tat aller Gallenfarbstoff aus dem Hämoglobin sich herleitet. Neuerdings hat VERZÁR[6] gefunden, daß Bilirubin stark hämatopoetische Eigenschaften besitzt.

Neben den genannten Möglichkeiten der Eliminierung von Gallenfarbstoff aus dem Blute, wenn aus irgendeinem Grunde der Abtransport durch die Galle Schaden gelitten hat, kommt noch eine weitere: die hepatale Umwandlung des schweren diffusiblen Bilirubin in das leicht difundierende Urobilin bzw. Urobilinogen. In vitro kann man sich von der leichten Diffusionsfähigkeit des Urobilins gut überzeugen. Auf dieser Eigenschaft beruht sogar eine Möglichkeit, in der Galle das Urobilin neben dem Bilirubin nachzuweisen (BRULÉ[7]). Urobilinogenhaltige Galle in eine Dialysierhülse verbracht, läßt nach 24 Stunden in der Außenflüssigkeit das Urobilin erkennen, währenddem kein Gallenfarbstoff durch die Membran getreten ist. Die Frage nach der Herkunft dieses Gallen-Urobilins findet sich bereits in Bd. III ds. Handbuchs besprochen[8]. Dem wäre noch hinzuzufügen, daß nicht nur eine „pathologische cholangitische Urobilinogenie" der normalen „intestinalen Urobilinentstehung" an die Seite zu stellen ist; vielmehr muß für gewisse Zustände hepatogener Ursprung dieses Farbstoffes zugegeben werden. Im Tierexperiment läßt sich dies zeigen.

Ich habe Hunde, die eine komplette sterile Gallenfistel trugen (ADLER und BREHM[9]) und deren Galle auf Keimfreiheit und Urobilinogengehalt täglich untersucht war, mit großen Insulindosen (subcutan und intravenös) und intravenösen Traubenzuckergaben behandelt. Mit dieser funktionellen Inanspruchnahme der Leber trat in der Galle deutliche Urobilinreaktion auf, die vorher negativ war, trotzdem die Galle dabei steril blieb. In ähnlicher Weise hat zuvor FISCHLER[10] beim Kaninchen nach Choledochusunterbindung und folgender Insulintrauben-

1 TERWEN: Zitiert S. 788.
2 KÜHL: Erg. inn. Med. **1928**.
3 ADLER: Fortschr. Ther. 1925. H. 22, 23, 24.
4 MC MASTER und BROWN: J. of exper. Med. **33**.
5 ADLER und MEYER: Zbl. Gynäk. **1924**, Nr. 28.
6 VERZÁR: Biochem. Z. **205**, 388 (1929).
7 BRULÉ: Recherches sur les ictères. Paris: Masson 1922. 3. Ed.
8 Abschnitt: ROSENTHAL, Die Galle, ds. Handb. Bd. III, S. 901.
9 ADLER und BREHM: Z. exper. Med. **46**, 213 (1925).
10 FISCHLER: Oben zitiert.

zuckerbehandlung Urobilin im Harn auftreten sehen. Ferner sind in dieser Richtung unsere Befunde von dem Auftreten von Urobilin im Harne Neugeborener bei völliger Urobilinfreiheit der Fäzes von prinzipieller Wichtigkeit (ADLER, L. GOLDSCHMIDT-SCHULHOFF[1]), Befunde, die von anderer Seite bestätigt wurden (BRULE[2], ROYER[3]). Wäre hierbei eine pathologische cholangitische Urobilinogenie maßgebend, so müßte zum mindesten dieser Farbstoff auch im Faeces nachweisbar sein. Des weiteren kann die abundante Urobilinogenurie bei gewissen akuten Schüben von Lebercirrhosen, bei relativer Farbstoffarmut der Faeces, wie die genannten Zustände nur ihre Quelle in der Leber selbst haben. Wir dürfen also bei irgendwie gestörter Leberfunktion, die zu einer Beeinträchtigung der Elimination von Gallenfarbstoff führt, neben dessen Ausscheidung im Harn (Harnikterus), dessen Ablagerung in den Geweben (Gewebsikterus), auch die hepatale Umwandlung des Bilirubin in das leicht diffusible Urobilin als vikariierenden Ausscheidungsfaktor betrachten. Dagegen kommt eine stellvertretende Eliminierung durch Speichel-, Tränen-, Magendrüsen so gut wie nicht in Frage.

Danach erhalten wir von der stellvertretenden Ausscheidungsmöglichkeit von Gallenfarbstoffen bei Beeinträchtigung des Abtransportes durch die Galle folgendes Bild: Bei vermehrter Produktion von Gallenfarbstoff, wie er bei hämolytischen Prozessen, nach Bluttransfusionen usw. einsetzt, wird zunächst die Galle stark mit Farbstoff beladen (Pleiochromie). Kann die Leber diese nicht mehr vollständig bewältigen, so setzt bereits vermehrte Urobilinbildung in der Galle — cellulärer oder humoraler Natur — ein. Das Bilirubin wird teilweise in das leichter diffusible Urobilin umgewandelt. Bei gestörter Lebertätigkeit kommt es nun zu vermehrter Anschwemmung von Urobilin im Harn. Die Urobilinocholie geht der Urobilinurie voraus. Im weiteren Verlaufe beginnt dann Bilirubin in das Blut überzutreten (Bilirubinämic) zunächst indirekter, später direkter Natur. Bci weiterer Beeinträchtigung der Leberfunktion kommt es zum Auftreten von Gewebsikterus bzw. Hautikterus. Dabei kann sich in parenchymatösen Organen bereits gallige Verfärbung von Zellen einstellen, noch ehe es zum Übertritt des Gallenfarbstoffs in den Harn kommt. Man kann beispielsweise bei hochgradiger Urobilinurie schon gallig verfärbte Zellelemente im Harn antreffen, ohne daß bereits stärkerer Hautikterus oder gar Harnikterus vorhanden ist. Als nächst schwere Etappe tritt dann der Gallenfarbstoff in den Harn über, und schließlich verschwindet aus dem Harn das Reduktionsprodukt des Gallenfarbstoffs, das Urobilin.

Ausscheidung der Gallensäuren und des Cholesterins.

Der nahezu ständige Begleiter des Gallenfarbstoffs sind die *Gallensäuren.* Ihre quantitative Ausscheidung durch die Galle bei peroraler Zufuhr beweist die excretorische Funktion der Leber für diese Stoffe (WHIPPLE[4], STADELMANN[5], BABKIN[6]). Über Herkunft und Bedeutung der Gallensäuren ist bereits in früheren Kapiteln dieses Handbuchs ausführlich berichtet, so daß ein Hinweis auf diese hier genügt. Wenn auch allgemein als einzige Bildungsstätte der Gallensäuren die Leberzellen angesehen werden, häufen sich neuerdings die Stimmen, auch für diese Gallenbestandteile eine anhepatocelluläre Entstehung zu diskutieren

[1] L. GOLDSCHMIHT-SCHULHOFF: Zbl. Gynäk. **1924**, Nr 28.
[2] BRULÉ: Zitiert S. 789.
[3] ROYER: C. r. Soc. Biol. Paris **100** (1929).
[4] WHIPPLE: Zitiert S. 782.
[5] STADELMANN: Der Ikterus, 1891.
[6] BABKIN: Die äußere Sekretion der Verdauungsdrüsen. Berlin 1928.

(ASCHOFF[1]). Die Untersuchungen von MANN und MAGATH bei leberlosen Hunden, die zeigten, daß bei genügender Lebensdauer der Versuchstiere im Blute schließlich die PETTENKOFERsche Reaktion positiv wurde, gaben den Anstoß zu dieser Erwägung. Die genannten Versuche sind übrigens in neuerer Zeit von ROYER[2] mit demselben Ergebnis nachgeprüft worden.

Sowohl der Gallensäurekomplex als ganzer, wie die einzelnen Bestandteile, sind exquisit gallefähig. Bei gestörter Ausscheidungstätigkeit der Leber treten nun auch mit dem Gallenfarbstoff die Gallensäuren ins Blut über. Auffallend ist es aber, daß die Gallensäureausscheidung mit der Bilirubinausscheidung nicht parallel geht. Es besteht ein sehr großer Unterschied im Verhalten beider Körper sowohl, bei versagender Ausscheidungsfunktion der Leber wie bei permanenter Gallenfistel. Läßt man einen Hund mit kompletter Gallenfistel, der auch nicht die Möglichkeit hat, die Galle aufzulecken, hungern, so geht die Gallensäureausscheidung rapid auf ein Minimum herunter, während der Bilirubingehalt der Galle keineswegs entsprechend absinkt (WHIPPLE, THANNHAUSER[3] u. a.).

Beim Stauungsikterus erschöpft sich ebenfalls sehr bald die Gallensäureausscheidung, während die Gallenfarbstoffeliminierung ruhig weitergeht, d. h., der Bilirubinvorrat bleibt immer ein genügender. Nicht nur beim längerdauernden mechanischen, auch beim hepatocellulären Ikterus kommt es vor, daß im Harn nur Gallenfarbstoff, nicht aber Gallensäuren nachweisbar sind.

Die Gallensäureproduktion geht verloren bei totaler Leberexstirpation bei Vögeln (MINKOWSKI und NAUNYN), bei partieller findet sich in Blut und Geweben Gallensäureanhäufung. Nach Anlegung einer ECKschen Fistel nimmt die Gallensäurebildung rapid ab, in gleicher Zeit wie die Gallenfarbstoffproduktion. Beim ECK-Fisteltier kann auch Hämoglobininjektion weniger leicht Ikterus erzeugen als beim normalen Hund. Schließlich haben noch neuere Studien gezeigt, daß außerhalb des Körpers aus Blut und Serumeiweiß in Gegenwart von Leberzellen oder ihres Protoplasmas sich nicht nur Gallenpigment, sondern auch Gallensäuren zu bilden vermögen; die Anwesenheit von Kohlehydraten oder Traubenzucker ist hierbei notwendig.

Man mag in der versiegenden Cholatproduktion eine Schutzvorrichtung erblicken, die den Organismus vor der toxischen Wirkung der Gallensalze zu bewahren sucht. Französische Autoren (BRULÉ[4] u. a.) haben eine besondere Gelbsuchtsform, den sog. Icterus dissociatus aufgestellt, bei dem nur Bilirubin, nicht aber Säuren in Harn oder Blut auftreten, die Gallensäuren normal ihren Weg nehmen sollen. Das Gesagte erhellt, daß hierzu keine Berechtigung existiert. Überdies hat sich herausgestellt (ADLER, SOLTI und HERMER[5]), daß die fehlende Erniedrigung der Oberflächenspannung der Körperflüssigkeiten (Blut und Harn), die BRULÉ als Maßstab für das Nichtvorhandensein von Gallensäuren diente, keineswegs ein Fehlen dieser Stoffe anzuzeigen braucht, da durch Adsorption an Eiweißteilchen oder auch vielleicht an Cholesterin eine Bremsung der Oberflächenaktivität statthaben kann[6].

Andererseits können Gallensäuren vermehrt in das Blut übertreten, ohne daß der Gallenfarbstoffspiegel sich wesentlich erhöht. Die Gallensäuren sind eben viel diffusibler als der Gallenfarbstoff. Im übrigen hat die Klinik aus Gallensäureuntersuchungen noch recht wenig Nutzen zu ziehen vermocht, da es bis heute an einer einfachen, exakten und spezifischen Methode ihres Nachweises gebricht.

---

1 ASCHOFF: Acta path. scand. (Kobenh.) **5**, S. 338.
2 ROYER: C. r. Soc. Biol. Paris **100** (1929).
3 THANNHAUSER: Arch. f. exper. Path. **130**.
4 BRULÉ: Zitiert S. 789.
5 ADLER, SOLTI und HERMER: Dtsch. med. Wschr. **1925** u. Z. exper. Med. **46**.
6 NEUBAUER: Arch. f. exper. Path. **102** (1925), s. a. [5].

Ganz anders wie die beiden jetzt beschriebenen Gallenbestandteile — Gallenfarbstoff und Gallensäuren — verhält sich der dritte regelmäßige Gallenstoff, das *Cholesterin*. Auch über diesen Körper und sein Vorkommen in der Galle handeln bereits frühere Abschnitte dieses Handbuches, auf die auch hier verwiesen werden soll[1]. Das Eingreifen der Leber in den Cholesterinstoffwechsel und dessen Excretion in die Galle ist ein viel komplexerer Vorgang als die Excretion des Gallenfarbstoffes und der Gallensäuren. Vor allen Dingen ist dieses Lipoid keine leberspezifische Substanz, so wie Bilirubin und Cholate.

Vor allem ist der Cholesterinstoffwechsel aufs engste mit dem Fettstoffwechsel verknüpft. Die Cholesterinzunahme, die auf peroraler Einfuhr dieses Lipoids unter gewissen Bedingungen konstatiert werden kann, ist keine exogen alimentäre, sondern nach Leites[2] eine ,,endogen-lipogenetische", d. h. die Fette, Fettsäuren und Cholesterin wirken als Anreiz: Auf deren alimentäre Zufuhr wird Fett abgespalten und Neutralfett und Lipoide intermediär ausgeschwemmt bzw. neu gebildet. Leites[2] fand den gleichen Cholesterinanstieg im Blut, gleichgültig, ob Neutralfett, Fettsäuren oder Cholesterin verfüttert wurden. Es unterliegt keinem Zweifel, daß im Organismus Cholesterin synthetisiert wird. Die Leitesschen Arbeiten geben vielleicht die Möglichkeit, diese Synthese in die Leber zu lokalisieren. Daß die Leber mit dem Cholesterinstoffwechsel in engem Zusammenhange steht, ist eine schon lange bekannte Tatsache, aber ihre diesbezügliche Funktion erschöpft sich nicht in der Excretion von Cholesterin in die Galle (Jankau und Kausch unter Naunyn[3], Leites[2]). In der Galle wird keineswegs alles zur Resorption gelangende Cholesterin ausgeschieden. Nach Roger[4] ergießen sich täglich etwa 6—7 g Cholesterin mit der Galle in den Darm.

Die Klinik läßt die ausscheidende Funktion der Leber für das Cholesterin am eindringlichsten erkennen aus den Krankheiten, die zu einer Wegverlegung der ableitenden Gallenkanäle führen. Der Tumor- oder der Steinverschluß des Choledochus. Der mechanische Ikterus geht regelmäßig mit starker Erhöhung dieses Lipoids im Blute einher (Stepp[5], Hueck[6], Adler und Lemmel[7] u. a. m.). Diese Vermehrung schwindet auffallenderweise, wenn ein infektiöser Prozeß im Organismus hinzutritt (Adler u. Lemmel[7]). Der Cholesterinanstieg im Blute ist aber auch nach dem früher Gesagten keineswegs als Ausdruck der Störung der Ausscheidungsfunktion der Leber zu betrachten. Er kann auch wie bei Gallensteinleiden (ausgenommen Choledochussteine) oder beim Diabetes intermediär bedingt sein. Das lehren auch die Befunde bei nicht mechanisch bedingter Gelbsucht. Bei hepatocellulärem Ikterus sind die Verhältnisse wechselnd. Bei der akuten gelben Leberatrophie als Zeichen stärksten Leberzellzerfalls sinkt das Cholesterin und besonders seine Ester rapid im Blute ab bis auf ganz niedrige, ja vereinzelt sogar ganz negative Werte. Beim sog. katarrhalischen Ikterus gehen im Stadium der Degeneration die Cholesterinwerte herunter, um im Stadium der Regeneration über die Norm hinaus wieder anzusteigen. Bei Intoxikationen, dem toxischen Ikterus, ,,Hepatose", finden sich beträchtlich erhöhte Cholesterinwerte wie bei der Nephrose. Bei der Lebercirrhose ist das Verhalten des Cholesterin im Blute ähnlich dem hepatocellulären Ikterus: Bei der aus akuter gelber Leberatrophie hervorgegangenen niedrig, bei der toxischen, alkoholischen erhöht.

---

[1] Bd. III, S. 183ff. und Bd. V, S. 1095ff.
[2] Leites: Biochem. Z. **184**, 273 (1.—3. Mitt.) (1927).
[3] Naunyn: Zitiert nach Zschopp: Verh. dtsch. path. Ges. **1925**, 173.
[4] Roger: Pathologie du foie, Traité de physiol. **3** (1928).
[5] Stepp: Beitr. path. Anat. **69**, 233.
[6] Hueck: Verh. dtsch. path. Ges. **1925** (Ref.).
[7] Adler und Lemmel: Dtsch. Arch. klin. Med. **158**, 173 (1928).

Die Bedeutung des Cholesterins im Blute bei der Gallensteinerkrankung braucht hier nicht erörtert zu werden, da hierüber an anderer Stelle des Handbuches bereits berichtet worden ist.

So zeigt also die Leber in ihrer Ausscheidungsfunktion für die Gallenbestandteile das Bilirubin, die Gallensäuren und das Cholesterin ganz verschiedenartiges Verhalten. Nicht nur bei ihrer Ausscheidung, auch bei ihrer Retention lassen diese drei Stoffe jeden Parallelismus vermissen. Die Ausscheidung des Bilirubins, der Gallensäuren und des Cholesterins sind voneinander unabhängig verlaufende Vorgänge.

Die Cholerese in Analogie zur Diurese.

Unter Cholerese verstehen wir die Abscheidung von Galle aus der Leber wie unter Diurese die Abscheidung des Harns aus den Nieren. Der Ausdruck Cholerese wurde eingeführt (Brugsch), um den Gegensatz zur Cholokinese oder Cholagogie, welche die Herausbeförderung der abgeschiedenen Galle bezeichnete, hervorzuheben. Ein Mittel, das die Cholerese anregt, braucht noch nicht die Entleerung der Galle zu fördern. Diese Unterscheidung zwischen Abscheidung und Herausbeförderung ist beim Harne deshalb untunlich, weil Urin in ableitenden Wegen nicht resorbiert wird; die Galle aber sowohl in der Blase wie auch schon in den Gängen einer Rückresorption unterliegt. Der Vergleich beider Excretionsorgane ist also kein vollständiger.

Die Cholerese kann man am besten studieren einmal durch Anwendung sog. choleretischer Mittel, d. h. Pharmaka, die die Abscheidungsgröße der sezernierten Galle erhöht. Weiter aber muß man erwarten, daß auch dabei nicht nur die Menge der abgeschiedenen Galle zunimmt, sondern auch unter ihrer Wirkung eine bessere Eliminierung von Gallenbestandteilen sowie evtl. körperfremder, gallefähiger Stoffe aus dem Blute statthat. Das hat sich nun in der Tat von verschiedenen Mitteln zeigen lassen: Den gallensauren Salzen und dem Atophan. Injiziert man gallensaure Salze (Natr. cholal., Decholin) menschlichen Gallenfistelträgern, so kann man Vermehrung der Gallenmenge um mehr als das Doppelte nachweisen. Aber nicht nur dies. Die absolute Bilirubinmenge wird nach der Injektion zunächst größer, obwohl die Konzentration etwas abnimmt. Später geht dann die absolute Menge des Gallenfarbstoffs unter den Anfangswert herunter. Die ausgeschiedenen Gallensäuren nehmen natürlich nach der Injektion beträchtlich zu. Man kann sich das Verhalten des Gallenfarbstoffes so erklären, daß der zur Zeit der Injektion bereits gebildete Gallenfarbstoff nun unter Einwirkung der Gallensäuren rasch ausgeschieden wird. Neubauer und Adlersberg[1] führten nun im Tierexperiment intravenös Bilirubin allein und zusammen mit Gallensäuren zu. Dabei stellte sich heraus, daß bei gleichzeitiger Mitinjektion von gallensauren Salzen zum Farbstoff die Bilirubinausscheidung gegenüber dem Kontrollexperiment abnahm. Von der Leber werden zuerst die Gallensäuren aus dem Blute eliminiert, bei gleichzeitigem Farbstoff- und Gallensäurenangebot wird der Farbstoff in der Ausscheidung zurückgedrängt. Das gleiche fanden diese Autoren für die Ausscheidung von Methylviolett, Kongorot, Jodnatrium intravenös gegeben.

Ich prüfte nun den Einfluß der intravenösen Injektion von gallensauren Salzen auf retinierte Gallenbestandteile im Blute. Hierbei zeigte sich in ganz eindeutiger Weise, daß die Bilirubinkonzentration im Blute abnahm. Kurz nach der Injektion war die Abnahme am stärksten. Es konnte in der folgenden Periode wieder eine Zunahme beobachtet werden, die dann in den nächsten Tagen

[1] Neubauer und Adlersberg: Gallesekretion und Galleabsonderung. Leipzig und Wien 1929.

von deutlicher Senkung des Bilirubinspiegels gefolgt wurde. Des weiteren aber zeigte sich eine beträchtliche Abnahme des Blutcholesterinspiegels als Folge intravenöser Gallensäureinjektion. Die Kurven 128 und 129 zeigen diese Verhältnisse eindeutig.

Auch das Harnbilirubin erfährt unter der Einwirkung gallensaurer Salze eine Veränderung im Sinne einer verstärkten Ausscheidung. Das wird an den Fällen von hepatocellulärem Ikterus deutlich, die bei noch beträchtlich erhöhtem Blutbilirubin bereits kein Harnbilirubin mehr aufweisen. Nach Injektion von 1—2 g chol- oder dehydrocholsaurem Natrium tritt plötzlich 2—10 Stunden p. i., manchmal auch länger, wieder deutliche Biliru-

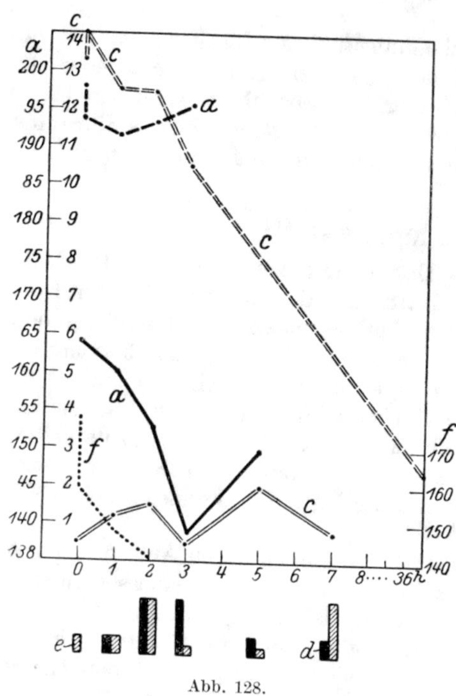

Abb. 128.

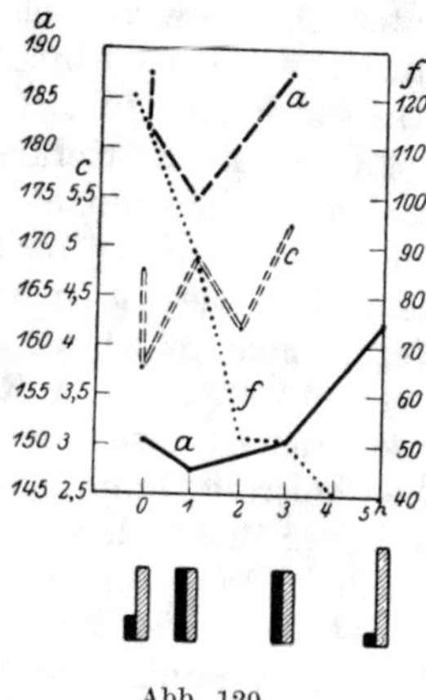

Abb. 129.

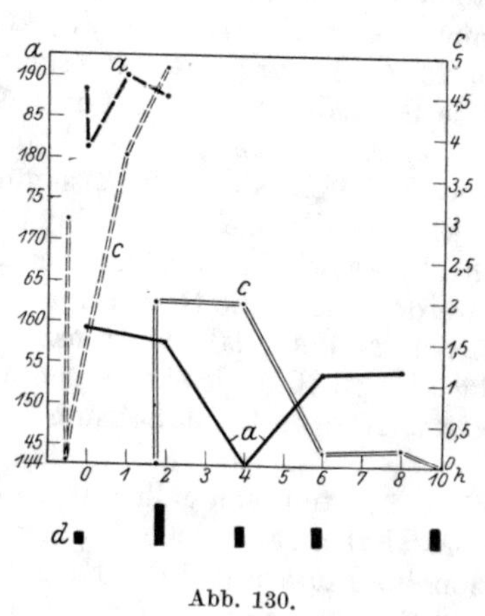

Abb. 130.

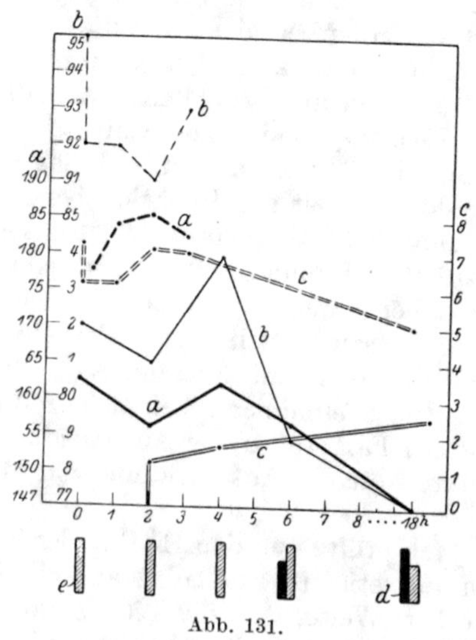

Abb. 131.

Verhalten von Gallenbestandteilen in Blut und Harn nach intraven. Injektion gallensaurer Salze. Aus ADLER: Z. exp. Med. **46** (1925). *a* Oberflächenspannung im Serum (Tropfmethode und Abreißmethode); *b* Oberflächenspannung im Harn; *c* Bilirubingehalt (unterbrochene Linie: im Serum; geschlossene Linie: im Harn); *d* Schwefelblumenprobe im Harn; *e* Urobilin im Harn; *f* Cholesterin im Blute.

binurie auf. Die Kurven 130 und 131 lehren das auf das deutlichste (s. d. ununterbrochenen Linien c).

Des weiteren ist auch die Eliminierung mitinjizierter hepatotroper Farbstoffe durch die Galle unter Einwirkung gallensaurer Salze beschleunigt. Ich habe dies Verhalten in Gemeinschaft mit E. SCHMID[1] an einer großen Zahl von Lebergesunden und -kranken geprüft. In der Norm erscheint bei Mitinjektion von Decholin der Farbsotff, Tetrachlorphenolphthalein, dessen beinahe 100 proz. Syncholie wir oben betonten, in der Hälfte der Zeit in der Galle (Duodenalsaft). Bei menschlichen Gallenfistelträgern erlebten wir einmal schon ein Erscheinen des Farbstoffes nach 1 Minute post inject. in der Galle, während ohne Decholin bis zum Auftreten 15 Minuten verstrichen. Dasselbe sahen wir auch bei carcinomdurchsetzten Lebern ohne Hautikterus im Duodenalsaft. An diesen Befunden, die hundertfältig stets in der gleichen Weise erhoben wurden, kann nicht der geringste Zweifel sein. Daß sie in gewissem Gegensatz zu den tierexperimentellen Ergebnissen von ADLERSBERG und NEUBAUER stehen, mag vielleicht in der Art des Farbstoffes (Kongorot und Methylviolett) oder in der Tierart (Kaninchen) begründet sein. Auch aus dem Blute verschwindet nach unseren Untersuchungen das Tetrachlorphenolphthalein unter Decholinwirkung schneller. Tritt aber danach noch einmal erhöht auf. (Ablagerung in dem Reticuloendothel?) Eine Bestätigung unserer Befunde brachte dann auch eine praktische Nutzanwendung unserer Untersuchungsergebnisse durch LEBERMANN[2]. Dieser Autor verabreichte das intravenös zu injizierende Kontrastmittel zur Darstellung der Gallenblase, Tetrajodphenolphthalein zusammen mit Decholin, und erzielte eine Gallenblasendarstellung — gegenüber 10—16 Stunden in der Norm jetzt schon nach 4 Stunden. Jedenfalls dürfen wir in den Cholaten (Natr. cholalicum, Dehydrocholsaures Natr. = Decholin) choleretische Mittel allerersten Ranges erblicken. Sie bewirken eine schnellere und quantitativ gesteigerte Ausfuhr gallefähiger Substanzen (ADLER, ADLER und SCHMID, NEUBAUER und ADLERSBERG).

Es sind nun noch andere Substanzen bekannt geworden, die ebenfalls starke choleretische Eigenschaften besitzen. Einmal das Magnesiumsulfat, das auch intravenös appliziert, nicht nur peroral gegeben, starken Gallefluß erzeugt (CHABROL und MAXIMIN[3]). Auch das Magnesiumsulfat bewirkt ein früheres Erscheinen injizierter Farbstoffe in der Galle.

Vor allem aber wurden von BRUGSCH und HORSTERS die Phenylchinolincarbonsäuren als stark galletreibend erkannt. Die Körper dieser Gruppe, insbesondere das Atophan, wirken stark choleretisch. Diese Cholerese kommt nicht über das vegetative Nervensystem zustande, sondern hat wohl als Ursache direkten Angriffspunkt an der Leberzelle. Diese Atophanwirkung wurde von fast allen Nachuntersuchern bestätigt. STRANSKY[4] aber wies als erster darauf hin, daß die schon von BRUGSCH und Mitarbeitern gefundene Tatsache, daß unter Atophanwirkung eine dünne, verwässerte Galle produziert wird, einer Giftwirkung auf die Leberzelle gleichkommt. So blieb es nicht aus, daß im Gefolge der therapeutischen Anwendung des Atophans bei Leberkrankheiten eine große Zahl von Intoxikationen, Übergang in tödlich verlaufende, akute gelbe Leberatrophie bekannt wurden (NATHORF und WILLARET, RABINOWITZ). Der Unterschied zur Gallensäurewirkung liegt vielleicht darin, daß die Gallensäuren auch vermehrte Ausschwemmung gallefähiger Stoffe bewirken, Atophan dagegen nicht. Es ruft vermehrte Wasserausscheidung durch die Galle hervor. Bei der Cholatwirkung tritt mit der vermehrten Galleproduktion eine vermehrte Wasserausscheidung durch

[1] ADLER, A. und SCHMID, E.: Fortschr. Ther. **1925**, H. 22, 23, 24.
[2] LEBERMANN: Verh. dtsch. Ges. inn. Med. Wiesbaden **1928**.
[3] CHABROL und MAXIMIN: Presse méd. **1929**, Nr 41, 666.
[4] STRANSKY: Biochem. Z. **155**, 258.

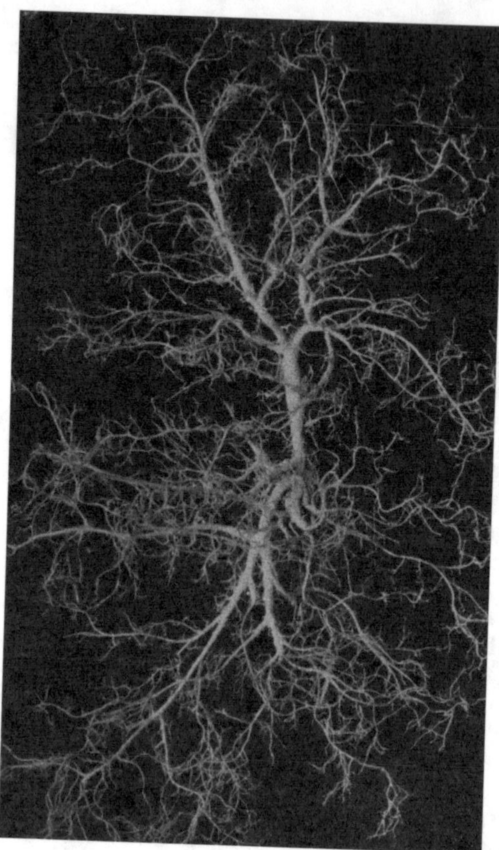

Abb. 132. Normaler Gallenwegsbaum mit zarten Zweigen.

Abb. 132—135 entnommen aus: Connseller u. Mc Indoe, Surgery, Gynecol. a. Obstetr. 1926 Dec. S. 729.

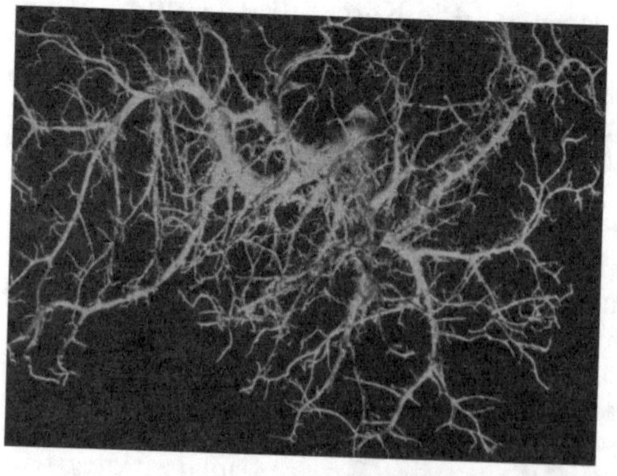

Abb. 133. Gallenwegsbaum bei Cholelithiasis und Choledocholithiasis, der allgemeine Erweiterung der Wege zeigt.

die Nieren auf: Gallensäurediurese (Neubauer, Adlersberg, Semmler[1], Lebermann[2], Adler).

Es ist auch eine Anzahl von Körpern bekannt geworden, die die Galleabscheidung aus der Leber hemmen, dabei sogar unter Umständen den Abtransport der Galle aus den Gallewegen beschleunigen, wie das Pituitrin (Specht, Adlersberg, Nothooven van Goor[3]). Doch hierüber ist hier nicht der Ort zu berichten.

Hydrohepatosis.

Der unter bestimmten Voraussetzungen gebrachte Vergleich der Harnabscheidung mit der Galleproduktion liefert nun noch eine weitere Vergleichsmöglichkeit: Das Verhalten nach Wegverlegung in den ableitenden Kanälen. Nach einem Verschluß in den abführenden Wegen geht sowohl bei der Niere wie bei der Leber die Produktion des Exkrets weiter bis zu einem gewissen Punkt, an dem ein Stillstand der Abscheidung eintritt. Bei der Niere liegt dieser bei 60—70 mm Hg, bei der Leber bei 350 mm Wasserdruck. Die Niere sezerniert also gegen einen doppelt höheren Druck als die Leber. Beim Anstieg des Druckes im ableitenden System treten Zirkulationsstörungen ein, die zur Atrophie und Schrumpfung des Organs führen. Hier ist zu erwägen, daß die Niere doppelseitig angelegt ist, die Leber aber nur einseitig, so daß eine Wegverlegung bei der Leber im Duct. choledochus einer doppelseitigen Wegverlegung in der Niere gleichkommt. Die Wirkung ist also bei der Leber unvergleichlich viel deletärer. Sitzt aber bei der Leber das Hindernis nur in einem Ductus hepaticus,

[1] Semmler: Med. Klin. **1926**.
[2] Lebermann: Dtsch. med. Wschr. **1927**.
[3] Nothooven van Goor: Arch. f. exp. Path. u. Pharm. **134**, 88 (1928).

so tritt, wenn der Abschluß lange genug dauert, eine Atrophie und Schrumpfung der abgetrennten Partie mit kompensatorischer Hypertrophie der andern Teile auf, ganz in Analogie zum Verhalten der Niere. Wie der gegen Druck sezernierte Harn andere Zusammensetzung zeigt — er ist dünner, an harnfähigen Stoffen

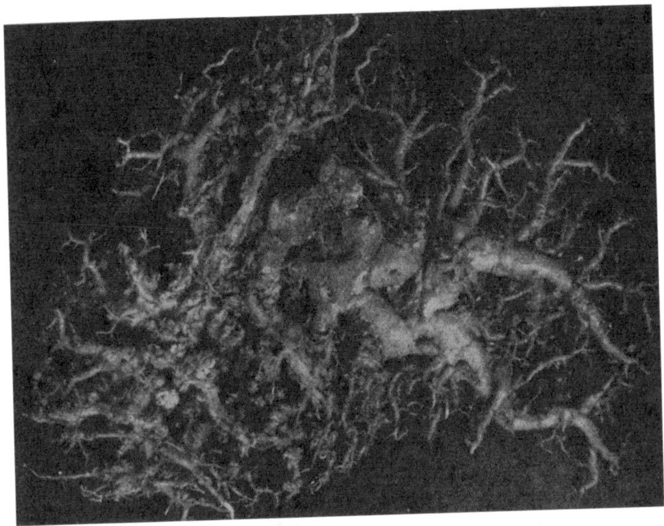

Abb. 135. Hochgradigste Erweiterung der Gallenwege mit multiplen Abscessen.

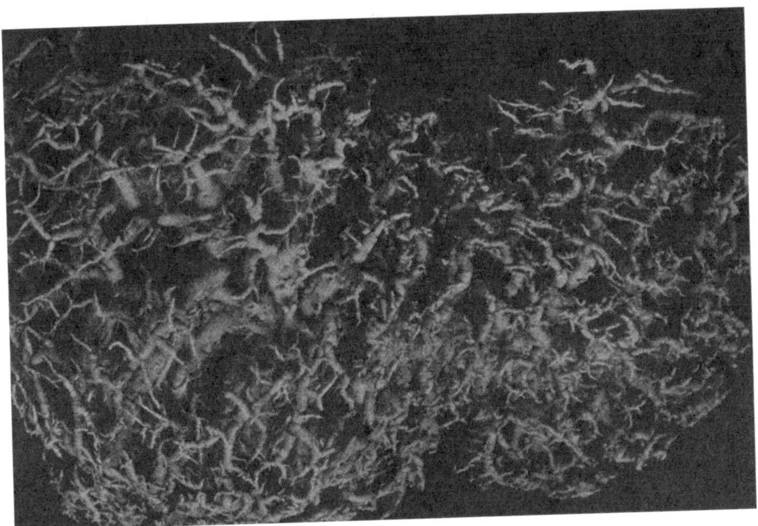

Abb. 134. Gallenwegsbaum bei vollständigem, malignem Choleochusverschluß von zweimonatiger Dauer. Extreme Hydrohepatosis.

ärmer —, so wird auch die gegen Druck abgeschiedene Galle dünner, wässeriger. Wenn dabei die Konzentrationsfähigkeit der Gallenblase gestört ist, wie bei Entzündungsprozessen, so kann in den verstopften Gallenwegen es zur Abscheidung einer völlig „weißen Galle" kommen.

Die Stauung der Galle bei einem Hindernis in den abführenden Wegen führt zur Erweiterung der Gallenwege und schließlich zu Parenchymschädigung der Leber. Diese Verhältnisse sind längere Zeit verkannt worden, weil bei erhaltener Funktionstüchtigkeit der Gallenblase und -wege das gestaute Produkt eingedickt und extrem konzentriert wird. Hier liegt ein weiterer Unterschied der Niere und ihren Abführwegen gegenüber. Aus den Harnwegen wird kaum etwas resorbiert, sie sind nur Leitungsröhren mit aktiver Beweglichkeit. Die abführenden Gallenwege aber sind getrennte Organe mit eigenen Aufgaben — außer der aktiven Fortbewegung der Galle —, die die Leberarbeit unterstützen bzw. erhalten. Nur bei funktionsgestörten Gallewegen und -blase kommt die Analogie zur Niere heraus: wie dort die Hydronephrose entsteht, so hier dann und *nur* dann — die *Hydrohepatosis*. Diese Bezeichnung ist von Mc Master, Rous und Broun[1] eingeführt worden. Man hat nach diesen Autoren dann eine *latente Hydrohepatose* — bei funktionstüchtiger Galleblase — und eine *manifeste*, bei gestörter Resorptions- und Konzentrationsarbeit der Gallenblase und der -wege zu unterscheiden. Counseller und Mc Indoe[2] haben nun durch Injektionen von Celluoidin und Präparation eindringliche Bilder von den Erweiterungen der Gallenwege und den darauf folgenden deletären Wirkungen der Hydrohepatosis mitgeteilt, von denen wir ihrer Eindringlichkeit halber einige reproduzieren wollen (vgl. Abb. 132 bis 135).

Es ergibt sich also aus dieser Auseinandersetzung wie aus den früheren, daß zwar erfolgreicher Vergleich zwischen Niere und Leber als Excretionsorgane durchgeführt zu werden vermag. Dabei aber ist die Analogie doch eine nur lose, wie die überall hervorgehobenen Unterschiede in Anatomie und Physiologie beider Systeme ergeben. Interessante Vergleichsstudien über Gallen- und Nierensekretion hat Faludi[3] beigebracht. Er fand, daß der Cholerese wie der Diurese eine Hydrämie vorangehen müsse. Durch Gelatineinjektion kann die Cholerese gehemmt werden. Dies beruht auf wesentlicher Verlangsamung der Ultrafiltrationsgeschwindigkeit des Blutes durch die Gelatine. Diese verlangsamte Ultrafiltrationsgeschwindigkeit, die durch Gelatine bewirkt wird, wird durch Gallensäuren oder Atophan nicht geändert. Auch Faludi fand, daß der Angriffspunkt der Gallensäuren wie des Atophans die Leberzelle ist.

Die Leber als Excretionsorgan für Mineralstoffe, organische Substanzen und Arzneimittel.

Im Mineralhaushalt spielt die Leber eine große Rolle. Das erhellt auch die große therapeutische Bedeutung mancher Mineralwässer für die gestörte Leberfunktion. Einzelne Ionen werden in der Leber retiniert, einzelne passieren ungehindert in dem Blutstrom das Leberparenchym, und wieder andere werden in die Galle abgelenkt. Daß der Leber in der Regulation des Säurebasengleichgewichts eine wichtige Rolle zukommt ist bekannt. Bei hepatocellulärem Ikterus sinkt die Alkalireserve des Blutes ab (Adler und Jablonski[4]). Nach Beckmann[5] wird das Na-Ion bei mäßiger Zufuhr fast völlig in der Leber retiniert, bei überschüssigem Angebot wird es teilweise durch die Lymphe, weniger durch das Blut, beträchtlich aber durch die Galle eliminiert. Die K-Abgabe in der Leber erfolgt durch Übergang in das Blut, gelegentlich sogar überschießend infolge Ausschüttung von Vorräten. Calcium wird von der Leber an die Blutbahn abgegeben (Beckmann[5]). Gillert[6] fand den Abtransport von Ca durch die Galle dem durch den Harn nur wenig nachstehend und sieht die Leber neben der Niere

[1] Mc Master, Rous und Broun: J. of exper. Med. **37**, Bd 5, 695 (1923).
[2] Counseller und Mc Indoe: Surg. etc. Dez. 1926, 729.
[3] Faludi: Z. exper. Med. **61**, 121—143 (1928).
[4] Adler und Jablonski: Klin. Wschr. **1924**, III 1124.
[5] Beckmann: Kongreß f. inn. Med. Wiesbaden 1927, 250. — Z. exper. Med. **59**, 76. — Dtsch. Arch. klin. Med. **160**, 63 (1928) (1928).
[6] Gillert: Z. exper. Med. **43**, 539 (1924).

als Ausscheidungsorgan für Kalk an. BUCHBINDER und KERN[1] fanden nach Choledochusunterbindung zunehmende Ca-Verarmung des Serums, allerdings nur bei ganz jungen, säugenden Hunden, bei denen der Ca-Bedarf ein sehr großer ist.

Von Anionen sind besonders Chlor, Bicarbonat, Sulfat und Phosphor untersucht. Cl′ wird in der Leber stark retiniert. Sowohl in Blut wie in Lymphe und Galle findet sich nach deren Zufuhr durch die Pfortader nur wenig wieder (BECKMANN). Es erfolgt zwar eine Abgabe von Cl′ an den allgemeinen Kreislauf, aber in vermindertem Grade und verzögert.

Das SO_4''-Ion besitzt besondere cholotrope bzw. hepatrope Eigenschaften. Hierin unterscheidet sich das Sulfation grundsätzlich von allen Anionen. Es wirkt choleretisch allerdings erst in größeren Dosen, wie es in den Mineralwässern, besonders im Karlsbader, vorhanden ist. Man muß daher annehmen, daß die anderen Ionen die Leber für das SO_4-Ion empfindlicher machen (STRANSKY). Die Leber ist für den Schwefel nicht als Excretionsorgan anzusehen. Ebenso nicht für den Phosphor. P passiert fast ungehindert das Lebergewebe. Er tritt fast quantitativ in Blut oder Lymphstrom über. In der Galle kommen nur geringe Mengen P nach dessen Injektion in die Pfortader zum Vorschein.

Bicarbonat dagegen wird von der Leber zunächst retiniert und erscheint dann zum größten Teile in der Galle. Es vermag die aktuelle Reaktion der Galle nach der alkalischen Seite hin zu verschieben. BECKMANN[2] wollte diese Tatsache ausnutzen, um durch Reaktionsverschiebung das Wachstum pathogener Keime in den Gallewegen zu verhindern bzw. hintanzuhalten, um so eine Desinfektion der Gallenwege zu erzielen. Bei Leberparenchymschädigungen werden die Na, Cl′, HCO_3' nicht in der Leber zurückgehalten, sondern passieren dies Organ glatt, dagegen war dies nicht bei mechanischem Verschluß des Choledochus festuzstellen (BECKMANN[3]). Ähnliche Verhältnisse wie nach Parenchymschädigung der Leber resultieren auch nach Cholesterinfütterung und Blockade des reticuloendothelialen Apparates, jedoch in quantitativ geringerem Maße.

Die Leber hat auch einen bedeutsamen Einfluß auf den Wasserhaushalt (E. P. PICK, MAUTNER, MOLITOR, ADLER u. a.). Bei Injektion von Salzlösungen in die Pfortader zeigen sich auffallende Unterschiede im Wassergehalt des Hepaticablutes, die im Sinne eines flüssigkeitsregulierenden Einflusses des Lebergewebes zu deuten sind (BECKMANN). Der Wasserabstrom in Galle und Lymphe ist unter dem Einfluß verschiedener Mineralien unterschiedlich. KCl und $NaHCO_3$ bewirken Hemmung des Lymphstroms, $CaCl_2$ Vermehrung des Lymphstroms und gleichzeitig der Gallenmenge. NaCl und mehr noch Na_2HPO_4 führen zu anfänglicher Vermehrung des Lymphflusses und Hemmung der Wasserabgabe an die Galle (BECKMANN).

Cholerese ist von Hydrämie begleitet, ebenso die Diurese (FALUDI). Injektion gallensaurer Salze (Decholin) wie Atophan, bewirken Hydrämie. Diese Hydrämie kommt bei hepatocellulärem Ikterus deutlicher zustande als im Normalzustande. Die Leberzelle besitzt also neben anderen Organen einen äußerst feinen Regulationsmechanismus zur Aufrechterhaltung des Ionengleichgewichts des Blutes. An dem schwankenden Mineralgehalt der Galle unter verschiedenen Bedingungen ist die Bedeutung der Leber als Excretionsorgan deutlich erkennbar. Auch für gewisse Mineralstoffe besteht ein enterohepatischer Kreislauf.

Neben diesen Mineralien besitzen nun noch eine ganze Reihe anderer anorganischer Stoffe eine gewisse Affinität zur Leber. *Eisen* lagert sich bei blutdestruierenden Prozessen ab. Das Eisen geht in die Galle über, so daß die Leber

---

[1] BUCHBINDER und KERN: Amer. J. Physiol. **80**, 273 (1927).
[2] BECKMANN: Münch. med. Wschr. **1928**, Nr 48
[3] BECKMANN: Kongr. f. inn. Med. 1929 Wiesbaden.

für den Eisenstoffwechsel von großer Bedeutung ist (BRUGSCH[1]). Bei Toluylendiaminvergiftung kann die Leberzelle so schwer geschädigt sein, daß die Eisenausscheidung durch die Galle Schaden leidet (BRUGSCH und IRGER[2]).

Besonders ist die synchole Eigenschaft des Eisensulfats zu erwähnen. Auch Mangan und Nickel gehen in die Galle über. Vom Kupfer hat schon CLAUDE BERNARD[3] beschrieben, daß es leicht durch die Leber ausscheidbar ist. Dies ist besonders interessant im Hinblick auf Arbeiten aus dem ASCHOFFschen Institut, aus denen ersichtlich ist, daß Pigmentgallensteine in stärkerem Maße kupferhaltig sind. Ferner hat MALLORY die Bedeutung des Kupfers für die Entstehung der Lebercirrhose hervorgehoben. Silber sowohl wie AgO_2, Argentum colloidale, ist gallefähig. Diese Eigenschaft hat man zu Desinfektionszwecken der Galle durch Injektion von Collargol, Choleval usw. benutzt. Auch Quecksilber hat cholotrope Eigenschaften, insbesondere das Calomel. Seine Ausscheidung durch die Galle wurde von LANGER[4] studiert. EPPINGER[5] empfiehlt das Calomel besonders gegen das die Gelbsucht begleitende Hautjucken. Auch Blei hat Affinität zur Leber. Es wird dort abgelagert. Erst in neuerer Zeit ist die toxische Bleiwirkung für die Leber wiederholt studiert worden (ADLER[6], LEWIN[7]). Außerdem ist noch die Leberausscheidung der arsenigen Säure durch die Galle hervorzuheben. Auch Neosalvarsan geht in die Galle über. Vom Wismut ist ebenfalls Übergang in die Galle festgestellt worden (MÖLLENDORF[8]). Auch Ferricyankali, Rhodankali und Chromsäure sind cholotrop.

Oben ist die Affinität der Leber für Chlorionen betont worden unter Betonung der Tatsache, daß dieses Ion kaum durch die Galle ausgeschieden wird. Dagegen sind die nächsten Halogene, das *Brom* und ganz besonders das *Jod* in gewissem Maße gallefähig. Immerhin bleibt auch beim anorganischen Jod die durch die Galle eliminierte Menge weit hinter der durch den Harn ausgeschiedenen zurück (IBUKI[9], ADLERSBERG[10]). Findet sich Jod an Benzole oder Benzolderivate gebunden, so überwiegt die synurische Elimination weit die syncholische. In der Bindung an aliphatische Gruppen wird die Jodsyncholie stärker, übertrifft sogar oft die Nierenausscheidung, wie die BRUGSCHschen Untersuchungen mit Alival zeigen. Künstliche Farbstoffe mit organischer Jodbindung sind ausgezeichnete Syncholica, wie wir vom Tetrajodphenolphthalein wissen.

Von der Galleausscheidung organischer Stoffe ist die *Harnsäure* zu erwähnen. BRUGSCH und HORSTERS[11] finden regelmäßige Harnsäureausscheidung mit der Galle (enterotopische Harnsäure). HARPUDER[12] stellt diesen Befund in Abrede. Bei der totalen Leberexstirpation nach MANN und MAGATH[13] bei Hunden tritt im Blute alsbald eine beträchtliche Uricämie auf. Bei der akuten Gicht sind fast regelmäßig Leberstörungen nachzuweisen (vermehrte Urobilinurie) (FISCHLER). Beim Ikterus ist die Harnsäureausscheidung durch den Harn stark erhöht (ULLMANN[14]). Die Versuche mit der Angiostomiemethode nach LONDON haben gezeigt,

[1] BRUGSCH: Z. exper. Med. **38**, 362 (1923).
[2] BRUGSCH und IRGER: Z. exper. Med. **43**, 710 (1924).
[3] CLAUDE BERNARD: Zitiert nach FISCHLER, S. 788.
[4] LANGER: Z. exper. Path. u. Ther. **3**, 691 (1906).
[5] EPPINGER: Diagnost. u. therap. Irrtümer. Leipzig: Thieme 1927.
[6] ADLER: Fortschritte der Therapie **1927**.
[7] LEWIN: Dtsch. med. Wschr. **1928**.
[8] MÖLLENDORF: Zitiert auf S. 771.
[9] IBUKI: Schmiedeberg Arch. **124**., 370.
[10] ADLERSBERG: Zitiert auf S. 793.
[11] BRUGSCH und HORSTERS: Klin. Wschr. **1922** I.
[12] HARPUDER: Ibid.
[13] MANN und MAGATH: Zitiert nach MANN auf S. 769.
[14] ULLMANN: Z. exper. Med. **38**, 67.

daß das durch die Leber gehende Blut an Harnsäure ärmer wird (Rabinowitsch[1]).

Auch kann unter bestimmten pathologischen Bedingungen Zucker durch die Galle ausgeschieden werden (Glycocholie). Hierüber finden sich Andeutungen in dem Abschnitt: die Galle in Bd. III ds. Handbuchs. Hirayama[2] fand solche nach Pilocarpininjektion. Kozuka[3] findet den Traubenzucker als regelmäßigen Bestandteil der Galle im Gegensatz zu alten Untersuchungen von Charcot, Krehl, Brauer[4], Adlersberg und Roth[5] konnten Glycocholie erzeugen durch Phlorizinvergiftung bei experimentell bewirkter Hyperglycämie. Die Konzentration des Zuckers in der Galle konnte hierbei durch Gallensäureinjektion nicht beeinflußt werden.

Einige Gifte sind wegen ihrer Leberaffinität besonders zu erwähnen: Körper der Diamingruppe, das Toluylendiamin und das Phenylhydrazin.

Von einigen Arzneimitteln ist noch ihre Cholotropie bekannt. Das *Urotropin* geht außer in den Harn auch in die Galle über. Es wird im Gegensatz zu den Harnwegen in der Galle nicht abgespalten. Das Verhalten der Chinolincarbonsäuren ist oben besprochen worden.

Eugen Fränkels[6] systematische Untersuchungen haben schließlich gelehrt, daß die Leber auch Ausscheidungsorgan für gewisse Bakteriengruppen sein kann. Sie kann ebenso wie die Niere Bakterien aus dem Blute eliminieren. Bei schweren Pneumonien, bei septischer Appendicitis erleben wir oft, daß bei der Ausscheidung der Bakterien durch die Leber die Gallenwege im Sinne einer Ausscheidungscholangitis erkranken.

Vorstehende Auseinandersetzungen haben gezeigt, daß neben ihrer sekretorischen Funktion der Leber auch als Excretionsorgan eine wichtige Aufgabe im Stoffwechselgetriebe des Organismus zukommt. Sie befindet sich hierin oft im Wettstreit mit der Niere; manchmal tritt das eine Organ vikariierend für das andere ein. Wir haben gesehen, daß in der Eliminierung gallefähiger Substanzen die Leber besonders durch ihr physiologisches Produkt, die Gallensäuren, unterstützt wird. Auch bei der Niere kann ein regelmäßiger Harnbestandteil, der Harnstoff, die Nierenexcretionsarbeit fördern. Aber auch in der Excretion wirken Leber und Niere manchmal zusammen, nicht nur in Form vikariierenden Eintretens des einen Organs für das andere, sondern indem das eine die Vorarbeit für das andere liefert. So produziert die Leber den Harnstoff, die Niere scheidet ihn aus. Besonders eindringlich tritt dies aber im Wasserstoffwechsel zutage: die Rolle der Leber im Wasserhaushalt ist, wie E. P. Pick sich einmal treffend ausdrückte, die einer Vorniere. Auch in diesem Sinne betätigt sich die Leber als Excretionsorgan im Wasserstoffwechsel. Aber die Korrelation dieser Organsysteme zu besprechen, gehört nicht mehr in den Rahmen dieser Arbeit.

Die Galleabscheidung ist ein exotherm verlaufender Vorgang (Roger), begleitet mit einem beträchtlichen Freiwerden von Wärme. Es ist hauptsächlich ein Oxydationsvorgang, so versteht man, daß die Galle nur Spuren von Sauerstoff enthält, dagegen viel Kohlensäure. Derselbe Mechanismus erklärt auch die Wasserproduktion durch die Leberzelle.

---

[1] Rabinowitsch: Pflügers Arch. **219**, 462.
[2] Hirayama: Tohoku J. exper. Med. **1924**.
[3] Kozuka: Tohoku J. exper. Med. **12**, 520 (1929).
[4] Brauer: Münch. med. Wschr. **1901**, Nr. 25 u. Z. physiol. Chemie **40**, 182.
[5] Adlersberg und Roth: Arch. f. exper. Path. **121**, 131 (1927).
[6] Fränkel, Eugen: Z. Hyg. **69** (1911) — Münch. med. Wschr. **1918**. Nr 20 — Grenzgeb. f. Med. u. Chir. **36**, (1923). Münch. med. Wschr. **1925**, Nr 50, 2150.

Die Herausbeförderung des Harnes.

Von

A. Adler

Leipzig.

Mit 51 Abbildungen.

Zusammenfassende Darstellungen.

Blum, Viktor: Physiologie und Pathologie des Harnleiters. Z. Urol. **19**, 161 (1925). — Boeminghaus, Hans: Beiträge zur Physiologie der Harnleiter. Z. urol. Chir. **14**, 71 (1923) — Zur Frage der Hydronephrosen nicht mechanischen Ursprungs. Z. Chir. **179**, 129 (1923). — Braus, H.: Anatomie des Menschen **2**, 376. Berlin 1924. — Dennig, H.: Die Innervation der Harnblase. Monogr. a. d. Gesamtgebiet d. Neurol u. Psych. Berlin 1926. — Dubois, Ch.: Excretion de l'urine. Traité de physiologie normale et pathologique; Tome III hrsg. von G. H. Roger u. Leon Binet. Paris 1928. — Frankl-Hochwarth u. Zuckerkandl: Die nervösen Erkrankungen der Harnblase. 2. Aufl. Wien 1906. — Meisenheimer, J.: Exkretionsorgane. Handwörterbuch der Naturwissenschaften **3**, 808. Jena 1913. — Metzner, R.: Die Absonderung und Herausbeförderung der Harne. Nagels Handb. d. Physiol. **2** — Noll, A.: Die Exkretion. Wintersteins Handb. der vergleichenden Physiologie **2 II**, 2. Hälfte, 870. — Pflaumer, Eduard: Normale und pathologische Physiologie der Harnleiter. Handb. der Urologie; hrsg. von Voelcker, Lichtenberg u. Wildbolz. Berlin 1926. — du Bois-Reymond, René: Über die Funktion des Ureters. Verh. dtsch. Ges. Urol. Berlin 1924. — Schwarz, O.: Pathologische Physiologie der Harnblase. Handb. d. Urologie **1**, 413. — Stoeckel, W.: Betrachtung über die Pyelitis gravidarum. Münch. med. Wschr. **1924**, 257. — Verh. dtsch. Ges. Urol. 1924. — Zbl. Gynäk. **1924**, Nr 47.

Nierenbecken und Harnleiter.

Anatomische Vorbemerkungen.

Der in den Nieren bereitete Harn gelangt durch vorgebildete Abflußwege nach außen. Nierenkelche, Nierenbecken und Harnleiter stellen eine funktionelle Einheit dar mit der Aufgabe, den aus der Niere hervorquellenden Harn in die Blase zu befördern.

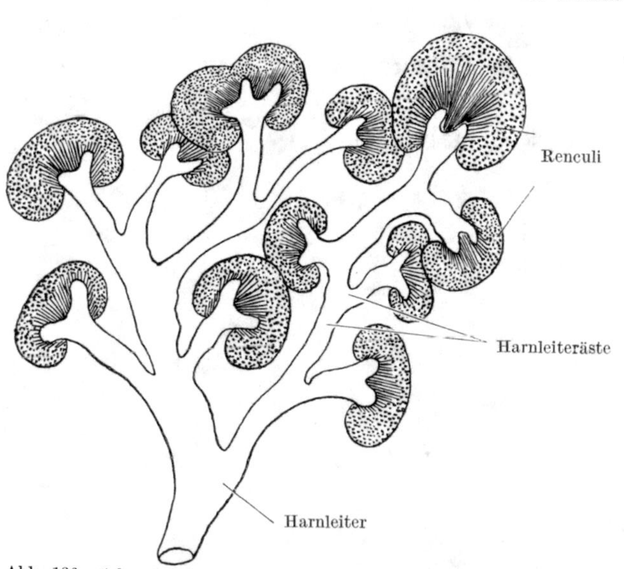

Abb. 136. Schema des Baues einer Renculiniere. (Nach M. Gerhardt, Verhdlg. d. deutschen zool. Gesellsch. 1910). (Aus Handwörterbuch d. Naturwissensch. **3**, Abschnitt: Exkretionsorgane v. Meisenheimer, S. 809.)

So betrachtet, schließt sich an die intrarenal gelegenen Sammelröhrchen extrarenal der Harnleiter an, dessen Anfangsteil das Nierenbecken darstellt. In das Nierenbecken hinein ragen die Pyramiden. Den Raum, den sie zwischen sich lassen, bezeichnet man als Nierenkelche. Zahl, Gestalt und Anordnung wechselt in der Tierreihe selbst unter sich nahestehenden Gruppen der Säugetiere ungemein stark. So existiert beispielsweise bei Echidna nur eine einzige Papille, in der alle Sammelröhrchen sich vereinigen und direkt in den Ureter übergehen. Es können sich zu der einzelnen Papille noch Seitenwülste hinzugesellen, so daß ein verzweigtes Nierenbecken resultiert, wie bei dem Känguruh oder jede einzelne Nierenpapille kann ihren eigenen Kelch mit Ureter tragen, so daß die sog. Renculiniere der Huftiere entsteht (vgl. Abb. 136). Beim Pferd hinwiederum tritt das Nierenbecken völlig zurück; von ihm aus entwickelt sich vorn und hinten ein langer Gang (beim Elefant mehrere), der direkt den Ureter aufnimmt (Recessusniere). Diese kurze vergleichende Betrachtung lehrt die Schwankungen in Anordnung und Zahl der Papillen und Kelche verstehen, wie sie beim Menschen vorkommen können.

Gewöhnlich sind es 7—20 Nierenpapillen, die in das Nierenbecken eintauchen und die Nierenkelche bilden (Abb. 137a u. Abb. 140). Diese Calyces laufen gewöhnlich in mehr oder weniger lange Hälse aus, die sich zu einem oberen und einem unteren Calyx major vereinigen. Die Erweiterung der Calyces kann auch fehlen, und deren zwei bis drei können direkt den Ureter bilden. Umgekehrt können auch die Kelche fehlen, so daß die Endstücke direkt dem Becken aufsitzen. So haben wir einmal den dentritischen und das andere Mal den ampullären Typ des Nierenbeckens vor uns (Abb. 137b u. c). HENLE hat an den Nierenkelchen in der Höhe der Papillenbasis zirkuläre Muselfaseranhäufung beschrieben, die er als Sphincteres papillae bezeichnet. DISSE fand in Höhe der Papillenspitzen ebenfalls Ringmuskelfaseranhäufung. HAEBLER[1] hat vorgeschlagen, diese Gruppen als Sphincter papillae superior oder „Austreibemuskel", und Sphincter papillae inferior oder „Abwehrmuskel" zu benennen.

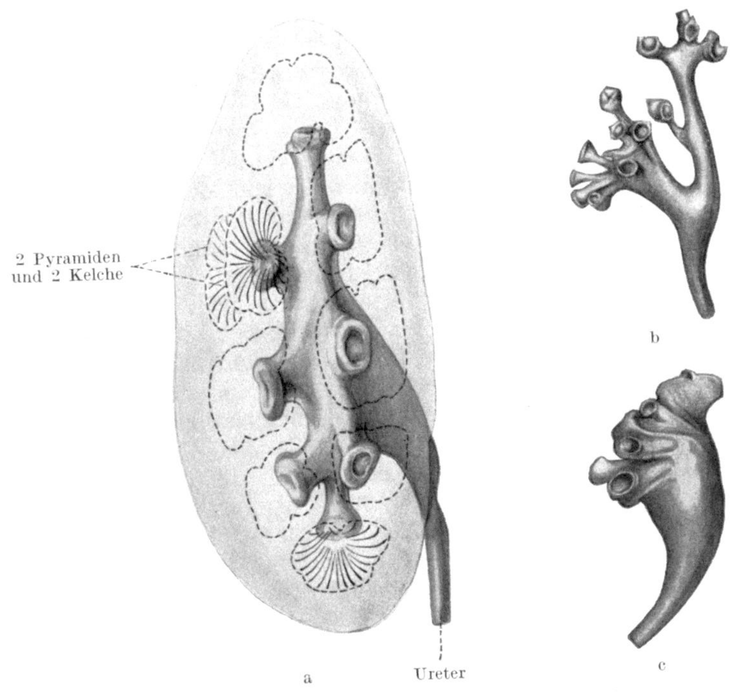

Abb. 137a—c. Nierenbecken des Menschen. a) Niere durchsichtig, Ansicht von lateral. Die zu den Kelchen gehörigen Pyramiden mit gestrichelter Kontur eingetragen. b) Dentritischer Typus. c) Ampullärer Typus. (Aus BRAUS: Anatomie des Menschen **2**, 374. Berlin: Julius Springer 1924.)

Der Ureter ist beim erwachsenen Mann etwa 30—35 cm, bei der Frau 27—30 cm lang, wobei der rechte etwa 1 cm kürzer ist als der linke. Der Harnleiter ist ein muskulärer Schlauch. Bei den Wirbeltieren pflegt die Masse an Muskelfasern distalwärts zuzunehmen, bei den Knochenfischen fehlt die Muskulatur ganz. Der menschliche Ureter ist ein, nicht in allen seinen Teilen gleichkalibriges Rohr von einer durchschnittlichen lichten Weite von 4—6 mm. Er weist an verschiedenen Teilen seines Verlaufes physiologische Engen auf. Diese finden sich erstens nach dem Abgang aus dem Nierenbecken (Ureterhals), zweitens bei der Überquerung der Vasa iliaca, dort wo der Harnleiter die Linia arcuata überschreitet und schließlich drittens als engste Stelle kurz vor dem Eintritt in die Blasenwand (Pars juxtavesicalis). (Vgl. Abb. 138.)

Die Teile zwischen diesen Isthmi sind spindelförmig erweitert. Der Ureter verläuft nicht gerade, sondern geschlängelt zur Blase. Das hat BOEMING-

[1] HAEBLER: Verh. dtsch. Ges. Urol. Berlin 1924 — Zbl. Gynäk. **1924**, Nr 47.

HAUS[1] im Röntgenbild bei Tierversuchen sehr schön nachweisen können, indem er kleine Bleikügelchen an den Ureter festnähte und nach abgelaufenem Operationsschock bei Wohlbefinden des Tieres die Bewegungsphänomene des Ureters studierte. In Blasennähe gehen die Harnleiter in leicht nach der Mittellinie gekrümmten Bogen auf die Blasenwand zu und durchbohren diese in etwa 20 mm Länge in schräger Richtung (Pars intramuralis), um noch ein kleines Stück submukös zu verlaufen (Pars intravesicalis) und dann die Einmündungsstelle, das Ostium uretero-vesicale zu bilden. Die Entfernung zwischen den beiden Ostien in der Blase beträgt nur etwa 25 mm, während beim Eintritt in die Blasenwand die Harnleiter mehr als doppelt so weit auseinanderliegen. Bei seinem intramuralen Verlauf wölbt der dicke Harnleiter die Blasenschleimhaut hügelartig vor, ganz analog der Wulstbildung des Choledochus bei seinem Durchtritt durch die Darmwand. Auf diesem kleinen Hügel (Ureterpapille) liegt als feiner Strich die Blasenpforte des Harnleiters. Auch im intramuralen Verlauf des Ureters (Länge etwa 10 mm) ist eine spindelförmige Erweiterung, die Ampulle (SCHEWKUNENKO und ALKSNE[2]) festzustellen, die von zwei engen Stellen: der Eintrittspforte in die Blasenwand und der Uretermündung begrenzt wird. Nicht ganz unwichtig erscheint die von SCHEWKUNENKO[3] berichtete Tatsache, daß im jugendlichen Alter bei männlichen Individuen die Pars juxtavesicalis zum Wandteile des Ureters in einem nahezu rechten Winkel steht. In ganz früher Jugend kann der Winkel sogar ein spitzer sein; mit zunehmendem Alter wird dieser Ureterwinkel größer, um in höherem Alter nahezu einen gestreckten Verlauf zu nehmen. Das hängt offenbar mit der Muskelkraft der Blase zusammen.

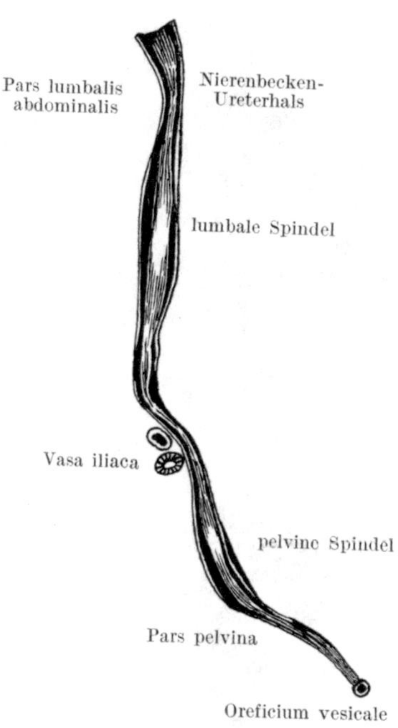

Abb. 138. Der rechte Ureter. Diagramm. (Nach TESTUT). (Aus BLUM: Physiologie und Pathologie des Harnleiters. Z. Urol. **19**, 162.

Die Schleimhaut des Ureters weist longitudinale Faltenbildung auf. Diese Falten zeigen eine leicht spiralige Verlaufsrichtung, so daß, wie man am aufgeschnittenen Harnleiter feststellen kann, an den engen Stellen klappenähnliche Vorrichtungen entstehen. Diese spiralige Faltenstellung an muskulären Hohlschläuchen sehen wir beispielsweise noch ausgesprochener am Ductus cysticus, wo sie auch klappenähnliche Gebilde darstellen. Vgl. LÜTKENS, Aufbau und Funktion der extrahepatischen Gallenwege. Leipzig 1926.

Der menschliche Harnleiter zeigt eine kräftig ausgebildete Muskulatur. Bei den Wirbeltieren pflegt die Masse an Muskelfasern distalwärts zuzunehmen, bei den Knochenfischen fehlt sie ganz. Die Uretermuskeln enden in der Submucosa der Blase (DISSE). Es unterscheidet sich die Uretermuskulatur von anderen muskulären Hohlschläuchen des Körpers dadurch, daß die longitudinale Muskelschicht innen, die Ringfaserschicht außen verläuft. Die innere Längsschicht fehlt z. B. am Darm ganz. Ihr Vorhandensein beim Ureter er-

[1] BOEMINGHAUS: Z. urol. Chir. **14**, 17.
[2] SCHEWKUNENKO u. ALKSNE: Zitiert nach BLUM: Z. Urol. **19**, 163.
[3] SCHEWKUNENKO: Z. Urol. **1911**, 851.

möglicht diesem Organ vielleicht seinem Inhalt Spindelform zu geben. Das intramurale Ureterstück ist frei von Ringmuskulatur im Gegensatz zum Choledochus, wo sich an diesem entsprechenden Stücke ein wohlausgebildeter Schließ-

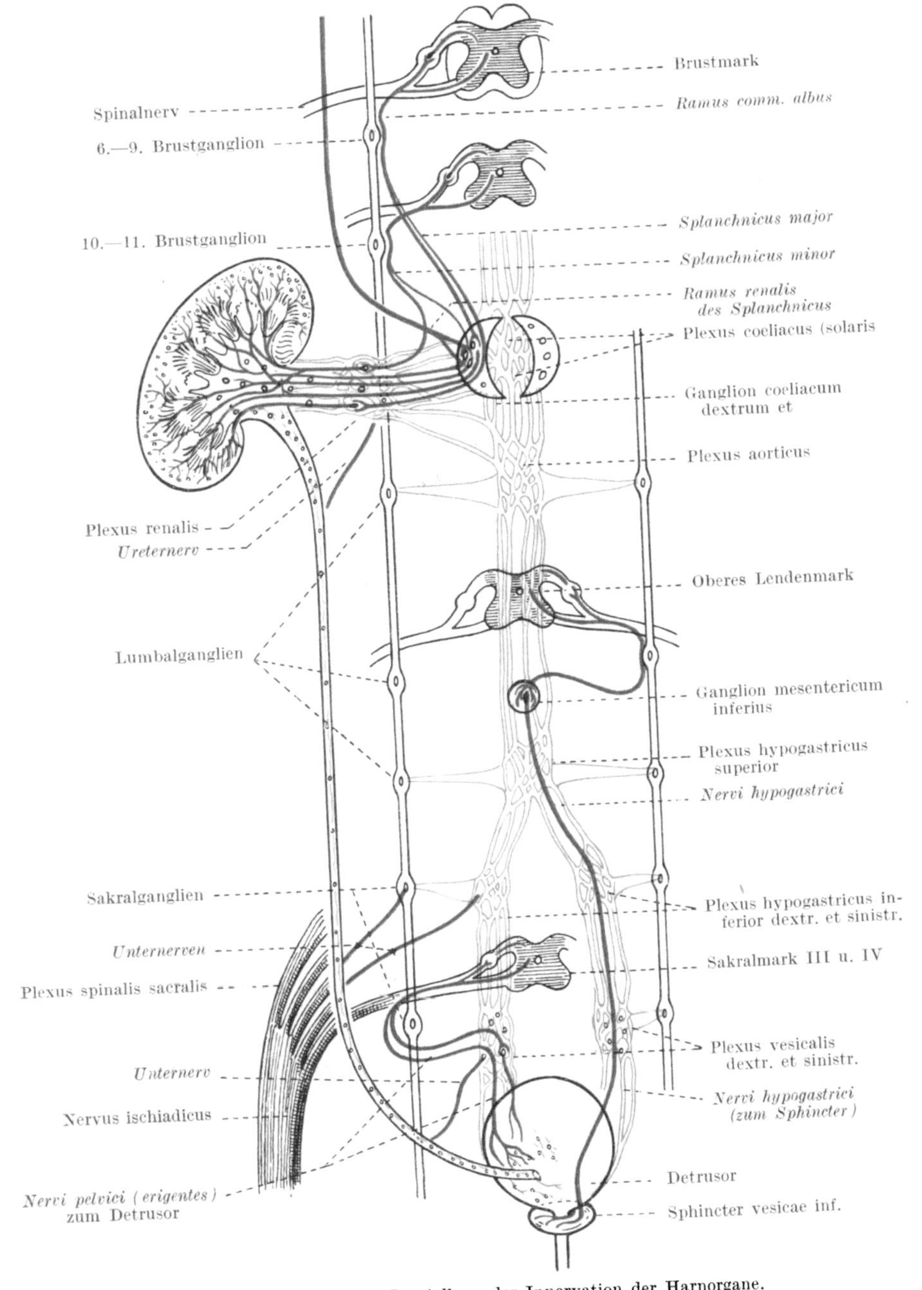

Abb. 139. Schematische Darstellung der Innervation der Harnorgane.

Der Harnleiter ist innerviert: 1. durch einen vom Plexus renalis zum oberen Teil des Ureters ziehenden Nerv; 2. durch einen vom oberen Sakralganglion (Grenzstrang) zum unteren Ureter verlaufenden Nerv; 3. durch je einen Nerv aus dem Plexus hypogastricus inferior und aus dem Plex. vesical. (Aus Z. Urol. **13**. E. PFLAUMER: Cystoskopische Beobachtungen zur Physiologie der Harnleiter und Nieren; ferner Handb. d. Urol. **1**.)

muskel vorfindet. Am unteren Ureterteil kommt noch eine äußere Längsmuskelschicht hinzu und bildet als Verstärkung der Adventitia die sogenannte WALDEYERsche Ureterscheide, deren funktionelle Bedeutung PFLAUMER in Analogi zum Levater ani in einer kurzen terminalen Retraktion der Pars intramuralis nach der Ejaculation des Urins sieht.

Die *Blutgefäßversorgung* des Harnleiters geschieht aus den benachbarten Gefäßgebieten der Niere und der Blase.

Das *Lymphgefäßnetz* des Ureters, das in der Muskelschicht und, nach W. KRAUSES Untersuchungen, die von BAUEREISEN[1] bestätigt wurden, auch in der Mucosa und Submucosa reichlich vorhanden ist, kommuniziert mit dem der Niere und Blase, so daß ein Verbindungsweg der Blase mit der Niere gegeben ist, auf dem Entzündungs- und Infektionsprozesse fortschreiten können, ohne das Uretervolumen passieren zu müssen.

Die *nervöse* Versorgung des Harnleiters (Abb. 139) geschieht vom Nervus hypogastricus aus mit Fasern, die vom Grenzstrang, vom Plexus spermaticus, vom Plexus hypogastricus und vom Plexus vesicalis stammen, sowie von einem vom Plexus renalis ausgehenden Nerven für den oberen Teil des Harnleiters. Dieser versorgt auch das Nierenbecken. Durch vielfache Anastomosen sind also nervöse Verknüpfungen des ganzen Ureters mit Niere und Blase gegeben. Die Nerven, die mit den Arterien verlaufen, bilden *nur* in der Adventitia Plexus, in die sehr reichlich Ganglienzellen eingestreut sind, besonders am oberen und unteren Ende des Ganges. Markhaltige (Adventitia) und marklose (Muscularis) Nervenfasern dringen von dort in alle Schichten und Teile der Ureterwand ein (MERKEL). HRYNTSCHAK[2] gibt an, daß Muskulatur und Schleimhaut von Nierenbecken und Harnleiter völlig ganglienfrei sind. Außer den genannten sympathischen Fasern, die einen fördernden Einfluß haben sollen, bezieht der Harnleiter in seinem unteren, pelvinen Anteil noch Fasern aus dem autonomen System, die hemmende Impulse vermitteln sollen.

Der Abtransport des Harnes.

Wie gelangt der in der Niere bereitete Harn in das Nierenbecken? Bei einer Reihe von niederen Tieren (Kaltblütern) wird die intrarenale Fortbewegung des Harnes durch Wimperschlag, durch die Cilien des Epithels des ersten und dritten Harnkanälchenabschnittes bewirkt. Bei Knochenfischen, bei denen der Ureter als starres Rohr intrarenal verläuft, spielen vielleicht auch die Körperbewegungen eine fördernde Rolle. Die Wirbeltiere aber verfügen über keine gesonderten Einrichtungen zum Austreiben des Harnes aus der Niere (NOLL[3]). Manche Autoren wollten hierbei der Peristaltik des Ureters insofern eine Rolle zuschreiben, als bei bzw. nach jeder Zusammenziehung nierenwärts eine Druckverminderung resultiert, die sich als Saugwirkung auswirke. DU BOIS-REYMOND[4] macht darauf aufmerksam, daß eine Ansaugung nur in starren Röhren sich wirkungsvoll gestalten könne, bei schlaffwandigen Schläuchen jedoch muß der Druckverminderung ein Zusammenfallen der Wände folgen, wobei natürlich der entsprechende Effekt ausbleibt. WESTENHÖFER[5] stellte eine sogenannte Melktheorie auf: Die Form der Papille ähnelt einer Saugglocke. Der muskelumsponnene Kelch mit seinen früher beschriebenen HENLEschen und DISSEschen Sphincteren wirkt daher teils wie eine Druckpumpe zur Entleerung der Markkegel, teils wie eine

---

1 BAUEREISEN: Z. gynäk. Urol. **2**, 235 (1911).
2 HRYNTSCHAK: Verh. dtsch. Ges. Urol. **1924**.
3 NOLL: Zitiert auf S. 804.
4 DU-BOIS-REYMOND: Verh. dtsch. Ges. Urol. Berlin 1924. (Referat).
5 WESTENHÖFER: Verh. dtsch. Ges. Urol. **1924**.

Saugpumpe zum Ansaugen des Urins von der Rinde her in die geraden Kanälchen. Für den letzten Teil dieser Theorie dürfte auch der Einwand von Du Bois-Reymond Geltung haben. Man hat ferner den Sekretionsdruck der Nieren als treibende Kraft zur intrarenalen Vorwärtsbewegung des Harnes herangezogen: Der jeweils neu abgeschiedene Harn schiebt den eben vorher gebildeten vor sich her; hierbei ist natürlich eine Abhängigkeit vom jeweils herrschenden Blutdruck unverkennbar. Dies ist auch nachgewiesen (Henderson[1]). Sodann muß man sich wohl auch vorstellen, daß wie überall bei einer Drüse die sezernierende Zelle größer ist als die nicht sezernierende, so daß die Zustandsform der verschiedenen Abschnitte der intrarenalen Harnkanälchen wechselt. Unmittelbar vor der Tropfenabscheidung bedingt die Vergrößerung der jetzt sezernierenden Zellen eine relative Verkleinerung des Harnkanälchenvolumens und schafft so Platz für den nachfolgenden Harn, da mit dessen Geburt die Zelle wieder kleiner, das Lumen des Leitungsröhrchens wieder größer wird. So kann eine der Peristaltik ähnliche rhythmische Zusammenziehung und Erweiterung der Harnkanälchen zustande kommen mit dem Erfolge der Vorwärtsbewegung des Harnes. Es dürfte daher der Sekretionsdruck der Nieren, der bei dieser Auffassung natürlich die wesentlichste Rolle spielt, sehr wohl als treibende Kraft der intrarenalen Harnbewegung in Frage kommen. Darüber hinaus spielt möglicherweise die Inspirationsphase die Rolle einer gewissen Auspressung auf den in der Niere befindlichen Harn, ebenso wie die Atmung für die intrahepatische Gallebewegung von Bedeutung ist. Böminghaus[2] hat festgestellt, daß die Ureteren ebenso wie die Nieren respiratorische Verschieblichkeit aufweisen.

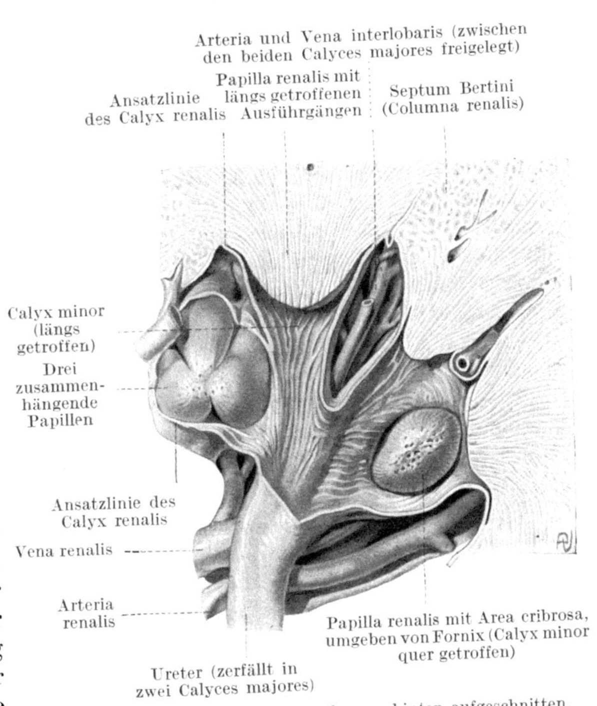

Abb. 140. Nierenbecken, Mensch, von hinten aufgeschnitten. Einblick in Calyces majores et minores. (Aus Braus: Anatomie des Menschen 2, 371.)

Die Peristaltik des Harnleiters. Als erste Station erreicht der in der Niere gebildete Harn das Reservoir des Nierenbeckens („Vessie renale“ Cathelin, vgl. Abb. 140). Dort angekommen, fließt er nicht kontinuierlich durch den Harnleiter ab, wie das die notwendige Folge der natürlichen Schwere als blasenwärts treibender Kraft sein müßte, sondern es sammelt sich erst eine gewisse kleine Menge dort an, und nun wird der Urin periodisch stoßweise, durch die muskuläre Tätigkeit der peristaltischen Wellen des Nierenbeckens und des Harnleiters in die Blase befördert. Böminghaus hat durch eine geistreiche Versuchsanordnung gezeigt,

[1] Henderson: Zitiert nach Blum, S. 804.
[2] Boeminghaus: Zitiert auf S. 804.

daß erst eine gewisse Urinmenge in dem Nierenbecken vorhanden sein muß, ehe die Weiterbeförderung in die Blase einsetzt. Er legte im Tierversuch einen Troikart durch das Nierenparenchym in das Nierenbecken und ließ nun in langsamer Tropfenfolge Jodnatriumlösung in das Nierenbecken träufeln. Vor dem Röntgenschirm konnte man nun sehen, wie sich die Flüssigkeit ansammelte. Der Inhalt des gefüllten Nierenbeckens ballte sich dann zu einer kleinen Kugel zusammen, drang in den Harnleiterhals ein und bewegte sich hier in Form einer schmalen, vorn und hinten zugespitzten, etwa 2 cm langen Säule den Ureter hinab. Vom Beginn des Eintritts in den Ureter bis zum Eintritt in die Blase vergingen durchschnittlich 3—5 Sekunden. Bei schnellerer Tropfenfolge waren 2—3 solcher Flüssigkeitsspindeln, durch ungefüllte Partien voneinander getrennt, in Fortbewegung begriffen. Es ist hier daran zu erinnern, daß wir oben die Ansicht von Braus streiften, nach der die Bedeutung der inneren Längsmuskelschicht darin zu sehen sei, daß sie ihrem Inhalt spindelige Form zu geben imstande sei, um so diesen unter höheren Druck setzen und um so kräftiger austreiben zu können. Diese Fähigkeit ist z. B. für die Austreibung von Steinen sehr wichtig. Bei ununterbrochener Flüssigkeitszufuhr stellte im Böminghausschen Experiment der Ureter einen fast gerade verlaufenden, etwas dickeren Strang dar, an dem sich fortwährend peristaltische Bewegungen durch spindelförmige Verdickungen, durchschnittlich 3 an der Zahl, feststellen ließen. Die Harnleiterperistaltik kann man auch bei Operationen in diesem Gebiet beobachten. Cystoskopisch zeigt sie sich an der Uretermündung in Form einer rhythmischen Harnausstoßung. Fenwick[1] nannte das „die Systole und Diastole“ des Ureterostium. Dieses hat in Ruhelage die Form eines feinen Schlitzes. Bei der Harnausstoßung beginnt am Ureterwulst plötzlich eine wurmförmige Bewegung, der feine Strich öffnet „sich wie ein Mund, dessen beide Lippen sichtbar“ werden („Flötenschnabel“) und sich zum Herausschleudern des Harnwirbels kreisförmig runden.

Die Öffnung der Uretermündung geschieht aktiv infolge Retraktion am letzten Punkte der ablaufenden peristaltischen Abwärtswelle. Der Harnstrahl wird mit ziemlicher Energie in die Blase ausgestoßen und hat eine Reichweite von 1—3 cm. Nach erfolgter Ejaculation ist eine Retraktion des Ureterwulstes zu beobachten, vergleichbar der Retraktion des Penis nach erfolgter Miktion, der Retraktion des Anus nach erfolgter Defäkation (Pflaumer)[2]. Normal sind die beiden ersten Formen des Harnstoßes auf beigefügter, von Pflaumer entnommener Abbildung (vgl. Abb. 141—146), während die dritte einen kräftigen Harnstrahl bei angeboren verengertem Ostium darstellt, und die drei letzten einen leistungsschwachen Ureter anzeigen. Der normale Harnstoß dauert meist nur 1—2 Sekunden, kann aber auch bis 5 Sekunden lang anhalten. Die Häufigkeit der Harnstöße ist eine variable Größe, hängt sie doch innig mit der funktionellen Beanspruchung des Ureters zusammen. Zu manchen Zeiten wird sie schwach, zu manchen stärker sein. So läßt sich berechnen (Du Bois-Reymond), daß in Fällen von Polyurie der Ureter etwa in 4 Sekunden 1 ccm Flüssigkeit fortbewegt, während lange Pausen in der „Ruhe“ der Nierentätigkeit auftreten können, „Fenwicks dry ureter“, während der Nacht. Die durchschnittlichen Intervalle zwischen zwei Kontraktionen betragen 15—30 Sekunden, können sich aber auch auf Minuten erstrecken.

Diese Auseinandersetzungen leiten über zur Frage nach der Ursache der Peristaltik.

---

[1] Fenwick: Ureterio meatoscopie in obscure diseases of the kidney. London 1903.
[2] Pflaumer: Zitiert auf S. 804.

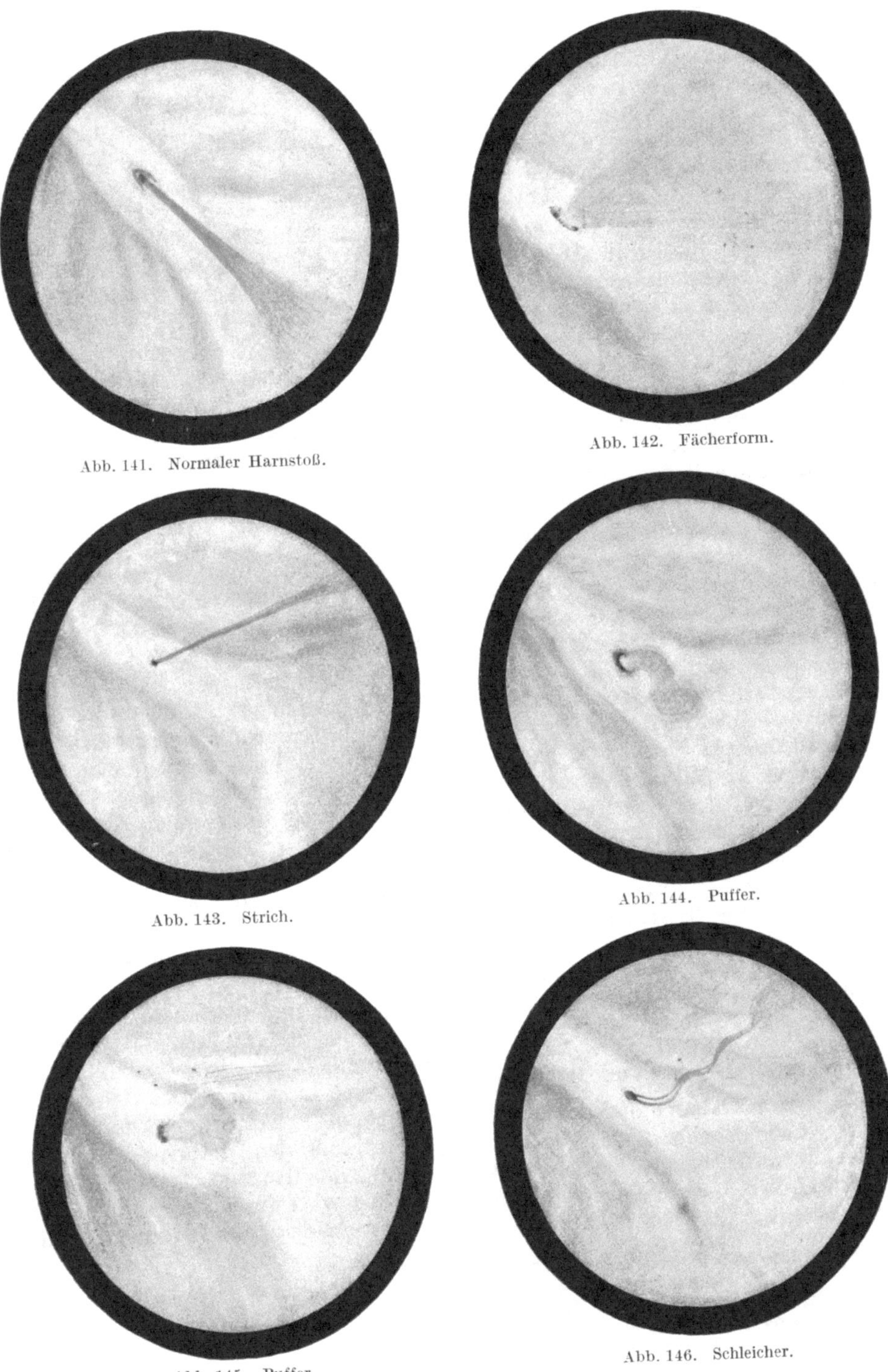

Abb. 141. Normaler Harnstoß.

Abb. 142. Fächerform.

Abb. 143. Strich.

Abb. 144. Puffer.

Abb. 145. Puffer.

Abb. 146. Schleicher.

Abb. 141—146. E. PFLAUMER: Normale und pathologische Physiologie der Harnleiter. (Aus Handb. d. Urol. 1, 1926).

Was ist die *Ursache dieser Ureterperistaltik?* Engelmann[1] hat in seinen klassischen Untersuchungen über die Ureterperistaltik den Ursprung der Uretertätigkeit in die Muskelzelle selbst verlegen zu müssen geglaubt. Er vertrat den Standpunkt der rein myogenen Reizleitung. Wenn auch, wie früher bemerkt, im ganzen Verlaufe des Ureters Ganglienzellen vorhanden sind, so ist damit noch keineswegs die myogene Beteiligung in der Reizentstehung und -leitung neben der neurogenen abzulehnen. Einige später bekanntgewordene Tatsachen können zur Stütze der Engelmannschen Auffassung herangezogen werden. Burrow[2] hat bei der künstlichen Züchtung von Herzmuskelfasern gefunden, daß diese von einem gewissen Alter ab rhythmische Kontraktionen ausüben. Hryntschak[3] setzte sich jüngst auf Grund ausgedehnter histologischer und experimentell gewonnener Ergebnisse dafür ein, daß Ganglienzellen zur automatischen Peristaltik des überlebenden Ureters nicht notwendig sind. Er ist geneigt, der Engelmannschen Auffassung der rein myogenen Reizleitung zuzustimmen. Es komme den periureteren Ganglienknötchen lediglich eine kontrollierende bzw. regulierende Rolle für die Ureterfunktion zu. Die meisten Untersucher jedoch setzen sich für die rein nervöse Steuerung der Uretertätigkeit ein. Nach Protopopow[4], Ssokoloff und Luchsinger[5], Lewin und Goldschmidt[6] sind es die in den Ureter eindringenden Flüssigkeitsquanten, die von einer gewissen Menge ab die peristaltische Tätigkeit des Organs anregen. So ist auch die Uretertätigkeit eng mit der Nierentätigkeit verknüpft. Es ist am wahrscheinlichsten, daß die Uretertätigkeit von den Nieren nur indirekt beeinflußt wird: Durch Füllung des Nierenbeckens mit Harn. Die Wandspannung bzw. der intrapelvine Druck lösen mechanisch die Muskelkontraktionen aus zum Weitertransport der angesammelten Harnportion. Daß hier hormonale Faktoren eine Rolle spielen, ist bis jetzt nicht erwiesen. Zu erwähnen ist noch die Tatsache, daß beide Ureteren synchron arbeiten, was einen gemeinschaftlichen Impuls nahelegt. Pflaumer[7] weist noch besonders auf die Beobachtung hin, daß längerdauernde Unterbrechung durch beiderseits gleichmäßige Tätigkeit beendet wird, auch wenn diese Beendigung der Pause durch einen Kunstgriff hervorgerufen wird (Druck auf die Liniea arcuata, tiefer Atemzug, Hustenstoß). Von einem Ureter aus ist durch mechanische Reizung kein Einfluß auf die Tätigkeit des zweiten zu erzielen. Die Existenz eines uretero-ureteralen Reflexes ist mit Bestimmtheit zu verneinen (Pflaumer, Böminghaus[8]). Die Fortpflanzungsgeschwindigkeit der Ureterwelle wird von Engelmann mit 2—3 cm pro Sekunde angegeben. Die Intervalle unterliegen nephrogen oder vesical bedingten Schwankungen; nicht zu vergessen sind hierbei die vegetativ neurotischen Einflüsse.

Von besonderer Wichtigkeit ist der *uretero-vesicale Harnleiterverschluß.*

Die Harnleiterblasenmündung. Die beschriebene Lippenform des Ureterostiums, „jener als Klappe funktionierenden Schleimhautduplikatur", im Zusammenhang mit dem langen, ausgesprochen schrägen, intramuralen Ureterverlauf bilden einen außerordentlich wirksamen Ventilverschluß gegen den Rückstrom von Harn in den Ureter: Bei zunehmender Füllung der Blase wird durch deren Inhalt die vordere innere Lippe gegen die hintere äußere fest angepreßt und so ein Abschluß

[1] Engelmann: Pflügers Arch. **11**, 243 (1869).
[2] Burrow: Münch. med. Wschr. **59**, 1415 (1912).
[3] Hryntschak: Zitiert auf S. 808.
[4] Protopopow: Pflügers Arch. **66** (1897).
[5] Luchsinger: Pflügers Arch. **26**, 464 (1881).
[6] Lewin u. Goldschmidt: Virchows Arch. **134** (1893).
[7] Pflaumer: Zitiert auf S. 804.
[8] Boeminghaus: Zitiert auf S. 804.

erzielt (BLUM). Dieser Verschluß ist rein mechanisch so fest, daß man am Leichenpräparat durch den einen Ureter die Blase mit Luft füllen kann, ohne daß sie aus dem anderen oder demselben Harnleiter wieder entweichen kann (MERKEL[1], BRAUS[2]). BÖMINGHAUS[3] beschreibt bei seinen oben erwähnten Harnleiterstudien das Ereignis, daß bei fortlaufendem Abtransport von Flüssigkeit die regelmäßige Ureterperistaltik einmal plötzlich zum Stillstand kam. „Dabei war eine auffallend dicke Flüssigkeitssäule an der Grenze des unteren und mittleren Drittels des Harnleiters sichtbar, die sich während mehrerer Minuten nicht von ihrem Platze bewegte. Diese Kontrastsäule war auch nicht wie sonst bei den in Bewegung befindlichen, an beiden Enden spitz ausgezogen, sondern vorn und hinten konvex, stumpf abgegrenzt“ ... Dabei war zu beobachten, „daß die Blasenform, die ja durch die Kontrastfüllung vom Ureter aus dauernd kontrollierbar war, zu dieser Zeit eine mehr rundliche Form angenommen hatte. Zu einer Miktion kam es aber nicht, da, um ein Urinieren zu verhindern, die Urethra abgebunden war“. Wenn die Blase sich zur Harnentleerung kontrahiert, wird hierbei nicht nur das Ureterostium in der eben geschilderten Weise geschlossen, auch der Wandteil des Harnleiters wird durch die Muskelkontraktion der Blase verschlossen. Während der Miktion sistiert die Harnleiterperistaltik bei intaktem Ureterverschluß.

Der Ureterblasenverschluß hat eine doppelte Aufgabe: Dem Harn den Eintritt in den Harnleiter zu verwehren, und trotz wachsender Füllung der Harnblase immer mehr Urin in diese zu treiben. Wodurch ist er zu letzterem befähigt? Vor allem ist diese Möglichkeit gegeben dadurch, daß die Harnblase, wie später noch auseinandergesetzt werden wird, die Fähigkeit hat, ganz verschiedene Harnmengen aufzunehmen, ohne ihre Wandspannung, ihren Innendruck zu erhöhen. Vorwegnehmend sei gesagt: Die Detrusorerschlaffung ist eine aktive Muskeltätigkeit ebenso wie die Detrusorkontraktion. Bei dieser aktiv oder tonisch erschlafften Blase ist der Druck des aus dem Harnleiter herausschießenden Harns stets größer als der in der Blase herrschende Innendruck, so daß ein Widerstand nicht in Frage kommt. Die Ureterlippen öffnen sich als Folge, gleichsam als Fortsetzung der Harnleiterperistaltik. Bei kinetisch kontrahierter Harnblase aber ist der Ureter wirksam verschlossen durch Umklammerung des Ureters durch den Detrusor, und außerdem sistiert jetzt wohl reflektorisch die Ureterperistaltik. Bei nicht kontrahiertem Ureter ist natürlich dieser Verschluß viel wirksamer. Diesen Verschluß der Harnleitermündung bei tonisch erschlaffter und kinetisch kontrahierter Blase hat SAMPSON[4] an entsprechenden histologischen Bildern augenfällig illustriert. Ich entnehme diese der mehrfach erwähnten Arbeit von BLUM.

Bei erschlaffter Blase hat das Ostium ureterovesicale die Gestalt einer schlitzartigen „Lücke“ in der Blasenwand (Abb. 148). Die intramurale Verlaufsrichtung ist ausgesprochen schräg (Abb. 147), so daß der wachsende Blaseninhalt bei schlaffer Blasenwand leicht die „Oberlippe“ gegen die „Unterlippe“ andrücken kann. So wird während der sich füllenden Blase ein wirksamer Verschluß garantiert, der nur im Moment des Ankommens einer Ureterwelle für einige Sekunden gelichtet wird. Anders bei kontrahierter Blase (Abb. 149 u. 150). Der intramurale Verlauf des Ureters, der vorher ausgesprochen schräg war, wird jetzt mehr geradlinig gestellt (Abb. 149). Diese Verlaufsrichtung würde den Eintritt von Blaseninhalt in den Ureter erleichtern. Jetzt aber wirkt die Kontraktion

[1] MERKEL: Die Anatomie d. Menschen. IV. Abt. S. 144. Wiesbaden 1915.
[2] BRAUS: Zitiert auf S. 804.
[3] BOEMINGHAUS: Zitiert auf S. 804.
[4] SAMPSON: Johns Hopkins Hosp. Bull. **14**, 335 (1903) u. ferner (1904).

der Blasenwand, die an Dicke hierbei um das Doppelte zunimmt, dem entgegen und gestaltet das intramurale Ureterrohr zu einem „drehrunden Strang mit konzentrisch kontrahierten Muskelbündeln um die in Sternfigur zusammengepreßte Ureterschleimhaut“ (Abb. 150). So ist auch im Entleerungszustand der Harnblase ein wirksamer Abschluß gewährleistet.

Durch diese außerordentlichen Sicherungen wird in der Norm ein wirksamer Schutz gegen den Rückstrom von Harn in die harnableitenden Wege garantiert. So verstehen wir, daß BÖMINGHAUS in seinen Versuchen nie eine rückläufige Füllung des Harnleiters und Nierenbeckens erzielen konnte. Wenn er unter schwachem Druck Flüssigkeit in das Ureterostium injizierte, so schoß

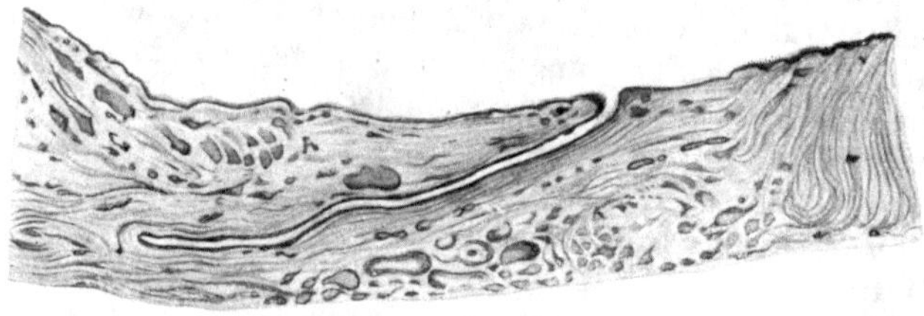

Abb. 147. Frontalschnitt durch die normale Harnleitermündung bei erschlaffter Blase (SAMPSON).

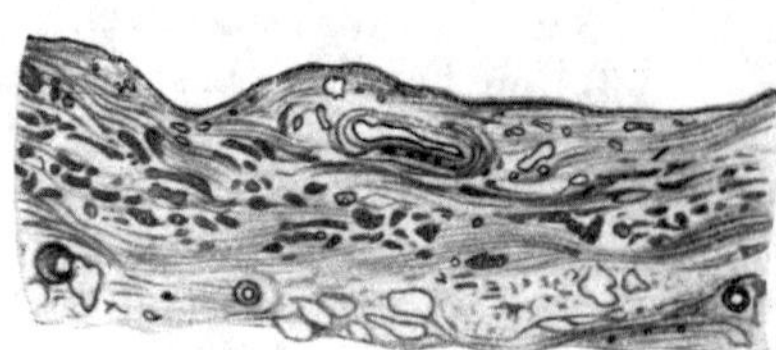

Abb. 148. Querschnitt durch die Blasenharnleitermündung bei erschlaffter Blase (SAMPSON).

Abb. 149. Frontalschnitt der Harnleiter bei kontrahierter Blase.

Abb. 150. Querschnitt durch die Blasenharnleitermündung bei kontrahierter Blase.

sie ohne richtige Antiperistaltik ureteraufwärts und wurde sofort mit kräftiger Peristaltik restlos in die Blase zurückbefördert. Auch ENGELMANN, PROTOPOPOW, ALKSNE[1] konnten spontane, antiperistaltische Wellen nicht beobachten. Nur die Angaben von LEWIN und GOLDSCHMIDT[2] stehen dem entgegen. Sie geben bei ihren Kaninchenversuchen spontane, antiperistaltische Wellen an. Demgegenüber ist aber daran festzuhalten, daß in den unteren Teil des Harnleiters verbrachte Flüssigkeit spontan bis ins Nierenbecken durchgetrieben und sofort wieder in die Blase befördert wird. So sind also zwei Faktoren zur normalen Nierenfunktion und regelrechten Herausbeförderung des Harnes unbedingtes Erfordernis: erstens ungestörter Ablauf der normalen, kräftigen Harnleiterperistaltik und zweitens intakter Verschlußmechanismus an der Harnleiterblasenmündung.

---

[1] ALKSNE: Fol. urol. (Lpz.) **1**, 338 (1907).
[2] LEWIN u. GOLDSCHMIDT: Zitiert auf S. 812.

Pharmakologie des Ureters. Die Beeinflussung der Harnleitertätigkeit durch Medikamente ist noch wenig ausgiebig untersucht. Man kennt einen fördernden Einfluß des Sympathicus, durch Adrenalin und Ephedrin zu erzielen (ROTH, MACHT, PENFIELD[1]). Dagegen ist ein hemmender Impuls des Vagus nicht sicher erwiesen. LEWIN und GOLDSCHMIDT[2] konnten jedenfalls durch Physostigmin keinen wesentlichen Einfluß auf die Ureterperistaltik erreichen. Das gleiche stellte BOULET[3] bei Pilocarpin fest. MACHT u. a. sahen vom Pilocarpin wie Physostigmin Beschleunigung der Ureterperistaltik. Das Atropin wirkt in großen Dosen als Antagonist hierzu. Nach SATANI soll Adrenalin besonders auf Nierenbecken und oberen Ureteranteil, Pilocarpin und Physostigmin besonders auf den Blasenanteil einwirken. Neuerdings wissen wir vom Hypophysin, daß es kräftige Harnleiterperistaltik zu erzeugen imstande ist (KALK und SCHÖNDUBE[4]). Das Atropin wirkt krampfmindernd. Calcium ($CaCl_2$) erzeugte in BOULETS Versuchen Steigerung der Peristaltik. Diese Calciumwirkung ist nicht gegensätzlich zur Erwartung. Da das Ca-Ion als Sympathicusstimulans anzusehen ist, so ist auch von ihm Peristaltiksteigerung zu postulieren. Auch Bariumchlorid erzeugt Beschleunigung der Ureterbewegungen, oder ruft sie hervor, wenn sie nicht vorhanden ist. Durch Chloralhydrat können die Ureterbewegungen gehemmt werden. Diese Chloralhydratwirkung ist reversibel, sie kann durch $BaCl_2$ wieder aufgehoben werden. Der mit Chloralhydrat gelähmte überlebende Ureter ist noch elektrisch oder mechanisch reizbar. Nicotin reizt erst und lähmt dann die Harnleitertätigkeit (SATANI[5]). Aus diesen Befunden könnte man eine Stütze für die Richtigkeit der Meinung von PROTOPOPOW u. a. von der nervösen Steuerung der Ureterperistaltik herleiten. Auch Cocain vermehrt erst die Harnleitertätigkeit, um sie dann zu vermindern, ebenso Coffein, das in kleinen Dosen steigernde, in großen Dosen abschwächende Einwirkung zeigt. Morphin setzt die Zahl der Harnleiterkontraktionen herab. Temperatursteigerung beschleunigt, Temperaturerniedrigung verlangsamt die Uretertätigkeit. (L. STERN[6]). Mechanische Reizung der Ureterschleimhaut verändert seine Tätigkeit nicht, dagegen chemische stark. 60 proz. Alkohol verdreifacht die Zahl der Harnleiterkontraktionen. Anwesenheit von Flüssigkeit im Nierenbecken steigert natürlich die Harnleitertätigkeit. Dabei ist die Art der Flüssigkeit (Urin, Kochsalzlösung usw.) nicht einerlei. SATANI fand erhöhte Reizung zur Tätigkeit durch Harnsäure und Harnstofflösung.

Neben den Einflüssen der Temperatur auf die Uretertätigkeit ist noch die Wichtigkeit der ungestörten Blutversorgung des Organs zu erwähnen. Unterbindung der Nierenarterie bzw. die Abdrosselung der den Ureter versorgenden Gefäße hat Verminderung der Harnleiterkontraktionen bis zum Aufhören der Ureterperistaltik zur Folge, die mit Aufnahme der Blutversorgung wieder einsetzt (ENGELMANN). Asphyxie löste in den Versuchen von PROTOPOPOW zunächst heftige Ureterbewegungen aus, die dann langsam nachließen bis zum völligen Stillstand, der dem des Herzens vorausging. Der isolierte, überlebende Ureter wird durch O_2-Zufuhr zu Bewegungen angeregt, durch O_2-Mangel gehemmt. CO_2 löst auch zunächst eine leichte Förderung, dann Hemmung der Uretertätigkeit aus (L. STERN).

MACHT[7] stellte fest, daß die Schleimhaut des Nierenbeckens und des Ureters verschiedene Alkaloide (Aconitin, Cocain, Apomorphin) zu resorbieren vermag.

[1] PENFIELD: Amer. J. med. Sci. **160**, 36 (1920).
[2] LEWIN u. GOLDSCHMIDT: Zitiert auf S. 812.
[3] BOULET: C. r. Soc. Biol. Paris **83**, H. 18 (1920).
[4] KALK u. SCHÖNDUBE: Dtsch. med. Wschr. **1926**.
[5] SATANI: Amer. J. of Physiol. **49**, 474 (1919).
[6] STERN, L.: Zitiert nach DUBOIS: Roger-Binet **3**, 707.
[7] MACHT: J. of Urol. **2** (1918).

Pathologische Physiologie des Abtransports des Harnes.

Antiperistaltik des Harnleiters. Die Frage nach dem Vorkommen der Antiperistaltik des Harnleiters spielt in der urologischen Literatur eine große Rolle. ENGELMANN[1] hatte schon in seinen klassischen Untersuchungen festgestellt, daß der Ureter, wenn mechanisch gereizt, peristaltische Bewegungen nieren- sowohl wie blasenwärts ausführt. Jedoch ist es fraglich, ob diese Bewegungen auch normalerweise beim gesunden Organ vorkommen. RANVIER hatte ein renales und vesicales Zentrum der Ureterbewegungen vermutet, weil der in der Mitte unterbundene Harnleiter von der Blase aus peristaltische Wellen erkennen ließ, während die oberen peristaltischen erhalten geblieben. Die Mehrzahl der Autoren sind darin einig, daß es normalerweise spontan eine Antiperistaltik des Ureters nicht gibt. BOEMINGHAUS analysierte die Aufwärtsbewegung von Flüssigkeit, die unter gelindem Druck aus dem Ostium ureterovesicale nierenbeckenwärts geschieht und kommt zu dem Schluß, daß dieser Vorgang gar keine echte peristaltische Welle darstellt, da Abschwächungen hierbei nie beobachtet werden konnten. Die Flüssigkeit wird im Nu aufwärts ins Nierenbecken befördert und gelangt dann unter Spindelbildung, wie sie oben als Ausdruck peristaltischer Förderung beschrieben, wieder in die Blase. Das sofortige Hinaufschnellen von, in das vesicale Ureterende verbrachter Flüssigkeit bis zum Nierenbecken ist eine bei der Pyelographie häufiger zu beobachtende Tatsache; so regelmäßig bei gesunden Abflußwegen, daß aus ihrem Ausbleiben auf einen pathologischen Zustand geschlossen werden darf (PFLAUMER). Ein spontaner Übertritt von Blaseninhalt in den Harnleiter kommt normalerweise nicht vor (BOEMINGHAUS). Die einzelnen Tierarten verhalten sich verschieden in der Möglichkeit der Auslösung eines Flüssigkeitsrefluxes von der Blase zum Nierenbecken. Bei der muskelstarken Blase des Hundes ist er schwer auszulösen (COURTADE et GUYON[2]). (Vgl. auch die erwähnten Untersuchungen von BOEMINGHAUS.) Etwas leichter bei der Katze (GRAVES und DAVIDOFF[3]), sehr leicht dagegen beim Kaninchen (LEWIN und GOLDSCHMIDT[4], MARKUS[5]). Der Reflux geschieht aber hierbei nur im Momente der Öffnung des Oreficium uretero-vesicale unter gleichzeitiger Steigerung des Blaseninnendruckes. CH. DUBOIS[6] gibt an, daß nur im Kontraktionszustand bei plötzlicher brüsker Flüssigkeitsinjektion ein Rückfluß in den Ureter auszulösen ist. Bei erschlaffter Blase, auch wenn sie noch so sehr durch Flüssigkeitseinfuhr gedehnt wird, ist nie ein Rückstrom zu erzielen. So finden die gewissermaßen isoliert dastehenden Versuchsergebnisse von LEWIN und GOLDSCHMIDT, die auch von BARBEY[7] an nichtnarkotisierten Kaninchen bestätigt wurden, ihre Erklärung in der Tierart: in der Verwendung der muskelschwachen Kaninchenblase zum Experiment.

Beim Menschen kommt bei intakten Abflußwegen ein Rückfluß von Blaseninhalt in den Harnleiter nur ganz ausnahmsweise vor, nach PAVONE[8] überhaupt nicht. Es scheinen aber doch derartige Beobachtungen trotz der ausgiebig wirksamen Schutzvorrichtung an Blase und Harnleiter gegen den Rückstrom für den Ruhe- als auch für den Kontraktionszustand sichergestellt zu sein (BLUM[9]). Notwendig hierfür ist ein irgendwie gearteter stärkerer Reiz, der den Harnleiter

[1] ENGELMANN: Zitiert auf S. 812.
[2] COURTADE et GUYON: Ann. Mal. d. Org. gen. **12**, 561 (1894).
[3] GRAVES u. DAVIDOFF: Zitiert nach DUBOIS: Traité de Physiologie **3**, 711.
[4] LEWIN u. GOLDSCHMIDT: Zitiert auf S. 812.
[5] MARKUS: Wien. klin. Wschr. **1903**, 725.
[6] DUBOIS, CH.: Zitiert auf S. 804.
[7] BARBEY: Z. urol. Chir. **1**, 75 (1913).
[8] PAVONE: Ann. ital. Chir. **1926**.
[9] BLUM: Z. Urol. **14**.

trifft. So kann man bei liegendem Ureterkatheter gelegentlich Hochsteigen von Blaseninhalt beobachten, trotz der „festen Umklammerung“ des Katheters durch den intramuralen Ureteranteil, wie sie Boeminghaus beschreibt. Blum weist darauf hin, daß in den Fällen, in denen man in cystoradiographischen Bildern bei gesunder Blase den Rückfluß nachweisen kann, man es nahezu ausschließlich mit mächtig hypertonischen Harnblasen zu tun habe. Relativ häufig sei daher diese Beobachtung bei der muskelkräftigen kindlichen Blase (H. Kretschmer[1]), bei jugendlichen Enuretikern (Blum). Aber außer dem kinetisch erhöhten Blasendruck fordert Blum zum Zustandekommen des Refluxes noch zeitliche Koinzidenz mit der Öffnung des Oreficium uretero-vesicale, und schließlich macht er dafür noch verantwortlich eine schwächere bzw. fehlende Ausbildung der Pars intravesicales des Ureters.

Bestehen Beziehungen zwischen Reflux und Antiperistaltik? Wenn oben mitgeteilt wurde, daß echte, spontane antiperistaltische Wellenbewegungen des Ureters nicht vorkommen, so können doch solche auftreten bei Verletzungen des Harnleiters. So sah Pozzi[2] nach Durchschneidung des Ureters und Einnähen der Stümpfe in die Haut den Urin durch den peripheren Anteil periodisch austreten. Ähnlich Modlinsky.[3] Zinner[4] schließlich sah in Fällen von Herausnahme einer Niere bei intaktem Ureter und gesunder Blase den gesamten Harn durch den nicht unterbundenen peripheren Harnleiterstumpf abfließen. Diese Tatsachen aber beweisen nichts gegen eine für die Norm unmögliche Antiperistaltik des Harnleiters. Hier überall ist die *normale Peristaltik* des Ureters, die *die wirksamste Sicherung* gegen die Antiperistaltik darstellt, *aufgehoben* (vgl. die früher erwähnten Versuchsergebnisse). Die Erhaltung dieser normalen Peristaltik, die den Ureter niemals ganz leer und niemals ganz voll erscheinen läßt, ist für die Pathologie von größter Bedeutung.

Wenn durch irgendeinen Faktor, wie beispielsweise die eben genannte Kontinuitätstrennung, oder auch nur Verletzung, oder durch Innervationsstörung, wie sie bei spinalen Erkrankungen vorkommen und dgl. mehr, diese normale, peristaltische Tätigkeit des Harnleiters gestört wird, so resultiert daraus ein Zustand, der gemeinhin als Atonie bezeichnet wird. Ja sogar weit geringere Läsionen als sie die Wandverletzung des Harnleiters darstellt, halten den normalen Ablauf der peristaltischen Wellen auf. Nach Alksne[5] genügen schon ringförmige Narben oder partielle Verengerungen des Ureterlumens, um die von oben kommende peristaltische Welle abzustoppen, wobei allerdings vereinzelte Wellen darüber hinweggehen. Wislocki und O'Conor[6] berichten, daß beim Einbringen von Glasperlen in den Ureter die peristaltischen Wellen aufgehalten werden, sobald die Perlen im unteren Ureter stecken blieben. Pflaumer[7] sah bei Uretersteinen, wenn noch keine Atonie aufgetreten war, normale Harnstöße. Jedenfalls geht aus diesen Versuchsergebnissen hervor, daß schon relativ geringfügige Störungen die normale Harnleiterperistaltik empfindlich zu hemmen imstande sind. Ein weiteres Beispiel hierfür ist auch die Narkose, die lähmend auf die Uretertätigkeit wirkt. Auch die Herausschälung des Ureters aus seinem Bett führt in gleicher Weise zu denselben Erscheinungen. Daher ist auch die bei isoliertem Ureter beobachtete Antiperistaltik (Engelmann, Hryntschak) nicht als Beispiel für den normalen, intakten Ureter anzuführen.

---

1 Kretschmer, H.: J. amer. med. Assoc. **71**, 1355 (1918).
2 Pozzi: Zitiert nach V. Blum, S. 804.
3 Modlinsky: Zitiert nach Blum.
4 Zinner: V. Kongr. d. Dtsch. Ges. f. Urol. **1921**, 112.
5 Alksne: Zitiert auf S. 814.
6 O'Conor: Johns Hopkins Hosp. Bull. **31**, 197 (1920).
7 Pflaumer: Handb. d. Urol. **1**.

Splanchnicusdurchtrennung wirkt nach PROTOPOPOW ureterdilatorisch und STOECKEL[1] macht für die postoperative Ureteratonie, die nach der streckenweisen Freilegung dieses Organs beobachtet wird, die Zerstörung der autonomen Innervation verantwortlich. Auch in der Gravidität ist oft ein Zustand der Ureterdilatation vorhanden. STOECKEL versucht ihn mit Recht graviditätstoxisch zu erklären und nicht mechanisch. Die Schwangerschaft soll nach LOUROS[2] vagotonisch eingestellt sein. Mir schienen bei meinen Untersuchungen stets die sympathicuslähmenden Einflüsse des Schwangerschaftstoxins sinnfällig, so daß eine Ureteratonie in der Schwangerschaft verständlich erschiene. Von besonderer Bedeutung wird in diesem Zusammenhang, daß Individuen vom infantilistisch-hypoplastischen Typ sehr leicht zu Pyelitis prädisponieren. (Mangelhafte Ausbildung des Ureterwulstes?) Der aufsteigende Infekt der Harnwege kommt so vor allem bei Ureteren zustande, bei denen die normale Peristaltik aus irgendeinem Grunde gestört ist. Normale Peristaltik ist eben der wirksamste Schutz gegen den Rückstrom. Aus einer gestörten normalen Peristaltik resultiert eine Ureteratonie. Ob daher diese „ascendierende Infektion" einer echten „Antiperistaltik" zuzuschreiben ist, bleibe dahingestellt. Jedenfalls glauben wir sagen zu können, daß Antiperistaltik nur bei mangelhafter Peristaltik auftreten kann.

Ob wir danach mit BLUM unterscheiden können zwischen aktivem, hypertonischem Reflux als Folge antiperistaltischer Welle und Reflux infolge Insuffizienz der vesicalen Ureterklappe (Ureteratonie) als Zustand pathologischer Passivität des Harnleiters, bleibe dahingestellt. Es sind dies beides wohl nur verschiedene Grade ein und derselben Schädigung: der aus irgendeinem Grunde gestörten Peristaltik. Ferner kommt es gewöhnlich zu Ureteratonie nach Verletzung des vesicalen Ureterostiums isoliert oder bei gangränösen Prozessen der Blase, weil hier bei der Blasenkontraktion der Verschluß nicht gewährleistet ist. Auch v. LICHTENBERG und PRIMBS[3] vertreten die Anschauung von der Möglichkeit der toxischen Lähmung des Harnleiters. — In der gleichen Weise können spinale Erkrankungen wirken. Bei Myelitis, Tabes, Sclerosis multiplex ist ein Rückstrom von Blaseninhalt in den Harnleiter beobachtet (BLUM).

Wie gestörte Peristaltik aus mechanischer, toxischer oder neurogener Ursache entsteht, so resultiert das gleiche auch aus krankhafter Veränderung des vesicalen Harnleiterostiums. Die Uretermündung in der Blase kann mechanisch verletzt oder entzündlich gereizt sein, immer wird hierbei die früher beschriebene wirksame Verschlußfähigkeit Schaden leiden. Es kann dann oft cystoskopisch das Bild des „klaffenden Ureters" sichtbar sein. Die Harnleitermündung kann dann auch ein Fehlen jeglicher peristaltischer Tätigkeit aufzeigen: „Ureterstarre". Schließlich kann eine Steineinklemmung gerade am physiologisch engen Ureterostium zu erheblichen Störungen der Uretertätigkeit führen (vgl. Abb. 151B, 152B, 153B).

Neben diesen Erkrankungen sind konstitutionell bedingte Veränderungen zu erwähnen, die zu einer Insuffizienz der Harnleiterblasenmündung führen können. Abgesehen von angeborenen Falten und Klappen (WOEFFLER, ENGLISCH) kann es zu cystischer Dilatation des unteren Ureterendes kommen, besonders bei abnorm langem submukösem Ureterverlauf (Abb. 153A). Steineinklemmungen können hier besonders leicht statthaben. Es resultieren oft die sog. „Cysten" des unteren Ureterendes, blasige Erweiterungen (Abb. 153B). Die Steineinklemmungen können besonders leicht stattfinden bei nicht schräger, sondern mehr rechtwinkliger Ureterblaseninsertion (Abb. 152A u. B), oder bei besonderer

[1] STOECKEL: Münch. med. Wschr. Nr 9, S. 257 (1924).
[2] LOUROS: Z. exper. Med. **38**, 241 (1923).
[3] PRIMBS: Z. urol. Chir. **1**, 600 (1913).

Verlängerung des submukösen Ureterteiles (Abb. 153A). Schließlich sind noch alle die peripheren Abflußhindernisse des Harnes, wie Prostatahypertrophie, Phimose, Strikturen, Sphincterkrämpfe usw., die zu Hypertonie der Blasenmuskulatur führen, Veranlassung zu Peristaltikstörungen des Ureters. Angeboren wird endlich noch ein muskelinsuffizienter, atonisch dilatierter Ureter beschrieben als Megaloureter, bei dem ein „kongenitaler Defekt in der Entwicklung der Ureterwandung die letzte Ursache der Erkrankung ist" (CAULK[1], FEDOROW, BACHRACH[2], KRETSCHMER).

VON LICHTENBERG[3] hat vorgeschlagen, die mangelhafte Uretertätigkeit auch mit „Harnverstopfung" zu bezeichnen, analog der Bezeichnung STRASSMANNS[4], der von „Ureterobstipation" sprach. Aus der mangelhaften Harnleitertätigkeit resultiert stets Nierenbeckenerweiterung. Als Folge der gestörten Ureterfunktion

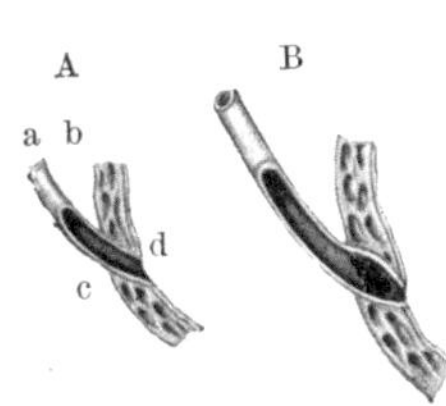

Abb. 151.
A. Normale Uretermündung
a) Pars pelvina
b) Pars iuxtavesicalis
c) Pars intramuralis
d) Pars intravesicalis
B. In der Pars intramuralis eingeklemmtes Konkrement

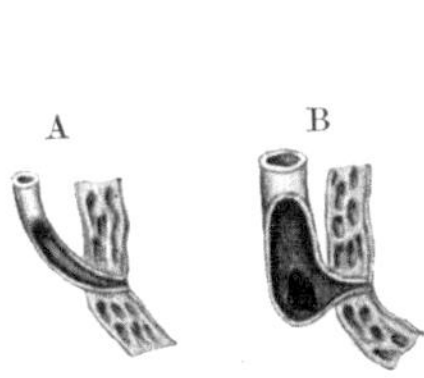

Abb. 152.
A. Rechtwinklige Insertion des Ureters
B. Steineinklemmung in der Pars iuxtavesicalis ureteris

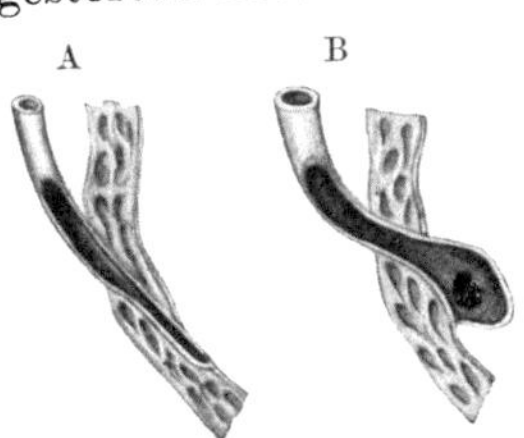

Abb. 153.
A. Abnorm langer submuköser Verlauf des Ureters
B. Cystische Dilatation des Ureters (blasige Verwölbung mit Stein in derselben)

treten dann die früher erwähnten krankhaften Harnstöße im cystoskopischen Bilde auf, die sich bis zu gänzlichem Fehlen eines periodischen Austretens des Harnes aus dem Ostium ureterovesicale und zu kontinuierlichem Heraussickern steigern können.

Ein Wort wäre noch in bezug auf die Sensibilität des Harnleiters zu erwähnen. Normalerweise werden weder mechanische noch thermische Reize an der Ureterschleimhaut empfunden. Das vorsichtige Hinaufschieben der Harnleitersonde ist absolut nicht von Empfindungen begleitet. Dagegen ist die entzündlich veränderte Ureterinnenhaut äußerst schmerzempfindlich. Gegen plötzliche Dehnung sind Nierenbecken und Harnleiter sehr sensibel. Bei Nierensteinkoliken ist wohl der Schmerz nicht allein auf die Harnstauung in zentralen Partien zurückzuführen. PFLAUMER glaubt, daß Schmerzen nur so lange empfunden werden, wie die Arbeit des Ureters zur Überwindung des Hindernisses andauert. Wenn diese nicht erfolgreich ist, setzt bald Atonie ein. Mit deren Beginn hört auch die Schmerzempfindung auf.

Die Tatsache der innigen nervösen Verknüpfung zwischen Harnleiter und Blase legt funktionelle Beziehungen zwischen beiden Organen nahe. Es ist höchst wahrscheinlich, daß vesicoureterale und ureterorenale Reflexe existieren. Als solche sind die früher beschriebenen Versuchsergebnisse von BOEMINGHAUS, wie das Aufhören der Harnleitertätigkeit während der Detrusorkontraktion, anzusehen. Da die Tätigkeit des Ureter den Zweck der Füllung der Harnblase verfolgt, so ist ja auch eine mannigfache funktionelle Verknüpfung zwischen beiden Systemen a priori zu erwarten.

[1] CAULK: J. of Urol. **9**, 315 (1923).
[2] BACHRACH: Beitr. klin. Chir. **88**, Nr 2.
[3] VON LICHTENBERG: Z. Urol. **18**, 580 (1924).
[4] STRASSMANN: Z. Urol. **18**, 624 (1924).

Die Harnblase.

Die Harnblase als Flüssigkeitsbehälter und Austreibungsorgan.

Anatomische Vorbemerkungen.

Die Vesica urinaria ist ein muskulöses Hohlorgan. An ihr unterscheiden wir einen Scheitel, Blasengrund und Blasenkörper. Dieser Vertex vesicae trägt die Reste der früheren Fortsetzung der Blase in den Urachus, das Ligamentum umbilicale mediale. Dem Scheitel gegenüber liegt die Partie der Einmündungsstelle des Ureters, der Blasengrund. Hier, am Fundus, führt auch die Harnröhre aus der Blase heraus. Der übrige Teil ist der Blasenkörper. Die Form der Harnblase ist nur im Entleerungszustande kuglig. Die leere Harnblase zeigt nur Kugelform bei starker Kontraktion. Die sich füllende Blase gibt dem Druck der umgebenden Eingeweide sehr nach. Besonders in der Schwangerschaft kann die Harnblase durch den Druck der anteflektierten Gebärmutter stärker eingedällt sein. Die stärker gefüllte Blase steigt über die Symphyse hinaus. Bei normalem Tonus aber nicht über Nabelhöhe. „Die Neugeborenenharnblase hat eine andere Form als die des Erwachsenen. Sie ist langgestreckt, torpedoförmig und reicht auch im leeren Zustande hoch in den Bauchraum hinauf.“ Die Ausflußöffnung liegt dementsprechend etwa in Höhe des oberen Symphysenrandes (Braus). Erst in der ersten Lebenszeit tritt die Blase tiefer. Bei der Frau liegt das Oreficium urethrae internum etwa in Höhe der Verbindungslinie zwischen unterem Symphysenrande und Kreuzbein. Beim Manne etwas höher. Der Blasengrund liegt auf der Muskulatur des Beckenbodens. Dazwischen eingeschaltet liegen beim Manne die Prostata und die Samenblasen. Bei der Frau ruht der ganze Blasengrund auf der vorderen Scheidenwand. Befestigungen der Blase sind beim Manne gegeben durch derbe Bindegewebszüge von der Prostata zur Blase, bei der Frau ist, wie gesagt, der Blasengrund fest an die vordere Scheidenwand fixiert, so daß von absoluten Fixationspunkten nicht die Rede sein kann. Die Blase macht die Bewegungen der Prostata bzw. der Scheidenwand mit. Außerdem bestehen glatte Muskelzüge zwischen Blase und ihrer Umgebung wie der Muskel pubovesicalis und M. rectovesicalis und M. deferentiovesicalis. Die Blasenwand, innen ausgekleidet von einer Schleimhaut, die der der Harnleiter ähnlich gebaut ist, wird von starken Faserzügen glatter Muskulatur gebildet, die eng zusammenhängen, sich verflechten und ineinander übergehen. Man kann mehr oder weniger deutlich 3 Lagen in der Muskulatur der menschlichen Blase unterscheiden. Eine äußere Längsschicht, die kräftig ausgebildet ist, besonders auf der vorderen und hinteren Seite der Blasenwand, etwas schwächer in den seitlichen Partien (Abb. 154 zeigt die oberflächliche; Abb. 155 die tiefere Schicht dieser äußeren Längsschicht). Mit der oberflächlichen Schicht verflechten sich die Mm. pubo-, recto- und deferentiovesicales bzw. sie geht in diese über. Diese Muskeln heften sich an den inneren Rand der Symphyse, zum anderen Teil an der Prostata an. Seitlich von diesen so endigenden Muskelbündeln befinden sich bogenförmig das Ureterende umgreifende Faserzüge. Diese vermögen bei der Blasenkontraktion sehr wohl das Ureterrohr an seinem unteren Ende zu komprimieren (vgl. S. 813 u. 814). Sodann kann man eine mittlere Lage unterscheiden, die aus transversal abgebogenen Fasern der Longitudinalschicht besteht. Diese mittlere Muskelschicht zeigt deutlich zirkuläre Anordnung (Abb. 156). Nach abwärts zweigen aus diesen stark ausgebildeten zirkulären Fasern schräg und medianwärts verlaufende Fasern ab und bilden mit entsprechenden Zügen der anderen Seite eine um den vorderen Umfang der Blase an der Pars prostatica gelegene Muskelschlinge (Abb. 156 u. 157).

Diese Ringfasergruppe wird verstärkt durch Muskelzüge, die im wesentlichen longitudonalen Verlauf zeigen, aber nicht wie die oberflächlichen, an der Vorsteherdrüse inserieren, sondern in zwei nahezu gleich starken Portionen von

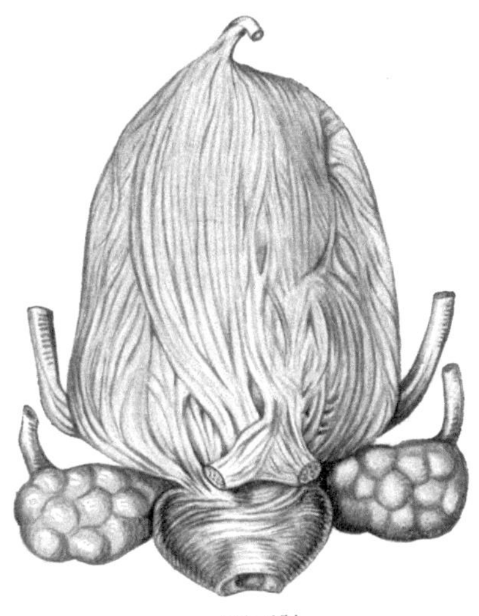

Abb. 154.

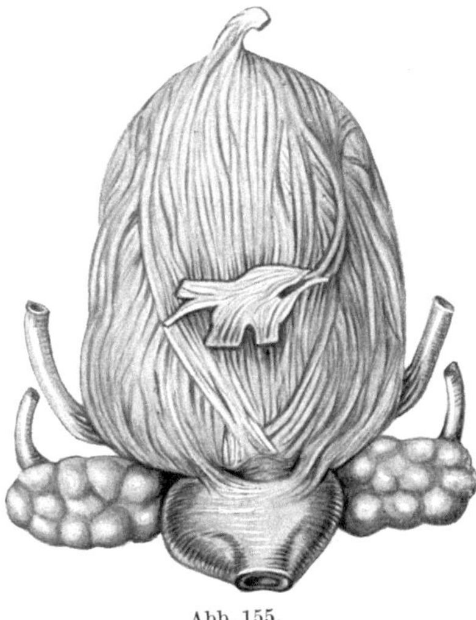

Abb. 155.

Abb. 154 u. 155 zeigen die äußere Längsmuskelschicht der Harnblase von vorn gesehen, und zwar Abb. 154 die oberflächliche Partie, die unten in die Mm. pubovesicales übergeht. — Abb. 155 die tiefere Partie nach Wegpräparation der in die Mm. pubovesicalis übergehenden Schicht. Hier zeigt sich der Faserlauf am Blasengrund. Die seitlicher gelegenen Längszüge biegen am oberen Prostatarande nach der Mitte hin sich überquerend ab und bilden eine Ringsmuskellage, die auf Abb. 155 zwischen den sich an der Prostata anheftenden Bündeln zu sehen ist.

(Aus Heiss: Arch. f. Anatom. u. Physiol. **1915**, 370 u. 371.)

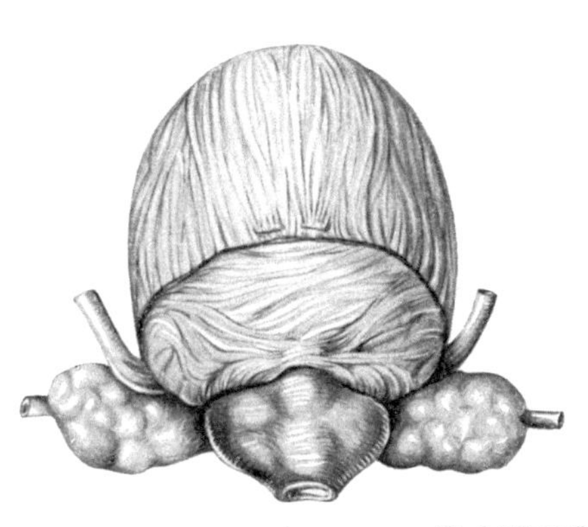

Abb. 156. Ebenfalls Blase von vorn. Nach Wegpräparation und Durchschneidung der gesamten äußeren Längsschicht. Die zirkuläre Faserschicht des Detrusor ist dargestellt. Aus dieser Ringfaserschicht sieht man deutlich Faserbündel abzweigen, welche nach abwärts um den Blasenboden herumziehen, um sich mit Fasern von der anderen Seite eine Schlinge bildend, zu vereinigen. (Heisssche Detrusorschlinge.)

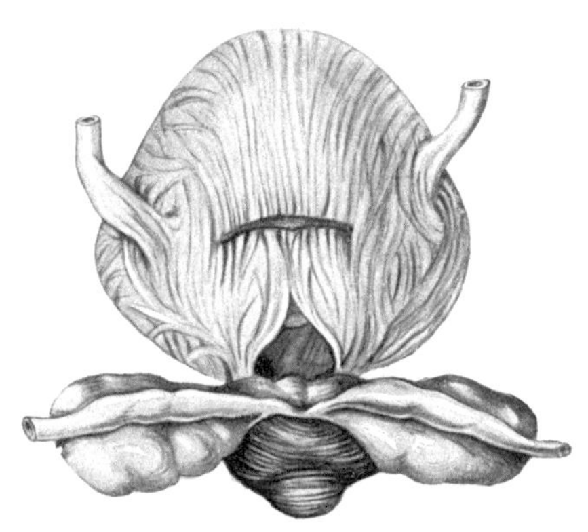

Abb. 157. Blase von hinten. Der Übergang der zirkulären Fasern von der vorderen Seite in die Muskellage vorwiegend longitudinalen Verlaufs, die jedoch nicht wie die äußere Längsschicht, an der Prostata inseriert. Zwei gleichstarke Bündel von Fasern, die sich in der Mitte vereinen. In dem freien Dreieck kommen in der Tiefe Muskelfasern anderer Beschaffenheit zum Vorschein.

(Aus Heiss: Arch. f. Anat. u. Physiol. **1915**, 372, 373.)

der Mittellinie der Blasenrückwand aus den unteren und seitlichen Umfang der Blase umspannend nach vorn ziehen, wo sie sich in die beschriebenen zirkulären Züge fortsetzen. Diese Gruppe wird gewöhnlich als verstärkte Ringmuskulatur des Annulus urethralis bezeichnet (Abb. 157). Schließlich ist noch eine dritte innere Längsschicht der Blasenmuskulatur vorhanden, die besondere Verstärkungen aufweist in Form von Faserzügen, die von der Gegend der Harnleitermündung nach dem Harnröhrenabgang hinziehen, wo sie sich in geringer Entfernung vom oberen Prostatarand zu einer breiteren einheitlichen Muskelplatte vereinigen (Abb. 158). Diese aus einem festen Gefüge feinster Muskelbündel bestehenden Faserzüge bilden die Muskulatur des Trigonums. Durch sie erhält die Blase eine leichte Vorwölbung, wie an der Abb. 158 deutlich zu erkennen ist. Nach HEISS[1] ist die eben erwähnte verstärkte Ringmuskelfaserschicht des Annulus urethralis von besonderer Bedeutung für den Blasenverschluß: Für die Zurückhaltung und Entleerung des Harns. Es ist dies die sog. Detrusorschlinge von HEISS. In ähnlicher Weise wie HEISS haben neuerdings YOUNG und WESSON[2] eine Beschreibung der Blasenmuskulatur gegeben, die in den wichtigsten Punkten mit der HEISSschen übereinstimmt und im Zusammenhang mit ihr zu neuen Anschauungen über die Mechanik des Blasenverschlusses führt. Sie beschreiben 2 Muskelzüge am unteren Umfange der Blase, einen oberen und einen unteren, die von Bedeutung für den Blasenverschlußmechanismus sind. Der obere geht von der äußeren longitudinalen Schicht aus, während der untere

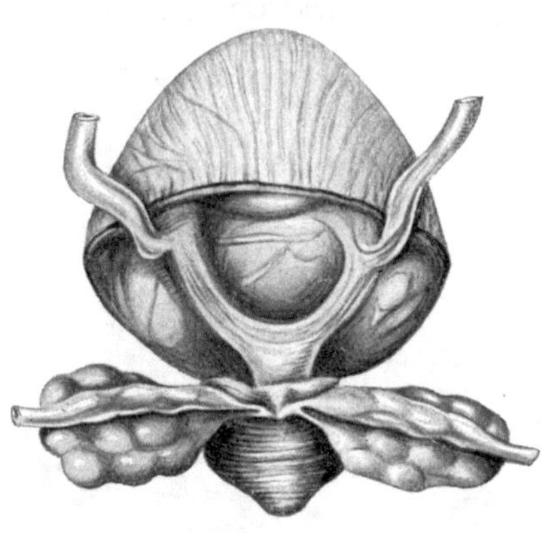

Abb. 158. Blase von hinten. Die oberste und mittlere Schicht sind entfernt. Die submuköse Muskulatur ist sichtbar. Dichte Muskelfaserzüge von beiden Ureteren her zur Urethralmündung. Eine Muskelplatte von charakteristischer Form: Musculus trigonalis. Die Struktur dieser Trigonummuskulatur ist auch anders. Sie besteht aus einem dichten, außerordentlich festen Gefüge feinster Muskelbündel. Drei deutlich erkennbare Vorbuchtungen der Blasenschleimhaut.
(Aus HEISS: Arch. f. Anat. u. Physiol. **1915**, 375.)

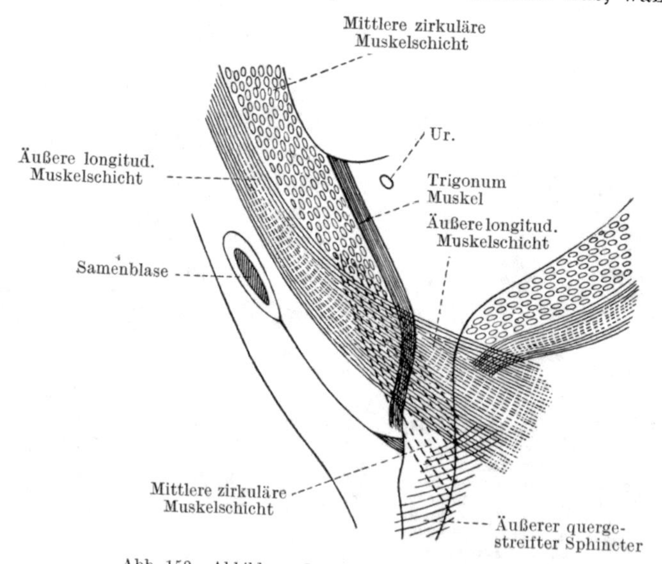

Abb. 159. Abbildung des Blasenbodens nach YOUNG und WESSON. (Aus DUBOIS: Vessie et uretère.)

seinen Ursprung aus der Zirkulärfaserschicht nimmt, wie das auf der beigefügten Zeichnung (Abb. 159) deutlich zu ersehen ist. Auch nach ihnen ist die

[1] HEISS: Arch. Anat. u. Physiol., **1915**, 367.
[2] YOUNG u. WESSON: Arch. Surg. **3**, 1—37 (Juli 1921).

Trigonummuskulatur eine selbständige Einheit. Ihre Fasern bilden auf der hinteren Oberfläche des prostatischen Anteils der Urethra eine Längslage, welche für die Miktion von Bedeutung ist. Für die Selbständigkeit dieser Muskelbänder spricht einmal ihre bereits vorhin erwähnte, von der übrigen Blasenmuskulatur verschiedene Strukturanordnung, zweitens ihre rein sympathische Innervation (die übrige Blasenbodenmuskulatur ist parasympathisch wie sympathisch innerviert) und schließlich ihre Abstammung: dieser Muskel ist mesodermaler Herkunft, während der übrige Blasenboden von Ektoderm gebildet wird. Einige Autoren wollen nur die Längsmuskulatur der Blase als Detrusor bezeichnen. PETERFI hat aber schon nachdrücklichst darauf hingewiesen, daß die gesamte Blasenmuskulatur ein zusammenhängendes Maschenwerk darstellt. Wir bezeichnen daher mit METZNER die gesamte die Blase umgebende Muskulatur als *Detrusor vesicae*.

Die Einteilung in 3 Schichten ist daher eine schematische. Die Blasenmuskulatur kann mit BRAUS einem Luftballon verglichen werden, den ein Netz von Zügen umspannt. „Hier sind alle Spannungsvorrichtungen in gleicher Weise in Anspruch genommen, deshalb alle Bündel gleichmäßig stark und alle Netzmaschen ziemlich gleich groß. Im übrigen sind die Muskelbündel da verstärkt, wo die Blasenwand am stärksten in Anspruch genommen wird, geradeso wie bei der Knochenspongiosa die Hauptmasse in den Trajektorien angehäuft ist. Man kann die Blase als Spannungsellipsoid betrachten, in dessen Haupttrajektorien die stärksten Muskelbündel liegen. Eine zu starke Erweiterung des Querdurchmessers verhindern ringförmig angeordnete Züge, welche am verbreitetsten sind; sie bilden das Stratum medium der üblichen Nomenklatur. Doch sind, z. B. an der Vorderwand, keine inneren Längszüge vorhanden, so daß dort die Ringschicht bis an die Submucosa heranreicht. Die Längszüge verhindern eine zu starke Ausdehnung in der Vertikalen und sind in der Hinterwand sowohl außen wie innen entwickelt, weil der Halt fehlt, welchen vorn die Beziehung zur vorderen Becken- und Bauchwand der Blase gibt" (BRAUS). Der Wandmuskel der Blase formt beim Beginn des Harnlassens das Organ um, so daß es kuglig wird und sich bei der Entleerung konzentrisch verkleinert. Das Bindegewebe zwischen dem Muskelbündel ist reich an elastischen Fasern, wodurch die glatte Muskulatur ganz wesentlich in ihrer Aufgabe unterstützt wird.

So sehen wir also in der Muskulatur, die die Harnblase umschließt, ein kompliziertes Gebilde vor uns. Sie gleicht einem statisch wirksamen Gerüst gegen den Innendruck, behütet die Blase vor Überfüllung und läßt keine Nischenbildung zustande kommen (BRAUS). Die normale Blase ist nie über mittelgroß. Hingegen treten solche Überfüllungen oder Nischenbildungen bei irgendwelchen Lähmungen oder Defekten sehr wohl auf.

Der Verschlußapparat der Harnblase.

Die jetzt mitgeteilte Beschreibung der Anordnung der Muskelzüge am unteren Blasenende, wie wir sie vor allem den schönen Untersuchungen von HEISS, dann von YOUNG und WESSON verdanken, läßt erkennen, daß diese für die Zurückhaltung und Entleerung des Harnes von Bedeutung sein muß. HEISS schildert nun nicht nur auf Grund vorstehend erwähnter makroskopischer Untersuchungen, sondern auch auf Grund mikroskopischer Serienschnitte recht plausibel, in welcher Weise dieser Annulus urethralis (WALDEYER) und dessen Verstärkungszüge wirken mögen.

1. Diese umgreifen die Harnröhre nicht völlig, sondern umfassen sie schleuderartig unter Bildung einer Schlinge, die nach hinten offen ist. Bei der innigen Ver-

bindung dieser Schlinge, besonders mit der longitudinalen Schicht der Hinterwand der Blase, muß der nach hinten offene Annulus, wenn mit wachsender Füllung die Blase sich dehnt, die Harnröhre von vorn und seitlich einengen. Von Wichtigkeit ist hierbei noch die schiefe Richtung der Harnröhreneinmündung. Da aber die so bewirkte Verengerung, wie eben bemerkt, nur von vorn und seitlich wirkt, so muß von hinten, um den Abschluß vollkommen zu machen, noch etwas hinzukommen: gerade in diese Schlinge schiebt sich von hinten her die Uvula zapfenförmig hinein, so daß hieraus eine mondsichelartige Gestalt der inneren

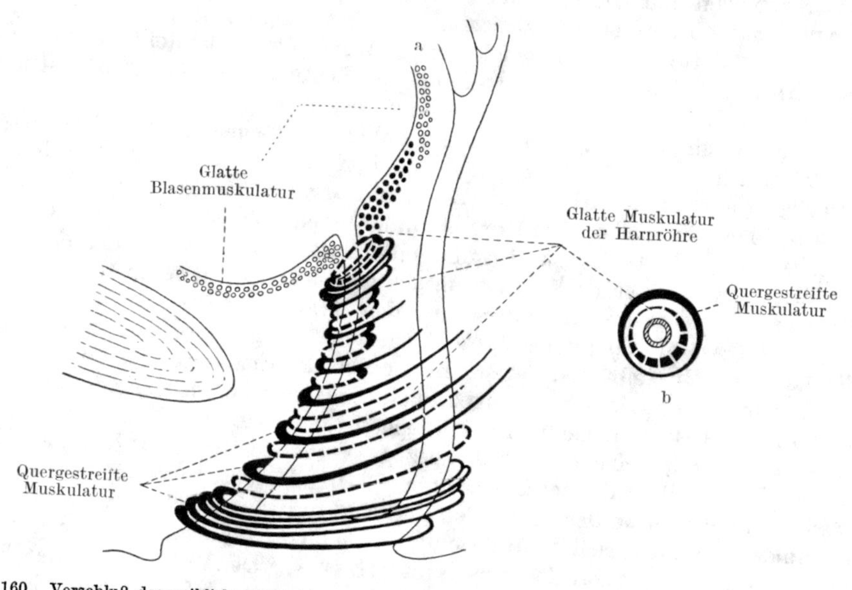

Abb. 160. Verschluß der weiblichen Harnblase. Zeichenerklärung: Kleine Kreise °°° = *glatte Blasen*muskulatur. Schwarze Punkte ausgefüllt :: sowie unterbrochene Linien = *glatte* Muskulatur der *Harnröhre*. Aus-
gezogene schwarze Linien = quergestreifte Muskulatur. a Schematischer Sagittalschnitt durch Blase, Harnröhre und Scheide. b Querschnitt der Pars posterior urethrae.
Die Zeichnung läßt deutlich erkennen, daß bei sich füllender Blase die Harnröhre immer mehr tangential in
die Blase mündet. Der Abschluß der Harnröhre gegen die Blase erfolgt nun, nicht etwa wie am Anus
einfach durch konzentrische Verkleinerung des Querschnittes"; sondern der Blaseninhalt hilft — gleichsam
wie bei einem Quetschhahn — durch seine Schwere das Lumen zusammendrücken. Das ist um so leichter
möglich, als auf der Vorderseite — symphysenwärts — gar keine Harnröhrenmuskulatur, sondern nur Detrusormuskulatur gelegen ist. Durch Verteilung der Harnröhrenmuskulatur lediglich auf den hinteren Teil der
Circumferenz wird bei Kontraktion dieses Teils während des Blasenverschlusses es zu einer Einengung des
Lumens kommen, indem der hintere Teil an den vorderen angepreßt wird — wie bei einem Quetschhahn.
(ZANGENMEISTER). Bei der Detrusorkontraktion im Beginne der Entleerung richtet sich die Blase auf: Kon-
traktion der Detrusorfasern können durch Zug an der Blasenvorderwand die Harnröhrenöffnung lichten.
(Aus ZANGENMEISTER: Z. f. gyn. Urol. **1**, 79.)

Harnröhrenmündung resultiert. Durch überaus reiche Venen- und Lymphgefäßgeflechte der Uvulapartie hält HEISS sogar eine schwellkörperähnliche Einrichtung zum Zwecke des Blasenverschlusses für wahrscheinlich. Jedenfalls ist in dem Zäpfchen, besonders wenn es durch Blutüberfüllung vergrößert ist, ein Widerlager für den sich kontrahierenden Annulus urethralis gegeben. Weiter ist dieser Teil besonders reich an elastischen Elementen, die die Erfüllung dieser Aufgabe erleichtern (HEISS zitiert nach DENNIG[1]).

2. An diesem Urethralring setzt sich nach hinten die Trigonummuskulatur an, die nach vorn, kurz hinter dem Oreficium int. eine zweite, der ersten, eben beschriebenen anliegende Schlinge bildet, deren Faserverlauf schräg nach vorn

[1] DENNIG: Innervation der Harnblase. Monographien Neur., S. 19. Berlin 1926.

abwärts gerichtet ist. Die gesamte Trigonalmuskulatur samt dieser Ansa ist der M. trigonalis (KALISCHER[1]). Beim Manne ist dieser durch die Prostata unterbrochen.

3. An diesen Sphincter trigonalis schließt sich peripherwärts ein weiterer, von vorn unten nach hinten oben schräg verlaufender, die Pars prostatica der Harnröhre schleuderartig umgreifender glatter Muskelfaserzug an, vgl. Abb. 161 (Sphincter internus). Dieses Muskelbündel, das ebenfalls aus glatten Fasern besteht, gehört völlig der Harnröhre an. Es verbindet sich nach hinten oben mit dem M. trigonalis. Es ist dies der Sphincter vesicae internus (HENLE), der Lissosphincter WALDEYERS (Abb. 161 Sphincterpartie).

4. Die schräge Einmündung der Harnröhre in die Harnblase ist noch von besonderer Bedeutung. Mit wachsender Füllung wird die Blase gleichsam immer mehr anteflektiert, so daß die Urethra immer mehr tangential in die Blase mündet. Die glatte Harnröhrenmuskulatur reicht nun nach hinten viel höher zur Blase hinauf (Abb. 160a, Abb. 161, Sphincterpartie), während die dem Detrusor angehörige Zirkulärfaserschicht an der Vorderwand viel stärker ausgebildet ist (Abb. 160a). Beim Harnblasenverschluß wird also der stärker ausgeprägte Tangential-Verlauf der Harnröhre besonders durch die Schwere der Blasenfüllung die Intensität des Verschlusses mechanisch verstärken; bei dem Beginn der Detrusorkontraktion wird ein Zug an den glatten Muskelfasern der Vorderwand die Eröffnung der Harnröhre wirkungsvoll unterstützen (vgl. die analogen Verhältnisse am Uterus). Interessant ist noch in dieser Beziehung, wie die Darlegungen von HEISS beim Manne sich ganz den bereits ein Jahrzehnt früher von ZANGENMEISTER[2] bei der weiblichen Blase gegebenen anschließen. Auch ZANGENMEISTER weist darauf hin, wie bei der Kontraktion durch den schrägen Faserlauf eine Verschiebung der vorderen Blasenwand gegen die hintere stattfindet.

5. Weiter peripherwärts liegt dann der quergestreifte M. sphincter externus, der Sphincter urogenitalis (KALISCHER), der Rhabdosphincter (WALDEYER) (Abb. 161, Sphincterpartie).

6. Die innere, der Blasenschleimhaut anliegende longitudinale Muskelschicht sendet, wie oben bemerkt, einen feinen Längsmuskelzug nach der inneren Harnröhre. Vielleicht hat PLESCHNER recht, in ihr eine Möglichkeit zur Erweiterung der Harnröhre zu erblicken (Abb. 159).

Die Innervation der Harnblase.

Peripherische Blaseninnervation.

Aus dem Rückenmarke kommen Fasern in 2 Gruppen zur Blase. Die Rami communicantes aus dem II. bis V. Lumbalsegment ziehen durch den unteren Teil (III. bis VI. Lumbalganglion) des Grenzstranges hindurch und aus diesem, ohne daß sie eine Unterbrechung erfahren haben, als Nervi mesenterici zum Ganglion mesentericum inferius. Das wären also präganglionäre Fasern des Ganglion. Ein Teil der Fasern enden um Zellen dieses Ganglion, ein anderer Teil zieht unumgeschaltet hindurch zum Plexus hypogastricus, einer zweiten extravesical gelegenen Zellstation. Von diesem erreichen die Fasern teilweise umgeschaltet, teilweise unumgeschaltet die Blasenwand, wo die noch nicht unterbrochenen Fasern sich um die Zellen des auf und in der Blasenwand gelegenen Ganglienzellgeflechtes, Plexus vesicalis genannt, aufsplittern. Die nur aus präganglionären

[1] KALISCHER: Die Urogenitalmuskulatur des Dammes. Berlin: Karger 1900.
[2] ZANGENMEISTER: Z. gynäk. Urol. 1, 79. Leipzig (1909).

Fasern bestehenden Nerven, vom Zentralorgan bis zum Ganglion mesentericum inferius heißen die Nervi mesenterici, ihre Fortsetzung vom Ganglion mesentericum inferius bis zum Plexus hypogastricus, die sowohl prä- wie postganglionäre Elemente enthält, werden als Nn. hypogastrici bezeichnet und der folgende Ab-

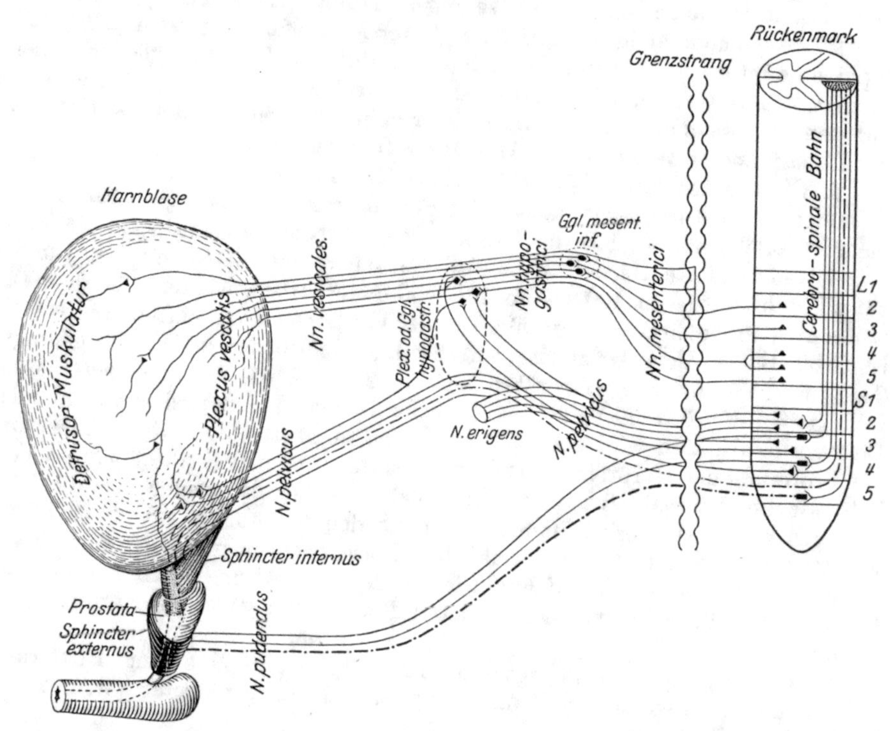

Abb. 161. Schema der Blaseninnervation nach den Ergebnissen des physiologischen Versuches. Vom II.–V. Lumbalsegment treten Fasern als „N. hypogastricus" durch den Grenzstrang zum Plexus vesicalis, teils direkt, teils nach Unterbrechung entweder im Ganglion mesentericum inferius oder im Plexus hypogastricus, die nicht unterbrochenen Bahnen enden auch an Zellen, aber solchen des Plexus vesicalis. Vom II.–IV. Sakralsegment treten Fasern als Nervus pelvicus, die nicht durch den Grenzstrang gehen, in den Plexus hypogastricus, um teils um dessen Zellen, teils um solche der Blasenwand zu endigen; aber auch solche, die direkt zum Sphincter vesicae internus gehen. Außerdem gehen Fasern dieses Nerven auch zum Sphincter externus. Ferner ziehen von diesem Sakralzentrum Fasern als N. pudendus zum Sphincter externus. Reizung des Ganglion mes. inf. ergibt beiderseitige Detrusorerschlaffung, aber auch schwache Kontraktion dieses Muskels (Überspringen des Reizes im Plexus hypogastricus auf die Zellen der Pelvicusfasern); das gleiche geschieht, wenn der N. mesentericus gereizt wird. Periphere Reizung des N. hypogastricus ergibt: einseitige Detrusorerschlaffung (starken Druckabfall) und außerdem Sphincterkontraktion. Reizung des Plexus hypogastricus, wie auch des Plexus vesical. hat Kontraktion des Detrusor zur Folge. (Hier wird bereits der Pelvicus mitgereizt.) Periphere Reizung des N. pelvicus: Sphinctererschlaffung und Detrusorkontraktion. Nicotinisierung und dann Reizung der peripheren Stümpfe: 1. Ganglion mes. inf.: Blasenerschlaffung. 2. Plexus hypog. vor der Injektion Erschlaffung des Detrusor, nach der Injektion Kontraktion. Es werden also die detrusorerschlaffenden Fasern im Plexus hypogastr. umgeschaltet. Sakralnervenreizung ist effektvoller als die des lumbalen Plexus. (Die Sphincterpartie ist aus BRAUS: Anatomie des Menschen Bd. II Abb. 240 entnommen, die übrige Abb. nach ADLER: Mitt. a. d. Grenzgeb. d. Med. u. Chir. Bd. XXX (1918).

schnitt vom Plexus hypogastricus bis zur Blasenwand heißen Nn. vesicales[1]. Nach LANGLEY erfährt jede sympathische Nervenfaser von ihrem Ursprung bis zum Erfolgsorgan höchstens eine Umschaltung; es gibt aber auch Fasern, die von der spinalen Anfangsstätte bis zum Ende völlig ununterbrochen bleiben. Fast alle Fasern sind marklos und nach LANGLEY zu $^{9}/_{10}$ efferent und zu $^{1}/_{10}$ afferent.

[1] In der Literatur ist meist die Bezeichnung der gesamten sympathischen Fasergruppe vom Ursprung bis zur Blase als N. hypogastricus durchgeführt.

Aus den Zellen des Plexus hypogastricus ziehen die Achsenzylinder zu den Zellen des mächtigen Plexus vesicalis, der bedeutend größer ist als die vorhergenannten Ganglienzellengruppen. Als Plexus vesicalis will ich vorerst die Gesamtmasse der in und auf der Blasenwand liegenden Ganglienzellen und -fasern bezeichnen. Der Plexus hypogastricus erhält aber nicht nur die erwähnten Zuführungen, sondern seine Zellen stehen auch unter dem Einfluß der vom II.

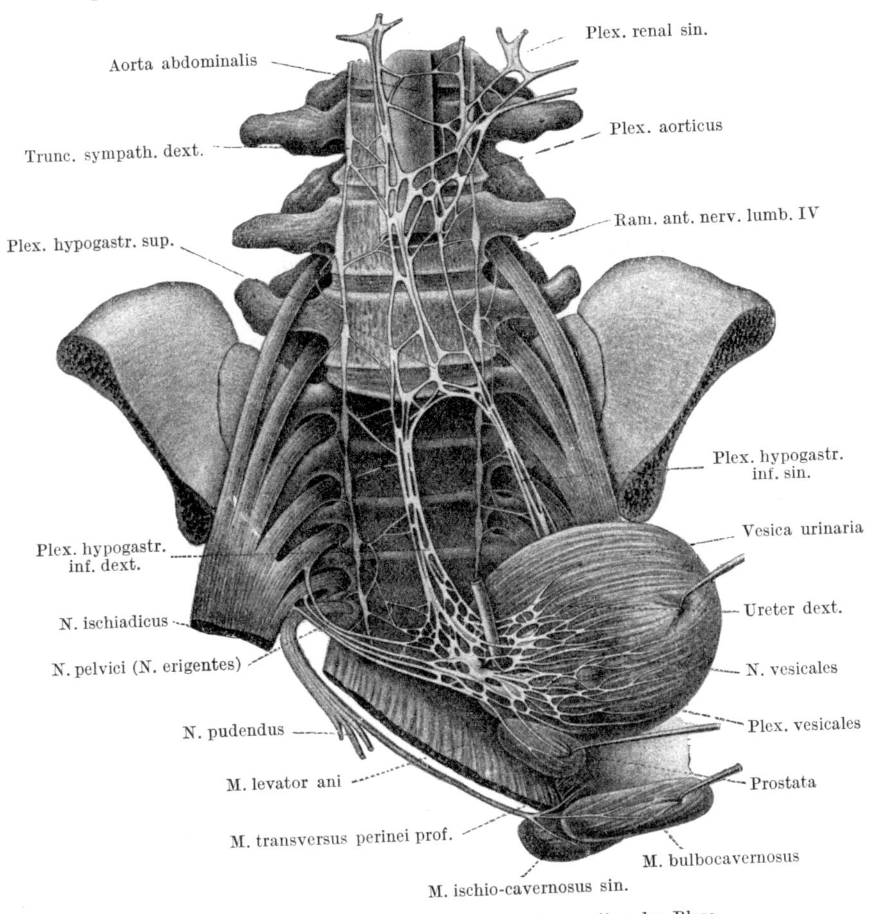

Abb. 162. Makroskopische Darstellung der Innervation der Blase. (Aus L. R. Müller: Lebensnerven. 2. Aufl.)

und III. Sakralsegment kommenden präganglionären Fasern, der Gesamtmasse, die als N. pelvicus bezeichnet werden.

Ganz analog laufen nun auch Fasern aus dem II. bis IV. Sakralsegment heraus. Diese präganglionären Züge laufen, ohne den Grenzstrang zu durchqueren, als N. pelvicus (Langley) oder auch N. erigens (Eckardt) genannt, zum Plexus hypogastricus, wo einzelne Fasern umgeschaltet werden. Der größte Teil zieht durch das Ganglion hindurch direkt zur Blase, wo sie sich größtenteils um die Zellen des Plexus vesicalis aufsplittern. Die Fasern aus dem Lumbalteil des Rückenmarks sind sympathischen, aus dem Sakralteil autonomen (vagalen) Charakters. Die Pelvicusfasern sind fast alle markhaltig; zu $^1/_3$ sind sie afferent und zu $^2/_3$ efferent.

Die autonomen sowohl wie die sympathischen Fasergruppen ziehen zur gesamten Blasenmuskulatur, zum Sphincter wie zum Detrusor. Zum äußeren Blasenschließer zieht ein spinaler Nerv, der N. pudendus, aus der III. und IV. Sakralwurzel stammend.

Wir haben im vorstehenden also 3 Stationen von Zellkomplexen kennengelernt, sog. Zentren, von denen aus Erregungen zur Blasenmuskulatur ausgehen können: ein intramurales und zwei extravesicale vegetative Zentren. Diesen sympathischen Stationen ordnen sich nun noch weitere über: spinale und cerebrale Zentren.

Die intramuralen Ganglienzellkomplexe, sind in neuerer Zeit besonders von L. R. MÜLLER[1] auch beim Menschen studiert worden, dessen Untersuchungen von HRYNTSCHAK[2] im wesentlichen bestätigt wurden. Ältere Arbeiten von RETZIUS und GRÜNSTEIN hatten solche Zellelemente bereits ausführlich bei Tieren beschrieben und festgestellt, daß ihre Hauptanhäufung in der Trigonalgegend und deren Nachbarschaft besonders an den Harnleitereinmündungsstellen gelegen ist. Im Plexus hypogastricus ist die erste Station, in der die parasympathischen zu den sympathischen Zellkomplexen Beziehung gewinnen können.

Die Blase bedarf aber, um ihre Funktion zu erfüllen, des Rückenmarks nicht durchaus; Faserzüge aus dem Plexus hypogastricus ziehen in die Gewebe um die Blase, die Blasenmuskulatur selbst und in die Blasenschleimhaut. Dieser Plexus peri- und intravesicalis wäre dann die letzte Station des bisher geschilderten Systems. Versuche von GOLTZ und EWALD an Hunden mit verkürztem Rückenmark bewiesen, da die anfänglich nach Wegnahme des unteren Teiles des Rückenmarks eintretende „Blasenlähmung“ bald einer weitgehenden Funktionsrestitution Platz machte, daß der Apparat der Blasenwand selbst, vielleicht vereint mit den Zellen des dicht anliegenden Plexus hypogastricus und des Ganglion mesentericum inferius wohl imstande ist, die Blasenfunktion zu unterhalten. Auch ein herausgeschnittener Darm setzt ja seine Peristaltik fort, solange die in ihm liegenden Nervenplexus nicht gelähmt sind.

Die Existenz von spinalen Blasenzentren ist eine Zeitlang negiert worden. Der erfolgreichste Verfechter dieser Anschauung, L. R. MÜLLER[3], hat in neuerer Zeit seine frühere Ansicht zurückgezogen[4]. Der hauptsächlichste Grund für die Verneinung der Existenz spinaler Blasenzentren war die Tatsache, die schon GOLTZ und EWALD in ihren klassischen Untersuchungen an Hunden mit verkürztem Rückenmark fanden, daß nach anfänglicher Inkontinenz sich bald wieder eine einigermaßen regelrechte Blasenfunktion einstellte. Die Störung ist ganz die gleiche, ob der untere Rückenmarksabschnitt zerstört ist oder die Durchtrennung höher sitzt, so daß eine prävalente Bedeutung des Lumbosakralmarks für die Blase nicht vorhanden zu sein schien. Gewichtige Gründe bestehen aber für die Existenz von 2 *Zentren im Lumbalteil und Sakralteil des Rückenmarks* (vgl. Abb. 161): So das Aufhören von Degenerationserscheinungen bei Medullarkompression mit Blasenstörungen im Conus medullaris. Die Degeneration ging nie bis in die Cauda equina (VAN GEHUCHTEN[5]). Ein Beweis, daß hier das Corticalneuron endet und das Medullarneuron beginnt! Weiter die stärkere Sphincterschwäche (Harnträufelung) bei Hunden mit zerstörtem Lenden- und Sakralmark, und schließlich die zweifelsfreien Reflexe von allen möglichen peripheren Nerven auf die Harnblase, mit Ausnahme des Vagus, wovon später noch einmal die Rede sein wird.

[1] MÜLLER, L. R.: Dtsch. Arch. klin. Med. **128**, 81 (1918).
[2] HRYNTSCHAK: Arb. neur. Inst. Wien **24**, 409.
[3] MÜLLER, L. R.: Dtsch. Z. Nervenheilk. **21**, 86.
[4] MÜLLER, L. R.: Dtsch. Arch. klin. Med. **128**, 81 (1918).
[5] VAN GEHUCHTEN: Zitiert FRANKL-HOCHWARTH: Die nervösen Erkrankungen der Harnblase, S. 18.

Zentrale Blaseninnervation.

Für die Harnblase existieren nun auch in den höher gelegenen Hirnteilen Zentren, Stellen, von denen aus Blasentätigkeit hervorgerufen werden kann. BECHTEREW und MISLAWSKI[1] fanden in Tierversuchen, daß vom vorderen Thalamus aus Blasenkontraktionen zu erzielen sind. KARPLUS und KREIDL[2] erhielten das gleiche durch Reizung einer Stelle an der Zwischenhirnbasis, die nach genaueren Untersuchungen LICHTENSTERNS[3] in den Hypothalamus zu lokalisieren ist. Auch die Prüfung der Blasenreflexe, die nach Wegnahme des Großhirns noch auszulösen sind, aber nicht mehr nach Pedunculidurchschneidung, deuten auf die Existenz eines Blasenzentrums im Mittelhirn hin, wahrscheinlich im Thalamus (NUSSBAUM). Dafür sind auch klinische Mitteilungen verwertbar, wie die von CZYLHAZ und MARBURG[4] sowie HOMBURGER[5], die bei Befallensein (Blutungsherde) des Thalamus und Corpus striatum Blasenstörungen mit Restharn fanden. Auch CLARKE[6], DEJERINE[7] berichten von Blasenstörungen bei Thalamuserkrankungen. Auch die bei Encephalitis epidemica, bei WILSONscher Pseudosklerose, bei Paralysis agitans berichteten Blasenstörungen sprechen evtl. für Sitz eines Blasenzentrums in den basalen Stammganglien. Beweisend sind sie natürlich nicht. BARRINGTON[8] fand nun neuerdings ein Blasenzentrum bei der Katze mit dem Sitz im oberen Teile der Brücke. Es reicht bis zum oberen Teil der Brücke oberhalb des Trigeminusabgangs. Bei Durchschneidungen oberhalb dieser Partie entleerte sich die Blase völlig, unterhalb läßt der Tonus stark nach. „Zerstörung eines Teiles des Gehirns gerade ventral von der inneren Ecke des Brachium conjunctivum hinten von der Höhe des motorischen Trigeminuskernes nach vorn bis zur Höhe des vorderen Endes des Hinterhirns hat eine dauernde Unfähigkeit die Blase völlig zu entleeren, zur Folge, wenn die Läsion doppelseitig ist, nicht aber wenn sie einseitig ist (BARRINGTON[9]).“

L. R. MÜLLER wollte der Harnblase eine direkte Vertretung in der Hirnrinde absprechen und von dort aus nur eine indirekte Beeinflussungsmöglichkeit einräumen. Demgegenüber ist sichergestellt, daß die Harnblase eine Vertretung in der Hirnrinde hat. Im Tierexperiment konnte BECHTEREW[10] in der motorischen Region am Gyrus sigmoideus eine Stelle finden, von der Blasenbewegungen ausgelöst werden konnten. FRANKL-HOCHWARTH und FRÖHLICH[11] fanden in der motorischen Region hoch oben an der Medianlinie, ganz nahe der Mantelkante, hinter dem Sulcus cruc. eine Stelle, deren Reizung bei durchschnittenen Nn. hypogastr. und Nn. pudendi Harnentleerung auslöste. In klinischen Beobachtungen ist aber im Verlaufe der Beobachtungen an Kriegsverletzten in Fortsetzung einzelner bereits früher gemachter Feststellungen die Existenz von corticalen Blasenzentren ebenfalls gezeigt worden. Besonders zu nennen sind hier die Arbeiten von PFEIFER[12], KLEIST[13] und FÖRSTER[14]. PFEIFER stellt es in seinen

[1] BECHTEREW u. MISLAWEKI: Neur. Zbl. **7**, 505 (1888).
[2] KARPLUS u. KREIDL: Pflügers Arch. **129**, 138 (1901); **135**, 104 (1910); **143**, 109 (1912).
[3] LICHTENSTERN: Wien. klin. Wschr. **1912**, Nr 33, S. 1248.
[4] CZYLHAZ u. MARBURG: Wien. klin. Wschr. **1902**, 788 — Jb. Psychiatr. **1901**, 274.
[5] HOMBURGER: Neur. Zbl. **1903**, 199 — Ther. Gegenw. **1904**, 299.
[6] CLARKE: Brain **21**, 310 (1898).
[7] DEJERINE: Revue neur. **1906**, Nr 12.
[8] BARRINGTON: Brain **44**, 23 (1921).
[9] BARRINGTON: Zit. nach DENNIG.
[10] BECHTEREW: Neur. Zbl. **1893**, 81.
[11] FRANKL-HOCHWARTH u. FRÖHLICH: Neur. Zbl. **1904**, 646.
[12] PFEIFER: Z. Neur. **46**, 173 — Arch. f. Psychiatr. **60**, (1919) — Neur. Zbl. **37** (1918).
[13] KLEIST: Allg. Z. Psychiatr. **74**, 544.
[14] FÖRSTER: Allg. Z. Psychiatr. **74**, 582 — Dtsch. Z. Nervenheilk. **58** (1918).

Ausführungen als wahrscheinlich hin, daß in der motorischen Region zwischen Arm- und Beinzentrum, in der Nähe des Hüftzentrums, eine motorische Blasenstation gelegen ist. Dies ist die Gegend, die mit den Versuchsergebnissen von BECHTEREW und seinen Schülern übereinstimmen würde. FÖRSTER und KLEIST bestimmen demgegenüber unabhängig voneinander bei ihren Kranken eine Stelle als corticales Blasenzentrum auf der Scheitelhöhe in der Gegend des Parazentralläppchens, eine Stelle, die zu den tierexperimentellen Ergebnissen von FRANKL-HOCHWARTH und FRÖHLICH gut paßt. ADLER[1] suchte diese beiden lokalisatorisch kontroversen Feststellungen zu vereinen, indem er zwei funktionell verschiedene Blasenzentren im Cortex annimmt. Ein Entleerungs- und ein Hemmungszentrum für die Harnblase. Seine Auffassung wird von namhaften Forschern geteilt (GOLDSTEIN, L. R. MÜLLER), von anderen widersprochen (DENNIG[4], KLEINE[2], BARKMANN[3]). Wichtig ist, daß längerdauernde Blasenstörung wie bei den subcorticalen Affektionen nur bei doppelseitigen Läsionen auftreten, woraus wir folgern dürfen, daß von jeder Seite beide Blasenhälften Innervationsimpulse empfangen.

Blasensensibilität.

Wenn auch nicht gerade viel Vorgänge, so gelangen doch einige Empfindungen von der Harnblase zum Bewußtsein. GRÜNSTEIN, RETZIUS, GAULE sowie besonders L. R. MÜLLER haben in der Blasenschleimhaut Nervenendigungen, d. h. rezeptorische Nervenapparate nachgewiesen. Von hier aus können Empfindungen vermittelt werden. Die Reizbildung und -leitung kann jedoch auch von der Muskulatur aus direkt geschehen, wie neuerdings H. H. MEYER und FRÖHLICH annehmen.

Außer der Empfindung einer gewissen *Völle der Blase* und des *Harndrangs* ist besonders der *Schmerz* der Harnblase, der zum Bewußtsein dringt. Über die Empfindung von *Temperaturunterschieden* sind die Meinungen geteilt. DENNIG[4] spricht der Harnblase diese Fähigkeit ab, während SCHWARZ sogar manchmal „mit bemerkenswerter Exaktheit“ dieses Unterscheidungsvermögen ausgesprochen fand. WALTZ[5] fand für Temperaturunterschiede von 20° C kein Unterscheidungsvermögen. Längeres Verweilen kalter Flüssigkeit erzeugte Kältegefühl. Die Tatsache, daß Kälte, besonders brüsker Temperaturwechsel, Harndrang erzeugt, kann nach DENNIGS Vermutung durch Analogieschluß aus den Versuchsergebnissen von WEITZ und STERKEL[6] entnommen werden, die am Magen bei Kälteeinwirkung im Röntgenbilde Tonuszunahme beobachteten. *Berührungsempfindung* wird nur in der Gegend der Oreficien deutlicher perzipiert. Dagegen werden faradische Reize von der Harnblase deutlich wahrgenommen. Nach FRANKL-HOCHWARTH und ZUCKERKANDL[7] und neuerdings nach FRÖHLICH und H. H. MEYER[8] ist die Reizschwelle bei einem und demselben Individuum meist stets die gleiche. Bei direkter Faradisation mit abstufbarem Induktionsstrom erzeugte 75—90 mm Rollenabstand ein Brennen, in der Harnröhrengegend 70—102 mm Rollenabstand. Chemische Reize, besonders stärkeren Grades, rufen heftige Kontraktionen hervor, dagegen ist

---

[1] ADLER: Dtsch. Z. Nervenheilk. **65**, 72.
[2] KLEINE: Mschr. Psychiatr. **53** (1923).
[3] BARKMANN: Acta med. scand. (Stockh.) **55**, 334.
[4] DENNIG: Zitiert auf S. 804.
[5] WALTZ: Dtsch. Z. Nervenheilk. **74**, 278.
[6] WEITZ u. STERKEL: Med. Klin. **1920**, 980.
[7] ZUCKERKANDL: Zitiert auf S. 804.
[8] FRÖHLICH u. H. H. MEYER: Z. exper. Med. **29** (1922).

die Zusammensetzung des Harnes gegenstandslos für die Auslösung eines Reizes.

BAHNEN: Welchen Weg gehen nun die Rezeptionen zum Zentralnervensystem? Nach H. H. MEYER und FRÖHLICH, wie auch neuerdings DENNIG wahrscheinlich macht, werden diese aus der Harnblase, wie aus Dünndarm, Dickdarm usw. ausschließlich auf dem Wege der Nerven des vegetativen Nervensystems zum Rückenmarke geleitet. Der Übertritt aus den vegetativen Nerven — für die Harnblase nur aus dem parasympathischen N. pelvicus — erfolgt ohne Ausnahme allein durch die hinteren Wurzeln, wobei als adäquate Reize Dehnung und Kontraktionen die Rezeptionen auslösen. Daß der N. pelvicus tatsächlich allein als wichtigster Nerv in Frage kommt für die Führung der zentripetalen Bahn, geht aus den Versuchen von FRANKL-HOCHWARTH, DENNIG, BARRINGTON u. a. deutlich hervor. Im N. hypogastricus verlaufen aber auch receptorische Fasern, wie die Auslösung von Blasenkontraktionen bei durchschnittenem N. hypogastricus und Reizung des zentralen Stumpfes ergibt. Aber auch die Nn. pudendi können noch Harndrang vermitteln. Auch sie führen zentripetale Bahnen (DENNIG). Alle drei Nervenpaare orientieren über die Blasenfüllung, allerdings die Hypogastrici und Pudendi nur bei sehr starken Reizen (DENNIG). Es ist höchstwahrscheinlich, daß die rezeptorische Bahn im N. pelvicus vom Erfolgsorgan ohne Unterbrechung zum Großhirn läuft (das wird nachher bei Besprechung der Blasenreflexe noch deutlich werden), während die im Hypogastricus und Pudendus verlaufenden Bahnen im unteren Rückenmarksabschnitt eine Unterbrechung erfahren. Im Gehirn ist die Stelle, in die der Harndrang lokalisiert werden kann, noch nicht bekannt. ADLER[1] dachte diese Funktion in den Gyrus fornicatus nach dem Vorgange von WALLENBERG verlegen zu können. Dem ist von verschiedenen Seiten widersprochen worden (DENNIG u. a.). Daß der Gyrus fornicatus Beziehungen zur Blase hat, erscheint sicher (GOLDSTEIN). Die aufsteigende Bahn läuft mit großer Wahrscheinlichkeit in den Seitensträngen. Die absteigenden Blasenbahnen verlaufen sicher im hinteren Teile des Rückenmarks, wahrscheinlich in den Hinterseitensträngen (STEWART, BING, SPIEGEL[2]). Blasenreflexe sind vom Gehirn oder Thalamus noch zu erhalten, selbst wenn das Rückenmark ganz durchschnitten und nur die Seitenstränge intakt sind. Kreuzungen liegen in der Höhe des I. Cervicalsegmentes, und zwar eine teilweise, eine weitere teilweise liegt im Lumbalmark, ferner noch eine partielle Kreuzung peripher im Ganglion mesenterium inferius. Im Gehirn laufen die Bahnen durch die Pedunculi cerebri und durch die innere Kapsel. Die Bedeutung des Balkens ist nicht eindeutig geklärt. Bei Balkenläsionen kommen zuweilen Blasenstörungen vor, oft aber auch nicht.

Physiologie.

Während im vorangegangenen kurz die Zentralstationen und die periphere Nervenversorgung der Harnblase erwähnt wurde, soll die Besprechung der überaus zahlreichen physiologischen Experimente zur Erforschung ihrer Einzel- und Gesamtfunktionen den Harnblasenmechanismus dem Verständnis näherrücken. Zur Erforschung der Funktion der einzelnen Nerven und Zentren wurden besonders zwei Wege beschritten: Die direkte Nervenreizung und die Nervenausschaltung. Zur Feststellung des Reizeffektes oder der Ausfallserscheinungen wurde außer der direkten Beobachtung zumeist noch die Registrierung des intravesicalen Druckes herangezogen. Schließlich diente noch

---

[1] ADLER: Zitiert auf S. 830.
[2] SPIEGEL: Zentren des autonomen Nervensystems. Berlin: Julius Springer 1928.

das pharmakologische Experiment, der Einfluß verschiedener Gifte von bekanntem Wirkungsmechanismus und Angriffspunkte, zur Erkennung der Funktion der einzelnen Nervenstränge und ihrer Zentralstationen. Die Wahl des Versuchstieres bei den Experimenten ist nicht gleichgültig. Nun weichen aber Hund, Katze, Kaninchen, Affe u. a. m. in dieser Beziehung voneinander ab; ja es scheinen Individuen derselben Art selbst gelegentlich zu differieren. Und schließlich ist die Übertragung der Ergebnisse der Tierexperimente auf den Menschen nicht ohne weiteres möglich. Wir verdanken die grundlegenden Arbeiten der Physiologie der Blasennerven insbesondere LANGLEY[1] und seiner Schule, dann NAWROCKI und SCABITSCHEWSKY[2], BUDGE[3], SHERRINGTON[4], NUSSBAUM[5], STEWART[6], v. ZEISSL[7], MOSSO und PELLACANI[8], REHFISCH[9], v. FRANKL-HOCHWARTH[10] und besonders ELLIOT[11], dann aus neuerer Zeit sind vor allem die Arbeiten von BARRINGTON[12] zu nennen, denen wir eine besondere Förderung der Erkenntnisse unseres Gebietes verdanken. Ein Teil der Widersprüche in den Ergebnissen der Tierexperimente dürfen wir heute aus der Verwendung verschiedener Tierarten erklären. Das ist auch nicht verwunderlich, wenn man, wie bereits bei der Harnleiterbesprechung erwähnt, die kräftige Hundeblase mit der muskelschwachen Kaninchenblase vergleicht. Letztere bringt z. B. nur 25 cm Wasserdruck auf, während man bei der Hundeblase einen intravesicalen Druck bis 80 cm mit Leichtigkeit erreicht.

Reizungsversuche. Die Innervation des Detrusors vesicae erfolgt durch den N. pelvicus wie den N. hypogastricus. Die Harnblase kontrahiert sich auf Reizung eines der genannten beiden Nerven hin. Der Pelvicus hat aber den weit stärkeren Einfluß auf die Blase. Seine Reizung, wie seine pharmakologische Aufpeitschung durch Pilocarpin als das Stimulans des Parasympathicus bewirken starke Kontraktion der Harnblase. Im Pelvicus hat man den motorischen Nerven der Blaseninnervation zu erblicken. Seine Durchschneidung stört die Blasenmotilität aufs empfindlichste. Der Detrusor wird atonisch, er verliert die Fähigkeit der Anpassung der Wandspannung an den Inhalt. Die Wirkung der Hypogastricusreizung ist hingegen lange nicht so durchsichtig gewesen. Die Untersuchungen von ELLIOT haben hier Klarheit geschaffen. Von älteren Untersuchern war auf Hypogastricusreizung Blasenkontraktion verzeichnet worden, von der sich dann herausstellte, daß sie nur den Blasenboden betraf nebst Anfangsteil der Harnröhre (Annulus urethralis). LANGLEY und später STEWART sahen dann bei dieser partiellen Kontraktion Erschlaffung des Blasenkörpers auftreten, die besonders sinnfällig wurde, wenn vor der Reizung das Ganglion mesentericum inferius nicotinisiert wurde (STEWART). ELLIOT, der vergleichsweise eine Reihe von Tieren untersuchte, gelang dann der Nachweis, daß ganz besonders bei der Katze dieser depressorische Effekt der Hypogastricusreizung festzustellen war: Langanhaltende, erhebliche Erschlaffung des Blasenkörpers. Andere Tiere,

---

[1] LANGLEY: Journ. of Physiol. **16**, **17**, **18**, **19**, **20** (1894/96). Ferner: Das autonome Nervensystem, übersetzt v. SCHILF. Berlin 1922.
[2] NAWROCKI u. SCABITSCHEWSKY: Pflügers Arch. **48**, 335; **49**, 141.
[3] BUDGE: Z. rat. Med. **21** (1864) — Pflügers Arch. **6**, 306.
[4] SHERRINGTON: Journ. of Physiol **13**, 1892.
[5] NUSSBAUM: Hoffmann u. Schwalbes Jahresber. **8**, Abtlg (1880).
[6] STEWART: Amer. J. Physiol. **2**, **3** (1899).
[7] v. ZEISSL: Pflügers Arch. **53**, 560; **55**, 569; **89**, 605.
[8] MOSSO u. PELLACANI: Arch. di Biol. **1** (1882).
[9] REHFISCH: Virchows Arch. **150** (1897).
[10] v. FRANKL-HOCHWARTH: Zitiert auf S. 1.
[11] ELLIOT: Journ. of Physiol. **32** (1905); **35** (1907), 396.
[12] BARRINGTON: Zitiert auf S. 829 — Quart. J. exper. Physiol. **8** (1914); **9** (1915).

wie Hund, Kaninchen, ließen bei der gleichen Versuchsanordnung diesen Erschlaffungseffekt nicht erkennen. Auch beim Menschen soll diese depressorische Hypogastricuswirkung fehlen. Sie soll überall da fehlen, wo die Harnblase keine rhythmischen Kontraktionen ausführt. Das sei auch beim Menschen der Fall. Wenn auch im Tierexperiment die Hundeblase auf Hypogastricusreizung nach Elliot keinen Erschlaffungseffekt zeigt, so ist doch daraus kein auffallender Gegensatz zu konstatieren zur bekannten Virtuosität des Tieres, die willkürliche Beherrschung der Miktion zu erlernen. Hundeblasen können beim mittleren Hunde besonders nach Morphiumgaben von ungeheurer Größe sich entfalten. Der Detrusor kann bis zur Papierdünne erschlaffen. Die Harnblase eines mittelgroßen Hundes kann $1^1/_2$ bis 2 l Urin fassen! v. Zeissl will übrigens auf Hypogastricusreizung auch beim Hunde Erschlaffungseffekte gesehen haben.

Reizung sowohl des N. hypogastricus wie des Plexus ergibt also ebenso wie Reizung der Nn. mesenterici — nur daß in diesem Falle ein viel weiterer Bezirk betroffen wird: Erschlaffung des Detrusor, wie sich ja eigentlich aus der gesamten Anordnung von selbst ergeben muß. Einseitig ist die Erschlaffung, wenn nur der Hypogastricus, doppelseitig, wenn die Nn. mesenterici gereizt werden. Man kann sich diese Verhältnisse am einfachsten unter dem Bilde eines Relaissystems vorstellen. Der schwache, durch die Nn. mesenterici im Ganglion mesenterium inferius anlangende Reiz erfährt durch die Zellen dieses Ganglions eine Verstärkung, die ihn bis zu den Zellen des Plexus hypogastricus führt, von wo er, erneut verstärkt, zu den Zellen des Blasenplexus gelangt.

Bei Nicotinisierung dieses Ganglions erhält man reine Blasenerschlaffung, während man mit schwindender Nicotinwirkung auch kurze Kontraktion erhält. Wird der Plexus hypogastricus nicotinisiert, so erhält man bei Reizung des N. hypogastricus *nur* Kontraktion; *vor* der Injektion: kurze *Erschlaffung* und Kontraktion. Also müssen die detrusorerschlaffenden Fasern im Plexus hypogastricus Station machen.

Der N. pelvicus aus dem Sakralmark zum Plexus hypogastricus erzeugt, wenn gereizt, Erschlaffung des Sphincter, wobei der Detrusor sich kontrahiert. Dieses System wirkt also dem erstgenannten *geradezu entgegen*. Wir verstehen so auch, daß man bei der Reizung des N. hypogastricus eine mäßige Erhöhung des intravesicalen Druckes erhalten kann (durch schwache Kontraktion des Detrusor), weil wohl durch die Zellschaltung im Plexus hypogastricus Fasern des N. pelvicus mitgereizt werden können. Das sind die Nerven zur Blase aus dem Rückenmark.

Während so der Pelvicus den Detrusor kontrahiert und der Hypogastricus, wenigstens bei der Katze und dem Macacus diesen Muskel erschlafft, läßt sich eine Umkehr der Wirkung beim Sphincter feststellen. Reizung des N. hypogastricus bewirkt Sphincterschluß; stärkere Tonisierung des Schließmuskels: Der zur Überwindung des Sphincter notwendige intravesicale Druck steigt um das 2—3fache gegen vorher an. v. Zeissl demonstrierte in umgekehrter Weise sehr eindringlich diesen Befund: Eine Harnblase, die ihres Korpus größtenteils beraubt war, wurde auf ein Glasrohr, das mit einer Flasche in Verbindung stand, aufgebunden. Es folgte auf Pelvicusreizung Ausfluß, auf Hypogastricusreizung sistierte der Abfluß. Dieser v. Zeisslsche Versuch ist oft wiederholt und bestätigt worden von Frankl-Hochwarth, wenn auch die Deutung angefochten wurde (Rehfisch). Auch umgekehrt hat v. Zeissl den Versuch bestätigt: ein in die Harnröhre vorgeschobener Katheter, der mit einer Druckflasche verbunden war, ließ nach Pelvicusreizung Einfluß und nach Hypogastricusreizung deren Unterbrechung erkennen! Eine Bestätigung erfuhren diese v. Zeisslschen Versuche durch Elliot und neuerdings durch Barrington an der Katze. So daß danach die beiden

Nervengruppen in bezug auf den Detrusor und Sphincter einen kompletten Antagonismus erkennen lassen.

Durchschneidungsversuche an den verschiedenen Blasennerven haben nun die Funktion der einzelnen Nerven weiter aufgeklärt. Einseitige Durchschneidung des Nervus pelvicus führt auf der gleichen Hälfte der Harnblase zur Erschlaffung des Detrusor. Diese macht aber schon nach 4—5 Tagen einer weitgehenden Restitution Platz. Die Detrusorerschlaffung, die auf Hypogastricusreizung erzielt wird, ist nach vorangegangener einseitiger Pelvicusdurchtrennung ausgiebiger auf der betreffenden Seite, ein Effekt, der auch schon kurze Zeit darauf nicht mehr zu erhalten ist. Bei dieser Tonuszunahme muß man an Hineinwachsen neuausgebildeter präganglionärer Fasern von der anderen Seite her denken (Schwarz[1]). Bei Reizung des peripheren Stumpfes nach einseitiger Pelvicusdurchschneidung tritt Kontraktion der betreffenden Blasenhälfte ein. Sind beide Nervi pelvici durchtrennt, so setzt hochgradige Blasenerschlaffung ein. Die Detrusorfunktion ist aufs schwerste gestört. Dabei tritt verstärkter Blasenverschluß auf. Der Widerstand, der sich dem eingeführten Katheter entgegenstemmt, ist vermehrt (Lannegrace[2]). Die Atonie der Blase ist so hochgradig, daß es sogar zu Blasenblutung kommen kann (Dennig[3]). Wird die Füllung sehr hochgradig, so kann tropfenweiser Harnabgang einsetzen. Diese komplette Retention kann nur schwer mechanisch durch Druck auf die Blase beseitigt werden. Während Elliot diesen verstärkten Verschluß durch nachfolgende Hypogastricusdurchschneidung vermindern konnte, gelang dies Barrington nicht. Bei alleiniger Durchschneidung der hinteren Sakralwurzeln resultiert ein bedeutend stärkerer Sphinctertonus als bei weiter peripherwärts gelegener Pelvicusdurchtrennung.

Dennig[3] berichtet von seinen Durchschneidungsversuchen, daß dieser verstärkte Sphincterverschluß nach Pelvicusdurchschneidung nur so lange anhält wie die Detrusoratonie hochgradig ist. Wenn der Detrusor wieder einen gewissen Tonus erlangt hat, dann „läßt der Widerstand am Blaseneingang nach und bald wird der Verschluß sogar schwächer als bei normalen Tieren". Irgendwie müssen also die Nervi pelvici auch am Verschluß der Harnblase beteiligt sein (Trigonum, Urethra?). Werden die Nn. hypogastrici und Pudendi allein durchschnitten, so ist der Blasenverschluß manchmal noch leidlich, oft aber auch schon schlecht. Wird aber einer der beiden Paare zusammen mit dem Pelvicus durchtrennt, so resultiert erhebliche Inkontinenz. Bleibt einer der beiden, Hypogastricus oder Pudendus, mit dem Pelvicus zusammen erhalten, dann ist der Verschluß noch gut. Also schließt Dennig mit Recht: „Die verschließende Wirkung der Nn. Pelvici ist gering, aber in Verbindung mit einem der beiden anderen Nervenpaare hat sie eine erhebliche Bedeutung."

Werden die Nn. hypogastrici durchschnitten, so kommt es zu gehäuften Miktionen (Barrington), die Blasenkapazität wird geringer (Elliot). Hieraus geht hervor, daß verstärkter Detrusortonus nach Hypogastricusdurchtrennung einsetzt. Dieser kann durch nachfolgende Pelvicusdurchschneidung nicht gelöst werden. Auf den Verschlußapparat hat diese Hypogastricusausschaltung, abgesehen von der erwähnten Pollakisurie, keinen besonderen Einfluß. Reizung des zentralen Stumpfes des Hypogastricus löst Schmerzempfindung aus (Langley). So gering die in die Erscheinung tretenden Folgeerscheinungen der alleinigen Hypogastricusdurchschneidung sind, und auch nicht erheblich werden, wenn eine einseitige Pelvicusdurchschneidung der doppelseitigen Hypogastricusausschaltung

[1] Schwarz: Pathologische Physiol. d. Harnbl. Handb. d. Urol. **1** (1926).
[2] Lannegrace: C. r. Acad. Sci. Paris **114**, 789 (1892).
[3] Dennig: Die Innervation der Harnblase. Monographien Neur. Berlin 1926.

aufgepfropft wird (LANNEGRACE), so deutlich werden die Inkontinenzstörungen, wenn die Nn. pudendi oder Nn. pelvici noch außerdem durchtrennt werden. Bei kombinierter Ausschaltung von Pelvicus und Hypogastricus setzt nach anfänglicher Retention wieder annähernd normale Blasenfunktion ein (v. ZEISSL, MOSSO und PELLACANI, BARRINGTON, ELLIOT, WIJNEN[1]). Es scheint sogar sich wieder ein gewisses Harndranggefühl zu entwickeln, aber unvollkommene Entleerung (Restharn) (DENNIG).

Die Nn. pudendi haben auf den Detrusor keinerlei Einfluß. Ihre Durchschneidung hat, wie BARRINGTON feststellte, bei der Katze weit stärkere Inkontinenzerscheinungen zur Folge als beim Hunde. Den Tieren mit durchtrennten Pudendi geht das Bewußtsein für die Beendigung der Miktion verloren. Die Sensibilität der Harnröhre ist erloschen (DENNIG). Kombination der Pudendusausschaltung mit der der Hypogastrici bewirkt Inkontinenz; der Blasenverschluß ist gestört; mit der der Pelvici, wie bei alleiniger Pelvicusdurchtrennung, erst Retention, dann reflektorische Entleerung bei noch schlechterem Blasenverschluß.

Eine doppelseitige Durchtrennung aller drei Nervenpaare isoliert die Blase völlig vom Zentralnervensystem. Wie schon bei Pelvicusdurchtrennung allein zeigt sich eine schlaffe Blase, bei der nun aber auch der Verschlußmechanismus erheblich gestört ist. Die Tiere verlieren dauernd Urin (Harnträufeln) (DENNIG). Aber der Detrusor ist trotz völliger Isolierung der Harnblase vom Zentralnervensystem nicht ganz atonisch geworden. Er führt noch rhythmische Kontraktionen aus. Er steht noch unter den Einflüssen des Plexus vesicalis. Daher sind auch noch Reize von Organen der Nachbarschaft aus wirksam. Ja, sie sprechen sogar sehr viel leichter an als im Normalzustande, wie DENNIG unter Heranziehung des Vergleichs mit der leichteren Ansprechbarkeit sonstiger glatter Muskeln nach ihrer Isolierung vom Zentralnervensystem berichtet. Wirken diese Reize lediglich muskulär, oder über den Weg der Ganglienzellen des Plexus vesicalis? ELLIOT machte folgenden Versuch: Eine „entnervte" Katzenblase zeigte nach der Operation noch deutliche rhythmische Kontraktionen. Nach 9 Tagen, nach welcher Zeit die Nervenfasern degeneriert, die Muskeln aber intakt bleiben, waren die Kontraktionen verschwunden. Die Wichtigkeit der der Blase aufund anliegenden Ganglienzellkomplexe wird hieraus deutlich demonstriert. (Hier waren aber wohl ebenfalls noch besonders die intramuralen Teile des Plexus vesicalis erhalten.)

Die Blasenreflexe.

Nächst diesen Reizungs- und Ausschaltungsversuchen der peripheren Blasennerven sind besonders gerade durch sie eine ganze Anzahl von Blasenreflexen bekannt geworden, die unsere Kenntnis von dem Wirkungsmechanismus des Blasenapparates vertieft haben. Die Besprechung der genannten Untersuchungen zeigte deutlich die Tatsache, daß ein gewisser Antagonismus zwischen den Wirkungen des N. pelvicus und hypogastricus, der Tätigkeit des Detrusor vesicae und des Sphincterapparates unleugbar ist. Allerdings liegt hier dies Gegenspiel nicht so deutlich zutage wie an anderen Organsystemen (Auge, Darm), denn der Blasenmuskel sowohl wie der ganze Verschlußapparat stellen außerordentlich komplizierte und aus verschiedenen Muskelsystemen zusammengesetzte Mechanismen dar. So greifen allein vier Verschlußmuskelgruppen ineinander. Daher kommt es auch, daß das geordnete Zusammenspiel von Detrusor und Sphincter auf Reizung oder Ausschaltung eines Nervenpaares manchmal

[1] WIJNEN: Arch. néerl. Physiol. **6**, 221 (1922).

nicht die theoretische Erwartung erfüllt, sondern antagonistische Tätigkeiten erfolgen. So sieht man Detrusoratonie bei Pelvicusausschaltung keineswegs immer mit Retention verlaufen, sondern es kommt ein Stadium, indem der schlaffe Blasenmuskel auch von einem insuffizienten Verschlußapparat begleitet ist. Das kann nur reflektorisch bewirkt sein durch sog. „Interorganreflexe". Der normale Detrusortonus bedingt auch rein reflektorisch eine normale Sphinctertonisierung. Auf Dehnung der normalen Blasenwand durch Infusion von Flüssigkeit antwortet der Detrusor mit Kontraktionen. Je schneller die Einfüllung erfolgt, um so intensiver die Druckschwankungen (ADLER) (Abb. 163a u. b). Diese reflektorischen Blasenbewegungen kommen auch bei Abtrennung der Blase vom Zentralorgan zustande. Gleichzeitig erschlafft bei gewissem Grade der Dehnung der Blasenwand des Detrusor reflektorisch. Auch dieses Reflexspiel ist sowohl beim Gesunden wie beim Patienten mit Zerstörung des unteren Rückenmarksabschnittes oder auch der Cauda equina vorhanden, kommt also in der Peripherie zustande. BÖWING[1] teilt einen Unterschied mit in der automatischen Blasenentleerung je nach dem Sitz: Ist das Lumbosakralmark intakt, sind die Intervalle zwischen zwei Miktionen größer, ebenso die Einzelmengen; ist der untere Rückenmarksabschnitt aber zerstört, so resultiert häufigere Entleerung bei kleineren Portionen. Ähnlich wurde dies von ADLER[2] bereits früher klar ausgesprochen (vgl. die dortigen Abbildungen).

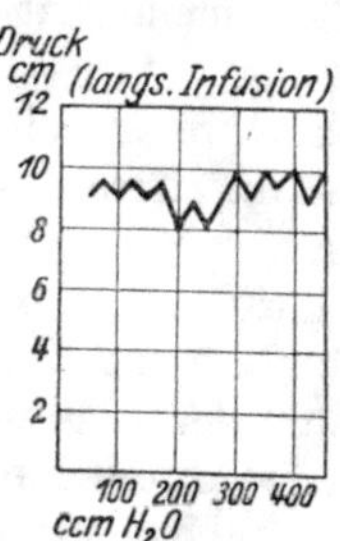

Abb. 163a.

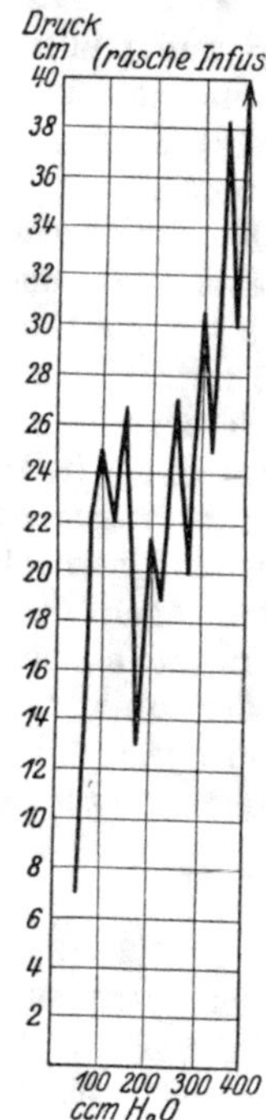

Abb. 163b.

Es gibt aber noch weitere sog. periphere Reflexe der Blase. Am bekanntesten ist der sog. Sokownin-Reflex: Durchschneidung des N. hypogastricus und Reizung des zentralen Endes; es tritt Kontraktion der entgegengesetzten Blasenhälfte auf. Nach Durchschneidung der Nn. mesenterici zwischen Rückenmark und Ganglion mesenter. infer. oder Bepinselung desselben mit Nicotin kommt dieser Reflex nicht mehr zustande, während Reizung des anderen Hypogastricus noch Effekt bewirkt. LANGLEY schließt nun, daß im N. hypogastr. präganglionäre, zentrifugale Fasern vorhanden sind, die zentripetal leiten, und die im Ggl. mes. inf. durch Überspringen des Reizes auf efferente Bahnen am Erfolgsorgan einen Effekt zustande kommen lassen (Axonreflex von LANGLEY). Nach ELLIOT läßt sich auch die hemmende Hypogastricuswirkung in diesem Reflex erweisen. HRYNTSCHAK und SPIEGEL[3] durchschnitten den Pelvicus zwischen Plexus hypogastricus (s. Ggl. pelvicum) und Blase. Bei zentraler Reizung erhielten sie Blasenkontraktion, auch wenn der Pelvicus durchschnitten war. Dagegen nicht mehr nach Nicotinisierung dieses Ganglions oder Degeneration der Pelvicusfasern, die aus dem Sakralmark entspringen. Sie fassen auch diesen Reflex als präganglionären Axonreflex auf.

Wenn im vorstehenden mitgeteilt wurde, daß sowohl Hypogastricus wie Pelvicus Nervenfasern für Detrusor und Sphincter für kontrahierende als auch erschlaffende Effekte enthalten, die dem Schema der gekreuzten Innervation (v. BASCH), wie sie v. ZEISSL zuerst dargestellt hatte, zu widersprechen scheinen, so sei doch darauf verwiesen, daß die sphincter-

[1] BÖWING: Dtsch. Z. Nervenheilk. **75**, 89 (1922).
[2] ADLER: Mitt. Grenzgeb. Med. u. Chir. **30**, 525, 527.
[3] HRYNTSCHAK u. SPIEGEL: Klin. Wschr. **3**, Nr 40.

constrictorische Pelvicuswirkung gering ist (Dennig u. a.), ebenso wie die sphinctererschlaffende des Hypogastricus. Dann aber sei daran erinnert, daß diese Versuchsergebnisse keine Widersprüche darzustellen brauchen.

Es kommt den spinalen Blasenzentren also danach lediglich eine Kontrolle, „ein regulierender Einfluß" auf den peripheren Blasenmechanismus zu (Böhme[1]). Es gibt aber eine Reihe von Blasenreflexen, die an eine Unversehrtheit des Lumbosakralmarkes geknüpft sind. So hat L. R. Müller den Reflex bei Querschnittsdurchtrennung oberhalb des Lendenmarks, der bei Reizung von allen möglichen peripheren Nerven her reflektorische Miktion zustande kommen läßt, nicht mehr auftreten sehen, wenn der untere Rückenmarksabschnitt zerstört war. „Nach Riddoch ist eine von der Haut zu erzielende Blasenentleerung mit gleichzeitigem Schweißausbruch, Bein- und Bauchwandkontraktionen ein Zeichen völliger Lendenmarksdurchtrennung oberhalb der Lendenausschwellung." Umgekehrt ist eine derartige Kontraktion der Blase im Zusammenhang mit Beinbewegung durch plötzliche stärkere Füllung der Harnblase zu erzielen (Danielopolu, Radowichi und Carniol[2]).

Barrington[3] hat nun noch bei decerebrierten Katzen eine Reihe von Blasenreflexen gefunden, die hier mitgeteilt seien:

1. Blasenkontraktion durch Dehnung der Harnblase bei ihrer Füllung (afferente und efferente Leitung über den N. pelvicus).

2. Wenn Flüssigkeit durch die Urethra geht, setzt ebenfalls Blasenkontraktion ein (afferent N. pudendus, efferent N. pelvicus).

3. Bei Dehnung der hinteren Urethra tritt Blasenkontraktion auf (afferente und efferente Bahn im N. hypogastricus).

4. Geht Flüssigkeit durch die Harnröhre, so erschlafft diese (afferente und efferente Bahn über den N. pudendus).

5. Zusammenziehung der Harnblase hat Erschlaffung der Harnröhre zur Folge (afferente Bahn über den N. pelvicus, efferente über den N. pudendus).

Barrington hat nun weiter gezeigt, daß nach Rückenmarksdurchtrennung die Reflexe 3, 4 und 5 erhalten bleiben, während 1 und 2 hierbei verschwinden.

Hieraus kann man weiter die früher gezogene Schlußfolgerung erklären, daß nur der N. pelvicus direkt unter dem Einfluß höher gelegener Hirnteile steht. Weiter aber können wir aus den präganglionären Axonreflexen und den Nicotinisierungs- und Degenerationsversuchen schließen, daß zwar jeder dieser beiden Beckennerven beiderlei Arten von Fasern hat, aber mit *getrennten Zellrelais*. So werden für die Blase die detrusorerschlaffenden Fasern des Hypogastricus im Plexus hypogastric., die detrusorconstrictorischen im Ggl. mes. inf. umgeschaltet. Diese einzelnen Zellkomplexe können dann unter Einwirkung des Pelvicus oder Hypogastricus oder von beiden stehen, wie z. B. der Plex. hypogastr., zu dem beide Nerven präganglionäre Fasern entsenden, und es kommt dann unter der Leitung eines solchen Ganglienzellkomplexes die koordinierte Bewegung der Detrusor- und Sphinctermuskulatur zustande. So dürfen wir also dem Ggl. mes. inf. constrictorische Wirkung vindizieren[4]. Dafür sprechen auch Beobachtungen von Sokownin, Langley und Anderson, Nawrocki und Skabitschewski, Nussbaum (Metzner[5]), die dargetan haben, daß bei Isolierung des Ggl. mes. inf. vom Rückenmark bei Durchschneidung des N. hypogastricus zentrale Stumpfreizung, Blasenkontraktion, ferner auch Kontraktion des unteren Rectum, *Erblassen* der Rectalschleimhaut, einseitiges Erblassen des Uterus, Kontraktion des Uterus, der Vagina, des Penis, leichtes Erblassen der Blasenschleimhaut bewirkt (zit. nach Metzner[6]), so daß also diese Verknüpfung im Ggl. mes. inf. zustande kommt, von wo aus sie reflektorisch zu erhalten ist. Langley stützt diese Ansicht durch das Versuchsergebnis, das bei Nicotinisierung dieses Ganglions die Aufhebung dieses Reflexes ergab.

Das Ggl. mes. inf. steht unter dem Einfluß des Lendenmarks.

---

1 Böhme: Klinisch wichtige Reflexe. Ds. Handb. **10**, 1015.
2 Radowichi, Danielo u. Carniol: C. r. Acad. Sci. Paris **64**, 608.
3 Barrington: Brain **44**, 21 (1921).
4 Adler: Mitt. Grenzgeb. Med. u. Chir. **30**, 1918.
5 Metzner: Zitiert auf S. 804.
6 Metzner: Zitiert auf S. 804.

Es handelt sich bei der Blasentätigkeit *nicht* um eine Erschlaffung im Sinne des Nachlassens oder *Aufhörens* einer Innervation, sondern im Gegenteil um das Einsetzen einer neuen, die aktive Muskelvorgänge veranlaßt. Detrusorerschlaffung ist Vergrößerung des Blasenlumens auf aktivem Wege (vgl. die ebenfalls durch den Sympathicus bewirkte Dilatation des Sphincter iridis). Deutlicher wird das hier Gemeinte in bezug auf den Sphincter. Auch Sphinctererschlaffung ist *nicht* die *exakte* Bezeichnung für den Vorgang, der den Beginn der Miktion darstellt, sondern dessen *Effekt* kommt einer Sphinctererschlaffung, d. h. Öffnung des Blasenausgangs, gleich. In Wirklichkeit handelt es sich aber um richtige Muskelaktionen — Kontraktionen, wenn man so will —, indem nämlich gerade wie beim kreißenden Uterus der „Blasenmund" durch nach oben gerichteten Zug (Kontraktion) der Längsmuskelfasern der seitlich begrenzenden Wände „eröffnet" wird. Gerade die Vorgänge beim kreißenden Uterus illustrieren das sehr deutlich, wie ja überhaupt die Harnblasenfunktion erfolgreich mit den im großen und daher um so deutlicher zutage tretenden Verhältnissen am gebärenden Uterus in Analogie gesetzt werden können, wie das ja auch wiederholt in meiner früheren Arbeit geschah.

Wir sprechen von dem „Verstreichen" des Muttermundes zu Beginn des Partus. Diese Erweiterung ist eine Folge der Wehentätigkeit, d. h. sie kommt zustande durch den Zug, den die Kontraktionen des Motors auf das untere Uterinsegment ausüben, und die zu einer Dilatation desselben führen.

So ist auch die Anordnung der Muskelfasern, die die Blase umgeben, eine derartige, daß die Aktionen mit entsprechendem Effekt in dem oben beschriebenen Sinne zustande kommen können, und der als Sphincter internus bezeichnete Muskel ist ja gar kein selbständiger, getrennter Muskel, sondern die Fortsetzung einer Schicht von Detrusorfasern, die am Blasenausgang fast ring- oder schleifenförmig (wie die Hälfte einer 8) gelagert sind[1]. Es wird daher der Ausdruck „Erschlaffung" für Detrusor und Sphincter als nicht das Richtige treffend abgelehnt, und für ersteren Vorgang Detrusor*dilatation*, für letzteren Sphincter-*relaxation* gebraucht. Wo das Wort Erschlaffung noch gebraucht ist, ist es immer in diesem Sinne — aktiver Muskelvorgänge — angewandt.

Der *Tonus* wird aller Wahrscheinlichkeit nach, wie spätere Auseinandersetzungen noch zeigen werden, vornehmlich *vom Sakralzentrum* aus unterhalten.

Nun könnte man einwenden, daß eigentlich eine gesonderte Innervation für die Detrusorerschlaffung unnötig erscheint, da ja die Detrusordehnung mechanisch durch die wachsende Füllung der Blase verursacht wird. Mechanische Dehnung allein genügt jedoch zur Erklärung dieses Phänomens nicht. Wenn nämlich ein Muskel passiv gedehnt wird, so hat er das Bestreben, kraft seiner Elastizität durch Kontraktion dieser Dehnung entgegenzuarbeiten. Das würde bei der sich füllenden Blase dauernde, der Füllung entgegenstrebende Kontraktionen zur Folge haben. Diese auszuschalten, bedarf der Detrusor der Fähigkeit der aktiven Erschlaffung, die durch den N. hypogastr. bewirkt wird. Es ist dies die Eigenschaft, die später (S. 852 ff.) als plastischer Tonus bezeichnet wird. Demgemäß hat man sich vorzustellen, daß auch das Detrusorzentrum, wie das des Sphincter und wie so viele andere Zentren, sich in dauerndem Tonus befinden. Erst bei größerer Füllung, wenn selbst die aktiv erschlafften Detrusorbündel gedehnt werden, antworten die Muskelbündel mit Kontraktion auf die Dehnung.

Diese Wirkungen des vegetativen Nervensystems können aber noch auf eine andere Art der Reizung bzw. Ausschaltung untersucht werden: durch die pharmacodynamische Prüfung.

Pharmakologie der Harnblase.

Wie bereits ausgeführt, teilen sich Parasympathicus und Sympathicus in die Innervation der Harnblase, wenn auch nicht in absolut durchsichtiger Weise. Hier können nun die pharmakodynamischen Prüfungen durch Mittel, die elektiv das sympathische oder autonome System reizen oder lähmen, weiterführen. Die Untersuchungen wurden nun teils in situ am narkotisierten Tier, besonders auch im Manometerversuch, teils an der herausgenommenen, isolierten, überlebenden Harnblase, teils auch an Streifen aus verschiedenen Teilen der Blase vorgenommen.

Der N. hypogastricus ist sympathischen Ursprungs. Sein Innervationsbereich ist bei den verschiedenen Tierarten kein konstanter. Mit großer Regelmäßigkeit innerviert er den Blasenboden, insbesondere die Trigonummuskulatur.

[1] ADLER: Zitiert auf S. 830.

Die erschlaffende Wirkung auf den Detrusor ist inkonstant. *Adrenalin*, das Stimulans des Sympathicus: Seine Wirkung erwies sich ebenfalls nicht ganz konstant, wechselnd nach Tierart und Ausdehnung der sympathischen Innervation und der Größe der verwandten Dosis. So ist beim Hunde die Adrenalinwirkung nur gering, es erzeugt nur leichte Kontraktion entsprechend des fehlenden Hypogastricusreizungseffekts. IKOMA berichtet indessen, daß die detrusorerschlaffende Adrenalinwirkung *ohne* Ausnahme zu finden sei, wenn genügend lange gewartet werde, bis das Präparat im O_2-durchlüfteten Ringer sich erholt. Bei der Katze ist der hemmende Effekt auch auf Adrenalin deutlich (ELLIOT[1]), aber auch den Sphincter betreffend. BOEHMINGHAUS[2] sah auf Adrenalin den Blasenboden, Sphincter und Trigonum, sich kontrahieren, und zwar um so stärker, je näher der Streifen dem Blasenausgang angehörte, während die übrige Blase unbeeinflußt blieb. Dieser Autor bringt diesen Befund zusammen mit der früher erwähnten Tatsache, daß die Trigonummuskulatur entwicklungsgeschichtlich sich vom Mesoderm herleitet (FAGGE[3], WESSON[4]). MACHT[5] fand ebenfalls am Streifenpräparat auf Adrenalin starke Kontraktion des Trigonum bei den verschiedensten Tieren (vgl. auch IKOMA[6]) und Erschlaffung der übrigen Blase. Letzterer Effekt wurde von ELLIOT[7], EDMUND und ROTH[8] nur bei der Katze, von ABELIN[9] und STREULI[10] auch an der Kaninchenblase beobachtet. Neuerdings bestätigt UCHIGAKI[11] die hemmende Adrenalinwirkung an der Kaninchenblase in situ, die nach vorübergehender Erregung auftrat, außerdem Verminderung der periodischen Bewegung. MACHT konnte den sphincterconstrictorischen Adrenalineffekt durch Pilocarpin beheben. Ich habe am Menschen den Blasendruck nach Adrenalininjektion (1 mg) untersucht und keinen sehr wesentlichen depressorischen Einfluß feststellen können, auch nicht nach vorheriger Atropininjektion (vgl. Kurven[12]). Zum Vergleich ist eine Kurve mit physiologischer Kochsalzlösung angeführt (s. Abb. 164, 165 u. 166).

Ähnlich dem Adrenalin wirkt *Ephedrin;* die Blase aus Ephedra vulgaris (Methylphenylproparolamin), Pseudoephedrin, zeigt auf das Trigonum keine Wirkung, sondern nur auf den Fundus (LILJESTRAND[13]). Durch Ergotamin kann die Ephedrinwirkung *nicht* verhindert werden, durch Cocain erfährt sie Abschwächung, daher wohl vorwiegend muskuläre Wirkung. Die Harnröhre wird durch Adrenalin kontrahiert (ELLIOT). Der Antagonist des sympathicotropen Adrenalin ist das *Ergotoxin*. Es ist aber nur ein partieller Antagonist. Die fördernde Adrenalinwirkung wird paralysiert, die hemmende unbeeinflußt gelassen (DALE[14]). Beim Hunde erzeugt es Inversion der Adrenalinwirkung. MACHT hat diesen Befund verallgemeinert. Die durch Adrenalin kontrahierte Harnröhre wird erschlafft. IKOMA konnte bei Blasenstreifen aus Trigonum und Sphincter, die durch Adrenalin kontrahiert waren, diesen Zustand durch Ergotoxin nicht beseitigen, wohl aber durch Atropin.

Eine Bedeutung für die Pharmakologie der Harnblase hat das *Calcium* erlangt, dem nach KRAUS und ZONDECK sympathicotrope Eigenschaften zu-

[1] ELLIOT: J. of Physiol. **32**, 424 (1905). [2] BOEHMINGHAUS: Z. exper. Med. **33**, 378 (1923).
[3] FAGGE: J. of Physiol. **28**, 304 (1902).
[4] WESSON: J. of Urol. **4**, 3 (1920). [5] MACHT: J. of Urol. **2**, 481 (1918).
[6] IKOMA: Naunyn-Schmiedebergs Arch. **102**, 146 (1927).
[7] ELLIOT: J. of Pharmacol. **21**, 193.
[8] EDMUND u. ROTH: J. of Pharmacol. **15**, 189 (1920).
[9] ABELIN: Z. Biol. **67**, 525; **69**, 373. [10] STREULI: Z. Biol. **66**, 167.
[11] UCHIGAKI: Jap. J. Obstetr. **10**, 47 (1927).
[12] Sämtliche Kurven in dieser Arbeit entstammen, wenn nicht ausdrücklich anders vermerkt, eigenen Arbeiten.
[13] LILJESTRAND: Proc. Soc. exper. Biol. a. Med. **25**, Nr 3, 198 (1927).
[14] DALE: J. of Physiol. **34**, 163 (1906).

kommen. Chiari und Fröhlich[1] fanden zuerst eine Übererregbarkeit der Katzenblase nach Oxalsäurevergiftung (Calciumbindung). Durch Calciuminjek-

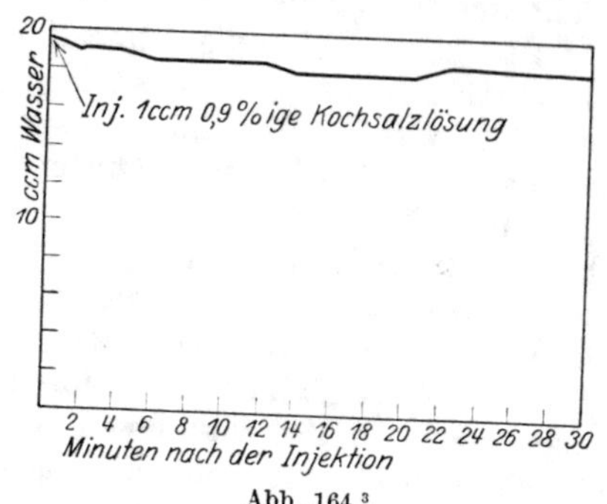

Abb. 164[3].

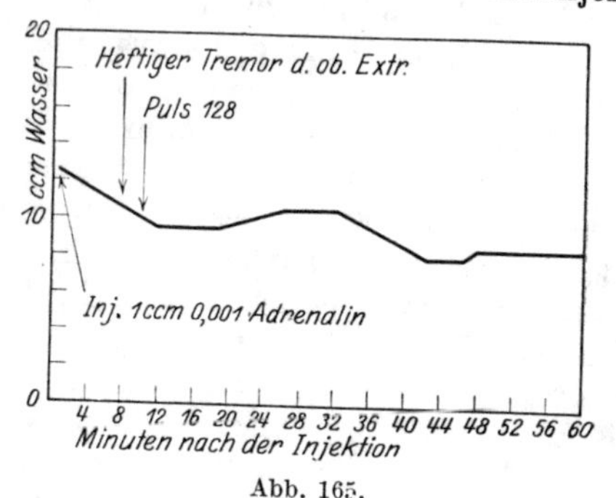

Abb. 165.

tion kann die Übererregbarkeit herabgesetzt werden. Ikoma sah nach Calcium deutliche Detrusorerschlaffung, dagegen keine Erschlaffung von Sphincterstreifen, die durch Adrenalin erregt waren. Durch Calcium kann der Pilocarpinkrampf des Detrusor behoben werden (Schwarz). Das gleiche kann auch durch Adrenalin bewirkt werden (Ikoma). Ebenso wie Calcium wirkt *Magnesium* und *Strontium*. Sein kompletter Antagonist ist das *Kalium*. Schwarz[2] konnte durch intravenöse Injektionen von Calciumchlorid Pollakisurie therapeutisch sehr günstig beeinflussen. Auf den Sphincter haben am Streifenpräparat Calcium wie Kalium keinen Einfluß (Ikoma). Das deutet darauf hin, daß die Einwirkung über die paravesicalen sympathischen Ganglien geht. Dagegen konnte Schwarz Sphincterspasmen durch Calcium prompt lösen.

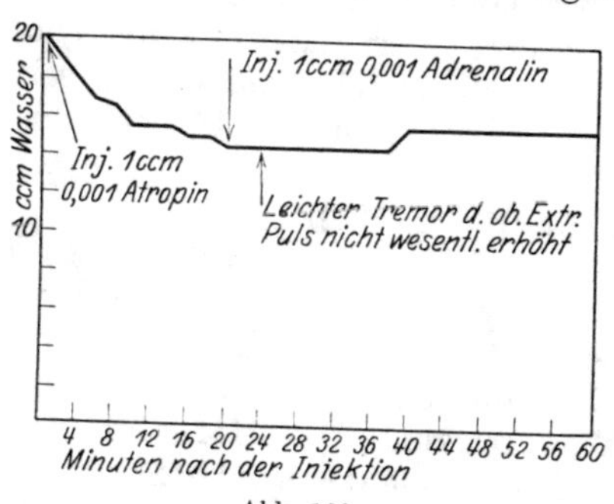

Abb. 166.

Das pharmakologische Experiment lieferte nun auch in bezug auf den Parasympathicus im wesentlichen die gleichen Ergebnisse, wie die früher berichteten entsprechenden Reiz- und Ausschaltungsversuche der Nerven und Zentralapparate. Das Stimulans des Parasympathicus ist das *Pilocarpin*. Bei allen Tieren nach sämtlichen Untersuchern liefert die Reizung des autonomen Blasennerven Kontraktion des Detrusors. So erzeugt auch Pilocarpin starke Kontraktion des Detrusors, erkenntlich durch starke Drucksteigerung in der intakten Blase (Abelin, Streuli, Adler). (Vgl. die Abb. 167, 168, 169, 170, 171 u. 172.)

Am Streifenpräparat sind entsprechende Verkürzungsbefunde zu erheben (Macht, Ikoma u. a.). Boehminghaus fand die constrictorische Wirkung auf den Detrusor, auf den Sphincterstreifen war es wirkungslos; umgekehrt wie beim Adrenalin. Er glaubt daher, daß die sphincterconstrictorische Wirkung durch Vermittlung der extravesicalen Ganglienzellkomplexe zustande kommt. Auch bei

[1] Chiari u. Fröhlich: Arch. exper. Path. **65**, 215 (1911).
[2] Schwarz: Wien. med. Wschr. **1923**, Nr 18.
[3] Sämtliche Kurven in diesem Abschnitte: „Pharmakologie der Harnblasen" wurden so gewonnen, daß die entleerte Blase mit 600 ccm körperwarmer physiologischer Kochsalzlösung gefüllt, und nun der Katheter mit dem Manometer verbunden, in Rückenlage des Patienten in der auf der Abszisse verzeichneten Zeit der entsprechende Druck registriert wurde.

der fehlenden Calciumwirkung am Streifenpräparat, die am Menschen vorhanden ist, kann man an ähnliche Verhältnisse denken. Besonders werden solche Gedanken-

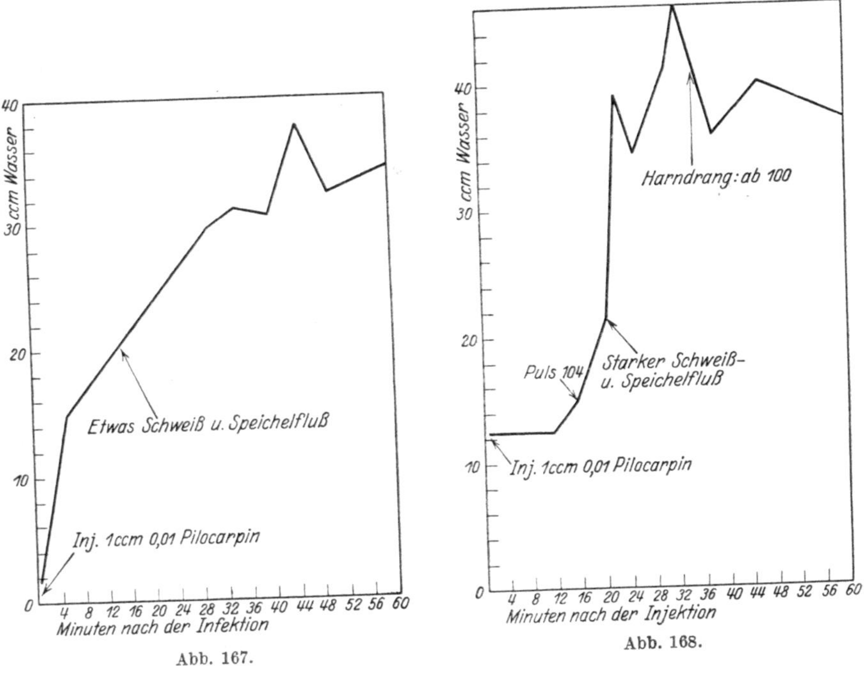

Abb. 167.

Abb. 168.

gänge nahegelegt, wenn man an die oben berichtete Wirkung der präganglionären Axonreflexe denkt (LANGLEY, SPIEGEL). Damit würde in Übereinstimmung

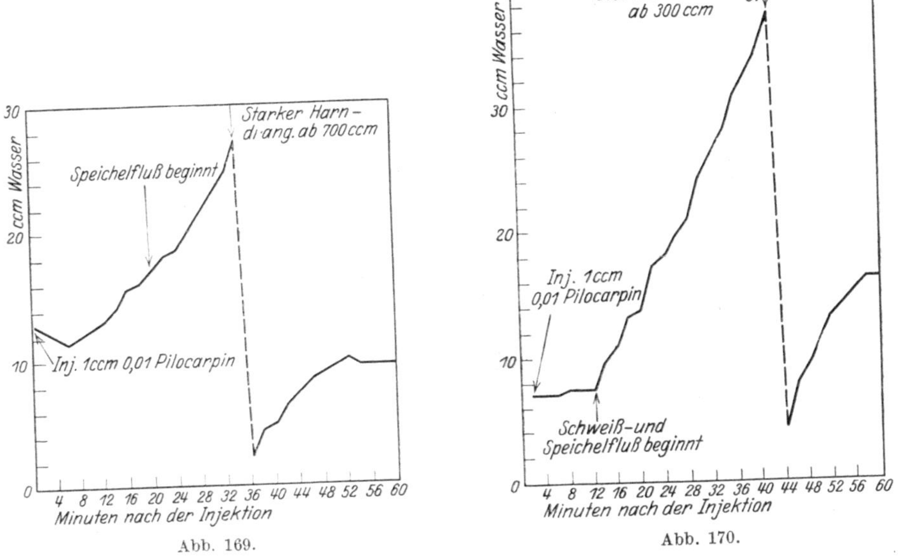

Abb. 169.

Abb. 170.

stehen, daß die sphincterrelaxatorischen Fasern des Pelvicus ohne Umschaltung direkt ziehen und die Öffnung nicht durch periphere Reflexe zustande kommt.

Die Pilocarpinwirkung am Detrusor kann durch Adrenalin paralysiert werden (IKOMA). Überhaupt erstreckt sich der Pilocarpineffekt nur auf den Blasenkörper, Sphincter und Trigonum erweisen sich parasympathischen Giften gegenüber resistent (IKOMA, BOEMINGHAUS). SCHWARZ gibt an, an der gesunden menschlichen Blase nur schwache Ansprechbarkeit des Pilocarpins gesehen zu haben. Ich konnte im Manometerversuch bei Gesunden und Rückenmarkskranken *stets* erhebliche Druckzunahme nach Applikation dieses Pharmakons erzielen (vgl. Abb. 167—172). Urinentleerung erfolgte nicht in allen Fällen. Die Angabe von DIXON und RANSOM betreffend den nach Pilocarpin schlechter werdenden Blasenverschluß könnte man in Analogie zu oben erwähnten Angaben von MACHT begreifen. Bei nervöser Retention kann das Pilocarpin erfolgreich verwandt werden, auch in Form der Droge Fol. Jaborandi.

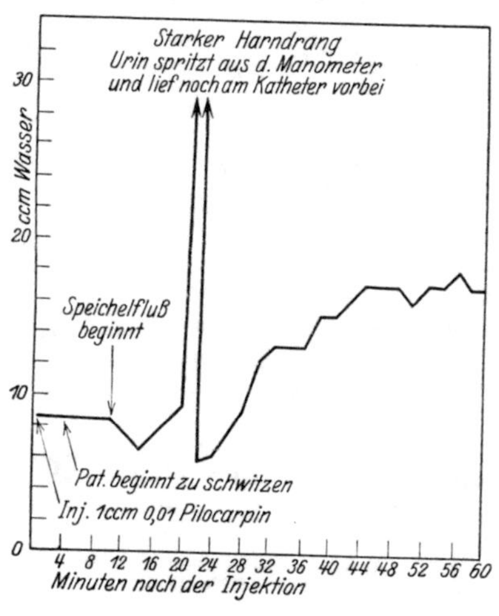

Abb. 171.

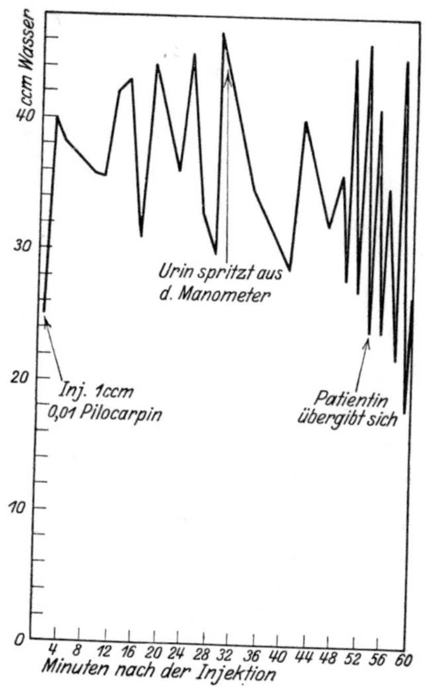

Abb. 172.

In die Gruppe des Pilocarpins gehört das *Physostigmin*. In seiner Wirksamkeit gleicht es dem Pilocarpin völlig. Sein Angriffspunkt liegt aber nicht unmittelbar in den peripheren Nervenendigungen, sondern die parasympathischen Nervenendapparate werden durch Physostigmin empfindlicher gemacht (LOEWI und MANSFELD[1]). Da die durch dies Pharmakon erzeugte intravesicale Drucksteigerung beim enthirnten Tiere oder auch durch Sympathicusdurchschneidung nicht mehr erzielt wird, so läßt dies auf rein zentral bedingten Detrusortonus schließen. Durch Curare kann die Physostigminwirkung zum Teil, durch Atropin ganz aufgehoben werden (EDMUNDS und ROTH). Auch UCHIGAKI hat neuerdings die beschriebene Pilocarpin- und Physostigminwirkung bestätigt. Das *Muscarin* gleicht in seiner Wirkung auf die Blase ganz dem Pilocarpin.

Weitere Reizmittel des Parasympathicus kennen wir im *Cholinchlorhydrat* und *Acetylcholin*. Beide Mittel erzeugen verstärkten Detrusortonus (IKOMA). L. ADLER fand auch das gleiche an der Froschblase.

---

[1] LOEWI u. MANSFELD: Arch. f. exper. Path. **62**, 180 (1910).

Wie diese parasympathischen Erregungsmittel wirkt nun als kompletter Antagonist zum Calcium das *Kalium*. (IKOMA) Es wirkt aber am Streifenpräparat wie das Calcium *nur* auf den Detrusor, der Sphincter und das Trigonum bleiben davon unbeeinflußt. Das Kalium erzeugt beträchtlichen Anstieg des Blasendruckes, dieser Anstieg kann durch Adrenalin wieder rückgängig gemacht werden.

Atropin ist der Antagonist der parasympathischen Erregungsmittel. Die Pilocarpin- oder Physostigminerregung des Detrusors hebt es komplett auf. Jedoch ist seine Wirkung auf den normal tonisierten Blasenkörper gering. Bei der Katze wurde Herabsetzung des normalen Blasentonus gefunden. L. ADLER und STREULI fanden das gleiche auch beim Frosch und bei der überlebenden Blase des Kaninchens. Der sympathisch erregte Sphincter vesicae (Adrenalin) konnte durch Atropin gehemmt werden (BOEHMINGHAUS, IKOMA). Die therapeutische Wirkung des Atropins bei übererregter Blase ist außerordentlich gering. FRÖHLICH und LOEWI berichten, daß alle autonom innervierten Organe durch Atropin gehemmt werden, nur das Pelvicusgebiet nicht. Nach LANGLEY und ANDERSON kann die elektrisch bewirkte Erregung im Pelvicusgebiet selbst durch große Atropindosen nicht gehemmt werden.

Anders als das Atropin, aber auch in krampflösendem Sinne, wirkt das *Papaverin*. PAL gibt an, daß es die kinetische und nicht die tonische Phase der Muskelkontraktion hemmt. Auf Detrusorkrampfzustände wirkt es oft in ausgezeichneter Weise dämpfend ein. BACHRACH berichtet über gute Erfolge bei der Kältepollakisurie.

MACHT führte einen neuen chemischen Körper in die Therapie der Blasenpathologie ein, das *Benzylbenzoat*. Es wirkt dem Papaverin ähnlich. Nach SLATER löst es den Morphinsphincterkrampf. Verstärkter Sphincterschluß kann durch Benzylbenzoat herabgesetzt werden. IKOMA konnte weder mit Papaverin noch mit Benzylbenzoat, noch mit *Campher* und auch nicht mit *Akineton* den durch Morphin erzeugten Sphincterkrampf beheben. Beide letzgtenannnten Mittel wirken sonst lösend auf Krampfzustände glatter Muskulatur.

Das *Hypophysin* spielt in neuerer Zeit, wie schon bei der Besprechung der Pharmakologie des Harnleiters erwähnt wurde, eine größere Rolle. Es ist schon früher als Blasentonicum empfohlen (HOFSTETTER[2]) bei Blasenatonie nach Operationen. Es macht wie überall an Hohlorganen Kontraktion (vgl. Gallenblase, Uterus). Aber nicht nur, daß der Tonus der Blase auf Pituitrin beträchtlich erhöht wird (FRANKL-HOCHWART und FRÖHLICH[3], ABELIN[4], STREULI[5]), es steigert auch den Sphinctertonus (IKOMA). Nach DALE soll dies Pharmakon direkt auf die Muskulatur einwirken. FRANKL-HOCHWART und FRÖHLICH fanden auch eine Erregbarkeitssteigerung des Pelvicus unter Hypophysinwirkung. Auch UCHIGAKI sah Druckanstieg in der Blase nach Pituitrindarreichung.

Neuerdings wurde von EICHHORN[6] eine Substanz hergestellt, die chemisch nichts mit dem Hypophysin zu tun hat, aber pharmakologisch ähnliche Eigenschaften besitzt, sie bewirkt Uteruskontraktionen: das *Gravitol* (2-Methoxy-6-allylphenolaminoäthylätherchlorhydrat). Nach Gravitolinjektionen (1,5 ccm subcutan) sah ich oft Detrusorkontraktionen, Harnentleerung, Harndrang. Oft hatte ich den Eindruck auch der Flüssigkeitsvermehrung.

---

1 FRÖHLICH u. LOEWI: Arch. f. exper. Path. **1908**.
2 HOFSTETTER: Wien. klin. Wschr. **1911**, Nr 49.
3 FRANKL-HOCHWART u. FRÖHLICH: Wien. klin. Wschr. **1909**, Nr 27.
4 ABELIN: Zitiert auf S. 839.
5 STREULI: Zitiert auf S. 839.
6 EICHHORN: Dtsch. med. Wschr. **1929**.

Chinin wirkt wie auf die Muskulatur des Herzens, des Uterus auch auf die Harnblase tonisierend (L. ADLER); große Dosen wirken lähmend.

Yohimbin wirkt am Streifenpräparat des Detrusor kontrahierend (LOEWI und ROSENBERG).

Auch *Schilddrüsensekret* soll den Detrusor erregen (SRTEULI).

Histamin zeigt keinen Einfluß auf die Blase (vgl. Abb. 173).

Bariumchlorid zeigt ebenfalls erregende Wirkung auf den Detrusor, wohl durch direkte Einwirkung auf die Muskulatur.

Im *Glycerin* fand BAISCH ein Mittel zur Anregung von Detrusorkontraktionen bei intravesicaler Instillation. Ferner sind *Urotropin-* (Cylotropin-) Injektionen mit Erfolg als blasentonisierende Mittel empfohlen worden (VOGT), besonders gegen postoperative Harnverhaltung.

Strychnin ist seit langem als Tonicum bekannt. Es wurde lange schon, wie überhaupt bei Lähmungen, so auch bei Blasenlähmung, als erregendes Mittel gegeben. Im pharmakologischen Experiment steigt nach Strychnindarreichung der Blasendruck erheblich an, und zwar in Dosen von 0,002—0,01 mg. 0,2 mg erzeugte Blasenkrampf (UCHIGAKI). Es kann auch Sphincterkrampf entstehen. Der Angriffspunkt des Strychnins ist der Zentralapparat (Zentren im Rückenmark). Das Strychnin bringt Hemmungen zum Fortfall (Wirkung auf die intrazentralen Schaltneurone). Ähnlich wirkt das *Tetanustoxin*. Bei Tetanus finden wir fast regelmäßig eine herabgesetzte Miktionsmöglichkeit (ADLER[1]).

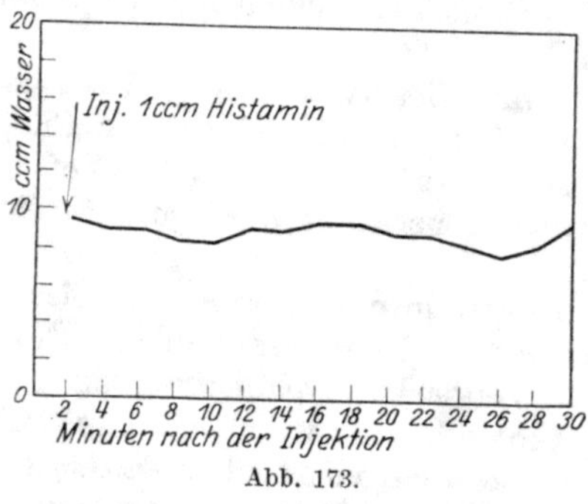

Abb. 173.

Das *Nicotin* hat für die Erforschung der Blasenneurologie große Dienste geleistet; mit seiner Hilfe war die Feststellung der Umschaltstellen möglich. Die Entdeckung der Lähmung der Ganglienzellen, noch bevor die Nerven anästhesiert werden, geht auf LANGLEY zurück. Durch diese so mögliche Ganglienzellausschaltung (Lähmung der Synapsen) hat man eine Reihe von Fragen der Nervenphysiologie der Harnblase lösen können. Nicotin wirkt in großen Verdünnungen erregend auf den Blasentonus (ELLIOT, ADLER). Der Sphinctertonus wird herabgesetzt (STEWART, HAMM).

Nitrite lähmen alle postganglionären autonom hemmenden Fasern (FRÖHLICH und LOEWI[1]).

„Die *Nitrite* heben die Erregbarkeit jener parasympathischen Nervenendigungen auf, deren Funktion *Hemmung* ist.“ (A. FRÖHLICH[2].) Ihr Angriffspunkt liegt peripher und postganglionär. Die auf Pelvicusreizung erfolgende Sphincteröffnung in der v. ZEISSLschen Versuchsanordnung wird durch Nitrite aufgehoben.

Curare. Dies Gift lähmt die motorischen Nervenendigungen. An der Katze fand BARRINGTON Lähmung des Sphincter externus. v. ZEISSL jedoch berichtet, daß der äußere Blasenschließer nach Curarisierung noch funktionierte, wenn die Skelettmuskeln bereits gelähmt waren. Dieser Autor nimmt auch Einwirkung des Pfeilgiftes auf den glatten Sphincter an. Wird nach Curareeinwirkung der N. pelvicus durchtrennt, so resultiert Detrusorkontraktion anstatt wie sonst Erschlaffung. Curare schaltet eben starke Hemmungen zwischen Zentralapparat und Erfolgsorgan ein. Kleinere Dosen erregen, große lähmen den Detrusor (EDMUNDS

[1] ADLER: Mitt. Grenzgeb. Med. u. Chir. **30** (1918).
[2] A. FRÖHLICH: Pharmakol. d. autonom. Nervensystems (s. ds. Handb. Bd. X).

und ROTH[1]). Die Curarewirkung kann durch Physostigmin paralysiert werden, ebenso aber durch Cholin. Es kann also die Curarewirkung an der Blase nicht zu der des Atropins in Analogie gesetzt werden. Dem Curare ähnlich wirken eine Anzahl tertiärer und quarternärer Ammoniumbasen.

Die *Morphium*wirkung auf die Blase ist Gegenstand ausgezeichneter Untersuchungen gewesen. Die einen sehen in der Morphinwirkung auf die Harnblase eine direkte Erregung des Schließmuskels. Trotz Harndranges kommt es nicht zur Entleerung, weil der Sphincterkrampf die Miktion verhindert (v. LEERSUM). HANC[2] sah die nach Curaregaben einsetzende Sphincterschwäche auf Morphin in verstärkten Verschluß umschlagen. TAPPEINER[3] berichtet, daß morphinvergiftete Frösche derartige Detrusorüberdehnung erleiden, daß es zum Platzen der Blase kommen kann. Die anderen Autoren (IKOMA[4]) erblicken in dem auf Morphium folgenden Sphincterschluß lediglich eine reflektorische Folge der Detrusoratonie. Morphin erschlafft in extremer Weise den Detrusor. Daher beheben alle Mittel, die den Detrusor erregen, den Morphinsphincter„krampf": Pilocarpin, Kalium, Cholin. IKOMA nimmt an, daß durch Morphin das im Sakralmark gelegene parasympathische Erregungszentrum für den Detrusor eine Schwächung erfährt in Analogie zur Morphiumwirkung auf die Pupille, die auch in einer Schwächung antagonistischer Zentren zu suchen ist (MEYER-GOTTLIEB[5]). Für diese Auffassung wären sogar Versuchsergebnisse von LEERSUM[6], mit dem sonst IKOMA nicht übereinstimmt, zu verwerten. Atropin hebt die Morphinwirkung auf, ebenso wie Pelvicusdurchschneidung. Die Detrusoratonie kommt also durch Wegfall autonomer Erregungsimpulse zustande und nicht durch Hypogastricusreizung. Damit stimmt weiter überein, daß der Hypogastricus bei der Morphinwirkung unbeteiligt ist (V. LEERSUM). Nach Decapitation vermehrt sich der Sphinctertonus stark, und jetzt hat Morphin eine schwächende Wirkung. Hieraus ergibt sich, daß der Angriffspunkt des Morphins vom verlängerten Mark abwärts gelegen ist. Hiermit können wir nun eine Anzahl von Miktionsstörungen bei Krankheiten vergleichen, die mit Ausschaltung und herabgesetzter Tätigkeit des Großhirns einhergehen, die Meningitis, die akute gelbe Leberatrophie. Hierbei trafen wir enorm herabgesetzte Blasendrucke (ADLER[7]).

Hier wie im früheren war schon einige Male vom Blasendruck die Rede. Ehe wir zur zusammenfassenden Besprechung der Ergebnisse der Physiologie und Pharmakologie der Blaseninnervation übergehen, seien daher zunächst die Resultate der Blasendruckmessung wie deren Technik eingefügt.

Die Blasendruckmessung.

Die Messung des Druckes in der Harnblase ist oft Gegenstand wissenschaftlicher Untersuchungen gewesen. Aus den 70er Jahren ist die Arbeit von M. DUBOIS[8] aus der QUINCKEschen Klinik in Bern, dann die älteren Arbeiten von GENOUVILLE[9] und GUYON[10], von v. ZEISSL[11], FRANKL-HOCHWART und ZUCKER-

[1] EDMUNDS u. ROTH: J. of Pharmacol. **15**, 189 (1920).
[2] HANC: Pflügers Arch. **73**, 453 (1898).
[3] TAPPEINER: Sitzungsber. Ges. Morph. u. Physiol. Münch. **1889**.
[4] IKOMA: Arch. f. exper. Path. **102**, 146.
[5] MEYER-GOTTLIEB: Lehrb. d. Pharmakol., 5. Aufl.
[6] LEERSUM: Arch. néerl. Physiol. **2**, 689 (1918).
[7] ADLER, A.: Zitiert auf S. 844.
[8] DUBOIS, M.: Virchows Arch. **17**, 148.
[9] GENOUVILLE: Arch. de Physiol. (April 1894); ferner La contractilité du muscle vésical. Paris 1894.
[10] GUYON: Ann. Mal. Org. gén. urin. **1887**, 193 — Lecons cliniques sur les maladies des voies urinaires. Dtsch v. ZUCKERKANDL u. KRAUS. Hölder 1896/97.
[11] v. ZEISSL: Zitiert auf S. 832.

KANDL[1], MOSSO und PELLACANI[2], ELLIOT[3], STEWART[4] zu erwähnen. Neuerdings haben sich dann auch STAVIANICEK und SÜMEGI, ROTHFELD[5], L. R. MÜLLER[6], WEITZ und GOETZ[7], O. SCHWARZ[8], DENNIG[9], E. HIRSCH[10] sowie Verfasser mit Messungen des Blasendruckes beschäftigt. Die Methoden sind verschiedene gewesen. Zunächst können zwei Anordnungen Verwendung finden: Messung der Druckvariationen bei konstantem Volumen (isometrische Methode) oder Beibehaltung von Druckkonstanz bei veränderlichem Volumen (isotonische Methode). Zu letzterer Anordnung hat ELLIOT die Blase statt mit einem Manometer mit einer mit Flüssigkeit gefüllten weiten Flasche verbunden. Bei der Blasenentleerung geht der Urin in die weite Flasche. Der Druck ändert sich hierbei wegen der großen Oberfläche kaum. Durch Verbindung des Flaschenhalses mit einem Rekorder kann man die Blasenbewegungen registrieren. DENNIG berichtet, daß er die Detrusorkontraktionen, wie sie auf physiologische Reize erfolgen, von denen MOSSO und PELLACANI berichten, nach dieser isotonischen Methode habe besser darstellen können, als nach der isometrischen. Für die isometrische Messung des Blasendruckes seien auf S. 847ff. einfache Anordnungen kurz erwähnt.

Es zeigt sich, daß der spontane intravesicale Druck in gewissen Grenzen variabel ist, und daß das spezifische Gewicht des Harnes hierbei vielleicht eine Rolle spielt. DENNIG hat nun festgestellt, daß die Zusammensetzung des Harnes, insbesondere sein spezifisches Gewicht, Aciditätsverschiebungen nach der sauren und alkalischen Seite, keinen Einfluß auf den Blasendruck haben (allerdings im Füllungsexperiment: $^1/_2$ Minute Einlaufen bei konstantem Druck von 18 cm, 1 Minute Ruhe). Immer traten die ersten Blasenkontraktionen mit imperativem Harndrang bei einer Füllung von 1100—1200 ccm auf. Die Druckkurven bei den verschiedenen Füllungen mit verschieden zusammengesetzten Flüssigkeiten deckten sich annähernd. Demgegenüber fand jedoch in Übereinstimmung mit uns UNTERBERG einen deutlichen Einfluß des spezifischen Gewichtes. SCHWARZ nennt die Kurven, erhalten durch Ablaufenlassen des Harnes durch den Katheter, „Auslauf“-Kurven und setzt ihnen an die Seite Füllungs- und Miktionskurven. Um letztere zu erhalten, führt er einen dünnen Katheter in die Harnröhre und läßt neben dem Katheter urinieren. Hierzu ist zu sagen, daß das Urinieren neben dem Katheter nicht als physiologischer Miktionsakt angesehen werden kann, da es gleichsam eine Miktion gegen ein Hindernis ist und deshalb höhere Anforderungen an den Detrusor stellt. DENNIG führt den Versuch so aus, daß er Männern ein sich konisch verjüngendes Glasrohr in das Oreficium externum einlegt; dies Glasrohr ist mit einem Manometer und einem Seitenrohr zum Zwecke des Auslaufs in Verbindung gebracht. Bei Aufforderung zum Urinieren steigt die Flüssigkeit im Manometer hoch. Hierbei fehlt die Registrierung des ersten Anfangsdruckes. Ich habe schließlich die Anordnung zu diesem Zwecke noch so gewählt, daß ich die Blase suprapubisch punktierte, die Nadel mit einem Manometer in Verbindung brachte und dann die Aufforde-

---

[1] FRANKL-HOCHWART u. ZUCKERKANDL: Zitiert auf S. 804.
[2] MOSSO u. PELLACANI: Zitiert auf S. 832.
[3] ELLIOT: Zitiert auf S. 832.
[4] STEWART: Zitiert auf S. 832.
[5] STAVIANICEK u. SÜMEGI, ROTHFELD: Wiener klin. Wschr. **1918**, Nr 24.
[6] MÜLLER, L. R.: Münch. med. Wschr. **1918**, Nr 28.
[7] WEITZ u. GOETZ: Med. Klin. **1918**, 279.
[8] SCHWARZ, O.: Mitt. Grenzgeb. Med. u. Chir. **29**, 174 (1917) — Z. Urol. **14** — Z. urol. Chir. **8**, 32 (1921).
[9] DENNIG: Die Innervation d. Harnbl. Monographien Neur. (Berlin 1926).
[10] HIRSCH, E.: J. amer. med. Assoc. **91**, 772.

rung zum Urinieren erteilte. Das Auftreten von Harndrang lag auch bei dieser Anordnung zwischen 15 und 20 cm Wasser. Nach Aufforderung zum Wasserlassen stieg der intravesicale Druck scharf an und blieb während der Miktion konstant. Willkürliches Unterbrechen des Harnstrahls führte zunächst nicht zu erheblicher Drucksenkung und war mit Schmerzen verbunden. Offenbar ist hier lediglich eine Wirkung über den Pudendus vorhanden, die noch nicht zu reflektorischer Detrusorerschlaffung genügt. DENNIG hat nun experimentell nachgewiesen, daß die Erschlaffung des äußeren Blasenverschließers reflektorisch erfolgt. Bei dieser Art der Registrierung erhält man während der Entleerung im Prinzip ähnliche Kurvenform wie beim Auslauf durch den Katheter. Auch hier bleibt, was von ADLER als das wesentlichste angesehen wurde, der Druck während des ganzen Ablaufs der Miktion im ganzen konstant. Nur liegt die Kurve in einem anderen (größeren) Abstand von der Abszisse. Alle so gewonnenen Kurven sind Entleerungskurven. Man kann aber auch eine Füllungskurve aufnehmen, die ein Bild von der Detrusordehnung gibt. Hierbei ist natürlich erforderlich, erstens einmal, worauf besonders MOSSO und PELLACANI hinweisen, Temperaturkonstanz der Füllungsflüssigkeit und Konstanz des Druckes, unter dem die Flüssigkeit einfließt, zu wahren. Weiter aber ist die Schnelligkeit des Einlaufs von erheblicher Bedeutung für die erhaltene Kurve. (Vgl. Abb. 163a u. b S. 836.) Besonders in die Augen springend sind diese Verhältnisse bei reizbaren Blasen. Hier entstehen starke Druckschwankungen (Detrusorkontraktionen) selbst bei relativ langsamer Füllung: Das Manometer schnellt in die Höhe, sinkt darauf wieder ab und es resultiert ein Spannungszuwachs. Aber auch hier kann durch reizlose Füllung Druckkonstanz erzielt werden. Aus diesen Gründen habe ich früher die „Auslauf"kurve zur Prüfung der Detrusorfunktion herangezogen. Sie zeigt deutlich, ohne daß hier ein störender Reiz auftritt, den unter Umständen die Füllung darstellt, die Fähigkeit des Detrusor, ganz verschiedene Füllungen bei annähernd gleichen Drucken zu fassen. Wir werden später sehen, wie der kranken Blase dies Vermögen verloren geht. Dies Vermögen ist ein den Hohlorganen eigenes. KELLING[1] hat es besonders am Magen studiert. DENNIG bringt folgende Beziehung zwischen Druck und Wandspannung bei einem elastischen Hohlorgan:

$$\text{Wandspannung} = \frac{\text{Druck} \times \text{Radius}}{2}$$

und ELLIOT formuliert:

$$\text{Wandspannung} = \frac{\text{Druck} \times \text{Radiusquadrat}}{\text{doppelte Wanddicke}}.$$

Die so erhaltenen Druckwerte werden in Kurven eingezeichnet, indem die Abszisse die Füllungen trägt, und zwar am besten jeweils vom Nullpunkt ab fallend, und auf der Ordinate die zugehörigen Druckwerte stehen. Diese so erhaltenen Kurven, von SCHWARZ „Auslaufkurven" genannt, unterscheiden sich grundlegend von den Füllungskurven, wie sie andere Autoren als Maß für die Detrusorfunktion aufstellten (GENOUVILLE und GUYON, FRANKL-HOCHWARTH und ZUCKERKANDL, SCHWARZ). Ist keineswegs gleich, ob die Blase Urin oder eine andere Flüssigkeit enthält, so ist es von grundlegender Bedeutung für den jeweils herrschenden intravesicalen Druck, ob die Blase langsam tropfenweise durch den von den Ureteren her einrieselnden Urin gefüllt wird, oder ob dies von der Harnröhre her im Strahle geschieht. In diesem letzteren Falle liegt ein unphysiologischer Reiz vor, der besondere, keineswegs der Norm entsprechende

[1] KELLING zit. nach DENNIG.

Reaktionen der Detrusormuskulatur auslöst. Man könnte die Füllungskurve auch als eine Art Reizkurve ansehen. Die Auslaufkurve hingegen zeigt an, wie bei der sich entleerenden Blase die Wand sich der jeweiligen Füllung anzupassen

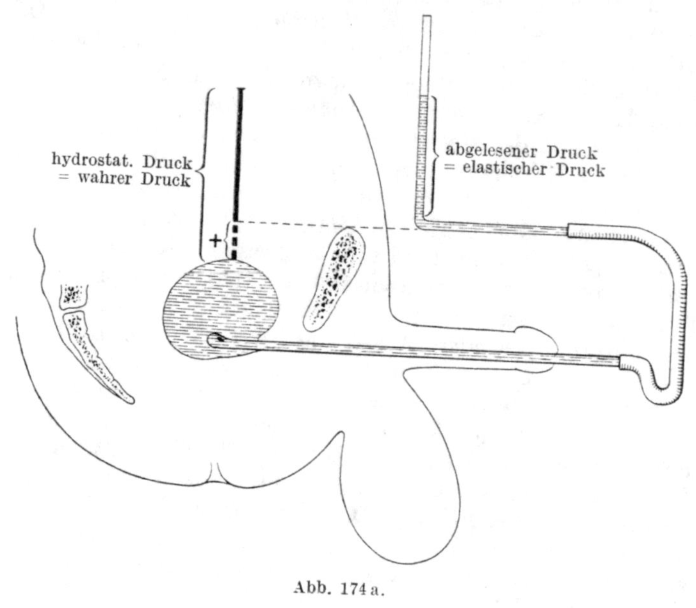

Abb. 174a.

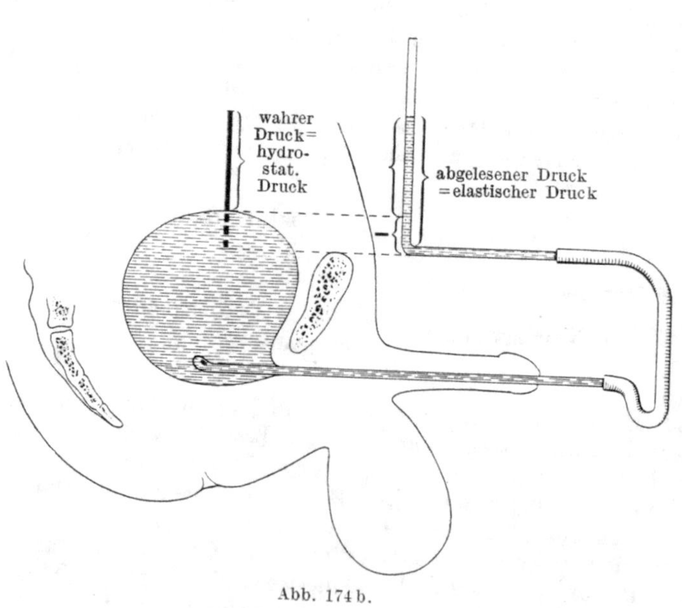

Abb. 174b.

vermag. Es handelt sich also nicht, wie SCHWARZ das hinstellen möchte, um ein einfaches Leerlaufen der Blase, sondern die Kurven zeigen deutlich, wie bei der Entleerung durch den Katheter auch der Detrusor aktiv die Austreibung besorgt. Diese Gründe bewogen auch seinerzeit Verf. dazu, als Maß für die Detrusorfunktion die Blasendrucke bei verschiedenen Füllungsgraden mit dem zu der betreffenden Zeit in der Blase vorhandenen Urin zu registrieren.

Nun wäre über die Art der Registrierung des intravesicalen Druckes noch ein Wort zu sprechen. Wir messen den Blasendruck von der Symphyse ab, die wir als Nullpunkt annehmen. Den Druck, den man so erhält, will ich als elastischen Druck bezeichnen, zum Unterschiede von dem hydrostatischen Drucke, der die Höhe der intravesicalen Urinsäule über dem Blasenausgang anzeigt. Der also dort herrschende Innendruck (eigentlicher Blasendruck) ist die Differenz bzw. die Summe von elastischem und hydrostatischem Druck, denn das Flüssigkeitsniveau in der Blase ist keineswegs immer an dem oberen Rand der Symphyse. Der oberste Punkt der leeren Blase reicht nicht ganz bis an den unteren Symphysenrand heran. Bei der Füllung dehnt sich die Blase, und zwar so, daß zuerst der transversale Durchmesser sich dehnt und dann der Fundus sich vertikal hebt. Die gefüllte Blase nimmt Kugelgestalt an. Sie hat auch oft Birnenform unter pathologischen Verhältnissen (Abb. 174a u. b).

Bei verschiedenen Experimenten an der Leiche, welcher die Baucheingeweide herausgenommen waren (flach in Rückenlage), ergaben sich in einer ganzen Reihe von mir angestellter Versuche immer wieder folgende Werte:

Bei einer Füllung der Blase von ungefähr

100 ccm stand der obere Rand des Blasenfundus 8—9 cm } unterhalb des oberen Symphysenrandes
200—300 „ „ „ „ „ „ „ 5—7 „
400—500 „ „ „ „ „ „ „ 2—3 „
650 „ etwa an dem oberen Symphysenrande
800 „ „ 2 cm über dem Symphysenrande
1000—1200 cm etwa 4—6 cm über dem Symphysenrande.

Hieraus ergibt sich, daß man, um den wahren Druck, der in der Blase bei gewissen Füllungen herrscht (d. h. den Druck, der sich auf das intravesicale Flüssigkeitsniveau bezieht), zu erfahren, gewisse Korrekturen vorzunehmen hat, und zwar je nach Maßgabe der Füllungen.

Hiernach machten wir folgende Korrekturen an den abgelesenen Werten (elastischer Druck):

Bei einer Füllung von 1200 ccm: abgelesener Druck —6 = wahrer Blasendruck
„ „ „ „ 1100 „ „ „ —5 = „ „
„ „ „ „ 1000 „ „ „ —4 = „ „
„ „ „ „ 900 „ „ „ —3 = „ „
„ „ „ „ 800 „ „ „ —2 = „ „
„ „ „ „ 700 „ „ „ —1 = „ „
„ „ „ „ 600 „ „ „ = „ „
„ „ „ „ 500 „ „ „ +2 = „ „
„ „ „ „ 400 „ „ „ +3 = „ „
„ „ „ „ 300 „ „ „ +5 = „ „
„ „ „ „ 200 „ „ „ +6 = „ „
„ „ „ „ 100 „ „ „ +8 = „ „

Die Kurven (Abb. 175—178) stellen den Druckablauf bei normaler Blase dar. Patienten, die keinerlei Blasenbeschwerden noch Krankheiten neurologischer oder nervöser Natur hatten, wurden aufgefordert, den Urin so lange zu halten, bis sie mehr oder weniger heftigen Harndrang verspürten, dann wurde katheterisiert und in der oben beschriebenen Weise die Drucke registriert.

Was können wir nun an diesen Kurven ablesen?

In einem solchen Druckablauf, graphisch betrachtet, zeigt sich deutlich das Bestreben der Blase (Detrusor), ihren Inhalt kräftig auszupressen. Mit *geringer* werdender Füllung *bleibt der Druck in der Harnblase* im wesentlichen *der gleiche*; denn ein Hohlmuskel — ein solcher ist doch die Blase — ist ja imstande, verschieden große Füllungen unter annähernd gleichen Drucken zu halten. Damit ist DUBOIS'[1] Regel bestätigt: „Der Druck in der Blase ist annähernd ein konstanter.“ An den Kurven prägt es sich deutlich aus, daß während des Ablaufes der Miktion der Detrusor rhythmische Kontraktionen ausführt. Das stimmt ganz mit den Versuchsergebnissen von MOSSO und PELLACANI[2] überein, von denen später noch einmal die Rede sein wird. Bedenkt man, daß die Kurven gewonnen sind, indem man nur einzelne Füllungsgrade in beliebig gewählten Abständen registriert hat (während man eigentlich in viel kleineren Abständen, ja kontinuierlich, den Druckablauf während der ganzen Dauer der Miktion aufzeichnen müßte, um genaue Resultate zu erhalten), so zeigt sich doch schon aus diesen daher nur ganz approximativ geltenden Kurven deutlich die

[1] DUBOIS: Zitiert S. 845. [2] MOSSO u. PELLACANI: Zitiert S. 832.

Tendenz der kräftigen, rhythmischen Detrusorkontraktionen. Gegen Schluß der Entleerung wird *relativ* der Druck ein immer höherer, d. h. der Detrusor zieht sich um seinen Inhalt zusammen wie in der Austreibungsperiode der Uterus um das Kind; und damit stimmt auch die Beobachtung überein, die Rehfisch[1] bei seinen Untersuchungen über die Blasenkontraktionen machte, daß eine Blase, die unter einem gewissen Druck den größten Teil ihres Inhalts ausgetrieben hatte, bei den folgenden Kontraktionen den Rest unter noch höheren Druck brachte. Was in dem neurologischen Teil auseinanderzusetzen sein wird, ist auch hier bestätigt: mit einsetzender Sphinctererschlaffung beginnt der Detrusor sich kräftig zu kontrahieren. Gleichzeitig ist durch die konstante oder gar noch während der Entleerung dauernd steigende Druckhöhe ein für die Miktion adäquater Reiz gegeben, denn ein stärkerer Grad von Druckverminderung würde ja der Reizung ein Ziel setzen und würde die völlige Entleerung der Blase verhindern.

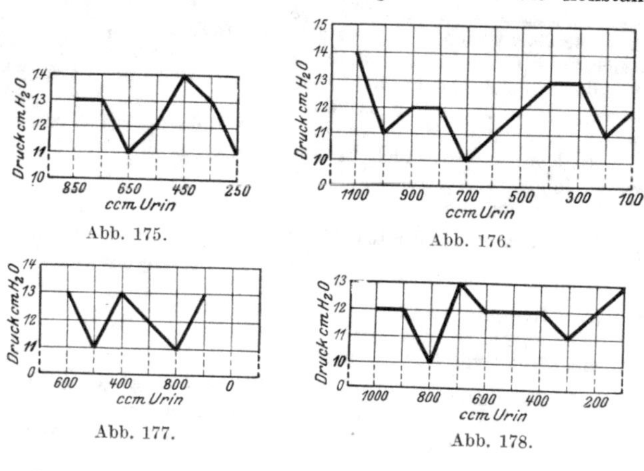

Abb. 175. Abb. 176. Abb. 177. Abb. 178.

Von der graphischen Darstellung des Druckablaufs der normalen Blase muß man also eine wellenförmig verlaufende Kurve verlangen, deren Punkte mindestens 10 cm von der Abszisse entfernt liegen und in der Regel 20 cm nicht übersteigen sollen.

Methodisch ist zu bemerken: Man geht so vor, daß man die Blase durch einen Katheter mit einem Manometer verbindet. Das Manometersteigrohr ist an seinem unteren Ende mit einem Dreiwegehahn versehen, der gestattet, je nach Stellung, den Harn oder die Spülflüssigkeit ablaufen oder Flüssigkeit in die Blase übertreten zu lassen. Hierbei kann durch Verschiebung der Skala mit Steigrohr diese auf den jeweiligen Nullpunkt (Symphysenhöhe) eingestellt werden[2].

Die *Entleerungskurve:* Schwarz bezeichnet, wie bemerkt, diesen Vorgang als ein einfaches Leerlaufen der Blase. Die Kurven (Abb. 175—178) bringen aber deutlich zum Ausdruck, daß es sich hier keineswegs um ein Leerlaufen im Sinne eines passiven Nachlassens des Tonus des Blasenmuskels handelt, sondern es tritt, wie betont, deutlich die kräftige Detrusorwirkung, die Umklammerung des Inhalts — analog der Tätigkeit des Uterus in der Austreibungsperiode — in die Erscheinung. Das erhellt noch ein anderes Symptom, das von Stavianicek, Rothfeld und Sümegi hervorgehoben wurde: Beim etappenweisen Ablasssen einer Blasenfüllung steigt oft der Druck nach dem Ablassen einer gewissen Menge noch gegen vorher an. Das zeigen auch unsere Druckkurven von normalen Individuen mit Deutlichkeit. Rehfisch hat schon zum Ausdruck gebracht, daß Blasen, die sich eines Teiles ihres Inhaltes entledigt haben, das Bestreben zeigten, den Rest unter noch größeren Druck zu setzen. Auch die gebrachten Kurven illustrieren, daß gegen Ende der Entleerung der intravesicale Druck ein relativ höherer wird. Schwarz glaubt, daß die Verminderung des Blaseninhalts ebenfalls als Reiz wirken könne, wie seine Vermehrung in Analogie zur elektrischen Reizung, wo wir auch zwischen Öffnungs- und Schließungszuckung unterscheiden. Vielleicht kann man, anstatt diese Erscheinung als Reiz zu deuten, sie auch als registrierte Etappen der rhythmischen Detrusorkontraktionen ansehen. Dagegen imponieren die nach der zweitgenannten Methode gewonnenen Kurven als ausgeprochene Reizkurven.

[1] Rehfisch: Zitiert nach Metzner in Nagels Handb. d. Physiol. **2**, 311.
[2] Vgl. Adler: Mitt. Grenzgeb. Med. u. Chir. **30**. — Dennig: Monographien Neur. **1926**.

Die *Füllungskurve:* Wird eine Blase künstlich gefüllt und dabei in einzelnen Abständen der Druck registriert (Abb. 179 u. 180a u. b), so erhält man eine je nach dem Tempo der Einfüllung ansteigende Kurve. Bei ganz langsamer, tropfenweise erfolgender Füllung ist die Druckzunahme bei normaler Blase eine nur geringe. Bei irritablen Blasen ist natürlich diese Druckzunahme eine erheblich stärkere. Die Füllungskurve liefert also Aufschluß über die Reizbarkeit des Detrusors. Die Stärke der Reizung des sensiblen Teiles des Reflexbogens hat dann entsprechend stärkere motorische Aktion im Gefolge.

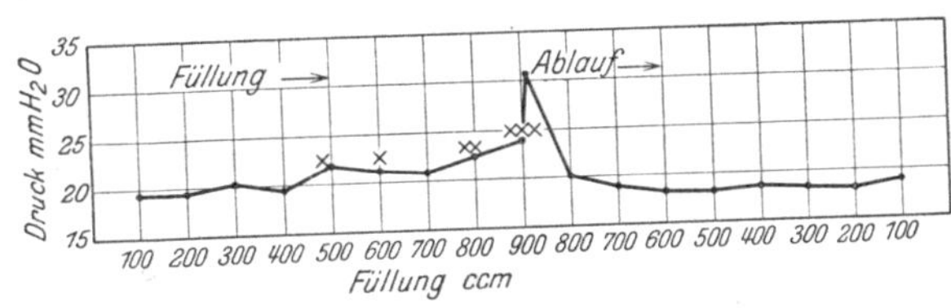

Abb. 179. Füllungs- und Entleerungskurve nacheinander aufgenommen. × bedeutet verschiedene Grade des Harndrangs.

Die Füllungskurve gibt also an, welche Aktionsmöglichkeit aus dem Detrusor noch herauszuholen ist, während die Entleerungskurve ein Bild von dem *augenblicklichen Zustand* des Blasenmuskels liefert. So dürfen wir auch die Angabe von SCHWARZ verstehen, der feststellt, daß beispielsweise funktionell insuffiziente Blasen, wie bei der Prostatahypertrophie, nach der Füllungskurve beurteilt, als Hypertensionsblasen imponieren, während die Entleerungskurve, wie ich sie fand, einen atonischen Detrusor aufzudecken scheint. SCHWARZ weist darauf hin, eine wie erstaunliche Regenerationsfähigkeit solche Blasen aufzeigen können. Nach Beseitigung der Ursachen können sie wieder nahezu normal funktionstüchtig werden[1]. So löst sich dieser Widerspruch, auf den auch DENNIG hinweist. Die Entleerungskurve zeigt die augenblickliche Funktion an, während die Füllungskurve die noch erhaltene Reaktionsmöglichkeit zum Ausdruck bringt. Diesen beiden Kurvenarten haftet aber ein Nachteil an, nämlich der, daß sie nichts über die normale freie und willkürliche Miktion aussagen (DENNIG, SCHWARZ). Hierüber unterrichten, wie schon oben bemerkt, die sog. *Miktionskurven* (s. S. 854).

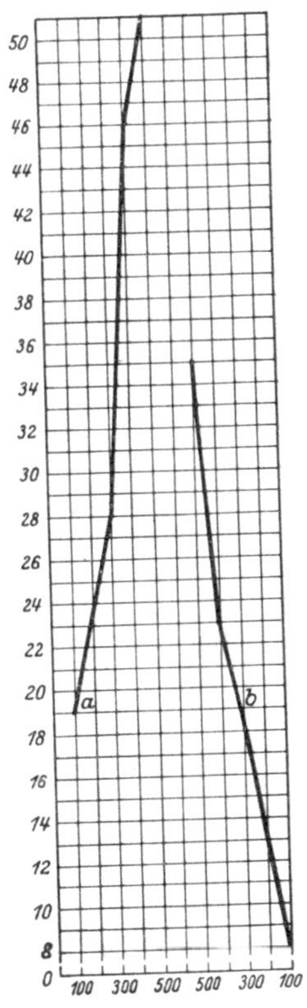

Abb. 180.
a) Füllungskurve.
b) Entleerungskurve.
Bei demselben Individuum nacheinander aufgenommen.

Ehe zur Besprechung dieser die Physiologie der Harnentleerung näher charakterisierenden Kurvenart übergegangen werden soll, machen sich erst einige Auseinandersetzungen über die Eigenart der *Blase als Tonusmuskel* erforderlich. Während z. B. ein Gummifaden bei Aufhören einer für ihn nicht zu großen Belastung in seine Ruhelage zurückkehrt, auch wenn diese mehrere Male hintereinander durchgeführt wird, so zeigt eine wiederholte Belastung der postmortalen Blasenwand eine immer geringer werdende Neigung zur Rückkehr in die Ruhelage. Die Elastizität der Blase ist eine unvollkommene (vgl. die Untersuchungen von STUBENRAUCH[2] an der Blase und von TRENDELENBURG[3] am Darm). Diese Elastizität ist eine Eigenschaft auch des lebenden Blasenmuskels, wenngleich auch

---

[1] Auch TRENDELENBURG betont, daß Hohlmuskel, die durch Dehnung ihren Tonus verloren, diesen nach einer Ruhepause zurückgewinnen.

[2] STUBENRAUCH: Arch. klin. Chir **51**.

[3] TRENDELENBURG: Arch. exper. Path. **81**, 55 (1917).

nicht an seine Vitalität geknüpft. Sie ist gleichsam eine physikalische Eigenschaft: sein Bestreben nach Dehnung in die ursprüngliche Ruhelage zurückzukehren.

Dieser Elastizität geradezu entgegengesetzt ist die Haupteigenschaft des Tonusmuskels, seine Plastizität. Unter plastischem Tonus (SHERRINGTON) versteht man eben das Fehlen jeglicher Tendenz, bei Dehnung in die ursprüngliche Lage zurückzukehren. Jede Lage ist für ihn eine Ruhelage: Jede Längenänderung wird festgehalten ohne Aufgabe des jeweiligen Spannungsgrades. GRÜTZNER stellte sich diesen Vorgang durch einen Vergleich mit einem Gummifaden, an dem ein mit einem Sperrhaken versehenes Gewicht längs einer Zahnstange gehoben wird, vor: In jeder Länge kann die Zusammenziehung des Gummifadens aussetzen, und das Gewicht wird an dem Sperrhaken festgehalten. So sollen auch die Tonusmuskeln gleichsam mit Sperrvorrichtungen versehen sein (v. UEXKÜLL). Der Tonus ist also ein Dauerzustand ohne Ermüdung, der Stoffverbrauch hierbei ein sehr geringer. Ursächlich bedingt ist diese Sperrung, Bremsung, Tonusfunktion durch Dauerinnervation, die nach LANGELAAN[1] vom Sympathicus aus unterhalten werden soll; ihre Ursache liegt in propriozeptiven Erregungen, die vom Muskel selbst ausgehen. Diese Dauerinnervation wird als *statische* bezeichnet zum Unterschied von der *kinetischen*, die die Bewegung innerviert. Die Spannung kann bei Verlängerung der Muskelfasern, wie gesagt, lange die gleiche bleiben („maximale Sperrung bei gleitender Länge“ [v. UEXKÜLL[2]]). Nun bleibt plötzlich von einem Punkte ab die Länge der Muskelfaser konstant, aber es erhöht sich seine Spannung („gleitende Sperrung bei gleicher Länge“ [v. UEXKÜLL]). Für die Blase bedeutet dies, daß das Volumen von Tonusänderungen der Wand unabhängig ist. Die Wand wird härter (PAL). Bei weiterer Dehnung steigt der Innendruck, und es erfährt die Wand schließlich eine elastische Dehnung im Gegensatz zur erstgenannten plastischen Dehnung. Die genannte statische Dauerinnervation des Tonus kann nun durch kinetische Innervationsimpulse durchbrochen werden: Es beginnt die *Kontraktion*. Die Contractilität ist eine weitere dritte Eigenschaft der Blasenwandung. Die Kontraktion ist ein aktives Bewegungsphänomen im Gegensatz zum inaktiven Dauerzustand des Tonus. Dieser Tonus gibt gleichsam die Basis ab, auf der erst die Kontraktion sich entwickeln kann. Er ist sozusagen das Sprungbrett für die aktive Kontraktion. Man kann den Tonus mit der potentiellen Energie vergleichen, die sich dann in kinetische umsetzt. Er ist gleichsam der geladene Akkumulator, von dem aus die Bewegungsphänomene gespeist werden. Daher auch: Je höher die Tonuslage, um so ausgiebiger die Kontraktion. Diese einzelnen Phasen sehen wir nun bei der Blasentätigkeit in schönster Weise.

„Die Blase vermag sich entsprechend der Zunahme ihres flüssigen Inhaltes gleichmäßig auszudehnen, wobei sie dauernd einen mäßigen Druck auf die Binnenflüssigkeit ausübt, bis sie ihre normale Größe erreicht hat. Die Sperrung, die die Muskelfasern in dieser Zeit dem Binnendruck entgegensetzen, ist stets die gleiche, obgleich sie dabei an Länge zunehmen. Wir haben es also hier mit einer Sperrung zu tun, die ein gewisses Maximum besitzt, bei gleitender Länge der Muskeln.

Ist die normale Größe der Blase erreicht, so verlängern sich die Muskelfasern nicht mehr. Dafür steigt ihre Sperrung, die sie der Zunahme der Binnenflüssigkeit entgegensetzen, deren Druck ebenfalls zu steigen beginnt. Wir haben es dann mit einer ‚gleitenden‘ Sperrung der Muskeln zu tun, die der wachsenden Last parallel geht, bei gleichbleibender Länge der Fasern.

---

[1] LANGELAAN: Zitiert nach SPIEGEL: Der Tonus, in ds. Handb. Bd. IX, S. 711.
[2] v. UEXKÜLL: Gesetz der gedehnten Muskeln, in ds. Handb. Bd. IX, S. 741.

Steigt der Binnendruck noch höher, so werden die Muskelfasern passiv gedehnt. Diese Dehnung ist nun im Gegensatz zu der ‚plastischen' Dehnung, die sie anfangs erfuhren, eine ‚elastische'.

Wir haben bei der Füllung der Blase 3 Perioden zu unterscheiden:

1. Periode: maximale Sperrung bei gleitender Länge;
2. Periode: gleitende Sperrung bei gleicher Länge;
3. Periode: absolute Sperrung bei elastischer Dehnung.

Der muskulöse Körpersack von Sipunculus verharrt nach Abtrennung des Bauchstranges in demjenigen Tonus, in den man ihn durch Reizung der Haut vorher versetzt hatte. Bindet man sein Hinterende an ein Steigrohr, füllt es mit Wasser und versenkt man das Ganze in ein Wasserbassin, so zeigt die Wassersäule im Steigrohr stets den gleichen von der Höhe des Tonus abhängigen Überdruck an; wenn man die Last des Binnenwassers durch Emporheben des Rohres vergrößert, verlängern sich die Muskelfasern. Im zweiten Fall, wenn man die Last durch Herabdrücken des Rohres verringert, verkürzen sie sich (vgl. Abb. 181). Die Sperrung bleibt aber immer die gleiche. Dies Verhalten entspricht der ersten Periode bei Füllung der menschlichen Blase — gleiche maximale Sperrung bei gleitender Länge[1]."

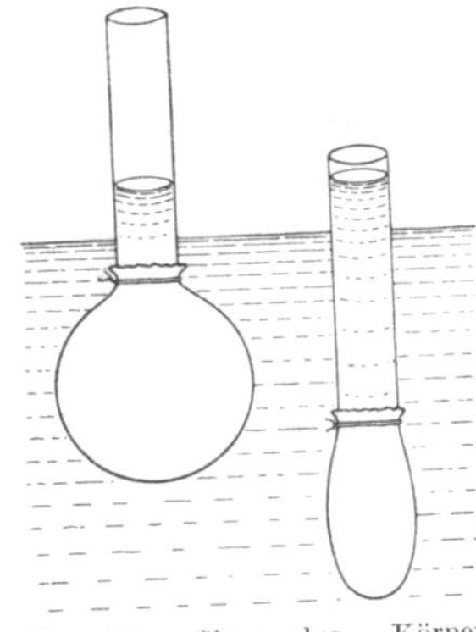

Abb. 181. Sipunculus. Körpersack am Steigrohr. (Aus Handb. d. Physiol. IX, v. UEXKÜLL.)

Nun ist aber, ebenso wie der Detrusor, der Sphincter vesicae internus ein Tonusmuskel.

Von UEXKÜLL, TRENDELENBURG u. a. sind zahlreiche Versuche gemacht worden zum Zwecke der Aufklärung von aktiver Erregung und aktiver Hemmung zusammenarbeitender Tonusmuskeln. Auch bei Skelettmuskeln beschäftigt uns das Problem der Kontraktion des Agonisten bei gleichzeitiger Erschlaffung des Antagonisten. Bei *Evertebraten* ist der Mechanismus in ausgezeichneten Versuchen klargelegt worden. Der Haltemuskel des Seeigelstachels vermag seinen Spannungszustand der wechselnden Belastung anzupassen (gleitende Sperrung). „Das Wesen dieser Regulation besteht darin, daß, sobald die Bewegung des Stachels durch irgendeinen äußeren Widerstand gehemmt wird, die Erregung den Sperrmuskeln zufließt, deren Spannung allmählich so lange zunimmt, bis sie dem äußeren Widerstand das Gleichgewicht halten. Nun erst vermag die Erregung in die entlasteten Bewegungsmuskeln einzudringen, deren Verkürzung dann kein Widerstand mehr im Wege steht. Die Erregung fließt also nur so lange dem Sperrapparat zu, als die Verkürzungsapparate belastet sind; sobald die zunehmende Spannung der Sperrapparate die Bewegungsapparate entlastet hat, hört jeder weitere Erregungszufluß zu dem ersteren auf. Umgekehrt wird bei Abnahme der Belastung die Spannung der Sperrmuskeln herabgesetzt, und die Erregung fließt nun den Bewegungsmuskeln zu.

Der Seeigelstachel gibt aber nicht nur ein leicht zu übersehendes Modell dafür, wie die übergeordneten nervösen Apparate die statische Erregung der Muskulatur regulieren, er zeigt auch die Bedeutung der statischen Innervation für eine einbrechende dynamische Erregung. Denn bringt man die Muskeln eines Seeigelstachels durch Auflegung einer Last einseitig zur Erschlaffung und reizt man in größerer Entfernung die Haut, so sieht man, daß sich allein die vom Reiz weit abliegenden erschlafften (gedehnten) Muskeln verkürzen, daß die Erregung nur den gedehnten Muskeln zufließt, während sie an allen anderen ohne Wirkung vorübergeht, ein Gesetz, dessen Wirken sich noch beim Säuger nachweisen läßt (MAGNUS), das nach den Untersuchungen von MATULA allerdings dahin eingeschränkt werden muß, daß die Erregung den gedehnten Muskeln nur dann zufließt, wenn für dieselben die Möglichkeit, sich zu verkürzen, besteht[1]."

Über das Abfließen der tonischen Erregung wäre hier noch kurz ein Versuch JORDANS[2] zu erwähnen. Eine Schnecke wurde der Länge nach gespalten, daß die Stelle des Pedalganglions mit diesem noch als Verbindungsbrücke erhalten blieb.

[1] Aus v. UEXKÜLL: Zitiert auf S. 852.
[2] JORDAN: Zitiert nach v. UEXKÜLL.

Wurde nun die eine Partie mit einer leichten Last, die sie leicht ohne Dehnung zu tragen vermochte (Schreibhebel, Zeiger), belastet und dann dem anderen Teil eine schwere Last angehängt, so sank sofort als Zeichen des Tonusnachlasses der Zeiger am ersten Muskelbande herunter. Die leichte Last konnte auch jetzt nicht mehr getragen werden. Dieser Tonuswechsel ist nervös reguliert, sowohl im Sinne der Erregung als auch der Hemmung. So könnte nun während der Füllung der Blase der Sphincterwiderstand, der der wachsenden Füllung entgegentritt, reflektorisch einen Tonusnachlaß des Detrusors bewirken. Bei individuell verschiedener — psychisch bedingter — maximaler Füllung, die für den Sphincter eine maximale Belastung darstellt, zieht gleichsam die Belastung des Sphincter die adaptive Entspannung des Detrusor nach sich: Harndrang, selbst starken Grades, kann verschwinden, wenn ihm nicht nachgegeben wird. Im Momente der Überlastung nun, wenn die Dehnung beginnt, fließt die Erregung dem gedehnten Muskel zu (v. UEXKÜLL). Die Spannung im Detrusor steigt. „Die Erregung beginnt in der am stärksten gedehnten Partie." Der Spannungszustand im Detrusor wächst, es bereitet sich die Kontraktion vor. Alle Tonusimpulse fließen jetzt dem Detrusor zu. Der Sphincter erschlafft in der gleichen Weise wie zuvor der Detrusor. Überlastung des Detrusor zieht Erschlaffung des Sphincter nach sich. (In Analogie zum eben erwähnten Versuche JORDANS.)

Wir haben also zweierlei an jeder Muskelgruppe zu unterscheiden, die Tonussteigerung und die aktive Hemmung, die praktisch als Tonusnachlaß imponiert: Die Erschlaffung. Es ist solche von übergeordneten Zentren aus gesteuerte, aktive Hemmung experimentell erwiesen (SPIEGEL, BIEDERMANN, JORDAN). Von BIEDERMANN z. B. an der Krebsschere, wo schwacher faradischer Strom eine Verlängerung des Adductor, der die Schere bei seiner Kontraktion schließt, bewirkt. Dies kommt de facto einem gewissen Tonusnachlaß gleich. So verstehen wir einmal die Tatsache, daß die ruhende sich füllende Blase keinen nennenswerten Druck aufweist, der Druck gleich Null ist. Das ist das Stadium der aktiven Erschlaffung. Dann aber das Faktum, daß mit wachsender Füllung der Druck allmählich, wenn auch gering, anwächst. Zwei Fakta, die doch einen gewissen Widerspruch darstellen. Letzterer Zustand ist eben das Korrelat eines gewissen Spannungszuwachses. Spannungszuwachs kann sehr wohl mit einer gewissen Steigerung des Blaseninnendrucks einhergehen (v. UEXKÜLL). Wir kommen also ohne die beiden Eigenschaften, die aktive Erschlaffung und ihr Gegenspiel, die Tonuszunahme nicht aus. Das gleiche gilt natürlich für den Sphincter, nur daß hier die Aufzeigung dieser beiden Zustandsformen der positiven und negativen Tonisierung, der Spannungszunahme (Widerstand gegen Dehnung) und Erschlaffung nicht so deutlich demonstrabel ist.

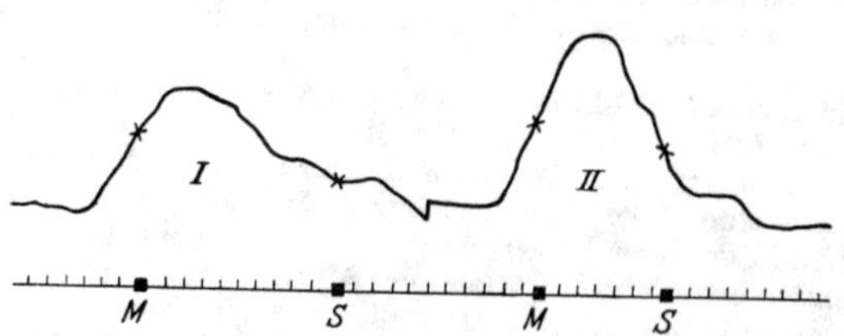

Abb. 182. *Miktionskurve* nach SCHWARZ mit Kymographion aufgenommen. Bei M in Öffnungsdruck Miktion; bei S Schließungsdruck Schluß der Miktion.
Aus Wien. Arch. inn. Med. 1.

Diese Auseinandersetzungen erscheinen von Wichtigkeit für die Besprechung der *Miktionskurven*, der 3. Kurvenart, wie sie zum Studium der Blasenphysiologie verwandt wurde, und zwar besonders eingehend von SCHWARZ[1], dann auch von DENNIG. Bei diesen ergeben sich nun noch einige Eigentümlichkeiten, die bei den beiden genannten Arten nicht zu eruieren sind. Das erste, was die Miktionskurve zeigt, ist ein Druckanstieg im Latenzstadium, d. h. in dem Stadium, in dem

[1] Aus diesem Grunde lehnen wir uns hierin der Darstellung dieses Autors eng an.

der Impuls zur Entleerung beginnt bis zum Beginn der Miktion. SCHWARZ nennt diesen Anstieg die „prämiktionelle Drucksteigerung“. In ihrem Auftreten sieht er die absolute Vorbedingung für das Zustandekommen der willkürlichen Harnentleerung. Dieser prämiktionelle Druckanstieg führt bei einem gewissen Punkte zur Öffnung des Sphincter vesicae internus: „Öffnungsdruck“. Der Druck steigt aber trotz beginnender Harnentleerung weiter bis zum „Maximaldruck“. Der intravesicale Druck bleibt nun während der Harnentleerung nahezu auf gleicher Höhe, um gegen Ende der Miktion rapid abzufallen.

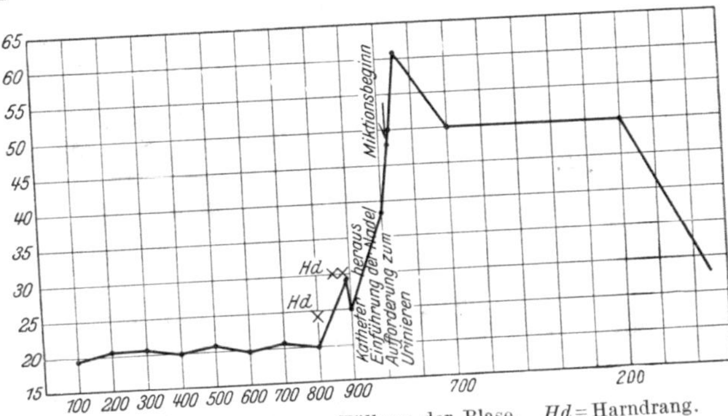

Abb. 183. *Miktionskurve.* Füllung der Blase. *Hd* = Harndrang. Suprapub. Einführung der Nadel: Miktion.

Der Punkt, bei dem sich der Sphincter wieder schließt, ist der „Schließungsdruck“. Durch Sphincteröffnung und -schluß wird die Miktionskurve in 3 Teile zerlegt: die Anspannungs-, Austreibungs- und Erschlaffungsperiode.

SCHWARZ macht auf die Parallelen aufmerksam, die die Dynamik der Herzaktion gelehrt hat. Die Anspannungsperiode beginnt auf dem Boden einer gewissen Anfangsspannung, die durch die Blasenfüllung als Belastung und dem Sphincterschluß als Überlastung bestimmt wird. Diese Anfangsspannung muß eine gewisse Größe besitzen, damit sie zur Basis der folgenden Muskelaktion werden kann. Schon früher haben wir darauf hingewiesen: je höher die Tonuslage, um so ausgiebiger die folgenden Muskelkontraktionen. In gewissen Grenzen wächst die Tonuslage mit der Größe der Füllung. Hingewiesen sei hier nur darauf, daß in Fällen von überdehnten Blasen die Füllungsgröße geradezu zur Erhöhung der Anfangsspannung benutzt wird, so beim Restharn. TRENDELENBURG erwähnt die von BIEDERMANN gefundene Tatsache, daß das stillstehende Herz durch Vermehrung der Wandspannung zu erneuter Kontraktion angeregt werden kann. SCHWARZ sieht nun in dem Widerstand, den der Sphincter dem sich anstemmenden Urin entgegensetzt, die Überlastung (vgl. das S. 854 oben Gesagte). Die Größe des Öffnungsdruckes ist als Maß für den Sphincterwiderstand anzusehen. Je größer dieser Widerstand, um so höher der Öffnungsdruck, der gleichsam den Sphincter überwindet.

In der folgenden Austreibungsperiode nun steigt der intravesicale Druck, wie bemerkt, noch über die Höhe des Öffnungsdruckes hinaus. SCHWARZ erklärt diese Tatsache damit, daß zu Beginn der Miktion der Sphincter nicht gleich bis zu voller Weite aufspringt, sondern erst durch den „Maximaldruck“ auf volle Weite gebracht wird, so daß die Miktionskurve „als treues Spiegelbild des jeweiligen Spannungszustandes des Sphincters“ erscheint. An dieser Darlegung fällt vor allem auf, daß der Sphincter gewissermaßen mechanisch vom Detrusor geöffnet wird, während doch überall hervorgehoben wird, daß die Sphincteröffnung reflektorisch geschieht. Weiter aber braucht man vielleicht nicht die einzelnen Phasen, wie sie sich auf der Miktionskurve kundgeben, teleologisch, wie es SCHWARZ tut, zu erklären. Man kann in ihnen einfach das Verhalten der Blasenmuskulatur während der Miktion erkennen:

Die prämiktionelle Drucksteigerung entspricht der Spannungszunahme des Detrusor und der elastischen Dehnung bei maximaler Sperrung, Vorgänge, die notwendig sind, um die ausgiebigen Kontraktionen entstehen zu lassen. Wie auch ein Muskel, der noch nicht seine maximale innere Spannung erreicht hatte, wenn er zur Kontraktion gereizt wird, erst den noch fehlenden Spannungszuwachs nachholen muß, ehe er sich kontrahiert. Die entsprechende Reaktion auf die elastische Dehnung bei maximaler Sperrung gibt in der ausgelösten Druckerhöhung den adäquaten Reiz für die Sphincteröffnung ab, da jetzt die Impulse dem gedehnten Muskel zufließen: der Sphincter erschlafft reflektorisch. Die nun einsetzenden Kontraktionen — die Umsetzung der Tonusspannung in Kinese — bedingen den weiteren Druckanstieg zum Maximaldruck. Diese Kontraktionen treiben den Harn aus, und wenn bei leerer Blase die Belastung als Reiz für die Kontraktionen fortfällt, kommt es wieder reflektorisch zum Sphincterschluß.

SCHWARZ[1] hat nun noch eine vierte Kurvenart den besprochenen hinzugefügt: die *Propulsionskurve*[2].

Mit dieser Kurvenart wird die Sprungweite des Harnstrahls und seine Dicke bestimmt. Die Kurve gibt somit Aufschluß über die Kraft, mit der der Harn entleert wird.

Methodisch wird so verfahren: Vor dem Patienten werden hintereinander eine Reihe von Uringläser aufgestellt (Abb. 184). Bei horizontal gehaltenem Glied wird nun die Aufforderung zur Urinentleerung in die Gläser erteilt und dabei die Zeitdauer registriert. Die in die einzelnen Gläser entleerten Mengen werden in Beziehung zur zugehörigen Zeit in ein Koordinatensystem eingetragen, so erhält man die Propulsionskurve. Hierbei erfahren wir einmal etwas über die Harnröhrenweite (Anzahl der Flüssigkeitspartikelchen im Querschnitt) und weiter über die Geschwindigkeit, mit der diese während der Miktion herausgeschleudert werden (Weg × Zeit). Die Ausflußgeschwindigkeit läßt sich nun aus den Daten der Propulsionskurve errechnen (Vergleich mit der Bernoullischen Grundgleichung für die Ausflußgeschwindigkeit aus Gefäßen $v = \sqrt{2gh}$).

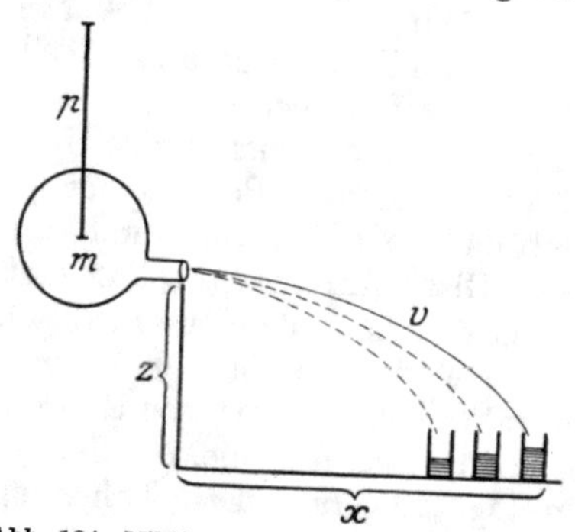

Abb. 184. Miktionsversuch. p Druck in der Blase; z Entfernung des Orificium externum vom Bogen; x Entfernung des Endpunktes der Parabel vom Fußpunkt des Lotes; v Geschwindigkeit; m Harnmenge. (Aus SCHWARZ, Handb. der Urol. 1, 488.)

$v = x\sqrt{\frac{g}{2z}}$, wobei $x = 2\sqrt{pz}$ und $x = v \cdot t$ und $z = \frac{g}{2}t^2$, so daß $t = \sqrt{\frac{2z}{g}}$.

Die Propulsionskurve entspricht dem Teil der Miktionskurve von der Sphincteröffnung bis zu seinem Schluß. (Von M bis S in Abb. 182.) Wie der Harndrang mit der Steilheit des Anstiegs der prämiktionellen Drucksteigerung parallel ging, so entspricht auch der Steilheit der Propulsionskurve die Intensität des Harndrangs. Da die Ausflußgeschwindigkeit außer vom Blasendruck auch von der Sphincterweite als Ausflußöffnung abhängt, so besteht die Beziehung $v = \sqrt{2gh} \cdot \frac{F}{F-f}$, wobei F Blasenradius und f Sphincterweite darstellt. Des weiteren aber erhalten wir Aufschluß über die in der Zeiteinheit ausurinierte Menge, das *Sekundenvolumen* der Miktion. Hier ergibt sich, daß ein jeder Mensch, ganz unabhängig von allen äußeren Umständen in der Zeiteinheit, die gleiche Menge ausuriniert, so daß, wie SCHWARZ sagt, das Sekundenvolumen seiner Miktion eine wahre individuelle Konstante darstellt. Mit Hilfe dieser Feststellungen gelang es nun SCHWARZ, Aussagen machen zu können über die funktionelle

[1] SCHWARZ: Z. urol. Chir. 8, 32 (1921). [2] Vgl. Fußnote S. 854.

Sphincterweite, über den Öffnungswiderstand und das funktionelle Öffnungsausmaß des Blasenschließers. Denn das Sekundenvolumen q ist nicht nur abhängig vom Querschnitt der Ausflußöffnung f, sondern auch von der Ausflußgeschwindigkeit v, die ihrerseits, wie auch aus obiger Formel hervorgeht, vom Blasendruck maßgebend beeinflußt wird. Es ist daher nach dem Gesagten: Sekundenvolumen $q = v \cdot f =$ konst. Oder Querschnitt der Ausflußöffnung $f = \frac{q}{v}$, wobei beachtet werden muß, daß f nicht die reelle Sphincterweite darstellt, sondern besagt, daß unter den gegebenen Umständen der Harn so ausfließt, als ob die Sphincterweite f sei (funktionelle Sphincterweite). Wenn man nun die in dem Wert v enthaltene Beziehung zum Blasendruck klarer zum Ausdruck bringen will, so ergibt sich aus der früheren Gleichung $v = x\sqrt{\frac{g}{2}}$, wobei $x = 2\sqrt{p \cdot z}$; $v = 2\sqrt{\frac{vg}{z}}$ und so $q = 2f \cdot \sqrt{\frac{vg}{2}}$, daß der Blasendruck $p = \frac{q^2}{2f^2 g}$ ist. Der Blasendruck kann also nicht nur experimentell bestimmt, sondern auch aus dem Propulsionsversuch rechnerisch ermittelt werden.

Diese Ergebnisse gewähren tieferen Einblick in das dynamische Geschehen der Tätigkeit der Harnblase. Sie lehren nach SCHWARZ, daß der intravesicale Druck bestimmt wird durch die Faktoren, die den Widerstand an der Pforte der Blase, am Sphincter, ausmachen. Sie rücken die sinnvolle Einheit des Blasenmuskels und des Verschlußapparates dem Verständnis näher.

Diese Besprechung über die Physiologie und Dynamik des Blasenkörpers erfordert noch eine Ergänzung in bezug auf den *Harnblasenverschluß*. Wir haben schon wiederholt Gelegenheit gehabt, darauf hinzuweisen, daß der Abschluß der Harnblase nicht durch einen einfachen Ringmuskel gebildet wird, wie etwa der Sphincter pylori oder pupillae, sondern quetschhahnartig, und daß hier komplizierte, ineinandergreifende Mechanismen vorliegen. Der doppelten Funktion des Blasenkörpers gemäß — Reservoir- und Expulsionsorgan — hat auch der Blasenschließer zwei getrennt voneinander zu verstehende Aufgaben: die Zurückhaltung und das Herauslassen des Harns. In früheren Arbeiten habe ich die Möglichkeit erwogen, ob für diese beiden Funktionen nicht auch getrennte Zentralstationen im Zentralnervensystem in Betracht kommen. Jedenfalls liegt die Verknüpfung des zweckvollen Zusammenarbeitens der verschiedenen — wir unterscheiden oben fünf — Teile des Harnblasenverschlusses in höher gelegenen, nervösen Zentralapparaten. Das geht auch schon aus der Tatsache hervor, daß der isolierten überlebenden Blase parasympathische Gifte am Sphincter und sympathische am Detrusor sich als unwirksam erweisen, nicht aber in situ, zum Teil aber wirken sie auch rein mechanisch. Die alte Frage, welcher der beiden Blasenverschlußmuskeln, der äußere oder der innere Sphincter, den wesentlichsten Anteil an dem Abschluß habe, erscheint in Anbetracht der doppelten Funktion müßig. Beide sind notwendig. Wohl dient der innere Blasenschließer der Zurückhaltung des Harns, wie das in Übereinstimmung mit früheren Untersuchungen (REHFISCH, GRIFFITHS) neuerdings wieder von BARRINGTON experimentell bestätigt und auch von DENNIG in seinen Durchschneidungsversuchen gefunden wurde.

Es kann aber bei Läsion des inneren Schließers für die Zurückhaltung des Harnes der äußere vollwertig vikariierend eintreten.

BARRINGTON füllte Katzenblasen mit 20% Kollargollösung bis kurz vor Miktionsbeginn. Es trat ein im Röntgenbilde konischer Schatten am Blasenhalse auf, der auch nach erfolgter Hypogastricus- oder Pudendusdurchschneidung in gleicher Weise sichtbar war. Pelvicusdurchtrennung jedoch, wie jene der hinteren Wurzeln, hatte eine bedeutende Vergrößerung des Schattens zur Folge.

Der äußere Sphincter kann u. U. allein den Harn zurückhalten. Das zeigen Zustände nach Prostatektomien. Bei den Patienten ist der innere Schließer zerstört oder verletzt, und sie werden kontinent allein durch den äußeren Sphincter. Läsion auch des äußeren ist, soweit es scheint, stets von Inkontinenz gefolgt (Hisi und Colombino). Boeminghaus[1] glaubt, daß bei zerstörtem inneren Sphincter nach Prostatektomien sich deshalb bald wieder Funktionstüchtigkeit einstelle, weil höher gelegene Detrusorpartien um den Blasenausgang vikariierend Sphincterfunktion übernehmen. Er erblickt in der von ihm gefundenen, von Ikoma später bestätigten Tatsache der verschiedenartigen tonisierenden Innervation — Blasenkörper durch Parasympathicus, Schließer durch Sympathicus — eine Stütze für diese Auffassung.

Der äußere Sphincter unterstützt den inneren in ganz hervorragender Weise am Abschluß der Blase in ihrer Reservoirfüllung, d. h. in der Zurückhaltung von Harn. Bei intaktem Blasenapparat liegt der Abschluß in Höhe des Blasenausgangs. Hier hat die Röntgenologie wertvolle Ergebnisse gezeitigt (Blum, Eisler und Hryntschak[2], Boeminghaus[3]).

Besonders Boeminghaus gelang es im Röntgenbilde nachzuweisen, daß bei der Füllung der transversale Durchmesser der Harnblase stärker zunimmt als der vertikale. Erst bei größeren Füllungsgraden dehnt sich der vertikale Durchmesser. Beim Übergang in die Entleerungsform handelt es sich um eine Kontraktion der ringförmigen Muskeln, die allein beträchtliche Quereinengung und Längsverlängerung zustande bringen können. Der große Querdurchmesser wird zugunsten einer Verlängerung in vertikaler Richtung reduziert. „Die zweite im Röntgenbilde deutlich hervortretende Erscheinnng ist das Tiefertreten des Oreficium internum in dem Augenblicke, wenn die Füllungsform der Blase in die Entleerungsform übergeht" (Heiss[4]).

Jedenfalls läßt sich sagen, daß, wenn nur ein Teil des Verschlußmechanismus völlig intakt bleibt, die Blase funktionell kontinent ist. Diese Tatsache ist auch ein Beweis für die funktionelle Einheit des gesamten Blasenverschlußapparates. Die Natur des äußeren Blasenverschließers als quergestreifter Muskel ist kein Einwand gegen die Daueraktion, wie Born das meinte. Es ist Schwarz durchaus zuzustimmen, wenn er diesbezüglich auf die Ergebnisse der modernen Muskel- und Nervenphysiologie verweist, daß in jedem quergestreiften Muskel ein glatter verborgen sei (E. Frank[5], Boecke) und gerade bei der Blasenverschlußmuskulatur beide getrennt zutage liegen.

Man hat die Resistenz des Blasenverschlusses noch zu prüfen gesucht durch Bestimmung des Druckes, der nötig ist, um von der Harnröhre aus Flüssigkeit in die Blase treten zu lassen (Heidenhain). Bei den verschiedenen Tierarten ist diese Sphincterresistenz verschieden. Beim Hunde sehr hoch (bis 1160 mm) (beim Menschen liegt der Öffnungsdruck zwischen 600—700 mm). Beim weiblichen Geschlecht ist der Sphincterschluß nicht so kräftig wie beim männlichen. Von Rosenpläntner[6] wird dieser Öffnungsdruck als ein unzuverläßlicher Index der Sphincterresistenz bezeichnet, da bei verschiedener Messung er verschieden ausfällt. Der innere Sphincter verschließt die Blase durch seine Elastizität und seinen Tonus. Wir wissen heute, daß der geschlossene Zustand für den Sphincter seine Ruhelage darstellt.

Anders bei der Entleerung des Harnes. Besonders lehrten hier endoskopische Untersuchungen, daß die Harnentleerung reflektorisch durch aktive Erschlaffung des *inneren* Blasenschließers eingeleitet wird, wie das auch vom Verf. 1918 dargelegt wurde. Es folgt reflektorisch der äußere nach. Schramm[7] beschrieb 1920 das Phänomen des offenen Sphincters, der manchmal bei Blasenspiege-

---

[1] Boeminghaus: Z. urol. Chir. **14**, 67, 1923.
[2] Eisler u. Hryntschak: Z. urol. Chir. **6**, 92 (1921).
[3] Boeminghaus: Wien. klin. Wschr. **1920**, 677.
[4] Vgl. R. Heiss: Die mechanischen Faktoren des Verschlusses und der Öffnung der Harnblase. Halle 1928.
[5] Frank, E.: Berl. klin. Wschr. **1919**.
[6] Rosenpläntner: Zitiert nach Schwarz im Handb. d. Urol. **1**, 462.
[7] Schramm: Z. Urol. **14**, 329. 1920.

lungen, wenn der Cystoskopschnabel abwärts gerichtet ist, die hintere Harnröhre, den Colliculis seminalis und sonstige Einzelheiten zu übersehen gestattet. SCHWARZ[1], der diesen Befund bestätigte, erweiterte ihn dahin, daß er nicht nur bei Rückenmarkskranken, wie SCHRAMM u. a. meinten, zu erheben ist, sondern auch bei blasengesunden Individuen auftritt. Dieser Autor faßt ihn nicht als dauernd offenstehenden Sphincter internus auf, sondern als dessen reflektorische Öffnung während der Cystoskopie durch den Reiz des Instruments, wie diese Öffnung auch bei blasengesunden Individuen durch Kunstgriffe zu erzielen ist. Vor allem lehrt dieses endoskopisch, also mit dem Auge zu beobachtende Phänomen die reflektorisch erfolgende Sphinctererschlaffung im Beginne der Miktion. Zu erwähnen ist auch hier die Tatsache des Kürzerwerdens der Harnröhre bei der Miktion um $1^1/_2$—3 cm, wie dies zuerst von FINGER festgestellt wurde. Der der Blase zunächst gelegene Teil wird in die Blase miteinbezogen (vgl. das zu Abb. 160, S. 824, Ausgeführte). Die Öffnung des Sphincter geschieht nun nach YOUNG, WESSON und MACHT[2] durch Kontraktion der Trigonummuskulatur, die die schwächeren Muskelbündel um das Orificium internum auseinanderzieht (vgl. hierzu die Abb. 159, S. 822). Nach diesen Autoren, die den Eröffnungsvorgang des Blasenverschlusses durch ein durch eine suprapubische Fistel eingeführtes Cystoskop beobachteten, nimmt das gechlossene Orificium die Gestalt eines gleichseitigen Dreiecks ein, dessen Seiten eingeknickt sind. Bei der Miktion ist die Öffnung nicht rund, sondern birnenförmig. Diese Gestalt wird durch die Kontraktion des Trigonum unter gleichzeitiger Erschlaffung der seitlichen, das Orificium umgebenden Muskelbündel bedingt. HEISS[3] beschreibt, daß die innere Harnröhrenöffnung von einem resistent fühlbaren hufeisenförmigen Wulst konzentrisch von zwei Seiten umgriffen wird. Nach GOLDSCHMID[4] geht die obere Harnröhrenwand geradlinig in die Blase über, während die untere eine Falte bildet. Diese Falte verstreicht bei der Miktion. Wenn mit Beginn der Miktion Detrusorkontraktionen einsetzen, so erfolgt reflektorisch ein Erschlaffen der ganzen Harnröhre (5. BARRINGTONscher Reflex).

HEISS macht nun noch auf eine Reihe nicht auf nervösem Wege wirkender Faktoren beim Verschluß und der Öffnung der Harnblase aufmerksam. Außer dem Sphincter trigonalis (KALISCHER) und dem Sphincter ves. int. (Detrusorschleife) als aktive Bewegungselemente des Harnblasenverschlusses kommt als passives Moment der Venenapparat, die Geflechte des äußeren und inneren Venenplexus der Harnblase in Betracht. Die sich füllende Blase bewirkt Einengung des paravesicalen Raumes und so Abflußerschwerung aus den Venen und wird dadurch zu schwellkörperartiger Einrichtung.

Einen für die Eröffnung des Harnblasenverschlusses sehr wichtigen Muskel beschreibt HEISS in dem Retractor ubulae. Dieser besteht aus Faserzügen, die aus der äußeren longitudinalen Schicht stammen, sich zwischen der Muskelfaserung des Trigonum hindurchdrängen und in das Gebiet der Uvula und der hinteren Harnröhre einstrahlen, wo sie sich pinselförmig aufsplittern und in Form von elastisch bindegewebigen Sehnenplatten bis in die Schleimhaut des Zäpfchens sich fortsetzen. Kontraktion dieses Muskelfaserbündels bewirkt Verlagerung der Uvula, zieht also gewissermaßen das Zäpfchen aus der Umklammerung der Detrusorschleife heraus. Blasenhals, der Annulus urethralis mit samt der in ihm gelegenen Detrusorschlinge rücken bei der Eröffnung der Blase in die Höhe, das Oreficium ves. int. dagegen tritt tiefer. Dieses Tiefertreten der inneren Harnblasenöffnung ist die Folge der Ausdehnung der Blase in vertikaler Richtung, bedingt durch Kontraktion der Zirkulärfaserschicht des Detrusor. Dies Herunterrücken der inneren Blasenöffnung bewirkt eine Anspannung der dort inserierenden, die Blase an die Symphyse fixierenden elastisch-muskulären Faserzüge der Ligg. pubovesicalia und prostatica. Diese üben durch die Anspannung einen dilatierenden Zug auf den vorderen Umfang des Orificium aus, das dadurch seine oben beschriebene Dreiecksform erhält. Mit Aufrichtung

---

[1] SCHWARZ: Demonstr. Wien. urol. Gesellsch., Okt. 1920.
[2] YOUNG, WESSON u. MACHT: J. of Pharmacol. **22**, 329 (1923).
[3] HEISS: Zitiert nach DENNIG in Monographien Neur. Berlin **1926**, 18, sowie „Schriften der Königsberger gelehrten Gesellschaft", H. 7. Halle 1928.
[4] GOLDSCHMID: Fol. urol. (Lpz.) **1** (1907).

der Blase im Beginn des Entleerungsvorganges tritt eine Erweiterung des paravesicalen Raumes ein, die Abflußbedingungen des in den Venenplexus gestauten Blutes werden erleichtert, es setzt eine Abschwellung ein, die dem sich anstemmenden Urin in Gemeinschaft mit den eben beschriebenen Eröffnungsfaktoren freie Bahn schafft[1].

Zunächst hält der Tonus des Sphincter mit dem des Detrusor gleichen Schritt, solange es sich um das Stadium der maximalen Sperrung bei gleichbleibender Länge handelt, im zweiten Stadium der gleitenden Sperrung bei gleicher Länge muß auch die Tonuslage des Sphincter zunehmen, und schließlich gibt das dritte Stadium der absoluten Sperrung bei elastischer Dehnung den Reiz zur Sphincterkontraktion und evtl. dann für die reflektorisch erfolgende Sphinctererschlaffung Veranlassung. Es ändert sich also der Tonus dieser beiden Muskelgruppen zunächst gleichsinnig. Auch noch wenn die elastische Dehnung, d. h. die Kontraktion des Detrusor beginnt, hält zunächst noch Sphincterkontraktion den Harn zurück bis zum Augenblick der Überlastung von seiten des einen der beiden. Jetzt erfolgt Tonusnachlaß des anderen. Es erschlafft entweder der Sphincter, wenn die äußeren Umstände es gestatten, und damit setzen Detrusorkontraktionen ein, oder der Detrusor erschlafft weiter, der Sphincter schließt fester, der Harndrang verschwindet wieder.

Das führt uns zur Besprechung des Phänomens des *Harndrangs.*

Der Harndrang.

Der Harndrang ist jene eigenartige, in die Gegend des Blasenhalses, ja in die ganze Harnröhre verlegte Empfindung, entsprungen aus dem Bedürfnis nach Entleerung, Befreiung von etwas Belästigendem. Sein Auftreten ist rein subjektiv bedingt, es kann wachgerufen werden bei ganz verschiedener Füllung der Blase, ja bei völlig leerer Blase. Vom Harndrang zu unterscheiden ist das Gefühl der vollen Blase. Dies geht dem Harndrang oft voraus. FRANKL-HOCHWARTH und ZUCKERKANDL bringen in ihrer Monographie drei Theorien vom Zustandekommen des Harndrangs.

1. Harndrang tritt auf, wenn Flüssigkeitstropfen in die Pars prostatica urethrae treten. Die prostatische Harnröhre ist sehr empfindlich und beweglich. Der Reiz der bei voller Blase übertretenden Flüssigkeit soll Harndranggefühl wachrufen. Diese Ansicht wurde von POSNER, FINGER, LANDOIS u. a. vertreten. FRANKL-HOCHWARTH und ZUCKERKANDL bewiesen aber schon experimentell, daß keineswegs bei jedem Menschen Reizung des prostatischen Teiles der Harnröhre Dranggefühl wachruft. Sie führten einen Metallkatheter in die Blase ein, der in seiner Krümmung eine Öffnung trug, aus der ein aufgeblasener Gummiball heraustreten und so die Harnröhre, gegen die Blase einen Abschluß bildend, komprimieren konnte. Dieser Druckreiz erzeugte bei vielen Individuen nicht den geringsten Harndrang. Auch Berieselung der hinteren Harnröhre mit kühlem Wasser bei der Urethroskopie macht keinen Harndrang (GOLDSCHMID[2]).

2. Blasendehnung durch wachsende Flüssigkeitsmengen ruft das Harndranggefühl wach.

Der Reiz, der zur Kontraktion der Muskulatur führt, wird ausgelöst durch den Druck, der in der Blase herrscht (GAULE[3]). „Da das Aufnahmeorgan für denselben ein über eine sehr große Fläche verbreiteter Plexus ist, aus dem nur an wenigen Stellen (der Zahl der Ganglienzellen entsprechend) eine Ableitung möglich ist, so muß für die Ausbildung desselben ein auf eine große Fläche gleichmäßig wirkender Reiz (wie ihn die Dehnung und der hydrostatische Druck darstellt) maßgebend gewesen sein. Punktförmige, auf bestimmte Stellen wirkende Reize können hier nicht lokalisiert werden. Ebenso ist eine lokale Kontraktion

[1] HEISS: Zitiert auf S. 858. [2] GOLDSCHMID, zitiert nach SCHWARZ.
[3] GAULE: Arch. f. Anat. u. Physiol. **1892**, 30.

bei der Reizung von Nerven nicht möglich, weil diese motorischen Erregungen in dem die ganze Blase umfassenden motorischen Plexus sich verbreiten. Solche lokale Kontraktionen, die ja auch physiologisch erfolglos sind, können nur bei direkter Muskelreizung zustande kommen. Man wird sich also vorstellen, daß die Blase ihren eigenen Füllungszustand *kontrolliert*, indem der durch denselben *erzeugte hydrostatische Druck* einen *Reiz* ausübt, welchen die Ganglienzellen sowohl durch die *lokale* Reflexbahn *direkt* auf die motorischen Elemente übertragen können wie auch dem *Zentralnervensystem* zuleiten können."

Diese „Dehnungstheorie" des Harndrangs steht in enger Verbindung mit der 3. sog. Kontraktionstheorie (GUYON), wonach Detrusorkontraktionen, die den Harn herausbefördern wollen, es sind, die Harndrang wachrufen. Gegen die Dehnungstheorie läßt sich einwenden, daß die Ausdehnung der Blase mit wachsender Füllung eine aktive Erschlaffung darstellt und keine (gewaltsame) Dehnung, die eben der Detrusor kraft seiner Tonuseigenschaften bewerkstelligt: „Maximale Sperrung bei gleitender Länge." Derartige Vorgänge können keinen Reiz zur Entleerung darstellen. Gegen die Kontraktionstheorie wieder läßt sich einwenden, daß mit Beginn der Entleerung der Harnblase sofort das Dranggefühl verschwindet, obwohl der Detrusor sich kräftig kontrahiert. Der bei der Entleerung abfallende Druck ist hierfür nicht maßgebend, denn er bleibt während der Miktion immerhin noch hoch genug. FRANKL-HOCHWARTH macht dagegen noch geltend, daß wir Kontraktionen von muskulösen Hohlorganen sonst nirgends bewußt empfinden. Jedenfalls ist aber beiden Theorien ein besonderes eigen: die Beziehung des Harndrangs zum Blasendruck und seine Unabhängigkeit von der Größe der Füllung. Mosso und PELLACANI haben diese Verhältnisse experimentell studiert und diese Beziehungen klargelegt. Die Abhängigkeit des Harndranggefühls vom intravesicalen Druck ist eine von allen Nachuntersuchern bestätigte Tatsache. Bei 18—25 cm Druck etwa tritt Harndranggefühl auf. BORN fand, daß Kontraktionen der leeren Blase keinen Harndrang hervorrufen, und er glaubt daher, daß nur Kontraktion des Detrusor gegen einen Widerstand, wie er im inkompressiblen Blaseninhalt gegeben ist, das Harndranggefühl entstehen läßt. DENNIG glaubt das sofortige Verschwinden des Harndranggefühls bei Entleerung damit erklären zu können, daß der intravesicale Druck rasch abfällt, und so die Detrusorkontraktionen nicht mehr empfunden werden. Willkürliches Unterbrechen des Harnstrahles soll dann wieder den Druck erhöhen und deshalb sofort wieder Harndrang hervorrufen. Es stimmt nun aber nicht, wie ich mich im Experiment beim Menschen, bei dem der intravesicale Druck durch suprapubisch eingeführte Nadel registriert wurde, überzeugen konnte, erstens, daß der Druck *sofort* so rapide abfällt, und zweitens, daß bei willkürlicher Unterbrechung des Harnstrahles der intravesicale Druck ebenso rapid wieder ansteigt. Das erstere zeigen auch die diesbezüglichen Kurven von SCHWARZ. Aus all diesen Gründen habe ich früher die Dehnungs- und Kontraktionstheorie ohne weiteres nicht annehmen zu können geglaubt und das Schwergewicht für die Entstehung des Harndrangs nicht auf die Vorgänge im Blasenkörper, sondern im Sphincter gelegt. In der Tat werden die Schwierigkeiten, die oben betreffs Dehnungs- und Kontraktionstheorie erwähnt wurden, dadurch behoben: Die plastische Dehnung des Detrusor kann schwerlich als Reiz gewertet werden, und wenn Detrusorkontraktionen Harndrang machen sollen, dann müßte dieser während der ganzen Miktion bestehen bleiben. Aber wenn Sphincterkontraktion Harndrang macht, so versteht man, daß selbst bei plastischer Dehnung des Detrusor Harndrang auftreten kann, ferner versteht man, daß bei gering gefüllter, ja bei leerer Blase Harndrang vorhanden sein kann. Weiter versteht man, warum trotz vorhandener Detrusorkontraktionen während der Entleerungsphase Harndrang verschwindet und dieser bei willkürlicher Unterbrechung des Strahles wieder auftritt: Erhöhte Tonuslage des Sphincters (Überlastung) vermag Harndrang auszulösen, mit Relaxation des Schließers verschwindet der Harndrang sofort, mit willkürlicher Unterbrechung (Sphincterschluß) tritt er sofort gebieterisch wieder auf.

SCHWARZ hat nun wie DENNIG den Harndrang als eine Tonusfunktion bezeichnet, derart, daß die Zunahme des Tonus der Blasenwand den physiologischen Reiz für den Harndrang ausmachen soll. DENNIG spricht von „Erhöhung der Muskelspannung" als Korrelat der Harndrangempfindung unter Hinweis auf eine Bemerkung v. FREYS, daß auch beim quergestreiften Muskel es die Spannungsunterschiede sind, die empfunden werden. „Dehnungstheorie in modernem Gewande", wie SCHWARZ sie nennt.

Es ist von vornherein, wie bereits früher bemerkt, schwer einzusehen, wie der plastische Tonus, der doch gerade auch von SCHWARZ definiert wird, als Eigenschaft der Blasenmuskulatur, ohne Widerstand größere Füllungen aufzunehmen, indem jede Lage für sie eine Ruhelage darstellt, nun auf einmal Reiz zur Entleerung werden soll. SCHWARZ selbst empfindet diesen Widerspruch, indem er schreibt: „Diese Tonuszunahme widerspricht nun eigentlich der theoretischen Forderung von der Erweiterung der Hohlorgane unter konstantem Tonus. Trotzdem müssen wir sie postulieren — vielleicht nimmt die Blase hierin eine Ausnahmestellung ein? — nicht nur aus dem Auftreten des Harndranges, sondern auch als Vorbedingung des Entleerungsreflexes." Nach den früher gegebenen Darlegungen auf Grund der v. UEXKÜLLschen Vorstellungen können diese Schwierigkeiten behoben werden: Wir haben unterschieden zwischen „plastischer Dehnung", maximale Sperrung bei gleitender Länge. Hier ist jede Lage eine Ruhelage. Bei weiter wachsender Füllung erhöht sich nun, wenn die Fasern maximal gedehnt sind, die Sperrung: der Innendruck steigt. Hier kann schon das Gefühl der vollen Blase beginnen. Bei einem gewissen Punkte nun, wenn der Innendruck noch höher steigt, werden die Muskelfasern passiv gedehnt. Wir haben es jetzt im Gegensatz zur „plastischen" Dehnung mit einer „elastischen" Dehnung zu tun. Es ist klar, daß mit diesen Vorgängen in der Blasenwand auch der Schließer entsprechende Veränderungen durchmacht. Wie ja der Sphincter internus gleichsam auch in physiologischer Beziehung nur als ein Teil des Blasenkörpers anzusehen ist. Mit Zunahme der Sperrung, d. h. Zunahme des Innendruckes, muß er seinen Widerstand erhöhen; und eine weitere Erhöhung seines Widerstandes muß er aufbringen, wenn die plastische Dehnung in eine elastische übergeht. Wird nun die Belastung des Schließers zu stark, wird sie zur Überlastung, d. h. wenn der Druck weiter steigt, so läßt nun der Tonus in diesem Teile völlig nach, d. h. der Sphincter öffnet sich. Es läßt sich hier die Analogie mit dem früher erwähnten JORDANschen Versuche bringen (s. S. 854). Hält andererseits der Sphincter die erhöhte Belastung aus, d. h. wird er maximal belastet, so kann umgekehrt Tonusnachlaß des Detrusor erfolgen: es tritt die bekannte Erscheinung ein, daß heftiger Harndrang wieder verschwinden kann. Jedenfalls erscheint nunmehr die Summe der Erscheinungen am besten geklärt durch die Annahme, daß die Harndrangempfindung wachgerufen wird durch den Übergang der *plastischen* Dehnung in die *elastische* bei maximaler Sperrung, und zwar sowohl im Bereiche des Sphincters wie des Detrusors, die, solange es sich um die Reservoirfunktion der Blase handelt, in bezug auf ihre Tonuslage synergistisch sich verhalten. Sobald aber die Blase in die Funktion des Expulsionsorgans übertritt, setzt ein antagonistisches Verhalten beider Teile ein: Detrusorkontraktion und Sphincterrelaxation. Nun braucht aber keineswegs stets zur Auslösung des Harndranggefühls, des Übergangs von plastischem Tonus zum elastischen ein entsprechend hoher intravesicaler Druck vorhanden zu sein, es kann auch bei niederen Drucken u. U. heftigster Harndrang vorhanden sein. Harndrang und Druck stehen in keinem obligaten Abhängigkeitsverhältnis zueinander. Diese Tatsache deutet dringend, wie ich bereits früher ausführte, zum mindesten auf die Mitbeteiligung des Sphincters in der Auslösung des Harndranggefühls hin, ebenso wie die nicht gerade seltenen Fälle von heftigem Harndranggefühl bei bestehenden Sphincterspasmen[1].

Die Empfindung des Harndranggefühls und seine Bewertung muß erlernt werden. Beim kleinen Kinde weicht der Sphincter reflektorisch dem sich anstemmenden Urin, wenn eine gewisse Druckhöhe erreicht ist. Das Kind muß dreierlei getrennt voneinander erlernen. Erstens den Harndrang zu erkennen und als solchen zu bewerten, zweitens die Urinentleerung willkürlich einzuleiten und drittens evtl. trotz bestehenden Harndranggefühls die Urinentleerung hintanzuhalten, die Miktion zu hemmen bis zum geeigneten Augenblick. Diese drei Phasen werden auch in der Tat getrennt voneinander erlernt. Die erste als leichteste zuerst, die letzte als schwerste zuletzt. Dies Erlernen geschieht mit der Ausbildung entsprechender „Zentren" in der Hirnrinde. Bis dahin ist der Harnentleerungsmechanismus beim jungen Kinde ein *subcorticaler Reflexmechanismus*, ganz vergleichbar dem Entleerungsmechanismus bei gewissen Erkrankungen des Zentralnervensystems. In beiden Fällen entleert sich die Blase, wenn ein gewisser Füllungszustand erreicht ist, reflektorisch. Bei beiden kann man eine merkwürdige Erscheinung in gleicher Weise beobachten: Bei allen möglichen, besonders Hautreizen, auch wenn sie leichterer Natur sind, tritt plötzlich Harnentleerung auf. Bei kleinen Kindern passierte es mir oft, wenn sie experimenti causa katheterisiert werden sollten und der feuchte Tupfer die Haut berührte, der Harn plötzlich in kräftigem Strahle hervorschoß. Das gleiche erlebt man bei gewissen Hirnkranken. Der Vergleich mit dem kindlichen Entleerungstyp bezieht sich aber nur auf die Läsionen, die oberhalb der subcorticalen Zentren (Mittelhirn) liegen. Bei den Erkrankungen, bei denen Herde die Blasenbahnen vom Mittelhirn abwärts lädieren, tritt im Entleerungsmechanismus mit Regelmäßigkeit ein neues Symptom auf: Die Blase entleert sich, aber *sie entleert sich nicht völlig*, es kommt zu *Restharn*. Nun lehren die Beobachtungen von Czyhlarz und Marburg, wie die von Homburger, daß Herde in den subcorticalen Stammganglien, wie Corpus striatum und Thalamus, bei Einseitigkeit vorübergehende, bei Doppelseitigkeit dauernde Inkontinenz zur Folge haben. Es kommt nicht zur Retention, wie bei den Rindenschädigungen, sondern die Kranken entleeren ihren Urin automatisch, jedoch *nicht völlig*, es kommt zu *Restharn*. Auch Barrington erwähnt in seinen klassischen Versuchen die Tatsache, daß er bei Durchschneidungen bis zu einem gewissen Punkte (Mittelhirn) stets Restharn auftreten sah. Plötzlich von da ab aufwärts wird der Harn wieder vollständig entleert. Die Funktion der subcorticalen Zentren gipfelt also in der Aufgabe: die völlige Entleerung der Harnblase zu garantieren.

Ist der intravesicale Druck von einem gewissen Punkte ab als die Ursache für das Auftreten von Harndrang verantwortlich zu machen, so ist sein Konstantbleiben während der Urinentleerung für den *Ablauf* der Miktion von Bedeutung. Dieser durch den konstanten Innendruck in der Blase wirkungsvoll bleibende Reiz hat als Zentralstation, von wo aus er seine Tätigkeit entfaltet, die subcorticalen Blasenzentren. Sie bedingen also die Möglichkeit der Blase, ihre Wandspannung dem wechselnden Inhalt anzupassen. Die *willkürliche* Erschlaffung des Sphincter geschieht auf den Impuls des Zentrums in der Groß-

[1] Vgl. Adler: Über corticale und funktionell nervöse Blasenstörungen. Dtsch. Z. Nervenheilk. **65**, 83 u. 104.

hirnrinde hin. Die *bewußte Empfindung* und der *Wille* spielen ja bei der Auslösung, der Instandsetzung der Miktion die Hauptrolle. Die weitere Entleerung geht *automatisch*, ohne daß wir es *ausdrücklich wollen*, bis zu Ende. Die Ausstoßung des Urins hat zur Voraussetzung die Erschlaffung des Sphincter vesicae internus, der reflektorisch die des äußeren nachfolgt. (Vgl. den 5. Barringtonschen Reflex). Dieser Schließapparat wird vom Druck des Harnes nicht überwunden, sonst würde eben nur so viel Urin abfließen als der Überdruck gerade ausmacht, da der Sphincter sich dann wieder, wenn er nur überwunden würde, kraft seiner Elastizität schließen würde. Es muß also während der ganzen Dauer der Miktion eine *aktive Sphinctererschlaffung* statthaben, genau so wie während der Füllungsperiode eine aktive Detrusorerschlaffung. So ist also dieser während der ganzen Dauer der Harnentleerung hoch bleibende, ja sich im Anfang trotz schon begonnener Sphinctererschlaffung noch erhöhende Blaseninnendruck (Erhöhung des Öffnungsdruckes zum Maximaldruck) gleichsam der Reiz, der über die subcorticalen Ganglien, die während der ganzen Miktionsphase andauernde, automatisch ohne unseren Willen verlaufende Sphincterrelaxation garantiert.

So geht also aus dem Gesagten hervor, daß mit Ausbildung der wirksamen Willensimpulse gleichsam der Zeitpunkt der Miktion hinausgeschoben werden kann, die Blasenfüllung vergrößert zu werden vermag. Durch den Einfluß der Großhirnrinde werden Hemmungsimpulse auf den Detrusortonus ausgeübt. Der Detrusortonus wird gewissermaßen in bestimmten Grenzen natürlich reflektorischer Beeinflussung entzogen und immer mehr der Ägide des Willens unterstellt. So kommt es, daß die Menge des entleerten Urins in so großen Grenzen schwanken kann, wie Janet überhaupt die Kapazität der Harnblase als eine psychogene bezeichnet. Mosso und Pellacani haben den großen Einfluß psychischer Momente auf den Blasendruck experimentell gezeigt.

Damit hätten wir noch einiges über die *Miktion als Willkürhandlung* zu sagen. Die Art und Weise der Auslösung der Miktion auf Willensimpuls hin hat mit allen Willkürhandlungen gemein, daß nur die Einleitung willkürlich ist, der weitere Ablauf automatisch. Aber bei der Blase ist es so, daß erst eine Beseitigung von Hemmungen statthaben muß, die u. U. mehr Schwierigkeiten bereitet als bei einer anderen Willkürhandlung. Gerade bei der Beseitigung dieser Hemmungen spielt die Psyche eine große Rolle. Das gleiche haben wir aber auch bei der Sprache, wenngleich seltener.

Die Kinder müssen lernen sich rein zu halten, und sie lernen es, indem sie die reflektorische Erschlaffung des Sphincter zu hemmen erlernen. Bei dem heranwachsenden Kinde gewinnt nun die Hemmung eine immer größere Gewalt über den automatischen Entleerungsvorgang, und schließlich wird die Beherrschung desselben so groß, daß sein Eintreten nur noch durch eine „direkte Aufhebung der Hemmung", durch eine „ganz besondere Intention" zustande gebracht werden kann. Daher genügt es nicht, daß irgendein psychischer Reiz, hervorgerufen durch eine soundso große intravesicale Druckhöhe, Harndrangsensation in uns wachruft, sondern man muß auch urinieren wollen. Hierzu ist ebenfalls wie zur Beherrschung ein ganz besonderer Bewußtseinsakt notwendig, der aktiv Innervationen auslöst und den ich mit Goldstein als „Intention", als „Wille" bezeichnen möchte (vgl. Hartmann, Kleist). Die Blase bleibt geschlossen durch den vom Sakralzentrum aus unterhaltenen Sphinctertonus, der nun mit zunehmendem Alter durch die, durch die Erlernung gewonnenen und ausgebildeten corticalen Hemmungsimpulse verstärkt wird, wie ja, nach Ausbildung der Faserbahnen, von der Hirnrinde aus die Innervation aller Muskeln des Organismus gehemmt werden kann. Die physiologische Reizschwelle des Blaseninnendruckes, die eine Hemmung des sphincterconstrictorischen Sakralzentrums, d. h. Urinentleerung, hervorruft, wird dadurch mit zunehmendem Alter immer mehr erhöht. Der Harn kann länger gehalten werden. Und dies Zurückhalten ruft bei einem gewissen, individuell sehr verschiedenen Füllungsgrade Harndrangsensationen in uns wach. Das Vorhandensein der corticalen verstärkenden Hemmungsimpulse bewirkt eine Abschwächung bzw. völlige Aufhebung der erfolgreichen Einwirkung sonstiger receptorischer Einflüsse, wie sie von allen möglichen peripheren Nerven her oder psychisch durch Affektreize auf das Entleerungszentrum im Sakralmark einwirken können und die dann bei Nichtvorhandensein dieser Hemmungsimpulse zur Urinentleerung führen.

Die Verarbeitung der sensorischen Einflüsse und die zweckmäßige Folge der Bewegungsimpulse, die darauf einzusetzen haben, die ständige Kontrolle der Innervationen, die eine Reihe von Einzelleistungen erst zu einer einheitlichen, zweckentsprechenden Handlung gestalten, wird erst garantiert durch ein hierfür zu forderndes Zentrum, einen Bezirk, der die Umsetzung von Vorstellungen in Innervationen vermittelt und einer höheren Zusammenfassung der Einzelbewegungen zu Zweckkomplexen dient" (Hartmann). Diese Station ist, um mit Goldstein zu sprechen, das „Begriffsfeld", das ins Stirnhirn zu lokalisieren ist (Goldstein, Hartmann, Kleist). Von dort aus kommt der Antrieb zur Leistung, von dort aus wird sie gehemmt, wenn es notwendig ist, von dort aus geschieht der Impuls zur zweckmäßigen Zusammenfassung der Teilaktion zu einem Ganzen. Wie dies alles auch für die Blasenentleerung zutrifft, zeigt in schönster Weise ein Fall von Vleutens. Im vorliegenden Fall, in dem der Kranke sich dauernd mit Urin verunreinigte, handelt es sich um einen Patienten, der einen Tumor hatte, der die von uns früher als Sensomotorium der Blase bezeichnete Stelle komprimiert oder den Weg dorthin unterbrochen haben mußte. Die Blasenstörung war folgendermaßen: „Kurz ehe der Patient Urin läßt, gerät er in eine eigenartige Unruhe, tastet mit der linken Hand an den Beinen oder am Abdomen herum, kommt jedoch meist gar nicht in die Genitalgegend und läßt dann plötzlich Urin."

Er illustriert, daß auch bei der Miktion Innervationskomplexe in Tätigkeit gesetzt werden müssen, die in richtiger Weise die zusammengeordnete Muskeltätigkeit zweckmäßig bewirken. Dafür muß ein Apparat vorhanden sein, der, um mit Rieger zu sprechen, fertig wie ein Stempel im Gehirn liegt. So genügt es also nicht, daß die Harnblase einen sensomotorischen Eigenapparat in der Hirnrinde, einen Exekutivapparat, wie ihn Liepmann nennt, besitzt, daß also entgegen der Pfeiferschen Annahme das Stirnhirn sehr wohl als corticale Innervationsstätte für die Blase in Betracht kommt. Denn es ist klar, daß ein solcher Eigenapparat für die Verrichtung des täglichen Lebens nicht ausreicht, durch ihn werden nur Bewegungen geregelt. Sollen diese Bewegungen aber einem höheren Zweck dienen, so müssen sie entsprechend den jeweilig obwaltenden Umständen angepaßt werden können. Sie müssen auf Wunsch ablaufen und gehemmt werden können. Gewiß, die Bewegungsmöglichkeit für die einzelnen Muskeln und Muskelgruppen ist von vornherein durch vorgebildete Mechanismen, den sog. Zentren, geregelt, aber die Benutzung der einzelnen Teilaktionen, ihre Zusammenfassung für die Zwecke des täglichen Lebens, die Möglichkeit der Regulierung ihres Gebrauches für die immer neu eintretenden, sich jeweilig verändernden Umstände, macht natürlich ein übergeordnetes Zentrum notwendig, das diese Leistungen — in gewissen Grenzen natürlich — dem Willen unterordnet. Dieser zweckmäßige Gebrauch der einzelnen Muskelgruppen ist es, der erlernt werden muß. Natürlich auch das Kind kann und muß eine Blase in richtiger Weise entleeren; das geschieht mittels intakter Exekutivapparate, was aber mit zunehmendem Alter hinzukommt, das ist die Erlernung, den Blasenmechanismus den Anforderungen des Lebens entsprechend zu gebrauchen, und daraus folgt, daß dem Sensomotorium ein Apparat superponiert sein muß, der das Individuum instand setzt, Körperteile gemäß Vorstellungen zu führen. Es sind dieselben sukzessiven Muskelkontraktionen, die bei Kindern in der ersten Lebenszeit sowohl wie später bei der Blasenleerung ausgeführt werden, nur geschehen sie im ersten Falle reflektorisch, im zweiten willkürlich. Ist diese willkürliche Beherrschung nun einmal erlernt, dann wird bei dem gesunden Individuum das intakte Sensomotorium, wenn es von erregenden Reizen getroffen wird, die Erregungen wie ein Akkumulator speichern, ohne daß die Erregung sofort zum motorischen Effekte führt. Dieser kommt nur dann zustande, wenn die Bewegung ausdrücklich gewollt wird. Es muß also das Sensomotorium von einem neuen Reiz, einem ausdrücklichen Willensimpulse getroffen werden, damit der gewünschte Erfolg erzielt wird (intentionelle Erregung). Danach ist klar, wenn dieser Reiz ausbleibt, daß dann auch eine Hemmung der Bewegung statthat. Das Ausbleiben dieses Reizes bezeichnen wir als Hemmung und diese Hemmung ist passiver Natur; sie kommt zustande durch Ausbleiben des Willensimpulses. Sein Fehlen wird seinerseits wieder hervorgerufen durch Ablenkung der Aufmerksamkeit vom Miktionsakte, indem das Individuum mit anderen Leistungen beschäftigt, auf andere psychische Funktionen eingestellt ist. Aber nicht allein auf diese Weise kann eine Bewegung gehemmt werden, sondern die Hemmung kann noch stattfinden, wenn der früher genannte, zur Ausführung einer Bewegung notwendige Willensreiz schon in Funktion getreten ist und schon im Begriffe ist, die gewollte Bewegung instand zu setzen. Diese kann noch verhindert werden durch eine direkte Gegenaktion, indem eine ausdrücklich gewollte Innervation der antagonistischen Muskelgruppen bewirkt wird. Diese Hemmung ist natürlich ganz anderer Natur als die frühere; sie ist eine aktive und bedarf ebenso einer intentionellen Erregung, wie das Ausführen der Bewegung selbst. Gerade bei der Beherrschung der Urinentleerung spielen diese beiden Arten von Hemmungen eine besondere Rolle. Es weiß jedermann, daß man die Urinentleerung sehr lange aufschieben kann, wenn man nicht Zeit oder Gelegenheit zu ihrer Erledigung hat, und im Anfange zumeist ohne irgendwelche Beschwerden. Ja, dieser Aufschub braucht nicht einmal zum Bewußtsein des Betreffenden zu gelangen, die Aufmerksamkeit ist vom Miktionsakte abgelenkt. So erklärt sich auch psychologisch das Auftreten von Harndrang bei ganz verschiedenen Mengen, aber bei stets annähernd gleichbleibenden intravesicalen Druckhöhen, indem durch den verstärkten corticalen Hemmungsimpuls, der hier ja, wie eben ausgeführt, rein passiver Natur ist. Wird die Blasenfüllung aber größer, so bedarf es einer aktiven Hemmung. Ferner aber haben wir bei der Miktion so oft, wie auch sonst manchmal beim Anblick von Bewegungsvorgängen, das Gefühl der „Innervation im gleichen Sinne" (GOLDSTEIN), die hier schon ausgelöst werden kann beim Anblick von Dingen, die die Aufmerksamkeit auf den Miktionsakt hinzulenken imstande sind, indem sie evtl. nur entfernt an das Harnlassen erinnern. Das Vorübergehen an einer Bedürfnisanstalt, ja manchmal schon das Rauschen einer Wasserleitung genügt, um Harndrang wachzurufen. Letztgenannte benutzen wir ja so oft, um bei nervöser Retention die Urinentleerung in Gang zu bringen. Es stellt sich die Innervation im gleichen Sinne her, ebenso wie man oft beim Zusehen sportlicher Übungen gewisse Bewegungen mitzumachen geneigt ist, oder wie man oft durch das Lachen anderer zum Mitlachen gezwungen ist. Aber selbst dann brauchen wir keineswegs diesem Drange nachzugehen, man kann den Entleerungsmechanismus verhindern, und „das geschieht ohne Zweifel nicht passiv, sondern ist die Folge einer ausdrücklichen Willenstätigkeit" (GOLDSTEIN). Dieses Nichtzulassen des motorischen Entleerungsvorganges macht nicht selten ein Gefühl besonderer Anstrengung notwendig. Diese beiden Hemmungsvorgänge gemeinsam sind es, die den bisher reflektorisch erfolgenden Miktionsakt verhindern und der Tätigkeit des Willens unterordnen. Einen hervorragenden Einfluß auf die zentralen Wege des Erregungsstromes haben erfahrungsgemäß Gefühlsmomente.

Senden wir nun in die Blasenmuskulatur positive Innervationsimpulse oder warten wir ab, bis die Hemmungen beseitigt sind, damit nun das Reflexspiel zur Entleerung beginnen kann? Die Tatsache, daß die Blase mit glatter Muskulatur besteht, hat davon abgehalten, ihr direkt willkürliche Beeinflussung zuzuerkennen. Wie ist es aber damit? Nach dem Gesagten dürfen wir annehmen, daß die Blasentätigkeit (Entleerung) direkt durch positive Innervationsimpulse in Gang gesetzt wird. DENNIG hat diese Annahme experimentell zu stützen gesucht und vertritt die Ansicht, daß „die glatte Blasenmuskulatur direkt vom Willen beeinflußt werden" kann. „Das paßt auch gut zur Tatsache, daß sie auf der Hirnrinde vertreten ist. Es gibt übrigens noch manche Analogien, in denen glatte Muskulatur dem Willen untersteht: z. B. willkürliche Änderung der Herzaktion bis zum Stillstand oder Hervorrufen von Gänsehaut und ähnliche Erscheinungen, die manche Menschen an sich hervorrufen können." (LANGLEY[1].)

HAMBURGER[2] vertritt den Standpunkt, daß dort, wo wir den Tätigkeitseffekt glatter Muskulatur mit dem Auge kontrollieren können, wie das bei der quergestreiften Muskulatur der Fall ist, die wir nur dadurch benutzen lernen, daß wir ihr Arbeiten beobachten, auch die glatte Muskulatur unter die Ägide des Willens bringen können. Daß der anatomische Unterschied der Querstreifung nur in losem und keinem unbedingten Zusammenhang mit der Willküraktion steht, lehren verschiedene Tatsachen. Einmal läßt sich vergleichend-physiologisch sagen, daß überall da, wo eine schnelle kräftige Kontraktion gefordert wird, wir quergestreifte Muskulatur antreffen, und dort, wo eine langsame, längerdauernde Aktion benötigt wird, wir glatte Muskulatur vorfinden. „Interessant ist in dieser Hinsicht die Erscheinung, daß von zwei Entwicklungszuständen einer und derselben Art der einfach gebaute und träge Polyp glatte, die in jeder Hinsicht vollkommenere und beweglichere Meduse quergestreifte Muskeln hat. Der Unterschied in der Leistungsfähigkeit hat bei den Wirbeltieren zu der eigentümlichen Verteilung der Muskelsubstanz geführt, daß die glatte Muskulatur vorwiegend den Eingeweiden angehört, deren Bewegung nicht dem Willen unter-

[1] SCHILF: Deutsche Übersetzung von LANGLEY: Das autonome Nervensystem. Berlin 1924.
[2] HAMBURGER: Münch. med. Wschr. **1922**, 145.

worfen ist, und die zu schnellerer Handlung berufene Körpermuskulatur (willkürliche Muskulatur) quergestreift ist. Man muß sich hüten, daraus den Schluß zu ziehen, als ob der Unterschied von glatter und quergestreifter Muskulatur sich mit dem Unterschiede von Eingeweide und Körpermuskulatur decke. Das Irrtümliche einer derartigen Auffassung erhellt schon daraus, daß fast die gesamte Körpermuskulatur der Mollusken glatt, dagegen die Eingeweidemuskulatur vieler Insekten und Krebse und die Herzmuskulatur der Wirbeltiere wie ihre Körpermuskulatur quergestreift ist. Nur beim Menschen und den höheren Säugetieren ist es in der Regel so, daß die quergestreifte Muskulatur willkürlich und die glatte unwillkürlich bewegt wird; werden ja die willkürlichen schnellen, kurzen und kräftigen Kontraktionen von der Skelettmuskulatur z. B. gefordert, während die unwillkürliche, langsame, andauernde Peristaltik des Darmes z. B. glatter Muskulatur obliegt.“ Aber auch beim Menschen finden sich Ausnahmen von dieser obengenannten Regel. Der M. stapedius oder Tensor tympani, die quergestreift sind, werden unwillkürlich bewegt; andererseits sei der Akkommodationsmuskel genannt, der glatt ist, aber doch vom Willensimpuls abhängig ist.

In geradezu klassischer Weise zeigt nun die Richtigkeit des Angeführten gerade an der Blase das Experiment, daß die anatomische Struktur nur Folge der physiologischen Funktion und völlig losgelöst von der Frage der Willkürfunktion ist. Carrey[1] gelang es, die glatte Muskulatur der Blase durch dauernde Beanspruchung in quergestreifte direkt umzuwandeln. Jungen Hunden wurde eine suprapubische Blasenfistel angelegt. Durch diese wurde nun nach Abheilung der Wunde und nach abgelaufenem Operationsshock durch die Fistel Spülflüssigkeit in die Blase gefüllt und der Detrusor zur Entleerung dieser durch Überschreitung des Fassungsvermögens angeregt. Allmählich wurde die Menge der Durchströmungsflüssigkeit und die Zeit der Durchströmung gesteigert. Es gelang dann den Versuch zu einem nahezu dauernden zu gestalten, die Harnblase entleerte ihren künstlich zugeführten Inhalt fortwährend, wie das Herz das ihm zugeführte Blut. Die Blase schlug schließlich mit einer rhythmischen Schlagfolge von 60—75 Schlägen pro Minute. In 24 Stunden gingen 44 Tage nach der Operation 50 l durch die Blase. Die Blasenwand hatte dabei von $^1/_2$ cm auf 5 cm an Dicke zugenommen. Histologisch zeigte sich jetzt der Blasenmuskel wie ein gewöhnlicher Skelettmuskel quergestreift! Hieraus erhellt mit aller Eindringlichkeit, daß die Funktion alles ist, sie schafft die morphologische Beschaffenheit.

Was wir also willkürlich bewirken, ist die Einleitung der Miktion. Alles andere läuft automatisch, reflektorisch ab. Die Blase entleert sich völlig durch Reflexe über das Gehirn, Stammganglien oder Pons.

Die *Austreibung* des Urins geschieht durch die Gesamtheit der Muskelbündel, die früher als Detrusor bezeichnet wurden. Dabei fällt der Ringmuskelschicht die Hauptrolle zu. Genau wie bei dem Uterus durch Fixation und Verankerung des Motors durch die Ligamenta rotunda und die Ligg. lata dafür gesorgt ist, daß er sub partu nicht ausweicht, wodurch die Austreibung des Geburtsobjektes unmöglich gemacht würde, so ist auch bei der Blase eine Fixation des Blasenkörpers durch die Längsmuskelzüge gegeben, die nach unten hin an der Symphyse und der Prostata bzw. am Septum urethro-vaginale sich anheften. Dadurch wird erreicht, daß „der Endeffekt der Muskelkontraktionen nicht ein längliches, wurstförmiges Gebilde, sondern die kugelige, leere Blase ist“. Die Bauchdecken sind für die Entleerung des Harnes ohne Bedeutung. Der Blasendruck kann durch ihre Kontraktion erhöht werden, wohl auf reflektorischem Wege: Tonuserhöhung des Detrusor.

[1] Carrey: Amer. J. Anat. **29**, 341; **32**, 475.

Am Schlusse jeder Harnentleerung kontrahiert sich der Sphincter vesicae externus und mit ihm zusammen die Beckenbodenmuskulatur rein reflektorisch, damit die letzten Tropfen herausgepreßt werden („Coup de piston"). Man kann diese Kontraktion nicht unterdrücken, obwohl es sich um einen spinalen Nerven und quergestreifte Muskulatur handelt.

Dieser Vorgang ist analog der Beteiligung der Bauchpresse beim Geburtsmechanismus. Durch die Kontraktionen des Uterus in der Austreibungsperiode wird reflektorisch die Bauchpresse innerviert und hilft das Kind herauspressen. Eine aktive Kontraktion der Bauchdecke in der Wehenpause aber bleibt *ohne entsprechenden Effekt*. Der Reflexmechanismus des Dorsalmarks beim Geburtsakt geht so weit, daß eine Frau mit Querschnittsmyelitis ihre sonst gelähmten unteren Extremitäten aufrichtet und auseinandernimmt und ihre ebenfalls sonst gelähmte Bauchpresse zur Austreibung der Frucht kräftig kontrahiert[1]). Von dem ganzen Vorgang hat sie keine Ahnung, die Verbindung mit dem Großhirn ist ja unterbrochen. Genau in der gleichen Weise reflektorisch wirkt die quergestreifte Bodenbeckenmuskulatur bei der Harnentleerung.

Die Häufigkeit der Miktionen ist nach Alter und Geschlecht wechselnd. Im allgemeinen urinieren Frauen viel seltener als Männer. Der „Coup de piston" fehlt bei Frauen. Die Miktion bricht plötzlich ab, „als ob man einen Hahn zudreht" (zitiert nach DENNIG). Die kleinen Kinder urinieren etwa 14—18mal in 24 Stunden. Mit dem Erlernen der willkürlichen Miktion sinkt die Zahl auf etwa ein Drittel herunter.

Zusammenfassung.

Wenn wir zusammenfassend das Heer der referierten Tatsachen aus der Anatomie, Physiologie, Neurologie, Pharmakologie und Dynamik des Harnblasenmechanismus betrachten, so sehen wir ein ziemlich kompliziert wirkendes Räderwerk vor uns. Die Harnblase imponierte uns in den Darlegungen meist als Expulsionsorgan jedenfalls als Reservoir nur für kurze Zeit. Mancherlei Beobachtungen sprechen aber dafür, daß die Blase der Amphibien und Reptilien zeitweilig auch dabei eine ausgedehnte Reservoirfunktion erfüllt. Bei Wassermangel gewährt diese Zisterne dann Schutz vor Austrocknung (NOLL[2]). Man hat festgestellt (GEGENBAUR, BURIAN), daß bei Salamandern und Kröten bei Wasserkarenz die Blase gefüllt bleibt. PAGENSTECHER berichtet, daß Riesenschildkröten aus Quellen zeitweilig soviel Wasser aufnehmen, daß die Bewohner jener Gegend in der Trockenzeit den Blaseninhalt zum Trinken benutzen. Die gegen Trockenheit sehr empfindlichen Tiere sparen ihr Wasser auf, um es in Zeiten der mangelnden Aufnahme dem Körper wieder zuzuführen. Ob eine Resorptionsmöglichkeit durch die Blasenschleimhaut gegeben ist, steht dahin. Für die Vogelkloake ist sie für Wasser nachgewiesen. Ob für die menschliche Blasenschleimhaut eine Resorptionsmöglichkeit vorliegt, ist umstritten. Einzelne Autoren verneinen jede Absorptionsmöglichkeit. Die Blasenschleimhaut sei völlig impermeabel (KUSS, GUYON, POUSSON und SIGALAS), andere wiederum halten Reabsorption für durchaus möglich (KAUPP, ASHDOWN, MACHT u. a.). Bei lädierter Schleimhaut ist Resorption erwiesen, auch bei normaler sei sie möglich für Zucker (GAROTA), für Harnstoff (ASHDOWN), Cocain, Alypin (MACHT), für Alkohol (VÖLTZ). Manche wollten diese Absorptionsfähigkeit nur für den Ureter gelten lassen, aber NICLOUX und NOWICKA sprechen sie ausdrücklich auch der Blase zu[3].

[1] EDINGER: Vorlesungen über den Bau der nervösen Zentralorgane.
[2] NOLL: Die Exkretion, in Wintersteins Handb. 2, 879.
[3] NICLOUX u. NOWICKA, zitiert nach DUBOIS: Zitiert auf S. 804.

An der Blase ist zwischen zwei Abschnitten, der Detrusor- und der Sphincterpartie, scharf zu unterscheiden. Auch pharmakologisch erweisen sich diese beiden Teile als scharf zu trennende Wirkungsgebiete (BOEMINGHAUS, IKOMA). Für den Detrusor ist der *Pelvicus* der *tonisierende* Nerv, wobei wir unter Tonisierung nicht den plastischen Tonus, d. h. Nachgeben unter konstantem Druck bei Verlängerung der Fasern zu verstehen haben, sondern im Gegenteil Tonisierung als Folge elastischer Dehnung, also motorische Innervation. Seine Durchschneidung bewirkt „Blasenlähmung" in motorischer und sensibler Hinsicht. Die Tonusquelle ist das Sakralmark, der *Sympathicus* (N. hypogastr.) hingegen erweist sich als der Nerv, dem man den Vorgang der maximalen und gleitenden Sperrung bei gleitender und maximaler konstanter Länge zuordnen kann. Bei seiner Lädierung tritt im akuten Versuch starke Kontraktion auf, wobei die Quelle dieses Tonus der aktiven Detrusorerschlaffung in drei Zentralapparate zu verlegen ist: Gangl. mesent. inf., Lumbalmark, Mittelhirn. In bezug auf den Sphincter sind die Verhältnisse nicht so klar. Jedenfalls tritt nach Pelvicusdurchschneidung erhöhte Schließerresistenz auf. Seine Reizung ergibt Harnentleerung (Sphincterrelaxation). ELLIOT konnte diese erhöhte Resistenz durch Hypogastricusdurchschneidung abschwächen, BARRINGTON nicht. Die sensiblen Fasern laufen im Pelvicus über das Sakralmark hirnwärts, daher ist bei Pelvicusläsion die Entscheidung schwer, ob die Erscheinungen Folge des Ausfalls des sensiblen Teiles des Reflexbogens oder Folge motorischer Insuffizienz sind.

Der *Pudendus* verstärkt den Blasenverschluß. Seine Läsion setzt die Sphincterresistenz herab und schafft Neigung zur Inkontinenz. Während der Sphincter internus mehr den Abschluß der Blase bildet und für die Einleitung der Urinentleerung von Bedeutung ist, liegt das Schwergewicht der Aufgabe des äußeren Schließers in der Betätigung der aktiven Hemmung der Urinentleerung. Die Symptome, die nach Durchschneidung der vorderen oder hinteren Wurzeln auftreten, sind ziemlich die gleichen. Hinterwurzeldurchschneidung hebt das Schmerzgefühl für die übervolle Blase auf. Durchtrennung der vorderen Wurzeln läßt die von allen möglichen Körperstellen aus auf die Blase statthabenden Blasenreflexe nicht mehr aufkommen (DENNIG).

Unsere Kenntnisse von der Funktion des Harnblasenmechanismus sind nun durch Heranziehung des pharmakologischen Experimentes, das nichts anderes als eine besondere Art der Nervenreizung darstellt, erheblich vertieft und erweitert worden. Jedoch ist bei der Deutung der Ergebnisse wichtig, zu berücksichtigen, daß Stärke und Art der Einwirkung von einer Reihe von Bedingungen abhängig sind: Intaktheit des Nervensystems, Tonuszustand des Erfolgsorgans, Einstellung der betreffenden Tierart. Besonders wichtig und lehrreich sind in dieser Beziehung die Kombinationen verschiedener Agenzien, sowohl im Sinne der gegenseitigen Dämpfung als auch Wirkungssteigerung. Der pharmakodynamische Versuch lehrt nun auch in Übereinstimmung mit den Ergebnissen der Nervenreizung, daß autonome Reize (Pilocarpin) motorisch erregend auf den *Detrusor* wirken (N. pelvicus) und daß das sympathische Stimulans (Adrenalin) Erschlaffungszustände dieses Muskels hervorruft (N. hypogastricus). Am *Sphincter* können autonom erregende Mittel (Pilocarpin) Relaxation hervorrufen (N. pelvicus) (Muscarin vermag sogar diesen Effekt isoliert ohne Blasendrucksteigerung auszulösen) und sympathische Stimulierung kann den Sphincterschluß verstärken. Folgende Tabelle gebe eine zusammenfassende Übersicht.

Der gesamte Blasenapparat besitzt eine ausgedehnte, zentral nervöse Regulierung durch Zentralstationen, die schon peripher der Harnblase aufliegen oder sich in ihrer unmittelbaren Nähe befinden (Plexus vesicalis, Plexus hypogastricus und Gangl. mesenter. inferius), dann im Zentralnervensystem gelegen sind. (Im

		Muskeleffekt: Hemmung = Erschlaffung			Erregung = motorische Förderung Kontraktion		
		Sympathisch	Parasympathisch	Sonstiger Angriffspunkt	Sympathisch	Parasympathisch	Sonstiger Angriffspunkt
Detrusor	Fördernd	Adrenalin Calcium Magnesium				Pilocarpin Physostigmin Cholin Kalium	Curare Chinin
	Hemmend	Ergotoxin	Atropin Papaverin		Adrenalin Hypophysin Thyreoidin		Strychnin Barium
Sphincter	Fördernd	Calcium Magnesium	Muscarin Pilocarpin	Srtychnin Apocodein	Adrenalin	Muscarin Nicotin Pilocarpin?	Cyankali Nitrite Morphium Strychnin
	Hemmend	Ergotoxin	Nicotin Atropin	Benzyl-benzoat Chloral-hydrat	Pikrotoxin		

Rückenmark: eine Zentralstation im Sakralteil und eine im Lumbalmark. Im Subcortex: Mittelhirn, Stammganglien, Brücke und schließlich im Cortex: Lobulus paracentralis, vordere Zentralwindung, Gyrus fornicatus? Stirnhirn.) Dem Großhirn liegt die willkürliche Einleitung der Miktion, sowie deren aktive Hemmung ob. Den subcorticalen Zentralstationen die auf bewußte Einleitung automatisch folgende völlige Entleerung der Blase. Von dem Lumbalzentrum fließen über das Ganglion mesenter. infer. dem Detrusor hemmende Reize zu (aktive Detrusorerschlaffung: plastische Dehnung). Vom Sakralzentrum fließen der Blase, Detrusor wie Sphincter, erregende motorisch fördernde Impulse zu, die über den Plexus hypogastricus laufen. Außerdem läuft die sensible Bahn über das Sakralmark.

Trotz des nervösen Zentralapparates auch in der Hirnrinde hängt die Blasentätigkeit wohl doch weniger vom Großhirn ab als vielmehr von den Reflexapparaten.

Der Vorgang der Urinentleerung ist in der verschiedensten Weise genau studiert worden, nicht nur im (physiologischen) Tierexperiment, sondern auch am Menschen durch Heranziehung des Röntgenverfahrens, der Endoskopie und schließlich durch Prüfung der Dynamik des Harnblasenmechanismus. Im Röntgenbilde zeigte sich die Formveränderung der Harnblase eben vor und während der Miktion. Die trichterförmige Erweiterung des Blasenhalses tritt erst mit Beginn der Entleerung ein (EISLER und HRYNTSCHAK, BLUM, BOEMINGHAUS). Endoskopisch konnte das Verhalten des inneren Blasenschließers direkt mit bloßem Auge verfolgt werden (SCHRAMM, SCHWARZ, YOUNG und WESSON). Schließlich wurde die Blasendruckmessung als Untersuchungsmethode herangezogen. Hier wurde verschieden verfahren. Die Druckverhältnisse wurden sowohl bei künstlicher Füllung (Füllungskurve) als auch bei Entleerung des Harns durch den Katheter (Entleerungskurve) festgestellt. Beide Methoden liefern verschiedene Kurven. Bei der künstlichen Füllung kommt ein Reiz hinzu, der die Blasenwand trifft und der in der Norm nicht vorhanden ist. SCHWARZ bezeichnet die Entleerung durch den Katheter als Leerlaufen und spricht ihm die Vergleichsmöglichkeit mit der Miktion ab. Es zeigt sich aber auch bei dieser Versuchsanordnung, daß der Detrusor kräftige Kontraktionen ausführt. SCHWARZ läßt bei eingelegtem, dünnem Katheter neben diesem urinieren und bestimmt dabei den jeweiligen Druck. Ich habe schließlich noch die Druckverhältnisse bei der Miktion durch suprapubisch eingeführte Nadel, die mit einem Manometer in Verbindung stand, studiert. Auch hierbei zeigt sich wie beim Röntgenverfahren eben vor und weiter mit dem Beginn der Miktion eine Drucksteigerung. Schwarz spricht dieser „prämiktionellen“ Drucksteigerung, die bis zum „Öffnungsdruck“ und über diesen hinaus zum Maximaldruck führt, grundlegende Bedeutung zu. Die prämiktionelle Drucksteigerung eröffnet den Sphincter, die Steigerung vom Öffnungsdruck bis zum Maximaldruck bringt ihn erst auf seine volle Weite; dann ist bis zum Schluß der Sphincter vom Detrusor ausbalanciert. Es fragt sich, ob diese genannten Vorgänge sich derart ursächlich bedingen. Das wäre dann gleichbedeutend mit der alten Vorstellung, daß der Sphincter vom Detrusor überwunden würde, eine Anschauung, die der Autor an anderer Stelle bekämpft. Vielmehr erscheint die prämiktionelle Drucksteigerung als der Ausdruck des Überganges von gleitender (wachsender) Sperrung der Detrusorfasern bei gleicher (maximaler) Länge in die elastische Dehnung. Die Sphincteröffnung geschieht nun durch diesen Reiz reflektorisch, die weitere Druckerhöhung ist Folge der auf die elastische Dehnung folgenden Kontraktion, der Übergang, die „Entladung“ in die Kinese. Die Detrusorkontraktion mit der während der ganzen Dauer der Miktion statthabenden Sphinctererschlaffung wird unterhalten durch Erregung von den subcorticalen Zentren, die ihrerseits wiederum durch die intravesicale Druckhöhe ihre receptorischen Reize erhalten. Der Auffassung des Harndrangs als Tonusfunktion (Schwarz) ist zuzustimmen, aber nicht nur in bezug auf Detrusor, sondern auch auf den Sphincter[1]. Schwarz hat nun noch den dynamischen Funktionsprüfungen den Propulsionsversuch hinzugefügt, der Aufschluß geben soll über Sekundenvolumen und Ausflußgeschwindigkeit des zu entleerenden Harnes, wodurch indirekte Angaben über die wirksame Sphincterweite möglich sind.

Auf den Blasendruck sind noch von ferneren Vorgängen *Blutdruck* und *Atmung* von Einfluß. Es besteht in bezug auf den Blutdruck nur eine lose Beziehung. Einer psychischen Blutdruckerhöhung kann Blasenkontraktion vorauseilen (Mosso und Pellacani, Hirsch[2]). Es kann auch der Blutdruck mit der Blasenfüllung steigen (Full, Schwarz). Die Atmung beeinflußt die Blasendruckhöhe durch Änderung des Abdominaldruckes. Bei Asphyxie setzen Blasenkontraktionen ein.

Der Blasenverschlußapparat stellt ein kompliziert gebautes Gebilde dar. Der äußere und innere Schließer bildet eine physiologische Einheit. Schwarz macht darauf aufmerksam in Anlehnung an die Vorstellungen von Frank, Boecke u. a., daß in jedem quergestreiften Muskel ein glatter verborgen sei. Bei der Blase liegen diese beiden getrennt voneinander vor.

Pathologische Physiologie.

Im Vorstehenden haben wir eine doppelte Funktion der Harnblase hervorgehoben: ihre Reservoirfunktion und ihre Aufgabe als Expulsionsorgan. In der Pathologie nun sehen wir besonders Störungen in diesen beiden Beziehungen auftreten und außerdem noch solche der sensiblen Funktion, des Harndrangs. Dient die Blase als Reservoir, so tritt die allmählich bis zum maximalen gehende gleitende Sperrung der Detrusormuskulatur in die Erscheinung, die aktive Er-

---

[1] Auch nach Schwarz muß man dies sagen, da doch nach diesem Autor der intravesicale Druck ein Maß für die Sphincterresistenz darstellt (s. S. 855).

[2] Hirsch, Edwin W.: J. amer. med. assoc. **91**, 772.

schlaffung dieses Muskels. Dabei kontrahiert sich der Sphincter tonisch, später auch kinetisch. Tritt die Harnblase in ihre Aufgabe als Expulsionsorgan, so kontrahiert sich umgekehrt der Detrusor zuerst tonisch, dann im Sinne echter Kontraktion, und der Sphincter erschlafft aktiv zuerst im Sinne einer tonischen Hemmung, dann als kinetischer Vorgang. Das geordnete Zusammenspiel beider Muskelgruppen ist also die Ursache der Möglichkeit der Erfüllung beider Funktionen. Bei beiden Muskeln muß ihre Fähigkeit zur tonischen Erschlaffung und Kontraktion zur Bewältigung ihrer Aufgaben intakt sein. Ist diese oder ihr Zusammenspiel in irgendeiner Richtung gestört, so resultieren entsprechende pathologische Symptomenbilder.

Die *Retentions*störungen im Blasenapparat als Expulsionsorgan führen zur Harnverhaltung. Hierbei spielt nun die Domestikation eine große Rolle. Der einmal an den vom Großhirn kommenden Erschlaffungsimpuls gewöhnte Sphincter öffnet sich nicht eher, als bis ihm dieser positive Innervationsbefehl erteilt wird, also auch nicht reflektorisch. Daher kommt es, daß bei irgendwelchen Läsionen, sei es daß sie corticale, subcorticale oder spinale Zentren und Bahnen, sei es daß sie periphere Blasennerven betreffen, stets als erstes Harnverhaltung, Retention, auftritt. In diesem Stadium findet sich ein besonders fester, nicht ganz leicht zu erklärender Sphincterschluß, ohne daß ein Sphincterkrampf vorliegt. Dennig denkt an eine durch die Detrusoratonie bewirkte mechanische Verstärkung des Sphincterverschlusses durch Anziehen der Heissschen Detrusorschlinge (schiefe Einmündung der Harnröhre in die Blase, vielleicht auch vermehrte Blutfüllung der Uvula). Den vermehrten Tonus des Sphincters bei solch hochgradiger Detrusoratonie können wir auch in Analogie zu den früher erwähnten Versuchen von v. Uexküll begreifen, die zeigten, daß bei Überlastung des einen Teils, der sofort paretisch wird, der gesamte Tonus dem anderen Teil zufließt. Ist sie extrem hochgradig, so wird der Sphincter rein mechanisch dem Überdruck des sich anstemmenden Harnes weichen. Sherrington läßt auch dies reflektorisch geschehen. Es kann endlich ein sehr hoher Innendruck den Sphincter überwinden, es kommt zur Harnentleerung. Da man sich den Innendruck rein mechanisch vorzustellen hat und in diesen Fällen dem Sphincter kein nervöser Impuls zur Relaxation erteilt wird, so genügt der Abfluß nur einer geringen Menge Urins (bis eben gerade dieser Überdruck beseitigt ist), um den Sphincter wieder schließen zu machen. Aber nur für kurze Zeit, und das Spiel wiederholt sich von neuem. „Ischuria paradoxa“ nennt man diesen Vorgang. Diese muß eintreten, um in den extremsten Fällen die zur Ruptur führende Retention zu vermeiden. Bei Katheterismus ist die Blase schlaff, sie entleert sich nur insoweit, als ihr Flüssigkeitsspiegel über der Symphyse steht. Der Rest muß herausgehebert oder herausgedrückt werden. Dauert dieser Zustand, in dem die Blase immer durch Katheterisieren entleert werden muß, einige Zeit an, so „lernt“ die Blase auch unabhängig vom Großhirn selbständig arbeiten. Der Reflexmechanismus tritt in Kraft, und sobald die Blase eine gewisse Füllung erreicht hat, öffnet sich der Sphincter reflektorisch und die Blase beginnt sich zu entleeren. Um das Beispiel des Torwächters zu gebrauchen, der nichts herausläßt, ehe er nicht den Auftrag dafür erhalten hat: Zunächst wird er immer wieder überwunden, bis er schließlich aufgibt, energischen Widerstand zu leisten und von Zeit zu Zeit einen Teil des sich ihm entgegendrängenden Harnes herausläßt. Die Urinentleerung geht jedoch nicht zu Ende, es kommt der *Restharn*. Erst nach allmählicher Erholung vom ersten Shock kommt es zu periodischen Blasenentleerungen in mehr oder weniger großen Intervallen, mit mehr oder weniger großen Mengen, die auch im Strahle entleert werden: automatische Miktion. Diese automatische Miktion mit der ihr vorausgehenden kompletten Retention tritt nun im wesentlichen bei allen Läsionen auf, mögen sie tief unten im Rückenmark, mögen sie höher oben im Zentralorgan liegen. ROUSSY und ROSSI wollten bei Affen und Hunden auch noch monatelang nach Zerstörung der Cauda equina oder des Konus Harnträufeln gesehen haben. Demgegenüber stehen aber die exakten Beobachtungen von DENNIG in eben gebrachtem Sinne. Eine gewisse Fähigkeit, sich zusammenzuziehen, besitzt auch die vom Rückenmark völlig isolierte Blase, die nur noch von ihrem peripheren Gangliengeflecht umgeben ist (GOLTZ und EWALD, L. R. MÜLLER).

Komplette Retention treffen wir außer in dem ersten Stadium nach Gehirn- und Rückenmarksverletzungen auch bei gewissen Gehirnkrankheiten sowie Prozessen, die mit Bewußtseinsverlust oder -trübungen einhergehen. In allen komatösen oder präkomatösen Zuständen, wie Coma diabeticum, Coma uraemicum, Coma hepaticum; auch bei der Eklampsie habe ich Gleiches gefunden. Das, was all diesen Zuständen gemeinsam ist, das ist beim Katheterismus der abnorm niedrige Blasendruck. Einen noch niedrigeren intravesicalen Druck bei kompletter Retention treffen wir oft schon im frühen Stadium einer Meningitis epidemica oder tuberculosa an. Ja, ich bin schon, auch bei Abwesenheit klassischer Symptome dieser Erkrankung, bei noch völlig erhaltenem Bewußtsein, allein durch die übervolle Blase mit ihren ganz niedrigen Drucken, auf die richtige Diagnose geleitet worden. Auch beim Tetanus sieht man Gleiches. In all diesen genannten Fällen unterscheidet sich die komplette Retention von der bei organischen Verletzungen oder Erkrankungen des Zentralnervensystems oder der Leitungsbahnen auftretenden dadurch, daß in den genannten Zuständen der Detrusor im Manometerversuch (Entleerungskurve) noch gute Kontraktionsfähigkeit zeigt, die bei organischen Läsionen nicht mehr vorhanden ist. Der Blase ist im letzteren Falle die Fähigkeit verlorengegangen, ihre Wandspannung dem Inhalt anzupassen. Sie fällt zusammen wie ein schlaffer Sack (vgl. Abb. 185 u. 186).

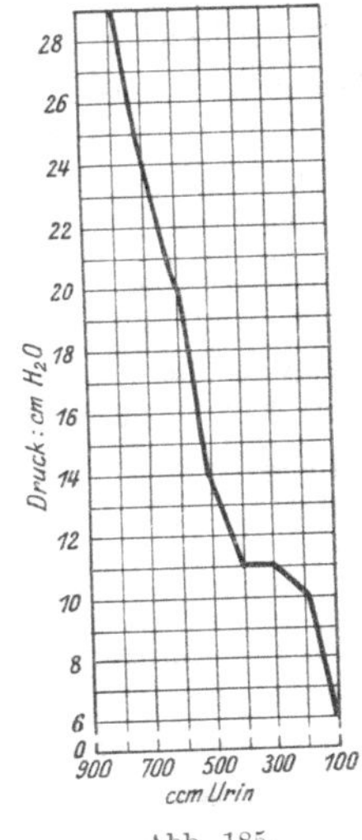

Abb. 185.

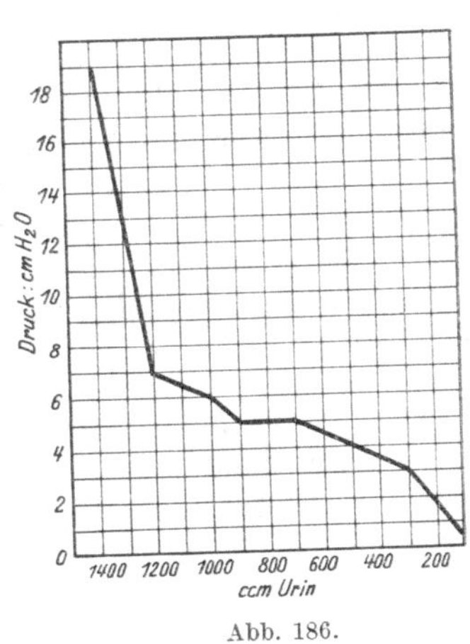

Abb. 186.

DENNIG macht darauf aufmerksam, daß nicht nur diese Anpassungsfähigkeit, sondern auch aktive Kontraktionsfähigkeit gelitten hat. Die aufgebrachten Drucke sind nicht so hoch wie in der Norm. Auch bei eingelegtem Katheter bleibt ein Rest zurück (HEAD und RIDDOCH[1]) als Ausdruck des Nachlassens der Detrusorwirkung. Der Sphincter befindet sich hierbei oft im Zustande des echten Spasmus. BARRINGTON sah nach R.M.-Durchschneidung den Blasenverschluß nicht mehr in Höhe der Harnröhrenmündung, sondern tiefer unten an der Urethra. Der Sphincter externus ist an diesem Spasmus beteiligt. Die reflektorische Harnentleerung bei Abtrennung höherer Hirnteile kann nicht mit der

[1]) Brain **40**, 188.

automatischen Miktion der kleinen Kinder verglichen werden: das Kind entleert seine Blase völlig, der Rückenmarksverletzte aber unvollständig. Es resultiert, wie oben bereits bemerkt, Restharn. Restharn tritt überall da auf, wo die Blase die Verbindung mit dem Subcortex verloren hat, also bei subcorticalen Läsionen, bei Querschnittsunterbrechungen oder bei Faserzerstörungen, die die Leitung vom oder besonders zum Zentralapparat brachgelegt haben. SCHWARZ gibt nun eine ebenso interessante wie wichtige Erklärung für die kompensatorische Bedeutung des Restharnes. Der Restharn ist Ausdruck einer motorischen Schwäche des Detrusor. (Hiermit konzediert eigentlich dieser Autor die Anschauung von der Detrusoratonie, die er andererseits bekämpft, indem er sie „in das Reich der Fabel" verweist und den Detrusor in diesen Zuständen hypertonisch nennt.) Wenn eine solche Restharnblase völlig entleert wird, so kann sie sich frühestens wieder automatisch entleeren, wenn die für sie notwendige Restharnmenge wieder substituiert ist. Der Grund hierfür liegt in der Schwäche des Detrusors, der den zur Miktion nötigen Druck nicht aufzubringen vermag, der Tonus hat gelitten. Der Restharn erscheint jetzt als Ersatz hierfür. Das Residuum erhöht gleichsam bzw. ersetzt die für die reflektorische Miktion erforderliche Tonuslage. Das Abflußhindernis erfordert erhöhten Öffnungsdruck, dieser wieder bedingt eine höhere Tonuslage zu seinem Zustandekommen. SCHWARZ errechnet z. B. für eine zirkuläre Muskelfaser, die 100 ccm entleeren soll, das eine Mal von einer Füllung von 200, das andere Mal von einer solchen von 1100 aus, daß sie bei einem Residuum von 1000 ccm nur $^1/_4$ der Leistung benötigt als im anderen Falle.

Bei Insulten des Zentralnervensystems, die zu Retention führen, entspricht oft das Stadium der schlaffen Lähmung dem Zustande der Retention als Ausdruck der Blasenatonie, der Automatismus dem der spastischen Lähmung. Er kann aber auch schon bei noch schlaffer Lähmung der Extremitäten ausgebildet sein, wie bei spastischer auch Retention vorhanden sein kann. Jedenfalls aber erlebt man, daß shockartig wirkende Vorgänge, wie eine Operation am Rückenmark oder eine Infektionskrankheit, die aus einer spastischen Lähmung wieder eine schlaffe entstehen lassen, auch am Blasenapparat die Automatie wieder in atonische Retention verwandeln. Die DENNIGschen Experimentaluntersuchungen lehren, daß der Einfluß, den die Exstirpation des Sakralmarks auf die Blasentätigkeit ausübt, dem Zustande gleicht, den man nach gemeinsamer Durchschneidung beider N. pelvici und pudendi entstehen sieht, und die Herausnahme des ganzen unteren Rückenmarks ein Symptomenbild erzeugt, das der Durchschneidung aller drei die Blase versorgenden Nervenpaare entspricht (DENNIG). Damit ist auch ein gewisser Unterschied zwischen konalen und supra-konalen Läsionen zugegeben, auf den ich s. Zt. aufmerksam gemacht habe[1].

Wenn nach einigen Tagen, nachdem die Blase von ihrem höher gelegenen nervösen Zentralapparaten isoliert ist, der Sphincter „gelernt" hat, auch ohne den erteilten Willensimpuls zu relaxieren, so setzen die reflektorischen Blasenentleerungen ein. Beim Tier tritt dieser Zustand schneller ein als beim Menschen. Der Detrusor gewinnt allmählich seine Kontraktionsfähigkeit wieder. Es werden größere Mengen auch in Strahlen entleert. Der Blasenmuskel wird sogar übererregbar. So erhielt SCHWARZ bei der Blasenfüllung Kurven, die als Ausdruck einer Hypertonie des Detrusor imponieren: Rascher Druckanstieg bei hohen Drucken. Auch Reflexe von allen möglichen Körperstellen her haben jetzt besonders leicht Einfluß auf die Blasenentleerung. Aber dennoch sind die Zusammenziehungen der Blasenmuskulatur nicht wie in der Norm. Oben hatten wir das Verhalten des Detrusor während der Miktion mit der Uterustätigkeit in der Austreibungsperiode verglichen. Die Blase kontrahiert sich bei der Harn-

[1] ADLER: Mitt. Grenzgeb. Med. u. Chir. **30**, 39, 40.

entleerung um ihren Inhalt, wie in der Austreibungsperiode der Uterus um das Kind. Die Anpassungsfähigkeit der Blase an ihren Inhalt, die in einer Umklammerung ihres Inhalts besteht, ist verlorengegangen, wie sich das deutlich an den Entleerungskurven in diesen Fällen zeigt (vgl. Abb. 185 u. 186 im Gegensatz zu Abb. 175—178).

Aus diesen Darlegungen kann man auch erkennen, daß die schnelle, brüske und restlose Entleerung des Inhalts inkl. des Residuums aus solch einer Retentionsblase eine Schädigung für den Organismus bedeutet. Die mangelnde Kontraktionsfähigkeit des Detrusor läßt in diesem Falle, besonders bei Prostatahypertrophien, oft erhebliche Blutungen ex vacuo entstehen.

Die Inkontinenz.

Die Störungen des Blasenapparates in seiner Reservoirfunktion lassen die Symptome der *Inkontinenz* entstehen. Es setzt eine zu häufige Urinentleerung ein. Der Sphincter hält den Harn nicht lange genug zurück. Das Vorkommen der völligen Inkontinenz, d. h. das dauernde Harnträufeln, ist selten, relative Inkontinenz schon häufiger; sie ist aber bei näherer Betrachtung nichts anderes als unfreiwillige, d. h. automatische Miktion. Solche unfreiwilligen Harnabgänge treffen wir bei einer Reihe von Erkrankungen des Rückenmarks und Zentralnervensystems, als deren hauptsächlichste Vertreter ich nur die Tabes und die multiple Sklerose nennen will. Bei dieser gehorcht die Blase nicht dem Willen. Soll willkürlich uriniert werden, so schließt sich der Sphincter anstatt sich zu öffnen, und soll sich meldender Harndrang unterdrückt werden, so läuft der Harn ab. Bei jener Erkrankung ist die sensible Zuleitung gestört: der Kranke ist über seine Blasenfüllung nicht orientiert, erst an dem Kälte- und Nässegefühl merkt er, daß Harn abgelaufen ist. Bei Blasenkatarrhen kann es zu Inkontinenzerscheinungen kommen, ebenfalls durch sensible Reizerscheinungen.

Es kann aber auch zu vermehrter Harnentleerung kommen, ohne daß organische Läsionen am Blasenapparat oder seiner nervösen Versorgung nachweisbar sind. Diese verlaufen fast stets mit abnorm vermehrtem, mit gebieterischem Harndrang: *Pollakisurie.* Wie im vorangegangenen die Störung der richtigen Zusammenarbeit von Schließer und Blasenkörpermuskulatur die Hauptursache der Störung war, so ist auch bei der Pollakisurie dieses in der Norm so fein abgestimmte Zusammenspiel gestört. Bei den Retentionserscheinungen, seien sie durch organische Nerven- oder Zentralapparatläsionen oder seien sie mechanisch bedingt, ist eine Detrusoratonie, die über Hypertonie dieses Muskels entsteht und meist zu einer Sphincterstörung im Sinne einer erhöhten Schließkraft führt, das führende Symptom. Bei den Inkontinenzerscheinungen ist die Sphincterresistenz oft herabgesetzt oder der plastische Detrusortonus verlorengegangen im Sinne einer *fehlenden* aktiven Erschlaffung. Bei der Pollakisurie, die mit gebieterischem Harndrang einhergeht, ist der Detrusor meist übererregbar. Diese Übererregbarkeit der Detrusormuskulatur kann die verschiedensten Ursachen haben. Sie kann durch lokale Erkrankungen der Blase wie durch Erkrankungen der Blasennerven bedingt sein; gerade letztere kann zu sehr starken Schmerzen Veranlassung bieten, es können außerordentlich schmerzhafte Blasenkrämpfe auftreten. Auch bei der Tabes dorsalis können wir als Reizerscheinungen derartige Blasenkrämpfe, die Crises vésicales, auftreten sehen. Schwarz teilt diese Pollakisurien, die mit Übererregbarkeit des Detrusor einhergehen, ein in solche von Detrusorhypertonie und solche von Hypertension dieses Muskels. Dabei kann der Schließer im gleichen Sinne hypertonisch sein, so daß die Koordination in beiden Muskelgruppen gestört erscheint. Beide befinden sich in einer beträchtlich erhöhten Tonuslage (vgl. das oben über das Zustandekommen des Harndrangs Angeführte). Daher auch der beträchtlich vermehrte Harndrang. Aber der Effekt ist durch die Koordinationsstörung ein wesentlich geringer, die entleerten Mengen gering, oft bei dünnem, schwachem Strahl. SCHWARZ fand auch das Sekundenvolumen kleiner, trotz erhöhter Arbeit kleinere Leistung. Die vermehrte Schlußkraft des Sphincter, als Ausdruck erhöhter Tonuslage in diesem Muskel, bezeichnet SCHWARZ als Hypertonie. Seinen Spasmus, der auch dem Katheter das Eindringen verwehrt, nennt er *Krampf*. Der Krampf sei vorwiegend in den äußeren Schließer zu lokalisieren.

Die *nervösen Blasenstörungen* sind natürlich bei der bekannten Abhängigkeit des Blasenapparates von seelischen Vorgängen unter dem Gesichtswinkel der Gesetzmäßigkeiten zu betrachten, wie wir sie sonst von Willkürhandlungen und deren Störungen anzuwenden gewohnt sind. Haben wir doch auch oben den Miktionsakt als Willkürhandlung darzustellen versucht: Die Analyse der nervösen Blasenstörungen lehrt nun gerade, daß diese Betrachtungsweise gewisse Berechtigung besitzt. Die willkürliche Harnentleerung, die erlernt werden muß, geschieht dann in ihren einzelnen Phasen 1. nach intellektueller Verarbeitung sensorischer Einflüsse (Harndrang); 2. Entwurf zur Ausführung der Urinentleerung; 3. Antrieb zur Kinese und 4. Ausführung der Entleerung. Störung einzelner dieser Phasen, die sowohl in Hemmung (Akinese) wie in erleichtertem oder beschleunigtem Ablauf (Hyperkinese) bestehen kann, würde zu entsprechenden Miktionsstörungen führen können. So sehen wir Störung des Sensomotoriums durch verschiedenartigste Einflüsse[1].

Wir wissen nun, daß gerade die Sensomobilität besonders leicht durch Kälte- oder Nässeschädigungen beeinträchtigt werden kann, wie das z. B. EDINGER in seinen Vorlesungen über den Bau und die Verrichtungen des Zentralnervensystems beschreibt: „Ein anderes, wie mir scheint, gutes Beispiel für die Wichtigkeit rezipierender Regelung rein motorischer Vorgänge bietet die Bewegung unserer Finger. Bekanntlich ist diese recht gestört, die Finger sind steif, wenn nur sensible Störungen in der Hand vorhanden sind. Das kann man künstlich erzeugen. Durchkältet man die Hand stark, so wird sie steif, unbeweglich, auch für Aktionen, die durch Muskeln ausgeführt werden, welche am Vorderarme warm geschützt liegen. Diese Muskeln können sich offenbar nicht normal kontrahieren, wenn sie von Sehnen und Gelenkenden nicht regulierende Empfindungen erlangen können.“ Dieses sind Störungen der Sensomobilität. „Wahrscheinlich gehören viele Bewegungsstörungen der Hysterischen hierher.“ Nun wird es gerade von allen Autoren, die über die nervösen Kriegsblasenstörungen berichten, übereinstimmend hervorgehoben, daß den Kälte- und Nässeeinwirkungen in der Auslösung der nervösen Blasenstörungen eine Hauptrolle zukommt. Dabei ist es nicht einmal nötig, daß, um die Rezeptionen zu stören, eine örtliche Kälteeinwirkung stattfindet (STÄHELIN). Die Aufmerksamkeitsstörungen können verstärkte Hemmungen auslösen, ebenso wie diese herabgesetzt sein können. Es können „Mitinnervationen“ und „Mitempfindungen“ zu den verschiedensten Störungen führen.

Die zentralen Einflüsse können sich besonders in zwei Arten, in gesteigerter Hemmung (Retention) oder in gesteigerter Intention (Hyperkinese, Inkontinenz) äußern, so daß wir auf funktionell nervöser Basis schließlich die gleichen Störungen erleben können wie auf organischer Grundlage, nur mit dem einen Unterschiede, daß im ersteren Falle diese reparabel, im zweiten irreparabel sind. Nähere Ausführungen hierüber würden nicht in den Rahmen dieser Arbeit passen, sie sind Sache der Klinik.

[1] Vgl. hierzu ADLER: Dtsch. Z. Nervenheilk. **65** (1920).

Sachverzeichnis.

Printed in the United States
By Bookmasters